Nucleinsäure-Basen

Allgemeine Struktur von Nucleotiden:

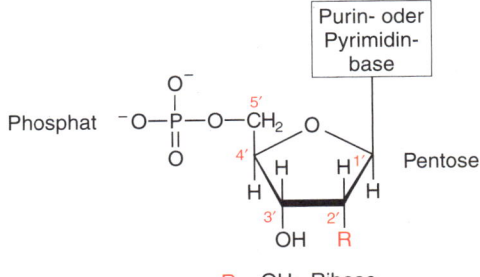

R = OH: Ribose
H: Desoxyribose

Pyrimidin   Purin

Nucleosid: Base + (Desoxy-)ribose
Nucleotid: Base + (Desoxy-)ribose + Phosphat

Nucleinsäure-Basen:

| Adenin A | Guanin G | Thymin T (DNA) | Cytosin C | Uracil U (RNA) |

Purine   **Pyrimidine**

Nucleoside: Adenosin   Guanosin   Thymidin   Cytidin   Uridin

Modifizierte Nucleinsäure-Basen:

Seltene Basen in DNA

N^6-Methyladenin N^2-Methylguanin   5-Methylcytosin   5-Hydroxymethylcytosin α-glykosyliertes Derivat

Seltene Basen in tRNA

Hypoxanthin   7-Methylguanin   Pseudouracil   4-Thiouracil
Als Nucleosid: Inosin

Bioanalytik

Friedrich Lottspeich / Haralabos Zorbas (Hrsg.)

Bioanalytik

Spektrum Akademischer Verlag   Heidelberg · Berlin

Anschrift der Herausgeber:

Dr. Friedrich Lottspeich
Max-Planck-Institut für Biochemie
Proteinanalytik
Am Klopferspitz 18a
82152 Martinsried

Priv.-Doz. Dr. Haralabos Zorbas
Ludwig-Maximilians-Universität
Institut für Biochemie
Feodor-Lynen-Str. 25
81377 München

Die Deutsche Bibliothek – CIP-Einheitsaufnahme
Bioanalytik / Friedrich Lottspeich ; Haralabos Zorbas (Hrsg.). -
Heidelberg ; Berlin : Spektrum, Akad. Verl., 1998
  ISBN 3-8274-0041-4

© 1998 Spektrum Akademischer Verlag GmbH Heidelberg · Berlin

Alle Rechte, insbesondere die der Übersetzung in fremde Sprachen, sind vorbehalten. Kein Teil dieses Buches darf ohne schriftliche Genehmigung des Verlages fotokopiert oder in irgendeiner anderen Form reproduziert oder in eine von Maschinen verwendbare Sprache übertragen oder übersetzt werden.

Die Wiedergabe von Warenbezeichnungen, Handelsnamen, Gebrauchsnamen usw. in diesem Buch berechtigt auch ohne besondere Kennzeichnung nicht zu der Annahme, daß diese von jedermann frei benützt werden dürfen.

Es konnten nicht sämtliche Rechteinhaber von Abbildungen ermittelt werden. Sollte dem Verlag gegenüber der Nachweis der Rechtsinhaberschaft geführt werden, wird das branchenübliche Honorar nachträglich gezahlt.

Lektorat: Karin von der Saal, Jutta Liebau (Ass.)
Redaktion: Friedhelm Glauner, Dr. Katrin Wolf
Produktion: Elke Littmann
Chemische Formeln: Dr. Wolfgang Zettlmeier, Laaber-Waldetzenberg
Graphik: Christiane von Solodkoff, Neckargemünd
Umschlaggestaltung: Kurt Bitsch, Birkenau
Satz: Hagedorn Kommunikation, Viernheim
Druck und Verarbeitung: Franz Spiegel Buch GmbH, Ulm

Vorwort

Dies ist ein Methodenbuch. Warum soll (noch) ein Methodenbuch erscheinen, und – was den Leser mehr interessieren dürfte – warum soll er es kaufen? Dafür können wir mindestens zwei gute Gründe anführen: Der erste Grund ist erkenntnistheoretischer Natur: Eine Methode bestimmt letztendlich den Wahrheitsgehalt einer wissenschaftlichen Aussage, die durch sie gewonnen wurde. Durch die Kenntnis einer Methode, ihrer Potentiale und vor allem ihrer Limitationen lässt sich also überhaupt erst einschätzen, in wie weit eine Aussage oder eine Theorie (allgemein)gültig ist. Das ist demnach ein Weg, um die „vorläufigen Wahrheiten", die eine experimentelle Wissenschaft erzeugt, zu erweitern und zu verbessern. Deshalb wurde bei der Konzeption dieses Buches und bei den Ausführungen in den einzelnen Kapiteln größter Wert darauf gelegt, das Geschriebene kritisch darzustellen und zu durchleuchten, um eine fundierte Auseinandersetzung des Benutzers mit dem Stoff zu ermöglichen. Das ist unseres Erachtens der wichtigste Grund, warum überhaupt Methoden als Lehr- und Lernstoff angeboten werden müssen.

Aber nicht nur in Retrospektive ist die tiefe und breite Kenntnis von Methoden wichtig. Der zweite Grund ist die Absicht – und hoffentlich auch das erreichte Ziel – dieses Buches, das Kennenlernen und das Lernen der Methoden, die darin enthalten sind, leicht und übersichtlich zu gestalten, und dieses Buch zum unerlässlichen Werkzeug des Studenten und des Lehrers zu machen. Diese Absicht resultiert aus unserer Überzeugung und Erfahrung, dass heutzutage jeder Einzelne, ob Lehrender oder Lernender, bei der Vielzahl und Vielfalt der Techniken, die in den Biowissenschaften in Gebrauch sind, hoffnungslos überfordert ist. Gleichwohl ist die Anwendung dieser Techniken nunmehr imperativ geworden. Es war unser stolzes Vorhaben und unser eigenes intellektuelles Bedürfnis, diese Techniken in einer Weise zusammenzustellen, die nach Möglichkeit lückenlos, zwingend und auf jeden Fall „modern" ist. Unseres Wissens existiert im deutschsprachigen Raum kein anderes Lehrbuch, welches in ähnlicher Weise und vor allem in ähnlichem Umfang diesem Ziel gewidmet ist.

Vielleicht wundert sich der geneigte Leser, warum wir als Grund für das Erscheinen dieses Buches nicht auch – sogar als erstes – den offensichtlichsten anführen: Dass man durch ein Methodenbuch eben die Methoden lernt oder zu lernen hofft, die man für seine Arbeit unmittelbar braucht. Dazu zwei Klarstellungen: Dies ist kein „Kochbuch". Das heißt, dass der Leser nach der Lektüre eines Abschnitts nicht zu seinem Labortisch gehen kann und nicht unmittelbar das soeben Gelesene nach „Vorschrift" umsetzen kann – das kann er allerdings, wenn er die Literatur durchgearbeitet hat. Er sollte aber im Stande sein – so jedenfalls unser Anspruch und Wunsch – durch den Überblick und Einblick, den er sich verschafft hat, konzeptionell seine Vorgehensweise optimal zu gestalten.

Und die zweite Klarstellung: Dieses Buch versteht sich nicht als Konkurrenzwerk zu schon vorhandenen Labor-Manuals für verschiedenste Techniken, etwa über Proteinbestimmungen oder PCR. Vielmehr besteht sein Anspruch (auch) darin, durch aufeinander abgestimmte und umfassende Darstellung des Stoffes und häufige Bezugnahme der verschiedenen Kapitel aufeinander (am Rand oder im Fließtext), gedankliche Prinzipien, den Zusammenhang von scheinbar unterschiedlichen Techniken und ihre gegenseitige Bedingtheit aufzuzeigen. Wir denken, dass sich der Leser nach der Lektüre dieses Buches besser zurechtfinden sollte, da ihm eine Orientierung gegeben ist und Zusammenhänge besser oder überhaupt erst klar werden. Wir wollen nicht verschweigen – im Gegenteil! – dass uns, den Herausgebern, bestimmte methodische Zusammenhänge in der Tat auch erst nach Durcharbeitung einiger Manuskripte bewusst wurden. Damit will dieses Buch von übergeordneter Funktionalität sein, mehr als es jede einzelne Methodenanleitung oder ein bloße Sammlung davon sein kann.

Was ist nun der eigentliche Stoff dieses Buches? Das Buch heißt „Bioanalytik" und deutet damit an, dass es um analytische Methoden in den Biowissenschaften geht. Das muss jedoch erklärt bzw. eingeschränkt werden. Was sind eigentlich Biowissenschaften? Ist es die Biochemie oder auch die molekulare Genetik, etwa die Zell- und Entwicklungsbiologie, oder gar die Medizin? Auf jeden Fall, würde man sagen, gehört die Molekularbiologie dazu. Noch komplizierter wird es, wenn man bedenkt, dass Medizin oder Zellbiologie heutzutage ohne Molekularbiologie nicht denkbar sind. Das Buch kann nicht die Bedürfnisse aller dieser verwandten Wissenschaften befriedigen. Auch sind nicht alle analytischen Methoden darin enthalten, sondern nur diejenigen, die biologische Makromoleküle und ihre Modifikationen betreffen. Makromoleküle sind in diesem Fall Proteine, aber auch Kohlenhydrate und Lipide, DNA und RNA. Spezielle Methoden für die Analyse von niedermolekularen Metaboliten werden also nicht berücksichtigt. Manchmal haben wir aber auch die selbstgesetzte Grenze überschritten. So werden Methoden zur präparativen Aufarbeitung von DNA und RNA vorgestellt, einfach deshalb, weil sie so unmittelbar und zwingend mit den anschließenden Analysetechniken zusammenhängen. Außerdem können viele Techniken (etwa Elektrophorese, Chromatographie) sowohl im analytischen als auch im präparativen Maßstab angewendet werden. Bei anderen Techniken wiederum ist es nicht ohne Weiteres auseinanderzuhalten, was Präparation, was Analyse ist – wenn man nicht der traditionellen Aufteilung der Begriffe folgen will, wonach es allein durch die Menge der Substanz bestimmt wird, mit der man es zu tun hat. Ist etwa beim Two-Hybrid-System die Identifizierung von wechselwirkenden Proteinpartnern eine analytische Methode, wenn dieser letzte Schritt auf der arbeitsintensiven Konstruktion der entsprechenden Klone beruht – also auf einer Methode, bei der vorerst nichts bezüglich der Wechselwirkung analysiert wird? Ähnlich verhält es sich bei der gezielten Genmodifikation, nach der die Genfunktion analysiert werden kann, bei der aber zuvor die Konstruktion (und nicht die Analyse) der mutanten Sequenzen in vitro vollbracht werden muss. Andererseits wurde konsequent auf die Beschreibung einiger eindeutig präparativer Techniken verzichtet. Die Synthese von Oligonucleotiden – eine eindeutig präparative Technik – oder die DNA-Klonierung etwa wurden ganz weggelassen. Letztere ist, obwohl Voraussetzung oder Ziel einer großen Zahl analytischer Methoden, selbst keine analytische Technik. In diesem letzten Fall war die Entscheidung für uns auch deshalb sehr leicht zu fällen, weil es bereits zahlreiche gute Einführungen und Manuals darüber gibt!

Zusammenfassend würden wir sagen, dass das Buch die analytischen Methoden der Protein(bio)chemie, der Molekularbiologie und zum Teil auch der modernen Cytogenetik beschreibt. In diesem Zusammenhang sind mit „Molekularbiologie" die Teile der molekularen Genetik und Biochemie gemeint, die sich mit der Analyse der Struktur und Funktion der Nucleinsäuren auseinandersetzen. Vieles für die medizinische Anwendung Relevantes wurde an entsprechenden Stellen betont. Methoden der (klassischen) Genetik sowie der traditionellen Zellbiologie sind hingegen kaum enthalten. Wir möchten hervorheben, dass wir Kapitel, die unmittelbar die Funktion der Proteine und Nucleinsäuren betreffen, einem besonderen Teil im Buch zugewiesen haben, der „Funktionsanalytik". Hierunter fällt auch das einzige nichtexperimentelle Kapitel des Buches, die „Sequenzdatenanalyse".

An wen wendet sich dieses Buch? Der vorherige Absatz lässt es mehr oder weniger ahnen: Es sind dies in erster Linie Biochemiker, Biologen, Chemiker, Pharmazeuten, Lebensmittelchemiker, Mediziner und Biophysiker. Für die einen (etwa Biochemiker, Biologen, Chemiker) wird das Buch interessant sein, weil es Methoden zu ihrem eigenen Wissensgegenstand beschreibt. Der zweiten Gruppe (z. B. Pharmazeuten, Lebensmittelchemikern, Medizinern, Biophysikern) mag das Buch relevant erscheinen, weil sie darin die Hintergründe und Grundlagen für eine Vielzahl der Kenntnisse in ihren Disziplinen findet. Darüber hinaus wendet sich das Buch an jeden interessierten Leser, der bereit ist, sich mit dem Inhalt ein wenig auseinanderzusetzen. Der behandelte Stoff setzt voraus, dass der Leser zumindest eine Grundvorlesung in Biochemie oder molekularer Genetik/Gentechnik gehört hat – am besten beides – oder dass er gerade dabei ist. In unserer Vorstellung wäre es ideal, wenn das Buch als Begleitlektüre zu einer solchen Vorlesung benutzt würde. Es kann und sollte auch während der experimentellen Tätigkeit (etwa Praktikum, Diplom- oder Doktorarbeit oder der alltäglichen Arbeit im Labor) zu Rate gezogen werden. Das Buch möchte von gleichem Wert sowohl für Studierende, für Lehrende und für beruflich Tätige in diesen Wissenschaften sein.

Zur Gliederung des Stoffes möchten wir vorab klarstellen, dass es sich hierbei um eine der schwierigsten Aufgaben bei der Gestaltung dieses Buches gehandelt hat. Es ist fast unmöglich, die Arbeitstechniken eines so komplexen Gebietes in den zwei Dimensionen, die uns das Papier allein bietet, völlig realitätstreu abzuhandeln, ohne gleichzeitig die didaktische Absicht des Buches zu beeinträchtigen. Uns standen zwei Herangehensweisen zur Auswahl: Eine mehr theoretische und gedanklich stringentere und eine mehr praxisorientierte. Die theoretische Möglichkeit wäre gewesen, die Methoden ausschließlich nach den verschiedenen Arten aufzuteilen, z. B. Chromatographie, Elektrophorese, Zentrifugation usw. Unter der jeweiligen Methodenart wäre dann ihre Anwendung je nach konkreter Absicht und bei den verschiedenen Stoffklassen beschrieben. Dieses Vorgehen ist gedanklich logischer, aber unübersichtlicher und praxisfremd. Die eher praxisbezogene Präsentation ist, vom konkreten Problem und der konkreten Fragestellung auszugehen und nach der Methode zu suchen, die die Frage beantwortet. Das ist intuitiv einsichtiger, führt aber zu unvermeidbaren Redundanzen, und ein richtiges „mehrdimensionales" und tiefes Verständnis des Stoffes ergibt sich erst nach seiner gesamten Durcharbeitung. Unser Vorgehen in diesem Buch lehnt sich entschieden an die zweite Alternative an, d. h. die praxisbezogene. Wo es aber möglich war, vor allem im Teil „Proteinanalytik", werden die Methoden nach prinzipiellen Gesichtspunkten eingeteilt und besprochen. Dieser Teil enthält auch die Grundlagen instrumenteller Techniken, deren Verständnis und Kenntnis Voraussetzung für andere Buchteile sind. Dem Problem der Redundanz sind wir begegnet, indem gewöhnlich an die Stelle verwiesen wird, an der die Methode zum ersten Mal beschrieben ist. Manchmal ließen wir aber aus didaktischen Zwecken Redundanzen stehen. Es bleibt unseren Lesern überlassen zu urteilen, ob die Frage der Aufteilung durch unsere Wahl optimal gelöst wurde.

Eine Übersicht der Methoden und ihrer Zusammenhänge findet der Leser auch im Inneneinband hinten. Dieses Flussdiagramm soll – vor allem dem Einsteiger – veranschaulichen, wie man sich die Vorgehensweise vom Aufschluss der Zellen bis hinunter zu den molekularen Dimensionen vorzustellen hat. In diesem Flussdiagramm sind die natürlichen Turbulenzen des Flusses wohlwissentlich auf dem Altar der Übersichtlichkeit geopfert worden. Der Fachmann möge uns verzeihen!

An dieser Stelle sei noch auf eine Konvention im Buch verwiesen, die nicht allgemein gebräuchlich ist: Es geht um die Begriffe „in vitro" und „in vivo". „In vitro" hat für die Medizinwissenschaften die Bedeutung von „in Zellkultur", für die Molekularbiologie hingegen heißt es „zellfrei". Entsprechend bedeutet „in vivo" für Mediziner „im Tier", für die Molekularbiologen heißt es „in der lebenden Zelle". Um Missverständnissen vorzubeugen, möchten wir hier erklären, dass wir diese Termini so benutzen, wie sie die Molekularbiologen verstehen, also „in vitro" = „zellfrei", „in vivo" = „in der lebenden Zelle" („in situ" heißt wörtlich: „an Ort und Stelle" und wird auch als solches benutzt und verstanden). Wo es unklar sein könnte, haben wir die eindeutigen deutschen Beschreibungen gewählt, also „zellfrei", „in der lebenden Zelle", „im Tierexperiment".

Wir haben größte Sorgfalt verwendet, die Kapitel aufeinander abzustimmen und Fehler zu eliminieren. Unseren Lesern wären wir verbunden, wenn sie uns auf Unstimmigkeiten oder Lücken hinwiesen, die wir vielleicht übersehen haben. Wie zu erwarten, hat uns dieses Werk viel Arbeit, aber auch sehr viel Spaß gemacht! Wir möchten uns an dieser Stelle bei unseren Autoren bedanken, die durch ihre großartige, gewissenhafte Arbeit und Kooperationsbereitschaft zu dieser Freude wesentlich beigetragen haben. Dem Spektrum-Verlag möchten wir ebenso unseren Dank aussprechen, dass uns die wissenschaftliche Verantwortung für dieses Werk übertragen wurde. Die größte Anerkennung verdient aber in unseren Augen Karin von der Saal, Lektorin beim Spektrum-Verlag, auf deren Vision letzten Endes das ganze Unterfangen zurückgeht. Sie war diejenige Person, durch deren Einsatz, Unermüdlichkeit, Freundlichkeit, Koordination, Glauben an uns und an die Sache, Inspiration, Konzilianz und Professionalität das Ganze überhaupt erst realisiert werden konnte. Dafür unseren herzlichsten Dank!

München, im Februar 1998

Haralabos Zorbas
Friedrich Lottspeich

Inhaltsübersicht

1 Bioanalytik – eine eigenständige Wissenschaft ... 1

Teil I Proteinanalytik

2 Proteinreinigung ... 9
3 Proteinbestimmungen ... 35
4 Enzymatische Aktivitätstests ... 49
5 Immunologische Techniken ... 67
6 Chemische Modifikation von Proteinen und Proteinkomplexen ... 103
7 Spektroskopie ... 131
8 Spaltung von Proteinen ... 179
9 Chromatographische Trennmethoden ... 195
10 Elektrophoretische Verfahren ... 217
11 Kapillarelektrophorese ... 253
12 Aminosäurenanalyse ... 285
13 Proteinsequenzanalyse ... 297
14 Massenspektrometrie ... 323

Teil II 3D-Strukturaufklärung

15 NMR-Spektroskopie von Biomolekülen ... 371
16 Elektronenmikroskopie ... 413
17 Röntgenstrukturanalyse ... 451

Teil III Spezielle Stoffgruppen

18 Analytik synthetischer Peptide ... 467
19 Kohlenhydratanalytik ... 485
20 Lipidanalytik ... 537

Teil IV Nucleinsäure-Analytik

21 Isolierung und Reinigung von Nucleinsäuren ... 571
22 Aufarbeitung von Nucleinsäuren ... 593
23 Hybridisierung und Nachweistechniken ... 635
24 Polymerase-Kettenreaktion ... 673
25 DNA-Sequenzierung ... 705
26 Analyse der genomischen DNA-Methylierung ... 735
27 Protein-DNA-Wechselwirkungen ... 747

Teil V Funktionsanalytik

28 Sequenzdatenanalyse ... 781
29 Proteomanalyse ... 815
30 Genomanalyse mit Methoden der molekularen Cytogenetik ... 829
31 Physikalische und genetische Genkartierung ... 845
33 Analyse von Promotorstärke und aktiver RNA-Synthese ... 877
34 Protein-Protein-Wechselwirkungen: das Two-Hybrid-System ... 901
35 Assoziationen zwischen Makromolekülen: Analytische Ultrazentrifugation ... 915
36 Gezielte Genmodifikation ... 921
37 Oligonucleotide als zellbiologische Werkzeuge ... 941
38 Überexpression ... 959

Anhang ... 979

Index ... 1017

Inhalt

| 1 | **Bioanalytik – eine eigenständige Wissenschaft** | 1 |

Teil I Proteinanalytik

2	**Proteinreinigung**	9
2.1	Eigenschaften von Proteinen	9
2.2	Proteinlokalisation und Reinigungsstrategie	13
2.3	Homogenisierung und Zellaufschluss	14
2.4	Die Fällung	17
2.5	Zentrifugation	18
2.5.1	Grundlagen	20
2.5.2	Zentrifugationstechniken	21
2.6	Abtrennung von Salzen oder hydrophilen Verunreinigungen	24
2.7	Konzentrierung	27
2.8	Detergenzien und ihre Entfernung	27
2.8.1	Eigenschaften von Detergenzien	28
2.8.2	Entfernen von Detergenzien	31
2.9	Probenvorbereitung für die Proteomanalyse	33
	Weiterführende Literatur	33

3	**Proteinbestimmungen**	35
3.1	Quantitative Bestimmung durch Färbetests	37
3.1.1	Biuret-Assay	39
3.1.2	Lowry-Assay	39
3.1.3	Bicinchoninsäure-Assay (BCA-Assay)	40
3.1.4	Bradford-Assay	41
3.2	Spektroskopische Methoden	42
3.2.1	Messungen im UV-Bereich	43
3.2.2	Fluoreszenzmethode	45
3.3	Radioaktive Markierung von Peptiden und Proteinen	45
3.3.1	Iodierungen	47
	Weiterführende Literatur	48

4	**Enzymatische Aktivitätstests**	49
4.1	Grundlagen der Enzymkinetik	50
4.2	Maßeinheiten der Enzymaktivität	50
4.3	Messtechniken	52
4.3.1	Photometrische Aktivitätstests	52
4.3.2	Kontinuierliche und diskontinuierliche Tests	53
4.4	Einflussgrößen auf die Enzymaktivität	54
4.4.1	pH-Wert und Puffersystem	54
4.4.2	Temperatur	55
4.4.3	Auswahl des Substrats	56
4.4.4	Substratkonzentration	57
4.4.5	Enzymkonzentration	59
4.4.6	Enzymstabilität	60
4.5	Aufbau eines Testsystems	60
4.6	Störquellen und Fehlermöglichkeiten	62
	Weiterführende Literatur	64

5	**Immunologische Techniken**	67
5.1	Antikörper	69
5.1.1	Antikörper und Immunabwehr	69
5.1.2	Antikörper als Reagenz	69
5.1.3	Eigenschaften von Antikörpern	70
5.1.4	Funktionelle Struktur von IgG	71
5.1.5	Antigenbindungsstelle (Haftstelle)	72
5.1.6	Handhabung von Antikörpern	73
5.2	Antigene	73
5.3	Antigen-Antikörper-Reaktion	75
5.3.1	Immunagglutination	76
5.3.2	Immunpräzipitation	77
5.3.3	Immunbindung	89
5.3.4	Western-Blotting: Proteintransfer, Immobilisierung und Immundetektion	94
5.4	Herstellung von Antikörpern	100
5.4.1	Arten von Antikörpern	101
	Weiterführende Literatur	102

6	**Chemische Modifikation von Proteinen und Proteinkomplexen**	103
6.1	Chemische Modifikation funktioneller Gruppen von Proteinen	104
6.2	Modifizierung als Mittel zur Einführung von Reportergruppen	113
6.2.1	Untersuchungen an natürlich vorkommenden Proteinen	113
6.2.2	Untersuchungen an überexprimierten oder mutierten Proteinen	117
6.3	Protein-Cross-Linking zur Analyse von Protein-Wechselwirkungen	118
6.3.1	Bifunktionelle Reagenzien	119
6.3.2	Photoaffinitätsmarkierung	121
	Weiterführende Literatur	130

7	**Spektroskopie**	131
7.1	Physikalische Prinzipien und Messtechniken	132

7.1.1	Physikalische Grundlagen optischer spektroskopischer Messmethoden	132	9.8	Affinitätschromatographie	209
			9.9	Ausschlusschromatographie	213
7.1.2	Wechselwirkung Licht-Materie	133	Weiterführende Literatur		215
7.1.3	Absorptionsmessungen	141			
7.1.4	Photometer	144	**10**	**Elektrophoretische Verfahren**	**217**
7.1.5	Kinetische spektroskopische Untersuchungen	145	10.1	Geschichtlicher Überblick	218
			10.2	Theoretische Grundlagen	219
7.2	UV/VIS/NIR-Spektroskopie	147	10.3	Instrumentierung und Durchführung von Gelelektrophoresen	223
7.2.1	Grundlagen	147			
7.2.2	Chromoproteine	148	10.3.1	Probenvorbereitung	224
7.3	IR-Spektroskopie	156	10.3.2	Gelmedien für Elektrophoresen	225
7.3.1	Grundlagen	156	10.3.3	Nachweis und Quantifizierung der getrennten Proteine	227
7.3.2	Molekülschwingungen	157			
7.3.3	Messtechniken	158	10.3.4	Zonenelektrophorese	229
7.3.4	Infrarotspektroskopie von Proteinen	160	10.3.5	Porengradientengele	230
7.4	Raman-Spektroskopie	163	10.3.6	Puffersysteme	231
7.4.1	Grundlagen	163	10.3.7	Disk-Elektrophorese	231
7.4.2	Raman-Experimente	164	10.3.8	Saure Nativelektrophorese	233
7.4.3	Resonanz-Ramanspektroskopie	166	10.3.9	SDS-Polyacrylamidgel-Elektrophorese	233
7.5	Fluoreszenzspektroskopie	167	10.3.10	Blaue Nativ-Polyacrylamidgel-Elektrophorese	234
7.5.1	Grundlagen	167			
7.5.2	Fluoreszenzspektren als Emissionsspektren und als Aktionsspektren	169	10.3.11	Isoelektrische Fokussierung	235
			10.4	Präparative Verfahren	241
7.5.3	Fluoreszenzuntersuchungen mit intrinsischen und extrinsischen Fluorophoren	171	10.4.1	Elektroelution aus Gelen	241
			10.4.2	Präparative Zonenelektrophorese	241
7.6	Methoden mit polarisiertem Licht	172	10.4.3	Präparative isoelektrische Fokussierung	242
7.6.1	Lineardichroismus	172	10.5	Hochauflösende zweidimensionale Elektrophorese	243
7.6.2	Optische Rotationsdispersion und Circulardichroismus	176			
			10.6	Trägerfreie Elektrophorese	246
Weiterführende Literatur		178	10.7	Elektroblotting	247
			10.7.1	Blotsysteme	248
8	**Spaltung von Proteinen**	**179**	10.7.2	Der Blotvorgang	249
8.1	Proteolytische Enzyme	179	10.7.3	Die Wahl der geeigneten Blotmembran	250
8.2	Strategie	180	Weiterführende Literatur		252
8.3	Denaturierung	181			
8.4	Spaltung von Disulfidbrücken und Alkylierung	182	**11**	**Kapillarelektrophorese**	**253**
			11.1	Geschichtlicher Überblick	253
8.5	Enzymatische Fragmentierung	183	11.2	Prinzip der Kapillarelektrophorese	254
8.5.1	Proteasen	185	11.3	Gerätetechnik	254
8.5.2.	Proteolysebedingungen	189	11.3.1	Injektion der Proben	255
8.6	Chemische Fragmentierung	190	11.3.2	Detektion	256
8.7	Ausblick	193	11.4	Theoretische Grundlagen	258
Weiterführende Literatur		194	11.4.1	Elektroosmotischer Fluss	259
			11.4.2	Joulesche Wärmeentwicklung	260
9	**Chromatographische Trennmethoden**	**195**	11.5	Trennprinzipien in der CE	260
9.1	Prinzip der Chromatographie	195	11.6	Kapillarzonenelektrophorese (CZE)	261
9.1.1	Grundbegriffe	196	11.6.1	Elektrodispersion	263
9.1.2	Instrumentierung	196	11.6.2	Auflösung	264
9.1.3	Stationäre Phasen	197	11.6.3	Trennungsoptimierung	264
9.1.4	Detektion der chromatographischen Trennung	197	11.7	Kapillaraffinitätselektrophorese (CAE)	267
			11.8	Micellarelektrokinetische Chromatographie (MEKC)	269
9.2	Chromatographische Theorie	198			
9.3	Reinigungsstrategie für Peptide und Proteine	201	11.8.1	Theoretische Grundlagen	269
			11.8.2	Chirale MEKC	271
9.4	Ionenaustausch-Chromatographie	202	11.9	Kapillargelelektrophorese (CGE)	273
9.5	Hydroxyapatit-Chromatographie	204	11.10	Isoelektrische Fokussierung (CIEF)	274
9.6	Reversed-Phase-Chromatographie	205	11.10.1	Einschrittfokussierung	276
9.7	Hydrophobe Interaktionschromatographie	208			

11.10.2	Fokussierung mit Druck-/Spannungsmobilisierung	276
11.10.3	Fokussierung mit chemischer Mobilisierung	277
11.11	Isotachophorese (ITP)	278
11.12	Spezielle Applikationen	279
11.12.1	Online-Probenkonzentrierung	279
11.12.2	CE-MS-Kopplung	281
11.12.3	Fraktionierung	281
11.13	Ausblick	283
Weiterführende Literatur		284

12	**Aminosäurenanalyse**	**285**
12.1	Probenvorbereitung	286
12.1.1	Saure Hydrolyse	286
12.1.2	Alkalische Hydrolyse	287
12.1.3	Enzymatische Hydrolyse	287
12.2	Freie Aminosäuren	288
12.3	Derivatisierung	288
12.3.1	Nachsäulenderivatisierung	288
12.3.2	Vorsäulenderivatisierung	291
12.4	Datenauswertung und Beurteilung der Analysen	295
Weiterführende Literatur		296

13	**Proteinsequenzanalyse**	**297**
13.1	*N*-terminale Sequenzanalyse: Der Edman-Abbau	299
13.1.1	Reaktionen des Edman-Abbaus	299
13.1.2	Identifizierung der Aminosäuren	301
13.1.3	Die Qualität des Edman-Abbaus: Die repetitive Ausbeute	302
13.1.4	Instrumentierung	302
13.1.5	Probleme der Aminosäuresequenzanalyse	307
13.1.6	Stand der Technik	311
13.2	*C*-terminale Sequenzanalyse	312
13.2.1	Chemische Abbaumethoden	313
13.2.2	Peptidmengen und Qualität des chemischen Abbaus	318
13.2.3	Abbau der Polypeptide mit Carboxypeptidasen	318
13.2.4	Carboxy-terminale Leitersequenzierung	320
Weiterführende Literatur		322

14	**Massenspektrometrie**	**323**
14.1	Matrix-unterstützte Laserdesorptions/Ionisations-Massenspektrometrie (MALDI-MS)	324
14.1.1	Ionisierungsprinzip	324
14.1.2	Massenanalyse der Ionen mit dem Flugzeitmassenspektrometer	327
14.1.3	Detektion der Ionen	331
14.1.4	Molekulargewichtsbestimmung mit MALDI	332
14.1.5	Sequenzierung von Peptiden mit MALDI	339
14.1.6.	Kopplung von MALDI-MS und PAGE	347
14.2	Elektrospray-Ionisations-Massenspektrometrie (ESI-MS)	348
14.2.1	Ionisierungsprinzip	349
14.2.2	ESI-Quelle und Interface	352
14.2.3	Massenanalyse der Ionen mit dem Quadrupolmassenspektrometer	354
14.2.4	Massenanalyse mit der Ionenfalle	357
14.2.5	Molekulargewichtsbestimmung mit ESI-MS	359
14.2.6	Strukturanalyse mit ESI-MS	363
14.2.7	Sequenzierung von Peptiden mit ESI-MS	365
Weiterführende Literatur		368

Teil II 3D-Strukturaufklärung

15	**NMR-Spektroskopie von Biomolekülen**	**371**
15.1	Theorie der NMR-Spektroskopie	372
15.1.1	Kernspin und Energiequantelung	372
15.1.2	Continuous-Wave-Spektroskopie	374
15.1.3	Gepulste Fourier-Transformationsspektroskopie	374
15.1.4	Besetzungszahlen und Gleichgewichtsmagnetisierung	375
15.1.5	Die Bloch-Gleichungen	376
15.1.6	Relaxation	376
15.2	Eindimensionale NMR-Spektroskopie	377
15.2.1	Das 1D-Experiment	377
15.2.2	Spektrale Parameter	378
15.3	Zweidimensionale NMR-Spektroskopie	383
15.3.1	Aufbau eines 2D-Spektrums	383
15.3.2	Das COSY-Spektrum	386
15.3.3	Das TOCSY-Spektrum	386
15.3.4	Das NOESY-Spektrum	387
15.3.5	Homonukleare 2D-NMR-Experimente von Proteinen: Grenzen der Anwendung	388
15.3.6	Heteronukleare NMR	388
15.3.7	HSQC	389
15.4	Dreidimensionale NMR-Spektroskopie	389
15.4.1	NOESY-HSQC- und TOCSY-HSQC-Experiment	391
15.4.2	HCCH-TOCSY- und HCCH-COSY-Experiment	391
15.4.3	Tripelresonanzexperimente	391
15.5	Signalzuordnung	394
15.5.1	Sequentielle Zuordnung homonuklearer Spektren	394
15.5.2	Auswertung heteronuklearer 3D-Spektren	396
15.5.3	Selektive Aminosäuremarkierung	397
15.5.4	Sequentielle Zuordnung mit Tripelresonanzspektren	397
15.6	Bestimmung der Proteinstruktur	401
15.6.1	Randbedingungen für die Strukturrechnung	401
15.6.2	Bestimmung der Sekundärstruktur	402
15.6.3	Berechnung der Tertiärstruktur	404
15.7	Proteinstrukturen und mehr – ein Ausblick	409
15.7.1	Bestimmung der Dynamik	409
15.7.2	Untersuchung von Protein-Ligand-Komplexen	409
15.7.3	Proteinfaltung	410
Weiterführende Literatur		410

16	**Elektronenmikroskopie**	413
16.1	Transmissionselektronenmikroskopie – Instrumentation	414
16.2	Präparationsverfahren	417
16.2.1	Negativkontrastierung	417
16.2.2	Bedampfung mit Schwermetallen	419
16.2.3	Einbettung in Eis	420
16.2.4	Zweidimensionale Kristallisation von Proteinen	421
16.3	Abbildung von Molekülen im Elektronenmikroskop	422
16.3.1	Auflösung eines Transmissionselektronenmikroskops	422
16.3.2	Wechselwirkung des Elektronenstrahls mit dem Objekt	424
16.4	Bildanalyse, Bildverarbeitung und 3D-Rekonstruktion	427
16.4.1	Fourier-Transformation	428
16.4.2	Analyse der Kontrastübertragungsfunktion und der Kristallinität des Objekts	430
16.4.3	Digitalisierung	433
16.4.4	Erhöhung des Signal-zu-Rausch-Verhältnisses	433
16.4.5	Korrespondenzanalyse und Klassifizierung	437
16.4.6	Dreidimensionale Elektronenmikroskopie	439
16.5	Rastersondenmikroskopie	443
16.5.1	Rastertunnelmikroskopie	445
16.5.2	Rasterkraftmikroskopie	446
	Weiterführende Literatur	448
17	**Röntgenstrukturanalyse**	451
17.1	Kristallisation	451
17.2	Kristalle und Röntgenbeugung	453
17.3	Das Phasenproblem	457
17.3.1	Isomorpher Ersatz: SIR und MIR	457
17.3.2	Multiple anomale Dispersion (MAD)	459
17.3.3	Molekularer Ersatz (MR)	460
17.4	Modellbau und Strukturverfeinerung	461
	Weiterführende Literatur	463

Teil III Spezielle Stoffgruppen

18	**Analytik synthetischer Peptide**	467
18.1	Prinzip der Peptidsynthese	467
18.2	Untersuchung der Reinheit synthetischer Peptide	473
18.3	Charakterisierung und Identität synthetischer Peptide	474
18.4	Charakterisierung der Struktur synthetischer Peptide	479
18.5	Analytik von Peptidbibliotheken	480
	Weiterführende Literatur	483
19	**Kohlenhydratanalytik**	485
19.1	Allgemeine stereochemische Grundlagen	486
19.1.1	Die Reihe der D-Zucker	486
19.1.2	Stereochemie der D-Glucose	487
19.1.3	Wichtige Monosaccharidbausteine	488
19.1.4	Die Reihe der L-Zucker	489
19.1.5	Die glykosidische Bindung	490
19.2	Die Proteinglykosylierung	494
19.2.1	Aufbau der N-Glykane	495
19.2.2	Der Aufbau der O-Glykane	497
19.3	Glykoanalytik am intakten Glykoprotein	498
19.3.1	Ist mein Protein glykosyliert?	498
19.3.2	Charakterisierung der Glykosylierung mittels Lectinen	501
19.3.3	Isoelektrische Fokussierung	502
19.3.4	Analyse der neutralen Monosaccharidkomponenten	502
19.3.5	N-Acetylneuraminsäure (Sialsäure)	505
19.4	Freisetzung und Isolierung des N-Glykanpools	506
19.4.1	Enzymatische Freisetzung mittels PNGase F	506
19.4.2	Enzymatische Freisetzung mittels Endoglykosidasen	507
19.4.3	Chemische Freisetzung mittels Hydrazinolyse	507
19.5	Isolierung einzelner N-Glykane	508
19.6	Charakterisierung der Glykane im Glykanpool	509
19.6.1	Mapping nicht-derivatisierter N-Glykane	509
19.6.2	Mapping derivatisierter N-Glykane	514
19.6.3	Mapping mittels Kapillarelektrophorese (HPCE)	517
19.7	Glykoanalytik isolierter N-Glykane (Strukturanalyse)	519
19.7.1	Kompositionsanalyse	519
19.7.2	Methylierungsanalyse	522
19.7.3	Sequenzierung in Verbindung mit Gelfiltration	524
19.7.4	FAB-MS (Fast Atom Bombardment-Massenspektrometrie)	524
19.7.5	^{1}H-NMR-Spektroskopie	526
19.8	Schlussbetrachtung	534
	Weiterführende Literatur	534
20	**Lipidanalytik**	537
20.1	Aufbau und Einteilung von Lipiden	537
20.2	Extraktion von Lipiden aus biologischem Material	539
20.2.1	Flüssigphasenextraktion	539
20.2.2	Festphasenextraktion	540
20.3	Methoden der Lipidanalytik	542
20.3.1	Chromatographische Methoden	542
20.3.2	Massenspektrometrie	547
20.3.3	Immunoassays	548
20.3.4	Weitere Methoden in der Lipidanalytik	548
20.3.5	Online-Kopplung verschiedener Analysesysteme	550
20.4	Analytik ausgewählter Lipidklassen	553
20.4.1	Gesamtlipidextrakte	553
20.4.2	Fettsäuren	553
20.4.3	Unpolare Neutrallipide	554

20.4.4	Polare Esterlipide	556
20.4.5	Lipidhormone und intrazelluläre Signaltransduktoren	560
20.5	Lipidvitamine	563
20.6	Ausblick	567
Weiterführende Literatur		567

Teil IV Nucleinsäure-Analytik

21	**Isolierung und Reinigung von Nucleinsäuren**	571
21.1	Reinigung und Konzentrationsbestimmung von Nucleinsäuren	571
21.1.1	Phenolextraktion	571
21.1.2	Gelfiltration	572
21.1.3	Ethanolpräzipitation der Nucleinsäuren	573
21.1.4	Konzentrationsbestimmung von Nucleinsäuren	574
21.2	Isolierung genomischer DNA	576
21.3	Isolierung niedermolekularer DNA	578
21.3.1	Isolierung von Plasmid-DNA aus Bakterien	578
21.3.2	Isolierung niedermolekularer DNA aus eukaryontischen Zellen	584
21.4	Isolierung viraler DNA	585
21.4.1	Isolierung von Phagen-DNA	585
21.4.2	Isolierung von DNA aus eukaryontischen Viren	586
21.5	Isolierung einzelsträngiger DNA	587
21.5.1	Isolierung von M13-DNA	587
21.5.2	Trennung von einzel- und doppelsträngiger DNA	588
21.6	Isolierung von RNA	589
21.6.1	Isolierung von cytoplasmatischer RNA	590
21.6.2	Isolierung von poly(A)$^+$-RNA	591
Weiterführende Literatur		592

22	**Aufarbeitung von Nucleinsäuren**	593
22.1	Restriktionsanalyse	593
22.1.1	Prinzip der Restriktionsanalyse	593
22.1.2	Historischer Überblick	594
22.1.3	Restriktionsenzyme	594
22.1.4	Der Restriktionsansatz und seine Anwendungen	597
22.2	Elektrophorese	603
22.2.1	Gelelektrophorese von DNA	605
22.2.2	Gelelektrophorese von RNA	612
22.2.3	Pulsfeldgelelektrophorese (PFGE)	614
22.2.4	Zweidimensionale Gelelektrophorese	617
22.3	Färbemethoden	621
22.3.1	Fluoreszenzfarbstoffe	621
22.3.2	Silberfärbung	623
22.4	Nucleinsäure-Blotting	624
22.4.1	Blotting-Verfahren	624
22.4.2	Wahl der Membranen	625
22.4.3	Southern-Blotting	626
22.4.4	Northern-Blotting	628
22.4.5	Dot- und Slot-Blotting	629
22.4.6	Kolonie- und Plaque-Hybridisierungen	630
22.5	Fragmentisolierung	631
22.5.1	Elektroelution	631
22.5.2	Reinigung über Gelfiltrations- oder Reversed-Phase-Säulen	633
22.5.3	Andere Methoden	633
Weiterführende Literatur		634

23	**Hybridisierung und Nachweistechniken**	635
23.1	Grundlagen der Hybridisierung	636
23.1.1	Prinzip und Durchführung der Hybridisierung	637
23.1.2	Spezifität der Hybridisierung und Stringenz	638
23.1.3	Hybridisierungsformate	640
23.2	Sonden zur Nucleinsäureanalytik	643
23.2.1	DNA-Sonden	644
23.2.2	RNA-Sonden	645
23.2.3	PNA-Sonden	646
23.3	Markierungsverfahren	647
23.3.1	Markierungspositionen	649
23.3.2	Enzymatische Markierungsreaktionen	650
23.3.3	Photochemische Markierungsreaktionen	652
23.3.4	Chemische Markierungsreaktionen	652
23.4	Nachweissysteme	653
23.4.1	Färbemethoden	653
23.4.2	Radioaktive Systeme	654
23.4.3	Nichtradioaktive Systeme	655
23.5	Amplifikationssysteme	666
23.5.1	Targetamplifikation	668
23.5.2	Targetspezifische Signalamplifikation	669
23.5.3	Signalamplifikation	669
Weiterführende Literatur		671

24	**Polymerase-Kettenreaktion**	673
24.1	Möglichkeiten der PCR	673
24.2	Grundlagen	675
24.2.1	Instrumentierung	675
24.2.2	Amplifikation von DNA	676
24.2.3	Amplifikation von RNA (RT-PCR)	679
24.2.4	Optimierung der Reaktion	681
24.2.5	Quantitative PCR	682
24.3	Spezielle PCR-Techniken	686
24.3.1	Nested-PCR	686
24.3.2	Asymmetrische PCR	686
24.3.3	Einsatz von degenerierten Primern	687
24.3.4	Multiplex-PCR	687
24.3.5	Cycle-Sequencing	688
24.3.6	In-vitro-Mutagenese	688
24.3.7	Weitere Verfahren	690
24.4	Kontaminationsproblematik	690
24.4.1	Vermeidung von Kontaminationen	691
24.4.2	Dekontamination	692
24.5	Anwendungen	693
24.5.1	Nachweis von Infektionskrankheiten	693
24.5.2	Nachweis von genetischen Defekten	694
24.5.3	Humangenomprojekt	698
24.6	Alternative Verfahren der Amplifikation	699

24.6.1	NASBA (*nucleic acid sequence based amplification*)	699
24.6.2	SDA (*strand displacement amplification*)	699
24.6.3	LCR (*Ligase-Kettenreaktion*)	*701*
26.6.4	bDNA (*branched DNA amplification*)	702
24.7	Ausblick	703
Weiterführende Literatur		703
25	**DNA-Sequenzierung**	**705**
25.1	GelgestützteDNA-Sequenzierungsverfahren	709
25.1.1	Sequenzierung nach Sanger: das Didesoxy-Verfahren	709
25.1.2	Markierungstechniken und Nachweisverfahren	719
25.1.3	Chemische Spaltung nach Maxam und Gilbert	724
25.2	Gelfreie DNA-Sequenzierungsmethoden	731
Weiterführende Literatur		733
26	**Analyse der genomischen DNA-Methylierung**	**735**
26.1	Detektionsmethoden der DNA-Basenmethylierung: Definitionen	736
26.2	Detektionsmethoden	736
26.2.1	Niedrigste horizontale Auflösung: Detektion und Quantifizierung des Gesamtgehaltes an einem methylierten Nucleosid und seiner Dinucleotidzusammensetzung	736
26.2.2	Mittlere horizontale Auflösung: Kartierung einer Teilmenge aller modifizierten Stellen auf Nucleotidsequenz-Ebene	739
26.2.3	Höchste horizontale Auflösung: Kartierung aller modifizierten Stellen auf Nucleotidsequenz-Ebene	741
Weiterführende Literatur		745
27	**Protein-DNA-Wechselwirkungen**	**747**
27.1	Nachweisverfahren für Protein-DNA-Wechselwirkungen	747
27.1.1	Filterbindung	748
27.1.2	EMSA	748
27.1.3	McKay-Assay	750
27.1.4	Southwestern und verwandte Techniken	750
27.2	Analyse der Proteinbindungsstelle auf der DNA	752
27.2.1	In vitro-Footprints	752
27.2.2	Weitere in vitro-Methoden zur Analyse von Proteinbindungsstellen auf der DNA	767
27.2.3	Direkte genomische Sequenzierung und in vivo/in situ-Footprints	767
27.3	Native elektrophoretische Verfahren zur Analyse von Veränderungen der DNA-Sekundärstruktur	774
Weiterführende Literatur		778

Teil V Funktionsanalytik

28	**Sequenzdatenanalyse**	**781**
28.1	Bioinformatik	782
28.1.1	Bioinformatik im Internet	783
28.2	Sequenzanalyse	785
28.2.1	Sequenzsignale: Funktionale Motive	786
28.2.2	Identifizierung codierender Bereiche	787
28.2.3	Peptideigenschaften	788
28.2.4	Ein neuronales Netz zur Erkennung von Sekretionssignalsequenzen	789
28.2.5	Sekundärstrukturanalysen	790
28.2.6	Sequenzmotive	794
28.3	Phylogenetische Analyse	794
28.4	Suche nach homologen Sequenzen	795
28.4.1	Identität, Ähnlichkeit und Homologie	796
28.4.2	Die Mutationsdatenmatrix (MDM)	796
28.4.3	Dotplots	803
28.4.4	Optimales Alignment: *dynamic programming*	803
28.4.5	Multiple Alignments	805
28.4.6	Alignment für schnelle Datenbanksuchen	807
28.4.7	Profilbasierte Datenbanksuchen	808
28.5	Wege zur Tertiärstruktur	809
28.5.1	Homologiemodellierung	809
28.5.2	Threading	809
28.5.3	Ab-initio-Strukturvorhersagen	811
28.6	Ausblick	812
Weiterführende Literatur		813
29	**Proteomanalyse**	**815**
29.1	Methoden der Proteomanalyse	818
29.1.1	Definition der Ausgangsbedingungen und Fragestellung	818
29.1.2	Probenvorbereitung	819
29.1.3	Trennung der Proteine	819
29.1.4	Bildverarbeitung und Quantifizierung der Proteine	821
29.1.5	Identifizierung und Charakterisierung der Proteine	822
29.1.6	Bioinformatik	824
29.2	Diskussion und Ausblick	826
Weiterführende Literatur		827
30	**Genomanalyse mit Methoden der molekularen Cytogenetik**	**829**
30.1	Die Technik der Fluoreszenz-in-situ-Hybridisierung	830
30.1.1	Historischer Überblick und technische Durchführung	830
30.1.2	FISH-Sonden	831
30.1.3	Nachweis durch Fluoreszenzfarbstoffe	832
30.1.4	Experimentelle Durchführung	834
30.2	Anwendungen von FISH für die Analyse genomischer DNA	837
30.2.1	FISH bei Metaphasechromosomen	837
30.2.2	Fiber-FISH	839

30.2.3	Interphasecytogenetik	840	
30.2.4	Vergleichende genomische Hybridisierung	840	
30.2.5	Dreidimensionale Genomstruktur	842	
Weiterführende Literatur		844	

31 Physikalische und genetische Genkartierung — 845

- 31.1 Genetische Kartierung: Lokalisierung von Loci im Genom — 845
- 31.1.1 Rekombination — 845
- 31.1.2 Genetische Marker — 847
- 31.1.3 Kopplungsanalyse – die Erstellung genetischer Karten — 849
- 31.1.4 Die genetische Karte des menschlichen Genoms — 852
- 31.1.5 Genetische Kartierung von Krankheitsgenen — 853
- 31.2 Physikalische Kartierung — 854
- 31.2.1 Restriktionskartierung ganzer Genome — 854
- 31.2.2 Kartierung mittels rekombinanter Klone — 856
- 31.2.3 Erstellung der physikalischen Karte — 857
- 31.2.4 Isolierung und Identifizierung von Genen — 860
- 31.2.5 Transkriptkarten des menschlichen Genoms — 862
- 31.2.6 Gen und vererbbare Krankheit – die Mutationssuche — 862
- 31.3 Integration der Genkarten — 863
- 31.4 Das Humangenom-Projekt — 864
- Weiterführende Literatur — 865

32 Differentielle Genaktivität — 867

- 32.1 Grundprinzip des Differential Display — 867
- 32.2 Experimentelle Durchführung des Differential Display — 868
- 32.2.1 RNA-Isolierung — 868
- 32.2.2 Synthese der cDNA — 868
- 32.2.3 Amplifikation durch die erste PCR — 869
- 32.2.4 Modifikationen der PCR und der Nachweisreaktion — 870
- 32.2.5 Polyacrylamidgelelektrophorese — 870
- 32.2.6 Aufreinigung von PCR-Produkten — 871
- 32.2.7 Northern-Blot-Analyse — 871
- 32.2.8 Klonierung der cDNAs — 872
- 32.2.9 Alternative zur Northern-Blot-Analyse: Differential Screening — 872
- 32.2.10 Alternativen zur Klonierung — 872
- 32.3 Leistungsfähigkeit des Differential Display — 873
- 32.3.1 Differentielle Hybridisierung — 873
- 32.3.2 Subtraktionshybridisierung — 873
- 32.3.3 Stärken des Differential Display — 874
- 32.3.4 Schwächen des Differential Display — 874
- 32.4 Einsatzmöglichkeiten des Differential Display — 875
- Weiterführende Literatur — 875

33 Analyse von Promotorstärke und aktiver RNA-Synthese — 877

- 33.1 Methoden zur Analyse von RNA-Transkripten — 877
- 33.1.1 Überblick — 877
- 33.1.2 Nuclease-S1-Analyse von RNA — 878
- 33.1.3 Ribonuclease-Protektionsassay (RPA) — 882
- 33.1.4 Primerverlängerung (Primer Extension) — 885
- 33.1.5 Northern-Blotting, Dot- und Slot-Blotting — 886
- 33.1.6 Quantitative Polymerasekettenreaktion — 888
- 33.2 Analyse der RNA-Syntheserate in vivo (Nuclear-Run-on-Assay) — 889
- 33.2.1 Zellaufschluss — 889
- 33.2.2 Die Nuclear-Run-on-Transkription und Detektion der Transkripte — 890
- 33.3 Die in-vitro-Transkription klonierter Gene in Extrakten und Proteinfraktionen — 890
- 33.3.1 Komponenten des in-vitro-Transkriptionsansatzes — 891
- 33.3.2 Herstellung transkriptionsaktiver Extrakte und Proteinfraktionen — 891
- 33.3.3 Promotorspezifische Matrizen-DNA und Detektion der in-vitro-Transkripte — 892
- 33.4 Die in-vivo-Analyse klonierter Promotoren in Säugerzellen — 895
- 33.4.1 Plasmidvektoren für die Analyse von cis-aktiven Elementen in Säugerzellen — 895
- 33.4.2 Einschleusen von Fremd-DNA in Säugerzellen — 897
- 33.4.3 Die Charakterisierung der in-vivo-Transkripte der klonierten Promotoren — 898
- Weiterführende Literatur — 900

34 Protein-Protein-Wechselwirkungen: das Two-Hybrid-System — 901

- 34.1 Das Konzept des Two-Hybrid-Systems — 902
- 34.2 Die Elemente des Two-Hybrid-Systems — 904
- 34.3 Konstruktion des Köderproteins für das Two-Hybrid-System und Analyse seiner biologischen Aktivität — 905
- 34.4 Aktivatorfusionsprotein und cDNA-Bibliotheken — 908
- 34.5 Durchführung des Two-Hybrid-Screenings — 909
- 34.6 Biochemische und funktionale Analyse der Interaktoren — 912
- 34.7 Modifizierte Anwendungen und Weiterentwicklungen der Two-Hybrid-Technologie — 913
- Weiterführende Literatur — 914

35 Assoziationen zwischen Makromolekülen: Analytische Ultrazentrifugation — 915

- 35.1 Instrumentelle Grundlagen — 915
- 35.2 Grundtypen von Experimenten — 916
- 35.3 Sedimentationsgleichgewichts-Experimente — 917
- Weiterführende Literatur — 919

36 Gezielte Genmodifikation — 921

- 36.1 In vitro-Mutagenese — 922
- 36.2 Strategien zur gezielten Gendisruption — 924
- 36.3 Vom DNA-Konstrukt zur Maus — 926

36.3.1	Mikroinjektion von ES-Zellen in Blastocysten und Morulaaggregation von ES-Zellen	926	**38**	**Überexpression**	959
			38.1	Probleme und Lösungsstrategien	960
			38.1.1	Toxizität	960
36.3.2	Pronucleusinjektion von DNA, virale Infektion	929	38.1.2	Proteolyse	960
			38.1.3	Translation und Codon-Auswahl	961
36.4	Das Cre/loxP-Rekombinasesystem als Beispiel für einen Genschalter	931	38.1.4	Modifikationen	961
			38.1.5	Disulfidverbrückung	962
36.5	Strategien zur gezielten Genmodifikation unter Verwendung von Genschaltern	932	38.1.6	Aggregation und Bildung von Inclusion Bodies (Einschlusskörpern)	962
36.6	Konditionale Mutagenese	935	38.2	Möglichkeiten der Überexpression	963
Weiterführende Literatur		939	38.2.1	Überexpression als Inclusion-Body-Protein	963
			38.2.2	Überexpression als Fusionsprotein	963
37	**Oligonucleotide als zellbiologische Werkzeuge**	941	38.2.3	Sekretion bei Prokaryonten	967
			38.2.4	Oberflächenexpression	968
37.1	Die Geschichte der Oligonucleotide	941	38.3	Expressionssysteme in *E. coli*	969
37.2	Antisense-Oligodesoxyribonucleotide	943	38.4	Expression in grampositiven Bakterien	971
37.2.1	Mögliche Mechanismen der Expressionshemmung	944	38.5	Expression in Hefe	971
			38.5.1	Expression in *Saccharomyces cerevisiae*	972
37.2.2.	Modifikationen von Oligodesoxyribonucleotiden zur Steigerung der intrazellulären Stabilität	945	38.5.2	Expression in methylotrophen Hefen	972
			38.5.3	Cytosolische Expression	972
			38.5.4	Sekretion in Hefe	973
37.2.3	Kombination von Antisense-Oligodesoxyribonucleotiden mit funktionellen Gruppen	948	38.6	Genexpression in Insektenzellen	974
			38.7	Expression in Säugerzellkulturen	975
			38.8	Expression in transgenen Tieren	976
37.2.4	Antisense-Oligonucleotide als neue Arzneimittel	949	38.9	Expression in pflanzlichen Systemen	976
			Weiterführende Literatur		977
37.2.5	Chimäre Oligodesoxyribonucleotide	950			
37.3	Triplex-bildende Oligodesoxyribonucleotide	951	**Anhang**		**979**
37.4	Ribozyme	952			
37.5	Aptamere: Hochaffine RNA- und DNA-Oligonucleotide	953	**Anhang 1**	Strahlenschutz im Labor	981
			Anhang 2	Aminosäuren und posttranslationale Modifikationen	1007
37.6	Anwendungen und Ausblick	956	**Anhang 3**	Abkürzungen	1011
Weiterführende Literatur		957			
			Index		**1017**

Die Autorinnen und Autoren dieses Buches

Prof. Dr. Annette G. Beck-Sickinger
Pharmazeutische Biochemie
Departement Pharmazie
Eidgenössische Technische Hochschule Zürich
Winterthurerstraße 190
CH-8057 Zürich
Kapitel 18

Priv.-Doz. Dr. Christoph Eckerskorn
Max-Planck-Institut für Biochemie
Proteinanalytik – Massenspektrometrie
Am Klopferspitz 18a
82152 Martinsried
Abschnitt 10.7, Kapitel 14

Dr. Harald Engelhardt
Max-Planck-Institut für Biochemie
Abteilung Molekulare Strukturbiologie
Am Klopferspitz 18a
82152 Martinsried
Kapitel 16

Priv.-Doz. Dr. Reiner Feick
Max-Planck-Institut für Biochemie
Am Klopferspitz 18a
82152 Martinsried
Anhang 1

Dr. Ralf Ficner
Institut für Molekularbiologie und
Tumorforschung
Universität Marburg
Emil-Mannkopff-Straße 2
35037 Marburg
Kapitel 17

Priv.-Doz. Dr. Lutz Fischer
Institut für Biochemie und Biotechnologie
TU Braunschweig
Spielmannstraße 7
38106 Braunschweig
Kapitel 3

Prof. Dr. Angelika Görg
Technische Universität München
Allgemeine Lebensmitteltechnologie
85350 Freising-Weihenstephan
Kapitel 10 (zusammen mit R. Westermeier)

Dr. Gerd Haberhausen
Roche Molecular Systems
Forschungszentrum Penzberg
Nonnenwald 2
82377 Penzberg
Kapitel 24

Dr. Peter Hermentin
Hoechst Marion Roussel
Deutschland GmbH
Emil-von-Behring-Straße 76
35041 Marburg
Kapitel 19

Dr. Tad A. Holak
Max-Planck-Institut für Biochemie
NMR-Arbeitsgruppe
Am Klopferspitz 18a
82152 Martinsried
Kapitel 15 (zusammen mit H. J. Schirra und P. Mühlhahn)

Prof. Dr. Ferdinand Hucho
Institut für Biochemie
Freie Universität
Thielallee 63
14195 Berlin
Kapitel 6 (zusammen mit V. Tsetlin)

Dr. Marion Jurk
Dana-Farber Cancer Institute
Division of Molecular Genetics
44 Binney Street
Boston, MA 02115, USA
Kapitel 21 und 22

Dr. Frank Kalkbrenner
Schering AG
Experimentelle Dermatologie
Müllerstraße 178
13342 Berlin
Kapitel 37 (zusammen mit G. Schultz)

Dr. Josef Kellermann
Max-Planck-Institut für Biochemie
Proteinanalytik
Am Klopferspitz 18a
82152 Martinsried
Kapitel 8 und 12

Dr. Roland Kellner
Biomed Fo/GBT
Merck KGaA
64271 Darmstadt
Kapitel 9

Priv.-Doz. Dr. Christoph Kessler
Roche Molecular Systems
Forschungszentrum Penzberg
Nonnenwald 2
82377 Penzberg
Kapitel 23

Dr. Waldemar Kolanus
Ludwig-Maximilians-Universität
Genzentrum
Feodor-Lynen-Straße 25
81377 München
Kapitel 34

Dr. Bernhard Korn
Deutsches Krebsforschungszentrum
Molekulare Genomanalyse
Im Neuenheimer Feld 280
69120 Heidelberg
Kapitel 31

Prof. Dr. Georg-Burkhard Kreße
Boehringer Mannheim GmbH
Biotechnologie
Nonnenwald 2
82377 Penzberg
Kapitel 4

Prof. Dr. Hartmut Kühn
Institut für Biochemie
Universitätsklinikum Charité
Medizinische Fakultät der
Humboldt-Universität zu Berlin
Hessische Straße 3–4
10115 Berlin
Kapitel 20

Dr. Peter Lichter
Deutsches Krebsforschungszentrum
Abt. Organisation komplexer Genome
Im Neuenheimer Feld 280
69120 Heidelberg
Kapitel 30 (zusammen mit S. Solinas Toldo)

Prof. Dr. Reinhold Linke
Max-Planck-Institut für Biochemie
Abt. Strukturforschung
Am Klopferspitz 18a
82152 Martinsried
Kapitel 5
(gewidmet Prof. Dr. Robert Huber, Martinsried)

Dr. Friedrich Lottspeich
Max-Planck-Institut für Biochemie
Proteinanalytik
Am Klopferspitz 18a
82152 Martinsried
Kapitel 1 (zusammen mit H. Zorbas)
Kapitel 2, 13 und 29

Prof. Dr. Werner Mäntele
Institut für Biophysik
Universität Frankfurt
Theodor-Stern-Kai 7, Haus 74
60590 Frankfurt/Main
Kapitel 7

Prof. Dr. Eckart Meese
Institut für Humangenetik, Geb. 60
Universität des Saarlandes
66421 Homburg
Kapitel 32

Peter Mühlhahn
Max-Planck-Institut für Biochemie
NMR-Arbeitsgruppe
Am Klopferspitz 18a
82152 Martinsried
Kapitel 15 (zusammen mit H. J. Schirra und T. Holak)

Dr. Anne Plück
EMBL – Transgenic Core Facilities
Meyerhofstraße 1
69012 Heidelberg
Kapitel 36

Jörg Schäffner
Martin-Luther-Universität
Institut für Biotechnologie
Kurt-Mothes-Straße 3
06120 Halle
Kapitel 38 (zusammen mit E. Schwarz)

Horst Joachim Schirra
Max-Planck-Institut für Biochemie
NMR-Arbeitsgruppe
Am Klopferspitz 18a
82152 Martinsried
Kapitel 15 (zusammen mit P. Mühlhahn und T. Holak)

Prof. Dr. Dieter Schubert
Institut für Biophysik
Universität Frankfurt
Theodor-Stern-Kai 7, Haus 74
60590 Frankfurt/Main
Kapitel 35

Prof. Dr. Günter Schultz
Institut für Pharmakologie
Universitätsklinikum Benjamin-Franklin
Freie Universität Berlin
Thielallee 69/71
14195 Berlin
Kapitel 37 (zusammen mit F. Kalkbrenner)

Dr. Elisabeth Schwarz
Martin-Luther-Universität
Institut für Biotechnologie
Kurt-Mothes-Straße 3
06120 Halle
Kapitel 38 (zusammen mit J. Schäffner)

Dr. Christine Schwer
Therapeutika Biotech Produktion, TE-A 2
Boehringer Mannheim GmbH
Nonnenwald 2
82377 Penzberg
Kapitel 11

Dr. Sabina Solinas Toldo
Deutsches Krebsforschungszentrum
Abt. Organisation komplexer Genome
Im Neuenheimer Feld 280
69120 Heidelberg
Kapitel 30 (zusammen mit P. Lichter)

Dr. Boris Steipe
Ludwig-Maximilians-Universität
Genzentrum
Feodor-Lynen-Straße 25
81377 München
Kapitel 28

Prof. Dr. Victor I. Tsetlin
Laboratory of Neuropeptide Receptors
Shemyakin Institute of Bioorganic Chemistry
Russian Academy of Sciences
Ul. Miklukho-Maklaya, 16/10
117871 GSP-7 Moscow
Russia
Kapitel 6 (zusammen mit F. Hucho)

Dr. Renate Voit
Deutsches Krebsforschungszentrum
Abt. Molekularbiologie der Zelle II
Im Neuenheimer Feld 280
69120 Heidelberg
Kapitel 33

Dr. Reiner Westermeier
Amersham Pharmacia Biotech Europe GmbH
Munzinger Straße 9
79111 Freiburg
Kapitel 10 (zusammen mit A. Görg)

Dr. Ute Wirkner
EMBL – Biochemical Instrumentation
Meyerhofstraße 1
69117 Heidelberg
Abschnitt 22.1

Prof. Dr. Brigitte Wittmann-Liebold
Max-Delbrück-Centrum für Molekulare Medizin
Proteinchemie
Robert-Rössle-Straße 10
13125 Berlin
Abschnitt 13.2

Dr. Jürgen Zimmermann
EMBL – Biochemical Instrumentation
Meyerhofstraße 1
69012 Heidelberg
Kapitel 25

Priv.-Doz. Dr. Haralabos Zorbas
Ludwig-Maximilians-Universität
Institut für Biochemie
Feodor-Lynen-Straße 25
81377 München
Kapitel 1 (zusammen mit F. Lottspeich)
Kapitel 26 und 27
Abschnitt 36.1

1 Bioanalytik – eine eigenständige Wissenschaft

Im Jahr 1975 weckten O'Farrell und Klose mit zwei Publikationen das Interesse der Biochemiker: In ihren Arbeiten zeigten sie spektakuläre Bilder von Tausenden voneinander getrennter Proteine, die ersten 2D-Elektropherogramme. Eine Vision entstand damals bei einigen Proteinbiochemikern, über die Analyse dieser Proteinmuster komplexe Funktionszusammenhänge aufzuzeigen und damit letztendlich Vorgänge in einer Zelle aus den Proteindaten verstehen zu können. Dazu allerdings mussten die aufgetrennten Proteine charakterisiert und analysiert werden – eine Aufgabe, mit der die Analytik damals hoffnungslos überfordert war. Erst mussten völlig neue Methoden entwickelt und bestehende drastisch verbessert werden, die Synergieeffekte von Proteinchemie, Molekularbiologie, Genomanalyse und Datenverarbeitung mussten erkannt und genutzt werden, ehe wir heute mit der Proteomanalyse an der Schwelle zur Realisierung dieser damals so utopisch scheinenden Vision stehen.

Auch heute arbeiten Wissenschaftler daran, eine Vision zu verwirklichen, die – erst wenige Jahre alt – bereits in absehbarer Zeit vollendet sein wird: das Humangenomprojekt, das den vorerst letzten Gipfel des Siegeszugs der DNA-Sequenzierung darstellt. Es hat zum Ziel, alle Gene auf jedem Chromosom im menschlichen Körper zu finden und ihre biochemische Natur zu bestimmen. Obwohl die menschliche Gen- oder Krebstherapie kein erklärtes Ziel dieses Projekts ist, lässt sich heute schon abschätzen, dass die daraus gewonnenen Daten die Diagnose von Erbkrankheiten und die Gentherapie erleichtern oder gar erst ermöglichen.

So wie die zweidimensionale Gelelektrophorese, die DNA-Sequenzierung oder auch die Polymerase-Kettenreaktion bis dahin nicht mögliche und völlig neue Qualitäten der Erkenntnis über biologische Zusammenhänge eröffneten und gleichzeitig einen ungeheuren Entwicklungsdruck auf ihr Umfeld ausübten, waren es praktisch immer methodische Entwicklungen, die die wirklich signifikanten Fortschritte in der Wissenschaft zur Folge hatten. Vor allem in den letzten Jahrzehnten haben sich die Biowissenschaften rasend schnell entwickelt und das Verständnis biologischer Zusammenhänge revolutioniert. Die Geschwindigkeit dieser Entwicklung ist eng korreliert mit der Entwicklung der Trenn- und Analysenmethoden, wie sie in Abbildung 1.1 dargestellt ist. Man versuche, sich eine moderne Biochemie vorzustellen, in der eine oder mehrerer dieser fundamentalen methodischen Entwicklungen fehlten!

Zuerst wurden die Trennmethoden entwickelt und entscheidend in ihren Ausführungen verbessert. Die umfassende Bedeutung der Trennmethoden wird dadurch deutlich, dass in ihren Anfängen der Begriff *Scheidekunde* oder *Scheidekunst* ein äquivalenter Ausdruck für die Chemie war. Beginnend mit der einfachsten Trennverfahren, den Extraktionen und Fällungen, wurden über deutlich effektivere Methoden wie Elektrophorese und Chromatographie die Voraussetzungen geschaffen, gereinigte und homogene Verbindungen zu erhalten. Mit der Darstellung reiner Stoffe war automatisch ein ungeheurer Entwicklungsdruck auf die Analysenmethoden gegeben. Bald stellte sich heraus, dass Biomakromoleküle weitaus komplexere Strukturen besaßen als die bis dahin bekannten kleinen Moleküle. Neue Methoden mussten entwickelt, alte an die neuen Erfordernisse angepasst werden.

1 BIOANALYTIK – EINE EIGENSTÄNDIGE WISSENSCHAFT

- 1981 Ortsspezifische Mutagenese
- 1981 Kapillarelektrophorese
- 1982 Transgene Tiere
- 1982 Rastertunnelmikroskopie
- 1983 Ribozyme
- 1983 Automatische Oligosynthese
- 1985 CAT-Assay
- 1986 Polymerase-Kettenreaktion
- 1986 Atomkraftmikroskopie
- 1987 MALDI-MS
- 1987 ESI-MS
- 1988 Kombinatorische Chemie
- 1988 Antisense-Technologie
- 1990 Phosphoimager
- 1991 Two-Hybrid-System
- 1993 FISH
- 1993 Differential Display
- 1995 Proteomanalyse
- 1995 DNA-Chip
- 1996 Hefegenom

- 1976 DNA-Sequenzanalyse
- 1975 Monoklonale Antikörper
- 1975 Southern-Blotting
- 1975 2D-Elektrophorese
- 1974 HPLC von Proteinen
- 1972 Genklonierung
- 1972 Restriktionsanalyse
- 1967 Automatische Proteinsequenzanalyse
- 1966 Isoelektrische Fokusierung
- 1963 Festphasen-Peptidsynthese
- 1961 Chemiosmot. Hypothese
- 1960 Röntgenstrukturanalyse
- 1960 Hybridisierung von Nucleinsäuren
- 1959 PAGE
- 1959 Analytische UZ
- 1953 DNA-Doppelhelix
- 1953 Gaschromatographie
- 1950 Proteinsequenzanalyse
- 1948 Aminosäureanalyse
- 1946 NMR-Spektoskopie
- 1946 Radioisotopenmarkierung
- 1941 Verteilungschromatographie
- 1937 Krebs-Cyclus
- 1937 Rasterelektronenmikroskopie
- 1935 Phasenkontrastmikroskopie
- 1930 Elektrophorese
- 1926 Kristallisation von Urease
- 1923 Ultrazentrifugation
- 1907 Peptidsynthese
- 1906 Chromatographie
- 1894 Schlüssel-Schloss-Modell
- 1890 Kristallisation
- 1873 Mikroskopie
- 1866 Mendelsche Gesetze
- 1828 Harnstoffsynthese

1.1 Wichtigste methodische Entwicklungen

Für ihren wirklichen Durchbruch mussten die Methoden erst instrumentell umgesetzt und die Instrumente kommerziell verfügbar werden. Seit den 50er Jahren sind Methoden und Geräte enorm weiterentwickelt worden; sie sind heute manchmal bis zu einem Faktor 10000 schneller und empfindlicher als bei ihrer Einführung. Auch der Platzbedarf der Geräte ist dank modernster Mikroprozessorsteuerungen im Vergleich zu ihren Urahnen um Größenordnungen geringer und die Bedienung ist durch softwareunterstützte Benutzerführung im gleichen Maße einfacher geworden. Jedes dieser Instrumente mag zwar für sich durchaus teuer sein, der hohe Durchsatz der meisten Methoden (*high throughput*-Analysen) führte de facto jedoch zu einer ungeheuren Kostenreduktion.

Die hochdynamische Phase der Entwicklungen dauert bis in die jüngste Zeit, wie das Beispiel der Massenspektrometrie zeigt, die erst in diesem Jahrzehnt in die Biologie und Biochemie Einzug hielt und die vollständig neue Strategien zur Beantwortung biologischer Fragen ermöglicht, wie sie etwa die Proteomanalyse stellt. Ein weiteres wichtiges Beispiel ist die gerade beginnende Erfolgsgeschichte der Bioinformatik, die unter anderem bei der Analyse von Gen- oder Proteindatenbanken genutzt wird und die unzweifelhaft ein enormes Einsatz- und Entwicklungspotential hat.

All dies zeigt deutlich, dass wir am Anfang einer Umbruchphase stehen, in der die Analytik nicht nur die Aufgabe hat, als eine Hilfswissenschaft die Daten anderer zu bestätigen, sondern als eigenes, relativ komplexes Fachgebiet aus sich heraus Fragen formulieren und beantworten kann. So wandelt sich die Analytik immer mehr von einer rein retrospektiven zu einer diagnostischen und prospektiven Wissenschaft. Typisch für eine moderne Analytik ist das Zusammenspiel verschiedenster Einzelverfahren, bei denen jede Methode für sich nur begrenzt fruchtbar ist, deren konzertierte Aktion aber Synergismen hervorrufen, bei denen Antworten ganz erstaunlicher und neuer Qualität entstehen können. Um aber dieses Zusammenspiel erst zu ermöglichen, muss ein Wissenschaftler heute die Einsatzgebiete, Möglichkeiten und Grenzen der verschiedenen Techniken im Grundsatz kennen.

Proteine als Träger der biologischen Funktion müssen normalerweise aus einer großen Menge Ausgangsmaterial von einer Unzahl anderer Proteine abgetrennt und isoliert werden. Dabei kommt einer Strategieplanung, die eine gute Ausbeute bei gleichzeitigem Erhalt der biologischen Aktivität anstrebt, eine enorme Bedeutung zu. Die Reinigung des Proteins selbst ist auch heute noch eine der größten Herausforderungen der Bioanalytik, sie ist oft zeitraubend und verlangt vom Experimentator fundierte Kenntnisse über die Trennmethoden und Eigenschaften von Proteinen. Die Proteinreinigung wird begleitet von spektroskopischen, immunologischen und enzymologischen Untersuchungen, mit denen Proteine in einer großen Anzahl sehr ähnlicher Substanzen identifiziert und in ihrer Menge erfasst werden. Damit kann die Aufreinigung über verschiedene Schritte verfolgt und beurteilt werden. Gründliche Kenntnisse der klassischen Proteinbestimmungsmethoden und enzymatischer Aktivitätstests sind dabei unerlässlich, da diese Methoden oft von den spezifischen Eigenschaften des zu messenden Proteins abhängig sind und durch kontaminierende Substanzen erheblich beeinflusst werden können.

Ist ein Protein isoliert, versucht man im nächsten Schritt möglichst viel Information über die Reihenfolge seiner Aminosäurebausteine, die Primärstruktur, zu erhalten. Dazu wird das isolierte Protein direkt mit Sequenzanalyse, Aminosäurenanalyse und Massenspektrometrie untersucht. Oft kann schon auf dieser Ebene die Identität des Proteins durch Datenbankvergleiche geklärt werden.

Wenn das Protein unbekannt ist oder es genauer analysiert werden muss, z.B. zur Bestimmung von posttranslationalen Modifikationen, wird es enzymatisch oder chemisch in kleine Fragmente zerlegt. Diese Fragmente werden meist chromatographisch getrennt und einige davon vollständig analysiert. Die Bestimmung der Gesamtsequenz eines Proteins mit proteinchemischen Methoden allein ist schwierig, langwierig und teuer und wird heute eigentlich nur bei therapeutisch eingesetzten, rekombinant hergestellten Proteinen zur genauen Qualitätskontrolle durchgeführt. Für andere Fälle reichen meist einige wenige, relativ leicht zugängliche Teilsequenzen aus. Man nutzt diese Teilsequenzen zur Herstellung von Oligonucleotidsonden oder von synthetischen Peptiden, mit deren Hilfe monospezifische Antikörper generiert werden können. Oligonucleotidsonden werden zur Isolierung des entsprechenden Gens eingesetzt und führen letztendlich über die DNA-Analyse, die um Größenordnungen schneller und einfacher als eine Proteinsequenzanalyse ist, zur DNA-Sequenz. Diese wird in die vollständige Aminosäuresequenz des Proteins übersetzt. Allerdings werden bei diesem Umweg über die DNA-Sequenz posttranslationale Modifikationen nicht erfasst. Da sie aber die Eigenschaften und Funktionen von Proteinen entscheidend mitbestimmen, müssen sie im Nachhinein mit allen zur Verfügung stehenden hochauflösenden Techniken am gereinigten Protein analysiert werden. Diese Modifikationen können – wie im Fall von Gykosylierungen – sehr komplex sein und ihre Strukturaufklärung ist sehr anspruchsvoll.

Wenn man die Primärstruktur eines Proteins kennt, seine posttranslationalen Modifikationen bestimmt hat und gewisse Aussagen über seine Faltung (Sekundärstuktur) machen kann, so wird man doch den Mechanismus seiner biologischen Funktion auf molekularer Ebene nur in den seltensten Fällen verstehen. Um dies zu erreichen, ist die hochaufgelöste Raumstruktur mit Röntgenstrukturanalyse, NMR oder Elektronenmikroskopie *eine* Voraussetzung. Auch die Analyse von verschiedenen Komplexen (z.B. zwischen Enzym und Inhibitor) können detaillierten Einblick in molekulare Mechanismen der Proteinaktion geben. Wegen des hohen Materialbedarfs erfolgen diese Untersuchungen im allgemeinen über den Umweg der Überexpression von rekombinanten Genen.

Wenn die gesamte Primärstruktur, die posttranslationalen Modifikationen und eventuell sogar die Raumstruktur aufgeklärt sind, bleibt oft die Funktion eines Proteins doch noch im Dunkel. Die Funktionsanalytik, ein ganz junger Bereich der Bioanalytik, steht heute im Mittelpunkt des Forschungsinteresses. So versucht man seit einigen Jahren, beginnend mit einer intensiven Datenanalyse, über die Messung von Molekülinteraktionen bis hin zu neuen Strategien zur Beantwortung von biologischen Fragen von den Strukturen auf die funktionellen Eigenschaften der untersuchten Substanzen zu schließen.

In ihrer gesamten Entwicklung haben sich Methoden der Biochemie und der Molekularbiologie stets gegenzeitig befruchtet und ergänzt. War am Anfang die Molekularbiologie vor allem mit Klonierung gleichzusetzen, so ist sie schon seit geraumer Zeit eine selbständige Wissenschaft mit eigenen Zielen, Methoden und Ergebnissen. Bei allen molekularbiologischen Ansätzen, sei es in der Grundlagenforschung oder in diagnostisch-therapeutischen und industriellen Anwendungen, kommt der Experimentator mit Nucleinsäuren in Kontakt. Natürlich vorkommende Nucleinsäuren weisen eine Vielfalt von Formen auf, d.h. sie können doppel- oder einzelsträngig, zirkulär oder linear, hochmolekular oder kurz und kompakt, eher „nackt" oder mit Proteinen assoziiert sein. Je nach Organismus, Form der Nucleinsäure und Zielsetzung der Analyse wird eine passende Methode zu ihrer Isolierung gewählt, gefolgt von Analysemethoden zur Überprüfung ihrer Intaktheit, Reinheit, Form und Länge. Die Kenntnis dieser Eigenschaften sind eine Voraussetzung für jeden anschließenden Gebrauch und der Analyse von DNA und RNA.

Eine erste Näherung an die Analyse der DNA-Struktur erfolgt durch die Restriktionsendonuclease-Spaltungen. Erst dieses Werkzeug ermöglichte die Geburt der Molekularbiologie vor etwa 25 Jahren. Die Restriktionsendonuclease-Spaltung ist auch die Voraussetzung für die Klonierung, also die Amplifikation und Isolierung von individuellen und einheitlichen DNA-Fragmenten. Ihr schließt sich eine Vielzahl biochemischer Analysemethoden an, allen voran die DNA-Sequenzierung und diverse Hybridisierungstechniken, mit denen aus einer großen, heterogenen Menge verschiedener Nucleinsäurenmoleküle *ein* spezielles identifiziert, lokalisiert bzw. quantifiziert werden kann.

Die etwa 10 Jahre alte, in der Tat nobelpreiswürdige Polymerase-Kettenreaktion (PCR) hat die Möglichkeiten der Analyse von Nucleinsäuren revolutioniert – mit einem Prinzip, das gleichermaßen genial wie einfach ist. Kleinste Mengen von DNA und RNA können mit ihr detektiert, quantifiziert und ohne Klonierung amplifiziert werden. Der Phantasie des Forschers scheinen bei den PCR-Anwendungen fast keine Grenzen gesetzt. Wegen ihrer hohen Sensitivität birgt sie jedoch auch Fehlerquellen in sich, was vom Anwender besondere Vorsicht erfordert.

Die PCR fand natürlich auch Einzug in die Sequenzierung von Nucleinsäuren, eine der klassischen Domänen der Molekularbiologie. Die Nucleinsäure-Sequenzierung ist die Grundlage für das höchst anspruchsvolle, internationale Humangenomprojekt. Auch andere Modellorganismen werden in diesem Rahmen durchsequenziert. Viele vergleichen das Humangenomprojekt mit dem bemannten Flug zum Mond (allerdings erfordert es keine ähnlich hohen Summen an Geldern – das Budget beträgt durchschnittlich „nur" 200 Millionen US-Dollar pro Jahr für 15 Jahre). Wie ähnlich hoch gesteckte Ziele hat es jetzt schon – lange vor der Vollendung – zu technischen Innovationen geführt, wovon auch die Grundlagenforschung profitieren kann. Darüber hinaus ist zu erwarten, dass innerhalb des Humangenomprojekts entwickelte Technologien großen Einfluss auch auf Biotechnologie-nahe Industriezweige haben werden, z.B. Landwirtschaft oder Umweltschutz.

Eine mit den Zielen des Humangenomprojekts verflochtene Analysenmethode ist die Kartierung von spezifischen Chromosomenregionen, die durch genetische Kopplungsanalyse, Cytogenetik und andere physikalische Verfahren vorgenommen wird. Kartiert werden Gene (also „Funktionseinheiten") oder auch DNA-Loci, von denen man buchstäblich nur weiß, dass es sie als Sequenzeinheiten gibt. Dabei hat sich eine neue Herangehensweise ausgebildet, das *positional cloning*, das früher als *reverse Genetik* bezeichnet wurde. Dieses zur traditionellen Genetik „umgedrehte" Vorgehen (*zuerst* Gen, *dann* Funktion = Phänotyp) hat schon in einigen Fällen seine Nützlichkeit erwiesen.

Auch bevor das Humangenomprojekt und andere Sequenzierungsprojekte eine Unzahl an Daten produziert hatten, war in den letzten 10 Jahren die Tendenz von *wet labs* zu *net labs* zu verzeichnen; d.h. die Aktivität einiger Forscher verlagerte sich zunehmend mehr von der *bench* hin zu computerrelevanten Tätigkeiten. Anfangs beschränkten sich diese auf simple Homologievergleiche von Nucleinsäuren oder Proteinen, um Verwandtschaften zu ergründen, oder Hinweise auf die Funktion von unbekannten Genen zu erhalten. Hinzu kommen heute mathematisch fundierte Simulationskonzepte, Mustererkennungs- und Suchstrategien nach strukturellen und funktionellen Elementen und Algorithmen zur Gewichtung und Bewertung der Daten. Datenbanken, mit denen der Molekularbiologe heute Bekanntschaft macht, enthalten nicht nur Sequenzen, sondern auch dreidimensionale Strukturen. Eine signifikante Neuheit ist die Tatsache, dass man über das Internet freien und manchmal interaktiven Zugang zu dieser Unmenge von Daten und deren Verarbeitung hat. Diese vernetzte Informationsstruktur und deren Bewältigung ist die Grundlage der heutigen Bioinformatik.

Die Analyse der linearen Struktur der DNA wird durch die Bestimmung der DNA-Modifikationen abgerundet, allen voran die Basenmethylierung. Sie beeinflussen die Struktur der DNA und ihre Assoziationen mit Proteinen und wirken sich auf eine Vielzahl biologischer Prozesse aus. Da die spezifischen Modifikationen der genomischen DNA bei Klonierungen oder PCR-Amplifikationen verloren gehen, muss für ihre Detektion zuerst *direkt* mit genomischer DNA gearbeitet werden; das erfordert Methoden mit hoher Sensitivität und Auflösung.

Mit der Bioinformatik haben wir bereits ein Thema aufgegriffen, das die Funktionsanalytik eröffnet. Hierher gehören auch die Untersuchungen der Wechselwirkungen von Proteinen, untereinander oder mit Nucleinsäuren. Protein-DNA-Wechselwirkungen haben die Forscher schon früh in der Geschichte der Molekularbiologie beschäftigt, nachdem klar wurde, dass die genetischen *trans*-Faktoren meist DNA-bindende Proteine sind. Die Bindungsstelle kann mit sogenannten Footprinting-Methoden sehr genau charakterisiert werden. In vivo-Footprints erlauben zudem, den Besetzungszustand eines genetischen *cis*-Elementes mit einem definierten Vorgang – z.B. aktiver Transkription oder Replikation – zu korrelieren. Das kann Aufschlüsse über den Mechanismus der Aktivierung und auch über die Proteinfunktion in der Zelle geben.

Wechselwirkungen zwischen Biomakromolekülen können auch durch biochemische und immunologische Verfahren aufgespürt werden wie Affinitätschromatographie oder Quervernetzungsmethoden, Affinitätsblotting (*far-Western*), Immunpräzipitation und der Analyse mittels Ultrazentrifugation. Bei diesen Verfahren muss in der Regel ein unbekannter Partner, der mit einem gegebenen Protein wechselwirkt, anschließend proteinchemisch identifiziert werden. Bei gentechnischen Vefahren ist dies leichter, weil der wechselwirkende Partner erst von einer cDNA exprimiert werden muss, die selbst schon kloniert vorliegt. Ein zu diesem Zweck entwickeltes – intelligentes – genetisches Verfahren relativ neueren Datums ist die Two-Hybrid-Technik, mit der auch Wechselwirkungen zwischen Proteinen und RNA untersucht werden können. Es darf bei allen diesen Möglichkeiten jedoch nicht vergessen werden, dass die *physiologische Signifikanz* der einmal gefundenen Wechselwirkungen von Molekülen miteinander, so plausibel sie auch erscheinen mögen, gesondert gezeigt werden müssen.

Protein-DNA- und Protein-Protein-Wechselwirkungen setzen in der Zelle eine Reihe von Prozessen in Gang, z.B. die Expression bestimmter – und nicht aller – Gene. Die Aktivität von Genen, die nur in ganz bestimmten Zelltypen oder unter ganz bestimmten Bedingungen exprimiert werden, kann mit einer Reihe von Methoden erfasst werden, so mit der modernen Methode des Differential Display, die einem 1:1-Vergleich exprimierter RNA-Spezies gleichkommt. Nachdem man Gene fand, die einer differentiellen Expression unterliegen, können die cis- und trans-Elemente – mit anderen Worten, die Promotor- bzw. Enhancer-Elemente und die notwendigen Transaktivatorproteine – bestimmt werden, die diese Regulation bewirken. Dazu werden *funktionelle* in vitro- und in vivo-Tests ausgeführt.

Liefern alle diese Analysen einen soliden Einblick in die spezifische Expression eines Gens und seine Regulation, so bleibt die eigentliche *Funktion* des Gens – mit anderen Worten sein *Phänotyp* – unbekannt. Dies ist eine konsequente Folge der Ära der reversen Genetik, in der es vergleichsweise leicht geworden ist, DNA zu sequenzieren und „offene Leserahmen" festzustellen. Einen offenen Leserahmen bzw. eine Transkriptionseinheit mit einem Phänotyp zu korrelieren ist schwieriger. Dazu bedarf es einer Expressionsstörung des interessierenden Gens. Diese Genstörung kann von außen, z.B. durch Genmodifikation eingeführt werden, also durch Mutagenisierung der interessierenden Region. Vor etwa 15 Jahren war eine ortsspezifische Mutagenese nicht oder nur durch die Anwendung genetischer Rekombinationskunstgriffe in vivo und nur bei Mikroorganismen möglich. Verschiedene Techniken sind heute so weit optimiert worden, dass es möglich ist, in vitro veränderte Gene auch in höhere Zellen oder Organismen einzuführen und das endogene Gen zu ersetzen. Eine Störung des Gens bzw. der Genfunktion kann aber auch durch andere Methoden erbracht werden: Eine davon ist die Antisense- bzw. Antigene-Technik, bei der zu bestimmten Regionen komplementäre Oligonucleotide in die Zelle eingeführt werden und die Expression des Gens inhibieren. Die Expression eines Gens zur Induktion eines veränderten Phänotyps kann natürlich auch beeinflusst werden, indem die Menge des Genproduktes *erhöht* wird. Für dieses Ziel sind besondere Systeme nötig, die die Überexpression in einem Wirtsorganismus erlauben.

Die letztgenannten Methoden – Genmodifikation, Antisense-Technik und Überexpression – haben reichlich Eingang in Medizin und Landwirtschaft gefunden. Die Gründe sind vielfältig und liegen auf der Hand: Zum einen sind sie wirtschaftlich begründet: mit transgenen Tieren oder Pflanzen lassen sich landwirtschaftliche Erträge steigern. Expressionsklonierung im klinischen Bereich kann neue Möglichkeiten zur Bekämpfung von malignen Zellen eröffnen, die ohne die Expression von bestimmten Oberflächenantigenen nicht vom körpereigenen Immunsystem erkannt werden. Mit der Antisense-Technik wird außerdem versucht, die Aktivierung von unerwünschten Genen, z.B. von Oncogenen, zu unterdrücken. Da jedoch ein Organismus ein unendlich komplexeres System darstellt als ein kontrollierter in vitro-Ansatz oder eine einzelne Zelle, kommt es nicht immer zum erwünschten Effekt. Es sei an dieser Stelle beispielhaft daran erinnert, dass einige Erfolge in der Therapie durch die Antisense-Technik nichts mit Nucleinsäurehybridisierung in vivo zu tun hatten, sondern – wie man später erkannte – eher mit einer lokalen, unspezifischen Aktivierung des Immunsystems auf Grund fehlender Methylgruppen an den CpG-Dinucleotiden der verwendeten Oligonucleotids. Solche Vorkommnisse und andere, möglicherweise weniger harmlose Komplikationen vergrößern in unseren Augen die ohnehin gegebene Pflicht des Forschers wie auch des Anwenders, bei ihrer Arbeit sehr genau auf das zu achten, was geschieht und was geschehen kann. Eine gute Kenntnis der zur Verfügung stehenden biochemischen Methoden und ihrer Zusammenhänge ist *eine* der Voraussetzungen dazu. Dieses Buch will (auch) in dieser Richtung ein Beitrag sein.

Teil I

Proteinanalytik

2 Proteinreinigung

Die Untersuchung von Struktur und Funktion von Proteinen beschäftigt die Wissenschaft schon seit über 200 Jahren. 1777 fasste der französische Chemiker Pierre J. Macquer unter dem Begriff *Albumine* alle Substanzen zusammen, die das eigenartige Phänomen zeigten, beim Erwärmen vom flüssigen in festen Zustand überzugehen. Zu diesen Substanzen gehörten das Hühnereiweiß, das Casein und der Blutbestandteil Globulin. Schon 1787, etwa zur Zeit der französischen Revolution, wurde über die Reinigung von gerinnbaren, eiweißartigen Substanzen aus Pflanzen berichtet. Im frühen 19. Jahrhundert wurden viele Proteine wie Albumin, Fibrin oder Casein gereinigt und analysiert, und es zeigte sich bald, dass diese Verbindungen erheblich komplizierter aufgebaut waren, als die damals bekannten anderen organischen Moleküle. Das Wort *Protein* wurde wahrscheinlich von dem schwedischen Chemiker Jöns J. von Berzelius um 1838 geprägt und dann von dem Holländer Gerardus J. Mulder zusammen mit einer chemischen Formel publiziert, die Mulder damals als allgemeingültig für eiweißartige Stoffe ansah. Homogenität und Reinheit dieser damals gereinigten Proteine entsprachen natürlich nicht den heutigen Ansprüchen, sie zeigten jedoch, dass sich einzelne Proteine durchaus voneinander unterscheiden lassen. Die Reinigung konnte damals nur gelingen, weil man einfache Schritte nutzen konnte: die Extraktion zur Anreicherung, die Ansäuerung zur Ausfällung, und die Kristallisation beim einfachen Stehenlassen einer Lösung. Schon 1889 erhielt Hofmeister das Hühneralbumin in kristalliner Form. Obwohl Sumner 1926 enzymatisch aktive Urease kristallisieren konnte, blieben doch bis zur Mitte des 20. Jahrhunderts die Struktur und der Aufbau von Proteinen im Dunkel. Erst die Entwicklung von leistungsfähigen Reinigungsmethoden, mit denen sich einzelne Proteine aus komplexen Gemischen isolieren lassen, begleitet von einer Revolution der Techniken zur Analyse der aufgetrennten Proteine, ermöglichte unser heutiges Verständnis der Proteinstrukturen.

In diesem Kapitel werden diese Reinigungsmethoden beschrieben; dabei soll erkennbar sein, wie sie systematisch und strategisch eingesetzt werden. Es ist äußerst schwierig, das Thema unter generellen Aspekten zu betrachten, da sich die physikalischen und chemischen Eigenschaften verschiedener Proteine immens unterscheiden können. Diese Vielfalt ist aber biologisch notwendig, da Proteine – die eigentlichen Werkzeuge und Baustoffe einer Zelle – die unterschiedlichsten Funktionen ausüben müssen.

2.1 Eigenschaften von Proteinen

Größe von Proteinen

Die Größe von Proteinen kann sehr unterschiedlich sein, von kleinen Polypeptiden, wie dem Insulin, das aus 51 Aminosäuren besteht, bis zu sehr großen multifunktionellen Proteinen, wie z. B. dem Apolipoprotein B, einem Cholesterin-transportierenden Protein, das aus einer Kette von über 4600 Aminosäuren besteht, mit einem Molekulargewicht von mehr als 500 000 Dalton (Da). Viele Proteine bestehen aus Oligomeren von gleichen oder verschiedenen Proteinketten und haben Molekulargewichte bis zu einigen Millionen Da. Ganz allgemein ist zu erwarten, dass – je größer ein Protein ist – um so schwieriger seine Isolierung und Reinigung sein wird. Dies hat seinen Grund in den analytischen Verfahren, die bei großen Molekülen sehr geringe Effizienzen zeigen. In der Abb. 2.1 ist die **Trennkapazität** einzelner Trennverfahren (die maximale Anzahl von Analyten, die unter optimalen Bedingungen voneinander getrennt werden können) gegen das Molekulargewicht aufgetragen. Man sieht, dass für kleine Moleküle wie Aminosäuren oder Peptide einige chromatographische Verfahren durchaus in der Lage sind, mehr als 50 Analyten in einer Probe zu trennen. Im Bereich der Proteine erkennt man, dass von den chromatographischen Techniken eigentlich nur die Ionenaustauschchromatographie komplexere Gemische halbwegs effizient aufzutrennen vermag und dass in diesem Molekulargewichtsbereich die elektrophoretischen Techniken weitaus leistungsfähiger sind. Aus diesem Grund wird auch in der Proteomanalyse (der Analyse aller Proteine einer Zelle), bei der mehrere Tausend Proteine aufgetrennt werden müssen, heute praktisch ausschließlich mit elektrophoretischen Verfahren (ein- und zwei-dimensionale Gelelektrophorese) gearbeitet. Aus der Abbildung erkennt man auch, dass es keine effizienten Trennverfahren für große Moleküle, z. B. für Proteinkomplexe mit einem Molekulargewicht von mehr als 150 kDa oder Organellen gibt.

Proteomanalyse Kapitel 29

Die Trenneffizienz einer Methode ist jedoch nicht immer der relevante Parameter, der bei der Reinigung eine Rolle spielt. Stehen selektive Reinigungsschritte zur Verfügung, tritt die Bedeutung der Trennkapazität ganz in den Hintergrund und die **Selektivität** wird zur entscheidenden Größe. So hat eine Affinitätsreinigung, die auf der spezifischen Wechselwirkung einer bestimmen Substanz zu einer Affinitätsmatrix beruht, z. B. eine Immunpräzipitation oder eine Antikörper-affinitätschromatographie eine ganz schlechte Trennkapazität von „1", aber eine extrem hohe Selektivität, mit der man aus einer sehr komplexen Mischung ein Protein in einem einzigen Schritt isolieren kann.

Affinitätschromatographie Abschnitt 9.8

Da bei den wichtigsten Reinigungstechniken, der Elektrophorese und der Chromatographie, die Analyten in gelöster Form vorliegen müssen, ist die **Löslichkeit**, die das Protein in wässrigen Puffermedien besitzt, ein weiterer wichtiger Para-

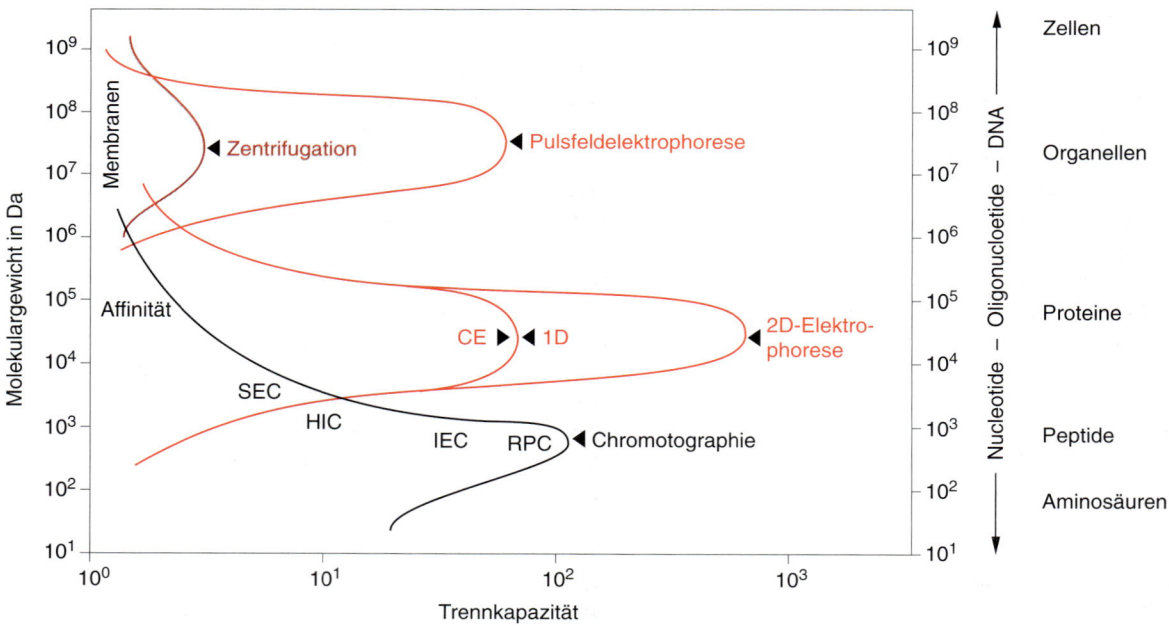

2.1 Trennmethoden für Biomoleküle. Die Trennkapazität einzelner Trennmethoden (die maximale Anzahl der in einer Analyse voneinander getrennten Substanzen) ist für unterschiedliche Molekulargewichte der Substanzen deutlich unterschiedlich. SEC Ausschlusschromatographie; HIC Hydrophobe Interaktionschromatographie; IEC Ionenaustauschchromatographie; RPC Reversed-Phase-Chromatographie; CE Kapillarelektrophorese.

meter bei der Planung einer Proteinreinigung. Viele intrazelluläre, im Cytosol lokalisierte Proteine (z. B. Enzyme) sind gut löslich, während Proteine, die strukturbildende Funktionen haben, wie z. B. die Proteine des Cytoskeletts oder Membranproteine, meist deutlich schlechter löslich sind. Besonders schlecht in wässrigen Medien handhabbar sind die sehr hydrophoben, integralen Membranproteine, deren natürliche Umgebung Lipidmembranen sind und die ohne Lösungsvermittler wie Detergenzien aggregieren und ausgefällt werden.

Verfügbare Menge

Die im Ausgangsmaterial verfügbare Menge spielt eine entscheidende Rolle für den Aufwand, der für eine Proteinreinigung betrieben werden muss. Ein zur Reinigung bestimmtes Protein ist vielleicht nur in wenigen Kopien pro Zelle vorhanden (z. B. Transkriptionsfaktoren) oder in wenigen tausend Kopien (z. B. viele Rezeptoren). Häufige Proteine (z. B. Enzyme) können Prozentanteile des Gesamtproteins einer Zelle ausmachen. Überexprimierte Proteine liegen oft in deutlich höherer Menge vor (>50 %), ebenso einige Proteine in Körperflüssigkeiten (z. B. Albumin in Plasma >90 %). Da normalerweise die Reinigung mit steigender Menge eines Proteins um ein Vielfaches einfacher wird, sollten gerade bei der Isolierung von seltenen Proteinen verschiedene Quellen von Ausgangsmaterial auf den Gehalt des interessierenden Proteins untersucht werden.

Säure/Base-Eigenschaften

Proteine haben auf Grund ihrer Aminosäurezusammensetzung bestimmte saure oder basische Eigenschaften, was bei der Trennung über Ionenaustauschchromatographie und Elektrophoresen ausgenutzt wird. Die Nettoladung eines Proteins hängt vom pH der umgebenden Lösung ab und ist bei niedrigem pH positiv, bei hohem pH negativ und Null am isoelektrischen Punkt; bei diesem pH kompensieren sich die positiven und negativen Ladungen.

Biologische Aktivität

Erschwert wird die Reinigung eines Proteins oft dadurch, dass ein bestimmtes Protein nur auf Grund seiner biologischen Aktivität in der Vielfalt der anderen Proteine zu erkennen und zu lokalisieren ist. Daher muss man in jeder Phase einer Proteinisolierung auf den Erhalt dieser biologischen Aktivität Rücksicht nehmen. Sie beruht normalerweise auf einer bestimmten molekularen und räumlichen Struktur. Wird sie zerstört, spricht man von **Denaturierung**, diese ist oft irreversibel. Um Denaturierung zu vermeiden, muss man in der Praxis den Einsatz einiger Reinigungsverfahren von vornherein ausschließen.

Die biologische Aktivität ist oft unter verschiedenen Umgebungsbedingungen unterschiedlich stabil. Zu hohe oder zu niedrige Pufferkonzentrationen, Temperaturextreme, Kontakte zu unphysiologischen Oberflächen wie Glas oder fehlende Cofaktoren können biologische Charakteristika von Proteinen verändern. Manche dieser Veränderungen sind reversibel: Vor allem kleine Proteine sind auch nach Denaturierung und Verlust der Aktivität häufig in der Lage, unter bestimmten Bedingungen zu **renaturieren**, d. h. ihre biologisch aktive Form wiederzugewinnen. Bei größeren Proteinen gelingt dies selten und oft nur mit schlechter Ausbeute.

Die Messung der biologischen, etwa der enzymatischen Aktivität gibt die Möglichkeit, die Reinigung eines Proteins zu verfolgen: mit zunehmenden Reinigungsschritten wird eine höhere spezifische Aktivität gemessen. Daneben kann die biologische Aktivität selbst für die Reinigung des Proteins ausgenutzt werden. Oft geht sie einher mit Bindungseigenschaften zu anderen Molekülen, z. B. Enzym-

Enzymatische Aktivitätstests
Kapitel 4

Substrat oder -Cofaktor, Rezeptor-Ligand, Antikörper-Antigen, etc. Diese sehr spezifischen Bindungen werden zum Design von Affinitätsreinigungen verwendet (Affinitätschromatographie) und zeichnen sich unter optimalen Bedingungen durch hohe Anreicherungsfaktoren und damit durch eine anders kaum erreichbar große Effizienz aus.

Affinitätschromatographie Abschnitt 9.8

Stabilität

Extrahiert man Proteine aus ihrem biologischen Milieu, werden sie oft in ihrer Stabilität merklich beeinträchtigt, da sie von **Proteasen** (proteolytischen Enzymen) abgebaut werden oder zu unlöslichen Aggregaten assoziieren, was fast immer zu einem irreversiblen Verlust der biologischen Aktivität führt. Aus diesen Gründen werden in den ersten Schritten einer Proteinisolierung oft Protease-Inhibitoren zugesetzt und die Reinigung wird generell rasch und bei niedrigen Temperaturen durchgeführt.

> Bedenkt man diese Vielfalt der Eigenschaften, wird schnell klar, dass eine Proteinreinigung nicht einer schematischen Vorschrift folgen kann. Für eine erfolgreiche Isolierungsstrategie ist – neben einem Verständnis des Verhaltens von Proteinen in den verschiedenen Trennverfahren und einem minimalen Wissen um die Löslichkeits- und Ladungseigenschaften des zu reinigenden Proteins – auch eine klare Vorstellung notwendig, zu welchem Zweck das Protein gereinigt werden soll.

Zielsetzung einer Aufreinigung

Vor allem die ersten Schritte eines Reinigungsganges, die anzustrebende Reinheit und auch die einzusetzende Analytik sind in hohem Maße davon abhängig, mit welcher Intention ein bestimmtes Protein gereinigt werden soll. So müssen bei der Isolierung eines Proteins für therapeutische Zwecke (z. B. Insulin, Wachstumshormone, oder Blutgerinnungshemmer) ungleich höhere Anforderungen an die Reinheit gestellt werden als für ein Protein, das im Labor für strukturelle Untersuchungen gebraucht wird. In vielen Fällen will man ein Protein nur für die Aufklärung einiger weniger Aminosäuresequenzabschnitte isolieren. Dazu reicht eine sehr kleine Menge Protein (üblicherweise Mikrogramm). Mit der Sequenzinformation lassen sich Oligonucleotidsonden herstellen und das Gen des Proteins isolieren, das dann in einem Gastorganismus in viel größerer Menge (bis zu Grammmengen) exprimiert werden kann, als es in der ursprünglichen Quelle vorhanden war (heterologe Expression). Viele der weiteren Untersuchungen werden dann nicht mit dem Material aus der natürlichen Quelle durchgeführt, sondern mit dem rekombinanten Protein.

Heterologe Überexpression Kapitel 38

Strategisch neue Ansätze zur Analyse biologischer Fragestellungen, wie die Proteomanalyse und subtraktive Ansätze, erfordern vollständig neue Arten der Probenvorbereitung und Proteinisolierung, da hier die quantitativen Verhältnisse der einzelnen Proteine nicht verändert werden dürfen. Ein großer Vorteil bei diesen neuen Strategien ist aber, dass auf den Erhalt der biologischen Aktivität nicht mehr geachtet werden muss.

Proteomanalyse Kapitel 29

Auch wenn jede Proteinreinigung als ein Einzelfall zu betrachten ist, so kann man doch vor allem für die ersten Reinigungsschritte einige allgemeine Regeln und Schritte finden, die bei erfolgreichen Isolierungen schon häufig angewendet worden sind und im Folgenden im Detail besprochen werden sollen.

2.2 Proteinlokalisation und Reinigungsstrategie

Der erste Schritt jeder Proteinreinigung hat zum Ziel, das gewünschte Protein in Lösung zu bringen und alles partikuläre und unlösliche Material abzutrennen. Abbildung 2.2 zeigt ein Schema für verschiedene Proteine. Für die Reinigung eines löslichen **extrazellulären Proteins** müssen Zellen und andere unlösliche Bestandteile abgetrennt werden, um eine homogene Lösung zu erhalten, die dann den in den weiteren Abschnitten besprochenen Reinigungs- oder Analyseverfahren unterworfen werden kann (Fällung, Zentrifugation, Chromatographie, Elektrophorese, etc.). Quellen für extrazelluläre Proteine sind beispielsweise Kulturüberstände von Mikroorganismen, pflanzliche und tierische Zellkulturmedien oder auch Körperflüssigkeiten wie Milch, Blut, Harn oder Cerebrospinalflüssigkeit. Meist liegen extrazelluläre Proteine gelöst in relativ geringen Konzentrationen vor und fordern als nächsten Schritt eine effiziente Konzentrierung.

Um ein **intrazelluläres Protein** zu isolieren, müssen die Zellen in einer Weise zerstört werden, die den löslichen Inhalt der Zelle freigibt und die das interessierende Protein intakt lässt. Die Methoden des Zellaufschlusses (Zelldisruption) unterscheiden sich vor allem je nach Zellart und Menge der aufzuschließenden Zellen.

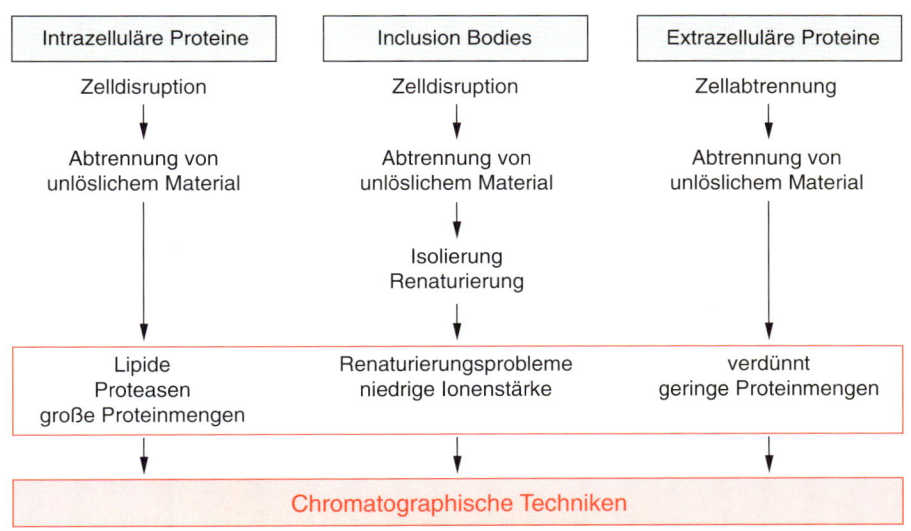

2.2 Reinigungsschema für verschiedene Proteine. Je nach Lokalisation und Löslichkeit der zu reinigenden Proteine sind verschiedene Vorreinigungsschritte durchzuführen, bevor selektive und hocheffiziente Schritte folgen können.

Membranproteine und andere unlösliche Proteine

Membran-assoziierte Proteine werden üblicherweise nach Isolierung der relevanten Membranfraktion aus dieser gereinigt. Dazu werden periphere Membranproteine, die nur lose an Membranen gebunden sind, durch relativ milde Bedingungen, z. B. hoher pH, EDTA oder niedere Konzentrationen eines nichtionischen Detergenz, von der Membran abgetrennt und können dann oft weiter wie lösliche Proteine behandelt werden. Integrale Membranproteine, die außerhalb ihrer Membran über hydrophobe Aminosäuresequenzbereiche aggregieren und unlöslich werden, können nur mit Hilfe hoher Detergenzkonzentrationen aus der Membran isoliert werden, sie stellen heute wohl die größte Herausforderung an die Isolierungs- und Reinigungstechniken dar.

In normalen wässrigen Puffern unlösliche Proteine sind im Allgemeinen Strukturproteine (z. B. Elastin), die manchmal auch noch über posttranslational angefügte funktionelle Gruppen (posttranslationale Modifikationen) quervernetzt sind. Hier ist der erste und sehr effiziente Reinigungsschritt die Entfernung aller löslichen Proteine. Weitere Schritte sind meist nur mehr unter Bedingungen möglich, die die native Struktur des Proteins zerstören. Die weitere Bearbeitung erfolgt meist nach Auflösung der Quervernetzung an den denaturierten Proteinen und unter Verwendung von chaotropen Reagenzien (z. B. Harnstoff) oder Detergenzien.

Rekombinante Proteine

Eine besondere Situation liegt bei der Herstellung von rekombinanten Proteinen vor. Eine sehr einfache Reinigung ergibt sich nach der Expression von rekombinanten Proteinen in *Inclusion Bodies*. Dies sind dichte Aggregate des rekombinanten Produktes, die in einem nicht-nativen Zustand vorliegen und unlöslich sind, sei es, weil die Proteinkonzentration zu hoch ist, weil das exprimierte Protein in der bakteriellen Umgebung nicht korrekt gefaltet werden kann, oder weil die Ausbildung der (richtigen) Disulfidbrücken in dem reduzierenden Milieu im Inneren des Bakteriums nicht möglich ist. Nach einer einfachen Reinigung durch differenzielle Zentrifugation (Abschnitt 2.5.1), bei der die anderen unlöslichen Zellbestandteile abgetrennt werden, erhält man das rekombinante Protein praktisch rein, muss es aber durch Renaturierung noch in den biologisch aktiven Zustand überführen.

Wenn die Expression von rekombinanten Proteinen nicht zu Inclusion Bodies führt, liegt das Protein je nach verwendetem Vektor in löslichem Zustand innerhalb oder außerhalb der Zelle vor. Hier lehnt sich die Reinigung sehr an die Reinigung von natürlichen Proteinen an, nur mit dem Vorteil, dass das zu isolierende Protein schon in relativ großer Menge vorliegt.

Rekombinante Proteine können durch Verwendung spezifischer Markerstrukturen (*Tags*) sehr einfach gereinigt werden. Typische Beispiele sind die Fusionsproteine, bei denen auf DNA-Ebene die codierenden Bereiche für eine Tagstruktur und für das gewünschte Protein ligiert und als *ein* Protein exprimiert werden. Über spezifische Affinitätschromatographien mit Antikörpern gegen die Tagstruktur können solche Fusionsproteine mit einem einzigen Schritt gereinigt werden. Beispiele dafür sind GST-Fusionsproteine mit Antikörpern gegen GST oder biotinylierte Proteine über Avidinsäulen. Eine weitere häufig verwendete Tagstruktur sind Polyhistidinreste, die an das *N*- oder *C*-terminale Ende der Proteinkette geknüpft werden, und die über immobilisierte Metallaffinitätschromatographie einfach zu isolieren sind.

2.3 Homogenisierung und Zellaufschluss

Um biologische Bestandteile aus intakten Geweben reinigen zu können, müssen diese komplexen Zellverbände in einem ersten Schritt durch **Homogenisieren** zerstört werden. Dabei entsteht ein Gemisch aus intakten und aufgebrochenen Zellen, Zellorganellen, Membranfragmenten und auch kleinen chemischen Verbindungen, die aus dem Cytoplasma und aus beschädigten subzellulären Kompartimenten stammen. Da die zellulären Komponenten in eine unphysiologische Umgebung überführt werden, sollte das Homogenisierungsmedium verschiedene Grundvoraussetzungen erfüllen:

- Schutz der Zellen vor osmotischem Platzen,
- Schutz vor Proteasen,
- Schutz der biologischen Aktivität (Funktion),
- Verhinderung von Aggregation,
- möglichst wenig Zerstörung von Organellen,
- keine Interferenz mit biologischen Analysen und funktionellen Tests.

Tabelle 2.1 Protease-Inhibitoren

Substanz	Konzentration	Inhibitor von
Phenylmethylsulfonylfluorid (PMSF)	0,1-1 mM	Serinproteasen
Aprotinin	0,01-0,3 µM	Serinproteasen
ε-Amino-n-capronsäure	2-5 mM	Serinproteasen
Antipain	70 µM	Cysteinproteasen
Leupeptin	1 µM	Cysteinproteasen
Pepstatin A	1 µM	Aspartatproteasen
Ethylendiamintetraessigsäure (EDTA)	0,5-1,5 mM	Metalloproteasen

Normalerweise geschieht dies durch isotonische Puffer bei neutralem pH, denen oft ein Cocktail von Protease-Inhibitoren zugesetzt wird (siehe Tabelle 2.1).

Will man intrazelluläre Organellen wie Mitochondrien, Kerne, Mikrosomen etc. oder intrazelluläre Proteine isolieren, müssen die (noch) intakten Zellen aufgebrochen werden. Dies wird durch eine mechanische Zerstörung der Zellwand erreicht, bei der Reibungswärme entstehen kann und die daher möglichst unter Kühlung durchgeführt werden soll. Die technische Realisierung des Aufschlusses variiert je nach Ausgangsmaterial und Lokalisation der gewünschten Zielstruktur (Tabelle 2.2).

Tabelle 2.2 Biologische Ausgangsmaterialien und Aufschlussmethoden

Material	Aufschlussmethode	Bemerkungen
Bakterien		
grampositiv	enzymatisch mit Lysozym EDTA/Tris French-Presse	haben Peptidoglykan-Zellwand macht Zellwand permeabel
gramnegativ	Zellmühle mit Glaskugeln Einfrieren-Auftauen Ultraschall	mechanische Zerstörung der Zellwand für große Mengen wegen lokaler Überhitzung ungeeignet
Hefen	Autolyse French-Presse mechanisch mit Glaskugeln enzymatisch mit Zymolase	24–28 h mit Toluol mehrfach, da ineffizient gute Effizienz Protease-Inhibitoren zufügen
Pflanzen	Messerhomogenisator + DTT + Phenoloxidase-Inaktivatoren + Protease-Inhibitoren	hoher Protease-Gehalt in Pflanzen Polyvinylpyrrolidon
faserige Gewebe	Zermahlen in flüssigem Stickstoff	kalter Homogenisierungspuffer
nicht-faserige Gewebe	Zermahlen, eventuell nach Trocknen	
Höhere Eukaryonten		
Zellen, die in Suspensionskultur wachsen	Osmolyse mit hypotonischem Puffer Pressen durch Sieb Wiederholtes Pipettieren der Suspension	sehr empfindliche Zellen Protease-Inhibitoren zufügen
faserige Zellen	Zerkleinern Dounce-Homogenisator	
Muskelgewebe	Kleinschneiden, Fleischwolf	schwierig aufzuschließen

Aus: Methods in Enzymology, Vol. 182 Guide to Protein Purification, Academic Press 1990

- Bei sehr empfindlichen Zellen (z. B. Leukozyten, Ciliaten) genügt oft ein wiederholtes Pipettieren der Zellsuspension oder Pressen durch ein Sieb, um einen **Aufschluss durch schwache Scherkräfte** zu erreichen. Für die etwas stabileren tierischen Zellen werden die Scherkräfte mit einem Glaspistill in einem Glasröhrchen erzeugt (Dounce-Homogenisator). Für pflanzliche und Bakterienzellen sind diese Methoden nicht geeignet.
- Zellen, die keine Zellwand besitzen und die nicht in Zellverbänden assoziiert sind (z. B. isolierte Blutzellen) können **osmolytisch** aufgebrochen werden, indem sie in eine hypotonische Umgebung gebracht werden (z. B. in destilliertes Wasser). Das Wasser dringt in die Zellen ein und bringt sie zum Platzen. Bei Zellen mit Zellwänden (Bakterien, Hefen) müssen die Zellwände **enzymatisch** (z. B. mit Lysozym) abgedaut werden, bevor ein osmolytischer Aufschluss gelingt. Diese Aufschlussart ist sehr schonend und eignet sich daher besonders für die Isolierung von Zellkernen und anderen Organellen.
- Für Bakterien wird oft wiederholtes **Einfrieren und Auftauen** als Aufschlussmethode eingesetzt, wobei der Wechsel der Aggregatzustände die Zellmembranen so deformiert, dass sie aufbrechen und der intrazelluläre Inhalt frei wird.
- Mikroorganismen und Hefen können in dünner Schicht 2–3 Tage bei 20-30 °C **getrocknet** werden, wobei die Zellmembran zerstört wird. Die getrockneten Zellen werden in einem Mörser zerrieben und können bei 4 °C auch über längere Zeit gelagert werden. Lösliche Proteine lassen sich mit einem wässrigen Puffer aus dem trockenen Pulver in wenigen Stunden wieder in Lösung bringen.
- Mit kalten wassermischbaren **organischen Lösungsmitteln** (Aceton, -15 °C, 10 faches Volumen) können Zellen schnell entwässert werden, wobei die Lipide in die organische Phase extrahiert und so die Zellwände zerstört werden. Nach Abzentrifugieren bleiben die Proteine im Niederschlag, aus dem man sie durch Extraktion mit wässrigen Lösungsmitteln wiedergewinnen kann.
- Bei stabilen Zellen wie Pflanzenzellen, Bakterien, und auch Hefen kann das **Zerreiben** mit Mörser und Pistill zum Zellaufschluss angewendet werden, wobei allerdings auch größere Organellen (Chloroplasten) geschädigt werden können. Durch Zugabe eines Abrasionsmittels (Seesand, Glasperlen) wird der Aufschluss erleichtert.
- Für größere Mengen eignet sich ein **Messerhomogenisator**, bei dem das Zellgewebe durch ein schnell rotierendes Messer zerschnitten wird. Dabei entsteht erhebliche Wärme, so dass eine Möglichkeit zur Kühlung vorhanden sein sollte. Für kleine Objekte wie Bakterien und Hefen wird die Effizienz des Aufschlusses durch Zugabe von feinen Glasperlen deutlich verbessert.
- **Vibrationszellmühlen** werden für einen relativ rauhen Aufschluss von Bakterien verwendet. Dies sind verschließbare Stahlgefäße, in denen die Zellen zusammen mit Glasperlen (Durchmesser 0,1–0,5 mm) heftig geschüttelt werden. Auch hier muss die entstehende Wärme abgeführt werden. Zellorganellen können bei dieser Aufschlussmethode geschädigt werden.
- Schnelle Druckänderungen brechen Zellen und Organellen sehr effizient auf. So werden mit **Ultraschallwellen** im Frequenzbereich von 10-40 kHz über einen Metallstab starke Druckänderungen in der Suspension eines Zellmaterials erzeugt. Da auch bei dieser Methode viel Wärme freigesetzt wird, sollte man nur relativ kleine Volumina und kurze – maximal 10 Sekunden lange – Beschallungspulse einsetzen. DNA wird unter diesen Bedingungen fragmentiert.
- Bei einer weiteren Aufschlussmethode, die sich vor allem für Mikroorganismen eignen, werden bis zu 50 mL einer Zellsuspension unter Druck durch eine enge Öffnung (<1mm) gepresst, wobei durch die auftretenden Scherkräfte die Zellen zerstört werden (**French-Presse**).

Je nach Zielsetzung werden die gewünschten Proteine in löslicher Form weiteren Reinigungsschritten unterworfen. Dazu wird das Homogenisat normalerweise durch differenzielle Zentrifugationsverfahren (Abschnitt 2.5.1) grob in verschiedene Fraktionen aufgetrennt.

2.4 Die Fällung

Die Fällung (Präzipitation) von Proteinen ist eine der ersten Techniken, die zur Reinigung von Proteinen eingesetzt wurde (das Aussalzen von Proteinen geschah erstmals vor über 130 Jahren!). Die Methode beruht auf der Interaktion von präzipitierenden Agenzien mit den in Lösung befindlichen Proteinen. Diese Agenzien können relativ unspezifisch sein und praktisch alle Proteine aus einer Lösung ausfällen, was in den ersten Schritten eines Reinigungsgangs zur Gewinnung der Gesamtproteine aus einem Zelllysat eingesetzt wird. Die Fällung kann aber auch so geführt werden, dass eine Fraktionierung der Bestandteile einer Lösung möglich wird. Ein Beispiel dafür ist die **Kohn-Fraktionierung** von Plasma, die schon 1946 ausgearbeitet wurde und heute noch zur Plasmaproteingewinnung in großem Maßstab eingesetzt wird. Dabei wird Blutplasma mit steigenden Mengen von kaltem Ethanol versetzt und das jeweils ausgefällte Protein in Fraktionen abzentrifugiert. Mit Ausnahme der Präzipitation von Antigenen mit Antikörpern ist die Fällung nicht proteinspezifisch und wird daher nur für eine grobe Vorreinigung von Proteingemischen eingesetzt.

Je nach Fragestellung und Ausgangsmaterial kann die Fällung unter verschiedenen Bedingungen durchgeführt werden. Dabei sollte nicht nur die Effizienz der Fällung an sich, sondern auch immer weitere Aspekte beachtet werden:

- Wird die biologische Aktivität durch das Fällungsmittel und die Fällungsbedingungen beeinträchtigt?
- Unter welchen Bedingungen kann das Fällungsmittel wieder entfernt werden?

Aussalzung

Die Eigenschaften eines Salzes, Proteine zu fällen, ist in der sogenannten **Hofmeister-Serie** beschieben (Abb. 2.3). Dabei sind die weiter links stehenden (sog. antichaotropen oder kosmotropen) Salze besonders gute und schonende Fällungsmittel. Sie vergrößern hydrophobe Effekte in der Lösung und fördern Proteinaggregationen über hydrophobe Wechselwirkungen. Die weiter rechts stehenden (chaotropen) Salze vermindern hydrophobe Effekte und halten Proteine in Lösung.

Die älteste und am häufigsten angewendete Methode, Proteine zu fällen ist, sie durch Zugabe von **Ammoniumsulfat** auszusalzen. Die Proteine sollen vor der Fällung in einer Konzentration von etwa 0,01 % – 2 % vorliegen. Ammoniumsulfat ist besonders gut geeignet, da es in Konzentrationen >0,5 M die biologische Aktivität auch empfindlicher Proteine schützt. Es ist leicht wieder von den Proteinen zu entfernen (Dialyse, Ionenaustausch) und überdies preiswert, deshalb kann es auch für Fällungen aus größeren Volumina und somit schon in den ersten Reinigungsschritten eingesetzt werden. Ammoniumsulfat wird üblicherweise unter kontrollierten Bedingungen (Temperatur, pH) portionsweise zu der Proteinlösung zugegeben, wodurch eine fraktionierte Fällung und damit eine Anreicherung des interessierenden Proteins möglich wird. Man sollte beachten, dass eine vollständige Fällung einige Stunden dauern kann! Ammoniumsulfatpräzipitate sind normalerweise dicht und gut abzuzentrifugieren (100 g, siehe Abschnitt 2.5). Der einzige größere Nachteil von Ammoniumsulfat betrifft die Fällung von Proteinen, die für ihre Aktivität/Struktur Calcium benötigen, da Calciumsulfat praktisch unlös-

Konzentrationsbestimmung von Proteinen Kapitel 3

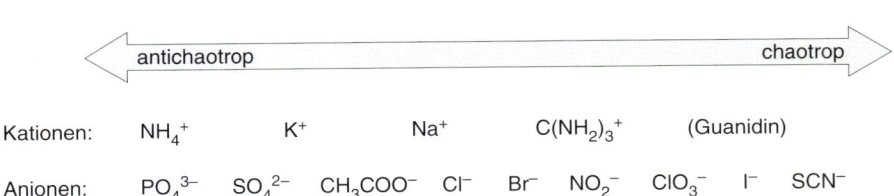

2.3 Die Hofmeister-Serie.

lich ist, und so von den Proteinen entfernt wird. Diese Proteine müssen daher mit anderen Salzen (z. B. Acetaten) gefällt werden.

Fällung mit organischen Lösungsmitteln

Schon seit über 100 Jahren ist bekannt, dass Proteine mit kaltem Aceton oder kurzkettigen Alkoholen (hauptsächlich Ethanol) gefällt werden können. Längerkettige Alkohole ($>C_5$) sind in Wasser zu wenig löslich und für eine Fällung nicht brauchbar. Für die Wahl des organischen Fällungsmittels oder der optimalen Temperatur können keine allgemeingültigen Regeln angegeben werden. Ethanol hat sich besonders bei der Fällung von Plasmaproteinen bewährt. Für Proteinlösungen, die noch Lipide enthalten, wird oft Aceton eingesetzt, da neben der Präzipitation der Proteine gleichzeitig die Lipide extrahiert werden. Um zu hohe lokale Konzentrationen des organischen Lösungsmittels zu vermeiden, was die Denaturierung der Proteine zur Folge haben kann, sollte das Lösungsmittel langsam zugegeben werden. Gute Kühlung und langsame Zugabe sind auch sinnvoll, da sich durch die Zumischung des organischen Lösungsmittels (z. B. Ethanol zu Wasser) Wärme entwickeln kann, die zu unerwünschter Denaturierung führt. Das Präzipitat wird durch Zentrifugation pelletiert (siehe unten) und wieder in wässrigen Puffern aufgenommen. Die Ausbeute der Fällung muss mit analytischen Methoden überprüft werden (SDS-Gelelektrophorese, Aktivitätstests, etc.). Bei größeren Mengen ist es sinnvoll, die optimalen Präzipitationsbedingungen in einem Pilotexperiment in kleinem Maßstab zu bestimmen.

> SDS-Gelelektrophorese
> Abschnitt 10.3.9
> Enzymatische Aktivitätstests
> Kapitel 4

Fällung mit Trichloressigsäure

Eine häufig eingesetzte Methode, um Proteine aus Lösungen auszufällen, ist die Fällung mit 10%-iger Trichloressigsäure, wobei eine Endkonzentration von 3-4 % erreicht werden sollte. Nach Abzentrifugieren wird das Präzipitat im gewünschten Puffer resuspendiert und weiter verwendet, wobei der pH der Lösung geprüft werden sollte. Diese Methode denaturiert die Proteine und wird daher vor allem zur Konzentrierung für eine Gelektrophorese oder vor enzymatischen Spaltungen eingesetzt. Die minimale Probenkonzentration sollte 5 μg/mL betragen.

> Fragmentierung
> Abschnitt 8.5

Fällung von Nucleinsäuren

Proteinlösungen von Zellaufschlüssen, speziell von Bakterien und Hefen, enthalten einen großen Anteil an Nucleinsäuren (DNA und RNA), die mit einer Proteinreinigung interferieren können und daher gewöhnlich abgetrennt werden müssen. Da Nucleinsäuren hoch negativ geladene Polyanionen sind, können sie mit stark basischen Substanzen (z. B. Polyaminen, Polyethyleniminen oder Anionenaustauscherharzen) oder auch sehr basischen Proteinen (Protaminen) gefällt werden. Durch Optimierung der Präzipitations- und Waschbedingungen muss vermieden werden, dass auch interessierende Proteine vom Fällungsreagenz oder im Komplex mit den Nucleinsäuren (z. B. Histone, Ribosomen) gefällt werden.

2.5 Zentrifugation

Die Zentrifugation ist nicht nur eine der ältesten Techniken zur Abtrennung von unlöslichen Bestandteilen, sondern auch zur Zellfraktionierung und Isolierung von Zellorganellen. Sie basiert auf der Bewegung von Teilchen in einem flüssigen Medium durch Zentrifugalkräfte. Der zentrale Bestandteil einer Zentrifuge ist der

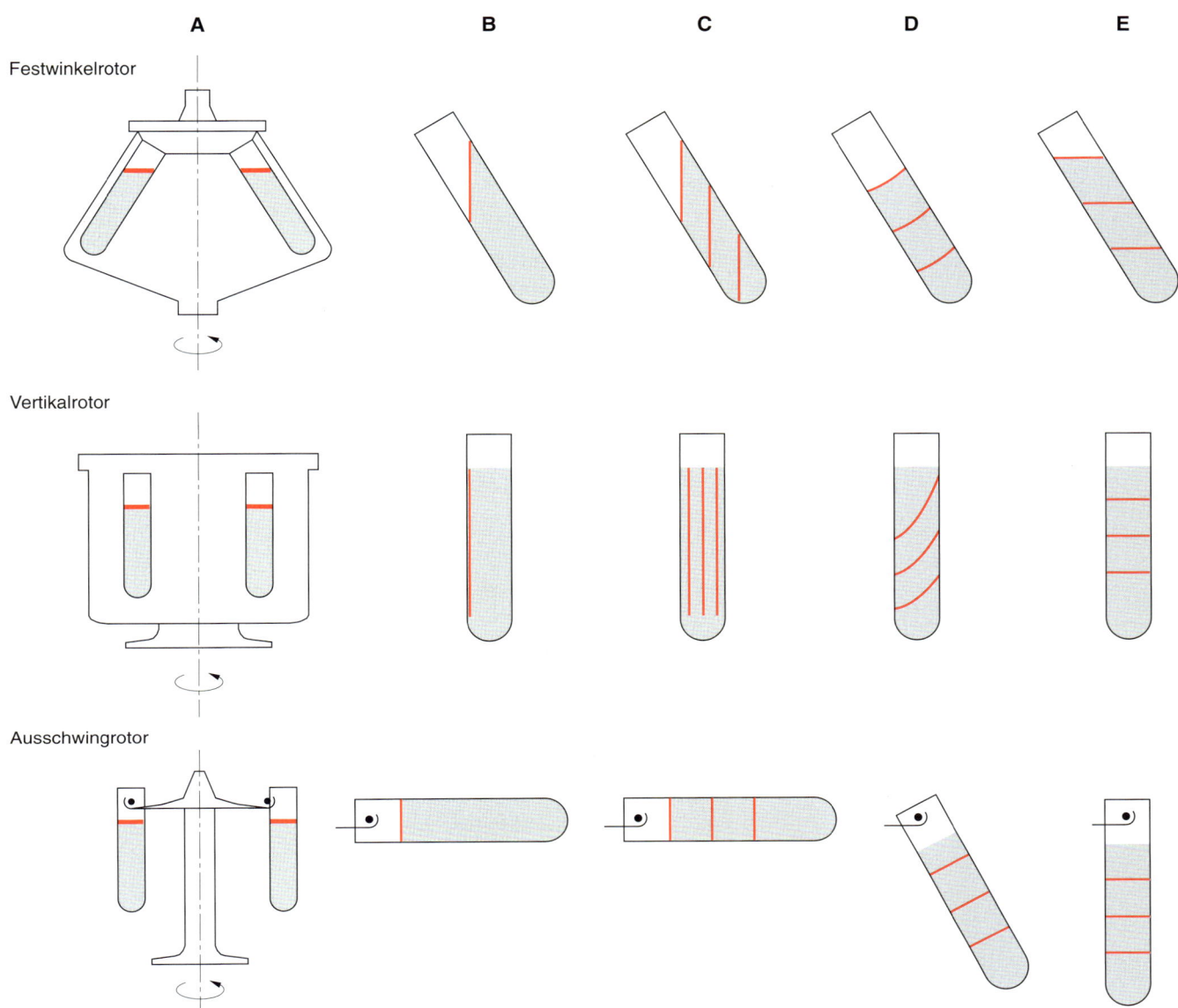

2.4 Rotoren für die Zentrifugation. Festwinkelrotor, Vertikalrotor und Ausschwingrotor bei Beladung (A); unter Zentrifugationsbedingugen zu Beginn der Trennung (B); während der Trennung (C); beim Abbremsen (D); und nach Beendigung der Zentifugation (E). Proteinenthaltende Fraktionen sind rot eingezeichnet.

Rotor, der zur Aufnahme der Probenbecher dient und durch einen Motor zu hoher Umdrehungsgeschwindigkeit angetrieben wird. Es gibt verschiedene Bauausführungen der Rotoren, wie z. B. Festwinkelrotoren, Vertikal- oder Schwingbecherrotoren (Abb. 2.4), die in verschiedenen Größen und Materialien erhältlich sind. Sie erlauben Trennungen von wenigen Mikrolitern bis zu einigen Litern und können je nach Aufgabenstellung mit verschiedenen, einstellbaren Umdrehungsgeschwindigkeiten betrieben werden. Für Arbeiten mit biologischen Materialien werden meist kühlbare Zentrifugen verwendet. Hochgeschwindigkeitszentrifugen, die **Ultrazentrifugen**, werden durchwegs an ein Vakuumsystem angeschlossen betrieben, um die bei hohen Geschwindigkeiten infolge des Luftwiderstandes auftretende Reibungswärme zu vermeiden. Beim Betrieb von Zentrifugen sind bestimmte Sicherheitsmaßnahmen zu beachten, vor allem müssen die einander gegenüberliegenden Probengefäße gut austariert sein, um jegliche Unwucht zu vermeiden, die die Zentrifuge zerstören könnte.

2.5.1 Grundlagen

Das physikalische Prinzip der Zentrifugation ist eine Trennung nach Größe und Dichte. Auf ein Teilchen, das mit konstanter Winkelgeschwindigkeit ω um eine Drehachse bewegt wird, wirkt eine Zentrifugalkraft, die das Teilchen nach außen beschleunigt. Die Beschleunigung B ist von der Winkelgeschwindigkeit ω und dem Abstand r von der Rotationsachse abhängig:

$$B = \omega^2 r$$

Die Beschleunigung wird auf die Erdbeschleunigung g (981 cm s^{-2}) bezogen und als **relative Zentrifugalbeschleunigung RZB** in Vielfachen der Erdbeschleunigung [g] angegeben:

$$RZB = \frac{\omega^2 r}{981}$$

Die Beziehung zwischen der Winkelgeschwindigkeit und der Rotationsgeschwindigkeit in Rotationen pro Minute (rpm) ist gegeben durch:

$$\omega = \frac{\pi \cdot rpm}{30}$$

woraus sich durch Substitution ergibt:

$$RZB = 1{,}118 \cdot 10^{-5} \cdot r \cdot (rpm)^2$$

Zu berücksichtigen ist, dass sich normalerweise während einer Zentrifugation die Entfernung der Teilchen von der Rotationsachse und damit auch die RZB ändert. Für Umrechnungen nimmt man daher oft den Mittelwert.

Die Sedimentationsgeschwindigkeit von sphärischen Partikeln in einer viskosen Flüssigkeit wird durch die **Svedberg-Gleichung** beschrieben:

$$\text{Svedberg-Gleichung:} \quad v = \frac{d^2 (\rho_p - \rho_m) g}{18 \eta}$$

Dabei ist v die Sedimentationsgeschwindigkeit, g die relative Zentrifugalbeschleunigung, d der Durchmesser des Teilchens, ρ_p und ρ_m die Dichte des Teilchens bzw. der Flüssigkeit und η die Viskosität des Mediums.

Die Sedimentationsgeschwindigkeit wächst mit dem Quadrat des Teilchendurchmessers und der Differenz der Dichten zwischen Teilchen und Medium und nimmt mit der Viskosität der Flüssigkeit ab. Wenn nun die Sedimentation in einem Medium wie z. B. 0,25 M Sucrose stattfindet, das weniger dicht als alle Teilchen und außerdem eine niedrige Viskosität hat, so ist der Durchmesser der Teilchen der für die Sedimentationsgeschwindigkeit dominierende Faktor.

Der **Sedimentationskoeffizient** s ist die Sedimentationsgeschwindigkeit unter geometrisch vorgegebenen Bedingungen des Zentrifugalfeldes. Er wird in **Svedberg-Einheiten (S)** angegeben.

$$s = \frac{v}{r\omega^2}$$

1 S entspricht 10^{-13} Sekunden. In dieser Größenordnung liegen verschiedene biologische Moleküle. Die Svedberg-Einheit eines Biomoleküls fließt zuweilen in seine Benennung ein (z. B. 18S-RNA), was dann einen Schluss auf die Größe des Teilchens zulässt. In Tabelle 2.3 sind die Größe und die Zentrifugationsbedingungen für die Reinigung von Zellen und einiger zellulärer Kompartimente angegeben. Eine gute Übersicht gibt auch die Darstellung der Teilchen in einem Dichte/Sedimentationskoeffizient-Diagramm (Abb. 2.5) oder in einem Dichte/g-Werte-Diagramm.

Aus der Svedberg-Gleichung können die verschiedenen Techniken der Zentrifugation leicht verstanden werden.

Tabelle 2.3 Typische Dichte, Teilchendurchmesser und S-Werte von biologischen Materialien

Partikel	Durchmesser in μm	Dichte in g/cm³	S-Wert	sedimentiert im Sucrosegradienten bei
Zellen	5-15	1,05-1,2	10^7-10^8	1 000 g/2 min
Kerne	3-12	>1,3	10^6-10^7	600 g/15 min
Kernmembran	3-12	1,18-1,22		1500 g/15 min
Plasmamembranen	3-20	1,15-1,18		1500 g/15 min
Golgi-Apparat	1	1,12-1,16		2000 g/20 min
Mitochondrien	0,5-4	1,17-1,21	1×10^4-5×10^4	10 000 g/25min
Lysosomen	0,5-0,8	1,17-1,21	4×10^3-2×10^4	10 000 g/25 min
Peroxisomen	0,5-0,8	1,19-1,4	4×10^3	10 000 g/25 min
Mikrosomen				100 000 g/1h
endoplasmatisches Reticulum	0,05-0,3	1,06-1,23	1×10^3	150 000 g/40 min
Ribosomen		1,55-1,58	70-80	
lösliche Proteine	0,001-0,01	1,2-1,7	1-25	

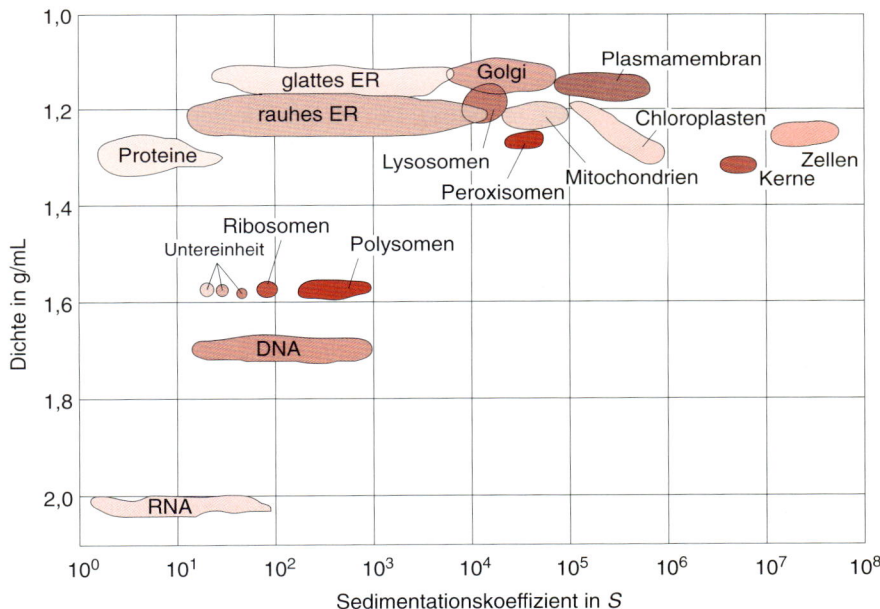

2.5 Dichte und Sedimentationskoeffizienten einiger Zellkompartimente. Die Abbildung zeigt die Verteilung verschiedener Zellbestandteile bezüglich ihrer Dichte und ihres Sedimentationskoeffizienten.

2.5.2 Zentrifugationstechniken

Differenzielle Zentrifugation

Die differenzielle Zentrifugation nützt die unterschiedlichen Sedimentationsgeschwindigkeiten verschiedener Teilchen aus. Sie wird im Festwinkelrotor durchgeführt und setzt voraus, dass die Sedimentationsgeschwindigkeiten ausreichend unterschiedlich sind. So sedimentieren die großen und schweren Zellkerne relativ schnell (1 000 g, 5-10 min) und finden sich schon bei niedertouriger Zentrifugationsgeschwindigkeit im Niederschlag (Pellet). Bei höheren RZB sedimentieren dann Mitochondrien (10 000 g, 10 min) und Mikrosomen (100 000 g, 1 h). Die einzelnen Fraktionen sind aber keineswegs rein, da langsame Teilchen, die sich geometrisch nahe dem Boden des Zentrifugenröhrchens befanden, die schnellen Teilchen, die nahe der Oberfläche waren und einen längeren Weg zurücklegen mussten, kontaminieren. Die differenzielle Zentrifugation wird nicht nur zur Anreicherung von Teilchen verwendet, sondern auch zur Konzentration. So können z. B. aus 1 L bakterieller Zellkultur die Zellen durch Zentrifugation von 15 min mit 2 000 g pelletiert und dann in einem kleinerem Volumen resuspendiert werden.

Zonenzentrifugation

Wenn sich die Sedimentationsgeschwindigkeiten nicht ausreichend unterscheiden, kann man über die Viskosität und Dichte des Mediums einen selektierenden Einfluss einbringen. Bei der Zonenzentrifugation wird ein vorgeformter flacher Dichtegradient, meist aus Sucrose, benutzt, und die Probe über den Gradienten geschichtet (vgl. nächster Abschnitt). Die Teilchen, die jetzt zu Beginn der Zentrifugation – im Gegensatz zur differenziellen Zentrifugation – in einer schmalen Zone vorliegen, werden jetzt über die Sedimentationsgeschwindigkeit getrennt. Der Dichtegradient hat neben der Minimierung der Konvektion auch die Wirkung, dass über die zunehmende Dichte und Viskosität die schnelleren Teilchen abgebremst werden, die auf Grund der mit zunehmender Entfernung von der Rotorachse steigenden RZB mit steigender Geschwindigkeit sedimentieren würden. Man erhält so eine annähernd konstante Sedimentationsgeschwindigkeit der Teilchen. Die Zonenzentrifugation, die bei relativ geringen Geschwindigkeiten meist mit Schwingbecher- oder Vertikalrotoren durchgeführt wird, ist eine unvollständige Sedimentation, wobei die maximale Dichte des Mediums die niedrigste Dichte der Teilchen nicht übersteigen darf. Die Zentrifugation wird beendet, bevor die Teilchen pelletieren.

Isopyknische Zentrifugation

Die bisher besprochenen Techniken der differenziellen und der Zonenzentrifugation sind beide besonders für die Trennung von Teilchen geeignet, die sich in ihrer *Größe* unterscheiden. Teilchen, die eine ähnliche Größe, aber unterschiedliche *Dichten* haben, lassen sich mit diesen Techniken schlecht trennen. Für diese Fälle wird die isopyknische Zentrifugation (auch Sedimentations-Gleichgewichtszentrifugation) eingesetzt. Hierbei zentrifugiert man über längere Zeit mit hoher Geschwindigkeit in einem Dichtegradienten bis zur Gleichgewichtseinstellung. Nach der Svedberg-Gleichung bleiben Teilchen im Schwebezustand, wenn ihre Dichte und die Dichte des umgebenden Mediums gleich ist ($v = 0$). Partikel im oberen Bereich des Zentrifugenröhrchens sedimentieren, bis sie den Schwebezustand erreicht haben und nicht weiter sedimentieren können, da die Schicht unter ihnen eine größere Dichte aufweist. Die Teilchen im unteren Bereich steigen entsprechend bis zur Gleichgewichtsposition auf. Damit diese Art der Zentrifugation funktioniert, muss die größte Gradientendichte die Dichte aller zu zentrifugierenden Teilchen übersteigen.

Dichtegradienten

Für die Erzeugung des Dichtegradienten, der kontinuierlich oder auch diskontinuierlich (in Stufen) sein kann, werden verschiedene Medien verwendet, die sich für die unterschiedlichen Anwendungsgebiete als geeignet erwiesen haben:

CsCl-Lösungen können mit Dichten bis zu 1,9 g/mL hergestellt werden. Sie sind von sehr niedriger Viskosität, haben aber den Nachteil hoher Ionenstärke, was einige biologische Materialien (Chromatin, Ribosomen) dissoziieren lässt. Auch haben CsCl-Lösungen hohe Osmolalitäten, was sie für osmotisch empfindliche Teilchen wie Zellen ungeeignet macht. CsCl-Gradienten eignen sich besonders gut für die Auftrennung von Nucleinsäuren.

Sucrose wird häufig für die Trennung subzellulärer Organellen über die Zonenzentrifugation eingesetzt. Die preiswert und einfach herzustellenden Lösungen sind nicht-ionisch und relativ inert gegenüber biologischen Materialien. Die geringe Dichte von isotonischen Sucroselösungen (<9 % w/v) verhindert oft eine Zentrifugation von Zellen und bei der isopyknischen Zentrifugation führt die hohe Viskosität von hoch-konzentrierten Sucroselösungen zu schlechter Auflösung.

Wegen der hohen Osmolalität der Sucrose werden natürliche, hochmolekulare **Polysaccharide** wie Glykogen, Dextran und in letzte Zeit auch synthetische Polysaccharide wie **Ficoll** zur Gradientenbildung eingesetzt. Diese Polysaccharide haben zwar eine bessere Osmolalität als Sucrose, aber ihre höhere Viskosität führt zu längeren Zentrifugationszeiten und schlechteren Trennungen. Die Polysaccharide werden für Zonenzentrifugation und isopyknische Zentrifugation eingesetzt und nach der Zentrifugation über Verdünnung und anschließende Präzipitation der biologischen Partikel abgetrennt.

Kolloidale, mit Polymer beschichtete Silicapartikel können auch als Dichtegradientenmedien eingesetzt werden; sie zeigen niedrigere Osmolalität, aber höhere Viskosität verglichen mit den Cäsiumsalzen. **Percoll** besteht aus Polyvinylpyrrolidon (PVP)-beschichteten Silicapartikeln von ca. 15-30 nm Durchmesser, die als Suspension mit einer Dichte von 1,130 g/mL erhältlich sind. Bei Zentrifugation bilden sich wegen der kolloidalen Natur von Percoll schnell von selbst Dichtegradienten aus, deren Profil sich allerdings während der Zentrifugation ändert. Durch Zugabe von Sucrose oder Salzen können mit Percoll isotonische Dichtegradienten ausgebildet werden.

Für die Ausbildung stabiler, inerter und nicht-toxischer Dichtegradienten wird heute auch eine Klasse von iodinierten Medien verwendet, die ursprünglich als Kontrastmedien für die Röntgenstrukturanalyse entwickelt worden waren. Der am meisten verwendete Vertreter dieser Medien ist **Nycodenz**, das besonders für die Zentrifugation von Zellen und membangebundenen Partikeln geeignet ist.

Fraktionierung der getrennten Banden

Nach der Zentrifugation müssen die getrennten Banden aus dem Zentrifugengefäß isoliert werden. Wenn diskontinuierliche Gradienten verwendet wurden, sind die interessierenden Fraktionen manchmal an den Dichtegrenzen sichtbar und können mit einer Pasteurpipette vorsichtig abgesaugt werden. Bei kontinuierlichen Gradienten, bei denen die Fraktionen oft nicht deutlich zu erkennen sind, wird fraktioniert, indem man in den Boden des Zentrifugenröhrchens ein Loch sticht und den Gradienten tropfenweise in Probengefäße sammelt. Eine andere Methode ist, das Zentrifugenröhrchen mit einem speziellen Deckel zu verschließen, der einerseits ein Röhrchen bis an den Boden des Zentrifugengefäßes führt und andererseits eine Öffnung zu einem Fraktionskollektor hat. Man pumpt nun eine Lösung, die die Dichte des Gradienten übersteigt, durch das Glasröhrchen auf den Boden des Zentrifugengefäßes. Der Gradient wird angehoben und durch die Fraktionieröffnung gesammelt.

2.6 Abtrennung von Salzen oder hydrophilen Verunreinigungen

Bei jeder Proteinreinigung erhält man an etlichen Stellen Lösungen, die in ihrer Ionenstärke oder Pufferzusammensetzung für den nächsten Reinigungsschritt ungeeignet sind. So ist zum Beispiel nach einer hydrophoben Interaktionschromatographie der Salzgehalt einer Probe für eine direkt anschließende Ionenaustauschchromatographie praktisch immer zu hoch. In vielen Fällen wird es gelingen, durch eine gute Planung der Reinigungsstrategie zusätzliche Schritte zur Entsalzung zu vermeiden und vor allem im letzten Reinigungsschritt vor der weiteren analytischen Bearbeitung der Probe durch Verwendung flüchtiger Lösungsmittelsysteme salzfrei zu enden. Andererseits gibt es eine Reihe von Möglichkeiten der Um- und Entsalzung, die bei gut löslichen Proteinen meist auch mit guter Ausbeute ablaufen.

Chromatographie Kapitel 9

Verdünnen

Oft ist es sehr einfach, die für den nächsten Reinigungsschritt erforderliche Ionenstärke zu erreichen, indem man die Probe mit destilliertem Wasser verdünnt. Als nächster Schritt im Reinigungsgang sollte eine konzentrierende Methode, wie z. B. Ionenaustauschchromatographie oder eine Affinitätsreinigung gewählt werden. Wenn Verdünnen nicht ausreicht, um die Salzkonzentration in gewünschter Weise zu erniedrigen, müssen die eigentlichen Entsalzungstechniken angewendet werden, die im Folgenden beschrieben werden.

Dialyse

Die am längsten bekannte Entsalzungsmethode ist die Dialyse. Das wichtigste Teil der Dialyse ist die Dialysemembran, die kleine Moleküle frei diffundieren lässt, während größere Moleküle zurückgehalten werden. Es sind verschiedene Membranen im Handel, die sich vor allem in der Porengröße (Molekulargewichts-Ausschlussgröße, der sog. **Cutoff-Wert**) unterscheiden. Der Ausschlusswert gibt normalerweise das Molekulargewicht der Proteine an, die zu 90 % von der Membran ausgeschlossen werden. Diese Werte werden mit Dextranen oder globulären Proteinen bestimmt und sind bei der Membranbeschreibung angegeben. Daneben spielen aber auch die Form, der Hydratationszustand und die Ladung eines Proteins eine wesentliche Rolle für einen Durchtritt durch die Membran. Der Cutoff-Wert gibt also keine scharfe Molekulargewichtsgrenze an, sondern kann nur einen Anhaltspunkt geben, welche Molekülgrößen die Membran noch relativ ungehindert passieren können. Die Proteinlösung wird in einen Schlauch gefüllt, der aus einer Dialysemembran besteht. Es empfiehlt sich, vor der Dialyse den Schlauch, der meist aus regenerierter Cellulose hergestellt wird und erhebliche Mengen an Schwermetallen enthält, in destilliertem Wasser einige Minuten auszukochen und mit destilliertem Wasser ausgiebig zu spülen, um diese Verunreinigungen zu entfernen. Da das Volumen der Probelösung durch Wassereinwanderung während der Dialyse erheblich zunehmen kann, darf der Dialyseschlauch nur zu maximal zwei Dritteln gefüllt werden. Der so gefüllte, weitgehend luftfreie, und durch Knoten an beiden Enden verschlossene Dialyseschlauch wird in ein Becherglas mit dem gewünschten Puffer gehängt. Die Diffusionsrate durch die Membran wird durch den Konzentrationsgradienten der diffundierbaren Teilchen, die Diffusionskonstanten dieser Teilchen, die Membranoberfläche und die Temperatur bestimmt. Für eine effektive Entsalzung soll der Puffer gerührt und einige Male gewechselt werden, um einen möglichst großen Konzentrationsgradienten an der Membranoberfläche aufrecht zu erhalten. Zur Stabilisierung von Proteinen wird die Dialyse normalerweise im Kühlraum durchgeführt. Der Fortschritt der Entsalzung kann durch Leitfähigkeitsmessung des Puffers überprüft werden. Normalerweise genügt ein 2-3maliger Pufferwechsel mit jeweils 4-6 h Äquilibrierungszeit.

> Bei einer weitgehenden Entsalzung (Dialyse gegen Wasser) muss beachtet werden, dass wegen der niederen Ionenstärke Proteine teilweise ausfallen können. Die Niederschläge können abzentrifugiert und oft in einem kleinen Volumen einer Lösung mit etwas höherer Ionenstärke wieder gelöst werden.

Die Dialyse ist eine sehr einfache, relativ langsame Technik, die bei sehr kleinen Probenmengen (Mikrogramm) wegen Adsorptionsverlusten an ihre Grenzen stößt. Für diese kleinen Mengen und für kleine Volumina (<500 µL) werden keine Dialyseschläuche mehr verwendet, sondern verschiedene spezielle Konstruktionen verwendet, die eine kleine Probenkammer von wenigen Mikrolitern besitzen (z. B. Eppendorfgefäße, oder auch der Deckel eines Eppendorfgefäßes), und die auf einer Seite gegen den Puffer mit der Dialysemembran abgedichtet werden.

Mit einem Dialyseschlauch kann man auch Proben **konzentrieren**, indem man den Dialyseschlauch nicht in einen Puffer hängt, sondern in ein hygroskopisches Material, z. B. Sephadex G100 legt, das durch die Membranwand Flüssigkeit und kleine Moleküle saugt. Das Material wird gewechselt, wenn es feucht ist.

Ultrafiltration und Diafiltration

Für eine schnelle Konzentration von Proteinlösungen ist die **Ultrafiltration** geeignet, für die asymmetrische Membranen mit verschieden großen Poren an Unter- und Oberseite und verschiedenen Ausschlussgrenzen aus Cellulose, Celluloseester, Polyethersulfon oder Polyvinylidenfluorid (PVDF) entwickelt wurden. Die Ultrafiltration wird nicht wie die Dialyse durch einen Konzentrationsgradienten getrieben, sondern durch die Flussrate des Lösungsmittels durch die Ultrafiltrationsmembran. Dabei werden die Salze (oder andere Moleküle mit Molekulargewichten deutlich unter der Ausschlussgrenze) gemeinsam mit dem Wasser durch die Membran gepresst. Dazu können Überdruck, Vakuum oder Zentrifugation verwendet werden. Die Ultrafiltration wird meist in Einweggefäßen unterschiedlicher Größe je nach Probenvolumen durchgeführt. Das Probenvolumen wird dabei ohne signifikante Änderung der Salzkonzentration verringert.

Auf dem selben Prinzip beruht die **Diafiltration**, bei der die Probe ähnlich wie bei einer Dialyse entsalzt wird. Hier wird während der Ultrafiltration das Volumen der Probe konstant gehalten, indem kontinuierlich frischer Dialysepuffer der Probe zugegeben wird, der das ins Filtrat abgegebene Volumen ersetzt. Zur Abschätzung, wie lange man diafiltrieren muss, kann das Volumen des Filtrates dienen. Dabei muss für eine Reduktion der Salzkonzentration um einen Faktor 10 das Volumen des gesammelten Filtrates das 2,3-fache des Ausgangsvolumens der Probe sein, für eine 100-fache Abreicherung das 4,6-fache. Bei einer Variante der Diafiltration wird die Probe nach der Volumensverringerung verdünnt und erneut ultrafiltriert. Dies wird dann so oft wiederholt, bis die gewünschte Salzkonzentration erreicht ist.

> Wie bei der Dialyse werden die Konzentrierung, Umsalzung oder Entsalzung wegen der besseren Proteinstabilität bei 4 °C ausgeführt. Auch bei der Ultrafiltration besteht die Gefahr, dass kleine Proteinmengen in sehr verdünnten Lösungen (<20 µg/mL) an den Membranen oder den Gefäßwänden adsorbieren. Kleine Mengen an Glycerin oder Detergenzien (z. B. Triton X-100) in Konzentrationen unter der kritischen micellaren Konzentration (CMC, Abschnitt 2.8.1), die der Proteinlösung zugegeben werden, können manchmal helfen, die Adsoptionsverluste zu minimieren.

Gelchromatographie

Gelchromatographie Abschnitt 9.9

Bei der Entsalzung durch Gelchromatographie werden die in der Probe vorhandenen Substanzen nach ihrer Größe getrennt. Salze eluieren dabei nach dem Durchlauf von etwa einem Säulenvolumen. Die Gelchromatographie hat einige Nachteile, die sie vor allem für große Mengen und große Volumina, wie sie oft am Anfang eines Reinigungsganges anfallen, ungeeignet machen:

- Das Probenvolumen darf ca. 5 % des Säulenvolumens nicht übersteigen, da sonst die Trennung zwischen Proteinen und Salzen nicht mehr ausreichend ist.
- Die Gelchromatographiesäulen können mit großen Proteinmengen schnell überladen werden, was auch zu einer Vermischung von Protein und Salzbereichen führt.
- Die Trennung ist bei geringer Flussrate besser, woraus eine relativ lange Analysenzeit resultiert.
- Bei der Gelchromatographie wird das Volumen der Ausgangsprobe zumindest verdreifacht, was als nächsten Schritt in einem Reinigungsgang normalerweise eine Konzentrierung oder ein konzentrierendes Trennverfahren nötig macht.

Reversed-Phase-Chromatographie

Reversed-Phase-Chromatographie Abschnitt 9.6

Vor allem für späte Reinigungsschritte bietet sich die Reversed-Phase-Chromatographie zur Entsalzung von relativ hydrophilen Proteinen an, wobei oft gleichzeitig eine weitere Auftrennung der applizierten Probe stattfindet. Unter Einsatz flüchtiger Lösungsmittel, wie 0,1 % Trifluoressigsäure in Wasser, können auch größere Volumina salzhaltiger Proben entsalzt werden, da die Salze vom Reversed-Phase-Material nicht gebunden werden, während Proteine über ihre hydrophoben Bereiche an die Säule binden. Mit einem Gradienten eines organischen Lösungsmittels (meist 0,1 % Trifluoressigsäure in Acetonitril) können die Proteine wieder eluiert werden. Für die Entsalzung von Proteinen sollten möglichst hydrophile, großporige Reversed-Phase-Materialien eingesetzt werden, da hydrophobe, engporige Materialien, die sich sehr gut für Peptidtrennungen eignen, oft sehr schlechte Ausbeuten bei der Elution von Proteinen zeigen. Die Protein enthaltende Fraktion wird gesammelt und in einer Vakuumzentrifuge eingedampft oder mit Stickstoff abgeblasen. Die Nachteile der Entsalzung mit Reversed-Phase-Chromatographie sind eine mögliche Denaturierung des Proteins, eine generell schlechte Wiederfindungsrate von hydrophoben Proteinen und der hohe Preis des Säulenmaterials.

Das besondere Retentionsverhalten von Proteinen an Reversed-Phase-Materialien, das sich nach einem typischen Umkehrphasenmechanismus bei höheren Anteilen von organischen Verbindungen in ein Normalphasenverhalten umkehrt, erlaubt eine Entsalzung von Proteinen mit einem inversen Gradienten. Dabei wird die Probe in praktisch reinem organischen Lösungsmittel auf die Reversed-Phase-Säule aufgetragen. Das Protein bindet nach einem Normalphasenmechanismus, während Salze und auch hydrophobe Verunreinigungen eluiert werden. Das Protein wird mit einem Gradienten zu 0,1 % Trifluoressigsäure in Wasser eluiert.

Immobilisierung auf einer Membran

Eine ausgezeichnete Möglichkeit, Proteine für die weitere Analytik zur Primärstrukturaufklärung (Sequenzanalyse, Aminosäurenanalyse, Massenspektrometrie) zu entsalzen, ist, sie auf eine chemisch inerte Membran zu transferieren (Immobilisierung). Dabei kann die salzhaltige Proteinlösung auf eine hydrophobe Membran (z. B. PVDF) in Portionen auf eine kleine Fläche aufgetragen und getrocknet werden. Bei nicht zu großer Salzmenge ist die hydrophobe Bindung von Proteinen an diese Membranen stark genug, dass auch intensives Waschen mit Wasser die Proteine nicht mehr ablöst. Auch durch Elektroblotten können Proteine immobilisiert und entsalzt werden, wobei dies meist mit einer gelelektrophoretischen Reinigung als letztem Trennschritt verbunden wird. Die Immobilisierung auf einer Membran eignet sich nur für reine Proteine, also als letzter Reinigungsschritt einer Probenvorbereitung für die Strukturaufklärung, da die Rückgewinnung von Membran-immobilisierten Proteinen äußerst schwierig ist.

Elektroblotting
Abschnitt 10.7

2.7 Konzentrierung

Vor allem nach den ersten Schritten eines Reinigungsganges ist man oft mit großen Volumina verdünnter Proteinlösungen konfrontiert, die auch bezüglich der Ionenstärke oder des pH nicht den Bedingungen für den nächsten Reinigungsschritt genügen. Daher müssen Methoden eingesetzt werden, um einerseits Lösungen zu konzentrieren, andererseits um sie auch zu entsalzen oder umzusalzen. Da jede Proteinreinigung in einer minimalen Anzahl von Teilschritten erreicht werden soll, sollte die Konzentrierung und Umsalzung/Entsalzung möglichst kombiniert in einem Schritt ausgeführt werden (siehe auch Abschnitt 2.6).

Fällung

Wie oben besprochen (Abschnitt 2.4), ist die Fällung ein effektiver Weg, ein Protein aus seiner Lösung zu konzentrieren und es gleichzeitig weitgehend von Salzen zu befreien. Nach Zentrifugation (normalerweise in der Kälte) wird der Überstand verworfen und das Pellet in dem gewünschten Puffer wieder gelöst. Probleme ergeben sich bei Proteinlösungen, die Detergenzien enthalten, da hier die Fällung im Allgemeinen nur schlechte Ausbeuten liefert.

Dialyse und Ultrafiltration

Diese werden neben der Entsalzung auch zur Konzentrierung von Proben eingesetzt (siehe Abschnitt 2.6). Besonders für die Konzentrierung kleiner Volumina und kleiner Proteinmengen, also oft in den letzten Reinigungsschritten vor einer Strukturaufklärung, werden spezielle Mikrokonzentratoren verwendet, bei denen durch ihre Bauart nur geringe Adsoptionsverluste auftreten.

2.8 Detergenzien und ihre Entfernung

Viele Proteine und Enzyme sind in ihrer natürlichen Umgebung nicht von Wasser umgeben, sondern von hydrophoben Lipidschichten, den biologischen Membranen. Bei der Zelldisruption bleiben diese Proteine mit den Membranen vergesellschaftet. Periphere Membranproteine, die nur oberflächlich an die Membran assoziiert sind, können normalerweise durch relativ milde Behandlungen solubilisiert werden, ohne dass dabei die Membran gelöst werden muss. Dazu werden hohe Salzkonzentrationen, extreme pH-Bedingungen, hohe Konzentrationen von chelatisierenden Agenzien (10 mM EDTA) oder auch denaturierende Stoffe (8 M Harnstoff oder 6 M Guanidinhydrochlorid) eingesetzt. Sobald sich aber die Proteine teilweise oder praktisch vollständig in der Membran befinden (Membrananker bzw. integrale Membranproteine), versagen Lösungsversuche mit normalen wässrigen Puffern. Diese Proteine stellen heute eine große Herausforderung an die Reinigungs- und Analysetechniken dar.

Werden die Lipide entfernt, bilden Membranproteine über ihre hydrophoben Bereiche unlösliche Aggregate und fallen aus oder binden äußerst stark an alle Arten von Oberflächen, die einen gewissen Anteil an hydrophoben Charakter besitzen. Sie können im Allgemeinen nur mit Hilfe von Detergenzien in Lösung gebracht und in Lösung gehalten werden.

2.8.1 Eigenschaften von Detergenzien

Detergenzien sind amphiphile Moleküle, das heißt, sie besitzen einerseits einen polaren hydrophilen, eventuell auch ionischen Molekülteil, der für eine gute Wasserlöslichkeit verantwortlich ist, und andererseits einen unpolaren, lipophilen Molekülteil, der mit hydrophoben Regionen eines Membranproteins interagieren kann und damit annähernd die natürliche Lipidumgebung dieser Proteine ersetzen kann. Eine wichtige Eigenschaft von Detergenzien ist ihre Fähigkeit zur Bildung von **Micellen**. Dies sind Aggregate von einzelnen Detergenzmolekülen, bei denen alle hydrophilen Gruppen nach außen und alle hydrophoben Gruppen nach innen gerichtet sind (Abb. 2.6). Die Größe von Micellen ist vom einzelnen Detergenz abhängig (siehe Tabelle 2.4). Membranproteine werden als hydrophobe Moleküle in diese Micellen eingebaut und können so auch außerhalb einer biologischen Membran in Lösung gebracht werden und oft auch ihre biologische Aktivität behalten. Die niedrigste Konzentration, bei der Detergenzien noch Micellen bilden können, wird die **kritische micellare Konzentration (CMC)** genannt. Sie ist für verschiedene Detergenzien unterschiedlich (siehe Tabelle 2.4), und abhängig von Parametern wie Temperatur, Ionenstärke, pH, Anwesenheit di- und trivalenter Kationen oder organischer Lösungsmittel. Die CMC von *ionischen* Detergenzien nimmt mit höherer Ionenstärke deutlich ab und ist relativ wenig von der Temperatur abhängig, hingegen ist die CMC von *nicht-ionischen* Detergenzien relativ unabhängig von der Salzkonzentration, nimmt aber mit zunehmender Temperatur deutlich zu.

Wie aus der Tabelle 2.4 zu ersehen ist, gibt es eine ganze Anzahl unterschiedlichster Detergenzien, die in der Reinigung und Analyse von Membranproteinen eingesetzt werden. Welches Detergenz für ein spezielles Protein aber optimal ist, muss für jeden Einzelfall empirisch ermittelt werden, wobei im Allgemeinen Detergenzkonzentrationen von 0,01 bis 3 % eingesetzt werden. Die Solubilisierung von Proteinen erfolgt häufig bei einer Detergenzkonzentrationen nahe der CMC.

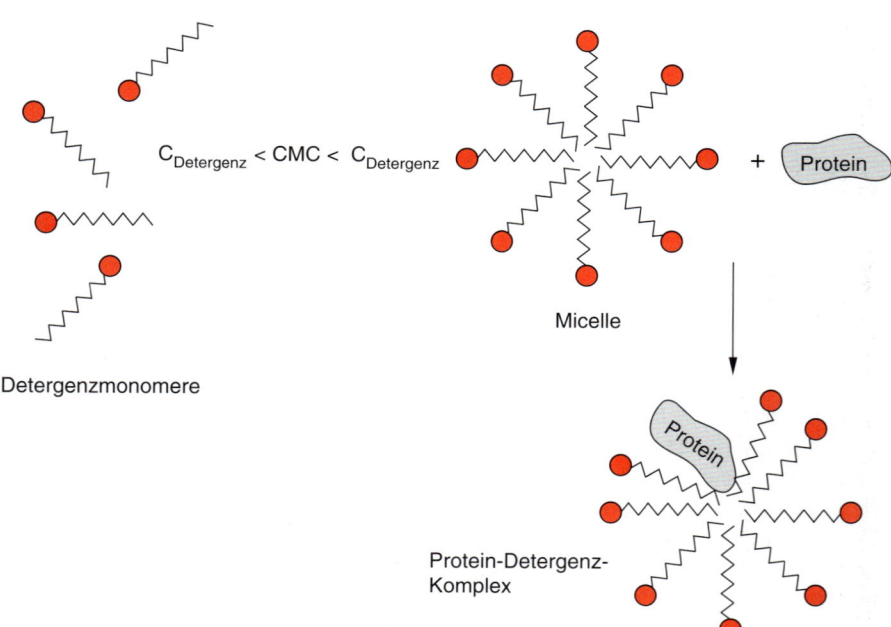

2.6 Bildung von Detergenzmicellen oberhalb der CMC und Einbau von Proteinen in die Micellen. In der Micelle sind die hydrophilen polaren Teile nach außen zur wässrigen Phase gerichtet und die hydrophoben Teile nach innen. Membranproteine können sich in solche Micellen einlagern und als Detergenz-Proteinkomplex in Lösung gehalten werden.

Tabelle 2.4 Gebräuchliche Detergenzien (n: Aggregationszahl zur Bildung von Micellen).

	Name	M des Monomers	n	M Micelle	CMC in mM	dialysierbar	Anwendungskonzentration	Bemerkungen
ionische Detergenzien	Natriumdodecylsulfat (SDS)	288	60–100	>18 kDa	8	–	10 mg/mg Protein	CMC stark von Ionenstärke abhängig
	Desoxycholat	416	10	4 kDa	4 in 50 mM NaCl	–	0,1–10 mg/mg Membranlipid	präzipitiert bei niedrigem pH und in Gegenwart divalenter Kationen Aggregationszahl nimmt mit Ionenstärke zu
	Cetyltrimethylammoniumbromid (CTAB)	365	170	62 kDa	1	–		
nicht-ionische Detergenzien	Triton X100 Octophenolpoly(ethylen-glycolether)$_n$	~628	140	90 kDa	0,2	–	1–5 mM	absorbiert im UV durch aromatischen Ring
	Triton X114	~514			0,2	–	5 mM	Phasentrennung bei Erwärmung über 22 °C
	Tween 80 Poly(oxyethylen)$_n$-sorbitan-monooleat	~1310	58	76 kDa	0,02	–	>10 mg/mg Membranlipid	
	Octylglucosid N-Octyl-1-thio-β-D-gluco-pyranosid	292	30–100	8 kD	15	+	20–45 mM	
zwitterionische Detergenzien	CHAPS 3-[(3-Cholamidopropyl)-dimethylammono]-1-propan-sulfonat	615	4–14	6 kDa	4	+	6–13 mM	
	Zwittergent 3-12 N-Dodecyl-N,N-dimethyl-3-ammono-1-propansulfonat	335	10	3 kDa	3,6	+	15–30 mM	

> Um zu entscheiden, ob ein Detergenz ein bestimmtes Protein in Lösung gebracht hat, sollte das Protein (oder seine Aktivität) auch nach einer Stunde Zentrifugation bei 100 000 g im Überstand zu finden sein. Falls mit verschiedensten Detergenzien keine biologische Aktivität gemessen werden kann, sollten die Pufferbedingungen geändert werden oder Substanzen zugegeben werden, von denen bekannt ist, dass sie die Proteinstruktur stabilisieren, z. B. 20-50 % Glycerin, reduzierende Agenzien wie Dithiothreitol, Chelatbildner wie 1 mM EDTA, oder Protease-Inhibitoren (Abschnitt 2.4 und Tabelle 2.1).

Je nach den geplanten weiteren Reinigungsschritten müssen bestimmte Eigenschaften einzelner Detergenzien berücksichtigt werden:

- Die hohe UV-Absorption einiger Detergenzien (z. B. bei Triton oder Nonidet durch den aromatischen Ring) kann eine Detektion von Proteinen z. B. bei chromatographischen Analysen stören.
- Ionische Detergenzien können nicht bei Ionenaustauschchromatographien eingesetzt werden, da sie mit den Proteinen um die ionischen Bindungsstellen konkurrieren.
- Detergenzien binden oft stark über hydrophobe Wechselwirkungen an Reversed-Phase-Säulen und verändern die Trenneigenschaften.
- Wie leicht ist ein Detergenz wieder von Protein zu entfernen (siehe Abschnitt 2.8.2)?
- Vor allem nicht-ionische Detergenzien der Oxyethylenfamilie (Triton, Tween, Nonidet) können leicht oxidative Verunreinigungen, vor allem Peroxide beinhalten. Da diese Proteine modifizieren können, sollten diese Detergenzlösungen möglichst frisch sein, unter Stickstoff gelagert werden und nur mit einer Spritze aus dem Gefäß entnommen werden.

Ionische Detergenzien mit kationischen oder anionischen hydrophilen Gruppen bringen Proteine sehr effizient in ihre monomere Form und solubilisieren Membranproteine ausgezeichnet. Sie haben aber den Nachteil, die Struktur der Proteine so aufzuweiten und diese soweit zu denaturieren, dass sie fast immer ihre biologische Aktivität verlieren. Das wohl am häufigsten eingesetzte Detergenz, Natriumdodecylsulfat (SDS), wird bei der elektrophoretischen Trennung und Molekulargewichtsbestimmung in Polyacrylamidgelen verwendet. Die Salzkonzentration beeinflusst die CMC von SDS erheblich (8 mM salzfrei, 0,5 mM in Anwesenheit von 0,5 M NaCl).

Nicht-ionische Detergenzien wirken sich weniger stark auf Protein-Protein-Wechselwirkungen aus und sind generell weniger denaturierend als ionische Detergenzien. Sie sind daher besonders gut für die Isolierung von funktionell intakten Proteinkomplexen geeignet, können jedoch bei integralen Membranproteinen Aggregationen nicht verhindern und sind auf Grund ihrer niedrigen CMC schlecht durch Dialyse zu entfernen. Ein besondere Stellung nimmt **Triton X114** ein, das bei 4 °C wasserlöslich ist, aber bei Temperaturen über 20 °C wasserunlösliche Micellen formt und damit eine Trennung zwischen wässriger und Detergenzphase zeigt. Dabei bleiben hydrophile Proteine in der wässrigen Phase, während integrale Membranproteine in der Detergenzphase gefunden werden; damit lassen sich lösliche Proteine und Membranproteine unterscheiden.

Zwitterionische Detergenzien, die in ihrem polaren Molekülteil positiv und negativ geladene Gruppen tragen, liegen in ihren dissoziierenden und denaturierenden Eigenschaften zwischen ionischen und nicht-ionischen Detergenzien. Diese Detergenzien können wie die nicht-ionischen in der Ionenaustausch-Chromatographie oder bei isoelektrischen Fokussierungen eingesetzt werden.

SDS-Gelektrophorese Abschnitt 10.3.9

Ionenaustausch-Chromatographie Abschnitt 9.4

Isoelektrische Fokussierung Abschnitt 10.3.11

2.8.2 Entfernen von Detergenzien

Für eine nachfolgende Analytik (Aminosäureanalyse, Aminosäuresequenzanalyse, Massenspektrometrie etc.) stören die in relativ hohen Konzentrationen vorliegenden Detergenzien fast immer und müssen möglichst weitgehend entfernt werden. Bei allen Verfahren zur Entfernung von Detergenzien ist jedoch zu beachten, dass die solubilisierten hydrophoben Proteine fast immer die Gegenwart dieser Substanzen für ihre Löslichkeit und Aktivität brauchen, da sonst leicht Aktivitätsverluste oder Adsorptionsverluste an alle Arten von Oberflächen auftreten! Die Entfernung der Detergenzien sollte also immer als letzter Schritt vor der eigentlichen Analyse so geplant werden, dass keine weitere Probenmanipulation stattfinden muss.

Verdünnen unterhalb der kritischen Micellenkonzentration

Detergenzien mit hoher CMC (z. B. Octylglycosid) können durch Verdünnen unter ihre CMC in ihren monomeren Zustand gebracht und danach einfach durch Dialyse entfernt werden (Vorsicht: Adsorption der detergenzfreien Proteine an die Dialysemembranen!). Detergenzien mit niedriger CMC, also die meisten nichtionischen Detergenzien, sind durch Dialyse praktisch nicht zu entfernen und werden am besten durch spezielle chromatographische Säulen entfernt (siehe unten).

Extraktion

Verschiedene Extraktionsverfahren werden zur Entfernung von SDS angewendet. Neben der Chloroform/Methanol-Extraktion wird vor allem die **Ionenpaarextraktion** eingesetzt. Die trockene Probe wird mit einer Lösung des Ionenpaarreagenz in einem organischen Lösungsmittel extrahiert. Typische Systeme sind Aceton/Triethylamin/Essigsäure/Wasser oder Heptan/Tributylamin/Essigsäure/Butanol/Wasser. Es muss immer genügend Wasser (ca. 1%) vorhanden sein, damit sich das relativ unpolare und somit mit organischen Lösungsmitteln extrahierbare Alkylammonium-SDS-Ionenpaar ausbildet. Auch Proben, die in kleinen Volumina wässriger Lösung vorliegen, können so von SDS befreit werden, nur wird das Wasser in den Extraktionslösungen weggelassen. Mit dieser Methode kann in einem Extraktionsschritt bis zu 95% des SDS entfernt werden. Das Protein wird als Niederschlag durch Zentrifugation gewonnen und restliches SDS kann dann durch Waschen mit Heptan oder Aceton entfernt werden. Salze können die Entfernung des SDS stören und sollten vor der Extraktion abgetrennt werden. Die Wiederfindungsraten für Proteine sind oft 80% und größer.

Ionische Retardierung

Es gibt chromatographische Materialien aus polymerisierter Acrylsäure, die im Inneren ein starkes Ionenaustauscherharz (quarternäre Ammoniumgruppen an einer Polystyrol-Divinylbenzol-Matrix) besitzen. Protein-SDS-Komplexe, die über diese Säulen chromatographiert werden, verlieren fast das gesamte SDS und das Protein wird mit Ausbeuten von 80-90% eluiert. Diese Säulen sind als Einmalsäulen konzipiert, da das gebundene SDS praktisch nicht mehr entfernt werden kann.

Auch bei der ionischen Retardierung können Salze die SDS-Bindung an das Säulenmaterial stören und sollten vorher entfernt werden. Dies kann über Gelfiltration geschehen, oder einfach durch Aufbringen einer kleinen Schicht eines Ausschluss-Gels am Kopf der Ionenretardierungssäule, was zu einer Verzögerung und damit Abtrennung der Puffersalze führt.

Ausschlusschromatographie
Abschnitt 9.9

Gelfiltration in Gegenwart organischer Lösungsmittel

Vor allem relativ schwach hydrophobe Proteine können manchmal in einem Puffer, der organisches Lösungsmittel (z. B. 20 % Acetonitril) enthält, in Lösung gehalten werden und über eine Gelchromatographie von Salzen und Detergenzien abgetrennt werden. Hydrophobere Proteine müssen durch geeignete, möglichst flüchtige Lösungsmittelgemische mit einem hohen Anteil an organischen Säuren, wie z. B. Ameisensäure/Propanol/Wasser, in Lösung gehalten werden.

Abtrennung von Detergenzien durch Reversed-Phase-HPLC

Reversed-Phase-Chromatographie Abschnitt 9.6

Membranproteine können auch an Reversed-Phase-Säulen chromatographiert und von Detergenzien abgetrennt werden, wobei hier kurze, relativ hydrophile Säulen (RP-C4) mit geringer Oberfläche zur Verwendung kommen müssen, um befriedigende Wiederfindungsraten zu erzielen. Die chromatographischen Bedingungen werden im Allgemeinen so gewählt, dass ein Kompromiss zwischen Wiederfindungsrate und Qualität der Trennung resultiert. Dabei gilt generell, dass kurze, steile Gradienten unter Verwendung von flüchtigen Lösungsmittelsystemen mit hohen Anteilen an organischen Säuren (siehe oben) eingesetzt werden sollten. Diese Methoden werden vor allem benutzt, wenn das primäre Ziel die Strukturaufklärung von Membranproteinen ist, da die biologische Aktivität durch den hohen Anteil an organischem Lösungsmittel und an Säure fast immer zerstört wird. Für die Entsalzung und Abtrennung von Detergenzien und hydrophoben Komponenten hat sich auch die Reversed-Phase-Chromatographie mit einem inversen Gradienten bewährt (siehe Abschnitt 2.6, Reversed-Phase-HPLC).

Spezielle chromatographische Trägermaterialien zur Abtrennung von Detergenzien

Die Abtrennung von Detergenzien an solchen speziellen, kommerziell angebotenen Materialien beruht im Prinzip auf einem hydrophilen Säulenmaterial mit so kleinem Porenvolumen, dass Proteine mit einem Molekulargewicht >10 000 nicht in das Innere der stationären Phase eindringen können und im Ausschlussvolumen eluieren. Die relativ kleinen Detergenzmoleküle hingegen gelangen in das Innere des Säulenmaterials, wo sie mit hydrophoben Bindungsplätzen interagieren und dort gebunden werden. Bindungskapazitäten für die verschiedenen Detergenzien liegen zwischen 50 und 100 mg Detergenz/mL Säulenmaterial. Die Proteinkonzentrationen sollten über 50 μg/mL Probe liegen, da sonst zu hohe Verluste über unspezifische Adsorptionen an das Säulenmaterial gefunden werden.

Blotten auf chemisch inerte Membranen

Elektroblotting Abschnitt 10.7

Der einfachste Weg, ein hydrophobes Protein zu reinigen und zu analysieren, ist, es direkt aus einem detergenzhaltigem Polyacrylamidgel (SDS-Gel) auf eine chemisch inerte Membran zu blotten. Das immobilisierte Protein kann dann direkt weiteren Analysen unterworfen werden, z. B. Aminosäureanalyse, Sequenzanalyse, Massenspektrometrie oder immunologischen Methoden.

2.9 Probenvorbereitung für die Proteomanalyse

Eine sinnvolle Proteomanalyse darf die quantitativen Verhältnisse, die die einzelnen Proteine zueinander bei der Probennahme aufweisen, nicht verändern. Das hat zur Konsequenz, dass aufwendige Reinigungsverfahren über viele Schritte, wie sie in der klassischen Proteinreinigung Einsatz finden, nicht mehr verwendet werden können, da die Verluste in den einzelnen Schritten erheblich, vor allem aber für jedes Protein unterschiedlich sind. Die Probenvorbereitung für die Proteomanalyse ist sehr von der Fragestellung und dem Ausgangsmaterial abhängig und kann daher nicht allgemein behandelt werden. Sie muss aber im Prinzip alle interessierenden Proteine quantitativ so in Lösung bringen, dass sie direkt für eine Trennung, z. B. für eine zweidimensionale Gelelektrophorese, geeignet sind.

Proteomanalyse
Kapitel 29

Weiterführende Literatur

Bollag, D.M.; Edelstein, S.J., Protein Methods, Wiley-Liss, New York, 1991.
Methods in Enzymology, Vol. 182. Guide to Protein Purification. Academic Press, New York 1990.
Rickwood D, Centrifugation, A Practical Approach, 2nd ed. IRL Press, Oxford, 1991.

3 Proteinbestimmungen

In biochemischen und biologischen Labors stellt sich häufig die Aufgabe, den Proteingehalt von wässrigen Lösungen zu ermitteln. Man muss daher die Prinzipien, vor allem aber auch die Vor- und Nachteile der wichtigsten Methoden kennen und sich über ihre – methodisch bedingten – Ungenauigkeit und Fehlerquellen im Klaren sein. Objektive Methoden zur Quantifizierung von Proteinen sind die quantitative Aminosäurenanalyse oder die Gewichtsbestimmung des reinen Proteins als Feststoff. Letzteres ist nach Probenaufarbeitung durch Vakuumgefriertrocknung oder durch Hitzetrocknung bei 104–106 °C für 4–6 Stunden möglich. Beide Methoden sind jedoch für die routinemäßige Ermittlung des Proteingehalts einer Lösung zu zeit- und arbeitsaufwendig. Für viele Fragestellungen ist es auch völlig ausreichend, den ungefähren Gehalt, verglichen mit einem definierten Standard wie beispielsweise Serumalbumin, zu kennen. Dies gilt zum Beispiel für Proteinbestimmungen bei der Proteinaufreinigung oder bei der Immobilisierung von Proteinen!

Aminosäurenanalyse Kapitel 12

Bei den häufig verwendeten kolorimetrischen Methoden werden die Proteine aufgrund der Farbreaktion im stark Sauren oder Basischen irreversibel denaturiert. Spektroskopische Methoden bewahren hingegen die biologische Funktion, und das Protein kann anschließend weiterverwendet werden. Leider haben spektroskopische Methoden im Vergleich zu kolorimetrischen Methoden geringere Sensitivitäten. Beide Verfahren können außerdem durch die Anwesenheit anderer Substanzen erheblich gestört und beeinflusst werden. Man muss daher die Gegenwart von Salzen, Zuckern, Nucleinsäuren oder Detergentien berücksichtigen und daraufhin entscheiden, welche der im folgenden dargestellten Methoden für die Quantifizierung in Betracht zu ziehen sind und welche von vornherein ausscheiden.

Komplexität und Individualität der Proteine

Proteine sind aus bis zu 20 verschiedenen Aminosäuren in untereinander variablen, individuellen Verhältnissen aufgebaut. Ihre Gesamtanzahl variiert ebenfalls von Protein zu Protein. Prosthetische Gruppen und Zuckerstrukturen erhöhen die Komplexität zusätzlich. Funktionelle Gruppen in Proteinen werden zudem oft durch Nachbargruppeneffekte in ihrem chemischen oder physikalischen Verhalten beeinflusst. Es gibt keine Farbreaktion oder spektroskopische Methode, die in gleicher Weise auf *alle* Eigenschaften eines Proteins ansprechen kann. Die Reaktion mit einem Farbstoff beziehungsweise die Absorption oder Emission bei einer bestimmten Wellenlänge betrifft daher jeweils einige wenige Funktionalitäten oder Gruppen des Proteins. Kommen sie in einem Protein oder Proteingemisch zufällig häufig vor, wird irrtümlich ein höherer Proteingehalt gemessen und umgekehrt.

Einige Farbreaktionen basieren auf der komplexbildenden oder reduzierenden Eigenschaft der Peptidbindung. Da die Anzahl der Peptidbindungen in einem Protein ein vergleichsweise gutes Mittel zur Quantifizierung von Proteinen darstellt, sind diese Reaktionen weniger stark von der individuellen Aminosäurezusammensetzung abhängig. Andere Methoden basieren hingegen stärker auf den Eigenschaften der Seitenketten – ionisch, hydrophil, hydrophob oder aromatisch – und sind daher stärker subjektiv. „Objektiv" und „absolut genau" ist keine der in diesem Kapitel vorgestellten Methoden! Dennoch haben sie sich in der Praxis bewährt, wenn man ihre Einschränkungen kennt und berücksichtigt, dass jede für sich einen mehr oder weniger hinlänglichen Kompromiss darstellt.

Quantifizierung komplexer Proteingemische oder reiner Proteinlösungen?

Die Aufgabenstellung – das Ziel der Analyse – ist ausschlaggebend für die Wahl

a) der Proteinbestimmungsmethode und
b) von welchen Basisdaten (Referenzen) ausgehend die Quantifizierung erfolgen soll.

Muss beispielsweise der Proteingehalt eines komplexen Proteingemisches, etwa der Gesamtproteingehalt von Zellmaterial, bestimmt werden, sollten Methoden gewählt werden, die relativ objektive Funktionalitäten in Proteinen wie Peptidbindungen erfassen. Die Auswertung sollte dann anhand analytisch gut charakterisierter „Durchschnittsproteine", Standardproteine wie Rinderserumalbumin oder Chymotrypsin, erfolgen. Mit dem Standardprotein wird eine Eichgerade ermittelt oder es werden Daten aus der Literatur benutzt.

Will man hingegen in einer weniger komplexen Proteinlösung, etwa einer bereits aufgereinigten und angereicherten Proteinfraktion, gezielt ein bestimmtes Protein quantifizieren, kommen prinzipiell alle Methoden in Betracht. Entscheidend ist, dass das Zielprotein als Standardprotein zur Verfügung steht (Eichgerade) oder Literaturdaten des Zielproteins bekannt sind. In allen Fällen ist zu beachten, dass bei Probelösung und Referenz identische Bedingungen (Lösungen, pH-Wert, Temperatur, Inkubationszeiten etc.) einzuhalten sind!

Nichtproteinbestandteile in Proteinlösungen

Die Bedeutung der Nichtproteinverbindungen in Probelösungen wurde bereits erwähnt. Sie können die Farbstoffbildung oder Absorptionsmessung erheblich manipulieren und verfälschen. Da Proteine Makromoleküle mit einem Molekulargewicht von meist über 10 000 Dalton sind, die störenden Nichtproteinmoleküle jedoch überwiegend niedermolekular mit weniger als 1000 Dalton sind, können beide durch einfache Dialyse, Säurefällung, Gelausschlusschromatographie oder Ultrafiltration voneinander getrennt werden. Für die zwei letztgenannten Methoden steht von verschiedenen Laborausstattern ein spezielles Equipment für kleine Volumina (0,5–5 mL) zur Verfügung. Da manche Nichtproteinsubstanzen den *einen* Assay zwar stören, den *anderen* nicht, reicht oft der Wechsel zu einer anderen Methode. Dies muss von Fall zu Fall entschieden werden. Einen Anhaltspunkt liefert hierzu Tabelle 3.1.

Weitere, nicht detailliert abgehandelte Methoden

Außer den in diesem Kapitel beschriebenen Methoden können nach dem sauren, thermischen Abbau der Proteine die titrimetrische Stickstoffbestimmung nach Kjeldahl und der Ninhydrin-Assay zur Quantifizierung von Proteinen herangezogen werden. Beide werden aufgrund ihres hohen Aufwands nicht im Detail angesprochen, sollen jedoch an dieser Stelle der Vollständigkeit halber kurz erläutert werden.

Bei der **Kjeldahl-Methode** werden unter definierten Bedingungen beim Erhitzen mit konzentrierter Schwefelsäure und einem Katalysator (Schwermetalle, Selen) organische Stickstoffverbindungen zu CO_2 und H_2O oxidiert, und es entsteht eine dem organisch gebundenen Stickstoff äquivalente Menge NH_3. Diese wird durch H_2SO_4 als $(NH_4)_2SO_4$ gebunden (feuchte Veraschung). Nach Zugabe von NaOH wird Ammoniak freigesetzt, in eine Destillationsapparatur überführt und titrimetrisch quantifiziert. Da der Stickstoffgehalt von Proteinen ungefähr

Tabelle 3.1 Auswahl einiger Substanzen, die bei den verschiedenen Farbassays und den UV-Methoden stören

Proteinbestimmungsmethode	störende Substanzen
Biuret-Assay	Ammoniumsulfat Glucose Sulfhydrylverbindungen Natriumphosphat
Lowry-Assay (modifiziert nach Hartree)	EDTA Guanidin-HCl Triton X-100 SDS Brij 35 > 0,1 M TRIS Ammoniumsulfat 1 M Natriumacetat 1 M Natriumphosphat
Bicinchoninsäure-Assay	EDTA > 10 mM Saccharose oder Glucose 1,0 M Glycin > 5 % Ammoniumsulfat 2 M Natriumacetat 1 M Natriumphosphat
Bradford-Assay	> 0,5 % Triton X-100 > 0,1 % SDS Natriumdesoxycholat
UV-Methoden	Pigmente phenolische Verbindungen organische Cofaktoren

16 % beträgt, kann nach Multiplikation des N-Gehalts mit 6,25 die Proteinmenge rückgerechnet werden. Der Nichtproteinstickstoff muss natürlich zuvor entfernt werden!

Der Farb-Assay mit Ninhydrin wird als Nachweismethode für freie Aminogruppen eingesetzt. Daher muss das Protein zuerst in seine freien Aminosäuren hydrolysiert werden. Dies geschieht beispielsweise durch Kochen in 6%iger Schwefelsäure bei 100 °C (12–15 h) in verschmolzenen Glasgefäßen bei Abwesenheit von Sauerstoff. Das Proteinhydrolysat wird mit dem Ninhydrin-Reagenz versetzt und die resultierende, purpurblaue Lösung spektralphotometrisch bei einer Wellenlänge von 570 nm vermessen. Als Standard zur Erstellung einer Eichgeraden wird meist L-Leucin verwendet, jedoch sind die mit den verschiedenen Aminosäuren des Proteins entstehenden Farbintensitäten nicht identisch. Dies ist eine von mehreren Fehlerquellen bei der Ninhydrin-Methode.

Ninhydrin-Assay Abschnitt 12.3.1

3.1 Quantitative Bestimmung durch Färbetests

Proteinproben bestehen häufig aus einem komplexen Gemisch verschiedener Proteine. Der quantitative Nachweis des Proteingehalts solcher Rohproteinlösungen erfolgt meist anhand von Farbreaktionen funktioneller Gruppen der Proteine mit farbstoffbildenden Reagenzien. Die Intensität des Farbstoffs korreliert direkt mit der Konzentration der reagierenden Gruppen und kann in einem Spektralphotometer exakt gemessen werden. Die Grundlagen der Spektroskopie (Lambert-Beer-

Physikalische Grundlagen der Spektroskopie Abschnitt 7.1

sches Gesetz etc.) und die dafür geeigneten Geräte sind in Kapitel 7 ausführlich beschrieben. Von den vier hier im Detail behandelten Färbemethoden gibt es mitunter eine Vielzahl von Varianten, die in der Literatur beschrieben sind, die jedoch auf denselben Prinzipien beruhen.

> In jedem Fall sollte man Mehrfachbestimmungen, gewöhnlich Dreifachbestimmungen, durchführen und einen Mittelwert bilden. Die Proben werden grundsätzlich bei gleicher Wellenlänge gegen einen sogenannten „Blank"-Ansatz vermessen, der aus den gleichen Bestandteilen und Volumina des jeweiligen Farb-Assays besteht, bei dem jedoch die Proteinlösung durch destilliertes Wasser ersetzt wurde.

Spektrale Absorptionskoeffizienten

Jede Färbemethode kann nur in einem bestimmten Konzentrationsbereich eingesetzt werden. In diesem Bereich ergibt sich bei definierter Wellenlänge ein konstantes Abhängigkeitsverhältnis von gemessener Absorption zu Proteinkonzentration, das grafisch als Steigung (spektraler Absorptionskoeffizient) bei der Auftragung von Absorption gegen die Konzentration (Abszisse) ermittelt wird. Der Absorptionswert bezieht sich standardmäßig auf die Schichtlänge der Küvette (in cm), der Konzentrationswert auf Mikrogramm gelöstes Protein pro Milliliter. Alternativ kann bei bekanntem Molekulargewicht des Proteins die Konzentrationseinheit Mol gelöstes Protein pro Milliliter verwendet werden. Dann ergibt sich ein **molarer spektraler Absorptionskoeffizient** (früher: molarer Extinktionskoeffizient) mit der Einheit 1/(Mol gelöstes Protein pro Liter) pro cm bzw. Liter pro Mol gelöstes Protein pro cm.

> Sehr wichtig bei den Färbemethoden ist die Angabe, worauf sich das Volumen (mL) bezieht, da je nach Methode mehrere Lösungen in unterschiedlichen Volumina mit der Proteinprobe vereint werden müssen. Das angegebene Volumen sollte stets das nach der Durchführung des Assays vorliegende **Endvolumen** des Ansatzes sein und *nicht* das der eingesetzten Proteinlösung.

In der Literatur ist das leider nicht immer der Fall. Die für die hier vorgestellten Färbemethoden anzuwendenden Proteinkonzentrationsbereiche, Probevolumina und die sich gegen Rinderserumalbumin als Standard ungefähr ergebenden spektralen Absorptionskoeffizienten (in mL Endvolumen pro μg gelöstes Protein pro

Tabelle 3.2 Übersicht der verbreitetsten Färbemethoden zur Proteinbestimmung

Methode	ungefähr benötigtes Probevolumen (in mL)	Nachweisgrenzen (μg Protein mL^{-1})	spektraler Absorptionskoeffizient* (mL Endvol. pro μg gelöstes Protein pro cm)
Biuret-Assay	1	1–10	$2{,}3 \cdot 10^{-4} A_{550}$
Lowry-Assay (modifiziert nach Hartree)	1	0,1–1	$1{,}7 \cdot 10^{-2} A_{650}$
Bicinchoninsäure-Assay	0,1	0,1–1	$1{,}5 \cdot 10^{-2} A_{562}$
Bradford-Assay	0,1	0,05–0,5	$4{,}0 \cdot 10^{-2} A_{595}$

* mit dem Standardprotein Rinderserumalbumin

cm) sind in Tabelle 3.2 als Übersicht dargestellt. Ungefähre Werte deshalb, da in der Literatur aufgrund der Komplexität beeinflussender Faktoren wie u. a. die Reinheit der Chemikalien und des verwendeten Wassers beispielsweise allein für den Biuret-Nachweis unter scheinbar gleichen Bedingungen spektrale Absorptionskoeffizienten von 2,3 bis 3,2 mL Endvolumen pro µg gelöstes Protein pro cm nachzulesen sind!

Relative Abweichungen der Färbemethoden

Können nichtproteinogene Beeinträchtigungen der Assays idealerweise ausgeschlossen werden und sieht man von einigen Ausnahmen ab, ergeben sich unter den hier vorgestellten Bestimmungsmethoden für ein und dasselbe Protein Abweichungen zwischen wenigstens 5 bis 20 %! Bei der Quantifizierung von Rohproteinlösungen ist der Unterschied noch weitaus größer. Für die Angabe spezifischer Aktivitäten von Enzymen, Antikörpern oder Lectinen, ausgedrückt in biologischer Aktivität pro mg Protein, ist es daher nicht nur äußerst wichtig, unter *welchen* Assaybedingungen (Substrat, pH-Wert, Temperatur etc.) die Aktivität ermittelt wurde, sondern auch, mit *welcher Methode* die Proteinbestimmung erfolgte.

3.1.1 Biuret-Assay

Der Name dieser Proteinbestimmungsmethode beruht auf einer Farbreaktion mit gelöstem Biuret (Carbamoylharnstoff) und Kupfersulfat in alkalischem, wässrigem Milieu (**Biuret-Reaktion**). Es entsteht ein rotvioletter Farbkomplex zwischen den Cu^{2+}-Ionen und je zwei Biuretmolekülen. Die Reaktion ist typisch für Verbindungen mit mindestens zwei CO-NH-Gruppen (Peptidbindungen) und kann daher für den kolorimetrischen Nachweis von Peptiden und Proteinen verwendet werden (Abb. 3.1). Sind Tyrosinreste vorhanden, tragen diese ebenfalls merklich durch die Komplexierung von Kupfer-Ionen zur Farbstoffbildung bei. Der Nachweis orientiert sich also überwiegend objektiv an den Peptidbindungen und subjektiv an den Tyrosinresten der Proteine. Der in Tabelle 3.2 angegebene spektrale Absorptionskoeffizient wurde bei 550 nm ermittelt. Ansonsten kann die Messung der Farbintensität auch bei 540 nm erfolgen. Beide Wellenlängen liegen in der Nähe des von Protein zu Protein mitunter leicht variierenden Absorptionsmaximums des Farbkomplexes.

Der Biuret-Assay ist im Vergleich zu den anderen Farb-Assays der unempfindlichste (Tab. 3.2). Die Proteinprobe oder Standardprobe wird mit vier Teilen Biuret-Reagenz versetzt und für 20 min bei Raumtemperatur stehengelassen. Dann wird direkt die Farbintensität in einem Spektralphotometer gemessen. Störend wirken vor allem Ammonium, schwach reduzierende und stark oxidierende Substanzen (Tab. 3.1). Geringe Mengen an Natriumdodecylsulfat (SDS) oder anderen Detergentien sind hingegen tolerabel. Muss aufgrund der hohen Absorption die Lösung verdünnt werden, darf dies auf keinen Fall mit der fertigen Endlösung nach der Farbbildung geschehen, sondern mit der eingesetzten Probelösung, und die Reaktion muss wiederholt werden. Damit ist gewährleistet, dass aufgrund der konzentrationsabhängigen Gleichgewichtseinstellungen die zur vollständigen Absättigung der komplexbildenden Gruppen notwendige Menge an Kupfer-Ionen auch vorliegen.

3.1.2 Lowry-Assay

Die von Lowry und Mitarbeitern 1951 zur quantitativen Bestimmung von Proteinen veröffentlichte Kombination von Biuret-Reaktion mit dem Folin-Ciocalteau-Phenol-Reagenz wird als Lowry-Assay bezeichnet. In alkalischer Lösung bildet sich der oben erwähnte Kupfer-Protein-Komplex. Dieser unterstützt die Reduktion

3.1 Der farbige Protein-Cu^{2+}-Komplex, der bei der Biuret-Reaktion entsteht.

von Molybdat bzw. Wolframat, die in Form ihrer Heteropolyphosphorsäuren eingesetzt werden (**Folin-Ciocalteau-Phenol-Reagenz**) durch vornehmlich Tyrosin, Tryptophan und, in geringerem Maße, Cystein, Cystin und Histidin des Proteins. Dabei wird vermutlich Cu^{2+} im Kupfer-Protein-Komplex zu Cu^+ reduziert, das dann mit dem Folin-Ciocalteau-Phenol-Reagenz reagiert. Aufgrund der zusätzlichen Farbreaktion ist die Sensitivität gegenüber dem reinen Biuret-Assay enorm gesteigert. Die resultierende, tiefblaue Färbung wird bei einer Wellenlänge von 750 nm, 650 nm oder 540 nm vermessen.

Für den Lowry-Assay sind in der Literatur eine Fülle von Modifikationen beschrieben. Ziel war meistens, die recht hohe Störanfälligkeit der Lowry-Methode zu verbessern. Die in den Tabellen 3.1 und 3.2 angegebenen Daten sind mit einer von Hartree 1972 veröffentlichten Variante ermittelt worden. Sie erweitert bei gleicher Sensitivität den linearen Bereich des herkömmlichen Lowry-Assays um 30–40 % auf ca. 0,1–1,0 mg mL^{-1} (Tab. 3.1), sie zeigt keine Probleme mit ausfallenden Salzen und kommt an Stelle der fünf Stammlösungen des ursprünglichen Lowry-Assays mit nur drei Ansätzen aus, die zudem eine bessere Lagerungsstabilität aufweisen. Bei dieser Variante werden zu einem Anteil Proteinprobe (1,0) nacheinander drei Reagenzien A (Carbonat/NaOH-Lösung), B (alkalische $CuSO_4$-Lösung) und C (verdünntes Folin-Ciocalteau-Reagenz) gegeben (Anteile A : B : C = 0,9 : 0,1 : 3,0). Nach Zugabe von A und C wird jeweils für 10 min auf 50 °C temperiert. Insgesamt dauert der Lowry-Assay nach Hartree ca. 30 min. Eventuell notwendige Verdünnungen müssen, wie bereits beim Biuret-Assay erläutert, mit der Proteinlösung erfolgen.

Die Lowry-Methode wird von einem breiten Spektrum nichtproteinogener Substanzen beeinträchtigt (Tab. 3.1). Besonders die bei einer Enzymaufreinigung üblichen Zusätze wie EDTA, Ammoniumsulfat oder Triton X-100 sind nicht mit dem Lowry-Assay kompatibel. Im Vergleich zum Biuret-Assay tragen verstärkt subjektive Kriterien zur Farbstoffbildung bei – vor allem die je nach Protein individuellen Anteile an Tyrosin, Tryptophan, Cystein, Cystin und Histidin. Beachtet werden muss auch, dass die Färbung relativ instabil ist. Die Vermessung der Proben sollte daher innerhalb von 60 min nach dem letzten Reaktionsschritt erfolgen.

3.1.3 Bicinchoninsäure-Assay (BCA-Assay)

Smith und Mitarbeiter veröffentlichten 1985 eine seitdem vielbeachtete Alternative zum Lowry-Assay, die den Biuret-Assay mit Bicinchoninsäure (BCA) als Detektionssystem kombiniert. BCA wurde bis dahin bereits zum Nachweis anderer Kupfer reduzierender Verbindungen, wie Glucose oder Harnsäure, verwendet. Zu einem Anteil Probe werden zwanzig Anteile einer frisch angesetzten Bicinchoninsäure/Kupfersulfatlösung gegeben und für 30 min bei 37 °C inkubiert.

Wie der Lowry-Assay beruht die Methode auf der Reduktion von Cu^{2+} zu Cu^+ (s. o.). BCA bildet spezifisch mit Cu^+ einen Farbkomplex (Abb. 3.2). Dies ermöglicht einen sensitiven, kolorimetrischen Nachweis von Proteinen bei einer Wellenlänge von 562 nm, dem Absorptionsmaximum des Komplexes. Vergleichsstudien mit dem Lowry-Assay zeigten, dass Cystein, Cystin, Tyrosin, Tryptophan und die Peptidbindung Cu^{2+} zu Cu^+ reduzieren können und daher die Farbbildung mit BCA ermöglichen. Dabei hängt die Intensität der Farbstoffbildung, also das

3.2 Der Bicinchoninsäure-Assay: Kombination der Biuret-Reaktion mit der selektiven Bicinchoninsäure-Komplexierung von Cu^+.

Redoxverhalten der beteiligten Gruppen, u. a. von der Temperatur ab. Der BCA-Assay kann somit für eine gewünschte Sensitivität über die Temperatur variiert werden.

Bei dem Vergleich mit dem Lowry-Assay zeigt sich außerdem, dass die beiden Methoden bei der Bestimmung der Konzentrationen von Standardproteinen, wie Rinderserumalbumin, Chymotrypsin oder Immunglobulin G, gut übereinstimmen. Beträchtliche Abweichungen von fast 100 % gibt es jedoch mit Avidin, einem Glykoprotein aus Hühnereiweiß. Der Mechanismus des BCA-Assays ist dem des Lowry-Assays prinzipiell ähnlich, darf jedoch auf keinen Fall gleichgesetzt werden. Vorteile gegenüber dem Lowry-Assay sind die einfachere Durchführung, die beeinflussbare Sensitivität und die gute zeitliche Stabilität des gebildeten Farbkomplexes. Nachteilig ist der höhere Preis des Assays, da das teure Natriumsalz der Bicinchoninsäure dafür gebraucht wird. Die Sensitivität des BCA-Assays liegt im Bereich des nach Hartree modifizierten Lowry-Assays (Tab. 3.2). Die Störanfälligkeit des BCA-Assays ist ebenfalls recht hoch. Neben den in Tabelle 3.2 genannten Substanzen interferieren beispielsweise geringe Mengen an Ascorbinsäure, Dithiothreit oder Glutathion, neben komplexierenden also auch reduzierende Verbindungen.

3.1.4 Bradford-Assay

Im Unterschied zu den bisher beschriebenen Färbemethoden sind bei diesem nach M. M. Bradford benannten und 1976 veröffentlichten Assay keine Kupfer-Ionen involviert. Im Mittelpunkt stehen blaue Säurefarbstoffe, die als **Coomassie-Brillantblau** bezeichnet werden. Häufig wird der in Abbildung 3.3 dargestellte Vertreter, das Coomassie-Brillantblau G 250, verwendet. In Gegenwart von Proteinen und in saurem Milieu verschiebt sich das Absorptionsmaximum des Coomassie-Brillantblaus G 250 von 465 zu 595 nm. Grund dafür ist vermutlich die Stabilisierung des Farbstoffs in seiner unprotonierten, anionischen Sulfonat-Form durch Komplexbildung zwischen Farbstoff und Protein. Der Farbstoff bindet dabei recht unspezifisch an kationische und nichtpolare, hydrophobe Seitenketten der Proteine. Am wichtigsten sind die Wechselwirkungen mit Arginin, weniger die mit Lysin, Histidin, Tryptophan, Tyrosin und Phenylalanin.

Der Bradford-Assay wird auch für die Anfärbung von Proteinen in Elektrophoresegelen verwendet. Er ist etwa um den Faktor 2 sensitiver als der Lowry- oder BCA-Assay (Tab. 3.2) und somit der empfindlichste quantitative Färbe-Assay. Er ist auch der einfachste, da die Stammlösung, bestehend aus Farbstoff, Ethanol und Phosphorsäure, in einem Verhältnis von 20 bis 50:1 zur Probelösung hinzugegeben wird und nach 10 min bei Raumtemperatur mit der Vermessung der Absorption bei 595 nm begonnen werden kann. Von Vorteil ist auch, dass eine Reihe von Substanzen, die den Lowry- oder BCA-Assay stören, das Ergebnis nicht beeinträchtigen (Tab. 3.1). Insbesondere ist hier die Toleranz gegenüber Reduktionsmitteln zu nennen! Hingegen stören alle Substanzen, die das Absorptionsmaximum von Coomassie-Brillantblau beeinflussen, und das ist aufgrund der Unspezifität der Wechselwirkungen manchmal vorher kaum abzuschätzen. Der wohl größte

Nachweis im Elektrophoresegel Abschnitt 10.3.3

3.3 Coomassie-Brillantblau G-250 (als Sulfonat), das Reagenz des Bradford-Assays.

Nachteil des Bradford-Assays besteht darin, dass gleiche Mengen an verschiedenen Standardproteinen erhebliche Differenzen in ihren resultierenden Absorptionskoeffizienten verursachen können. Die Subjektivität dieses Färbe-Assays ist somit beträchtlich und verglichen mit den drei anderen, etwas aufwendigeren Färbemethoden am größten.

3.2 Spektroskopische Methoden

Spektroskopische Grundlagen und Messtechniken Abschnitt 7.1

Spektroskopische Methoden sind im Vergleich zu kolorimetrischen Methoden unempfindlicher und benötigen höhere Konzentrationen an Protein. Sie sollten eher bei reineren oder hochreinen Proteinlösungen angewendet werden. Es werden die spektralen Absorptions- oder Emissionseigenschaften der Proteine bei definierter Wellenlänge in einem Strahlengang vermessen. Die Proteinlösung (Probelösung) wird dazu einfach in eine Quarzküvette gegeben, die in der Regel 1 cm Schichtdicke hat. Das Spektralphotometer wird zuvor mit dem reinen, proteinfreien Lösungsmittel (Referenz) in der gleichen Quarzküvette auf Null gestellt.

Der mit der Probelösung gemessene Wert führt dann entweder anhand von Literaturtabellen oder anhand einer Eichgerade zur entsprechenden Proteinkonzentration in mg mL^{-1}. Letzteres empfiehlt sich oftmals aufgrund der interferierenden Einflüsse von Puffersubstanzen, verwendetem pH-Wert, Geräteungenauigkeiten etc.. Ideal wäre es, wenn eine Eichung mit dem *reinen* Protein, dessen Konzentration in der Probelösung bestimmt werden sollte, durchgeführt werden könnte.

> Der mit Probe- oder mit Standardlösung gemessene Absorptionswert sollte dabei 1,0 nicht überschreiten, da bei einem Wert von größer als 1,0 die Linearität der Abhängigkeit von spektraler Absorption zu Konzentration nicht mehr gegeben ist. Bei Fluoreszenzmessungen sollte der Emissionswert nicht über 0,5 liegen. Gegebenenfalls muss die Probelösung verdünnt und der Verdünnungsfaktor bei der Konzentrationsermittlung berücksichtigt werden.

Eine Übersicht zu den im folgenden detailliert behandelten spektroskopischen Methoden gibt Tabelle 3.3.

Tabelle 3.3 Übersicht der gängigsten spektroskopischen Proteinbestimmungsmethoden

Methode	Proteinbestandteil, auf den der Nachweis maßgeblich basiert	Nachweisgrenzen (μg Protein mL^{-1})	Abhängigkeit von Proteinzusammensetzung	Störanfälligkeit
Photometrisch:				
A_{280}	Tryptophan, Tyrosin	20–3000	stark	gering
A_{205}	Peptidbindungen	1–100	wenig	hoch
Fluorometrisch: Anregung$_{280}$ Emission$_{320-350}$	Tryptophan (Tyrosin)	5–50	stark	gering

3.2.1 Messungen im UV-Bereich

Absorptionsmessung bei 280 nm (A_{280})

Bereits Anfang der 40er Jahre führten Warburg und Christian die Messung der Proteinkonzentration von Zellextraktlösungen unterschiedlichen Aufreinigungsgrades bei einer Wellenlänge von 280 nm (A_{280}) durch. Bei dieser Wellenlänge absorbieren die aromatischen Aminosäuren Tryptophan und Tyrosin, in geringerem Maß auch Phenylalanin (Tab. 3.4). Da in den Proteinlösungen zum Teil auch größere Mengen an Nucleinsäuren und Nucleotiden vorhanden sind – dies ist allgemein nach Aufschluss von Zellen der Fall – mussten die bei A_{280} gemessenen Werte korrigiert werden, da die Nucleinsäurebasen ebenfalls bei A_{280} absorbieren. Warburg und Christian ermittelten folglich einen zweiten Wert bei 260 nm (A_{260}), der mit dem bei A_{280} nach folgender Formel in Beziehung gesetzt wurde:

$$\text{Proteinkonzentration (in mg mL}^{-1}) = (1{,}55 \cdot A_{280}) - (0{,}76 \cdot A_{260})$$

Diese Beziehung kann bis zu 20 % (w/v) Anteil an Nucleinsäuren in der Lösung oder einem A_{280}/A_{260}-Verhältnis < 0,6 angewendet werden. Bei Proteinlösungen mit nur geringem Gehalt an Nucleinsäuren reicht die A_{280}-Messung aus.

Wie anhand der molaren spektralen Absorptionskoeffizienten (ε) in Tabelle 3.4 deutlich wird, orientiert sich die A_{280}-Methode maßgeblich an Tryptophan, das ein Absorptionsmaximum bei 279 nm aufweist. Die beiden anderen aromatischen Aminosäuren tragen vergleichsweise weniger zum A_{280}-Wert bei. Da der Gehalt an aromatischen Aminosäuren von Protein zu Protein variieren kann, variieren folglich auch die entsprechenden A_{280}-Werte. Die meisten Proteine liegen bei einem Konzentrationsbereich von 1 mg mL^{-1} ($A^{1\%}$) zwischen A_{280} = 0,4 bis 1,5. Es gibt aber auch extreme Ausnahmen, bei denen $A^{1\%}$ bei 0,0 (Parvalbumin) oder 2,65 (Lysozym) liegen kann! Ein ideales Standardprotein sollte den gleichen Gehalt an aromatischen Aminosäuren aufweisen wie das zu messende Protein oder mit ihm identisch sein. In der Praxis ist dies leider äußerst selten zu realisieren.

Tabelle 3.4 Molare spektrale Absorptionskoeffizienten (ε) bei 280 nm und Absorptionsmaxima von aromatischen Aminosäuren*

Aminosäure	$\varepsilon \cdot 10^{-3}$ (L mol^{-1} cm^{-1}) bei 280 nm	Absorptionsmaxima in nm
Tryptophan	5,559	219, 279
Tyrosin	1,197	193, 222, 275
Phenylalanin	0,0007	188, 206, 257

* Angabe für wässrige Lösungen bei pH 7,1

Die A_{280}-Methode kann bei Proteinkonzentrationen zwischen 20 bis 3000 μg mL^{-1} eingesetzt werden. Sie ist leicht und schnell anzuwenden und wird wesentlich weniger durch parallele Absorptionen von Nichtproteinsubstanzen gestört, als die nachfolgend beschriebene, ebenfalls gängige UV-Proteinbestimmungsmethode (Tab. 3.5), die die Absorption im unteren UV-Bereich bei 205 nm (A_{205}) misst und wesentlich empfindlicher ist.

Absorptionsmessung bei 205 nm (A_{205})

Die A_{205}-Methode wurde Anfang der 50er Jahre von Goldfarb, Saidel und Mosovich publiziert und liefert in einem Konzentrationsbereich von 1 bis 100 μg mL^{-1}

Tabelle 3.5 Maximal zu verwendender Konzentrationsbereich von störenden, häufig in der Proteinchemie verwendeten Zusätzen bei der A_{205}- und A_{280}-Methode*

Zusatz	A_{205}-Methode	A_{280}-Methode
Ammoniumsulfat	9 % (w/v)	> 50 % (w/v)
Brij 35	1 % (v/v)	1 % (v/v)
Dithiotreitol (DTT)	0,1 mM	3 mM
Ethylendiamintetraessigsäure (EDTA)	0,2 mM	30 mM
Glycerin	5 % (v/v)	40 % (v/v)
Harnstoff (Urea)	< 0,1 M	> 1 M
KCl	50 mM	100 mM
2-Mercaptoethanol	< 10 mM	10 mM
NaCl	0,6 M	> 1 M
NaOH	25 mM	> 1 M
Phosphatpuffer	50 mM	1 M
Saccharose	0,5 M	2 M
SDS (Natriumdodecylsulfat)	0,1 % (w/v)	0,1 % (w/v)
Trichloressigsäure (TCA)	< 1 % (w/v)	10 % (wv)
TRIS-Puffer	40 mM	0,5 M
Triton X-100	< 0,01 % (v/v)	0,02 % (v/v)

* Aus: Stoscheck, C. M. Quantitation of Protein. Methods Enzymol. 182 (1990) 50–68.

verlässliche Werte. Sie basiert auf den Absorptionseigenschaften der Peptidbindungen und ist daher weniger von der Zusammensetzung der Proteine abhängig. Leider interferieren neben einer Vielzahl von Puffersubstanzen (Tab. 3.5) auch die Absorptionsmaxima mehrerer Aminosäuren (beispielsweise Histidin 211 nm; Phenylalanin 206 nm; Tyrosin 193 und 222 nm; Tryptophan 219 nm). Allgemein sind bei der A_{205}-Methode alle Nichtproteinmoleküle störend, die C=C- oder C=O-Doppelbindungen enthalten. Eine sehr saubere Quarzküvette, eine relativ neue Deuteriumlampe im Spektralphotometer und höchstens geringe Konzentrationen an geeigneten Puffersubstanzen (Tab. 3.5) sollten bei der Durchführung der A_{205} verwendet werden.

Können die Einflüsse von Puffer und Nichtproteinsubstanzen ausgeschlossen werden, so fällt der $A_{205}^{1\%}$-Wert fast aller Proteine in den Bereich von 28,5 bis 33. Ist der $A_{205}^{1\%}$-Wert des zu untersuchenden Proteins nicht bekannt, kann die Proteinkonzentration nach folgender Formel berechnet werden:

$$\text{Proteinkonzentration (in mg mL}^{-1}） = \frac{(31 \cdot A_{205})}{X}$$

Der A_{205} hat in diesem Fall die Einheit mg mL^{-1} cm^{-1} und X ist die Schichtdicke der Quarzküvette in cm, also normalerweise 1. Die Genauigkeit des Verfahrens liegt bei ca. ± 10 %.

Scopes korrigierte 1974 die A_{205}-Methode um den Gehalt an Tryptophan und Tyrosin, indem er Absorptionswerte sowohl bei A_{280} als auch bei A_{205} ermittelte und in folgende Formel einsetzte:

$$\text{Proteinkonzentration (in mg mL}^{-1}） = 27,0 + 120 \cdot \left(\frac{A_{280}}{A_{205}}\right)$$

Der auf diese Weise vorausgesagte Gehalt an untersuchtem Protein hatte lediglich eine maximale Abweichung von 2 %.

3.2.2 Fluoreszenzmethode

Bei dieser Methode wird die Eigenfluoreszenz (Primärfluoreszenz) der aromatischen Aminosäuren in Proteinen, hauptsächlich die des Tryptophans, nach entsprechender Anregung in einem Spektralfluorometer gemessen. Für eine Quantifizierung mit dieser Methode muss in jedem Fall unter identischen Bedingungen mit dem *zu vermessenden Protein* als Standardprotein eine Eichgerade erstellt werden. Ist dies nicht möglich, eignet sich die Fluoreszenzmethode nur zum *qualitativen* Nachweis von Proteinen in Lösung, da hierbei das Lambert-Beersche Gesetz, anders als bei der Photometrie, nicht direkt gilt.

Im allgemeinen erfolgt die Anregung der fluoreszierenden Gruppen in den Proteinen bei 280 nm und die Ermittlung der Emissionswerte, je nach Protein, in einem Bereich zwischen 320–350 nm. Die genaue Emissionswellenlänge wird durch die Aufzeichnung eines Emissionsspektrums bei 280 nm Anregungswellenlänge ermittelt. Die Wellenlänge, bei dem das Protein sein Emissionsmaximum besitzt, wird als fester Wert eingestellt. Die Methode ist in einem Konzentrationsbereich von 5–50 μg mL^{-1} anwendbar, also ähnlich dem der A_{205}-Methode.

In Tabelle 3.6 sind die Fluoreszenzeigenschaften der aromatischen Aminosäuren dargestellt. Phenylalanin ist in Gegenwart der beiden anderen Aminosäuren nicht merklich detektierbar. Man könnte daraus schließen, dass Tryptophan und Tyrosin einen nahezu gleichen Beitrag zur Quantifizierung liefern. Dies ist jedoch oft nicht der Fall, da die Fluoreszenz des Tyrosinrests leicht auszulöschen ist (Quenching). Dazu bedarf es lediglich seiner Ionisierung (pH-abhängig) oder der engen Nachbarschaft einer Amino- oder Carboxygruppe bzw. eines Tryptophanrests, was häufig gegeben ist. Entscheidend für die Fluoreszenzmethode ist demnach, ähnlich wie bei der A_{280}-Methode, der Tryptophan-Gehalt des Proteins, obwohl auch Tryptophan durch acide Nachbargruppen gequencht werden kann. Ein zusätzlicher signifikanter Beitrag zur Quantenausbeute eines Proteins kann von fluoreszierenden prosthetischen Gruppen ausgehen.

Die Fluoreszenzemission von Proteinen ist im Vergleich zu den photometrischen Methoden in einem kleineren Bereich linear. Sie ist zudem stark vom pH-Wert und der Polarität des Lösungsmittels abhängig. Der Aspekt störender Nichtproteinmoleküle braucht bei dieser Methode nicht weiter angesprochen zu werden, da die Anwendung ohnehin nur in sehr *sauberen* Lösungen erfolgen kann.

Fluoreszenzspektroskopie Abschnitt 7.5

Tabelle 3.6 Fluoreszenzeigenschaften von aromatischen Aminosäuren[1]

Aminosäure	Anregungs-wellenlänge in nm	Emissions-wellenlänge in nm	Quanten-ausbeute[2]
Tryptophan	285	360	0,20
Tyrosin	275	310	0,21
Phenylalanin	260	283	0,04

[1] Angaben für wässrige Lösungen bei pH 7,0 und 25 °C
[2] Quantenausbeute ist das Verhältnis von emittierten zu absorbierten Photonen (vgl. Abschnitt 7.1 und 7.5).

3.3 Radioaktive Markierung von Peptiden und Proteinen

In einigen Bereichen der Biochemie, beispielsweise für bestimmte Bindungsstudien oder Radioimmunoassays, werden Peptide oder Proteine *in vitro* radioaktiv markiert und dann über die Radioaktivität quantitativ bestimmt. Der große Vorteil dieser Methode besteht in der hohen Selektivität und Sensitivität. So können mit einem Szintillationszähler, einem Gerät zur Quantifizierung von Radioaktivität, noch Konzentrationen bis 10^{-15} Mol pro Liter eines vierfach mit ^{125}I markierten Peptids oder Proteins nachgewiesen werden. Die Nachweisgrenze liegt damit um mehrere Größenordnungen unter der von spektralen Methoden.

Für radioaktive Markierungen muss das Peptid oder Protein zuerst rein vorliegen, bevor die eigentlichen Untersuchungen beginnen können. Es wird mittels spezieller chemischer Reagenzien radioaktiv markiert und die durchschnittliche Radioaktivität pro Mol ermittelt (Eichung). Danach ist das markierte Biomolekül einsatzbereit und kann in verschiedensten Proben detektiert und quantifiziert werden.

Für die Radioaktivmarkierung kommen vorwiegend Peptide in Betracht. Die Methoden sind jedoch ebenso für Proteine geeignet, wobei man beachten muss, dass eventuell deren Tertiärstruktur beeinflusst wird und Nebenreaktionen an sensitiven Aminosäuren stattfinden können. Beides kann die biologische Aktivität leicht zerstören.

Chemische Modifikationen Kapitel 6

Da in der später zu untersuchenden Probe nur das Zielpeptid radioaktiv markiert ist, erklärt sich die Selektivität der Methode durch die der Markierung vorgeschalteten Aufreinigungsschritte. Einen Überblick der gängigsten Markierungsstrategien und Marker geben Tabelle 3.7 und Abbildung 3.4. Einige der Methoden werden in Kapitel 6 beschrieben. Die Wahl des Radioisotops hängt maßgeblich davon ab, welche Aminosäurereste modifiziert werden können, welche Halbwertszeiten für die Untersuchungen gewünscht sind und welche Methode kompatibel mit der biologischen Aktivität der Peptide und Proteine ist.

Die einfachste und häufigste Methode ist die Radioaktivmarkierung mit ^{125}I (Halbwertszeit 60 Tage) oder, wenn eine kürzere Halbwertszeit bei höherer spezifischer Radioaktivität (Ci mmol^{-1}) gewünscht ist, mit ^{131}I (8 Tage). Iod ist ein γ-Strahler, was für die Detektion günstig ist. Daher wird im folgenden auf die Strategie zur ^{125}Iodierung von Peptiden oder Proteinen näher eingegangen. ^{14}C- oder ^{3}H-Markierung haben im Vergleich dazu zwei wichtige Vorteile: Zum einen können andere Aminosäurereste modifiziert werden (Lysin oder Cystein); zum anderen können durch *de novo*-Synthese mit zuvor radioaktiv markierten Aminosäuren chemisch identische Peptide hergestellt werden. Die Halbwertszeiten von ^{14}C und ^{3}H sind jedoch extrem lang (5760 bzw. 12,26 Jahre), und beide sind β-Strahler.

Strahlenschutz Anhang 1

Auf die besonderen Sicherheitsvorkehrungen und -regeln, die bei dem Umgang mit radioaktiv markierten Substanzen und Lösungen nötig sind und strengstens befolgt werden müssen, soll an dieser Stelle ausdrücklich hingewiesen werden.

Tabelle 3.7 Übersicht häufig angewendeter Methoden zur radioaktiven Markierung von Peptiden oder Proteinen

Aminosäurerest	Eingeführter Marker	Methode
Histidin, Tyrosin	^{125}I, ^{131}I	Chloramin T, Iodo-Beads
Tyrosin	^{125}I, ^{131}I	Lactoperoxidase
Lysin, *N*-Terminus	^{125}I, ^{131}I	Bolton-Hunter-Reagenz
Lysin, *N*-Terminus	^{14}C, ^{3}H	a) Anhydrid b) Aldehyd, Borhydrid
Cystein	^{14}C, ^{3}H	Iodessigsäure
Tyrosin	^{3}H	Reduktion von ^{127}I
jeder Rest	^{14}C, ^{3}H	Peptidsynthese
Zuckerrest	^{3}H	Periodat, Borhydrit

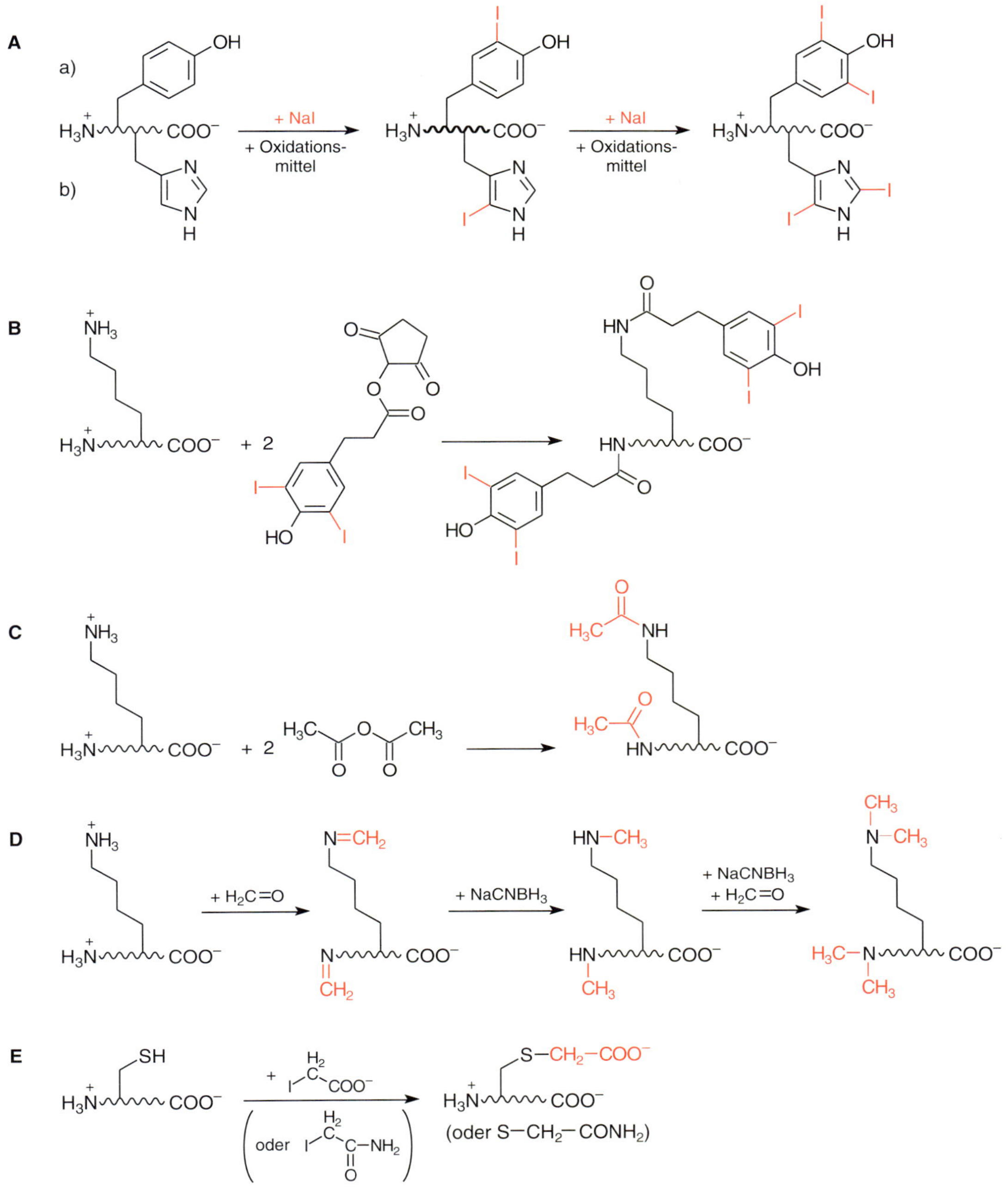

3.4 Häufig verwendete Methoden zur Radioaktivmarkierung von Peptiden und Proteinen. A. Iodierungen durch elektrophile Addition: a) von Tyrosin, b) von Histidin. B. Iodierung von Lysin und dem N-Terminus mit dem Bolton-Hunter-Reagenz. C. Acetylierung von Lysin und dem N-Terminus mittels Anhydrid. D. Alkylierung von Lysin und dem N-Terminus mittels Aldehyd und anschließende Reduktion mit Natriumcyanoborhydrid. E. Alkylierung von Cystein mit Iodessigsäure (oder Iodessigsäureamid). Nach: Current Protocols of Protein Science, Wiley, New York 1995.

3.3.1 Iodierungen

Die Iodierung von Peptiden kann direkt durch die elektrophile Addition an Tyrosin oder Imidazol, oder indirekt über Einführung eines iodierten Tyrosinanalogons mittels Bolton-Hunter-Reagenz, eines aktivierten Esters, an die freien, primären Aminogruppen des Lysins und des N-Terminus erfolgen (Abb. 3.4). Die letztgenannte Reaktion wird ausführlich in Kapitel 6 beschrieben. Bei der elektrophilen Addition wird Na^{125}I (oder Na^{131}I) durch Oxidationsmittel wie N-Chlorbenzolsulfonamid (als Chloramin T oder immobilisiert als Iodo-Beads) oder, etwas scho-

Bolton-Hunter-Reagenz
Abbildung 6.2

nender für das Peptid, enzymatisch mittels Lactoperoxidase und H_2O_2 in seine aktivierte Form („I^+") überführt. Die direkte chemische Iodierung kann dann zweifach an den *ortho*-Positionen von Tyrosin und an den beiden Imidazolkohlenstoffen erfolgen (Abb. 3.4). Die enzymatische Iodierung beschränkt sich auf Tyrosin. Da Lactoperoxidase ein Molekulargewicht von ca. 77,5 kDa besitzt, kann es keine Zellwände oder Membranen passieren und wird deshalb auch zur schonenden, selektiven Radioaktivmarkierung von Membranproteinen ganzer, lebender Zellen eingesetzt.

Da die Iodierung normalerweise nicht vollständig abläuft, müssen die radioaktiv markierten Peptide von nicht-markiertem Ausgangsmaterial getrennt werden. Dies geschieht effizient durch Reversed-Phase-HPLC (z. B. einer RP-C_{18}-Säule), die als Eluentensystem einen Acetonitrilgradienten benutzt. Auf diese Weise werden markierte von nicht-markierten, und auch verschieden stark markierte Peptide getrennt und als homogene Fraktionen zugänglich.

Reversed-Phase-HPLC Abschnitt 9.6

> Der schwerwiegendste Nachteil der radioaktiven Iodierung ist, dass die biologische Aktivität häufig verlorengeht. Entweder verursacht das Iod selbst die Inaktivierung – immerhin nimmt es den Raum eines Phenylringes ein und kann dadurch die Tertiärstruktur empfindlich beeinträchtigen – oder in Nebenreaktionen werden bestimmte, sensitive Aminosäurereste oxidiert. Besonders oxidationsempfindliche Aminosäuren sind Tryptophan, Methionin und Cystein.

Bei der Bewertung der Radioaktivmarkierung von Proteinen und Peptiden als eine Quantifizierungsmethode sollte man sich darüber im Klaren sein, dass es sich um eine spezielle Technik für spezielle Untersuchungen handelt. Ein direkter Vergleich mit den zuvor beschriebenen Methoden, den Farbnachweisen und spektroskopischen Verfahren, die routinemäßig, ohne besondere Sicherheitsvorkehrungen, schnell und einfach zur Quantifizierung von Proteinen eingesetzt werden, ist daher nicht sinnvoll.

Weiterführende Literatur

Hartree, E. F. Determination of Protein: A Modification of the Lowry Method that gives a Linear Photometric Response. Anal. Biochem., 48 (1972) 422–427.

Smith, P. K., Krohn, R. I., Hermanson, G. T., Mallia, A. K., Gartner, F. H., Provenzano, M. D., Fujimoto, E. K., Goeke, N. M., Olson, B. J. und Klenk, D. C. Measurement of Protein Using Bicinchoninic Acid. Anal. Biochem., 79 (1985) 76–85.

Tsomides, T. J. und Eisen, H. N. Stoichiometric Labeling of Peptides by Iodination on Tyrosyl or Histidyl Residues. Anal. Biochem., 210 (1993) 129–135.

Wiechelman, K. J., Braun, R. D. und Fitzpatrick, J. D. Investigation of the Bicinchoninic Acid Protein Assay: Identification of the Groups Responsible for Color Formation. Anal. Biochem., 175 (1988) 231–237.

Protokolle für praktisches Vorgehen:

Current Protocols of Protein Science. Kapitel 3. John Wiley & Sons. Inc. New York, 1995.

4 Enzymatische Aktivitätstests

Enzyme sind katalytisch aktive Proteine. Die Messung ihrer katalytischen Aktivität kann für verschiedene Aufgaben herangezogen werden (Tab. 4.1).

Die Proteingesamtmenge, die mit allgemeinen Proteinbestimmungsmethoden gemessen werden kann, ist nur bei reinen Enzymen ein aussagekräftiges Maß für die Enzymaktivität. Ist die Reinheit unbekannt oder variabel wie in biologischem Material, kann die Menge eines bestimmten Enzyms ermittelt werden

- als **funktionelle Aktivität** durch spezifische Messung der Enzymaktivität
- oder als **Gesamtmenge** des jeweiligen Enzymproteins durch selektive Bestimmung der Menge des Zielproteins, meist mittels eines Immunoassays, ohne die Aktivität des Proteins dabei zu berücksichtigen.

Dieses Kapitel fasst grundsätzliche Aspekte der Enzymaktivitätsmessung zusammen. Für Details und spezielle Testvorschriften sei auf die angegebene weiterführende Literatur verwiesen.

Proteinbestimmungen
Kapitel 2

Immunologische Techniken
Kapitel 5

Tabelle 4.1 Ziele der Enzymaktivitätsbestimmung

Bestimmung von Enzymspiegeln in biologischen Materialien, z. B.
– in der medizinischen Diagnostik zum Erkennen von Krankheitszuständen
– in der Mikrobiologie und Biochemie zur Untersuchung von Stoffwechselprozessen
– in der Biotechnologie zur Kontrolle von Fermentationsprozessen

Ermittlung der **Enzymausbeute** bei der Reinigung von Enzymen

Charakterisierung von Enzympräparaten hinsichtlich
– ihrer katalytischen Eigenschaften
– ihrer Reinheit
– ihrer funktionellen Stabilität

Ermittlung der **Menge** von Enzymen, die als Reagenzien oder Hilfsstoffe eingesetzt werden sollen (z. B. als Katalysatoren chemischer Synthesen oder als Werkzeuge der Bioanalytik)

Bestimmung von **Substanzkonzentrationen** durch kinetische Substratbestimmung

Nutzung der Enzymaktivität als **Markierung** zur Messung anders schwierig quantifizierbarer Wechselwirkungen, z. B. im Enzym-Immunoassay

4.1 Grundlagen der Enzymkinetik

Enzyme können ihre katalytischen Eigenschaften nur entfalten, wenn sie mit der umzusetzenden Substanz wechselwirken, diese wird als Substrat der Enzymreaktion bezeichnet. Bildet das Enzym E mit dem Substrat S in einer reversiblen Reaktion den Enzym-Substrat-Komplex ES, und entsteht aus diesem dann das Produkt P,

$$E + S \underset{k_{-1}}{\overset{k_1}{\rightleftharpoons}} ES \xrightarrow{k_2} E + P$$

so wird die Abhängigkeit der Reaktionsgeschwindigkeit V von der Substratkonzentration [S] im einfachsten Fall durch die erstmals 1913 von Leonor Michaelis angegebene **Michaelis-Menten-Gleichung** beschrieben:

$$V = \frac{V_{max} \cdot [S]}{K_M + [S]}$$

Die hierdurch definierte hyperbolische Beziehung ist in Abbildung 4.1 graphisch dargestellt.

Diejenige Substratkonzentration, bei der eine Reaktionsgeschwindigkeit erreicht wird, die gerade halb so groß ist wie ihr theoretischer Maximalwert V_{max} bei Substratsättigung, wird als Michaelis-Konstante K_M bezeichnet. Sie ist ein wichtiges Maß für die Affinität eines Enzyms zu seinem Substrat: Je höher K_M ist, desto höher muss die Substratkonzentration sein, damit die Reaktion (bei gegebener Enzymkonzentration) mit halbmaximaler Geschwindigkeit abläuft, und desto geringer ist also die Substrataffinität des Enzyms.

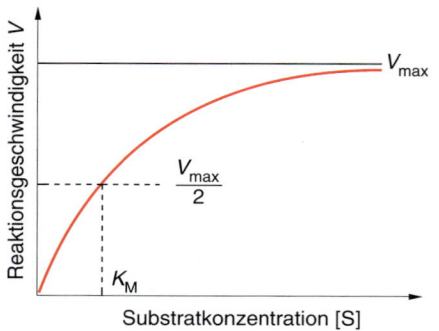

4.1 Reaktionsgeschwindigkeit einer Enzymreaktion in Abhängigkeit von der Substratkonzentration gemäß der Michaelis-Menten-Gleichung.

4.2 Maßeinheiten der Enzymaktivität

Die Einheiten für die Enzymaktivität wurden früher häufig willkürlich gewählt; so gaben verschiedene Wissenschaftler auch oft für das gleiche Enzym unterschiedliche Aktivitätseinheiten an. Ein Vergleich verschiedener Angaben wurde hierdurch stark erschwert, oft sogar unmöglich. Deshalb gilt seit 1961 auf Vorschlag der Enzymkommission der IUB (International Union of Biochemistry) folgende Definition der Enzymaktivitätseinheit:

Eine Einheit (unit, U) entspricht derjenigen Enzymmenge, welche die Umsetzung von einem Mikromol Substrat pro Minute unter genau festgelegten Versuchsbedingungen katalysiert.

Seit 1972 wird als SI-Einheit anstelle der „unit" das „katal" (kat) empfohlen: 1 katal ist diejenige Enzymmenge, die 1 mol Substrat pro Sekunde umsetzt. Leider ist diese Einheit sehr groß (1 katal = $6 \cdot 10^7$ U; 1 U entspricht also 16,67 nkat) und dadurch unhandlich und hat sich in der Praxis kaum durchsetzen können. Die Mehrzahl der Wissenschaftler benutzt daher weiterhin das Unit als Maßeinheit der Enzymaktivität.

1 Unit = Umsatz von 1 μmol Substrat pro Minute
1 katal = Umsatz von 1 mol Substrat pro Sekunde
1 Unit = 16,67 nkat

Die Messung der enzymatischen Aktivität muss unter genau festgelegten Bedingungen erfolgen. Diese Versuchsbedingungen betreffen: Temperatur, pH und Puffersystem, Konzentrationen von Substraten und Cofaktoren sowie Messtechnik.

Zur *in-vitro*-Messung von Enzymaktivitäten wählt man Bedingungen, die eine möglichst enge Annäherung an die maximale Reaktionsgeschwindigkeit V_{max} erlauben. Man sollte sich darüber im Klaren sein, dass die so bestimmten Aktivitätswerte nichts mit der Aktivität des jeweiligen Enzyms *in vivo* zu tun haben: Unter physiologischen Bedingungen arbeiten die meisten Enzyme nur mit einem Bruchteil ihrer Maximalgeschwindigkeit.

Als Standardmesstemperatur wurde 1961 von der Enzymkommission 25 °C, 1964 aber 30 °C vorgeschlagen. In der Praxis werden auch andere Temperaturen verwendet, die deshalb stets angegeben werden müssen (so etwa in der klinischen Chemie häufig 37 °C). Bei manchen Enzymen, z. B. solchen aus thermophilen Organismen, kann es sogar zwingend erforderlich sein, andere Messtemperaturen zu wählen, wenn sie bei 25 bis 30 °C nahezu inaktiv sind und erst bei höherer Temperatur hinreichende katalytische Aktivität entfalten.

Anstelle des Substratverbrauchs kann auch die Bildungsgeschwindigkeit eines Produkts gemessen werden. Für den Zahlenwert der Enzymaktivität ist hierbei die Stöchiometrie des Reaktionssystems zu berücksichtigen: In manchen Enzymreaktionen werden zwei Moleküle des Substrats verbraucht, so etwa bei der von der Adenylat-Kinase katalysierten Reaktion von ADP zu ATP und AMP.

$$2\ \text{ADP} \xrightleftharpoons{\text{Adenylat-Kinase}} \text{ATP} + \text{AMP}$$

Wird die Aktivität dabei als Verbrauch von ADP pro Zeiteinheit ausgedrückt, wird ihr Zahlenwert doppelt so hoch als wenn sie über die Bildung eines der beiden Produkte ATP oder AMP gemessen wird. Hier muss im Einzelfall angegeben werden, welche der Möglichkeiten der Berechnung zugrunde gelegt wird.

Neben diesen empfohlenen Aktivitätseinheiten wird noch immer eine Vielzahl abweichender Einheitsdefinitionen für spezielle Enzyme benutzt. Es empfiehlt sich daher, beim Arbeiten nach publizierten Vorschriften oder beim Vergleich von Literatur- und Katalogdaten sorgfältig auf die Detailangaben der Autoren beziehungsweise Firmen zu achten.

> Die Ergebnisse enzymatischer Aktivitätstests sind methodenabhängig – auch wenn sie in units oder katal ausgedrückt werden: Unter verschiedenen Testbedingungen findet man unterschiedliche Aktivitätswerte.

Wichtige abgeleitete Einheiten sind:

- Die **spezifische Aktivität**, meist gemessen in units pro Milligramm Gesamtprotein (U/mg), in SI-Einheiten in katal/kg Protein. Sie dient einerseits dazu, die Eigenschaften eines Enzyms zu charakterisieren, andererseits stellt sie eine Maßzahl für die Reinheit eines Enzympräparats dar, sofern die spezifische Aktivität des Reinenzyms bekannt ist.
- Die **molare Aktivität** (U/mol bzw. kat/mol), deren Angabe die Kenntnis des Molekulargewichts des Enzymproteins voraussetzt. Ist auch die Zahl der aktiven Zentren pro Enzymmolekül bekannt, so kann die Aktivität pro Mol aktives Zentrum (die sogenannte **Wechselzahl** oder **Turnover Number**) angegeben werden. Allerdings wird in der Literatur die Wechselzahl manchmal auch auf das Gesamtmolekül bezogen.
- Die **Konzentration der Enzymaktivität** (oft inkorrekt „Volumenaktivität" genannt), meist angegeben in U/L bzw. kat/L Enzymlösung. Diese Größe ist für den praktischen Einsatz von Enzymen von Bedeutung.

Die Maßeinheit der Enzymaktivität ist also als diejenige Steigerung der Umsatzgeschwindigkeit des Substrats definiert, die von einer bestimmten Enzymmenge im Vergleich zur unkatalysierten Reaktion bewirkt wird. Obwohl die Aktivität demnach die Dimension einer Reaktionsgeschwindigkeit hat, wird sie in der Biochemie zur Angabe von Enzym- (also letztlich Protein-)mengen verwendet. Dieses Vorgehen ist immer dann zweckmäßig, wenn nicht die proteinchemischen, sondern die katalytischen Eigenschaften des Enzyms von Bedeutung sind, so dass die Menge an Gesamtprotein ohne Belang ist. Dies ist aber nur dann der Fall, wenn eine konstante spezifische Aktivität vorausgesetzt werden kann, also Effektoreinflüsse ausgeschlossen oder bereits berücksichtigt sind.

4.3 Messtechniken

Die Umsatzgeschwindigkeit eines ausgewählten Substrats kann mit vielen Methoden gemessen werden, von denen die am häufigsten verwendeten in Tabelle 4.2 aufgelistet sind.

Tabelle 4.2 Wichtige Messtechniken zur Enzymaktivitätsmessung

Messgröße	Messtechnik	Beispiel für Enzymtests
Lichtabsorption	Photometrie	Dehydrogenasen über NAD(P)H, Proteasen über p-Nitroanilin
Fluoreszenz	Fluorimetrie	Dehydrogenasen über NAD(P)H
Lumineszenz	Luminometrie	Kinasen über ATP/Luciferase
O_2-Gehalt	Polarographie, O_2-Elektrode	Glucose-Oxidase
Druck	Manometrie	Decarboxylasen
Isotopengehalt	Radiometrie	molekularbiologische Enzyme (z. B. Polynucleotid-Kinase)
pH	Titrimetrie	Lipase
Leitfähigkeit	Konduktometrie	Urease
Chromatographische Eigenschaften	HPLC	Hydrolasen, Isomerasen, Ligasen etc.

4.3.1 Photometrische Aktivitätstests

Besonders häufig werden photometrische Messtechniken angewandt, da sie mit geringem apparativen Aufwand durchgeführt werden können und schnell genaue und reproduzierbare Resultate auch bei großen Probenzahlen liefern. Neben Änderungen der Fluoreszenz, der Trübung (Turbidimetrie) sowie Lumineszenzemissionen, die während der Enzymreaktion auftreten, werden vor allem Änderungen der Lichtabsorption im sichtbaren oder im UV-Bereich zur Quantifizierung der Substratumsetzung genutzt. Die folgenden Darstellungen konzentrieren sich im Wesentlichen auf photometrische Methoden, gelten sinngemäß aber auch für Testsysteme, die auf anderen Messprinzipien beruhen. Details hierzu können der am Kapitelende genannten Literatur entnommen werden.

Photometrische Messtechniken Abschnitt 7.1

Die Abhängigkeit der Lichtabsorption von der Konzentration der absorbierenden Substanz wird in verdünnten Lösungen durch das **Lambert-Beersche Gesetz** beschrieben:

$$A = \log \frac{I_0}{I} = \epsilon \cdot c \cdot d$$

Dabei ist A die im Photometer gemessene Absorption (Extinktion), I_0 die Intensität des eintretenden, I die des nach Durchlaufen der Probelösung austretenden Lichtstromes, c die molare Konzentration der absorbierenden Substanz (mol/L) und d die Schichtdicke (gemessen in mm). ϵ wird als molarer Absorptionskoeffizient bezeichnet (Dimension $L \cdot mol^{-1} \cdot mm^{-1}$). Zur praktischen Auswertung photometrischer Enzymtests verwendet man die Gleichung in folgender Form:

$$\text{Aktivität} = \frac{\Delta c}{\Delta t} = \frac{\Delta A \cdot V}{\epsilon \cdot d \cdot v \cdot t}$$

Hierbei entspricht die gemessene Absorptionsänderung ΔA mit der Zeit t einer Ab- oder Zunahme der Lichtabsorption, je nachdem ob der Verbrauch eines lichtabsorbierenden Substrats oder die Bildung eines Produkts gemessen wird. Mit V wird das Gesamtvolumen in der Testküvette, mit v das Probevolumen bezeichnet.

Bevorzugt führt man die Messung bei der Wellenlänge des Absorptionsmaximums der gemessenen Molekülspezies durch, da hier Genauigkeit und Empfindlichkeit der Messung am höchsten sind. Oft werden jedoch andere Messwellenlängen gewählt, z. B. bei Verwendung von Filterphotometern, die nur Messungen bei bestimmten Wellenlängen erlauben, oder zur besseren Differenzierung des zu messenden Chromophors von anderen anwesenden Substanzen, die Licht in benachbarten Wellenlängenbereichen absorbieren. Sind die Wellenlänge des Absorptionsmaximums und der molare Extinktionskoeffizient ϵ bei der Messwellenlänge nicht bekannt, müssen sie experimentell bestimmt werden, um eine Berechnung von internationalen Enzymeinheiten (U) zu ermöglichen.

Auch wenn mit modernen Photometern höhere Absorptionswerte gemessen werden können, ist es für präzise Messungen aber unbedingt empfehlenswert, diese auf den Bereich zwischen $A = 0{,}01$ und $1{,}0$ zu beschränken.

4.3.2 Kontinuierliche und diskontinuierliche Tests

Viele enzymkatalysierten Reaktionen führen (direkt oder durch Kopplung mit einer geeigneten Indikatorreaktion, Abschnitt 4.5) zu Veränderungen der Eigenschaften von Substraten oder Produkten, die kontinuierlich während des Reaktionsablaufs verfolgt werden können, zum Beispiel durch photometrische Messung. In solchen kontinuierlichen Tests können kinetische Parameter (Anfangsgeschwindigkeit, Linearität) relativ einfach gemessen werden, deshalb sind solche Methoden generell vorzuziehen (Abb. 4.2).

In anderen Fällen ist jedoch eine kontinuierliche Messung nicht möglich; vielmehr muss die Reaktion nach einer bestimmten Zeit abgestoppt und die Änderung der Substrat- oder Produktkonzentration in der Reaktionsmischung, gegebenenfalls nach Durchführung von Trennoperationen, analysiert werden (diskontinuierliche Tests). Dies ist zum Beispiel bei Testverfahren der Fall, die auf radiochemischen Messungen oder HPLC-Trennungen beruhen.

HPLC
Kapitel 9

Bei diskontinuierlichen Tests muss man besonders darauf achten, dass das zum Abstoppen der Reaktion gewählte Verfahren die Enzymreaktion sofort und dauerhaft beendet und dass die Messgröße (Substrat- oder Produktkonzentration) unter diesen Bedingungen bis zum Abschluss der Messung stabil bleibt. Zur Terminierung der Enzymreaktion eignen sich beispielsweise eine Behandlung mit Säure oder Alkali, Erhitzen oder der Zusatz von Enzyminhibitoren.

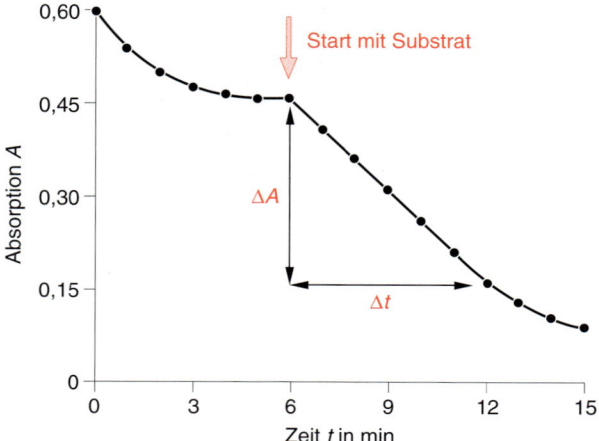

4.2 Ablauf einer photometrischen Aktivitätsbestimmung. Nach Äquilibrierung des Systems wird die Reaktion durch Zusatz des Substrats gestartet. Die Änderung der Lichtabsorption pro Zeiteinheit ($\Delta A / \Delta t$) wird im linearen Bereich der Zeit-Umsatz-Kurve (Anfangsgeschwindigkeit) gemessen.

4.4 Einflussgrößen auf die Enzymaktivität

4.4.1 pH-Wert und Puffersystem

Der Ladungszustand ionisierbarer Aminosäureseitenketten kann sowohl die enzymatische Aktivität als auch die Substratbindung beeinflussen. Deshalb ist die Enzymaktivität vom pH-Wert abhängig. In der Mehrzahl der Fälle findet man ein mehr oder minder breites pH-Aktivitätsoptimum, das für verschiedene Enzyme bei unterschiedlichen pH-Werten bzw. -Bereichen liegt (Abb. 4.3).

In der Regel wird die Enzymaktivität im Bereich des pH-Aktivitätsoptimums gemessen. Wenn Rückschlüsse auf die in-vivo-Aktivität des Enzyms angestrebt werden, kann es angebracht sein, den physiologischen pH-Wert zu wählen, sofern dieser bekannt ist. Es muss jedoch stets geprüft werden, ob das Enzym beim betreffenden pH hinreichend stabil ist (das pH-Optimum der Aktivität muss keinesfalls mit dem pH-Optimum der Stabilität übereinstimmen!) oder ob es zum Beispiel pH-abhängig irreversibel inaktiviert oder präzipitiert wird, wie es bei extremen pH-Werten der Fall sein kann.

Neben dem pH-Wert ist auch die Wahl des im Testansatz verwendeten Puffers von großer Bedeutung. Zu prüfen ist hierbei einerseits, ob das gewählte Puffersystem im gewünschten pH-Bereich überhaupt hinreichende Pufferkapazität

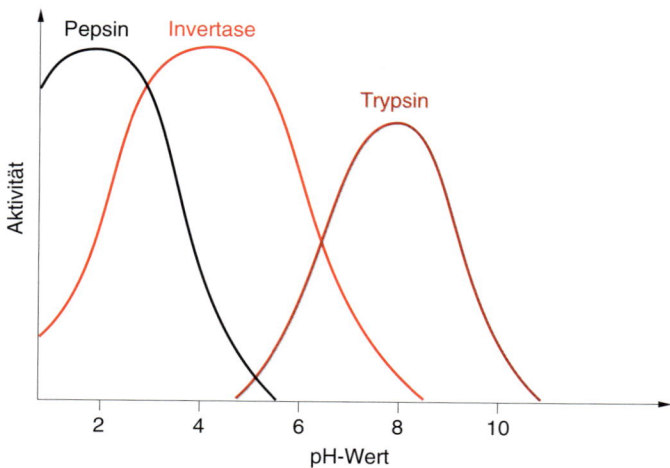

4.3 pH-Abhängigkeit der Enzymaktivität für verschiedene Enzyme.

besitzt (der pH sollte sich um nicht mehr als eine pH-Einheit vom pK-Wert der Puffersubstanz unterscheiden), andererseits können bei vielen gebräuchlichen Puffern (etwa Phosphat, Pyrophosphat oder Borat) Interaktionen mit dem Enzym oder mit Substraten bzw. Cofaktoren (z. B. Metall-Ionen) auftreten, die die Enzymaktivität beeinflussen. Bei der Ermittlung von pH-Optima über einen breiteren pH-Bereich sollte daher am Übergangspunkt zwischen zwei Puffersystemen stets die Aktivität beim gleichen pH-Wert mit beiden Puffern gemessen werden (Abb. 4.4).

Neben diesen speziellen Eigenschaften sind für die Wahl des Puffers auch andere Aspekte, wie der Temperaturkoeffizient (Änderung des pH-Werts mit der Temperatur), die Ionenstärke, die Stabilität, die UV-Absorption, aber auch die Kosten der Puffersubstanzen zu berücksichtigen. Vorteilhaft sind in vielen Fällen die heute in wachsender Zahl verfügbaren zwitterionischen Puffer, wie etwa HEPES-, TRICIN- oder MES-Puffer.

4.4.2 Temperatur

Wie bei allen chemischen Reaktionen steigt die Geschwindigkeit enzymkatalysierter Reaktionen mit steigender Temperatur an, im einfachsten Fall gemäß der **Arrhenius-Gleichung**:

$$k = a \cdot \exp\left(-\frac{E}{RT}\right)$$

k ist die Reaktionsgeschwindigkeitskonstante, E die Aktivierungsenergie, R die allgemeine Gaskonstante und T die absolute Temperatur. a wird als Häufigkeitsfaktor bezeichnet.

Enzyme sind jedoch wie alle Proteine thermolabil und werden in der Hitze denaturiert (und damit inaktiviert), deshalb sinkt die Aktivität oberhalb der Denaturierungstemperatur wieder auf Null ab. Für die Temperaturabhängigkeit der Enzymaktivität resultiert daher eine Kurve, die ein Maximum – das sogenannte **Temperaturoptimum** – durchläuft (Abb. 4.5).

Die Lage dieses Temperaturoptimums ist von den speziellen Eigenschaften des Enzyms, aber auch von den Messbedingungen abhängig: Im Gegensatz zu dem thermisch bedingten Anstieg der Reaktionsgeschwindigkeit ist die Hitzedenaturierung ein zeitabhängiger Prozess. Nach längerer Vorinkubation des Enzyms bei erhöhter Temperatur wird daher eine geringere Aktivität gemessen, als wenn die Messung sofort nach Temperaturäquilibrierung des vorher in der Kälte gelagerten

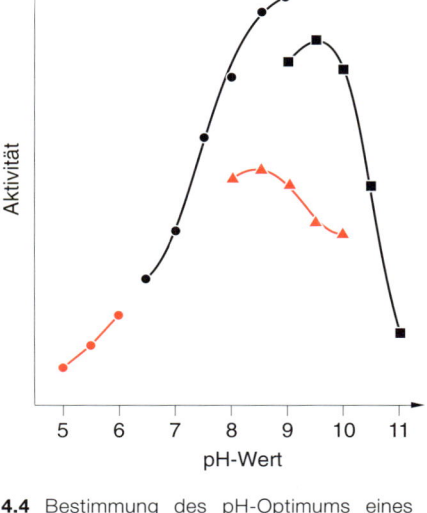

4.4 Bestimmung des pH-Optimums eines Enzyms. Effekt des pH-Werts auf die Aktivität von sec-Alkohol-Dehydrogenase aus *Candida boidinii* in verschiedenen Puffern: ● Natriumcitrat; ● Kaliumphosphat; ▲ Triethanolamin/HCl; ■ Glycinpuffer (verändert nach: Kula M.-R. In: Gerhartz W. (Hrsg.) Enzymes in Industry, S. 27. VCH-Verlagsgesellschaft Weinheim, 1990).

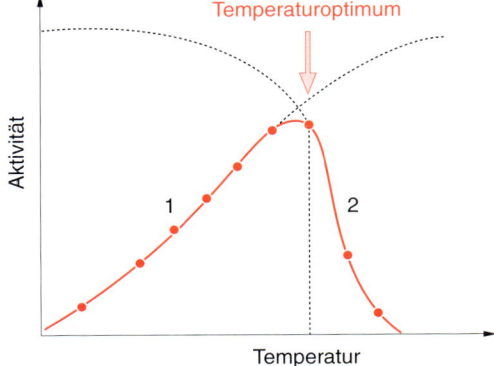

4.5 Temperaturabhängigkeit der Enzymaktivität. Die gemessene Abhängigkeit der Enzymaktivität von der Temperatur ergibt sich aus der Überlagerung des Anstiegs der Reaktionsgeschwindigkeit gemäß der Arrhenius-Gleichung (Kurve 1) mit dem Absinken der Aktivität infolge thermischer Denaturierung (Kurve 2).

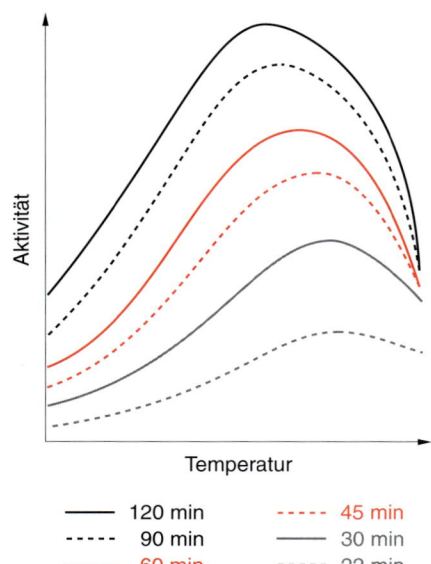

4.6 Bestimmung des Temperaturoptimums unter verschiedenen Bedingungen. Die Aktivität von Aldolase wurde bei verschiedenen Temperaturen nach unterschiedlich langer Vorinkubation bei der jeweiligen Messtemperatur gemessen. Das apparente Temperaturoptimum verschiebt sich bei längerer Präinkubation zu niedrigeren Werten. Verändert nach: Cousins C. L. Clin. Biochem., 9 (1976) 160–164.

Enzyms vorgenommen wird. Das experimentell ermittelte Temperaturoptimum verschiebt sich im ersten Fall somit auf einen niedrigeren Wert (Abb. 4.6).

> Für viele Enzyme gilt als Faustregel, dass im Temperaturbereich zwischen 25 °C und 37 °C bei einer Temperaturänderung um 1 K Aktivitätsänderungen um bis zu 10 % gefunden werden. Bei der Aktivitätsmessung muss die gewählte Messtemperatur daher exakt eingehalten werden.

Die Enzymaktivität wird auch dadurch beeinflusst, dass sich der pH-Wert vieler häufig verwendeter Puffersysteme (z. B. Tris/HCl) mit der Temperatur ändert. Anhand des Temperaturkoeffizienten des Puffers muss dann entsprechend korrigiert werden.

4.4.3 Auswahl des Substrats

Die Substratspezifität von Enzymen ist unterschiedlich stark ausgeprägt: Während für manche Enzyme, wie etwa Glucose-6-phosphat-Dehydrogenase aus *Leuconostoc mesenteroides*, nur ein einziges Substrat oder wenige, strukturell sehr ähnliche Substrate bekannt sind, setzen andere Enzyme (wie etwa die Peroxidase aus Meerrettich) eine große Anzahl unterschiedlicher Substrate um oder sind wie z. B. viele Proteasen nur für gewisse Zielstrukturen innerhalb größerer Substratmoleküle spezifisch.

Bei der Auswahl des zur Aktivitätsmessung eingesetzten Substrats müssen verschiedene Aspekte betrachtet werden:

- Messbarkeit der Umsatzreaktion: Können Substratverbrauch bzw. Produktbildung mit den verfügbaren Messtechniken erfasst werden?
- Zugänglichkeit: Ist das Substrat im erforderlichen Reinheitsgrad erhältlich bzw. kann es mit vertretbarem Aufwand hergestellt werden?
- Stabilität: Ist das Substrat unter Lagerbedingungen sowie im Testansatz ausreichend stabil?
- Affinität und Umsatzgeschwindigkeit: Wird das Substrat am Enzym schnell genug umgesetzt, und welche Substratkonzentration ist hierfür erforderlich?
- Löslichkeit in der Vorratslösung und im Testpuffer: Kann eine Substratsättigung erreicht werden?
- Kosten.

In vielen Fällen setzt man zur Messung der Enzymaktivität nicht das (vermutete) *in-vivo*-Substrat des betreffenden Enzyms ein, sondern sogenannte **Modellsubstrate**. Besonders häufig ist dies bei proteolytischen Enzymen der Fall, bei denen die Aktivität gegen Proteinsubstrate oft nur kompliziert zu messen ist. Zudem kann bei makromolekularen Substraten die Enzymreaktion durch Diffusionslimitierungen und durch Restriktionen, die aus der räumlichen Struktur des Substrats resultieren, beeinflusst werden. Zur routinemäßigen Aktivitätsbestimmung von Proteasen benutzt man daher vielfach chromogene Oligopeptid-*p*-Nitroanilide, aus denen die Protease das gelb gefärbte und daher photometrisch leicht erfassbare *p*-Nitroanilin freisetzt. Ein Beispiel hierfür ist die Bestimmung von Trypsin:

$$\text{Tos-Gly-Pro-Arg-4-nitroanilid} + H_2O \xrightarrow{\text{Trypsin}} \text{Tos-Gly-Pro-Arg} + p\text{-Nitroanilin}$$

4.4.4 Substratkonzentration

Bei Substratkonzentrationen, die wesentlich größer sind als K_M (Abschnitt 4.1), hängt die Reaktionsgeschwindigkeit nicht mehr von der Konzentration des Substrats (Reaktion 0. Ordnung) ab, sondern ist nur mit der Enzymkonzentration korreliert ($V = V_{max}$), das Enzym ist also mit seinem Substrat gesättigt. Bei der experimentellen Bestimmung von Enzymaktivitäten versucht man daher im Sättigungsbereich des Enzyms zu arbeiten. In der Praxis ist es allerdings oft nicht möglich, das Substrat in hinreichend hoher Konzentration einzusetzen, z. B. wegen ungenügender Löslichkeit, Hemmeffekten bei Substratüberschuss oder zu hoher Kosten. Durch Einsetzen in die Michaelis-Menten-Gleichung lässt sich dann derjenige Wert für [S] berechnen, der erforderlich ist, um einen noch akzeptablen Bruchteil der theoretischen Maximalgeschwindigkeit V_{max} experimentell zu beobachten. Begnügt man sich z. B. damit, dass V um 1 % unter V_{max} liegt, so gilt bei $V = 99\%$ von V_{max}:

$$[S] = \frac{0{,}99 \cdot V_{max}}{V_{max} - 0{,}99 \cdot V_{max}} \cdot K_M = 99 \cdot K_M$$

Bei Substratkonzentrationen, die wesentlich kleiner sind als der K_M-Wert ([S] $\ll K_M$), ist die Reaktionsgeschwindigkeit linear von der Substratkonzentration abhängig. Solche Bedingungen verwendet man, um Substratkonzentrationen durch Messung der mit einer bestimmten Enzymmenge erreichten Aktivität zu bestimmen (kinetische Substratbestimmung).

K_M bestimmt man durch Messung der Enzymaktivität bei unterschiedlichen Substratkonzentrationen. Die erhaltenen Werte analysiert man in der Regel nach einer der Beziehungen, die zur Linearisierung der Michaelis-Menten-Gleichung führen. Hierbei ist die Darstellung nach Lineweaver und Burk (Abb. 4.7) zwar die populärste und deshalb für Präsentationszwecke geeignetste (ähnliches gilt für die ebenfalls gebräuchlichen Umformungen nach Hanes und nach Eadie und Hofstee), zur Ermittlung von K_M und V_{max} ist jedoch der **direkte Plot** nach Eisenthal und Cornish-Bowden vorzuziehen (Abb. 4.8).

Linearisierung der Michaelis-Menten-Gleichung nach Lineweaver und Burk:

$$\frac{1}{V} = \frac{K_M}{V_{max}} \cdot \frac{1}{S} + \frac{1}{V_{max}}$$

Direkter linearer Plot nach Eisenthal und Cornish-Bowden:

$$V_{max} = V + \frac{V}{[S]} \cdot K_M$$

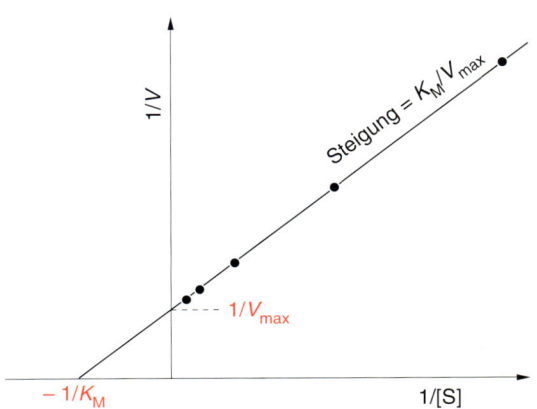

4.7 Ermittlung von K_M und V_{max} nach Lineweaver und Burk.

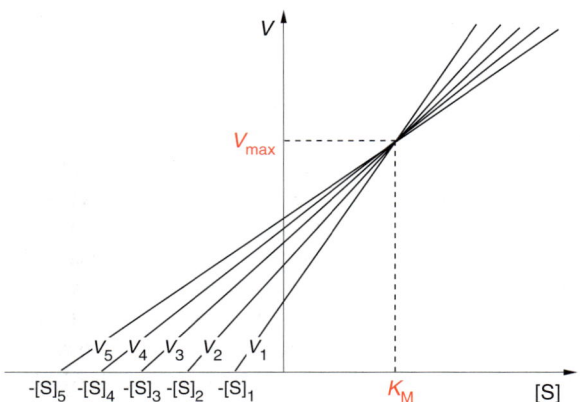

4.8 Ermittlung von K_M und V_{max} im „direkten Plot" nach Cornish-Bowden und Eisenthal. Jede Gerade entspricht einer Messung. Man trägt auf der X-Achse den Negativwert der Substratkonzentration, auf der Y-Achse die gemessene Geschwindigkeit V auf und verbindet diese beiden Punkte durch eine Gerade. Der gemeinsame Schnittpunkt der aus allen Messungen erhaltenen Geraden liefert K_M und V_{max}.

Exakter als die graphische Auswertung ist die Berechnung von K_M und V_{max} durch nicht lineare Regression mittels eines entsprechenden Computerprogramms. Allerdings ist in der Praxis in aller Regel die Ungenauigkeit der experimentellen Messwerte weit größer als der Fehler der graphischen Auswertung. Schon wegen des bei kinetischen Messungen stets zu erwartenden experimentellen Fehlerbereichs wird dringend empfohlen, in Messreihen, die zur Bestimmung kinetischer Parameter wie K_M, V_{max} oder der Reaktionsgeschwindigkeitskonstante k dienen sollen, alle Messungen mehrfach zu wiederholen.

> Nicht nur V_{max}, sondern auch K_M ist temperatur- und pH-abhängig. Bei einer Änderung der Testbedingungen muss daher auch die erforderliche Anfangskonzentration der Substrate überprüft und gegebenenfalls optimiert werden.

Während K_M sich als Maß für die Substrataffinität eines Enzyms unmittelbar auf die Durchführung des Testsystems auswirkt, dient V_{max} vorwiegend zur Charakterisierung der Enzymeigenschaften. Ein anderer in diesem Zusammenhang wichtiger Parameter ist die **katalytische Konstante** k_{kat}, die Reaktionsgeschwindigkeitskonstante der Produktbildung (in der Michaelis-Menten-Gleichung, Abschnitt 4.1 als k_2 bezeichnet, ihr Wert entspricht dem theoretischen Maximum der molaren Aktivität). Der Quotient k_{kat}/K_M, die sogenannte **Spezifitätskonstante**, erlaubt einen Vergleich zwischen verschiedenen Substraten hinsichtlich

Tabelle 4.3 Die Spezifitätskonstante k_{kat}/K_M der Hydrolyse verschiedener Peptide durch Pepsin

Substrat	k_{kat} (s^{-1})	K_M (mmol · L^{-1})	k_{kat}/K_M (L · mol^{-1} · s^{-1})
Z-Ala-Phe(NO$_2$)-Apm[1]	0,002	1,46	1,4
Z-Phe(NO$_2$)-Val-Apm[1]	0,010	0,78	13
Z-Phe(NO$_2$)-Phe-Apm[1]	0,052	0,74	70
H-Gly-Gly-Phe-Phe-Apm[1]	0,950	3,90	244
Z-Gly-Pro-Phe-Phe-Opp[2]	0,056	0,14	400
Z-Val-Phe(NO$_2$)-Phe-Apm[1]	0,310	0,17	1824
Z-Ala-Ala-Phe(NO$_2$)-Phe-Apm[1]	43,800	1,51	29000
Z-Ala-Gly-Phe-Phe-Opp[2]	145,000	0,25	$5,8 \cdot 10^5$
Z-Ala-Ala-Phe-Phe-Opp[2]	282,000	0,04	$7,05 \cdot 10^6$

(verändert nach: Lasch J. Enzymkinetik. S. 74. Springer-Verlag Heidelberg 1987)

[1] Amp = —N—(CH$_2$)$_3$—N◯O
         H

[2] Opp = —O—(CH$_2$)$_3$—N$^+$◯

ihrer physiologischen Effektivität und damit Aussagen über die Qualität der unterschiedlichen Substrate (Tab. 4.3).

Die Michaelis-Menten-Gleichung gilt nur unter einer Reihe von Voraussetzungen, von denen einige in der Praxis meist nicht streng erfüllt sind. So wird vorausgesetzt, dass nicht die Bildung des Enzym-Substrat-Komplexes (ES) geschwindigkeitsbestimmend ist, sondern dessen Zerfall unter Bildung des Produkts (bzw. der Produkte). Dies ist aber nicht bei allen Enzymen der Fall: Bei einigen verläuft die Reaktion diffusionskontrolliert, die Geschwindigkeit der Produktbildung ist also ebenso groß ist wie die Bildungsrate des Enzym-Substrat-Komplexes. In solchen Fällen gilt die Michaelis-Menten-Gleichung nicht.

Ferner wird eine Rückreaktion des Produkts vernachlässigt; dies ist dann erlaubt, wenn die Produktkonzentration [P] gleich Null ist, also zu Anfang der Reaktion. Deshalb ist es wichtig, die Anfangsgeschwindigkeit der Enzymreaktion zu messen. Man führt den Test so durch, dass die Geschwindigkeit des Substratverbrauchs (bzw. der Produktbildung) während der Messzeit konstant ist, das Messsignal sich also zeitlich linear ändert. Ist dies nicht möglich, legt man graphisch eine Tangente an die Zeit-Umsatz-Kurve im Startpunkt (Abb. 4.9).

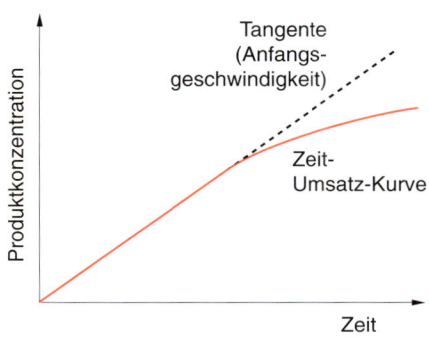

4.9 Graphische Bestimmung der Anfangsgeschwindigkeit einer Enzymreaktion. Die Anfangsgeschwindigkeit ergibt sich aus der Tangente an den initialen Teil der gekrümmten Zeit-Umsatz-Kurve.

Außerdem muss man berücksichtigen, dass die Michaelis-Menten-Gleichung für (in der Praxis selten vorkommende) Ein-Substrat-Reaktionen abgeleitet wurde. Sie kann jedoch (in Abhängigkeit vom kinetischen Mechanismus) in der Regel auch für die viel häufigeren Zwei-Substrat-Reaktionen angewendet werden, sofern die Konzentration eines der Substrate im Sättigungsbereich liegt. Unter der Voraussetzung, dass keine direkten, zusätzlichen Wechselwirkungen beider Substrate den Reaktionsablauf komplizieren, kann dann der K_M-Wert des anderen Substrats so bestimmt werden, als wäre es eine Ein-Substrat-Reaktion. Ist es jedoch erforderlich, die Konzentration des anderen Substrats zwar konstant, jedoch unterhalb des Sättigungswerts zu halten, ermittelt man damit keine echten, sondern davon abweichende „apparente" K_M-Werte, die von der Konzentration des jeweils anderen Substrats abhängig sind. Man kann daher mit verschiedenen Paaren von Substratkonzentrationen $[S_1]$ und $[S_2]$ die gleiche Reaktionsgeschwindigkeit erzielen.

4.4.5 Enzymkonzentration

Aussagekräftige Werte für die Enzymaktivität werden nur dann erhalten, wenn die Enzymkonzentration der die Reaktionsgeschwindigkeit im Testsystem limitierende Faktor ist und das Messsignal zur eingesetzten Enzymmenge linear proportional ist. Abweichungen hiervon treten auf, wenn

- die Testmischung Effektoren der Enzymaktivität enthält, zum Beispiel kleine Mengen irreversibler Inhibitoren oder dissoziierbare Aktivatoren;
- nicht das Enzym, sondern die Konzentration einer anderen Komponente des Testsystems (Substrat, Cofaktor) oder ein apparativ bedingter Parameter (z. B. zu hohe Lichtabsorption) die gemessene Reaktionsgeschwindigkeit limitiert;
- nicht die Anfangsgeschwindigkeit der Reaktion gemessen wird, sondern während der Messzeit bereits das Substrat erschöpft oder das thermodynamische Gleichgewicht erreicht wird.

Beim Aufbau einer Testmethode muss daher stets der Linearitätsbereich des Systems durch Bestimmung der gemessenen Enzymaktivität in Abhängigkeit von der eingesetzten Enzymmenge festgelegt werden. Dies gilt besonders bei der Festlegung der Reaktionszeit bei diskontinuierlichen Testmethoden.

Abweichungen von der Michaelis-Menten-Kinetik treten ferner bei kooperativen Effekten (allosterischen Enzymen) auf. Hierzu sei auf weiterführende Literatur am Ende des Kapitels verwiesen.

Außerdem wird für die Gültigkeit der Michaelis-Menten-Gleichung vorausgesetzt, dass die Enzymkonzentration [E] gegenüber der Anfangskonzentration des Substrats $[S]_0$ klein ist ($[E] < 0{,}001[S]_0$ ist im Allgemeinen ausreichend). Insbe-

Kinetische spektroskopische Untersuchungen
Abschnitt 7.1.5

sondere bei makromolekularen Substraten (z. B. Proteinen) ist dies nicht immer gewährleistet. In diesem Fall sind die ermittelten kinetischen Parameter wenig oder gar nicht aussagekräftig.

Von den hier diskutierten Methoden zur Bestimmung der Enzymaktivität zu unterscheiden sind Verfahren, die Informationen über die Funktionalität der aktiven Zentren und über Intermediate des Enzymmechanismus liefern. Hierzu kann man bei hohen Enzymkonzentrationen ($[E] \approx [S]_0$) schnelle Mischmethoden (*stopped-flow*) oder Relaxationsmessungen verwenden. Auch die Titration der aktiven Zentren mit Inhibitoren oder langsam umgesetzten Substraten (Messung des Umsatzes im ersten Reaktionscyclus) ist hier zu nennen.

4.4.6 Enzymstabilität

Reproduzierbare Werte für die Enzymaktivität erhält man nur dann, wenn das Enzym sowohl während der dem Test vorausgehenden Lagerung als auch während des Testablaufs seine volle Aktivität besitzt und nicht inaktiviert wird. Ist Letzteres der Fall, so kann in Sonderfällen (bei zeitlich linearem Aktivitätsverlust) auf die Anfangsaktivität zurückextrapoliert werden; viel besser ist es jedoch, die Bedingungen von Lagerform und Testsystem so zu gestalten, dass die Stabilität der katalytischen Aktivität gewährleistet ist (Lagerung in der Kälte, optimaler pH und Puffer, Zusatz von Stabilisatoren, etc.). Dies muss im Einzelfall für jedes Enzym überprüft werden.

4.5 Aufbau eines Testsystems

Direkte Messung

Führt die Umsetzung des Substrats oder eines an der Enzymreaktion beteiligten Cofaktors selbst zur Veränderung eines leicht messbaren Parameters, lassen sich Aktivitätstests z. B. für Uricase (Urat-Oxidase) wie auch für eine Vielzahl von NAD(P)-abhängigen Dehydrogenasen (optischer Test nach Warburg) sehr einfach direkt durchführen:

Harnsäure (absorbiert bei 293 nm) $+ O_2 + 2 H_2O \xrightarrow{\text{Uricase}}$ Allantoin (keine Absorption bei 293 nm) $+ CO_2 + H_2O_2$

$SH_2 + NAD(P)^+ \underset{\text{Dehydrogenase}}{\rightleftharpoons} S + NAD(P)H + H^+$

Abfangreaktionen

Wenn die Lage des thermodynamischen Gleichgewichts keine vollständige Substratumsetzung ermöglicht (wenn also „gegen das Gleichgewicht" gemessen werden muss), wird der Reaktionsablauf in der Regel bei zunehmender Produktanhäufung schnell nicht mehr linear. Man setzt in diesem Fall dem Reaktionsgemisch Substanzen (oder Enzyme) zu, die ein Produkt durch eine irreversible oder quasi-irreversible Folgereaktion „abfangen" und aus dem Gleichgewicht entfernen. Ein Beispiel ist der Aktivitätstest der Alkohol-Dehydrogenase, den man in Anwesenheit von Semicarbazid zum Abfang des Acetaldehyds durchführt:

$$CH_3-CH_2OH + NAD^+ \xrightleftharpoons{ADH} CH_3-CHO + NADH + H^+$$

$$CH_3-CHO + H_2N-NH-CO-NH_2 \longrightarrow CH_3-CH=N-NH-CO-NH_2 + H_2O$$

Gekoppelte Testsysteme

Sofern die Umsetzung des im Test verwendeten Substrats nicht selbst zu einer Änderung der Lichtabsorption führt, kann die Enzymreaktion mit einer nach- oder manchmal auch vorgeschalteten Indikatorreaktion gekoppelt werden, die zu chromophoren Produkten führt:

$$S \xrightarrow[\text{keine messbare Extinktionsänderung}]{\text{Zielenzym}} I \xrightarrow[\text{Extinktionsänderung}]{\text{Indikatorenzym (Kopplungsenzym)}} P$$

In der Regel verwendet man hierzu ein zweites Enzym (ein sogenanntes Indikatorenzym oder Kopplungsenzym). Die Indikatorreaktion führt in vielen Beispielen zur Bildung oder zum Verbrauch von NAD(P)H durch Verwendung einer Dehydrogenase. Es sind aber viele weitere Möglichkeiten denkbar, auch können Systeme nachgeschaltet werden, die mehr als eine Reaktion umfassen. Ein Beispiel ist die Aktivitätsmessung der Hexokinase im gekoppelten System mit

Glucose —[Hexokinase, ATP → ADP]→ Glucose-6-phosphat

Glucose-6-phosphat + NADP⁺ —[G6P-DH (Indikatorenzym)]→ 6-Phosphogluconolacton + NADPH

6-Phosphogluconolacton —[+ H₂O]→ 6-Phosphogluconat

Glucose-6-phosphat-Dehydrogenase, bei der die Bildungsgeschwindigkeit von NADPH gemessen wird.

Ein anderes Beispiel ist die Bestimmung der Peptidyl-Prolyl-*cis/trans*-Isomerase (PPIase), bei deren Bestimmung man ausnutzt, dass die Protease Chymotrypsin das chromogene Oligopeptidsubstrat nur dann angreift, wenn die darin enthaltene Prolyl-Peptidbindung in der *trans*-Konfiguration vorliegt. Bei Einsatz eines Isomerengemischs des Substrats wird nach initialem Umsatz der *trans*-Form daher deren Nachlieferung durch die Isomerasereaktion geschwindigkeitsbestimmend.

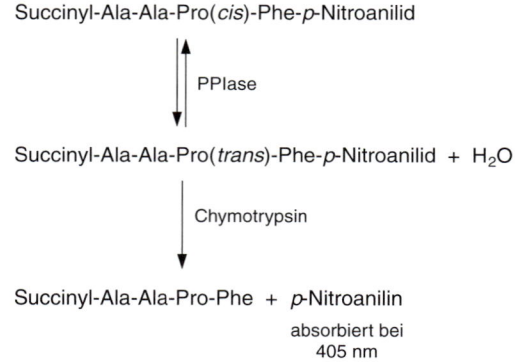

In gekoppelten Testsystemen ist es erforderlich, dass nicht die Indikatorreaktion geschwindigkeitsbestimmend ist, sondern die Gesamtgeschwindigkeit stets durch das zu messende Enzym limitiert wird. Dies ist in der Anfangsphase des Tests nicht gegeben, da das Zwischenprodukt zu diesem Zeitpunkt noch nicht vorhanden ist und erst gebildet werden muss, bevor die Indikatorreaktion ablaufen kann. Bei derartigen Testsystemen beobachtet man deshalb eine Anlaufphase vor Erreichen der zeitlich linearen Signaländerung (Abb. 4.10), so dass man die Messung nicht sofort nach dem Start der Reaktion, sondern erst einige Minuten später beginnt.

Die Dauer der Anlaufphase ist vom K_M-Wert und der Aktivitätskonzentration des Kopplungsenzyms abhängig. Dessen erforderliche Menge kann berechnet werden, wenn die kinetischen Parameter der beteiligten Enzyme bekannt sind, wird aber in der Praxis meist empirisch optimiert. Zu beachten ist, dass die Messung nach Möglichkeit im pH-Optimum des Zielenzyms ablaufen soll. Das Indikatorenzym muss dafür bei diesem pH ausreichende Aktivität besitzen.

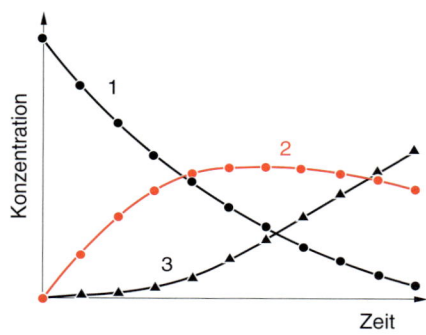

4.10 Ablauf eines gekoppelten Enzymaktivitätstests. Das Substrat S wird durch das zu messende Enzym E verbraucht (Kurve 1). Die Konzentration des hierbei entstehenden Zwischenprodukts I nimmt zunächst zu (Kurve 2), geht aber mit wachsender Geschwindigkeit der Indikatorreaktion zunächst in einen stationären Zustand über, um bei Substratverbrauch wieder abzusinken. Für die Anhäufung des Endprodukts P (Kurve 3) im Zuge der Indikatorreaktion wird eine lineare Zeitabhängigkeit erst nach einigen Minuten gefunden.

Immobilisierte Enzyme

Bei der Aktivitätsbestimmung immobilisierter, also an (oder in) wasserunlöslichen Trägern fixierter Enzyme können einerseits die Eigenschaften des Enzyms durch Strukturänderungen im Zuge der Immobilisierung verändert sein, andererseits kann die effektive Substratkonzentration sich von der in Lösung befindlichen durch Verteilungseffekte oder durch Diffusionshemmung (verminderte Zugänglichkeit) unterscheiden. Diese Effekte können getrennt voneinander gemessen werden. Man benutzt zur Messung meist gerührte Batch-Ansätze oder Rezirkulationssysteme.

Differenzierung von Isoenzymen

Isoenzyme sind Enzyme, die die gleiche Reaktion katalysieren und im gleichen Organismus vorkommen, jedoch Produkte unterschiedlicher Gene sind. Bei einfachen Enzymtests werden Isoenzyme deshalb pauschal summarisch erfasst, allerdings können dabei Abweichungen von der Michaelis-Menten-Kinetik auftreten.

Will man bei der Aktivitätsbestimmung zwischen verschiedenen Isoenzymen unterscheiden (was in einer Reihe von Fällen zu diagnostischen Zwecken erwünscht ist, etwa bei Lactat-Dehydrogenase oder Creatin-Kinase), so kann dies auf mehreren Wegen erfolgen:

- Vorherige Trennung der Isoenzyme auf Grund ihrer unterschiedlichen physikochemischen Eigenschaften;
- Nutzung unterschiedlicher enzymkinetischer Eigenschaften (K_M, V_{max}) zur Wahl eines isoenzymspezifischen Substrats;
- selektive Inaktivierung von einzelnen Isoenzymen durch Hitze, Denaturierungsmittel, Zusatz von Inhibitoren oder hemmenden Antikörpern, so dass im Test nur die nicht gehemmten Spezies gemessen werden.

4.6 Störquellen und Fehlermöglichkeiten

Leerwerte/Blindlauf

Bei Enzymaktivitätstests wird üblicherweise das Enzym in der Testmischung mit allen Komponenten außer einer (meist dem Substrat oder einem essentiellen Cofaktor) zur Äquilibrierung für einige Minuten inkubiert und dann die Reaktion durch Zusatz der fehlenden Komponente gestartet. Nicht selten beobachtet man schon während der Vorinkubation einen scheinbaren Reaktionsablauf (Extinktionsänderung, vergleiche Abb. 4.2), der auf verschiedenen Ursachen beruhen kann:

- **Partikeleffekte:** Vor allem in rohen Homogenaten sind oft unlösliche Partikel vorhanden, die sich während der Vorinkubationsperiode absetzen und Änderungen der Lichtabsorption bzw. -streuung verursachen können. Dieser Effekt tritt beim Mischen des Reaktionssystems erneut auf. Er kann manchmal durch Zusatz von Detergenzien beseitigt oder gemildert werden.
- **Ausfällungen:** In der Testmischung vorhandene Komponenten, die zeitabhängig aggregieren und unlöslich ausfallen, führen zur Zunahme der Lichtabsorption, nicht nur bei der Messwellenlänge, sondern auch bei anderen Wellenlängen.
- **Verunreinigungen:** Wenn die Probe (oder eines der Reagenzien) das Substrat bereits enthält, kann die Enzymreaktion schon vor dem Start ablaufen. Dies kann z.B. bei ungereinigten biologischen Proben auftreten. Falls die vorhandene Substratmenge gering ist, wird diese Vorreaktion bald zum Stillstand kommen, so dass dann korrekt gemessen werden kann. Anderenfalls ist eine Vorreinigung des Probenmaterials erforderlich.
Möglich ist auch eine Verunreinigung der Probe (oder eines anderen Testbestandteils) mit störenden anderen Enzymen (Fremdaktivitäten), die mit Testkomponenten reagieren.
- **Adsorptionseinflüsse:** Bindung an die Oberfläche von Reaktionsgefäßen und Küvetten kann vor allem dann zu Artefakten führen, wenn diese mehrfach verwendet werden und die adsorbierten Proteine beim Reinigen nicht vollständig entfernt werden. In diesen Fällen ist die Verwendung von silylierten Glas- oder von Plastikgefäßen oder von Einwegartikeln angezeigt.
- **Nichtenzymatische Reaktionen:** Unter ungünstigen Bedingungen sind manche Substrate und Coenzyme instabil und zersetzen sich unter Änderung der Lichtabsorption (z.B. NAD(P)H im sauren, p-Nitrophenylester im alkalischen Bereich). Wenn dieser Zerfall linear erfolgt, kann der gemessene Blindwert vom Messwert nach Reaktionsstart subtrahiert werden, sofern die verbleibende Substratkonzentration noch im Sättigungsbereich liegt und keine inhibitorischen Zerfallsprodukte vorhanden sind. Die Prüfung auf Stabilität aller Testkomponenten ist besonders wichtig, wenn zur Erleichterung der Testdurchführung bei großen Probenzahlen „Cocktails" über einen längeren Zeitraum verwendet werden, die mehrere der Testkomponenten vorgemischt enthalten.

Abweichungen von der Linearität

Wie bereits erwähnt, ist es essentiell, die Anfangsgeschwindigkeit der Enzymreaktion zu erfassen. Der Test muss so durchgeführt werden, dass die Reaktionsgeschwindigkeit über einen hinreichend langen Zeitraum konstant bleibt und eine lineare Änderung des Messsignals mit der Zeit erhalten wird. Aus diesem Grund setzt man zur Messung nur eine geringe Enzymaktivitätskonzentration ein (angestrebt bei photometrischen Messungen: ΔA/min im Bereich 0,01 ... 0,05).

In der Praxis treten häufig Abweichungen von der Linearität auf (Abb. 4.2, 4.9), die auf verschiedenen Ursachen beruhen können:

- **Substratverbrauch:** Wenn die Substratkonzentration (oder diejenige eines essentiellen Cofaktors) unter den Sättigungswert fällt (also [S] nicht mehr $\gg K_M$ ist), führt dies gemäß der Michaelis-Menten-Gleichung zu einer Verlangsamung der Reaktion. Eine Linearität ist nur zu erwarten, wenn die Anfangskonzentration $[S]_0$ mindestens zehn- bis hundertfach größer ist als K_M. Ist dies nicht realisierbar, benötigt man hoch empfindliche Detektionsmethoden, um die Produktbildung bei vernachlässigbar kleinem Substratumsatz messen zu können. Ob Nichtlinearität allein durch Substratdepletion bedingt ist, kann mit Hilfe der integrierten Form der Michaelis-Menten-Gleichung ermittelt werden:

$$\frac{2{,}303}{t} \cdot \log \frac{[S]}{[S]_0 - [P]} = \frac{V_{max}}{K_M} - \left(\frac{1}{K_M} \cdot \frac{[P]}{t} \right)$$

Man erhält in diesem Fall bei der Messung der Produktkonzentration [P] zu verschiedenen Zeiten und Auftragung von $(2{,}303/t) \log \{[S_0]/([S_0]-[P])\}$ gegen $[P]/t$ eine Gerade mit der Steigung $-1/K_M$ und dem X-Achsenabschnitt V_{max}.

- Die **Annäherung an das thermodynamische Gleichgewicht** führt zu einer Zunahme der Rückreaktion des Produkts und damit zur Reduzierung der Brutto-Umsatzgeschwindigkeit des Substrats. Hier helfen Abfangreaktionen.
- **Produkthemmung:** Sehr häufig sind die Reaktionsprodukte gleichzeitig reversible Hemmstoffe des Enzyms. Auch hier kann man Abfangreaktionen einsetzen, mit denen das Produkt weiter umgesetzt und dadurch aus der Reaktionsmischung entfernt wird.
- **Instabilität:** Wenn das zu messende Zielenzym – zum Beispiel auf Grund der im Reaktionsansatz gegebenen Verdünnung – oder ein Substrat unter den Reaktionsbedingungen instabil ist, wird man eine zeitlich abnehmende Aktivität beobachten. Dies kann überprüft werden, indem man die fragliche Komponente unter Testbedingungen unterschiedlich lang vorinkubiert und den Einfluss der Inkubationszeit auf die Enzymaktivität bestimmt. Ähnliche Effekte treten auf, wenn das Enzym im Zuge der Reaktion durch ein sich akkumulierendes Reaktionsprodukt zunehmend inaktiviert wird.
- **Artefakte des Testsystems,** wie etwa zu hohe Extinktion bei der gewählten Messwellenlänge, unzureichende Pufferkapazität, so dass sich der pH-Wert während der Bestimmung ändert, oder unzureichende Kapazität eines enzymatischen Indikatorsystems in gekoppelten Testsystemen. Derartige Fehlerquellen müssen im Einzelfall geprüft werden.

Weiterführende Literatur

Bergmeyer H. U., Grassl M., Bergmeyer J. (Hrsg.) Methods of Enzymatic Analysis. 3. Auflage, Band I und III. VCH-Verlagsgesellschaft, Weinheim, 1983.

Bisswanger H. Enzymkinetik. Theorie und Methoden, 2. Auflage. VCH-Verlagsgesellschaft, Weinheim 1994.

Eisenthal R., Danson M. J. Enzyme Assays – A Practical Approach. IRL Press Oxford, 1993.

Lasch J. Enzymkinetik. Springer-Verlag, Heidelberg, 1987.

Lehninger A. L., Nelson D. L., Cox M. M. Prinzipien der Biochemie, 2. Auflage. Spektrum Akademischer Verlag, Heidelberg, 1994.

Stryer L. Biochemie, 4. Auflage. Spektrum Akademischer Verlag, Heidelberg, 1996.

5 Immunologische Techniken

Dank ihrer hohen Spezifität in der Erkennung von Antigenen, vor allem auch von solchen, die sich nur geringfügig unterscheiden, haben Antikörper eine steigende Bedeutung in der Bioanalytik gewonnen. Da die Induktion und Synthese von Antikörpern in vivo ein sehr komplexer, in der Immunologie abgehandelter Vorgang ist, sollen hier einige für das Verständnis der Synthese, Struktur und Funktion von Antikörpern wichtige Begriffe erläutert werden (siehe Glossar in Tabelle 5.1). Diese Übersicht beschäftigt sich vor allem mit dem Einsatz von Antikörpern als analytisches Reagenz.

Tabelle 5.1 Glossar wichtiger Begriffe aus der Immunologie. Die kursiv gedruckten Begriffe werden an anderer Stelle im Glossar erklärt.

Absorption:
Die Absättigung einer Antikörperaktivität durch das homologe Antigen nennt man Absorption (Abschn. 5.2). Heterologe Antigene führen dagegen oft zu einer Teilabsorption. Man absorbiert Antiseren, um unspezifische Antikörperaktivitäten zu eliminieren und unerwünschte Bindungen zu *blockieren*.

Adjuvanz:
Substanzen, welche die Immunreaktion verstärken und den *Antikörpertiter* erhöhen. Bei der Schutzimpfung des Menschen werden Immunogene z. B. an Aluminium-Verbindungen adsorbiert. Zum Immunisieren von Versuchstieren zur Antiserumgewinnung haben sich Mineralöle bewährt, die mit der Immunogenlösung emulgiert injiziert werden (inkomplettes Freunds Adjuvanz). Die Zugabe von Kapselsubstanzen von Mycobakterien steigert die Immunreaktion weiter (komplettes Freunds Adjuvanz). Neuerdings nimmt man wegen der geringeren Entzündungsreaktion Teilkomponenten von Bakterienmembranen als Adjuvanz.

Allotyp:
Eine oder mehrere Aminosäureaustausche codiert in einem der allelen Strukturgene (an einem Genort!). Allotypen kommen nur bei einigen Individuen einer Population vor: Sie unterscheiden sich von sporadischen Aminosäureaustauschen durch die Tatsache, dass sie sich in der Gesamtpopulation über 1 % ausgebreitet haben. Beispiele: Blutgruppensubstanzen oder die Immunoglobulin-Gm-Faktoren (siehe *Isotyp*).

Antigenes System:
Es handelt sich um die Beschreibung eines jeweiligen Antigen-Antikörper-Systems. Ein antigenes System besteht aus einem Antigen und allen im gegebenen System mit diesem Antigen reagierenden Antikörpern. Synonym ist „serologisches System" (Oudin).

Blockade:
Im Gegensatz zum Begriff der *Absorption*, der sich auf die Neutralisierung von meist unerwünschten Antikörperaktivitäten bezieht, bezeichnet der Begriff Blockade ganz allgemein die Eliminierung aller unerwünschten Bindungen. Neben der Antigen-Antikörperbindung schließt die Blockade auch Ionenwechselwirkungen, hydrophobe Wechselwirkungen oder andere unerwünschte Rezeptor-Liganden-Assoziationen ein.

B-Zelle:
Als B-Zellen bezeichnet man Lymphozyten, welche sich zu Antikörper-bildenden Zellen, d. h. B-Lymphozyten und Plasmazellen, differenzieren. Diese Zellen generieren die *humorale Immunität*. Dagegen vermitteln die T-Zellen die *zelluläre Immunität*.

Tabelle 5.1 (Fortsetzung)

Epitop:
Ein vom *Paratop* gebundener Antigenabschnitt (Abb. 5.1 und 5.2)

Fc-Rezeptor:
Bindungsstrukturen auf Zelloberflächen von z. B. Monocyten und Lymphocyten, die an den Fc-Teil eines Antikörpers binden (Abb. 5.1). Der Fc-Rezeptor bindet (durch Antigene oder Aggregation) kreuzvernetzte Antikörper. Diese Bindung hat eine Reihe von wichtigen Abwehrfunktionen, z. B. Phagocytose und Antikörper-vermittelte Cytotoxizität zur Folge.

Immunität, humoral-zelluläre:
Der Schutz der Vertebraten vor mikrobieller und viraler Invasion basiert auf zwei Säulen: (1) auf den in der Extrazellularflüssigkeit (Blutplasma, Gewebewasser) befindlichen löslichen Antikörpern, mit Hilfe derer ein Schutz auf ein anderes Individuum übertragbar ist (passive Immunisierung, eingeführt durch Emil von Behring, Nobelpreis 1902) und (2) auf verschiedenen Immunzellen des blutbildenden Systems, die an ihrer Oberfläche Erkennungsstrukturen für Teile von eindringenden Fremdorganismen tragen. Auch dieser Schutz ist übertragbar, allerdings nur über Immunzellen.

Isotyp:
Homologe, näher verwandte Proteine, die in duplizierten Strukturgenen (an verschiedenen Genorten!) codiert sind und alle in einem Individuum coexprimiert werden. Beispiele: Die Immunglobuline A, D, E, G und M, die IgG-Subklassen 1–4, oder die zwei Immunoglobulin-Leichtketten λ und κ mit ihren Subgruppen (siehe *Allotyp*).

Isotypwechsel:
Beim ersten Kontakt eines Organismus mit einem Fremdantigen werden im Allgemeinen IgM-Antikörper (Abschnitt 5.1.3) gebildet. Bei weiterer Antigenexposition werden jedoch zusätzlich IgG-Antikörper und Antikörper anderer Ig-Klassen gebildet. Es findet also ein Wechsel der Immunglobulinklassen statt, den man als Isotypwechsel (*class switch*) bezeichnet. Dabei werden nur die konstanten Teile der Igs ausgewechselt, d. h., die variablen Abschnitte und die Leichtketten der Ig-Moleküle (Abb. 5.1) bleiben erhalten wie auch die Antikörperspezifität.

Klon, klonal, monoklonal:
Vermehrt sich eine Zelle ohne weitere Differenzierung durch fortlaufende Zellteilung mit der Generierung identischer Tochterzellen, so spricht man von *klonalem Wachstum*. Das Resultat ist die Bildung eines *Zellklones*. Jede Zelle eines Antikörperbildenden Klons synthetisiert den gleichen Antikörper, den man *monoklonal* nennt.

Komplement:
Das Komplementsystem besteht aus einer Reihe von Serumproteinen, die z. B. durch eine Antigen-Antikörper-Reaktion über IgM und IgG aktiviert werden mit der Folge einer kaskadenartigen Aktivierung, an deren Ende ein Proteinkomplex steht, der Zellenmembranen lysieren und damit Bakterien vernichten kann.

Monoklonale Antikörper:
Monoklonale Antikörper sind von einem Zellklon gebildete Antikörper chemisch einheitlicher Struktur und Funktion, die in vitro durch Fusion von Immunmilzzellen induzierter Spezifität und Tumor-B-Zellen hergestellt werden (Abschn. 5.4).

Paratop:
Unter Paratop (= Haftstelle) versteht man den antigenbindenden Teil des Antikörpers. Den vom Paratop bedeckten Antigenabschnitt nennt man *Epitop* (Abschn. 5.1.5).

Polyklonal:
Antikörper gegen ein Antigen, die von vielen Zellklonen gebildet werden und viele verschiedene Isotypen mit unterschiedlicher Affinität zu verschiedenen Epitopen repräsentieren. Durch Immunisierung induzierte Antikörper sind polyklonal.

Titer:
Unter einem Antikörpertiter versteht man die höchste Verdünnungsstufe, bei der eine Antikörperfunktion noch messbar ist. Der Titer wird eingesetzt für einen praktischen Vergleich von Antikörperwirkungen. Der Titer ist abhängig von der Antikörperkonzentration, der Affinität und Avidität (Abschn. 5.1.3), vor allem aber auch von der Art des eingesetzten Detektionssystems.

5.1 Antikörper

5.1.1 Antikörper und Immunabwehr

Unter dem Begriff Antikörper versteht man humorale und zelluläre multifunktionelle Glykoproteine von Vertebraten, die im Wesentlichen der Abwehr von Mikroorganismen und Viren dienen. Dabei bindet der Antikörper Mikroorganismen mit Hilfe der Antigen-Antikörper-Reaktion, die nach dem Schlüssel-Schloss-Prinzip funktioniert. Die chemische Komplexität von Antikörpern hat im Laufe der Evolution zugenommen, vor allem seit dem Landgang der Vertebraten im Devon und der Entstehung der Amphibien. Bei den Säugern gehört das Antikörpersystem, das der humoralen Abwehr dient, und das chemisch homologe Histokompatibilitätssystem (MHC), das die zelluläre Immunität vermittelt, zu den Proteinfamilien mit der größten chemischen Diversität, die in der Evolution erreicht wurde. Antikörper gibt es nur bei den Chordatieren, beginnend mit den Neunaugenartigen.

Antikörper, wie alle Mitglieder der Antikörper-Superfamilie, stellen im Wesentlichen Rezeptoren dar. Antikörper und der Histokompatibilitätskomplex dienen zunächst der Unterscheidung von körpereigenen Substanzen (Selbst) und nichtkörpereigenen Substanzen (Nicht-Selbst, fremd) mit dem Ziel, Fremdes zur Aufrechterhaltung der Integrität des Organismus zu eliminieren, ohne bei dieser Aktion den Organismus selbst in Mitleidenschaft zu ziehen. Dies setzt ein äußerst hohes Maß an Unterscheidungsvermögen von Selbst und Nicht-Selbst voraus.

Dieses sehr präzise Unterscheidungsvermögen hat die Evolution der Vertebraten ermöglicht. Der gewaltigen Anzahl unterschiedlicher Spezies von Mikroorganismen, die dank ihrer sehr kurzen Generationszeit und ihrer Wandelbarkeit durch genetische Mutationen alle nur denkbaren Lebensräume einnehmen konnten, haben die langlebigen Vertebraten ein ebenso wandelbares adaptives Immunsystem entgegengesetzt. Dieses Immunsystem ist im Hinblick auf die möglichen Spezifitäten so breit angelegt, dass jeder neue Mikroorganismus eliminiert werden kann und dass darüber hinaus auch Antikörper gegen im Labor synthetisch hergestellte Substanzen produziert werden können, die in der Evolution gar nicht vorgesehen waren.

5.1.2 Antikörper als Reagenz

Eine Antigen-Antikörper-Reaktion, über die fremde Organismen in vivo erkannt und eliminiert werden können, kann in einfachen Experimenten seit dem Ende des 19. Jahrhunderts ex vivo nachvollzogen werden. Seitdem hat das Wissen über die humorale und zelluläre Immunabwehr und deren biochemische Mechanismen, vor allem über die diskriminierenden Eigenschaften der Antikörper gewaltig zugenommen. Karl Landsteiner (Nobelpreis 1930) konnte die exorbitant große Zahl von unterschiedlichen Spezifitäten nachweisen und zeigen, dass Antikörper unterschiedliche Konformationen von Antigenen, aber auch Stereoisomere wie z.B. *ortho*- und *meta*-Nitrophenyl unterscheiden können.

Eine unüberschaubare Anzahl von Experimenten hat zu Labortests geführt, die es ermöglichen, mit Hilfe der Antigen-Antikörper-Reaktion alle nur denkbaren Antigene oder Antikörper zu identifizieren und zu quantifizieren. Andere Methoden erlauben es, Antigene oder Antikörper zu isolieren. Mit Hilfe von Antikörpern ist es z. B. gelungen, eine große Zahl von Proteinen sicher zu identifizieren und damit den Weg zu deren Funktionsaufklärung zu ebnen.

Der Antikörper hat sich in allen Sparten der Biowissenschaften als ideales Reagenz durchgesetzt, da der Nachweis einer großen Zahl von Proteinen und anderer Substanzen nur ein einziges Nachweisprinzip, nämlich die Antigen-Antikörper-Reaktion, benötigt. Da die Immunoassays relativ leicht handhabbar und verlässlich sind, haben sie sich vielfach auch für die Automatisierung als tauglich erwiesen.

Das Ziel dieses Kapitels ist es, einige Prinzipien der Antigen-Antikörper-Reaktion darzustellen, die die Natur für die Immunabwehr entwickelt hat und die von Wissenschaftlern und Anwendern in der Medizin und in der Industrie in Form von mannigfaltigen Testverfahren für analytische, diagnostische, therapeutische und präparative Zwecke genutzt werden.

Nach einer kurzen Darstellung der Struktur und Charakteristika der Antikörper und Antigene sowie der Antigen-Antikörper-Reaktion werden typische immunologische Techniken abgehandelt und auf die Herstellung von Antikörpern eingegangen.

5.1.3 Eigenschaften von Antikörpern

Im Organismus von Säugern werden fünf Antikörperklassen, Immunglobulin A, D, E, G, M, abgekürzt IgA, IgD usw. unterschieden, die alle gleichzeitig im Plasma eines einzigen Individuums vorkommen und daher **Isotypen** genannt werden. Es muss jedoch betont werden, dass die Zusammensetzung der Immunglobuline (Igs) im Plasma und in den Geweben differieren und dass je nach Immunisierungsart unterschiedliche Ig-Klassen induziert werden.

Obwohl **IgA** bei Säugern das am meisten produzierte Ig ist, ist sein Einsatz als analytisches Reagenz nur auf spezielle Fragen begrenzt. Es kommt vor allem auf Schleimhautoberflächen des Verdauungstraktes, der Lungen, im Sekret exokriner Drüsen sowie im Blutplasma vor und ist im Allgemeinen weniger gut zugänglich. IgA stellt, im Gegensatz zu IgG (s. u.), nur 15 % der Plasma-Igs dar und ist größenmäßig heterogen (Monomer 160 kDa; Dimer 390 kDA, sekretorisches Dimer 385 kDa und höhere Polymere).

IgM ist ein dekavalentes, pentameres Ig von 970-kDA-Größe, das etwa 7 % der Plasma-Igs ausmacht. Wegen seiner Größe ist es weniger gut löslich. Seine Adsorption an alle möglichen Oberflächen kann mannigfache unspezifische Bindungen hervorrufen. Daher ist, wie beim IgA, auch beim IgM die Anwendung auf bestimmte Fragestellungen beschränkt.

IgD (180 kDA) und **IgE** (190 kDa) sind Antikörper, die vor allem auf Lymphocyten- und Mastzell-Oberflächenmembranen vorkommen. Sie sind nur in Spuren (0,5 % und 0,002 % der Igs) im Plasma vorhanden. Als analytischer Antikörper hat IgD keine Bedeutung. IgE hingegen vermittelt allergische Reaktionen und spielt daher eine zentrale Rolle bei Allergien.

Das **IgG** übertrifft mengenmäßig im Plasma und Extrazellularraum – nicht jedoch auf den Schleimhautoberflächen – alle anderen Igs (ca. 75 % aller Igs) und repräsentiert *den* analytischen Antikörper der Immunchemie. IgG-Antikörper sind durch Immunisieren in Tieren induzierbar und über eine Gefäßpunktion aus dem Serum leicht zu gewinnen und daher einfach zugänglich (Abschn. 5.4). Außerdem sind die über Adjuvans induzierten Antikörper von Versuchstieren und auch die entsprechenden monoklonalen Antikörper (Abschn. 5.4) meist vom IgG-Typ.

Als Monomer von 150 kDa Größe ist IgG kleiner als die Vertreter der anderen Ig-Klassen. IgG besteht aus vier Isotypen ($IgG_{1,2,3}$ und $_4$), die von bakteriellen Fc-Rezeptoren (z. B. Staphylokokken-Protein-A) in unterschiedlicher Weise gebunden werden. Protein-A wird in verschiedenen Immunoassays eingesetzt (Abschn. 5.3). Die vier IgG-Isotypen tragen auch eine Reihe von allotypischen, nach Gregor Mendel vererbbaren Mutationen, die als **Gm-Faktoren** bezeichnet und für genetische Studien herangezogen werden.

IgG ist gut löslich und bleibt auch bei vermindertem Salzgehalt aktiv. IgG-Antikörper reagieren in einem pH-Bereich von etwa 4–9,5. IgG kann in sterilem Serum bei 4 °C über viele Monate bis einige Jahre aktiv bleiben. Die funktionelle Halbwertszeit von IgG im Serum nach Schockgefrieren (in Trockeneis/Alkohol oder in flüssigem Stickstoff) beträgt bei einer Lagerung bei −20 °C oder besser bei −80 °C bis zu Jahrzehnten.

Tabelle 5.2: Reversible Lösung von Antigen-Antikörper-Komplexen in vitro

Saure Bedingungen
Optimal ist pH 2,6; bei hochaffinen Antikörpern können auch schärfere Bedingungen, z. B. pH 1,8, allerdings unter stärkerer Antkörperschädigung, für die Rückgewinnung eines gebundenen Antigens erforderlich sein.

Alkalische Bedingungen
Optimal ist pH 11,2; zum Einsatz harscherer Bedingungen gilt dasselbe wie unter sauren Bedingungen. Allerdings werden Antikörper durch alkalische Bedingungen im Allgemeinen stärker geschädigt als durch saure.

Chaotrope Ionen
Cl^-, I^-, Br^-, SCN^-; typische Eluantien: 3 M $MgCl_2$, 1–3 M NaSCN

Epitope
Höhere Konzentrationen von kompetierenden freien Antigenen, von synthetischen Peptiden, isolierten Epitopen oder immundominanten Epitopabschnitten, z. B. von freien Haptenen.

Erhöhte Temperaturen
heute ungebräuchlich

Antikörper können reversibel denaturiert werden, so dass eine Antigen-Antikörper-Bindung wieder gelöst werden kann, ohne dass der Antikörper größeren Schaden nimmt, wie in Tabelle 5.2 beschrieben ist. Diese Eigenschaft erlaubt die Isolierung von Antigenen oder von Antikörpern aus komplexen Proteingemischen über die Affinitätschromatographie (Abschn. 5.3.3).

Affinitätschromatographie Abschnitt 9.8

Außerdem kann an IgG, unter Wahrung seiner Antikörperaktivität, eine Reihe amplifizierender Substanzen kovalent gekoppelt werden. Diese amplifizierenden Substanzen (wie Fluorochrome, Enzyme, Radionuclide) dienen der Identifizierung und Quantifizierung der gebundenen Antikörper in Bindungstests (Abschn. 5.3.3).

5.1.4 Funktionelle Struktur von IgG

Es muss zunächst bemerkt werden, dass sich alles im Folgenden Gesagte im Wesentlichen auf die IgG-Antikörper bezieht. Im Jahre 1967 hat Gerald Edelmann (Nobelpreis 1972) die erste Aminosäuresequenz und die vollständige kovalente Struktur eines IgG_1-Antikörpers beschrieben. In Abbildung 5.1 ist ein IgG_1-Antikörper sehr schematisch wiedergegeben.

Die Ig-Polypeptidketten bestehen jede aus der Vervielfachung eines Ur-Igs von 12 kDa, das eine Disulfidbrücke trägt. Die schwere Kette hat (bei IgG) vier und die leichte Kette zwei Homologieregionen, von denen jede entsprechend der Ur-IgG-Kette durch eine eigene Disulfidbrücke stabilisiert wird. Die Homologieregionen der verschiedenen Ketten lagern sich zu relativ unabhängigen Funktionseinheiten, den Domänen, zusammen. So lagern sich z. B. die N-terminalen Homologieregionen der schweren und leichten Kette zu variablen Domänen mit der von beiden Ketten gebildeten Haftstelle zusammen (Abschn. 5.1.5).

Die sehr kompakten Domänen lassen sich enzymatisch voneinander trennen und dann individuell auf ihre Funktion hin untersuchen und einsetzen. Auch ist die gentechnische Herstellung der Teilsegmente in Bakterien zu ihrer speziellen Untersuchung oder Nutzung möglich. Manchmal ist die Monovalenz eines Antikörpers erwünscht, dann können die Halbmoleküle durch milde Reduktion der Disulfidbrücken zwischen den schweren Ketten getrennt werden oder man gewinnt das monovalente Fab-Fragment durch enzymatische Entfernung des Fc-Fragments mit Hilfe von Papain. Pepsinspaltung liefert das bivalente $F(ab')_2$-Fragment, an dem der Einfluss der Haftstellen und die Wirkung allein der Divalenz ohne zusätzliche Fc-Aggregation abgeschätzt werden kann. In Abbildung 5.1 sind auch andere typische Fragmente von IgG angegeben und die Funktion der IgG-Domänen beschrieben.

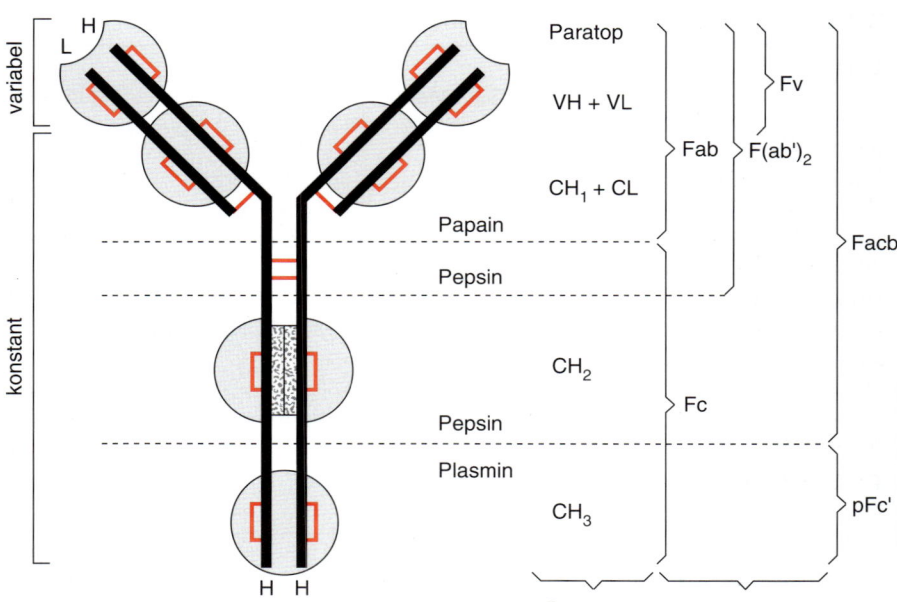

5.1 Schematischer Aufbau und Funktionen eines IgG-Moleküls. Ein IgG-Molekül besteht aus vier Polypeptidketten, aus zwei identischen schweren (H, 50 kDa) und zwei identischen leichten (L, 24 kDa) Polypeptidketten, die über Disulfidbrücken kovalent miteinander verbunden sind. IgG besteht aus zwei kovalent gebundenen, funktionell identischen Einheiten (2x H+L zu je 75 kDa), auf der die für seine Funktion so wichtige Bivalenz beruht.
Die Domänen sind als globuläre Einheiten dargestellt. Fv (VH+VL) ist die paratoptragende Domäne; C_1 (CH_1+CL_1) vermittelt die Bindung der Komplementkomponente C4b; CH_2 vermittelt die Komplementaktivierung und bestimmt den metabolischen Abbau und die Protein-A-Bindung (zusammen mit CH_3); CH_2 enthält eine Polysaccharid-Komponente. Die CH_3-Domäne vermittelt zusammen mit CH_2 die Bindung auf Zelloberflächen und induziert zelluläre Immunantworten via die Fc-Rezeptoren.
Eine Trennung der verschiedenen Funktionen ist durch limitierte Verdauung mit Hilfe von Papain, Pepsin und Plasmin möglich. Typische Fragmente sind angegeben.

◻ Disulfidbrücken der Homologieregionen
— Disulfidbrücken, welche die H-Ketten, bzw. die H- und die L-Kette miteinander verbinden
▨ Zuckeranteil

5.1.5 Antigenbindungsstelle (Haftstelle)

Die Antigenbindungsstelle befindet sich auf der variablen Domäne (Fv), die von den variablen Homologieregionen der leichten und schweren Immunglobulinkette (VL und VH) gebildet wird. Die unmittelbare Antigenkontaktstelle (**Paratop**) wird im Wesentlichen von den vier hypervariablen Regionen der H-Kette und den drei hypervariablen Regionen der L-Kette gebildet (Abb. 5.2). Entsprechend der Zahl der kontaktbildenden Polypeptidketten ist der Anteil der H-Kette an der Spezifität größer (um 70 %) als die der L-Kette (um 30 %), so dass die isolierte H-Kette ihre Antikörperaktivität besser bewahrt als die entsprechende isolierte L-Kette. Die L-Kette verliert die Antikörperaktivität gewöhnlich nach Trennung von der H-Kette. Eine erneute Zusammenlagerung der schweren und leichten Kette kann jedoch die Antikörperspezifität und Affinität (s. u.) wiederherstellen, eine Zusammenlagerung mit einer anderen leichten Kette führt aber zu einer alterierten Spezifität des Antikörpers.

Die Größe der Haftstelle wurde mit kleinen Antigenen von unterschiedlichem Polymerisationsgrad gemessen; Penta- bis Octamere zeigten die beste Bindung. Aus diesen Daten kann eine Kontaktfläche der Antigenhaftstelle von etwa 3 nm Durchmesser abgeleitet werden. Dieses Areal, das Paratop, kann eine Reihe unterschiedlicher physiko-chemischer Funktionen beherbergen (Abschn. 5.3). Je nach Spezifität des Antikörpers ist die Oberfläche der Haftstelle unterschiedlich gestaltet, um das jeweilige Antigen passgenau und damit hochaffin binden zu können. Die Passgenauigkeit wird als **Komplementarität** bezeichnet. So kann die Haftstelle eine Vertiefung, aber auch eine Vorwölbung oder eine andere Konfiguration in unterschiedlichen Teilabschnitten aufweisen (Abb. 5.2).

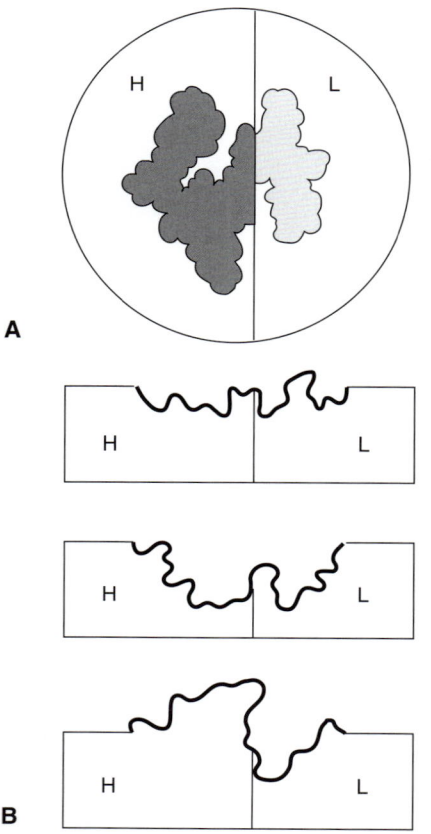

5.2 Die Antigenbindungsstelle, das Paratop, schematisch. A. Aufsicht. Das Paratop, die Haft- oder Antigenbindungsstelle wird von sieben hypervariablen Regionen gebildet, von vier der schweren (H-)Kette (dunkelgrau) und drei der leichten L-Kette (hellgrau). B. Seitenansicht dreier Paratope mit unterschiedlicher Spezifität. Ebenso variabel wie die Lage der verschiedenen Bindungsfunktionen innerhalb des Paratops ist auch die Komplementarität.

5.1.6 Handhabung von Antikörpern

Das größte Problem bei der Handhabung und Lagerung von Antikörpern ist der Verlust der Antikörperaktivität. Vor allem isolierte, reine Antikörper werden leicht durch bakterielles Wachstum geschädigt und durch Aggregieren, besonders nach Einfrieren, unwirksam. Daher sollen einige Hinweise gegeben werden, wie diese Probleme vermieden werden können.

Isolierte Antikörper können durch Hinzufügen von 1 % bovinem Serumalbumin vor Aggregieren und dem Verlust durch Anhaften an Plastikoberflächen geschützt werden. Bakterielles Wachstum ist bei 4 °C stark verzögert und durch zusätzliche Addition von Natriumazid (NaN_3; 0,02 % Endkonzentration) weitgehend gehemmt. Lagerung in gefrorenem Zustand nach Schockgefrieren (s.o.) verringert den lagerungsbedingten Antikörperverlust, vorausgesetzt, es handelt sich um einfrierbare Antikörper. Einfrieruntaugliche Antikörperpräparationen lagert man am besten steril bei 4 °C und in NaN_3. Bei kommerziellen Antikörpern finden sich entsprechende Angaben auf dem Beipackzettel.

> Antikörper sind am stabilsten in ihrer „natürlichen Umgebung", das heisst in ihrer ursprünglichen Form als Antiserum. Hier sind Einfrieren und Auftauen gewöhnlich kein Problem, wenn dies nicht zu oft geschieht. Um Antikörper gleicher Aktivität stets zur Verfügung zu haben, lagert man die Antikörper am besten portioniert und schockgefroren bei −20 °C oder tiefer in gleicher Weise ein und taut jeweils ein neues Röhrchen für die anstehenden Einsätze auf.

Das größte Problem beim Einfrieren in kleinen Teilmengen und bei langer Lagerung ist das Austrocknen der Probe, das in vielen Fällen zum Aktivitätsverlust des Antikörpers führt. Austrocknen der Proben ist ein Problem bei nicht fest verschlossenen Röhrchen, was durch den Einsatz eines Schraubverschlusses mit Plastikring und durch einen Parafilmüberzug mit Verschluss des Gewindes von außen behebbar ist. Austrocknung tritt aber auch ein bei festem Verschluss, wenn der Raum über der Probe zu groß ist. Der Grund liegt in den ständigen Temperaturschwankungen bei der automatischen Temperaturregulierung und vor allem bei häufigem Öffnen und Schließen des Eisschranks: Bei jeder Temperaturerhöhung steigt der Dampfdruck des gefrorenen Wassers der Probe und ein wenig mehr Flüssigkeit verdampft in den Raum über der Probe. Beim Abkühlen gibt die Luft über der Probe die Feuchtigkeit wieder ab, und zwar an die kältesten, d. h. die oberen probenfreien Areale des Röhrchens. Auch wenn der stete Flüssigkeitstransfer von der Probe zur Röhrchenwand pro Zyklus sehr gering erscheint, ist er an der Bildung der Eiskristalle an der Wand über der Probe und das Austrocknen durch Aufhellen der Probe sichtbar. Daher sollten über lange Zeit eingelagerte Proben mindestens die Hälfte des Röhrchenvolumens einnehmen. Die Temperaturschwankungen sind zu minimieren, indem die Röhrchen in einer dichten Schachtel aufbewahrt und die Proben vornehmlich in einer von oben zugänglichen Truhe gelagert werden.

5.2 Antigene

In der Immunologie ist der Begriff Antigen nicht durch eine chemische Konfiguration definiert, sondern durch die Existenz eines Antikörpers, der mit einer bestimmten Affinität (Abschn. 5.3) eine Substanz bindet. Diese Substanz hat damit eine nur durch den Antikörper definierte antigene Spezifität. Antigene sind meistens Proteine oder auch Polysaccharide, z. B. von Bakterien, seltener Glykolipide oder andere Substanzen.

Antigene, die eine Immunantwort erzeugen, werden komplette Antigene oder **Immunogene** (Allergene, Tolerogene) genannt. Bedingungen, die für eine Immunantwort im immunisierten Individuum unerlässlich sind, sind in Tabelle 5.3 aufgeführt. Ist eine Substanz zu klein, um immunogen zu sein (inkomplettes Antigen, **Hapten**), kann diese durch Kopplung an einen geeigneten Träger immunogen werden. Inkomplette Antigene können aus einer Fülle chemisch sehr unterschiedlicher Stoffklassen stammen und auch im Labor synthetisierte Substanzen darstellen, die in der Natur nicht vorkommen.

Ein Antikörper reagiert allerdings nur mit Teilbereichen auf der Oberfläche eines Antigens, den sogenannten **antigenen Determinanten** (**Epitopen**). Epitope können sequentiell, konformationsbedingt, verborgen oder auch nach enzymatischer Spaltung neu auftreten (Neoantigene) wie in Abbildung 5.3 illustriert ist. Alle natürlichen Antigene sind multivalent, d. h. sie haben je nach Größe des Antigens mehrere bis viele antigene Determinanten.

Eine Antikörperbindung kann auch zu einer Konformationsänderung eines Antigens führen. So ist es gelungen, Antikörper gegen bestimmte instabile Intermediate herzustellen, wie sie bei der enzymatischen Katalyse entstehen. Die so erzeugten Antikörper können entsprechende Antigene dann in eine Konformation zwingen, die Antigene zu Substraten mit einer nachfolgenden enzymähnlichen Reaktion macht. Damit können Antikörper katalytische Eigenschaften besitzen. **Katalytische Antikörper** können für die Präparation bestimmter Chemikalien oder auch für die Etablierung homogener Immunoassays genutzt werden (Abschn. 5.3.3).

Tabelle 5.3: Voraussetzung für die Immunogenität von Proteinen.

Strukturen, welche die Immunogenität eines Proteins bestimmen und zur Epitopselektion im immunisierten Tier führen, wurden an künstlichen Antigenen (haptinierte Immunogene) und synthetischen Antigenen (polymerisierte Aminosäuren) vor allem durch Michael Sela (vor 1970) und später durch andere Arbeitsgruppen gefunden.

Folgende Punkte scheinen wichtig zu sein:

- Große chemische Differenz des Immunogens zum immunisierten Individuum, die vor allem durch die evolutionäre Distanz bedingt ist.
- Die Größe des Proteins soll über 5–10 kDa liegen. Aminosäuren und kleine Peptide unter etwa 30 Aminosäuren sind gewöhnlich nicht immunogen. Peptide koppelt man zur Induktion von Antikörpern kovalent an stark immunogene Träger, z. B. an Thyreoglobulin oder das Hämocyanin des Pfeilschwanzkrebses *Limulus polyphemus*. Ebenso verfährt man mit chemischen Substanzen von niedrigem Molekulargewicht, die als Haptene eingesetzt werden.
- Das Immunogen muss eine gewisse Komplexität besitzen. Polymerisierte Monoaminosäuren sind nicht immunogen. Eine Kombination verschiedener Aminosäuren ist unerlässlich. Jedoch ist die immunogene Potenz der einzelnen Aminosäuren sehr unterschiedlich.
- Die Art der Seitenkette der Aminosäuren beeinflusst die immunogene Potenz der Epitope. Die am stärksten *epitopbestimmenden* Aminosäuren sind polar (geladene Aminosäuren wie Glutaminsäure, Asparginsäure, Lysin und Arginin) und solche mit großen Seitenketten, vor allem diejenigen mit Ringen (Tyrosin, Phenylalanin, Tryptophan).
- Die immunogenen Abschnitte müssen für die Erkennung frei zugänglich auf der Oberfläche des Moleküls liegen.
- Denaturierung und Aggregierung können die immunogene Potenz erhöhen.
- Das Immunogen muss von Antigen-präsentierenden Zellen (Monocyten und verwandte Zellen) limitiert abbaubar („prozessierbar") sein.
- Statistisch weisen die Epitope einen hohen Antigenindex (*antigenic index*) auf, der sich aus verschiedenen Komponenten zusammensetzt. Immunogene Epitope sind exponiert an der Oberfläche des Moleküls (hohe Oberflächenwahrscheinlichkeit) mit eher hydrophilen Aminosäuren (niedrigem Hydrophobizitäts-Index). Sie sind flexibel (hoher Flexibilitätsindex), weisen keine β-Struktur (geringe β-Strukturwahrscheinlichkeit) auf und enthalten gehäuft Glycin und Prolin, die zu *Turns* (Umkehr des Verlaufs der Polypeptidkette) führen.

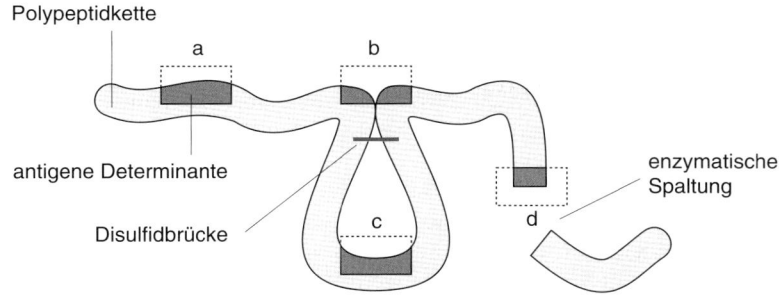

5.3 Antigene Determinaten haben die Größe von etwa 5–8 Aminosäuren, die sich in unterschiedlicher Weise zu einem Epitop formieren können.
(a) Sequenzielle oder kontinuierliche Epitope.
(b) Konformationsbedingte oder diskontinuierliche Epitope; sie können durch Änderung der Konformation infolge von Denaturierung wie etwa durch Disulfidspaltung zerstört werden.
(c) Verborgene antigene Determinanten; sie können z. B. durch Denaturierung oder durch Disulfidspaltung exponiert werden.
(d) Durch Proteolyse neu entstandene antigene Determinanten (Neoantigen).

5.3 Antigen-Antikörper-Reaktion

Die bei der Antigen-Antikörper-Reaktion wirksamen Kräfte sind dieselben, welche z. B. auch bei der Ligand-Rezeptor-, der Enzym-Substrat-Bindung und bei der Sicherung der Konformation von Proteinen wirksam sind; es sind sterische Komplementarität (Abb. 5.2), Wasserstoffbrücken- und Ionenbindungen, van-der-Waals-Kräfte und hydrophobe Wechselwirkungen.

Die Spezifität eines Antikörpers ist abhängig von der Bindungsstärke (**Avidität**) zu seinem Antigen. Die Avidität setzt sich aus mehreren Teilkomponenten zusammen:

1. Der Affinität, welche die monovalente Bindungsstärke zwischen Epitop und Paratop definiert, die über die Bestimmung der Gleichgewichtskonstante gemessen wird,
2. der Multivalenz von Antikörpern,
3. die oft übersehene Fc-Assoziation zwischen unterschiedlichen IgG-Molekülen nach Antigenbindung.

Während die Gleichgewichtskonstante beim Vorliegen chemischer Einheitlichkeit sowohl des Antigens (eine einzige Konformation) als auch des Antikörpers (möglichst monoklonal, s. Abschn. 5.4) durch die Gleichgewichtsdialyse (und andere Methoden) exakt messbar ist, bleibt der Begriff Avidität ein mehr funktioneller, der sich nicht so exakt definieren lässt. Die Avidität wird über die Geschwindigkeit der Antigen-Antikörper-Reaktion näher fassbar (Abschn. 5.3.2).

Die Affinität beruht auf der stereochemischen Passgenauigkeit (Komplementarität) von Epitop und Paratop (Abb. 5.2) und den oben genannten Bindungsfunktionen. Für die Passgenauigkeit spielen Flexibilität und Mobilität von Epi- und Paratop eine bedeutende Rolle. Die Affinität kann stark wechseln. **Homologe Antigene** (= verwendete Immunogene) besitzen die stärkste Affinität. Eine geringere Affinität haben gewöhnlich kreuzreagierende Antigene (**heterologe Antigene**), die mit den Immunogenen nicht identisch, sondern nur chemisch verwandt sind. In seltenen Fällen, wenn das heterologe Antigen stärker bindet als das homologe, nennt man dieses Antigen **heteroklitisch**.

Da es zwischen Antigenen und Antikörpern, bedingt durch Epi- und Paratop-Teilkomplementaritäten und die genannte Flexibilität auch Bindungen niedriger Affinität gibt, ist bei allen Immunoassays auf stringente Bedingungen zu achten, um Bindungen niedriger Affinität, d. h. die paratopvermittelten, „unspezifischen" Bindungen, wenigstens zu verringern oder gar auszuschließen.

Die Antigen-Antikörper-Reaktion ist historisch auf unterschiedliche Art und Weise sichtbar gemacht worden. Je nach Art des Antigens wird die sichtbare Folge der Immunreaktion als **Agglutination, Präzipitation** oder **Immunbindung** bezeichnet. Während die ersten Zwei unmittelbarer Inspektion zugängig sind, muss eine Immunbindung allerdings erst nachträglich durch amplifizierende Systeme sichtbar gemacht werden.

Jede der drei immunologischen Nachweisarten folgt ihren eigenen Gesetzen und besitzt ihren eigenen Anwendungsbereich. Daher sollten im Nachfolgenden die speziellen Charakteristika der drei Arten von Immunreaktionen kurz dargestellt und ihre Einsatzbereiche erläutert werden.

5.3.1 Immunagglutination

Wenn etwa antigentragende mikroskopische, suspendierte Partikel wie Bakterien, Blutzellen oder antigenbeladene Latexpartikel mit einem entsprechenden Immunserum vermischt werden, kommt es zur Zusammenballung der Korpuskeln. Die Folge ist eine Instabilität der Suspension und schließlich die sichtbare Sedimentation. Diese Form der Antigen-Antikörper-Reaktion wird Agglutination genannt.

Die **direkte Agglutination** (Agglutination über den Primärantikörper) beruht auf der Kreuzvernetzung von Antigenen auf der Oberfläche von Korpuskeln durch Antikörper, wobei ein einziges Antikörpermolekül mit seinen identischen Paratopen die gleichen antigenen Determinanten auf verschiedenen Partikeln überbrücken muss. Es ist klar, dass für diese Überbrückung von zwei und mehr Partikeln wegen seiner Größe und Dekavalenz vor allem der IgM-Antikörper geeignet ist und weniger gut der monomere, bivalente IgG-Antikörper. Sollte ein IgG-Antikörper nicht agglutinieren, kann der Einsatz eines zusätzlichen Antikörpers, der gegen dieses IgG gerichtet ist (Sekundärantikörper) zu einer Agglutination führen. Diese Form der Agglutination nennt man **indirekte Agglutination** (Agglutination durch einen Sekundärantikörper). Sie spielt in der Klinik bei der Diagnostik von pathogenen Antikörpern gegen Zelloberflächenantigene eine Rolle.

Wichtig erscheint die Feststellung, dass ein starker Antikörperüberschuss zu einer Agglutinationshemmung führt, weil jedes Epitop dann einen einzigen Antikörper monovalent bindet und damit die Kreuzvernetzung von Partikeln unmöglich macht. Um diesen sogenannten **Prozoneneffekt**, der bei allen Immunoassays auftreten kann, zu verhindern, muss eine Immunreaktion mit einem unbekannten Antikörper (oder mit einem unbekannten Antiserum) zunächst in einer entsprechenden Verdünnungsreihe optimiert werden.

Anwendung

Die direkte Agglutination wird angewendet, um Zelloberflächenantigene zu identifizieren, wie etwa bei der Blutgruppenbestimmung, die über eine Hämagglutination erfolgt. Es können auch beliebige Antigene kovalent auf Erythrocyten gebunden und mit Hilfe dieser „passiven Immunagglutination" (direkt oder indirekt) Immunreaktionen in vitro durchgeführt werden. Außerdem können mit Hilfe von auf Erythrocyten oder Latexpartikeln gebundenen Antikörpern – diese Variante bezeichnet man als „umgekehrte Immunagglutination" – innerhalb von Minuten gelöste Antigene qualitativ (und durch Verdünnungsreihen semiquantitativ) nachgewiesen werden. Auch Agglutinations-Inhibitions-Assays sind einsetzbar, vor allem bei monovalenten Antigenen, Antigenfragmenten oder bei durch Mutation veränderten Epitopen.

Die Hämagglutination ist ein äußerst sensitiver Test für Antikörpertiterbestimmungen. Lässt man z. B. Erythrocyten in einen kleinen Plastiktrichter (spezielle Mikrotiterplatten) über eine zirkuläre, schiefe Ebene der Plastiktrichterwand zum tiefsten Punkt des Trichters hinabrollen, wird eine Bindung des Antikörpers an

Erythrocyten (und im besonderen Maße die Kreuzvernetzung) durch die Hemmung des Hinabrollens bereits durch wenige Antikörper sichtbar.

Auch wenn die Immunagglutination nur semiquantitative Daten liefern kann, ist sie doch wegen ihrer hohen Empfindlichkeit und ihrer besonders großen Versatilität, vor allem aber auch wegen ihrer relativ einfachen Anwendbarkeit und ihrer geringen Kosten für umfangreiche Untersuchungsreihen von großem Wert. Mit der Entwicklung sehr empfindlicher und exakt quantitativer Bindungstests ist die Bedeutung der Immunagglutination allerdings gesunken.

5.3.2 Immunpräzipitation

Eine Vermischung von löslichem Antigen mit spezifischen Antikörpern führt zu einer Antigen-Antikörper-Reaktion, die durch Verlust der Löslichkeit der Antigen-Antikörper-Komplexe zu einer Trübung mit nachfolgender Sedimentation führt. Dieser Vorgang, welcher der Agglutination ähnlich ist, nur dass hier beide Partner löslich sind, wird traditionell **Immunpräzipitation** genannt. Eine Präzipitation kann nur dann zustande kommen, wenn wenigstens drei, in manchen Fällen zwei, antigene Determinanten auf einem Antigen verfügbar sind.

Wie bei der Agglutination kann es auch bei der Präzipitation zu einem ausgeprägten Prozoneneffekt kommen. Die quantitative Untersuchung dieses Effektes haben Larsen im Jahr 1922 und später u.a. Heidelberger und Kendall 1937 veröffentlicht (Abb. 5.4). Füllt man in eine Serie von Röhrchen mit derselben Antikörpermenge von links nach rechts eine steigende Menge von Antigen und misst nach einiger Zeit, nach erfolgter Antigen-Antikörper-Reaktion, die Präzipitatmenge in jedem Röhrchen, so stellt sich bei einem bestimmten Verhältnis von Antigen zu Antikörper in der Ausgangslösung ein maximales Immunpräzipitat ein. Wird nach Sedimentation des Präzipitates der Gehalt löslichen Antigens bzw. aktiven Antikörpers im Überstand untersucht, so ergibt sich, dass in den Röhrchen mit maximaler Präzipitation der Überstand weder Antigen noch Antikörper enthält, d. h. Antikörper und Antigen sind *in toto* kreuzvernetzt sedimentiert, wäh-

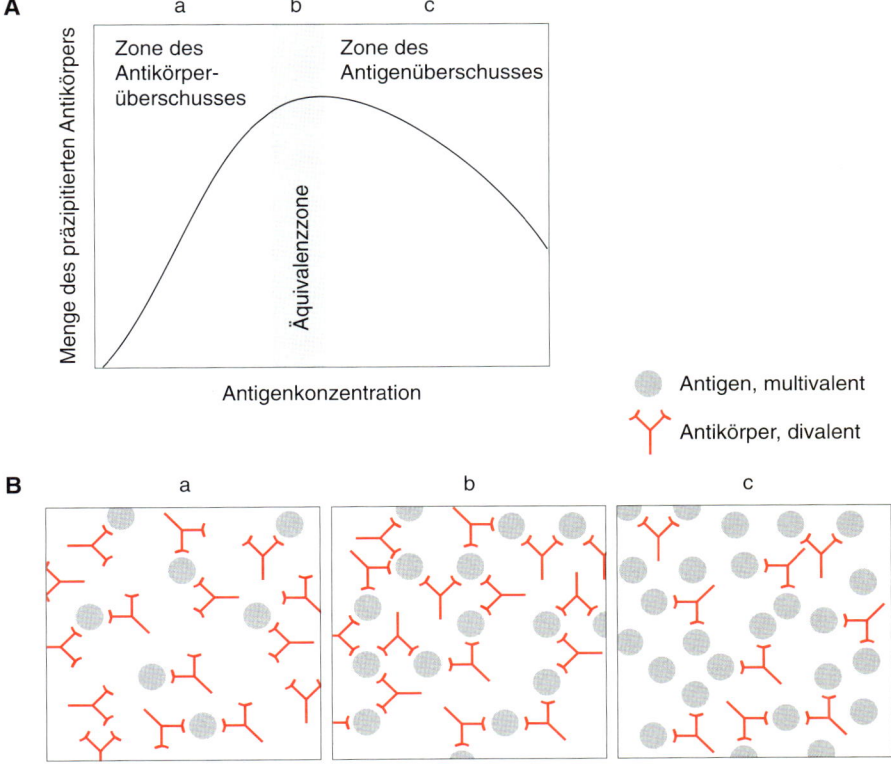

5.4 Quantitative Immunpräzipitation (Heidelberger Kurve).
A. Auffinden des Präzipitationsoptimums durch Messung sowohl der Menge des präzipitierten Antikörpers als auch der von Antigen- und Antikörperaktivität im Überstand nach abgelaufener Immunpräzipitation.
B. Veranschaulichung der einzelnen Partner der Antigen-Antikörper-Reaktion bei unterschiedlichem Antigen/Antikörper-Verhältnis. Präzipitation am Äquivalenzpunkt (b) ist bedingt durch die Bildung eines Raumgitters unbestimmter Größe, was unlöslich ist.

rend die Röhrchen links davon aktiven Antikörper (Zone des Antikörperüberschusses) und rechts davon lösliches Antigen (Zone des Antigenüberschusses) enthalten. Die Zone mit der maximalen Präzipitation wird die **Zone der Äquivalenz** genannt, d. h. der Äquivalenz von Epi- und Paratop. Der Befund einer Äquivalenz weist auf ein stöchiometrisches Verhältnis von Epi- und Paratop hin, eine Tatsache, welche den Einsatz quantitativer Immunoassays begründet hat (s. u.). Die maximale Präzipitation bei Epi- und Paratop-Äquivalenz ist natürlich bei jedem Antigen-Antikörper-System („serologisches System" oder „antigenes System", s. u.) verschieden und sowohl abhängig von der Valenz der Antigene als auch der Anzahl der in einem Antiserum vorhandenen spezifischen Paratope. Es ist daher verständlich, dass der *exakte* Äquivalenzpunkt nicht über die Molarität der Reaktionspartner ermittelt werden kann.

In Abbildung 5.4 B ist aufgezeigt, auf welche Weise die Bildung von Immunpräzipitaten in den drei Zonen (a, b, c) vorstellbar ist. Sowohl im Antikörper- als auch im Antigenüberschuss kommt es zur Bildung löslicher Immunkomplexe und zu einer verminderten Präzipitation, während es am Äquivalenzpunkt über die Bindung aller Antigene mit allen Antikörpern zur Bildung von maximalen Immunkomplexen in Form eines Raumgitters kommt. Die so kreuzvernetzten Reaktionspartner fallen unter Bildung von vielfach sichtbaren Präzipitaten aus der Lösung aus.

Der Begriff „antigenes System" ist in Abbildung 5.5 veranschaulicht. Dargestellt sind Minimalsysteme von Antigen-Antikörper-Reaktionen auf der Ebene der Epitop-Paratop-Bindung. Abbildung 5.5 A zeigt ein präzipitierendes antigenes System mit drei Epitopen (1–3) und entsprechenden drei Antikörpern (→1, →2, →3), die poly- oder monoklonal sein können. Ein einziger, gegen ein Epitop (1) gerichteter monoklonaler Antikörper oder ein Peptidantikörper (→1) (Abschn. 5.4) können mit diesem in A gezeigten Antigen nicht präzipitieren

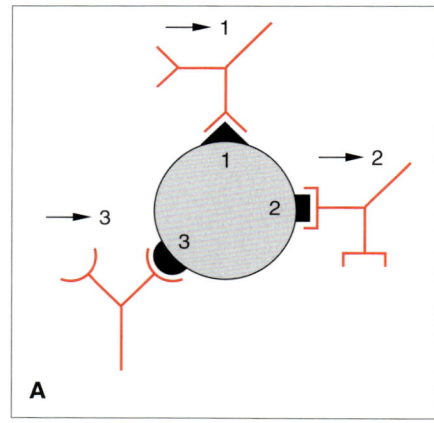
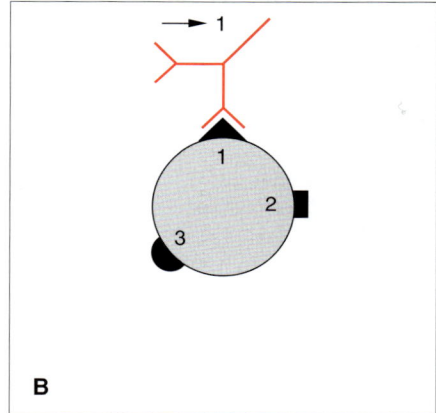
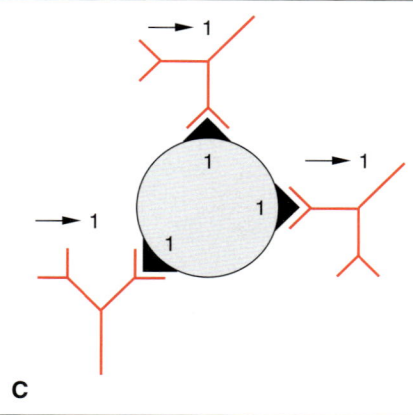
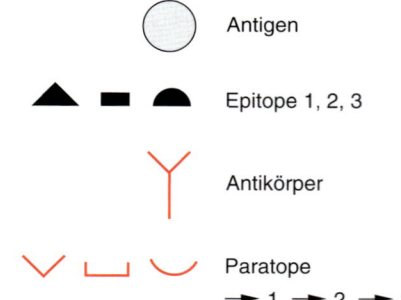

5.5 Minimalmodelle antigener Systeme.
A. Präzipitierendes System, das aus einem Antigen mit drei antigenen Determinanten (Epitop 1–3) und drei passenden Antikörpern (→1 bis →3) besteht. Die Antikörper können von einem Antiserum stammen oder drei monoklonale Antikörper repräsentieren (Tab. 5.1).
B. Nicht präzipitierendes System, das aus demselben Antigen wie in A. und einem monoklonalen Antikörper gegen eines der Epitope (1, →1) besteht.
C. Präzipitierendes System mit drei identischen antigenen Determinanten und monoklonalen Antikörpern identischer Spezifität.

(Abb. 5.5 B), sondern nur beim Vorhandensein von drei identischen Epitopen auf einem Antigen (Abb. 5.5 C). Da mit Ausnahme von Strukturproteinen natürliche lösliche Antigene in der Regel keine identischen oder repetitiven Epitope tragen, können entsprechend monoklonale oder Peptidantikörper mit diesen natürlichen Antigenen nicht präzipitieren.

Die Geschichte der analytischen Immunpräzipitation beginnt am Ende des letzten Jahrhunderts in einem Glasröhrchen, in dem ein Antiserum mit einer Antigenlösung überschichtet wurde. Nach einiger Zeit der Diffusion beider Reaktionspartner gegeneinander bildete sich in der Nähe der Grenzschicht ein weißer Diskus, der einer spezifischen Immunpräzipitation entsprach. Dieser Test, der sogenannte **Ringtest**, war Ausgangspunkt aller Immunpräzipitationsmethoden, von denen es grundsätzlich vier verschiedene Grundanordnungen gibt, die in Abbildung 5.6 dargestellt und im Folgenden mit wichtigen Beispielen näher ausgeführt sind.

Voraussetzung für das Gelingen einer Präzipitation sind in physiologischen Puffern lösliche Antigene. Für die Verlöslichung von in physiologischen Puffern unlöslichen Antigenen (Lipoproteine, Membranproteine, Proteinfragmente) können unter bestimmten Umständen, die die Aktivität der Antikörper nicht wesentlich beeinflussen, hochmolare Salze (z. B. Guanidin-HCl), Harnstoff oder/und auch Detergenzien eingesetzt werden. Da bei dieser Art der Verlöslichung von Antigenen jedoch Artefakte auftreten können, sind entsprechende Kontrollen erforderlich. Die Immundiffusion mit Hilfe dieser denaturierenden Solvenzien kann aber nur gelingen, wenn die Antigene in hoher Konzentration und die Lösungsmittel in geringer Menge aufgetragen werden. So haben die Lösungsmittel Zeit, sich durch Diffusion genügend herauszuverdünnen, bevor Antigen und Antikörper aufeinander treffen.

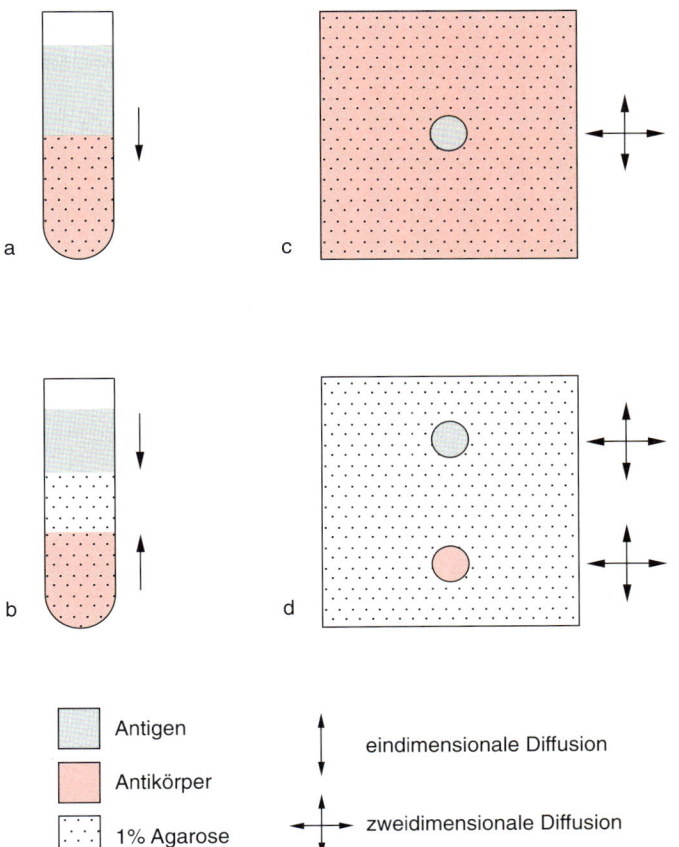

5.6 Systematik immunpräzipitierender Systeme. Die vier wesentlichen Anordnungen sind unmittelbar nach Auftragen der Reaktanten am Beginn der Diffusion gezeigt.
(a) Eindimensionale, einfache Immundiffusion nach Oudin.
(b) Eindimensionale Doppeldiffusion nach Oakley und Fulthorpe.
(c) Zweidimensionale einfache Diffusion nach Mancini.
(d) Zweidimensionale Doppeldiffusion nach Ouchterlony.

Eindimensionale einfache Immundiffusion nach Oudin

J. Oudin hat 1956 wesentliche Erkenntnisse zum Verständnis der Immunpräzipitation beigetragen, so dass einige seiner jetzt historischen Experimente hier aus didaktischen Gründen erwähnt werden müssen. Die Untersuchung einer Präzipitation in Lösung (Ringtest, s. o.) ist wegen der Instabilität der Flüssigkeiten, der höheren Dichte des entstehenden Präzipitats und der temperaturbedingten Konvektion schwierig. Daher wurde von Oudin ein Reaktionspartner, meist das Antiserum, in weitmaschigen Gelen eingegossen und dabei stabilisiert. Diese Gele erlauben einerseits die freie Diffusion auch großer Reaktionspartner von über 1000 kDa, andererseits fixieren und stabilisieren sie die entstehenden Immunpräzipitate in den Gelmaschen. Als stabilisierendes Gel verwendet man heute für Präzipitationstests 0,5–1,5 % Agarose in physiologischen Puffern. Wie in Abbildung 5.6a gezeigt, wird der im Gel eingegossene Antikörper mit flüssigem Antigen überschichtet und je nach Anordnung z. B. das in Abbildung 5.7 dargestellte Ergebnis erhalten, an dem wichtige Erkenntnisse über Prinzipien der Immunpräzipitation abgeleitet werden konnten.

Wird die gleiche Menge des gelstabilisierten Antikörpers →A mit einer Lösung steigender Konzentrationen von Antigen A überschichtet (Abb. 5.7, Röhrchen 1–3), so entsteht mit steigender Antigenkonzentration eine Präzipitationslinie in größerem Abstand von der Kontaktstelle K zwischen A und →A. Dieser größere Abstand bei höherer Antigenkonzentration kann folgendermaßen erklärt werden: Auf dem Diffusionsweg in den gleichmäßig verteilten gelstabilisierten Antikörper sinkt die Antigenkonzentration. Die zunächst im Antigenüberschuss gebildeten Immunkomplexe werden mit weiterer Diffusion immer mehr mit Antigen gesättigt, bleiben z. T. schon in der Agarose hängen, werden von nachfolgendem Antigenüberschuss z. T. wieder gelöst, diffundieren weiter und fallen schließlich am Äquivalenzpunkt an der Front als deutliches Präzipitat aus. Ist mehr Antigen vorhanden, bedarf es einer stärkeren Verdünnung, die durch einen größeren Diffusionsabstand erreicht wird. Wegen der Stöchiometrie von Epi- und Paratop (s. o.), ist dieser Abstand proportional zur Antigenkonzentration. Damit gelang Oudin die erste exakte Konzentrationsbestimmung eines einzigen Antigens in einer komplexen Proteinmischung.

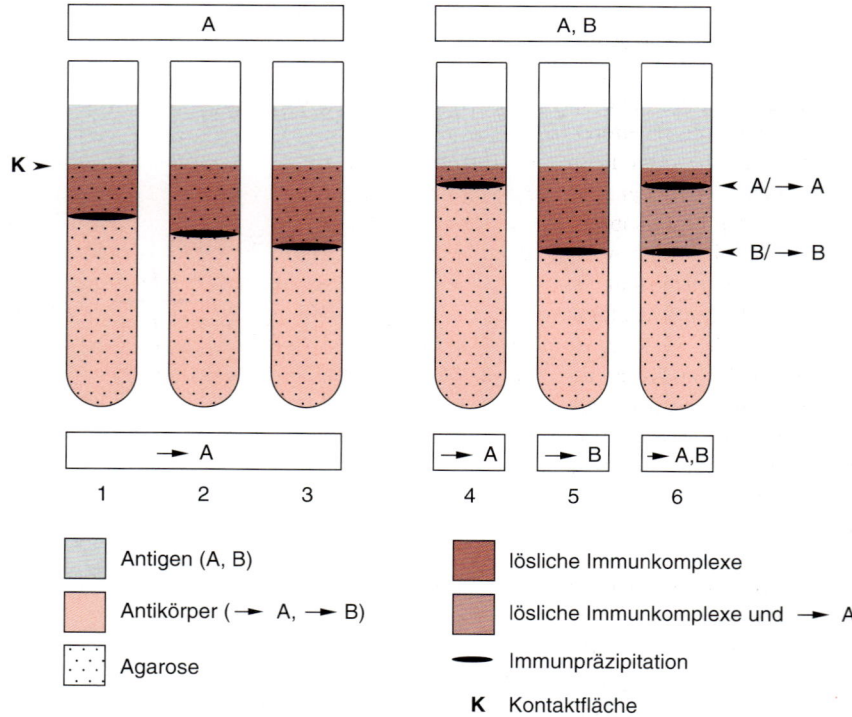

5.7 Eindimensionale Immundiffusion nach Oudin.
A: Antigen A
B: Antigen B
→A: Anti-A
→B: Anti-B
→A/A: Antigenes System (vgl. Abb. 5.5)
K: Kontaktstelle.

Eine Austestung einer Mischung von zwei verschiedenen Antigenen A und B mit den entsprechenden Antiseren →A und →B führt zu zwei Präzipitationslinien, die jede unabhängig voneinander auftreten, da sie sich ebenso verhalten wie in Einzelröhrchen (Abb. 5.7, Röhrchen 4–6). Die Variation der Konzentration *eines* Antigens führt nur zur Verschiebung der entsprechenden Präzipitationslinie wie bereits in Abbildung 5.7, 1–3 gezeigt, nicht aber zur Verschiebung der anderen. Daraus ergibt sich die wichtige Erkenntnis, dass antigene Systeme im selben Röhrchen unabhängig voneinander präzipitieren.

Da die Präzipitationslinien in Oudins System in das Antikörperkompartiment hineinwandern und nicht stabil sind, wurde die einfache Diffusion durch eine gegeneinander gerichtete („doppelte") Diffusion ersetzt (Abb. 5.6b). In diesem System von Oakely und Fulthorpe (1953) nimmt die Konzentration *beider* Partner während der Diffusion in ein proteinfreies Gelsegment zunehmend ab. Dadurch wird das Präzipitationsoptimum relativ stabil mit dem Ergebnis scharfer Präzipitationslinien in bester Auflösung. Dieses Prinzip wurde auch von Ouchterlony in der zweidimensionalen Immundiffusion verwirklicht.

Zweidimensionale Immundiffusion nach Ouchterlony

Es handelt sich um eine von Örjan Ouchterlony 1948 angegebene Technik, bei der Antigen und Antikörper in je ein Stanzloch einer leeren Agaroseplatte (z. B. 1 % Agarose, physiologischer Puffer) gefüllt werden und gegeneinander diffundieren können, wie in Abbildung 5.6 d gezeigt. Bei der Diffusion bilden beide Partner einen Konzentrationsgradienten und bei ihrer Begegnung findet man am Ort der Epi- und Paratop-Äquivalenz eine scharfe Präzipitationslinie. Diese noch eindimensionale Doppeldiffusion folgt den Regeln Oudins. Allerdings ist das Ergebnis viel eher bei wesentlich geringerem Aufwand abzulesen.

Das Hinzufügen eines dritten Stanzlochs erlaubt die Diffusion in der zweiten Dimension und damit einen **Antigenvergleich**, wie er in Abbildung 5.8 illustriert ist. Eine Präzipitationslinie zwischen einem Antigen A (A) und dem Antiserum Anti-A (→A) läuft ohne Veränderungen einem Stanzloch mit einem anderen Antigen (B) entgegen, ohne in ihrem Verlauf verändert zu werden (Abb. 5.8 oben links). Das antigene System →A/A zeigt damit seine Unabhängigkeit von und seine „Nicht-Identität" mit B, was in derselben Weise für das antigene System →B/B gegenüber dem Antigen A gilt (Abb. 5.8, oben Mitte). Werden beide Antiseren ins Antikörperstanzloch eingefüllt, wird sichtbar, dass beide antigenen Systeme unabhängig voneinander präzipitieren, was durch ein Kreuzen der Präzipitationslinien einen weiteren Beweis der Nicht-Identität von A und B anzeigt.

Werden beide Antigene ins obere Stanzloch gefüllt, erscheinen zwei Präzipitationslinien, d. h. zwei unterschiedliche antigene Systeme mit jeweils ihrem eigenen Präzipitationsoptimum werden dargestellt (Abb. 5.8, 2. Reihe von oben, links). Die Frage, welche der Linien dem →A/A-System und welche dem →B/B-System entspricht, lässt sich leicht über einen Antigenvergleich durch den Einsatz des dritten Stanzlochs zeigen. Die Applikation von B führt zur Identifizierung des →B/B-Systems durch vollständige Fusion beider Linien, die man als eine **Präzipitationslinie auf Identität** bezeichnet. Je nach Konzentrationsverhältnis von A und B kann entweder die obere (Abb. 5.8, 2. Reihe von oben, Mitte) oder die untere Präzipitationslinie (Abb. 5.8, 2. Reihe von oben, rechts) fusionieren. Beide Muster des →B/B-Systems zeigen die Unbeeinflussbarkeit vom und damit die Nicht-Identität mit dem →A/A-System an, unabhängig davon, ob eine Kreuzung der Linien stattfindet (Abb. 5.8, 2. Reihe von oben, Mitte) oder nicht (Abb. 5.8, 2. Reihe von oben, rechts).

Ein Antigenvergleich kann auch **partielle Identität** aufzeigen. Wenn ein Antigen A ein Fragment eines größeren Proteins Aa ist und die präzipitierenden antigenen Systeme →A/A und →a/a vorliegen, erhält man Präzipitationsmuster wie in Abbildung 5.8 gezeigt. Weil →A die gleichen Epitope in Aa und A erkennt, kann sich im →A/Aa-System nur eine Linie auf Identität ergeben (Abb. 5.8,

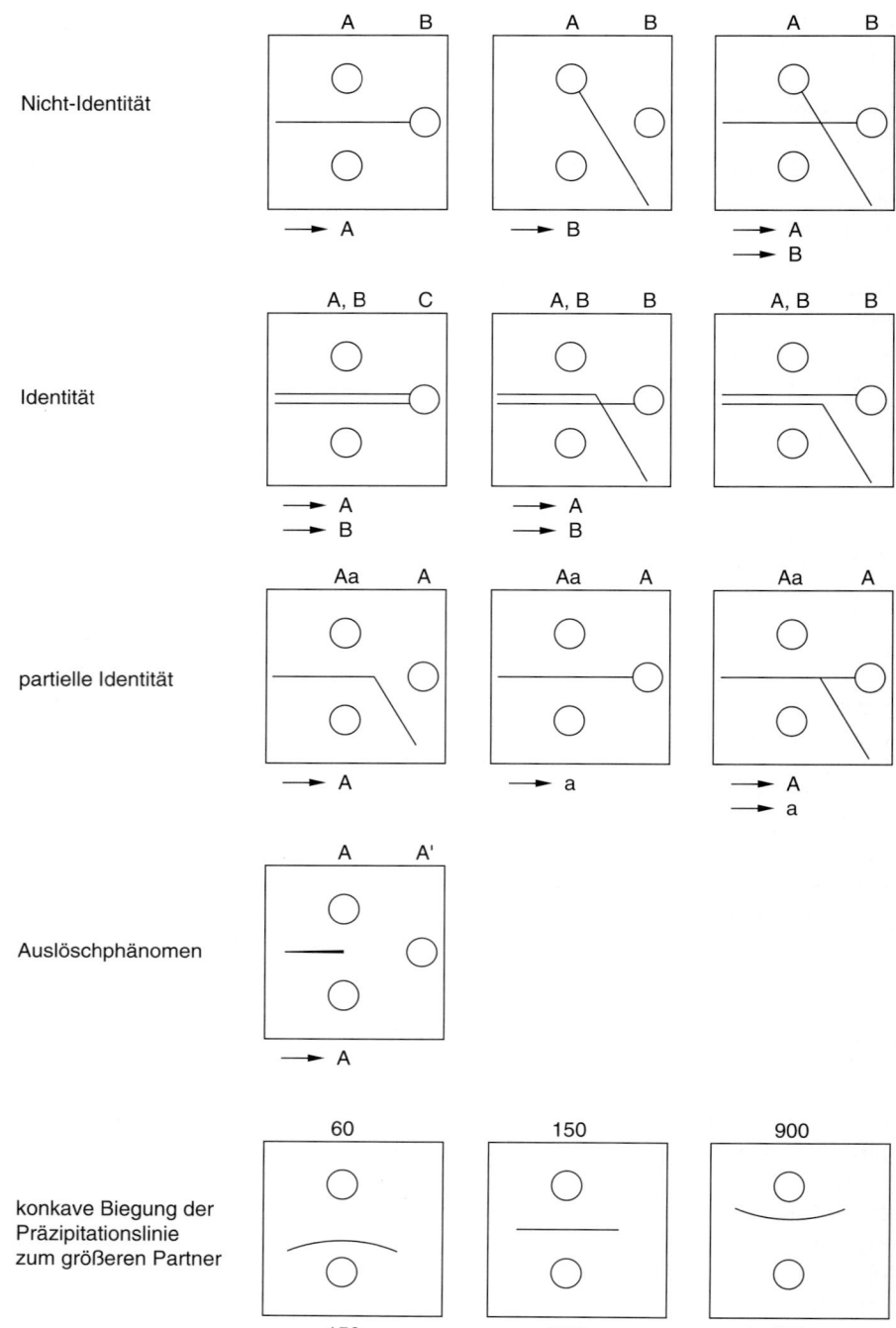

5.8 Zweidimensionale Immundiffusion nach Ouchterlony. Gezeigt sind die Immunpräzipitationsmuster, wie sie in der zweidimensionalen Doppeldiffusion für die Unterscheidung und den Vergleich von Proteinen eingesetzt werden.
A, Aa, a: Antigen A, Aa oder a
B, C: Antigen B oder Antigen C
A': Verdautes Antigen A oder synthetische Peptide von A
⟶: anti-(Antikörper gegen anschließend genannte Antigene, z. B. ⟶A)
60, 150, 900: Molekulargewichte von Antigenen
150: Molekulargewicht von IgG

3. Reihe, links). Entsprechend kann im ⟶a/Aa-System nur a in Aa präzipitieren (Abb. 5.8, 3. Reihe, Mitte). Daher läuft die Präzipitationslinie unbeeinflusst in das Stanzloch mit A (Nicht-Identität mit A). Befinden sich jedoch im unteren Antikörperstanzloch gleichzeitig ⟶A und ⟶a, kann, da nur ein antigenes System vorliegt, Aa mit beiden Antikörpern nur in einer Linie präzipitiert werden, die mit der ⟶A/A-Linie eine Linie auf Identität bildet. Da das antigene System ⟶A/A für die Diffusion von ⟶a kein Hinternis bietet, da es ein eigenständiges antigenes System darstellt, diffundiert ⟶a durch die ⟶A/A-Linie hindurch und verlängert entsprechend Abbildung 5.8 (3. Reihe, Mitte) die Präzipitationslinie ⟶A/Aa (Abb. 5.8, 3. Reihe, rechts). Man erhält also einen Sporn von Aa über

A (Aa>A, d. h. „Aa spornt über A"), was so viel besagt, dass Aa mehr antigene Determinanten besitzt als A und somit wahrscheinlich größer ist als das Antigen A.

Ein anderes, wichtiges immunspezifisches Präzipitationsmuster, das **Auslöschphänomen** (Abb. 5.8, 4. Reihe) ist relativ unbekannt. Es handelt sich um eine Immunreaktion kleiner Proteine, Proteinfragmente oder synthetischer Peptide mit mono- oder divalenten antigenen Determinanten (in Abb. 5.8 als A' bezeichnet), die selbst zu keiner Präzipitation fähig sind, die jedoch durch Blockierung einzelner, für die kooperative Präzipitation wichtiger Antikörperspezifitäten, zum abrupten Abbruch der Präzipitationslinie führen.

In der Immundiffusion, wie die zweidimensionale Doppeldiffusion nach Ouchterlony in Kurzform genannt wird, weist eine Krümmung der Präzipitationslinie auf die Schnelligkeit der Diffusion hin, und zwar mit konkaver Krümmung zum langsameren Partner. Ein Partner ist langsamer sowohl bei geringerer Konzentration als auch bei höherem Molekulargewicht. Bei ähnlichen Konzentrationen der Partner weist die Krümmung daher auf das Molekulargewicht relativ zu dem des Antikörpers hin, wie in Abbildung 5.8 (unterste Reihe) gezeigt.

> Die Ouchterlony-Technik ist die einfachste Technik hoher Präzision, mit der vor allem Proteine in kurzer Zeit mit einem Minimum an Aufwand sicher identifiziert und verglichen werden können.

Das vermag keine andere Technik zu leisten. Daher ist die Immundiffusion eine zentrale Technik der Immunchemie. Sie ist eine Standardtechnik in den gesamten Biowissenschaften, deren Kenntnis und Auswertung jedoch leider abnimmt. Verdrängt wird die Immundiffusion vor allem von dem aufwendigeren Western-Blotting (Abschn. 5.3.3), das zwar einen Antigenvergleich nicht zulässt, aber ein exaktes Molekulargewicht liefert. Allerdings ergibt das Western-Blotting erst nach Auffinden des „spezifischen Fensters" (Abschnitt 5.4.4) verlässliche Daten, während es bei der Immundiffusion nach Ouchterlony praktisch nie Spezifitätsprobleme gibt. Beide Techniken ergänzen sich daher.

In Abbildung 5.9 findet sich ein Beispiel einer Immundiffusion. In normalem Humanserum (NHS, $^1/_{10}$ verdünnt) werden sieben Proteine mit einem Antikörper gegen NHS präzipitiert, deren antigene (und chemische) Spezifität mit Hilfe von isolierten Proteinen durch einen Antigenvergleich geklärt wird.

Das links aufgetragene Kontrollantigen Albumin zeigt eine Linie auf Identität mit einer der Präzipitationslinien mit NHS, die dem Antikörperstanzloch am nächsten liegt. Damit ist diese Präzipitationslinie als präzipiziertes Albumin identifiziert. Die Position der Linie zeigt, dass Albumin die höchste Serumkonzentration besitzt, da das Präzipitationsoptimum dem Antikörper am nächsten liegt. Die Präzipitationslinie ist in beiden Fällen (Albumin in NHS und isoliertes Albu-

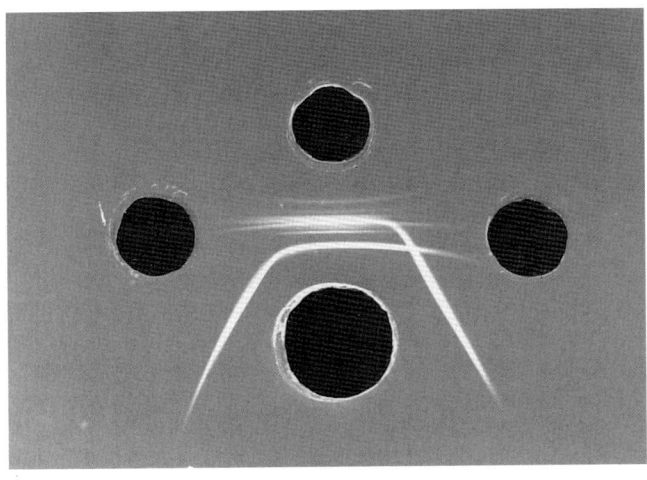

5.9 Beispiel einer Immundiffusion nach Ouchterlony: Agaroseplatte (1,5 % Agarose in 0,1 M Trispuffer, pH 7,4) mit Stanzlöchern von 1,0 und 1,5 mm Durchmesser.
Die Stanzlöcher enthalten:
oben: NHS, normales Humanserum, $^1/_{10}$ verdünnt;
links: humanes Albumin, 5 mg/mL
rechts: humanes IgG (aus Serum isoliert) 3 mg/mL
unten: ⟶NHS, hergestellt in einer Ziege.

min) konkav zum Antikörper, da Albumin mit 66 kDa erheblich kleiner als IgG (150 kDa) ist (s. Abb. 5.8, unterste Reihe).

Das isolierte humane IgG im rechten Stanzloch zeigt ebenfalls eine Linie auf Identität mit dem humanen Serum-IgG. Diese Linie ist nicht identisch mit dem →Albumin/Albumin-System, da sich die Präzipitationslinien kreuzen. Die fehlende Krümmung der →IgG/IgG-Linien weist auf die Ähnlichkeit von humanem IgG (hier das Antigen) mit dem Ziegen-IgG (hier der Antikörper) hin. Die anderen Präzipitationslinien werden durch die Anwesenheit von humanem Albumin und IgG nicht beeinflusst und zeigen damit ein Verhalten von Nicht-Identität diesen zwei Antigenen gegenüber an. Die dem NHS am nächsten liegende Linie ist konkav zum Antigen und damit erheblich größer als IgG. Diese Linie entspricht dem a_2-Makroglobulin (900 kDa). Die Linie, die fast parallel zur →IgG/IgG-Linie verläuft und die IgG-Linie kreuzt, repräsentiert Transferrin, das durch die Krümmung zum Antikörper angibt, dass es kleiner als IgG ist.

Immun- und Kreuzelektrophorese

Wird eine Mischung aus vielen Antigenen einer Immundiffusion unterzogen, kann das Präzipitationsmuster wegen der Fülle unterschiedlicher Präzipitationslinien nur schwer ausgewertet werden (Abb. 5.10 A). Daher werden die Proteine zunächst im elektrischen Feld aufgetrennt (Abb. 5.10 B) und anschließend einer Immundiffusion unterzogen. Dabei ist das Stanzloch für die Antikörperapplikation zu einer Rinne erweitert, wie in Abbildung 5.10 C gezeigt. Diese **Immunelektrophorese** (Grabar und Williams, 1953) kann je nach Antiserum etwa 15–30 Plasmaproteine auftrennen. Sie dient der Orientierung bezüglich des Vorhandenseins bestimmter Proteine und deren Mengen, sowie der Orientierung bezüglich von Ladungsänderungen oder der Identifizierung monoklonaler Immunglobuline. Man kann auch mit Hilfe von monospezifischen Antiseren in komplexen Proteingemischen (Plasma, Cytosol, Bakterienlysat) einzelne Proteinkomponenten identifizieren und ihre Aktivierung, Fragmentierung bis hin zum Abbau unter bestimmten experimentellen oder klinischen Bedingungen untersuchen.

Elektrophorese
Kapitel 10

5.10 Immun- und Kreuzelektrophorese.
A. Immundiffusion mit vielen antigenen Systemen.
X: Komplexe Antigenmischung; →X: polyklonales Antiserum gegen X. Man erkennt viele Präzipitationslinien, die sich schwer auflösen lassen.
B. Auftrennung einer Proteinmischung im elektrischen Feld.
Die Proteine sind im Gel angefärbt. Man erkennt 5–6 Proteinflecken, die Proteine mit unterschiedlicher Ladung darstellen. Der Antigengehalt dieser Proteine ist in (C) und (D) analysiert.
C. Immunelektrophorese. Auftrennung der Antigenmischung X wie in (B) und anschließende Immundiffusion der aufgetrennten Proteine mit Hilfe des →X. Die gestrichelten Ovale entsprechen der Position der Proteine in B (mit Amidoschwarz angefärbt) unmittelbar bei Diffusionsbeginn. Nach ausreichender Diffusion erkennt man sieben verschiedene Präzipitationslinien und deren antigene Beziehung zueinander: Nicht-Identität (B/D, C/D, E/D, B/A″), Identität (A′/A″) und partielle Identität (A/A′, wobei A über A′ spornt).
D. Kreuzimmunelektrophorese nach Clark und Freedman. In der ersten Dimension aufgetrennte Proteine sind in der zweiten Dimension in ein →X-enthaltendes Gel elektrophoresiert. Die antigenen Systeme erscheinen als Präzipitationsgipfel, die eine (semi-) quantitative Quantifizierung der einzelnen Komponenten in hoher Auflösung gestatten. Der Antigenvergleich (identisch, nicht identisch und partiell identisch) ist analog dem der Immunelektrophorese, allerdings klarer sichtbar.

Ein Beispiel einer Immunelektrophorese ist in Abbildung 5.11 dargestellt. Aufgetrennt ist ein Patientenserum mit einem monoklonalen IgM→IgG-Immunkomplex (monoklonaler Rheumafaktor), wobei auch das komplexierte IgG monoklonal ist (Doppelmyelomprotein). Die entstandenen Präzipitationsbögen entsprechen IgG (a), das die übliche erhebliche Ladungsheterogenität im normalen Humanserum und im Patientenserum zeigt, Transferrin (b), Albumin (c), mit je einem einzigen Präzipitationsbogen, monoklonalem IgM (d) und IgM komplexiert mit monoklonalem IgG (e). Die Monoklonalität von IgM und IgG ist an der eingeschränkten Heterogenität bei starker Konzentrationsvermehrung zu erkennen. Der Antigenvergleich zeigt Linien auf Identität bei allen Ladungsvarianten von IgG, die durch →IgG (appliziert in Rinne 2) spezifisch sichtbar gemacht sind. Auch ist das monoklonale IgM mit dem mit IgG komplexierten IgM identisch, wenn es mit →IgM präzipitiert. Alle anderen Linien sind nicht identisch, wie im Verhältnis von a, b und c zu sehen ist, außer der partiellen Identität des IgM-IgG-Komplexes mit dem polyklonalen IgG, wenn es ebenfalls mit →IgG präzipitiert. Hier spornt das polyklonale IgG über das monoklonale wohl wegen größerer Heterogenität des ersteren.

Der isolierte Immunkomplex zeigt dasselbe Verhalten wie der im Serum. Die in Rinne 5 aufgetragene λ-Leichtkette wird von dem in Rinne 4 aufgetragenen →λ-Leichtkettenserum als gerade Linie präzipitiert, zeigt jedoch eine Ausbuchtung in Richtung der Antiserumrinne. Übrigens entspricht die Ausbuchtung der →λ/λ-Linie genau der Position des IgM-IgG-Komplexes, dessen Leichtkette somit bestimmt ist. Dieses Präzipitationsmuster ist ein Beispiel einer vergleichenden Immunelektrophorese, von der es eine Fülle von Varianten gibt.

Elektrophoretisch aufgetrennte Proteinmischungen (wie in Abb. 5.10 B) können mit Hilfe der „Elektrodiffusion" in ein antikörperhaltiges Gel elektrophoresiert werden. Diese Variante wird **zweidimensionale Immunelektrophorese** oder **Kreuzelektrophorese** nach Clark und Freedman (1967) genannt. Ein Ergebnis ist in Abbildung 5.10 D skizziert. Entsprechend der Zahl der antigenen Systeme entstehen Präzipitationsgipfel, die je nach der Qualität der Antiseren eine Quantifizierung der einzelnen Teilkomponenten etwa in Seren, Zellextrakten und von

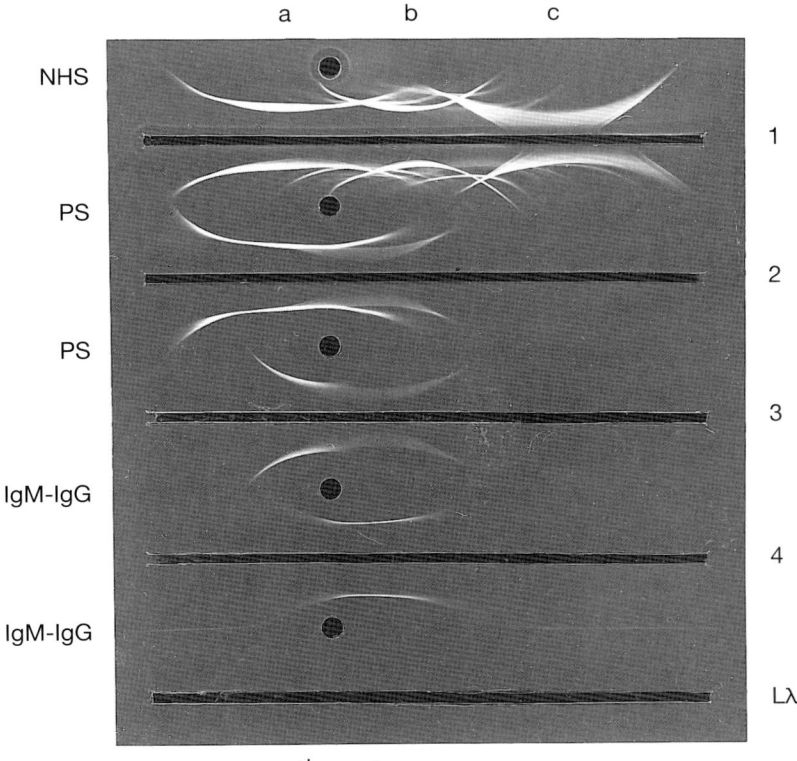

5.11 Beispiel einer Immunelektrophorese. Gezeigt ist die Auftrennung eines Serums eines Patienten mit einem monoklonalen IgM-IgG-Doppelmyelom, ein Proteinkomplex aus zwei Immunglobulinen.
Antigene:
NHS: normales Humanserum; PS: Patientenserum mit IgM-IgG-Proteinkomplex; Lλ: isolierte Immunglobulin-λ-Leichtkette
Antikörper:
(1) Anti-NHS (normales Humanserum)
(2) Anti-IgG, IgG-spezifisch
(3) Anti-IgM, IgM-spezifisch
(4) Anti-λ-Immunglobulin-Leichtkette

Membranproteinen, letztere in nicht-ionischen Detergenzien, gestatten. Mit Hilfe der Linien auf Identität, Nicht-Identität und partielle Identität gelingt die Zuordnung der einzelnen Proteine nach den bereits in Abbildung 5.8 genannten Kriterien.

Immunfixation

Isoelektrische Fokussierung
Abschnitt 10.3.11

Die Immunfixation ist ebenfalls eine Präzipitationsmethode, um Proteine, die im elektrischen Feld (Elektrophorese, isoelektrische Fokussierung) aufgetrennt wurden, zu identifizieren. Bei dieser Methode diffundieren die aufgetrennten Proteine aus dem Trenngel (z. B. Agarose) in eine aufgelegte Celluloseacetatmembran hinein, die mit spezifischen Antikörpern getränkt ist. Dabei präzipitieren die Antigene in den Maschen der Membran, die im Gegensatz zu Nitrocellulose oder Immobilon kaum Proteine adsorbiert. Diese Membran wird anschließend durch Waschen in einem physiologischen Puffer von löslichen Proteinen befreit und die im Maschenwerk gefangenen Immunkomplexe z. B. mit Amidoschwarz angefärbt. Zur Optimierung der Immunfixation müssen Antigenmenge, Antikörperverdünnung, Expositionszeit und nachfolgende Antigendiffusion so variiert werden, dass das Präzipitationsoptimum in der antikörperenthaltenden Membran zu liegen kommt. Die Immunfixation wird eingesetzt, um z. B. allotypische Proteine in Plasma und Serum verschiedener Individuen zu identifizieren. Allotypbestimmungen sind wichtig in der Anthropologie, Humangenetik, forensischer Medizin und beim Vaterschaftsnachweis. Die Immunfixation wird auch eingesetzt, um monoklonale Antikörper im Serum und Urin bei Patienten mit multiplem Myelom aufzufinden. Ein Beispiel einer Allotypbestimmung mit Hilfe der Immunfixation ist am Beispiel des Vitamin-D-bindenden Serumproteins in Abbildung 5.12 gezeigt.

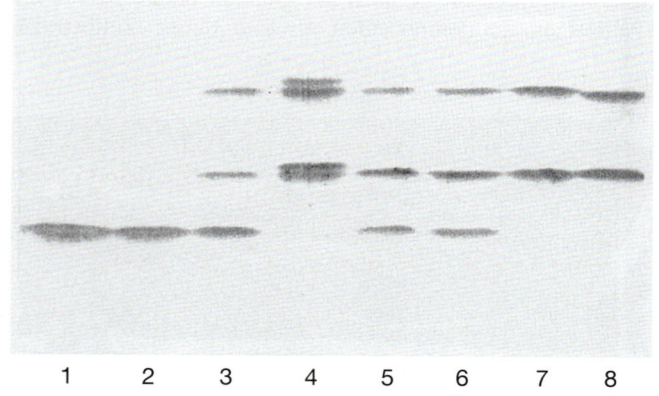

5.12 Immunfixation am Beispiel der Allotypbestimmung des Vitamin-D-bindenden Serumproteins (Gc-Protein). Vollserum von verschiedenen Individuen*[)] in der isoelektrischen Fokussierung aufgetrennt und mit Hilfe der Immunpräzipitation in einer Antikörperenthaltenden Celluloseacetat-Membran in Form eines Immunkomplexes fixiert. Die Anode ist oben.
Bekannte und sichtbare Allotypen des Gc-Proteins:
1F-1F: (nicht gezeigt)
1S–1S: 7,8
1F-1S: 4
1F-2: (nicht gezeigt)
1S-2: 3, 5, 6
2-2: 1, 2
(F = fast, S = slow)

Radiale Immundiffusion und Raketen-Elektrophorese

Die einfache zweidimensionale Diffusion von löslichem Antigen in einen in Agarose stabilisierten Antikörper ist die radiale Immundiffusion nach Mancini (1971). Das Prinzip ist in Abbildung 5.6 c gezeigt und in Abbildung 5.13 näher ausgeführt. Das Ergebnis zeigt die Entstehung von Präzipitationsringen am Ort der Epi- und Paratop-Äquivalenz nach etwa ein bis zwei Tagen Diffusionsdauer. Die von den Ringen eingenommene Fläche ist proportional zur applizierten Antigenmenge (Abb. 5.13 A). Nach Kalibrierung mit Hilfe einer Reihe von Proben mit bekannter Proteinmenge und Etablierung einer Standardkurve lassen sich einzelne Proteine in komplexen Lösungen basierend auf der Stöchiometrie von Epi- und Paratop auf einfache Weise mit hoher Genauigkeit quantifizieren (Abb. 5.13 C). Verschiedene antigene Systeme, erkenntlich durch das sichtbare Auftreten mehrerer konzentri-

---

*[)] Studenten des Sero-anthropologischen Großpraktikums an der LM-Universität in München, Sommersemester 1995.

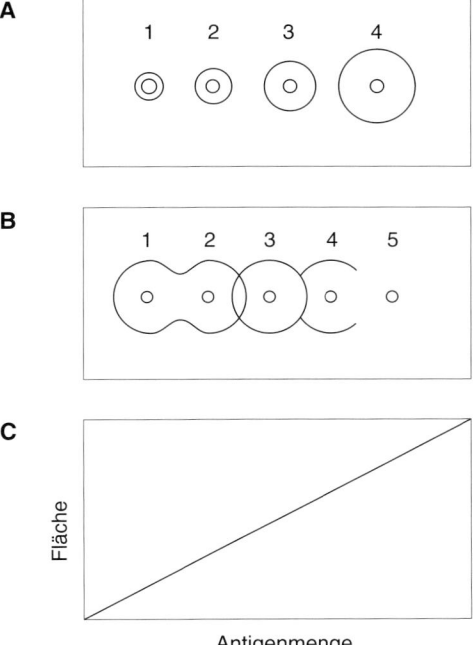

5.13 Radiale Immundiffusion nach Mancini. Es handelt sich um eine Immunpräzipitationsmethode zur Quantifizierung von löslichen Antigenen in komplexen Proteinmischungen. A. Das Gel enthält ein spezifisches Antiserum gegen ein einziges Protein. Nach Auftragen von Antigenen bekannter Konzentration in die Stanzlöcher 1–4 erhält man nach etwa zwei Tagen Diffusionsdauer stabile Präzipitationsringe, deren Fläche gegen die Konzentration aufgetragen eine lineare Funktion ergibt. B. Präzipitationsringe unterschiedlicher Proteine, erhalten mit einem Antiserum gegen diese Antigene, zeigen die antigenen Verhältnisse der Proteine zueinander: Identität (zwischen Antigen 1 und 2 (abgekürzt 1 u. 2), Nichtidentität 2 u. 3, partielle Identität 3 u. 4, wobei 3 über 4 „spornt", und das Auslöschphänomen 4 u. 5.

scher Ringe, kann man unter Einsatz isolierter Proteine durch Ringe auf Identität, Nicht-Identität, partielle Identität oder das Auslöschphänomen, sicher identifizieren (Abb. 5.13 B).

Die zeitliche Dauer der Immundiffusion kann auf wenige Stunden reduziert werden, wenn Antigene im elektrischen Feld in ein Antikörper enthaltendes Gel elektrophoresiert werden. Dabei entstehen raketenähnliche Präzipitationsmuster wie in Abbildung 5.14 gezeigt. Die Möglichkeit dieser „Elektrodiffusion" setzt einen unterschiedlichen isoelektrischen Punkt von Antigen und Antikörper voraus, damit sie im elektrischen Feld gegeneinander laufen können. Sollte dies nicht gegeben sein, kann der Antikörper durch Carbamylierung einen niedrigeren isoelektrischen Punkt erhalten mit der Folge, dass Antigen und Antikörper im elektrischen Feld gegeneinander laufen. Die Spitzenhöhe der Präzipitate ist proportional zur Antigenkonzentration (wie in Abb. 5.13 C). Die Raketen-Elektrophorese eignet sich für große Reihenuntersuchungen.

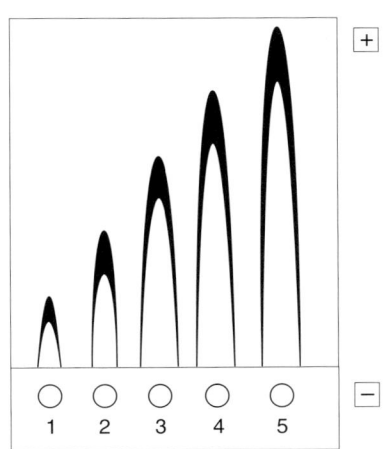

5.14 Raketen-Elektrophorese nach Laurell, eine Immunpräzipitationsmethode zur quantitativen Bestimmung von löslichen Antigenen. Standardkonzentrationen eines Proteins (1–5) werden in ein antiserumenthaltendes Gel elektrophoresiert. Das Ergebnis sind raketenförmige Präzipitationslinien, deren Höhe proportional der Antigenkonzentration ist. Eine Standardkurve kann daher ähnlich wie in Abb. 5.13 erstellt werden.

Radioimmunoassays (RIA)

Die sensitivste Methode, Antigenkonzentrationen zu messen, repräsentiert der Radioimmunoassay (RIA). Dabei können Antigenkonzentrationen von 0,5 pg/mL bestimmt werden. Der kompetitive Radioimmunoassay nutzt die Antigen-Antikörper-Reaktion in Lösung nach Mischung radiomarkierten (meist ^{125}I, ^{3}H) löslichen Antigens („heißen" Antigens) mit steigenden Mengen von nicht markiertem („kaltem") Antigen. Dabei wird das heiße, über seine Radioaktivität messbare Antigen mit steigender Konzentration durch kaltes Antigen ersetzt. Die Verdrängung kann durch bekannte Antigenmengen kalibriert werden. An der resultierenden Standardkurve kann eine unbekannte Antigenmenge gemessen werden, wie in Abbildung 5.15 gezeigt ist.

Die exakte Messung der gebundenen Antigenmenge erfordert die Trennung vom nicht gebundenen Antigen. Dies kann auf verschiedene Weise, z. B. durch Fällung des Antikörpers geschehen. Dabei muss allerdings das nichtgebundene Antigen in Lösung bleiben. Diese einfache Fällung von Antikörpern geschieht z. B. in 35–50 % gesättigter Ammoniumsulfatlösung oder durch Adsorption des

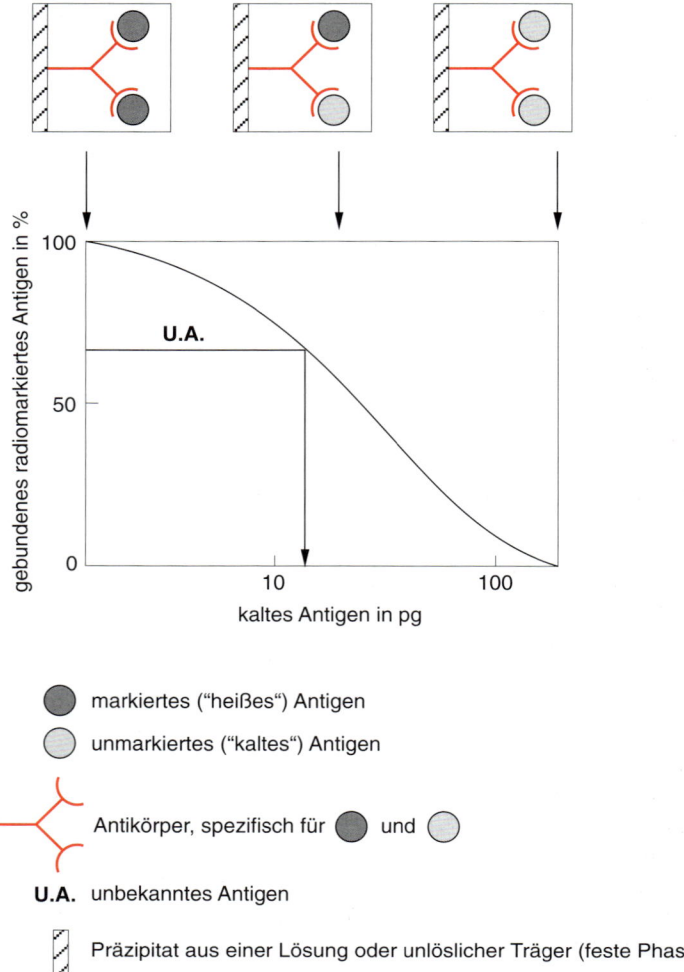

5.15 Kompetitiver Radioimmunoassay (RIA) in Lösung oder an der festen Phase zur Quantifizierung von löslichen Antigenen.

Immunkomplexes an Bentonit oder Aktivkohle. Sollte das Antigen unter diesen Bedingungen ebenfalls vollständig oder teilweise gefällt werden, kann man die Gesamtmenge des Antikörpers mit Hilfe einer spezifischen Immunpräzipitation fällen. Da der Äquivalenzpunkt für die maximale Präzipitation wegen der geringen Antikörperkonzentrationen schwierig zu treffen ist, legt man gewöhnlich ein optimal präzipitierendes Antigen-Antikörper-System gleicher Art vor, welches der mehrfachen Menge des zu präzipitierenden Antikörpers entspricht. Dadurch kann die geringe Menge des analytischen Antikörpers leicht copräzipitiert werden, ohne den Äquivalenzpunkt des vorgelegten Antigen-Antikörper-Systems nennenswert zu verändern.

Man kann den analytischen Antikörper auch an einen unlöslichen Träger koppeln und so das gebundene Antigen vom nicht-gebundenem durch Waschen entfernen. Ferner kann mit Hilfe eines immobilisierten Sekundärantikörpers der Gesamtantikörper einschließlich des antigenbindenden Antikörpers vom nichtgebundenen Antigen getrennt werden. Varianten des RIAs, bei denen ein Partner immobilisiert ist, werden Festphasen-RIA genannt und unter den Bindungstests (Abschn. 5.3.3) näher besprochen.

Es gibt eine große Fülle unterschiedlicher Ansätze, welche die extrem hohe Sensitivität und Spezifität des RIAs für die verschiedensten Anwendungen in allen Bereichen der Biowissenschaften und vor allem auch der Medizin nutzen. Routinetests für die verschiedensten Plasmabestandteile mit niedrigen Konzentrationen wie etwa Proteohormone (ACTH 2 pg/mL; Insulin 5 pg/mL; Calcitonin 10 pg/mL), Steroidhormone (Testosteron 50 pg/mL; Progesteron 20 pg/mL), Interleukine, Enzyme, Antikörper, alle möglichen Pharmaka (Digoxin 100mg/mL), Drogen (Morphin 100 pg/mL) oder virale bzw. bakterielle Produkte sollen hier nur erwähnt sein, um die Bedeutung des RIAs zu unterstreichen, für dessen Entwicklung Yalow 1977 mit dem Nobelpreis ausgezeichnet wurde.

Trotz der großen Versatilität und überaus präzisen Messgenauigkeit hat der RIA gravierende Nachteile, die mit der für seine Empfindlichkeit unerlässlichen Radioaktivität zu tun haben. Die fehlende Lagerfähigkeit, bedingt durch die Halbwertszeit der Radionuklide, der schwierige Transport und alle mit der Verwendung der Radioaktivität verbundenen Auflagen bezüglich des Schutzes des Personals, die hohen Kosten für den Bau und den Unterhalt des Kontrollbereichs in dem radioaktiv gearbeitet werden darf, die kostspieligen Zählgeräte und die finanziellen Probleme bei der Beseitigung des radioaktiven Abfalls seien z. B. hier genannt. Daher wurden alternative Methoden entwickelt, die diese Nachteile vermeiden (s. u.).

Strahlenschutz Anhang 1

Nephelometrie

In den letzten Jahrzehnten ist die Nephelometrie, die auf der Immunpräzipitation beruht, in den Vordergrund gerückt. Diese Methode quantifiziert die Antigenkonzentration über die Messung der Immunkomplex-induzierten Lichtstreuung einer Lösung. Da die Kinetik der Trübung den Regeln der Heidelberger Kurve (Abschn. 5.3.2; Abb. 5.4) folgt, ist der Grad der Trübung nur auf dem aufsteigenden Schenkel der Kurve, d. h. im Antikörperüberschuss, mit der Menge des Antigens korreliert. Um sicher zu sein, dass die Messung im Antikörperüberschuß erfolgt, sollten bei jeder gegebenen Antikörperkonzentration zunächst mehrere Verdünnungsstufen des Antigens eingesetzt werden. Da jedoch die Trübung von Proteinlösungen mannigfache Ursachen haben kann, ist es wichtig, bereits vorhandene Trübungen und solche, die unspezifisch bei der Mischung der komplexen Proteinlösungen mit den entsprechenden Puffern oder mit einem Präimmunserum (einem Antiserum ohne spezifische Antikörper) entstehen, zu erkennen und bei der Auswertung zu berücksichtigen. Gemessen und später über Standardkurven umgerechnet werden, je nach Art des Antigens, die Schnelligkeit der Trübung oder die maximale Trübung. Es kann aber auch die Zeit bis zum Erreichen des Wendepunkts oder der halbmaximalen Trübung bestimmt werden (Abb. 5.16).

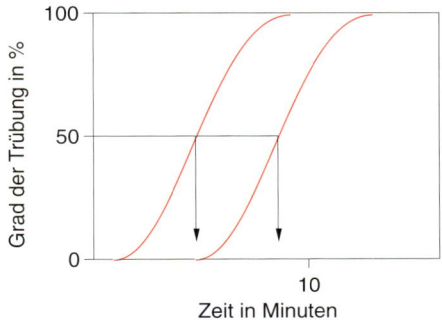

5.16 Nephelometrie. Die Trübungsmessung ermittelt die Antigenkonzentration aus der Geschwindigkeit und Stärke der Trübung. Gemessen wird am Umkehrpunkt des Trübungsanstiegs.

Bei der Trübungsmessung gehen die Gesamtstärke der Bindung, die Avidität und die Affinität (Abschn. 5.3) ein. Da die Antigen-Antikörper-Reaktion dem Massenwirkungsgesetz folgt, hängt die Schnelligkeit der Reaktion bei konstanter Antikörperkonzentration allein von der Konzentration des Antigens ab.

Die Messdauer von etwa 5–12 Minuten und die Automatisierbarkeit haben die Nephelometrie in der medizinischen Routinepraxis zur wichtigsten Methode für die immunologische Quantifizierung von Proteinen in Serum, Urin und anderen Flüssigkeiten mit komplexen Proteingemischen werden lassen. Es gibt kommerzielle Automaten, die die Konzentration unterschiedlicher Serumproteine gleichzeitig in kurzer Zeit zu bestimmen vermögen. Die Sensivität der Nephelometrie liegt etwa bei 20 μg/mL und ist somit erheblich geringer als die des RIA (s. o.) und auch wesentlich geringer als die des Enzymimmunassays (Abschn. 5.3.3). Die Erhöhung der Sensitivität um etwa das 10 fache oder mehr gelingt allerdings durch Trübungsmessungen von Immunreaktionen an kleinen Korpuskeln.

5.3.3 Immunbindung

Ist einer der Partner der Immunreaktion, d. h. entweder das Antigen oder der Antikörper immobilisiert, spricht man bei Assays mit Einsatz der entsprechenden Antigen-Antikörper-Reaktion von **Bindungstests**. Immobilisiert wird meist durch einfache Adsorption an proteinbindende Plastikoberflächen (z. B. Polystyrol) oder an unlösliche Träger durch kovalente Kopplung.

Es ist verständlich, dass eine Antigen-Antikörper-Reaktion an einem unlöslichen Träger nicht unmittelbar sichtbar ist. Seit einigen Jahren kann eine Antigen-Antikörper-Bindung mit hochempfindlichen Geräten unter bestimmten Bedingungen auf einem standardisierten Träger als eine Verdickung gemessen werden. Diese Geräte gewinnen für Fragen bezüglich Liganden-Rezeptor-Funktionen eine immer größere wissenschaftliche Bedeutung, sind aber wegen der besonderen Anforderungen und der hohen Kosten nur in Speziallabors verfügbar.

Zur Sichtbarmachung der Antigen-Antikörper-Reaktion an einem unlöslichen Träger werden amplifizierende Systeme eingesetzt, wobei die Verstärkung, etwa durch Fluoreszenz, Lumineszenz, Radioaktivität, Reduktion von Silbersalzen, enzymatische Farbreaktionen oder elektronendichte Korpuskeln erfolgen kann. Wegen der hohen Empfindlichkeit und der außerordentlichen Versatilität spielen die Bindungstests heute eine überragende Rolle in den Biowissenschaften und der Medizin. Ein anderer wesentlicher Grund ist, dass die Immundetektion mit Hilfe von Bindungstests bereits bei einer einzigen Epitop-Paratop-Bindung möglich ist ohne die Notwendigkeit einer bivalenten Kreuzvernetzung, wie sie bei der Agglutination oder Präzipitation zum Sichtbarwerden einer erfolgten Immunreaktion unerlässlich ist (s. o.). Da monoklonale Antikörper (Abschn. 5.4) ausschließlich mit einem einzigen Epitop reagieren, sind Bindungstests für deren Einsatz ideal. Allerdings muss die Unterscheidung zwischen spezifisch gebundenen und unspezifisch adsorbierten Antikörpern beachtet werden, was das zentrale Problem aller Bindungstests darstellt.

> Da Proteine generell an allen möglichen Materialien haften, ist auch die unspezifische Bindung der Reaktionspartner (Antigen oder Antikörper) an die immobilisierten Träger möglich. Es gilt, diese *unspezifische* Adsorption möglichst niedrig zu halten oder gar zu verhindern und die *spezifische* zu verstärken, um den Abstand zwischen beiden maximieren zu können. Geht bei maximaler spezifischer Reaktion die Unspezifität gegen Null, ist das System optimiert und das „spezifische (oder diagnostische) Fenster" gefunden. Damit ist das System einsatzbereit, wie in Abbildung 5.17 illustriert ist.

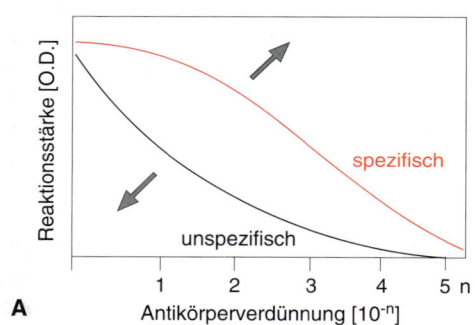

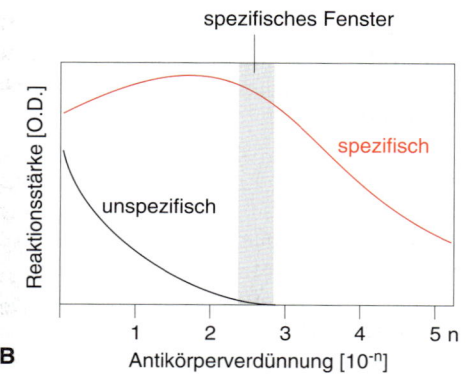

5.17 Bindungstests: Optimierung und Auffindung des spezifischen Fensters.
A. Nicht optimiert: der Unterschied von spezifischer und unspezifischer Reaktion ist zu gering für eine exakte Messung der spezifischen Reaktion. Die Pfeile geben das Ziel der Optimierung an, die darin besteht, den Abstand zwischen unspezifischer und spezifischer Reaktion zu vergrößern (s. Text).
B. Optimiert. Der Abstand zwischen spezifischer und unspezifischer Bindung ist derart vergrößert, dass ein optimaler Messbereich, das spezifische (oder diagnostische) Fenster, exakte Messungen erlaubt.

Während bei den Immunpräzipitationsmethoden der komplexe Vorgang der Formierung des Antigen-Antikörper-Komplexes als unlösliches Raumgitter (Abb. 5.4) die hohe Spezifität dieser Methoden sozusagen von selbst garantiert, ist bei allen Immunbindungstests wegen der stets vorhandenen, konkurrierenden mannigfachen unspezifischen Adsorptionen das Aufsuchen des spezifischen Fensters jedes neu eingeführten Testsystems unerlässlich, da aus den genannten Gründen Immunbindungstests gewöhnlich nicht auf Anhieb spezifisch messen.

Bei der Einrichtung eines Bindungstests öffnet man sozusagen die Schere zwischen Spezifität (Signal) und Unspezifität (Hintergrund). Beim Einsatz eines Antiserums mit höherem Titer und höherer Affinität kann unter Bewahrung der Reaktionsstärke (Höhe der Messwerte einer Immunreaktion) das Antiserum stärker verdünnt werden. Damit werden aber gleichzeitig auch die Begleitproteine und die Kontrollen herausverdünnt, was zu einem größeren Abstand zwischen Signal und Hintergrund führt. Auch kann die Wahl eines empfindlicheren Amplifikationssystems (Abb. 5.18) für das Signal-Hintergrund-Verhältnis oft günstig sein.

Nach optimaler Fixierung eines der Reaktionspartner durch Adsorption oder kovalente Kopplung an einen unlöslichen Träger (Nitrocellulose, Glasfaser, Nylon oder andere Träger) kann die weitere unspezifische Adsorption durch Blocken der verbliebenen noch bindenden Stellen mit Hilfe von Gelatine, Rinderserumalbumin, Casein, Magermilchpulver, Eiklar oder andere Proteine sowie Proteinmischungen zurückgedrängt werden.

Für die Zurückdrängung von Unspezifitäten hat sich auch der Einsatz bestimmter nichtionischer Detergenzien in den Waschlösungen bewährt. Andere Unspezifitäten, die durch die Wechselwirkungen von Blockmitteln und Reagenzien oder von Reagenzien untereinander hervorgerufen werden, müssen vor dem Einsatz jeweils in Lösung absorbiert bzw. geblockt werden.

Alle Bindungstests benötigen zur Sichtbarmachung der abgelaufenen Immunreaktion ein amplifizierendes System, das die qualitative Erkennung oder quantitative Messung erlaubt. Eine große Fülle unterschiedlicher Systeme ist bekannt. Einige der wichtigsten Anordungen für die Sichtbarmachung werden im Folgenden besprochen und sind in Abbildung 5.18 dargestellt.

Die Sichtbarmachung beruht auf einer stabilen Brücke zwischen dem gesuchten Reaktionspartner (Antigen oder Antikörper) mit dem Amplifikationssystem (A). Als Amplifikatoren (oder Indikatoren) werden eingesetzt: Fluoreszenzfarbstoffe (A. Coons hat 1941 das Fluorescein-Isothiocyanat eingeführt und damit die Immunfluoreszenz-Mikroskopie begründet), Lumineszenzfarbstoffe, Radioaktivität, Enzyme (Abb. 5.18, a–f und j–m, Abb. 5.21 A), Reduktion von Edelmetallsalzen und elektronendichte Kopuskel wie kolloidales Gold (Abb. 5.18, g, h, Abb. 5.21 B). Die Amplifikatoren werden kovalent oder nicht kovalent (adsorptiv) an die Reaktanten gekoppelt.

Fluoreszenzfarbstoffe Tabelle 6.1

Als stabile Brücken zwischen Indikator und gesuchtem Reaktionspartner dienen die Antigen-Antikörper-Bindung (Abb. 5.18, b–d), Biotin-Avidin- (Abb. 5.18, e), Protein-A- (Abb. 5.18, f–h), Lektin- (Abb. 5.18, j) und Antigen- (Abb. 5.18, k–m) -Bindungen. In Abbildung 5.18 k wurde ein bifunktioneller Antikörper (gegen zwei unterschiedliche Antigene gerichtet) gezeigt. Die hier gezeigte Technik gelingt ebenso mit einem Antikörper mit zwei gleichen Paratopen, wobei das an die feste Phase gebundene Antigen das gleiche ist wie das markierte. Antigene können über die Systeme (a) bis (k) und Antikörper über die in (l) und (m) dargestellten Systeme nachgewiesen werden.

Bei der **direkten Anordnung** (Abb. 5.18, a), ist der Primärantikörper jeweils mit dem Amplifikator kovalent gekoppelt. Bei dieser Anordnung ist der Testablauf kurz. Ist der bereits gekoppelte, d. h. „markierte" Antikörper nicht kommerziell verfügbar, kann er über die Affinitätschromatographie (s. u.) zunächst isoliert und nachfolgend mit dem Amplifikator gekoppelt werden. Das setzt aber die Verfügbarkeit des isolierten Antigens und eine größere Menge spezifischen Antiserums voraus.

Affinitätschromatographie Abschnitt 9.8

Die **indirekte Anordnung** (Abb. 5.18, b) umgeht diese zeitlich und finanziell aufwendige Methode der Markierung des jeweiligen Primärantikörpers durch den

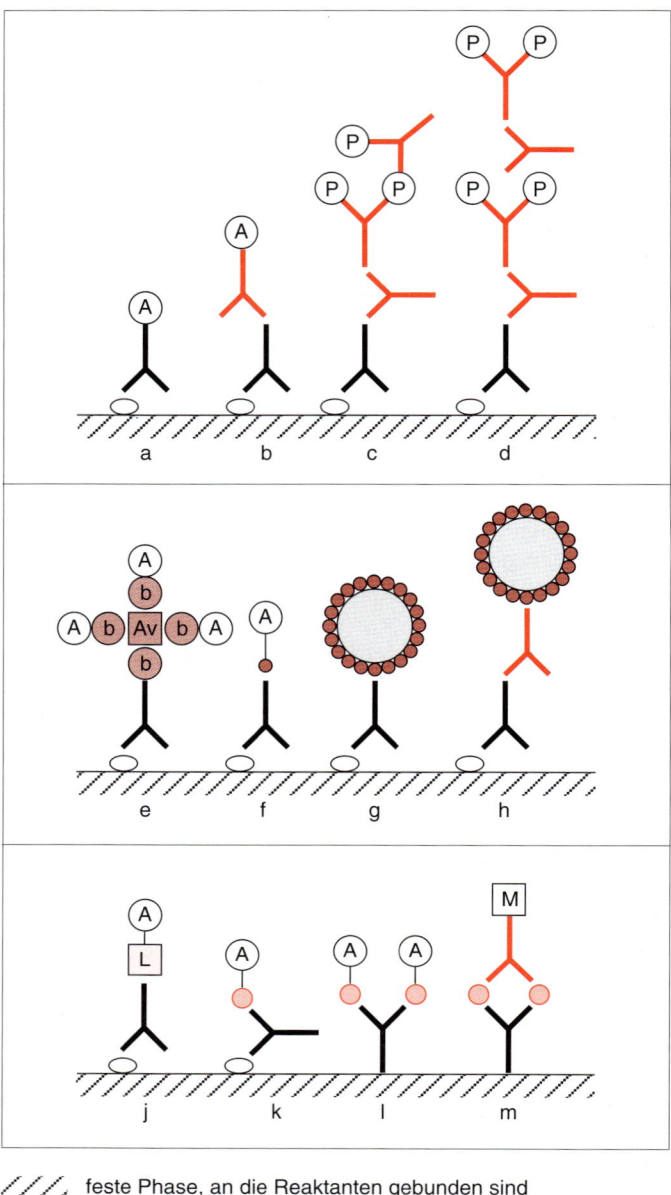

5.18 Bindungstests: Sichtbarmachung der Antikörperbindung.
(a) Direkte Methode.
(b) Indirekte Methode.
(c) Unmarkierte oder PAP-Methode von Sternberger (Abb. 5.21 A). Als Amplifikator (A) dient hier Peroxidase (P). Dargestellt ist ein polyklonaler PAP-Komplex.
(d) Doppelt unmarkierte Methode. Doppel-PAP-Methode, hier dargestellt mit einem monoklonalen PAP-Komplex.
(e) Biotin-Avidin-Brücke (ABC-Technik), direkt. Üblicher ist die indirekte ABC-Technik, bei der der Sekundärantikörper biotinyliert ist.
(f) Nachweis über Amplifikator-markiertes Protein-A.
(g) Direkte Protein-A-Gold-Methode.
(h) Indirekte Protein-A-Gold-Methode.
(j) Nachweis über Amplifikator-markiertes Lektin.
(k) Nachweis über markiertes Antigen (s. Text).
(l) Nachweis der Spezifität von Antikörpern in Zellen und Geweben mit Hilfe von markiertem Antigen.
(m) Nachweis der Spezifität von Antikörpern in Zellen und Geweben mit Hilfe der Sandwich-Methode. Der Antikörper bindet das homologe Antigen, das nachfolgend mit einem der amplifizierenden Systeme (M = Brücke und Amplifikator (A), siehe a–j) nachgewiesen werden kann. Beim Einsatz im Festphasen-Radioimmunoassay oder im Mikro-ELISA dient der Antikörper als Antigenkonzentrator.

Einsatz eines Anti-Immunglobulins gegen den Primärantikörper, der mit dem Amplifikator markiert ist. Dieser Sekundärantikörper, der aus einer anderen Tierspezies gewonnen wird, bindet an alle Primärantikörper jeder beliebigen Spezifität aus der ersten Spezies. Ein weiterer Vorteil der indirekten Methode ist die höhere Sensitifität, da der zweite Antikörper eine Amplifikation um etwa das 20–100-fache bedeutet.

Eine noch empfindlichere Methode ist die **nicht markierte Anordnung** von Sternberger (1970), bei der drei Antikörper nacheinander appliziert werden. Wie in Abbildung 5.18, c gezeigt, wird der Primärantikörper von einem entsprechenden Sekundärantikörper im Überschuss gebunden, so dass eine monovalente Bindung entsteht. Die freibleibende Haftstelle bindet dann einen dritten, gegen einen Amplifikator gerichteten Antikörper, der aus derselben Tierspezies gewonnen sein muss wie der Primärantikörper. Dieser dritte Antikörper ist mit dem Indikator komplexiert. Bei der Verwendung von Meerrettich-Peroxidase (P) als Indikatorenzym spricht man auch vom Peroxidase-Anti-Peroxidase-(PAP)-Komplex. Peroxidase spaltet Peroxid unter Bildung hochreaktiver Sauerstoffradikale, die ihrerseits bestimmte Chromogene oxidieren können. Die dabei auftretende Farbentwicklung ist sichtbar und quantifizierbar. Das PAP-System ist über 1000-mal empfindlicher als das direkte System. Zu einer weiteren Steigerung der Empfindlichkeit können der Sekundärkörper, der auch Verbindungsantikörper genannt wird, und der PAP-Komplex noch ein zweites Mal appliziert werden (Abb. 5.18, d). Allerdings kann man mit der Steigerung der Empfindlichkeit eines Assays auch dessen Unspezifitäten steigern. Der polyklonale PAP-Komplex besteht aus drei Peroxidasemolekülen und zwei Antikörpern (Abb. 5.18, c), während der monoklonale aus einem Antikörper und zwei Peroxidasemolekülen besteht (Abb. 5.18, d).

Die Sichtbarmachung des gebundenen Primärantikörpers kann nicht nur über die Antigen-Antikörper-Reaktion, sondern auch durch andere Bindungssysteme erfolgen. Ein hochspezifisches System mit hoher Empfindlichkeit ist die außerordentlich stabile Avidin-Biotin-Complex-Bildung (ABC-System; Abb. 5.18, e), wobei der Primär- (hier gezeigt) oder der Sekundärantikörper biotinyliert sein können. Die Amplifikatoren (A), Peroxidase oder die alkalische Phosphatase (AP) sind biotinyliert und werden an das tetravalente Avidin gebunden unter Absättigung dreier Bindungsstellen. Die restliche Bindungsstelle kann dann an den biotinylierten Primär- (hier gezeigt) oder Sekundärantikörper (indirekte ABC-Methode) binden. Sind die Amplifikatoren mehrfach biotinyliert, ergeben sich sehr große Avidin-Enzym-Komplexe, die zu einer erhöhten Empfindlichkeit der ABC-Methode führen.

Eine andere Bindung kann durch bakterielle Proteine, wie das bakterielle Protein-A (Abb. 5.18, f–h) oder Protein-G erfolgen, die selektiv an den Fc-Teil bestimmter IgG-Isotypen von Mensch und Tier binden.

Die Sichtbarmachung einer Antikörperbindung kann auch über die Markierung mit korpuskulären Elementen entweder am Primär- oder Sekundärantikörper erfolgen. So verwendet man in der Lichtmikroskopie Erythrocyten oder synthetische Mikrobeads als sichtbare Indikatoren und in der Elektronenmikroskopie Ferritin, virale Partikel oder kolloidale Goldpartikel. Kolloidale Goldpartikel können Protein-A (Abb. 5.18, g und h), Antikörper oder andere Proteine adsorbieren und somit die Brücke zum Antigen oder Antikörper herstellen.

Als Brücke zwischen Amplifikator und Antigen können auch Lektine und sogar Antigene eingesetzt werden, wie in Abbildung 5.18, j–m gezeigt. So kann man mit Hilfe markierter Antigene sowohl Antigene (Abb. 5.18, k) als auch Antikörperspezifitäten nachweisen (Abb. 5.18, l und m). Die letzten zwei Anordnungen können auch eingesetzt werden, um immunhistochemisch Antikörper gesuchter Spezifität im Gewebe aufzufinden (s. u.).

Eine besonders interessante Anordnung ist die Sandwich-Anordnung (Abb. 5.18, m), da ein fixierter Antikörper gelöstes Antigen binden kann, bevor dieses mit Hilfe eines Antigendetektionssystems (M) nachgewiesen werden kann. Die Antigenbindung durch einen fixierten Antikörper führt zu einer Antigenkonzentration, welche eine sehr starke Amplifikation bewirkt und damit auch den Nachweis von Antigenen von sehr geringen Konzentrationen ermöglicht (s. u.).

Andere Amplifikatoren sind Radionuklide, die allerdings wegen der Umweltproblematik zugunsten anderer Amplifikatoren wie etwa Enzyme (Abb. 5.18) zurückgedrängt werden, deren Arbeitsweise über die katalytischen Eigenschaften leicht, präzise und messbar ist. Enzyme sind lagerfähig, umweltfreundlich und preiswert.

Dot-Immunoassay

Der hochempfindliche Nachweis eines Proteins ist mit Hilfe der Immundetektion möglich. Wenn ein Protein in etwa einer Konzentration von 0,1 mg/mL vorliegt und von dieser Lösung 0,2 µL, insgesamt also 20 ng Protein, auf eine Nitrocellulosemembran getropft werden, die Membran geblockt und mit einem o. g. Detektionssystem, z. B. der PAP-Methode untersucht wird, ergibt sich eine starke spezifische Anfärbung des Proteinflecks, über die dieses Protein spezifisch nachgewiesen werden kann. Die Empfindlichkeit kann soweit gesteigert werden, dass Proteinmengen auch unter 1 ng noch erkannt werden können. Appliziert man eine Serie unterschiedlicher Proteinkonzentrationen, kann über die Messung der Farbtiefe des Proteinflecks eine Eichkurve erstellt und die Menge eines unbekannten Antigens (semi-) quantitativ bestimmt werden.

Der Dot-Immunoassay kann für die schnelle Orientierung verwendet werden. Sehr nützlich ist der Test vor allem für die Spezifitätskontrollen von Antiseren und die Selektion von monoklonalen Antikörpern, da eine große Serie unterschiedlicher Antigene mit derselben Antikörperpräparation gleichzeitig auf einer Nitrocellulosemembran ausgetestet werden kann.

Abbildung 5.19 zeigt, wie ein Dot-Immunoassay zur Epitopkartierung von monoklonalen Antikörpern eingesetzt werden kann. Gezeigt sind monoklonale Antikörper gegen das Serumprotein β_2-Mikroglobulin (β_2m) und ihre Reaktion sowohl gegen das native Protein als auch gegen entsprechende synthetische Peptide von β_2m, die in Abbildung 5.19 näher charakterisiert sind. Man erkennt, dass die monoklonalen Antikörper an ganz unterschiedliche Regionen des β_2m binden. So bindet der monoklonale Antikörper b mit einem Epitop auf dem nativen Protein, während f nur mit dem Peptid 4 reagiert, nicht aber mit dem nativen Protein. Vielleicht erkennt f ein verborgenes Epitop von β_2m (Abschn. 5.2). Dagegen binden die Antikörper c-e an verschiedene, durch die Peptidsequenz näher bestimmbare Epitope (Abb. 5.19), die auch im nativen Protein exponiert liegen und daher durch die Antikörper c–e erreichbar sind (Abb. 5.3).

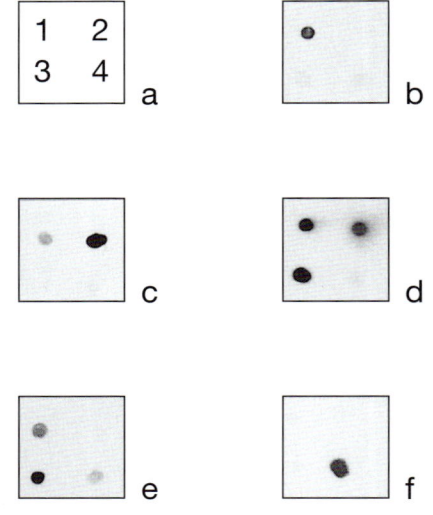

5.19 Dot-Immunoassay. Das Beispiel zeigt eine Epitopkartierung von monoklonalen Antikörpern, die gegen β_2-Mikroglobulin (β_2m) und dessen Fragmente hergestellt wurden.
Die unter 1–4 aufgeführten Antigene wurden in einer Konzentration von 0,05 mg/mL auf eine Nitrocellulose-Membran aufgetropft und die Membran anschließend mit einer Gelatinelösung geblockt. Die Bindung des Primärantikörpers wurde mit Hilfe der PAP-Methode (Abschn. 5.3.3) sichtbar gemacht.
Antigene 1–4 sind β_2m und synthetische Peptide (die Zahlen entsprechen der Aminosäureposition von β_2m).
1. β_2m, intakt, 1–99   3. β_2m, 9–24
2. β_2m, 1–19   4. β_2m, 20–36
Die monoklonalen Antikörper b, c, d, e, f reagieren sehr unterschiedlich, wie an diesem orientierenden Test sichtbar.

5.3.4 Western-Blotting: Proteintransfer, Immobilisierung und Immundetektion

Die gebräuchliche Trivialbezeichnung Western-Blotting geht auf den Namen des Erfinders der Blotting-Technik namens Southern zurück, der die Methode 1971 für die Auftrennung von DNA-Fragmenten und nachfolgender Hybridisierung als Southern-Blotting eingeführt hat. In Anlehnung an seinen Namen wurde die entsprechende Auftrennung von RNA-Fragmenten ironisierend Northern-Blotting genannt und das Proteinblotting eben Western-Blotting. Genau genommen bezeichnet der Term Western-Blotting nur das Proteinblotting mit anschließender Immundetektion; häufig jedoch wird damit das Proteinblotting (Elektroblotting) allgemein bezeichnet. Das Western-Blotting wurde von Tombin und ebenfalls von Renard 1979 eingeführt.

Elektroblotting Abschnitt 10.7

Den Prinzipien des Dot-Immunoassays folgt die Technik des Western-Blotting, nur wird bei letzterer das lösliche Antigen nicht mit der Pipette durch Auftropfen auf einem Träger immobilisiert, sondern die in einem Gel aufgetrennten Proteine werden über Kapillartransfer (Abb. 5.20 A) oder Elektrotransfer (Abb. 5.20 B) auf einen Träger (z. B. Nitrocellulose) übertragen und für die nachfolgende Immundetektion immobilisiert. Wichtig ist, dass bei der Übertragung die Proteine auf dem Träger in derselben geometrischen Anordnung erscheinen, wie sie nach Auftrennung im Gel vorliegen. Wie in Abbildung 5.20 B gezeigt, werden die gesuchten Proteine auf der Membran wie beim Dot-Immunoassay mit Hilfe eines der in Abbildung 5.18 beschriebenen Detektionssysteme identifiziert.

In Abbildung 5.20 B, a 1 erkennt man die Auftrennung eines Proteingemischs, angefärbt mit Coomassie-Blau. In Abbildung 5.20 B, a 2 wurde ein isoliertes Pro-

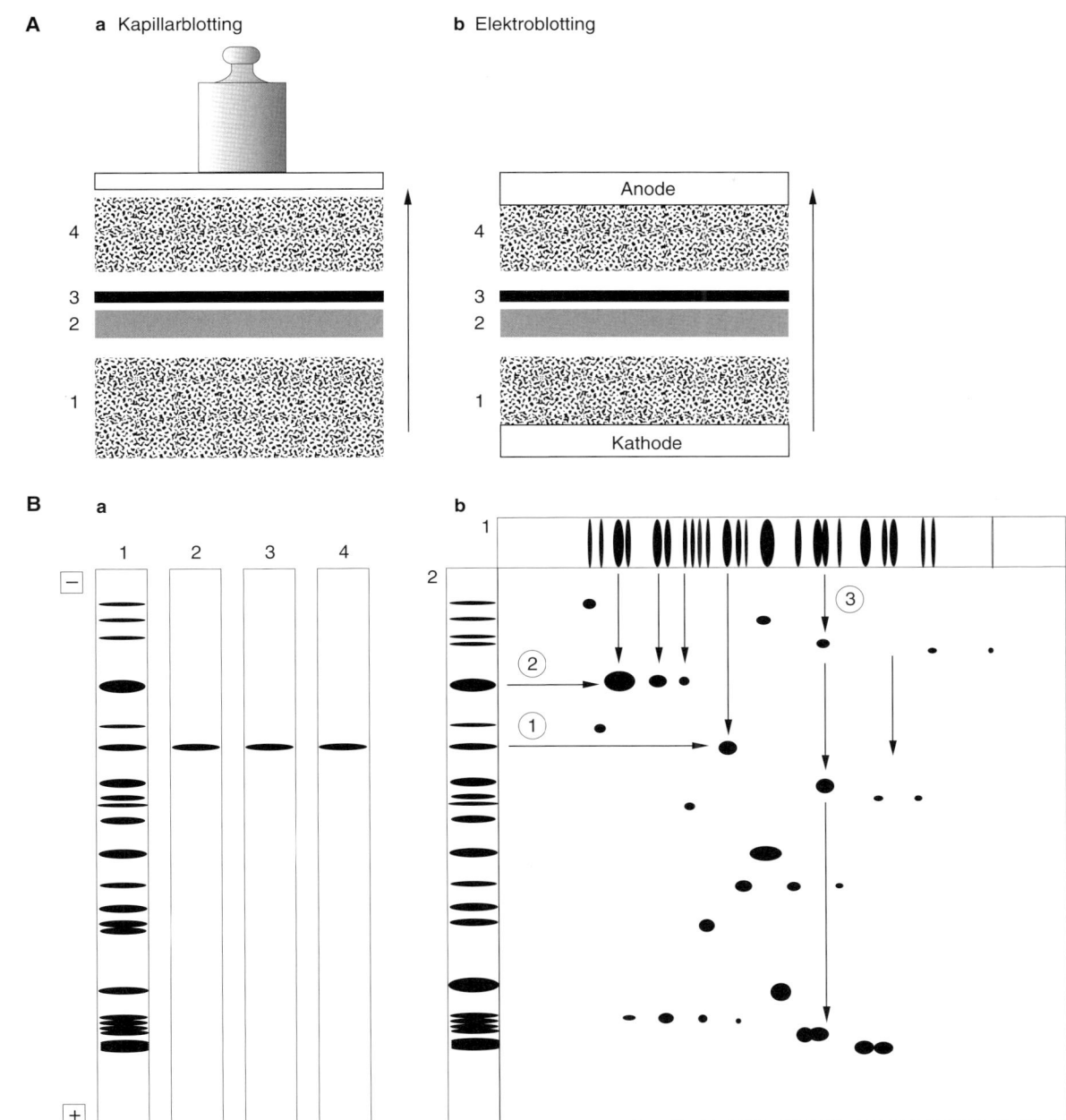

5.20 Western-Blotting: Proteintransfer und Immundetektion, schematisch.
A. Der Proteintransfer
a. Kapillarblotting: (1): Ein mit Transferpuffer getränkter Filterpapierstapel, der auch in einer Wanne mit Puffer liegen kann; (2): Gel mit aufgetrennten Proteinen; (3): Träger, meist Nitrocellulose, auf den die Proteine durch den kapillaren Sog des nicht feuchtigkeitsgesättigten Filterpapierstapels in (4) übertragen werden. Das Gewicht auf einer Glasplatte sorgt für gleichmäßigen Kontakt. Das untere, nasse Gel kann fehlen, wenn genügend Protein für die Immundetektion vorhanden ist. b. Elektroblotting: (1): Kathode mit in Tansferpuffern getränkten Filterpapieren; (2) und (3): wie beim Kapillarblotting; (4): Anode mit Filterpapieren, getränkt wie (1). Der Transferpuffer enthält gewöhnlich 20 % Methanol. Der elektrophoretische Proteintransfer kann eingetaucht in Puffer in einem Pufferbehälter oder halbtrocken zwischen Filterpapieren mit Graphit- oder Platin-beschichteten Elektroden erfolgen. Die übertragenen und immobilisierten Proteine können dann mit Hilfe der genannten Immundetektionsmethoden (Abb. 5.18) nach ihrem Antigengehalt untersucht werden.
B. Ergebnisse
a. Western-Blotting. (1) Eine Proteinmischung wurde in einem Polyacrylamidgel in SDS nach der Größe aufgetrennt und die Proteinbanden mit Coomassie-Blau angefärbt; (2) Ein isoliertes Protein wurde ebenso aufgetrennt und angefärbt; Proteine in (3) und (4), die denen in (1) und (2) entsprechen, wurden mit Hilfe eines Antiserums gegen das isolierte Protein in (2) und der indirekten Immunperoxidase-Methode angefärbt. In der Proteinmischung gibt nur das gesuchte Protein ein Signal.
b. Zweidimensionale Auftrennung der Proteinmischung in B b (1).
(1) Auftrennung nach Ladung mit Hilfe der isoelektrischen Fokussierung; (2) Auftrennung nach Größe. Als Referenz ist die eindimensionale Auftrennung in B a (1) beigefügt. Man erkennt die Uneinheitlichkeit einiger in einer Dimension erhaltenen Einzelbanden durch die weit höhere Auflösung in der zweiten Dimension.

tein aus diesem Proteingemisch in derselben Weise aufgetrennt und angefärbt. Man erkennt ein einheitliches Protein.

Nach Elektrotransfer auf eine Nitrocellulosemembran und anschließender Immundetektion erkennt man im Proteingemisch nur eine Bande.

Diese in den Biowissenschaften weithin angewendete Methode ist äußerst vielseitig, da auch Proteine aufgetrennt und immundetektiert werden können, die unter physiologischen Bedingungen unlöslich sind. So können z. B. Membranproteine in Harnstoff und ionischen Detergenzien aufgetrennt, dann nach erfolgreicher Auftrennung, nach Elektrotransfer und Immobilisation auf einer Membran in einen für die Immunreaktion kompatiblen Puffer überführt und immunchemisch untersucht werden.

In einer Reihe von biologischen Systemen z. B. kann die Fülle unterschiedlicher Proteine so groß sein, dass in einer Dimension die einzelnen Konstituenten nicht mehr ausreichend getrennt werden. In diesem Fall kann man die Auflösung über den Einsatz der zweidimensionalen Auftrennung steigern, wobei die erste Dimension eine Auftrennung nach Ladung, z. B. über eine isoelektrische Fokussierung, und die zweite Dimension eine Auftrennung nach Größe einschließt. Das Resultat sind Punktwolken mit einer Auflösung von bis zu 10 000 Proteinen pro Gelplatte (Abb. 5.20 B b). Die hohe Auflösung wird vor allem auch eingesetzt, um zu zeigen, ob ein Protein der Ladung *und* Größe nach *einheitlich* ist. Abbildung 5.20 B b (1) gibt ein Beispiel für ein homogenes Protein. Dagegen ist Protein (2) der Größe, nicht aber der Ladung nach einheitlich, da es bei der Auftrennung nach Ladung in drei Flecken (Ladungsvarianten) zerfällt. Wie in Abbildung 5.20 B b (3) gezeigt, können auch Proteinbanden einheitlicher Ladung Flecken unterschiedlicher Größenklassen ergeben, vor allem, wenn anschließend die Größenauftrennung in reduzierenden Puffern erfolgt, wobei die kovalente Struktur eines Proteins sichtbar wird. Nach Übertragung auf eine Nitrocellulosemembran kann die Immundetektion individueller Proteine erfolgen und nach der Übertragung auf eine z. B. Glasfasermembran die *N*-terminale Aminosäuresequenzierung.

Danach kann man ausgehend von entsprechenden Oligonucleotiden das Aufsuchen der entsprechenden DNA- oder cDNA-Sequenzen für die Identifizierung der vollständigen Nucleotidsequenz bis zur abgeleiteten Aminosäuresequenz ins Auge fassen.

Ebenso wichtig ist die zweidimensionale Auftrennung für den umgekehrten Vorgang, das heisst, ausgehend von DNA/RNA-Teilsequenzen können über die Synthese von immunogenen Peptiden und die Induktion von Peptidantikörpern (Abschn. 5.4) im zweidimensionalen Blot die entsprechenden Proteine über die angegebenen Immundetektionsmethoden (Abb. 5.18) identifiziert werden.

2D-Elektrophorese Abschnitt 10.5

Immunhistochemie, Immuncytochemie

Während in den vorherigen Abschnitten Methoden besprochen wurden, mit deren Hilfe lösliche Proteine oder insolubilisierte Proteine untersucht werden konnten, beschäftigt sich dieser Abschnitt mit Proteinen *in situ*, also am Ort ihrer Entstehung, ihrer Funktion oder ihres Abbaus. Mit Hilfe dieser Methoden kann die Frage nach der mikroskopischen und elektronenmikroskopischen Lokalisation bestimmter Proteine und anderer Substanzen innerhalb des Gewebeverbandes oder innerhalb der Zellen beantwortet werden. Die Immundetektion im Gewebe (**Immunhistochemie**) und an Einzelzellen (**Immuncytochemie**) ist seit der Einführung der Immunfluoreszenz durch A. Coons 1941 eine mit einer großen Zahl von Varianten etablierte Standardmethode zur meist qualitativen Erkennung bestimmter Antigene.

Die Vorbereitung der Gewebe und Zellen ist von entscheidender Bedeutung für den Erfolg der Immundetektion, denn die antigenen Determinanten der gesuchten Antigene müssen beim Einsatz dieser Methoden verfügbar sein. Heute gibt es licht- und elektronenoptische immunhistochemische Verfahren sowohl für die

Untersuchung von nativen Gewebeschnitten als auch von Schnitten von fixiertem Gewebe, das in Paraffin oder Plastik eingebettet wurde.

Immunreaktionen können am nativen Gewebe erfolgen, d. h. vor dem Schneiden und Einbetten (Prozessierung). Diese Methode wurde in früheren Jahren wegen der besseren Verfügbarkeit der antigenen Determinanten vorgezogen. Wesentliche Probleme sind jedoch die schlechte Penetration der relativ großen Antikörper in das Gewebe und die erschwerte Auswaschung der nicht gebundenen Reagenzien. Heute führt man die Immundetektion meist nach dem Prozessieren am Schnitt selbst durch, der nativ oder fixiert sein kann. Viele der erforderlichen antigenen Determinanten können mit bestimmten Fixativen unverändert erhalten werden, z. B. mit 2 % Paraformaldehydlösung bei 0 °C für einige Stunden. Andererseits kann man den fixationsbedingten Verlust von antigenen Determinanten durch enzymatische Vorbehandlung von fixiertem Gewebe oder durch „Ätzen" von Plastikschnitten durch H_2O_2 oder Natriumethoxid teilweise wieder rückgängig machen.

Wegen der leichteren Handhabung und besseren morphologischen Präservation werden heute meist fixierte Gewebeschnitte für die Immunhistochemie eingesetzt. Vor allem aber erscheint das Auffinden des spezifischen Fensters mit Hilfe unterschiedlicher Konzentrationsreihen verschiedener Reagenzien wesentlich leichter, wenn die Optimierung nach der Prozessierung direkt auf dem Gewebeschnitt durchgeführt werden kann. Da es sich hier um klassische Bindungstests handelt, folgt auch die Optimierung des Detektionssystems und die Auffindung des spezifischen Fensters nach den bereits oben genannten Regeln.

In der Lichtoptik verwendet man zur Erkennung der Bindung des Primärantikörpers an gesuchte Antigene im Gewebeschnitt meistens die indirekte, die PAP- oder die ABC-Methode. Im Gegensatz zu Chromogenen, die beim Mikro-ELISA (s. u.) verwendet werden und nach der chromogenen Oxidation löslich bleiben, werden die hier verwendeten löslichen, farblosen Chromogene durch die chromogene Oxidation unlöslich, so dass sie als gefärbte Farbindikatoren in den Gewebemaschen in unmittelbarer Nähe des Antigens hängenbleiben.

Auf elektronenoptischer Ebene haben sich elektronendichte Korpuskeln bewährt. Wegen der großen Versatilität verwendet man heute vielfach Goldkolloid, das elektronendicht und in verschiedenen Größen für die Identifizierung unterschiedlicher Antigene am selben Ultradünnschnitt herstellbar ist.

Ein Beispiel für die Detektion pathologischer Proteinablagerungen im Paraffinschnitt einer Niere des Menschen mit Hilfe der PAP-Methode (Abb. 5.18 c) ist in Abbildung 5.21 A gezeigt und die der gleichen Proteindepsits im Elektronenmikroskop mit Hilfe der Protein-A-Gold-Methode (Abb. 5.18 g) in Abbildung 5.21 B. Es sind auch Methoden bekannt, mit deren Hilfe man am selben Schnitt unterschiedliche Antigene nachweisen kann, wobei zur besseren Unterscheidung für jedes Antigen ein anders färbendes Chromogen zur Verfügung steht.

A 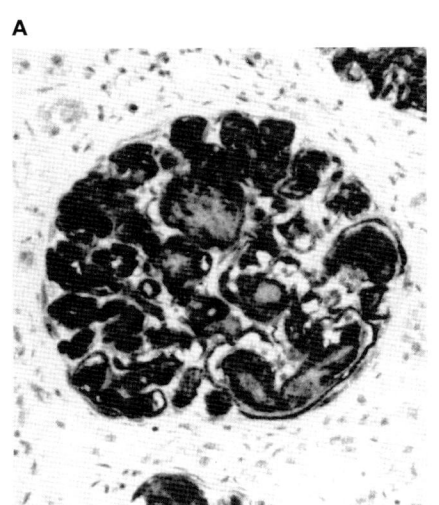 **B**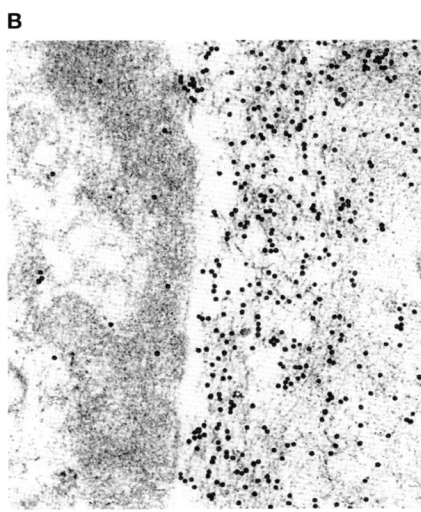

5.21 Beispiel einer immunhistochemischen Detektion auf licht- und elektronenoptischer Ebene

(A) Immunhistochemische Detektion pathologisch gespeicherter Proteine (Amyloidablagerungen) in einem Nierenglomerulum bei einem Patienten mit Nephrose und Rheumatoider Arthritis. Die Proteinablagerungen werden mit Hilfe der PAP-Methode (Abb. 5.18 c) und Aminoethylcarbazol als Chromogen (nach Oxidation braunrot und unlöslich) unter dem Einsatz eines monoklonalen Antikörpers gegen das Amyloid-A-Protein als AA-Amyloidose diagnostiziert (380 X).

(B) Dieselben Proteindepsits werden elektronenoptisch als Fibrillen erkennbar und mit Hilfe der Protein-A-Gold-Methode dekoriert (Abb. 5.18 g). Man erkennt die entlang der Fibrillen liegenden elektronendichten schwarzen Goldpartikel, deren Bindung spezifisch ist. Der Durchmesser der Goldpartikel beträgt 17 nm.

Affinitätschromatographie

Nach Immobilisierung eines Reaktionspartners kann mit Hilfe einer Immunreaktion der andere Partner gebunden und aus einer komplexen Proteinmischung isoliert werden. So kann bei kovalenter Bindung eines Antigens der spezifische Antikörper und umgekehrt durch Kopplung eines isolierten spezifischen Antikörpers ein Antigen isoliert werden. Gekoppelt werden kann an eine Fülle kommerziell erhältlicher Träger, die je nach Art der Affinitätschromatographie unterschiedliche Eigenschaften haben (Dextran, Agarose, Silikat und andere Träger). Die Träger unterscheiden sich auch hinsichtlich der chemischen Gruppe, über die ein Antigen gekoppelt werden kann (z. B. $-NH_2$, $-COOH$, $-SH$). Die Isolierung erfolgt gewöhnlich über die Bindung und Elution von granulären Trägern in einer Chromatographiesäule. Der gebundene Partner wird meistens im Sauren eluiert (Tab. 5.2) und anschließend neutralisiert.

Affinitätschromatographie Abschnitt 9.8

Die Affinitätschromatographie kann unter entsprechenden Bindungs- und Elutionsbedingungen auch über eine Substrat-Enzym-Bindung, eine Nucleinsäuren- und Komplementärstrang-Bindung und jede andere Art einer biospezifischen Bindung erfolgen. Die Versatilität dieser Methoden und die gewöhnlich sehr hohe Effizienz der Reinigung, die über biospezifische Bindungen erreichbar sind (100–1000-fache Anreicherung sind je nach Ausgangslage möglich), haben die Affinischromatographie zu einer der wichtigsten Methoden in der Biochemie werden lassen. Vor allem kann bei einer sehr geringen Konzentration von Proteinen in hochkomplexen Proteinlösungen und der Aussichtslosigkeit einer Isolierung mit Hilfe klassischer Verfahren die biospezifische Anreicherung den entscheidenden Vorteil bedeuten.

Enzymimmunoassays (EIA, ELISA)

Die Entwicklung der Prinzipien des Enzymimmunoassays (**EIA**), dessen erste Darstellung durch Engvall und Perlman 1971 erfolgte und **ELISA** (*Enzyme-linked Immunosorbent Assay*) genannt wird, ist durch die notwendige Vermeidung der im RIA verwendeten Radioaktivität entscheidend vorangetrieben worden.

Der EIA/ELISA folgt denselben Prinzipien, die beim Radioimmunoassay bereits besprochen wurden, nur dass der Amplifikator nicht der radioaktive Zerfall, sondern eine durch ein Enzym katalysierte Chromogenumwandlung ist. Das lösliche und farblose Chromogen wird zu einem löslichen, gefärbten und quantifizierbaren Farbstoff umgesetzt, im Gegensatz zur Immunhistochemie, bei der der entstehende Farbstoff unlöslich wird. Alle Reaktionen des EIA/ELISA finden mit einem immobilisierten Partner statt, was die Trennung von gebundenen und nicht gebundenen Reagenzien erheblich erleichtert.

Der ELISA wurde ursprünglich in Plastikröhrchen vorgenommen, was man nachträglich als Makro-ELISA bezeichnete, im Gegensatz zum Mikro-ELISA, der in eigens für diesen Zweck hergestellten 96-Loch-Mikrotiterplatten durchgeführt wird. Plastikoberflächen binden zwar die Antigene oder Antikörper nicht kovalent, aber mit einer erstaunlichen Festigkeit. Die großen Vorteile sind die relative Leichtigkeit der Testdurchführung und die Möglichkeit der Automatisierung sowie die Messung der Farbtiefe des Chromogens in kurzer Zeit mit Hilfe eines speziellen Photometers, des Mikro-ELISA-Readers. Anschließend kann die Auswertung mit Hilfe eines Computerprogramms erfolgen.

Man unterscheidet grundsätzlich drei ELISA-Systeme, die in einer großen Fülle von Varianten, für alle möglichen Zwecke entwickelt worden sind (Abb. 5.22).

Zunächst gibt es ein EIA-System, das mit Hilfe eines enzymmarkierten Antigens kompetitiv nicht-markiertes Antigen in komplexen Proteinmischungen messen kann (Abb. 5.22 A). Dieses Prinzip entspricht dem kompetitiven Festphasen-RIA. Wie beim RIA kann die Verdrängung des markierten Antigens mit Standardlösungen nicht-markierten Antigens kalibriert werden. Über eine Standardkurve

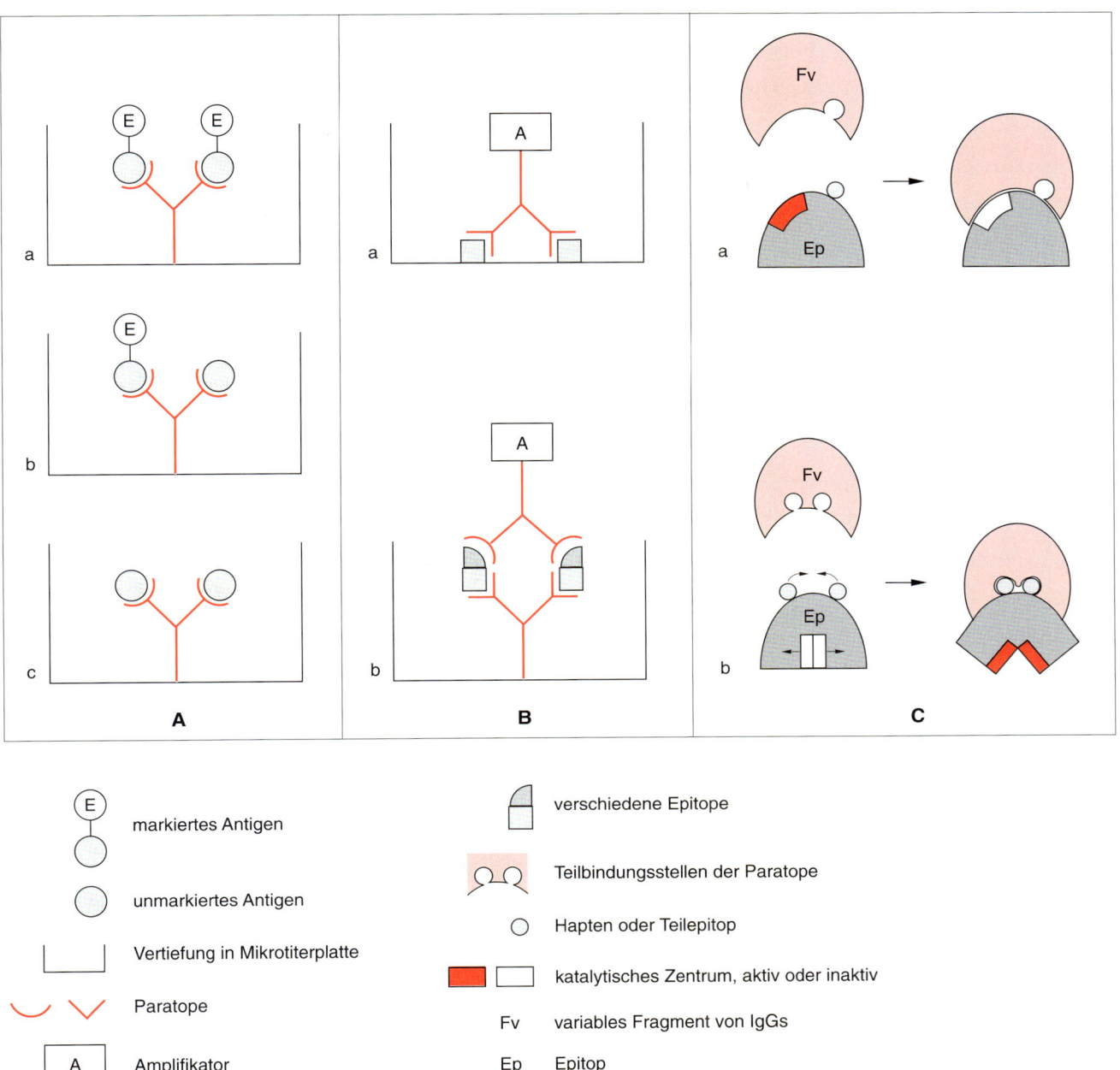

5.22 Enzymimmunoassay EIA, heterogen und homogen.
A. kompetitiv (wie RIA, Abschn. 5.3.2); (a) mit 100 % markiertem Antigen (b) 50 % Verdrängung von markiertem (E) durch unmarkiertes Antigen, c. völlige Verdrängung des markierten Antigens durch unmarkiertes. E: enzymatische Aktivität als Amplifikator.
B. ELISA (a) einfach; (b) Sandwich-ELISA; (A) Amplifikator wie in Abb. 5.18 dargestellt; das Antigen wird von zwei Antikörpern unterschiedlicher Spezifität über zwei entsprechend verschiedene Epitope bimodal gebunden.
C. homogener EIA, sehr schematisch. (a) Antigen-Antikörper-Reaktion bedingt partielle oder komplette Inaktivierung des katalytischen Zentrums. (b) Antigen-Antikörper-Reaktion bedingt durch eine Konformationsänderung eine Aktivierung des katalytischen Zentrums.

kann der Verdrängungsgrad (Abb. 5.22 A, a–c) durch ein unbekanntes Antigen über die Standardkurve exakt quantifiziert werden.

Eine zweite Variante des EIA, der nicht-kompetitive ELISA, arbeitet mit sukzessiv applizierten Reagenzien (Abb. 5.22 B a). Das System entspricht der Anordnung typischer Bindungstests, wobei das an eine Mikrotiterplatte adsorbierte Antigen einen Antikörper bindet, der über typische Amplifikationen (A) nachgewiesen werden kann. Das Erkennungs- und Amplifikationssystem für den Nachweis dieser Bindung ist meist das indirekte, kann aber auch ein anderes in Abbildung 5.18

dargestellte System sein. Diese ELISA-Variante dient vor allem zur Untersuchung von Antikörpern, deren Titerbestimmung oder der Aufdeckung der Antigen- und Epitopspezifität sowie der Epitopkartierung monoklonaler Antikörper. Dieses System eignet sich aber auch, um ganz allgemein jede andere Bindungsfunktion zu untersuchen, die nicht auf einer Antigen-Antikörper-Bindung beruht.

Ein weiteres System, der Sandwich-ELISA, dient vor allem der Quantifizierung von Antigenen, die in niedriger Konzentration in komplexen Mischungen vorliegen. Dieser ELISA beginnt mit der Immobilisierung eines spezifischen Antikörpers in einer Mikrotiterplatte, der **Fangantikörper** (*catching antibody*) genannt wird und das relevante gelöste Antigen bindet, so dass alle anderen nicht gebundenen Konstituenten der Mischung weggewaschen werden können. Dieses Einfangen durch Binden des Antigens entspricht dem Bindungsschritt in der Affinitätschromatographie.

Ganz besonders wichtig ist die durch den Fangantikörper bedingte Konzentrationssteigerung des Antigens. Durch diese Konzentrierung aus hochverdünnten Lösungen kann dieser ELISA daher eine Empfindlichkeit erreichen, die der des RIA nahekommt. Das durch den Fangantikörper gebundene Antigen kann nun in derselben Weise nachgewiesen werden wie beim einfachen nicht-kompetitiven ELISA (Abb. 5.22 B). Da das Epitop des Fangantikörpers bereits besetzt ist, ist es notwendig, für die Detektion des gebundenen Antigens einen zweiten markierten Antikörper mit einer anderen Epitopspezifität zu nutzen. Dies gilt vor allem beim Einsatz monoklonaler Antikörper.

Im Gegensatz zu den besprochenen Varianten des EIA oder ELISA, die wegen der vielfachen Überschichtungen mit diversen Reagenzien und Waschungen als *heterogen* bezeichnet werden, gibt es auch den *homogenen* EIA. Diese Variante kommt mit einem einzigen Röhrchen aus und ist im Gegensatz zum heterogenen System, dessen Durchführung mehrere Stunden dauert, in Minuten abgeschlossen. Da das homogene System keine antikörperbedingten Amplifikationsschritte einschließt, ist es naturgemäß weniger empfindlich als die heterogenen EIAs.

Die homogenen Immunoassays arbeiten in der in Abbildung 5.22 C dargestellten Weise. Das Prinzip des homogenen EIAs beruht auf einer Änderung einer enzymatischen Aktivität, die durch die Antigen-Antikörper-Reaktion ausgelöst wird. Homogene Immunoassays sind so konstruiert, dass entweder ein katalytisches Zentrum durch die Bindung eines nahen Haptens abgedeckt wird und seine Aktivität verliert (Abb. 5.22, C a) oder dass ein Antigen über die Immunbindung eine sterische Komformationsänderung erfahren kann, die zur Aktivierung eines katalytischen Zentrums führt (Abb. 5.22, C b). Beide nachfolgenden Änderungen einer Enzymaktivität können quantifiziert werden. Über diese Änderung der Enzymaktivität kann daher eine Immunreaktion im selben Röhrchen, unmittelbar nach Zugabe des Antikörpers erkannt und quantifiziert werden.

Von der Einfachheit der Handhabung des etablierten Systems rührt seine große Attraktivität, vor allem im Hinblick auf die leichte Automatisierbarkeit für Massenbestimmungen in Medizin und Industrie. Sie erlaubt z. B. das kontinuierliche Monitoring industrieller Prozesse, aber auch die kontinuierliche Verfolgung der Konzentration von Medikamenten und Giften im Patienten. Die einzige Schwierigkeit besteht in der Etablierung dieser homogenen EIAs.

5.4 Herstellung von Antikörpern

Obwohl heute eine große Fülle exzellenter Immunseren isolierter und vielfältig markierter Antikörper kommerziell erhältlich ist, gibt es natürlich noch keine Antikörper an der Wissenschaftsfront für die gerade entdeckten Proteine oder für Proteine von noch ungenügend wirtschaftlicher Bedeutung. Daher soll hier die einfache Möglichkeit, eigene Immunreagenzien herzustellen, aufgezeigt werden. Voraussetzung ist der Zugang zu einem Tierlabor, das behördlicher Aufsicht unterliegt und von einem Tierarzt betreut wird, und/oder zu einem Gewebekulturlabor für die Herstellung monoklonaler Antikörper, wenn die Antikörper oder die Fv-Domänen nicht gentechnisch hergestellt werden.

Antikörper können gegen Proteine, Polysaccharide, Glykolipide und fast alle chemischen Gruppen hergestellt werden, die aber eine Reihe von Voraussetzungen mitbringen müssen, um immunogen zu sein (Tab. 5.3). Im Folgenden wird die Darstellung auf Proteine und Haptene beschränkt, da diese die wichtigsten Immunogene repräsentieren.

5.4.1 Arten von Antikörpern

Um **Antiseren** herstellen zu können, werden ganz verschiedene Labortiere (Maus, Ratte, Meerschweinchen) und Haustiere (Kaninchen, Ziege, Schaf, Schwein, Pferd, Huhn; etwa in der Reihenfolge der Wichtigkeit) immunisiert. Diese Tiere werden eigens gezüchtet und zur Antiserumgewinnung kommerziell angeboten. Das Antigen wird für die Immunisierung in unterschiedlicher Weise vorbereitet und appliziert. Die Vorbereitung schließt den Einsatz von Adjuvanzien zur Steigerung der Immunantwort und damit die Erhöhung der Antikörperkonzentration ein. Die erste Applikation (Immunisierung) erfolgt meistens an multiplen Stellen in Form von Mikrodeposits streng intrakutan, was die Versuchstiere kaum belastet. Die resultierenden Antiseren enthalten eine große Fülle verschiedener Antikörper mit unterschiedlicher Epitopspezifität und -Affinität, deren Zusammensetzung sich nach Blutabnahmezeit und Zahl der Booster-Injektionen (Auffrischungs-Injektionen), die etwa monatlich nach der Erst-Immuninsierung subkutan oder/und intramuskulär stattfinden und auch Adjuvans enthalten, durch antigeninduzierte Expansion immer neuer Plasmazellklone verändert. Antiseren enthalten polyklonale Antikörper, die mit dem homologen Antigen reagieren, wie in Abbildung 5.5 A modellhaft dargestellt ist. Die einzigen Unterschiede sind, dass ein natürliches Antigen gewöhnlich mehr als drei antigene Determinanten hat und dass ein polyklonales Antiserum in der Regel mit einer Batterie von etwa 10 bis 1000 verschiedenen Antikörpern gegen jeweils eine einzige antigene Determinante reagieren kann, deren Anzahl und individuelle Syntheseleistung sich nach jeder Booster-Injektion ändern kann. Daher ist ein Antiserum nie exakt zu reproduzieren. Andererseits erkennt dieses Antiserum das Antigen in fast allen Konformationen, selbst nach starker Denaturierung (reduktiver Spaltung der Disulfidbrücken und auch bei Anwesenheit bestimmter Detergenzien) oder nach Fragmentierung, da in vielen Fällen genügend antigene Determinanten für eine Bindung übrig bleiben. Antiseren sind daher ideal zum Einsatz bei Immunpräzipitationsmethoden.

Unter **Peptidantikörpern** versteht man polyklonale Antikörper gegen synthetische Peptide, die maßgeschneidert gegen ganz bestimmte, meist funktionell oder strukturell wichtige Regionen eines Makromoleküls gerichtet sind, etwa zur Untersuchung katalytischer oder anderer Bindungsfunktionen. Die Reaktion von Peptidantikörpern muss man sich vorstellen wie in Abbildung 5.5 B gezeigt, nur dass diese gegen ein einziges oder wenige Epitope reagieren, aber dies mit einer Fülle unterschiedlicher Antikörper. Man erzeugt Peptidantikörper auch paarweise zur bimodalen Bindung eines Makromoleküls in bestimmten Assays (z. B. Sandwich-ELISA, Abb. 5.22).

Wegen seiner monovalenten Bindung an Antigene (Abb. 5.5 B) präzipitiert daher ein Peptidantiserum nicht, ist aber hochspezifisch in Bindungstests, vorausgesetzt, das Peptidepitop ist dem Immunogen homolog oder chemisch sehr ähnlich.

Peptidantikörper werden nach Kopplung von Peptiden an immunogene, hochmolare Trägermoleküle, wie Thyreoglobulin oder KLH (*keyhole limpet hemocyanin*, Hämocyanin des Pfeilschwanzkrebses *Limulus polyphemus*) hergestellt. In ähnlicher Weise werden auch **Haptenantikörper** gewonnen, die gegen kleinere chemische Substanzen (etwa Steroidhormone, Pharmaka, Drogen, Umweltgifte) hergestellt werden können und gewöhnlich nur einen Teilabschnitt des Paratops binden (Abschn. 5.2).

Monoklonale Antikörper Eine einzelne B-Zelle produziert nur eine einzige gleichbleibende Antikörperspezifität im Organismus, die selbst beim Isotypwechsel nicht geändert wird. Entartet solch eine B-Zelle neoplastisch mit der Folge ungebremster Proliferation, kann eine exorbitante Menge dieses einen Antikörpers produziert werden (homogener Antikörper). Am Auftreten dieses einen Immunglobulins im Blutplasma kann die Krankheit (z. B. multiples Myelom, Plasmocytom) diagnosiziert werden. Es handelt sich hier gewöhnlich um normale Antikörper in exzessiver Menge und Homogenität, deren Spezifität man jedoch nicht kennt.

Köhler und Milstein ist es 1975 gelungen, durch somatische Hybridisierung (Fusion) von Immun-B-Zellen mit bekannter Spezifität und einer Tumorzelllinie, monoklonale Antikörper mit intendierter Spezifität in der Gewebekultur zu erzeugen. Dafür wurden sie 1984 mit dem Nobelpreis ausgezeichnet. Über einen chemischen Selektionsmechanismus ist das Wachstum nur fusionierten Zellen (Hybridomen) erlaubt. Ausgewählt und propagiert werden nur Klone, welche die gewünschte Antikörperaktivität besitzen.

Man kann in der Gewebekultur auch bispezifische Antikörper durch Fusion zweier Hybridome mit bekannter Spezifität herstellen. Man spricht hier von **Quadromen**.

Die Hybridomtechnik hat die Immundetektion revolutioniert, da nun Antikörper chemisch einheitlicher Struktur und Funktion in potentiell unbegrenzter Menge zur Verfügung stehen. Sie sind in mannigfachen Immunoassays einsetzbar und ideale Reagenzien für die Automation. Auch kommt die Produktion monoklonaler Antikörper in der Gewebekultur unserem Bestreben entgegen, Tierversuche zu verringern. Monoklonale Antikörper haben wegen dieser besonders günstigen Eigenschaften eine wachsende Bedeutung in allen Biowissenschaften, der Chemie, der Medizin und der Industrie gewonnen. Auf Genebene gelingt es auch, alle möglichen Antikörperteile in funktionell aktiver Form herzustellen. So gewinnt man z. B. über die gentechnische Herstellung von Fv-Domänen Miniantikörper etwa für bestimmte diagnostische und therapeutische Zwecke, z. B. für die Erkennung von Tumoren im Organismus nach Radiomarkierung der Antikörper, oder Antikörper für deren Beseitigung. Man kann auch auf Genebene ein Mausparatop bekannter Spezifität in einen menschlichen Antikörper einsetzen und so maßschneidern, dass eine in der Maus selektierte Spezifität im Kleide eines menschlichen Antikörpers erscheint, der im Menschen nicht als fremd erkannt wird und deshalb diagnostisch oder therapeutisch eingesetzt werden kann (humanisierte Antikörper). Die Beschäftigung mit rekombinanten und katalytischen Antikörpern ist zukunftsweisend.

Weiterführende Literatur

Frenecik M. Handbook of Immunochemistry. Chapman & Hall, London, 1993.
Garvey J. S., Cremer N. E., Sussdorf, D. Methods in Immunology, W. A. Benjamin Inc., 1977.
Hudson L., Hay F. C. Practical Immunology 3e. Blackwell Scientific Publications, Oxford, 1989.
Janeway, C. A., Travers, P. Immunologie, 2. Auflage. Spektrum Akademischer Verlag 1997.
Klein, J. Immunologie. VCH Verlagsgesellschaft, Weinheim 1991.
Tijssen P. Practice and Theory of Enzyme Immunoassays. In: Burden R. H., Knippenberg P. H. (Hrsg.) Laboratory Techniques in Biochemistry and Molecular Biology, Elsevier Science Publishers B. V., Amsterdam, Vol 15, 1985.
Weir D. M., Herzenberg L. A., Blackwell C., Herzenberg L. A. (Hrsg.) Handbook of Experimental Immunology Volume 1: Immunochemistry, Blackwell Scientific Publications, Oxford 1986.

6 Chemische Modifikation von Proteinen und Proteinkomplexen

Die chemische Modifikation von Proteinen spielte – und spielt noch immer – eine bedeutende Rolle in der Proteinforschung. Vor Jahren, zu Zeiten der klassischen Enzymologie, war sie praktisch die einzige Möglichkeit zur Untersuchung von Struktur-Wirkungsbeziehungen, worunter man damals im Wesentlichen das Auffinden der für die enzymatische Aktivität essentiellen funktionellen Gruppen verstand. Zweck von chemischen Modifikationen ist es, diejenigen Aminosäureseitenketten (z. B. Carboxygruppen von Asparaginsäure- und Glutamatresten, Imidazolgruppen von Histidinresten, Hydroxygruppen von Serin- und Threoninresten etc.) zu finden, deren chemische Modifikation die enzymatische Aktivität inhibiert oder ganz blockiert, und dann die Position dieses „essentiellen" Restes in der Polypeptidkette zu lokalisieren.

Die Zugänglichkeit – oder umgekehrt die Nichtzugänglichkeit – einer funktionellen Gruppe für das modifizierende Agens weist auf ihre Lokalisation an der Oberfläche bzw. im Innern des Proteins hin. Die Nähe einer funktionellen Gruppe zu anderen kann sich auf charakteristische Eigenschaften wie den pK-Wert auswirken, so dass chemische Modifikationsreaktionen Informationen, wenn auch nur angenäherte und qualitative, über räumliche Zusammenhänge geben können.

Die Methoden der chemischen Modifikation wurden parallel zur Bestimmung von 3D-Strukturen durch Röntgenstrukturanalyse entwickelt. Im Allgemeinen stimmen die Schlussfolgerungen aus den Modifikationsexperimenten gut mit den gewonnenen Raumstrukturen überein.

Gegenwärtig ist die Identifizierung von funktionell wichtigen Aminosäureresten von Proteinen allein durch chemische Modifikation nicht mehr populär. Dasselbe Ziel kann eleganter und präziser durch gerichtete Mutagenese erzielt werden. Ein Beispiel hierfür ist die sogenannte Alanin- (oder Glycin-)Scanning-Mutagenese: Die schrittweise Substitution sämtlicher Aminosäurereste, die eine funktionelle Gruppe tragen, nacheinander durch Alanin oder Glycin ermöglicht die Identifizierung „essentieller" funktioneller Gruppen.

Chemische Modifikation ist weiterhin ein Werkzeug zur Bestimmung von Raumstrukturen in Lösung. Zum Beispiel benötigte die NMR-Spektroskopie von Proteinen bis in die achtziger Jahre hinein chemische Modifikationen für die Zuordnung von Signalen der Spektren. Am leichtesten interpretierbar war der Bereich der Protonensignale der aromatischen Aminosäureseitenketten. Enthielt ein Protein z. B. mehrere Tyrosin-, Tryptophan- oder Histidinreste, war chemische Modifikation erforderlich, um deren Signale bestimmten Resten der Sequenz zuzuordnen. Diese Anwendung der chemischen Modifikation ist heute obsolet. Zum einen erfolgt die Zuordnung leichter durch gerichtete Mutagenese. Zum anderen ermöglichte der schnelle Fortschritt der NMR-Technik im letzten Jahrzehnt eine vollständige Zuordnung von Signalen und die Aufklärung von 3D-Strukturen von Proteinen bis zu 150–200 Aminosäuren Länge, ohne dass man auf chemische Modifikationen oder gerichtete Mutagenese zurückgreifen muss. In schwierigen Situationen, z. B. wenn die gerichtete Mutagenese zu signifikanten Strukturänderungen führt, ist man allerdings mitunter auf chemische Modifikationen angewiesen.

NMR-Spektroskopie Kapitel 16

Dennoch ist die chemische Modifikation für die Bestimmung von Raumstrukturen gerade heute wieder wichtig und nützlich: Sie wird bei großen Proteinen eingesetzt, die der NMR-Strukturanalyse nicht zugänglich sind, und bei Molekülen, von denen keine Kristalle für die Röntgenstrukturanalyse erhältlich sind. Hier erlaubt z. B. die Einführung von sogenannten Reportergruppen, d. h. von Fluoreszenz- und Spinlabels, die Analyse der Mikroumgebung in Nachbarschaft der eingeführten Gruppe durch Fluoreszenz- oder Spinresonanz- (EPR-)Spektroskopie. Sie ermöglicht darüber hinaus eine Abschätzung von intramolekularen Abständen, von Form und Dimension von Proteinmolekülen.

Viele biologisch wichtige Proteine (Rezeptoren, Transporter, Ionenkanäle, diverse Enzyme) sind Membranproteine, deren Kristallisation heute noch immer problematisch ist. Für diese ist die Bestimmung räumlicher Zusammenhänge mit Hilfe von Reportergruppen, eingeführt durch kovalente Reaktionen mit dem nativen Membranprotein in situ mehr als nur ein Notbehelf.

Eine neue Entwicklung stellt die Kombination chemischer Modifikation mit gerichteter Mutagenese dar. Diese ermöglicht die Einführung von geeigneten Modifikationsstellen (z. B. von Cysteinresten) in spezifische Positionen der Polypeptidkette. Sie lassen sich anschließend entweder auf ihre Zugänglichkeit für Modifikationsreaktionen oder für die Plazierung gewünschter Reportergruppen verwenden.

Ein anderes Anwendungsgebiet der chemischen Modifikation ist die Analyse von Quartärstrukturen und von Komplexen mit anderen Proteinen. Hier besteht die Methodik darin, kovalente Vernetzungen (*cross-links*) zwischen Untereinheiten bzw. benachbarten Molekülen einzuführen, wobei diese wiederum Proteine oder aber Nucleinsäuren, Lipide und Peptide sein können. Studien dieser Art erlauben Rückschlüsse auf räumliche Beziehungen. Die Verwendung von Cross-Linking-Reagenzien verschiedener Länge ermöglicht eine Abschätzung von Abständen zwischen vernetzten Komponenten.

Und schließlich sind chemische Modifikationen noch immer unverzichtbare Werkzeuge bei zahlreichen praktischen Anwendungen der Proteinchemie: z. B. bei der Synthese von Proteinkonjugaten für die Antikörpergewinnung, die radioaktive Markierung von Proteinen, die Synthese fluoreszenzmarkierter Proteine in der Zellbiologie und für die Präparation von Protein- bzw. Peptidmatrices zur Affinitätschromatographie. Die häufigste Anwendung einer chemischen Modifikation ist wahrscheinlich noch immer die Reaktion mit Phenylisothiocyanat, die Edman-Sequenzierung.

Edman-Sequenzierung Abschnitt 13.1

Im Folgenden werden die Prinzipien der hier skizzierten Anwendungen chemischer Modifikationen anhand von Beispielen beschrieben. Anwendungen für die Spaltung von Polypeptidketten (wie etwa die CNBr-Spaltung nach Methioninresten) werden in Kapitel 8 beschrieben. Wir gehen nur am Rande auf Reaktionen zur Entfernung von funktionellen Gruppen zur Bestimmung deren Rolle ein und möchten uns eher auf Beispiele konzentrieren, bei denen chemische Modifikationen zur Einführung verschiedener Gruppen für Strukturuntersuchungen oder für praktische Anwendungen eingesetzt werden.

CNBr-Spaltung Abschnitt 8.6

6.1 Chemische Modifikation funktioneller Gruppen von Proteinen

In diesem Abschnitt werden sogenannte seitenkettenspezifische Reagenzien beschrieben. Die meisten der gegenwärtig erhältlichen Seitenkettenreagenzien richten sich gegen die Seitenketten von Lysin-, Cystein-, Tyrosin-, Histidin-, Methionin-, Arginin- und Tryptophanresten. In einigen Fällen reagiert ein Reagenz spezifisch nur mit einem Typ von Seitenketten. In vielen anderen Fällen können jedoch prinzipiell mehrere dieser Reste reagieren. Ein Beispiel hierfür ist die Reaktion von Cystein-, Histidin-, Methionin- und Lysinresten mit Iodacetamid. Hier ist dann die überwiegende Reaktion mit nur einem Typ von Seitenketten durch die sorgfältige Kontrolle der Reaktionsbedingungen, z. B. des pH-Wertes, sicherzustellen. Da funktionelle Gruppen eines bestimmten Typs unterschiedliche Mikroumgebungen haben, die den pK-Wert der dissoziierbaren Gruppe beeinflussen, kann ein Reagenz durchaus nur mit einer dieser Gruppen reagieren und somit eine gewisse Selektivität aufweisen.

Lysinreste

N-terminale α-Aminogruppen und ε-Aminogruppen von Lysinresten sind bevorzugte Ziele chemischer Modifikationen. Lysinreste kommen ubiquitär in Proteinen vor, befinden sich überwiegend an der Oberfläche von Proteinen und sind somit normalerweise für Modifikationsreagenzien zugänglich. Die Reaktionen werden bei pH-Werten >9 durchgeführt, wenn überwiegend ε-Aminogruppen modifiziert werden sollen. Da α- niedrigere pK-Werte haben als ε-Aminogruppen, kann man sie durch Senken des pH-Wertes selektiv modifizieren. Eine Vielzahl selektiver Aminogruppenreagenzien steht zur Verfügung.

Acylierung Acylierungsreaktionen werden mit Anhydriden (z. B. Acetanhydrid) oder mit aktiven Estern wie p-Nitrophenyl- oder N-Hydroxysuccinimidestern durchgeführt (siehe Abb. 6.1).

Eine breite Anwendung fand die radioaktive Markierung mit dem Bolton-Hunter-Reagenz N-Succinimidyl-3-(4-hydroxyphenol)propionat, die in Abbildung 6.2 gezeigt ist. Hier wird in einem ersten Schritt das Reagenz iodiert, z. B. mit der Bolton-Hunter- oder der Chloramin-T-Methode. Das mono- oder diiodierte Reagenz wird anschließend zur Alkylierung des Proteins eingesetzt (Weg 1 in Abb. 6.2). Oder aber man modifiziert das Protein oder Peptid zunächst mit dem uniodierten Reagenz. Die erhaltenen Derivate kann man lagern und erst unmittelbar vor der Verwendung iodieren (Weg 2). Dieser Weg ist natürlich nur möglich, wenn das Protein selbst keinen Tyrosin- oder Histidinrest besitzt, da diese sonst ebenfalls iodiert würden.

Acylierung entfernt die positive Ladung der Aminogruppe und bewirkt dadurch eine beträchtliche Veränderung der chromatographischen Eigenschaften. Durch Ionenaustauschchromatographie oder Reversed-Phase-HPLC können die einfach modifizierten von nicht modifizierten und polymarkierten Präparaten abgetrennt werden. Darüber hinaus können die verschiedenen einfach modifizierten Komponenten voneinander getrennt werden, da die Entfernung der positiven Ladung an verschiedenen Stellen des Proteins (die unterschiedliche Mikroumgebungen besitzen) und die Substitution mit einer Acylgruppe den Molekülen unterschiedliche physikochemische und damit chromatographische Eigenschaften verleihen.

Die Reaktion mit Ethylthiotrifluoracetat (Abb. 6.3) stellt eine schonende Methode zur Einführung einer Trifluoracetylgruppe dar.

Ionenaustausch-Chromatographie
Abschnitt 9.4

Reversed-Phase-Chromatographie
Abschnitt 9.6

6.1 Acylierung von Proteinen mit Acetanhydrid oder N-Hydroxysuccinimidessigester.

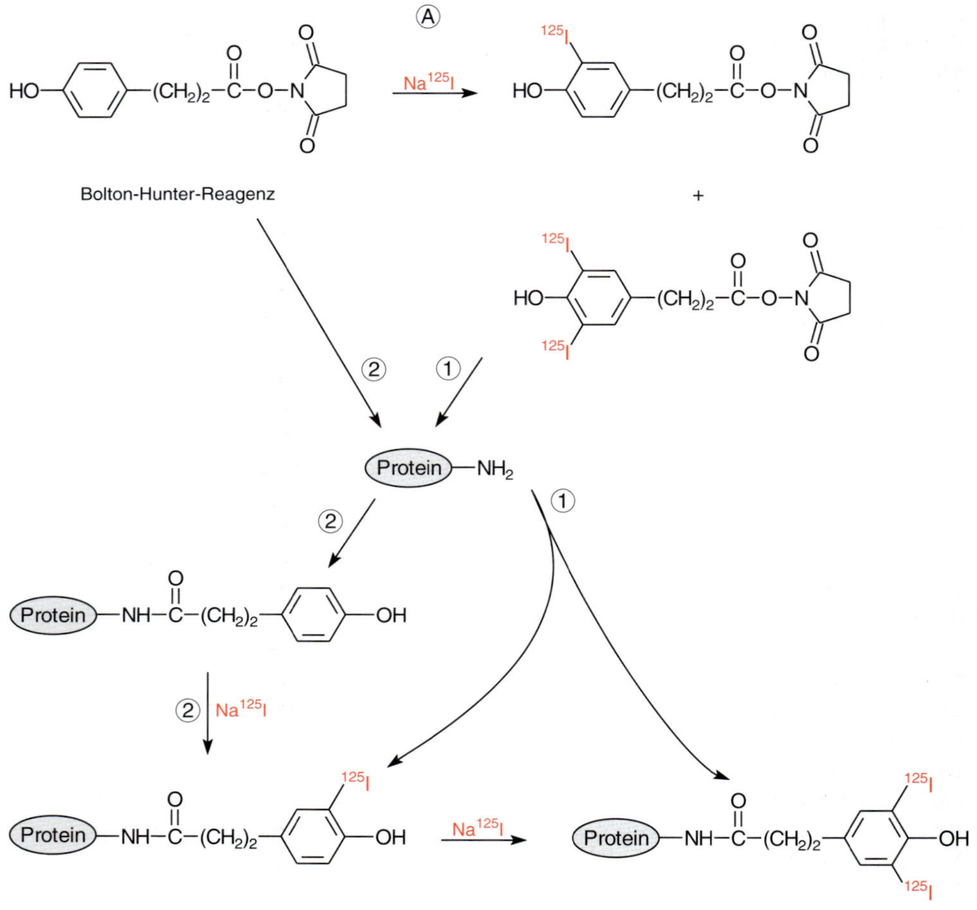

6.2 Radioaktive Markierung mit dem Bolton-Hunter-Reagenz *N*-Succinimidyl-3-(4-hydroxyphenol)propionat. Dabei kann das Reagenz entweder zuerst mit Na^{125}I iodiert werden und dann mit dem Protein umgesetzt werden, so dass das radioaktiv markierte Proteinderivat entsteht (Weg 1). Oder man alkyliert das Protein mit dem uniodierten Reagenz und markiert es erst unmittelbar vor der Verwendung (Weg 2).

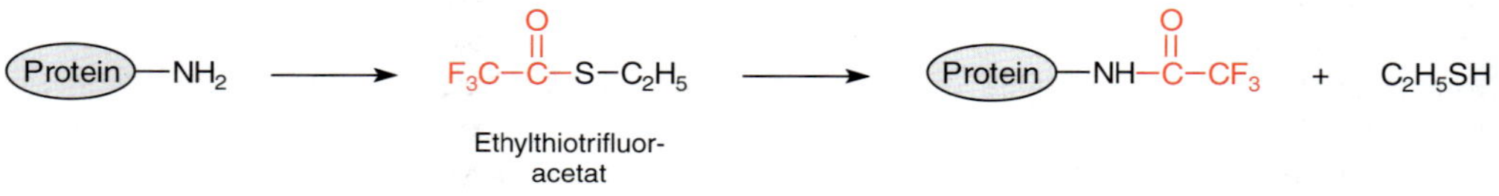

6.3 Einführung einer Trifluoracetylgruppe mit Ethylthiotrifluoracetat.

Auf diese Weise wurde eine Vielzahl ein- oder mehrfach trifluoracetylierter Derivate von kleinen Proteinen, z. B. von Cytochrom c hergestellt und mit ^{19}F-NMR-Spektroskopie untersucht.

Amidinierung Die Modifikation von Aminogruppen mit Imidoestern (Abb. 6.4) bewahrt die positive Ladung der Lysinreste. Ein weiterer Vorteil dieser Methode ist die Wasserlöslichkeit der Imidoester, die im Bereich von pH 7 bis 10 ausschließlich mit ε- und α-Aminogruppen reagieren. Die daneben ebenfalls auftretenden Modifikationen von Methionin-, Tyrosin- und Histidinresten zerfallen sehr schnell.

Wenn erforderlich, kann die Modifikation durch Desamidinierung mit starken Nucleophilen (Hydrazin, Hydroxylamin, wässriges Methylamin) rückgängig gemacht werden.

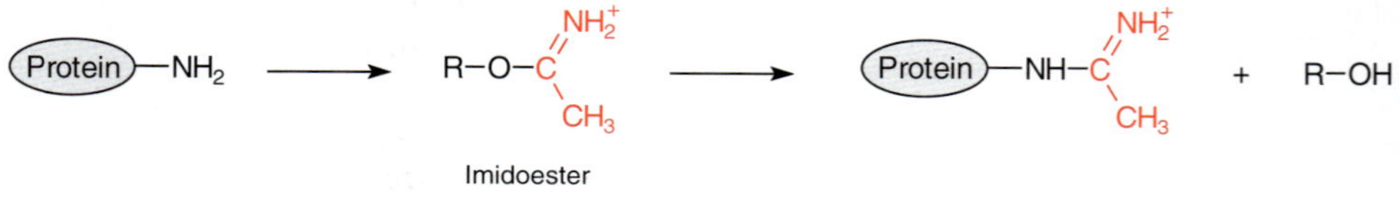

6.4 Amidinierung mit einem Imidoester.

Die Amidinierung ist eine bequeme Methode zur Markierung von Proteinen mit ^{3}H- oder ^{14}C-Isotypen.

Reduktive Alkylierung Aminogruppen reagieren mit Aldehyden zu Schiffschen Basen, die mit Borhydriden zu stabilen Alkylaminen reduziert werden können (Abb. 6.5).

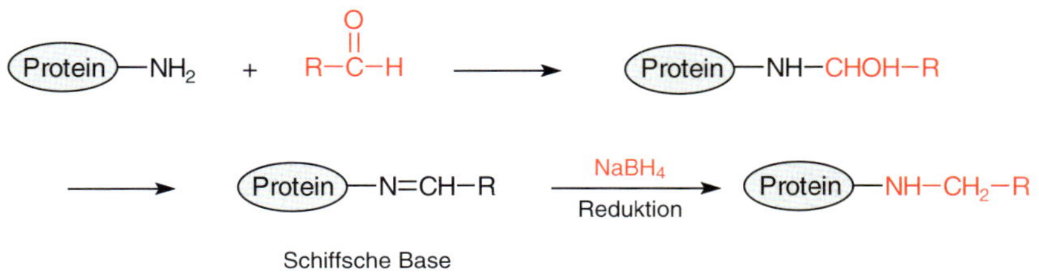

6.5 Schiffsche Basenbildung mit Aldehyden und anschließende Reduktion mit Natriumborhydrid zu einem stabilen Alkylamin.

Die meisten Aldehyde führen zu monosubstituierten Derivaten. Bei Verwendung von Formaldehyd entsteht allerdings überwiegend ein Dimethylprodukt.

Verwendet man das bei weitem schonendere NaCNBH$_3$, so hat dies den Vorteil, dass bei neutralem pH anders als mit NaBH$_4$ nur die Schiffsche Base, nicht aber der eingesetzte Aldehyd reduziert wird. Mit NaCNB^{3}H$_3$ oder NaB^{3}H$_4$ kann man radioaktive Proteinderivate herstellen. Ein wichtiger Vorteil der reduktiven Alkylierung ist es, dass durch diese Reaktion die positive Ladung der modifizierten Aminogruppe nicht beseitigt wird. Eine Methylierung bewirkt eine leichte Zunahme der Basizität durch Erhöhung des pK-Werts der substituierten Aminogruppe um ungefähr 0,5 Einheiten. Im Allgemeinen vermindert reduktive Alkylierung die biologische Aktivität nicht, es sei denn, die Modifikation schließt einen essentiellen Lysinrest ein.

Pyridoxal-5′-phosphat (siehe Abb. 6.6), das Coenzym verschiedener Aminotransferasen und Decarboxylasen, das an sein jeweiliges Apoenzym als Aldimin an Lysinreste gebunden ist, ist ein ziemlich reaktiver Aldehyd und wird zur Untersuchung der Zugänglichkeit von Lysinresten in wasserlöslichen oder membrangebundenen Proteinen eingesetzt.

Ein Beispiel für natürlich vorkommende (posttranslational und nicht enzymatisch) durch Aldehyde modifizierte Proteine stellen die retinalenthaltenden membrangebundenen Chromoproteine dar: Distinkte isomere Retinale bilden Schiffsche Basen mit den ε-Aminogruppen von Lys 216 bzw. Lys 296 des Bacteriorhodopsins bzw. des Rhodopsins der Rinder-Retina. Die Reduktion dieser Aldi-

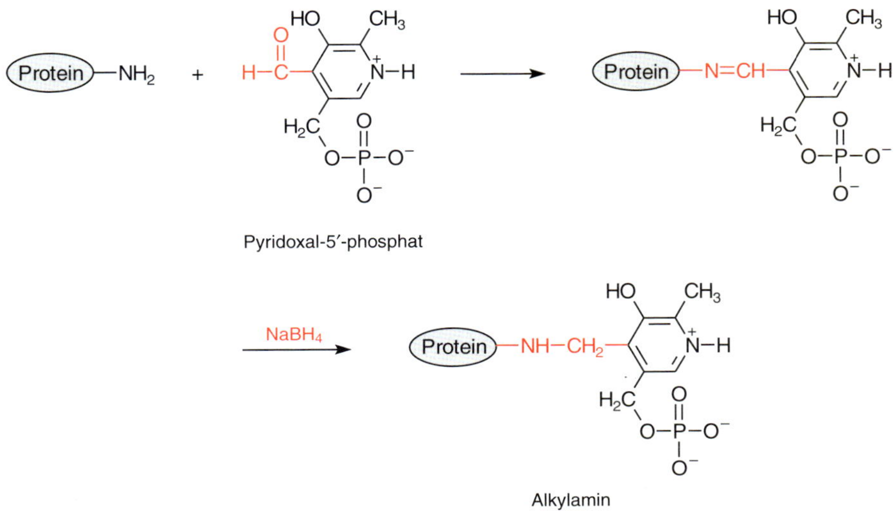

6.6 Aldiminbildung mit Pyridoxal-5′-phosphat und anschließender Reduktion zum Alkylamin.

mine mit NaBH$_4$ oder NaCNBH$_3$ ergibt stabile fluoreszierende Produkte, die die Identifizierung der o. g. Lysinreste als Bindungsort ermöglichen.

Reaktion mit Isothiocyanat Phenylisothiocyanat wird zur Peptid- und Proteinsequenzierung eingesetzt. Verschiedene fluoreszierende Gruppen können unter Verwendung der jeweiligen Isothiocyanatderivate in Proteine eingeführt werden.

Edman-Abbau
Abschnitt 13.1

Cage-**Verbindungen** Eine neuere Entwicklung stellt die Herstellung von Konjugaten aus Proteinen und sogenannten *Cage*-Verbindungen dar. *Cage*-Verbindungen sind temporär inaktive Moleküle, die zu einem gegebenen Zeitpunkt in situ durch Bestrahlung aktiviert werden können.

Cage-Verbindungen
Abschnitt 7.1.5

Das Reagenz [(Nitroveratryl)oxy]chlorcarbamat wurde von Patchornik und Mitarbeitern als lichtempfindliche *N*-schützende Gruppe für die Festphasensynthese von Peptiden eingeführt (Abb. 6.7). Heute wird die Nitroveratryloxycarbonylgruppe als Schutzgruppe für α-Aminogruppen bei der Festphasensynthese von Peptidbibliotheken auf Mikrochips eingesetzt. Nach dem Kupplungsschritt wird die Schutzgruppe durch Bestrahlung entfernt.

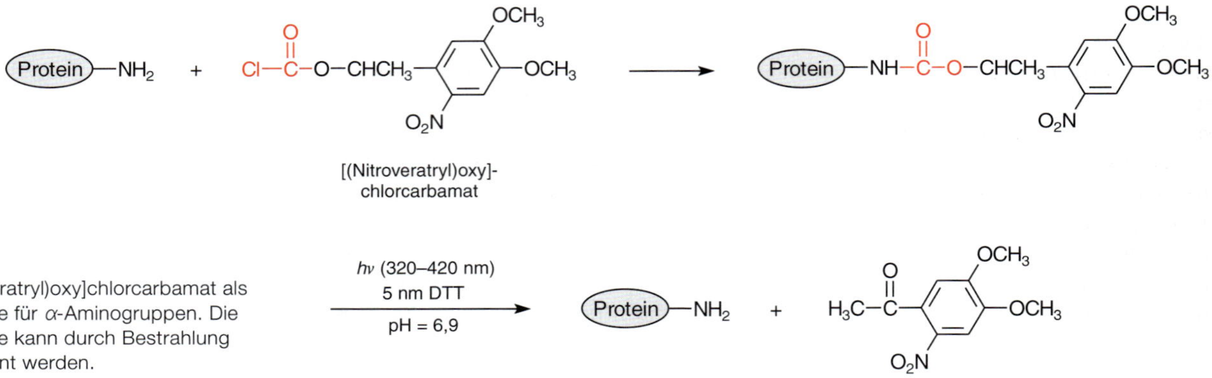

6.7 [(Nitroveratryl)oxy]chlorcarbamat als Schutzgruppe für α-Aminogruppen. Die Schutzgruppe kann durch Bestrahlung wieder entfernt werden.

Cysteinreste

Ein großes Repertoire von Methoden steht zur Modifikation von SH-Gruppen in Proteinen zur Verfügung. Für ihre Detektion und Quantifizierung ist das Ellman-Reagenz (Abb. 6.8) noch immer das Mittel der Wahl. Das freigesetzte Thionitrobenzoat-Anion kann wegen seines hohen Absorptionskoeffizienten (ε_{412} 13 600 bei pH 8,0) leicht spektroskopisch bestimmt werden.

In der klassischen Enzymologie erfolgte der Nachweis essentieller SH-Gruppen durch Reaktion mit *p*-Chlormercuribenzoat (Abb. 6.9).

SH-Gruppen reagieren mit Iodacetat bzw. Iodacetamid und mit Maleiimiden (siehe Abb. 6.10). Zahlreiche Methoden zur Einführung von Gruppen für die Spektroskopie beruhen auf diesen beiden Reaktionen.

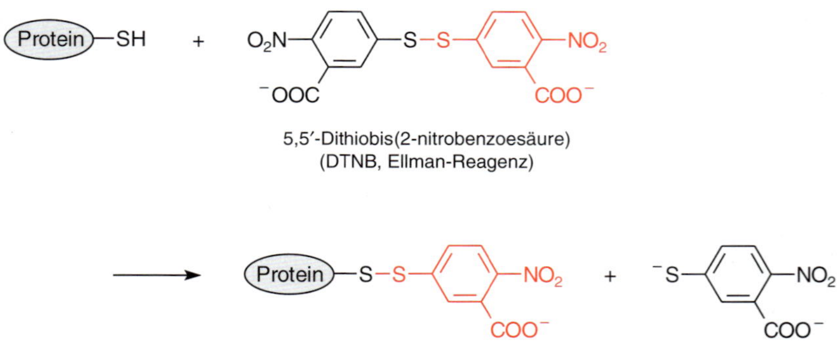

6.8 Derivatisierung von Cysteinresten mit Ellman-Reagenz.

6.9 Nachweis essentieller SH-Gruppen mit Chlormercuribenzoat.

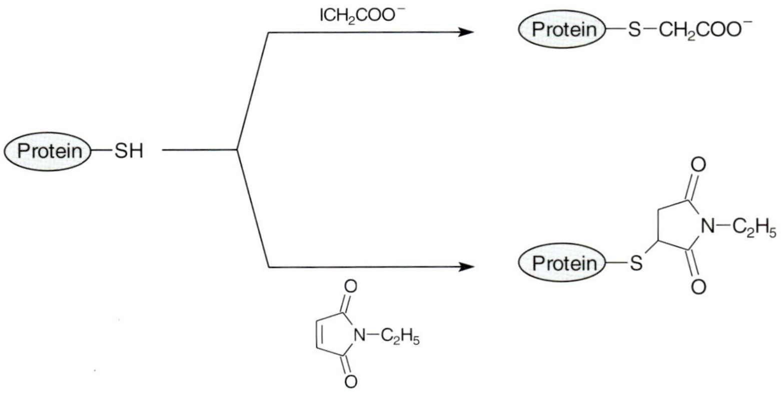

6.10 Reaktion mit Iodacetat bzw. N-Ethylmaleinimid.

Lichtempfindliche Gruppen können in Proteine nicht nur über ihre Aminogruppen, sondern auch über die SH-Gruppen der Cysteinreste eingeführt werden. Hierfür werden 2-Nitrobenzylbromid oder das wasserlösliche 2-Brom-2-(2-nitrophenyl)acetat eingesetzt (siehe Abb. 6.11).

Die chemische Modifikation anderer funktioneller Gruppen von Proteinen wird hier nur kurz behandelt, da sie gegenüber den Amino- und SH-Gruppenmodifikationen zur Zeit seltener eingesetzt wird.

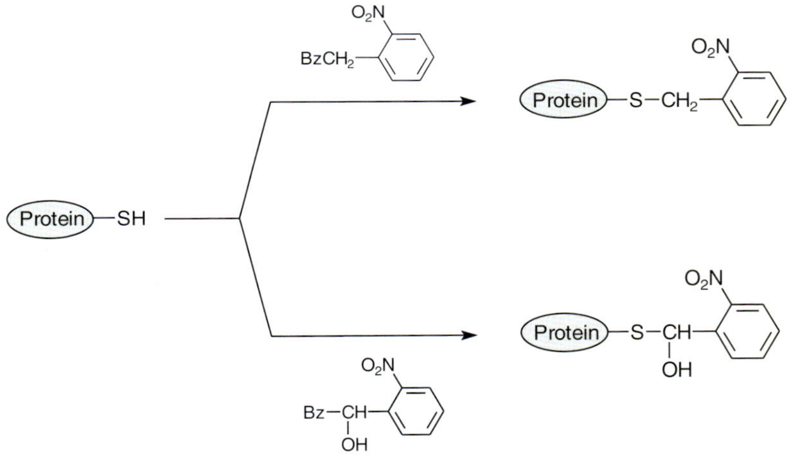

6.11 Derivatisierung mit 2-Nitrobenzylbromid bzw. 2-Nitrohydroxybenzylbromid.

Glutamat- und Aspartatreste

Carboxygruppen der Seitenketten dieser Reste können ebenso wie C-terminale Carboxygruppen mit Carbodiimiden modifiziert werden (Abb. 6.12), insbesondere mit deren wasserlöslichen Derivaten wie 1-Ethyl-3-(3-dimethylaminopropyl)carbodiimid.

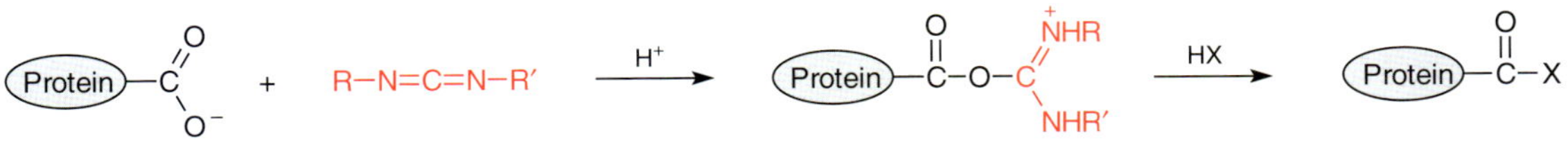

6.12 Modifikation der C-terminalen Carboxygruppe mit einem Carbodiimid. Das Additionsprodukt kann dann mit Nucleophilen (HX) weiterreagieren.

HX steht hier für ein Nucleophil; wenn X eine Aminogruppe des Proteins selbst ist, wird eine intramolekulare Vernetzung erzeugt (oder eine intermolekulare, wenn Carboxy- und Aminogruppe zu verschiedenen Proteinen gehören). Eine praktische Anwendung derartiger Vernetzungen ist die Herstellung von Protein-Protein- oder Peptid-Proteinkonjugaten (z. B. zur Gewinnung von Antikörpern gegen ein Peptid, das nicht über die Aminogruppe des Peptids an ein Carrier-Protein gebunden werden kann). Mit extern zugeführtem HX-Nucleophil, z. B. *N*-substituiertem Glycinamid, können radioaktive oder spektroskopisch sichtbare Gruppen in Proteine eingeführt werden.

Argininreste

Die Guanidingruppen von Argininresten können, zur Bestimmung ihrer funktionellen Rolle z. B. im aktiven Zentrum eines Enzyms oder in der Ligandenbindungstasche eines Rezeptors, recht spezifisch mit verschiedenen 1,2- oder 1,3-Dicarbonylverbindungen (Glyoxal, Phenylglyoxal, 2,3-Butandion u. a.) modifiziert werden. Abbildung 6.13 illustriert die Reaktion mit Phenylglyoxal.

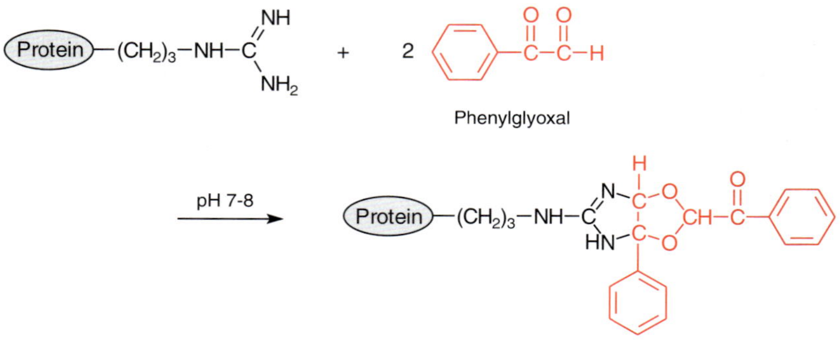

6.13 Reaktion von Argininresten mit Phenylglyoxal.

Tyrosinreste

Die radioaktive Markierung von Proteinen durch Iodierung von Tyrosinresten mit Chloramin T ist ein unerlässliches Werkzeug in vielen Gebieten der Biowissenschaften (Abb. 6.14).

Bei dieser Reaktion entstehen sowohl mono- als auch diiodierte Tyrosinderivate. Die Iodierung zerstört im Allgemeinen die Funktion eines Proteins nicht, es sei denn, ein „essentieller" Tyrosinrest ist betroffen. Iodide wie Na^{125}I (mit spezi-

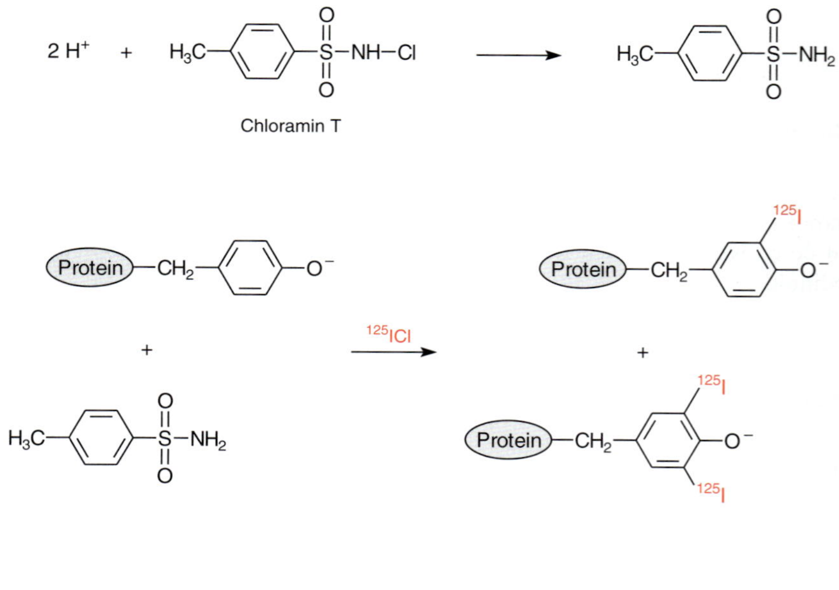

6.14 Iodierung von Tyrosinresten mit Chloramin T.

fischen Radioaktivitäten bis zu 2000 Ci/mmol) dienen als Quellen radioaktiver Isotope. Für die Reaktion mit dem Protein werden die Iodid-Ionen mit starken Oxidantien wie Chloramin T, Iodogen oder „Iodo-Beads" in hochreaktive Spezies (I_2 oder ICl) umgewandelt. Zum gleichen Zweck kann auch unter milderen Reaktionsbedingungen gearbeitet werden: Enzymatisch katalysiert durch Lactoperoxidase lässt sich in Gegenwart von H_2O_2 I^- zu I_2 umsetzen. Enthält ein Protein zugängliche Histidinreste, können diese zusätzlich zu Tyrosinresten oder anstelle von diesen iodiert werden.

Häufig werden Tyrosinreste von Proteinen mit Tetranitromethan modifiziert (Abb. 6.15). Die 3-Nitrotyrosingruppe scheint eine gute Reportergruppe zu sein: Bei niedrigem pH-Wert hat sie ein Absorptionsmaximum bei 360 nm (ε_{360} ca. 2800 $M^{-1}cm^{-1}$), das bei höherem pH-Wert nach 428 nm verschoben wird, wobei die Absorption zunimmt (ε_{428} ca. 4200 $M^{-1}cm^{-1}$). Da 3-Nitrotyrosinreste einen pK-Wert von ca. 7,0 besitzen, beeinflusst diese Modifikation den Ionisierungszustand von Tyrosin, dessen Rolle im Protein auf diese Weise untersucht werden kann. Der pK-Wert liegt normalerweise – je nach Umgebung im Protein – bei etwa 10,5. Da der pK-Wert von 3-Nitrotyrosin sensitiv bezüglich der Mikroumgebung ist, kann diese Gruppe somit wertvolle Informationen über das Milieu in Nachbarschaft des modifizierten Restes liefern. Eine ernsthafte Einschränkung für die Nitromethanmodifikation von Tyrosinresten ist dadurch gegeben, dass das Reagenz auch Cystein-, Methionin- und Tryptophanreste modifizieren kann. Außerdem kann es intra- oder intermolekulare Vernetzungen erzeugen.

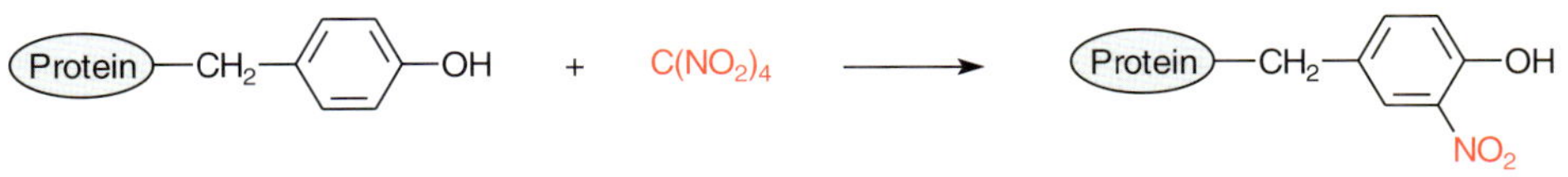

6.15 Modifikation von Tyrosinresten mit Tetranitromethan.

Tryptophanreste

Die Modifizierung von Tryptophanresten hat meistens die spezifische Spaltung des Proteins auf der C-terminalen Seite des Tryptophans zum Ziel. Die für diesen Zweck eingesetzten Reagenzien sind o-Iodosobenzoesäure oder 2-(2-Nitrophenylsulfenyl)-3-bromo-3-methylindolenin (BNPS-Skatol). Bromsuccinimid wird mitunter verwendet, um den Effekt der Tryptophanoxidation auf die Aktivität des Proteins zu prüfen. N-Bromsuccinimid kann jedoch auch Tyrosin- und Histidinreste oxidieren und die Peptidbindungen auf deren und auf der C-terminalen Seite von Tryptophanresten spalten. Daher kann die funktionelle Rolle von Tryptophanresten durch N-Bromsuccinimidoxidation nicht immer eindeutig bestimmt werden.

Tryptophanreste können mit 2-Hydroxy-5-nitrobenzylbromid (Koshland-Reagenz) modifiziert werden (Abb. 6.16). Sulfenylhalogenide, die mit SH-Gruppen reagieren, können ebenfalls Tryptophanreste modifizieren (Abb. 6.17).

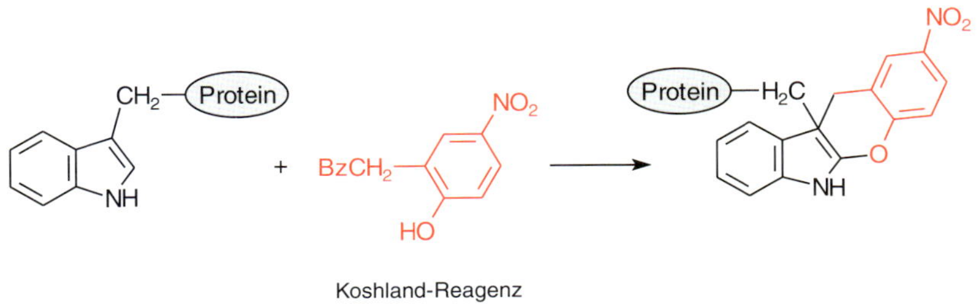

Oxidative Spaltung an Tryptophan
Abbildung 8.7

6.16 Modifikation von Tryptophanresten mit 2-Hydroxy-5-nitrobenzylbromid (Koshland-Reagenz).

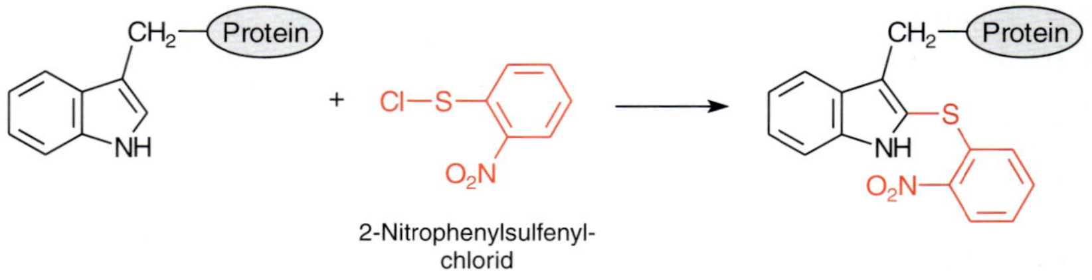

6.17 Modifikation von Tryptophanresten mit 2-Nitrophenylsulfenylchlorid.

Methioninreste

CNBr-Spaltung Abschnitt 8.6

Die verbreitetste und praktikabelste chemische Modifikation von Methioninresten ist die CNBr-Spaltung von Peptidbindungen *C*-terminal am Methionin. Methioninreste können der vorherrschende Ort der Modifikation bei Reaktionen mit Iodacetamid oder Iodessigsäure sein, wenn die Reaktionen bei pH 4 bis 5 oder darunter durchgeführt werden (Abb. 6.18). Auf diese Weise können diverse Reportergruppen eingeführt werden. Der Vorteil dieser Reaktion ist ihre Reversibilität.

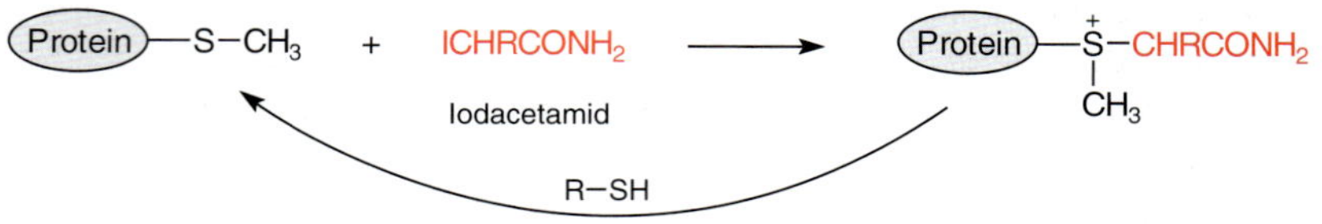

6.18 Modifikation von Methioninresten mit Iodacetamidderivaten.

Histidinreste

Ein Reagenz mit recht hoher Selektivität für Histidinreste ist Diethylpyrocarbonat (Abb. 6.19). Es wird verwendet, um herauszufinden, ob Histidinreste für die funktionelle Aktivität eines Proteins essentiell sind. Dies ist wichtig, da zahlreiche Enzyme wie die Ribonucleasen und die Serin-Proteasen Histidinreste im aktiven Zentrum besitzen.

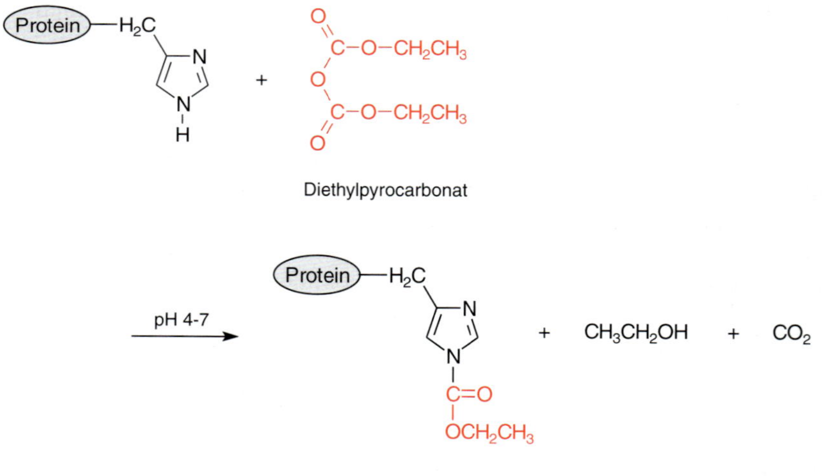

6.19 Modifikation von Histidinresten mit Diethylpyrocarbonat.

Iodacetat und Iodacetamid, die wir bereits als Reagenzien für Sulfhydryl-, Amino- und Methioningruppen kennengelernt haben, können ebenfalls Histidinreste modifizieren. Die Reaktionen können zu 1- und 3-Carboxymethylhistidinen und zu disubstituierten 1,3-Dicarboxymethylhistidinen führen (Abb. 6.20).

Ein Sonderfall chemischer Modifikation ist die „Affinitätsmodifikation". Hierbei enthält das modifizierende Reagenz eine reaktive Gruppe und eine Struktur, die hohe Affinität für das aktive Zentrum eines Enzyms oder für die Ligandenbin-

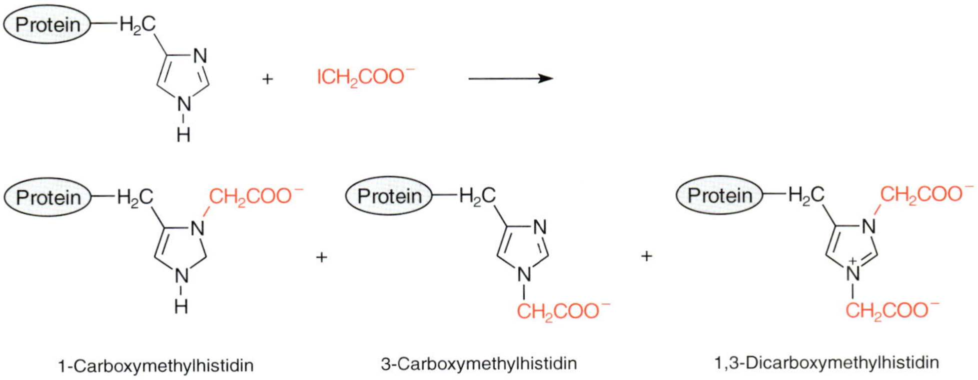

6.20 Modifikation von Histidinresten mit Iodacetat zu 1- und 3-Carboxymethylhistidinen bzw. 1,3-Dicarboxymethylhistidinen.

dungsstelle eines Rezeptors besitzt. Die reaktive Gruppe interagiert mit einer funktionellen Gruppe des Enzyms, bzw. des Rezeptors, in Nachbarschaft derjenigen Molekülstruktur, deren Aufgabe das Andocken an die Bindungsstelle ist. Die Affinität trägt gewissermaßen die reaktive Gruppe an das gewünschte Ziel. Auf diese Weise erhält sie ihre Selektivität: Das aktive Zentrum reichert das Reagenz durch seine Affinität an; die reaktive Gruppe reagiert daher an dieser Stelle des Proteins wesentlich schneller als anderswo. Ein klassisches Beispiel sind die Halogenketone, das *N*-Tosyl-L-phenylalanin-chlormethylketon (TPCK) oder das *N*-Tosyl-L-argininchlormethylketon, die selektiv die Histidinreste im aktiven Zentrum von Chymotrypsin bzw. Trypsin modifizieren.

6.2 Modifizierung als Mittel zur Einführung von Reportergruppen

6.2.1 Untersuchungen an natürlich vorkommenden Proteinen

Fluoreszenzmarkierung

Der Einbau von fluoreszierenden Gruppen in Proteine durch chemische Modifikation dient unterschiedlichen Zwecken und muss entsprechend verschiedenen Anforderungen genügen. Zur Untersuchung räumlicher Strukturen von Proteinen ist es notwendig, Anzahl und Ort der eingeführten Gruppen kennen. Für praktische Anwendungen andererseits, wie die Herstellung fluoreszierender Antikörper, muss das Protein einfach nur fluoreszieren, je stärker, desto besser.

Die Einführung fluoreszierender Gruppen beruht auf den Reaktionen, die wir bereits in Abschnitt 6.1 beschrieben haben. Die beliebtesten „Aufhänger" sind Amino- und SH-Gruppen. Succinimidylester oder Isothiocyanate werden verwendet, um die fluoreszierende Gruppe an Aminogruppen zu heften (siehe Tab. 6.1). Die Mehrheit der Fluoreszenzmarkierungen führt zu Derivaten des Fluoresceins und des Rhodamins, deren spektrale Charakteristika ebenfalls in Tabelle 6.1 aufgeführt sind. Fluoresceinisothiocyanat, FITC (siehe Abb. 6.21), und Tetramethylrhodaminisothiocyanat werden am häufigsten zur Herstellung fluoreszierender Antikörper verwendet.

Sulfonylchloride wie Dansylchlorid (Abb. 6.22) werden ebenfalls zur Fluoreszenzmarkierung eingesetzt. Außer mit Aminogruppen reagieren sie mit Tyrosin-, Histidin- und Cysteinresten. Die entsprechenden Derivate sind jedoch im Vergleich zu den Sulfonamiden sehr viel weniger stabil.

Fluoreszenz-Spektroskopie
Abschnitt 7.5

Tabelle 6.1 Fluoreszenzmarkierende Reagenzien

Nr.	Strukturformel	R	Name	Fluoreszenz-emissions-maximum in nm
1	(Fluorescein)	—N=C=S	Fluorescein-5-isothiocyanat (FITC Isomer I)	519
2	(Fluorescein)	—C(O)—NH—(CH$_2$)$_5$—C(O)—O—N(succinimidyl)	6-(Fluorescein-5-(und 6)-carboxamido)-hexansäuresuccinimidylester	519
3	(Fluorescein)	—NH—C(S)—NH—(CH$_2$)$_5$—NH$_2$	Fluoresceincadaverin	515
4	(Tetramethylrhodamin)	—N=C=S	Tetramethylrhodamin-5-isothiocyanat	570
5	(Tetramethylrhodamin)	—C(O)—O—N(succinimidyl)	5-Carboxytetramethylrhodamin-succinimidylester	579
6	(Tetramethylrhodamin)	—NH—C(O)—CH$_2$I	Tetramethylrhodamin-5-(und 6)-iodacetamid	567
7	(Tetramethylrhodamin)	—N(maleinimid)	Tetramethylrhodamin-5-(und 6)-maleinimid	566 für 2-Mercapto-ethanol-addukt
8	(Dansyl)	—Cl	Dansylchlorid (DnsCl)	515
9	(Dansyl)	—NH—C(S)—NH—(CH$_2$)$_5$—NH$_2$	Dansylcadaverin	516
10	(NBD)	—	4-Chlor-7-nitrobenz-2-oxa-1,3-diazol (NBD-Chlorid)	— (520 für 2-Mercapto-ethanol-addukt)
11	(Cumarin)	—N(maleinimid)	7-Diethylamino-3-(4′-maleinimidyl-phenyl)-4-methylcumarin	— (471 für 2-Mercapto-ethanol-addukt)
12	(Pyren)	—N(maleinimid)	N-(1-Pyren)maleinimid	(≈ 390 für 2-Mercapto-ethanol-addukt)

Dansylamide sind auch unter den Bedingungen der Aminosäureanalyse stabil. Dansylchlorid wird daher häufig zur Bestimmung N-terminaler Aminosäuren von Peptiden und Proteinen und bei der Dansylvariante des Edman-Abbaus eingesetzt.

Die optischen Eigenschaften der Dansylgruppe hängen von ihrer Umgebung ab: Eine Verschiebung des Emissionsmaximums zu kürzeren Wellenlängen und eine

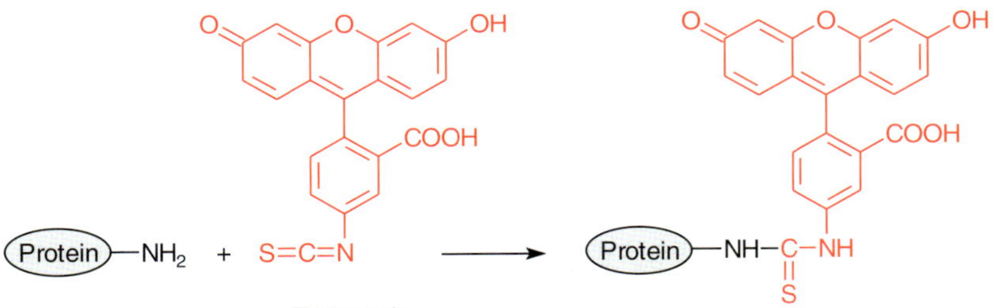

6.21 Fluoreszenzmarkierung mit Fluoresceinisothiocyanat.

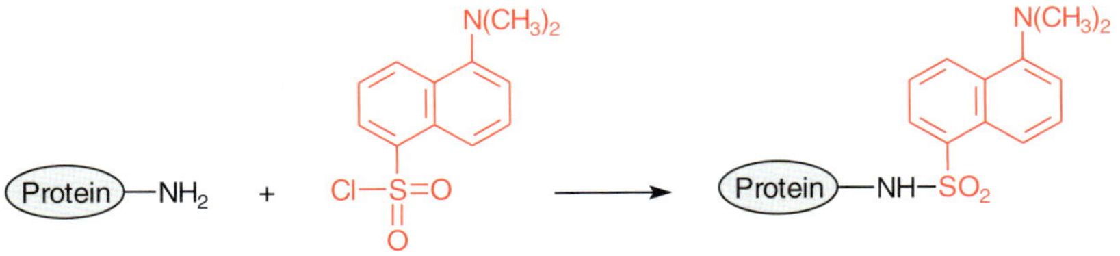

6.22 Fluoreszenzmarkierung mit Dansylchlorid.

Zunahme der Fluoreszenzintensität weisen auf eine hydrophobe Umgebung hin. Dansylreste sind gute Partner in Akzeptor-Donor-Paaren mit Tryptophanresten als intrinsischen Fluorophoren. Sie sind somit geeignet, durch Bestimmung des Fluoreszenzenergietransfers Abstände abzuschätzen: Hierzu lässt man einen Liganden mit einer Dansylgruppe an das Protein, z. B. an sein aktives Zentrum, binden. Strahlt man nun Licht geeigneter Wellenlänge ein, so wird ein Teil der absorbierten Energie auf einen in der Nachbarschaft lokalisierten Tryptophanrest übertragen. Dadurch wird dieser zur Fluoreszenz angeregt. Die Ausbeute dieser Fluoreszenz (relativ zur eingestrahlten Energie) korreliert mit dem Abstand (und der Orientierung) von Dansyl- und Tryptophanrest. Ein anderes Reagenz, das für spektroskopische Studien von Proteinen verwendet wird, ist 4-Chlor-7-nitrobenz-2-oxa-1,3-diazol, NBD-Chlorid (Nr. 10 in Tab. 6.1). Es reagiert mit NH_2- oder SH-Gruppen, wobei die resultierende Fluoreszenz wesentlich von der Natur der modifizierten Gruppe und der Polarität des Mediums abhängt.

Bei der Beschreibung der Dansylierung erwähnten wir die Anwendung für analytische Zwecke. Zwei andere Reaktionen, die fluoreszierende Gruppen mit Aminogruppen des Proteins verknüpfen, ermöglichen eine sensitive Detektion von Proteinen und sollten in diesem Zusammenhang nicht fehlen: Die Reaktion mit Fluorescamin und *o*-Phthaldialdehyd (OPA). Fluorescamin selbst fluoresziert nicht, ergibt aber mit Aminogruppen fluoreszierende Reaktionsprodukte (Abb. 6.23). Sie sind zu deren Quantifizierung und zur Detektierung und Quantifizierung von Proteinen sehr nützlich. *O*-Phthaldialdehyd (OPA) reagiert mit Aminen in Gegenwart von Thiolen, wobei stark fluoreszierende Isoindole entstehen (Abb. 6.24). Diese Reaktion erlaubt die Quantifizierung von Proteinen im Picomol-Maßstab und wird deshalb in der Aminosäurenanalyse genutzt.

Fluoreszenzspektroskopie
Kapitel 7

Derivatisierung mit OPA
Abschnitt 12.3

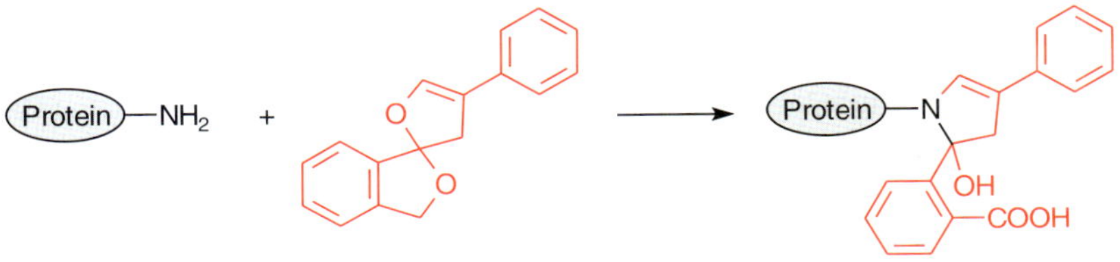

6.23 Fluoreszenzmarkierung mit Fluorescamin.

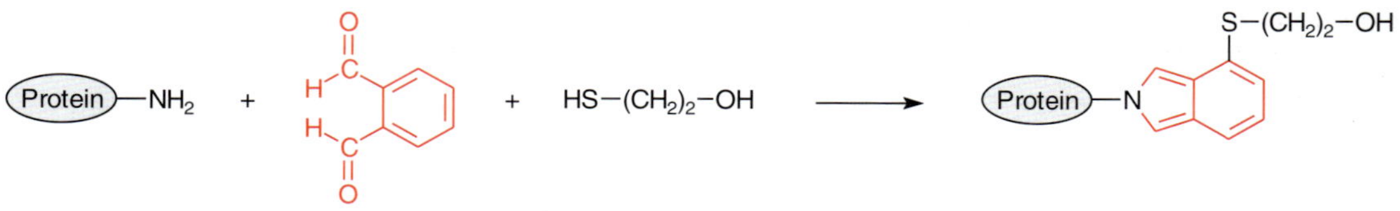

6.24 Fluoreszenzmarkierung von Aminen mit o-Phthaldialdehyd in Gegenwart von Thiolen.

o-Phthaldialdehyd (OPA)

Fluoreszierende Gruppen können in Cysteinreste von Proteinen über ihre Iodacetamid- oder Maleinimidderivate eingeführt werden. Wie aus Tabelle 6.1 ersichtlich, sind wiederum die Fluorescein- oder Rhodamingruppen die bevorzugten Fluorophore. Cumarine (Nr. 11 in Tab. 6.1) werden ebenfalls für die Fluoreszenzmarkierung von Proteinen verwendet. Cumarine und Fluorescein sind außerdem geeignete Donor-Akzeptor-Paare für Energietransfermessungen.

Die Maleinimide, die man für die Einführung der fluoreszierenden Gruppen benutzt, sind in der Regel selbst nicht fluoreszierend. Fluoreszenz tritt nur auf, wenn die betreffende Gruppe kovalent an eine SH-Gruppe des Proteins gebunden wird. Ein Reagenz dieser Art ist Pyrenmaleinimid (Nr. 12 in Tab. 6.1), das bevorzugt mit Resten in hydrophober Umgebung reagiert. Die Analyse der Quenchung der Pyrenfluoreszenz durch Fettsäuren einer Lipidmembran, die ein Spinlabel (siehe unten) in verschiedenen Positionen besitzen, ermöglicht eine Abschätzung der Anordnung der Pyrenfluorophore relativ zur Membran-Wasser-Grenzfläche.

Der Grund, warum wir Fluoresceincadaverin (3) und Dansylcadaverin (9) in Tabelle 6.1 aufgenommen haben, ist der folgende: Mitunter kann man fluoreszierende Gruppen in Proteine nicht durch chemische Modifikation, sondern durch eine Transglutaminase-katalysierte Reaktion in Glutaminreste einführen. Hierfür sind Dansyl- und Fluoresceincadaverin geeignete Substrate (Abb. 6.25).

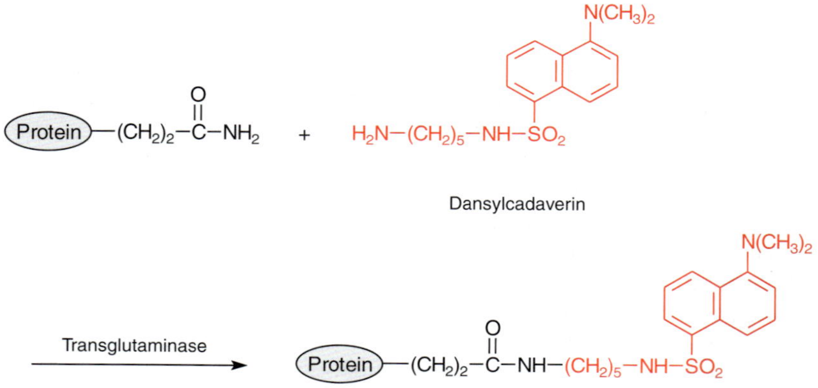

6.25 Fluoreszenzmarkierung durch eine von Transglutaminase katalysierte Reaktion mit Dansylcadaverin.

Spinlabel

Stabile Verbindungen mit einem ungepaarten Elektron, z. B. die N-Oxide der Tetramethylpyrrolin- oder der Tetramethylpiperidylverbindungen (s. Tab. 6.2) ermöglichen die Aufnahme von elektronenparamagnetischen Resonanz- (EPR-) Spektren. Kovalent oder über Nebenvalenzen an ein Protein gebunden werden sie als **Spinlabel** bezeichnet. Aus den EPR-Spektren lässt sich auf die Mobilität des Spinlabels an seinem Bindungsort schließen. Das Spinlabel signalisiert Informationen über die Mikroumgebung der Struktur, an die es gebunden vorliegt. Eine Anwendung besteht darin, den Ort einer Gruppe in einem Protein (ob im Inneren oder an der Oberfläche des Proteins lokalisiert) zu bestimmen: Hierzu wird die Zugänglichkeit des Spinlabels für ein von außen zugegebenes paramagnetisches Ion (z. B. Ni^{2+}) untersucht. Kollidieren die beiden, führt dies zu einer gewissen

Tabelle 6.2 Reagenzien zur Einführung von Spinlabel

Nr.	Strukturformel	R	Name
1	2,2,5,5-Tetramethyl-3-pyrrolin-1-oxyl	—C(=O)—O—N(succinimidyl)	Succinimidyl-2,2,5,5-tetramethyl-3-pyrrolin-1-oxyl-3-carboxylat
2		—CH$_2$—S—S(=O)(=O)—CH$_3$	S-(1-Oxy-2,2,5,5-tetramethylpyrrolin-3-methyl)methanthiosulfonat
3	2,2,6,6-Tetramethylpiperidin-1-oxyl	—C(=O)—O—N(succinimidyl)	Succinimidyl-2,2,6,6-tetramethylpiperidin-1-oxyl-4-carboxylat
4		—NH—C(=O)—CH$_2$—I	2,2,6,6-Tetramethyl-4-(2-iodacetamid)-piperidyl-1-oxyl

Verbreiterung des Signals im EPR-Spektrum. Ferner können Spinlabel auch zusammen mit Fluoreszenzlabel eingesetzt werden, deren Fluoreszenz sie quenchen, wenn sie sich in ihrer Nähe befinden. Die Methodik für die Einführung von Spinlabel in Proteine ist der für die Fluoreszenzmarkierung verwendeten sehr ähnlich. Auch hier ist die Modifizierung von Amino- und Sulfhydrylgruppen am einfachsten. Einige repräsentative Succinimid- und Iodacetamid-Spinlabel-Derivate sind in Tabelle 6.2 aufgeführt. Wenn keine reaktiven Sulfhydrylgruppen vorhanden sind, kann man die Iodacetamide zur Histidinmarkierung verwenden.

Ursprünglich war das Problem bei dem Spinlabeling von Proteinen, dass nur selten ein einzelnes Spinlabel in eine spezifizierte Position eingeführt werden konnte. Erfolgreiche Beispiele dieser Art waren eine Serie einfach markierter α-Neurotoxine aus Schlangengift und von EGF (*Epidermal Growth Factor*) mit einem Spinlabel an jeweils einem Lysinrest. Diese Derivate wurden zur Untersuchung der Liganden-Rezeptor-Wechselwirkung eingesetzt.

Zwei Spinlabel, die sich in spezifizierten Positionen eines Proteins befinden, können durch EPR über die Messung der paramagnetischen Dipolwechselwirkung zur Bestimmung des Abstandes dieser Gruppen herangezogen werden. Auf Grund technischer Probleme wurde diese Methodik jedoch mit natürlich vorkommenden Proteinen nur selten realisiert. Sie wurde weiterentwickelt und seit kurzem auf mutierte Proteine angewendet (siehe unten).

6.2.2 Untersuchungen an überexprimierten oder mutierten Proteinen

Die Methoden der rekombinanten DNA-Technologie hatten erhebliche Auswirkung auf die Herangehensweise in einem Forschungsgebiet, das auf den ersten Blick eine Domäne traditioneller Proteinchemie und chemischer Modifikationen ist. Wir erwähnten bereits, dass gerichtete Mutagenese unmittelbarere und präzisere Informationen über die funktionelle Rolle spezifischer Aminosäurereste liefert, wodurch die Anwendung chemischer Modifikationen mitunter redundant und altmodisch erscheinen mag.

Zur Einführung von spektroskopisch nutzbaren Gruppen durch chemische Modifikation benötigt man erhebliche Proteinmengen, um das modifizierte Derivat in einem geeigneten Zustand zu isolieren und den modifizierten Rest in der

Heterologe Überexpression
Kapitel 38

Primärstruktur zu lokalisieren. Ersteres ist sehr viel einfacher, wenn man das betreffende Protein in großen Mengen gentechnisch durch heterologe Überexpression erhalten kann. Letzteres ist unter Umständen nicht notwendig, denn durch gentechnische Methoden kann ein Protein so modifiziert werden, dass es nur noch *eine* potenzielle Gruppe zur Reaktion mit einem bestimmten Reagenz besitzt. Dieses Konzept ist die Basis der *Scanning Cysteine Accessibility Method* (SCAM), die zur Untersuchung von Struktur-Funktionsbeziehungen bei Membranrezeptoren und anderen Proteinen entwickelt und erstmals auch erfolgreich eingesetzt worden war.

Zum Beispiel gaben Photoaffinitätsmarkierungs- und Mutagenese/Chimären-Experimente Anlass zu der Vermutung, dass der Ionenkanal des nikotinischen Acetylcholinrezeptors aus den Transmembransequenzen M2 der fünf Rezeptoruntereinheiten gebildet wird. Um die Aminosäurereste dieser Segmente herauszufinden, die an der Ionenleitung unmittelbar beteiligt sind, ersetzten Karlin und Mitarbeiter Aminosäure für Aminosäure durch Cystein. Diese Substitution beeinträchtigte die Kanaleigenschaften nur unwesentlich. Brachte man jedoch das jeweilige Cys mit einem geladenen hydrophilen Reagenz zur Reaktion, wurde der Kanal blockiert, allerdings im mittleren Abschnitt dieser Sequenz nur bei jeder zweiten Position. Aus dieser Periodizität des beobachteten Effektes wurde auf eine β-Strangstruktur von M2 in diesem Bereich geschlossen (im Fall einer α-Helix hätte man bei jeder vierten Position einen blockierenden Effekt erwartet).

Eine Serie von Cysteinresten, durch gerichtete Mutagenese in ein Protein eingeführt, ist für die Einführung von Spinlabel zur anschließenden EPR-Analyse geeignet. So lassen sich zeitabhängig Änderungen der Proteinkonformation, die Mikroumgebung des Labels und intra- und intermolekulare Abstände analysieren. Gegenwärtig basiert das gezielte Spinlabeling überwiegend auf der Cystein-Scanning-Mutagenese. Die Methode ist besonders für Proteine zu empfehlen, die nicht kristallisierbar oder durch NMR-Spektroskopie analysierbar sind, z. B. für Membranproteine. So wurde beispielsweise beim Bakteriorhodopsin Cystein durch die gesamte Länge der Transmembranhelices D und F „hindurchgefädelt" und anschließend jeweils mit einer Nitroxidgruppe (s. Tab. 6.2) substituiert (Nitroxid-Scanning). Die Analyse der Zugänglichkeit der Nitroxidgruppen für polare und unpolare paramagnetische Substanzen und der Eintauchtiefe des Nitroxids in der Membran stimmte mit den Faltungsmodellen des Bakteriorhodopsins, die vor allem auf elektronenmikroskopischen Untersuchungen beruhen, gut überein. Mit der gleichen Methode wurde die Exponiertheit von Nitroxidresten und somit die Topologie auch bei anderen Proteinen untersucht. So ermöglichte sie Khorana, Hubbel und deren Mitarbeitern, beim Rhodopsin die Enden der cytoplasmatischen Schleife, die die Helices C und D verbindet, genau zu bestimmen. Die Periodizität der Schwankungen der Parameter der Elektronen-Resonanz bei einem derartigen Nitroxid-Scanning hängt von der Sekundärstruktur ab und lässt somit α-Helices und β-Stränge unterscheiden. Diese Unterscheidung ist auch über Abstandmessungen zwischen zwei gleichzeitig eingeführten Spinlabeln möglich.

Intramolekulare Abstände lassen sich ferner zwischen kovalent gebundenen Nitroxiden und von spezifischen Resten des Proteins komplexierten Metall-Ionen bestimmen. Auch dies kann wiederum durch gerichtete Mutagenese erfolgen, indem man die Metallbindungsstelle in vorbestimmte Positionen einbaut.

6.3 Protein-Cross-Linking zur Analyse von Protein-Wechselwirkungen

Cross-Linking-Reagenzien (es wird hier bewusst der englischen Bezeichnung vor der auch möglichen deutschen Vokabel „Vernetzungsreagenz" den Vorzug gegeben, da sie sich im Sprachgebrauch der meisten Labors durchgesetzt hat) werden zur Analyse räumlicher Verhältnisse in Proteinen, häufiger jedoch von Interaktionen eines Proteins mit anderen Proteinen, Nucleinsäuren oder Lipiden eingesetzt. Über die oben bei den chemischen Modifikationen genannten Kriterien hinaus gibt es bei der Auswahl eines geeigneten bifunktionellen Cross-Linkers mehrere Gesichtspunkte: Neben der Spezifität und Selektivität sind Eigenschaften wie die Membrangängigkeit und der Abstand zwischen den beiden reaktiven Gruppen zu beachten. Darüber hinaus wird die Analyse der Cross-Linking-Produkte durch die Verwendung von spaltbaren Cross-Linkern meist wesentlich erleichtert.

Zwei Anwendungsgebiete des Cross-Linking sind hervorzuheben: die Messung von Abständen innerhalb eines Moleküls oder zwischen zwei Molekülen durch kovalente Verknüpfung mit einem Cross-Linker definierter Länge; und die Analyse von „Nachbarschaften", d. h. derjenigen Moleküle, die sich in unmittelbarer Nähe eines Proteins befinden und daher vermutlich auch funktionelle Partner sind.

In diesem Abschnitt wollen wir das Cross-Linking mit bifunktionellen Reagenzien und in einem gesonderten Unterabschnitt die Photoaffinitätsmarkierung beschreiben. Jede Photoaffinitätsmarkierung ist eigentlich ein Cross-Linking; im engeren Sinn versteht man darunter allerdings nur bestimmte Anwendungen. Insbesondere spricht man dann von **Photocross-Linking**, wenn bifunktionelle Reagenzien verwendet werden, bei denen mindestens eine der beiden reaktiven Gruppen photoaktivierbar ist. Bei der **Photoaffinitätsmarkierung** dagegen trägt der Ligand, z. B. ein Substrat oder Coenzym, eine funktionelle Gruppe, ist also monofunktionell. Wir werden sehen, dass der Übergang zwischen Photoaffinitätsmarkierung und Photocross-Linking fließend ist.

6.3.1 Bifunktionelle Reagenzien

Bifunktionelle Cross-Linking-Reagenzien können in drei Gruppen eingeteilt werden: homobifunktionelle, heterobifunktionelle und Reagenzien ohne eigene Länge (*Zero length*). Ein Beispiel für Letztere ist die Bildung von Amidbindungen zwischen Amino- und Carboxygruppen eines Proteins unter Verwendung von Carbodiimiden oder die Bildung von Disulfidbrücken aus zwei SH-Gruppen. Homobifunktionelle Reagenzien (Tab. 6.3) haben zwei identische funktionelle Gruppen, die durch einen „Spacer" mit variabler Länge voneinander getrennt sind. Zu ihnen gehören 1,5-Difluor-2,4-dinitrobenzol (Nr. 1 in Tab. 6.3), Formaldehyd und Glutaraldehyd (Nr. 2 und 3 in Tab. 6.3), *N*-Hydroxysuccinimidester (Nr. 4–8), und die Imidate (Nr. 9–12). DSS (Nr. 5) wird oft verwendet, um radioaktiv markierte Peptide oder Proteine mit einem Protein zu vernetzen. Aktivierte Ester (Nr. 4, 5) und Imidoester (Nr. 9–11) sind selbst zwar nicht spaltbar, die entsprechenden spaltbaren Derivate sind aber ebenfalls erhältlich. Die Spaltung wird durch reduzierende Agenzien (Verbindungen Nr. 6 und 12) oder durch Oxidation vicinaler Diole (Verbindungen Nr. 7 und 8, Tab. 6.3) erreicht.

> Mit homobifunktionellen Reagenzien kann man vor allem Molekulargewichte und Quartärstrukturen von Proteinen, die aus mehreren Polypeptidketten bestehen, bestimmen: Durch kovalente Verknüpfung wird verhindert, dass ein Proteinkomplex bei der Analyse auseinanderfällt, so dass man das Molekulargewicht des Gesamtkomplexes erhält. In günstigen Fällen jedoch kann man darüberhinaus den Cross-Link bis auf die betroffene Aminosäure in den beteiligten Proteinen lokalisieren. Dadurch werden wertvolle Struktur- und Nachbarschaftsinformationen gewonnen.

Heterobifunktionelle Reagenzien besitzen zwei verschiedene reaktive Gruppen, z. B. eine Maleinimido- (oder Iodacetamido-)Gruppe für die Reaktion mit SH-Gruppen auf der einen und einen aktivierten Ester für die Reaktion mit Aminogruppen des Proteins auf der anderen Seite (Nr. 13–15 in Tab. 6.3). Das Reagenz Nr. 16 der Tabelle ist ein weiteres Beispiel für ein spaltbares bifunktionelles Reagenz. Hier dient die reduktive Spaltung jedoch einem ganz speziellen Zweck: Sie

Tabelle 6.3 Bifunktionelle Reagenzien

Nr.	Strukturformel	R oder n	Name
1	1,5-Difluor-2,4-dinitrobenzol (F, NO_2 Substituenten am Benzolring)		1,5-Difluor-2,4-dinitrobenzol
2	H–CO–H		Formaldehyd
3	H–CO–$(CH_2)_3$–CO–H		Glutaraldehyd
4	Succinimidyl–O–CO–$(CH_2)_n$–CO–O–Succinimidyl	$n = 3$	Disuccinimidylglutarat
5		$n = 6$	Disuccinimidylsuberat (DSS)
6	Succinimidyl–O–CO–$(CH_2)_2$–S–S–$(CH_2)_2$–CO–O–Succinimidyl		Dithiobis(succinimidylpropionat)
7	Succinimidyl–O–CO–CH(OH)–CH(OH)–CO–O–Succinimidyl(R)	R = H	Disuccinimidyltartrat
8		R = SO_3Na	Disulfosuccinimidyltartrat
9	Cl^- $H_2\overset{+}{N}$=C(OCH_3)–$(CH_2)_n$–C(OCH_3)=$\overset{+}{N}H_2$ Cl^-	$n = 4$	Dimethyladipimidat · 2 HCl
10		$n = 5$	Dimethylpimelidat · 2 HCl
11		$n = 6$	Dimethylsuberimidat · 2 HCl
12	Cl^- $H_2\overset{+}{N}$=C(OCH_3)–$(CH_2)_2$–S–S–$(CH_2)_2$–C(OCH_3)=$\overset{+}{N}H_2$ Cl^-		Dimethyl-3,3′-dithiobispropionimidat · 2 HCl
13	Succinimidyl–O–CO–$(CH_2)_3$–N(Maleinimid)		N-γ-Maleinimidobutyzyloxysuccinimidester
14	Succinimidyl–O–CO–(cyclohexyl)–CH_2–N(Maleinimid)		Succinimidyl-4(N-maleinimidomethyl)-cyclohexan-1-carboxylat
15	Succinimidyl–O–CO–(C_6H_4)–NH–CO–CH_2I		N-Succinimidyl-(4-iodacetyl)aminobenzoat
16	(2-Pyridyl)–S–S–$(CH_2)_2$–CO–O–Succinimidyl		N-Succinimidyl-3-(2-pyridyldithio)propionat

wird nicht wie üblich zur Trennung der vernetzten Komponenten eingesetzt, sondern zur Entfernung einer Schutzgruppe und dadurch zur Freisetzung einer SH-Gruppe für die Verknüpfung mit einer anderen SH-Gruppe oder zu ihrer Modifikation mit einem spezifischen SH-Reagenz.

6.3.2 Photoaffinitätsmarkierung

Bei dieser Methode wird der Ligand, z. B. ein Enzymsubstrat, ein Rezeptoragonist oder -antagonist, in der Weise derivatisiert, dass er eine durch Licht aktivierbare Gruppe enthält. Ähnlich wie bei der Affinitätsmarkierung beschrieben, trägt die Affinität des Liganden die reaktive Gruppe zum Bindungsort. Im Unterschied zu dieser wird das Reagenz hier jedoch erst nach der Bindung reaktiv. Durch die Photoaktivierung lässt sich der Zeitpunkt und damit auch der Ort der Reaktion bestimmen, so dass Photoaffinitätsreagenzien, zumindest theoretisch, selektiver als „normale" Affinitätsreagenzien sind. Die Anwendungen reichen von einfachen Markierungen bestimmter Proteine in einem Proteingemisch bis zur „Kartierung" von Bindungsstellen durch Identifizierung von Aminosäureresten, die mit dem Photoaffinitätsreagenz reagierten.

Heute werden in der Proteinchemie ganz unterschiedliche Typen von Photoreagenzien eingesetzt. Ende der siebziger und Anfang der achtziger Jahre waren die bei Photoaktivierung Nitrene bildenden Arylazide am populärsten. Ihr Vorteil liegt in ihrer relativ leichten präparativen Zugänglichkeit. Es wurde vermutet, dass Nitrene in alle möglichen Bindungen, einschließlich C-H-Bindungen, insertieren und deshalb sämtliche Aminosäurereste in ihrer Nähe „treffen". Arylazide erfüllten ihre Aufgabe, solange diese darin bestand, ein makromolekulares Target (Enzym, Bindungsprotein, Rezeptor, Transporter) zu identifizieren. Als man jedoch den genauen Ort der Photoinsertion im Zielprotein kennen lernen wollte, wurden entscheidende Nachteile ersichtlich: Vor allem ist die Ausbeute der Photoreaktion mit Arylaziden meist nicht viel höher als ein paar Prozent. Außerdem ist die Lebensdauer der entstehenden Nitrene relativ groß, so dass nicht-spezifische oder multiple Insertionen zum Problem werden können. Vielversprechender erschienen daher Diazirine (Verbindungen 11–17 in Tab. 6.4), die bei Photolyse reaktive Carbene bilden. Ihr Vorteil liegt in ihrer wesentlich kürzeren Lebensdauer und geringeren Promiskuität. Wie bei den Arylaziden ist allerdings auch hier die Ausbeute gering. Die Situation wird noch dadurch verschärft, dass die erhaltenen Vernetzungsprodukte häufig instabil sind und die Isolierung und proteinchemische Charakterisierung der Cross-Linking-Produkte nicht überstehen.

Sehr viel höhere Cross-Linking-Ausbeuten (70–80 %) wurden für Reagenzien vom Benzophenontyp, z. B. *p*-Benzoyl-L-phenylalanin (Bpa) berichtet (Verbindung 20 in Tab. 6.4). Seither wurde Bpa für die Synthese zahlreicher Peptide (Hormone, Neurotransmitter) verwendet.

Die Chemie einzelner Photolabel

Arylazide Bei Bestrahlung geben Arylazide reaktive Nitrene. Die zunächst entstehenden Singulettnitrene (S in Abb. 6.26) insertieren bevorzugt in NH- und OH-Bindungen oder in andere Nucleophile.

Triplettnitrene dagegen können Protonen aus C-H-Bindungen abziehen. Arylnitrene durchlaufen eine schnelle Ringerweiterung unter Bildung von Dehydroazepinen. Diese sind weniger reaktiv als Nitrene und reagieren bevorzugt mit Nucleophilen und dem Solvens (z. B. Wasser). Zusätzlich können Dehydroazepine mit der Ausgangsverbindung, dem Arylazid, zu einer Mischung von Polymerisationsprodukten reagieren. Bei Abwesenheit von Nucleophilen in der Ligandenbindungsstelle eines Proteins kann daher die Photomarkierung misslingen.

Einige der für die Photomarkierung von Proteinen verwendeten Arylazide sind in Tabelle 6.4 zusammengestellt. Das Arylfluorid (1) ist ziemlich unspezifisch

Tabelle 6.4 Reagenzien für die Photomarkierung

Nr.	Strukturformel	Name
1		4-Fluor-3-nitrophenylazid
2		N-Hydroxysuccinimidyl-4-azidobenzoat
3		N-(2-Aminoethyl)-4-azido-2-nitroanilin
4		N-Hydroxysuccinimidyl-4-azido-2,3,5,6-tetrafluorbenzoat
5	R = H	N-Hydroxysuccinimidyl-4-azidosalicylsäure
6	R = SO$_3$Na	N-Hydroxysulfosuccinimidyl-4-azidosalicylsäure
7		1-(p-Azidosalicylamido)-4-(iodacetamido)butan
8		N-Hydroxysuccinimidyl-(4-azidophenyl)-1,3′-dithiopropionat
9		Sulfosuccinimidyl-2-[p-azidosalicylamido]ethyl-1,3′-dithiopropionat
10		N-[4-(4′-acido-3′-[^{125}I]iodphenylazo)-benzoyl]-3-aminopropyl-N-oxysuccinimidester (Denny-Jaffe Reagenz)
11		3-(Trifluormethyl)-3-(m-[^{125}I]iodphenyl)diazirin, [^{125}I]TID
12		4′-(Trifluormethyl-diazirinyl)phenylalanin

Tabelle 6.4 Reagenzien für die Photomarkierung (Forts.)

Nr.	Strukturformel	Name
13		[2-Nitro-4-[3-(trifluormethyl)-3H-diazirin-3-yl]phenoxy]acetyl-N-hydroxysuccinimidat
14		
15		3-[3-(3-(Trifluormethyl)diazirin-3-yl)phenyl]-2,3-dihydroxypropionyl-N-hydroxysuccinimidat
16		3-[[[2-(^{125}I)Iod-4-[3-(trifluormethyl)-3H-diazirin-3-yl]benzyl]oxy]carbonyl]propanoyl-N-hydroxysuccinimidat
17		2-([^{125}I])Iod-4-[3-(trifluormethyl)-3H-diazirin-3-yl]benzyl-3-maleimidopropionat
18		p-Nitrophenyl-3-diazopyruvat
19		N-Bromacetyl-N'-(3-diazopyruvoyl)-m-phenyldiamin
20		p-Benzoyl-L-phenylalanin (Bpa)
21		p-Benzoylbenzoyl-N-hydroxysuccinimidat
22	X = ^{1}H, ^{3}H	[^{3}H]p-Benzoyldihydroxycinnamoyl-N-hydroxysuccinimidat
23		4-Maleinimidobenzophenon

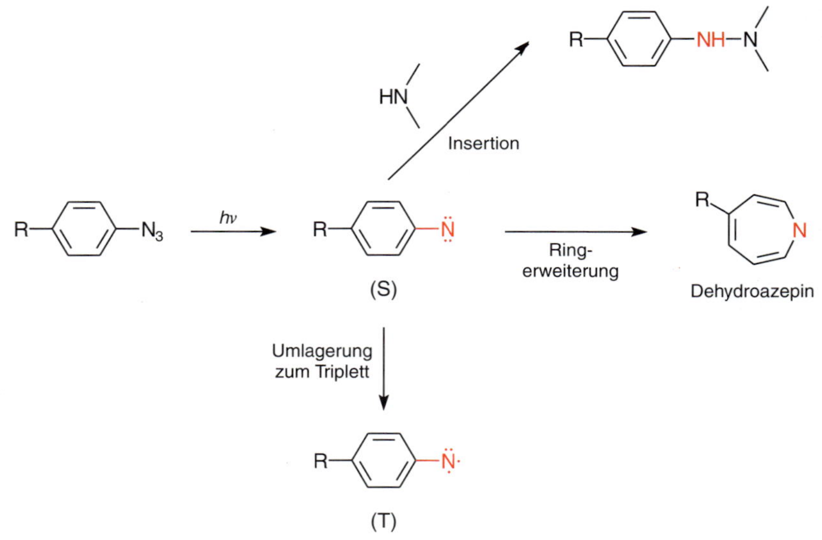

6.26 Reaktionen der Arylazide nach Bestrahlung. Die entstehenden Singulettnitrene (S) können in NH-Bindungen insertieren oder sich über eine Ringerweiterung in Dehydroazepine umlagern.

und reagiert mit Aminen, Thiolen, Phenolen und anderen Nucleophilen. Dagegen wurden N-Hydroxysuccinimidester (2) in zahlreichen Untersuchungen für den selektiven Einbau von Photolabeln in Aminogruppen verwendet. Die Ethylaminogruppe (3) ermöglicht die Photomarkierung von Proteinen über ihre Carboxygruppen durch Reaktion in Gegenwart von Carbodiimiden.

Die in neuerer Zeit eingeführten perfluorierten Arylazide (4) haben den Vorteil, Nitrene zu bilden, die in weitaus geringerem Ausmaß Ringerweiterungen eingehen und daher mit viel größerer Effizienz in C-H-Bindungen insertieren als ihre nicht fluorierten Gegenstücke.

Mit den Derivaten der Azidosalicylsäure (5 und 6) kann radioaktives Iod unmittelbar in die photoaktivierbare Verbindung eingeführt werden (Abb. 6.27). Die Sulfogruppe in (6) gibt dieser Verbindung eine wesentlich bessere Wasserlöslichkeit.

Die Ester (5) und (6) ermöglichen es, iodierbare Gruppen in Aminogruppen einzuführen, während Iodacetamid (7) hauptsächlich zur Modifizierung von Sulfhydrylgruppen verwendet wird. Das Vorhandensein von Radioaktivität in dem Photolabel selbst anstatt in Tyrosin- oder Histidinresten des Proteins erleichtert die Identifizierung des Ortes des Cross-Linking erheblich. In der Tat ist dies ein Muss, wenn ein spaltbares Cross-Linking-Reagenz verwendet wird (siehe unten). Arylazide aber, besonders jene, die das Iodatom im gleichen aromatischen Ring wie die Azidogruppe haben, setzen bei der Photolyse Iod frei. Daher sollten die Photolysebedingungen schonend sein. Man sollte dabei einen Kompromiss zwischen dem Erhalt des Iods im Molekül und der kompletten Photoumwandlung des Photolabels suchen.

Die Verbindungen (8–10) sind Beispiele für spaltbare Photomarkierungsreagenzien. Der Ester (9) kann vor der Proteinmodifizierung mit radioaktivem Iod mar-

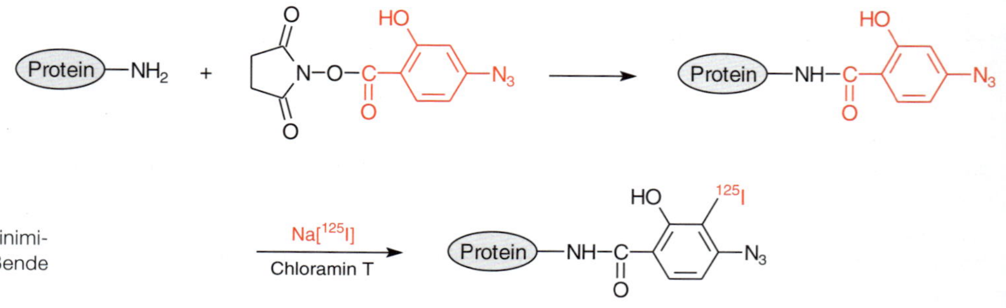

6.27 Modifikation mit N-Hydroxysuccinimidyl-4-azidosalicylsäure und anschließende radioaktive Markierung mit Chloramin T.

6.28 Carbenbildende Substanzen. 1-Trifluormethyl-1-phenyldiazirin (a) bildet nach Bestrahlung ein Carben, das in C-H-Bindungen (c) und N-H-Bindungen (e) insertieren kann. Die entstehenden Alkylverbindungen sind stabil, während die Trifluormethylamine HF eliminieren und zu Difluormethylketonen (f) hydrolysieren. Das Diazirin (a) kann sich außerdem zum entsprechenden Diazoisomer umlagern (d).

kiert werden. Nachdem Aminogruppen des Proteins mit diesem Reagenz reagiert haben, wird der Komplex mit dem Zielprotein bestrahlt, und anschließend wird der Cross-Linking-Arm mit β-Mercaptoethanol oder Dithiothreitol gespalten. Als Ergebnis hiervon ist nur ein Teil des Reagenzes kovalent an das Zielprotein gebunden, wodurch die Analyse sehr erleichtert wird. Ein ähnliches Ergebnis kann mit dem Denny-Jaffe-Reagenz (10) durch Spaltung der Azogruppe mit Natriumdithionit erzielt werden.

Carbenbildende Reagenzien Gegenwärtig sind die effizientesten Ausgangsverbindungen für Carbene die 1-Trifluormethyl-1-Phenyldiazirine.

Ähnlich wie die Arylazide sollten auch die Diazirine im Dunkeln oder bei gedämpftem Licht gehandhabt werden.

Photolyse von Aryltrifluormethyldiazirinen (a in Abb. 6.28) ergibt die Carbene (b), die effizient in C-H-Bindungen insertieren und dabei die stabilen Produkte (c) ergeben. Addukte mit O-H- oder N-H-Bindungen (e) sind instabil, eliminieren HF und hydrolysieren schnell zu Difluormethylketonen (f) und den ursprünglichen O-H- oder N-H-enthaltenden Verbindungen. Photolyse von (a) ist außerdem von einer Umwandlung zu dem Diazoisomeren (d) begleitet. Wegen des elektronenanziehenden Effektes der CF_3-Gruppe ist es ziemlich stabil und ergibt keine unerwünschte Dunkelreaktionen.

Das Reagenz 11 in Tabelle 6.4 wird häufig für die unspezifische Markierung hydrophober Teile von Membranproteinen, speziell jener, die mit Lipiden in Kontakt sind, eingesetzt. Das Diazirinylanalogon des Phenylalanins (12) kann in Peptide bei deren Synthese (unter Verwendung der entsprechenden N- oder C-geschützten Derivate) anstelle von Phenylalanin eingebaut werden. Das für Aminogruppen spezifische Reagenz (13) wurde zur Untersuchung von Bindungsstellen in Rezeptoren und Ionenkanälen eingesetzt. Mit dem Reagenz (14) kann ein Aryldiazirinylderivat über einen Thiol-Disulfid-Austausch an einen Cysteinsrest angeheftet werden; nach der Bestrahlung des Komplexes mit dem Zielprotein kann die S-S-Brücke des Cross-Links mit reduzierenden Agenzien gespalten werden.

Der „Spacer-Arm" in dem Ester (15) kann durch Periodatoxidation gespalten werden. Der Vorteil dieses spaltbaren Reagenzes ist der relativ kleine Abstand zwischen den reaktiven Gruppen. Die kürzlich von Brunner synthetisierten Diazirine (16) und (17) enthalten eine Esterbindung, die unter alkalischen Bedingungen gespalten werden kann. Diese Reagenzien besitzen sehr hohe spezifische Radioaktivität (ca. 2000 Ci/mmol). Ihre Photoaktivierung setzt, anders als bei den iodierten Arylaziden, kein Iod frei.

Sollen gezielt nucleophile Gruppen in Proteinen vernetzt werden, werden Diazopyruvoylverbindungen (18, 19 in Tab. 6.4) eingesetzt. So reagiert z. B. *p*-Nitrophenyldiazopyruvat (a in Abb. 6.29) mit Aminogruppen von Proteinen. Bei UV-Bestrahlung ($\approx$ 300 nm) durchlaufen diese Verbindungen eine Wolff-Umlagerung zu Ketenen (c). Letztere können vorhandene Nucleophile acylieren, so dass intra- oder intermolekulare Cross-Links (d) entstehen. Der Vorteil der Diazopyruvoylreagenzien ist ihre Stabilität gegenüber Thiolen (die auf Arylazide erheblich desaktivierend wirken können). Das kürzlich synthetisierte Reagenz (19) dient der Reaktion von Diazopyruvoylresten mit SH-Gruppen von Peptiden und Proteinen.

6.29 Vernetzung mit *p*-Nitrophenyldiazopyruvat (a). Das Reaktionsprodukt durchläuft eine Wolff-Umlagerung zum entsprechenden Keten (c), das dann mit Nucleophilen intra- oder intermolekulare Cross-Links (d) bildet.

Benzophenon-Photolabel Gegenüber den Arylaziden oder Diazirinen haben Benzophenone mehrere Vorteile. Sie sind chemisch stabiler, und ihre Photo-Umwandlung kann bei längeren Wellenlängen (ca. 350 nm) erfolgen, wodurch das Risiko der Strahlenschädigung des Proteins vermindert wird. Benzophenone reagieren bevorzugt mit C-H-Bindungen, und die Cross-Linking-Ausbeute ist meist höher als bei Arylaziden oder Diazirinen. Es gibt allerdings auch Fälle, in denen die Photomarkierung mit einem Arylazid erfolgreich war, aber misslang, wenn derselbe Ligand eine Benzophenongruppe enthielt. Offenbar steigert die Hydrophobizität des Benzophenons die Ausbeute bei hydrophoben, besonders bei Membranproteinen. In einigen Fällen ist jedoch die sterische Hinderung durch diese Gruppe eindeutig von Nachteil.

Bestrahlung der Benzophenone (a) führt zu dem diradikalischen Triplettzustand (b), dessen Wechselwirkung mit C-H-Bindungen zur Abspaltung von Wasserstoff

6.30 Photomarkierung von Peptiden mit Benzophenon. Benzophenon (a) geht nach Bestrahlung in den Triplettzustand (b) über, bildet ein Ketyl (c) und reagiert mit dem entstehenden Alkylradikal (d) zu dem Addukt (e) mit einer neuen C-C-Bindung.

führt (Abb. 6.30). Die Rekombination der intermediär auftretenden Ketyl- (c) und Alkyl- (d) Radikale ergibt das Addukt (e), wobei eine neue C-C-Bindung geknüpft wird. Eine charakteristische Eigenschaft des aus den Benzophenonen entstehenden Triplettzustands ist dessen Möglichkeit, in den Grundzustand überzugehen. Deshalb können Benzophenone wiederholte Anregungszyklen durchlaufen, die im Ergebnis zu höheren Cross-Linking-Ausbeuten führen können.

Die besten Ergebnisse bei der Anwendung von Benzophenonen in der Untersuchung von Peptid-Protein-Interaktionen wurden in den Fällen erzielt, in denen Phenylalaninreste von Peptiden im Verlauf der Peptidsynthese durch Bpa (20 in Tab. 6.4) ersetzt wurden oder wenn Bpa-Reste anstelle anderer ersetzbarer Reste eingeführt wurden. N-Hydroxysuccinimid (21) wird für die Übertragung von Benzoylbenzoylgruppen auf Protein-Aminogruppen verwendet. Kürzlich wurde ein Tritium-markiertes N-Hydroxysuccinimid (22) erhältlich. 4-Maleinimidobenzophenon (23) ist ein Beispiel für die photoaktivierbaren thiolspezifischen Reagenzien vom Benzophenontyp.

Bevor wir diesen Abschnitt beschließen, möchten wir kurz zwei Methoden erwähnen, die im Prinzip mit Photoreagenzien verschiedener Natur angewendet werden können. Eine interessante, wenn auch nicht sehr weit verbreitete Version der Photomarkierung verwendet Energietransfer. Wenn eine photosensitive Gruppe in einem Komplex aus Ligand und Rezeptor bzw. Enzym sich in räumlicher Nähe zu einem Tryptophanrest befindet, kann die Photoaktivierung über die Anregung des Tryptophanrestes erfolgen. Hier spielt das Photolabel die Rolle eines Akzeptors, und seine Absorption sollte bei der Anregungswellenlänge des Tryptophans gering sein, jedoch beträchtlich mit dessen Emissionswellenlänge (ca. 320–340 nm) überlappen. Diese Methode sollte im Prinzip unspezifische Reaktionen erheblich vermindern.

Photoaktivierbare Gruppen können in Proteine nicht nur durch chemische Modifikation oder im Verlauf der Peptidsynthese, sondern auch biosynthetisch eingeführt werden. Auf Grund technischer Probleme ist diese Methodik allerdings nicht sehr verbreitet und wurde bisher vor allem bei Untersuchungen des Transportes naszierender Polypeptidketten bei der ribosomalen Proteinsynthese am endoplasmatischen Retikulum eingesetzt. Zunächst wurde Lysyl-tRNA mit Reagenz (2 in Tab. 6.4) in N-(p-Azidobenzoyl)-lysyl-tRNA umgewandelt. Die ribosomale Synthesemachinerie konnte dieses Derivat nicht von der normalen Lysyl-tRNA unterscheiden. Das resultierende Protein enthielt eine Vielzahl photoaktivierbarer Gruppen, was offenbar die Anwendbarkeit dieser Technik einschränkt. Dieser Nachteil kann jedoch vermieden werden, wenn nur ein Lysin-Codon in der betreffenden mRNA vorhanden ist und der Rest durch gerichtete Mutagenese entfernt wird. Oder aber man führt durch Mutagenese ein Lysin-Codon nacheinander in je eine gewünschte Position der mRNA ein. Rapoport und Mitarbeiter verteilten auf diese Weise Trifluormethyldiazirinobenzoyllysin über die Polypeptidkette des Präprolactins und markieren so den proteintransportierenden Kanal in der Membran des endoplasmatischen Retikulums.

Methoden zur Identifizierung des Cross-Link-Ortes

Wie im letzten Abschnitt erwähnt, ist die Aufgabe relativ einfach, wenn nur das Molekulargewicht eines vernetzten Proteins bestimmt werden soll. Gelelektrophorese und Autoradiographie lösen diese Aufgabe problemlos. Will man jedoch den genauen Ort, d. h. den Aminosäurerest des Cross-Links wissen, treten größere Probleme auf.

Da die Chemie der Photoreaktion in den meisten Fällen nicht „sauber" bekannt ist und die Cross-Linking-Ausbeuten niedrig sind, besteht die erste Hürde in der Isolierung des vernetzten Peptids nach enzymatischer oder chemischer Spaltung des Cross-Link-Komplexes. Wenn auch einige Reagenzien, wie die Nitrodiazirine (13 in Tab. 6.4), Chromophore sind, erlaubt bei Experimenten im subnanomolaren Maßstab nur eine sehr hohe spezifische Radioaktivität das Auffinden des Reaktionsproduktes während der Isolierungsprozedur. Allerdings generiert die Photovernetzung eine Vielzahl von Cross-Linking-Produkten, die meist nicht einfach voneinander und von nichtmarkieren Peptiden zu trennen sind.

Photoaktivierbare Gruppen können durch Biotinylreste ergänzt werden, um die Isolierung und Identifizierung der Cross-Link-Produkte zu erleichtern. Die Eigenschaft von Biotin, sehr feste Komplexe mit Avidin oder Streptavidin zu bilden (K_D ca. 10^{-15}) hat in der Biochemie und Molekularbiologie verbreitet Anwendung gefunden. Kombiniert mit diversen Enzymtests und Affinitätsharzen bietet die „Biotin-Technik" sensitive Möglichkeiten zur Detektion und Isolierung von Peptiden, Proteinen, Nucleinsäuren und sogar von großen Proteinkomplexen.

Biotinylierungsreagenzien (Tab. 6.5) mit nur einer funktionellen Gruppe für die spezifische Reaktion mit Aminosäureresten von Proteinen (z. B. die N-Hydroxysuccinimidester Nr. 1–3 und die Maleimide Nr. 4 und 5) oder für die unspezifische Verknüpfung (Photobiotin, 6) können als bifunktionelle, nicht vernetzende Reagenzien klassifiziert werden, denn der Biotinanteil bindet nicht-kovalent, wenn auch sehr fest, an Avidin oder Streptavidin. Es gibt andererseits auch „wirkliche" Cross-Linker auf Biotinbasis (Tab. 6.5, 7–9). Betrachtet man bei diesen die Biotinbindung an Avidin als eine zusätzliche Funktion, könnte man sie als trifunktionell bezeichnen. Biotinhaltige Reagenzien einschließlich der photoaktivierbaren können entweder spaltbare (3 oder 7 in Tab. 6.5) oder nicht spaltbare Spacerarme besitzen. Längere Arme erleichtern die Bindung des biotinylierten Liganden an das Avidin. Die meisten photoaktivierbaren Biotinderivate enthalten eine Arylazidgruppe. Neu erhältlich sind N-Hydroxysuccinimidate (8), bei denen die Biotinylgruppe über einen hydrophilen Spacerarm an einen Diazirinylrest gebunden vorliegt. Ebenso gibt es Photolabel (9), die nach Entfernung einer Boc-Schutzgruppe mit Carboxyresten eines Proteins verknüpft werden können.

Anfänglich wurden photoaktivierbare Gruppe und Biotinylrest an unterschiedlichen und voneinander entfernten Orten angebracht. Die photosensitive Gruppe und der Biotinylrest können aber durchaus auch benachbart oder an derselben Stelle lokalisiert sein. Weitere Funktionalität sollte die Radioaktivität enthalten. Am Ende sieht das Produkt aller dieser Modifikationen ganz anders als das ursprüngliche Peptid aus. Man kann nur hoffen, dass es dann noch mit hinreichender Affinität an seinen Rezeptor bindet.

Sind Antikörper für die vermutete Bindungsstelle eines Proteins vorhanden, kann man sie zur Identifizierung des Cross-Links einsetzen.

Ein Problem ist mitunter die Instabilität eines durch eine Photoreaktion erzeugten Cross-Links. Sie kann sich bei chemischen oder enzymatischen Peptidspaltungen bei der Isolierung der Cross-Linking-Produkte oder bei der Analyse ihrer Struktur bemerkbar machen. So wurde z. B. nach der Vernetzung der Hexosaminidase mit einem Diazirinderivat von N-Acetylgalactosamin ein radioaktives Peptid isoliert, das bei der Edman-Sequenzierung keinen Hinweis auf ein Cross-Linking-Produkt gab (und das, obwohl keine wesentliche Freisetzung von Radioaktivität und keine ungewöhnlichen Phenylthiohydantoine beobachtet worden waren). Nach alkalischer Behandlung und anschließendem Edman-Abbau fand man einen Glutamatrest anstelle eines in dieser Position erwarteten Gln. Offenbar war das Label über eine labile Esterbindung mit Glu verknüpft.

Edman-Abbau Abschnitt 13.1

Die zuverlässigste Lokalisierung eines Cross-Links erzielt man durch Kombination von Edman-Abbau und Massenspektrometrie. Zum Beispiel wurde nach Vernetzung von 2-Azido-N-(^{14}C)benzyladenin an ein Cytokinin-bindendes Protein aus Weizensamen nur ein markiertes Peptid isoliert. Es wurde nach Edman sequenziert; ein modifizierter Rest konnte jedoch nicht gefunden werden, da der Cross-Link unter den Bedingungen der Sequenzierung instabil war. Durch Massenspektrometrie wurde aber nicht nur die Sequenz des Peptids bestätigt, es wurde auch zweifelsfrei Histidin als Ort der Vernetzungsreaktion nachgewiesen. Die Massenspektrometrie, insbesondere die hierbei besonders effiziente MALDI-MS, erlaubt dabei nicht nur, den Ort des Cross-Links mit Sub-Picomolmengen zu bestimmen, sie ist darüber hinaus häufig die einzige erfolgversprechende Methode, wenn das zu analysierende Peptid nicht einheitlich ist.

MALDI Abschnitt 14.1

Tabelle 6.5 Biotinylierungsreagenzien (B: Biotin)

Nr.	Strukturformel	Name
1	B—O—N(succinimidyl)	Biotin-N-hydroxysuccinimidester
2	B—NH—(CH$_2$)$_5$—C(O)—O—N(succinimidyl)	Succinimidyl-6-(biotinamido)hexanoat
3	B—NH—(CH$_2$)$_2$—S—S—(CH$_2$)$_2$—C(O)—O—N(succinimidyl)	Sulfosuccinimidyl-2-(biotinamido)ethyl-1,3-dithiopropionat
4	B—NH—C(O)—(CH$_2$)$_4$—NH—C(O)—(cyclohexan)—CH$_2$—N(maleimid)	1-Biotinamido-4-[4'-(maleinimidomethyl)-cyclohexan-carboxamido]butan
5	B—NH—(CH$_2$)$_4$—CH(COOH)—NH—C(O)—CH$_2$—N(maleimid)	3-(N-Maleimidopropionyl)biocytin
6	B—NH—(CH$_2$)$_3$—N(CH$_3$)—(CH$_2$)$_3$—NH—(2-NO$_2$-4-N$_3$-phenyl)	Photobiotin
7	B—NH—(CH$_2$)$_4$—CH(NH—CO—C$_6$H$_4$—N$_3$)—CO—NH—(CH$_2$)$_2$—S—S—(CH$_2$)$_2$—C(O)—O—N(succinimidyl-SO$_3$R)	2-[6-(Biotinamido)-2-(p-azidobenzamido)hexanamido]-ethyl-1,3'-dithiopropionat
8	B—NH—(CH$_2$CH$_2$O)$_3$—(phenyl mit diazirin-CF$_3$)—COO—N(maleimid)	2-[2-[2-(2-Biotinylaminoethoxy)ethoxy]ethoxy]-4-[3-(trifluormethyl)-3H-diazirin-3-yl]benzoesäure-N-hydroxysuccinimidester
9	B—NH—(CH$_2$)$_4$—CH(NH—CO—C$_6$H$_4$—CO—C$_6$H$_5$)—CO—NH—(CH$_2$)$_6$—NH—Boc	1-(N-(N$^\alpha$-(4-Benzoylbenzoyl)-L-biocytinoyl)amino-6-(N'-Boc-amino)hexan
	B—OH, Biotin (Strukturformel)	Biotin

Weiterführende Literatur

Brunner J. New Photolabeling and Crosslinking Methods. Ann. Rev. Biochem. 62, (1993) 483–514.

Creighton T. E. Proteins. Structure and Molecular Properties. W. H. Freeman & Co., New York 1993.

Dorman G., Prestwich G. D. Benzophenone Photophores in Biochemistry. Biochemistry 33, (1994) 5661–5673.

Haugland R. P. Handbook of Fluorescent Probes and Research Chemicals. Molecular Probes, Inc., 1996.

Hermanson G. T. Bioconjugate Techniques. Academic Press, 1996.

Hubbel W. L., Allenbach C. Investigation of Structure and Dynamics in Membrane Proteins Using Site-directed Spin Labeling. Curr. Opin. Struct. Biol. 4, (1994) 566–573.

Imoto T., Yamada H. Chemical Modification. (Creighton T. E., ed.) Protein Function. A Practical Approach. 247–277. IRL Press, 1989.

Kyte J. Structure in Protein Chemistry. Garland Publishing, Inc., New York 1995.

Means G. E., Feeney R. E. Chemical Modification of Proteins. Holden-Day, 1971.

Schuster D. I., Probst W. C. Ehrlich G. K., Singh, G. Photoaffinity Labeling, Photochemistry and Photobiology 49, (1988) 785–804.

Staros J. V. Membrane-Impermeant Cross-linking Reagents: Probes of the Structure and Dynamics of Membrane Proteins. Acc. Chem. Res. 21, (1988) 435–441.

Wilchek M., Bayer E. A. Avidin-Biotin Technology. Meth. Enzymol. V. 184. Academic Press, 1990.

7 Spektroskopie

Mit biophysikalischen Messmethoden möchte man Informationen über Form, Größe, Aufbau, Struktur, Ladung, Molekulargewicht, Funktion und Dynamik von biologischen Makromolekülen erlangen. Die optische Spektroskopie kann Teilaspekte aufklären, zwar nicht in so detaillierter Form wie es beispielsweise bei der hochaufgelösten Kristallstruktur eines Enzyms möglich ist, aber dafür mit sehr viel weniger Aufwand. Nicht nur der apparative Aufwand ist relativ niedrig, sondern auch die Anforderungen an Reinheit, Menge oder spezielle Formen eines Präparats – und auch der Aufwand, den ein Experimentator treiben muss, um zu einer sinnvollen Interpretation zu kommen (Auswertung, Modellbildung, Experimente an Modellsystemen).

Im Verhältnis zum Informationsgewinn erfordern optische spektroskopische Methoden einen vergleichsweise geringen Aufwand. Dies lässt sie zu Routinemethoden werden, die in vielen Laboratorien angewandt werden. Zu diesen Routinemethoden gehören Absorptionsmethoden im ultravioletten und im sichtbaren Spektralbereich. Sie können zur Konzentrationsbestimmung oder für die Untersuchung von Pigmenten (z. B. in Pigment-Protein-Komplexen) herangezogen werden. Die Absorptionsmethoden setzen sich jenseits des sichtbaren Spektralbereichs im Infraroten fort. Dieser Bereich ist von zunehmendem Interesse für die Struktur- und Funktionsanalytik von Biopolymeren. Andere Methoden wiederum beruhen auf Emissions- oder Streuprozessen.

Im Gegensatz zu den Spektren von kleinen Molekülen, die auch im theoretischen Ansatz gut verstanden sind und die gut modelliert werden können, können die Spektren von Makromolekülen, insbesondere die von Biomolekülen, oft nur phänomenologisch beschrieben werden. Modellrechnungen für solche Spektren benötigen häufig aufwendige Normierungen, um mit den beobachteten Spektren übereinzustimmen. Dennoch lassen sich mit optischen spektroskopischen Methoden bei einer empirischen Vorgehensweise Moleküle identifizieren, quantifizieren, ihre Reaktionen untersuchen und ihre Funktion in komplexen Systemen wie in einer lebenden Zelle oder einem lebenden Organismus charakterisieren.

Dieses Kapitel soll zunächst die physikalischen Grundlagen vorstellen. Im Mittelpunkt steht dabei die Wechselwirkung von Licht mit Materie, die Grundlage aller optischen spektroskopischen Methoden. Es folgen die einzelnen Methoden. Die vorgestellten Beispiele umfassen etablierte Routineanwendungen, aber auch aktuelle Anwendungen aus der Forschung. In Tabelle 7.1 sind zunächst einige Grundbegriffe zur Spektroskopie zusammengestellt.

Die Frage nach der Funktion und Dynamik von Biopolymeren ist eng mit der Möglichkeit von zeitaufgelösten Messungen verknüpft, so dass bei den einzelnen Methoden auch Anwendungen in verschiedenen Zeitbereichen – von Sekunden bis Pikosekunden – besprochen werden.

Tabelle 7.1 Grundbegriffe zur Spektroskopie

Pigment: Farbstoff, d. h. ein Molekül, das im sichtbaren Spektralbereich Licht absorbiert und dadurch einen Farbeindruck hervorruft. *Beispiele:* das Sehpigment Rhodopsin in der Sehzelle oder das Pigment Chlorophyll bei der Photosynthese.

Chromophor: die „farbgebende Gruppe" eines Moleküls; der Teil eines Moleküls, der aufgrund seiner elektronischen Übergänge für die Lichtabsorption verantwortlich ist. Dies kann durchaus nur eine einzelne Bindung eines Moleküls sein. In Biomolekülen wird der Begriff Chromophor oder **chromophore Gruppe** oft für den Teil des Moleküls verwendet, der die Absorption im sichtbaren Spektralbereich ausmacht. Ein Chromoprotein setzt sich aus einer chromophoren Gruppe, die im sichtbaren Spektralbereich absorbiert, und dem farblosen Apoprotein zusammen. *Beispiel:* das Sehpigment Rhodopsin, dessen Farbe und damit Lichtabsorption im sichtbaren Spektralbereich durch den Cofaktor Retinal als chromophore Gruppe zustande kommt.

Polarisiertes Licht: Licht ist elektromagnetische Strahlung, hat also eine elektrische und eine magnetische Komponente. Die Feldstärke dieser Komponenten werden durch einen elektrischen und einen magnetischen Feldvektor repräsentiert, die senkrecht aufeinander und auf der Ausbreitungsrichtung stehen (siehe auch Abb. 7.2). Die Ausrichtung des elektrischen (bzw. magnetischen) Feldvektors nennt man die *Polarisation* des Lichts. Bei natürlichem Licht sind alle Ausrichtungen gleich häufig vertreten. Bei Reflexion des Lichts an Grenzflächen oder bei Absorption durch orientierte Moleküle können bestimmte Ausrichtungen (Polarisationsrichtungen) bevorzugt werden. Solches Licht bezeichnet man als polarisiertes Licht und unterscheidet zwischen linear und zirkular polarisiertem Licht. Auf der linearen Polarisation von Sonnenlicht beruht beispielsweise die Orientierungsfähigkeit der Bienen; zirkular polarisiertes Licht ist für die Wirkungsweise von Flüssigkristallanzeigen wichtig.

7.1 Physikalische Prinzipien und Messtechniken

7.1.1 Physikalische Grundlagen optischer spektroskopischer Messmethoden

Alle optischen spektroskopischen Methoden beruhen auf dem selben Grundprinzip: elektomagnetische Strahlung bestimmter **Wellenlänge** und **Intensität** wird in das zu untersuchende Objekt eingestrahlt und von ihm absorbiert, gestreut oder wieder emittiert (Abb. 7.1). In einer photometrischen Messung muss also die elektromagnetische Strahlung nach ihrem Austritt aus dem „Objekt" auf ihre **Intensität, Wellenlänge**, und **Winkelverteilung** (relativ zur Ausbreitungsrichtung der eingestrahlten Strahlung) untersucht und mit der eintretenden Strahlung verglichen und verrechnet werden.

Elektromagnetische Wellen bestehen aus einer elektrischen und einer magnetischen Komponente, die sowohl vom Ort x als auch von der Zeit t abhängen. Diese Abhängigkeit wird durch die Oszillation des elektrischen (E) und des magnetischen Feldvektors (H) beschrieben:

$$\boldsymbol{E}(x,t) = \boldsymbol{E}_0 \cdot \cos[2\pi(\nu t - \frac{x}{\lambda}) + \phi] \qquad \boldsymbol{H}(x,t) = \boldsymbol{H}_0 \cdot \cos[2\pi(\nu t - \frac{x}{\lambda}) + \phi]$$

Dabei ist mit ν die Frequenz des Lichts und mit λ seine Wellenlänge bezeichnet. Mit ϕ ist die Phase für $x = 0$, $t = 0$ bezeichnet. Zwischen der Wellenlänge λ und der Frequenz ν gilt die Beziehung $c = \nu \cdot \lambda$, wobei c die Lichtgeschwindigkeit bedeutet. Sie hängt vom Medium ab und beträgt im Vakuum $c_0 = 2{,}9979 \cdot 10^8$ m/s. Der elektrische und der magnetische Feldvektor stehen stets senkrecht zur Ausbreitungsrichtung der Welle. Bei **natürlichem Licht** kommen alle Richtungen für den elektrischen (und den magnetischen) Feldvektor gleich verteilt vor. Man spricht dagegen von **linear polarisiertem Licht**, wenn der elektrische (und damit

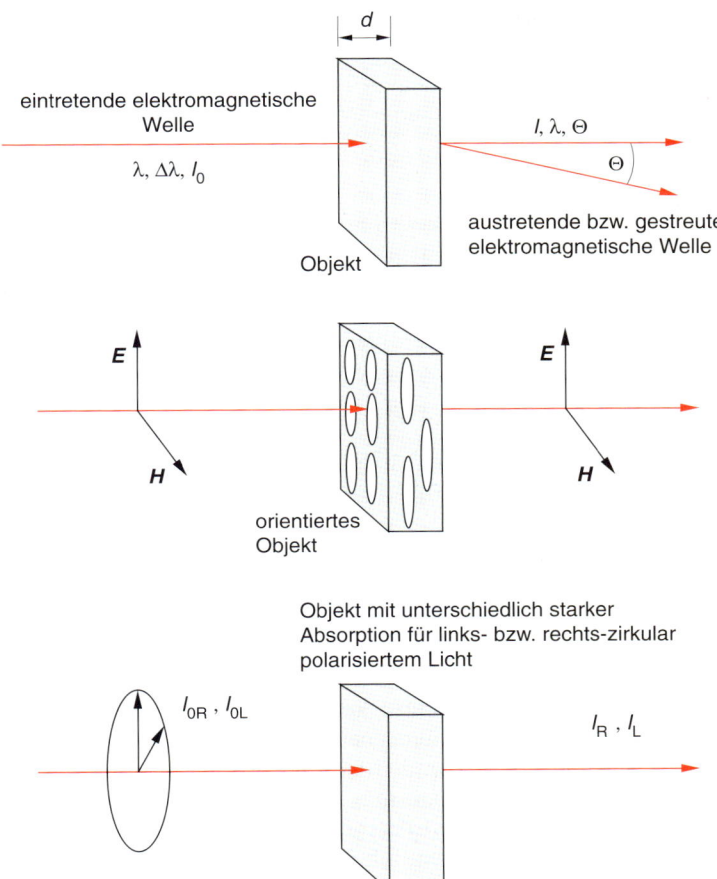

7.1 Prinzip einer photometrischen Messung. Die eintretende elektromagnetische Welle hat die Wellenlänge λ, die spektrale Breite $\Delta\lambda$ und die Intensität I_0. Die Welle durchläuft das „Objekt" der Schichtdicke d und tritt – je nach Eigenschaften und Konzentration c der Substanzen – mit bestimmter Wellenlänge und Intensität I, gegebenenfalls unter dem Winkel Θ, aus.

7.2 Prinzip einer photometrischen Messung mit linear polarisiertem Licht. **E** ist der elektrische Feldvektor, **H** der magnetische Feldvektor.

7.3 Prinzip einer photometrischen Messung mit zirkular polarisiertem Licht. I_{0R}, I_{0L}: Intensität der rechts- bzw. links-zirkular polarisierten Komponente der eintretenden Welle; I_R, I_L: Intensität der rechts- bzw. links-zirkular polarisierten Komponente der austretenden Welle.

der magnetische Feldvektor) nur in einer Richtung auftritt, oder von **zirkular polarisiertem Licht**, wenn der Feldvektor eine Spiralbahn um die Ausbreitungsrichtung des Lichtes beschreibt.

Das in Abbildung 7.1 gezeigte Prinzip einer photometrischen Messung lässt sich mit der Vorgabe einer bestimmten Polarisationsrichtung bei linear polarisiertem Licht und einer Orientierung des „Objekts" noch erweitern. Durch die Messung der Intensität der austretenden Welle als Funktion der Polarisationsrichtung kann ein Bezug zwischen der mikroskopischen, molekularen Orientierung der Probe und der durch die Achse der Probe und die Polarisationsrichtung vorgegebenen makroskopischen Orientierung erhalten werden (Abb. 7.2).

Wird statt linear polarisiertem Licht zirkular polarisiertes Licht verwendet, so können optisch aktive Substanzen untersucht werden. Statt einer makroskopischen Ordnung wird hier die Eigenschaft ausgenutzt, dass links-zirkular bzw. rechts-zirkular polarisiertes Licht unterschiedlich absorbiert werden kann (Abb. 7.3).

7.1.2 Wechselwirkung Licht-Materie

Elektromagnetische Strahlung kann im Teilchenbild oder im Wellenbild verstanden werden; die Synthese beider Bilder wird als **Welle-Teilchen-Dualismus** bezeichnet. In der Darstellung im Teilchenbild geht man von einem Strom von Lichtteilchen (Photonen) aus, deren Ruhemasse Null ist, die sich mit Lichtgeschwindigkeit bewegen, und deren Energie aus der Beziehung $E = h \cdot \nu$ bestimmt wird (h ist das Plancksche Wirkungsquantum, $6{,}62 \cdot 10^{-34}$ J · s, ν ist die Schwingungsfrequenz des Lichts in s^{-1}). Argumente für die Teilchennatur des Lichts liefert beispielsweise die quantisierte Antwort der Photorezeptoren im Auge, aber auch das Verhalten der Photomultiplierröhren. Im Wellenbild wird Licht als trans-

Tabelle 7.2 Einteilung der Spektralbereiche des elektromagnetischen Spektrums. UV: ultraviolette Strahlung; VIS: sichtbare („visible") Strahlung; NIR, MIR, FIR: nahes, mittleres und fernes Infrarot

Bereich	Wellenlänge	Wellenzahl/cm^{-1} ca.	Photonenenergie/J	Photonenenergie/eV	Anregung von	Anwendungen
Röntgenstrahlung	0,01 – 100 nm	$10^9 - 10^5$	$2 \cdot 10^{-14} - 2 \cdot 10^{-18}$	$10^5 - 10$	inneren Elektronen	Strukturbestimmung
UV-C	100 – 280 nm	100 000 – 35 000	$2 \cdot 10^{-18} - 7 \cdot 10^{-19}$	12,4 – 4,4	äußeren Elektronen, delokalisierten Elektronen	
UV-B	280 – 320 nm	35 000 – 30 000	$7 \cdot 10^{-19} - 6{,}25 \cdot 10^{-19}$	4,4 – 3,9		UV Proteine
UV-A	320 – 400 nm	30 000 – 25 000	$6{,}25 \cdot 10^{-19} - 5 \cdot 10^{-19}$	3,9 – 3,1		
VIS	400 – 760 nm	25 000 – 13 000	$5 \cdot 10^{-19} - 2{,}6 \cdot 10^{-19}$	3,1 – 1,6		UV Pigmente
NIR	760 – 3000 nm	13 000 – 3300	$2{,}6 \cdot 10^{-19} - 6{,}6 \cdot 10^{-20}$	1,6 – 0,4	Oberschwingungen	
MIR	3 µm – 30 µm	3300 – 330	$6{,}6 \cdot 10^{-20} - 6{,}6 \cdot 10^{-21}$	0,4 – 0,04	Schwingungsniveaus	IR/Raman
FIR	30 µm – 1000 µm	330 – 10	$6{,}6 \cdot 10^{-21} - 2 \cdot 10^{-22}$	0,04 – 0,001	Rotationsniveaus	
Mikrowellen	1000 µm – 10 µm	10 – 0,1	$2 \cdot 10^{-22} - 2 \cdot 10^{-24}$	$10^{-3} - 10^{-5}$	Elektronenspins	EPR
Radiowellen	10 cm – 100 m	$10^{-1} - 10^{-4}$	$2 \cdot 10^{-24} - 2 \cdot 10^{-27}$	$10^{-5} - 10^{-8}$	Kernspins	NMR

versale elektromagnetische Welle dargestellt, deren Eigenschaften bereits oben diskutiert wurden. Argumente für die Wellennatur sind Phänomene wie die Brechung oder Beugung des Lichts. Verknüpft man das Teilchen- mit dem Wellenbild, so kann man von Photonenenergien sprechen und gleichzeitig den Begriff der Wellenlängen benutzen: der Ausdruck „... ein Photon der Wellenlänge 500 nm ..." verdeutlicht diesen Dualismus. Für die in diesem Kapitel betrachteten spektroskopischen Grundlagen sind Photonen im ultravioletten, im sichtbaren, im nahen infraroten und im mittleren infraroten Spektralbereich maßgeblich. An diese schließt sich der Bereich der Mikrowellen und Radiowellen an, der für magnetische Resonanzmethoden (NMR) wichtig ist.

NMR Kapitel 15

In Tabelle 7.2 ist für alle Spektralbereiche zusätzlich noch der Bereich in Wellenzahlen (Einheit cm^{-1}) angegeben. Die **Wellenzahl** gibt die Zahl der Wellenzüge pro cm an und wird bis heute von Spektroskopikern, vor allem bei der Infrarotspektroskopie und Ramanspektroskopie, bevorzugt verwendet. Für die Energie dieser Photonen ist die „makroskopische" Einheit Joule, die man aus der Beziehung $E = h \cdot \nu$ erhält, offensichtlich keine besonders griffige Größe. Aus diesem Grund ist in der Tabelle zusätzlich die Energie in Elektronenvolt (eV) angegeben[1]. Auf diese Weise erhält man handliche Energiegrößen wie in der vierten Spalte. Sie sind vor allem dann nützlich, wenn in Verbindung mit Lichtabsorption der Übertrag von Elektronen beobachtet wird, beispielsweise bei den Primärreaktionen in der Photosynthese.

Berücksichtigt man, dass Bindungsenergien zwischen Atomen in einem Molekül bei mehreren Elektronenvolt liegen, so wird aus Tabelle 7.2 sofort klar, dass bei Absorption der in der Bioanalytik angewandten elektromagnetischen Strahlung (mit Ausnahme von Röntgenstrahlung, UV-C und UV-B) chemische Bindungen nicht aufgebrochen werden können und in der Regel auch keine Ionisation der Moleküle erfolgt. Allerdings kann durch Absorption eines Photons ein Elektron von einem niederen in ein höheres Orbital gehoben werden, es kann ein so genannter **elektronischer Übergang** erfolgen.

---

[1] Die Energieeinheit „Elektronenvolt" ist folgendermaßen definiert: Ein Elektron, das ein elektrisches Feld mit einer Beschleunigungsspannung von 1 Volt durchlaufen hat, hat aus diesem Feld die Energie 1 Elektronenvolt (1 eV) entnommen. Da sich die kinetische Energie E_{kin} des Elektrons aus dem Produkt der Beschleunigungsspannung U und der Elementarladung e (1,6 · 10^{-19} Coulomb) ergibt, erhält man: 1 eV = 1,6 · 10^{-19} C · V = 1,6 · 10^{-19} A · s · V = 1,6 · 10^{-19} W · s = 1,6 · 10^{-19} J

Für die Diskussion der Wechselwirkung von Licht mit Materie ist das Wellenbild geeigneter, und wir können uns zunächst auf den elektrischen Feldvektor der elektromagnetischen Welle beschränken, da seine Eigenschaften in weiten Spektralbereichen die Wechselwirkung bestimmen. Der magnetische Feldvektor spielt eine wichtige Rolle bei den Resonanzmethoden. Genau genommen müsste man bei der Diskussion der elektromagnetischen Welle die räumliche und die zeitliche Abhängigkeit des elektrischen Feldvektors betrachten. Die Dimensionen der absorbierenden Moleküle sind typischerweise sehr klein im Vergleich zur Wellenlänge, bei der sie absorbieren. Nimmt man zum Beispiel ein Molekül mit einer maximalen Ausdehnung von 15 bis 20 Å wie das in Abbildung 7.11 gezeigte Retinal, das in isolierter Form bei ca. 360 nm absorbiert, so ist diese Moleküldimension immer noch sehr klein gegenüber der kürzesten Wellenlänge elektromagnetischer Strahlung, die für seine Untersuchung in der Bioanalytik angewandt wird (etwa 300 nm oder 3000 Å). Deshalb ist folgende Näherung möglich: Die elektrische (und die magnetische) Feldstärke der elektromagnetischen Welle kann innerhalb eines Moleküls als *räumlich konstant* angesehen werden – für die Wechselwirkung mit Materie brauchen wir nur die *zeitliche Abhängigkeit* zu betrachten. Die zeitliche Variation des elektrischen Feldvektors kann folgendermaßen beschrieben werden:

$$\begin{aligned} \boldsymbol{E} = \boldsymbol{E}(t) &= \boldsymbol{E}_0 \cdot \cos(\omega t) \\ &= \boldsymbol{E}_0 \cdot \cos(2\pi \nu t) \\ &= \boldsymbol{E}_0 \cdot \exp(i\omega t) \end{aligned}$$

$\boldsymbol{E}_0$: statische Größe des Feldvektors
ω: Kreisfrequenz
i: imaginäre Einheit
ν: Frequenz des Lichts

Moleküleigenschaften

Für die Wechselwirkung des elektromagnetischen Feldvektors mit dem Molekül betrachten wir zunächst die Gesamtenergie des Moleküls, die Beiträge aus den Bewegungen der Atomkerne und der Elektronen enthält. In der klassischen Beschreibung zeigen die Kerne Translations-, Vibrations- und Rotationsbewegungen, und die Elektronen bewegen sich in diskreten Bahnen um die Kerne. In einem etwas detaillierteren, aber immer noch klassischen Bild halten sich die Elektronen in Schalen oder Orbitalen auf, die in vorgegebener Weise besetzt werden können. Quantenmechanisch werden diese Orbitale durch Elektronendichteverteilungen beschrieben. Für die Beschreibung von Molekülen erweitert man dieses Orbitalmodell, indem aus Atomorbitalen (AO) *Molekülorbitale* (MO) konstruiert werden. In Tabelle 7.3 sind einige der bei der Beschreibung von Orbitalen verwendeten Begriffe zusammengefasst.

Für einfachere Moleküle (z. B. für Ethen) lassen sich die Grundtypen dieser Molekülorbitale, in diesem Fall für die C=C-Bindung, angeben. Bei einem **bindenden σ-Orbital** ist die Elektronendichte entlang der Verbindungslinie zwischen den Kohlenstoffkernen lokalisiert. Bei seinem Gegenstück, dem σ^*-Orbital geht die

Tabelle 7.3 Eigenschaften von Elektronen und Orbitalen

Spin S: Betrachtet man das Elektron als negative Ladungsverteilung, so erzeugt eine Rotation (Drehimpuls) ein magnetisches Moment.
Jedes **Orbital** kann nur mit maximal zwei Elektronen besetzt werden, wobei das **Pauli-Prinzip** antiparallelen Spin fordert. Die typische Darstellung dieser Spinkonfiguration ist $\{-\frac{1}{2}; +\frac{1}{2}\}$ oder $\{+\frac{1}{2}, -\frac{1}{2}\}$.
Unter der **Multiplizität** versteht man die nach dem Schema $M = 2 \cdot |S| + 1$ berechnete Größe ($|S|$ ist der Betrag der Summe der magnetischen Momente). Zum Beispiel ist für eine Spinkonfiguration mit $\{-\frac{1}{2}; +\frac{1}{2}\}$ oder $\{+\frac{1}{2}, -\frac{1}{2}\}$ $S = 0$ und damit $M = 1$. Diese Spinkonfiguration wird daher als **Singulettzustand** bezeichnet. Wird z. B. bei einem photochemischen Prozess ein Spin invertiert, so dass die Spinkonfiguration $\{+\frac{1}{2}; +\frac{1}{2}\}$ oder $\{-\frac{1}{2}, -\frac{1}{2}\}$ ist, so ist $S = 1$ und damit $M = 3$; diese Spinkonfiguration wird als **Triplettzustand** bezeichnet.

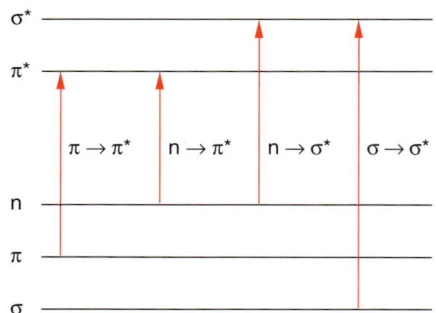

7.4 Schema der möglichen elektronischen Übergänge zwischen Molekülorbitalen. Die Länge der Pfeile entspricht der Energie der Photonen, mit denen ein Übergang angeregt werden kann.

Elektronendichte zwischen den Kernen gegen Null. Es wird **antibindend** genannt, weil es zur Kompensation der Kernabstoßung nicht beiträgt. Ein **bindendes π-Orbital** zeigt maximale Elektronendichte in einer Ebene senkrecht zur Kernverbindungslinie, hat entlang der Verbindungsachse jedoch minimale Elektronendichte (einen „Knoten"). Das zugehörige antibindende π^*-Orbital hat analog zum σ^*-Orbital seine maximale Elektronendichte nicht zwischen den Kernen. Eine Doppelbindung enthält vier Elektronen, zwei in einem σ-Molekülorbital und zwei in einem π-Molekülorbital. Liegen π-Elektronenpaare vor, die nicht an der Bindung beteiligt sind, so werden diese als **nichtbindende** Molekülorbitale (n) bezeichnet. Die Übergänge zwischen diesen Orbitalen sind in Abbildung 7.4 gezeigt.

Elektronen haben einen Eigendrehimpuls und ein magnetisches Moment, das als **Spin** bezeichnet wird (s. Tabelle 7.3). Bei einem stabilen Molekül halten sich in der Regel in den Molekülorbitalen je zwei Elektronen mit antiparallelen Spins auf. Durch Absorption eines Photons kann nun ein Elektron aus einem besetzten Molekülorbital in ein leeres Molekülorbital gehoben werden. In der Terminologie der Photochemie wird dies durch Angabe der Molekülorbitale bezeichnet:

> Ein $\pi \to \pi^*$-Übergang liegt dann vor, wenn das Elektron aus einem π-Orbital in ein π^*-Molekülorbital gehoben wird. Der Übergang von einem Orbital in ein leeres Orbital erfolgt entweder unter Beibehalten des Spins, oder aber unter Spinumkehr.

Der elektrische Feldvektor einer einlaufenden elektromagnetischen Welle kann nun in der Ladungsverteilung, die von der Molekülstruktur vorgegeben ist, Dipole induzieren. Der induzierte Dipol μ_{ind} ist proportional zur elektrischen Feldstärke E:

$$\mu_{ind} = \alpha \cdot E$$

Hier ist die elektische Feldstärke als Vektor dargestellt. Dies bedeutet, dass auch das im Molekül induzierte Dipolmoment vektoriellen Charakter hat, d. h. innerhalb der Molekülgeometrie orientiert ist. Die Proportionalitätskonstante α wird **Polarisierbarkeit** genannt. Sie hängt wiederum von der elektronischen Struktur des Moleküls ab und kann in allen drei Raumrichtungen verschieden sein. Um dieser räumlichen Abhängigkeit zu genügen, muss α als Tensor geschrieben werden. Anschaulich ist eine hohe Polarisierbarkeit dann gegeben, wenn ein Elektronensystem durch ein elektrisches Feld leicht „deformiert" werden kann.

Durch die zeitliche Variation der elektrischen Feldstärke E variiert auch der induzierte Dipol μ_{ind} mit der Kreisfrequenz ω. Die Größe des induzierten Dipols μ_{ind}, bestimmt durch die Polarisierbarkeit α, ist ein Maß für die Wahrscheinlichkeit, mit der das Molekül durch die Wechselwirkung mit der elektromagnetischen Welle in einen anderen Zustand übergehen kann. In der Molekülspektroskopie wird der Begriff des **Übergangsdipolmoments** verwendet. Darunter versteht man die Verschiebung elektrischer Ladungen in einem Molekül beim Übergang zwischen zwei elektronischen Zuständen. Bei einem *erlaubten* Übergang – bei ihm absorbiert die Substanz recht stark – entspricht die Größe dieses Übergangsdipolmoments etwa der Verschiebung einer Elementarladung ($1{,}6 \cdot 10^{-19}$ Coulomb) um die Länge einer Bindung (10^{-10} m) Die Stärke eines Übergangs, die sich in der Intensität der Absorption oder Emission äußert, hängt von Quadrat des Übergangsdipolmoments ab.

Energieniveaus eines Moleküls

Um die Übergänge zwischen verschiedenen Energieniveaus eines großen Moleküls verstehen zu können, muss man zunächst die möglichen Energiebeiträge zur Gesamtenergie bilanzieren. Sie lassen sich in verschiedenen Anteilen darstellen, die jeweils um ein bis zwei Größenordnungen unterschiedliche Beiträge liefern:

$$E_{ges} = E_{el} + E_{vib} + E_{rot} + E_{magn}$$

E_{ges} ist die Gesamtenergie des Moleküls. Sie setzt sich zusammen aus der Energie E_{el} der Elektronen (elektronischen Niveaus), der Schwingungsenergie E_{vib} der Atome – sie schwingen relativ zueinander, – aus den Rotationsenergien von Atomen oder Atomgruppen um eine gemeinsame Achse (E_{rot}) sowie aus den magnetischen Eigenschaften der Kerne und der Elektronenhüllen (E_{magn}) (diesen letzten Teil werden wir zunächst für die hier behandelten spektroskopischen Techniken vernachlässigen). Schon für ein kleines mehratomiges Molekül ist die Darstellung der Energiebeiträge als Funktion von Atomkoordinaten nicht mehr übersichtlich. Ein vielatomiges Biomolekül kann auf diese Weise, zumindest als Ganzes, nicht mehr dargestellt werden. Als „Modell" wählt man daher üblicherweise ein zweiatomiges Molekül, bei dem eine Größe der Molekülgeometrie, z. B. der Kernabstand, auf der Abszisse und die potentielle Energie des Moleküls auf der Ordinate aufgetragen wird. Für den elektronischen Grundzustand S_0 (Begründung für diese Nomenklatur s. u.) erhält man eine Potentialkurve mit einem Minimum, das dem Gleichgewichtsabstand r_0 der Kerne entspricht. Als klassisches Bild für das zweiatomige Molekül wird immer ein System von zwei mit einer Feder verbundenen Massen herangezogen, wobei die Massen die Atome symbolisieren und die Feder den Bindungskräften entspricht. Abbildung 7.5 zeigt zwei Schwingungspotentialkurven; sie gehören zu zwei elektronischen Niveaus.

Für kleine Schwingungen um den Gleichgewichtsabstand r_0 kann die Potentialkurve gut durch eine Parabel (Parabelpotential) angenähert werden: Für dieses Parabelpotential lassen sich Schwingungen quantenmechanisch gut berechnen; man erhält die Eigenschaften eines harmonischen Oszillators. Verringert man die Kernabstände, so steigt die Energie stärker an als beim Parabelpotential erwartet, da die Annäherung der beiden positiv geladenen Kerne sehr viel Energie benötigt. Vergrößert man die Kernabstände, so geht das Parabelpotential asymptotisch auf einen Grenzwert, der der Energie der beiden dissoziierten Atome entspricht. In beiden Fällen wird die Schwingung zunehmend anharmonisch. Eine analoge Potentialkurve kann für den ersten angeregten Zustand S_1 gezeichnet werden, sie liegt energetisch höher und hat in der Regel ihr Minimum bei einem etwas anderen Kernabstand r_0').

Innerhalb der beiden Potentialkurven (S_0 bzw. S_1) liegen nun Schwingungsniveaus $v_1, v_2, v_3 ... v_n$ bis zur Dissoziationsgrenze, d. h. bis zu einer Energie, bei der die Atome soweit voneinander entfernt sind, dass die Bindung aufbrechen kann. Für kleine Auslenkungen, für die die Schwingungen annähernd harmonisch sind und ein Parabelpotential als Näherung angenommen werden kann, liegen diese Energieniveaus der Schwingungen äquidistant bei:

$$E_v = h\nu (v + {}^1/_2)$$

Dabei steht ν für die Schwingungsfrequenz des klassischen Oszillators, h ist das Plancksche Wirkungsquantum, und v die Schwingungsquantenzahl, die das Schwingungsniveau angibt. Man beachte, dass für v = 0 die Energie mit $E_0 = {}^1/_2 h\nu$ größer Null ist: Diese Minimalenergie wird als **Nullpunktsenergie** bezeichnet und hat ihre Ursache in der Heisenbergschen Unschärferelation, nach der die gleichzeitige genaue Angabe des Ortes (z. B. der Gleichgewichtslage r_0) und der Energie nicht möglich ist. Für größere Auslenkungen aus der Gleichgewichtslage wird die Schwingung zunehmend anharmonisch, und die Näherung des parabelförmigen Potentials kann nicht mehr angewandt werden. Diese Anharmonizität führt zu einer Abnahme der Abstände der Energieniveaus bis zu einem Verlaufen in einem Kontinuum bei der **Dissoziationsgrenze**. Da in Molekülen unabhängig voneinander Schwingungs- und Rotationsbewegungen auftreten können, sind die Schwingungsniveaus v_n ihrerseits wieder unterteilt in Rotationsniveaus $r_1, r_2, r_3 ... r_n$. Beispiele für Schwingungsformen einfacher Moleküle werden in Abschnitt 7.3 angegeben.

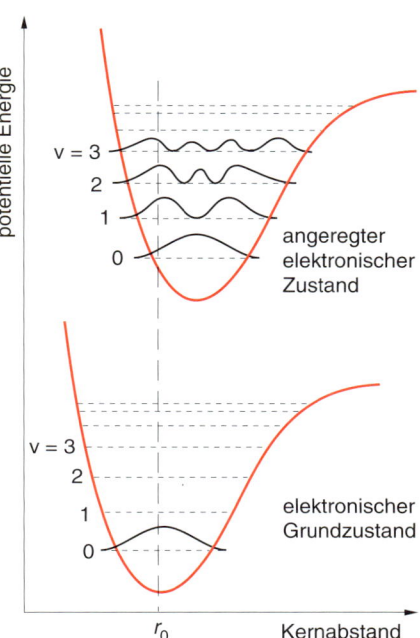

7.5 Schematische Darstellung der Energieniveaus für ein zweiatomiges Molekül. Gezeigt ist die Potentialkurve (rot) für zwei elektronische Niveaus und die zugehörigen Schwingungsniveaus v = 1,2,3... (schematisch); r_0 ist der Gleichgewichtsabstand. Eingezeichnet sind auch die Aufenthaltswahrscheinlichkeiten.

Eine einfache Abschätzung zeigt, dass sich bei Raumtemperatur alle Moleküle im elektronischen Grundzustand S_0 befinden. Die Energielücke zwischen dem Grundzustand S_0 und dem ersten angeregten Zustand S_1 beträgt typischerweise mindestens 1 eV (dies entspricht der Energie eines Photons mit einer Wellenlänge von etwa 1 200 nm). Die Energielücke zwischen dem niedrigsten Schwingungsniveau ($v = 0$) und dem nächsthöheren Schwingungsniveau ($v = 1$) liegt typischerweise bei mindestens 0,1 bis 0,5 eV (dies entspricht der Energie eines Photons im mittleren Infrarot, Tabelle 7.2). Die thermische Energie bei Raumtemperatur beträgt jedoch nur etwa 0,05 eV, so dass im thermischen Gleichgewicht alle Moleküle im elektronischen Grundzustand und fast immer im Schwingungsgrundzustand vorliegen und nur Rotationszustände signifikant besetzt sind. Man stellt diese Konfiguration des Moleküls als (S_0, $v = 0$, $r_1...r_n$) dar.

Übergänge zwischen Energieniveaus

Ausgehend von diesem Zustand können jetzt durch Absorption eines Photons geeigneter Energie Übergänge zwischen verschiedenen Niveaus erfolgen. Absorption von Photonen im IR regen Rotations- und Schwingungsübergänge innerhalb von S_0 an; Absorption von Photonen im UV, sichtbaren und nahen infraroten Spektralbereich regen elektronische Übergänge zwischen S_0 und S_1 (oder höher angeregten Zuständen) an.

> Bedingung für einen Übergang ist stets, dass die Energiedifferenz zwischen dem Ausgangs- und dem Endzustand der Energie des eingestrahlten Photons entspricht. Nicht alle Übergänge in diesem Schema sind jedoch gleich wahrscheinlich. Es gibt vielmehr eine Reihe von **Auswahlregeln**, nach denen Übergänge erlaubt (d. h. wahrscheinlich und mit starker Absorption verbunden) bzw. verboten (d. h. unwahrscheinlich und mit schwacher Absorption verbunden) sind.

Eines der Auswahlprinzipien ist als **Franck-Condon-Prinzip** bekannt und in Abbildung 7.5 dargestellt. Ihm liegt zugrunde, dass der Gleichgewichtsabstand der beiden Kerne im angeregten Zustand entweder gleich, kleiner, oder größer sein kann als im Grundzustand. Nur der letztere Fall ist in Abbildung 7.5 dargestellt. Außerdem liegt zugrunde, dass der elektronische Übergang von S_0 nach S_1 sehr rasch erfolgt (in ca. 10^{-15} s), während Schwingungen der Kerne relativ zueinander sehr viel langsamer erfolgen (eine Schwingungsperiode dauert ca. 10^{-13} s). Während eines elektronischen Übergangs bleibt der Kernabstand damit nahezu konstant. Dem wird in der Abbildung dadurch Rechnung getragen, dass der elektronische Übergang senkrecht eingezeichnet ist; er führt immer dann zu einem angeregten Schwingungszustand, wenn der Gleichgewichtsabstand im angeregten Zustand von dem im Grundzustand abweicht.

In der quantenmechanischen Darstellung dieses Phänomens betrachtet man die Überlappung der Wellenfunktion in S_0 und S_1 (bzw. $S_2...S_n$). Diese Wellenfunktionen sind ein Maß für die Aufenthaltswahrscheinlichkeit: Im niedrigsten Schwingungsniveau ($v = 0$) zeigt die Wellenfunktion (und damit die Aufenthaltswahrscheinlichkeit) ihr Maximum beim Gleichgewichtsabstand r_0, bei allen anderen Schwingungsniveaus v_n bei den Umkehrpunkten (Abbildung 7.5). Da, wie bereits diskutiert, die elektronischen Übergänge wesentlich schneller als die Schwingungen der Kerne erfolgen, sind diejenigen Übergänge am wahrscheinlichsten, bei denen sich im Grundzustand und im angeregten Zustand die Schwingungszustände und damit die Aufenthaltswahrscheinlichkeiten am ähnlichsten sind.

Wie oben bereits diskutiert, erfolgt ein elektronischer Übergang in der Regel unter Beibehaltung des Spins. Da in diesem Fall der Anfangszustand durch die Spinkonfiguration $S = \{+\frac{1}{2}, -\frac{1}{2}\}$ und der Endzustand ebenfalls durch $S = \{+\frac{1}{2},$

–½} beschrieben wird, ist die Multiplizität in beiden Fällen $M = 1$, man spricht von Singulettzuständen bzw. von einem Singulettübergang (siehe auch Tabelle 7.3). Unter bestimmten Bedingungen kann jedoch eine Spinumkehr erfolgen, so dass der Übergang von einer Spinkonfiguration S = {+½, –½} zur Konfiguration S = {–½, –½} oder S = {+½, +½} erfolgt, also von einem Singulettzustand zu einem Triplettzustand. Man spricht in diesem Fall von **Intersystem-Crossing**. Die dazugehörige Auswahlregel bezeichnet man als **Interkombinationsverbot** von Singulett- und Triplettzuständen. Nach dieser Auswahlregel sind Übergänge mit Spinumkehr verboten, d.h. sehr unwahrscheinlich und in der Absorption schwach.

Das Jablonski-Diagramm

Energieniveaus und Übergänge können bei einem vielatomigen Molekül nicht mehr in der in Abbildung 7.5 gewählten Form, d.h. als Funktion des Atomabstands, dargestellt werden. Eine schematische Darstellung, die unabhängig von der Größe oder Komplexität des Moleküls eine Beschreibung erlaubt, ist in Form eines **Termschemas** (auch **Jablonski-Diagramm** genannt) möglich. Abbildung 7.6 zeigt ein solches Termschema mit dem elektronischen Grundzustand und dem ersten sowie einem zweiten angeregten Singulettzustand (S_1 und S_2) sowie dem ersten und zweiten Triplettzustand (T_1 und T_2), wobei die einzelnen Niveaus weiter in Schwingungsniveaus (v_1, v_2, $v_3...v_n$) unterteilt sind. Die Schwingungsniveaus teilen sich weiter auf in Rotationsniveaus r_1, r_2, $r_3...r_n$; sie sind der Übersicht halber nicht mit eingezeichnet (s. aber Ausschnittsvergrößerung).

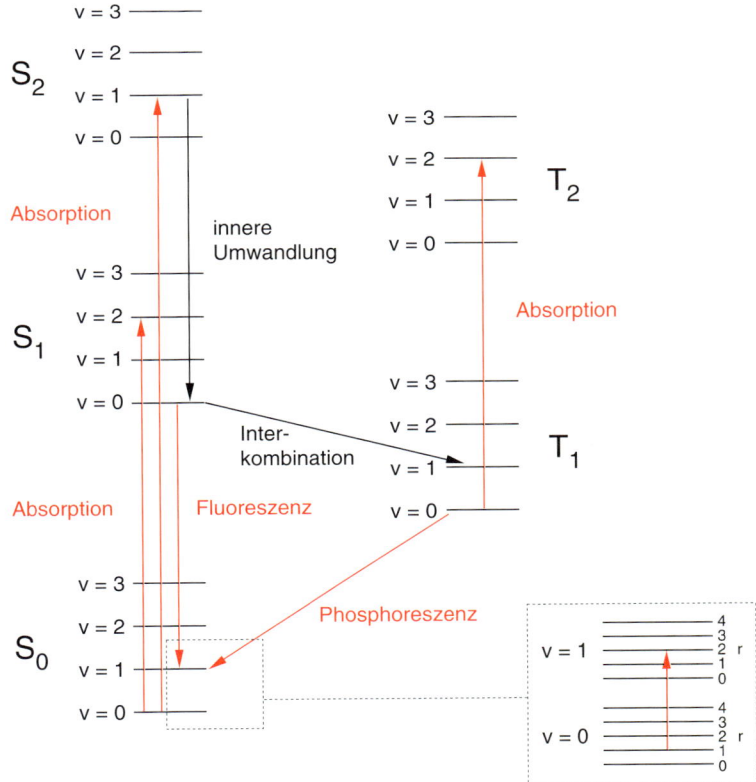

7.6 Termschema eines Moleküls mit möglichen Übergängen. In der Ausschnittvergrößerung für $v = 0$ und $v = 1$ ist ein Übergang der Infrarotabsorption gezeigt. Strahlungslose Übergänge sind schwarz eingezeichnet; Übergänge, die unter Absorption oder Emission eines Photons verlaufen, sind rot dargestellt.

Die mit Strahlungsabsorption oder -emission verbundenen Übergänge werden wie folgt benannt:

Absorption	Fluoreszenz
$S_0, v = 0 \rightarrow S_1, v = 2$	$S_1, v = 0 \rightarrow S_0, v = 1$
$S_0, v = 0 \rightarrow S_2, v = 1$	Phosphoreszenz
$T_1, v = 0 \rightarrow T_2, v = 2$	$T_1, v = 0 \rightarrow S_0, v = 1$

Zusätzlich sind die strahlungslose innere Umwandlung (innere Konversion, *internal conversion*) und der Übergang in das Triplett-System (Interkombination, *intersystem crossing*) eingezeichnet. In der Ausschnittsvergrößerung rechts unten ist ein Übergang der Infrarotabsorption $v = 0$ ($r = 1$) $\rightarrow v = 1$ ($r = 2$) dargestellt.

Die Rückkehr aus einem der angeregten Zustände in einen Zustand niedrigerer Energie oder in den Grundzustand lässt sich auch durch die **Lebensdauer** eines Zustands beschreiben. Ein Zustand, der mit hoher Wahrscheinlichkeit entvölkert wird, ist kurzlebig; ein Zustand, der nur durch einen verbotenen Übergang abreagieren kann, wird eine entsprechend längere Lebensdauer haben. Für eine Rückkehr aus dem ersten angeregten Singulettzustand (S_1) in den Grundzustand (S_0) durch Fluoreszenz wird eine hohe Übergangswahrscheinlichkeit erwartet, da keine Spinumkehr erfolgt. Die Lebensdauer beträgt in einem sochen Fall ca. 10^{-9} s. Im Fall der Rückkehr aus dem ersten angeregten Triplettzustand (T_1) durch Phosphoreszenz ist dagegen Spinumkehr erforderlich. Dieser Übergang erfolgt nur mit geringer Wahrscheinlichkeit; die Lebensdauer kann hier bis in den Bereich von Millisekunden oder Sekunden reichen. Allerdings muss darauf hingewiesen werden, dass bei der Deaktivierung eines angeregten Zustands strahlungslose Prozesse mit Emissionsprozessen konkurrieren können. In diesem Fall wird eine kürzere Lebensdauer beobachtet, da der angeregte Zustand durch zwei parallele Reaktionen schneller entvölkert werden kann.

Anhand des Jablonski-Termschemas können die Absorptions- und Emissionsprozesse eine Moleküls, die für die Diagnostik auswertbar sind, gut beschrieben werden. Dennoch muss beachtet werden, dass das Schema nur eine grobe Näherung für die Beschreibung der Übergänge im Vakuum darstellt und für Moleküle in Lösung oder für miteinander wechselwirkende Chromophore erweitert werden muss.

Die ausgedehnte Elektronenverteilung im angeregten Zustand bei einem $\pi \rightarrow \pi^*$-Übergang führt zu stärkerer Wechselwirkung mit einem polaren Lösungsmittel als im Grundzustand, senkt das Energieniveau ab und führt so zu einer Rotverschiebung. Bei einem $n \rightarrow \pi^*$-Übergang dagegen ist im Grundzustand die Wechselwirkung mit einem polaren Medium stärker, so dass der Übergang blauverschoben wird. Auch die Größe des Übergangsdipolmoments hängt stark von der Wechselwirkung der chromophoren Gruppen untereinander und mit dem Medium ab. Die Diskussion der physikalischen Effekte, die – abhängig von der Orientierung der Übergangsdipolmomente zueinander – eine Erhöhung oder Verringerung der Absorption bewirken können, würde den Rahmen dieses Kapitels sprengen. In der phänomenologischen Beschreibung des Absorptionsverhaltens sind die Begriffe *Bathochromie* für die Rotverschiebung und *Hypsochromie* für die Blauverschiebung einer Absorptionsbande üblich; zur Charakterisierung einer erhöhten Absorption verwendet man den Begriff *Hyperchromie*, für eine verringerte Absorption den Begriff *Hypochromie*.

Das Termschema eine Moleküls lässt sich jetzt leicht in ein Spektrum „übersetzen", das mit einem geeigneten Spektralphotometer aufgenommen werden kann. Zunächst einmal findet Absorption nur dann statt, wenn die Energie der eingestrahlten Photonen $E = h \cdot v = h \cdot c/\lambda$ der „Energielücke" des Moleküls – also dem Abstand zwischen S_0 und S_1, zwischen S_0 und S_2 usw. – entspricht. Je nach Termschema entsteht dabei ein „Spektrum", das wegen der diskreten Niveaus von S_0, S_1, S_2, ... aber nur aus Linien bestünde. Selbst bei Hinzunahme der Schwingungsniveaus, mit der Möglichkeit, dass elektronische Übergänge nicht nur vom niedrigsten Schwingungsniveau des elektronischen Grundzustands (S_0, $v = 0$) zum niedrigsten Schwingungsniveau des elektronisch angeregten Zustands (S_1, $v = 0$), sondern zu höher angeregten Schwingungsniveaus (S_1, $v = 1$, $v = 2$, $v = 3$,...) erfolgen, würden nur Linienspektren beobachtet, bei denen je nach Wahrscheinlichkeit dieser Übergänge eine Serie von Absorptionslinien unterschiedlicher Stärke beobachtet wird. In der Praxis ist dies nur bei den Spektren verdünnter Gase der Fall; bei Molekülen in Lösung werden diese schwingungsabhängig strukturierten Spektren durch die Wechselwirkung mit dem Lösungsmittel zu Absorptionsbanden verbreitert. Eine solche Absorptionsbande ist charakerisiert durch ihr **Absorptionsmaximum** bei einer bestimmten Wellenlänge (λ_{max}), ihre Höhe (A_{max}), und ihre Breite, die üblicherweise als **Halbwertsbreite** (HWB, engl. FWHM: *full width at half maximum*), d. h. als die Breite bei halber Maximalabsorption, angegeben wird.

7.1.3 Absorptionsmessungen

Die Absorption elektromagnetischer Strahlung mit einer vorgegebenen Energie bzw. Wellenlänge, d. h. eine *makroskopisch* (im Labor) photometrisch messbare Größe, die Aussagen über eine *mikroskopische* (im Atom oder Molekül gültige) Größe erlaubt, wird durch das **Lambert-Beersche Gesetz** beschrieben. Dabei wird vorausgesetzt, dass die absorbierende Substanz homogen in der Lösung verteilt ist, dass keine Lichtstreuung vorliegt, und keine Photoreaktionen in der Lösung stattfinden. Die **Absorption** A eines derart gelösten Stoffs ist dann für monochromatisches Licht:

$$A = \log\left(\frac{I_0}{I}\right) = \varepsilon \cdot c \cdot d$$

Dabei bedeuten I_0 und I die Intensität der einfallenden bzw. aus der Messlösung austretenden Strahlung, c die Konzentration des absorbierenden Stoffes (in mol/L), und d die vom Messstrahl durchsetzte Schichtdicke der Lösung. Die Stoffkonstante ε wird als **molarer Absorptionskoeffizient** (gelegentlich auch als Extinktionskoeffizient) bezeichnet. Da der Logarithmus dimensionslos sein muss, ist die Absorption eine dimensionslose Größe; dennoch findet man oft die nicht korrekte Angabe von „Absorptionseinheiten" (AU) oder der „optischen Dichte" (OD). Da üblicherweise die Schichtdicke d in cm angegeben wird, ergibt sich für ε die Einheit L · mol^{-1} · cm^{-1}. Anstatt der Absorption wird oft auch die Transmission T oder die prozentuale Transmission $T_\%$ angegeben:

$$T = \frac{I}{I_0} = -\log A \qquad T_\% = 100 \cdot \frac{I}{I_0}$$

Die Beziehung zwischen Absorption und Transmission und zwischen den Lichtintensitäten I und I_0, die von einem Detektor verarbeitet werden müssen, zeigt klar den sinnvollen Bereich von Absorptionsmessungen. Bei einer Absorption von 1, also einer Transmission von 10 %, müssen im Photometer Intensitäten mit hoher Genauigkeit und Linearität gemessen und verrechnet werden, die um eine Größenordnung auseinander liegen. Bei einer Absorption von 2 liegen I_0 und I um zwei Größenordnungen auseinander, bei einer Absorption von 3 um drei Größenordnungen, usw. Die moderne Elektronik von Photometern mit digitaler Anzeige und Computertechnologie verführt gelegentlich dazu, Absorptionswerte von 3 oder mehr ernst zu nehmen (auch Gerätehersteller neigen zu dieser Sicht). Sinnvoll erscheinen nach diesen Betrachtungen Werte bis zu einer Absorption von höchstens 2; wer möglichst genau messen will, sollte seine Lösung durch Verdünnen oder Konzentrieren auf eine Absorption von etwa 1 einstellen.

Wie oben erwähnt, gilt das Lambert-Beersche Gesetz streng nur für monochromatisches Licht. Die Größen I, I_0, ε, und damit auch A (oder T) sind also wellenlängenabhängig. Man muss daher die jeweilige Wellenlänge (z. B. als Index λ)

angeben. Trägt man die Absorption (oder Transmission) bzw. den Absorptionskoeffizienten als Funktion der Wellenlänge auf, erhält man ein sogenanntes **Absorptions-** bzw. **Transmissionsspektrum**. Zweckmäßig ist es, anstelle der Absorptionsskala gleich den molaren Absorptionskoeffizienten ε als Funktion der Wellenlänge aufzutragen, um unabhängig von experimentellen Parametern wie Schichtdicke oder Konzentration zu sein.

Enthält die zu untersuchende Probe mehrere absorbierende Komponenten, so überlagern sich die Absorptionen additiv, falls die Komponenten keine Wechselwirkung miteinander zeigen. Das Lambert-Beersche Gesetz kann für diesen Fall erweitert werden:

$$A = (\varepsilon_1 c_1 + \varepsilon_2 c_2 + \ldots + \varepsilon_i c_i) \cdot d$$

Die Begriffe *Absorption* und *Extinktion* werden in Lehrbüchern oft synonym verwendet, sollten aber dennoch unterschieden werden. Während die Absorption über das Lambert-Beersche Gesetz direkt mit dem molekularen Prozess der Wechselwirkung von Licht mit Materie verknüpft ist, bezeichnet *Extinktion* (von lat. *extingere*) den aus dem ursprünglichen Messstrahl entnommenen Anteil, unabhängig davon, ob durch Absorption oder durch „scheinbare Absorption" wie beispielsweise Lichtstreuung. So kann eine Suspension lichtstreuender Partikel wie beispielsweise Milch im sichtbaren Spektralbereich zwar Extinktion zeigen, Absorption im Sinn des Lambert-Beerschen Gesetzes findet aber nicht statt.

Während monochromatisches Licht für eine Absorptionsmessung in guter Näherung erreicht werden kann, sind die anderen Voraussetzungen oft nicht leicht zu erfüllen. So können die untersuchten Stoffe beispielsweise fluoreszieren und damit einen Teil des absorbierten Lichts bei größeren Wellenlängen wieder emittieren. Abhängig von der Geometrie des Messstrahls kann damit der Detektor eine wesentlich höhere Intensität I als bei einer nichtfluoreszierenden Probe registrieren, was zu einer Unterschätzung der Absorption führt. Abhilfe schafft das Verdünnen der Probe bis zu einer Konzentration, bei der die Intensität des emittierten (und vom Detektor aufgefangenen) Fluoreszenzlichts gegenüber der aus der Probe austretenden Intensität I vernachlässigt werden kann.

Häufig sind biochemische und biologische Proben Suspensionen, z. B. von Zellen oder Zellorganellen, die (oft schon mit dem Auge sichtbar) das Messlicht streuen. Abhängig von der Größe und Form der suspendierten Partikel kann damit ein wesentlicher Teil des durchgehenden Messlichts aus der Vorwärtsrichtung gestreut werden, was je nach Geometrie des Photometers zu einer geringeren Intensität am Detektor (I_0) als bei einer nicht-streuenden Probe führt. Da die Streuung wellenlängenabhängig ist, wird eine Streukurve beobachtet, die sich der wellenlängenabhängigen Absorption überlagert. Abbildung 7.7 zeigt schematisch eine solche Streukurve und ihre Auswirkung auf die Absorptionsmessung. Hier ist angenommen, dass die streuenden Partikel Dimensionen in der Größenordnung

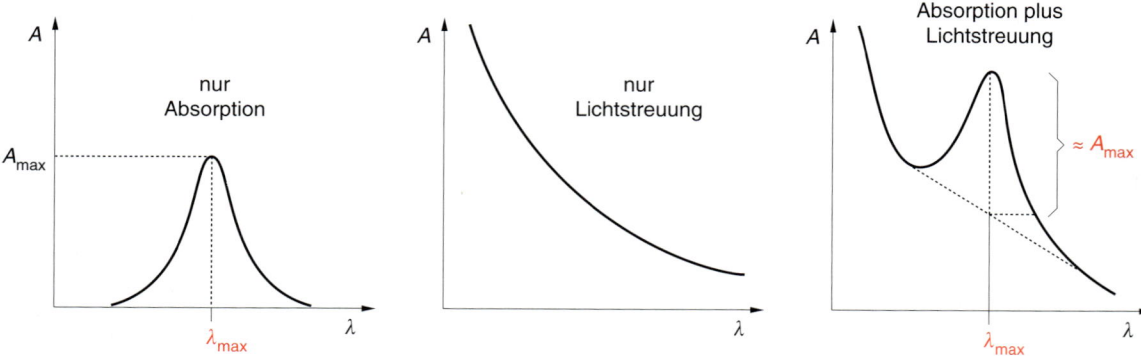

7.7 Lichtstreuung und ihre Auswirkung auf die Absorptionsmessung. Im linken Teil ist Absorption ohne Lichtstreuung gezeigt, im mittleren Teil die Extinktion aufgrund streuender Partikel. Beide überlagern sich im einfachsten Fall additiv und müssen durch geeignete Interpolation getrennt werden.

der Wellenlänge haben. In der Praxis könnten dies beispielsweise Membranfragmente, Zellen oder Zellorganellen sein.

Die Streukurve kann nur in Ausnahmefällen analytisch beschrieben und präzise abgezogen werden; für die Streuung von Partikeln mit Dimensionen in der Größenordnung der Wellenlänge (Rayleigh-Streuung, vgl. Abschnitt 7.4.1) zeigt sie eine Abhängigkeit der scheinbaren Absorption von $1/\lambda^4$. Ist eine Absorptionsbande einer Streukurve überlagert, genügt es im Allgemeinen, Punkte außerhalb der Absorptionsbande zur Interpolation der Streukurve und zur Korrektur des Absorptionswerts heranzuziehen (Abbildung 7.7). Durch geschickte Anordnung von Probe und Detektor im Spektralphotometer oder durch geeignete Probenkammern können die Effekte der Streuung reduziert werden (Abbildung 7.8).

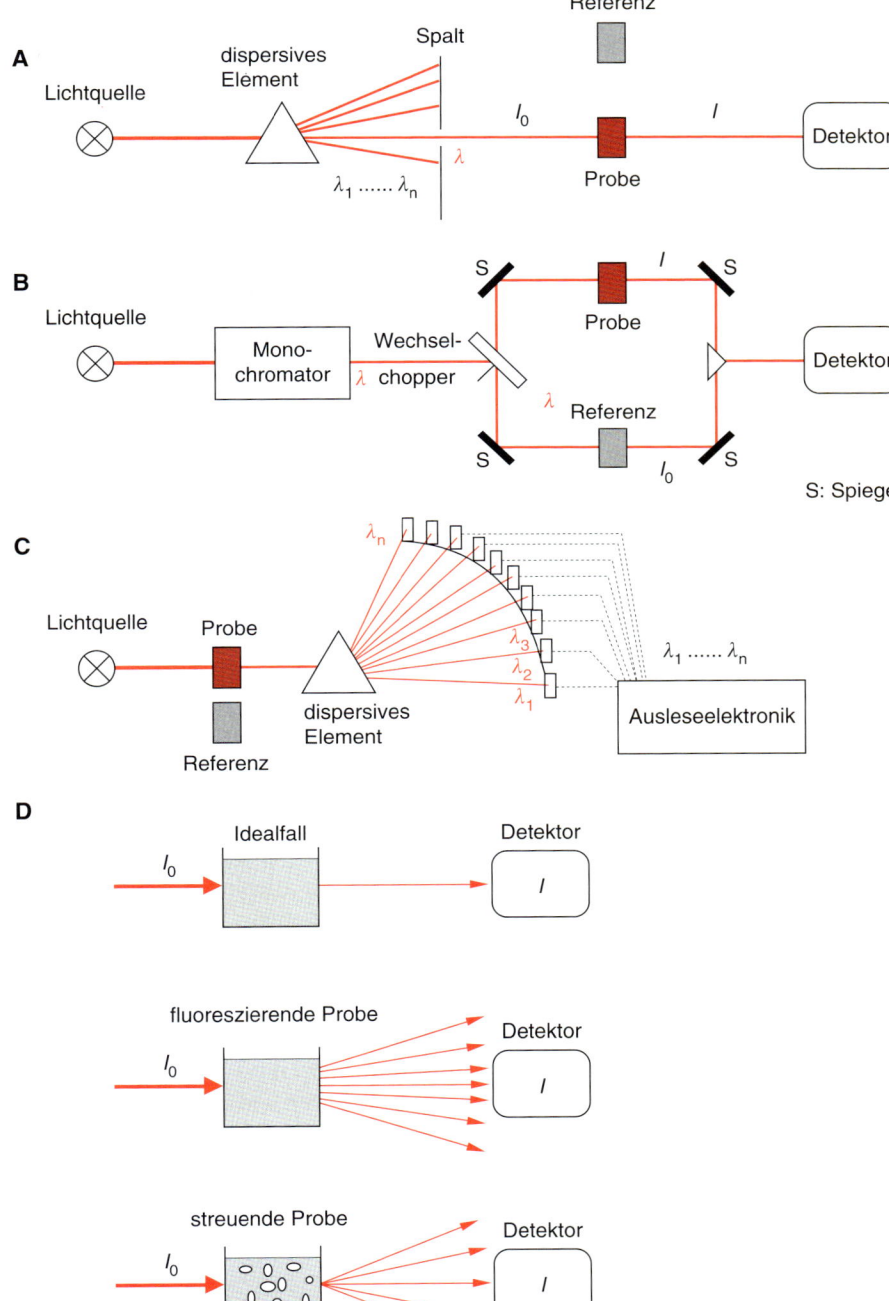

7.8 Funktionsweise von Photometern und wichtige Fehlerquellen. A. Einstrahlphotometer, Probe und Referenz müssen getrennt vermessen werden; B. Zweistrahlphotometer, Probe und Referenz werden alternierend vermessen; C. Diodenarray-Photometer, Probe und Referenz werden getrennt vermessen; D. häufige Fehler bei der Photometrie (vgl. Textbox).

> **Häufige Fehler bei der Photometrie** (Abb. 7.8D):
> fluoreszierende Probe, nicht ausreichend gefüllte Küvette oder nicht exakt im Strahl justierte Mikroküvette.
> *Folgen:* Intensität am Detektor zu hoch, scheinbar zu geringe Absorption.
> *Abhilfe:* Verdünnung (bei fluoreszierenden Proben), Einsetzen einer Abdeckmaske (bei Mikroküvetten).
> *streuende Proben:* Intensität wird aus dem Strahl „herausgestreut", Intensität am Detektor zu niedrig, scheinbar zu hohe Absorption.
> *Abhilfe:* Detektor dicht an der Probe montieren; großflächigen Detektor verwenden; spezielle Probenkammer: Ulbrichtkugel (*integrating sphere*); Erhöhen des Brechungsindex des Lösungsmittels, um die Streuung an den Partikeln zu verringern.

7.1.4 Photometer

Zur Messung der Absorption im UV/VIS-Bereich bis zum nahen IR werden heute in der Bioanalytik überwiegend Routine-Spektralphotometer eingesetzt, die entweder einen Teil des Spektralbereichs von ca. 190 nm bis ca. 1 000 nm oder sogar den gesamten Bereich abdecken. Es werden fast nur noch automatisch registrierende Photometer benutzt, bei denen die Transmission oder Absorption in einem bestimmten Wellenlängenbereich aufgenommen wird.

In **Zweistrahlphotometern** (Abbildung 7.8) wird der Messlichtstrahl, der von einer Glühlampe oder einer Gasentladungslampe stammt und dessen Wellenlänge durch einen Monochromator (meist ein Gittermonochromator) bestimmt wird, durch einen Strahlteiler in einen Probe- und einen Referenzstrahl aufgeteilt. Diese Strahlen durchsetzen die Proben- bzw. die Referenzküvette und werden auf einem Detektor registriert. Es gibt verschiedene Varianten bei der Geräteausführung: Entweder wird der gleiche Strahl mittels eines rotierenden Spiegels alternierend durch die Probenküvette und die Referenzküvette geleitet, und beide Signale werden alternierend detektiert. Oder der Messstrahl wird durch einen festen Strahlteiler in zwei etwa gleiche Anteile aufgespalten, und zwei Detektoren werden für den Proben- und Referenzstrahl verwendet. Als Lichtquellen werden für den UV-Spektralbereich in der Regel Deuterium-Gasentladungslampen (ca. 200 nm bis ca. 400 nm) und für den VIS/NIR-Spektralbereich Halogenglühlampen verwendet, als Detektoren für den UV/VIS-Bereich bis ins NIR bei etwa 900 nm dienen Photomultiplierröhren. Mit speziell rotempfindlichen Photomultipliern kann auch der NIR-Bereich bis etwa 1100 nm erfasst werden. Häufig findet man dafür jedoch die wesentlich preiswerteren und robusteren Silicium-Photodioden, die auch bei kleineren Wellenlängen eingesetzt werden können, deren Empfindlichkeit jedoch im UV stark abfällt. Der Wechsel der Lichtquellen oder Detektoren für die verschiedenen Spektralbereiche erfolgt meist automatisch durch Klappspiegel.

Der Vorzug des Zweistrahlphotometers ist, dass durch die geeignete Wahl der Referenzküvette, die beispielsweise das Lösungsmittel enthält, direkte Differenzbildung der Absorptionen von Probe und Referenz stattfindet und das Spektrum der gelösten Substanz erhalten wird. Die spektrale Charakteristik der Lampe, des Monochromators, des Detektors und der Optik heben sich ebenfalls auf. Im Grunde spricht jedoch nichts gegen die Verwendung von Einstrahlphotometern, die in der optischen Konstruktion wesentlich einfacher sind. Bei ihnen wird zunächst das Spektrum der Referenz aufgenommen, digitalisiert und abgespeichert, danach das der Probe. Im Anschluss daran wird die Absorption nach $A = \log(I_0/I)$ automatisch berechnet. Die einzige Voraussetzung dafür ist die hinreichende Stabilität von Lampe und Optik.

Den Zweistrahl- und Einstrahlphotometern ist gemeinsam, dass durch Drehen des dispersiven Elements (in der Regel des Reflexionsgitters) im Monochromator beim Messstrahl sukzessive alle Spektralelemente durchlaufen werden (*scanning*). Dies hat den Vorteil, dass immer nur ein relativ schmales Spektralelement auf einmal die Probe durchsetzt und Photoreaktionen dadurch minimiert werden. Der Nachteil ist der Zeitaufwand aufgrund der minimalen Registrierzeit oder Integrationszeit des Detektors für jedes Spektralelement, während der quasi alle anderen Spektralelemente vom Monochromator „nutzlos" ausgeblendet werden. Dieser Nachteil wird in **Vielkanalspektrometern** behoben, bei denen eine Anordnung (*array*) von vielen Detektoren gleichzeitig verschiedene Spektralelemente registriert. Das Prinzip dieser Vielkanalspektrometer, die als **Diodenarrays, optische Vielkanalanalysatoren** (*optical multichannel analyzer,* OMA) oder mit neuerer Halbleitertechnologie als **charge-coupled Devices** (CCD-Kameras) angeboten werden, ist in Abbildung 7.8 gezeigt. Diese optischen Geräte nutzen die Simultanmessung vieler (bis 1 024) Spektralelemente zur schnellen Aufnahme von Spektren. Den Geschwindigkeitsgewinn nennt man auch *Multiplexvorteil*. Schon bei einfachen Geräten dieses Typs dauert die Messung nur wenige Millisekunden, so dass die Untersuchung von zeitabhängigen Reaktionen (z. B. von Enzymkinetiken) im Sekundenbereich und schneller möglich ist. Aus physikalisch-optischen Gründen muss bei diesen Vielkanalanalysatoren die Probe mit weißem, also polychromatischen Licht bestrahlt werden. Die Auftrennung der Spektralelemente erfolgt nach der Probe, dementsprechend hoch ist die Belastung der Probe mit Messlicht. Bei lichtempfindlichen Proben kann es daher zu Photoreaktionen, im Extremfall sogar zu einer Ausbleichung kommen. Außerdem können Probleme bei lichtstreuenden Proben auftreten. Vom Aufbau her sind solche Vielkanalspektrometer Einstrahlphotometer, die Spektren der Referenz und der Probe werden also nacheinander vermessen. Aufgrund der schnellen Aufnahme der Spektren findet man solche Photometer häufig als Detektoren für die Chromatographie, wo sie bei der Trennung von komplexeren Gemischen die Einkanaldetektoren ersetzen.

7.1.5 Kinetische spektroskopische Untersuchungen

Zeitaufgelöste spektroskopische Untersuchungen sind sinnvoll und notwendig, um bei biochemischen Reaktionen Aussagen über den Anfangs- und Endzustand der Reaktion sowie über die Anzahl und Identität von Reaktionsintermediaten zu erhalten. Im Prinzip ist jedes Spektralphotometer auch für kinetische Untersuchungen geeignet, indem sukzessive Spektren aufgenommen werden; allerdings begrenzt die Aufnahmezeit für ein Spektrum die Zeitauflösung: sie sollte wesentlich kürzer als die Halbwertszeit der Reaktion sein. Eine Alternative, die fast immer bei kommerziellen Spektralphotometern vorgesehen ist, ist die Messung der Absorption bei einer festen Wellenlänge als Funktion der Zeit. Auch wenn damit keine kompletten Spektren erhalten werden, kann das Entstehen und der Zerfall von Intermediaten bei verschiedenen Wellenlängen verfolgt werden. Alle in Abbildung 7.8 schematisch gezeigten Photometer eignen sich für solche **Ein-Wellenlängen-Messungen**, allerdings bringt das Funktionsprinzip eines Zweistrahlphotometers durch das periodische Umschalten zwischen Proben- und Referenzstrahl Verzögerungen mit sich. Bei kommerziellen Geräten wird die beste Zeitauflösung mit Diodenarray-Detektoren erhalten, die für die Aufnahme eines gesamten Spektrums nur wenige Millisekunden benötigen.

Für die Aufnahme schneller kinetischer Messungen liegt das eigentliche Problem meist nicht bei der Aufnahme der Spektren, sondern beim Starten der Reaktion zu einem definierten Zeitnullpunkt. Nach der Zugabe eines Substrats mit einer Pipette zu einem in einer Messküvette gelösten Enzym und einer homogenen Durchmischung dauert es auch im Idealfall Sekunden, bis die Messlösung ohne Turbulenzen photometrisch untersucht werden kann. Für dieses Starten von Reaktionen durch Mischen wurden Verfahren entwickelt, die unter dem Namen *rapid mixing* oder *stopped flow* bekannt sind. Dabei werden die Reaktanden aus thermostatisierten Kammern mit Kolben in eine spezielle Reaktionskammer mit Fenstern für den Messstrahl injiziert, wobei die Form der Reaktionskammern schnellstmögliche Durchmischung garantiert. Die kürzesten Mischzeiten, die auf diese Weise erzielt werden, liegen bei ca. 1 ms.

Noch schnellere kinetische Untersuchungen sind nur möglich, wenn **Störungsmethoden** angewandt werden, bei denen ein Reaktionsgleichgewicht durch eine sprunghafte Änderung von Druck oder Temperatur gestört wird und das Relaxieren in den neuen Gleichgewichtszustand verfolgt wird. Ebenfalls zu den Störungsmethoden zählen kinetische Messmethoden, bei denen eine Reaktion photochemisch gestartet werden kann. Das *Zünden* der Reaktion kann hier durch ultrakurze Laserblitze erfolgen. Mit geeigneten Techniken für die photochemische Anregung und für den spektroskopischen Nachweis von Reaktionsprodukten sind heute spektroskopische Untersuchungen im Pikosekundenbereich und Sub-Pikosekundenbereich möglich; allerdings sind diese auf rein photochemische Reaktionen beschränkt.

Auf indirektem Wege können photochemische Verfahren auch dazu benutzt werden, Enzymreaktionen zu starten. Dazu wird an Stelle des Substrats für das Enzym ein inaktives Substratanalogon hinzugegeben, das photochemisch aktiviert und zum aktiven Substrat verändert werden kann. Solche photochemisch aktivierbaren Moleküle werden als **Cage-Verbindung** (*caged compounds*) bezeichnet. Es sind also Verbindungen, aus denen das aktive Substrat- oder das aktive Effektormolekül freigesetzt wird, indem eine Schutzgruppe photochemisch abgespalten wird. In einer Cage-Verbindung ist sozusagen die Reaktivität durch die Schutz-

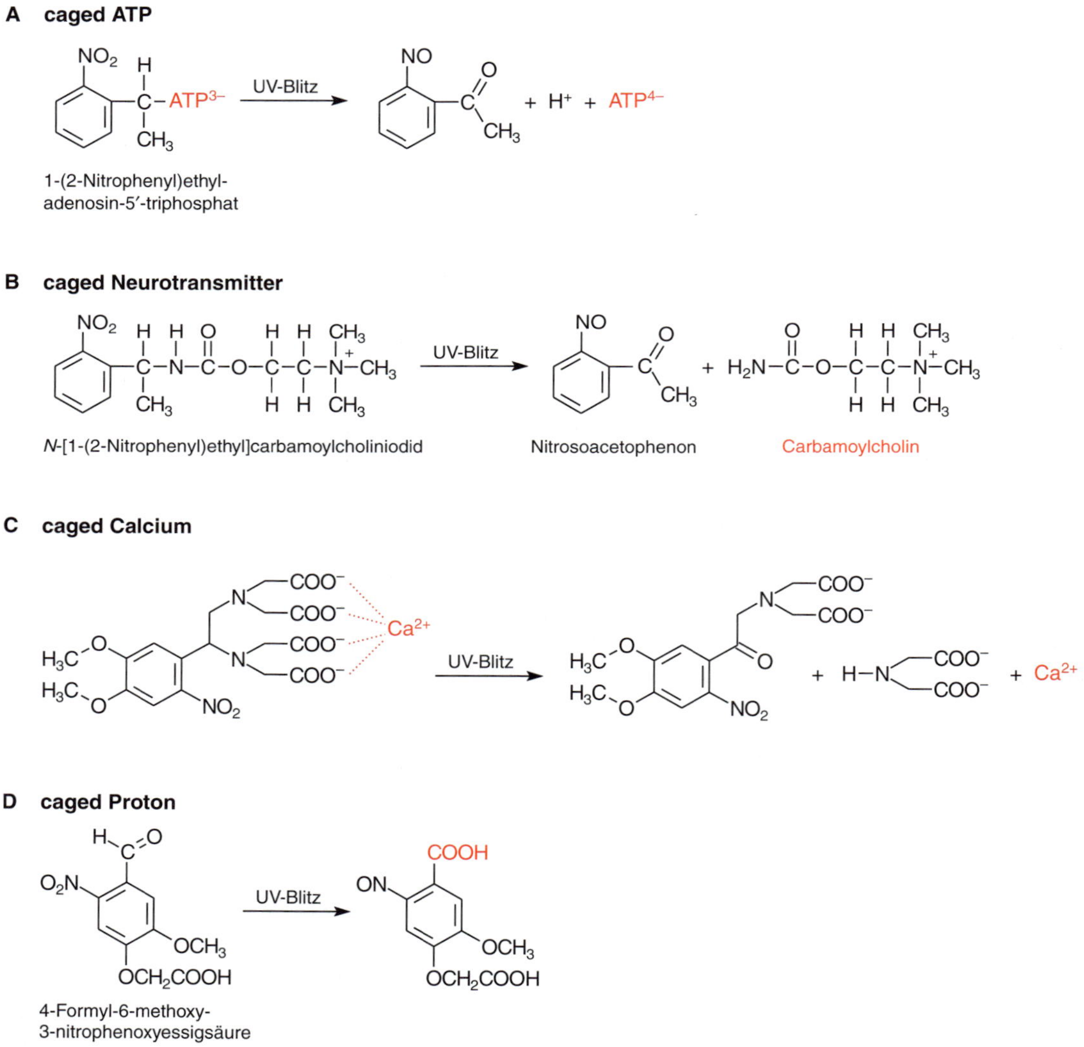

A caged ATP

1-(2-Nitrophenyl)ethyl-adenosin-5′-triphosphat

B caged Neurotransmitter

N-[1-(2-Nitrophenyl)ethyl]carbamoylcholiniodid → Nitrosoacetophenon + Carbamoylcholin

C caged Calcium

D caged Proton

4-Formyl-6-methoxy-3-nitrophenoxyessigsäure

7.9 Strukturen von photolabilen Effektormolekülen zum Starten biochemischer Reaktionen. A. *caged* Adenosintriphosphat; B. *caged* Neurotransmitter-Analogon; C. *caged* Ca^{2+}; D. *caged* Proton für einen pH-Sprung.

gruppe wie in einem Käfig eingesperrt. Deshalb kann die Cage-Verbindung schon vor der Reaktion homogen mit dem Enzym vermischt werden. Nach der Anregung der Schutzgruppe (durch UV-Licht im Fall der üblicherweise verwendeten Nitrobenzyl-Schutzgruppe) wird das Effektormolekül durch eine primäre photochemische Reaktion und mehrere Dunkelreaktionen im Zeitbereich von Mikrosekunden bis Millisekunden abgespalten. Für den idealen Fall, dass das inaktivierte Substrat nach dem Mischen bereits in der aktiven Stelle des Enzyms gebunden war (so dass Diffusionsschritte nach der Photolyse vermieden werden), können Enzyme quantitativ und in sehr kurzer Zeit – bis hinab zu einigen Mikrosekunden – aktiviert werden. Abbildung 7.9 zeigt die Strukturen von *caged* ATP und *caged* Ca^{2+}, die für die schnelle Freisetzung von ATP (analog auch ADP, AMP) und von Ca^{2+} benutzt werden. Aus dem ebenfalls gezeigten *caged* Neurotransmitter wird photochemisch das Neurotransmitter-Analogon Carbamoylcholin freigesetzt; die als *caged Proton* bezeichnete Verbindung kann eingesetzt werden, um photochemisch einen schnellen pH-Sprung zu erzeugen.

Zum Zünden dieser Reaktionen muss die Schutzgruppe durch einen kurzen, intensiven UV-Lichtblitz aktiviert werden. Die primäre Photochemie der Cages ist nicht einfach, und nicht alle Teilschritte und unvermeidlichen Nebenreaktionen sind hinreichend aufgeklärt. Andererseits werden zunehmend neue Cages synthetisiert und eingesetzt, und mittlerweile sind ca. 20 verschiedene Substanzen kommerziell verfügbar. Es ist daher abzusehen, dass in vielen Bereichen mit der Verwendung von Cages die herkömmlichen Mischverfahren ersetzt werden können und kinetische spektroskopische Untersuchungen an Biomolekülen mit hoher Zeitauflösung möglich werden.

7.2 UV/VIS/NIR-Spektroskopie

7.2.1 Grundlagen

Bei der Anwendung der UV/VIS/NIR-Spektroskopie zur Untersuchung von Proteinen muss zwischen der Absorption durch das Polypeptid selbst und der Absorption durch chromophore prosthetische Gruppen unterschieden werden. In Abbildung 7.10 ist ein Pentapeptid mit der Sequenz Ala–Gly–Asp–Trp–Ala gezeigt.

Die elektronischen Übergänge der Peptidbindung und der Seitenketten der Aminosäuren können an dem in Abbildung 7.4 gezeigten Schema verdeutlicht werden. Die Grundeinheit eines Polypeptids, die Peptidbindung, trägt nur zur Absorption im mittleren UV-Bereich bei. Im Grundzustand liegt der Peptiddipol in etwa entlang einer Achse, die den Peptid-Stickstoff und Sauerstoff verbindet (Abbildung 7.10). Die Resonanzstruktur der Peptidbindung führt zu einem $\pi\rightarrow\pi^*$-Übergang mit einem Absorptionsmaximum bei ca. 190 nm, der mit einem molaren Absorptionskoeffizienten von ca. 7 000 L · mol^{-1} · cm^{-1} leicht detektiert werden kann. Der n$\rightarrow\pi^*$-Übergang bei ca. 220 nm ist mit $\varepsilon \approx 100$ bis 200 L · mol^{-1} · cm^{-1} sehr schwach; er ist außerdem überlagert von der Absorption der Seitenketten einiger Aminosäuren (in Abbildung 7.10 ist es die Absorption der Seitenkette von Asparaginsäure) und kann daher nicht für die Analyse des Polypeptids herangezogen werden.

7.10 Schema eines Pentapeptids. Die elektronischen Übergangsdipolmomente für die Peptidbindungen sind als rote Doppelpfeile eingezeichnet.

Die $\pi \rightarrow \pi^*$-Übergänge der Seitenketten der aromatischen Aminosäuren ergeben eine ausgeprägte Absorption bei 260 bis 280 nm. Der Hauptbeitrag stammt dabei von der Aminosäure Tryptophan (λ_{max} = 280 nm, $\varepsilon \approx$ 6 000 L · mol^{-1} · cm^{-1}), bei der das komplexe Absorptionsspektrum zwischen 250 nm und 300 nm verschiedene Übergänge anzeigt. Schwächere Beiträge in diesem Spektralbereich stammen vom $\pi \rightarrow \pi^*$-Übergang von Phenylalanin (λ_{max} = 260 nm, $\varepsilon \approx$ 200 L · mol^{-1} · cm^{-1}) sowie von Tyrosin (λ_{max} = 275 nm, $\varepsilon \approx$ 1 500 L · mol^{-1} · cm^{-1}). Diese Übergänge der aromatischen Seitenketten können zur einfachen, wenn auch nicht sehr genauen Konzentrationsbestimmung von Proteinen herangezogen werden. Dazu geht man von der „durchschnittlichen" Verteilung der Aminosäuren Trp und Tyr in Proteinen aus; Phenylalanin kann vernachlässigt werden. Mit dieser Annahme erhält man für eine Proteinlösung der Konzentration 1 mg/mL bei 1 cm Weglänge (Schichtdicke) eine Absorption bei 280 nm von etwa 1. Dieses Verfahren ist zwar weit weniger empfindlich als die übliche Proteinbestimmung nach Lowry, aber schnell und vor allem nichtdestruktiv, d. h. das Präparat kann weiterverwendet werden. Allerdings ist es üblich, nicht die über viele verschiedene Proteine ermittelte durchschnittliche Zahl von Tyr und Trp, sondern für ein bestimmtes Protein die bekannte Zahl zu nehmen. Der Test wird dadurch wesentlich genauer und kann beispielsweise sehr gut in Verbindung mit der Absorption prosthetischer chromophorer Gruppen zur Abschätzung der Reinheit verwendet werden: Bei konstanter Chromophorabsorption weist eine erhöhte Absorption bei 280 nm auf kontaminierende Proteine hin.

Lowry-Assay Abschnitt 3.1.2

7.2.2 Chromoproteine

Wie bereits erwähnt, zeigt die Grundeinheit des Polypeptids nur eine Absorption im mittleren UV, so dass Polypeptide ohne chromophore prosthetische Gruppe für das Auge farblos sind. Viele Proteine tragen jedoch eine oder mehrere prosthetische Gruppen, die elektronische Übergänge im sichtbaren Spektralbereich aufweisen und das Protein farbig erscheinen lassen; in diesem Fall spricht man von **Chromoproteinen**. Die prosthetischen chromophoren Gruppen sind vielfach empfindliche Sonden für die Funktion des Proteins, da sie meist direkt an der katalytischen Funktion beteiligt sind und dabei ihre elektronischen Eigenschaften ändern. Sie umfassen eine Vielfalt von Atomen oder kleineren Molekülen, von Metallzentren über Flavine, Porphyrine, Chlorophylle bis hin zu Retinalen. Ihre spektroskopischen Eigenschaften können im Rahmen dieses Kapitels nicht im Detail behandelt werden; wir werden uns daher auf Beispiele beschränken.

Rhodopsine

Bekannte Beispiele von Chromoproteinen sind die **Rhodopsine** mit Retinal in unterschiedlichen Isomerenformen als prosthetischer Gruppe. In diesen Proteinen ist Retinal (Vitamin-A-Aldehyd) kovalent über eine Schiffsche Base an die ε-Aminogruppe eines Lysinrests gebunden und erfährt zusätzlich Wechselwirkungen mit Aminosäureseitenketten. Die Bindung des Retinals an das Rhodopsin bewirkt in allen Retinalproteinen eine Rotverschiebung des Absorptionsmaximums; freies 11-*cis*-Retinal in ethanolischer Lösung absorbiert bei ca. 360 nm, dasselbe Retinal im visuellen Pigment Rhodopsin absorbiert im Grundzustand bei 500 nm. Dabei ist die Bindung des Retinals an das Apoprotein (Opsin) über eine Schiffsche Base sowie deren Protonierung nur zu einem Teil für diese Rotverschiebung verantwortlich; auch die Wechselwirkungen zwischen Polyenkette und Ring des Retinals mit dem Opsin tragen zur Rotverschiebung bei.

Die elektronischen Übergänge des Retinals, die durch delokalisierte π-Elektronen der Polyenkette zustandekommen, können so als empfindliche spektroskopische Sonde für den jeweiligen Zustand des Retinals in seiner Bindungsstelle und

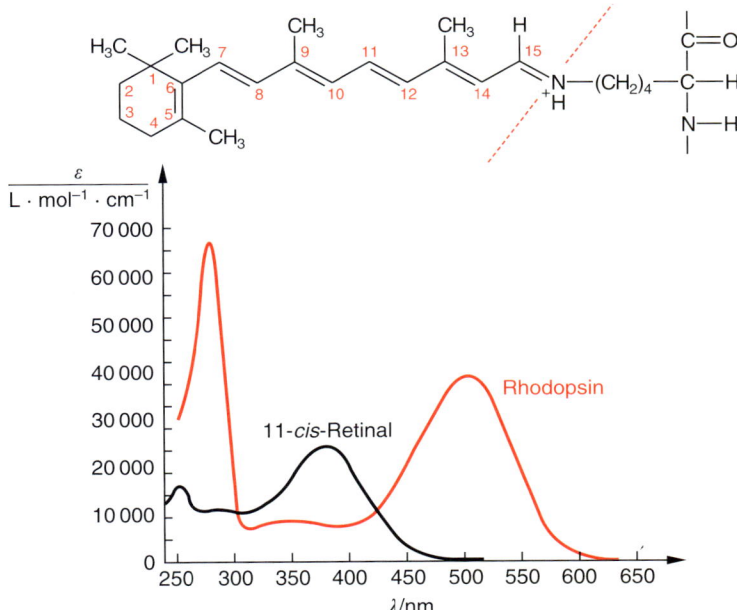

7.11 Struktur von Retinal, das über eine Schiffsche Base an die ε-Aminogruppe eines Lysinrests gebunden ist. Diese Bindung des Retinals im Sehpigment Rhodopsin führt zu einer Rotverschiebung im Absorptionsspektrum.

damit für den Zustand des Proteins herangezogen werden. Abbildung 7.11 zeigt die Struktur von Retinal in der 11-*cis*-Form und seine Bindung an die ε-Aminogruppe eines Lysins zusammen mit den Absorptionsspektren der freien Form und der an das Opsin gebundenen Form.

Belichtet man Rhodopsin mit Licht im Wellenlängenbereich von ca. 500 nm, so führt die Absorption zu einer photochemischen Reaktion mit nachfolgenden thermisch aktivierten Dunkelreaktionen. Im Verlauf dieser **Bleichung** werden verschiedene Intermediate beobachtet, die vereinfacht in Abbildung 7.12 zusammengefasst sind. Das für die Ankopplung an die biochemischen Verstärkungs- und Regelungsprozesse wichtigste Intermediat, das bei physiologischen Temperaturen in Millisekunden entsteht, ist Metarhodopsin II. Da sich die Intermediate alle spektroskopisch durch ihr Absorptionsmaximum und ihre unterschiedlich starke Absorption unterscheiden, kann diese Bleichsequenz durch kinetische spektroskopische Untersuchungen charakterisiert werden. Alternativ können bei tiefen Temperaturen die Spektren einzelner Intermediate erhalten werden. Das erste, rot-

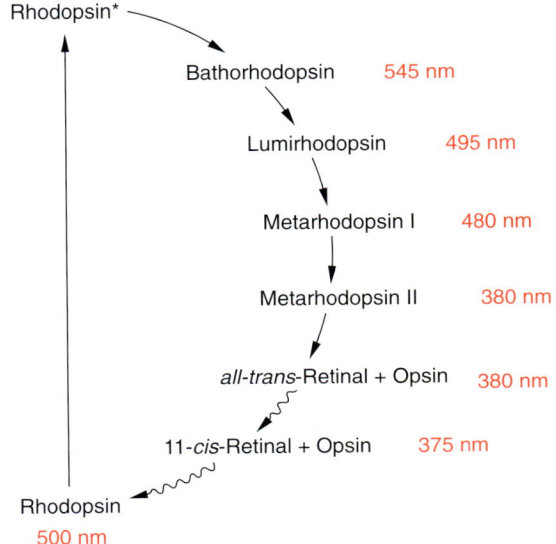

7.12 Bleichsequenz des Rhodopsins nach Absorption eines Photons. Die Wellenlängenangaben bei den Intermediaten geben die Absorptionsmaxima an. Die gewellten Pfeile stehen für Reaktionen, die nicht spontan, sondern enzymatisch katalysiert erfolgen.

verschobene Intermediat **Bathorhodopsin** (λ_{max} = 545 nm) zeigt eine stärkere Delokalisierung der π-Elektronen in der Polyenkette des Retinals an. Die starke Blauverschiebung der Chromophorabsorption in dem für die Auslösung des visuellen Reizes wichtigen Intermediat **Metarhodopsin** II (λ_{max} = 380 nm) ist auf die Deprotonierung der Schiffschen Base und eine strukturelle Öffnung des Proteins zurückzuführen. Schließlich erfolgt im weiteren Verlauf der Reaktionssequenz die Ablösung des Retinals vom Opsin und man beobachtet die Absorption von freiem Retinal.

Analoge Reaktionssequenzen treten bei vielen anderen Retinalproteinen auf. Bakterielle Rhodopsine durchlaufen eine zyklische lichtgetriebene Reaktion. Ein Beispiel ist **Bakteriorhodopsin** aus dem Archaebakterium *Halobacterium halobium*. Nach Absorption eines Photons durch das Chromophor Retinal (*all-trans*-Retinal, ebenfalls gebunden über eine im Grundzustand protonierte Schiffsche Base an das Lysin der Position 216) geht dieses Bakteriorhodopsin in einen Reaktionszyklus ein, der in wenigen Millisekunden abgeschlossen ist und in dessen Verlauf ein Proton aktiv aus dem Zellinneren nach außen transportiert wird.

Cytochrome

Als weitere Beispiele für chromophore Gruppen, die zu charakteristischen Absorptionen im sichtbaren Spektralbereich führen, seien Porphyrine und Häme erwähnt. In der großen Klasse der Hämproteine sind die kleinsten Vertreter **Cytochrom** *c* bzw. **Cytochrom** c_2. Sie kommen ubiquitär in vielen Elektronentransferketten, etwa im Atmungsprozess oder in der Photosynthese vor. Im Fall von Cytochrom *c* ist die prosthetische Gruppe ein Häm, das über je eine Thioethergruppe an zwei Cysteinreste innerhalb einer Sequenz (–Cys–X–Y–Cys–His–) der Polypeptidkette kovalent gebunden ist (Abbildung 7.13). Zusätzliche Wechselwirkungen erfährt das Häm über einen axialen Liganden des Eisens und über die Solvatisierung der Propionatgruppen des Häms, sowie durch polare oder unpolare Teile der Umgebung in der Bindungstasche. Diese Wechselwirkungen führen zu deutlich unterschiedlichen spektralen Eigenschaften der Häme in verschiedenen *c*- und c_2-Cytochromen, vor allem aber zu unterschiedlichen Redoxpotentialen, die es möglich machen, dass unterschiedliche *c*-Cytochrome in verschiedenen Teilen der Elektronentransferketten auftreten.

Das Absorptionsspektrum von reduziertem Cytochrom *c* ist durch eine Absorptionsbande bei ca. 550 nm (*α*-Bande), eine breitere und etwas schwächere Absorptionsbande bei ca. 530 nm, und eine starke Absorptionsbande bei ca. 400 nm (Soret-Bande) charakterisiert (Abbildung 7.14). Alle drei Banden sind vom Redoxzustand abhängig und können zu dessen Charakterisierung herangezogen werden – nicht nur am isolierten Protein, sondern auch in ganzen Membranen und sogar in ganzen Organellen oder in ganzen Zellen. Abbildung 7.15 illustriert die

7.13 Struktur der Hämgruppe von Cytochrom *c* mit einem Ausschnitt aus der Polypeptidkette.

7.14 Absorptionsspektrum von oxidiertem und reduziertem Pferdeherz-Cytochrom *c* und die daraus berechneten Differenzspektren für den vollständigen Übergang von der oxidierten in die reduzierte bzw. von der reduzierten in die oxidierte Form. Die Redoxreaktion wurde an einer transparenten Elektrode in einer spektroelektrochemischen Zelle erhalten.

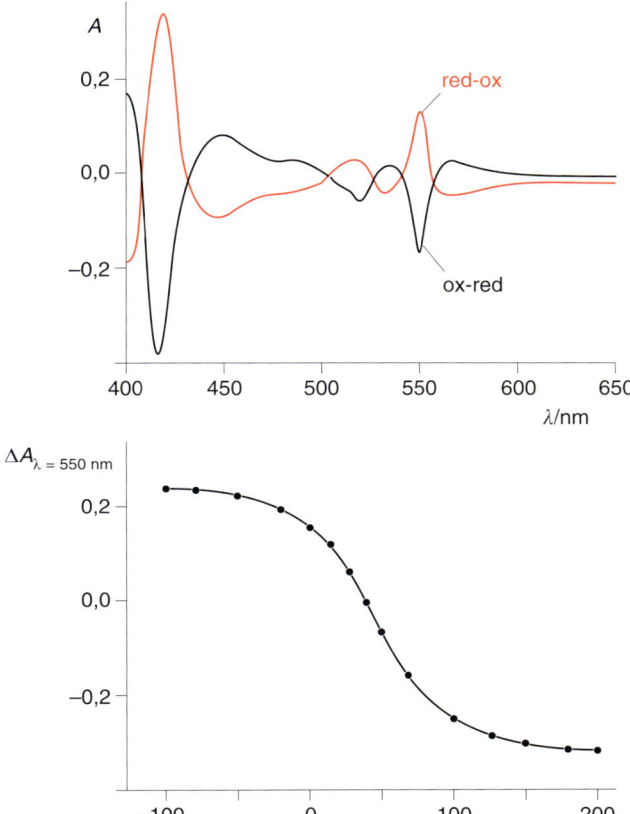

7.15 Redoxtitration der Absorption der α-Bande bei 552 nm. Oben sind die Differenzspektren gezeigt, unten die aus dem Differenzsignal erhaltene Nernst-Kurve.

Redoxreaktion von Cytochrom c in einer spektroelektrochemischen Zelle. Dabei wird an eine transparente, vom Messstrahl durchstrahlte Elektrode ein Potential angelegt und mittels einer Gegenelektrode und einer Referenzelektrode das Redoxpotential für das Protein eingestellt und äquilibriert. Das bei einem bestimmten Potential aufgenommene Absorptionsspektrum spiegelt dann den Anteil an reduziertem Cytochrom wider und kann mit einem Absorptionsspektrum des vollständig oxidierten (oder reduzierten) Proteins zu den gezeigten **Differenzspektren** verrechnet werden. Trägt man, wie in Abbildung 7.15 gezeigt, die Amplitude des Differenzsignals bei einer bestimmten Wellenlänge gegen das Potential auf, so erhält man eine Kurve, die durch eine Nernst-Funktion beschrieben werden kann:

$$E = E_0 + \frac{RT}{nF} \ln \frac{c(\text{ox})}{c(\text{red})}$$

- E: gemessenes bzw. eingestelltes Potential
- E_0: Mittelpunktspotential (gleiche Konzentration c der oxidierten (ox) und der reduzierten (red) Spezies)
- R: allgemeine Gaskonstante, $R = 8{,}314 \text{ J} \cdot \text{K}^{-1} \cdot \text{mol}^{-1}$
- T: absolute Temperatur in K
- F: Faradaykonstante, $F = 9{,}6485 \cdot 10^4 \text{ C} \cdot \text{mol}^{-1}$
- n: Zahl der übertragenen Elektronen

Durch Anpassung dieser Nernst-Funktion an die gemessenen Absorptionswerte kann das Mittelpunktspotential und die Anzahl n der übertragenen Elektronen (in diesem Fall ist $n = 1$) bestimmt werden. Solche **Redoxtitrationen** können natürlich auch chemisch, d. h. durch Zugabe von Reduktionsmitteln oder Oxidationsmitteln durchgeführt werden. Der Vorteil bei der Kombination elektrochemischer Techniken mit spektroskopischer Detektion liegt jedoch in der genaueren Einstellung der Potentiale sowie darin, dass Titrationszyklen ohne Verdünnung durchgeführt werden können, so dass die erhaltenen Mittelpunktspotentiale wesentlich genauer sind.

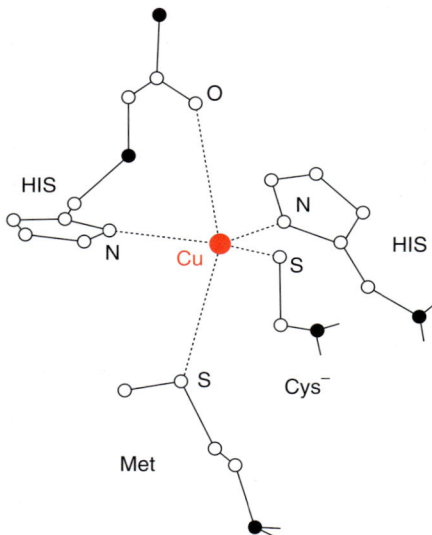

7.16 Koordination des Kupferions durch Aminosäureseitenketten bei Azurin.

Metalloproteine

In vielen Fällen ist die prosthetische Gruppe ein Metall-Ion, das in bestimmter Form im Protein komplexiert oder gebunden ist. Beispiele dafür sind Eisen in photosynthetischen Reaktionszentren, Mangan im Wasserspaltungskomplex von Pflanzen oder Blaualgen, Kupfer in bestimmten Oxidasen oder kleinen wasserlöslichen Redoxproteinen wie Azurin oder Plastocyanin. Solche Metall-Ionen haben zunächst einmal magnetische Eigenschaften aufgrund ihrer Kernspins oder Elektronenspins. Fast immer entstehen aber bei der Bindung eines Metalls in einem Protein auch elektronische Niveaus mit Übergängen im sichtbaren Spektralbereich oder im nahen IR.

Die tiefblaue Farbe des Kupferproteins **Azurin** (daher der Name) im oxidierten Zustand ist ein Beispiel für solche elektronischen Übergänge bei einem Metalloprotein. Der elektronische Übergang mit einer Maximalabsorption um 600 nm und mäßig hohem molaren Absorptionskoeffizienten (2 000 bis 5 000 L·mol^{-1}·cm^{-1}) kommt durch Ladungstransfer zwischen den Liganden und dem Kupfer zustande; die stärkste dieser sogenannten ***Charge-transfer-Banden*** geht bei Azurin auf das Cystein-Schwefelatom zurück. Abbildung 7.16 zeigt schematisch die Koordination des Kupfer-Ions durch zwei Histidin- und zwei Cysteinseitenketten. Als fünfter Ligand kommt zusätzlich eine Peptid-Carbonylgruppe in Frage. In Abbildung 7.17 sind die Spektren eines anderen Vertreters, des **Halocyanins** aus einem halophilen Archaebakterium bei verschiedenen Redoxpotentialen gezeigt.

Durch eine andere Geometrie des Metallzentrums oder durch Wasserstoffbrückenbindungen kann sich die lokale Elektronendichte am Kupferatom verändern, als Folge davon verschiebt sich die Lage des elektronischen Übergangs und die Lage des Mittelpunktspotentials. Auch in diesem Fall kann der elektronische Übergang zur Charakterisierung des Redoxzustands verwendet werden.

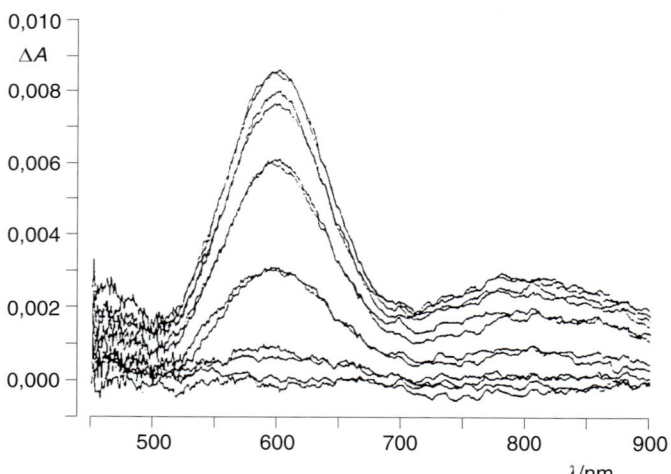

7.17 Absorptionsspektren von Halocyanin bei verschiedenen Potentialen.

Chlorophylle

Zu den intensivsten elektronischen Übergängen in Biomolekülen zählen die von **Chlorophyllen** und **Chlorophyll-Protein-Komplexen**. Bis heute sind ca. 60 natürliche Varianten von Chlorophyllen bekannt und strukturell charakterisiert. Allen gemeinsam ist die Tetrapyrrol-Ringstruktur und das zentrale, durch die vier Stickstoffe koordinierte Magnesium. Sie unterscheiden sich jedoch durch unterschiedliche periphere Substituenten. Diese Substituenten haben einen beträchtlichen Einfluss auf das konjugierte System und damit auf die Lage und Intensität der elektronischen Übergänge.

Chlorophylle sind in biologischen Strukturen stets nicht-kovalent gebunden und bis auf einen noch nicht endgültig geklärten Fall (die Chlorosomen aus grünen photosynthetischen Bakterien) stets mit einem Protein assoziiert. In diesen meist transmembranen Proteinkomplexen findet man Histidine als typische fünfte und sechste axiale Liganden des Magnesiums. Die Bindungstaschen für diese Tetrapyrrolpigmente enthalten einen unpolaren Bereich in der Region des Tetrapyrrol-Ringsystems und einen polaren Bereich in der Region, in der die peripheren Gruppen des Pigments liegen. Die an der Peripherie gelegenen Carbonylgruppen können durch Wasserstoffbrücken mit geeigneten Partnern im Protein in Wechselwirkung treten.

Abbildung 7.18 verdeutlicht dies am Beispiel von Bakteriochlorophyll a aus photosynthetischen Bakterien. Außer den nicht dargestellten axialen fünften und sechsten Liganden des Magnesiums (aus der Bildebene heraus bzw. in die Bildebene hinein) sind alle Carbonyle (2-a-Acetyl, 9-Keto, 10a- und 7c-Ester) durch Wasserstoffbrückenbindungen mit Partnern im Protein gebunden. In Abbildung 7.19 sind die Absorptionsspektren von freiem Bakteriochlorophyll a in Ethanol (A) sowie Spektren von proteingebundenen Bakteriochlorophyll in verschiedenen Lichtsammelkomplexen von photosynthetischen Bakterien (B) zu sehen. Der Singulett-Übergang mit der niedrigsten Energie ($S_0 \rightarrow S_1$) am roten Ende des sichtbaren Spektralbereich ($\lambda_{max} \approx 770$ nm) bei freiem Bakteriochlorophyll ist hocherlaubt (Q_y, $\varepsilon \approx 100\,000$ L·mol^{-1}·cm^{-1}). Übergänge mit höherer Energie liegen bei ca. 590 nm (Q_x, $S_0 \rightarrow S_2$) und bei 380 nm. Während die Grundstruktur des Spektrums mit den drei energetisch getrennten Übergängen beim Einbau des Bakteriochlorophylls in ein Protein in etwa erhalten bleibt, ändert sich vor allem die Lage des $S_0 \rightarrow S_1$-Übergangs. Seine Energie wird abgesenkt und man beobachtet,

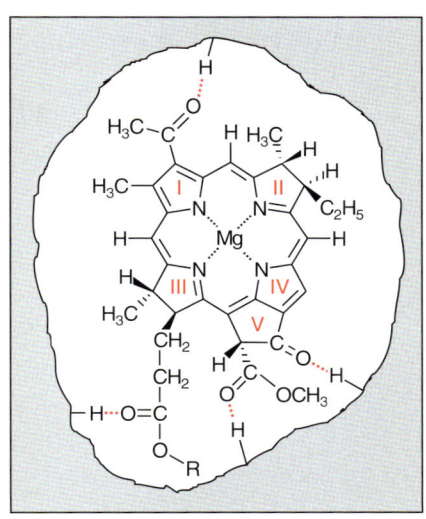

7.18 Struktur eines Bakteriochlorophyll-a-Moleküls in einer Bindungstasche im Protein. Die Carbonylgruppen an der Peripherie können Wasserstoffbrückenbindungen zu Aminosäureseitenketten im Protein ausbilden (gepunktete Bindungen).

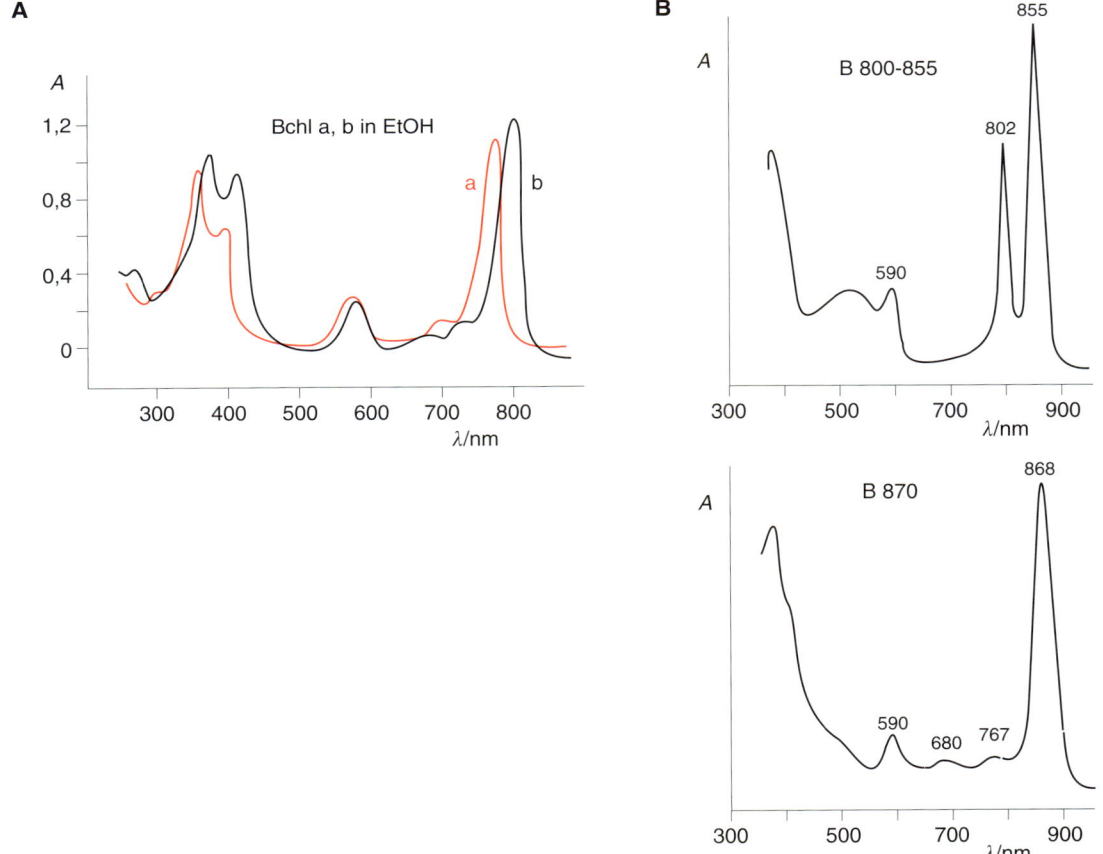

7.19 A. Absorptionsspektrum von Bakteriochlorophyll a und b in Ethanol (Bchl = Bakteriochlorophyll), B. Absorptionsspektren von Bakteriochlorophyll a in Pigment-Protein-Komplexen aus photosynthetischen Bakterien.

je nach Population der Antennenpigmente, Absorptionsbanden bei ca. 800 nm, bei ca. 850 nm oder ca. 875 nm für das Pigment im Protein. Noch drastischer ist diese Absenkung der Energie des niedrigsten Singulettübergangs für das strukturell ähnliche Bakteriochlorophyll b. Beim freien Pigment in Ethanol liegt dieser Übergang bei ca. 790 nm, im Lichtsammelkomplex des Purpurbakteriums *Rhodopseudomonas viridis* ist er jedoch weit ins nahe Infrarot bis 1 020 nm verschoben.

Die detaillierten Wechselwirkungen, die die genaue Lage und Intensität im Spektrum eines Pigments in seiner nativen Umgebung (etwa bei einem Bakteriochlorophyllmolekül) bestimmen, sind noch nicht verstanden und können auch nicht aus den elektronischen Spektren abgeleitet werden. Allerdings kann man mit diesen Absorptionsspektren Vorkommen und Menge sowie die Reaktionen der nativen Komplexe bestimmen. Sie bieten außerdem einen empfindlichen Test dafür an, ob die Proteine und Pigmente im Verlauf einer Isolation und Reinigung intakt geblieben sind. Denn schon geringe Degradation beim Protein und Oxidationsprozesse beim Pigment führen zu neuen, weiter zum Blauen verschobenen Banden.

Das grün-fluoreszierende Protein (GFP)

GFP in Reportergen-Systemen Abschnitt 33.4.3

Eine besondere Rolle bei Untersuchungen in der Molekulargenetik nimmt ein erst vor wenigen Jahren näher charakterisiertes Protein ein, das als *grün-fluoreszierendes Protein* (*green fluorescent protein,* GFP) bezeichnet wird und dessen Anwendungen z. B. in Kap. 33 beschrieben sind. Bei diesem kleinen, aus 238 Aminosäuren bestehenden Protein bildet sich die chromophore Gruppe aus den Seitenketten dreier benachbarter Aminosäuren (Ser 65-Tyr 66-Gly 67, Abb. 7.20).

Dieser Rest, ein p-Hydroxybenzyliden-Imidazolinon führt, sozusagen als kovalent gebundener „Auto"-Chromophor des Proteins, zu zwei intensiven Absorptionsbanden mit Maxima bei 396 nm und bei 475 nm. Die Extinktion der beiden Banden wird vom Protonierungsgleichgewicht bestimmt, wobei die kürzerwellige Bande von der protonierten Form, die längerwellige von der deprotonierten Form kommt. Neuere Untersuchungen zur Photophysik dieses Proteins im ultrakurzen Zeitbereich zeigen, dass nach Anregung bei 396 nm eigentlich Emission bei 459 nm beobachtet werden sollte (Abschnitt 7.5). Beobachtet wird jedoch Emis-

7.20 Bildung der chromophoren Gruppe des grün-fluoreszierenden Proteins aus drei benachbarten Aminosäuren (Ser 65-Tyr 66-Gly 67) durch Zyklisierung und Oxidation. Der Chromophor liegt in zwei Formen in einem Protonierungsgleichgewicht (mitte links / unten links) vor. (Nach: Steipe B. und Skerra A., Biospektrum 1/1997)

sion bei 508 nm, unabhängig von der Anregung. Dies kann darauf zurückgeführt werden, dass die photochemische Anregung des Chromophors bei der kurzwelligen Absorptionsbande zur Deprotonierung und damit zur Verschiebung des Gleichgewichts zur im Bild unten links gezeigten Form führt, so dass ausschließlich diese Form zur Emission kommt. Die außergewöhnlich hohe Ausbeute der Fluoreszenz (Abschnitt 7.5) und die Möglichkeit, durch Mutationen die Wechselwirkung der chromophoren Gruppe mit einzelnen Aminosäuren zu untersuchen, haben dieses Protein zu einem neuen „Haustier" der Photophysiker und -Chemiker gemacht. Darüber hinaus wird dieses autofluoreszierende Protein, das leicht in Zellen und Organellen nachgewiesen werden kann, auch zunehmend zu einer Sonde für komplexe Expressions- und Assemblierungsprozesse in der Biologie.

Fast immer lässt sich für ein Biomolekül ein elektronischer Übergang mit einer Absorption im UV/VIS- oder NIR-Bereich finden, mit dessen Hilfe zumindest eine Quantifizierung möglich ist und dessen Lage und Intensität mit etwas Geschick weiter zu analytischen Zwecken ausgewertet werden kann. Zum Abschluss dieses Abschnitts sind in Tabelle 7.4 nochmals die Absorptionseigenschaften von einigen wichtigen Chromophoren aus biologischen Strukturen zusammengefasst.

Tabelle 7.4 Absorptionseigenschaften von Chromophoren aus biologischen Strukturen

	Bereich/λ_{max}	ε [L·mol^{-1}·cm^{-1}]	absorbierende Gruppe im Molekül
UV	ca. 190 nm	ca. 7 000	$\pi \to \pi^*$-Übergang der Peptidbindung
	ca. 220 nm	ca. 100	$n \to \pi^*$-Übergang der Peptidbindung
	260 nm	ca. 13 000	$n \to \pi^*$, $\pi \to \pi^*$ Adenin
	275 nm	ca. 8 000	$n \to \pi^*$, $\pi \to \pi^*$ Guanin
	267 nm	ca. 6 000	$n \to \pi^*$, $\pi \to \pi^*$ Cytosin
	264 nm	ca. 8 000	$n \to \pi^*$, $\pi \to \pi^*$ Thymin
	258 nm	ca. 6 600	$n \to \pi^*$, $\pi \to \pi^*$ DNA
	257 nm	ca. 200	$\pi \to \pi^*$ aromat. Seitenkette, Phenylalanin
	274 nm	ca. 1 400	$\pi \to \pi^*$ aromat. Seitenkette, Tyrosin
	280 nm	ca. 5 600	$\pi \to \pi^*$ aromat. Seitenkette, Tryptophan
VIS	420 nm	ca. 125 000	Soret-Bande des Häms
	450 nm	ca. 120 000	Carotin
	500 nm	ca. 42 000	Retinal im Sehpigment Rhodopsin
	550 nm	ca. 18 000 (Δ)	α-Bande des Häms (Differenzspektrum, reduzierte Form minus oxidierte Form)
	590 nm	ca. 25 000	Q_x-Übergang Bakteriochlorophyll a (in EtOH)
	ca. 600 nm	ca. 5 000	$\pi \to \pi^*$ Flavin-Radikal
	590–630 nm	ca. 2 000–5 000	Charge-Transfer-Bande Typ I Cu-Protein
	772 nm	ca. 100 000	Q_y-Übergang Bakteriochlorophyll a (in EtOH)
NIR	800 nm	>100 000	Q_y-Übergang Bchl a in Antennenproteinen
	850 nm	>100 000	Q_y-Übergang Bchl a in Antennenproteinen
	860 nm	ca. 80 000	Bchl. Dimer in photosynthet. Reaktionszentrum
	1 020 nm	>100 000	Q_y-Übergang Bchl b, Antennen in *Rps. viridis*

7.3 IR-Spektroskopie

7.3.1 Grundlagen

Der infrarote Spektralbereich schließt an den Bereich des sichtbaren Lichts an. Er wird von ca. 760 nm bis 3 000 nm als **nahes Infrarot** (NIR), zwischen ca. 3 000 nm (3 μm) und 30 μm als **mittleres Infrarot** (MIR) sowie zwischen 30 μm und 1 000 μm als **fernes Infrarot** (FIR) bezeichnet (vgl. Tabelle 7.2). Für diesen Spektralbereich ist es in der Infrarot- und Ramanspektroskopie üblich, statt der Wellenlänge λ die Wellenzahl (Anzahl der Wellenzüge pro cm, $1/\lambda$) anzugeben. Im mittleren Infrarot dominieren die Schwingungsübergänge, die in der Ausschnittsvergrößerung im Termschema in Abbildung 7.6 (Ausschnittsvergrößerung) eingezeichnet sind. Rotationsübergänge treten überwiegend im fernen Infrarot auf, während im Bereich des nahen Infrarot neben sehr niederenergetischen elektronischen Übergängen vor allem die Oberwellen von Schwingungsübergängen liegen. Zur Erklärung dieser Phänomene greifen wir wieder auf das Modell des zweiatomigen Moleküls zurück, das wir in Form zweier Massen, die elastisch durch eine Feder gekoppelt sind, bereits in Abschnitt 7.1 benutzt haben.

Die Massen m_1 und m_2 können sich relativ zueinander bewegen, d. h. die Feder kann aus dem Gleichgewichtsabstand r_0 heraus gedehnt oder komprimiert sein. In der klassischen Mechanik hat ein solches System die potentielle Energie $E = \frac{1}{2} k (r-r_0)^2$, wobei $(r-r_0)$ der Auslenkung vom Gleichgewichtsabstand entspricht. Anstatt die Bewegung beider Massen relativ zueinander zu beschreiben (was wegen der größeren Zahl von Parametern aufwendiger ist), rechnet man mit der Bewegung einer so genannten *reduzierten Masse*, die durch $\mu = (m_1+m_2)/(m_1 \cdot m_2)$ gegeben ist, und sich relativ zu einer festen Position (der in Abbildung 7.21 angedeuteten Wand) bewegt. Dieses System von Massen und Feder lässt sich durch ein parabelförmiges Potential beschreiben, dessen Scheitelpunkt bei r_0 liegt (mittleres Bild) und das als Oszillator folgende Schwingungsfrequenz hat:

$$v = \frac{1}{2\pi} \sqrt{\frac{k}{\mu}}$$

Er wird als **harmonischer Oszillator** bezeichnet. Aus der quantenmechanischen Behandlung des harmonischen Oszillators kommt die Forderung, dass nur diskrete Energieniveaus möglich sind. Sie werden durch $E(v) = (v+\frac{1}{2}) h \cdot v_{vib}$ erhalten, wobei h das Plancksche Wirkungsquantum darstellt und v = 0,1,2,3 ... die Schwingungsquantenzahl darstellt. Für v = 0 hat der Oszillator aufgrund der Heisenbergschen Unschärferelation die **Nullpunktsenergie** $E = \frac{1}{2} h v_{vib}$. Nach den Auswahlregeln sind immer nur Übergänge zum nächst benachbarten Niveau möglich, also $\Delta v = \pm 1$.

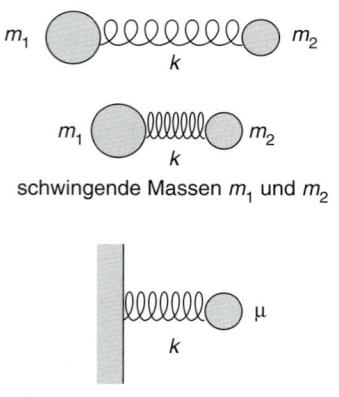

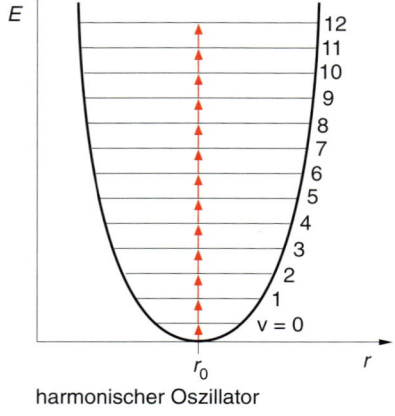

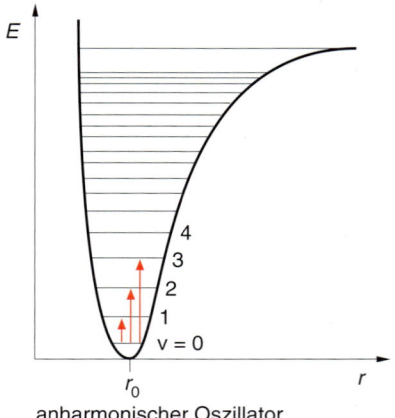

7.21 Schwingungseigenschaften eines zweiatomigen Moleküls.

7.3.2 Molekülschwingungen

In der Realität lässt sich für ein Molekül das Modell des harmonischen Oszillators nicht anwenden, da bei der Verringerung des Abstands die starke elektrostatische Abstoßung der posititv geladenen Atomkerne zu einem Anstieg der Potentialkurve führt, der steiler als die Parabel verläuft, und bei der Vergrößerung des Abstands die Dissoziation des Moleküls erfolgt. Die daraus resultierende Potentialkurve, die rechts in Abbildung 7.21 schematisch gezeigt ist, führt zum **anharmonischen Oszillator**, dessen Energieniveaus nun nicht mehr äquidistant sind und bei dem die Auswahlregeln Übergänge zu höheren Niveaus erlauben ($\Delta v = \pm 1$, ± 2, ± 3 usw.). Diese Übergänge, die zu Oberwellen und Kombinationsschwingungen führen können, erklären die Absorptionen von Molekülschwingungen im nahen Infrarot bis in den sichtbaren Spektralbereich, obwohl die theoretisch höchste vorkommende Schwingungsfrequenz eines zweiatomigen Moleküls, nämlich die des Wasserstoffmoleküls (H_2), noch im mittleren IR liegen würde (allerdings ist das homonukleare Molekül H_2 nicht infrarotaktiv, s. u.). Ein Beispiel sind die Oberwellen der Schwingungen des Wassers, die im nahen IR bei ca. 1,6 µm und 0,9 µm absorbieren und damit beispielsweise eine sehr dicke Wasserschicht (einige Meter) blau gefärbt erscheinen lassen.

Außer Schwingungen können Moleküle auch Rotationen ausführen, die im obigen Modell des zweiatomigen Moleküls beispielsweise um eine Achse senkrecht zur Verbindungslinie erfolgen. Diese Rotationsfrequenzen liegen weit niedriger als die Schwingungsfrequenzen, die Übergänge dementsprechend niederenergetischer im fernen Infrarot. Allerdings können Kopplungen von Rotationen mit Schwingungen auftreten, so dass ein Schwingungsspektrum eine **Rotationsstruktur** aufweist.

Überträgt man diese Betrachtungen auf vielatomige Moleküle, so müssen zunächst die möglichen Bewegungen des Moleküls und der einzelnen Atome festgelegt werden. Für die Angabe der Position im Raum sind für jedes Atom drei Koordinaten x, y und z notwendig. Diese bei N Atomen benötigten $3N$ Koordinaten werden als **Freiheitsgrade** bezeichnet. Zieht man von den $3N$ Freiheitsgraden drei Freiheitsgrade für die Angabe der Translation des Gesamtmoleküls und drei Freiheitsgrade für die Rotation des Gesamtmoleküls (zwei bei der Rotation eines linearen Moleküls) ab, so verbleiben für ein nichtlineares Molekül mit N Atomen $3N-6$, für ein lineares Molekül $3N-5$ mögliche Schwingungsfreiheitsgrade, die so genannten **Normalschwingungen** oder **Normalmoden**. Die Bezeichnungen der Normalmoden kann man Abbildung 7.22 entnehmen, Näheres über die IR-Aktivität der Normalmoden findet man in Tabelle 7.5.

Die Existenz einer Normalschwingung allein ist nicht ausreichend dafür, dass ein Molekül Energie aus einer elektromagnetischen Welle mit geeigneter Fre-

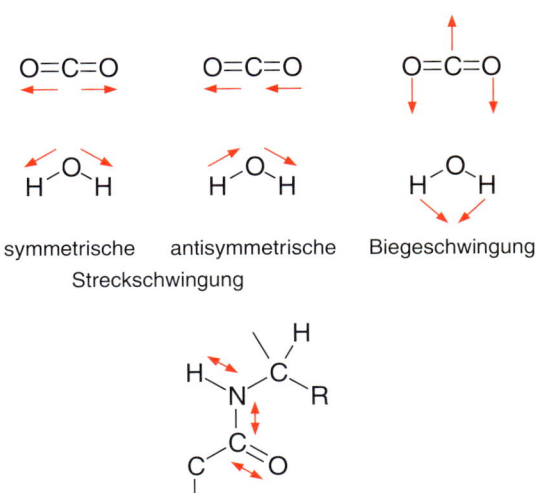

7.22 Normalmoden von CO_2 und H_2O. Die Pfeile deuten die Änderungen von Bindungslängen und Bindungswinkeln an. Im Fall der Amidbindung (unten) ist nur ein Teil der möglichen Moden eingezeichnet.

Tabelle 7.5 Normalmoden von CO_2 und H_2O

	Schwingungsmoden	Abkürzung	IR-Aktivität	Wellenzahl/ cm^{-1}
CO_2	symmetrische Streckschwingung	v_s	nein	
	antisymmetrische Streckschwingung	v_{as}	ja	ca. 2200
	Biegeschwingung (zweifach, d. h. in der Ebene und aus der Ebene heraus)	δ	ja	
H_2O	symmetrische Streckschwingung	v_s	ja	ca. 3350
	antisymmetrische Streckschwingung	v_{as}	ja	ca. 3300
	symmetrische Biegeschwingung	δ_s	ja	ca. 1660

quenz aufnehmen und direkt in einen höheren Schwingungszustand übergehen kann. Die Voraussetzung dafür ist ein Dipolmoment, das sich mit der Normalschwingung ändert, so das bei „passender" Frequenz Wechselwirkungen zwischen dem elektrischen Feldvektor und dem molekularen Dipol möglich sind. In diesem Fall spricht man von der **Infrarot-Aktivität** des Moleküls. Die Stärke des Dipols ist maßgeblich für die Absorptionswahrscheinlichkeit und damit für die Stärke der Absorption.

Grundsätzlich sind die durch Schwingungsübergänge verursachten Absorptionen schwächer als die von elektronischen Übergängen, wo hohe („hocherlaubte") Übergänge mit molaren Absorptionskoeffizienten über 10^5 vorkommen (s. Tabelle 7.4). Demgegenüber liegen die Absorptionskoeffizienten von Schwingungsübergängen selten über 10^3. Typisch ist ein Absorptionskoeffizient, wie er bei der Carbonylgruppe auftritt: Die C=O-Gruppe beispielsweise in Ketonen, protonierten Carbonsäuren (auch bei Asparaginsäure oder Glutaminsäure) absorbiert im Infraroten mit Absorptionskoeffizienten zwischen 100 und 300 L·mol^{-1}·cm^{-1}. Selbst die O–H-Biegeschwingung des Wassers hat nur einen geringen Absorptionskoeffizienten von < 20 L·mol^{-1}·cm^{-1}, und einzig die Tatsache, dass Wasser als Lösungsmittel ca. 55-molar vorhanden ist, ist Schuld an der hohen Hintergrundabsorption des Wassers bei der Infrarotspektroskopie.

7.3.3 Messtechniken

Für die Messung von Infrarotspektren können **Zweistrahlphotometer** verwendet werden, die analog zu den in Abschnitt 7.1.4 beschriebenen Photometern konstruiert sind. Für den hier betrachteten mittleren Infrarotbereich von ca. 5000 cm^{-1} bis 500 cm^{-1} (entsprechend 2000 nm bis 20000 nm) müssen allerdings geeignete optische Komponenten, Strahlungsquellen und Detektoren eingesetzt werden. Obwohl Linsen aus infrarotdurchlässigen Materialien wie NaCl, KBr, CaF$_2$, Ge, Si gefertigt werden können und damit wenigstens jeweils für einen Teil dieses Spektralbereichs geeignet sind, sieht man wegen der hohen Dispersion, teilweise auch wegen des hygroskopischen Materials in der Regel von ihrer Verwendung ab und verwendet statt dessen oberflächenbeschichtete Spiegel, die als sphärische, elliptische oder parabolische Spiegel verschiedene Möglichkeiten der Strahlführung erlauben. Ähnliche Betrachtungen gelten natürlich auch für die Fenstermaterialien der **IR-Küvetten**, die wegen der starken Absorption von Wasser sehr viel kleinere Schichtdicken als bei der Spektroskopie im UV- oder im sichtbaren Spektralbereich aufweisen müssen. Üblich sind hier zerlegbare Küvetten mit optischen Weglängen von ca. 5 bis 10 μm, mit denen Untersuchungen im wässrigen Milieu ausgeführt werden können; für größere Schichtdicken bis ca. 50 μm muss statt ^1H_2O dann ^2H_2O (D$_2$O) verwendet werden. Diese geringen Schichtdicken wiederum bedingen hohe Konzentrationen wegen der geringen IR-Absorptionskoeffizienten.

Als **Fenstermaterial** wird meist CaF_2 verwendet, das vom UV (190 nm) bis tief in das mittlere IR (ca. 1 000 cm^{-1}) brauchbar ist und auch bei wässrigen Proben verwendet werden kann. Glas wird bereits im nahen IR undurchlässig, und Quarz kann nur bis ca. 2 000 cm^{-1} verwendet werden. Viele andere IR-Fenstermaterialien sind wegen der Wasserlöslichkeit (KBr, NaCl), der hohen Reflexion (Ge, Si, ZnSe, ZnS), der Giftigkeit (Thalliumverbindungen) oder wegen des Preises (Saphir, Diamant) Spezialanwendungen vorbehalten.

Auch die **Strahlungsquelle** muss für den Spektralbereich angepasst werden. Man verwendet üblicherweise keramische Strahler, die elektrisch auf Temperaturen um ca. 700 °C aufgeheizt werden. Sie werden als *Nernst-Stift* oder im Englischen als *globar* (von: *glow-bar*) bezeichnet und emittieren in guter Näherung wie ein schwarzer Strahler mit einem geringen Anteil an sichtbarer Strahlung. Diese sichtbare Strahlung kann dabei zum Justieren ausgenutzt werden; sie belastet aber die Probe oft unnötig thermisch und sollte daher mit einem Germaniumfenster ausgeblendet werden. Für Spezialanwendungen können abstimmbare IR-Laser eingesetzt werden; sie sind jedoch für breite Anwendungen zu aufwendig im Betrieb. Als **Detektoren** kommen *thermische IR-Detektoren* wie z. B. Thermoelemente oder *pyroelektrische Detektoren* in Frage. Sie setzen die Erwärmung eines Detektorelements in eine Spannung um, die der Intensität proportional ist. Während sie als preiswerte, robuste und breitbandig empfindliche Detektoren in Routinegeräten eingesetzt werden, greift man für Forschungszwecke eher auf *Quantendetektoren* zurück. Bei ihnen wird der photoelektrische Effekt in Halbleitern wie Indiumantimonid (InSb) oder Quecksilbercadmiumtellurid (HgCdTe) ausgenutzt, und man erhält als intensitätsabhängiges Signal die Photoleitfähigkeit oder eine Photospannung, die proportional zur Intensität der Strahlung ist. Diese Quantendetektoren zeigen eine stark von der Wellenlänge abhängige Empfindlichkeit und müssen gekühlt werden (in der Regel mit flüssigem Stickstoff), um ihre hohe Empfindlichkeit und Zeitauflösung zu erhalten.

Schon bei den in Abschnitt 7.1.4 beschriebenen Photometern wurde der Nachteil der dispersiven Techniken diskutiert, bei denen durch Drehen eines Gitters (oder Prismas) im Monochromator sukzessive alle Spektralelemente durchlaufen werden. Dies gilt in besonderem Maß für die Infrarotspektroskopie mit weit geringeren Strahlungsintensitäten und mit Photoenergien, die kaum über thermischen Energien liegen. **Multiplexmethoden**, die im sichtbaren Spektralbereich durch die parallele Anordnung vieler Detektoren, z. B in Diodenarrays verwirklicht werden, konnten sich wegen ihres hohen Preises und ihrer nicht einfachen Handhabung bisher für die Infrarotspektroskopie nicht durchsetzen. Statt dessen hat sich eine andere Methode für Simultanaufnahmen vieler Wellenlängen durchgesetzt und die dispersiven Techniken fast vollständig verdrängt, bei der ein *Interferometer* als Basis verwendet wird. Sie ist schematisch in Abbildung 7.23 gezeigt.

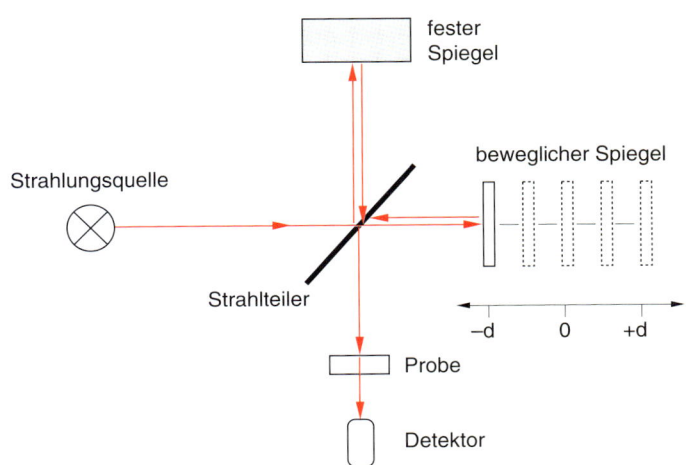

7.23 Aufbau und Funktionsweise eines FT-IR-Spektrometers. Polychromatische Infrarotstrahlung aus einer Quelle wird in einem Michelson-Interferometer zunächst durch einen Strahlteiler in einen durchgehenden Anteil (ca. 50 %) und einen reflektierten Anteil (ca. 50 %) zerlegt. Der vom festen Spiegel reflektierte Anteil tritt wieder durch den Strahlteiler und wird dort mit dem vom beweglichen Spiegel reflektierten Teil zusammengeführt. Je nach Wellenlänge und Phasenlage tritt konstruktive und destruktive Interferenz auf, die durch die Position des von −d nach +d bewegten Spiegels moduliert wird. Der zusammengeführte Strahl durchsetzt dann die Probe und trifft auf den Detektor. Aufgezeichnet wird die Intensität am Detektor als Funktion des Ortes des beweglichen Spiegels.

Dabei wird ein Interferogramm $I(x)$ gemessen, d. h. die Intensität I am Detektor als Funktion der Position x eines beweglichen Spiegels im Interferometer. Das Interferogramm ist die Fouriertransformierte des Spektrums $I(v)$. Durch Rücktransformation muss daraus das Spektrum gewonnen werden. Wegen dieser erforderlichen Fourier-Transformation $I(x) \rightarrow I(v)$, die mit den heute verfügbaren Rechenprozessoren weniger als eine Sekunde in Anspruch nimmt, wird diese Methode der IR-Spektroskopie als **Fouriertransform-Infrarotspektroskopie** (**FT-IR-Spektroskopie**) bezeichnet. FT-IR-Spektrometer sind heute für viele Routineanwendungen üblich – und erst ihre Einführung hat viele Anwendungen in der Spektroskopie von Biopolymeren ermöglicht.

Fourier-Transformation
Abschnitt 15.1

Die FT-IR-Spektroskopie als Multiplextechnik ermöglicht die Aufnahme von Spektren mit hoher Zeitauflösung bis zu Nanosekunden, so dass damit auch Funktionsuntersuchungen von Proteinen möglich werden. Da selbst bei einfachen FT-IR-Spektrometern die Spiegelbewegung für die Aufnahme *eines* Interferogramms weniger als eine Sekunde beträgt, können in diesem Zeitraster Spektren erfasst werden. Wenn diese Zeitauflösung nicht gefragt ist, können über längere Zeit mehrere Interferogramme aufgenommen und alle Interferogramme gemittelt werden, bevor durch die Fourier-Transformation dann ein Spektrum mit sehr geringem Rauschen berechnet wird.

Mit speziellen *Rapid-scan*-Interferometern, die auf schnelle Spiegelbewegung optimiert und für die schnelle Datenerfassung geeignet sind, lassen sich (unter Ausnutzung der Vorwärts- und Rückwärtsbewegung jeweils für ein Interferogramm) Messzeiten bis herab zu ca. 10 ms für ein Spektrum erreichen. Eine noch höhere Zeitauflösung erreicht man mit der *Stroboscope-* oder mit der *Step-scan-Technik*. Dabei muss allerdings die zu untersuchende Reaktion eines Proteins sehr oft (10^4 bis 10^5 mal) in identischer Form wiederholt werden.

7.3.4 Infrarotspektroskopie von Proteinen

Das hier vorgestellte Konzept der Normalschwingungen oder Normalmoden eines Moleküls versagt bereits bei mittelgroßen Molekülen und erst recht bei Proteinen. Schon ein verhältnismäßig kleines Protein, beispielsweise mit einem Molekulargewicht von 12 000 Da, besteht aus rund 100 Aminosäuren und hat damit bereits mehr als einige hundert Normalschwingungsmoden. Für solche größeren Moleküle ist es zweckmäßig, an Stelle des Konzepts der Normalschwingungen das von Chemikern für die Identifikation von Stoffen mit Hilfe der IR-Spektroskopie benutzte Konzept der **Gruppenschwingungen** einzuführen. Dabei macht man folgende Annahmen: Das Molekül wird formal in einzelne Gruppen und Bindungen zerlegt, die in erster Näherung unabhängig voneinander schwingen können. Jede Gruppe oder Bindung schwingt aufgrund der Atommassen und Kraftkonstanten mit einer für sie typischen Frequenz in verschiedenen Moden und kann deswegen im Infrarotspektrum in einem bestimmten Bereich gefunden werden. Innerhalb dieses Bereichs wird die Schwingungsfrequenz dieser Gruppe dann abhängig von den Liganden, d. h. von der Anbindung an den Rest des Moleküls bestimmt. Mit diesem Konzept der Gruppenschwingungen können selbst große Moleküle wie z. B. Proteine behandelt werden. Bei einem Protein liefern folgende Schwingungsmoden Beiträge zum Infrarotspektrum:

- Schwingungsmoden des Polypeptidrückgrads
- Schwingungen der Aminosäureseitenketten
- Schwingungen von eventuell vorhandenen Cofaktoren
- Schwingungen von Detergens, Lipiden, Wasser usw. (je nach Protein).

Das Peptidrückgrat mit der Peptidbindung als repetitierende Einheit trägt größenordnungsmäßig am meisten zur IR-Absorption eines Proteins bei und dominiert im Absorptionsspektrum. Die Schwingungsmoden der Peptidbindung sind in Tabelle 7.6 zusammengestellt.

Tabelle 7.6 Schwingungsmoden der Peptidbindung

Symmetrie	Bezeichnung	Wellenzahl/cm^{-1}	Zusammensetzung
in der Ebene der Peptidbindung	Amid A	ca. 3300	NH_s (100 %)
	Amid B	ca. 3100	NH_s (100 %)
	Amid I	ca. 1650	CO_s (ca. 80 %). CN_s, CCN_d
	Amid II	ca. 1550	NH_{ib} (ca. 60 %), CN_s (ca. 40 %)
	Amid III	ca. 1300	CN_s (40 %), NH_{ib} (30 %), CC_s (30)
aus der Ebene der Peptidbindung heraus	Amid V	ca. 725	NH_{ob}, CN_t
	Amid IV	ca. 625	CO_b (40 %), CC_s (30 %), CNC_d
	Amid VI	ca. 600	CO_{ob}; CN_t
	Amid VII	ca. 200	NH_{ob}, CN_t, Co_{ob}

s: Streckschwingung; d: Deformationsschwingung; t: Torsionsschwingung; ib: *in-plane*-Biegeschwingung; ob: *out-of-plane*-Biegeschwingung.

Neben der Symmetrie der Schwingung ist die übliche Bezeichnung, das ungefähre Absorptionsmaximum, und die Aufteilung auf verschiedenen Bindungen angegeben. Der angegebene Prozentwert gibt näherungsweise an, welchen Anteil der potentiellen Energie eine bestimmte Bindung beiträgt.

Von diesen Schwingungsmoden der Peptidbindung lässt sich vor allem die Amid-I-Mode, die hauptsächlich auf die C=O-Streckschwingung (Tabelle 7.5) zurückgeht, für die Analyse der Sekundärstruktur verwenden. Die Frequenz und Intensität der Streckschwingung sind empfindlich für die Stärke der Wasserstoffbrückenbindung zur C=O-Gruppe: Eine starke H-Brücke schwächt den Doppelbindungscharakter und senkt die Schwingungsfrequenz; je schwächer die Wasserstoffbrückenbindung ist, desto stärker ist die Doppelbindung und desto höher ist die Schwingungsfrequenz. Da innerhalb von Sekundärstrukturen Wasserstoffbrücken ausgebildet werden, die zu einer für diese Struktur typischen Amid-I-Absorption führen, kann auf diese Weise eine einfache Quantifizierung der Sekundärstrukturanteile bei Proteinen erfolgen. Dazu wird folgendermaßen vorgegangen:

1. Aufnahme von hochqualitativen FT-IR-Spektren des Proteins in geeigneten Puffern,
2. Abziehen der spektralen Beiträge von Puffer, Wasser etc.,
3. Anwendung von Verfahren zur Auflösungsverbesserung und Bandenzerlegung,
4. Auswertung auf der Basis von Standard-Datensätzen für bekannte Sekundärstrukturen.

Diese Verfahren sind mittlerweile gut etabliert und liefern schnell und mit geringem Aufwand Informationen zur Sekundärstruktur. Da sie auf lösliche Proteine und auf Membranproteine angewandt werden können, werden auf diese Weise Informationen über Proteine erhalten, die bisher noch nicht kristallisiert werden konnten. Darüber hinaus können diese Informationen von Proteinen in ihrer nativen Umgebung erhalten werden, während die Kristallographie möglicherweise artifizielle Zustände erfasst. Über die reine Angabe von Sekundärstrukturanteilen hinaus (x % α-Helix, y % β-Faltblatt, z % Knäuel usw.) kann diese Methode angewandt werden, um bespielsweise die Gewichtung dieser Anteile beim Prozess der thermischen Denaturierung zu erfassen. Mittlerweile sind zahlreiche Untersuchungen von Proteinfaltungs- und -Entfaltungsprozessen bekannt, bei denen die hier beschriebene Analyse der Amidbanden mit Erfolg eingesetzt werden konnte.

In den letzten Jahren haben sich infrarotspektroskopische Methoden für die Untersuchung von Proteinen etabliert, mit denen molekulare Details von Reaktionen analysiert werden können. Alle basieren auf Differenztechniken im Sinn von **Störungsverfahren**, bei denen *eine einzige* Probe durch eine externe Störung beeinflusst wird (Abschnitt 7.1.5). Diese Störung sollte die gewünschte Reaktion möglichst spezifisch, quantitativ und instantan auslösen, so dass sie mit Hilfe der

FT-IR-Spektroskopie oder mit Hilfe von IR-kinetischen Techniken bei einzelnen Wellenzahlen verfolgt werden kann. Dabei können Anfangs- und Endzustand einer Reaktion, metastabile Intermediate oder der Ablauf der Reaktion in Echtzeit verfolgt werden, so dass sich ein Bild von den molekularen Änderungen im Protein im Verlauf der Reaktion gewinnen lässt.

Diesen Techniken liegt die Annahme zugrunde, dass sich nur derjenige Teil eines Proteins in den Differenzspektren abbildet, der sich im Verlauf der Reaktion verändert, und dass sich die Absorption der „inerten" Teile des Proteins durch die Differenzbildung kompensiert. Eine Differenzbildung zwischen *zwei* Proben in *verschiedenen* Zuständen versagt meist, da schon geringe Unterschiede in der Konzentration oder in der Schichtdicke Differenzsignale ergeben würden, die weit größer als alle bei einer Reaktion erwarteten molekularen Änderungen sind. Bei diesen sog. **reaktionsmodulierten Differenztechniken** kann jedoch das Entstehen von neuen Banden, das Verschwinden von Banden oder die Verschiebung von Banden eindeutig mit der Störung korreliert werden, so dass eine außergewöhnlich hohe Empfindlichkeit erreicht wird. Typischerweise können aufgrund der hohen Empfindlichkeit der FT-IR-Spektroskopie oder mit Einzelwellenlängentechniken Absorptionsänderungen von 10^{-3} bis 10^{-5} der Grundabsorption gemessen werden. Dies entspricht bei einem Protein mit einer Masse von 100 kDa dem Beitrag von einzelnen Bindungen zur Gesamtabsorption. Nutzt man den gesamten diagnostisch relevanten Spektralbereich von ca. 1 800 cm^{-1} bis etwas unterhalb von 1 000 cm^{-1}, so kann dadurch ein Bild der Änderungen von Bindungslängen, Bindungswinkeln, Protonierungsänderungen oder Umgebungsänderungen des katalytischen Zentrums gewonnen werden. Dieses Bild eignet sich als Basis für ein „Szenario" der Reaktion.

Ursprünglich wurden diese Techniken für Chromoproteine entwickelt, bei denen die Photoreaktion durch Belichtung mit Dauerlicht oder mit einem kurzen Lichtblitz induziert wird. Dadurch konnten beispielsweise Reaktionen des visuellen Pigments Rhodopsin, der lichtgetriebenen Protonenpumpe Bakteriorhodopsin oder die Primärreaktionen in der Photosynthese (Abschnitt 7.2) untersucht werden. Heute stehen als Störungsmethoden der Infrarotspektroskopie verschiedene Möglichkeiten zur Verfügung, die die **zeitaufgelöste Analyse von Proteinreaktionen** ermöglichen:

- **lichtinduzierte Differenzspektroskopie** mit Anregung durch Dauerlicht oder mit Lichtblitzen,
- **redoxinduzierte Differenzspektroskopie** durch Elektronenübertragung an einer transparenten Elektrode in einer für die IR-Spektroskopie geeigneten elektrochemischen Zelle,
- **photochemisch induzierte Differenzspektroskopie** durch lichtgetriggerte Freisetzung von Substraten aus inaktiven, photochemisch aktivierbaren Substratanalogen (*cages*, Abschnitt 7.1.5),
- **thermisch induzierte Differenzspektroskopie** durch Probenerwärmung mit einem Laserblitz im nahen Infrarot.

Darüber hinaus können auch in begrenztem Umfang *Stopped-flow*-Techniken eingesetzt werden, bei denen bei größeren Schichtdicken durch Mischverfahren Enzym und Substrat zusammengebracht werden. Auch Verfahren der *abgeschwächten Totalreflexion*, bei denen eine dünne Schicht einer Proteinlösung an einem Kristall durch Mehrfachreflexion durchdrungen wird, eignen sich für Funktionsuntersuchungen an Proteinen.

Die methodischen Entwicklungen der letzten 10 bis 15 Jahre haben dazu geführt, dass heute die Infrarotspektroskopie in weitem Umfang auch für die Charakterisierung von Biopolymeren unter nativen Bedingungen eingesetzt werden kann. Die früher geltenden Einschränkungen der IR-Spektroskopie (wie z. B. zu hohe erforderliche Probenmengen im Milligramm-Bereich, das oft nicht ausreichende Signal/Rausch-Verhältnis) oder die photometrische Einschränkung durch die Absorption des Wassers stellen keine ernsthaften Hindernisse mehr dar. Da breitere Spektralbereiche als im sichtbaren Spektralbereich erfasst werden können, da die Zahl der diagnostisch brauchbaren Absorptionsbanden wesentlich höher ist als bei elektronischen Übergängen und da Prozesse in einem Protein direkt (d. h. ohne eine zusätzliche Sonde) erfasst werden können, entwickeln sich diese Techniken zunehmend zu Methoden, mit denen Informationen über Struktur, Funktion und Dynamik von Biomolekülen erhalten werden können. Für diese IR-Methoden, die als *Fenster ins Protein* bezeichnet werden können, sei auf die angeführte weiterführende Literatur verwiesen.

7.4 Raman-Spektroskopie

7.4.1 Grundlagen

Die Raman-Spektroskopie ist verwandt mit der Infrarotspektroskopie. Sie beruht auf einem Streueffekt und geht auf ein von Raman und Krishnan im Jahr 1928 beschriebenes Phänomen zurück, bei dem neben der „normalen" Lichtstreuung auch Streuung mit verschobenen Frequenzen beobachtet wurde. Dieses Phänomen wurde nach einem seiner Entdecker als **Raman-Effekt** bezeichnet, die darauf basierende molekülspektroskopische Methode als **Raman-Spektroskopie**. Während diese Methode kontinuierlich in der Chemie Anwendung fand, hat sie in der Bioanalytik erst mit dem Aufkommen von Lasern, vor allem mit der Entwicklung abstimmbarer Laser in den siebziger Jahren Eingang gefunden. Sie hat einen festen Platz bei der Untersuchung von pigmentierten Proteinen, z. B. bei Chlorophyll-Protein-Komplexen, und soll hier im Anschluss an die Infrarotspektroskopie besprochen werden, da die resultierenden Informationen über die Schwingungsspektren von Biomolekülen durchaus vergleichbar sind. Die apparativen und theoretischen Grundlagen sind jedoch völlig anders.

Für das Verständnis des Raman-Effekts betrachten wir zunächst die Prozesse, bei denen Photonen eines einfallenden Lichtstrahls mit den Molekülen einer Probe wechselwirken. Neben dem Prozess der Lichtabsorption, der bei geeigneter Photonenenergie einen Übergang in ein energetisch höheres Niveau des Moleküls bewirken kann, können auch elastische und inelastische Streuprozesse vorkommen, bei denen das Photon nicht absorbiert wird. Allerdings kann seine Richtung verändert werden. Im Termschema berücksichtigt man diese Prozesse durch *virtuelle* Niveaus. Das Phänomen der **elastischen Lichtstreuung** kennen wir aus dem Alltag. Das Blau eines wolkenlosen Himmels kommt zustande, weil bei dieser sog. **Rayleigh-Streuung** das kurzwellige (blaue) Licht stärker gestreut wird als das langwellige (rote) Licht. Ein anderes Streuphänomen können wir im Alltag beobachten, wenn wir einen Scheinwerferstrahl im Nebel beobachten, der einen diffusen Streukegel aufweist.

Die Raman-Streuung kann als **inelastische Streuung** eines Photons an einem Molekül aufgefasst werden. Bei dieser Streuung geht das Molekül in einen höheren Energiezustand über, und das gestreute Photon verliert einen Teil seiner Energie.

In der klassischen Beschreibung des Raman-Effektes geht man davon aus, dass die einfallende Lichtwelle in dem betreffenden Molekül ein oszillierendes Dipolmoment induziert, das sich einem eventuell bereits vorhandenen permanenten Dipolmoment überlagert. Da ein oszillierendes Dipolmoment neue elektromagnetische Wellen erzeugt, trägt jedes Molekül auch einen Anteil zur elastischen Streuung (Rayleigh-Streuung) und zur inelastischen Streuung (Raman-Streuung) bei.

Für das oszillierende Dipolmoment $\mu(t)$ gilt:

$$\mu(t) = \underline{\alpha}(v) \cdot E_0 \cdot \cos 2\pi v t$$

mit $\underline{\alpha}$:= Polarisierbarkeit   und E_0: elektrische Feldstärke

Da das Molekül Schwingungen ausführt, ist $\underline{\alpha}$ nicht zeitlich konstant, sondern ändert sich mit der Frequenz des eingestrahlten Lichts:

$$\underline{\alpha}(v) = a_0(v) + a'(v) \cdot \cos 2\pi v' t$$

a_0: Gleichgewichts-Polarisation
a': Änderung der Polarisierbarkeit mit der Bewegung der Kerne (v'):
v': Frequenz der Kernbewegung

$$\mu(t) = E_0 [a_0(v) + a'(v) \cdot \cos 2\pi v' t] \cos 2\pi v t$$

Setzt man a und a' ein und multipliziert aus:

$$\mu(t) = \underbrace{E_0 \cdot a_0(v) \cos 2\pi v t}_{\text{normale induzierte Dipolstreuung}} + \underbrace{E_0 \, a'(v) \cdot \cos 2\pi v' t \cos 2\pi v t}_{\mu'(t)}$$

Mit der Identität $\cos A \cdot \cos B = \tfrac{1}{2} [\cos(A+B) + \cos(A-B)]$ erhält man:

$$\mu'(t) \sim E_0 \, a(v) [\cos 2\pi (v+v') t + \cos 2\pi \, (v+v') \, t$$

Es treten um die Schwingungsfrequenz langwellig ($v-v'$) und kurzwellig ($v+v'$) verschobene Frequenzbeträge im Streulicht auf.

Zunächst erscheint bei der klassischen Herleitung paradox, dass aus einer Probe Licht mit höherer Energie emittiert werden kann, als in sie eingestrahlt wurde. Das Paradoxon wird leichter verständlich, wenn der Raman-Prozess formal als Zwei-Photonen-Prozess beschrieben wird: Das Molekül emittiert das eingestrahlte Quant plus ein Vibrationsquant.

7.4.2 Raman-Experimente

Für die experimentelle Umsetzung des Raman-Effekts wird mit monochromatischem, intensiven Licht in eine Probe eingestrahlt und das reemittierte Licht in seiner Frequenz durch einen Monochromator analysiert. Trägt man die Intensität des emittierten Lichts als Funktion der Differenz (eingestrahlte Wellenlänge minus emittierte Wellenlänge) auf, so erhält man das Raman-Spektrum der Substanz, das sich, wie oben erwähnt, ähnlich charakteristisch wie das Infrarotspektrum aus Schwingungsbanden und Rotationsbanden zusammensetzt.

Bei der experimentellen Umsetzung muss bedacht werden, dass der Raman-Effekt ein Streueffekt mit außerordentlich geringer Wahrscheinlichkeit ist – in der Praxis wird nur jedes 10^{10}te Photon wieder emittiert. Um dennoch überhaupt eine *messbare* Zahl von gestreuten Photonen zu erhalten, muss das Anregungslicht sehr hohe Intensität haben. Aus diesem Grund konnte der Raman-Effekt erst mit der Entwicklung von Lasern für die Untersuchung biologischer Makromoleküle angewandt werden. Die Intensität des von der Probe wieder emittierten Lichtes zeigt ein Maximum bei der Frequenz des eingestrahlten Lichtes: Hier handelt es sich um die elastisch gestreute Intensität der Rayleigh-Streuung. Diese Streuung ist – je nach Zustand des Präparats und gegebenenfalls bei Partikeln im Präparat – um einige Größenordnungen intensiver als die Raman-Streuung.

In der Praxis können nur die zu kleineren Energien liegenden **Stokes-Linien** beobachtet werden. Die zu höheren Energien verschobenen **Antistokes-Linien**, die der Summe aus Schwingungsfrequenz und eingestrahlter Frequenz entsprechen, werden aufgrund der Besetzung der Schwingungsniveaus nur außerordentlich schwach beobachtet. Die Intensität der gestreuten Strahlung ist eine Funktion der Wellenlänge; sie variiert mit $1/\lambda^4$. Dies bedeutet, dass bei einer Anregung mit höherenergetischen Photonen (blauem Licht statt rotem Licht) auch höhere Streuintensität für die Raman-Streuung beobachtet wird.

Abbildung 7.24 zeigt den schematischen Aufbau einer Apparatur für die Raman-Spektroskopie. Licht aus einer intensiven Lichtquelle mit einer bestimmten Wellenlänge λ wird auf ein Präparat fokussiert; die emittierten Photonen werden gesammelt und in einem Doppelmonochromator spektral zerlegt. Gewöhnlich wird das gestreute Licht wie bei der Fluoreszenzmessung seitwärts detektiert. Ein Doppel- oder Dreifachmonochromator ist notwenig, um die hohe Intensität der unverschobenen Rayleigh-Linie zu unterdrücken.

Bei vielen biologischen Systemen wird intensive Fluoreszenz (Abschnitt 7.5) beobachtet, sobald die Anregungswellenlänge innerhalb einer Absorptionsbande liegt, d.h. wenn die Resonanzverstärkung ausgenutzt wird (Resonanz-Raman-Spektroskopie, siehe unten). In Abbildung 7.25 ist gezeigt, wie Fluoreszenz sich störend dem Raman-Effekt überlagern kann. Hier ist es notwendig, nochmals die Größenordnungen zu betrachten: Bei manchen Fluorophoren mit einer Quantenausbeute von nahezu 100 % wird fast jedes Photon reemittiert; die Intensität der Fluoreszenz bei einer bestimmten Wellenlänge kann deswegen um viele Größenordnungen über der Intensität der Raman-Streuung liegen.

Für die Untersuchung von Proteinen kann Raman-Streuung im sichtbaren Spektralbereich oder im UV angeregt werden. Absorption des Lichtes ist nicht notwen-

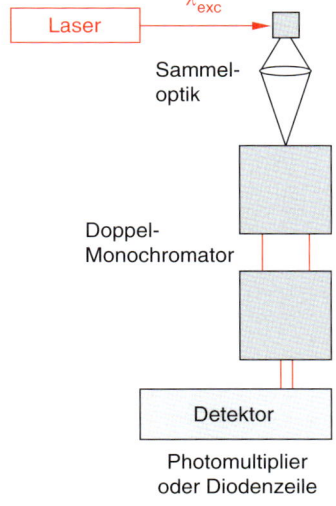

7.24 Schematischer Aufbau eines Raman-Spektrometers.

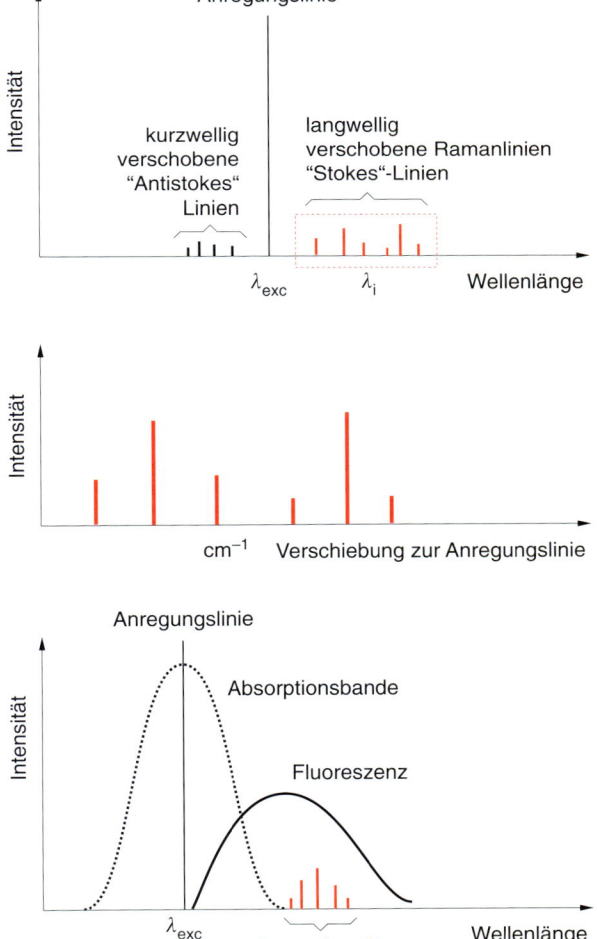

7.25 Gemessenes Spektrum und berechnetes Ramanspektrum.

dig, da es sich um ein Streuverfahren handelt. Man wird daher die Anregungswelle aufgrund der physikalischen Gegebenheiten für die Detektion auswählen und nach Möglichkeit versuchen, hochenergetisches, also blaues Licht zu verwenden. Dabei muss beachtet werden, dass die hohe Intensität der Anregungsstrahlung durchaus auch unerwünschte photochemische Reaktionen im biologischen Präparat auslösen kann.

7.4.3 Resonanz-Ramanspektroskopie

Während die Anwendungen der Ramanspektroskopie für Proteine, bei denen keine chromophoren Gruppen im sichtbaren Bereich oder im nahen UV vorhanden sind, stets eingeschränkt war, kam mit dem Aufkommen abstimmbarer Laser die Möglichkeit auf, die Anregungsstrahlung auf die Absorptionsbanden der elektronischen Übergänge von chromophoren Gruppen abzustimmen. Da dabei die anregende Strahlung in Resonanz mit dem elektronischen Übergang einer chromophoren Gruppe gebracht wird, wird dieses Verfahren auch als **Resonanz-Ramanspektroskopie** bezeichnet. Durch den Resonanzeffekt, bei dem die Polarisierbarkeit des Moleküls wesentlich erhöht wird, wird die Intensität der gestreuten Strahlung um ein Vielfaches höher. Dadurch lassen sich die Raman-Linien der betreffenden chromophoren Gruppen vor dem Hintergrund der Raman-Linien aus dem gesamten Molekül leicht isolieren; man bekommt sozusagen Resonanzverstärkung nur für die Gruppe, die über die Wellenlängenwahl der Anregungsstrahlung angesprochen wurde. Diese Resonanz-Ramanspektroskopie hat sich für viele pigmentierte Systeme bewährt; es gibt zahlreiche Untersuchungen über Retinal-Proteine und Chlorophyll-Proteinkomplexe.

Mit dem Aufkommen neuer, abstimmbarer und sehr viel intensiverer Laser für ultraviolettes Licht wurden in den letzten Jahren auch Raman-Untersuchungen mit resonanter ultravioletter Anregung der intrinsischen chromophoren Gruppen von Proteinen durchgeführt. Dabei wurde im wesentlichen auf die Absorptionsbanden der aromatischen Aminosäuren bei ca. 280 nm eingestrahlt und die (resonant verstärkten) Moden dieser Moleküle entsprechend beobachtet.

Abbildung 7.26 zeigt das Raman-Spektrum der Leber-Alkohol-Dehydrogenase (LADH). Der Spektralbereich zwischen 1 700 und etwa 300 Wellenzahlen zeigt zahlreiche Raman-Banden, die im Detail zur Konformationsanalyse des NADH in freiem und gebundenem Zustand verwendet werden können.

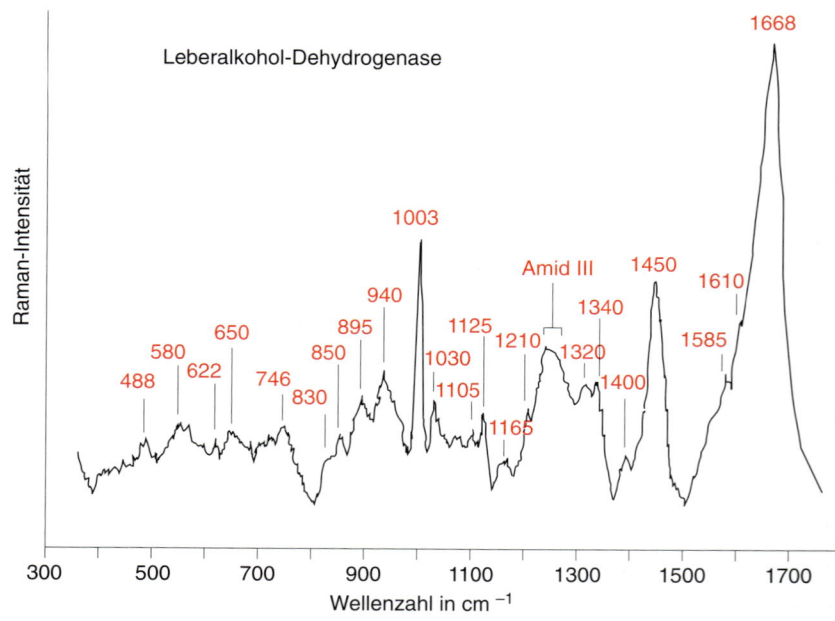

7.26 Raman-Spektrum der Leber-Alkohol-Dehydrogenase.

Mit dem Aufkommen von Fouriertransform-Infrarotspektrometern (Abschnitt 7.3.3) konnte sich im Bereich der Raman-Spektroskopie eine neue Methode etablieren, bei der die emittierte Raman-Streuung nicht mehr durch einen Monochromator wie in Abbildung 7.24 analysiert wird, sondern bei der die Raman-Streuung in einem Interferometer zerlegt und simultan für alle Wellenlängen detektiert wird. Der Vorteil einer solchen Simultandetektion und der Multiplexmethoden wurde bereits ausführlich in Abschnitt 7.1 beschrieben. Mit Hilfe dieser Multiplextechnik ist es möglich, auch die sehr schwache Raman-Streuung, die bei einer Anregung im langwelligen Spektralbereich erhalten wird, noch gut zu analysieren. Da hier eine Kombination von Komponenten der FT-IR-Spektroskopie, nämlich das Interferometer, und eine Komponente der Lasertechnik, überwiegend der Neodym-Yag-Laser mit einer Wellenlänge von 1 066 nm verwendet wird, spricht man von einer **Nah-Infrarot-Fouriertransform-Ramanspektroskopie (NIR-FT-Raman)**. Diese Technik ist mittlerweile für zahlreiche Moleküle eingesetzt worden; sie bietet den Vorteil der Anregung mit niedrigen Photonenenergien, die keine Photoreaktionen verursachen, und gleichzeitig die Möglichkeit, mit interferometrischer Detektion zu sehr rauscharmen Raman-Spektren zu gelangen.

Bei der Analyse von Raman-Spektren wird im Grunde genauso vorgegangen wie bei der Analyse von Infrarotspektren. Die Lage der Raman-Banden kann in Form von Normalschwingungen oder Gruppenschwingungen (Abschnitt 7.3.2) interpretiert werden, die Zuordnungen erhält man wie bei der Infrarotspektroskopie durch den gezielten Einbau von Isotopen. Da bei der Infrarotspektroskopie die Voraussetzung für die Aktivität eines Moleküls ein mit der Schwingungsbewegung oszillierendes Dipolmoment ist, bei der Ramanspektroskopie jedoch eine mit der Schwingung oszillierende Polarisierbarkeit, sind bei einfachen Molekülen beide Methoden komplementär. Dies bedeutet, dass ein Schwingungsmode entweder infrarotaktiv *oder* ramanaktiv ist. Bei Biomakromolekülen ist diese einfache Symmetrieregel jedoch fast immer verletzt; man findet Moleküle, bei denen bestimmte Banden sowohl infrarot- als auch ramanaktiv sind.

7.5 Fluoreszenzspektroskopie

7.5.1 Grundlagen

Ein photochemisch angeregtes Molekül kann auf unterschiedliche Weise wieder in den energetischen Grundzustand gelangen: Neben der Möglichkeit zur strahlungslosen Relaxation, bei der die Energiedifferenz in Form von Schwingungsenergie, letztlich als Wärme, abgegeben wird, kann ein Photon emittiert werden. Zur Diskussion beziehen wir uns wieder auf das in Abbildung 7.6 gezeigte Termschema mit einem Singulett-Grundzustand S_0, einem Singulettzustand S_1, einem höher angeregten Singulettzustand S_2, sowie den dazugehörigen Triplettzuständen T_1 und T_2. Während die Messung der **Phosphoreszenz** (Relaxation von T_1 nach S_0) für die Bioanalytik nur eine untergeordnete Rolle spielt, ist die Messung der **Fluoreszenz** eine bei vielen Arbeiten angewandte Routinemethode.

Wie in Abschnitt 7.1 diskutiert und in Abbildung 7.6 als Beispiel gezeigt, erfolgt die Anregung aus dem niedrigst liegenden Singulettzustand S_0 in einen der Schwingungszustände des ersten oder zweiten angeregten Singulettzustands. Aus dem zweiten oder höher angeregten Singulettzustand S_2 (bzw. S_n) erfolgt in der Regel sehr schnell (in ca. 10^{-13} s) und *strahlungslos* ein Übergang in den niedrigst liegenden Schwingungszustand des ersten angeregten Singulettzustands; Emission eines Photons aus S_2 wird nur in Ausnahmefällen beobachtet.

Die Relaxation aus dem ersten angeregten Singulettzustand S_1 dagegen kann über unterschiedliche Prozesse erfolgen. Zum einen kann auch von S_1 nach S_0 durch innere Konversion (innere Umwandlung) eine strahlungslose Desaktivierung vorkommen. Dies lässt sich dadurch erklären, dass höher angeregte Schwingungszustände von S_0 durchaus Energiewerte in der Nähe von S_1 erreichen können. Zum anderen – und das ist der wichtigste Prozess der Desaktivierung von S_1 – kann ein Lichtquant emittiert werden, was in Abbildung 7.6 als **Fluoreszenz** dargestellt ist.

Vergleicht man hier die Länge der Pfeile, die für die Absorption bzw. für die Emission stehen, so wird zunächst klar, dass der die Fluoreszenz darstellende Pfeil immer kürzer ist als der die Absorption darstellende. Da die Länge der Pfeile ein Maß für die Energie des absorbierten bzw. emittierten Photons ist, entspricht dies einer *Rotverschiebung* der Fluoreszenz gegenüber der Absorption bei ein und demselben Molekül. Um dies zu verstehen, betrachten wir die Besetzungen und Relaxationen der Schwingungsniveaus beim Absorptions- und Emissionsprozess.

Absorption aus dem Grundzustand erfolgt ausgehend von einer Besetzung der Schwingungsniveaus, die durch die Temperatur gegeben ist; bei Raumtemperatur erfolgt sie fast ausschließlich von v = 0 aus. Entsprechend dem Franck-Condon-Prinzip (Abschnitt 7.1) führt der Absorptionsprozess zum gleichen (v = 0) oder höher angeregten (v = 1, 2,...) Schwingungsniveau in S_1. Im angeregten Zustand kommt es dann zunächst zu einer thermischen Äquilibrierung zum Besetzungsgleichgewicht (bei Raumtemperatur also zum tiefst liegenden Schwingungszustand in S_1), bevor Relaxation nach S_0 möglich ist. Als Folge dieses Verhaltens, das im Termschema anschaulich dargestellt werden kann, ergeben sich für die Fluoreszenz folgende Eigenschaften:

- das Spektrum der Fluoreszenz ist gegenüber dem Spektrum der Absorption zu kleineren Energien, also zu größeren Wellenlängen, verschoben,
- das Spektrum der Emission ist unabhängig vom Spektrum der Absorption,
- die Struktur der Schwingungsniveaus bestimmt die Struktur des Absorptions- bzw. Emissionsspektrums: für die Absorption ist die Schwingungsunterstruktur von S_1 maßgeblich, für die Emission hingegen die Schwingungsstruktur von S_0.

Die Tatsache, dass die Relaxation von S_1 nach S_0 über Strahlungsemission von einem Zustand aus erfolgt, der eine vergleichsweise lange Lebensdauer hat, macht Fluoreszenzuntersuchungen für biologische Moleküle besonders attraktiv. Diese Lebensdauer, die der mittleren Verweildauer eines Moleküls in S_1 entspricht, lässt sich allerdings nur dann exakt aus der Rate der Fluoreszenzemission bestimmen, wenn die Fluoreszenz der einzige Desaktivierungsprozess ist und strahlungslose Desaktivierung oder Intersystem-Crossing, also der Übergang vom Singulett- zum Triplett-System, vernachlässigt werden können. Typische Lebensdauern für die Fluoreszenz liegen in der Größenordnung von 10^{-9} bis 10^{-7} s. Da diese Lebensdauern in der selben Größenordnung liegen oder gar länger sind als die Zeiten für Diffusion, Rotation oder Konformationsänderungen von biologischen Makromolekülen, bietet sich eine Messung von solchen Prozessen durch Fluoreszenzmessungen an.

Will man Fluoreszenzuntersuchungen an Biomolekülen in der Analytik einsetzen, so muss zunächst unterschieden werden, ob die Fluoreszenz von direkt am Molekül vorhandenen Gruppen benutzt werden kann, oder ob zusätzliche Moleküle als Fluorophore, d. h. als fluoreszierende Gruppen, erst in das Molekül eingebaut werden müssen. Im ersten Fall bezeichnet man den Prozess als **intrinsische Fluoreszenz**, im zweiten Fall als **extrinsische Fluoreszenz**, und die dabei verwendeten Moleküle als **Fluoreszenz-Sonden**.

Bei der Anwendung der Fluoreszenzspektroskopie auf Proteine ohne weitere Farbstoffe oder fluoreszierende Cofaktoren kann im wesentlichen nur die Fluoreszenz der Aminosäure Tryptophan verwendet werden. Wie bereits in Abschnitt 7.2 ausgeführt, zeigen die aromatischen Aminosäuren Absorptionsbanden der Seitenketten bei ca. 280 nm (Tryptophan), so dass die Fluoreszenz dieses elektronischen Übergangs bei Wellenlängen von oberhalb 300 bis 350 nm beobachtet werden kann. Bei der Verwendung der Tryptophan-Fluoreszenz bietet sich die Abhängigkeit des Emissionsmaximums von der Polarität der Umgebung als Sonde an: Da Tryptophan in polarer Umgebung rotverschobene Fluoreszenz zeigt, kann über die Messung des Emissionsspektrums auf die molekulare Umgebung eines Tryptophanmoleküls geschlossen werden.

Bei der Messung der Fluoreszenz findet man, dass die Fluoreszenzintensität von der Konzentration des untersuchten Moleküls abhängt:

$F = I_0 \cdot \phi \cdot (2{,}303 \cdot \varepsilon \cdot c \cdot d)$

- F: Fluoreszenzintensität
- I_0: Intensität des eingestrahlten Lichts
- ϕ: Fluoreszenzausbeute, das Verhältnis von emittierten zu absorbierten Photonen
- ε: molarer Absorptionskoeffizient der Substanz
- c: Konzentration
- d: Schichtdicke

Zusätzlich tritt häufig eine Rotverschiebung der Emission mit zunehmender Konzentration auf. Die Gründe für dieses Verhalten liegen zum einen darin, dass **Fluoreszenzlöschung (Quenching)** auftritt, wenn Energie von einem angeregten Molekül auf ein zweites Molekül übertragen wird, so dass die Wahrscheinlichkeit der Emission sinkt und der angeregte Zustand strahlungslos desaktivieren kann. Für dieses Quenching sind Kollisionsprozesse bzw. die Bildung von Molekülaggregaten verantwortlich. Wenn bei Fluoreszenzmessungen Quantenausbeuten bestimmt werden sollen, müssen solche Konzentrationsabhängigkeiten sehr sorgfältig betrachtet werden.

Betrachtet man die Rotverschiebung der Fluoreszenz im Detail, so muss zusätzlich zu der bereits diskutierten, durch das Termschema gegebenen Verschiebung die Wechselwirkung der fluoreszierenden Gruppe mit dem Lösungsmittel betrachtet werden. Der Grund dafür liegt darin, dass die Absorption schnell aus einem mittleren Zustand des Lösungsmittels heraus erfolgt. Während der Lebensdauer von 10^{-9} bis 10^{-7} s des angeregten Zustands können sich jedoch Lösungsmittelmoleküle umorientieren und zusammen mit der fluoreszierenden Gruppe einen energetisch günstigeren Zustand bilden, so dass effektiv das Energieniveau abgesenkt wird. Diese **Lösungsmittelrelaxation** hängt von der elektronischen Verteilung der fluoreszierenden Gruppe im Grundzustand und im angeregten Zustand sowie von der Polarität des Lösungsmittels ab.

Zusätzlich zu dieser durch die Photophysik gegebenen Rotverschiebung wird in der Praxis oft eine weitere Rotverschiebung beobachtet, die konzentrationsabhängig ist und durch Verdünnen beseitigt werden kann. Sie hat ihren Grund in der mit steigender Konzentration des Fluorophors erhöhten Wahrscheinlichkeit, dass ein emittiertes Photon wieder absorbiert wird, da sich Absorptions- und Emissionsbande des Moleküls überlagern. Als Folge dieser Überlappung – und das mit steigender Konzentration – wird der kurzwellige Teil der emittierten Strahlung vorzugsweise reabsorbiert, und der schließlich aus dem Präparat austretende Strahlungsanteil ist scheinbar weiter ins Rote verschoben.

7.5.2 Fluoreszenzspektren als Emissionsspektren und als Aktionsspektren

Die prinzipiell möglichen Anordnungen zur Messung von Fluoreszenz sind in Abb. 7.27 dargestellt. Für die praktische Anwendung der Fluoreszenz in der Bioanalytik ist es oft ausreichend, wenn die fluoreszierende Gruppe durch Licht geeigneter Wellenlänge angeregt und bei einer zweiten Wellenlänge die Intensität der emittierten Strahlung gemessen wird. Dabei ist es ausreichend, die Anregungswellenlänge durch Filter auf den wirksamen Bereich der Absorptionsbande einzuschränken. Für die Messwellenlänge muss ein komplementäres Filter vor dem Detektor geschaltet werden. Idealerweise werden die beiden Filter so gewählt, dass kein Anregungslicht den Detektor erreicht. Eine häufig benutzte Anordnung, bei der das emittierte Licht senkrecht zur Anregung detektiert wird, ist hilfreich, aber nicht zwingend.

Wenn das Spektrum der Fluoreszenz erfasst werden soll, um beispielsweise aus der Lage der Maxima oder aus der Struktur der Emissionsbande Informationen zu erhalten, so muss das Filter vor dem Detektor durch einen geeigneten Monochromator ersetzt werden. Nutzbar ist dann im Idealfall ein Spektralbereich bis in die

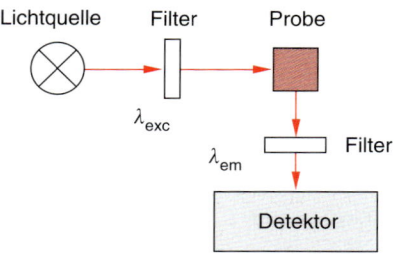

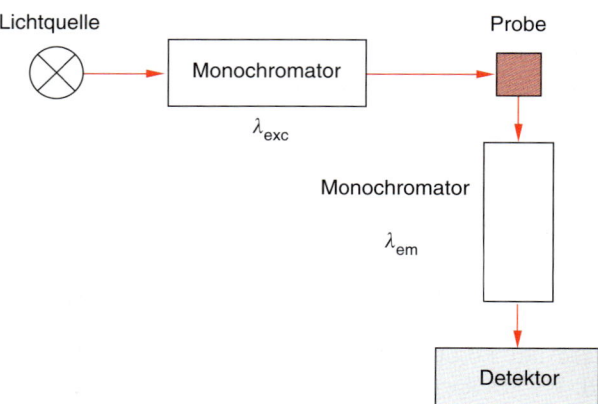

7.27 Schematische optische Anordnungen zur Fluoreszenzmessung. Im einfachsten Fall wird die Probe bei einer festen Wellenlänge (λ_{exc}) angeregt und die Intensität der Fluoreszenz bei fester Wellenlänge (λ_{em}) gemessen. Die beiden Wellenlängen werden durch Filter gewählt, die komplementär sein müssen. Werden sie durch durchstimmbare Filter (Monochromatoren) ersetzt, so können **Emissionsspektren** (λ_{exc} fest, Aufzeichnen der Fluoreszenzintensität als Funktion der Emissionswellenlänge λ_{em}) oder **Aktionsspektren** (λ_{em} fest, Aufzeichnen der Fluoreszenzintensität als Funktion der Anregungswellenlänge λ_{exc}) aufgenommen werden.

Nähe der dabei festgehaltenen Anregungswellenlänge. Bei dieser Messung des **Emissionsspektrums** muss bedacht werden, dass die Transmission optischer Komponenten, des Monochromators, vor allem aber die Nachweisempfindlichkeit des Detektors naturgemäß stark von der Wellenlänge abhängen. Die Empfindlichkeit von Photomultipliern, die üblicherweise zur Detektion verwendet werden, fällt zum roten Ende des sichtbaren Spektralbereichs steil ab; eine Messung des Emissionsspektrums liefert daher zunächst eine relative Fluoreszenzintensität als Funktion der Wellenlänge, die aufwendig mit Fluoreszenzstandards, d. h. Proben mit bekanntem Emissionsspektrum, korrigiert werden muss. Erst dieses *quantenkorrigierte Emissionsspektrum* kann quantitativ ausgewertet werden.

In vielen Fällen ist es wichtig, die Energieleitung innerhalb einer Anordnung von Chromophoren zu verfolgen. Dazu kann die Messung eines **Aktionsspektrums** dienen. Hierbei wird die Intensität des emittierten Lichts bei einer festen Wellenlänge gemessen und die Anregungswellenlänge variiert. Diese Vorgehensweise wird auch als **Fluoreszenz-Aktionsspektroskopie** bezeichnet.

Lichtquellen zur Anregung der Fluoreszenz müssen hohe Intensität im kurzwelligen Spektralbereich liefern. Aus diesem Grund werden üblicherweise Xenon-Hochdrucklampen verwendet, seltener auch Wolfram-Halogenlampen. Im Pulsbetrieb können auch Laser für die Anregung der Fluoreszenz verwendet werden, vor allem, wenn die Zeitabhängigkeit der Fluoreszenzintensität gemessen werden soll.

Als **Detektoren** werden überwiegend Photomultiplier-Röhren eingesetzt, die im UV-Spektralbereich sowie im kurzwelligen sichtbaren Spektralbereich Photodioden überlegen sind. Dabei macht man sich zunutze, dass Photomultiplier-Röhren mit ihrer internen Verstärkung so betrieben werden können, dass einzelne Photonen als Stromimpuls am Ausgang nachgewiesen werden können (*photon counting mode*). Die Intensität der Fluoreszenz wird dann als die Zahl der Photonen, die in einem bestimmten Zeitintervall eintreffen, ausgedrückt. Bei sehr weit im Roten liegenden Emissionswellenlängen können auch Photodioden verwendet werden. Die in Abbildung 7.8C dargestellten Multiplexphotometer (Diodenarray) können ebenfalls für Fluoreszenzmessungen herangezogen werden, wenn die Emissionsintensität ausreicht.

7.5.3 Fluoreszenzuntersuchungen mit intrinsischen und extrinsischen Fluorophoren

Die Einsatzmöglichkeiten der Fluoreszenzspektroskopie mit intrinsischen Fluorophoren, d. h. lediglich mit der Emission der aromatischen Aminosäuren, sind sehr begrenzt. Bei Proteinen mit fluoreszierenden Cofaktoren wie Flavinen oder Chlorophyllen ergeben sich zahlreiche weitere Anwendungen, bei der der Cofaktor als Sonde verwendet wird und über seine Emission Informationen über seine molekulare Umgebung im Protein, über den Protonierungszustand oder über konformelle Änderungen vermittelt. Besonders ausgeprägt ist die Fluoreszenz bei Tetrapyrrolsystemen. Es liegt daher nahe, Chlorophylle und Chlorophyll-Proteinkomplexe durch Fluoreszenzuntersuchungen zu charakterisieren. Die Fluoreszenzquantenausbeute bei solchen Molekülen kann nahezu den Wert 1 erreichen, d. h., für fast jedes absorbierte Photon wird wieder ein Photon emittiert.

Abbildung 7.28 zeigt die Absorptions- und Emissionsspektren eines Chlorophyll-Protein-Komplexes aus dem photosynthetischen Bakterium *Rhodobacter capsulatus*. Die Funktion des Komplexes besteht darin, Lichtenergie möglichst effizient zu absorbieren und an die photoreaktiven Zentren weiterzuleiten. Auf Grund der Anordnung der Pigmente kann Energie in strahlungslosen Prozessen effizient durch die verschiedenen Antennenpopulationen von außen nach innen geleitet werden, bis Energieübergabe an das photoreaktive Zentrum möglich ist. Die Basis für diesen Energieübertrag bildet die exzellente Überlappung der Absorptionsspektren der weiter innen gelegenen Pigmente mit den Emissionsspektren der weiter außen gelegenen Pigmente sowie die direkte Kopplung der Pigmente. Diese Absorptions- und Emissionsspektren sind in Abbildung 7.28 dargestellt. Die beteiligten Pigmente (Bakteriochlorophyll a) zeigen eine Reihe von Singulettübergängen im sichtbaren Spektralbereich sowie im nahen Infrarot: S_0 nach S_3 bei ca. 400 nm, S_0 nach S_2 bei ca. 600 nm und S_0 nach S_1 bei Wellenlängen größer als 750 nm. Der Übergang S_0 nach S_1 variiert je nach Antennenpopulation, so dass Energie förmlich „kanalisiert" und wie mit einem Trichter ins Innere dieser Struk-

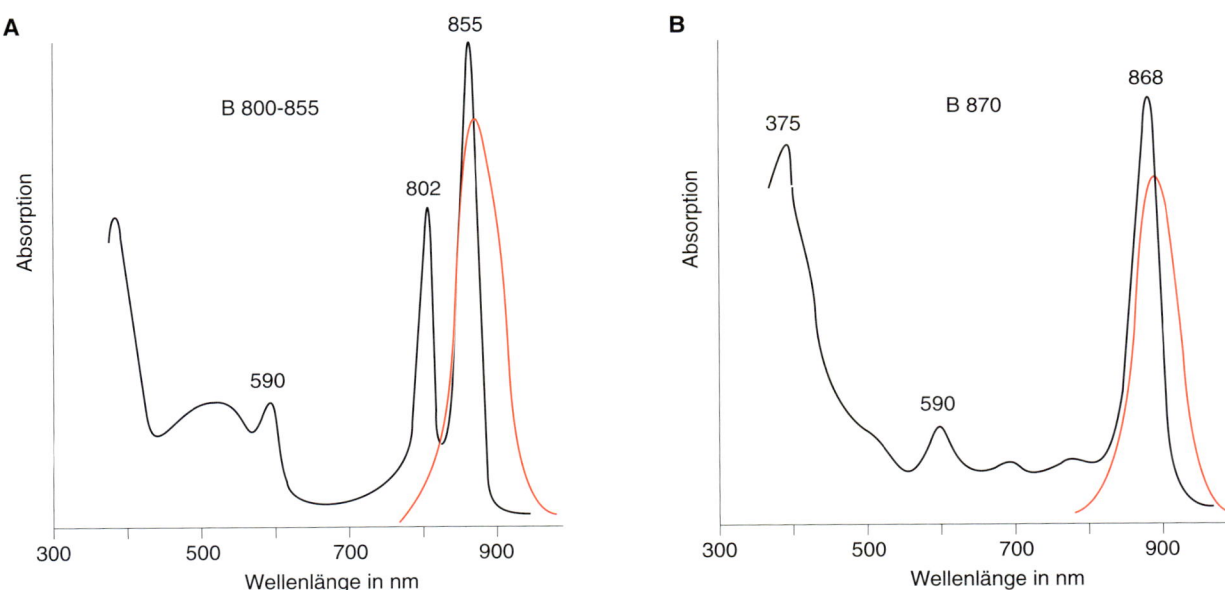

7.28 Absorptionsspektren und Emissionsspektren von Lichtsammelpigmenten des photosynthetischen Bakteriums *Rhodobacter capsulatus*. A. Absorptionsspektrum (schwarze Linie) des peripheren Bakteriochlorophyll-Protein-Komplexes mit zwei unterschiedlichen Pigmentpopulationen, die bei ca. 800 nm und bei ca. 850 nm absorbieren (B 800-850). Wird dieser Komplex angeregt, so erfolgt ein schneller Energietransfer innerhalb der einzelnen Pigmente und zwischen B 800 und B 850, so dass die Fluoreszenz (rote Linie) nur vom niedrigst liegenden Übergang von B 850 beobachtet wird. Das Maximum der Fluoreszenz liegt bei ca. 865 nm. B. Absorptionsspektren (schwarze Linie) des unmittelbar mit dem photochemischen Reaktionszentrum assoziierten Lichtsammelkomplexes B 870. Seine Absorption überlappt ideal mit der Fluoreszenz des peripheren B 800-850-Komplexes. Die Fluoreszenz erfolgt auch hier nur vom niedrigst liegenden Singulettübergang.

turen geleitet wird. Wird an irgendeiner Stelle dieser Energiefluss unterbrochen, z. B. durch Extraktion einer Pigmentpopulation, so kann dieser Energiefluss, der sich förmlich staut, nur noch über Emission weitergegeben bzw. abgeleitet werden. Bei photosynthetischen Pigmenten erfüllt die Fluoreszenzemission häufig die Rolle eines „molekularen Blitzableiters", der verhindert, dass die Absorption eines Photons das Pigmentsystem in einen Zustand bringt, in dem irreversible photochemische Prozesse durch Triplett-Reaktionen die Pigmente schädigen.

Neben dem intrinsischen Fluorophoren der Proteine und der Fluoreszenz der Cofaktoren können zahlreiche extrinsische **Fluoreszenzsonden** verwendet werden, um beispielsweise die Fluidität von Membranen, die Beweglichkeit von Proteindomänen oder um Diffusions- und Rotationsdiffusionsparameter zu bestimmen. Andere Fluoreszenzsonden wiederum sind empfindlich für Membranpotentiale und können als „molekulare Voltmeter" verwendet werden. Auch pH-Messungen, beispielsweise in Zellkompartimenten, können durch geeignete Sonden analog zu der Absorptionsmessung mit pH-Indikatoren durchgeführt werden.

Diese Fluoreszenzsonden können beispielsweise durch ihre Hydrophobizität in die Membran eingelagert werden, wo ihre Emissionsintensität und das Emissionsmaximum durch das Membranpotential beeinflusst werden. Andere wiederum binden kovalent an bestimmte Aminosäureseitenketten und können so für bestimmte Stellen als **Reportergruppen** verwendet werden. Noch eindeutiger werden Aussagen über molekulare Umgebungen, wenn ein Fluorophor nach ortsspezifischer Mutagenese an einer einzigen Aminosäure eines Proteins gebunden werden kann.

Reagenzien für Fluoreszenzmarkierung Tabelle 6.1

Fluoreszenzsonden lassen sich im Prinzip für die jeweiligen Anwendungen maßschneidern. Einige der gängigsten Fluoreszenzsonden, die ohne großen Aufwand eingesetzt und mit üblichen Fluorimetern vermessen werden können, sind im vorhergehenden Kapitel beschrieben.

GFP als Reportergen-System Abschnitt 33.4.3

Das bereits in Abschnitt 7.2.2 erwähnte grün-fluoreszierende Protein (GFP) nimmt sowohl in seinem Aufbau als auch in seiner Anwendung eine Sonderstellung ein. Seine Fluoreszenz kommt nicht von einem gebundenen Cofaktor, sondern aus einem durch Zyklisierung und Oxidation entstandenen „Auto-Fluorophor" aus drei benachbarten Aminosäureseitenketten. Das beim GFP beobachtete Verhalten – zwei mögliche Emissionsbanden aufgrund eines Protonierungsgleichgewichts, das sich jedoch nach Anregung schnell verschiebt – ist nicht unüblich. Andererseits nimmt das GFP wiederum in der Anwendung die Rolle einer Fluoreszenzsonde ein, mit der z. B. Transkriptionsprozesse nachgewiesen werden können.

7.6 Methoden mit polarisiertem Licht

Ein weiterer Ansatz, Biomoleküle zu untersuchen, sind spektroskopische Untersuchungen mit polarisiertem Licht. Damit lassen sich zusätzliche Erkenntnisse über die Konformation von Molekülen, von Molekülkomplexen und über die Wechselwirkungen von Biomakromolekülen untereinander gewinnen. Wir unterscheiden drei Verfahren: den Lineardichroismus, die Optische Rotationsdispersion und den Circulardichroismus. Die beiden letztgenannten Methoden werden zur Untersuchung von optisch aktiven Molekülen eingesetzt.

7.6.1 Lineardichroismus

Die **Lineardichroismus** (LD)-Spektroskopie nutzt die Orientierung des Übergangs(dipol)moments (Abschnitt 7.2) innerhalb der Geometrie des Moleküls aus. Wie bereits in Abschnitt 7.1 gezeigt, besteht eine Wechselwirkung des elektrischen Feldvektors einer einfallenden elektromagnetischen Welle mit diesem Übergangsdipolmoment. Die Stärke dieser Wechselwirkung hängt von der relativen Orientierung von Feldvektor und Übergangsdipolmoment zueinander ab: Bei paralleler Orientierung ist sie maximal, bei senkrechter Orientierung null. Der Absorptionsbeitrag eines Moleküls hängt daher außer von der Energie des Photons auch von der Orientierung des Absorbers zum Feldvektor ab. Eine Konsequenz ergibt sich dabei aus der Eigenschaft des Lichts als Transversalwelle: Ein in der Ausbreitungsrichtung des Lichts liegendes Übergangsdipolmoment kann nicht angeregt werden.

Bei einem Ensemble von Molekülen in einer Probe, in der sich die Moleküle durch Diffusion frei bewegen bzw. rotieren können, mittelt sich diese Orientierungsabhängigkeit aufgrund der großen Zahl leicht heraus. Die Probe zeigt für alle Orientierungen des elektrischen Feldvektors (bzw. bei fester Orientierung des Feldvektors für alle Orientierungen der Probe) gleiche Absorption. Betrachtet man jedoch biologische Strukturen, die orientierte Chromophore enthalten, so hängt deren Absorption unter Umständen stark von der Orientierung des Feldvektors ab. Diese Abhängigkeit wird in der LD-Spektroskopie ausgenutzt, um die *Orientierung* von chromophoren Gruppen oder Pigmenten in Makromolekülen oder Biomembranen abzufragen.

Unser Auge repräsentiert den „klassischen Fall" einer für den Lichteinfall und für alle Polarisationsrichtungen optimierten Absorption (Abb 7.29). In der Retina

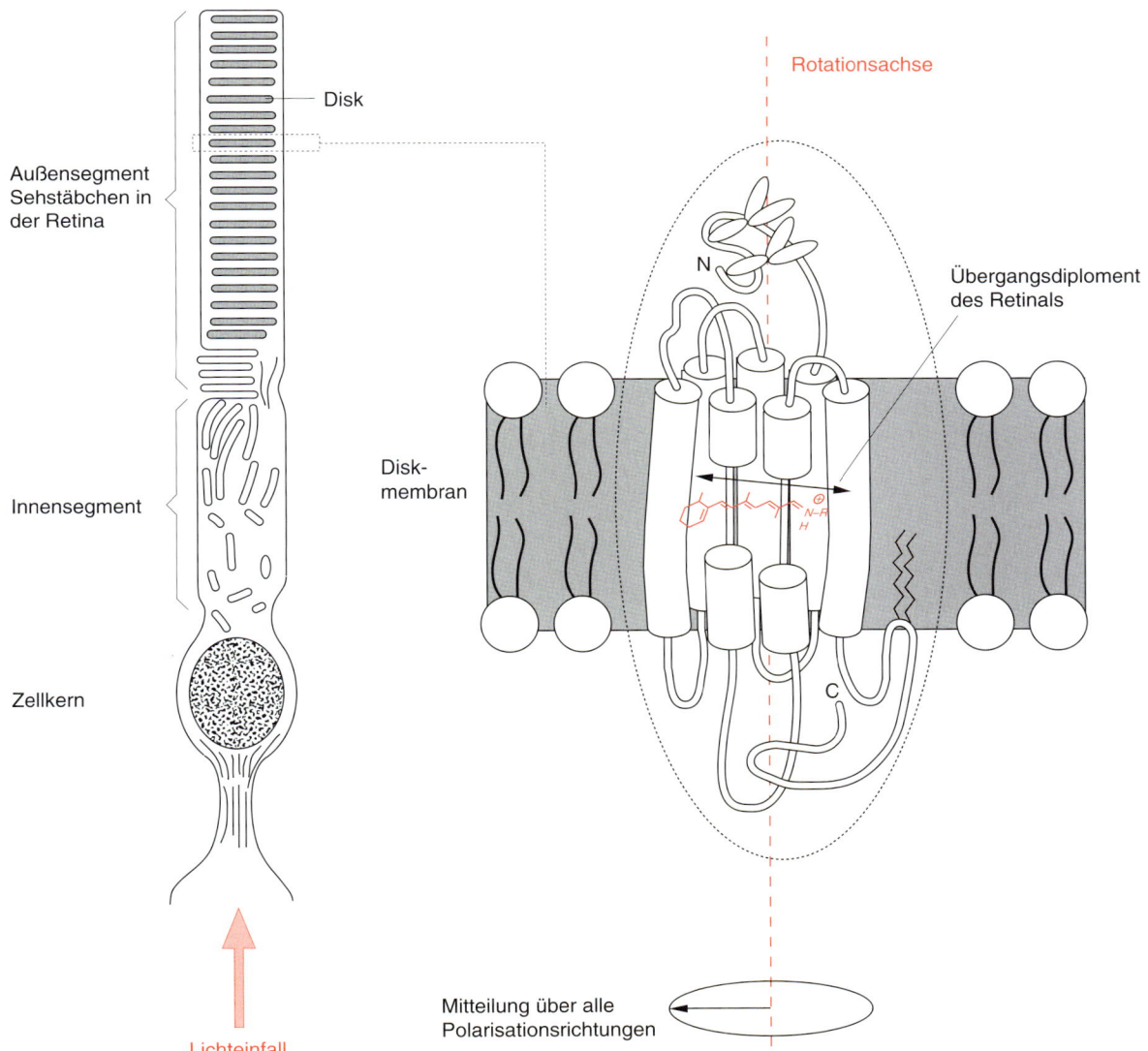

7.29 Anordnung des „Absorbers" Retinal im Sehpigment Rhodopsin relativ zum Lichteinfall.

sind die Sehzellen so eingebaut, dass der Einfall des Lichts in ihrer Längsrichtung erfolgt. Damit fällt Licht senkrecht zu den ca. 2 000 *Disks* ein, die im Stäbchenaußensegment ähnlich wie ein Stapel Schallplatten angeordnet sind. Diese Disks sind abgeplattete Vesikel, die in ihrer Membran das Sehpigment Rhodopsin mit der chromophoren Gruppe Retinal enthalten. Auch wenn dieses Rhodopsin innerhalb der Diskmembran äußerst mobil ist und lateral diffundieren und rotieren kann, bleibt seine Längsachse dabei im wesentlichen parallel zur Einfallsrichtung des Lichtes. Der absorbierende Chromophor Retinal ist nahezu senkrecht zu dieser Längsachse angeordnet und liegt damit in der Ebene des elektrischen Feldvektors. Die Rotationsmöglichkeit des Rhodopsinmoleküls erlaubt alle Orientierungsmöglichkeiten für das Retinal in dieser Ebene und somit effiziente Absorption für alle Polarisationsrichtungen.

Ein LD-spektroskopisches Experiment kann außerodentlich einfach durchgeführt werden und benötigt außer der Vorzugsorientierung einer Probe nur einen Polarisator, mit dem die Spektren für zwei Orientierungen aufgenommen werden (Abb. 7.30). In der Regel wird dabei das Spektrum der Probe einmal mit vertikal und einmal mit horizontal polarisiertem Licht aufgenommen; die dabei erhaltenen Messgrößen sind $I_{vert}(\lambda)$ bzw. $I_{hor}(\lambda)$. Die entsprechenden Referenzspektren mit leerem Strahlengang oder einer geeigneten Referenzprobe müssen ebenfalls für beide Polarisationsrichtungen aufgenommen werden: $I_{0,vert}(\lambda)$ bzw. $I_{0,hor}(\lambda)$, da nahezu alle optischen Komponenten eines Spektralphotometers eine „Vorpolarisation" bzw. unterschiedliche Transmission für beide Polarisationsrichtungen zeigen. Anschließend kann die Absorption berechnet werden:

$$A_{vert} = \log\left(\frac{I_{0,vert}}{I_{vert}}\right) \quad \text{bzw.} \quad A_{hor} = \log\left(\frac{I_{0,hor}}{I_{hor}}\right)$$

Die Differenz beider Absorptionswerte nennt man den **Lineardichroismus** einer Probe; er liefert zusammen mit der Absorption wichtige Informationen über die Lage eines Pigments in einer biologischen Struktur.

Die für ein LD-Experiment erforderliche Orientierung einer Probe kann auf vielerlei Weise erreicht werden: Biologische Membranen erhalten durch vorsichtiges Antrocknen auf einem Träger eine Orientierung parallel zu diesem Träger, so dass zumindest *eine* Achse, die Membrannormale, festgelegt ist (analog zum Ausleeren einer Sparbüchse auf einen Tisch, wo fast alle Münzen entweder mit Kopf oder Zahl auf der Tischplatte liegen, kaum eine jedoch auf der Schmalseite). Man bezeichnet solche Proben auch als **einachsig orientierte Proben**.

Eine solche Orientierung kann auch durch Anlegen eines Magnetfelds oder eines elektrischen Feldes erreicht werden; im letzten Fall kann das Makromolekül dann *in Bewegung*, d. h. bei der elektrophoretischen Wanderung, erfasst werden. Ideale Orientierung liegt bei Kristallen vor. So bietet z. B. die LD-Spektroskopie an kleinen Proteinkristallen die Möglichkeit, die Orientierung der Übergangsdipolmomente in allen Raumrichtungen abzufragen. Dies kann im Verlauf der Strukturanalyse eines Proteins bei Kristalldimensionen, die noch nicht für die Röntgenbeugung ausreichen, oder bei Kristallen, die für eine hohe Auflösung noch nicht hinreichend gut geordnet sind, außerordentlich hilfreich sein.

Die relative Orientierung des elektrischen Feldvektors und des Übergangsdipolmoments zueinander bestimmt nicht nur die Stärke der Absorption von elektronischen Übergängen, sondern auch die von Schwingungsübergängen. So ist

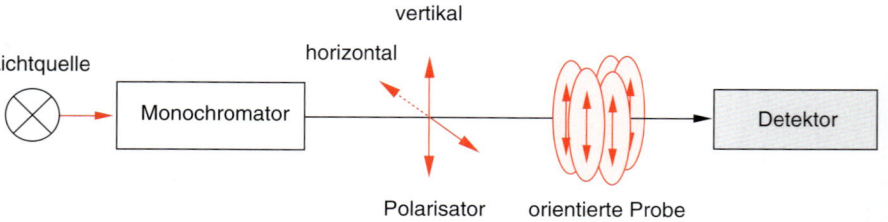

7.30 Anordnung zur Aufnahme eines Lineardichroismus-Spektrums.

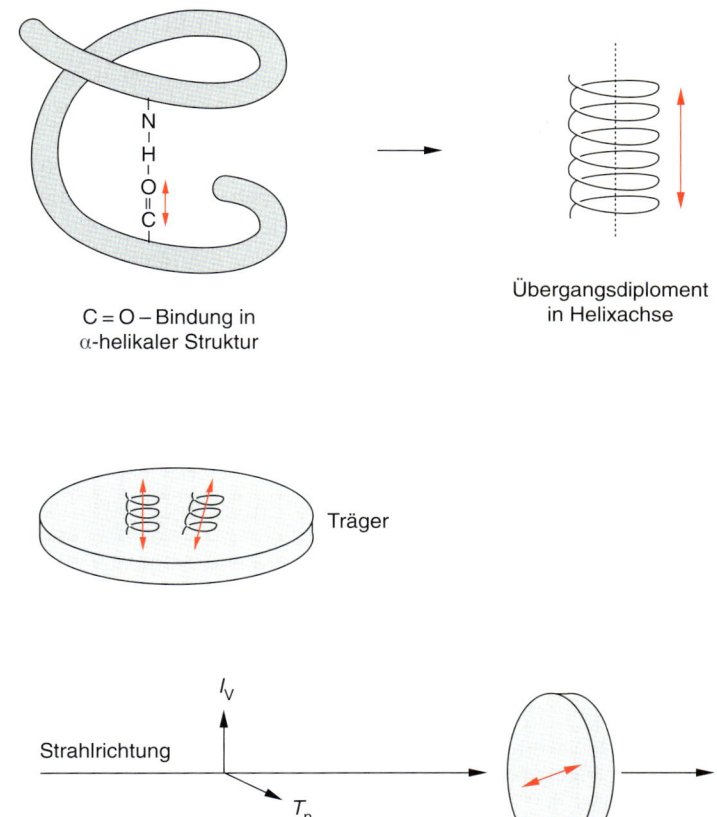

7.31 Lineardichroismus-Infrarotspektroskopie zur Bestimmung der Orientierung von α-Helices in Membranproteinen.

beispielsweise das Übergangsdipolmoment einer C=O-Bindung entlang der Bindungsachse gerichtet; auch bei komplizierten Molekülen nimmt es eine feste Orientierung in der Molekülgeometrie ein. Für die Untersuchung der Orientierung von Proteinsekundärstrukturen bietet sich damit eine einfache Möglichkeit an (Abb. 7.31).

In einer α-Helix bildet sich eine Wasserstoffbrücke von der Peptid-N-H-Gruppe zur C=O-Gruppe der nächsthöheren Helixwindung aus, so dass eine lineare Struktur –C=O⋯H–N– entsteht. Ähnliche Wasserstoffbrücken bilden sich auch bei β-Faltblatt-Strukturen aus, sie unterscheiden sich jedoch durch die Stärke der Brücke und damit durch die Frequenz der C=O-Schwingung. In Abschnitt 7.3 wurde gezeigt, wie diese vom Typ der Sekundärstruktur abhängige Absorption dazu verwendet werden kann, um eine „schnelle" Analyse der Sekundärstrukturkomponenten durchzuführen und gegebenenfalls Veränderungen bei der Faltung und Entfaltung von Proteinen zu detektieren. Die Orientierung der C=O-Schwingungsmode kann darüber hinaus benutzt werden, um die Orientierung dieser Sekundärstrukturen zu ermitteln. Bei einer α-Helix führt die Wasserstoffbrückenbindung zu einer Orientierung in etwa entlang der Helixachse, bei einer β-Faltblattstruktur senkrecht zur Faltblattrichtung.

Nimmt man jetzt beispielsweise das Infrarotspektrum einer Membran auf, die durch sanftes Trocknen auf einem Träger orientiert wurde, so sollte für α-Helices, die senkrecht die Membran durchspannen, maximale Absorption dann auftreten, wenn der elektrische Feldvektor entlang der Membrannormalen orientiert ist. Aus diesem Grund muss die Probe relativ zum Strahl gekippt werden, so dass die Komponenten des Übergangsdipolmoments erfasst werden können. Aus der Absorption mit horizontal und vertikal polarisiertem Licht kann dann der maximale Neigungswinkel der α-Helices zur Membran berechnet werden, eine wichtige Größe bei der Erstcharakterisierung von Membranproteinen.

7.6.2 Optische Rotationsdispersion und Circulardichroismus

Optische Rotationsdispersion und Circulardichroismus nutzen die Wechselwirkung optisch aktiver Substanzen mit polarisiertem Licht – beide Verfahren betrachten dasselbe Phänomen, allerdings aus unterschiedlichen Blickrichtungen. Die optische Rotationsdispersion (ORD) untersucht die unterschiedlichen Brechungsindices einer optisch aktiven Substanz in Abhängigkeit von der Wellenlänge; der Circulardichroismus (CD) dagegen analysiert die unterschiedliche Absorption.

Optische Aktivität entsteht zum Beispiel durch die Einführung eines chiralen Zentrums in ein Molekül, etwa wenn ein Kohlenstoffatom vier verschiedene Substituenten in tetraedrischer Anordnung trägt.

In solchen optisch aktiven Strukturen ist die Lichtgeschwindigkeit für links- bzw. rechtsgerichtet zirkular polarisiertes Licht unterschiedlich groß. Fällt daher zirkular polarisiertes Licht auf eine Probe mit einer optisch aktiven Substanz, so tritt nach dem Durchlaufen der Probe eine Polarisationskomponente gegenüber der anderen verzögert auf, d. h. die optisch aktive Substanz hat unterschiedliche Brechungsindices für links- bzw. rechtspolarisiertes Licht. Da sich linear polarisiertes Licht aus zwei überlagerten, rechts und links gerichtet zirkular polarisierten Komponenten zusammensetzt (Abb. 7.3), führt die Verzögerung einer Komponente wiederum zu einer Drehung der Polarisationsebene bei linear polarisiertem Licht.

Diese Drehung ist der Schichtdicke und der Konzentration der optisch aktiven Substanz proportional und einfach zu messen. Eine bekannte Anwendung ist die Konzentrationsbestimmung von Zuckerlösungen in Polarimetern (Saccharimeter). Die Drehung wird meist auf molare Konzentrationen und auf Schichtdicken von 1 cm standardisiert angegeben.

Die dritte Methode, die die Polarisation des Lichts nutzt, beruht ebenfalls auf der Überlagerung einer rechts- und einer links-zirkular polarisierten Lichtwelle zu linear polarisiertem Licht. Es ist die **Circulardichroismus(CD)-Spektroskopie**. Im Gegensatz zur ORD-Spektroskopie, bei der die Unterschiede in den Brechungsindizes für die beiden Polarisationsrichtungen, n_L und n_R, für die unterschiedliche Ausbreitungsgeschwindigkeit eine Rolle spielen, wird bei der CD-Spektroskopie zusätzlich die unterschiedliche Absorption der links- und rechts-zirkular polarisierten Komponente ausgenutzt. Wenn wir in Anlehnung an Abschnitt 7.2 für den molaren Absorptionskoeffizienten ε nun die Absorptionskoeffizienten für links und rechts zirkular polarisiertes Licht (ε_L bzw. ε_R) unterscheiden, so wird in der CD-Spektroskopie die Differenz $\Delta\varepsilon = \varepsilon_L - \varepsilon_R$ gemessen. Sie wird als **Elliptizität** θ angegeben:

$$\theta(\lambda) = \text{const.} \, (\varepsilon_L - \varepsilon_R) \cdot c \cdot d$$

Dabei bedeutet d wieder die Schichtdicke der Küvette und c die Konzentration der Probe. Die Abhängigkeit der Elliptizität θ von der Wellenlänge λ wird im **CD-Spektrum** aufgezeichnet.

In Abbildung 7.32 sind ein CD-Spektrum (A) und ein ORD-Spektrum (B) nebeneinander dargestellt. Beim CD-Spektrum ist die Differenz der molaren Absorptionskoeffizienten gegen die Wellenlänge aufgetragen; beim ORD-Spektrum die Differenz der Brechungsindices. Die abgebildeten Kurven entsprechen einer Absorptionsbande in einem optisch aktiven Chromophor. Eine ORD- bzw. eine CD-Kurve wird auch **Cotton-Effekt** genannt. Cotton-Effekte können positiv oder negativ sein, wie in Abbildung 7.32 gezeigt. Dabei zeigen jeweils zwei Enantiomere eines Moleküls denselben Cotton-Effekt, mit jeweils entgegengesetztem Vorzeichen.

Sowohl die bei der ORD-Spektroskopie auftretenden Unterschiede in den Brechungsindices als auch die Unterschiede in den Absorptionskoeffizienten bei der CD-Spektroskopie sind klein im Verhältnis zum Brechungsindex selbst bzw. zum Absorptionskoeffizienten. So werden beispielsweise bei der ORD-Spektroskopie für Aminosäuren nur Drehwinkel bis zu wenigen Grad bei Schichtdicken von mehreren cm und Konzentrationen von ca. 1 mM gemessen, und der Unterschied

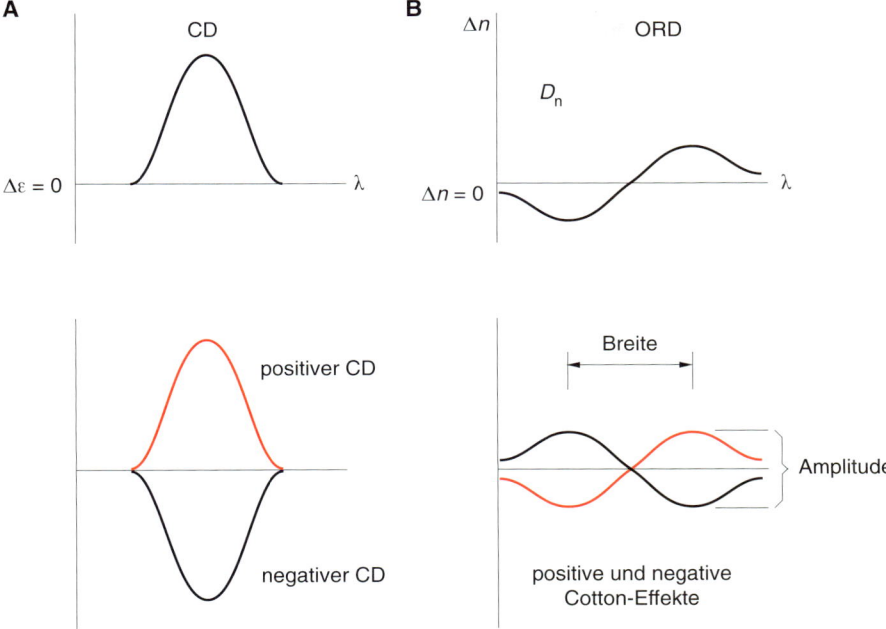

7.32 Circulardichroismus (A) und Optische Rotationsdispersion (B). Beim Circulardichroismus ist der Unterschied der molaren Absorptionskoeffizienten ($\Delta\varepsilon = \varepsilon_L - \varepsilon_R$), bei der Optischen Rotationsdispersion der Unterschied der Brechungsindices ($\Delta n = n_L - n_R$) gegen die Wellenlänge aufgetragen. Man beachte, dass die CD-Kurve (A) einem „normalen" Absorptionsspektrum entspräche, wenn das untersuchte Molekül nicht chiral wäre. (In diesem Fall wäre $\Delta\varepsilon = 0$). Für den Fall (B) ergäbe ein nicht-chirales Molekül eine „normale" Dispersionskurve ($\Delta n = 0$). Nach: Freifelder, D. Physical Biochemistry. W. H. Freeman, New York 1982.

in den Absorptionskoeffizienten $\Delta\varepsilon = \varepsilon_L - \varepsilon_R$ liegt oft nur bei 10^{-3} oder weniger des Absorptionskoeffizienten selbst. Die Messtechnik für CD-Spektren ist daher etwas aufwendiger: Zunächst wird durch einen Monochromator Licht einer Wellenlänge λ erzeugt, das dann linear polarisiert wird. Die Polarisationsebene des Lichts wird dann mit einem Modulator, der unter dem Einfluss eines hochfrequenten elektrischen Wechselfelds alternativ eine links- und eine rechtszirkular polarisierte Welle erzeugt, moduliert, so dass ein synchron dazu geschalteter Detektor alternativ I_L und I_R detektiert. Daraus kann die Elliptizität θ berechnet werden oder bei Variation der Wellenlänge ein CD-Spektrum aufgenommen werden.

Die wohl wichtigste Anwendung der CD-Spektroskopie ist die Analyse von Proteinsekundärstrukturen. Da für diese Zwecke der Spektralbereich von etwa 160 bis 250 nm untersucht wird, spricht man oft von UV-CD-Spektroskopie. In diesem Spektralbereich liegen die $n \to \pi^*$ und die $\pi \to \pi^*$-Übergänge der Peptidbindung, die im Absorptionsspektrum nur schwach und vor allem überlappt liegen, so dass sie diagnostisch kaum ausgewertet werden können. Aufgrund der Chiralität dieser Strukturen ist aber das CD-Spektrum eines Peptids äußerst empfindlich für seine Sekundärstruktur. Dies lässt sich an Hand von Modellpeptiden zeigen, die abhängig von äußeren Bedingungen verschiedene Sekundärstrukturen zeigen. So zeigt beispielsweise Poly-L-Lysin bei pH-Werten unterhalb pH 10 α-helikale Struktur, oberhalb dieses pH eine ungeordnete Knäuelstruktur; dieser Übergang lässt sich sehr genau im CD-Spektrum verfolgen. Um die Sekundärstruktur eines noch nicht charakterisierten Proteins zu analysieren, nimmt man zunächst ein CD-Spektrum dieses Proteins auf und passt diesem anschließend mathematisch eine Linearkombination von Beiträgen des CD-Spektrums einer reinen α-helikalen Struktur, einer reinen β-Faltblattstrukur und einer reinen Knäuelstruktur an. Aus den Gewichtungsfaktoren für die Anpassung der einzelnen Sekundärstrukturkomponenten erhält man schließlich die Anteile für das unbekannte Protein.

Ein Beispiel für die Konformationsuntersuchungen an Peptiden ist in Kapitel 18 dargestellt. Neben der Analyse der Sekundärstruktur kann die CD-Spektroskopie auch für Untersuchungen zur Faltung und Entfaltung von Proteinen eingesetzt werden. Dabei können beispielsweise Intermediate des Faltungsweges, also Zwischenstrukturen auf dem Weg zum nativ gefalteten Protein, nachgewiesen werden.

Cotton-Effekte von Nucleinsäuren liegen im Bereich von 250–275 nm. Sie beruhen auf elektronischen Übergängen der Nucleotidbasen. Im sichtbaren Spek-

CD-Spektroskopie von Peptiden
Abbildungen 18.12 und 18.13

tralbereich und im nahen Infrarot kann die CD-Spektroskopie angewandt werden, um die Kopplung von Chromophoren zu untersuchen. Dabei macht man sich die Eigenschaften der engen elektronischen Kopplung von Chromophoren zunutze, die zu einer Absenkung oder Anhebung von elektronischen Niveaus führen kann und die sich im CD-Spektrum als deutliche positiv/negative Bandenpaare auswirken.

Weiterführende Literatur

Grundlagen spektroskopischer Techniken

Haken, H., Wolf, C. Molekülphysik und Quantenchemie. Springer, Heidelberg, 1991.

Schmidt, W. Optische Spektroskopie: Eine Einführung für Naturwissenschaftler und Techniker. VCH, Weinheim, 1994.

Photochemische und photobiologische Reaktionen

Smith, K. (Hrsg.) The Science of Photobiology. Plenum Press, New York, 1989.

Turro, N. Modern Molecular Photochemistry. University Science Books, Mill Valley, California, 1991.

Anwendungen von spektroskopischen Methoden für die Analyse von Biomolekülen

Cantor, C. R., Schimmel, P. R. Biophysical Chemistry Part II: Techniques for the Study of Biological Structure and Function. W. H. Freeman and Company, New York, 1980.

Galla, H.-J. Spektroskopische Methoden in der Biochemie. Thieme Verlag, Stuttgart, 1988.

8 Spaltung von Proteinen

Erst mit der Kenntnis der Primärstruktur eines Proteins und seiner posttranslationalen Modifikationen lassen sich seine Funktion und die Wechselwirkungen mit anderen Molekülen verstehen. Solche Fragestellungen werden heute nicht mehr rein proteinchemisch bearbeitet, sondern können weit schneller und kostengünstiger unter Zuhilfenahme molekularbiologischer Methoden gelöst werden. Ein gewisses Maß proteinchemischer Information ist jedoch auch dafür notwendig, etwa um über die Synthese von Oligonucleotiden die DNA zu isolieren und dann nach Aufklärung der DNA-Sequenz diese wiederum zu überprüfen. Auch die Identifizierung der *N*- und *C*-terminalen Sequenz eines Proteins ist nur proteinchemisch möglich: die Molekularbiologie kann keinerlei Information zur Charakterisierung der posttranslationalen Modifikationen beitragen. Diese gerade für die Funktion und Aktivität eines Proteins so wichtigen Eigenschaften können nur durch die Proteinchemie erarbeitet werden. Ohnehin erfordert die Herstellung von rekombinanten Proteinen immer wieder den Einsatz proteinchemischer Techniken, um die Richtigkeit der exprimierten Strukturen bis hin zur letzten Aminosäure zu überprüfen.

Zur Aufklärung der Primärstruktur können die klassische Edman-Chemie und die Massenspektrometrie nur bedingt eingesetzt werden, da mit ihnen Proteine größer als etwa 7 kDa nicht mehr vollständig analysierbar sind. Solche müssen in Fragmente geeigneter Größe zerlegt werden; die Fragmente werden dann isoliert und anschließend charakterisiert. Die Anordnung der Einzelfragmente im Gesamtprotein muss anschließend durch überlappende Fragmente, die aus einer enzymatischen Spaltung mit einem oder mehreren Enzymen erzielt wurden, bestimmt werden (Abbildung 8.1).

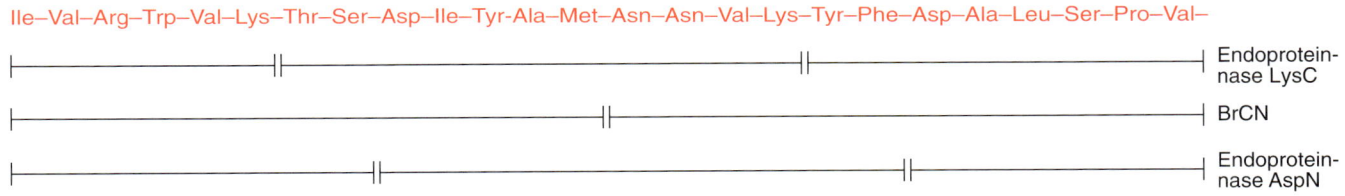

8.1 Fragmentierung von Proteinen: Spaltung eines Proteins mit drei unterschiedlichen Enzymen zur Herstellung überlappender Fragmente.

8.1 Proteolytische Enzyme

Die Eigenschaft von proteolytischen Enzymen, sehr spezifisch Bindungen in Proteinen zu spalten, macht sie zu einem wichtigen Werkzeug sowohl bei der Primärstrukturaufklärung von Proteinen als auch bei der Aufklärung von höheren Strukturordnungen. Dabei werden, entsprechend der Vollständigkeit der Spaltung, zwei prinzipielle Mechanismen der Proteolyse unterschieden: Ein Enzym, das alle seiner Spezifität entsprechenden Bindungen *quantitativ* spaltet, erzeugt einen äquimolaren Satz von Peptiden, dessen Zusammensetzung sich auch durch Zugabe von weiterem Enzym gleicher Spezifität nicht mehr ändert. Die Hydrolyserate kann jedoch durch die Eigenschaften benachbarter Aminosäuren (z. B. die Hydrophobizität) beeinflusst werden.

Läuft die enzymatische Spaltung *nicht vollständig* ab, so entstehen unterschiedliche Peptidmuster mit dem gleichen Enzym. Diese **limitierte Proteolyse** kann gesteuert werden durch Entfernen oder Zugabe von Protease, Zugabe eines Inhibitors, oder durch Ändern der Reaktionsbedingungen. Die limitierte Proteolyse wird z. B. eingesetzt, um das Spaltverhalten von Proteinen unter dem Einfluss bestimmter Enzyme zu untersuchen und damit größere Fragmente isolieren zu können. Der Zeitverlauf der Fragmentierung kann dabei elektrophoretisch beobachtet werden. Gerade sehr kompakte, native Proteine werden häufig nur limitiert gespalten. In vivo findet das Prinzip der limitierten Proteolyse z. B. bei der Zymogenaktivierung statt, bei der Prozessierung von Prohormonen oder bei der Blutgerinnungskaskade (wobei Peptide aus längeren Polypeptiden herausgeschnitten werden). In der Strukturaufklärung wird die limitierte Proteolyse bei Topologiestudien an nativen Proteinen eingesetzt. Bei der Primärstrukturanalyse und zum Erstellen von *peptide maps* muss in den meisten Fällen das Protein vollständig fragmentiert werden, um ein genau definiertes und reproduzierbares Peptidmuster zu erhalten.

8.2 Strategie

Die chemische oder enzymatische Spaltung von Proteinen erfordert ebenso wie die nachfolgenden Charakterisierungstechniken bis fast zur Homogenität aufgereinigte Proteine. Andererseits müssen wegen der geringen Proteinmengen im unteren Pikomolbereich die Anzahl der Reinigungsschritte möglichst reduziert werden, um unnötige Probenverluste zu vermeiden. Den Maßstab für die verwendeten Proteinmengen geben dabei die Detektionsgrenzen der nachfolgenden analytischen Verfahren vor (Edman-Abbau), oder Massenspektrometrie. Nimmt man 10 pmol als heute durchschnittlich zu einer Analyse notwendige Proteinmenge, so entspricht das 0,6 μg eines 60 kDa-Proteins.

Ausgehend von einem komplexen Gemisch von Proteinen, wie dies in einer ganzen Zelle zum Beispiel der Fall ist, sind eine ganze Reihe von Chromatographie- und Elektrophoreseschritten notwendig, bis ein Protein homogen genug ist, um fragmentiert und weiter charakterisiert zu werden. Von der Art der Aufreinigung ist es abhängig, wie die proteolytische Spaltung durchgeführt wird: dies kann sowohl in Lösung, gebunden an eine Membran oder in einer Polyacrylamidmatrix geschehen (Abb. 8.2).

Proteinreinigung
Kapitel 2

Spaltung in Lösung Am einfachsten ist die Spaltung in Lösung, die nur mit geringem Proteinverlust verbunden ist. Es ist jedoch häufig schwer, das Protein zu lösen und dann auch in Lösung zu halten. Dabei werden gewöhnlich Puffer mit chaotrophen Salzen und denaturierenden Detergenzien verwendet, die oft die Aktivität von Proteasen beeinflussen oder eine nachfolgende Chromatographie stören.

Elektrophoretische Verfahren
Kapitel 10

Spaltung membrangebundener Proteine Meistens liegen die Proben nicht in Lösung vor, sondern auf Gelen nach eindimensionaler oder zweidimensionaler Elektrophorese oder immobilisiert durch Elektroblotten auf einer Polyvinyldifluorid-Membran (PVDF), auf silikonisierten Glasfasern oder auf Nitrocellulose. Damit kann das weitere Vorgehen sehr flexibel gestaltet werden. Die immobilisierten Proteine können durch Immunfärbung sichtbar gemacht oder mit Coomassie Blau, Amidoschwarz oder Ponceau S gefärbt werden; anschließend werden sie ausgeschnitten und auf den chemisch inerten PVDF- oder Glasfasermembranen

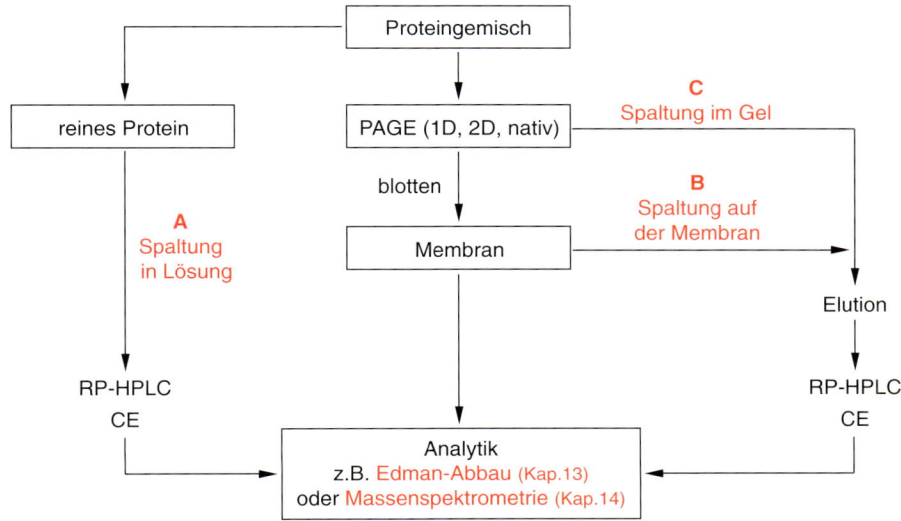

8.2 Strategie der Proteincharakterisierung. Fragmentierung von Proteinen in Abhängigkeit von der Art der Proteinaufreinigung: A. Spaltung in Lösung. B. Spaltung auf einer Membran. C. Spaltung in der Polyacrylamidgelmatrix.

N-terminal oder *C*-terminal sequenziert. Parallel dazu können Proteine auf den genannten und auf Nitrocellulose-Membranen fragmentiert und die entstehenden Peptide von der Membran isoliert werden.

Spaltung in einer Polyacrylamidmatrix Proteine lassen sich aber auch direkt in der Polyacrylamidmatrix spalten. Nach elektrophoretischer Auftrennung werden die Proteine durch Coomassie Blau oder Silber angefärbt, und die gewünschte Bande wird mit dem Skalpell aus dem Gel ausgeschnitten. Das Gelstück wird zerkleinert, mit Puffer gewaschen, geschrumpft und anschließend mit Protease, gelöst in Puffer, versetzt. Das geschrumpfte Gel nimmt beim Quellen Puffer und Protease auf. Die Spaltpeptide können dann durch Diffusion aus dem Gel eluiert und anschließend durch Reversed-Phase-HPLC aufgetrennt werden. In einem abgewandelten Verfahren wird das Gemisch aus Gelstücken und Protease direkt auf dem Sammelgel eines hochprozentigen Polyacrylamidgels plaziert, so dass Spaltung und Trennung in einem Arbeitsgang durchgeführt werden. Die getrennten Peptide können dann wiederum geblottet oder mit organischen Lösungsmitteln aus dem Gel eluiert werden. Die am weitesten verbreitete Methode ist die direkte Spaltung in der Matrix, da sie mit einem Arbeitsgang weniger auskommt. Gerade bei geringen Probenmengen sollte jeder unnötige Probentransfer vermieden werden, um die Ausbeuten nicht unnötig zu verringern.

Reversed-Phase-HPLC
Abschnitt 9.6

8.3 Denaturierung

Eine kompakte Sekundär- und Tertiärstruktur nativer Proteine ist häufig die Ursache für schlechte Proteolyseausbeuten, da die Spaltstellen für Proteasen schlecht zugänglich sind. Durch Denaturierung mit Detergenzien, Harnstoff oder Guanidiniumhydrochlorid werden diese geordneten Strukturen zerstört. Detergenzien werden hauptsächlich bei der Reinigung von Membranproteinen eingesetzt. Zur Denaturierung wird meist 6 M Guanidiniumhydrochlorid verwendet; verdünnt auf 1 M ist dies durchaus mit der Aktivität vieler Proteasen kompatibel. Harnstoff ist oft mit Cyanat-Ionen verunreinigt; dies führt häufig zur Blockierung der Aminogruppen durch Carbamoylierung. Disulfidbrücken sind häufig die Ursache für die Proteaseresistenz vieler Proteine. Aber auch gespaltene Proteinfragmente, die noch durch Disulfidbrücken miteinander verbunden sind, sind nur schwer zu charakterisieren.

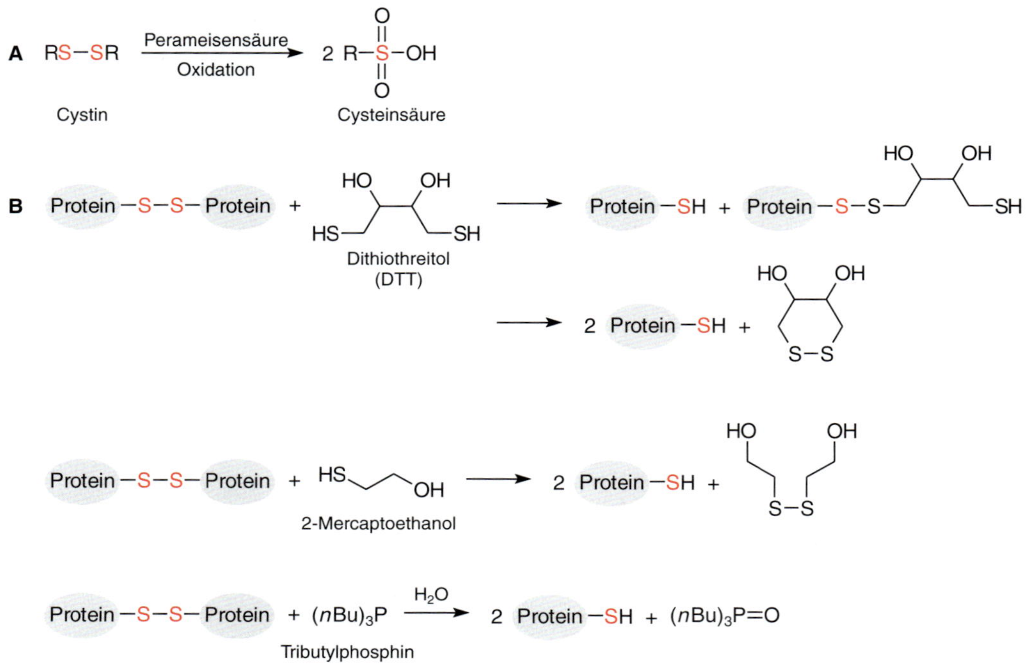

8.3 Spaltung von Disulfidbrücken. A. Oxidation von Disulfidbindungen: Umsetzung von Cystin mit Perameisensäure zu Cysteinsäure. B. Reduktion von Disulfidbindungen: Umsetzung mit Dithiothreitol, 2-Mercaptoethanol und Tributylphosphin (R : Peptidkette).

8.4 Spaltung von Disulfidbrücken und Alkylierung

Disulfidbrücken müssen nach der Denaturierung gespalten werden (Abbildung 8.3). Dies kann durch **Oxidation** (Abb. 8.2A) geschehen, wobei die Disulfidbrücken durch Perameisensäure zu Cysteinsäuren oxidiert werden. Zur **Reduktion** verwendet man Dithiothreitol (DTT), 2-Mercaptoethanol oder Tributylphosphin (Abb. 8.2B). DTT (**Cleland's Reagens**) wird am häufigsten verwendet, da es ein niedriges Redoxpotential besitzt und Cystine in kurzer Zeit vollständig reduziert. Ein weiteres beliebtes Reduktionsmittel ist Tributylphosphin, da es flüchtig ist und deshalb unmittelbar vor dem Edman-Abbau eingesetzt werden kann.

Um die Reduktion irreversibel durchzuführen und ungewünschte Reorganisationen von Cysteinen zu vermeiden, müssen die freien SH-Gruppen durch **Alkylierung** modifiziert und damit stabilisiert werden (Abbildung 8.4). Auch sind im Edman-Abbau erst alkylierte Cysteinreste eindeutig identifizierbar, da unmodifiziertes Cystein während des Abbaus zerstört wird. Die häufigsten Alkylierungsreagenzien sind 4-Vinylpyridin, Iodessigsäure und Iodacetamid.

Tabelle 8.1 Chemische Modifikationen von Cysteinresten

Reagenz	modifizierter Cysteinrest
Perameisensäure	Cysteinsäure
Sulfit	S-Sulphocystein
Iodessigsäure	S-Carboxymethylcystein
Iodacetamid	S-Carboxamidomethylcystein
Ethylenimin	S-(2-Aminoethyl)ethylcystein
4-Vinylpyridin	4-(Pyridyl)ethylcystein
Acrylamid	Cys-S-β-Propionamid

A Protein—SH + CH₂=CH—[4-Vinylpyridin] ⟶ Protein—S—CH₂—CH₂—[4-Pyridylethylcystein]

B Protein—SH + I—CH₂—COOH (Iodessigsäure) ⟶ Protein—S—CH₂—COOH (S-(Carboxymethyl)cystein)

C Protein—SH + I—CH₂—C(=O)—NH₂ (Iodacetamid) ⟶ Protein—S—CH₂—C(=O)—NH₂ (S-(Carboxamidomethyl)cystein)

8.4 Alkylierung von Cysteinresten. Umsetzung von Cystein und 4-Vinylpyridin zu 4-Pyridylethylcystein (A), mit Iodessigsäure zu S-(Carboxymethyl)cystein (B), und mit Iodacetamid zu S-(Carboxamidomethyl)cystein (C).

Bei der Umsetzung mit 4-Vinylpyridin muss unmittelbar nach der Reaktion überschüssiges Reagenz vom Protein abgetrennt werden, da sonst Nebenreaktionen mit His, Trp und Met auftreten. Peptide, die mit Vinylpyridin umgesetzt werden, erhalten ein zusätzliches Absorptionsmaximum bei 256 nm und können so gezielt isoliert werden.

Bei der Gelelektrophorese können freie Acrylamidmonomere mit Thiolgruppen des Proteins reagieren. Deshalb sollten Cysteine bereits vor der Elektrophorese alkyliert werden, wenn sie anschließend massenspektrometrisch analysiert oder N-terminal sequenziert werden sollen. Dabei kann durch Zugabe des Alkylierungsmittels zum Auftragspuffer eine vollständige Modifizierung erreicht werden.

In der Literatur ist noch eine große Anzahl weiterer Modifizierungsreaktionen beschrieben, diese spielen jedoch in der Praxis keine große Rolle, da sie große Proteinmengen erfordern und durch die Ausbildung von Nebenprodukten oft unbrauchbar sind.

8.5 Enzymatische Fragmentierung

Die Art und Weise der Fragmentierung eines Proteins hängt einerseits von der Zielsetzung ab, die mit der Fragmentierung erreicht werden soll, andererseits von den Informationen, die von dem zu spaltenden Protein bereits bekannt sind. Ist die Aminosäurezusammensetzung durch eine Aminosäurenanalyse bereits ermittelt, oder die Sequenz bereits bekannt, so kann eine genaue Strategie mit einem geeigneten Enzym oder Reagenz zu Fragmenten der gewünschten Länge führen.

Aminosäurenanalyse Kapitel 12

Liegen diese Informationen nicht vor, so kann die durchschnittliche Häufigkeit einer Aminosäure in einem Protein Hinweise darauf geben, welches Enzym oder welches Reagenz geeignet ist, die gewünschten Fragmente zu erzeugen. Wenige, lange Fragmente entstehen durch Spaltung an einer seltenen Aminosäure oder durch Spaltung mit sehr spezifischen Enzymen. Viele, kürzere Fragmente entstehen durch Spaltung an häufigen Aminosäuren und durch Spaltung mit weniger spezifischen Enzymen. Tabelle 8.2 zeigt die durchschnittlichen Häufigkeiten von Aminosäuren, ermittelt aus der NBRF-PIR Datenbank, und – daraus errechnet – theoretische Fragmentlängen eines hypothetischen Proteins, bestehend aus 300 Aminosäuren, das mit den gängigsten Enzymen und Reagenzien proteolysiert wird.

Das Spaltverhalten eines Proteins unter konstanten Bedingungen ist für jedes Protein charakteristisch und sehr reproduzierbar. Die Auftrennung der erhaltenen

Tabelle 8.2 Theoretische Anzahl und Länge von Peptidfragmenten eines hypothetischen Proteins mit 300 Aminosäureresten, berechnet nach einer Proteindatenbank (NBRF-PIR)[1]

Enzym oder Reagenz	spaltet spezifisch bei	durchschnittliche Fragmentlänge	Anzahl von Fragmenten
Chymotrypsin	Leu, Phe, Trp, Tyr	6	54
Trypsin	Lys, Arg	9	35
Endoproteinase GluC	Glu	15	20
Endoproteinase LysC	Lys	16	19
Endoproteinase ArgC	Arg	18	17
Endoproteinase AspN[2]	Asp	18	17
Bromcyan	Met	38	8
BNPS-Skatol	Trp	60	5

[1] National Biomedical Research Foundation – Protein Identification Resource
[2] Proteolyse erfogt *N*-terminal von Asp

Fragmente durch SDS-PAGE, Kapillarelektrophorese oder mit chromatographischen Methoden (HPLC) führt dabei zu charakteristischen Peptidmustern (*fingerprints* oder *peptide maps*, Abb. 8.5), auf denen die einzelnen Peptide dann durch Massenspektrometrie oder Edman-Sequenzierung weiter charakterisiert werden können.

Massenspektrometrie
Kapitel 14

Proteinsequenzanalyse
Kapitel 13

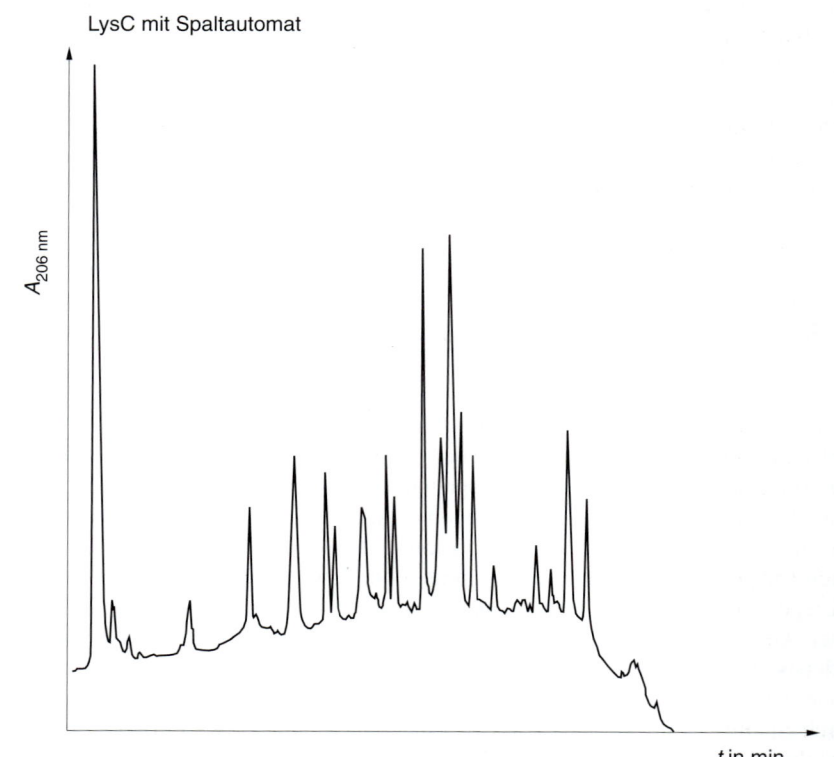

8.5 Fingerprint eines mit Endoproteinase LysC gespaltenen Proteins (40 kDa). Reversed Phase-Chromatogramm (Superspher 60RP select B (Merck) 2 × 125 mm) von 30 pmol Protein. Puffer A: 0,1 % Trifluoressigsäure (TFA) und Puffer B: 0,85 % TFA in Acetonitril. Gradient 1 %/min. Flussrate 0,3 mL/min.

8.5.1 Proteasen

Entsprechend ihrem Wirkmechanismus und ihrem aktiven Zentrum werden diese Enzyme eingeteilt in **Serinproteasen, Cysteinproteasen, Aspartatproteasen** und **Metalloproteasen**. Je nach Angriffsort unterscheidet man weiter nach Endo- und Exoproteasen. **Endoproteasen** spalten das Proteingerüst an jeweils spezifischen, internen Aminosäuren und erzeugen so ein für jedes Protein und das jeweils verwendete Enzym spezifisches Peptidmuster. Endoproteasen werden deshalb in der Regel bei der Primärstrukturanalyse eingesetzt. Viele dieser Enzyme spalten dabei C- oder N-terminal von geladenen Aminosäuren (Endoproteinase LysC, Trypsin, Endoproteinase GluC oder Endoproteinase AspN). Bei anderen Proteasen, z. B. Chymotrypsin, Thermolysin oder Pepsin ist die Spezifität weniger ausgeprägt, wobei eine größere Anzahl, dafür in der Regel aber kürzere Fragmente entstehen (Tabelle 8.3).

Endoproteasen

Chymotrypsin Chymotrypsin (M 25 000 Da) ist eine Serinproteinase und hydrolysiert in der Regel Peptidbindungen C-terminal von Tyr, Phe und Trp. Leu, Met, Ala, Asp und Glu werden ebenso, jedoch mit geringerer Hydrolyserate gespalten. Chymotrypsin wird auch in der Peptidsynthese eingesetzt.

Elastase Elastase (M 25 000 Da) ist ebenfalls eine Serinproteinase. Sie hydrolysiert Bindungen auf der C-terminalen Seite von Aminosäuren mit ungeladenen nicht-aromatischen Seitenketten (Ala, Val, Ile, Leu, Gly und Ser). Elastase wird hauptsächlich bei der Solubilisierung von Membranproteinen angewendet, daneben auch zum Verdau von Elastin, einem Gewebeprotein.

Endoproteinase ArgC Endoproteinase ArgC (M: 30 000 Da) ist eine Serinproteinase mit sehr hoher Spezifität. Sie spaltet Peptidbindungen C-terminal von Argininresten und ist gerade wegen ihrer hohen Selektivität und ihre Stabilität gegenüber Autoproteolyse neben den anderen Endoproteinasen eine der wichtigsten Proteasen in der Primärstrukturanlyse.

Endoproteinase AspN Diese Metalloprotease hydrolysiert die Peptidbindung N-terminal von Aspartat und Cysteinsäuren (M 27 000 Da).

Endoproteinase GluC Endoproteinase GluC, auch Protease V8 genannt, (M = 27 000 Da) ist eine Serinproteinase und katalysiert in Ammoniumbicarbonat (pH 7,8) oder Ammoniumacetat (pH 4) die Spaltung von Peptidbindungen C-terminal von Glutamat. In Phosphatpuffer (pH 7,8) kann die Spezifität auf Glu und Asp erweitert werden.

Endoproteinase LysC Diese Serinproteinase hydrolysiert sehr spezifisch Amid-, Ester- und Peptid-Bindungen C-terminal von Lysin. Das Enzym wurde zusätzlich durch Vernetzung stabilisiert, ist dadurch gegen Autoproteolyse geschützt und deshalb gerade für die Mikroanalytik besonders wichtig.

Papain Papain (M 23 000 Da) ist eine Cysteinprotease, die Peptidbindungen nach Arg, Lys, Glu, His, Gly und Tyr spaltet. Bei längerem Einwirken des Enzyms werden jedoch nahezu alle Peptidbindungen gespalten. Papain wird deshalb vor allem zur Totalhydrolyse verwendet. Zusätzlich besitzt Papain Esterase- und Transamidaseaktivität. Die Aktivität wird durch SH-blockierende Agenzien inhibiert. Papain spaltet durch limitierte Proteolyse auch natives Immunglobulin in biologisch aktive Fragmente. Ebenso wie Elastase wird Papain auch zum Solubilisieren integraler Membranproteine verwendet.

Tabelle 8.3 Enzyme in der Proteinstrukturanalytik

Enzym	EC-Nummer	Typus	Spezifität	pH-Optimum	Inhibitoren
Endopeptidasen					
Chymotrypsin	3.4.21.1	Serin	Tyr, Phe, Trp	7,5–8,5	Aprotinin, DFP, PMSF
Trypsin	3.4.21.4	Serin	Arg, Lys	8,0–9,0	TLCK, DFP, PMSF,
Endoproteinase GluC	3.4.21.19	Serin	Glu	8,0	DFP, α2-Makroglobulin, 3,4 Dichlorisocumarin
Endoproteinase LysC	3.4.21.50	Serin	Lys	7,5–8,5	DFP, TLCK, Aprotinin, Leupeptin
Endoproteinase ArgC	3.4.22.8	Cystein	Arg	8,0–8,5	Oxid. Reag. EDTA, Co^{2+}, Cu^{2+}, Citrat, Borat
Endoproteinase AspN		Metallo	Asp*, Cys.säure	6,0–8,0	EDTA, o-Phenanthrolin
Elastase	3.4.21.36	Serin	Ala, Val, Leu, Gly	8,9	DFP, α1-Antitrypsin, PMSF, Elastinal
Pepsin	3.4.23.1	Aspartat	Phe, Met, Leu, Trp	2,0–4,0	Pepstatin, 4-Bromphenacylbromid
Subtilisin	3.4.21.14	Serin	nahezu alle AS	7,0–11,0	DFP, PMSF, Indol, Phenol
Thermolysin	3.4.24.4	Zn-Metallo	hydrophobe AS	7,0–9,0	Chelatbildner (EDTA), Phosphoamidon
Elastase	3.4.21.36	Serin	ungeladene, nicht-aromatische AS	8,8	DFP, α1-Antitrypsin, PMSF
Papain	3.4.22.2	Cystein	Arg, Lys, Glu, His, Tyr	7,0–9,0	Iodessigsäure, Iodacetamid, TPCK, TLCK,
Pronase		Gemisch	alle AS	7,5	keine speziellen
Proteinase K	3.4.21.14	Serin	hydrophobe, aromatische AS	7,0	SH-Blocker (Iodacetamid)
Thrombin	3.4.21.5	Serin	Arg	7,5	DFP, TLCK, PMSF, Leupeptin, STI
Faktor X	3.4.21.6	Serin	Ile-Glu-Gly-Arg	8,3	DFP, PMSF, STI
Enterokinase	3.4.21.9	Serin	(Asp)$_4$-Lys	8,0	DFP, TLCK
Exopeptidasen					
C-terminal					
Carboxypeptidase P	3.4.16.1	Serin	PrO-Xaa-COOH	4,0–5,5	DFP, Iodessigsäure
Carboxypeptidase C	3.4.16.1	Serin	C-terminal Pep. unspez.	4,0–5,0	
Carboxypeptidase Y	3.4.16.1	Serin	C-terminal Pep. unspez.	5,5–6,5	DFP, PMSF, ZPCK, Aprotinin
Carboxypeptidase A	3.4.17.1	Zn-Metallo	C-terminal Pep. unspez.	7,0–8,0	Chelatbildner (Pyrophosphat, Oxalat)
Carboxypeptidase B	3.4.17.2	Zn-Metallo	basische AS, C-terminal	7,0–9,0	Chelatbildner, basische Aminosäuren
N-terminal					
Acylaminoacid-releasing enzyme	3.4.19.1	Serin	N-Acyl-AS	7,5–9,0	DFP
Pyroglutamat-Aminopeptidase	3.4.19.3	Cystein	Pyroglutamat	7,0–9,0	SH-Blocker (Iodacetamid)
Cathepsin C	3.4.14.1	Cystein	N-terminale Dipeptide	5,5	Iodacetat, Formaldehyd
Glucosidasen					
N-Glycosidase A und F	3.5.1.52		N-Acetyl-β-D-Glucosamin	4,5–7,0	
O-Glycosidase	3.2.1.97		D-Galactosyl-N-Acetyl-D-Galactosamin	6,0	
Phosphatasen					
Saure Phosphatase	3.1.3.2		ortho-Phosphomonoester	3,0–6,0	Fluorid, Molybdat, Orthophosphat
Alkalische Phosphatase	3.1.3.1		ortho-Phosphomonoester	7,0	

*spaltet N-terminal von Asp

DFP = Diisopropylfluorphosphat
PMSF = Phenylmethylsulfonylfluorid
4-NA = 4-Nitroanilid
TLCK = L-1-Chlor-3-(4-tosylamido)-7-amino-2-heptanonhydrochlorid
TPCK = L-1-Chlor-3-(4-tosylamido)-4-phenyl-2-butanon
ZPCK = Carbobenzoxy-L-phenylalanin-chlormethylketon

Pepsin Pepsin ist eine Aspartatprotease mit relativ breiter Spezifität. Sie spaltet bevorzugt Bindungen von Phe, Met, Leu oder Trp zu anderen hydrophoben Resten. Interessant ist vor allem das pH-Optimum, das bei 2,0 liegt. Pepsin ist somit eines der wenigen Enzyme, das in saurem pH-Bereich Peptidbindungen hydrolysiert. Pepsin spaltet ebenso wie Papain Immunglobuline in aktive Fragmente.

Pronase Pronase ist ein nichtspezifisches Enzymgemisch verschiedener Proteasetypen aus *Streptomyces griseus*. Als Substrat verwendet man das sehr breit wirksame Casein-Resorufin. Es gibt keinen Inhibitor, der die sehr breite Proteaseaktivität umfassend hemmt. Pronase wird vor allem zur Totalhydrolyse von Proteinen verwendet. Gemeinsam mit anderen Proteinasen wie Trypsin oder Collagenase dient es zur Gewebedissoziation.

Subtilisin Subtilisin ist eine Serinprotease, die durch ihre geringe Spezifität ebenfalls vor allem zur Totalhydrolyse dient. Ihr Vorteil dabei ist die Aktivität bis in den alkalischen pH-Bereich (pH 7–11).

Thermolysin Thermolysin (M 37 500 Da) ist eine Zinkprotease mit geringer Spezifität. Sie hydrolysiert vor allem Aminosäuren mit hydrophoben, großen Seitenketten wie Ile, Leu, Met, Phe, Trp und Val (außer wenn Pro *C*-terminal davon liegt). Vorteil des Enzyms ist die hohe Thermostabilität (4 bis 80 °C).

Trypsin Trypsin (M 23 500 Da) katalysiert die Spaltung von Peptidbindungen *C*-terminal von Arg und Lys ebenso wie deren Amide und Ester. Es ist die wohl am häufigsten verwendete Serinprotease in der Proteinanalytik, vor allem zur Erstellung von Peptide Maps, gerade in Verbindung mit der Massenspektrometrie. Durch die genau definierte Ladungsverteilung (Lys oder Arg am *C*-Terminus des Peptids) wird Trypsin auch beim Solubilisieren von Membranproteinen oder bei Topologiestudien eingesetzt.

Proteinase K Eine gerade in der Molekularbiologie häufig eingesetzte Endoprotease mit geringer Spezifität ist Proteinase K. Sie degradiert und inaktiviert Proteine während der Isolierung von RNA und DNA. Ihre Spaltspezifität liegt *C*-terminal von hydrophoben, aliphatischen und aromatischen Aminosäuren.

Proteinabbau mit Proteinase K
Abschnitt 21.2

Faktor Xa, Thrombin und Enterokinase Ein weiterer spezieller Einsatzbereich für Endoproteasen ist die Isolierung rekombinanter Proteine. Dabei werden hochspezifische Spaltstellen an entsprechende Positionen kloniert, die anschließend nach dem Aufreinigen des Fusionsproteins ein gezieltes Herausspalten des gewünschten Fragments erlauben.

Fusionsproteine
Abschnitt 38.2.2

Exoproteasen

Exoproteasen bauen Proteine von ihrem *C*- oder *N*-terminalen Ende her ab. Sie sind notwendig, um *N*-terminal blockierte, also für den Edman-Abbau nicht zugängliche Aminosäuren abzuspalten oder die blockierende Gruppe zu entfernen. Die häufigsten enzymatisch abbaubaren Reste sind Acetylgruppen (**Acylaminoacid releasing enzyme**) und Pyroglutamatreste (**Pyroglutamat-Aminopeptidase**). In den meisten Fällen arbeiten diese Exoproteasen jedoch weder an intakten noch an denaturierten Proteinen. Blockierte Proteine müssen meist zuvor enzymatisch zerlegt werden, bevor sie dann an den isolierten, *N*-terminalen Peptidfragmenten deblockiert werden können.

Carboxypeptidasen

Carboxypeptidasen verwendet man für den enzymatischen Abbau von Aminosäuren vom *C*-terminalen Ende. Dabei wird, anders als bei den chemischen Methoden, nicht Aminosäure für Aminosäure vollständig abgebaut, isoliert und identifiziert, sondern in einem Zeitverlauf durch Aminosäurenanalyse der Anstieg an freigesetzten Aminosäuren zu verschiedenen Zeitpunkten gemessen.

In der Regel kommt ein Gemisch aus Carboxypeptidase A, B und Y zur Anwendung, die alle unterschiedliche Spezifitäten zu den einzelnen Aminosäuren besitzen. Carboxypeptidase A setzt nur sehr langsam Gly, Asp, Glu, Cys und CysSO$_3$H vom *C*-Terminus frei und ist nicht in der Lage, Arg und Pro abzubauen. Carboxypeptidase B setzt vor allem Lys und Arg frei. Carboxypeptidase Y dagegen hat ein sehr breites Spaltspektrum. Außer Gly und Asp werden nahezu alle Aminosäuren gut abgebaut.

Aminosäurenanalyse Kapitel 12

Sequenzanalyse mit Carboxypeptidasen Abschnitt 13.2.3

Glycosidasen

Kohlenhydratseitenketten in Proteinen beeinträchtigen oft aus sterischen Gründen das Spalten des Proteingerüsts. Sie behindern auch die Identifizierung des Aminosäurederivates, an dem das Kohlenhydrat anknüpft, während des Edman-Abbaus.

Glycosidasen sind eine Gruppe von Enzymen, die nicht zu den Proteasen gehören, aber auch der Strukturanalyse unabdingbar sind. Speziell *N*-Glycosidasen sind in der Lage, die komplette Kohlenhydratseitenkette vom Aminosäurerest (Asn) abzuspalten. Die *N*-Glycosidasen A und F spalten die Kohlenhydratkette komplett ab, wobei Aspartat und Ammoniak entstehen. *O*-glycosidisch an Threonin gebundene Zucker werden durch *O*-Glycosidase vollständig abgebaut.

Kohlenhydratanalytik Kapitel 19

Phosphatasen

Die Aktivität vieler Proteine ist durch die Phosphorylierung von Serin-, Threonin- oder Tyrosinresten reguliert. Die enzymatische Abspaltung der Phosphatgruppe durch Phosphatasen führt zu einer Ladungsänderung und zu einer Änderung des Molekulargewichts. Die Ladungsänderung kann im Wanderungsverhalten während einer isoelektrischen Fokussierung sichtbar gemacht werden. Die Verringerung des Molekulargewichts kann massenspektrometrisch nachgewiesen werden.

Klassifizierung von Enzymen

Es gibt vier verschiedene Klassen von Enzymen, die sich im Spaltmechanismus unterscheiden und wiederum aus sechs Familien bestehen. Diese Familien zeichnen sich durch die Anordnung der Aminosäuren im aktiven Zentrum aus (Tabelle 8.4); sie werden nach dem Rest benannt, der am Katalysemechanismus beteiligt ist, z. B. **Serinproteasen**. Die Familie der Serinproteasen wird weiter unterteilt in Säuger- und Bakterienproteasen, die sich trotz gleichen aktiven Zentrums in ihrer dreidimensionalen Struktur unterscheiden. Gleiches gilt für die Metalloproteasen.

Die Gesellschaft zur Klassifizierung von Enzymen (*Enzyme Community*, EC) erarbeitete ein Klassifizierungsschema, das Enzymen eine vierstellige Nummer zuordnet, mit dem sie charakterisiert werden können. Die erste Nummer unterteilt die Enzyme in sechs Hauptgruppen, wobei in der Strukturaufklärung von Proteinen die Gruppe der Hydrolasen (EC 3.) am wichtigsten ist. Die zweite Nummer charakterisiert die Art der hydrolysierten Bindung, z. B. Peptidbindung (EC 3.4.). Die dritte Nummer steht für den katalytischen Mechanismus des aktiven Zentrums des Enzyms (EC 3.4.21 für Serinproteinasen oder EC 3.4.24 für Metalloproteasen). Die letzte Nummer steht für die Seriennummer eines Enzyms in seiner Unterklasse (EC 3.4.21.2. für Trypsin).

Tabelle 8.4 Klassifizierung proteolytischer Enzyme

Familie	typische Vertreter	aktives Zentrum
Serinprotease I	Chymotrypsin Trypsin Elastase pank. Kallikrein	Asp^{102}, Ser^{195}, His^{57}
Serinprotease II	Subtilisin	Asp^{32}, Ser^{221}, His^{64}
Cysteinprotease	Papain Cathepsin	Cys^{25}, His^{159}, Asp^{158}
Aspartatprotease	Pepsin Renin	Asp^{33}, Asp^{213}
Metalloprotease I	Carboxpeptidase A	Zn, Glu^{270}, Try^{248}
Metalloprotease II	Thermolysin	Zn, Glu^{143}, His^{231}

8.5.2. Proteolysebedingungen

Die wichtigsten Parameter bei der Spaltung mit Enzymen sind Puffer, pH, Temperatur, Spaltdauer und das Verhältnis von Enzym zu Substrat. Tabelle 8.5 enthält eine Auswahl von Proteolysebedingungen für verschiedene Enzyme. Die Pufferwahl wird in den meisten Fällen durch den benötigten pH-Bereich bestimmt, wobei natürlich leicht zu entfernende Puffer bevorzugt werden. Die meisten Enzyme sind auch in Gegenwart von Detergenzien noch aktiv. Organische Lösungsmittel wie Acetonitril und Isopropanol verbessern die Löslichkeit vieler Proteine, ohne die enzymatische Aktivität zu beeinträchtigen. Selbst die Gegenwart reduzierender Agenzien ist für viele Enzyme nicht schädlich.

Spaltzeiten zwischen 4 und 16 Stunden bei 37 °C reichen in den meisten Fällen für eine vollkommene Proteolyse der entsprechenden Peptidbindung. Für eine Spaltung in Lösung sollte, um eine möglichst hohe Substratkonzentration zu errei-

Tabelle 8.5 Proteolysebedingungen

Puffer:
0,1 M Ammoniumbicarbonat N-Methylmorpholin	für viele Enzyme im Bereich pH = 8 geeignet

Detergenzien:
SDS 0,1 %	für die meisten Enzyme (für Subtilisin und Endoprotease LysC: bis 1 %)
CHAPS, Octylglucosid, NP40 bis 2 %	

Organische Lösungsmittel:
Acetonitril 20 %	Endoprotease GluC, Pepsin, Trypsin (bis 40 %), Endoprotease LysC
Isopropanol 20 %	Endoprotease AspN, Subtilisin, Thermolysin, Papain, Elastase

Reduzierende Agenzien:
Mercaptoethanol 0,5 %	Endoprotease LysC und GluC
1 %	Endoprotease AspN

Spaltzeiten:
4 bis 16 h, 37 °C für vollständige Proteolyse meist ausreichend

Enzym/Substrat-Verhältnis:
Spaltung in Lösung: 1 : 20 bis 1 : 100
Spaltung in Gel oder Membran: 1 : 1 bis 1 : 10
(Achtung: bei hohen Enzymkonzentrationen kann Autoproteolyse eintreten!)

chen, das Volumen des Puffer so gering wie möglich gehalten werden. Bei hohen Enzymkonzentrationen sollten möglichst Enzyme verwendet werden, die keine autoproteolytische Fragmentierung aufweisen (z. B. Endoproteinase LysC, Endoproteinase GluC). Die Enzyme sollten erst unmittelbar vor Gebrauch gelöst werden.

Einige Enzyme benötigen zu ihrer Aktivität noch spezielle Ionen: So ist Trypsin nur in Gegenwart von Ca^{2+} (2 mM) aktiv. Pyroglutamat-Aminopeptidase benötigt Thiole zu ihrer Aktivierung.

Zur Proteolyse geblotteter, membrangebundener Proteine ist es notwendig, die Membranen vor Proteinzugabe mit einem *Quenching Reagenz* (z. B. Polyvinylpyrolidon – PVP40) abzusättigen, um eine unspezifische Bindung des Enzyms an die Membran zu vermeiden. Nach dem Absättigen müssen die Membranen intensiv gewaschen werden, da PVP40 störende Peaks bei nachfolgenden Chromatographien verursacht. Alternativ dazu kann hydrogeniertes Triton X-100 (RTX-100), das im UV nicht absorbiert und so keine störenden Peaks im Chromatogramm verursacht, dem Spaltpuffer zugegeben werden, was zum einen die Membran absättigt, aber auch hilft, Peptide von der Membran zu eluieren.

Die enzymatische Spaltung im Polyacrylamidgel erfordert ausgiebiges Waschen der Gelmatrix mit Spaltpuffer, abwechselnd mit Schrumpfen des Gels durch Acetonitril. Das geschrumpfte Gel saugt sich anschließend mit Spaltpuffer und Enzym voll. Die Elution der Spaltpeptide erfolgt mit organischen Lösungsmitteln und Säuren. Bei allen Spaltungen sollte eine Leerprobe (Membran oder Gel ohne Protein) mitbehandelt werden, um Verunreinigungen und Artefakte, aber auch Autolysefragmente identifizieren zu können.

8.6 Chemische Fragmentierung

Als Ergänzung zur enzymatischen Hydrolyse erlaubt die chemische Spaltung die Hydrolyse von Peptidbindungen, für die keine Enzyme zur Verfügung stehen. Von Vorteil ist auch, dass die meisten Reagenzien, die zur chemischen Spaltung verwendet werden, unempfindlich gegenüber Salzen oder Detergenzien sind. Sie kommen gerade dann zum Einsatz, wenn Enzyme ungeeignet sind.

Es ist zwar eine große Anzahl chemischer Spaltmethoden beschrieben, nur wenige davon wurden jedoch soweit vorangetrieben, dass sie in der Praxis eingesetzt werden können. Niedrige Spaltausbeuten, geringe Spezifität, unerwünschte Nebenreaktionen und eine hohe Variabilität in der Sensitivität der zu spaltenden Bindung machen viele dieser Reagenzien wenig reproduzierbar und so für die Strukturaufklärung uninteressant.

Spaltung am Methionin mit Bromcyan

Das am häufigsten verwendete Reagenz ist Bromcyan, da es eine ganze Reihe von Vorteilen hat: Es spaltet nahezu quantitativ und hochspezifisch die Bindung Met-Xaa, für die es sonst kein geeignetes Enzym gibt. Sehr schlechte Spaltausbeuten werden allerdings bei Met-Thr- und Met-Ser-Bindungen erzielt. Da Methionin relativ selten in Proteinen vorkommt, werden wenige große Fragmente gebildet. Die Reaktion wird üblicherweise in 70%iger Ameisensäure durchgeführt, einem für viele Proteine guten Lösungsmittel. Als Nebenreaktion kommt es zur partiellen sauren Hydrolyse von Asp-Pro-Bindungen. Das Reagenz ist flüchtig und somit ideal für die weitere Aufarbeitung des Proteins.

Die Selektivität von Bromcyan beruht auf dem elektrophilen Angriff von Bromcyan am Schwefel der Methioninseitenkette (Abbildung 8.6) unter Bildung eines Sulfonium-Ions. Die Freisetzung von Methylthiocyanat führt zur Bildung eines intermediären Iminorings unter Einbeziehung der Carbonylgruppe des Methio-

8.6 Reaktionsschema der Bromcyanspaltung. Elektrophiler Angriff (A) von Bromcyan auf den Schwefel der Methioninseitenkette unter Bildung eines Sulfonium-Ions (B). Freisetzung von Methylthiocyanat unter Bildung eines intermediären Iminorings (C). Hydrolyse des Iminolactonrings und Spaltung der Peptidbindung (D). Freisetzung einer neuen Aminogruppe (E); Homoserin entsteht als neue *C*-terminale Aminosäure. Homoserin steht im Gleichgewicht mit seiner Lactonform.

nins. Zugabe von Wasser führt schließlich zur Hydrolyse des Iminolactonrings und zur Spaltung der Peptidbindung unter Freisetzung einer neuen Aminogruppe. Als *C*-terminale Aminosäure der gespaltenen Bindung entsteht Homoserin, das in Homoserin-Lacton überführbar ist und mit diesem im Gleichgewicht steht.

Die Spaltung mit Bromcyan erfolgt gewöhnlich mit einem 100fach molaren Überschuss von Bromcyan über Methionin in 70%iger Ameisensäure im Dunkeln und unter Ausschluss von Sauerstoff, über einen Zeitraum von 2 bis 16 Stunden. Höherer Überschuss an Bromcyan oder längere Spaltzeiten führen zu weiteren Nebenreaktionen, die vor allem Tryptophan beeinflussen.

Die Spaltung mit Bromcyan kann auch mit Proteinen durchgeführt werden, die auf PVDF-Membranen geblottet sind oder die sich in einer Polyacrylamid-Gelmatrix befinden.

Partielle saure Hydrolyse

Die Spaltung an Asparagin-Prolin-Bindungen kann selektiv mit 70%iger Ameisensäure oder Trifluoressigsäure erreicht werden. Da diese Spaltung aber nur unvollständig abläuft, entstehen bei Vorliegen mehrerer dieser Bindungen sehr heterogene Fragmentierungsmuster, so dass diese Spaltung in der Proteinchemie kaum Anwendung findet.

Weitere partielle saure Hydrolysen finden unter extremen Bedingungen an Xaa-Ser und Xaa-Thr statt (11 molar HCl, 4 Tage), kommen aber gezielt kaum zur Anwendung.

Spaltung am Tryptophan mit BNPS-Skatol, Iodosobenzoesäure, *N*-Bromsuccinimid und *N*-Chlorsuccinimid

Eine weitere seltene Aminosäure, und damit geeignet zur Spaltung eines Proteins in große Fragmente, ist Tryptophan. Eine Reihe unterschiedlicher Reagenzien sind für die Spaltung an Tryptophan beschrieben. Davon sind jedoch nur *N*-Bromsuccinimid (NBS), *N*-Chlorsuccinimid (NCS), 2-(2-Nitrophenylsulfenyl)-3-methyl-3-Bromindolenin (BNPS-Skatol) und *O*-Iodosobenzoesäure ausreichend selektiv und erzielen Spaltausbeuten bis zu 80%, die ihren Einsatz noch rechtfertigen. Die Reagenzien enthalten ein positiv polarisiertes und daher elektrophiles

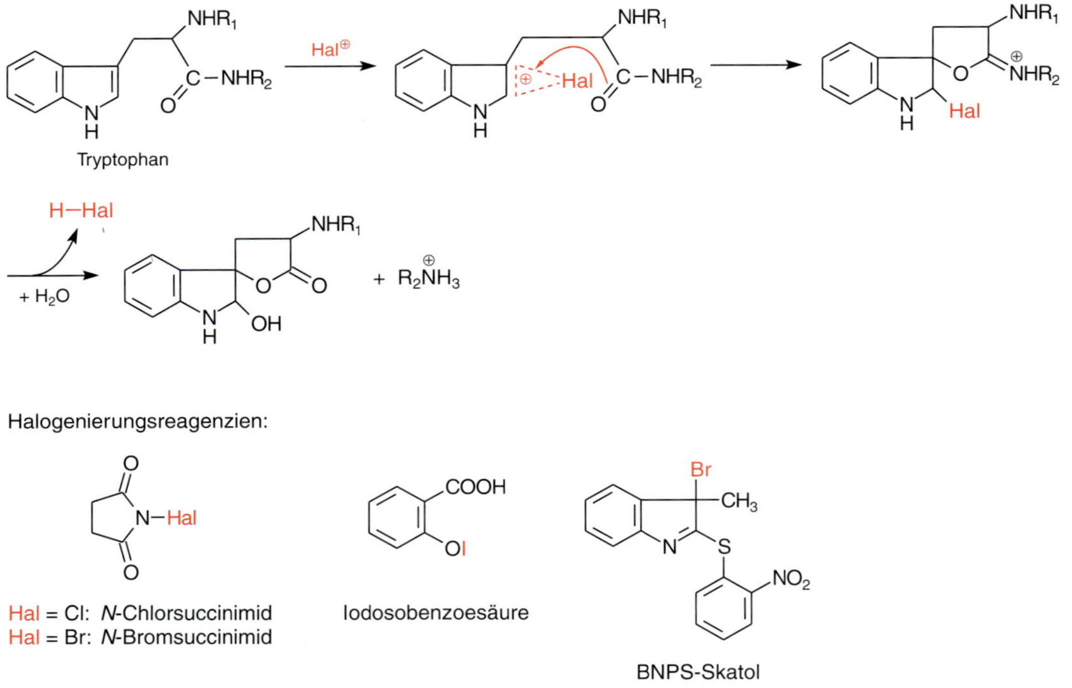

8.7 Spaltung am Tryptophan durch oxidative Halogenierung des Indolrings unter Bildung eines Oxyindolrings.

Halogen. Nebenreaktionen und zusätzliche Spaltungen an Histidin und Tyrosin sind häufig nicht zu vermeiden. Diese Spaltungen am Tryptophan (Abb. 8.7) beruhen auf einer oxidativen Halogenierung des Indols unter Bildung eines Oxyindolrings.

Spaltung von Asn-Gly-Bindungen mit Hydroxylamin

In der Asn-Gly-Sequenz einer Proteinkette kann sich spontan eine Isopeptidbindung ausbilden. Ausgangspunkt dieser Modifizierung (Abb. 8.8) ist die Bildung eines Succinimidrings der Carbonylgruppe von Asparagin mit der benachbarten Aminogruppe des Glycins. Desamidierung von Asparagin (zu einer $β$-Carboxygruppe). Isomerisierung und Racemisierung der Asparaginsäure sind häufige Reaktionen der Proteinchemie. Der Succinimidring führt nach Ringöffnung zu Aspartat oder Isoaspartat.

Isopeptidbindungen führen zu einem Abbruch des Edman-Abbaus. Die Succinimidbildung kann jedoch auch zu einer Spaltung der Asn-Gly-Bindung ausgenutzt werden. Das Succinimid kann mit Hydroxylamin durch einen nucleophilen Angriff in $α$- und $β$-Aspartylhydroxamat und einen neuen N-terminalen Glycinrest gespalten werden.

8.8 Hydroxylaminspaltung von Asn-Gly-Bindungen. Die Carbonylgruppe von Asparagin bildet mit der Aminogruppe der benachbarten Peptidbindung ein Succinimid-Intermediat. Durch nucleophilen Angriff von Hydroxylamin wird die Asn-Gly-Bindung in α- und β-Aspartylhydroxamat und einen neuen, N-terminalen Glycinrest gespalten.

8.7 Ausblick

Das Anwendungsgebiet für die Fragmentierung von Proteinen im Rahmen der Strukturaufklärung hat sich in den letzten Jahren grundlegend verändert. So wird die Primärstruktur heute nur noch von sehr kleinen Proteinen vollständig proteinchemisch ermittelt. Es ist also nicht mehr notwendig, Proteine mit vielen unterschiedlichen Enzymen zu spalten, um Überlappungsfragmente für alle Segmentbereiche des Proteins zu erhalten. Routinemäßig verwendet man heute ein gut und spezifisch spaltendes Enzym – meistens Trypsin oder Endoproteinase LysC –, um Proteine zu spalten und die Spaltpeptide zu analysieren. Die Information über die Reihenfolge der Peptide innerhalb eines Proteins wird heute fast immer aus der DNA-Sequenz ermittelt. In der modernen Proteinanalytik werden enzymatische Spaltungen hauptsächlich eingesetzt, um Proteine zu identifizieren und posttranslationale Modifikationen zu charakterisieren, etwa in der Proteomanalyse. Dabei zeichnet sich ein deutlicher Trend ab zur Automatisierung der Spaltungsreaktionen und der nachfolgenden Aufarbeitungsschritte.

Proteomanalyse
Kapitel 29

Weiterführende Literatur

Allen, G. Sequencing of Proteins and Peptides. Elsevier, Amsterdam 1989.

Beynon, R.J., Bond, J.S. Proteolytic Enzymes – A Practical Approach. IRL Press, Oxford, 1989.

Kellner, R. Chemical and Enzymatic Fragmentation of Proteins. In: Microcharacterisation of proteins, (Kellner R., Lottspeich F., Meyer H. Hrsg.) VCH, Weinheim, 1994. 2. Auflage in Vorbereitung.

Patterson, S.D. From Electrophoretically Separated Proteins to Identification Strategies for Sequence and Mass Analysis. Anal. Biochem. 221 (1994) 1–15.

9 Chromatographische Trennmethoden

Der Begriff Chromatographie wurde 1903 von dem russischen Botaniker Michael Tswett geprägt. Er trug Petroletherextrakte von Pflanzen auf einen mit Calciumcarbonat gefüllten Glaszylinder auf. Durch kontinuierliche Zugabe von frischem Lösungsmittel begann die anfänglich schmale gefärbte Zone durch die Säule zu wandern. Dabei bewegten sich grüne und gelbe Pflanzenpigmente unterschiedlich schnell und wurden in einzelne Banden aufgetrennt. Für praktische Anwendungen bestand zuerst die wesentliche Schwierigkeit darin, geeignete Trägermaterialien zu finden. Mit Hilfe von Polysacchariden wie Cellulose, Dextran und Agarose gelangen bald erfolgreiche Trennungen mit der Gelfiltration und der Ionenaustauschchromatographie. Allerdings benötigte eine chromatographische Trennung noch viele Stunden, da die geringe physikalische Stabilität der Trägermaterialien keine höheren Flussraten erlaubte. Die ersten Chromatogramme für eine Aminosäurenanalyse brauchten beispielsweise bis zu 48 h. Neben den experimentellen Aspekten kam jedoch auch der Ausarbeitung des theoretischen Verständnisses der chromatographischen Vorgänge große Bedeutung zu. Hier sind Archer Martin und Richard Synge zu nennen, die 1952 für ihre grundlegenden Arbeiten zur Verteilungschromatographie den Nobelpreis für Chemie erhielten.

9.1 Prinzip der Chromatographie

Die Chromatographie kann als Trennmethode definiert werden, bei der eine gelöste Substanzmischung mit Hilfe eines Gas- oder Flüssigkeitsstromes über eine stationäre Phase geleitet und dabei in die einzelnen Bestandteile der Mischung aufgetrennt wird. Gemäß der Eigenschaft der mobilen Phase unterscheidet man die Gaschromatographie (GC) und die Flüssigkeitschromatographie (LC).

Die **Gaschromatographie** ist eine sehr empfindliche Methode, mit der sich Gase und flüchtige Substanzen bestimmen lassen. Das Prinzip beruht darauf, dass ein inertes Trägergas durch eine thermostatisierte Säule strömt und die zu analysierenden Substanzen im Gasstrom detektiert werden. Als Trägergas wird typischerweise Helium oder Stickstoff verwendet. Die Säulen sind entweder mit feinkörnigem Trägermaterial gefüllt, z. B. auf der Basis von Aluminium- oder Siliciumoxid, oder sie sind innen z. B. mit Wachsen oder Kunststoffen beschichtet. Die Detektion erfolgt unter anderem durch die Messung der Flammenionisation oder der Wärmeleitfähigkeit.

Peptide oder Proteine lassen sich nicht unzersetzt verdampfen und können deshalb nicht mit der GC bestimmt werden. Erst eine chemische Modifizierung erhöht die Flüchtigkeit von Aminosäuren und kleinen Peptiden so weit, dass sie gaschromatographisch nachgewiesen werden können. In der Bioanalytik spielt die Gaschromatographie deshalb keine große Rolle. Sie wird unter anderen in der Lipidanalytik und in der Kohlenhydratanalytik eingesetzt.

Kohlenhydratanalytik
Kapitel 19

Lipidanalytik
Kapitel 20

Die **Flüssigkeitschromatographie** trennt gelöste Substanzen. Abhängig vom verwendeten Trägermaterial unterscheidet man Säulen-, Papier- und Dünnschichtchromatographie. Wegen der vielseitigen Einsatzmöglichkeiten, der Automatisier-

> Dünnschichtchromatographie
> Abschnitt 20.3.1

barkeit und der höheren Nachweisempfindlichkeit setzte sich die Säulenchromatographie in den vergangenen Jahren durch – sie ist heute am weitesten verbreitet. Papier- und Dünnschichtmethoden wurden bereits im 19. Jahrhundert entwickelt und spielten sehr wohl eine wichtige Rolle. In der modernen Peptid- und Proteinanalytik kommt ihnen jedoch keine größere Bedeutung zu und deshalb wird im Folgenden ausschließlich die Säulen-Flüssigkeitschromatographie betrachtet.

9.1.1 Grundbegriffe

Nach dieser Einschränkung kann ein chromatographisches System mit seinen Bestandteilen näher beschrieben werden: Die Substanzmischung, der **Analyt**, wird in Abhängigkeit von der Löslichkeit der Probe und dem verwendeten Laufmittel entweder in einem schwach konzentrierten Puffer oder in einer Mischung von Wasser und organischem Lösungsmittel aufgenommen. Das Laufmittel, die **mobile Phase**, vermittelt die Wechselwirkung des Analyten mit der spezifischen Oberfläche einer **stationären Phase**, die in Form des Füllmaterials einer chromatographischen Säule vorliegt. Diese Wechselwirkung bewirkt einen verzögerten Transport der einzelnen Komponenten und das **Eluat** benötigt eine charakteristische Zeit oder ein charakteristisches Volumen, die **Retentionszeit** oder das **Retentionsvolumen**, um die Trennsäule zu verlassen. Bleibt während einer Trennung die Lösungsmittelzusammensetzung der mobilen Phase unverändert, spricht man von einer **isokratischen Trennung**. Wird im Verlauf der Elution das Lösungsmittelgemisch verändert, handelt es sich um eine **Gradiententrennung**. Solche Veränderungen können schrittweise (Stufengradient) oder durch kontinuierliches Mischen (linearer Gradient) von zwei oder drei verschiedenen Lösungsmitteln A, B und C (binärer oder ternärer Gradient) durchgeführt werden. Die verschiedenen Lösungsmittel mit einer Anfangs- (Lösungsmittel A) und Endzusammensetzung (Lösungsmittel B, C) unterscheiden sich beispielsweise in dem pH-Wert, dem Salzgehalt oder dem Anteil an organischem Lösungsmittel. Die Elution erfolgt dann mittels eines pH-, eines Salz- oder eines Lösungsmittelgradienten.

9.1.2 Instrumentierung

In einem chromatographischen System kommt der **instrumentellen Ausrüstung** eine wesentliche Bedeutung zu. Die moderne Instrumentierung gibt vielerlei Möglichkeiten, ein Trennsystem aus verschiedenen Komponenten zusammenzustellen oder kompakte, kommerziell erhältliche Chromatographiestationen einzusetzen. Ein einfaches Trennsystem besteht aus einer Trennsäule, einer Lösungsmittelpumpe, der Probenaufgabe und der Detektion. Die Trennsäule kann von der mobilen Phase einerseits bei atmosphärischem Druck durchströmt werden (offenes System) oder unter erhöhtem Druck, in sogenannten Mittel- oder Hochdrucksystemen. Die Entwicklung der Hochleistungsflüssigkeitschromatographie (*high performance liquid chromatography,* HPLC) in den 70er Jahren brachte wichtige Fortschritte bezüglich der Schnelligkeit und des Auflösungsvermögens. Sie ist mittlerweile die wichtigste chromatographische Methode (s. u.). Als weitere Komponenten für ein chromatographisches System können je nach Bedarf noch ein automatischer Probengeber (Autosampler) oder ein Fraktionssammler hinzugefügt werden. Die einzelnen Systemkomponenten können direkt (manuelle Steuerung) oder von einem Computer kontrolliert werden. Ebenso können die Chromatogramme mit einem einfachen Schreiber aufgezeichnet werden oder die Daten werden von einem Computer gespeichert und ausgewertet. Insgesamt ist ein chromatographisches System in seiner Konzeption auf bestimmte Problemstellungen ausgelegt, z. B. auf großen Probendurchsatz, präparative Reinigung oder hochempfindliche Detektion, und die einzelnen Bausteine werden dementsprechend zusammengestellt.

9.1.3 Stationäre Phasen

Die gepackte Trennsäule ist das Kernstück eines chromatographischen Systems. Sie besteht aus einem Stahl- oder Glasrohr, das mit dem **Füllmaterial**, der stationären Phase, gepackt wird. Füllmaterialien sind entweder poröse oder nichtporöse Partikel von möglichst einheitlicher Größe. Bei porösen Partikeln können Probenmoleküle, die kleiner sind als die Partikelporen, in das innere Volumen eindringen (Permeation). Dadurch steht sowohl die äußere als auch die innere Oberfläche des Füllmaterials für die Wechselwirkung mit den Analyten zur Verfügung. Nicht-poröse Partikel haben demgegenüber den Vorteil, dass sie mit kleinerem Durchmesser hergestellt werden können, wodurch die Auflösung verbessert wird. Die Partikelgröße (ca. 3–100 μm) und die Porenweite (10–100 nm) sind charakteristische Größen für stationäre Phasen.

Das Füllmaterial besteht aus einem festen Trägermaterial mit kovalent gebundenen, funktionellen Gruppen, welche für die Trennmethode spezifisch sind. Drei unterschiedliche **Trägermaterialien** werden verwendet:

1. Biopolymere, wie Cellulose, Dextran oder Agarose.
2. Synthetische Polymere wie Polyacrylamid, Methacrylate oder Polyvinylbenzol/Polystyrol.
3. Anorganische Polymere wie Kieselsäure, Hydroxyapatit oder poröse Glaskügelchen.

Die Trägermaterialien müssen einerseits für die chromatographische Anwendung tauglich sein, sollen aber den Trenneffekt nicht beeinflussen. Deshalb sind verschiedene Eigenschaften notwendig: Die physikalische Stabilität ist wichtig für den Einsatz bei erhöhten Druck- und Flussraten, denn die Form und Festigkeit der Partikel muss gewahrt sein. Dabei soll eine große Oberfläche zur Verfügung stehen, die eine ausreichende Permeabilität für die chromatographische Wechselwirkung zulässt, aber nicht durch Eigenadsorption stört. Die chemische Stabilität ist notwendig, um die Verwendung unterschiedlicher Lösungsmittelsysteme und Substanzklassen zu ermöglichen und auch, um den Träger vor mikrobiellen und enzymatischen Angriffen zu schützen. Erwähnt werden sollte auch die Regenerierbarkeit der durchweg hochwertigen und teuren Trägermaterialien, die eventuell den Einsatz erhöhter Temperatur (Sterilisation) oder das Waschen mit 1 M Natronlauge notwendig macht.

Mit der Einführung von **funktionellen Gruppen** an dem Trägermaterial wird der chromatographische Trennmodus festgelegt. Die Funktionalisierung der Ausgangsmaterialien geschieht über die chemische Umsetzung freier Hydroxylgruppen auf der Oberfläche. Durch die Anheftung von Kohlenwasserstoffketten können hydrophobe Eigenschaften eingebracht werden; eine solche stationäre Phase wird für die hydrophobe Interaktions- oder die Reversed-Phase-Chromatographie eingesetzt. Entsprechend bilden geladene Seitengruppen (z. B. Carboxy- oder Aminogruppen) die Grundlage für Ionenaustauscher. Es besteht ein breites Angebot an kommerziell erhältlichen, gebrauchsfertigen Trennsäulen.

9.1.4 Detektion der chromatographischen Trennung

Wesentlich ist die Beurteilung der chromatographischen Trennung mit Hilfe einer möglichst **spezifischen Detektion**, um die zu untersuchende Substanz qualitativ und/oder quantitativ nachzuweisen. Ein gezielter Nachweis besteht in der Messung einer biologischen Aktivität, zum Beispiel mit Assays für Enzym-, Rezeptor- oder Hormonfunktionen. Bei der immunologischen Detektion müssen bereits Antikörper vorhanden sein. Dazu muss das Zielprotein zuvor schon einmal isoliert worden sein oder es sind Sequenzinformationen bekannt, aufgrund derer Antipeptid-Antikörper hergestellt werden können. Daneben gibt es **unspezifische Detektionsmethoden**, die den gesamten Proteingehalt einer Probe erfassen. Gebräuchlich ist die Detektion der UV-Absorption entweder der Peptidbindung bei 206–220 nm

Proteinbestimmungen
Kapitel 3

Aminosäurenanalyse
Kapitel 12

oder der aromatischen Seitenketten von Phe, Tyr oder Trp bei 254 bzw. 280 nm. Außerdem werden Farbreaktionen mit Coomassie Blau (Bradford-Test), Folin C (Lowry) oder Bicinchoninsäure (BCA) mit anschließendem photometrischem Nachweis angewendet. Die Aminosäurenanalyse gibt die genaueste Quantifizierung für Peptide und Proteine. Sie ist jedoch apparativ und zeitlich sehr aufwendig und deshalb nicht weit verbreitet.

Diese unspezifischen Bestimmungsmethoden sind jedoch anfällig für störende Einflüsse von nicht-peptidischen, UV-absorbierenden oder anderweitig interferierenden Substanzen. Dadurch kann es leicht zur Über- oder Unterschätzung des Proteingehalts kommen. Bei der Auswahl der Detektionsmethode sind die Genauigkeit der Messung, die Nachweisempfindlichkeit, die Reproduzierbarkeit und eventuell der Probenverbrauch kritisch in Betracht zu ziehen.

9.2 Chromatographische Theorie

Eine chromatographische Trennung beginnt mit dem Auftragen der Probe. Die Komponenten wandern dann als Banden in Abhängigkeit von der Elutionsmethode mit unterschiedlicher Geschwindigkeit durch die Säule und werden beim Austritt detektiert. Dieser Vorgang wird im Chromatogramm dokumentiert, in dem die eluierten Komponenten als Peak gegen die Zeit oder das Eluentenvolumen aufgezeichnet werden. Die Zeit bzw. das Volumen für den unmittelbaren Weg von der Injektion bis zum Säulenausgang wird als **Totzeit** t_0 bzw. **Ausschlussvolumen** V_0 bezeichnet. Bei der Wechselwirkung einer Probenkomponente mit der stationären Phase wird die Elution der Komponente verzögert; dies wird durch die **Retentionszeit** t_R bzw. das **Retentionsvolumen** V_R beschrieben. Außerdem wird ein Peak durch seine Peakbreite w, die Halbwertsbreite $w_{1/2}$, die Peakhöhe h und die Peakfläche A charakterisiert (Abb. 9.1). Optimierte Bedingungen streben eine schlanke, symmetrische Peakform an. Die sogenannte Dispersion führt jedoch zu einer Bandenverbreiterung, da die Probenmoleküle während des Trennprozesses mit der mobilen und der stationären Phase interagieren. Ein aufgezeichneter Peak liefert durch seine Form Informationen über die Qualität der Trennung und der Säule: Peakformen mit Abweichungen auf der ansteigenden (*fronting*) oder der abfallenden Seite (*tailing*) weisen auf Peakinhomogenität oder auf apparative Schwierigkeiten hin; homogene Peaks sind möglichst gleichmäßig und schmal.

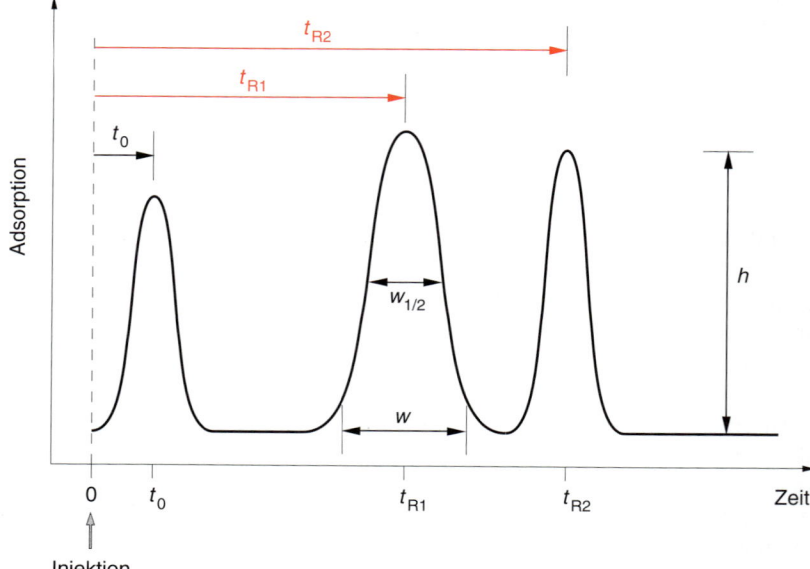

9.1 Schematische Darstellung eines Chromatogramms.
Abkürzungen: t_0 = Totzeit; entspricht der benötigten Zeit von der Injektion bis zur Detektion für eine nicht retardierte Substanz. t_R = Retentionszeit; die Zeit für eine retardierte Substanz. h = Peakhöhe; Abstand von der Basislinie zum Peakmaximum. w = Peakbreite; gemessen an der Basislinie. $w\ 1/2$ = Halbwertsbreite; gemessen auf halber Peakhöhe.

Um einen chromatographischen Vorgang allgemein und unabhängig von der Dimension der Säule oder der Flussrate zu beschreiben, wird der **Kapazitätsfaktor** k' benutzt:

$$k' = \frac{t_R}{t_0} - 1$$
$$= \frac{V_R}{V_0} - 1$$

Der Kapazitätsfaktor kann Werte zwischen $k' = 0$ (keine Adsorption) und $k' = \infty$ (irreversible Adsorption) annehmen.

Um zwei Komponenten mit den Kapazitätsfaktoren k'_1 und k'_2 voneinander zu trennen, müssen sie eine unterschiedliche Retentionszeit aufweisen. Die **Selektivität** $\alpha = k'_2/k'_1$ vergleicht das Retentionsverhalten zweier Komponenten. Im Fall $\alpha = 1$ ist keine Trennung möglich. Für die Selektivität gilt:

$$\alpha = \frac{k'_2}{k'_1}$$

Um die Qualität einer Trennung zu betrachten genügt es jedoch nicht, nur das Verhältnis der beiden Retentionszeiten – die Peakspitzen – ins Verhältnis zu setzen. Außer dem Peakabstand beider Komponenten ist auch die Peakform – die Peakbreite – zu betrachten. Das Verhältnis der Peakabstände und der Peakbreiten wird dann durch die chromatographische **Auflösung** R ausgedrückt. Sie entspricht einer möglichst guten Trennung bei geringer Dispersion:

$$R = 2 \frac{(t_{R2} - t_{R1})}{(w_1 + w_2)}$$

Zwei Peaks sind entweder unmittelbar benachbart ($R = 1$) oder klar voneinander getrennt ($R > 1$) oder vermischt ($R < 1$). Die Auflösung wird außer von den Kapazitätsfaktoren k' und der Selektivität α auch von der sogenannten **Bodenzahl** beeinflusst. Die Bodenzahl n steht für die Trennqualität der chromatographischen Säule (siehe unten). Praktisch gesehen wird man eine bessere Auflösung für eine Trennung durch die Beeinflussung der Selektivität (z. B. Änderung des Laufmittels oder der stationären Phase) oder durch die Verwendung einer längeren Säule ($R \approx \sqrt{n}$) erzielen:

$$R = \frac{1}{4} \cdot \frac{(\alpha - 1)}{\alpha} \cdot \frac{k}{k+1} \cdot \sqrt{n}$$

Die mathematische Beschreibung eines Peaks erfolgt mit der Formel für eine Gaußsche Wahrscheinlichkeitskurve, welche die statistische Verteilung der Probenmoleküle innerhalb einer Bande als Funktion der Bodenzahl n beschreibt:

$$n = 16 \left(\frac{t_R}{w}\right)^2$$

Die Bodenzahl geht auf das klassische Konzept der „theoretischen Böden" als der Anzahl an Destillationsböden bei einer fraktionierten Destillation zurück. Je höher die Bodenzahl bei einer Säulenlänge L ist, desto besser ist die Qualität einer Säule und die Peakbreite w wird klein. Die Bodenzahl ist eine charakteristische Größe einer Trennsäule und hängt vor allem von der Qualität der Säulenpackung und der Teilchengröße des Trennmaterials ab. Die theoretische **Bodenhöhe** h ist das Verhältnis der Länge der Säule L zur Bodenzahl n:

$$h = \frac{L}{n}$$

Die theoretische Bodenhöhe sollte deshalb möglichst klein sein. Die optimale Bodenhöhe wurde in der Theorie von J. J. van Deemter als Summe von drei Faktoren A, B und C in Abhängigkeit von der Flussrate u berechnet. Dies wird in der **van-Deemter-Gleichung** ausgedrückt. Graphisch dargestellt zeigt die Resultierende in ihrem Kurvenminimum die optimale Flussrate an (Abb. 9.2).

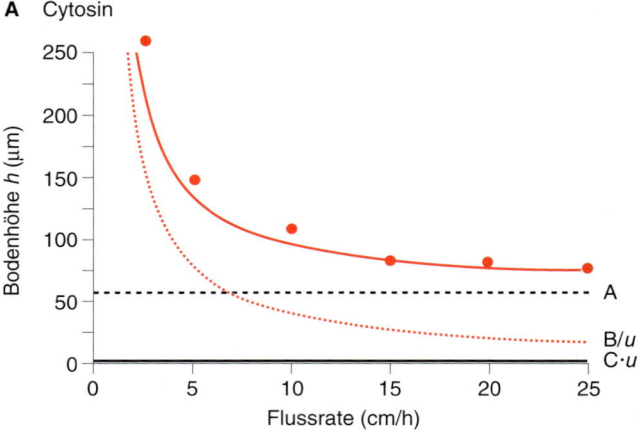

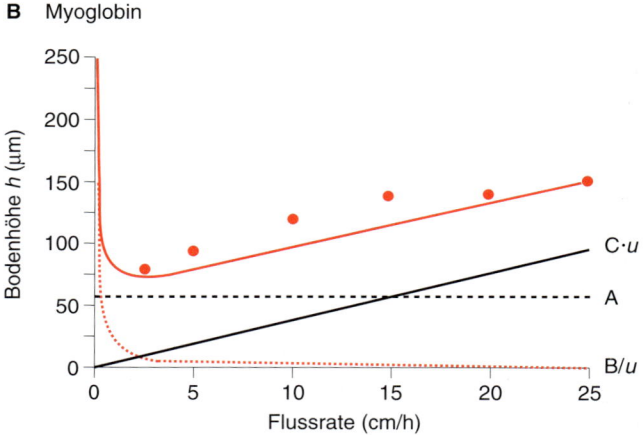

9.2 Van-Deemter-Kurven für A. Cytosin (M = 102) und B. Myoglobin (M = 17 000) (Nach: Janson J.C., Ryden L. Protein Purification. VCH Weinheim, 1989).

van-Deemter-Gleichung $\quad h = A + \dfrac{B}{u} + C \cdot u$

In dieser vereinfachten Schreibweise der van-Deemter-Gleichung beschreibt der Faktor A den Einfluss der Säulenpackung auf die Peakverbreiterung. Er ist für eine vorgegebene Säule konstant (Eddy-Diffusion). Der Faktor B/u steht für die Diffusion der Probenmoleküle im Verlauf der Trennstrecke (longitudinale Diffusion). Der Faktor C · u beschreibt Wechselwirkungen der Probenmoleküle mit der stationären Phase (Massentransfer-Effekte).

Die Interaktion von kleinen Komponenten mit einer stationären Phase kann in guter Näherung mathematisch formuliert werden. Die chromatographische Theorie lässt sich auf Proteine allerdings nur eingeschränkt anwenden, da sie sich ganz anders als kleine Moleküle verhalten. Proteine variieren stark in ihrer Form und ihren Oberflächeneigenschaften. Die chromatographischen Effekte können deshalb nur unzulänglich mit Hilfe von Näherungen und Mittelwerten beschrieben werden. Abbildung 9.2 dokumentiert den Unterschied für kleine und große Moleküle am Beispiel der beiden van-Deemter-Kurven von A) Cytosin (M = 102) und B) Myoglobin (M = 17 000). Die Bodenhöhe wurde nach den Gelfiltrationsexperimenten für unterschiedliche Flussraten kalkuliert. Die Kurven lassen erkennen, dass:

- kleine Moleküle stark von ihrem Diffusionsverhalten bestimmt werden; der Einfluss des B-Terms (longitudinale Diffusion) wird für große Moleküle vernachlässigbar, besonders bei hohen Flussraten;
- die Wechselwirkung mit der stationären Phase (C-Term) bei großen Molekülen zur Peakverbreiterung führt;
- eine optimale Bodenhöhe für große Moleküle bei wesentlich geringeren Flussraten erreicht wird.

Die chromatographische Theorie betrachtet die Trennsäule als komplexes System, bei dem unterschiedliche Faktoren zur Peakverbreiterung beitragen. Durch gezielte Variation dieser Parameter, z. B. Verkleinerung der Partikeldurchmesser oder Verringerung der Flussrate, versucht man, möglichst schlanke Peaks bei optimierter Auflösung zu erhalten.

9.3 Reinigungsstrategie für Peptide und Proteine

Die Reinigung und Isolierung eines Peptids oder Proteins ist eine wesentliche Voraussetzung für die anschließende Untersuchung von Struktur und Funktion. Proteine aus biologischen Matrices liegen gemeinsam mit Nucleinsäuren, Lipiden, Kohlenhydraten usw. vor und es gilt, sowohl diese unterschiedlichen Substanzgruppen als auch ähnliche Proteine voneinander zu trennen. Aufgrund dieser komplexen Mischung benötigt die Isolierung eines Proteins im Regelfall mehrere Schritte. Die Möglichkeiten, einzelne Reinigungsschritte zu kombinieren, sind ähnlich vielfältig wie die Zusammensetzung der Ausgangsmischungen oder die Zielsetzungen für das Produkt.

> Eine **Reinigungsstrategie** wird sich darum in einem ersten Schritt darauf konzentrieren, Matrixkomponenten abzutrennen und eine Vorreinigung zu erzielen. Als wichtigste Methoden sind hier Zentrifugation, Ultrafiltration, Mikrofiltration, Präzipitation und Flüssig-Flüssig-Extraktion zu nennen. Die Fraktionierung oder Hauptreinigung erfolgt chromatographisch. Am Ende steht eine Feinreinigung, bei der die Methodenauswahl stark von der zu handhabenden Proteinmenge abhängt und die zumeist mittels Chromatographie oder Polyacrylamid-Gelelektrophorese durchgeführt wird.

Reinigungsstrategie
Abschnitt 2.2

PAGE
Abschnitt 10.3.9

Einen Reinigungsschritt kann man von zwei Standpunkten aus betrachten: einerseits als Abtrennen von ungewünschten Bestandteilen oder als systematische Anreicherung der Zielkomponente. Die Reihenfolge der angewendeten chromatographischen Schritte sollte dabei beliebig sein und das Ergebnis – im Sinne von Reinheit und Ausbeute – sollte unabhängig vom Reinigungsprotokoll sein. Allerdings trifft dies nur in der Theorie zu, wenn jede Trennmethode unter optimalen Bedingungen angewendet werden kann. Die Praxis aber lebt von Kompromissen: zum Beispiel können Detergenzien, die zum Lösen der Probe notwendig sind, oder ein großes Probenauftragsvolumen das chromatographische Verhalten beeinträchtigen. Es sind solche experimentellen Kriterien, welche die Auswahl einer Trennmethode bestimmen – das zu handhabende Probenvolumen, die Konzentration oder die Löslichkeit können eine Trennmethode favorisieren oder auch ausschließen. Außerdem muss man überprüfen, ob sich das Endprodukt des Reinigungsschritts für nachfolgende Experimente eignet.

Es gibt kein allgemein gültiges Reinigungsschema für Proteine. Die Methoden müssen flexibel kombiniert werden, um mit den vorgegebenen Parametern und der sich anschließenden Zielsetzung einen erfolgreichen Reinigungsweg zu ergeben. In Tabelle 9.1 sind die wichtigsten chromatographischen Trennmethoden aufgelistet und den molekularen Eigenschaften der Analyten gegenübergestellt.

Tabelle 9.1 Chromatographische Trennmethoden für Proteine

Moleküleigenschaft	Trennmethode
Größe, Form	Ausschluss
Ladung	Ionenaustausch
Hydrophobizität	Hydrophobe Interaktion / Reversed-Phase
Biospezifität	Affinität
Komplexierung	Metallchelate
freie Thiolgruppen	kovalente Vernetzung*

* hier nicht behandelt

9.4 Ionenaustausch-Chromatographie

Die Ionenaustausch-Chromatographie ist die am häufigsten angewendete Trennmethode und wird oft als erster Schritt einer Proteinreinigung eingesetzt. Die Grundlage für den Ionenaustausch ist die kompetitive Wechselwirkung geladener Ionen: Ein Probenmolekül konkurriert mit Salz-Ionen um die geladenen Positionen auf einer Ionenaustauscher-Matrix. In einem ersten Schritt bindet das Molekül an die fixierten Ladungen der stationären Phase, und im zweiten Schritt erfolgt die Verdrängung und Elution des Proteins durch die steigende Salzkonzentration des Eluenten. Ein Protein trägt aufgrund der sauren oder basischen Seitengruppen einzelner Aminosäuren negative oder positive Ladungen. Im sauren pH-Bereich sind die Aminogruppen, hauptsächlich von Lys, Arg und His, protoniert und das Protein zeigt ein kationisches Verhalten. Dagegen überwiegen im basischen pH-Bereich die negativen Ladungen an den Seitenketten von Asp und Glu und das Protein tritt als Anion auf. Der Gesamtladungszustand ist somit abhängig vom pH-Wert der umgebenden Lösung. Dieses amphotere Verhalten ist charakteristisch für Proteine (Abb. 9.3). Die Aminosäurenkomposition bestimmt somit den **isoelektrischen Punkt pI** eines Proteins und dieser charakterisiert den Neutralpunkt, an dem sich positive und negative Ladungen kompensieren. Überwiegen die negativ geladenen Aminosäurenseitengruppen, resultiert ein niedriger pI-Wert von < 6 und man spricht von einem sauren Protein. Entsprechend bezeichnet man Proteine mit einem höheren pI-Wert als 8 als basisch. Im pH-Bereich nahe zum pI ist die Wechselwirkung des Proteins mit dem Ionenaustauscher schwach; sie wird stärker, je mehr sich die beiden Werte unterscheiden. Je stärker das Protein geladen ist, desto stärker ist die Bindung an den Ionenaustauscher. Die physikali-

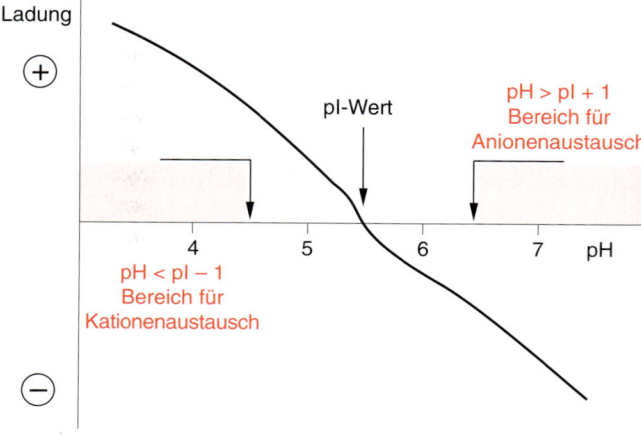

9.3 Das amphotere Verhalten von Proteinen: Der Ladungszustand ist abhängig vom pH-Wert.

sche Grundlage für diese elektrostatische Wechselwirkung wird durch das Coulombsche Gesetz beschrieben.

Insgesamt wird die Ladung eines Proteins aber noch von vielen weiteren Faktoren beeinflusst. So spielen posttranslationale Modifikationen eine große Rolle, etwa wenn das Molekül nach einer Phosphorylierung stark saure Phosphatgruppen besitzt. Außerdem hängt die Ladungsverteilung auf der Oberfläche von der Tertiärstruktur ab. Es können sich Ladungscluster bilden oder Konformationsänderungen können Verschiebungen der Ladungseigenschaften bewirken.

Für die chromatographische Anwendung stehen die in der Tabelle 9.2 aufgeführten Anionen- und Kationenaustauscher zur Verfügung. Bei den Kationenaustauschern gibt es mit der Carboxymethylgruppe (CM) eine schwache und mit der Sulfomethyl- (S) und der Sulfopropylgruppe (SP) zwei starke Austauscherfunktionen. Einen schwachen Anionenaustauscher stellt die Diethylaminoethylgruppe (DEAE) dar. Starke Anionenaustauscher sind die quarternären Ammoniumverbindungen Trimethylaminoethyl (Q) und Hydroxypropyldiethylaminoethyl (QAE). Als **starke Ionenaustauscher** bezeichnet man Gruppen, die über einen weiten pH-Bereich den Ladungszustand beibehalten. Maßgeblich für den Ladungszustand eines Austauschers ist sein pK-Wert. Ein pK von 4,5 bedeutet z. B., dass bei einem pH < 5 die Carboxymethylgruppe ungeladen vorliegt und somit nicht als austauschende Gruppe zur Verfügung steht.

Der pH-Wert ist ein wichtiger Parameter beim Ionenaustausch. Der experimentell erforderliche Wert richtet sich nach dem pI des zu trennenden Proteins und wird mit einem geeigneten Puffer eingestellt und kontrolliert. Bei der Auswahl des Puffers ist dessen pK-Wert entscheidend: Er soll nicht mehr als 0,5 Einheiten vom angestrebten pH-Wert abweichen. In diesem Bereich ist die Pufferkapazität am größten, d. h., es stehen am meisten geladene und ungeladene Puffermoleküle für das Gleichgewicht zur Verfügung. Die Pufferkonzentration liegt gewöhnlich in einem Bereich von 10–20 mM.

Die Menge an Protein, die an einen Austauscher gebunden werden kann, hängt von der Molekülgröße ab. Für große Moleküle ist nur die Oberfläche eines Ionenaustauschers zugänglich, und die Kapazität ist relativ gering. Dagegen können kleine Proteine auch das interne Volumen der stationären Phase ausnutzen. Deshalb ist die **totale ionische Kapazität** (geladene Gruppen pro Gramm Austauscher) von der **verfügbaren Kapazität** (experimentell gebundenes Protein) zu unterscheiden.

Tabelle 9.2 Funktionelle Gruppen für die Ionenaustausch-Chromatographie

Bezeichnung	Typ	Funktionelle Gruppe
QAE quaternäre Hydroxypropyl-diethylamino-ethyl	anionisch stark	—O–(CH$_2$)$_2$–$\overset{\oplus}{\text{N}}$(CH$_2CH_3$)$_2$–CH$_2$CH(OH)CH$_3$
Q quaternäre Trimethyl-aminoethyl	anionisch stark	—O–(CH$_2$)$_2$–$\overset{\oplus}{\text{N}}$(CH$_3$)$_3$
DEAE Diethylaminoethyl	anionisch schwach	—O–(CH$_2$)$_2$–$\overset{\oplus}{\text{N}}$H(CH$_2CH_3$)$_2$
CM Carboxymethyl	kationisch schwach	—O–CH$_2$COO$^\ominus$
S Sulfomethyl	kationisch stark	—O–CH$_2$SO$_3^\ominus$
SP Sulfopropyl	kationisch stark	—O–CH$_2$CH$_2$CH$_2$SO$_3^\ominus$

Die Elution der Probenmoleküle kann entweder durch die Erhöhung der Ionenstärke oder durch eine Änderung des pH-Werts der mobilen Phase erreicht werden. Gebräuchlich ist der Einsatz eines Salzgradienten mit Natriumchlorid, der sowohl beim Kationen- als auch beim Anionenaustausch die besten Trennungen ergibt. Typischerweise wird die Probe in einem niedrig konzentrierten Puffer (10–20 mM) an den Austauscher gebunden, die Elution erfolgt dann mit einer graduellen oder schrittweisen Erhöhung der NaCl-Konzentration (0–1 M). Stärker geladene Proteine werden dabei fester zurückgehalten und eluieren erst bei hoher Ionenstärke.

9.5 Hydroxyapatit-Chromatographie

Hydroxyapatit ist eine kristalline Form von Calciumphosphat mit der Zusammensetzung $Ca_5(PO_4)_3OH$. Proteine adsorbieren an die Kristalloberfläche und dieser Effekt ermöglicht den Einsatz von anorganischen Hydroxyapatitkristallen für die Proteinchromatographie. Das Prinzip dieser Trennmethode ist nicht ein einzelner, reversibler Schritt wie beispielsweise bei der Ionenaustausch-Chromatographie, sondern unterschiedliche Effekte bestimmen die Adsorption und Elution. Die Elution von basischen oder sauren Proteinen verläuft nach verschiedenen Mechanismen und wird durch Salze unterschiedlich beeinflusst. Das Trennprinzip beruht darauf, dass sowohl Amino- als auch Carboxygruppen mit der Oberfläche der nicht-porösen Hydroxyapatitkristalle interagieren. Die Aminogruppen mit ihren positiven Ladungen treten in eine unspezifische elektrostatische Wechselwirkung mit den überwiegend negativ geladenen Phosphatgruppen der Kristalloberfläche. Dagegen werden die Carboxygruppen mit ihrer negativen Ladung einerseits elektrostatisch abgestoßen und andererseits von den Calciumatomen komplexiert. Somit verhalten sich basische und saure Proteine ganz unterschiedlich. Basische Komponenten können durch Zugabe von $CaCl_2$ oder $MgCl_2$ leicht eluiert werden, da die negativen Oberflächenladungen der Kristalle von den zweiwertigen Kationen neutralisiert werden und das Protein desorbiert. Bei sauren Proteinen würde jedoch die Komplexierung der Carboxygruppen durch zusätzliche Ca^{2+}-Ionen verstärkt. Das kann so weit führen, dass die Elution eines stark sauren Proteins gänzlich verhindert wird.

Bei der Anwendung der Hydroxyapatit-Chromatographie muss man also wissen, ob die zu trennenden Proteine basisch, neutral oder sauer sind, um adäquate Elutionspuffer einzusetzen. Basische Proteine werden in einem schwach konzentrierten Phosphat-Puffer (1 mM) aufgetragen. Für saure Proteine, z. B. Glykoproteine, empfiehlt sich eine ungepufferte 1 mM NaCl-Lösung oder – falls keine Bindung stattfindet – eine 1 mM $CaCl_2$- oder $MgCl_2$-Lösung. Eine wirkungsvolle Fraktionierung der Proteinkomponenten ist durch den Einsatz verschiedener Eluenten in hintereinandergeschalteten Schritten möglich. Beispielsweise können zuerst basische Proteine mit 5 mM $MgCl_2$ eluiert werden, dann Proteine im pI-Bereich von 5–8 mit 1 M $MgCl_2$ und schließlich desorbieren saure Proteine mit 0,3 M Phosphat-Puffer. Die Reihenfolge bei der Elution wird immer zuerst basische, neutrale und dann saure Proteine ergeben. Die Trennung kann durch den Einsatz von Salzgradienten optimiert werden.

Die spezifischen Adsorptions- und Elutionsmöglichkeiten machen die Hydroxyapatit-Chromatographie zu einer wertvollen Trennmethode für Proteine. Eine Ähnlichkeit zur Ionenaustausch-Chromatographie liegt im ionischen Verhalten der Aminogruppen, der Unterschied zeigt sich beim komplexierenden Verhalten der Carboxygruppen. Die Anwendung der Methode wird jedoch durch die geringe Kapazität der nicht-porösen Kristalle beschränkt.

9.6 Reversed-Phase-Chromatographie

Die ersten Versuche zur chromatographischen Trennung von Substanzgemischen wurden mit Papier als Trägermaterial durchgeführt (Runge 1850). Papier, Cellulose oder poröse Kieselgele wurden fortan als polare, stationäre Phasen in der Chromatographie eingesetzt. Eine wichtige, gemeinsame Eigenschaft dieser Träger ist das Vorhandensein von polaren Hydroxygruppen auf ihrer Oberfläche. Man erkannte jedoch, dass diese hydrophilen Gruppen den chromatographischen Prozess auch stören können. Verethert man die OH-Gruppen mit langen Kohlenwasserstoffketten, erhält man unpolare Trägermaterialien, sogenannte **Umkehrphasen** oder reverse Phasen. Bei der Reversed-Phase-Chromatographie (RPC) findet eine hydrophobe Wechselwirkung des Analyten mit der unpolaren stationären Phase im polaren, wässrigen Lösungsmittel statt. Die Elution erfolgt mit Hilfe eines unpolaren organischen Lösungsmittels, das mit dem adsorbierten Molekül um die Bindungsstelle konkurriert.

Für Peptide ist die RPC die Methode der Wahl. Bei Proteinen dagegen kann es zu Problemen kommen, da der organische Lösungsmittelanteil die Löslichkeit herabsetzt und eventuell die Denaturierung des Proteins bewirkt.

Als stationäre Phasen für die RPC werden hauptsächlich Kieselgele als Trägermaterial benutzt, welche mit Alkylresten in der Länge von C_2 (Ethyl) bis C_{18} (n-Octadecyl) substituiert wurden (Abb. 9.4).

Typischerweise haben die Partikel einen Durchmesser von ca. 5 μm und besitzen Poren in der Größe von ca. 10–30 nm. Für präparative Arbeiten werden größere Partikel mit höherer Mengenkapazität eingesetzt. Dagegen ist es für analytische Trennungen wichtig, eine möglichst gute Auflösung zu erzielen und man arbeitet deshalb mit kleinen Partikeln (siehe Abschn. 9.2). Der hydrophobe Charakter der stationären Phase steigt mit der Länge der Kohlenwasserstoffketten. Für Peptidtrennungen werden C_{18}-Säulen bevorzugt, wogegen man bei den größeren, hydrophoberen Proteinen C_4-Säulen einsetzt.

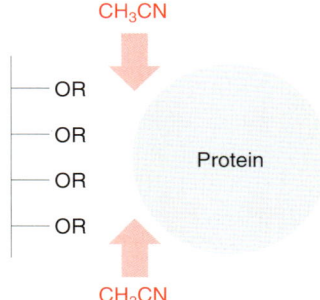

9.4 Modifiziertes Kieselgel als stationäre Phase für die Reversed-Phase-Chromatographie.

Die mobile Phase besteht aus Lösungsmittelsystemen, die sich aus Wasser, organischem Lösungsmittel und einem Ionenpaar-Reagenz oder Puffer zusammensetzen. Trennungen unter isokratischen Bedingungen haben den Vorteil, dass keine langen Equilibrierungszeiten notwendig sind und dadurch der Lösungsmittelverbrauch und der zeitliche Ablauf günstiger sind. Speziell bei präparativen Reinigungen ist das von Interesse. Trotzdem werden bei der RPC überwiegend Gradiententrennungen verwendet, weil so z. B. Auflösungsvermögen und Trennkapazität verbessert werden. Im Gradientenverlauf wird durch Zumischen des organischen Lösungsmittels zur wässrigen Phase die Polarität verringert und somit die Elutionskraft erhöht. In der elutropen Reihe sind Lösungsmittel nach zunehmender Elutionskraft (abnehmender Polarität) angeordnet:

→ Elutionskraft

Wasser > Methanol > Acetonitril > n-Propanol > Tetrahydrofuran

← Polarität

Das gebräuchlichste organische Lösungsmittel für die RPC ist Acetonitril. Seine Bevorzugung begründet sich durch physikalische Eigenschaften wie Viskosität und UV-Durchlässigkeit bis ca. 200 nm. (Die UV-Absorption der Peptidbindung besitzt ihr Maximum bei 195 nm). Für die Elution von sehr hydrophoben Komponenten – beispielsweise bei der Trennung von Membranproteinen – müssen weniger polare Lösungsmittel eingesetzt werden. Verwendet man wegen der größeren Elutionskraft z. B. Propanol, ist eine Detektion unterhalb von 230 nm wegen der Eigenabsorption des Lösungsmittels jedoch nicht möglich. Stattdessen ist eine wesentlich unempfindlichere Detektion der Tyr/Trp-Seitengruppen bei 280 nm erforderlich. Eine weitere Möglichkeit, spezielle Trennprobleme anzugehen, liegt in einer Kombination der wässrigen Phase mit zwei organischen Solvenzien (ternäre Mischungen). Eine Änderung des pH-Werts ermöglicht ebenfalls, Selektivitäten zu beeinflussen und Trennungen zu optimieren. Die wässrige Phase wird dazu mit schwach konzentrierten Puffern (ca. 20 mM) auf einen pH im Bereich von 2 bis 8 eingestellt. Am häufigsten werden Natrium- oder Ammoniumacetat, -phosphat oder -hydrogencarbonat eingesetzt.

Ein sogenanntes **Ionenpaar-Reagenz** bindet mit einem geladenen und einem ungeladenen Molekülteil als Gegen-Ion an die ionischen Seitengruppen des Peptids und verändert dessen Hydrophobizität. Der entstandene Ionenpaar-Komplex zeigt ein anderes chromatographisches Verhalten als das native Peptid. Routinemäßig wird bei Peptiden Trifluoressigsäure (TFA) als Ionenpaar-Reagenz eingesetzt. Sie besitzt eine hohe UV-Durchlässigkeit bis 205 nm und kann wegen ihrer Flüchtigkeit leicht aus dem Eluat entfernt werden. Typischerweise werden zu den Lösungsmittelsystemen 0,05 bis 0,1 % TFA beigegeben, was in der wässrigen Phase einen pH von 2,2 ergibt. Weitere gebräuchliche Ionenpaar-Reagenzien sind perfluorierte Alkansäuren und Alkylsulfonate (anionisch) oder Tetraalkylammoniumsalze (kationisch). Sie werden empirisch für individuelle Trennprobleme herangezogen. Eine stärkere Beeinflussung des Trennverhaltens zeigen Tetraalkylammoniumsalze bei sauren Verbindungen oder Alkylsulfonate bei Basen; insbesondere kann mit unterschiedlichen Alkylresten der hydrophobe Charakter des Ionenpaars beeinflusst werden. Insgesamt wird durch Ionenpaar-Reagenzien sowohl die Retention als auch die Selektivität der Trennung beeinflusst.

Beispiele für routinemäßige Gradiententrennungen (Gradientenanstieg 0,5 bis 1 % Solvens B / min):

Lösungsmittelsystem 1:
Solvens A: 0,1 % Trifluoressigsäure in Wasser (pH 2,2)
Solvens B: 0,08 % Trifluoressigsäure in Acetonitril.

Lösungsmittelsystem 2:
Solvens A: 20 mM wässrige Lösung von NH_4CH_3COO (pH 5–6)
Solvens B: 20 mM wässrige Lösung von NH_4CH_3COO mit Acetonitril 1:1.

Die Anwendung der Reversed-Phase-Trennmethode ist eng mit der instrumentellen Entwicklung der **Hochleistungsflüssigkeitschromatographie** *(High Performance/Pressure Liquid Chromatography*, HPLC) verknüpft. Die apparative Ausrüstung ist in Abbildung 9.5 schematisch dargestellt. Eine Pumpe fördert das Lösungsmittel mit einer Flussrate, die dem verwendeten Säulendurchmesser angepasst ist. Zwei Pumpentypen sind kommerziell verfügbar: Kolben- und Spritzenpumpen. Die Kolbenpumpen fördern das Lösungsmittel durch schnellgetaktete Kolbenhübe, wobei zwei gegengleich arbeitende Kolben einen kontinuierlichen Fluss gewährleisten. Bei Flussraten von weniger als 1 mL/min kann es leicht zu Pulsationen kommen. Dabei gibt eine durch Druckschwankungen verursachte wellenförmige Basislinie den Takt der Kolben wieder. Die Spritzenpumpen füllen die beiden Spritzenreservoire für die Solvenzien A und B mit einem vorgegebenen Volumen. Danach komprimieren und fördern sie die Lösungsmittel. Dieses Prinzip ergibt einen stetigen Solvensfluss und vermeidet Pulsationen. Allerdings wird die Laufzeit der Trennung durch das Spritzenvolumen limitiert und diese Pumpen werden deshalb überwiegend für geringe Flussraten angewendet.

Für einen Lösungsmittelgradienten können das wässrige Lösungsmittel (Solvens A) und das organische Lösungsmittel (Solvens B) entweder vor oder nach der Pumpe vermischt werden (Niederdruck- oder Hochdruckgradient). Für einen Niederdruckgradienten reicht eine Pumpe aus. Diese Methode ist somit instrumentell weniger aufwendig. Für einen Hochdruckgradienten benötigt man dagegen zwei Pumpen. Dieser ist aber genauer und zuverlässiger. Die Probenaufgabe erfolgt entweder manuell mit einem Injektionsventil oder mit Hilfe eines Autosamplers, der viele Proben automatisch abarbeiten kann. Nach der Probeninjektion wird die mobile Phase über die Chromatographiesäule geleitet und zum Detektor geführt. Bei der Detektion ist die Bestimmung der UV-Absorption bei ca. 210 nm für Peptide oder 254/280 nm für Proteine am gebräuchlichsten. Ein Diodenarray-Detektor bietet die entsprechend größere Information über das gesamte Spektrum der getrennten Komponenten. Der Einsatz von Fluoreszenzde-

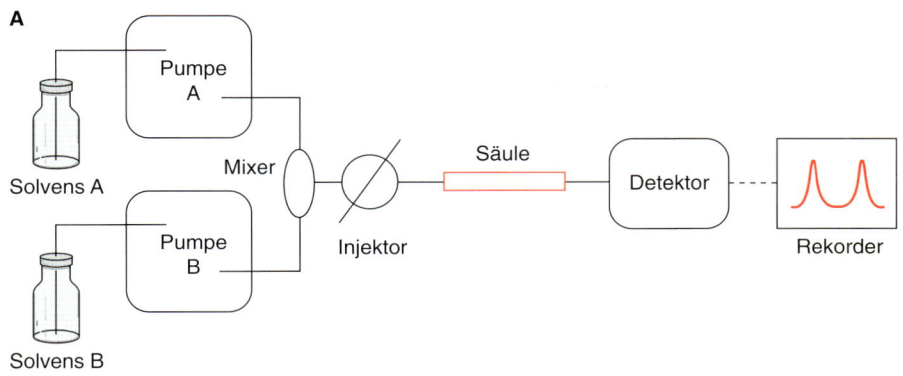

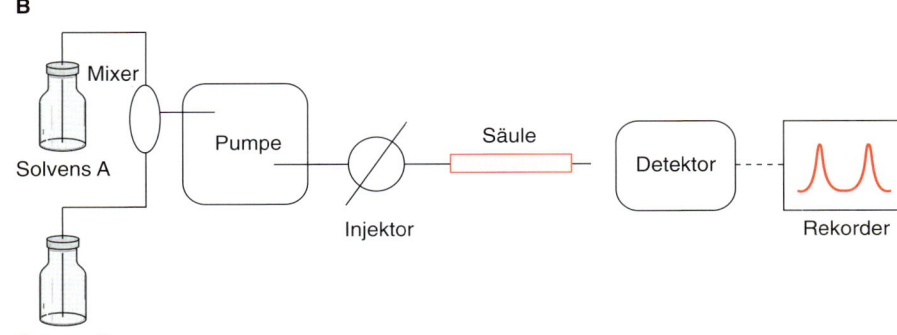

9.5 Schematische Darstellung A. eines Hochdruck- und B. eines Niederdruckgradientensystems.

tektoren ist besonders für derivatisierte Aminosäuren und Peptide wichtig, wenn beispielsweise eine sehr hohe Empfindlichkeit verlangt wird oder gezielt modifizierte Komponenten identifiziert werden sollen.

Zwei wesentliche Entwicklungen beeinflussten die bioanalytischen Anwendungen der letzten Jahre: die Kopplung der Flüssigkeitschromatographie (LC) mit der Massenspektrometrie (MS) und die Miniaturisierung von Chromatographiesäulen. Die **LC/MS-Kopplung** ermöglicht Nachweise bis in den unteren Picomol-Bereich, die Detektion von Molekülmassen und die Durchführung von MS/MS-Untersuchungen unmittelbar nach der chromatographischen Auftrennung. Das Eluat von der Chromatographiesäule wird nach einer Trennung in ein Elektrospray-MS geleitet, in dem die aufgetrennten Proteinmoleküle nacheinander die Ionenquelle erreichen, ionisiert und dann bestimmt werden. Ausschlaggebend für diese Entwicklung war die Einführung der Elektrospray-Technik und die Anwendung auf Biomoleküle. Durch die Applikation von flüssigen Proben wurden Peptide und Proteine für Messungen zugänglich. Außerdem konnte der erfassbare Massenbereich in der Spektrometrie auf Moleküle mit mehr als ca. 2000 Da erweitert werden. Dafür ist das Prinzip der Elektrospray-Ionisierung ausschlaggebend: Die Analytmoleküle verteilen sich in kleinsten Tröpfchen und nehmen durch ein angelegtes Potential von ca. 5 kV eine unterschiedliche Zahl an elektrischen Ladungen auf. Der optimale Einsatz der Spraytechnik erfordert eine konstant niedrige Flussrate und wird idealerweise mit der HPLC im mikro- oder nano-Maßstab kombiniert. Die Bezeichnungen analytische, **mikro-** und **nano-LC** geben die Verkleinerung von Flussrate und Säuleninnendurchmesser wieder (Tabelle 9.3). In der nano-LC werden Säulen mit einem inneren Durchmesser von 100 bis 300 µm verwendet, die mit einer Flussrate im Nanoliter-Bereich betrieben werden. Das ergibt den Vorteil, dass man beispielsweise bei einem Fluss von 100 nL/min und einem Probenvolumen von 1 µL/min ein Spray für 10 min aufrecht erhalten kann, um MS-Untersuchungen durchzuführen. Weiterhin ist für die zumeist limitierten Probenmengen im Bereich der Bioanalytik die erhöhte Massenempfindlichkeit bei der Verwendung von Säulen mit geringerem Innendurch-

Elektrospray-MS
LC/MS-Kopplung
Abschnitt 14.2

Tabelle 9.3 Arbeitsbereiche der HPLC

Bezeichnung	Probenmenge	Säulen-durchmesser [mm]	Flussrate [mL/min]
präparative LC	mg - g	> 4	> 1
analytische LC	µg - mg	2–4	0,2–1
micro-LC	µg	1	0,05–0,1
nano-LC	ng - µg	< 1	< 0,05

messer von wesentlichem Vorteil. Kleinere Trennsäulen zeigen eine äquivalente Trennleistung, wenn sie mit dem gleichen Packungsmaterial gefüllt sind und mit dem gleichen Laufmittel bei derselben Flussrate betrieben werden. Die Reduzierung des Säuleninnendurchmessers z. B. von 2 mm auf 0,7 mm bewirkt zusätzlich eine Verringerung des Lösungsmittelverbrauchs um etwa den Faktor 10.

> Zum Erreichen der vollen Effizienz von Mikrosäulen ist eine optimale Gerätekonfiguration notwendig, die die Pumpe, das Injektionssystem und den Detektor einschließt. Wesentlich dabei ist, dass die externe Bandenverbreiterung im Vergleich zur Bandenverbreiterung der Säule gering ist. Dies erreicht man durch Verringerung des Injektionsvolumens und des Volumens der Detektorzelle sowie durch die Eliminierung des Totvolumens in den Säulenanschlüssen und den Verbindungen.

9.7 Hydrophobe Interaktionschromatographie

Die hydrophobe Interaktionschromatographie (HIC, engl. *hydrophobic interaction chromatography*) ist dadurch gekennzeichnet, dass die unpolaren Oberflächenregionen eines Proteins bei hohen Salzkonzentrationen an die schwach hydrophoben Liganden einer stationären Phase adsorbieren. Die Elution der Probenmoleküle wird – anders als bei der RPC – durch die Verringerung der Salzkonzentration erzielt. Die HIC kombiniert die Eigenschaften einer nicht-denaturierenden Salzpräzipitation (Aggregation aufgrund hydrophober Protein-Protein-Kontakte) mit der Separationskraft der Chromatographie (Wechselwirkung aufgrund hydrophober Protein-Matrix-Kontakte). Daraus ergibt sich der wesentliche Vorteil, dass die native Form und die biologische Aktivität eines Proteins erhalten bleiben.

Präzipitation von Proteinen Abschnitt 2.4

Für eine nähere Betrachtung der hydrophoben Wechselwirkung lohnt ein Vergleich mit der Salzpräzipitation. Der ansteigende Salzgehalt in einer Lösung bewirkt eine Erhöhung der Oberflächenspannung, die Wasserhülle des Proteins wird dadurch abgetragen und hydrophobe Bereiche werden präsentiert. Proteine in wässrigem Milieu interagieren bei ansteigenden Salzkonzentrationen über hydrophobe Oberflächenbereiche: Immer mehr Moleküle „kleben" aneinander und werden schließlich ausgefällt. Je hydrophober die Proteine sind, desto weniger Salz ist zur Präzipitation beziehungsweise zur Bindung an eine hydrophobe Matrix nötig. Markant für die HIC ist, dass der Trenneffekt in erster Linie bei der Adsorption erzielt wird und nicht, wie sonst üblich, beim Desorptionsprozess. Deshalb ist es wichtig, insbesondere die Startbedingungen zu optimieren und gezielt die HIC-Matrix, den Puffer, den pH-Wert und die Salzkonzentration festzulegen.

Als stationäre Phasen für die HIC werden sowohl synthetische Polymere als auch Biopolymere verwendet, deren Oberfläche mit unterschiedlich hydrophoben Liganden modifiziert wurde. Typischerweise werden Alkyl- oder Phenylgruppen eingesetzt. Dabei wird die Selektivität und Kapazität der HIC-Matrix im Wesentlichen von der Hydrophobizität und der Dichte der Liganden bestimmt. Phenylgruppen gehen außer hydrophoben auch aromatische Wechselwirkungen ein und unterscheiden sich damit vom chromatographischen Effekt der Alkylketten. Die Auswahl des Liganden für ein Trennproblem muss allerdings empirisch getroffen werden. Das verwendete Salz richtet sich nach der Hofmeister-Serie, die Anionen und Kationen hinsichtlich der Unterstützung einer hydrophoben Wechselwirkung ordnet.

Hofmeister-Serie
Abschnitt 2.4

„Aussalz-Effekt"
Präzipitation

SO_4^{2-} > CH_3COO^- > Cl^- > Br^- > NO_3^- > ClO_4^- > I^- > SCN^-

NH_4^+ > K^+ > Na^+ > Cs^+ > Li^+ > Mg^{2+} > Ca^{2+} > Ba^{2+}

chaotroper Effekt

Manche Ionen initiieren hydrophobe Interaktionen und wirken präzipitierend, z. B. Ammonium-Kationen. Andere können Wechselwirkungen unterbinden, z. B. durch den dissoziierenden Einfluss von Iodid- und Thiocyanat-Anionen, die als **chaotrop** bezeichnet werden. Für die HIC wird am häufigsten 1 bis 2,5 M Ammoniumsulfat eingesetzt, wobei die Konzentration von den hydrophoben Eigenschaften des jeweiligen Proteins abhängt.

Die Elution erfolgt mit einem linear abfallenden Salzgradienten oder mit einer schrittweisen Verringerung der Salzkonzentration. Dabei können Additive zur Schwächung der Protein-Ligand-Wechselwirkung hinzugegeben werden. Beispiele hierfür sind organische Lösungsmittel (Methanol, Ethylenglykol) oder Detergenzien (z. B. Natriumdodecylsulfat, SDS). Ein eventueller Einfluss des pH-Werts auf eine HIC-Trennung muss für das jeweilige Experiment ermittelt werden. Im allgemeinen ist die hydrophobe Wechselwirkung um den neutralen Bereich (pH 5 bis 8,5) am stärksten, da hier die meisten Proteine ungeladen sind. Eine Absenkung der Temperatur schwächt die hydrophobe Wechselwirkung.

9.8 Affinitätschromatographie

Die Affinitätschromatographie beruht auf der spezifischen und reversiblen Adsorption eines Moleküls (Adsorbent) an einen individuellen, matrixgebundenen Bindungspartner. Typische Bindungspaare sind beispielsweise Antigene und Antikörper, Glykoproteine und Lectine, Enzyme und Coenzyme (Tabelle 9.4). Ein verfügbarer, affiner Bindungspartner wird kovalent an eine Matrix gebunden und dient als immobilisierter Ligand. Die biospezifische Wechselwirkung mit dem Zielmolekül wird genutzt, um diesen Adsorbenten selektiv aus einer komplexen Mischung heraus zu adsorbieren. Die Elution des Adsorbenten wird dann entweder durch eine kompetitive Verdrängung aus der Bindung erreicht oder durch einen Konformationswechsel aufgrund einer Änderung des pH-Werts oder der Ionenstärke. Die Affinitätschromatographie ist die Trennmethode mit der größten Spezifität und Selektivität für die Isolierung und Reinigung von Biomolekülen.

Biospezifische Wechselwirkungen für die Affinitätschromatographie besitzen Bindungskonstanten k_D in der Größenordnung von etwa 10^{-5} bis 10^{-7} M. Bei größeren k_D-Werten von z. B. 10^{-4} M wird die Bindung zu schwach, um für die Chromatographie nutzbar zu sein. Andererseits wird die Bindung zu stark,

Tabelle 9.4 Typische Bindungspartner für die Affinitätschromatographie

	Adsorbent
Gruppenspezifische Liganden	
Lectine	Glykoproteine
Protein A	IgG
Protein G	IgG
Heparin	Koagulationsproteine
Calmodulin	Ca^{2+}-bindende Proteine
Farbstoffe	Enzyme
Nucleinsäuren	Dehydrogenasen, Kinasen
Monospezifische Liganden	
Antikörper	Antigen
Enzyminhibitoren	Enzym
Hormon	Rezeptor
MBP*- oder GST*-Antikörper	rekombinante (Fusions-)Proteine

* MBP = Maltose-bindendes Protein; GST = Gluthation-S-Transferase

wenn k_D kleiner als 10^{-8} M ist. Die Elution wird dann erschwert und ist eventuell nur unter denaturierenden oder inaktivierenden Bedingungen möglich.

Bei der Auswahl eines Liganden für die Affinitätschromatographie unterscheidet man zwischen **monospezifischen** und **gruppenspezifischen** Liganden. Eine monospezifische Wechselwirkung erfolgt ausschließlich zwischen einem definierten Bindungspaar, etwa einem Peptidhormon und seinem Rezeptor. Das Peptid kann synthetisch hergestellt werden und ist somit in ausreichender Menge verfügbar, um es an einem Träger als Ligand zu immobilisieren. Mit dieser Affinitätsmatrix kann der zu isolierende Rezeptor aus einem komplexen Membransolubilisat heraus adsorbiert werden. Hier dient die biologische Wechselwirkung gleichzeitig zur Erkennung und zur Isolierung der Komponente und dies ist oft der einzig realisierbare Weg, um geringe Mengen einer Komponente zu isolieren. In Tabelle 9.4 sind einige Anwendungsbeispiele aufgelistet. Beim Einsatz von gruppenspezifischen Liganden binden alle ähnlichen Proteine aus einer Klasse an die Affinitätsmatrix. Ein anschauliches Beispiel sind die Lectine – Proteine, die an bestimmte Kohlenhydratbausteine binden: Das immobilisierte Lectin Concanavalin A bindet α-D-Mannose- und α-D-glucosehaltige Kohlenhydratanteile; Agglutinin aus Weizenkeimen adsorbiert N-Acetyl-D-glucosamin. Immobilisierte Lectine sind somit in der Lage, mit Glykoproteinen, Glykolipiden oder Polysacchariden reversibel zu reagieren. Die Elution erfolgt durch eine Verdrängung durch niedermolekulare Komponenten, z. B. durch Methyl-α-D-mannosid.

Bei einem Affinitätsexperiment wählt man zuerst eine geeignete stationäre Phase. Für gruppenspezifische Trennungen ist eine breite Palette an stationären Phasen mit verschiedenen Liganden kommerziell erhältlich. Die Beispiele in Tabelle 9.4 können den weiten Einsatzbereich dieser Trennmethode nur andeuten: Für die Antikörperreinigung können die bakteriellen Proteine A und G eingesetzt werden, da sie an die Fc-Region von IgG-Molekülen binden; für die Reinigung von Koagulationsproteinen wird immobilisiertes Heparin, ein sulfatiertes Polysaccharid, verwendet.

Neben diesen einsatzbereiten Affinitätsmatrices gibt es die sogenannten **aktivierten Gele**. Diese Trägermaterialien besitzen funktionelle Gruppen, an denen gezielt eigene Liganden durch eine chemische Reaktion kovalent immobilisiert werden können. In Abbildung 9.6 ist ein Beispiel für die Herstellung einer Liganden-gekoppelten Affinitätsmatrix gezeigt: Freie Hydroxygruppen des Trägermaterials werden zunächst durch die Reaktion mit Cyanbromid zu Isocyanatgruppen aktiviert. Um die Präsentation des Liganden auf der Matrixoberfläche zu unter-

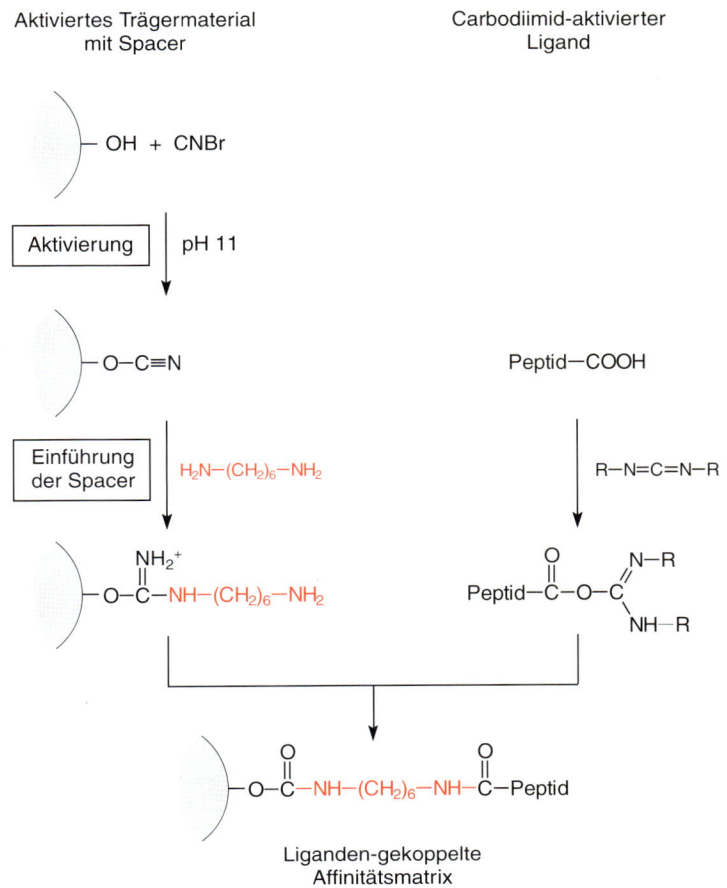

9.6 Herstellung einer Liganden-gekoppelten Affinitätsmatrix.

stützen, kann ein geeigneter Abstandshalter (*Spacer*) zwischen der Matrix und dem Liganden eingebaut werden. Das zu koppelnde Peptid wird seinerseits aktiviert und schließlich erfolgt die *C*-terminale Verknüpfung mit der Matrix.

Es gibt eine große Vielfalt an Aktivierungsreagenzien, wie Abbildung 9.7 am Beispiel der Kopplung mit NH_2-Gruppen zeigt. Die Kopplung kann aber auch über Hydroxy- oder Thiolgruppen eines Liganden erfolgen. Außerdem kann der Ligand direkt oder über einen Spacer mit der Matrix verknüpft werden. Daraus resultiert eine Flexibilität, über die beispielsweise die Aktivität eines Liganden reguliert werden kann. Die Ligandendichte läßt sich so steuern, dass sterische Hinderungen minimiert werden. Sind die Poren der stationären Phase zu eng, ist die Diffusion des Analyten zur Bindungsstelle eingeschränkt. Falls der Analyt mehrfach gebunden wird (*multiple-point attachment*), geht ein wesentlicher Teil der Bindungskapazität verloren.

Bei der Durchführung der Affinitätschromatographie orientiert man sich an den allgemeinen Schritten: Adsorption der Probe, Waschen, Desorption und Regeneration der Matrix. Für die Adsorption spielen die Bindungskonstante des Proteins und die Kapazität der Säule die wesentliche Rolle. Das Protein und die Affinitätsmatrix werden in einem geeigneten Puffer äquilibriert, der optimale Werte von pH und Ionenstärke sicherstellt. Das Auftragsvolumen spielt keine Rolle. Beim Waschen wird versucht, bei erhöhter Ionenstärke unspezifisch gebundene Komponenten zu entfernen. Die Desorption erfolgt spezifisch, wenn zur kompetitiven Verdrängung des Liganden ein spezifischer Eluent verfügbar ist, z. B. wenn Glykoproteine mit Hilfe von Zuckern von einer Lectinsäule eluiert werden. Für eine unspezifische Desorption ist die Erniedrigung des pH-Werts die gängigste Methode. Außerdem ist der Einsatz von chaotropen Salzen oder Detergenzien möglich. Die Regeneration für mehrfachen Gebrauch der Affinitätsmatrix ist ins-

Reagenz	Aktivierte Matrix	H₂N-Ligand	Spacer
Cyanbromid	⊢O—C≡N	⊢O—C(=NH₂⁺)—NH—Lig.	1
Epichlorhydrin	⊢O—CH₂—CH(—O—)CH₂	⊢O—CH₂—CH(OH)—CH₂—NH—Lig.	3
Bisoxiran	⊢O—CH₂—CH(OH)—(CH₂)ₙ—CH(—O—)CH₂	⊢O—CH₂—CH(OH)—(CH₂)ₙ—CH(OH)—CH₂—NH—Lig.	n + 4
Divinylsulfon	⊢O—CH₂—CH₂—S(O)₂—CH=CH₂	⊢O—CH₂—CH₂—S(O)₂—CH₂—CH₂—NH—Lig.	5
Carbonyldiimidazol	⊢O—C(=O)—N(imidazol)	⊢O—C(=O)—NH—Lig.	1
N,N'-Disuccinimidylcarbonat	⊢O—C(=O)—O—N(succinimid)	⊢O—C(=O)—NH—Lig.	1

9.7 Verschiedene Möglichkeiten zur Aktivierung von Affinitätsmatrizen und die Kopplung von NH₂-Liganden über unterschiedlich lange Spacer.

besondere bei aufwendig hergestellten oder teuren Medien von Interesse. Die Bedingungen richten sich nach der Verunreinigung der Ausgangsprobe.

Eine besondere Art der Affinitätschromatographie, die nicht auf biospezifischen Erkennungsmechanismen beruht, ist die von Porath eingeführte **immobilisierte Metallchelat-Affinitätschromatographie** (IMAC). Bei diesem Chromatographietyp ist eine Metall-chelatierende Gruppe (meist Imidodiessigsäure, Nitrilotriessigsäure oder Tris(carboxymethyl)ethylendiamin am Säulenmaterial immobilisiert. Ein multivalentes Übergangsmetall-Ion wird so gebunden, dass eine oder mehrere Koordinationsbindungen für eine Interaktion mit basischen Gruppen von Proteinen zur Verfügung stehen. Einige oberflächengebundene Aminosäuren in Proteinen, vor allem Histidinreste, binden spezifisch an die freien Koordinationsplätze. Für die Selektivität der Bindung ist die vom Metall abhängige Geometrie der Koordinationsbindungen entscheidend. Die am häufigsten eingesetzten Metalle sind Cu^{2+}, Ni^{2+}, Zn^{2+}, Co^{2+}, Fe^{2+} oder Fe^{3+}. Für erste Versuche, die Chromatographie zu optimieren, beginnt man in der IMAC am besten mit Cu^{2+}, da dieses Metall Proteine am stärksten bindet. Um unerwünschte Ionenaustauscheffekte zu vermeiden, werden meist neutrale Puffer mit hoher Ionenstärke (1 M NaCl) verwendet.

Da die Bindung bei der IMAC nicht so selektiv wie bei anderen Affinitätschromatographien ist, wird eine Gradientenelution verwendet, um die gebundenen Moleküle voneinander zu trennen. Dabei wird als eluierendes Agens eine steigende Konzentration von Imidazol eingesetzt, das ja die funktionelle Gruppe des Histidins ist und mit gebundenem Histidin um die Metallbindungsplätze konkurriert. Alternativ oder zusätzlich können auch Puffer mit niedrigem pH verwendet werden, um gebundene Proteine von der Säule zu eluieren. Für die Regeneration der Säule und für die Elution besonders fest gebundener Proteine werden EDTA-

Lösungen eingesetzt, welche die Metalle samt noch gebundenen Proteinen von der Säule ablösen.

Das häufigste Einsatzgebiet der IMAC ist die schnelle Isolierung rekombinanter Proteine, bei denen ein Polyhistidin-Schwanz (His-*Tag*) eingeführt worden ist. Sie können einfach durch IMAC mit Ni^{2+} isoliert werden. Ein relativ neues Einsatzgebiet ist die Reinigung phosphorylierter Proteine durch die IMAC mit Fe^{3+}, das relativ spezifisch an phosphorylierte Proteine bindet. Es soll angemerkt werden, dass die IMAC zur Reinigung von Metalloproteinen nicht notwendigerweise gut geeignet sein muss. Meist haben Metalloproteine schon ein Metall gebunden und zeigen daher keine besondere Affinität mehr zu den IMAC-Säulen. Wenn man andererseits die Metalle vor der IMAC von den Metalloproteinen abtrennt, können die (metallfreien) Apoproteine über einen echten (biospezifischen) Affinitätsmechanismus und einer hohen Spezifität binden. Hier spielt allerdings die geometrische Zugänglichkeit der Koordinierungsstelle eine wichtige und schlecht vorherzusagende Rolle.

Fusionsproteine
und Tagstrukturen
Abschnitt 38.2.2

9.9 Ausschlusschromatographie

Die Ausschlusschromatographie (**Gelchromatographie**) trennt gelöste Moleküle nach ihrer Größe und basiert auf der unterschiedlichen Permeation der Analyten in ein poröses Trägermaterial mit kontrollierter Porengröße. Für das Trennverhalten ist das hydrodynamische Volumen der Probenmoleküle verantwortlich und die Trenngele sind durch einen wirkungsvollen Einsatzbereich chrakterisiert, bei dem die Molekülgröße in einem kritischen Verhältnis zu den Poren steht. Moleküle ab einer bestimmten Größe können nicht in die Poren des Trenngels eindringen und eluieren zusammen mit der Lösungsmittelfront im Ausschlussvolumen V_0. Kleinere Moleküle bewegen sich nicht nur ungehindert zwischen den einzelnen Teilchen der stationären Phase sondern dringen außerdem auch in ihre Poren ein. Dadurch erfahren sie eine Verzögerung und ihr Elutionsvolumen V_m entspricht der Summe des internen Porenvolumens und des Partikelzwischenraums. Die kleinsten Komponenten haben somit die längste Aufenthaltsdauer in den Poren und werden zuletzt eluiert (Abb. 9.8). Die mobile Phase dient nur als Lösungsmittel und hat keinen unmittelbaren Einfluss auf die Trennung.

In der Literatur werden mehrere Bezeichnungen für diese Trennmethode synonym verwendet. Die Ausschlusschromatographie (*size exclusion chromatography*, SEC) wird im Fall von wässrigen Trennsystemen auch als **Gelfiltrations-Chromatographie** (GFC) und bei nicht-wässrigen Trennsystemen als **Gelpermeations-Chromatographie** (GPC) bezeichnet. Diese Begriffe gehen auf die ersten Anwendungen zurück, bei denen Porath und Flodin (1959) quervernetztes, gel-artiges Dextran und wässrige Puffer zur Gelfiltration verwendeten, während Moore (1964) Experimente mit einer Polystyrol-Matrix und organischen Lösungsmitteln durchführte und die Bezeichnung Gelpermeation prägte.

Die Ausschlusschromatographie ist die Methode, deren Trenneffekt am wenigsten durch Variation der Parameter beeinflusst werden kann, sondern hauptsächlich vom Einsatzbereich des Trenngels abhängt. Mit der Auswahl von

- Trenngel
- Lösungsmittel/Puffer
- pH-Wert
- Probenvolumen/Säulendimension

wird die Selektivität vorgegeben. Setzt man eine gut gepackte Säule voraus, bleibt lediglich noch die Flussrate als Variable. Dazu wird im praktischen Versuchsaufbau ein Flussbereich aufgrund des internen Säulendurchmessers vorgegeben. Ein optimierter Wert folgt aus der van-Deemter-Kurve (Abschnitt 9.2). Eine geringe Flussrate unterstützt in der Regel eine bessere Auflösung.

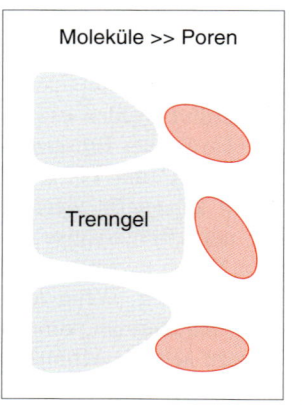  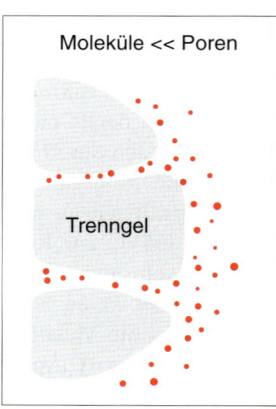

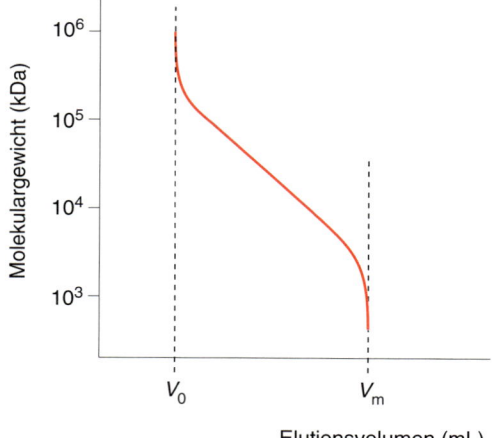

9.8 Effekt der Ausschlusschromatographie. Der wirkungsvolle Einsatzbereich einer Gelfiltrationssäule liegt im Bereich des Ausschlussvolumens V_0 und des Elutionsvolumens V_m.

Bei der Auswahl eines Trenngels ist außer dem Fraktionierungsbereich noch die Lösungsmittelstabilität entscheidend, da es entweder für den Einsatz mit wässrigen Puffern oder mit organischen Lösungsmitteln ausgelegt ist. Die Auswahl des Laufmittels richtet sich nach der Löslichkeit der Probe. Als wässrige Solvenzien werden Puffer von mittlerer Ionenstärke (50 bis 100 mM) verwendet, einerseits um ionische Wechselwirkungen zwischen Analyt und Matrix zu unterdrücken und andererseits, um keine hydrophoben Wechselwirkungen zu initiieren. Das Auftragsvolumen in Relation zur Säulendimension muss klein sein, da sonst die Auflösung der Trennung negativ beeinflusst wird und es zu Bandenverbreiterung und schlechter Peakauflösung kommt.

Die Ausschlusschromatographie wird für viele verschiedene Fragestellungen eingesetzt. Die Fraktionierung eines Probengemischs nach Größe der Analytmoleküle ist das allgemeine Prinzip. Dabei kann es sich um die Trennung von Proteinkomplexen oder Multimeren handeln, also um unterschiedlich große Komponenten. Auch die Abtrennung von niedermolekularen Bestandteilen kann von Interesse sein, etwa bei einer Entsalzung, einem Pufferwechsel oder der Reinigung eines synthetischen Peptids. Weiterhin ist die Anwendung zur Abschätzung des Molekulargewichts möglich, wobei die Ausschluss-Säule mit verschiedenen Substanzen zuerst kalibriert werden muss. Für eine Molekulargewichtsbestimmung werden jedoch zwei andere Methoden bevorzugt: die Gelelektrophorese wegen der einfacheren Durchführung oder die Massenspektrometrie wegen der höheren Genauigkeit.

Gelelektrophorese Abschnitt 10.3

Massenspektrometrie Kapitel 14

Weiterführende Literatur

Deutscher, M. P. Protein Purification. Academic Press, New York 1990.
Doonan, S. Protein Purification Protocols. Humana Press, 1996.
Henschen A., Hupe K. P., Lottspeich F., Voelter W. (Hrsg.) High Performance Liquid Chromatography in Biochemistry. VCH Verlagsgesellschaft, Weinheim 1985.
Janson J. C., Rydén L. Protein Purification. VCH Verlagsgesellschaft 1989.
Kellner R., Lottspeich F., Meyer H. E. (Hrsg.) Microcharacterization of Proteins, 2. Aufl. VCH Verlagsgesellschaft 1998.
Scopes R. K. Protein Purification. Springer-Verlag, Heidelberg 1994.
Unger K. K., Weber E. Handbuch der HPLC. GIT, Darmstadt 1995.
Zweig G., Sherma J. Handbook of Chromatography. CRC Press, 1972.

10 Elektrophoretische Verfahren

Elektrophorese ist die Wanderung geladener Teilchen in einem elektrischen Feld. Unterschiedliche Ladungen und Größen der Teilchen bewirken eine unterschiedliche elektrophoretische Beweglichkeit. Ein Substanzgemisch wird dabei in einzelne Zonen aufgetrennt (Abb. 10.1). Bei der Elektrophorese werden im wesentlichen drei verschiedene Verfahren angewandt: die Zonenelektrophorese (mit Träger oder trägerfrei) mit einem homogenen Puffersystem, die Isotachophorese mit diskontinuierlichem Puffersystem und die isoelektrische Fokussierung mit pH-Gradienten.

Alle elektrophoretischen Verfahren bieten ein sehr hohes Auflösungsvermögen. Sie haben sich in einem weiten Spektrum analytischer und präparativer Anwendungen etabliert, vor allem in der Biochemie und Molekularbiologie, in klinischer und forensischer Medizin sowie in der Taxonomie von Mikroorganismen, Pflanzen und Tieren.

Elektrophoretische Trennungen führt man in unterschiedlichen Medien durch:

- in Lösung: In offenen Kapillaren oder dünnen Pufferschichten (trägerfreie Elektrophorese) werden die Probenkomponenten hauptsächlich auf Grund der Ladungsunterschiede getrennt. Da bei der Elektrophorese Joulesche Wärme entsteht, können thermische Strömungen (Konvektion) die Trennung stören.
- in stabilisierenden Matrices: Membranen oder Gele (antikonvektive Medien) wirken Verbreiterungen von Zonen (Dispersion) entgegen, die durch Konvektion verursacht werden. Die Wanderungsgeschwindigkeiten der Teilchen werden in diesen porösen Matrices je nach Größe unterschiedlich verzögert (retardiert), so dass sie von der Größe *und* der Ladung abhängig sind.

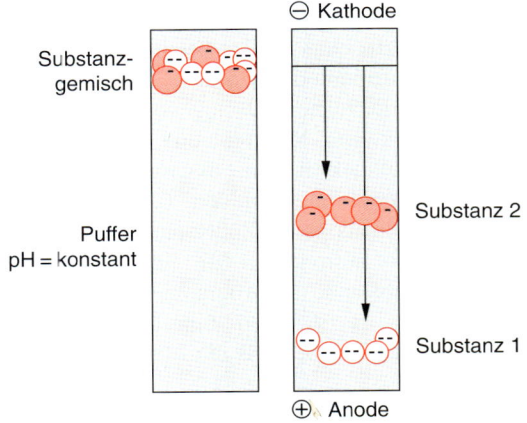

10.1 Trennprinzip der Elektrophorese: Geladene Teilchen unterschiedlicher Ladung und Größe wandern im elektrischen Feld mit unterschiedlichen Wanderungsgeschwindigkeiten, die einzelnen Substanzen bilden diskrete Zonen.

10.2 Schwedische Briefmarke, die die erste elektrophoretische Trennung von Serum zeigt, die von Arne Tiselius durchgeführt wurde.

10.1 Geschichtlicher Überblick

Die erste Elektrophorese wurde in den 30er Jahren von dem schwedischen Wissenschaftler Arne Tiselius entwickelt, der dafür 1948 – neben seinen Arbeiten zur chromatographischen Adsorptionsanalyse – den Nobelpreis erhielt. Tiselius konnte in einem mit Puffer gefüllten U-förmigen Rohr, dessen Schenkel mit einer Gleichstromquelle verbunden waren, menschliches Serum in vier Hauptkomponenten auftrennen: Albumin und die α-, β- und γ-Globuline. In Abbildung 10.2 ist ein typisches Trennergebnis der Tiselius-Methode, wie es sich über die Messung mit einer Schlierenoptik darstellte, auf einer schwedischen Briefmarke gezeigt. Zusammen mit Arbeiten zur Ultrazentrifugation von The Svedberg war damit bewiesen, dass Proteine nicht – wie bis zu diesem Zeitpunkt angenommen – unterschiedlich zusammengesetzte Kolloidaggregate sind, sondern Makromoleküle mit definierter Größe, Form und Ladung.

Dieses erste Elektrophoreseverfahren der wandernden Grenzschichten wurde bald zur Zonenelektrophorese weiterentwickelt: Man verwendete antikonvektive Medien wie Papier, Agargele und Kieselgele, auf die die Proben in schmalen Zonen aufgetragen wurden. Weil diese Trägermaterialien wegen ihrer starken Eigenladungen und geringer Retardation sehr diffuse Banden ergeben, wurden neue, inertere Matrices eingeführt: Stärkegele 1955 durch Smithies, Celluloseacetatfolien 1957 durch Kohn, Polyacrylamidgele 1959 durch Raymond und Weintraub sowie Agarosegele 1961 durch Hjertén. Stärkegele werden auch heute noch für genetische Untersuchungen verwendet, Celluloseacetatfolien bei klinischen Routineuntersuchungen. Agarosegele werden hauptsächlich zur Trennung von DNA-Fragmenten und für Immunelektrophoresen zur spezifischen und quantitativen Detektion von Proteinen eingesetzt. Polyacrylamidgele sind inert, vollständig transparent und besitzen das höchste Auflösevermögen für DNA-Fragmente und Proteine. Die diskontinuierliche Polyacrylamidgelelektrophorese (Disk-Elektrophorese), 1964 durch Ornstein und Davis eingeführt, ist die Grundlage moderner hochauflösender Elektrophoresemethoden in Gelen und Kapillaren.

Durch Vesterbergs Synthese von Trägerampholyten wurde 1966 Svensson-Rilbes Konzept des natürlichen pH-Gradienten verwirklicht und ein neues, sehr hochauflösendes Trenn- und Messprinzip für Proteine realisiert: die **isoelektrische Fokussierung**. Hierbei wandern die Proteinmoleküle in einem pH-Gradienten bis zu dem pH-Wert, der ihrem isoelektrischen Punkt entspricht, an dem sie eine Nettoladung von Null haben. Das heißt, ihre Wanderungsgeschwindigkeit ist an diesem Punkt ebenfalls gleich Null. So kann man – zusätzlich zur Auftrennung – auf einfache Weise die isoelektrischen Punkte bestimmen.

Die Elektrophorese mit Natriumdodecylsulfat (SDS), die von Shapiro, Viñuela und Maizel zur Molekulargewichtsbestimmung von Proteinen eingeführt wurde und die Gradientengeltechnik von Margolis und Kenrick kamen 1967 hinzu. Durch die Kombination der isoelektrischen Fokussierung und der SDS-Polyacrylamidgelelektrophorese zur **zweidimensionalen (2D-) Elektrophorese** konnten 1975 O'Farrell und Klose erstmals ganze Zelllysate oder einen Gewebeaufschluss in seine sämtlichen Proteine auftrennen. Mit hoch empfindlichen Nachweismethoden wie Autoradiographie und Fluorographie findet man in solchen Gelen mehrere tausend Proteinspots. Im gleichen Zeitraum wurde die DNA-Sequenzanalyse von Sanger entwickelt, die ebenfalls die Elektrophorese zur Trennung einsetzt.

1975 führte Southern die erste Blotting-Methode ein: die Übertragung von in Agarose getrennten DNA-Fragmenten auf eine immobilisierende Membran und anschließende Hybridisierung. Mit den ab 1979 folgenden Modifikationen der Methode können Proteine immunologisch identifiziert oder ihre Aminosäurenzusammensetzung und -sequenz bestimmt werden.

Durch die Einführung von immobilisierten pH-Gradienten konnte 1982 ein neues Konzept der isoelektrischen Fokussierung realisiert werden. 1988 etablierte

Görg die zweidimensionale Elektrophorese mit immobilisierten pH-Gradienten, die sich durch hohe Reproduzierbarkeit und Beladungskapazität auszeichnet. Neue technische Möglichkeiten haben sich durch die Entwicklung der **Kapillarelektrophorese** im Jahre 1983 ergeben. Sie wird im nächsten Kapitel besprochen.

Kapillarelektrophorese
Kapitel 11

Parallel zu den analytischen Verfahren wurde auch eine Reihe von präparativen Methoden entwickelt, wie die trägerfreie Elektrophorese, isoelektrische Fokussierung in Dextrangelbetten, in mit Saccharosegradienten gefüllten Säulen oder zwischen isoelektrischen Membranen.

10.2 Theoretische Grundlagen

> Die elektrophoretische Beweglichkeit, die Mobilität, ist eine substanzspezifische Größe, die die Wanderungsgeschwindigkeit im elektrischen Feld bestimmt und damit für die Trennung entscheidend ist.

Auf ein geladenes Teilchen wirken in einem elektrischen Feld verschiedene Kräfte, eine beschleunigende Kraft F_e, die auf die Ladung q des Teilchens wirkt:

$$F_e = q \cdot E \quad \text{mit} \quad q = z \cdot e,$$

und eine Reibungskraft F_{fr}, die bremsend wirkt:

$$F_{fr} = f_c \cdot v$$

wobei E die elektrische Feldstärke, V die Wanderungsgeschwindigkeit des Teilchens und f_c der Reibungskoeffizient ist. Der Reibungskoeffizient ist abhängig von der Viskosität des Mediums und gegebenenfalls der Porengröße der Matrix.

Das Gleichgewicht dieser beiden Kräfte bewirkt, dass sich das Teilchen mit einer konstanten Geschwindigkeit im elektrischen Feld bewegt:

$$F_e = F_{fr}; \quad q \cdot E = f_c \cdot v \quad \Rightarrow \quad v = \frac{q \cdot E}{f_c} = u \cdot E$$

Der Proportionalitätsfaktor zwischen Wanderungsgeschwindigkeit und Feldstärke ist die substanzspezifische Größe u, die **Mobilität**.

Für kleine kugelförmige Teilchen lässt sich das Stokessche Gesetz anwenden, um die Reibungskraft zu berechnen, und es ergibt sich für die Mobilität folgender Ausdruck:

$$u = \frac{q}{f_c} = \frac{z \cdot e}{6 \pi \cdot \eta \cdot r}$$

wobei z die Ladungszahl ist, e die Elementarladung in Coulomb, η die Viskosität der Lösung und r der Stokes-Radius des Teilchens (i.e. der Radius des hydratisierten Ions).

Für nicht-kugelförmige Teilchen wie Peptide und Proteine lässt sich ein empirischer Zusammenhang zwischen Molekulargewicht (M) und Mobilität angeben:

$$u \propto \frac{q}{M^{2/3}}$$

wobei in der Literatur auch noch andere Werte für den Exponenten des Molekulargewichts zwischen $1/3$ und $2/3$ beschrieben werden.

In unendlich verdünnten Lösungen gewinnen zwei weitere Kräfte, die auf ein geladenes Teilchen einwirken, an Bedeutung – die Relaxationskraft und die Retardationskraft – die durch die Ionenatmosphäre des Teilchens hervorgerufen werden. Nach der Debye-Hückel-Theorie ist jedes Teilchen von einer Ionenatmosphäre entgegengesetzter Ladung umgeben, deren Radius β von der Ionenstärke abhängt. Die Kraft, die das elektrische Feld auf die Ionen der Ionenatmosphäre

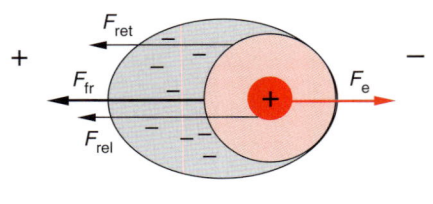

10.3 Beschleunigende und bremsende Kräfte, die in einem elektrischen Feld auf ein geladenes, hydratisiertes Teilchen mit Ionenwolke wirken (F_e = Beschleunigungskraft, F_{fr} = Reibungskraft, F_{ret} = Retardationskraft, F_{rel} = Relaxationskraft).

ausübt, wird auf die Lösungsmittelmoleküle übertragen, weshalb das Zentral-Ion nicht durch eine stationäre Flüssigkeit wandert, sondern durch eine Lösung, die in die Gegenrichtung fließt. Dieser Retardationseffekt bewirkt eine Verringerung der Geschwindigkeit des Zentralteilchens.

Bei Anlegen eines elektrischen Feldes „hinkt" die Ionenwolke dem Zentral-Ion hinterher und übt so eine elektrische Kraft aus, die das Zentral-Ion abbremst. Dieser Effekt wird als **Relaxationseffekt** bezeichnet.

Auf Grund dieser beiden Effekte nimmt die Mobilität mit zunehmender Ionenstärke ab. Die verschiedenen Kräfte, die auf ein geladenes Teilchen im elektrischen Feld einwirken, und ihre Angriffspunkte sind in Abbildung 10.3 dargestellt.

Für schwache Säuren und Basen ist nicht die Mobilität des vollständig dissoziierten Teilchens für die Wanderungsgeschwindigkeit entscheidend, sondern die **effektive Mobilität** u_{eff}, die über den Dissoziationsgrad α (das Verhältnis zwischen Kation oder Anion zur Gesamtkonzentration des Elektrolyten) mit der Ionenmobilität verknüpft ist.

$$u_{eff} = \sum_i \alpha_i \cdot u_i$$

Das bedeutet, dass bei schwachen Säuren und Basen (z. B. Peptide und Proteine) die Wanderungsgeschwindigkeit und damit die Auflösung über den pH-Wert des Elektrolyten optimierbar ist.

Die **spezifische Leitfähigkeit** K einer Lösung ergibt sich aus den effektiven Mobilitäten aller in Lösung befindlichen Teilchen wie folgt:

$$K = F \cdot \sum_{i=1} c_i \cdot u_i \cdot |z_i|$$

wobei F die Faraday-Konstante ist und c die Konzentration der einzelnen ionischen Spezies.

Bei der Elektrophorese werden Puffersysteme aus einer Säure und einer Lauge verwendet, z. B. Tris-Chlorid, Tris-Borat. Im elektrischen Feld wandern nicht nur die Proben-Ionen, sondern auch – und dies im hohen Maße – die Ionen der dissoziierten Pufferkomponenten. Deshalb werden bei der Elektrophorese an beiden Elektroden Pufferreservoirs benötigt. Die Pufferkonzentrationen und -mengen in diesen Reservoirs müssen hoch genug dosiert sein, damit der Puffer nicht erschöpft.

Während einer elektrophoretischen Trennung wird durch den elektrischen Stromfluss Joulesche Wärme entwickelt. Für die pro Volumeneinheit erzeugte **Wärme** W gilt:

$$W = E^2 \cdot \lambda \cdot c$$

Dabei ist c die molare Konzentration des Elektrolyten, λ die Äquivalenzleitfähigkeit und E die elektrische Feldstärke. Für die Äquivalenzleitfähigkeit gilt:

$$\lambda = u_i \cdot z_i \cdot F$$

Die Wärmeabfuhr erfolgt über die Wände oder eine Seite des Systems. Es entsteht dadurch ein Temperaturgradient, der bei trägerfreien Elektrophoresen zu einer konvektiven Durchmischung führt. Um die Temperaturdifferenzen gering zu halten, sollten geringe Kapillarinnendurchmesser bzw. sehr dünne Schichten oder Gele eingesetzt werden sowie Materialien mit guter Wärmeleitfähigkeit und geringer Wandstärke. Eine effiziente Wärmeabfuhr durch Flüssigkühlung ist eine weitere Voraussetzung, um maximale Trennschärfe zu erzielen.

Eine Vielzahl von Materialien wie Glas, fused Silica (amorpher Quarz), Teflon, Papier, Agarose und Celluloseacetatfolien bilden auf Grund von Oberflächenladungen bei Kontakt mit einer Elektrolytlösung eine elektrochemische Doppelschicht. Am Beispiel von Kapillaren aus fused Silica, einem Material, welches sehr gründlich untersucht wurde, soll der Aufbau dieser Doppelschicht beschrieben werden: Durch Dissoziation der Silanolgruppen (-SiOH) werden negative Ladungen an der Kapillarwand ausgebildet. Diese negativen Ladungen werden

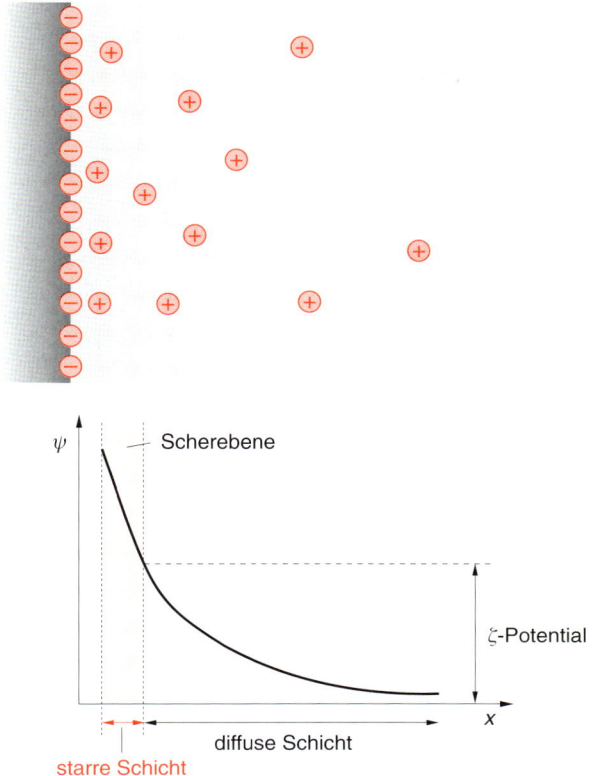

10.4 Aufbau und Potentialverlauf Ψ der elektrochemischen Doppelschicht. x ist der Abstand von der Kapillarwand.

auf der Lösungsseite durch positive Gegenladungen kompensiert. Dabei ergibt sich ein Potentialabfall wie in Abbildung 10.4 dargestellt. Die Doppelschicht setzt sich aus einer starren und einer diffusen Schicht zusammen, wobei der Potentialabfall linear in der starren und exponentiell in der diffusen Schicht ist. Je geringer die Ionenstärke der Lösung, desto weiter reicht die diffuse Doppelschicht in das Lösungsinnere hinein.

Bei Anlegen einer elektrischen Spannung bewirken die positiven Gegenladungen durch Impulsübertragung auf das Lösungsmittel einen Fluss des Lösungsmittels in Richtung Kathode – den **elektroosmotischen Fluss** (EOF). Die Geschwindigkeit des EOF (v_{EOF}) ist abhängig vom sogenannten ζ-Potential (Zeta-Potential), dem Potential in der Scherebene (oft gleichgesetzt der Grenzfläche zwischen starrer und diffuser Doppelschicht), der elektrischen Feldstärke sowie von der Viskosität η und der Dielektrizitätskonstante ε in der Doppelschicht:

$$v_{EOF} = \frac{\varepsilon \cdot \zeta \cdot E}{4 \cdot \pi \cdot \eta}$$

Während der Elektrophorese tritt somit eine Strömung der flüssigen Phase auf. Bei der Gelelektrophorese spricht man hierbei von **Elektroendosmose**. So wie bei der Elektrophorese das elektrische Feld die Wanderung geladener Teilchen im flüssigen Medium bewirkt, verursacht es bei der Elektroendosmose eine Bewegung einer ionischen Lösung in der Nähe einer fixierten Ladung einer Oberfläche und/oder Gelmatrix (Abb. 10.5). Da die Richtung des elektroosmotischen Flusses der Wanderungsrichtung der Probenionen entgegengerichtet ist, führt die Elektroendosmose zu unerwünschten Verzerrungen und Verdünnungen der Zonen. Man verwendet deshalb möglichst ladungsfreie Materialien und Trennmedien.

Bei Agarose gibt es unterschiedliche Qualitäten, die durch die unterschiedlichen Elektroendosmosewerte m_r definiert sind: von 0,25 (viele Ladungen) zu „0,00" (fast Elektroendosmose-frei). Die Elektroendosmose kann mit Hilfe eines nicht-ionischen Farbstoffs, z. B. Dextranblau, gemessen werden, den man bei der Elektrophorese mitlaufen lässt.

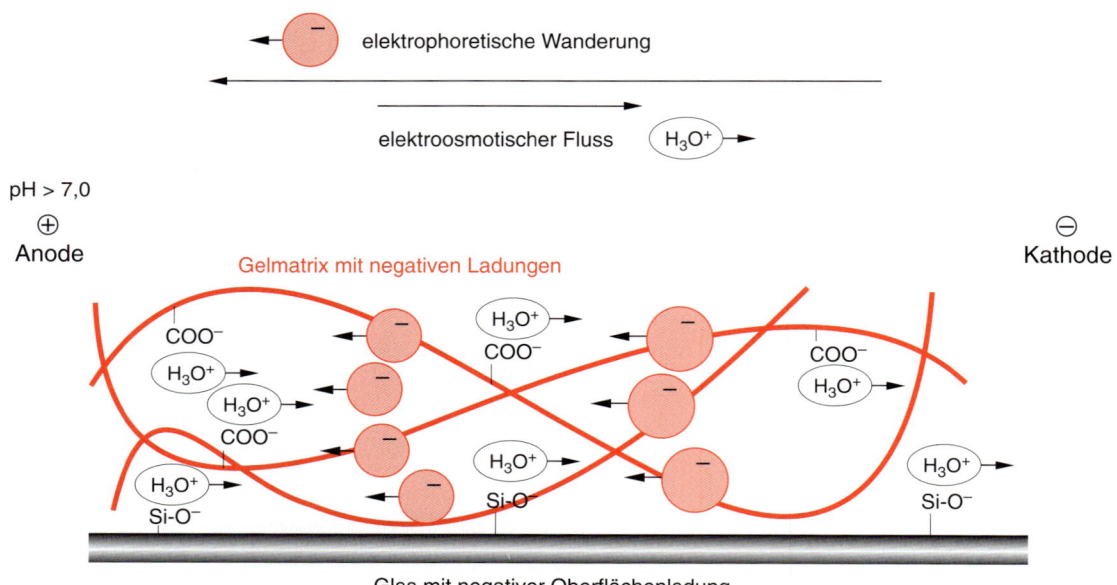

10.5 Elektroendosmose: Bei pH-Werten über pH 7 werden Siliciumoxid auf Glasoberflächen und Carboxygruppen in Gelen negativ geladen. Wenn die Matrix oder eine Apparateoberfläche fixierte Ladungen trägt, entsteht im elektrischen Feld ein osmotischer Fluss, welcher der Elektrophoreserichtung entgegengesetzt ist.

Abbildung 10.6 zeigt eine Trennung von Proteingemischen in einem Agarosegel mit mittlerem Elektroendosmosewert. Die Banden sind unscharf, die Nachweisempfindlichkeit ist aus diesem Grund ebenfalls gering.

Der Effekt des elektroosmotischen Flusses, die Elektroosmose, stört auch bei der isoelektrischen Fokussierung mit freien Trägerampholyten (Abschn. 10.3.11): Da der EOF pH-abhängig ist, führen unterschiedliche pH-Werte im System zu einer zusätzlichen Durchmischung, so dass es in diesem Fall zu einem Auslaufen des pH-Gradienten kommt. Bei der Kapillarelektrophorese werden dagegen viele Trennungen auch bei hohem EOF durchgeführt, weil das elektroosmotische Flussprofil stempelförmig ist und in einem offenen Rohr auch keinen Beitrag zur Peakverbreiterung leistet.

Für die elektrophoretische Trennung ist noch eine weitere Größe von Bedeutung: die **Dispersion**. Um eine maximale Auflösung zwischen den einzelnen Probenkomponenten zu erzielen, ist es wichtig, das Eingangsprofil, d. h. die Breite der aufgebrachten Probenzone, möglichst schmal zu halten und eine übermäßige Dispersion (Verbreiterung) dieser Eingangszone während des Trennprozesses zu verhindern. Im Idealfall trägt nur Diffusion in Längsrichtung zur Peakdispersion bei, in der Praxis sind jedoch Beiträge durch Konvektion auf Grund von Temperaturgradienten, durch Elektroosmose, Probenadsorption oder zu breite Probenaufgabeprofile nicht völlig auszuschließen.

Die gesamte Peakverbreiterung wird durch die Standardabweichung der Konzentrationsverteilung (σ_{ges}) beschrieben und setzt sich aus den Einzelbeiträgen (Diffusion, Injektion, Temperaturgradient, Elektroosmose, Adsorption) entsprechend der Addition der Varianzen zusammen:

$$\sigma_{ges}^2 = \sigma_{Dif}^2 + \sigma_{Inj}^2 + \sigma_T^2 + \sigma_{EOF}^2 + \sigma_{Ads}^2 + ...$$

Der Beitrag durch das Injektionsprofil lässt sich durch Einsatz eines diskontinuierlichen Puffersystems deutlich verringern, das eine isotachophoretische Probenkonzentrierung bewirkt (Abschnitt 10.3.7). Der Temperatureinfluss kann durch eine effektive Kühlung und Probenadsorption durch Pufferzusätze verringert werden.

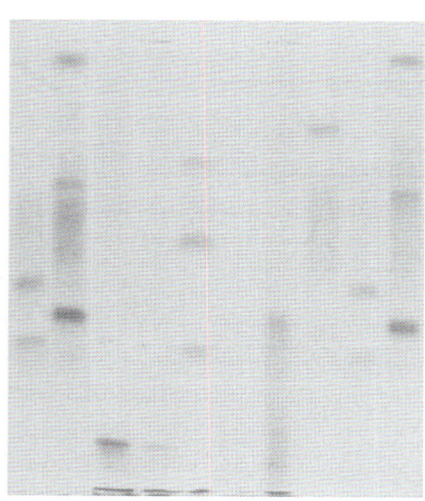

10.6 Trennergebnis in einem Agarosegel mit mittlerer Elektroendosmose. Die Proteinbanden sind unscharf.

10.3 Instrumentierung und Durchführung von Gelelektrophoresen

Im Folgenden wird die gängige Instrumentierung für die in den meisten Labors durchgeführten elektrophoretischen Verfahren in Gelmedien zusammengestellt. Spezialvorrichtungen und -apparaturen für präparative Verfahren, Elektroelution, zweidimensionale Elektrophoresen, trägerfreie und Kapillarelektrophoresen werden in den entsprechenden Abschnitten beschrieben. Es werden drei Apparaturen benötigt: Stromversorger, Kühlthermostat und Elektrophoresekammer.

Bei Elektrophoresen in Gelen reicht das Spektrum der verwendeten Stromversorger von maximal 200 V und 400 mA bis maximal 5000 V und 150 mA, je nach der angewendeten Methode. Sehr praktisch sind programmierbare Stromversorger, da manche Methoden nur dann optimal funktionieren, wenn nacheinander verschiedene Spannungs- und Stromwerte angelegt werden. Moderne Stromversorger müssen eine Reihe von Sicherheitsauflagen erfüllen.

Bei der Elektrophorese entsteht Joulsche Wärme, die abgeführt werden muss. Zudem sind viele Proteine wärmeempfindlich, so dass die Trennung bei niedrigen Temperaturen erfolgen muss. Mit gekühlten Kammern und definierten Temperaturen erhält man bessere und reproduzierbarere Ergebnisse als mit nicht kühlbaren. Die Durchführung einer Elektrophorese im Kühlraum ist keine besonders gute Alternative, da Luft ein schlechter Wärmeleiter ist. Die Verwendung von Leitungswasser zur Kühlung ist erstens zu ungenau, und zweitens eine Verschwendung von Trinkwasser. Die Gele werden besser direkt über eine Kühlplatte oder indirekt über den Anoden- oder Kathodenpuffer gekühlt.

Elektrophoretische Verfahren werden in vertikalen und horizontalen Elektrophoresekammern durchgeführt. Bei **vertikalen Systemen** sind die Gele vollständig von Glasröhrchen oder Glasplatten und den Puffern eingeschlossen (Abb. 10.7 A und B). Die Proben werden oben auf das Gel entweder in die Röhrchen oder in Geltaschen aufgetragen, indem man sie mit Saccharose oder Glycerin beschwert und mit einer Spritze oder Mikropipette unter den Kathodenpuffer unterschichtet. Die Probentaschen in Flachgelen erzeugt man mit Hilfe eines Kamms, der beim Gelgießen zwischen die beiden Glasplatten eingesetzt wird. Abbildung 10.7 C zeigt ein typisches Trennergebnis einer Vertikalelektrophorese.

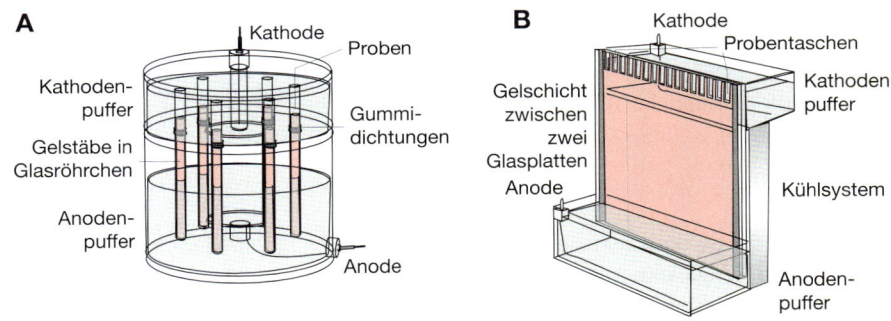

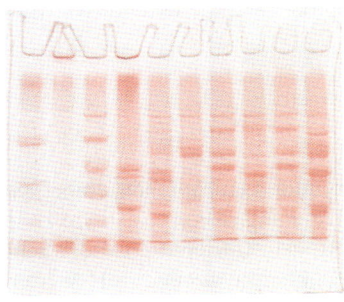

10.7 Vertikale Elektrophoreseapparaturen. A. Rundgel-Apparatur für Polyacrylamidgel-Elektrophoresen und isoelektrische Fokussierungen. B. Flachgel-Apparatur für Polyacrylamidgel-Elektrophoresen. Die Probentaschen werden bei der Gelherstellung mit Hilfe eines Kamms erzeugt. C. Trennergebnis einer Vertikalelektrophorese.

10.8 Horizontales Elektrophoresesystem. Hiermit erreicht man eine sehr effektive Kühlung. A. Meist verwendet man Gele auf Trägerfolie. B. Die Elektroden werden von oben auf die Elektrodenstreifen aufgelegt, die mit konzentriertem Elektrodenpuffer getränkt sind.

Bei **horizontalen Systemen** verwendet man meist Gele, die auf inerte Folien oder dünne Glasplatten aufgebracht sind, dabei ist die Oberfläche offen (Abb. 10.8 A). Die Proben werden direkt in Probenwannen, die bei der Gelherstellung durch eine Schablone erzeugt werden, einpipettiert oder mit Lochbändern oder Papierstückchen aufgegeben. Da die Gele bei der Trennung nicht hermetisch eingeschlossen werden, kann man auf einer Apparatur ohne weiteres unterschiedlich große Gele laufen lassen. Wie in Abbildung 10.8 B dargestellt ist, braucht man keine großen Puffervolumina und Tanks, die Elektrophoresen funktionieren auch mit Filterkartonstreifen, welche in konzentrierten Puffern getränkt worden sind. Bei der Horizontalkonstruktion hat man keine Probleme mit der Abdichtung der Pufferkammern; es können höhere Spannungen angelegt werden als bei Vertikalapparaten.

Bei den meisten Gelelektrophorese-Techniken müssen hohe Spannungen > 200 V angelegt werden, um die für die Trennung notwendigen Feldstärken zu erreichen. Um die Sicherheit im Labor nicht zu gefährden, sollten folgende Sicherheitshinweise berücksichtigt werden:

> Elektrophoresen sollen nur in geschlossenen Trennkammern durchgeführt werden. Kabel und Stecker müssen für Gleichstrom mit hohen Spannungen richtig dimensioniert und isoliert sein. Außerdem sollen sich die Stromversorger bei Kurzschlüssen sofort selbständig ausschalten. Die Elektrophoreseapparaturen müssen an einem trockenen Platz stehen. Die Stromanschlüsse der Trennkammern müssen so plaziert sein, dass bei versehentlichem Öffnen der Kammern automatisch der Stromkreis unterbrochen wird. Elektrophoresesysteme sollen so aufgestellt werden, dass eventuell auslaufender Puffer nicht in den Stromversorger gelangen kann.

Zur Auswertung der Elektropherogramme in Gelen und auf Membranen werden Densitometer, Videokameras oder Desktop-Scanner verwendet, welche die Ergebnisse in digitale Signale umsetzen. Die Trennungen werden dann mit Personalcomputern und der geeigneten Software quantitativ und qualitativ evaluiert. Die Daten können mit Datenbanken im eigenen Computer oder in einem Netzwerk verglichen und dort abgespeichert werden.

10.3.1 Probenvorbereitung

Die Proteinlösungen dürfen keine festen Partikeln oder Fetttröpfchen enthalten, weil sie die Poren der Matrix verstopfen und die Trennung stören. Deshalb sollte man die Proteinlösungen vor der Elektrophorese entfetten, filtrieren und/oder zentrifugieren. Manche Proteine und Enzyme sind gegenüber bestimmten pH-Werten oder Puffersubstanzen empfindlich, dabei kann es zu Konfigurationsänderungen, Denaturierungen, Komplexbildungen und zwischenmolekularen Wechselwirkungen kommen.

Elektrophoresen sind empfindlich gegenüber Salzen und hohen Pufferkonzentrationen in der Probe, weil dadurch zusätzlich Ionen in das System gelangen. Die Salzkonzentrationen sollen unter 50 mmol/L sein. Zur Verbesserung der Löslichkeit werden nicht-ionische Chaotrope wie Harnstoff in hohen Konzentrationen in der Probe und im Gel zugesetzt. Die Löslichkeit hydrophober Proteine wird zusätzlich durch nicht-ionische Detergenzien (z. B. Triton X-100) oder zwitterionische Detergenzien (z. B. CHAPS) gesteigert.

10.3.2 Gelmedien für Elektrophoresen

Die Gelmedien können selbst hergestellt werden. Es gibt jedoch auch eine ganze Reihe von Firmen, die fertige Gele und Puffer in verschiedenen Größen und für unterschiedliche Methoden anbieten. Die Herstellung von Gradientengelen wird in Abschnitt 10.3.5 beschrieben.

Agarosegele sind relativ großporig: 150 nm Porengröße bei 1 % (g/mL) bis 500 nm bei 0,16 %. Agarose ist ein Polysaccharid und wird aus roten Meeresalgen durch Entfernen des Agaropektins hergestellt. Die Charakterisierung des Agarosetyps erfolgt durch die Schmelztemperatur (35 bis 95 °C) und den Grad der Elektroendosmose (m_r-Wert), der von der Anzahl der polaren Restgruppen abhängig ist. Agarose wird durch Aufkochen in Wasser gelöst und geliert beim Abkühlen. Dabei bilden sich aus dem Polysaccharidsol Doppelhelices, die sich in Gruppen zu relativ dicken Fäden zusammenlagern (Abb. 10.9). Diese Struktur verleiht den Agarosegelen hohe Stabilität bei großen Porendurchmessern.

Die Gele werden in der Regel durch Ausgießen der Agaroselösung auf eine horizontale Glasplatte oder Trägerfolie hergestellt. Die Geldicke ergibt sich dabei aus dem Volumen der Lösung und der Fläche, auf die sie verteilt wird.

10.9 Struktur eines Agarosegels.

Vorteile der Agarosegele:
Sie sind ungiftig, einfach herzustellen und ideal zur Trennung hochmolekularer Proteine über 500 kDa. Da die Poren so groß sind, dass Immunglobuline eindiffundieren können, sind spezifische Nachweise von Proteinen im Gel durch Immunfixation möglich.

> **Nachteile der Agarosegele:**
> Sie sind niemals ganz Elektroendosmose-frei, haben niedrige Siebwirkung für Proteine unter 100 kDa und sind nicht ganz klar. Bei hoch empfindlichen Nachweistechniken wie der Silberfärbung kommt es zu einer starken Hintergrundfärbung.

Polyacrylamidgele sind chemisch inert und besonders stabil. Durch chemische Copolymerisation von Acrylamidmonomeren mit einem Vernetzer, meist N,N'-Methylenbisacrylamid (Bis, Abb. 10.10) erhält man ein klares, durchsichtiges Gel mit sehr geringer Elektroendosmose. Die Porengröße wird durch die Totalacrylamidkonzentration T und den Vernetzungsgrad C (von englisch *Crosslinking*) definiert (g = Gramm Einwaage):

$$T = \frac{\text{g Acrylamid} + \text{g Bis} \cdot 100}{100 \text{ mL}} \; [\%]$$

$$C = \frac{\text{g Bis} \cdot 100}{\text{g Acrylamid} + \text{g Bis}} \; [\%]$$

Ein Gel mit 5 % T und 3 % C hat einen Porendurchmesser von 5,3 nm, eines mit 20 % T von 3,3 nm. Bei konstantem C und steigendem T werden die Poren kleiner. Bei hohen *und* niedrigen C-Werten erhält man große Poren, das Minimum liegt bei $C = 5$ %. Allerdings sind Gele mit $C > 5$ % spröde und hydrophob. Sie werden nur in Sonderfällen verwendet.

Die Polymerisation erfolgt unter Luftabschluss, da Sauerstoff zum Kettenabbruch führt. Die Gele werden zur Minimierung der Sauerstoffaufnahme meist in vertikalen Gießständen polymerisiert: Rundgele in Glasröhrchen; Flachgele in Küvetten, die durch zwei Glasplatten und Dichtungen gebildet werden. Gele für Horizontalsysteme werden auf eine Trägerfolie aufpolymerisiert und zur Trennung aus der Gießküvette entnommen.

Die Polymerisationseffektivität ist abhängig von Temperatur, pH-Wert in der Lösung, T-Wert, Katalysatorkonzentration und Konzentration und Art von Zusatzstoffen. Die Gele sollten erst einen Tag nach ihrer Herstellung verwendet werden, da es eine langsame Nachpolymerisation gibt.

10.10 Struktur eines Polyacrylamidgels.

Vorteile von Polyacrylamidgelen:
Sie sind sehr stabil und klar, haben fast keine Elektroendosmose, bieten gute Siebwirkung über einen weiten Trennbereich und sind nach der Trennung einfach aufzubewahren. Sie eignen sich für viele Färbemethoden.

Nachteile von Polyacrylamidgelen:
Die Monomere sind toxisch (Haut und Nervengift), die Porengröße ist limitiert: Proteine über 800 kDa können nicht in das Gel einwandern. Basische Gele können nur kurze Zeit gelagert werden, da sie mit der Zeit hydrolysiert werden.

10.3.3 Nachweis und Quantifizierung der getrennten Proteine

Die Proteine können direkt im Gel angefärbt werden. Ein seit den 60er Jahren viel verwendeter Farbstoff ist Coomassie-Brilliant-Blau, ein Triphenylmethanfarbstoff, der ursprünglich für die Färbung von Seide und Wolle verwendet wurde. Es gibt verschiedene Varianten von Färbeprotokollen. Im einfachsten Fall wird das Gel in eine Lösung von 0,02 % Coomassie-Brilliant-Blau in 10 % Essigsäure bei 50 °C eingelegt. Die Proteine werden dabei zugleich durch die Essigsäure fixiert. Der überschüssige Farbstoff wird dann bei Raumtemperatur mit 10 % Essigsäure entfärbt. Man erreicht bei dieser Methode Nachweisempfindlichkeiten, je nach Farbstoffbindevermögen der verschiedenen Proteine, von 100 ng bis 1 μg. Andere Protokolle sind auf höhere Empfindlichkeit (bis 30 ng Protein) oder größere Schnelligkeit optimiert.

Coomassie-Brilliant-Blau
Abbildung 3.3

Ein ebenfalls häufig eingesetzter Nachweis von Proteinen ist die Silberfärbung. Sie ist deutlich empfindlicher als die Coomassie-Färbung und erreicht Nachweisgrenzen von Subnanogramm-Mengen von Protein.

Bei der **Silberfärbung** werden die Proteine meist mit Trichloressigsäure im Gel fixiert und dann in eine Silbernitratlösung eingelegt. Einige Silber-Ionen werden von den Proteinen gebunden und durch Reduktion in Silberkeime umgewandelt, initiiert von den funktionellen Gruppen und den Peptidbindungen. In einem Mechanismus ähnlich der Fotografie werden nun durch starke Reduktionsmittel alle Silber-Ionen im Gel zu metallischem Silber reduziert. Dies findet in der Nähe der Silberkeime viel schneller statt als im übrigen Gel, und daher färben sich die Proteinbanden schnell dunkelbraun bis schwarz. Damit nicht alle Silber-Ionen im gesamten Gel zu metallischem Silber reduziert werden, muss die Reaktion rechtzeitig gestoppt werden, was man gewöhnlich durch eine starke pH-Änderung mit verdünnter Essigsäure oder Glycinlösung erreicht. Auch bei der Silberfärbung gibt es eine Anzahl von verschiedenen Protokollen, die sich in der Handhabbarkeit, Schnelligkeit und Empfindlichkeit unterscheiden und immer weiter optimiert werden. Bei allen Silberfärbungen muss auf peinlichste Sauberkeit geachtet werden, d.h. es muss mit Handschuhen und reinsten Chemikalien und Lösungsmitteln gearbeitet werden, da wegen der Empfindlichkeit der Methode alle Verunreinigungen zu hohem Hintergrund oder Artefakten führen.

Sehr empfindlich können auch Nachweismethoden sein, die spezifische Eigenschaften von Proteinen ausnutzen. So können Enzyme direkt im Gel nachgewiesen werden, indem man das Gel in eine Lösung mit einem spezifischen Substrat legt, an das ein Diazofarbstoff gekoppelt ist. Auch Glykoproteine oder Lipoproteine können über spezifische Färbungen im Gel erkannt werden.

Falls Antikörper gegen interessierende Proteine vorhanden sind, können diese auch zum spezifischen Nachweis und eventuell sogar zur Quanitifizierung über immunologische Verfahren verwendet werden. Dabei ist der große Vorteil, dass nur das Antigen erkannt wird und so auch ohne vollständige Aufreinigung Aussagen über ein einzelnes Protein in einem komplexen Gemisch möglich sind.

Western Blotting
Abschnitt 5.3.3

Die empfindlichste Nachweismethode für elektrophoretisch getrennte Proteine, die radioaktiv markiert sind, sind die Autoradiographie und die Fluorographie. Nach der Elektrophorese wird die radioaktive Emission der Proteinbanden über die Schwärzung von Röntgenfilmen sichtbar gemacht. Die Empfindlichkeit dieser Methode übertrifft alle anderen bisher besprochenen Nachweismethoden um mehrere Größenordnungen.

Densitometrie

Fast immer müssen die gelelektrophoretisch aufgetrennten und gefärbten Proteine quantitativ bestimmt werden. Die quantitative Auswertung von Färbungsintensitäten ist aber mit dem bloßen Auge praktisch unmöglich. Dazu müssen sog. **Densitometer** eingesetzt werden, mit denen die Lichtabsorption einer elektrophoretischen Bande oder eines Proteinspots in einem Gel gemessen werden kann.

Im Prinzip wird eine bewegliche Lichtquelle über das Gel geführt und die Absorption an jeder Stelle des Gels gemessen und computerunterstützt verarbeitet (Scanner). Bei eindimensionalen Gelen erhält man eine Kurve der Extinktion ln I_0/I über die Gellänge, wobei I_0 die eingestrahlte Intensität und I die am Detektor gemessene Intensität. Bei der Auswertung 2-dimensionaler Gele wird die Extinktion als Funktion der Gelfläche dargestellt, etwa wie bei einer Landkarte mit Höhenlinien. Dabei entspricht jeder Position auf der Gelfläche eine Extinktion als dritte Dimension (die Höhenlinie). Als Lichtquellen werden Laser verwendet oder Weißlichtlampen, die durch entsprechende Filter auf den optimalen Wellenlängenbereich eingestellt werden.

Lambert Beersches Gesetz
Abschnitt 4.3.1

> Nach dem Lambert Beerschen Gesetz nimmt die Extinktion einer verdünnten Lösung linear zur Konzentration zu. Bei der Densitometrie von elektrophoretischen Banden oder Spots stimmt dieser Zusammenhang aber nicht mehr, da dort die Proteinkonzentration sehr hoch ist und die Färbung in eine Sättigung übergeht, so dass über bestimmten Absorptionswerten (Extinktion > 2,5 bei Weißlichtscannern und > 4 bei Laserscannern) hyperbolische oder sigmoidale Abhängigkeiten beobachtet werden. Dazu trägt bei, dass während der Färbung starken Spots in der Gelumgebung relativ weniger Farbstoff zur Verfügung steht als schwachen Spots, die daher eine für sie maximale Menge an Farbstoff binden können – deswegen werden schwache Spots in ihrer Menge oft überschätzt und große Proteinmengen unterschätzt.

Die Auswertung erfolgt nach Eichung der Geräte über photographische Graukeile über die Proportionalität der Proteinkonzentration und der Bandenintensität im Falle von eindimensionalen Gelen oder des Spotvolumens im Falle von 2-dimensionalen Gelen.

Die **Auflösung** eines Densitometers hängt von der Breite der Lichtstrahls, von der Fokussierung des Lichtstrahls und von der Schrittweite der einzelnen Messungen ab. Je breiter ein Lichtstrahl ist, desto eher wird er mehr als eine Bande erfassen und Maxima, Minima und schmale getrennte Banden nicht mehr richtig darstellen. Die Breite des Lichtstrahls kann aber nicht beliebig klein gemacht werden, da sonst die Intensität abnimmt und dies die Messergebnisse verschlechtert. Das Optimum für Weißlicht liegt etwa bei 100 μm Strahlbreite, bei Laserlicht bei 50 μm.

Weißlichtstrahlen werden mit optischen Linsen auf die Geloberfläche fokussiert und geben daher bei dickeren Gelen eine schlechtere Auflösung. Hier hat das hochparallele Laserlicht Vorteile. Wichtig für optimale Ergebnisse ist auch die Schrittweite des Densitometers, d. h. der Abstand zwischen zwei Messungen, der kleiner als die Breite des Lichtstrahles sein sollte.

Die Auswertung vor allem von 2-dimensionalen Gelen erfolgt heute praktisch ausschließlich computerunterstützt, wobei mächtige, spezialisierte Softwarepakete die Subtraktion der Hintergrundfärbung, die Spoterkennung, Quantifizierung und die Dokumentation übernehmen. Auch für den Vergleich von Proteinmustern verschiedener Gele, zwischen denen – technisch bedingt – immer kleine Unterschiede und Verzerrungen existieren, kann diese Software genutzt werden. Die Qualität der Resultate hängt aber weitgehend von der Qualität der Gele ab, und manuelle Nachbearbeitung vor allem bei der Spoterkennung ist heute noch unerlässlich.

10.3.4 Zonenelektrophorese

Das Trennprinzip der Zonenelektrophorese beruht auf den unterschiedlichen Wanderungsgeschwindigkeiten der geladenen Teilchen im elektrischen Feld. Die elektrophoretische Mobilität ist abhängig von der Ladung, Größe und Form der Proteine. In einem restriktiven Medium ist die Mobilität stärker vom Moleküldurchmesser abhängig als in einem großporigen Medium. Die Ladung wird beeinflusst vom pH-Wert des Puffers und der Temperatur. In den meisten Fällen werden basische Puffer verwendet, die Proteine sind dann negativ geladen und wandern in Richtung Anode. Die *relative* elektrophoretische Mobilität bestimmt man, indem man einen ionischen Farbstoff, z. B. Bromphenolblau, als Standard mitlaufen lässt.

In der Praxis werden Feldstärken von 10 bis 100 V/cm verwendet. Die Trennzeiten erstrecken sich je nach Trennproblem und Apparatekonstruktion von 30 Minuten bis über Nacht. Die elektrophoretischen Mobilitäten werden meist als interne Zwischenwerte verwendet. Typische Werte findet man selten in der Literatur, weil dazu viele Parameter definiert werden müssen. Bei Proteinen versucht man daher immer die Molekülgröße, das Molekulargewicht oder den isoelektrischen Punkt zu bestimmen.

> Bei Proteinen kann wegen ihrer unterschiedlichen dreidimensionalen Strukturen nicht von der Molekülgröße auf das Molekulargewicht geschlossen werden.

Der Ferguson-Plot Bei der Elektrophorese im restriktiven Gel sind die elektrophoretischen Mobilitäten der Proteine sowohl von der Anzahl ihrer Nettoladungen als auch vom Molekülradius abhängig. Dennoch kann man mit dieser Methode auch physiko-chemische Parameter von Proteinen bestimmen: Man trennt die Proben unter identischen Puffer-, Zeit- und Temperaturbedingungen, jedoch in Gelen unterschiedlicher Konzentrationen auf. In den verschiedenen Gelen erhält man unterschiedliche Laufstrecken. Man bestimmt jeweils die relative Mobilität m_r. Trägt man die m_r-Werte des Proteins logarithmisch über den Gelkonzentrationen auf, so ergibt sich eine Gerade.

Die Steigung der Geraden (Abb. 10.11) ist ein Maß für die Molekülgröße und ist definiert als der Retardationskoeffizient, der K_R-Wert. Bei globulären Proteinen besteht eine lineare Beziehung zwischen K_R und dem Molekülradius r (Stokes-Radius), damit kann man die Molekülgröße aus der Steigung der Geraden berechnen. Wenn die freie Mobilität und der Molekülradius bekannt sind, kann man auch die Nettoladung berechnen. Bei Proteingemischen lassen sich auf Grund der Lage der Proteingeraden folgende Aussagen machen:

- Parallele Geraden treten bei Proteinen mit identischer Größe, aber unterschiedlicher Nettoladung auf, z. B. bei Isoenzymen (Abb. 10.11 A).
- Schneiden sich mehrere Geraden in einem Punkt, der sich im Bereich $T < 2\%$ befindet, liegen verschiedene Polymere eines Proteins mit gleicher Nettoladung, aber unterschiedlichen Molekülgrößen vor (Abb. 10.11 B).

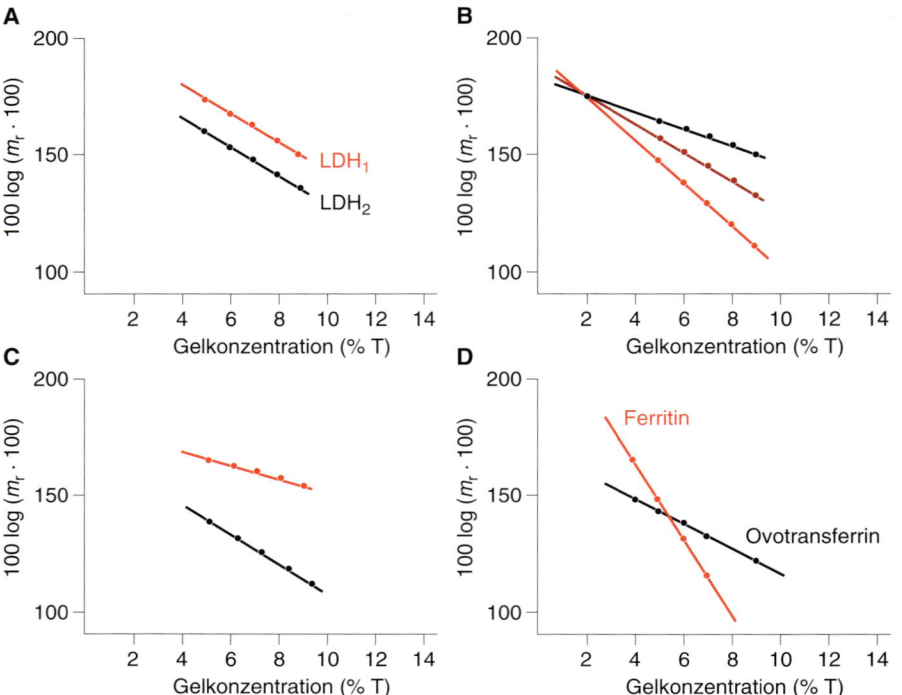

10.11 Beim Ferguson-Plot trennt man die gleichen Proben in Nativgelen mit unterschiedlichen Porengrößen auf. Trägt man die Logarithmen der relativen Laufstrecken über den Gelkonzentrationen auf, ergeben sich Geraden. Zur Interpretation von A, B, C und D siehe Text.

- Schneiden sich Geraden mit unterschiedlicher Steigung nicht, ist das Protein der oberen Gerade kleiner und stärker geladen als das andere (Abb. 10.11 C).
- Kreuzen sich die Geraden im Bereich über $T = 2\ \%$, ist das Protein, welches die y-Achse weiter oben schneidet, größer und stärker geladen als das andere (Abb. 10.11 D).

10.3.5 Porengradientengele

Molekülgrößen von Proteinen kann man auch in Porengradientengelen ermitteln. Diese Gradienten erhält man durch kontinuierliche Veränderung der Monomerkonzentration in der Polymerisationslösung. Wählt man die Monomerkonzentration und den Vernetzungsgrad hoch genug, bleiben die Proteine im stets engmaschiger werdenden Gelnetzwerk je nach Größe an bestimmten Stellen stecken. Die Wanderungsgeschwindigkeiten der einzelnen Proteinmoleküle sind auch von ihren Ladungen abhängig, deshalb muss die Elektrophorese so lange dauern, bis auch das Protein mit der niedrigsten Ladung seinen Endpunkt erreicht hat. Auf diese Weise kann man allerdings keine Molekulargewichte messen, die ja zur Länge der Polypeptidfäden proportional sind, weil die Tertiärstrukturen der Proteine unterschiedlich sind: Strukturproteine kann man nicht mit globulären Proteinen vergleichen.

Für die Herstellung von Gelen mit linearen oder exponentiellen Porengradienten sind mehrere Methoden entwickelt worden. Hier wird die einfachste beschrieben: Man benötigt zwei Polymerisationslösungen mit unterschiedlichen Monomerkonzentrationen. Während des Gelgießens setzt man mit Hilfe eines Gradientenmischers der hochkonzentrierten Lösung kontinuierlich niederkonzentrierte Lösung zu, dann nimmt die Konzentration in der Polymerisationskassette von unten nach oben ab (Abb. 10.12).

Damit sich die Schichten in der Kassette nicht vermischen, wird die hoch konzentrierte Lösung mit Glycerin oder Saccharose beschwert. Verwendet man eine offene Mischkammer, erhält man einen linearen Gradienten. Dann gilt das Prinzip der kommunizierenden Röhren: Es fließt halb so viel leichte Lösung nach, wie aus der Mischkammer ausfließt, damit sind beide Flüssigkeitsniveaus immer

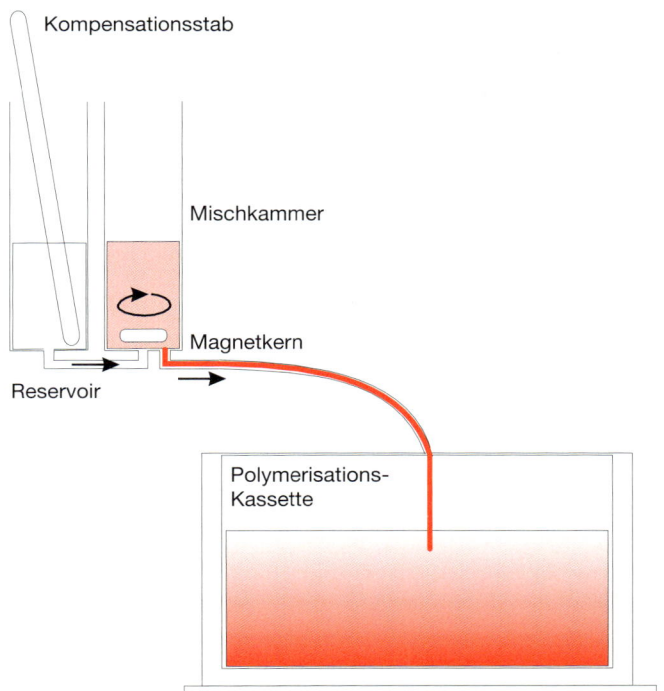

10.12 Gießen eines linearen Gradientengels. Zur Stabilisierung des Gradienten wird die Lösung in der Mischkammer mit Saccharose oder Glycerin beschwert. Damit das Flüssigkeitsniveau in den beiden kommunizierenden Gefäßen gleich bleibt, fließt ständig halb so viel Flüssigkeit aus dem Reservoir in die Mischkammer, wie von dort in die Polymerisationskassette fließt. Dort erfolgt eine kontinuierliche Überschichtung der Lösung mit abnehmender Dichte.

gleich hoch. Mit einem Stab im Reservoir kompensiert man das Volumen des Magnetkernes und den Dichteunterschied zwischen den Lösungen.

Für exponentielle Gradienten wird die Mischkammer mit einem Stempel verschlossen. Weil das Volumen in der Mischkammer konstant bleibt, fließt soviel leichte Lösung nach, wie aus der Mischkammer ausfließt.

10.3.6 Puffersysteme

Für Proteine mit isoelektrischen Punkten im sauren und neutralen pH-Bereich kann man homogene Puffer wie Tris-HCl oder Tris-Glycin pH 9,1, Tris-Barbiturat und Tris-Tricin pH 7,6 verwenden. Für basische Proteine benötigt man saure Puffer wie Glycinacetat pH 3,1 oder Aluminiumlactat pH 3,1 und lässt die Trennung in Richtung Kathode laufen. Wenn engporige Polyacrylamidgele verwendet werden, kann es beim Probeneintritt zum Aggregieren und Präzipitieren eines Teils der Proteine kommen.

10.3.7 Disk-Elektrophorese

Mit der diskontinuierlichen Elektrophorese verhindert man das Aggregieren von Proteinen beim Eintritt in das Gel und erhält schärfere Banden. Die Gelmatrix wird hierfür in zwei Bereiche eingeteilt: das engporige Trenngel und das weitporige Sammelgel. Außerdem kombiniert man verschiedene Puffer miteinander.

Das Tris-Chlorid/Tris-Glycin-System, ursprünglich entwickelt von Ornstein und Davis, wird sehr häufig eingesetzt und soll deshalb exemplarisch beschrieben werden (Abb. 10.13): Das Trenngel enthält 0,375 mol/L Tris-HCl pH 8,8, das Sammelgel 0,125 mol/L Tris-HCl pH 6,8. Dieser pH-Wert liegt sehr nahe beim isoelektrischen Punkt des Glycins im Elektrodenpuffer. Dadurch hat Glycin zum Beginn der Trennung eine sehr niedrige elektrophoretische Mobilität (Folge-Ion). Die Chlorid-Ionen in den Gelpuffern haben hingegen eine sehr hohe Mobilität (Leit-Ion). Wenn man das Proteingemisch zwischen diesen Ionen auf das weit-

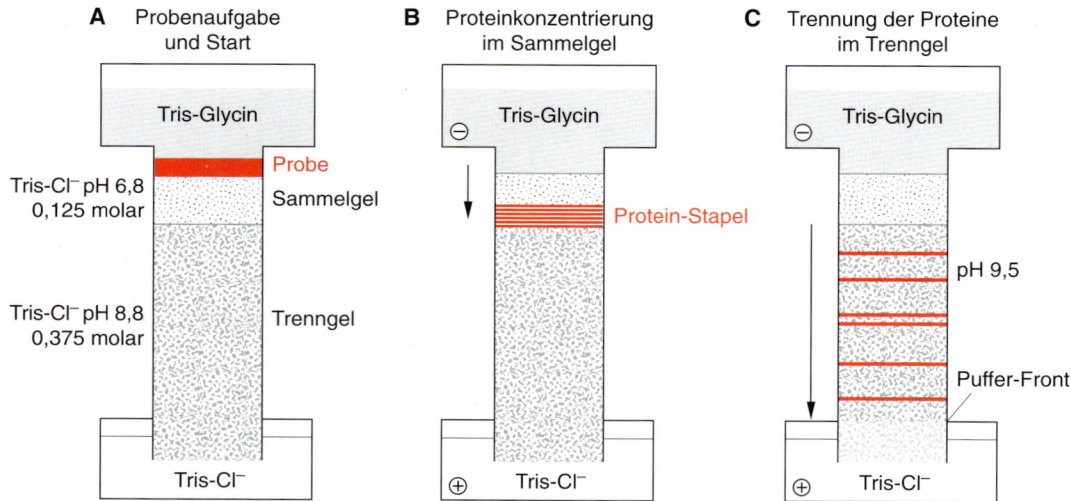

10.13 Das Prinzip der diskontinuierlichen Elektrophorese: Die Probe wird auf ein weitporiges Sammelgel zwischen Chlorid-Ionen mit hoher Mobilität und Glycin-Ionen mit niedriger Mobilität aufgetragen. Im elektrischen Feld wird während der Ionenwanderung ein Proben-Ionen-Stapel erzeugt, der sich bei Erreichen der Kante des engporigen Trenngels schlagartig auflöst. Ab diesem Moment erhält man automatisch eine Zonenelektrophorese mit scharfen Proteinzonen.

porige Sammelgel aufträgt, liegen die Mobilitäten der Protein-Ionen zwischen denen der Leit- und Folge-Ionen.

Beim Anlegen des elektrischen Feldes beginnen in diesem diskontinuierlichen System alle Ionen mit der gleichen Geschwindigkeit zu wandern. Diesen Vorgang nennt man **Isotachophorese**. Keines der Ionen kann auf Grund seiner Mobilität schneller oder langsamer wandern als die anderen, weil sich sonst eine Lücke zwischen den Ionen ergeben würde. Im Bereich der Ionen mit hoher Mobilität (Leit-Ion) stelle sich eine niedrige Feldstärke ein. Im Bereich der Ionen mit niedriger Mobilität (Folge-Ion) ist die Feldstärke automatisch sehr hoch. Somit befinden sich die Protein-Ionen in einem Feldstärkegradienten und bilden während der Wanderung einen Stapel in der Reihenfolge ihrer Mobilitäten (Stapeleffekt oder „Stacking"-Effekt): Die Protein-Ionen mit der höchsten Mobilität folgen unmittelbar dem Leit-Ion, die mit der niedrigsten Mobilität werden vor den Folge-Ionen hergeschoben. Im elektrischen Feld gibt es eine Regulationsfunktion: Wandert eine Komponente in die Zone höherer Mobilität, ist sie im Bereich niedriger Feldstärke und fällt zurück, wandert eine Komponente zu langsam, wird sie durch die höhere Feldstärke in diesem Bereich nach vorne beschleunigt. Der Stapeleffekt hat mehrere Vorteile: Die Proteine wandern langsam in die Gelmatrix und aggregieren damit nicht mehr, es erfolgt eine Vortrennung und Aufkonzentrierung der Zonen beim Start.

Der Proteinstapel bewegt sich relativ langsam mit konstanter Geschwindigkeit in Richtung Anode, bis er an die Grenzschicht des engporigen Trenngels gelangt. Die Proteine erfahren plötzlich einen hohen Reibungswiderstand, es gibt einen Stau, der zur weiteren Zonenschärfung führt. Das niedermolekulare Glycin wird davon nicht beeinflusst und überholt die Proteine. Jetzt befinden sich die Proteine plötzlich in einem homogenen Puffer, dadurch löst sich der Stapel auf, und die einzelnen Komponenten beginnen sich nach dem zonenelektrophoretischen Prinzip aufzutrennen. Die Folge der Protein-Ionen arrangiert sich neu, weil im engporigen Trenngel die Molekülgröße einen erheblichen Einfluss auf die Mobilität hat. Die Proteine erhalten höhere Nettoladungen, weil der pH-Wert auf pH 9,5 steigt.

Das Sammelgel wird erst unmittelbar vor der Elektrophorese auf das Trenngel aufpolymerisiert, weil ansonsten die Ionen ineinander diffundieren würden.

In der Praxis wird häufig der Fehler gemacht, dass der Tris-Glycin-Puffer mit Salzsäure titriert wird, weil weit verbreitete – irreführende – Vorschriften für diesen Puffer einen pH-Wert 8,4 angeben. Dann kann der Stapeleffekt nicht funktionieren, und es wandern beinahe ausschließlich die Chlorid-Ionen, bis keine mehr im Kathodenpuffer vorhanden sind. Die Folgen sind sehr lange Laufzeiten (bis zu über Nacht) und ungenügend aufgelöste Banden. Bei der Herstellung des Tris-Glycin-Puffers sollte man sich das Messen des pH-Wertes sparen.

Zur Trennung basischer Proteine mit pI > 6,8 verwendet man ein anderes Puffersystem, weil diese im oben beschriebenen System in Richtung Kathode wandern und verloren gehen würden. Es gibt Proteine, die ausschließlich in sauren Puffersystemen mit kathodischer Wanderungsrichtung getrennt werden können.

10.3.8 Saure Nativelektrophorese

Es gibt eine Reihe von Fragestellungen, bei denen basische Proteine getrennt werden müssen, z. B. bei der Sortendifferenzierung oder -identifizierung von Getreide. Hierzu benötigt man ein saures Puffersystem, in dem diese Proteine positiv geladen sind und zur Kathode wandern. In Abbildung 10.14 ist eine saure Nativelektrophorese von positiv geladenen, alkohollöslichen Proteinen (Weizengliadinen) im horizontalen Polyacrylamidgel gezeigt. Es wurde ein HEPES-Puffer pH 5,5 verwendet, und das Gel mit Coomassie-Brilliant-Blau angefärbt.

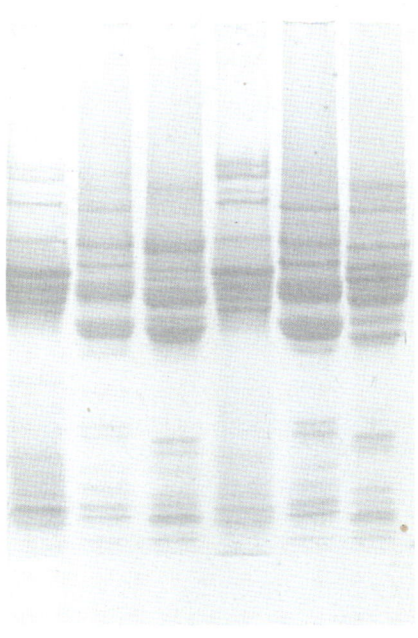

10.14 Saure Nativ-Polyacrylamidgel-Elektrophorese von alkoholischen Weizenextrakten.

10.3.9 SDS-Polyacrylamidgel-Elektrophorese

SDS (Abkürzung für *sodium dodecyl sulfate*, Natriumdodecylsulfat) ist ein anionisches Detergenz und überdeckt die Eigenladungen von Proteinen so effektiv, dass Micellen mit konstanter negativer Ladung pro Masseneinheit entstehen: mit ca. 1,4 g SDS pro g Protein. Bei der Probenvorbereitung werden die Proben mit einem Überschuss von SDS auf 95 °C erhitzt, und so die Tertiär- und Sekundärstrukturen durch Aufspalten der Wasserstoffbrücken und durch Streckung der Moleküle aufgelöst. Schwefelbrücken zwischen Cysteinen werden durch die Zugabe einer reduzierenden Thiolverbindung, z. B. β-Mercaptoethanol oder Dithiothreitol, aufgespalten. Die mit SDS beladenen, gestreckten Aminosäureketten bilden Ellipsoide.

Wegen der hohen Auflösung, die mit der diskontinuierlichen Elektrophorese erreicht werden kann (Abschnitt 10.3.7), wird standardmäßig für Proteintrennungen ein von U. K. Laemmli eingeführtes SDS-haltiges, diskontinuierliches Tris-HCl/Tris-Glycin-Puffersystem eingesetzt.

Bei der Elektrophorese im Polyacrylamidgel mit 0,1 % SDS erhält man über bestimmte Bereiche eine lineare Beziehung zwischen dem Logarithmus der Molekulargewichte und den Wanderungsstrecken der SDS-Polypeptid-Micellen (Abb. 10.15). Mit Hilfe von Standards lassen sich die Molekulargewichte der Proteine ermitteln.

Bei Gelen mit konstanten T-Werten erstreckt sich die Linearität über einen limitierten Bereich, der vom Größenverhältnis Molekulargewicht zu Porendurchmesser bestimmt ist. Der gesamte und auch der lineare Trennbereich ist bei Porengradientengelen erheblich weiter als bei Gelen mit konstanten Porendurchmessern. Die Banden sind schärfer, weil das Gradientengel der Diffusion entgegenwirkt.

Bei manchen Trennungen, z. B. bei Serum oder Urinproteinen, wird die Probe nicht reduziert, damit die Immunglobuline nicht in Untereinheiten zerfallen. Allerdings sind dann einige Polypeptide unvollständig aufgefaltet und wandern schneller durch das Gel als sie auf Grund ihres Molekulargewichts dürften: Die Albuminbande mit 68 kDa erscheint dann bei 54 kDa. Man kann also nur die

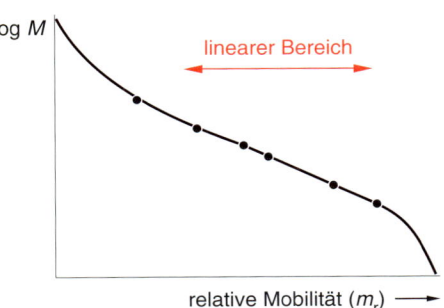

10.15 Molekulargewichtskurve in der SDS-Elektrophorese. Die Lage des linearen Bereichs ist abhängig von der Gelkonzentration.

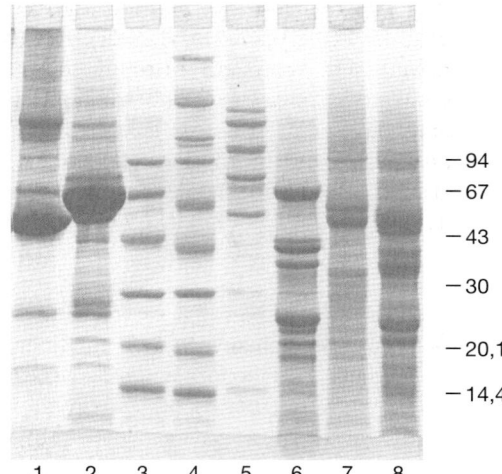

10.16 SDS-Polyacrylamidgel-Elektrophorese von Seren und Markerproteinen.

Molekulargewichte von Untereinheiten exakt bestimmen. In manchen Fällen lässt man die gleiche Probe in einer Spur in der reduzierten, in einer zweiten in der nicht-reduzierten Form laufen, um Proteine mit Quartärstruktur zu erkennen. In Abbildung 10.16 erkennt man die Unterschiede der Bandenmuster eines Serums, das nicht reduziert wurde (Spur 1) und eines reduzierten Serums (Spur 2).

SDS-Elektrophorese für niedermolekulare Peptide Die Auflösung von Peptiden < 15 kDa ist bei den meist verwendeten Puffern, z. B. Tris-Glycin-HCl-System sehr schlecht, weil diese in der Front mitwandern und nicht genügend entstapelt werden. Mit der Methode nach Schägger und von Jagow, bei welcher die Molarität der Puffer erhöht und anstelle von Glycin Tricin als Folge-Ion verwendet wird, ergibt sich eine lineare Auflösung von 100 Da bis 1 kDa.

Glykoproteine Glykoproteine werden nicht so stark mit SDS beladen wie nicht-glykolisierte Proteine und wandern deshalb bei der SDS-Elektrophorese langsamer als ein nicht-glykolisiertes Protein gleicher Größe. Wenn man zur Probenvorbereitung einen Tris-Borat-EDTA-Puffer verwendet, werden auch die Zuckeranteile negativ geladen und damit die Wanderungsgeschwindigkeit erhöht.

> **Vorteile der SDS-Elektrophorese:**
> Mit SDS gehen auch sehr hydrophobe und denaturierte Proteine in Lösung. Proteinaggregationen werden verhindert, weil die Oberflächen negativ geladen sind. Man erreicht schnelle Trennungen, weil die SDS-Protein-Micellen hohe Ladungen tragen. Alle Proteine wandern in eine Richtung. Die Trennung erfolgt nach *einem* Parameter, dem Molekulargewicht. Man erhält eine Bande für ein Enzym, da Ladungsheterogenitäten nicht angezeigt werden.
>
> **Nachteile der SDS-Elektrophorese:**
> SDS denaturiert die Proteine, teilweise sogar irreversibel. Für taxonomische Bestimmungen ist sie meist ungeeignet, da Aminosäurenaustausche, die Ladungsunterschiede ergeben, nicht erkannt werden können. SDS ist nicht mit nicht-ionischen Detergenzien kompatibel, die z. B. zur Solubilisierung hydrophober Membranproteine eingesetzt werden.

10.3.10 Blaue Nativ-Polyacrylamidgel-Elektrophorese

Da der anionische Farbstoff Coomassie-Brilliant-Blau an hydrophobe Bereiche von Proteinen bindet, eignet er sich als Detergenzersatz während der Elektrophorese von Membranproteinen. Die mit nicht-ionischen Detergenzien solubilisierten Membranproteine werden auf ein natives Elektrophoresegel aufgegeben, in das Coomassie-Blau miteingegossen wurde. Während des Laufes wird kontinuierlich das Detergenz gegen den Farbstoff ausgetauscht. Analog zur SDS-Elektrophorese sind alle Protein-Farbstoff-Komplexe negativ geladen und wandern zur Anode. Die Membranproteine werden somit während des Laufes sichtbar, können aus dem Gel ausgeschnitten und unter nativen Bedingungen eluiert werden.

10.3.11 Isoelektrische Fokussierung

Die isoelektrische Fokussierung (IEF) ist ein elektrophoretisches Verfahren, bei der ein Protein oder Peptid im elektrischen Feld durch einen **pH-Gradienten** wandert, bis es an den pH-Wert gelangt, an dem seine Nettoladung Null ist und damit auch seine Wanderungsgeschwindigkeit. Dies ist sein isoelektrischer Punkt. Die Nettoladung eines Proteins ist die Summe aller negativen und positiven Ladungen an den Aminosäurenseitengruppen, wobei auch die dreidimensionale Konfiguration des Proteins eine Rolle spielt. Auch Phosphorylierung, Glykosylierung und Oxidationszustand beeinflussen den Ladungszustand. Manche Mikroheterogenitäten in IEF-Mustern lassen sich auf diese Molekülmodifikationen zurückführen.

Trägt man die Nettoladungen eines Proteins über den pH-Werten auf, so ergibt sich eine charakteristische Kurve, welche die x-Achse am isoelektrischen Punkt pI schneidet. Wenn man ein Proteingemisch an einer Stelle eines pH-Gradienten aufträgt, haben die verschiedenen Proteine unterschiedliche Nettoladungen. Im elektrischen Feld wandern die Proteine bis zu ihrem jeweiligen pI. Ab diesem Punkt können sie nicht mehr weiterwandern, da sie ja keine Ladung mehr tragen. Die IEF ist deshalb im Unterschied zu anderen Elektrophoresen, bei denen die Wanderungsstrecke auch durch die Zeit beeinflusst wird, eine Endpunktmethode. Zudem beinhaltet sie einen Konzentrierungseffekt, welcher der Diffusion entgegenwirkt. Wenn ein Protein von seinem pI wegdiffundiert, erhält es sofort eine Ladung und wird vom elektrischen Feld zu seinem pI zurücktransportiert (Abb. 10.17).

Das Auflösungsvermögen der isoelektrischen Fokussierung wird folgendermaßen definiert:

$$\Delta pI = \sqrt{\frac{D[d(pH)/dx]}{E[-du/d(pH)]}}$$

Dabei ist ΔpI das Auflösungsvermögen, D der Diffusionskoeffizient des Proteins, E die Feldstärke (V/cm), $d(pH)/dx$ der pH-Gradient und $du/d(pH)$ die Mobilitätssteigung des Proteins am pI.

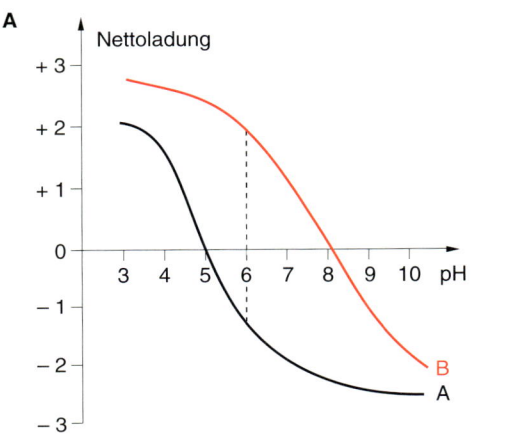
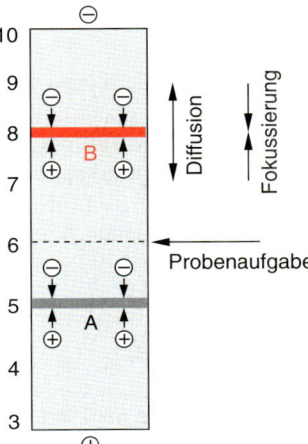

10.17 Das Prinzip der isoelektrischen Fokussierung. A: Nettoladungskurven von zwei verschiedenen Proteinen A und B. B: Trägt man diese zwei Proteine an einer bestimmten Stelle in einem pH-Gradienten auf, sind sie dort entweder positiv oder negativ geladen. Im elektrischen Feld wandern die Proteine bis an ihren pI und bleiben dort stehen. Durch das elektrische Feld werden sie an ihrem pI fokussiert, da sie in der Umgebung des pI wieder geladen werden und damit an den pI zurückwandern.

ΔpI ist das Minimum der pH-Differenz, die nötig ist, um zwei benachbarte Banden aufzulösen. Aus der Formel kann man erkennen, wie man die Auflösung steigern kann: Enge pH-Gradienten werden für die erhöhte Auflösung für Proteine mit ähnlichen pIs verwendet. Dies zeigt auch die Limitierung der isoelektrischen Fokussierung: Die Feldstärke kann man durch hohe Spannungen erhöhen, aber nicht uneingeschränkt. Die Steigung der Mobilität eines Proteins an seinem pI kann man nicht beeinflussen.

Die IEF kann sowohl analytisch als auch präparativ durchgeführt werden. Präparative Anwendungen sind in Abschnitt 10.4.3 beschrieben.

Trennmedien

Analytische IEF wird in Polyacrylamid- oder in Agarosegelen durchgeführt. Die besten Ergebnisse erzielt man mit großporigen und sehr dünnen, auf Folie gegossenen Gelen. Die isoelektrische Fokussierung in Agarosegelen ist erst möglich, seit man die Eigenladungen der Agarose durch Abtrennung der Agaropectinreste aus dem Agarrohmaterial überdecken oder entfernen kann. 0,8 bis 1,0 % Agarose wird verwendet.

> **Vorteile der Agarosegele:**
> Die Trennungen sind schneller, auch Proteine über 800 kDa können aufgetrennt werden. Agarose ist ungiftig und enthält keine störenden Katalysatoren.
>
> **Vorteile der Polyacrylamidgele:**
> Weniger Hintergrundfärbung und geringere Elektroendoosmose, vor allem im basischen Bereich. Es können auch Gele mit hohen Harnstoffkonzentrationen hergestellt werden.

Weitere Eigenschaften der beiden Gele sind in Abschnitt 10.3.2 aufgeführt.

Messung der pH-Gradienten

Problematisch ist die Messung der pH-Gradienten mit Elektroden, da diese bei niedrigen Temperaturen sehr langsam reagieren. Außerdem diffundiert Kohlendioxid aus der Luft in das Gel und bildet mit Wasser Carbonat-Ionen: Dadurch verringern sich die pH-Werte. Weniger Fehler macht man, wenn man Standardproteine mit bekannten pIs mitlaufen lässt. Die pIs der Probenproteine kann man mit Hilfe einer pH-Eichkurve ermitteln. Für die Bestimmung der pIs in Harnstoffgelen gelten vollständig andere Bedingungen (Verschiebung des Gradienten, Dissoziation der Proteine in Untereinheiten und Konformationsänderungen).

Arten von pH-Gradienten

Der pH-Gradient soll möglichst stabil sein mit gleichmäßiger und konstanter Leitfähigkeit und Pufferkapazität. Diese Anforderungen werden durch zwei verschiedene Konzepte erfüllt: pH-Gradienten aus freien Trägerampholyten und immobilisierte pH-Gradienten, bei welchen die puffernden Gruppen Bestandteil des Geles sind.

Trägerampholyte

Trägerampholyte sind heterogene Synthesegemische aus mehreren hundert unterschiedlichen, niedermolekularen aliphatischen Oligoamino-Oligocarbonsäuren, die sich in ihren isoelektrischen Punkten unterscheiden. Ideale Trägerampholyte weisen folgende Eigenschaften auf:

- hohe Pufferkapazität und Löslichkeit am pI,
- gute und gleichmäßige Leitfähigkeit am pI,
- Freiheit von biologischen Effekten,
- niedriges Molekulargewicht.

Die unterschiedlichen amphoteren Homologe müssen gleich konzentriert sein. Es darf keine Lücken im pH-Spektrum geben. Nicht geeignet sind in der Natur vorkommende Ampholyte, wie Aminosäuren und Peptide, da diese an ihren pIs eine sehr niedrige Pufferkapazität haben.

In der Regel werden Gele mit 2 % Trägerampholyten verwendet. Sie haben zu Beginn einen einheitlichen Durchschnitts-pH-Wert. Fast alle Trägerampholyte sind geladen: die basischen positiv, die sauren negativ. Wird ein elektrisches Feld angelegt, bildet sich ein pH-Gradient: Die negativ geladenen Trägerampholyte wandern zur Anode, die positiv geladenen zur Kathode, dabei wird die anodische Seite des Gels saurer, die kathodische basischer. Die Trägerampholytmoleküle mit dem niedrigsten pI wandern bis an das anodische, die mit dem höchsten an das kathodische Ende des Gels. Die anderen Trägerampholyte arrangieren sich dazwischen in der Reihenfolge ihrer pIs und geben diesen pH-Wert an ihre Umgebung ab. Auf diese Weise entsteht ein relativ stabiler, kontinuierlicher pH-Gradient. Dabei entladen sich die Trägerampholyte: Die Leitfähigkeit im Gel nimmt ab. Die pH-Gradienten sind temperaturabhängig, deshalb müssen diese Trennungen bei definierten Temperaturen durchgeführt werden.

Elektrodenlösungen

Um die Gradienten möglichst stabil zu halten, legt man meist zwischen Gel und Elektroden Filterkartonstreifen, die in Elektrodenlösungen getränkt sind: eine Säure an der Anode und eine Base an der Kathode. Gelangt ein saures Trägerampholytmolekül an die Anode, wird seine basische Gruppe positiv geladen und von der Anode abgestoßen.

Separator-IEF

Sollte das Auflösungsvermögen nicht ausreichen, kann man **Separatoren** zumischen: Aminosäuren oder amphotere Puffersubstanzen, die den pH-Gradienten in der Nähe ihres pI abflachen. Dadurch erreicht man eine vollständige Trennung sonst sehr eng benachbarter Proteinbanden: z. B. kann glykosyliertes Hämoglobin von der eng benachbarten Hämoglobinhauptbande durch einen Zusatz von 0,33 mol/L β-Alanin bei 15 °C getrennt werden.

Kathodendrift

Bei langen Fokussierungszeiten beginnt der Gradient nach einer gewissen Zeit in beide Richtungen, vor allem zur Kathode, zu driften. Dies führt zum Verlust basischer Proteine.

> **Vorteile von Trägerampholyten-IEF:**
> Man kann zwischen Agarose- und Polyacrylamidgelen wählen. Die Gele sind einfach herzustellen. Trägerampholyte wirken als zwitterionische Puffer, sie halten Proteine in Lösung.

Nachteile von Trägerampholyten-IEF:
Die Zusammensetzung verschiedener Chargen und damit der Verlauf der pH-Gradienten ist wegen der komplexen Herstellung nicht vollständig reproduzierbar. Adduktbildung mit manchen Substanzen, auch mit einigen Proteinen.

Immobilisierte pH-Gradienten

Immobilisierte pH-Gradienten (IPG) unterscheiden sich grundsätzlich von mit Trägerampholyten erzeugten pH-Gradienten dadurch, dass sie in die Gelmatrix einpolymerisiert sind. Dazu werden sogenannte **Immobiline** eingesetzt, die nicht amphoter, sondern bifunktionell sind und folgende Strukturformel aufweisen:

$$H_2C=CH-\overset{\overset{O}{\|}}{C}-NHR$$

Dabei enthält R eine puffernde Gruppe, entweder eine Carboxy- oder eine tertiäre Aminogruppe, wie in Tabelle 10.1 gezeigt ist. Diese Immobiline sind Acrylamidderivate und zugleich schwache Säuren oder schwache Basen, die durch ihre pK-Werte definiert sind. Um einen bestimmten pH-Wert puffern zu können, benötigt man mindestens zwei verschiedene Immobiline, eine Säure und eine Base. In Abbildung 10.18 ist schematisch ein Polyacrylamidgel mit einpolymerisierten Immobilinen gezeigt, der pH-Wert ergibt sich durch das Mischungsverhältnis der Immobiline.

pH-Gradientengele erhält man durch kontinuierliches Verändern des Immobilin-Mischungsverhältnisses während des Gelgießens, analog zu Porengradientengelen (Abschnitt 10.3.5). Das Prinzip ist eine Säure-Base-Titration, der jeweilige pH-Wert auf der Kurve ist durch die **Henderson-Hasselbalch-Gleichung** definiert,

$$pH = pK_B + \log \frac{c_B - c_A}{c_A}$$

wenn das puffernde Immobilin eine Base ist.

c_A und c_B sind die molaren Konzentrationen der sauren bzw. basischen Immobiline. Ist das puffernde Immobilin eine Säure, so lautet die Gleichung:

$$pH = pK_A + \log \frac{c_B}{c_A - c_B}$$

Tabelle 10.1 Strukturformeln der sauren und basischen Acrylamidderivate zur Herstellung von immobilisierten pH-Gradienten

pK	Strukturformel
3,6	$CH_2=CH-CO-NH-CH_2-COOH$
4,6	$CH_2=CH-CO-NH-(CH_2)_3-COOH$
6,2	$CH_2=CH-CO-NH-(CH_2)_2-N\!\!\bigcirc\!\!O$
7,0	$CH_2=CH-CO-NH-(CH_2)_3-N\!\!\bigcirc\!\!O$
8,5	$CH_2=CH-CO-NH-(CH_2)_2-N(CH_3)_2$
9,3	$CH_2=CH-CO-NH-(CH_2)_3-N(CH_3)_2$
10,3	$CH_2=CH-CO-NH-(CH_2)_3-N(C_2H_5)_2$
> 12	$CH_2=CH-CO-NH-(CH_2)_2-N(C_2H_5)_2$

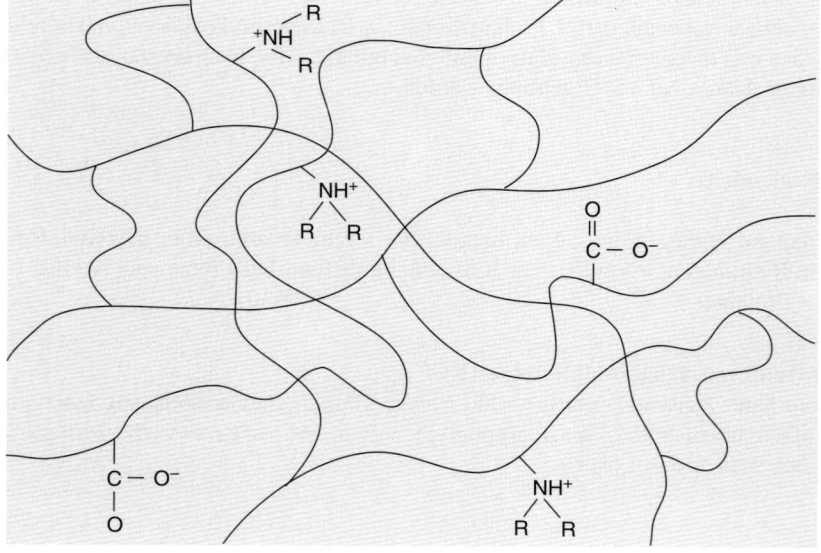

10.18 Immobilisierte puffernde Gruppen in einem Polyacrylamidnetzwerk. Mit bestimmten Konzentrationen der jeweiligen, durch ihre pK-Werte definierten schwachen Säuren und Basen kann man sehr exakte pH-Werte einstellen.

Herstellung immobilisierter pH-Gradienten

In der Praxis werden immobilisierte pH-Gradienten durch lineares Mischen von zwei unterschiedlichen Polymerisationslösungen mit einem Gradientenmischer hergestellt (siehe Abb. 10.12). Beide Lösungen enthalten Acrylamidmonomere und Katalysatoren zur Polymerisation einer Gelmatrix. Die mit Glycerin beschwerte Lösung ist mit Immobilinen auf das saure Ende des gewünschten pH-Gradienten, die andere Lösung auf das basische Ende eingestellt. Bei der Polymerisation binden die Immobiline kovalent an das Polyacrylamidnetzwerk. Da die Leitfähigkeiten der einpolymerisierten Gradienten sehr niedrig sind, müssen nach der Polymerisation die Katalysatoren mit Wasser aus den Gelen ausgewaschen werden. Anschließend wird das Gel getrocknet. Vor Gebrauch werden die trockenen Gele mit den für die IEF benötigten Additiva (wie Harnstoff, Dithiothreitol, Detergenzien) wieder gequollen. Aus diesem Grund werden Immobilingele immer auf Trägerfolien aufpolymerisiert. Abbildung 10.19 zeigt die isoelektrische Fokussierung im engen pH-Gradienten (IPG 4,35–4,55) zur Typisierung von α1-Antitrypsin (A) und im weiten pH-Gradienten (IPG 4–10) zur Sortendifferenzierung von Bohnen (B).

Mit IPGs können beliebige, dem Trennproblem angepasste pH-Gradienten berechnet und hergestellt werden. Man kann mit sehr engen Gradienten, bis zu 0,01 pH-Einheiten pro cm ($\Delta pI = 0,001$), eine extrem hohe Auflösung erreichen. Es können aber auch sehr weite lineare oder nicht-lineare Gradienten im Bereich von pH 2,5 bis 12 hergestellt werden. Weil der Gradient fest an die Gelmatrix gebunden ist, bleibt er über die gesamte Trennzeit unverändert. Daraus resultiert eine hohe Reproduzierbarkeit der Proteinmuster. Immobiline sind definierte Einzelsubstanzen, keine Synthesegemische. Außerdem wird das Profil des Gradienten nicht durch Proteine und Salze in den Proben beeinflusst, die Iso-pH-Linien sind absolut gerade. Sie weisen eine hohe Beladungskapazität für mikropräparative zweidimensionale Elektrophorese auf. Mittlerweile sind auch Fertiggele im Handel erhältlich.

IPGs haben den Nachteil, dass ihre Herstellung relativ aufwendig ist, hohe Feldstärken und lange Trennzeiten benötigt werden und unter Nativbedingungen einige Proteine nicht in das Gel einwandern.

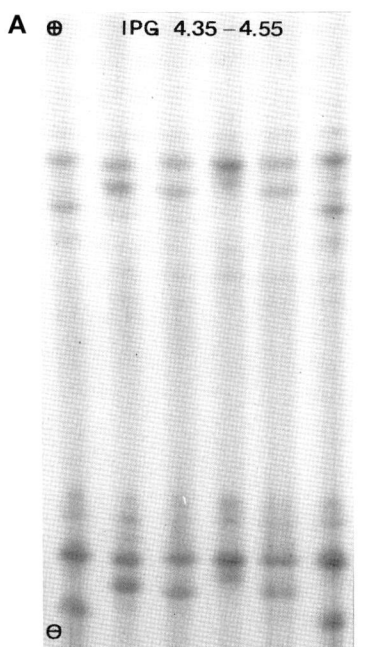
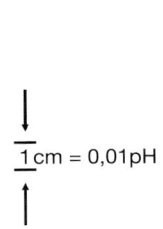
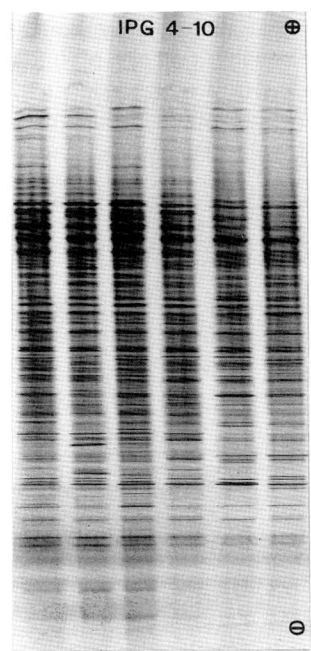

10.19 Isoelektrische Fokussierung in immobilisierten pH-Gradienten. A: Ultraenger IPG 4,35–4,55, 20 cm, 20 % Glycerin: α-Antitrypsin PiM-Subtypen aus Humanseren; $\Delta pI = 0,001$. B: Weiter IPG 4–10, 20 cm, 6 mol/L Harnstoff, 15 % Glycerin: Samenproteine unterschiedlicher Bohnensorten (*Vicia faba*). Aus Görg A. et al. In: Electrophoresis '86. Dunn M. J. (Hrsg.) 435–449. VCH-Verlagsgesellschaft, Weinheim (1986).

Vorteile der IEF:
Die Methode besitzt ein sehr hohes Auflösungsvermögen und ist im Prinzip eine Endpunktmethode. Genetische Unterschiede werden sehr sensibel detektiert: Proteine, die sich nur durch eine geladene Aminosäure unterscheiden, werden voneinander getrennt. Eine wichtige physikalische Größe eines Proteins, der pI, kann direkt abgelesen werden. Die IEF lässt sich hervorragend mit anderen Techniken, vor allem der SDS-Elektrophorese, kombinieren.

Nachteile der IEF:
Sehr basische und sehr saure Proteine sind nicht einfach zu fokussieren. Manche Proteine, z. B. Membranproteine, neigen zum Aggregieren und wandern nicht in das Gel ein, vor allem unter Nativbedingungen. Die Trennungen dauern länger als bei einer Zonenelektrophorese. Die Proteine können nur mit Trichloressigsäure irreversibel fixiert werden, die Färbetechniken sind aufwendiger als bei der Zonenelektrophorese.

Titrationskurvenanalyse

Mit dieser einfachen Methode können die Nettoladungskurven von Proteinen dargestellt werden. Man benötigt hierzu ein quadratisches Trägerampholytgel.

Zunächst wird eine IEF ohne Proben durchgeführt, bis sich der pH-Gradient aufgebaut hat. Dann wird das Gel auf der Kühlplatte um 90 Grad gedreht. Die Probe wird in eine schmale, in die Gelmitte einpolymerisierte Gelrinne pipettiert. Wenn nun senkrecht zum pH-Gradienten ein elektrisches Feld angelegt wird, bleiben die Trägerampholyte an Ort und Stelle, da sie sich an ihrem pI befinden und deshalb nicht geladen sind. Die Proteine wandern abhängig vom jeweiligen pH-Wert mit unterschiedlichen Mobilitäten und bilden Titrationskurven (Abb. 10.20). Im Prinzip werden sie durch mehrere parallele Nativelektrophoresen unter verschiedenen pH-Bedingungen in einem einzigen Gel erzeugt. Der pI eines Proteins befindet sich an der Stelle, an der seine Titrationskurve durch die Gelrinne verläuft. Das Gel ist so angeordnet, dass die Kathode oben ist und die pH-Werte von links nach rechts ansteigen.

Mit dieser Analyse erhält man viele Informationen über die Eigenschaften eines Proteins, z. B. die Mobilitätssteigung in der Nähe des pI, über Konformationsänderungen oder Ligandenbindungen in Abhängigkeit vom pH-Wert; man kann das pH-Optimum für native Elektrophoresen und das pH-Optimum zur Proteineluierung bei der Ionenaustauschchromatographie ermitteln.

Ionenaustauschchromatographie Abschnitt 9.4

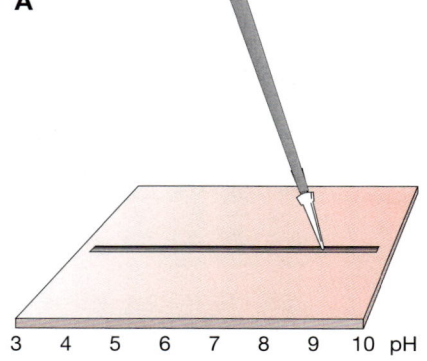 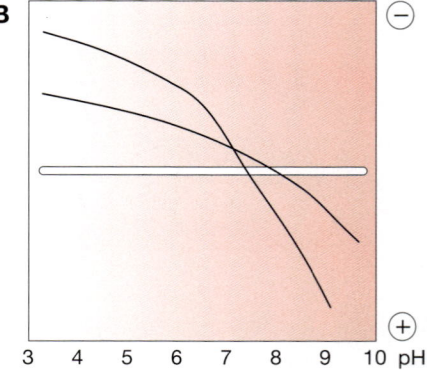

10.20 A: Zur Titrationskurvenanalyse wird die Probe auf ein vorfokussiertes Trägerampholytengel – das somit einen pH-Gradienten enthält – aufgegeben. B: Im elektrischen Feld senkrecht zum pH-Gradienten wandern die Proteine auf Grund ihrer Ladungen in der Weise, dass sie ihre Nettoladungskurven ausbilden.

10.4 Präparative Verfahren

10.4.1 Elektroelution aus Gelen

In vielen Fällen reicht die in einer Bande vorhandene Proteinmenge für weitere Analysen aus. Um das Protein quantitativ aus einem hochauflösenden Polyacrylamidgel zu eluieren, muss man zu elektrophoretischen Verfahren greifen.

Ein einfaches Prinzip ist in Abbildung 10.21 A dargestellt: Das ausgeschnittene Gelstückchen mit der Proteinbande wird in ein Glasröhrchen auf eine Fritte plaziert. Das Ende des Röhrchens wird mit einer Dialysemembran verschlossen. Das Röhrchen wird in eine Vertikalelektrophoresekammer eingesetzt, mit der man eine Reihe von Elektroelutionen gleichzeitig durchführen kann. Das Protein wird elektrophoretisch bis zur Dialysemembran transportiert, die es nicht mehr passieren kann. Meist verwendet man einen Ammoniumcarbonatpuffer, da dieser beim Lyophylisieren in die Gasphase entweicht. Der Vorteil der Methode ist die Verwendung einer Standardapparatur. Allerdings muss man eine Dialysemembran verwenden, an die das Protein irreversibel adsorbiert werden kann.

Ohne Membran funktioniert die in Abbildung 10.21 B dargestellte Methode: Hier wird in ein Standardreaktionsgefäß mit 1,5 mL Volumen ein Elutionsgefäß eingesetzt, dessen schmale Spitze abgeschnitten ist. Nachdem das Gelstückchen in diese Spitze gesteckt wurde, wird das Elutionsgefäß mit einem porösen Polyethylenstopfen verschlossen. Nach dem Einfüllen des Puffers wird die Elektrodenkappe aufgesetzt, die eine Kathode für das Elutionsgefäß und eine Anode für das Reaktionsgefäß enthält. Diese Minivorrichtung wird in eine speziell dafür konstruierte Elektroapparatur eingesetzt, in welcher mehrere Elektroelutionen parallel erfolgen können. Das reine Protein wird aus dem Reaktionsgefäß entnommen. Vorteilhaft ist die membranfreie Konstruktion. Allerdings wird zusätzlich zur Elektrophoreseausrüstung eine weitere Apparatur benötigt.

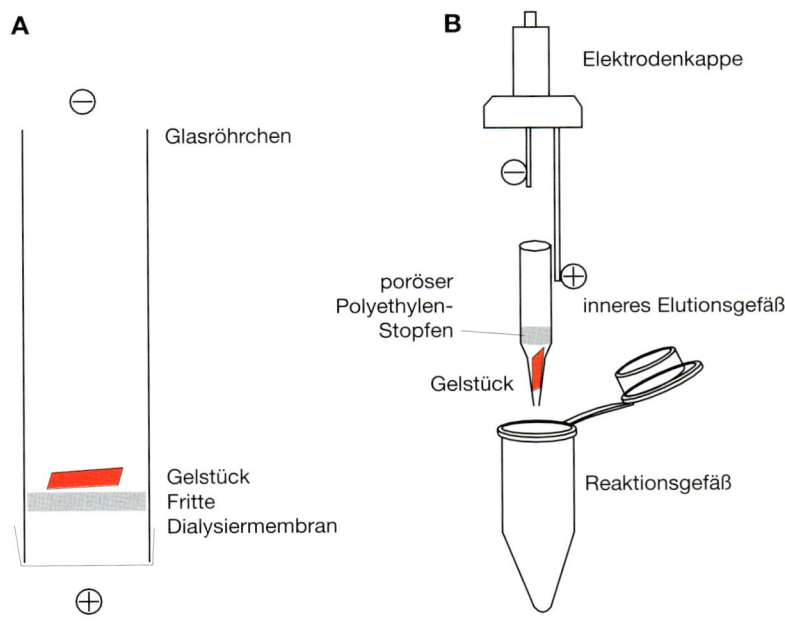

10.21 Elektroelution. A: Die zu eluierenden Gelstückchen werden auf Fritten in Glasröhrchen gelegt, die am unteren Ende mit einer Dialysemembran verschlossen sind. Zur Elution werden die Röhrchen in eine Vertikalelektrophoresekammer eingesetzt. B: Hier werden die Gelstückchen in das innere Elutionsgefäß eingesetzt, das nach unten spitz zuläuft. Dieses wird in ein Reaktionsgefäß eingesetzt, das mit einer Elektrodenkappe verschlossen wird. Dieses System funktioniert ohne Dialysemembran.

10.4.2 Präparative Zonenelektrophorese

Elektrophoretische Trennverfahren zeichnen sich durch ihre hohe Auflösung aus. Bei präparativen Trennungen ist die zu trennende Proteinmenge in der Regel auf

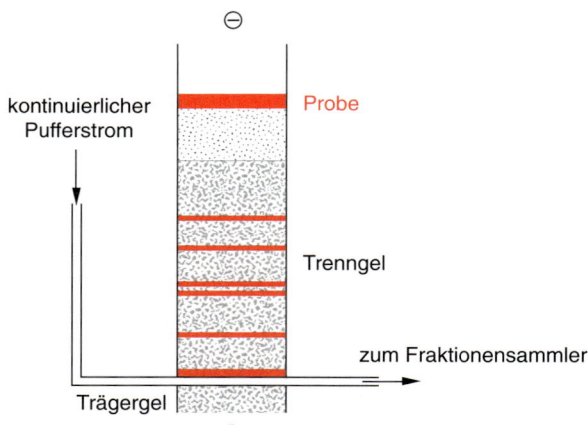

10.22 Prinzip der präparativen Elektrophorese: Die am Ende des vertikalen Geles ankommenden Proteinzonen werden kontinuierlich mit dem Pufferstrom zu einem Fraktionensammler geleitet.

wenige mg limitiert, hauptsächlich wegen des Problems der uneffektiven Entfernung der Jouleschen Wärme. Es ist dennoch möglich, auch größere Proteinmengen mit elektrophoretischen Verfahren zu reinigen.

Im Prinzip bestehen die Vorrichtungen zur präparativen Zonenelektrophorese in Polyacrylamidgelen aus einem Glasrohr, welches das Trenngel enthält. Die am unteren Ende ankommenden Zonen werden von einem kontinuierlichen Pufferstrom zu einem Fraktionensammler transportiert (Abb. 10.22). Die Apparaturen unterscheiden sich durch die Art der Kühlung, z. B. Mantelkühlung, und die Art der Fraktionenentnahme.

10.4.3 Präparative isoelektrische Fokussierung

Bei der isoelektrischen Fokussierung handelt es sich um eine Methode, bei der man bei niedriger Leitfähigkeit hohe Feldstärken erzeugen kann. Deshalb sind hier die Kühlungsprobleme erheblich geringer als bei Zonenelektrophoresen. Im Folgenden werden zwei Techniken vorgestellt: IEF in granulierten Gelen mit Trägerampholyten und IEF in freier Lösung ohne Trägerampholyten zwischen isoelektrischen Membranen. Eine dritte Technik, die trägerfreie IEF mit Trägerampholyten, wird in Abschnitt 10.6 behandelt.

Präparative Trägerampholyten-IEF Ein hochgereinigtes Dextrangel wird mit Trägerampholyten vermischt und in einen horizontalen Trog gegossen. Nach einer Vorfokussierung zur Ausbildung des pH-Gradienten wird an einer bestimmten Stelle des Gradienten ein Teil des Gels mit einem Spatel herausgenommen, mit der Probe vermischt und an gleicher Stelle wieder eingegossen. Nach der IEF werden die Protein- oder Enzymzonen durch einen Papierabklatsch detektiert, der mit Coomassie-Blau oder einer Substratreaktion angefärbt wird (wie ein Gel). Dann entnimmt man die Zone mit dem interessierenden Protein oder fraktioniert das Gel mit einem Gitter; die Einzelfraktionen werden mit Puffer mit kleinen Röhrchen mit Nylonsieben aus dem Gel eluiert. Die Trägerampholyte entfernt man mit Gelfiltration, Ultrafiltration, Dialyse, Ammoniumsulfatpräzipitation oder Elektrophorese. Proteinmengen in der Größenordnung von 100 mg können so isoliert werden.

Präparative IEF zwischen isoelektrischen Membranen Diese Technik ist eine Weiterführung des Prinzips der immobilisierten pH-Gradienten. Anstelle eines Gels mit einem immobilisierten pH-Gradienten verwendet man hier eine Mehrkammer-Fokussierungsapparatur, die durch gepufferte isoelektrische Polyacrylamidmembranen segmentiert ist (Abb. 10.23). Isoelektrische Membranen kann man selbst herstellen, indem man jeweils eine Glasfasermembran in eine Acryl-

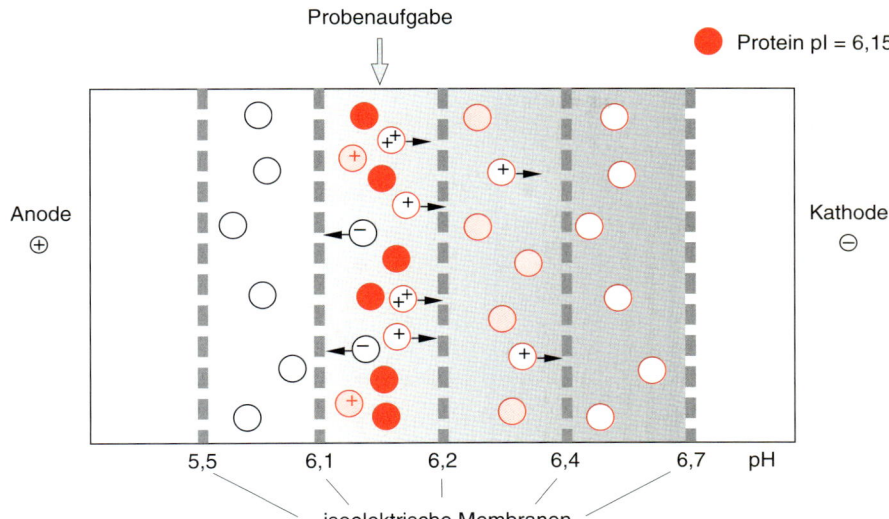

10.23 Prinzip der präparativen IEF zwischen isoelektrischen Membranen: Im elektrischen Feld wandern die Proteine mit höheren oder niedrigeren isoelektrischen Punkten durch die Membranen in die benachbarten Kammern, bis sich das jeweilige Protein zwischen der nächstbasischeren und der nächstsaureren Membran befindet. Sie bleiben in den Kammern, in welchen sie isoelektrisch sind und werden am Ende der Trennung von dort entnommen.

amid-Immobilin-Polymerisationslösung mit definiertem pH-Wert einlegt und die Lösung unter Luftabschluss auspolymerisieren lässt. Die benötigten pH-Werte werden durch einen analytischen Vorversuch mit einer IEF im immobilisierten pH-Gradienten ermittelt. Nach der Polymerisation ist der pH-Wert in der Membran fixiert. Die pH-Werte der Membranen werden so gewählt, dass der pI des jeweiligen zu reinigenden Proteins möglichst eng davon eingeschlossen wird, zum Beispiel:

$$pI_{Protein} = 6{,}15 \Rightarrow pH_{Membran\,I} = 6{,}10; \quad pH_{Membran\,II} = 6{,}20$$

Gibt man ein Proteingemisch in diese Kammer und legt ein elektrisches Feld an, so wandern die Komponenten mit höheren oder niedrigeren isoelektrischen Punkten durch die Membranen in die benachbarten Kammern. Das zu reinigende Protein bleibt in der Kammer zwischen diesen zwei Membranen und kann am Ende der Trennung von dort entnommen werden. Hier werden bis zu Grammmengen Protein gereinigt.

10.5 Hochauflösende zweidimensionale Elektrophorese

Die Methode mit dem höchsten Auflösungsvermögen für die Analyse komplexer Proteingemische (z. B. Zelllysate und Proteome) ist die zweidimensionale (2D) Elektrophorese. Die ersten 2D-Elektrophoresen, welche die Proteine nach zwei unterschiedlichen Parametern, den isoelektrischen Punkten (pI, in der ersten Dimension) und der elektrophoretischen Beweglichkeit (in der zweiten Dimension) auftrennten, wurden unter nicht-denaturierenden Bedingungen durchgeführt. Erst durch den Einsatz von Harnstoff, β-Mercaptoethanol und Nonidet NP-40 gelang es, ganze Zellinhalte in hunderte und tausende Proteinspots aufzutrennen. Die ausgefeilteste Technik der 2D-Elektrophorese, basierend auf Kloses und O'Farrels Methode (1975), wurde von Anderson und Anderson durch entsprechende apparative Entwicklungen für multiple Läufe (IsoDalt-System) für die Routineanalyse entwickelt (Abb. 10.24). Die nunmehr als klassisch zu bezeichnende Methode hat allerdings bis heute einige Probleme, die bereits von O'Farrell beschrieben wurden, nicht lösen können: die mangelnde Reproduzierbarkeit der 2D-Elektropherogramme, die auf unterschiedlichen Fokussierungsmustern in

Proteomanalyse
Kapitel 29

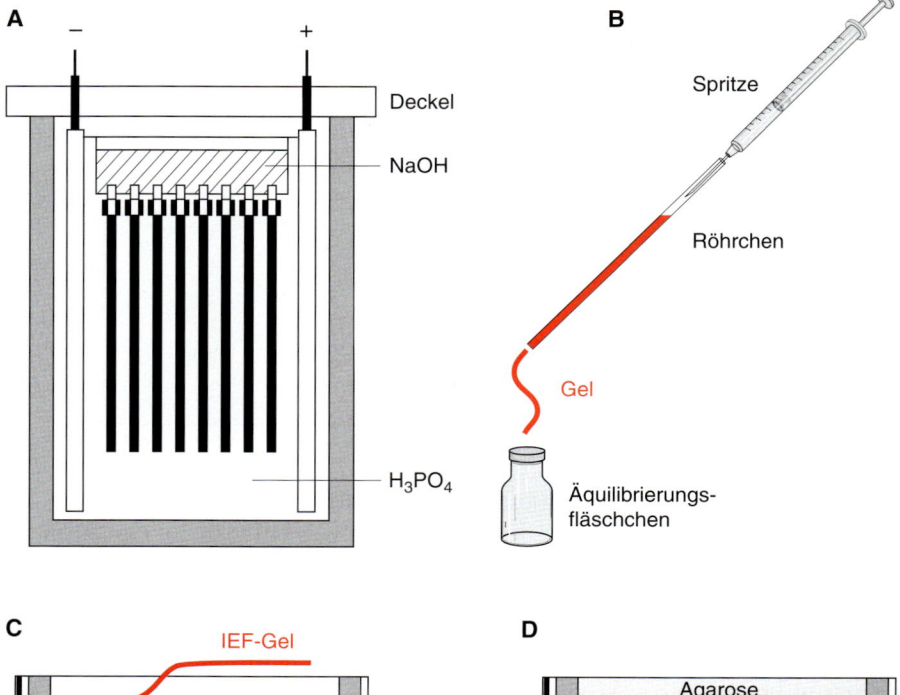

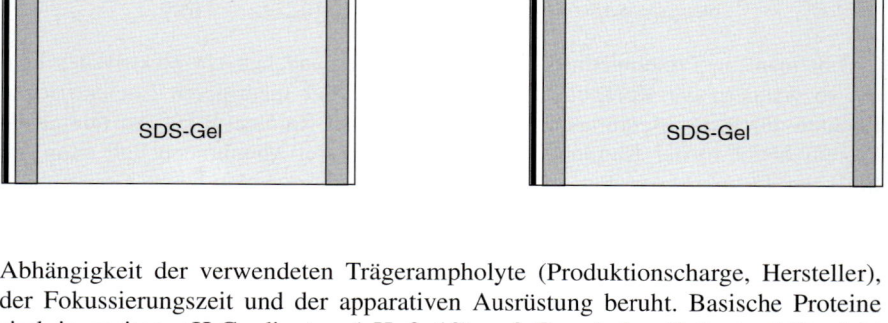

10.24 Hochauflösende 2D-Elektrophorese mit Trägerampholyten. A: Vertikale IEF in Rundgelen, B: Entnahme des IEF-Gels zur Äquilibrierung mit SDS-Puffer, C: Transfer des IEF-Gels auf das vertikale SDS-Gradientengel, D: Fixierung des Rundgels mit heißer Agaroselösung. Nach: Anderson N. G. und Anderson N. L. Anal. Biochem., 85 (1978) 331–340.

Abhängigkeit der verwendeten Trägerampholyte (Produktionscharge, Hersteller), der Fokussierungszeit und der apparativen Ausrüstung beruht. Basische Proteine sind in weiten pH-Gradienten (pH 3–10) auf Grund der Kathodendrift nicht darstellbar, da der tatsächliche Gradient pH 7,5 nicht wesentlich übersteigt. Die deshalb von O'Farrell eingeführte NEPHGE (*Non Equilibrium pH Gradient Electrophoresis*), die nur kurze Fokussierungszeiten verwendet, lässt eine Charakterisierung der Proteine nach ihren isoelektrischen Punkten nicht zu.

Die Probleme der IEF und der damit verbundenen mangelnden Reproduzierbarkeit der 2D-Elektropherogramme konnten erst mit Einführung immobilisierter pH-Gradienten gelöst werden. Durch die Entwicklung der 2D-Elektrophorese mit immobilisierten pH-Gradienten (IPG-Dalt, Abb. 10.25) ist eine neue Generation der 2D-Elektrophorese entstanden, die sich sowohl durch die hohe Reproduzierbarkeit der 2D-Muster für qualitative und quantitative Vergleiche, als auch durch die hohe Beladungskapazität (bis zu 10 mg Protein pro Gel) für die mikropräparative Auftrennung komplexer Proteingemische auszeichnet. Abbildung 10.26 zeigt das Ergebnis einer IPG-Dalt von Mäuseleberproteinen im pH-Gradienten 4 bis 9. Die so getrennten Proteine lassen sich durch Comigration, spezifische Anfärbungen oder immunchemische Nachweismethoden charakterisieren und identifizieren. Für die mikrochemische Charakterisierung der einzelnen Proteinspots durch Massenspektrometrie, Edman-Abbau und Aminosäurenanalyse genügt unter Umständen ein einziger, Coomassie-gefärbter Proteinspot, der entweder direkt aus dem Gel oder der Blottingmembran ausgeschnitten wurde.

10 ELEKTROPHORETISCHE VERFAHREN 245

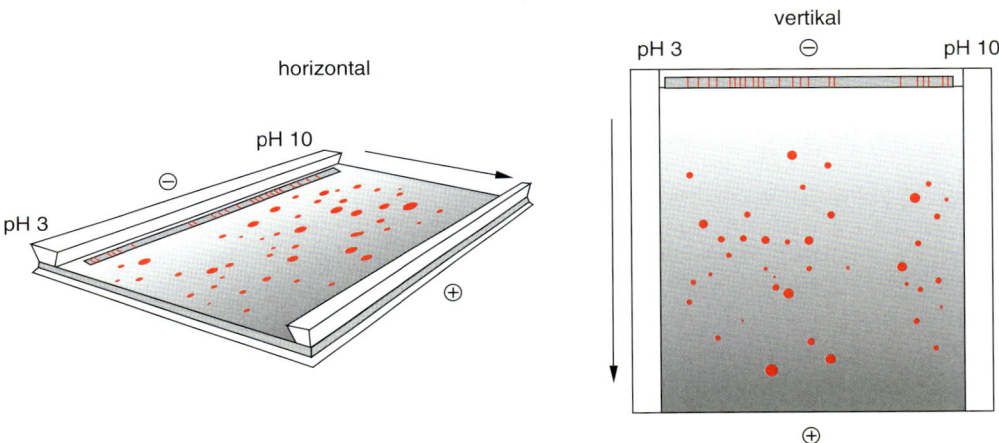

10.25 Hochauflösende 2D-Elektrophorese mit immobilisierten pH-Gradienten: Horizontale IEF im auf Folie polymerisierten IPG-Streifen. Äquilibrieren des IPG-Streifens mit SDS-Puffer. Transfer des IPG-Streifens auf ein horizontales oder vertikales SDS-Gel. Nach: Görg A. et al., Electrophoresis, 9 (1988) 531–546.

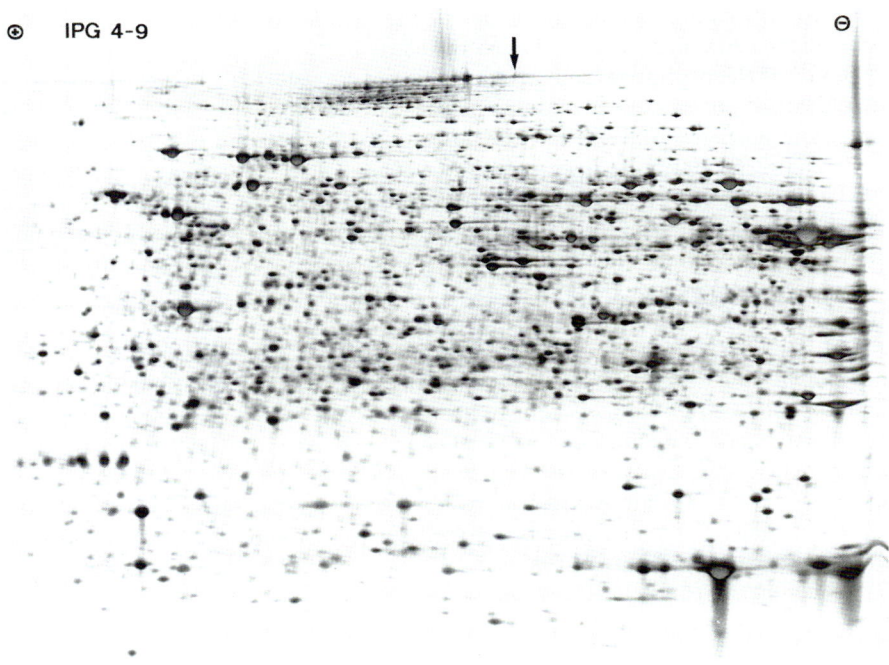

10.26 Hochauflösende 2D-Elektrophorese (IPG-Dalt) von Mäuseleberproteinen. 1. Dimension: IPG 4–9, 2. Dimension SDS-Elektrophorese, Silberfärbung. Die Proteinspots rechts vom Pfeil (pI > 7,5) sind mit der Trägerampholyt-2D-Elektrophorese auf Grund der Kathodendrift nicht oder nur mit der NEPHGE darstellbar. Aus: Görg A. Biochem. Soc. Trans., 21 (1993) 130–132.

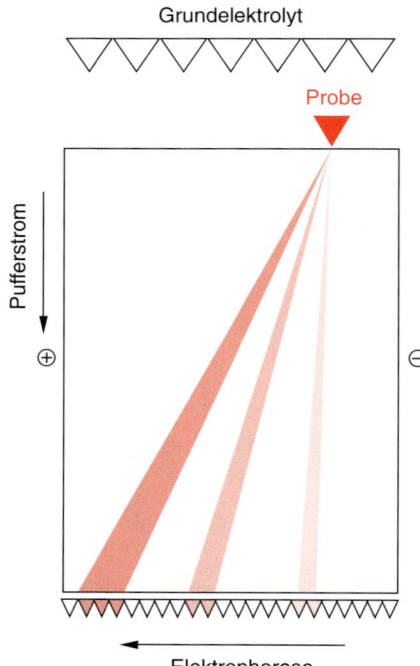

10.27 Prinzip der trägerfreien Elektrophorese: In einer Trennkammer fließt ein kontinuierlicher Pufferstrom. Das elektrische Feld senkrecht zur Fließrichtung lenkt die Probenkomponenten unterschiedlich stark ab, so dass sie an unterschiedlichen aber konstanten Stellen am Ende der Trennkammer auftreffen.

Für die Auswertung der komplexen 2D-Elektropherogramme werden die Proteinmuster mit einem Laser- oder Weißlicht-Scanner oder einer Videokamera digitalisiert. Über die entsprechende Software können bis zu 100 Gele miteinander und diese mit einem Standardmuster verglichen werden. Dazu stehen mittlerweile über die internationalen Datennetzwerke einschlägige Datenbanken zur Verfügung.

10.6 Trägerfreie Elektrophorese

Bei der **trägerfreien Elektrophorese** (*Free-Flow*-Elektrophorese) erfolgt die Trennung in einem kontinuierlichen Pufferstrom in einer Glasküvette. Dabei wird der Puffer über die ganze Breite der Küvette hinweg zugeführt. Die Probe wird an einer definierten Stelle aufgetragen, an der gegenüberliegenden Seite werden die Einzelfraktionen durch eine Reihe von Schläuchen aufgefangen. Das elektrische Feld verläuft im rechten Winkel zur Fließrichtung, so dass die einzelnen Probenkomponenten mit unterschiedlichen Mobilitäten verschieden stark abgelenkt werden. Jede Fraktion trifft dabei an einer definierten Stelle an einem oder an wenigen bestimmten Auffangschläuchen auf (Abb. 10.27).

Die trägerfreie Elektrophorese unterscheidet sich von den bereits beschriebenen Elektrophoreseverfahren in zwei wesentlichen Punkten:

- Da weder ein Gel noch irgendeine andere stabilisierende Matrix verwendet wird, kann man außer löslichen Substanzen auch Partikel wie Zellorganellen oder ganze Zellen, Viren und Bakterien auftrennen.
- Dies ist ein kontinuierliches Verfahren: Puffer und Probe durchfließen die Apparatur senkrecht zum elektrischen Feld und damit zur Trennrichtung.

Die Trennzelle kann vertikal oder horizontal ausgerichtet sein, sie wird durch einen 0,3 bis 1 mm schmalen Spalt zwischen einer gekühlten, mit Glas beschichteten Metallplatte und einer Glasplatte gebildet.

In Abbildung 10.28 ist ein Gerät für die trägerfreie Elektrophorese gezeigt, bei dem man die Trennkammer horizontal und vertikal einstellen kann. Mit solchen Apparaturen kann man – je nach Art des verwendeten Puffersystems – Zonenelektrophorese, Isotachophorese und isoelektrische Fokussierung durchführen. Besondere Trenneffekte erzielt man mit der Feldsprungelektrophorese und den unterschiedlichen Arten der isoelektrischen Fokussierung.

Bei der **Feldsprungelektrophorese** stellt man die unterschiedlichen Feldstärken durch Puffer mit starken Leitfähigkeitsunterschieden ein. Die Probenlösung wird durch die mittleren Einlässe in einer breiten Zone zugeleitet, die Pufferlösungen links und rechts davon besitzen eine etwa 20fach höhere Leitfähigkeit als die Probenlösung. Die Proben-Ionen werden je nach Ladung relativ stark zur Anode bzw. zur Kathode abgelenkt. Bei Erreichen der Grenzflächen zwischen Proben- und Pufferstrom verringert sich auf Grund des Feldstärkesprungs ihre elektrophoretische Mobilität ganz erheblich, so dass es zu einer Aufkonzentrierung der Proben-Ionen an den Grenzflächen kommt.

Bei der trägerfreien **isoelektrischen Fokussierung** werden entweder Trägerampholyte eingesetzt oder Vielkomponentenpuffer, die sich aus amphoteren und nicht-amphoteren Puffern zusammensetzen. Verwendet man Vielkomponentenpuffer, kann man keine linearen pH-Gradienten erzeugen, sie bedeuten aber eine erhebliche Kostenersparnis. Als *natürliche* pH-Gradienten bezeichnet man die im elektrischen Feld aus einem Gemisch von Trägerampholyten oder Puffern erzeugten Gradienten. Bei *künstlichen* pH-Gradienten werden einzelne pH-Stufen durch verschiedene Pufferlösungen unterschiedlicher pH-Werte zugeführt, welche die Trennkammer in parallelen Zonen durchfließen.

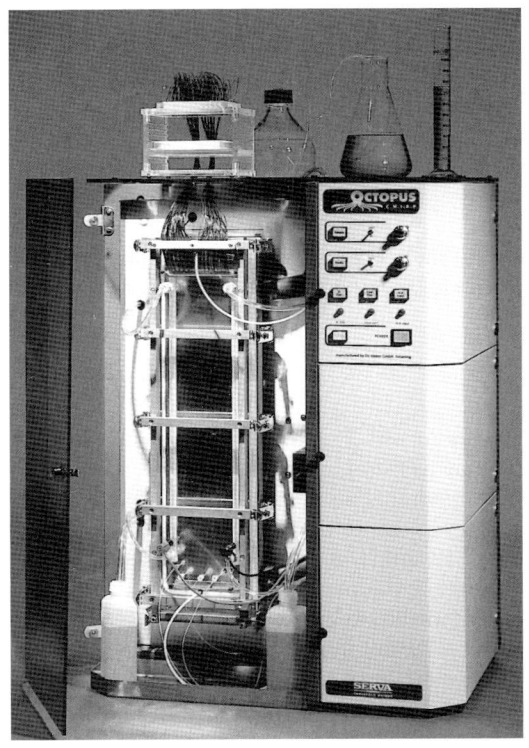

10.28 Gerät für die trägerfreie Elektrophorese OCTOPUS. Mit freundlicher Genehmigung von Dr. G. Weber GmbH, Ismaning.

10.7 Elektroblotting

Schon sehr bald nach der Etablierung der Elektrophorese versuchte man, die Proteine aus dem Gel für anschließende analytische Schritte in Lösung zu gewinnen, durch Diffusion, Elektroelution oder durch Extraktion mit Säuren oder organischen Lösungsmitteln. Die so erhaltenen Eluate können in dieser Form jedoch beispielsweise nicht direkt für die Sequenzierung, Aminosäurenanalyse oder Massenspektrometrie verwendet werden. In der Regel müssen die Proben aufkonzentriert und Salze, Detergenzien und lösliche Gelbestandteile entfernt werden. Bei der Aufarbeitung der Eluate ergeben sich je nach Verfahren (Dialyse, Proteinfällung, Chromatographie etc.) zum Teil erhebliche Verluste in der Ausbeute. Ein weiterer Nachteil dieser eluierenden Verfahren ist die mit zunehmender Hydrophobizität oder zunehmendem Molekulargewicht der Proteine schlechter werdende Elution aus dem Gel.

Anstatt die Proteine in eine Lösung zu isolieren, beschrieben bereits 1979 zwei Arbeitsgruppen gleichzeitig – J. Renart et al. und H. Towbin et al. – ein anderes Verfahren, mit dem elektrophoretisch aufgetrennte Proteine aus der Polyacrylamidmatrix auf eine Membran aus Nitrocellulose unter dem Einfluss eines elektrischen Feldes transferiert und immobilisiert werden konnten. Diese Technik hat sich als **Western-Blotting** durchgesetzt; mit ihr lassen sich elektrophoretisch aufgetrennte Proteine (z.B. Antigene, Glykoproteine oder Enzyme) mit spezifischen Bindungseigenschaften über Antikörper, Lektine oder Enzymsubstrate *direkt* auf der Membran nachweisen. Da Membranen aus Nitrocellulose sich in organischen Lösungsmitteln auflösen, kam der Durchbruch für die proteinchemische Analyse von elektrophoretisch aufgetrennten Proteinen erst Mitte der 80iger Jahre mit der Entwicklung geeigneter, chemisch ausreichend stabiler Blotmembranen (Glasfasermembranen, Polymermembranen). Diese immobilisierten Proteine können nun ohne weitere Behandlung direkt auf den Membranen sequenziert, für die Aminosäureanalyse nach Standardmethoden hydrolysiert oder auch proteolytisch und

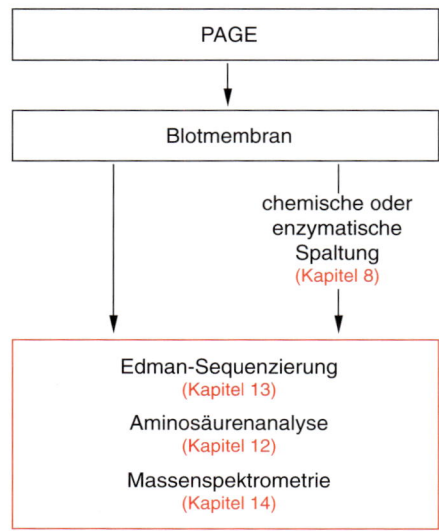

10.29 Blotmembranen als Interface zwischen PAGE und anschließenden proteinanalytischen Verfahren.

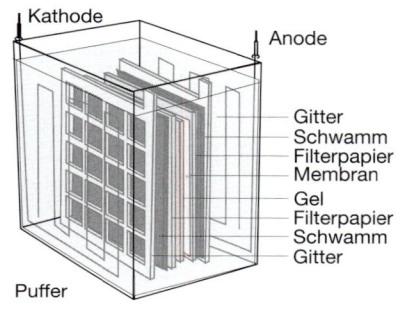

10.30 Blotting-Tank für elektrophoretische Transfers der getrennten Proteine auf immobilisierende Membranen. Die mäanderförmig verlaufenden Elektrodendrähte sind an der vorderen und der hinteren Wand angebracht. Das Gel und die Membran werden zwischen Filterpapiere, Schwämme und Gitter eingeklemmt.

chemisch gespalten werden. Seit kurzer Zeit ist es auch möglich, geblottete Proteine über MALDI massenspektrometrisch zu analysieren. Damit sind Blotmembranen zu einem wichtigen Interface von PAGE und Proteinanalytik geworden (Abb. 10.29).

10.7.1 Blotsysteme

Für den elektrophoretischen Transfer sind zwei unterschiedliche Verfahren im Laboreinsatz: das Tankblotting und das semidry-Blotting.

Tankblotting

Die Standardapparaturen für das Tankblotting sind nach einer von Bittner et al. im Jahre 1980 vorgestellten Konstruktion vertikale Puffertanks, an deren Seitenwänden mäanderförmig Platindrähte als Elektroden angebracht sind (Abb. 10.30). Gel und Membran werden zwischen Filterpapiere gelegt und in eine Gitterkassette eingeklemmt. Die gepackten Kassetten werden senkrecht in den Puffertank geschoben. Die benötigte Puffermenge liegt je nach Design der Apparatur zwischen 2 und 4 Litern. In der Regel werden diese Experimente mit konstanter Spannung von 50 mV gefahren, um in einem konstanten elektrischen Feld eine gleichmäßige Kraft auf die Ladungsträger auszuüben. Die Anfangswerte des Stromes liegen bei 500 mA und höher, je nach Größe des Tanks und Molarität des verwendeten Blotpuffers und steigen während des Transfers durch eine kontinuierliche Zunahme des Ohmschen Widerstands. Unter diesen Bedingungen ist eine effiziente Kühlung notwendig, was durch einen vertikalen Kühleinsatz und ausreichende Pufferumwälzung erreicht wird.

Semidry-Blotting

Die semidry-Apparatur, die erstmals 1984 von Kyse-Andersen beschrieben wurde, besteht aus Plattenelektroden, zwischen denen der Blotsandwich aus Filterpapieren, Gel und Membran horizontal eingebaut wird (Abb. 10.31). Verglichen mit dem Tankblotting ist der Aufbau einfacher, da keine Kassetten verwendet werden. Die in Puffer getränkten Filterpapiere, das Gel sowie die Blotmembran werden in bestimmter Reihenfolge (vgl. Abb. 10.31) auf der Anode nacheinander aufgeschichtet. Falls notwendig, lassen sich Luftblasen durch vorsichtiges Rollen eines

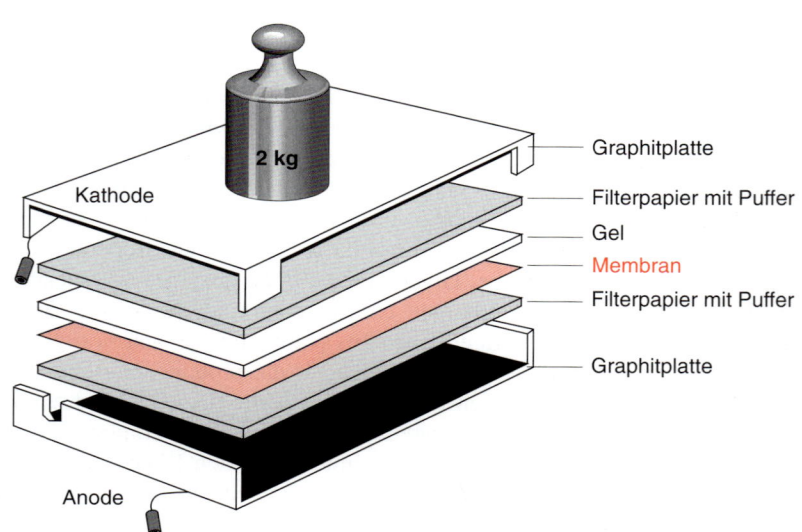

10.31 Semidry-Blotting. Gel und Membran werden zwischen Filterpapiere gelegt, die mit Puffer getränkt sind.

Glasstabes über die einzelnen Schichten problemlos entfernen. Die benötigte Puffermenge ist von den Dimensionen des Blotsandwich abhängig und beträgt meist weniger als 100 mL. Diese geringe Puffermenge hat den Vorteil, dass Proteine während des Transfers weniger mit reaktiven Verunreinigungen der Puffersysteme konfrontiert werden als beim Tankblotting.

Verschiedene Firmen bieten unterschiedliche Materialien als Plattenelektroden an, die sich in der elektrischen Leitfähigkeit und in der Stabilität gegenüber anodischen Oxidationsprozessen und extremen pH-Werten unterscheiden (z. B. Reinstgraphit, Glaskohlenstoff, Graphit in Kunststoffmatrices, platinierte Bleche, leitende Kunststoffe). In den meisten Fällen werden semidry-Blotexperimente bei konstantem Strom (z. B. 1 mA pro cm^2 Blotfläche) durchgeführt, wobei sich zu Beginn nur sehr niedrige Spannungswerte ergeben (< 5 V). Während des Experiments nimmt mit der kontinuierlichen Zunahme des Ohmschen Widerstands auch die Spannung zu, in Abhängigkeit vom verwendeten Blotpuffer, der Absolutmenge an Blotpuffer (damit auch von der Anzahl der verwendeten Filterpapiere sowie dem Sättigungsgrad der Filterpapiere mit Puffer), der Gelstärke und dem verwendeten Elektrodenmaterial. Nach 3 Stunden Transferzeit werden Spannungswerte zwischen 20 V und 50 V erreicht. Aufgrund der hohen elektrischen Leitfähigkeit der Plattenelektroden und der nur geringen elektrischen Leistung ist eine Kühlung der semidry-Apparatur nicht notwendig.

Die elektrochemische Reaktion des Wasser erzeugt einen pH-Gradienten von ca. pH 12 an der Kathode (4 H_2O + 4 e^- → 2 H_2 + 4 OH^-) bis ca. pH 2 an der Anode (6 H_2O → O_2 + 4 H_3O^+ + 4 e^-), sowie stetiges Gasen der Reaktionsprodukte. Die Gase drücken den Blotsandwich auseinander und erzeugen bei konstanter Stromführung eine ungleichmäßige Zunahme der Spannung. Durch Beschweren der Blotapparatur mit einem Gewicht von etwa 2 kg kann unter gleichen Blotbedingungen ein gleichmäßiger, reproduzierbarer Spannungsverlauf erreicht werden (vgl. Abb. 10.31). Die Stabilität der Elektrodenmaterialien ist recht unterschiedlich: Alle Graphitelektroden und graphitierte Kunststoffe werden – je nach Qualität unterschiedlich schnell – an der Anode durch nascierenden Sauerstoff unter Bildung von CO_2 angegriffen. Einige Kunststoffe lösen sich an der Kathode, bedingt durch den alkalischen pH-Wert, langsam auf. Praktisch inert sind Platin- oder mit Platin überzogene Elektroden.

In den letzten Jahren hat sich das semidry-Blotting immer mehr gegenüber dem Tankblot-Verfahren durchgesetzt, zum Einen wegen der einfacheren Handhabung der semidry-Apparatur. Zum Anderen zeigten systematische Vergleiche in der Literatur, dass bei einem homogenen elektrischen Feld und höheren Feldstärken ein effizienterer Proteintransfer bei kürzeren Transferzeiten erzielt wird. Proteinfärbung und Immunnachweise sind auf semidry-Blots empfindlicher. Die Proteine wandern beim semidry-Verfahren offensichtlich weniger tief in die Membran als beim Tankblotting und bleiben eher an der Oberfläche haften.

10.7.2 Der Blotvorgang

Beim Elektroblotting werden die aufgetrennten und zu einem Spot oder einer Bande fokussierten Proteine aus der Polyacrylamidmatrix über das senkrecht zum Gel angelegte elektrische Feld eluiert und auf die Membran transferiert. Dabei bleibt die lokale Auflösung der elektrophoretischen Auftrennung erhalten. Beide Prozesse, die Elution und die Adsorption an die Membranoberfläche, brauchen – um quantitativ abzulaufen – allerdings unterschiedlich optimale Bedingungen.

Quantitative Elution ist für alle Proteine nur dann möglich, wenn der Transferpuffer in Ionenstärke und pH-Wert, vor allem aber in der SDS-Konzentration mit dem Laufpuffer der SDS-PAGE übereinstimmt. Unter diesen Bedingungen eluieren die Proteine in kurzer Zeit quantitativ aus dem Gel, sie binden jedoch nicht an die Membranoberfläche. In der Praxis verwendet man deshalb SDS-freie Transferpuffer. Die Elution der Proteine aus dem Gel erfolgt dann mit Hilfe des während der Elektrophorese an die Proteine direkt gebundenen SDS und durch freies SDS in der Gelmatrix. Während des Blotvorgangs wandert dabei das – im Vergleich zu den Proteinen wesentlich kleinere – SDS-Molekül schneller, und mit fortschreitender Transferzeit werden SDS und Proteine zunehmend getrennt. Gleichzeitig tritt eine zunehmend stärkere Wechselwirkung der Proteine mit der Membranoberfläche ein. Durch Zusatz von Methanol werden diese Effekte verstärkt: Die Wechselwirkung zwischen Protein- und SDS-Molekülen wird verringert, und die Wechselwirkung zwischen Protein und hydrophober Membranoberfläche wird begünstigt. Bei diesen Effekten und damit auch bei der Transfereffizienz spielen auch Eigenschaften der Proteine selbst eine Rolle, da die Wanderungsgeschwindigkeit vom Molekulargewicht der Proteine abhängt. Die Stärke der Wechselwirkung von Proteinen mit SDS, der Polyacrylamidmatrix oder der Membranoberfläche wird durch die Aminosäurezusammensetzung der Proteine beeinflusst.

Für eine hohe Transfereffizienz müssen Parameter wie Ionenstärke, pH-Wert des Transferpuffers und Additive wie Methanol, die Proteinkonzentration und die Vernetzung des Gels berücksichtigt werden. Für hydrophile Proteine lassen sich dann Transferausbeuten von > 90 % erreichen.

10.7.3 Die Wahl der geeigneten Blotmembran

Heute werden verschiedene Polymermembranen für das Blotten von Proteinen angeboten. Sie unterscheidem sich im Material – Polyvinylidenfluorid (PVDF), Polypropylen (PP), silikonisierte Glasfasern (SGF) – und damit auch in den Hydrophobizitäten ihrer Oberflächen. Daraus resultiert eine unterschiedlich starke Bindung der Proteine über hydrophobe Wechselwirkungen an die Membranen. Noch wichtiger sind jedoch Unterschiede in der *Morphologie* der Membranen. Die Raumausfüllung der porösen Membranen lässt sich abschätzen über die Bestimmung der spezifischen Oberflächen, der Porengrößen und deren Verteilungen, und der Strömungswiderstände (Tabellen 10.2 und 10.3, Abb. 10.32). Dadurch kann eine Bewertung der Membranen beispielsweise bezüglich ihrer zugänglichen Oberfläche (zwischen dem 300- und 3000-fachen der geometrischen Oberfläche) aufgestellt werden. Untersuchungen ergaben, dass Membranen mit einer hohen spezifischen Oberfläche bei einem vergleichsweise geringen Porenvolumen stets ein hohes Proteinbindungsvermögen zeigten. Bis zu einer bestimmten Proteinmenge je Spot können jedoch mit allen Membranen etwa gleiche Transferausbeuten beim Elektroblotten erreicht werden. Dies bedeutet, dass

Tabelle 10.2 Spezifische Oberflächen und Dicken von kommerziellen Blotmembranen. Die Membranen bestehen aus Polyvinylidenfluorid (PVDF), Polypropylen (PP) oder aus silikonisierten Glasfasern (SGF)

Membran	Firma	Material	spezifische Oberfläche in m^2	Dicke in µm
Trans-Blot	Biorad	PVDF	2 900	140
Immobilon PSQ	Millipore	PVDF	1 900	195
Fluorotrans	Pall	PVDF	1 600	140
Selex 20	Schleicher&Schüll	PP	900	145
SM 17507	Sartorius	PP	880	150
SM 17506	Sartorius	PP	810	160
SM 17558	Sartorius	PP	610	100
Westran	Schleicher&Schüll	PVDF	570	150
Immobilon P	Millipore	PVDF	380	130
Glassybond	Biometra	SGF	130	315

Die spezifischen Oberflächen wurden bestimmt über Braunauer-Emmett-Teller (BET)-Isothermen der Stickstoffadsorption und beziehen sich auf 1 m^2 entsprechender geometrischer Oberfläche. Aus Eckerskorn Ch. et al., Electrophoresis 14, 831–838 (1993)

Tabelle 10.3 Porengröße und Porenverteilung von Blotmembranen

Membran	Porengröße in µm	minimale Porengröße in µm	maximale Porengröße in µm	mittlere Porengröße in µm	Volumen aller Poren in %
SM 17558	0,10	0,107	0,223	0,136	62,1
Immobilon PSQ	0,10	0,169	0,447	0,248	78,1
Selex 20	0,20	0,190	0,533	0,269	72,0
SM 17507	0,20	0,203	0,655	0,278	70,4
Trans-Blot	0,20	0,225	0,532	0,315	75,2
Fluorotrans	0,20	0,232	0,572	0,333	77,1
SM 17506	0,45	0,323	0,880	0,393	80,1
Immobilon P	0,45	0,517	1,136	0,692	68,4
Westran	0,45	0,571	1,361	0,779	62,7
Glassybond	>>	1,921	7,263	2,296	93,3

Aus Eckerskorn Ch. et al., Electrophoresis 14, 831–838 (1993)

Proteine offensichtlich nicht nur auf die Membranoberflächen selbst, sondern auch in mehreren Lagen übereinander immobilisiert werden. Dafür spricht auch, dass mit zunehmender Proteinbeladung der Gele zwar immer höhere Proteinmengen adsorbiert werden konnten, die relativen Transferausbeuten aber für alle Membranen abnahmen, wobei dieser Effekt ausgeprägter war für Membranen mit geringeren spezifischen Oberflächen.

In einer nachfolgenden proteinchemischen Analytik sind je nach Anwendung Membranen mit einer entsprechend geeigneten Morphologie auszuwählen. So werden beispielsweise bei der Sequenzierung (siehe Kap. 13) höhere Sequenzierausbeuten (*initial yields*) für Proteine auf Membranen mit geringerer spezifischer Oberfläche erzielt, da eine bessere Durchströmung der Membranen für die Reagenzien der Edman-Chemie gewährleistet ist. Auch für proteolytische Spaltungen sind grobporige Membranen günstiger, da die Substrate für die Enzyme besser zugänglich sind, bei gleichzeitig geringer Adsorption der Enzyme an die Membranoberfläche selber. Dagegen werden in der MALDI-Massenspektrometrie höhere Signalintensitäten für Proteine erreicht, die auf Membranen mit sehr hohen

Sequenzierausbeute
Abschnitt 13.1.5

MALDI-MS
Abschnitt 14.1

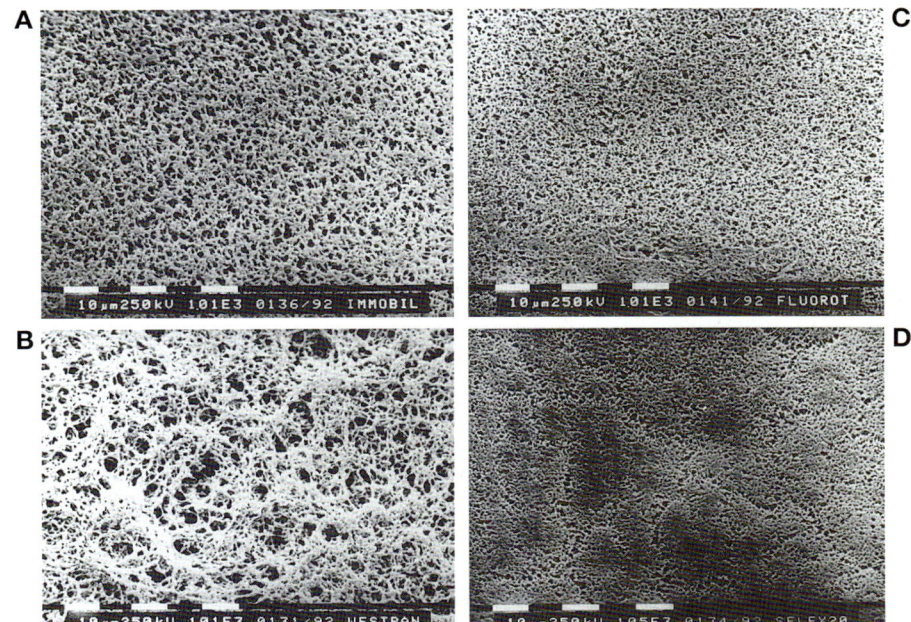

10.32 Rasterelektronische Aufnahmen von Blotmembranen. A: Immobilon P. B: Westran. C: Fluorotrans. D: Selex 20. (━ entspricht 10 µm).

spezifischen Oberflächen und geringem Porenvolumen geblottet wurden. Bei Membranen mit kompakten und dichten Oberflächen werden Proteine vornehmlich auf der Membranoberseite angehängt, die ursprünglich während des Blottens zum Gel zeigte; sie sind damit der MALDI-Massenspektrometrie offensichtlich besser zugänglich.

Weiterführende Literatur

Andrews A. T. Electrophoresis, Theory, Techniques and Biochemical and Clinical Applications. Clarendon Press, Oxford, 1986.

Celis J. E. (Hrsg.) Cell Biology. A Laboratory Handbook. Academic Press, San Diego, 1994.

Righetti P. G. In: Burdon R. H., van Knippenberg P. H. (Hrsg.) Immobilized pH Gradients: Theory and Methodology. Elsevier, Amsterdam, 1990.

Rothe G. M. Electrophoresis of Enzymes. Laboratory Methods. Springer-Verlag, Berlin, 1994.

Westermeier R. Elektrophorese-Praktikum. VCH-Verlagsgesellschaft, Weinheim, 1990.

11 Kapillarelektrophorese

Bezogen auf die Anzahl der Publikationen ist die Kapillarelektrophorese (CE) die momentan am schnellsten wachsende Analysentechnik. Primär angesiedelt im Bereich der Makromoleküle der Biochemie (Peptide, Proteine, Oligosaccharide) und Molekularbiologie (DNA, RNA) hat sich die Technik auch in der pharmazeutischen Industrie (chirale Pharmaka, Vitamine), der Zellbiologie (ganze Zellen, Bakterien, Viren), der Umweltanalytik (anorganische Ionen, organische Säuren, Pestizide, Tenside) und der chemischen Großindustrie (Polymere, Farbstoffe, Waschmittel) etabliert. Der enorme Reiz geht einerseits von den minimalen Probenvolumina, dem geringen Lösungsmittelverbrauch, den kurzen Trennzeiten, der hohen Auflösung und der einfachen Methodenentwicklung aus, andererseits stellt die CE als orthogonale Methode zur HPLC *das* komplementäre Analysenverfahren dar und zeigt darüberhinaus, bedingt durch vergleichbare Detektions- und Auswertungsmodi, das gleiche Ergebnisformat.

11.1 Geschichtlicher Überblick

Die Grundlagen für die enorme Geschwindigkeit der CE-Entwicklung der letzten Jahre wurde in den vergangenen 200 Jahren gelegt. Das grundsätzliche Prinzip der Elektrophorese, als Wanderung geladener Teilchen im elektrischen Feld definiert, wurde zuerst von Kohlrausch (1897) genau beschrieben. Tiselius entwickelte 1930 die Elektrophorese als Analysenmethode für Proteine. Mit der Einführung antikonvektiver Medien (Papier, Polyacrylamid- und Agarosegele) sind elektrophoretische Methoden heute unverzichtbar für die Biochemie geworden. Diese Techniken, die Gelpolymerisation, Färbung, Entfärbung und densitometrische Auswertung beinhalten, sind jedoch sehr arbeitsintensiv. Außerdem können Wechselwirkungen zwischen Analyten und Gelmatrix auftreten. Man war daher bestrebt, die Proben direkt – nur in Puffer gelöst – zu trennen und photometrisch zu erfassen. In sehr dünnen Röhren ist die Konvektion nur minimal, da bei dem großen Oberfläche/Innendurchmesser-Verhältnis eine gute Wärmeabführung gegeben ist. Dadurch können größere Feldstärken angelegt werden und kürzere Trennzeiten erzielt werden. Hjertén (1958) zeigte die erste Trennung in offenen Glasröhren mit 3 mm Innendurchmesser. Die Konvektion wurde durch Rotation um die Längsachse der Röhre minimiert und die Analytzone durch einen UV-Detektor vermessen. Eine spätere Methylcellulosebelegung der Glasoberfläche reduzierte den elektroosmotischen Fluss. Die weitere Verringerung des Innendurchmessers auf 0,2 mm bei 1 m Kapillarlänge durch Virtanen (1969) ermöglichte die Trennung von Alkalimetall-Ionen, die durch Messung der Potentialdifferenz detektiert wurden. Everaerts (1970) verwendete 0,5 mm dünne Teflonschläuche zur isotachophoretischen Trennung organischer Säuren mit thermometrischer online-Detektion. Mit der Einführung eines sensitiven Leitfähigkeits- und UV-Detektors in die Kapillarisotachophorese (1979) durch Mikkers konnte erstmals eine Trennung hoher Auflösung gezeigt werden.

Die Geburtstunde der CE schlug 1981, als Jorgenson eine offene Quarzkapillare mit 75 µm Innendurchmesser (I.D.) und eine Spannung von 30 kV verwendete, um derivatisierte Aminosäuren und Peptide zu trennen und mit Fluoreszenzdetektion nachzuweisen. Die Effizienz erreichte die theoretischen Vorhersagen und das Interesse an der CE nahm sprungartig zu: Einerseits stieg die Anzahl der Publikationen exponentiell, andererseits kam es zu einer raschen Verbesserung der Instrumentierung. Die neueren kommerziellen Geräte sind bezüglich Automatisierung und Routinetauglichkeit HPLC-Anlagen ebenbürtig.

11.2 Prinzip der Kapillarelektrophorese

Die Kapillarelektrophorese unterscheidet sich von der klassischen Slab-Gelelektrophorese darin, dass sie trägerfrei in einem offenen Rohr, einer Kapillare mit einem Innendurchmesser von ≤ 100 µm, durchgeführt wird. Als Trennmedium werden üblicherweise wässrige Puffersysteme eingesetzt, um den Stromtransport zu gewährleisten und den pH-Wert in der Kapillare konstant zu halten. Häufig eingesetzte Elektrolyte sind z. B. Phosphat- und Citratpuffer bei saurem pH, TRIS- und Boratpuffer bei basischem pH, und auch die zahlreichen zwitterionischen Puffer wie Betain, β-Alanin, ε-Aminocapronsäure, MES, MOPS und CAPS. Entscheidend für die Pufferwahl ist vor allem die Pufferkapazität am gewünschten pH-Wert. Durch zusätzliche Pufferadditive wie Micellenbildner, Siebmatrices und Ampholyte ergeben sich unterschiedliche Trennprinzipien, die bei den einzelnen CE-Techniken näher beschrieben werden. Die Trennungen finden bei einer elektrischen Feldstärke von mehreren hundert V/cm statt, der Strom durch die Kapillare ist auf Grund der kleinen Innendurchmesser aber gering (im Bereich von 100 µA). Die Detektion der Analyte erfolgt üblicherweise *on-Column*, z. B. durch Messung der UV-Absorption direkt durch die Kapillare, die für UV-Licht transparent ist.

11.3 Gerätetechnik

Prinzipieller Aufbau

Die Kapillarelektrophorese ist, in Bezug auf die zwingend erforderlichen Bauelemente, eine sehr einfache Technik, wenn man sie mit der HPLC oder GC vergleicht. Prinzipiell lässt sich mit einer *fused-Silica*-Kapillare, einer Hochspannungsversorgung, zwei Elektroden, zwei Pufferreservoirs und einem on-Column-Detektor eine Trennung durchführen (Abb. 11.1). Moderne CE-Geräte sind zusätzlich mit Probengeber und Fraktionssammler, hydrodynamischem Injektionssystem und effektiver Kapillarthermostatisierungseinheit ausgestattet.

Spannungsquelle

Um die für die CE erforderliche hohe Feldstärke zu liefern, ist eine bis zu 30 kV regelbare Gleichspannungsquelle erforderlich. Sie sollte sowohl bei konstanter Spannung, als auch bei konstanter Stromstärke betrieben werden können. Grundsätzlich sind höhere Spannungen einsetzbar, führen in der Praxis aber zu Problemen: Entladungen durch Luftfeuchtigkeit oder über das Gehäuse. Je nach Anwendung findet die Detektion kathodenseitig bzw. anodenseitig statt, so dass die Polarität wählbar sein muss. Über abgeschirmte Kabel wird die Hochspannung an die Platinelektroden, die zusammen mit den Kapillarenden in die Puffergefäße tauchen, geleitet.

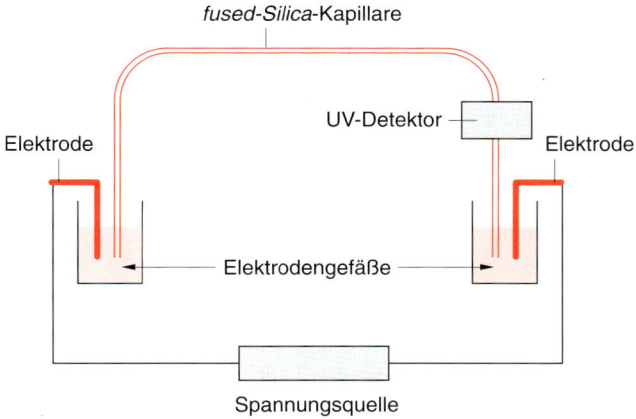

11.1 Schematischer Aufbau einer Kapillarelektrophoreseapparatur.

Kapillare

Das bei weitem am häufigsten eingesetzte Kapillarmaterial ist *fused Silica* (amorpher Quarz). Daneben existieren auch Kapillaren aus Borsilikatglas oder Teflon, ein in der Isotachophorese seit langem verwendetes Material. Neben den mechanischen Anforderungen ist in erster Linie die UV-Transparenz für die Detektion bei der Materialauswahl limitierend. Die Notwendigkeit geringer Kapillardurchmesser für eine effiziente Wärmeableitung, die die Voraussetzung für die herausragende Trennleistung der Kapillarelektrophorese ist, wurde schon lange erkannt. Erst die technische Realisierung von Kapillaren mit geringem Innendurchmesser ermöglichte den Durchbruch der CE Anfang der 80er Jahre. Heute sind Kapillaren bis 5 μm I.D. technisch herstellbar. Die üblicherweise verwendeten Kapillaren liegen im Bereich von 50–100 μm I.D..

Um die mechanische Stabilität zu erhöhen, ist die fused-Silica-Kapillare auf der Außenoberfläche mit einer ca. 10 μm starken Polyimidschicht geschützt. Für die Detektion ist das nicht UV-transparente Polyimidcoating zu entfernen (durch Flamme oder Skalpell).

11.3.1 Injektion der Proben

Um die hohe Trenneffizienz der CE zu gewährleisten, muss das Injektionsvolumen sehr gering sein, damit es keinen signifikanten Beitrag zur Bandenverbreiterung leistet. Die Varianz der zusätzlichen Peakverbreiterung σ_{Inj}^2 ist abhängig von der Länge l des rechteckförmigen Injektionsprofils:

$$\sigma_{Inj}^2 = \frac{l^2}{12}$$

Bei einem Gesamtvolumen der Kapillare im Bereich von wenigen μL darf das Injektionsvolumen nur einige nL betragen. Die reproduzierbare Injektion dieser kleinsten Volumina ist eine wichtige Forderung für den Einsatz der CE in der Routineanalytik.

Es existieren zwei prinzipielle Injektionsmodi:

- hydrodynamische Injektion,
- elektrokinetische Injektion.

Hydrodynamische Injektion

Nach Eintauchen der Kapillare einlassseitig in die Probe, kann auf unterschiedliche Art der hydrostatische Druck aufgebaut werden durch:

- Druck auf der Einlassseite,
- Vakuum an der Detektionsseite,
- Gravitationskraft durch Anheben der Einlassseite.

Das aufgebrachte Probenvolumen V_i ist bei allen hydrodynamischen Modi von der Druckdifferenz Δp, der Injektionszeit t, der Kapillarlänge L, der Viskosität η und vor allem dem Kapillarradius r abhängig:

$$V_i = \frac{\Delta p \cdot \pi \cdot r^4 \cdot t}{8 \cdot \eta \cdot L}$$

Bei größeren Innendurchmessern (≈ 100 μm I.D.) muss die Injektionszeit entsprechend gering gewählt werden, um das Volumen klein zu halten, wodurch die Reproduzierbarkeit verschlechtert werden kann.

Die **Druckinjektion** setzt sich unter den hydrodynamischen Injektionsarten als Methode der Wahl durch. Änderungen im Injektionsdruck können geräteseitig durch automatische Korrektur der Injektionsdauer kompensiert werden, wodurch eine relative Standardabweichung von ca. 1 % erreicht werden kann.

Elektrokinetische Injektion

Die Probenaufgabe erfolgt durch Anlegen einer Hochspannung an das Probengefäß, wodurch die Probenkomponenten elektrophoretisch und elektroosmotisch in die Kapillare transportiert werden. Im Gegensatz zur hydrodynamischen Injektion erfolgt hier eine Diskriminierung der Analyt-Ionen entsprechend ihrer Mobilität: Die aufgebrachte Probenmenge nimmt mit der Mobilität der Probe-Ionen zu. Zusätzlich hängt die injizierte Analytmenge von der Probenmatrix ab: Je höher der Anteil und die Mobilität der Matrix-Ionen, desto geringer ist die applizierte Analytkonzentration, da vermehrt Matrix-Ionen injiziert werden. Ist die Probe in Wasser gelöst, findet dagegen eine starke Probenanreicherung in der Kapillare statt. Der Grad der Diskriminierung wird jedoch mit zunehmendem elektroosmotischen Fluss verringert.

Gerätetechnisch ist die elektrokinetische Injektion einfacher zu realisieren und führt bei gleicher Probenzusammensetzung zu hoher Reproduzierbarkeit. Bei unterschiedlicher Matrix ist die wahre Analytkonzentration jedoch nicht bestimmbar. Ohne Verwendung eines internen Standards ähnlicher Mobilität ist diese Injektionsart nicht sinnvoll, da die Unterschiede, eingebracht durch die Matrix, ohne weiteres den Faktor 100 ausmachen können.

Trotz dieser Nachteile wird diese Injektionsart bei gelgefüllten Kapillaren (quervernetzt oder mit hoher Viskosität) eingesetzt, da die Injektion hier nicht hydrodynamisch erfolgen kann.

11.3.2 Detektion

Zur Detektion der Analyte sind in der CE folgende Detektoren einsetzbar:

- Absorptionsdetektor:
    UV-Detektor,
    Diodenarray-Detektor (DAD).
- Fluoreszenz-Detektor:
    Lampenanregung,
    laserinduzierte Anregung.
- Elektrochemischer Detektor,
- Radioisotopen-Detektor,
- Leitfähigkeitsdetektor,
- Brechungsindexdetektor,
- Massenspektrometer.

Kommerziell erhältliche Geräte verfügen in der Grundausstattung über einen Absorptionsdetektor und können optional mit einem Fluoreszenzdetektor oder Leitfähigkeitsdetektor ausgestattet werden. Zusätzlich besteht die Möglichkeit eine online-Kopplung an ein Elektrospray-Massenspektrometer durchzuführen.

Die Messung der Probenabsorption oder -fluoreszenz erfolgt üblicherweise durch die Kapillare, wofür bei fused-Silica-Kapillaren die nicht UV-transparente Polyimidschicht im Detektionsbereich entfernt werden muss. Die kleinen Abmessungen der Trennkapillare bedingen eine sehr geringe optische Weglänge, wodurch die Konzentrationsempfindlichkeit der Absorptionsdetektion nicht sonderlich hoch ist. Beispielsweise sind für Peptidtrennungen daher Konzentrationen von ca. 100 ng/µL üblich.

Falls ein geeignetes Fluorophor existiert, kann durch Verwendung eines Fluoreszenzdetektors die Empfindlichkeit um den Faktor 1000 erhöht werden. Das Problem ist allerdings, dass nur wenige Analyte eine native Fluoreszenz aufweisen und die Derivatisierung wie auch in der HPLC eine Reihe von Problemen mit sich bringt (die Derivate sind z. B. instabil oder uneinheitlich).

Als interessante, aber deutlich seltener eingesetzte Detektionsarten seien Leitfähigkeitsdetektion, elektrochemische oder radiometrische Detektion, Messung des Brechungsindices oder Kopplung an ein Massenspektrometer genannt, die noch näher beschrieben wird.

UV-Detektion

Der variable UV- und der Diodenarray-Detektor sind die am häufigsten verwendeten Detektoren.

Die Breite des Detektorfensters sollte deutlich schmäler als die Breite der Analytzone sein, damit durch die Detektion kein Verlust an Auflösung auftritt. Die typischen Peakbreiten liegen bei 1–5 mm; die Spaltbreite sollte deshalb weniger als 1 mm betragen. Vor allem bei sehr schnellen Trennungen mit mehreren Millionen theoretischen Trennstufen ist der Einfluss des Detektionsfensters nicht zu vernachlässigen.

Bei einem Absorptionsdetektor ist die Limitierung der Empfindlichkeit durch das Lambert-Beersche Gesetz gegeben. Die Absorption ist dabei abhängig von der optischen Weglänge, welche die kritische Größe darstellt, da sie durch den Kapillarinnendurchmesser vorgegeben ist. Lösungsansätze zur Vergrößerung der Schichtdicke (blasenförmige Aufweitung des Kapillarinneren, Z-förmige Kapillaren oder rechteckförmige Kapillaren) sind wegen Auflösungsverlusten oder technischen Schwierigkeiten nur bedingt einsetzbar. So bleibt häufig nur die Erhöhung der Konzentration der Probe oder die Beeinflussung des molaren Extinktionskoeffizienten durch Optimierung der Detektionswellenlänge (meist Verschiebung zu kürzerem λ).

Lambert-Beersches Gesetz
Abschnitt 4.3.1
Abschnitt 7.1.3

Diodenarray-Detektion (DAD)

Im Gegensatz zum variablen UV-Detektor, bei dem nur eine definierte Wellenlänge durch die Kapillare hindurchtritt, wird hier das Gesamtlicht zur Detektion verwendet. Nach Durchtritt und eventueller Abschwächung durch die Probe wird mittels Gitter das Licht in die spektralen Linien zerlegt und anschließend auf dem Diodenarray durch die der jeweiligen Wellenlänge entsprechenden Dioden analysiert. Die spektrale Information lässt sich für eine automatisierte online-Peakerkennung heranziehen.

Mit dem **fast-scanning-Detektor** sind dagegen viel weniger Spektraldaten verfügbar, da nicht der ganze Wellenbereich gleichzeitig gemessen wird, sondern eine Wellenlänge nach der anderen detektiert wird. Dadurch verschlechtert sich das Signal/Rausch-Verhältnis drastisch mit höherer Anzahl der Spektren oder mit Erweiterung des Wellenlängenbereichs bzw. der spektralen Auflösung (feste Datenrate).

Dem Informationsgewinn des DAD stehen als Nachteile entgegen:

- geringfügig niedrigere Empfindlichkeit,
- Zerstörung bzw. Veränderung der Kapillarbelegung und -füllung durch das Gesamtlicht, weshalb in der Kapillargelelektrophorese und der isoelektrischen Fokussierung der UV-Detektor eingesetzt wird.

Fluoreszenzdetektion

Grundsätzlich ist eine Fluoreszenzanregung durch eine Deuterium-, gepulste Xenonlampe oder mittels Laserlichtquelle möglich. Um die erforderliche Energie auf das geringe Kapillarvolumen zu bündeln, ist der laserinduzierte Fluoreszenz-(LIF)-Detektor die geeignetste Lösung. Im Gegensatz zur Absorptionsdetektion, bei der das Verhältnis der Intensitäten von eingestrahltem und abgeschwächtem Lichtstrahl für die Signalgröße entscheidend ist, ist bei der Fluoreszenzdetektion die Signalintensität direkt proportional der Intensität der eingestrahlten Anregungsenergie. Die Fluoreszenzdetektion zeichnet sich durch eine enorme Empfindlichkeit – eine 10^{-12} molare Fluorescein-Lösung kann noch nachgewiesen werden – sowie durch eine sehr hohe Selektivität aus.

Da nicht für alle gewünschten Anregungswellenlängen die entsprechenden Laserquellen verfügbar sind, liegt hierin die Limitierung dieser Detektionsart. Die gebräuchlichsten Laser, ihre Emissionswellenlänge λ_{EM} und Beispiele für Applikationen nach Derivatisierung mit den entsprechenden Farbstoffen sind in Tabelle 11.1 zusammengestellt.

Tabelle 11.1 Laser für die Fluoreszenzanregung

Energiequelle	λ_{EM}	Beispiel für Farbstoffe	Applikation
Argon-Ionen-Laser	488	FITC[1] NBD-F[2] APTS[3]	Peptide, DNA Aminosäuren, Peptide Oligosaccharide
Helium-Cadmium-Laser	325	Dns-Cl[4] ANTS[5]	Aminosäuren Oligosaccharide
Diodenlaser	635	Cy 5[6]	DNA, Antikörper

[1] Fluoresceinisothiocyanat, [2] 4-Fluor-7-nitrobenzofurazan,
[3] 1-Aminopyren-3,6,8-trisulfonsäure, [4] Dansylchlorid,
[5] 8-Aminonaphthalin-1,3,6-trisulfonsäure, [6] Cyaninfarbstoff.

Im Falle einer vorliegenden Fluoreszenz im Bereich der Laserenergien ist die LIF-Detektion ideal. Liegt keine native Fluoreszenz vor, existieren eine Reihe von Derivatisierungsmöglichkeiten, wobei jedoch oft Probleme mit uneinheitlichen Derivatisierungsprodukten oder -ausbeuten auftreten.

11.4 Theoretische Grundlagen

Elektrophoretische Theorie Abschnitt 10.2

Die für alle elektrophoretischen Trennmethoden wichtigen Grundlagen wurden bereits in Abschnitt 10.2 abgehandelt. An dieser Stelle sollen noch einige Ergänzungen angefügt werden, die für die Kapillarelektrophorese von speziellem Interesse sind.

11.4.1 Elektroosmotischer Fluss

In der Kapillarelektrophorese werden üblicherweise Kapillaren aus fused-Silica eingesetzt, speziell in der Isotachophorese auch Teflon. Viele Trennungen werden in unbehandelten fused-Silica-Kapillaren durchgeführt, so dass zusätzlich zur elektrophoretischen Geschwindigkeit der Ionen auch der elektroosmotische Fluss (EOF) berücksichtigt werden muss: Die Gesamtgeschwindigkeit der Analyt-Ionen setzt sich aus der vektoriellen Summe der elektrophoretischen und elektroosmotischen Geschwindigkeit zusammen, wie in Abbildung 11.2 dargestellt.

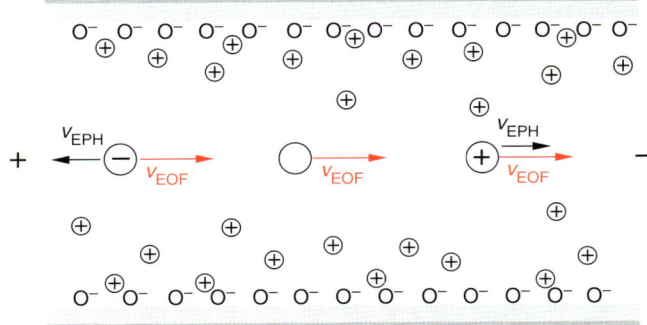

11.2 Wanderung von Ionen und Neutralteilchen in einer Kapillare mit EOF. (v_{EPH} = elektrophoretische Geschwindigkeit, v_{EOF} = elektroosmotische Geschwindigkeit.)

Das ζ-Potential und damit der EOF ist abhängig von der Dissoziation der Silanolgruppen und dadurch vom pH-Wert der Elektrolytlösung (Abb. 11.3).

Bei basischem pH ist der EOF üblicherweise höher als die Wanderungsgeschwindigkeit der Ionen, bei saurem pH geringer, weshalb bei basischem pH auch Anionen durch den EOF zur Kathode transportiert werden, d. h. sowohl Kationen als auch Neutralmoleküle und Anionen werden kathodenseitig detektiert.

ζ-Potential
Abschnitt 10.2

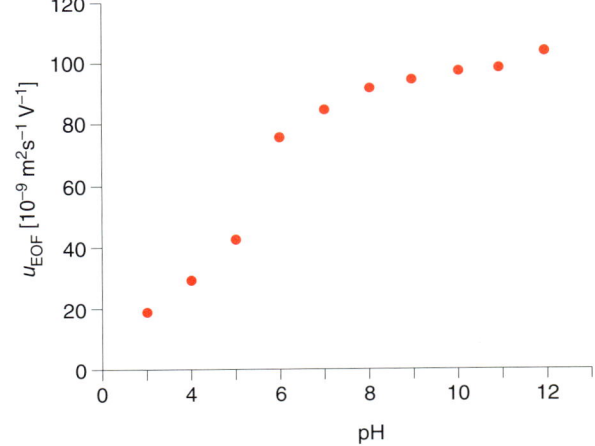

11.3 pH-Abhängigkeit des EOF bei konstanter Ionenstärke.

Der Potentialabfall in starrer und diffuser Doppelschicht ist abhängig von der Ionenstärke der Lösung; je höher die Ionenstärke, desto steiler ist der Potentialabfall und desto geringer ist die Dicke der Doppelschicht. Die Geschwindigkeit des EOF nimmt daher mit der Ionenstärke des Elektrolyten ab.

Im Gegensatz zum hydrodynamischen Flussprofil, welches parabolförmig ist, gleicht das Profil des EOF einem stempelförmigen Profil (Abb. 11.4); die Geschwindigkeit ist über den gesamten Querschnitt der Kapillare konstant mit Ausnahme des geringen Bereichs der diffusen Doppelschicht, in der die Geschwindigkeit des EOF von Null auf den Maximalwert zunimmt. Auf Grund der konstanten Flussgeschwindigkeit trägt der EOF nicht zur Peakverbreiterung

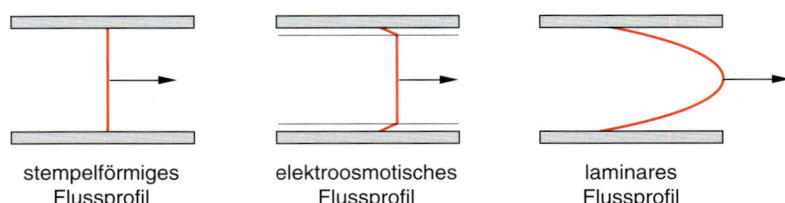

11.4 Vergleich verschiedener Flussprofile.

stempelförmiges Flussprofil — elektroosmotisches Flussprofil — laminares Flussprofil

bei wie der hydrodynamische Fluss in der HPLC. In der Kapillarzonenelektrophorese (Abschn. 11.6) werden deshalb in vielen Fällen Trennungen auch bei hohem EOF durchgeführt.

> Bei der Bestimmung von stark positiv geladenen Teilchen können häufig **elektrostatische Wechselwirkungen** mit den negativ geladenen Silanolgruppen an der Kapillaroberfläche zu einer drastischen Verschlechterung der Trennung führen. In diesen Fällen kann die Trennung entweder durch chemische Modifikation der Silanolgruppen oder durch Adsorption von Polymeren oder positiv geladenen Detergenzien an die Oberfläche verbessert werden.

EOF und Viskosität Abschnitt 10.2

Während die dynamische Belegung mit Polymeren (z. B. Polyethylenglykol, Cellulosederivate, Polyvinylalkohol) nach obiger Gleichung zu einer Reduktion des EOF führt, da die Viskosität in der Doppelschicht stark zunimmt, bewirkt die Adsorption positiv geladener Detergenzien (wie Cetyltrimethylammoniumbromid) eine Richtungsumkehr des EOF. Um die Silanolgruppen chemisch zu modifizieren, wurden zahlreiche Derivatisierungsmöglichkeiten beschrieben, die sehr hydrophile bis hydrophobe Coatings ergeben, wobei ein wesentlicher Faktor die Hydrolysebeständigkeit ist, die für die Langzeitstabilität dieser Kapillaren entscheidend ist.

11.4.2 Joulesche Wärmeentwicklung

Während einer elektrophoretischen Trennung wird durch den elektrischen Stromfluss durch die Kapillare Joulesche Wärme entwickelt. Die Wärmeabfuhr erfolgt nur über die Kapillarwand, woraus ein radialer Temperaturgradient resultiert, wie in Abbildung 11.5 dargestellt.

Um maximale Trenneffizienz zu erhalten, ist es äußerst wichtig, die Temperaturgradienten sehr klein zu halten. Dies gelingt, auch bei hohen Stromstärken, durch Verringerung des Kapillarinnendurchmessers auf $\leq 100\,\mu$m und durch eine wirksame Wärmeabfuhr, z. B. durch Flüssigkühlung.

Die Temperaturdifferenz im Inneren der Kapillare beträgt unter üblichen Bedingungen weniger als 1 °C, der Unterschied zur Außentemperatur kann aber auch mehr als 10 °C ausmachen.

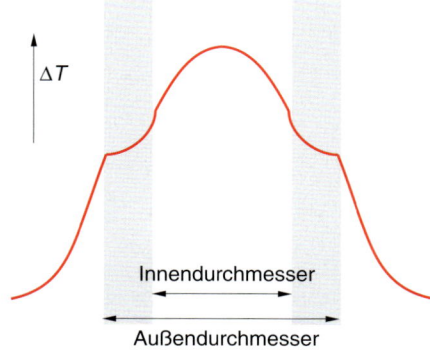

11.5 Temperaturgradient über den Kapillarquerschnitt.

11.5 Trennprinzipien in der CE

Die verschiedenen Modi der CE unterscheiden sich hinsichtlich Pufferzusammensetzung und -anordnung, sowie der substanzspezifischen Eigenschaften, die für die Trennung genutzt werden (Tab. 11.2).

Tabelle 11.2 Trennprinzipien in der CE

Trenntechnik		Trennung nach Unterschieden in	Applikation
Kapillarzonenelektrophorese	CZE	Größe/Ladung (Mobilität)	kleine Ionen, Peptide, Proteine
Isotachophorese	ITP	Größe/Ladung (Mobilität)	kleine Ionen, Proteine
Kapillaraffinitätselektrophorese	CAE	Größe/Ladung (Mobilität)	Protein-Ligand-Wechselwirkung
Micellarelektrokinetische Chromatographie	MEKC	Polarität	Neutralteilchen, Aminosäuren
Kapillargelelektrophorese	CGE	Größe	Proteine, DNA
Isoelektrische Fokussierung	CIEF	Ladung (isoelektrischer Punkt)	Proteine

11.6 Kapillarzonenelektrophorese (CZE)

In der Zonenelektrophorese (CZE) findet die Trennung der Analyt-Ionen auf Grund von Mobilitätsunterschieden statt, d. h. sowohl die Größe als auch die Ladung des Teilchens sind für die Trennung entscheidend. Die Kapillare ist mit einem einheitlichen Elektrolytsystem gefüllt, um den Stromtransport zu gewährleisten und um eine einheitliche Feldstärke und einen konstanten pH-Wert aufrecht zu erhalten. Die Analyt-Ionen wandern unabhängig voneinander mit einer ihrer Mobilität entsprechenden Geschwindigkeit und werden bei entsprechenden Mobilitätsunterschieden voneinander getrennt. Das Trennprinzip ist in Abbildung 11.6 skizziert. Als Beispiel für eine zonenelektrophoretische Trennung ist in Abbildung 11.7 das Elektropherogramm tryptischer Peptide gezeigt.

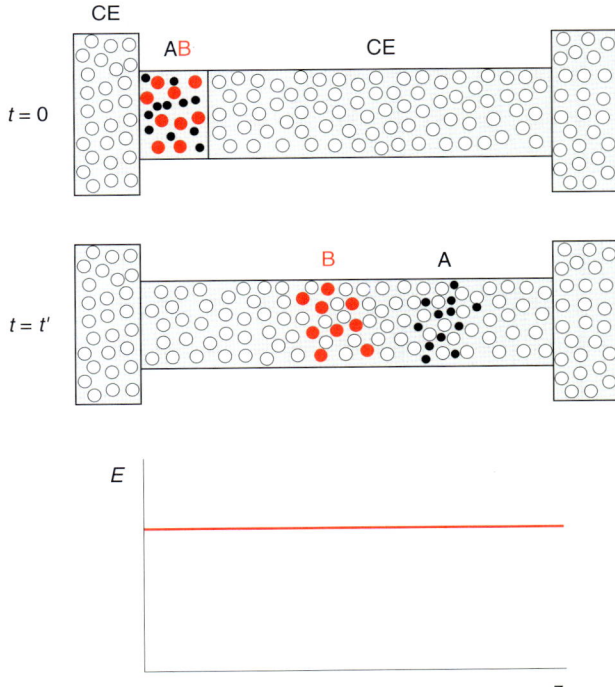

11.6 Prinzip der Zonenelektrophorese. Die gesamte Kapillare ist mit Trägerelektrolyt (CE) gefüllt. Die Feldstärke ist über den gesamten Trennbereich konstant und wird im Idealfall nicht durch die Probe-Ionen gestört. Die Probe-Ionen A, B wandern auf Grund unterschiedlicher Mobilität verschieden schnell. Diffusion führt zur Zonenverbreiterung.

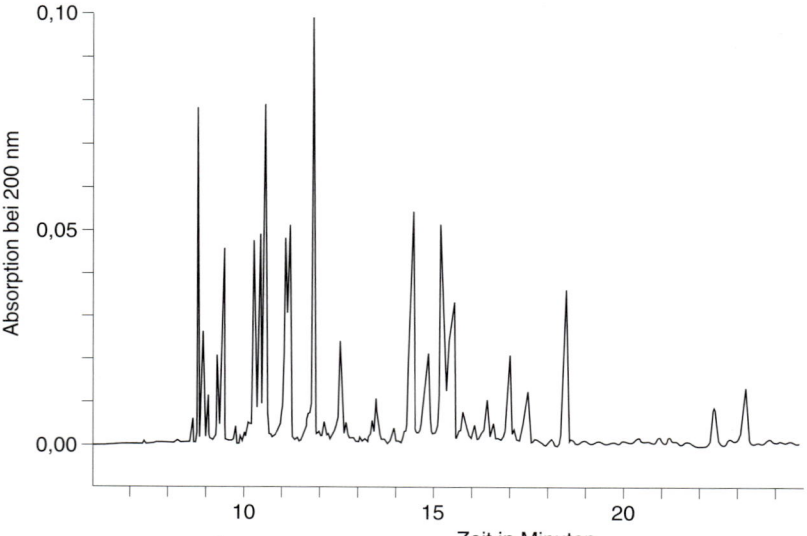

11.7 Zonenelektrophoretische Trennung eines tryptischen Verdaus von Fetuin in 0,05 M Betain/Essigsäure, pH 3,3.

Die einfachste Optimierungsstrategie beginnt bei der Auswahl des pH-Werts des Puffersystems. Da sich die effektive Mobilität eines Analyten mit dem Dissoziationsgrad ändert, ist die größte Mobilitätsänderung bei dem pH-Wert zu beobachten, der dem pK-Wert des Analyten entspricht.

Der Trennung der Analyte wirkt die Peakverbreiterung entgegen, die in der CZE im Idealfall nur durch longitudinale Diffusion verursacht wird und dadurch sehr gering ist. Unter der Voraussetzung, dass das Eingangsprofil unendlich schmal ist, ist die örtliche Varianz σ_z^2 der Konzentrationsverteilung durch die **Einstein-Gleichung** bestimmt:

$$\sigma_z^2 = 2 \cdot D \cdot t$$

wobei D der Diffusionskoeffizient ist und t die Zeit.

In Abbildung 11.8 ist die Peakverbreiterung eines rechteckförmigen Konzentrationsprofils während einer elektrophoretischen Trennung wiedergegeben.

Wenn man wie in der Chromatographie das Konzept der theoretischen Trennstufen auf die Peakverbreiterung in der CZE anwendet, kommt man zu folgendem Ausdruck für die Anzahl der theoretischen Trennstufen N:

$$N = \frac{u \cdot U}{2 \cdot D}$$

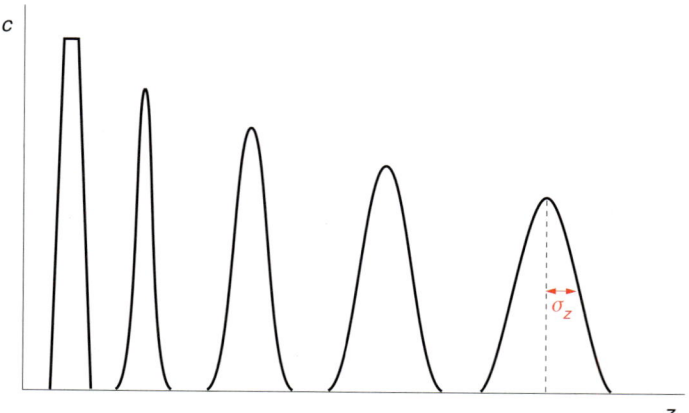

11.8 Peakverbreiterung mit zunehmender Trennstrecke eines rechteckförmigen Eingangsprofils durch Diffusion (σ_z = Standardabweichung der Gaußschen Konzentrationsverteilung.)

Mobilität u und Diffusionskoeffizient D sind jedoch über die **Nernst-Einstein-Beziehung** wie folgt verknüpft:

$$\frac{D}{u} = \frac{k \cdot T}{z \cdot e}$$

wobei T die absolute Temperatur und k die Boltzmann-Konstante ist. Einfügen der Nernst-Einstein-Beziehung in den Ausdruck für die Anzahl der theoretischen Trennstufen führt zu:

$$N = \frac{z \cdot e}{2 \cdot k \cdot T} \cdot U$$

Man erkennt aus dieser Gleichung, dass in der CZE die Anzahl der theoretischen Trennstufen nur von der Spannung U, die an die Kapillare gelegt wird (und nicht von der Länge) und von der Ladungszahl des Analyten als einzige substanzspezifische Größe abhängt.

In der Praxis wird jedoch in vielen Fällen nicht die maximale Bodenanzahl erreicht, da noch andere Beiträge zur Peakdispersion auftreten, z. B. durch Temperaturgradienten, Adsorption der Analyte an die Kapillarwand, Injektion und Detektion oder durch Elektrodispersion auf Grund von größeren Mobilitätsunterschieden zwischen Analyt und Puffer-Ion. Die gesamte Varianz σ^2 der Konzentrationsverteilung ergibt sich aus der Summe der Varianzen der Einzelbeiträge.

11.6.1 Elektrodispersion

Die Peakverbreiterung in der CZE wird nur dann ausschließlich durch longitudinale Diffusion bestimmt, wenn die elektrische Feldstärke in der gesamten Trennkapillare konstant ist, d. h. nicht durch lokale Leitfähigkeitsunterschiede gestört wird. Dies ist nur dann der Fall, wenn die Mobilitäten von Analyt-Ion und Puffer-Ion sehr ähnlich sind, bzw. die Konzentration des Analyt-Ions sehr viel geringer ($\ll$ Faktor 100) als die des Puffers ist. In allen anderen Fällen findet eine zusätzliche Peakverbreiterung statt, da sich die elektrische Feldstärke in der Probenzone von der in der Umgebung, wenn auch nur geringfügig, unterscheidet. Das resultierende Konzentrationsprofil ist nicht mehr gaußförmig, sondern weist sogenanntes *Leading* oder *Tailing* auf (Abb. 11.9).

Ist die Mobilität u_A des Proben-Ions geringer als die des gleichgeladenen Puffer-Ions (u_{CE}), so herrscht in der Probenzone eine geringere Leitfähigkeit und damit eine höhere Feldstärke als im Trägerelektrolyten. Die Vorderfront des Peaks ist deshalb scharf, während das Ende des Peaks diffus ist, da Ionen, die durch Diffusion im Trägerelektrolyten zurückbleiben, durch die geringere Feldstärke noch weiter abgebremst werden (Tailing). Im Falle einer höheren Probenmobilität kehren sich die Verhältnisse um und das Konzentrationsprofil zeigt ein Leading.

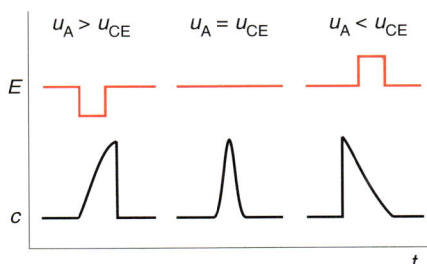

11.9 Konzentrationsverteilung und Feldstärkeverlauf für unterschiedliche Werte von Proben- und Puffermobilität. (u_A: Mobilität des Probenions, u_{CE}: Mobilität des Puffer-Ions.)

> In einem Elektropherogramm sind deshalb häufig verschiedene Peakformen zu beobachten: leading, symmetrisch und tailing. Die Ursachen dafür liegen nicht in der Adsorption von Analyten an die Kapillarwand, sondern nur in den unterschiedlichen Mobilitäten. Dieses Problem lässt sich durch Anpassung der Mobilität des Puffer-Ions an die des Analyten oder Verwendung geringerer Probenkonzentration oder höherer Pufferkonzentration lösen.

Eine Verbreiterung des Injektionsprofils erfolgt außerdem, wenn die Salzkonzentration der Probenlösung sehr hoch ist, d. h. die anfängliche Leitfähigkeit in der Probenzone ist höher als die im Trägerelektrolyten. In der CZE sollten die Probenlösungen daher möglichst wenige Fremd-Ionen enthalten, vor allem wenn die Analytkonzentration sehr gering ist und entsprechend höhere Injektionsvolumina appliziert werden.

Der Idealfall ist eine Lösung der Analyte in reinem Wasser: Hier tritt der umgekehrte Effekt ein – die anfängliche Probenzone wird auf Grund ihrer geringen Leitfähigkeit geschärft. Durch diese Probenkonzentrierung durch Leitfähigkeitsunterschiede lassen sich die Injektionsvolumina um einen Faktor 5 bis 10 steigern.

11.6.2 Auflösung

Für die Trennung zweier Analyte ist nicht die Effizienz allein entscheidend, sondern die Auflösung, die auch einen Selektivitätsterm beinhaltet.

Die Auflösung R zweier Peaks ist wie folgt definiert:

$$R = \frac{t_2 - t_1}{4 \cdot \overline{\sigma}_t}$$

wobei t_1 und t_2 die Migrationszeiten zweier aufeinanderfolgender Peaks sind und $\overline{\sigma}_t$ ihre gemittelte Standardabweichung. Durch Einsetzen der entsprechenden Beziehungen ergibt sich ein Ausdruck für die Auflösung, der von der Anzahl der theoretischen Trennstufen und der Mobilitätsdifferenz der Analyte abhängt:

$$R = \frac{1}{4} \cdot \sqrt{N} \cdot \left(\frac{u_2 - u_1}{\overline{u}} \right)$$

Eine Erhöhung der Anzahl der theoretischen Trennstufen ist weniger wirksam als eine Optimierung der Mobilitätsunterschiede, da die Auflösung nur mit der Wurzel der Anzahl der theoretischen Trennstufen zunimmt.

11.6.3 Trennungsoptimierung

Um die Auflösung der Probenkomponenten zu optimieren, können eine Vielzahl von Parametern variiert werden, die mehr oder weniger stark die Trennung beeinflussen:

- pH-Wert,
- Ionenstärke,
- Temperatur,
- Kapillarbelegungen,
- Pufferzusätze.

pH des Puffers

ζ-Potential Abschnitt 10.2

Wie schon erwähnt, bewirkt bei schwachen Säuren und Basen die Variation des pH-Werts die größten Mobilitätsänderungen, da der Dissoziationsgrad die effektive Mobilität bestimmt. Durch pH-Änderungen wird aber neben der elektrophoretischen Mobilität auch die elektroosmotische Mobilität verändert, da das ζ-Potential pH-abhängig ist. Wie gezeigt nimmt der EOF mit dem pH-Wert zu. Ein höherer EOF führt zu kürzeren Analysenzeiten (im kathodischen Modus), aber auch zu einer geringeren Auflösung für Kationen und für Anionen mit $u_i < u_{EOF}/2$.

Ionenstärke

Die Ionenstärke des Puffers beeinflusst sowohl die Mobilität der Analyt-Ionen als auch den EOF. Höhere Ionenstärken haben den Vorteil, dass auch höhere Probenkonzentrationen bei geringer Elektrodispersion eingesetzt werden können. Ebenso können elektrostatische Wechselwirkungen der Proben-Ionen (z. B. Proteine) mit der Kapillarwand reduziert werden. Hohe Ionenstärken bei gleichzeitig hoher Mobilität (= Leitfähigkeit) des Puffers führen aber zu hohen Stromstärken und damit hoher Joulescher Wärmeentwicklung in der Kapillare, wodurch die Trenneffizienz abnimmt. Abhilfe schaffen geringe Kapillarinnendurchmesser oder aber zwitterionische Puffersubstanzen, die in sehr hoher Konzentration eingesetzt werden können und in ihrer Mobilität oft besser den Analyt-Ionen entsprechen.

Temperatur

Temperaturgradienten in der Kapillare führen zu einem Verlust an Trenneffizienz und sollten möglichst gering gehalten werden. Eine effektive Kühlung ist deshalb eine Voraussetzung, um die maximale Trennleistung zu erzielen und den Temperaturunterschied zwischen Kapillarinnerem und Umgebung gering zu halten. Zu hohe Innentemperaturen können z. B. bei labilen Verbindungen zur Zersetzung führen. Eine wirksame Thermostatisierung hat zudem den Vorteil, die Temperatur vorgeben und dadurch die Trennung beeinflussen zu können. Die Temperatur hat u. a. Einfluss auf Mobilität, pK-Werte, Löslichkeit und Gleichgewichtsreaktionen. Die Reproduzierbarkeit ist direkt mit der Temperaturkonstanz verbunden.

Höhere Temperaturen führen auf Grund der niedrigeren Viskosität der Lösung zu höheren Mobilitäten und daher kürzeren Analysenzeiten. Gleichgewichtseinstellungen werden beschleunigt, was zu höherer Effizienz führen kann und die Löslichkeit oft verbessert. Eine Absenkung der Temperatur ermöglicht das „Einfrieren" von Gleichgewichten: Dadurch lassen sich Trennungen von Enantiomeren, Isomeren oder Komplexen erzielen, die bei Raumtemperatur nicht möglich sind.

Kapillarbelegungen

Die Silanolgruppen der fused-Silica-Kapillaren können in Kontakt mit einer Elektrolytlösung in Abhängigkeit vom pH-Wert dissoziieren. Dadurch entsteht eine negativ geladene Kapillaroberfläche, wodurch einerseits der EOF resultiert, andererseits aber elektrostatische Wechselwirkungen mit entgegengesetzt geladenen Analyt-Ionen auftreten können. Adsorption von Probenkomponenten an die Kapillarwand führt zu zusätzlicher Bandenverbreiterung, Substanzverlust und Änderungen im EOF, wodurch sich die Reproduzierbarkeit drastisch verschlechtert.

Es gibt verschiedene Möglichkeiten eine Probenadsorption zu verhindern:

- chemische Modifikation der Silanolgruppen,
- dynamisches Belegen der Kapillarwand mit Polymeren,
- Zusatz kationischer Detergenzien,
- hohe Ionenstärke.

Die verschiedenen Methoden sind bei der Unterdrückung von Analyt-Wand-Wechselwirkungen unterschiedlich erfolgreich, vor allem bei Proteinen.

Kapillarbelegungen weisen teilweise eine nur begrenzte pH-Langzeitstabilität auf. Einige wichtige Kapillarbelegungen werden bei den entsprechenden Applikationsbeispielen beschrieben.

Dynamisches Belegen wird durch Spülschritte mit einer Polymerlösung vor jeder Trennung oder einfacher durch Zusatz zum Pufferelektrolyten erreicht. Durch die Polymerschicht, die die Kapillarwand belegt, werden die negativen Oberflächenladungen vom Lösungsinneren abgeschirmt. Der EOF wird dadurch verringert, dass die Viskosität in der Doppelschicht durch das Polymer stark zunimmt. Dynamisches Belegen kann sowohl auf unbehandelte fused-Silica-Kapillaren angewendet werden als auch auf chemisch modifizierte, wodurch der EOF sehr wirksam unterdrückt wird. In Abbildung 11.10 ist die Trennung von fünf basischen Proteinen in einer mit Polyethylenglykol dynamisch belegten Kapillare wiedergegeben. Durch Unterdrückung von Proteinwechselwirkungen mit der Kapillarwand konnte eine äußerst hohe Effizienz erzielt werden mit einer theoretischen Trennstufenzahl im Bereich von einer Million.

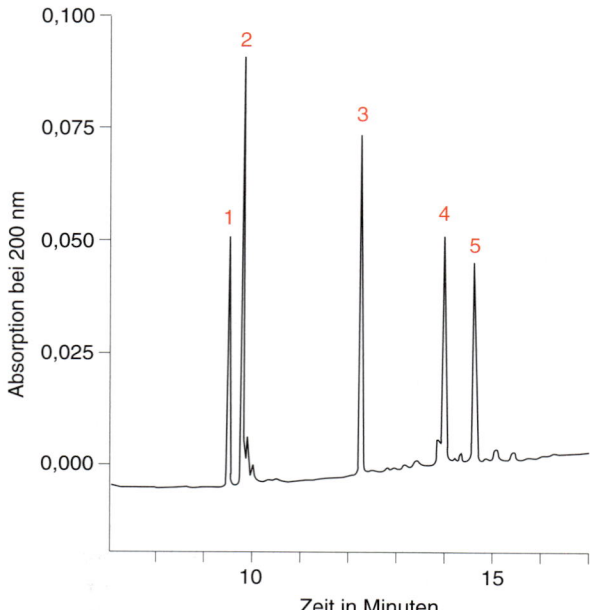

11.10 Trennung von 5 basischen Proteinen in einer mit Polyethylenglykol (PEG) dynamisch belegten Kapillare. Puffer: 0,05 M β-Alanin/Essigsäure mit 0,02 % PEG, pH 4,0. (1 = Cytochrom c, 2 = Lysozym, 3 = Ribonuclease A, 4 = Trypsinogen, 5 = Chymotrypsinogen A.)

Der Zusatz **kationischer Detergenzien**, die an die Kapillarwand adsorbieren, bewirkt eine Umkehr der Oberflächenladung und damit des EOF. Positiv geladene Analyt-Ionen können dadurch keine ionische Wechselwirkungen mehr mit der nun positiv geladenen Oberfläche eingehen.

Die Erhöhung der **Ionenstärke** bewirkt eine bessere Verdrängung der Analyt-Ionen von der negativ geladenen Oberfläche.

Pufferzusätze

Die Selektivität einer Trennung kann auch durch Ausnützung sekundärer Gleichgewichte, die die Mobilität verändern, erzielt werden.

Boratkomplexierung. Vicinale *cis*-Diolgruppen, etwa von Zuckermolekülen, können mit Borat-Ionen Komplexe bilden, wodurch sie eine negative Ladung erhalten und elektrophoretisch wandern können. Das Komplexgleichgewicht wird durch pH-Wert und Boratkonzentration bestimmt.

Metallkomplexierung. Die Trennung von Metall-Ionen kann durch Zusatz von Chelatbildnern, z. B. Zitronensäure, Milchsäure und α-Hydroxyisobuttersäure oder Kronenethern optimiert werden.

Einschlusskomplexierung. Zusätze von Cyclodextrinen oder Kronenethern ermöglichen eine sehr selektive Komplexierung und werden häufig zur Trennung von optischen Isomeren eingesetzt. Cyclodextrine sind cyclische Oligosaccharide mit 6, 7 oder 8 Glucoseeinheiten, die im Inneren einen hydrophoben Hohlraum bilden, der mit Aromaten oder Alkylgruppen wechselwirken kann (vgl. Abschn. 11.8.2). Die Selektivität lässt sich durch die Ringgröße und durch Derivatisieren der äußeren Hydroxygruppen beeinflussen. Weitere Möglichkeiten, die Trennung zu optimieren, liegen im Zusatz von Ionenpaarbildnern und vor allem Micellenbildner; dies wird als eigene Technik, die MEKC, in Abschnitt 11.8 abgehandelt.

Andere Pufferzusätze können Polymere sein, die entweder die Kapillarwand dynamisch belegen oder als Siebmedium wirken, organische Lösungsmittel, die einerseits die Löslichkeit verbessern, andererseits den EOF, die pK-Werte und Mobilitäten der Analyte beeinflussen, und Harnstoff, um die Solubilisierung von Proteinen zu verbessern.

11.7 Kapillaraffinitätselektrophorese (CAE)

Ein Sonderfall der CZE ist die Affinitätselektrophorese, die eingesetzt wird, um Wechselwirkungen zwischen einem Rezeptor und Liganden zu untersuchen und Bindungskonstanten und -stöchiometrie zu bestimmen.

Die Wechselwirkungen zwischen einem Protein und einem geladenen Liganden führen dann zu Unterschieden in der Mobilität zwischen Protein und dem gebildeten Komplex, wenn der Ligand eine Ladung trägt oder sich das Molekulargewicht des Komplexes wesentlich von der des Proteins unterscheidet (Abb. 11.11). Für viele kleine Liganden sind in erster Linie Ladungsunterschiede für die beobachteten Mobilitätsunterschiede ausschlaggebend.

Mobilität und Molekulargewicht
Abschnitt 10.2

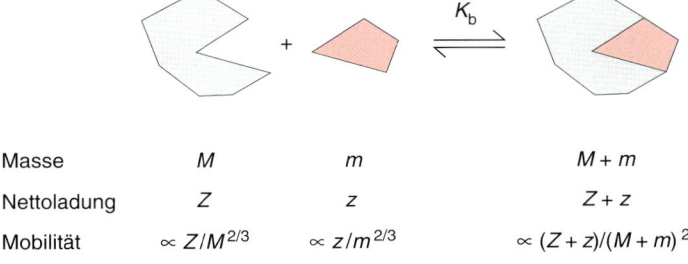

Masse	M	m	$M + m$
Nettoladung	Z	z	$Z + z$
Mobilität	$\propto Z/M^{2/3}$	$\propto z/m^{2/3}$	$\propto (Z+z)/(M+m)^{2/3}$

11.11 Mobilitätsänderung eines Proteins durch Komplexierung. (Zusammenhang zwischen Mobilität und Molekulargewicht vgl. Abschnitt 10.2).

Üblicherweise werden der Pufferlösung verschiedene Konzentrationen des Liganden zugesetzt und bei konstanter Proteinkonzentration die Änderung in der Migrationszeit in Abhängigkeit von der Ligandenkonzentration bestimmt.

Für die Komplexbildung monovalenter Protein-Ligand-Komplexe gelten folgende Zusammenhänge:

$$K_b = \frac{[P \cdot L]}{[P] \cdot [L]}$$

wobei K_b die Bindungskonstante, $[P \cdot L]$ die Konzentration des Komplexes und $[P]$ und $[L]$ die Konzentrationen von Protein und Ligand sind.

Die Änderung in der Migrationszeit δt bei bestimmter Ligandenkonzentration ist gegeben durch:

$$\delta t = t_{[L]} - t_{[L]=0}$$

wobei $t_{[L]}$ die Migrationszeit bei einer bestimmten Ligandenkonzentration ist und $t_{[L]=0}$ ohne Ligandenzusatz.

Der Anteil α des Proteins, der als Komplex vorliegt, ist

$$\alpha = \frac{[P \cdot L]}{[P] + [P \cdot L]} = \frac{\delta t_{[L]}}{\delta t_{max}}$$

wobei δt_{max} die maximale Migrationsänderung darstellt, d.h. Sättigung erreicht wird.

Durch Einführen der Bindungskonstante K_b ergibt sich daraus:

$$\alpha = \frac{K_b \cdot [L]}{1 + K_b \cdot [L]}$$

Die Bestimmung der Bindungskonstante erfolgt mittels Scatchard-Analyse nach folgender Gleichung, die sich durch Umformen des obigen Ausdrucks ergibt:

$$\frac{\alpha}{[L]} = K_b - K_b \cdot \alpha \qquad \text{oder} \qquad \frac{\delta t}{\delta t_{max}} \cdot \frac{1}{[L]} = K_b \left(1 - \frac{\delta t}{\delta t_{max}}\right)$$

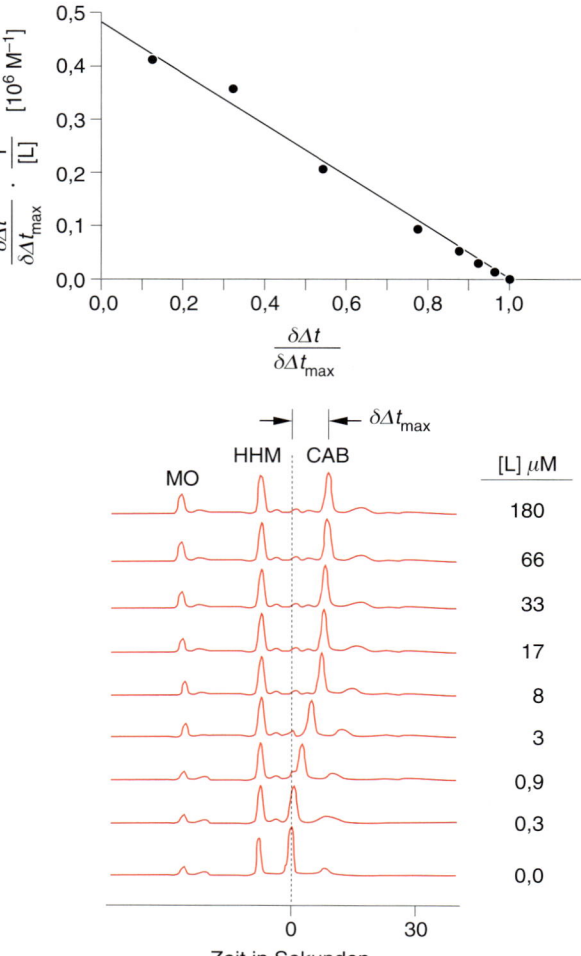

11.12 Affinitätselektrophorese: Mobilitätsänderung $\delta\Delta t$ von Carboanhydrase B (CAB) bei unterschiedlichen Konzentrationen des Liganden L (Sulfonamid) und dazugehöriger Scatchard-Plot. Als interne Standards wurden Mesityloxid (MO) und Myoglobin (HHM) verwendet. Die Bindungskonstante ergibt sich direkt aus der Geradensteigung oder dem Abszissenabschnitt.
Nach: Chu Y.-H. et al. *J. Med. Chem,* 35 (1992) 2915–2917.

Als Beispiel ist die Bestimmung der Affinitätskonstante der Bindung eines 4-Alkylbenzolsulfonamids an Carboanhydrase B gezeigt. In Abbildung 11.12 ist eine Serie von Elektropherogrammen von Carboanhydrase B bei unterschiedlichen Konzentrationen von Sulfonamid im Puffer abgebildet. Die Verschiebung der Migrationszeit bei verschiedenen Ligandenkonzentrationen im Vergleich zur Trennung ohne Sulfonamidzusatz ergibt δt (in der Abbildung $\delta\Delta t$, da die Zeiten auf das Referenzprotein Myoglobin bezogen werden, um die Präzision der Messung zu erhöhen). Aus dem Scatchard-Plot, d. h. durch Auftragen von $(\delta t/\delta t_{max}) \cdot 1/[L]$ gegen $\delta t/\delta t_{max}$, lässt sich direkt aus der Geradensteigung oder dem Abszissenabschnitt die Bindungskonstante ablesen.

Voraussetzung ist, dass eine Gleichgewichtseinstellung während des CE-Laufs erfolgt und die Proteinkonzentration niedrig genug ist, um bei höheren Ligandenkonzentrationen Sättigung erzielen zu können. Die so bestimmten Bindungskonstanten stimmen sehr gut mit jenen überein, die mit anderen Methoden ermittelt wurden.

11.8 Micellarelektrokinetische Chromatographie (MEKC)

11.8.1 Theoretische Grundlagen

Die micellarelektrokinetische Chromatographie (MEKC) ist eine Hybridtechnik aus Elektrophorese und Chromatographie, die in den frühen 80er Jahren von S. Terabe eingeführt wurde. Der Zusatz von Micellenbildnern (Detergenzien) zum Puffersystem führt zur Bildung einer pseudostationären Phase aus geladenen Micellen. Die Trennung der Analyte basiert auf ihrer unterschiedlichen Verteilung zwischen der Lösung und dem Inneren der Micelle, wie in Abbildung 11.13 sche-

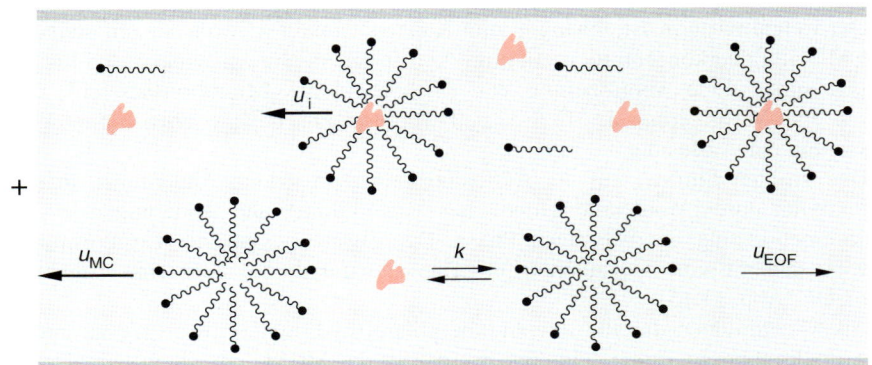

11.13 Prinzip der MEKC. Verteilung eines neutralen Analyten zwischen Lösung und Micelleninnerem. In Lösung entspricht die Mobilität des Neutralteilchens der des EOF (u_{EOF}) und im Inneren der Micelle der Mobilität u_{MC}. Daraus resultiert eine effektive Mobilität u_i, die vom Verteilungskoeffizienten k abhängt.

matisch dargestellt ist. Neutralmoleküle, die in der CZE nicht getrennt werden können, da sie nicht elektrophoretisch wandern und nur durch den EOF transportiert werden, erhalten in der MEKC durch Wechselwirkung mit der geladenen Micelle eine elektrophoretische Mobilität u_i, die von der Mobilität der Mizelle, u_{MC} und dem Kapazitätsfaktor k'_i abhängt:

$$u_i = u_{MC} \left(\frac{k'_i}{1 + k'_i} \right)$$

Der Kapazitätsfaktor k'_i ergibt sich analog der HPLC aus dem Verhältnis der Analytaufenthaltszeit in der mobilen zur pseudostationären Phase und lässt sich einfach aus den Migrationszeiten von Analyt, Micelle und EOF (t_i, t_{MC} und t_0) bestimmen:

$$k'_i = \frac{t_i - t_0}{t_0 \cdot \left(1 - \frac{t_i}{t_{MC}}\right)}$$

t_0 entspricht der Migrationszeit einer nicht retardierten Komponente und lässt sich durch den „EOF-Peak", d. h. die Brechungsindexänderung des Puffers leicht ermitteln. t_{MC} lässt sich aus der Migrationszeit hydrophober Farbstoffe (Sudan III), die einen extrem hohen k'-Wert aufweisen und sich ausschließlich in der Micelle aufhalten, bestimmen.

Je nach Polarität besitzen Analyte eine unterschiedliche Affinität zur pseudostationären Phase der Micelle und daher eine unterschiedliche mittlere Aufenthaltszeit in der Micelle und eine unterschiedliche Wanderungsgeschwindigkeit. Die Migrationszeiten aller Analyte liegen in einem bestimmten Zeitfenster, welches durch den EOF und die Migrationszeit der Micelle begrenzt ist (Abb. 11.14).

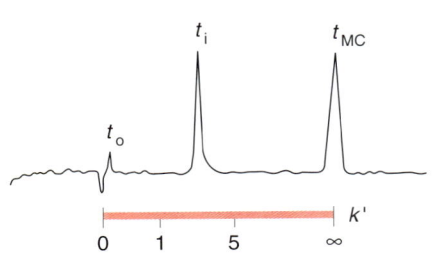

11.14 Zeitfenster der MEKC. Die Migrationszeit eines neutralen Analyten (t_i) ist abhängig vom Kapazitätsfaktor k' und ist auf einen Bereich beschränkt, dessen Grenzen durch den EOF ($=t_0$) und die Migrationszeit der Micelle (t_{MC}) gegeben sind.

Wie in der HPLC lässt sich die Auflösung R zweier Komponenten beschreiben:

$$R = \underbrace{\frac{\sqrt{N}}{4}}_{\text{Effizienz}} \cdot \underbrace{\frac{\alpha-1}{\alpha}}_{\text{Selektivität}} \cdot \underbrace{\frac{k'_2}{1+k'_2} \cdot \frac{1-\frac{t_0}{t_{MC}}}{1+\frac{t_0}{t_{MC}} \cdot k'_1}}_{\text{Retention}}$$

wobei der Selektivitätsfaktor das Verhältnis der Kapazitätsfaktoren der beiden Komponenten ist:

$$\alpha = \frac{k'_2}{k'_1}$$

Die Auflösung kann durch Optimierung aller drei Terme vergrößert werden. Eine geringe Erhöhung der Anzahl der theoretischen Trennstufen, die üblicherweise im Bereich von 200 000 liegen, hat nur relativ wenig Einfluss auf die Auflösung, da die Trennstufenzahl nur mit der Wurzel in den Effizienzterm eingeht.

Der Retentionsterm ist abhängig vom Kapazitätsfaktor k', welcher mit steigender Micellbildnerkonzentration zunimmt und in einem Bereich von ca. 0,5 bis 10 liegen sollte. Eine Vergrößerung des Zeitfensters des Migrationsbereichs, die durch eine Verringerung des EOF erzielt werden kann, bewirkt ebenso eine Verbesserung der Auflösung.

Den größten Einfluss auf die Auflösung bewirken jedoch Änderungen in der Selektivität durch Wahl unterschiedlicher Micellbildner und Änderungen in der Zusammensetzung der wässrigen Phase. Der Zusatz organischer Lösungsmittel bewirkt generell eine Verringerung des Kapazitätsfaktors als auch eine Abnahme des EOF (Abb. 11.15).

Als Micellbildner, die alle sowohl eine polare (hydrophile) als auch eine unpolare (hydrophobe) Gruppe enthalten, werden in der MEKC vor allem anionische, aber auch kationische und zwitterionische Micellbildner eingesetzt. Ab einer bestimmten Konzentration (kritische Micellkonzentration, CMC) aggregieren die Micellbildner, wobei die hydrophoben Enden zum Zentrum, die hydrophilen „Köpfchen" zur wässrigen Pufferumgebung orientiert sind.

Jeder Micellbildner besitzt eine bestimmte CMC und eine typische Aggregationszahl n, die Anzahl der Moleküle pro Micelle. Die Größe einer Micelle liegt im Bereich von 3–6 nm, es handelt sich also um homogene Lösungen.

Für die als Micellbildner eingesetzten Detergenzien muss gelten:

- gute Löslichkeit im Puffer ($\gg$ CMC),
- geringe UV-Absorption,
- geringe Viskosität.

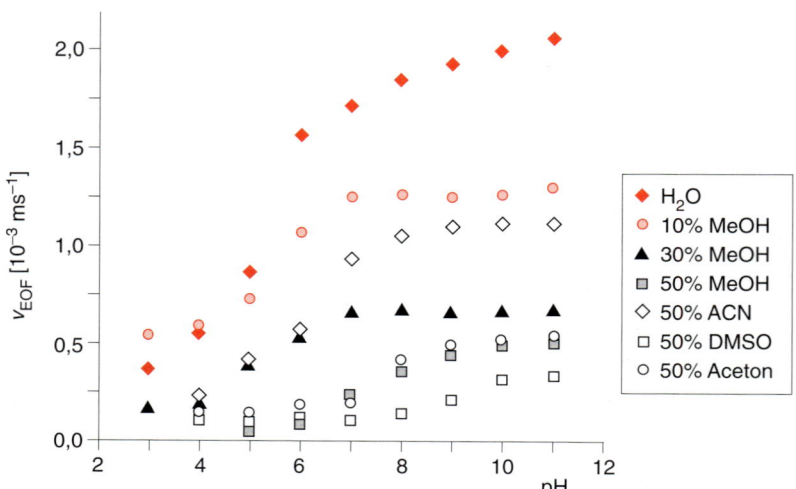

11.15 Abhängigkeit des EOF von pH und Zusatz organischer Lösungsmittel.

Tabelle 11.3 Kritische Micellkonzentration (CMC) und Aggregationszahl *n* in Wasser bei 25 °C

Micellbildner	CMC/10^{-3} M	n
anionisch:		
Natriumdodecylsulfat (SDS)	8,1	62
Natriumtetradecylsulfat (STS)	2,2	138
Natriumcholat (Salz der Gallensäure)	13–15	2–4
Natriumtaurocholat	10–15	5
kationisch:		
Cetyltrimethylammoniumbromid (CTAB)	0,92	61
Dodecyltrimethylammoniumbromid (DTAB)	15	56
zwitterionisch:		
3-(3-Cholamidopropyl)dimethylammonio-3-propansulfonat (CHAPS)	4,2–6,3	9–10

Tabelle 11.3 zeigt eine Auswahl verschiedener Micellbildner und ihre kritische Micellkonzentration sowie Aggregationszahl, wobei SDS der am häufigsten eingesetzte Micellenbildner ist. Als Beispiel für eine MEKC-Trennung in SDS-Puffer ist in Abbildung 11.16 die Trennung dansylierter Aminosäuren zu sehen.

Bei Verwendung von quaternären Ammoniumsalzen mit C_{10}- bis C_{18}-langen Alkylketten als kationischen Micellbildnern ist zu beachten, dass diese bereits unterhalb der CMC so stark an die fused-Silica-Kapillarwand adsorbieren, dass es zu einer Flussumkehr kommt. Die negative Oberfläche bewirkt einen EOF in Richtung zur Anode, so dass Anionen auf Grund des EOF zusätzlich zur elektrophoretischen Wanderung vor Neutralmolekülen und anschließend Kationen den Detektor erreichen (Umpolung!).

11.8.2 Chirale MEKC

Neben der pseudostationären Micellbildnerphase lässt sich in das Puffersystem zusätzlich eine enantioselektive Phase einbringen, z. B. durch Cyclodextrine. Cyclodextrine entstehen beim enzymatischen Abbau von Stärke. Aufgebaut aus 6

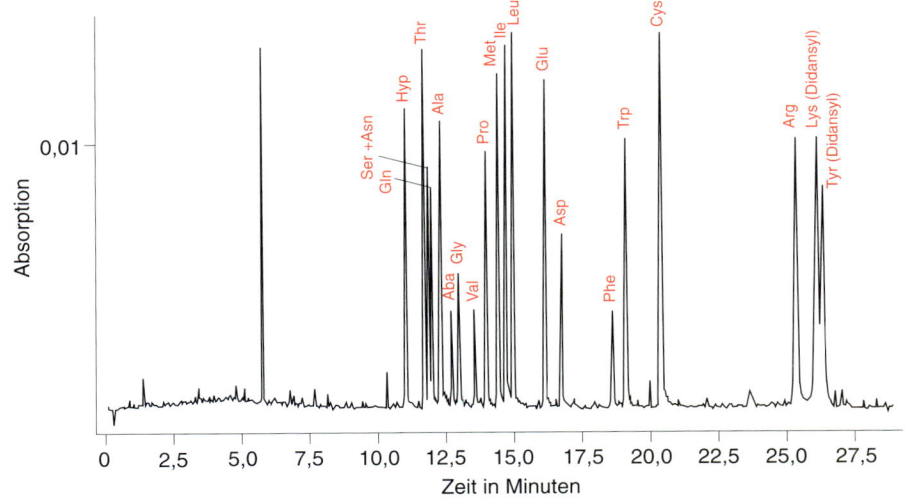

11.16 Trennung dansylderivatisierter Aminosäuren in Gegenwart von SDS als Micellbildner.
Nach: Miyashita Y., Terabe, S. *Beckman DS-767* (1990).

bis 8 Glucoseeinheiten (α, β, γ-CD) bilden sie molekulare Kapseln, wobei die hydrophilen OH-Gruppen nach aussen, die hydrophoben Kohlenwasserstoffgerüste nach innen gerichtet sind (Abb. 11.17). Die D-Glucosebausteine verleihen den CD-Molekülen eine inhärente molekulare Asymmetrie, so dass chirale Gastmoleküle enantioselektiv erkannt und eingelagert werden.

11.17 Struktur von α-, β- und γ-Cyclodextrin.

Die Enantiomerengemische können bei entsprechender räumlicher Anordnung zwischen dem selektiven CD-Inneren oder dem Inneren der SDS-Micelle verteilt werden. Durch die negative Ladung der SDS-Micelle ist die stärker mit ihr wechselwirkende Form (höhere Geschwindigkeit in Gegenrichtung zum EOF) langsamer als die spezifisch mit CD interagierende Form (Abb. 11.18).

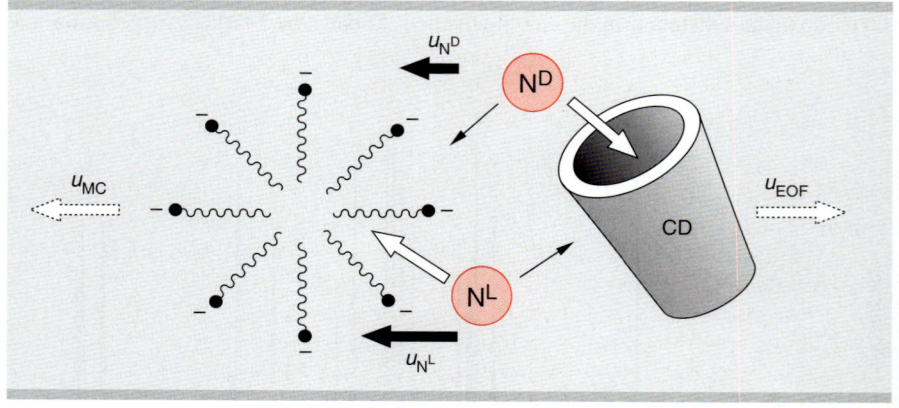

11.18 Prinzip der chiralen MEKC. Das schwächer mit Cyclodextrin interagierende Enantiomer eines ungeladen, chiralen Analyten (hier N^L) hat eine höhere Aufenthaltswahrscheinlichkeit in der Micelle und damit eine höhere effektive Mobilität. Cyclodextrin ist ebenfalls neutral und wird nur durch den EOF transportiert; das bevorzugt mit CD komplexierte Enantiomer (hier N^D) erhält dadurch eine geringere Mobilität.

Die chirale MEKC findet in der Bioanalytik nur begrenzten Einsatz, z. B. zur Trennung derivatisierter D- und L-Aminosäuren (Abb. 11.19). Ein großes Anwendungsgebiet chiraler CE-Trennungen ist jedoch die Analytik pharmazeutischer Wirkstoffe.

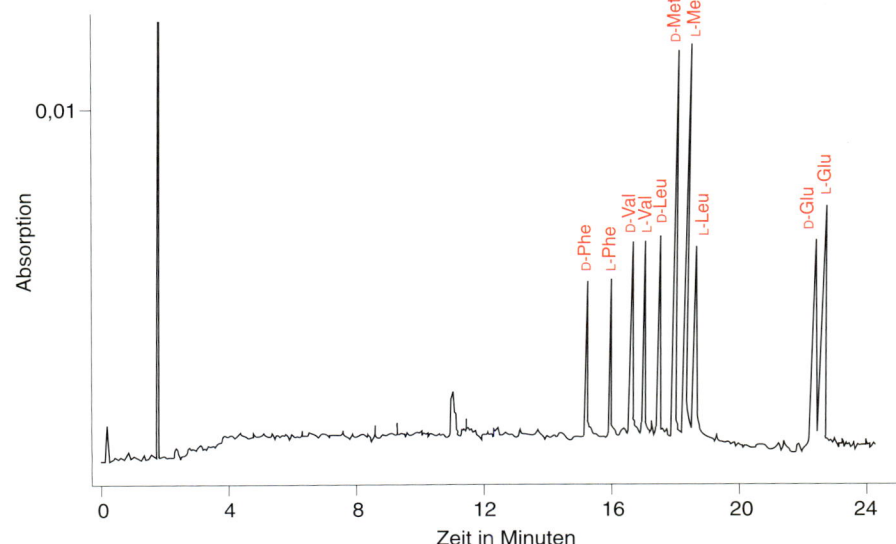

11.19 Chirale Trennung dansylderivatisierter D,L-Aminosäuren in 100 mM SDS und 60 mM γ-Cyclodextrin, pH 8,3. Nach: Miyashita, Y., Terabe, S., *Beckman DS-767* (1990).

11.9 Kapillargelelektrophorese (CGE)

Die am häufigsten eingesetzte Elektrophoresetechnik ist die Slab-Gelelektrophorese von Proteinen und DNA in biochemischen und molekularbiologischen Labors. In der klassischen Elektrophorese werden Gele als antikonvektive Medien eingesetzt, um eine Peakverbreiterung durch Temperatureffekte zu verringern. Durch Verwendung von Kapillaren mit sehr geringem Innendurchmesser in der CE ist die Wärmeabfuhr viel effizienter, so dass die Notwendigkeit, antikonvektive Medien zu verwenden, nicht mehr gegeben ist. Gele spielen in der Elektrophorese aber auch noch eine andere Rolle und zwar als Siebmedium. Um diesen Effekt in der CE ausnützen zu können, werden quervernetzte oder lineare Gele eingesetzt.

Die Kapillargelelektrophorese (CGE) ist eine Sonderform der CZE: In der CZE erfolgt die Trennung nach unterschiedlichen Masse/Ladungsverhältnissen, also Mobilitäten. Sowohl DNA-Moleküle als auch SDS-denaturierte Proteine besitzen aber auch bei unterschiedlichen Massen sehr ähnliche Masse/Ladungsverhältnisse, so dass sie in freier Lösung nicht zu trennen sind. Erst durch das Einbringen eines Siebeffekts ist eine Trennung auf Grund der Größe möglich: Das Gelmedium behindert die elektrophoretische Wanderung der größeren Moleküle stärker als die der kleineren.

Die Gelelektrophorese in der Kapillare zeigt gegenüber der klassischen Slab-Gelelektrophorese gravierende Vorteile:

Vorteile der Kapillargelelektrophorese:
- schnellere Trennzeiten als bei der klassischen Slab-Gel-Elektrophorese durch bis zu 100-fach höhere Feldstärken bei nur geringer Joulescher Wärmeentwicklung,
- online-Detektion der Analyte,
- geringer Arbeits- und Geräteaufwand, z. B. kein Gelgießen, kein Färben und Entfärben, kein Densitometer und kein Scanner erforderlich,
- kein Hantieren mit toxischen Acrylamidgelen.

Nachteile der Kapillargelelektrophorese:
- keine präparative Probensammlung,
- keine parallele Trennung mehrerer Proben,
- nicht zweidimensional durchführbar.

Tabelle 11.4 Siebmedien in der CGE

Polymer	Konzentration	Anwendung
quervernetztes Polyacrylamid	2–6 % T[1] 3–6 % C[2]	Oligonucleotide, DNA-Sequenzierung
lineare Polymere		
Polyacrylamid	6–10 %	Oligonucleotide
	< 6 %	Restriktionsfragmente, PCR-Fragmente
Cellulosederivate	< 1 %	PCR-Fragmente
Polyethylenglykol	< 3 %	Proteine
Dextrane	10–15 %	Proteine
Agarose	< 1 %	Proteine, Restriktionsfragmente

[1] Totalacrylamidkonzentration
[2] Vernetzungsgrad (vgl. Abschnitt 10.3.2)

In der CGE werden nicht nur quervernetzte Polyacrylamidgele, sondern auch lineare Polymere als Siebmedium eingesetzt (Tab. 11.4).

Grundsätzlich lassen sich zwei Geltypen unterscheiden:

Quervernetzte Gele sind aus zwei Monomerbausteinen (Acrylamid, Bisacrylamid) aufgebaut, zeigen definierte Porengröße und sind in ihren physikalischen Eigenschaften sehr starr. Sie werden in der Kapillare polymerisiert und kovalent an die Kapillarwand gebunden („chemische Gele"). Sie sind nicht austauschbar und zeigen nur eine begrenzte Lebensdauer (ca. 100 Trennungen), ihre Trennleistung ist allerdings herausragend.

Lineare Gele bestehen aus einem losen Geflecht linearer Polymerketten, die nur durch physikalische Wechselwirkungen zusammengehalten werden („physikalische Gele"). Die hochviskosen Gel-Pufferlösungen sind durch Druck austauschbar, so dass nach jeder Trennung ein neues Gel in der Kapillare vorliegt. Mit kommerziellen Geräten sind allerdings nur Lösungen von linearem Polyacrylamid bis ca. 4 % austauschbar; die Unterscheidung zwischen „festem" und „gelöstem" Gel stellt also nur eine praktische Sprachregelung dar.

Für die Trennung von Proteinen ist die Verwendung von Polyacrylamid als Siebmatrix auf Grund der Eigenabsorption des Polyacrylamids unterhalb von 230 nm problematisch. Bei einer Wellenlänge von 280 nm ist die Empfindlichkeit gegenüber 214 oder 200 nm auf nicht akzeptable Werte abgesenkt ($\approx$ 1 %). Für Routineanwendungen sind daher Dextrane oder Polyethylenglykole mit einem Molekulargewicht im Bereich von 100 000 die UV-transparenten Siebmedien der Wahl.

Die Beziehung zwischen Migrationszeit und Molekulargewicht der SDS-Proteinkomplexe zeigt eine hervorragende Linearität. Die routinetaugliche Methode kann auf dem analytischen Sektor durchaus die SDS-PAGE ersetzen (Abb. 11.20). Der Molekulargewichtsbereich erstreckt sich von etwa 15 kDa bis über 200 kDa. Um den Größenbereich unter 15 kDa besser aufzutrennen, sind jedoch andere Gelzusammensetzungen erforderlich, deren Entwicklung zur Zeit vorangetrieben wird.

11.10 Isoelektrische Fokussierung (CIEF)

Die klassische isoelektrische Fokussierung (CIEF) ist eine Methode, die aus der Proteinanalytik nicht mehr wegzudenken ist. Die Fokussierung im Gelformat hat den Nachteil, dass sie nicht automatisierbar, zeitaufwendig und schlecht quantifizierbar auf Grund der Färbereaktion zu Detektionszwecken ist. Variationen von

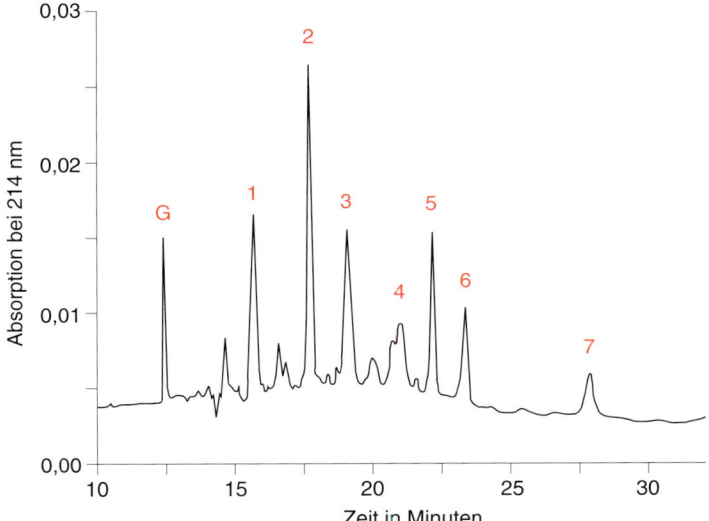

11.20 Trennung eines Standardproteingemisches mit Molekulargewichten zwischen 14,2 und 205 kDa mittels Kapillargelelektrophorese. G = Referenzpeak (Orange G), 1 = α-Lactalbumin, 2 = Carboanhydrase, 3 = Ovalbumin, 4 = Bovines Serumalbumin, 5 = Phosphorylase b, 6 = β-Galactosidase, 7 = Myosin.

Batch zu Batch führen häufig zu Problemen in der Reproduzierbarkeit. Die Übertragung der isoelektrischen Fokussierung auf die Kapillare kann diese Probleme lösen, erfordert aber eine Adaptierung an die instrumentellen Gegebenheiten. Da in kommerziellen CE-Geräten nur an einem fixen Punkt detektiert wird, müssen Proteine nach ihrer Fokussierung auf irgendeine Weise mobilisiert, d. h. durch den Detektor transportiert werden. Man unterscheidet drei Methoden der Mobilisierung:

- Einschrittfokussierung mit Mobilisierung durch den EOF,
- Fokussierung mit Druck-/Spannungsmobilisierung,
- Fokussierung mit chemischer Mobilisierung.

Der pH-Gradient wird durch eine große Anzahl von Ampholyten mit unterschiedlichen pI-Werten gebildet. Je geringer die Abstände zwischen den einzelnen pI-Werten, desto homogener wird der pH-Gradient. Üblicherweise wird die gesamte Kapillare mit einer Mischung aus Ampholyt und Probe gefüllt. Beim Anlegen einer Spannung beginnen die Ampholyt-Ionen entsprechend ihrem pI zu wandern und damit einen pH-Gradienten aufzubauen. Bei Erreichen eines pH-Werts, der ihrem pI entspricht, endet ihre elektrophoretische Wanderung, es kommt daher zu einer Abnahme der elektrischen Stromstärke während der Fokussierung. In diesem entstehenden pH-Gradienten wandern die Proteine solange, bis ihre Geschwindigkeit Null wird, d. h. sie einen pH erreicht haben, der gleich ihrem pI ist.

Da der on-Column-Detektor immer eine gewisse Distanz vom Kapillarende entfernt ist und die Mobilisierung nur in eine Richtung erfolgt, sollte der pH-Gradient nur vor dem Detektor gebildet werden, um nicht die stark sauren oder stark basischen Proteine bei der Detektion zu verlieren (Abb. 11.21). Dies kann erreicht werden, indem man den anderen Teil der Kapillare „blockiert", entweder durch den Katholyten (NaOH) oder durch Zusatz von *N,N,N',N'*-Tetramethylethylendiamin (TEMED) zur Ampholytmischung. TEMED als sehr basische Verbindung wandert zum basischen Ende des pH-Gradienten und blockiert somit einen Teil der Kapillare für den pH-Gradienten. Durch Wahl der TEMED-Konzentration kann genau der Kapillarabschnitt vom Detektor bis zum Kapillarende von TEMED „besetzt" werden. Diese Lösung ist experimentell sehr einfach und reproduzierbar durchzuführen.

Üblicherweise werden bei allen Fokussiertechniken belegte Kapillaren verwendet, um den EOF zu reduzieren bzw. komplett zu unterdrücken. Einsetzbar sind

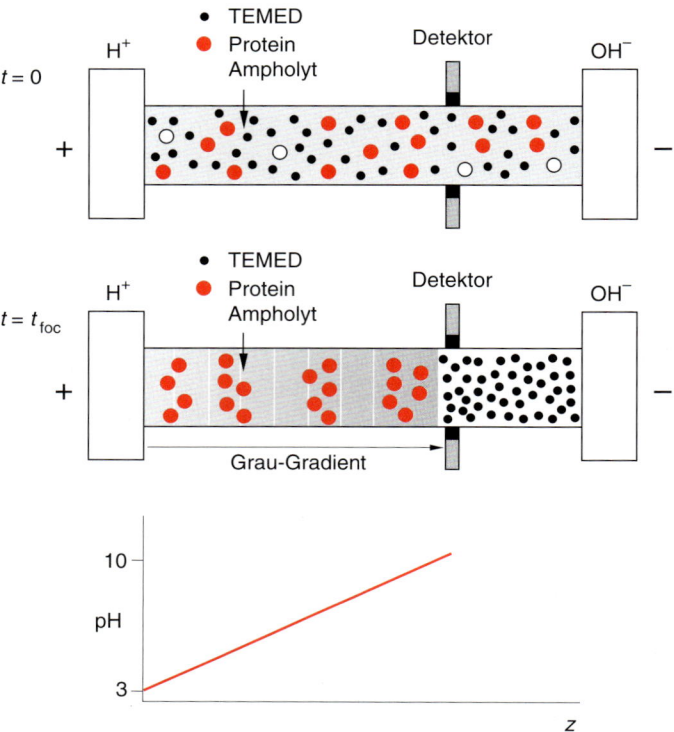

11.21 Prinzip der isoelektrischen Fokussierung. Die gesamte Kapillare wird mit einer Mischung aus Ampholyt und Proteinen gefüllt. Die Kapillarenden tauchen in NaOH bzw. H_3PO_4. Um den pH-Gradienten nur im Kapillarteil vor dem Detektor zu bilden, wird der Ampholytmischung außerdem sehr basisches TEMED zugesetzt. Bei Anlegen einer Spannung an die Kapillare beginnt sich der pH-Gradient auszubilden, wobei TEMED an das basische Ende anschließt und so einen Teil der Kapillare „blockiert". Gleichzeitig mit der Bildung des pH-Gradienten erfolgt auch die Fokussierung der Analytproteine, die anschließend, um detektiert werden zu können, mobilisiert werden müssen.

eine Reihe von Kapillartypen wie z. B. eCAP Neutralkapillare (Beckman), µ-SIL DB-1 (J&W Scientific) oder H150/H250 (Supelco).

11.10.1 Einschrittfokussierung

Hier wird gleichzeitig mit der Fokussierung auch eine Mobilisierung durchgeführt, da der EOF nur reduziert, aber nicht vollständig eliminiert wird. Da die pH-Abhängigkeit des EOF dazu führt, dass der EOF während der Mobilisierung abnimmt, geht die Linearität der pI-Kalibrierfunktion verloren. Verringern lässt sich diese EOF-Abnahme während der Mobilisierung dadurch, dass der pH-Gradient nur in einem kurzen Stück der Kapillare (Kapillarende bis Detektor) aufgebaut wird und der größere Teil der Kapillare mit TEMED blockiert wird. Dadurch bleibt auch während der Mobilisierung der pH-Wert im Großteil der Kapillare basisch.

Der Vorteil dieser Methode ist die einfache Durchführbarkeit und kurze Analysenzeit. Für sehr basische Proteine ist diese Methode jedoch weniger geeignet, da diese oft noch nicht vollständig fokussiert sind, wenn sie den Detektor passieren. Im pH-Bereich von ca. 8,5–4,5 ist die Methode auf Grund ihrer Robustheit und Schnelligkeit jedoch eine gut geeignete Methode z. B. zur Trennung monoklonaler Antikörper, wie Abbildung 11.22 zeigt.

11.10.2 Fokussierung mit Druck-/Spannungsmobilisierung

Durch Ausschalten des EOF sind Fokussierung und Mobilisierung voneinander getrennt. Proteine können in einem ersten Schritt vollständig fokussiert werden und werden erst anschließend durch Druck durch den Detektor geschoben. Da dies mit konstanter Geschwindigkeit erfolgt, bleibt die Linearität der Kalibriergeraden erhalten. In Abbildung 11.23 ist die Fokussierung von Standardproteinen, die einen weiten pI-Bereich abdecken, gezeigt.

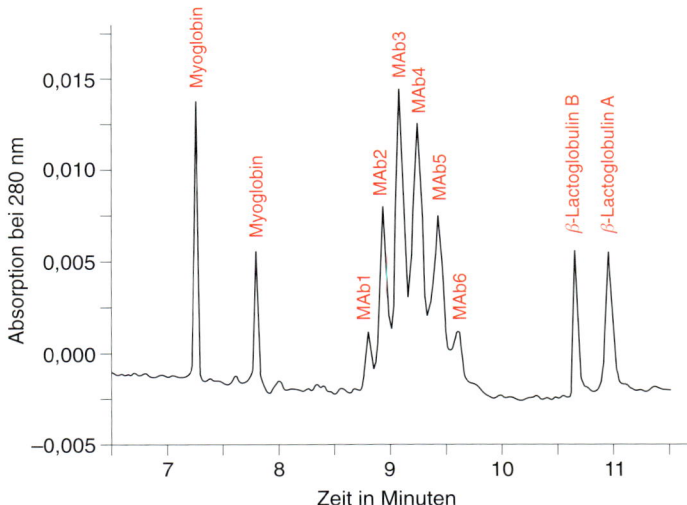

11.22 Einschrittfokussierung eines monoklonalen Antikörpers mit internen pI-Markern. Nach: Schwer C. *Electrophoresis*, 16 (1995) 2121–2126.

Um die hohe Trennschärfe der Fokussierung zu erhalten, ist es unbedingt notwendig, auch während der Mobilisierung eine hohe Feldstärke an die Kapillare zu legen, damit keine Vermischung durch das hydrodynamische Flussprofil erfolgt. Nur bei hohen Feldstärken ist die Auflösung bei Druckmobilisierung vergleichbar mit der Einschrittfokussierung.

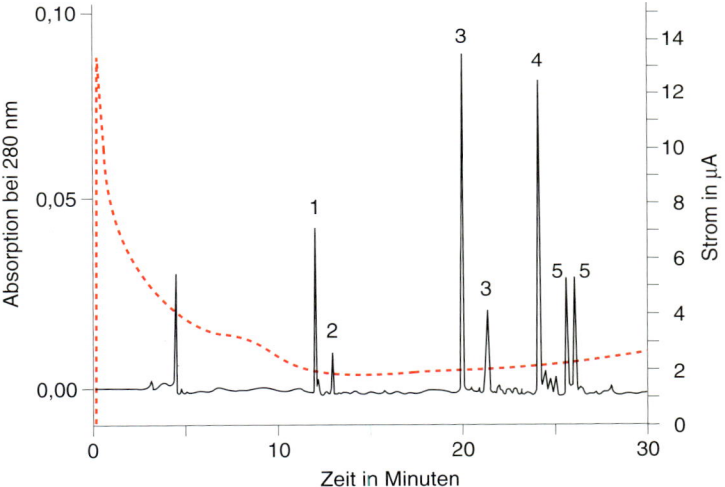

11.23 CIEF mit Druck-/Spannungsmobilisierung von Standardproteinen. 1 = Cytochrom C, 2 = Ribonuclease A, 3 = Myoglobin, 4 = Carboanhydrase, 5 = β-Lactoglobulin A,B. Nach: Schwer C. *Electrophoresis*, 16 (1995) 2121–2126.

11.10.3 Fokussierung mit chemischer Mobilisierung

Auch hier erfolgen Fokussierung und Mobilisierung getrennt, wozu der EOF vollständig unterdrückt werden muss. Die Mobilisierung erfolgt chemisch durch Änderung der Zusammensetzung des Anolyten oder Katholyten. Bei kathodischer Mobilisierung wird ein Teil der OH^--Ionen z. B. durch Cl^--Ionen ersetzt, wodurch der pH-Wert in der Kapillare von der Kathodenseite her erniedrigt wird. Das „Auflösen" des pH-Gradienten bewirkt, dass sich die Proteine nun nicht mehr an einem pH-Wert befinden, der ihrem pI entspricht. Sie erhalten wieder eine positive Ladung und beginnen elektrophoretisch zur Kathode zu wandern und können so detektiert werden. Die Linearität dieser Methode ist sehr gut, nur der zuletzt mobilisierte saure Bereich ist leicht gestaucht. Für saure Proteine ist daher eine anodische Mobilisierung z. B. durch Na^+-Ionen vorteilhafter.

11.24 Vergleich der Auflösung von Druck-/Spannungsmobilisierung (rot, gestrichelt) und chemischer Mobilisierung (——) am Beispiel eines sehr basischen monoklonalen Antikörpers (Ausschnitt).
Nach: Schwer C. *Electrophoresis, 16* (1995) 2121–2126.

Die Analysezeiten können durch Erhöhung der Konzentration des mobilisierenden Ions verkürzt werden, allerdings etwas auf Kosten der Auflösung, da bei höheren Konzentrationen die Joulesche Wärmeentwicklung zunimmt.

Da bei dieser Methode weder ein hydrodynamischer Fluss noch ein uneinheitlicher EOF zu einem Effizienzverlust führen, liefert die Fokussierung mit chemischer Mobilisierung die höchste Auflösung der drei Methoden. Ein Vergleich der Druck-/Spannungsmobilisierung und der chemischen Mobilisierung am Beispiel eines sehr basischen monoklonalen Antikörpers macht die Überlegenheit der chemischen Mobilisierung deutlich (Abb. 11.24).

11.11 Isotachophorese (ITP)

Die Trennung in der Isotachophorese (ITP) erfolgt nach der Mobilität, d. h. nach Größe und Ladung der Ionen, analog wie in der CZE. Der Unterschied liegt in der Elektrolytanordnung. Während in der CZE die gesamte Kapillare mit einem Trägerelektrolyten gefüllt ist, der eine konstante Feldstärke bewirkt, verwendet man in der ITP eine Anordnung zweier Elektrolyte: einen Leitelektrolyten und einen Endelektrolyten, die so gewählt sind, dass die Mobilität des Leitelektrolyten höher als die Mobilitäten aller Analyt-Ionen ist und die des Endelektrolyten geringer. Wenn konstanter Strom durch die Kapillare fließt, bildet sich auf Grund der unterschiedlichen Mobilitäten, d. h. Leitfähigkeiten in den beiden Elektrolyten, nach dem Ohmschen Gesetz ein Feldstärkegradient. In der Zone des Leitelektrolyten herrscht eine geringere Feldstärke als in der Zone des Endelektrolyten. Die Probe wird an der Grenzfläche der beiden Elektrolyte aufgebracht. Entsprechend der mittleren Leitfähigkeit der Zone herrscht eine mittlere Feldstärke E_{mix}. In dieser gemischten Zone wandern die Analyt-Ionen zunächst ihrer Mobilität entsprechend verschieden schnell:

$$v_i = u_i \cdot E_{\text{mix}}$$

Dabei ordnen sich die schnellen Ionen an der Vorderfront und die langsamen am Ende der Zone an, bis ein stationärer Zustand erreicht ist. Jedes Analyt-Ion bildet dabei eine eigene Zone, die eine ihrer Mobilität entsprechende Feldstärke hat (Abb. 11.25). Alle Zonen wandern nun unmittelbar hintereinander mit einer konstanten Geschwindigkeit, der Geschwindigkeit des Leitelektrolyten.

Die Analyzonen werden nicht wie in der CZE durch Diffusion verbreitert, sondern bleiben auf Grund des „selbstschärfenden Effekts" durch den Feldstärkegradienten scharf. In andere Zonen diffundierende Ionen werden durch die dort herr-

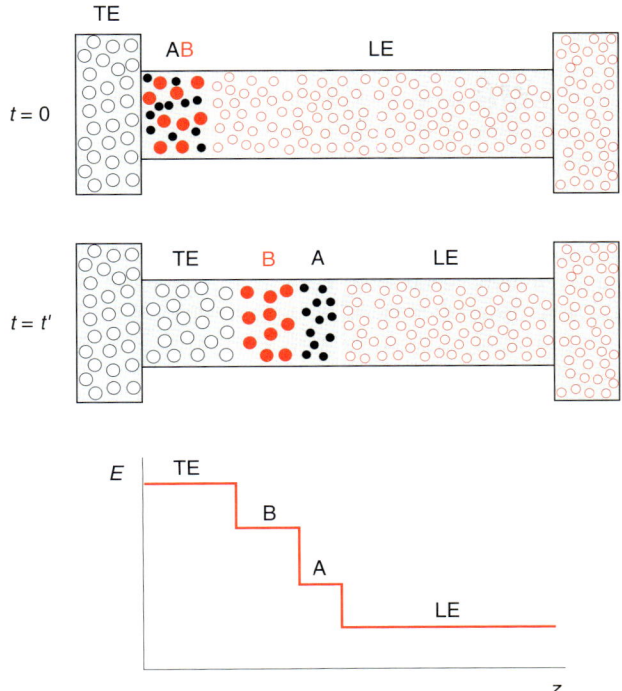

11.25 Elektrolytanordnung und Feldstärkeverlauf in der Isotachophorese. Das Trennsystem besteht aus einem Leitelektrolyten (LE) und einem Endelektrolyten (TE). Die Proben-Ionen (A, B) werden an der Grenzfläche zwischen beiden Elektrolyten aufgebracht. Nach einer Zeit t' sind die Proben-Ionen A, B voneinander getrennt und bilden ihre eigene Zone, in der eine ihrer Mobilität entsprechende Feldstärke herrscht. Dieser Stufengradient in der Feldstärke verhindert eine Diffusion der scharfen Zonengrenzen.

schende unterschiedliche Feldstärke wieder in ihre eigene Zone abgebremst oder beschleunigt. Das Konzentrationsprofil ist deshalb rechteckförmig, wobei die Konzentration an die des Leitelektrolyten entsprechend Kohlrauschs „beharrlicher Funktion" adaptiert wird:

$$c_A = c_L \frac{u_A (u_L + u_Q)}{u_L (u_A + u_Q)}$$

Dabei sind c_A und c_L die Konzentration des Analyten bzw. des Leitelektrolyten und u_A, u_L und u_Q die Mobilität von Analyt, Leitelektrolyt bzw. Gegenion.

Die Analytzonen enthalten außer dem Gegenion keine Fremd-Ionen. Im Gegensatz zur CZE, in der Verdünnung der Probenzone durch Diffusion auftritt, werden in der ITP verdünnte Proben durch die Konzentrationsadaptierung angereichert.

Als Analysenmethode hat sich die ITP nicht sonderlich durchgesetzt, obwohl sie schon in den 60er Jahren entwickelt wurde, möglicherweise auf Grund nicht automatisierter Geräte und der für Chromatographiker unüblichen Konzentrationsverteilung und -darstellung. Sie ist aber eine ideale Methode zur online-Probenkonzentrierung für die CZE und ermöglicht eine ca. 100-fache Erhöhung des Injektionsvolumens. Isotachophoretische Effekte können auch in der CZE bei entsprechender Probenmatrixzusammensetzung auftreten, weshalb das Verständnis der ITP auch wichtig für das der CZE ist.

11.12 Spezielle Applikationen

11.12.1 Online-Probenkonzentrierung

Obwohl die CE nur sehr geringe Probenvolumina verbraucht, ist die erforderliche Konzentration bei UV-Detektion doch relativ hoch (ca. 0,1 mg/mL), da nur winzige Probenvolumina injiziert werden können, um die hohe Trenneffizienz der CE zu erhalten. Zur Erhöhung der Konzentrationsempfindlichkeit ist es jedoch möglich, das Injektionsvolumen um das 50- bis 100-fache zu vergrößern, wenn ein

„Stacking" der Analyte, wie auch in der klassischen SDS-PAGE angewendet, durchgeführt wird. Dazu wurden verschiedene diskontinuierliche Puffersysteme entwickelt.

Einpufferstackingsystem

Dieses Konzentrierungssystem ist vor allem zur Konzentrierung amphoterer Verbindungen geeignet. Die Probenzone wird dabei zwischen zwei Zonen mit extremen pH-Werten (verdünnte NaOH und H_3PO_4) aufgebracht und dadurch „fokussiert" (Abb. 11.26). Die anschließende Trennung erfolgt z. B. in Phosphatpuffer.

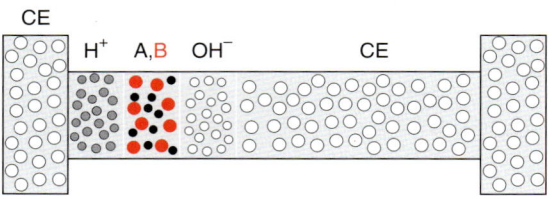

CE: 0,02 M Na-Phosphat, pH 2,8
H^+: 0,1 M H_3PO_4
OH^-: 0,1 M NaOH
A,B: Probe-Ionen

11.26 Elektrolytanordnung des Einpufferstackingsystems. Die Proben-Ionen werden zwischen H^+ und OH^- „fokussiert".

Zweipufferstackingsystem

Das Elektrolytsystem besteht aus zwei Puffern, die so gewählt sind, dass der Trennpuffer eine sehr geringe Mobilität aufweist (Endelektrolyt) und der Leitelektrolyt eine sehr hohe Mobilität. Die Kapillare wird mit Endelektrolyt gefüllt und vor der Probe wird eine etwa gleich lange Zone an Leitelektrolyt in die Kapillare gebracht. Die Kapillarenden tauchen in den Endelektrolyten. Zu Beginn der Trennung herrschen deshalb isotachophoretische Bedingungen für die Probe, die zwischen Leit- und Endelektrolyt konzentriert wird. Die Ionen des Leitelektrolyten wandern aber auch zonenelektrophoretisch im Endelektrolyten, so dass sie sich von den Proben-Ionen entfernen, die schließlich auch zonenelektrophoretisch im Endelektrolyten getrennt werden (Abb. 11.27). Eine ähnliche Wirkung wie eine Leitelektrolytzone vor der Probenzone bewirken auch Ionen hoher Mobilität, die sich in der Probenlösung befinden.

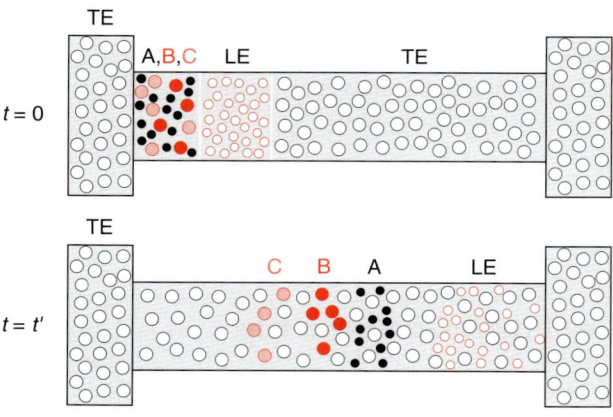

LE: 0,05 M Ammoniumacetat
TE: 0,05 M Betain/ 0,05 M Essigsäure, pH 3,3
A,B,C: Probe-Ionen

11.27 Elektrolytanordnung des Zweipufferstackingsystems. Die Leitelektrolytzone (LE) vor der Probenzone bewirkt anfänglich isotachophoretische Bedingungen, die zu einer Probenkonzentrierung führen. Nach einer bestimmten Zeit t' wandern die Leitelektrolyt-Ionen jedoch in den Endelektrolyten (TE), so dass der weitere Trennverlauf der Proben-Ionen zonenelektrophoretisch erfolgt.

11.12.2 CE-MS-Kopplung

Die hohe Trennleistung der CE in Kombination mit einer genauen Massenbestimmung durch die Massenspektrometrie ist eine äußerst vielversprechende Methodik. Eine online-Kopplung der CE ist an ein Elektrospray-Massenspektrometer (ESI-MS) möglich. Die sehr geringen Flussraten der CE machen eine Zuspeisung eines sogenannten Sheath-Flow von ca. 2–10 µL/min notwendig, der folgende Aufgaben erfüllt:

Elektrospray-MS
Abschnitt 14.2

- liefert die Gegenionen für die CE-Trennung (sollte deshalb die gleichen Gegenionen enthalten),
- hilft den elektrischen Kontakt herzustellen,
- erhöht die Stabilität des Elektrosprays.

In Abbildung 11.28 ist schematisch das Interface für die Kopplung der CE an ein ESI-MS abgebildet.

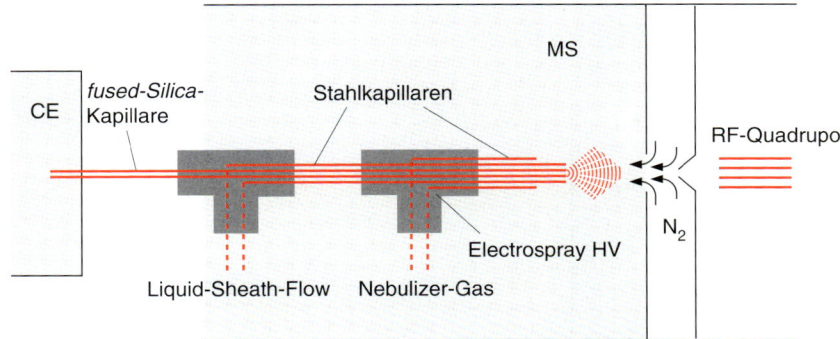

11.28 Schematische Darstellung einer CE-MS Kopplung.

Die kritischen Punkte einer Verwendung der Massenspektrometrie als Detektor für die CE sind einerseits die für die CE benötigten Puffer (MS-kompatibel sind vor allem flüchtige Puffer, z. B. Ammoniumsalze von Essigsäure, Ameisensäure) andererseits die geringe Massenempfindlichkeit der ESI-MS. Jedoch ist die Massenspektrometrie sicherlich eine unverzichtbare Methode, um eine Identifizierung oder Charakterisierung der mit der CE getrennten Komponenten zu erzielen, vor allem weil auch der mikropräparative Einsatz der CE einige Schwierigkeiten bereitet. Als Anwendungsbeispiel ist die Trennung und Identifizierung tryptischer Peptide von Fetuin gezeigt. In Abbildung 11.29 ist der Total-Ionenstrom während der CE-Trennung gezeigt, der sehr gut mit dem UV-Signal korreliert. In Abbildung 11.30 ist von einem der Peaks das entsprechende Massenspektrum gezeigt. Aus den m/z-Werten des 3- und 4-fach positiv geladenen Teilchens konnte das genaue Molekulargewicht des Peptids berechnet werden und damit aus der bekannten Sequenz das Peptid identifiziert werden.

11.12.3 Fraktionierung

Auch wenn einige kommerzielle Geräte die Möglichkeit bieten, die getrennten Analyte für eine weitere Charakterisierung zu fraktionieren, müssen dabei einige Punkte berücksichtigt werden. Da der Detektor nicht am Ende der Kapillare angeordnet ist und sich unterschiedliche Analyte nach der Peakerkennung nicht mit konstanter Geschwindigkeit zum Kapillarende bewegen, wie es in der HPLC der Fall ist, muss für jeden einzelnen Peak nach der Detektion das Zeitfenster für die Fraktionierung berechnet werden. Feldstärkegradienten im System (z. B. durch Konzentrierungsschritte zur Erhöhung der Probenbeladung) bedingen eine nicht konstante Wanderungsgeschwindigkeit bis zum Detektor und erschweren somit die genaue Zeitvorhersage für die Fraktionierung, wenn ausschließlich die Detek-

282   TEIL I: PROTEINANALYTIK

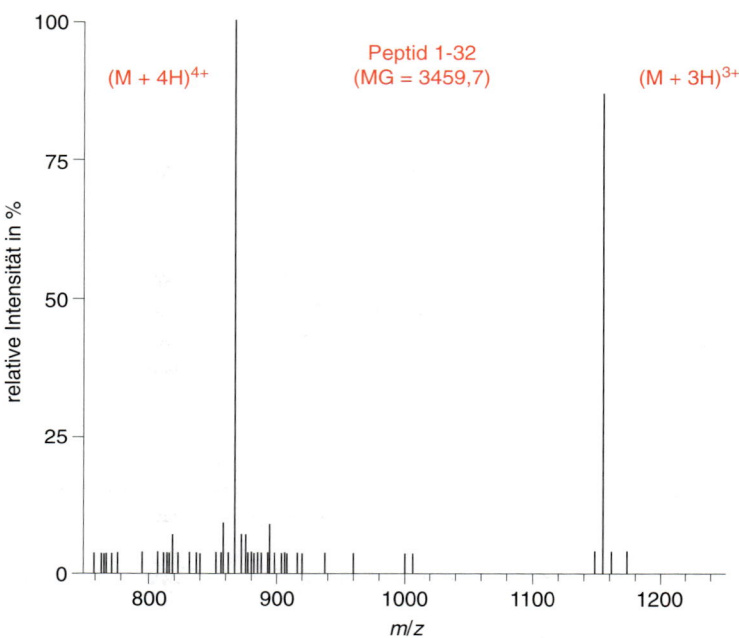

11.29 Total-Ionenstrom eines tryptischen Verdaus von Fetuin nach CE-Trennung in Ammoniumacetatpuffer. Der markierte Peak ist in der folgenden Abbildung massenspektrometrisch untersucht.

11.30 Massenspektrum des in Abb. 11.29 markierten Peaks.

tionszeit bekannt ist. Gerade für sehr komplexe Trennungen (z. B. tryptische Spaltungen eines Proteins) ist aus diesem Grund eine Anordnung wünschenswert, die eine automatische Fraktionierung ohne eine vorherige Ermittlung der jeweiligen Wanderungsgeschwindigkeiten „HPLC-analog" ermöglicht.

Durch Zuspeisen eines Make-up-Flusses von 5–10 µL/min über ein T-Stück vor dem Detektor wird der Transport der Analyt-Ionen nach der Detektion durch den zugespeisten Fluss bestimmt und ist daher konstant. Proben können am Kapillarende kontinuierlich gesammelt werden, ohne die Spannung unterbrechen zu müssen.

Durch isotachophoretische Probenkonzentrierung kann das Probenvolumen soweit erhöht werden, dass die Probenmengen aus einer Trennung ausreichend für eine nachfolgende Sequenzanalyse sind. In Abbildung 11.31 ist das Elektropherogramm einer mikropräparativen Trennung tryptischer Peptide mit der oben beschriebenen Anordnung zu sehen, wobei 11 Peaks gesammelt wurden, deren Reinheit durch Reinjektion eines kleinen Anteils der Probe überprüft wurde (Inset in Abb. 11.31). Alle basisliniengetrennten Peaks konnten mit einer Reinheit von > 95 % gesammelt werden. Die Peptidmengen aus einer Trennung waren ausreichend für eine nachfolgende Charakterisierung durch Aminosäurensequenzanalyse

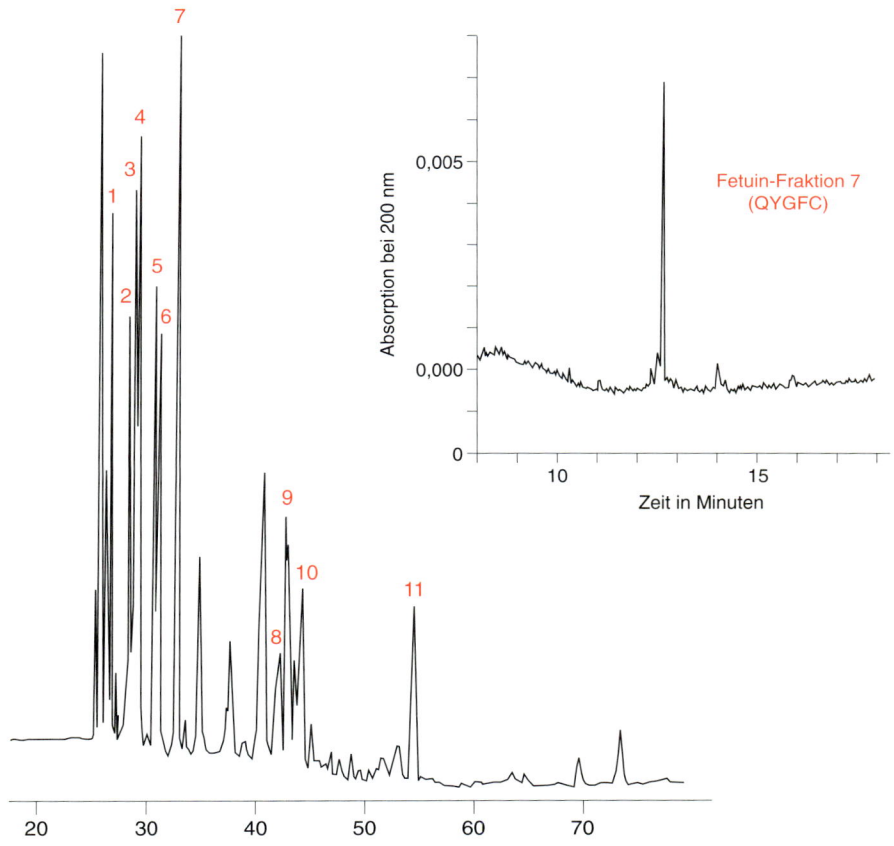

11.31 Mikropräparative Trennung tryptischer Peptide von Fetuin in Betain/Essigsäure-Puffer, pH 3,3. Fraktionen der nummerierten Peaks wurden gesammelt und durch Reinjektion auf ihre Reinheit geprüft. Inset: Reinheitskontrolle von Fraktion 7. Zur Erhöhung der Empfindlichkeit wurde eine isotachophoretische online Probenkonzentrierung durchgeführt. Die ersten 5 Aminosäuren (QYGFC) dieser Peptidfraktion wurden durch Aminosäurensequenzanalyse bestimmt.

und auch für eine genaue Molekulargewichtsbestimmung über Laserdesorptions-Massenspektrometrie (MALDI-MS). Im Gegensatz zur ESI-MS hat die MALDI-MS den Vorteil, dass sie unkritischer gegenüber dem Laufpuffer der CE ist und eine bessere Massenempfindlichkeit bietet, hat aber den Nachteil, dass sie nicht online gekoppelt werden kann, sondern eine Fraktionierung erfordert.

MALDI
Abschnitt 14.1

11.13 Ausblick

Die Bioanalytik ist nur ein kleiner Anwendungsbereich der Kapillarelektrophorese, aber die CE wird ihre Einsatzmöglichkeiten auf diesem Gebiet sicherlich ausbauen. Einerseits wird es zu einem gewissen Transfer von der klassischen Elektrophorese auf die CE kommen, vor allem im Bereich rekombinanter Proteine, in dem die CE deutliche Stärken zeigt. Sie wird aber die klassische Elektrophorese bei der Trennung komplexer Matrices (2D-Gelelektrophorese) und ihrer nachfolgenden Charakterisierung nicht ersetzen können.

Andererseits wird die CE auf Grund ihrer im Vergleich zur HPLC unterschiedlichen Selektivität vermehrt in der Peptidanalytik Applikationen finden, z. B. als zweite Dimension nach einer chromatographischen Trennung.

Technische Weiterentwicklungen liegen im Einsatz mehrerer paralleler Kapillaren, um den Probendurchsatz zu erhöhen (ein wichtiges Kriterium in der Genom-Sequenzierung), einer weiteren Miniaturisierung (Mikrochips), größerem Detektorangebot und verbesserter Fraktioniermöglichkeit. Einen wichtigen Beitrag kann die CE außerdem zur Untersuchung von Protein-Ligand-Wechselwirkungen oder dem Strukturverhalten von Proteinen leisten, also auf Gebieten, die nicht der klassischen Analytik entsprechen.

DNA-Sequenzierung auf Mikrochips
Abschnitt 25.2

Weiterführende Literatur

Foret, F., Krivánková, L., Boček, P. Capillary Zone Electrophoresis. VCH, Weinheim (1993).

Grossmann, P.D., Colburn, J.C. (Eds) Capillary Electrophoresis: Theory and Practice. Academic Press, New York (1996).

Guzman, N.A. (Ed.) Capillary Electrophoresis Technology. M. Dekker, New York (1993).

Kuhn, R., Hofstetter, S. Capillary Electrophoresis: Principles and Practice. Springer-Verlag, Heidelberg (1993).

Landers, J.P. (Ed.) Handbook of Capillary Electrophoresis. CRC Press, Boca Raton (1994).

Li, S.F.Y. Capillary Electrophoresis: Principles, Practice and Applications. Elsevier Science Publishers B.V., Amsterdam (1992).

Righetti, P.G. (Ed.) Capillary Electrophoresis in Analytical Biotechnology. CRC Press, Boca Raton (1994).

12 Aminosäurenanalyse

Viele Techniken in der Proteinchemie setzen eine genaue Kenntnis der eingesetzten Proteinmenge voraus. Die Aminosäurenanalyse liefert dabei weitaus mehr und genauere Informationen als kolorimetrische Methoden. Sie dient neben der genauen Mengenbestimmung auch zur Ermittlung der relativen Aminosäurezusammensetzung von Peptiden und Proteinen und zur Bestimmung von freien Aminosäuren. Die prozentuale Zusammensetzung der Aminosäuren ergibt für jedes Protein ein charakteristisches Profil, das in vielen Fällen für eine Identifizierung des Proteins in einer Datenbank bereits ausreicht. Der gleichzeitige Nachweis von Aminozuckern gibt auch Hinweise auf das Vorliegen eines Glykoproteins. Die Aminosäurezusammensetzung dient häufig als Entscheidungshilfe bei der Auswahl der richtigen Protease zur gezielten Fragmentierung eines Proteins. Außerdem wird die Aminosäurenanalyse bei der *C*-terminalen Sequenzanalyse eingesetzt.

Kolorimetrische Proteinbestimmungen
Abschnitt 3.3

C-terminale Sequenzanalyse
Abschnitt 13.2

Die Aminosäureanalyse wird in einem zweistufigen Verfahren durchgeführt: Im ersten Schritt, der Hydrolyse, werden die einzelnen Aminosäuren aus dem Peptid bzw. Protein freigesetzt. Im zweiten Schritt erfolgt die Auftrennung, Detektion und Quantifizierung der freien Aminosäuren.

Begründet wurde die Technik der Aminosäurenanalyse durch Stein und Moore 1948. Sie führten die Auftrennung der Aminosäuren zunächst an Stärkesäulen durch. Die Detektion der getrennten Aminosäuren erfolgte durch die Farbreaktion mit Ninhydrin (Abschnitt 12.3.1). Da Stärkesäulen nur eine geringe Kapazität haben und empfindlich gegen salzkontaminierte Proben sind, verwendeten sie jedoch bald das sulfonierte Polystyrolharz Dowex 50. Die analytische Trennung eines Proteinhydrolysats dauerte damit nur noch fünf Tage – die Hälfte der Zeit, die für die Chromatographie mit Stärke als stationärer Phase erforderlich war. Als Puffersysteme verwendeten sie Lithium- und Natriumcitratpuffer. Prinzipiell unterschied sich die Methode von der noch heute verwendeten Technik nur durch die analysierte Menge. Bereits 1958 konnte die Trennung eines Hydrolysats in 24 Stunden durchgeführt werden. Spackman veröffentlichte im gleichen Jahr ein „Instrument zur automatischen Aufzeichnung der Farbausbeuten von Ninhydrin" und erreichte damit die quantitative Bestimmung von 100 nmol Aminosäuren mit einer Genauigkeit von 3 %. Dies wurde das klassische System der Aminosäureanalyse. Stein und Moore erhielten 1972 für diese Arbeiten über Aminosäureanalytik den Nobelpreis für Chemie.

Aminosäuren sind sehr kleine, polare Moleküle, die durch nahezu alle Trennmethoden außer der Ionenaustauschchromatographie schlecht zu trennen sind. Die Trennung erfolgt an einem Kationenaustauscherharz und beruht auf dem unterschiedlichen Säure-Basen-Verhalten der einzelnen Aminosäuren. Die im sauren Bereich positiv geladenen Aminosäuren binden an das Harz und werden mit steigender Ionenstärke und steigendem pH von der Säule eluiert. Die Detektion der aufgetrennten Aminosäuren ist äußerst problematisch, da sie keinen Chromophor besitzen und so weder im UV noch durch Fluoreszenz nachweisbar sind. In den 70er Jahren konnten durch neue Derivatisierungsmethoden sowohl die chromatographischen Eigenschaften als auch der Nachweis der Aminosäuren entscheidend verbessert werden, was zu neuen Techniken in der Aminosäureanalytik führte. Der entscheidende Anstoß kam dabei durch die Einführung der Reversed-Phase-

Ionenaustauschchromatographie
Abschnitt 9.4

Reversed-Phase-Chromatographie
Abschnitt 9.6

Chromatographie. Sie erlaubte höhere Flussraten und verkürzte die Trennzeiten drastisch. Die veränderten Absorptionscharakteristika der neuen Aminosäurederivate führten zu einer weit höheren Nachweisempfindlichkeit.

Trotzdem konnten diese Methoden, basierend auf einer Derivatisierung der Aminosäuren vor der Auftrennung durch Reversed-Phase-Chromatographie, die klassische Technik der Ionenaustauschchromatographie mit anschließender Detektion durch die Reaktion mit Ninhydrin nicht verdrängen. Beide Verfahren haben heute ihren Platz in der modernen Analytik.

12.1 Probenvorbereitung

Der erste Schritt bei der Bestimmung der Aminosäurezusammensetzung ist die Freisetzung der einzelnen Aminosäuren. Die Spaltung der Peptidbindung (Abb. 12.1) erfolgt dabei durch *chemische* oder *enzymatische* Hydrolyse.

12.1.1 Saure Hydrolyse

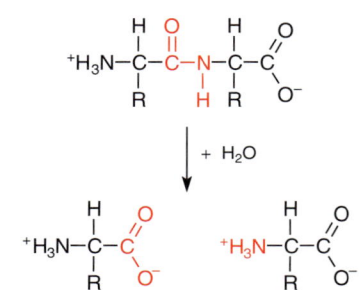

Abb. 12.1 Hydrolyse einer Peptidbindung.

Die Standardmethode in der Proteinchemie ist die 1963 von Moore eingeführte saure Hydrolyse mit 6 N HCl (24 Stunden bei 110 °C) unter Ausschluss von Sauerstoff. Abwandlungen dieser Methode – Verwendung anderer Säuren, erhöhte Temperaturen und kürzere Hydrolysezeiten und der Zusatz verschiedener Scavenger – sind notwendig, um den Problemen entgegenzuwirken, die durch das unterschiedliche Hydrolyseverhalten einzelner Aminosäuren entstehen. Die Standardbedingungen sind ein Kompromiss von Hydrolysezeit und Temperatur, wobei man in Kauf nimmt, dass einige Aminosäuren partiell zerstört werden. Dies führt zu Verlusten von ca. 10–40 % bei Serin, Threonin und Methionin sowie 50–100 % bei Cystein, Tryptophan oder bei Aminozuckern und phosphorylierten Aminosäuren. Asparagin und Glutamin werden bei der sauren Hydrolyse vollständig zu den entsprechenden Säuren desamidiert.

Verkürzte Hydrolysezeiten verbessern zwar die Ausbeuten der empfindlichen Aminosäuren, verschlechtern aber die Freisetzung von Aminosäuren aus hydrophoben Umgebungen (z. B. Ile-Val, Val-Val). Eine Erhöhung auf bis zu 96 Stunden kehrt dieses Verhältnis um. Um dem Hydrolyseverhalten aller Aminosäuren gerecht zu werden, muss die Hydrolyse unter verschiedenen Bedingungen durchgeführt werden. Durch die Extrapolation der erhaltenen Werte erhält man ein Ergebnis, das der wahren Zusammensetzung am nächsten liegt. So gesehen ist die Aminosäurenanalyse, gerade wenn es sich um eine Einzelanalyse handelt, keine wirklich quantitative Methode.

> Die Hydrolyse ist der Arbeitsgang der Aminosäurenanalyse, in dem am leichtesten Kontaminationen in die Probe eingebracht werden und in dem auch Substanz verloren gehen kann. Die Quellen für Verunreinigungen sind kontaminierte Oberflächen und Lösungsmittel. Dies wirkt sich um so mehr aus, je geringer die zu analysierende Probenmenge ist.

Um das Verhältnis von Probenmenge zu Verunreinigung bei sensitiveren Analysetechniken zu verbessern, verwendet man die **Gasphasenhydrolyse**. Dabei wird das Hydrolysemedium nicht mehr direkt zur Probe gegeben wie bei der Flüssigphasenhydrolyse, sondern in ein Hydrolysegefäß, das evakuiert wird und in welches das Probengefäß selbst unverschlossen eingebracht wird.

Mit der Gasphasenhydrolyse und erhöhten Temperaturen verkürzte sich die Hydrolysezeit enorm (z. B. vier Stunden bei 145 °C oder 1,5 Stunden bei 165 °C). Außerdem werden Mischungen verschiedener Säuren verwendet, z. B. Propionsäure/HCl 1:1 bei 160 °C über 15 Minuten oder TFA/HCl 1:2 bei 166 °C und einer Hydrolysezeit von 25 Minuten. Die Hydrolyse mit organischen Säuren wie Methansulfonsäure oder Toluolsulfonsäure führte zu einer wesentlichen Verbesserung der Tryptophanausbeuten, so dass Werte bis zu 90 % erreicht werden können, ohne die Ausbeuten der anderen Aminosäuren wesentlich zu beeinträchtigen.

Gerade Tryptophan und Methionin sind äußerst oxidationsanfällig. Sauerstoff wird deshalb durch abwechselndes Evakuieren und Begasen mit Inertgas aus dem Hydrolysegefäß entfernt. Die Zugabe von Antioxidanzien zu 6 N HCl unterstützt dies zusätzlich. Als Scavenger werden dabei Phenol (1 %), Thioglykolsäure (0,1–1 %), 2-Mercaptoethanol (0,1 %), Tryptamin [3-(2-Aminoethyl)-indol] oder Natriumsulfit verwendet.

Die quantitative Bestimmung von Cystein erfordert eine Vorbehandlung des zu untersuchenden Proteins. Die Oxidation mit Perameisensäure überführt Cystin in Cysteinsäure. Die Reduktion des Proteins mit Thiol und anschließende Alkylierung mit Iodessigsäure oder 4-Vinylpyridin führt zu gut analysierbaren, stabilen Derivaten wie Carboxymethylcystein bzw. Pyridylethylcystein.

Eine weitere Möglichkeit zur Bestimmung von Asparagin und Glutamin, die bei der Hydrolyse desamidiert werden, erfordert eine Umlagerung mit 1,1-Trifluoracetoxyiodbenzol zu den korrespondierenden Diaminopropionsäure- und Buttersäurederivaten. Die Bestimmung erfolgt dann durch Subtraktion der Glutaminsäure- bzw. der Asparaginsäurewerte mit und ohne Vorbehandlung.

Eine weitere Verkürzung der Hydrolysezeit auf wenige Minuten konnte durch den Einsatz der Mikrowellenhydrolyse erreicht werden, einer Gasphasenhydrolyse mit Hilfe eines Mikrowellenofens.

12.1.2 Alkalische Hydrolyse

Die alkalische Hydrolyse wird nur sehr selten angewandt, da sie fast ausschließlich zur Verbesserung der Tryptophanausbeuten dient. Als Hydrolysemedium wird 4 M Barium-, Natrium- oder auch Lithiumhydroxid verwendet (18–70 Stunden bei 110 °C). Der Einsatz starker Laugen erfordert spezielle Reaktionsgefäße, da Glas geätzt wird und die freigesetzten Silikate Nebenreaktionen begünstigen. Der Reaktionsansatz muss nach der Hydrolyse neutralisiert werden. Barium-Ionen müssen durch Carbonat oder Sulfat ausgefällt und entfernt werden, was wiederum zu Verlusten an Aminosäuren durch Adsorption an das präzipitierte Bariumsalz führt.

12.1.3 Enzymatische Hydrolyse

Die enzymatische Hydrolyse wird ebenfalls nur sehr selten und in ganz speziellen Fällen angewandt. Glutamin und Asparagin werden nicht desamidiert und sind nach enzymatischer Hydrolyse nachweisbar. Ebenso ist es ein schonendes Hydrolyseverfahren zum Nachweis sulfatierter (Tyrosin-*O*-Sulfat) oder phosphorylierter Aminosäuren, die bei saurer oder alkalischer Hydrolyse (vor allem Phosphoserin) zerstört werden.

Um einen vollständigen enzymatischen Verdau zu erreichen, ist der aufeinanderfolgende Einsatz mehrerer Endo- und Exopeptidasen mit breiter Spezifität notwendig. Zur Anwendung kommen Leucin-Aminopeptidasen, Prolidasen, Subtilisin, Papain und Carboxypeptidasen. Auch Pronase, ein Gemisch unspezifischer Proteasen baut Proteine gut zu einzelnen Aminosäuren ab.

Spaltungsspezifitäten von Proteasen
Tabelle 8.3

12.2 Freie Aminosäuren

Die Bestimmung freier Aminosäuren ist vor allem bei physiologischen Proben wie Plasma oder Urin von großer Bedeutung, hat aber auch ihren Platz in der Lebensmittelindustrie oder in der biologischen Forschung. Die Proben sind meist sehr komplexe Gemische aus äußerst unterschiedlichen Substanzen wie Proteinen, Fetten, Salzen und natürlich freien Aminosäuren. Gerade die hochmolekularen Substanzen erschweren die Analyse, da sie an die stationären Phasen der Säulen binden und so die Kapazität vermindern oder gar die Säule zerstören. Häufig ist eine Analyse erst nach Präzipitation, Filtration und Zentrifugation möglich. Eine gängige Methode ist die Präzipitation der Proteine mit 5-Sulfosalicylsäure und anschließende Zentrifugation.

Probenvorbereitung Kapitel 2

Im Gegensatz zur Analyse von Proteinhydrolysaten mit normalerweise 18 Aminosäuren (Asn und Gln sind desamidiert) erfordert die Analyse physiologischer Proben die Auftrennung und Quantifizierung von bis zu 50 verschiedenen Komponenten, was höhere Anforderungen an das verwendete chromatographische System stellt. Meist wird zur Analyse physiologischer Proben die Ninhydrinmethode verwendet.

12.3 Derivatisierung

Wie bereits erwähnt, ist zum Nachweis und teilweise auch für die chromatographische Trennung eine Derivatisierung der Aminosäuren nötig. Die Derivatisierung kann dabei entweder vor (Vorsäulenderivatisierung) oder nach der Chromatographie (Nachsäulenderivatisierung) erfolgen. Ein ideales Derivatisierungsreagenz sollte folgende Kriterien erfüllen:

- Es sollte mit primären und sekundären Aminen reagieren.
- Es sollte zu einer quantitativen, reproduzierbaren Reaktion führen.
- Jede Aminosäure sollte nur ein einziges, stabiles Derivat bilden.
- Derivate sollten hohe UV-Absorption oder hohe Fluoreszenzausbeuten haben.
- Das Reagenz oder Reaktionsnebenprodukte sollten selbst nicht absorbieren oder die Chromatographie stören.
- Die Reaktion sollte unter milden Bedingungen ablaufen.

12.3.1 Nachsäulenderivatisierung

Bei der Nachsäulenderivatisierung werden die freien Aminosäuren über Ionenaustauschchromatographie mit einem Stufengradienten aufgetrennt und das Derivatisierungsreagenz nach der Säule mit einer weiteren Pumpe zugemischt. Eine Reaktionsschleife, deren Länge so gewählt ist, dass die Verweildauer der Reaktionsmischung in der Schleife der erforderlichen Reaktionszeit entspricht, ermöglicht die Umsetzung der Aminosäuren mit dem Reagenz im kontinuierlichen Durchfluss. Ein Detektor wird zum Nachweis und zur Quantifizierung verwendet. Bei der klassischen Methode wird zur Umsetzung mit den Aminosäuren Ninhydrin verwendet. Daneben werden zur Steigerung der Sensitivität aber auch Fluorescamin und *ortho*-Phthaldialdehyd (OPA) verwendet.

Ninhydrin

Seit den 50er Jahren, als Stein und Moore die Technik entwickelten, gab es enorme Fortschritte in Geschwindigkeit, Sensitivität und Instrumentierung. Die

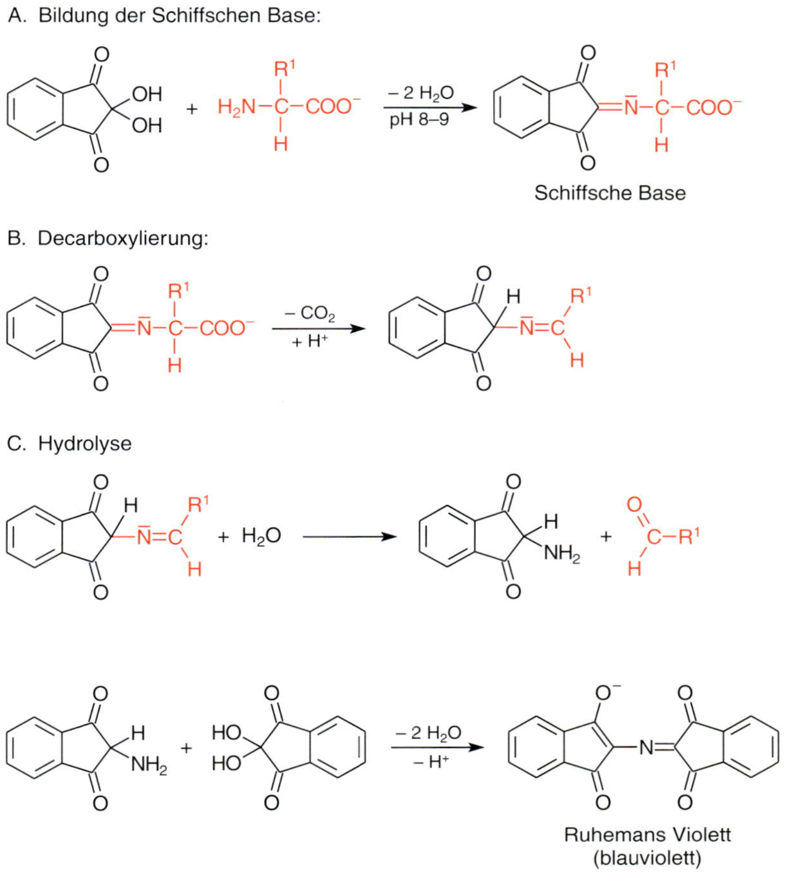

Abb. 12.2 Ninhydrinreaktion mit primären und sekundären Aminen. Ninhydrin bewirkt eine oxidative Decarboxylierung der Aminosäure, wobei der gebildete Ammoniak und Hydrindantin mit einem weiteren Ninhydrinmolekül einen purpurnen Farbstoff (Ruhemanns Violett) bilden.

Methode selbst aber blieb praktisch unverändert. Während des Durchlaufs durch eine Reaktionsschleife reagiert Ninhydrin quantitativ mit primären und sekundären Aminen (Abb. 12.2) bei einer Temperatur von 100–130 °C. Ninhydrin bewirkt über die Bildung einer Schiffschen Base eine oxidative Decarboxylierung der Aminosäure. Die Hydrolyse der Schiffschen Base des decarboxylierten Produkts führt zu einem Aldehyd und einem Ninhydrinderivat, das den Aminstickstoff der Aminosäure trägt. Dieses Ninhydrinderivat bildet mit dem mittleren Carbonyl-C-Atom eines zweiten Ninhydrinmoleküls eine Schiffsche Base, die durch Deprotonierung einen blauvioletten Farbstoff ergibt. Die Ringstruktur von Prolin und Hydroxyprolin führt zu einer abweichenden Reaktionsfolge unter Bildung eines gelblichen Farbstoffs mit einem sehr breiten Absorptionsspektrum. Bei 570 nm absorbiert der Farbstoff nur noch schwach und sein Absorptionsmaximum liegt bei 440 nm.

Der Rest R geht dabei nicht in das detektierbare Produkt ein. Die Identifizierung der Aminosäuren erfolgt nicht über ihre Derivate, sondern allein anhand der Retentionszeit während der Chromatographie. Der gebildete Farbstoff dient nur zur Quantifizierung.

Es entstehen keine störenden Nebenprodukte oder Mehrfachderivate. Die Reaktionsprodukte absorbieren im UV bei 570 nm (primäre Amine) und 440 nm (sekundäre Amine). Die Trennung erfolgt auf einem sphärischen Ionenaustauscherharz (10 % DVB quervernetztes Polystyrol 4 x 150 mm) in Citratpuffer beginnend bei pH 2. Die Elution erfolgt mit einem Stufengradienten mit steigender Ionenstärke und ansteigendem pH (Abb. 12.3). Die Nachweisgrenze liegt heute bei ca. 50 pmol.

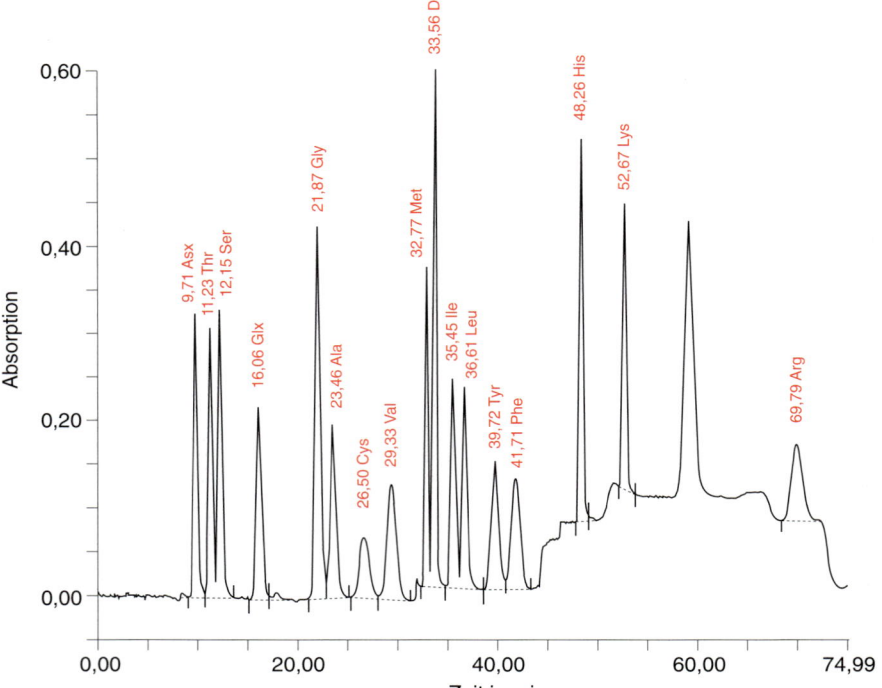

Abb. 12.3 Chromatographische Auftrennung eines Proteinhydrolysat-Standards (1 nmol) durch Ionenaustauschchromatographie in einem Na-Citratpuffersystem. Die Trennung erfolgt mit einem Dreistufengradienten mit steigender Salzkonzentration, steigendem pH und ansteigender Temperatur. Detektiert wird bei 550 nm.

Fluorescamin

Fluorescamin wurde als erstes Reagenz zur Steigerung der Sensitivität gegenüber der von Ninhydrin getestet. Es bildet im Alkalischen mit primären Aminen ein bei 475 nm fluoreszierendes Derivat (Abb. 12.4). Die Anregung erfolgt bei 390 nm. Das Fluoreszenzoptimum liegt jedoch bei pH 9, also weit über den pH-Werten des Laufmittels der Ionenaustauschchromatographie. Außerdem ist Fluorescamin in wässriger Lösung nicht stabil. Diese enormen Nachteile waren dafür verantwortlich, dass Fluorescamin nie eine wirkliche Rolle in der Aminosäurenanalytik spielte.

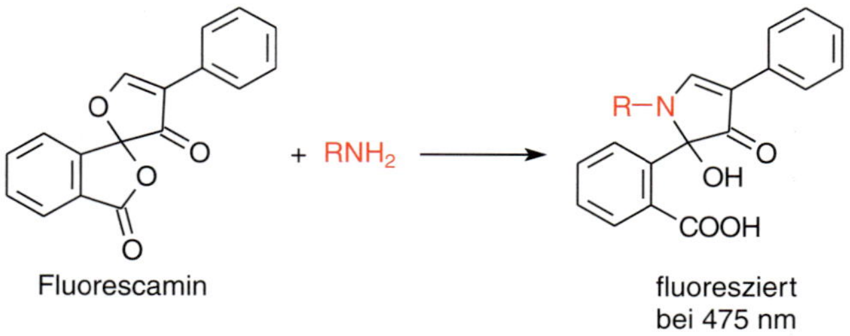

Abb. 12.4 Reaktion von Fluorescamin mit primären Aminen.

ortho-Phthaldialdehyd (OPA)

Bei der Einführung von OPA in die Aminosäureanalytik wurde es zunächst ausschließlich als Reagenz für die Nachsäulenderivatisierung eingesetzt. OPA reagiert wie Fluorescamin nur mit primären Aminen. Zusammen mit einem Thiol reagiert es mit der Aminosäure zu einem fluoreszierenden 1-alkylthio-2-alkylsubstituierten Isoindol (Abb. 12.5). Im Gegensatz zu Ninhydrin bilden Fluorescamin und OPA mit der umgesetzten Aminosäure Derivate, die auch eine Identifizierung der Aminosäure erlauben. Sekundäre Amine können mit OPA nicht nachgewiesen

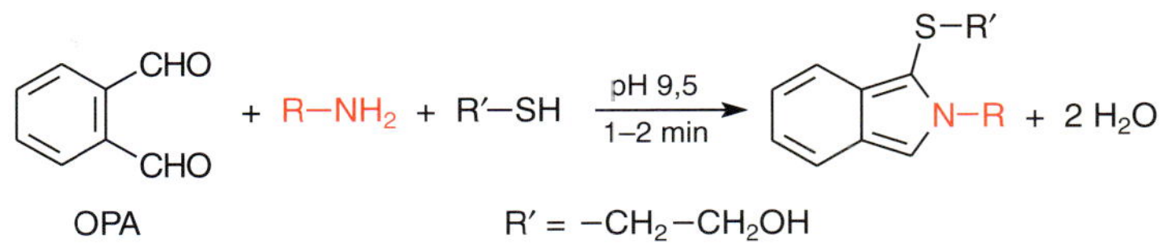

Abb. 12.5 Reaktion von *ortho*-Phthaldialdehyd mit primären Aminen. Bildung eines Isoindolderivats bei der Reaktion von OPA mit primären Aminen in Gegenwart eines Reduktionsmittels (2-Mercaptoethanol).

werden. Die Reaktion erfolgt im Alkalischen (pH 9,5) bei Raumtemperatur innerhalb weniger Minuten. Die Derivate können sowohl durch UV-Absorption (230 nm) als auch durch Fluoreszenzemission (Anregung bei 330 nm, Emission bei 460 nm) detektiert werden. Das Reagenz selbst fluoresziert nicht und stört somit im Chromatogramm nicht. Die Detektion bei 230 nm kann jedoch durch UV-absorbierende Kontaminationen gestört sein.

Sekundäre Amine reagieren nicht mit OPA und müssen vor der Derivatisierung erst durch Oxidation zu primären Aminen umgesetzt werden (NaOCl oder Chloramin T). Diese Reagenzien können kontinuierlich dem Pufferstrom zugeführt werden. Das Detektionslimit liegt bei ca. 10 pmol (Fluoreszenzdetektion). Heute wird OPA vor allem bei der Vorsäulenderivatisierung verwendet.

12.3.2 Vorsäulenderivatisierung

Die Entwicklung der Hochleistungsflüssigkeitschromatographie (HPLC) – und hier vor allem der Reversed-Phase-Chromatographie (RP) – machten den Einsatz neuer Derivatisierungsreagenzien möglich, die das chromatographische Verhalten der Aminosäuren deutlich verändern. Die polaren Aminosäuren werden durch die Kopplung mit einem aromatischen Rest wesentlich hydrophober und lassen sich so ideal durch Chromatographien an Reversed-Phase-Materialien trennen. Moderne Chromatographiegeräte und Säulenmaterialien ermöglichen heute Trennungen in weniger als 15 Minuten. Die Einführung eines Chromophors oder eines Fluorophors erhöhen außerdem die Nachweisempfindlichkeit drastisch. Einige der Derivate haben eine Nachweisgrenze von 50 fmol. Praktisch ist dieser Empfindlichkeitsbereich jedoch kaum zu erreichen, da schon geringste Verunreinigungen die Analysen verfälschen und unbrauchbar machen. So ist hier nicht mehr die Sensitivität der Methode sondern die Probenvorbereitung der limitierende Faktor der Analyse. Zum großen Teil erfordert die Vorsäulenderivatisierung auch eine vollständige Automatisierung der Analyse, inklusive der Derivatisierung. Die unterschiedliche Stabilität der einzelnen Aminosäurenderivate setzt eine genau definierte und möglichst kurze Zeitspanne von der Derivatisierung bis zur Detektion voraus, um auch sehr labile Aminosäurederivate möglichst quantitativ zu erfassen.

Reversed-Phase-Chromatographie Abschnitt 9.6

ortho-Phthaldialdehyd (OPA)

ortho-Phthaldialdehyd wird sowohl in der Nachsäulenderivatisierung als auch bei der Vorsäulenderivatisierung verwendet (siehe Abb. 12.5). Für die Derivatisierung werden unterschiedliche Thiole eingesetzt (2-Mercaptoethanol, Ethanthiol, 3-Mercaptopropionsäure). Sie sind für die Hydrophobizität und Stabilität der einzelnen Derivate verantwortlich. Die chromatographischen Parameter, wie stationäre Phase oder Elutionspuffer, unterscheiden sich deshalb je nach Reagenz. Im Allgemeinen verwendet man einen Acetonitrilgradienten und einen Natriumphosphatpuffer mit pH 7,2 (Abb. 12.6). Je nach Detektion erreicht man durch die Umsetzung mit OPA eine Nachweisgrenze von 10 pmol im Ultravioletten oder von 200 fmol bei der Fluoreszenzdetektion.

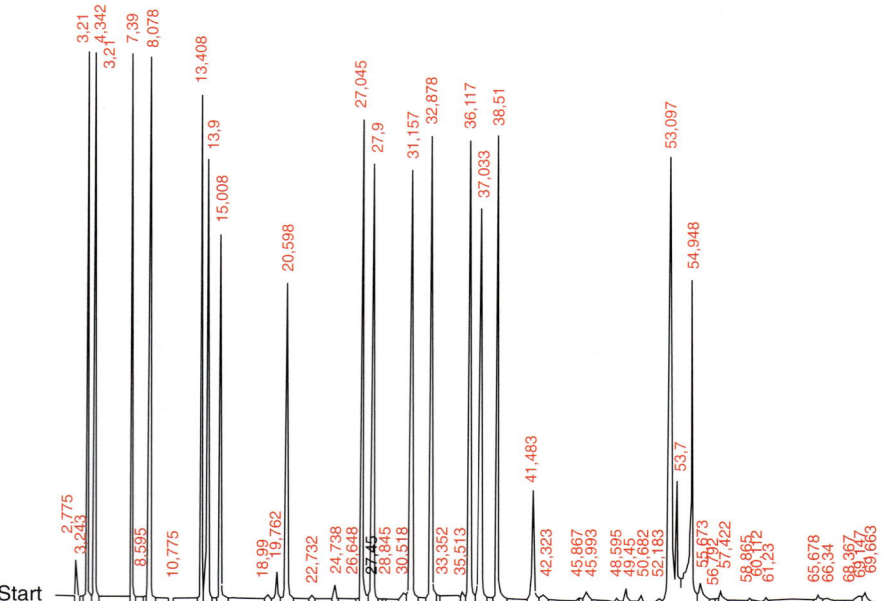

Abb. 12.6 Chromatographische Auftrennung eines Proteinhydrolysates nach Derivatisierung mit OPA durch Reversed-Phase-Chromatographie an einer C_{18}-Säule (Shandon 250 mm × 4 mm) Puffer A: 10 mM Na-Phosphat, pH 7,2; Puffer B: Acetonitril. Durchfluss: 1 mL/min.

Phenylisothiocyanat (PITC)

Dieses Reagenz ist seit der Einführung des Edman-Abbaus in die Proteinchemie bestens untersucht. Es reagiert mit primären und sekundären Aminen unter alkalischen Bedingungen innerhalb von ca. 20 Minuten. Die entstehenden Phenylthiocarbamoyl(PTC)-Derivate der Aminosäuren (Abb. 12.7) sind relativ stabil. Es entstehen keine in der Reversed-Phase-Chromatographie störenden Nebenprodukte. Das Absorptionsmaximum liegt bei 245 nm. Die Nachweisgrenze beträgt ungefähr 1 pmol.

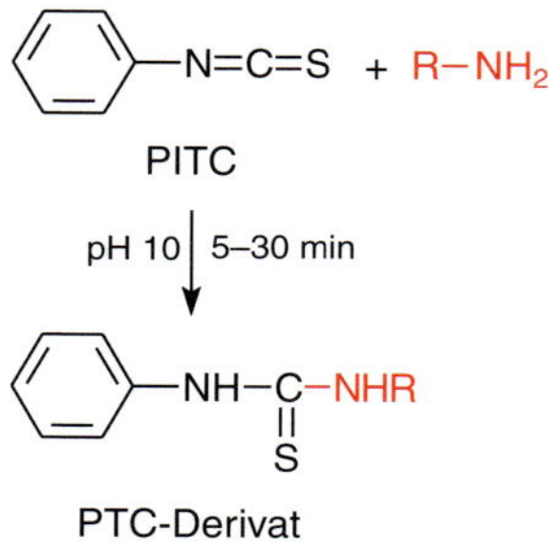

Abb. 12.7 Reaktion von Phenylisothiocyanat (PITC) mit primären und sekundären Aminen unter Bildung eines Phenylthiocarbamoylderivats (PTC).

Fluorenylmethoxycarbonyl (FMOC)-chlorid

Fluorenylmethoxycarbonylchlorid fand zunächst Anwendung als Schutzgruppe in der Peptidsynthese. 1983 wurde die 9-Fluorenylmethyloxycarbonylgruppe (FMOC) dann zum ersten Mal als Derivatisierungsreagenz in der Aminosäureanalytik beschrieben (Abb. 12.8). Die Reaktion erfolgt sowohl mit primären als auch mit sekundären Aminen sehr schnell und führt bei pH 4,2 zu stabilen Derivaten. Das Reagenz FMOC-Chlorid hydrolisiert jedoch unter diesen Bedingungen schnell und muss aus dem Reaktionsansatz extrahiert werden, da es mitten im Chromatogramm mit den Aminosäuren eluiert. Dieser zusätzlich notwendige Schritt ist jedoch immer mit Verlusten von Aminosäuren verbunden. Die Aminosäurederivate absorbieren bei 260 nm und fluoreszieren bei 305 nm (Anregungswellenlänge 266 nm). Die Detektionsgrenze liegt bei 50 fmol.

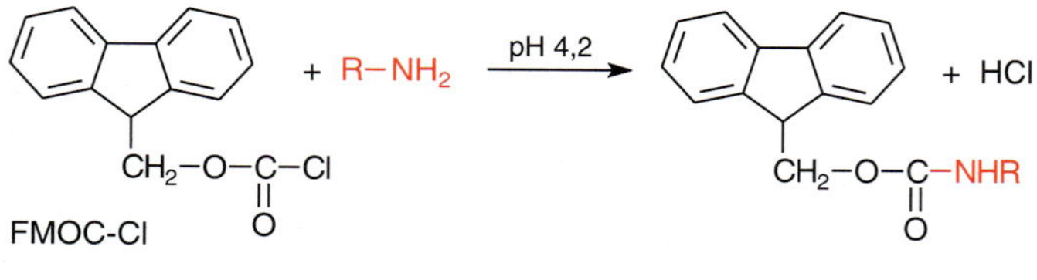

Abb. 12.8 Reaktion von Fluorenylmethoxy (FMOC)-chlorid mit primären und sekundären Aminen.

Dabsylchlorid (DABS-Cl)

Der Einsatz von 4-Dimethylaminoazobenzol-4′-sulfonylchlorid (DABS-Cl) in der Aminosäurenanalytik wurde 1975 zum ersten Mal beschrieben. Die Derivatisierung (Abb. 12.9) gelingt mit primären und sekundären Aminen bei 70 °C und pH 9,0 innerhalb von 15 Minuten. Die Derivate absorbieren im Sichtbaren bei 436 nm. Die Vorteile der Dabsylderivate sind ihre über Wochen anhaltende Stabilität und ihr Absorptionsverhalten im sichtbaren Bereich, das bei unterschiedlichen chromatographischen Bedingungen zu einer stabilen Basislinie führt, da Lösungsmittel in diesem Bereich nicht absorbieren. Der Nachteil der Reaktion ist, dass bisher noch keine Automatisierung ausgearbeitet werden konnte. Das Hauptproblem ist allerdings, dass man die ungefähre Menge der vorliegenden Aminosäuren abschätzen muss, da ein relativ genauer 4-facher Überschuss an Reagenz über die Aminosäuren zur Derivatisierung notwendig ist. Das Detektionslimit liegt im Bereich von 1 pmol.

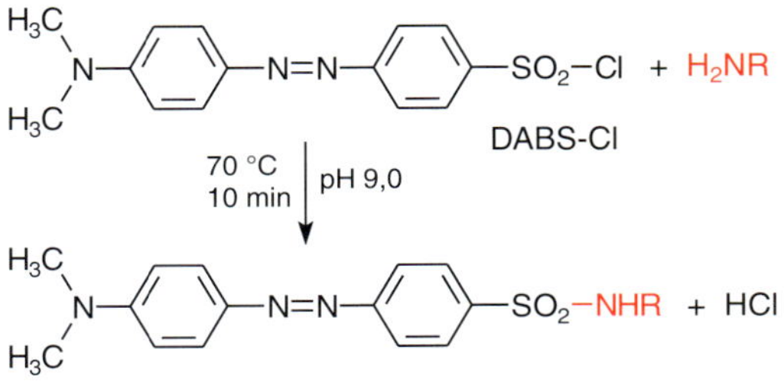

Abb. 12.9 Reaktion von Dabsylchlorid (DAB-Cl) mit primären und sekundären Aminen.

Dansylchlorid

1-Dimethylaminonaphthalin-5-sulfonylchlorid (Dansylchlorid) wurde ursprünglich zur Endgruppenbestimmung von Peptiden und Proteinen verwendet. Das Reagenz wurde 1981 zum ersten Mal in der Aminosäurenanalytik beschrieben. Dansylchlorid reagiert mit primären und sekundären Aminen (Abb. 12.10) und ergibt stark fluoreszierende Derivate. Die Reaktionsgeschwindigkeit ist allerdings sehr langsam (ca. 60 min) und die Reaktion unvollständig. Außerdem entsteht eine ganze Reihe von Nebenprodukten. Das Reagenz fand deshalb kaum Anwendung in der Aminosäurenanalytik.

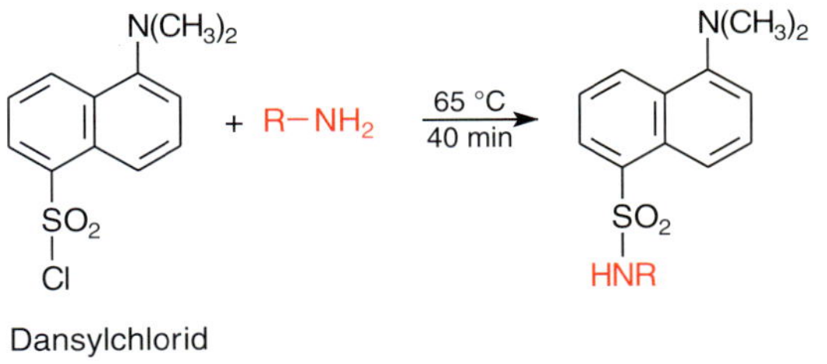

Abb. 12.10 Reaktion von Dansylchlorid mit primären und sekundären Aminen.

Chirale Reagenzien zum Nachweis enantiomerer Aminosäuren

Der Nachweis enantiomerer Aminosäuren ist vor allem in der Qualitätskontrolle von Aminosäuren für die Peptidsynthese, für die Kontrolle von Peptidpharmaka und auch in der Lebensmittelindustrie von Interesse.

Die Enantiomerenanalyse wird durch die Bildung diastereomerer Komplexe erreicht. Die Vorsäulenderivatisierung mit einem chiralen Reagenz erfüllt dabei alle geforderten Voraussetzungen. Zur Bildung von Diastereomeren mit DL-Aminosäuren ist ein optisch reines Reagenz wie (+)-1-(9-Fluorenyl)-ethylchlorformiat (FLEC) erforderlich (Abb. 12.11). Die Reaktion ist analog zu der von FMOC und

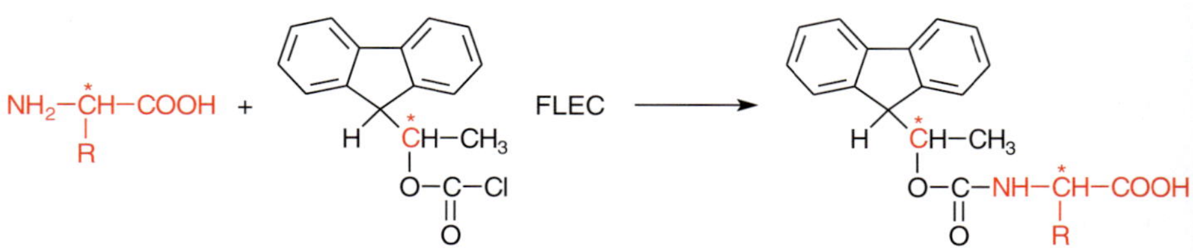

Abb. 12.11 Reaktion des chiralen (+)-1-(9-Fluorenyl)-ethylchlorformiats (FLEC) mit D- und L-Aminosäuren führt zu diastereomeren Produkten. *Assymetriezentrum.

kann z. B. in Boratpuffer bei pH 6,8 und bei Raumtemperatur in wenigen Minuten erfolgen. Überschüssiges Reagenz muss dabei ebenfalls (mit Pentan) extrahiert werden. Die Chromatographie wird an C_8- oder C_{18}-Phasen durchgeführt. Die Detektion erfolgt im UV bei 254 nm oder im Fluoreszenzbereich bei 315 nm unter Anregung bei 260 nm. Die Reaktion mit OPA und chiralen Thiolen unter Bildung von Isoindolylderivaten kann ebenfalls zur Enantiomerenanalyse verwendet werden. Die Trennung von D- und L-Aminosäuren an C_{18}-Reversed-Phase-Phasen wurde auch nach Derivatisierung mit H_2N-(5-Fluor-2,4-dinitrophenyl)-L-alaninamid (FDNP-Ala-NH_2, Marfeys Reagenz) beschrieben. Als Puffersystem wird Triethylammoniumphosphat pH 3,0 mit einem Acetonitrilgradienten verwendet.

Eine weitere Möglichkeit der Enantiomerenanalyse bietet die Trennung von Enantiomeren an chiralen stationären Phasen mit Hochleistungsflüssigkeitschromatographie. Dabei werden reversible diastereomere Komplexe zwischen der chiralen stationären Phase (Abb. 12.12) und dem adsorbierten Derivat gebildet.

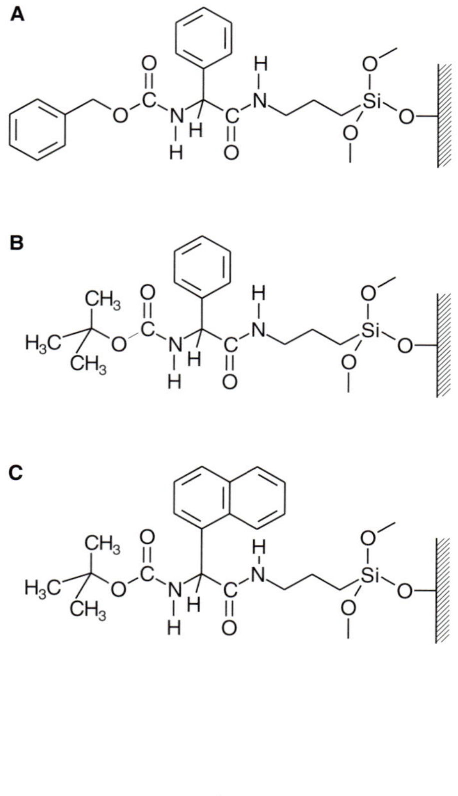

Abb. 12.12 Strukturen chiraler, über Silanolgruppen gekoppelter, stationärer Phasen.
A. (2)-D-Phenylglycin-$NH(CH_2)_3$ $Si(OC_2H_5)_2$;
B. Boc-D-Phenylglycin-$NH(CH_2)_3$ $Si(OC_2H_5)_2$;
C. Boc-L-(1-Naphthyl)glycin-$Si(OC_2H_5)_2$.

12.4 Datenauswertung und Beurteilung der Analysen

Die über eine Chromatographiesäule aufgetrennten Aminosäuren werden in einem UV- oder Fluoreszenzdetektor bei der Wellenlänge detektiert, die die höchsten Absorptionsausbeuten, entsprechend dem verwendeten Chromophor oder Fluorophor, erwarten lässt. Die Absorptionswerte werden analog oder digital entlang einer Zeitachse als Chromatogramm dargestellt. Die Flächenwerte der einzelnen Peaks sind proportional zur Menge des absorbierenden Derivats. Diese Flächenwerte werden mit den Flächenwerten eines Standardchromatogramms, in dem definierte Mengen aller Aminosäuren aufgetrennt sind und nach dem das System kalibriert ist, verglichen und zur Quantifizierung verwendet. Da die Absorption nicht bei allen Derivatisierungsmethoden linear mit der Menge an Aminosäuren zunimmt, muss das System mit unterschiedlichen Aminosäurekonzentrationen kalibriert werden. Die Konzentrationen der für die Eichung verwendeten Lösungen und der zu analysierenden Probe sollten im gleichen Mengenbereich liegen. Zusätzlich können bei der Eichung Korrekturfaktoren mit eingebracht werden, die problematische Aminosäuren bzw. deren Derivatisierungsverhalten berücksichtigen (z. B. unvollständige Derivatisierung, mehrere Peaks). Gerade bei der Analyse geringer Mengen ist die Subtraktion einer „Nullwertanalyse", das heißt einer Hydrolyse, bei der nur Hydrolysemedium (aber keine Probe) vorliegt, zur Korrektur von Verunreinigungen angebracht. Interne Standards – Substanzen, die im normalen Proteinhydrolysat nicht vorkommen wie Norleucin –, die bereits vor der Hydrolyse in definierter Menge zugegeben werden, korrigieren Verluste, die während der einzelnen Analyseschritte auftreten.

Trotz einer genauen Kalibrierung und der Einführung interner Standards muss das Ergebnis einer Aminosäurenanalyse genau beurteilt werden. So gibt es nur sehr wenige Aminosäuren, wie Alanin, Phenylalanin oder Leucin, bei denen die Analyse auch noch bei geringen Mengen verlässliche Ergebnisse liefert. Die Werte für Serin und Threonin sind wegen partieller Zerstörung zu niedrig (ebenso die für Aminozucker), Cystein und Tryptophan werden vollständig zerstört, und die Werte für Valin und Isoleucin sind wegen unvollständiger Hydrolyse häufig zu niedrig. Methionin und Tyrosin sind ebenfalls äußerst oxidationsempfindlich und liegen häufig zu niedrig (Abschnitt 12.1.1). Um trotz des unterschiedlichen Hydrolyseverhaltens der einzelnen Aminosäuren eine möglichst genaue Quantifizierung zu ermöglichen, ist es notwendig, die Hydrolyse bei verschiedenen Temperaturen zu wiederholen und dann die Werte der einzelnen Analysen zu extrapolieren, um so für jede Aminosäure den Maximalwert zu erhalten. Die Glycinwerte fallen durch Kontamination meistens zu hoch aus. Die Prolinwerte sind gerade bei Ninhydrinanalysen, wenn nur bei einer Wellenlänge gemessen wird, häufig ungenau, da die Prolinderivate wesentlich schlechtere Absorptionseigenschaften besitzen. Bei anderen Derivatisierungen (OPA oder Fluorescamin) werden die sekundären Amine überhaupt nicht erfasst.

Aminosäurenanalysen sind heute mit einem Fehler kleiner $\pm 10\,\%$ in einem Bereich über 10 pmol pro Aminosäure quantitativ durchführbar, auch wenn die Nachweisgrenze bei den einzelnen Methoden weit darunter im Femtomolbereich liegt. Der Hauptanteil der Fehlerquote liegt dabei auf Seiten der Hydrolyse, während die Chromatographie mit Fehlern kleiner $2\,\%$ durchführbar ist.

Jede der beschriebenen Methoden hat unterschiedliche Vor- und Nachteile (Tab. 12.1), die der Anwender seinen Bedürfnissen entsprechend abwägen muss. Viele Laboratorien verwenden noch immer die klassische Ninhydrinmethode. Die am meisten verwendete Vorsäulenreaktion ist die Derivatisierung mit PITC. Ziel der Aminosäurenanalytik ist nicht mehr die Steigerung der Sensitivität der Analysen, sondern die Vermeidung von Kontaminationen durch bessere Probenvorbereitung. Dadurch soll die Diskrepanz zwischen den praktisch und theoretisch erreichbaren Detektionsgrenzen verringert werden. Die Vermeidung zusätzlicher Arbeits-

Tabelle 12.1 Reagenzien für Aminosäureanalysen – Übersicht

	Detektion	Nachweisgrenze	Analysezeit	anwendbar für:
Ninhydrin	UV 570, 440 nm	50 pmol	80 min	prim./sek. A.S.
PITC	UV 245 nm	10 pmol	30 min	prim./sek. A.S.
Fluorescamin	Fluoreszenz (390 nm/475 nm)		90 min	prim. A.S.
OPA	UV 230 nm Fluoreszenz (330 nm/460 nm)	10 pmol/ 200 fmol	30 min	prim. A.S.
FMOC	Fluoreszenz (266 nm/305 nm)	50 fmol	30 min	prim./sek. A.S.
Dabsyl-Cl	UV 436 nm	1 pmol	30 min	prim./sek. A.S.

schritte durch Vollautomatisierung (Hydrolyse, Derivatisierung und Chromatographie in einem kontinuierlichen Arbeitsgang) würde die Aminosäurenanalytik diesem Ziel wesentlich näher bringen.

Weiterführende Literatur

Ashman K., Bosserhoff A. Amino Acid Analysis by High Performance Liquid Chromatography and Precolumn Derivatisation. In: Tschesche H. (Hrsg.) Modern Methods in Protein Chemistry. 155–172, de Gruyter, Berlin 1985.

Barrett G.C. Chemistry and Biochemistry of the Amino Acids. Chapman & Hall, London 1985.

Blackburn S. Amino Acid Determination, Methods and Techniques. M Dekker, New York and Basel 1978.

13 Proteinsequenzanalyse

Bereits 1940 war man sich einig, dass Proteine aus Aminosäuren bestehen, und dass die Aminosäuren über die sog. Peptidbindung verknüpft sind (Abb. 13.1). Man wusste, dass die so vorhandenen kettenartigen Moleküle an einem Ende, das als *N*-terminales Ende bezeichnet wird, eine freie Aminogruppe tragen, und an dem anderen, dem *C*-terminalen Ende, eine freie Carboxygruppe. Keineswegs einig war man sich zu dieser Zeit hingegen, ob ein bestimmtes Protein aus einem Gemisch verschiedener Polymere besteht, die zwar eine definierte Anzahl und Art von Aminosäuren beinhalten, deren Reihenfolge aber ganz unterschiedlich sein kann, oder aus einer einzigen Spezies von Molekülen, die eine ganz definierte Aminosäuresequenz aufweisen.

Diese Frage wurde erst 1953 zumindest für kleine Proteine beantwortet, als Sanger und Mitarbeiter die vollständige Aminosäuresequenz des Peptidhormons Insulin aufklären konnten. Sanger setzte dabei Reagenzien ein, die terminale Aminosäuren „markieren" können (z. B. 1-Fluor-2,4-dinitrobenzol, das spezifisch mit der freien Aminogruppe des *N*-terminalen Endes der Peptidkette reagieren kann, das sog. **Sanger-Reagenz**). Nach vollständiger hydrolytischer Zerlegung des Proteins in die einzelnen Aminosäuren wurde die markierte (terminale) Aminosäure über chromatographische Techniken identifiziert. Leider bekam man bei dieser Art von Analyse immer nur Informationen über die *Enden* der Peptidkette, da man die Peptidkette zerstören musste, um die markierte Aminosäure zu isolieren und zu identifizieren. Um Sequenzinformationen von größeren Peptiden oder Proteinen zu erhalten, musste man diese über partielle Hydrolyse oder enzymatischen Verdau in kleine Fragmente zerlegen und dann jeweils die *N*-terminale und *C*-terminale Aminosäure der Fragmente mit den von Sanger vorgeschlagenen Methoden bestimmen und zusätzlich die Aminosäurezusammensetzung mittels Aminosäureanalyse ermitteln. So wurde über viele kleine Bruchstücke des Insulins die gesamte Sequenz der 51 Aminosäurereste bestimmt und somit zum ersten Mal gezeigt, dass ein Protein nur eine einzige Aminosäuresequenz besitzt. Diese äußerst mühsame Arbeit, die 1958 mit dem Chemie-Nobelpreis ausgezeichnet wurde, erstreckte sich über 10 Jahre, dabei wurden ca. 100 g Insulin eingesetzt.

Ein weitaus effizienteres Verfahren zur Bestimmung von Peptidsequenzen wurde bereits 1950 von dem schwedischen Wissenschaftler Pehr Edman veröffentlicht und verdrängte ab Mitte der 50er Jahre den Sanger-Abbau völlig. In seiner Arbeit über den sequentiellen Abbau von Proteinen und Peptiden beschreibt Edman eine Reaktionskaskade, die unter dem Namen **Edman-Abbau** bekannt geworden ist. Edman zeigte nicht nur ein neues Reagenz und den chemischen

13.1 Grundstruktur eines Peptids.

Mechanismus einer zyklischen Reaktion, die vom *N*-terminalen Ende der Peptidkette eine Aminosäure nach der anderen abspalten kann, sondern gab auch eine detaillierte experimentelle Anleitung zur Identifizierung und Quantifizierung der Reaktionsprodukte. Er stellte so ein komplett ausgearbeitetes System zur Aminosäuresequenzanalyse zur Verfügung. Dies hat wesentlich zu der schnellen Akzeptanz und zum Erfolg der Methode beigetragen, so dass 1961 G. Braunitzer auch die Aminosäuresequenz des ersten größeren Proteins, des menschlichen Hämoglobins, aufklären konnte. Damit wurde klar, dass nicht nur Peptidhormone, sondern auch Proteine eine einheitliche Sequenz aufweisen.

Die Aufklärung der Aminosäuresequenz von Proteinen und Peptiden wird auch heute noch praktisch ausschließlich mit dem Edman-Abbau durchgeführt, wobei die Empfindlichkeit seit der Einführung der Methode aber um den Faktor 10^3 gesteigert werden konnte, so dass heute Aminosäuresequenzen von wenigen pmol eines Proteins erhalten werden können. Der Edman-Abbau hat aber auch inhärente Limitationen (siehe weiter unten), die dazu führen, dass man in einer Analyse nur die *N*-terminale Sequenz von etwa 30–60 Aminosäureresten erhalten kann. Daher muss man von größeren Peptiden oder Proteinen Bruchstücke herstellen, diese chromatographisch oder elektrophoretisch voneinander trennen und dann einzeln wieder der Sequenzanalyse zuführen.

Die Ergebnisse von Sanger und Edman waren von enormer Bedeutung für die gesamte Biochemie, da damit klar gezeigt wurde, dass Proteine definierte Aminosäuresequenzen besitzen. Da die Aminosäuresequenz (die Primärstruktur) im Prinzip die Grundlage für die Faltung und damit für die Raumstruktur (Tertiärstruktur) des Proteins liefert, ist sie so auch letztendlich für die Funktion des Proteins verantwortlich. Eine Kenntnis der Aminosäuresequenz ist daher für das Verständnis der Funktion auf molekularer Ebene äußerst wichtig. Dies gilt umso mehr, als die anderen Methoden der Proteinstrukturaufklärung, wie die Röntgenstrukturanalyse oder die NMR-Spektroskopie, eine bekannte Aminosäuresequenz als Grundlage für die Interpretation ihrer Daten benötigen.

Ein weiteres Beispiel für die Bedeutung der Sequenzanalyse für das Verständnis von Struktur-Funktionsbeziehungen sind Homologievergleiche von Isoenzymen oder von funktionell äquivalenten Proteinen aus verschiedenen Spezies, wobei für die Funktion des Proteins wichtige und daher in der Evolution konservierte Aminosäurereste erkannt werden können. Noch vor 10 Jahren war die Sequenzanalyse praktisch der einzige Weg zur vollständigen Primärstrukturaufklärung von Proteinen. Die Situation hat sich grundlegend durch die enorme Entwicklung der molekularbiologischen Techniken geändert. Die Einfachheit und Geschwindigkeit, mit der heute die Primärstrukturinformation von Proteinen über molekularbiologische Techniken erhalten werden kann, hat zur Folge, dass der weitaus größte Anwendungsbereich der Aminosäuresequenzanalyse derzeit die Aufklärung von Teilsequenzen aus unbekannten Proteinen ist, die dann zum Design von Oligonucleotidsonden zur Isolierung der cDNA verwendet werden. Es sei allerdings hier auch auf eine große Gefahr hingewiesen, die sich aus der heute praktizierten, nahezu ausschließlichen Nutzung molekularbiologischer Techniken zur Erstellung vollständiger Proteinsequenzen ergibt: Viele posttranslationale Modifikationen, die die Eigenschaften und Funktionen von Proteinen maßgeblich mitbestimmen, sind nicht über die Aminosäuresequenz codiert und können daher nicht auf der DNA-Ebene erkannt oder auch nur vermutet werden. Für die vollständige Charakterisierung und Strukturaufklärung eines Proteins sind daher neben der übersetzten DNA-Sequenz noch weitere komplementäre Analysen zur Erkennung von posttranslationalen Modifikationen unbedingt notwendig. Hierbei sind dann wieder alle aufwendigen proteinchemischen Techniken von Proteinreinigung, über Spaltungen bis zu den Analysenverfahren gefordert. Gerade bei der Analyse der posttranslationalen Modifikationen wird in Zukunft sicher neben der Aminosäure-

Fragmentierung
Abschnitt 8.5

Homologievergleiche
Abschnitt 28.4

sequenzanalyse der Massenspektrometrie eine Schlüsselrolle zukommen. Diese lässt in vielen Fällen allein durch eine genaue Massenbestimmung des Proteins bei bekannter DNA-Sequenz eine posttranslationale Modifikation ausschließen oder vermuten.

Die Massenspektrometrie, die ja auch in der Lage ist, Aminosäuresequenzinformationen zu liefern, wird immer deutlicher eine Komplementierung und schnelle Alternative zur klassischen Sequenzanalyse – allerdings nur für kleine Peptide bis maximal 15–20 Aminosäurereste. Die Schwierigkeiten bei der Interpretation der Massenspektren verhinderten bisher eine breite Anwendung, wobei die weltweit großen Anstrengungen in naher Zukunft wesentliche Fortschritte in den Datenverarbeitungsprogrammen erwarten lassen. Kombinationen von chemischen oder enzymatischen Sequenzabbauten mit massenspektrometrischen Detektionsverfahren, vor allem der Matrix-unterstützten Laserdesorptions/Ionisations-(MALDI)-Massenspektrometrie, befinden sich zur Zeit in der Evaluierungsphase und zeigen für den Bereich kleiner Peptide durchaus ein interessantes Potential. Für die Sequenzierung von Proteinen ist aber auf absehbare Zeit keine Alternative zur klassischen Aminosäuresequenzanalyse auf Basis des Edman-Abbaus zu erkennen.

Massenspektrometrie
Kapitel 14

13.1 *N*-terminale Sequenzanalyse: Der Edman-Abbau

13.1.1 Reaktionen des Edman-Abbaus

Der Edman-Abbau ist ein zyklischer Prozess, bei dem in jedem Reaktionszyklus von einem Ende der Peptidkette die endständige (*N*-terminale) Aminosäure abgespalten und identifiziert wird. Die Reaktion besteht aus drei voneinander gut abgrenzbaren Schritten: Kupplung, Spaltung und Konvertierung.

Im ersten Schritt, der **Kupplung**, wird an die freie *N*-terminale Aminogruppe der Peptidkette das „Edman-Reagenz" Phenylisothiocyanat (PITC) gekoppelt (siehe Abb. 13.2). Diese Reaktion läuft bei Temperaturen von 40–55 °C und Reaktionszeiten von 15–30 min annähernd vollständig ab und es entsteht dabei ein disubstituierter Thioharnstoff, das Phenylthiocarbamoylpeptid (PTC-Peptid). Die Addition von PITC kann nur an unprotonierte Aminogruppen erfolgen; daher muss der pH-Wert bei dieser Reaktion durch einen alkalischen Puffer bei ca. 9 gehalten werden. Ein noch höherer pH-Wert würde die Reaktionsgeschwindigkeit weiter verbessern, beschleunigt aber auch eine wichtige Nebenreaktion: die alka-

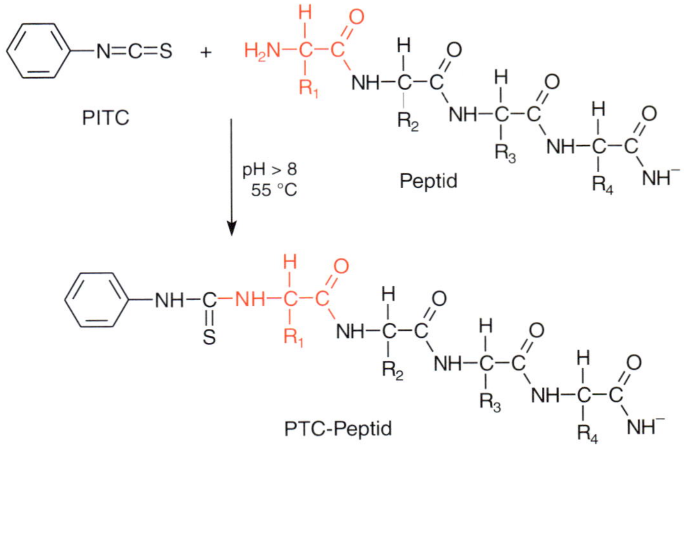

13.2 Kupplungsreaktion des Edman-Abbaus. Phenylisothiocyanat (PITC) kuppelt an die freie Aminogruppe eines Peptids zum Phenylthiocarbamoylpeptid (PTC-Peptid).

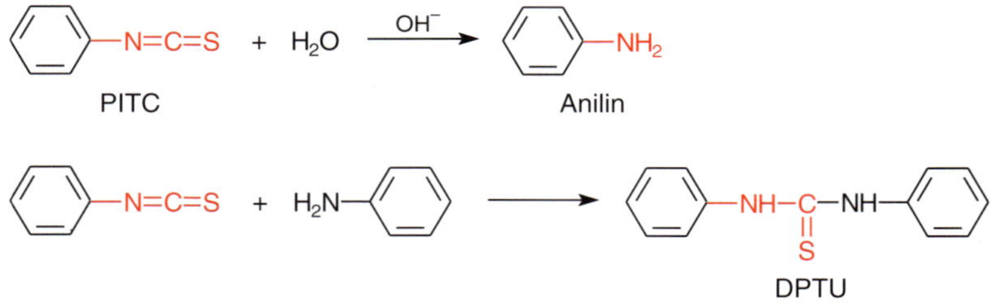

13.3 Die Entstehung von Diphenylthioharnstoff (DPTU) während des Edman-Abbaus. Phenylisothiocyanat (PITC) hydrolysiert zu Anilin, das dann mit einem weiteren Molekül PITC zu DPTU reagiert.

lisch katalysierte Hydrolyse von PITC zu Anilin. Das entstandene Anilin reagiert mit seiner freien Aminogruppe mit PITC zu Diphenylthioharnstoff (DPTU), dem einzig nennenswerten Nebenprodukt des Edman-Abbaus (siehe Abb. 13.3).

Mit einem unpolaren Lösungsmittel (z. B. Essigsäureethylester), in dem das Protein als hydrophiles Molekül nicht löslich ist, werden der Reagenzüberschuss und ein Großteil des DPTU als relativ hydrophobe Komponenten vom Phenylthiocarbamoylpeptid abgetrennt.

Bei dem als **Spaltung** bezeichneten Reaktionsabschnitt des Edman-Abbaus wird das getrocknete PTC-Peptid mit wasserfreier Säure (z. B. Trifluoressigsäure) behandelt. Dabei wird durch einen nucleophilen Angriff des Schwefels an der Carbonylgruppe der ersten Peptidbindung die erste Aminosäure als heterozyklisches Derivat, einer Anilinothiazolinon(ATZ)-Aminosäure abgespalten (Abb. 13.4). Hier wird die Bedeutung des für die Kupplung eingesetzten PITCs klar, da nur der Schwefel nucleophil genug ist, um zur Ringbildung zu führen. Befindet sich ein Sauerstoff an der Stelle des Schwefels (wird also ein Isocyanat als Kupplungsreagenz eingesetzt), kann das Reagenz zwar auch an die Aminogruppe des Peptids kuppeln, ist aber nicht zur Ringbildung und damit auch nicht zur Abspaltung der Aminosäure fähig. Daher muss jeder Schwefel-Sauerstoff-Austausch im PITC und im PTC-Peptid verhindert werden. Dies geschieht durch eine Inertgasatmosphäre, in der der gesamte Edman-Abbau durchgeführt wird.

Nach Abdampfen eines Großteils der flüchtigen Säure wird die kleine, relativ hydrophobe ATZ-Aminosäure, die sich in ihrem Löslichkeitsverhalten vom hydrophilen Restpeptid deutlich unterscheidet, mit einem hydrophoben Lösungsmittel (Chlorbutan oder Essigsäureethylester) extrahiert. Die chemisch instabile ATZ-Aminosäure wird in einem getrennten Schritt, der **Konvertierung**, zu einem stabileren Derivat, der Phenylthiohydantoin(PTH)-Aminosäure umgesetzt (Abb. 13.5). Das um eine Aminosäure verkürzte Peptid wird getrocknet und kann weiteren

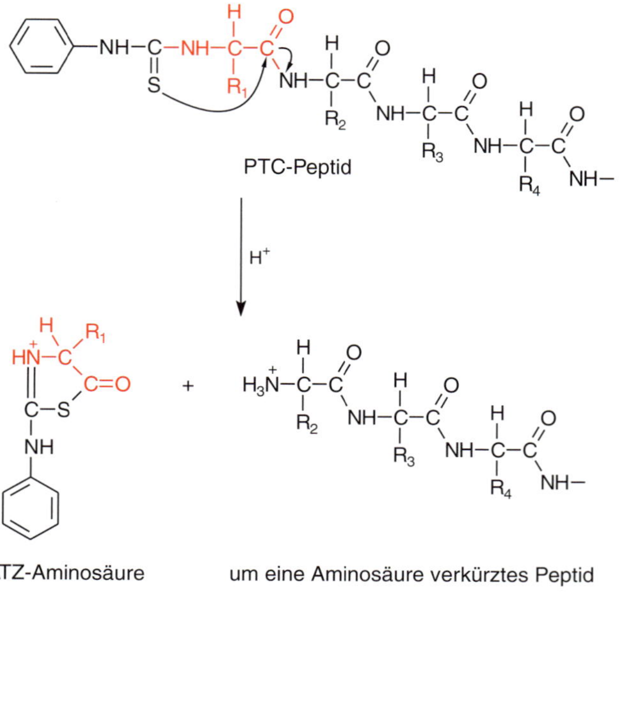

13.4 Spaltungsreaktion des Edman-Abbaus. Unter sauren, wasserfreien Bedingungen erfolgt ein nucleophiler Angriff des Schwefels an der Carbonylgruppe der ersten Peptidbindung. Es entstehen die relativ instabile Anilinothiazolinon (ATZ)-Aminosäure und das um eine Aminosäure verkürzte Peptid, das wieder wie das Ausgangspeptid eine freie Aminogruppe zeigt.

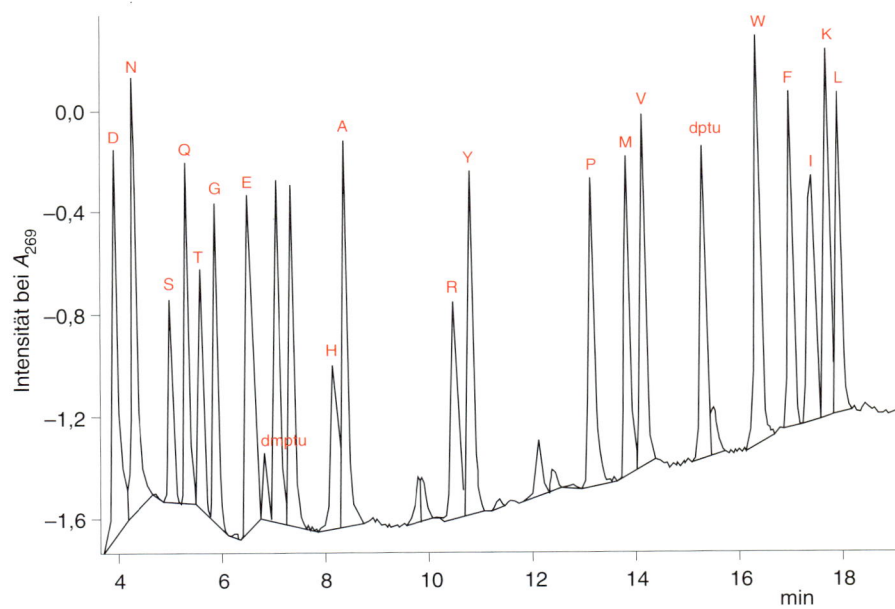

13.5 Konvertierung. Die ATZ-Aminosäure wird zunächst zur Phenylthiocarbamoyl (PTC)-Aminosäure hydrolysiert, die dann durch eine sauer katalysierte Umlagerung zur stabilen Phenylthiohydantoin(PTH)-Aminosäure umgesetzt wird.

Reaktionszyklen unterworfen werden, bei denen dann wieder die jeweils endständige Aminosäure abgespalten wird.

Bei der Konvertierung wird die instabile Ringstruktur der ATZ-Aminosäure mit wässriger Säure geöffnet und unter erhöhter Temperatur zur thermodynamisch stabileren PTH-Aminosäure umlagert (siehe Abb. 13.5). Die PTH-Aminosäuren werden meist chromatographisch im Vergleich zu den Retentionszeiten einer Referenzprobe, die die PTH-Derivate aller bekannten Aminosäuren enthält, identifiziert und quantifiziert (siehe Abb. 13.6).

13.6 Analyse der PTH-Aminosäuren. Die PTH-Derivate der 20 natürlich vorkommenden Aminosäuren werden mit einem RP-HPLC-System getrennt. Die Identifizierung der PTH-Aminosäure wird durch einen Retentionszeitvergleich mit bekannten Referenzsubstanzen erzielt.

13.1.2 Identifizierung der Aminosäuren

Die PTH-Aminosäuren zeigen charakteristische UV-Spektren mit einem Absorptionsmaximum bei 269 nm und einem spezifischen molaren Absorptionskoeffizienten bei 269 nm von $\varepsilon \approx 33\,000\ \mathrm{mol^{-1}}$. Sie können heute unter Verwendung von Microbore-Reversed-Phase-HPLC-Systemen mit einer Nachweisgrenze im Femtomol-Bereich nachgewiesen werden. Die Bestimmungsgrenze, d. h. die noch sicher quantifizierbare Nachweisgrenze, liegt für die meisten PTH-Aminosäuren mit chromatographischen Methoden bei ca. 1 pmol. Seit der Veröffentlichung im Jahr 1950 wurde immer wieder versucht, die von Edman beschriebenen chemischen Reaktionen zu verändern, um die Nachweisempfindlichkeit für die abgespaltenen Aminosäurederivate zu verbessern. Vor allem verschiedene fluoreszierende Isothiocyanate, deren Nachweisgrenze im unteren Femtomolbereich liegen, wurden als Kupplungsreagenzien vorgeschlagen. Keines dieser Reagenzien konnte sich aber bisher durchsetzen, da mit ihnen entweder bei der Kupplung oder bei der Spaltung keine quantitativen Reaktionsausbeuten erreicht werden konnten. Die Trennung der normalerweise recht großen und sich durch das Fluorophor auch chromatographisch ähnlich verhaltenden fluoreszierenden Aminosäurederivate bereitet ebenfalls große Probleme.

Neben der Verbesserung der chromatographischen Identifizierungsmethoden der PTH-Aminosäurederivate wird heute auch versucht, massenspektrometrische Identifizierungen auszuarbeiten. Dabei werden Substanzen wie 3-[4'-(Ethylen-N,N,N-trimethylamino)phenyl]-2-isothiocyanat als Kupplungsreagenzien eingesetzt, die massenspektrometrisch gut nachweisbare Produkte liefern. Auch hier wird aber letztendlich die quantitative Umsetzung bei Kupplung und Spaltung über den Erfolg bei einer Routinesequenzierung entscheiden.

Ein interessanter Ansatz zur Verbesserung der Nachweisempfindlichkeit wurde von Tsugita vorgeschlagen. Dabei werden die Kupplungs- und die Spaltungsreaktion des Edman-Abbaus nicht verändert, aber nach der Extraktion der ATZ-Aminosäure wird bei der Konvertierung statt der Hydrolyse eine Aminolyse durchgeführt. Hier kann durch den Einsatz eines fluoreszenzmarkierten Amins der Nachweis der Aminosäurederivate bis in den Attomolbereich erreicht werden. In der Praxis ist es aber schwierig, Reaktionsbedingungen zu finden, die zu einheitlichen, gut zu quantifizierenden Produkten führen.

13.1.3 Die Qualität des Edman-Abbaus: Die repetitive Ausbeute

Die Qualität des Sequenzabbaues wird objektiv durch die **repetitive Ausbeute** (*repetitive yield*) angegeben. Sie bezeichnet die Gesamtausbeute eines Abbauschritts im Edman-Abbau. Wie aus Abbildung 13.7 ersichtlich ist, nimmt die Anzahl der in jedem Schritt vollständig abgebauten Peptidketten bei schlechten repetitiven Ausbeuten schnell ab und wird nach einigen Abbauschritten sogar von den längeren Molekülen übertroffen, die durch unvollständige Reaktionen entstanden sind. Diese komplexen Gemische ergeben beim nächsten Abbauzyklus natürlich auch ein komplexes Gemisch an PTH-Aminosäuren. Dies schlägt sich in einer immer schwieriger zu interpretierenden PTH-Analyse nieder. Meist wird eine Sequenz nicht mehr lesbar, wenn die neu abgebaute Aminosäure unter 15 % der eingesetzten Peptidmenge fällt. Je höher die repetitive Ausbeute ist, desto später wird dieser Wert erreicht und um so längere Sequenzen können erhalten werden (Abb. 13.8). Erst nach der Automatisierung des Edman-Abbaus wurden repetitive Ausbeuten > 90 % erreicht. Heute liegen „normale" Ausbeuten bei ca. 95 %, was zu durchschnittlich erreichbaren Sequenzlängen von 30–40 Aminosäuren führt.

13.1.4 Instrumentierung

Wie bereits erwähnt, wird die von Edman vorgeschlagene Chemie des sequentiellen Abbaus von Peptiden und Proteinen seit 1950 praktisch unverändert zur Aminosäuresequenzanalyse eingesetzt. Pehr Edman veröffentlichte 1967 eine automatisierte Version, die die unweigerlich auftretenden Verluste beim manuellen Hantieren verminderte und damit die Qualität der Sequenzanalyse deutlich verbesserte. Die heute erreichte, mehr als tausendfache Empfindlichkeitssteigerung von ca. 100 nmol Ausgangsmaterial in der Publikation von Edman 1950 auf heute bis zu ca. 10 pmol wurde im Wesentlichen durch wenige Verbesserungen erreicht,

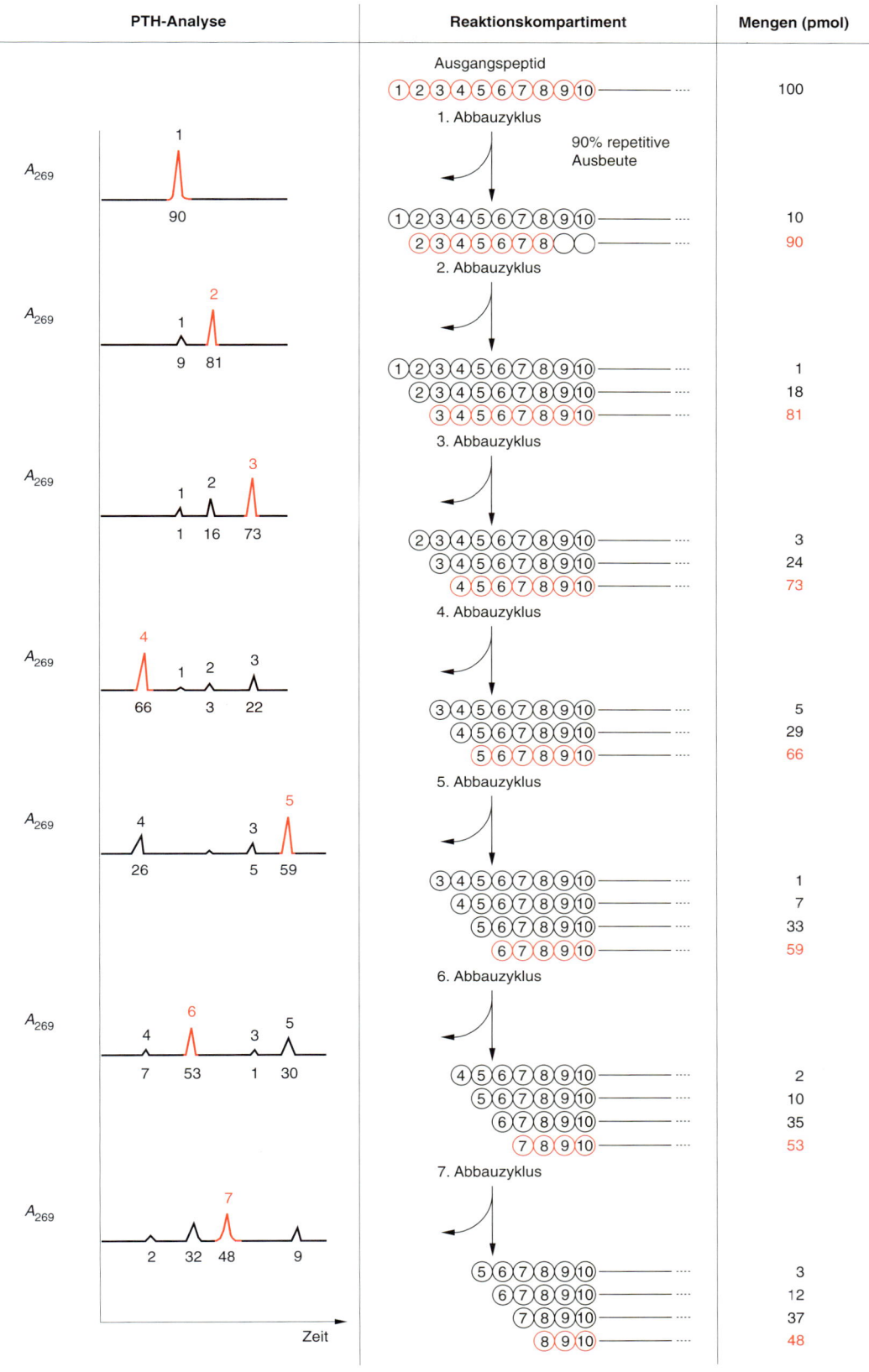

13.7 Einfluss der repetitiven Ausbeute beim Edman-Abbau. Ein Peptid (100 pmol) wird mit einer repetitiven Ausbeute von 90 % sequenziert. Man sieht, dass die Menge der erwarteten und vollständig abgebauten Peptidkettenmoleküle schnell abnimmt und mengenmäßig schon nach 7 Abbauzyklen von den längeren, unvollständig abgebauten Peptidmolekülen übertroffen wird. Dieses komplexe Gemisch spiegelt sich auch in den PTH-Analysenchromatogrammen wider.

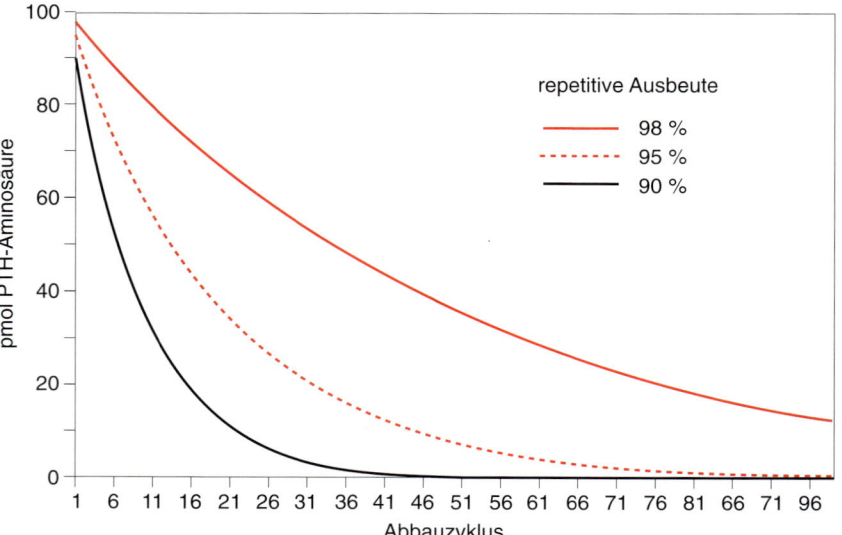

13.8 Erreichbare Sequenzlängen bei verschiedenen repetitiven Ausbeuten. Die Anzahl der in jedem Edman-Zyklus vollständig abgebauten Peptidketten fällt rasch ab. Wenn der Wert der neu abgebauten Aminosäure unter 15 % der Ausgangsmenge fällt, ist die Sequenz normalerweise nicht mehr interpretierbar.

wie aus Tabelle 13.1 zu ersehen ist: einerseits durch die Umstellung des Nachweises der PTH-Aminosäuren von der Dünnschichtchromatographie auf die Hochdruckflüssigkeitschromatographie, durch technische Verbesserungen der Automaten und andererseits durch die Entwicklung der Gasphasensequenzierung.

Der Edman-Sequenator bestand aus einer Lösungsmittelfördereinheit, die die Lösungsmittel und Reagenzien durch Stickstoffdruck über einen elektronisch ansteuerbaren Ventilblock zu einem Reaktionskompartiment transportierte. Nach den Reaktionsschritten der Kupplung und Spaltung wurde die abgespaltene ATZ-Aminosäure in einem gekühlten Fraktionskollektor gesammelt und dann offline der Konvertierung und Identifizierung zugeführt. Diese einfache, von Edman realisierte Anordnung gilt prinzipiell auch noch für die modernen Sequencer (Abb. 13.9). Zusätzlich wird heute die von Wittmann-Liebold 1976 eingeführte automatische Konvertierung verwendet, bei der die abgespaltene ATZ-Aminosäure in ein eigenes Gefäß transportiert und dort der Konvertierungsreaktion unterzogen wird. Anschließend wird die PTH-Aminosäureidentifizierung online durchgeführt.

Der wichtigste Teil eines Sequencers, an dem auch im Laufe der Jahre die größten Veränderungen vorgenommen wurden, ist das Reaktionskompartiment. Es hat im Wesentlichen die Aufgabe, das Protein an einer definierten Position zu immobilisieren, damit dort die verschiedenen Reaktionen des Edman-Abbaus reproduzierbar und kontrollierbar ablaufen können. Das größte Problem dabei ist, dass Proteine in einigen Lösungsmitteln oder Reagenzien des Edman-Abbaus, hier vor allem in der Base und der Säure, gut löslich sind. Daher müssen Bedingungen

Tabelle 13.1 Meilensteine in der Aminosäuresequenzanalyse und benötigte Materialmengen für die Aminosäuresequenzanalyse

1950 Methode der Sequenzanalyse	100 nmol
1967 Automatischer Sequenator	5 nmol
1971 Festphasensequenator	
1976 HPLC-Detektion der PTH-Aminosäuren	500 pmol
1978 Polybren als Trägersubstanz	
1978 Totvolumenfreie Ventilblöcke	
1980 Gasphasensequencer	100 pmol
1984 Microbore-HPLC	10 pmol

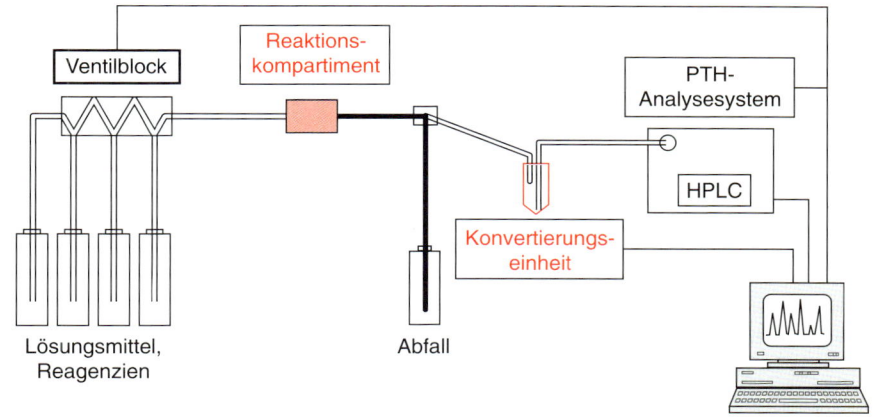

13.9 Schema eines Proteinsequencers. Eine Flaschenbatterie, bei der die Lösungsmittel und Reagenzien unter einem Argongasdruck stehen, liefert durch Öffnung von totvolumenfreien Ventilen genaue Volumina in das Reaktionskompartiment, in dem alle Reaktionen des Edman-Abbaus stattfinden. Nach Abspaltung der ATZ-Aminosäure wird diese zur Konvertierungseinheit transportiert, zur PTH-Aminosäure konvertiert und dann online im PTH Analysator identifiziert.

gewählt werden, die das Auswaschen des Proteins während der Sequenzanalyse verhindern. Die verschiedenen in Abbildung 13.10 gezeigten Reaktionskompartimente bestimmen also die verschiedenen Sequencertypen.

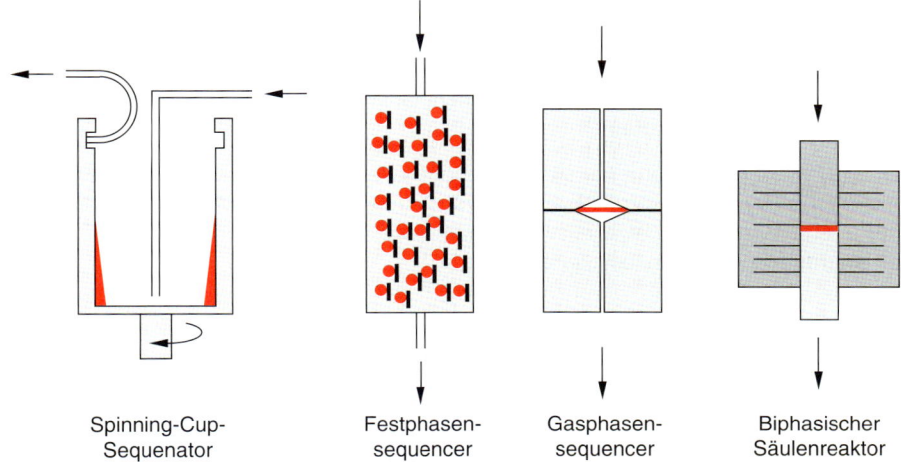

13.10 Reaktionskompartimente zur Aminosäuresequenzanalyse von Proteinen.

Flüssigphasensequenator

Edman verwendete in seinem 1967 vorgestellten Sequenator einen rotierenden Becher (*spinning cup*), in dem das Protein durch die Zentrifugalkraft an der Wand gehalten wurde. Base und Säure wurden dabei in einer solchen Menge in den drehenden Becher zugegeben, dass nur der proteinenthaltende Teil benetzt wurde. Nach beendeter Reaktion wurde die Hauptmenge an Base oder Säure über ein Vakuumsystem abgezogen. Die Extraktion von Reagenzüberschuss oder Reaktionsnebenprodukten erfolgte sehr effizient durch kontinuierliche Zugabe der Lösungsmittel durch den zentralen Schlauch und Abtransport durch einen in einer Rinne am oberen Becherrand befindlichen Schlauch. Dieses Prinzip wurde in den folgenden Jahren für eine kommerzielle Version dieses Flüssigphasensequencers übernommen und praktisch ausschließlich bis Anfang der 80er Jahre eingesetzt.

Festphasensequenator

R. Laursen veröffentlichte 1971 das Prinzip der Festphasensequenzierung, bei dem das Problem der Proteinauswaschung umgangen wird, indem das zu sequenzierende Protein kovalent – entweder über reaktive Seitenketten einzelner Aminosäuren oder über die freie Carboxygruppe der C-terminalen Aminosäure – an feste Matrixpartikel (Polystyrol, Glas) gebunden und in eine kleine Säule gepackt wird. Hierbei kommen vor allem bifunktionelle Reagenzien wie Diisothiocyanat oder verschiedene Carbodiimide zum Einsatz, deren eine Funktionalität mit der Matrix (z. B. Glas) und die andere mit dem Peptid verknüpft wird.

Vorteile

- Durch die chemische Fixierung des Proteins an der Matrix können auch drastische chemische Bedingungen für den Sequenzabbau angewendet werden, ohne dass die Proteine ausgewaschen werden.
- Die Waschschritte können praktisch beliebig verlängert werden und so optimale und reproduzierbare Bedingungen eingesetzt werden.
- hohe Qualität, repetitive Ausbeute > 96 %;
- am C-Terminus fixierte Proteine können vollständig sequenziert werden;
- erzielt sehr lange Sequenzen (oft bis ca. 80 Aminosäurereste).

Nachteile

- Aminosäuren, mit deren Seitenketten die Aminsäure an die Matrix gebunden ist, können nicht extrahiert und damit auch nicht als PTH-Aminosäuren nachgewiesen werden
  $\Rightarrow$ Lücke in der Sequenzinformation.
- Das Protein muss vor dem Sequenzabbau durch chemische Reaktionen an die Matrix gebunden werden, die Ausbeuten fallen dabei sehr unterschiedlich und oft nicht vorhersehbar aus.

Der Festphasensequenator hat sich bisher auf Grund seiner gravierenden Nachteile nicht allgemein durchsetzen können. Erst in letzter Zeit wurde wieder versucht, das Festphasenprinzip zu reaktivieren und neue, verbesserte Kopplungstechniken an Membranen wurden ausgearbeitet.

Gasphasensequencer

Den bisher größten Fortschritt in der Sequenzanalyse brachte zweifellos die Einführung der Gasphasensequenzierung 1981 von Hewick und Mitarbeitern, ein Prinzip, das seitdem wegen seiner Einfachheit und Effizienz die vorher genannten Formen der Sequenzanalyse verdrängt hat. Bei der Gasphasensequenzierung wird das Protein – eventuell unter Verwendung einer Trägersubstanz (Polybren) – auf eine chemisch inerte Glasfritte appliziert. Die beiden Reagenzien, in denen das aufgetragene Protein löslich ist, die Base und die Säure, werden gasförmig gefördert, indem ein Argon- oder Stickstoffstrom durch eine wässrige Trimethylaminlösung bzw. durch Trifluoressigsäure und dann zur Reaktionskammer geleitet wird. So werden im Reaktionskompartiment die gewünschten basischen oder sauren Bedingungen erzeugt, ohne dass das Protein ausgewaschen werden kann. Die Reaktionsnebenprodukte und die ATZ-Aminosäure werden weiter in flüssiger Phase mit den organischen Lösungsmitteln extrahiert, in denen das Protein aber nicht löslich ist. Auf dem Gasphasenprinzip beruhend entstand – in Verbindung mit einer neuen Entwicklung totvolumenfreier Ventilblöcke – eine neue Generation von Instrumenten, die optimal an die Erfordernisse immer geringerer Proteinmengen angepasst war. Mit den ersten Instrumenten dieser Art konnten bereits Mengen unter 100 pmol eines Proteins sequenziert werden. Nach apparativen Verbesserungen wie der online-HPLC-Trennung und der dann immer weiter verbesserten HPLC-Identifizierung der PTH-Aminosäuren lassen sich mit einem Gasphasensequencer heute sogar mit Mengen im Bereich von 10 pmol eines Proteins (in optimalen Fällen sogar bis 1 pmol) Sequenzinformation erhalten.

Pulsed-Liquid-Sequencer

Der *Pulsed-Liquid*-Sequencer ist im Prinzip ein Gasphasensequencer, bei dem durch die Förderung der Säure in flüssiger Form eine schnellere Spaltungsreaktion erreicht wird. Dies erfordert eine sehr genaue Dosierung, um das Protein mit der Säure zu benetzen, aber nicht aus dem Reaktionskompartiment zu spülen. Optimierte Waschzeiten in Verbindung mit einer Temperaturprogrammierung für die unterschiedlichen Reaktionsphasen des Edman-Abbaus erlauben es, die Zeiten für einen Zyklus des Edman-Abbaus auf ca. 30 min zu verkürzen.

Sequencer mit Bi-phasischem Säulenreaktor

Seit 1990 wurde ein Sequencer entwickelt und auf den Markt gebracht, bei dem das Reaktionskompartiment aus zwei chromatographischen Säulen besteht. Eine Reversed-Phase-Säule bindet das Protein sehr effizient, wenn wässrige Lösungsmittel und Reagenzien vorhanden sind. Die zweite Säule besteht aus Silikagel, das Proteine unter organischen Lösungsmittelbedingungen gut bindet. Dies wird notwendig, wenn organische Lösungsmittel zur Extraktion der hydrophoben kleinen Reaktionsnebenprodukte oder der ATZ-Aminosäure verwendet werden müssen. Das Protein wird an die Grenzfläche zwischen den beiden Säulen eingebracht, meist wird es direkt auf die Reversed-Phase-Säule aufgetragen, wobei gleichzeitig Salze und polare Verunreinigungen durch Waschen mit Wasser oder 0,1 % Trifluoressigsäure entfernt werden können. Die Lösungsmittel und Reagenzien können bei diesem Sequencertypus wahlweise von beiden Seiten der kombinierten biphasischen Säule zugeführt werden. Wässrige Lösungen (Base, Säure) werden immer durch die Silikagelsäule in Richtung Reversed-Phase-Säule gefördert und organische Lösungen über die Reversed-Phase-Säule in Richtung der Silikagelsäule, wodurch das Protein immer gut konzentriert in der Mitte der biphasischen Säule lokalisiert bleibt. Durch optimierte Bedingungen erhält man Reaktionsausbeuten von über 95 %.

> Reversed-Phase-Chromatographic
> Abschnitt 9.6

13.1.5 Probleme der Aminosäuresequenzanalyse

Auch wenn die Reaktionen des Edman-Abbaus mit hoher Ausbeute ablaufen, die Reaktionsbedingungen gut untersucht sind und die Instrumente der führenden Hersteller heute durchwegs ausgereift sind, gibt es in der Sequenzanalytik immer noch eine große Anzahl von Problemen, die eine Sequenzierung – vor allem im untersten Pikomolbereich – durchaus schwierig und oft unmöglich machen. Diese Probleme lassen sich in zwei Kategorien aufteilen, die zum einen mit dem Zustand der Probe verknüpft sind, zum anderen die chemischen oder instrumentellen Probleme bei der Sequenzanalyse selbst betreffen.

Probleme der Probe

Die zu sequenzierende Probe muss *N*-terminal einheitlich (rein) sein. In einzelnen Zyklen des Edman-Abbaues werden die jeweils *N*-terminalen Aminosäurederivate von jeder in der Probe vorhandenen Proteinspezies abgespalten. Nach Extraktion und Konvertierung werden alle diese PTH-Aminosäuren über Reversed Phase-HPLC getrennt, identifiziert und quantifiziert. Während die Interpretation der HPLC-Chromatogramme bei reinen, einheitlichen Proben im Allgemeinen keine Schwierigkeiten bereitet, treten bei nicht bis zur Homogenität gereinigten Proben in jedem Abbauschritt mehrere PTH-Aminosäuren im HPLC-Chromatogramm auf. Wenn zum Beispiel zwei Proteine im Gemisch vorliegen, gelingt die Zuordnung der PTH-Aminosäuren zu der entsprechenden Haupt- und Nebensequenz nur dann, wenn sich die Mengen der Proteine – und damit die Mengen der zugehörigen PTH-Aminosäuren – deutlich unterscheiden. Die Zuordnung wird bereits sehr unsicher, wenn die Proteine in einem Verhältnis von 2:1 vorliegen und praktisch unmöglich, wenn die Proteinmengen noch ähnlicher sind. Die Hauptschwierigkeit, die Daten auch von Sequenzgemischen zu interpretieren, liegt in der von Aminosäure zu Aminosäure unterschiedlichen Ausbeute der einzelnen PTH-Aminosäuren. Diese Ausbeute ist von der einzelnen Aminosäure, von Reaktionsbedingungen, Instrument und besonders auch von Auswaschverlusten des Peptids abhängig. Diese Auswaschverluste sind wiederum von der Hydrophobizität und Peptidlänge abhängig. Beide sind normalerweise nicht bekannt und können für verschiedene Peptide sehr unterschiedlich sein.

> Kontaminationen von Salzen, Detergenzien, und freien Aminosäuren interferieren auch schon in kleinen Mengen mit den chemischen Reaktionen des Edman-Abbaus oder verhindern die notwendigen effizienten Extraktionsschritte.

Durch ihren meist polaren Charakter werden die Kontaminationen von den organischen Lösungsmitteln nur schlecht aus dem Reaktionskompartiment entfernt und beeinträchtigen somit die Effizienz des Abbaus über viele Sequenzzyklen. Relativ unpolare Kontaminationen (z. B. freie Aminosäuren aus Puffern, Gefäßen etc.) werden zusammen mit den PTH-Aminosäuren aus dem Reaktionskompartiment extrahiert und erscheinen im HPLC-Chromatogramm. Dort erschweren oder verhindern sie die Identifizierung und Quantifizierung einzelner PTH-Aminosäuren. Unpolare Kontaminationen sind aber nach wenigen Sequenzschritten ausgewaschen und erlauben dann eventuell noch eine erfolgreiche Sequenzierung. Dies ist der Grund, warum in Veröffentlichungen, auch bei sonst langen und guten Sequenzen, häufig die erste Aminosäure nicht eindeutig identifiziert ist.

Bei dem gesamten Problemkreis der Kontaminationen hat die Festphasensequenzanalyse eindeutige Vorteile, da das an einen Träger gekoppelte Protein mit verschiedensten, auch polaren Lösungsmitteln gewaschen werden kann, so dass letztendlich die Sequenzanalyse mit einer reinen Probe durchgeführt werden kann. Für die Gasphasensequenzierung muss besonderer Wert auf eine entsprechende Probenvorbereitung gelegt werden und der letzte Schritt einer Protein- oder Peptidreinigung so geplant werden, dass die Probe möglichst salzfrei und ohne Verunreinigung vorliegt. Für Peptide bietet sich als letzter Schritt der Reinigung eine Reversed-Phase-HPLC unter Verwendung flüchtiger Lösungsmittelsysteme wie 0,1 % Trifluoressigsäure/Acetonitril an. Für Proteine, die unter Umständen nicht einfach entsalzt und chromatographisch von Kontaminationen befreit werden können, ist eine einfache und gute Probenvorbereitung die nichtkovalente, adsorptive Immobilisierung an hydrophobe Membranen. Diese Immobilisierung kann auch aus Polyacrylamidgelen durch Elektroblotten der Proteine auf eine chemisch inerte Membran (z. B. PVDF) oder auf hydrophob modifizierte Glasfasern erfolgen. Die Proteine werden dabei so fest gebunden, dass Salze leicht und ohne Proteinverlust weggewaschen werden können.

Elektroblotting Abschnitt 10.7

Die **Probenaufgabe** auf die Sequenziermatrix ist ein trivialer, aber ganz entscheidender Schritt für eine erfolgreiche Sequenzanalyse. Hier wird oft unterschätzt, dass kleine Proteinmengen (µg, ng) äußerst gut und schnell aus wässrigen Lösungen an verschiedenste Oberflächen (z. B. von Glasröhrchen, Eppendorfgefäßen, etc.) binden können und nur unter besonderen Vorkehrungen (z. B. Lösen in >95 %iger Ameisensäure, Beschichtung von Gefäßen, etc.) vollständig für die Sequenzanalyse wiedergewonnen werden können.

Das größte Problem für die Aminosäuresequenzanalyse stellt eine *N*-**terminale Blockierung** dar. Da für die Kupplungsreaktion des Edman-Abbaus eine freie Aminogruppe am *N*-terminalen Ende des Proteins vorhanden sein muss, sind alle Proteine, bei denen diese Gruppe modifiziert ist, einem direkten Sequenzabbau nicht zugänglich. Etwa 50 % aller natürlich vorkommenden Proteine weisen eine solche N-terminale Modifikation auf (Acetylierung, Formylierung, Pyroglutaminsäure, etc.). Nur in den seltensten Fällen kann die Blockierung chemisch oder enzymatisch vor der Sequenzanalyse entfernt werden, so dass Sequenzinformationen von blockierten Proteinen normalerweise nur von „internen" Sequenzen möglich sind (also durch chemische oder enzymatische Fragmentierung des Proteins und nachfolgende Auftrennung und Sequenzanalyse der entstandenen Fragmente). Eine N-terminale Blockierung kann auch unbeabsichtigt bei der Proteinreinigung oder Probenvorbereitung eingeführt werden. Häufigste Ursachen für solche artifizielle Blockierungen sind bestimmte Chemikalien (z. B. Harnstoff bei alkalischem pH) und Verunreinigungen in Detergenzien (z.B. in längere Zeit gelagertem Triton X-100), die mit der N-terminalen Aminogruppe reagieren können (z. B. Carbamoylierung, Oxidation).

Fragmentierung
Abschnitt 8.5

Ein besonders wichtiger und schwierig zu behandelnder Aspekt ist die **Quantifizierung** der zu sequenzierenden Probenmenge. Eine gute Abschätzung der vorhandenen Proteinmenge ist besonders wichtig, da es, wie oben erwähnt, eine große Anzahl N-terminal blockierter Proteine gibt. Eine „schöne" Proteinbande im Gel oder ein symmetrischer chromatographischer Peak ist per se keine Garantie für eine einheitliche Substanz. So muss bei jeder Sequenzierung geprüft werden, ob die Menge an eingesetztem Material der Menge der erhaltenen PTH-Aminosäure entspricht. Dabei ist auch zu berücksichtigen, dass normalerweise nur ca. 50 % des vorhandenen Proteins sequenzierbar ist (Anfangsausbeute, siehe unten). Wenn bei der Sequenzanalyse eine unerwartet geringe Menge an PTH-Aminosäure erhalten wird, kann das verschiedene Ursachen haben:

- es kann ein Proteingemisch mit einem N-terminal blockierten Protein vorliegen. Da man die Menge eines blockierten Proteins aus der Sequenzanalyse prinzipiell nicht erkennen kann, kann die erhaltene Sequenz von einer Nebenkomponente des Proteingemischs stammen. Da man aber normalerweise die Hauptkomponente analysieren will, stammt die Sequenz hier eventuell nur von einer nicht abgetrennten Verunreinigung. Nur eine genaue quantitative Abschätzung bei der Sequenzanalyse kann hierbei helfen, solche blockierten Proteine zu erkennen oder auch nur einen Verdacht auf das Vorliegen eines blockierten Proteins zu erhalten.
- es ist weniger Protein vorhanden als angenommen.

Der erste Punkt hat sicher großen Einfluss auf die Aussagekraft der erhaltenen Sequenz und stellt sich leider oft sehr spät in der Bearbeitung eines Projektes als entscheidend dar. Der zweite Punkt trifft in der Praxis sehr häufig zu, da die gängigen Proteinbestimmungsmethoden bei kleinen Mengen entweder überhaupt nicht anwendbar sind oder oft mit sehr großen Fehlern (Faktor 10) behaftet sind. Die einzige quantitative Proteinbestimmungsmethode für kleine Mengen, die Aminosäurenanalyse, ist technisch schwierig durchzuführen, äußerst anfällig gegenüber Kontaminationen, verbraucht oft einen erheblichen Teil des vorhandenen Materials (0,1–0,5 μg) und wird aus diesen Gründen nur selten durchgeführt. In der Praxis wird oft die Proteinmenge aus einer Färbung in einem Polyacrylamidgel abgeschätzt, die aber von vielen Faktoren, wie der Geldicke, der Färbemethode, von individuellen Proteineigenschaften, und auch von der Proteinmenge selbst abhängt, und daher großer Erfahrung und Vorsicht bedarf.

Proteinbestimmungen
Kapitel 3

Aminosäurenanalyse
Kapitel 12

Elektrophorese
Kapitel 10

Probleme der Sequenzierung

Problemaminosäuren Leider erscheinen gleiche Mengen verschiedener Aminosäuren keineswegs immer in gleicher Intensität im PTH-Chromatogramm. Einige Aminosäuren werden durch die aggressiven Reaktionsbedingungen des Edman-Abbaus teilweise zerstört und geben mehrere (kleine) Nebenpeaks. Zum Beispiel werden durch Dehydratisierung (β-Elimination) bis zu 80 % des Serins zerstört, bis zu 50 % des Threonins und Cystein sind underivatisiert fast nicht detektierbar. Bei Tryptophan werden je nach Sequenzposition ca. 30 bis zu 100 % zerstört. Andere Aminosäuren werden auf Grund ihrer Polarität schlecht aus dem Reaktionskompartiment extrahiert (Arginin und Histidin). Lysin ist besonders oxidationsempfindlich und kann bei nicht optimaler Qualität der Lösungsmittel sehr schlechte Ausbeuten zeigen. Mit einiger Erfahrung können aber die meisten der genannten Aminosäuren zumindest qualitativ richtig erkannt werden. Bei kleinen Mengen oder bei nicht ganz einheitlichen Proben resultieren aus diesen Problemaminosäuren erhebliche Probleme in der Erstellung einer sicheren und eindeutigen Sequenz.

Modifizierte Aminosäuren Diese können unter den drastisch alkalischen oder sauren Bedingungen des Edman-Abbaus instabil sein und eine „normale", unmodifizierte Aminosäure vortäuschen. Stabil modifizierte Aminosäuren können in der Nähe oder in Positionen von „normalen Aminosäuren" chromatographieren und so zu Fehlinterpretationen führen. Da von modifizierten Aminosäuren häufig keine PTH-Standardsubstanzen zur Verfügung stehen, sind nur sehr wenige Positionen von modifizierten Aminosäuren im PTH-Chromatogramm bekannt.

> Einige modifizierte Aminosäuren wie z. B. glykosylierte und phosphorylierte Aminosäuren liefern so polare PTH-Derivate, dass sie mit organischen Lösungsmitteln nicht aus dem Reaktionskompartiment extrahiert werden und daher im PTH-Chromatogramm eine Leerstelle ergeben.

Die Interpretation der PTH-Chromatogramme wird durch einen im Laufe der Sequenzanalyse zunehmenden Untergrund erschwert. Dieser entsteht, da es in Proteinen einige labile Peptidbindungen (vor allem Aspartylbindungen) gibt, die in jedem Abbauzyklus vor allem bei der Spaltungsreaktion zu wenigen Prozent hydrolysiert werden. An den dadurch entstandenen freien N-Termini dieser Fragmente findet natürlich auch ein Sequenzabbau statt, bei dem PTH-Aminosäuren abgespalten werden, die letztendlich im HPLC-Chromatogramm auch detektiert werden. Typischerweise nimmt der Untergrund deutlich zu (bis zum ca. 20. Abbauzyklus), durchläuft ein Maximum, das oft recht gut die Aminosäurezusammensetzung des Proteins reflektiert, und nimmt gegen Ende der Sequenzanalyse wieder ab, da dann einige dieser (Untergrund-)Fragmente zu Ende sequenziert sind.

Aus bisher schlecht verstandenen Gründen kann nicht die gesamte Proteinmenge, die in einen Sequencer eingebracht wird, sequenziert werden. Die **Anfangsausbeute** (*initial yield*) ist die Menge der im ersten Schritt erhaltenen PTH-Aminosäure im Verhältnis zur eingesetzten Proteinmenge. Sie beträgt normalerweise nur ca. 50 %. Sie ist aber sowohl vom eingesetzten Protein, als auch etwas vom einzelnen Sequencer und den aktuellen Reaktionsparametern abhängig.

Die in einem Sequencer normalerweise frei wählbaren Parameter wie Reaktionszeit, Menge und Durchflussgeschwindigkeiten für die einzelnen Reagenzien und Lösungsmittel, Trocknungszeiten und Temperatur haben einen gravierenden Einfluss auf die Qualität eines Sequenzabbaus, wobei sowohl die Anfangsausbeute als auch die repetitive Ausbeute betroffen sind. Die Parameter sind auch noch von der Art und Menge der Probe und dem für die Sequenzanalyse eingesetzten Trägermaterial abhängig. Die mit den Instrumenten mitgelieferten Standardprogramme berücksichtigen dies, indem verschiedene optimierte Programme für die Sequenzanalyse angeboten werden. So gibt es unterschiedliche Programme für normal (d. h. auf Glasfasern) aufgetragene, für auf PVDF-Membranen aufgetragene Proteine oder für geblottete Proben. Auch gibt es spezielle Programme zum Beispiel für serin- oder prolinreiche Proteine oder für synthetische Peptide, die noch an das Syntheseharz gekoppelt sind. In der Routine werden aber fast alle Sequenzabbauten mit „dem" Standardprogramm durchgeführt, das auf hohe repetitive Ausbeuten bei möglichst geringem Zeitbedarf optimiert ist.

Reinheit der Chemikalien Die für die Sequenzanalyse eingesetzten Chemikalien müssen äußerst hohen Qualitätsanforderungen genügen, da Verunreinigungen die repetitive Ausbeute beeinträchtigen können oder zu Stör-Peaks im PTH-Chromatogramm führen können. Wegen der mannigfaltigen anderen möglichen Ursachen für eine reduzierte Sequenzausbeute (siehe oben) ist in der Praxis eine Fehlerdiagnose äußerst schwierig und zeitaufwendig. Um eine konstant hohe Qualität der Reagenzien und Lösungsmittel garantieren zu können, werden sie daher standardmäßig speziell gereinigt und unterliegen strengen Qualitätskontrollen.

Empfindlichkeit des HPLC-Systems Das gesamte HPLC-System für die Trennung der PTH-Aminosäuren muss routinemäßig in einem hohen Empfindlichkeitsbereich betrieben werden, was technische Schwierigkeiten bereitet. Die auf dem Markt vorhandenen Sequencer können Proteinmengen im untersten Pikomolbereich sequenzieren. Die quantitative Bestimmungsgrenze der PTH-Aminosäuren liegt mit den heute eingesetzten Detektoren und Microbore-Trennsäulen bei ca. 1 pmol. Normalerweise müssen die 20 PTH-Aminosäuren (zuzüglich einiger Reaktionsnebenprodukte) in ca. 15–25 min getrennt werden. Dies bringt selbst qualitativ ausgezeichnete Reversed-Phase-Säulen an die Grenze ihrer Trennleistung. Die dazu eingesetzten optimierten Lösungsmittelgradienten und Temperaturen sind äußerst genau einzuhalten, da kleinste Änderungen in der Lösungsmittelzusammensetzung und/oder Temperatur das Retentionsverhalten der PTH-Aminosäuren drastisch beeinflussen. Daher wird eine hohe Konstanz der Lösungsmittelförderung und eine außerordentlich hohe Reproduzierbarkeit der Gradientenbildung benötigt.

13.1.6 Stand der Technik

Mit den heute am Markt erhältlichen Sequencern ist es durchaus möglich, Sequenzinformation von Protein- oder Peptidmengen unter 10 pmol zu erhalten. Eine Voraussetzung dafür ist eine Probe, die salz- und detergensfrei ist, deren *N*-terminale Aminogruppe frei vorliegt und nicht durch (natürliche oder artifizielle) Blockierung für den Edman-Abbau unzugänglich ist. Außerdem müssen die für die Sequenzanalyse eingesetzten Instrumente und Chemikalien in einem optimalen Zustand sein und auch normalerweise im unteren Pikomolbereich eingesetzt werden. Werden zum Beispiel in einem Sequencer routinemäßig Nanomol-Mengen synthetischer Peptide sequenziert, so verhindern unweigerlich vorhandene Kontaminationen (sowohl im Sequencer, wie auch im PTH-Analysesystem) die Interpretation einer Sequenzanalyse im untersten Pikomol-Bereich.

In Ringversuchen werden bei der Sequenzanalyse von geringen, aber ausreichenden Peptidmengen immer noch eine erstaunlich hohe Anzahl Sequenzfehler festgestellt. Diese falschen Sequenzen verursachen im Ernstfall erheblichen zeitlichen und finanziellen Schaden und sind oft nur unter großem Aufwand zu erkennen und zu korrigieren. Als Konsequenz müssen einerseits die Hersteller von Sequenzierinstrumenten Wege finden, die Einfachheit und Robustheit der Geräte zu verbessern und Softwarelösungen implementieren, die Fehlinterpretationen vermeiden helfen. Andererseits sollten für die Betreiber von Sequenziereinrichtungen unabhängige Methoden wie Massenspektrometrie und Kapillarelektrophorese zur Verfügung stehen, die in vielen Fällen helfen können, Problemfälle zu erkennen oder zu lösen. Letztendlich ist aber eine optimale und vom ersten Reinigungsschritt an auf die Sequenzanalyse ausgerichtete Probenvorbereitung der wichtigste Schritt zu einer erfolgreichen Sequenzierung.

13.2 C-terminale Sequenzanalyse

Die Charakterisierung eines Proteins oder Peptids an seinem C-terminalen Ende durch Bestimmung der letzten Aminosäuren ist für viele Problemstellungen wünschenswert. Die C-terminale Sequenzierung stellt eine wertvolle Ergänzung zur N-terminalen Sequenzierung mittels Edman-Abbau dar, da diese Technik nur zu etwa 30–60 lesbaren Abbauschritten führt, so dass Fragmente gebildet werden müssen, die einzeln abgebaut und deren Teilsequenzen zu der Gesamtkette wie bei einem Puzzle zusammengefügt werden müssen. Es wäre optimal, wenn die Polypeptidkette gleich effektiv auch vom C-terminalen Ende sequenziert werden könnte. Zum anderen müssen alle durch Gensequenzierung abgeleiteten Aminosäuresequenzen zumindest partiell durch Sequenzierung der N-terminalen und C-terminalen Aminosäurefolge und eventuell einiger interner Sequenzen verifiziert werden. Hinzu kommt, dass die N-terminalen Aminosäuren oft durch Modifikationen, die häufig in Proteinen beobachtet werden, blockiert sind (siehe Abschn. 13.1.5). Ist das Protein nur in Form seiner Gensequenz bekannt, bleibt abzusichern, mit welcher Aminosäure das Protein beginnt, welches Start- und Stopcodon gültig ist und auch, ob der Leserahmen korrekt gelesen wurde. Daher sollte von unbekannten Polypeptiden stets die C-terminale Sequenzfolge zusätzlich zur Bestimmung der N-terminalen und internen Aminosäuren ermittelt werden. Die erhaltenen Sequenzen sind die Grundlage für die Synthese von Oligonucleotidsonden und dienen damit nach Hybridisierung mit der genomischen DNA zur Auffindung des Gens. Sie sind besonders zur Prüfung von rekombinanten Proteinen wichtig, die gentechnologisch erzeugt wurden, z. B. rekombinant hergestellte Enzyme, Antikörper oder pharmazeutisch relevante Peptide. Auch für die Identifizierung von Proteinen aus hochauflösenden zweidimensionalen Gelen ist die C-terminale Sequenzierung von großem Wert, besonders, wenn es sich um die Identifizierung von Proteinen aus eukaryontischen Zellen handelt, die zu mehr als 50 % N-terminal blockiert vorliegen. Da die Auftrennung komplexer Proteinmischungen in Kombination mit der Identifizierung wichtiger Proteine aus humanen Zellextrakten und tumorassoziierten Zelllinien zunehmend an Bedeutung für die Aufklärung von krankheitsassoziierten Vorgängen und anderen physiologischen Prozessen wie Zellregulation und Zelldifferenzierung gewinnt, werden auch C-terminale Bestimmungsmethoden immer wichtiger.

Die gebräuchlichen Methoden, die zur C-terminalen Sequenz eines Polypeptids führen können, sollen hier kurz beschrieben werden. Prinzipiell gibt es zur Zeit eine Reihe von Methoden, die zur C-terminalen Sequenzierung angewandt werden können, wie verschiedene chemisch durchgeführte Abbaumethoden, der partielle Verdau endständiger Aminosäuren mittels unterschiedlich angreifender Carboxypeptidasen (Exopeptidasen) und die massenspektrometrische Bestimmung der C-terminalen Aminosäuren. Die enzymatischen C-terminalen Sequenzierungsmethoden werden üblicherweise mit der direkten Aminosäureanalyse der abgespaltenen Aminosäuren kombiniert, oder die Sequenzfolge wird indirekt aus den Massen der verkürzten Peptidketten im Verhältnis zur Ausgangspeptidmasse abgeleitet (Leitersequenzierung). Bevor die einzelnen Techniken beschrieben werden, soll jedoch vorausgeschickt werden, dass keine der momentan vorhandenen Methoden ähnlich gute Ergebnisse erzielen kann wie der automatische, schrittweise N-terminale Edman-Abbau im Aminosäure-Sequencer (Abschnitt 13.1.3). Das bedeutet: Keine der hier beschriebenen Methoden kann eine C-terminale Sequenz von über 50 Aminosäuren liefern, weder mit vergleichbaren Mengen Substanz noch bei Einsatz wesentlich höherer Proteinmengen. Zudem führen die Ergebnisse nur bei der richtigen Auswahl der Methoden und Instrumente zu verlässlichen Sequenzinformationen. Man wird im Einzelfall sehr genau prüfen müssen, welche Technik anwendbar ist, wie die Ergebnisse zu interpretieren sind und die Nachteile der angewandten Verfahren müssen jeweils genau abgewogen werden.

13.2.1 Chemische Abbaumethoden

Schlack-Kumpf-Abbau

Der chemische *C*-terminale Abbau erfolgt mit einem Thiocyanatreagenz (Abb. 13.11) analog dem Edman-Abbau, der mit Phenylisothiocyanat durchgeführt wird. Er basiert im Wesentlichen auf einem von Schlack und Kumpf 1926 angegebenen Verfahren. Optimierte Bedingungen, die diesem Abbau zu Grunde liegen, wurden 1991 von Inglis ausgearbeitet. Inzwischen wurden unterschiedliche chemische Methoden automatisiert. Bisher konnte jedoch mit keinem der vorgestellten Automaten die *C*-terminale Polypeptidkette ähnlich erfolgreich schrittweise abgebaut werden, wie dies routinemäßig für die *N*-terminale Sequenzierung möglich ist.

Warum nun sind die Resultate der chemischen *C*-terminalen Abbaumethoden denen der analogen *N*-terminalen Verfahren nicht adäquat? Warum gelingt es nicht, vom Carboxyende der Polypeptidkette schrittweise 30 oder mehr Aminosäuren auf analoge Weise zu bestimmen? Hauptgrund ist die geringe Reaktionsfreudigkeit der *C*-terminalen Carboxygruppe im Gegensatz zu der sehr reaktiven *N*-terminalen Aminogruppe in Polypeptiden. Die Carboxygruppe muss zunächst aktiviert werden, um eine Kupplung mit einem Reagenz, das für den schrittweisen Abbau vom *C*-terminalen Ende geeignet ist, zu ermöglichen. Hierfür sind relativ drastische Versuchsbedingungen notwendig, die für die zum Teil empfindlichen Aminosäuren in Proteinen und Peptiden nicht zuträglich sind. Außerdem werden durch die drastischen chemischen Bedingungen Seitenketten modifiziert oder einzelne labile Peptidbindungen gespalten.

Der chemische *C*-terminale Abbau besteht aus den folgenden Stufen (vgl. Abb. 13.11):

1. Aktivierung des *C*-Terminus.
2. Kupplung mit einem Thiocyanatreagenz unter Bildung eines Peptidylthiohydantoins.
3. Abspaltung der *C*-terminalen Aminosäure als Aminosäurethiohydantoin.
4. Das abgespaltene Aminosäurethiohydantoin (ATH) wird anschließend im Vergleich zum Elutionsverhalten von Referenzthiohydantoinen aller Aminosäuren mittels HPLC identifiziert.

1. Aktivierung Durch Acylierung mit Essigsäureanhydrid/Essigsäure (AcOAc/AcOH) wird ein gemischtes Peptidanhydrid erzeugt, wobei die amino-terminale

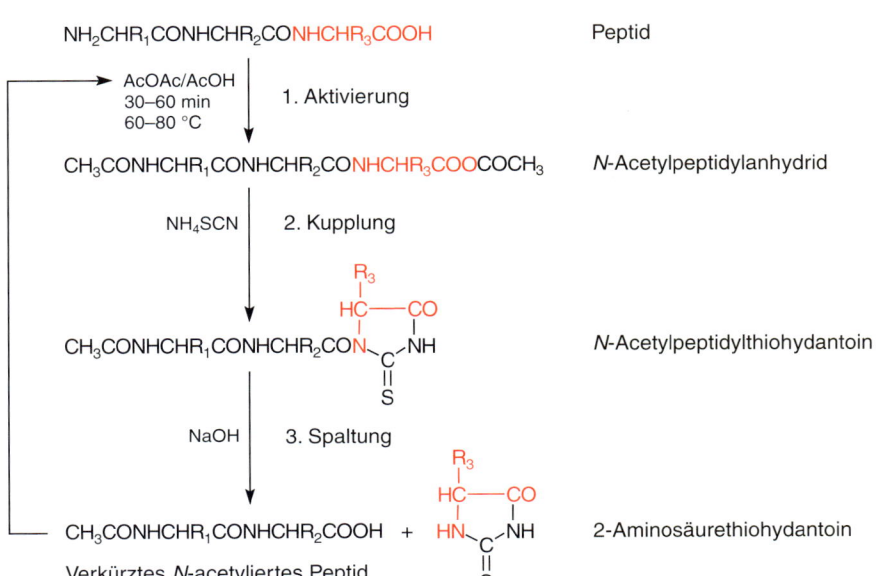

13.11 Schlack-Kumpf-Abbau.

Gruppe des Peptids durch Acetylierung blockiert wird. Dabei können auch interne Seitenketten-Carboxygruppen je nach Reaktionsbedingungen teilweise mitreagieren. Auch *N*-terminal an Festphasen oder Glas gebundene Peptide können über ihre Seitenketten derivatisiert werden, z. B. Lysin, Serin, Threonin, Asparaginsäure und Glutaminsäure. Die Bedingungen für die Aktivierung sind sehr drastisch: hoher Überschuss an Aktivierungsreagenz und Reaktionszeiten von etwa 30–60 min bei 60–80 °C. Unter diesen Bedingungen können bereits hydrolytische Spaltungen säurelabiler Peptidbindungen, wie die Spaltung der Asp-Pro- oder Tyr-Ser-Bindung, erfolgen, so dass verkürzte Peptidfragmente entstehen, was in den nachfolgenden Abbauzyklen zu falschen *C*-terminalen Aminosäuren führt.

2. Kupplung mit einem Thiocyanat- oder Isothiocyanat-Anion zum Peptidylthiohydantoin Für die Kupplung wurden verschiedene Reagenzien ausprobiert: Am reaktivsten ist die Thiocyanatsäure (HSCN). Sie entsteht aus Ammoniumisothiocyanat durch Einwirkung von rauchender Salzsäure und wird am besten durch Säulenchromatographie über einem Kationenaustauscher (Dowex 50) in acetonischer Lösung hergestellt und durch Titration bestimmt. Sehr störend wirkt hierbei die leichte Verunreinigung mit Eisen aus dem Austauscher bzw. Glas, die zu rosa- bis roten Lösungen in Aceton führt. Dieses Reagenz ist sehr aggressiv (wirkt stark ätzend auf Augen und Haut), greift alle Kunststoffe an, ist instabil und eignet sich daher nicht zur Verwendung in Automaten. Deshalb werden für den automatischen Abbau Ammoniumthiocyanat oder Guanidinthiocyanat in acetonischer Lösung vorgelegt; durch dosierte Zugabe von Säure entsteht HSCN *in situ* im Reaktor. Reste an Aktivierungsreagenz (Essigsäureanhydrid, Essigsäure) und das Thiocyanat müssen durch Ausblasen mit inertem Gas (Stickstoff, Argon) und entsprechende Waschvorgänge entfernt werden.

3. Abspaltung des Aminosäurethiohydantoins Die Abspaltung der Thiohydantoine erfolgt durch Einwirkung von Basen oder Säuren. Die beste Methode ist die Abspaltung mit verdünnter KOH in methanolisch-wässriger Lösung nach Inglis oder in ammoniakalischer Lösung, wobei aber ebenfalls drastische Bedingungen notwendig sind (0,1 bis 2 M Lösungen). Allerdings reichen wenige Minuten bei Raumtemperatur für die Abspaltung aus. Beim automatischen Abbau tritt die Schwierigkeit auf, dass der schnelle Temperaturwechsel von 60–80 °C auf Raumtemperatur technisch nicht leicht zu bewerkstelligen ist und die nichtflüchtige KOH nach der Reaktion durch Auswaschen entfernt werden muss, wobei das Polypeptid, falls nicht kovalent an Träger gebunden, ebenfalls mitausgewaschen wird.

Reversed-Phase HPLC Abschnitt 9.6

4. Identifizierung des Aminosäurethiohydantoins Die Trennung und Identifizierung der abgespaltenen Aminosäurethiohydantoine erfolgt mit Reversed-Phase-HPLC über C_{18}-Säulenmaterial (5 µm, 100 A) in Gradienten von 0,1 % TFA in Wasser/Methanol oder Acetonitril bei 254 nm (Abb. 13.12) in ähnlicher Weise wie für die Phenylthiohydantoin-(PTH) Aminosäuren beim *N*-terminalen Abbau. Im Gegensatz zu den Phenylthiohydantoinen sind die ATH-Aminosäuren des *C*-terminalen Abbaus, die keine Phenylgruppen tragen, wesentlich hydrophiler, eluieren daher schneller und lassen sich infolgedessen schlechter trennen.

> Alle Stufen des Abbaus müssen unter absolutem Sauerstoffausschluss durchgeführt werden, damit Oxidationen, etwa von Methionin zu Methioninsulfon oder Sulfoxid, die Oxidation von Tyrosin oder die Bildung von S-S-Brücken aus Cysteinen unterdrückt werden und das Thiocyanatreagenz nicht in das Cyanat umgewandelt wird.

Ein Beispiel für den *C*-terminalen Abbau kurzer Peptide, automatisch durchgeführt, zeigt Abbildung 13.13. Schwierigkeiten beim Abbau treten besonders bei den Aminosäuren Prolin und Asparaginsäure auf; Probleme gibt es außerdem bei

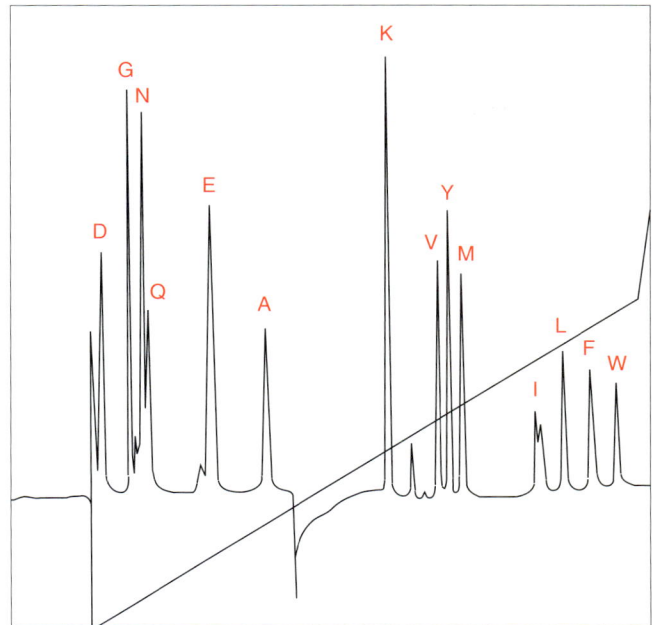

13.12 HPLC-Trennung der Aminosäurethiohydantoine (ATHs). Die Trennung wurde mit zwei hintereinander geschalteten HPLC-Säulen (LiChrospher, Hibar Merck und Eurosil RP C18, 5 µm, 100 A, Knauer) in einem Gradienten aus 3 mM Natriumacetat und Acetonitril bei 35 °C online im C-terminalen Sequencer durchgeführt.

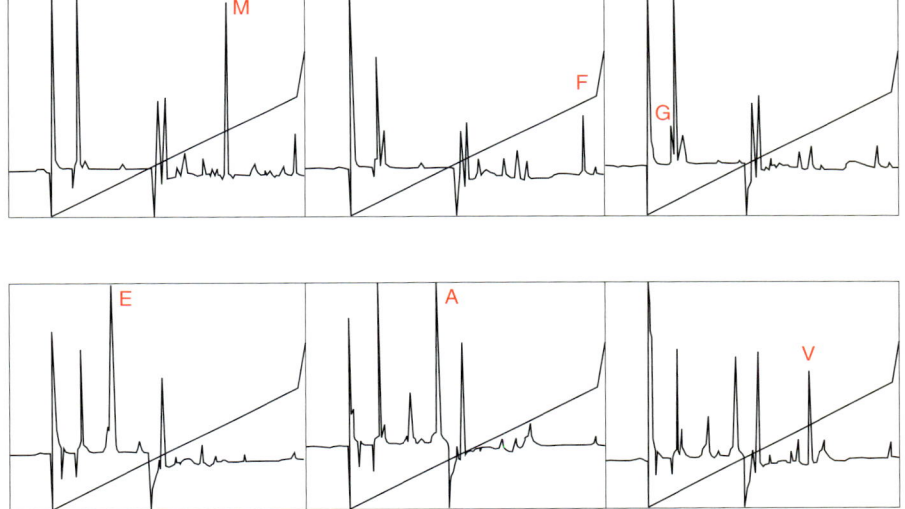

13.13 Sequenzierung zweier kurzer Peptide nach Kupplung von 3 nmol an die feste Phase (Glas) und Abbau im C-terminalen Sequencer. Obere Reihe: Abbau von Tyr-Gly-Gly-Phe-Met (YGGFM), Zyklus 1–3; untere Reihe: Abbau von Arg-Glu-Asp-Leu-Val-Ala-Glu (REDLVAE), Zyklus 1–3.

Cystein, Glutaminsäure, Serin, Threonin und Tryptophan sowie den Säureamiden Asn und Gln. *C*-terminal durch Säureamid modifizierte Peptide können dagegen mit dieser Methode sequenziert werden; vermutlich wird das *C*-terminale Amid durch Einwirkung der Säure hydrolysiert, so dass die *C*-terminale Aminosäure abbaubar wird.

Abbau mit Diphenylphosphorylisothiocyanat (DPP-ITC)

Der Einsatz von Diphenylphosphorylisothiocyanat für die Aktivierung und Natriumtrimethylsilanolat für die Abspaltung (Abb. 13.14) hat hinsichtlich dieser Aminosäuren zu Fortschritten geführt. Besonders schwierig gestaltet sich der Abbau am Prolin, aus dem nach Inglis mit dem Thiocyanat-Anion ein Doppelfünfring gebildet wird, der sich je nach Nachbarsequenz schlecht abspalten lässt, da das Ausgangsthiohydantoin leicht zurückgebildet wird. Daher stoppt der Abbau oft bei Prolin, obwohl auch Bedingungen, z. B. unter Säurekatalyse während des

13.14 Abbauschema mit Diphenylphosphorylisothiocyanat (DPP-ITC) nach Bailey und Shively (1993).

Abbaus beschrieben wurden, die über diese Aminosäure hinaus Abspaltungen ermöglichen. Der von Bailey und Miller 1994 automatisierte Abbau verläuft folgendermaßen:

1. Aktivierung durch Base, wobei C-terminal ein Carboxylat entsteht.
2. Kupplung und Zyklisierung: mit DPP-Isothiocyanat wird in Pyridin die C-terminale Aminosäure zu einem Thiohydantoin umgesetzt.
3. Die Abspaltung erfolgt in Natriumtrimethylsilanolat.

Im Falle von Prolin wird eine Behandlung mit sauren Dämpfen (TFA in Wasser) bei der Kupplung vorgenommen. Zwischen den einzelnen Stufen wird wie üblich gewaschen, um die Reagenzien zu entfernen. Bei der Identifizierung der abgespaltenen Aminosäurethiohydantoine kommt es bei diesem Abbau durch Nebenreaktionen zu Kontaminationen, so dass die Zuordnung der Aminosäuren zu dem Referenz-HPLC-Chromatogramm erschwert ist.

Abbau mittels Alkylierung der Aminosäurethiohydantoine

Eine andere Modifikation des Schlack-Kumpf-Abbaus verläuft über die Bildung von Alkylthiohydantoinen nach Boyd (1992). Die Besonderheit dieses Abbaus ist, dass das gebildete Peptidylthiohydantoin am Schwefel alkyliert wird, z. B. mit Brommethylnaphthalin, wodurch die Abspaltung des Ringsystems erleichtert wird. Die Abspaltung des *C*-terminalen Aminosäurethiohydantoins wird direkt mit dem Thiocyanat- bzw. Isothiocyanat-Anion in TFA durchgeführt, so dass ein um die letzte Aminosäure verkürztes Peptidylthiohydantoin entsteht (Abb. 13.15). Das verkürzte Peptidylthiohydantoin wird anschließend sofort wieder mit Brommethylnaphthalin alkyliert und mit Thiocyanat-Anionen gespalten, so dass keine erneute Aktivierung mit Essigsäureanhydrid an einer unreaktiven Carboxygruppe notwendig wird und auch der Kupplungsschritt entfällt. Diese sehr elegante Version des chemischen Abbaus wurde von Boyd und Mitarbeitern 1995 im automatischen Modus realisiert. Die gleichen Autoren haben auch Sonderbedingungen für diejenigen Abbauschritte eingeführt, an denen Aminosäuren wie Asparaginsäure und Glutaminsäure bzw. Serin und Threonin beteiligt sind: Durch Alkylierung der Seitenketten werden spezifische Modifikationen erzielt, so dass einheitlichere Produkte entstehen. Diese Modifikationen sind im Sequencer einprogrammiert und können in den entsprechenden Abbaustufen automatisch durchgeführt werden. Sie setzen aber voraus, dass die Sequenz des Peptids bereits bekannt ist, damit die kritischen Stufen entsprechend programmiert werden können.

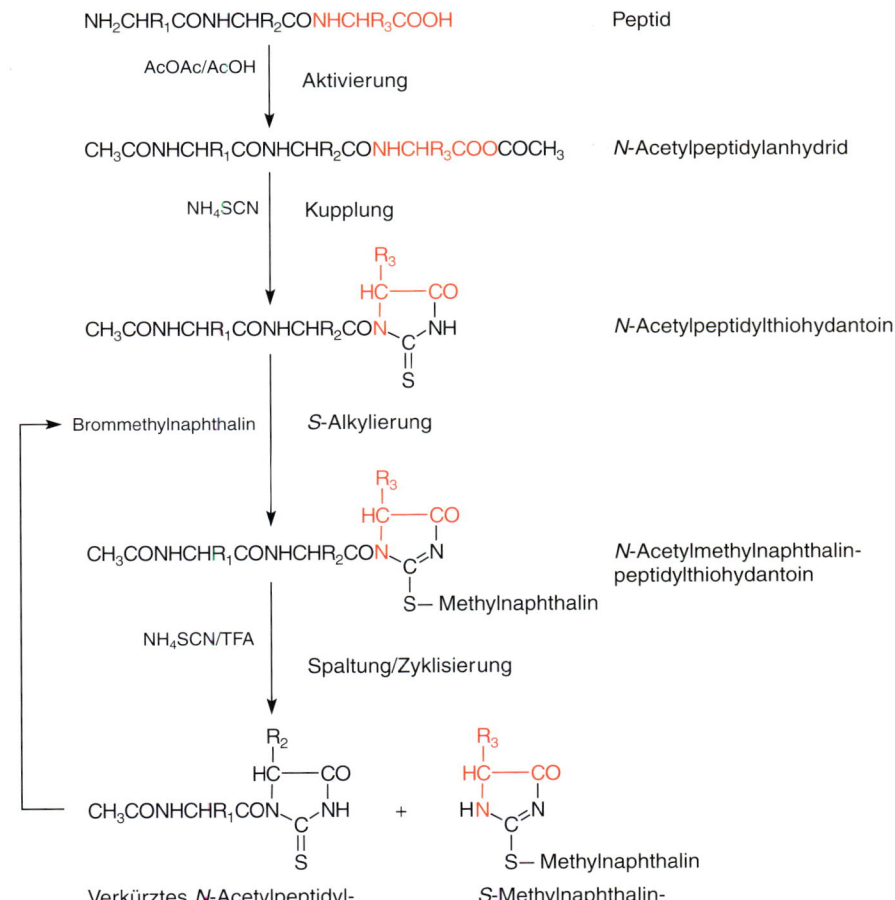

13.15 Modifizierter Schlack-Kumpf-Abbau nach Boyd und Mitarbeitern mit Alkylierung des Thiohydantoins.

13.2.2 Peptidmengen und Qualität des chemischen Abbaus

Die Peptidmengen, die für den *C*-terminalen Sequenzer notwendig sind, liegen immer noch im Bereich von 1 bis 2 nmol, wobei in der Regel 3–5 Zyklen interpretierbar sind. In Einzelfällen gelang es auch, bis zu 10 Aminosäuren zu sequenzieren. Die Schwierigkeiten resultieren aus der relativ schlechten repetitiven Ausbeute von nur 75–85 % beim Abbau, da Verluste an Peptid durch Hydrolyse der labilen Peptidbindungen, Auswaschen der Peptide und Zerstörung der labilen Aminosäurederivate auftreten. Dies bedingt den hohen *overlap* während des Abbaus, der unvollständig verläuft, so dass die Aminosäuren erst in den nachfolgenden Stufen abgebaut werden. Deshalb ist der Abbau kurzer Peptide erfolgreicher als der großer Proteine. Auch der unkontrollierte Abbau, d. h. die frühzeitige partielle Abspaltung im Sauren, gefolgt von neuer Kupplung, wird beobachtet und ist Ursache für den beim *C*-terminalen Abbau auftretenden *prelap* (zu frühes Erscheinen der Aminosäure der nachfolgenden Abbaustufe im vorhergehenden Schritt).

Auftragen der Substanz

C-Sequenatoren sind prinzipiell wie *N*-Sequenatoren aufgebaut (Abschn. 13.1.4). Das Peptid wird kovalent an einen Glasträger gebunden oder nicht kovalent auf Zitex (Teflon)-Filter bzw. auf PVDF (Polyvinylidendifluorid)-Membranen aufgetragen, in den Reaktor des Sequencers eingebracht und automatisch abgebaut. Geblottete Polypeptide können in der Blottkammer des Sequencers abgebaut werden. Auch Polypeptide, die bereits *N*-terminal 5–6 Schritte sequenziert wurden, aber blockiert waren, eignen sich noch zum *C*-terminalen Abbau, doch stellen sich hier meist Mengenprobleme.

13.2.3 Abbau der Polypeptide mit Carboxypeptidasen

Spezifität der Carboxypeptidasen

Spezifität von Proteasen Tabelle 8.3

Beim enzymatischen Abbau werden Carboxypeptidasen eingesetzt, die als Exopeptidasen die Polypeptidketten vom *C*-terminalen Ende verdauen. Es gibt verschiedene Carboxypeptidasen, die unterschiedliche Spezifitäten für die einzelnen Aminosäuren aufweisen:

Carboxypeptidase A spaltet bei pH 8 neutrale Aminosäuren, besonders Leucin, Phenylalanin, Isoleucin, Methionin, Valin und Alanin ab; **Carboxypeptidase B** nur die basischen Aminosäuren Lysin und Arginin, ebenfalls bei pH 8. **Carboxypeptidase Y** hat den weitesten Anwendungsbereich, spaltet sowohl im sauren als auch im alkalischen Bereich (pH 4–8) fast alle Bindungen mit Ausnahme von Prolin. **Carboxypeptidase P** spaltet auch Prolin ab mit einem pH-Optimum bei pH 4–5. Alle Carboxypeptidasen gehören zu den Serin-Proteasen, d. h. ein Serin ist am katalytischen Mechanismus beteiligt. Je nach Reinheitsgrad der Enzyme können unterschiedliche Aktivitäten beobachtet werden. Auch die Zeit, in der die Abspaltung der Aminosäuren vom *C*-Terminus erfolgt, variiert stark und ist konzentrations- und temperaturabhängig. Deshalb werden oft scheinbar zwei bis mehrere Aminosäuren gleichzeitig abgespalten, wenn eine schnell abspaltbare Aminosäure auf eine folgt, die nur langsam abgespalten wird, wie z. B. bei der Sequenz am *C*-terminalen Ende: —Gln-Leu—. In einem solchen Falle lässt sich mit Carboxypeptidase-Behandlung zwar nicht die Sequenz aller Aminosäuren im Verdau ermitteln, dafür aber, welche Aminosäuren abgespalten wurden. Üblicherweise wird in einem Zeitexperiment ermittelt, welche Aminosäuren nacheinander abgespalten werden. Dazu wird das Polypeptid unterschiedlich lange mit Carboxypeptidase behandelt, also werden z. B. zum Zeitpunkt 0 min (Kontrolle), 5 min,

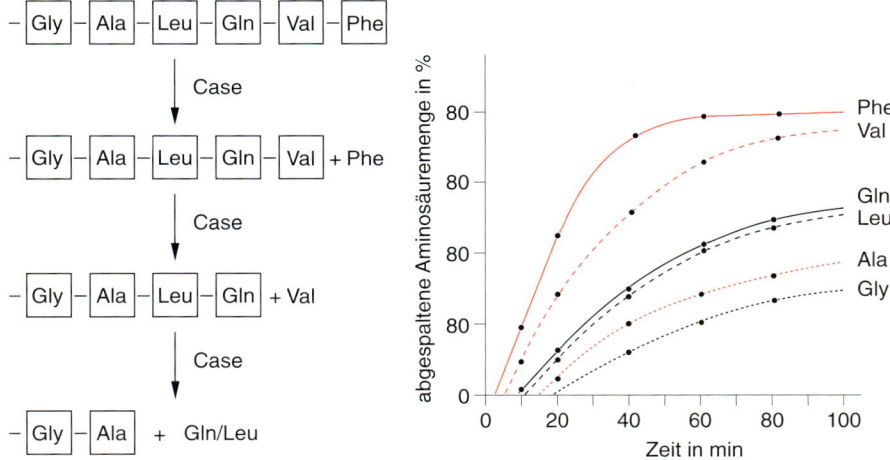

13.16 Enzymatischer Abbau einer Polypeptidkette mit der C-terminalen Sequenz Gly-Ala-Leu-Gln-Val-Phe durch Carboxypeptidase Y.

10 min, 20 min, 30 min, 40 min, 80 min und 2 h Proben vom Ansatz abgenommen und analysiert. Ein Beispiel ist in Abbildung 13.16 gezeigt. Um die Polypeptidkette nicht zu unkontrolliert abzudauen, werden gewöhnlich Temperaturen von 25 bis 10 °C (oder 0 °C) angewandt, obwohl das Optimum der Carboxypeptidasen bei 37 °C liegt.

Detektion der abgespaltenen Aminosäuren

In der Vergangenheit wurden die freigesetzten Aminosäuren in den Spaltansätzen gewöhnlich im Aminosäureanalysator bestimmt. Hierzu wurde zu verschiedenen Zeitpunkten jeweils ein Teil des Spaltansatzes auf pH 2,0 eingestellt, um die Aktivität des Enzyms zu stoppen, und dann ohne Abtrennung der Restpeptide oder des Enzyms auf die Trennsäule des Aminosäureanalysators aufgebracht. Die Anwesenheit der Proteine stört nicht, da diese auf der verwendeten Austauschersäule (Kationenaustauscher Dowex 50) oder bei Reversed-Phase-HPLC (C_{18}, 80–100 Å) erst bei der Regeneration der Säule eluiert werden. Die Analyse der freigesetzten Aminosäuren hat jedoch zwei gravierende Nachteile: zum einen werden im Spaltansatz enthaltene Di- bis Tripeptide ebenfalls bei der Chromatographie miteluiert und können zu Verwechslungen mit den an derselben Stelle eluierenden Aminosäuren führen. Zum anderen können während der enzymatischen Spaltung auch Brüche in der Polypeptidkette auftreten, wenn Peptidbindungen innerhalb der Kette gespalten werden. Die auftretenden Fragmente werden durch die Carboxypeptidasen ebenfalls abgedaut, so dass falsche Aminosäuren dem C-terminalen Ende der eingesetzten Polypeptidkette zugeordnet werden. Diese internen Spaltungen sind bei vielen Proteinen beobachtet worden, sei es durch Verunreinigungen der Exopeptidasen mit Spuren von Endopeptidasen, breite Spezifität der Enzyme oder bedingt durch Verunreinigungen mit Spuren von Endoproteinasen. Oft ist das C-terminale Ende des Proteins für den Verdau mit Carboxypeptidasen ohne Denaturierung aus sterischen Gründen nicht zugänglich, wohl aber andere Sequenzbereiche, wenn diese sich an der Oberfläche des Proteins befinden und leicht spaltbar sind. Deshalb ist die geschilderte Methode über die Analyse der abgespaltenen Aminosäuren sehr riskant und prinzipiell heute nicht mehr zu empfehlen. Stattdessen ist es sinnvoller, die massenspektrometrische Analyse der entstehenden abgedauten Ketten vorzunehmen (Leitersequenzierung, Abb. 13.17).

Auf einfache Weise lässt sich anhand der Ausgangsmasse des zu sequenzierenden Peptides oder Proteins feststellen, ob das C-terminale Ende der Peptidkette abgedaut worden ist oder interne Fragmente entstanden sind. Beispiele der C-terminalen Sequenzierung von Peptiden mittels Carboxypeptidaseverdau und MALDI-Massenspektrometrie der Restpeptide sind in Abbildung 13.18 und 19

Aminosäurenanalyse
Kapitel 12

Leitersequenzierung
Abschnitt 14.1.5

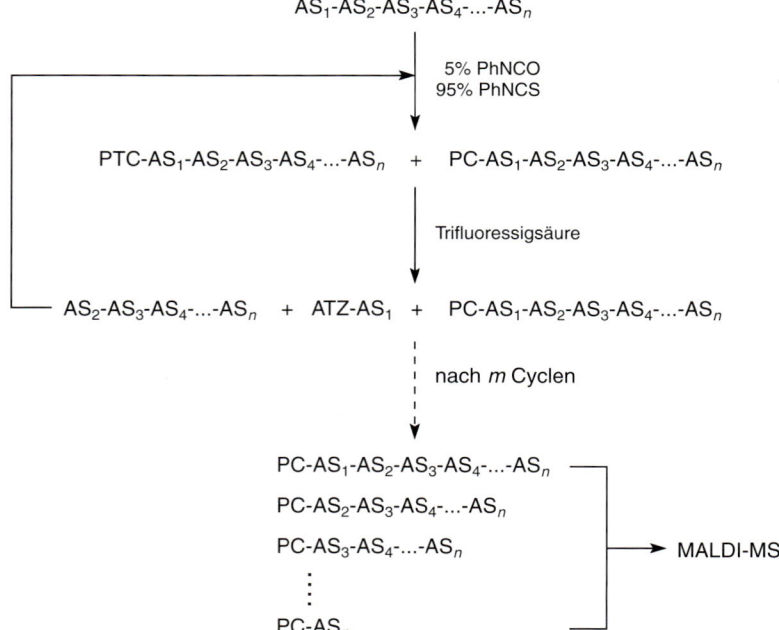

13.17 Leitersequenzierung nach Chait und Kent. Gezeigt ist das Schema zur *N*-terminalen Sequenzierung. Für den Abbau werden 95 % Phenylisothiocyanat (PhNCS) und 5 % Phenylcyanat (PhNCO), bei dem der Abbau stoppt, verwandt. Dadurch entstehen verschieden lang abgebaute Ketten, die im MALDI-Massenspektrometer gemessen werden, um die abgespaltenen *N*-terminalen Aminosäuren aus den jeweiligen Massendifferenzen abzuleiten.

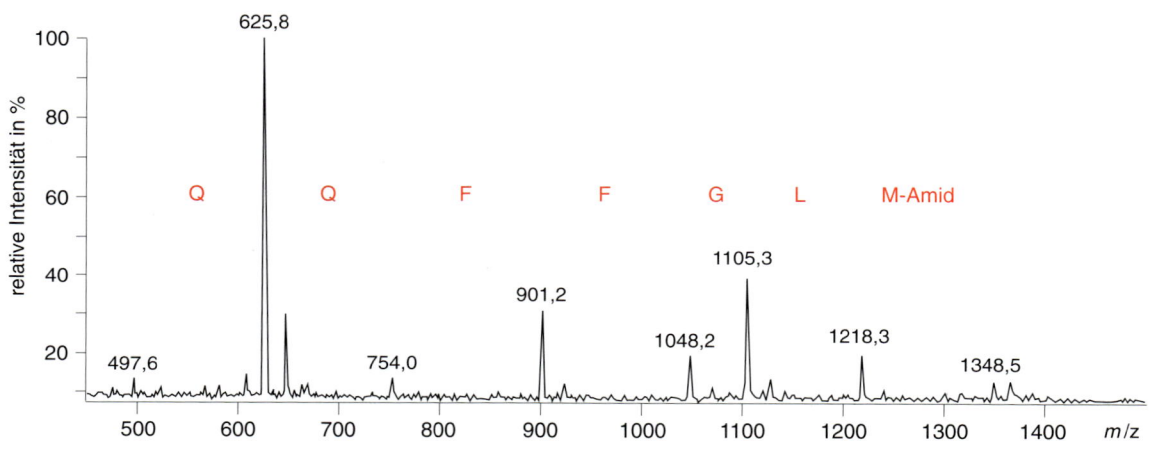

13.18 MALDI-MS nach Carboxypeptidaseverdau eines Peptids. Eingesetzt wurden 10 pmol des Neuropeptids Substanz P (M+1=1348,5). Der Verdau wurde für 15 min bei 25 °C mit Carboxypeptidase P und Y durchgeführt. Für die Massenspektrometrie wurde 500 fmol der Gesamtmenge eingespritzt.

gezeigt. Für die Bestimmung wurden 10 pmol Peptid eingesetzt. Man kann an dem Beispiel erkennen, dass mittels Massenspektrometrie *C*-terminale Sequenzierungen mit geringen Substanzmengen möglich sind.

13.2.4 Carboxy-terminale Leitersequenzierung

Vor kurzem wurde ein *C*-terminaler Abbau von Peptiden ausgearbeitet, der es ermöglicht, den chemischen Abbau in einem „Eintopf"-Verfahren durchzuführen (Thiede et al., 1997). Bei diesem Abbau wird auf der Grundlage der Schlack-Kumpf-Chemie (Abschn. 13.2.1) ein chemischer Abbau durchgeführt, bei dem die Teilreaktionen des Abbaus ohne Waschschritte in einem Plastikgefäßchen durchgeführt werden können. Es wurde beobachtet, dass schon während der Kupplungsreaktion im sauren Milieu teilweise die Abspaltungsreaktion erfolgt, so dass ein Teil der Peptide sogleich weiterkuppelt. Damit entstehen *C*-terminal verkürzte

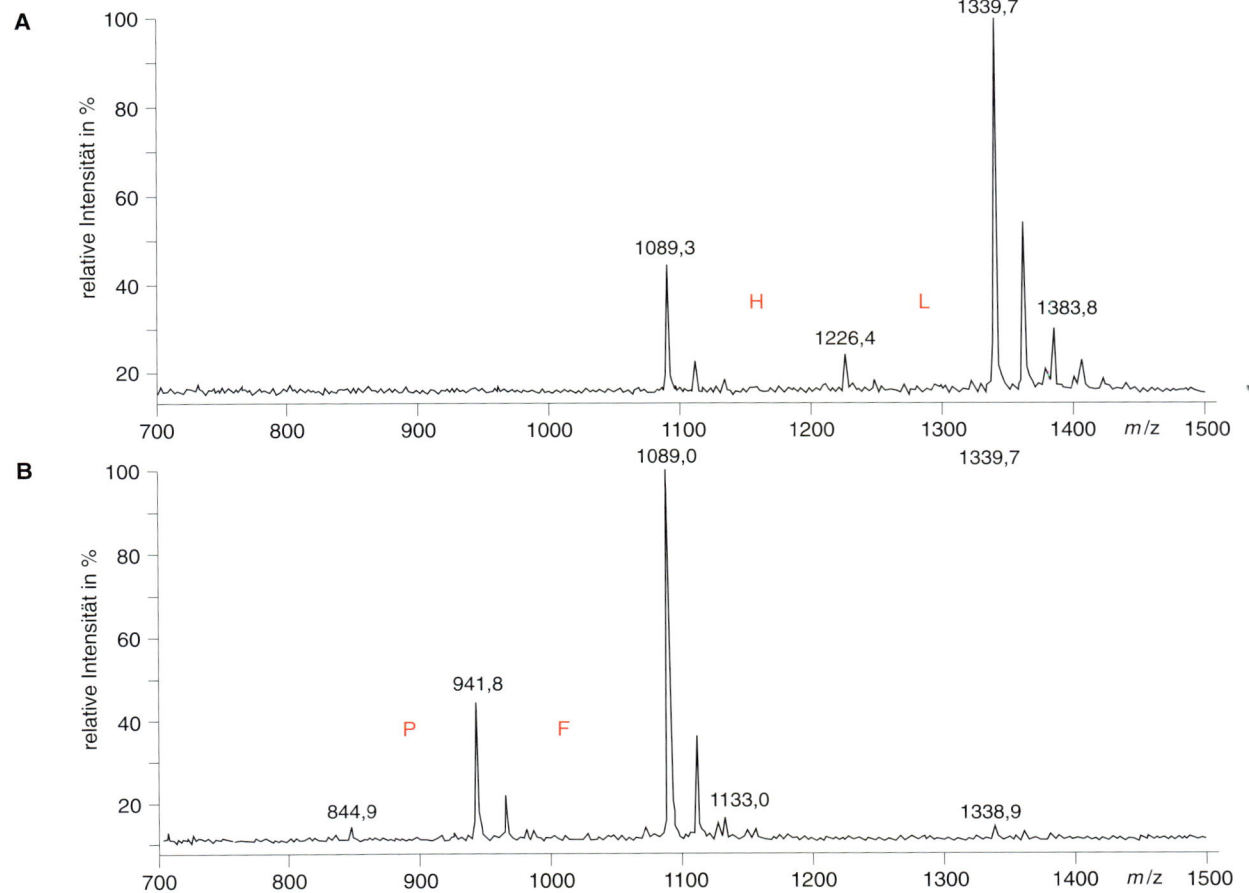

13.19 Zeitexperiment eines Peptidverdaus mit Carboxypeptidase und Analyse der Restketten mittels MALDI-MS. 10 pmol Acetylangiotensin (M+H⁺=1339,7) wurden mit Carboxypeptidase P bei 25 °C und pH 5,0 verdaut und Aliquots nach 1 min und 5 min nach Zusatz von Essigsäure zur Massenspektrometrie abgenommen. (A) MS nach 1 min und (B) Spektrum nach 5 min. Die C-terminale Sequenz Pro-Phe-His-Leu/Ile lässt sich aus der Differenz der Massenpeaks ablesen.

Ketten verschiedener Längen (*ragged ends*) der ursprünglichen Polypeptidkette, die massenspektrometrisch im MALDI-MS gemessen werden können. Dem Ausgangspeptid wird das Aktivierungsreagenz zugesetzt, nach erfolgter Reaktion wird das Kupplungsreagenz hinzugegeben und der Ansatz über Nacht inkubiert. Danach wird der Ansatz getrocknet, verdünnte ammoniakalische Lösung zugesetzt, kurz inkubiert und dann erneut getrocknet. Anschließend erfolgt nach Zusatz der geeigneten Matrix die massenspektrometrische Bestimmung. Durchschnittlich können 3–6 C-terminale Aminosäuren auf diese Weise ohne Wiederholung des Abbaus ermittelt werden. Wegen der einfachen Durchführung des Abbaus und Vermeidung jeglicher Waschschritte kann die Reaktion und Massenbestimmung der verkürzten Peptide mit etwa 2 pmol durchgeführt werden. Außerdem kann die Methode mit dem enzymatischen Verdau kombiniert werden. In diesem Falle wird das Peptid zunächst mit Carboxypeptidase Y und/oder Carboxypeptidase P im Plastikröhrchen C-terminal verdaut, der Ansatz getrocknet und anschließend weiter wie oben chemisch behandelt und im Massenspektrometer vermessen. Auf diese Weise gelingt bei den meisten Peptiden die Bestimmung von zusätzlichen C-terminalen Aminosäuren, so dass etwa 10 C-terminale Aminosäurereste bestimmbar werden, ohne dass viel Substanz eingesetzt werden muss.

MALDI
Abschnitt 14.1

> Durch eine Kombination von chemischem und enzymatischem Abbau der Aminosäuren vom *C*-terminalen Ende der Polypeptide lassen sich durch MALDI-Massenspektrometrie bei Einsatz von etwa 5 bis 50 pmol eindeutige *C*-terminale Sequenzen bestimmen. Keine der Abbaumethoden allein könnte ohne die massenspektrometrische Bestimmung der verkürzten Polypeptidketten zuverlässige Sequenzen ergeben. Da die MALDI-MS eine hohe Sensitivität, mit Einsatz von nur fmol-Mengen erlaubt und verhältnismäßig unempfindlich gegen Verunreinigungen der Proben durch Salze ist, sind die geschilderten Abbaumethoden, kombiniert mit der MS-Technik, allen bisher angewandten Methoden der *C*-terminalen Sequenzierung, auch bei Durchführung im *C*-terminalen Sequencer, überlegen.

Weiterführende Literatur

Edman P., Begg G. A protein sequenator. Eur. J. Biochem. 1, (1967) 80–91.

Inglis A. S. Chemical procedures for C-terminal sequencing of peptides and proteins. Anal. Biochem. 195, (1991) 183–196.

Schlack P., Kumpf W. Über eine neue Methode zur Ermittlung der Konstitution von Peptiden. Z. Physiol. Chemie Hoppe-Seyler 154, (1926) 125–170.

Thiede, B., Salnikow, J. und Wittmann-Liebold, B., C-terminal Ladder Sequencing by an Approach Combining Chemical Degradation with Analysis by Matrix Assisted Laser Desorption Ionization Mass Spektrometry, Eur. J. Biochem. 244 (1977) 750–754.

14 Massenspektrometrie

Unter Massenspektrometrie versteht man eine Analysetechnik zur Bestimmung der Molekülmasse freier Ionen im Hochvakuum. Ein Massenspektrometer besteht aus einer **Ionenquelle**, in der aus einer Substanzprobe ein Strahl gasförmiger Ionen erzeugt wird, einem **Massenanalysator**, der die Ionen hinsichtlich des Masse/Ladungs-Quotienten (m/z) auftrennt und schließlich einem **Detektor**, der ein Massenspektrum liefert, aus dem abgelesen werden kann, welche Ionen in welchen relativen Mengen gebildet worden sind (Abb. 14.1).

Die **Ionisierung der Analytmoleküle** geschieht durch Aufnahme oder den Verlust eines Elektrons. Dies wird beispielsweise erreicht durch den Beschuss der Probe mit Elektronen (Elektronenstoß-Ionisation, EI), mit Atomen oder Ionen (*Fast-Atom-Bombardment* (FAB-)Ionisation) oder mit Photonen (Laserdesorption/Ionisation, LDI). Ionen können auch dadurch erzeugt werden, dass die gelöste Probe in einem elektrischen Feld versprüht wird (Elektrospray-Ionisation, ESI).

Für die **Trennung und den Nachweis der Analyt-Ionen** stehen mehrere Analysatoren mit entsprechend geeigneten Detektoren zur Verfügung. Die Ionentrennung kann beispielsweise erfolgen: 1. durch Kombination eines Magnetfeldes mit einem elektrischen Feld (Sektorinstrumente); 2. im Hochfrequenzfeld eines Quadrupol-Stabsystems (Quadrulpolinstrumente) oder 3. nach ihrer Flugzeit in einem Messrohr in Verbindung mit einer gepulsten Ionenerzeugung (*Time-of-Flight*-(TOF-)Instrumente). Ionen lassen sich auch in einer elektrischen Ionenfalle (*ion trap*) oder magnetischen Ionenfalle (Ionencyclotron-Resonanz-Zelle, ICR) einfangen mit anschließender Massenanalyse über charakteristische Resonanzfrequenzen.

Mit der Einführung und Etablierung der schonenden Ionisierungstechniken ESI und MALDI wurde die Massenspektrometrie gegen Ende der 80er Jahre zu einer der wichtigsten Analysemethoden für die Peptid- und Proteinanalytik. Diese Techniken erlauben es nun auch, die Molekülmasse großer Moleküle, etwa die

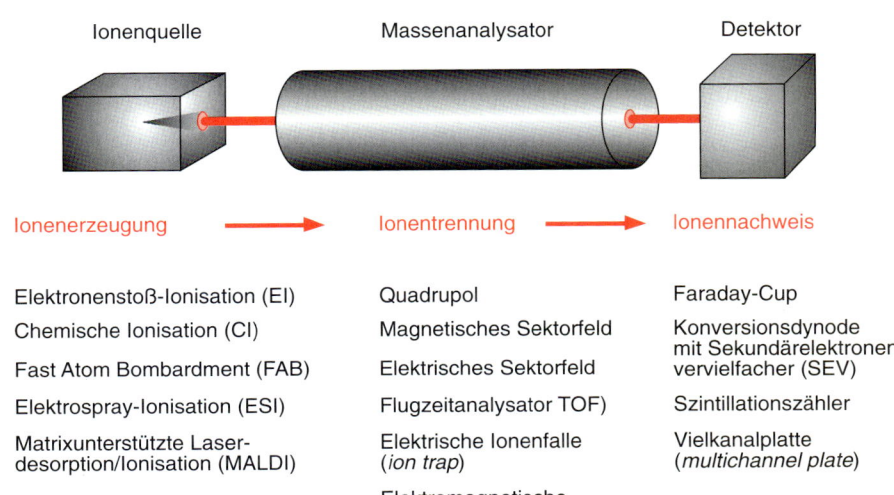

14.1 Komponenten eines Massenspektrometers.

von Proteinen, sehr genau zu bestimmen. Bei bekannter Aminosäuresequenz kann aus der Differenz der theoretischen Masse und der Masse des maturen Proteins direkt auf posttranslationale Modifikationen, beispielsweise Phosphorylierung, Glykosylierung und Sulfatierung geschlossen werden. Nach proteolytischer Spaltung von Proteinen kann ohne vorherige Auftrennung des Spaltgemisches die Aminosäuresequenz kleinerer Peptide nach kontrollierter Fragmentierung durch massenspektrometrische Techniken wie PSD (vom engl. *post source decay*) oder CID (vom engl. *collision induced decay*) bestimmt werden. Aus den Sequenzspektren erhält man direkt die Lokalisierung kovalenter Modifikationen in der Peptidkette. Schließlich reicht die Empfindlichkeit der massenspektrometrischen Verfahren bis in den Femtomol- und Subfemtomol-Bereich, sie sind damit sensitiver als beispielsweise die optische Detektion in der klassischen Edman-Sequenzierung.

14.1 Matrix-unterstützte Laserdesorptions/ Ionisations-Massenspektrometrie (MALDI-MS)

Seit den 70er Jahren wurden Laser in der organischen Massenspektrometrie mit dem Ziel eingesetzt, durch eine geeignete Primäranregung eine direkte Desorption intakter Molekül-Ionen aus kondensierten Phasen zu erreichen. Bei diesen anfänglichen Versuchen wurden Proben in dünner Schicht auf eine Metalloberfläche aufgebracht und dann mit einem gepulsten Laser bestrahlt. Die so erzeugten Massenspektren zeigten jedoch in der Regel geringe Intensitäten und eine ausgeprägte Fragmentierung der Probenmoleküle. Da man gewöhnlich nur Ionen mit Molekulargewichten unter 1 000 Da nachweisen konnte, hatte die Laserdesorptions/Ionisations-Massenspektrometrie (LDI-MS) für die Analytik von Biomolekülen nur wenig praktische Bedeutung. Dies änderte sich, als Michael Karas und Franz Hillenkamp von der Universität Münster 1987 den Wechselwirkungsprozess zwischen ultravioletter Laserstrahlung und organischen Molekülen untersuchten. Sie stellten fest, dass durch das Einbetten der Probe in eine geeignete Matrix, bestehend aus kleinen organischen Molekülen, die bei der eingestrahlten Laserwellenlänge eine hohe Absorption zeigen, nicht nur höhere Intensitäten der Analytmolekül-Ionen erhalten wurden, sondern auch fast keine Fragment-Ionen mehr auftraten. Mit dieser als Matrix-unterstützte Laserdesorptions/Ionisations-Massenspektrometrie (MALDI-MS) bezeichneten Methode konnten auch große Moleküle wie Proteine nachgewiesen werden.

14.1.1 Ionisierungsprinzip

Mischt man auf einem metallischen Probenteller eine Analytprobe mit einem 1 000 bis 10 000 fachen molaren Überschuss einer geeigneten, bei der verwendeten Laserwellenlänge absorbierenden Matrix (in der Regel kleine organische Moleküle, siehe Tabelle 14.1), so erfolgt nach Verdunstung des Lösungsmittels auf dem Probenteller eine Kokristallisation von Matrix und Analyt, wobei der Einbau der Probenmoleküle in das Kristallgitter der Matrix als Voraussetzung für das Funktionieren der nachfolgenden Laserdesorption/Ionisation angesehen wird (Abb. 14.2). Im Hochvakuum der Ionenquelle des Massenspektrometers wird die kristalline Oberfläche der präparierten Probe einem intensiven Impuls kurzwelliger Laserstrahlung von wenigen Nanosekunden Dauer ausgesetzt. Die Einkopplung der für die Ionen notwendigen Energie erfolgt bei UV-Bestrahlung über resonante elektronische Anregung der Matrixmoleküle, etwa in das π-Elektronensystem aromatischer Verbindungen. Theoretische Berechnungen lassen

Tabelle 14.1 Typische Matrixsubstanzen für die MALDI-MS in der biochemischen Analytik

Matrix		Wellenlänge	geeignet für
Nicotinsäure	(Struktur: Pyridin-3-carbonsäure)	266 nm	Proteine, Peptide
2,5-Dihydroxybenzoesäure (DHB)	(Struktur)	266 nm; 337 nm, 355 nm	Proteine, Peptide
3,5-Dimethoxy-4-hydroxyzimtsäure (Sinapinsäure)	(Struktur)	266 nm; 337 nm, 355 nm	Proteine
α-Cyano-4-hydroxyzimtsäure	(Struktur)	337 nm, 355 nm	Peptide
4-Hydroxypicolinsäure	(Struktur)	337 nm, 355 nm	Oligonucleotide
Bernsteinsäure	HOOC–CH$_2$–CH$_2$–COOH	2,94 µm, 10,6 µm	Proteine, Peptide
Glycerin	CH$_2$(OH)–CH(OH)–CH$_2$(OH)	2,94 µm, 10,6 µm	Proteine, Peptide

14.2 Elektronenmikroskopische Aufnahme einer Standardpräparation von Cytochrom C in einer DHB-Matrix für die MALDI-Analyse. Die Proteinmoleküle werden beim Verdampfen des Lösungsmittels in den kristallinen Festkörper der Matrix eingebaut. (Mit freundlicher Genehmigung von K. Strupat und F. Hillenkamp, Universität Münster).

vermuten, dass die zunächst in den Matrixmolekülen gespeicherte elektronische Anregungsenergie in extrem kurzen Zeiten in das Festkörpergitter relaxiert und dort eine starke Störung und Ausdehnung bewirkt. Es erfolgt dann weit vor Erreichen eines thermischen Gleichgewichts ein Phasenübergang, der explosiv einen Teil der Festkörperoberfläche auflöst. Dabei werden neben Matrixmolekülen auch Probenmoleküle in die Gasphase freigesetzt (Abb. 14.3). Offensichtlich ist dabei die Anregung innerer Freiheitsgrade der beteiligten Moleküle so gering, dass sogar thermisch labile Makromoleküle wie Proteine diesen Prozess intakt überstehen. Dies gilt allerdings nur in einem begrenzten Bereich der Bestrahlungsstärke (Laserintensität auf der Probe), der meist zwischen 10^6 und 10^7 W/cm^2 liegt. Bei zu hoher Bestrahlung wird die Probe weitgehend zerstört. Zahlreiche Experimente weisen darauf hin, dass die Matrix auch eine wichtige Rolle bei der

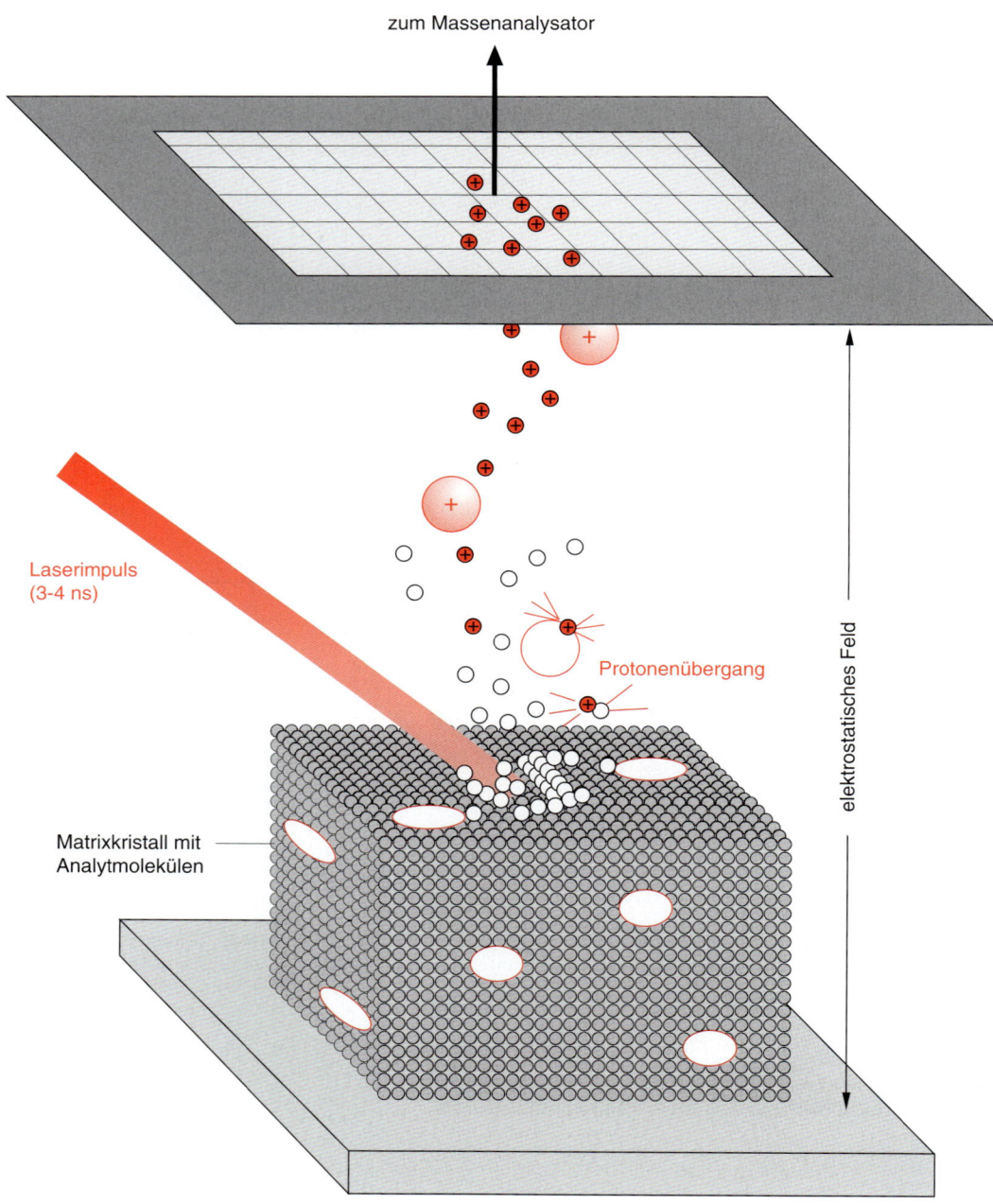

14.3 Prinzip des MALDI-Prozesses.

Ionisation der Probenmoleküle spielt. Photoionisierte, radikalische Matrixmoleküle bewirken danach durch Protonentransfer eine hohe Ausbeute an elektrisch geladenen Probenmolekülen.

Der Probe gegenüber befindet sich in einem Abstand von wenigen Millimetern eine Elektrode, durch die ein elektrostatisches Feld von einigen 100 bis einigen 1 000 V/mm erzeugt wird. Je nach Polarität der Elektrode werden positive oder negative Ionen von der Probenoberfläche in Richtung des Analysators beschleunigt.

Für die MALDI verwendet man Impuls-Festkörperlaser im UV-Bereich wie Nd-YAG-Laser (Yttrium-Aluminium-Granat-Kristalle dotiert mit Neodym) mit Impulsdauern von etwa 5-15 ns und Wellenlängen von 355 nm (Frequenzverdreifachung) oder 266 nm (Frequenzvervierfachung) oder Stickstoff-Laser mit einer Wellenlänge von 337 nm und Impulsdauern von 3–5 ns. Für den Infrarotbereich stehen Er-YAG-Laser (Yttrium-Aluminium-Granat-Kristalle dotiert mit Erbium) mit Impulsdauern von 90 ns und einer Wellenlänge von 2,94 µm zur Verfügung. Der Laserstrahl wird mit einer geeigneten Optik auf einen Durchmesser von ≤ 150 µm auf der Probenoberfläche fokussiert. Durch einen Abschwächer (dielektrischer oder metallisch beschichteter Spiegel) ist die Bestrahlungsstärke auf der Probe variabel einstellbar. Je nach kommerzieller Ausführung kann die Probe über ein Lichtmikroskop oder eine Videokamera kontrolliert und der zu analysierende Bereich ausgewählt werden. Die Probe ist in der Regel auf einem in x- und y-Richtung beweglichen Tisch montiert (xy-Manipulator), so dass die Proben systematisch angefahren und verschiedene Stellen selektiv vermessen werden können.

14.1.2 Massenanalyse der Ionen mit dem Flugzeitmassenspektrometer

Bei den für die MALDI eingesetzten Massenanalysatoren handelt es sich um Flugzeitmassenspektrometer (auch TOF-Analysator genannt, vom engl. *time of flight*), bei denen die Massenbestimmung im Hochvakuum über eine sehr genaue elektronische Messung der Zeit erfolgt, die zwischen dem Start der Ionen in der Quelle bis zum Eintreffen am Detektor vergeht. Die innerhalb des kurzen Laserimpulses gebildeten Ionen werden in der Quelle durch das elektrostatische Feld auf eine kinetische Energie von einigen keV beschleunigt und durchlaufen nach dem Verlassen der Quelle eine feldfreie Driftstrecke, in der sie nach ihrem Masse/Ladungs-(m/z)-Verhältnis aufgetrennt werden. (Abb. 14.4 oben). Dies gelingt, da Ionen mit unterschiedlichen m/z-Werten – bei gleicher kinetischer Energie – in der Beschleunigungsstrecke der Quelle auf unterschiedliche Geschwindigkeiten gebracht wurden. Bei bekannter Beschleunigungsspannung und Flugstrecke der Ionen in der feldfreien Driftstrecke lässt sich durch die Messung der Flugzeit das m/z-Verhältnis bestimmen.

Nach dem Durchlaufen der Beschleunigungsspannung U beträgt die kinetische Energie E_{kin} der Ionen:

$$E_{kin} = \frac{1}{2} \cdot m \cdot v^2 = z \cdot e \cdot U \tag{14.1}$$

m = Masse des Ions
v = Geschwindigkeit des Ions nach der Beschleunigungsstrecke
z = Ladungszahl
e = Elementarladung

Die Geschwindigkeit v ergibt sich aus der Gesamtflugzeit t, in der ein Ion die Strecke L entsprechend der Länge der feldfreien Driftstecke des Flugrohrs passiert hat:

$$v = \frac{L}{t} \tag{14.2}$$

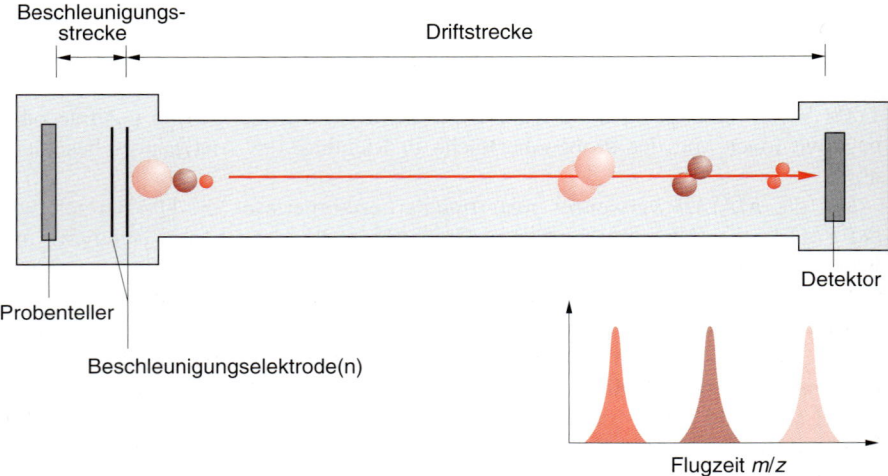

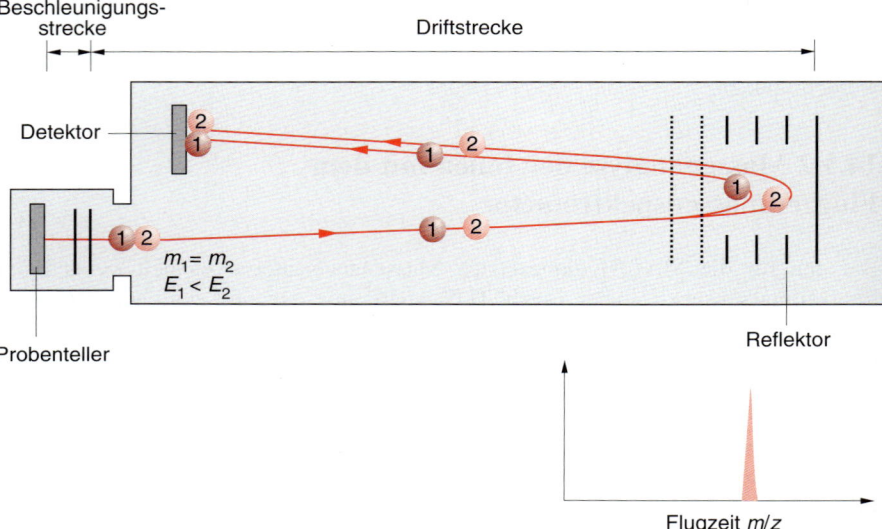

14.4 Prinzip eines linearen Flugzeitmassenspektrometers (oben) und eines Reflektor-Flugzeitmassenspektrometers (unten). Die durch einen Laserimpuls erzeugten Ionen mit gleicher Ladung aber unterschiedlichen m/z Werten haben nach Durchlaufen der gleichen Potentialdifferenz unterschiedliche Geschwindigkeiten. Schwere Ionen mit hohem m/z-Wert erreichen den Detektor später als leichte Ionen. Ionen gleicher Masse starten mit einer gewissen Verteilungsbreite der Energie. Dies trägt zur Peakbreite der Ionensignale bei. Durch sogenannte Reflektoren lässt sich der Einfluss der Startenergien auf die Flugzeit am Ort des Detektors kompensieren.

Durch Einsetzen von (14.2) in (14.1) ergibt sich:

$$\frac{1}{2} \cdot m \cdot \left(\frac{L}{t}\right)^2 = z \cdot e \cdot U$$

und durch Umrechnen nach m/z:

$$\frac{m}{z} = \frac{2\,e\,U}{L^2} t^2$$

Das bedeutet, dass in einem Flugzeitmassenspektrometer das Verhältnis von Molekülmasse und Ladung dem Quadrat der Flugzeit proportional ist. Damit lässt sich die jeweilige Masse aus der gemessenen Flugzeit ermitteln. Die Kalibrierung erfolgt über Referenzsubstanzen mit bekannten Massen. Typische Flugzeiten bei der MALDI liegen zwischen wenigen μs und einigen 100 μs. Die Driftstecken sind typischerweise 1–4 m lang.

Eine wichtige Eigenschaft eines Massenanalysators ist das **Auflösungsvermögen**, d. h. Ionen mit geringen Massendifferenzen noch getrennt voneinander registrieren zu können. Das Auflösungsvermögen R (engl. *resolution*) ist demnach definiert als der Quotient der Masse m und der Differenz Δm, mit der ein weiteres Ion der Masse $m + \Delta m$ von m unterschieden wird (Abb. 14.5):

$$R = \frac{m}{\Delta m} = \frac{m_1}{(m_2 - m_1)}$$

Zu dieser Definition gehört auch die Angabe, wann zwei Peaks als aufgetrennt betrachtet werden. Dies ist für verschiedene Analysatoren unterschiedlich festgelegt worden: Für Sektorfeld-Massenspektrometer mit einem sehr hohen Auflösungsvermögen gelten zwei Peaks als getrennt, wenn das Tal zwischen beiden Peaks 10 % des Peaks mit der geringeren Signalintensität ausmacht. Für Quadrupolinstrumente dagegen gilt eine 50 %-Tal-Definition (Abb. 14.5A). Eine Auflösung von $R = 1\,000$ bedeutet dann beispielsweise, dass das Ion der Masse 1 001 von dem Ion der Masse 1 000 durch ein 50 %-Tal getrennt detektiert werden kann.

Bei den Flugzeitmassenspektrometern wird traditionell das Auflösungsvermögen aus einem einzigen Peak bestimmt. In diesem Falle ist Δm als die Halbwertsbreite FWHM (engl. *full width at half maximum*) des Peaks, d. h. bei 50 % der Gesamtpeakhöhe, definiert (Abb. 14.5B). Im Zusammenhang mit dem Begriff der Einzelmassenauflösung ist diese Definition allerdings problematisch. Anders als

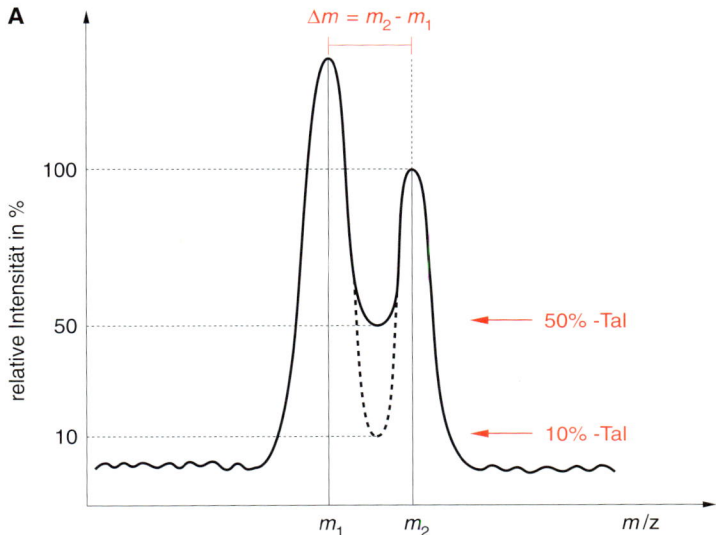

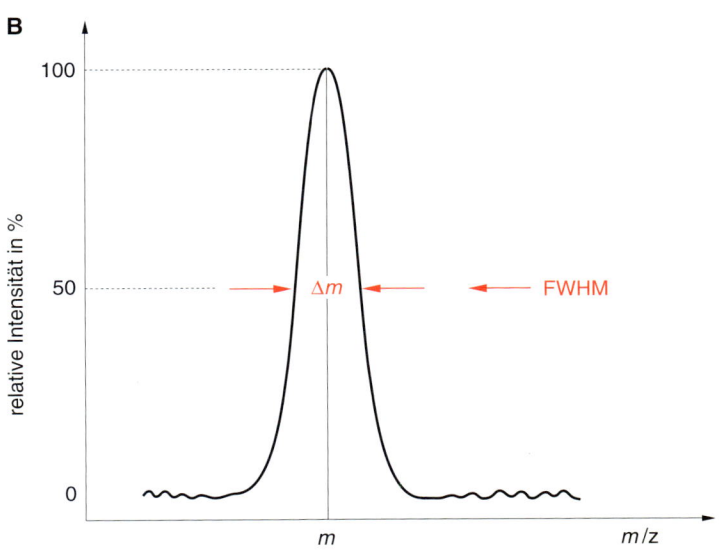

14.5 Definitionen des Auflösungsvermögens eines Massenspektrometers. A. Tal 10 bzw. 50 %. B. Halbwertsbreite FWHM.

üblich bedeutet eine „instrumentelle" Auflösung (d. h. gemessen an einem monoisotopischen Peak im niederen Massenbereich) von beispielsweise 1 000 im Flugzeitmassenspektrometer keineswegs, dass zwei Moleküle der Massen 1 000 und 1 001 in Spektrum tatsächlich getrennt werden. Da sich vielmehr beide Peaks gerade bei ihrer Halbwertsbreite kreuzen, entsteht ein überlagertes Signal mit nur unzureichender Trennung: Die im Spektrum sichtbare Auflösung ist also erheblich geringer. In Abbildung 14.6 ist anhand des Peptids Bradykinin dargestellt, welche Gesamtsignalformen instrumentelle Auflösungen zwischen 1 000 und 2 000 zur Folge haben.

Aufgrund der Definition von Δm als Halbwertsbreite des Peaks ist eine echte Trennung der Isotope erst ab einer Auflösung von etwa 1 400 festzustellen. Die Modulation des Signals zwischen zwei Isotopenpeaks bis auf die Grundlinie wird erst bei einem Wert um 2 000 erreicht. Gegenüber kleineren, nahezu monoisotopischen Substanzen beeinflussen Anzahl und relative Intensitäten der Isotope bei größeren Peptiden die im Spektrum sichtbare Auflösung erheblich. Als einheitliche und davon unabhängige Messgröße erscheint die Angabe der instrumentellen Auflöung – bestimmt an einem monoisotopischen Peak – somit geeigneter zu sein.

Mit modernen, kommerziellen MALDI-Flugzeitmassenspektrometern können Auflösungen bis etwa 15 000 (FWHM) im Massenbereich bis etwa 5 000 Da erreicht werden. Der wesentliche Vorteil des Flugzeitmassenspektrometers liegt in einer sehr hohen Ionentransmission, so dass die geringen Ionenströme, die durch einen einzigen Laserimpuls induziert werden, nachgewiesen werden können. Der zugängliche Massenbereich von Flugzeitmassenspektrometern ist theoretisch unbegrenzt, in der Praxis gibt es jedoch Grenzen bei der Auflösung und der Empfindlichkeit der Detektoren, die im höheren Massenbereich mit zunehmenden Molekülmassen abnimmt.

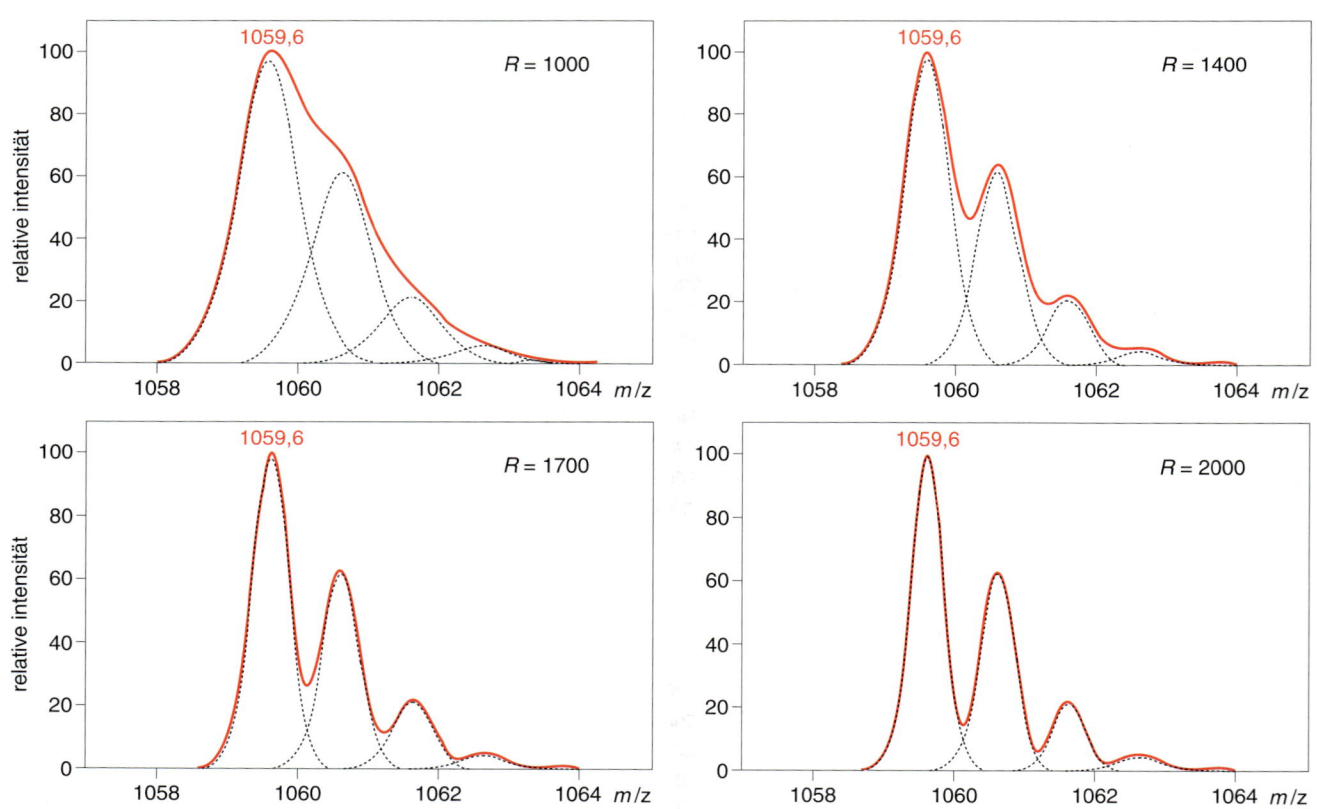

14.6 Simulierte Signalform des Peptids Bradykinin (1059,6 Da) bei verschiedenen Massenauflösungen für die einzelnen Isotopenpeaks. (Mit freundlicher Genehmigung von Arnd Ingendoh, Fa. Bruker-Franzen, Bremen).

Eine Einschränkung der MALDI-MS ergibt sich aus der Energieverteilung der gebildeten Ionen, die diese durch den Ionisierungsprozess erhalten. Nicht alle Ionen werden vom gleichen Ort zur gleichen Zeit desorbiert und ionisiert, so dass es zu Energie-, Orts- und Zeitunschärfen kommt. Auch abstoßende elektrische Kräfte lösen beim MALDI-Prozess eine Anfangsenergieverteilung der Ionen aus. Abschirmeffekte sorgen dafür, dass ein Ion nicht schon in dem Moment, in dem es entstanden ist, das beschleunigende elektrische Feld „sieht". Eine verzögerte Ionenbildung an verschiedenen Orten in der Gasphase führt dazu, dass Moleküle nicht die gesamte Beschleunigungsstrecke als Ionen durchlaufen. Zeit- und Energiefehler ergeben sich auch durch Stöße der Moleküle untereinander in der Beschleunigungsphase.

Aus all diesen Startfehlern folgt, dass Ionen gleicher Masse nach dem Durchlaufen des Beschleunigungsfeldes nicht alle exakt die gleiche kinetische Energie besitzen, sondern mit einer gewissen Verteilungsbreite der Energie die Quelle verlassen und damit zu geringfügig unterschiedlichen Zeiten den Detektor erreichen (siehe Abb. 14.4, oben). Das hat zur Folge, dass die Ionensignale verbreitert werden und die erreichbare Massenauflösung des Gerätes herabgesetzt wird. Bei TOF-Analysatoren mit einer einfachen linearen Driftstrecke lässt die relative Energiebreite und deren Einfluss auf die Massenauflösung sich nur durch höhere Beschleunigungsspannungen reduzieren. Dies hat allerdings geringere Flugzeiten zur Folge und erfordert damit eine höhere Präzision der elektrischen Zeitmessung.

Eine elegante Lösung bieten Flugzeitmassenspektrometer mit sogenannten „Ionenspiegeln" oder „Reflektoren" (siehe Abb. 14.4, unten). Die Funktionsweise eines solchen Reflektors basiert auf der Richtungsumkehr der Ionen in einem elektrischen Gegenfeld, das sich an die Driftstrecke anschließt. Ionen gleicher Masse, aber höherer Startenergie dringen dabei tiefer in das Gegenfeld ein, legen somit einen weiteren Weg im Reflektor zurück und holen die langsameren Ionen nach der Richtungsumkehr an einem bestimmten Punkt in der Driftstrecke wieder ein. Positioniert man den Detektor in diesem Fokussierungspunkt, so werden Ionen unterschiedlicher Startenergie gleichzeitig registriert: Man erhält ein scharfes Signal.

Eine weitere Möglichkeit, die Limitierung der Massenauflösung zu überwinden, die auf der Startgeschwindigkeitsverteilung für Ionen gleicher Massen beruht, liegt in der verzögerten Ionenextraktion (*delayed extraction*). Hierbei wird das elektrische Feld über der Probenoberfläche nicht permanent, sondern zeitversetzt zum Desorptionslaserimpuls eingeschaltet. Ionen mit einer höheren Startgeschwindigkeit entfernen sich während der Verzögerungszeit weiter von der Probenoberfläche und erfahren nach dem Einschalten des elektrischen Feldes eine geringere kinetische Energie als Ionen mit niedrigerer Startgeschwindigkeit. Bei geeigneter Wahl von Verzögerungszeit und Extraktionsfeldstärke lässt sich dadurch erreichen, dass der Einfluss der Startgeschwindigkeitsverteilung auf die Flugzeitverteilung der Ionen am Ort des Detektors gerade kompensiert ist.

14.1.3 Detektion der Ionen

Das Detektionssystem für Ionen besteht in der Regel aus einem Sekundärelektronenvervielfacher (SEV) mit einer separat davor, auf hohem Potential (bis zu einigen 10 kV der den Ionen entgegengesetzten Polarität) liegenden Konversionsdynode. Die Verstärkungswirkung besteht darin, dass der Ionenstrom beim Auftreffen auf diese Konversionsdynode einen Sekundärelektronenstrom erzeugt (Ionen/Sekundärelektronen-Konversion). Jedes der Sekundärelektronen schlägt aus der folgenden Dynode, die auf einem höheren Potential liegt, wieder Sekundärelektronen heraus, wodurch eine Elektronenkaskade entsteht (Abb. 14.7). Beim Auftreffen der Ionen auf die Konversionsdynode werden mit ansteigender Masse

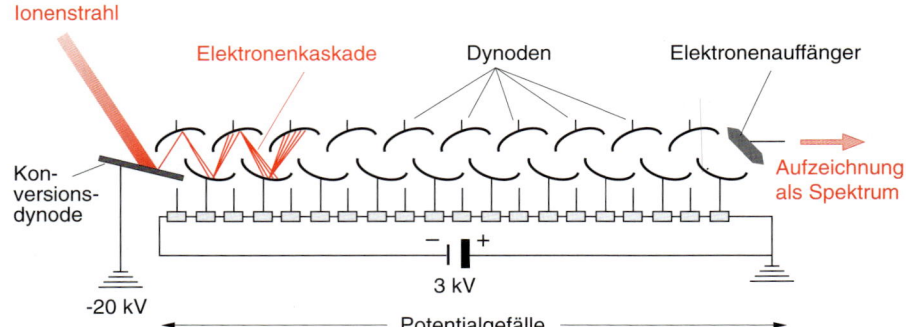

14.7 Prinzip eines Sekundärelektronenvervielfachers (SEV) mit vorgeschalteter Konversionsdynode zur Detektion kleiner Ionenströme.

der Ionen neben Sekundärelektronen auch zunehmend kleine Sekundär-Ionen (m/z < 100 Da) von der Dynodenoberfläche abgelöst (Ionen/Sekundär-Ionen-Konversion). Die unterschiedlichen Massen der an der Konversionsdynode erzeugten Sekundär-Ionen führen zu einer Laufzeitdispersion zwischen Konversionsdynode und der ersten Dynode des SEVs. Dieser Effekt trägt im höheren Massenbereich (> 5 kDa) zunehmend zur Verschlechterung der Massenauflösung bei. Die Ionen/Sekundär-Ionen-Konversion für Ionen mit Massen oberhalb von 20 kDa überwiegt deutlich gegenüber der Ionen/Sekundärelektronen-Konversion, so dass ausreichende Signalintensitäten für große Massen nur mit schlechter werdender Massenauflösung erkauft werden können.

Das am Ende des SEVs erzeugte analoge Signal wird kapazitiv ausgekoppelt, über einen Vorverstärker geschickt und schließlich mit einem sogenannten Transientenrekorder digitalisiert, um es in einen Computer einlesen zu können. Ein Transientenrekorder besteht aus einer Reihe schneller Analog-Digital-Konverter (ADC), die es erlauben, das analoge Signal mit einem minimalen Abstand von 0,25 ns abzurastern. Dies entspricht einer Abtastfolge von 4 GHz. Das Startsignal für die Zeitmessung kann z. B. durch den Laserimpuls selbst erfolgen, indem ein Teil des Laserstrahls auf eine Photodiode gelenkt wird, die den Transientenrekorder „triggert", d. h. startet. Das an der Photodiode erzeugte Signal entspricht dem Nullpunkt für die anschließende Zeitmessung. Die digitalisierten Signale werden an einen Computer übergeben und mit entsprechenden Datenverarbeitungprogrammen kalibriert und analysiert.

Die komplette Messanordnung eines MALDI-Massenspektrometer ist schematisch in Abbildung 14.8 gezeigt.

14.1.4 Molekulargewichtsbestimmung mit MALDI

Herstellung der Matrix

Das Prinzip der MALDI-MS setzt die Isolation der Analytmoleküle in einer festen, kristallinen Matrix voraus. Wie bereits erwähnt, ist eine wichtige Anforderung an die Moleküle der Matrix die Absorption der eingestrahlten Laserphotonen. Außerdem müssen die Analytmoleküle in das Kristallgitter der Matrix eingebaut werden, wodurch die intermolekularen Wechselwirkungen zwischen einzelnen Analytmolekülen aufgehoben werden. Diese Eigenschaft der Kokristallisation besitzen allerdings nur wenige der im UV absorbierenden Verbindungen. Von den möglichen Dihydroxyderivaten der Benzoesäure beispielsweise erfüllt nur 2,5-Dihydroxybenzoesäure diese Voraussetzung.

Die eigentliche Probenpräparation ist einfach und erfordert wenig Aufwand. Sie erfolgt in der Regel durch das Vermischen der Lösungen von Probe und Matrix entweder vor dem Auftragen auf das Target oder auf dem Target selbst (Abb. 14.9A). Die Matrix wird als Lösung in reinem Wasser oder als Mischung

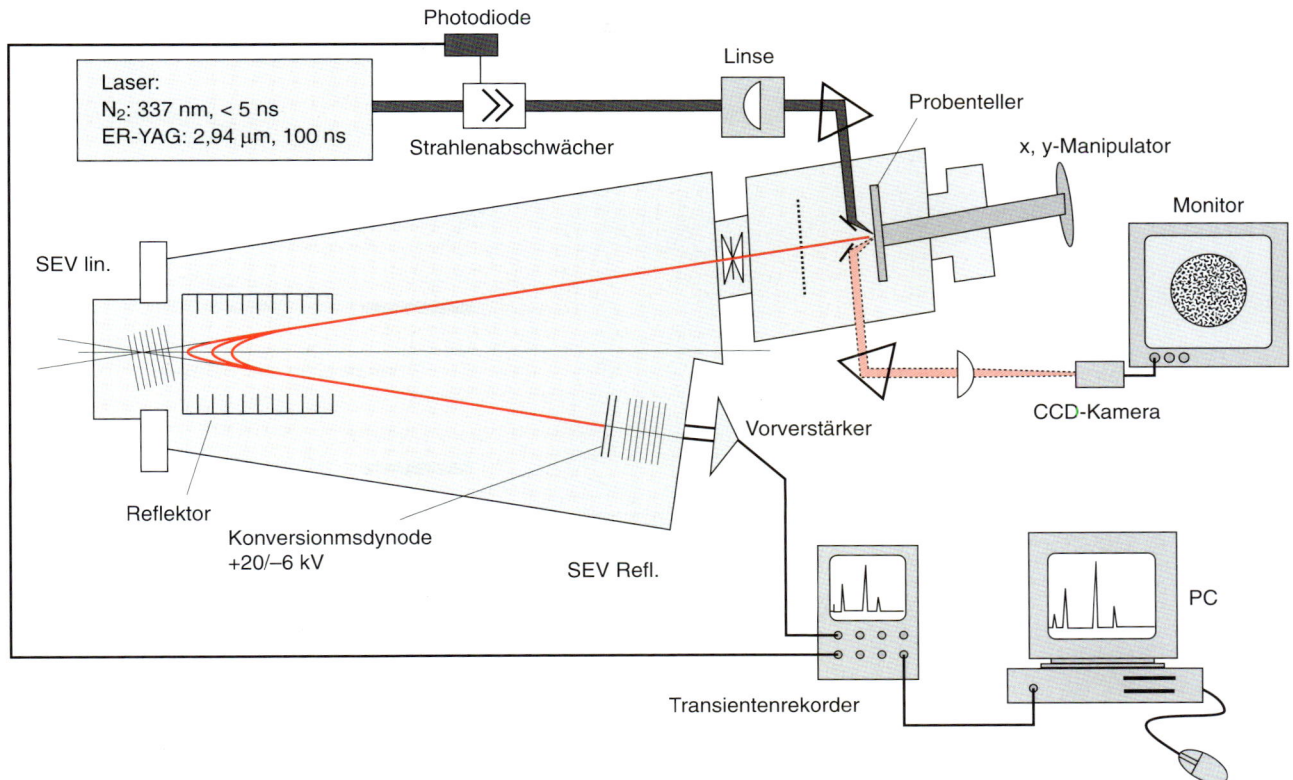

14.8 Schematische Darstellung eines Flugzeitmassenspektrometers. Der Laserimpuls (schwarzer Weg) desorbiert die Probe vom Probenteller und startet über die Photodiode die Zeitmessung. Die Videokamera erlaubt die optische Betrachtung des Targets (gestrichelter roter Weg). Je nach Schaltung können die Ionen (roter Weg) einmal im Linear-Modus (Detektor: SEV lin.) oder im Reflektor-Modus (Detektor: SEV Refl.) detektiert werden. (Mit freundlicher Genehmigung von K. Strupat und F. Hillenkamp, Universität Münster).

von Wasser und organischem Lösungsmittel (Methanol, Acetonitril u. a.) in einer Konzentration von typischerweise ≈100 mM eingesetzt. Die Analytlösungen werden auf eine Konzentration von etwa 1-10 μM gebracht, wodurch ein molares Verhältnis von Matrix zu Analyt von ≈10^4-10^5 erhalten wird. Durch das Verdunsten des Lösungsmittels entstehen polykristalline Schichten aus Matrix und Analyt, bedingt durch die physikalisch-chemischen Eigenschaften der Analyte selbst (Größe und Löslichkeit), die Wahl der Matrix und der Lösungsmittel, sowie die Reinheit des Analyten.

In Tabelle 14.1 sind als Matrices geeignete Verbindungen für verschiedene Substanzklassen (Proteine, Peptide, Nucleotide, etc.) aufgelistet. Bei einigen analytischen Problemen gibt es nach wie vor keine „Matrix der Wahl", die unter den empirisch entwickelten und optimierten (nicht optimalen) Probenpräparationen beste Ergebnisse liefern würde. Viele der eingesetzten Matrices zeigen nach dem Verdampfen des Lösungsmittels Kristalle von einer Größe zwischen 10–100 μm. Das Kristallgitter bleibt bei typischen Matrix-Analyt-Verhältnissen (im Bereich von 10^5:1) erhalten, was durch Röntgenstrukturanalyse für einige Matrices gezeigt werden konnte. Die lokalen Mischungsverhältnisse beider Komponenten können aber trotzdem unterschiedlich sein, so dass eine mehr oder weniger ausgeprägte Ortsabhängigkeit des Einbaus der Analytmoleküle auftritt.

Mit neueren Präparationstechniken für bereits erprobte Matrices versucht man nun, eine homogene Verteilung zu erreichen, indem man beispielsweise eine dünne Schicht einer wasserunlöslichen Matrix erzeugt und erst anschließend die Analytlösung in überwiegend wässrigem Milieu aufträgt und eintrocknet (Abb. 14.9B). Diese sehr dünne Matrixschicht entsteht, wenn man die in organischem Lösungsmittel (beispielsweise Aceton) gelöste Matrix auf die polierte

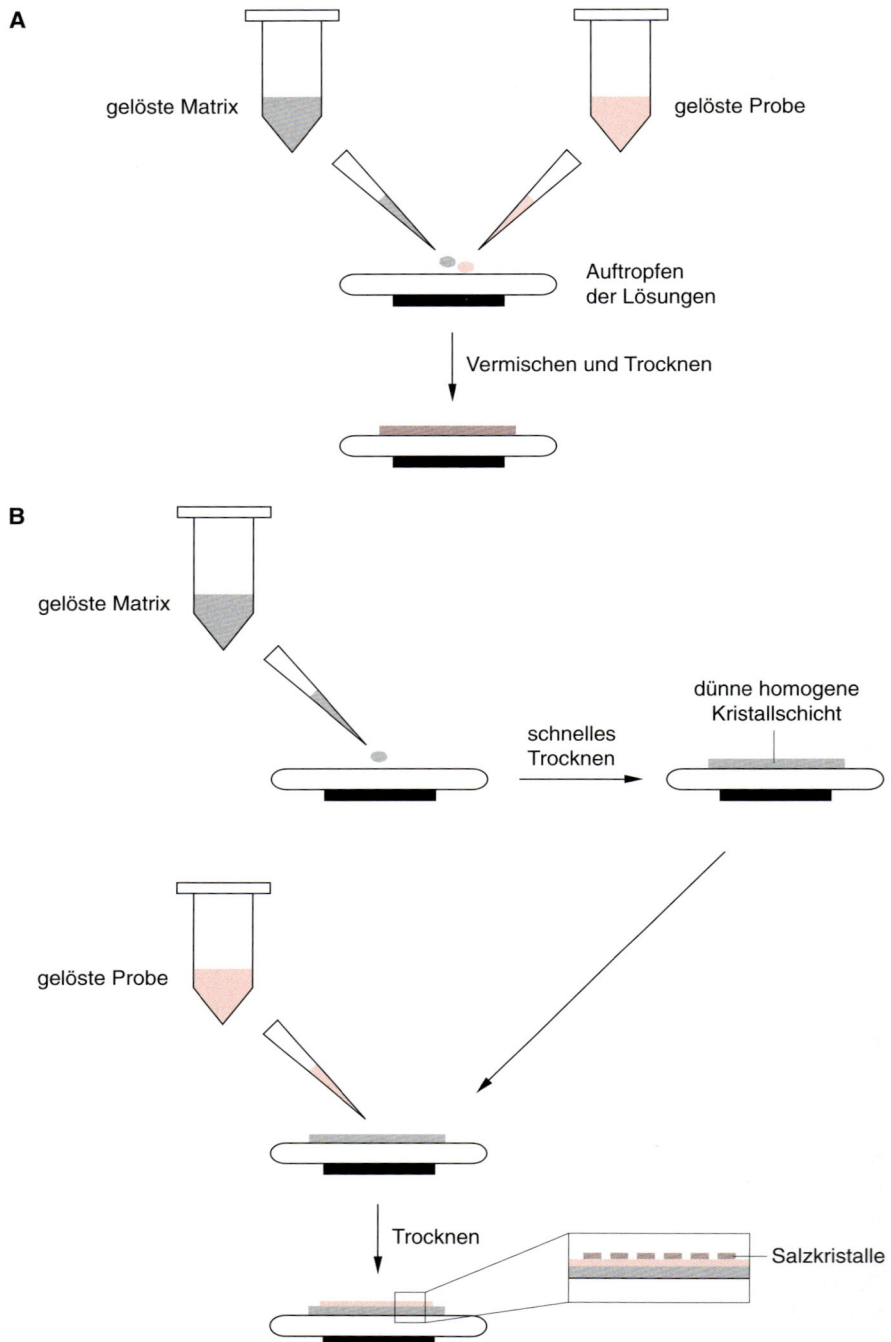

14.9 Standard-Präparationstechnik (A) und Dünnschicht-Präparation (B) für die MALDI-MS. (B. nach O. Vorm, et al. Anal. Chem. 66, 1994, 3281-3287).

Oberfläche des Probentellers tropft. Das Lösungsmittel verdampft innerhalb weniger Sekunden, wobei eine sehr dünne, homogene, mikrokristalline Matrixschicht entsteht. Der Einbau der Analytmoleküle in das Kristallgitter erfolgt unter diesen Bedingungen relativ gleichmäßig unmittelbar an der Kristalloberfläche. Diese Probenpräparationen können gut mit Wasser gewaschen werden (beispielsweise durch Auftropfen und Entfernen des Wassers nach wenigen Sekunden), wobei sich Verunreinigungen der Probe, besonders Alkalimetall-Ionen, abreichern. Für diese als *fast evaporation technique* bekannt gewordene Probenpräparation, die für nicht wasserlösliche Matrices eine wichtige Rolle spielt, wurden sehr hohe Empfindlichkeiten und eine für Standardpräparationen bisher nicht erzielte hohe Massenauflösung erreicht.

Probenvorbereitung

Aus dem beschriebenen Prinzip der Herstellung kristalliner Matrix ergeben sich die folgenden Anforderungen an die Vorbereitung der Proben bezüglich ihrer Konzentration und Reinheit: Die Konzentration der Probe sollte im Bereich von 1-10 μM liegen. Bei Probenlösungen mit geringerer Konzentration können die Ionenströme die Nachweisgrenze der Detektoren erreichen. Bei Probenlösungen mit höherer Konzentration können dagegen die hohen Ionenströme eine Sättigung des Detektors bewirken, wodurch sehr breite, nicht mehr auswertbare Signale erzeugt werden. Mit zunehmender Probenkonzentration wird oftmals auch eine abnehmende Intensität des Ionensignals (Suppression) beobachtet. In der Laborpraxis wird deshalb eine Probe oftmals in mehreren Verdünnungen präpariert. Das tatsächlich benötigte Probenvolumen für eine Präparation auf einem Standardprobenteller liegt zwischen 0,5 und 1 μL, was Probenmengen im unteren Picomol, bis hohem Femtomol-Bereich entspricht. Abschätzungen aus den eingesetzten Probenkonzentrationen und dem abgetragenen Probenvolumen nach einem Laserschuss auf eine Standardpräparation haben ergeben, dass nur wenige 10 Attomol des Analyten nötig sind, um ein auswertbares Signal zu erzeugen. Bei der Analytik von Proteinen – vor allem von Ausgangsmengen im Subpicomol-Bereich – zeigt sich, dass nicht die Basisempfindlichkeit der MALDI-Massenspektrometrie, sondern physikalisch-chemische Effekte bei der Handhabung und Probenvorbereitung die entscheidenden, empfindlichkeitsbegrenzenden Faktoren darstellen. Dies sind vor allem Probleme der Löslichkeit, irreversible Adsorptionseffekte, Verschleppungseffekte, der Einfluss von Kontaminationen aus Probengefäßen und Lösungsmitteln.

> Von entscheidender Bedeutung für eine erfolgreiche und präzise Messung ist die Reinheit der Probe. Hohe Konzentrationen an Puffern, Salzen und Detergenzien, wie sie beispielsweise zur Isolierung und Reinigung von Proteinen eingesetzt werden, beeinträchtigen oder verhindern die Kokristallisation von Analyt und Matrix. Oftmals ergeben diese Substanzen auch selbst Ionensignale im Sättigungsbereich des Detektors, da sie bereits eine Ladung tragen oder sich leicht ionisieren lassen.

Probenvorbereitung
Kapitel 2

Zur Entsalzung der Proben werden deshalb oftmals die verschiedenen Varianten der Reversed-Phase-Chromatographie eingesetzt. Die hier verwendeten flüssigen Phasen, bestehend aus verdünnten, flüchtigen Säuren (Trifluoressigsäure, Ameisensäure etc.) und organischen Lösungsmitteln (Acetonitril, Isopropanol etc.) eignen sich besonders für die Probenvorbereitung, da sie auch gleichzeitig als Lösungsmittel für viele Matrices eingesetzt werden können.

Reversed-Phase-Chromatographie
Abschnitt 9.6

MALDI-Spektrum

Typische Positiv-Ionen-Spektren sind repräsentativ für ein Peptid in Abbildung 14.10 und für ein Protein in Abbildung 14.11 gezeigt. Durch Umpolung der elektrischen Potentiale werden Negativ-Ionen-Spektren mit gleicher Charakteristik (deprotonierte statt protonierte Moleküle) und in etwa vergleichbarer Intensität erhalten. Als Matrices für die Standardpräparation haben sich für Peptide α-Cyano-4-hydroxyzimtsäure, für Proteine 2,5-Dihydroxybenzoesäure und Sinapinsäure bewährt. Die Spektren der MALDI-MS bestehen hauptsächlich aus den intakten einfach geladenen Molekül-Ionen. Bei größeren Molekülen wie Proteinen beobachtet man mit zunehmendem Molekulargewicht neben dem einfach geladenen Dimer $[2M+H]^+$ auch die mehrfach geladenen Monomere ($[M+2H]^{2+}$, $[M+3H]^{3+}$, etc.). Dieser Effekt ist von mehreren Faktoren abhängig, etwa von den chemischen Eigenschaften des Analyten und dessen Konzentration. Das einfach geladene Molekül-Ion $[M+H]^+$ erhält man aber in der Regel mit der höchsten Signal-

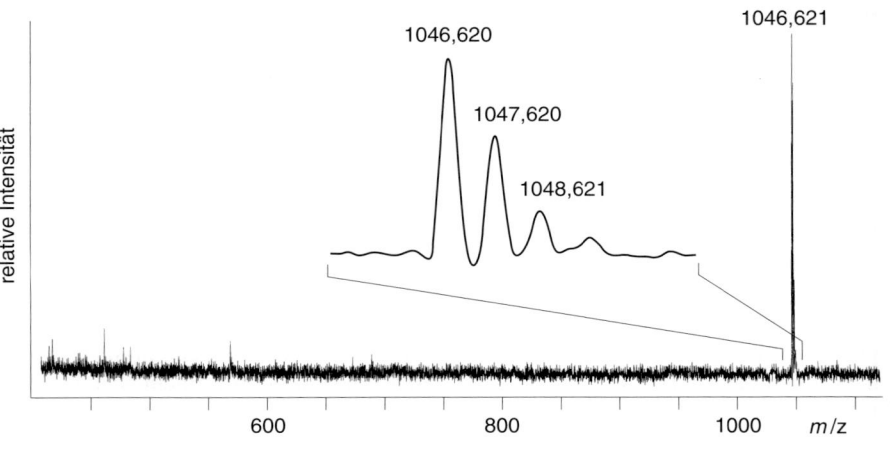

14.10 MALDI-TOF-Spektrum des Peptids Angiotensin II. Die theoretische, über die bekannte Aminosäuresequenz berechnete monoisotopische Masse für das protonierte Molekül-Ion beträgt 1046,54 Da (siehe Abb. 14.12 oben). Als Matrix wurde α-Cyano-4-hydroxyzimtsäure verwendet.

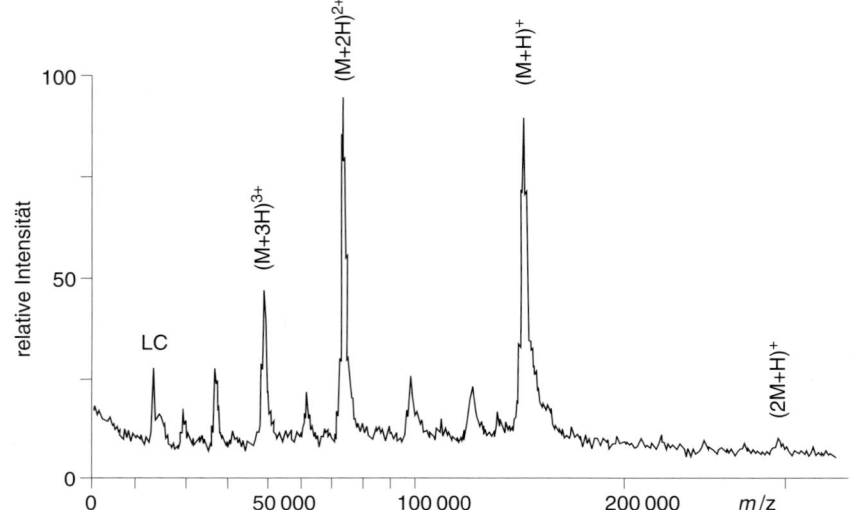

14.11 MALDI-TOF-Spektrum eines monoklonalen Antikörpers. Als Matrix wurde DHB verwendet. (Mit freundlicher Genehmigung von K. Strupat und F. Hillenkamp, Universität Münster).

intensität. Aufgrund der Massenabstände lässt sich dieses Signal leicht als das einfach geladene Molekül-Ion identifizieren.

Einfluss der Isotopie auf das Signal Viele in der Natur vorkommende chemische Elemente sind Gemische von Isotopen. Diese besitzen wegen der bei gleicher Ordnungszahl unterschiedlichen Anzahl an Neutronen im Atomkern verschiedene Massen. Deshalb ergeben sich auch für fast alle natürlichen Moleküle eine der Isotopenverteilung entsprechende Anzahl an unterschiedlichen Massen. Das Isotopenmuster von Molekülen lässt sich aus den entsprechenden Binominalverteilungen berechnen:

$$\text{Isotopenverteilung} = (I_{X_C} + I_{Y_C} + I_{Z_C} + ...)^{n_C} \cdot (I_{X_H} + I_{Y_H} + I_{Z_H} + ...)^{n_H} \cdot (I_{X_O} + I_{Y_O} + I_{Z_O} + ...)^{n_O} \cdot ...$$

H, C, O, ... Elemente
X, Y, Z, ... Isotopenmassen
$I_{X_C}, I_{Y_C}, I_{Z_C}, ...$ Isotopenhäufigkeit des Elements C
$n_C, n_H, n_O, ...$ Zahl der Atome eines Elementes in einem Molekül

Nach der Berechnung der Verteilungssumme, die heute sehr leicht mit Computern ausgeführt werden kann, wird auf die höchste Intensität normiert. In Abbildung 14.12 sind die Isotopenmuster für das Peptid Angiotensin und das Protein Mikroglobulin berechnet.

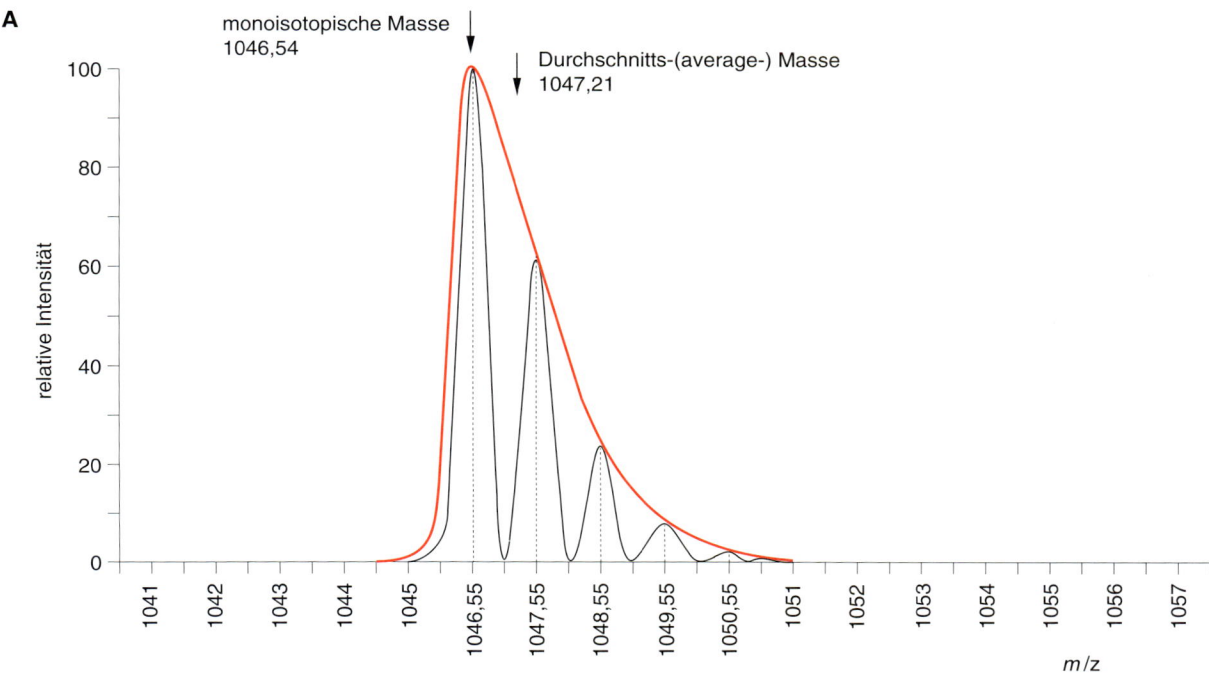
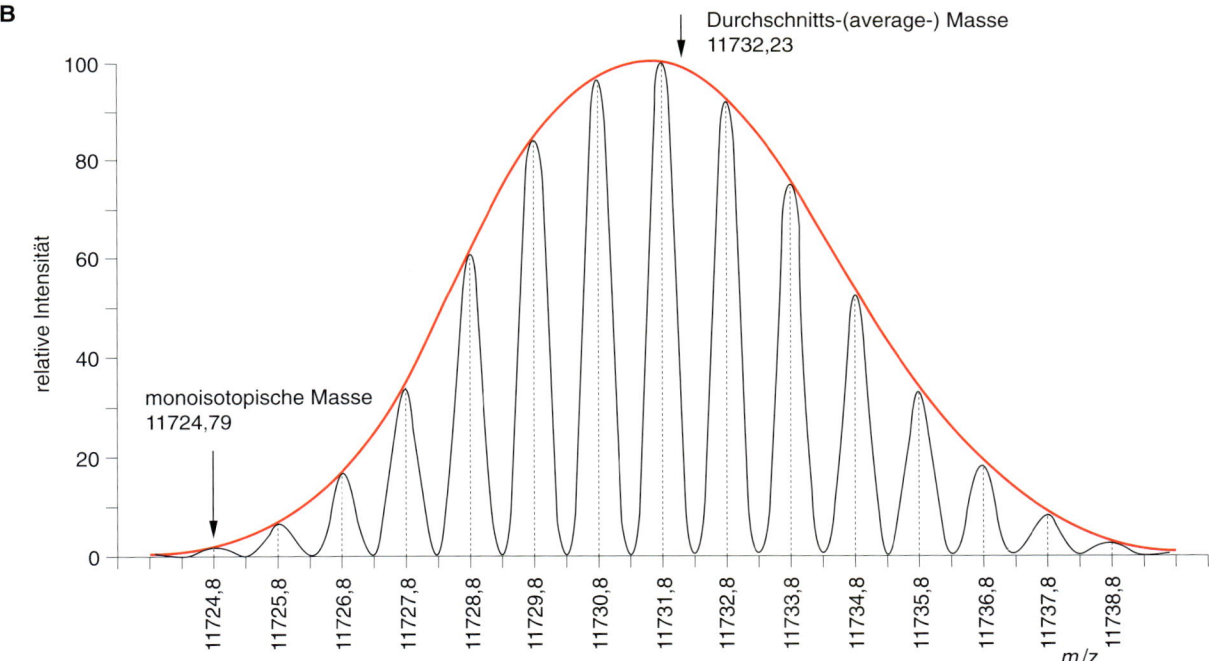

14.12 Berechnete Isotopenverteilungen für ein Pepid (Angiotensin II, A) und ein Protein (β-Mikroglobulin, B).

Berechnung der Masse Die Masse eines Moleküls einer gegebenen Elementarzusammensetzung wird in drei Varianten berechnet, die wie folgt definiert sind:

- **Durchschnittsmasse** (in der Literatur oft mit av. indiziert, vom engl. *average mass*): Masse eines Ions, berechnet aus den durchschnittlichen Atomgewichten der einzelnen Elemente unter Berücksichtigung aller Isotope
(für Angiotensin II mit der Formel $C_{50}H_{72}N_{13}O_{12}$: **1047,21**);
- **monoisotopische Masse:** Masse eines Ions, berechnet aus den exakten Massen des jeweils häufigsten Isotops eines Elements
(für Angiotensin II mit der Formel $C_{50}H_{72}N_{13}O_{12}$: **1046,54**);
- **nominelle Masse:** Masse eines Ions, wobei (aus Gründen der Vereinfachung für kleine Moleküle < 1 000 Da) nur die ganzzahligen Massen des jeweils häufigsten Isotops eines Elements zur Berechnung verwendet werden
(für Angiotensin II mit der Formel $C_{50}H_{72}N_{13}O_{12}$: **1046**).

In der proteinchemischen Massenspektrometrie können die Nebenisotope von H, N und O wegen des nur sehr geringen Anteils in der Natur vernachlässigt werden. Das Kohlenstoffisotop ^{13}C mit 1,11 % Anteil am natürlichen Vorkommen ist fast allein für die Isotopenmuster von Peptiden und Proteinen verantwortlich. Während bei Peptiden bis etwa 1,6 kDa das monoisotopische Ion (mit ausschließlich ^{12}C-Atomen) das intensivste Signal ist, ist dieses Signal bei Proteinen ab etwa 10 kDa nur noch von geringer Intensität und etwa 7 Da unterhalb des intensivsten Ions der Molekülgruppe zu finden (Abb. 14.12). Flugzeitmassenspektrometer können die einzelnen Ionensignale der Isotope bis etwa 5 kDa auflösen. In der Auswertung der Spektren wird für diesen Massenbereich die **monoisotopische Masse** bestimmt, während für größere Peptide und Proteine die **Durchschnittsmasse** angegeben wird.

Einfluss auf die Peakform Die Breite und Symmetrie der beobachteten Peakformen können zusätzlich zu der Isotopenverteilung durch Addukte zu höheren Massen hin oder durch Abspaltungen zu niedrigeren Massen hin verbreitert sein, wenn diese nicht mehr aufgelöst werden können (d. h. im *m/z*-Bereich oberhalb 20-30 kDa). Adduktbildungen kommen durch Anlagerung von Wasser, Matrixmolekülen sowie von Kationen zustande. Vor allem die Alkalikationen Natrium und Kalium, die in der Regel kaum quantitativ entfernt werden können, tragen stets zu einer gewissen Peakverbreiterung zu höheren *m/z*-Werten bei. Bei Verwendung eines Natrium-haltigen Puffers kann das Molekül-Ion als (M+Na)⁺ anstelle von (M+H)⁺ detektiert werden. Diese Effekte stören auch bei der genauen Massenbestimmung von größeren Proteinen.

Ein weiteres Problem, das hauptsächlich die Analyse von Proteinen betrifft, sind die unerwünschten Derivatisierungsreaktionen einiger Aminosäureseitenketten mit Bestandteilen von Pufferlösungen oder Trennmedien (Abb. 14.13). Beispiele sind die Additionsreaktionen an die SH-Gruppe von Cystein mit dem als Reduktionsmittel eingesetzten β-Mercaptoethanol oder mit nicht polymerisiertem, monomerem Acrylamid während der Elektrophorese. Auch die freien Aminogruppen des *N*-Terminus und von Lysin sind reaktiv und können beispielsweise während einer BrCN-Spaltung durch Ameisensäure zum Formylderivat modifiziert werden. Die einzelnen Aminosäuren reagieren jedoch entsprechend ihrer Position in der Proteinstruktur mit jeweils einer anderen Kinetik. Da Proteine mehrere potentiell reaktive Aminosäureseitenketten besitzen und in der Regel keine quantitativen Reaktionen stattfinden, erhält man heterogene Gemische von Proteinen mit einer jeweils unterschiedlichen Anzahl an Derivatisierungen. Diese tragen zusätzlich zu einer Peakverbreiterung zu höheren Massen bei.

BrCN-Spaltung
Abschnitt 8.6

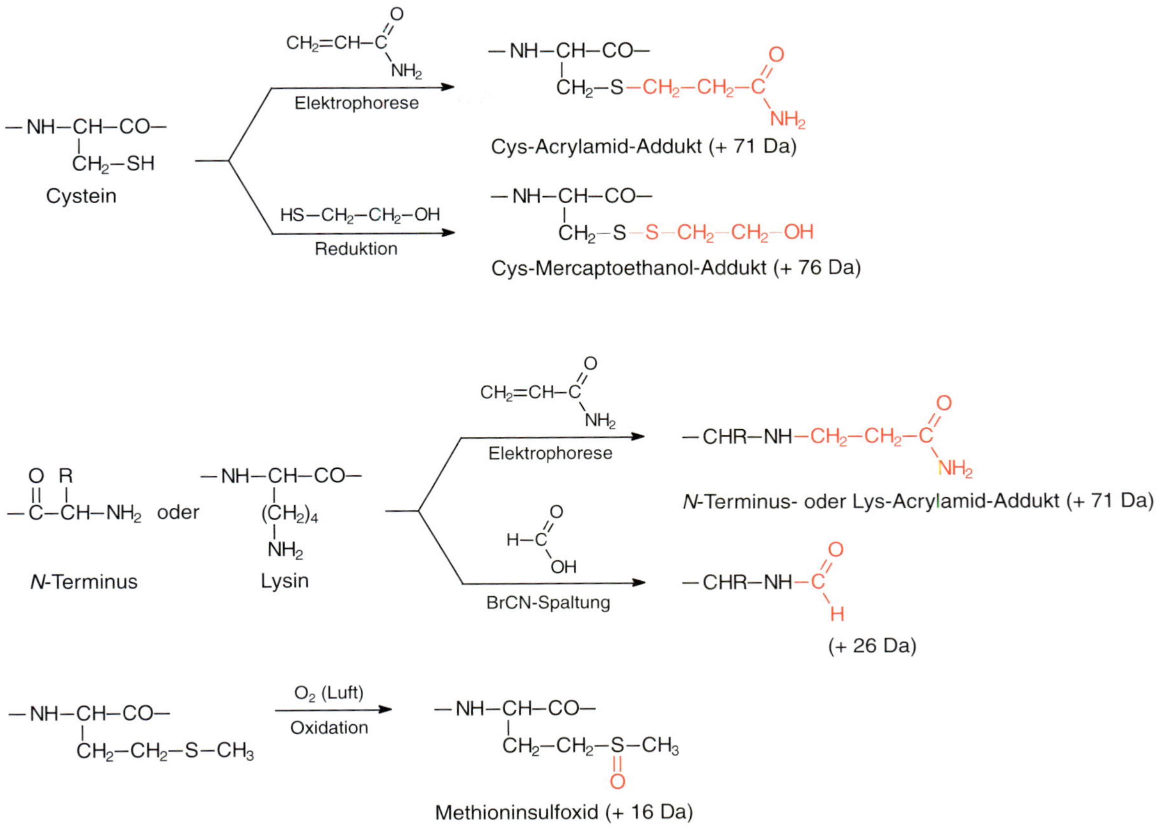

14.13 Beispiele für Modifikationen von Proteinen durch Pufferlösungen oder Trennmedien.

14.1.5 Sequenzierung von Peptiden mit MALDI

N- und *C*-terminale Leitersequenzierung

Die klassische Methode zur Sequenzierung von Peptiden ist der Edman-Abbau, bei dem stufenweise die jeweils *N*-terminale Aminosäure chemisch derivatisiert, abgespalten und als Phenylthiohydantoin-(PTH-)Aminosäure über HPLC identifiziert wird. Der Zeitbedarf für einen Abbaucyclus (ca. 30 min pro Aminosäure) sowie der minimale Substanzbedarf (ca. 1 pmol) sind durch die notwendige HPLC-Trennung und die UV-Detektion zur Identifizierung der PTH-Aminosäure vorgegeben. In den letzten Jahren wurde deshalb versucht, den Edman-Abbau mit massenspektrometrischen Methoden zur Detektion der Sequenz mit dem Ziel zu kombinieren, eine Beschleunigung der Peptidsequenzierung bei gleichzeitiger Empfindlichkeitssteigerung zu erreichen.

Edman-Abbau
Abschnitt 13.1

1993 beschrieb Brian Chait eine Kombination aus Edman-Abbau und MALDI-MS, die als *peptide ladder sequencing* in die Literatur einging. Dabei wird ein Peptid durch eine modifizierte Edman-Sequenzierung pro Reaktionscyclus nur unvollständig abgebaut, so dass ein Gemisch aus kontinuierlich um eine Aminosäure verkürzten Peptiden (eine Peptidleiter) entsteht. Dies wird erreicht, indem das klassische Edman-Reagenz PITC (Phenylisothiocyanat) mit 5 % PIC (Phenylisocyanat) gemischt wird (Abb. 14.14A). Während das normale PITC-Derivat des Peptids die *N*-terminale Aminosäure säurekatalysiert als Thiazolinon abspaltet, hat der Sauerstoff von PIC ein zu geringes nucleophiles Potential, so dass die entsprechende Reaktion des PIC-Derivats nicht abläuft. Damit verbleibt die PIC-gekoppelte Aminosäure am Peptid, so dass dieses für eine weitere Kopplung

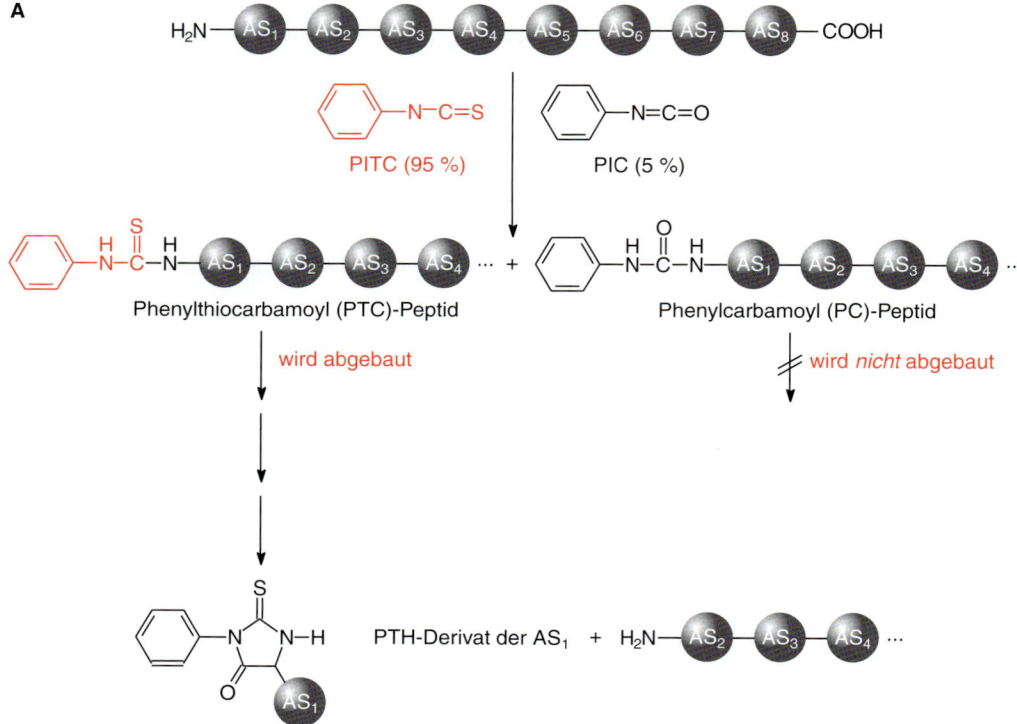

14.14 Prinzip der *N*-terminalen Leitersequenzierung. Durch einen modifizierten Edman-Abbau wird ein Teil des Peptids für den weiteren Abbau der *N*-terminalen Aminosäure blockiert (A). Nach jedem folgenden Abbaucyclus erhält man ein stabiles Peptidderivat, das jeweils um eine Aminosäure verkürzt ist. Das Gemisch wird anschließend mit MALDI-MS analysiert, wobei sich die Sequenz direkt aus den aufeinanderfolgenden Massendifferenzen ablesen lässt (B, siehe Fortsetzung nächste Seite).

nicht mehr zugänglich ist. In den folgenden Abbauschritten werden jeweils wieder zu einem gewissen Anteil blockierte Peptide gebildet, so dass am Ende ein statistisches Gemisch von unterschiedlich langen Abbaupeptiden, eine sogenannte Peptidleiter entsteht. Nach dem Abbau wird das Peptidgemisch mit MALDI-MS analysiert. Die Identifizierung der Aminosäuren erfolgt direkt über den Massenabstand der aufeinanderfolgenden Ionensignale (Abb. 14.14B).

Der Vorteil dieser Methode sind die sehr kurzen Abbauzeiten von nur ca. 5 min pro Cyclus, da im Gegensatz zur klassischen Edman-Sequenzierung keine quantitative Derivatisierung erforderlich ist. Die Bestimmung der einzelnen Massen ist in wenigen Minuten durchgeführt. Eine Optimierung dieser Methode wurde 1994 von Bartlet-Jones und Mitarbeitern vorgestellt. Durch die Verwendung des flüchtigen Kopplungsreagenzes Trifluorethylisothiocyanat und mit dem Vorteil, keinerlei Extraktionsschritte durchführen zu müssen, wurden Peptidsequenzierungen im Femtomol-Bereich gezeigt.

> Trotz vielversprechender Ergebnisse besitzt diese Methode einige Einschränkungen. Aufgrund gleicher Massen kann nicht zwischen Leucin und Isoleucin unterschieden werden. Die nur geringe Massendifferenz zwischen Asparagin und Asparaginsäure sowie Glutamin und Glutaminsäure von 1 Da erfordert eine ausreichende Massenrichtigkeit. Moderne kommerzielle MALDI-TOF-Massenspektrometer erreichen diese Massenrichtigkeit für einen Bereich bis etwa 5000 Da, so dass diese Sequenzierungsmethode zur Zeit auf die Strukturaufklärung von Peptiden beschränkt ist.

Entsprechend der modifizierten Edman-Sequenzierung zur Erzeugung von Leitern vom *N*-Terminus her kann auch ein stufenweiser chemischer Abbau vom *C*-

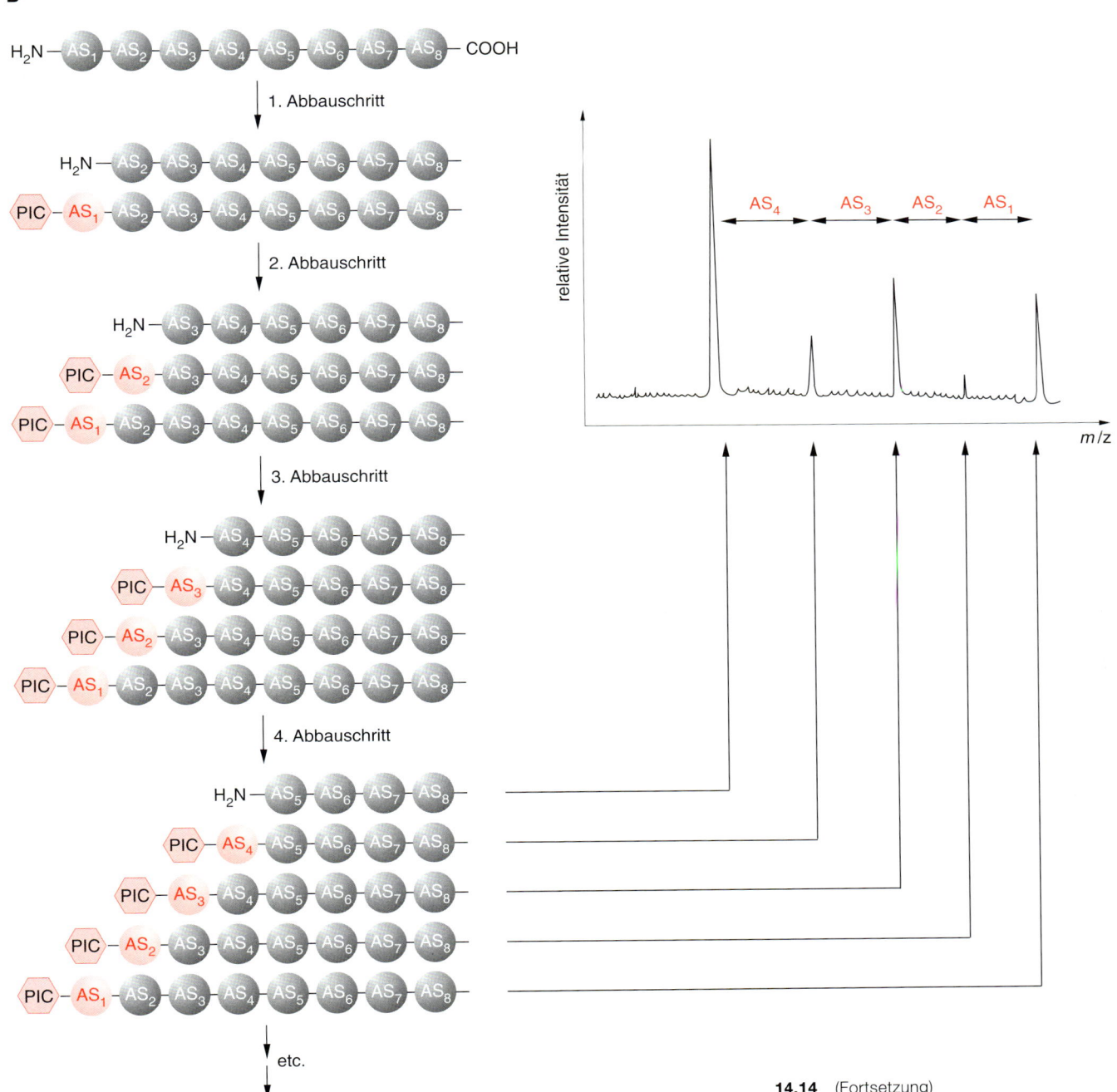

14.14 (Fortsetzung)

terminalen Ende erfolgen. Dies ist beispielsweise mit Hilfe des Schlack-Kumpf-Abbaus vor kurzem gelungen.

Neben den beschriebenen chemischen Methoden ist prinzipiell auch eine enzymatische, sequentielle Abspaltung von Aminosäuren sowohl vom N-Terminus als auch vom C-Terminus möglich. Verschiedene Aminopeptidasen und Carboxypeptidasen stehen kommerziell zu Verfügung. Wegen der unterschiedlichen Spezifitäten der Peptidasen und der stark variierenden Abspaltungsgeschwindigkeiten für die einzelnen Aminosäuren sind diese Enzymreaktionen jedoch nur schwer zu kontrollieren. In der Regel müssen mehrere Serien eines Peptidverdaus mit unterschiedlichen Konzentrationen und Temperaturen durchgeführt werden, um eine auswertbare Peptidleiter zu erzeugen.

Schlack-Kumpf-Abbau
Abschnitt 13.2.4

Sequenzierung über PSD-MALDI

Die Tatsache, dass man mit der MALDI-Technik so große, thermisch labile Moleküle wie Proteine ionisieren und mit der erwarteten Masse nachweisen konnte, führte zur Bezeichnung der MALDI als einer *sanften* Ionisierungstechnik. Ursprünglich nahm man an, dass fast ausschließlich intakte molekulare Ionen und nur wenige Fragment-Ionen durch den MALDI-Prozess erzeugt werden. Man bemerkte in den Massenspektren zunächst nur jene zusätzlichen Signale von Fragment-Ionen, die sich direkt in der Quelle unmittelbar beim Ionisierungsprozess selbst bilden (**prompte Fragmentierung**). Erst weitere Experimente ergaben, dass Molekül-Ionen auch noch später während der Beschleunigung im elektrischen Feld oder nach Passieren der Beschleunigungselektrode in der feldfreien Driftstrecke spontan zerfallen können (**metastabile Fragmentierung**). Für diese metastabilen Zerfälle, die in der feldfreien Driftstrecke auftreten, wurde die Bezeichnung **PSD** (*post source decay*) geprägt. Die Analyse von PSD-Ionen kann wertvolle Informationen zur Struktur der ursprünglichen Molekül-Ionen liefern.

Fragmentierungen der Analyt-Ionen werden durch die Aufnahme hoher Energien während der MALDI durch Stoßaktivierungsprozesse innerhalb der Matrixwolke induziert, die sich unmittelbar nach Auftreffen des Laserimpulses über der Probe bildet. Die Effizienz der Fragmentierung ist abhängig von der Dichte der Matrixwolke nach dem Laserbeschuss sowie von der Höhe der kinetischen Energie, mit der die Analyt-Ionen mit den Matrixmolekülen stoßen. Die Dichte der Matrixwolke wird durch die Laserintensität und die Sublimationstemperatur der Matrix bestimmt, die Kollisionsenergie durch die angelegte Beschleunigungsspannung. Beim Zerfall eines Molekül-Ions entstehen in der Regel ein geladenes Fragment-Ion und ein neutrales Fragmentmolekül.

Die Zeitskala, auf der der Zerfall der Molekül-Ionen stattfindet, entscheidet über die Detektierbarkeit der Fragment-Ionen im Flugzeitmassenspektrometer. Prompte Fragmente führen zu Signalen mit der dem Fragment entsprechenden Masse. Fragment-Ionen, die sich in der Beschleunigungsstrecke bilden, nehmen

Lineares Flugrohr

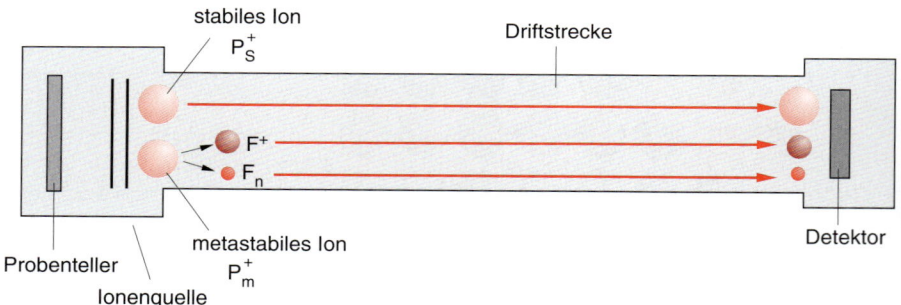

Reflektor-Flugrohr

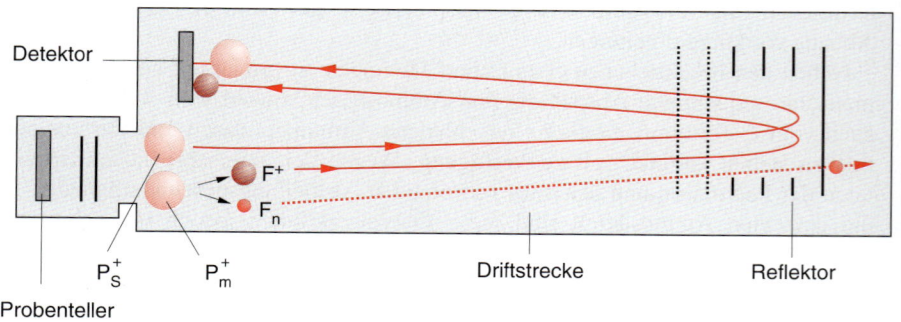

14.15 Metastabile Fragmentierung von Molekül-Ionen (P_m^+) entlang der feldfreien Driftstrecke: In einem linearen Flugrohr erreichen geladene (F^+) und neutrale (F_n) Fragmente den Detektor zusammen mit den intakten stabilen Molekül-Ionen (P_s^+) (oben). In einem Reflektor-Flugrohr wird das geladene Fragment getrennt vom intakten Molekül-Ion detektiert, allerdings nicht mit dem korrekten *m/z* Wert. Wegen der fehlenden Ladung wird das neutrale Fragment durch den Reflektor nicht abgelenkt und wird deshalb nicht vom Detektor registriert.

abhängig von ihrem Zerfallsort unterschiedliche kinetischen Energien auf und tragen so zum Rauschen im Spektrum bei.

PSD-Ionen, die in der feldfreien Driftstecke entstehen, fliegen mit der Geschwindigkeit des ursprünglichen Molekül-Ions weiter und lassen sich deshalb prinzipiell in einem linearen Flugzeitmassenspektrometer nicht von intakten Molekül-Ionen trennen (Abb. 14.15A). Da sich mit der veränderten Masse des Fragment-Ions jedoch auch seine kinetische Energie $E_{kin} = 1/2\, m_F\, v^2$ verändert hat, spaltet sich das Signal auf, sobald man ein Bremsfeld durch Einbau einer elektrischen Linse vor dem Detektor einschaltet. Das neutrale Fragment wird dabei weiterhin auf den korrekten m/z-Wert abgebildet, während das geladene Fragment und das intakte Molekül-Ion durch das Bremsfeld zu höheren m/z-Werten verschoben werden. Dies wurde zuerst von Berhard Spengler und Raimund Kaufmann von der Universität Düsseldorf gezeigt. Durch solche und andere Experimente konnte abgeschätzt werden, dass etwa 10-50 % der ursprünglich gebildeten Molekül-Ionen fragmentieren.

In einem Reflektor-Flugrohr können PSD-Ionen detektiert werden (Abb. 14.15B). Im Standardbetrieb des Reflektor (statisches Feld) wird jedoch nur ein Teil der PSD-Ionen auf den Detektor gelenkt. Die meisten PSD-Ionen aber kehren aufgrund ihrer zu geringen Energie zu früh um und können nicht auf die Detektoroberfläche treffen. Aber auch die PSD-Ionen, die mit dem Detektor registriert werden, werden nicht auf ihrer korrekten Masse dargestellt, da der Reflektor ihre geringe Energie nicht mehr kompensieren kann. Dies führt dazu, dass PSD-Ionen im Spektrum mit zunehmender Massendifferenz zum intakten Molekül-Ion nur noch als breite Signale im unteren Massenbereich registriert werden. Der Durchbruch zur vollständigen Analyse der PSD-Ionen wurde durch die Entwicklung spezieller Reflektoren mit variabler Spannung, die der geringen Energie der PSD-Ionen angepasst sind, erreicht (Abb. 14.16). Um ein vollständiges Fragment-Ionenspektrum (PSD-Spektrum) zu erhalten, können nun abschnittsweise mehrere Teilspektren mit sich stufenweise ändernder Reflektorspannung aufgenommen werden. Durch die rechnerische Kombination aller Teilspektren ergibt sich anschließend das komplette PSD-Spektrum. Für diesen Zweck sowie für die Massenkalibrierung aller Teilspektren stehen mittlerweile Computerprogramme zur Verfügung.

Die große Bedeutung der PSD-Analyse in der Proteinchemie liegt in der Sequenzierung von Peptiden, da die Fragmentierungen hauptsächlich an den Peptidbindungen entlang der Peptidkette auftreten (Abb. 14.17). Verbleibt bei der Spaltung die Ladung an den Fragmenten der N-terminalen Serie, so werden die entsprechenden Fragmente mit a, b, c indiziert, verbleibt die Ladung dagegen an den Fragmenten der C-terminalen Serie, werden sie mit x, y, z bezeichnet. Ein zusätzlicher Index gibt die Zahl der in dem Fragment-Ion enthaltenen Aminosäurereste an, daher läuft dieser Index für die a-, b- und c-Serien in umgekehrter Reihenfolge wie für die x-, y- und z-Serien. Bei höheren Kollisionsenergien treten zusätzlich noch Fragment-Ionen auf, die durch eine weitere Fragmentierung in der

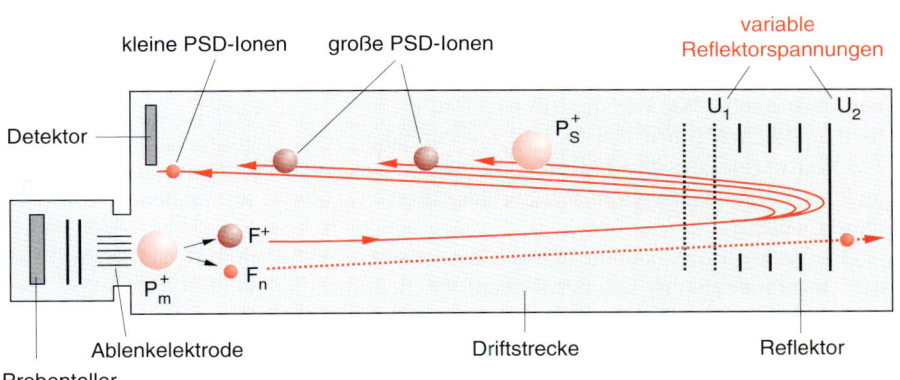

14.16 Prinzip der PSD-Massenanalyse im zweistufigen Gitterreflektor. Molekül-Ionen (P_m^+), die in der feldfreien Driftstrecke zerfallen, können durch stufenweises Absenken des Reflektorpotentials detektiert werden. Mit der Ablenkelektrode ist es möglich, nur Molekül-Ionen einer gewünschten Masse aus einem Gemisch zu untersuchen.

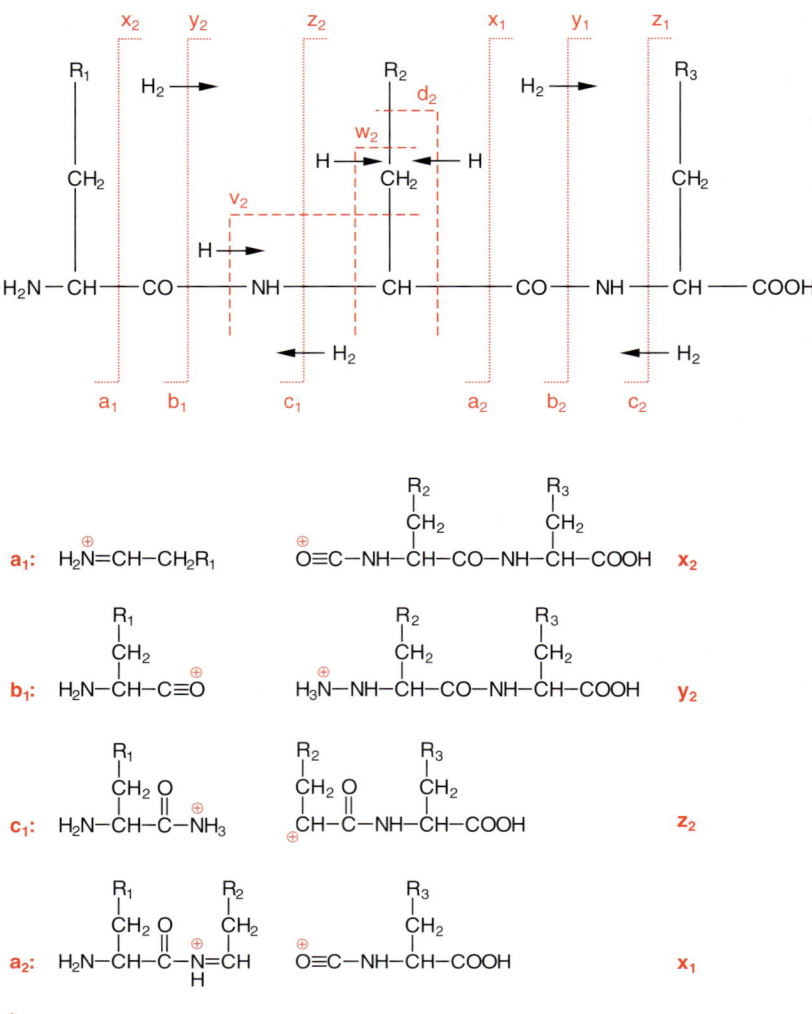

14.17 Schema der Fragmentierung von Peptiden (Nomenklatur nach Roepstorff und Fohlmann). Zusätzlich zum Bindungsbruch übertragene Wasserstoffatome sind eingezeichnet. Bei der Fragmentierung eines Ions entstehen ein geladenes und ein neutrales Fragment. Die prinzipiell möglichen geladenen Fragmente sind unten angeben.

Seitenkette der Aminosäure gebildet werden (Abb. 14.17). Diese können wichtige Hinweise zur Interpretation der PSD-Spektren liefern. Aus den z-Fragmenten bilden sich zum Beispiel die sogenannten w-Fragment-Ionen durch einen Bruch der C_β-C_γ-Bindung der Seitenkette. Diese Fragmente treten daher nicht auf, wenn eine aromatische Aminosäure, Glycin oder Alanin am *N*-terminalen Ende eines z-Fragment-Ions lokalisiert ist. Als Beispiel für eine Sequenzierung ist das PSD-Spektrum des Peptids Angiotensinogen in Abbildung 14.18 gezeigt. Dabei wird das komplexe Fragmentierungsmuster, dessen Interpretation tabellarisch zusammengefasst ist, deutlich. Durch die bevorzugte Lokalisierung des Protons an der basischen Aminosäure Arginin treten bei diesem Peptid fast ausschließlich *N*-terminale Fragment-Ionen (a- und b-Serien) auf. Der charakteristische Verlust von NH_3 ist auf eine zusätzliche Fragmentierung der Seitenkette von Arginin zurückzuführen. Wie aus dem Beispiel zu ersehen ist, entstehen nicht alle prinzipiell möglichen Ionen der *N*- und *C*-terminalen Serie. Würde Arginin an dieser Position gegen eine ungeladene Aminosäure ausgetauscht, erhielte man ein völlig anderes Fragmentierungmuster, bei dem die Ionen der *C*-terminalen Serie dominieren würden.

Der Verbleib der Ladung und die bevorzugten Fragmentierungstellen sind von der Zusammensetzung und der Reihenfolge der einzelnen Aminosäuren eines Peptids abhängig. Das Fragmentierungsmuster ist damit eine Eigenschaft des entsprechenden Peptids. In der Regel erhält man nur selten einen kompletten Satz von Fragment-Ionen einer Serie. Die Intensitäten der erhalten Ionen schwanken zwischen sehr dominanten Signalen und solchen, die nur knapp über dem Rauschen zu erkennen sind. In vielen Fällen ist jedoch die Information über die komplette Sequenz in den detektierbaren Signalen enthalten und kann mit Hilfe von Computerprogrammen entschlüsselt werden.

Grundlage einer Interpretation ist die richtige Zuordnung der Fragment-Ionen zu den abc-Serien oder zu den xyz-Serien. Dazu gibt es einige empirische Regeln und Techniken zur Interpretation. Typische Massendifferenzen, etwa 28 Da, weisen auf a- und b-Serien hin. Peptide, die durch Proteolyse in schwerem Wasser ($H_2^{18}O$) erhalten wurden, zeigen im PSD-Spektrum C-terminale Fragment-Ionen, die zusätzlich ein Satellitensignal aufweisen, das dem [^{18}O]-markierten C-Terminus entspricht. Andere Massendifferenzen weisen auf spezifische Aminosäuren hin, z. B. 18 Da auf die Abspaltung von Wasser bei Serin und Threonin und 17 Da auf die Abspaltung von Ammoniak bei Arginin.

Mit zunehmendem Molekulargewicht der Peptide (größer 2 kDa) erhält man über Kollisionsaktivierung immer weniger struktursignifikante Fragment-Ionen. Mit zunehmender Größe tragen wahrscheinlich intramolekulare Wechselwirkungen zur Ausbildung kompakterer Konformationen bei, die das Molekül stabilisieren. Oftmals können so nur noch Teilsequenzen interpretiert werden. Diese können jedoch genutzt werden, um zusammen mit der Gesamtmasse des Peptids

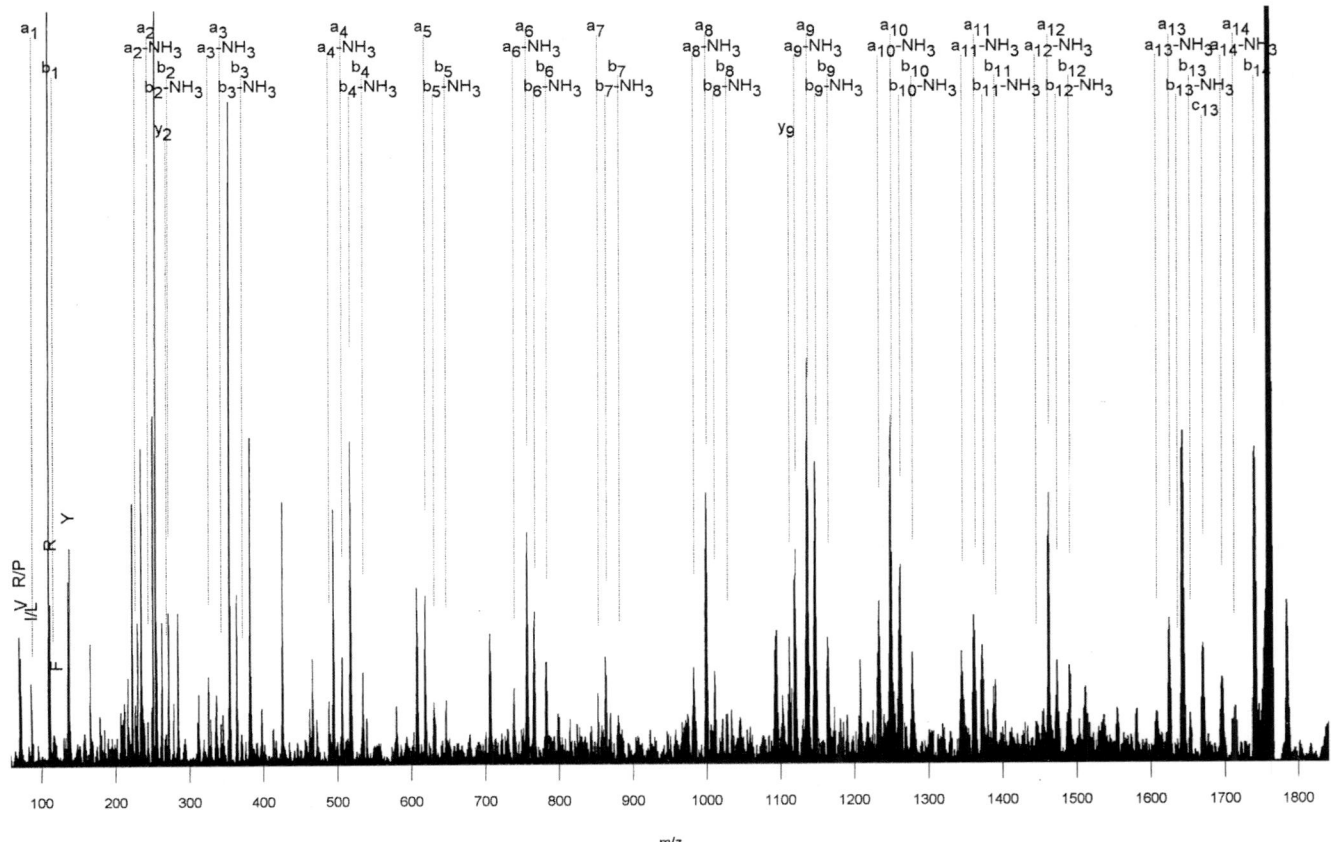

14.18 PSD-Spektrum von Angiotensinogen mit der Sequenz DRVYIHPFHLLVYS und der Masse MH$^+$ = 1758,9 Da. Detektiert werden fast ausschließlich Fragment-Ionen der N-terminalen Serien, da nach dem Zerfall der Molekül-Ionen die Ladung bevorzugt am Arginin verbleibt. Der charakteristische Verlust von NH$_3$ (b-NH$_3$-Serie) ist auf eine zusätzliche Fragmentierung der Seitenkette von Arginin zurückzuführen. Die Interpretation der Daten ist tabellarisch zusammengefasst; Fortsetzung Folgeseite. (Mit freundlicher Genehmigung von B. Spengler und R. Kaufmann, Düsseldorf).

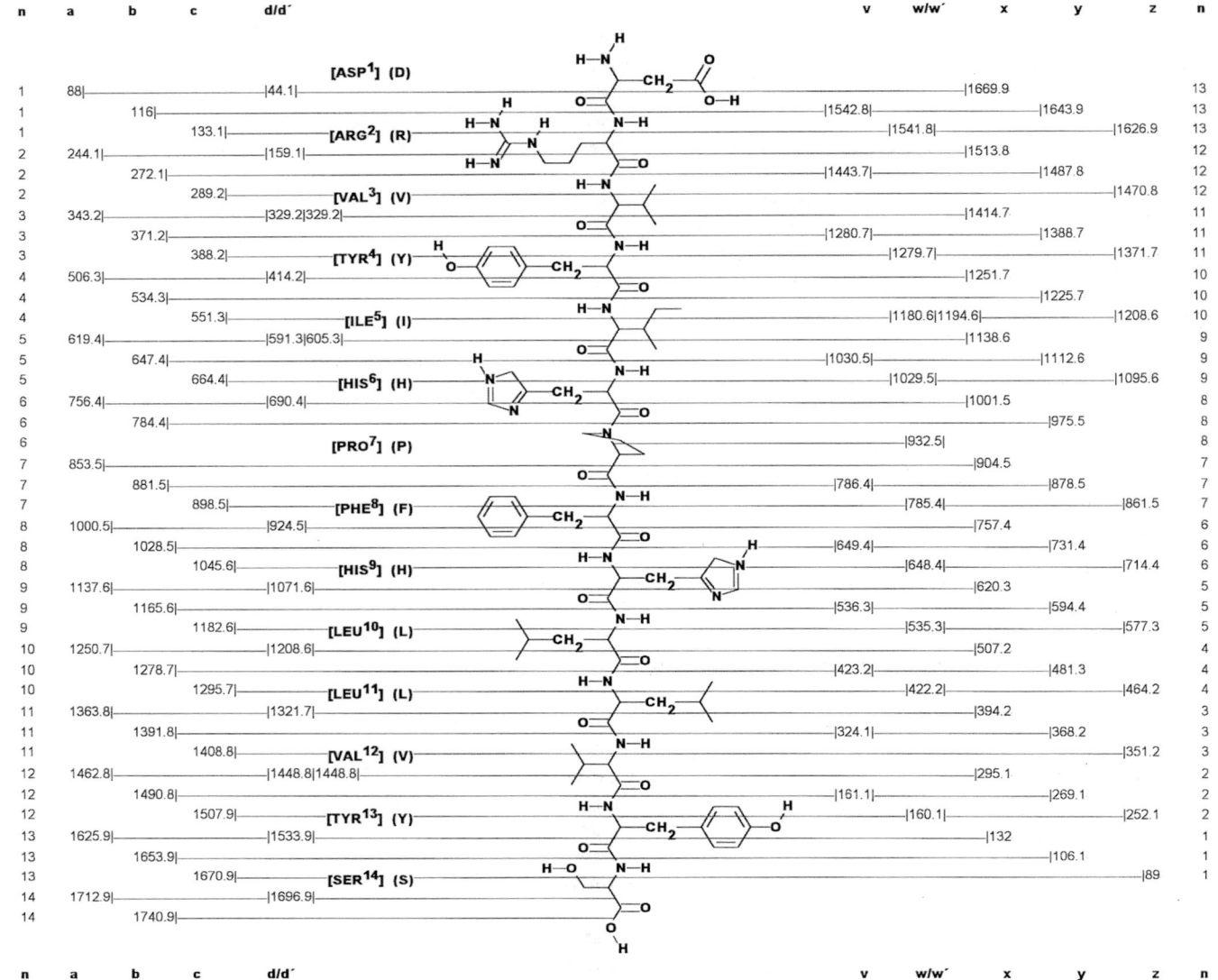

14.18 (Fortsetzung)

und der proteolytischen Spezifität der ursprünglichen Spaltung ein entsprechendes Protein in einer Proteindatenbank mit sehr hoher Wahrscheinlichkeit zu finden.

Der aufwendigen Interpretation der Fragment-Ionenspektren der PSD-Sequenzierung im Vergleich zur Sequenzierung von Peptiden über den Edman-Abbau steht die schnellere Datenaufnahme und die hohe Empfindlichkeit der MALDI-MS gegenüber. Ein weiterer Vorteil ergibt sich aus der Möglichkeit, die PSD-Sequenzierung auch mit Peptidgemischen ohne vorherige chromatographische Trennung durchführen zu können. Mit einer speziellen Ablenkelektrode (einem sogenannten *precursor ion selector*, Abb. 14.16) können durch zeitlich begrenztes Anlegen einer Spannung nur Ionen einer bestimmten Masse (eines sehr engen m/z-Bereiches) durchgelassen werden. So können aus einer einzigen Probenpräparation eines Proteinverdaus mehrere Peptide nacheinander selektiert und über PSD sequenziert werden.

14.1.6. Kopplung von MALDI-MS und PAGE

Die PAGE gehört zu den wichtigsten Techniken zur Trennung und Darstellung von komplexen Proteingemischen. Nach der Elektrophorese können die Proteine im elektrischen Feld aus der Polyacrylamidmatrix auf geeignete Membranen aus chemisch inerten Polymeren (PVDF, Polyproylen etc.) geblottet werden. 1992 ist es Kerstin Strupat, Christoph Eckerskorn und Franz Hillenkamp gelungen, mit MALDI-MS Proteine auch direkt von den Membranoberflächen zu desorbieren. Nach der Inkubation der PVDF-Membran in einer geeigneten Matrix unmittelbar nach dem Transferschritt konnten Molekülspektren von immobilisierten Proteinen erhalten werden, die denen einer Standardpräparation vergleichbar sind. Dazu werden die interessierenden Bereiche aus der Membran ausgeschnitten und direkt im Massenspektrometer analysiert. Die besten Ergebnisse wurden mit der Kombination von Dicarbonsäuren (z. B. Bernsteinsäure) als Matrix und Laserimpulsen im Infrarotbereich (2,96 μm) erreicht. Durch die Matrixinkubation bleibt nicht nur die laterale Auftrennung der Elektrophorese erhalten, sondern auch die Verteilung der Proteinmenge in einer Proteinbande oder einem Spot. Damit ist es möglich geworden, das Muster einer elektrophoretischen Auftrennung einem entsprechenden Massenprofil über diesen Bereich zuzuordnen. Anstatt die Proteine anzufärben, wird die Membranoberfläche stufenweise mit dem IR-Laser abgerastert (Abb. 14.19). Die erhaltenen relativen Intensitäten der Proteinmolekül-Ionen an den einzelnen Orten der Membranoberfläche korrelieren mit der Silberfärbung der Proteine an der entsprechenden Stelle. Mit dieser als **Scanning-IR-MALDI-MS** bezeichneten Technik konnten kleinere Ausschnitte von 2D-PAGE in entsprechenden Massenkontourplots dargestellt werden.

PAGE
Abschnitt 10.3.9

Elektroblotting
Abschnitt 10.7

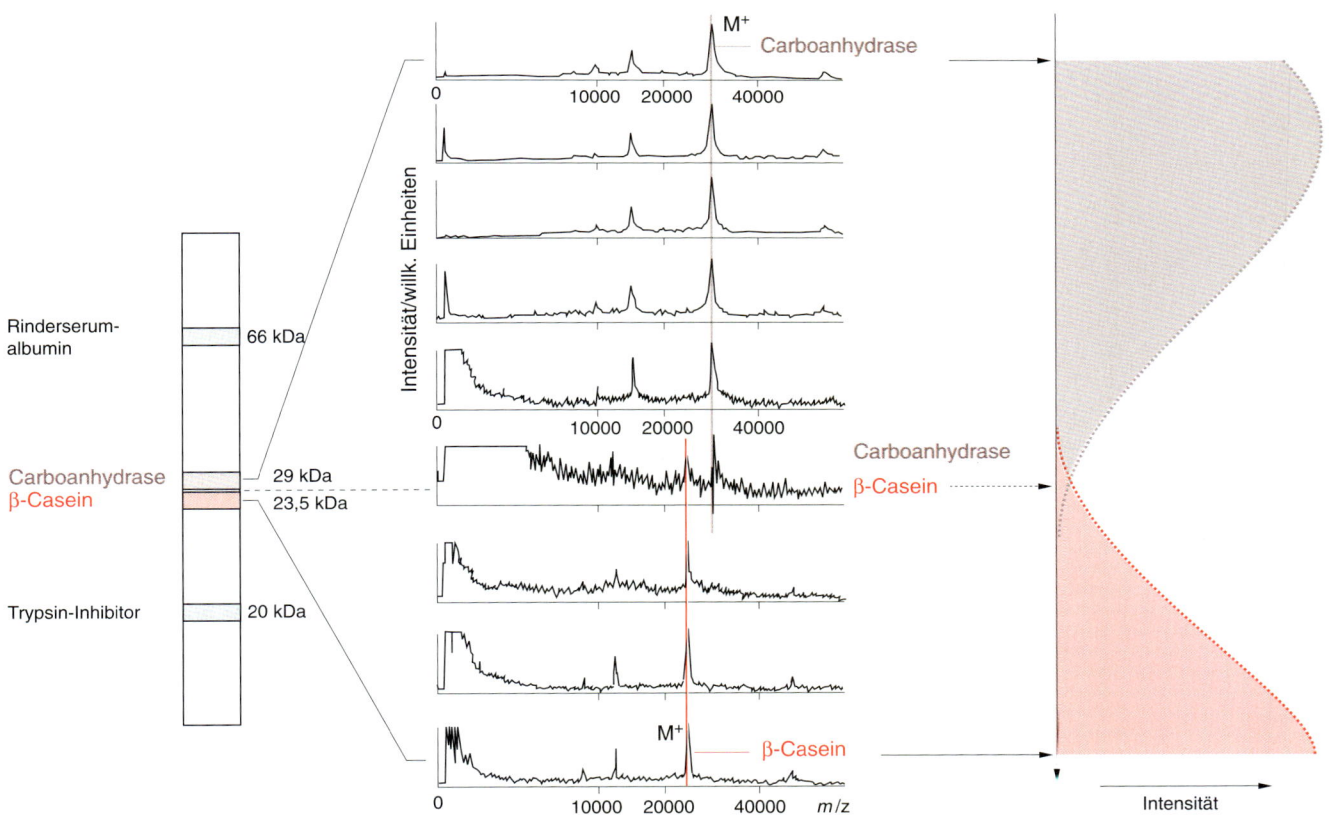

14.19 Scanning-IR-MALDI-MS elektrophoretisch aufgetrennter Proteine. Nach eindimensionaler elektrophoretischer Auftrennung einer Standardproteinmischung wurden die Proteine auf eine PVDF-Membran geblottet und anschließend die Membran für die MALDI-Analyse mit Bernsteinsäure inkubiert. Mit der als Scanning-IR-MALDI-MS beschriebenen Technik wurden aufeinanderfolgende Summenspektren (4 Einzelspektren pro Stelle) direkt von der Membran aufgenommen. In der Abbildung sind repräsentativ die Summenspektren in Abständen von etwa 300 μm gezeigt. Deutlich zu erkennen ist die Verteilung der Proteinmenge über die jeweilige Proteinbande (oben). Im Rasterelektronenmikroskop erkennt man deutlich den Abtrag des IR-Lasers (nächste Seite). (Mit freundlicher Genehmigung von K. Strupat, Universität Münster).

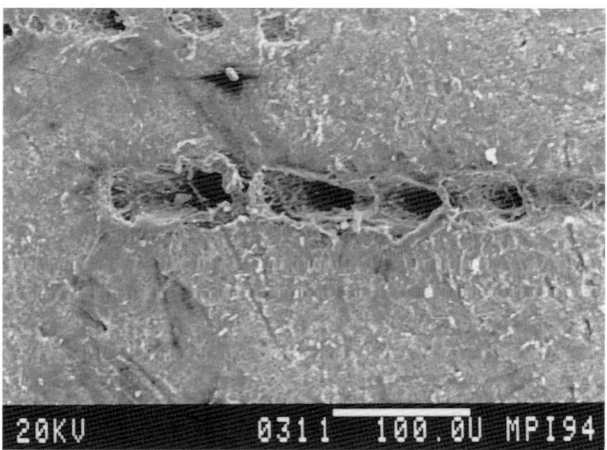

14.19 (Fortsetzung)

14.2 Elektrospray-Ionisations-Massenspektrometrie (ESI-MS)

Der Begriff *Elektrospray* beschreibt die Dispersion einer Flüssigkeit in sehr viele kleine geladene Tröpfchen mit Hilfe eines elektrostatischen Feldes. Dieses Phänomen wurde bereits im letzten Jahrhundert beobachtet und entwickelte sich zur Grundlage vieler technischer Anwendungen, beispielsweise der Lackierung von Oberflächen. Die ersten Arbeiten, die das Elektrospray-Verfahren zur Messung der Molekülmasse nutzten, wurden von Malcolm Dole und seinen Mitarbeitern Anfang der 70er Jahre durchgeführt. Bei den ersten Experimenten wurden Oligomere aus Polystyrol mit einem Molekulargewichtsbereich von 50–500 000 Da feinst verteilt in flüchtigen Lösungsmitteln über eine Nadel in eine zylindrische, mit Stickstoff gefüllte Kammer gesprüht. Zur Erzeugung der Sprays war ein Potential von mehreren 1 000 Volt zwischen Nadelspitze und Kammerwand erforderlich. Dole erkannte, dass sich die Ladungsdichte auf der Oberfläche mit zunehmender Verdampfung des Lösungsmittels erhöhte und Ursache für den explosionsartigen Zerfall eines Tropfens in sehr viele kleine Tröpfchen sein musste. Er argumentierte weiter, dass – bei ausreichender Verdünnung der Makromoleküle in der Ausgangslösung – eine Reihe aufeinanderfolgender Zerfälle letztlich ein extrem kleines Tröpfchen mit nur noch einem Makromolekül-Ion ergeben müsste. Die restlichen Lösungsmittelmoleküle würden weiter verdampfen, wobei ein Teil der Ladungen auf dem Makromolekül verbliebe. Da zu dieser Zeit noch keine geeigneten Massenanalysatoren für so große Ionen zur Verfügung standen, konnte Dole sie nur indirekt nachweisen. Erst ein Jahrzehnt später wurden die Untersuchungen zum Elektrospray-Verfahren von der Arbeitsgruppe J. Fenn an der Universität Yale sowie von der Arbeitsgruppe M. Alexandrov an der Universität von Leningrad mit der Studie kleiner Moleküle wieder aufgenommen. Zur Analyse der Ionen wurden sogenannte **Quadrupol-Massenspektrometer** eingesetzt, mit denen es nun gelang, das Elektrospray-Verfahren besser zu verstehen und zu optimieren.

Mitte der achziger Jahre konnten beide Gruppen zeigen, dass der Elektrospray-Prozess eine definierte Ionisation und komplette Desolvatisierung von in Lösung versprühten Analytmoleülen bewirkte. Diese Arbeiten führten zur Etablierung der **Elektrospray-Ionisations-Massenspektometrie** (ESI-MS).

14.2.1 Ionisierungsprinzip

Die Desolvatisierung, d. h. der Tansfer von Ionen aus der Lösung in die Gasphase, ist ein endergonischer Prozess. Die Freie Energie, die zum Beispiel benötigt wird, um ein Mol Natrium-Ionen aus wässriger Lösung in die Gasphase zu überführen, ist sehr hoch:

$$Na^+(aq) \rightarrow Na^+(g) \quad \Delta G^\circ_{sol}(Na^+) = 410{,}9 \text{ kJ/mol}$$

Ionisierungsmethoden wie LD (Laserdesorption), FAB (*fast atom bombardment*) und PD (Plasmadesorption) führen die notwendige Energie für den Transfer der Moleküle in die Gasphase und die Ionisation über komplexe Kaskaden von hochenergetischen Stößen und die lokale Deposition von Energie zu. Im Gegensatz dazu führt die ESI zu einer Desolvatisierung gelöster Ionen. Dabei wird nur wenig zusätzliche innere Energie auf die Ionen übertragen. Im elektrischen Feld werden die Ionen bei Atmosphärendruck in die Gasphase transferiert, wobei sich dieser Prozess, wie bereits von Dole teilweise beschrieben, formal in vier Schritte unterteilen lässt (Abb. 14.20):

(1) die Bildung von kleinen geladenen Tröpfchen aus Elektrolyten,
(2) kontinuierlicher Lösungsmittelverlust dieser Tröpfchen durch Verdampfen, wobei die Ladungsdichte an der Tröpfchenoberfläche zunimmt,

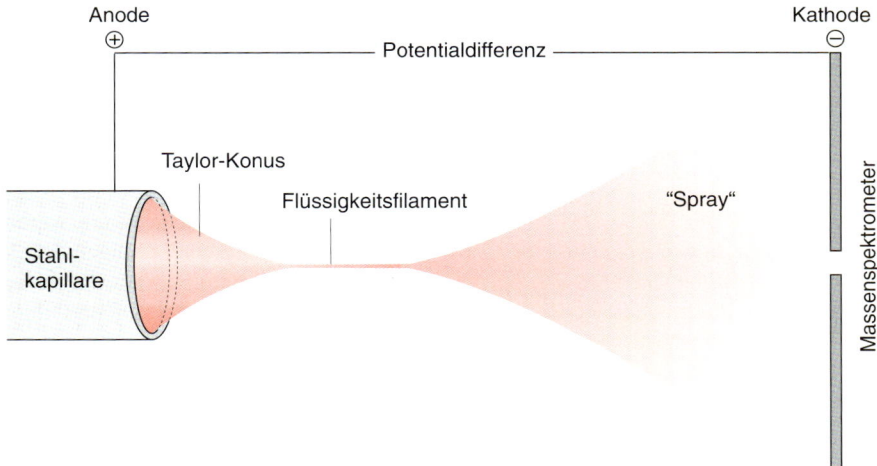

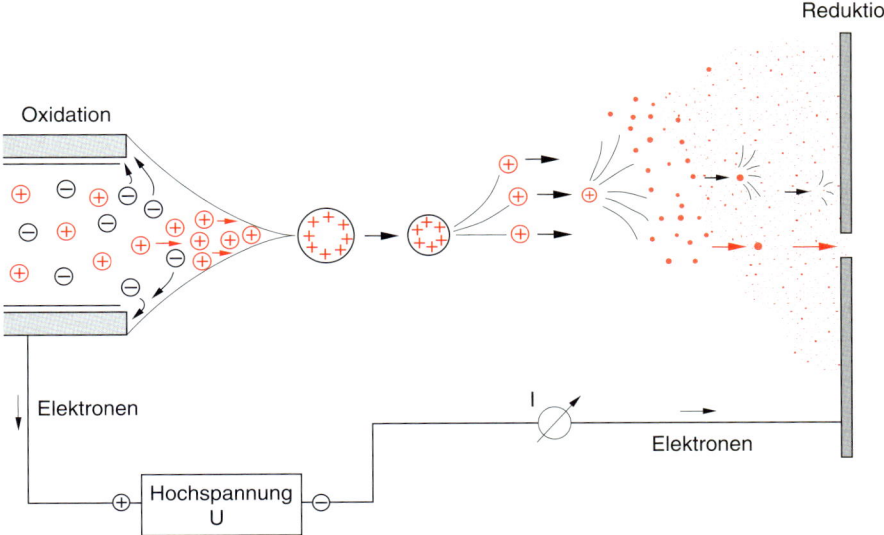

14.20 Schematische Darstellung des makroskopischen (oben) und mikroskopischen ESI-Prozesses (unten).

(3) wiederholter spontaner Zerfall der Tröpfchen in Mikrotröpfchen (Coulomb-Explosionen) und schließlich
(4) Desolvatisierung der Analytmoleküle beim Transfer in das Massenspektrometer.

Wie in Abbildung 14.20 schematisch für den Nachweis positiv geladener Ionen dargestellt (*positive mode*), beginnt der ESI-Prozess mit der kontinuierlichen Zuführung des gelösten Analyten an die Spitze einer leitfähigen Kapillare. Das angelegte elektrische Feld zwischen Kapillarspitze und Massenspektrometer durchdringt auch die Analytlösung und trennt die Ionen ähnlich wie bei der Elektrophorese. Dabei werden die positiven Ionen an die Flüssigkeitsoberfläche gezogen. Entsprechend werden die negativen Ionen in die entgegengesetzte Richtung geschoben, bis das elektrische Feld innerhalb der Flüssigkeit durch die Umverteilung negativer und positiver Ionen aufgehoben ist. Dadurch werden andere mögliche Formen der Ionisation unterdrückt, etwa die Ionisation durch Entfernung eines Elektrons aus dem Analytmolekül (Feldionisation), wozu sehr hohe elektrische Felder benötigt würden.

Die an der Flüssigkeitsoberfläche akkumulierten positiven Ionen werden weiter in Richtung Kathode gezogen. Dadurch entsteht ein charakteristischer Flüssigkeitskonus (Taylor-Konus), weil die Oberflächenspannung der Flüssigkeit dem elektrischen Feld entgegenwirkt. Bei ausreichend hohem elektrischem Feld ist der Konus stabil und emittiert von seiner Spitze einen kontinuierlichen, filamentartigen Flüssigkeitsstrom von wenigen Mikrometern Durchmesser. Dieser wird in einiger Entfernung von der Anode instabil und zerfällt in winzige, aneinandergereihte Tröpfchen. Die Oberfläche der Tröpfchen ist mit positiven Ladungen angereichert, die keine negativen Gegen-Ionen mehr aufweisen, so dass eine positive Nettoladung resultiert.

Die elektrophoretische Trennung der Ionen ist für die Ladungen in den Tröpfchen verantwortlich. Die positiven Ionen (wie auch nach Umpolung des Feldes die negativen Ionen), die im Spektrum beobachtet werden, sind stets die Ionen, die bereits in der (Elektrolyt-)Lösung vorhanden sind. Zusätzliche Ionen werden erst bei sehr hoher Spannung beobachtet, wenn elektrische Entladungen an der Kapillare auftreten (*corona discharges*). Die Ladungsbilanz innerhalb der Ionenquelle wird durch chemische Oxidation an der positiven Elektrode und durch Reduktion an der negativen Elektrode erreicht.

Experimentelle Untersuchungen haben gezeigt, dass die zuerst gebildeten Tröpfchen einen Durchmesser von wenigen Mikrometern besitzen und hochgeladen sind ($\approx 10^5$ Ladungen pro Tröpfchen). Diese Tröpfchen befinden sich bezüglich ihrer Zusammensetzung, Größe und Ladung nahe an der Stabilitätsgrenze (Rayleigh-Limit). Diese Stabilitätsgrenze wird durch die abstoßende Coulombkraft gleicher Ladungen bestimmt, die das Tröpfchen destabilisieren, und die Oberflächenspannung des Lösungsmittels, die das Tröpfchen zusammenhält. Die Rayleigh-Gleichung gibt an, wann die Ladung Q die Oberflächenspannung γ ausgleicht:

$$Q^2 = 64\, \pi^2\, \varepsilon_0\, \gamma\, r^3 \qquad \varepsilon_0\text{: Dielektrizitätskonstante im Vakuum}$$
$$r\text{: Radius des Tröpfchens}$$

Die Tröpfchen schrumpfen durch Verdampfung des Lösungsmittels bei konstanter Ladung Q, bis der Radius r das Rayleigh-Limit überschreitet. Danach zerfallen sie durch die Abstoßung gleichnamiger Ladungen in viele kleine Tröpfchen von nur wenigen Nanometer Durchmesser (Coulomb-Explosionen).

Für den Prozess, der letztlich zur Bildung der eigentlichen freien Gasphasen-Ionen führt, gibt es zur Zeit zwei Modellvorstellungen. Die ältere stammt von Dole und wird als Modell des geladenen Rückstands (*charged-residue model*, CRM) bezeichnet. Diese wurde später von Friedrich Röllgen durch detailliertere Betrachtungen unterstützt und zur SIDT-Theorie (*single ion in droplet theory*) ausgebaut. Das Modell von Dole und Röllgen geht im Wesentlichen davon aus, dass aus den ursprünglich gebildeten Tröpfchen durch eine Serie von aufeinanderfolgenden Coulomb-Explosionen sehr kleine Tröpfchen mit einem Radius von

≈ 1 nm gebildet werden, die nur noch ein Analytmolekül enthalten. Freie gasförmige Ionen entstehen dann durch Desolvatisierung in Folge von Kollisionen mit den Stickstoffmolekülen im Interface zum Massenspektrometer (siehe unten). Der andere Mechanismus wurde von J. Iribane und B. Thomson vorgeschlagen und wird als Ionenemissionsmodell (*ion evaporation model*, IEM) bezeichnet. Im Mittelpunkt dieser Theorie steht die direkte Ionenemission aus hochgeladenen Tröpfchen, die noch viele Analytmoleküle enthalten. Solche Tröpfchen haben noch einen Radius von etwa 8 nm und tragen etwa 70 Ladungen. Unter diesen Bedingungen oberhalb des Rayleigh-Limits werden freie Ionen in die Gasphase emittiert. Trotz der Abnahme der Ladungen bleibt die Ionenemission durch die kontinuierliche Abnahme des Tröpfchenradius infolge der Verdampfung des Lösungsmittels aufrechterhalten. Damit kommt das IEM ohne die restriktive Annahme von nur einem Analytmolekül in einem sehr kleinen Tröpfchen aus.

Wie bei Theorien üblich gibt es eine Reihe von experimentellen Beobachtungen, die sich leichter mit dem einen oder anderen Modell erklären lassen. Bei der Analyse von Proteinen spricht das Auftreten von niedrig geladenen Spezies sowie von Addukten, die mehrere intakte Proteinmoleküle enthalten, eher für die Bildung dieser Moleküle nach der CRM-Vorstellung, da solche Ionenspezies wahrscheinlich nicht durch Ionenemissionen entstehen. Auch die unter ESI-Bedingungen beobachtbaren nicht-kovalenten Wechselwirkungen zwischen Makromolekülen deuten eher auf einen Ionisierungmechanismus hin, der nicht über eine Ionenemission, sondern eher über den Verlust von Lösungsmittelmolekülen aus Nanotröpfchen abläuft. Mit der IEM-Theorie lassen sich eine Reihe anderer typischer Phänomene der ESI erklären, etwa die Anzahl der Ladungen und die Ladungsverteilung der Analytmoleküle. Wie Abbildung 14.21 zeigt, haben die Überschussladungen auf den Oberflächen der Tröpfchen aufgrund der starken Coulomb-Abstoßung eine fixierte äquidistante Lage. Kommt beispielsweise ein Protein an die Oberfläche eines Tröpfchens, so kann es beim Emissionsschritt so viele positive Ladungen übernehmen, wie ihm aufgrund seiner räumlichen Ausdehnung zugänglich sind. Eine größere räumliche Ausdehnung sollte demnach eine größere Zahl von übertragenen Ladungen zur Folge haben. Dies lässt sich experimentell an Proteinen beobachten, die nach Spaltung von Disulfidbrücken oder nach Denaturierungen eine Verschiebung der Ladungsmuster zu höheren Beladungen zeigen. Die Ladungsverteilung sowie die Tatsache, dass kleine Moleküle vorzugsweise wenige Ladungen, große Moleküle aber mehr Ladungen tragen, lässt sich ebenfalls mit der IEM-Theorie erklären. Während der Verkleinerung der Tröpfchenradien durch Verlust von Lösungsmittelmolekülen nimmt die Oberflächendichte der Ladungen zu (Abb. 14.21). Bei der Ionenemission eines Moleküls von einem Tröpfchen mit relativ großem Radius ist die Zahl der übertragenen Ladungen kleiner als bei der Emission von einem Tröpfchen mit relativ kleinem Radius. Da eine kontinuierliche Verteilung der Tröpfchenradien vorliegt und diese innerhalb einer gewissen Verteilung zur Ionenemission beitragen, führt dieses Phänomen zu der beobachteten Verteilung von Ladungszuständen.

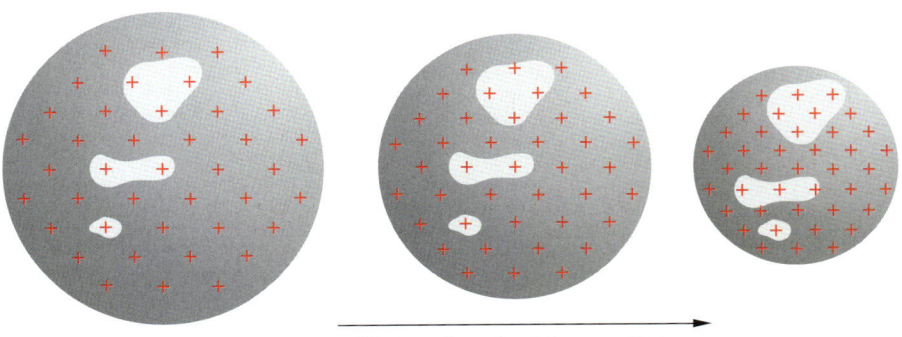

14.21 Modell zur Erklärung der ESI nach dem Ionenemissionsmodell (IEM) (nach Fenn et al., J. Am. Soc. Mass. Spectrom. 4 (1993) 524-535). Die Tröpfchen des Elektrospray-Prozesses besitzen Überschussladungen, die auf der Oberfläche durch Coulomb-Abstoßung eine äquidistante Lage einnehmen. Durch Verdampfung des Lösungsmittels nimmt die Ladungsdichte auf der Tröpfchenoberfläche zu. Die Analytmoleküle übernehmen vor der Ionenemission die Anzahl an Ladungen, die sie aufgrund ihrer räumlichen Ausdehnung übernehmen können.

Abschätzungen der Elektrospray-Ionisationswahrscheinlichkeit haben Werte zwischen 0,01 und 0,1 ergeben. Damit erfolgt eine relativ effiziente Ionenbildung aus den gelösten Analytmolekülen. Bei den gebildeten Ionen handelt es sich energetisch um relativ „kalte" Ionen, da beim Desolvatisierungsprozess den verdampfenden Lösungsmittelmolekülen thermische Energie entzogen wird. Im Vergleich mit MALDI ist ESI eindeutig die schonendere Ionisierungsmethode.

14.2.2 ESI-Quelle und Interface

Die Elektrospray-Ionisation findet bei Atmosphärendruck statt, die anschließende Analyse der freien Ionen jedoch im Hochvakuum (ca 10^{-5} torr). Dies erfordert eine spezielle Schnittstelle (*Interface*), um den Übergang der Ionen in den Massenanalysator zu gewährleisten. In Abbildung 14.22 ist der Aufbau einer ESI-Quelle mit einem Interface zu einem Quadrupolmassenanalysator schematisch gezeigt. Der Ionisierungsraum steht dabei über eine Mikroöffnung (Durchmesser 100 μm) mit dem Massenspektrometer in Verbindung. Trockener, geheizter Stickstoff (z. B. 60 °C) strömt zwischen dem *Orifice* und der viel größeren Öffnung der Interface-Platte in den Ionisierungsraum. Der Stickstoff, der auch als *Curtain-Gas* bezeichnet wird, kollidiert mit den Molekülkomplexen des Elektrosprays. Dadurch wird größtenteils verhindert, dass Neutralteilchen in das Hochvakuum gesaugt werden. Zum anderen unterstützen die Kollisionen auch die Desolvatisierung der Ionen. In anderen Gerätekonstruktionen wird anstelle einer einfachen Öffnung in der Interface-Platte in Verbindung mit einem Curtain-Gas eine geheizte ($\approx$ 200 °C), etwa 20 cm lange Transferkapillare mit einem Durchmesser von 400 μm verwendet. Die Mikrotröpfchen des Elektrosprays werden hier beim Durchqueren der Transferkapillare desolvatisiert.

Die Elektrosprayquelle besteht im Prinzip aus einer Kapillare, über die kontinuierlich die Analytlösung in das elektrische Feld injiziert wird. Gleichzeitig bildet diese Kapillare auch die Gegenelektrode zur Interface-Platte, die zur Erzeugung der für den Ionisierungsprozess notwendigen Potentialdifferenz gebraucht wird. In Abbildung 14.23 sind zur Zeit gebräuchliche Varianten von Elektrospray-Quellen gezeigt. Für höhere Flussraten, wie sie zum Beispiel bei

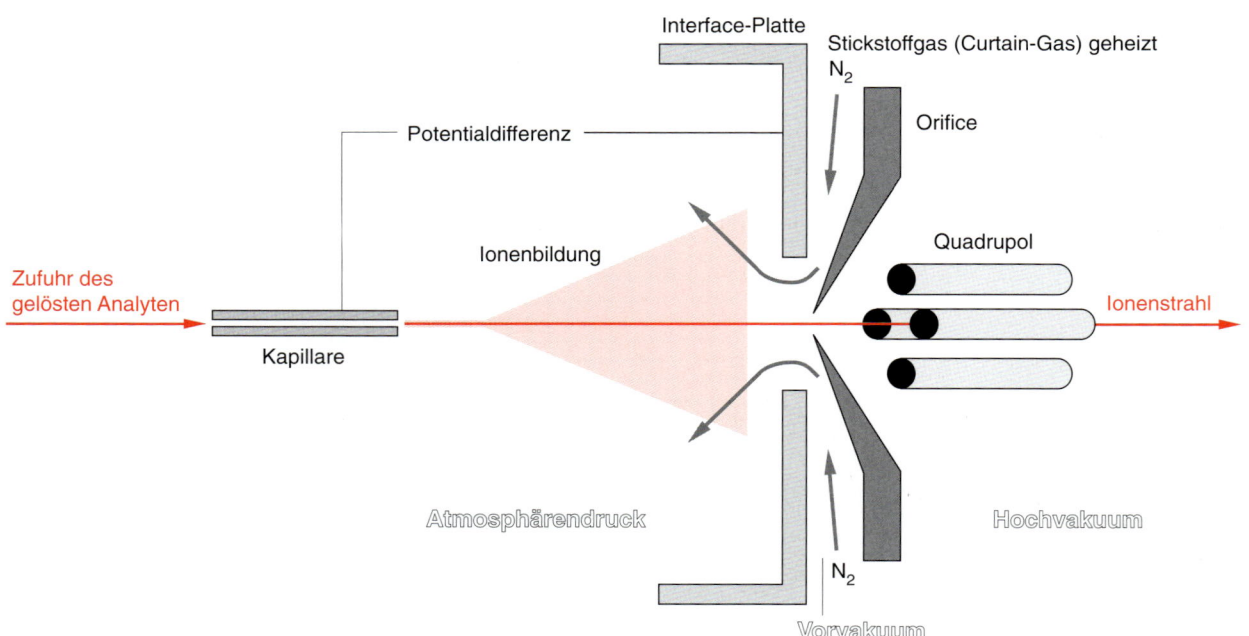

14.22 Aufbau einer ESI-Quelle mit Interface zu einem Quadrupol-Massenspektrometer.

Pneumatisch unterstützter Elektrospray

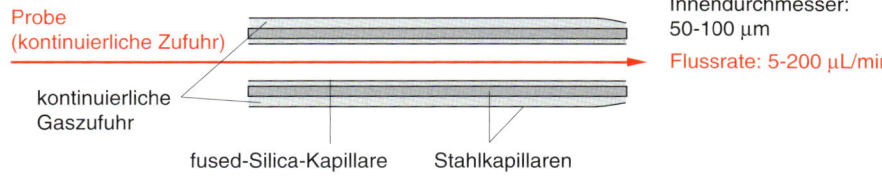

Mikro-Elektrospray

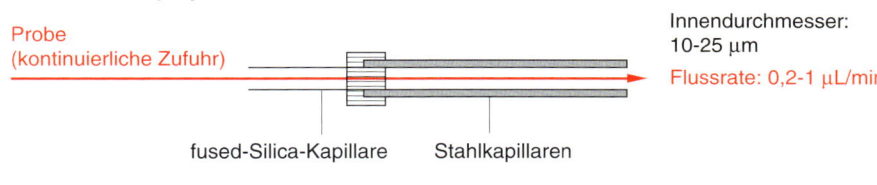

Nano-Elektrospray

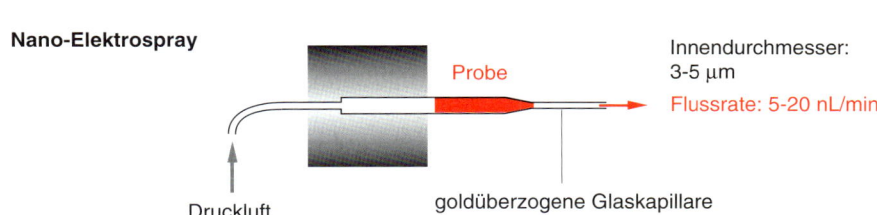

14.23 Schematischer Aufbau und Varianten von Elektrospray-Quellen.

direkter Kopplung mit der Flüssigkeitschromatographie auftreten, wurde ursprünglich eine pneumatisch unterstützte Elektrospray-Quelle entwickelt. Dabei wird durch eine zusätzliche koaxiale Stahlkapillare kontinuierlich ein Gasstrom aus Stickstoff oder synthetischer Luft an die Spitze der Quelle befördert, um die Analytlösung am Austritt durch Scherkräfte effizent zu zerstäuben. Mit solchen Quellen, die zur Zeit in vielen Geräten als Standardversion eingesetzt werden, können Flussraten von 5 μL bis zu 1 mL/min versprüht werden. In der Literatur werden die pneumatisch unterstützten Quellen verwirrenderweise oft als Ion-Spray-Quellen bezeichnet. Dabei handelt es sich allerdings nicht, wie sich aus dem Namen vielleicht ableiten ließe, um ein anderes Prinzip der Ionisation.

Empfindlichkeitsstudien ergaben, dass der beobachtete Ionenstrom eher mit der Analytkonzentration als mit der pro Zeiteinheit versprühten Lösungsmenge korreliert. Bei einer hohen Flussrate von 1 mL/min wird etwa die gleiche Ionenintensität erhalten wie mit einer Flussrate von 5 μL/min. Das heisst, dass mit zunehmenden Flussraten ein zunehmend größerer Teil des Sprays im Ionisierungsraum und an der Interface-Platte verloren geht. Die Charakteristik des Elektrospray-Prozesses legt nahe, dass die Reduktion der Flussrate eine Steigerung der Empfindlichkeit ergibt.

Diese Erkenntnis führte in den letzten Jahren zur Entwicklung von Mikro-Elektrospray-Quellen mit deutlich kleineren Flussraten (Abb. 14.23). Diese haben vor allem große Bedeutung bei der Kopplung von ESI-MS und Mikro-HPLC-Techniken erlangt.

Die empfindlichste Quelle besteht aus einer gezogenen Glaskapillare mit einem Durchmesser von wenigen Mikrometern an der Austrittsöffnung. Die Glasspitze ist mit einer Metallschicht (z. B. Gold) überzogen, um das Potential an die Spitze zu führen. Vor der Messung werden 0,5-1 μL Analytlösung in die Glaskapillare pipettiert. Ein Gasdruck fördert diese Probe kontinuierlich mit wenigen nL/min in das elektrische Feld, wobei sehr kleine Primärtröpfchen mit einem Durchmesser von $\approx$ 200 nm entstehen. Der Vorteil dieser Nano-Elektrospray-Quellen liegt in den sehr geringen Flussraten und der dadurch bedingten langen Messzeit für kleine Probenmengen. Bei einer Lösung von 1 μL (typische Konzentration von 0,1-1 pmol/μL) steht bei einer Flussrate von 50 nL/min eine Messzeit von 20 min zur Verfügung. Dies ist zur Optimierung der Messbedingungen und zur Akkumulation von Spektren schwacher Intensität (z. B. MS/MS-Spektren) sehr vorteilhaft. Ein Nachteil der feinen Kapillarspitzen ist die Gefahr der Verstopfung durch Mikropartikel oder Auskristallisieren des Analyten.

14.2.3 Massenanalyse der Ionen mit dem Quadrupolmassenspektrometer

Das Quadrupolmassenspektrometer, das bereits 1953 von W. Paul und H. Steinwedel beschrieben wurde, ist im Prinzip ein Massenfilter, d. h. unter einer vorgegebenen physikalischen Bedingung werden nur Ionen mit einem bestimmten m/z-Verhältnis zum Detektor durchgelassen. Dies wird durch eine Anordnung von vier parallelen stabförmigen Metallelektroden (Quadrupol) erreicht, die Ionen eines definierten m/z-Verhältnisses unter dem Einfluss eines kombinierten Wechsel- und Gleichspannungsfeldes auf einer stabilen oszillierenden Bahn durchlaufen können (Abb. 14.24). Alle anderen Ionen mit einem unterschiedlichen m/z-Verhältnis fliegen auf instabilen Bahnen und werden durch Kollisionen mit den Metallstäben gestoppt.

Wie Abbildung 14.24 zeigt, besteht ein Quadrupol aus vier hyperbolisch geformten, stabförmigen Elektroden (in der Praxis werden aus Kostengründen meist kreiszylindrische Stäbe verwendet), die auf einem Kreis mit dem Radius r um die z-Achse angeordnet sind. An den Stäben liegt eine Gleichspannung U und eine Wechselspannung ($V \cdot \cos 2\pi f t$) mit der Frequenz f an, wobei gegenüberliegende Stäbe die gleiche Polarität der Gleichspannung und die gleiche Phase der Wechselspannung besitzen. Nebeneinanderliegende Stäbe haben demnach eine entgegengesetzte Polarität und eine um 180° versetzte Phase. In der Nähe der z-Achse ensteht ein elektrisches Potential ϕ:

$$\phi(x,y,t) = (U + V \cdot \cos 2\pi f t) \cdot \frac{x^2 - y^2}{r^2}$$

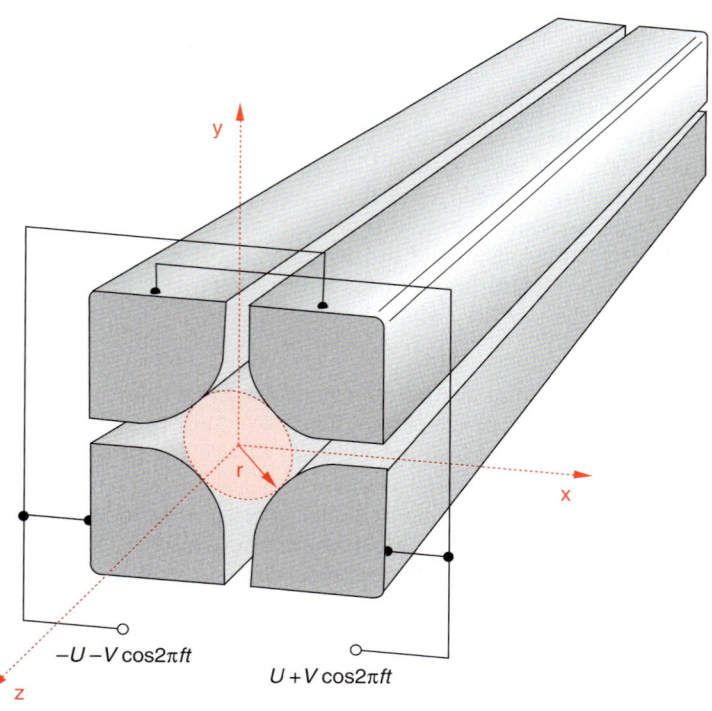

14.24 Elektrodenform und Elektrodenanordnung in einem Quadrupol-Massenfilter.

Die Ionen erhalten durch eine geringe Beschleunigungsspannung von 10-20 V eine ausreichende Translationsenergie, um in Richtung der z-Achse in das elektrische Feld des Quadrupols zu gelangen. Ihre Bewegung in der xy-Ebene wird durch folgende Gleichungen beschrieben:

$$m\frac{d^2x}{dt^2} = z \cdot e \frac{\partial \phi}{\partial x} = \frac{z \cdot e}{r^2}(U + V \cdot \cos 2\pi f t) \cdot x$$

$$m\frac{d^2y}{dt^2} = z \cdot e \frac{\partial \phi}{\partial y} = -\frac{z \cdot e}{r^2}(U + V \cdot \cos 2\pi f t) \cdot y$$

m = Masse des Ions
e = Elementarladung
z = Anzahl der Ladungen

Bereits 1868 hatte Mathieu bei Untersuchungen an schwingenden Membranen lineare Differentialgleichungen aufgestellt und entsprechende Lösungen gefunden. Auf diese griffen Paul und Steinwedel zurück, denn die Bewegungsgleichungen können als **Mathieusche Gleichungen** verstanden werden, wenn man sie mit den Parametern

$$a = \frac{2zeU}{m(\pi f r)^2} \text{ und } q = \frac{zeV}{m(\pi f r)^2}$$

wie folgt umformt:

$$\frac{d^2x}{d(\pi f t)^2} + (a + 2q \cos 2\pi f t)x = 0$$

$$\frac{d^2y}{d(\pi f t)^2} - (a + 2q \cos 2\pi f t)y = 0$$

Mit den Parametern a und q wird die Beziehung zwischen einem zu transferierenden Ion der Masse m mit z Elementarladungen e und den Eigenschaften des Quadrupols festgelegt. Letztere sind der Radius r entsprechend dem zwischen den Stäben zur Verfügung stehenden Raum, und das elektrische Feld, bestehend aus der Gleichspannung U und der Wechselspannung V mit der Frequenz f.

Die Mathieuschen Gleichungen haben zwei Arten von Lösungen: Eine Lösung führt zu endlichen Amplituden der Oszillationen entsprechend einer stabilen Bewegung durch den Quadrupol, die andere führt zu Amplituden, die in x- und/ oder y-Richtung exponentiell anwachsen.

Für Ionen mit einem gegebenen m/z-Verhältnis gibt es nun bestimmte Werte für die Parameter a und q, bei denen stabile Oszillationen in x- und y-Richtung möglich sind. Die numerische Auswertung der Mathieuschen Gleichungen ergeben ein Stabilitätsdiagramm für a und q (Abb. 14.25). Jeder Punkt in diesem Diagramm repräsentiert – bei gegebenen Werten für r, U, V und f – Ionen mit einem bestimmten m/z-Wert. Aus den Gleichungen für die Parameter a und q ergibt sich, dass das Verhältnis a/q immer gleich $2U/V$ ist:

$$\frac{a}{q} = \frac{2zeU}{m(\pi f r)^2} \frac{m(\pi f r)^2}{zeV} = \frac{2U}{V}$$

Damit liegen bei gleichem z alle Massen auf der Geraden a/q = konstant, der sogenannten Arbeitsgeraden (siehe Abb. 14.25).

Beim Scannen des Massenbereiches werden Gleichspannung U und Amplitude V des Wechselfeldes gleichzeitig erhöht, wobei das Verhältnis U/V und damit auch das Verhältnis a/q, sowie die Frequenz f (im Radiofrequenzbereich) konstant gehalten werden. Dadurch werden Ionen verschiedener Massen nacheinander in den stabilen Bereich des Quadrupolfeldes gebracht. Im Prinzip wäre auch eine Erhöhung der Frequenz unter Konstanthaltung von U und V möglich, ist aber aus technischen Gründen aufwendiger zu realisieren. Die Masse m ist direkt proportional zu U und V, so dass mit der Erhöhung der Spannungen ein lineares Massenspektrum erhalten wird.

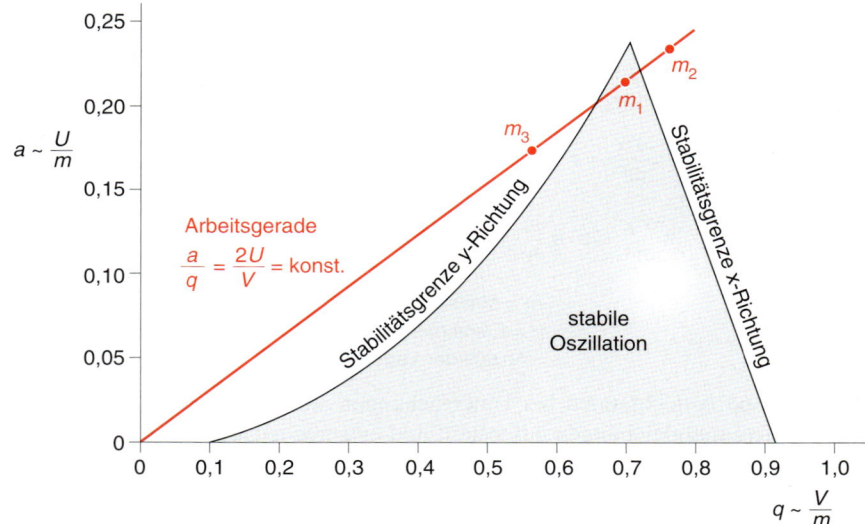

14.25 Stabilitätsdiagramm der Mathieuschen Gleichungen für das zweidimensionale Quadrupolfeld in x- und y-Richtung.

Die Massentrennung und damit die Massenauflösung $m/\Delta m$ wird durch das Verhältnis von U zu V erreicht. Dieses Verhältnis wird so gewählt, dass Ionen mit einem bestimmten m/z-Verhältnis in den Bereich der stabilen Oszillationen gelangen (siehe Schnittpunkte der Arbeitsgeraden in dem Stabilitätsdiagramm, Abb. 14.25). Die Ionen mit m_1/z werden in diesem Beispiel aufgrund stabiler Oszillationen in x- und y-Richtung auf einer Trajektorie duch den Quadrupol den Detektor erreichen. Für alle anderen Ionen (z.B. m_2/z, m_3/z) ergeben sich unter diesen Bedingungen in die x- oder y-Richtung instabile Oszillationen, so dass sie durch Stöße an die Stäbe gestoppt werden oder zwischen den Stäben hindurch verloren gehen.

> Die Massenauflösung $m/\Delta m$ hängt im Idealfall eines technisch perfekten Quadrupols nur vom Verhältnis U/V ab. Theoretisch wäre die maximale Massenauflösung erreicht, wenn die Arbeitsgerade in dem Stabilitätsdiagramm die Spitze des Bereiches stabiler Oszillationen berühren würde, entsprechend einem Wert von 0,1678 für das Verhältnis U/V. In der Praxis ist jedoch die erreichbare Massenauflösung abhängig von der Anfangsgeschwindigkeit der Ionen in x- und y-Richtung sowie von der Abweichung der Ionen von der idealen z-Richtung beim Eintritt in den Quadrupol. Deshalb wird mit zunehmender Auflösung die Empfindlichkeit abnehmen, da mehr Ionen mit einem bestimmten m/z-Verhältnis den Detektor nicht mehr erreichen.

Kommerzielle Quadrupolanalysatoren haben einen maximalen Massenbereich bis etwa m/z = 4000 und erzielen Auflösungswerte zwischen 500 und etwa 5000. Die Massenauflösung kann variiert werden, wobei eine erhöhte Auflösung aus den beschriebenen Gründen mit einem Empfindlichkeitsverlust verbunden ist. In der Regel werden die Geräte so eingestellt, dass in etwa eine Nominalmassenauflösung über den gesamten zugänglichen Massenbereich erreicht wird. Die Detektion der Ionen erfolgt in der Regel über einem Sekundärelektronenvervielfacher (Abschnitt 14.1.3). Quadrupolmassenspektrometer verfügen über eine hohe Ionentransmission von der Quelle bis zum Detektor, sind leicht zu fokussieren und zu kalibrieren und verfügen über eine große Stabilität der Kalibrierung im Dauerbetrieb. Diese praktischen Vorteile haben zu einer weiten Verbreitung der Quadrupol-Systeme in der organischen und biochemischen Analytik geführt.

14.2.4 Massenanalyse mit der Ionenfalle

Alternativ zu den Quadrupolanalysatoren kann zur Massenanalyse von ESI-Ionen die sogenannte Ionenfalle (*ion trap*) verwendet werden. Bereits in ihrer ersten Veröffentlichung über Quadrupolmassenspektrometer im Jahre 1953 wiesen Paul und Steinwedel darauf hin, dass ein dreidimensionales Quadrupolfeld sich zur Speicherung von Ionen eignen könnte. Wenige Jahre später stellten Paul und seine Mitarbeiter die erste funktionierende Ionenfalle vor. Die Methode wurde aber erst in den letzten Jahren technisch soweit entwickelt, dass sie in kommerziellen Geräten eingesetzt wird. Das Prinzip der Ionenfallen ist das Einfangen von Ionen in einem geeigneten elektrischen Feld. Die Ionen können für variable Zeiten (Mikrosekunden bis Sekunden) auf stabilen Bahnen gehalten und dann nach ihrer Masse analysiert werden.

Eine Ionenfalle besteht aus einer Ringelektrode und zwei Endkappen, an die Wechselspannungen angelegt werden (Abb. 14.26). In der Mitte der Endkappen befinden sich kleine, zentrische Öffnungen zum Einlass sowie Auswurf der Ionen. Der gesamte Analysator ist nicht größer als ein Würfel von ca. 10 cm Kantenlänge. Die Funktion der Ionenfalle basiert im wesentlichen auf demselben Prinzip wie der Quadrupol. Auch hier bestimmt die Lösung der Mathieuschen Differentialgleichungen die Wertebereiche von angelegter Gleich- und Wechselspannung, in denen Ionen stabile Bahnen beschreiben. Bildlich gesehen kann die Ringelektrode der Ionenfalle mit einem in sich gebogenen Quadrupolstab gleichgesetzt werden, dessen Enden miteinander verbunden sind. Die Endkappen begrenzen das System von beiden Seiten ähnlich wie zwei gegenüberliegende Stäbe im Quadrupol. Die Ionen werden damit nun nicht mehr wie im Quadrupol über eine bestimmte Strecke transportiert, sondern beschreiben Bahnen in dem in sich geschlossenen System, sie sind dort also „gefangen".

Das Stabilitätsdiagramm wird durch die Überlappung der stabilen Bereiche der beiden Endkappen und der Ringelektrode gebildet (Abb. 14.27). Anders als beim Quadrupol kommt es hier aber zunächst nicht darauf an, nur Ionen eines eng begrenzten Massenbereiches stabile Bahnen beschreiben zu lassen, sondern es sollen Ionen über einen möglichst weiten Massenbereich eingefangen und gespei-

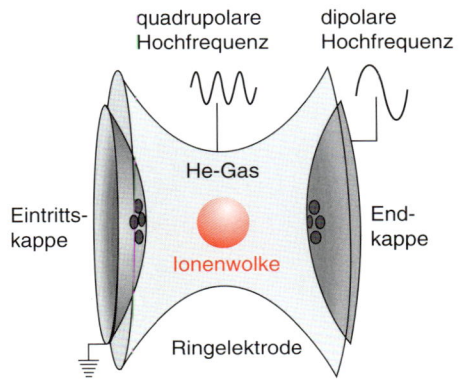

14.26 Prinzipieller Aufbau eines Ionenfallen-Massenspektrometers.

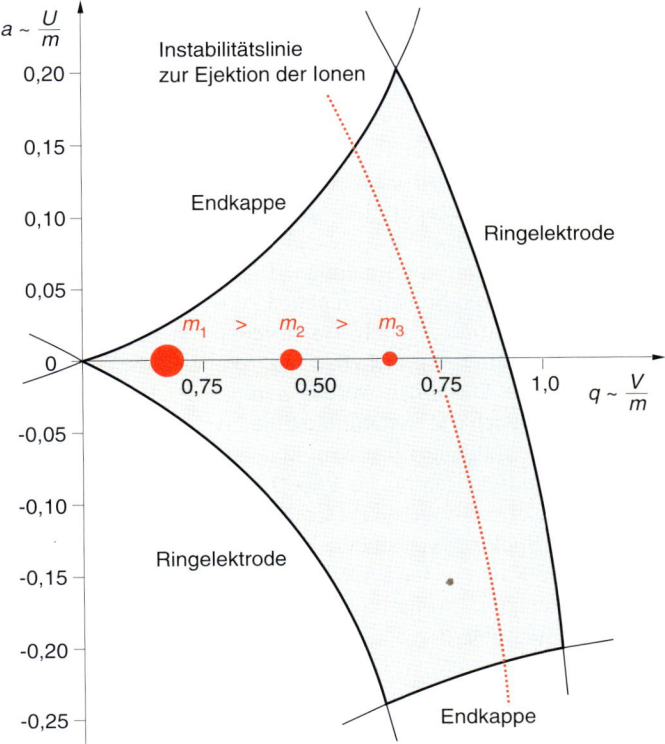

14.27 Stabilitätsdiagramm der Mathieuschen Gleichungen für die Ionenfalle.

chert werden. Betrachtet man das Stabilitätsdiagramm, so ist der weiteste Massenbereich stabiler Ionen gerade erreicht, wenn $a = 0$ ist, d.h keine Gleichspannung anliegt. Ionenfallen werden daher in der Regel nur mit Wechselspannung betrieben. Durch Anlegen der Wechselspannung an der Ringelektrode entsteht im Innern der Falle ein quadrupolares Feld. Dieses Feld erzeugt eine räumlich ausgedehnte Potentialmulde, in deren Mitte die Ionen fixiert werden. Allein durch das elektrische Feld könnten die in die Falle eintretenden Ionen jedoch nur zu einem sehr geringen Teil eingefangen werden. Da sie in einer externen Quelle außerhalb der Falle erzeugt und in die Ionenfalle transportiert werden müssen, treten sie dort mit einer bestimmten Geschwindigkeit ein. Ähnlich einer Murmel, die aus einiger Entfernung in eine kleine Mulde gerollt wird und wegen zu hoher Geschwindigkeit auf der anderen Seite wieder herausrollt, würden die meisten Ionen wegen ihrer Eintrittsgeschwindigkeit die Potentialmulde wieder „hinauflaufen" und die Falle verlassen bzw. gegen die begrenzenden Wände stoßen. Um die Ionen daher nach Eintreten in die Falle abzubremsen, ist sie mit Helium bei einem Druck von $3 \cdot 10^{-6}$ bar gefüllt. Durch Kollisionen mit den Heliumatomen verringern die Ionen ihre Geschwindigkeit und können damit effizienter durch das quadrupolare Feld eingefangen werden.

Während eines Messcyclus werden nun Ionen für eine begrenzte Zeit, gewöhnlich zwischen 0,1 und einigen 10 ms, in der Falle akkumuliert. Danach wird die Transferstrecke zwischen Ionenquelle und Falle durch Änderung der anliegenden elektrischen Potentiale blockiert, d.h. in die Falle können keine weiteren Ionen eintreten. Zum einen geschieht das, um eine zu hohe Raumladungsdichte von Ionen in der Falle zu vermeiden, die zu gegenseitiger Abstoßung der gespeicherten Moleküle und damit einer inkorrekten Bestimmung ihrer Masse führen würde. Zum anderen soll eine Beeinflussung der Massenanalyse durch nachfolgende Ionen verhindert werden. Zur Detektion werden die Ionen schließlich mit ansteigendem Molekulargewicht aus der Falle ejiziert und mit einem Sekundärelektronenvervielfacher (Abschnitt 14.1.3) nachgewiesen. Diese Ejektion kann dabei auf zweierlei Weise erfolgen. Die einfachste Möglichkeit ist, ähnlich wie beim Quadrupol, die Wechselspannungsamplitude V (bzw. q) zu erhöhen, um die Ionen nacheinander aus dem Stabilitätsbereich (Abb. 14.27) herauszudrängen. Damit wären aber nur ähnlich langsame Scangeschwindigkeiten wie beim Quadrupol zu erreichen, und die erzielbare Massenauflösung wäre recht begrenzt. Eine weitaus bessere Alternative ist es, die Ionen mit Hilfe von Multipolfeldern aus der Falle herauszuwerfen. Dazu wird die Kopplung des quadrupolaren Feldes an der Ringelektrode mit einem dipolaren Feld, das gleichzeitig an den Endkappen erzeugt wird, ausgenutzt. Diese Kopplung beider Felder entsteht durch eine spezielle Geometrie der Ringoberfläche oder der Endkappen der Ionenfalle. Durch die additive Überlagerung beider Felder wird eine Vielzahl von Feldern höherer Ordnung, sogenannte Hexa-, Octo-, Decapolfelder usw. in der Falle erzeugt. Mit dem Anstieg von q können die Ionen aus diesem Angebot an vielen, verschiedenen Multipolfeldern resonant Energie aufnehmen. Eine resonante Anregung befähigt sie extrem schnell zu größeren Schwingungen, so dass sie innerhalb kürzester Zeit aus der Falle herauskatapultiert werden. Im Kontext von Abbildung 14.27 ist das mit scharfen Instabilitätslinien gleichzusetzen, die innerhalb des eigentlichen Stabilitätsbereiches liegen. Die Ionen werden nun aus der Falle ejiziert, sobald sie mit ansteigendem q diese scharfe Instabilitätslinie erreichen.

In kommerziellen Ionenfallenanalysatoren können durch Anwendung des Multipoleffekts Scangeschwindigkeiten bis zu 13 000 u/s, mehr als 10 fach schneller als in Quadrupolsystemen, erreicht werden. Damit ist eine höhere Wiederholungsrate für die Aufnahme von Spektren verbunden, die wichtig für einen hohen sogenannten *Duty-Cycle* ist (der Rate der tatsächlich detektierten Ionen aus der kontinuierlich emittierenden Ionenquelle während eines Messcyclus). Gleichzeitig wird auch eine erhebliche Verbesserung der Massenauflösung erreicht: Werte bis nahe an 10 000 können hier erreicht werden. Der maximale *m/z* Bereich kann bis zu 6 000 betragen. Der schematische Aufbau eines Ionenfallen-Massenspektrometers mit einer ESI-Quelle ist in Abbildung 14.28 gezeigt.

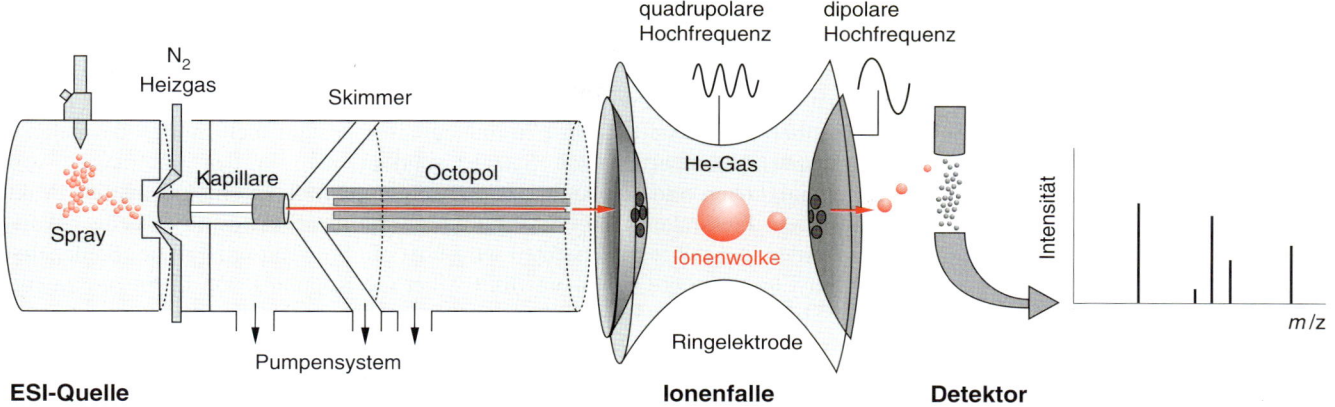

14.28 Schematischer Aufbau eines Ionenfallen-Massenspektometers. (Mit freundlicher Genehmigung von Arnd Ingendoh, Fa. Bruker-Franzen, Bremen).

14.2.5 Molekulargewichtsbestimmung mit ESI-MS

Probenvorbereitung

Entsprechend dem Prinzip der Elektrospray-Ionisation müssen die Analytmoleküle in gelöster Form zur Spitze der Elektrospray-Quelle geführt werden. Typische Lösungen sind meistens Gemische aus dipolaren organischen Lösungsmitteln (Methanol, Ethanol, Acetonitril usw.) und – beim Nachweis positiv geladener Analyt-Ionen (*positv mode*) – verdünnten wässrigen Säuren (0,01-0,1 % Ameisensäure, Essigsäure, TFA usw.). Dabei beschleunigen die hohen Dampfdrücke der organischen Lösungsmittel die Verdampfung des Lösungsmittels während des ESI-Prozesses, und das saure Milieu unterstützt die Protonierung der Analytmoleküle.

Zusätze wie Puffer, Salze und Detergenzien stören den Elektrospray-Prozess. Die Ionisierungseffizienz wird bereits durch geringe Konzentrationen an Puffern und Salzen (> 0,1 mM) oder Detergenzien (>10 μM) beeinträchtigt. Mit den in der Biochemie üblichen Konzentrationen an Puffersystemen (z. B. 100 mM Phosphatpuffer, 150 mM Kochsalz, 100 mM TRIS-Puffer usw.) und Zusätzen an Detergenzien ist in der Regel keine Bildung freier Analyt-Ionen mehr möglich. Aus der oben beschriebenen Modellvorstellung zum Ionisierungsmechanismus kann man sich den negativen Einfluss dieser Komponenten auf den Elektrospray-Prozess wie folgt vorstellen: Zum einen können die Puffer- und Salz-Ionen eine starke Ionenemission aus den Mikrotröpfchen hervorrufen und dadurch in Konkurrenz zur Ionenemission der Analyt-Ionen treten, zum anderen werden sie als nichtflüchtige Bestandteile in den Mikrotröpfchen auskristallisieren und so die Analytmoleküle irreversibel einschließen. Detergenzien, die vor allem zur Solubilisierung von Proteinen eingesetzt werden, können aufgrund ihrer starken Wechselwirkung mit den Proteinen die Bildung von freien gasförmigen Ionen behindern. Außerdem reichern sich Detergenzien aufgrund ihrer Oberflächenaktivität an der Oberfläche der Mikrotröpfchen an und beeinträchtigen auf diese Weise die Ionenemission.

Neben dem negativen Einfluss auf den Elektrospray-Prozess ergeben Puffer, Salze und Detergenzien selbst starke Ionensignale, oftmals auch in Form von Ionenserien, die auf der Bildung von Clustern oder Aggregaten (Dimere, Trimere usw.) beruhen. Eine hohe Empfindlichkeit der Messung sowie aussagekräftige Spektren werden in der Regel nur dann erreicht, wenn die Analytlösungen weitgehend frei von Puffern, Salzen und Detergenzien sind. Biochemische Proben sind deshalb in den meisten Fällen nicht direkt verwendbar.

Reversed-Phase-HPLC
Abschnitt 9.6

Eine der besten und wichtigsten Methoden zur Vorbereitung der Proben für die ESI-MS ist die Reversed-Phase-HPLC. Die verwendeten Puffersyteme für die Chromatographie, bestehend aus verdünnten Säuren (z. B. 0,05 % TFA) und organischen Lösungsmitteln (z. B. Acetonitril), sind mit dem Elektrospray-Prozess kompatibel. Der Vorteil dieser Chromatographie besteht nicht nur in der nahezu kompletten Abreicherung von Salzen, sondern auch in der Abtrennung von Verunreinigungen und der Aufkonzentrierung der Probe zu einem scharfen Peak. Bei kleinen Flussraten kann die HPLC direkt an die Elektrospray-Quelle gekoppelt werden, bei höheren Flussraten wird über ein Split nur ein Teil der Säuleneluation der Elektrospray-Quelle zugeführt. Über die Kopplung von Chromatographie und ESI-MS (auch als **LC-MS** bezeichnet) ist eine direkte Korrelation der Retentionszeit des Analyten über das UV-Chromatogramm und der entsprechenden Masse über den Total-Ionenstrom (*total ion current*, TIC) möglich (Abb. 14.29).

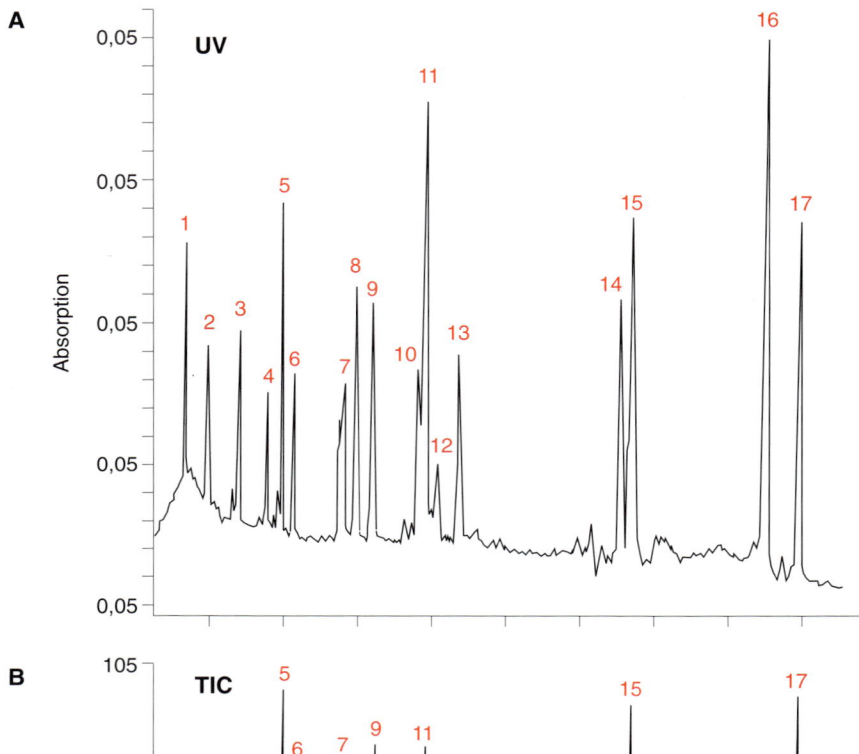
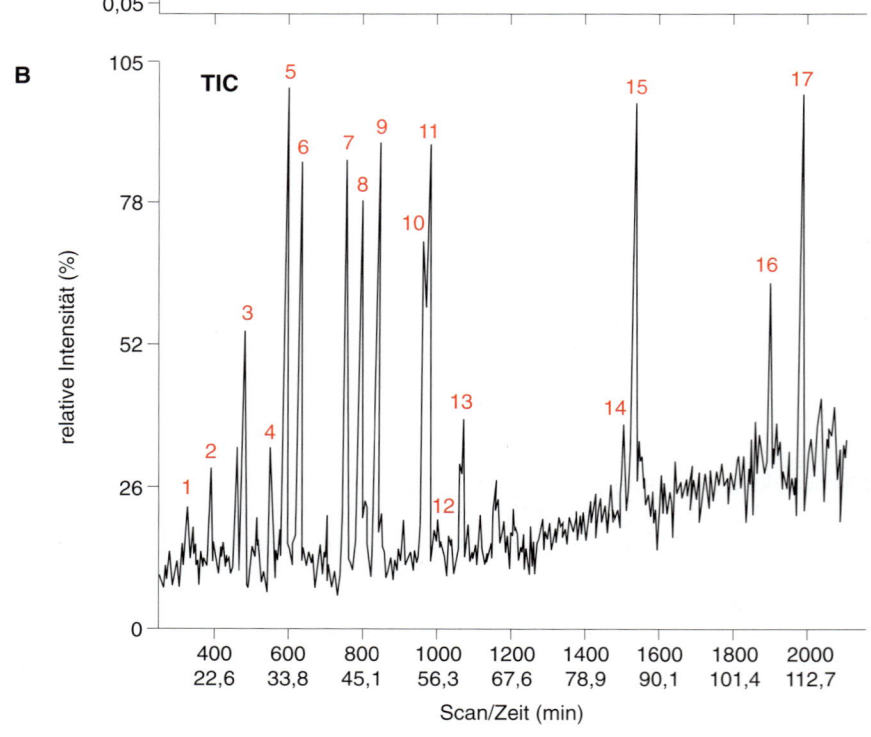

14.29 Auftrennung und Massenanalyse eines proteolytischen Verdaus eines Proteins über die Kopplung von Reversed-Phase-Chromatographie und ESI-Massenspektrometrie (LC-MS). (Nach Eckerskorn et al., J. Prot. Chem. 16, 1997, 349-362).
Während des Chromatographie-Laufs werden über einen vorgewählten Massenbereich cyclisch Massenspektren aufgenommen. Die Aufnahmezeit pro Spektrum (Scan-Geschwindigkeit) wird auf die Elutionszeiten der Chromatographie-Fraktionen abgestimmt (in dem gezeigten Beispiel etwa 3,4 Sekunden pro Massenspektrum). Das Ergebnis der Massenanalyse besteht aus sequentiell aufgenommenen Massenspektren (in dem gezeigten Beispiel 2200). Jedes Massenspektrum kann durch Addition alle Ionensignale auf einen Wert, den Total-Ionenstrom (TIC) reduziert werden. Die zeitliche Darstellung dieser TICs ergeben das Total-Ionenchromatogramm. Somit entprechen die einzelnen Peaks der UV-Absorption aus der Chromatographie (A) den Peaks aus dem Totalionenchromatogramm (B).

ESI-Spektrum

Charakteristisch für den ESI-Prozess ist, dass es zur Bildung von mehrfach geladenen Ionen kommt. Daher findet man für Peptide und Proteine entsprechend ihrer Masse eine Serie von Ionensignalen, die sich jeweils um eine Ladung (in der Regel durch Addition eines Protons im positven Modus oder Substraktion eines Protons im negativen Modus) unterscheiden. Abbildung 14.30 zeigt als Beispiel für ein Peptidspektrum das von Neurotensin, Abbildung 14.31 das Spektrum eines Proteins (Protease LA).

Bei der Analyse von Peptidspektren können anhand des Abstands der Isotope das einfach geladene Molekül-Ion (Abstand jeweils 1 Da) sowie das doppelt geladene Ion (Abstand jeweils 0,5 Da) erkannt werden. Die Ladungsverteilung der Molekül-Ionen hängt von mehreren Faktoren ab: Mit zunehmender Masse nimmt die mittlere Zahl von Ladungen ebenso zu wie mit zunehmender Zahl an sauren oder basischen funktionellen Gruppen. Dieser Effekt ist auch abhängig von der Wahl und der Zusammensetzung des Lösungsmittels. So beobachtet man beispielsweise in Puffersystemen, wie sie in der Reversed-Phase-Chromatographie

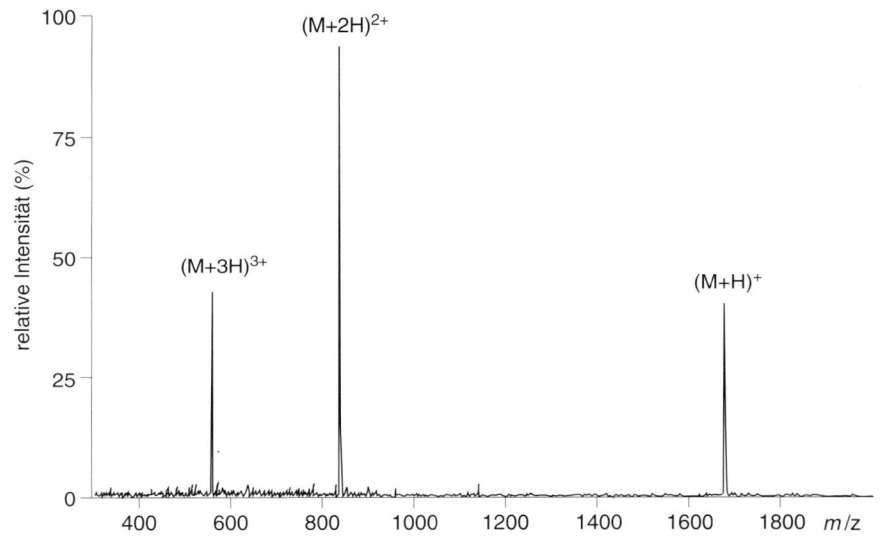

14.30 ESI-Spektrum des Peptids Neurotensin.

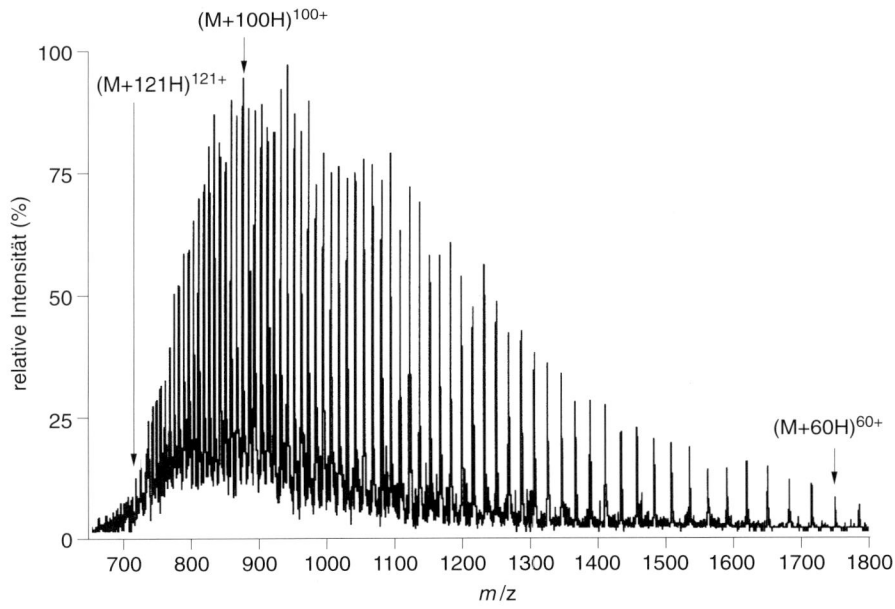

14.31 ESI-Spektrum des Proteins Protease LA aus *E. coli*.

verwendet werden (je nach Retentionszeit ein Gemisch aus Wasser/Acetonitril/ 0,1 % TFA), dass bei Peptiden mit einem Molekulargewicht < 1000 Da die einfach geladenen und bis etwa 2000 Da die doppelt geladenen Ionen dominieren. In dem gezeigten Beispiel (Abb. 14.30) ist das zweifach protonierte Ion bei m/z 836,9 als intensivstes Ion zu sehen und zusätzlich noch zwei schwächere Signale für das einfach und dreifach protonierte Molekül bei m/z 1672,9 und m/z 558,3.

Die Spektren von Proteinen zeigen eine charakteristische, etwa glockenförmige Ladungsverteilung der Molekül-Ionen. Das Maximum der Verteilung ist abhängig von Parametern des ESI-Massenspektrometers (Orifice-Spannung, Dichte des Curtain-Gases etc.), dem pH-Wert des Lösungsmittels sowie vom Denaturierungszustand des Proteins. Nach Spaltung von Disulfidbrücken und durch Denaturierung nehmen Proteine eine räumlich ausgedehntere Struktur an, so dass mehr funktionelle Gruppen beim Elektrospray-Prozess Ladungen aufnehmen (oder abgeben) können. Das Maximum der Ladungsverteilung wird zu höheren Ladungen hin verschoben.

Die Anzahl der Ladungen n eines mehrfach geladenen Molekülions und damit das Molekulargewicht M lassen sich aus den gemessenen Masse-Ladungs-Verhältnissen m zweier beliebig aufeinanderfolgender Molekülionen ($m_2 > m_1$) einer Ladungsverteilung berechnen:

$$m_1 = \frac{M + nX}{n} \quad (1) \quad \text{und} \quad m_2 = \frac{M + (n-1)X}{(n-1)} \quad (2)$$

X ist dabei die Masse der Ladungsträger, d. h. für die Addition eines Protons ist $X = 1$ (im positiven Modus) für Subtraktion eines Protons ist $X = -1$ (im negativen Modus).

Aus den Gleichungen (1) und (2) lässt sich n berechnen:

$$n = \frac{m_2 - X}{m_2 - m_1}$$

und

$$M = n(m_1 - X)$$

Die Auswertung der Spektren erfolgt in der Regel mit Hilfe von Computerprogrammen, mit denen entweder aus allen Signalen oder aus einzelnen selektierten Signalen das Molekulargewicht bestimmt werden kann. Als Resultat erhält man sogenannte Rekonstruktionen (in der Literatur auch als *hypermass* bezeichnet), die ein gegebenes Spektrum für einen entsprechenden Molekulargewichtsbereich umgerechnet zeigen. Für die in den Abbildungen 14.30 und 14.31 gezeigten Spektren von Neurotensin und Protease LA sind die entsprechenden Rekonstruktionen in Abbildung 14.32 dargestellt. Aus den gerechneten Peaks kann nun direkt das Molekulargewicht abgelesen werden. Die Standardabweichung ergibt sich aus der Mittelwertbildung über die Einbeziehung aller oder mehrerer Signale einer Ionenserie.

Zur Aufnahme eines Spektrums, d. h. für das Scannen der Quadrupole über den Massenbereich sind zwei Parameter wichtig: die Größe von Stufen (*step size*), in die der gewählte Scan-Bereich gleichmäßig unterteilt wird (in der Praxis zwischen 0,05 und 0,5 amu) und der Zeit (*dwell time*), mit der auf einer Stufe gemessen wird (unterer Millisekundenbereich). Mit der *step size* wird die Genauigkeit, mit der *dwell time* die Empfindlichkeit der Massenbestimmung beeinflusst. Man wird also mit möglichst kleiner *step size* und möglichst langer *dwell time* arbeiten. Aus dem Produkt von *step size* und *dwell time* ergibt sich die benötigte Scan-Zeit, um ein Spektrum aufzunehmen (in der Regel mehrere Sekunden). Da während der Messzeit für ein Spektrum kontinuierlich der Analyt zugeführt wird, bestimmt die Scan-Zeit auch den absoluten Verbrauch an Analyten. In der Praxis wird man entsprechend der vorgegebenen Menge und Konzentration der Analytlösung einen Kompromiss aus *step size* und *dwell time* wählen. Beispielsweise könnte man das Spektrum eines Peptids in einem Messbereich von 300–2 000 amu mit einer *step size* von 0,2 amu und einer *dwell time* von 0,7 ms in 7 Sekunden erhalten.

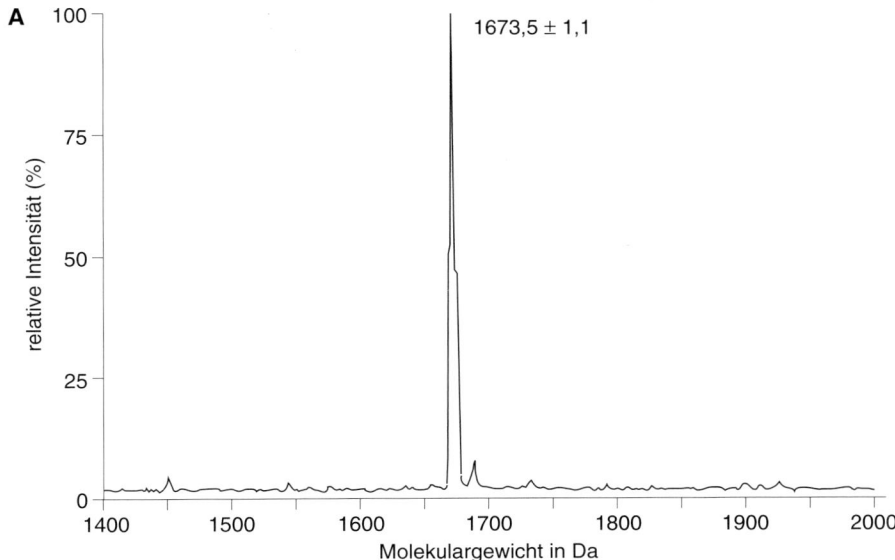

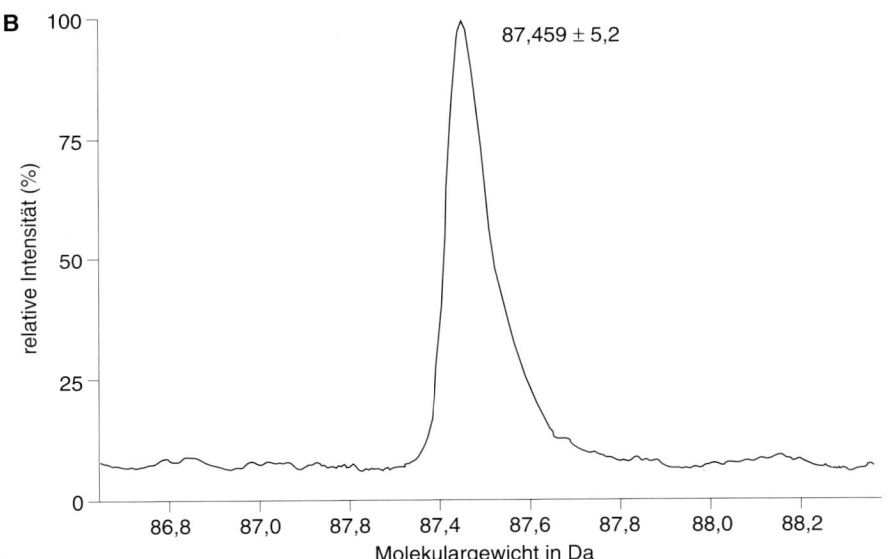

14.32 Bestimmung des Molekulargewichts aus ESI-Spektren. Mit Hilfe eines Computerprogramms wurden das Peptidspektrum für Neurotensin (A, siehe Abb. 14.30) und das Proteinspektrum für die Protease LA (B, siehe Abb. 14.31), für die entsprechenden Molekulargewichtsbereiche umgerechnet.

Besonders empfindlich lassen sich Messungen durchführen, wenn die Masse eines Analyten bekannt ist. Hier wird nur über den begrenzten Bereich des zu erwartenden Molekül-Ions (etwa 5 amu) gescannt, wobei man die *dwell time* in den oberen Millisekunden- bis Sekundenbereich setzt. Für das oben gewählte Peptid würde man bei gleicher *step size* (0,2 amu) und gleicher Scan-Zeit (7 Sekunden) eine *dwell time* von 0,5 s für einen Messbereich von 5 amu erreichen. Dieser als **single ion monitoring** (SIM) bekannter Scan-Modus wird auch benutzt, um bekannte Substanzen in Gemischen direkt nachzuweisen.

14.2.6 Strukturanalyse mit ESI-MS

Mit der Einführung sogenannter Triple-Quadrupol-Instrumente (oft auch als **Tandem-Massenspektrometer** bezeichnet) ist es möglich geworden, über die Massenanalyse der ESI-Ionen hinaus auch gezielt Strukturinformationen über einzelne Ionen zu erhalten. Das Triple-Quadrupol-Massenspektrometer besteht aus vier Quadrupolen Q0 bis Q3 mit zwei Messquadrupolen (Abb. 14.33). Q0 ist dabei ein

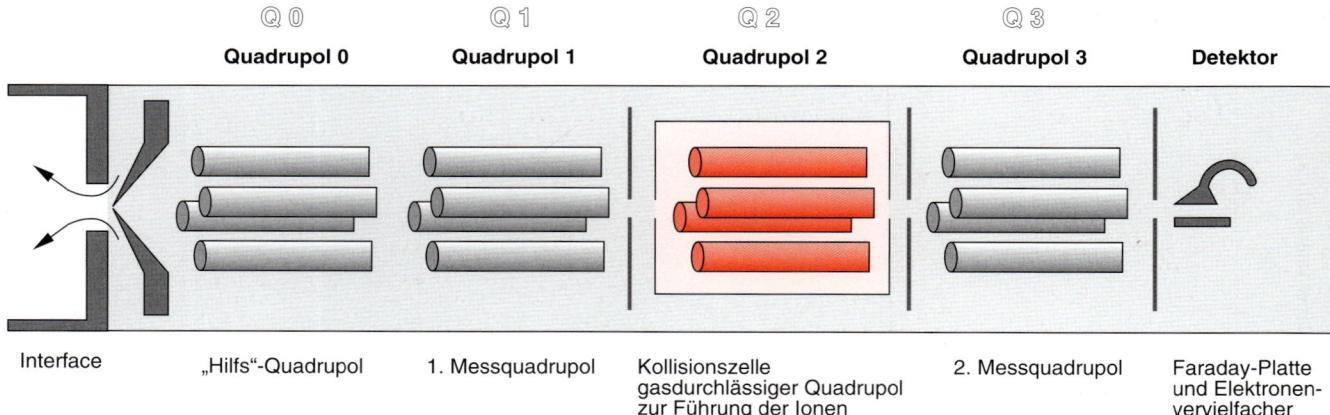

14.33 Schematischer Aufbau eines Triple-Quadrupol-Massenspektrometers.

„Hilfsquadrupol", der nur mit Wechselstrom (ohne Gleichstrom-Komponente) betrieben wird, um ein besseres Eintreten der Ionen in den zentralen Ionenweg zu gewährleisten. Dadurch wird verhindert, dass durch die Gleichstrom-Komponente eines Quadrupols erzeugte Streufelder Ionen beim Eintritt durch Kollisionen mit den Elektroden stoppen, bevor sie im Zentrum des Quadrupolfeldes zu oszillieren beginnen. Q1 ist der erste Messquadrupol zum Scannen der Ionen. Q2 führt die Ionen durch eine Kollisionskammer, die mit Gas (Stickstoff, Helium oder Argon) gefüllt werden kann. Durch Kollision mit den Gasatomen fragmentieren die Ionen, wobei die Molekulargewichte der entstandenen Fragmente in dem Messquadrupol Q3 bestimmt werden können. Da die Ionen in einem Quadrupol-Analysator nur eine niedrige kinetische Energie in der Größenordnung von einigen eV besitzen, werden sie vor der Stoßaktivierung zusätzlich mit etwa 20-150V beschleunigt, um eine effektivere Fragmentierung zu erhalten. Neben der kinetischen Energie wird die Fragmentierungseffizienz auch vom Gasdruck in der Kollisionskammer beeinflusst. Mit zunehmendem Gasdruck nimmt der Anteil an Mehrfachstößen und damit auch die Anregungsenergie zu. Abschätzungen haben ergeben, dass bei einer Abnahme der Signalintensität eines Vorläufer-Ions auf etwa 30 % jedes Vorläufer-Ion im Mittel einen Stoß erfährt. Die Fragmentierung durch niederenergetische Stöße wird in der Literatur als **CID** (engl. *collisionally induced decay*), die Fragment-Ionen als CID-Ionen und die Spektren entsprechend als CID-Spektren bezeichnet.

Mit einem Triple-Quadrupol-Massenspektrometer lassen sich nun verschiedene, auch als **MS/MS-Analysen** bezeichnete Experimente durchführen (Abb. 14.34):

Produkt-Ionen-(Tochter-Ionen-)Analyse Bei der Produkt-Ionen-Analyse wird das Quadrupolfeld von Q1 so eingestellt, dass nur Ionen einer bestimmten Masse transferiert werden. Diese Vorläufer-Ionen werden in Q2 fragmentiert und die Produkt-Ionen (Tochter-Ionen) anschließend in Q3 analysiert. Die Produkt-Ionen-Analyse ist die häufigste MS/MS-Methode, da eine Identifizierung oder auch Quantifizierung von Einzelkomponenten in Gemischen ohne vorherige chromatographische Auftrennung durchgeführt werden kann. In der Proteinchemie wird diese Technik zur Sequenzierung von Peptiden genutzt (siehe unten).

Vorläufer-Ionen-Analyse Die Zuordnung zwischen Vorläufer- und Produkt-Ionen lässt sich auch in der umgekehrten Richtung durchführen. Dazu werden die Ionen des gesamten Massenbereiches wie bei der Aufnahme eines normalen Massenspektrums durch Q1 transferiert. Die Ionen erreichen dann sequentiell Q2, wo sie nacheinander fragmentiert werden. Q3 ist auf eine bestimmte, ausgewählte Fragmentmasse eingestellt, so dass über Q3 nur Ionen detektiert werden können, wenn Q1 die entsprechenden Vorläufer-Ionen dieser Fragment-Ionen in die Kolli-

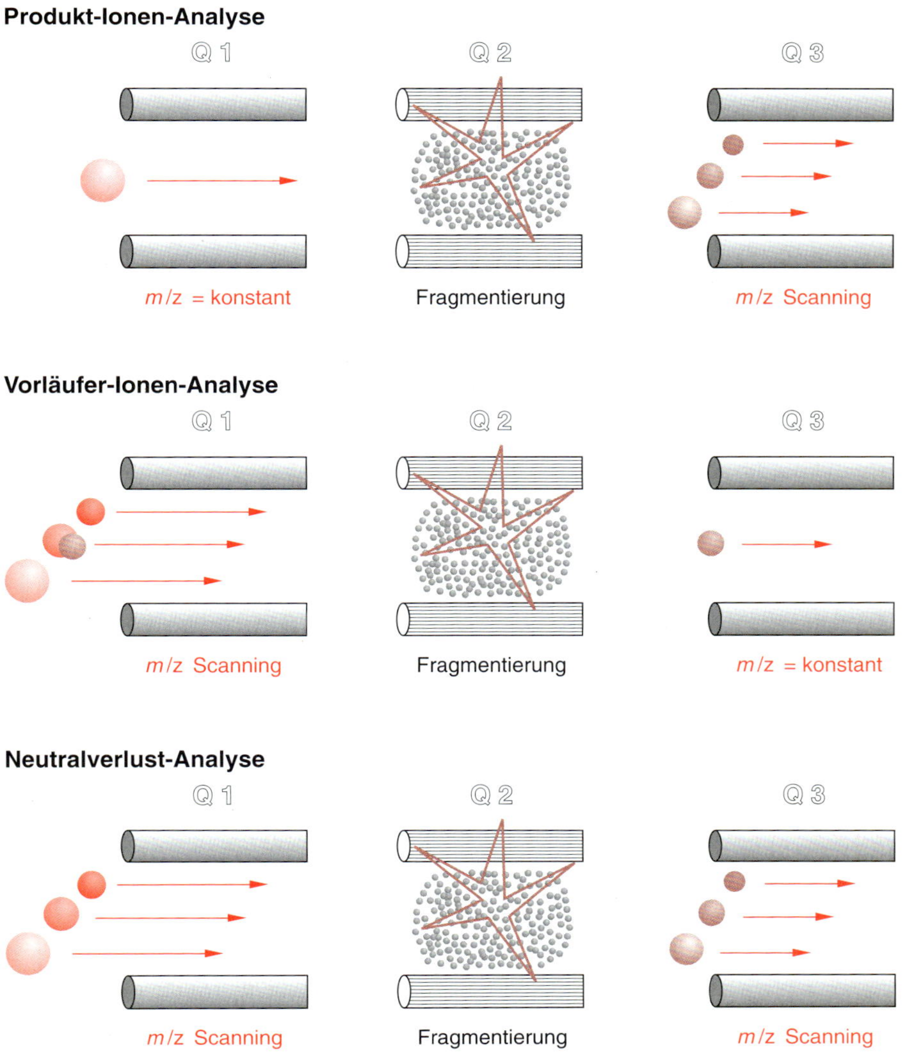

Produkt-Ionen-Analyse

Q1	Q2	Q3
m/z = konstant	Fragmentierung	m/z Scanning

Vorläufer-Ionen-Analyse

Q1	Q2	Q3
m/z Scanning	Fragmentierung	m/z = konstant

Neutralverlust-Analyse

Q1	Q2	Q3
m/z Scanning	Fragmentierung	m/z Scanning

14.34 Prinzipien verschiedener Analysen mit einem Triple-Quadrupol-Massenspektrometer.

sionskammer transferiert. Die Massenskala eines Vorläufer-Ionen-Spektrums entspricht der Massenskala von Q1. Somit können bestimmte Vorläufer-Ionen, beispielsweise glykosylierte Peptide über spezifische Produkt-Ionen (Zuckerbruchstücke) in einem Gemisch identifiziert werden.

Neutralverlust-Analyse Auch der Verlust eines Neutralteilchens aus einer Fragmentierung kann nachgewiesen werden. Wie in der Vorläufer-Ionen-Analyse werden die Ionen des gesamten Massenbereiches durch Q1 in Q2 transferiert und nacheinander fragmentiert. Q3 ist nun nicht mehr auf eine bestimmte Masse gesetzt, sondern arbeitet synchron mit Q1 im Scanbetrieb, allerdings um die Masse des nachzuweisenden Neutralverlusts zurückversetzt. Dadurch werden Ionen nur dann am Detektor registriert, wenn ein entsprechendes Vorläufer-Ion in Q2 ein Fragment-Ion mit der selektierten Massendifferenz erzeugt. Die Massenskala entspricht auch hier der Massenskala von Q1.

14.2.7 Sequenzierung von Peptiden mit ESI-MS

Peptide zerfallen nach Kollisionsaktivierung bevorzugt zwischen dem Carbonylkohlenstoff und dem Amidstickstoff der Peptidkette (siehe Abb. 14.17 oben). Wie in Abschnitt 14.1.5 bereits beschrieben, treten solche Stoßaktivierungen während des MALDI-Prozesses auf, und aus der Analyse der als PSD-Ionen bezeichneten Fragment-Ionen kann prinzipiell die Sequenz ermittelt werden. Diese Eigenschaft macht man sich auch bei der Sequenzierung mit ESI zunutze.

Bei Verwendung der Elektrospray-Ionisation an einem Quadrupol-Massenspektrometer müssen die Ionen im Interfacebereich (Abb. 14.22) systembedingt eine Zone mit hohem Druck durchqueren. Das Gas in dieser Region besteht vor allem aus heißen Stickstoffmolekülen des Curtain-Gases und Lösungsmittelmolekülen des Desolvatisierungsprozesses. Unter Standard-Messbedingungen beobachtet man keine Fragmentierung von Peptiden. Erst wenn sich durch Erhöhung der Spannung am Orifice (Skimmer) die kinetische Energie der Ionen erhöht, findet eine Fragmentierung statt. Diese Fragmentierung im Interfacebereich des Massenspektrometers wird in der Literatur auch als **API-CID** (API, *atmospheric pressure ionization*) bezeichnet. Sie wird vor allem bei sogenannten Single-Quadrupol-Massenspektrometern genutzt, die nur aus der Kombination Q0 und Q1 bestehen. Die klassische Art der Stoßaktivierung wird in der Kollisionskammer der Triple-Quadrupol-Instrumente als Produkt-Ionen-Analyse durchgeführt. Die Fragmentierung lässt sich hier über die Beschleunigungsspannung und den Gasdruck besser kontrollieren, so dass im Allgemeinen effizientere Fragmentierungen erzielt werden.

Ähnlich ist auch in der Ionenfalle eine Fragmentierung der Ionen möglich. Hierbei wird das in der Falle befindliche Heliumgas, ähnlich wie in der Kollisionszelle eines Triple-Quadrupols für CID benutzt. Zunächst wird das interessierende Ion isoliert. Ionen geringeren Molekulargewichts werden dazu durch Anheben von q aus der Falle ejiziert, Ionen höheren Molekulargewichts durch ein Frequenzgemisch an den Endkappen resonant auf höhere Orbits angeregt, bis sie gegen die begrenzenden Wände stoßen. Diese Isolation kann sehr genau ausgeführt werden: Selbst einzelne Isotopomere aus einer Isotopenverteilung können auf diese Weise selektiert werden. Danach werden nun diese Ionen resonant angeregt, indem die ihrem Molekulargewicht entsprechende Frequenz an die Endkappen angelegt wird. Die Amplitude dieser Anregung kann frei gewählt werden; dabei ist darauf zu achten, dass sie nicht so hoch ist, dass die Ionen gegen die Fallenwände stoßen. Die Ionen kollidieren nun für eine gewisse Zeit mit den Heliumatomen, bis sie genügend innere Energie aufgenommen haben, um zu fragmentieren. Da sie während dieses Prozesses aber weiterhin in der Falle eingefangen sind, kann die Dissoziation sehr gut durch Variation der Amplitude und Dauer der Anregung kontrolliert werden. In sehr vielen Fällen können die Mutter-Molekül-Ionen daher zu 100 % dissoziiert werden. Die Fragmente werden anschließend aus der Falle ejiziert und detektiert. Alternativ kann man aber weitere Dissoziationsschritte anschließen. Die Fragmente verbleiben dann weiterhin in der Falle, so dass nun wiederum eines darunter isoliert und ein weiterer MS/MS-Schritt durchgeführt werden kann. Prinzipiell ist dieser Zyklus mehrfach möglich, man bezeichnet das als MS^n. Solche Mehrfachdissoziationen können zur Verifikation von Ergebnissen aus vorherigen MS/MS-Schritten verwendet werden. In vielen Fällen ist aber auch die Dissoziation ab einem bestimmten Molekulargewicht gehemmt, weil die entstandenen Fragmente relativ stabil sind. Um trotzdem Ionensignale unterhalb dieses Molekulargewichts zu erhalten, kann das letzte Fragment wiederum isoliert und weiter dissoziiert werden. Abbildung 14.35 zeigt MS^n-Resultate an einem größeren Peptid der Masse 2739 Da. Im Massenspektrum sind verschiedene, mehrfach geladene Signale des Peptids zu beobachten (Abb. 14.35A). Daraus wurde das doppelt geladene Ionensignal isoliert und fragmentiert (Abb. 14.35B). Aufgrund des doppelt geladenen Muttermolekül-Ions entstehen nun Fragmente, die einfach oder doppelt geladen sein können. Um die jeweils gleichgeladenen Signale, aus deren Abständen die Aminosäuren ermittelt werden, einander zuordnen zu können, muss zunächst der Ladungszustand der einzelnen Peaks bestimmt werden. Dazu ist eine hinreichende Auflösung der Isotopenverteilung nötig. Wie der Ausschnitt in Abbildung 14.35B zeigt, ist das bei der Ionenfalle ohne weiteres möglich. Aus dem MS/MS-Spektrum konnten 20 der 25 Aminosäuren der Peptidsequenz verifiziert werden. Allerdings ist offensicht-

14 MASSENSPEKTROMETRIE 367

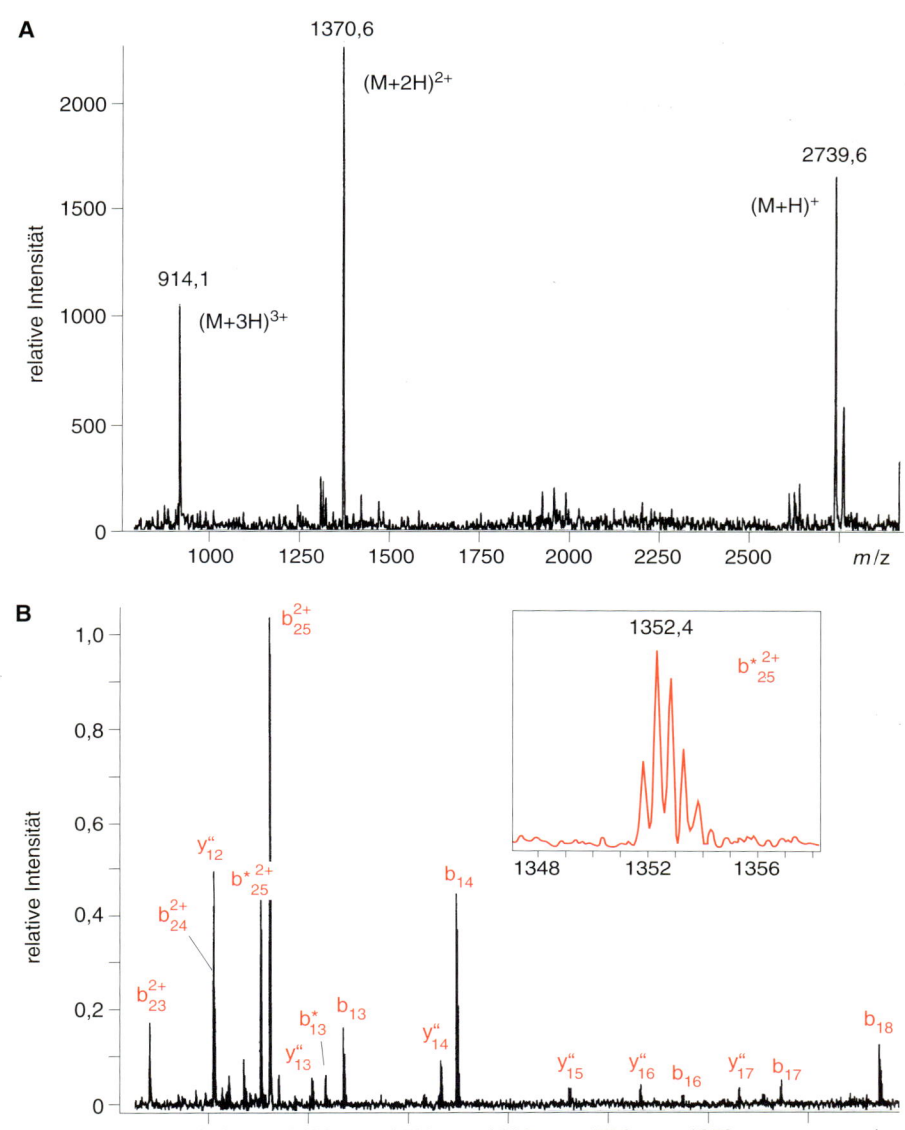

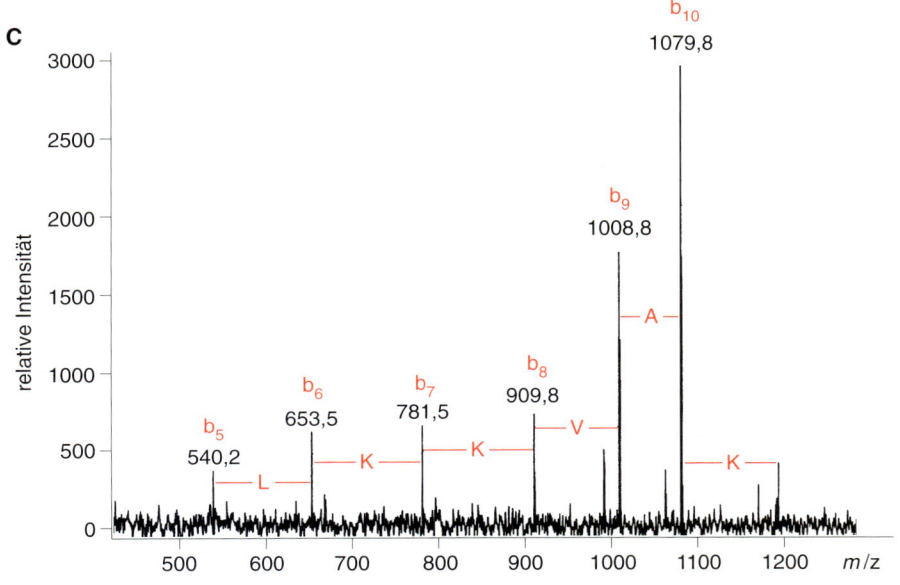

14.35 MS^n Resultate mit einer Ionenfalle an einem Peptid der Masse 2739 Da. (Mit freundlicher Genehmigung von Arnd Ingendoh, Fa. Bruker-Franzen, Bremen).
A. Massenspektrum des Peptids mit seinen für die Elektrospray-Ionisation typischen, mehrfach geladenen Signalen. Für die Sequenzierung wurde das doppelt geladene Ionensignal (m/z = 1370) isoliert und fragmentiert.
B. MS/MS-Spektrum des doppelt geladenen Ionensignals (gezeigt ist nur der obere m/z Bereich). In der Ionenfalle entstehen fast ausschließlich Ionen der y- und b-Ionen. Ist die Zuordnung nicht eindeutig, kann ein weiterer Fragmentierungsschritt eines Fragment-Ions (MS^3) durchgeführt werden.
C. MS^3-Spektrum für das Fragment der b-Serie mit der Masse 1208 Da. Dabei ergeben sich nur noch Fragmente der b-Serie, aus denen direkt ein Teil der Sequenz ermittelt werden kann.

lich, dass die Interpretation der MS/MS häufig durch die Mischung der verschiedenen *N*- und *C*-terminalen Fragmente erschwert wird. Obwohl in der Ionenfalle in der Regel lediglich y- und b-Ionen auftreten, ist die Zuordnung beider Serien häufig nicht eindeutig. Allerdings können die Signale hier oft durch Anfügen eines weiteren Fragmentierungsschritts, MS^3, auf eine Serie beschränkt werden. Für das erwähnte Peptid wurde dazu das Fragment der Masse 1208 Da, ein b-Ion, nochmals dissoziiert (Abb. 14.35C). Dabei ergeben sich jetzt lediglich Fragmente der b-Serie, aus denen direkt und ohne Probleme ein Teil der Sequenz ermittelt werden kann.

Weiterführende Literatur

Burlingame A. L., Boyd R. K., Gaskell S. J. Analytical Chemistry, Vol 68, No. 12, 1996.

Chapman J. R. Protein and Peptide Analysis by Mass Spectrometry. Humana Press, Totowa, New Jersey, 1996.

John Wiley & Sons, Chichester 1996

Lehmann W. D. Massenspektrometrie in der Biochemie. Spektrum Akademischer Verlag, Heidelberg 1996.

De Hoffmann E., Charette J., Stroobant V. (Hrsg.) Mass Spectrometry: Principles and Applications.

Teil II

3D-Strukturaufklärung

15 NMR-Spektroskopie von Biomolekülen

Das Phänomen der Kernmagnetischen Resonanz (NMR, *Nuclear Magnetic Resonance*) wurde 1945 entdeckt: In einem homogenen Magnetfeld spalten die Energieniveaus des Kernspins in mehrere Zustände auf. Zwischen ihnen kann ein Übergang induziert werden, wenn man Radiowellen mit einer Frequenz einstrahlt, die dem Energieunterschied der Zustände entspricht. Dabei unterscheidet sich die NMR jedoch in zwei wesentlichen Punkten von üblichen optischen spektroskopischen Methoden: Zum einen wird die Aufspaltung der Energieniveaus erst durch das Magnetfeld induziert, zum anderen findet die Wechselwirkung der Kernspins mit der magnetischen und nicht mit der elektrischen Komponente der elektromagnetischen Strahlung statt.

Die Bedeutung der Kernmagnetischen Resonanz ist seit dem Ende der 60er Jahre enorm gestiegen, nachdem die gepulste Fourier-Transform-NMR und die mehrdimensionale NMR-Spektroskopie eingeführt wurden.

Die Hauptanwendung der NMR-Spektroskopie ist die strukturelle Analytik in der Organischen Chemie und der Biochemie: Die NMR-Spektroskopie ist heute neben der Röntgenstrukturanalyse die einzige Methode, mit der die Strukturen von Biomakromolekülen wie Proteinen oder Nucleinsäuren auf atomarem Niveau aufgeklärt werden können. Zusätzlich zur Strukturaufklärung können mit der NMR-Spektroskopie auch zahlreiche zeitabhängige Phänomene untersucht werden: von der intramolekularen Dynamik von Proteinen oder Nucleinsäuren über molekulare Erkennungsprozesse bis hin zu Reaktionskinetiken oder der Faltung von Proteinen. Diese Komplementarität zur Röntgenstrukturanalyse macht die NMR-Spektroskopie zu einer äußerst wertvollen Technik in der Biochemie und Biophysik.

Die Limitierungen der NMR-Spektroskopie ergeben sich aus der relativ niedrigen Empfindlichkeit der Technik sowie dem hohen Grad an Komplexität und Informationsgehalt der NMR-Spektren. Diese Probleme sind durch zahlreiche Entwicklungen teilweise überwunden worden: Weiterentwicklungen in der Spektrometertechnik und immer stärkere Magnetfelder mit supraleitenden Magneten verbessern die Empfindlichkeit und Auflösung. Fortschritte in den theoretischen und experimentellen Fähigkeiten der NMR-Spektroskopie führen zu einer immer effizienteren Ausnutzung des Informationsgehalts von NMR-Spektren. Parallele Entwicklungen wie die rekombinante Proteinexpression erlauben die relativ einfache Herstellung der erforderlichen Probenmenge. Hinzu kommen Verfahren zur Markierung mit den nur selten vorkommenden Isotopen ^{13}C und ^{15}N, so dass auch Signale dieser Kerne gemessen werden können. Dadurch kann man die Spektren extrem vereinfachen sowie weitere Parameter bestimmen, die Aussagen über die Struktur und Dynamik von Proteinen zulassen. Durch diese Entwicklungen können heute Proteine mit einer Masse von bis zu 30 kDa relativ bequem NMR-spektroskopisch untersucht werden.

Der wichtigste Atomkern für die NMR-Spektroskopie ist das Proton. Daneben gibt es aber noch andere magnetisch aktive Kerne (Tab. 15.1), von denen ^{13}C, ^{15}N und ^{31}P für die NMR-Spektroskopie von Biomolekülen wichtig sind.

Tabelle 15.1 Kernspin, natürliche Häufigkeit, gyromagnetisches Verhältnis γ sowie relative und absolute Sensitivität einiger wichtiger Kerne für die NMR-Spektrosokopie an biologischen Makromolekülen.

Kern-Isotop	Spin I	natürliche Häufigkeit in %	gyromagnetisches Verhältnis γ[1] (10^7 rad T^{-1} s^{-1})	Sensitivität rel.[2]	Sensitivität abs.[3]
^{1}H	½	99,98	26,7519	1,00	1,00
^{2}H	1	0,016	4,1066	$9,65 \cdot 10^{-6}$	$1,45 \cdot 10^{-6}$
^{12}C	0	98,9	–	–	–
^{13}C	½	1,108	6,7283	$1,59 \cdot 10^{-2}$	$1,76 \cdot 10^{-4}$
^{14}N	1	99,63	1,9338	$1,01 \cdot 10^{-3}$	$1,01 \cdot 10^{-3}$
^{15}N	½	0,37	–2,712	$1,04 \cdot 10^{-3}$	$3,85 \cdot 10^{-6}$
^{16}O	0	99,96	–	–	–
^{17}O	5/2	0,037	–3,6279	$2,91 \cdot 10^{-2}$	$1,08 \cdot 10^{-5}$
^{31}P	½	100	10,841	$6,63 \cdot 10^{-2}$	$6,62 \cdot 10^{-2}$

Nach: Friebolin H., Ein- und Zweidimensionale NMR-Spektroskopie, VCH-Verlagsgesellschaft, Weinheim, 1988.
[1] γ-Werte aus Harris R. K. Nuclear Magnetic Resonance Spectroscopy. A Physicochemical View. Pitman, London, 1983.
[2] Bei konstantem Magnetfeld und gleicher Anzahl an Kernen
[3] Produkt aus relativer Sensitivität und natürlicher Häufigkeit

15.1 Theorie der NMR-Spektroskopie

Die exakte theoretische Beschreibung der NMR-Spektroskopie setzt eine quantenmechanische Behandlung voraus, die den Rahmen dieses Kapitels bei weitem sprengen würde. Viele Aspekte der NMR-Spektroskopie lassen sich jedoch auch mit Hilfe eines klassischen Modells veranschaulichen.

15.1.1 Kernspin und Energiequantelung

Das Phänomen der kernmagnetischen Resonanz beruht auf der Wechselwirkung des magnetischen Moments μ eines Atomkerns mit einem äußeren magnetischen Feld. Die Ursache für dieses magnetische Moment ist der quantenmechanische Eigendrehimpuls (Spindrehimpuls), den einige Atomkerne haben. Dies wird leicht verständlich, wenn man sich den Kern als ein geladenes Teilchen vorstellt, das um seine Achse rotiert und daher einen kleinen elektrischen Strom darstellt. Wegen dieses Stroms verhält sich der Atomkern wie ein kleiner Elektromagnet.

Dieses Bild entspricht natürlich einer klassischen Vorstellung, die in der Realität falsch ist. Die quantenmechanische Eigenschaft „Spin" bedeutet *nicht*, dass der Atomkern um seine Achse rotiert (denn dann wäre seine Radialgeschwindigkeit größer als die Lichtgeschwindigkeit). Wenn wir also vom Spin als dem Eigendrehimpuls eines Kernes sprechen, ist das eigentlich eine unglückliche Wortwahl, weil der Spin eine rein quantenmechanische Eigenschaft ist, die man genauso gut „Fröhlichkeit" oder „Pfefferminzschokolade" nennen könnte. Trotzdem hat das gewählte Bild wegen seiner Einfachheit einen gewissen anschaulichen Wert.

Der Spin ist gemäß der folgenden Gleichung gequantelt:

$$|\vec{J}| = \sqrt{I(I+1)}\,\hbar$$

Dabei ist $\vec{J}$ der Eigendrehimpuls, I die Kernspin-Quantenzahl (die Werte von I = 0, ½, 1, 1½, ..., 6 annehmen kann, sie wird vereinfacht als „Spin" bezeichnet) und $\hbar = h/2\pi$ das Plancksche Wirkungsquantum. Der Eigendrehimpuls und das magnetische Moment $\vec{\mu}$ sind zueinander direkt proportional:

$$\vec{\mu} = \gamma \vec{J} \Rightarrow |\vec{\mu}| = \gamma \hbar \sqrt{I(I+1)}$$

Die Proportionalitätskonstante γ, die für jede Kernsorte eine charakteristische Konstante ist, wird als **gyromagetisches Verhältnis** bezeichnet. Von γ hängt die Empfindlichkeit eines Kernes in der NMR ab: Ein großes gyromagnetisches Verhältnis bedeutet eine hohe Empfindlichkeit des entsprechenden Isotops (Tab. 15.1).

Der Eigendrehimpuls orientiert sich in einem äußeren Magnetfeld so, dass seine Komponente in Feldrichtung (J_z – das Magnetfeld verlaufe in z-Richtung –) ein ganz- oder halbzahliges Vielfaches des Planckschen Wirkungsquantums ist:

$$J_z = m \hbar \quad \Rightarrow \quad \mu_z = m \gamma \hbar$$

wobei die magnetische Quantenzahl m ganzzahlige Werte von $-I$ bis $+I$ annehmen kann. Das äußere Feld führt also zu einer Aufspaltung der Energieniveaus des betrachteten Kerns. Betrachtet man Wasserstoffkerne mit einem Spin ½, dann resultieren zwei mögliche Energieniveaus gemäß einer Einstellung des Kernspins parallel (↑, m = +½) bzw. antiparallel (↓, m = –½) zum äußeren Hauptfeld (Abb. 15.1). Die Energie E dieser Niveaus ergibt sich aus der klassischen Formel für einen magnetischen Dipol in einem homogenen Magnetfeld der Stärke B_0:

$$E = -\mu_z B_0 = -m \gamma \hbar B_0$$

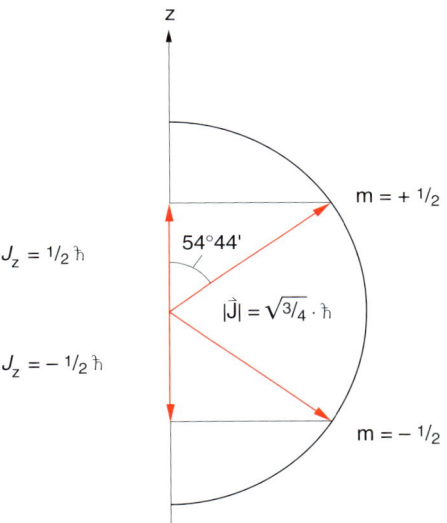

15.1 Richtungsquantelung des Kerndrehimpulses J im homogenen Magnetfeld für Kerne mit $I = ½$. Das Magnetfeld ist entlang der z-Achse ausgerichtet. Da $J_z = ½ \hbar$ und $|\vec{J}| = \frac{\sqrt{3}}{2} \hbar$, nimmt $\vec{J}$ einen Winkel von 54°44′ ($= \arccos(J_z/|J|)$) mit der z-Achse ein. Da nur entweder J_z oder $|\vec{J}^2|$ gemessen werden können, ist die Lage von $\vec{J}$ auf einem Doppelkegel mit diesem Öffnungswinkel unbestimmt.

Das magnetische Moment jedes Kerns rotiert in einer Präzessionsbewegung um die Richtung des Feldes B_0, deren Frequenz als **Larmor-Frequenz** ω_0 bzw. ν_0 bezeichnet wird. Sie entspricht der Resonanzfrequenz des Kerns und damit der Übergangsfrequenz zwischen den Energieniveaus:

$$\gamma \hbar B_0 = \Delta E = h\nu = \hbar \omega_0 \quad \Rightarrow \quad \omega_0 = \gamma B_0 \text{ mit } \omega_0 = 2\pi \nu_0$$

Die Larmor-Frequenz ist abhängig vom gyromagnetischen Verhältnis γ sowie von der Stärke des Feldes, d.h. sie ist für jede Kernsorte verschieden (Abb. 15.2). Bei einer Magnetfeldstärke von 18,7 T (etwa 600 000 mal stärker als das Erdmagnetfeld) beträgt z.B. die Larmor-Frequenz für Protonen 800 MHz (127,3 Mrad/s). Sie liegt also im Bereich von Radiowellen.

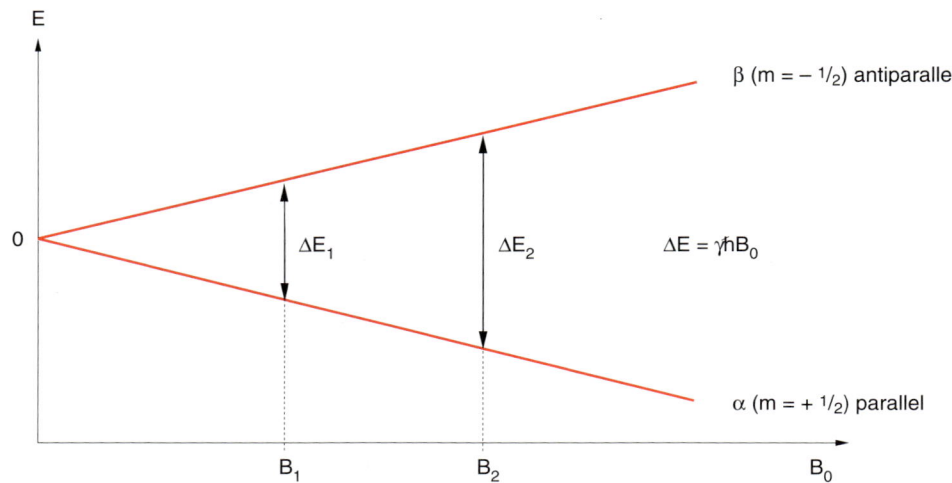

15.2 Energieunterschied ΔE der beiden Energieniveaus des Kernspins in Abhängigkeit von der magnetischen Flussdichte B_0.

15.1.2 Continuous-Wave-Spektroskopie

Wie bei jeder Art von Spektroskopie finden auch in der NMR-Spektroskopie Übergänge zwischen verschiedenen Energieniveaus statt, wenn die Resonanzbedingung erfüllt ist, d.h. wenn die Frequenz der verwendeten Strahlung dem Energieunterschied der beteiligten Energieniveaus entspricht. In den Anfängen der NMR-Spektroskopie wurde daher bei den Experimenten bei konstantem Magnetfeld die Frequenz der Radiostrahlung variiert (bzw. die Stärke des Magnetfeldes bei konstanter eingestrahlter Frequenz geringfügig verändert) und dabei die Absorption der Radiostrahlung durch die einzelnen Kerne direkt gemessen. Dieses Verfahren wird als **Continuous-Wave-Technik** (cw-Technik) bezeichnet. Nach diesem Prinzip arbeiteten bis zu Beginn der 70er Jahre alle NMR-Spektrometer.

15.1.3 Gepulste Fourier-Transformationsspektroskopie

Die cw-Technik wurde durch die Einführung der gepulsten **Fourier-Transformations-NMR-Spektroskopie** (FT-NMR) völlig verdrängt. Durch sie wurde eine extrem verbesserte Empfindlichkeit und Auflösung erreicht und die Möglichkeit der mehrdimensionalen NMR-Spektroskopie eröffnet (Abschn. 15.3 und 15.4).

Bei der gepulsten FT-NMR-Spektroskopie werden alle Kerne *gleichzeitig* durch einen sogenannten Radiofrequenzpuls angeregt, so dass die Resonanzen nicht einzeln gemessen werden müssen. Normalerweise arbeitet ein Radiosender auf einer festen Frequenz v_0. Wenn die Radiostrahlung aber als Puls von einer sehr kurzen Zeitdauer ausgesendet wird (bei der NMR-Spektroskopie einige μs), dann wird die Frequenz dieses Pulses „unscharf", da die Zeitdauer und die Energie der Strahlung (und damit auch die Zeitdauer und die Frequenzbandbreite) umgekehrt proportional zueinander sind. Ein extrem kurzer Radiofrequenzpuls enthält in einem breiten Anregungsband um v_0 herum viele Frequenzen und regt die Resonanzen aller Kernspins in einer Probe auf einmal an.

Nach dem Puls emittieren alle angeregten Kernspins gleichzeitig die während des Pulses aufgenommene Radiostrahlung, d. h. das emittierte Signal ist eine Überlagerung aller Frequenzen, die während des Pulses angeregt wurden. Dieses Signal wird nicht frequenzabhängig registriert. Statt dessen verfolgt man direkt seine zeitliche Entwicklung. Die Emissionsintensitäten der einzelnen Frequenzen, die in ihrer Überlagerung das beobachtete Signal ergeben, erhält man durch eine mathematische Operation, die **Fourier-Transformation**, durch die die Zeitdaten in die Frequenzdomäne übersetzt werden. Das entstandene NMR-Spektrum sieht genauso aus wie ein konventionelles cw-Spektrum, allerdings ist seine Auflösung und Empfindlichkeit um Größenordnungen besser.

Diese gepulste FT-Methode wird oft mit dem Stimmen einer Glocke verglichen: Man könnte im Prinzip die einzelnen Töne, die den Klang einer Glocke ausmachen, in der Art eines „cw-Experimentes" bestimmen, indem man mit einem Lautsprecher die Glocke der Reihe nach mit allen Schallfrequenzen von den tiefsten Tönen bis zur Grenze des Ultraschalls anregt und die Reaktion der Glocke mit einem Mikrophon misst. Dieses Verfahren ist aber extrem umständlich, und jeder Glockengießer weiß, dass es viel schneller geht: Man nehme einfach einen Hammer und schlage zu! Der Glockenklang enthält alle Töne auf einmal, und jeder Mensch kann den Klang direkt mit seinen Ohren analysieren (die ein raffiniert „konstruiertes" biologisches Instrument zur Fourier-Transformation sind). Der Vorteil dieser „Puls-FT-Methode" gegenüber der cw-Methode ist offensichtlich.

15.1.4 Besetzungszahlen und Gleichgewichtsmagnetisierung

Eine Probe, die in der NMR-Spektroskopie untersucht wird, enthält Moleküle in einem Konzentrationsbereich von Millimol bis Mol pro Liter (für Proteine ca. 1–3 mM). Die Kernspins dieser Moleküle orientieren sich unabhängig voneinander parallel oder antiparallel zum vorhandenen Magnetfeld. Für Kerne mit dem Spin ½ ist das Besetzungsverhältnis der Momente, d. h. der Anzahl der Kerne $N_\downarrow$, die sich antiparallel zum Hauptfeld ausrichten, zu der Anzahl derer mit paralleler Orientierung $N_\uparrow$ daher durch die **Boltzmann-Verteilung** gegeben:

$$\frac{N_\downarrow}{N_\uparrow} = \exp\left(\frac{\Delta E}{kT}\right) = \exp\left(\frac{\gamma \hbar B_0}{kT}\right)$$

Dabei ist k die Boltzmann-Konstante und T die absolute Temperatur. Da der Energieunterschied der beiden Niveaus in der Größenordnung der thermischen Bewegung (kT) liegt, sind beide Niveaus nahezu gleichbesetzt. Für Protonen ergibt sich z. B. bei einer Temperatur von 300 K und einem Magnetfeld von 18,7 T (800 MHz), dass der Überschuss im energieärmeren Niveau nur 6,4 von 10 000 Teilchen beträgt (d. h. $N_\downarrow = 0{,}99982 \cdot N_\uparrow$). Dies ist der Hauptgrund, warum die NMR-Spektroskopie verglichen mit anderen spektroskopischen Methoden (z. B. allen optischen Methoden) nur eine geringe Empfindlichkeit hat. Die magnetischen Momente der einzelnen Kernspins addieren sich zu einer makroskopischen Gesamtmagnetisierung M_0, die für Spin-½-Teilchen nach dem Curie-Gesetz zu

$$M_0 = N \frac{\gamma^2 \hbar^2 B_0 I(I+1)}{3kT} = N \frac{\gamma^2 \hbar^2 B_0}{4kT}, \quad \text{mit } I = \frac{1}{2}$$

abgeschätzt werden kann. Die Größe der Gleichgewichtsmagnetisierung ist abhängig von der Feldstärke B_0, der Anzahl der Spins N sowie der Temperatur T der Probe. Durch entsprechende Änderung dieser Größen kann demnach eine Verstärkung des beobachtbaren Signals erreicht werden (dies ist einer der Gründe, weshalb Magnete mit immer größeren Feldstärken entwickelt werden). Die zeitliche Entwicklung dieser makroskopischen Magnetisierung wird im Spektrometer gemessen. Auch in der klassischen Theorie der NMR-Spektroskopie wird normalerweise die makroskopische Magnetisierung betrachtet, da ihr Verhalten anschaulicher ist als das von einzelnen Spins.

Im Gleichgewicht existiert nur eine Magnetisierung M_0 entlang der Achse des Hauptfeldes (definitionsgemäß die z-Richtung, d. h. $M_z = M_0$), da die als transversal bezeichneten x- und y-Komponenten der magnetischen Momente keine Vorzugsrichtung aufweisen und sich somit zu Null addieren ($M_x = M_y = 0$) (Abb. 15.3).

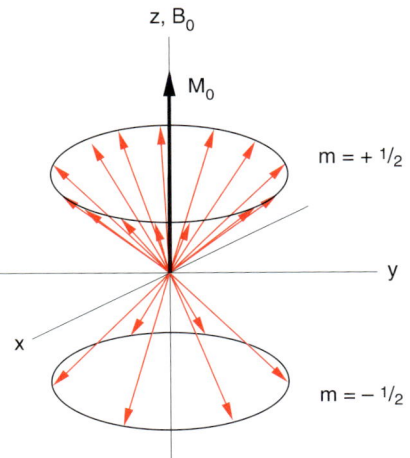

15.3 Darstellung der makroskopischen z-Magnetisierung im thermodynamischen Gleichgewicht. Die magnetischen Momente der einzelnen Spins auf dem Doppelpräzessionskegel (rot) summieren sich auf. Da $N_\alpha > N_\beta$ ist, ergibt sich der makroskopische Magnetisierungsvektor M_0 (fett).

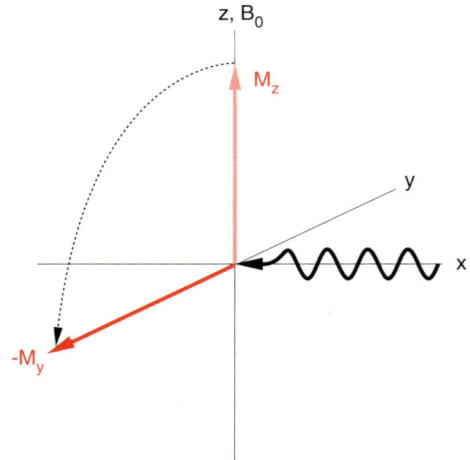

15.4 Wirkung eines 90°-Pulses auf z-Magnetisierung: Der aus der x-Richtung kommende Puls (fett) dreht die z-Magnetisierung (rosa) rechtshändig um 90° um die x-Achse. Es entsteht (–y)-Magnetisierung (rot).

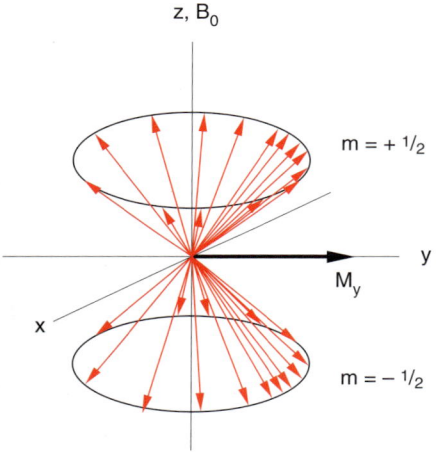

15.5 Veranschaulichung von transversaler Magnetisierung: Die beiden Energieniveaus sind gleichbesetzt. Einige Kernspins präzedieren gebündelt in Phase um die Feldrichtung B_0 (rot). Ihre magnetischen Momente summieren sich zur makroskopischen M_y-Magnetisierung (fett) auf.

15.1.5 Die Bloch-Gleichungen

Um die mathematische Behandlung der NMR-Spektroskopie zu vereinfachen, wird ein rotierendes Koordinatensystem eingeführt, das mit der Larmor-Frequenz der Kerne ($\omega_0 = \gamma B_0$) rotiert. In diesem Koordinatensystem erscheinen alle mit der Larmor-Frequenz rotierenden Kerne ortsfest. Dieses Konzept sollte uns sehr vertraut sein, da wir alle in einem rotierenden Koordinatensystem leben – der Erde. Ein Mensch, der auf dem Erdäquator „steht", bewegt sich für einen Beobachter im Weltall mit einer Geschwindigkeit von rund 1700 km/h. Ein Ball, der von dem Menschen auf der Erde „senkrecht" nach oben geworfen wird und wieder nach unten fällt, bewegt sich für ihn auf einer einfachen geraden, senkrechten Bahn. Für unseren Beobachter im Weltall würde sich dieser Ball dagegen auf einer kompliziert zu beschreibenden Parabel bewegen.

In der mathematischen Formulierung wird die zeitliche Änderung der makroskopischen Magnetisierung durch die **Bloch-Gleichung** beschrieben:

$$\frac{d\vec{M}}{dt} = \gamma(\vec{M} \times \vec{B}_{\text{eff}}), \quad \vec{B}_{\text{eff}} = \underbrace{\left(\vec{B}_0 + \frac{\omega_0}{\gamma}\right)}_{0} + \vec{B}_1 = \vec{B}_1$$

Die zeitliche Änderung des Magnetisierungsvektors ergibt sich aus der Wechselwirkung der Magnetisierung $\vec{M}$ mit dem effektiv anliegenden Magnetfeld $\vec{B}_{\text{eff}}$. Im rotierenden Koordinatensystem fällt (für Kerne mit der Larmor-Frequenz ω_0) der Beitrag des statischen Magnetfeldes $\vec{B}_0$ zu $\vec{B}_{\text{eff}}$ weg, d. h. solange nur das Hauptfeld $\vec{B}_0$ anliegt, wird $\vec{B}_{\text{eff}}$ gleich Null. Wenn man nun zusätzlich zum Hauptfeld $\vec{B}_0$ ein weiteres Feld $\vec{B}_1$ anlegt, das senkrecht zu $\vec{B}_0$ steht, kann man transversale x- bzw. y-Magnetisierung erzeugen. Dieses $\vec{B}_1$-Feld ist physikalisch nichts anderes als der oben erwähnte kurze Radiowellenpuls, der auf die Probe eingestrahlt wird. Ist die Frequenz der Radiowellen gleich der Larmor-Frequenz der Kerne ($\omega_{\text{rf}} = \omega_0$, sog. resonanter Fall), dann bewirkt die $\vec{B}_1$-Einstrahlung eine Rotation um die feste Achse x. Diese Tatsache kann man im Vektormodell erklären: Ist als Gleichgewichtsmagnetisierung nur M_z vorhanden, dann entspricht dies einem Vektor der Länge M_z, der entlang der z-Richtung ausgerichtet ist. Das Feld $\vec{B}_1$ kann nun diesen Vektor um die Achse der Einstrahlung in die transversale Ebene rotieren (Kreuzprodukt). Da im rotierenden Koordinatensystem der Einfluss von $\vec{B}_0$ wegfällt, ist $\vec{B}_{\text{eff}} = \vec{B}_1$. Bei einer geeigneten Wahl der Stärke und der Dauer der Strahlung, die z. B. aus der x-Richtung wirkt, kann die z-Magnetisierung vollständig in y-Magnetisierung umgewandelt werden. In diesem Fall spricht man von einem Anregungspuls oder 90°-Puls (Abb. 15.4).

Die Entstehung der y-Magnetisierung nach einem 90°-Puls kann man im Bild der einzelnen Kernspins folgendermaßen verstehen: Die beiden Energieniveaus sind gleichbesetzt (da $M_z = 0$ ist). Außerdem sind die Magnetisierungsdipole der einzelnen Kernspins nicht mehr statistisch gleichmäßig um die z-Achse verteilt, sondern ein kleiner Teil von ihnen präzediert gebündelt in Phase um die z-Achse (Abb. 15.5), was sich makroskopisch zur y-Magnetisierung aufsummiert. Diesen Zustand bezeichnet man auch als **Phasenkohärenz**.

15.1.6 Relaxation

Die obige Form der Bloch-Gleichung ist nicht vollständig, da sie eine unendlich lange Präzession des Magnetisierungsvektors einer einmalig angeregten Probe vorhersagt. Tatsächlich entspricht der Zustand der Magnetisierung nach dem 90°-Puls jedoch einem Nicht-Gleichgewichtszustand, aus dem das System nach kurzer Zeit wieder ins thermodynamische Gleichgewicht zurückgelangt. Bloch führte daher in die Gleichung phänomenologisch zwei verschiedene Relaxationszeiten (T_1, T_2) ein, wobei er annahm, dass die betreffenden Relaxationsprozesse nach einem Geschwindigkeitsgesetz 1. Ordnung ablaufen. Die Bloch-Gleichungen lauten dann:

$$\frac{dM_{x,y}}{dt} = \gamma(M \times B)_{x,y} - \frac{M_{x,y}}{T_2}$$

$$\frac{dM_z}{dt} = \gamma(M \times B)_z + \frac{M_0 - M_z}{T_1}$$

Die beiden Größen T_1 bzw. T_2 sind die longitudinale bzw. die transversale Relaxationszeit der Magnetisierung. Aus dem Charakter der Gleichung ist ersichtlich, dass die transversalen Komponenten (M_x, M_y) dem Grenzwert 0 entgegengehen, wohingegen die longitudinale Magnetisierung M_z dem Gleichgewichtswert M_0 entgegenstrebt. Die Größenordnung der Relaxationszeiten für Protonen liegt für die hochauflösende NMR-Spektroskopie etwa im Bereich von einer bis mehreren Sekunden für T_1 und 10–500 ms für T_2. Diese Zeiten sind lang im Vergleich zu den üblicherweise angewandten Pulsdauern (10–50 μs). Während des Pulses vernachlässigt man daher gewöhnlich Relaxationseffekte.

Die Ursachen der Relaxation sind verschiedene zeitabhängige Wechselwirkungen (wie z.B. die dipolare Kopplung) zwischen dem Spin und seiner Umgebung (T_1) bzw. den Spins untereinander (T_2). Daher wird T_1 auch als **Spin-Gitter-** und T_2 als **Spin-Spin-Relaxationszeit** bezeichnet. Die Relaxationszeiten sind abhängig von der molekularen Beweglichkeit des Moleküls in Lösung, die durch die sogenannte Korrelationszeit τ_c des Moleküls charakterisiert wird. Außerdem sind sie von der Larmor-Frequenz abhängig, also proportional zur Hauptfeldstärke. Auf die Messung der Relaxationszeiten wird später bei der Betrachtung der Dynamik von Proteinen (Abschn. 15.7.1) genauer eingegangen.

15.2 Eindimensionale NMR-Spektroskopie

15.2.1 Das 1D-Experiment

Mit diesen theoretischen Grundlagen sind wir nun in der Lage, die einfachste Form der NMR-Spektroskopie zu verstehen: das eindimensionale (1D-)Experiment (Abb. 15.6).

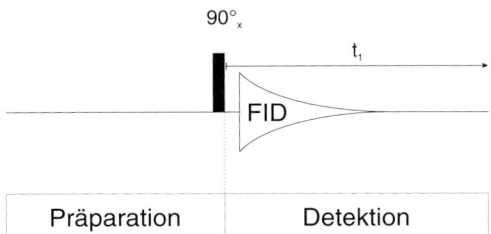

15.6 Schematische Darstellung der Pulssequenz eines eindimensionalen NMR-Experiments. Ein 1D-Experiment besteht aus den beiden Phasen Präparation und Detektion. Im einfachsten Fall ist die Präparation ein einzelner 90°-Puls, hier dargestellt durch einen schwarzen Balken. Direkt anschließend wird während der Detektion die Antwort des Spinsystems (FID) auf diesen Puls registriert.

Jedes 1D-NMR-Experiment besteht aus den zwei Phasen **Präparation** und **Detektion**. Während der Präparation wird das Spinsystem in einen definierten Zustand gebracht. Die „Antwort" hierauf wird während der Detektionszeit registriert.

Die Präparation des Spinsystems besteht im einfachsten Fall aus einem kurzen, starken Anregungspuls auf die Gleichgewichtsmagnetisierung M_z (etwa 10 μs lang) aus der x-Richtung, der bei geeigneter Wahl der Pulsdauer die Magnetisierung von ihrer ursprünglichen Orientierung entlang der z-Achse vollständig zur y-Achse hin klappt (Abb. 15.4). Nach diesem 90°-Puls präzedieren die verschiedenen Kerne mit ihren unterschiedlichen Larmor-Frequenzen um die z-Achse und induzieren in einer Empfängerspule eine Spannung, die registriert und abgespeichert wird. Durch die T_2-Relaxation nimmt diese Spannung ab, daher werden die gesammelten Daten als **FID** (*Free Induction Decay*, freier Induktionszerfall) bezeichnet. Das Experiment kann nach einer Wartezeit, in die Magnetisierung wieder zu ihrem Gleichgewichtswert zurückkehrt (dem Relaxationsdelay), beliebig oft wiederholt werden. Die einzelnen Daten werden anschließend aufaddiert, um die Empfindlichkeit der Messung zu erhöhen. Nach einer mathematischen Vorbehandlung zur Unterdrückung von Artefakten und Verbesserung der Auflösung werden die Daten durch Fourier-Transformation von der Zeitdomäne in Frequenzdaten übersetzt. Man erhält das endgültige 1D-Spektrum.

15.2.2 Spektrale Parameter

Als einfaches Beispiel zur Diskussion der verschiedenen spektralen Parameter sei hier das 1D-NMR-Spektrum von Ethanol gezeigt (Abb. 15.7). Es besteht aus drei Signalen, die teilweise in mehrere Linien aufgespalten sind, sogenannten Multipletts: dem Multiplett des OH-Protons, dem der CH_2-Protonen und dem der CH_3-Protonen. Da die Protonen der CH_3-Gruppe sowie die der CH_2-Gruppe untereinander jeweils äquivalent sind, zeigen sie nur je ein Signal. Die Anzahl der Protonen, die ein Signal verursachen, ergibt sich aus dem Integral über das jeweilige Multiplett. Man erhält für Ethanol ein Verhältnis der Integrale von 1:2:3, entsprechend der Anzahl der zum jeweiligen Signal beitragenden Protonen.

An den Signalen im Spektrum von Ethanol lassen sich die drei wichtigsten spektralen Parameter diskutieren: chemische Verschiebung, skalare Kopplung und Linienbreite.

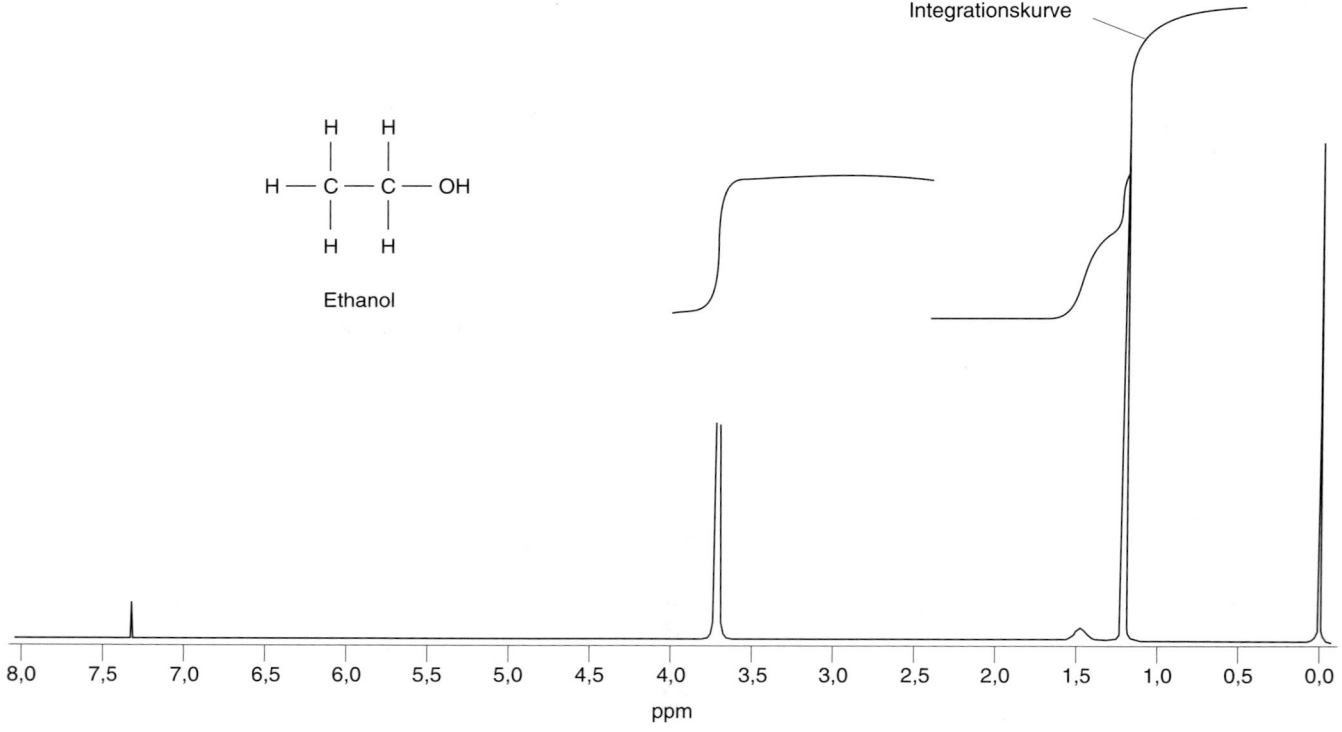

15.7 Eindimensionales ^{1}H-NMR-Spektrum von Ethanol in $CDCl_3$, aufgenommen an einem 360-MHz-Spektrometer. Das rechte Signal bei 0 ppm stammt von der in der NMR-Spektroskopie häufig verwendeten Referenzsubstanz TMS (Tetramethylsilan). Das breite Singulett bei 1,5 ppm entspricht dem OH-Proton. Das Signal der CH_2-Gruppe (bei 3,7 ppm) ist in vier Linien aufgespalten (Quartett), das der CH_3-Gruppe (bei 1,2 ppm) in drei Linien (Triplett). Die oberhalb der Signale verlaufenden Linien stellen die Integration über die einzelnen Multipletts dar. Aus ihnen kann man ablesen, dass die Fläche unter dem CH_2-Signal doppelt und die unter dem CH_3-Signal dreimal so groß ist wie die unter dem OH-Signal. Das OH-Proton wird schnell gegen Protonen anderer Ethanolmoleküle und des Lösungsmittels ausgetauscht. Sein Signal ist daher deutlich breiter als die der anderen Protonen. Außerdem wird es aus demselben Grund nicht durch Kopplung mit der CH_2-Gruppe aufgespalten und trägt auch nicht zur weiteren Aufspaltung des Signals der CH_2-Protonen bei. Das kleine Signal bei ca. 7,3 ppm stammt von $CHCl_3$, das als Verunreinigung im Lösungsmittel $CDCl_3$ vorhanden ist. Nach: Fox M. A., Whitesell J. A. Organische Chemie. S. 144. Spektrum Akademischer Verlag, Heidelberg, 1995.

Chemische Verschiebung

In einem Molekül erzeugen die den Kern umgebenden Elektronen ihrerseits ein schwaches Magnetfeld und schirmen den Kern geringfügig vom Hauptfeld ab. Deshalb unterscheiden sich die Larmor-Frequenzen der Kerne auf Grund ihrer unterschiedlichen chemischen Umgebung. Dieser Effekt wird als **chemische Verschiebung** bezeichnet und ist einer der grundlegenden Parameter der NMR-Spektroskopie, da durch ihn die verschiedenen Positionen der einzelnen Signale in einem NMR-Spektrum bestimmt werden. Der Wert der chemischen Verschiebung δ eines Signals in ppm (parts per million) ist wie folgt definiert:

$$\delta = \frac{\omega_{\text{Signal}} - \omega_{\text{Referenz}}}{\omega_{\text{Referenz}}} \cdot 10^6 \text{ ppm}$$

Die Frequenzen werden in ppm statt in Hertz angegeben, da erstere Einheit unabhängig von der Magnetfeldstärke ist. Die übliche Standardfrequenz ω_{Referenz}, auf die die chemische Verschiebung bezogen wird, ist das Signal der Methylgruppen von Tetramethylsilan (TMS), dessen chemische Verschiebung als 0 ppm definiert wird. Für wässrige Lösungen von Proteinen und Nucleinsäuren ist das Methylsignal von 2,2-Dimethyl-2-silapentan-5-sulfonsäure (DSS, Trimethylsilylpropansulfonsäure) der bevorzugte Standard.

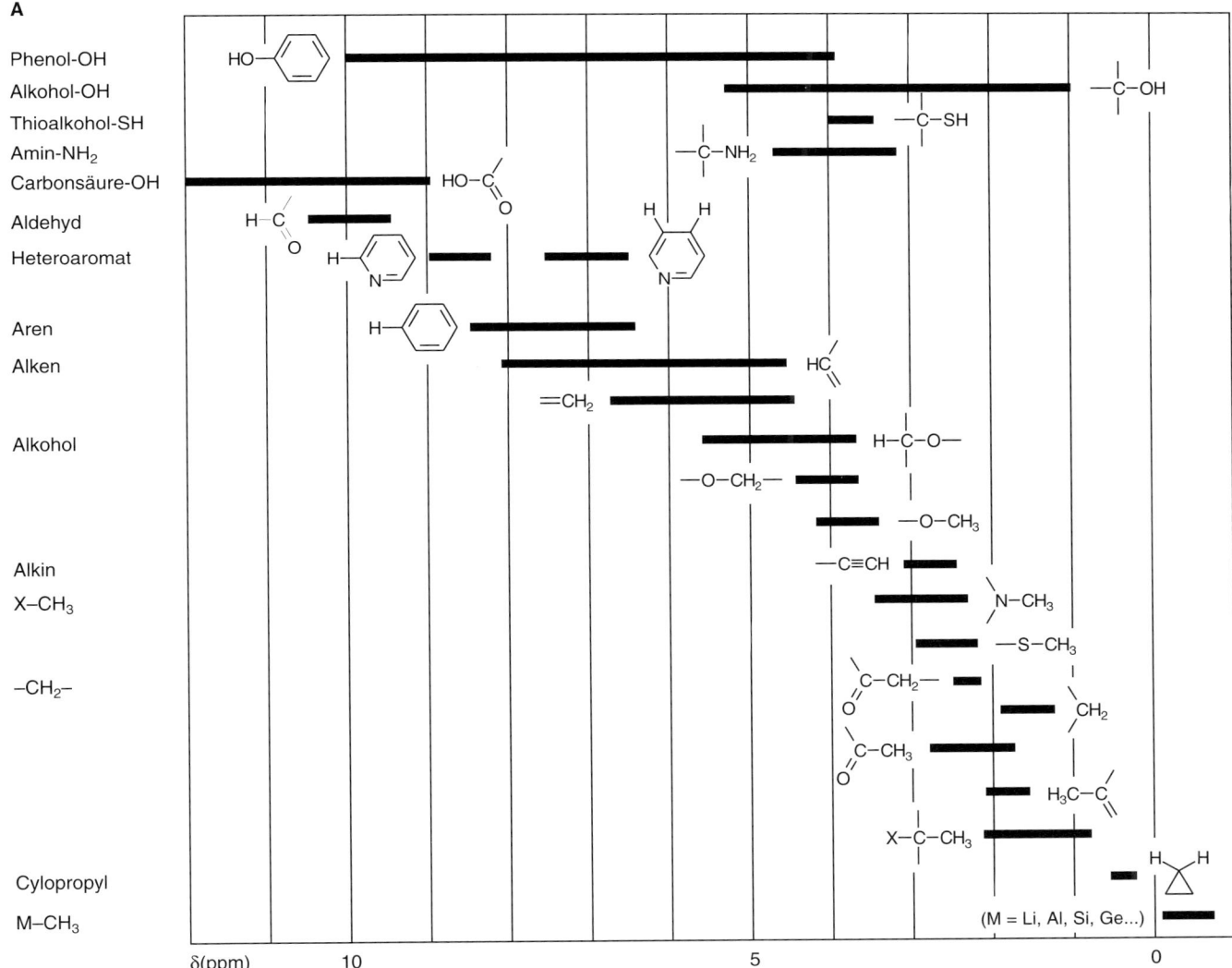

15.8 A) Typische Werte der chemischen Verschiebung für verschiedene chemische Gruppen. Nach: Bruker Almanach, 1993.

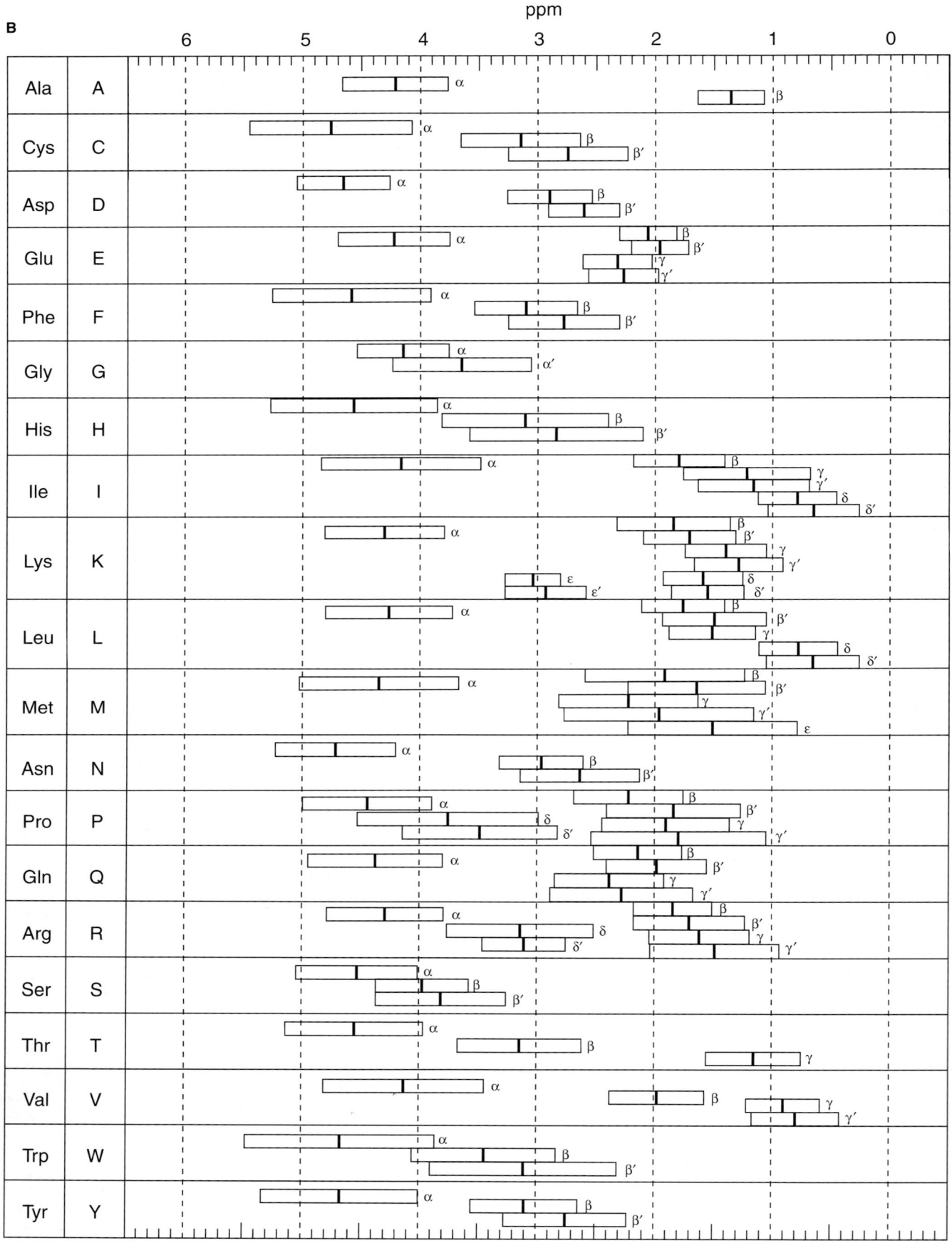

Nach allgemeiner Konvention wird die chemische Verschiebung auf der Abszisse eines NMR-Spektrums von rechts nach links aufgetragen. In einem cw-NMR-Spektrum, das bei konstanter Senderfrequenz und variablem Magnetfeld aufgenommen wurde (Abschn. 15.12), steigt daher die Magnetfeldstärke von links nach rechts im NMR-Spektrum an. Aus diesem historischen Kontext heraus werden weiterhin Ausdrücke wie z. B. „ein Signal erscheint bei hohem Feld" (bei niedrigen ppm-Werten) oder „Tieffeldverschiebung" (Verschiebung eines Signals zu höheren ppm-Werten) verwendet.

Verschiedene chemische Gruppen weisen unterschiedliche chemische Verschiebungen auf (Abb. 15.8), wie man am 1D-Spektrum von Ethanol (Abb. 15.7) ebenfalls deutlich erkennen kann. Daher lassen sich aus der Position eines Signals im Spektrum bereits wesentliche Informationen über Herkunft des jeweiligen Signals ableiten: So kann man in Proteinen die Signale von H^N-, H^α-, Aromaten- und Aliphatenprotonen alleine an ihrer chemischen Verschiebung unterscheiden. Zusätzlich enthält die chemische Verschiebung einiger Resonanzen in Proteinen Informationen über die Sekundärstruktur des Proteins, die in den frühen Stadien der Strukturaufklärung äußerst wertvoll sind.

Skalare Kopplung

Die Signale der CH_2- und der CH_3-Gruppe im 1D-Spektrum von Ethanol (Abb. 15.7) sind zu Multipletts aufgespalten. Diese Signalaufspaltung kommt durch die skalare Kopplung (oder auch indirekte Kopplung) zwischen den Protonen zustande, die durch die Elektronen der Atombindungen zwischen den Kernen vermittelt wird. Durch die skalare Kopplung wird Magnetisierung zwischen den Kernen übertragen, die miteinander koppeln. Dies ist (neben dem Kern-Overhauser-Effekt, dem NOE) der wichtigste Mechanismus, der in der mehrdimensionalen NMR-Spektroskopie ausgenutzt wird (Abschn. 15.3).

Die Aufspaltung der Linien kann folgendermaßen erklärt werden (Abb. 15.9): Jedes der beiden Protonen der CH_2-Gruppe kann sich parallel oder antiparallel zum äußeren Magnetfeld einstellen, was zwei verschiedenen magnetischen Quantenzahlen m entspricht. Damit ergeben sich insgesamt vier verschiedene Einstellmöglichkeiten ihrer beiden Spins, nämlich ↑↑, ↑↓, ↓↑ und ↓↓, die von den Protonen der CH_3-Gruppe „gesehen" werden. Bei den Einstellungen ↑↑ und ↓↓ kommt es zu leichten Verstärkungen bzw. Abschwächungen des äußeren Magnetfeldes, wodurch sich die Resonanzfrequenz der CH_3-Gruppe verschiebt. Es ergeben sich zwei Linien, die symmetrisch um die eigentliche Resonanzfrequenz der CH_3-Protonen liegen. Die Einstellungen ↑↓ und ↓↑ sind äquivalent, außerdem kompensieren sich Verstärkung und Abschwächung des Hauptfeldes hierin, so dass eine unverschobene Linie mit doppelter Höhe resultiert. Das Aufspaltungsmuster dieser Gruppe wird als **Triplett** bezeichnet.

Wenn zwei Kerne mit den Spinquantenzahlen I und S miteinander koppeln, dann ist die Resonanz von I in $2S+1$ Linien aufgespalten und das Signal von S in $2I+1$ Linien. Wenn der Kopplungspartner von S mehrere identische I-Kerne sind, dann spaltet die S-Resonanz in $2nI+1$ Linien auf, wobei n die Anzahl der identischen Kopplungspartner ist (und entsprechend umgekehrt).

Die Intensität dieser Linien bestimmt sich aus der Anzahl an individuellen Spinkombinationen, die einem bestimmten Wert des Gesamtspins entsprechen, und folgt daher einer Binomialverteilung, die im Pascalschen Dreieck veran-

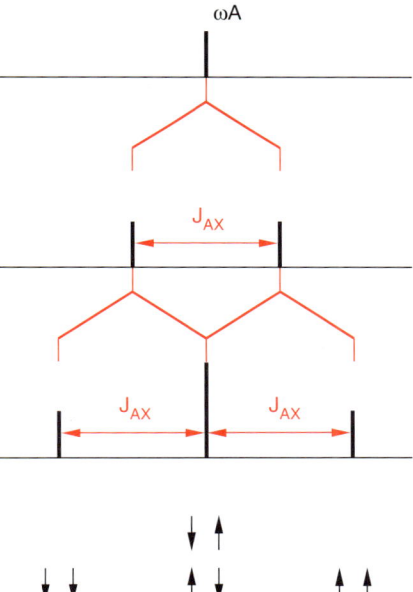

15.9 Entstehung eines Tripletts durch Aufspaltung des Resonanzsignals des A-Kernes in einem AX_2-Spinsystem (ein Kern A koppelt mit zwei identischen Kernen X). Jeder der beiden X-Kerne kann sich parallel oder antiparallel zum äußeren Magnetfeld einstellen. Damit sind insgesamt vier Einstellungen möglich. Eine parallele Einstellung führt zu einer Verstärkung, eine antiparallele Einstellung zu einer Abschwächung des äußeren Magnetfelds. Daher ist die Linie der ↑↑-Einstellung hochfeldverschoben und die der ↓↓-Einstellung tieffeldverschoben. Die Einstellungen ↑↓ und ↓↑ sind nicht unterscheidbar und erscheinen bei der ursprünglichen Resonanzfrequenz. Die einzelnen Linien des Tripletts haben die Intensitäten 1:2:1.

◀ **15.8** B) Typische Werte der chemischen Verschiebung für die Protonensignale der einzelnen Aminosäuren in Proteinen. Nach: Wishart D. S., Sykes B. D., Richards F. M. J. Mol. Biol. 222, (1991) 311–333.

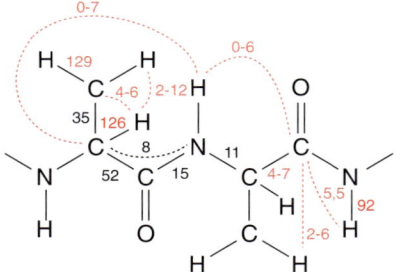

15.10 Typische Werte verschiedener Kopplungskonstanten (in Hz) im Proteinrückgrat. Es wurden nur Kopplungskonstanten berücksichtigt, die größer als 5 Hz sind. Die direkten CC- oder CN-Kopplungen sind schwarz markiert, indirekte CC- oder CN-Kopplungen schwarz gestrichelt, direkte CH- oder NH-Kopplungen rot, indirekte CH- oder NH-Kopplungen rot gestrichelt. Nach: Progress in NMR Spectroscopy, 10, (1976), 41–81.

schaulicht werden kann. In Ethanol koppeln zwei CH_2-Protonen (zwei *I*-Kerne) mit drei CH_3-Protonen (drei *S*-Kerne). Daher ist das Signal der Methylgruppe in $2 \cdot 2 \cdot \frac{1}{2} + 1 = 3$ Linien und das der Methylengruppe in $2 \cdot 3 \cdot \frac{1}{2} + 1 = 4$ Linien aufgespalten (**Triplett** bzw. **Quartett**). Die Linien des Tripletts haben eine Intensität von 1:2:1, die des Quartetts von 1:3:3:1.

Die Distanz der Linien (in Hz) in einem Multiplett entspricht der **Kopplungskonstante** J. Sie ist von der verwendeten Magnetfeldstärke unabhängig. In der Regel sind nur Kopplungen über eine Bindung (^1J), zwei Bindungen (^2J, geminale Kopplung) und drei Bindungen (^3J, vicinale Kopplung) zu beobachten (Abb. 15.10). Ein wichtiger Aspekt von vicinalen Kopplungskonstanten ist, dass ihre Stärke vom Torsionswinkel zwischen den beiden Protonen abhängt. Diese Abhängigkeit wird durch die semiempirische **Karplus-Beziehung** beschrieben (s. a. Abb. 15.11):

$$J(\Phi) = A\cos^2(\Phi - 60) - B\cos(\Phi - 60) + C$$

wobei A, B und C empirisch bestimmte Konstanten darstellen, die für jeden Typ von Torsionswinkel (z. B. ϕ- und ψ-Winkel) verschieden sind. Daher ist es möglich, aus dem Wert von Kopplungskonstanten Rückschlüsse auf die Molekülgeometrie zu ziehen. Besonders wichtig ist dies bei der Strukturbestimmung von Proteinen, wo der Torsionswinkel ϕ des Proteinrückgrats (H^N-N-C^α-H^α) über die $^3J(H^N$-$H^\alpha)$-Kopplungskonstante bestimmt werden kann.

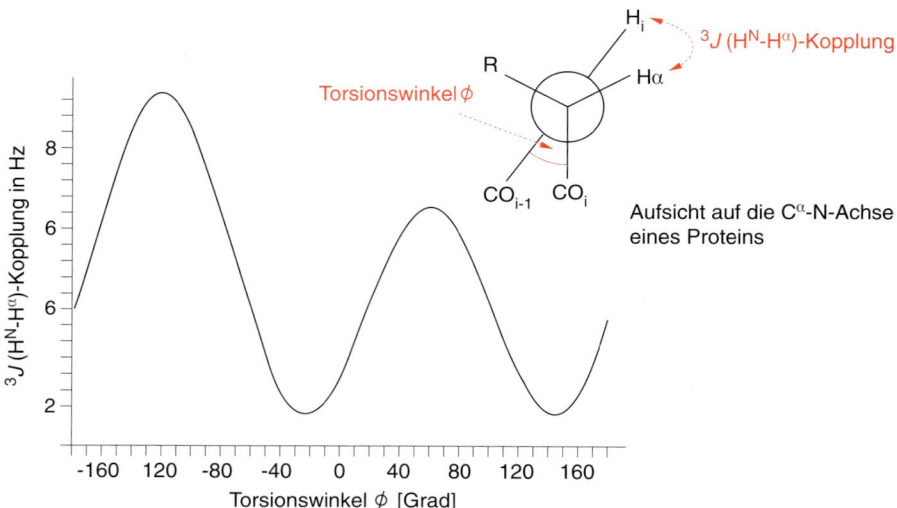

15.11 Zusammenhang zwischen Kopplungskonstante und ϕ-Winkel (Karplus-Beziehung). In dieser Darstellung ist der Torsionswinkel zwischen CO_i und CO_{i-1} (oben rechts) gegen die Kopplungskonstante $^3J(H^N$-$H^\alpha)$ aufgetragen. An der Kurve kann man erkennen, dass für eine gegebene Kopplungskonstante mindestens zwei Winkel existieren. Der Index i in der rechts abgebildeten Newman-Projektion bezeichnet jeweils die Stellung der Aminosäuren zueinander in der Sequenz.

Linienbreite

Die unterschiedlichen Linienbreiten der Signale im 1D-Spektrum von Ethanol sind eine Folge der unterschiedlichen Lebensdauern der Resonanzen z. B. wegen unterschiedlicher T_2-Zeiten oder eines chemischen Austauschs des zugehörigen Protons mit anderen Protonen (d. h. auf Grund von De- und Reprotonierungsreaktionen, in deren Verlauf das betreffende Proton des Moleküls gegen andere Protonen, z. B. die des Lösungsmittels ausgetauscht wird). So zeigt die Resonanz des OH-Protons auf Grund von chemischem Austausch mit anderen Ethanolmolekülen eine kürzere Lebensdauer und damit eine breitere Linie.

15.3 Zweidimensionale NMR-Spektroskopie

15.3.1 Aufbau eines 2D-Spektrums

Die Interpretation eines 1D-Spektrums ist für komplexere Moleküle auf Grund der Überlagerung verschiedener Signale gänzlich unmöglich (Abb. 15.12). Die Überlagerungen können jedoch durch die Einführung weiterer spektraler Dimensionen aufgelöst werden. Dies soll am Beispiel eines 2D-Experiments verdeutlicht

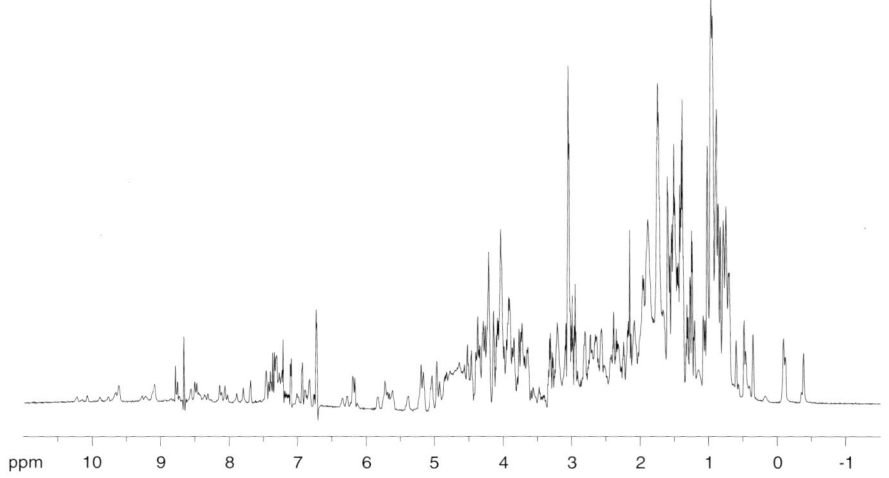

15.12 1D-^{1}H-NMR-Spektrum von Severin DS111M bei 32 °C, gelöst in 99,9 % D$_2$O, pD = 7,0. Das restliche HDO-Signal wurde in diesem Beispiel während der Prozessierung unterdrückt. Die unterschiedlichen Bereiche der chemischen Verschiebung für verschiedene Protonen sind deutlich zu erkennen: Zwischen 11 bis 6 ppm liegen die Signale der NH-Protonen des Proteinrückgrats und der NH$_2$-Seitenketten von Asn und Gln, zwischen 7,5 und 6,5 ppm die der Aromatenprotonen. Von 5,5–3,5 ppm sind die Signale der H$^\alpha$-Protonen zu erkennen. Rechts davon (<3,5 ppm) liegen die Signale der Seitenketten sowie die sehr intensiven Signale von Methylgruppen (zwischen 2 und –0,5 ppm).

werden (Abb. 15.13). Zu den von der 1D-Aufnahme bekannten Bausteinen Präparation und Datenakquisition kommen zwei neue Bausteine hinzu: eine indirekte Evolutionszeit t_1 sowie eine Mischsequenz (die aus Pulsen und Wartezeiten bestehen kann).

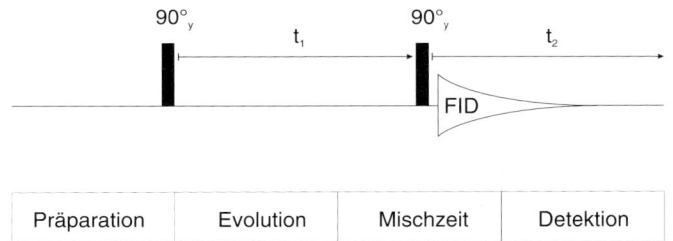

15.13 Schematische Darstellung eines zweidimensionalen NMR-Experiments am Beispiel der Pulssequenz des COSY-Experiments. Zur Präparation und Detektion kommen die beiden Phasen Evolution und Mischzeit hinzu. Während der Evolution und der Detektion entwickelt sich das System entlang der Zeiten t_1 bzw. t_2. Während der Mischzeit werden die Korrelationen zwischen miteinander wechselwirkenden Spins hergestellt. Im COSY-Experiment besteht die Mischperiode aus einem einzigen Puls.

Die Spins können nach der Präparation während einer festen Zeit t_1 frei präzedieren. Die Magnetisierung wird in dieser Zeit gleichsam mit der chemischen Verschiebung des ersten Kernes „markiert". Durch die **Mischsequenz** wird anschließend zum einen der Zustand der Magnetisierung am Ende von t_1 abgefragt und zum anderen Magnetisierung vom ersten Kern auf einen anderen übertragen. Die Mischsequenzen nutzen im Wesentlichen zwei verschiedene Mechanismen zum Transfer der Magnetisierung: die skalare Kopplung oder die dipolare Wechselwirkung (Abschnitte 15.3.2 bis 15.3.4). Den Abschluss des Experiments bildet die Datenakquisition (t_2-Zeit, auch direkte Evolutionszeit genannt), in der die Magnetisierung mit der chemischen Verschiebung des zweiten Kerns markiert wird. Nach Fourier-Transformation in der t_2-Richtung erhält man somit ein gewöhnliches eindimensionales Spektrum, das eine Momentaufnahme bei gegebener Zeit t_1 darstellt. Werden nun verschiedene Einzelexperimente aufgenommen, wobei jeweils nur die Zeit t_1 um einen festen Betrag Δt_1 erhöht wird (Abb. 15.14 A), so kann die zeitliche Entwicklung des Spinsystems während

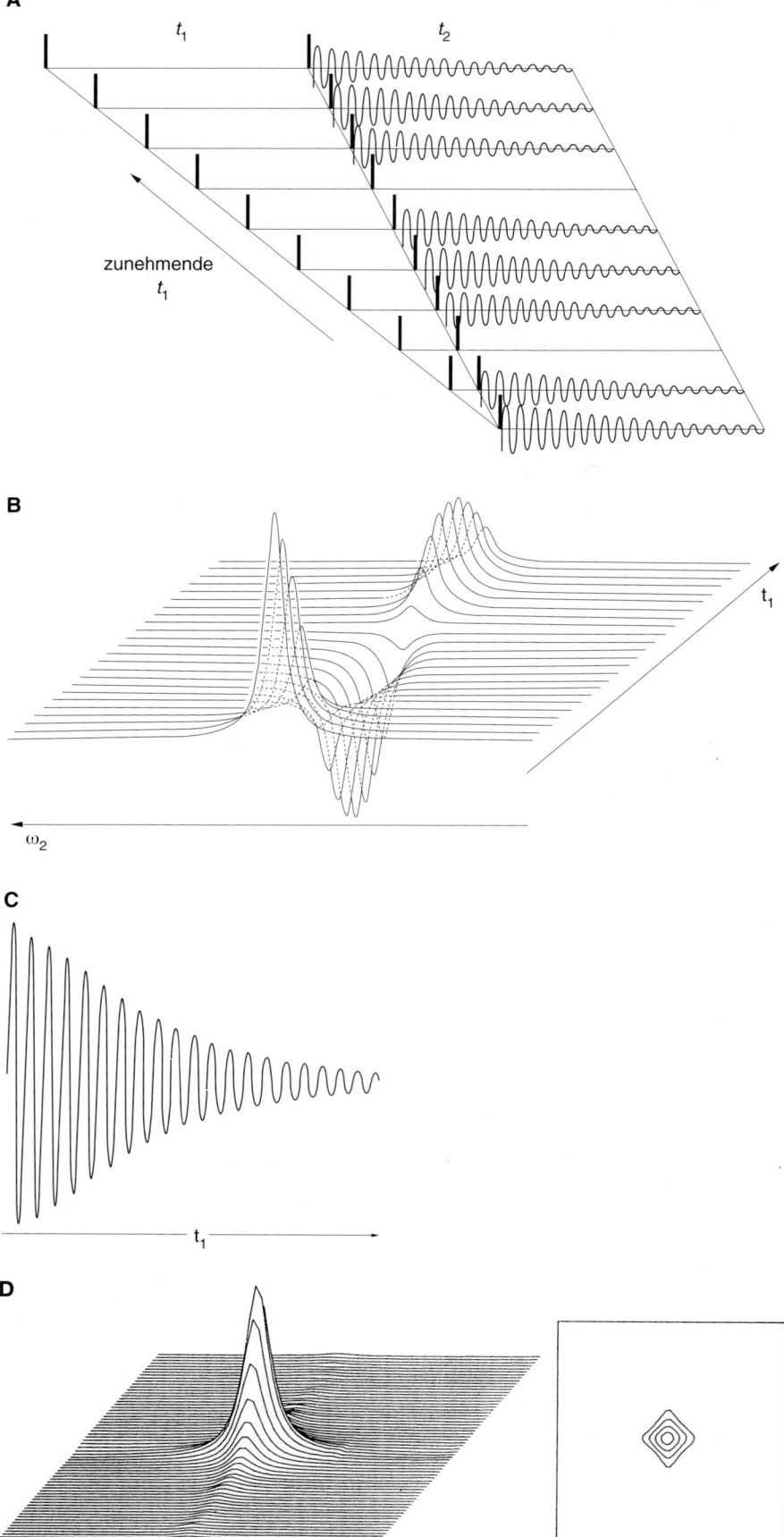

15.14 Entstehung eines 2D-NMR-Spektrums durch zweidimensionale Fourier-Transformation aus den Messdaten. A) Zwischen den aufeinanderfolgenden 1D-Experimenten eines 2D-Experiments wird jeweils die t_1-Zeit inkrementiert. Dadurch wird die indirekte Zeitdomäne schrittweise abgetastet. Nach: Cavanagh J., Fairbrother W. J., Palmer A. G. III, Skelton N. Protein NMR Spectroscopy. Academic Press, 1996. B) Nach Fourier-Transformation in t_2 entsteht eine Serie eindimensionaler Spektren, die in t_1 moduliert sind. C) Schnitt durch die Daten aus Abb. 15.14B parallel zu t_1 durch die jeweiligen Maxima der Signale. Dies ist einfach ein FID in der indirekten Zeitdimension. D) Nach Fourier-Transformation auch der indirekten Dimension (t_1) entsteht eine zweidimensionale Absorptionslinie, links in dreidimensionaler Darstellung, rechts in Aufsicht in der gebräuchlicheren Darstellung als Konturplot mit Höhenlinien. B–D nach: Derome A. E. Modern NMR Techniques for Chemistry Research. Pergamon, 1987.

dieser indirekten Zeit durch die Abfolge der Momentaufnahmen analog zu einem Film dargestellt werden (Abb. 15.14 B und C). Durch eine weitere Fourier-Transformation entlang der t_1-Richtung entsteht das endgültige 2D-Spektrum (Abb. 15.14 D links). Es wird üblicherweise als Höhenliniendiagramm dargestellt (Abb. 15.14 D rechts).

Das Aussehen eines solchen 2D-Spektrums hängt davon ab, ob es sich um ein homonukleares oder heteronukleares 2D-Spektrum handelt, d. h. ob in beiden Frequenzrichtungen die Signale von gleichen oder von verschiedenen Kernsorten detektiert werden. Bei einem homonuklearen 2D-Spektrum zieht sich eine diagonale Linie von Signalen quer durch das Spektrum. Symmetrisch zu dieser Diagonalen gibt es weitere Signale, die sogenannten **Kreuzsignale** (Abb. 15.15). Die Projektionen dieses 2D-Spektrums auf die beiden Frequenzachsen ergeben das übliche 1D-Spektrum.

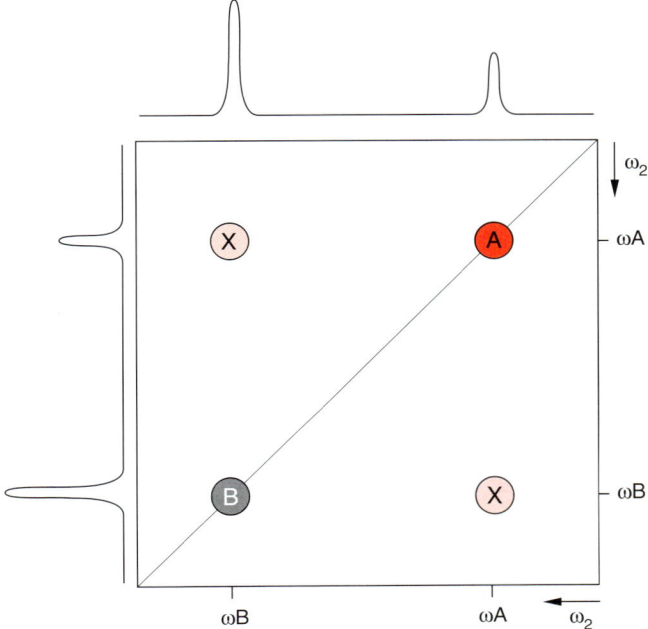

15.15 Schematische Darstellung eines homonuklearen 2D-NMR-Spektrums für zwei miteinander wechselwirkende Spins A und B. A bzw. B kennzeichnen die Diagonalsignale beider Spins, die in beiden Richtungen jeweils bei derselben Frequenz erscheinen, X kennzeichnet die Kreuzsignale zwischen den Spins, die bei verschiedenen Frequenzen in jeder Dimension erscheinen. Die Kreuzsignale stammen vom Magnetisierungstransfer zwischen den beiden Spins A und B während der Mischzeit des Experimentes, die Diagonalsignale stammen von Magnetisierung, die sich nach der Mischzeit auf dem selben Spin wie zuvor befindet. Die Projektionen des Spektrums auf die beiden Achsen sowie die Diagonale entsprechen dem gewöhnlichen 1D-Spektrum.

Die Diagonale entsteht durch Anteile der Magnetisierung, die sich nach der Mischzeit auf dem selben Spin wie zuvor befinden (gleiche Frequenz ω_1, ω_2 in beiden Dimensionen), d. h. durch Anteile, die während beider Evolutionszeiten auf demselben Kern waren. Daher entspricht die Diagonale ebenfalls einem gewöhnlichen 1D-Spektrum.

Wichtig sind die Kreuzsignale, die nicht auf der Diagonalen liegen. Sie verknüpfen die Signale von zwei Kernen, die Magnetisierung während der Mischsequenz ausgetauscht haben (Kern A mit der Frequenz ω_A und Kern B mit der Frequenz ω_B), d. h. sie zeigen eine Wechselwirkung dieser beiden Kerne miteinander an. Damit enthalten die Kreuzsignale die eigentlich wichtige Information eines 2D-Spektrums.

Für die NMR-Spektroskopie an Proteinen bis zu einem Molekulargewicht von etwa 10 kDa haben sich im Prinzip drei 2D-Experimente als wesentlich herauskristallisiert: 2D-COSY, 2D-TOCSY und 2D-NOESY (sowie das dem NOESY vergleichbare 2D-ROESY-Experiment). Diese Spektren enthalten die Informationen, die notwendig sind, um die einzelnen Resonanzfrequenzen im Spektrum den entsprechenden Protonen im Protein zuordnen zu können.

15.3.2 Das COSY-Spektrum

Im COSY-Experiment (*Correlation Spectroscopy*, Korrelationsspektroskopie) erfolgt der Magnetisierungstransfer durch skalare Kopplung. Protonen, die im Protein über mehr als drei Bindungen miteinander verknüpft sind, führen zu keinem Kreuzsignal (die ^4J-Kopplungskonstanten sind für aliphatische Verbindungen nahezu Null). Daher sind in einem COSY-Spektrum nur Signale von Protonen sichtbar, die über zwei bzw. drei Bindungen miteinander verknüpft sind (Abb. 15.16). Von besonderer Bedeutung für die Strukturaufklärung sind die J-Kopplungen der H^N-Protonen mit den H^α-Protonen, da über die Karplus-Beziehung ein direkter Zusammenhang zwischen der Größe der Kopplungskonstante $^3J(H^N\text{-}H^\alpha)$ und dem zwischen diesen Protonen liegenden Torsionswinkel ϕ des Proteinrückgrats besteht (Abb. 15.11).

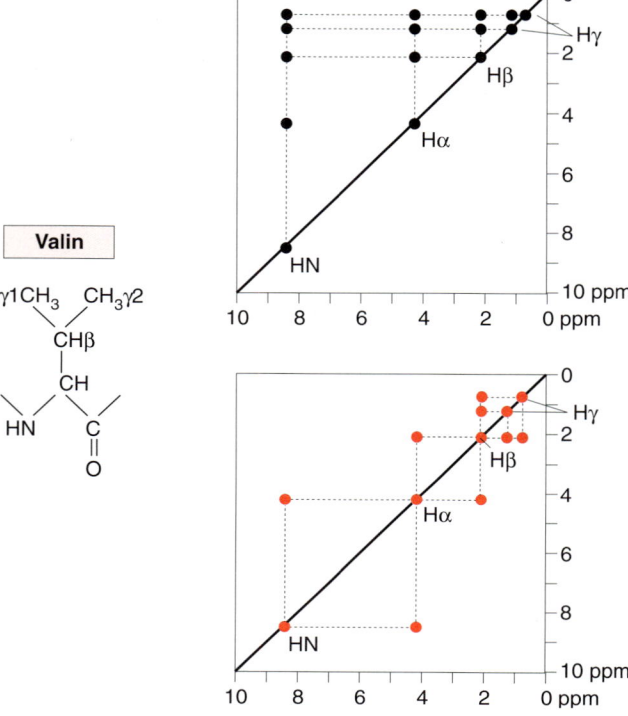

15.16 Typisches Signalmuster der Aminosäure Valin in einem 2D-TOCSY-Spektrum (schwarze Kreise, oberes Schema) und einem 2D-COSY-Spektrum (rote Kreise, unteres Schema). Die unterhalb der Diagonalen liegenden intraresidualen Signale des TOCSY-Spektrums sind aus Gründen der Übersichtlichkeit nicht eingezeichnet. Links ist die Strukturformel eines Valinrestes mit der in der NMR-Spektroskopie üblichen Benennung der Protonen gezeigt. Bei Überlagerung der beiden Spektren ist deutlich zu erkennen, dass die Signale des 2D-COSY-Spektrums auch im 2D-TOCSY-Spektrum vorhanden sind. Die entsprechenden Protonen sind drei Bindungen voneinander getrennt.

15.3.3 Das TOCSY-Spektrum

Im TOCSY-Experiment (*Total Correlation Spectroscopy*, vollständige Korrelationsspektroskopie) wird die Magnetisierung durch mehrstufigen sukzessiven Transfer über skalare J-Kopplung über das gesamte Spinsystem einer Aminosäure verteilt, d. h. das TOCSY korreliert alle Protonen eines Spinsystems, also einer Aminosäure, miteinander. Daher erhält man im Spektrum für jede Aminosäure ein charakteristisches Signalmuster, das dem Spinsystem dieser Aminosäure entspricht. Anhand dieser Signalmuster lassen sich die Aminosäuren identifizieren. Sie bestehen aus mehreren parallel verlaufenden vertikalen Signalreihen, die die intraresidualen Wechselwirkungen der Protonenpaare $H^\alpha(i)\text{-}H^N(i)$, $H^\beta(i)\text{-}H^N(i)$, $H^\gamma(i)\text{-}H^N(i)$, $H^\delta(i)\text{-}H^N(i)$ usw. wiedergeben (Abb. 15.16). Es können jedoch nicht alle Aminosäuren durch ihr Signalmuster eindeutig identifiziert werden, da z. B. alle Aminosäuren mit einer CH_2-Gruppe als Seitenkettenspinsystem, wie Ser, Cys, Asp, Asn, His, Trp, Phe, Tyr, identische Muster aufweisen.

15.3.4 Das NOESY-Spektrum

Für die Strukturbestimmung entscheidend ist das NOESY-Experiment (*Nuclear Overhauser and Exchange Spectroscopy*, Spektroskopie mit Kern-Overhauser-Effekt und Austausch): Es basiert auf der dipolaren Wechselwirkung der Kernspins, dem **Kern-Overhauser-Effekt**, die durch den Raum wirkt und deren Stärke in erster Näherung proportional zu $1/r^6$ ist, wobei r der Abstand zwischen den

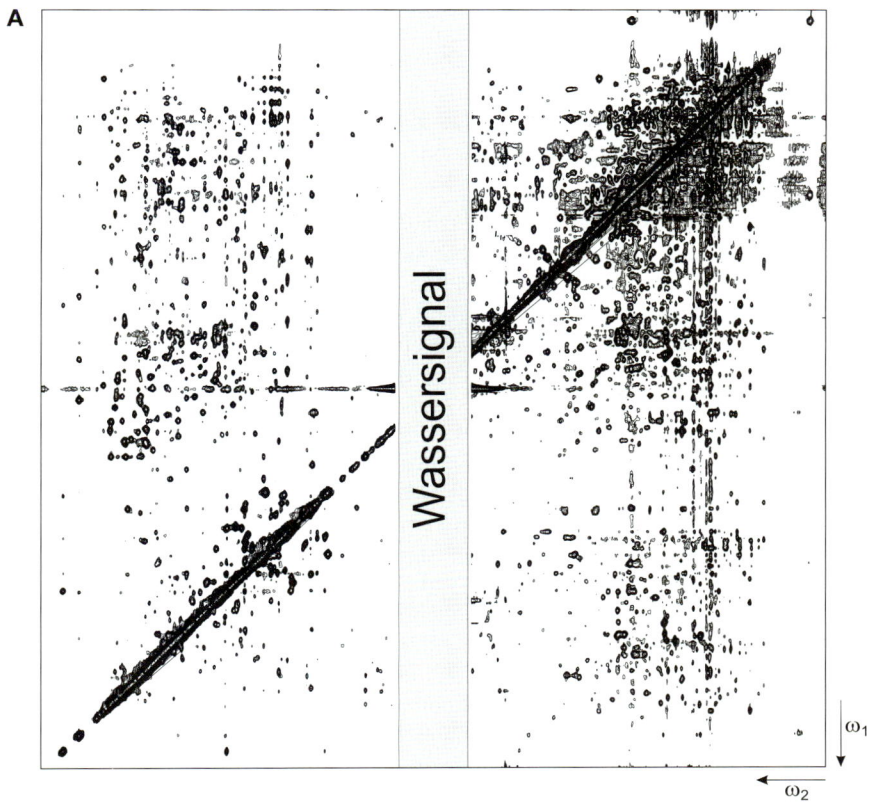

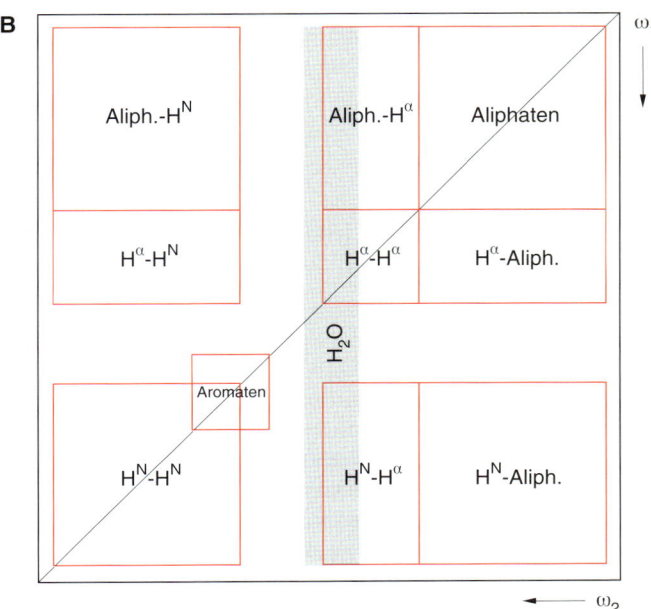

15.17 A) Typisches 2D-NOESY Spektrum eines 115 Aminosäuren langen Proteins. Das sehr starke Wassersignal in der Mitte des Spektrums wurde während der Fourier-Transformation entfernt. Die verschiedenen spektralen Regionen dieses Spektrums sind in B) schematisch als rote Rechtecke dargestellt. Die in den betreffenden Regionen beobachtbaren NOE-Signale sind jeweils innerhalb der Rechtecke angegeben. Die Wasserlinie ist als graues Rechteck dargestellt.

beteiligten Kernen ist. Die Korrelation zweier Protonen ist daher von dem räumlichen Abstand dieser Protonen abhängig, wobei allerdings ein Magnetisierungsübertrag zwischen zwei Kernen in der Regel nur dann beobachtet wird, wenn diese weniger als etwa 5 Å voneinander entfernt sind. Im NOESY-Spektrum (Abb. 15.17) sieht man zwischen allen Protonen ein Signal, wenn deren Abstand klein genug ist. D. h. es sind auch Protonen miteinander korreliert, die in der Primärstruktur weit voneinander entfernt sind, deren Abstand aber auf Grund der Tertiärstruktur kleiner als 5 Å ist. Diese Korrelation von Protonen auf Grund ihrer räumlichen Beziehung stellt die wichtigste Strukturinformation in der NMR-Spektroskopie von Proteinen dar.

15.3.5 Homonukleare 2D-NMR-Experimente von Proteinen: Grenzen der Anwendung

Bei NMR-spektroskopischen Untersuchungen größerer Proteine (>10 kDa) treten vielfach Probleme auf, die eine detaillierte Analyse der Struktur erheblich erschweren. Die Anzahl der Signale in den 2D-^{1}H-Spektren nimmt mit der Größe des Proteins überproportional zu und führt zu Signalüberlagerungen (vor allem in bestimmten Bereichen der Spektren), die eine eindeutige Zuordnung außerordentlich erschweren. Weiterhin werden durch die langsame Bewegung des Moleküls die transversalen Relaxationszeiten (T_2) relativ kurz, so dass es zu einer Verbreiterung der Signale kommt. Dies verstärkt die Signalüberlagerungen zusätzlich. Ein zweiter Effekt der verkürzten T_2-Zeiten macht sich bei allen Spektren bemerkbar, die auf einem Transfer von transversaler Magnetisierung durch skalare Spinkopplung beruhen (COSY, TOCSY): Die transversale Magnetisierung kann durch T_2-Relaxation während des Magnetisierungstransfers völlig dephasiert werden – das zu messende Signal klingt bereits im Verlauf der Pulssequenz weitgehend ab und mindert dadurch die Empfindlichkeit erheblich.

Bei größeren Proteinen (>15 kDa) eignen sich also die 2D-TOCSY- und COSY-Spektren nicht mehr zur Identifikation der Spinsysteme, weil eine Reihe von Signalen im Spektrum nicht mehr sichtbar ist. Auch die auf NOE-Kontakten basierende sequenzspezifische Zuordnung (Abschn. 15.5.1) ist in größeren Proteinen wegen der Überlappung der Signale außerordentlich schwierig, so dass die Anwendung von 2D-NOESY Experimenten nur begrenzt möglich ist.

Der Schlüssel zur Lösung dieser Probleme ist in der Regel die Anwendung heteronuklearer NMR-Experimente sowie die dreidimensionale NMR-Spektroskopie.

15.3.6 Heteronukleare NMR

Neben Wasserstoff enthält ein Protein noch andere magnetisch aktive Kerne (die sogenannten Heterokerne), von denen insbesondere ^{15}N- und ^{13}C-Kerne für die Strukturaufklärung mit NMR wichtig sind. Da die magnetisch aktiven Isotope von Kohlenstoff (^{13}C) und Stickstoff (^{15}N) jedoch nur in geringen natürlichen Häufigkeiten auftreten und außerdem ein wesentlich kleineres gyromagnetisches Verhältnis haben (Tab. 15.1), ist ihre relative Empfindlichkeit bezogen auf Wasserstoff sehr niedrig. Deshalb werden im Wesentlichen zwei Strategien angewendet, um die Empfindlichkeit heteronuklearer Experimente zu steigern:

- Es ist meist möglich, isotopenangereicherte Proteine herzustellen. Dazu werden bei der Proteinexpression die Bakterien in einem Minimalmedium kultiviert, welches als einzige verfügbare Stickstoffquelle ^{15}NH$_4$Cl enthält. Bei der Markierung mit Kohlenstoff wird ^{13}C-Glucose als ausschließliche Kohlenstoffquelle verwendet. Auf diese Weise können einfach markierte Proben (^{15}N oder ^{13}C) bzw. auch doppelt ^{15}N/^{13}C markierte Proben hergestellt werden. Verwendet man als Lösungsmittel für die Kulturmedien D$_2$O statt H$_2$O, können auch deuterierte Proteine produziert werden.

- Das Signal-Rausch-Verhältnis eines NMR-Experiments hängt unter anderem von den gyromagnetischen Verhältnissen des angeregten und des detektierten Kernes ab. Das heißt, die direkte Anregung und Detektion der Heterokerne ist verglichen mit ^{1}H äußerst ungünstig. Deshalb werden normalerweise Experimente verwendet, die die große Magnetisierung eines Protons praktisch verlustfrei auf einen daran gebundenen Heterokern übertragen (und umgekehrt), wodurch ein optimales Signal-Rausch-Verhältnis erreicht werden kann. Derartige Experimente werden als inverse heteronukleare Experimente bezeichnet.

15.3.7 HSQC

Das HSQC-Experiment (*Heteronuclear Single Quantum Coherence*, heteronukleare Einquantenkohärenz) ist das wichtigste Experiment, das den Übertrag von Magnetisierung auf einen Heterokern und wieder zurück verwendet (Abb. 15.18).

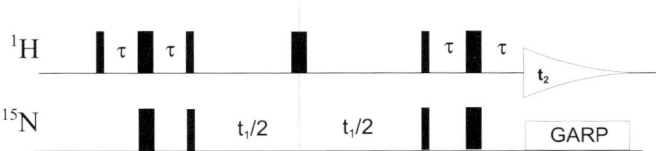

15.18 Pulssequenz des HSQC-Experimentes. Schmale schwarze Balken kennzeichnen 90°-Pulse, breite schwarze Rechtecke 180°-Pulse. Die obere Linie gibt die Pulse auf dem ^{1}H-Kanal, die untere die auf dem ^{15}N-Kanal an.

In ihm wird in einem 2D-Spektrum die Stickstofffrequenz (ω_1) mit der des gebundenen Amidprotons (ω_2) innerhalb einer NH-Gruppe verknüpft. Jedes im HSQC-Spektrum auftretende Signal repräsentiert ein an ein ^{15}N-Atom gebundenes Proton, d.h. das Spektrum besteht im Wesentlichen aus den Signalen der H^N-Protonen des Proteinrückgrats und zusätzlich aus den Signalen der NH$_2$-Gruppen der Seitenketten von Asn und Gln bzw. der aromatischen H^N-Protonen von Trp und His (Abb. 15.19). Durch das HSQC-Experiment ist es meist möglich, überlappende Amidprotonenresonanzen durch die Entzerrung des Spektrums in die Stickstoffdimension deutlich getrennt darzustellen. Verglichen mit einem homonuklearen Spektrum hat das HSQC natürlich keine Diagonale, da während der t_1- und der t_2-Zeit völlig verschiedene Kerne gemessen werden. Analoge Experimente lassen sich für ^{13}C und ^{1}H durchführen (^{13}C-HSQC).

15.4 Dreidimensionale NMR-Spektroskopie

Durch die Einführung einer weiteren Dimension gelangt man zur 3D-NMR-Spektroskopie. Ein drei- oder auch vierdimensionales Spektrum kann aus einem zweidimensionalen Experiment (Abb. 15.13) einfach konstruiert werden, indem nach der ersten Mischperiode statt der Akquisition eine weitere indirekte Evolutionszeit, gefolgt von einer zweiten Mischperiode, eingefügt wird (Abb. 15.20). Im vierdimensionalen Experiment folgt eine dritte indirekte Zeit und eine weitere Mischsequenz. Am Ende steht wiederum die direkte Datenakquisition. Die verschiedenen indirekten Zeiten werden einzeln inkrementiert.

Es gibt 3D-Experimente, die aus einer Verknüpfung von zwei 2D-Experimenten bestehen, und die Tripelresonanzexperimente, bei denen drei verschiedene Kerne (^{1}H, ^{13}C, ^{15}N) angeregt werden. Wir beginnen unsere Diskussion mit den aus zwei 2D-Experimenten bestehenden Pulssequenzen, da sie konzeptionell etwas einfacher sind.

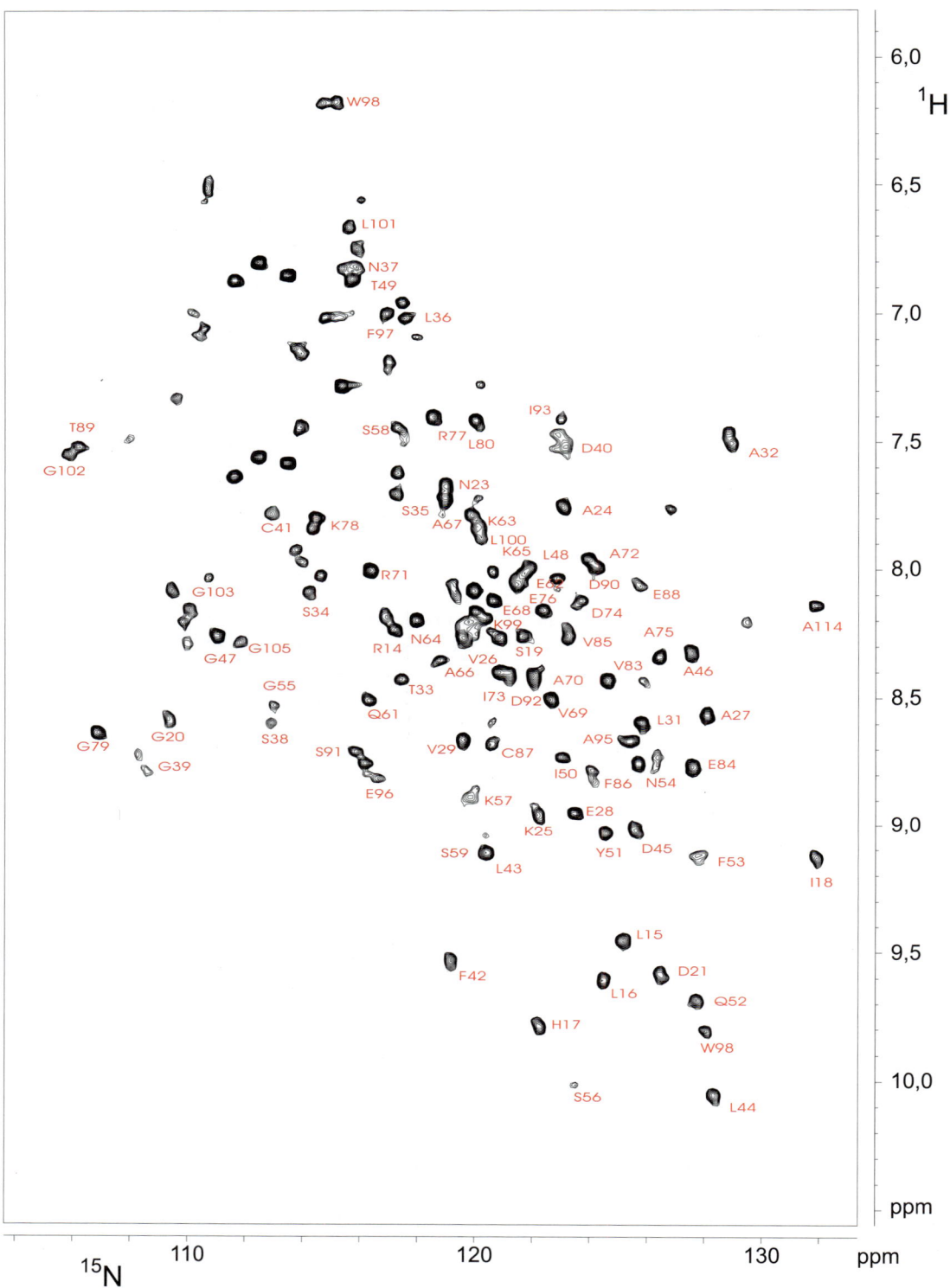

15.19 HSQC-Spektrum von Severin DS111M bei 32°C und pH 7,0 mit vollständiger Zuordnung (der Aminosäuretyp ist als Einbuchstabencode wiedergegeben; die Nummer gibt die Position in der Aminosäuresequenz an). Die Stickstofffrequenz ist auf der x-Achse, die Protonenfrequenz auf der y-Achse eingezeichnet.

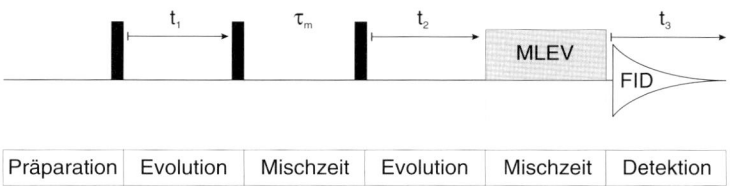

15.20 Schematische Darstellung eines 3D-NMR-Experiments am Beispiel des NOESY-TOCSY-Experiments. Im Vergleich mit dem 2D-Experiment kommen eine weitere Evolutions- und Mischzeit hinzu. Die Mischperiode des NOESY-Transferschritts besteht aus zwei Pulsen mit einer Wartezeit (τ_m) dazwischen, die Mischperiode des TOCSY-Transferschritts aus einer komplexen Abfolge von kurzen Pulsen, die als MLEV-Mischsequenz bezeichnet wird (nach Michael Levitt, der sie entwickelt hat).

15.4.1 NOESY-HSQC- und TOCSY-HSQC-Experiment

Um die Überlappung von Signalen in zweidimensionalen Spektren, z. B. NOESY oder TOCSY, zu beseitigen, entzerrt man diese Spektren in eine dritte Dimension, so dass sich die Signale in einem Quader anstatt auf einer Fläche verteilen. In der Regel funktioniert die Entzerrung wie bei einem HSQC, d. h. die dritte (senkrechte) Dimension dieses Quaders ist eine heteronukleare Koordinate wie ^{15}N oder ^{13}C.

Dies kann man erreichen, indem man einfach die Pulssequenzen für ein 2D-NOESY und ein 2D-HSQC kombiniert: An das NOESY-Experiment wird anstelle der Akquisition ein HSQC-Experiment angehängt. Das entstandene Experiment wird als (^{15}N- oder ^{13}C-) NOESY-HSQC bezeichnet. In analoger Weise kann man aus dem 2D-TOCSY-Experiment ein 3D-TOCSY-HSQC entwickeln, indem man das 2D-TOCSY mit dem 2D-HSQC-Experiment verbindet.

Das ^{15}N-NOESY-HSQC und das ^{15}N-TOCSY-HSQC sind für Proteine mittlerer Größe (ca. 10–15 kDa) die Basis für die sequenzspezifische Zuordnung der NMR-Signale. Die entsprechenden ^{13}C-Varianten der Spektren sind äußerst nützlich für die Zuordnung der Seitenketten und für die Identifikation von NOE-Signalen zwischen den Protonen von Seitenketten.

15.4.2 HCCH-TOCSY- und HCCH-COSY-Experiment

Das HCCH-TOCSY- und HCCH-COSY-Experiment sind Alternativen zum ^{15}N-TOCSY-HSQC-Experiment, dessen Empfindlichkeit bei größeren Proteinen stark abnimmt (Abschn. 15.4.1). In ihnen wird die Magnetisierung ausschließlich durch skalare J-Kopplung zwischen den Atomen übertragen. Zuerst findet ein Transfer der Magnetisierung z. B. des H$^\alpha$-Protons auf den C$^\alpha$-Kern statt (Abb. 15.21). Von dort wird die Magnetisierung auf den nächsten Kohlenstoffkern der Seitenkette übertragen (im Falle des HCCH-TOCSY noch auf weiter entfernte Kohlenstoffatome der Seitenkette). Da der Wert der $^1J_{CC}$-Kopplung etwa 35 Hz beträgt, kann der Mischprozess in wesentlich kürzerer Zeit als im homonuklearen Fall ablaufen (die Zeitdauer für den Magnetisierungstransfer berechnet sich je nach NMR-Experiment als $1/(2J)$ oder $1/(4J)$). Nach Transfer der Magnetisierung von jedem Kohlenstoffatom auf das direkt gebundene Proton erfolgt schließlich die Datenakquisition. Damit gleicht das Aussehen eines HCCH-TOCSY-Spektrums generell einem ^{13}C-TOCSY-HSQC-Spektrum (analoges gilt für das HCCH-COSY). Der Typ einer Aminosäure lässt sich daher ähnlich wie im 2D-TOCSY bzw. 2D-COSY aus dem charakteristischen Spinsystemmuster erkennen.

15.4.3 Tripelresonanzexperimente

Die Zuordnung des Proteinrückgrates über NOESY-HSQC- und TOCSY-HSQC-Spektren ist bei größeren Proteinen (>15 kDa) nicht mehr gut möglich, da zum einen die Überlappung von Signalen im NOESY-HSQC und zum anderen das Fehlen von Signalen im TOCSY-HSQC eine Auswertung der Spektren erschweren können (Abschn. 15.5.2). Zur sequentiellen Zuordnung der Resonanzen dieser Proteine hat sich daher heute die Verwendung von Tripelresonanzexperimenten

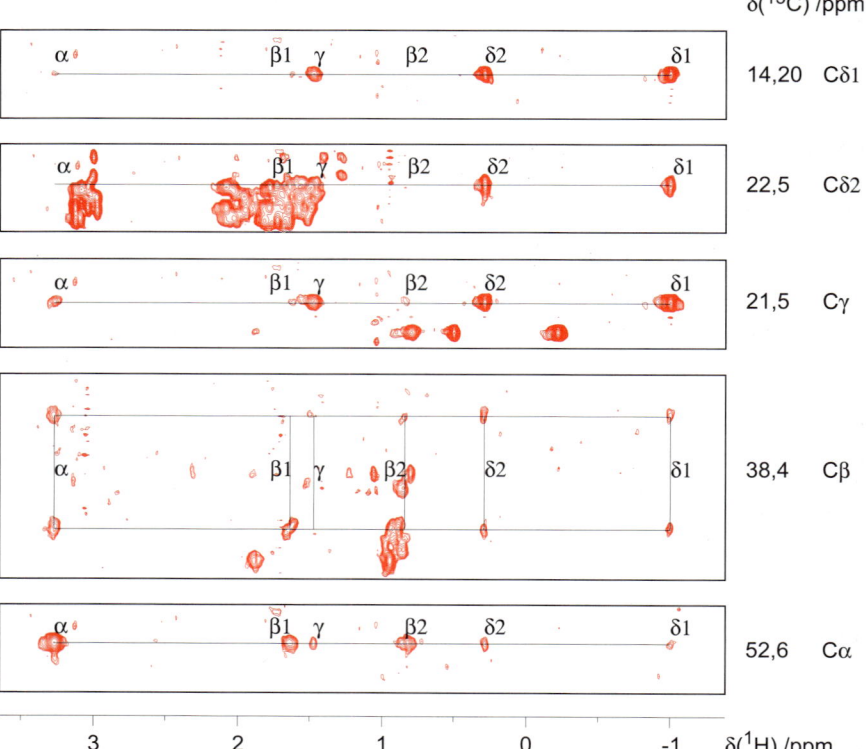

15.21 Ausschnitte aus verschiedenen Ebenen eines HCCH-TOCSY-Experimentes mit allen Korrelationssignalen der Aminosäure L185 von reduziertem DsbA aus *E. coli*. Die ^{13}C-chemische Verschiebung der Signale ist neben den jeweiligen Ebenen angegeben, die ^{1}H-Verschiebung entlang der untersten Ebene. Die Zuordnung der Signale zu den einzelnen Protonen ist neben dem jeweiligen Signal angegeben, die Zuordnung zu den entsprechenden Kohlenstoffatomen neben dem Ausschnitt der jeweiligen Ebene. In ihrer Gesamtheit ergeben die Signale das aus dem 2D-TOCSY-Spektrum bekannte Spinsystemmuster eines Leucinrestes.

etabliert, in denen drei verschiedene Kerne miteinander korreliert werden. Diese Experimente werden an doppelt markierten (^{15}N/^{13}C)-Proteinen durchgeführt.

Der wichtigste Vorteil der Tripelresonanzexperimente ist das einfache Aussehen der Spektren: Auf jeder Frequenz gibt es nur wenige Signale – oft sogar nur eines. Das Problem der Überlappung von Signalen tritt daher in den Tripelresonanzspektren wesentlich seltener auf. Dies ist der Hauptgrund, warum mit diesen Spektren die Signalzuordnung auch bei Proteinen von über 20 kDa Molekulargewicht gut möglich ist. Allerdings kommt es häufig vor, dass in einer bestimmten Dimension die Koordinaten von im Spektrum deutlich getrennten Signalen verschiedener Aminosäuren zufällig übereinstimmen. Vor allem die C$^\alpha$-Atome verschiedener Aminosäuren haben oft die gleiche Resonanzfrequenz. Die Auswahl der richtigen Verknüpfungen zwischen den Aminosäuren bei derartigen Frequenzentartungen ist eines der Hauptprobleme bei der sequentiellen Zuordnung über Tripelresonanzspektren (Abschn. 15.5.4).

Ein weiterer Vorteil der Tripelresonanzexperimente ist ihre hohe Empfindlichkeit, die durch einen effizienten Magnetisierungstransfer zustandekommt: In allen Fällen wird die Magnetisierung durch starke ^1J- bzw. ^2J-Kopplungen (d. h. direkt über die kovalenten Atombindungen) zwischen den Kernen übertragen (Abb. 15.10) – die für den Transfer notwendigen Zeiten sind daher relativ kurz, so dass Relaxationsverluste wesentlich geringer ausfallen als z. B. im TOCSY-Experiment. Diese hohe Empfindlichkeit ist ein weiterer Grund, warum die Signalzuordnung für Proteine bis etwa 35 kDa Molekulargewicht möglich ist.

Für noch größere Proteine sinkt die Empfindlichkeit dieser Experimente durch verkürzte Relaxationszeiten, vor allem wegen der Relaxation der Kohlenstoffkerne (C$^\alpha$), die mit den Protonen wechselwirken. Man kann diesen Relaxationspfad aber weitgehend unterdrücken, indem man Proteine herstellt, die zu ca. 70 % Deuterium anstelle von Wasserstoff enthalten, da die Relaxation von ^{13}C durch ^{2}H deutlich geringer ausfällt.

Der Nachteil aller Tripelresonanzexperimente ist die Notwendigkeit doppelt bzw. dreifach markierter Proteinproben, deren Herstellung kostspielig sein kann.

Es gibt eine Vielzahl von Tripelresonanzexperimenten, von denen hier nur das HNCA als Prototyp aller Tripelresonanzspektren (und als nützlichstes Spektrum zur Zuordnung des Proteinrückgrats) im Detail besprochen werden soll.

Nomenklatur der Tripelresonanzspektren

Die Nomenklatur zur Benennung der Tripelresonanzexperimente klingt zwar kryptisch, ist aber äußerst anschaulich: Man listet der Reihe nach alle Kerne auf, über die die Magnetisierung im Verlauf des Experiments übertragen wird (Abb. 15.22). Dabei werden die Namen der Kerne in Klammern gesetzt, die als reine „Zwischenstationen" dienen, und deren Frequenzen nicht gemessen werden:

Im HNCO-Experiment z. B. wird die Magnetisierung vom $H^N(i)$-Proton auf $N(i)$ und den direkt an das Stickstoffatom gebundenen $C^O(i-1)$-Kohlenstoff und wieder zurück übertragen. Die Frequenzen aller drei Kerne werden detektiert. Dagegen wird im HN(CA)CO die Magnetisierung vom $H^N(i)$-Proton über das $N(i)$-Atom und den $C^\alpha(i)$-Kern auf den $C^O(i)$-Kohlenstoff und wieder zurück übertragen. Hier dient das C^α-Atom aber nur als Überträger, detektiert werden nur die

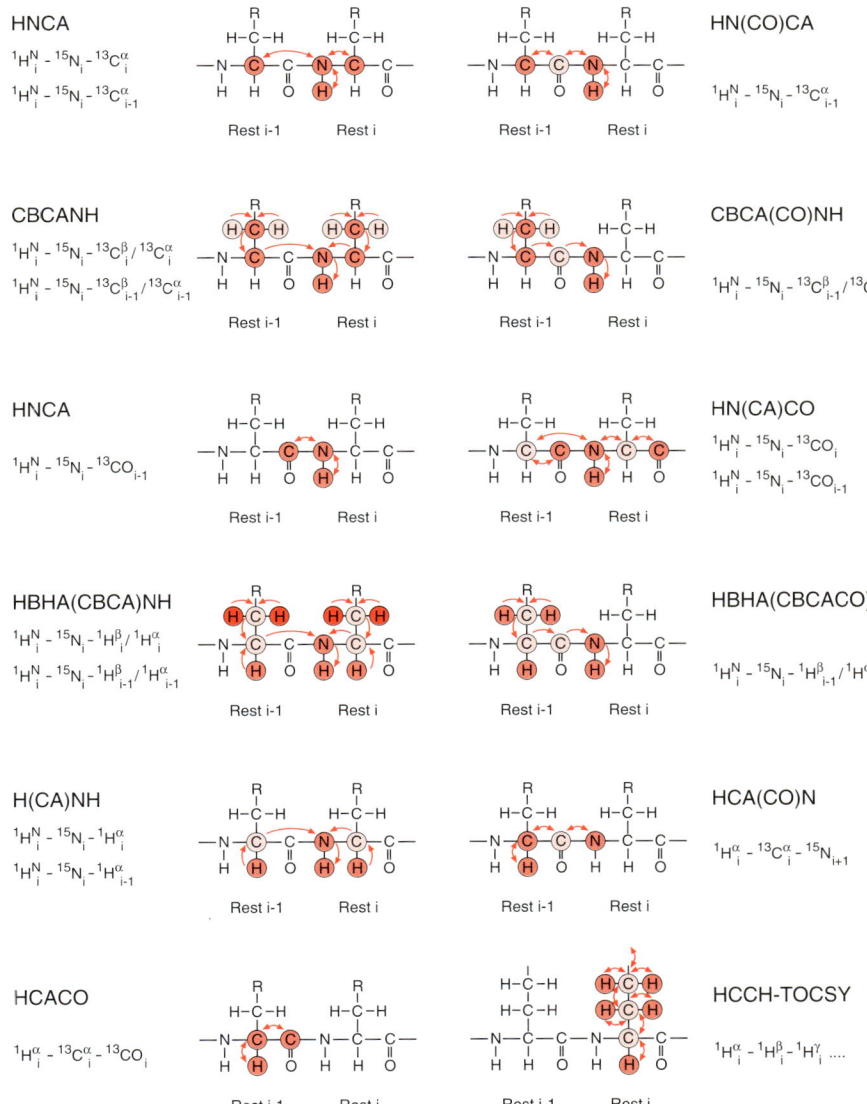

15.22 Übersicht der wichtigsten Tripelresonanzexperimente. Die Kerne, deren Frequenzen während des Experiments detektiert werden, sind rot unterlegt. Die Kerne, die nur als Überträger für die Magnetisierung dienen, sind rosa unterlegt. Die roten Pfeile kennzeichnen den Weg und die Richtung des Magnetisierungstransfers. Unter dem Namen jedes Experiments sind zusammenfassend die beobachteten Korrelationen angegeben. i bzw. $i-1$ bezeichnen dabei die Position eines Aminosäurerestes innerhalb der Proteinsequenz. Obwohl es kein Tripelresonanzexperiment ist, wurde das HCCH-TOCSY-Experiment in diese Abbildung mit übernommen, da es in der Regel in Verbindung mit diesen Spektren zur Zuordnung verwendet wird.

Frequenzen von H^N, N und C^O. Diese Nomenklatur hat unter anderem auch den praktischen Vorteil, dass bereits aus den Namen der Experimente das Aussehen der Spektren eindeutig hervorgeht: Im HNCO-Experiment ist nur die Korrelation eines Amidprotons mit dem C^O-Atom der vorhergehenden Aminosäure sichtbar, während im HN(CA)CO vorwiegend die Korrelation zur intraresidualen Carbonylgruppe zu erkennen ist.

Das HNCA-Experiment

Das einfachste und nützlichste Beispiel für ein Tripelresonanzexperiment ist das HNCA-Experiment: Ausgehend vom Amidproton (H) wird die Magnetisierung zuerst auf den Stickstoff N übertragen, der in der ersten Dimension gemessen wird. Daran schließt sich ein Transfer auf den C^α-Kern (CA) an, der in der zweiten Dimension gemessen wird. Die Magnetisierung wird auf demselben Weg wieder zurück auf das Amidproton übertragen, welches als dritte Dimension direkt aufgenommen wird. In allen Fällen findet der Magnetisierungtransfer durch die starke J-Kopplung zwischen den Kernen statt ($^1J_{HN}$ = 95 Hz, $^1J_{NC}$ = 11 Hz). Da die Kopplung, die den Stickstoff mit dem C^α-Kern der vorhergehenden Aminosäure verknüpft ($^2J_{NC}$ = 7 Hz), nur geringfügig kleiner ist als die $^1J_{NC}$-Kopplung (11 Hz, Abb. 15.10), erfolgt der Magnetisierungstransfer vom Stickstoff aus sowohl zum C^α-Atom der eigenen als auch der vorhergehenden Aminosäure und zurück. Mit Hilfe des HNCA-Experiments ist es daher prinzipiell möglich, das Proteinrückgrat sequentiell zuzuordnen. In der Praxis benötigt man allerdings weitere Experimente, um einerseits das Kreuzsignal zur vorhergehenden Aminosäure identifizieren zu können und andererseits mögliche Entartungen der Resonanzfrequenzen aufzulösen (Abschn. 15.5.4).

15.5 Signalzuordnung

15.5.1 Sequentielle Zuordnung homonuklearer Spektren

Das entscheidende Ziel bei der Auswertung der NMR-Spektren ist es, alle in einem Spektrum vorhandenen Informationen über Protonenabstände und Bindungswinkel der Strukturrechnung zugänglich zu machen. Voraussetzung hierfür ist, dass jedes der in einem Spektrum beobachteten Signale den jeweils entsprechenden Protonen im Protein zugeordnet werden kann. Dies erfordert wegen der großen Anzahl der Signale eine einfache und allgemein anwendbare Methode, die auf der Basis der verfügbaren Spektren TOCSY, NOESY und COSY die Auswertung der Spektren ermöglicht. Diese Methode, die maßgeblich von K. Wüthrich entwickelt wurde, wird als sequenzspezifische Zuordnung (*sequence specific assignment*) bezeichnet. Sie dient der Zuordnung der NMR-Signale zu den entsprechenden Aminosäuren auf Grund ihrer Wechselwirkungen mit den benachbarten Aminosäuren. Die Aminosäure i +1 in der Sequenz kann dabei über die direkte Nachbarschaft zur Aminosäure i identifiziert werden (i bezeichnet jeweils die Stellung einer Aminosäure in der Sequenz). Die Verknüpfung benachbarter Aminosäuren ist im NOESY-Spektrum zu beobachten, da wegen der Molekülgeometrie der Abstand des NH-Protons des Aminosäurerestes i +1 zu den H^α-, H^β- bzw. H^γ-Protonen der Aminosäure i nahezu immer kleiner als 5 Å ist (Abb. 15.23). Daher sind auf der H^N-Frequenz der Aminosäure i +1 (horizontale Frequenzachse) Kreuzsignale bei den chemischen Verschiebungen (vertikale Frequenzachse) der entsprechenden Protonen der Aminosäure i zu erkennen. Diese interresidualen Signale zwischen benachbarten Aminosäuren werden auch als sequentielle Signale bezeichnet. Die Methode der sequenzspezifischen Zuordnung von Signalen setzt voraus, dass zwischen *interresidualen* und *intraresidualen* Signalen auf der H^N-Frequenz einer

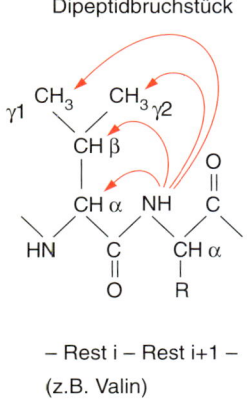
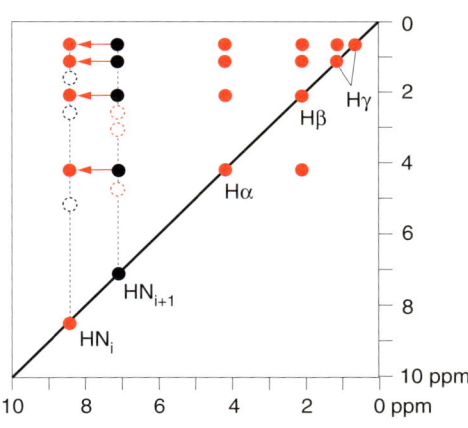

15.23 Signalmuster zweier benachbarter Aminosäuren in einer Überlagerung eines TOCSY-Spektrums (rote Kreise) und eines NOESY-Spektrums (schwarze Kreise). Deutlich zu erkennen sind die interresidualen, sequentiellen NOESY-Signale (gefüllte schwarze Kreise) auf der nachfolgenden Aminosäure (i +1), die die Basis der sequenzspezifischen Zuordnung sind. Die hierfür verantwortlichen koppelnden Protonen sind durch entsprechende Pfeile am links abgebildeten Dipeptid gekennzeichnet. Der Vollständigkeit wegen sind die intraresidualen Signale der Aminosäure i +1 und die sequentiellen Signale der Aminosäure i −1 auf der H^N-Frequenz der Aminosäure i gestrichelt eingezeichnet. (Die unterhalb der Diagonalen symmetrisch auftretenden Signalreihen sind aus Gründen der Übersichtlichkeit nicht eingezeichnet.)

Aminosäure unterschieden werden kann. Dies ist durch einen Vergleich des 2D-NOESY-Spektrums mit dem 2D-TOCSY-Spektrum der gleichen Probe möglich. Durch einfaches Übereinanderlegen der beiden Spektren können die intraresidualen Kreuzsignale im 2D-NOESY-Spektrum von den interresidualen Signalen unterschieden und gesondert gekennzeichnet werden. Die intraresidualen Kreuzsignale bestimmen durch ihr charakteristisches Signalmuster, um welchen Aminosäuretyp es sich handelt, während die sequentiellen Kreuzsignale über die Verknüpfung zu der vorausgehenden Aminosäure Auskunft geben (Abb. 15.23). Im Verlauf der sequenzspezifischen Zuordnung ist es also möglich, bei bekannter Primärstruktur des Proteins jeder Aminosäure eine entsprechende H^N-Frequenz im Spektrum zuzuordnen.

Diese Kette der sequentiellen Verknüpfungen wird allerdings durch Prolinreste unterbrochen, da diese kein H^N-Proton besitzen und somit in der H^N-Region des Spektrums kein Signal erzeugen. Vielfach können jedoch, sofern der Prolinrest in der weitaus häufigeren *trans*-Konformation vorliegt (Abb. 15.24), auf der H^N-Frequenz der vorhergehenden Aminosäure (i–1) die sequentiellen $H^N(i$–1$)$-$H^\delta(i)$- bzw. auf der H^α-Frequenz (von i–1) die sequentiellen $H^\alpha(i$–1$)$-$H^\delta(i)$-Kontakte beobachtet werden. Ein weiteres Problem ist, dass bei größeren Proteinen die große Anzahl an Signalen häufig zu Signalüberlagerungen führt, so dass an manchen Stellen eine eindeutige Fortsetzung der sequenzspezifischen Zuordnung nicht möglich ist.

15.24 Konformation der *cis-trans*-Isomere der Peptidbindung zwischen einer Aminosäure X und einem Prolinrest. Die C^α Atome beider Reste, sowie die dazwischenliegende Atombindung, die den Torsionswinkel ω definierten, sind hervorgehoben dargestellt.

Der erste Schritt der sequenzspezifischen Zuordnung besteht in der Identifikation einzelner Aminosäuren, deren charakteristisches Signalmuster sich deutlich von anderen Aminosäuren unterscheiden lässt. So wird sich die Suche zu Beginn auf die Aminosäuren Glycin, Alanin, Valin und Isoleucin beschränken. Glycin z. B. besitzt nur zwei H^α-Protonen, so dass die Erkennung dieser zwei H^α-Signale auf der H^N-Frequenz und das Auftreten der entsprechenden $H^{\alpha 1}$-$H^{\alpha 2}$-Kreuzsignale einen eindeutigen Hinweis auf Glycin geben. Valin, Leucin und Isoleucin sind an der charakteristischen Doppelsignalreihe bei 0–1,5 ppm erkennbar (Abb. 15.25).

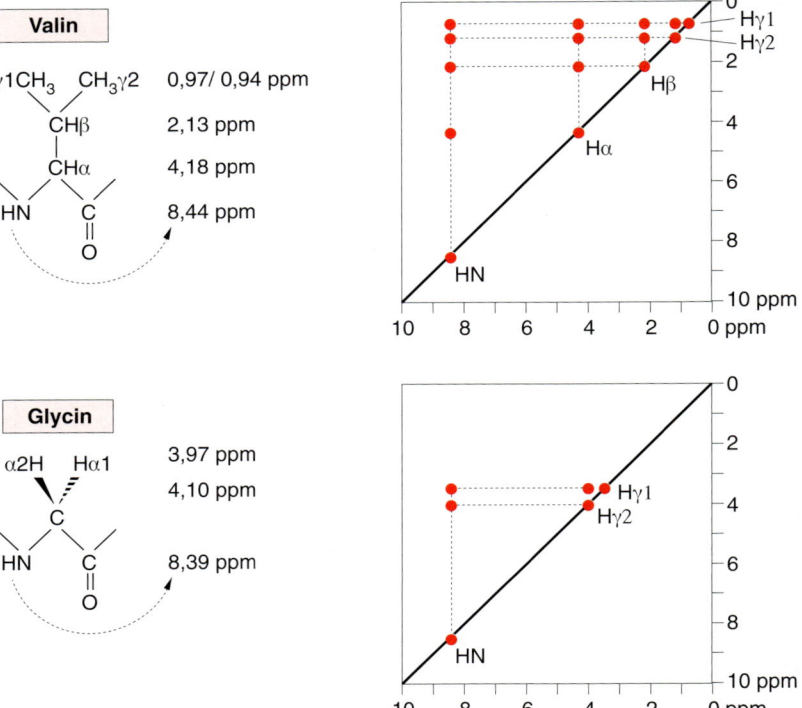

15.25 Schematische Darstellung der charakteristischen Signalmuster von Glycin und Valin, die auf Grund ihrer Eindeutigkeit als Startpunkte für die sequenzspezifische Zuordnung im TOCSY-Spektrum leicht zu erkennen sind. Auf der linken Seite sind die entsprechenden Aminosäureprotonen mit der Benennung und der typischen chemischen Verschiebung eingezeichnet. (Die unterhalb der Diagonalen symmetrisch angeordneten Signalreihen sind aus Gründen der Übersichtlichkeit nicht gezeigt.)

Grundsätzlich werden zur Identifikation der Spinsysteme nicht nur die Signale auf der H^N-Frequenz untersucht, sondern zur Bestätigung auch die entsprechenden Kreuzsignale im aliphatischen Bereich des Spektrums.

Von jeder der bisher identifizierten Aminosäuren wird nun der sequentielle Kontakt zur benachbarten Aminosäure im 2D-NOESY-Spektrum gesucht. Auf Grund der bekannten Aminosäuresequenz steht nur eine beschränkte Auswahl an benachbarten Aminosäuren zur Verfügung, so dass sich die Suche nach charakteristischen Signalmustern meist stark einschränken lässt. Die so identifizierten Dipeptide werden dann durch das Suchen weiterer sequentieller Kontakte zu Oligopeptiden vervollständigt. Durch Vergleich dieser Oligopeptide mit der Aminosäuresequenz lassen sich diese Bruchstücke in die Primärstruktur einpassen.

15.5.2 Auswertung heteronuklearer 3D-Spektren

Die Methode der sequenzspezifischen Zuordnung, wie sie für die homonuklearen 2D-NOESY- und TOCSY-Spektren dargestellt wurde, ist auf die entsprechenden heteronuklearen 3D-Spektren ^{15}N-NOESY-HSQC und ^{15}N-TOCSY-HSQC übertragbar. Dabei werden ein 3D-^{15}N-NOESY-HSQC und ein 3D-^{15}N-TOCSY-HSQC übereinander gelegt, wobei in jeder ^{15}N-Ebene des Spektrums die NOESY- bzw. TOCSY-Signale des an das betreffende Stickstoffatom gebundenen Amidprotons zu sehen sind. Eine ^{15}N-Ebene stellt daher eine Art Teilspektrum der entsprechenden 2D-Spektren dar.

Ein gravierender Unterschied zu den 2D-Spektren besteht im Frequenzbereich eines ^{15}N-editierten 3D-Spektrums. Da nur Signale von Protonen auftauchen, die mit an einen ^{15}N-Kern gebundenen Protonen wechselwirken, werden in der Acquisitionsrichtung nur Frequenzen zwischen ca. 12 bis 5 ppm detektiert. Die gesamte Seitenkettenregion jenseits des Wassersignals auf der Hochfeldseite dieser Spektren fehlt daher in einem 3D-^{15}N-NOESY-HSQC bzw. 3D-^{15}N-TOCSY-HSQC.

15.5.3 Selektive Aminosäuremarkierung

Die ^{15}N-Markierung nur bestimmter Aminosäuren ist eine Alternative bei der Bestimmung des Aminosäuretyps. Dazu werden rekombinante *E.-coli*-Zellen in einem Minimalmedium angezogen, das alle 20 natürlich vorkommenden Aminosäuren enthält. In einem derartigen Medium ist die zelluläre *de novo*-Synthese von Aminosäuren weitgehend unterdrückt. Die Zellen nehmen vielmehr die Aminosäuren direkt aus dem Medium auf. Die zu markierende Aminosäure wird dem Medium als 1-^{15}N-L-Aminosäure (kommerziell erhältlich) in hohen Konzentrationen zugesetzt. Alle anderen Aminosäuren werden dem Medium als „normale" ^{14}N-Aminosäuren zugesetzt. Insbesondere werden Aminosäuren, die metabolisch aus dem zu markierenden Aminosäuretyp entstehen können (sog. Kreuzmarkierung), dem Medium in nichtmarkierter Form im Überschuss zugesetzt. In einem HSQC-Spektrum, das von einem so hergestellten Protein aufgenommen wird, sind ausschließlich die Signale des markierten Aminosäuretyps sichtbar. Durch Markierung verschiedener Aminosäuren können somit nahezu alle Signale schnell zugeordnet werden.

Ein Vorteil dieser Methode liegt darin, dass die Herstellungskosten der Proteine je nach markierter Aminosäure deutlich geringer sind als die einer doppelt markierten Probe und man in der Regel weniger Protein benötigt. Der Nachteil ist, dass man zur Bestimmung des Aminosäuretyps eine Reihe von Proteinproben herstellen muss, was den Arbeitsaufwand gegenüber einer einzigen uniform markierten Probe erhöht und auch die Kostenfrage wieder relativieren kann.

15.5.4 Sequentielle Zuordnung mit Tripelresonanzspektren

Von der Vielzahl an möglichen Tripelresonanzexperimenten sollen in diesem Abschnitt nur diejenigen behandelt werden, die häufig bei der sequentiellen Zuordnung eingesetzt werden. Das generelle Aussehen von Tripelresonanzspektren und die Strategie zur Zuordnung der Signale soll dabei am Beispiel des HNCA-Spektrums erläutert werden:

Ein HNCA-Spektrum hat die drei Frequenzachsen ^{1}H^N, ^{15}N, und ^{13}C$^\alpha$. In ihm wird das Amidproton einer Aminosäure über das N-Atom mit dem C$^\alpha$-Atom der „eigenen" und meist auch mit dem der in der Sequenz vorangehenden Aminosäure verknüpft (Abschn. 15.4.3). Eine ^{1}H^N/^{15}N-Projektion des HNCA-Spektrums sieht daher aus wie ein HSQC-Spektrum: Jedes Signal steht für eine Aminosäure. Auf der Frequenz jedes Amidprotons gibt es in der ^{13}C$^\alpha$-Dimension in der Regel zwei Kreuzsignale: eines vom intraresidualen C$^\alpha$-Atom und eines von dem der vorhergehenden Aminosäure (Abb. 15.26). Prinzipiell kann man sich mit Hilfe dieser Kreuzsignale durch die komplette Aminosäuresequenz „hangeln" (Abb. 15.27), wobei Prolinreste wegen des fehlenden Amidprotons diese Kette unterbrechen (ähnlich wie bei der Zuordnung über homonukleare Spektren). Die Zuordnung wird wesentlich einfacher, wenn man zwischen dem intraresidualen und dem sequentiellen Kreuzsignal unterscheiden kann. Dies ist mit dem HN(CO)CA-Experiment möglich, bei dem wie beim HNCA ebenfalls C$^\alpha$-Atome mit Amidprotonen korreliert werden. Da aber beim HN(CO)CA-Experiment der Magnetisierungstransfer zwingend über die Carbonylgruppe verläuft, ist der intraresiduale Magnetisierungstransfer zwischen H^N und C$^\alpha$ ausgeschlossen und man beobachtet nur das sequentielle Kreuzsignal.

Die sequentielle Zuordnung über das HNCA- und HN(CO)CA-Experiment ist in der Regel nicht eindeutig, weil oft die C$^\alpha$-Frequenzen von Kreuzsignalen völlig verschiedener Aminosäuren zufällig entartet sind. Das heißt, man kann den „Vorgänger" zu einem gegebenen Signal nicht eindeutig festlegen, weil man mehrere Möglichkeiten zur Auswahl hat. Daher muss man auch Korrelationen über andere Kerne zu Hilfe nehmen, um die Mehrdeutigkeiten im HNCA aufzulösen. Dies kann z. B. mit den beiden Spektren HNCO und HN(CA)CO geschehen, in denen die Frequenz eines Amidprotons mit den Frequenzen des intraresidualen

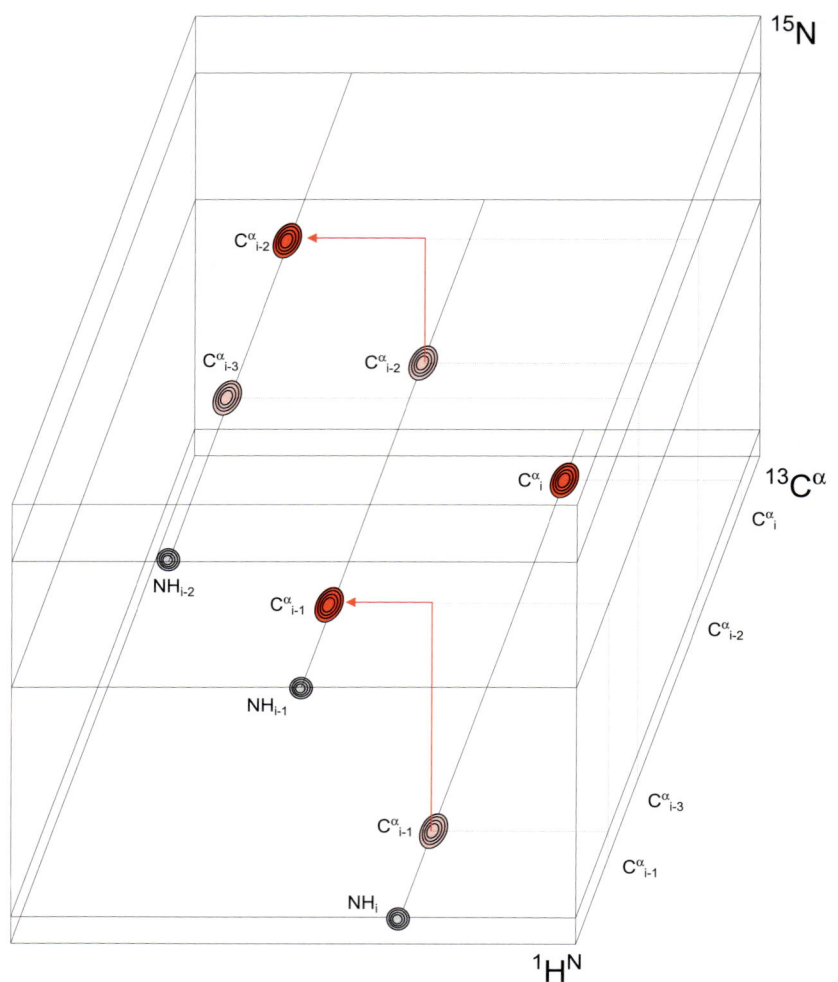

15.26 Schematische Darstellung der sequenzspezifischen Zuordnung mit Hilfe eines HNCA-Spektrums: Auf jeder H^N-Frequenz (graue Signale in der N–H-Projektion des 3D-Spektrums) existieren 2 Kreuzsignale: Eines vom C^α-Atom derselben Aminosäure (rot) und eines von dem der vorhergehenden Aminosäure (rosa). Wenn man von den rosa Signalen ausgeht, kann man sich über die roten Signale schrittweise durch die Aminosäuresequenz hangeln.

und des C^O-Atoms der vorangehenden Aminosäure verknüpft wird (d. h. die Verbindung von zwei Signalen erfolgt über die C^O-Frequenz anstelle der C^α-Frequenz). Daher ergibt sich aus der Überlagerung beider Spektren ein analoges Muster wie im HNCA-Spektrum. Die beiden Experimente sind eine unabhängige Alternative zur Überprüfung der im HNCA gefundenen Konnektivitäten. Das HNCO-Spektrum ist außerdem äußerst nützlich, um zufällige Signalentartungen in der $^1H^N$-Frequenz/HSQC-Projektion aufzulösen: In Proteinen ist jedes Amidproton nur an *eine* Carbonylgruppe kovalent gebunden (weshalb man im HNCO-Spektrum normalerweise nur ein Kreuzsignal pro Amidprotonenfrequenz beobachtet). Findet man jedoch auf der Frequenz eines Amidprotons *zwei* Kreuzsignale, dann bedeutet das, dass die Signale von zwei Aminosäuren in der HSQC-Projektion zufällig entartet sind.

Zwei weitere Paare von Experimenten, die eine unabhängige Zuordnungsstrategie liefern, sind das HBHA(CBCACO)NH- und HBHA(CBCA)NH-Experiment, bei denen die Korrelation über die H^α- und H^β-Resonanzen erfolgt, sowie die nahe verwandten Experimente CBCA(CO)NH und CBCANH, bei denen die Verknüpfung über die C^α- und C^β-Atome läuft.

Die beiden letztgenannten Experimente bieten gegenüber dem Paar HNCA/HN(CO)CA den Vorteil, dass in beiden Spektren auch noch Kreuzsignale zu dem C^β-Atom der korrelierten Aminosäuren vorhanden sind, die zusätzliche Informationen liefern: Die chemische Verschiebung der C^α- und C^β-Signale kann in einigen Fällen (Ala, Gly, Ile, Pro, Ser, Thr, Val) bereits zu einer vorläufigen Klassifizierung oder Identifizierung des Aminosäuretyps führen (Abb. 15.28).

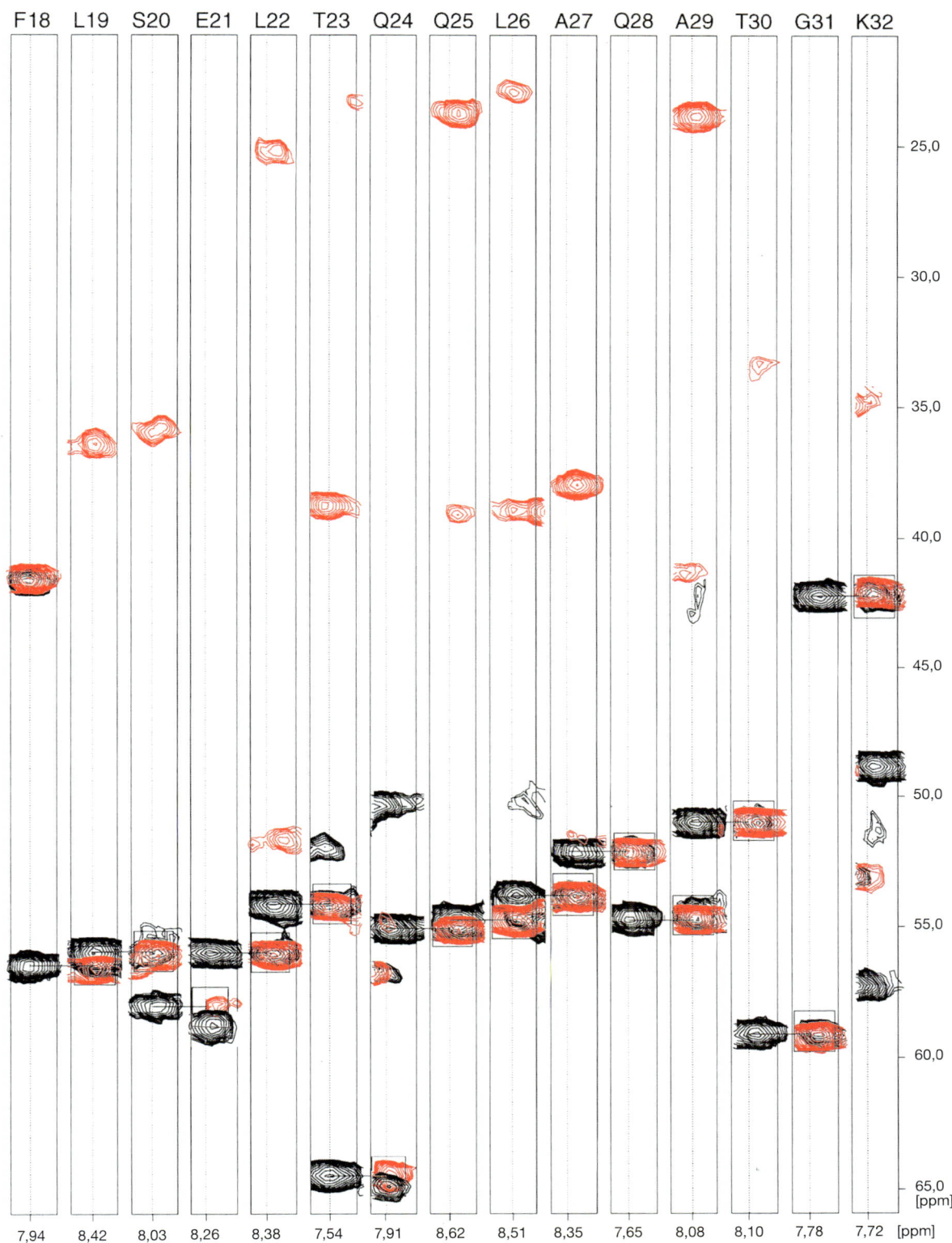

15.27 Streifenförmige Ausschnitte eines HNCA- (schwarz) und CBCA(CO)NH-Spektrums (rot) mit der Kette der sequentiellen Zuordnungen der Aminosäuren F18 bis K32 von huMIF. Die Konnektivitäten, die sich durch das Übereinanderlegen beider Spektren ergeben, sind klar zu erkennen. Die chemischen Verschiebungen der C^α- und C^β-Signale geben zusätzlich Hinweise auf die Art der jeweiligen Aminosäure.

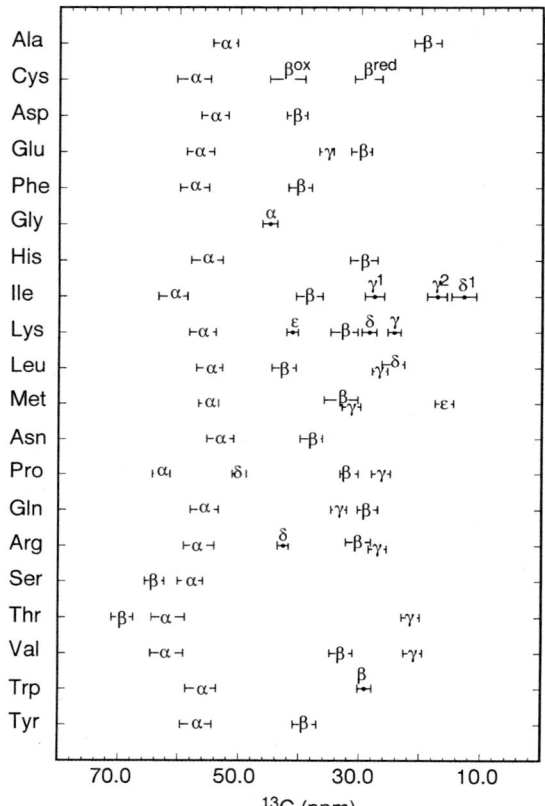

15.28 Typische Bereiche der chemischen Verschiebung für Signale von C^α- und C^β-Kernen in Proteinen. Nach: Cavanagh J., Fairbrother W. J., Palmer A. G. III, Skelton N. Protein NMR Spectroscopy. Academic Press, 1996.

Von besonderem Wert ist schließlich noch das HCACO-Spektrum, das die H^α-, C^α-, und C^O-Frequenzen einer Aminosäure miteinander korreliert: Wenn Resonanzen verschiedener Aminosäuren in der HSQC-Projektion entartet sind, dann bietet das HCACO-Spektrum eine einfache Möglichkeit, die zusammengehörigen Kombinationen dieser drei Frequenzen zu ermitteln.

Durch die sequentielle Zuordnung erhält man lediglich die Verknüpfung der einzelnen Spinsysteme untereinander, nicht jedoch den Typ der zugehörigen Aminosäuren. Dieser kann, ausgehend von den bekannten Frequenzen von C^α (aus dem HNCA) und H^α (z. B. aus dem ^{15}N-TOCSY-HSQC), mit Hilfe des HCCH-TOCSY und des HCCH-COSY-Experiments erhalten werden.

> Bei der sequentiellen Zuordnung mit Tripelresonanzspektren werden zwei oder drei unabhängige Paare von Spektren aufgenommen (in der Regel die Korrelationen über C^α und C^O), so dass man sich mit diesen Datensätzen durch die Aminosäuresequenz hangeln kann. Dabei löst man Entartungen und Mehrdeutigkeiten mit Hilfe von HNCO und HCACO auf und schränkt eventuell schon den Aminosäuretyp über die Auswertung von CBCA(CO)NH oder CBCANH ein. Nach Beendigung der sequenzspezifischen Zuordnung erfolgt die Zuordnung der Seitenketten dann mit Hilfe der Experimente HCCH-TOCSY und ^{13}C-NOESY-HSQC (Abschn. 15.4.2).

15.6 Bestimmung der Proteinstruktur

15.6.1 Randbedingungen für die Strukturrechnung

Schwerpunkt der bisher geschilderten Auswertungen war die Identifikation der im Spektrum beobachtbaren Signale und deren Korrelation mit den entsprechenden Aminosäureprotonen. Im Anschluss daran müssen die strukturrelevanten Daten bestimmt werden, wobei vor allem die Proton-Proton-Abstände besonders wichtig sind, die über die Signalintensitäten aus dem 2D-NOESY-Spektrum, dem 3D-^{15}N-NOESY-HSQC-Spektrum und dem 3D-^{13}C-NOESY-HSQC-Spektrum ermittelt werden (Abschn. 15.4.1). Diese Abstände werden durch mathematische Integration des NOE-Signals oder durch qualitative Abschätzung seiner Intensität dem Spektrum entnommen, wobei die Signalintensitäten zuvor anhand eines NOE-Signals für einen bekannten Abstand (z. B. bekannte Abstände in Sekundärstrukturelementen) kalibriert werden müssen. Der Zusammenhang zwischen Signalintensität I und Abstand zweier Kerne i und j ist in erster Näherung gegeben durch:

$$I(\text{NOE}_{ij}) \propto \frac{1}{r_{ij}^6}$$

Die erhaltenen NOE-Intensitäten werden nun in Abstandsgruppen eingeteilt, denen feste Abstandsgrenzen zugeteilt werden (Tab. 15.2). Hierbei müssen alle in den NOESY-Spektren sichtbaren nichtsequentiellen Signale zugeordnet werden, deren Anzahl bei Proteinen mittlerer Größe (ca. 120 Aminosäuren) schnell auf über 1000 ansteigen kann. Dabei unterscheidet man zwischen NOE-Signalen von Protonen, die in der Proteinsequenz nicht weiter als vier Aminosäuren voneinander entfernt sind (*medium-range*-NOE) und solchen, die mindestens fünf Aminosäuren voneinander entfernt sind (*long-range*-NOE). Erstere geben vorwiegend Auskunft über die Konformation des Proteinrückgrats und dienen zur Bestimmung der vorkommenden Sekundärstrukturelemente, Letztere sind dagegen Ausdruck der globalen Struktur des Proteins. Sie sind daher der wesentlichste Bestandteil für die Berechnung der Tertiärstruktur.

Zusätzlich zu den Abstandswerten können die ϕ-Winkel des Proteinrückgrats aus einem COSY-Spektrum bzw. aus einem HNCA-J-Spektrum bestimmt werden (einer Variante des HNCA-Spektrums, aus der die Kopplungskonstanten der N^H-C$^\alpha$-Bindungen, $^3J(H^N\text{-}H^\alpha)$, abgelesen werden können). Die aus diesem Spektrum bestimmbaren Kopplungskonstanten liefern dabei, wie in Abschnitt 15.3.2 beschrieben, über die Karplus-Beziehung die entsprechenden Winkel im Proteinrückgrat (Abb. 15.11).

Tabelle 15.2 Korrelation zwischen Intensität des NOE-Signals und dem Abstand der entsprechenden Protonen. Die Obergrenze für jeden Abstand ist die bei der Strukturrechnung tolerierte Abweichung, bis zu der das Potentialfeld der NOE-Abstände auf Null gesetzt wird. Die untere Grenze für diese Abstandswerte wird entweder durch die Summe der van-der-Waals-Radien oder getrennt in Form eines zusätzlichen Werts angegeben, ab dem das Potentialfeld bei der Strukturrechnung zugeschaltet wird.

NOE-Intensität	Abstand in nm	Obergrenze in nm
sehr stark	0,23	0,25
stark	0,28	0,31
mittel	0,31	0,34
mittel schwach	0,35	0,39
schwach	0,42	0,50

15.6.2 Bestimmung der Sekundärstruktur

Reguläre Sekundärstrukturelemente wie α-Helices und β-Faltblätter sind Bereiche mit gleicher oder periodisch wiederkehrender Konformation des Proteinrückgrats. Daher sind diese Strukturelemente durch fest definierte Torsionswinkel und durch feste Abstände zwischen den Protonen des Rückgrats charakterisiert. Soweit diese Abstände kleiner als 5Å sind, sind im NOESY-Spektrum Kreuzsignale für die beteiligten Protonen zu erwarten. Enthält z. B. ein Protein eine α-Helix, so sind starke NOE-Signale zum einen zwischen den Amidprotonen $H^N(i)$-$H^N(i+1)$ sowie $H^N(i)$-$H^N(i+2)$ und zum anderen zwischen den $H^\alpha(i)$-$H^N(i+3)$-Protonen zu erwarten. Vor allem Letztere sind ein sehr spezifisches Merkmal von α-Helices (Abb. 15.29). Die Werte der Kopplungskonstanten für den Winkel ϕ des Proteinrückgrats, $^3J(H^N$-$H^\alpha)$, sind in Helices meist kleiner als 5 Hz. Hierdurch kann die Existenz einer α-Helix zusätzlich bestätigt werden.

Im Gegensatz dazu zeichnet sich ein β-Faltblatt durch starke $H^\alpha(i)$-$H^N(i+1)$-NOE-Signale aus. Charakteristischer für ein β-Faltblatt sind die alternierenden $H^\alpha(i)$-$H^\alpha(j)$- und $H^N(i)$-$H^N(j)$ Signale zwischen den beiden parallelen bzw. antiparallelen Strängen des Faltblatts (i und j bezeichnen dabei Aminosäuren in unterschiedlichen Strängen eines Faltblatts). Die ausgestreckte Struktur des Proteinrückgrats zeigt sich zudem an der Kopplungskonstante der H^N-H^α-Bindung, deren Wert in diesem Fall durchweg größer als 8 Hz ist. Anhand von NOE-Signalmustern und den Werten der $^3J(H^N$-$H^\alpha)$-Kopplungskonstanten lassen sich daher die wichtigsten Sekundärstrukturelemente unterscheiden (Abb. 15.29).

Die Identifikation der Sekundärstruktur soll am Beispiel der Domäne DS111M des Severins erläutert werden. Bei diesem Protein handelt es sich um die 114 Aminosäuren umfassende zweite Domäne des Proteins Severin, das beim Auf- und Abbau des Actins, einem Bestandteil des Cytoskeletts, eine zentrale Rolle spielt. In Severin DS111M sind deutlich drei α-helicale Strukturelemente an den $H^\alpha(i)$-$H^N(i+3)$-Verknüpfungen zu erkennen (Abb. 15.30). Bereiche mit β-Faltblattstruktur sind dagegen am Fehlen sequentieller $H^N(i)$-$H^N(i+1)$- sowie an den starken sequentiellen $H^\alpha(i)$-$H^N(i+1)$-Kontakten zu identifizieren. Weitere Hinweise

Struktur-element	β-Faltblatt	α-Helix	3$_{10}$-Helix
Restnummer	1 2 4 3 5 6 7	1 2 4 3 5 6 7	1 2 4 3 5 6 7
$^3J_{H\alpha\text{-}NH}$	9 9 9 9 9 9 9	4 4 4 4 4 4 4	4 4 4 4 4 4 4
$d_{NN}(i,i+1)$		▬▬▬▬▬	▬▬▬▬▬
$d_{\alpha N}(i,i+1)$	▬▬▬▬▬	▬▬▬▬▬	▬▬▬▬▬
$d_{NN}(i,i+2)$		▬▬▬	▬▬▬▬
$d_{\alpha N}(i,i+2)$		▬▬▬	▬▬▬▬
$d_{\alpha N}(i,i+3)$		▬▬▬▬	▬▬▬▬
$d_{\alpha\beta}(i,i+3)$		▬▬▬▬	▬▬▬
$d_{\alpha N}(i,i+4)$		▬▬▬	

15.29 Zu erwartende NOE-Kopplungen bei verschiedenen regulären Sekundärstrukturelementen. Hierin sind die typischen Intensitäten für die $H^N(i)$-$H^N(i+1)$, $H^\alpha(i)$-$H^N(i+1)$, $H^N(i)$-$H^N(i+2)$, $H^\alpha(i)$-$H^N(i+2)$, $H^\alpha(i)$-$H^N(i+3)$, $H^\alpha(i)$-$H^\beta(i+3)$ und $H^\alpha(i)$-$H^N(i+4)$ Kreuzsignale sowie die typischen Werte für die H^N-H^α-Kopplung schematisch für die drei wichtigsten Sekundärstrukturelemente wiedergegeben. (Die Höhen der Rechtecke geben die Intensitäten der beobachteten Kreuzsignale wieder.)

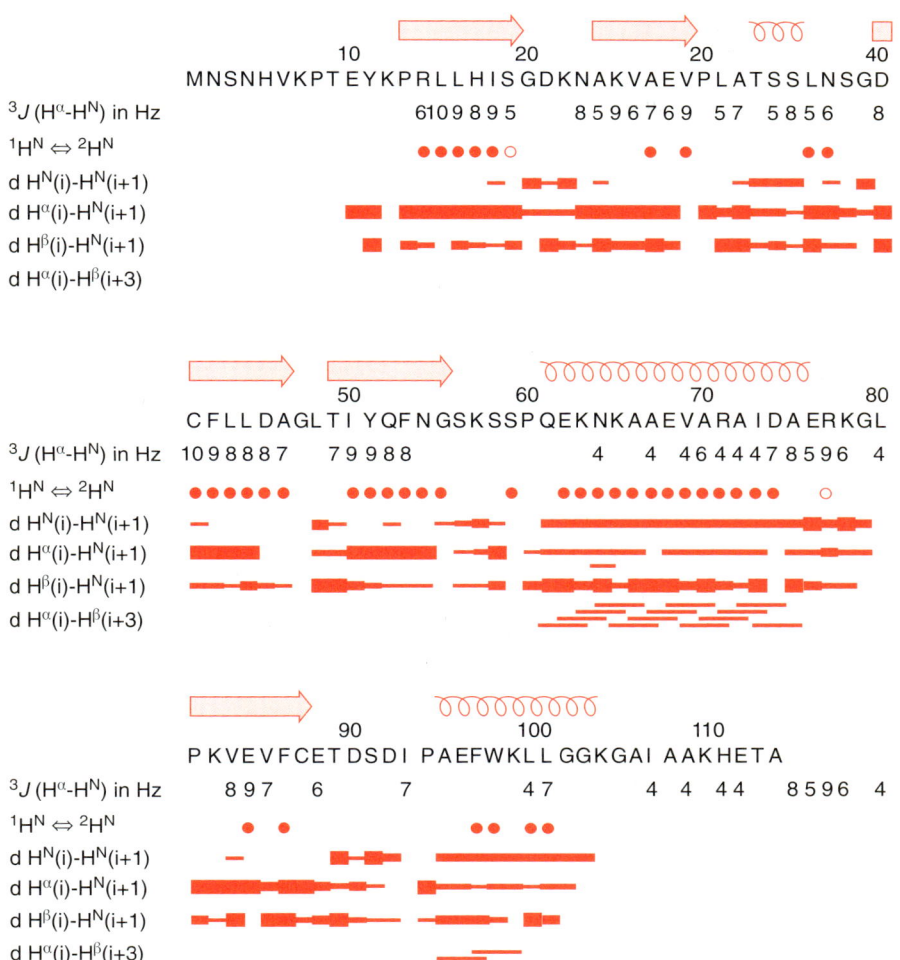

15.30 Übersicht der sequentiellen ^{1}H-^{1}H-NOE-Signale sowie NOE-Signale kurzer Reichweite von DS111M, wie sie aus der Analyse des NOESY-Spektrums mittels der Methode der sequenzspezifischen Zuordnung erhalten werden. Darüber hinaus sind die Kopplungskonstanten $^3J(H^N\text{-}H^\alpha)$ und die langsam (gefüllte Kreise) und mittelschnell (leere Kreise) austauschenden Amidprotonen angegeben. Oberhalb der Aminosäuresequenz ist die Sekundärstruktur des entsprechenden Sequenzbereichs schematisch dargestellt (Pfeile = β-Flattblatt, Schraubenlinien = α-Helix).

auf das Vorliegen des β-Faltblatts sind durch die H^α-H^N-Kopplungskonstanten (>8 Hz) gegeben. All diese Ergebnisse spiegeln die typische Struktur des β-Faltblatts wider. Die Analyse der NOE-Signale zwischen den einzelnen Strängen des β-Faltblatts führt zur Identifikation zusammengehöriger Stränge (Abb. 15.31). Die Verknüpfung zweier β-Stränge ist dabei besonders durch die $H^\alpha(i)$-$H^\alpha(j)$-Kontakte eindrucksvoll nachzuvollziehen, deren Abstand nur 2,2 Å beträgt. Diese kurzen Abstände sind relativ einfach in einem 2D-NOESY- oder einem ^{13}C-NOESY-HSQC-Spektrum zu erkennen, das zur Reduzierung des störenden Wassersignals an einer in D$_2$O gelösten Probe aufgenommen wurde.

Neben diesen direkten Informationen über Abstände und Winkel im Proteinrückgrat können auch indirekte Informationen über die Struktur des Proteins erhalten werden. Ein Beispiel ist die Analyse der Austauschgeschwindigkeit der Amidprotonen gegenüber Deuterium, die stark verlangsamt ist, wenn Wasserstoffbrücken vorhanden sind. Da die Sekundärstruktur meist durch Wasserstoffbrücken stabilisiert ist, kann über die Kenntnis von langsam austauschenden Amidprotonen bereits auf das Vorhandensein von Sekundärstrukturen geschlossen werden (Abb. 15.30). Zudem erhält man hierdurch Hinweise über die mögliche Position der Aminosäuren in der Proteinstruktur, da Amidprotonen im Zentrum des Proteins auf Grund der geringeren Zugänglichkeit des Lösungsmittels eine langsamere Austauschgeschwindigkeit besitzen. Demgegenüber zeigen H^N-Protonen an der Oberfläche des Proteins eine höhere Austauschgeschwindigkeit. Experimentell wird die Austauschgeschwindigkeit bestimmt, indem eine Proteinprobe gefriergetrocknet wird und anschließend in 100 % D$_2$O gelöst wird. Im Laufe der

15.31 Das komplette Netzwerk aus NOE-Kreuzsignalen innerhalb des fünfsträngigen β-Faltblatts von Severin DS111M. Die vier β-Stränge β1, β2, β3 und β4 verlaufen antiparallel zueinander, während die β-Stränge β4 und β5 parallel zueinander verlaufen. In Form von Pfeilen sind die beobachteten NOE-Kreuzsignale des Proteinrückgrats eingezeichnet, die innerhalb der fünf β-Stränge und zwischen diesen auftreten. Zusätzlich sind die vorhandenen Wasserstoffbrücken in Form gestrichelter Linien dargestellt.

Zeit verschwinden dann diejenigen Signale, die mit einem schnell austauschenden Amidproton korreliert sind. Dagegen bleiben die Signale langsam austauschender Amidprotonen längere Zeit im Spektrum sichtbar (z. T. bis zu einigen Monaten). Diese Amidprotonen befinden sich nahezu ausschließlich in Regionen des Proteins mit regulärer Sekundärstruktur (Abb. 15.30).

Ein weiterer Hinweis auf Sekundärstrukturelemente kann anhand der chemischen Verschiebung der Signale einer Aminosäure gewonnen werden. Die chemische Verschiebung der Signale von Aminosäureprotonen ändert sich gegenüber dem unstrukturierten Zustand, wenn sich diese Aminosäure in einem Sekundärstrukturelement befindet. Dieser Unterschied in der chemischen Verschiebung wird auch als **chemischer Verschiebungsindex** (*chemical shift index*, CSI) bezeichnet und spiegelt die Gleichförmigkeit der chemischen Umgebung in einem regulären Sekundärstrukturelement wider. Beispiele hierfür sind die Verschiebung der H^α-Protonen nach hohem Feld (entspricht kleineren ppm-Werten) in α-Helices und zu tieferem Feld (entspricht höheren ppm-Werten) in β-Faltblättern.

Daher ist es mit Hilfe der bisher beschriebenen Methoden bereits in einem sehr frühen Stadium der Strukturbestimmung möglich, die Sekundärstrukturelemente des Proteins ausfindig zu machen. Die relative räumliche Lage dieser Elemente zueinander sowie die globale Faltung des Proteins sind jedoch weiterhin nicht bekannt.

15.6.3 Berechnung der Tertiärstruktur

Die computergestützte Strukturrechnung dient grundsätzlich der Umsetzung der durch die Auswertung der NMR-Spektren gewonnenen Abstands- und Torsionswinkeldaten in eine sichtbare Struktur. Die experimentell bestimmten Abstände und Torsionswinkel als einzige Eingabedaten reichen jedoch noch nicht aus, um die Proteinstruktur zu charakterisieren, da sie nur eine begrenzte Anzahl an Proton-Proton-Abständen wiedergeben. Erst die Kenntnis empirischer Eingabedaten wie Bindungslängen aller kovalent verbundenen Atome und Bindungswinkel ermöglichen es, die Struktur hinreichend genau zu bestimmen. Hierzu wird aus den empirischen Daten und der bekannten Aminosäuresequenz eine zufällig gefaltete Ausgangsstruktur errechnet. Anschließend wird mit einem Rechenprogramm diese Ausgangsstruktur so verändert, dass die experimentell gemessenen Proton-Proton-Abstände in der errechneten Struktur erfüllt sind. Dabei wird jedem aus der Geometrie des Moleküls bekannten Parameter ein Potential zugeordnet, welches eine minimale Energie liefert, sofern der Abstand oder der Winkel mit dem Eingabewert übereinstimmt. Das Computerprogramm versucht dann, eine Struktur mit möglichst geringer Gesamtenergie zu berechnen.

Ohne die aus den NMR-Spektren experimentell gewonnenen Abstands- und Torsionswinkeldaten stehen dem Proteinrückgrat auf Grund der freien Drehbarkeit um die N-C$^\alpha$-Bindung (Torsionswinkel ϕ) und die C$^\alpha$-C^O-Bindung (Torsionswinkel ψ) außerordentlich viele Konformationen zur Verfügung (die Summe dieser möglichen Konformationen wird unter dem Begriff des Konformationsraums zusammengefasst). Es ist daher wichtig, möglichst viele Abstandsrandbedingungen aus den NMR-Spektren zu identifizieren, um den Konformationsraum möglichst weit einzuschränken und der tatsächlich vom Protein angenommenen Struktur nahezukommen. In der Tat ist die Anzahl der Abstandsrandbedingungen wichtiger als die Genauigkeit, mit der ein Kernabstand angegeben werden kann, so dass die in Abschnitt 15.6.1 eingeführte Abstandseinteilung genügend präzise für die Strukturrechnung ist.

Es gibt verschiedene Computerprogramme, bei denen zwei prinzipiell unterschiedliche Verfahren zur Berechnung der Struktur eines Proteins in Lösung verwendet werden:

- die Methode der Distanzgeometrie (*distance geometry*, DG), bei der aus allen verfügbaren Abstandsrandbedingungen den Bindungs- und Torsionswinkeln sowie den van-der-Waals-Radien Matrices von Abstandsgrenzen für jedes Atompaar erstellt werden. Dieser Satz von Abständen wird aus dem n-dimensionalen Abstandsraum in den Raum eines dreidimensionalen kartesischen Koordinatensystem projiziert, in dem dann die Koordinaten für alle Atome des Proteins bestimmt sind.
- die als *simulated annealing* (SA, simuliertes Tempern) bezeichnete Moleküldynamik, die im Gegensatz zur Distanzgeometrie direkt im kartesischen Koordinatensystem stattfindet. Bei diesem Verfahren wird eine Startstruktur, die die empirischen Strukturparameter enthält, eine kurze Zeit simuliert auf eine hohe Temperatur gebracht (d. h. die Atome dieser Startstruktur erhalten eine hohe thermische Beweglichkeit). In mehreren Abkühlschritten kann sich diese Startstruktur unter dem Einfluss eines Kraftfelds auf die energetisch günstigste Zielstruktur zubewegen. Da die Methode des simulierten Temperns anschaulicher ist, soll im Folgenden auf eine detaillierte Beschreibung der Distanzgeometrie verzichtet werden.

Zur Durchführung einer Moleküldynamikberechnung wird eine Startstruktur benötigt, die aus allen durch die Molekülstruktur festgelegten Randbedingungen, wie den Längen von kovalenten Bindungen und Bindungswinkeln generiert wird. Diese Startstruktur kann eine ausgestreckte oder eine bereits gefaltete Proteinkonformation sein. Die Startstruktur entwickelt sich im Verlauf der Simulation in einem Potentialfeld V unter der Wirkung verschiedenster Kräfte, in denen alle Informationen über das Protein zusammengefasst sind. Man unterscheidet dabei zwei Klassen von Energietermen, E_{emp} und E_{eff}:

$$V = E_{\text{emp}} + E_{\text{eff}}$$

wobei

$$E_{\text{eff}} = \sum (E_{\text{NOE}} + E_{\text{Torsion}})$$

$$E_{\text{emp}} = \sum (E_{\text{Bindung}} + E_{\text{Winkel}} + E_{\text{Dieder}} + E_{\text{vdw}} + E_{\text{elek}}).$$

E_{emp} (emp für empirisch) umfasst alle Informationen über die Primärstruktur des Proteins und darüber hinaus Daten über Topologie und Bindungen in Proteinen. Die von den kovalenten Bindungen (E_{Bindung}), den Bindungswinkeln (E_{Winkel}) und den Diederwinkeln (E_{Dieder}) stammenden Beiträge zu E_{emp} lassen sich jeweils näherungsweise als harmonische Funktionen darstellen. Nicht kovalente van-der-Waals-Kräfte (E_{vdw}) und elektrostatische Wechselwirkungen (E_{elek})

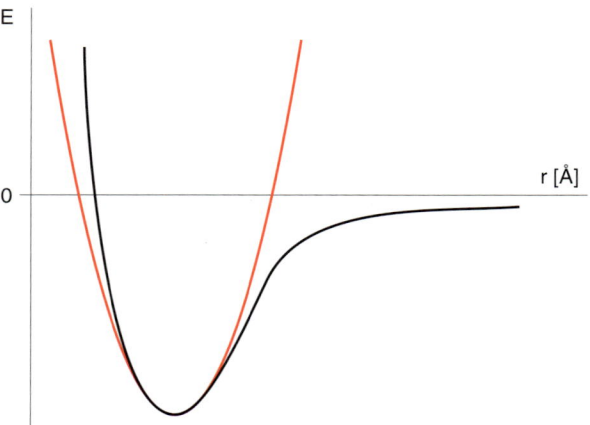

15.32 Graphische Darstellung eines harmonischen Energiepotentials (rote Linie) im Vergleich mit einem Lennard-Jones-Potential (schwarze Linie). Im Lennard-Jones-Potential werden die abstoßenden Kräfte zwischen zwei Atomen durch den steiler ansteigenden r^{-12}-Term wiedergegeben, während die anziehenden Kräfte durch den r^{-6}-Term dargestellt werden, wodurch bei unendlichem Abstand keine anziehenden Kräfte zwischen zwei Atomen mehr bestehen.

werden dagegen mit einem empirischen anharmonischen Lennard-Jones-Potential bzw. mit einem Coulomb-Potential simuliert (Abb. 15.32). Mit E_{eff} werden die experimentell bestimmten Randbedingungen in der Strukturrechnung berücksichtigt. Dabei gehen die Winkelrandbedingungen über eine harmonische Funktion analog zu derjenigen der Diederwinkel ein. Für die Abstandsrandbedingungen wird das Energiepotential gleich Null gesetzt, falls der entsprechende Abstand innerhalb der spezifizierten Grenzen liegt. Liegt er außerhalb dieser, wird ein harmonisches Energiepotential verwendet, das den Abstand in die erlaubten Grenzen zurückzutreiben versucht (Abb. 15.32).

Zu Beginn des simulierten Temperns (Abb. 15.33) wird die Anfangsstruktur einer kurzen Energieminimierung unterworfen, bei der die Atompositionen der Startstruktur solange versetzt werden, bis die Struktur ein Energieminimum erreicht. Das Ergebnis dieses Prozesses ist eine Struktur, die sich sehr schnell in einem lokalen Energieminimum befindet, bei der jedoch noch weite Strukturbereiche die gesetzten Randbedingungen nur ungenügend erfüllen. Solche Strukturen können durch eine erneute Energieminimierung nicht mehr zum globalen Energieminimum gelangen, da sie die dazwischenliegende Energiebarriere nicht überschreiten können. Die Überschreitung dieser Energiebarriere kann erreicht werden, indem dem System die dazu nötige Energie zugeführt wird. Dies geschieht durch simuliertes Erwärmen des Systems über ein daran gekoppeltes Wärmebad auf einige tausend Kelvin. Bei dieser Temperatur, die nur für eine Zeitdauer der Simulation von etwa 1 bis 10 fs aufrechterhalten wird, erhält das System genügend Energie, um die Energiebarriere zu überwinden. Unter der Wirkung des Potentialfelds kann sich das System auf der Energiehyperfläche neu entwickeln. Die Atompositionen am Ende eines Simulationsschritts werden aus den Anfangspositionen über die Geschwindigkeiten und die Beschleunigungen bestimmt. Die Geschwindigkeiten sind bei der vorgegebenen Badtemperatur aus der Maxwell-Verteilung, die Beschleunigungen über die Newtonschen Gleichungen aus den Kräften berechenbar. Anschließend wird das Energiepotential in Abhängigkeit von den veränderten Atompositionen neu berechnet, und ein weiterer Simulationsschritt schließt sich an. Dieser Vorgang wird bis zu 6000-mal iterativ wiederholt, wodurch die Energiehyperfläche nach dem globalen Energieminimum gewissermaßen durchsucht wird. Nach einer vorher gewählten Anzahl von Simulationsschritten bei hoher Temperatur werden die Geschwindigkeiten der Atome in einer Vielzahl von Schritten langsam reduziert. Bei den einzelnen Temperaturen kann sich das System erneut für kurze Zeit auf der Energiehyperfläche unter dem Einfluss des Potentialfeldes entwickeln. Gleichzeitig mit der Reduktion der Temperatur werden die Kraftkonstanten der experimentellen Abstandsrandbedingungen im Energieterm erhöht, um diese Randbedingungen stärker zu gewichten. Das Ergebnis der Simulation ist eine Proteinstruktur mit einer minimalen Energie, wobei jedoch nicht ausgeschlossen werden kann, dass die berechnete Struktur dennoch in einem lokalen Energieminimum verbleibt, ohne zum energetisch nur geringfügig niedrigeren globalen Energieminimum zu gelangen, das das realistische Abbild der Struktur ist. Daher werden innerhalb einer Strukturuntersuchung ca. 20 verschiedene Startstrukturen mit zufälliger Faltung verwendet, wodurch die Zielstruktur über unterschiedliche Wege entlang der Energiehyperfläche erreicht wird. Diese 20 unabhängigen Strukturen werden solange iterativ mit leicht abgewandelten Eingabeprotokollen weitergerechnet, bis keine Verringerung der globalen Energie mehr beobachtet werden kann und bis die Strukturen im Konformationsraum konvergieren.

In der NMR-Spektroskopie erhält man am Ende der Strukturrechnung keine exakt definierte Struktur, sondern vielmehr eine Strukturfamilie, die je nach Qualität des Ergebnisses einen mehr oder weniger eng begrenzten Konformationsraum absteckt. Die Qualität einer NMR-Struktur kann daher über die mittlere Abweichung dieser Strukturfamilie bestimmt werden, wobei zuvor eine energieminimierte Mittelwertstruktur errechnet wird. Je kleiner die Abweichung von dieser Mittelwertstruktur, desto enger ist der Konformationsraum in dem sich die tatsächliche Struktur aufhält. Es ist auch üblich, einen paarweisen Vergleich zweier Strukturen einer Familie durchzuführen und anschließend den Mittelwert aus all diesen Abweichungen zu bilden. Die Größe der Abweichungen ist in den einzelnen Regionen der Struktur unterschiedlich. Strukturbereiche mit flexibler Struktur oder mit fehlender definierter Sekundärstruktur zeigen häufig große Abweichun-

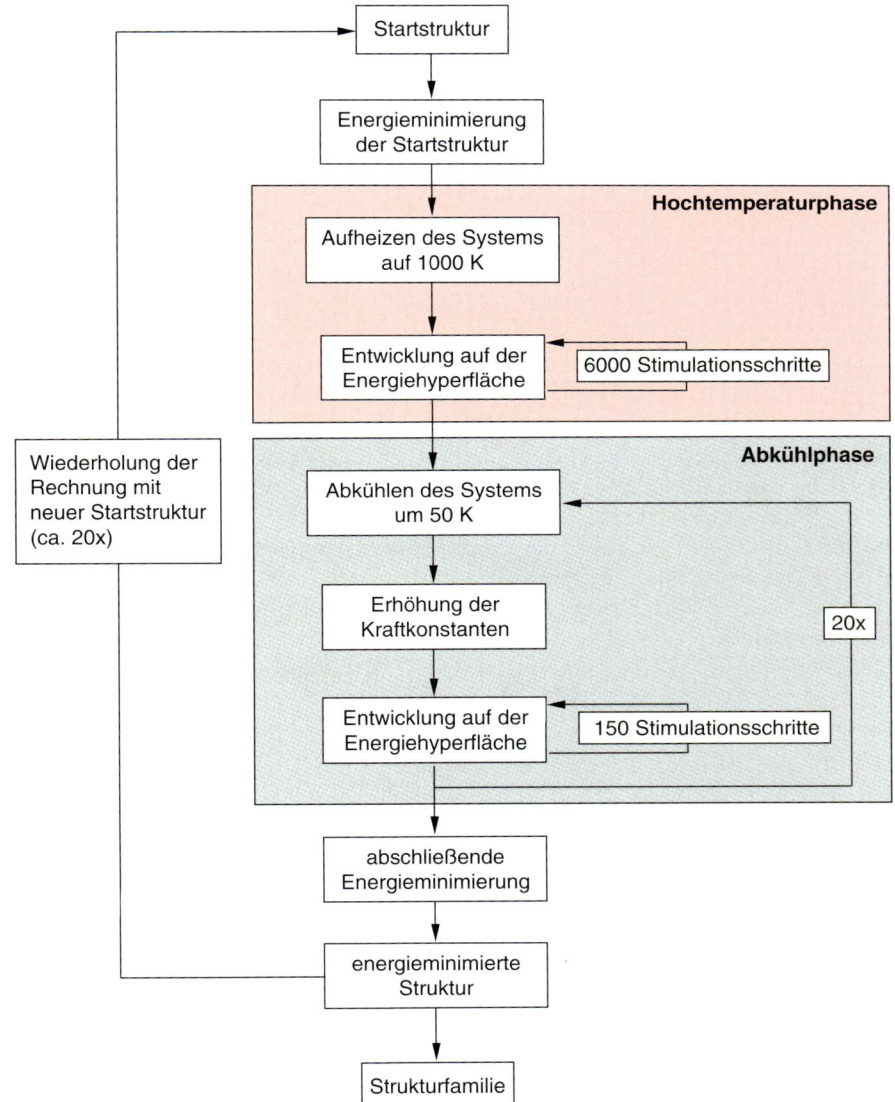

15.33 Fließdiagramm zum generellen Ablauf einer Strukturrechnung nach dem Verfahren des simulierten Temperns. Details siehe Text.

gen, da für diese Bereiche meist zu wenig Abstandsinformationen gefunden werden können, um den Konformationsraum genügend stark einschränken zu können. Zudem kann sich dort auch eine erhöhte Flexibilität manifestieren; dies kann jedoch erst durch Messung der Relaxationszeiten eindeutig ermittelt werden.

Das Ergebnis einer solchen Strukturbestimmung ist für das Protein Severin DS111M in Abbildung 15.34 gezeigt. Die berechneten Strukturen sind hier bis auf wenige nicht genau definierte Bereiche (α-Helix 2 am C-Terminus und N-Terminus) nahezu deckungsgleich. Zur deutlicheren Präsentation der β-Stränge und der α-Helices ist in Abbildung 15.34 B das Bändermodell von DS111M dargestellt, das die gleiche Orientierung hat wie die 20 überlagerten Strukturen. Die Berechnung dieser Strukturen erfolgte auf der Grundlage von 1011 Abstandsrandbedingungen und 55 ϕ-Torsionswinkeln. Dieses Beispiel zeigt deutlich die Notwendigkeit einer großen Anzahl an Randbedingungen, um zu gut definierten Strukturen zu gelangen.

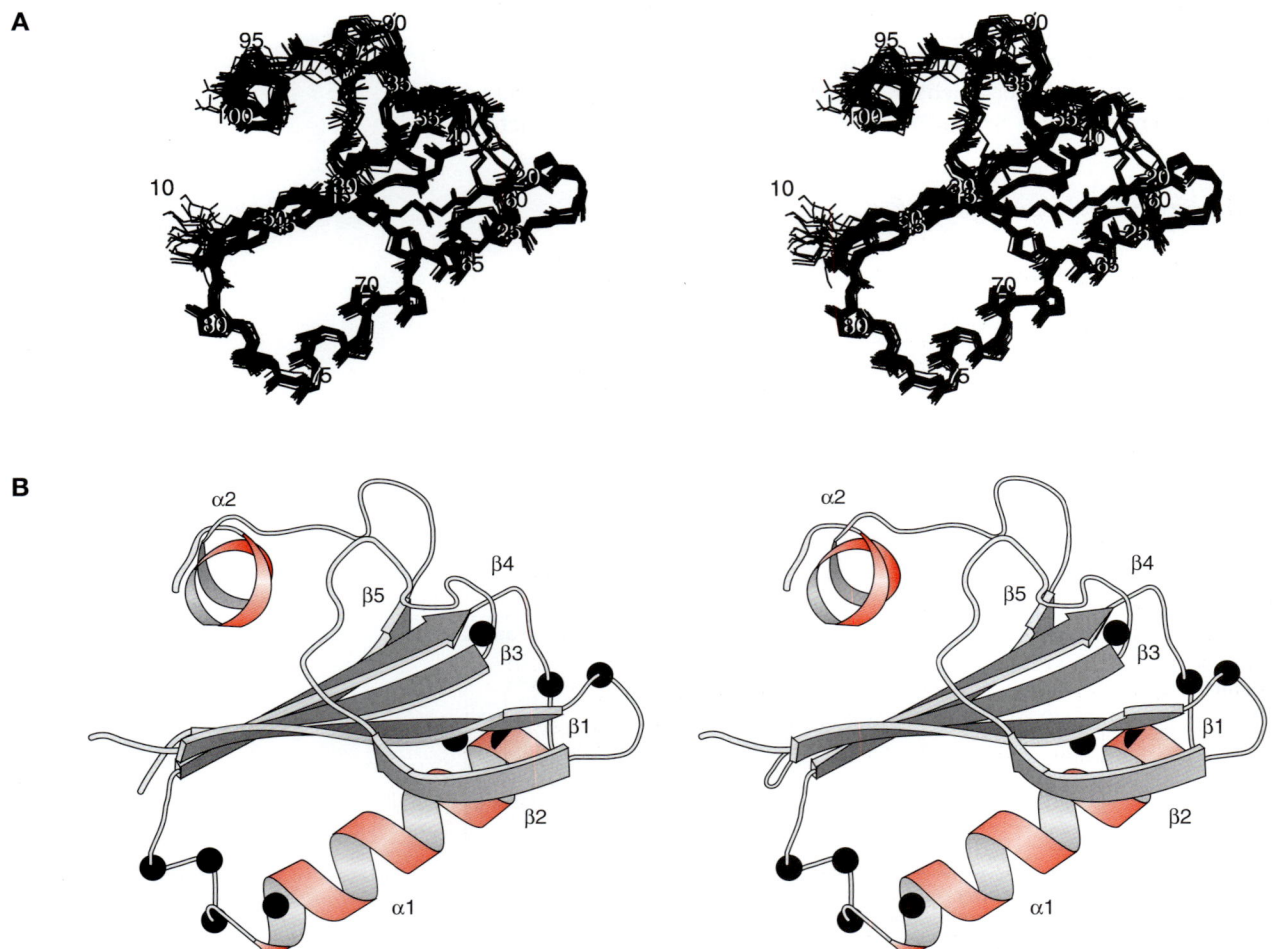

15.34 A) Stereodarstellung der Rückgratatome N, C$^\alpha$, C^O und O der 20 finalen Strukturen von Severin DS111M. B) Darstellung der Struktur von DS111M im Bändermodell.

15.7 Proteinstrukturen und mehr – ein Ausblick

Die Anwendungen der NMR-Spektroskopie beschränken sich nicht nur auf die Bestimmung der Proteinstruktur, sondern bieten auch die Möglichkeit, die über die reine Strukturaufklärung hinausgehenden Fragestellungen zu untersuchen.

Die Bestimmung einer Proteinstruktur ist nämlich nicht das Ende, sondern der Beginn der strukturbiologischen und biophysikalischen Charakterisierung eines Proteins. Erst mit dem Wissen über die dreidimensionale Struktur können funktionale Fragestellungen wie die Dynamik des Proteins, Wechselwirkungen mit anderen Molekülen (z. B. Proteine, DNA oder Liganden), Katalysemechanismen, Hydratation oder der Faltungsweg des Proteins sinnvoll angegangen werden. Eine ausführliche Behandlung dieser Techniken würde den Rahmen dieses Kapitels bei weitem sprengen. Daher soll in den folgenden Abschnitten nur ein kurzer Ausblick auf die möglichen Experimente und Techniken gegeben werden. Das Literaturverzeichnis am Ende des Kapitels gibt eine Auswahl der wichtigsten Lehrbücher und Übersichtsartikel, in denen die einzelnen Themen genauer und umfassend behandelt werden.

15.7.1 Bestimmung der Dynamik

Viele NMR-spektroskopische Parameter hängen sowohl von der Bewegung des Moleküls als Ganzes ab, wie Translations- oder Rotationsbewegungen, als auch von internen Bewegungen, wie Übergängen zwischen mehreren Konformationen und Rotationen von Bindungen. Die Korrelationszeit τ_c, die für Proteine in der Größenordnung von Nanosekunden liegt, beschreibt die statistische Bewegung des Gesamtmoleküls in Form einer Rotation. Die Relaxationszeiten und der heteronukleare NOE sind Funktionen der Korrelationszeit τ_c. Die Messung dieser Relaxationsparameter lässt daher Rückschlüsse auf die vorliegenden dynamischen Prozesse zu. Sie erlaubt auch Aussagen über den zeitlichen Verlauf dieser Prozesse. Dabei finden Bewegungsvorgänge statt, die sowohl langsamer (Millisekundenbereich) als auch schneller (Picosekundenbereich) als die Gesamtbewegung des Proteins sein können. Man misst diese Parameter normalerweise an ^{15}N-markierten Proteinen, da die Relaxation des Stickstoffs nahezu ausschließlich durch das direkt gebundene Proton verursacht wird. Die Daten können in einem vereinfachten Ansatz interpretiert werden, der das dynamische Verhalten des Moleküls durch drei Parameter charakterisiert: die Beweglichkeit des Gesamtmoleküls, zusätzliche schnelle lokale Bewegungen sowie räumliche Einschränkungen der Bewegung.

15.7.2 Untersuchung von Protein-Ligand-Komplexen

Die NMR-Spektroskopie ermöglicht es, viele verschiedene Aspekte der Wechselwirkung von Proteinen mit kleinen Liganden, Polypeptiden oder anderen Proteinen und DNA-Molekülen zu studieren. Zudem können im Gegensatz zur Röntgenstrukturanalyse mit der NMR-Spektroskopie neben den strukturellen Informationen auch die dynamischen, kinetischen und thermodynamischen Eigenschaften von Protein-Ligand-Komplexen untersucht werden. Außerdem können die an der Bindung eines Liganden beteiligten Aminosäuren eines Proteins bestimmt werden, ohne dass genaue strukturelle Informationen vom Liganden vorhanden sein müssen. Hierzu wird eine ^{15}N- oder ^{13}C-markierte Proteinprobe mit dem nichtmarkierten Liganden titriert und dabei mehrere HSQC-Spektren aufgenommen. In diesen Spektren können diejenigen Signale verfolgt werden, deren chemische Verschiebung und Linienbreite sich auf Grund der Bindung desLigan-

Röntgenstrukturanalyse
Kapitel 17

den verändert haben. Vom nichtmarkierten Liganden sind dabei keine Signale im HSQC-Spektrum zu sehen. Die Entwicklung neuer Techniken in der NMR-Spektroskopie, bei denen selektiv Korrelationen zwischen Protonen detektiert werden, von denen eines an einen ^{15}N-Stickstoffkern und das andere an einen ^{14}N-Stickstoffkern gebunden sind, ermöglichen es, die gesamte Struktur des Komplexes im Detail aufzuklären, wobei sowohl die Struktur des Proteins und des Liganden als auch die relative Lage der beiden zueinander bestimmt werden können. Diese als „Halbfilter" bezeichneten Experimente können ebenfalls an Proben durchgeführt werden, in denen das Protein ^{13}C-markiert und der Ligand nichtmarkiert ist.

15.7.3 Proteinfaltung

In den letzten Jahren wurden auch einige NMR-Techniken entwickelt, um die Faltung von Proteinen genauer zu untersuchen: So ist es in einigen Fällen möglich, die Struktur von entfalteten Proteinen oder teilweise denaturierten Gleichgewichtsintermediaten NMR-spektroskopisch zu bestimmen. Neben diesen strukturellen Studien statischer Zustände ist es auch möglich, den kinetischen Faltungsweg eines Proteins zu studieren. Da Protonen, die an einer Wasserstoffbrücke beteiligt sind, in der Regel nicht oder nur sehr langsam gegen Deuterium ausgetauscht werden, kann mit der Kombination von H/D-Austauschmethoden mit NMR-spektroskopischen Experimenten die Bildung von Wasserstoffbrücken innerhalb einer stabilen Sekundärstruktur während des Faltungsprozesses verfolgt werden. Dabei werden zumeist zwei verschiedene Techniken angewendet: Zum einen kann man den H/D-Austausch und den Faltungsprozess als Konkurrenzreaktionen ablaufen lassen. Aus dem Ausmaß, in dem einzelne Protonen gegen Deuterium ausgetauscht wurden, kann man auf die Geschwindigkeit der Ausbildung verschiedener Sekundärstrukturelemente schließen. Zum anderen ist es möglich, in einer modifizierten *stopped-flow*-Apparatur, die zwei Mischschritte erlaubt (*quenched-flow*-Apparatur), den H/D-Austausch nur in bestimmten Zeiträumen des Faltungsprozesses zuzulassen. Aus diesen Experimenten erhält man im Idealfall ein zeitaufgelöstes Bild der Ausbildung von Sekundär- und Tertiärstruktur im Laufe der Faltung.

In jüngster Zeit versucht man darüber hinaus auch Methoden zu entwickeln, mit denen der Faltungsprozess mit Echtzeit-NMR-Messungen direkt verfolgt werden kann.

Weiterführende Literatur

Blumenthal L. M. Theory and Application of Distance Geometry. Chelsea, Bronx, New York, 1970.
Cavanagh J., Fairbrother W. J., Palmer A. G. III, Skelton N. J. Protein NMR Spectroscopy. Academic Press, 1996.
Creighton T. E. (Hrsg.) Protein Folding. Freeman, New York 1992.
Croasmun W. R., Carlson R. M. (Hrsg.) Two-Dimensional NMR Spectroscopy. VCH-Verlagsgesellschaft, 1994.
Derome A. E. Modern NMR Techniques for Chemistry Research. Pergamon, 1987.
Ernst R. R., Bodenhausen G., Wokaun A. Principles of Nuclear Magnetic Resonance in One and Two Dimensions. Clarendon Press, Oxford 1987.
Ernst R. R. Kernresonanz-Fourier-Transformationsspektroskopie (Nobel-Vortrag). Angewandte Chemie 104, (1992) 817-952.
Evans J. N. S. Biomolecular NMR spectroscopy. Oxford University Press, 1995.
Friebolin H. Ein- und zweidimensionale NMR-Spektroskopie. VCH-Verlagsgesellschaft, Weinheim, 1988.

Goldman M. Quantum Description of High-Resolution NMR in Liquids. Clarendon Press, 1988.

Karplus M., Petsko G. A. Molecular Dynamics Simulations in Biology. Nature, 347, (1990) 631–639.

Pain R. H. (Hrsg.) Mechanisms of Protein Folding. Oxford University Press, Oxford 1994.

van de Ven F. J. M. Multidimensional NMR in Liquids. VCH-Verlagsgesellschaft, Weinheim, 1995.

Van Gunsteren W. F., Berendsen H. J. C. Moleküldynamik-Computersimulationen: Methodik, Anwendungen und Perspektiven in der Chemie. Angewandte Chemie 102, (1990) 1020.

Wüthrich K. NMR of Proteins and Nucleic Acids. John Wiley & Sons, New York 1986.

16 Elektronenmikroskopie

Mit mikroskopischen Techniken können heute Bilder von Organismenoberflächen, Zellen, Zellorganellen, Membranen, von Makromolekülen und Atomen gewonnen werden (Abb. 16.1). Die Anfänge der Mikroskopie gehen bis in das 17. Jahrhundert zurück, in dem Antoni van Leeuwenhoek (1632–1723) in den Niederlanden und Robert Hooke (1635–1703) in England wesentlich zur Entwicklung der Lichtmikroskopie beitrugen. Die exakte Berechnung der Optik und des Auflösungsvermögens von Lichtmikroskopen durch Ernst Abbe (1840–1905), die Verwendung verbesserter Glasmaterialien und die berühmten mikrobiologischen Untersuchungen Robert Kochs (1843–1910) markieren einen Höhepunkt der Mikroskopie. Der Holländer Frits Zernike (1888–1966) entwickelte in den dreißiger Jahren das Phasenkontrastmikroskop, mit dem ungefärbte Präparate sichtbar gemacht werden können und dessen Prinzip auch für die Abbildung mit Elektronen gilt. In jüngster Zeit hat die Lichtmikroskopie einen bedeutenden Entwicklungsschub durch die „Überwindung" der klassischen Auflösungsgrenze erfahren, die durch die Wellenlänge des nutzbaren Lichts vorgegeben wird. So zählt die Rastermikroskopie im optischen Nahfeld (scanning near field optical microscopy, SNOM) zu den Methoden, die es erlauben, selbst Objekte von „submikroskopischen" Ausmaßen zu detektieren bzw. ihre Signale im Computer aufzubereiten und abzubilden.

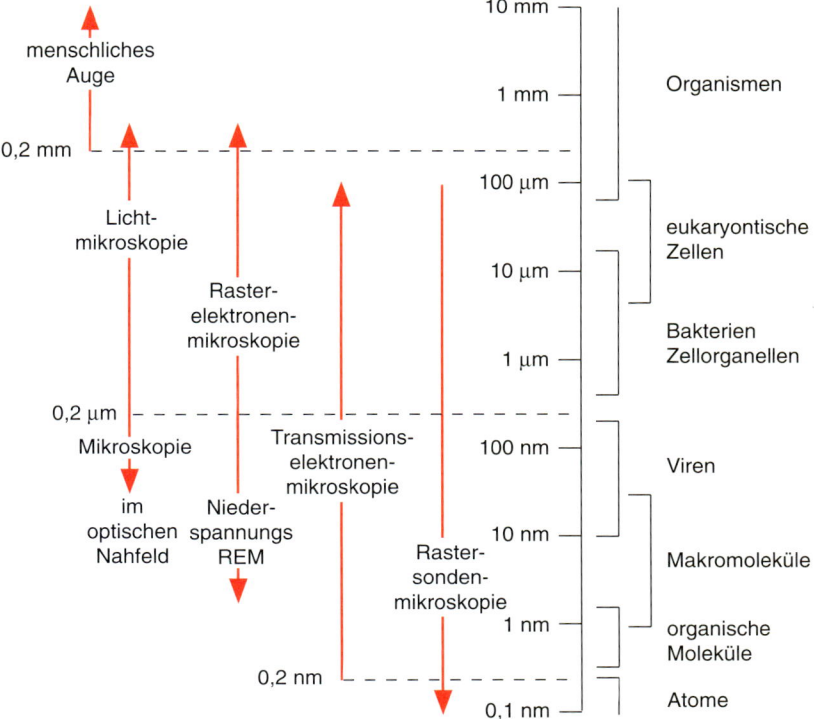

16.1 Größe biologischer Strukturen und Einsatzbereich verschiedener Mikroskopiearten. Die Auflösungsgrenzen des menschlichen Auges, der klassischen Lichtmikroskopie und des Transmissionselektronenmikroskops sind eingezeichnet. Rasterelektronenmikroskopie und die Rastersondenmikroskopien sind Oberflächen abbildende Verfahren.

Mit der Erkenntnis Louis de Broglies (1892–1987), dass Elektronen als Wellen mit Wellenlängen weit unter einem Nanometer beschrieben werden können, wurde die Grundlage für ein Mikroskop mit Elektronenstrahlen geschaffen. Max Knoll (1897–1969), Ernst Ruska (1906–1988) und Bodo von Borries (1905–1956) entwickelten die ersten Transmissionselektronenmikroskope und erzielten bereits 1933 mit einem Modell Abbildungen, die deutlich über der Leistungsfähigkeit von Lichtmikroskopen lagen. Heute wird mit strahlenresistenten Objekten wie Metalllegierungen die Darstellung von einzelnen Atomen erreicht. Bei biologischen Objekten, die sehr strahlenempfindlich sind, muss ein hoher präparativer und methodischer Aufwand in Kauf genommen werden, um Proteine und andere Makromoleküle bei quasi atomarer Auflösung ($\leq 0{,}3$ nm) abzubilden. Das Bacteriorhodopsin von Halobakterien und der Antennenpigmentkomplex LH_{II} (*light harvesting complex II*) aus den Photosynthesemembranen von Chloroplasten waren die ersten biologischen Objekte, deren dreidimensionale atomare Struktur mit Hilfe elektronenmikroskopischer Techniken aufgeklärt wurde. Neben der Röntgenstrukturanalyse und der NMR-Spektroskopie ist die Elektronenmikroskopie (EM) die dritte Methode, mit der die Raumstruktur von Makromolekülen bestimmt werden kann. Die besondere Eigenschaft der Elektronenmikroskopie ist, dass Elektronen mit dem Objekt stark wechselwirken und deshalb – und im Gegensatz zu den anderen beiden Methoden – auch Einzelmoleküle abbildbar sind.

Manfred von Ardenne (1907–1997) entwickelte 1937 das erste Rasterelektronenmikroskop (REM, *scanning electron microscope*, SEM), mit dem Objektoberflächen tiefenscharf abgebildet werden können und das vor allem in der Materialforschung und zur Untersuchung von kleinen Organismen und Zellen eingesetzt wird. Mit der Entwicklung von Niederspannungs-Rasterelektronenmikroskopen sind inzwischen Oberflächenabbildungen von makromolekularen Objekten von wenigen Nanometern Größe möglich, so dass das REM auch für die molekulare Elektronenmikroskopie interessant wird.

Mit der Erfindung der Rastersondenmikroskopie (*scanning probe microscopy*, SPM) wurde die Abbildung von Oberflächenstrukturen stark verbessert. Gerd Binnig (*1947) und Heinrich Rohrer (*1933) entwickelten 1982 ein Rastertunnelmikroskop (RTM, *scanning tunneling microscope*, STM), das auf dem sogenannten Tunneleffekt beruht. Das Signal, der Tunnelstrom, ist stark abstandsabhängig und ermöglicht eine sehr empfindliche Abbildung der Oberfläche eines Objekts, wenn sie mit einer entsprechend feinen Spitze (Sonde) abgetastet wird.

Binnig und seine Mitarbeiter führten 1986 auch die zweite Art der Sondenmikroskopie, die Atomkraft- oder Rasterkraftmikroskopie (*atomic force microscopy*, AFM; *scanning force microscopy*, SFM) ein, bei der man die Kraft misst, mit der eine feine Sonde über die Objektoberfläche geführt wird. Die verschiedenen Arten der Rastersondenmikroskopien gewinnen eine immer größere Bedeutung in der Biologie und ergänzen die Elektronenmikroskopie um komplementäre Struktur- und Objektinformationen.

16.1 Transmissionselektronenmikroskopie – Instrumentation

Das TEM (auch als *conventional transmission electron microscope,* CTEM bezeichnet) hat seinen Namen von seinem Abbildungsmodus – es werden diejenigen Elektronen zur Abbildung genutzt, die das Objekt durchstrahlt haben, ähnlich wie das Licht im Lichtmikroskop. Der prinzipielle Aufbau des TEM ähnelt auch dem des Lichtmikroskops, nur dass an Stelle der Glaslinsen magnetische Linsen treten (Abb. 16.2). Sie bestehen aus eisenummantelten Wicklungen, durch die Strom fließt, der ein Magnetfeld erzeugt, das durch den Eisenmantel auf das Lin-

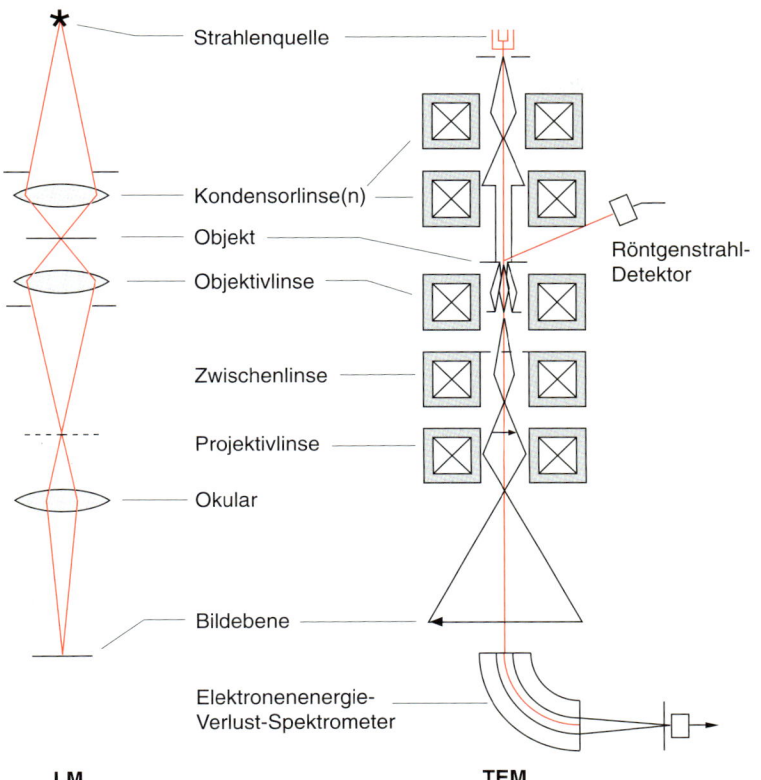

16.2 Strahlengang und Anordnung der Linsen im Transmissionselektronenmikroskop (TEM) im Vergleich zum Lichtmikroskop (LM). Die prinzipielle Anordnung der Linsen ist in beiden Mikroskopen gleich, auch wenn das TEM in der Regel über zwei Kondensorlinsen und über eine zusätzliche Zwischenlinse verfügt. Vor dem Objekt befindet sich eine wechselbare Kondensorblende, die den beleuchtenden Strahl begrenzt, und nach dem Objekt eine Objektivlinse, die stark gebeugte Strahlen ausblendet und dadurch den Streukontrast hervorruft. In der Bildebene kann das Bild auf einem beweglichen Fluoreszenzschirm betrachtet werden. Darunter sind eine konventionelle Kamera mit Filmplatten und evtl. eine empfindliche Kamera zur unmittelbaren Digitalisierung des Bildes angebracht. Das Bild wird so entweder auf einem Bildschirm dargestellt oder in einem Computer gespeichert. Über ein externes Energiefilter können Elektronenenergieverlustspektren (EELS) aufgezeichnet und Abbildungen erzeugt werden, die von Elektronen eines bestimmten Energiegehaltes stammen (ESI, vgl. Abb. 16.7 und 16.8). Röntgenstrahlung, die beim Bestrahlen des Objekts entsteht, wird entweder abgeschirmt oder von einem Detektor aufgezeichnet.

seninnere gerichtet wird. Magnetlinsen wirken grundsätzlich als Sammellinsen; die Möglichkeiten zur Korrektur auftretender Linsenfehler, z. B. Öffnungsfehler (sphärische Abberation), Wellenbereichsfehler (chromatische Abberation) oder kissenförmige Verzerrungen, sind deshalb stark eingeschränkt. Als Elektronenquelle dient eine Kathode (Wolframdraht in Haarnadelform, LaB_6-Kristall oder eine Feldemissionskathode), die elektrisch aufgeheizt wird und dadurch Elektronen emittiert. Diese werden von einer Anode beschleunigt, an der eine Spannung in der Größenordnung von 10^5 Volt oder mehr anliegt, und die ein zentrales Loch aufweist, durch das der Elektronenstrahl hindurchtreten kann. Die Kondensorlinse (meist zwei Linsen in Folge) fokussiert den Elektronenstrahl in die Objektebene, wo er das Präparat durchdringt und anschließend von der Objektivlinse aufgeweitet wird. Zwischen Objektiv und Bildebene befinden sich noch mehrere Projektive, die den Strahl zusätzlich aufweiten und die Endvergrößerung erhöhen. Das Bild kann auf einem Fluoreszenzschirm – durch eine Lupe zusätzlich zehnfach vergrößert – betrachtet werden. Aufnahmen werden entweder auf Negativen dokumentiert oder durch empfindliche Kameras in digitaler Form an einen Computer übermittelt. Am Mikroskop sind Vergrößerungen zwischen ≤ 100-fach und ≥ 800 000-fach einstellbar. Für Makromoleküle und biologische Strukturen genügen jedoch meist Primärvergrößerungen zwischen 20 000- und 50 000-fach. Im Elektronenmikroskop (EM) muss ein ausreichend hohes Vakuum herrschen, damit die mittlere freie Weglänge der Elektronen genügend groß wird, und sie nach Objektdurchgang nicht noch zusätzlich durch Interaktionen mit den Gasmolekülen abgelenkt werden. Die Mikroskopie im Vakuum erfordert präparative Maßnahmen für das Objekt (Einfrieren, Einbetten, Fixieren bzw. Kontrastieren), damit es nicht durch Trocknungsartefakte zerstört wird.

Als Objektträger werden runde Netzchen (*Grids*) aus Kupfer (seltener aus Gold oder Nickel) verwendet, die mit verschieden großen Maschen unterschiedlicher Geometrie hergestellt werden (Abb. 16.3). Für die molekulare EM sind Maschengrößen zwischen 30 µm und 100 µm geeignet. Die Netzchen werden zusätzlich mit einem dünnen Film belegt, auf den die Makromoleküle (oder die Ultradünnschnitte von eingebetteten und geschnittenen Proben) aufgebracht werden können. Für die Untersuchung von Makromolekülen verwendet man Kohlefilme von 5–10 nm Dicke. Sie werden hergestellt, indem man ein Graphitstäbchen auf elektrischem Weg erhitzt und den verdampfenden Kohlenstoff bis zu der gewünschten Schichtdicke auf eine saubere Glimmeroberfläche auftreffen lässt. Dazu benötigt man Vakuumapparaturen, die auch zur Bedampfung von Objekten mit Metallen eingesetzt werden. Durch Eintauchen des beschichteten Glimmers in Wasser löst sich der Kohlefilm ab und schwimmt auf der Wasseroberfläche. Er kann nun auf die Grids übertragen werden. Die so beschichteten Objektträger sind hydrophob und müssen vor dem Aufbringen der wässrigen Probe benetzbar gemacht werden. Dies erfolgt in einer partiell evakuierten Kammer mit zwei Elektroden, zwischen denen eine Spannung angelegt wird, die das Restgas ionisiert und eine Glimmentladung verursacht. Dadurch werden Ladungen auf den Kohlefilm gebracht, der vorübergehend einen hydrophilen Charakter annimmt und so Makromoleküle aus Lösungen absorbieren kann.

Die Objektträgernetzchen werden in einen Objekthalter (Abb. 16.3) eingespannt und über eine Schleuse in das Mikroskop eingeführt. Wässrige Präparate, die im gefrorenen Zustand mikroskopiert werden müssen (Kryoelektronenmikroskopie), werden unter flüssigem Stickstoff (LN_2) in den Halter eingelegt. Dazu verwendet man mit einem Dewar ausgestattete Kryohalter, die ständig mit LN_2 gekühlt werden. Mittels eines regelbaren Heizsystems können das Präparat und der Objekthalter genau temperiert werden, was unerlässlich ist, um durch Temperaturänderungen hervorgerufene Bewegungen im Mikroskop zu vermeiden (Problem der Drift). Die Objekthalter sind im Mikroskop um ihre Längsachse drehbar gelagert. Das Präparat kann so gekippt und unter verschiedenen Projektionswinkeln abgebildet werden – dies ist für die dreidimensionale Rekonstruktion der Objekte notwendig (Elektronentomographie, siehe Abschn. 16.4.6). Üblicherweise werden Kippwinkel zwischen ±60° erreicht, mit speziellen, nicht kühlbaren Kipphaltern sogar zwischen ±90° (Abb. 16.3).

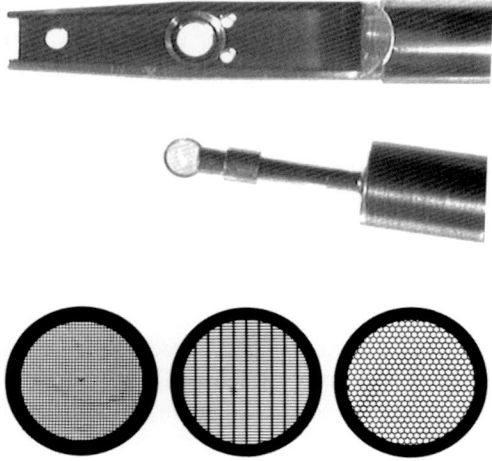

16.3 Die Spitzen der Objekthalter enthalten Vorrichtungen, in die die meist drei Millimeter großen Objektträgernetzchen eingelegt oder eingespannt werden. Die herkömmlichen Objekthalter (oben) können für elektronentomographische Aufnahmen zwischen ca. ±60° gekippt und in sog. Kryohaltern mit Stickstoff gekühlt werden. Der abgebildete Spezialhalter lässt Kippungen bis ±90° zu, die Begrenzungen der Objektträgernetzchen wandern aber schon bei ca. 80° in das Bild ein. Unten sind Trägernetzchen abgebildet, die üblicherweise für das TEM benutzt werden. Sie werden mit einem ca. 10 nm dicken Kohlefilm beschichtet, auf dem die molekularen Objekte adsorbiert werden.

16.2 Präparationsverfahren

Biologische Präparate für das EM müssen dünn sein, um sie mit den stark wechselwirkenden Elektronen durchstrahlen zu können. Ganze Zellen oder Gewebeteile werden deshalb in spezielle Harze (Epon) oder besser in der Kälte polymerisierende Materialien (Lowicryl) eingebettet, um sie dann mit dem Ultramikrotom zu Ultradünnschnitten mit ≤ 100 nm Dicke zu verarbeiten. Die Fixierung und Kontrastierung von Zellen sowie die Herstellung von Schnittpräparaten soll hier nicht weiter behandelt werden. Für die Darstellung isolierter Zellwandfragmente, Membranen, Hüllen von Organellen, Proteinen und anderen makromolekularen Komplexen ist eine Einbettung in feste Polymere nicht notwendig, da die Objekte bereits dünn genug sind. Ein kleiner Tropfen der Probe (ca. 2 bis 5 µL) wird auf das Grid pipettiert und nach ca. 15 bis 60 Sekunden mit Filterpapier abgesaugt. Das noch feuchte Präparat wird entweder unmittelbar durch Eintauchen in ein Kryogen für die Kryomikroskopie eingefroren oder kontrastiert. Es gibt mehrere Kontrastierungsmethoden, die in Abbildung 16.4 dargestellt sind.

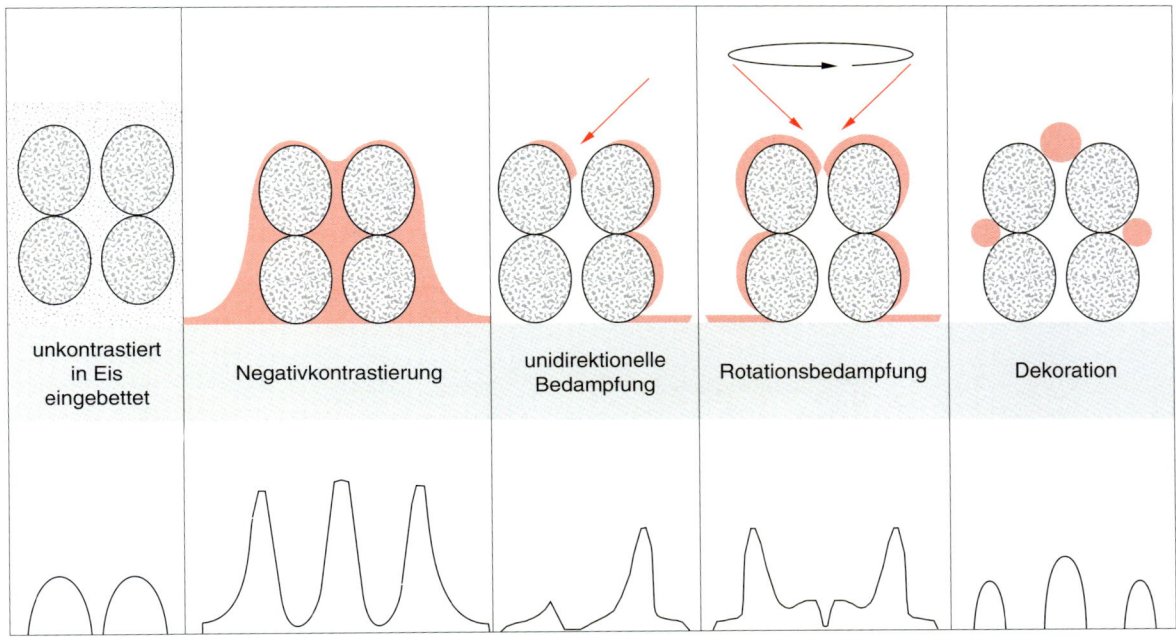

16.4 Schematische Darstellung der verschiedenen Kontrastierungsarten für die Abbildung von Makromolekülen im Transmissionselektronenmikroskop. Die Kontrastierungen mit Schwermetall führen zu sehr unterschiedlichen Dichteverteilungen im EM-Bild und liefern jeweils andere Strukturinformationen über das Präparat. Nur bei Einbettung der Proteine in (amorphes) Eis stammt der Kontrast vom Objekt selbst, sonst wird das die Moleküle umgebende oder angelagerte Metall abgebildet (der Eigenkontrast der Moleküle ist dagegen vernachlässigbar).

16.2.1 Negativkontrastierung

Die Negativkontrastierung mit Schwermetallsalzen ist eine sehr einfache und schnelle Methode. Sie erlaubt die Darstellung von Proteinen, Proteinaggregaten, Membranen und ähnlichen Objekten mit einer Auflösung von 1,0–1,5 nm. Das entspricht Proteindomänen mit ca. 5–15 Aminosäuren. Die biologischen Moleküle werden in wässriger Lösung auf die mit amorpher Kohlefolie belegten Objektträgernetzchen aufgebracht, kurze Zeit adsorbiert, überschüssige Flüssigkeit wird mit einem Filterpapier entfernt, gegebenenfalls wird mit Wasser oder sehr verdünnter Puffer- oder Salzlösung (≤ 1 mM) gewaschen und anschließend mit einem Schwermetallsalz kontrastiert (Tab. 16.1). Die verschiedenen Verbindungen

Tabelle 16.1 Substanzen für die Negativkontrastierung von Makromolekülen und biologischen Membranen

Substanz[1]	Dichte in g/cm³	Kontrast	Strahlensensitivität	nutzbarer pH-Bereich	Eigenschaften
Uranylacetat	2,89	hoch	moderat	3–4	Fixierungswirkung
Uranylformiat	3,70	hoch	moderat	3–5	Fixierungswirkung, kleinste Korngröße unter den Uranylverbindungen
Uranylnitrat	2,81	hoch	gering	3–4	
Uranyloxalat[2]	2,5–3,1	hoch	moderat	3–7	licht- und temperaturempfindlich
Uranylsulfat	3,28	hoch	gering	3–4	keine Rekristallisation bei Bestrahlung im EM
Methylaminwolframat	3,88	hoch	gering	3–10	keine Positivkontrastierung (nicht ionisch)
Na/K-Phosphowolframat (Phosphorwolframsäure)	1,69	hoch	gering	4–9	Positivkontrastierung bei hohem pH-Wert, nicht geeignet für Membranen
Na-Silicowolframat	2,84	hoch	hoch	7–7,5	4 %ige Lösung
Methyl-Phosphowolframat		mittel	gering	4–9,5	
Ammoniummolybdat[3]	2,28	mittel	moderat	5–8	gut geeignet für Membranen und fibrilläre Proteine
Aurothioglucose	2,92	gering	hoch	4–10	gute Strukturerhaltung bei Niederdosis-/Kryo-EM, Kristallitbildung von Au
Cadmiumthioglycerin	2,0	gering	moderat	4–10	gute Strukturerhaltung, keine Kristallitbildung bei Bestrahlung im EM
Vanadat	2,85	gering	gering		wegen geringen Kontrasts mit Undecagold zur Markierung von SH-Gruppen kombinierbar

[1] Die Verbindungen werden als 1–2 %ige wässrige Lösungen verwendet, wenn nicht anders angegeben.
[2] Konzentration 0,5–2 %
[3] Konzentration 2–5 %

unterscheiden sich im Hinblick auf ihren Kontrast, die Strahlempfindlichkeit, den einstellbaren pH-Bereich und ihre Ioneneigenschaften. Dadurch gelingt es mitunter, die Vorzugsorientierung der Moleküle auf dem Objektträgernetzchen zu beeinflussen. Das Salz lagert sich an die Proteinmoleküle an, hüllt sie ein und füllt Vertiefungen und Löcher auf (Abb. 16.5). Das Präparat wird luftgetrocknet und ist so für längere Zeit (Wochen bis Monate) stabil. Die Schwermetallhülle ist strahlenresistenter als das Protein selbst und konserviert die räumliche Struktur des Moleküls auch bei Trocknung und bei moderater Bestrahlung im Vakuum des EM, so dass Serienaufnahmen für 3D-Rekonstruktionen vorgenommen werden können.

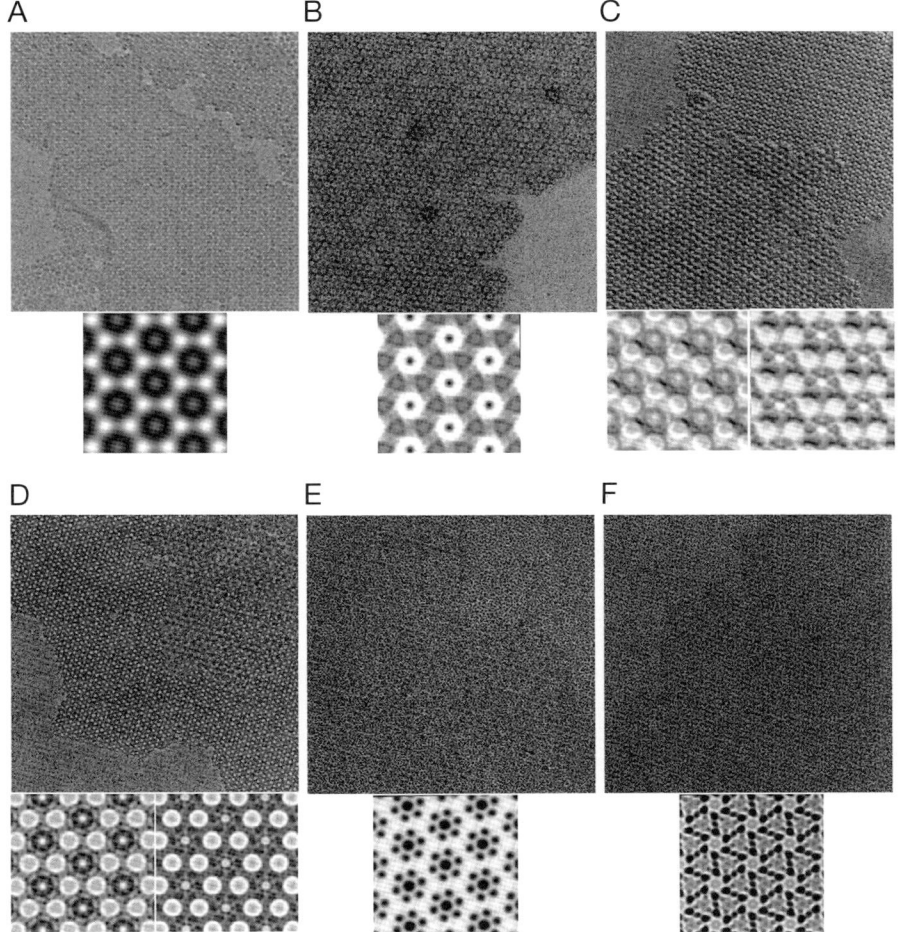

16.5 EM-Aufnahmen eines zweidimensionalen Proteinkristalls mit den verschiedenen Kontrastierungen (Reihenfolge wie in Abb. 16.4). Dargestellt ist das kristalline Oberflächenprotein (Surface-Layer) des Bakteriums *Deinococcus radiodurans*. Die vergrößerten Ausschnitte stellen Mittelungen über viele Einheitszellen dar (vgl. Abb. 16.14). Sie geben die Verteilung des Schwermetalls (dunkel) auf dem Protein (hell) wieder. Bei Einbettung in amorphes Eis (A) liefert das Protein selbst den Kontrast und erscheint dunkel. Im Gegensatz dazu ist Protein bei Negativkontrastierung (Phosphorwolframat) hell (B). Die Bedampfungen mit Metall (Ta/W), unidirektionell (C) bzw. mit Rotationsbedampfung (D) liefern zwei Ansichten von der physiologischen Innen- bzw. der Außenseite des Proteinkristalls, die damit leicht unterschieden werden können. Die Bildpaare E und F zeigen die Innen- und Außenseite des mit Gold dekorierten S-Layers. Die Goldcluster lagern sich bevorzugt in der Pore und auf den Stegen zwischen den hexameren Proteinkomplexen an. Der Abstand benachbarter Einheitszellen beträgt 18 nm. (Die EM-Aufnahmen wurden freundlicherweise von U. Jakubowski, Martinsried, und H. Gross, Zürich, zur Verfügung gestellt.)

16.2.2 Bedampfung mit Schwermetallen

Eine andere Möglichkeit, intakte Zellen oder Gewebe zu präparieren, ist sie einzufrieren, im Vakuum mit einem Messer zu schneiden oder mit einem aufklappbaren Präparathalter zu brechen, die Oberflächen durch Sublimation des Eises freizulegen (Gefrierbruch, Gefrierätzung) und mit einer dünnen Metallschicht (in der Regel 1 bis 2 nm Pt/C) unidirektionell und unter einem Bedampfungswinkel von ca. 30–60° zu bedampfen. Das Objekt wird anschließend durch senkrechte Bedampfung mit 10 bis 20 nm Kohle stabilisiert. Die anhaftenden biologischen Teile werden durch stark oxidierende und ätzende Flüssigkeiten entfernt und der verbleibende Abdruck im Mikroskop betrachtet (Replikatechnik). Die Größe der Metallcluster und die stabilisierende Kohleschicht begrenzen die Auflösung auf ca. 2 nm, immerhin sind so z. B. Molekülkomplexe in Membranen abbildbar. Diese Methode wird in der Biologie sehr häufig verwendet.

Eine Variante ist die direkte Bedampfung von isolierten Proteinen oder Membranen, die wie bei der Negativkontrasttechnik auf das Objektträgernetzchen adsorbiert wurden. Da bei Lufttrocknung die Proteinstruktur sehr leicht zerstört wird, muss das Wasser über Gefriertrocknung schonend entfernt und die Bedampfung wie bei der Gefrierbruchmethode in der Kälte vorgenommen werden. Als kontrastierende Metalle werden vor allem entweder Pt/C (aufgedampfte Schicht im Mittel 1–1,5 nm) oder Ta/W (Schichtdicke ≈ 0,5 nm) verwendet. Gefrierbruchpräparate wie isolierte Moleküle oder Membranen werden über die Metallbedampfung natürlich nur auf der dem Strahl zugewandten Oberfläche kontrastiert, die Struktur der Unterseite ist deshalb im EM-Bild nicht sichtbar (Abb. 16.5). Das hat den Vorteil, dass die Lage der Präparate auf dem Objektträger bestimmbar ist (bei negativ kontrastierten Objekten ist dies nur durch die 3D-Rekonstruktion möglich). Abbildungen unidirektionell bedampfter Objekte sind nicht immer einfach zu interpretieren, weil das Oberflächenrelief wie durch Bestrahlung mit Licht in „hellere" und „dunklere" Gebiete geteilt ist (daher auch die Bezeichnung „Metallbeschattung"). Das ursprüngliche Relief ist aber aus einer solchen Aufnahme durch ein einfaches Rekonstruktionsverfahren wiederzugewinnen (Reliefrekonstruktion, vgl. Abschn. 16.4.6).

Zwei spezielle Bedampfungsarten, **Rotationsbedampfung** und **Dekoration**, eignen sich besonders, um die Symmetrie von Molekülkomplexen und Strukturregelmäßigkeiten von elongierten Objekten zu analysieren (z. B. von Myosin- und Actinfilamenten). Bei der Rotationsbedampfung wird ein Bedampfungswinkel deutlich < 90° gewählt und das Objekt während der Beschichtung auf einem Rotationstisch mehrfach gedreht.

Dekorationseffekte erzielt man, wenn die Bedampfung mit so geringen Metallmengen erfolgt, dass sich keine zusammenhängende Metallschicht auf dem Objekt bilden kann. Auch wenn das gefriergetrocknete oder durch Gefrierbruch und Gefrierätzung freigelegte Präparat bei ca. $-100\,°C$ bedampft wird, können die auftreffenden Metallcluster noch auf der Oberfläche diffundieren und sich an besonders bevorzugten Stellen der Moleküloberfläche ansammeln. Diese Orte werden mit Metall „dekoriert", liefern im elektronenmikroskopischen Bild Kontrast und heben dadurch die Symmetrie oder die regelmäßige Struktur des Molekülkomplexes deutlich hervor (Abb. 16.5). Bei der reinen Dekoration sind Effekte der Schrägbedampfung unerwünscht, deshalb stellt man einen Winkel von 90° zur Objektoberfläche ein. Für die Dekoration eignen sich insbesondere die Edelmetalle Pt, Au und Ag, die häufig verschiedene Molekülorte bevorzugen.

Es sei erwähnt, dass die Moleküle auch spezifisch markiert werden können, z. B. mit für Sulfhydrylgruppen spezifischen Reagenzien, die mit (Undeca-) Gold gekoppelt sind, und natürlich durch Bindung von monoklonalen oder polyklonalen Antikörpern. Für Schnittpräparate verwendet man Antikörper mit großen Goldclustern, um genügend Kontrast zu erhalten, bei molekularen Präparaten ist eine zusätzliche Markierung nicht notwendig. Hier können die Antikörper zusammen mit den Proteinkomplexen abgebildet werden, an die sie gebunden wurden. Solche Markierungen setzt man u. a. ein, um Untereinheiten von heterooligomeren Proteinkomplexen zu lokalisieren und zu identifizieren.

16.2.3 Einbettung in Eis

Gilt es, auch die innere Struktur eines Moleküls exakt darzustellen, muss das Objekt selbst (und nicht nur das Kontrastmittel) abgebildet werden. Das Präparat wird dazu in möglichst stark verdünnter Pufferlösung oder gar in reinem Wasser auf das Objektträgernetzchen aufgebracht, das Lösungsmittel bis auf einen dünnen Wasserfilm entfernt und das Präparat durch „Einschuss" in ein Kryogen (flüssiges Propan oder Ethan) schockgefroren. Die hohe Abkühlrate ($\approx 100\,000\,°C/s$) verhindert die Bildung von Eiskristallen, die das Objekt sonst zerstören würden. Alternativ zur Einbettung in amorphes (vitrifiziertes) Eis können auch Lösungen mit Glucose oder ähnlichen Verbindungen (Trehalose, Tannin, Aurothioglucose, siehe Tab. 16.1) verwendet werden, die einen zusätzlichen Stabilisierungseffekt auf die Proteine ausüben. Das gefrorene Präparat wird in einem kontrolliert gekühlten Objekthalter bei $\leq -180\,°C$ unter Niederdosisbedingungen (≤ 100 Elektronen/nm^2) mikroskopiert. Um den geringen Kontrast der Proteinmoleküle (spezifische Dichte $\approx 1,3$ g/cm^3) gegenüber dem umgebenden Wasser (1 g/cm^3) nicht noch zusätzlich zu schwächen, sind möglichst geringe Schichtdicken erwünscht. Man verwendet deshalb Objektträgernetzchen mit einer Kohlefolie mit Löchern (Durchmesser ca. 1 μm), die von einer freitragenden Eisschicht überspannt werden. Die Technik der **Kryomikroskopie** ist sehr aufwendig und erfordert Elektronenmikroskope, die mit einer empfindlichen Kamera ausgestattet sind, um die Bestrahlung des Objekts drastisch reduzieren zu können. Kryomikroskopie ist aber unverzichtbar, wenn Auflösungen besser als 1 nm oder gar atomare Rekonstruktionen erzielt werden sollen. Im letzteren Falle benutzt man auch spezielle Elektronenmikroskope mit einer „Kryolinse". Hier wird nicht nur das Präparat, sondern die gesamte Objektivlinse bis auf die Temperatur flüssigen Heliums (4 Kelvin) gekühlt. Man gewinnt dabei sowohl an Strahlenresistenz als auch an mechanischer und elektromagnetischer Stabilität (Supraleitung!) und erhöht die Abbildungsqualität deutlich.

16.2.4 Zweidimensionale Kristallisation von Proteinen

Obwohl im EM Einzelmoleküle sichtbar sind, ist es für die Bildverarbeitung und 3D-Rekonstruktion von Vorteil, viele Moleküle in gleichartiger Anordnung in einem 2D-Kristall vorliegen zu haben (vgl. Abschn. 16.4.4). Bei der 2D-Kristallisation werden die Moleküle in einer Ebene angereichert, dort gleichartig an Grenzflächen (z. B. Membranen, Glimmer) angelagert und die Bedingungen geschaffen, die für eine regelmäßige Assoziation erforderlich sind. Während die Suche nach geeigneten Kristallisationsbedingungen wie in der Röntgenstrukturanalyse ein Ausprobieren einer Vielzahl von Parametern (pH-Wert, Ionenarten und -konzentrationen, Temperatur etc.) erfordert, gibt es für die Anlagerung an Grenzflächen optimierte Strategien. Sie unterscheiden sich für lösliche und membrangebundene Proteine (Abb. 16.6). Gerade Membranproteine, die in der Röntgenstrukturanalyse Schwierigkeiten bereiten, lassen sich sehr gut 2D-kristallisieren. Sie werden mit milden, gut dialysierbaren Detergenzien (z. B. Octylglykosid, Octylpolyoxyethylen u. a.), aus den Membranen extrahiert und gereinigt. Im gleichen Detergenz löst man ein definiertes Lipid (z. B. Dimyristoylphosphatidylcholin) oder auch gereinigte Membranlipide in einem geeigneten Verhältnis und dialysiert unter kontrollierten Bedingungen das Detergenz aus der Protein-Lipid-Detergenz-Mischung heraus. Das Lipid rekonstituiert wieder zu einer Membran, die das (kristallisierte) Protein enthält.

Lösliche Proteine müssen an einer Grenzfläche assoziiert werden. Dazu eignen sich saubere Glimmeroberflächen, aber auch hydrophilisierte Kohlefilme. Eine weit verbreitete und variable Methode ist die 2D-Kristallisation an Lipidmonoschichten (*lipid monolayer*), die leicht an der Wasser-Luft-Grenzfläche gespreitet werden können. Die hydrophile Kopfgruppe der Lipide ist zur wässrigen Phase hin orientiert und kann mit verschiedenen Liganden (Antikörpern, Enzymsubstraten sowie -inhibitoren und -aktivatoren) oder geladenen Resten modifiziert werden. Auf diese Weise werden Enzyme mit entsprechenden Bindungsstellen an die modifizierten Kopfgruppen gebunden (die Effektivität der Bindung hängt von der Bindungskonstanten und dem Bindungsmechanismus bei Enzymen ab) oder auf Grund ihrer Oberflächenladung über elektrostatische Wechselwirkungen angelagert. So erreicht man sowohl eine Anreicherung der Proteine an der Grenzfläche, als auch eine spezifische Orientierung, die die Kristallisation erleichtert.

Kristallisation
Abschnitt 17.1

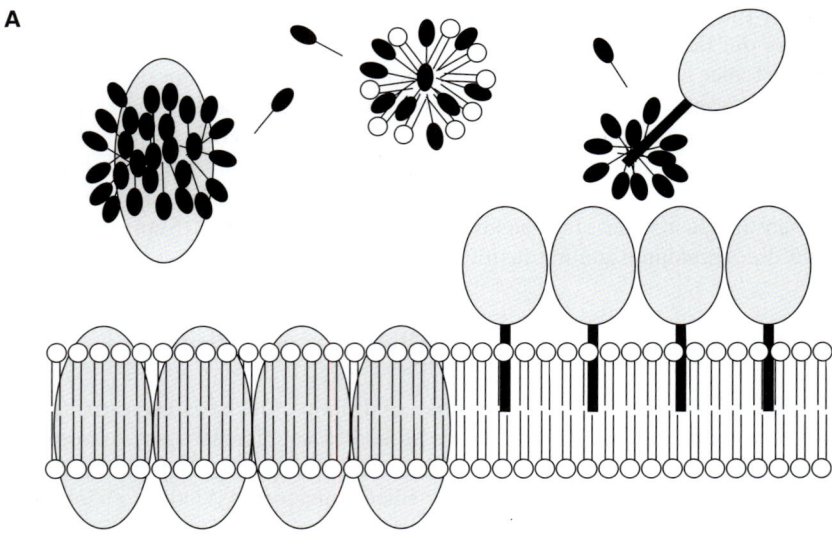

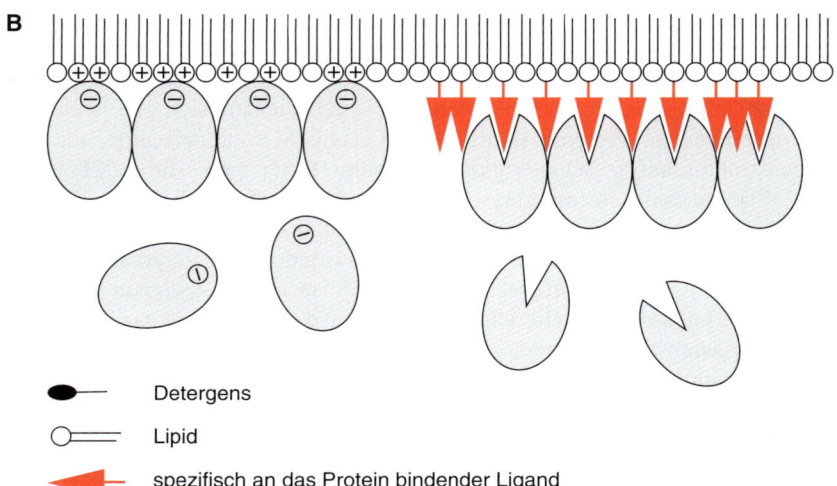

16.6 Schematische Darstellung der zweidimensionalen Kristallisation von Proteinen für die Elektronenmikroskopie. A: Mit Detergens solubilisierte integrale Membranproteine oder über eine hydrophobe Struktur verankerte Proteine bilden bei Entfernung des Detergens durch Dialyse wieder Membranverbände mit vorhandenem Lipid. Bei einem ausreichend hohen Protein-zu-Lipid-Verhältnis können sich in der Membran 2D-Kristalle bilden. B: Lösliche Proteine werden durch attraktive Wechselwirkungen an eine Grenzfläche, hier die Kopfgruppen einer Lipidmonoschicht auf der Wasseroberfläche, angelagert und angereichert. Die Wechselwirkungen können unspezifisch sein (elektrostatisch) oder auf spezifischen Bindungen beruhen. Dazu sind entsprechend modifizierte Lipide notwendig, die das von dem Protein gebundene Molekül an der Kopfgruppe tragen (Lipid-Monolayer-Technik).

16.3 Abbildung von Molekülen im Elektronenmikroskop

16.3.1 Auflösung eines Transmissionselektronenmikroskops

Louis de Broglie hat den Zusammenhang zwischen der Wellenlänge λ und dem Impuls p einer bewegten Masse beschrieben. Seine Formel lässt sich für unsere Zwecke, d. h. für Elektronen mit annähernd Lichtgeschwindigkeit c, umwandeln in:

$$\lambda = h \cdot c \frac{1}{\sqrt{2E_0 E + E^2}}$$
$$E = U_b \cdot e_0$$
$$\lambda \approx 3{,}7 \cdot U_b^{-0{,}6}$$

(16.1)

Das Plancksche Wirkungsquantum h beträgt $6{,}63 \cdot 10^{-34}$ J s, E_0 bezeichnet die Ruheenergie ($8{,}14 \cdot 10^{-14}$ N m) und E die kinetische Energie der Elektronen. Sie berechnet sich aus der Beschleunigungsspannung U_b im Mikroskop und der Elementarladung e_0 ($1{,}602 \cdot 10^{-19}$ C) wie in Gleichung 16.1 angegeben. Die Wellenlänge kann mit der numerischen Näherungsgleichung zuverlässig geschätzt werden. Sie beträgt für 100 000-eV-Elektronen 0,0037 nm. Ernst Abbe führte die Punktauflösung d eines Lichtmikroskops auf die physikalischen Parameter in Gleichung 16.2 zurück. Sie gilt prinzipiell auch für das TEM, wobei λ aus Gleichung 16.1 einzusetzen ist.

$$d = \frac{0{,}61 \cdot \lambda}{n \cdot \sin \alpha} \qquad (16.2)$$

Es stehen n für den Brechungsindex des Mediums (hier ≈ 1) und α für den halben Öffnungswinkel (Aperturwinkel) der Objektivlinse. Der Term $n \cdot \sin \alpha$ (numerische Apertur) beträgt für hochvergrößernde Objektive von Lichtmikroskopen etwa 1, für Elektronenmikroskope aber nur ca. 0,01. Der Vorteil kurzer Wellenlängen geht durch die kleine Apertur teilweise wieder verloren[1]. Elektronenmikroskope mit 100 kV Beschleunigungsspannung liefern eine Auflösung von etwa 0,2–0,3 nm. Hochspannungsmikroskope, die überwiegend in den Materialwissenschaften eingesetzt werden, arbeiten bei $\geq 10^6$ V. Die entsprechend niedrigere Wellenlänge der Elektronen ($\leq 0{,}9$ pm) erlaubt somit die Abbildung einzelner Atome.

Elektronen interagieren stark mit den Atomen des Objekts. Biologische Präparate, vor allem wenn sie mit Schwermetallen kontrastiert werden, müssen deshalb dünn genug sein, damit sie abgebildet werden können. In der Regel dürfen die Schichtdicken nicht mehr als 100 nm betragen. Dies ist bei Proteinkomplexen, biologischen Membranen und den Ultradünnschnitten eingebetteter Zellen und Gewebe gewährleistet. Dickere und dichtere Objekte, wie etwa intakte Bakterienzellen mit einem Durchmesser von $\geq 0{,}5$ μm, können erst im Hochspannungs-TEM durchstrahlt werden. Der Vorteil höherer Beschleunigungsspannungen liegt in der potentiell besseren Auflösung bei dünnen Präparaten und dem reduzierten Strahlenschaden durch geringere Wechselwirkungen. Abhängig von der Präparation (Einbettung in Eis) und der Massendichte werden heute bei der Untersuchung von isolierten Makromolekülen und Membranen in der Regel Beschleunigungsspannungen zwischen 100 und 200 kV bevorzugt.

---

[1] Wellen werden an der Begrenzung der Linse gebeugt. Es entstehen Beugungsscheibchen an Stelle von Bildpunkten. Zwei Objektpunkte werden aufgelöst, wenn das Beugungsmaximum eines Punktes mindestens in das erste Beugungsminimum des anderen fällt. In Gleichung 16.2 wird berücksichtigt, dass langwellige Strahlen stärker gebeugt werden als kurzwellige, sich deshalb der Abstand zwischen Beugungsmaximum und -minimum vergrößert, und dass enge Öffnungen zu einer stärkeren Beugung führen. Der Radius r der Objektivöffnung wird durch den Aperturwinkel α ausgedrückt, der ausgehend vom Objekt (das etwa im Abstand der Brennweite f liegt) durch die optische Achse und den Randstrahl, der vom Objektiv gerade noch aufgenommen werden kann, gebildet wird ($\sin \alpha = r/f$). Die Wahl sehr kleiner Aperturblenden führt deshalb zur Auflösungsverschlechterung.

16.3.2 Wechselwirkung des Elektronenstrahls mit dem Objekt

Abbildung und Informationsgehalt gestreuter Elektronen im TEM

Man unterscheidet zwei Arten von Wechselwirkungen, die Elektronen bei der Durchstrahlung eines Objekts eingehen: die elastische und die inelastische Streuung. Beide tragen zur Abbildung in unterschiedlicher Weise bei und können in bestimmten Mikroskopieverfahren getrennt ausgewertet werden.

Die elektrostatische Interaktion eines Strahlelektrons mit dem Kern eines Objektatoms führt zu einer Ablenkung der Elektronenbahn, die um so größer ausfällt, je stärker die Coulomb-Kraft wirkt, d. h. je näher das negativ geladene Elektron dem positiv geladenen Kern kommt, je höher die Ladung des Kerns ist (Kontrastierung mit Schwermetall) und je langsamer das Elektron an dem Kern vorbeifliegt (Beschleunigungsspannung, $v \approx \sqrt{U_b}$). Dabei erfährt das Elektron bei nicht zu großen Streuwinkeln keinen nennenswerten Energieverlust. Man bezeichnet den Vorgang deshalb als **elastische Streuung**. Der mittlere Streuwinkel liegt in der Größenordnung von 0,1 rad. Besonders stark gestreute Elektronen fallen auf die Objektivblende (Kontrastblende). Sie tragen dann nicht unmittelbar zur Abbildung des Objekts bei, bewirken aber die Entstehung des Streukontrastes (Abb. 16.7).

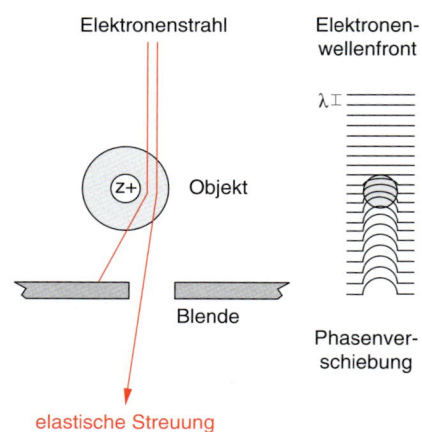

16.7 Wechselwirkung von Strahlelektronen im Elektronenmikroskop mit den Kernen der Objektatome. Die elektrostatische, energieverlustfreie Ablenkung der Strahlelektronen durch den Atomkern führt zu einer Interferenz mit den ungebeugten Strahlen und zur Entstehung des Phasenkontrasts im TEM. Das Objektpotential (der Brechungsindex) bewirkt eine Verzögerung der Wellenfront und damit eine Verschiebung der Phasenlage der Strahlen nach Objektdurchgang. Im Rastertransmissions-Elektronenmikroskop (STEM) ist die Blende durch einen ringförmigen Detektor ersetzt. Dadurch können die stark gestreuten Elektronen zur Abbildung genutzt und zur Massenbestimmung herangezogen werden.

> Eine starke Ausblendung gestreuter Elektronen ruft einen hohen Kontrast hervor, mindert aber die Auflösung des Bildes (Gl. 16.2). Es besteht ein direkter Zusammenhang zwischen dem Beugungswinkel und der Auflösung von Objektdetails. Der Beugungswinkel hängt umgekehrt proportional mit der Größe abgebildeter Objektstrukturen zusammen.

Dünne Präparate, die überwiegend aus Atomen mit niedriger Ordnungszahl bestehen, verhalten sich als schwache Phasenobjekte. Dies gilt in erster Näherung auch für Molekülkomplexe, die mit Schwermetallsalzen negativ kontrastiert wurden (obwohl hier ein nennenswerter realer Streukontrast hinzukommt). Der gebeugte Elektronenstrahl wird durch das Objektpotential (das dem Brechungsvermögen lichtoptischer Präparate entspricht) verzögert. Er weist dann bei seinem Austritt aus dem Objekt eine kleine Phasenverschiebung $\Delta\varphi$, aber keine Amplitudenänderung gegenüber dem nicht gebeugten Nullstrahl auf (Abb. 16.7). Phasenunterschiede sind für das Auge und das Photomaterial nicht wahrnehmbar, das Objekt wäre somit eigentlich unsichtbar. Betrachtet man die Differenz zwischen dem Nullstrahl und dem schwach phasenverschobenen Strahl, so resultiert eine Welle mit gleicher Wellenlänge, kleinerer Amplitude und einem Gangunterschied von $\approx \pi/2$ oder $\lambda/4$ gegenüber der einfallenden Welle. Gelingt es, den Nullstrahl (oder den gebeugten Strahl) so um $\pi/2$ zu verschieben, dass die Amplituden phasengleich aufeinander fallen, dann interferieren die Wellen mit einer wahrnehmbaren Amplitudenmodulation, die **Phasenkontrast** genannt wird. Im Phasenkontrastmikroskop löst man das Problem so, dass die Phase des nicht gebeugten Strahls durch eine Phasenplatte um $\pi/2$ verändert wird. Im EM sind die Verhältnisse etwas komplizierter. Es soll hier genügen festzuhalten, dass die nicht korrigierbare sphärische Abberation der Objektivlinse und die Fokuslage (die durch die Stärke der Erregung der Linse eingestellt werden kann) eine Phasenverschiebung der gebeugten Welle verursacht, die den Phasenkontrast entstehen lässt. Durch Fokussierung kann also der Phasenkontrast beeinflusst werden, und zwar im günstigen Fall derart, dass die Phasenschiebung der gebeugten Wellen über einen weiten Beugungswinkelbereich etwa $\pi/2$ beträgt. Diese optimale Einstellung liegt im schwachen Unterfokusbereich und wird nach dem Elektronenmikroskopiker Otto Scherzer (1909–1982) als Scherzer-Fokus bezeichnet. Die Phasenschiebung kann allerdings nicht über den gesamten Beugungswinkel- (= Auflösungs-) Bereich die erforderlichen $\pi/2$ betragen. Die Folge ist eine

Kontrastübertragungsfunktion, die je nach Fokusbedingung für bestimmte Beugungswinkel, d. h. für die Abbildung von Objektstrukturen mit bestimmter Größe, unterschiedliche Kontrastverhältnisse bewirkt. Der Phasenkontrast kann sehr schwach sein, gänzlich zu Null werden und sogar sein Vorzeichen wechseln. Dann liegt ein Übergang von negativem zu positivem Phasenkontrast vor. Elektronenmikroskopische Aufnahmen aus dem TEM enthalten also abhängig von der Fokussierung mehr oder weniger gut übertragene Objektinformationen. Die korrekte Interpretation der Bilder setzt immer eine Analyse der Kontrastübertragungsfunktion voraus, die mit Hilfe von lichtoptischen Diffraktometern oder im Computer durch die Analyse des Fourier-Spektrums der Aufnahmen vorgenommen wird (vgl. Abschn. 16.4.2).

Wechselwirkungen zwischen den Strahlelektronen und den Objektelektronen haben weiterreichende, bei der TEM unerwünschte Folgen, die sich nicht mehr nur auf Coulombsche Effekte beschränken. Zunächst werden die Strahlelektronen ebenfalls von den Objektelektronen abgelenkt. Die Streuwinkel sind mit $\approx 10^{-5}$ rad aber viel geringer als bei den Elektron-Kern-Wechselwirkungen. Treffen beschleunigte Elektronen auf die Elektronenhülle eines Atoms, so erfolgt außerdem ein Energietransfer, der die Strahlelektronen abbremst, d. h. ihre kinetische Energie um einen Betrag ΔE verringert und damit ihre Wellenlänge vergrößert (Abb. 16.8). Die Streuung wird deshalb als **inelastisch** bezeichnet. Die vor dem Objekt nahezu einheitliche (kohärente) Elektronenstrahlung zeigt nach Objektdurchgang ein Wellenlängenspektrum. Da die Beugung der Elektronen wellenlängenabhängig ist (vgl. Gl. 16.2), werden von den Objektstrukturen unterschiedlich stark gebeugte Bildstrukturen erzeugt und einander überlagert. Dadurch verringert sich der Kontrast des Bildes und die Erkennbarkeit von Objektdetails. Besonders davon betroffen sind massereiche Präparate, wie etwa in amorphes Eis eingebettete Moleküle oder größere Strukturen wie Viren und Lipidvesikel. Die relativ dicke Eisschicht trägt beträchtlich zur Erhöhung des Beitrags inelastisch gebeugter Elektronen und damit zur Reduzierung des Kontrastes bei. Es ist aber möglich, durch Energiefilter die inelastisch gebeugten Elektronen von den elastisch gebeugten zu trennen und damit die Kontrastverhältnisse erheblich zu verbessern (Abb. 16.9).

Die Höhe des Energieverlustes der Strahlelektronen (ΔE im Bereich bis ca. 2000 eV) sagt etwas über die Stärke der Wechselwirkung aus, letztlich also etwas über die Art der Atome im Objekt. Aus der spektralen Analyse der inelastisch gestreuten Elektronen können somit Informationen über die elementare Zusammensetzung der Probe gewonnen werden, und da diese Elektronen abbildend sind, auch ein ortsaufgelöstes Bild der Elementverteilung (Elementkartierung). Dies geschieht in der Elektronenenergieverlust-Spektroskopie (*electron energy loss spectroscopy*, EELS) und den bildgebenden Verfahren der elektronenspektroskopischen Abbildung (*electron spectroscopic imaging*, ESI) bzw. der elektronenspektroskopischen Beugung (*electron spectroscopic diffraction*, EDI). Die Mikroskope müssen zu diesem Zweck mit einem magnetischen oder elektrischen Prisma und einem Elektronenenergiefilter ausgerüstet werden, die die spektrale Aufweitung des Elektronenstrahls und die Filterung von Elektronen mit einer bestimmten

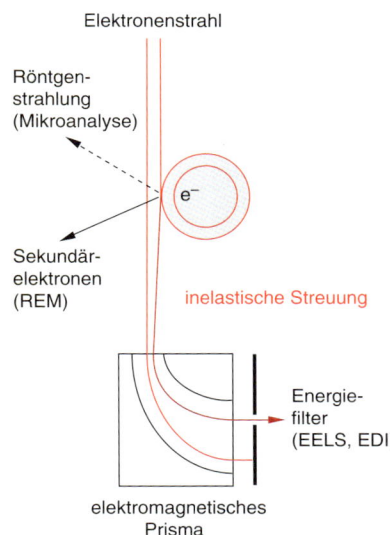

16.8 Wechselwirkung von Strahlelektronen im Elektronenmikroskop mit der Elektronenhülle der Objektatome. Der Energietransfer bei der Wechselwirkung zwischen Strahl- und Objektelektronen ändert die Wellenlänge (die Energie) der Strahlelektronen, die in einem elektromagnetischen Prisma aufgetrennt und durch einen Energiefilter separat sichtbar gemacht werden können. Daraus sind Rückschlüsse auf die Elementzusammensetzung der Probe möglich. Die Energieaufnahme führt zu einer Anregung der Objektelektronen und damit zur Abstrahlung von Röntgenquanten, die ebenfalls eine Elementanalyse des Objekts zulassen. Freigesetzte Elektronen aus der bestrahlten Objektoberfläche, die sogenannten Sekundärelektronen, dienen zur Bildentstehung im Rasterelektronenmikroskop.

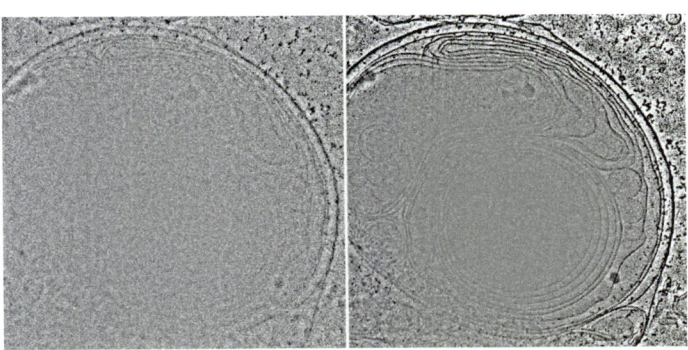

16.9 TEM-Aufnahme von Lipidvesikeln, die in amorphes Eis eingebettet sind (Kryomikroskopie). Links die herkömmliche Abbildung mit allen elastisch und inelastisch gestreuten Elektronen. Rechts die energiegefilterte Aufnahme, aus der die inelastisch gestreuten Elektronen auf Grund ihres geringeren Energiegehaltes herausgefiltert wurden. Das Bild zeigt fast ausschließlich den reinen Phasenkontrastanteil. Die mehrfach ineinander liegenden Vesikel sind nun deutlich zu erkennen. (Freundlicherweise zur Verfügung gestellt von R. Grimm, Martinsried.)

Energie bewirken. EELS wird in der Biologie überwiegend für Schnittpräparate von Zellen und Geweben eingesetzt. Für einzelne Moleküle eignet sie sich praktisch nicht. Der Grund liegt in der Strahlenempfindlichkeit der Proteine, die ja für diese Zwecke unkontrastiert abgebildet werden müssen. Die anwendbare Strahlendosis ist so gering, dass eine sehr große Anzahl gleich orientierter (kristallin angeordneter) Moleküle ausgewertet werden müsste, um ein signifikantes und ausreichend aufgelöstes Signal für die Elementkartierung zu erhalten.

Massenbestimmung im Rastertransmissions-Elektronenmikroskop

Die stärker elastisch gebeugten Elektronen, die von der Objektivblende abgeschirmt werden, enthalten ebenfalls Informationen über das Objekt. Sie sind ja von den Atomen in Abhängigkeit ihrer Ordnungszahl (Ladung) und ihrer Menge abgelenkt worden (man bezeichnet dies als Massendichte). Ersetzt man die Blende durch einen Detektor, so können auch diese Elektronen zur Abbildung genutzt werden (vgl. Abb. 16.7). Das geschieht im Rastertransmissions-Elektronenmikroskop (RTEM, *scanning transmission electron microscope* STEM), in dem mit einem fokussierten Elektronenstrahl das Objekt gerastert wird. Im STEM können beide Bilder simultan aufgezeichnet werden, das Transmissions-(Hellfeld-)Bild der überwiegend inelastisch gestreuten Elektronen (B_{in}) und das Dunkelfeldbild aus den elastisch gestreuten Elektronen (B_{el}). Der Quotient aus beiden Bildern (B_{el}/B_{in}) verstärkt mitunter die Erkennbarkeit unkontrastierter und gefärbter Objektstrukturen biologischen Materials. Dieser Z-Kontrast wird gelegentlich zur Abbildung von Dünnschnitten angewendet.

Die größere Bedeutung für die Untersuchung von Makromolekülen und isolierbaren Zellstrukturen hat aber das Dunkelfeldbild. Ist die mittlere Elementzusammensetzung einer biologischen Probe bekannt, was für Proteine sehr gut erfüllt ist, so kann das Signal unmittelbar als Funktion der durchstrahlten Masse interpretiert werden. Mit dem STEM sind also Molekulargewichtsbestimmungen von Proteinen und anderen biologischen Molekülen möglich. Dazu werden nicht mehr als einige hundert Moleküle benötigt, um eine ausreichende Statistik über die Masseverteilung zu erhalten. Die Probe wird weder kontrastiert noch eingebettet, sondern nativ und am besten im Mikroskop *in situ* gefriergetrocknet abgebildet (Abb. 16.10). Das Signal zeigt eine deutliche Streuung, weil die Strahlendosis stark begrenzt werden muss, um einem Massenverlust vorzubeugen. Aus einer Reihe von Messungen mit steigender Strahlendosis kann aber auf die Ursprungsmasse bei „Dosis Null" rückgeschlossen und mit ausreichender Genauigkeit (relativer Fehler <5%) bestimmt werden.

Die Methode ist von der Größe und der Struktur der Moleküle sowie der Auflösung im Mikroskop völlig unabhängig. So ist es möglich, die Masse beliebig großer, unterschiedlich geformter heterooligomerer und multimerer Makromolekülkomplexe zu bestimmen. Eine typische Fragestellung ist die Aufklärung der

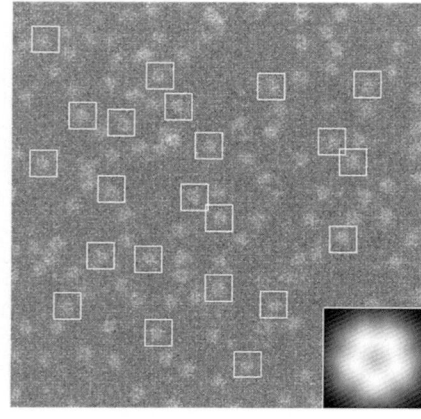
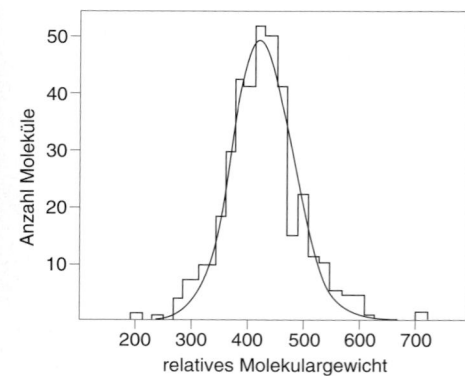

16.10 Aufnahme von unkontrastierten, gefriergetrockneten Proteinmolekülen bei niedriger Strahlendosis im STEM. Es werden die (stark) elastisch gestreuten Elektronen abgebildet, weshalb eine hohe durchstrahlte Masse hell erscheint. Die Grauwerte des Bildes sind eine direkte Funktion der abgebildeten Masse und damit quantitativ auswertbar. Das Diagramm zeigt die Massenverteilung der Moleküle in den im Bild eingerahmten Ausschnitten (korrigiert um den Beitrag des Hintergrundes, d. h. der Kohlefolie als Objektträger). Elektronenmikroskopische Massenbestimmungen werden für die Aufklärung der stöchiometrischen Zusammensetzung von Proteinkomplexen eingesetzt. Die hier untersuchte Selenocystein-Synthase aus *Escherichia coli* erweist sich als ein decameres Enzym (vgl. Abb. 16.15).

stöchiometrischen Zusammensetzung von Proteinen. Ebenso können die Masse pro Längeneinheit von fibrillären Strukturen wie Fibrinogen, Flagellen, Mikrotubuli etc. ermittelt werden und die Masse pro Flächeneinheit von Membranen oder anderen flächigen Aggregaten, z. B. 2D-Proteinkristallen. Letzteres ist mit keiner anderen Methode in dieser Präzision möglich. Weil das STEM als abbildendes Gerät (Niederdosis-) Bilder von gefriergetrockneten Proteinen liefert, kann auch eine ortsaufgelöste Massenbestimmung vorgenommen werden. Man erhält eine Massenkartierung von Proteinkomplexen oder Membranen mit einer nach Bildverarbeitung erkennbaren Substruktur von etwa 2 bis 3 nm.

Abbildung mit Sekundärelektronen: Rasterelektronenmikroskopie und analytische Elektronenmikroskopie

Bei der Wechselwirkung der Strahlelektronen mit den Objektelektronen bleiben Impuls und Energie des Gesamtsystems erhalten. Folglich nimmt die Energie der betroffenen Elektronen des Objekts zu. Sie werden angeregt und können mitunter aus dem Atom ganz entfernt werden. Dabei entstehen Strahlung und Wärme und ein Schauer aus Elektronen, die aus dem bestrahlten und ionisierten Material stammen. Diese Sekundärelektronen werden im REM zur Abbildung genutzt. Da die Elektronen hauptsächlich aus den oberflächlichen Schichten des Objekts stammen, erhält man Oberflächenabbildungen, die sich durch eine beeindruckende Tiefenschärfe auszeichnen. Für die Abbildung von Molekülkomplexen reicht die erzielbare Auflösung herkömmlicher Rasterelektronenmikroskope von $\geq$ 10 nm nicht aus. Die Anwendung für biologische Fragestellungen zielt deshalb auf zelluläre Objekte ab. Moderne Niederspannungs-REMs sind auch für die Abbildung molekularer Objekte geeignet.

Aus der Atomhülle herausgeschlagene Elektronen hinterlassen eine Lücke, die mit Elektronen aus höheren Energieniveaus wieder aufgefüllt wird. Die Energiedifferenz zwischen den Elektronenschalen wird dabei in Form von Strahlung frei. Elektronenlücken in der K-Schale führen zu besonders hohen Energieverlusten und zu energiereicher Strahlung (Röntgenstrahlung) bzw. zur Freisetzung sogenannter Auger-Elektronen. Beide Strahlungsarten enthalten Informationen über die chemische Zusammensetzung der Probe, ebenso wie die EELS-Spektren der Strahlelektronen. Energiedispersive Röntgenspektrometer (*energy dispersive spectrometer*, EDS) erlauben eine Analyse von Röntgenstrahlung aus Elementen mit einer Ordnungszahl höher als zehn (EELS-Spektren enthalten nutzbare Informationen ab Ordnungszahl vier). Diese Methode der Röntgenstrahlungs-Mikroanalyse (*X-ray microanalysis*) wird vor allem bei Ultradünnschnitten und anorganischen Proben für das REM angewendet. Ähnliche Verfahren gibt es für die Abbildung und Analyse der Auger-Elektronenstrahlung. Schwächere Anregungen von Objektelektronen führen zur Emission von Photonen mit geringerer Energie (UV) und anderen Erscheinungen, die aber für die EM im engeren Sinne keine Bedeutung haben.

16.4 Bildanalyse, Bildverarbeitung und 3D-Rekonstruktion

Die reine EM-Aufnahme enthält zwar die erfassbaren Signale über das Objekt, doch zum Teil gravierend überlagert durch unstrukturiertes Rauschen. Je kleiner die Objekte und je höher die Ansprüche an die Erkennbarkeit von molekularen Details sind, um so störender wirken sich die Rauschbeiträge aus (bei Ultradünnschnitten hingegen spielen sie kaum eine Rolle). Signal und Rauschen müssen also analysiert und wenn möglich getrennt werden. Das ist die Aufgabe der digitalen Bildverarbeitung von EM-Bildern.

16.4.1 Fourier-Transformation

Fourier-Transformation
Abschnitt 15.1.3

Wesentliche Operationen in der Bildanalyse und -verarbeitung finden nicht mit den realen Bilddaten, sondern mit der Fourier-Transformation der Bilder statt. So z.B. bei der Beurteilung der Kontrastübertragungsfunktion von EM-Bildern und zur Analyse von Struktureigenschaften des Objekts. Die Fourier-Transformation wird auch benötigt bei der Erhöhung des Signal-zu-Rausch-Verhältnisses der verrauschten und kontrastarmen Abbildungen eines biologischen Präparats und bei der dreidimensionalen (3D-) Rekonstruktion von Molekülen.

Eine eindimensionale Dichteverteilung, also die Struktur fast jeder beliebigen Kurve, kann als Summe reiner Sinus- (oder Cosinus-) Funktionen mit unterschiedlichen Frequenzen und Amplituden aufgefasst werden (Abb. 16.11). Um sie von den Schwingungen pro Zeiteinheit zu unterscheiden, bezeichnet man die Schwingungen pro Längeneinheit als Raumfrequenz. Das Reziproke der Raumfrequenz, die Wellenlänge λ, kennzeichnet eine bestimmte Strecke im realen Bild, und die Amplitude entspricht der maximalen Dichteschwankung genau über diese Strecke λ. Da die Amplitude die Struktur des Objektes beschreibt, bezeichnet man sie auch als **Strukturfaktor**. Mit diesem ist die reine Sinusfunktion zu multiplizieren, um die geeigneten Dichtewerte im Bild zu erhalten. Funktionen mit kleiner Ortsfrequenz (großen Wellenlängen) kennzeichnen also die grobe Objektstruktur und Sinusfunktionen mit hoher Ortsfrequenz (kleinen Wellenlängen) feine Strukturdetails. Es liegt nahe, dass die Grobstruktur eines Objekts (z.B. die Körperform eines Igels) mit relativ großen Strukturfaktoren verknüpft ist, und dass die Feinstruktur dagegen meist kleinere Amplituden der dazugehörigen Sinusfunktionen erfordert (z.B. die Stacheln des Igels). Soll ein Bild mit hoher struktureller Auflösung analysiert werden, so muss man die mitunter sehr kleinen Amplituden bestimmen und sie vom überlagernden hochfrequenten Rauschen trennen.

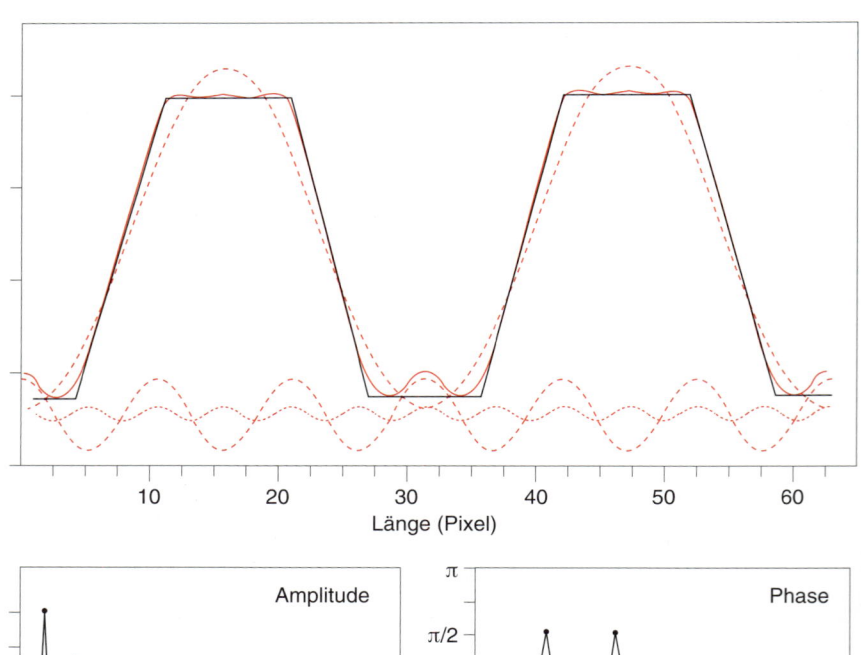

16.11 Beispiel für die Fourier-Zerlegung (Fourier-Transformation) eines einfachen, eindimensionalen Objekts (schwarz). Die Superposition der drei Sinusfunktionen (rot gestrichelt) gibt annähernd die ursprüngliche Struktur wieder (dunkelrote Linie). Das Objekt könnte beliebig genau mit (unendlich) vielen Sinusfunktionen beschrieben werden. Die Grundfunktionen unterscheiden sich hinsichtlich ihrer Frequenz (der Raumfrequenz), der Amplitude und der Phasenlage im Koordinatenursprung. Die Auftragung der Amplituden und Phasenverschiebungen aller Sinusfunktionen als Funktion der Ortsfrequenz ist eine Möglichkeit, die Fourier-Transformierte des Bildes darzustellen (unten).

Die Kenntnis der Amplituden der Sinusschwingungen reicht aber nicht aus, um die Kurve (die Struktur) exakt zu beschreiben. Es muss zusätzlich festgelegt sein, wo der Ursprung der einzelnen Sinusfunktionen liegt, denn die Position der Dichteschwankung gibt ja an, an welcher Stelle des Koordinatensystems (des Bildes) sich das Objekt (der Igel) befindet und die Substrukturen (die Stacheln) anzuordnen sind. Wegen der Periodizität der Winkelfunktion beträgt die maximale Differenz zwischen dem Ursprung der Funktion und einem gemeinsamen Bezugspunkt für alle Schwingungen höchstens die Wellenlänge der betrachteten Funktion. Diese Abweichung wird durch die sogenannte **Phasenverschiebung** ($-\pi \leq \Delta\psi \leq \pi$) ausgedrückt, die manchmal auch kurz als **Phase** bezeichnet wird.

Die Objektfunktion kann also vollständig als Summe von elementaren Sinusfunktionen mit (kontinuierlich) größer werdender Frequenz v_i und den dazugehörigen individuellen Amplituden k_i und Phasen $\Delta\varphi_i$ beschrieben werden. Da eine Darstellung mit unendlich vielen Funktionen nicht praktikabel ist, wird die Objektfunktion F (das Bild) in eine endliche Anzahl von n Bildpunkten (Pixeln) zerlegt (digitalisiert) und mit $n/2$ Raumfrequenzen, d. h. zugrundeliegenden Winkelfunktionen, beschrieben. Die kleinste Frequenz v mit der Wellenlänge $\lambda = n$ Pixel hat eine Periode genau in Bildgröße. Zur größten Frequenz gehört die kleinste mögliche Wellenlänge mit $\lambda = 2$ Pixeln. Die Objektfunktion F ist dann im Prinzip als Summe über alle möglichen Sinusfunktionen darstellbar (Gl. 16.3), wobei x eine Strecke im Bild bedeutet:

$$F_{\text{Objekt}} = \sum [k_i \cdot \sin(2\pi v_i x + \Delta\varphi_i)] \qquad (16.3)$$

Die Fourier-Analyse eines Bildes ist nichts anderes als die Aufstellung bzw. Berechnung aller Strukturfaktoren k_i und Phasenverschiebungen $\Delta\varphi_i$, die erforderlich sind, um die Funktionen der unterschiedlichen Frequenzen v_i so zu wichten und anzuordnen, dass ihre Überlagerung genau die Dichteverteilung des untersuchten Bildes ergibt. Fourier-transformierte EM-Aufnahmen sind also zweiteilige Bilder. Sie enthalten die Amplituden (Strukturfaktoren) und Phasenverschiebungen der einzelnen Sinusfunktionen. Für die Darstellung eines Bildes werden zweidimensionale Sinusfunktionen herangezogen (Abb. 16.12).

Üblicherweise wird die Fourier-Transformierte anders dargestellt, dabei liegt ein einfacher Zusammenhang trigonometrischer Funktionen zugrunde (Gl. 16.4):

$$k_i \cdot \sin(2\pi v_i \cdot x + \Delta\varphi_i) = a_i \cos(2\pi v_i \cdot x) + b_i \sin(2\pi v_i \cdot x)$$
$$a_i = k_i \sin(\Delta\varphi_i) \quad \text{und} \quad b_i = k_i \cos(\Delta\varphi_i) \qquad (16.4)$$

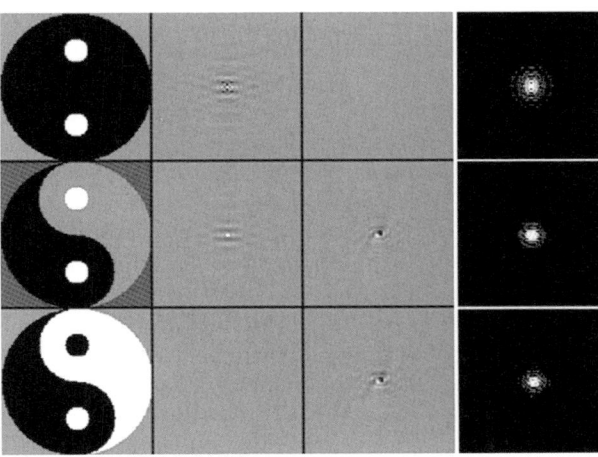

16.12 Beispiele für symmetrische und antisymmetrische Bilder (linke Spalte), ihre Fourier-Transformierten (FT, mittlere Bilder) und Powerspektren (rechte Spalte). Die FT bestehen in dieser Darstellung aus einem symmetrischen (realen) und einem von ihm getrennten antisymmetrischen (imaginären) Bildanteil. Die in den FT enthaltenen Faktoren der (realen) Cosinus- bzw. (imaginären) Sinusfunktionen reichen von großen negativen (schwarz) bis zu großen positiven Werten (weiß), Faktoren mit dem Wert Null entsprechen einem mittleren Grau. Die zu den Bildern bzw. FT gehörenden Powerspektren (lichtoptischen Diffraktogramme) enthalten die Quadrate der Amplituden. Die FT des rein symmetrischen Objekts (oben) weist nur im realen Bildanteil von Null verschiedene Werte auf, das rein antisymmetrische Yin-Yang-Symbol (unten) liefert dagegen nur einen signifikanten antisymmetrischen Teil der FT. Das kombinierte Bild in der Mitte trägt symmetrische wie antisymmetrische Informationen, die durch die FT analysiert und getrennt werden können. Dies macht man sich u.a. bei der Analyse und Rekonstruktion metallbedampfter Objekte zunutze, um die Information reiner (im Bild mit antisymmetrischem Kontrast erscheinender) Schrägbedampfung von (symmetrischen) Dekorationseffekten zu trennen.

Aus den Faktoren a_i und b_i sind die Amplituden und Phasenverschiebungen leicht zu berechnen. Die Fourier-Transformierte eines Bildes ist dann die ebenfalls zweiteilige Darstellung der Faktoren a_i und b_i als Funktion der Raumfrequenz. Diese Darstellung hat den Vorteil, dass sie im Hinblick auf die Struktur des Bildes analytische Eigenschaften besitzt. Da der Cosinus eine symmetrische Funktion, der Sinus aber eine antisymmetrische Funktion in Bezug auf den Ursprung darstellt, enthält der Bildteil der Fourier-Transformierten mit den Faktoren a_i folglich die symmetrischen Strukturanteile, der Bildteil mit den Faktoren b_i entsprechend die antisymmetrischen Strukturelemente. Wegen der Tatsache, dass die Fourier-Transformation in der mathematischen Formulierung eine komplexe Funktion ist, spricht man von dem (symmetrischen) Realteil der Fourier-Transformierten und dem (antisymmetrischen) Imaginärteil (Abb. 16.12).

Für die Analyse der Bildqualität und von Objekteigenschaften genügt es, die Größe und die Verteilung der Strukturfaktoren als Funktion der Raumfrequenz zu kennen. Dazu wird das Powerspektrum herangezogen, das im Prinzip das Quadrat der Fourier-Transformierten darstellt. Bei dieser Operation geht die Phaseninformation verloren und das Powerspektrum enthält allein die Quadrate der Strukturfaktoren. Es entspricht dem lichtoptischen Diffraktogramm, das durch Beugung von kohärentem Licht (Laserstrahlen) am Negativ der elektronenmikroskopischen Aufnahme erzeugt wird (Abb. 16.12). Fourier-Transformation und Berechnung des Powerspektrums sind Standardfunktionen in Programmsystemen, die für die Analyse, Verarbeitung und 3D-Rekonstruktion von elektronenmikroskopischen Bildern entwickelt worden sind.

16.4.2 Analyse der Kontrastübertragungsfunktion und der Kristallinität des Objekts

Das elektronenmikroskopische Bild ist eine Funktion aus der abgebildeten Struktur des Objekts und der Kontrastübertragung des Mikroskops mit den aktuellen Einstellungen, die während der Aufnahme geherrscht haben. Die Objektstruktur wird im Mikroskop mit der Übertragungsfunktion gefaltet, das bedeutet mathematisch, dass die Fourier-Transformierten beider Funktionen miteinander multipliziert werden.

Wir erinnern uns, dass die Beugung der Elektronenstrahlen durch das Objekt abhängig vom Beugungswinkel zu positivem wie negativem Phasenkontrast führt und dazwischen Regionen, d.h. Ortsfrequenzen, mit fehlendem Kontrast liegen. Die reine Kontrastübertragungsfunktion des Mikroskops kann am besten mit der Aufnahme einer dünnen, amorphen Kohlefolie dargestellt werden, wie sie als Objektträgerbeschichtung für die Kupfernetzchen benutzt wird. Je nach Fokuslage erhält man im lichtoptischen Diffraktogramm eine Reihe von hellen Ringen, die durch dunkle Lücken getrennt sind. Die hellen Bereiche kennzeichnen die Quadrate der Amplituden übertragener Ortsfrequenzen, die von der Mitte aus als Negativ- und Positivkontrast in wechselnder Reihenfolge vorliegen. Die dunklen Ringe sind Übertragungslücken, in denen die entsprechenden Ortsfrequenzen ausgeblendet sind. Diese Ringe werden auch **Thonsche Ringe** genannt (Abb. 16.13).

Treffen Ortsfrequenzen der zu untersuchenden Struktur in diese Übertragungslücken, werden sie ebenfalls nicht übertragen und fehlen in der elektronenmikroskopischen Aufnahme. Das Objekt wird im Hinblick auf bestimmte Strukturdetails (Ortsfrequenzen) also unvollständig oder mit dem falschen Kontrast abgebildet. Es gibt eine günstigste Fokuslage im EM, die die lückenlose Übertragung bis zu einer Ortsfrequenz $(\leq 1 \text{ nm})^{-1}$ gewährleistet, und die für die biologische Elektronenmikroskopie meist hinreichend ist. Die Einstellung liegt am Beginn des Unterfokusbereichs nahe dem absoluten Kontrastminimum des Bildes (Abb. 16.13). Es bedarf einiger Übung, diesen Fokus einzustellen und dem vermeintlich scharfen, d.h. kontrastreichen Bild im starken Unterfokus vorzuziehen.

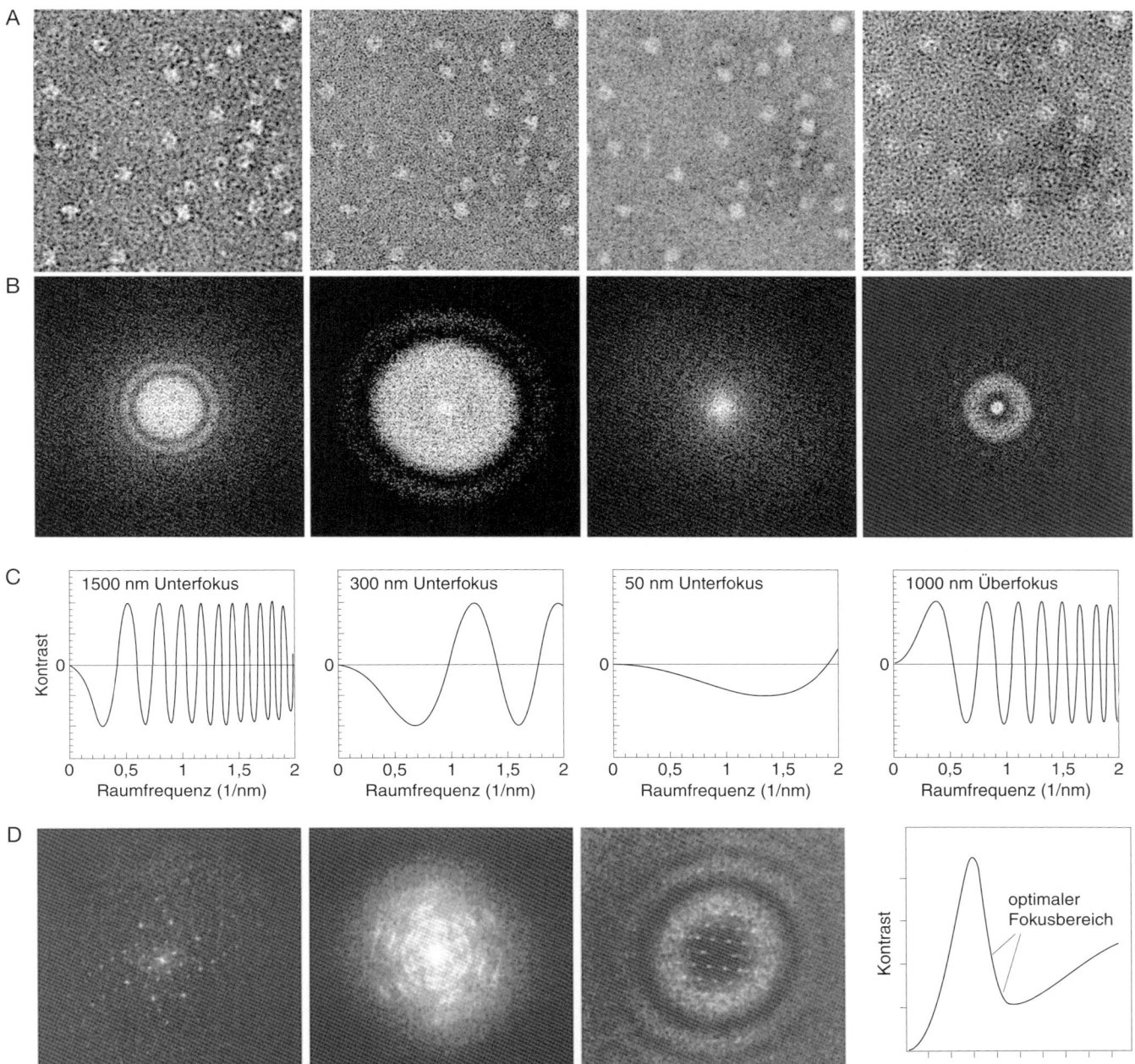

16.13 Beispiele für unterschiedlich fokussierte EM-Aufnahmen eines Proteinkomplexes (Durchmesser ca. 12 nm) nach Negativkontrastierung mit Uranylacetat. Die Aufnahmen (Reihe A) zeigen von links nach rechts starken Unterfokus (Kontrastmaximum), moderaten Unterfokus, eine Situation nahe dem Gauß-Fokus (Kontrastminimum) und starken Überfokus. Die Granulierung der Aufnahmen ist um so gröber, je weiter der Fokus von der optimalen Einstellung entfernt ist. Die entsprechenden Powerspektren (lichtoptischen Diffraktogramme) in der Reihe B zeigen die Auswirkung der Kontrastübertragungsfunktion des Mikroskops als Funktion der Fokuslage. Dunkle Bereiche bedeuten fehlende oder mit sehr kleinen Amplituden übertragene Strukturinformationen. Die Übertragungslücken befinden sich bei stark defokussierten Bildern bereits im Bereich kleiner Ortsfrequenzen, also großer Objektdetails. Die jeweils erste Übertragungslücke liegt in den vier dargestellten Bildern bei einer Ortsfrequenz von $(3{,}2\ nm)^{-1}$, $(1{,}4\ nm)^{-1}$, $(<0{,}8\ nm)^{-1}$ und $(2{,}9\ nm)^{-1}$. Optimale Fokusbedingungen für kontrastierte, biologische Objekte liegen im Bereich zwischen dem zweiten und dritten Bild. Die Kontrastübertragungsfunktionen in der Reihe C (hier ungedämpft dargestellt) geben annähernd den Zusammenhang zwischen Raumfrequenz und Kontrast wieder. Es ist ersichtlich, dass sich im Überfokus der Kontrast im Bereich niedriger Ortsfrequenzen umkehrt. Dementsprechend erscheinen die kontrastmittelgefüllten Poren der Proteinmoleküle auch nicht dunkel, sondern hell. Die Powerspektren der EM-Aufnahmen von 2D-Kristallen (Reihe D) zeigen neben der (reinen) Kontrastübertragungsfunktion die typischen Beugungsreflexe des Proteingitters. Von links nach rechts: ein guter Kristall mit hoher Ordnung, ein Kristall mit starken Gitterstörungen, die zu einem Verschmieren der Reflexe führen und ein guter Kristall bei starker Defokussierung. Ein Teil der Reflexe fällt hier in die Übertragungslücke und in den Bereich der Ortsfrequenzen, die mit umgekehrtem Kontrast abgebildet werden (und damit die reale Struktur im EM-Bild verfälschen). Die in x-Richtung unvollständig ausgeprägten Ringe deuten auf Drift hin, das Präparat hat sich während der Aufnahme im Mikroskop verschoben. Das Diagramm (Reihe D rechts) gibt den Zusammenhang zwischen Bildkontrast und der Fokuslage wieder. Im EM gut sichtbare Objekte sind in der Regel auf das Kontrastmaximum eingestellt und deshalb stark unterfokussiert. Der optimale Bereich liegt nahe dem Kontrastminimum im schwachen Unterfokus.

Sollen Rekonstruktionen mit quasi atomarer Auflösung erreicht werden, ist es erforderlich, die Kontrastumkehr im hohen Ortsfrequenzbereich durch nachträgliche Bildverarbeitung zu korrigieren und unvermeidliche Übertragungslücken durch die Kombination unterschiedlich fokussierter Aufnahmen aufzufüllen.

Zwei häufig auftretende Abbildungsfehler, der **Astigmatismus** und die **Drift**, können ebenfalls leicht am Diffraktogramm erkannt werden (und sollten Anlass sein, die Aufnahmen zu verwerfen). Als Astigmatismus bezeichnet man den Effekt unterschiedlicher Fokussierung in senkrecht zueinander stehenden Bildrichtungen, der durch eine Verzerrung des elektromagnetischen Feldes zustande kommt. Die Thonschen Ringe werden hier zu Ellipsen und in der Nähe des Übergangs zwischen Unterfokus zu Überfokus (dem sogenannten Gauß-Fokus) zu Hyperbeln. Der Bereich lückenloser Übertragung von Information (salopp oft als „Auflösung" bezeichnet) unterscheidet sich also mitunter dramatisch mit der Richtung. Astigmatische Bilder weisen dadurch eine strichartige Verzeichnung auf. Bewegt sich der Objekthalter während der Aufnahme, die oft Belichtungszeiten in der Größenordnung von Sekunden erfordert, dann verwischt die Struktur in Richtung der Bewegung. Drift ist vor allem ein Problem in der Kryomikroskopie. Sie äußert sich in unvollständig ausgebildeten Thonschen Ringen, also stark gedämpfter Information in einer Bildrichtung. Die Kontrolle der Übertragungsfunktion am lichtoptischen Diffraktometer ist ein wesentlicher Bestandteil der Analyse und der Auswahl von EM-Aufnahmen, die für die Bildverarbeitung und Dokumentation geeignet sind.

Die Fourier-Transformierte einer nicht periodischen Struktur, etwa der Aufnahme eines einzelnen Proteinmoleküls, ist für den Betrachter selbst nicht sehr informativ. Anders verhält es sich bei regelmäßig angeordneten Molekülen in einem 2D-Kristall. Nun wiederholen sich die Amplituden und Phasenverschiebungen der Sinusfunktionen, die das einzelne Molekül in der Aufnahme beschreiben, so oft, wie das Molekül in x- bzw. in y-Richtung vorkommt. Die entsprechenden Ortsfrequenzen werden in der Fourier-Transformierten folglich vielfach verstärkt. Außerdem stehen die Frequenzen der Sinusfunktionen in einem ganzzahligen Verhältnis zueinander, denn sie müssen ja in jeder Einheitszelle des Kristalls die gleiche Anordnung aufweisen. Funktionen, die nicht jedes gleichartig orientierte Molekül an einem bestimmten Ort mit gleicher Phase treffen, sind für die Darstellung der periodischen Struktur nicht geeignet und werden mit einem Strukturfaktor Null gänzlich ausgeblendet. Die Struktur des Kristalls liefert ein Gitter von Reflexen in der Fourier-Transformation bzw. im Powerspektrum. Aus der Anordnung der Reflexe sind Informationen über die Kristallstruktur zu entnehmen. Dazu zählen die Orientierung des Kristalls, der Gittertyp (tetragonal, hexagonal u.a.), die Gitterkonstanten (die periodischen Abstände zwischen den Molekülen in x- und y-Richtung) sowie der Winkel zwischen den Gittervektoren (z.B. 60° beim hexagonalen Kristall), die Güte des Kristalls (geringe oder starke Gitterstörungen) und die kristallographische Auflösung (Abb. 16.13). Letztere ist daraus zu entnehmen, welche Ortsfrequenz dem höchsten Reflex zuzuordnen ist. Die Berechnung der Gitterkonstanten und der kristallographischen Auflösung mit Hilfe von Diffraktogrammen erfolgt sehr einfach unter Verwendung eines Eichgitters. Hierfür benutzt man die Aufnahme eines Strichgitters mit bekanntem Gitterabstand g (z.B. 100 μm). Es zeigt Beugungsreflexe im Abstand g^* im Diffraktogramm (auch als Darstellung im Frequenz- oder reziproken Raum bezeichnet). Den gemessenen Abstand d^* im Diffraktogramm der auszuwertenden EM-Aufnahme rechnet man dann mit der Vergrößerung V des Negativs (Primärvergrößerung des Mikroskops) nach Gleichung 16.5 in die gesuchte Distanz d im realen Bild um.

$$d = \frac{g \cdot g^*}{d^* \cdot V} \qquad (16.5)$$

16.4.3 Digitalisierung

Die elektronenmikroskopischen Aufnahmen müssen für die Bildverarbeitung im Computer digitalisiert werden. Dies erfolgt in modernen Elektronenmikroskopen unmittelbar bei der Speicherung des Bildes über eine empfindliche Kamera mit einem Diodenarray mit 512 · 512, 1024 · 1024 oder noch mehr Pixeln. Die Aufnahme ist dann auf diese Größe beschränkt. Wesentlich größere Bildbereiche werden mit Filmplatten (ca. 7 · 10 cm) erfasst. Die Negative werden anschließend mit einer Kamera oder einem Flachbettdensitometer digitalisiert. Auch hier wählt man Ausschnitte von 512 · 512 bis zu 4096 · 4096 oder mehr Pixeln aus.

Die geeignete Größe der Bildpunkte richtet sich nach der Primärvergrößerung der Aufnahme und nach der mindestens zu gewährleistenden Auflösung des digitalisierten Bildes. Die Minimalbedingung für die Auflösung eines Strukturdetails folgt aus dem sogenannten Samplingtheorem von Whittaker und Shannon. Danach kann ein Strukturelement als aufgelöst gelten, wenn es durch mindestens zwei Pixel erfasst wird. Ist P_c die Pixelgröße der Kamera, mit der das Bild digitalisiert wird, und V die Primärvergrößerung des Mikroskops, dann gilt für die Größe des Pixels auf Objektebene $P_o = P_c / V$, und für die maximal erreichbare Auflösung $d = 2\,P_o$. In der Praxis wird man eine etwas feinere Digitalisierung wählen, um zu gewährleisten, dass bei Interpolationen nicht zu viel Kontrast von kleinsten Strukturen verloren geht. Die Digitalisierung sollte deshalb mit einer Pixelgröße P_c nach Gleichung 16.6 erfolgen.

$$P_c \leq 0{,}33 \cdot d \cdot V \qquad (16.6)$$

Die bestenfalls zu erwartende Auflösung hängt von der Art des Präparats, der Kontrastierung bzw. Einbettung und von den Rahmenbedingungen der Aufnahme ab. Für Moleküle, die mit Schwermetallsalzen negativ kontrastiert sind, liegt die Grenzauflösung etwa bei 1,5 nm. Daraus ergibt sich für eine übliche Bildpunktgröße von $\leq 20\,\mu$m eine nutzbare Primärvergrößerung von $\leq 40\,000$. Wesentlich höhere Vergrößerungen sind deshalb für die Abbildung von einzelnen Proteinmolekülen nicht erforderlich und würden nur eine höhere Strahlenbelastung für das biologische Objekt bedeuten, die mit dem Quadrat der Vergrößerung steigt.

16.4.4 Erhöhung des Signal-zu-Rausch-Verhältnisses

Jede elektronenmikroskopische Aufnahme weist neben der erwünschten Struktur, dem Signal, auch einen mehr oder weniger hohen Rauschanteil auf. Unter Rauschen werden hier alle Beiträge verstanden, die nicht vom eigentlich untersuchten Objekt stammen. Dazu gehören statistisches Rauschen der Elektronenquelle, überlagerte Strukturen durch die Objektträgerfolie, Beiträge durch das Filmmaterial, die Kamera usw. Diese Signale sind nicht mit der Molekülstruktur korreliert und sollten sich von einem Bildbereich zum nächsten zufällig unterscheiden. Werden viele gleichartige Projektionen eines Proteinmoleküls addiert, so wird sich das Signal verstärken und das Rauschen zu einem konstanten und damit struktur- und informationslosen Betrag mitteln. Auf diese Weise können selbst solche Struktursignale sichtbar gemacht werden, die sich in der Einzelaufnahme vom Rauschen nicht unterscheiden lassen. Das Signal-zu-Rausch-Verhältnis (*signal-to-noise*, S/N) steigt mit der Wurzel aus der Anzahl der addierten, d. h. gemittelten Einzelaufnahmen. Ist das anfängliche Signal, der Kontrast, schon relativ hoch, so genügen einige hundert bis tausend Moleküle, um die Grenzauflösung in der Mittelung zu erreichen. Bei kontrastschwachen, vor allem nicht durch Schwermetall kontrastierten Molekülen werden 1000 bis 10 000 Einzelbilder benötigt, um die Strukturinformation vollständig aus dem Rauschen herauszuheben. Neben dem Einfluss der Präparation ist der nächste wichtige, auflösungslimitierende Faktor die Genauigkeit, mit der die einzelnen Moleküle für die Mittelung aufeinander ausgerichtet werden können. Die Präzision der Alignierung ist eine Funktion des Kontrastes, der gerade bei Aufnahmen, die eine hohe Auflösung zulassen, notorisch gering ist. Darin liegt der wesentliche Grund, warum Rekonstruktionen aus Einzelmolekülen bislang noch nicht bis zur quasi atomaren Auflösung getrieben werden können.

Filterungen im Fourier-Raum

Einen Ausweg bieten zweidimensionale Kristalle, die von vornherein gleichartig orientierte und regelmäßig angeordnete Moleküle enthalten. Sind die Kristalle perfekt, so kann ein rein kristallographischer Ansatz zur Optimierung des Signal-zu-Rausch-Verhältnisses angewendet werden, eine spezielle Variante der **Fourier-Filterung**.

Die Fourier-Transformation bietet mehrere Möglichkeiten, unerwünschte Rauschanteile aus dem Bild zu eliminieren. Kennt man die bestenfalls zu erwartende Auflösung der elektronenmikroskopischen Aufnahme, so kann man alle Raumfrequenzen, die außerhalb dieser Grenzauflösung liegen, gleich Null setzen, da sie ja nicht konstruktiv zur abgebildeten Struktur beitragen. Darunter fallen auch das immer vorhandene hochfrequente Rauschen und gegebenenfalls mit umgekehrtem Kontrast abgebildete Ortsfrequenzen, je nachdem wie die Kontrastübertragungsfunktion der Aufnahme ausfällt. Das Resultat nach Rücktransformation in den Realraum ist ein kontrastreicheres Bild. Diese Operation entspricht einer Tiefpassfilterung. Auf äquivalente Weise, durch Hochpassfilterung, können niederfrequente Bildanteile entfernt werden; großflächige Kontrastvariationen sind bei Negativkontrastpräparaten oft zu beobachten. Beide Filterungen eignen sich für Einzelmolekülaufnahmen wie für Bilder von Kristallen.

Filterverfahren für Kristalle

Perfekte Kristalle liefern in der Fourier-Transformation und dem Powerspektrum scharfe und bis zu hohen Qrtsfrequenzen erkennbare Reflexe, die die gesamte Information der periodisch angeordneten Proteinmoleküle enthalten. Alle Ortsfrequenzen zwischen den Reflexen tragen zur Struktur nichts bei, sie können grundsätzlich Null gesetzt werden. Diese denkbar rigorose Eliminierung von Rauschbeiträgen wird **Fensterfilterung** (*window filtering*) genannt, weil nur noch die Information in kleinen Fenstern um die Reflexe genutzt wird. Reflexe sind fast immer über mehrere Bildpunkte ausgedehnt. Um auch noch das Rauschen zu reduzieren, das die Reflexe überlagert, können ideale „Peakfunktionen" angepasst und die Reflexe geglättet werden. Weist der Kristall Dreh- oder Spiegelsymmetrien auf, so müssen systematisch miteinander verknüpfte Reflexe gleiche Amplituden und bestimmte Phasen aufweisen. Sie können in einem letzten Schritt aufeinander abgestimmt werden. Nach der Rücktransformation ist der abgebildete Kristall und damit die Struktur der Einheitszelle nahezu rauschfrei.

Leider sind 2D-Kristalle aus Proteinkomplexen selten perfekt. Sie werden deshalb auch gern als Parakristalle von idealen Kristallen abgegrenzt. Es treten Verzerrungen und merkliche Abweichungen der Einheitszellen von ihren erwarteten Gitterplätzen auf, und man muss bei drastischen Gitterverzerrungen mit Orientierungsvariationen rechnen. Vor allem im Bereich hoher Ortsfrequenzen liegende Reflexe nehmen dann nicht mehr alle die gleiche Position in der Fourier-Transformierten ein, sind in ihrer Intensität geschwächt und treten aus dem Rauschen nicht mehr deutlich hervor. Um schwache, aber noch erkennbare Signale nicht gänzlich zu verlieren, muss das Fenster für die Filterung vergrößert werden, dies zieht wiederum einen höheren Rauschanteil und Verzerrungen im Bild nach sich. Selbst wenn das Objekt eine hohe Kristallgüte aufweist, wie es zum Beispiel bei der Purpurmembran der Halobakterien der Fall ist, wird es nicht verzerrungsfrei abgebildet. Die nicht korrigierbaren Linsenfehler des Mikroskops machen sich bei großflächigen Präparaten und gewünschter hoher Auflösung störend bemerkbar. Sie müssen vor einer Fourier-Filterung mit anderen bildverarbeiterischen Mitteln korrigiert werden.

Es sei erwähnt, dass mit hochgeordneten und ausreichend großen 2D-Kristallen ($\geq 2\ \mu$m) im EM auch Elektronenbeugung vorgenommen werden kann, analog zur Beugung von Röntgenstrahlen an 3D-Kristallen. Elektronenbeugung wird in der Elektronenkristallographie mit dem Ziel atomarer Darstellung von Proteinen angewendet.

Korrelationsmittelung

Beide Probleme, Verzerrungen durch die Abbildung und laterale Positionsabweichungen in nichtperfekten 2D-Kristallen, können mit Hilfe der individuellen Bestimmung der Einheitszellpositionen zumindest partiell gelöst werden. Dies leistet die **Korrelationsmittelung**, die zwar zunächst von der Orientierungstreue der Moleküle ausgeht, aber nicht mehr voraussetzt, dass die lateralen Positionen den idealen Gitterplätzen im 2D-Kristall entsprechen. Um diese Positionen individuell zu bestimmen, wird ein Bildausschnitt mit wenigen Einheitszellen mit dem ganzen Kristall kreuzkorreliert (Abb. 16.14). Formal wird dabei der Ausschnitt auf jeden Bildpunkt des Originalbildes zentriert, jeweils das Quadrat der Differenz der Grauwerte übereinander liegender Pixel berechnet und die Summe aller Abweichungsquadrate gebildet. Diese liefert nach Normierung den Korrelationskoeffizienten r_i für die Position i der Referenz auf dem Originalbild. Nun wird die Referenz um einen Bildpunkt verschoben, die Rechnung wiederholt und auf gleiche Weise fortgefahren, bis alle Korrelationskoeffizienten ermittelt sind (die Computerprogramme nutzen einen schnelleren Algorithmus). In Positionen, die eine maximale Übereinstimmung der Referenzstruktur mit der Kristallstruktur erbrachten, tritt der höchste Korrelationskoeffizient der näheren Umgebung auf. So erhält man eine Korrelationsfunktion in der Größe des Originalbildes mit Korrelationsmaxima („Peaks") dort, wo sich die Einheitszellen im Kristall befinden. Diese können jetzt aus der Aufnahme ausgeschnitten und exakt zentriert addiert werden. Es entsteht eine Mittelung, in der sich systematisch angeordnete Dichtewerte aus dem nicht korrelierten und zufälligen Rauschen herausheben. Auch hier können Dreh- und gegebenenfalls Spiegelsymmetrien ausgenutzt werden, indem entsprechend gedrehte oder gespiegelte Varianten der Mittelung zur Originalmittelung

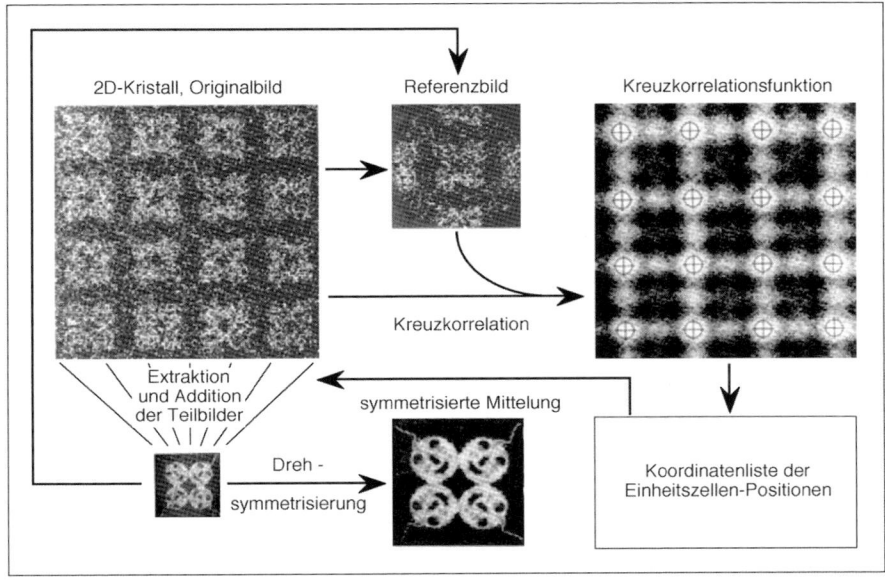

16.14 Schematische Darstellung des Ablaufs einer Korrelationsmittelung von 2D-kristallinen Objekten. Ein Referenzausschnitt wird mit dem gesamten Bild des 2D-Kristalls kreuzkorreliert. Die Korrelationsfunktion weist hohe („helle") Korrelationskoeffizienten an den Stellen auf, an denen die Position der Referenz mit den Einheitszellen im Bild maximal übereinstimmen, sie sind im Bild markiert. Die Koordinaten dieser Positionen werden benutzt, um kleine Bildausschnitte aus der Originalaufnahme zu extrahieren und diese anschließend zu addieren. Dabei verstärkt sich das Signal und zufällige Rauschbeiträge werden gedämpft. Die (symrhetrisierte) Mittelung weist nun Strukturdetails auf, die im verrauschten Originalbild nicht erkennbar waren. Das Ergebnis der ersten Mittelung kann erneut als besser definierte Referenz eingesetzt werden.

addiert werden. Die Korrelationsmittelung ist dem Ergebnis einer idealen Fourier-Filterung äquivalent.

Der Erfolg beider Verfahren hängt sehr davon ab, wie exakt die Positionen der Einheitszellen bestimmt werden können. Ein Korrelationsmaximum wird sicher erkannt, wenn es etwa um den Faktor 3 über der Standardabweichung des additiven, nicht korrelierten Rauschens liegt. Prinzipiell ist die Höhe des Korrelationsmaximums mit dem Signal-zu-Rausch-Verhältnis in den zu korrelierenden Bildern und dem Durchmesser des Bildausschnitts verknüpft (Gl. 16.7):

$$r \approx (S/N)_1 \cdot (S/N)_2 \cdot D \qquad (16.7)$$

Mit dieser Beziehung sind die beiden Möglichkeiten vorgegeben, mit denen die Präzision der Ortsbestimmung in einer gegebenen Aufnahme zu optimieren ist. Zunächst kann der Durchmesser D der Referenz größer gewählt werden. Das ist solange erfolgreich, wie interne Gitterstörungen, die sich über einen größeren Bereich in der Referenz stärker bemerkbar machen, die Genauigkeit nicht wieder reduzieren. Ist so eine erste Mittelung erstellt worden, dann weist sie ein erheblich höheres Signal-zu-Rausch-Verhältnis auf als der Originalausschnitt (S/N wächst mit der Wurzel aus der Anzahl gemittelter Einheitszellen). Wird die Mittelung zur Korrelation herangezogen, so nutzt man die zweite Möglichkeit, zur Verbesserung der Korrelationsfunktion. Alternativ zur Mittelung kann auch ein gut definierter Ausschnitt aus der Fourier-Filterung eingesetzt werden. Solch eine Referenz darf nun einen kleineren Durchmesser (minimal mit einer Einheitszelle) aufweisen. Der Positionierungsfehler durch vorhandene Gitterstörungen wird dadurch verkleinert und die Strukturtreue der Mittelung zusätzlich verbessert.

Mittelung von Einzelmolekülen

Liegen Einzelmolekülprojektionen statt eines 2D-Kristalls vor, so ist das Korrelationsverfahren prinzipiell das Mittel der Wahl. Eine Voraussetzung ist aber, dass die Moleküle eine bevorzugte Orientierung auf dem Präparatträger einnehmen oder verschiedene Orientierungen gut differenzierbar sind. Das ist bei symmetrischen Molekülkomplexen glücklicherweise häufig der Fall. Zusätzlich zur lateralen Position muss die Drehung des Moleküls um die Achse senkrecht zur Unterlage (der Azimutwinkel) ermittelt und für die Mittelung korrigiert werden. Die Suche nach der relativen Verdrehung kann in die Bestimmung einer lateralen Verschiebung überführt werden, indem der betreffende zentrierte Bildausschnitt und die Referenz in Polarkoordinatendarstellung transformiert und miteinander korreliert werden (Abb. 16.15). Die Verschiebung des Polarkoordinatenbildes gegenüber der ebenso transformierten Referenz entspricht einer Drehung des Originalbildausschnitts um einen bestimmten Winkel. Da Verschiebung und Orientierung nacheinander korrigiert werden, wird die Prozedur mit den ausgerichteten Molekülen solange wiederholt, bis sich keine Verbesserung der Korrelationskoeffizienten mehr ergibt. Zur Verfeinerung der Ausrichtung setzt man auch hier wieder die erste Mittelung ein.

Dieses Verfahren ist nicht anwendbar, wenn die Molekülkomplexe beliebige Orientierungen auf der Unterlage einnehmen und eine Vielzahl verschiedener und nicht einfach voneinander zu unterscheidender Projektionen des Objektes zu verarbeiten sind. Hier stellen sich die Probleme der Differenzierung und Klassifizierung nicht äquivalenter Projektionen eines Objekts und der anschließenden Kombination verschiedener Projektionen zu einer nunmehr räumlichen Dichteverteilung. Der Mittelungsschritt schließt dabei die dreidimensionale Rekonstruktion des Moleküls mit ein. Für beide Aufgaben gibt es sehr leistungsfähige Verfahren.

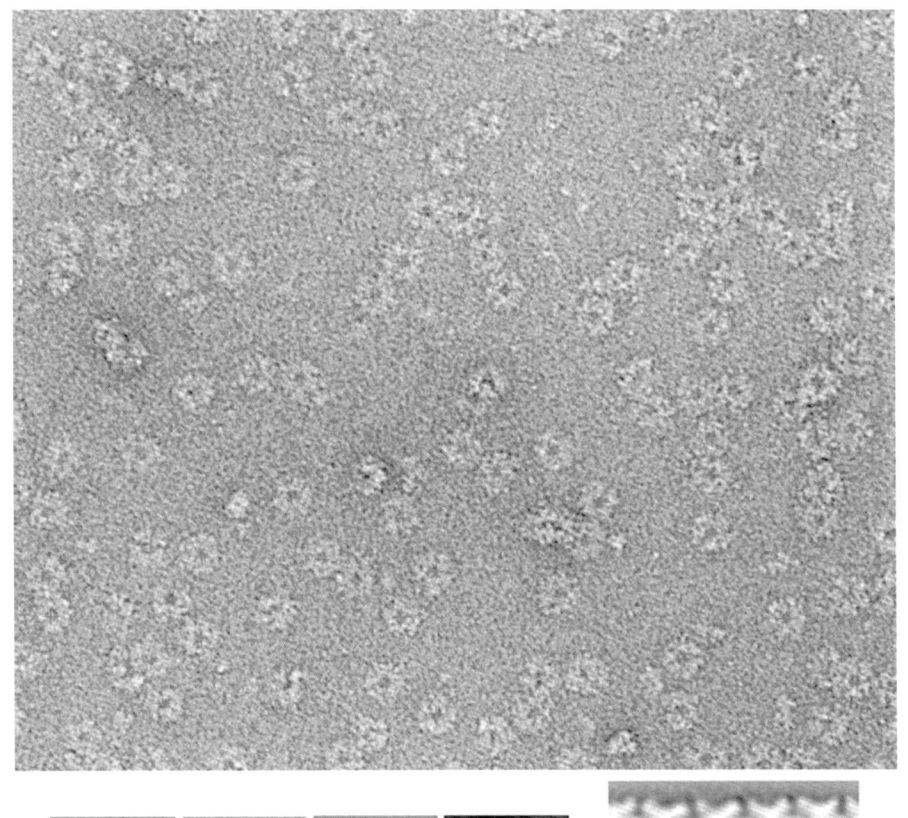

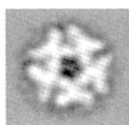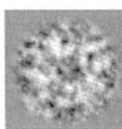 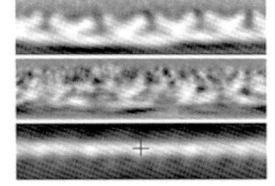

16.15 Beispiel für eine Mittelung von Einzelmolekülen, die eine bevorzugte Lage aufweisen, aber beliebig zueinander um eine Achse senkrecht zur Objektunterlage gedreht sind. Die manuell (mit einem Kreuz) markierten Moleküle werden aus dem Bild extrahiert, lateral zueinander ausgerichtet (zentriert) und anschließend exakt aufeinander orientiert. Dazu werden die Ausschnitte und die Referenz in Polarkoordinatendarstellung transformiert (rechts unten) und kreuzkorreliert. Die Position des Korrelationsmaximums gibt die relative Orientierung der Moleküle gegenüber der Referenz (Mittelung) an. In der unteren Reihe sind abgebildet: die symmetrisierte Mittelung, die unsymmetrisierte Mittelung der exakt alignierten Moleküle (sie dient als Referenz), ein aus dem EM-Bild ausgeschnittenes und auf die Referenz zentriertes Molekül und die Korrelationsfunktion für die laterale Alignierung. Rechts sind die Polarkoordinatendarstellungen der Mittelung (Referenz), des zu orientierenden Moleküls und die Korrelationsfunktion zwischen diesen Ausschnitten dargestellt. Das Protein, die Selenocystein-Synthase aus *Escherichia coli*, hat einen Moleküldurchmesser von 18 nm (vgl. Abb. 16.10).

16.4.5 Korrespondenzanalyse und Klassifizierung

Die einfachste Art, verschiedene Moleküle oder unterschiedliche Projektionen eines Objektes zu unterscheiden, ist sie optisch auszuwählen, oder sie mit Hilfe des empfindlicheren Korrelationsverfahrens zu differenzieren. Die Methode ist aber nicht dazu in der Lage anzugeben, auf Grund welchen Unterschieds die Korrelationskoeffizienten differieren. Verschiedene Projektionen, die mit dem Referenzbild gleich schlecht korrelieren, können so nicht auseinander gehalten werden.

Mit der **Korrespondenzanalyse** (*correspondence analysis,* CA) wurde ein schon vorher existierendes statistisches Verfahren in die Verarbeitung von EM-Bildern eingeführt, das genau diese Differenzierung leistet. Die Korrespondenzanalyse beruht ebenso wie das prinzipiell gleiche Verfahren der Hauptkomponentenanalyse (*principle component analysis,* PCA oder *singular value decomposition*) auf der Berechnung der Eigenvektoren und Eigenwerte der Datenmatrix (alle Pixel mal alle Bilder). Die CA verwendet nur eine andere Normierung als die PCA, und die Daten werden in einer anderen Metrik dargestellt. Beide Varianten sind vergleichbar leistungsfähig und werden inzwischen als Routinemethoden in der Bildverarbeitung von Einzelmolekülen verwendet.

Das Prinzip der PCA lässt sich an Zwei-Pixel-Bildern anschaulich darstellen. Wenn wir den Grauwert des ersten Bildpunkts auf der x-Achse eines Koordinatensystems auftragen und den Wert des zweiten Pixels auf der y-Achse, so wird jedes Bild als ein Punkt in der Koordinatenebene repräsentiert. Unterscheiden sich die Bilder derart, dass ein Teil ein dunkleres erstes Pixel aufweist, der andere Teil aber ein helleres, so werden sie im Koordinatensystem in zwei Punktwolken liegen, die sich mehr oder weniger gut voneinander abgrenzen lassen (Abb. 16.16). Durch das mathematische Verfahren der PCA wird das Koordinatensystem so gedreht, dass die vormalige x-Achse in Richtung der größten Ausdehnung, genauer in Richtung der größten Varianz der Punktwolke ausgerichtet wird. Die y-Achse liegt in Richtung der zweitgrößten Varianz. Die neue Ausrichtung des Koordinatensystems wird durch Vektoren angegeben (Eigenvektoren). Um die Darstellung zu vereinfachen und auf die Unterschiede zwischen den Bildern zu reduzieren, verschiebt man den Nullpunkt des neuen Koordinatensystems in die Mitte der Punktwolke, indem man vorher von allen Einzelbildern das gemeinsame Mittelungsbild subtrahiert. Analysiert werden dann nur noch die Strukturmerkmale der Bilder, die sie von ihrem gemeinsamen mittleren Bild unterscheiden. Die neue x-Achse, man bezeichnet sie nun als Achse des ersten Faktors bzw. des signifikantesten Eigenvektors nach PCA, enthält nicht mehr die Information über den Grauwert des ersten Pixels, sondern eine Mischinformation über die Grauwerte des ersten und des zweiten Pixels und letzteres um so mehr, je stärker die ursprüngliche x-Achse in Richtung der vormaligen y-Achse gedreht worden ist. Entsprechendes gilt für die Achse des zweiten Faktors. Da die Faktorenachsen nach wie vor senkrecht aufeinander stehen, repräsentieren sie voneinander unabhängige Strukturen, die gemeinsam in den Bildpunkten stecken – und zwar genau die Struktur, die zur Varianz der Punktwolke in der betrachteten Richtung führt. Da die Eigenvektoren ebenso viele Koordinaten ausweisen wie die Bilder Pixel, sind sie (und damit die durch sie repräsentierten Bildstrukturen) ihrerseits als Bilder darstellbar (Abb. 16.16). Welchen relativen Anteil die verschiedenen Eigenvektoren an der Gesamtvarianz zwischen den Bildern einnehmen, geben die dazugehörigen Eigenwerte an. Sie sind ein Maß für die Signifikanz der durch die Eigenvektoren repräsentierten Strukturunteranteile in den Bildern.

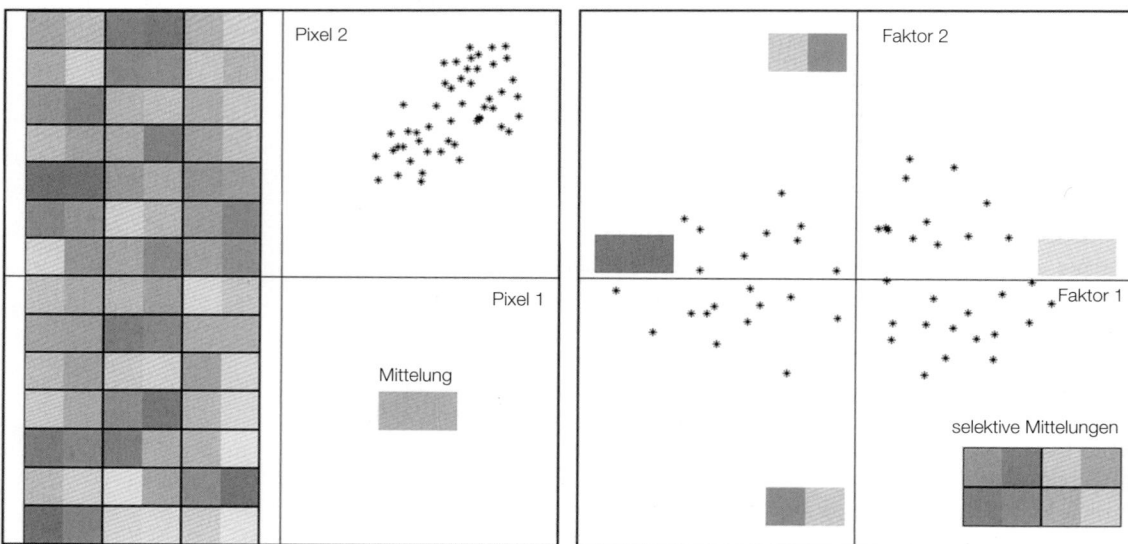

16.16 Repräsentation der Bilddaten von Zwei-Pixel-Bildern vor und nach der Hauptkomponentenanalyse (PCA) in Koordinatensystemen. Links: Eine Galerie von Bildern, die im Koordinatensystem nach ihren Bildpunktwerten eingetragen wurden. Die Mittelung über alle Bilder ist strukturlos. Rechts: Darstellung der Bilderverteilung nach der PCA, die die Koordinatenachsen nach den Richtungen der größten Varianzen der Punktwolke ausrichtet. Durch Subtraktion des Mittelungsbildes von allen Einzelbildern fällt der Koordinatenursprung in die Mitte der Punkte. Die Faktorenachsen geben nun Strukturen an, die sich aus bestimmten Grauwerteanteilen der Pixel zusammensetzen, hier das Grauwerteniveau in beiden Bildpunkten (hell-dunkel) als signifikanteres Merkmal und den Grauwerteunterschied zwischen den Bildpunkten (helleres erstes oder zweites Pixel). Die selektiven Mittelungen nach Klassifizierung der Bilder weisen nun diese Bildeigenschaften auf. Die Klassifizierung kann auf die Pixelunterschiede reduziert werden, wenn die individuellen Mittelwerte von den Einzelbildern vor der PCA subtrahiert werden. Helligkeitsunterschiede zwischen den Bildern sind in der Regel kein strukturgebundenes Merkmal und deshalb vernachlässigbar.

In realen EM-Bildern übersteigt die Anzahl der Bildpunkte, damit die Zahl der Eigenvektoren sowie der unterscheidbaren unabhängigen Strukturen in den Bildern, die Dimension drei bei weitem. Vieldimensionale Koordinatensysteme sind nicht mehr vorstellbar, aber sie lassen sich mathematisch exakt behandeln. Meistens werden die signifikanten Strukturunterschiede in den Bildern durch wenige (3-10) Eigenvektoren beschrieben. Dazu zählen vor allem Lage- und Orientierungsvariabilitäten, Kontrastierungsunterschiede, Struktur- und Konformationsunterschiede, der Erhaltungsgrad der Moleküle und Größenabweichungen. Die restlichen Eigenvektoren betreffen überwiegend zufällige Variationen und Rauschen. Zur Darstellung der Verteilung der Bilder im vieldimensionalen Koordinatensystem werden jeweils zwei Eigenvektoren ausgewählt und die Positionen der Bilder auf die Ebene dieser beiden Faktoren projiziert. Man bezeichnet diese Darstellung als **Faktorenkarte** (*factorial map*, Abb. 16.16).

Die Gruppierung von einander ähnlichen Bildern erfolgt mit Hilfe von Klassifizierungsverfahren, die die Punktwolke im vieldimensionalen Raum in einzelne, statistisch voneinander abgrenzbare Bereiche unterteilen. Die entsprechenden Klassenmittelungen in Abbildung 16.16 zeigen die erwarteten Strukturunterschiede: dunkle und helle Bilder, die entweder ein helleres oder dunkleres erstes Pixel aufweisen. Damit sind die Struktureigenschaften der Bilder wesentlich besser erfasst worden als durch die nicht selektive Mittelung über alle Bilder, die keinerlei Substruktur erkennen ließ. In speziellen Fällen kann man das Ergebnis der PCA zum Anlass nehmen, die Orientierung der Bilder zu analysieren, gegebenenfalls zu korrigieren und damit eine Ursache für die Differenzierung der Bilder zu beseitigen. Auf unser Beispiel angewendet, hätten dann alle Bilder ein helleres (oder dunkleres) erstes Pixel.

16.4.6 Dreidimensionale Elektronenmikroskopie

Aufnahme des 3D-Datensatzes

Das Ziel der molekularen Elektronenmikroskopie ist die 3D-Rekonstruktion der Struktur. Dazu müssen viele unterschiedliche Projektionen des Moleküls zur Verfügung stehen, ihr jeweiliger Ursprung und die Orientierung im Raum, d. h. die drei Raumwinkel (Euler-Winkel), bestimmt werden. Die korrekte Rückprojektion der individuellen Dichteverteilungen führt zu einer Überlagerung der Dichten im Raum und zur Rekonstruktion der dreidimensionalen Struktur: entweder des umhüllenden Schwermetallsalzes, so dass die Volumenverteilung des Molekülkomplexes rekonstruiert wird, oder der Proteindichte selbst, wenn unkontrastierte Präparate verwendet wurden. Auf welche Weise verschiedene Projektionen der Molekülkomplexe gewonnen werden können, hängt von den Komplexen bzw. ihren Aggregaten ab. In Tabelle 16.2 sind die möglichen Fälle und die geeigneten Verfahren der Mikroskopie und Rekonstruktion zusammengestellt.

Liegt ein einzelnes Molekül oder ein anderes amorphes Objekt (Ultradünnschnitt) vor bzw. viele Moleküle in identischer Orientierung (2D-Kristall), so wird das Präparat im Mikroskop um eine Achse gekippt und bei verschiedenen Kippwinkeln (Projektionsrichtungen) aufgenommen. Dieses Verfahren wird als **Elektronentomographie** bezeichnet. Die Dicke D des Moleküls und die gewünschte Auflösung d bestimmen die ungefähre Anzahl N der notwendigen Projektionen, die über den gesamten Winkelbereich verteilt sein müssen (Gl. 16.8):

$$N = \frac{\pi \cdot D}{d} \quad (16.8)$$

Tabelle 16.2 3D-Rekonstruktion von Proteinkomplexen

Daten und Methode	Einzelmoleküle			Molekülaggregate	
	ein Molekül	viele Moleküle in beliebiger Lage und Orientierung	viele Moleküle in einer bevorzugten Lage und in beliebiger Orientierung in der Ebene	Moleküle in definierter räumlicher Anordnung und Orientierung	Moleküle in definierter Lage und identischer Orientierung (2D-Kristalle)
3D-Datensatz	Kippserie −80° bis 80°	0°-Projektion	0°-Projektion und eine Kippprojektion bei 60° oder höher	0°-Projektion	Kippserie −80° bis 80° bei p1-Symmetrie sonst 0° bis 80°
Bestimmung der Orientierung (Eulerwinkel)	aus Kippwinkeln	Zuordnung der Einzelprojektionen *(angular reconstitution)*	Rotation in der Ebene mit Korrelationsverfahren, Kippwinkel	aus bekannter geometrischer Anordnung der Moleküle	aus Kippwinkeln
Rekonstruktionsverfahren	gefilterte Rückprojektion	gefilterte Rückprojektion	gefilterte Rückprojektion	gefilterte Rückprojektion oder Reihenentwicklungen spez. orthogonaler Funktionen	Korrelationsmittelung und Fourier-Synthese
Mittelung über viele Moleküle	nach 3D-Rekonstruktion über Bestimmung der Verschiebung und der räumlichen Orientierung	bei der 3D-Rekonstruktion	bei der 3D-Rekonstruktion	bei der 3D-Rekonstruktion	bei der Mittelung der einzelnen Projektionen
typische Präparate	größere Einzelmoleküle und Proteinkomplexe amorphe Viren Ultradünnschnitte von Zellen	amorphe Proteinkomplexe (Ribosomen)	rotationssymmetrische Proteinkomplexe (Glutaminsynthetase)	symmetrische Viren	natürliche 2D-Kristalle (Bacteriorhodopsin) (Oberflächenproteine von Bakterien) künstliche 2D-Kristalle aus Membranproteinen (Porine) und löslichen Proteinen (Streptavidin)
Auflösung	Einzelmoleküle: ≈ 2 nm Ultradünnschnitte: ≈ 5 nm	≈ 1 nm	≈ 1 nm	≈ 1 nm	Negativkontrastierung: 1,5 nm unkontrastiert in Eis: 0,3–0,4 nm

Es ist jedoch von Vorteil, die Kippwinkel nicht äquidistant zu wählen, sondern die Winkelinkremente mit höherem Kippwinkel zunehmend kleiner einzustellen. Dann liegen nämlich die Daten im Fourier-Raum äquidistant vor (Abb. 16.17). Das Winkelinkrement $\Delta\psi_i$ (rad), das dem Kippwinkel ψ_i von 0 Grad ausgehend folgt, berechnet sich mit der gewünschten Auflösung d und der Dicke D des Objekts nach Gleichung 16.9.

$$\Delta\psi_i = \frac{d \cdot \cos\psi_i}{D} \tag{16.9}$$

Projektionen mit einem Kippwinkel von 90° sind im Elektronenmikroskop nicht möglich, da die Stege des Objektträgernetzchens in das Bild einwandern würden und außerdem das Präparat nicht mehr durchstrahlt werden könnte. Bestenfalls werden ≈ 80° mit speziellen Objekthaltern erreicht. Die Kippung des Objekts um den Winkel ψ entspricht einem zentralen Schnitt im dreidimensionalen Fourier-

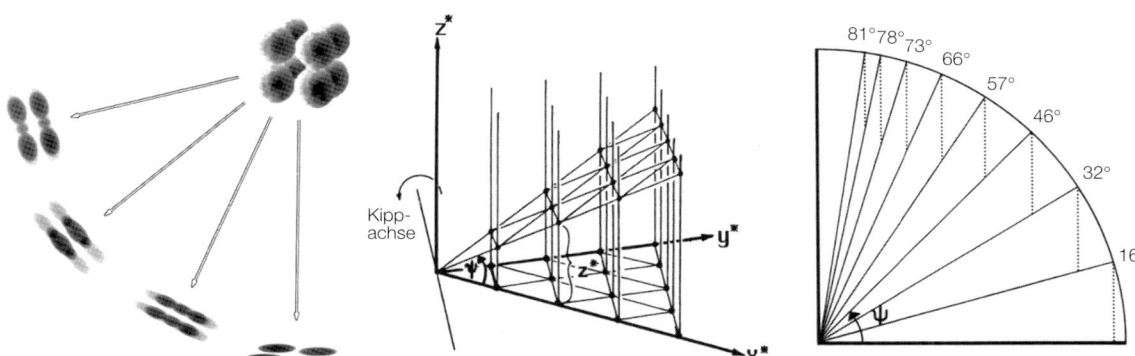

16.17 Schematische Darstellung der Bilddaten bei tomographischer Abbildung im TEM. Links: Projektion eines octameren Moleküls unter verschiedenen Winkeln, erstellt in einer sogenannten Kippserie durch Kippung um eine feste Achse (Längsachse des Objekthalters). Die Struktur des Moleküls wird durch (gefilterte) Rückprojektion der Aufnahmen entlang der entprechenden Projektionsrichtungen wieder zum dreidimensionalen Bild rekonstruiert. Mitte: Ausschnitt des dreidimensionalen Fourier-Raums mit den Reflexen eines zweidimensionalen Kristalls. In der x*y*-Ebene ist die Fourier-Transformierte der 0°-Projektion enthalten. Andere Projektionen einer Kippserie werden in eine Ebene mit dem (Kipp-) Winkel ψ transformiert. Die Reflexe aller Projektionen liegen auf Strecken in z*-Richtung, die die Strukturinformation (die Amplituden und Phasen der zu Grunde liegenden Sinusfunktionen) der dritten Dimension enthalten. Mit der Abbildung der Struktur unter verschiedenen Winkeln werden diese „Wertegeraden" an bestimmten Stellen gemessen und für die Rekonstruktion zwischen den Messdaten interpoliert. Es ist von Vorteil, die Kippwinkel so zu wählen, dass man zwischen den Messdaten gleiche Abstände im Fourier-Raum einhält. Die Verteilung der Kippwinkel ist deshalb nicht äquidistant (rechts). Die Rekonstruktion des dreidimensionalen Objekts erfolgt durch Rücktransformation der dreidimensionalen Fourier-Darstellung in den realen Raum.

Raum im Winkel ψ von der x*,y*-Ebene aus (Abb. 16.17). Wird nicht bis zum Kippwinkel von 90° projiziert, bleibt eine Datenlücke bestehen, die je nach Symmetrie des Objekts die Form eines Keils oder einer drei- oder mehrseitigen Pyramide aufweist, die in z*-Richtung und mit der Spitze zu den niedrigen Ortsfrequenzen hin orientiert ist. Die Auflösung in z-Richtung ist also schlechter als in der x,y-Ebene, was sich u.a. in einer Elongation und „Verschmierung" der Struktur auswirkt. Die Auflösung ist bei einer Kippserie bis 80° aber schon nahezu isotrop. Maximale Kippungen $\leq 60°$ haben dagegen deutliche Einbußen in z-Richtung zur Folge. Dieses Phänomen wird, wegen der in etwa so geformten Datenlücke im Fourier-Raum, als *missing-cone*-Problem bezeichnet.

Nehmen einzelne Moleküle eine bevorzugte Lage auf dem Objektträger ein, sind aber sonst zufällig zueinander orientiert (beliebige Drehungen um die z-Achse mit dem Azimutwinkel ϕ), reichen zur 3D-Rekonstruktion zwei Aufnahmen. Die 0°-Projektion dient der Bestimmung der Orientierungen in der Ebene mit Hilfe von Korrelationsverfahren (vgl. Abschn. 16.4.4). Die Kippaufnahme enthält den gesamten 3D-Datensatz, weil die verschieden zueinander liegenden Moleküle jeweils unterschiedlich projiziert werden. Es müssen nur genügend Partikel vorhanden sein, um den gesamten Winkelbereich ausreichend abzudecken. Diese Technik wird als quasi-konische Kippung (oder *random conical tilting*) bezeichnet. Wegen des hier tatsächlich so geformten *missing cones* im Fourier-Raum ist eine Kippung um $\geq 60°$ günstig.

Liegen die Moleküle in absolut beliebiger Orientierung auf dem Objektträger, so sind Kippaufnahmen nicht notwendig. Doch nun müssen die drei Euler-Winkel für jedes Molekül aus seiner Projektion bestimmt werden. Dies ist ein schwieriger Schritt in der Rekonstruktion, vor allem wenn Niederdosisaufnahmen von unkontrastierten, in Eis eingebetteten Molekülen zu verarbeiten sind.

3D-Rekonstruktion und Darstellung

Für die eigentliche Rekonstruktion der Elektronendichte im Raum, d. h. für die Kombination der Einzelprojektionen, werden verschiedene Verfahren angewendet, die sich nach den Ausgangsdaten richten (Tab. 16.2). Einzelmolekülprojektionen werden in der Regel durch die Methode der **gefilterten Rückprojektion** kombiniert. Die Mittelungen der 2D-Kristalle aus einer Kippserie werden über einen kristallographischen Ansatz zu einem 3D-Datensatz zusammengestellt. Die Rekonstruktion erfolgt im dreidimensionalen Fourier-Raum, der im Prinzip genauso gehandhabt werden kann wie die Fourier-Transformierten von zweidimensionalen Bildern. Die Rekonstruktion schließt immer auch die Glättung der Daten ein, die durch Interpolationen im Fourier-Raum hervorgerufen wird. Auf die speziellen Verfahren kann hier nicht weiter eingegangen werden.

Das Ergebnis der 3D-Rekonstruktion ist ein Rekonstruktionskörper („Würfel"), der aus einer Reihe von (horizontalen) Schichten besteht und die Dichteverteilung des rekonstruierten Molekülkomplexes enthält. Die Abbildung der Schichten (häufig mit Konturlinien, die identische Dichteniveaus miteinander verbinden) mit einem Abstand kleiner oder gleich der Auflösung der Rekonstruktion ist die objektivste Darstellung des rekonstruierten Moleküls. Besondere Beachtung finden aber meist die dreidimensionalen Oberflächendarstellungen, die 3D-Modelle, die den räumlichen Eindruck des Proteinkomplexes am besten vermitteln (Abb. 16.18). Sie werden erstellt, indem man einen bestimmten Dichtewert in der Rekonstruktion als Grenze zwischen Molekül und Umgebung definiert. Diese Grenze zeichnet dann die Gestalt des rekonstruierten Körpers nach. Es gibt jedoch prinzipielle Schwierigkeiten, diesen Schwellenwert exakt zu finden (eine Folge des *missing cones*), weshalb den 3D-Modellen immer auch eine subjektive Seite anhaftet. Eine gute Kontrolle bei der Modellbildung ist die Beziehung des rekonstruierten bzw. dargestellten Volumens (V in nm^3) mit dem bekannten Molekulargewicht (MG in kDa) des Proteinkomplexes, die miteinander nach Gl. 16.10 im Einklang stehen sollten. Für die Proteindichte ρ gelten Werte zwischen 1,3 und 1,37 g/cm^3.

$$\text{MG} \approx 0,6 \cdot \rho \cdot V \qquad (16.10)$$

16.18 Dreidimensionale Rekonstruktion eines zweidimensionalen Proteinkristalls, des Oberflächenproteins (Surface-Layer) des Bakteriums *Sporosarcina ureae*. Links oben: Mittelungen des unter verschiedenen, nicht äquidistanten Kippwinkeln (0° bis 78°) im TEM aufgenommenen, mit Phosphorwolframat negativ kontrastierten 2D-Kristalls. Die letzte Aufnahme bei 0° wird zum Vergleich mit der ersten Projektion herangezogen, um den während der Aufnahmeserie erlittenen Strahlenschaden abzuschätzen. Rechts: sechs horizontale „Schnitte" durch die 3D-Rekonstruktion des Proteinkristalls in Konturliniendarstellung. Abgebildet sind vier Einheitszellen mit den Gitterkonstanten $a=b=13$ nm und dem Gittervektorwinkel von 90°. Die Schnitte zeigen die Struktur von der Außenseite des S-Layers (A) bis zur Innenseite (F) in Positionen von –2,6 nm, –1,2 nm, –0,3 nm, 0,3 nm, 1,2 nm und 2,5 nm bezüglich der zentralen Ebene. Links unten: 3D-Oberflächendarstellung der rekonstruierten Struktur des Proteinkristalls mit Blick auf die Innenseite und die Außenseite des S-Layers.

Reliefrekonstruktion

Die unidirektionelle Bedampfung von Objektoberflächen mit Schwermetall unter einem Winkel von < 90° (am besten 45°) relativ zum Objektträger und die senkrechte Projektion im TEM ergeben Bilder, deren Dichteverteilung der ersten Ableitung der Oberflächenfunktion des Objekts äquivalent ist. Die Oberflächenstruktur ist also durch Integration wieder herstellbar. Es gibt direkte Verfahren und Rekonstruktionen im Fourier-Raum, die besonders für 2D-Kristalle geeignet sind. Zu beachten ist, dass senkrecht zur Bedampfungsrichtung keine Information vorliegt (hier weist das Fourier-Spektrum eine „Nulllinie", eher einen keilförmigen Bereich fehlender Information auf). Zur vollständigen Rekonstruktion müssen deshalb mehrere, unter verschiedenen Bedampfungsrichtungen erfasste Moleküle kombiniert werden. Besonders geeignet sind 2D-Kristalle mit einer Drehsymmetrie, weil im Objekt selbst verschiedene und bekannte Orientierungen des Moleküls vorliegen (Abb. 16.19). In diesem Fall genügt bereits eine einzelne Aufnahme des Objekts, um die Oberflächenstruktur zu rekonstruieren, bzw. zwei, von Ober- und Unterseite, um die Oberfläche nahezu des gesamten Moleküls zu erfassen.

16.19 Beispiele für die Reliefrekonstruktion von unidirektionell mit Pt/C bedampften 2D-kristallinen Proteinkomplexen, hier das Oberflächenprotein des Bakteriums *Bacillus brevis*, links die Innenseite des Proteinkristalls, rechts die Außenseite. Die Bilder der mittleren Reihe zeigen jeweils die Mittelung der bedampften Oberflächen (links) und das rekonstruierte Oberflächenrelief (rechts). Die Dichteverteilung im EM-Bild entspricht der ersten Ableitung der Oberflächenfunktion. Das Relief der Struktur wird durch eine geeignete Integration der Dichte rekonstruiert. Die Grauwerte in der Rekonstruktion entsprechen der Reliefhöhe, dunkle Bereiche kennzeichnen Vertiefungen. Die Abbildungen in der unteren Reihe zeigen die quasi dreidimensionale Darstellung des Reliefs der beiden Oberflächen. Die Gitterkonstante beträgt 13 nm.

16.5 Rastersondenmikroskopie

Die Rastersondenmikroskopie (*scanning probe microscopy*, SPM) ist ein verblüffend einfaches (aber technisch anspruchsvolles) Verfahren zur Abbildung von Oberflächenstrukturen und -eigenschaften. Es ist im Vakuum anwendbar, ebenso wie an Luft oder sogar in wässrigen Lösungen. Dies ist für biologische Objekte ein unschätzbarer Vorteil gegenüber der herkömmlichen EM. Dabei liefern die verschiedenen Varianten der SPM Auflösungen bis in atomare Dimensionen. Als Regel gilt, dass die Auflösung um so besser ausfällt, je kleiner die untersuchten Strukturen sind. So können die Atome von anorganischen Materialien und die

16.20 A: Schematische Darstellung des Messkopfes eines Rastersondenmikroskops. Auf dem Scannerröhrchen befindet sich die Tunnelspitze, die das nach unten liegende Objekt zeilenweise abtastet. Rechts ist skizziert, wie ein Tunnelstrom zustandekommen kann, obwohl sich Spitze (oben) und Objektoberfläche (unten) nicht berühren. Die Elektronen haben eine gewisse Aufenthaltswahrscheinlichkeit auch im Zwischenraum und können so einen kleinen Tunnelstrom vermitteln, wenn eine Spannung zwischen Spitze und Objekt angelegt ist. B: Wird der Abstand (der Tunnelstrom) zwischen Objekt und Tunnelspitze konstant gehalten, so muss das Objekt (oder die Spitze) je nach Struktur der Oberfläche nachgeführt werden; diese Abstandskorrektur zeichnet die Oberfläche nach. Die seitliche Auflösung hängt im Wesentlichen von der Geometrie der Spitze ab, die sehr feine und hohe Erhebungen nicht exakt abbilden kann, da der Tunnelstrom immer über die kürzeste Distanz zwischen Spitze und Objekt fließt. Nähert sich die Spitze einer steilen Objekterhebung, so tunneln die Elektronen über ein Atom an der Seite der Spitze. Das resultierende Signal ist eine Abbildung der Tunnelspitze, generell erhält man eine Faltung aus der Objekt- und der Tunnelspitzenstruktur. Aus dem gleichen Grund werden Vertiefungen nicht exakt dargestellt, da die Spitze nicht ideal dünn sein kann. Die Höhenauflösung ist wesentlich exakter als die seitliche Genauigkeit der Abbildung.

Struktur von organischen Molekülen sichtbar gemacht werden, von Makromolekülen aber nicht, bzw. nicht vollständig. Es gibt zwei Varianten der SPM, die Rastertunnelmikroskopie (*scanning tunneling microscopy*, STM) und die Rasterkraftmikroskopie (*scanning force microscopy*, SFM, *atomic force microscopy*, AFM), die auf der Abtastung der Objektoberfläche mit einer feinen Spitze (Sonde) basieren. Die Sonde berührt im Idealfall das Objekt nicht, sondern nähert sich ihm bis auf wenige Zehntel Nanometer an. Das Signal – der Tunnelstrom bei der STM (siehe Abschn. 16.5.1) bzw. die Summe der abstoßenden und anziehenden Kräfte zwischen Oberfläche und Sonde bei der SFM – ist jeweils stark abstandsabhängig, weshalb die Distanz zur Objektoberfläche mit sehr hoher Präzision (genauer als 0,1 nm) bestimmt werden kann. Die laterale Auflösung hängt von der Feinheit der Spitze ab (Abb. 16.20). Das Signal wird beim Abtasten des Objekts entweder gemessen und in Distanzwerte umgerechnet, oder es wird konstant gehalten und aus der dafür notwendigen Abstandsregelung auf die Oberflächenstruktur (das Oberflächenrelief bei einem rein topographischen Signal) rückgeschlossen. Der zweite Weg erweist sich vor allem für biologische Präparate als der günstigere. Denn so kann man vermeiden, dass die Sonde mit dem Objekt in Berührung kommt und die Struktur zerstört. Das Kernstück der Rastersondenmikroskope besteht aus den regelbaren Abstandshaltern (Piezoelementen) für das Objekt und der signalaufnehmenden Spitze. Beides ist zusammen etwa so groß wie das Objektiv eines Lichtmikroskops, mit dessen Hilfe das Objekt auf den von der Sonde erfassbaren Bereich von ca. 100 μm · 100 μm vorzentriert wird (Abb. 16.20). Ein wesentlicher Punkt der Präparation der Objekte für die SPM ist, sie auf einer Unterlage (von Tunnelmikroskopikern als „Substrat" bezeichnet) ausreichend fest zu fixieren, damit sie während des Rastervorgangs nicht verschoben oder abgelöst werden. So eignen sich z.B. Glimmer gut für Proteine oder Nucleinsäuren und Graphit für hydrophobe organische Moleküle. Aber auch andere „Substrate" wie metallisierte oder modifizierte Glasoberflächen werden eingesetzt.

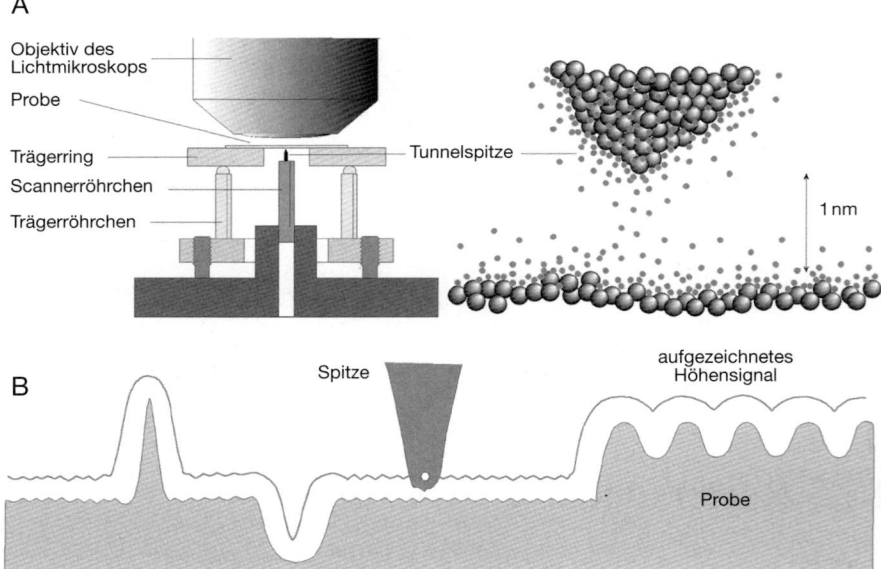

16.5.1 Rastertunnelmikroskopie

Objekte, die mit dem STM untersucht werden sollen, müssen leitend sein. Legt man zwischen dem Objekt und der Tunnelspitze eine Spannung an und nähert die Sonde der Objektoberfläche auf ≤ 1 nm, ohne sie zu berühren, so beginnt ein **Tunnelstrom** zu fließen (die Elektronen „tunneln" durch die Energiebarriere des Abstandes zwischen den Atomen, Abb. 16.20). Die Erklärung hierfür liefert die Quantentheorie, welche besagt, dass Elektronen eine gewisse Aufenthaltswahrscheinlichkeit außerhalb ihrer klassischen Energieniveaus haben. Die Ströme sind sehr klein (im Bereich von 0,01–10 pA bei Spannungen bis zu 10 V). Der Tunnelstrom ist aber nicht nur eine Funktion des Abstandes zwischen Spitze und Objekt, sondern auch der Austrittsarbeit der Elektronen der Probe. Wir erhalten also eine Mischinformation aus topographischen und spektroskopischen Signalen, die die korrekte Interpretation bei komplexen Molekülen erheblich erschwert, andererseits aber die Möglichkeit für eine ortsaufgelöste Spektroskopie eröffnet. Die atomare Darstellung von Graphit ist ein anschauliches Beispiel für das Auflösungsvermögen des Tunnelmikroskops und der Beiträge unterschiedlicher Signale im Bild (Abb. 16.21).

Proteine und Membranen sind elektrische Isolatoren und müssen für die Untersuchung im STM erst leitfähig gemacht werden. Dies geschieht auf zwei Arten: durch Beschichtung mit einem dünnen Metallfilm, analog zur Bedampfung mit Schwermetallen für die Elektronenmikroskopie, oder durch Hydratisierung (Abb. 16.21). Die Metallbeschichtung liefert gute Signale, mindert aber durch ihre Körnigkeit die detailgetreue Abbildung der eigentlichen Objektstruktur, vergleichbar wie in der EM. Die Exposition der Objekte in einer feuchten Kammer mit relativen Luftfeuchtigkeiten ≥ 60 % führt zur Ausbildung von molekularen Wasserfilmen, die die Leitfähigkeit der Oberfläche der Makromoleküle (und des Objektträgers) vermitteln. Die Abbildung nativer Proteine erfordert relativ hohe Spannungen und liefert ein besonders kleines Signal, aber sie bedeutet einen enor-

16.21 Beispiele für Abbildungen mit dem Rastertunnelmikroskop. Links oben: Die hexagonal angeordneten und in einer Ebene liegenden C-Atome im kristallinen Graphit erscheinen als eine Folge von hellen („hohen") und dunklen („niedrigen") Atomen. Das Schema (rechts) verdeutlicht, dass nur jedes zweite C-Atom als heller Punkt dargestellt wird, und zwar genau jenes, das kein benachbartes C-Atom in der darunterliegenden Schicht des Kristalls hat. Die Austrittsarbeit der Elektronen von Atomen mit und ohne Nachbarn unterscheidet sich. Der aufgezeichnete Tunnelstrom enthält ein Mischsignal aus spektroskopischen und topographischen Informationen. Unten links: Ein hexagonaler 2D-Kristall (Oberflächenprotein von *Deinoccccus radiodurans*, vgl. Abb. 16.5), der durch Bedampfung mit einer Pt-Schicht leitfähig gemacht wurde. Deutlich sind die hexameren Komplexe im Gitter zu erkennen, sowie am rechten Rand die zweite und dritte Schicht übereinanderliegender Kristalle. Unten rechts: DNA (pUC-Vektor), die in 60 % relativer Luftfeuchte hydratisiert gehalten wurde. Die Leitfähigkeit der Wasserschicht reicht aus, um einen sehr kleinen Tunnelstrom fließen zu lassen. (Die STM-Aufnahmen wurden freundlicherweise von R. Guckenberger, Martinsried, zur Verfügung gestellt.)

men Fortschritt für die Untersuchung biologischer Präparate unter annähernd natürlichen Bedingungen.

Im Gegensatz zum TEM weisen die Bilder des STM ein sehr geringes Rauschniveau auf, das die nachfolgende Bildverarbeitung zur reinen Erhöhung des S/N-Verhältnisses entbehrlich macht. Die Möglichkeit zur Beobachtung einzelner Moleküle und deren direkter Vergleich ist eine besondere Stärke der Rastersondenmikroskopie.

16.5.2 Rasterkraftmikroskopie

Im Gegensatz zur STM braucht die Probe bei der SFM nicht leitend zu sein. Die Spitze ist hier an einer (Blatt-) Feder („Cantilever") mit niedriger Federkonstante ($\approx 0{,}1$ N/m) befestigt, deren Auslenkung bei Annäherung an die Objektoberfläche mit Hilfe eines Laserstrahls und eines ortsempfindlichen Detektors gemessen wird (Abb. 16.22). Die Kräfte liegen in der Größenordnung von 0,01–100 nN und setzen sich aus repulsiven und attraktiven Wechselwirkungen zwischen Spitze und Objekt zusammen, die unterschiedliche Reichweiten zwischen Bruchteilen von Nanometern und mehreren Mikrometern haben (Tab. 16.3).

Da das Signal universell ist (Auslenkung der Feder), die Ursache der Auslenkung aber in sehr verschiedenen Kräften liegen kann, ist es möglich, mit dem SFM eine Vielzahl von Objekteigenschaften ortsaufgelöst zu vermessen – sofern das Signal eindeutig einer bestimmten Kraft zuzuordnen ist. Dies erreicht man auf zwei Wegen – durch Variation des Aufzeichnungsmodus und durch eine Funktionalisierung der Sonde (Abb. 16.22 und 16.23). Benutzt man eine „inerte" Spitze und tastet das Objekt ab, wobei über die Abstandsregelung die Kraft (die Auslenkung der Feder) konstant gehalten wird, so erhält man eine (rein) topographische Information. Bewegt man die Spitze dabei quer zur Richtung des Rasterns, so verwindet sich die Feder um so stärker, je höher die Reibung zwischen Spitze und

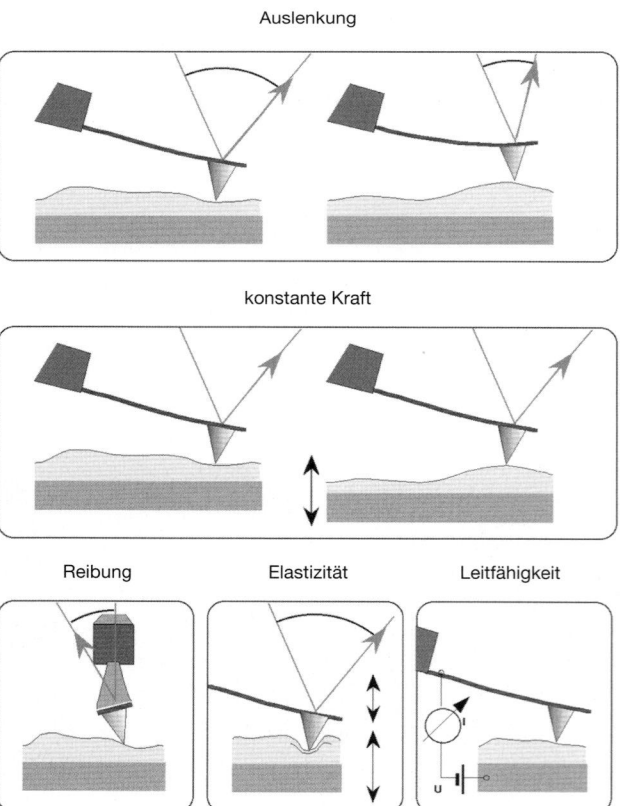

16.22 Schema verschiedener Aufzeichnungsarten in der Rasterkraftmikroskopie. Die Auslenkung der Feder wird mit einem reflektierten Laserstrahl gemessen. Die Position des reflektierten Strahls gibt Auskunft über den Betrag der Auslenkung und somit über die Höhenänderung der Feder. Für das Präparat günstiger ist die Aufzeichnung der Nachregelung des Objekts, die beim Rastern notwendig ist, wenn eine konstante Kraft (= konstante Auslenkung der Feder) ausgeübt wird. Bewegungen senkrecht zur Richtung des Rasterns geben Auskunft über die Reibungskräfte zwischen Spitze und Oberfläche und damit über die molekulare Rauigkeit des Objekts. Kontrollierte Bewegungen des Objekts gegen die Spitze und Messung der resultierenden Federauslenkung können in ein Signal der Objektelastizität umgedeutet werden. Ist die Spitze leitfähig, so werden elektrostatische Wechselwirkungen erfassbar. Andere funktionelle (magnetische, spezifische) Wechselwirkungen können mit geeigneten Sonden ebenfalls detektiert werden.

Tabelle 16.3 Kräfte zwischen SFM-Sonde und Objekt

Kraft	Kraftrichtung	Reichweite
Kraft bei Kontakt der Elektronenhüllen	abstoßend	extrem kurz ($\leq 0{,}1$ nm)
van-der-Waals-Wechselwirkungen	anziehend	sehr kurz (wenige nm)
elektrostatische Wechselwirkungen	anziehend abstoßend	kurz (nm bis μm)
Kapillarkräfte (Sonde im Wasser)	anziehend	weit (μm bis mm)

Objekt ist. Die entsprechende Ablenkung des Laserstrahls ist also ein Maß für die „Rauigkeit" der Probe. Die Elastizität des Objekts kann bestimmt werden, indem man die Probe um einen bestimmten Weg gegen die Spitze drückt und die resultierende Auslenkung der Feder damit in Beziehung setzt. Bei einem sehr schnellen Rastermodus, der nur ein begrenztes Areal in der Größe eines einzelnen Enzymmoleküls erfasst und die Höhenfluktuationen aufzeichnet, ist es möglich, an der Art der Fluktuation aktive und inaktive Enzymmoleküle zu erkennen und sogar verschiedene Enzyme zu unterscheiden.

Die „Funktionalisierung" der Sonde erlaubt es, bestimmte Kräfte zu detektieren. Dazu zählen elektrische Phänomene wie die Leitfähigkeit, elektrostatische Wechselwirkungen und Kapazitäten (mit leitenden Spitzen), oder Eigenschaften wie Magnetismus, Hydrophobizität u.a. Mittlerweile sind über zwanzig verschiedene Messanwendungen der SPM für organische und anorganische Präparate entwickelt worden. Besonders reizvolle Messmöglichkeiten eröffnen sich dadurch, dass auch Proteine (Enzyme) an der Spitze fixiert werden können. Denn diese lassen sich als spezifische Sonden für ihr Substrat einsetzen. So ist es bereits gelungen, die (für biologische Verhältnisse sehr starke) Bindung zwischen Avidin und Biotin zu detektieren und die Bindungskraft direkt zu bestimmen. Dabei misst man die sprunghafte und konstante Änderung der Federauslenkung, wenn bei kontrollierter Abhebung der Spitze vom Objekt (dem an der Unterlage fixierten Biotin) und der damit einhergehenden Erhöhung der Kraft die Bindung zwischen Biotin und Avidin reißt. Die so gemessene Kraft beträgt ca. 0,2 nN.

Die Rasterkraftmikroskopie ist durch ihre Flexibilität und ihr Potential für Anwendungen in der Biologie sehr interessant geworden. Ihre Bedeutung liegt darin, noch ganz andere Eigenschaften als nur die Topographie mit hoher Ortsauflösung zu erfassen. Es ist zu erwarten, dass die laterale Auflösung, die bisher die der konventionellen Elektronenmikroskopie nicht übersteigt und von der Geometrie der Spitze abhängt, in Zukunft noch weiter verbessert werden kann. Die Eigenschaften der Rastersondenmikroskopien sind in Tabelle 16.4 zusammengefasst.

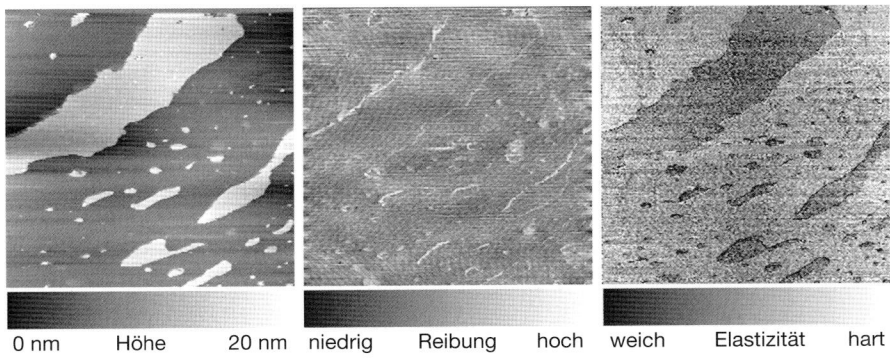

16.23 Abbildung von Lipidschichten mit dem Rasterkraftmikroskop. Dargestellt sind das topographische Signal (links), die molekulare Rauigkeit (Mitte) und die Elastizität der Probe (rechts). Die Lipidmembranen bestehen aus einer Doppelschicht aus Dipalmitoylphosphatidylethanolamin (DPPE) und Dipalmitoylphosphatidylcholin (DPPC), auf der eine DPPC-Monoschicht assoziiert ist. Als Objektunterlage wurde Glimmer benutzt. Bildgröße 5,6 μm. (Die Aufnahmen wurden freundlicherweise von R. Guckenberger, Martinsried, zur Verfügung gestellt.)

Tabelle 16.4 Eigenschaften der Rastersondenmikroskopien

Rastertunnelmikroskopie	Rasterkraftmikroskopie
\multicolumn{2}{Abbildung im Rasterverfahren}	
Fläche 10–10^5 µm²	
Aufzeichnung in Sekunden bis Minuten	
keine niedrigen Vergrößerungen	
Umgebungsbedingungen variabel	
Vakuum	Vakuum
Luft (Gas)	Luft (Gas)
feuchte Luft	Flüssigkeiten
notwendige Bedingungen:	
sehr spitze und stabile Sonden	
mechanische Fixierung des Objekts	
elektrische Leitfähigkeit der Probe	Kontrolle der ausgeübten Kräfte
Signal beruht auf	
Tunneleffekt	Kraftmessung mit feiner Feder
($\approx$ 0,01–10 pA)	($\approx$ 0,01–100 nN)
Signale	
Topographie	Topographie
lokale Austrittsarbeit	Reibung
von Elektronen	Elastizität
elektronische Zustände	elektrische Phänomene
	(mit leitenden Spitzen)
	spezifische Kräfte
	(mit funktionalisierten Spitzen)
atomare Auflösung	
bei geeigneten Proben	(nur) bei harten Objekten
mit geringer Dicke und	(Kontaktkräfte mit kurzer Reichweite)
geringer Korrugation	
dynamische Vorgänge beobachtbar	

Weiterführende Literatur

Optik

Hecht E. Optik. Addison-Wesley Publishing Comp., Bonn, 1992.

Elektronenmikroskopie

Flegler S. L., Heckman J. W., Klomparens K. L. Elektronenmikroskopie. Grundlagen, Methoden, Anwendungen. Spektrum Akademischer Verlag, Heidelberg, 1995.

Glauert A. M. (Hrsg.) Practical Methods in Electron Microscopy. Elsevier, Amsterdam (Serie in 15 Bänden).

Goldstein J. I. et al. Scanning Electron Microscopy and X-ray Microanalysis. Plenum Press, New York, 1992.

Hawkes P. W., Valdré U. Biophysical Electron Microscopy. Academic Press, London, 1990.

Lickfeld K. G. Elektronenmikroskopie. Verlag Eugen Ulmer, UTB 965, Stuttgart, 1979.

Mayer F. (Hrsg.) Electron Microscopy in Microbiology. Methods in Microbiology, Band 20, Academic Press, London, 1988.

Reimer L. Transmission Electron Microscopy. Physics of Image Formation and Microanalysis. Springer-Verlag, Berlin, 1989.

Robeneck, H. (Hrsg.) Mikroskopie in Forschung und Praxis. GIT-Verlag, Darmstadt, 1995.

Rastersondenmikroskopie

Marti O., Amrein M. (Hrsg.) STM and SFM in Biology. Academic Press Inc., San Diego, 1993.

Wiesendanger R., Güntherodt H.-J. (Hrsg.) Scanning Tunneling Microscopy I, II und III. Springer Verlag, Berlin, 1995.

Bildverarbeitung

Engelhardt H. Correlation Averaging and 3D-Reconstruction of 2D-Crystalline Membranes and Macromolecules. Methods in Microbiology, 20, 357–413, 1988.

Frank J. Three-dimensional Electron Microscopy of Macromolecular Assemblies. Academic Press, San Diego, 1996.

17 Röntgenstrukturanalyse

Die dreidimensionale Struktur von Proteinen kann mit röntgenkristallographischen Methoden bei atomarer Auflösung bestimmt werden. Dabei erhält man ein Strukturmodell mit den Positionen der einzelnen Atome. Neben der Kenntnis über die Faltung der Polypeptidkette ermöglicht die Untersuchung einer Proteinstruktur auch das Verständnis der Proteinfunktion auf molekularer Ebene, z. B. den katalytischen Mechanismus eines Enzyms oder die spezifische Interaktion eines Transkriptionsfaktors mit DNA. Prinzipiell können biologische Makromoleküle jeder Art und Größe mit kristallographischen Methoden untersucht werden – vorausgesetzt es gelingt, diese zu kristallisieren. Die ersten Kristalle von Proteinen wurden noch vor der Entdeckung der Röntgenstrahlen beschrieben, so z. B. bereits 1894 die des Lichtsammelproteins Phycoerythrin. Durch die grundlegenden Arbeiten an Salzkristallen von Laue und Bragg im ersten Drittel dieses Jahrhunderts ist es möglich geworden, durch Beugung von Röntgenstrahlen an einem Kristall ein Bild von der Anordnung der Atome im Kristall zu erhalten. Besteht der Kristall dabei aus Molekülen, kann so die dreidimensionale Struktur dieser Moleküle bestimmt werden. Die Größe von Proteinmolekülen erforderte jedoch neue kristallographische Methoden, die erstmals von Perutz und Kendrew bei den Strukturbestimmungen von Hämoglobin bzw. Myoglobin angewandt wurden. Seit diesen ersten erfolgreichen Proteinkristallstrukturanalysen Ende der fünfziger Jahre wurden bis heute die Röntgenstrukturen von über 1000 nicht-homologen biologischen Makromolekülen aufgeklärt: unter anderem auch von Membranproteinen, Protein-Nucleinsäure-Komplexen und sehr großen oligomeren Proteinkomplexen und sogar von intakten Viren.

Die Röntgenstrukturanalyse erfordert mehrere Arbeitsschritte, die in diesem Kapitel näher vorgestellt werden: die Kristallisation, die Charakterisierung von Kristallen, die Aufnahme von Röntgenbeugungsdaten, die Bestimmung der Phasen, die Interpretation der Elektronendichte sowie die Verfeinerung des Strukturmodells. Die Qualität einer Kristallstruktur wird durch verschiedene Kriterien beschrieben, die abschließend noch erläutert werden.

17.1 Kristallisation

Bevor man mit Kristallisationsversuchen beginnen kann, muss das Protein zur bestmöglichen Homogenität gereinigt werden. Diese wird in einem proteinkristallographischen Labor in der Regel durch SDS- und IEF-Polyacrylamid-Gelelektrophorese sowie durch Gelfiltration und dynamische Lichtstreuung überprüft. Zur Röntgenstrukturanalyse wird das Protein in kristallinem Zustand benötigt, und zwar in Form von großen, möglichst perfekt aufgebauten, einzelnen Kristallen, die auch Einkristalle genannt werden. Während viele der früher sehr zeitaufwendigen Arbeiten, z. B. die Aufnahme und Auswertung von Beugungsdaten oder die Verfeinerung eines Strukturmodells, durch technologische und methodische Fortschritte außerordentlich beschleunigt wurden, ist die Kristallisation von biologischen Makromolekülen auch heute noch eine Technik, die auf dem Prinzip von

SDS-Elektophorese
Abschnitt 10.3.9

Isoelektrische Fokussierung
Abschnitt 10.3.11

Versuch und Irrtum beruht und deren Ergebnisse nicht vorhersagbar sind. Die Eigenschaften eines Proteins, wie Molekulargewicht, Aminosäuresequenz oder isoelektrischer Punkt, geben im Allgemeinen keinen Hinweis auf die Bedingungen, die zur Kristallisation erforderlich sind. Allerdings erlauben molekularbiologische Techniken immer häufiger die Überexpression und Reinigung von Proteinen in großen Mengen, wodurch viele hundert verschiedene Kristallisationsbedingungen in kurzer Zeit getestet werden können.

Die Kristallisation selbst ist ein Vorgang, bei dem Moleküle aus einer übersättigten Lösung in einen festen Phasenzustand übergehen. Die Übersättigung einer Proteinlösung wird in der Regel durch Hinzufügen eines sogenannten **Präzipitans** erreicht, das die Proteinmoleküle bei einer bestimmten Konzentration aus der Lösung verdrängt. Die Präzipitanskonzentration wird dabei möglichst langsam erhöht, entweder durch Diffusion von Wasser aus der Proteinlösung oder durch Diffusion von Präzipitans in die Proteinlösung. Als Präzipitans werden z. B. Salze (vor allem Ammoniumsulfat, Natriumcitrat, Natrium-Kaliumphosphat) und organische Verbindungen wie Polyethylenglykole (400–20 000 Da) oder Alkohole (Methylpentandiol, Ethanol, Isopropanol) verwendet. Zudem wird auch eine Kombination der verschiedenen Fällungsmittel sowie der Zusatz von anderen Salzen (z. B. Magnesiumsulfat, Calciumchlorid) oder von Detergenzien getestet. Eine wichtige Rolle spielt auch der pH-Wert im Kristallisationsansatz, der meist im Bereich von pH 4 bis pH 10 in kleinen Intervallen variiert wird. Außerdem ist die Kristallisation von der Temperatur abhängig, weshalb ansonsten gleiche Kristallisationsbedingungen parallel bei verschiedenen Temperaturen (z. B. 4° und 18 °C) versucht werden.

Zur langsamen Erhöhung der Konzentrationen von Protein und Präzipitans wird am häufigsten die Methode des *hanging Drop* (hängenden Tropfen) angewendet. Hierbei wird ein kleines Volumen (1–2 μL) einer konzentrierten Proteinlösung (5–40 mg/mL) auf ein kleines Deckglas pipettiert. Dann wird meist das gleiche Volumen einer konzentrierten Lösung von Präzipitans und Puffer hinzugefügt, wobei der gemischte Tropfen klar bleiben muss. Sollte eine Trübung bereits die Präzipitation des Proteins anzeigen, wird der Versuch mit einer geringeren Konzentration an Präzipitans wiederholt. Das Deckglas wird umgedreht und auf einer Kunststoffplatte über einer Vertiefung aufgesetzt und durch einen Film von Silikonöl oder -fett abgedichtet, wodurch der Tropfen sich nun in einem geschlossenen System befindet (Abb. 17.1). In die Vertiefung wurde zuvor 0,5 bis 1,0 mL der unverdünnten Präzipitans/Puffer-Lösung gegeben. Da in dem hanging Drop die Präzipitanskonzentration nur halb so groß ist wie im Reservoir, verringert sich das Volumen des Tropfens durch Dampfdiffusion. Dadurch erhöhen sich langsam die Konzentrationen im hanging Drop, bis eine Übersättigung und unter Umständen Kristallisation des Proteins eintritt. Weitere Methoden zur Kristallisation von Proteinen sind der *sitting Drop* (sitzende Tropfen), die Mikrodialyse oder die Kristallisation in Gelen, die in dem am Ende dieses Kapitels genannten Buch von Ducruix und Giege detailliert beschrieben sind.

Manchmal, wenn auch selten, wachsen innerhalb einiger Tage Einkristalle, die zur Strukturanalyse verwendet werden können (Abb. 17.2). Meist aber dauert es Wochen oder Monate. Oft entstehen auch nur mikrokristalline Präzipitate oder hauchdünne Nadeln bzw. Plättchen, die zudem häufig miteinander verwachsen.

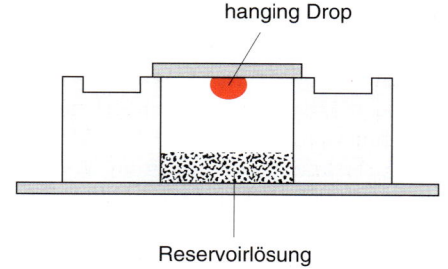

17.1 Proteinkristallisation mit der hanging-Drop-Methode. An der Unterseite eines Deckglases hängt ein Tropfen von ca. 2–6 μL Volumen, der eine Lösung von Protein, Präzipitans und Puffer enthält. Am Boden der zylinderförmigen Vertiefung befindet sich etwa 1 mL einer ca. doppelt so konzentrierten Präzipitans/Puffer-Lösung. Durch Dampfdiffusion findet ein Konzentrationsausgleich zwischen dem Tropfen und dem Reservoir statt, wodurch sich das Tropfenvolumen verkleinert und die Löslichkeitsgrenze für das Protein überschritten wird.

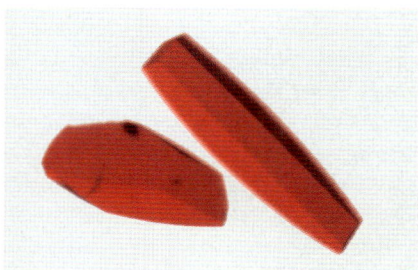
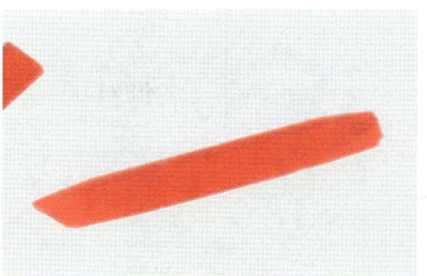

17.2 Einkristalle von Phycoerythrin. Das intensiv rot gefärbte Protein enthält kovalent gebundene Chromophor-Moleküle und ist als Bestandteil der Lichtsammelkomplexe an der Photosynthese von Algen beteiligt. (Ficner et al., J. Mol. Biol 228, 935–950, 1992)

Gelegentlich werden auch optisch perfekte Einkristalle erhalten, die jedoch nur eine schwache Röntgenbeugung zeigen, was auf einer fehlerhaften Ordnung der Moleküle im kristallinen Gitter beruht.

Daher lässt sich die oft gestellte Frage nach der minimalen Proteinmenge, die für eine kristallographische Strukturaufklärung benötigt wird, nicht allgemein gültig beantworten. Ein erster Test auf Kristallisation beinhaltet ca. 100 verschiedene Bedingungen, was bei der Verwendung von 1 μL Proteinlösung (mit einer Konzentration von 10 mg/mL) pro Bedingung insgesamt 1 mg reines Protein erfordert. Sollten bei diesem ersten Test bereits Einkristalle entstehen, so müssen die Bedingungen optimiert werden, um möglichst große und perfekte Einkristalle zu züchten. Handelt es sich bei dem Protein um eine Mutante oder ein Sequenzhomologon eines Proteins mit bekannter Struktur, so wird nur ein einziger Kristall zur Datensammlung benötigt, da das Phasenproblem mit Hilfe der bekannten homologen Struktur gelöst werden kann. Im Fall eines Proteins mit unbekannter Faltung bedarf es vieler Kristalle (ca. 10–200), um die Suche nach geeigneten Schweratomderivaten (siehe Abschnitt 17.4.1) zu ermöglichen. Für eine solche Strukturaufklärung *de novo* werden im Durchschnitt 20 bis 100 mg Protein benötigt.

17.2 Kristalle und Röntgenbeugung

Proteinkristalle können von unterschiedlicher Größe und Form sein, wobei für die Röntgenstrukturanalyse Kristalle mit Kantenlängen von 0,1 bis 0,5 mm sehr gut geeignet sind. Kristalle bestehen aus einer Vielzahl von **Einheitszellen**, die den kleinsten Parallelepiped darstellen, das durch wiederholte Translation entlang seiner Kanten das gesamte Kristallgitter aufbaut (siehe Abb. 17.3). Die Kanten der Einheitszelle sind gleichbedeutend mit den sogenannten Kristallachsen, die im Fall von Proteinkristallen oft zwischen 30 und 200 Å (1 Å = 10^{-10} m) lang sind. Neben dem primitiven Kristallgitter (P) gibt es noch weitere spezielle Gittertypen, wie das flächenzentrierte, das innenzentrierte oder das rhomboedrische Gitter (C, F, I und R genannt), in denen die Moleküle auf bestimmten Positionen liegen. Mit Ausnahme der sogenannten triklinen Kristallform weisen dabei alle Einheitszellen eine interne Symmetrie auf, das heißt, die Wiederholung einer Anordnung, die durch verschiedene Symmetrieoperationen erreicht werden kann, z. B. durch die Rotation um eine Achse. Die Einheitszelle kann deshalb durch eine kleinere, sogenannte asymmetrische Einheit beschrieben werden, die durch Anwendung der Symmetrieoperationen eine Einheitszelle ergibt. Die Kombination der Gittertypen mit einer oder mehreren Symmetrieoperationen ergibt die **Raumgruppen**. Theoretisch sind maximal 260 verschiedene Raumgruppen möglich. Bei Proteinkristallen können jedoch nur 65 Raumgruppen auftreten, da Proteine aus chiralen Molekülen, den L-Aminosäuren, bestehen und somit die Raumgruppen mit Spiegel- oder Inversionssymmetrien nicht möglich sind. Je nach Art des Kristallsystems unterscheiden sich die Raumgruppen in den Winkeln zwischen den Kristallachsen und den Verhältnissen der Längen der Kristallachsen zueinander. Die Längen der

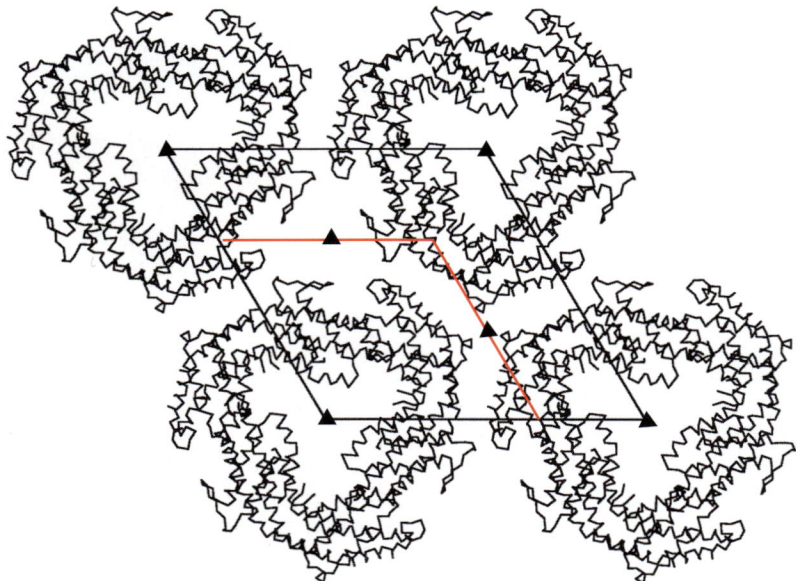

17.3 Kristallographische Einheitszelle am Beispiel der Kristallpackung des Lichtsammelproteins Phycoerythrin. Die Blickrichtung ist entlang der z-Achse, die eine 3zählige Symmetrieachse ist. Die gezeigten x- und y-Achsen der trigonalen Zelle schließen einen Winkel von 120° ein und sind gleich lang. Der asymmetrische Teil der Einheitszelle ist in roter Farbe hervorgehoben.

Kristallachsen und die Winkel zwischen ihnen werden auch als Zellkonstanten bezeichnet. Eine ausführliche Beschreibung von Kristallsymmetrien und Raumgruppen findet sich in der Literatur am Ende des Kapitels.

Nach der erfolgreichen Kristallisation werden die Kristalle zuerst charakterisiert, das heißt, Raumgruppe und Größe der Einheitszelle werden durch Röntgenbeugung bestimmt. Proteinkristalle enthalten große Kanäle zwischen den Proteinmolekülen, die mit der Pufferlösung gefüllt sind (meist ca. 50–60% des Kristallvolumens). Sie sind aus diesem Grund sehr empfindlich gegenüber mechanischer Beanspruchung und müssen ständig von einer Lösung, die meist der Reservoirlösung des Kristallisationsversuchs entspricht, umgeben sein. Daher wird für die weiteren Experimente der Kristall in eine dünne Glaskapillare mit einem Durchmesser von ca. 0,3 bis 1,0 mm gegeben und die ihn umgebende Lösung fast vollständig entfernt, wodurch der Kristall ungefähr in der Mitte der Kapillare auf der Glasoberfläche zu liegen kommt. An einem Ende der Kapillare wird dann etwas Reservoirlösung einpipettiert, um das Austrocknen des Kristalls zu verhindern und die Kapillare anschließend an beiden Enden luftdicht mit einem Wachstropfen versiegelt.

Die experimentelle Messanordnung zur Röntgenbeugung besteht aus einer Röntgenstrahlungsquelle sowie einem Detektor zur Messung der gebeugten Röntgenstrahlen. Im Labor werden die Röntgenstrahlen von einem Drehanoden-Röntgengenerator erzeugt, der in der Regel mit einer Kupferanode ausgestattet ist. Die Wellenlänge dieser Röntgenstrahlen beträgt 1,541 Å, dies entspricht der Cu-K_a-Strahlung. In zunehmendem Maße wird auch die Röntgenstrahlung an Synchrotronen eingesetzt. Diese Synchrotronstrahlung hat den Vorteil, dass sie wesentlich intensiver ist und so den Einsatz von sehr kleinen Kristallen erlaubt. Damit kann jede beliebige Wellenlänge im Bereich von circa 0,2 bis 4,0 Å verwendet werden, was die Messung der anomalen Dispersion bei mehreren Wellenlängen (MAD, Abschnitt 17.3.2) ermöglicht.

Die physikalischen Grundlagen der Beugung von Röntgenstrahlen an Kristallen gelten generell sowohl für kleine Moleküle mit einigen wenigen Atomen als auch für Makromoleküle, die aus mehreren zehntausend Atomen bestehen können. Trifft ein Röntgenstrahl, der auch Primärstrahl genannt wird, auf einen Kristall, so durchquert der größte Teil von ihm den Kristall unverändert. Ein Teil allerdings wechselwirkt mit der Elektronenhülle der Atome im Kristall, wodurch diese angeregt werden. Bei der Rückkehr der angeregten Elektronen in den Grundzustand wird Röntgenstrahlung in alle Richtungen abgegeben. Da sich die Atome in einer regelmäßigen, periodisch sich wiederholenden räumlichen Anordnung im Kristallgitter befinden, kommt es zur Interferenz der von den Atomen ermittierten Röntgenstrahlung. Meist führt diese Interferenz zur Auslöschung, aber in bestimmten Richtungen ergibt eine konstruktive Interferenz einen in Bezug auf den Primärstrahl gebeugten Röntgenstrahl. Die Richtung des gebeugten Röntgenstrahls ist dabei von dem kristallinen Gitter abhängig. Für diese Beziehung gilt das **Braggsche Gesetz** (Abb. 17.4):

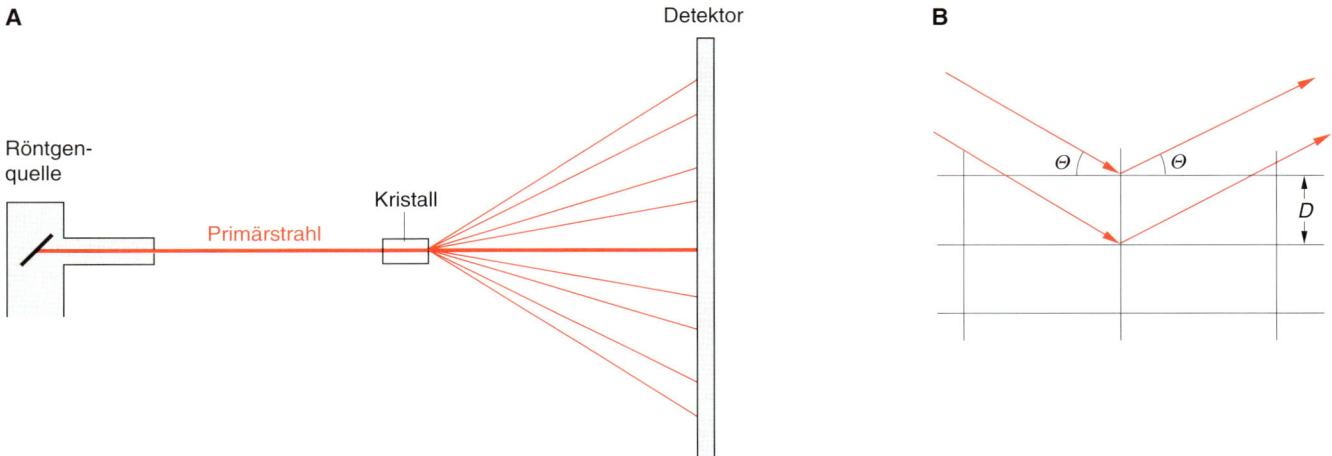

17.4 (A) Schematische Darstellung eines Röntgenbeugungsexperiments an einem Kristall. Der größte Teil des Primärstrahls passiert den Kristall unverändert, ein kleiner Teil wird am kristallinen Gitter gebeugt. (B) Das Braggsche Gesetz beschreibt den Zusammenhang zwischen dem Abstand D paralleler Ebenen im Kristallgitter und dem Reflexionswinkel θ, unter dem es zur konstruktiven Interferenz kommt.

$$2D \cdot \sin\Theta = \lambda$$

Die Beugung der Röntgenstrahlen mit der Wellenlänge λ und dem Winkel Θ an einem Kristall wird dabei als eine Reflexion an einer imaginären Ebenenschar aus parallelen Ebenen beschrieben, die den Abstand D voneinander haben. Somit ist es möglich, den Abstand D zwischen den parallelen Ebenen und damit die Größe der Einheitszelle zu bestimmen. Durch die bereits erwähnte fehlerhafte Ordnung im kristallinen Gitter beugen Proteinkristalle Röntgenstrahlen nur bis zu einem bestimmten maximalen Winkel Θ_{max}. Nach dem Braggschen Gesetz entspricht der Beugungswinkel Θ_{max} dem kleinsten beobachtbaren Ebenen-Abstand d_{min}, der als **Auflösung** einer Kristallstruktur bezeichnet wird:

$$d_{min} = \frac{\lambda}{2 \sin\Theta_{max}}$$

Jeder beobachtete Punkt auf einem Röntgenfilm, auch Reflex genannt, entspricht somit dem an einer bestimmten Ebenenschar gebeugten Röntgenstrahl. Die Lage der Ebenenscharen und die ihnen entsprechenden Reflexe werden durch die Millerschen Indizes (h,k,l) beschrieben, die sich aus den Schnittpunkten der Ebene mit den Kristallachsen ergeben. Die Werte von (h,k,l) entsprechen dabei den reziproken Schnittpunktskoordinaten, wobei die Kristallachsen jeweils auf eine Länge von eins normiert sind. Zum Beispiel hat die Ebene, die die Achsen jeweils bei der Hälfte ihrer Länge schneidet, die (h,k,l)-Werte (2,2,2).

Tatsächlich ist die Beugung des Primärstrahls das Ergebnis der Interferenz von allen Röntgenstrahlen, die von sämtlichen Atomen im Kristall emittiert werden. Der mathematische Zusammenhang zwischen den Positionen der Atome in der Einheitszelle und den gebeugten Röntgenstrahlen ist eine Fourier-Transformation.

Fourier-Transformation
Abschnitt 15.1.3

Um möglichst viele Kristallebenen im Beugungswinkel zum Primärstrahl zu orientieren, wird der Kristall im Röntgenstrahl gedreht und es werden Beugungsbilder unter verschiedenen Winkeln aufgenommen. Die strategische Vorgehensweise bei der Sammlung von Röntgenbeugungsdaten hängt auch von der Art des Detektors zur Messung der Röntgenintensitäten ab. Die früher üblicherweise verwendeten röntgenempfindlichen Filme sind heute fast vollständig durch Flächenzähler ersetzt, bei denen die Röntgenintensitäten mittels unterschiedlicher physikalischer Prinzipien gemessen werden. Der augenblicklich häufigste Typ von Flächenzählern verwendet eine sogenannte *Image Plate*, eine Platte mit bis zu 35 cm Durchmesser, auf deren Oberfläche sich eine dünne Schicht eines röntgenempfindlichen Materials aus Barium-Europiumhalogeniden befindet. Ein Röntgenstrahl bewirkt am Ort seines Auftreffens in diesem Material die Anhebung von Elektronen in einen metastabilen Zustand höherer Energie. Nach Anregung durch einen Laserstrahl kehren diese metastabilen Elektronen in den Grundzustand zurück, wobei die freiwerdende Energie als Lichtblitz im sichtbaren Wellenlängenbereich emittiert wird. Dieser kann mit Hilfe eines Photomultipliers aufgezeichnet werden. Die Intensität der gemessenen Lumineszenz ist proportional zu der Intensität des ursprünglichen Röntgenstrahls. Bei der Verwendung eines Image-Plate-Detektors wird der Kristall mit einer konstanten Geschwindigkeit (oft mit 0,02 bis 0,1 Grad·min^{-1}) meist um 1 bis 2 Grad pro Aufnahme gedreht. Am Ende dieser Rotationsaufnahme wird der Röntgenstrahl unterbrochen und die Bewegung des Kristalls gestoppt, um die gewonnenen Daten abzulesen und zu speichern. Eine typische Rotationsaufnahme zeigt Abbildung 17.5. Der Umfang der Gesamtrotation eines Kristalls richtet sich nach der Raumgruppe sowie der relativen Orientierung der Kristallsymmetrieachsen zum Primärstrahl und zur Drehachse, um die der Kristall bewegt wird. Je symmetrischer der Kristall, desto weniger muss er insgesamt gedreht werden, um einen vollständigen Datensatz zu erhalten. Meist werden die Daten über 60 bis 180 Grad gesammelt, auch um eine gewisse Redundanz der Daten zu erhalten. Die Aufnahmedauer ist abhängig von der Intensität des Röntgenstrahls, aber vor allem auch von der Größe und Qualität des Kristalls. Bei der Verwendung eines Drehanoden-Röntgengenerators betragen die Aufnahmezeiten pro Grad Aufnahme meist zwischen 10 und 40 Minuten, für die Messung eines kompletten Datensatzes werden also 15 bis 60 Stunden benötigt.

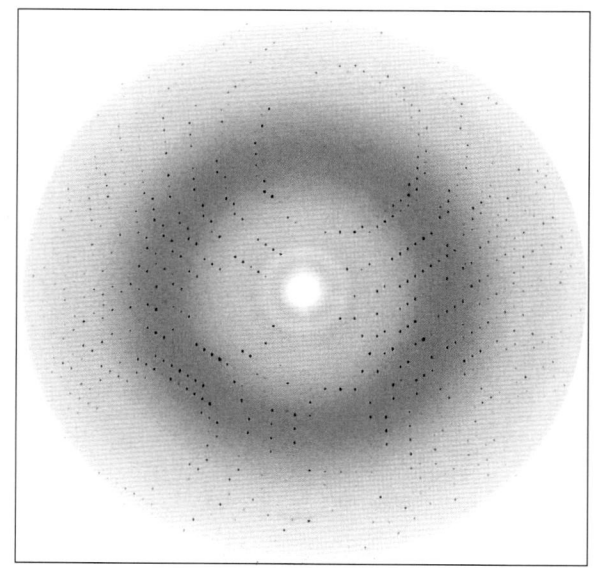

17.5 Röntgenbeugungsaufnahme von einem Kristall des RNA-modifizierenden Enzyms tRNA-Guanin-Transglycosylase. Dieses Enzym modifiziert ein Nukleosid im Anticodon spezifischer tRNAs durch den Austausch von Guanin gegen 7-Aminomethyl-7-deazaguanin (Romier et al. EMBO J. 15, 2850-2857, 1996).
Der Kristall wurde während der Aufnahme um 1 Grad gedreht. Die Reflexe am äußeren Rand dieser Aufnahme entsprechen einer Auflösung von 1,8 Å.

17.3 Das Phasenproblem

Die an einem Kristall gebeugten Röntgenstrahlen enthalten die komplette Information über die dreidimensionale Anordnung der Atome in dem Kristall. Diese Information ist in den drei beschreibenden Größen einer elektromagnetischen Welle, der Wellenlänge, der Amplitude und der Phase enthalten (Abb. 17.6). Die

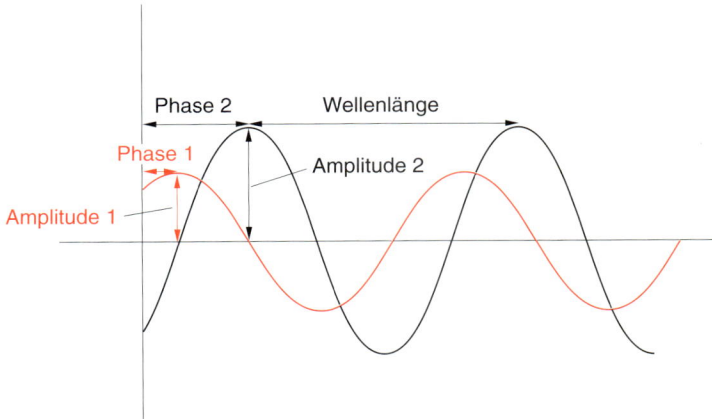

17.6 Schematische Darstellung von zwei gebeugten Röntgenstrahlen, die gleiche Wellenlänge, aber unterschiedliche Phasen und Amplituden haben.

Wellenlänge des Primärstrahls wird durch die Beugung am Kristallgitter nicht verändert (kohärente Streuung) und ist somit bekannt. Werden die gebeugten Röntgenstrahlen mittels Film oder Flächenzähler detektiert, so kann nur die Amplitude durch die relative Intensität, z. B. der Schwärzung auf einem Film, gemessen werden. Eine Messung der Phase ist prinzipiell nicht möglich, wodurch ein entscheidender Teil der Information über die Anordnung der Atome im Kristall verlorengeht. Da die Röntgenstrahlen an der Elektronenhülle der Atome gestreut werden, ergibt die Röntgenstrukturanalyse nicht sofort die exakten Atomkoordinaten, die den Positionen der Atomkerne entsprechen, sondern die dreidimensionale Verteilung der Elektronen der Atome, die als **Elektronendichte** bezeichnet wird. Die Elektronendichte ρ an jedem Punkt (x,y,z) im Kristall lässt sich aus der Strukturfaktoramplitude $F(h,k,l)$, die proportional zur Quadratwurzel der gemessenen Intensität I für den Reflex (h,k,l) ist, der dazugehörigen Phase $\alpha(h,k,l)$ und dem Volumen V der Kristallzelle berechnen:

$$\rho(x,y,z) = \frac{1}{V} \Sigma \, F(h,k,l) \cdot e^{i\alpha(h,k,l)} \cdot e^{-2\pi i(hx+ky+lz)}$$

Diese Formel zeigt, dass die Bestimmung der Molekülstruktur beide Werte, den der Amplitude und den der Phase erfordert. Die verschiedenen Methoden zur Bestimmung der messtechnisch nicht direkt zugänglichen Phaseninformation werden im Folgenden kurz vorgestellt.

17.3.1 Isomorpher Ersatz: SIR und MIR

Die Methode des isomorphen Ersatzes gab den historischen Durchbruch zur Lösung des Phasenproblems in der Proteinkristallographie und ist auch heute noch die wichtigste Methode zur Bestimmung neuer Proteinkristallstrukturen. Hierbei werden die Proteinkristalle in Lösungen von Salzen oder Verbindungen transferiert, die ein Atom oder Ion mit hoher Massenzahl enthalten. Die Schweratomverbindungen diffundieren in den Kristall und binden meist an die Proteinoberfläche. Je nach den chemischen Eigenschaften des Metall-Ions oder der Metallverbindung bilden sie mit dem Protein eine kovalente Bindung, z. B. Hg^{2+}-Ionen mit der Sulfhydrylgruppe des Cysteins, oder eine koordinative Bindung, wie $[PtCl_4]^{2-}$ mit der Seitenkette des Histidins. Durch ihre größere Zahl an Elektronen streuen die Schweratome Röntgenstrahlen viel stärker als die in den Aminosäuren enthaltenen Atome. Nur ein einziges gebundenes Quecksilberatom pro Proteinmolekül im Kristall verändert die relativen Intensitäten auf dessen Beugungsbild bereits signifikant. Dabei ist wichtig, dass das Schweratom keine Veränderung an der Proteinstruktur oder der Packung der Proteinmoleküle im Kristall bewirkt, das heißt, dass die Schweratom-modifizierten Derivatkristalle isomorph zu den sogenannten nativen Kristallen sind. Die Reflexe eines isomorphen Derivatkristalls liegen somit an identischen Positionen auf sich entsprechenden Beugungsaufnahmen, die relativen Intensitäten unterscheiden sich aber. Eine Nicht-Isomorphie zeigt sich in einer Veränderung der Zellkonstanten oder der Kristallsymmetrie und ist ein relativ häufig auftretender, aber unerwünschter Effekt. Durch die Intensitätsunterschiede der Reflexe zwischen dem nativen und einem isomorphen Derivatkristall kann die Position der Schweratome in der Kristallzelle berechnet werden. Hierzu wird die **Patterson-Funktion** verwendet, die es erlaubt, auch ohne Kenntnis jeglicher Phaseninformation, also nur mit Hilfe der gemessenen Intensitäten, eine Kristallstruktur zu bestimmen. Diese Methode funktioniert jedoch nur bei sehr einfachen Strukturen, die in der Kristallzelle sehr wenige Atome enthalten. Die Patterson-Funktion stellt einen Satz von Vektoren dar, deren Beträge und Richtungen den Abständen und Orientierungen zwischen den Atomen in der Kristallzelle entsprechen. Dabei haben alle Vektoren ihren Anfangspunkt im Koordinatenursprung. Im Fall von Proteinkristallen wird die Patterson-Funktion mit den Differenzen zwischen den Strukturfaktoramplituden von nativen und derivatisierten Kristallen berechnet, das heißt, man erhält die Vektoren, die den Abständen und der relativen Orientierungen zwischen den Schweratomen entsprechen. Durch die Kristallsymmetrien stehen diese Vektoren in Beziehung zueinander, und ihre tatsächlichen Anfangs- und Endpunkte in der Kristallzelle lassen sich ableiten. Es wird somit zuerst die Lage des an das Protein gebundenen Schweratoms im Kristall bestimmt. Die durch diese Schweratom-Position erhaltene Phaseninformation erlaubt eine grobe Abschätzung der Phasen für die Proteinstruktur, dies wird als **SIR** (*single isomorphous replacement*) bezeichnet. Man kann mit diesen SIR-Phasen und den gemessenen Strukturfaktoramplituden des Proteinkristalls eine dreidimensionale Elektronendichtekarte für das Proteinmolekül berechnen. Bei der Verwendung von nur einem Schweratomderivat ist allerdings der Fehler in den berechneten Proteinphasen noch recht groß. Die daraus resultierenden Fehler in der Elektronendichtekarte ergeben ein falsches oder sehr unvollständiges Bild von der Verteilung aller Atome in der Kristallzelle. Diese SIR-Elektronendichten sind somit meist nicht interpretierbar, das heißt, es sind keine kontinuierlichen Dichtestränge sichtbar, die z. B. den charakteristischen Verlauf einer *a*-Helix zeigen, weshalb weitere Daten von anderen Derivatkristallen erforderlich sind. Dazu werden viele unterschiedliche Metallverbindungen der Reihe nach getestet, um eine Bindung an verschiedenen Stellen des Proteins zu erreichen. Die Kombination der Phaseninformation der verschiedenen Derivatkristalle wird entsprechend **MIR** (*multiple isomorphous replacement*) genannt. Mit jedem zusätzlichen unabhängigen Derivat wird der Fehler in der Phasenabschätzung geringer, so dass man auf diese Weise eine interpretierbare Elektronendichtekarte erhalten kann (Abb. 17.7).

Der Fehler in den Phasen kann durch ein Verfahren weiter verkleinert werden, das *Solvent Flattening* genannt wird. Proteinkristalle enthalten große Kanäle zwischen den Proteinmolekülen, die vor allem mit Wasser gefüllt sind. Da diese Wassermoleküle keine geordnete Struktur im Kristall bilden, hat die Elektronendichte in den Bereichen zwischen den Proteinmolekülen viel niedrigere Werte als innerhalb der Proteinmoleküle. Fehlerhafte SIR- oder MIR-Elektronendichtekarten haben oft kleine Bereiche mit erhöhten Dichtewerten innerhalb des Solvensberei-

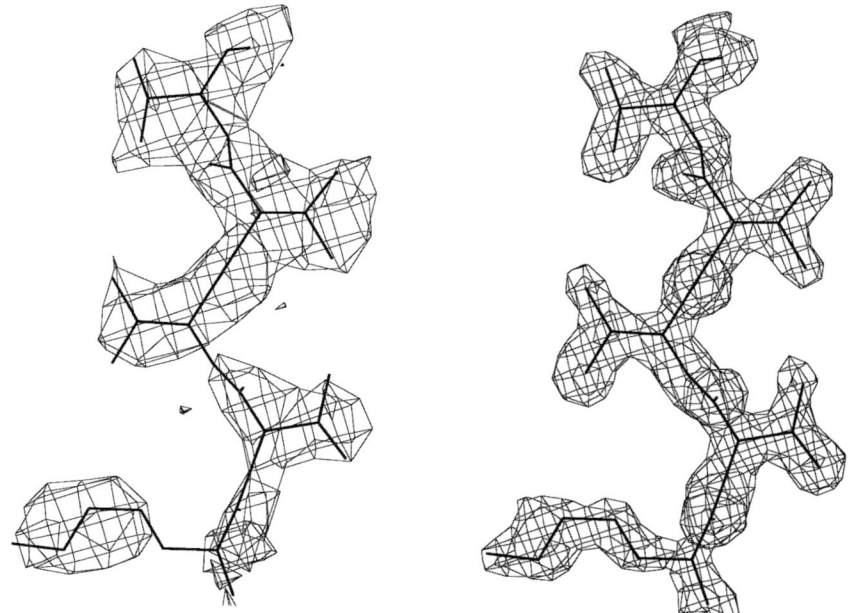

17.7 Ausschnitt aus dem atomaren Modell des Enzyms tRNA-Guanin-Transglykosylase und den entsprechenden Elektronendichten, die (A) mit den experimentellen Schweratom-(MIR)-Phasen bei einer Auflösung von 3,0 Å und (B) mit den Modellphasen von dem verfeinerten, finalen Strukturmodell bei einer Auflösung von 1,85 Å berechnet wurden.

ches. Diese werden durch das Solvent Flattening entfernt, indem der gesamte Solvensbereich einen konstanten niedrigen Elektronendichtewert erhält. Aus dieser modifizierten Elektronendichteverteilung werden Strukturfaktoramplituden und Phasen zurückgerechnet und eine verbesserte Elektronendichte mit den neuen Phasen und den experimentellen Strukturamplituden berechnet.

Eine Alternative zu der oft langwierigen Suche nach mehreren unabhängigen Derivaten bietet sich dann, wenn der asymmetrische Teil der Kristalleinheitszelle mehrere identische Proteinmoleküle enthält. Dies ist sehr häufig bei oligomeren Proteinen der Fall, kann aber auch bei Kristallen von monomeren Proteinen auftreten. Unter der meist gerechtfertigten Annahme, dass die Strukturen aller Monomere identisch oder hinreichend ähnlich sind, kann die Elektronendichte der einzelnen Monomere in der asymmetrischen Einheit gemittelt werden. Dafür müssen zuerst Lage und Umriss der Monomere identifiziert sowie die nichtkristallographischen Symmetriebeziehungen (NCS, *noncrystallographic symmetry*) zwischen den Monomeren bestimmt werden. Durch Anwendung der nichtkristallographischen Symmetrieoperationen werden die Elektronendichten der einzelnen Monomere übereinandergelegt und gemittelt. Je mehr Monomere in der asymmetrischen Einheit vorhanden sind, desto größer sind die Verbesserungen der Elektronendichte. Sowohl das Solvent Flattening wie auch das NCS-Mitteln gehören zu den sogenannten Dichtemodifizierungsmethoden (*density modification*), da sie eine existierende experimentelle Elektronendichte verändern, um zu korrekteren Phasen und somit zu einer verbesserten Elektronendichte zu gelangen.

17.3.2 Multiple anomale Dispersion (MAD)

Eine weitere Methode zur Bestimmung von Proteinkristallstrukturen *de novo* beruht auf der anomalen Streuung von Röntgenstrahlen. Normalerweise sind die Intensitäten der zwei Reflexe $I(h,k,l)$ und $I(-h,-k,-l)$, die durch Inversionssymmetrie miteinander verknüpft sind und als Friedel-Paar bezeichnet werden, identisch (Friedelsches Gesetz). Dies gilt auch für die Beugung an Proteinkristallen, soweit sie nur leichte Atome enthalten. Die Anwesenheit bestimmter Atome im Kristall kann jedoch dazu führen, dass sich die Intensitäten von Friedel-Paaren unterscheiden. Dies wird als anomale Dispersion bezeichnet. Wie groß diese Intensitätsunterschiede sind, hängt von dem Atom ab, das für die anomale Dispersion verantwortlich ist, und von der Wellenlänge des Röntgenstrahls. Bei den in den Aminosäuren enthaltenen Atomen ist der Effekt der anomalen Dispersion so klein, dass er messtechnisch nicht erfasst werden kann. Anders verhält sich dies bei vielen Schwermetallen, die zur MIR-Phasenbestimmung an das Protein gebunden werden. Liegt das Röntgenabsorptionsmaximum (z. B. K- oder L-Kante) des Metalls in der Nähe der Wellenlänge des Röntgenstrahls, kommt es zur Mitwirkung der inneren Elektronen am Streuvorgang und so zur anomalen Dispersion durch eine Phasenverschiebung. Aus den auftretenden Intensitätsunterschieden zwischen den Friedel-Paaren lässt sich eine Phaseninformation ableiten. Allerdings sind bei Verwendung von Drehanoden-Röntgenstrahlen die anomalen Intensitätsdifferenzen für die meisten Schweratome sehr klein, so dass man zusammen mit dem üblichen Messfehler nur eine Phaseninformation mit relativ großem Fehler erhält. Trotzdem können die anomalen Phasen mit den MIR-Phasen kombiniert und damit meist verbessert werden. Der Effekt der anomalen Dispersion kann jedoch relativ groß werden, wenn die Wellenlänge der Röntgenstrahlung exakt einer Absorptionskante des Metalls entspricht. Da Drehanoden-Röntgengeneratoren nur eine festgelegte Wellenlänge erzeugen, z. B. 1,54 Å mit einer Kupferanode, muss zur Messung eines starken anomalen Signals Synchrotronstrahlung verwendet werden. Diese kann auf jede beliebige Wellenlänge von ca. 0,2 bis 4 Å eingestellt werden, und durch ihre Brillianz können die Intensitäten der Reflexe genauer bestimmt werden.

Bei einem MAD-Experiment (*multiple wavelength anomalous dispersion*) werden bei drei verschiedenen Wellenlängen jeweils komplette Datensätze von einem Kristall gesammelt. Bei der Wellenlänge direkt am Absorptionsmaximum wird ein starkes anomales Signal gemessen, bei einer Wellenlänge knapp (ca. 0,001 Å) neben dem Absorptionsmaximum wird ein Datensatz erhalten, der isomorphe Differenzen zu dem dritten Datensatz ergibt. Dieser dritte Datensatz, der ca. 0,1 Å neben dem Absorptionsmaximum aufgezeichnet wird, dient als nativer Datensatz. Alle Datensätze sollten dabei von einem einzigen Kristall gemessen werden. Daher müssen meist Cryo-Techniken eingesetzt werden, um eine Schädigung des Proteinkristalls durch die intensive Synchrotron-Röntgenstrahlung zu verhindern. Dabei wird der Kristall in einem Strom von N_2-Gas mit einer Temperatur von −173 °C schockgefroren und während des gesamten Experiments bei dieser Temperatur gehalten. Die Kombination der anomalen und isomorphen Phasen aus einem erfolgreichen MAD-Experiment führt meist zu einer interpretierbaren Elektronendichte. Häufig wird die MAD-Methode mit Selenatomen bei rekombinanten Proteinen angewendet. Das Selen wird als Selenomethionin dem Kulturmedium von Methionin-auxotrophen *E.-coli*-Zellen zugesetzt, wodurch bei der Proteinbiosynthese das Selenomethionin anstelle von Methionin in das überexprimierte Protein eingebaut wird. Dies erübrigt jegliche Suche nach einem Schweratomderivat, da das Selen bereits in dem gereinigten Protein vorhanden ist. Allerdings sind der Selenomethionin-MAD-Methode auch Grenzen gesetzt, die von der Stärke des anomalen Signals, der Anzahl der Methionine und dem Molekulargewicht des Proteins in der asymmetrischen Einheit abhängig sind.

17.3.3 Molekularer Ersatz (MR)

Neben den Methoden zur Strukturbestimmung *de novo* wird der molekulare Ersatz (MR, *molecular replacement*) angewandt, falls bereits ein dreidimensionales Strukturmodell vorhanden ist. Der Einsatz des MR reicht von sehr einfachen Problemen, wie die Untersuchung einer neuen Kristallform einer bereits aufgeklärten Proteinstruktur oder die Analyse von Mutanten eines Proteins mit bekannter Struktur bis hin zur Strukturaufklärung von Proteinen, die nur ca. 25 % Sequenzidentität zu einem Protein mit bereits bestimmter Struktur zeigen. Aus den Koordinaten der bekannten Proteinstruktur können, quasi rückwärts, die Strukturfaktoramplituden (F_{calc}) und die Phasen (a_{calc}) für das Modell berechnet werden. Mit den Modellphasen und den gemessenen Strukturfaktoramplituden

(F_{obs}) wird eine Elektronendichtekarte für die neue Kristallstruktur erhalten. Normalerweise unterscheiden sich sowohl die Raumgruppen als auch die Orientierung des Proteinmoleküls in der bekannten und der neuen, unbekannten Kristallstruktur. Daher muss das bekannte Strukturmodell erst korrekt in der neuen Kristallzelle plaziert werden. Dieses sechsdimensionale Suchproblem mit drei Rotations- und drei Translationsvariablen wird in zwei Schritte aufgeteilt. Zuerst wird die Rotationsorientierung mit Hilfe der Patterson-Funktion (siehe Abschnitt 17.3.1) ermittelt. Dabei werden zwei Patterson-Funktionen berechnet, die eine mit den Strukturfaktoramplituden (F_{obs}) aus den gemessenen Beugungsintensitäten, die andere mit den Strukturfaktoramplituden (F_{calc}), die aus den Atomkoordinaten des Suchmodell berechnet werden. Die zwei Sätze von Patterson-Vektoren werden dann durch eine Produktfunktion miteinander korreliert, wobei der eine Vektorensatz gegen den anderen in kleinen Winkelschritten um alle drei Achsen gedreht wird (Rotationsfunktion). Bei einer guten Übereinstimmung gibt die Rotationsfunktion einen hohen Wert, der eine mögliche Rotationslösung anzeigt. Anschließend wird das Suchmodell entsprechend rotiert und in kleinen Schritten durch die Kristallzelle translatiert, wobei nach jedem Schritt eine Korrelation zu den experimentellen Strukturfaktoramplituden berechnet wird (Translationsfunktion). Nachdem das Suchmodell in der neuen Kristallzelle plaziert wurde, kann eine Elektronendichte berechnet und mit der Korrektur und Verfeinerung der Struktur begonnen werden.

17.4 Modellbau und Strukturverfeinerung

Die Umwandlung der Elektronenverteilung in ein dreidimensionales Modell der Proteinstruktur wird als Interpretation der Elektronendichtekarte bezeichnet. Diese Interpretation wird in der Regel noch manuell vorgenommen, wobei die Elektronendichtekarte auf einem Graphikbildschirm dargestellt wird, in die interaktiv Polypeptidfragmente oder Aminosäuren plaziert werden. Die Qualität der Elektronendichte hängt natürlich von dem Fehler in den Phasen ab, aber auch von einer zweiten Größe, der Auflösung der Beugungsdaten. Die messbare Auflösung der Beugungsdaten und somit auch der experimentell bestimmten Phasen wird durch die Eigenschaften der Kristalle, vor allem ihrer kristallinen Ordnung, begrenzt. Bei niedriger Auflösung von circa 5 Å lässt sich gerade noch die Form des Proteinmoleküls sowie manchmal der Verlauf von α-Helices als durchgehende Dichtestränge erkennen. Bei mittlerer Auflösung (3 Å) kann meist der Verlauf der Polypeptidkette klar verfolgt werden, z. B. die Windungen einer α-Helix. Ebenso kann bei dieser Auflösung eine Zuordnung der Seitenketten vorgenommen werden, dazu muss allerdings die Aminosäuresequenz bekannt sein. Bei höherer Auflösung (2 Å) werden immer mehr Details sichtbar, wie die Konformationen von Peptidbindungen oder von langen Seitenketten, z. B. von Argininen. Erst ab einer Auflösung von 1 Å werden Atome als einzelne Kugeln in der Elektronendichte sichtbar. Allerdings konnten bisher nur wenige Proteinkristalle erhalten werden, die Beugungsdaten mit einer Auflösung von 1 Å oder noch besserer Auflösung ergeben. Die meisten aufgeklärten Proteinkristallstrukturen beruhen auf Daten mit einer Auflösungsgrenze zwischen 2 und 3 Å, wobei die Zahl der hochaufgelösten Strukturen mit Daten von 1,5 bis 2 Å ständig zunimmt. Die erste Interpretation einer Elektronendichte wird meist bei einer Auflösung von circa 3 Å vorgenommen (Abb. 17.8). Das daraus resultierende Modell enthält meist noch eine Vielzahl von Fehlern, die durch die sogenannte kristallographische Verfeinerung verringert werden. Bei diesem Prozess der Verfeinerung wird versucht, die Differenz zwischen den experimentell beobachteten Strukturfaktoramplituden (F_{obs}) und den von dem augenblicklichen Modell berechneten F_{calc} zu minimieren. Dies geschieht mit Hilfe von Computerprogrammen, die die Atomkoordinaten leicht variieren, von dem veränderten Modell neue F_{calc} berechnen und mit den F_{obs} ver-

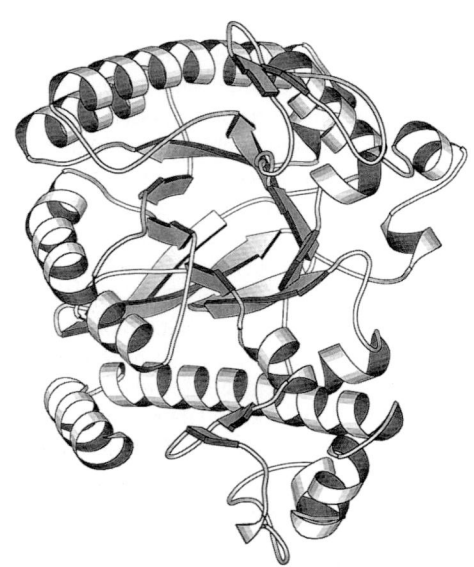

17.8 Die Struktur der tRNA-Guanin-Transglykosylase als sogenannte Ribbon-Graphik, in der die Faltung der Polypeptidkette in α-Helices und β-Stränge schematisch dargestellt werden.

gleichen. Dies wird solange wiederholt, bis die kleinsten möglichen Differenzen zwischen F_{obs} und F_{calc} erreicht werden. Die Verfeinerungsprogramme berechnen dabei verschiedene Energien, die z. B. die Abweichungen von den idealen Bindungsgeometrien, die abstoßenden Kräfte zwischen chemisch nicht gebundenen Atomen oder die Differenz zwischen F_{obs} und F_{calc} beschreiben, und versuchen diese Energieterme zu minimieren. Auch die Auflösung spielt bei dem Verfeinerungsprozess eine wichtige Rolle, da mit höherer Auflösung wesentlich mehr Daten (F_{obs}) zur Verfügung stehen.

Häufig ist es nicht möglich eine MIR- oder MAD-Elektronendichte vollständig zu interpretieren. Die fehlerhaften experimentellen Phasen können aber durch eine Kombination mit den berechneten Phasen α_{calc} aus dem verfeinerten, unvollständigen Modell verbessert werden. Eine mit diesen kombinierten Phasen errechnete Elektronendichte zeigt oft die fehlenden Teile, aber auch Fehler in dem ersten Modell. Das Modell wird manuell korrigiert und einer weiteren Verfeinerung unterzogen. Mit zunehmender Vollständigkeit und Verfeinerung des Modells werden dann die Elektronendichten nur noch mit den Modellphasen α_{calc} berechnet, wobei als Strukturfaktoramplitude meist die Differenz zwischen F_{obs} und F_{calc}, sowie die $(2 \cdot F_{obs} - F_{calc})$-Differenz verwendet wird. Durch Benutzung der $(F_{obs} - F_{calc})$-Differenz als Strukturfaktoramplitude werden die fehlenden Teile des Strukturmodells in der Dichte hervorgehoben, während die Elektronendichte einer $(2 \cdot F_{obs} - F_{calc})$-Differenz-Fourier-Synthese das gesamte Strukturmodell und seine fehlenden Teile repräsentiert. Die Übereinstimmung zwischen F_{obs} und F_{calc} wird durch den kristallographischen R-Faktor ausgedrückt:

$$R = \frac{\Sigma \mid F_{obs}(h,k,l) - F_{calc}(h,k,l) \mid}{\Sigma F_{obs}(h,k,l)}$$

Bei einer exakten Übereinstimmung wäre der R-Faktor gleich Null, für ein erstes Modell beträgt er oft zwischen 0,45 und 0,5, aber selbst für gut bestimmte und verfeinerte Proteinstrukturen liegt der R-Faktor noch zwischen 0,15 und 0,20. Diese Abweichung beruht nicht nur auf dem Messfehler der Beugungsdaten, sondern vor allem auf der nicht perfekten kristallinen Ordnung und den kleinen Unterschieden zwischen den Strukturen der einzelnen Proteinmoleküle im Kristall. Das bedeutet, dass das verfeinerte Modell einen Mittelwert zwischen den minimal verschiedenen Konformationen und Orientierungen der Moleküle im Kristall darstellt. Die Flexibilität der Polypeptidkette in Bereichen, die die Sekundärstrukturelemente (α-Helices bzw. β-Stränge) miteinander verbinden, und die daraus resultierenden vielfachen Konformationen dieser Bereiche können dazu führen, dass sie nur eine sehr schwache Elektronendichte haben. Die Beweglichkeit der Atome in einem Kristallgitter wird durch die kristallographischen Temperaturfaktoren, auch *B*-Faktoren, ausgedrückt. Sie beschreiben die Fehlordnung eines Atoms als Schwingung, wobei ein *B*-Faktor von 79 Å^2 einer Schwingung mit einer mittleren Standardabweichung von 1 Å entspricht. Während der Verfeinerung einer Proteinstruktur werden nicht nur die Koordinaten der Atome, sondern auch deren *B*-Faktoren variiert und optimiert. Die verfeinerten *B*-Faktoren sind daher ein Maß für die Flexibilität in einer Proteinstruktur. Werte bis circa 20 Å^2 stehen für eine relativ rigide und wohldefinierte Struktur. Je höher die Werte für die *B*-Faktoren sind, desto schlechter sind die Atome durch die Elektronendichte definiert. Die Qualität einer Proteinkristallstruktur wird somit durch die verschiedenen Kriterien beschrieben, wobei es keine festen Grenzwerte gibt, die grobe Fehler in einer Proteinstruktur belegen.

Neben der Elektronendichtekarte sind daher immer sämtliche verschiedenen Werte, die einen Hinweis auf eine möglicherweise fehlerbehaftete Struktur geben, zu prüfen: der *R*-Faktor sollte weniger als 0,20 betragen, die *B*-Faktoren sollten für das gesamte Proteinmolekül einen Mittelwert von 20 bis 30 Å^2 oder weniger haben, und die Abweichungen von der idealen Stereochemie sollten für die Bindungslängen nicht mehr als 0,018 Å und für die Bindungswinkel nicht mehr als 2,0 Grad betragen.

Nach Abschluss der Verfeinerung und Analyse der Struktur werden die Atomkoordinaten in der *Brookhaven Protein Data Bank* (PDB) deponiert, von wo sie spätestens ein Jahr nach der Veröffentlichung der Struktur für jedermann zugänglich werden. In dieser PDB finden sich auch die Strukturen, die mit Hilfe der NMR-Methode aufgeklärt wurden. Ein Vergleich von Strukturen, die sowohl durch NMR-Spektroskopie als auch durch Röntgenkristallographie bestimmt wurden, zeigt, dass diese sehr gut übereinstimmen, wobei die größten Unterschiede die flexiblen Bereiche in der Polypeptidkette an der Proteinoberfläche betreffen. Die NMR-Spektroskopie hat den Vorteil, die Proteine in Lösung zu untersuchen, was den oft schwierigen Schritt der Kristallisation erspart. Allerdings können mit der NMR-Spektroskopie Strukturen von Proteinen nur bis zu einem Molekulargewicht von circa 20 bis 30 kDa aufgeklärt werden, während mit kristallographischen Methoden Proteinkomplexe mit mehreren 100 kDa untersucht werden können.

NMR-Spektroskopie
Kapitel 15

Weiterführende Literatur

Borchardt-Ott, W. Kristallographie: Eine Einführung für Naturwissenschaftler. 4. Auflage, Springer-Verlag, Heidelberg 1993.
Drenth, J. Principles of Protein X-ray Crystallography. Springer-Verlag, New York, 1994.
Ducruix, A. and Giege, R. Crystallization of Nucleic Acids and Proteins, A Practical Approach. IRL Press, Oxford, 1992.
Glusker, J.P., Lewis, M., Rossi, M. Crystal Structure Analysis for Chemists and Biologists. VCH-Verlagsgesellschaft, Weinheim, 1994.
Massa, W. Kristallstrukturbestimmung. 2. Aufl., Teubner, Stuttgart 1996.

ns
Teil III

Spezielle Stoffgruppen

18 Analytik synthetischer Peptide

Synthetische Peptide erlangen immer größere Bedeutung nicht nur in der Erforschung von bioaktiven Peptiden wie z. B. von Hormonen und Neurotransmittern und in der Wirkstoffentwicklung, sondern auch in der Proteinforschung. Synthetisch dargestellte Segmente von Proteinen dienen als Referenzen bei der Identifizierung einer Primärsequenz, werden zur Epitopcharakterisierung von viralen und bakteriellen Oberflächenproteinen eingesetzt („synthetische Impfstoffe"), dienen zur anti-Protein-Antikörpergewinnung, die dann gegen ganz bestimmte Proteinbereiche gerichtet sind und werden zur Konformationsanalyse von Segmenten eingesetzt. Für diese vielfältigen Anwendungen hat sich in den letzten Jahren die Festphasenstrategie als wirkungsvollste Synthesemethode herauskristallisiert, insbesondere wenn nur geringe Mengen (< 100 mg) und durchschnittliche Reinheit (95–98 %) benötigt werden.

18.1 Prinzip der Peptidsynthese

Bei der chemischen Synthese von Peptiden und Proteinen werden Aminosäuren durch die Bildung von Säureamiden durch Kondensationsreaktion schrittweise miteinander verknüpft (Abb. 18.1). Da jede Aminosäure sowohl eine NH_2- wie auch eine COOH-Gruppe besitzt, müssen – für einen eindeutigen Ablauf dieser Kondensationsreaktionen – sowohl die *N*-terminale Aminogruppe des ersten Reaktionspartners, dessen Carboxygruppe in Reaktion treten soll, als auch die *C*-terminale Carboxygruppe des anderen Reaktionspartners, dessen Aminokomponente reagieren soll, durch reversibel spaltbare Schutzgruppen blockiert werden (Abb. 18.2). Um unerwünschte Nebenreaktionen völlig zu vermeiden, müssen darüber hinaus die reaktiven Seitenketten der sogenannten trifunktionellen Aminosäuren (Lys, Arg, His, Glu, Asp, Ser, Thr, Tyr, Cys) in reversibler Form geschützt werden (Abb. 18.3). Andererseits muss für eine effiziente Amidbildung die reaktionsträge, freie Carboxygruppe der Carboxykomponente in ein reaktionsfähiges, aktiviertes Derivat umgewandelt werden.

Bei der von R. Bruce Merrifield 1963 eingeführten Methode der Festphasenpeptidsynthese wird das Peptid an einem polymeren Träger sequentiell vom *C*- zum *N*-Terminus aufgebaut. Im ersten Schritt wird die *C*-terminale Aminosäure des zu synthetisierenden Peptides mit ihrer Carboxygruppe über eine Ankergruppierung mit dem polymeren Träger (Harz) verbunden (Abb. 18.2 und 18.3). Unter einem Anker versteht man ein Segment, das nach beendeter Synthese die Abspaltung des Peptides von der festen Phase unter spezifischen Bedingungen ermöglicht. Die in der Sequenz folgende, *N*-terminal geschützte Aminosäure wird am Carboxyterminus mittels Kupplungsreagenzien aktiviert (z.B. als Ester) und dann an das freie Aminoende der Peptidkette gekuppelt. Nach der Abspaltung der Aminoschutzgruppe folgt die Kupplung der nächsten *N*-terminal geschützten Aminosäure. Dieser Cyclus von Kupplung und Abspaltung wird so lange wiederholt, bis das Peptid die gewünschte Länge erreicht hat. Nachdem sämtliche Kupplungen durchgeführt wurden, wird das Peptid vom Harz abgespalten, das heißt, die kova-

468 TEIL III: SPEZIELLE STOFFGRUPPE

18.1 Prinzip der Peptidsynthese. Die Peptidbindung, die die Aminosäuren verknüpft, wird durch eine Kondensationsreaktion erzielt.

18.2 Schematische Darstellung von Peptiden nach der Festphasensynthese. Die Peptide sind C-terminal am Anker kovalent gebunden. Die N-terminal geschützten Peptide (z. B. mit Fmoc-Schutzgruppe) werden unter Aktivierung gekuppelt. Die N-terminale Schutzgruppe wird durch ein geeignetes Reagenz abgespalten. Dieser Cyclus wird wiederholt, bis das gewünschte Peptid dargestellt wird. Im letzten Schritt werden die Schutzgruppen der Seitenketten abgespalten und das Peptid vom Polymer gelöst.

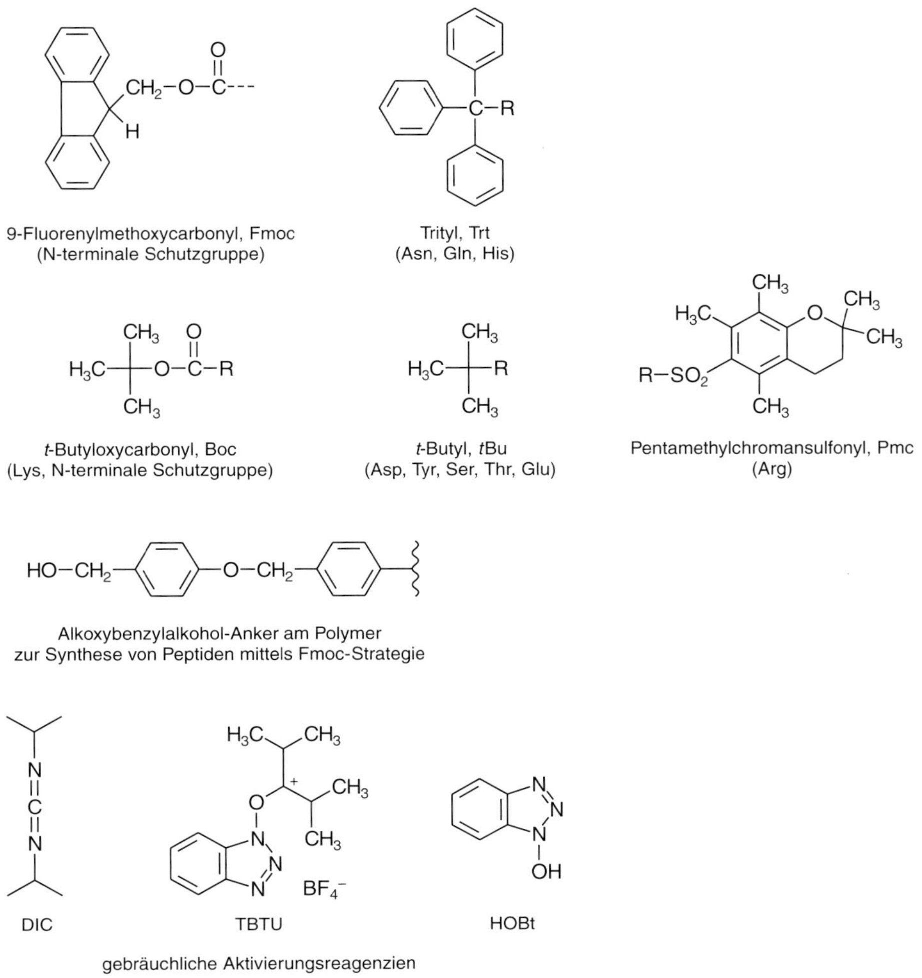

9-Fluorenylmethoxycarbonyl, Fmoc
(N-terminale Schutzgruppe)

Trityl, Trt
(Asn, Gln, His)

t-Butyloxycarbonyl, Boc
(Lys, N-terminale Schutzgruppe)

t-Butyl, tBu
(Asp, Tyr, Ser, Thr, Glu)

Pentamethylchromansulfonyl, Pmc
(Arg)

Alkoxybenzylalkohol-Anker am Polymer
zur Synthese von Peptiden mittels Fmoc-Strategie

DIC **TBTU** **HOBt**
gebräuchliche Aktivierungsreagenzien

18.3 Strukturformeln und Abkürzungen der wichtigsten Reagenzien in der Peptidsynthese. N-terminale Schutzgruppen, Seitenkettenschutzgruppen für trifunktionelle Aminosäuren, Anker und Kupplungsreagenzien.

lente Bindung zwischen C-terminaler Aminosäure und der Ankergruppierung des polymeren Trägers wird getrennt, wobei je nach Anker das Peptid als Säure oder als Amid entsteht. Die Seitenkettenschutzgruppen werden hierbei meistens mitabgespalten.

Bei der Wahl der Schutzgruppen ist es entscheidend, dass im Laufe der Synthese die N-terminale Schutzgruppe ständig wieder entfernt werden muss, ohne dass es zur vorzeitigen Abspaltung der Seitenkettenschutzgruppen kommt. Es ist also eine abgestufte Stabilität von Seitenketten- und terminalen Schutzgruppen erforderlich. Dabei müssen aber alle am Ende der Synthese noch vorhandenen Schutzgruppen immer noch so labil sein, dass sie wieder abgespalten werden können, ohne dass das Peptid dadurch geschädigt wird. Dieses Problem wird heute meistens mit der Fmoc- oder mit der Boc-Strategie gelöst. Abbildung 18.2 zeigt das Grundprinzip der Peptidsynthese nach der Fmoc-Strategie.

Die Fmoc-Strategie schützt die α-Aminogruppe mit dem basisch leicht abspaltbaren Fluorenylmethoxycarbonyl-Rest (Fmoc). Die Fmoc-Schutzgruppe ist über eine Urethanbindung mit der α-Aminogruppe verknüpft, die durch Piperidin unter β-Eliminierung gespalten wird (Abb. 18.4A). Die Basenlabilität der Fmoc-Gruppe beruht auf der Acidität des H-Atoms am C_9-Atom des Fluorensystems, also auf der relativen Stabilität des dabei entstehenden Anions. Zum Seitenkettenschutz werden hingegen säurelabile Gruppen eingesetzt, Analoges gilt für den Anker.

Nach der Abspaltung der Fmoc-Schutzgruppe am N-Terminus der Peptidkette muss der Carboxykohlenstoff der zu kuppelnden Aminosäure durch elektronenziehende Gruppen aktiviert werden, um den nucleophilen Angriff der elektronen-

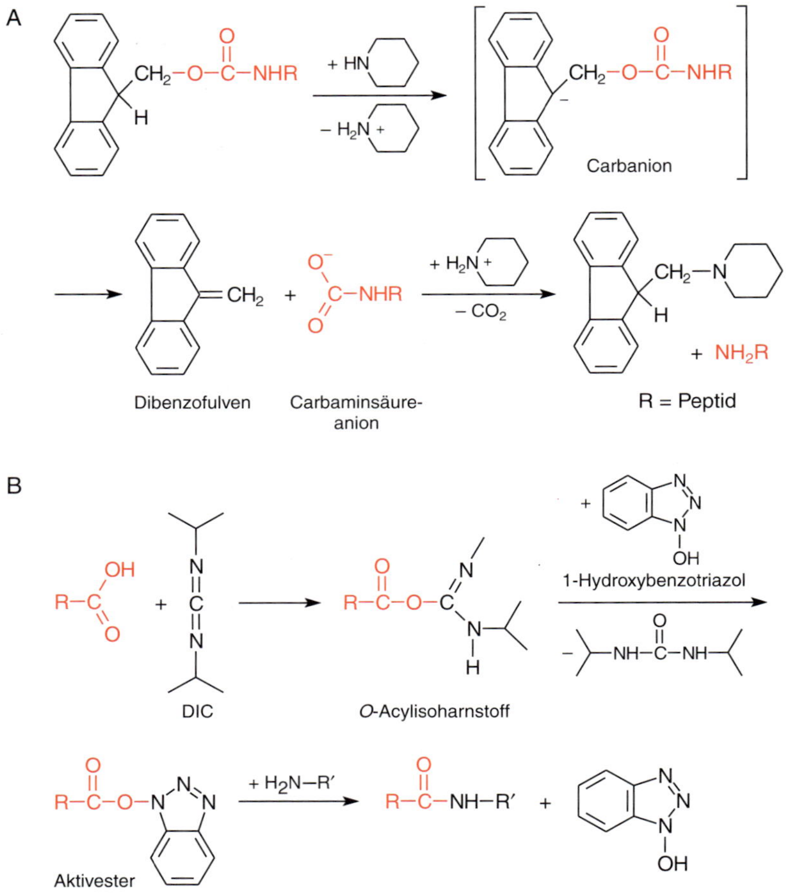

18.4 Wichtige Reaktionsmechanismen in der Peptidsynthese. A: Abspaltung der N-terminalen Schutzgruppe Fmoc mittels Piperidin. B: Aktivierung der Carboxygruppe mittels DIC und HOBt und Kupplung mit der Aminogruppe (Kondensationsreaktion zur Knüpfung der Peptidbindung).

reichen Aminogruppe zu ermöglichen (Abb. 18.4B). Zur Bildung einer Peptidbindung wird z. B. die zu kuppelnde Aminosäure zuerst im 10fachen Überschuss zugegeben und mit den Aktivierungsreagenzien N,N'-Diisopropylcarbodiimid (DIC)/1-Hydroxybenzotriazol (HOBt) aktiviert. Danach wird mit DMF gewaschen und dieselbe Aminosäure im 5fachen Überschuss zugegeben und mit den Aktivierungsreagenzien 2-(1H-Benzotriazol-1-yl)-1,1,3,3-tetramethyluronium-tetrafluorborat (TBTU)/1-Hydroxy-benzotriazol (HOBt) aktiviert (Abb. 18.3). Der Mechanismus der Aktivierung mit DIC verläuft über ein O-Acylisoharnstoffzwischenprodukt, das auf unterschiedliche Weise unter Knüpfung der Peptidbindung mit der Aminogruppe einer Aminosäure weiter reagieren kann. Die Kupplung erfolgt unter Zugabe von 1-Hydroxybenzotriazol (HOBt) (Abb. 18.4B). Aus dem anfänglich gebildeten O-Acylisoharnstoff entsteht hierdurch ein Aktivester, der eine geringere Tendenz zu Enolisierung am chiralen C_α-Atom hat. Die Wahrscheinlichkeit für eine Racemisierung wird somit deutlich verringert. TBTU ist ein Kupplungsreagenz mit hoher Reaktivität. Die Bildung der aktiven Aminosäure verläuft in diesem Fall basenkatalysiert. Auch hier entsteht zunächst – analog zur Aktivierung mit DIC – ein O-acetyliertes Isoharnstoffderivat. Gleichzeitig wird ein HOBt-Anion freigesetzt. Das Zwischenprodukt kann nun direkt mit der freien Aminokomponente eine Peptidbindung eingehen oder mit dem freigesetzten HOBt einen Aktivester bilden. Neben dem Peptid tritt als Produkt N,N'-Tetramethylharnstoff auf. Durch den Basenzusatz erhöht sich die Nucleophilie der Aminokomponente. Auch bei dieser Methode wird durch das HOBt die Tendenz zur Racemisierung deutlich verringert. Um den Anteil an Fehlsequenzen zu senken und die Ausbeute zu erhöhen, kann, wie oben beschrieben, eine Position zweimal gekuppelt werden, ohne dazwischen die N-terminale Schutzgruppe abzuspalten.

Die Entfernung der Seitenkettenschutzgruppen sowie die Abspaltung vom Harz nach der Synthese erfolgt in einem Schritt durch konzentrierte Trifluoressigsäure unter Zusatz von 5–20 % Scavenger. Hierbei handelt es sich um Kationen- und Radikalfänger, die unerwünschte Nebenreaktionen unterdrücken: elektronenreiche Aromaten (Thioanisol, Kresol) und Thiole zum Abfangen der Abspaltprodukte (Ethandithiol).

Die konsequente Weiterentwicklung der Festphasensynthese war ab 1985 die **multiple Peptidsynthese**: die gleichzeitige Synthese vieler Peptidsequenzen unterschiedlicher Länge und beliebiger Aminosäurenzusammensetzung. Die immer gleichen Abspaltungs-, Kupplungs- und Waschschritte lassen sich automatisieren (Abb. 18.5).

Die Synthese kann z. B. in nach unten offenen Polypropylengefäßen (Einwegspritzen) durchgeführt werden, die mit Frittenböden versehen sind. Diese werden auf eine spezielle Halterung, den sogenannten Absaugblock, gesteckt. Durch Anlegen eines leichten Stickstoffüberdrucks an den Block wird ein Abfließen der Reaktionslösungen während der Reaktion verhindert. Durch Anlegen eines leichten Vakuums können die Reaktionsgefäße nach der Reaktion bzw. während des Waschens entleert werden. Die Zugabe der Reagenzien und des Lösungsmittels erfolgt über einen computergesteuerten, einnadeligen Pipettierarm. Die Sequenzen und Synthesebedingungen werden im Steuerungscomputer erfasst. Dieser berechnet dann die Menge und Konzentration der benötigten Substanzen, welche in die dafür vorgesehenen Gefäße abgefüllt werden. Jeder Durchlauf des folgenden Cyclus verlängert die Peptidkette um eine Aminosäure. Der Synthesizer führt den Cyclus bis zur gewünschten Kettenlänge immer wieder durch:

1. Abspaltung der Fmoc-Schutzgruppe am Aminoende der Peptidkette
2. Waschen der Harze mit DMF
3. Kupplung der nächsten Aminosäure nach Aktivierung
4. Waschen der Harze mit DMF
5. Eventuell Doppelkupplung der Aminosäure
6. Waschen der Harze mit DMF.

Die Abspaltung der Peptide vom Harz und das Entfernen der Seitenkettenschutzgruppen erfolgt mit Trifluoressigsäure unter Zusatz von Scavengern. So entstehen z. B. aus den Boc- und t-Bu-Schutzgruppen durch einen S_N1-Mechanismus t-Bu-Kationen (bzw. t-Bu-Trifluoroacetat), die ohne den Zusatz von Scavengern das Tyrosin in 3′-Position des Phenylrings alkylieren können. Auch andere Aminosäuren, wie etwa Trp und Met, können hierdurch alkyliert werden. Ein häufig auftretendes weiteres Problem bei der Synthese ist die Oxidation des Methionins, die durch die Verwendung eines multiplen Saugblockes verschärft wird, da mit dieser Methode immer wieder Luftsauerstoff durch die in DMF gequollenen Harze

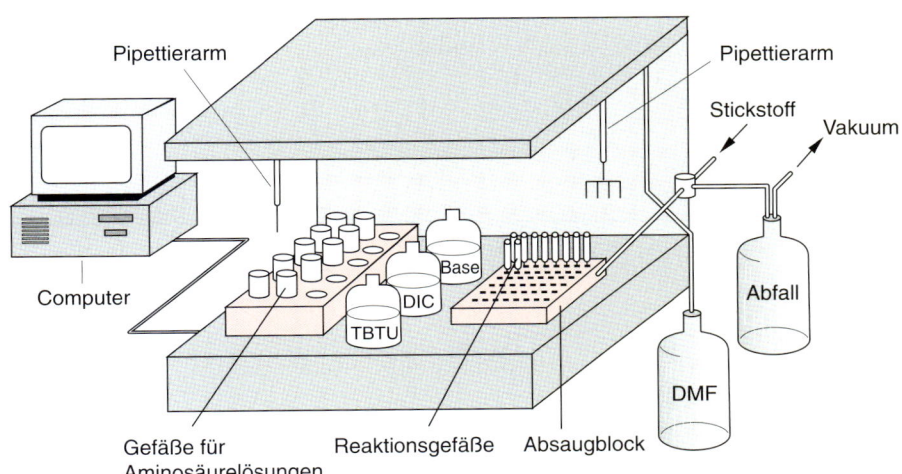

18.5 Multipler Peptidsyntheseapparat zur parallelen Darstellung einer Vielzahl von Peptiden.

gesaugt wird. Der Anteil der oxidierten Peptide kann abhängig von der Position des Methionins im Peptid bis zu fünfzig Prozent betragen. Je näher sich das Methionin am *C*-Terminus befindet, desto häufiger ist es dem Luftsauerstoff ausgesetzt und wird deshalb zu einem höheren Prozentsatz oxidiert.

Bei der Synthese von Peptiden ergeben sich somit eine ganze Reihe von kritischen Schritten, die bei der Analytik besonders beachtet werden müssen (Tabelle 18.1). Als nicht peptidische Verunreinigungen können insbesondere Reste der Scavenger, bzw. der Scavenger-Schutzgruppenaddukte auftreten. Die häufigsten peptidischen Verunreinigungen sind im Allgemeinen Fehlsequenzen, die von unvollständigen Kupplungen an einzelnen Positionen oder unvollständiger Abspaltung der *N*-terminalen Schutzgruppen stammen. Desweiteren kann eine Racemisierung während der Kupplung zu Diastereomeren führen. Häufig beobachtete Nebenreaktionen sind die Modifizierung (Alkylierung) von Aminosäuren, die unvollständige Abspaltung der Seitenkettenschutzgruppen und die Oxidation von Methionin.

Kein Problem stellt im Allgemeinen die Produktmenge dar, die für die Analytik eingesetzt werden kann, da Synthesen im Milligramm- bis Grammmaßstab durchgeführt werden, was für eine umfassende Analytik (HPLC, UV, Aminosäurenanalyse und ESI-MS) völlig ausreichend ist.

Tabelle 18.1 Zusammenstellung der häufigsten Nebenprodukte oder Nebenreaktionen bei der Synthese von Peptiden und ihre Identifizierung

Nebenprodukt/Nebenreaktion	Identifizierung	Charakterisierung
Scavenger (Thioanisol, Thiokresol)	HPLC	UV (Photodiodenarray)
Salz	Aminosäurenanalyse	
Fehlsequenzen	HPLC, CZE	MS [M–M$_{Aminosäure}$]
Racemisierung und Diastereomerenbildung	HPLC, CZE	GC-Aminosäurenanalyse
Unvollständige Abspaltung von Seitenschutzgruppen, z. B. Arg (Pmc)	HPLC	UV (Photodiodenarray) MS: [M+266]
Alkylierung mit *t*-Butanol oder unvollständige Abspaltung der *t*-Butyl-Seitenkettenschutzgruppe	HPLC, MS	MS: [M+57]
Oxidation von Met	HPLC	MS: [M+16]
Desamidierung von Gln, Asn	HPLC	MS: [M–17]
Polymere	HPLC	MS: [2M]
Addition von Piperidin in Asp-Xaa-Sequenzen, häufig zusammen mit Wassereliminierung	HPLC	MS: [M+67], [M–18]
Sulfonierung durch Arg(Pmc) oder Arg(Mtr)	HPLC, CZE	MS: [M+81]

18.2 Untersuchung der Reinheit synthetischer Peptide

Die erste Frage nach der Abspaltung des Peptides vom polymeren Träger gilt der Reinheit. Als Standardmethode wird hierfür HPLC an reversen Phasen, häufig RP-8 oder RP-18, angewendet. Als mobile Phasen werden häufig Acetonitril/Wasser/Trifluoressigsäure (0,1 %) und seltener Acetonitril/Wasser/Ameisensäure-Systeme verwendet. Solche Systeme mit apolaren stationären Phasen und polaren mobilen Phasen nennt man auch Umkehrphasensysteme. Um schärfere Peaks und kürzere Retensionszeiten zu erhalten, wird mit Gradientenelution gearbeitet. Dabei wird die Zusammensetzung der mobilen Phase während der Messung geändert. Die Zusammensetzung des Elutionsmittels hängt stark vom erwarteten Produkt ab: Viele synthetische Peptide lassen sich mit einem Gradienten 10 % Acetonitril/90 % Wasser auf 60 % Acetonitril/40 % Wasser innerhalb von 30 min auftrennen. Beiden Elutionsmitteln wird Trifluoressigsäure (0,08–0,11 %, pH 2) zugesetzt, um die Peptide vollständig zu protonieren. Trifluoressigsäure eignet sich besonders gut, da sie eine geringe Absorption bei 214 nm aufweist und Peptidbindungen nicht hydrolysiert. Als Nachteil muss die schlechte Handhabbarkeit – Trifluoressigsäure ist sehr flüchtig – und die Toxizität angesehen werden. Bei Peptiden > 30 Aminosäuren oder sehr hydrophoben Sequenzen wird mit 25 % Acetonitril/75 % Wasser begonnen. Bei der Dauer des Gradienten gilt die Faustregel: *maximale Änderung der Zusammensetzung der Elutionsmittel von 2 %/min*. Sehr hydrophobe Peptide, z. B. Transmembransegmente, haben die Eigenschaft zu aggregieren und sich unspezifisch an alle Oberflächen anzulagern. Eine Trennung mit den oben beschriebenen Systemen gelingt häufig nicht. Bessere Erfolge können durch die Verwendung eines hohen Anteils von Ameisensäure erzielt werden. Ein Gradient von 40 % Ameisensäure/Acetonitril (3 : 2)/60 % Ameisensäure/Wasser (3 : 2) auf 90 % Ameisensäure/Acetonitril (3 : 2)/10 % Ameisensäure/Wasser (3 : 2) kann hierfür empfohlen werden. Eine weitere Möglichkeit ist die Verwendung von Säulen, die *CN*-gebundene oder C_4-Phasen enthalten.

Reversed Phase-HPLC Abschnitt 9.6

Als Detektor wird üblicherweise ein UV-Detektor mit fester Wellenlänge oder ein Photodiodenarray-Detektor verwendet. Elutionsmittel, die ausschließlich Wasser, Acetonitril und Trifluoressigsäure enthalten, erlauben die Detektion bei 214 bis 220 nm, in der Nähe des Absorptionsmaximums der Peptidbindung. Ein Photodiodenarray-Detektor gibt außer der Reinheit auch erste Hinweise auf die Identität der Produkte (Abschnitt 18.3). Wenn man im Elutionsmittel Ameisensäure verwendet, kann die Detektion der Peptide nur bei 280 nm erfolgen. Bei dieser Wellenlänge werden die aromatischen Aminosäuren der Peptide detektiert. Peptide, die keine aromatischen Aminosäuren enthalten, können nicht detektiert werden.

Eine weitere Methode, die immer mehr für die Analytik synthetischer Peptide an Bedeutung gewinnt, ist die Kapillarzonenelektrophorese. Die Trennung erfolgt hierbei auf Grund der unterschiedlichen Ladung im elektrischen Feld. Variiert werden zur Optimierung der Elektrophoresebedingungen überwiegend der pH-Wert der Puffer und die Ionenstärke. Da Peptide jedoch häufig hohe isoelektrische Punkte aufweisen, gelingt die Optimierung mit hohen pH-Werten nur schlecht. Bessere Ergebnisse werden durch den Zusatz von sogenannten Kationen-Surfactants, wie Hexadecyltrimethylammoniumchlorid erhalten. Die Trennung basiert auf der unterschiedlichen Verteilung der Verbindungen zwischen der wässrigen und der ionischen micellaren Pseudophase und wird **micellare elektrokinetische Kapillarzonenelektrophorese** (MECC) genannt. Substanzen, die sich nur wenig in Größe, Form, Hydrophobizität oder Ladung unterscheiden, können so getrennt werden. Dies ist in Abbildung 18.6 am Beispiel von vier sehr ähnlichen Peptiden gezeigt, die sich lediglich dadurch unterscheiden, dass eine Position eines 17-mers entweder Leu, Ala, Gly oder Ile ist.

Kapillarzonenelektrophorese Abschnitt 11.6

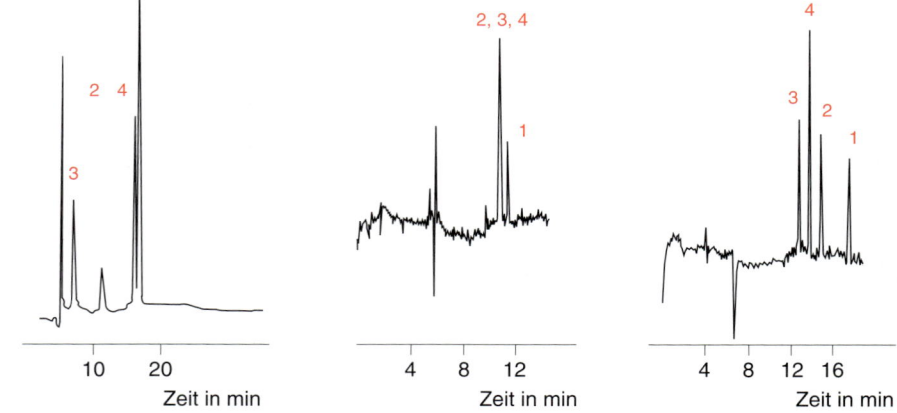

18.6 Vergleich der Trennung eines Gemisches aus vier ähnlichen Peptiden mittels HPLC (A), Kapillarzonenelektrophorese (B) und micellarer elektrokinetischer Kapillarzonenelektrophorese (C): YPSKLRHYIN**L**ITRQRY (1), YPSKLRHYIN**A**ITRQRY (2), YPSKLRHYIN**G**ITRQRY (3) und YPSKLRHYIN**I**ITRQRY (4).

Dünnschichtchromatographie
Abschnitt 20.3.1

Ellmans Reagenz
Abbildung 6.8

Aminosäurenanalyse
Kapitel 12

Eine Methode, die allerdings nur in speziellen Fällen zur Reinheitskontrolle eingesetzt werden kann, ist die **Dünnschichtchromatographie.** Während in den meisten Fällen keine Routinetrennung angewendet werden kann, sind bestimmte Reaktionen besonders gut mit Dünnschichtchromatographie zu kontrollieren. Hierzu gehören unter anderem die Modifizierung von Aminogruppen (freie Aminogruppen werden mit Ninhydrin-Sprühreagenz detektiert), die Bildung von Disulfidbrücken (freie SH-Gruppen werden mit Ellmans Reagenz nachgewiesen) oder die Phosphorylierung von Thr, Ser oder Tyr.

Durch die Aminosäurenanalyse erhält man Hinweise auf den Salzgehalt der Peptide. Hierfür werden sie nach der Synthese wieder hydrolysiert. Da bei der Hydrolyse Asn zu Asp und Gln zu Glu wird, können diese Aminosäuren nur summarisch betrachtet werden. Der Gehalt einer Probe wird durch das Verhältnis von gefundener Menge aus der Analyse und theoretischer Menge nach der Einwaage berechnet. Ein Salzgehalt von 20 bis 40 Gewichtsprozenten bei Rohprodukten ist nicht ungewöhnlich und hängt stark von der Anzahl der geladenen Aminosäuren und vom Gegen-Ion ab. Trifluoracetate haben einen höheren Salzgehalt als Hydrochloride oder Acetate, da das Trifluoracetat-Anion selbst schwerer ist. Eine Umwandlung der nach der Abspaltung oder präparativen Reinigung vorliegenden Trifluoracetate in die Hydrochloride kann durch Lyophilisation (Gefriertrocknung) aus 0,1 N HCl erfolgen. Nachteil dieser Salzform ist allerdings die hohe Hygroskopie der Hydrochloride.

Desweiteren kann durch das Verhältnis der einzelnen Aminosäuren zueinander beurteilt werden, welche Aminosäuren eines Peptides einwandfrei und welche schlecht gekuppelt haben. Als Standard-Bezugsaminosäure wird häufig Alanin verwendet, da dieses weder bei der Hydrolyse noch bei der Derivatisierung modifiziert wird und in vielen Peptiden vorkommt.

18.3 Charakterisierung und Identität synthetischer Peptide

UV-Spektroskopie
Abschnitt 7.2

Erhält man im Chromatogramm oder Elektropherogramm mehrere Produkte, so stellt sich stets die Frage: Welches ist die gewünschte Sequenz und welches sind die Nebenprodukte? Wird als Detektor bei der Chromatographie ein Photodiodenarraydetektor verwendet, der kontinuierlich zu jedem Peak das zugehörige UV-Spektrum aufzeichnet, so können nicht-peptidische Verunreinigungen (Sca-

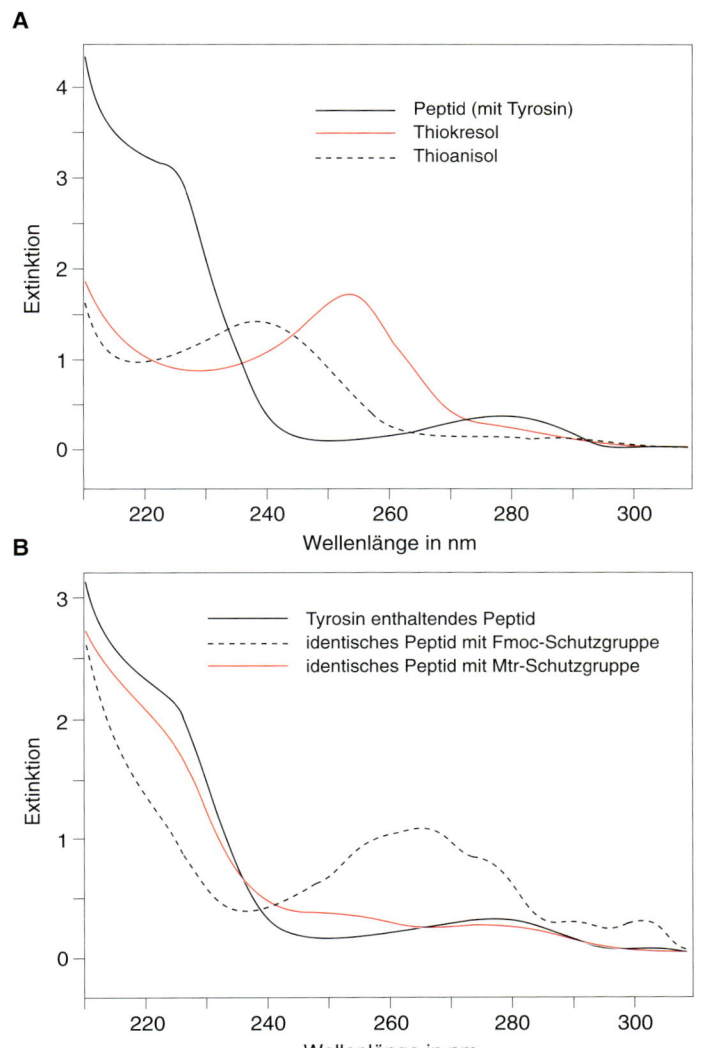

18.7 UV-Spektren, die direkt von der HPLC durch Photodiodenarray-Detektion erhalten wurden. (A) Spektren von tyrosinhaltigem Peptid, Thioanisol und Thiokresol. (B) Spektren von tyrosinhaltigem, ungeschützten Peptiden mit Fmoc und Mtr-Schutzgruppe.

venger, Schutzgruppen) sofort auf Grund ihres Spektrums identifiziert werden. Es fehlt die typische hohe Absorption bei 210–220 nm, dafür sind Absorptionsmaxima im Aromatenbereich dominierend (Abbildung 18.7A). Modifizierungen, wie Seitenkettenalkylierungen von Tyr und Trp, können ebenfalls im UV durch die Verschiebung der Aromaten-Maxima erkannt werden. Des Weiteren können noch verbliebene Schutzgruppen, z. B. 4-Methoxy-2,3,6-trimethylbenzolsulfonyl, (Mtr, Abbildung 18.7B), im UV-Spektrum, das direkt während der Chromatographie aufgezeichnet wurde, vom freien Peptid unterschieden werden. Die *N*-terminale Fmoc-Schutzgruppe hat drei typische Maxima bei 266 nm, 289 nm und 300 nm mit den entsprechenden Absorptionskoeffizienten $\varepsilon_{266} = 17500$, $\varepsilon_{289} = 5800$ und $\varepsilon_{300} = 7800$ und kann daran leicht erkannt werden. Außerdem ermöglicht die Detektion bei zwei oder mehr Wellenlängen die Zuordnung von modifizierten Peptiden mit unterschiedlicher Absorption. So gelingt z. B. die Identifizierung des Produkts, das bei unvollständiger Derivatisierung den Fluoreszenzfarbstoff bereits trägt (Abbildung 18.8), mittels HPLC und Paralleldetektion bei 220 und 552 nm. Eine anschließende Optimierung der Chromatographiebedingungen zur präparativen Reinigung wird so stark vereinfacht.

Die heutzutage wichtigste Methode zur Charakterisierung von synthetischen Peptiden ist jedoch die Massenspektrometrie. Geeignete Spektrometer zeichnen sich insbesondere durch sanfte Ionisierungsmethoden aus, wie die Elektrospray-

HPLC
Kapitel 9

MALDI
Abschnitt 14.1

ESI
Abschnitt 14.2

Ionisierung (ESI) oder die MALDI-Technik und sind in der Lage, Peptide unfragmentiert zu messen. Bei der Elektrospray-Ionisierung werden Serien von geladenen Ionen vom Typ $[M+nH]^{n+}$ generiert, die dann mit dem Massenspektrometer nachgewiesen werden. Größere Peptide sind im positiven Messmodus durch Protonierung von N-Terminus, Lys und Arg-Seitenketten zweifach, dreifach oder vierfach positiv geladen. Abbildung 18.9 zeigt das Massenspektrum eines reinen 16-mer-Peptids (A) mit den Peaks $[M+H]^+$ (1774,5 amu), $[M+2H]^{2+}$ (887,5 amu) und den $[M+3H]^{3+}$ (592,5 amu), sowie ein Spektrum des selben Peptids mit zwei typischen, peptidischen Verunreinigungen. Durch Berechnung der Differenzen der $[M+H]^+$ Peaks oder der doppelten Differenzen der $[M+2H]^{2+}$ Peaks erkennt man, dass es sich bei den Nebenprodukten um Moleküle mit den Massen M–156 und M+266 handelt, die mit einer Arg-Fehlsequenz (unvollständige Kupplung) und einem Arg mit Seitenschutzgruppe (unvollständige Abspaltung) korreliert werden können.

Etwas schwieriger ist die Analyse von hydrophober Peptide im ESI-Spektrometer, die keine oder nur wenige polare, protonierbare Aminosäuren enthalten. Durch Glu und Asp können die Peptide eine negative Nettoladung erhalten. Dadurch werden die Peptide in diesem Fall fragmentiert, d. h. die Peptidbindung wird an mehreren Stellen gebrochen. Dies führt dazu, dass M^{2+} und M^{3+} im Spektrum häufig nicht dominierend vorhanden sind und somit nicht unbedingt auf die Qualität der Peptide geschlossen werden kann. Um die stark fragmentierten Massenspektren hydrophober, ungeladener Peptide zu interpretieren, kann wie folgt vorgegangen werden:

1. M^{2+} und M^{3+} suchen
2. Fehlsequenzen durch Subtraktion einzelner Aminosäuren von M^{2+} und M^{3+} suchen
3. Identifikation von N- und C-terminalen Fragmenten
4. Fehlsequenzen der Fragmente durch Subtraktion einzelner Aminosäuren suchen
5. Interpretation der Auswertung.

Das in Abbildung 18.10 gezeigte Massenspektrum ist daher durchaus mit einem einheitlichen Produkt vereinbar, wenngleich auch der $[M+2H]^{2+}$-Peak bei 1297 amu nicht der dominante Peak ist. Die Identifizierung der Fragmente und die Sequenz des Peptides sind ebenfalls in Abbildung 18.10 dargestellt. Weitere Möglichkeiten zur Untersuchung von sauren Peptiden liefert die Messung im Negativmodus (Detektion der Anionen). Allerdings ist diese Technik wesentlich unempfindlicher und schwieriger zu optimieren, insbesondere für Peptide.

Somit liefert die Massenspektrometrie durch die auftretenden Peaks wertvolle Informationen über den Erfolg der Synthese:

> Ist nur ein Produkt der korrekten Masse einer chromatograph einheitlichen Probe vorhanden, so war die Synthese erfolgreich. Sind weitere Peaks erkennbar, die sich vom gewünschten Produkt um die Masse einzelner Aminosäuren oder Schutzgruppen unterscheiden, kann davon ausgegangen werden, dass Fehlsequenzen vorliegen.

Somit kann beurteilt werden, welche Regionen der Peptidkette richtig vorliegen. Hinweise auf Fehlsequenzen zeigen die synthetisch problematischen Stellen in der Peptidkette, die in einer weiteren Synthese kontrolliert werden können. Auch Nebenprodukte, z. B. Peptide mit oxidiertem Methionin, können leicht identifiziert werden. Die Kombination von HPLC und Massenspektroskopie liefert somit im Allgemeinen eine recht verlässliche Aussage über die Qualität eines Peptids. Abbildung 18.11A ist das Chromatogramm des Rohproduktes eines synthetischen 28-mers, das neben dem Hauptprodukt eine Verunreinigung von 18 % enthält, abgebildet. Das dazugehörige Massenspektrum (Abbildung 18.11B) zeigt, dass das Hauptprodukt die korrekte Sequenz repräsentiert, wogegen die Verunrei-

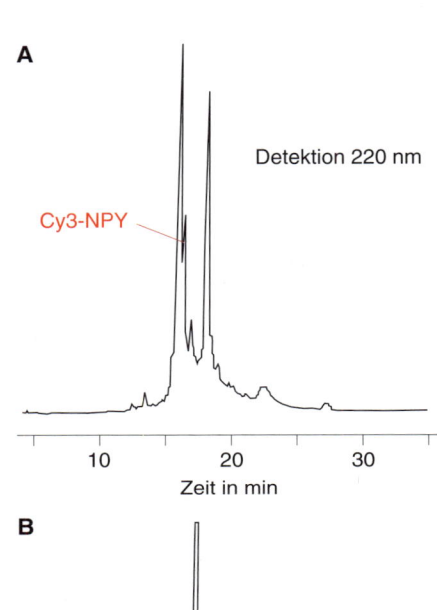

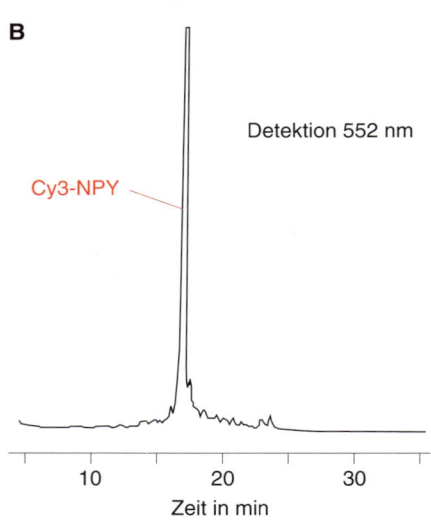

18.8 HPLC-Chromatogramm eines Gemisches. Das Neuropeptidhormon NPY (36-mer) wurde in Lösung mit dem Fluoreszenzfarbstoff Cy3 umgesetzt. (A) Die Detektion bei 220 nm zeigt alle peptidischen Komponenten. (B) Mittels der Detektion bei 552 nm (Absorptionsmaximum des Cyaninfarbstoffs) kann der zweite Peak mit einer Retentionszeit von 16,2 min als Produkt identifiziert werden.

18 ANALYTIK SYNTHETISCHER PEPTIDE 477

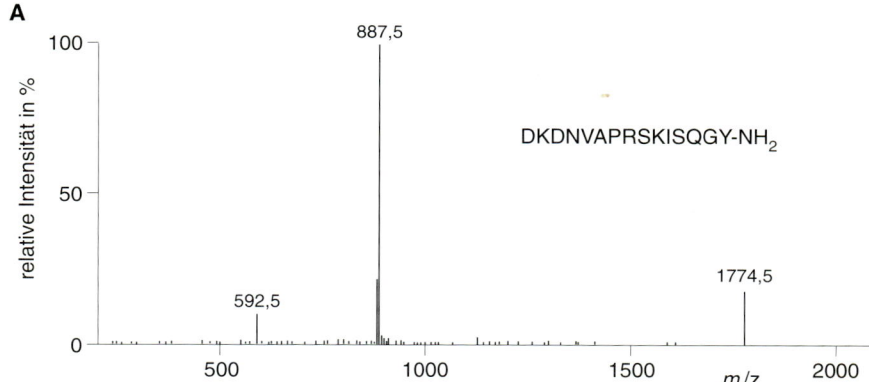

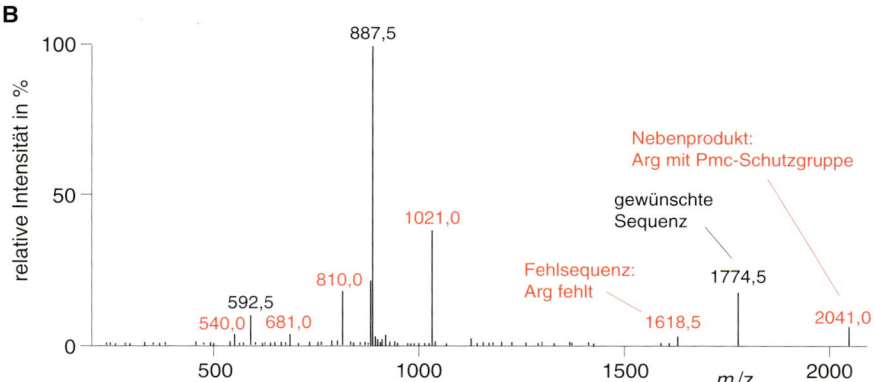

18.9 Elektrospray-Massenspektren des gereinigten 16-mer-Peptidamids (Masse = 1773,5 amu) (A) und des Rohprodukts (B), das als Verunreinigungen ein Produkt mit einer Masse von 1617,5 amu (M−156 amu) und eines mit einer Masse von 2040,5 amu (M+266 amu) aufweist. Dies kann als eine Arg-Fehlsequenz und ein modifiziertes Arg (mit Pmc-Schutzgruppe) interpretiert werden.

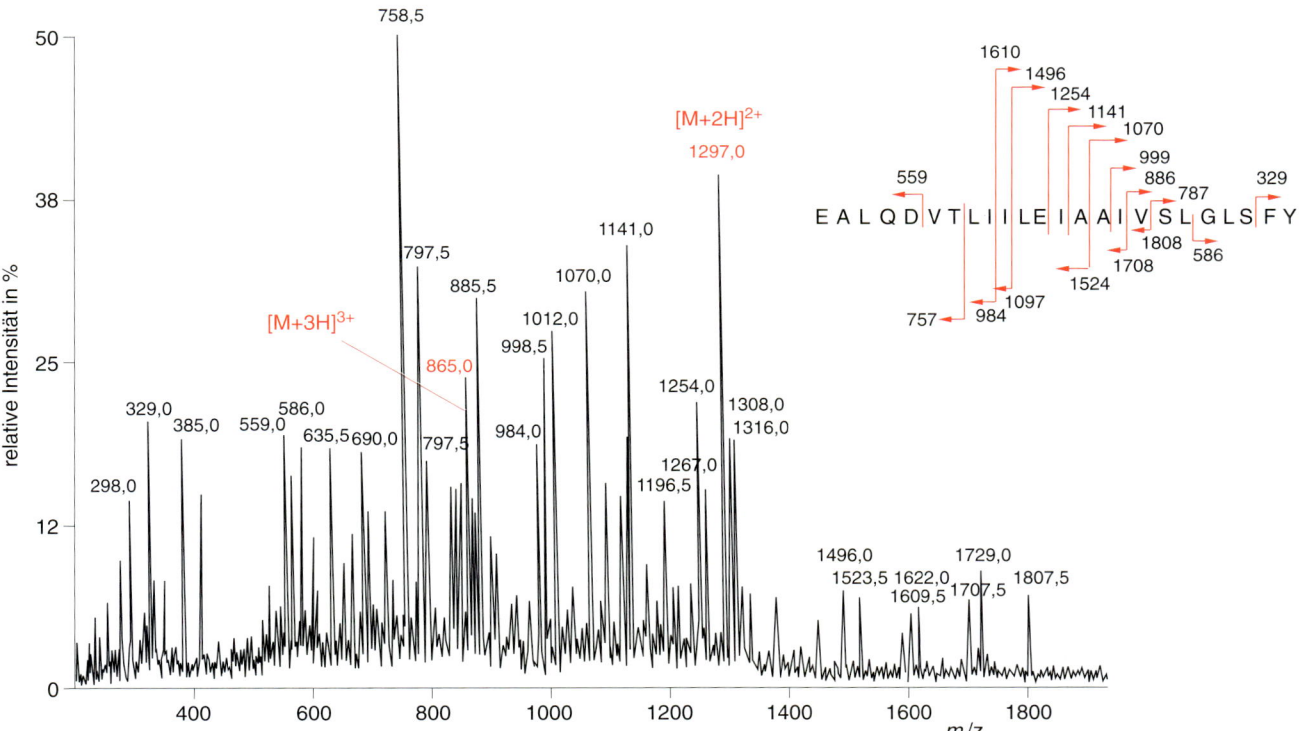

18.10 Elektrospray-Massenspektrum eines hydrophoben Transmembransegmentes (24-mer) ohne basische Aminosäuren. Das Spektrum weist einen [M+2H]²⁺-Peak bei 1297 amu und einen [M+3H]³⁺-Peak bei 865 amu auf. Desweiteren deutet die Auswertung der Fragmentierung darauf hin, dass das Hauptprodukt der gewünschten Sequenz entspricht.

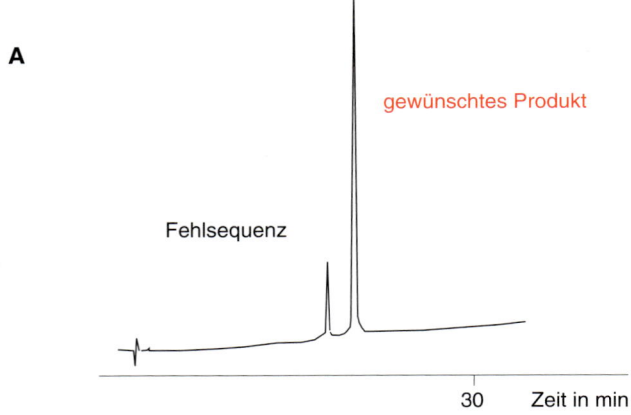

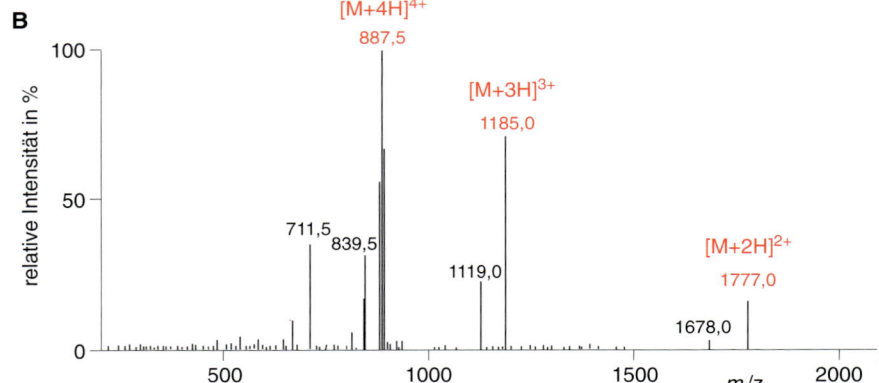

18.11 Die Kombination von HPLC (A) und Elektrospray-Massenspektrometrie (B) erlaubt die Identifizierung und Charakterisierung von Hauptprodukt (3552 amu, 82 %) und Fehlsequenz (3354 amu, 18 %).

nigung eine Fehlsequenz der Masse M-199 amu darstellt und somit dem 27-mer-Peptid entspricht, das die ungewöhnliche Aminosäure 12-Aminododecansäure nicht enthält.

Ein Problem, das mittels Massenspektrometrie nicht gelöst werden kann, ist dagegen die **Diastereomerenbildung** der Peptide, die durch Racemisierung einzelner Aminosäuren während der Kupplung auftreten kann. Desweiteren können Ile- und Leu- sowie Gln- und Lys-Fehlsequenzen nicht unterschieden werden, da sie dieselbe Massendifferenz von −113, bzw. −128 amu aufweisen. Beide Probleme können durch Aminosäurenanalyse gelöst werden, mit der die Zusammensetzung des Peptids bestimmt werden kann. Aus der Mischung ist dies jedoch recht schwierig und Fehlsequenzen unter 10 % sind auf Grund der Fehlergrenze der Analyse nicht genau zu bestimmen. Werden die Peaks jedoch getrennt und dann analysiert, so kann mit Sicherheit entschieden werden, ob eine Ile- oder Leu-Fehlsequenz vorliegt. Eine Möglichkeit zur Charakterisierung der Enantiomerenreinheit der Peptide ist die gaschromatographische Aminosäurenanalyse an chiraler Phase. Nach der Hydrolyse werden die Aminosäuren *N*- und *C*-terminal modifiziert (z. B. als Trifluoracetyl-aminosäure-*n*-propylester), an Chirasil-Val-Kapillaren getrennt und im Stickstoffdetektor analysiert. Die Quantifizierung erfolgt durch einen internen D-Aminosäurenstandard sowie einen zweiten Lauf ohne Standard. Der Vergleich beider Chromatogramme erlaubt sowohl eine Quantifizierung als auch eine Aussage über die Racemisierung der einzelnen Aminosäuren. Diese Methode spielt eine wichtige Rolle bei der Kontrolle der Enantiomerenreinheit synthetischer Peptide sowie bei der Identifizierung von peptidischen Naturstoffen (z. B. Antibiotika aus Pilzen), die neben L-konfigurierten Aminosäuren auch D-Aminosäuren enthalten können.

Stellt sich nun die Frage, an welcher Position eine Modifizierung, Nebenreaktion oder Fehlkupplung aufgetreten ist, so kann dies entweder durch N-terminale Sequenzierung (Edman-Abbau) oder durch MS/MS-Spektrometrie beantwortet werden. Eine Fehlkupplung zeigt sich im Edman-Abbau dadurch, dass anstelle der erwarteten Aminosäure die nächste auftritt. Positionen von Modifizierungen und Nebenreaktionen weisen im Edman-Abbau meist einen Leercyclus auf, da die veränderte Aminosäure nicht im Standard-Chromatogramm innerhalb der üblichen Laufzeiten eluiert wird. Bei Modifizierungen des Peptidrückgrats oder bei β-Aminosäuren bricht der Edman-Abbau an dieser Position ab. Bei der MS/MS-Spektrometrie wird die gezielte Fragmentierung durch Stöße provoziert. Wie oben beschrieben, lassen sich dann aus der Analyse der Fragmente Rückschlüsse auf die Position der Modifizierung ziehen.

Edman-Abbau
Abschnitt 13.1

MS/MS
Abschnitt 14.2

18.4 Charakterisierung der Struktur synthetischer Peptide

Eine der schnellsten Methoden zur Konformationsanalyse von Peptiden ist die Circulardichroismus-Spektroskopie (CD-Spektroskopie). Rechtshändige α-helikale Peptide liefern CD-Spektren mit einem negativen Cotton-Effekt (CD-Banden werden als Cotton-Effekt bezeichnet) bei $\lambda = 222$ nm (n→π*-Übergang); einer positiven CD-Bande bei 192 nm und einer negativen bei 207 nm. Die beiden kurzwelligen CD-Banden gehören zum Carbonyl-π→π*-Übergang, der in zwei Komponenten aufgespalten ist. Peptide, die bei 215 bis 220 nm ein Minimum (n→π*-Übergang) und bei 195 nm ein Maximum (π→π*-Übergang) besitzen, haben dagegen eine antiparallele β-Faltblattkonformation. Auch die ungeordnete Konformation eines Peptids liefert charakteristische CD-Spektren (Abb. 18.12). Die Auswertung des CD-Spektrums eines Proteins erfolgt durch Vergleich mit Standards bekannter Konformationen. So gelingt zum Beispiel der Nachweis bei Cyclopeptiden, welche Cyclisierungsposition besser geeignet ist um eine bestimmte Sekundärstruktur zu stabilisieren. In Abbildung 18.13 sind die Spektren zweier Dodecapeptide gezeigt, die über die Seitenkette cyclisiert wurden. Die durchgezogene Linie zeigt das CD-Spektrum eines Peptids mit D-konfigurierter Aminosäure an einer Brückenseite, die gepunktete Linie zeigt das gleiche Peptid mit L-konfigurierter Brücke. Deutlich wird, dass das zweite Peptid nach Cyclisie-

CD-Spektroskopie
Abschnitt 7.6.2

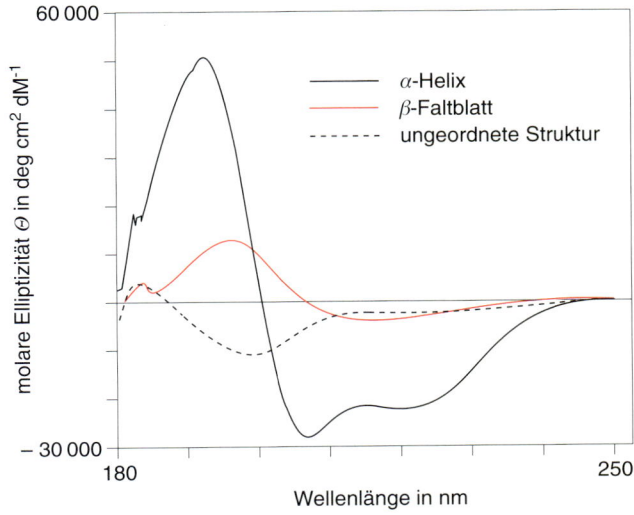

18.12 Cirulardichroismus-Spektren von Peptiden (15-mere) mit typischer α-helicaler Konformation, β-Faltblattstruktur und ungeordneter Konformation, gemessen in einer Mischung aus Phosphatpuffer (10 mM, pH 7) und Trifluorethanol (2 : 1). dM: dezimolar.

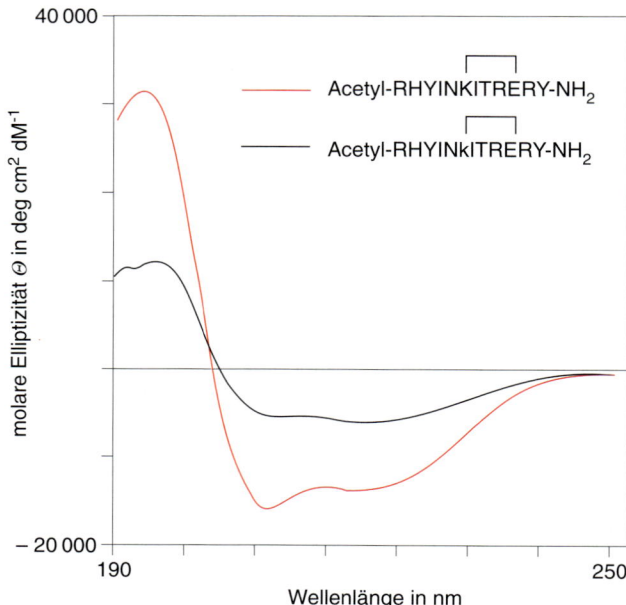

18.13 Circulardichroismus-Spektren von zwei cyclischen Peptiden (dM: dezimolar). Das Peptid mit L-konfigurierter Aminosäure (K) weist einen deutlich höheren Gehalt an α-helicaler Struktur auf als Dasjenige mit der D-konfigurierten Aminosäure (k).

rung besser die in diesem Fall gewünschte α-helicale Konformation stabilisieren kann.

> Die CD-Spektroskopie eignet sich besonders zum Vergleich homologer Peptide, zur Optimierung von NMR-Messbedingungen (Identifizierung des geeigneten Lösungsmittels), zur Bestimmung der Stabilität von Konformationen (pH-Titration, Messungen bei verschiedenen Temperaturen, Lösungsmitteltitrationen) und zur Beurteilung von starren Strukturen.

NMR
Kapitel 14

Röntgenstrukturanalyse
Kapitel 16

Exaktere, aber auch sehr viel aufwendigere Strukturanalysen erfolgen mit NMR (2D-, 3D-Methoden) oder durch Röntgenstrukturanalyse. Hierbei kann nicht nur die Summe aller Strukturelemente beurteilt werden, sondern im günstigsten Fall auch die exakte Raumanordnung des Peptids analysiert, bzw. flexible von starren Molekülsegmenten unterschieden werden.

18.5 Analytik von Peptidbibliotheken

Seit kurzem gewinnt die Synthese von Peptidmischungen, sogenannten Bibliotheken, immer größere Bedeutung bei der Suche nach neuen Wirkstoffen, vor allem zur Entwicklung von Arzneimitteln und Pflanzenschutzmitteln. Bei Peptidbibliotheken handelt es sich um Mischungen von n^m Peptiden, wobei n die Anzahl der an einer Position variierten Aminosäuren und m die Anzahl der variierten Positionen darstellt. Eine Hexapeptidbibliothek, die an jeder Position alle 20 natürlich vorkommenden Aminosäuren enthalten kann, besteht somit aus $20^6 = 64\,000\,000$ verschiedenen Einzelpeptiden, eine Hexapeptidbibliothek mit drei variablen Positionen, die als „X" in der Sequenz angegeben werden, die 10 verschiedene Aminosäuren enthalten können, somit aus $10^3 = 1000$ Einzelpeptiden. Solche Bibliotheken werden entweder durch die Kupplung von Peptidmischungen erhalten oder durch die sogenannte *Divide-Couple-Recombine*-Methode, bei welcher der polymere Träger in m verschiedene Reaktionsgefäße aufgeteilt wird, mit den Aminosäuren getrennt gekuppelt wird, vereinigt, gemischt und erneut verteilt wird (Abb. 18.14). Letztere Methode führt dazu, dass auf jedem Harzkorn (*Bead*) bei

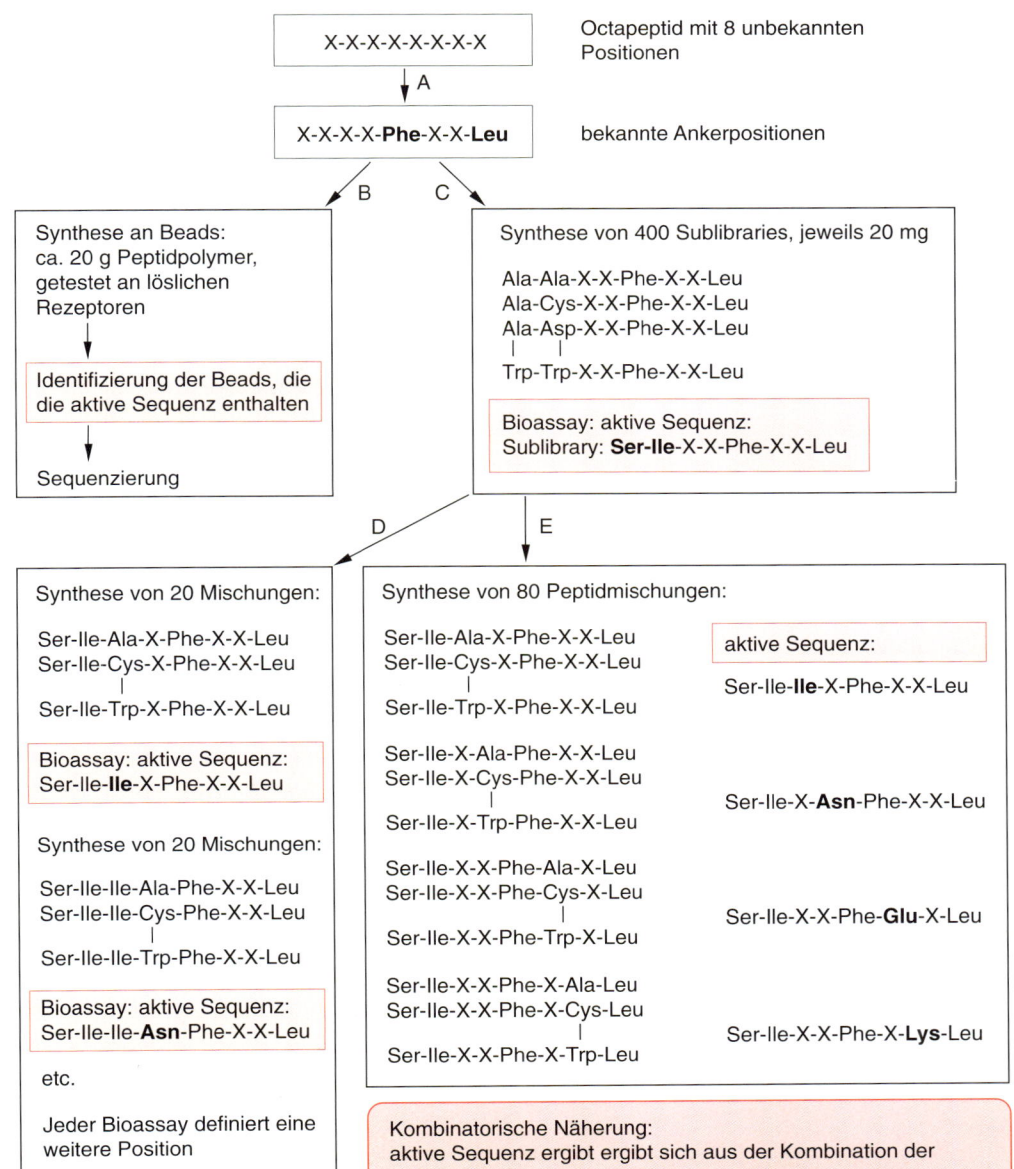

18.14 Vorgehensweise zur Identifizierung einer biologisch aktiven Substanz aus einer eingesetzten Mischung durch verschiedene Ansätze am Beispiel des CTL-Epitops Ovalbumin 258-276 (CTL: *cytotoxic T-cell lymphocytes*). Die Ankerpositionen sind bereits bekannt (A). Eine Peptidbibliothek (Mischung von Peptiden mit X = alle 20 Aminosäuren) kann entweder nach der Proportionierungs-Mischungs-Methode (B) oder mit freien Peptidteilbibliotheken (C) erstellt werden. Hierfür müssen 400 Teilbibliotheken (Sublibraries) mit jeweils zwei definierten Sequenzen und vier variablen Positionen (X) synthetisiert werden. Die variablen Positionen können entweder sequentiell (D) oder durch Kombination (E) identifiziert werden. In beiden Fällen benötigt man 80 weitere Peptidmischungen. (Nach: Jung G., Beck-Sickinger A. G., Angew. Chem, 104 (1992) 375–391).

100 %iger Kupplungsausbeute lediglich eine Sorte von Peptiden erhalten wird. Die Identifizierung der aktiven Sequenzen erfolgt im Bioassay. Werden Bibliotheken eingesetzt, die durch die Kupplung von Peptidmischungen erhalten wurden, oder abgespaltete Peptide aus der zweiten Darstellungsmethode, so erfolgt die Identifizierung durch einen Prozess von synthetischen Teilbibliotheken (Abb. 18.14), die jeweils weniger variable Positionen enthalten. Untersucht man dagegen polymergebundene Bibliotheken im Assay, so kann gegebenenfalls direkt das Harzkorn, das eine aktive Sequenz trägt, identifiziert und analysiert werden. Die Charakterisierung ist sehr aufwendig und dabei ist eine Reihe von Besonderheiten zu beachten.

Zur Charakterisierung der Peptidbibliotheken eignet sich besonders der Edman-Abbau. Die hohe Empfindlichkeit der Methode ermöglicht die Sequenzierung des Peptids auf einem einzigen Harzkorn und führt somit zur Identifizierung einer aktiven Sequenz, sofern auf dem polymeren Träger getestet wurde. Des Weiteren hat sich die sogenannte **Poolsequenzierung** etabliert (Abb. 18.15). Hierbei wird

Edman-Abbau
Abschnitt 13.1

die gesamte Mischung dem Edman-Abbau unterworfen. Definierte Positionen können von variablen Positionen durch die in der Sequenzierung auftretenden Aminosäuren unterschieden werden: 50 pmol einer Tetrapeptidbibliothek mit der Sequenz LXTX (X = A,G,L,I) bestehen somit aus 16 Peptiden und zeigen im ersten Cyclus des Edman-Abbaus ausschließlich L, im zweiten die Aminosäuren A, G, L und I im Verhältnis 1 : 1 : 1 : 1, im dritten Cyclus ausschließlich T und im vierten – sofern erfassbar – wieder die Aminosäuren A, G, L und I im Verhältnis 1 : 1 : 1 : 1. Somit kann zumindest bei relativ kleinen Bibliotheken die Qualität einer Bibliothek abgeschätzt werden. Die zweite Möglichkeit besteht in der Analyse der Bibliothek durch massenspektrometrische Methoden. Kennt man den Aufbau einer Bibliothek, so lässt sich die Zusammensetzung der Peptide und somit die Verteilung der zu erwartenden Massen berechnen (Abb. 18.15A). Ein Vergleich von berechneter Massenverteilung im Massenspektrum und tatsächlich gefundener liefert wiederum Aufschluss über die Qualität der Bibliothek. Partielle Modifizierungen, die alle Peptide der Bibliothek betreffen, lassen neben der Verteilung mit den erwarteten Massen, ein zweites Muster identischer Verteilung, aber um die Masse der Nebenprodukte verschoben, auftreten. Somit lassen sich auch Nebenreaktionen bei der Erstellung von Peptidbibliotheken identifizieren und charakterisieren. Der Nachweis, dass jede Aminosäure auch tatsächlich in der Bibliothek vorhanden ist, dass alle Peptide gleichverteilt sind und die Identifizierung von fehlenden Sequenzen, ist allerdings im Moment mit keiner Methode möglich.

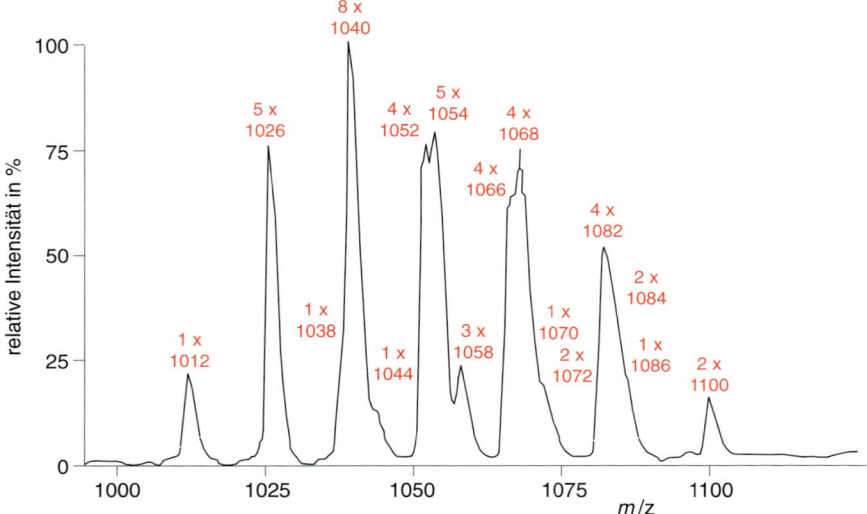

Pos.	A Ala	R Arg	N Asn	D Asp	E Glu	Q Gln	G Gly	H His	I Ile	L Leu	K Lys	M Met	F Phe	P Pro	S Ser	T Thr	Y Tyr	V Val
1	0,3	3,8	6,5	24,2	3,1	0,5	0,0	3,9	20,0	**2860,2**	4,5	2,3	6,8	1,8	10,4	280,5	4,8	5,4
2	0,0	0,0	**4007,9**	411,1	4,3	6,6	0,0	0,1	0,0	231,3	0,0	2,4	3,3	0,7	3,2	210,1	20,7	4,5
3	0,1	3,3	382,5	47,3	3,3	6,4	0,0	32,5	4,8	14,6	5,8	3,5	9,1	3,1	1,6	120,0	**6709,4**	5,2
4	0,3	**1327,0**	141,7	19,4	7,0	8,6	0,0	5,0	5,4	0,1	8,3	6,2	47,1	0,0	2,2	117,6	308,7	5,7
5	0,0	564,5	63,6	7,8	17,9	8,9	0,0	5,4	13,3	0,4	0,0	4,4	**6749,1**	0,1	5,5	81,0	30,9	6,2
6	0,7	152,9	37,0	18,5	**1474,5**	15,3	5,1	8,5	**1019,1**	2,6	12,8	4,9	132,3	0,0	532,3	**1074,4**	13,1	7,7
7	0,0	48,7	**1571,3**	151,5	463,6	**1695,5**	2,0	3,1	22,5	5,1	**1546,5**	20,2	20,8	0,3	13,8	10,1	6,8	12,7
8	0,0	47,1	92,5	11,2	31,8	64,1	0,6	5,4	**456,2**	**416,8**	45,2	**695,3**	9,1	1,7	2,7	55,6	4,1	**973,0**
9	0,0	13,1	12,3	2,8	6,3	6,6	0,0	0,8	0,0	0,2	0,0	17,8	36,2	0,7	0,9	46,4	2,3	19,6
10	0,1	22,9	10,1	0,0	5,5	6,0	0,0	0,8	3,4	3,2	1,5	0,0	0,0	0,1	1,0	39,2	0,2	4,9

18.15 Charakterisierung einer Peptidbibliothek durch ESI-Massenspektrometrie und Poolsequenzierung. Die synthetisch dargestellte Octapeptidbibliothek LNYRFX$_1$X$_2$X$_3$ (X$_1$ = T, I, E, S; X$_2$ = N, Q, K; X$_3$ = L, M, I, V) enthält 48 Peptide, deren Massenverteilung durch ESI-Massenspektrometrie überprüft werden kann. (Nach: Stevanovic et al., Bioorg. Med. Chem. Lett., 3 (1993) 431–436).

Weiterführende Literatur

Altmann K.-H., Mutter M. Die chemische Synthese von Peptiden und Proteinen. Chemie in unserer Zeit, 27 (1993) 274–286.

Atherton E., Sheppard R. C. Solid-Phase Synthesis – A Practical Approach, Oxford University Press, Oxford, 1989.

Jakubke, H.-D. Peptide: Chemie und Biologie, Spektrum Akademischer Verlag, Heidelberg, 1996.

Jung G., Beck-Sickinger A. G. Methoden der multiplen Peptidsynthese und ihre Anwendungen. Angew. Chemie, 104 (1992) 375–391.

Jones C., Mulloy B., Thomas A. H. Methods in Molecular Biology, 22. In: Microscopy, Optical Spectroscopy and Macroscopic Techniques. Humana Press, Totowa, New Jersey, 1994.

Schmidt W. Optische Spektroskopie – eine Einführung für Naturwissenschaftler und Techniker. VCH-Verlagsgesellschaft, Weinheim, 1994.

19 Kohlenhydratanalytik

Die Entwicklung rekombinanter Glykoproteine hat in den letzten Jahren zu einem sprunghaften Anstieg des wissenschaftlichen, pharmazeutischen und behördlichen Interesses an der Struktur und Funktion der auf diesen Glykoproteinen exprimierten Kohlenhydrate geführt.

Glykoproteine sind Biopolymere, die aus einem Polypeptidgrundgerüst mit Kohlenhydratseitenketten bestehen, die glykosidisch mit den Aminosäuren Asparagin, Serin oder Threonin innerhalb des Peptidrückgrats verknüpft sind. Zu den Glykoproteinen zählen die meisten Plasmaproteine und zahlreiche Zytokine (hormonelle Botenstoffe) sowie Proteine der Oberflächen von Zellen. Einige Glykoproteine werden heute gentechnisch aus Säugerzellen gewonnen und zur Therapie verschiedener Krankheiten eingesetzt (Tab. 19.1).

Bei den meisten rekombinant hergestellten Glykoproteinen zeigte sich, dass sie ihre in-vivo-Wirksamkeit nur dann besaßen, wenn sie glykosyliert waren und ihre Glykosylierung (die Art und Beschaffenheit ihrer Kohlenhydratseitenketten) außerdem in etwa dem des natürlichen humanen Glykoproteins entsprach. Unerlässlich ist daher bei therapeutischen Glykoproteinen eine Analyse der Kohlenhydratseitenketten – vor allem zur Beurteilung der Glykosylierung im Hinblick auf die in-vivo-Halbwertszeit, die biologische Sicherheit und die Chargenkonsistenz. Dabei ist man heute bestrebt, die sehr aufwendigen Methoden der Glykoanalytik, die ein hohes Maß an Expertise und instrumenteller Infrastruktur verlangen (wie z. B. GC-MS, FAB-MS und hochauflösende ^{1}H-NMR-Spektroskopie), durch routinemäßig und schnell durchführbare einfache, verlässliche, kostengünstige und effiziente standardisierte chromatographische und elektrophoretische Verfahren zu ergänzen und (wo möglich) zu ersetzen.

Im Hinblick auf die Proteinglykosylierung interessieren uns in diesem Kapitel nur die kohlenhydratspezifischen Modifizierungen eines Glykoproteins. Wir set-

Tabelle 19.1 Beispiele für therapeutische Glykoproteine

	Funktion	Indikation
Interleukin 2 (IL-2)	induziert T-Zellproliferation	Tumor
Erythropoietin (EPO)	stimuliert Hämatopoese (Bildung der roten Blutzellen)	Anämien
Granulocyten/Makrophagen stimulierender Faktor (GM-CSF)	stimuliert Hämatopoese (Bildung der weißen Blutzellen)	Leukämien
Gewebsplasminogenaktivator (tPA)	Regulation der Fibrinolyse	Myokardinfarkt
Antithrombin III (AT III)	Gerinnungshemmung	ATIIII-Mangel
Faktor VIII	Blutgerinnung	Hämophilie A
Faktor XIII	Blutgerinnung	Wundheilung
Choriongonadotropin (HCG)	Hormon der Placenta	Tumormarker
Tumornekrosefaktor (TNF)	Inflammation	Sepsis
Interleukin-4-Rezeptor (IL-4R)	bindet das Cytokin IL-4	Asthma
Interferon-β (IFN-β)	hemmt Proliferation	multiple Sklerose

zen dabei stillschweigend voraus, dass das Glykoprotein für die durchzuführenden Analysen in reiner Form zur Verfügung steht und werden uns daher nicht mit den verschiedenen Aspekten der Protein- bzw. Glykoproteinaufreinigung beschäftigen.

Ferner wollen wir uns in den nachfolgenden Ausführungen auf die Untersuchung der Glykosylierung von Säugerzell-Glykoproteinen bzw. von humanen Glykoproteinen konzentrieren und nur selten auf Beispiele aus anderen Bereichen zurückgreifen. Dies erscheint insofern statthaft, als sich die nachfolgend beschriebenen Methoden der Kohlenhydratanalytik humaner (zum Teil rekombinant hergestellter) Glykoproteine auf Glykoproteine anderen Ursprungs (z. B. aus Pflanzenzellen, Hefen, Bakterien oder Viren) uneingeschränkt übertragen lassen.

Da es sich bei der Analyse der Oligosaccharidseitenketten von Glykoproteinen um ein recht komplexes und stereochemisch anspruchsvolles Unterfangen handelt, werden zunächst einige wichtige Grundbegriffe der Stereochemie von Kohlenhydraten erläutert. Den Schwerpunkt bildet dabei zum einen die Vielfalt der möglichen Stereoisomeren, zum anderen die verschiedenen Aspekte der glykosidischen Bindung.

19.1 Allgemeine stereochemische Grundlagen

Zucker sind Polyhydroxyaldehyde oder Polyhydroxyketone. Sie besitzen mehrere reaktive Gruppen und lassen sich (jeweils unter Abspaltung eines Wassermoleküls) äußerst vielfältig miteinander kombinieren. Während sich aus zwei gleichen Aminosäuren nur ein Dipeptid bilden lässt, können aus zwei Glucosemolekülen bereits elf verschiedene Glucosedisaccharide entstehen (Tab. 19.2). Aus zwei verschiedenen **Hexosen** (z. B. D-Glucose und D-Galactose) lassen sich insgesamt $2^4 = 16$ verschiedene Disaccharide konstruieren (ohne anomere Verknüpfungsmöglichkeiten α-α, α-β, β-α und β-β zu berücksichtigen) und aus drei verschiedenen Hexosen bereits $3^4 = 81$ verschiedene Trisaccharide.

Die Analyse von Oligosacchariden erfordert somit nicht nur die Ermittlung der **Monosaccharidsequenz**, sondern auch für jeden Monosaccharidbaustein die Angabe der jeweiligen anomeren Konfiguration und die Ermittlung der jeweiligen Verknüpfungsrichtung (s. Abschnitt 19.1.5). Die Verwandtschaft der Monosaccharide untereinander wird am ehesten an dem aus der Synthese abgeleiteten Bezugschema deutlich (Abb. 19.1).

Tabelle 19.2 Glucosedisaccharide

Glc1α-1αGlc	α,α-Trehalose	Glc1β-1αGlc	β,α-Trehalose (Neo-trehalose)	Glc1β-1βGlc	β,β-Trehalose (Isotrehalose)
Glc1α-2Glc	Kojibiose	Glc1β-2Glc	Sophorose		
Glc1α-3Glc	Nigerose	Glc1β-3Glc	Laminaribiose		
Glc1α-4Glc	Maltose	Glc1β-4Glc	Cellobiose		
Glc1α-6Glc	Isomaltose	Glc1β-6Glc	Gentiobiose		

19.1.1 Die Reihe der D-Zucker

Aus historischen Gründen werden Zucker, die an ihrem asymmetrischen C-Atom, das am weitesten von der Carbonylgruppe entfernt ist, die gleiche Konfiguration wie **D-Glycerinaldehyd** aufweisen (Abb. 19.1), als D-Zucker bezeichnet. Im D-Glycerinaldehyd steht die OH-Gruppe am asymmetrischen C-Atom (C-2) in der **Fischerschen Projektionsformel** definitionsgemäß auf der rechten Seite. Emil

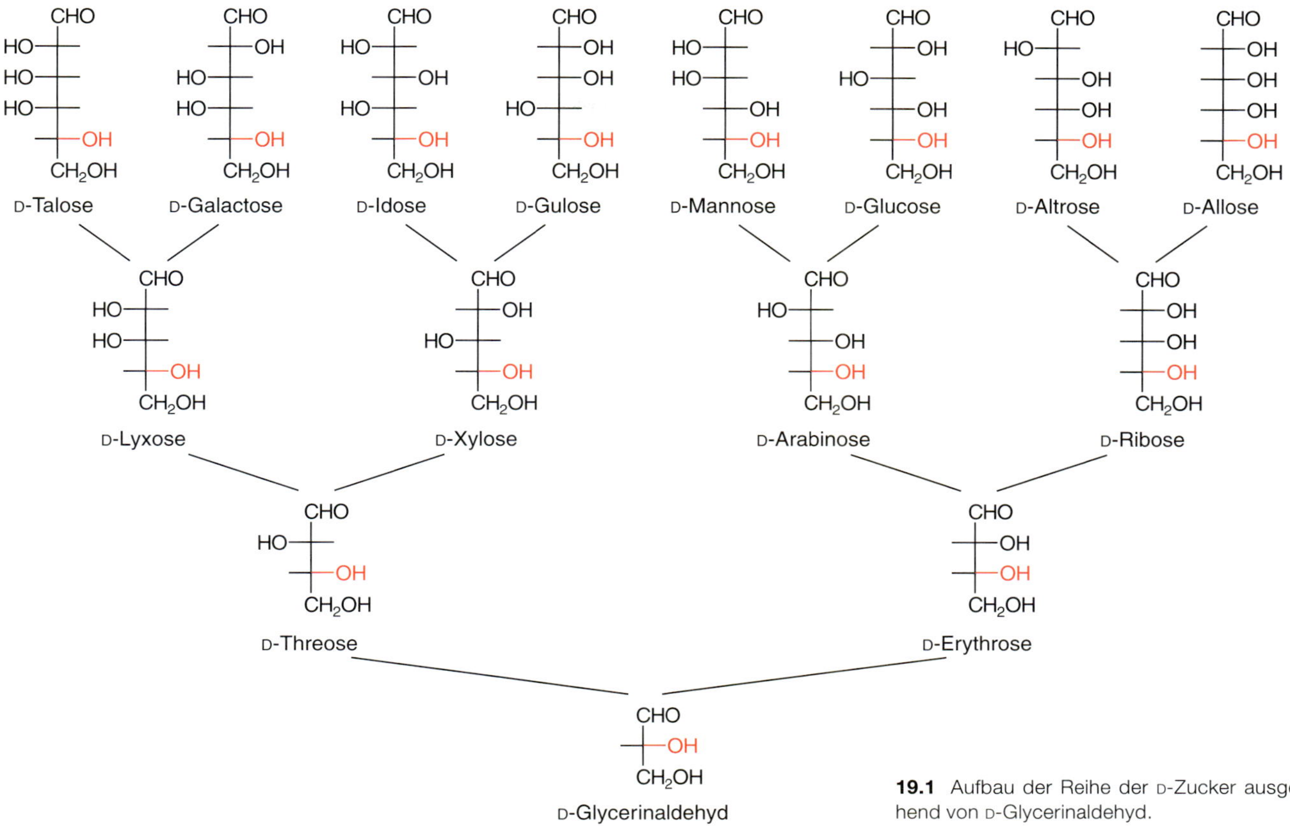

19.1 Aufbau der Reihe der D-Zucker ausgehend von D-Glycerinaldehyd.

Fischer hatte dies in seinen grundlegenden stereochemischen Arbeiten zunächst einfach angenommen und sich dann (darauf aufbauend) das stereochemische System der D-Zucker synthetisch erschlossen. In seinen bahnbrechenden Untersuchungen gelang ihm circa 1890 die Zuordnung der relativen Konfiguration an allen vier chiralen Zentren der offenkettigen Glucose. Hierfür wurde er 1902 mit dem Nobelpreis für Chemie ausgezeichnet.

Die von Emil Fischer postulierte Ausgangssituation, in der er die OH-Gruppe am asymmetrischen C-Atom des D-Glycerinaldehyds willkürlich nach rechts gezeichnet hatte, erwies sich später (in röntgenkristallographischen Untersuchungen) glücklicherweise als korrekt.

19.1.2 Stereochemie der D-Glucose

Die D-Hexosen sind im Folgenden wegen ihrer enormen biochemischen Bedeutung als Zuckerbausteine am Beispiel der **D-Glucose** ausführlicher dargestellt.

In der **Fischerschen Projektionsformel** sind die OH-Gruppen an den asymmetrischen C-Atomen (C-2 bis C-5) der D-Glucose (Abb. 19.2A) in der Reihenfolge „ta tü ta ta" (Merkhilfe) angeordnet. Hexosen sind jedoch ihrer Natur nach keine offenkettigen Gebilde, sondern bilden Sechsringstrukturen, die **Pyranosen**. Dabei reagiert die aus sterischen Gründen begünstigte OH-Gruppe an C-5 mit der C-1-Aldehydgruppe zu den beiden möglichen cyclischen Halbacetalen, der α-**D-Glucopyranose** und der β-**D-Glucopyranose**, welche über eine Gleichgewichtsreaktion ineinander überführbar sind. Diese Reaktionen sind in Abbildung 19.2B in der **Haworthschen Projektionsformel** dargestellt.

Doch auch die Haworthsche Projektionsformel der D-Glucopyranose stellt die Sterochemie dieses Zuckerbausteins noch zu vereinfachend und daher irreführend dar. Wegen der tetraedrischen Anordnung der Liganden an den einzelnen asym-

19.2 Projektionsformeln für D-Glucose. A) Fischersche Projektionsformel (ringoffene Aldehyd-Struktur), Merkhilfe: ta tü ta ta. B) Haworthsche Projektionsformel, Merkhilfe: große Substituenten stehen von C-5 aus abwechselnd oben unten oben unten. Die OH-Gruppe am C-1 (im anomeren Zentrum) zeigt entweder nach oben (beta-Konfiguration) oder nach unten (alpha-Konfiguration). C) Sesselform. Die energetisch günstigste Sesselkonformation der D-Glucopyranose erhält man aus der Haworth-Projektion, indem man C-4 nach oben und C-1 nach unten klappt. Diese **$^4C_1$-Konformation** ist gegenüber allen anderen möglichen Konformationen der D-Glucopyranose energetisch begünstigt, weil in ihr die großen Liganden (nämlich CH₂OH an C-5 und die OH-Gruppen an C-4, C-3 und C-2) alle äquatorial vorliegen und somit die geringste sterische Wechselwirkung bedingen.

metrischen C-Atomen liegt die D-Glucopyranose in Wirklichkeit gewinkelt und im statistischen Mittel in der energetisch günstigsten **Sesselkonformation** vor (Abb. 19.2C.

19.1.3 Wichtige Monosaccharidbausteine

In Abbildung 19.3 sind die für unsere analytische Betrachtung wichtigsten Vertreter der D- und L-Hexosen zusammengestellt. Sie sind Bestandteile der *N*-glykosidisch verknüpften Zuckerketten, der **N-Glykane**, von Säugerzell-Glykoproteinen, die eine wichtige Rolle bei der Zellerkennung und Zelldifferenzierung spielen. Die zur D-Reihe zählende *N*-Acetylneuraminsäure (Sialinsäure), ein Neunerzucker, hat eine wichtige Signalfunktion als endständiger (terminaler) Baustein der *N*-Glykane. Pentosen und Hexofuranosen sind für die Analyse der Säugerzell-Glykoproteine ohne Bedeutung, da sie auf diesen nicht vorkommen.

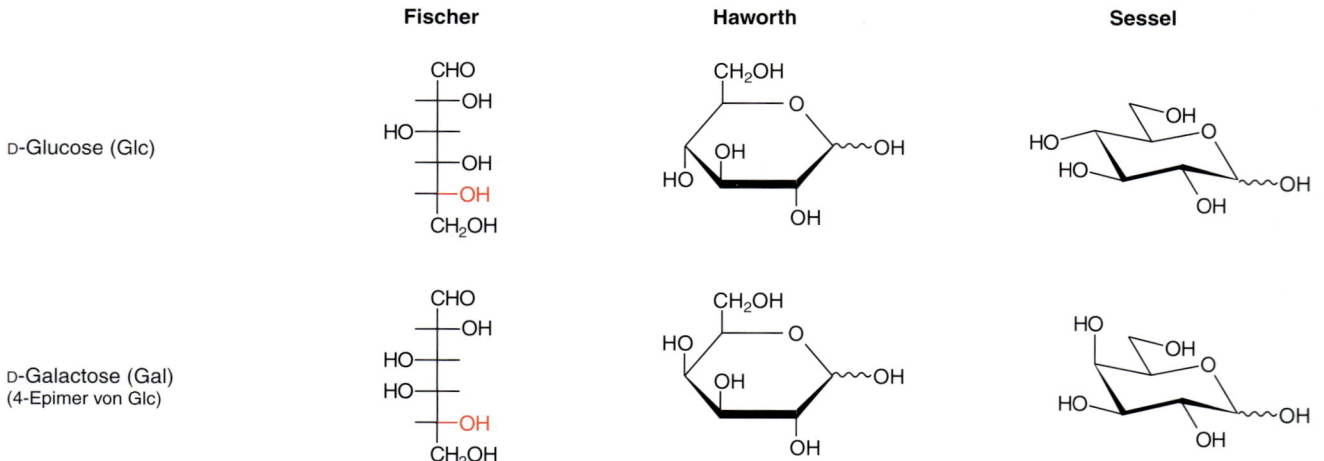

19.3 Wichtige Monosaccharid-Bausteine der Säugerzell-Glykoproteine

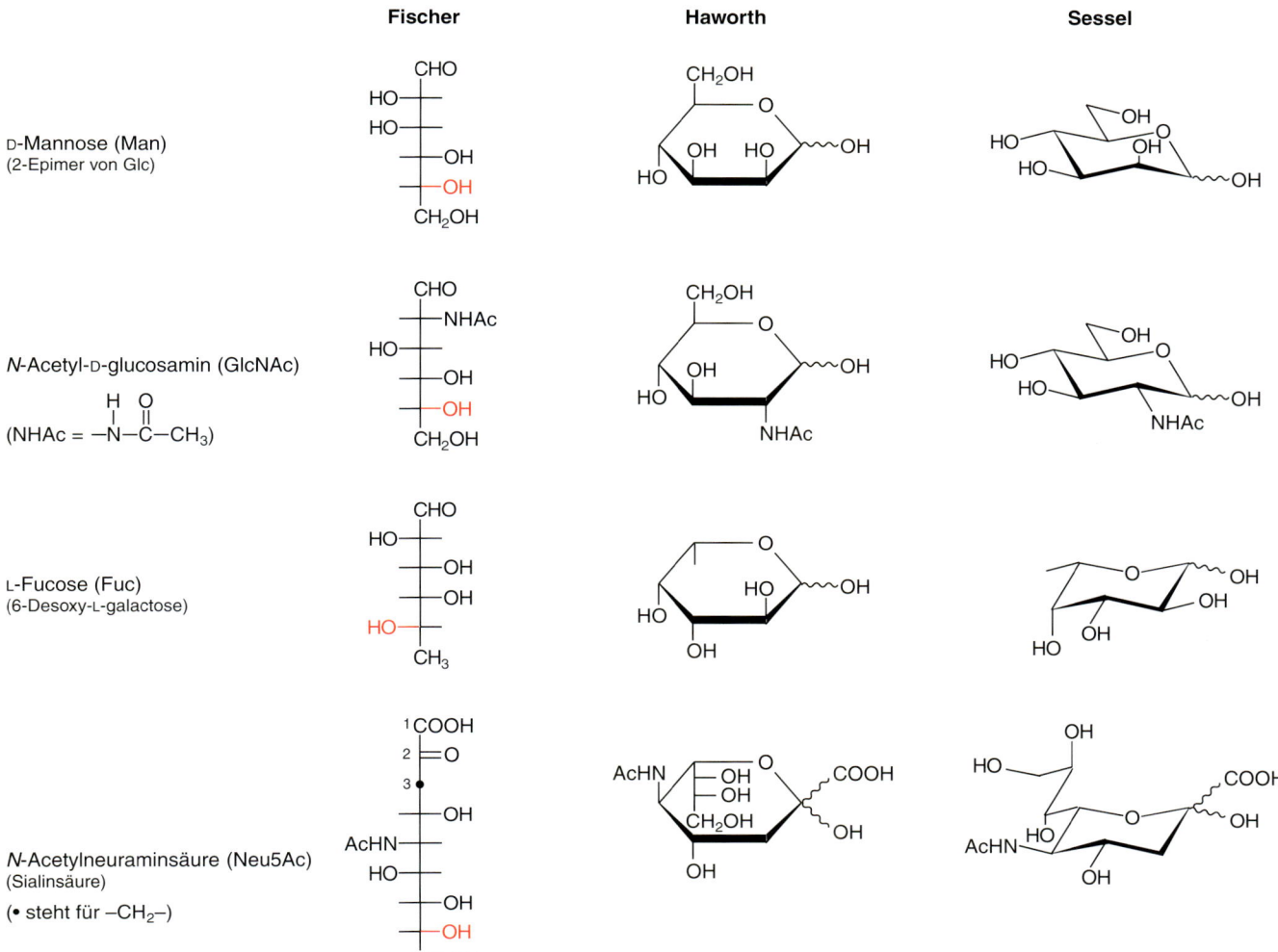

19.3 (Fortsetzung)

19.1.4 Die Reihe der L-Zucker

Die Reihe der L-Zucker baut sich in analoger Weise wie die D-Zucker ausgehend von L-Glycerinaldehyd auf. Die vom Glycerinaldehyd abstammende OH-Gruppe steht in der Fischerschen Projektionsformel bei den L-Zuckern auf der linken Seite. Die projektive Lage der OH-Gruppen eines L-Zuckers (z. B. von L-Glucose) verhält sich im Vergleich zum korrespondierenden D-Zucker (in unserem Fall D-Glucose) wie Bild und Spiegelbild (Abb. 19.4).

Die meisten in der Natur vorkommenden Zucker zählen aber zur D-Reihe (Ausnahme: L-Fucose). Die in den nachfolgenden Abschnitten beschriebenen Beispiele beschränken sich daher auf die Zucker der D-Reihe.

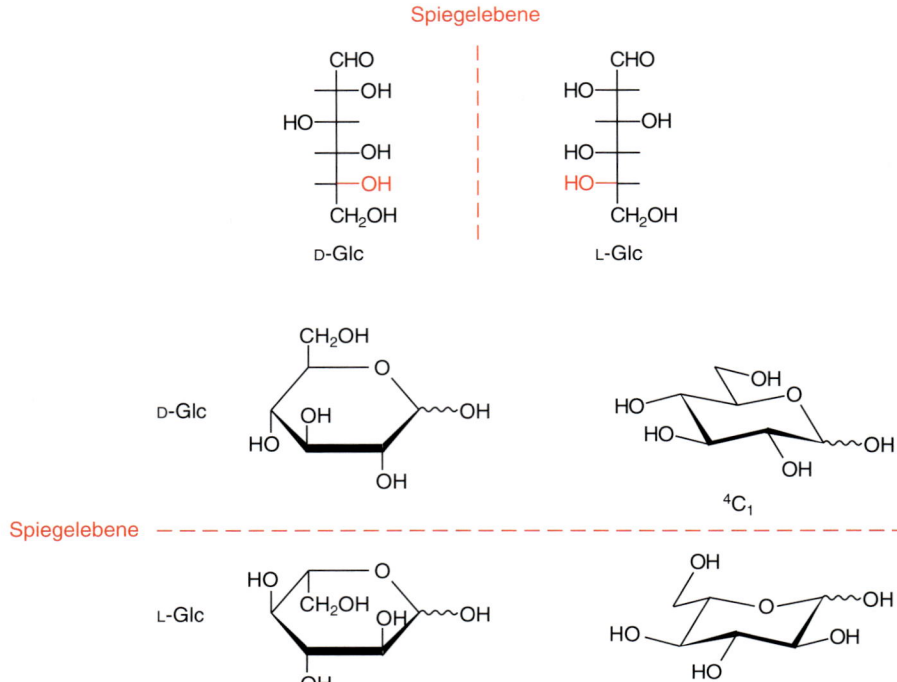

19.4 Spiegelbildisomerie von D-Glucose und L-Glucose

19.1.5 Die glykosidische Bindung

Unter der glykosidischen Bindung eines Zuckers versteht man die anomere Verknüpfung zu einem Zucker- oder Alkoholrest. Sie ist entweder α- oder β-glykosidischer Natur und sollte (sofern der Zucker in Lösung vorliegt) freie Drehbarkeit um die C-O-C-Einfachbindung erwarten lassen. In Wirklichkeit ist die glykosidische Bindung jedoch konformativ recht stabil; die freie Drehbarkeit um die Einfachbindung ist nämlich aus sterischen Gründen (Raumanspruch benachbarter Zuckerreste) und elektronischen Gründen (exo-anomerer Effekt, siehe unten) blockiert.

Die anomere Konfiguration

Ein Wechsel der anomeren Konfiguration (z. B. von α nach β) führt für die jeweilige Di-, Tri- oder Oligosaccharidstruktur zu einer elementaren stereochemischen Veränderung. Dies wird in Abbildung 19.5 am Beispiel der Stärke und Cellulose belegt. Diese beiden Glucosepolymere weisen infolge der α1,4- bzw. β1,4-Verknüpfung der Glucosebausteine eine vollkommen unterschiedliche räumliche Anordnung auf. Dieser mittels der ^{1}H-NMR-Spektroskopie (Abschnitt 19.7.5) abgesicherte Sachverhalt kann mit dem sogenannten exo-anomeren Effekt erklärt werden, der im übernächsten Abschnitt beschrieben wird.

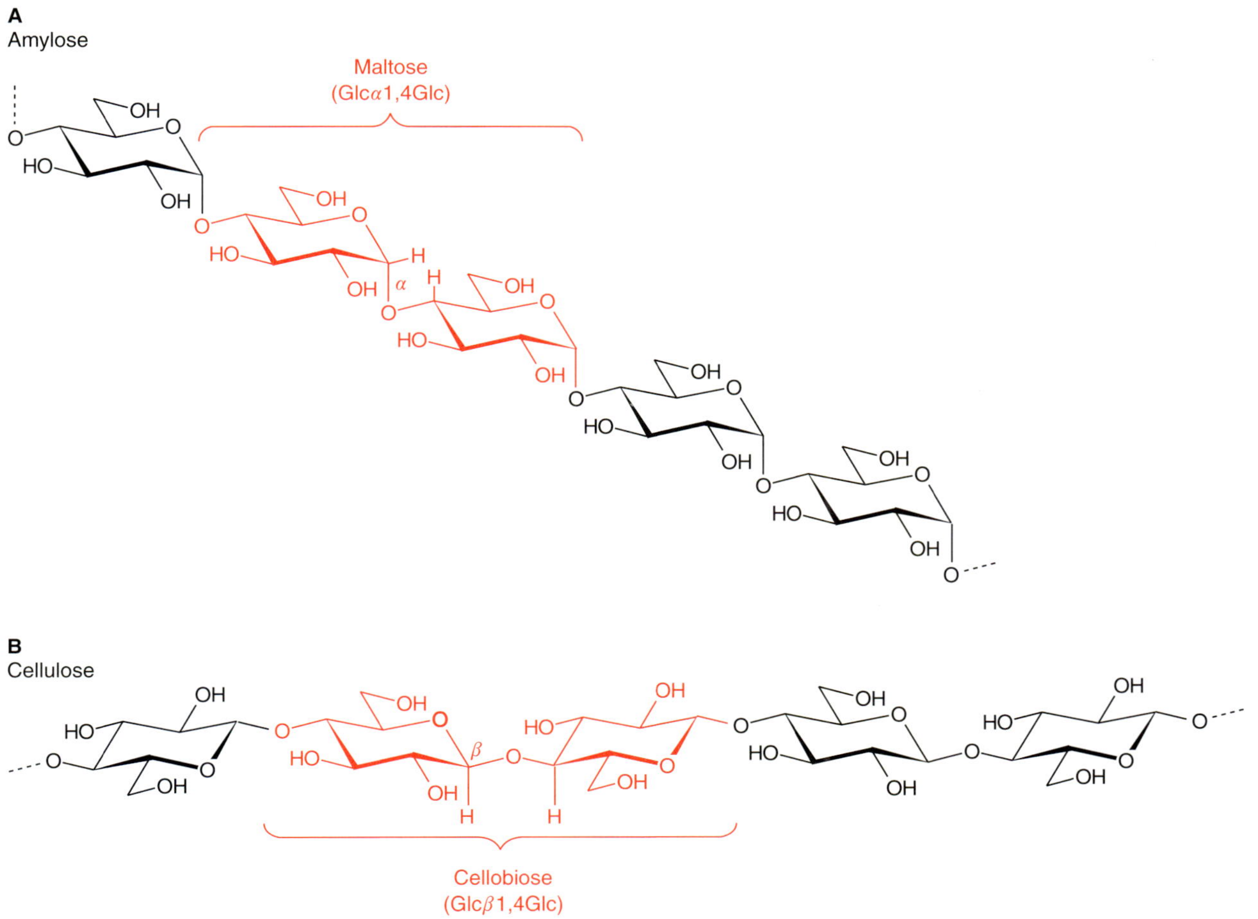

A Amylose

Maltose
(Glcα1,4Glc)

B Cellulose

Cellobiose
(Glcβ1,4Glc)

19.5 Die anomere Konfiguration. A) Amylose mit Maltose (Glcα1,4Glc) als repetitivem Grundbaustein. B) Cellulose mit Cellobiose (Glcβ1,4Glc) als repetitivem Grundbaustein. Wie man sieht, lässt sich die α-glykosidisch verknüpfte D-Glucopyranose (A) sozusagen an der Amylose-Kette entlangschieben und mit allen aufeinanderfolgenden Glucose-Einheiten projektiv zur Deckung bringen. (In Wirklichkeit ist die Amylose-Kette wegen der α-glykosidischen Bindung nicht langgestreckt, sondern schraubenförmig gewunden und erlaubt daher die Bildung von Einschlussverbindungen; so ergibt beispielsweise die Einlagerung von Iod eine intensive Blaufärbung). Verschiebt man hingegen in der Cellulose-Kette die β-glykosidisch verknüpfte D-Glucopyranose analog (B), so lässt sich diese nur mit jedem zweiten Glucose-Baustein projektiv zur Deckung bringen.

Die Verknüpfungsrichtung

Eine veränderte Verknüpfungsrichtung führt zu einem Disaccharidmolekül mit sprunghaft veränderten Eigenschaften. Beispielsweise besitzen die Blutgruppen-Determinanten des ABH(0)-Systems vom Typ 1 einen Galβ1,3GlcNAc-Grundbaustein, während die korrespondierenden Determinanten vom Typ 2 eine Galβ1,4GlcNAc-Grundstruktur aufweisen (Abb. 19.6). Besonders gut ersichtlich ist dieser stereochemische Wechsel aus der Lage der *N*-Acetylgruppe, welche in der Galβ1,3GlcNAc-Struktur sozusagen auf den Betrachter zuweist, während sie im korrespondierenden Galβ1,4GlcNAc-Isomer vom Betrachter wegweist, also gewissermaßen hinter der Papierebene liegt. Enzyme, Antikörper und Lectine können zwischen solchen strukturellen Änderungen eindeutig differenzieren.

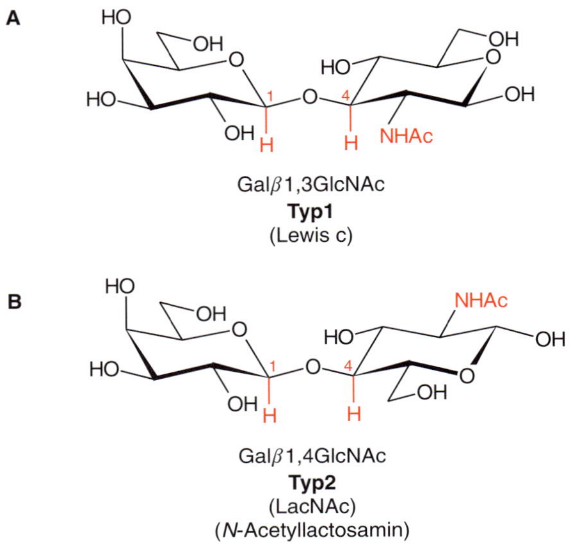

19.6 Gal-GlcNAc-Bindung vom Typ 1 und Typ 2 der Blutguppen-Determinanten.

A

Galβ1,3GlcNAc
Typ1
(Lewis c)

B

Galβ1,4GlcNAc
Typ2
(LacNAc)
(*N*-Acetyllactosamin)

Der exo-anomere Effekt

Wie man aus stereochemischen Überlegungen ableiten kann, ist die Rotation um die glykosidische Bindung infolge des räumlichen Anspruchs der Nachbargruppen nicht frei, sondern deutlich eingeschränkt.

Auch aus elektronischen Überlegungen ergibt sich eine räumliche Präferenz der glykosidischen Bindung: Die vom Ringsauerstoff ausgehenden vier Liganden (C-1 und C-5 sowie die beiden freien Elektronenpaare) sind tetraedrisch angeordnet: Während die Bindungen O-C-1 und O-C-5 in die Sesselform des Pyranoserings integriert sind, ragen die beiden freien Elektronenpaare des Ringsauerstoffatoms in axialer und äquatorialer Richtung vom Pyranosering weg (Abb. 19.7).

> Sowohl bei α- als auch bei β-glykosidischen Resten R stehen C-2 und R in der stabilsten Konformation jeweils antiperiplanar (im Winkel von 180°). Dabei stehen die beiden zum glykosidischen *O*-Atom benachbarten H-Atome in etwa parallel (syn-periplanar).

Beim Vorliegen einer β-glykosidischen Verknüpfung weist das glykosidische O-Atom äquatorial vom C-1 des Pyranoserings hin zum Nachbarbaustein. Dabei treten die beiden freien Elektronenpaare des glykosidischen O-Atoms in Dipol-Dipol-Wechselwirkung mit den beiden freien Elektronenpaaren des Ring-O-Atoms – und zwar so, dass die Dipol-Dipol-Wechselwirkungsenergie sich minimiert. Infolgedessen resultiert für den glykosidischen Rest R eine eindeutige Vorzugsrichtung – diese Eigenschaft nennt man **exo-anomerer Effekt**. In dieser energetisch begünstigten Konformation der glykosidischen Bindung stehen das anomere H-Atom und das an der glykosidischen Verknüpfungsstelle lokalisierte H-Atom in der Projektion in paralleler (syn-periplanarer) Anordnung (siehe Glcβ1,4Glc in Abb. 19.5B; vgl. auch Abb. 19.6).

Beim Vorliegen einer α-glykosidischen Verknüpfung ragt das glykosidische O-Atom axial vom C-1 des Pyranoserings zum Nachbarbaustein. Wiederum resultiert für den glykosidischen Rest R auf Grund des exo-anomeren Effekts eine eindeutige Vorzugsrichtung. Auch bei Vorliegen einer α-glykosidischen Verknüpfung zweier Monosaccharidbausteine steht das anomere H-Atom zum H-Atom der glykosidischen Verknüpfungsstelle in der Projektion in paralleler (syn-periplanarer) Anordnung (siehe Glcα1,4Glc in Abb. 19.5A).

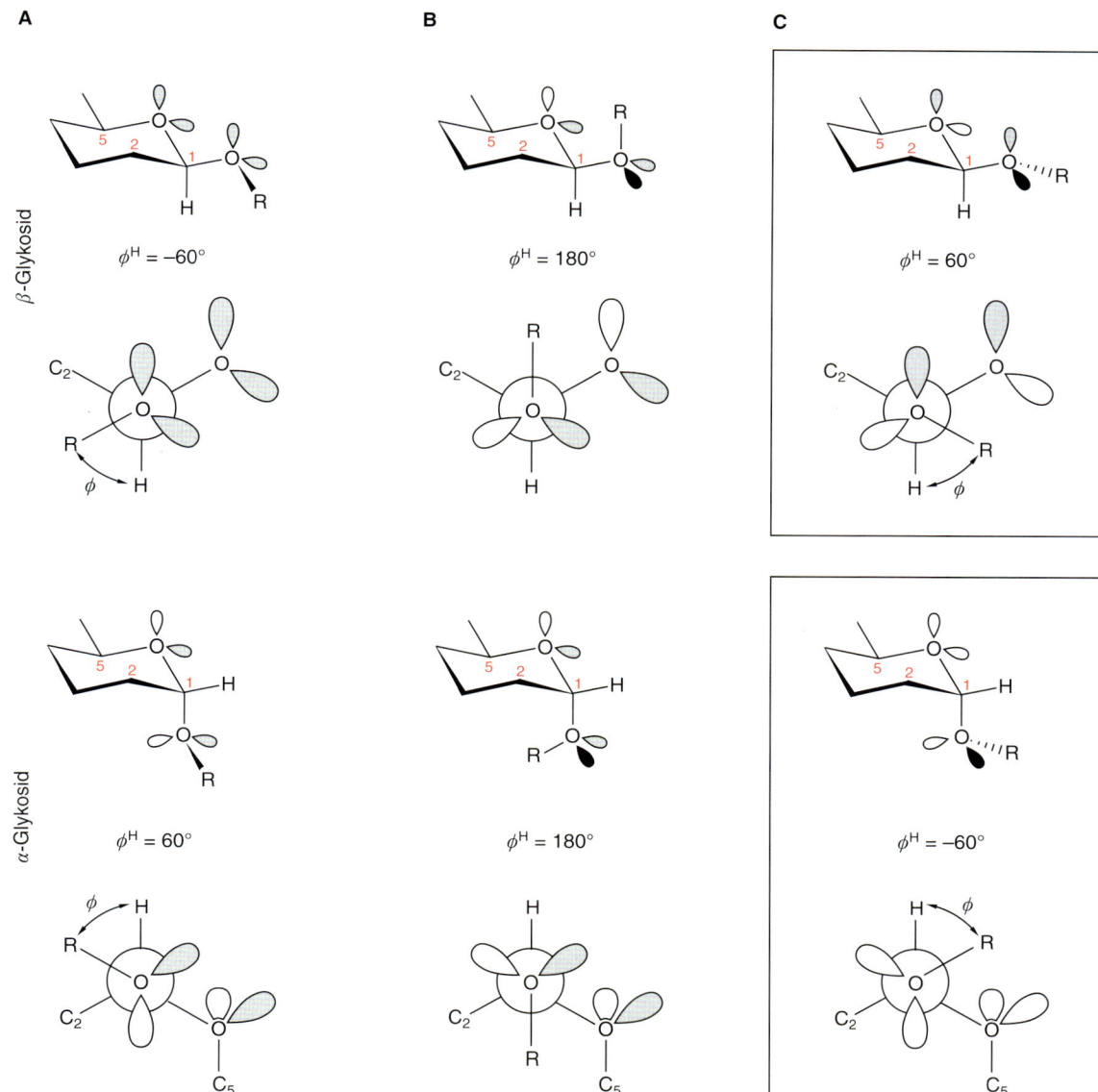

19.7 Der exo-anomere Effekt. Die freien Elektronenpaare mit jeweils parallelen Dipolmomenten sind schattiert. Wichtige Bindungen, die auf den Betrachter zuweisen, sind durch Fettdruck hervorgehoben. Wichtige Bindungen, die vom Betrachter wegweisen, sind gestrichelt gezeichnet.

β-Glykosid: Steht der glykosidische Rest R zu H-1 des Pyranose-Rings im Winkel $\Phi^H = -60°$ (A), dann stehen die Dipolmomente der an den beiden Sauerstoffatomen lokalisierten freien Elektronenpaare jeweils paarweise in der energetisch ungünstigsten Parallelanordnung, und die Konformation wird sozusagen doppelt destabilisiert. Nimmt R zu H-1 den Winkel $\Phi^H = 180°$ ein (antiperiplanare Anordnung von R und H-1) (B), dann steht nur noch ein Elektronen-Dipol-Paar in der energetisch ungünstigsten Parallelanordnung; infolgedessen ist B gegenüber A energetisch begünstigt. Stehen R und H-1 im Winkel $\Phi^H = 60°$ (bei gleichzeitig antiperiplanarer Anordnung von R und C-2) (C), dann steht (wie im Fall B) wiederum nur ein Elektronen-Dipol-Paar in der energetisch ungünstigsten Parallelanordnung; aus stereoelektronischer Sicht wären also B und C gleichberechtigt. Bei stereochemischer (räumlicher) Betrachtung ist jedoch ersichtlich, dass die beiden großen Liganden C-2 und R in B im Winkel von 60° räumlich benachbart sind, während sie sich in C im Winkel von 180° (antiperiplanar) und somit ohne sterische Wechselwirkung gegenüberstehen, was C letztlich begünstigt.

α-Glykosid: Steht der glykosidische Rest R zu H-1 des Pyranose-Rings im Winkel $\Phi^H = 60°$ (A), dann steht an den beiden O-Atomen je ein Elektronenpaar in energetisch ungünstiger Parallelanordnung der Dipolmomente (mit Dipol-Dipol-Abstoßung). Auch bei einem Winkel von $\Phi^H = 180°$ (B) steht ein Elektronen-Dipol-Paar in energetisch ungünstiger Parallelanordnung. Die beiden α-glykosidischen Konformationen A und B erscheinen daher aus stereoelektronischer Sicht energetisch vergleichbar. Auch aus stereochemischer Sicht erscheinen A und B in erster Näherung vergleichbar, weil der Winkel zwischen R und C-2 in beiden Fällen 60° beträgt. Bei näherer Betrachtung liegt der glykosidische Rest R in B jedoch praktisch unter dem Monosaccharid-Baustein (bei entsprechend ungünstiger stereochemischer Wechselwirkung), während er in A außerhalb des Monosaccharid-Bausteins liegt, was eine energetisch günstigere Situation bedingt. Steht der glykosidische Rest R zu H-1 des Pyranose-Rings im Winkel $\Phi^H = -60°$ (C), dann steht jedoch keines der Dipolmoment-Paare an den beiden Sauerstoffatomen parallel, wodurch C (aus stereoelektronischer Sicht) gegenüber A und B eindeutig begünstigt wird. Gleichzeitig stehen sich die beiden räumlich anspruchsvolleren Reste R und C-2 in C antiperiplanar gegenüber, was C auch aus stereochemischer Sicht eindeutig begünstigt.

Nach: Lemieux, R.U. Exploration with Sugars. How sweet it was. American Chemical Society, Washington, 1990.

> Eine Oligosaccharid-Determinante ist in sich nicht frei beweglich, sondern nimmt auf Grund sterischer und elektronischer Wechselwirkung (exo-anomerer Effekt) eine energetisch bevorzugte Konformation ein, die sich ^{1}H- NMR-spektroskopisch messen lässt (siehe Abschnitt 19.7.5).

19.2 Die Proteinglykosylierung

Hinsichtlich der Kohlenhydratseitenketten lassen sich zwei verschiedene Strukturgruppen unterscheiden: *N*-Glykane und *O*-Glykane. **N-Glykane** sind über *N*-Acetyl-*β*-D-glucosamin (*β*GlcNAc) mit dem Amidstickstoff von L-Asparagin (Asn) verknüpft (Abb. 19.8A). Für den Beginn einer *N*-Glykosylierung ist innerhalb der Peptidsequenz die Aminosäurenfolge Asn-Xxx-Ser/Thr als Signalstruktur erforderlich, wobei Xxx jegliche Aminosäure mit Ausnahme von Prolin oder Asparaginsäure sein kann. Die **O-Glykane** sind über *N*-Acetyl-*α*-D-galactosamin (*α*GalNAc) mit der Hyroxygruppe von L-Serin (Ser) oder L-Threonin (Thr) verknüpft (Abb. 19.8B). Für die *O*-Glykosylierung gibt es nach jetzigem Wissen keine typische Signalsequenz. Darüber hinaus existieren Sonderformen der Glykosylierung, die jedoch im Rahmen dieses Kapitels vernachlässigt werden.

19.8 Verknüpfung der Glykane mit dem Peptidrückgrat. A. *N*-Glykane: Sie sind über *N*-Acetyl-*β*-D-glucosamin (*β*GlcNAc) mit dem Amid-Stickstoff von L-Asparagin (Asn) verknüpft. B. *O*-Glykane: Sie sind über *N*-Acetyl-*α*-D-galactosamin (*α*GalNAc) mit der Hydroxylfunktion von L-Serin (Ser) oder L-Threonin (Thr) verknüpft.

Der Aufbau der Glykane in den Zellen erfolgt im endoplasmatischen Reticulum durch enzymatische Kupplung aktivierter Monosaccharidbausteine an die jeweilige Vorstufe. Im Laufe der genetischen Entwicklungsgeschichte hat sich bei den Säugern eine charakteristische Glykosylierungs-Maschinerie (ein spezielles Set an Glykosyltransferasen) herausselektioniert, die eine für Säugerzellen typische Glykosylierung bewirkt.

Die meisten Glykoproteine tragen mehrere *N*- und *O*-Glykosylierungsstellen, und jede dieser Glykosylierungsstellen weist für gewöhnlich mehrere Glykanstrukturen auf. Dies bedeutet, dass ein Glykoprotein nicht als eine einheitliche Strukturform existiert, sondern vielmehr als Mischung verschiedener (sogenannter) **Glykoformen**. Diese besitzen somit zwar die gleiche (durch die genetische Information vorgegebene) Aminosäurensequenz, unterscheiden sich aber in der Anzahl, Lokation und Sequenz der gebundenen Glykane. Im Allgemeinen treten somit an einem spezifischen Asparagin unterschiedliche Kohlenhydratseitenketten auf – dies bezeichnet man als **Mikroheterogenität**.

Die Glykosylierung ist

1. **Speziesspezifisch:** Das Glykosylierungsmuster eines humanen Glykoproteins unterscheidet sich also etwa vom analogen Glykoprotein des Hamsters oder der Maus.
2. **Gewebsspezifisch:** Das Glykosylierungsmuster des Nierengewebes unterscheidet sich beispielsweise von dem des Ovars oder des Bindegewebes.
3. **Zelltypspezifisch:** Das Glykosylierungsmuster einer BHK-Zelle unterscheidet sich also etwa von dem einer CHO- oder C127-Zelle.
4. **Proteinspezifisch:** Das Glykosylierungsmuster von IFN-β unterscheidet sich zum Beispiel von dem von IL-2 oder von EPO oder von AT III oder von t-PA (Tab. 19.1) – selbst dann, wenn diese Glykoproteine in ein und derselben Zelllinie (z. B. in CHO-Zellen) exprimiert und unter identischen Bedingungen kultiviert werden.

Demnach stellt die Untersuchung der Zuckerstrukturen von Glykoproteinen für die verschiedensten Forschungs- und Entwicklungszweige (etwa die Glykobiotechnologie, Molekularbiologie, klinische Chemie, Medizin und Pharmazie) ein wichtiges, anspruchsvolles und nicht zuletzt auch reizvolles Aufgabengebiet dar.

19.2.1 Aufbau der *N*-Glykane

Die *N*-Glykane eines Glykoproteins sind mit dem Peptidrückgrat stets über den Zuckerbaustein GlcNAc *N*-glykosidisch mit der Amidgruppe der Aminosäure Asparagin (Asn) verknüpft.

Die Glykane der Glykoproteine von Säugerzellen werden durch Glykosyltransferasen nach einem einheitlichen biochemischen Schema aufgebaut, so dass letztlich einander verwandte Oligosaccharidseitenketten entstehen. Allen *N*-Glykanen gemeinsam ist die Pentasaccharidgrundstruktur Man$_3$-GlcNAc$_2$ (Abb. 19.9). Erfreulicherweise (aus der Sicht des Lernenden) gibt es nur drei Grundtypen von *N*-Glykanen: den **komplexen Typ**, den **high-Mannose-Typ** (Oligomannosid-Typ), und den **Hybrid-Typ** (Abb. 19.10). Innerhalb eines Glykoproteins können diese Verzweigungstypen gleichzeitig vorliegen, wobei unter dem Einfluss verschiedener Faktoren (z. B. dem momentanen Stoffwechselstatus der Zelle) Verschiebungen in die eine oder andere Richtung stattfinden können. So kommt es zur Ausbildung der bereits erwähnten Mikroheterogenität. Beispielsweise besitzen frühere (sozusagen unreife) Stadien der Glykosylierung mehr high-Mannose-Typen als spätere („reifere") Stadien der Glykosylierung, die sich durch ihren höheren Anteil an Glykanen vom komplexen Typ zu erkennen geben.

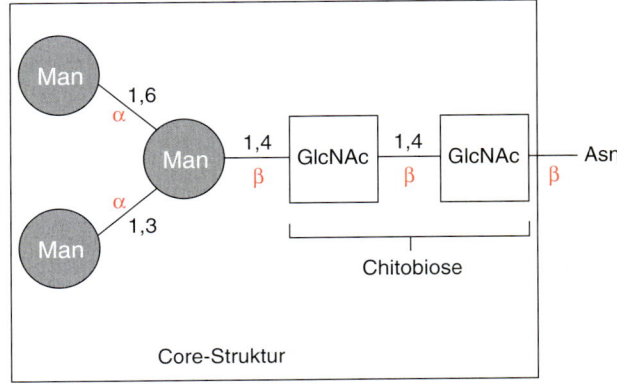

19.9 *N*-Glykan-Pentasaccharid Man$_3$-GlcNAc$_2$. Die Pentasaccharid-Grundstruktur besteht aus 3 Bausteinen D-Mannose und 2 Molekülen *N*-Acetyl-D-glucosamin, die über das reduzierende Ende des Chitobiose-Core (GlcNAcβ1,4GlcNAc) *N*-glycosidisch mit dem Protein (jeweils über die Aminosäure Asparagin) verknüpft ist (vgl. auch Abb. 19.8A).

high-Mannose-Typ (repräsentativ)

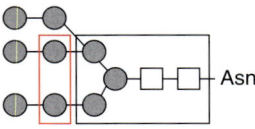

komplexer Typ (repräsentativ)

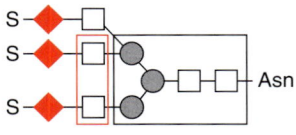

Hybrid-Typ (repräsentativ)

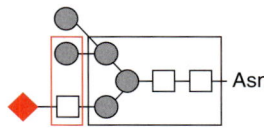

◆ Gal   D-Galactose
□ GlcNAc   N-Acetyl-D-glucosamin
● Man   D-Mannose
S Neu5Ac   N-Acetylneuraminsäure

19.10 Die drei Grundtypen der N-Glycane.

high-Mannose-Typ: Die beiden α-Man-Reste der Pentasaccharid-Grundstruktur sind jeweils durch Mannose substituiert.
Komplexer Typ: Die beiden α-Man-Reste der Pentasaccharid-Grundstruktur sind jeweils durch GlcNAc substituiert.
Hybrid-Typ: Die beiden α-Man-Reste der Pentasaccharid-Grundstruktur sind durch Man und GlcNAc substituiert (Mischung aus high-Man- und komplex-Typ).

Die N-Glykane vom high-Mannose-Typ besitzen nur Mannosen und zwei GlcNAc-Reste (Abb. 19.10). Der Aufbau der N-Glykane vom komplexen Typ ist in Abbildung 19.11 an drei Beispielen detaillierter dargestellt. Gleichzeitig wird in dieser Abbildung die in der Fachliteratur vorgeschlagene und in diesem Kapitel verwendete Nomenklatur der N-Glykane vorgestellt.

Die außerordentliche Variabilität selbst dieser relativ einheitlichen Strukturklasse ergibt sich dadurch, dass diese N-Glykane folgendermaßen auftreten können:

- bi-, tri- oder tetraantennär (in Ausnahmen auch mono- und pentaantennär)
- mit zwei verschiedenen triantennären Grundstrukturen (2,4-verzweigt oder 2,6-verzweigt)

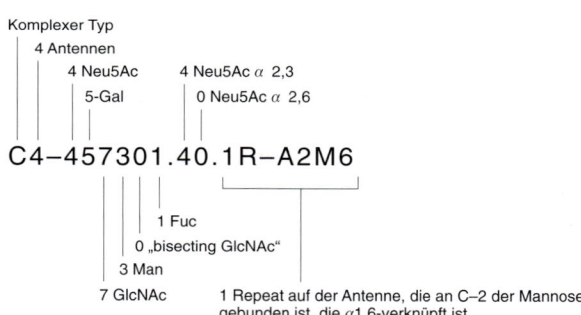

19.11 Aufbau der N-Glykane vom komplexen Typ und vorgeschlagene Nomenklatur. Nach: Hermentin et al. (1994) Anal. Biochem. 221, 29–41.

- mit Neu5Ac entweder 2,3- oder 2,6-verknüpft
- mit vollständiger oder unvollständiger Sialylierung
- ohne oder mit 1-3 LacNAc-Repeat(s)
- mit LacNAc-Repeats auf verschiedenen Antennen oder repetitiv
- mit Rumpfstrukturen auf der einen oder anderen Antenne
- mit definierten Veränderungen in den einzelnen Antennen (z. B. durch zusätzliche Monosaccharideinheiten und/oder eine außergewöhnliche Art der Verknüpfung).

All diese Varianten können sowohl mit als auch ohne „proximale Fucose" und sowohl mit als auch ohne das sogenannte „bisecting GlcNAc" auftreten, was die Zahl der theoretisch möglichen Strukturen noch einmal vervierfacht. (Die „proximale Fucose" ist stets an Position 6 des Asn-verknüpften GlcNAc gebunden; das „bisecting GlcNAc" ist stets an Position 4 der β-verknüpften Core-Mannose angeknüpft).

Die N-Glykane vom Hybrid-Typ stellen gewissermaßen eine Mischung aus einer high-Mannose-Typ- und einer komplex-Typ-Zuckerkette dar, wobei die komplex-Typ-Zuckerkette, die **Antenne**, stets an die $\alpha1,3$-verknüpfte Mannose des Pentasaccharid-Cores gebunden ist.

Die Variabilität der N-Glykane ist zwar recht mannigfaltig, ihre strukturelle Zuordnung (etwa über speziell entwickelte „Mapping"-Verfahren) wird jedoch durch ihren prinzipiell einheitlichen Grundaufbau stark vereinfacht.

19.2.2 Der Aufbau der O-Glykane

Die O-Glykane eines Glykoproteins sind mit dem Peptidrückgrat stets über den Zuckerbaustein GalNAc O-glykosidisch mit der OH-Gruppe der Aminosäure Serin (Ser) oder Threonin (Thr) verknüpft. Ihr Aufbau erfolgt im ersten Schritt durch direkte enzymkatalysierte Bindung eines GalNAc an Serin oder Threonin und sodann durch sequenzielle Addition weiterer Zuckerbausteine unter der Einwirkung spezifischer Glykosyltransferasen.

In O-verknüpften Zuckerketten wird meist eine der in Abbildung 19.12 gezeigten Core-Strukturen gefunden. Die wichtigste davon ist Core-Struktur 1 (das sog. Thomsen-Friedenreich- oder T-Antigen). An diese Core-Strukturen können weitere Gal- oder Neu5Ac-Reste gebunden sein, oder die Core-Strukturen können durch Galβ1,3GlcNAc, sogenannte **Typ I**-, oder Galβ1,4GlcNAc-, **Typ II-Repeats** verlängert sein, wobei die Repeats an C-3 und C-6 der Galactose verzeigt sein können. Zusätzlich können die O-Glykane noch sulfatiert sein.

Bislang ist über die Funktion der O-Glykane noch nicht sehr viel bekannt. Sie tragen zur konformativen Stabilität des Glykoproteins bei und bilden zusammen mit dem Peptidrückgrat ein charakteristisches Strukturmotiv, welches für die Strukturerkennung von Bedeutung ist. Zudem verleihen sie dem Glykoprotein oft einen gewissen Schutz gegenüber dem Angriff von Proteasen.

Die Charakterisierung der O-verknüpften Oligosaccharide ähnelt im Wesentlichen der Charakterisierung der N-Glykane, es gibt jedoch keine einfache Unterscheidung der Strukturklassen wie bei den N-Glykanen und kein universelles Enzym, mit dem sich die O-verknüpften Oligosaccharide abspalten ließen.

$$\text{Gal}\beta1 \longrightarrow 3\text{GalNAc}\alpha1 \longrightarrow \text{Ser/Thr} \quad (1)$$

$$\text{GlcNAc}\beta1 \longrightarrow 3\text{GalNAc}\alpha1 \longrightarrow \text{Ser/Thr} \quad (2)$$

$$\begin{array}{c} \text{GlcNAc}\beta1 \longrightarrow 6 \\ \searrow \\ \text{Gal}\beta1 \longrightarrow 3\text{GalNAc}\alpha1 \longrightarrow \text{Ser/Thr} \end{array} \quad (3)$$

$$\begin{array}{c} \text{GlcNAc}\beta1 \longrightarrow 6 \\ \searrow \\ \text{GlcNAc}\beta1 \longrightarrow 3\text{GalNAc}\alpha1 \longrightarrow \text{Ser/Thr} \end{array} \quad (4)$$

19.12 Core-Strukturen der O-Glycane.

19.3 Glykoanalytik am intakten Glykoprotein

Viele glykoanalytische Untersuchungen lassen sich bereits am intakten (Glyko)-Protein durchführen. Selbstverständlich muss zunächst geklärt werden, ob das erhaltene Molekül tatsächlich glykosyliert ist.

In den folgenden Abschnitten wird häufig auf Erythropoietin (EPO) als Modellglykoprotein zurückgegriffen (Abb. 19.13). Erythropoietin ist ein Hormon (Cytokin), das in der Niere gebildet wird und die Entstehung der roten Blutzellen (Erythropoese) kontrolliert. Es wird heute auf rekombinantem Wege hergestellt und als Medikament bei Nierenversagen sowie nach Knochenmarkstransplantationen und nach aggressiven Tumortherapien eingesetzt. Aus diesem Grund ist Erythropoietin aus analytischer Sicht das wohl am besten untersuchte Glykoprotein und geradezu als Lehrbeispiel der Glykoanalytik prädestiniert.

19.3.1 Ist mein Protein glykosyliert?

Zur Klärung dieser prinzipiellen Frage stehen heute eine Reihe von Techniken zur Verfügung. Die meisten dieser Methoden nutzen die im Rahmen der Proteinanalytik beschriebenen elektrophoretischen Verfahren und Blot-Techniken.

Identifizierung eines Glykoproteins durch spezifische Färbung

Im ersten Schritt müssen eventuell vorhandene Kohlenhydratreste spezifisch kenntlich gemacht werden (Abb. 19.14). Das Nachweisverfahren umfasst folgende Schritte:

1. Auftrennung des Proteins oder Proteingemischs in der Gelelektrophorese.
2. Blot der Proteine auf eine PVDF-Membran.
3. Oxidation der in den Zuckerketten vorhandenen Diolstrukturen mittels Natriumperiodat zu Aldehydgruppen.
4. Inkubation der Aldehydgruppen mit einem Aminogruppen-haltigen Marker (z. B. Digoxigeninhydrazid)
5. Detektion des Markers (Digoxigenin) in einer Immunreaktion mit einem anti-Digoxigenin-Antikörper (z. B. polyklonal vom Kaninchen oder monoklonal von der Maus), der mit einem Enzym (z. B. alkalische Phosphatase, AP) konjugiert ist.
6. Zuckerspezifische Färbung der Proteinbande über das an das Glykoprotein gebundene Enzym. Das Färbereagenz NBT ergibt bei Spaltung durch das Enzym einen Farbstoff, der die Glykoproteinbande anfärbt.

Elektroblotting Abschnitt 10.7

Alternativ lässt sich Schritt 4 mit Biotinhydrazid (statt Digoxigeninhydrazid) durchführen und das am Zuckerrest immobilisierte Biotin mittels Avidin markieren, welches seinerseits mit alkalischer Phosphatase konjugiert ist (Schritt 5) und wiederum eine Färbung der Bande mit NBT bewirkt (Schritt 6).

Das beschriebene Verfahren hat den Vorteil, dass man mehrere Glykoproteine gleichzeitig und in Gegenwart von reinen Proteinen detektieren kann.

Anstelle der Auftrennung des Proteins oder Proteingemischs in der Gelelektrophorese lässt sich der Glykosylierungsnachweis auch im Dot-Blot-Verfahren durchführen. Dies ermöglicht jedoch – im Gegensatz zur Elektrophorese – keine Differenzierung des Proteingemischs nach einzelnen Komponenten (Protein- bzw. Glykoproteinbanden).

Dot-Blot-Verfahren Abschnitt 5.3.3

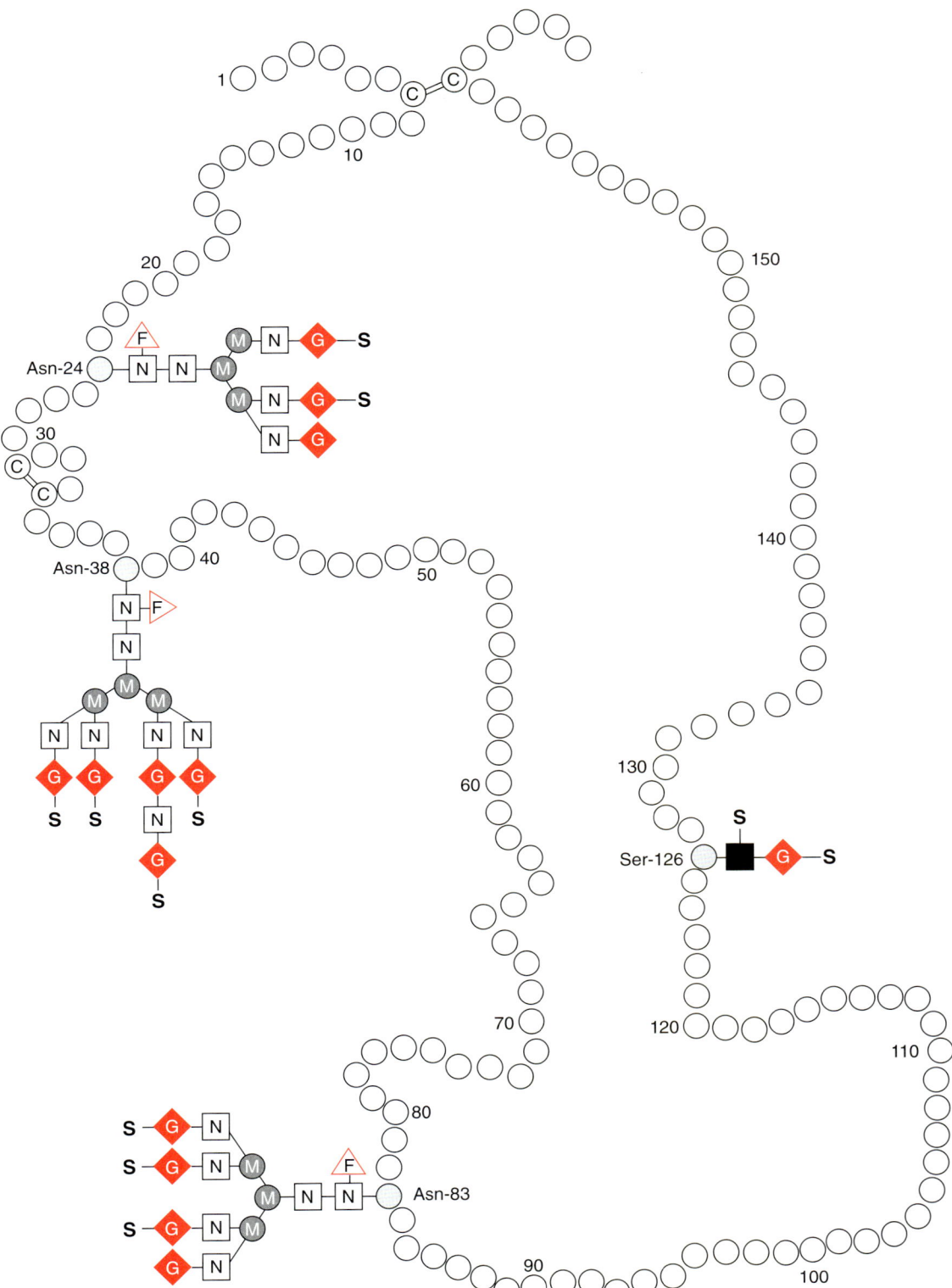

19.13 Schematische Darstellung von Erythropoietin. EPO ist ein Glykoprotein mit 166 Aminosäuren, mit 3 *N*-Glykosylierungsstellen und 1 *O*-Glykosylierungsstelle. Der Kohlenhydratanteil beträgt ca. 40 % des Molekulargewichts. Bei rekombinanter Expression des Cytokins in Säugerzellen wird das rEPO aus der Zelle in das Kulturmedium sezerniert und kann daher relativ leicht aus der Fermenterbrühe isoliert und aufgereinigt werden.

500 TEIL III: SPEZIELLE STOFFGRUPPEN

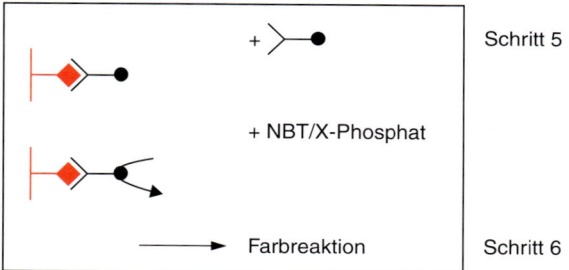

19.14 Sandwich-Assay zur Identifizierung eines Glykoproteins. Die in den Zuckerbausteinen vorhandenen vicinalen Diole werden mittels Periodat oxidativ gespalten. Die erhaltenen Aldehydgruppen werden in einer Schiff'schen-Basereaktion mit Digoxigenin-X-hydrazid umgesetzt. Das so markierte Glykoprotein wird mit einem gegen Digoxigenin gerichteten Antikörper detektiert, welcher mit alkalischer Phosphatase (AP) konjugiert ist. Nach Zusatz von NBT (Nitrotetrazoliumblau) erhält man eine spezifische Anfärbung des Glykoproteins (vgl. auch folgende Abbildung).

SDS-PAGE
Abschnitt 10.3.9

Identifizierung eines Glykoproteins durch enzymatische Abspaltung der *N*-Glykane

Die *N*-Glykane von Glykoproteinen lassen mit Hilfe des Enzyms PNGase F (Peptid *N*-Glykosidase F aus *Flavobacterium meningosepticum*) vom Peptidrückgrat abspalten (Abschnitt 19.4.1).

Da der Verlust einer oder mehrerer Zuckerketten eine Abnahme des Molekulargewichts bedingt, ändert sich dadurch das Verhalten des (Glyko)Proteins in der SDS-Polyacryamidgel-Elektrophorese – sein apparentes Molekulargewicht nimmt ab (als Beispiel siehe Abb. 19.19).

Identifizierung eines Glykoproteins durch Detektion von Monosaccharidkomponenten

Steht für die Analyse ein aufgereinigtes (Glyko)Protein zur Verfügung, so erhält man eine ja/nein-Antwort zur Glykosylierung auch durch saure Hydrolyse der in den Oligosaccharidseitenketten gebundenen Monosaccharide und Detektion der freigesetzten Monosaccharidkomponenten in der HPAEC-PAD (Abschnitt 19.3.4). Die HPAEC-PAD hat in diesem Zusammenhang gegenüber anderen HPLC-Verfahren und auch gegenüber der Kapillarelektrophorese den Vorteil, dass sie keine Derivatisierung der freigesetzten Monosaccharide erfordert, da diese direkt und sehr spezifisch mittels eines amperometrischen Detektors nachgewiesen und gemessen werden können.

19.3.2 Charakterisierung der Glykosylierung mittels Lectinen

Die Oligosaccharidseitenketten von Glykoproteinen lassen sich bereits am intakten Glykoprotein bis zu einem gewissen Grad durch Reaktion mit Lectinen charakterisieren. Lectine sind (Glyko)Proteine pflanzlichen Ursprungs, die Kohlenhydrate spezifisch erkennen und binden und so eine selektive Glykoanalytik ermöglichen. Markiert man ein Lectin bekannter Kohlenhydratspezifität mit einem geeigneten Marker (z. B. Digoxigenin), so lassen sich die vom Lectin erkannten Kohlenhydratstrukturen in einem Sandwich-Assay nachweisen.

Für solche Zwecke stehen heute eine Reihe von Lectinen mit genügend charakterisierter Spezifität zur Verfügung. Ein geeigneter Versuchsaufbau, ähnlich dem in Abschnitt 19.3.1 beschriebenen Assay, erlaubt es, die endständigen Zuckerreste der Glykane spezifisch zu erkennen und in einer Färbereaktion sichtbar zu machen (Abb. 19.15). Wegen der in Abschnitt 19.2 erwähnten Mikroheterogenität der Glykosylierung ist dieses Verfahren jedoch in seiner Aussagefähigkeit begrenzt.

Das Lectinverfahren umfasst folgende Schritte:

1. Trennung des Proteins oder Proteingemischs in der Gelelektrophorese.
2. Blot der Proteine auf eine PVDF-Membran.
3. Inkubation mit einem Lectin, das mit Digoxigenin konjugiert ist.
4. Detektion des Digoxigenins in einer Immunreaktion mittels eines anti-Digoxigenin-Antikörpers (z. B. polyklonal vom Kaninchen oder monoklonal von der Maus), welcher mit einem Enzym (z. B. alkalische Phosphatase, AP) konjugiert ist.
5. Zuckerspezifische Färbung der Proteinbande über das im Sandwich immobilisierte Enzym.

Tabelle 19.3 zeigt das Ergebnis der Lectinanalyse von vier verschiedenen Glykoproteinen: Das Lectin GNA (mit Spezifität für α-verknüpfte Mannose) färbt nur die Carboxypeptidase Y, die daher im Gegensatz zu Transferrin, Fetuin und Asialofetuin offenbar high-Mannose-Typ-Strukturen aufweist. Das Lectin SNA, welches α-2,6-verknüpfte Neu5Ac-Reste erkennt, reagiert sowohl mit Transferrin als auch mit Fetuin; diese beiden Glykoproteine besitzen demnach Glykane mit den entsprechenden terminalen Strukturen. Im Unterschied hierzu weist das Lectin MAA, das für α-2,3-verknüpfte Neu5Ac-Reste spezifisch ist, nur für Fetuin diese Struktur nach. Beide Lectine (SNA und MAA) dürfen nicht mit desialyliertem Fetuin (Asialofetuin) reagieren, welches daher als Negativkontrolle fungiert und somit einen falsch-positiven Befund ausschließt. Das Lectin DSA (mit Spezifität für Galβ1,4 und GlcNAcβ1,4) reagiert mit Transferrin, Fetuin und Asialofetuin und legt somit für diese Glykoproteine das Vorhandensein von N-Glykanen des komplexen Typs nahe. O-Glykane lassen sich erst nach Abspaltung der Neuraminsäurereste detektieren: Das Peanut-Agglutinin PNA (Erdnuss-Lectin) erkennt die nicht sialylierten Galβ1,3GalNAcα1-Strukturen der O-Glykane und belegt somit, dass Fetuin – neben den durch die Reaktion mit DSA nachgewiesenen

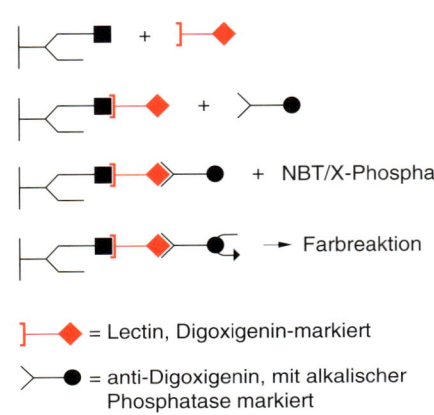

19.15 Sandwich-Assay mit Lectinen zur Charakterisierung der Glykosylierung eines Glykoproteins. Das Lectin-Digoxigenin-Konjugat bindet in selektiver Weise an die vom Lectin erkannten Zuckerreste des Glykoproteins. Das so markierte Glykoprotein wird mit einem gegen Digoxigenin gerichteten Antikörper detektiert, welcher mit Alkalischer Phosphatase (AP) konjugiert ist. Nach Zusatz von NBT erhält man eine spezifische Anfärbung des Glykoproteins.

Tabelle 19.3 Lectinanalyse von vier verschiedenen Glykoproteinen

	Lectin:				
	GNA	SNA	MAA	DSA	PNA
Glykoprotein:					
Carboxypeptidase Y	+	–	–	–	–
Transferrin	–	+	–	(+)	–
Fetuin	–	+	+	+	–
Asialofetuin	–	–	–	+	+
Spezifität:	Man α	Neu5Ac α2,6	Neu5Ac α2,3	Gal β1,4 GlcNAc β1,4	Galβ1,3GalNAc (asialo-*O*-Glykan)

+ bedeutet positive Reaktion, – keine Reaktion

N-Glykanen – auch *O*-glykosidisch gebundene Zuckerketten aufweist. Die Desialylierung erfolgt recht einfach entweder mittels Neuraminidase (Sialidase) oder durch milde saure Hydrolyse (Abschnitt 19.3.5).

19.3.3 Isoelektrische Fokussierung

Isoelektrische Fokussierung
Abschnitt 10.3.11

In der isoelektrischen Fokussierung (IEF) werden Proteine und Glykoproteine in einem stabilen pH-Gradienten nach ihrem jeweiligen isoelektrischen Punkt aufgetrennt. Die **Glykoformen** eines Glykoproteins unterscheiden sich (wegen des identischem Peptidrückgrats) nur durch die Art und Gewichtung der Zuckerketten an den einzelnen Glykosylierungsstellen – und somit durch die Zahl der jeweils gebundenen, negativ geladenen Neu5Ac-Reste (Abb. 19.16). Somit erlaubt die IEF des intakten Glykoproteins eine wichtige Aussage im Hinblick auf den Sialylierungsstatus und den prozentualen Anteil der um jeweils eine Ladung differierenden Glykoformen.

19.3.4 Analyse der neutralen Monosaccharidkomponenten

Die genaue Bestimmung und Quantifizierung der Monosaccharidkomponenten eines Glykoproteins ist ein recht schwieriges Unterfangen. Zum einen müssen sämtliche im Protein vorhandenen glykosidischen Bindungen quantitativ gespalten werden, das heißt, die Monosaccharide müssen vollständig freigesetzt werden. Zum anderen dürfen die freigesetzten Monosaccharide unter den verwendeten Hydrolysebedingungen nicht zersetzt werden, damit ihre Quantifizierung nicht verfälscht wird.

Bei Säugerzell-Glykoproteinen hat sich die saure Hydrolyse in 2 N Trifluoressigsäure (4 h, 100 °C) mit nachfolgender Detektion und Quantifizierung der Monosaccharide in der HPAEC-PAD besonders bewährt (siehe unten). *N*-Acetylzucker (wie GlcNAc oder GalNAc) werden während der sauren Hydrolyse *N*-desacetyliert und unter den gegebenen Hydrolysebedingungen als die korrespondierenden Aminozucker (GlcNH$_2$ bzw. GalNH$_2$) detektiert. Da sich die *N*-Acetylneuraminsäure unter den Hydrolysebedingungen zersetzt, muss Neu5Ac in einer speziellen und milderen Hydrolyse (z. B. 0,1 N H$_2$SO$_4$, 1 h, 80 °C) oder auf enzymatischem Wege, z. B. mittels Neuraminidase (Sialidase), freigesetzt und separat bestimmt werden (Abschnitt 19.3.5). Trifluoressigsäure (TFA) hat gegenüber HCl oder H$_2$SO$_4$ den Vorteil, dass sie flüchtig ist und bei der Lyophilisation oder in einer SpeedVac entfernt wird.

Wie vom Aufbau der *N*-Glykane (Abb. 19.9 bis 19.11) ersichtlich, lassen sich aus den regulären biantennären, triantennären und tetraantennären *N*-Glykanen bei vollständiger Sialylierung für die Monosaccharidkomponenten definierte Molverhältnisse ablesen. Dasselbe gilt für die *N*-Glykane vom high-Mannose-Typ (Tab. 19.4). Dabei kann man in manchen Fällen aus dem molaren Verhältnis von GlcNAc zu Mannose auf den vorliegenden Strukturtyp schließen:

Bei einem Quotienten von GlcNAc/Man <0,5 liegen in der Regel ausschließlich *N*-Glykane vom high-Mannose-Typ vor, während bei einem Quotienten zwischen 1 und 2 überwiegend (oder ausschließlich) mit *N*-Glykanen vom komplexen Typ zu rechnen ist.

Für rEPO belegt der Quotient GlcNAc/Man = 2,0 das Vorhandensein von *N*-Glykanen des komplexen Typs, wobei ein hoher Anteil an tetraantennären *N*-Glykanen zu erwarten sein dürfte. Der Befund von 9 mol/mol Mannose spricht für drei Glykosylierungsstellen, weil ja bei Gegenwart von komplex-Typ-Strukturen stets 3 Mannosen pro *N*-Glykan gebunden sind. Desgleichen weist auch der Gehalt an GlcNAc (18 mol/mol) und Gal (14 mol/mol) auf drei tetraantennäre *N*-Glykane hin.

Die Tatsache, dass etwa 1 mol/mol GalNAc detektiert wird, weist für rEPO auf das Vorliegen einer einzelnen *O*-Glykosylierungsstelle hin. Demnach sollte man für das *O*-Glykan auch 1 mol/mol Gal in Rechnung stellen (Abschnitt 19.2.2), wodurch für die drei tetraantennären *N*-Glykane noch 13 mol/mol Galactose verbleiben.

Die Detektion von GalNAc deutet in der Regel auf das Vorhandensein von *O*-Glykanen hin, da GalNAc nur in Ausnahmefällen Bestandteil von *N*-Glykanen ist. Im Falle eines positiven GalNAc-Befunds sollte man das Vorhandensein eines *O*-Glykans aber sicherheitshalber noch mit einer weiteren Methode bestätigen, am besten über ein Glykan-Mapping-Verfahren mittels HPAEC-PAD (siehe unten) oder – nach Desialylierung des intakten Glykoproteins – über eine positive Färbereaktion mit dem Erdnuss-Lectin (PNA) (Abschnitt 19.3.2). Andererseits belegt ein negativer GalNAc-Befund stets das Fehlen einer *O*-Glykosylierung.

Man darf jedoch die Daten der Monosaccharid-Komponentenanalyse nicht überbewerten! In der Regel sind die Verhältnisse wesentlich komplizierter, so dass über die Monosaccharidkomposition meist keine Aussage über die Art der Oligosaccharidseitenketten getroffen werden kann.

19.16 Isoelektrische Fokussierung von rekombinanten rEPO-Proben verschiedener Hersteller (Spur 2–5) im Vergleich zu zwei urinären uEPO-Proben (Spur 1 und 6). Die beiden uEPO-Proben unterscheiden sich im Fokussierungsmuster infolge unterschiedlicher Aufreinigung des Urin-Pools. Die rEPO-Proben zeigen ein eher vergleichbares Glykoformenmuster, welches mit dem urinären EPO aus Spur 6 vergleichbar ist. Die Färbung der Banden erfolgte nach Western Blot auf eine Nitrocellulose-Membran und Immunfärbung mittels anti-EPO vom Kaninchen (Erstantikörper), biotinyliertem anti-Kaninchen-IgG (Zweitantikörper) und Peroxidase-markiertem Streptavidin. Die in der IEF erkennbaren Einzelbanden differieren, grob gesehen, jeweils um eine negative Ladung bzw. um jeweils einen Neu5Ac-Rest (sofern keine Sulfatierung vorliegt). Nach: Storring und Gaines Das (1992) J. Endocrinol. 134, 459–484.

Tabelle 19.4 Molverhältnisse der Monosaccharidkomponenten der *N*-Glykane

		Fuc	GalNAc	GlcNAc	Gal	Man	Neu5Ac	GlcNAc/Man	Neu5Ac/Gal	Man/Fuc
komplexer Typ	tetraantennär	0–1	–	6	4	3	4	2,00	1,00	
	triantennär	0–1	–	5	3	3	3	1,67	1,00	
	biantennär	0–1	–	4	2	3	2	1,33	1,00	
high-Mannose-Typ	Man5	–	–	2		5		0,40		
	Man6	–	–	2		6		0,33		
	Man7	–	–	2		7		0,29		
	Man8	–	–	2		8		0,25		
	Man9	–	–	2		9		0,22		
Erythropoietin		3	0,8	18	14	9	11	2,0	0,8	3,0

Analyse mittels HPAEC-PAD (*high-pH anion-exchange chromatography with pulsed amperometric detection*)

Bei dieser Anionenaustausch-Chromatographie an pelliculären Matrices mit Aminopropylliganden (Carbo-Pac HPLC-Säulen) trennt man die Glykane eines Glykanpools unter alkalischen Bedingungen, bei denen die Zuckerstrukturen als negativ geladenen Alkoholate vorliegen und daher mit der Anionenaustauschermatrix interagieren. Die Analyse der Zuckerstrukturen erfolgt dabei sehr selektiv und sensitiv – ohne Derivatisierung – durch gepulste amperometrische Detektion (PAD) oder gepulste elektrochemische Detektion (PED) an einer Goldelektrode. Dabei werden die Redoxpotentiale des Detektors auf die für die Oxidation von Zuckern typischen Redoxpotentiale eingestellt.

Die neutralen Monosaccharide sind als Polyhydroxyverbindungen schwache Säuren mit Ionisierungskonstanten von 10^{-12} bis 10^{-14}. Daher lassen sich Monosaccharide bei pH < 13 an einer solchen Anionenaustauschersäule trennen, wobei die Wechselwirkung mit der Matrix durch die jeweilige Acidität des Zuckers bestimmt wird. Die Acidität der einzelnen OH-Gruppen nimmt in der Reihenfolge OH-1 > OH-2 ≥ OH-6 > OH-3 > OH-4 ab.

Die HPAEC-PAD erfordert keine Derivatisierung der Monosaccharide und erweist sich daher den anderen Verfahren der Monosaccharid-Analyse als einfacher und überlegen (Abb. 19.17).

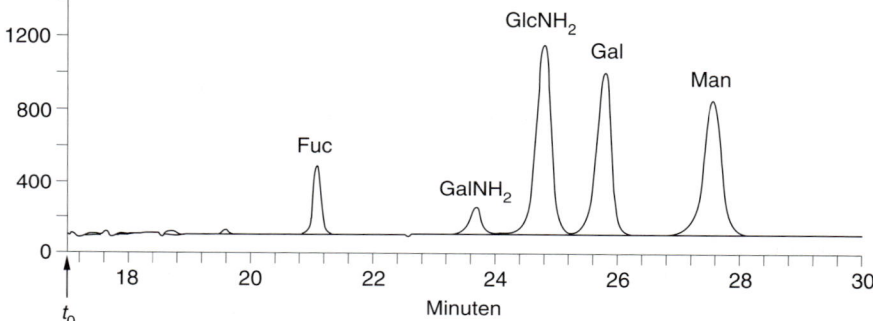

19.17 HPAEC-PAD-Profil der für Säugerzell-Glykoproteine wichtigen neutralen Monosaccharidkomponenten: L-Fucose (Fuc), D-Galactosamin (GalNH$_2$), D-Glucosamin (GlcNH$_2$), D-Galactose (Gal) und D-Mannose (Man).

Von den genannten Zuckern eluiert die Fucose besonders früh, weil sie – im Vergleich zu den anderen Hexosen – an C-6 eine CH$_3$- anstelle einer OH-Gruppe besitzt, wodurch sich die Wechselwirkung mit der Anionenaustauscher-Matrix deutlich vermindert. Vergleichbar früh wie die L-Fucose (6-Desoxy-L-galactose) eluieren andere Monodesoxy-Hexosen und die Pentosen, weil sie allesamt eine OH-Gruppe weniger aufweisen als die Hexosen.

(t_0: Probeninjektion)

Analyse mittels GC-MS

Chromatographie Kapitel 9

Die klassische Methode zur Analyse der freigesetzten Monosaccharidkomponenten bildet die Gaschromatographie (GC). Wie bei der HPLC passieren die Monosaccharidkomponenten den Detektor nach einer charakteristischen Retentionszeit. Die in der **sauren Hydrolyse** erhaltenen freien Monosaccharide werden durch Reduktion (mittels NaBH$_4$ oder NaBD$_4$) in die korrespondierenden Alditole umgewandelt und nachfolgend acetyliert (oder trifluoracetyliert). Hierdurch umgeht man zum einen das Problem der Anomerie, zum anderen erhält man die für die GC bzw. MS (EI-MS oder CI-MS) erforderlichen flüchtigen Komponenten.

Ein weiteres Verfahren zur Solvolyse ist die **Methanolyse**: Dabei wird das Glykoprotein mit methanolischer HCl behandelt und eine Mischung der Methylglykosid-Anomerenpaare erhalten. Die Methanolyse ist zur Spaltung der glykosidischen Bindungen genauso wirksam wie die Hydrolyse und insofern von Vorteil, als sie weniger Zerstörung der Kohlenhydrate verursacht als wässrige Säuren. Für die GC wird die anomere Mischung der Methylglykoside im Allgemeinen trimethylsilyliert oder trifluoracetyliert, um die Komponenten in die für die MS erforderliche flüchtige Form zu bringen. Das Verfahren der Methanolyse ermöglicht in einem Durchgang die Analyse der neutralen Zucker, Aminozucker und Sialinsäure.

Die derivatisierten Monosaccharidkomponenten können in der GC über ihre jeweilige Retentionszeit mit einem Flammenionisationsdetektor (FID) identifiziert und durch Abgleich mit internen oder externen Standards zugeordnet werden. Auch die Quantifizierung der Monosaccharid-Alditolacetate oder TMS-Ether-Methylglykoside mittels des FID erfolgt im Vergleich zu einem internen Standard, der in der Natur nicht vorkommt (z. B. L-Glycero-D-manno-heptitol). Wenn sich die Zuordnung der Peaks unsicher gestaltet, muss die Peak-Zuordnung durch Coinjektion mit dem erwarteten authentischen Monosaccharidderivat abgesichert werden.

Zur quantitativen Analyse der Monosaccharidkomponenten muss die Sensitivität des Detektors für jede Monosaccharidkomponente relativ zum internen Standard bestimmt werden. Hierzu werden bekannte Mengen des analog derivatisierten Standards injiziert und analysiert. Substanzverluste während der Probenvorbereitung (Derivatisierung) werden sich beim zu untersuchenden Monosaccharid und beim Standard proportional verhalten. Das heißt, das Verhältnis Analyt/Standard bleibt unverändert, auch wenn sich die absolute Menge von Probe und Standard letztlich proportional verringert haben könnte.

Für jede Monosaccharidkomponente wird in der GC ein charakteristisches Muster an trimethylsilylierten Methylglykosiden erhalten (α/β-Anomere). Wenn man jedes derivatisierte Monosaccharid einzeln in Gegenwart eines internen Standards untersucht, kann man den prozentualen Anteil des Monosaccharids kalkulieren, das jeder der Peaks repräsentiert. Die Quantifizierung der Monosaccharidkomponenten der Probe erfolgt dadurch, dass man sich für jede Komponente einen Peak aussucht, der im Chromatogramm nicht überlagert ist und aus dem prozentualen Anteil eines jeden dieser Peaks den Gehalt der einzelnen Monosaccharide berechnet.

Wenn die GC mit einem Massenspektrometer gekoppelt ist, wird jeder Peak durch seine relative Retentionszeit und die Kombination mit seinem jeweiligen Massenspektrum ermittelt, was die Strukturzuordnung der Monosaccharide enorm erleichtert. In Tabelle 19.5 sind die Molekulargewichte der Monosaccharide, die in Glykoproteinen vorkommen, sowie die ihrer in der GC-MS verwendeten flüchtigen Derivate angegeben.

Tabelle 19.5 Molekulargewichte von Monosacchariden und ihrer flüchtigen Derivate

Monosaccharid-Typ	Beispiel	Aldose	Alditol	Alditolacetat	Methylglykosid	TMS-Ether-Methylglykosid
Hexosen	Gal, Man	180	182	434	194	482
Desoxyhexosen	Fuc	164	166	376	178	394
Hexosamine	GlcNH$_2$, GalNH$_2$	179	181	433	193	481
N-Acetylhexosamine	GlcNAc, GalNAc	221	223	473	235	523

19.3.5 N-Acetylneuraminsäure (Sialinsäure)

Die über Jahrzehnte verwendete Thiobarbiturat-Methode nach Warren (der sogenannte Warren-Test – eine für Sialinsäure spezifische Färbemethode) wird heute durch die einfacher durchzuführende und überschaubarere Analyse mittels HPAEC-PAD (siehe oben) verdrängt.

Hierzu wird die im Glykoprotein gebundene Neuraminsäure zunächst mittels milder saurer Hydrolyse (z. B. 0,5–1 h in 0,1 N H$_2$SO$_4$ oder 2 N Essigsäure, jeweils bei 80 °C) oder durch Inkubation mit dem Enzym Neuraminidase (Sialidase) aus ihrer Bindung freigesetzt. Danach erfolgt die eigentliche Analyse mittels HPAEC-PAD. Sie erlaubt die exakte Quantifizierung mit Hilfe einer Eichgeraden und die einfache Differenzierung zwischen N-Acetylneuraminsäure (Neu5Ac bzw. NANA) und N-Glykolylneuraminsäure (Neu5Gc oder NGNA)

(Strukturformeln siehe Abb. 19.3). Die N-Glykolgruppe besitzt im Vergleich zur N-Acetylgruppe eine zusätzliche, durch die benachbarte CO-Gruppe acidifizierte OH-Gruppe. Dies bewirkt für Neu5Gc eine verstärkte Wechselwirkung mit der Anionenaustauschermatrix.

Neu5Gc kommt bei humanen Glykoproteinen nicht vor, jedoch z. B. bei bovinen Glykoproteinen oder bei monoklonalen Antikörpern.

O-acetylierte Neuraminsäuren verlieren unter den alkalischen Bedingungen der Routine-HPAEC-PAD die O-Acetylgruppen (Esterverseifung). Ihre Detektion erfordert daher neutrale oder schwach saure Eluenten.

19.4 Freisetzung und Isolierung des N-Glykanpools

Während wir uns bislang nur mit der Analytik am intakten Glykoprotein beschäftigt haben, wollen wir uns in den folgenden Abschnitten der Strukturermittlung einzelner N-Glykane zuwenden. Hierzu werden die Oligosaccharide im ersten Schritt vom Peptidrückgrat abgespalten und als Glykanpool isoliert.

Die Asparagin-verknüpften Zuckerketten der Glykoproteine lassen sich im Prinzip auf zwei Arten freisetzen – entweder auf chemischem Wege (mittels Hydrazinolyse, Abschnitt 19.4.3) oder enzymatisch. Für die enzymatische Freisetzung bieten sich zwei Varianten an, nämlich (am besten) die Freisetzung der N-Glykane mittels Glykopeptidasen (N-Glykanasen, Abschnitt 19.4.1) oder mittels Endoglykosidasen (Abschnitt 19.4.2). Letztere bleiben auf high-Mannose- und Hybrid-Typ-Strukturen beschränkt.

19.4.1 Enzymatische Freisetzung mittels PNGase F

Das Enzym Peptid-N^4-(N-acetyl-β-glucosaminyl)asparagin-Amidase (PNGase F aus *Flavobacterium meningosepticum*) spaltet praktisch alle N-glykosidisch verknüpften Zuckerketten (mit Ausnahme jener, die an das Amino- oder Carboxyende eines Polypeptids gebunden sind). Allerdings erfordert das enzymatische Verfahren bisweilen zu optimierende Reaktionsbedingungen – etwa einen voranzustellenden tryptischen Verdau des Glykoproteins. Die dabei gebildeten Peptidfragmente sind konformativ flexibler und erlauben somit einen leichteren Zugriff des Enzyms auf die einzelnen Glykosylierungsstellen. Auch der Zusatz eines geeigneten Detergenz (z. B. Triton X-100, Tween-20, CHAPS oder Natriumdodecylsulfat) erleichtert die Abspaltung der Zucker (das Detergens entfaltet das Protein und erleichtert hierdurch ebenfalls den Zugriff des Enzyms auf die Glykosylierungsstellen). PNGase F spaltet die N-glykosidische Bindung zwischen dem „proximalen GlcNAc" (dem Ankerzucker) und der Aminosäure Asparagin (Abb. 19.18). Während die N-Glykane dabei in unveränderter Form freigesetzt werden, wird das Ankermolekül Asparagin (Asn) zur Asparaginsäure (Asp) modifiziert.

19.18 Enzymatische Spaltung der N-Glykane von Glykoproteinen mit Endo-β-N-Acetylglucosamidase H (Endo-H) und Peptid-N^4-(N-Acetyl-β-glucosaminyl)asparagin-Amidase (PNGase F).

Die Abspaltung der Zuckerreste mittels PNGase F bewirkt in der Regel eine Abnahme des Molekulargewichts, die in der SDS-PAGE deutlich wird (Abschnitt 19.3.1). Dies ist in Abbildung 19.19 für rEPO beispielhaft dargestellt.

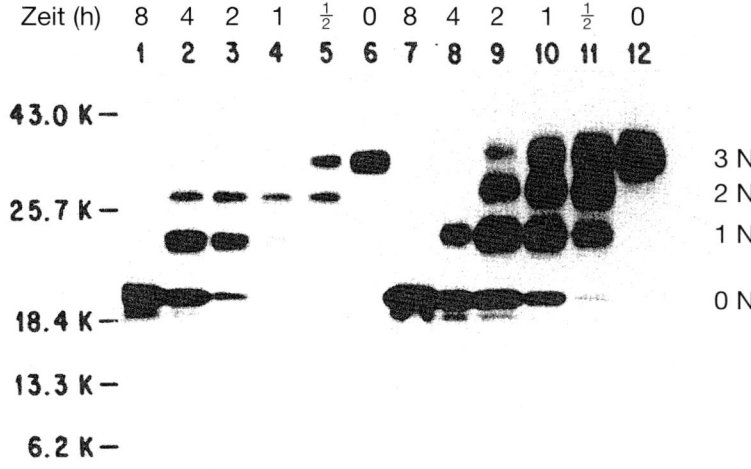

19.19 Zeitlicher Verlauf der Behandlung von urinärem EPO (Spur 1–6) und rekombinantem EPO (Spur 7–12) mit PNGase F; Analyse mittels 12,5 % SDS-PAGE und Western Blot. Die Abspaltung einer jeden der drei N-glykosidisch gebundenen Zuckerketten N verschiebt die Banden nach tieferem Molekulargewicht (3N→2N→1N→0N). Nach Abspaltung der N-Glykane wandert das Restmolekül in Form zweier Banden. Die größere (obere) Bande korrespondiert mit dem N-deglykosilierten Peptidrückgrat, welches an Ser-126 noch O-glykosyliert ist, während die kleinere (untere) Bande das vollständig zuckerfreie Peptidrückgrat darstellt. Die beiden Banden belegen, dass das EPO-Peptidrückgrat nur zu etwa 70 % O-glykosyliert ist. Dieser Umstand spielt für die Chargenkonsistenz-Kontrolle von rEPO eine wichtige Rolle, soll uns aber im Rahmen dieses Kapitels nicht weiter bekümmern. Nach: Egrie et al. (1986) Immunobiol. 172, 213–224.

19.4.2 Enzymatische Freisetzung mittels Endoglykosidasen

Bei der Freisetzung der N-glykosidisch verknüpften Zuckerketten mittels Endo-β-N-acetylglucosaminidasen erfolgt die Abspaltung der Zuckerketten durch Hydrolyse der Chitobiose-Disaccharid-Einheit (Abb. 19.18). Hier stehen im Wesentlichen drei Endoglykosidasen zur Verfügung, nämlich Endo-β-N-acetylglucosaminidase D (endo-D), H (endo-H) und C_{II} (endo-C_{II}). Alle drei Endoglykosidasen spalten N-Glykane vom high-Mannose- und Hybrid-Typ, nicht jedoch Strukturen vom komplexen Typ. Somit lassen sich aus Glykoproteinen (am besten nach vorangegangenem tryptischen Verdau) die high-Mannose-Typ- und Hybrid-Typ-Strukturen selektiv freisetzen, während die N-Glykane vom komplexen Typ in ihrer Bindung an das Peptidrückgrat erhalten bleiben.

19.4.3 Chemische Freisetzung mittels Hydrazinolyse

Bei der Hydrazinolyse, die relativ drastische Bedingungen erfordert (mehrstündige Inkubation in wasserfreiem Hydrazin bei 80–100 °C), wird die N-glykosidische Amidbindung zum Asparagin hydrolysiert, wobei eine Reihe von Umwandlungen stattfindet (Abb. 19.20). Die N-Glykane werden jedoch – wie bei der Enzymreaktion mit PNGase F (Abschnitt 19.4.1) – letztlich in intakter, reduzierender Form isoliert. Heute lässt sich die recht komplexe Hydrazinolyse erfreulicherweise vollautomatisch durchführen.

19.20 Hydrazinolyse der N-glykosidisch gebundenen Zuckerketten. Bei der Hydrazinolyse wird der proximale (reduzierende) Zuckerbaustein des Glykans in das korrespondierende Hydrazinderivat überführt. Gleichzeitig werden durch den nucleophilen Angriff des Hydrazins die in den Glykanen vorhandenen N-Acetylgruppen desacetyliert. Die entschützten Aminogruppen müssen in einem zweiten Schritt wieder reacetyliert werden (mittels Acetanhydrid in Gegenwart von wässrigem Natriumhydrogencarbonat als Base). Dabei wird das Zuckerhydrazid zum β-Acetylhydrazid modifiziert. Während die Glykosyl-Hydrazid-Bindung in wässriger Lösung selbst bei saurem pH stabil ist (Stabilisierung infolge der elektronenschiebenden Wirkung der NH_2-Gruppe; positiver mesomerer (+M)-Effekt), ist diese Stabilisierung nach erfolgter N-Acetylierung aufgehoben. Infolgedessen lässt sich das β-Acetylhydrazid unter sauren Bedingungen (besonders gut in Gegenwart von Kupferionen als Katalysator) in einem dritten Schritt in das intakte N-Glykan zurückverwandeln, so dass auch hier (wie bei der Enzymreaktion mit PNGase F, Abschn. 19.4.1) die N-Glykane letztlich in unveränderter (reduzierender) Form freigesetzt und isoliert werden.

19.5 Isolierung einzelner *N*-Glykane

Die Aufreinigung der einzelnen *N*-Glykane aus dem *N*-Glykanpool ist recht arbeitsintensiv. Verschiedene Arbeitsgruppen haben hierzu unterschiedliche Trennschemata erarbeitet (mit oder ohne Derivatisierung der Glykane am reduzierenden Ende) und auf ihre speziellen Laborbedingungen hin optimiert.

Am einfachsten gestaltet sich die Isolierung der nicht derivatisierten (intakten) Glykane nach dem in Abbildung 19.21 dargestellten Trennschema. Dabei werden die *N*-Glykane im ersten Schritt über einen Anionenaustauscher (Mono-Q) in

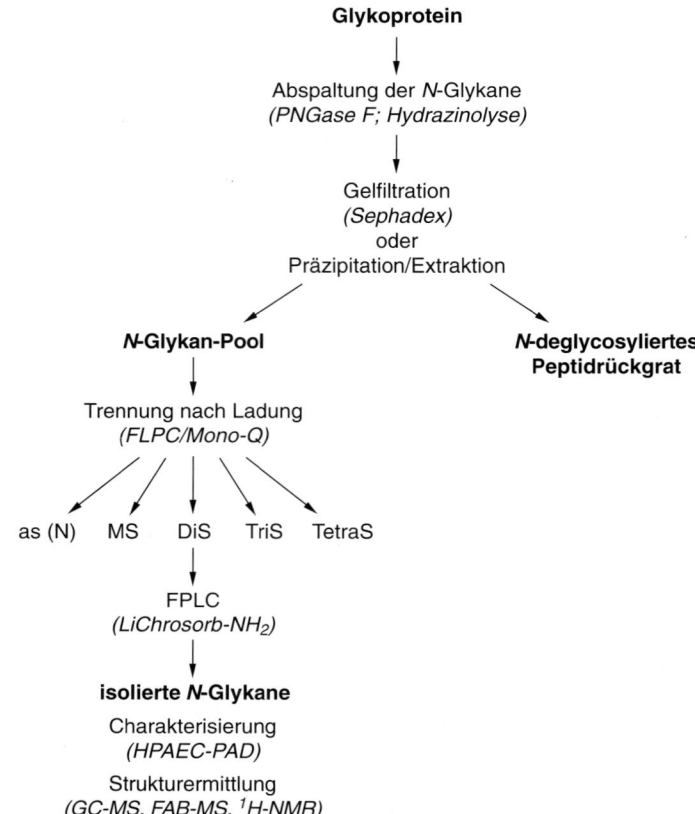

19.21 Isolierung der Einzelglykane, ausgehend vom Glykoprotein (evtl. nach Trypsin-Verdau).

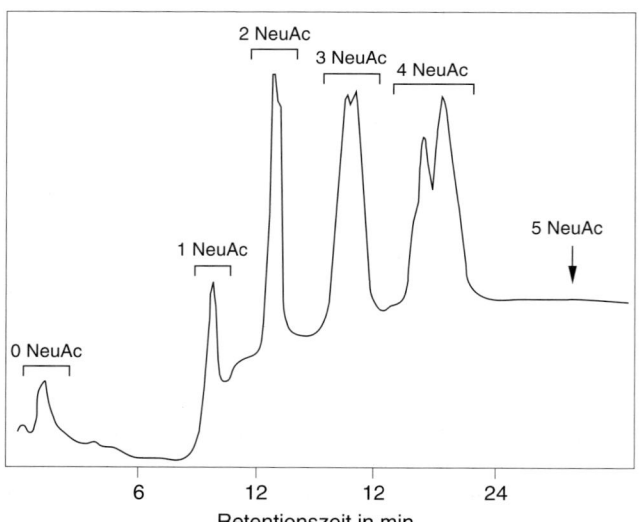

19.22 Mono-Q-Trennung des *N*-Glykan-Pools von rekombinantem Erythropoietin aus BHK-Zellen. Wie aus der Abbildung ersichtlich, besitzt rEPO (BHK) *N*-Glykane mit 1–4 Neu5Ac-Resten, wobei die Gewichtung der Glykane mit zunehmender Ladung zunimmt. Nach: Nimtz et al. (1993) Eur. J. Biochem. 213, 39–56.

Glykane gleicher Ladung (gleicher Sialylierung) aufgetrennt, siehe Abbildung 19.22 für rEPO (BHK). Dies ermöglicht eine Aussage zum Sialylierungsstatus des Glykoproteins, also zur prozentualen Zusammensetzung des *N*-Glykanpools aus neutralen bzw. asialo (as), Monosialo- (MS), Disialo- (DiS), Trisialo- (TriS) und Tertrasialostrukturen (TetraS). Dabei werden die Glykane im kurzwelligen UV (bei 190–210 nm) detektiert – hier absorbieren die C=O-Bindungen der *N*-Acetylgruppen von GlcNAc und Neu5Ac sowie die Carboxygruppen der Neu5Ac-Reste.

Die einzelnen Mono-Q-Fraktionen (MQ-1, MQ-2, MQ-3 und MQ-4) lassen sich in einem weiteren Chromatographieschritt an einer Aminophase (LiChrosorb-NH$_2$) in die Einzelglykane auftrennen und wiederum bei 190–210 nm detektieren [siehe Abbildung 19.23 für die Trennung von MQ-4 von rEPO (BHK)]. Dabei erhält man eine Reihe von *N*-Glykan-Peaks, die über einen Fraktionensammler gesammelt und über Sephadex G-15 entsalzt werden.

Jeder dieser Peaks (*N*-Glykane) wird dann in der HPAEC-PAD (siehe unten), die eine größere Trennschärfe besitzt als Mono-Q und LiChrosorb-NH$_2$, hinsichtlich seiner Reinheit überprüft und schließlich einer detaillierten Strukturanalyse mittels Massenspektrometrie (Abschnitt 19.7.4) und hochauflösender ^{1}H-NMR-Spektroskopie (Abschnitt 19.7.5) unterzogen.

Doch bevor wir uns der detaillierten Strukturanalyse einzelner Glykane zuwenden, wollen wir uns mit den Möglichkeiten der strukturellen Zuordnung der Glykane im isolierten Glykanpool befassen.

19.23 Auftrennung der Mono-Q-Fraktion MQ-4 von rEPO (BHK) über LiChrosorb-NH$_2$. Die tetrasialo-Fraktion MQ-4 von BHK-EPO ergibt in der Aminophasentrennung (N4) einen Hauptpeak A und drei Nebenpeaks B–D. Nach: Nimtz et al. (1993) Eur. J. Biochem. 213, 39–56.

19.6 Charakterisierung der Glykane im Glykanpool

Natürlich möchte man das aufwendige Unterfangen der Einzelglykanisolierung möglichst vermeiden. Man versucht deshalb, so viel Information wie möglich aus dem isolierten Glykanpool zu erhalten. Glücklicherweise bieten sich heute mittels der HPLC, der Kapillarelektrophorese und der Gelfiltration eine Reihe von Methoden und Möglichkeiten an, die es in vielen Fällen tatsächlich erlauben, auf die Einzelglykanisolierung zu verzichten. Wie wir sehen werden, wird es bisweilen erforderlich sein, den Glykanpool in geeigneter Weise zu derivatisieren. Diese Derivatisierung verfolgt vor allem den Zweck, die Glykane, die nur schwach im Bereich bei 190–210 nm absorbieren, einer sensitiveren Detektion zugänglich zu machen – z. B. durch Einführung eines radioaktiven oder UV-aktiven oder fluoreszenzaktiven Labels.

Wir wollen uns zunächst der Vermessung des nicht-derivatisierten (intakten) Glykanpools zuwenden.

19.6.1 Mapping nicht-derivatisierter *N*-Glykane

Heute ist man daran interessiert, die sehr aufwendigen Strukturanalysen komplexer Oligosaccharidketten von Glykoproteinen auf einfache, schnelle, billige und dennoch effiziente Vergleichsmethoden zurückzuführen. Besonders wünschenswert wäre es demnach, eine Strukturanalyse der verschiedenen Glykane eines Glykoproteins bereits am isolierten (nicht-derivatisierten) Glykanpool durchführen zu können. Tatsächlich gibt es heute verschiedene Ansätze, sogenannte Mapping-Verfahren, die dies ermöglichen. An vorderer Stelle zu nennen wäre hier das Mapping des Glykanpools mittels HPAEC-PAD.

So ist es gelungen, Datenbanken aufzubauen, welche die strukturelle Zuordnung komplexer *N*-Glykane durch den einfachen Vergleich der in der HPAEC-PAD gemessenen Retentionszeiten ermöglicht. Unerlässliche Voraussetzung hierfür ist jedoch die hochpräzise und vor allem sehr gut reproduzierbare Messung der Retentionszeiten der Zuckerketten. Dies erfordert ein vollautomatisches, also mit Autosampler ausgestattetes HPAEC-PAD-System, optimierte Gradienten, das Mitführen zweier interner Standards und validierte Mess- und Trennbedingungen.

Mapping intakter *N*-Glykane mittels HPAEC-PAD

Dieses Verfahren trennt die vom Glykoprotein isolierten *N*-Glykane zunächst nach ihrer Ladung und ermöglicht so eine Aussage über die Zusammensetzung des *N*-Glykanpools aus neutralen bzw. asialo- sowie Mono-, Di-, Tri- und Tetrasialostukturen (also *N*-Glykanen mit null bis vier negativ geladenen Neuraminsäureresten). Abbildung 19.24 zeigt eine Analyse des *N*-Glykanpools von rekombinantem Erythropoietin aus CHO-Zellen mittels HPAEC-PAD. Das Mapping-Profil erlaubt eine strukturelle Zuordnung einzelner Peaks über den einfachen Vergleich der gemessenen und über zwei interne Standards korrigierten Retentionszeiten mit den validierten Retentionszeiten einer Mapping-Datenbank bekannter *N*-Glykane.

19.24 HPAEC-PAD-Mapping-Profil des *N*-Glykan-Pools von rEPO (CHO). Wie aus dem Mapping-Profil ersichtlich, werden in der Peak-Gruppe der normalen tetrasialylierten *N*-Glykane (zwischen 36–42 min) insgesamt 7 Peaks detektiert. Der Hauptpeak ist das tetraantennäre tetrasialo und am proximalen GlcNAc fucosylierte *N*-Glykan C4-446301.40 (Pk. 13). Der zweitgrößte Peak (Nr. 12) ist dieselbe Struktur, jedoch zusätzlich mit einem antennären LacNAc-Repeat an der zweitobersten Antenne (C4-457301.40.1R-A2M6). Peak Nr. 11 entspricht dem zu Peak Nr. 12 korrespondierenden Isomer, bei dem das LacNAc-Repeat an der obersten (anstelle der zweitobersten) Antenne lokalisiert ist (C4-457301.40.1R-A6M6). Peak Nr. 10 ist das zu Peak Nr. 13 korrespondierende Glykan mit zwei LacNAc-Repeats, wobei sich je ein Repeat in der obersten und zweitobersten Antenne befindet (C4-468301.40.1R-A2M6.1R-A6M6).

Unter den stark alkalischen Mapping-Bedingungen der HPAEC-PAD kann es am reduzierenden Ende der Glykane (dem proximalen GlcNAc) zu einem gewissen Prozentsatz auch zu einer Epimerisierung des proximalen GlcNAc zu ManNAc (*N*-Acetylmannosamin) kommen. Das ManNAc-Epimer zu Peak Nr. 13 wird als Peak Nr. 15 detektiert, Peak Nr. 14 enthält das ManNAc-Epimer zu Peak Nr. 12.

Die kleinen Peaks (Spikes) Nr. 16–19 leiten sich von den Glykan-Strukturen Nr. 10–13 durch Ersatz jeweils eines Neu5Ac-Restes durch einen Neu5Gc-Rest ab, was eine Vergrößerung der Retentionszeit um jeweils ca. 6 min bedingt. [rEPO(CHO) trägt – im Unterschied zu rEPO(BHK) – ca. 1–3 % Neu5Gc].

Im trisialo-Bereich (Peakgruppe zwischen 30–36 min) wird das zu C4-446301.40 (Peak Nr. 13) korrespondierende trisialo-*N*-Glykan C4-346301.30, bei welchem ein endständiger antennärer Neu5Ac-Rest fehlt, als Peak Nr. 6 detektiert. Bei Peak Nr. 8 handelt es sich um die beiden triantennären trisialo-Isomere C3-335301.30, die jedoch unter den Messbedingungen nicht in 2 Peaks separiert werden können. Die beiden Isomere lassen sich jedoch beim Mapping in der HPCE in zwei Peaks auftrennen und dort strukturell zuordnen (Abb. 19.33).

Von der Peakgruppe im disialo-Bereich (zwischen 24–28 min) lässt sich das zu Peak Nr. 13 korrespondierende tetraantennäre disialo-*N*-Glykan (C4-246301.20) als Peak Nr. 3 detektieren. Peak Nr. 4 korrespondiert mit dem biantennären disialo-*N*-Glykan (C2-224301.20).

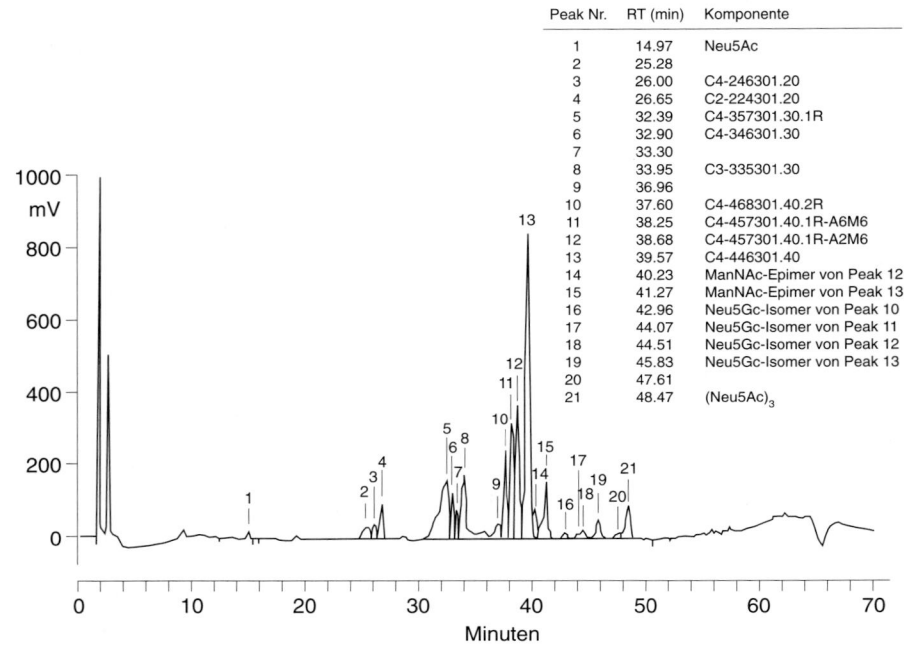

Peak Nr.	RT (min)	Komponente
1	14.97	Neu5Ac
2	25.28	
3	26.00	C4-246301.20
4	26.65	C2-224301.20
5	32.39	C4-357301.30.1R
6	32.90	C4-346301.30
7	33.30	
8	33.95	C3-335301.30
9	36.96	
10	37.60	C4-468301.40.2R
11	38.25	C4-457301.40.1R-A6M6
12	38.68	C4-457301.40.1R-A2M6
13	39.57	C4-446301.40
14	40.23	ManNAc-Epimer von Peak 12
15	41.27	ManNAc-Epimer von Peak 13
16	42.96	Neu5Gc-Isomer von Peak 10
17	44.07	Neu5Gc-Isomer von Peak 11
18	44.51	Neu5Gc-Isomer von Peak 12
19	45.83	Neu5Gc-Isomer von Peak 13
20	47.61	
21	48.47	(Neu5Ac)$_3$

Tabelle 19.6 Standardgradient „S" für sialylierte Glykane

Gradient	Elutionszeit in min	Eluent 1	Eluent 2
		0,1 M NaOH	0,6 M NaAc in 0,1 M NaOH
S	0	100	0
	2	100	0
	50	65	35
	57	30	70
	60	0	100
	63	0	100
	64	100	0
	70	100	0

Aus: Hermentin et al. (1992) Anal. Biochem. 203, 281–289.

Bei der strukturellen Zuordnung von N-Glykanen in der HPAEC-PAD helfen folgende Regeln:

Der Verlust von einer, zwei, drei oder vier Neuraminsäuren verkürzt in der HPAEC-PAD (unter Verwendung des in der Literatur beschriebenen Standardgradienten „S" für sialylierte Glykane, Tab. 19.6) die Retentionszeit um 6,5, 13, 19,5 und 26 min. (Hierbei wird besonders deutlich, wie stark der Einfluss der negativ geladenen Neu5Ac-Reste auf die Wechselwirkung des Glykans mit der Anionenaustauschermatrix ist).

Die Einführung eines antennären LacNAc-Repeats verkürzt bei sialylierten N-Glykanen die Retentionszeit – während sie bei den korrespondierenden asialo-N-Glykanen zu einer Retentionszeitverlängerung führt.

Glykane mit $\alpha 2,3$-verknüpften Neu5Ac-Resten eluieren stets später als ihre korrespondierenden Sialylisomere mit $\alpha 2,6$-verknüpfter Neu5Ac.

Am proximalen GlcNAc fucosylierte Glykane eluieren stets früher als ihre nichtfucosylierten Analoga.

Der Ersatz von Neu5Ac durch Neu5Gc (N-Glykolylneuraminsäure) bewirkt für das N-Glykan eine deutliche Verlängerung der Retentionszeit.

Die Sulfatierung eines Glykans führt im Vergleich zum nichtsulfatierten Analogon zu einer besonders drastischen Retentionszeitverlängerung, weil die stark polare Sulfatgruppe eine besonders intensive Wechselwirkung des Glykans mit der Anionenaustauschermatrix bedingt.

Selbstverständlich ist die Mapping-Analyse keine zu 100 % verlässliche Methode der N-Glykan-Strukturermittlung, doch gibt sie in erster Näherung ein recht gutes Bild über den Sialylierungsstatus des Glykanpools und die Anzahl und prozentuale Gewichtung der verschiedenen Glykostrukturen.

Die hypothetische Ladungszahl

Glykoproteine werden bei unvollständiger Sialylierung ihrer N-Glykane oder bei Verlust endständig gebundener Neu5Ac-Reste über lectinartige Rezeptoren der Leberzellen (Hepatocyten), die endständige β-Galactosereste erkennen, sehr schnell aus der Blutzirkulation entfernt (*Clearance*). Im Falle von unvollständig sialyliertem Erythropoietin hätte dies eine Minderung oder gar den Verlust der erwünschten therapeutischen Wirksamkeit zur Folge. Bei der Produktion therapeutischer Glykoproteine muss daher aus sicherheitspharmakologischen Gründen die intakte und konsistente Glykosylierung von Charge zu Charge nachgewiesen werden.

In der Regel belegt man die **Chargenkonsistenz** der Glykosylierung durch Isolierung des Glykanpools und chromatographische Untersuchung desselben – mit oder ohne Derivatisierung der Glykane am reduzierenden Ende. Am einfachsten erfolgt diese Kontrolle jedoch ohne vorherige Derivatisierung der Zuckerketten – durch Analyse des Glykanpools mittels HPAEC-PAD.

Wie bereits erwähnt, werden die N-Glykane in der HPAEC in deutlich voneinander abgegrenzte Peakgruppen einheitlicher Ladung (Sialylierung) aufgetrennt, also in Peakgruppen mit neutralen bzw. asialo- (as), Monosialo- (MS), Disialo- (DiS), Trisialo- (TriS) und Tetrasialo-N-Glykanen (TetraS). Man hat nun gefunden, dass sich die Glykosylierung eines Glykoproteins bzw. sein Mapping-Profil recht gut in Form einer einzigen Zahl beschreiben lässt – der **hypothetischen Ladungszahl Z**. Diese Zahl lässt sich in einfacher Weise aus dem HPAEC-PAD-Mapping-Profil des Glykanpools ableiten. Hierzu erfasst man mittels der chromatographischen Software die prozentualen Anteile (A) der verschiedenen (ladungsmäßig einheitlichen) Peakgruppen und multipliziert den prozentualen Anteil einer jeden Peakgruppe mit seiner jeweils korrespondierenden Ladung; schließlich werden die erhaltenen Produkte (Ladungsanteile) aufsummiert:

$$Z = A_{(as)} \cdot 0 + A_{(MS)} \cdot 1 + A_{(DiS)} \cdot 2 + A_{(TriS)} \cdot 3 + A_{(TetraS)} \cdot 4 \ [+ A_{(PentaS)} \cdot 5]$$

Demnach sollte ein Glykoprotein, welches hauptsächlich tetraantennäre Tetrasialo(C4-4*)-Strukturen aufweist, eine Ladungszahl von etwa 400 ergeben; ein Glykoprotein mit überwiegend triantennären Trisialo(C3-3*)-Strukturen ergäbe eine Ladungszahl von etwa 300; für ein Glykoprotein mit im wesentlichen biantennären Disialo(C2-2*)-Glykanen lässt sich eine Ladungszahl von ca. 200 berechnen; und bei einem Glykoprotein, welches nur high-Mannose-Typ-Strukturen aufweist oder N-Glykanrumpfstrukturen (sogenannte *trunkated forms*) beträgt die Ladungszahl praktisch Null. Somit gibt die einfache nominale Größe der hypothetischen Ladungszahl Z einen Hinweis auf die Art und Gewichtung der N-Glykane eines Glykoproteins. Beispiele sind in Tabelle 19.7 aufgeführt.

Abbildung 19.25 zeigt das HPAEC-PAD-Mapping-Profil des mittels Hydrazinolyse gewonnenen N-Glykanpools von rekombinantem Interleukin-4-Rezeptor (rIL-4R) aus CHO-Zellen. Die hieraus erhaltene Ladungszahl von $Z=202$ wird in Tabelle 19.8 berechnet.

Aus dem Mapping-Profil lässt sich ableiten, dass N-Glykane vom C4-4*-Typ bei Verlust eines Neu5Ac-Restes in N-Glykane vom C4-3*-Typ übergehen, welche im TriS-Bereich auftreten. Analog werden N-Glykane vom C3-3*-Typ bei Verlust eines Neu5Ac-Restes in N-Glykane vom C3-2*-Typ überführt und treten infolgedessen im DiS-Bereich auf. Ebenso werden N-Glykane vom C2-2*-Typ zu N-Glykanen vom C2-1*-Typ umgesetzt und treten sodann als Peaks im MS-Bereich auf. Da jeder dieser Peak-Shifts zu einer Verkleinerung der Ladungszahl Z beiträgt, ergibt sich die Untersialylierung eines Glykoproteins in einer Abnahme von Z (relativ zum Standard) zu erkennen.

Tabelle 19.7 Hypothetische Ladungszahl Z einiger Glykoproteine

Glykoprotein	Hersteller	Herkunft des Glykanpools	Z
rhu EPO (CHO)	Boehringer Mannheim	PNGase F	361
rhu EPO (CHO)	Amgen	PNGase F	367
rhu EPO (CHO)	Organon Teknika	PNGase F/SDS	286
rhu EPO (BHK)	Merckle	PNGase F	323
Rinder-Fetuin	Sigma	Hydrazinolyse	290
Rinder-Pankreas-Ribonuclease B		OGS[a]	15
Hühner-Ovomucoid		OGS	15
Schweine-Thyroglobulin		OGS	82
humanes α-1-saures Glykoprotein	BW AG[b]	Hydrazinolyse	289
humanes Serotransferrin		OGS	207
humanes Antithrombin III	BW AG	Hydrazinolyse	180
humanes Fibrinogen		OGS	184
α-1-T Glykoprotein	BW AG	Hydrazinolyse	187
α-1-Antitrypsin	BW AG	Hydrazinolyse	190
α-1-Antichymotrypsin	BW AG	Hydrazinolyse	236
β-2-Glykoprotein-I	BW AG	Hydrazinolyse	185
TBG-Glykoprotein	BW AG	Hydrazinolyse	208
α-1-B Glykoprotein	BW AG	Hydrazinolyse	194
α-2-HS Glykoprotein	BW AG	Hydrazinolyse	158
8S-α-3 Glykoprotein	BW AG	Hydrazinolyse	145
Haptoglobulin	BW AG	Hydrazinolyse	197

[a] OGS, Oxford GlycoSystem
[b] BW AG, Behringwerke AG
Aus: Hermentin et al. (1996) Glycobiology 6, 217–230.

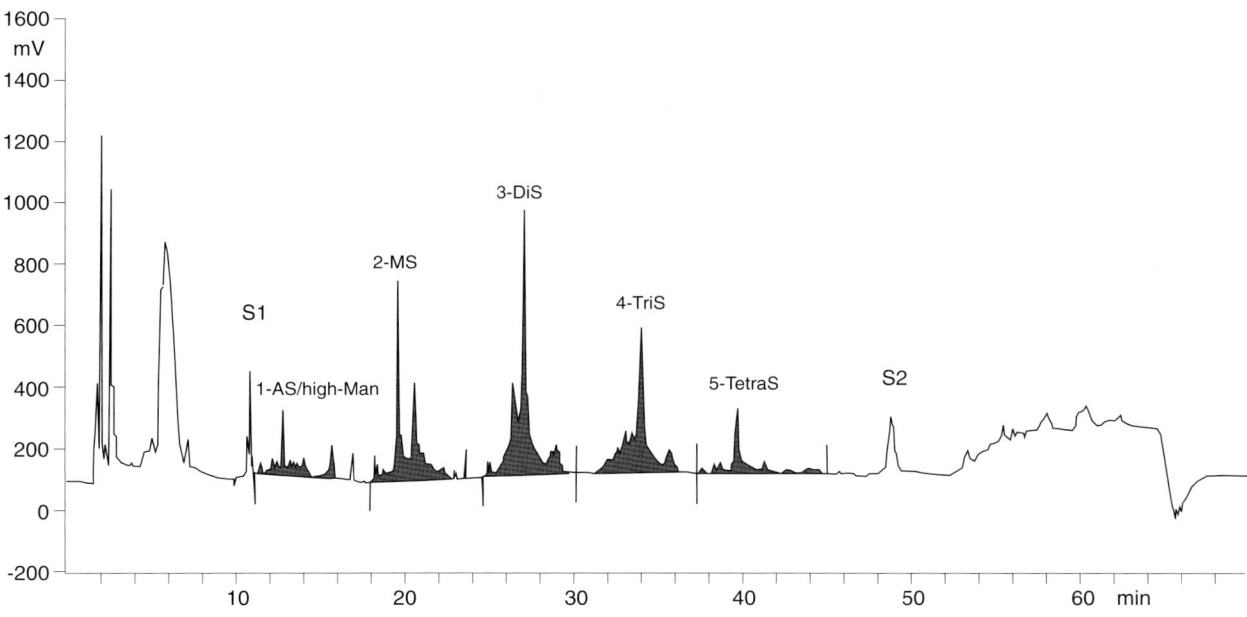

19.25 HPAEC-PAD-Mapping-Profil von rIL-4R (CHO). Interne Standards: S1: LNnT: Lacto-N-neo-tetraose; S2: (Neu5Ac)$_3$. Die beiden internen Standards sind so gewählt, dass sich die Peaks des N-Glykan-Pools (mit Peakfläche = 100 %) zwischen ihnen befinden. Man sieht aus dem Chromatogramm, wie sich die Peaks der N-Glykane zu fünf ladungsmäßig einheitlichen Peakgruppen mit 0–4 Ladungen (Neu5Ac-Resten) zusammenfassen lassen. Aus den in Tab. 19.8 aufgelisteten Peakflächenanteilen errechnet sich die hypothetische Ladungszahl von IL-4R (CHO) zu $Z = 202$.

Wie man aus den Ladungszahlen für rEPO (CHO) ersehen kann (Tab. 19.7), besitzen die EPO-Präparationen der beiden Hersteller Boehringer Mannheim und Amgen mit $Z = 361$ bzw. 367 eine praktisch identische Ladungszahl, was eine sehr vergleichbare Glykosylierung nahelegt. Hingegen fällt die Ladungszahl für rEPO von Organon Teknika mit $Z = 286$ deutlich ab, was für dieses Material eine relative Untersialylierung belegt und somit auf eine erhöhte Clearance und (infolgedessen) verminderte therapeutische Wirksamkeit schließen lässt.

Die hypothetische Ladungszahl Z ermöglicht somit nicht nur eine Charakterisierung der Glykosylierung, sondern stellt auch einen wichtigen sicherheitspharmakologischen Parameter dar.

Tabelle 19.8 Berechnung der hypothetischen Ladungszahl Z von rekombinantem humanem IL-4R (CHO)

Peak-Nummer	Retentionszeit des höchsten Peaks in min	Integrationsbereich (Peakgruppe)	Anteil der Peakgruppenfläche in %	Multiplikationsfaktor	Beitrag zur Ladungszahl
1	12,57	Asialo/high-Mannose	9,70	0	0
2	19,23	Monosialo (MS)	23,31	1	23,31
3	26,69	Disialo (DiS)	31,81	2	63,62
4	33,73	Trisialo (TriS)	25,38	3	76,14
5	39,44	Tetrasialo (TetraS)	9,81	4	39,24
		gesamte Peakfläche	100,01	Z = Summe der Beiträge	202

Aus: Hermentin et al. (1996) Glycobiology 6, 217–230.

19.26 HPAEC-PAD-Mapping-Profil des asialo-N-Glykan-Pools von rEPO (CHO). Durch die Desialylierung des Glykan-Pools werden die sialylierten N-Glykane der Peaks Nr. 13 (C4-446301.40), 6 (C4-346301.30) und 3 (C4-246301.20) aus Abb. 19.24 in ein und dasselbe asialo-N-Glykan (C4-046301) überführt (Hauptpeak Nr. 5). Peak Nr. 7 korrespondiert mit dem um ein LacNAc-Repeat vergrößerten asialo-N-Glykan (C4-057301.1R), welches aus den Isomeren-Peaks Nr. 11 und 12 (C4-457301.40.1R) der sialylierten Glykane aus Abb. 19.24 hervorging. Peaks Nr. 9 und 10 entsprechen den tetraantennären asialo-N-Glykanen mit 2 bzw. 3 LacNAc-Repeats. Die Einführung von 1, 2 oder 3 LacNAc-Repeats bewirkt also für ein asialo-N-Glykan eine deutliche Vergrößerung der Retentionszeit, was auf eine vergrößerte Interaktion des Glykans mit der Säulenmatrix zurückzuführen ist.

Die beiden in sialylierter Form nicht getrennten triantennären Glykan-Isomere (Peak Nr. 8 der Abb. 19.24) werden nach Desialylierung in zwei deutlich getrennte Peaks separiert (Peaks Nr. 3 und 4). Dabei eluiert das A4M3-Isomer (C3-035301.A4M3, Peak Nr. 3) ca. 0,6 min. früher als das korrespondierende A6M6-Isomer (C3-035301.A6M6, Peak Nr. 4).

Das biantennäre asialo-N-Glykan (C2-024301) schließlich eluiert mit der kürzesten Retentionszeit (Peak Nr. 2). Nach: Hermentin et al. (1996) Glycobiology 6, 217–230.

Mapping desialylierter *N*-Glykane mittels HPAEC-PAD

Wenn man den über PNGase F-Verdau (Abschnitt 19.4.1) oder Hydrazinolyse (Abschnitt 19.4.3) erhaltenen *N*-Glykanpool mittels Neuraminidase desialyliert und anschließend ebenfalls in der HPAEC-PAD analysiert, erhält man eine Auftrennung der asialo-*N*-Glykane.

Anhand der asialo-*N*-Glykane von rEPO (CHO) (Abb. 19.26) wird somit deutlich, dass die neutralen Glykane in der HPAEC-PAD in erster Linie nach ihrer Größe bzw. Antennarität aufgetrennt werden. Die Integration über die einzelnen Peaks gibt dabei in etwa den prozentualen Anteil der einzelnen Neutralstrukturen am *N*-Glykangesamtpool wieder.

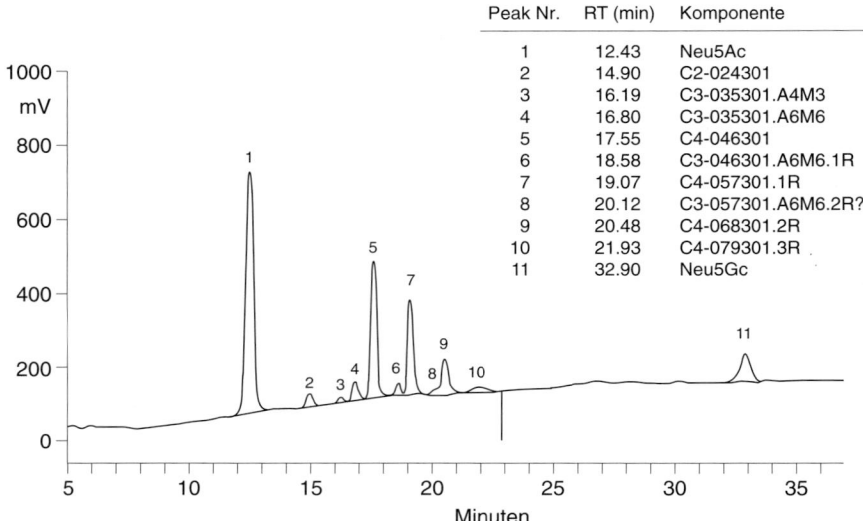

Peak Nr.	RT (min)	Komponente
1	12.43	Neu5Ac
2	14.90	C2-024301
3	16.19	C3-035301.A4M3
4	16.80	C3-035301.A6M6
5	17.55	C4-046301
6	18.58	C3-046301.A6M6.1R
7	19.07	C4-057301.1R
8	20.12	C3-057301.A6M6.2R?
9	20.48	C4-068301.2R
10	21.93	C4-079301.3R
11	32.90	Neu5Gc

19.6.2 Mapping derivatisierter *N*-Glykane

Da die freien Glykane nur eine geringe Absorption bei 190–210 nm aufweisen (Absorption durch die Carbonylgruppen), ist es oft zweckmäßig, die Oligosaccharide für die Durchführung einer chromatographischen Trennung am reduktiven Ende zu markieren. Dies erfolgt im Wesentlichen auf zwei Arten: entweder durch reduktive Markierung mit Tritium oder durch Derivatisierung mit einer UV- oder fluoreszenzaktiven Gruppe. Das Arbeiten mit einem radioaktiven Label wird jedoch aus Gründen der persönlichen Sicherheit und der Laborsicherheit und wegen der problematischen und aufwendigen Entsorgung zunehmend durch das Markieren der Glykane mit einem UV- oder fluoreszenzaktiven Label verdrängt.

Gelfiltration radioaktiv markierter Glykane

Die Gelfiltration an gequollenen, porösen Matrizes (z. B. Bio-Gel oder Sephadex) erlaubt eine Trennung neutraler Oligosaccharide nach ihrer Größe. Dies zeigt sich

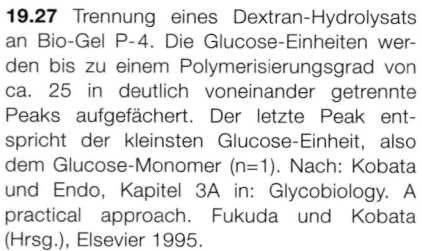

19.27 Trennung eines Dextran-Hydrolysats an Bio-Gel P-4. Die Glucose-Einheiten werden bis zu einem Polymerisierungsgrad von ca. 25 in deutlich voneinander getrennte Peaks aufgefächert. Der letzte Peak entspricht der kleinsten Glucose-Einheit, also dem Glucose-Monomer (n=1). Nach: Kobata und Endo, Kapitel 3A in: Glycobiology. A practical approach. Fukuda und Kobata (Hrsg.), Elsevier 1995.

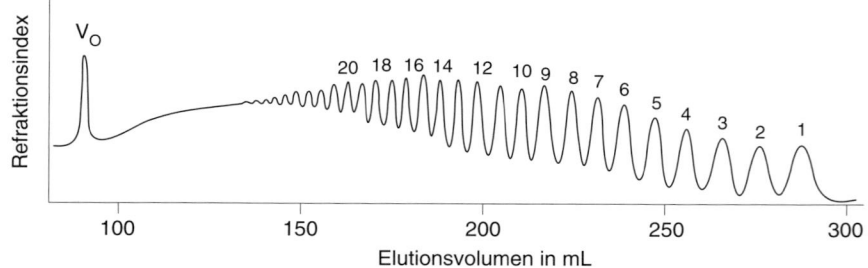

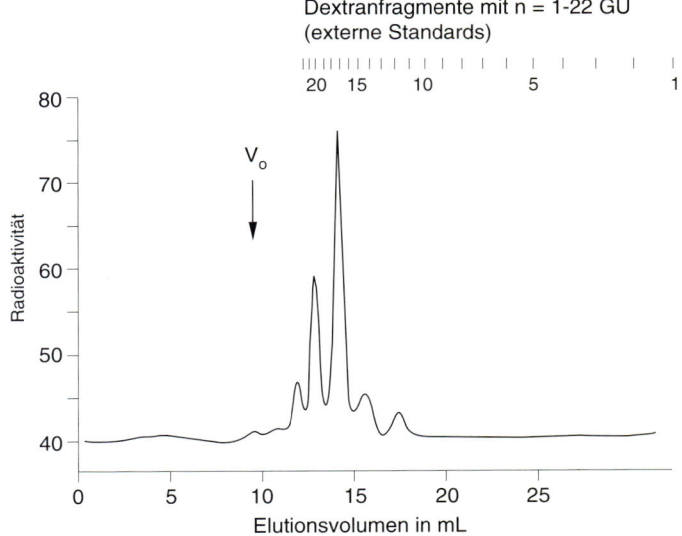

19.28 Tritium-Markierung der *N*-Glykane am reduzierenden Ende.

besonders anschaulich bei der Trennung eines Dextran-Hydrolysats an Bio-Gel P-4 (Abb. 19.27), in welchem die Glucose-Einheiten bis zu einem Polymerisierungsgrad von ca. 25 in deutlich voneinander getrennte Peaks aufgefächert werden. Da sich die Gelfiltration nur für die Trennung neutraler Zuckerstrukturen eignet, verzichtet man bei Verwendung dieser Technik zur *N*-Glykan-Analyse stets auf die wichtige Information zur Sialylierung.

Für die praktische Durchführung der Gelfiltration reduziert man die Glykane mittels Tritium-haltigem Natriumborhydrid (NaB^3H_4) oder Natriumcyanoborhydrid [$Na(CN)B^3H_3$] zum korrespondierenden tritiierten Alditol (Abb. 19.28). Auf diese Weise überführt man die Glykan-Anomerenpaare in ihr jeweiliges Glykan-Alditol, vereinfacht also das eigentliche Trennproblem, und markiert sie gleichzeitig mit einem radioaktiven Label, welches sich im Gamma-Counter detektieren und quantifizieren lässt. Das Dextran-Hydrolysat, welches man dem tritiierten Glykanpool als internen Standard zusetzt, wird während der Elution von der Säule refraktometrisch (also über eine Änderung des Brechungsindexes) detektiert.

Abbildung 19.29 zeigt das Gelfiltrationsprofil des desialylierten und mit Tritium markierten *N*-Glykanpools von rEPO.

Ausschluss-Chromatographie
Abschnitt 9.9

19.29 Gelfiltrationsprofil des desialylierten *N*-Glykan-Pools von rEPO (nach Markierung mit Tritium bzw. einem Fluoreszenzlabel). Der Hauptpeak, der zwischen 17 und 18 GU (Glucose-Units) eluiert, korrespondiert mit dem tetraantennären N-Glykan C4-046301. Und die Peaks bei ca. 20 und 23 GU entsprechen den tetraantennären Strukturen mit 1 bzw. 2 LacNAc Repeats.

Derivatisierung der Glykane am reduzierenden Ende

Zur Derivatisierung der Glykane am reduzierenden Ende macht man sich den Umstand zunutze, dass der reduzierende Zuckerbaustein in seiner offenkettigen Aldehyd-Form eine Schiff-Base-Reaktion mit einem primären Amin ermöglicht.

19.30 Markierung eines *N*-Glykans am reduzierenden Ende mit 2-Aminopyridin, p-Aminobenzoesäureethylester oder 2-Aminobenzamid. R': Oligosaccharidrest.

R:
- 2-Aminopyridin
- *p*-Aminobenzoesäureethylester
- 2-Aminobenzamid

Reversed-Phase-HPLC
Kapitel 9.6

Auf diese Weise lassen sich die Glykane mit einer Reihe UV- oder fluoreszenzaktiver Gruppen in spezifischer Weise derivatisieren (Abb. 19.30). Gleichzeitig wird durch die Einführung der aromatischen Gruppe die Hydrophobizität der Glykane so stark erhöht, dass sie nun in einer einfachen Reversed-Phase(RP)-HPLC aufgetrennt und mittels eines UV- oder Fluoreszenzdetektors sensitiv und quantitativ gemessen werden können. Die spezifische Markierung bzw. Derivatisierung vermeidet falsch-positive Befunde, die bei der Detektion der nicht derivatisierten *N*-Glykane in der HPAEC-PAD leider nicht völlig ausgeschlossen sind. Andererseits stellt die Derivatisierung der Glykane hohe Ansprüche hinsichtlich einer quantitativen und stets reproduzierbaren (validen) Umsetzung. Da die Derivatisierung der Glykane schwach saure Bedingungen benötigt, saure Bedingungen jedoch (vor allem bei höheren Temperaturen) auch zu einer partiellen Abspaltung von Neu5Ac-Resten führen, stellt die quantitative Derivatisierung sialylierter Glykane ein besonderes Problem dar. Meist umgeht man die Problematik dadurch, dass man den Glykanpool vor oder nach der Derivatisierung desialyliert und so das Glykanmuster vereinfacht – mit dem großen Nachteil, dass man dabei auf die sehr wichtige Information zum Sialylierungsstatus der Glykane von vorne herein verzichtet.

Eine häufig verwendete Derivatisierungsmethode stellt die Umsetzung mit 2-Aminopyridin (2-AP) dar (Abb. 19.30). Dieses von japanischen Forschern entwickelte und favorisierte Verfahren wurde im Laufe der Jahre mehrfach abgewandelt und optimiert. Die Reduktion der zwischen Glykan und 2-AP gebildeten Schiffschen Base erfolgt heute am besten mit einem Dimethylamin-Boran-Komplex (anstelle von NaCNBH$_3$), weil dieses Reagenz zum einen den Erhalt der Neu5Ac-Reste gewährleistet und zum anderen wieder relativ leicht aus dem Reaktionsgemisch entfernt werden kann.

2D-Map von pyridylaminierten *N*-Glykanen

Die Umsetzung der desialylierten *N*-Glykane mit 2-Aminopyridin führt einerseits zu einer leichten Detektierbarkeit der pyridylaminierten (PA)-Oligosaccharide im UV und ermöglicht andererseits eine Auftrennung der PA-Glykane an zwei verschiedenen HPLC-Trennsäulen. Bei diesem 2D-Mapping-Verfahren trennt man die desialylierten PA-Oligosaccharide an einer ODS(Octyldodecyl)-Silica-Säule und einer TSK-Amide-80®-Säule und ermittelt ihr jeweiliges Elutionsvolumen als Glucoseeinheiten (GU) relativ zu einem Isomaltose-Oligosaccharid-Standard. Mit Hilfe des 2D-Mapping-Verfahrens der PA-Glykane gelang es, Datenbanken aufzubauen, welche die Zuordnung von PA-Glykanen in der C$_{18}$-HPLC und der TSK-Amide-80®-HPLC durch den einfachen Vergleich der exakt gemessenen Elutionsvolumina gestatten. In Verbindung mit der enzymatischen Sequenzierung lässt

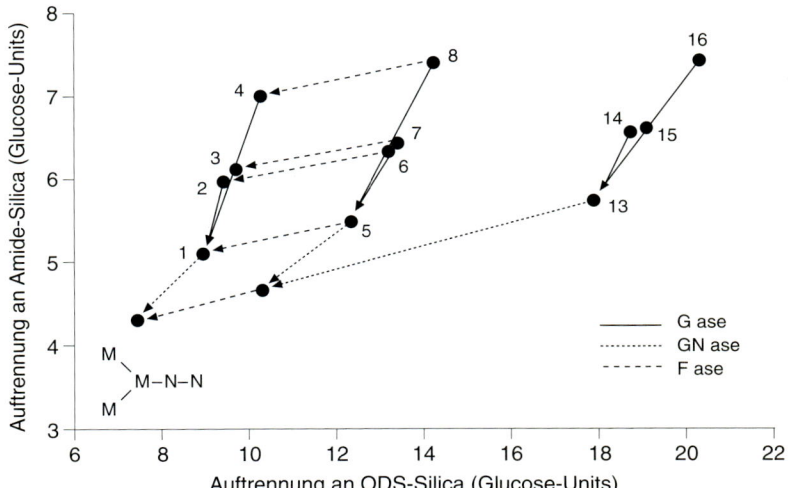

sich ein unbekanntes *N*-Glykan oft in eine bekannte Struktur umwandeln, die in der Datenbank enthalten ist, und so strukturell zuordnen (Abb. 19.31; die Auftrennung der PA-Glykane an ODS-Silica ist aus Abb. 19.32 ersichtlich).

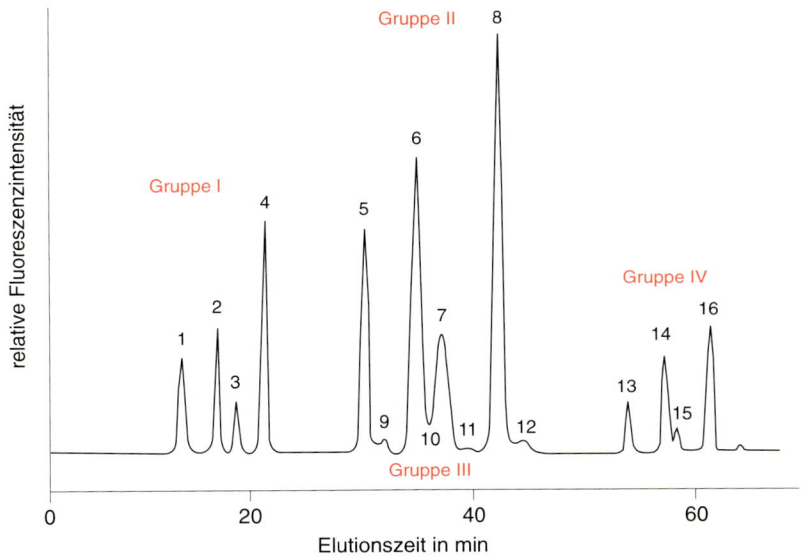

19.31 2D-Map von PA-Oligosacchariden. Das biantennäre fucosylierte *N*-Glykan Nr. 8 (C2-024301.PA) wird durch Abspaltung des proximalen Fucose-Restes (mittels α-L-Fucosidase; F ase) in das Glykan Nr. 4 (C2-024300.PA) überführt. Glykan Nr. 4 lässt sich seinerseits durch Abspaltung der beiden terminalen Galactose-Reste (mittels β-Galactosidase; G ase) zu Glykan Nr. 1 (C2-004300.PA) abbauen, wobei dieser Abbau über die beiden Monogalactosyl-Isomere Nr. 2 und 3 führt. Glykan Nr. 1 (C2-004300.PA) lässt sich schließlich mit Hilfe des Enzyms *N*-Acetylglucosaminidase (GN ase) in das Trimannosyl-Pentasaccharid-Core überführen.
In analoger Weise lässt sich Glykan Nr. 16 (C2-024311.PA) mittels β-Galactosidase über die beiden Monogalactosyl-Isomere Nr. 14 und 15 in das Glykan Nr. 13 (C2-004311.PA) konvertieren. Dieses wird mit Hilfe des Enzyms GN ase in das fucosylierte Trimannosyl-Pentasaccharid-Core umgewandelt, welches sich schließlich mit Fucosidase in $Man_3GlcNAc_2$ überführen lässt.
Die bei den enzymatischen Abbaureaktionen beobachtete Änderung der Elutionsvolumina (relativ zum Isomaltose-Oligosaccharid-Standard) lässt sich im 2D-Map an der Abszisse (GU, ODS-Silica; ODS = octyldodecyl) und Ordinate (GU, Amide-Silica) ablesen. Nach: Lee und Rice, Kapitel 3C in: Glycobiology. A practical approach. Fukuda und Kobata (Hrsg.), Elsevier 1995.

19.32 Auftrennung der PA-Glykane aus Abbildung 19.31 an ODS-Silica. Nach: Lee und Rice, Kapitel 3C in: Glycobiology. A Practical Approach. Fukuda und Kobata (Hrsg.), Elsevier 1995.

19.6.3 Mapping mittels Kapillarelektrophorese (HPCE)

Geladene *N*-Glykane lassen sich auch in der Kapillarelektrophorese trennen. Im Gegensatz zu den Monosacchariden, die zur Detektion in der HPCE derivatisiert werden müssen, können *N*-Glykane wegen der in den *N*-Acetyl- und Carboxygruppen vorhandenen C=O-Bindung im kurzwelligen UV (190–210 nm) detektiert werden. Meist nutzt man jedoch die Möglichkeit, die freigesetzten Glykane am reduktiven Ende in einer Schiff-Base-Reaktion mit einer UV-aktiven oder fluorophoren Gruppe zu derivatisieren.

Kapillarelektrophorese
Kapitel 11

HPCE nicht-derivatisierter N-Glykane

Ähnlich wie beim Mapping sialylierter Glykane mittels HPAEC-PAD (Abschnitt 19.6.1) werden nicht-derivatisierte Glykane auch in der HPCE primär nach der Zahl ihrer negativen Ladungen (den vorhandenen Sialinsäureresten) aufgetrennt. Doch erlaubt die HPCE darüber hinaus eine Differenzierung der Glykane nach ihrer Größe (dem Stokesschen Radius des Moleküls).

> Glykane sollten für die Trennung in der HPCE mittels PNGase F (Abschnitt 19.4.1) und nicht über Hydrazinolyse (Abschnitt 19.4.3) freigesetzt und isoliert werden, da die bei der Hydrazinolyse in einer Nebenreaktion gebildeten und zusammen mit den Glykanen isolierten Peptidfragmente in der HPCE (bei einer Detektion bei 190–210 nm) zu falsch-positiven Signalen führen.

Die Messung der sialylierten Glykane in der HPCE lässt sich dabei durch Mitführen zweier interner Standards (Mesityloxid und Neu5Ac) so exakt und reproduzierbar gestalten, dass sich die Glykane über ihre gemessenen und über die internen Standards korrigierten Migrationszeiten mit den Migrationszeiten einer HPCE-Mapping-Datenbank bekannter N-Glykane abgleichen und strukturell zuordnen lassen. So ergeben die aus rEPO (BHK) mittels PNGase F freigesetzten N-Glykane unter optimierten HPCE-Bedingungen das in Abbildung 19.33 gezeigte Migrationsmuster mit sieben deutlich separierten Peaks. Man muss sich dabei jedoch vor Augen halten, dass sich die gemessenen Peakflächen nicht wie bei der HPAEC-PAD problemlos mit den Glykankonzentrationen korrelieren lassen, weil die Absorption der einzelnen Glykanstrukturen mit der Zahl der im N-Glykan enthaltenen N-Acetyl- und Carboxygruppen variiert.

Naturgemäß lassen sich in der HPCE (bzw. in der Elektrophorese ganz allgemein) nur geladene Moleküle auftrennen; neutrale Spezies werden mit dem elektroosmotischen Fluß (EOF) transportiert und nicht separiert. Somit erfordert die HPCE-Trennung neutraler Oligosaccharide die Einführung einer geladenen Gruppe, wobei man (wie bei der HPLC) die Derivatisierungsmöglichkeit am reduzierenden Ende nutzt (Abschnitt 19.6.2).

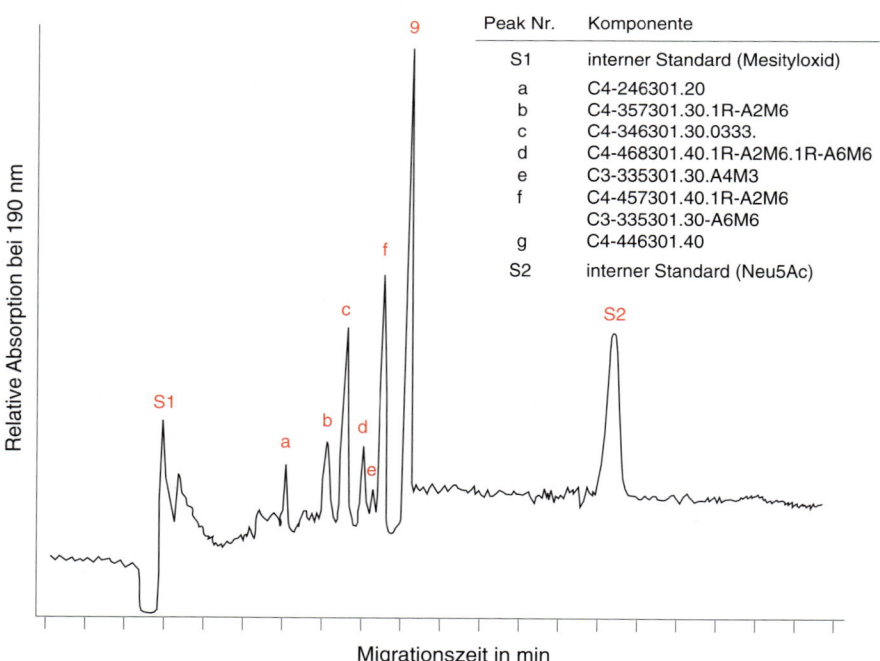

19.33 HPCE-Migrationsprofil der N-Glykane von rEPO (BHK). S1, S2: Interne Standards; S1: Mesityloxid; S2: Neu5Ac. Als Peak mit der höchsten Migrationszeit wird das tetraantennäre Tetrasialo-N-Glykan C4-446301.40 detektiert (Peak g). Das korrespondierende N-Glykan mit 1 LacNAc-Repeat (Peak f) wird ca. 0,7 min früher detektiert, und ein zweites LacNAc-Repeat bewirkt eine weitere Migrationszeitverkürzung um ca. 0,5 min (Peak d). Peak c korrespondiert mit dem N-Glykan des Peaks g (C4-446301.40), trägt jedoch nur drei (anstelle von vier) Neu5Ac-Reste (C4-346301.30). Das von Peak g abstammende N-Glykan mit nur 2 Sialsäuren (C4-246301.20) besitzt die kürzeste Migrationszeit (Peak a). Im Unterschied zum Mapping mittels HPAEC-PAD (Abschnitt 19.6.1) sind die beiden triantennären Trisialo-Isomere C3-335301.30.A4M3 (Peak e) und ... A6M6 (Peak f) in der HPCE deutlich separiert. Nach: Hermentin et al. (1994) Anal. Biochem. 221, 29–41.

Peak Nr.	Komponente
S1	interner Standard (Mesityloxid)
a	C4-246301.20
b	C4-357301.30.1R-A2M6
c	C4-346301.30.0333.
d	C4-468301.40.1R-A2M6.1R-A6M6
e	C3-335301.30.A4M3
f	C4-457301.40.1R-A2M6
	C3-335301.30-A6M6
g	C4-446301.40
S2	interner Standard (Neu5Ac)

HPCE derivatisierter *N*-Glykane

Als besonders günstig hat sich für die HPCE eine Derivatisierung der Glykane mit 2-Aminopyridin (2-AP) oder 6-Aminochinolin (6-AQ) erwiesen (Abb. 19.34). Die dabei erhaltenen Glykanderivate liegen unter sauren Elektrophoresebedingungen protoniert vor. Neutrale Glykane werden auf diese Weise mit einer positiven Ladung versehen und können dann nach ihrer Größe bzw. ihrem Stokesschen Radius getrennt werden.

Bewährt haben sich in der HPCE auch Marker, die über eine Schiff-Base-Reaktion negative Ladungen in das Oligosaccharidmolekül einführen und so den elektrophoretischen Trennprozess mitbestimmen (Abb. 19.34).

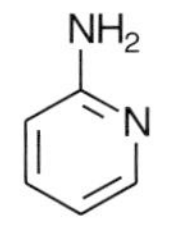

19.34 *N*-Glykan-Derivate für die HPCE. Unter sauren Elektrophoresebedingungen sind 2-Aminopyridin und 6-Aminochinolin positiv geladen. Als negativ geladene Marker werden *p*-Aminobenzoesäure, ANDS, ANTS und APTS eingesetzt.

2-Aminopyridin (2-AP)
$\lambda_{max} = 240$ nm
$\lambda_{em} = 375$ nm
He-Cd-Laser 325 nm

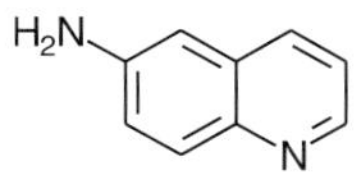

6-Aminochinolin (6-AQ)
$\lambda_{max} = 270$ nm
$\lambda_{em} > 495$ nm
He-Cd-Laser 325 nm

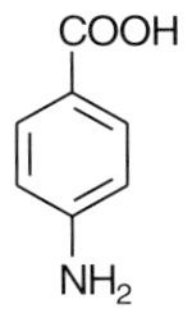

p-Aminobenzoesäure
$\lambda_{max} = 285$ nm

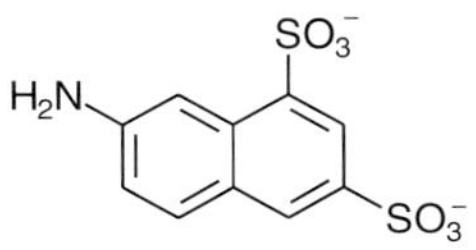

7-Aminonaphthalin-1,3-disulfonsäure (ANDS), $\lambda_{max} = 247$ nm
$\lambda_{exc} = 315$ nm, $\lambda_{em} = 420$ nm
Xe-Hg-Lampe

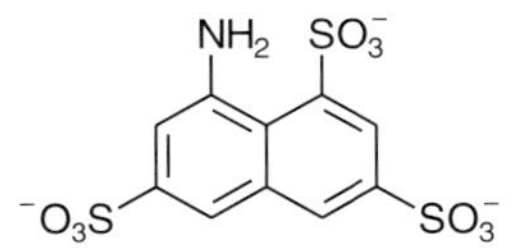

8-Aminonaphthalin-1,3,6-trisulfonsäure (ANTS)
$\lambda_{em} = 520$ nm
He-Cd-Laser 325 nm

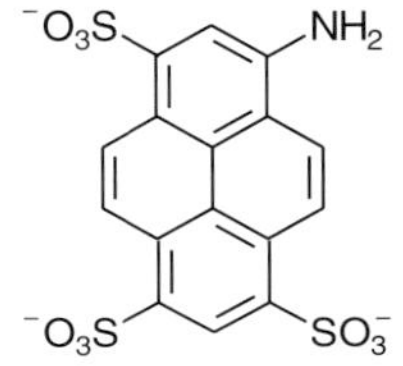

9-Aminopyren-1,4,6-trisulfonsäure (APTS)
$\lambda_{exc} = 455$ nm, $\lambda_{em} = 512$ nm
Argonlaser 488 nm

19.7 Glykoanalytik isolierter *N*-Glykane (Strukturanalyse)

Bislang haben wir uns mit analytischen Techniken beschäftigt, die bereits auf der Basis des Glykan-Pools eine gewisse Aussage zur Glykosylierung gestatten. Im Folgenden wollen wir uns der Strukturaufklärung isolierter Einzelglykane zuwenden, was ein vergleichsweise schwieriges Unterfangen darstellt. Insbesondere die wichtigen Techniken der Massenspektrometrie und ^{1}H-NMR-Spektroskopie stellen hohe Ansprüche an die apparative Ausstattung und wissenschaftliche Expertise und werden daher in den nachfolgenden Ausführungen nur in einigen wichtigen Grundzügen erörtert.

19.7.1 Kompositionsanalyse

Für die Analyse der Monosaccharidkomponenten der isolierten Glykane (Kompositionsanalyse) lassen sich prinzipiell dieselben Analysenverfahren anwenden, wie sie bereits in Abschnitt 19.3.4 für das intakte Glykoprotein beschrieben worden sind. Auch die Analyse der isolierten Glykane erfordert zunächst die Totalhydrolyse sämtlicher glykosidischer Bindungen (z. B. in Gegenwart von 2 N TFA bei 100 °C innerhalb von 4 h), wobei die *N*-acetylierten Zucker (GlcNAc und GalNAc) desacetyliert und in die korrespondierenden Aminozucker (GlcNH$_2$ und GalNH$_2$) umgewandelt und als solche detektiert werden.

In der Regel verwendet man für die Komponentenanalyse der Einzelglykane jedoch die gaschromatographische Analyse in Verbindung mit einem Massenspektrometer (GC-MS). Hierzu müssen die schwer flüchtigen Monosaccharidkomponenten, die nach der Hydrolyse als Anomerenpaare vorliegen, in für die GC geeignete flüchtige Komponenten umgewandelt werden. Das Anomerieproblem umgeht man durch Reduktion der Anomerenpaare zu den jeweiligen Alditolen.

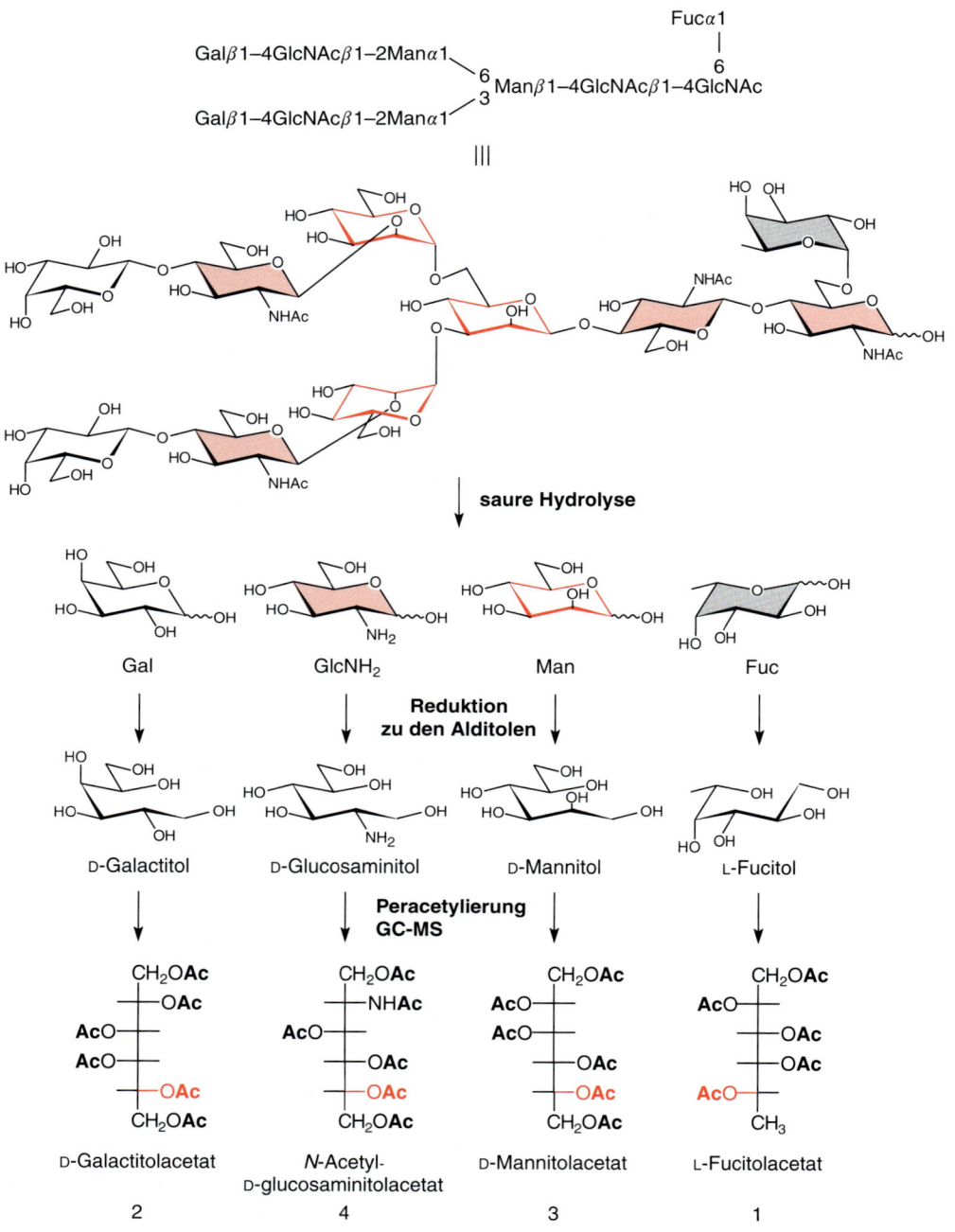

19.35 Schematische Darstellung der Monosaccharid-Komponentenanalyse des biantennären *N*-Glykans C2-024301 nach der Alditolacetat-Methode. Die molare Zusammensetzung der Komponenten ergibt sich im Verhältnis 2:4:3:1 (Gal:GlcNAc:Man:Fuc). Die Hexosen (Gal, Man) werden in der GC-MS als Galactitolacetat und Mannitolacetat der Masse 435, Fucose als Fucitolacetat der Masse 377, und die beiden in der Hydrolyse erhaltenen Aminozucker (GalNH$_2$ und GlcNH$_2$) als Hexaminitolacetat der Masse 434 erhalten (vgl. Abb. 19.36).

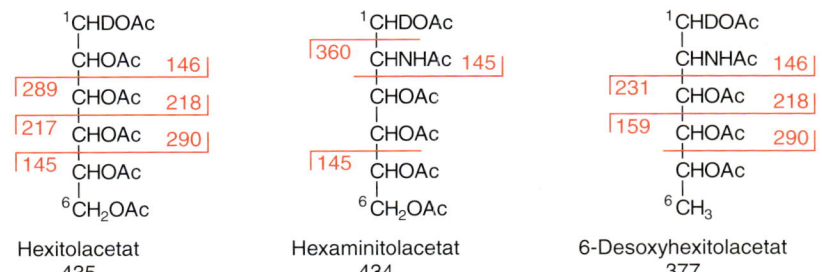

19.36 Fragmentierungsmuster der Alditolacetate.

Diese werden peracetyliert und reagieren auf diese Weise zu den im Hochvakuum flüchtigen Alditolacetaten. Diese lassen sich gaschromatographisch auflösen und aus dem Gaschromatographen direkt in ein Massenspektrometer einschießen und so nach ihrer jeweiligen Masse zuordnen. Der Derivatisierungsvorgang ist für das biantennäre N-Glykan C2-024301 in Abbildung 19.35 schematisch wiedergegeben. Die massenspektrometrische Fragmentierung der Alditolacetate erfolgt nach dem in Abbildung 19.36 angegebenen Muster und gibt einen weiteren Hinweis auf die Richtigkeit der vermessenen Alditolacetatstruktur.

Die Ergebnisse der Kompositionsanalyse der wichtigsten N-Glykane von rEPO (BHK) sind in Tabelle 19.9 zusammengefasst. Da wir bereits bei der Analyse der Monosaccharidkomponenten am intakten Glykoprotein zeigen konnten, dass Erythropoietin aus BHK-Zellen nur N-Glykane vom komplexen Typ aufweist (wegen des Quotienten GlcNAc/Man = 2,0, siehe Tab. 19.4), ist es besonders hilfreich, die Monosaccharidkomponenten auf Mannose = 3 mol/mol zu beziehen.

Tabelle 19.9 Monosaccharid-Komponentenanalyse der N-Glykane von rEPO (BHK) bezogen auf 3 mol/mol Mannose

Zucker	Menge in der Fraktion															
	LiChrosorb-NH$_2$ tetrasialo				LiChrosorb-NH$_2$ trisialo					LiChrosorb-NH$_2$ disialo					Mono-Q monosialo	O-Glykan
	N4/A	N4/B	N4/C	N4/D	N3/A	N3/B	N3/C	N3/D	N3/E	N2/A	N2/B	N2/C	N2/D	2/E	MQ1	O-GP
Fuc	1,0	0,9	1,0	1,2	0,9	1,1	0,9	1,1	0,9	0,9	1,1	0,9	1,0	0,9	0,6	–
Man	3,0	3,0	3,0	3,0	3,0	3,0	3,0	3,0	3,0	3,0	3,0	3,0	3,0	3,0	3,0	<0,1
Gal	4,0	5,1	5,9	7,4	3,2	3,1	3,9	5,1	5,9	1,9	3,2	3,3	3,8	4,8	1,7	1,0
GlcNAc	5,8	7,2	8,3	9,8	4,9	4,8	5,7	6,7	8,1	3,7	4,8	5,1	5,7	7,1	3,6	<0,1
GalNAc	–	–	–	–	–	–	–	–	–	–	–	–	–	–	0,1	0,9
NeuAc	3,7	4,1	4,0	3,5	2,7	3,0	2,8	2,5	3,1	1,9	1,9	2,0	2,1	2,2	0,9	1,0

Für die tetrasialo-N-Glykane N4/A, N4/B und N4/C werden steigende Mengen Galactose (4, 5 und 6 mol/mol Gal) sowie steigende Mengen GlcNAc (6, 7 und 8 mol/mol GlcNH$_2$ bzw. GlcNAc) ermittelt. Der Gehalt an Neu5Ac ist bei den drei N-Glykanen mit jeweils ca. 4 mol/mol gleich. Sie stammen aus der LiChrosorb-NH$_2$-Trennung (Abb. 19.23) der Mono-Q-Tetrasiolo-Fraktion (Abb. 19.22). Die für Glykan N4/A gefundene Monosaccharid-Zusammensetzung entspricht ideal der eines tetraantennären Tetrasialo-N-Glykans mit proximaler Fucose.
Demnach könnte die beim Gang von N4/A zu N4/B beobachtete Zunahme um 1 mol Gal und 1 mol GlcNAc der Zunahme um 1 antennäres LacNAc-Repeat entsprechen – und analog könnte man dem Glykan N4/C (im Vergleich zu N4/A) ein zweites LacNAc-Repeat zuschreiben.
Für die beiden Trisialo-N-Glykane N3/A und N3/B werden 3 mol/mol Gal, 5 mol/mol GlcNAc und 3 mol/mol Neu5Ac detektiert. Somit liegt die Vermutung nahe, daß es sich bei diesen Glykanen um die beiden triantennären Glykanisomere handeln könnte.
Die Analyse des dritten Trisialo-N-Glykans (N3/C) weist im Vergleich zu N3/A und N3/B 1 zusätzliches Mol Gal und ein zusätzliches mol GlcNAc aus – seine Komposition der neutralen Monosaccharidkomponenten stimmt also mit der des Glykans N4/A überein. Lediglich sein Gehalt an Neu5Ac ist gegenüber N4/A um 1 mol/mol erniedrigt. Voraussichtlich könnte es sich bei N3/C um dasselbe tetraantennäre Glykan handeln wie bei N4/A, wobei Glykan N3/C jedoch nur 3 Neu5Ac-Reste aufweisen sollte (gegenüber 4 Neu5Ac-Resten in N4/A).
Für das O-Glykan wird 1 mol Gal, 1 mol GalNAc und 1 mol Neu5Ac detektiert, was das Vorhandensein eines O-Glykans vom Strukturtyp Galβ1,3GalNAc nahelegt (vgl. Abb. 19.12). Aus: Nimtz et al. (1993) Eur. J. Biochem. 213, 39–56.

Hierdurch erhält man automatisch die pro N-Glykan enthaltenen molaren Monosaccharidanteile. Beispielsweise wird pro 3 mol/mol Mannose jeweils ca. 1 mol/mol Fucose bestimmt, was eine Fucosylierung der N-Glykane am proximalen GlcNAc vermuten lässt. Es sei jedoch betont, dass es sich bei derartigen strukturellen Überlegungen auf der Basis der Monosaccharid-Komponentenanalytik nur um plausible Annahmen handeln kann. Eine verlässlichere Aussage zur Struktur der N-Glykane erhält man erst über die nachfolgend beschriebenen komplexeren Analysen.

19.7.2 Methylierungsanalyse

Die Methylierungsanalyse ist die älteste, auch heute noch routinemäßig verwendete Methode, um die Verknüpfungsrichtung zwischen den einzelnen Monosaccharidbausteinen eines Glykans zu ermitteln. Sie ermöglicht jedoch keine Aussage zur sequenziellen Verknüpfung und zur Anomerie, also der jeweiligen Monosaccharidkonfiguration an C-1.

Die Methylierungsanalyse eines isolierten N-Glykans umfasst folgende Schritte (Abb. 19.37):

1. Reduktion des Glykans zum Alditol.
2. Permethylierung der freien OH-Gruppen.
3. Saure Hydrolyse sämtlicher glykosidischer Bindungen: Hierbei entstehen die freien Monosaccharidbausteine als Derivate, in welchen die im Glykan zuvor freien OH-Gruppen durch eine Methylgruppe markiert sind.
4. Reduktion der methylierten Monosaccharidkomponenten zu den Alditolen: Hierdurch werden die teilmethylierten Monosaccharide, die im Schritt 3 jeweils als Anomerenpaar (mit α/β-OH) anfallen, in das korrespondierende Alditol überführt, wodurch die Anomerieproblematik beseitigt wird.
5. Peracetylierung (der restlichen freien OH-Gruppen): Die in den methylierten Alditolacetaten vorliegenden Acetylgruppen markieren also an jedem Monosaccharidbaustein die OH-Gruppe an C-1 (mit Ausnahme des proximalen GlcNAc) sowie diejenigen OH-Gruppen, die zuvor (im intakten Glykan) glykosidisch gebunden waren.
6. Messung der permethylierten Alditolacetate mittels GC-MS: Hierbei erfolgt eine Identifizierung und Quantifizierung der einzelnen permethylierten Alditolacetate durch Vergleich mit den auf synthetischem Wege zugänglichen und käuflichen Standards.

Die Methylierungsanalyse ist am Beispiel des biantennären N-Glykans C2-024301 in Abbildung 19.37 veranschaulicht. Sie liefert wichtige Informationen zu den Verknüpfungspunkten der einzelnen Monosaccharidbausteine. Beim Zusammenfügen der Einheiten (Festlegen der Reihenfolge, Verknüpfungsrichtung und Anomerie) ist man jedoch auf zusätzliche Analysenverfahren angewiesen, wie die enzymatische Sequenzierung (Abschnitt 19.7.3) und die hochauflösende ^{1}H-NMR-Spektroskopie (Abschnitt 19.7.5). Bei den gängigen Säugerzell-Expressionssystemen mit hinlänglich bekannter Glykosylierungsleistung (z. B. BHK- oder CHO-Zellen) lassen sich die zu erwartenden Glykanstrukturen jedoch bereits aus den Daten der Methylierungsanalyse mit guter Wahrscheinlichkeit vorhersagen.

19.37 Methylierungsanalyse des biantennären N-Glykans C2-024301. Die Analyse liefert nach ▶ der Totalhydrolyse der reduzierten, permethylierten Struktur fünf partiell methylierte Monosaccharid-Anomerenpaare, bzw. (nach Reduktion zum jeweiligen Alditol) die sechs korrespondierenden partiell methylierten Alditole (zwei Äquivalente 2,3,4,6-Tetra-O-methyl-D-galactitol, drei Äquivalente 2-Desoxy-2-N-methylacetamido-3,6-di-O-methyl-D-glucitol, ein Äquivalent 2-Desoxy-2-N-methylacetamido-1,3,5-tri-O-methyl-D-glucitol, zwei Äquivalente 3,4,6-Tri-O-methyl-D-mannitol, ein Äquivalent 2,4-Di-O-methyl-D-mannitol und ein Äquivalent 2,3,4-Tri-O-methyl-L-fucitol. Die Peracetylierung der partiell methylierten Alditole ergibt die jeweils korrespondierenden methylierten Alditolacetate im molaren Verhältnis 2:3:1:2:1:1.

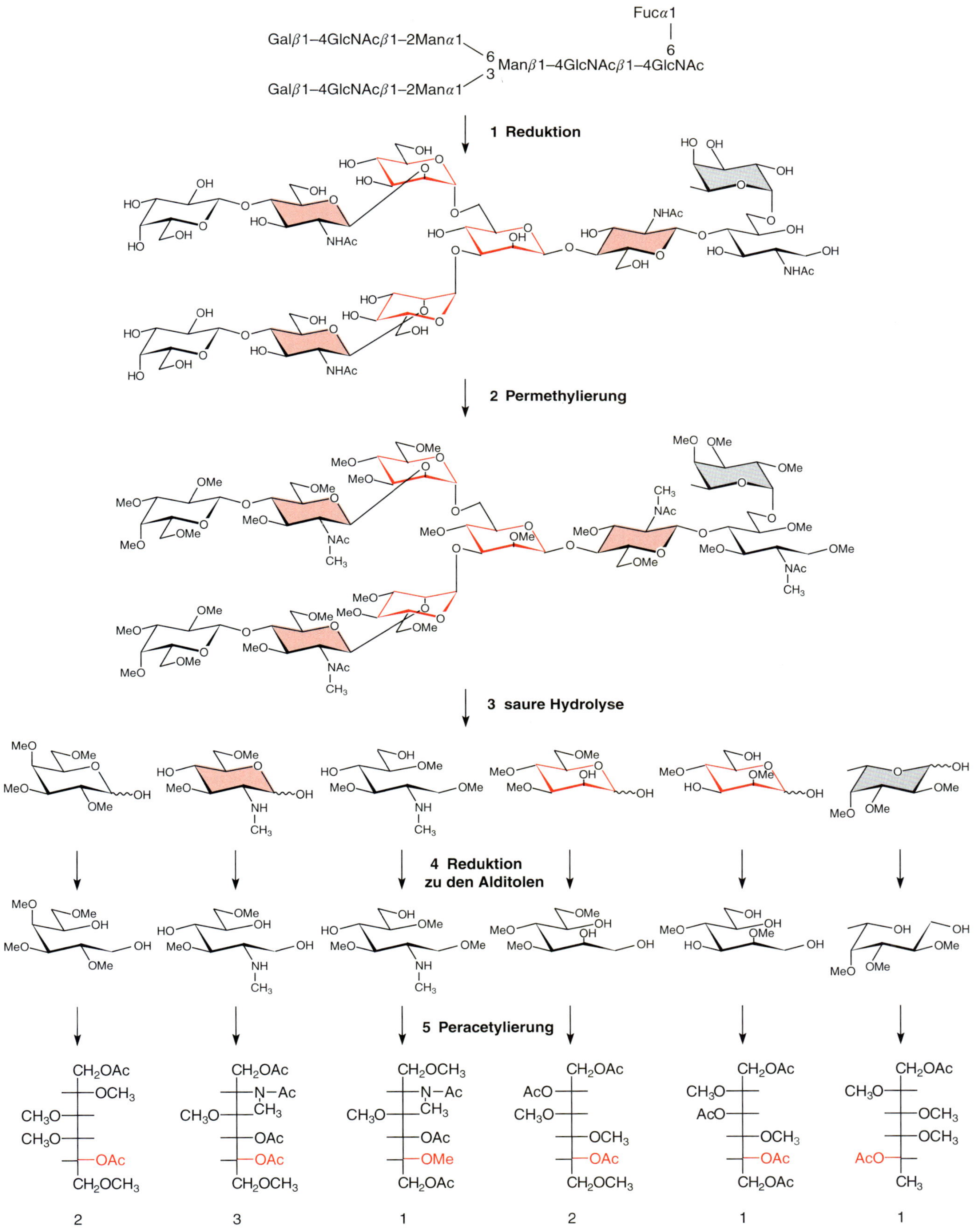

19 KOHLENHYDRATANALYTIK

Galβ1–4GlcNAcβ1–2Manα1
　　　　　　　　　　　⁶╲
　　　　　　　　　　　　Manβ1–4GlcNAcβ1–4GlcNAc
　　　　　　　　　　　³╱　　　　　　　　　　⁶
Galβ1–4GlcNAcβ1–2Manα1　　　　　　　　　　｜
　　　　　　　　　　　　　　　　　　　　　　Fucα1

↓ **1 Reduktion**

↓ **2 Permethylierung**

↓ **3 saure Hydrolyse**

↓ **4 Reduktion zu den Alditolen**

↓ **5 Peracetylierung**

2　　3　　1　　2　　1　　1

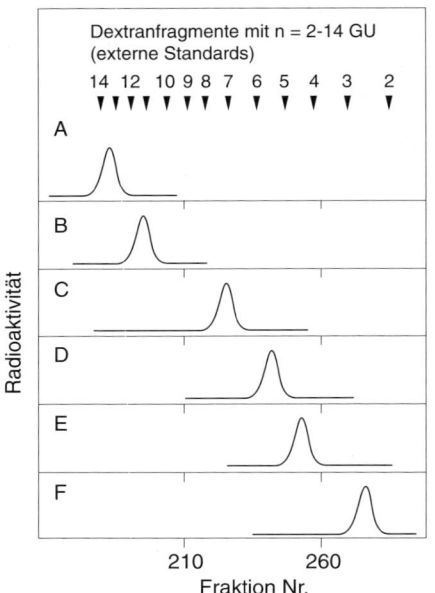

19.38 Enzymatische Sequenzierung des tritiierten N-Glykans C2-0246300.$_{OT}$ in Verbindung mit der Gelfiltration an Bio-Gel P-4. Das Ausgangsglykan eluiert bei 13,4 GU (A). Nach enzymatischer Abspaltung der beiden endständigen Galactosen mittels β-Galactosidase eluiert das resultierende agalacto-N-Glykan-Alditol mit 11,6 GU (B); und eine nachfolgende Entfernung der beiden antennären GlcNAc-Reste (mittels β-N-Acetylhexosaminidase) reduziert das Laufverhalten der Rumpfstruktur auf 7,6 GU (C). Verdaut man diese Rumpfstruktur mit α-Mannosidase und entfernt hierdurch die beiden α-glykosidisch verknüpften Mannose-Reste, so resultiert für das verbliebene Manβ1,4GlcNAcβ1,4GlcNAc$_{OT}$ ein Laufverhalten von 5,6 GU (D). Entfernt man weiterhin die β-verknüpfte Mannose (mittels β-Mannosidase), so reduziert sich das Laufverhalten des verbliebenen Chitobiose-Alditols (GlcNAcβ1,4GlcNAc$_{OT}$) auf 4,6 GU (E). Und entfernt man schließlich noch das endständige GlcNAc (durch Inkubation mit β-N-Acetylhexosaminidase), so eluiert das verbliebene GlcNAc$_{OT}$ mit 2,6 GU (F). Nach: Kobata und Endo, Kapitel 3A in: Glycobiology. A practical approach. Fukuda und Kobata (Hrsg.), Elsevier 1995.

Tabelle 19.10 Monosaccharidkomponenten und ihre korrespondierenden Glucoseeinheiten in der Bio-Gel P-4-Gelfiltration

Zuckerrest	Glucoseeinheit
Glc, Gal, Man	1,0
Fuc	0,8
GlcNAc	2,0
GlcNAc$_{OT}$	2,6

19.7.3 Sequenzierung in Verbindung mit Gelfiltration

Die enzymatische Sequenzierung der Glykane stellt eine erste Möglichkeit zur Ermittlung der anomeren Konfiguration der einzelnen Monosaccharidbausteine dar.

Bei der Trennung neutraler Glykane an Bio-Gel P-4 nutzt man ein Dextranhydrolysat als internen Standard und beschreibt die Retentionszeit der einzelnen Glykane bzw. ihre Größe (bzw. ihr Elutionsvolumen) in Glucoseeinheiten. Für die praktische Durchführung der Gelfiltration reduziert man die Glykane, wie bereits im Abschnitt 19.6.2 beschrieben, mittels tritiumhaltigem Natriumborhydrid (NaB^{3}H$_4$) oder Natriumcyanoborhydrid [Na(CN)B^{3}H$_3$] zum korrespondierenden tritiierten Alditol.

Ein einfaches biantennäres nichtfucosyliertes asialo-N-Glykanalditol (C2-024300.$_{OT}$), welches aus 9 Monosaccharideinheiten besteht, sollte bei stark vereinfachter Betrachtung ein Elutionsvolumen ähnlich dem eines Glucosenonasaccharids besitzen, also vergleichbar dem eines Dextranfragments mit $n = 9$. Tatsächlich eluiert das genannte biantennäre Glykan in der Dextranleiter zwischen den Dextranfragmenten mit $n = 13$ und $n = 14$ (n = Zahl der Glucoseeinheiten pro Dextranfragment). Das bedeutet, dass das biantennäre Glykan insgesamt größer ist als die fadenförmige Dextrankette – dies ist ja auch plausibel: Die beiden Antennen des N-Glykans spreizen sich gemäß ihrer konformativen Präferenz (vgl. exo-anomerer Effekt, Abschnitt 19.1.5) und besitzen im Vergleich zu den Dextranfragmenten vier GlcNAc-Einheiten, also Glukosereste mit jeweils räumlich ausladender N-Acetylgruppe. Das Glykan mit neun Monosaccharideinheiten ist daher räumlich anspruchsvoller als ein Dextranfragment mit neun Glucoseeinheiten und eluiert in der Gelfiltration früher, nämlich bei 13–14 GU (Glucose Units). Die enzymatische Sequenzierung des Glykans ist in Abbildung 19.38 dargestellt.

Heute gibt es Datenbanken, welche die Elutionsprofile von Oligosacchariden mit den Glucoseeinheiten von Dextranoligomeren korrelieren, so dass sich die Struktur eines unbekannten neutralen Glykans durch sein Laufverhalten unter standardisierten Bio-Gel P-4-Bedingungen ermitteln lässt. In Tabelle 19.10 sind einige Monosaccharidkomponenten mit ihren korrespondierenden Glucoseeinheiten zusammengestellt. Das Elutionsvolumen des biantennären asialo-N-Glykanalditols C2-024300.$_{OT}$ berechnet sich hieraus zu 13,6 GU (Tab. 19.11) und steht somit in guter Übereinstimmung mit dem tatsächlich beobachteten Wert (Abb. 19.38, Peak A).

Wegen der radioaktiven Markierung des Glykans lassen sich derartige Oligosaccharidsequenzierungen bereits mit 10–100 µg Glykan durchführen. Allerdings muss das zu analysierende Glykan in 80–100 %-iger Reinheit zur Verfügung stehen, um eine eindeutige und verlässliche strukturelle Zuordnung zu ermöglichen. Es ist daher zu erwarten, dass das Gelfiltrationsverfahren tritiierter N-Glykanalditole zukünftig durch die Analyse des intakten Glykans mittels HPAEC-PAD verdrängt wird, da letzteres Verfahren in Verbindung mit einer Mapping-Datenbank die strukturelle Zuordnung des Glykans ohne enzymatische Abbauverfahren ermöglicht – und zwar direkt aus dem kompletten N-Glykanpool.

19.7.4 FAB-MS (Fast Atom Bombardment-Massenspektrometrie)

Einen weiteren Hinweis auf die Struktur eines N-Glykans ergibt die massenspektrometrische Analyse des permethylierten (isolierten) reduzierten N-Glykans. Die im FAB-MS-Spektrum ermittelten Peaks ergeben den jeweiligen Molpeak des permethylierten N-Glykans sowie ein Fragmentierungsmuster, welches einen Rückschluss auf die mutmaßliche Struktur erlaubt. Dies wird nachfolgend am Beispiel der tetrasialo-N-Glykane von Erythropoietin aus BHK-Zellen veranschaulicht.

Wie in Abbildung 19.23 gezeigt wurde, ergibt die tetrasialo-Fraktion (MQ-4) von rEPO (BHK) in der Aminophasentrennung (N4) einen Hauptpeak A und drei

Nebenpeaks B bis D. Aus dem FAB-MS-Spektrum der permethylierten Strukturen N4/A, N4/B und N4/C (Abb. 19.39) lässt sich der jeweilige Molpeak ablesen (der Peak mit der höchsten Masse), und im niedrigeren Massebereich erhält man ein Peakmuster, welches mit dem Verlust von Strukturfragmenten korrespondiert.

Das Massenspektrum des reduzierten/permethylierten N-Glykans aus Fraktion N4/A ergibt einen protonierten Molpeak der Masse 4579. Diese Masse entspricht der Masse eines (protonierten) reduzierten/permethylierten tetraantennären tetrasialo-N-Glykans, welches am proximalen GlcNAc fucosyliert ist (C4-446301).

Tabelle 19.11 Berechnung des Elutionsverhaltens des biantennären asialo-N-Glykan-Alditols (C2–024300.$_{OT}$) aus den Monosaccharidbeiträgen

2 · Gal	= 2 · 1,0 GU	= 2,0 GU
3 · Man	= 3 · 1,0 GU	= 3,0 GU
3 · GlcNAc	= 3 · 2,0 GU	= 6,0 GU
1 · GlcNAc$_{OT}$	= 1 · 2,6 GU	= 2,6 GU
Summe		= 13,6 GU

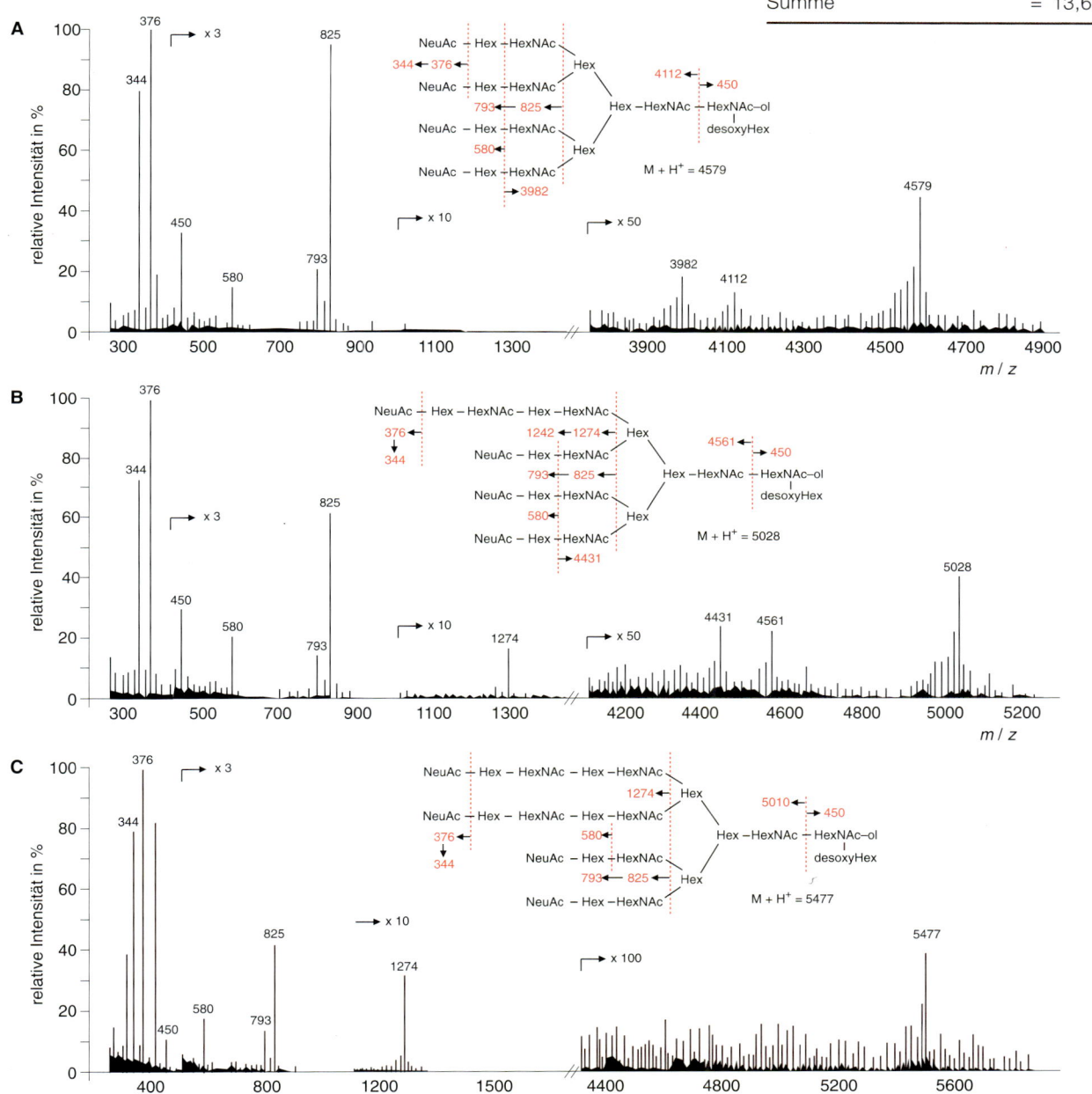

19.39 FAB-MS-Analyse der Tetrasialo-N-Glykane von rEPO (BHK). Wie der Vergleich der Spektren A–C belegt, weisen die drei tetrasialo-N-Glykane N4/A–C im niedermolekularen Bereich dasselbe Peakmuster und somit dieselben Strukturfragmente auf. Neu hinzu kommt für die Strukturen B und C jeweils ein Peak der Masse 1274, welcher für ein Fragment [NeuAc-Hex-HexNAc-Hex-HexNAc] bzw. [NeuAc-Gal-GlcNAc-Gal-GlcNAc] charakteristisch ist. Die EPO-N-Glykane N4/B und N4/C weisen somit in einer der vier Antennen ein Gal-GlcNAc (Lactosamin bzw. LacNAc) Repeat mit zusätzlichen 449 Masseeinheiten auf. In der Tat ist die Masse des N-Glykans B gegenüber A um 449 Einheiten und die von Glykan-Struktur C gegenüber A um 898 (= 2 · 449) Einheiten erhöht. Demnach besitzt N-Glykan N4/A kein, Glykan N4/B ein und Glykan N4/C zwei LacNAc-Repeat(s). Nach: Nimtz et al. (1993) Eur. J. Biochem. 213, 39–56.

Tabelle 19.12 Massen einiger methylierter *N*-Glykanfragmente

Masse	Peak	eine der möglichen Strukturen
4579	Molpeak	C4–446301
825	[NeuAc-Hex-HexNAc]	[NeuAc-Gal-GlcNAc]
793	[NeuAc-Hex-HexNAc] minus CH$_3$OH	[NeuAc-Gal-GlcNAc] minus CH$_3$OH
580	[NeuAc-Hex]	[NeuAc-Gal]
464	[Hex-HexNAc]	[Gal-GlcNAc]
450	desoxyHex-HexNAcol	[Fuc-GlcNAcol]
376	[NeuAc]	[NeuAc]
344	[NeuAc] minus CH$_3$OH	[NeuAc] minus CH$_3$OH

Die Signale im unteren Massebereich ergeben Informationen über das Substitutionsmuster der Antennen (Tab. 19.12): Der Peak der Masse 825 entspricht dem methylierten Fragment [NeuAc-Hex-HexNAc]. Aus permethylierten NeuAc-haltigen Fragmenten wird unter den Messbedingungen leicht Methanol abgespalten (minus CH$_3$OH = minus 32); dies zeigt sich an dem benachbarten Peak der Masse 793. (Im Falle eines regulären *N*-Glykans der Struktur C4-446301 entspräche das Spaltprodukt der Masse 825 der Struktur NeuAc-Gal-GlcNAc).

Der Peak mit der Masse 580 (Abb. 19.39) entspricht dem Strukturfragment [NeuAc-Hex] (bzw. NeuAc-Gal). (Der um 32 Massen verminderte Nachbarpeak – minus CH$_3$OH – tritt bei der gegebenen Auflösung nicht in Erscheinung).

Ein Peak der Masse 464 ([Hex-HexNAc] bzw. [Gal-GlcNAc]) tritt immer dann auf, wenn bei einem (regulären) *N*-Glykan in einer (oder mehreren) Antenne(n) der endständig gebundene Neuraminsäurerest fehlt. In Abbildung 19.39 zeigt sich dieser Peak bei keiner der drei Fraktionen (N4/A-C), was belegt, dass alle drei *N*-Glykane komplett sialyliert sind. Diese Information ist besonders wichtig im Hinblick auf die Zirkulationshalbwertszeit des Glykoproteins in vivo.

Das Auftreten des Peaks der Masse 450 [desoxyHex-HexNAcol] belegt für das isolierte *N*-Glykan von EPO das Vorliegen einer Fucosylierung am proximalen GlcNAc. Dass das korrespondierende nichtfucosylierte *N*-Glykan nicht auch bis zu einem bestimmten Prozentsatz in der untersuchten Probe enthalten ist, ist zum einen durch die Aminophasentrennung gewährleistet (Abb. 19.23) (ein fucosyliertes *N*-Glykan wird dabei von seinem korrespondierenden nicht fucosylierten Analogon eindeutig abgetrennt). Zum anderen hätte man ansonsten im Massenspektrum einen zweiten Molpeak der Masse 4373 (4579 minus Fuc) zu erwarten, was jedoch nicht der Fall ist (Abb. 19.39).

Neuraminsäure ergibt (als methyliertes Fragment) Peaks der Masse 376 und 344 (376 minus CH$_3$OH). Die massenspektrometrische Untersuchung erlaubt jedoch keine Aussage darüber, an welcher Antenne sich die jeweilige Repeat-Struktur befindet. Eine Antwort auf diese Frage ermöglicht nur eine ^{1}H-NMR-spektroskopische Untersuchung des Glykans (Abschnitt 19.7.5).

Die aus den Massenspektren der tetrasialo-*N*-Glykane N4/A-C nahegelegten Strukturen stehen im Einklang mit den Daten der Methylierungsanalyse (Abschnitt 19.7.2).

Massenspektrometrie Kapitel 14

Neben der FAB-MS gewinnen neuerdings auch MALDI- und Elektrospray-Massenspektrometrie zunehmende Bedeutung bei der Untersuchung der Protein-Glykosylierung auf der Basis intakter Glykoproteine, einzelner proteolytischer Fragmente und des isolierten Glykan-Pools.

19.7.5 ^{1}H-NMR-Spektroskopie

Als *ultima ratio* jeder *N*-Glykan-Strukturermittlung gilt die ^{1}H-NMR-Spektroskopie. Sie erlaubt eine eindeutige Aussage sowohl zur anomeren Konfiguration eines jeden Monosaccharidbausteins als auch zu seiner jeweiligen Verknüpfungsrichtung zum Nachbarbaustein. Grundlage hierfür ist die Tatsache, dass sich die einzelnen Protonen der verschiedenen Zuckerbausteine in einem hochfrequenten magnetischen Feld sowohl hinsichtlich ihrer chemischen Verschiebung als auch hinsichtlich ihrer jeweiligen Kopplungskonstanten zu benachbarten H-Atomen differenzieren lassen. Dies sei an einigen einfachen Beispielen nachfolgend verdeutlicht.

Die chemische Verschiebung δ

Die im ^{1}H-NMR-Spektrum beobachtete chemische Verschiebung der H-Atome differiert in erster Linie in Abhängigkeit von der elektromagnetischen Nachbarschaft. Daher erfahren die H-Atome eines Pyranoserings (z. B. einer β-verknüpften Galactose) in Abhängigkeit von ihrer jeweiligen elektronenziehenden Nachbarschaft (durch die benachbarten O-Atome bzw. OH-Gruppen) einen meist charakteristischen Shift.

Chemische Verschiebung
Abschnitt 15.2.2

Das anomere Proton eines Monosaccharidbausteins sitzt an einem C-Atom (nämlich C-1), welches direkt mit zwei stark elektronegativen Sauerstoffatomen verknüpft ist, zum einen mit dem Ring-O-Atom und zum anderen mit dem glykosidischen O-Atom. Dementsprechend resultiert an H-1 eine starke (quasi doppelte) elektronenziehende Wirkung (induktiver Effekt). Das Signal von H-1 besitzt daher von allen Ringprotonen die größte chemische Verschiebung.

Äquatoriale Protonen treten in der Regel bei tieferem Feld in Resonanz als konstitutionell ähnliche axiale Protonen. Das bedeutet, dass das äquatorial konfigurierte H-4 der Galactose oder H-2 der Mannose jeweils eine höhere chemische Verschiebung aufweist, als das axiale H-4 bzw. H-2 im Glucoseepimer. Ähnlich verhält es sich mit den anomeren H-Atomen – beispielsweise bei der Glucose: Während das äquatorial konfigurierte H-1 der α-D-Glucopyranose eine chemische Verschiebung von $\delta \cong 5{,}3$ ppm aufweist, tritt das axiale H-1 des β-Anomers bereits bei $\delta \cong 4{,}7$ ppm in Resonanz. Zusätzlich unterscheiden sich die anomeren Signale in ihrem Aufspaltungsmuster, den sogenannten Kopplungskonstanten J, die ebenfalls eine Ermittlung der epimeren bzw. anomeren Konfiguration erlauben.

Die Kopplungskonstanten

Unter der Kopplungskonstanten eines H-Atoms versteht man die Breite der jeweiligen Signalaufspaltung, die durch Kernspinresonanz mit einem benachbarten geminalen oder vicinalen H-Atom erfolgt. Dies wird in Abbildung 19.40 am Beispiel von Methyl-β-D-galactopyranosid aufgezeigt.

Kopplungskonstanten
Abschnitt 15.2.2

H-1 besitzt lediglich ein vicinal benachbartes H-Atom, nämlich H-2. Das Signal von H-1 ($\delta = 4{,}35$ ppm) erfährt somit (infolge Kernspinresonanz mit H-2) eine Aufspaltung in ein Dublett mit $J_{1,2} = 7{,}9$ Hz (große Kopplungskonstante wegen der antiperiplanaren Anordnung von H-1 und H-2).

H-2 besitzt zwei vicinal-antiperiplanar benachbarte H-Atome: H-1 und H-3. Infolgedessen spaltet das Signal von H-2 zunächst durch Kernspinresonanz mit H-3 ($J_{2,3} = 9{,}8$ Hz) in ein Dublett auf; beide Signale spalten dann durch die Kopplung mit H-1 ($J_{1,2} = 8{,}0$ Hz) noch jeweils in ein weiteres Dublett auf, so dass sich H-2 bei $\delta = 3{,}54$ ppm als Dublett eines Dubletts zu erkennen gibt.

Ähnlich verhält es sich für H-3, das ebenfalls zwei vicinale H-Atom-Nachbarn hat, nämlich H-2 in antiperiplanarer Nachbarschaft ($J_{2,3} = 9{,}8$ Hz) und H-4 in syn-clinaler Nachbarschaft ($J_{3,4} = 3{,}5$ Hz). Das heißt, auch das Signal von H-3 ($\delta = 3{,}68$ ppm) gibt sich als Dublett eines Dubletts zu erkennen.

H-4 besitzt wegen seiner äquatorialen Konfiguration eine etwas größere chemische Verschiebung als die axialen Ringprotonen an C-2, C-3 und C-5 und tritt bei $\delta = 3{,}96$ ppm in Resonanz. Das Signal von H-4 spaltet infolge Kopplung mit dem syn-clinal benachbarten H-3 in ein Dublett auf ($J_{3,4} = 3{,}4$ Hz). Eine Kopplung zwischen H-4 und H-5 wird praktisch nicht beobachtet.

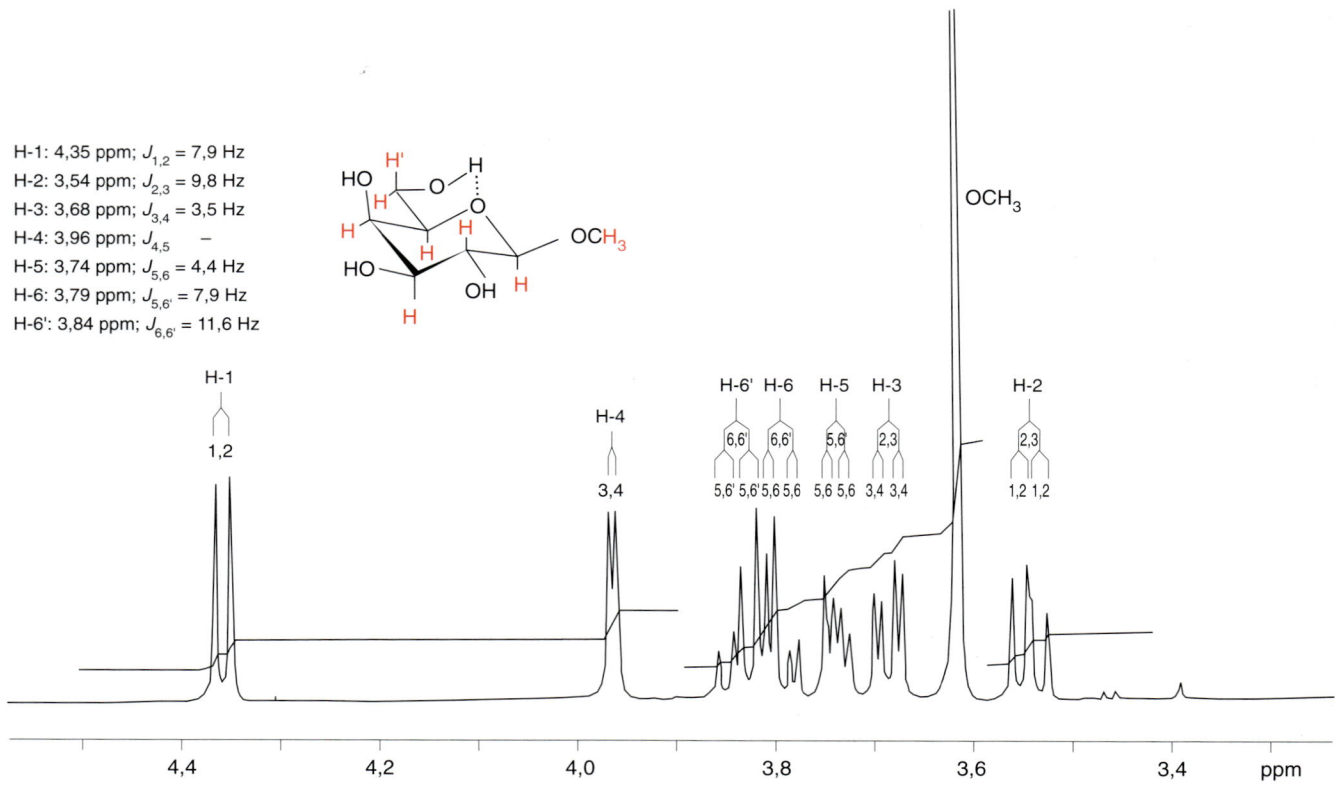

19.40 ^{1}H-NMR-Spektrum von Methyl-β-D-galactopyranosid.

Das Signal von H-5 ($\delta = 3{,}74$ ppm) spaltet zunächst durch Kopplung mit H-6′ ($J_{5,6'} = 7{,}9$ Hz) in ein Dublett auf, und beide Signale spalten noch einmal [durch Kopplung mit H-6 ($J_{5,6} = 4{,}4$ Hz) jeweils in ein weiteres Dublett auf. Die Kopplungskonstanten deuten auf eine syn-clinale Nachbarschaft von H-5 und H-6 und eine antiperiplanare Nachbarschaft von H-5 und H-6′. (Diese konformative Präferenz der C_5-C_6-Bindung wird durch eine Wasserstoffbrückenbindung zwischen OH-6 und dem Ring-O-Atom stabilisiert).

C-6 ist dadurch ausgezeichnet, dass es zwei geminale H-Atome trägt, die eine vergleichbare chemische Verschiebung aufweisen (H-6: $\delta = 3{,}79$ ppm; H-6′ = 3,84 ppm). Diese beiden Protonen treten zunächst in geminale Resonanz ($J_{6,6'}$ = 11,6 Hz), unterliegen jedoch auch noch der vicinalen Kopplung mit H-5 ($J_{5,6}$ = 4,4 Hz; $J_{5,6'}$ = 7,9 Hz) und erscheinen somit als eine Art Multiplett.

Im β-Glucopyranosid, dem 4-Epimer des β-Galactopyranosids (Abb. 19.2) stehen die vicinal benachbarten H-Atome jeweils in antiperiplanarer Anordnung (Φ = 180°), und ihre Kopplungskonstanten sind daher jeweils maximal (J = 7–10 Hz).

Im Unterschied zum β-Galactopyranosid ($\Phi_{1,2}$ = 180°) nimmt H-1 im korrespondierenden α-Anomer (Abb. 19.2) zu H-2 einen vicinalen Winkel von ca. 60° ein (syn-clinale Anordnung), was sich im Spektrum des α-Anomers in einer relativ kleinen Kopplungskonstanten äußert ($J_{1,2}$ = 3–4 Hz).

Das β-Galactopyranosid unterscheidet sich von seinem 4-Epimer, dem korrespondierenden β-Glucopyranosid, lediglich in der Konfiguration am C-4. Doch dieser kleine Unterschied erweist sich im ^{1}H-NMR als enorm, denn im β-Glucopyranosid nimmt H-4 zu den beiden vicinal benachbarten H-Atomen (H-3 und H-5) jeweils einen Winkel von 180° ein, während er im β-Galactopyranosid 60° beträgt. Demgemäß ist die Kopplung zwischen H-3 und H-4 im β-Glycopyranosid groß ($J_{3,4}$ = 7–10 Hz).

Structural Reporter Groups

Bei den ¹H-NMR-Spektren der komplexen *N*-Glykane fallen die Peaks der Ringprotonen in einem Berg von sich überlappenden Signalen zwischen $\delta = 3{,}5–4{,}0$ ppm zusammen, so dass die Zuordnung dieser Protonen zunächst unmöglich erscheint. Daneben zeigen sich im Bereich zwischen $\delta = 4{,}0–5{,}5$ ppm und $\delta = 1{,}5–3{,}0$ ppm einige deutlich separierte und daher charakteristische Peaks von Protonen, die sogen. „Structural Reporter Groups" (Abb. 19.41; Tab. 19.13). Zu ihnen gehören zwischen $\delta = 4{,}0–5{,}5$ ppm die anomeren Protonen, die sich bei β-glykosidischer Verknüpfung (z. B. β-Gal und β-GlcNAc) durch eine große Kopplungskonstante ($J_{1,2} = 7–9$ Hz) und in α-glykosidischer Bindung (z. B. α-Fuc) durch eine kleine Kopplungskonstante ($J_{1,2} = 2–4$ Hz) zu erkennen geben. Für Mannose ist die Kopplungskonstante sowohl in α- als auch in β-glykosidischer Verknüpfung besonders klein ($J_{1,2} = 1–2$ Hz), so dass sich die anomere Konfiguration der Mannose nicht aus der Kopplungskonstanten, sondern eher aus der chemischen Verschiebung ableiten lässt: Das äquatoriale H-1 des α-Mannosids besitzt eine höhere chemische Verschiebung als das axiale H-1 des β-Mannosids. Ferner erkennt man im Bereich $\delta = 4{,}0–5{,}5$ ppm auch H-2 der Mannosen. Im Bereich $\delta = 1{,}5–3{,}0$ treten bei ca. 2 ppm als große Peaks die Methylgruppen der Acetylgruppen in Erscheinung, und rechts daneben findet man das axiale und links daneben das äquatoriale H-3 von Neu5Ac.

Wie am Beispiel des *N*-Glykans C2–224301.20 (Abb. 19.41) ersichtlich, ergeben die Structural Reporter Groups einen hilfreichen Einblick in die Beschaffenheit der *N*-Glykane. Da einzelne NMR-Signale sensitiv gegenüber pH-Änderungen sind, ist es wichtig, die Messungen unter standardisierten und kalibrierten Bedingungen durchzuführen (Temperatur, Lösungsmittel, pH, Referenz). Doch ist es stets ratsam, die mittels ¹H-NMR erhaltenen Strukturdaten in Verbindung mit massenspektrometrischen Daten zu interpretieren, da im Glykan bisweilen Substituenten vorhanden sein können, welche die chemische Verschiebung der Structural Reporter Groups nicht beeinflussen.

Will man neben den Structural Reporter Groups auch die einzelnen Ringprotonen-Signale eines *N*-Glykans zuordnen, so ist man auf die komplexeren 2D-NMR-Eperimente angewiesen. Genannt seien hier die homonuclearen Kopplungsexperimente nach Hartmann-Hahn (HOHAHA), *correlation spectroscopy* (COSY) und *total correlation spectroscopy* (TOCSY). Diese Experimente erlauben eine Zuordnung der Protonensignale zu einzelnen Spinsystemen (Monosaccharid-Bausteinen). Eine Aussage über die Monosaccharidsequenz, Verknüpfungsrichtung, Torsionswinkel, oder räumliche Wechselwirkungen zwischen einzelnen Zuckerbausteinen erhält man schließlich durch 2D-Nuclear-Overhauser-Effekt-Spektroskopie (NOESY). Auf Ausführungen zu den 2D-NMR-Spektren der Glykane wird jedoch im Rahmen dieser Einführung in die Glykoanalytik verzichtet.

Zweidimensionale NMR-Spektroskopie Abschnitt 15.3

Tabelle 19.13 Structural Reporter Group-Signale der Kohlenhydratketten von Glykoproteinen

Anomere Protonen
Amidprotonen
Man H-2
Gal*N*Ac-ol H-2, H-3, H-4 und H-5
Neu5Ac H-3
Fuc H-5 und H-6
Gal H-3 und H-4
Protonen, die sich aus der Masse der Peaks infolge einer Glykosylierung aussondern
Protonen, welche durch Substituenten wie Acyl, Sulfat oder Phosphat verschoben sind
Protonen, die zu Substituenten wie *O*-Methyl, *N/O*-Acetyl und *N*-Glykolyl gehören

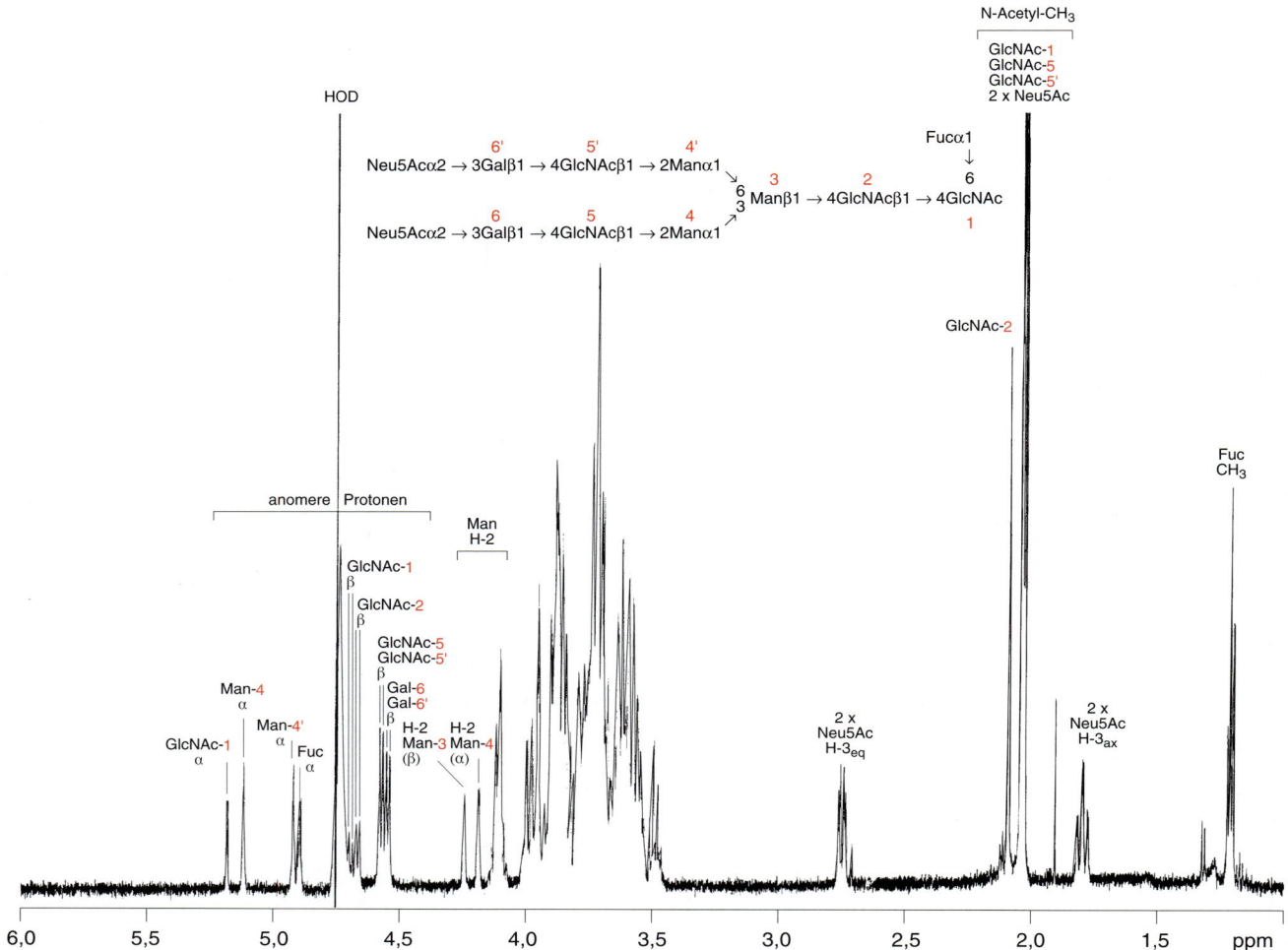

19.41 600 MHz-^{1}H-NMR-Spektrum des *N*-Glykans C2–224301.20 aus rEPO (in D$_2$O). Das Spektrum zeigt, dass der reduzierende GlcNAc-Baustein (GlcNAc-1) im anomeren Gleichgewicht vorliegt. Das Signal des α-Anomers erscheint mit der zu erwartenden kleinen Kopplungskonstanten ($J_{1,2}(α) = 2-4$ Hz) bei höherer chemischer Verschiebung ($δ = 5,18$ ppm) als das Signal des korrespondierenden β-Anomers ($δ = 4,69$ ppm), welches die für das β-Anomer charakteristische große Kopplungskonstante ($J_{1,2}(β) = 7-9$ Hz) aufweist. Dicht neben diesem Signal findet sich H-1 von GlcNAc-2 ($δ = 4,66$ ppm), bei dem die β-glykosidische Verknüpfung ebenfalls aus der großen Kopplungskonstanten ($J_{1,2} = 7-9$ Hz) ersichtlich ist. H-1 der α1,6-verknüpften Fucose gibt sich bei $δ = 4,9$ ppm mit der zu erwartenden kleinen Kopplungskonstanten ($J_{1,2(α-Fuc)} = 2-4$ Hz) zu erkennen. Allerdings werden infolge des Anomerengleichgewichts an GlcNAc-1 für H-1$_{(Fuc)}$ zwei sich überlagernde Dublett-Signale erhalten. Die beiden α-verknüpften Mannose-Reste erscheinen mit der für Mannose charakteristischen kleinen Kopplungskonstanten ($J_{1,2(Man)} = 1-2$ Hz) bei $δ = 5,11$ ppm (Manα1,3) und $δ = 4,92$ (Manα1,6). Die β-verknüpfte Mannose wird durch den massiven HOD-Peak verdeckt. Die beiden antennären β-GlcNAc-Reste mit $J_{1,2(GlcNAc)} = 7-9$ Hz erkennt man bei $δ = 4,57$, und eng daneben ($δ = 4,55$ ppm) finden sich die Signale der beiden antennären β-Gal-Reste ($J_{1,2(Gal)} = 7-9$ Hz).

Neben den anomeren Protonen der einzelnen Monosaccharidbausteine lassen sich noch folgende Structural Reporter Groups zuordnen: Von den Mannosen: H-2$_{(Manβ1,4)}$ (4,25 ppm) und H-2$_{(Manα1,3)}$ (4,25 ppm); (H-2$_{(Manα1,6)}$ wird durch die Peakgruppe bei 4,1 ppm überlagert). Diese Signale zeichnen sich (wie auch die von H-1$_{(Man)}$) durch ihre kleinen Kopplungskonstanten aus. Von Neu5Ac treten die äquatorial orientierten Protonen (H-3$_{eq}$) bei 2,76 ppm und die axialen Protonen (H-3$_{ax}$) bei 1,80 ppm in Resonanz. Dabei zeigt H-3$_{ax}$ (neben der Kopplung zu H-3$_{eq}$) die zu erwartende große Kopplung zum antiperiplanar benachbarten H-4 ($J_{3ax,4} = 7-9$ Hz), während die Kopplung des äquatorialen H-3$_{eq}$ mit H-4 wegen der syn-clinalen Anordnung zu H-4 klein ausfällt ($J_{3eq,4} = 2-4$ Hz). Als deutlich exponierte Reporter Group tritt auch CH$_3$-6 der Fucose in Erscheinung ($δ = 1,2$ ppm). Interessanterweise lässt sich das Anomerengleichgewicht von GlcNAc-1 noch an der angeknüpften Fucose erkennen: CH$_3$-6$_{(Fuc)}$ tritt nicht als Dublett auf (infolge der Kopplung mit H-5$_{(Fuc)}$) sondern als eine Art Triplett (wegen der Überlagerung zweier eng benachbarter Dubletts). Bei $δ$ ca 2,04 finden sich die *N*-Acetyl-Peaks der GlcNAc- und Neu5Ac-Reste, wobei der NAc-Peak von GlcNAc-2 etwas separiert ist ($δ = 2,09$ ppm). Mit freundlicher Genehmigung von M. Nimtz, Braunschweig.

Der Nuclear-Overhauser-Effekt (NOE)

Wie wir im vorangegangenen Abschnitt gesehen haben, stehen die Dipolmomente benachbarter Protonen eines Pyranoserings in magnetischer Wechselwirkung, und dies äußert sich im ^{1}H-NMR-Spektrum durch eine charakteristische (vom jeweiligen Torsionswinkel abhängige) Signalaufspaltung (Kopplungskonstante). Wenn man nun die magnetische Wechselwirkung zweier benachbarter Protonen dadurch unterstützt, dass man senkrecht zum angelegten hohen Magnetfeld des NMR-Spektrometers die magnetische Resonanzfrequenz eines der beiden Protonen einstrahlt, so wird die magnetische Kopplung dieses Protons zum Nachbarproton verstärkt (homonuclearer NOE). Die Folge davon ist, dass sich das Signal des Nachbarprotons wegen der Dipol-Dipol-Wechselwirkung erhöht. Da sich diese Signalerhöhung mit dem Abstand der beiden Protonen im Verhältnis r^{-6} ändert (r ist der Abstand zwischen dem bestrahlten Proton und dem Proton, für welches die Signalerhöhung erhalten wird), sind derartige Messungen gegenüber den kleinsten stereochemischen Änderungen höchst sensitiv. Wenn die beiden Protonen dabei an verschiedenen Monosaccharideinheiten eines Oligosaccharids sitzen, wird selbst eine minimale Konformationsänderung, sofern sie eine veränderte räumliche Anordnung der beiden Protonen bedingt, zu einer Änderung der NOEs führen. Da sich eine 10 bis 20%ige Signalerhöhung im NMR-Spektrum jedoch nur sehr schwer ausmachen lässt, wendet man zur Ermittlung der Signalerhöhung folgenden Trick an: Man subtrahiert beide NMR-Spektren voneinander (dies erlaubt die NMR-Software). Dabei heben sich alle unverändert gebliebenen Peaks des NMR-Spektrums auf, und es wird eine glatte Basislinie erhalten. Lediglich an der Stelle des Spektrums, an der sich die erhöhte Dipolmomentwechselwirkung durch eine Peakerhöhung zu erkennen gibt, wird nach Subtraktion der beiden Spektren ein von Null verschiedener Restpeak detektiert – und zwar genau bei der für das benachbarte Proton charakteristischen chemischen Verschiebung. Die relativen NOE-Werte für zwei oder mehr Protonen innerhalb eines Moleküls ergeben dabei ein direktes Maß für ihren räumlichen Abstand. Dieser etwas schwer zu verstehende Sachverhalt wird am Beispiel des in Abbildung 19.42 dargestellten Trisaccharids gezeigt.

Nuclear-Overhauser-Effekt
Abschnitt 15.3.4

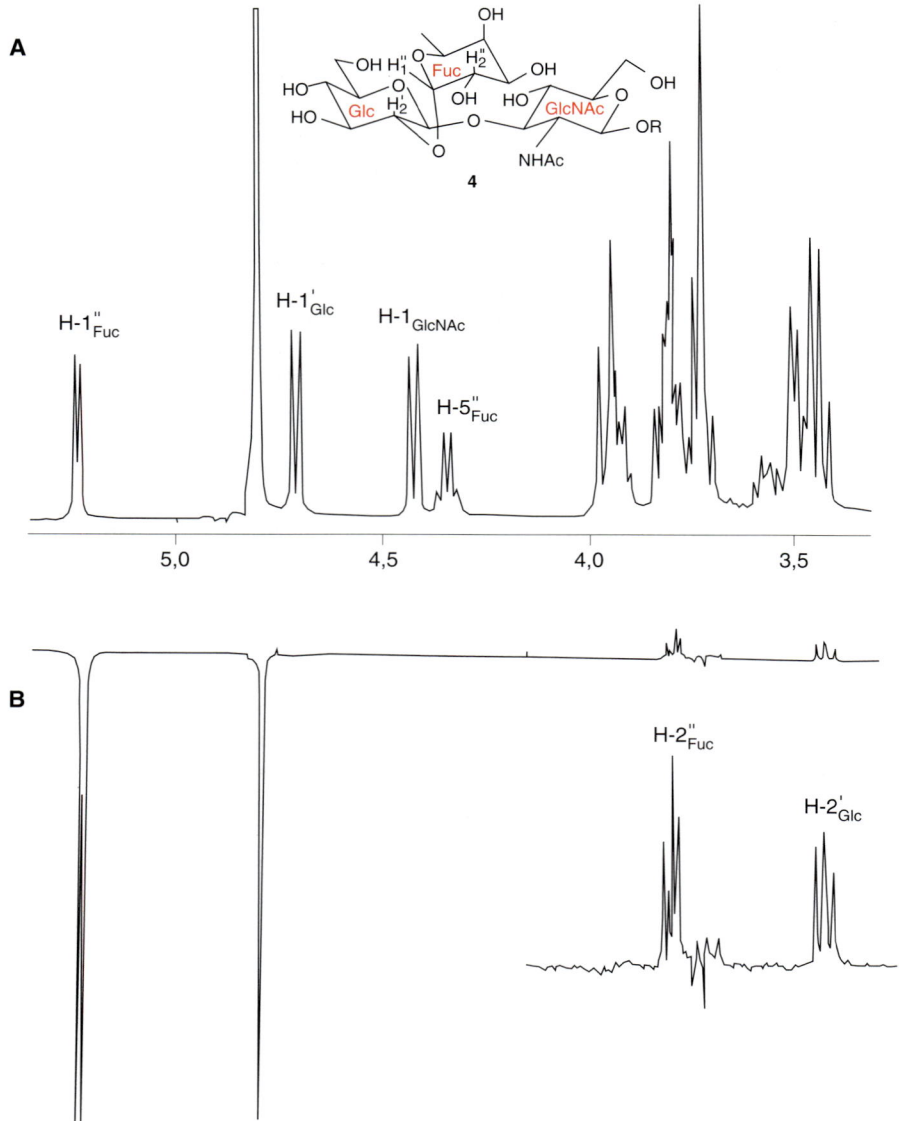

19.42 Nuclear-Overhauser-Enhancement-Experiment mit dem Trisaccharid LFucα1,2DGlcβ1,3DGlcNAc (400 MHz ^{1}H-NMR-Spektrum in D$_2$O). A) Normalspektrum, B) Differenzspektrum beim Einstrahlen der Resonanzfrequenz von H-1"$_{Fuc}$. Im ^{1}H-NMR-Spektrum des Trisaccharids sind zunächst die 3 anomeren Protonen an ihrer hohen chemischen Verschiebung sehr leicht erkennbar. Insbesondere ist H-1"$_{Fuc}$ des α-glykosidisch verknüpften Fucose-Rests aufgrund der kleinen Kopplungskonstanten von $J_{1,2Fuc}$ = 4 Hz bei δ = 5,3 ppm eindeutig zuzuordnen; ebenso leicht ergibt sich H-5"$_{Fuc}$ bei δ = 4,35 ppm als das für Fucose charakteristische Quartett zu erkennen. Die beiden prominenten anomeren Signale bei δ = 4,7 und δ = 4,4 ppm ergeben sich aufgrund ihrer großen Kopplungskonstanten von $J_{1,2}$ = 8 Hz jeweils als H-1 der beiden β-glykosidisch verknüpften Bausteine Glc und GlcNAc zu erkennen. Die Signale der restlichen Protonen werden in Peakgruppen im Bereich zwischen 3,4 und 4,0 ppm zusammengedrängt und überlagert, so dass hier eine Peakzuordnung zunächst unmöglich erscheint.

Wenn man nun im NOE-Experiment die Resonanzfrequenz von H-1"$_{Fuc}$ einstrahlt, so wird sich die Resonanzsättigung von H-1"$_{Fuc}$ durch Dipol-Dipol-Wechselwirkung auf jene Protonen übertragen, welche mit H-1"$_{Fuc}$ eine Kernspinresonanz-Kopplung eingehen; die Signale dieser Protonen werden daher im ^{1}H-NMR-Spektrum erhöht. Genau diese Signale geben sich im Fourier-transformierten Differenzspektrum als nunmehr eindeutig zuzuordnende Peaks zu erkennen. In der Tat erhält man im Differenzspektrum als Hauptsignal bei δ = 3,8 ppm das Signal des zu H-1"$_{Fuc}$ vicinal benachbarten Protons H-2"$_{Fuc}$. Zusätzlich offenbart sich bei δ = 3,46 ppm das Signal von H-2'$_{Glc}$. Aus den Kopplungskonstanten von H-2"$_{Fuc}$ lässt sich zum einen die syn-clinale Nachbarschaft zu H-1"$_{Fuc}$ ($\Phi_{1,2Fuc}$ = 60° → $J_{1,2Fuc}$ = 4 Hz) und zum zweiten die antiperiplanare Nachbarschaft zu H-3"$_{Fuc}$ ($\Phi_{2,3Fuc}$ = 180° → $J_{2,3Fuc}$ = 8 Hz) erkennen. Und aus den Kopplungskonstanten von H-2'$_{Glc}$ lässt sich zum einen die antiperiplanare Nachbarschaft zu H-1'$_{Glc}$ ($\Phi_{1,2Glc}$ = 180° → $J_{1,2Glc}$ = 8 Hz) und zum zweiten die antiperiplanare Nachbarschaft zu H-3'$_{Glc}$ ($\Phi_{2,3Glc}$ = 180° → $J_{2,3Glc}$ = 8 Hz) erkennen. Die beiden NOE-Effekte sind vergleichbar groß, nämlich 8 % für H-2'$_{Glc}$ und 7 % für H-2"$_{Fuc}$; was bedeutet, dass der Abstand von H-1"$_{Fuc}$ zum vicinal benachbarten H-2"$_{Fuc}$ etwa gleich groß ist wie sein Abstand zu H-2'$_{Glc}$ des benachbarten Glucose-Bausteins. Diese räumliche Nähe ist in der in Abb. 19.42 dargestellten Strukturformel zum Ausdruck gebracht. Die im ^{1}H-NMR-Spektrum vermessenen NOE-Effekte erlauben somit eine direkte Bestätigung der infolge des exo-anomeren Effekts vorausgesagten bevorzugten Konformation der glykosidischen Bindung. Als Merkhilfe gilt, dass die zum glykosidischen O-Atom benachbarten H-Atome (also: H-1"$_{Fuc}$ und H-2'$_{Glc}$ sowie H-1'$_{Glc}$ und H-3'$_{GlcNAc}$) bei korrekter projektiver Darstellung stets eine syn-periplanare (sozusagen parallele) Anordnung einnehmen müssen (vgl. Abschnitt 19.1.5). Aus: Hindsgaul, O., Doktorarbeit, Universität von Alberta, Edmonton, Kanada, 1980.

Räumliche Wechselwirkung von Zuckerresten

Wie bereits erwähnt, besitzen Oligosaccharide in ihrer glykosidischen Bindung wegen des exo-anomeren Effekts (Abschnitt 19.1.5) eine räumliche Vorzugsrichtung bzw. konformative Präferenz. Bei verzweigten Kohlenhydratdeterminanten kann sich nun in der Umgebung eines bestimmten H-Atoms eine räumliche Nachbarschaft zu stark elektronegativen O-Atomen ergeben. In einem solchen Fall ist für dieses Proton eine induktive (räumliche) Wechselwirkung zu erwarten, die sich im ^{1}H-NMR-Spektrum in einer Vergrößerung der chemischen Verschiebung zu erkennen gibt. Dies ist in Abbildung 19.43 veranschaulicht.

Das Beispiel lehrt, dass über die ^{1}H-NMR-Spektren von Kohlenhydratdeterminanten wichtige Aussagen über die konfigurative Anordnung vicinal benachbarter H-Atome sowie über die konformative und räumliche Nachbarschaft von Mono-

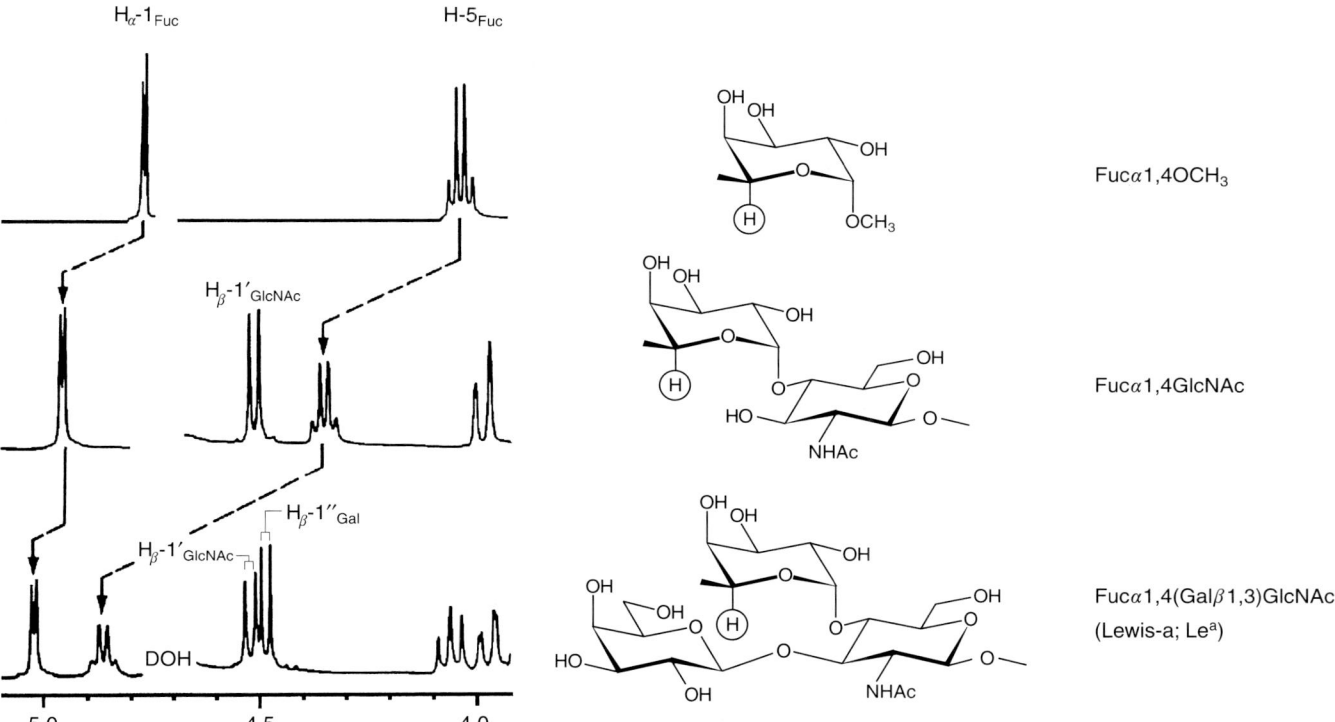

19.43 Detektion der räumlichen Wechselwirkung in der Blutgruppendeterminate Lewis-a mittels ^{1}H-NMR-Spektroskopie. Im ^{1}H-NMR-Spektrum des Monosaccharid-Bausteins Methyl-α-L-fucopyranosid zeigt sich das anomere Proton bei der für α-Anomere beobachteten hohen chemischen Verschiebung von δ = 4,75 ppm, und die Kopplungskonstante zum vicinal benachbarten Proton H-2 entspricht der für einen Torsionswinkel von 60° zu erwartenden Aufspaltung von $J_{1,2}$ = 4 Hz. Gleichzeitig ergibt sich im ^{1}H-NMR-Spektrum an prominenter Stelle (δ = 4,05) H-5 als ein für 6-Desoxyzucker charakteristisches Quartett zu erkennen, dessen Peak-Aufspaltung auf die Kopplung mit H-4 und der 6-Methylgruppe zurückzuführen ist.

Befindet sich nun der L-Fucopyranosyl-Baustein in α-glykosidischer Anknüpfung an OH-4 eines β-D-GlcNAc-Restes, so enthüllt das ^{1}H-NMR-Spektrum sowohl für H-1$_{Fuc}$ als auch für H-5$_{Fuc}$ eine deutliche Tieffeldverschiebung zu δ = 4,95 ppm (für H-1$_{Fuc}$) und δ = 4,35 ppm (für H-5$_{Fuc}$). Gleichzeitig gibt sich im Spektrum das anomere Proton des β-D-GlcNAc-Restes als Dublett bei einer chemischen Verschiebung von δ = 4,5 ppm zu erkennen – mit der für ein β-Glykosid charakteristischen hohen Kopplungskonstanten von $J_{1,2GlcNAc}$ = 8 Hz (wegen der antiperiplanaren Anordnung von H-1 und H-2). Wie aus der Abbildung ersichtlich, lässt sich der Shift der Signale von H-1$_{Fuc}$ und H-5$_{Fuc}$ durch die hinzugekommene räumliche Nachbarschaft von OH-3 des GlcNAc-Bausteins erklären – in der dargestellten Konformation bedingt OH-3$_{GlcNAc}$ einen räumlichen induktiven Effekt auf H-1$_{Fuc}$ und H-5$_{Fuc}$, der sich durch die im ^{1}H-NMR-Spektrum beobachteten Shifts zu erkennen gibt.

Wird nun OH-3$_{GlcNAc}$ mit einem β-Galactosyl-Rest verknüpft, wie das in der Trisaccharid-Determinate der menschlichen Blutgruppe Lewis-a der Fall ist, so erfährt vor allem H-5$_{Fuc}$ eine zusätzliche Tieffeldverschiebung nach δ = 4,85 ppm. Dieser zusätzliche Shift erklärt sich dadurch, dass sich nun H-5$_{Fuc}$ zusätzlich in räumlicher Nachbarschaft zum Ring-O-Atom des neu hinzugekommenen β-Gal-Bausteins befindet. Gleichzeitig sieht man im ^{1}H-NMR-Spektrum des Trisaccharids dicht neben dem Signal von H-1$_{GlcNAc}$ das neu hinzugekommene Signal von H-1$_{Gal}$, das wegen der β-glykosidischen Verknüpfung ebenfalls die zu erwartende hohe Kopplungskonstante von $J_{1,2Gal}$ = 8 Hz aufweist (wie H-1$_{GlcNAc}$). Nach: Lemieux, R. U. Explorations with Sugars. How Sweet it was. American Chemical Society, Washington, DC 1990.

saccharidbausteinen bzw. deren H-Atome und OH-Gruppen gewonnen werden können. Daher zählt die ^{1}H-NMR-Spektroskopie heute in der Kohlenhydratchemie zu den wichtigsten analytischen Techniken.

19.8 Schlussbetrachtung

Wie wir gesehen haben, ist die strukturelle Charakterisierung der Glykane eines Glykoproteins ein sehr komplexes und technisch, zeitlich und personell aufwendiges Unterfangen. Sie erfordert ein ganzes Arsenal der verschiedensten analytischen Techniken, die teils am intakten Glykoprotein, teils an den proteolytischen Glykopeptidfragmenten mit individuellen Glykosylierungsstellen und schließlich an den freigesetzten nativen oder derivatisierten Glykanen im Pool oder an den isolierten Einzelstrukturen zum Einsatz kommen.

Heute ist man bestrebt, Methoden und Techniken zu erarbeiten, die es ermöglichen, die sehr aufwendige und zeit- und kostenintensive Analytik durch einfachere, schnellere und billigere standardisierte Verfahren zu ersetzen. Hierbei kommt der Kopplung der orthogonalen analytischen Techniken der HPLC bzw. HPCE mit der Massenspektrometrie (MALDI, ESI) und dem Aufbau von Glykodatenbanken, die eine routinemäßige online-Analytik der Glykane von (insbesondere rekombinanten) Glykoproteinen ermöglichen, eine besondere Bedeutung zu.

In den kombinierten Verfahren der HPLC-MS(MS) bzw. HPCE-MS(MS) erhält man – bei unmittelbarer Vermessung des Glykan-Pools – aus den MS-Daten der in der HPLC bzw. HPCE getrennten Peaks zum einen die Molekulargewichte der Glykane, zum anderen erlauben die Fragmentierungsmuster (MS/MS) Rückschlüsse auf die jeweiligen Glykansubstrukturen. Schließlich selektiert man aus den massenspektrometrisch erlaubten Strukturisomeren mit Hilfe der in der HPLC bzw. HPCE exakt ermittelten Retentions- bzw. Migrationszeiten in einem Datenbankabgleich die eigentliche Glykanstruktur. Somit eröffnet die HPLC-MS(MS)- bzw. HPCE-MS(MS)-Kopplung in Verbindung mit einer validen Mapping-Datenbank neue Perspektiven der online-Glykanstrukturermittlung – mit einem unmittelbaren und stimulierenden Feedback zu laufenden Forschungsprojekten und einem massiven Zeitgewinn.

Die meisten der vorgestellten analytischen Tests bzw. Techniken bedürfen in der pharmazeutischen Industrie im Rahmen der GMP (*good manufacturing practice*) und GLP (*good laboratory practice*) zur Absicherung ihrer Verlässlichkeit einer ausgedehnten Validierung, d. h., einer Dokumentation ihrer Spezifität, Präzision, Reproduzierbarkeit, Richtigkeit und Verdünnungsechtheit – unabhängig vom jeweiligen Testlabor und dem die Tests durchführenden Laborpersonal. Die biologische Sicherheit und therapeutische Wirksamkeit der biotechnologisch hergestellten Glykoproteine lässt sich jedoch letztlich nur in breitangelegten klinischen Studien ermitteln.

Weiterführende Literatur

Lehmann J. Kohlenhydrate – Chemie und Biologie. Thieme Verlag, Stuttgart 1996
Gabius H.-J., Gabius S. The Glycosciences. Chapman & Hall, Weinheim 1996
Stoddart, J. F. – Stereochemistry of Carbohydrates, Wiley-Interscience New York, London, Sydney, Toronto 1971
Rassi Z. El (Herausgeber) – Carbohydrate Analysis. High performance liquid chromatography and capillary electrophoresis. (Journal of Chromatography Library, Band 58), Elsevier, Amsterdam, Lausanne, New York, Oxford, Shannon, Tokyo 1995

Fukuda M., Kobata A. (Herausgeber) – Glycobiology. A Practical Approach. Oxford University Press, Oxford, New York, Tokyo 1993

Lemieux R.U. – Explorations with sugars. How sweet it was. American Chemical Society, Washington, DC 1990

Hermentin P. et al. (1996) The hypothetical N-glycan charge: a number that characterizes protein glycosylation. *Glycobiology* **6**, 217–230

Nimtz M. et al. (1993) Structures of sialylated oligosaccharides of human erythropoietin expressed in recombinant BHK-21 cells. *Eur. J. Biochem.*, **213**, 39–56

Erythropoietin

20 Lipidanalytik

Lipide sind neben den Proteinen, den Nucleinsäuren und den Kohlenhydraten die vierte große Naturstoffklasse. Als gemeinsames definierendes Merkmal aller Lipide kann ihre Unlöslichkeit in Wasser (Hydrophobizität) und ihre gute Löslichkeit in organischen Lösungsmitteln angesehen werden. Die biologischen Funktionen der Lipide sind ebenso vielfältig wie ihre chemische Struktur, können aber im Wesentlichen in vier große Gruppen zusammengefasst werden:

1. Energiespeicher und Wärmeisolatoren: Bei vielen Organismen sind Fette und Öle die wichtigsten Langzeitenergiespeicher. Als ideale Speicherlipide und gute Wärmeisolatoren erweisen sich in tierischen Organismen die Triacylglycerine, die im weißen bzw. im braunen Fettgewebe abgelagert werden und bei Bedarf, z. B. während des Winterschlafs oder bei Hungerzuständen, mobilisiert werden können.
2. Strukturbildner und Schutzfunktion: Auf Grund ihrer Wasserunlöslichkeit und ihres amphipathischen Charakters sind bestimmte Lipidklassen in der Lage, im wässrigen Milieu komplexe Strukturen (Micellen) zu bilden. Die Fähigkeit der Phospholipide zur Bildung von Lipiddoppelschichten ist die Grundlage für die Struktur von Biomembranen.
3. Lipide als Signaltransduktoren: Lipide wirken in tierischen und pflanzlichen Organismen als Hormone (z. B. Steroidhormone, Eicosanoide, Jasmonsäure), als intrazelluläre Botenstoffe (z. B. Diacylglycerine, Sphingosine) oder als Bestandteil von Elektronentransportsystemen (Ubichinon).
4. Lipidvitamine: Lipidvitamine spielen beim Sehvorgang (Vitamin A), bei der Synthese von menschlichen Gerinnungsfaktoren (Vitamin K) und bei der Regulation der extrazellulären Calciumhomöostase (Vitamin D) eine besondere Rolle. Vitamin E und andere lipophile Antioxidantien (z. B. Carotinoide) wirken als Radikalfänger und schützen Biomembranen und Lipoproteine vor oxidativer Zerstörung.

20.1 Aufbau und Einteilung von Lipiden

Die Struktur der meisten Lipide kann auf wenige Grundprinzipien zurückgeführt werden. Vereinfachend können Lipide in zwei große Gruppen eingeteilt werden (Abb. 20.1): Fettsäurederivate und Isoprenoide. Bei den Fettsäurederivaten unterscheidet man freie Fettsäuren, oxygenierte Fettsäurederivate sowie Fettsäureamide, Fettsäureether und Fettsäureester. Als Hauptvertreter der Isoprenabkömmlinge seien das Cholesterin, die Gallensäuren, die Steroidhormone und die Lipidvitamine A, D, E und K genannt. Die Cholesterinester können sowohl als Isoprenoide als auch als Fettsäurederivate angesehen werden.

Biologische Membranen und Lipoproteine sind Lipid-Protein-Komplexe, deren Funktion und Eigenschaften von der Art der Lipide, die sie enthalten, stark beeinflusst werden. So beeinträchtigt z. B. ein erhöhter Cholesteringehalt oder ein verringerter Anteil an mehrfach ungesättigten Fettsäuren die Fluidität von Biomembranen. Betrifft dies die Plasmamembran von Zellen des strömenden Blutes, werden diese Zellen anfälliger gegenüber osmotischen Veränderungen und gegen

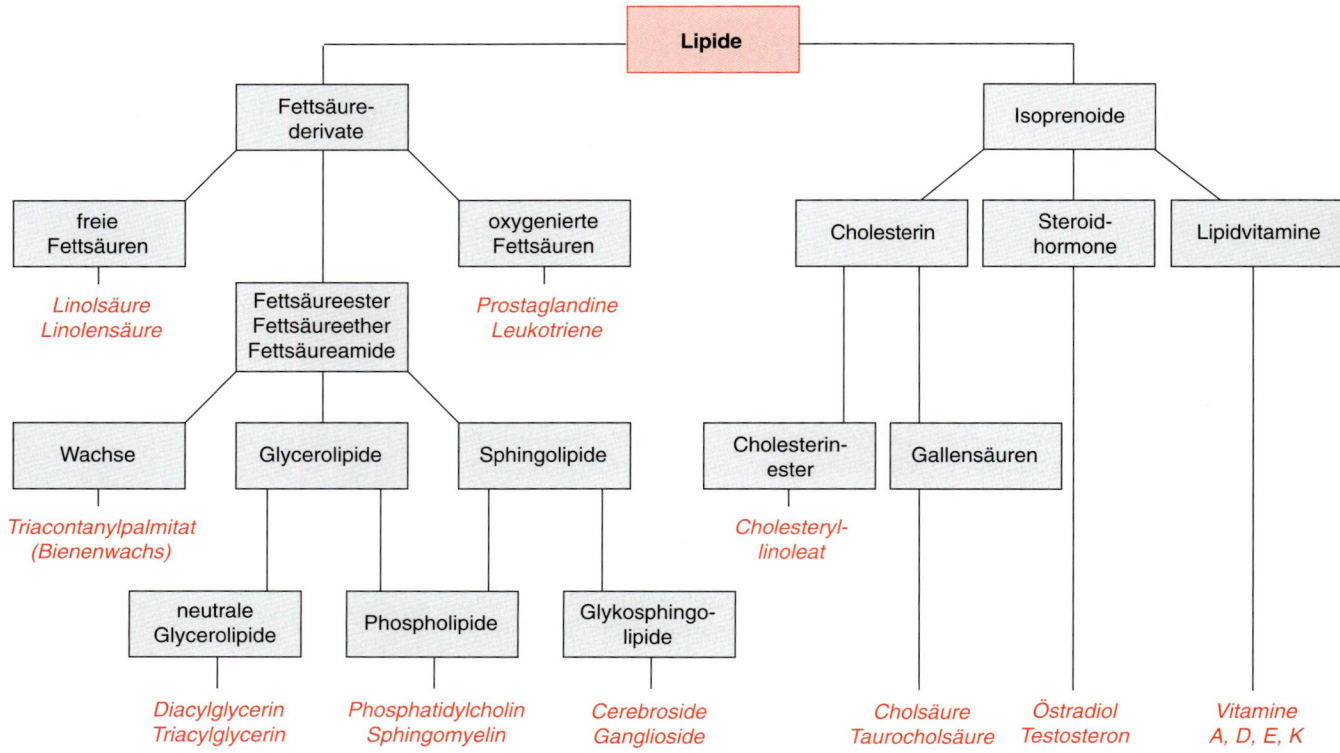

20.1 Klassifizierung biologisch relevanter Lipide. Beispiele für spezielle Lipide, die den einzelnen Klassen zugeordnet werden können, sind kursiv gedruckt.

Sharestress (Scherkräften). Daraus resultiert eine verringerte Lebensdauer. Eine veränderte Lipidzusammensetzung von Membranen kann sowohl Signaltransduktionsprozesse als auch die Aktivität membranständiger Enzymsysteme beeinträchtigen. Deshalb kommt der quantitativen Analytik des Lipidkompartments von Biomembranen große Bedeutung zu. Lipidhormone und intrazelluläre sekundäre Botenstoffe spielen eine große Rolle bei der extrazellulären und intrazellulären Signalübertragung. Bei einer Reihe endokrinologischer Erkrankungen ist eine vermehrte bzw. verminderte Synthese von Lipidhormonen die Ursache für komplexe Krankheitsbilder. Für die Diagnostik solcher Erkrankungen benötigt man exakt quantifizierbare Analysemethoden, die in der Routinediagnostik im klinisch-chemischen Labor eingesetzt werden können.

Prinzipiell erfolgt die Analytik von Lipiden aus biologischen Materialien in drei Schritten:

1. Präparation und Reinigung der Lipide aus biologischem Material. Dieser Schritt umfasst neben der Lipidextraktion meist noch verschiedene chromatographische Verfahren.
2. Lipidfragmentierung und Analyse der Fragmentierungsprodukte. Die Lipidfragmentierung kann durch enzymatische oder nicht-enzymatische Reaktionen erfolgen. Durch alkalische Hydrolyse werden unselektiv alle Esterbindungen gespalten, durch saure Hydrolyse vor allem die Säureamidbindungen der Sphingolipide und die Enoletherbindungen der Plasmalogene. Bestimmte Enzyme (z. B. Triacylglycerin-Lipasen, Cholesterinesterasen usw.) spalten nur bestimmte Lipidklassen. Phospholipasen unterschiedlicher Spezifität spalten Phospholipide an spezifischen Stellen des Moleküls (Abb. 20.2). Ein weit verbreitetes Fragmentierungsverfahren ist die Umesterung (z. B. Transmethylierung), bei der aus den schwer flüchtigen Esterlipiden direkt die für die Gaschromatographie geeigneten Fettsäuremethylester entstehen.
3. Analytik des präparierten, nicht-fragmentierten Lipids mittels Elementaranalyse, UV- und IR-Spektroskopie, Massenspektrometrie bzw. NMR-Spektroskopie.

20.2 Phospholipasen unterschiedlicher Spezifität spalten bestimmte Bindungen im Phospholipidmolekül. Damit kann die Position einzelner Fettsäuren im Molekül bestimmt werden.

20.2 Extraktion von Lipiden aus biologischem Material

Neben der traditionellen Flüssigphasenextraktion von Lipiden mit organischen Lösungsmitteln hat in letzter Zeit die Festphasenextraktion an hydrophoben Trägermaterialien mehr und mehr an Bedeutung gewonnen. Um eine Lipidextraktion exakt quantifizieren zu können, muss dem biologischen Material bzw. dem Homogenat ein interner Standard zugesetzt werden. Dieser Standard sollte strukturell große Ähnlichkeit mit den zu quantifizierenden Lipiden aufweisen, muss aber andererseits analytisch von den endogenen Lipiden eindeutig unterschieden werden können. Für die Fettsäureanalytik können z. B. Ester unphysiologischer Fettsäuren eingesetzt werden. Bei der Eicosanoidanalytik (Abschnitt 20.4.5) hat sich die Verwendung von Prostaglandin B_2 als interner Standard durchgesetzt. Sollen die Lipide nach der Extraktion mittels Massenspektrometrie analysiert werden, können deuterierte Derivate und/oder ^{18}O-markierte Verbindungen als interne Standards verwendet werden.

20.2.1 Flüssigphasenextraktion

Will man die Gesamtlipide aus Zellen und Geweben extrahieren, empfiehlt es sich, das Gewebe vorher mechanisch aufzuschließen. Läuft der Gewebeaufschluss im wässrigen Milieu ab, können Lipid-spaltende Enzyme aktiviert werden. Dieses Problem kann durch Zusatz polarer Lösungsmittel bzw. durch Arbeiten im Eisbad minimiert werden. Als Extraktionsmittel werden Gemische organischer Lösungsmittel, die sich nicht mit Wasser mischen (Hexan, Diethylether, Chloroform, Dichlormethan, Ethylacetat) verwendet. Durch geeignete Kombination polarer und unpolarer organischer Lösungsmittel können bestimmte Lipidklassen selektiv extrahiert werden.

Neben der Aktivierung Lipid-spaltender Enzyme ist die Lipidperoxidation das zweite große Problem bei der Lipidextraktion. Viele Lipide enthalten ungesättigte Fettsäuren und sind daher empfindlich gegenüber radikalischen Oxidationsreaktionen. Deshalb sollten Lipidextraktionen möglichst bei tiefen Temperaturen (Eisbad oder Kühlraum) und unter Inertgasatmosphäre (Argon) durchgeführt werden. Im Idealfall sollten alle Lösungsmittel vorher mit Argon gespült werden.

Die am häufigsten angewandte Methode zur Lipidextraktion ist die **Folch-Extraktion**. Dabei wird biologisches Gewebe mit einer Mischung aus Chloroform/Methanol (2:1 Volumenanteile) homogenisiert, wobei für 1 g Gewebe ca. 20 mL Folch-Gemisch verwendet werden. Präzipitierte Proteine und Nucleinsäuren werden abfiltriert und gegebenenfalls reextrahiert. Falls das zu extrahierende Gewebe keinen überdurchschnittlichen Wassergehalt aufweist, ist das Filtrat homogen. Der Lipidextrakt wird dann mit Wasser oder einer Salzlösung (z. B. 1 M

NaCl) in einem Scheidetrichter gewaschen, bis eine Phasentrennung eintritt. Die organische Phase (unten), die die Lipide enthält, wird gesammelt. Mit dieser Methode werden Neutrallipide, Phospholipide, die meisten Sphingolipide und auch Lysophosphatide nahezu quantitativ extrahiert. Komplexe Glykolipide mit einem sehr hohen Kohlenhydratanteil gehen nur teilweise in die organische Phase über. Sie können jedoch mittels Festphasenextraktion (siehe folgenden Abschnitt) aus der wässrigen Phase des Folch-Extrakts quantitativ extrahiert werden.

Alternativ zur Folch-Extraktion können Lipide mit der **Bligh-Dyer-Methode** präpariert werden. Diese Methode wendet man besonders dann an, wenn größere Mengen an biologischem Material extrahiert werden müssen und eine quantitative Extraktion nicht unbedingt erforderlich ist. Bei einer typischen Bligh-Dyer-Extraktion wird 1 mL Gewebehomogenat mit 2,5 mL Methanol und 1,25 mL Chloroform für 2 min auf einem Vibrationsschüttler (Vortex) geschüttelt. Der einphasige Extrakt wird dann für 15 min im Eisbad inkubiert und danach werden 1,25 mL Chloroform und 1,25 mL Wasser zugegeben. Nach nochmaligem Schütteln kommt es zur Phasentrennung, wobei sich die präzipitierten Proteine und Nucleinsäuren zwischen der oberen (wässrigen) und der unteren (organischen) Phase ansammeln. In den meisten Fällen ist die Phasentrennung jedoch nicht komplett. Deshalb müssen die Extraktionsansätze für 10 min bei ca. 5000 g zentrifugiert werden. Danach kann die untere Phase mit einer Spritze abgezogen werden und steht als Ausgangsmaterial für die Lipidanalytik zur Verfügung.

20.2.2 Festphasenextraktion

Für die Extraktion von Lipiden aus größeren Volumina biologischer Flüssigkeiten (Serum, Harn, Liquor cerebrospinalis usw.) kann die Festphasenextraktion angewandt werden (Abb. 20.3). Sie ist ein modernes Extraktions- bzw. Vorreinigungsverfahren, das darauf beruht, dass Lipide und andere Naturstoffe unter bestimmten Bedingungen an Sorbenzien (meist modifiziertem bzw. nicht-modifiziertem Kieselgel) adsorbiert werden. Üblicherweise werden die Sorbenzien in kleine Säulen, sogenannte Kartuschen, gefüllt und die biologische Flüssigkeit durch die Kartusche gesaugt. Dabei werden die Lipide an die Kartuschenmatrix adsorbiert und

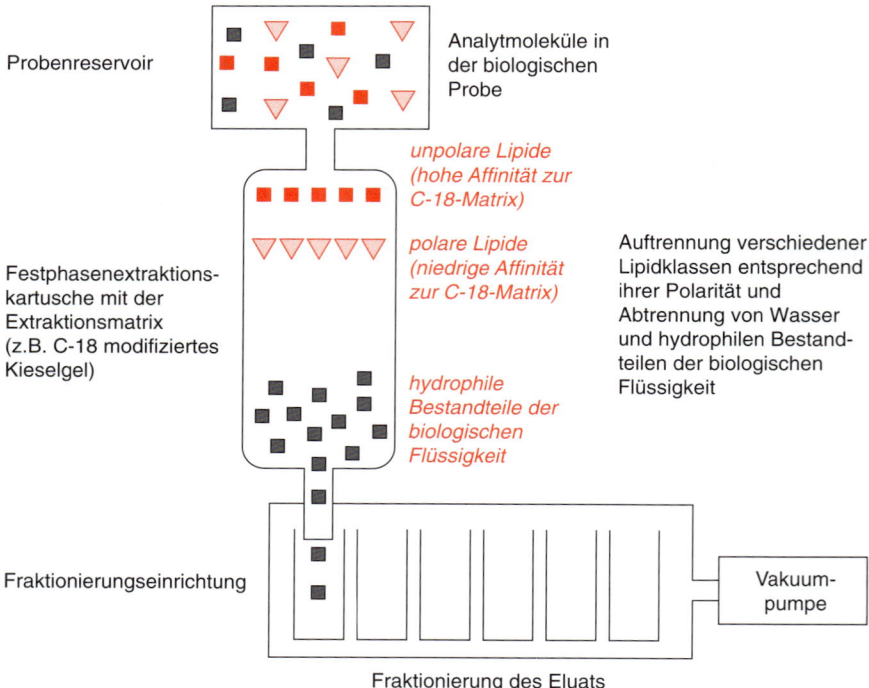

20.3 Prinzip der Festphasenextraktion von Lipiden aus biologischem Material. Auf Grund ihrer hohen Affinität zur Umkehrphasenmatrix (z. B. C-18-modifiziertes Kieselgel) können Lipide aus biologischen Flüssigkeiten extrahiert werden. Während die hydrophilen Bestandteile biologischer Flüssigkeiten keine Wechselwirkung mit der Matrix eingehen und damit nicht adsorbiert werden, kommt es zu einer Retention der hydrophoben Lipide. Dadurch können Lipide aus großen Volumina konzentriert werden. Zusätzlich können verschiedene Lipidkomponenten entsprechend ihrer Polarität voneinander getrennt werden.

Tabelle 20.1 Lösungsmittelgemische zur sequentiellen Elution der Lipide

Lipidklasse	Lösungsmittelgemisch	Volumenanteile
saure Phospholipide	Hexan/Propanol/Ethanol/0,1M Ammoniumacetat/Wasser/Ameisensäure	420:350:100:50:0,5
neutrale Phospholipide	Methanol	1
freie Fettsäuren	Diethylether/Eisessig	100:2
Neutrallipide	Chloroform/Isopropanol	2:1

können anschließend mit kleinen Volumina organischer Lösungsmittel eluiert werden. Für die Festphasenextraktion steht eine große Anzahl chemisch modifizierter Kieselgele zur Verfügung, wobei für die Extraktion von Lipiden vor allem C-8-, C-18-, Phenyl-, NH_2- bzw. Aminopropylkartuschen verwendet werden.

Neben der Extraktion von Lipiden werden Festphasenextraktionssysteme auch zur Grobfraktionierung von Lipidklassen eingesetzt. Aus einem Lipidextrakt menschlichen Blutplasmas können z. B. mit einer Aminopropyl-Bond-Elute-Kartusche die in Tabelle 20.1 genannten Lipidklassen durch sequentielle Elution mit 4 mL des jeweiligen Lösungsmittelgemischs eluiert werden. Es muss hier jedoch ausdrücklich darauf hingewiesen werden, dass sich Extraktionskartuschen verschiedener Hersteller teilweise deutlich hinsichtlich ihrer Extraktionseigenschaften unterscheiden. Deshalb sollte man sich vor einem Experiment zunächst davon überzeugen, ob ein der Literatur entnommenes Protokoll unter den gegebenen Bedingungen reproduziert werden kann.

Bei der Flüssigphasenextraktion von Lipiden fallen große Volumina verdünnter Extrakte an. Zur Konzentrierung kann das Lösungsmittel mit Hilfe eines Rotationsverdampfers abdestilliert werden. Schaumbildung während des Verdampfungsvorgangs kann durch Zugabe geringer Mengen Ethanol eingeschränkt werden. Falls größere Mengen an Eisessig im Lipidextrakt vorhanden sind, kann dieser durch azeotrope Destillation mit Toluol beseitigt werden.

Lipide sollten nicht in trockener Form, sondern als Lösungen in Glasgefäßen mit Teflonverschluss gelagert werden. Die Verwendung von Lösungsmittelresistenten Polypropylengefäßen ist unter bestimmten Bedingungen ebenfalls möglich. Dabei sollte jedoch berücksichtigt werden, dass während der Lagerung bestimmte Substanzen (Weichmacher) aus den Gefäßen in den Lipidextrakt übergehen können und damit die Präparation verunreinigen. Eine Langzeitlagerung von Lipidextrakten sollte bei tiefen Temperaturen (−80 °C) unter Ausschluss von Licht und Sauerstoff (Argonatmosphäre) erfolgen. Zusatz von Antioxidantien (0,01% 3,5-Di-*t*butyl-4-hydroxytoluol, BHT, bezogen auf die Lipidmenge) erhöht die Stabilität von Lipidpräparationen. Als Lösungsmittel zur Lipidlagerung sind Methanol/Chloroform-Gemische (z. B. 1:9 für Phospholipide), Hexan (für Neutrallipide) bzw. reines Methanol, nicht aber Diethylether geeignet.

20.3 Methoden der Lipidanalytik

20.3.1 Chromatographische Methoden

Die dominierende Methode in der Lipidanalytik ist die Chromatographie, hier vor allem die Flüssigkeitschromatographie und die Gaschromatographie. In den letzten 20 Jahren haben vor allem die Optimierung dünnschichtchromatographischer Methoden, die Entwicklung der hochauflösenden Flüssigkeitschromatographie (HPLC) und die Kapillargaschromatographie zur Perfektionierung der Lipidanalytik beigetragen. Durch chemische Modifizierung der klassischen flüssigkeitschromatographischen Matrix, dem Kieselgel, wurde eine Vielzahl verschiedenartiger Sorbenzien entwickelt, deren unterschiedliche chromatographische Eigenschaften zur Lösung immer komplizierterer Trennprobleme ausgenutzt werden konnten. Mit speziell entwickelten, optisch aktiven Trennphasen ist man heute in der Lage, sogar Enantiomere voneinander zu trennen, ohne diese vorher in Diastereomere umwandeln zu müssen.

Flüssigkeitschromatographie

Zur Trennung von neutralen Lipiden wird vor allem die Adsorptionschromatographie an einer Kieselgelmatrix angewandt. Geladene Lipide werden in der Regel mittels Ionenpaarchromatographie analysiert. Dabei bilden die Lipid-Ionen Komplexe mit gegensätzlich geladenen Ionen, die in der mobilen Phase enthalten sein müssen. Diese Ionenkomplexe treten dann in Wechselwirkung mit der stationären Phase des chromatographischen Systems. Da der Ladungszustand der Lipide und damit die Ionenpaarbildung vom pH-Wert der mobilen Phase abhängen, kann das chromatographische Verhalten der geladenen Lipide durch Veränderung des pH-Werts der mobilen Phase modifiziert werden.

Ionenpaarchromatographie Abschnitt 9.6

Will man die flüssigkeitschromatographische Trennung eines Lipidgemischs optimieren, kann man das prinzipiell auf zwei verschiedenen Wegen erreichen, durch Veränderung entweder der stationären oder der mobilen Phase.

Veränderung der stationären Phase In frühen Stadien der Flüssigkeitschromatographie wurden als stationäre Phase vor allem Kieselgel oder Aluminiumoxid verwendet. Später ging man zunehmend dazu über, Kieselgele chemisch zu modifizieren bzw. synthetische Polymere als Sorbenzien einzusetzen. Damit wurde eine Palette stationärer Phasen entwickelt, die sich in ihren Trenneigenschaften erheblich voneinander unterscheiden. Derzeit stellen modifizierte Kieselgele den Hauptanteil der stationären Phasen in der Lipidanalytik, obwohl zunehmend vollsynthetische Polymere eingesetzt werden.

Nicht-modifiziertes Kieselgel ist eine polare chromatographische Matrix mit einem variablen Wassergehalt. Um die Trenneigenschaften des Kieselgels im offenen Gelbett zu verbessern, sollte das Wasser durch Erhitzen des Gels auf 150 °C entfernt werden. Diese Dehydratisierung hat besondere Bedeutung bei der dünnschichtchromatographischen Trennung von Lipiden mit wasserfreien Laufmittelsystemen. Die Chromatographie an nicht-modifiziertem Kieselgel wird als **Normalphasenchromatographie** bezeichnet und kann damit von der Umkehrphasenchromatographie abgegrenzt werden.

Bei der **Reversed-Phase-Chromatographie** sind an die freien OH-Gruppen des Kieselgels funktionelle Gruppen z. B. aromatische Ringe oder lange Kohlenwasserstoffketten gekoppelt, wodurch sich die Polarität der stationären Phase umkehrt (unpolare chromatographische Matrix). Sowohl die Normalphasen- als auch die Reversed-Phase-Chromatographie werden in der Lipidanalytik vor allem als HPLC-Verfahren (Reversed-Phase oder RP-HPLC bzw. Normalphasen- oder NP-HPLC) eingesetzt und können für spezielle Trennprobleme auch kombiniert werden.

Reversed-Phase-Chromatographie Abschnitt 9.6

In der Regel sollte eine chromatographische Analysestrategie biologisch relevanter Lipide mit der RP-HPLC beginnen. Dieses Verfahren ist weniger störanfällig und normalerweise einfacher zu handhaben. Bei der NP-HPLC ungereinigter Lipidextrakte hat der Analytiker häufig mit technischen Problemen wie Säulenverstopfung und schwankender Basislinie sowie mit Löslichkeitsproblemen zu kämpfen.

Veränderung der mobilen Phase Für die Analytik der meisten Lipidklassen eignen sich kommerziell erhältliche Normalphasen- bzw. Umkehrphasensäulen. Eine Optimierung flüssigkeitschromatographischer Methoden erfolgt deshalb im Labor vorwiegend über die Modifizierung der mobilen Phase. Entsprechend der Zusammensetzung des Laufmittelsystems kann man zwischen isokratischen Trennungen (Entwickeln des Chromatogramms mit einem Laufmittel bestimmter Zusammensetzung) und Gradiententrennungen (zeitliche Veränderung der Zusammensetzung des Laufmittelsystems) unterscheiden. Bei komplizierten säulenchromatographischen Trennungen (z. B. Trennung verschiedener Lipidklassen, die einen großen Polaritätsbereich abdecken) werden binäre, ternäre bzw. quaternäre Gradientensysteme eingesetzt.

Dünnschichtchromatographie

Zur Dünnschichtchromatographie (TLC, *Thin Layer Chromatography)* von Lipiden werden vor allem Kieselgelplatten eingesetzt. Dabei befindet sich das Kieselgel als stationäre Phase in Form einer dünnen Schicht (0,2 mm) auf einer Aluminiumfolie oder einer Glasplatte. Die zu analysierenden Lipide werden möglichst in einem leicht flüchtigen Lösungsmittel (Hexan, Chloroform) gelöst. Wasser sollte aus den Lipidlösungen entfernt werden, da es die Analytik erschwert. Die Lipidpräparationen können dann mit einer Mikroliterspritze oder besser mit einer Auftragskapillare als dünne Bande auf einen vorher markierten Bereich der Kieselgelplatte aufgetragen werden. Um die Probenapplikation zu erleichtern, können auch kommerziell erhältliche Auftragegeräte eingesetzt werden. Zwischen den einzelnen Auftragsbanden sollte ein Abstand von 0,5 bis 1 cm eingehalten werden, damit die Proben nicht ineinander laufen. Nachdem das Lösungsmittel vollständig verdampft ist, kann die Platte in eine mit Laufmittel gefüllte Kammer gestellt werden. Dabei ist darauf zu achten, dass genug Laufmittel in der Kammer vorhanden ist, so dass der untere Rand der Kieselgelplatte vollständig ins Lösungsmittel eintaucht. Auf der anderen Seite darf das Laufmittel anfangs nicht mit der Auftragszone in Kontakt kommen, da sonst aufgetragene Substanzen von der Platte ins Laufmittel eluiert werden könnten. Meist werden Dünnschichtchromatogramme unter sättigenden Bedingungen entwickelt, d. h. die Atmosphäre in der Entwicklungskammer ist mit dem Dampf des Laufmittels gesättigt. Eine homogene Sättigung der Kammeratmosphäre kann dadurch erleichtert werden, indem man ein Stück Filterpapier in die Kammer stellt. Für verschiedene Trennprobleme kommen aber auch nicht-sättigende Bedingungen in Frage.

Nachdem die Dünnschichtplatte in die Kammer gestellt wurde, beginnt das Laufmittel infolge der Kapillarkräfte in der Kieselgelschicht nach oben zu wandern. Dabei werden die einzelnen Komponenten des zu trennenden Lipidgemischs entsprechend ihrer Affinität zur stationären Phase unterschiedlich stark vom Fließmittel mitgenommen. So werden bei der Trennung von Neutrallipidgemischen auf polaren Kieselgelplatten die stärker polaren Monoacylglycerine wesentlich stärker retiniert als die unpolaren Triacylglycerine.

> In der Regel sollte die Chromatographie abgebrochen werden, wenn die Lösungsmittelfront bis auf 1–2 cm an den oberen Rand der TLC-Platte heran gelaufen ist. Bei langsam laufenden Lösungsmittelgemischen, die meist Wasser enthalten, sollte die Chromatographie früher abgebrochen werden, da sich bei zu langen Laufzeiten eine starke Bandenverbreiterung negativ bemerkbar macht.

Zur Visualisierung und zur Quantifizierung von Dünnschichtchromatogrammen gibt es mehrere Methoden, wobei sich für die Lipidanalytik die **Fluoreszenzdensitometrie** am besten eignet. Das entwickelte Chromatogramm wird mit einer Lösung eines Fluoreszenzindikators, z. B. 1 mM 6-p-Toluidino-2-naphthalinsulfonsäure (gelöst in 50 mM Tris-HCl), imprägniert. Nach Bestrahlung mit UV-Licht emittiert der Indikator sichtbares Licht, wenn er in einer hydrophoben Umgebung, z. B. einer Lipidbande, lokalisiert ist. Da die Fluoreszenz jedoch relativ schnell verblasst, sollte man das Fluorogramm möglichst schnell photographieren. Durch quantitative Densitometrie kann dann das Photo ausgewertet werden. Alternativ können Lipidbanden auch mit 4-(N,N-Dihexadecyl)amino-7-nitrobenz-2-oxa-1,3-diazol (NBD-Dihexadecylamin) sichtbar gemacht werden. Dieser lipidlösliche Fluoreszenzfarbstoff wird dem Laufmittel in einer Konzentration von 0,02-0,05% zugesetzt und verteilt sich während der Chromatographie gleichmäßig über das gesamte Chromatogramm. Die resultierenden Fluorochromatogramme können dann direkt durch Auflicht- bzw. Durchlichtdensitometrie quantifiziert werden. Bei vielen kommerziell erhältlichen TLC-Platten werden Fluoreszenzindikatoren vom Hersteller bereits in die stationäre Phase eingearbeitet. Weitere Färbemethoden sind die reversible Iodfärbung oder die Verkohlung mit Schwefelsäure.

Mit der Dünnschichtchromatographie kann der **Rf-Wert** der Analytkomponenten ermittelt werden. Dieser wurde als Quotient der Wanderungsstrecke der einzelnen Analytkomponenten und der Wanderungsstrecke des Laufmittels definiert und ist damit immer ≤ 1. Er entspricht dem Retentionsvolumen bzw. der Retentionszeit in der Säulenchromatographie. Es sei an dieser Stelle darauf hingewiesen, dass der Rf-Wert keine absolute Stoffkonstante ist, sondern dass er entsprechend den chromatographischen Bedingungen sehr unterschiedlich sein kann. Deshalb sind Rf-Werte verschiedener Substanzen nur direkt vergleichbar, wenn sie unter absolut identischen Bedingungen, d. h. auf derselben TLC-Platte, bestimmt worden sind.

Neben der klassischen Einfachentwicklung von Dünnschichtchromatogrammen haben sich im Lauf der Zeit spezielle Entwicklungstechniken etabliert, mit denen die Trennergebnisse optimiert werden können.

Mehrfachentwicklung Bei der konventionellen Mehrfachentwicklung wird ein Chromatogramm zuerst mit einem Fließmittelsystem hoher Elutionskraft entwickelt. Danach wird das Lösungsmittel verdampft und eine erneute Chromatographie mit einem Fließmittelsystem geringerer Elutionskraft in der gleichen Richtung wiederholt. Diese Prozedur kann mehrmals wiederholt werden. Der Vorteil der Mehrfachentwicklung besteht darin, dass die Substanzzonen bei jedem Chromatographieschritt konzentriert werden und durch die Gradientenelution eine bessere Auflösung bestimmter Substanzen erreicht wird.

Bei der automatisierten Form der Mehrfachentwicklung (AMD, *Automated Multiple Development*) wird das Chromatogramm in 20–30 Segmente aufgeteilt, wobei jedes Segment 2–4 mm länger sein sollte als das vorhergehende. Nach dem Auftragen wird das Chromatogramm mit einem Fließmittelsystem hoher Elutionsstärke entwickelt, bis die Lösungsmittelfront die obere Grenze des ersten Segments erreicht hat. Danach wird die Platte getrocknet und im zweiten Chromatographieschritt mit einem Fließmittelsystem entwickelt, dessen Elutionskraft etwas unter der des ersten Fließmittelsystems liegt. Hat die Fließmittelfront die obere

Grenze des zweiten Segments erreicht, wird der zweite Schritt abgebrochen, die Platte erneut getrocknet und die Chromatographie mit einem Fließmittelsystem fortgesetzt, dessen Elutionsstärke unter der des zweiten Fließmittelsystems liegt. Die Vorteile der AMD liegen vor allem in der äußerst geringen Bandenbreite der einzelnen Fraktionen (0,2–2 mm) und der damit verbundenen hohen Substanzkonzentrierung pro Bande. Außerdem ist das Auflösungsvermögen gegenüber der einstufigen Entwicklung deutlich erhöht. Durch komplette Automatisierung konnte der Arbeitsaufwand bei der Mehrfachentwicklung drastisch reduziert werden.

Zweidimensionale Dünnschichtchromatographie Bei der zweidimensionalen Dünnschichtchromatographie kann im ersten Chromatographieschritt eine Grobtrennung einzelner Lipidklassen (z. B. Trennung von Phospholipiden und Neutrallipiden) erfolgen. Nach Verdampfung des Lösungsmittels wird die Platte um 90° gedreht und in der zweiten Dimension mit einem anderen Fließmittel entwickelt, das für die Aufspaltung einer bestimmten Lipidklasse (z. B. Subklassifizierung der Phospholipide) geeignet ist. Der Nachteil der zweidimensionalen Entwicklung besteht darin, dass für einen Lipidextrakt eine ganze Chromatographieplatte benötigt wird. Somit können verschiedene Proben nicht mehr direkt auf einer Platte miteinander verglichen werden.

Säulenchromatographie

Im Gegensatz zur Dünnschichtchromatographie ist in der Säulenchromatographie die stationäre Phase in eine Säule gepackt und wird von der mobilen Phase kontinuierlich durchströmt. Offene, selbst gepackte Säulen werden kaum noch verwendet, seit es vorgefertigte HPLC-Säulen für die Lipidanalytik zu kaufen gibt. Für die HPLC-Analytik von Lipiden benötigt man neben einer geeigneten Säule, die die stationäre Phase enthält, eine bzw. mehrere Pumpen, die den Lösungsmittelfluss gewährleisten, einen Gradientenmischer und einen geeigneten Detektor.

Chromatographie Kapitel 9

Als stationäre Phasen werden in der Lipidanalytik vor allem nicht modifizierte und modifizierte Kieselgele verwendet, die folgende funktionelle Gruppen tragen: Cyanopropyl, Aminopropyl, Diol, Silber-Ionen (Normalphasentrennungen); C-18, C-8, Phenyl (für Umkehrphasentrennungen); DEAE, TEAE (für Ionenaustauschtrennung); Cyclodextrin bzw. Pirkle-Phasen (für Enantiomerentrennungen). Eine methodische Neuentwicklung stellt die HPLC an *narrow-bore*-Säulen dar. Auf Grund des meist feinkörnigen Füllmaterials (3 μm) und des geringen Säulendurchmessers (1 mm) können miniaturisierte Säulen verwendet werden, ohne dass die Trennleistung darunter leidet. Dadurch verringert sich die benötigte Lösungsmittelmenge beträchtlich (Flussraten von 20–200 μL/min).

In der Normalphasenchromatographie (polares Kieselgel als stationäre Phase) werden vor allem unpolare Laufmittelsysteme (z. B. Hexan/Isopropanol- oder Chloroform/Methanol-Mischungen) als mobile Phase verwendet. Dabei werden die Substanzen in der Reihenfolge steigender Polarität eluiert (unpolare Lipide zuerst). Bei Umkehrphasentrennungen an unpolaren C-8- oder C-18-Phasen werden meist Lösungsmittelgemische aus Methanol, Acetonitril und Wasser verwendet. Hier werden die Substanzen entsprechend ihrer zunehmenden Hydrophobizität eluiert (hydrophile Lipide zuerst). Bei der Ionenchromatographie, die in der Lipidanalytik besonders zur Trennung geladener Phospholipide eingesetzt wird, müssen den Laufmittelsystemen Gegen-Ionen (z. B. Triethylamin, Cholinchlorid oder Puffer-Ionen) zugesetzt werden.

Ein besonderes Problem bei der Lipidanalytik ist die Detektion der getrennten Lipidfraktionen. Üblicherweise sind HPLC-Anlagen mit UV-Detektoren ausgerüstet, die aber in der Lipidanalytik nur bedingt einsetzbar sind. Lediglich Lipide, die aromatische Systeme oder konjugierte Doppelbindungen enthalten, sind auf Grund ihrer charakteristischen Chromophoren mit UV-Detektoren gut nachweisbar. Lipide mit ungesättigten Fettsäuren sind wegen der Restabsorption der Doppelbindungen bei 205 nm detektierbar. Bei manchen Lipidklassen, die keine cha-

20.4 Prinzip der Chemilumineszenzdetektion von Hydroperoxylipiden. Nach dem Zumischen von Isoluminol und Mikroperoxidase zum Säuleneluat laufen in der Messzelle die hier aufgeführten Reaktionen ab. Das dabei entstehende Licht kann als Maß für die Peroxidkonzentration quantifiziert werden. LOOH Hydroperoxylipid, LO· Alkoxyradikal, $O_2^{·-}$ Superoxidradikal.

$$LOOH + Mikroperoxidase \longrightarrow LO^· \quad (1)$$
$$LO^· + Isoluminol\ (QH) \longrightarrow LOH + Semichinonradikal\ (Q^{-·}) \quad (2)$$
$$Q^{-·} + O_2 \longrightarrow Q + O_2^{-·} \quad (3)$$
$$Q^{-·} + O_2^{-·} \longrightarrow Isoluminolendoperoxid \longrightarrow Licht \quad (4)$$

rakteristischen Chromophore enthalten, ist es möglich, durch Vor- oder Nachsäulenderivatisierung chromophore oder fluorophore Gruppen in die zu analysierenden Moleküle einzuführen.

Als Alternative zur UV-Detektion können in der Lipidanalytik Refraktionsindexdetektoren (RI) verwendet werden. Der Einsatz von *Evaporate Light Scattering Detectors* (ELSD) könnte in Zukunft große Bedeutung für die Lipidanalytik erlangen. Bei diesen Detektoren wird das Laufmittel in der Messzelle schnell verdampft. Die nicht flüchtigen Lipide schlagen sich als kleine Tröpfchen in der Messkammer nieder, die das einfallende Laserlicht streuen. Da die Menge des niedergeschlagenen Lipids proportional der Lichtstreuung ist, können die Chromatogramme exakt quantifiziert werden.

Seit kurzer Zeit werden auch Flammenionisationsdetektoren (FID) für die HPLC angeboten. Wie bei den ELSD-Detektoren muss das Lösungsmittel vor der Ionisierung von den eluierten Lipiden abgetrennt werden. Für Arbeiten mit radioaktiven Lipiden stehen Online-Radioaktivitätsdetektoren zur Verfügung, die wahlweise mit Feststoffszintillatoren oder mit Zumischzellen für Flüssigszintillatoren ausgerüstet sind. Feststoffszintillationszellen sind bequemer in ihrer Anwendung, in der Regel aber auch weniger empfindlich.

Ungesättigte Lipide bilden leicht Peroxide. Für bestimmte Fragestellungen ist es von großem Interesse, solche Peroxylipide zu quantifizieren. Zu diesem Zweck kann der Eluent einer HPLC-Säule mit einer Lösung von Isoluminol und Mikroperoxidase gemischt und die dabei auftretende Chemilumineszenz in einem Luminometer online gemessen werden (Abb. 20.4).

Gaschromatographie

Im Unterschied zur Flüssigkeitschromatographie ist die mobile Phase bei der Gaschromatographie ein Trägergas. Mit der Gaschromatographie können nur Lipide analysiert werden, die sich bei Temperaturen bis zu ca. 350 °C ohne Zersetzung verdampfen lassen. Das trifft auf derivatisierte Fettsäuren zu, auf Sterolderivate, derivatisierte Mono- und Diacylglycerine sowie auf einige Triacylglycerine. Die freie Carboxygruppe von Fettsäuren muss vor der Analyse methyliert werden. OH-Gruppen werden, wenn nötig, silyliert, z. B. mit Bis(trimethylsilyl)-trifluoracetamid (BSTFA) oder einem anderen Silylierungsmittel. Ketone und Aldehyde werden durch Reaktion mit Methoxyaminhydrochlorid ($CH_3ONH_2·HCl$) in Pyridin zu den entsprechenden Methoximen umgewandelt. Da die Wechselwirkung der zu analysierenden Substanzen mit der stationären Phase temperaturabhängig ist, kann durch Veränderung der Säulentemperatur das Retentionsverhalten der Analytkomponenten variiert werden. Deshalb wird in der Gaschromatographie die Säulentemperatur meist in Form eines ansteigenden linearen bzw. nicht-linearen Gradienten verändert. Dieser Temperaturgradient spielt in der Gaschromatographie eine ähnliche Rolle wie die Fließmittelzusammensetzung in der Flüssigkeitschromatographie.

Für die gaschromatographische Lipidanalytik können sowohl gepackte Säulen als auch Kapillarsäulen verwendet werden. Gepackte Säulen sind im Durchschnitt 1–2 m lang, haben einen inneren Durchmesser von 2–4 mm und sind mit einer inerten Matrix gefüllt, die mit einer Trennphase gleichmäßig beschichtet ist. Für die Trennung von Lipiden werden als Trennphasen hauptsächlich unpolare, thermostabile Silikonelastomere wie OV-1, OV-101, SP2100 oder SE-30 in einer Konzentration von 1–3 % eingesetzt. Das gleichmäßige Packen funktionstüchtiger Säulen erfordert eine gewisse Erfahrung und gelingt selten beim ersten Versuch.

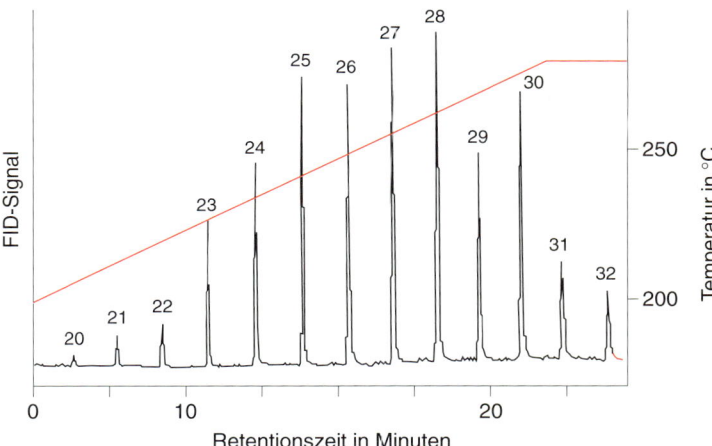

20.5 „Eichung" eines gaschromatographischen Systems mit einem Gemisch langkettiger Kohlenwasserstoffe. Zur Bestimmung der C-Werte verschiedener Analyten wurde ein Gemisch langkettiger Kohlenwasserstoffe (C_{20} bis C_{34}) auf einer HP-1-Kapillarsäule (12 m x 0,2 mm, Filmdicke 0,33 μm) aufgetrennt. Temperaturprogramm: 2 min bei 180 °C, dann mit 5 °C/min auf 280 °C und 15 min isothermer Nachlauf. Die Zahlen über den Peaks geben die Anzahl der Kohlenstoffatome der gesättigten Kohlenwasserstoffe an.

Kapillarsäulen sind wegen ihres meist besseren Trennvermögens den gepackten Säulen in der Regel überlegen. Sie haben eine Länge von 15–30 m, einen inneren Durchmesser von 0,15–0,5 mm und sind auf der Innenseite mit einem dünnen Trennphasenfilm (0,1–5 μm) beschichtet. Säulen mit geringen Filmdicken eignen sich besonders für die Analytik von hochsiedenden Verbindungen, wie Fettsäuren und Triacylglycerinen. Für die Lipidanalyik werden als Trennphasen vor allem Polysiloxanderivate geringer Polarität eingesetzt, die in der Regel eine hohe Thermostabilität aufweisen. Da es sich bei den meisten Lipiden um hochsiedende Verbindungen handelt, die bei hohen Temperaturen chromatographiert werden müssen, ist die Thermostabilität der Trennphasen von entscheidender Bedeutung. Ist über die Polarität der zu analysierenden Lipide wenig bekannt oder decken diese einen großen Polaritätsbereich ab, sollte anfangs eine schwach polare „Universalsäule" (z. B. 5 % Phenylsiloxan) verwendet werden. Die meisten Firmen, die Kapillarsäulen anbieten, liefern auf Nachfrage umfangreiche Applikationshinweise, aus denen hervorgeht, welches Säulenmaterial für ein bestimmtes Trennproblem am besten geeignet ist.

Die Lipidtrennung auf unpolaren Gaschromatographiesäulen erfolgt vorwiegend nach der Anzahl der in den Lipiden enthaltenen Kohlenstoffatome, während sich bei polaren und mäßig polaren Säulen andere Strukturparameter (z. B. Anzahl, Position und Geometrie von Doppelbindungen) stärker bemerkbar machen. Da die Retentionszeiten in der Gaschromatographie nicht immer konstant sind, wurde zur Charakterisierung unbekannter Lipidkomponenten der sogenannte **C-Wert** eingeführt. Dazu sollte das chromatographische System vor jeder Analysenserie mit einer Referenzmischung aus gesättigten Kohlenwasserstoffen „geeicht" werden (Abb. 20.5). Hexan wird mit einem C-Wert von 6, Dodecan mit einem C-Wert von 12 eluiert. Für Linolsäure wurde von uns ein C-Wert von 21,1 bestimmt.

20.3.2 Massenspektrometrie

Im ersten Schritt der massenspektrometrischen Analyse müssen die zu untersuchenden Lipide in die Gasphase überführt werden. Verdampfbare Substanzen (Fettsäurederivate, neutrale Esterlipide, Sterole), werden einfach durch Temperaturerhöhung im Vakuum verdampft. Schwer verdampfbare Lipide (geladene Phospholipide) können durch Beschuss mit energiereichen Teilchen (*Fast Atom Bombardement*, FAB) oder mit einem Laserstrahl (*Laser Desorption*) von einer Matrix abgelöst werden (MALDI). Zunehmende Bedeutung für die Lipidanalytik besitzen die Elektrospray- und die Thermospray-Ionisierung.

Sollen ungeladene Lipide massenspektrometrisch untersucht werden, müssen sie zuerst ionisiert werden. Die bevorzugten Ionisierungsarten in der Lipidanalytik sind die Elektronenstoßionisierung (*Electron Impact Ionization*, EI) und die che-

Massenspektrometrie
Kapitel 14

mische Ionisierung (*Chemical Ionization*, CI). Bei der EI werden die zu analysierenden Lipidmoleküle im Hochvakuum der Ionenquelle des Massenspektrometers mit Elektronen hoher Energie (ca. 70 eV) beschossen, wobei die Lipide in charakteristischer Weise fragmentiert werden. Bei der chemischen Ionisation (CI), einer weichen Ionisierungsart, kommt es kaum zur Molekülfragmentierung. Es werden hauptsächlich geladene Molekül-Ionen gebildet. Eine Sonderform der chemischen Ionisierung, die in der Lipidanalytik besonders bei den Eicosanoiden angewandt wird, ist die *Electron Capture Mass Spectrometry*. Bei der Wechselwirkung hochenergetischer Elektronen mit einem Reaktionsgas in der Ionisationskammer werden die Elektronen so weit abgebremst (thermische Elektronen), dass sie von stark elektrophilen Gruppen des Analyten eingefangen werden können, ohne dass dabei das Molekül fragmentiert wird. Dabei entstehen aus ungeladenen Analytmolekülen negativ geladene Analyt-Ionen. In Naturstoffen kommen solche stark elektrophilen Gruppen jedoch kaum vor, sie können aber durch Derivatisierung in die Analytmoleküle eingeführt werden. Zum Beispiel entstehen durch die Reaktion freier Carboxygruppen mit Pentafluorbenzoylchlorid entsprechende Pentafluorbenzoylester, die thermische Elektronen leicht einfangen können. Da eine Analytfragmentierung bei dieser Ionisierungsart keine Rolle spielt, eignet sie sich zur Bestimmung des Molekurlargewichts der Analytmoleküle.

Im Gegensatz zur Elektronenstoßionisierung und zur chemischen Ionisierung, die beide nur im Vakuum ablaufen, erfolgt die Elektrosprayionisierung bei Normaldruck und eignet sich damit für die Online-Kopplung mit flüssigkeitschromatographischen Analysemethoden (Abschnitt 20.3.5).

20.3.3 Immunoassays

Für die Quantifizierung von Lipidhormonen (z. B. Steroiden, Eicosanoiden) in biologischen Flüssigkeiten stehen Immunoassays zur Verfügung, die in der Regel eine hohe Empfindlichkeit und eine hohe Spezifität besitzen. Die hohe Spezifität ist auf die Verwendung monoklonaler Antikörper zurückzuführen, die hohe Empfindlichkeit beruht auf der hohen Sensitivität des Detektionssystems. Nach ihrem Detektionssystem können Immunoassays in Radioimmunoassays, Enzymimmunoassays, Fluoreszenzimmunoassays und Chemilumineszenzimmunoassays eingeteilt werden. Mehrere Firmen bieten komplette Testkits für verschiedene Lipidhormone an, die alle zur Bestimmung nötigen Reagenzien enthalten.

Immunoassays Abschnitt 5.3.3

20.3.4 Weitere Methoden in der Lipidanalytik

Lipide bestehen im Wesentlichen aus Kohlenstoff, Wasserstoff, Sauerstoff, Stickstoff und Phosphor. Andere Elemente spielen kaum eine Rolle. Deshalb kann sich die **quantitative Elementaranalyse** in der Regel auf diese Elemente beschränken. Aus den Daten der Elementaranalyse lassen sich wichtige Schlussfolgerungen hinsichtlich der Struktur gereinigter Lipidfraktionen ziehen. Wesentliche Voraussetzung für die Elementaranalyse ist eine hohe Reinheit der zu analysierenden Lipidfraktion, was durch wiederholte HPLC-Präparation an verschiedenen stationären Phasen erreicht werden kann. Besondere Bedeutung für die Quantifizierung von Phospholipiden hat die Phosphatbestimmung in organischen Lipidextrakten (Abschnitt 20.4).

Gelegentlich wird zur Strukturidentifizierung gereinigter Lipidfraktionen die **Infrarotspektroskopie** (IR) eingesetzt. Obwohl der Informationsgehalt der Spektren begrenzt ist, liefern sie Hinweise auf das Vorhandensein bestimmter funktioneller Gruppen (z. B. freie OH- bzw. Ketogruppen). Konventionelle IR-Spektrometer besitzen eine für die Bioanalytik zu geringe Empfindlichkeit. Mit dem Einsatz der Fourier-Transform-IR-Spektroskopie (FT-IR) können jedoch auswertbare Spektren bereits im μg-Bereich erhalten werden. Eine klassische Methode zur Bestimmung des Anteils an *trans*-Fettsäuren in Lipidextrakten ist die Quantifizierung der IR-Bande zwischen 900–1000 cm^{-1}.

IR-Spektroskopie Abschnitt 7.3

Die **UV/Vis-Spektroskopie** spielt in der allgemeinen Lipidanalytik eine eher untergeordnete Rolle, hat aber große Bedeutung für die Analyse von Lipidperoxidationsprodukten. Die biologisch wichtigen, mehrfach ungesättigten Fettsäuren enthalten ein oder mehrere 1,4-*cis,cis*-Doppelbindungssysteme, die bei der Lipidperoxidation in *cis,trans*- oder *trans,trans*-konjugierte Systeme umgewandelt werden. Diese konjugierten Diensysteme haben ein charakteristisches UV-Spektrum mit einen Absorptionsmaximum zwischen 230–235 nm und einen relativ hohen molaren Absorptionskoeffizienten. Neben konjugierten Dienen entstehen bei der Oxidation höher ungesättigter Fettsäuren (Octadecatriensäure, Eicosatetraensäure) auch konjugierte Triene, konjugierte Tetraene und konjugierte Ketodiene, die ebenfalls durch charakteristische UV-Chromophoren ausgezeichnet sind (Tabelle 20.2).

UV/Vis-Spektroskopie
Abschnitt 7.2

Tabelle 20.2 UV-Chromophore oxidierter Fettsäuren

Chromophor	λ_{max} in nm	ε in M^{-1} cm^{-1}	Spektrum
konjugiertes Dien (-C=C-C=C-) z. B. 15-HETE	231 nm (*E,E*) (Kurve 1) 235 nm (*Z,E*) (Kurve 2)	24 000	
konjugiertes Trien (-C=C-C=C-C=C-) z. B. LT B$_4$	268 nm	32 000	
konjugiertes Tetraen (-C=C-C=C-C=C-C=C-) z. B. LX B$_4$	301 nm	50 000	
konjugiertes Ketodien (-C-C=C-C=C-) O z. B. 13-KODE	270 nm	24 000	

HETE: Hydroxyeicosatetraensäure, LT: Leukotrien, LX: Lipoxin, KODE: 13-Keto-*cis,trans*-$\Delta^{9,11}$-octadecadiensäure

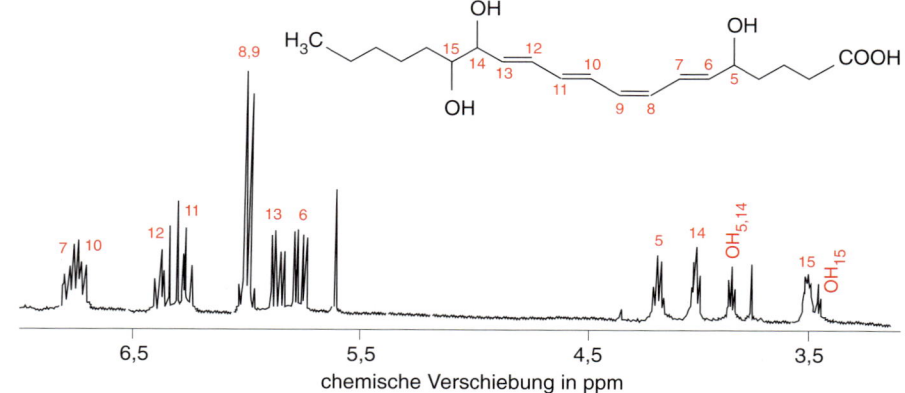

20.6 Ausschnitt aus dem 1H-NMR-Spektrum der 5S,14R,15S-Trihydroxy-6E,8Z,10E,12E-eicosatetraensäure (Lipoxin B₄). Die Geometrie der Doppelbindungen (cis, trans) wurde aus den Kopplungskonstanten der olefinischen Protonen bestimmt.

NMR-Spektroskopie
Kapitel 15

Die ^{1}H-, ^{13}C- und ^{31}P-NMR-Spektroskopie spielen bei der Strukturaufklärung von Lipiden eine zunehmende Rolle. Mit ihnen können detaillierte Informationen zur Position und Geometrie von C=C-Doppelbindungen in den Fettsäuren sowie zur Art und zur Position funktioneller Gruppen erhalten werden (Abb. 20.6). Die wachsende Rolle der NMR-Spektroskopie bei der Lipidanalytik ist zum einen auf die Entwicklung immer leistungsfähigerer Kernresonanzspektrometer, zum anderen auf die Perfektionierung der chromatographischen Methoden zur Lipidreinigung zurückzuführen. Mit modernen 600-MHz-Geräten sind informative Lipidspektren mit Substanzmengen zwischen 10–50 µg möglich. Um gute NMR-Spektren zu erhalten, sollten die zu untersuchenden Lipide eine Reinheit von über 90 % aufweisen. Diese Reinheit sollte in mehreren chromatographischen Systemen (z. B. RP-HPLC, NP-HPLC und GC) dokumentiert sein. Besonders problematisch für die NMR-Analytik ist die Tatsache, dass es bei den Lipiden viele isomere Verbindungen (Positionsisomere, geometrische Isomere usw.) gibt, die chromatographisch teilweise nur schwer voneinander zu trennen sind, in der NMR jedoch unterschiedliche Signale liefern. Eine hohe Isomerenreinheit ist deshalb eine wesentliche Voraussetzung für gut interpretierbare NMR-Spektren. Erreicht wird sie durch die Kombination verschiedener chromatographischer Reinigungsverfahren einschließlich einer Enantiomerentrennung.

20.3.5 Online-Kopplung verschiedener Analysesysteme

Die größten Fortschritte in der Analysetechnik innerhalb der letzten zehn Jahre wurden durch die Online-Kopplung verschiedener analytischer Verfahren erreicht. Eine wesentliche Voraussetzung für diese Entwicklung war der starke Aufschwung der Datenverarbeitung und Computertechnik, ohne die die Datenvielfalt, die bei solchen Online-Kopplungen anfällt, nicht handhabbar gewesen wäre.

Kopplung von HPLC und UV/Vis-Spektroskopie

Durch die Entwicklung des Diodenarraydurchflussdetektors wurde es möglich, zu jedem Zeitpunkt eines Chromatogramms das komplette UV/Vis-Spektrum der Substanzen aufzuzeichnen, die sich zu einem bestimmten Zeitpunkt in der Messzelle des Detektors befinden, ohne dabei die Chromatographie zu unterbrechen. Die mit dem Diodenarraydetektor erhaltenen Daten können als dreidimensionales Chromatogramm ausgedruckt werden (Abb. 20.7), bei dem die Retentionszeit auf der x-Achse, die Lichtabsorption auf der y-Achse und die Wellenlänge auf der z-Achse aufgetragen werden. In der Lipidanalytik wird der Diodenarraydetektor besonders beim Nachweis oxidierter Lipidspezies genutzt, da diese Substanzen meist konjugierte Doppelbindungssysteme (Diene, Triene und Tetraene) enthalten und daher charakteristische UV-Spektren liefern.

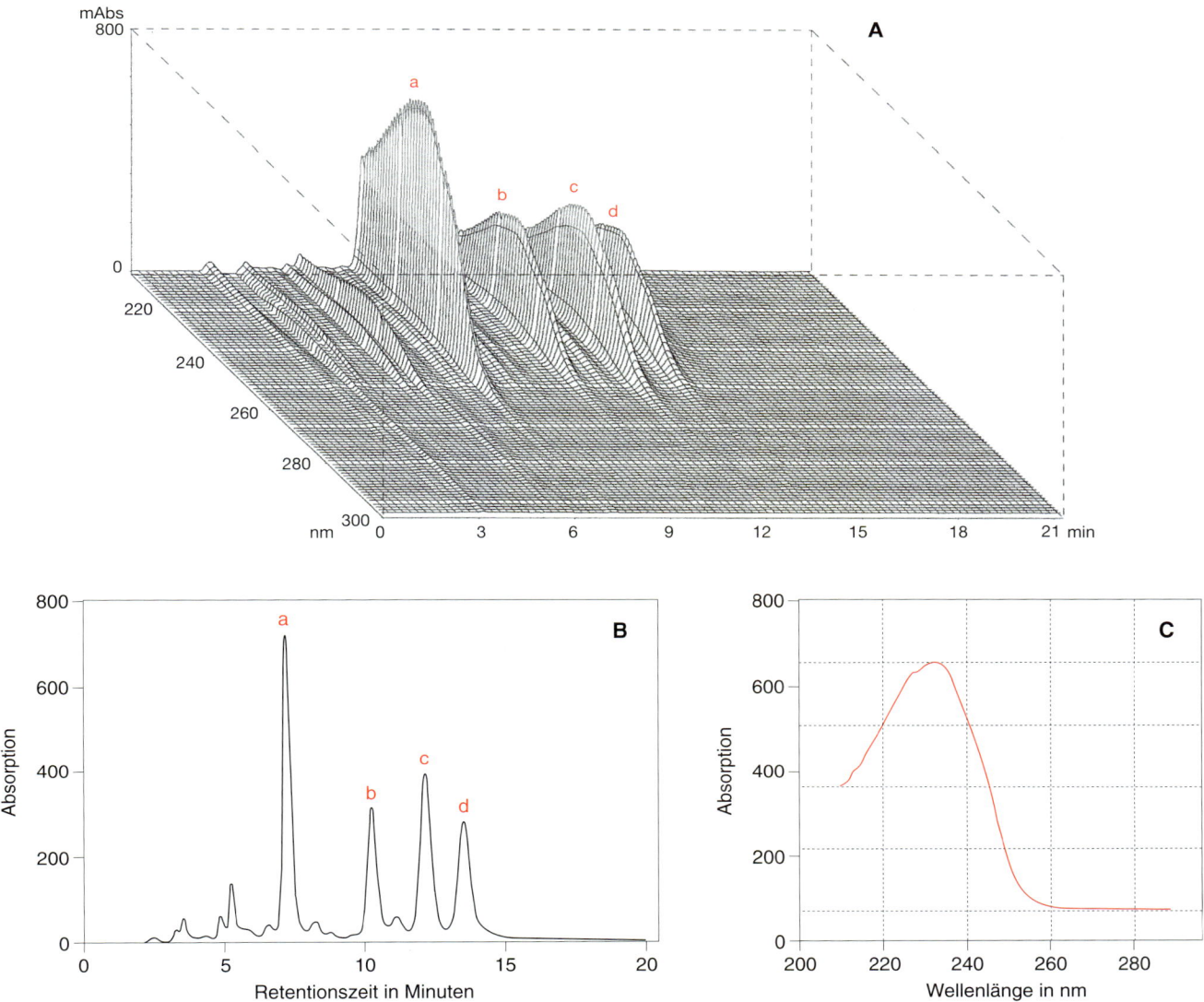

20.7 Dreidimensionales Chromatogramm einer Mischung von Hydroxylinolsäureisomeren, aufgenommen mit einem Diodenarraydetektor. Eine Mischung von Hydroxylinolsäureisomeren wurde mittels RP-HPLC mit dem Laufmittel Hexan/Isopropanol/Eisessig (100:2:0,1 Volumenanteile) an einer Nucleosil-50-Säule (250 mm x 5 mm, 7 μm Partikelgröße) getrennt. A) dreidimensionales Chromatogramm, B) zweidimensionales Chromatogramm (Schnitt des dreidimensionalen Chromatogramms parallel zur X-Achse bei der Wellenlänge von 235 nm), C) UV-Spektrum der Hauptkomponente (Schnitt des dreidimensionalen Chromatogramms parallel zur y-Achse bei 7,3 min. (a) 13-Hydroxy-*cis, trans*-$\Delta^{9,11}$-octadecadiensäure, (b) 13-Hydroxy-*trans, trans*-$\Delta^{9,11}$-octadecadiensäure, (c) 9-Hydroxy-*trans, cis*-$\Delta^{10,12}$-octadecadiensäure, (d) 9-Hydroxy-*trans, trans*-$\Delta^{10,12}$-octadecadiensäure.

Kopplung von HPLC und Massenspektrometrie (LC/MS)

Mit der Einführung der Elektrosprayionisierung hielt die LC/MS-Kopplung auch in die Lipidanalytik Einzug. Prinzipiell können mit dieser Methode alle geladenen und ungeladenen Lipide analysiert werden, vorausgesetzt sie lassen sich mit dem Elektrosprayverfahren ionisieren. Um die Ionenquelle des Massenspektrometers zu schonen, sollte bei den üblichen HPLC-Flussraten von 1 mL/min der Lösungsmittelstrom nach der Säule aufgespalten werden, wobei nur ein Zehntel (ca. 100 μL/min in die Ionisierungskammer geleitet wird. Alternativ zum Eluentsplitting können narrow-bore-Säulen zur HPLC verwendet werden, die mit wesentlich geringeren Flussraten betrieben werden können und sich für die meisten Trennungen der Lipidanalytik eignen.

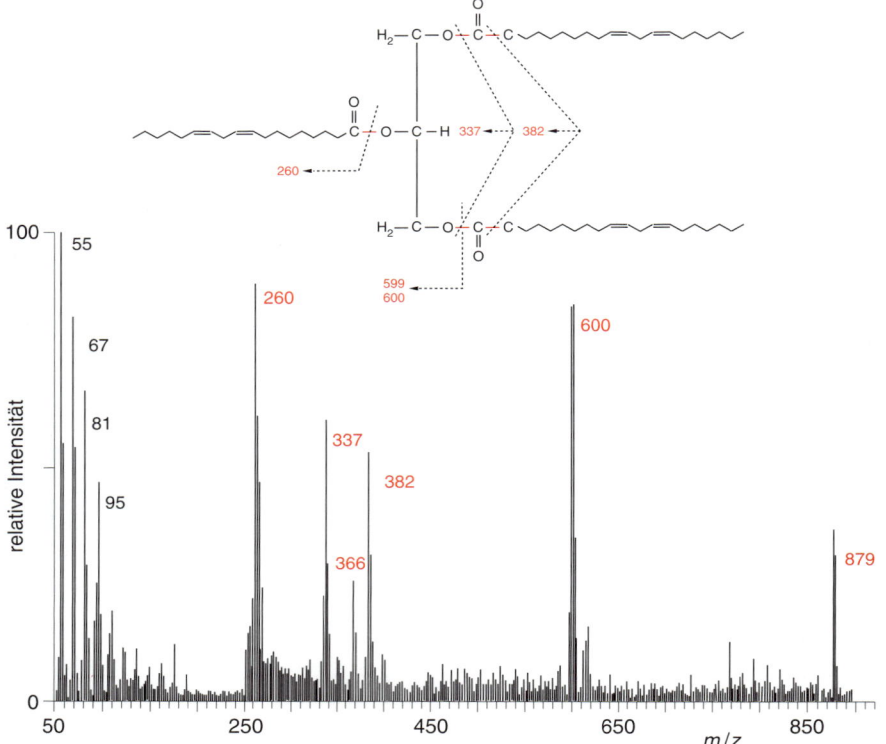

20.8 Massenspektrum des Trilinoleins. Vorschläge zur Struktur der detektierten Ionen gehen aus dem Fragmentierungsmuster hervor. Das Molekül-Ion besitzt ein m/z-Verhältnis von 879, liegt aber auch in protonierter Form (m/z 880) vor. Der Basispeak im informativen Bereich des Spektrums ist auf das RO·⁺-Ion zurückzuführen. Erfahrungsgemäß gehen bei der EI-Ionisierung ungesättigter Triacylglycerine drei Wasserstoffatome des RO·⁺-Ions verloren (theoretisches m/z 263, beobachtetes m/z 260).

Kopplung von Gaschromatographie und Massenspektrometrie (GC/MS)

Da bei der Kapillargaschromatographie sehr geringe Flussraten des Trägergases verwendet werden, ist es möglich, den Eluenten einer Kapillarsäule über ein Interface direkt in die Ionenquelle eines Massenspektrometers einzuleiten, ohne dabei das dort herrschende Hochvakuum zu zerstören. Damit können alle Lipide, die mittels Gaschromatographie analysierbar sind, auch massenspektrometrisch untersucht werden. Da die meisten Lipide niedermolekulare Verbindungen mit geringen Molekulargewichten sind, können sie mit massensensitiven Gaschromatographiedetektoren untersucht werden. Diese massensentiven Detektoren sind einfache Quadrupolmassenspektrometer, die mit Elektronenstoßionisierung arbeiten und nur einen begrenzten Massenbereich (bis ca. 1000 Da) abdecken. Trotz dieses eingeschränkten Massenbereichs eignen sich massensensitive Detektoren zur Strukturaufklärung vieler einfacher Lipide (Abb. 20.8).

Tandemmassenspektrometrie (MS/MS)

MS/MS Abschnitt 14.2

Bei der Tandemmassenspektrometrie werden zwei Massenspektrometer miteinander gekoppelt, wobei das erste Gerät zur Selektion bestimmter Molekül-Ionen dient, die dann im zweiten Massenspektrometer fragmentiert werden, so dass aus dem Fragmentierungsmuster Informationen zur Struktur der Analytmoleküle gewonnen werden können. Die MS/MS-Kopplung kann problemlos für die Analytik geladener bzw. leicht ionisierbarer Lipide (z. B. Phospholipide) eingesetzt werden. Für die Analytik von Neutrallipiden (z. B. Triacylglycerine und Cholesterinester) müssen hingegen erst geeignete Ionisierungsbedingungen gefunden werden. Eine besondere Bedeutung hat die MS/MS-Technik für die Analytik komplexer Lipidgemische, wie sie bei einer Folch-Extraktion aus tierischen oder pflanzlichen Geweben anfallen.

20.4 Analytik ausgewählter Lipidklassen

20.4.1 Gesamtlipidextrakte

Ein Lipidextrakt aus biologischem Material enthält in der Regel viele Lipidklassen, die sich hinsichtlich ihrer Polarität deutlich unterscheiden. So sind Retinol- bzw. Cholesterinester sehr unpolare Verbindungen, die in der Umkehrphasenchromatographie intensive Wechselwirkungen mit der stationären Phase eingehen. Lysophosphatide und komplexe Glycolipide (Ganglioside) hingegen sind relativ hydrophil und zeigen nur schwache Wechselwirkungen mit Umkehrphasen. Deshalb ist es eine eher komplizierte Aufgabe, chromatographische Systeme zu entwickeln, mit denen Rohlipidextrakte in einem Lauf in möglichst viele Komponenten aufgetrennt werden können. Dafür sind komplizierte Gradientensysteme nötig, die insgesamt einen großen Polaritätsbereich abdecken, in kritischen Bereichen des Gradienten jedoch nur einen flachen Polaritätsanstieg aufweisen. Beispielsweise werden zu Normalphasentrennungen ternäre bzw. quaternäre Gradienten von Hexan, Isopropanol und Wasser bzw. Isooctan, Isopropanol, Tetrahydrofuran und Wasser eingesetzt. Da nicht alle Lipide durch UV-Detektoren nachweisbar sind, sollten vor allem sogenannte Massendetektoren für diese Analysen eingesetzt werden (Abschnitt 20.3.2). Durch die Tandemmassenspektrometrie wurde es möglich, auch komplexere Lipidmischungen direkt massenspektrometrisch zu untersuchen. Um das Muster der Molekül-Ionen überschaubar zu halten und damit die Auswertung der Spektren zu erleichtern, empfiehlt sich jedoch eine chromatographische Vortrennung bestimmter Lipidklassen. Wesentlicher Nachteil der MS/MS-Analytik sind die derzeit noch sehr hohen Kosten für die Anschaffung entsprechender Geräte.

20.4.2 Fettsäuren

Fettsäuren sind wesentliche Strukturbestandteile vieler Lipide (Tabelle 20.3). Deshalb nimmt die Fettsäureanalytik eine Schlüsselstellung im Analyseschema komplexer Lipide ein. Die in höheren Organismen vorkommenden Fettsäuren sind zum größten Teil unverzweigt, geradzahlig und enthalten eine bis sechs cis-Doppelbindungen. Die Kapillargaschromatographie an unpolaren bzw. mittelpolaren Trennphasen hat sich im Lauf der Zeit als Methode der Wahl für die Fettsäureanalytik herauskristallisiert. Auf Grund ihrer Carboxygruppe können freie Fettsäuren nur schwer gaschromatographiert werden. Erst nach Derivatisierung zu den entsprechenden Methylestern ist eine Analyse möglich. Da Fettsäuren in biologischem Material vor allem als Fettsäureester vorkommen, müssen diese erst alkalisch hydrolysiert und die dabei entstehenden freien Fettsäuren anschließend methyliert werden. Alternativ können Fettsäuremethylester durch Umesterung der Esterlipide (z. B. Transmethylierung) gebildet werden. Aus den Sphingolipiden entstehen durch saure Methanolyse ebenfalls Fettsäuremethylester.

Neben der Gaschromatographie können Fettsäuren auch als Methylester oder als freie Säuren mittels HPLC untersucht werden. Da die natürlich vorkommenden freien Fettsäuren keine charakteristischen Chromophore enthalten, müssen entweder Massendetektoren (Abschnitt 20.3.1) verwendet werden oder man derivatisiert die Fettsäuren an ihrer Carboxygruppe mit Chromophoren bzw. Fluorophoren. Ungesättigte Fettsäuren absorbieren im nahen UV-Berich und sind deshalb bei 205 nm detektierbar. Auf Grund des geringen molaren Absorptionskoeffizienten ist die Empfindlichkeit dieser Nachweismethode jedoch nicht sehr hoch.

Tabelle 20.3 Biologisch relevante Fettsäuren

Zahl der C-Atome	Trivialname	Systematische Bezeichnung	Smp.[1] in °C
Gesättigte Fettsäuren			
4	Buttersäure	n-Butansäure	− 8
6	Capronsäure	n-Hexansäure	− 2
8	Caprylsäure	n-Octansäure	16
10	Caprinsäure	n-Decansäure	31
12	Laurinsäure	n-Dodecansäure	44
14	Myristinsäure	n-Tetradecansäure	54
16	Palmitinsäure	n-Hexadecansäure	63
18	Stearinsäure	n-Octadecansäure	70
20	Arachinsäure	n-Eicosansäure	76
22	Behensäure	n-Docosansäure	80
24	Lignocerinsäure	n-Tetracosansäure	84
Einfach ungesättigte Fettsäuren[2]			
16	Palmitoleinsäure	Δ^9-Hexadecensäure	1
18	Ölsäure	Δ^9-Octadecensäure *(cis)*	13
18	Vaccensäure	Δ^{11}-Octadecensäure *(trans)*	40
24	Nervonsäure	Δ^{15}-Tetracosensäure	42
Mehrfach ungesättigte Fettsäuren[2]			
18	Linolsäure	$\Delta^{9,12}$-Octadecadiensäure	− 6
18	Linolensäure	$\Delta^{9,12,15}$-Octadecatriensäure	−14
20	Arachidonsäure	$\Delta^{5,8,11,14}$-Eicosatetraensäure	−50

[1] Smp = Schmelzpunkt
[2] Die Positionen der Doppelbindungen werden an einem Δ durch hochgestellte Indizes angegeben.

20.4.3 Unpolare Neutrallipide

Mono-, Di-, Triacylglycerine und Wachse

In Lipidextrakten aus tierischen Geweben stellen die Triacylglycerine und deren Hydrolyseprodukte, die Mono- und Diacylglycerine, den Hauptanteil der unpolaren Esterlipide (Abb. 20.9). Sie können mit Hilfe der Dünnschichtchromatographie auf Kieselgelplatten leicht voneinander getrennt werden (Abschnitt 20.3.1). Als Fließmittelsysteme werden Gemische aus Hexan/Diethylether/Eisessig (70:30:1 Volumenanteile) oder Benzol/Eisessig-Mischungen (88:12 Volumenanteile) eingesetzt. Zur Trennung von 1- und 2-Monoacylglycerinen können Borsäure-imprägnierte Kieselgelplatten verwendet werden. Da Borsäure mit vicinalen OH-Gruppen wechselwirkt, werden die 1-Monoacylglycerine stärker retentiert.

Zur gaschromatographischen Trennung von Triacylglycerinen können Kapillarsäulen mit unpolaren oder mittelpolaren Trennphasen verwendet werden (Abschnitt 20.3.1). An unpolaren Trennphasen werden die Triacylglycerine vor allem hinsichtlich der Kettenlänge ihrer Fettsäuren getrennt. Auf mittelpolaren Säulen beeinflussen zusätzliche Strukturmerkmale (z. B. Anzahl und Geometrie der vorhandenen Doppelbindungen) das Retentionsverhalten wesentlich stärker. Wegen des hohen Siedepunkts und der intensiven Wechselwirkung von Triacylglycerinen mit den Trennphasen muss bei der Analytik mit Temperaturen von 300–350 °C gearbeitet werden. Der Verschleiß der Säulen ist daher sehr hoch. Um eine Elution der Trennphasen bei hohen Temperaturen zu verhindern, können Säulen mit vernetzten bzw. kovalent gebundenen Phasen verwendet werden. Triglyceride, die mehrfach ungesättigte Fettsäuren (Linolsäure, Linolensäure) enthalten, sind bei solch hohen Analysetemperaturen nicht stabil und können deshalb nicht exakt quantifiziert werden. Diacylglycerine analysiert man unter ähnlichen Bedingungen

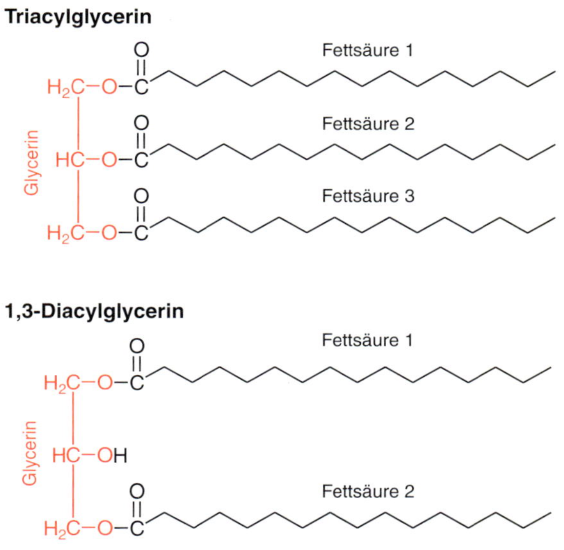

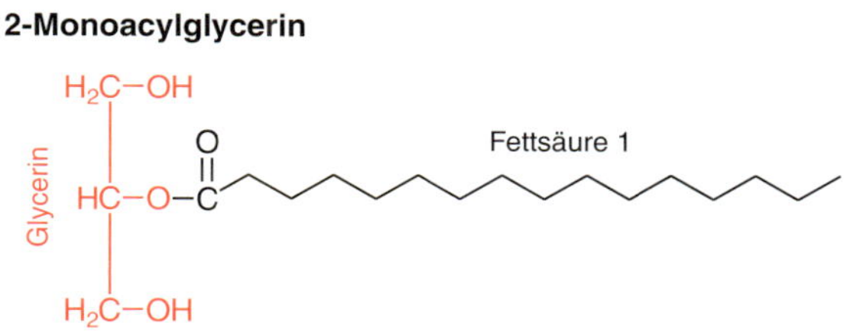

20.9 Chemische Strukturen von Mono-, Di- und Triacylglycerinen. Mono-, Di- und Triacylglycerin bestehen aus Glycerin als dreiwertigem Alkohol und meist gesättigten Fettsäuren.

wie die Triacylglycerine. Eine Silylierung der freien OH-Gruppe (z. B. mit BSTFA) ist jedoch zu empfehlen. Monoacylglycerine sollten in jedem Fall silyliert werden.

Für die HPLC-Analytik von Mono-, Di- und Triacylglycerinen eignen sich Normalphasensäulen. Die Detektion der eluierten Lipide ist besonders bei Acylglycerinen mit ausschließlich gesättigten Fettsäuren ein Problem, da diese kein UV-Licht absorbieren. Deshalb müssen Massendetektoren (Abschnitt 20.3.2) eingesetzt werden. Sind ungesättigte Fettsäuren vorhanden, kann bei 205 nm detektiert werden. Bei Mono- und Diacylglycerinen können durch Derivatisierung der freien OH-Gruppen chromophore Reste eingeführt werden.

Wachse werden meist durch Kombination mehrerer Chromatographiearten analysiert. Als häufig angewandte Methode zur Analytik von Wachsen hat sich die Ethanolyse mit anschließender Acetylierung der entstehenden Alkohole durchgesetzt. Die dabei entstehenden Derivate (Fettsäureethylester, acetylierte Alkohole) können gaschromatographisch analysiert werden (Abschnitt 20.3.1).

Cholesterin und Cholesterinester

Cholesterin und Cholesterinester (Abb. 20.10) sind von großer Bedeutung bei der Pathogenese der Atherosklerose. Freies Cholesterin kommt als Strukturelement in allen Biomembranen, aber auch in den Lipoproteinen vor. Cholesterinester lassen sich in größeren Mengen nur in Lipoproteinen nachweisen. Auf Grund ihrer pathophysiologischen Bedeutung sind eine Vielzahl von Analysemethoden zum Nachweis und zur Quantifizierung von Cholesterin und Cholesterinestern ent-

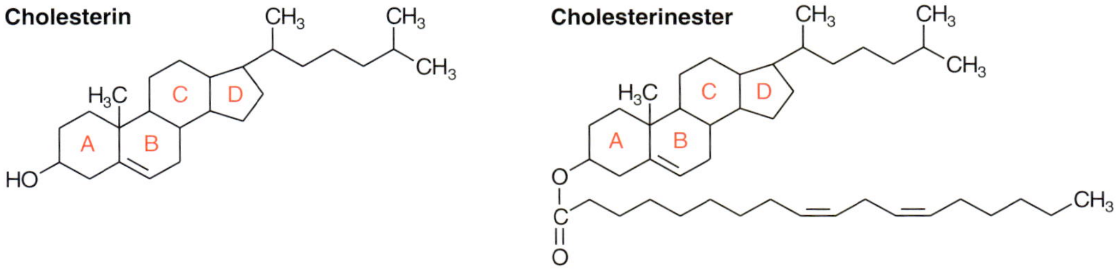

20.10 Chemische Struktur von Cholesterin und Cholesterinestern. Bei den Cholesterinester, die vor allem in den Lipoproteinen, besonders in den Lipoproteinen geringer Dichte (LDL) und denen hoher Dichte vorkommen (HDL), ist die freie OH-Gruppe des A-Rings durch eine meist ungesättigte Fettsäure (Ölsäure, Linolsäure) verestert.

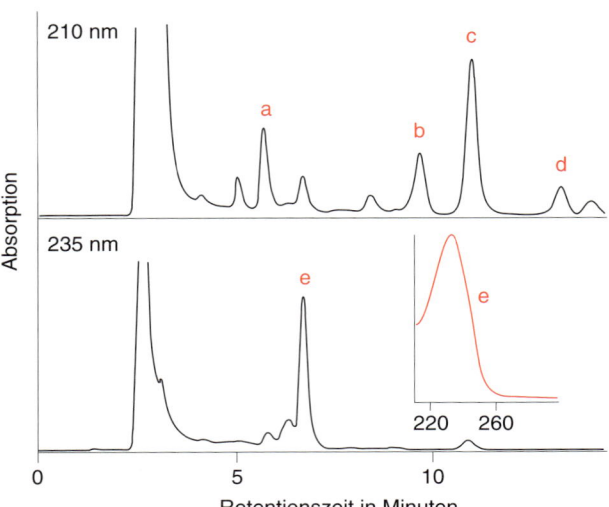

20.11 HPLC-Analyse von Cholesterin und Cholesterinestern. Ein Lipidextrakt aus menschlichem LDL wurde auf einer Nucleosil-50-Säule (250 mm x 5 mm, 7 μm Partikelgröße) mit einem Laufmittel von Acetonitril/Isopropanol (75:25 Volumenanteile) bei einer Säulentemperatur von 45 °C analysiert. Lösungsmittelzufluss 1 mL/min. a) freies Cholesterin, b) Cholesterylarachidonat, c) Cholesteryllinoleat, d) Cholesteryloleat, e) Cholesterinester, die eine oxidierte Linolsäure tragen. Als Insert ist das UV-Spektrum des Peaks e gezeigt.

wickelt worden. Zur Quantifizierung des Serumcholesterins stehen Testkits zur Verfügung, mit denen sowohl das freie als auch das veresterte Cholesterin bestimmt werden kann. Dabei wird freies Cholesterin durch die Cholesterin-Oxidase oxidiert, wobei H_2O_2 entsteht. Das H_2O_2 wird anschließend in einer Peroxidasereaktion mit einem Redoxindikator umgesetzt, der dabei seine Farbe ändert. Die Farbänderung kann dann photometrisch quantifiziert werden. Da die Cholesterin-Oxidase nur mit freiem, nicht aber mit verestertem Cholesterin reagiert, müssen zur Bestimmung des Gesamtcholesterins, die Cholesterinester hydrolysiert werden. Dazu wird ein Hilfsenzym, die Cholesterinesterase, zugesetzt. Aus der Differenz zwischen Gesamtcholesterin und freiem Cholesterin kann die Konzentration der Cholesterinester ermittelt werden.

Neben der Cholesterin-Oxidase-Methode gibt es eine Reihe chromatographischer Nachweismethoden für Cholesterin und Cholesterinester. So können in einem HPLC-Lauf freies Cholesterin und die Hauptcholesterinesterfraktionen aus menschlichem LDL voneinander getrennt werden (Abb. 20.11).

20.4.4 Polare Esterlipide

Phospholipide

Phospholipide werden wegen ihres unterschiedlichen Aufbaus in verschiedene Klassen eingeteilt (Abb. 20.12). Für die analytische Trennung der verschiedenen Phospholipidklassen gibt es mehrere dünnschichtchromatographische Systeme (Abschnitt 20.3.1). So können die Hauptphospholipidklassen tierischer Zellen mit Fließmittelsystemen aus Chloroform/Methanol/Wasser/Eisessig auf Kieselgelplatten gut voneinander getrennt werden (Tab. 20.4). Da Phosphatidylserine und Phosphatidylinositole sehr ähnliche Polaritäten besitzen, werden diese Lipidklassen in der eindimensionalen Dünnschichtchromatographie nicht voneinander getrennt. Eine Trennung dieses kritischen Paars ist jedoch mit der zweidimensionalen Dünnschichtchromatographie möglich. Durch Anwendung der hochauflösenden Dünnschichtchromatographie (HPTLC) konnte die Phospholipidtrennung deutlich verbessert werden.

Für die Trennung verschiedener Phospholipidklassen wurde auch eine Reihe von HPLC-Systemen entwickelt. Die Tandemmassenspektroskopie (Abschnitt 20.3.2) gewinnt auf Grund ihrer hohen Empfindlichkeit und wegen der Datenvielfalt, die bei einer einzelnen Analyse anfällt, zunehmend an Bedeutung für die Analyse der Phospholipidzusammensetzung biologischen Materials. Neben den nichtderivatisierten Phospholipiden können auch Hydroperoxyphospholipide

	polare Kopfgruppe	Phospholipidklasse
—	—H	Phosphatidsäure
Ethanolamin	—CH$_2$—CH$_2$—$\overset{+}{\text{NH}}_3$	Phosphatidylethanolamine
Cholin	—CH$_2$—CH$_2$—$\overset{+}{\text{N}}$(CH$_3$)$_3$	Phosphatidylcholine
Serin	—CH$_2$—CH$_2$—$\overset{+}{\text{NH}}_3$ COO$^-$	Phosphatidylserine
Inositol	(Inositol-Ring)	Phosphatidylinositole
Phosphatidyl-glycerin	(Struktur)	Cardiolipine

20.12 Chemische Struktur verschiedener Glycerophospholipidklassen. Glycerophospholipide bestehen aus Glycerin als dreiwertigem Alkohol, der mit einer meist gesättigten Fettsäure am C-1 verestert ist. An C-2 des Glycerins befindet sich häufig eine ungesättigte Fettsäure, während an C-3 eine polare Kopfgruppe über eine Phosphodiesterbindung gebunden ist. Nach der chemischen Natur der polaren Kopfgruppe werden die Glycerophospholipide klassifiziert. Eine zusätzliche Phospholipidklasse, die für die Struktur von Biomembranen wichtig ist, sind die Sphingomyeline, die statt Glycerin eine Sphingoidbase enthalten und bei den Sphingolipiden näher besprochen werden.

Tabelle 20.4 Dünnschichtchromatographische Trennung von Phospholipidklassen. Ein Lipidextrakt aus Rattenlebermitochondrien wurde auf eine Kieselgelplatte aufgetragen und mit dem Laufmittelsystem Chloroform/Methanol/Wasser/Eisessig (65:25:4:1 Volumenanteile) chromatographiert.

Phospholipidklassen	Rf-Wert
Lysophosphatide	0,09
Phosphatidylserine, Phosphatidylinositole	0,20
Sphingomyeline	0,30
Phosphatidylcholine	0,45
Phosphatidylethanolamine	0,70
Cardiolipine	0,81
Neutrallipide	0,92

durch ihre charakteristische Abspaltung von Wasser zweifelsfrei identifiziert werden.

Die Summe aller Phospholipide in einer biologischen Probe kann durch Phosphatbestimmung im Lipidextrakt (Abschnitt 20.2) bestimmt werden. Dazu wird der Lipidextrakt im Vakuum getrocknet. Den Rückstand verascht man mit einer Mischung aus 10 N Schwefelsäure und 60%iger Perchlorsäure für 30 min bei 200 °C. Die Veraschungsprodukte werden in 150 μL Wasser aufgenommen und mit 800 μL einer Malachitgrün-Ammoniummolybdat-Lösung für 10 min bei Raumtemperatur inkubiert. Der dabei entstehende grüne Farbkomplex kann bei 660 nm im Photometer quantifiziert werden. Bei dieser Bestimmungsmethode muss unbedingt darauf geachtet werden, dass alle Reagenzien und Reaktionsgefäße phosphatfrei sind. Daher sollte phosphatfreies Wasser verwendet und alle Glasgeräte mit 50%iger Schwefelsäure vorbehandelt werden.

Glykosphingolipide

Neben den Glycerophosphatiden bilden die Glykosphingolipide (Abb. 20.13) die zweite große Klasse polarer Lipide. Neutrale und einfach geladene Glykolipide können durch normale Folch-Extraktion (Abschnitt 20.2.1) präpariert werden. Ganglioside mit hohem Kohlenhydratanteil bleiben jedoch teilweise in der wässrigen Phase und können daraus mittels Festphasenextraktion an C-18-Kartuschen (Abschnitt 20.2.2) und/oder durch Anionenaustauschchromatographie isoliert wer-

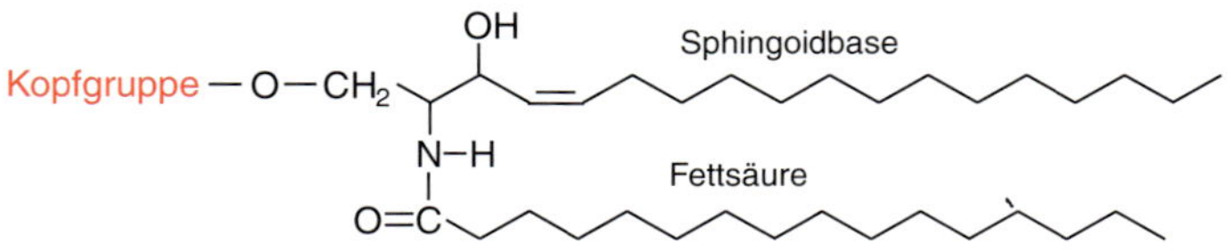

	polare Kopfgruppe	Phospholipidklasse
—	—H	Ceramid
Phosphocholin	$-\overset{O}{\underset{O}{\overset{\|}{P}}}-O-CH_2-CH_2-\overset{+}{N}(CH_3)_3$	Sphingomyelin
Glucose	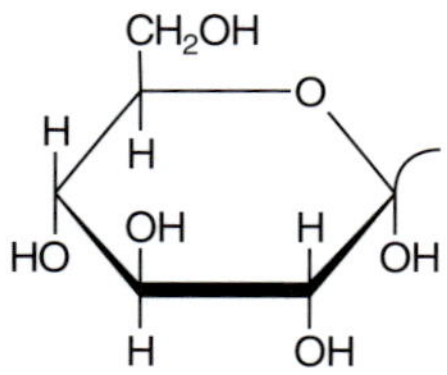 (Glucose-Ring)	Glucosylcerebrosid
Di- oder Trisaccharid	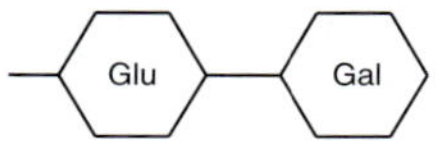 Glu—Gal	Lactosylceramid
komplexes Oligosaccharid	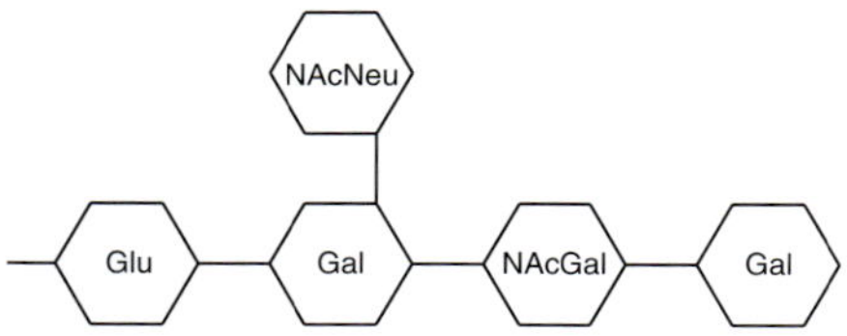 Glu—Gal(—NAcNeu)—NAcGal—Gal	Gangliosid

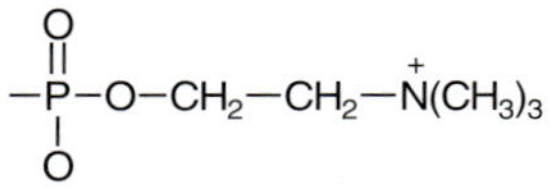

20.13 Chemische Struktur verschiedener Sphingolipide. Die Sphingoidbase (Sphingosin, Sphinganin, Hydroxysphinganin) bildet das Rückgrat dieser Lipidklasse. Daran ist über eine Säureamidbindung eine meist gesättigte Fettsäure gebunden. Auch Sphingolipide werden entsprechend ihrer polaren Kopfgruppe in verschiedene Untergruppen eingeteilt.

den. Zur kompletten Strukturanalyse von Glykosphingolipiden müssen mehrere Methoden kombiniert werden, um die Zusammensetzung, die Sequenz und die anomerische Konfiguration der Oligosaccharidkomponente, der Fettsäure und der Sphingoidbase zu analysieren. Zur Fragmentierung können gereinigte Glykolipide mit methanolischer HCl behandelt werden. Die dabei entstehenden Methanolyseprodukte (Kohlenhydrate, Fettsäuremethylester, langkettige Sphingoidbasen) werden dann durch geeignete Methoden getrennt analysiert. Die Massenspektroskopie (Abschnitt 20.3.2) nicht-fragmenierter Glykolipide kann zur Sequenzbestimmung des Kohlenhydratanteils und zur Identifizierung der Ceramidkomponente eingesetzt werden. Zur Abspaltung des Kohlenhydratanteils von der Lipidkomponente werden Glykolipide mit Ceramid-Glucanase behandelt. Verschiedene Exoglykosidasen können zur schrittweisen enzymatischen Abspaltung von Monosacchariden aus den Oligosaccharidketten eingesetzt werden (Sequenzierung des Kohlenhydratanteils).

Intakte Glykosphingolipide werden mittels Dünnschichtchromatographie (Abschnitt 20.3.1) auf Kieselgelplatten analysiert. Imprägnierung des Kieselgels mit Borsäure vor der dünnschichtchromatographischen Analyse kann die Trennung verschiedener Glykolipidklassen verbessern, da die Borsäure mit vicinalen OH-Gruppen der Kohlenhydratkomponente starke Wechselwirkungen eingeht.

Neben der Dünnschichtchromatographie sind auch verschiedene HPLC-Verfahren zur Trennung von Glykosphingolipiden beschrieben worden. Dabei werden vor allem Normalphasensäulen verwendet. Weiterhin wird die Anionenaustauschchromatographie zur Trennung von Gangliosiden angewandt.

Ionenaustauschchromatographie
Abschnitt 9.6

Kohlenhydratanalytik
Kapitel 19

Ether- und Enoletherlipide

Einige tierische Gewebe (z. B. Herzmuskel) sind reich an Etherlipiden, deren biologische Bedeutung jedoch noch nicht völlig geklärt ist. Bei diesen Lipiden sind einzele Acylketten nicht über Ester- sondern über Etherbindungen an Glycerin gekoppelt (Abb. 20.14). Bei den Plasmalogenen ist eine Kohlenwasserstoffkette über eine Enoletherbindung an C-1 des Glycerins gebunden, während an C-2 eine normale Esterbindung vorliegt. Die Enoletherbindung der Plasmalogene kann im Unterschied zur Esterbindung durch saure Hydrolyse leicht gespalten werden. Dabei entsteht ein langkettiger Aldehyd, der durch Gaschromatographie analysiert werden kann (Abschnitt 20.3.1). Zur Quantifizierung des Plasmalogene kann auch der Phosphatgehalt der 1-Lysophosphatide nach saurer Hydrolyse der Enoletherbindung bestimmt werden. Voraussetzung für eine qualitativ hochwertige Plasmalogenanalytik ist eine saubere Trennung der verschiedenen Phospholipidklassen mittels ein- bzw. zweidimensionaler Dünnschichtchromatographie oder HPLC (Abschnitt 20.3.1). Da sich Plasmalogene hinsichtlich ihres Molekulargewichts und ihres Fragmentierungsmusters von den Esterphospholipiden unterscheiden,

20.14 Chemische Struktur von Etherlipiden und Plasmalogenen. Bei den Etherlipiden ist das Glycerin meist an C-1 über eine Etherbindung mit einer Fettsäure verbunden. Die anderen Strukturelemente entsprechen denen der Glycerophospholipide. Bei den Enoletherlipiden enthält die am C-1 des Glycerins gebundene Fettsäure zwischen ihrem ersten und zweiten Kohlenstoffatom eine Doppelbindung. Die Enoletherbindung verleiht der Lipidklasse bestimmte Eigenschaften (z. B. Labilität gegenüber Säurehydrolyse), die analytisch ausgenutzt werden.

20.4.5 Lipidhormone und intrazelluläre Signaltransduktoren

Steroidhormone

Immunoassays
Abschnitt 5.3.3

Für die Quantifizierung von Steroidhormonen (Abb. 20.15) im Blut werden heute von verschiedenen Firmen Immunoassays angeboten, die als Kits verfügbar sind und detaillierte Anweisungen zur Handhabung enthalten. Die Verwendung monoklonaler Antikörper sichert dabei eine hohe Spezifität der Testsysteme. Um radioaktive Abfälle zu vermeiden, werden zunehmend Enzymimmunoassays, Fluoreszenzimmunoassays bzw. Chemilumineszenzimmunoassays entwickelt. Zum überwiegenden Teil können für diese Tests Körperflüssigkeiten (Plasma, Harn) ohne besondere Vorbehandlung eingesetzt werden.

Eicosanoide

Eicosanoide sind Lipidhormone (Abb. 20.16), die sich von der Arachidonsäure (Δ-5,8,11,14-Eicosatetraensäure) ableiten und verschiedene physiologische Funktionen haben (Regulation der Nierenfunktion, Blutplättchenaggregation, Uteruskontraktion) bzw. an pathophysiologischen Prozessen (allergische Reaktion, Entzündung) beteiligt sind. Sie werden durch die Enzyme der Arachidonsäurekaskade (Abb. 20.17) gebildet und können in drei große Gruppen eingeteilt werden:

1. Prostanoide (Prostaglandin D_2, E_2, $F_{2\alpha}$, Prostacyclin) und Thromboxane (TX A_2; TX B_2)
2. Peptidoleukotriene (Leukotrien C_4, D_4 und E_4) und
3. Hydroxy- und Hydroperoxyfettsäuren (z. B. Leukotriene B_4, 12- und 15-Hydro(pero)xyeicosatetraensäure.

Früher wurden die Eicosanoide durch ihre biologische Wirkung auf verschiedene Organpräparationen (Bioassays) nachgewiesen und quantifiziert. Als klassisches chromatographisches Analysesystem für Prostaglandine und Thromboxane hat sich die Dünnschichtchromatogrphie durchgesetzt (Abschnitt 20.3.1).

Heute wird die Dünnschichtchromatographie zur Analytik von Eicosanoiden mehr und mehr durch die HPLC abgelöst. In Gegensatz zu den Prostaglandinen

20.15 Chemische Struktur ausgewählter Steroidhormone. Im menschlichen Organismus werden die Steroidhormone in verschiedenen Organen (z. B. Nebennierenrinde, Gonaden, Plazenta) aus Cholesterin synthetisiert und dann ins Blut abgegeben. Die Synthese erfolgt über eine Reihe von stabilen Zwischenstufen, die auch hormonell aktiv sind.

Prostaglandine

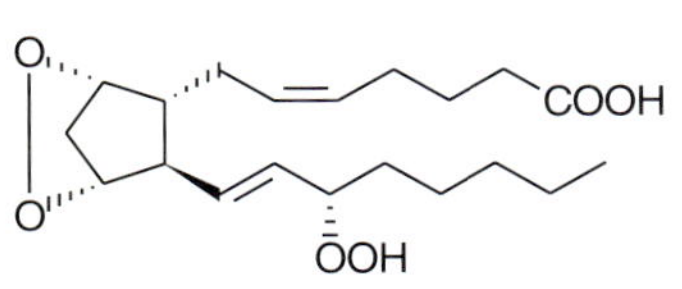

Prostaglandin G$_2$

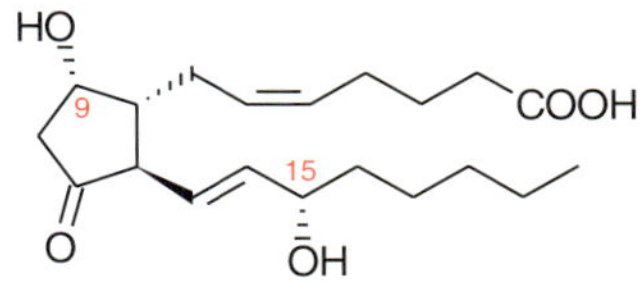

Prostaglandin D$_2$

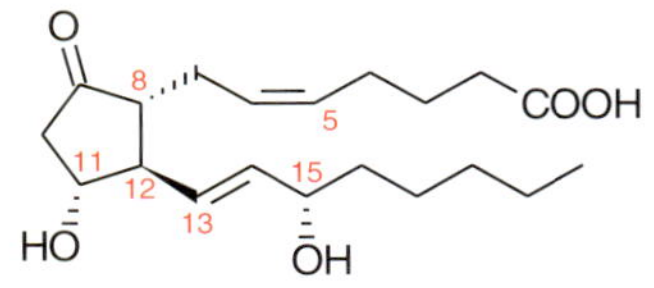

Prostaglandin E$_2$

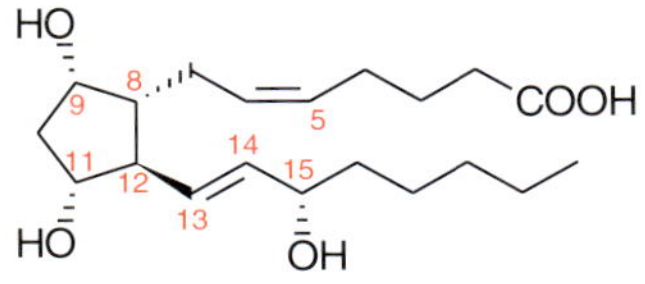

Prostaglandin F$_{2\alpha}$

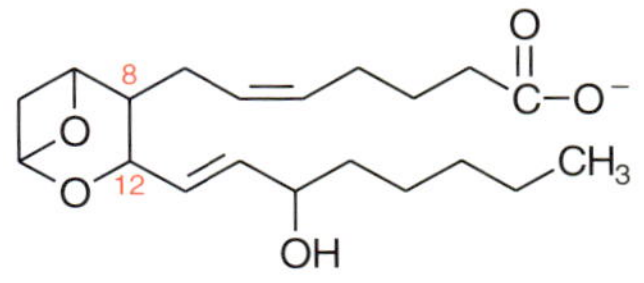

Thromboxan A$_2$

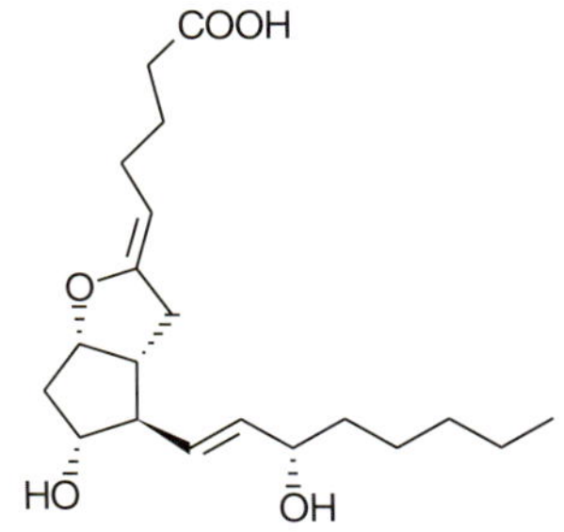

Prostacyclin I$_2$

Leukotriene

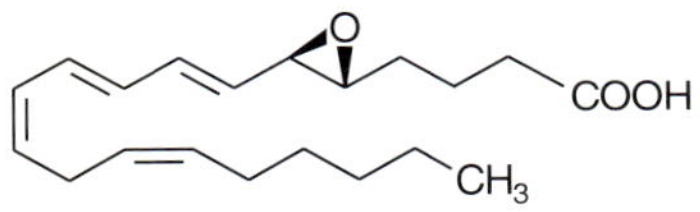

Leukotrien A$_4$

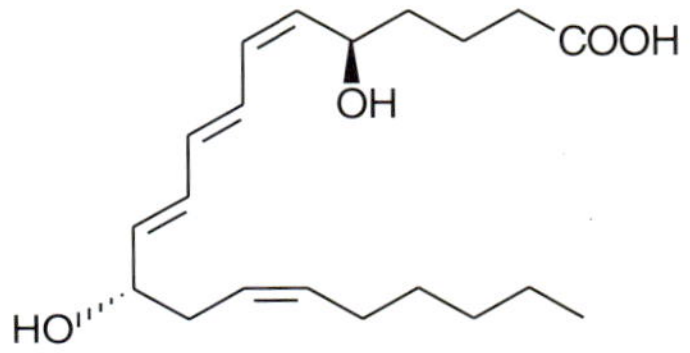

Leukotrien B$_4$

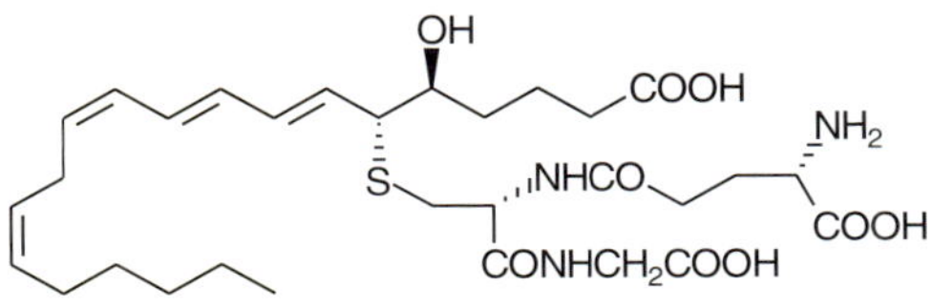

Leukotrien C$_4$

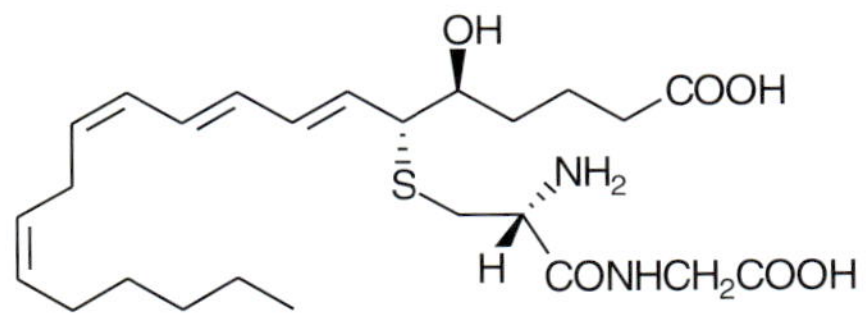

Leukotrien D$_4$

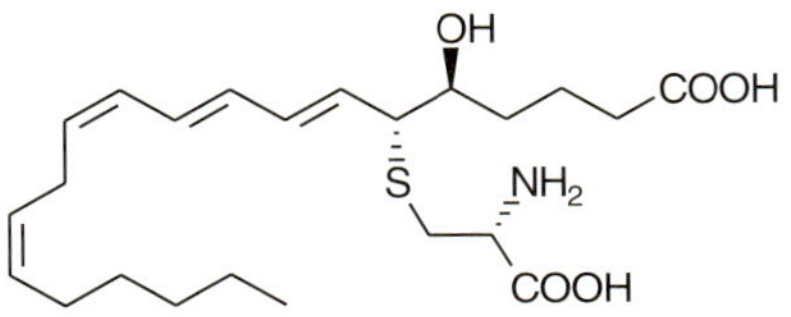

Leukotrien E$_4$

Hydroxyfettsäuren

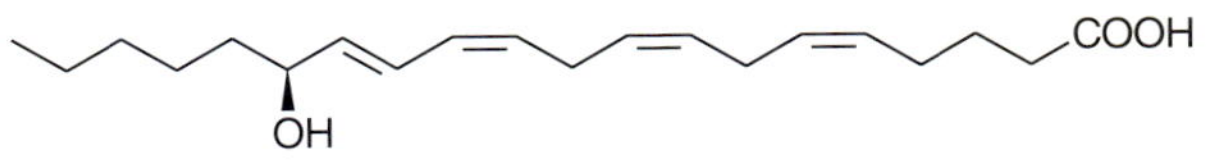

15-Hydroxyeicosatetraensäure (15-HETE)

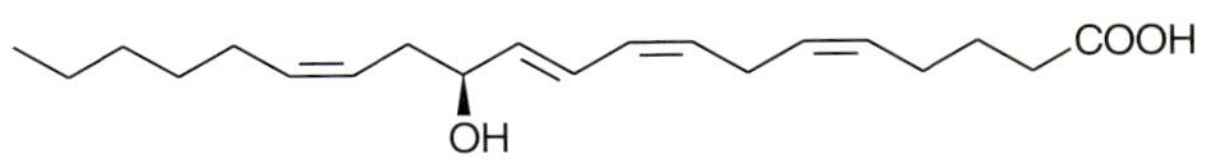

12-Hydroxyeicosatetraensäure (15-HETE)

20.16 Chemische Struktur ausgewählter Eicosanoide. Eicosanoide können als Oxygenierungsprodukte der Arachidonsäure aufgefasst werden (Abb. 20.17). Prostaglandine und Hydroxyfettsäuren sind reine Oxygenierungsprodukte der Arachidonsäure oder anderer mehrfach ungesättigter Fettsäuren. In der Prostaglandinsynthese ist das zyklische Endoperoxid (PG G$_2$) das initial gebildete Oxygenierungsprodukt, das nachfolgend zu anderen Prostaglandinen, Thromboxan bzw. Prostacyclin, umgewandelt wird. Bei den Leukotrienen wird das primäre Oxygenierungsprodukt (LT A$_4$) entweder enzymatisch hydrolysiert (LT B$_4$-Bildung) oder an Glutathion gekoppelt (LT C$_4$-Bildung). Durch sequentielle Abspaltung von Aminosäuren des Glutathions entstehen LT D$_4$ und LT E$_4$, die als Abbauprodukte des LT C$_4$ angesehen werden können, aber noch biologisch wirksam sind.

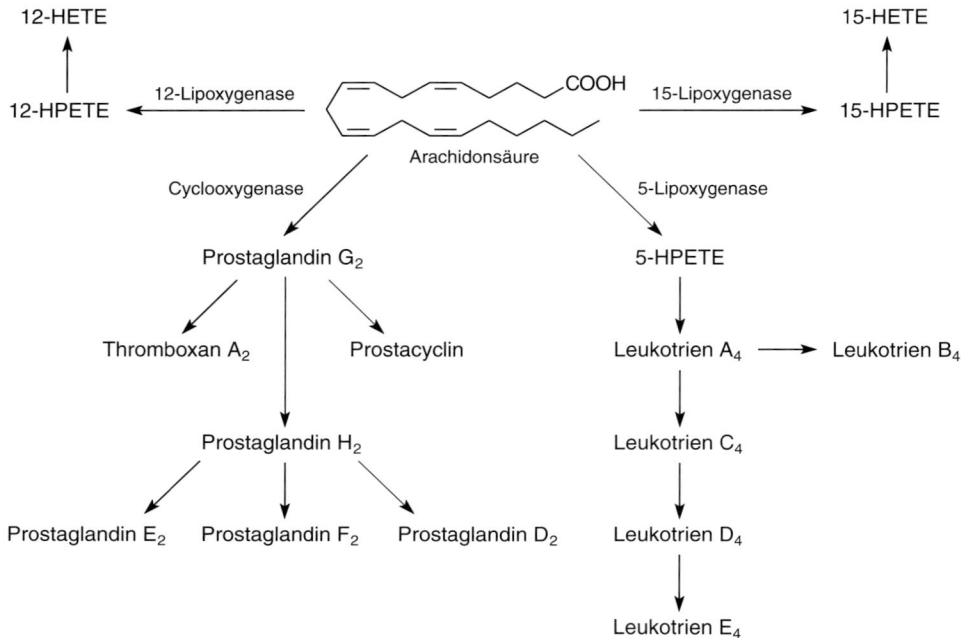

20.17 Synthese von Eicosanoiden über die Arachidonsäurekaskade. Die Strukturen der aufgeführten Verbindungen sind in Abbildung 20.16 gezeigt. HPETE: Hydroperoxyeicosatetraensäure.

besitzen die meisten Hydroxyfettsäuren und die Leukotriene konjugierte Doppelbindungssysteme, die leicht und relativ genau bei 235 nm (konjugierte Diene), bei 270 nm (konjugierte Triene) bzw. bei 300 nm (konjugierte Tetraene) detektiert werden können. Mit den heute verfügbaren Diodenarraydetektoren können die Chromatogramme simultan bei diesen Wellenlängen verfolgt werden, wodurch ein Maximum an analytischen Informationen gewährleistet wird.

Die Peptidoleukotriene werden vor allem auf RP-HPLC-Säulen analysiert. Neben der HPLC ist die Kapillargaschromatographie eine wichtige Analysemethode in der Eicosanoidforschung, die meist in Kombination mit der Massenspektrometrie angewandt wird. Prostaglandine und Hydroxyfettsäuren können nach entsprechender Derivatisierung (Veresterung, Silylierung) gaschromatographiert werden, während die Peptidoleukotriene sich dafür nicht eignen.

Durch Kopplung der GC mit der MS können neben dem Retentionsverhalten zusätzliche Strukturparameter der Eicosanoide bestimmt werden. In letzter Zeit sind für die meisten Eicosanoide und deren Abbauprodukte Immunoassays (Radioimmunoassays bzw. Enzymimmunoassays) entwickelt worden, die von verschiedenen Firmen als Kits angeboten werden. Auf Grund der geringen Konzentration vieler Eicosanoide in biologischen Materialien (z. B. Urin, Blutplasma, Gelenkflüssigkeit usw.) und um störende Effekte anderer Bestandteile der Körperflüssigkeiten auszuschalten, sollte vor dem eigentlichen Immunoassay eine HPLC-Vorreinigung der entsprechenden Eicosanoide durchgeführt werden.

Diacylglycerine

Diacylglycerine (DAG) sind wichtige intrazelluläre Lipidmediatoren, die die Proteinkinase C aktivieren und damit an der Regulation verschiedener Enzyme des Zwischenstoffwechsels beteiligt sind. Die intrazelluläre Synthese der Diacylglycerine ist eng mit dem Phosphatidylinositolstoffwechsel verknüpft. Nach Bindung eines Hormons an den entsprechenden Zellmembranrezeptor kommt es zur Aktivierung einer membrangebundenen Phospholipase C (Abb. 20.2), die die Phosphatidylinositole der Zellmembran hydrolytisch spaltet und damit Diacylglycerine und Inositolphosphat freisetzt. Während das Inositolphosphat als Calciumionophor eine Depletion intrazellulärer Calciumdepots einleitet und damit die cytosolische Calciumkonzentration erhöht, aktiviert das Diacylglycerin die Proteinkinase C.

Analytisch lassen sich die Diacylglycerine mit der Kieselgeldünnschichtchromatographie (Abschnitt 20.3.1) bzw. mit der Normalphasen-HPLC unter Verwendung von Laufmittelgemischen aus Hexan/Isopropanol (100:2 Volumenanteile) analysieren. Da sie intrazellulär aber nur in sehr geringen Konzentrationen gebildet werden und in der Regel kein Licht absorbieren, ist ihre Detektion ein großes Problem. Als Ausweg bietet sich die **Radiodünnschichtchromatographie** bzw. Radio-HPLC an. Dabei werden die zu untersuchenden Zellen mit radioaktiv markierten Fettsäuren vormarkiert. Stimuliert man die Zellen mit Agonisten, die die Phospholipase C aktivieren, kommt es zu einer erhöhten Diacylglycerinfreisetzung die mit der Radiodünnschichtchromatographie bzw. der Radio-HPLC quantifiziert werden kann. Zur Bestätigung der Analyseergebnisse sollten die Diacylglycerinfraktionen nach entsprechender Derivatisierung noch mittels Gaschromatographie/Massenspektrometrie untersucht werden.

Sphingosinderivate

Sphingosine sind langkettige Aminoalkohole (Abb. 20.18), die lange Zeit lediglich als Bestandteile der Spingolipide (Abschnitt 20.1) und damit hauptsächlich als Strukturelemente betrachtet wurden. In letzter Zeit mehren sich hingegen die Berichte darüber, dass Sphingosinderivate als endogene Hemmstoffe der Proteinkinase C wirken. Diese Beobachtungen deuten darauf hin, dass die Sphingolipide nicht nur für die Struktur von Biomembranen bedeutsam sind, sondern auch an der intrazellulären Signaltransduktion beteiligt sind. Als analytische Methode der Wahl zur Quantifizierung des zellulären Sphingosingehalts hat sich die RP-HPLC an C-18-Säulen bewährt. Da die Sphingoidbasen keine charakteristische Lichtabsorption aufweisen, müssen sie vor der Analytik mit *o*-Phthalaldehyden derivatisiert werden. Dadurch wird eine stark fluorophore Gruppe in das Molekül eingeführt, so dass die Derivate online in der HPLC detektierbar sind.

20.18 Chemische Struktur biologisch relevanter Sphingoidbasen. Sphingoidbasen sind langkettige Aminoalkohole. In tierischen Geweben kommen hauptsächlich die drei aufgeführten Sphingoidbasen mit einer Kettenlänge von 18 C-Atomen vor.

20.5 Lipidvitamine

Die wichtigsten der im menschlichen Organismus vorkommenden Lipidvitamine (Vitamine A, D, E und K) sind Isoprenoidderivate. Bis auf wenige Ausnahmen (z. B. Vitamin D_3) ist der menschliche Organismus nicht in der Lage, die Substanzen durch de novo-Synthese zu synthetisieren und ist damit auf die Zufuhr mit der Nahrung angewiesen. In einigen Fällen (z. B. Vitamin A) werden jedoch Vitaminvorstufen (Provitamine) mit der Nahrung aufgenommen, aus denen dann im

Organismus die bioaktiven Vitamine synthetisiert werden. Andere Vitamine (z. B. Vitamin K) werden in ausreichenden Mengen durch die natürliche Bakterienflora des Darmes synthetisiert. Für die Diagnostik von Hypovitaminosen, die besonders in Entwicklungsländern und bei einseitiger Ernährung auftreten können, sind empfindliche Analysesysteme zur Bestimmung der Konzentration von Lipidvitaminen im Blutplasma nötig.

Wegen der hohen Verdampfungstemperaturen der meisten Lipidvitamine und wegen ihrer chemischen Instabilität eignet sich die Gaschromatographie nicht für die Quantifizierung der Lipidvitamine. Es wurden für alle Lipidvitamine und deren Synthesevorstufen HPLC-Methoden entwickelt, die relativ einfach handhabbar sind und mit einfachen Gerätekonfigurationen (isokratische oder binäre Gradientenelution, UV- bzw. Fluoreszenzdetektion) durchgeführt werden können.

Vitamin A und Carotine

Vitamin A (Retinol) wird entweder als bioaktives Vitamin oder als Provitamin (z. B. β-Carotin) mit der Nahrung aufgenommen (Abb. 20.19). Als Methode der Wahl für den Nachweis und die Quantifizierung von Retinol hat sich die NP-HPLC durchgesetzt. Die Eigenfluoreszenz (Anregung bei 330 nm, Emission bei 479 nm) des Retinols kann dabei zur Detektion genutzt werden. Da Fluoreszenzmessungen sehr empfindlich sind, können selbst Retinolkonzentrationen nachgewiesen werden, die deutlich unter den Normalwerten des menschlichen Blutplasmas liegen. Steht kein Fluoreszenzdetektor zur Verfügung, kann auch die UV-Absorption bei 325 nm aufgezeichnet werden.

Carotinoide, die Provitamine des Retinols, sind wesentlich hydrophobere Moleküle als das Retinol selbst (Abb. 20.19). Besser als die Normalphasen-HPLC eignen sich deshalb RP-HPLC-Systeme. Da die molaren Absorptionskoeffizienten bei den verschiedenen Carotinoiden sehr unterschiedlich sind (Tabelle 20.5), empfiehlt sich eine simultane Mehrwellenlängendetektion.

20.19 Chemische Struktur von β-Carotin und Retinol (Vitamin A). Durch Spaltung der gekennzeichneten Doppelbindung wird aus β-Carotin (Provitamin) das Retinol (Vitamin A) synthetisiert.

Vitamin D

Die D-Vitamine (Calciferole) sind eigentlich keine Vitamine, da sie im menschlichen Organismus vollständig synthetisiert werden können. Sie sind wichtige Botenstoffe für die extrazelluläre Calciumhomöostase und zählen eigentlich zu den Hormonen. Die Biosynthese des aktiven Vitamin D_3 (1,25-Dihydroxycholecalciferol) beginnt in der Leber durch eine Dehydrierung von Cholesterin zum 7-Dehydrocholesterin (Abb. 20.20). Dieses wird nachfolgend in die Haut transportiert, wo es unter Beteiligung von UV-Licht zu einer oxidativen Spaltung des Sterangerüstes kommt (Spaltung des B-Ringes). Anschließend wird das dadurch entstandene Cholecalciferol durch 25-Hydroxylierung in der Leber und 1-Hydroxylierung in der Niere ins bioaktive 1,25-Dihydroxycholecalciferol umgewandelt.

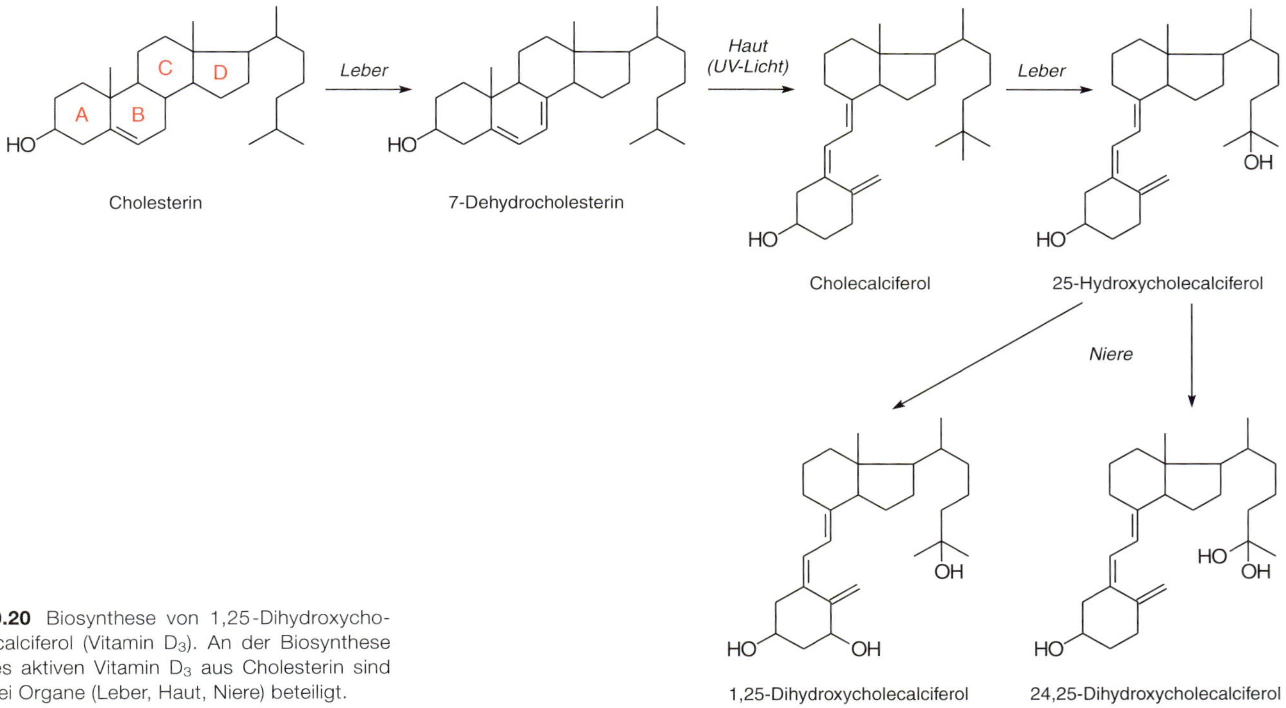

20.20 Biosynthese von 1,25-Dihydroxycholecalciferol (Vitamin D₃). An der Biosynthese des aktiven Vitamin D₃ aus Cholesterin sind drei Organe (Leber, Haut, Niere) beteiligt.

Tabelle 20.5 UV-Absorptionseigenschaften von Carotinderivaten und von α-Tocopherol

Carotinoid	λ_{max} in nm	molarer Absorptionskoeffizient in Mol · L⁻¹ · cm⁻¹
Retinol	325	53 000
Retinylstearate	325	53 000
Lutein	454	144 000
Cryptoxantin	454	131 000
Lycopin	474	185 000
α-Carotin	447	146 000
β-Carotin	450	149 000
γ-Carotin	454	137 000
α-Tocopherol	293	4 070

Wenn die abschließende Hydroxylierung in der Niere am C-24 stattfindet, entsteht hingegen das bioinaktive 24,25-Dihydroxycholecalciferol. Die Hauptwirkung des Vitamin D₃ besteht darin, einem Abfall des Calciumspiegels im Blutplasma entgegenzuwirken.

Die verschiedenen Vitamin-D-Derivate können mit Hilfe der RP-HPLC oder der NP-HPLC quantifiziert werden. Aufgrund des Doppelbindungssystems des 1,25-Dihydroxycholecalciferols können die Chromatogramme durch UV-Detektion bei 254 nm verfolgt werden.

Vitamin E

Tocopherole (Abb. 20.21) bestehen aus einem Chromanring und einer isoprenoiden Seitenkette. Die verschiedenen Tocopherole (z. B. α-Tocopherol und γ-Tocopherol)

20.21 Struktur des α-Tocopherols. Der B-Ring des α-Tocopherols kann hydrolytisch gespalten werden, wobei das α-Tocopherolhydrochinon entsteht. Dieses kann durch Elektronenabgabe zum Tocochinon reduziert werden, wobei intermediär eine Hydro-Semichinonradikal entsteht. Die abgegebenen Elektronen können von freien Radikalen in der Umgebung aufgenommen werden, wodurch Radikalkettenreaktionen abgebrochen werden.

unterscheiden sich hinsichtlich der Anzahl und der Stellung der Methylgruppen am Chromanring. Tocopherole schützen den Organismus von Oxidationen, da sie mit Peroxidradikalen reagieren, wobei sie in Tocochinone umgewandelt werden. Dadurch werden radikalische Kettenreaktionen, wie z. B. nicht-enzymatische Lipidperoxidationen unterbrochen. Deshalb werden Tocopherole auch als Radikalfänger bezeichnet. In tierischen Organismen kommen Tocopherole vor allem in Biomembranen und Lipoproteinen vor und sorgen dort dafür, dass es nicht zu einer übermäßigen Oxidation der vorhandenen mehrfach ungesättigten Fettsäuren kommt.

Mittels RP-HPLC können Tocopherole ohne jegliche Derivatisierung quantifiziert werden. Da Tocopherole einen aromatischen Ring enthalten, kann das Chromatogramm prinzipiell bei 290 nm verfolgt werden. Da jedoch der molare Absorptionskoeffizient bei 290 nm sehr gering ist (Tabelle 20.5), besitzt die UV-Detektion keine ausreichende Empfindlichkeit. Deutlich empfindlicher und weniger störanfällig ist dagegen die Fluoreszenzdetektion (Anregung bei 292 nm, Emission bei 325 nm).

Vitamin K

Die K-Vitamine (Phyllochinone) leiten sich vom natürlicherweise nicht vorkommenden Menandion ab und besitzen damit Chinonstruktur (Abb. 20.22). Sie sind Cofaktoren bei der posttranslationalen Modifizierung einiger Gerinnungsfaktoren und spielen deshalb bei der Blutgerinnung eine wichtige Rolle. Bei chronischen K-Hypovitaminosen kann es aufgrund der Beeinträchtigung der Blutgerinnungskaskade zu inneren Blutungen, aber auch zu Mineralisierungsstörungen im Skelettsystem kommen.

Da die verschiedenen K-Vitamine unterschiedlich lange Seitenketten tragen und damit einen relativ großen Polaritätsbereich abdecken, gelingt keine vollständige Trennung in isokratischen Trennsystemen. Deshalb sollten Gradientenelutionen durchgeführt werden. Zur Detektion kann die Messung der Eigenfluoreszenz (Anregung bei 320 nm, Emission bei 430 nm) nach elektrochemischer bzw. chemischer Reduktion der Analyten aufgezeichnet werden.

20.22 Chemische Struktur des Vitamin K_1. Das Vitamin K_2 trägt statt einer Phytylseitenkette einen Difarnesylrest aus sechs Isopreneinheiten.

20.6 Ausblick

Mit der Weiterentwicklung der allgemeinen Analysetechnik ist in den nächsten Jahren zu erwarten, dass auch in der Lipidanalytik verbesserte Methoden eingesetzt werden können. Dabei ist jedoch kaum mit grundlegenden methodischen Neuentwicklungen zu rechnen.

Der Hauptanteil am methodischen Fortschritt wird in nächster Zeit einerseits darin bestehen, dass bereits verfügbare Methoden perfektioniert und vereinfacht werden. So sind derzeit die relativ hohen Kosten von Tandemmassenspektrometern das Haupthindernis für einen häufigeren Einsatz dieser für die Lipidanalytik äußerst nützlichen Methode der Strukturidentifizierung. Ähnliches gilt für die NMR-Spektroskopie. Neben dem hohen Preis der verfügbaren NMR-Geräte limitiert derzeit noch der relativ hohe Substanzbedarf die verbreitete Anwendung dieser Analysemethode. In Zukunft kann jedoch damit gerechnet werden, dass der Substanzbedarf für eine NMR-Analyse auf Mengen im unteren μg-Bereich reduziert werden kann.

Ein zweiter Trend ist die Miniaturisierung von Analysemethoden. Mit dem Fortschreiten der biochemischen Forschung werden zunehmend neue biologische Wirkungen von Lipidmediatoren (sekundäre Botenstoffe, Lipidhormonen) gefunden. Da diese Mediatoren in sehr geringen Konzentrationen in biologischem Material vorkommen, muss die Empfindlichkeit der vorhandenen Analysemethoden weiter erhöht werden. Die narrow-bore-HPLC-Technik, die mit miniaturisierten Säulen arbeitet und nur geringe Lösungsmittelmengen erfordert, wird daher in den kommenden Jahren auch in der Lipidanalytik zunehmend an Bedeutung gewinnen. Die Anwendung dieser Technik erfordert jedoch den Einsatz präziser Pumpensysteme und speziell entwickelter Detektoren. Leider können derzeit genutzte konventionelle HPLC-Systeme nicht ohne weiteres auf die narrow-bore-Technik umgestellt werden.

Als dritten Entwicklungstrend in den kommenden Jahren kann die Neuentwicklung bzw. die Perfektionierung von Online-Kopplungen verschiedener analytischer Verfahren betrachtet werden. Kopplungen von Massenspektrometrie und UV-Spektroskopie mit verschiedenen chromatographischen Verfahren werden in der Lipidanalytik schon häufig eingesetzt. Auch Dreifachkopplungen von Chromatographie, UV-Spektroskopie und Massenspektroskopie werden bereits angewandt. Methodische Ansätze zur Online-Kopplung verschiedener chromatographischer Verfahren mit der Infrarot- bzw. der NMR-Spektroskopie sind bereits vorhanden, bedürfen aber noch einer methodischen Perfektionierung, bevor sie weit verbreitet in der Lipidanalytik eingesetzt werden können.

Weiterführende Literatur

Extraction and Analysis of Glycosphingolipids, in: Methods in Molecular Biology 19, Biomembrane Protocols: I. Isolation and Analysis (Graham, J. M., Higgims J. A., eds.) Humana Press Inc. Totow A, NJ, 1993.

Handbook of Chromatography, Analysis of Lipids (Mukherjee, K. D., Weber, N., eds.) CRC Press, Boca Raton, 1993.

Kolesnick, R. N. (1991) Sphingomyelin and Derivatives as Cellular Signals. Prog. Lipid Res. 30, 1–38.

Lipid Biochemical Preparations (Bergelson, L. D., ed.) Elsevier, Amsterdam, 1980.

Lipids: Chemistry, Biochemistry and Nutrition (Mead, J. F., Alfin-Slater, R. B., Howton, D. R. and Popjak, G., eds.) Plenum Press, New York, 1986.

Prostaglandins and Related Substances – A Practicle Approach (Benedetto, C., McDonald-Gibson, R. G., Nigam, S. and Slater, T. F.) IRL Press, Oxford, 1987.

The Lipid Handbook (Gunstone F. D., Harwood, J. L. and Padley, F. B., eds.) Chapman & Hall, London, 1994.

Thin Layer Chromatography of Glycosphingolipids, in: Methods in Enzymology 230, Academic Press, San Diego, 1994.

Teil IV

Nucleinsäure-Analytik

21 Isolierung und Reinigung von Nucleinsäuren

Grundvoraussetzung nahezu aller experimentellen Ansätze der Nucleinsäure-Analytik sind einwandfreie Nucleinsäurepräparationen. Viele experimentelle Methoden sind von Anfang an zum Scheitern verurteilt, sind die Ausgangsverbindungen nicht in einwandfreiem, d. h. sauberen und kontaminationsfreien Zustand. Kontaminationen in Nucleinsäurepräparationen können Nucleasen, Nucleinsäuren anderer Art, Makromoleküle oder Salze sein. Man sollte daher großen Wert auf eine sorgfältige Isolierung und Reinigung der zu bearbeitenden Nucleinsäuren legen. Ebenso groß wie die Vielfalt der Nucleinsäuren sind auch deren Isolierungsmethoden aus den verschiedenen Organismen. Hochmolekulare, genomische DNA muss aus naheliegenden Gründen anders isoliert und behandelt werden als kleine, einzelsträngige RNA-Moleküle oder zirkuläre Plasmide. Ebenso spielt der Ausgangsorganismus eine große Rolle. Bakterienwände müssen anders aufgeschlossen werden als die Zellwände von Hefen oder die Zellmembranen von Säugerzellen. Abhängig von der nachfolgenden Anwendung kann unter Umständen auf eine langwierige Aufreinigung verzichtet werden oder es kann erforderlich sein, hochreine, intakte DNA zu isolieren. Diesen Anforderungen können nur zahlreiche verschiedene Protokolle gerecht werden. In diesem Kapitel werden die Isolierungsmethoden nach der Art der zu isolierenden Nucleinsäure unterteilt. Fast allen Nucleinsäurepräparationen ist die abschließende Reinigung und Konzentrierung der Nucleinsäuren gemein, so dass zunächst einige Aspekte dieser allgemein anwendbaren Techniken aufgezeigt werden sollen.

21.1 Reinigung und Konzentrationsbestimmung von Nucleinsäuren

21.1.1 Phenolextraktion

Proteinhaltige Verunreinigungen von Nucleinsäurepräparationen werden fast immer durch Ausschütteln der Nucleinsäurelösung mit gepuffertem Phenol beseitigt. Phenol denaturiert die Proteine, die dann in der sog. Interphase zwischen der wässrigen Nucleinsäurelösung und der Phenolphase ausfallen. Es ist auch möglich, dass sich in der Phenolphase bereits ein Teil der denaturierten Proteine löst. Für die Reinigung von DNA wird dabei Phenol verwendet, das mit Tris-HCl oder TE (Tris-HCl/EDTA), pH 7,5 oder 8,0, gesättigt wurde. DNA löst sich relativ gut in Phenol, wenn dieses nicht mit TE gesättigt wurde. Oxidationsprodukte des Phenols können DNA-Schäden induzieren, das verwendete Phenol sollte daher vor der Verwendung redestilliert werden. Destillation und Sättigung des sehr giftigen Phenols mit Puffer sind sehr mühsam und zeitaufwendig. Viele Firmen bieten daher bereits äquilibriertes, speziell für die Molekularbiologie geeignetes Phenol an.

Neben der Extraktion mit gepuffertem Phenol wird sehr häufig die Extraktion mit Phenol/Chloroform/Isoamylalkohol verwendet. Es handelt sich um eine

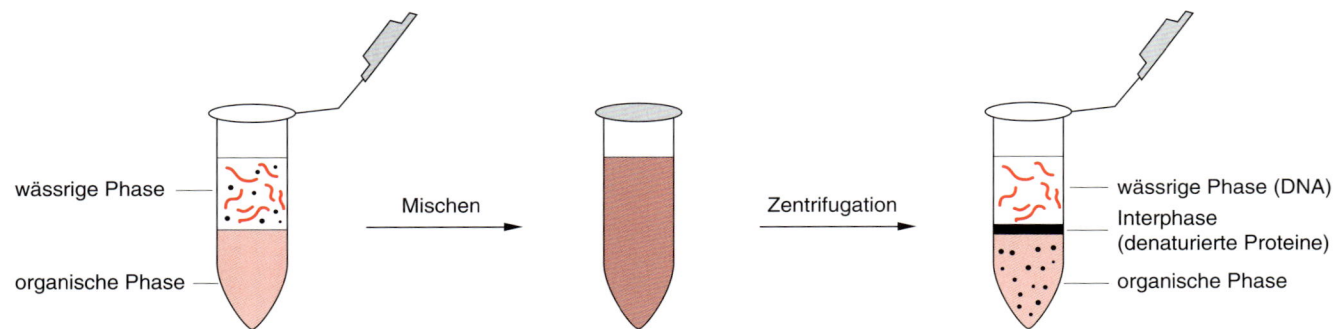

21.1 Phenolextraktion wässriger DNA-Lösungen. Die proteinhaltigen Verunreinigungen werden durch Extraktion mit gepuffertem Phenol entfernt. Bei den üblichen Salzkonzentrationen befindet sich die wässrige Phase oben, die organische Phase unten. Die organische Phase kann dabei reines, mit Tris-HCl/EDTA gesättigtes Phenol oder eine Mischung aus Phenol, Chloroform und Isoamylalkohol sein. Die denaturierten Proteine befinden sich nach der Phasentrennung hauptsächlich in der sogenannten Interphase. Ein geringer Teil wird auch im Phenol gelöst. Letzter Schritt der Reinigung ist immer die Extraktion mit Chloroform/Isoamylalkohol.

Mischung, die zu gleichen Teilen aus gepuffertem Phenol und Chloroform/Isoamylalkohol (im Verhältnis 24:1) besteht. Chloroform besitzt ebenfalls eine denaturierende Wirkung auf Proteine und stabilisiert zusätzlich die instabile Phasengrenze zwischen der wässrigen DNA-Lösung und der Phenolphase. Manche Proteine, wie z. B. RNase lassen sich mit reinem Phenol nicht vollständig inaktivieren. Reines Phenol löst zudem besonders gut RNA-Moleküle, die lange adeninreiche Bereiche enthalten. Durch die Verwendung der Phenol/Chloroform-Mischung wird der Anteil der wässrigen Phase, der sich in der phenolischen Phase löst, reduziert, was die Ausbeute an Nucleinsäuren erhöht. Der Zusatz von geringen Mengen Isoamylalkohol verhindert ein Schäumen während des Mischvorganges.

Nach dem gründlichen Mischen von wässriger und organischer Phase wird die Phasentrennung durch Zentrifugation beschleunigt (Abbildung 21.1). In der Regel ist dabei die wässrige Phase oben. Die denaturierten Proteine befinden sich zum größten Teil in der Interphase. Enthält die Nucleinsäurelösung sehr viel Salz (> 0,5 M) oder Saccharose (> 10 %), so tritt eine Phaseninversion zwischen wässriger und organischer Phase ein.

Der Phenolisierungsschritt sollte, um eine vollständige Deproteinierung zu erzielen, wiederholt werden, bis keine Interphase mehr beobachtet werden kann. In der wässrigen Phase gelöstes Phenol beseitigt man durch erneute Extraktion mit Chloroform/Isoamylalkohol.

Handelt es sich bei der zu reinigenden Nucleinsäure um RNA, so verwendet man meist „saures" Phenol, das nur in Wasser äquilibriert wurde. In diesem sauren Phenol lösen sich eventuell auftretende Kontaminationen von DNA besser, so dass ein zusätzlicher Reinigungseffekt auftritt.

Die DNA oder RNA kann nun durch Ethanolzugabe, wie im Anschluss ausführlich beschrieben (Abschnitt 21.1.3), gefällt werden. Für bestimmte Anwendungen, z. B. zur Isolierung sehr hochmolekularer DNA, eignet sich die Ethanolpräzipitation wegen der auftretenden Scherkräfte nicht. Alternativ kann die DNA durch Ausschütteln mit Butanol konzentriert werden.

Reste von Phenol, Chloroform oder Butanol können durch weitere Extraktion mit Ether entfernt werden. Die Behandlung mit Ether hat gleichfalls einen Konzentrationseffekt. Diese Reinigungsmaßnahme ist jedoch nur in speziellen Fällen nötig. Die Etherrückstände können durch Abdampfen entfernt werden.

21.1.2 Gelfiltration

Gelfiltration Abschnitt 9.9

Für die Reinigung von DNA-Lösungen können auch Gelfiltrationsmaterialien (hauptsächlich Sephadex G50 oder Sephacel S300 sowie Biogel P-2) verwendet werden. Diese Materialien besitzen einen Molekularsiebeffekt, der für die Abtren-

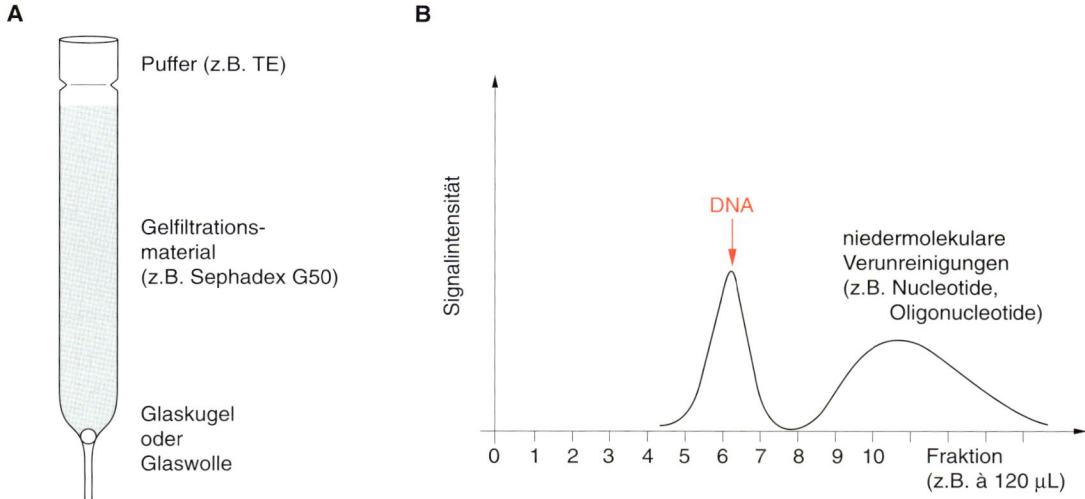

21.2 Gelfiltration zur Reinigung von DNA-Lösungen. A. Gelfiltrationssäulen lassen sich sehr einfach aus Pasteurpipetten herstellen und werden mit äquilibriertem Säulenmaterial gefüllt. Je nach Größe der zu reinigenden DNA werden Sephadex G50, Sephadex G25 oder Sephacelmaterialien verwendet. B. Durch den Molekularsiebeffekt werden kleinere Moleküle, verunreinigende Nucleotide oder Salze zurückgehalten, während die großen DNA-Moleküle vom Säulenmaterial kaum zurückgehalten werden und zu allererst von der Säule eluieren. Ein mögliches Säulenprofil ist angegeben. Die Fraktionen, die die DNA enthalten, können durch OD-Bestimmung, Ethidiumbromidfärbung oder, bei radioaktiv markierter DNA, durch Messung der Strahlung identifiziert werden. Die beiden Maxima liegen dabei um so dichter beieinander, je kleiner die zu reinigenden DNA-Moleküle sind.

nung von bestimmten Verunreinigungen der DNA-Lösungen optimal ist. Das Reinigungsprinzip beruht darauf, dass die großen DNA-Moleküle im Ausschlussvolumen des Säulenmaterials eluieren, während die abzutrennenden niedermolekularen Nucleotide, Verunreinigungen oder Oligonucleotide in den Poren des Gelfiltrationsmaterials zurückgehalten werden und daher später eluieren.

Die zu reinigende Lösung wird auf die Säule aufgetragen und anschließend mit Puffer eluiert, wobei das Eluat fraktioniert gesammelt wird. Die Fraktionen können dann auf die Anwesenheit der DNA getestet werden.

Gelfiltrationssäulen lassen sich kostengünstig aus einer Pasteurpipette, die mit einer Glaskugel oder mit Glaswolle verschlossen ist und in Puffer äquilibrierten Sephadex-Material herstellen (Abbildung 21.2). Sollen nur geringe Mengen an DNA gereinigt werden, so empfiehlt es sich, die Glaspipette vorher zu silanisieren, da sonst ein zu großer Anteil der DNA am Glas haften bleibt. Gelfiltrationssäulen lassen sich auch in verschiedenen Varianten käuflich erwerben. Hier sind Auftrags- und Elutionsvolumen vom Hersteller vorgegeben. Die sogenannten *Spin-Columns* benutzen dabei im Gegensatz zu den konventionellen Säulen nicht die Schwerkraft, sondern die Puffer werden durch die Säule zentrifugiert. Bei den sogenannten *Elutip-Säulen* besteht das Säulenmaterial aus Reversed-Phase-Material. Die DNA wird bei niedrigem Salzgehalt langsam an das Säulenmaterial gebunden und mit einem Puffer mit hohem Salzgehalt eluiert.

21.1.3 Ethanolpräzipitation der Nucleinsäuren

Die gebräuchlichste Methode zur Konzentrierung und weiteren Reinigung von Nucleinsäuren ist die Präzipitation mit Ethanol. In Gegenwart monovalenter Kationen bildet die DNA bzw. RNA in Ethanol einen unlöslichen Niederschlag, der durch Zentrifugation isoliert wird.

Monovalente Kationen werden bevorzugt durch Zugabe von Natriumacetat oder Ammoniumacetat bereitgestellt. Routinemäßig verwendet man für die Fällung der Nucleinsäuren Natriumacetat. Ammoniumacetat wird verwendet, um die Copräzipitation von freien Nucleotiden zu reduzieren. Bestimmte Enzyme, z. B. die T4-Polynucleotid-Kinase werden jedoch durch Ammonium-Ionen inhibiert. Zur Fällung von RNA verwendet man bei bestimmten Anwendungen Lithiumchlorid.

21.3 Ethanolpräzipitation von Nucleinsäuren. A. Zur wässrigen Nucleinsäurelösung wird das 2,5- bis 3-fache Volumen absoluten Ethanols (oder das 0,5- bis einfache Volumen Isopropanol) zugegeben und die Nucleinsäuren durch Zentrifugation präzipitiert. Das farblose Nucleinsäurepellet ist meist am Boden des Eppendorfgefäßes sichtbar. B. Besonders hochmolekulare genomische DNA lässt sich durch vorsichtiges Überschichten der wässrigen Lösung mit Ethanol an der Phasengrenze ausfällen. Die genomische DNA wird dabei als dünner Faden sichtbar und kann auf ein steriles Stäbchen aufgerollt werden.

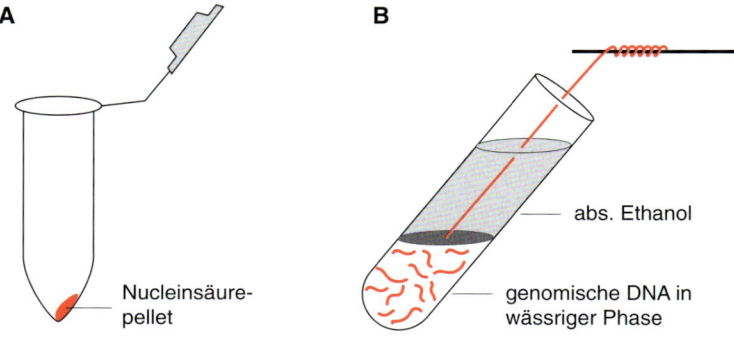

Dieses Salz ist in Ethanol löslich und wird deshalb nicht mit den Nucleinsäuren gefällt. Chlorid-Ionen wirken aber bei vielen Reaktionen inhibierend, so dass diese Fällung nur bei bestimmten Reaktionen angewendet werden kann.

In der Praxis wird die Nucleinsäurelösung durch Zugabe einer Vorratslösung auf eine bestimmte Salzkonzentration eingestellt und anschließend mit Ethanol versetzt. Die Menge des zugesetzten Ethanols richtet sich dabei nach dem Ausgangsvolumen der DNA-Lösung und beträgt in der Regel das 2,5- bis 3fache dieses Volumens. Der Fällungsansatz wird je nach Menge und Art der Nucleinsäure bei −80°C bis Raumtemperatur inkubiert und anschließend abzentrifugiert (Abbildung 21.3). Das mitgefällte Salz kann durch anschließendes Waschen des Nucleinsäurepellets mit 70%igem Ethanol größtenteils entfernt werden. Im Gegensatz zur gefällten DNA lösen sich die meisten Salze in 70%igem Ethanol. Das Nucleinsäurepellet wird kurz getrocknet und in einem entsprechenden Puffer gelöst.

In vielen Fällen kann die Fällung der Nucleinsäurelösung auch durch Zugabe von 0,5 bis 1 Volumenanteil Isopropanol erfolgen. Dies ist besonders dann von Vorteil, wenn das Volumen des Fällungsansatzes minimal bleiben soll. Natriumchlorid wird bei der Verwendung von Isopropanol leichter mitgefällt, ebenso ist Isopropanol schwerer flüchtig als Ethanol, so dass die Fällungen sorgfältig mit 70%igem Ethanol gewaschen werden müssen.

Präzipitation geringer Mengen mit Hilfe von *Carrier* (Träger-RNA oder anderen Trägermaterialien) Geringe DNA/RNA-Konzentrationen (< 10 μg/mL) lassen sich sehr schlecht präzipitieren. Die Verwendung von sogenannten Carriern schafft hier Abhilfe. Die Carrier werden durch Ethanol ebenfalls präzipitiert und fällen so die geringen Mengen der Nucleinsäuren mit aus. Häufig verwendete Carrier sind tRNA, Glykogen oder lineares Polyacrylamid.

> Der verwendete Carrier darf nicht mit den nachfolgenden Experimenten interferieren. So wird tRNA ebenfalls von Polynucleotidkinase phosphoryliert und sollte hier nicht als Carrier verwendet werden. Glykogen kann unter Umständen mit DNA-Protein-Komplexen interagieren.

Ein sehr guter, völlig inerter Carrier ist lineares Polyacrylamid, das leicht durch Polymerisation von Acrylamid (ohne Bisacrylamidzugabe) und anschließende Präzipitation mit Ethanol hergestellt werden kann.

21.1.4 Konzentrationsbestimmung von Nucleinsäuren

Die Konzentrationsbestimmung von RNA oder DNA basiert auf dem Absorptionsmaximum der Nucleinsäuren bei 260 nm (Abbildung 21.4). Für die Absorption sind dabei die aromatischen Ringe der Basen verantwortlich. Die Absorption bei 260 nm wird photometrisch in Quarzküvetten gemessen, da diese das UV-Licht

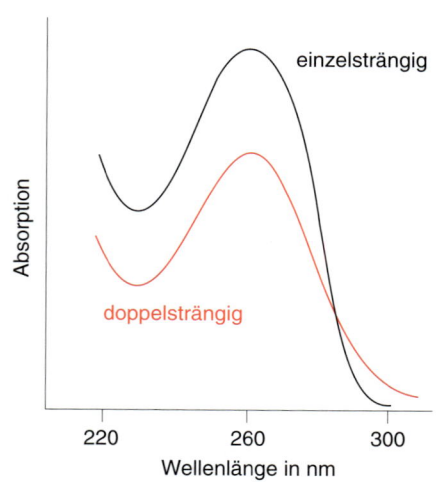

21.4 Absorptionskurven doppel- und einzelsträngiger DNA. Das Absorptionsmaximum der Nucleinsäuren liegt bei 260 nm. Gezeigt ist der Hyperchromie-Effekt, d. h. die Zunahme der Extinktion beim Übergang von doppel- zu einzelsträngiger DNA.

nicht absorbieren. Die Quarzküvetten für die meisten Photometer besitzen 1 cm Schichtdicke. Eine Lösung, die 50 µg/mL doppelsträngige DNA enthält, besitzt unter diesen Bedingungen einen Absorptionswert von 1 (sogenannte *Optische Dichte*, OD). Dieser OD-Wert dient zur Bestimmung der Konzentration der unbekannten DNA-Lösung. Nicht basengepaarte Nucleinsäuren besitzen eine höhere Absorption, ein Effekt, der als **Hyperchromie** bezeichnet wird. Es gelten daher für RNA sowie einzelsträngige DNA andere Werte (Tabelle 21.1).

Absorptionsspektroskopie
Abschnitt 7.2

Zur Bestimmung der Konzentration sehr kurzer, einzelsträngiger Oligonucleotide bekannter Sequenz benutzt man häufig einen anderen Wert. Hier berechnet man aus den bekannten molaren Absorptionskoeffizienten der einzelnen Basen die Summe der Absorptionskoeffizienten des betreffenden Oligonucleotids (Tabelle 21.1). Dieser Absorptionswert entspricht dann einer Konzentration des Oligonucleotids von 1 µmol/mL.

> Das Absorptionsmaximum für Proteine liegt, basierend auf der Absorption der aromatischen Aminosäurereste, bei 280 nm. Durch Bestimmung des Verhältnisses der Absorption sowohl bei 260 nm als auch bei 280 nm lässt sich die Reinheit einer Nucleinsäurelösung abschätzen. Eine reine DNA-Lösung besitzt einen OD_{260}/OD_{280}-Wert von 1,8, eine reine RNA-Lösung von 2,0. Ist die Nucleinsäurelösung mit Proteinen (oder Phenol) kontaminiert, so ist der Wert signifikant kleiner. Eine 50%ige Protein/DNA-Lösung besitzt ein Verhältnis OD_{260}/OD_{280} von ca. 1,5.

Für die photometrische Konzentrationsbestimmung benötigt man relativ viel DNA bzw. RNA (> 0,25 µg/mL). Die Abschätzung der Konzentration geringer Mengen DNA lässt sich durch Färbung mit Ethidiumbromid und anschließendem Vergleich mit einer Verdünnungsreihe bekannter Konzentration im UV-Licht durchführen. Ein guter Anhaltspunkt ist auch die Nachweisgrenze für DNA-Fragmente im Ethidiumbromid gefärbten Agarosegel (ca. 20 ng).

EthBr-Färbung
Abschnitt 22.3

Tabelle 21.1 Photometrische Konzentrationsbestimmung der Nucleinsäurelösungen. Die photometrisch bestimmte Oligonucleotidkonzentration kann über die Annäherungswerte einzelsträngiger DNA oder aber – bei bekannter Sequenz – aus der Summe der molaren Absorptionskoeffizienten der Basen des Oligonucleotids berechnet werden.

1 OD_{260} entspricht	50 µg/mL	doppelsträngiger	DNA
	40 µg/mL	einzelsträngiger	DNA
	33 µg/mL	einzelsträngiger	RNA

Molare Absorptionskoeffizienten der einzelnen Nucleotide

	ε in $mM^{-1}\, cm^{-1}$
(dATP)	15,4
(dCTP)	9,0
(dGTP)	13,7
(dTTP)	10,0

$\Sigma\, [\varepsilon(dNTP)_{Oligonucleotid}]$ entspricht 1 µmol/mL

Nach: Maniatis T., Fritsch, E. F., Sambrook, J. Molecular Cloning: A Laboratory Manual. Cold Spring Harbor Laboratory, Cold Spring Harbor 1989.

21.2 Isolierung genomischer DNA

Genomische DNA lässt sich aus den verschiedensten Quellen gewinnen. Der Isolierung genomischer DNA aus Gewebe, Zellkulturen, Pflanzen, Hefen und Bakterien liegt eine einheitliche Reinigungsstrategie zugrunde, die lediglich je nach Species variiert wird (Tabelle 21.2). Bei genomischer DNA handelt es sich um hochmolekulare DNA, die durch Scherkräfte in kleinere Bruchstücke zerlegt werden kann. In der Praxis werden solche Präparationen nur sehr vorsichtig gemischt und pipettiert. Man vermeidet auch das Pipettieren durch Kanülen oder Pipettenspitzen mit geringen Durchmessern. Die Fällung mit Ethanol kann die Molekülgröße ebenfalls negativ beeinflussen, so dass genomische DNA, wenn sie größer als 150 kbp sein soll, häufig nicht präzipitiert wird, sondern durch Dialyse gereinigt oder durch Extraktion mit 2-Butanol ankonzentriert wird.

Für die Analyse extrem hochmolekularer DNA werden die zu untersuchenden Zellen (oder Gewebestücke) in Agarose eingeschmolzen und alle enzymatischen Schritte in diesem Agaroseblöckchen durchgeführt.

Tabelle 21.2 Enzyme und Aufschlussreagenzien, die zur Isolierung genomischer DNA eingesetzt werden.

Ausgangsorganismus	Aufschluss durch	anschließende Behandlung
Eukaryontische Zellkulturen	Natriumdodecylsulfat (SDS)	Proteinase K
Gewebe	Natriumdodecylsulfat/ Proteinase K	Proteinase K
Pflanzen	SDS oder N-Laurylsarkosin	Proteinase K
Hefe (S. cerevisiae, S. pombe)	Zymolyase oder Lyticase	Proteinase K
Bakterien (E. coli)	Lysozym	Proteinase K

Aufschluss der Zellwände und Abbau der Proteine

Essentieller Schritt bei der Isolierung ist der proteolytische Abbau der Zellproteine durch Proteinase K. Einfache Phenolextraktion der DNA zur Abtrennung sämtlicher Proteine würde in diesem Fall nicht ausreichen. Zudem ist die genomische DNA sehr komplex mit Histonen oder Histon-ähnlichen Proteinen verpackt, deren Struktur durch Phenolisierung nicht vollständig aufgebrochen werden kann. Bei Proteinase K handelt es sich um eine Subtilisin-verwandte Serinprotease. Das Enzym spaltet peptidische Bindungen X-Y, wobei X eine aromatische, aliphatische oder hydrophobe Aminosäure und Y jede Aminosäure sein kann. Wird Proteinase K im Überschuss und mit langen Inkubationszeiten eingesetzt, so werden die Proteine bis hin zu den freien Aminosäuren abgebaut. Proteinase K wird weder durch zweiwertige Metallionen noch durch chelatisierende Agenzien (EDTA) gehemmt. Die optimale Inkubationstemperatur liegt zwischen 55 und 65 °C. Das Enzym benötigt für seine optimale Aktivität 0,5 % SDS, so dass in vielen Fällen die Inkubation im Proteinase K-haltigen Puffer bereits ausreicht, um die Zellen aufzuschließen. Einige Protokolle setzen dem Lysispuffer vor der Proteinase K-Inkubation RNase zu und entfernen die kontaminierende RNA.

Fragmentierung mit Proteinase K Abschnitt 8.5.1

Soll DNA aus Gewebe gewonnen werden, so wird das Gewebe zunächst in flüssigem Stickstoff schockgefroren und anschließend pulverisiert, um eine homogene Mischung in dem Lysispuffer zu gewährleisten.

Die Lyse von Bakterien erfordert in einigen Fällen die vorherige Inkubation mit dem bakterielle Zellwände abbauenden Lysozym, obgleich einige Protokolle auch auf diesen Schritt verzichten. Hefezellwände werden am besten mit Zymolyase oder Lyticase, Enzymen, die spezifisch die Hefe-Zellwände zerstören, abgebaut

21.5 *N*-Laurylsarkosin

und die lysierten Hefen anschließend mit Proteinase K behandelt. Bei der Isolierung genomischer DNA aus Pflanzenzellen verwendet man häufig statt SDS *N*-Laurylsarkosyl (Abbildung 21.5) als Detergenz. Pflanzen besitzen eine besonders hohe Nucleaseaktivität, ebenso ist der Polysaccharidgehalt sehr hoch, so dass möglicherweise weitere Reinigungsschritte erforderlich sind.

Reinigung und Präzipitation der DNA

Die Proteinase K wird durch Phenolextraktion inaktiviert und entfernt. Die Präzipitation der genomischen DNA durch Zugabe von Ethanol lässt sich gut beobachten: Die DNA fällt an der Phasengrenze zwischen Wasser und Ethanol aus und kann in vielen Fällen als ein Faden auf ein steriles Stäbchen aufgerollt werden (vgl. Abbildung 21.3). Genomische DNA sollte nur äußerst vorsichtig getrocknet werden, da sie sich sonst nur sehr schlecht löst. Um genomische DNA vollständig zu lösen, lässt man den Ansatz am besten mehrere Stunden bei 4 °C stehen. Die durch Ethanolpräzipitation gewonnene, genomische DNA ist für die meisten Anwendungszwecke hinreichend sauber.

Phenolextraktion und anschließende Fällung der DNA resultieren in einer durchschnittlichen Molekülgröße von ca. 100–150 kbp. Diese Größe ist zur Erstellung genomischer Banken in Bakteriophage λ-Vektoren sowie für Southern-Blot-Analysen ausreichend. Cosmidbanken erfordern jedoch genomische DNA von mindestens 200 kbp Länge. Dazu muss man die Extraktion mit organischen Lösungsmitteln vermeiden. Die Proteinase K sowie die noch verbleibenden Protein-DNA-Komplexe werden durch Behandlung mit Formamid denaturiert und durch Dialyse in Collodion-Schläuchen entfernt. Diese Methode enthält keine scherungsintensiven Schritte, so dass die Ausbeute an hochmolekularer DNA (> 200 kbp) sehr groß ist.

Eine weitere Isolierungsmethode ist relativ schnell, liefert aber nur genomische DNA mit einer durchschnittlichen Größe von 80 kbp, was zur Analyse durch Southern-Blot und zur PCR auf genomischer DNA allerdings ausreichend ist. Hier werden die Zellen durch Zugabe von Guanidinium-Hydrochlorid aufgeschlossen und die Proteine vollständig denaturiert. Die DNA kann dann durch Ethanolfällung isoliert werden.

Zusätzliche Reinigungsschritte

Genomische DNA lässt sich nach der Phenolextraktion über CsCl-Gradienten reinigen. Während der Zentrifugation mit CsCl pelletieren RNA-Verunreinigungen und können somit vollständig abgetrennt werden. Die CsCl-Dichtegradientenzentrifugation wird in Kapitel 2 und in Abschnitt 21.3 ausführlicher erläutert.

CsCl-Dichtegradientenzentrifugation
Abschnitt 2.5.2

Käufliche „Kits" verwenden Anionenaustauschersäulen zur Isolierung und Reinigung der genomischen DNA. Das Anionenaustauschermaterial wird dabei in Säulen, die mit Hilfe der Schwerkraft eluieren oder aber in sog. *Spin Columns*, bei denen die Lösungen durchzentrifugiert werden, bereitgestellt. Die Säulen haben den Vorteil, dass keine organischen Extraktionsschritte zur Reinigung notwendig sind. Allerdings unterliegt die DNA durch die Reinigung über das Säulenmaterial Scherkräften, die eine Isolierung sehr hochmolekularer DNA verhindern. Die käuflichen Isolationsmethoden eignen sich für Southern-Blot-Analysen und PCR-Reaktionen.

21.6 CTAB (Cetyltrimethylammoniumbromid bzw. Hexadecyltrimethylammoniumbromid). Das quartäre Ammoniumsalz CTAB kann als kationisches Detergenz wirken.

Eventuell vorhandene Polysaccharide können durch die Behandlung mit CTAB (Hexadecyltrimethylammoniumbromid, Abbildung 21.6) entfernt werden. Dieser Reinigungsschritt empfiehlt sich besonders bei der Isolierung genomischer DNA aus Bakterien und Pflanzen, da diese einen besonders hohen Polysaccharidgehalt besitzen. CTAB komplexiert die Polysaccharide und entfernt zusätzlich die restlichen Proteine. Durch Zusatz von Chloroform/Isoamylalkohol fallen die komplexierten CTAB/Polysaccharidkomplexe in der Interphase aus. Wichtig bei der Behandlung mit CTAB ist die NaCl-Konzentration. Liegt diese unter 0,5 M, so lässt sich die genomische DNA durch Zugabe von CTAB ebenfalls ausfällen.

21.3 Isolierung niedermolekularer DNA

21.3.1 Isolierung von Plasmid-DNA aus Bakterien

Plasmide, d. h. extrachromosomale, häufig zirkuläre DNA, kommt in Mikroorganismen oft natürlich vor. Plasmide können eine Größe zwischen 2 und mehr als 200 kb besitzen und die verschiedensten genetischen Funktionen erfüllen. Im Laboralltag versteht man jedoch unter Plasmiden ausschließlich die aus verschiedenen genetischen Elementen (Replikationsursprung, Resistenzgen, Polylinker Abb. 21.7) zusammengesetzten Plasmidvektoren, die für viele Anwendungen (z. B. Klonierung, Fragmentisolierung, Sequenzbestimmung, *in vitro*-Transkription) essentiell sind. Im Folgenden wird daher nur die Isolierung dieser Standardplasmide besprochen. Plasmide können in Bakterien durch Antibiotika-Selektion vermehrt werden. Die Plasmide tragen ein Antibiotikaresistenz-Gen (z. B. das *bla*-Gen für die β-Lactamase zum Wachstum in Ampicillin-haltigem Medium), das die Bakterien befähigt, in Selektionsmedium zu wachsen. Die Plasmide enthalten neben dem Resistenzgen einen bakteriellen Replikationsursprung, der eine autonome Replikation des Plasmids in der Bakterienzelle ermöglicht. Die Art des Replikationsursprungs ist dabei entscheidend für die Kopienzahl, in der das Plasmid in einer Bakterienzelle vorliegt (Tabelle 21.3).

In der Praxis teilt man die Plasmide in sogenannte *low-copy*-Plasmide (Kopienzahl < 20) und *high-copy*-Plasmide (Kopienzahl > 20) ein. Die Kopienzahl des Plasmids entscheidet wiederum über die Menge der isolierten Plasmide aus einer bestimmten Menge Bakterienkultur. Die meisten der neueren Plasmidvektoren besitzen Replikationsursprünge, die durch Mutationen des pMB1-Repli-

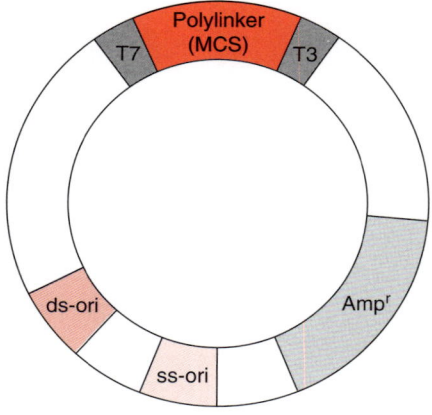

21.7 Schema eines typischen Plasmidvektors zur Klonierung und Amplifikation von DNA-Fragmenten. Das gewünschte Fragment wird in die künstliche Polylinker-Region (MCS, multiple cloning site) kloniert. T3 und T7 sind Promotoren, die von den RNA-Polymerasen der T3- bzw. T7-Phagen spezifisch erkannt werden und die zur Synthese von RNA-Transkripten des klonierten Fragments benutzt werden können. Amp^r ist ein Selektionsgen, das den Bakterien, die den Vektor enthalten, erlaubt, auf Ampillicin-haltigem Medium zu wachsen. Der Replikationsursprung (*ori*, von *origin*) ist ein spezifischer Bereich, der für die selbständige Replikation des Vektors notwendig ist. In der Regel ermöglicht das Origin (wie Col E1) die Replikation des Plasmids in der Doppelstrangform (ds-*ori*). Ein zweites Origin (z. B. von einzelsträngigen Phagen wie f1) kann die Replikation des Plasmids auch als Einzelstrang ermöglichen (ss-*ori*).

Tabelle 21.3 Replikationsursprünge (*origins*) häufig verwendeter Vektoren und deren Kopienzahl in Bakterien.

Plasmid	Replikationsursprung	Resistenz-Gen	Kopienzahl
pBR 322 und Derivate	pMB1	Amp^r, Tet^r	15–20
pUC	pMB1	Amp^r	500–700
pBluescript	pMB1	Amp^r	300–500
pGEM	pMB1	Amp^r	300–400
pVL 1393/1392	ColE1	Amp^r	>15
pACYC	p15A	Chloramphenicol^r, Tet^r	10–12
pLG338	pSC101	Kan^r, Tet^r	ca. 5

kationsursprungs entstanden sind. Das pMB1-Plasmid gehört zu den ColE1-verwandten Multicopy-Plasmiden, die von Mitgliedern der Familie der *Enterobacteriaceae* stammen. Die Isolierung der Plasmid-DNA lässt sich dabei in Anzucht und Lyse der Bakterien sowie Reinigung der gewonnenen DNA unterteilen.

Bei Plasmiden, die ein Col E1-Origin besitzen, ist die selektive Amplifikation des Plasmids gegenüber dem bakteriellen Chromosom möglich. Dazu muss während der logarithmischen Wachstumsphase der Bakterienkultur dem Medium ein Translationsinhibitor (z. B. Chloramphenicol) zugesetzt werden. Dadurch wird die Nachlieferung des Rop (*repressor of primer*)-Proteins inhibiert, das mitverantwortlich ist für die Kontrolle der Kopienzahl des Plasmids. Dies führt zu einer erhöhten Replikation (*relaxed replication*) und dadurch zur Erhöhung der Kopienzahl.

Anzucht der Bakterienkulturen

Für die Isolierung von Plasmid-DNA werden in der Praxis Derivate des *Escherichia coli*-Stammes K12 verwendet. Bei dem Stamm handelt es sich um einen sogenannten Sicherheitsstamm, dem die für die Pathogenität verantwortlichen Gene (Adhäsionsfaktoren, Invasionsfaktoren, Toxine und Oberflächenstrukturen) fehlen. Nicht alle *E.coli*-K12-Stämme eignen sich gleich gut für die Isolierung von Plasmid-DNA. Gute Wirtsstämme sind z. B. DH1, DH5α sowie XL1Blue. Die Stämme HB101 sowie die JM100-Serie sind für bestimmte Plasmidpräparationen nicht geeignet, da sie einen hohen Gehalt an Kohlenhydraten und Endonucleasen besitzen, die durch die Lyse freigesetzt werden und inhibierend auf nachfolgende Reaktionen wirken bzw. die DNA beschädigen können. Ein sehr häufig verwendeter Stamm ist XL1Blue, der zwar langsamer wächst, aber den Vorteil besitzt, rekombinationsdefizient ($recA^-$) zu sein, so dass unerwünschte Rekombinationen innerhalb der DNA, die unter gewissen Bedingungen in $recA^+$-Stämmen auftreten können, nicht vorkommen.

Die Anzucht der Bakterien erfolgt in Flüssigkultur. Die Medien sind dabei meist LB (Luria-Bertani, enthält Hefeextrakt, BactoTrypton und NaCl), TB („Terrific Broth") oder 2xYT (eine Abwandlung des LB-Mediums, das ungefähr doppelt soviel Hefeextrakt und Bactotrypton enthält). Die Medien müssen vor dem Gebrauch autoklaviert werden. Für die meisten Anwendungen und für high-copy-Plasmide ist eine Anzucht in LB-Medium ausreichend. Das Wachstum der Bakterien muss in Gegenwart des entsprechenden Antibiotikums erfolgen. Qualität und Menge des zugesetzten Antibiotikums spielen für die Ausbeute an Plasmid-DNA ebenfalls eine wichtige Rolle. Ampicillin ist temperatursensitiv und sollte nur abgekühltem Medium zugesetzt werden.

Nach guter mikrobiologischer Praxis erfolgt die Anzucht der Bakterienkultur ausgehend von einer einzelnen Bakterienkolonie, welche zunächst in einer kleineren Menge Medium angezogen und anschließend auf die gewünschte Menge Medium verdünnt wird. Im Laboralltag unterscheidet man je nach Menge der angezogenen Bakterien „Mini" (2 bis 10 mL)-, „Midi" (25 bis 100 mL)- und „Maxi" (> 100 mL)-Präparationen.

Die Ausbeute der *low-copy*-Plasmide kann durch Zugabe von Chloramphenicol zur Bakterienkultur gesteigert werden (siehe oben). Die Anzucht in Gegenwart von Chloramphenicol wird teilweise auch bei der Isolierung großer Mengen *high-copy*-Plasmide verwendet, da der Zusatz von Chloramphenicol die Anzahl der Bakterien und somit des bakteriellen Debris vermindert.

Lyse der Bakterien

Für die Lyse der Bakterien zur Gewinnung niedermolekularer DNA stehen mehrere Methoden zur Verfügung, die je nach Art und Verwendung des Plasmids angewendet werden (Tabelle 21.4). Die gebräuchlichste Methode ist dabei die **alkalische Lyse** (Abbildung 21.8). Die Bakterienkulturen werden abzentrifugiert und in EDTA-haltigem Puffer resuspendiert. EDTA komplexiert zweiwertige Kationen (Mg^{2+}, Ca^{2+}), die für die Stabilität der Bakterienzellwände wichtig sind und destabilisiert somit die bakterielle Zellwand. Je nach Protokoll kann dem Resuspensionspuffer bereits RNase zugesetzt werden, die einen Großteil der bakteriellen RNA degradiert.

> Wichtig ist, dass die RNase keine kontaminierenden DNasen enthält. Dies gewährleistet man am besten durch Inkubation der RNase bei 95 °C: RNase ist ein sehr stabiles Enzym und renaturiert nach dieser Hitzebehandlung wieder zu einem aktiven Enzym. Im Gegensatz dazu werden alle DNasen inaktiviert.

Die Bakteriensuspension wird anschließend durch Zugabe einer Mischung aus SDS und NaOH vollständig lysiert. SDS löst als Detergenz die Phospholipide und

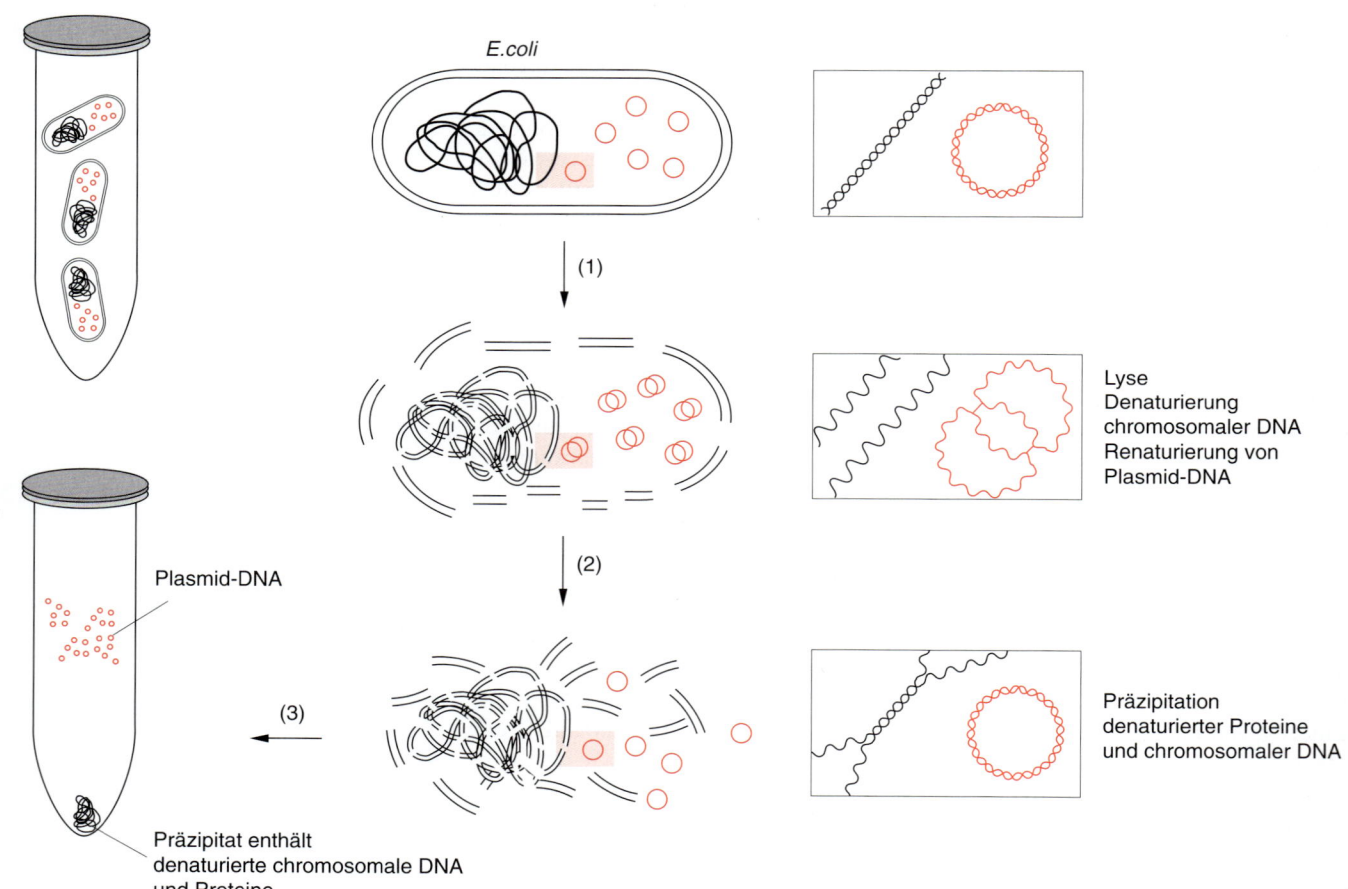

21.8 Prinzip der alkalischen Lyse von Bakterien zur Isolierung der Plasmid-DNA. (1) Im ersten Schritt werden die Bakterien mit Hilfe von SDS lysiert und die DNA durch Natriumhydroxid denaturiert. (2) Zugabe von Kaliumacetat neutralisiert die Lösung. Denaturierte Proteine und chromosomale DNA präzipitieren mit dem Kaliumsalz des Dodecylsulfats. Die niedermolekulare Plasmid-DNA bleibt in Lösung und kann renaturieren. (3) Die unlöslichen Komplexe werden abgetrennt und die Plasmid-DNA kann isoliert werden.
Nach: DNA Science. A First Course in Recombinant DNA Technology. D. A. Micklos and G. A. Freyer (1990), Cold Spring Harbor Laboratory Press and Carolina Biological Supply Company.

Tabelle 21.4 Mögliche Aufschlussmethoden für Bakterien

Art des Aufschlusses	Lyse durch	Kommentar
alkalische Lyse	SDS/NaOH	einfach und schnell, am besten geeignet für große Plasmide und *low-copy*-Plasmide
Kochlyse	Lysozym/100 °C	Endonuclease A wird nicht vollständig inaktiviert
Lithium-Methode	LiCl/Triton X-100	schnell und effizient, nicht geeignet für größere Plasmide (> 10 kbp)
SDS-Lyse	Lysozym/SDS	wird häufig für größere Plasmide (> 15 kbp) verwendet

Proteinkomponenten der Zellwände. Natronlauge denaturiert chromosomale und Plasmid-DNA sowie Proteine. Die Dauer der Inkubation unter alkalischen Bedingungen ist für die Qualität der Plasmid-DNA wichtig: sie muss so gewählt werden, dass möglichst viel Plasmid-DNA freigesetzt wird, ohne auch chromosomale DNA freizusetzen. Eine zu lange Inkubationszeit denaturiert die Plasmid-DNA irreversibel, ineffiziente Lyse der Bakterien senkt die Ausbeute an Plasmid-DNA drastisch herab. Vollständig denaturierte Plasmid-DNA lässt sich im Agarosegel leicht erkennen: sie läuft schneller als die superhelicale DNA und lässt sich schlechter mit Ethidiumbromid anfärben.

Agarosegele
Abschnitt 22.2.1

Das Lysat wird mit saurem Kaliumacetat-Puffer neutralisiert. Kaliumdodecylsulfat ist wesentlich schlechter in Wasser löslich als Natriumdodecylsulfat und fällt unter den herrschenden hohen Salzkonzentrationen aus. Denaturierte Proteine, hochmolekulare RNA, denaturierte chromosomale DNA und bakterieller Zelldebris bilden in Anwesenheit von Kaliumdodecylsulfat unlösliche Komplexe und werden zusammen mit dem Salz präzipitiert. Die kleineren Plasmidmoleküle bleiben in Lösung und können durch die Neutralisation der Lösung wieder renaturieren. Die unlöslichen Komponenten werden abzentrifugiert und die DNA kann weiter bearbeitet werden. Für viele Anwendungen reicht die Reinheit der DNA bereits aus und die DNA wird lediglich mit Ethanol oder Isopropanol gefällt und anschließend gewaschen.

Diese einfache und schnelle Methode eignet sich zur gleichzeitigen Präparation sehr vieler verschiedener Plasmide und wird deshalb zum Austesten von Klonierungen verwendet (*Schnellaufschlüsse*). Hier zieht man viele verschiedene Bakterienkolonien in einigen mL Medium an und analysiert die Plasmid-DNA mit Hilfe von Restriktionsspaltungen auf die richtige Insertion des Fragments in den Vektor.

Käufliche Plasmid-Präparations-Kits verwenden ebenfalls diese alkalische Lyse. Die DNA wird vor dem Fällen wie nachfolgend beschrieben über Anionenaustauschersäulen gereinigt.

Neben der alkalischen Lyse können Bakterien auch durch die sogenannte **Kochlyse** aufgeschlossen werden (Tabelle 21.4). Die bakteriellen Zellwände werden durch Zugabe von Lysozym zerstört und die lysierten Bakterien für kurze Zeit aufgekocht. Der bakterielle Debris wird abzentrifugiert und die Plasmid-DNA kann anschließend präzipitiert werden. Die Präparationsmethode inaktiviert Endonuclease A (*endA*+), die von einigen Bakterienstämmen (z. B. HB101) exprimiert wird nicht vollständig, so dass die DNA vor der Präzipitation phenolisiert werden sollte.

Eine weitere Methode verwendet zum Aufschluss der Bakterien das nichtionische Detergenz Triton X100 (Abbildung 21.9) in Anwesenheit von hohen Konzentrationen Lithiumchlorid. Die Behandlung zeigt keinen äußerlichen Effekt auf die Morphologie der Bakterien, sondern führt zur Auflösung der inneren bakteriellen Plasmamembran. Die Plasmid-DNA wird auf dieser Stufe noch nicht freigesetzt. Erst durch Zugabe von Phenol/Chloroform/Isoamylalkohol kommt es zur vollständigen Denaturierung der bakteriellen Proteine und Membranen, wodurch

21.9 Das nichtionische Detergenz Triton X 100.

die niedermolekulare Plasmid-DNA in der wässrigen Phase gelöst bleibt. Diese Methode ist schnell und liefert DNA von ausreichend hoher Qualität für die meisten Anwendungen.

Zur Isolierung sehr großer Plasmide eignet sich die Lyse durch SDS (ohne NaOH, da sehr große Plasmide schwerer renaturieren) und anschließende partielle Fällung der chromosomalen DNA und des bakteriellen Debris zur Zugabe von Natriumchlorid. Nach dem Zentrifugationsschritt kann aus dem Überstand die Plasmid-DNA isoliert werden. Große Plasmide werden am besten über CsCl-Dichtegradientenzentrifugation weiter aufgereinigt (siehe unten).

Reinigung der DNA über Anionenaustauschersäulen

DEAE
Abschnitt 9.4

Hier werden in der Regel käufliche Anionenaustauschersäulen verwendet, deren positive Ladung durch die protonierte Diethylammoniumethylgruppen (DEAE) gestellt wird. Die negativ geladene DNA wird bei relativ niedriger Salzkonzentration (750 mM) an das Säulenmaterial gebunden. Degradierte RNA und Proteine binden unter den gewählten Bedingungen nicht. Das Säulenmaterial wird mit Puffer einer höheren Salzkonzentration (1 M) gewaschen, um Spuren von Proteinen (RNase A) oder RNA zu eliminieren. Unter diesen Bedingungen eluiert die DNA noch nicht von der Säule. Die Elution der DNA erfolgt bei noch höheren Salzkonzentrationen (1,25 M). Die genauen Pufferbedingungen sind dabei von der Art des verwendeten Säulenmaterials abhängig und sollten nach den Herstellerangaben angesetzt werden.

> Bei der beschriebenen Isolierung können bestimmte Lipopolysaccharide, die in fast allen gram-negativen Bakterien vorhanden sind, mit aufgereinigt werden. Diese sogenannten **Endotoxine** sind vor allem für Transfektion der DNA in sensitive Zelllinien sehr störend. Sie führen zu einer stark verminderten Transfektionseffizienz und unerwünschten Reaktionen, wie z. B. Stimulierung der Proteinsynthese oder Aktivierung der Komplement-Kaskade.

Verschiedene Reinigungsprotokolle wurden entworfen, die die Endotoxine vor der Reinigung über Anionenaustauschersäulen entfernen. Die an der Bakterienmembran haftenden Lipopolysaccharide werden zunächst mit Detergenzien (1 % n-Octyl-β-D-Thioglucopyranosid, OSPG) von bindenden Proteinen befreit und anschließend über Säulen, die das kationische Antibiotikum Polymyxin B enthalten, gereinigt. Diese Substanz bindet sehr effizient Lipopolysaccharide. Hochreine DNA, die sehr wenig Endotoxine enthält, lässt sich auch über zweimalige CsCl-Dichtegradientenzentrifugation präparieren.

Tabelle 21.5 Ungefähre Ausbeuten nach der Reinigung über Anionenaustauschersäulen. Die Ausbeute an *high-copy*-Plasmiden beträgt ca. 2–5 µg/mL, bei *low-copy*-Plasmiden 0,1–1 µg/mL.

Vektor	Art des Plasmids	Bakterienkultur in mL	Ausbeute in µg
pUC, pGEM	*high-copy*	25	50–100
pUC, pGEM	*high-copy*	100	300–500
pBR322	*low-copy*	100	50–100
pBR322	*low-copy*	500	100–500

Nach: Quiagen-Handbuch.

Dichtegradientenzentrifugation

Die Aufreinigung der DNA-Präparationen durch Zentrifugation in einem CsCl-Gradienten liefert hochreine DNA mit sehr großen Ausbeuten. Prinzipiell lassen sich zwei Zentrifugationsmethoden unterscheiden: die Gleichgewichtszentrifugation (isopyknische Zentrifugation) und die Zonenzentrifugation. Sie sind in Kapitel 2 ausführlich beschrieben.

Hauptanwendung der isopyknischen Zentrifugation ist die Trennung von DNA-Molekülen, die trotz identischer Molekülmassen große Dichteunterschiede aufweisen können.

Die Zentrifugation von DNA-Molekülen im CsCl-Gradienten wird in Gegenwart von Ethidiumbromid durchgeführt. Durch die Intercalation mit Ethidiumbromid kann zwischen chromosomaler und Plasmid-DNA aufgrund ihrer Dichteunterschiede differenziert werden: Ethidiumbromid intercaliert in Doppelstrang-DNA, dabei jedoch mehr in lineare oder „genickte" Plasmid-DNA, als in die geschlossene zirkuläre Form. Auf den genauen Mechanismus und die Thermodynamik der Intercalation von Ethidiumbromid in die DNA wird im folgenden Kapitel eingegangen. Daraus resultiert ein Unterschied in der Dichte der Moleküle, so dass eine Trennung der Formen im Gradienten möglich ist. (Abbildung 21.10). Die Schwebedichte von RNA ist größer als die maximale Dichte des CsCl-Gradienten, so dass die Ethidiumbromid-RNA-Komplexe unter diesen Bedingungen pelletieren. Zur Separation von RNA im Dichtegradienten wird Cs_2SO_4 verwendet. Verunreinigende Protein/Ethidiumbromid-Komplexe schwimmen aufgrund ihrer geringeren Dichte oben.

In der Praxis wird die zu reinigende DNA-Lösung mit CsCl bis zu einer bestimmten Enddichte versetzt (z. B. 1,75 g/mL) und bei einer geeigneten Drehzahl in der Ultrazentrifuge zentrifugiert. Umdrehungszahl sowie Dauer der Zentrifugation hängen vom verwendeten Rotor ab. Als Beispiel sei die Zentrifugation im Beckmann Ti65-Vertikalrotor bei 60 000 Umdrehungen/Minute für 24 Stunden genannt. Die DNA/CsCl-Lösung sollte nur in Röhrchen, die für die Rotoren vorgesehen sind, erfolgen. Für die Zentrifugation in Vertikalrotoren verwendet man verschweißbare Polyallomer-Röhrchen. Der Gradient stellt sich dabei parallel zur Rotorachse ein, d. h. die Banden stehen senkrecht dazu. Kommt der Rotor zum Stillstand, so „kippt" der Gradient unter Erhalt seiner getrennten Schichten, so dass man ringförmig angeordnete Plasmid-Banden beobachten kann (Abbildung 21.10). Die RNA-Ethidiumkomplexe pelletieren dabei an die Gefäßwand, Proteine bilden eine Bande mit niederer Schwebedichte.

Die DNA wird durch eine Kanüle mit großem Durchmesser – um Scherung zu vermeiden – aus dem Gradienten abgezogen. Zur Isolierung hochreiner DNA kann der Zentrifugationsschritt wiederholt werden. Aus der DNA-Lösung wird das Ethidiumbromid durch mehrmalige Extraktionen mit salzgesättigtem *n*-Butanol entfernt. Etwaige noch vorhandene Spuren von Ethidiumbromid lassen

Zentrifugation
Abschnitt 2.5

Intercalation von Ethidiumbromid
Abschnitt 22.3

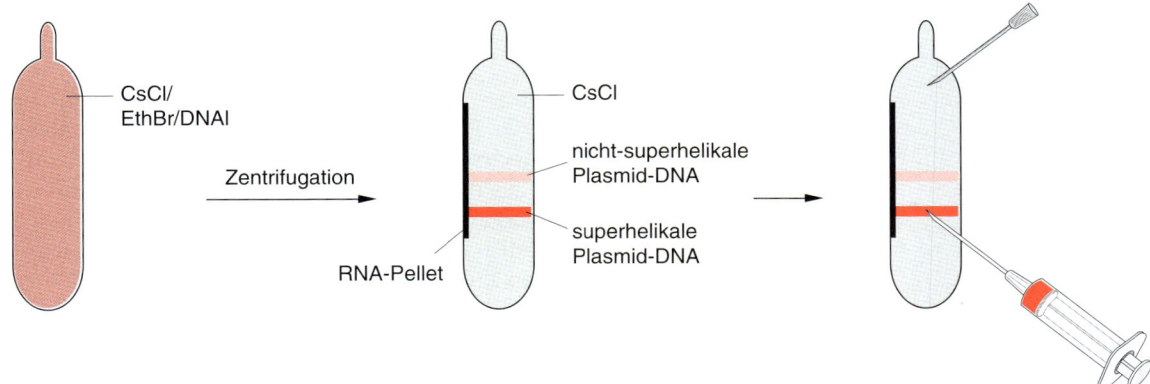

21.10 CsCl-Dichtegradientenzentrifugation in Gegenwart von Ethidiumbromid zur Isolierung von Plasmid-DNA. Aufgrund ihrer unterschiedlichen Dichten können Form I (superhelical) und Form II oder III (offene Form, lineare Form) im Gradienten getrennt werden. Die RNA-Verunreinigungen bleiben bei Verwendung eines Vertikalrotors an der Wand des Zentrifugenröhrchens haften. Zum Abnehmen der Plasmidbande wird das Röhrchen zunächst mit einer Kanüle belüftet. Mit einer zweiten Kanüle sticht man unterhalb der zu isolierenden Bande ein und kann die Bande mit einer Spritze abziehen. War die chromosomale DNA vorher noch nicht abgetrennt, so befindet sich diese wegen ihrer geringeren Dichte oberhalb der Form-I-Bande. Zur Isolierung hochreiner DNA wird die Zentrifugation mit einem neuen Dichtegradienten wiederholt.

sich dann gegebenenfalls durch Phenolextraktion entfernen. Das in hohen Konzentrationen vorhandene CsCl kann durch Dialyse der DNA-Lösung gegen TE (bzw. Wasser) entfernt werden. Eine weitere Möglichkeit besteht in der Fällung der gereinigten DNA aus großer Verdünnung, d. h. die DNA wird erst mit Wasser stark verdünnt und anschließend ausgefällt.

Teilweise werden auch diskontinuierliche Gradienten verwendet, in denen zwei CsCl-Lösungen unterschiedlicher Dichte aufeinandergeschichtet werden und die zu reinigende DNA-Lösung vorsichtig auf diesen Gradienten aufgetragen wird. Die Zentrifugationszeiten können sich dadurch verkürzen. Diese Methode kann jedoch nur in *swing-out*-Rotoren durchgeführt werden.

Eine weitere, im Laboralltag jedoch nicht sehr häufig verwendete Reinigungsmethode, die Fällung der DNA mit Polyethylenglykol, sei hier nur der Vollständigkeit halber erwähnt.

21.3.2 Isolierung niedermolekularer DNA aus eukaryontischen Zellen

Hefeplasmide

Die Isolierung hochreiner Hefeplasmide ist sehr schwierig und in der Praxis wählt man den Weg über die Isolierung von Gesamt-DNA. Da Hefeplasmide sowohl Hefereplikationselemente als auch einen bakteriellen Replikationsursprung besitzen, lässt sich saubere Hefeplasmid-DNA am besten durch Retransformation in *E.coli* gewinnen. Die verunreinigende genomische Hefe-DNA kann in den Bakterien nicht vermehrt werden. Durch Transformation in *E.coli* ist es möglich, auf einfache und schnelle Weise genügend saubere DNA zu erhalten. Sollen verschiedene Hefeplasmide aus einer Hefepopulation gewonnen werden, so können bestimmte mutagenisierte Bakterienstämme verwendet werden, deren Stoffwechseldefekt durch einen Marker auf dem Hefeplasmid komplementiert werden kann. Der *E.coli*-Stamm KC8 besitzt eine Mutation in einem Gen des Tryptophan-Stoffwechsels, die von dem Hefegen *TRP1* komplementiert werden kann. Durch Wachstum der KC8-Bakterien auf Tryptophan-defizienten, ampicillinhaltigen Platten können selektiv Vektoren, die das *TRP1*-Gen enthalten, amplifiziert werden. Diese Methode kann nur in Spezialfällen und unter vorheriger Austestung der Bedingungen angewendet werden, da es nicht selbstverständlich ist, dass Hefeproteine Defekte im Bakterienstoffwechsel komplementieren können.

Hirt-Extraktion

Die gebräuchlichste Methode zur Isolierung kleinerer, extrachromosomaler DNA-Moleküle, wie transfizierter Plasmid-DNA oder viraler DNA, aus höheren Zellen ist die sogenannte **Hirt-Extraktion**, die erstmals von B. Hirt 1967 zur Isolierung von Polyomavirus-DNA aus infizierten Mauszellen angewendet wurde. Die Zellen werden mit 0,5 % SDS aufgeschlossen und auf einen NaCl-Gehalt von 1 M durch Zugabe einer konzentrierten NaCl-Lösung eingestellt. Die Mischung wird über Nacht zur selektiven Ausfällung der genomischen DNA bei 0 °C inkubiert und anschließend abzentrifugiert. Der Überstand enthält die niedermolekulare DNA und kann durch Inkubation mit Proteinase K sowie anschließende Phenolextraktion gereinigt werden.

21.4 Isolierung viraler DNA

21.4.1 Isolierung von Phagen-DNA

Bakteriophage-λ-Vektoren werden hauptsächlich zur Klonierung genomischer DNA-Bibliotheken verwendet. In keinem anderen Vektorsystem lassen sich so effizient große (ca. 10 bis 20 kbp) Fragmente klonieren und vermehren. Neben dieser Anwendung ist es aber auch üblich, Expressionsbanken in Phagen zu klonieren. Ein großer Vorteil der Phagenbibliotheken ist, dass eine sehr große Anzahl individueller Klone gleichzeitig durchgemustert werden kann. Nach Identifizierung und Isolierung des gesuchten Phagen muss zur Analyse des eingebauten Fragments die Phagen-DNA isoliert werden. Hierzu werden zunächst eine ausreichende Menge Phagenpartikel isoliert und diese dann unter entsprechenden Bedingungen lysiert.

Vermehrung von Phagen

Die Vermehrung von Phagen in einer *E.coli*-Kultur kann in Flüssigkultur oder auf Agarplatten erfolgen. Die Wahl des Wirtsstammes hängt dabei vom verwendeten Phagen ab. Die Bakterien lässt man in Gegenwart von Maltose logarithmisch wachsen. Maltose induziert das bakterielle Maltose-Operon, welches auch das Gen für den Bakteriophage-λ-Rezeptor (*lamB*) kontrolliert. Die Bakterien werden geerntet und in einem magnesiumhaltigen Puffer (λ-Diluent, SM-Medium) auf eine bestimmte Zelldichte eingestellt. Die Bestimmung der Zellzahl einer Bakteriensuspension erfolgt dabei photometrisch: Die Absorption der Bakterien wird gegen den Leerwert des reinen Mediums bei 600 nm gemessen. 1 OD entspricht dabei einer Bakterienzahl von ca. $8 \cdot 10^8$. Dieser Wert ist abhängig vom *E.coli*-Stamm und sollte, wenn genauere Bestimmungen erforderlich sind, individuell bestimmt werden. Magnesium-Ionen stabilisieren Phagenpartikel, so dass auch dem Flüssigkulturmedium zur Vermehrung der Phagen Magnesium-Ionen zugesetzt werden (NZCYM-Medium).

Für eine optimale Vermehrung der Phagen in Flüssigkultur ist das Anfangsverhältnis von Bakterien und Phagenpartikel von entscheidender Bedeutung. Überwiegt anfangs die Zahl der Phagen, so werden die Bakterien gleich zu Beginn fast vollständig lysiert und können nur wenige neue Phagenpartikel synthetisieren. Die Ausbeute an Phagenpartikeln ist demzufolge sehr gering. Wird die Bakterienkultur mit zu wenigen Phagen infiziert, so vermehren sich die Bakterien wesentlich schneller und die Kultur wird dicht, bevor eine erneute Phageninfektion erfolgen konnte. Auch in diesem Fall ist die Ausbeute an Phagenpartikeln äußerst gering. Das optimale Verhältnis zwischen Phagen und Bakterien kann für jeden *E.coli*-Stamm und Phagen variieren und muss experimentell bestimmt werden. Ein optimales Infektionsverhältnis erkennt man an der Zeitdauer bis die Volllyse der Bakterienkultur eintritt (> 8 h). Die vollständige Lyse der Bakterienkultur erkennt man daran, dass die Bakterienkultur plötzlich klar wird, der Debris der lysierten Bakterien schwimmt in Fetzen im Medium.

Zur Vermehrung der Phagen auf Agarplatten sollte zunächst der Titer der Phagenlösung bekannt sein. Anschließend werden mehrere Platten mit der entsprechenden Anzahl Phagen präpariert. Diese Methode ist im Vergleich zur Flüssigkultur arbeits- und zeitintensiver und wird daher zur Isolierung einzelner Phagenpartikel seltener angewendet. Die Kultur der Phagen auf Agarplatten ermöglicht jedoch eine bessere Vermehrung schlecht replizierender Phagen, die in

Flüssigkultur normalerweise nicht in ausreichender Menge vertreten sind und wird daher hauptsächlich zur Amplifikation von Genbanken verwendet.

Isolierung der Phagenpartikel

Die auf Agarplatten gezogenen Phagen werden abgeschwemmt und analog zu den Flüssigkulturen behandelt. Um bakterielle DNA und RNA zu beseitigen, setzt man der lysierten Flüssigkultur zunächst RNase und DNase zu. Die Phagen-DNA kann auf dieser Stufe nicht angegriffen werden, da sie noch in den intakten Phagen verpackt ist. Anschließend werden die Phagen durch Zentrifugation bei hohen Drehzahlen (100 000 g) pelletiert. Einige Protokolle verwenden zur Fällung der Phagen Polyethylenglykol. Die Reinheit der pelletierten Phagen reicht für viele Versuchsanwendungen bereits aus. Die Phagen bilden ein bräunliches bis farbloses Pellet, welches in TE resuspendiert wird. Phagenpartikel sind sehr sensitiv für komplexierende Reagenzien, die die Mg^{2+}-Konzentration vermindern. Die Resuspension in EDTA-haltigem Puffer destabilisiert die Phagenhülle und erleichtert die nachfolgende Lyse der Phagen.

Die pelletierten Phagen können anschließend über eine Gradientenzentrifugation gereinigt werden (Abbildung 21.11). Hierzu werden hauptsächlich diskontinuierliche CsCl-Dichtegradienten oder Glyceringradienten verwendet, die durch vorsichtiges Über- bzw. Unterschichten von Lösungen unterschiedlicher Dichte vorbereitet werden.

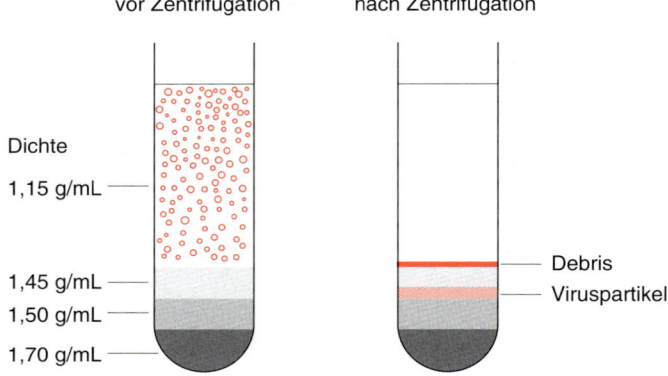

21.11 CsCl-Dichtegradientenzentrifugation zur Isolierung reiner Phagenpartikel. Die λ-Phagen bilden eine sichtbare, trübe Bande bei einer Dichte zwischen 1,45 und 1,50 g/mL CsCl. Nach: Maniatis et al. Molecular Cloning. Cold Spring Harbor Laboratory, 1989.

Isolierung der DNA

Die isolierten und gereinigten Phagenpartikel werden durch Aufschluss mit Proteinase K lysiert und die Proteinhülle abgebaut. Die DNA kann dann durch Phenolextraktion und anschließende Präzipitation gewonnen werden (Abschnitt 21.1). Da es sich bei Phagen-DNA um relativ hochmolekulare, lineare DNA (45–50 kbp) handelt, sollte diese nur vorsichtig pipettiert und gelöst werden.

21.4.2 Isolierung von DNA aus eukaryontischen Viren

Die Vielfalt eukaryontischer Viren erfordert auch individuell angepasste Strategien zur Isolierung ihrer Nucleinsäuren. Dabei lassen sich zwei allgemeine Reinigungsstrategien zusammenfassen.

In infizierten Zellen liegt die virale DNA in der Regel extrachromosomal vor (z. B. Adenoviren, Polyomaviren, SV40, Papillomaviren, Baculoviren). Die virale DNA kann mit Hilfe der bereits weiter oben erwähnten Hirt-Extraktion (Abschnitt 21.3.2) direkt aus den infizierten Zellen gewonnen werden. Diese Methode liefert große Mengen viraler DNA. Die Reinheit dieser DNA ist für die meisten Analysen ausreichend. Einige Viren besitzen sehr große Genome, so dass große Scherkräfte zu Brüchen in den DNA-Strängen führen würden und bei der Handhabung vermieden werden sollten. Hier können die gleichen Vorsichtsmaßnahmen getroffen werden wie bei der Isolierung genomischer oder anderer hochmolekularer DNA (Abschnitt 21.1). Nachteil der Hirt-Extraktion ist in diesem Falle, dass man keine hochreine Virus-DNA erhält und die DNA eventuell in einem anderen Modifikationszustand vorliegt als im Viruspartikel selbst (gebundene Proteine, kovalente Modifikationen, zirkuläre DNA bzw. nicht-kovalent geschlossene DNA).

Sehr saubere, native virale DNA erhält man über die Isolierung der Viruspartikel selbst. In vielen Fällen werden die Viren von den infizierten Zellen freigesetzt und somit in das Medium abgegeben. Die Viren können aus dem Zellüberstand durch Ultrazentrifugation (ca. 1 000 000 g) pelletiert werden und anschließend über Dichtegradientenzentrifugation gereinigt werden. Das Material für die Dichtegradienten ist in den meisten Fällen CsCl oder Saccharose. Analog zur Isolierung der Phagenpartikel werden die Viren bei einer bestimmten Dichte ankonzentriert und können als Bande aus dem Gradienten abgezogen werden. Die virale Hülle kann dann spezifisch lysiert werden, in vielen Fällen geschieht dies durch Inkubation mit Proteinase K und anschließender Phenolextraktion. Hier muss jedoch beachtet werden, dass eventuell mit der DNA verknüpfte Proteine, wie z. B. das terminale Protein im Falle von adenoviraler DNA oder die Chromatinähnlichen Strukturen der Polyoma- oder SV40-Nucleinsäuren, durch die Proteinase K-Behandlung zerstört werden. Teilweise ist eine milde Lyse der Virushülle durch Alkali ausreichend, um die DNA nativ aus den Viren zu isolieren.

21.5 Isolierung einzelsträngiger DNA

21.5.1 Isolierung von M13-DNA

Filamentöse Phagen wie M13, f1 oder fd enthalten einzelsträngige, geschlossene zirkuläre DNA (ca. 6,5 kb). Klonierung fremder DNA in das Phagengenom ermöglicht somit die Isolierung großer Mengen einzelsträngiger DNA der gewünschten Sequenz. Diese DNA wird hauptsächlich zur radioaktiven Markierung eines bestimmten Stranges, zur Sequenzierung oder zur ortsspezifischen (*site-directed*) Mutagenese durch synthetische Oligonucleotide verwendet. Der Phage M13 infiziert ausschließlich *E.coli* (z. B. JM109, JM107), indem er durch die Sex-Pili eindringt, die vom bakteriellen F-Episom codiert werden. Innerhalb des Bakteriums liegt eine doppelsträngige Version des Phagengenoms, die sogenannte *replikative Form* (RF) vor. Diese wird ähnlich der λ-DNA zunächst über θ-Strukturen, später über den *Rolling Circle*-Mechanismus repliziert. Infektion der Bakterien sowie Vermehrung der Phagen verlaufen sehr ähnlich der bereits oben beschriebenen Infektion durch λ-Phagen. Die Infektion mit M13 hat aber keine Lyse der Bakterien, sondern nur ein verlangsamtes Wachstum zur Folge. Aus dem Überstand einer infizierten Bakterienkultur lässt sich die einzelsträngige DNA durch Isolierung der Viruspartikel, aus dem Bakterienpellet die doppelsträngige, replikative Form der M13-DNA gewinnen. Analog zur Isolierung von λ-DNA werden die Viruspartikel durch Polyethylenglykol gefällt. Die DNA kann dann durch anschließende Phenolextraktion isoliert werden.

Zur Klonierung in das M13-Genom wurden verschiedene Vektoren entwickelt. Die M13mp-Vektoren enthalten alle nötigen Sequenzinformationen, um infektiöse Phagenpartikel zu synthetisieren. Die fremde DNA wird dabei in den Polylinker eingesetzt, der in einem nicht-essentiellen Abschnitt des Phagengenoms lokalisiert ist. Es wurden auch Vektoren entwickelt, die lediglich den Replikationsursprung des Phagen (f1 ori) enthalten (pBluescript-Vektoren). Diese Vektoren werden ana-

Radioaktive Markierung Abschnitt 23.4.2

21.12 Vektoren, die sich sowohl als doppelsträngige Klonierungsvektoren als auch zur Isolierung einzelsträngiger DNA über die Isolierung der entsprechenden Phagen eignen. Hier ist als Beispiel der pBluescript-Vektor (*Stratagene*) angegeben. Dieser Vektor besitzt neben einem Ampicillin-Resistenzgen, einem bakteriellen Replikationsursprung und einem Polylinker auch einen Replikationsursprung für filamentöse Phagen. Dieser f1-Replikationsursprung ist dabei in zwei verschiedenen Orientierungen kloniert, so dass man die *sense*- und *antisense*-Sequenz einer bestimmten DNA einzelsträngig erhalten kann. (Nach Stratagene)

log den „normalen" Klonierungsvektoren in die Bakterien als doppelsträngige Plasmide transformiert und über einen bakteriellen Replikationsursprung vermehrt. Erst die Infektion mit einem **Helferphagen** aktiviert den f1-Replikationsursprung und setzt Phagen frei, die das einzelsträngige Genom enthalten. Durch die Infektion mit dem (Wildtyp-) Helferphagen erhält man natürlich keine reine Population an rekombinanten Phagen, sondern immer ein Gemisch aus rekombinanten Phagen und Helferphagen. Für die meisten Anwendungen ist dies jedoch akzeptabel, da die rekombinanten Phagen bzw. die rekombinante DNA leicht vom Wildtyp unterschieden werden können (Ampicillin-Resistenz, *LacZ*-Gen, Polylinker mit SP6 und T7-Promotoren, spezifische Sequenzprimer). Für die meisten Vektoren gibt es Varianten, die den f1-Replikationsursprung in jeweils unterschiedlicher Orientierung enthalten, so dass sowohl (+)- als auch (−)-Strang einer bestimmten Sequenz als einzelsträngige DNA erhalten werden können. pBluescript II SK (+) zum Beispiel dient zur Isolierung des *sense*-Stranges, während pBluescript II SK (−) zur Isolierung des *antisense*-Stranges dient (Abbildung 21.12).

21.5.2 Trennung von einzel- und doppelsträngiger DNA

Die Chromatographie von Nucleinsäuren zu Reinigungszwecken hat durch die Entwicklung von hochauflösenden gelelektrophoretischen Verfahren an Bedeutung verloren. Lediglich die Trennung von einzel- und doppelsträngiger DNA lässt sich durch eine Hydroxylapatitsäule besser durchführen. Hydroxylapatit, eine kristalline Form des Calciumphosphats, $Ca_5(PO_4)_3(OH)$, wird bevorzugt von doppelsträngiger DNA gebunden. Einzelsträngige DNA- oder RNA-Moleküle besitzen eine sehr geringe Affinität zu diesem Säulenmaterial. Die Bindung doppelsträngiger DNA und Abtrennung einzelsträngiger DNA erfolgt optimal in phosphathaltigem Puffer bei erhöhter Temperatur (60 °C). Die einzelsträngige DNA befindet sich unter diesen Bedingungen in den Durchlauffraktionen der Säule, während die doppelsträngige DNA durch Erhöhung des Phosphatgehaltes vom Hydroxylapatitmaterial eluiert werden kann.

Gelelektrophorese
von Nucleinsäuren
Abschnitt 22.2

Hydroxylapatit-Chromatographie
Abschnitt 9.5

Ein kritischer Faktor bei dieser Reinigungsmethode ist der sehr hohe Phosphatgehalt der gereinigten Nucleinsäurelösungen, der eine Präzipitation der Nucleinsäuren verhindern würde. Die fraktionierten Nucleinsäuren können zunächst mit *sec*-Butanol ankonzentriert werden und über Gelfiltration entsalzt werden. Die Trennung über Hydroxylapatitsäulen wird sehr häufig bei der Erstellung von subtraktiven cDNA-Bibliotheken oder zur Reinigung subtrahierter radioaktiv markierter cDNA, seltener auch zur Entfernung von Kontaminationen aus Nucleinsäurepräparationen verwendet.

21.6 Isolierung von RNA

Das Arbeiten mit RNA verlangt noch größere Reinheit als der Umgang mit DNA. Im Gegensatz zu DNasen sind RNasen äußerst stabil, benötigen keinerlei Cofaktoren für ihre Aktivität und können durch Autoklavieren nicht vollständig inaktiviert werden. Zur Isolierung von RNA sollten daher nur hochreine Puffer verwendet werden. Vorhandene RNasen können durch Behandlung der Lösungen mit Diethylpyrocarbonat (DEPC, Abbildung 21.13) inaktiviert werden. DEPC inaktiviert RNasen durch kovalente Modifikationen vor allem des Histidinrestes im aktiven Zentrum. Lediglich Lösungen, die freie Aminogruppen enthalten (wie z. B. Tris) sollten nicht mit DEPC behandelt werden. DEPC ist aufgrund seiner modifizierenden Wirkung sehr gesundheitsschädlich. Überschüssiges DEPC muss aus den angesetzten Lösungen durch Autoklavieren entfernt werden, da es sonst zu Modifikationen der RNA kommt (Carbethoxylierung der Adenine und – seltener – der Guanine). DEPC zersetzt sich zu Kohlendioxid und Ethanol. Man sollte bei dem Umgang mit RNA stets Handschuhe tragen und wenn möglich nur sterile Plastikwaren verwenden. Glasgefäße werden am besten durch Backen bei 300 °C von etwaigen RNase-Kontaminationen befreit. In vielen Experimenten, die mit RNA durchgeführt werden, können RNase-Inhibitoren zugesetzt werden (Tabelle 21.6), die allerdings nur geringe Mengen RNase inhibieren.

Tabelle 21.6 Häufig verwendete RNase-Inhibitoren

	RNase-Inhibitoren
RNasin	– Protein aus humaner Planceta – bildet nichtkovalente äquimolare Komplexe mit RNasen – nicht unter denaturierenden Bedingungen einsetzbar
Diethylpyrocarbonat	– Behandlung der Puffer – kovalente Modifikationen – muss inaktiviert werden
Vanadyl-Ribonucleosid-Komplexe	– Übergangszustands-Analoga, die an RNasen binden und dadurch deren Aktivität inhibieren – nicht für zellfreie Translationssysteme
SDS, Natriumdesoxycholat	– denaturierende Wirkung
β-Mercaptoethanol	– reduzierende Wirkung
Guanidiniumisothiocyanat	– in Verbindung mit dem Zellaufschluss – denaturiert RNasen reversibel
Formaldehyd	– in denaturierenden Agarosegelen – kovalente Modifikationen
Macaloid	– Festsubstanz, die RNasen spezifisch absorbiert

21.13 Strukturformel und Wirkungsmechanismus von DEPC (Diethylpyrocarbonat). DEPC inaktiviert RNasen durch kovalente Modifikation der Aminogruppen und der Histidine. DEPC zerfällt beim Erhitzen und Autoklavieren in Ethanol und Kohlendioxid.

$$H_3C-CH_2-O-\overset{O}{\underset{\|}{C}}-O-\overset{O}{\underset{\|}{C}}-O-CH_2-CH_3 \quad \text{DEPC}$$

$$(C_2H_5OCO)_2O + H_2O \longrightarrow 2\, CO_2 + 2\, C_2H_5OH$$

21.6.1 Isolierung von cytoplasmatischer RNA

Im Gegensatz zu DNA, die sich im Kern befindet, ist der größte Teil der RNA im Cytoplasma lokalisiert. Die cytoplasmatische RNA besteht dabei aus ribosomaler RNA, Transfer-RNA und zu einem geringen Prozentsatz aus Messenger-RNA (vgl. Tabelle 21.7). Für viele Anwendungen, z. B. Northern Blot-Analyse, RT-PCR oder Ribonuclease-Protektionsanalysen, ist die Isolierung von cytoplasmatischer RNA meist ausreichend. Durch die Anwendung verschiedener Kontrollen können auch Artefakte, die durch geringfügige Verunreinigungen mit genomischer DNA auftreten, ausgeschlossen werden. So werden z. B. RT-PCR-Kontrollen ohne die vorherige Behandlung der RNA mit dem Enzym Reverse Transkriptase durchgeführt. Hier muss die PCR negativ sein, da lediglich mRNA, jedoch keine DNA enthalten sein sollte. Ist die PCR positiv, so muss von einer Verunreinigung der RNA mit genomischer DNA ausgegangen werden. Eine weitere Kontrolle ist die Verwendung von Primern, die über Exon/Intron-Grenzen hinausgehen. Nur bei gespleißter mRNA, nicht aber bei genomischer DNA kann dann die RT-PCR die richtige Fragmentgröße liefern. Untersucht man mRNA-Species, die nur in sehr geringer Menge vorhanden sind, so kann eine Anreicherung der mRNA sinnvoll sein (Abschnitt 21.6.2).

RT-PCR Abschnitt 24.2.3

Die Isolierung von cytoplasmatischer RNA kann über zwei verschiedene Ansätze erfolgen. Der erste Ansatz eignet sich nur für kultivierte Zellen, nicht für Gewebe.

Kultivierte Zellen Hier werden die Plasmamembranen der Zellen mit einem nicht-ionischen Detergenz (Nonidet P-40) aufgeschlossen, wobei die Kerne intakt bleiben. Die Kerne werden anschließend abgetrennt und die Cytoplasmafraktion mit Proteinase K behandelt. Die RNA kann anschließend durch Phenolextraktion gereinigt werden. Waren die Zellen mit Plasmiden transfiziert, so kann die cytoplasmatische RNA mit der episomal vorliegenden Plasmid-DNA verunreinigt sein. DNA-Kontaminationen lassen sich durch Inkubation mit einer RNase-freien DNase entfernen.

Tabelle 21.7 Durchschnittliche prozentuale Verteilung der verschiedenen RNA-Species einer Zelle

	Anteil an der Gesamt-RNA in Prozent
Nucleäre mRNA-Vorläufer	6
Nucleäre rRNA-Vorläufer	4
Nucleäre tRNA-Vorläufer	1
Cytoplasmatische rRNA	71
Cytoplasmatische tRNA	15
Cytoplasmatische mRNA	3

Aus: Darling, D. C., Brickel, P. M., Nucleinsäure-Blotting, Labor in Fokus, Spektrum-Akademischer Verlag, Heidelberg, 1996.

Gewebe und kultivierte Zellen Die zweite Methode kann zur Isolierung cytoplasmatischer RNA aus Gewebe und aus Zellen angewendet werden. Da die Nuclease-Aktivität in entnommenen Geweben sehr hoch sein kann, wird das Gewebe sofort schockgefroren. Die Zellen oder das Gewebe werden durch Resuspension in Guanidiniumisothiocyanat-Puffer vollständig denaturiert. Hohe Mengen an β-Mercaptoethanol und N-Laurylsarkosin können bei der Resuspension und im Aufschlusspuffer zugesetzt werden, da diese eine Degradation der RNA verhindern.

Die RNA wird anschließend von der genomischen DNA durch CsCl-Gradientenzentrifugation abgetrennt. Aufgrund der höheren Dichte der RNA werden die RNA-Ethidiumbromid-Komplexe pelletiert, während die DNA oberhalb im CsCl-Gradienten ankonzentriert wird. Soll die RNA als Bande im Dichtegradienten konzentriert werden, so muss der Gradient aus Substanzen mit höheren Dichten, z. B. Cs_2SO_4 hergestellt werden (siehe auch Abschnitt 21.3).

21.6.2 Isolierung von poly(A)$^+$-RNA

Fast alle eukaryontischen mRNA-Species besitzen eine lange adeninreiche Region an ihrem 3'-Ende. Dieser poly(A)-Schwanz wird zur Isolierung der mRNA aus cytoplasmatischer RNA verwendet. Säulenmaterial (Cellulose), das mit kurzer, einzelsträngiger, thyminhaltiger DNA (oligo(dT)) gekoppelt wurde, bindet spezifisch die poly(A) enthaltende mRNA aufgrund der komplementären Sequenzen. Oligo(dT)-Säulen lassen sich durch Kopplung von Oligonucleotiden (dT_{12-18}) an aktiviertes Säulenmaterial selbst herstellen oder aber käuflich erwerben. Die Gesamt-RNA muss vor dem Auftragen auf die Säule denaturiert werden und wird in der Regel mehrmals auf die Säulen aufgetragen, um eine optimale Besetzung der Oligo(dT)-Säule zu erhalten. Die Bindung erfolgt bei relativ hohen Salzkonzentrationen (500 mM NaCl oder LiCl). Die Elution der mRNA erfolgt Wasser. Dieser Vorgang destabilisiert die dT:rA-Hybride. Eine optimale Reinigung der mRNA erreicht man durch eine Wiederholung dieser Affinitätschromatographie (Abbildung 21.14).

Affinitätschromatographie
Abschnitt 9.8

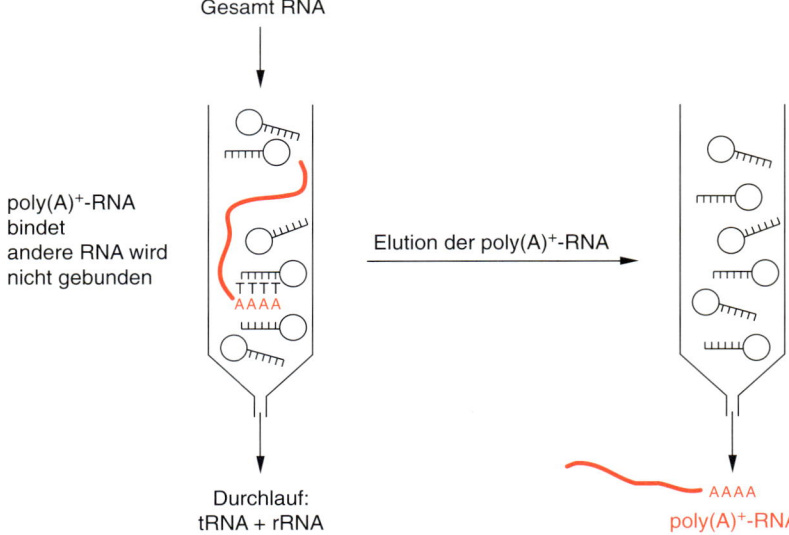

21.14 Isolierung von poly(A)$^+$-RNA über einer oligo(dT)-Säule. Gesamt-RNA (Cytoplasmatische RNA) wird auf die Säule aufgetragen. RNA-Moleküle, die einen Poly(A)-Schwanz besitzen, werden durch die Basenpaarung der Adenine mit den Oligo(dT)-Resten an die Säule gebunden, während alle andere RNA-Moleküle im Durchlauf der Säule zu finden sind. Die Elution erfolgt unter Bedingungen, die die dT:rA-Hybride destabilisieren.

Weiterführende Literatur

Ausubel, F. M., Brent, R., Kingston, R. E., Moore, D. D., Smith, J. A. Seidman, J. G. and Struhl, K. Current Protocols in Molecular Biology. Wiley and Sons, New York 1987.

Glasel, J. A., Deutscher, M. P. Introduction to Biophysical Methods for Protein and Nucleic Acid Research. Academic Press, New York 1995.

Krieg, P. A. (Ed.). A Laboratory Guide to RNA: Isolation, Analysis and Synthesis. Wiley Liss, New York 1996.

Kües, U., Stahl, U. Replication of Plamids in Gram-Negative Bacteria. Microbiological Reviews 53 (1989), 491–516.

Maniatis, T., Fritsch, E. F., abd Sambrook, J. Molecular Cloning: A Laboratory Manual. Cold Spring Harbor Laboratory, Cold Spring Harbor 1989.

Micklos, D. A. and Freyer, G. A. DNA Science. A First Course in Recombinant DNA Technology. Cold Spring Harbor Laboratory Press and Carolina Biological Supply Company, Cold Spring Harbor 1990.

Perbal, B. A Practical Guide to Molecular Cloning. John Wiley & Sons, New York 1988.

22 Aufarbeitung von Nucleinsäuren

Nucleinsäuren, die aus den verschiedenen Organismen isoliert wurden, liegen anschließend fast immer als kompakte oder hochmolekulare Strukturen vor, deren Analyse in diesem Zustand in den seltensten Fällen möglich ist. Für die weitere Untersuchung der Nucleinsäuren müssen diese beispielsweise durch Anfärbung sichtbar gemacht werden, und man sollte ihre Größe, Konzentration, Konformation und Reinheit bestimmen können.

In diesem Kapitel werden unter dem Begriff *Aufarbeitung* alle grundlegenden Analyseverfahren für Nucleinsäuren zusammengefasst. Die hier beschriebenen Methoden sind die Basis für weitergehende Experimente, mit denen man sicherstellen kann, dass es sich um die gewünschte Nucleinsäure handelt oder um diese mit Restriktionsspaltung in kleinere, unter Umständen leichter handhabbare Fragmente zu zerlegen. Restriktionsspaltungen und anschließende elektrophoretische Auftrennung der Nucleinsäuren, die Isolierung bestimmter Fragmente aus der Elektrophoresematrix und die Fixierung der aufgetrennten Nucleinsäuren auf geeignete Trägermaterialien sind alltägliche Praktiken des Biochemikers und die Grundlage des Arbeitens mit Nucleinsäuren.

22.1 Restriktionsanalyse

Die Restriktionsanalyse wird zur Charakterisierung, Identifizierung und Isolierung doppelsträngiger DNA-Moleküle eingesetzt und ist somit ein grundlegendes Verfahren in der Nucleinsäureanalytik. Die Klonierung von DNA-Molekülen ist ohne Restriktionsanalyse undenkbar. Sie dient sowohl der Herstellung der zur Klonierung verwendeten DNA-Fragmente als auch der Identifizierung der entstehenden Klonierungsprodukte. Auch bei jeder anderen Art der DNA-Manipulation, etwa der Mutagenese oder der Amplifikation durch die Polymerasekettenreaktion (PCR), leistet die Restriktionsanalyse gute Dienste zur Identifizierung der erwünschten Produkte. Bei der Strukturaufklärung sowohl kleiner DNA-Abschnitte als auch ganzer Genome ist das Erstellen einer Restriktionskarte in der Regel ein erster Schritt auf dem Weg zur vollständigen Sequenzierung. Die Restriktionsanalyse genomischer DNA zur Detektion von Mutationen und Restriktionsfragment-Längenpolymorphismen (RFLP) wird bei der Genkartierung, zur Identifizierung und Isolierung von Krankheitsgenen und zur Personenidentifizierung eingesetzt, z. B. bei Vaterschafts- oder Täternachweisen.

22.1.1 Prinzip der Restriktionsanalyse

Die Grundlage für dieses Analyseverfahren bildet die Aktivität von Restriktionsenzymen, die in der Lage sind, doppelsträngige DNA-Moleküle an spezifischen Erkennungsstellen zu binden und zu spalten. Die entstehenden Restriktionsfragmente haben folglich eine durch die Lage der Spaltstellen definierte Länge und können durch Gelelektrophorese (Abschnitt 22.2.1) der Größe nach aufgetrennt werden. Für jedes geschnittene DNA-Molekül ergibt sich im Gel ein spezifisches Bandenmuster aus Restriktionsfragmenten, und durch Vergleich mit parallel aufgetragenen Größenstandards kann jedem Fragment seine ungefähre Größe in Basenpaaren (bp) zugeordnet werden. Je nach Größe der zu analysierenden DNA-Moleküle erfolgt die **Detektion** der Restriktionsfragmente: Bei der Restriktionsanalyse relativ kleiner DNA-Moleküle, etwa den meisten Klonierungsprodukten (Plasmid-, Lambda- oder Cosmidklonen mit ca. 3–50 kb), bei deren Restriktion eine überschaubare Anzahl an Fragments entsteht, genügt das Anfärben der DNA-Fragmente im Agarosegel mit Ethidiumbromid (Abschnitt 22.3.1). Soll jedoch ein Abschnitt innerhalb eines komplexen eukaryontischen Genoms analysiert werden, ist es nötig, den interessanten Abschnitt durch Hybridisierung im Rahmen einer Southern-Blot-Analyse zu detektieren (Abschnitt 22.3.3), oder den Bereich erst durch eine Polymerase-Kettenreaktion (PCR) in vitro zu amplifizieren, und dann das Amplifikationsprodukt der Restriktionsanalyse zu unterziehen. Die Restriktionsanalyse ist also auf jede doppelsträngige DNA beliebiger Größe anwendbar und relativ schnell und einfach durchzuführen. Einen weiteren Aspekt für das breite Anwendungsspektrum bildet nicht zuletzt die Vielfalt der Restriktionsenzyme und der von ihnen erkannten Restriktionsstellen.

Hybridisierung Abschnitt 23.1

PCR Kapitel 24

22.1.2 Historischer Überblick

Vor der Entdeckung der Restriktionsenzyme schien es nahezu unmöglich, bestimmte Gene oder Abschnitte eines Genoms zu charakterisieren oder zu isolieren. Die aus einer Zelle isolierte DNA stellt eine Masse sehr großer, chemisch monotoner Moleküle dar, die prinzipiell nur eine Auftrennung aufgrund ihrer Größe erlauben. Da jedoch eine funktionelle Einheit wie etwa ein Gen nicht wie ein Protein als einzelnes Molekül in einer Zelle vorliegt, sondern nur einen Teil eines vielfach größeren DNA-Moleküls repräsentiert, ist zunächst eine gezielte Zerkleinerung der DNA nötig, um einen bestimmten, interessanten Teil abzutrennen und zu isolieren. Auch wenn DNA-Moleküle durch mechanische Kräfte an zufälligen Stellen zerbrochen – geschert – werden können, ergibt sich daraus nur eine heterogene Mischung aus DNA-Fragmenten, aus der jedoch keine definierten DNA-Fragmente isoliert werden können. Die Entdeckung und Isolierung der Restriktionsenzyme in den späten 60er Jahren durch Arber, Smith und Nathans bot zum ersten Mal die Möglichkeit, DNA-Moleküle auf definierte Art und Weise zu manipulieren, nämlich sie in spezifische Fragmente zu zerlegen, die dann der Größe nach aufgetrennt und isoliert werden konnten. Somit wurde eine erste Feincharakterisierung der DNA möglich, und der Grundstein für die Isolierung und Amplifikation von DNA-Fragmenten durch Klonierung war gelegt. Durch die Einführung der Restriktionsenzyme, der Klonierung, der Hybridisierung und anderer enzymatischer DNA-Manipulationen ist die DNA von einem zunächst unzugänglichen zum mittlerweile am leichtesten zu analysierenden Makromolekül geworden.

22.1.3 Restriktionsenzyme

Restriktionsenzyme sind Endonucleasen bakteriellen Ursprungs. Sie spalten die Phosphodiesterbindungen beider Stränge eines DNA-Moleküls hydrolytisch und unterscheiden sich in der Erkennungssequenz, ihrer Spaltstelle und ihrem Ursprungsorganismus.

Biologische Funktion

Die biologische Funktion der Restriktionsenzyme besteht darin, in ihren Ursprungsorganismus eingedrungene Fremd-DNA, beispielsweise Phagen-DNA, zu zerkleinern und zu inaktivieren, und damit das Phagenwachstum einzuschränken (also zu restringieren). Eigene DNA, beziehungsweise jede in der Zelle synthetisierte DNA, wird durch eine Modifikation, meist Methylierung, vor dem Angriff der eigenen Restriktionsenzyme geschützt. Dieses Restriktions-/Modifikationssystem ist spezifisch für seinen Ursprungsorganismus und stellt so einen Schutzmechanismus, eine Art Immunsystem dar. Die Wirtsspezifität von Bakteriophagen beruht unter anderem auf diesem Mechanismus, da diese nur Bakterien effizient infizieren können, die dasselbe Methylierungsmuster aufweisen wie ihr Ursprungsbakterium.

Einteilung der Restriktionsenzyme

Man unterscheidet drei Typen von Restriktionsenzymen (I, II und III) deren Eigenschaften und Unterschiede in Tabelle 22.1 zusammengefasst sind. Die Restriktionsenzyme des Typs I weisen Restriktions- und Methylierungsaktivität auf und haben eine definierte Erkennungsstelle. Sind beide komplementären Stränge der Erkennungsstelle methyliert, wird die DNA nicht gespalten. Ist nur ein Strang methyliert, wird die Stelle erkannt und der zweite Strang methyliert. Ist kein Strang methyliert, wird die Stelle ebenfalls erkannt und die DNA unspezifisch etwa 1 000 bp von der Erkennungsstelle entfernt gespalten. Die in der Analytik verwendeten Restriktionsenzyme gehören in der Regel dem Typ II an. Im Gegensatz zu Typ-I- und Typ-III-Restriktionsenzymen besitzen sie nur eine Restriktionsaktivität und spalten die DNA meist innerhalb ihrer definierten Erkennungssequenz, so dass DNA-Fragmente mit definierter Länge und definierten Enden entstehen. Die Typ-III-Restriktionsenzyme haben wie die Typ-I-Restriktionsenzyme sowohl Restriktions- als auch Methylierungsaktivität. Sie spalten die DNA an einer Stelle, die durch ihren Abstand zur spezifischen Erkennungsstelle definiert ist, so dass man Fragmente mit definierten Längen und variablen Enden erhält.

Tabelle 22.1 Einteilung der Restriktionsenzyme

	Typ I	Typ II	Typ III
Funktion	Endonuclease und Methylase	Endonuclease	Endonuclease und Methylase
Erkennungsstelle	zweiteilig, asymmetrisch	4–8 Basen, meist palindromisch	5–7 Basen, asymmetrisch
Spaltstelle	unspezifisch, oft mehr als 1000 Basen von der Erkennungsstelle entfernt	innerhalb oder nahe der Erkennungsstelle	ca. 5–20 Basen vor der Erkennungsstelle
ATP-Bedarf	ja	nein	ja

Nomenklatur der Typ-II-Restriktionsenzyme

Die Nomenklatur der Typ-II-Restriktionsenzyme basiert auf ihren jeweiligen Herkunftsorganismen. So wurde beispielsweise das Restriktionsenzym *Eco* RI aus einem Resistenzfaktor (R) des *Escherichia coli*-Stamms RY 13 isoliert. Die „I" besagt das es sich hier um das erste aus diesem Stamm isolierte Restriktionsenzym handelt. Analog wurde *Bam* HI als erstes Enzym aus *Bacillus amyloliquefaciens*, Stamm H, isoliert.

Restriktionsstellen

Mittlerweile sind mehr als 2000 Restriktionsenzyme des Typs II mit über 200 verschiedenen Erkennungssequenzen charakterisiert worden. Umfassende Aufstellungen finden sich in den Katalogen der Lieferfirmen oder in Methodenbüchern der Molekularbiologie. Die Erkennungssequenzen der Restriktionsenzyme sind 4 bis 8 Nucleotide lang und meist palindromisch. In Tabelle 22.2 sind exemplarisch einige Restriktionsenzyme und ihre Erkennungsstellen aufgeführt. Die Erkennungssequenz wird konventionsgemäß in 5'-3'-Richtung angegeben. Die Spaltstelle liegt in der Regel innerhalb der Erkennungsstelle, wodurch die entstehenden Restriktionsfragmente definierte Enden erhalten, was zum Beispiel für ihre Klonierung von Bedeutung ist. Es gibt jedoch auch Restriktionsenzyme, etwa *Fok* I (s. Tabelle 22.2), deren Schnittstelle einige Basen benachbart zur Erkennungsstelle liegt. Wie in Abbildung 22.1. gezeigt, können bei der Spaltung von DNA mit Restriktionsenzymen stumpfe Enden (*blunt ends*) entstehen oder kohäsive Enden (*sticky ends*), bei denen entweder das 5'- oder das 3'-Ende der entstehenden DNA-Fragmente überhängen kann. In der Regel tragen die DNA-Fragmente nach ihrer Spaltung mit Restriktionsenzymen an ihrem 3'-Ende eine Hydroxy- und an ihrem 5'-Ende eine Phosphatgruppe.

Die Häufigkeit einer Restriktionsstelle hängt vor allem von ihrer Länge, aber auch von ihrer Zusammensetzung und der Zusammensetzung der zu restringierenden DNA ab. Geht man von statistischen Zusammensetzungen aus, kommt eine 4 bp lange Restriktionssequenz ca. alle 4^4 bp (256 bp), eine 6 bp oder 8 bp lange Restriktionssequenz entsprechend ca. alle 4^6 bp (4096 bp) beziehungsweise 4^8 bp (65 536 bp) vor. Verschiedene Organismen weisen jedoch unterschiedliche Basenzusammensetzungen ihres Genoms auf. So beträgt etwa der A/T- bzw. G/C-Gehalt selten 50 % und die Dinucleotidsequenz CpG kommt beispielsweise in Eukaryonten seltener vor als alle anderen Dinucleotidsequenzen. Folglich wird eine Restriktionsschnittstelle, die diese Sequenz enthält, in eukaryontischer DNA seltener vorkommen als statistisch anhand ihrer Länge ermittelt. Restriktionsenzyme mit einer 8 bp langen Erkennungsstelle werden beispielsweise zur Restriktionskartierung

Tabelle 22.2 Spezifizierung einiger Typ-II-Restriktionsenzyme

Restriktions-enzym	Erkennungs- und Spaltstelle	Ursprungsorganismus	Isoschizomere
Bam HI	G/GATCC	*Bacillus amyloliquefaciens* H	*Bst* I
Bst I	G/GATCC	*Bacillus stearothermophilus* 1503–4R	*Bam* HI
Eco RI	G/AATTC	*Escherichia coli* RY 13	
Fok I	GGATGN$_9$ / CCTACN$_{13}$ /	*Flavobacterium okeanokoites*	
Hind II	GTPy/PuAC	*Haemophilus influenzae* R$_d$	*Hinc* II
Hind III	A/AGCTT	*Haemophilus influenzae* R$_d$	
Hpa II	C/CGG	*Haemophilus parainfluenzae*	*Msp* I
Msp I	C/CGG	*Moraxella spezies*	*Hpa* I
Not I	GC/GGCCGC	*Nocardia otitidiscaviarum*	
Sac I	GAGC/TC	*Streptomyces achromogenes*	
Sau 3A	/GATC	*Staphyllococcus aureus* 3A	*Mbo* I, *Nde* II
Sma I	CCC/GGG	*Serratia marcecescens* Sb	*Xma* I
Xma I	C/CCGGG	*Xanthomonas malvacearum*	*Sma* I

Py: Pyrimidine (C oder T); Pu: Purine (A oder G); N: eine beliebige Base

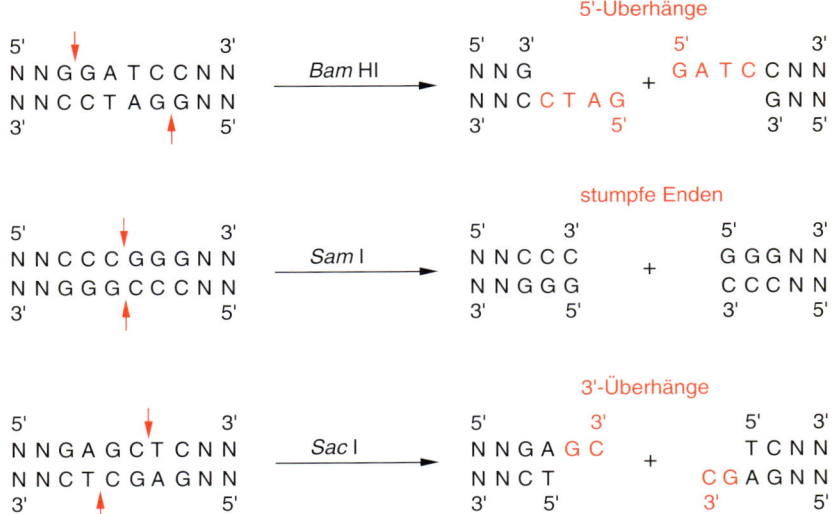

22.1 Durch Spaltung mit Restriktionsenzymen entstehende DNA-Enden. Je nach verwendetem Restriktionsenzym können bei der Spaltung eines DNA-Moleküls drei verschiedene Typen von DNA-Enden entstehen: Kohäsive Enden (sticky ends) entstehen beispielsweise bei der Spaltung mit *Bam* H I und *Sac* I, wobei mit *Bam* HI 5′-überhängende und mit *Sac* I 3′-überhängende Enden resultieren. Stumpfe Enden (blunt ends) entstehen z.B. mit *Sma* I.

ganzer Chromosomen eingesetzt. Die dabei entstehenden langen DNA-Fragmente werden dann durch eine Pulsfeldgelelektrophorese aufgetrennt (Abschnitt 22.2.3). Bei den meisten Anwendungen kommen Restriktionsenzyme mit 6 Basen langen Erkennungssequenzen zum Einsatz, da sie Fragmente mit gut auftrennbarer und isolierbarer Länge ergeben. Soll jedoch eine Partialrestriktion, etwa zur Herstellung einer genomischen Bibliothek durchgeführt werden, werden Restriktionsenzyme mit einer 4 Basen langen Erkennungsstelle verwendet.

Isoschizomere

Als Isoschizomere (s. Tabelle 22.2) bezeichnet man Restriktionsenzyme, die die gleiche Erkennungssequenz haben, aber aus verschiedenen Organismen isoliert werden. Die Spaltstelle der Isoschizomere kann entweder identisch (z.B. *Bam* HI und *Bst* I) oder verschieden sein (z.B. *Sma* I und *Xma* I) und die Enzyme können sich ferner in ihrer Sensitivität gegenüber Methylierung unterscheiden: *Hpa* II und *Msp* I etwa haben die gleiche Erkennungssequenz, *Hpa* II spaltet diese jedoch nicht, wenn das zweite Cytosin zu 5-Methylcytosin (^{5m}C) modifiziert ist, während *Msp* I trotz dieser Methylierung spaltet.

22.1.4 Der Restriktionsansatz und seine Anwendungen

In einem Restriktionsansatz wird die zu analysierende DNA mit dem gewünschten Restriktionsenzym unter definierten Pufferbedingungen und bei definierter Temperatur für eine bestimmte Zeit inkubiert. Ein Restriktionspuffer enthält in der Regel einen Tris-Puffer, $MgCl_2$, NaCl oder KCl, sowie ein Sulfhydrylreagenz (Dithiothreitol (DTT), Dithioerythrol (DTE) oder 2-Mercaptoethanol. Ein divalentes Kation (meist Mg^{2+}) ist für die Enzymaktivität notwendig, wie auch ein Puffer, der für einen optimalen pH-Wert sorgt, der meist zwischen pH 7,5 und pH 8 liegt. Manche Restriktionsenzyme sind sensitiv gegenüber Ionen wie Na^+ oder K^+, während andere in einem breiten Bereich der Ionenstärke aktiv sind. Die Sulfhydrylreagenzien dienen der Stabilisierung der Enzyme. Das Temperaturoptimum für einen Restriktionsansatz liegt meist bei 37 °C, kann jedoch je nach Restriktionsenzym nach oben (z.B. 65 °C für *Taq* I) oder unten (z.B. 25 °C für *Sma* I) abweichen.

> Die Menge an Restriktionsenzym wird in Einheiten angegeben: Eine Einheit eines Restriktionsenzyms ist die Menge, die benötigt wird, um ein Mikrogramm Substrat-DNA bei optimalen Reaktionsbedingungen innerhalb einer Stunde zu spalten. Als Substratmolekül wird für die Definition in der Regel DNA des Bakteriophagen Lambda verwendet.

Vollständige Restriktion Für die meisten Anwendungen wünscht man eine vollständige Spaltung der DNA. Hierzu wählt man die für das jeweilige Restriktionsenzym optimalen Bedingungen und die für die DNA-Menge ausreichende Enzymmenge.

Unvollständige Restriktion oder Partialrestriktion Für manche Anwendungen, etwa die Restriktionskartierung oder bei der Herstellung einer genomischen DNA-Bibliothek, ist eine unvollständige Reaktion erwünscht, das heißt, dass statistisch nicht alle vorhandenen Erkennungsstellen gespalten werden. Dies wird durch eine Unteroptimierung der Reaktionsbedingungen erreicht, etwa die Verwendung einer geringeren Enzymmenge, Verkürzung der Reaktionszeit oder Änderung der Pufferbedingungen, zum Beispiel durch Reduktion der $MgCl_2$-Konzentration.

Mehrfachrestriktion Bei einer Mehrfachrestriktion, das heißt bei der Restriktion einer DNA mit mehreren Restriktionsenzymen, kann die DNA entweder gleichzeitig oder nacheinander mit den gewünschten Enzymen inkubiert werden. Das entscheidende Kriterium hierbei ist die Kompatibilität der Pufferbedingungen. Die Mehrfachrestriktion findet unter anderem bei der Erstellung einer Restriktionskarte Anwendung.

Restriktionskartierung

Bei der Erstellung einer Restriktionskarte werden die Erkennungsstellen eines oder mehrerer Restriktionsenzyme innerhalb eines DNA-Moleküls lokalisiert. Die Restriktionskarte ist also eine grobe physikalische Karte des zu analysierenden DNA-Moleküls. Die ideale physikalische Karte ist die vollständige DNA-Sequenz. Folglich ist die Restriktionskartierung oft der erste Schritt eines Projekts, dessen Ziel die vollständige Sequenzanalyse ist. Hierzu erfolgt die Restriktionsanalyse meist relativ kleiner, in Klonierungsvektoren (z.B. Plasmiden, Cosmiden oder Lambdaphagen) integrierter DNA-Moleküle. Auch wenn die Restriktionskarte eines größeren DNA-Abschnitts, etwa eines Gens, eines Chromosoms oder eines ganzen Genoms erstellt werden soll, erfolgt erst die Klonierung dieses DNA-Abschnitts. Dann werden die Restriktionsmuster der Klone miteinander verglichen, um überlappende Klone zu identifizieren. Rückschließend wird eine Restriktionskarte des Ausgangsmoleküls erstellt.

Kombination mehrerer Restriktionsenzyme Bei dieser Methode wird die relative Lage von Erkennungsstellen mehrerer Restriktionsenzyme zueinander ermittelt und daraus ihre absolute Anordnung auf dem Ausgangsfragment bestimmt. Hierzu wird das zu charakterisierende DNA-Fragment zunächst getrennt mit zwei Restriktionsenzymen gespalten und durch Gelelektrophorese aufgetrennt. Optimalerweise werden dann die einzelnen Fragmente isoliert und wiederum mit dem entsprechend anderen Restriktionsenzym gespalten. Durch Vergleich der Restriktionsmuster im Agarosegel lassen sich nun überlappende Bereiche der Fragmente ermitteln und relativ zueinander anordnen. Dieses Verfahren ist in Abbildung 22.2 am Beispiel eines 5 kb langen, linearen DNA-Fragments gezeigt.

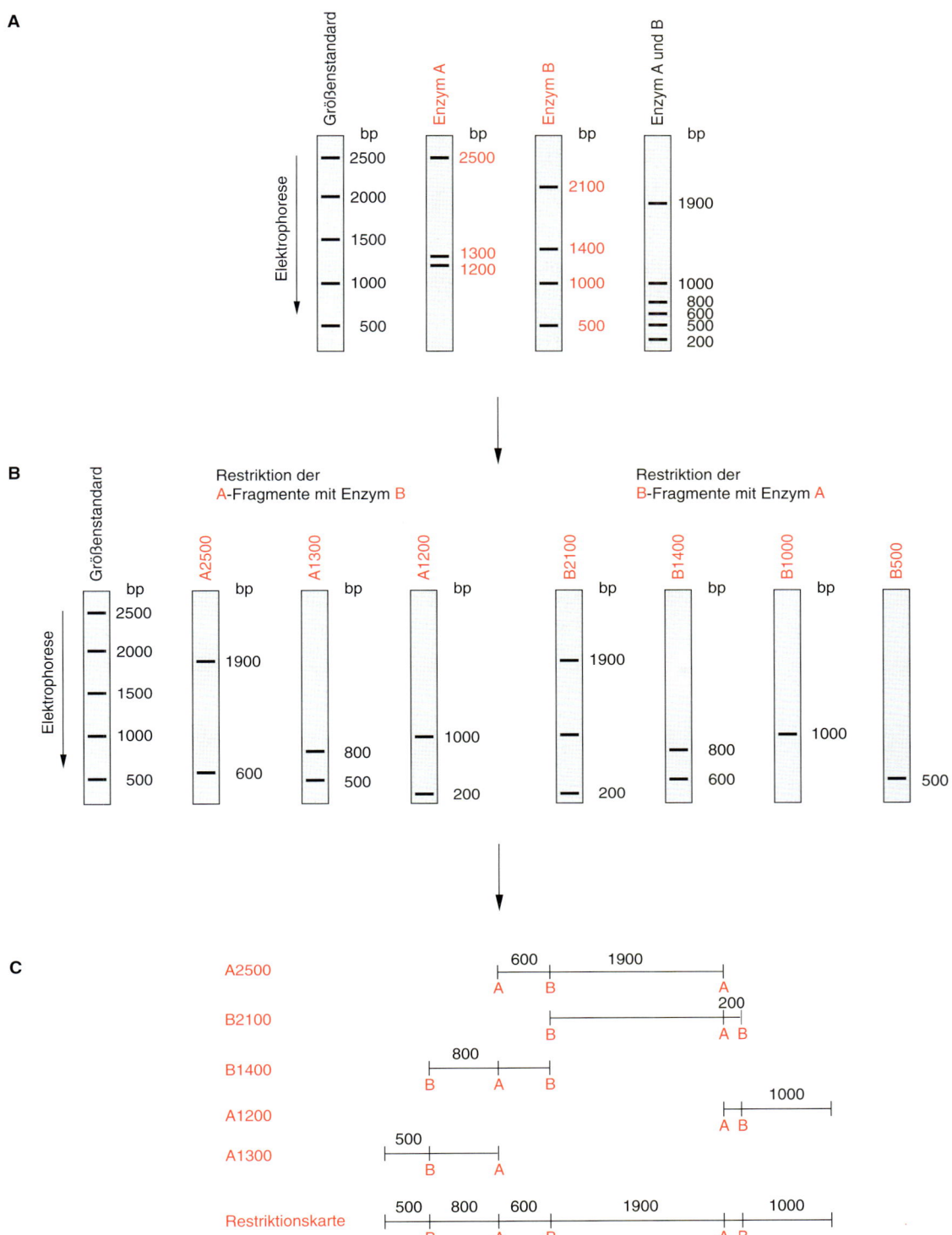

22.2 Restriktionskartierung durch Mehrfachrestriktion. Ein 5 kb langes, lineares DNA-Fragment wurde mit den Restriktionsenzymen A und B einzeln und in einer Doppelrestriktion gespalten. A: Auftrennung der Restriktionsansätze im Agarosegel. Die durch Vergleich mit dem Standard ermittelten Fragmentgrößen sind angegeben. Durch Spaltung des 5 kb großen Fragmentes mit Enzym A ergeben sich also Restriktionsfragmente mit Längen von 2500 bp (Fragment A2500), 1300 bp (A1300) und 1200 bp (A1200), für Enzym B und die Doppelrestriktion entsprechend. Die Restriktionsfragmente der Einzelrestriktionen wurden nun isoliert und mit dem jeweils anderen Enzym gespalten: Die A-Fragmente mit Enzym B und die B-Fragmente mit Enzym A. B: Elektrophoretische Auftrennung dieser Spaltprodukte. Durch Vergleich der Restriktionsmuster der A-Fragmente mit denen der B-Fragmente lassen sich nun überlappende Fragmente identifizieren und wie in C gezeigt anordnen: Das 1900 bp große Fragment der Doppelrestriktion ist in Fragment A2500 und B2100 enthalten, A2500 und B2100 überlappen also in diesem Bereich. Zusätzlich enthält A2500 ein 600 bp-Fragment, das auch in B1400 enthalten ist und B1400 ein 200 bp-Fragment, um das es mit A1200 überlappt. Nach Analyse aller Fragmente lässt sich nun die Restriktionskarte des 5-kb-DNA-Moleküls für die Restriktionsenzyme A und B ermitteln.

Oft ist es nicht nötig, die Fragmente der Einzelspaltungen zu isolieren, sondern ein sorgfältiger Vergleich der Doppelrestriktion mit den beiden entsprechenden Einzelrestriktionen des Ausgangsfragments ergibt schon die Anordnung der Fragmente. Wichtig ist für dieses Verfahren, dass Restriktionsenzyme verwendet werden, die zumindest einige überlappende Fragmente ergeben. Daher müssen oft mehrere Enzyme getestet werden, bis ein passendes Paar gefunden wird.

Partialrestriktion Durch diese Methode können die Erkennungsstellen eines einzigen Restriktionsenzyms angeordnet werden. Die zu analysierende DNA wird einmal vollständig und einmal unvollständig mit demselben Restriktionsenzym gespalten. Die beiden Ansätze werden elektrophoretisch aufgetrennt und ihre Restriktionsmuster verglichen. Den unvollständig verdauten Fragmenten können nun die vollständig verdauten Fragmente zugeteilt werden, die in ihnen enthalten sind, die also auf dem Ursprungsfragment benachbart sind. Diese Methode ist in Abbildung 22.3 für ein 5 kb großes, lineares DNA-Molekül gezeigt.

Bei einem komplexeren Rerstriktionsmuster empfiehlt sich das in Abbildung 22.4 dargestellte Verfahren. Dabei wird das zu analysierende Molekül vor der Partialrestriktion an einem Ende markiert, etwa durch Einbau eines radioaktiv markierten Nucleotids. Die Restriktionsprodukte werden dann elektrophoretisch aufgetrennt und nur die markierten Fragmente durch Autoradiographie detektiert. Die Größe jedes detektierten Fragments entspricht dann dem Abstand einer Restriktionsschnittstelle zum markierten Ende.

Radioaktive Markierung
Abschnitt 23.4.2

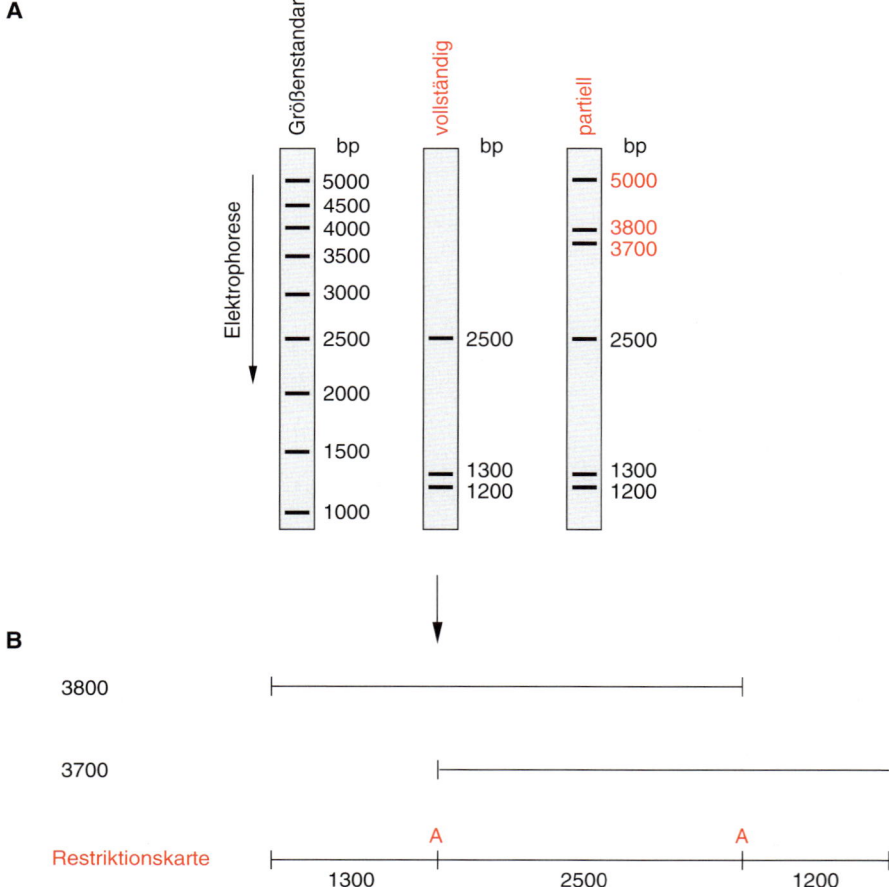

22.3 Restriktionskartierung durch Partialrestriktion. Ein 5 kb großes DNA-Molekül wurde vollständig und partiell mit Restriktionsenzym A gespalten. A: Gelelektrophoretische Auftrennung der Restriktionsfragmente. Durch Vergleich der vollständigen mit der Partialrestriktion lassen sich die 5000, 3800 und 3700 bp großen Fragmente als unvollständig gespalten identifizieren, wobei das 5 kb-Fragment das Ausgangsmolekül darstellt. Das 3800 bp-Fragment kann sich nur aus dem 2500 bp- und dem 1300 bp-Fragment zusammensetzen und das 3700 bp-Fragment aus dem 2500 bp- und dem 1200 bp-Fragment. Somit ergibt sich die in Teil B gezeigte Restriktionskarte.

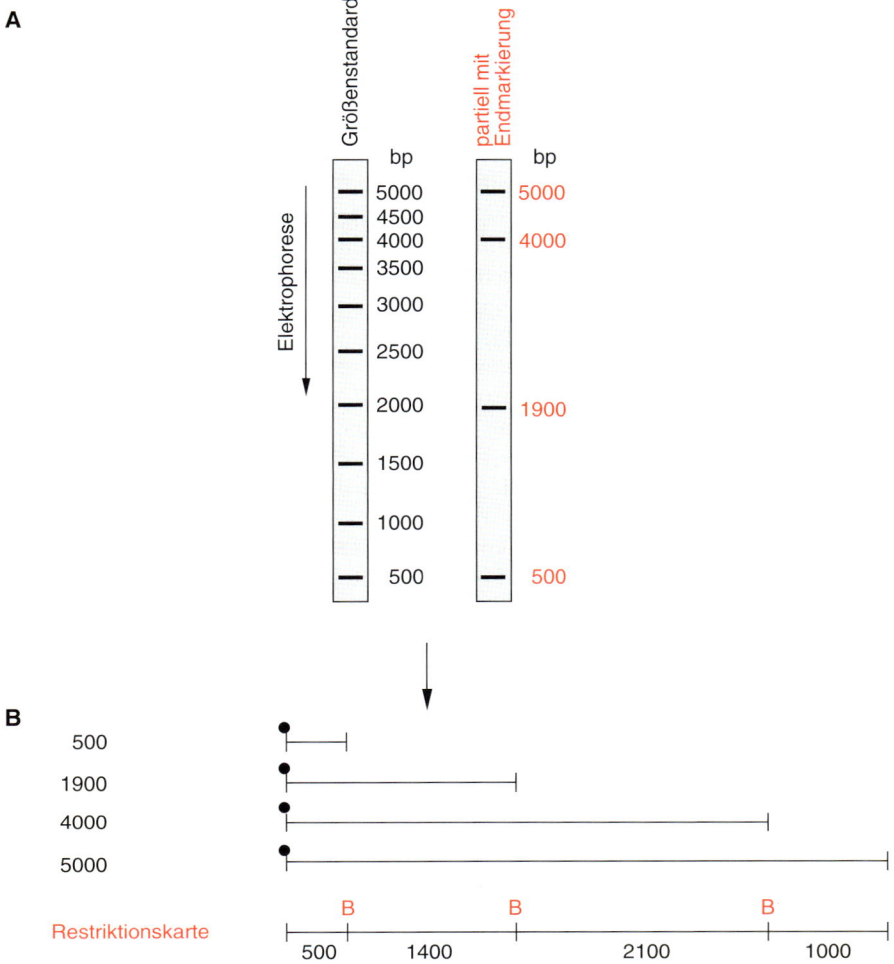

22.4 Restriktion durch Partialrestriktion mit Endmarkierung. Ein 5 kb großes DNA-Molekül wird an einem Ende markiert, mit Restriktionsenzym A partiell gespalten und der Restriktionsansatz elektrophoretisch aufgetrennt. Detektiert werden nur die endmarkierten Fragmente (A). Wie in B gezeigt, entspricht die Größe jedes detektierten Fragments dem Abstand einer Restriktionsstelle vom markierten Ende. Die Markierung ist als Punkt dargestellt. Daraus ergibt sich die gezeigte Restriktionskarte.

Restriktionsanalyse genomischer DNA

Bei der Restriktionsanalyse großer eukaryontischer Genome besteht das Problem, dass zu viele Restriktionsfragmente entstehen. Bei der Gelelektrophorese lassen sich diese nicht in einzelne Banden auftrennen. Statt dessen entsteht ein DNA-Schmier, der sich aus einem Gemisch von DNA-Fragmenten unterschiedlichster Größen zusammensetzt. Durch Auswahl bestimmter Hybridisierungssonden kann aber innerhalb eines Schmiers ein im Genom enthaltenes, zur Sonde komplementäres DNA-Fragment detektiert werden. Dies erfolgt im Rahmen einer Southern-Blot-Analyse (Abschnitt 22.3.3). Sie ermöglicht zum Beispiel die Restriktionsanalyse eines Gens, dessen Transkript in Form eines aus einer cDNA-Bibliothek isolierten cDNA-Klons vorliegt, der als Sonde verwendet werden kann. Es gibt Zielsetzungen, für die die Restriktionsanalyse genomischer DNA notwendig ist, wie die Detektion eines Methylierungsmusters, das durch Klonierung verloren gehen würde. Für andere Anwendungen, etwa wenn ein Restriktionsmuster vieler Individuen analysiert und verglichen werden soll, ist eine Klonierung zu aufwendig, und auch hier erfolgt die Analyse direkt an der genomischen DNA. Alternativ kann der interessante Bereich durch Polymerase-Kettenreaktion (PCR) zunächst in vitro amplifiziert und dann das Amplifikationsprodukt der Restriktionsanalyse unterzogen werden. Der Nachweis dieser Analyse kann dann wieder in einer einfachen Gelelektrophorese erfolgen.

Hybridisierungssonden
Abschnitt 23.2

Analyse der
genomischen DNA-Methylierung
Kapitel 26

Detektion methylierter Basen Da es Isoschizomere gibt, etwa *Hpa* II und *Msp* I (siehe oben), die unterschiedlich sensitiv auf die Methylierung einer in ihrer Erkennungssequenz gelegenen Base reagieren, können damit methylierte Basen detektiert werden. Beispielsweise finden sich in den Promotorregionen eukaryontischer Gene gelegentlich sogenannte CpG-Inseln, das heißt DNA-Abschnitte, in denen ein nichtmethyliertes CpG-Dinucleotid gehäuft auftritt. Ist das Gen hingegen transkriptionell nicht aktiv, ist dies häufig an der Methylierung der Cytosine innerhalb dieser CpG-Dinucleotide zu erkennen. Werden nun in einer Restriktionsanalyse nicht alle von *Msp* I (tolerant gegenüber Methylierung) gespaltenen Erkennungsstellen auch von *Hpa* II (spaltet methylierte Erkennungsstelle nicht) gespalten, deutet dies auf Methylierung und somit auf transkriptionelle Inaktivität des entsprechenden Gens hin. Die Restriktionsanalyse wird hier direkt an genomischer DNA durchgeführt und die Detektion des interessanten Abschnitts erfolgt durch Hybridisierung im Rahmen einer Southern-Blot-Analyse (Abschnitt 22.3.3). Die Problematik der Analyse genomischer DNA-Methylierung wird in Kapitel 26 detailliert erläutert.

Detektion von Mutationen und Restriktionsfragment-Längenpolymorphismen Individuen einer Population unterscheiden sich in der Zusammensetzung ihres Genoms. Dabei gibt es hoch konservierte Regionen, die eine entscheidende Funktion für den Träger haben, und die innerhalb einer Population, ja sogar über Artgrenzen hinaus nahezu unverändert vorliegen (beispielsweise Globin-Gene). Eine Mutation in einer solchen Region kann eine Krankheit oder den Tod des Trägers zur Folge haben (z.B. Sichelzellanämie bei Mutation eines Globin-Gens). Andererseits gibt es Regionen, für die in einer Population mehrere Varianten, so genannte Polymorphismen vorhanden sind. Die Unterschiede in der DNA-Sequenz können auf dem Austausch, der Insertion oder Deletion einzelner Basen oder ganzer DNA-Abschnitte beruhen. Durch diese Mutationen kann sich die Länge eines Restriktionsfragments verändern, es kann eine Restriktionsschnittstelle wegfallen oder hinzukommen. Lässt sich so eine polymorphe Region anhand der Veränderung eines Restriktionsmusters ausmachen, spricht man von einem **Restriktionsfragment-Längenpolymorphismus (RFLP)**. Die Restriktionsanalyse wird hierzu entweder direkt an der genomischen DNA in Kombination mit einer Southern-Blot-Analyse (Abschnitt 22.3.3) durchgeführt, wobei ein Abschnitt der interessanten Region als Hybridisierungssonde eingesetzt wird, oder die Region wird durch PCR in vitro amplifiziert und dann der Restriktionsanalyse unterzogen. Da jedes Individuum über zwei homologe Ausgaben einer jeden DNA-Region verfügt, werden im Fall einer Heterozygotie, wie in Abbildung 22.5 bei der Detektion eines RFLPs zwei unterschiedliche Restriktionsfragmente detektiert, wobei eines auf die Restriktion des väterlichen, das andere auf die Restriktion des mütterlichen Allels zurückzuführen ist. In Abbildung 22.6 ist der Erbgang eines RFLPs über drei Generationen gezeigt.

Genetischer Fingerabdruck (Fingerprinting) Ein genetischer Fingerabdruck beruht auf der Detektion hoch variabler RFLPs, die ein für jedes Individuum charakteristisches Restriktionsmuster ergeben. Die Ursache hierfür sind kurze, meist 2 bis 3 bp lange, hoch repetitive Sequenzen, deren Wiederholungszahlen sich stark unterscheiden (etwa 4–40). Dies ist etwa bei der Identifizierung von Individuen hilfreich (beispielsweise bei Vaterschafts- oder Täternachweisen, vgl. auch Abschnitt 22.2.1).

Restriktionsfragment-Längenpolymorphismen bei der Genkartierung Bei der genetischen Kartierung wird nicht die DNA-Sequenz direkt analysiert, sondern die relative Lage sogenannter genetischer Marker zueinander wird durch Genkopplungsanalyse ermittelt. Als genetischer Marker kann jede variable erbliche Eigenschaft, die nachgewiesen werden kann, eingesetzt werden. Dies können Eigenschaften wie Blutgruppe oder ein bestimmtes Krankheitsbild sein. Aber auch RFLPs dienen als genetische Marker, in einer sogenannten Genkopplungsanalyse. Dies wird in Kapitel 31 ausführlicher erläutert.

RFLPs als genetische Marker Abschnitt 31.1.2

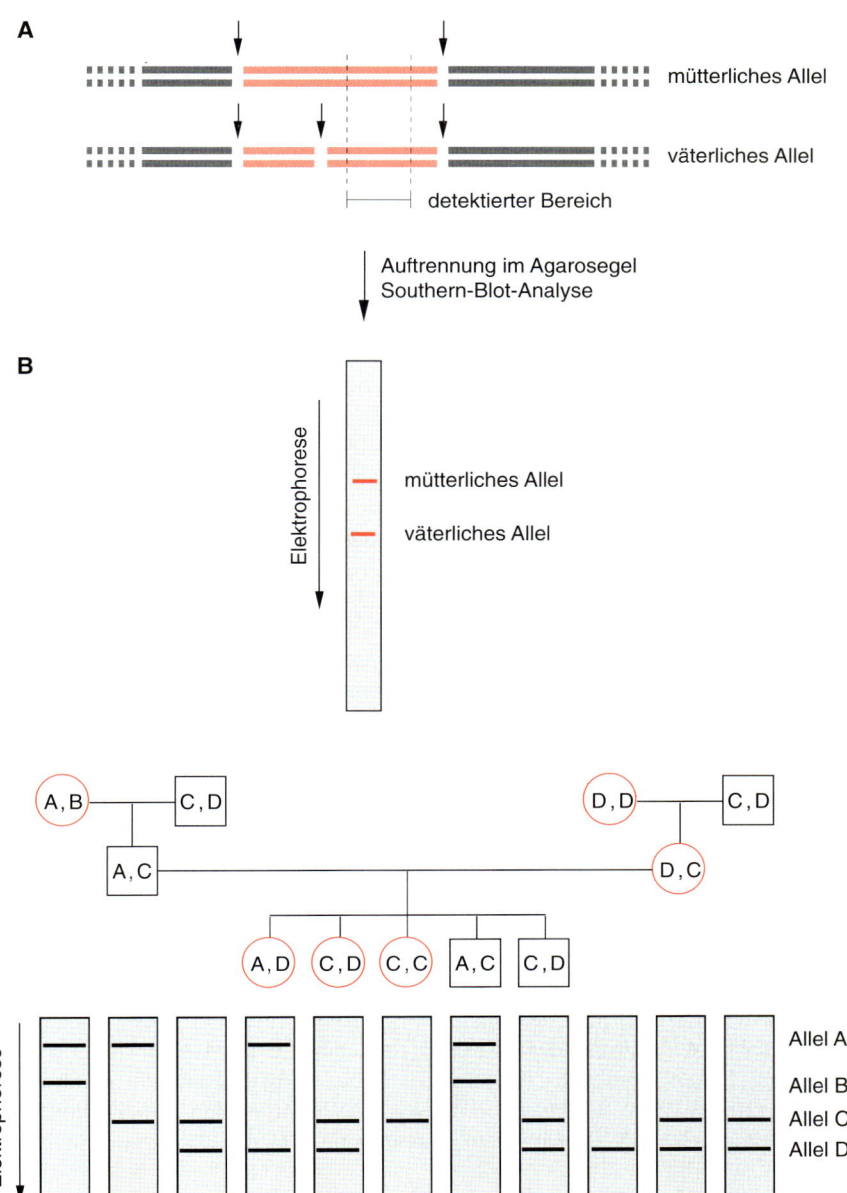

22.5 Detektion eines RFLP durch Southern-Blot-Analyse. A: Homologe Chromosomenabschnitte eines Individuums, die eine polymorphe Region enthalten. Restriktionsschnittstellen sind durch Pfeile gekennzeichnet. Der durch die Hybridisierungssonde bei der Southern-Blot-Analyse detektierte Bereich (Abschnitt 22.4) ist markiert. Nach Restriktion, Auftrennung im Agarosegel und Southern-Blotting entsteht das in Teil B gezeigte Bild. Das mütterliche Allel weist eine Restriktionsschnittstelle weniger auf, wodurch hier ein längeres Restriktionsfragment entsteht, das kürzere Fragment entspricht dem väterlichen Allel. Das Restriktionsfragment ist also in diesem Individuum polymorph.

22.6 Erbgang eines RFLP. Gezeigt ist der Erbgang eines RFLP über drei Generationen. In der analysierten Familie treten vier Allele für die polymorphe Region auf: Allel A, B, C und D. Ihre Vererbung folgt den Mendelschen Gesetzten. Die meisten Individuen sind polymorph für das analysierte Restriktionsfragment (A, B / A, C / A, D / C, D), andere tragen auf beiden homologen Bereichen das gleiche Allel (C, C / D, D).

22.2 Elektrophorese

Die Elektrophorese ist die wichtigste Methode zur Analyse von Nucleinsäuren. Ihre Vorteile liegen auf der Hand: Sie ist schnell durchzuführen, benötigt nur geringste Mengen an Material, und die Nucleinsäuren lassen sich in den Gelen schnell und kostengünstig nachweisen. Im Vergleich zu anderen Methoden sind der Bereich und die Genauigkeit der Größentrennung der Nucleinsäuremoleküle wesentlich größer.

Theoretische Prinzipien und apparative Durchführung besitzen zwar einige Parallelen, aber auch entscheidende Unterschiede zur elektrophoretischen Auftrennung von Proteinen. Die Auftrennung der Nucleinsäuren im elektrischen Feld erfolgt wie bei den Proteinen innerhalb eines festen Trägermaterials. Auch bei der Elektrophorese der Nucleinsäuren sind Agarose und Polyacrylamid die Materialien der Wahl.

Im Gegensatz zu Proteinen sind alle Nucleinsäuren innerhalb eines sehr großen pH-Bereichs stets negativ geladen. Ladungsträger sind dabei die negativ geladenen Phosphatgruppen des Zucker-Phosphat-Rückgrats der Nucleinsäuren. Die Wanderung von Nucleinsäuren in Richtung Anode ist deshalb relativ pH-unabhängig. Ein weiterer wesentlicher Unterschied zu den Proteinen ist, dass Nucleinsäuren eine gleichbleibende Ladungsdichte besitzen, das heißt das Verhältnis von Molekulargewicht zu Ladung ist stets konstant. Die Erzeugung einheitlicher Ladungsoberflächen mit Hilfe von SDS, das zur Bestimmung des Molekulargewichts von Proteinen benötigt wird, ist im Falle von Nucleinsäuren unnötig.

Elektrophoretische Mobilität Abschnitt 10.2

Die elektrophoretische Mobilität, das heißt die Wanderungsgeschwindigkeit im elektrischen Feld, wurde bereits in Kapitel 10 eingeführt und erläutert. Sie ist für alle Nucleinsäuren in freier Lösung – unabhängig von ihrem Molekulargewicht – gleich groß. Unterschiede in der Mobilität misst man erst in der festen Gelmatrix. Diese Unterschiede in der Wanderungsgeschwindigkeit von Nucleinsäuren werden ausschließlich durch verschiedene Molekülgrößen hervorgerufen.

Die Wanderung der Nucleinsäuren im elektrischen Feld kann vor allem durch zwei Theorien (Abb. 22.7) beschrieben werden. Das tatsächliche Verhalten der Nucleinsäuren kann als „Mischung" dieser Theorien angesehen werden.

Der **Ogston-Siebeffekt** beruht auf der Annahme, dass Nucleinsäuren in Lösung eine globuläre Form annehmen, deren Größe sich durch den Radius der Kugel beschreiben lässt, die von der Nucleinsäure theoretisch eingenommen wird. Je größer der globuläre Umfang der Nucleinsäuren, desto öfter treten Kollisionen mit der Gelmatrix auf und die Wanderung der Moleküle im elektrischen Feld wird gebremst. Sehr kleine Fragmente werden durch die Poren der Gelmatrix kaum gebremst, und ihre Trennung ist demzufolge sehr schlecht. Sehr große Moleküle, deren globuläre Form größer als die durchschnittliche Porengröße des Gels ist, sollten dieser Theorie zufolge kaum durch das Gel wandern können. Hier setzt die zweite Theorie an, die sogenannte **Reptationstheorie**: Nucleinsäuremoleküle können im elektrischen Feld ihre globuläre Form aufgeben und sich entlang des elektrischen Feldes ausrichten. Die Wanderung erfolgt sozusagen „mit einem Ende" der Nucleinsäure voran durch die Poren der Matrix (*end-to-end migration*). Dies erinnert an eine wurm- oder schlangenartige Bewegung des linearen Moleküls und wird deshalb im Englischen als *reptation* bezeichnet. Die Größenselektion erfolgt hier aufgrund der Tatsache, dass längere DNA-Moleküle für diese Bewegung länger brauchen als kürzere. Diese beiden Theorien erklären die meisten der bei der Elektrophorese von DNA-Molekülen durchschnittlicher Größe (bis ca. 10 kb) beobachteten Phämomene wie den Zusammenhang zwi-

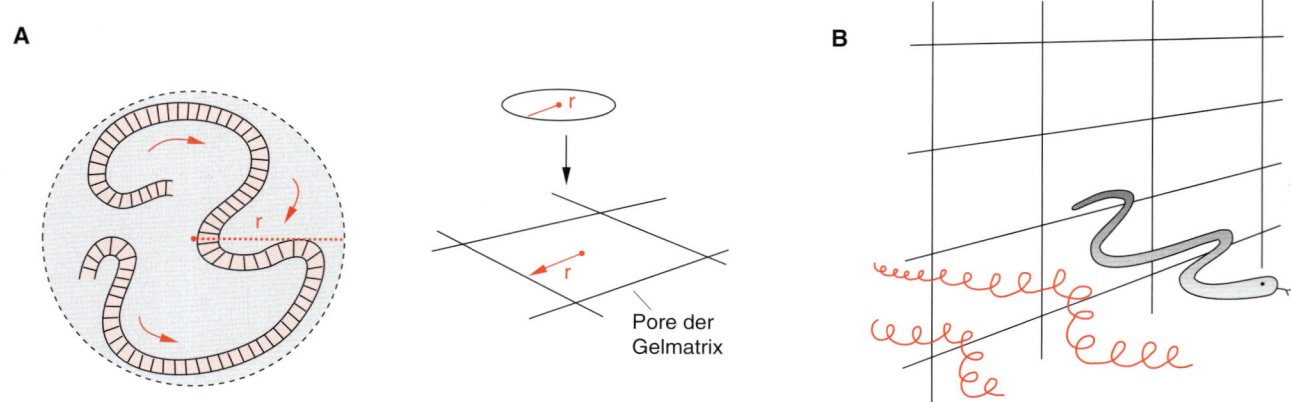

22.7 Theorien zur Wanderung von Nucleinsäuremolekülen in einer Gelmatrix. Die Ogston-Theorie (A) geht von einer globulären Struktur der Nucleinsäuren aus, deren Radius von der Länge des Moleküls und der Wärmebewegung bestimmt wird. Die Moleküle können durch die Poren der Gelmatrix wandern, wenn der Kugeldurchmesser der Nucleinsäuren kleiner als die durchschnittliche Porengröße ist. Im Reptationsmodell (B) richten sich die Nucleinsäuren entlang des elektrischen Feldes aus und winden sich „schlangenartig" durch die Gelmatrix. (Nach: Martin R. Gel Electrophoresis: Nucleic Acids. Bios Scientific Publishers Limited, Oxford 1996).

schen Mobilität und Größe der Fragmente. Das Verhalten sehr großer DNA-Moleküle im elektrischen Feld wird jedoch dadurch nur unzureichend beschrieben und erfordert neue Modelle (Abschnitt 22.2.3).

22.2.1 Gelelektrophorese von DNA

Agarosegele

Die Wahl des Trägermaterials wird hauptsächlich von Art und Größe der zu analysierenden Nucleinsäure bestimmt. Agarose ist das wichtigste Trägermaterial für die Elektrophorese von Nucleinsäuren. Es handelt sich dabei um ein Polymer, das aus verschieden verknüpften Galactoseeinheiten besteht.

Agarosestruktur
Abschnitt 10.3.2

Die Wanderungsgeschwindigkeit der DNA-Moleküle wird von mehreren Faktoren beeinflusst. Die effektive Größe der Nucleinsäuremoleküle hängt nicht nur von ihrer absoluten Masse, sondern auch von ihrer Form ab: superhelikal (Form I), offen (Form II), doppelsträngig-linear (Form III) oder einzelsträngig.

Auftrennung linearer, doppelsträngiger DNA-Fragmente Die Gelelektrophorese linearer DNA-Fragmente (Form III-DNA) kann zur relativ genauen und reproduzierbaren Größenbestimmung genutzt werden. Dabei besteht über einen weiten Größenbereich der DNA eine (empirisch beobachtete) lineare Abhängigkeit zwischen dem Logarithmus ($\log_{10}$) der Länge des Fragments (in bp) und der relativen Wanderungsdistanz (in cm, bezogen auf die gesamte Wanderungsstrecke) im Agarosegel (Abb. 22.8). Verschiedene Gleichungen versuchen das theoretische Modell durch die Einführung unterschiedlicher Parameter den experimentell gefundenen Daten anzupassen.

Die Wanderungsgeschwindigkeit linearer DNA-Fragmente hängt zusätzlich von der Agarosekonzentration, der angelegten Spannung, der Art des Laufpuffers sowie der Anwesenheit interkalierender Farbstoffe ab.

In Agarosegelen lassen sich, abhängig von der Konzentration der Agarose, DNA-Fragmente über einen sehr weiten Größenbereich auftrennen (Tabelle 22.3). Sehr kleine DNA-Fragmente (≤ 100 bp) besitzen in den üblicherweise verwendeten 1–1,5 %igen Agarosegelen eine konstante Geschwindigkeit, da die Porengröße des Gels größer ist als die Fragmente, so dass die Wanderung dieser Fragmente entsprechend der Ogston-Theorie durch das Trägermaterial nicht mehr behindert wird. Durch Erhöhung der Agarosekonzentration können kleinere DNA-Fragmente aufgetrennt werden. Kleine DNA-Fragmente und Oligonucleotide trennt man am besten in 2–3 %igen Agarosegelen auf.

Die Wanderungsgeschwindigkeit von DNA-Fragmenten in Agarosegelen ist in der Regel proportional zur angelegten Spannung. Allerdings wandern große DNA-Fragmente mit steigender Spannung zunehmend langsamer im Gel, so dass sich

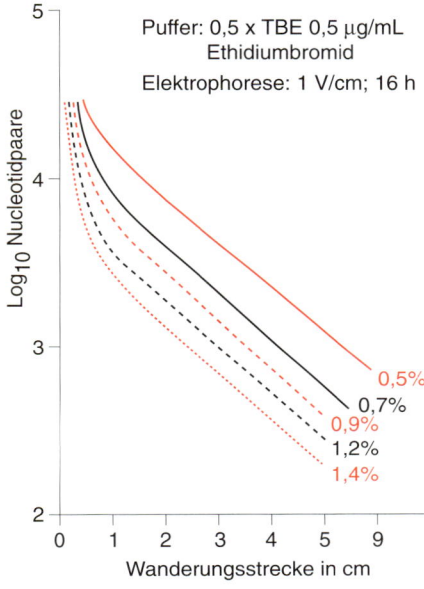

22.8 Abhängigkeit der Wanderungsstrecke von der Länge der aufgetrennten Fragmente bei verschiedenen Agarosekonzentrationen. Diese halblogarithmischen Kurven werden mit Hilfe von Marker-Fragmenten erstellt. Die Größe eines Fragments lässt sich dann anhand seiner Position relativ genau bestimmen. (Nach: Maniatis T., Fritsch E.F., abd Sambrook, J. Molecular Cloning: A Laboratory Manual. Cold Spring Harbor Laboratory, 1989).

Tabelle 22.3 Größentrennung von DNA-Fragmenten bei verschiedenen Agarosekonzentrationen

Agarose-Konzentration (in % w/v)	Optimaler Auftrennungsbereich linearer, doppelsträngiger DNA-Fragmente (in kb)
0,3	5–60
0,6	1–20
0,7	0,8–10
0,9	0,5–7
1,2	0,4–6
1,5	0,2–3
2,0	0,1–2

Aus: Maniatis, T., Fritsch, E.F., Sambrook J. Molecular Cloning: A Laboratory Handbook. Cold Spring Harbor Laboratory, 1989.

hohe Spannungen für die Auftrennung großer Fragmente nicht eignen. Eine gute Auftrennung ergibt sich für DNA-Fragmente (≥ 2 kb), wenn die angelegte Spannung 5 V/cm nicht überschreitet. Maßgebend ist dabei nicht die Gellänge, sondern der Elektrodenabstand in der Elektrophoresekammer.

Für die Auftrennung von DNA-Molekülen verwendet man Tris-Acetat-(TAE) oder Tris-Borat-(TBE)Laufpuffer. Der Tris-Acetat-Laufpuffer hat den Vorteil, dass die Fragmente aus Agarosegelen, die diesen Laufpuffer enthalten, leichter und effektiver entfernt werden können. Die DNA-Banden laufen schärfer. Ein wesentlicher Nachteil des Puffers ist seine geringe Pufferkapazität. Tris-Acetat-Laufpuffer zersetzt sich bei der Elektrophorese schneller als Tris-Borat. Für längere Elektrophoresen oder Elektrophoresen bei sehr hohen Feldstärken verwendet man Tris-Borat als Laufpuffer. Lineare DNA-Fragmente laufen in TBE-Puffer ungefähr 10 % schneller als in TAE-Puffer. Die Auftrennungskapazität beider Puffersysteme ist vergleichbar. Lediglich superhelikale DNA lässt sich in TBE-Puffer etwas besser auftrennen.

Die Konzentration der Ionen im Laufpuffer ist ebenfalls von Bedeutung. Sind zu wenige Ionen im Laufpuffer vorhanden, so ist die elektrische Leitfähigkeit minimal und die Wanderungsgeschwindigkeit der DNA zu gering. Ist die Ionenkonzentration zu hoch, wird der Laufpuffer durch die sehr hohe Leitfähigkeit zu stark erhitzt, die DNA möglicherweise denaturiert und die Agarose geschmolzen.

Auch die Präsenz interkalierender Farbstoffe zur Färbung der DNA hat einen Einfluss auf die Laufgeschwindigkeit im Gel. Das Prinzip der Interkalation wird in Abschnitt 22.3.1 eingehend behandelt. Bei Zugabe von Ethidiumbromid verringert sich die Laufgeschwindigkeit linearer Fragmente um circa 15 %.

Auftrennung zirkulärer DNA-Fragmente Die Wanderungsgeschwindigkeiten zirkulärer DNA der Form I (*superhelikal*) und der Form II (*offen*) hängen in erster Linie von der Beschaffenheit des Agarosegels ab. In der Regel wandert die superhelikale Form der DNA schneller im Gel als die lineare. Relaxierte DNA-Moleküle (Form II) wandern im Agarosegel wesentlich langsamer als superhelikale oder lineare DNA (Abb. 22.9). Die Wanderungsgeschwindigkeit der drei Formen wird durch die Laufbedingungen, Agarosekonzentration, angelegte Spannung und Wahl des Laufpuffers beeinflusst. Die Identifizierung der verschiedenen DNA-Konformationen im Gel kann mit Hilfe von Ethidiumbromid erfolgen.

22.9 Wanderungsverhalten von superhelikaler, offener, linearer und denaturierter DNA im Agarosegel. Das Laufverhalten der superhelikalen DNA kann durch die Ethidiumbromidkonzentration beeinflusst werden.

Praktische Durchführung

Agarosegele können als Vertikal- oder Horizontalgele gegossen werden. Im Laboralltag haben sich die leichter handhabbaren Flachgele durchgesetzt und werden fast ausschließlich verwendet. Man unterscheidet nach der Größe des Gels: Mini-, Midi- und Maxi-Gele. Mini-Gele besitzen nur eine geringe Auftrennungsstrecke (ca. 6–8 cm) und eigenen sich nicht zur genauen Größenbestimmung von DNA-Fragmenten. Sie dienen unter anderem zur schnellen Charakterisierung der Art und Menge von DNA und zur Überprüfung bestimmter Restriktionsspaltungen. Midi- und Maxi-Gele (ca. 20 cm bzw. 30–40 cm) werden für die genaue Fragmentcharakterisierung und zur präparativen Auftrennung von DNA-Fragmenten eingesetzt. Hier sind Auftrennungsstrecke und Ladekapazität wesentlich größer.

Die DNA wird auf das Agarosegel mit Hilfe von sogenannten **Auftragspuffern** aufgetragen. Diese dienen in erster Linie dazu, die Dichte der DNA-Lösung zu erhöhen (mit Hilfe von Glycerin, Ficoll oder Saccharose), so dass die Lösung beim Auftragen in die Taschen des Geles absinkt und nicht in den Laufpuffer diffundiert. Die Auftragspuffer enthalten zusätzlich Farbstoffe, die während der Elektrophorese mit der DNA in Richtung Anode wandern und so einen Anhaltspunkt für die Wanderung der DNA bieten. Die gebräuchlichsten Farbstoffe sind Bromphenolblau und Xylencyanol. Bromphenolblau wandert dabei im Agarosegel je nach Bedingungen ungefähr wie ein DNA-Fragment mit 300 bp.

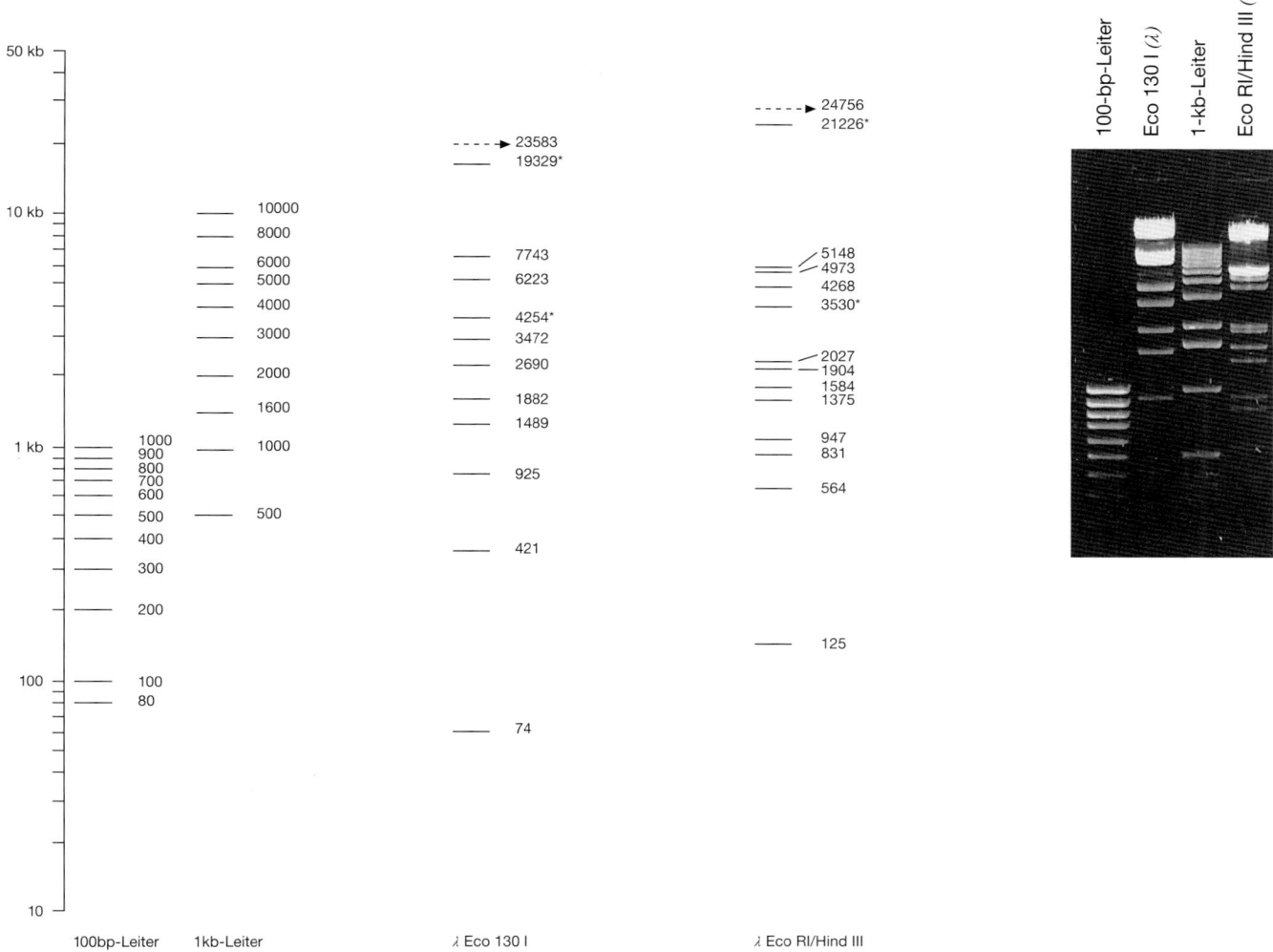

22.10 Verschiedene, im Laboralltag sehr häufig verwendete DNA-Längenstandards. Die λ-DNA-Marker können durch Spaltung der λ-DNA mit den entsprechenden Restriktionsenzymen hergestellt werden (Abschnitt 22.1).

Ein wichtiges Hilfsmittel zur Charakterisierung der Fragmentgrößen sind die **Längenstandards** (Marker), die Fragmente mit genau definierten Größen enthalten und zusammen mit der zu untersuchenden Probe auf dem Agarosegel aufgetrennt werden. Anhand dieser Längenstandards erfolgt dann die Größenbestimmung der DNA-Fragmente. Für eine zuverlässige und genaue Größenbestimmung ist es unerlässlich, dass vergleichbare Mengen von Marker und DNA im gleichen Puffer gelöst und aufgetragen werden. Die DNA-Längenstandards erhält man durch gezielte Restriktionsspaltung bestimmter Plasmid- oder Phagen-DNA (z.B. pBR322 und λ-DNA) mit verschiedenen Restriktionsenzymen (z.B. *Eco* RI, *Hin*d III oder *Eco* 130I). Die bekanntesten DNA-Marker sind die 1 kb-Leiter und der λ/*Eco* RI/*Hin*d III-Standard (Abb. 22.10). Auch für kleinere DNA-Fragmente werden Größenstandards angeboten. Ein gebräuchlicher Marker ist die 100 bp-Leiter, deren DNA-Fragmente sich jeweils um 100 bp unterscheiden. Die Wahl des Markers hängt von der zu erwartenden Größe der DNA-Fragmente ab.

Denaturierende Agarosegele Einzelsträngige DNA bildet sehr leicht intramolekulare Sekundärstrukturen und intermolekulare Aggregate aus. Diese Faktoren beeinflussen das Laufverhalten im Agarosegel. Man wählt deshalb für die Elektrophorese denaturierende Bedingungen, so dass die elektrische Mobilität der einzelsträngigen DNA nur von ihrem Molekulargewicht abhängt.

Alkalische Agarosegele werden dabei zur Analyse der Syntheseeffizienz des ersten und zweiten Strangs einer cDNA und zum Testen der *nicking*-Aktivität in bestimmten Enzympräparationen verwendet. Das denaturierende Agens ist dabei NaOH. Die Agarose muss vorher in Wasser gelöst werden, da Zugabe von NaOH zu heißer Agarose die Polysaccharide hydrolysiert. Ebenso wird für diese Art der Elektrophorese kein Ethidiumbromid zugesetzt, da Ethidiumbromid bei hohen pH-Werten nicht an die DNA bindet.

Low-melting-Agarose/Sieving-Agarose Derivatisiert man die Agarose, indem man beispielsweise Hydroxyethylgruppen in die Polysaccharidkette einführt, so erhält man Agarose mit veränderten Eigenschaften. Diese *low-melting*-Agarose wird ebenfalls durch Erhitzen gelöst und geliert beim Abkühlen. Ihr Schmelzpunkt liegt jedoch niedriger. Diese Eigenschaften werden hauptsächlich zur Isolierung von DNA-Fragmenten aus diesen Gelen genützt (Abschnitt 22.5.3). Die DNA läuft in Gelen, die aus niedrig schmelzender Agarose bestehen, etwas schneller, Trenn- und Ladekapazität sind geringer.

Sieving-Agarose besitzt ähnliche Eigenschaften wie *low-melting*-Agarose. Sie eignet sich besonders zur Auftrennung kleinerer DNA-Fragmente und besitzt einen ähnlichen Trennbereich wie Polyacrylamidgele.

Gele beider Agarosearten sind in Konzentrationen < 2 % nicht sehr stabil, die empfohlenen Agarosekonzentrationen liegen daher bei 2 bis 4 %.

Polyacrylamidgele

Polyacrylamidgele Abschnitt 10.3.2

Die Eigenschaften des Polyacrylamids sowie die Definition von Konzentration und Vernetzungsgrad wurden bereits in Abschnitt 10.3.2 behandelt. Die Elektrophorese von DNA in Polyacrylamidgelen (meist abgekürzt als PAGE) wird je nach Anwendungsgebiet nativ oder denaturierend durchgeführt. Polyacrylamidgele werden als Horizontalgele zwischen zwei Glasplatten gegossen und elektrophoretisiert. Diese Gele besitzen gegenüber Agarosegelen Vor- und Nachteile (Tabelle 22.4). Polyacrylamidgele werden in der Nucleinsäureanalytik für folgende Zwecke verwendet:

EMSA Kapitel 27

Nicht-denaturierende Gele zur Analyse von DNA-Protein-Komplexen Native, nicht-denaturiende Gele werden für den sogenannten EMSA (*electrophoretic mobility shift assay*) benützt. Hier können DNA-Protein-Komplexe als intakte Einheit von der freien DNA abgetrennt werden. Durch den Käfigeffekt des Polyacrylamids bleiben die DNA-Protein-Komplexe während der Elektrophorese erhalten. Dieser Versuchsansatz wird ausführlicher in Kapitel 27 beschrieben.

Tabelle 22.4 Vergleich von Agarose- und Polyacrylamidgelen

Agarosegele	Polyacrylamidgele
Vorteile:	
• apparativer Aufwand geringer, leicht handhabbar, schneller	• bessere Auftrennung für einen bestimmten DNA Bereich (< 1000 bp)
• größerer Auftrennungsbereich	• es können größere Mengen ohne Auflösungsverluste aufgetragen werden
• DNA leichter zu isolieren	
• DNA leichter zu färben	• DNA nach Isolierung aus dem Gel sehr sauber
• Kapillar- und Vakuumblotting möglich	
Nachteile	
• Banden breiter und unschärfer	• schwieriger zu gießen, höherer apparativer Aufwand
• Auftrennung im Bereich kleinerer DNA-Fragmente schlechter	• kein Kapillar- oder Vakuum-Blotting möglich
• isolierte DNA-Fragmente enthalten eventuell inhibierende Verunreinigungen	• geringer Trennbereich

Tabelle 22.5 Auftrennungsbereich von nativen Polyacrylamidgelen. Das Verhältnis von Acrylamid zu *N,N'*-Methylenbisacrylamid beträgt hier 29:1

Acrylamidkonzentration (in %)	Auftrennungsbereich (in bp)	Wanderung von Bromphenolblau (in bp) in nativen Gelen
3,5	100–2000	100
5,0	100–500	65
8,0	60–400	45
12,0	50–200	20
15,0	25–150	15
20,0	5–100	12

Nicht-denaturierende PAGE von doppelsträngiger DNA Native Polyacrylamidgele besitzen im Vergleich zu Agarosegelen ein höheres Auftrennungsvermögen (Tabelle 22.5) und eine höhere Ladekapazität ohne Auflösungsverluste. Hiervon macht man bei der Reinigung doppelsträngiger DNA Gebrauch. Große Mengen kleiner DNA-Fragmente (<1000 bp) können so isoliert werden. Die Gele werden analog zu Agarosegelen in Tris-Borat-Puffer präpariert und können nach der Gelelektrophorese mit Ethidiumbromid gefärbt werden. Die Elution der DNA-Fragmente aus den Gelen wird in Abschnitt 22.4 besprochen.

Abnormales Laufverhalten von DNA-Fragmenten in nativen Polyacrylamidgelen (Krümmung, *curvature*) Durch das bessere Auflösungsvermögen der Polyacrylamidgele kann man abnormes Verhalten bestimmter DNA-Fragmente bei der Elektrophorese beobachten. Kleinere DNA-Fragmente (350 bis 700 bp), die bestimmte Sequenzen enthalten, zeigen unter bestimmten Elektrophoresebedingungen eine – im Vergleich zu ihrer eigentlichen Größe (Anzahl der Basenpaare) – reduzierte Mobilität im elektrischen Feld. Dieser der Krümmung oder dem Knicken der DNA zugeschriebene Effekt wird auf eine veränderte Konformation der Fragmente zurückgeführt. Das abnorme Laufverhalten ist umso ausgeprägter, je höher man die Acrylamidkonzentration wählt, je mehr Magnesium-Ionen man dem Elektrophorese-Puffer zusetzt oder je weiter die Temperatur verringert wird. Eine Erhöhung der Temperatur oder der Na^+-Konzentration haben die entgegengesetzte Wirkung.

Veränderungen der DNA-Sekundärstruktur Abschnitt 27.3

Das scheinbare Zentrum des Knicks in der DNA lässt sich durch sogenannte *cyclische Permutationsuntersuchungen* bestimmen: Hierzu werden Fragmente mit identischem Molekulargewicht und Basenzusammensetzung erzeugt. Innerhalb dieser Fragmente ist dabei die vermutliche Sequenz, die für die Krümmung verantwortlich ist, an verschiedenen Positionen lokalisiert. Experimentell lässt sich dies erreichen, indem man ein Dimer des betreffenden Fragments kloniert und anschließend mit verschiedenen Restriktionsenzymen, die nur eine Schnittstelle im Fragment besitzen, spaltet. Die Fragmente werden in einem nativen Polyacrylamidgel bei niedriger Temperatur aufgetrennt. Fragmente, bei denen die fragliche Krümmungssequenz an den Enden lokalisiert ist, zeigen nur eine geringfügige Abweichung vom normalen Laufverhalten. Fragmente mit der geknickten DNA-Sequenz in zentraler Position zeigen die stärkste Abweichung. Aus dem Vergleich der Mobilitäten kann man die Position des Knicks bestimmen. Eine favorisierte Hypothese ist, dass die Krümmung bevorzugt in Sequenzabschnitten auftritt, die einen Übergang von adeninreichen Abschnitten zu normaler B-Form-DNA besitzen.

Native PAGE von einzelsträngiger DNA (SSCP) Diese Gele werden hauptsächlich zur Analyse von Veränderungen in der genomischen DNA bei bestimmten Krankheiten eingesetzt. Hier müssen Methoden angewendet werden, die es erlauben, mit praktikablem Aufwand viele verschiedene Proben von verschiedenen Patienten gleichzeitig auf Mutationen innerhalb bestimmter Gene zu testen. Die Bestimmung der Sequenz der einzelnen in Frage kommenden Gene wäre viel zu teuer und zeitaufwendig. Bei der häufig angewendeten SSCP-Analyse (SSCP steht für *single-strand conformational polymorphism*) liegt die Beobachtung zugrunde, dass einzelsträngige DNA-Moleküle unterschiedlicher Sequenz unterschiedliche Konformationen einnehmen können. Die zu analysierenden, doppelsträngigen DNA-Fragmente werden mit Hilfe von Formaldehyd denaturiert und anschließend auf das nicht-denaturierende Polyacrylamidgel aufgetragen. Die isolierten einzelsträngigen Moleküle bilden individuelle Konformationen aus, die in den meisten Fällen auch ein unterschiedliches Laufverhalten zeigen (Abb. 22.11). Enthält der betreffende Genabschnitt eines anderen Individuums Punktmutationen, so werden die einzelsträngigen Molelüle wiederum eine andere Konformation annehmen und sich im Laufverhalten unterscheiden. Entscheidend für die SSCP-Analysen ist dabei das *native* Polyacrylamidgel, da ein denaturierendes Gel die einzelsträngigen Moleküle lediglich nach ihrer genauen Größe, nicht aber nach ihrer Sequenz auftrennen würde. Mit Hilfe dieser SSCP-Methode lassen sich Punktmutationen in bestimmten Genabschnitten vieler verschiedener DNA-Proben gleichzeitig detektieren, die dann durch Sequenzbestimmung genauer analysiert werden können. Die ersten SSCP-Analysen wurden mit Restriktionsfragmenten genomischer DNA und anschließender Southern-Blot-Analyse (Abschnitt 22.4.3) untersucht. In den neueren Ansätzen werden die zu untersuchenden Genabschnitte durch PCR-Amplifikation isoliert und können gleichzeitig radioaktiv markiert werden, so dass keine weiteren Detektionsverfahren notwendig sind. Die Analyse beruht darauf, dass DNA-Moleküle, die Punktmutationen enthalten, meistens andere Konformationen einnehmen als das unveränderte Molekül. Ein negatives Ergebnis der SSCP-Analyse ist demzufolge kein Beweis, dass innerhalb dieses Genabschnitts keine Mutationen auftreten.

Auf einem ähnlichen Prinzip beruht auch das sogenannte DSCP-Verfahren (*double-strand conformational polymorphism*) auch **Heteroduplex-Analyse** genannt. Hier werden Fragmente, die eventuelle Punktmutationen enthalten gemeinsam denaturiert und anschließend renaturiert. Bei der Hybridisierung vollständig komplementärer Stränge entstehen die Ausgangsfragmente; hybridisieren

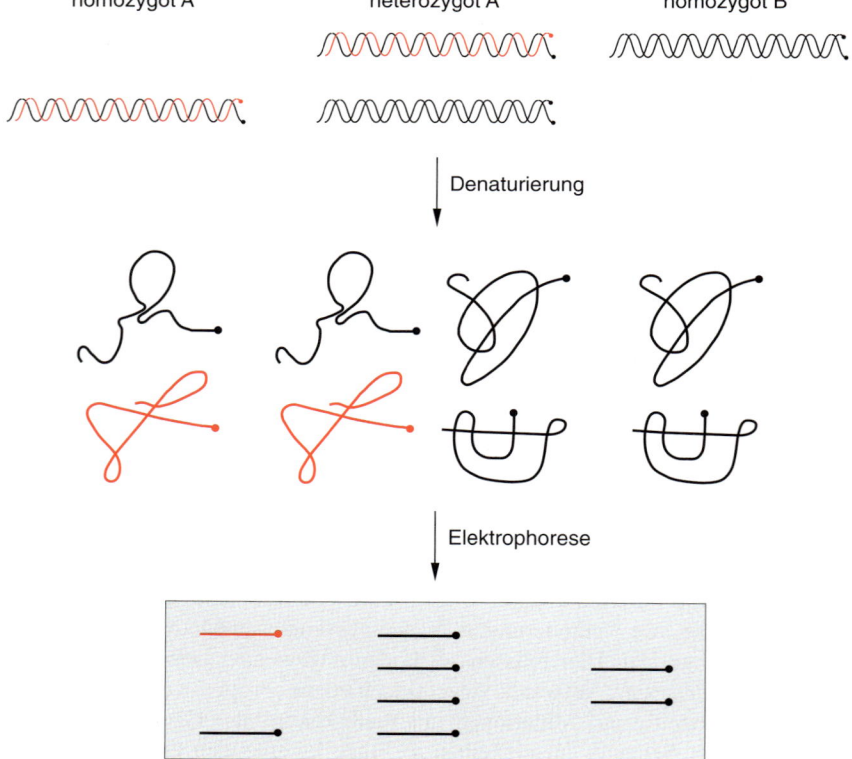

22.11 Schematische Darstellung der SSCP-Analyse. DNA-Fragmente werden mit Hilfe von Formamid und Hitze denaturiert. Die resultierenden einzelsträngigen Moleküle nehmen abhängig von ihrer Basenzusammensetzung eine bestimmte Konformation ein. Diese einzelsträngigen Nucleinsäuremoleküle werden auf einem nativen Polyacrylamidgel aufgetrennt und zeigen aufgrund ihrer unterschiedlichen Konformation unterschiedliches Laufverhalten. Durch das charakteristische Muster können homozygote und heterozygote Individuen, bei denen bestimmte Gene Punktmutationen enthalten, identifiziert werden. (Nach: Martin R. Gel Electrophoresis: Nucleic Acids. Bios Scientific Publishers Limited, Oxford 1996).

Tabelle 22.6 Auftrennung von Oligonucleotiden in denaturierenden Polyacrylamidgelen. Das Verhältnis von Acrylamid zu *N,N'*-Methylenbisacrylamid beträgt dabei 19:1

Acrylamidkonzentration (%)	Auftrennungsbereich (nt)*
20–30	2–8
15–20	8–25
13,5–15	25–35
10–13,5	35–45
8–10	45–70
6–8	70–300

* nt: Nucleotide

zwei komplementäre Stränge, die sich in einer Base unterscheiden, so ändert sich die Konformation des Fragments und somit auch sein Laufverhalten im Gel.

Denaturierende PAGE von einzelsträngiger DNA oder RNA Denaturierende Polyacrylamidgele besitzen zahlreiche Anwendungsgebiete, da eine sehr genaue Auftrennung einzelsträngiger DNA- und RNA-Moleküle möglich ist (Tabelle 22.6). In diesen Gelen wandert einzelsträngige DNA oder RNA unabhängig von ihrer Sequenzzusammensetzung. Die Trennung von DNA-Molekülen, die sich in ihrer Länge um nur ein Nucleotid unterscheiden, ist hier möglich. Daher werden diese Gele bei Sequenzierungen, zur Analyse von S1-Nuclease-Reaktionsprodukten sowie RNase-Protektionsexperimenten verwendet. Sehr wichtig ist die basengenaue Auftrennung von Restriktionsfragmenten auch für die Methode des sogenannten **DNA-Fingerprinting**.

DNA-Sequenzierung
Kapitel 25

S1-Nuclease-Assays
RNase-Protections-Assays
Kapitel 33

DNA-Fingerprinting

Dieses Verfahren dient zur Analyse genomischer DNA eines Individuums hinsichtlich seiner Abstammung oder zur Identifizierung eines bestimmten Individuums. Eingesetzt wird diese Technik in der Gerichtsmedizin, seltener auch für Vaterschaftsnachweise. Jedes Indiviuum besitzt ein charakteristisches Spektrum bestimmter, meist repetitiver Sequenzen, sogenannter **Minisatelliten**, die von Vater und Mutter in nahezu gleichen Anteilen weitervererbt wurden. Die Aufteilung und das Spaltungsmuster dieser Sequenzen ist für jedes Individuum einzigartig. In der Praxis wird die genomische DNA mit einem Restriktionsenzym gespalten, und die erhaltenen Fragmente werden auf denaturierenden Polyacrylamidgelen genau aufgetrennt. Das Gel wird dann mittels Southern-Blotting (Abschnitt 22.4.3) auf eine Membran übertragen und mit Sonden hybridisiert, die spezifisch diese Minisatelliten-DNA erkennen. Eine weitere Methode des Fingerprinting basiert auf einer PCR mit willkürlich gewählten Primern. Hier werden kurze Fragmente mittels PCR synthetisiert, die dann durch Einbau radioaktiv markierter Nucleotide während der PCR detektiert werden können. Zwei Individuen mit unterschiedlichen genomischen Sequenzen werden bei dieser PCR-Methode ein unterschiedliches Spektrum der über willkürlich ausgewählte Primer synthetisierten PCR-Fragmente aufweisen. Auch dieses Verfahren ist auf die basengenaue Auftrennung der DNA-Moleküle durch denaturierende Polyacrylamidgele angewiesen. Die Methode des DNA-Fingerprinting unterscheidet sich in Methodik und Aussagemöglichkeit sehr vom RNA-Fingerprinting (Abschnitt 22.2.4).

Weitere Anwendungsgebiete

Weitere Anwendungsgebiete denaturierender Polyacrylamidgele sind die präparative Aufreinigung synthetischer Oligonucleotide oder einzelsträngiger RNA. Dabei können *n* Basen enthaltende Oligonucleotide (*n*-mere) von (*n*-1)-meren abgetrennt werden, und man erhält eine einheitliche Population von Nucleinsäuren.

Als Denaturierungsmittel verwendet man hauptsächlich Harnstoff, seltener Formaldehyd. Alkali kann bei Polyacrylamidgelen nicht verwendet werden, da es mit der Polyacrylamidmatrix wechselwirkt und diese zerstört. Die Gele werden in Gegenwart von Harnstoff (7 M) polymerisiert, als Laufpuffer wird Tris-Borat-Puffer verwendet. Die Auftragspuffer enthalten meist Formamid zur Denaturierung der Proben (Abschnitt 22.2.2).

Alternativ zur Ethidiumbromidfärbung können große Mengen der Oligonucleotide in Polyacrylamidgelen durch Fluoreszenzauslöschung detektiert werden. Hierzu wird das Gel auf einer Dünnschichtchromatographieplatte mit langwelligem UV-Licht bestrahlt. Die Dünnschichtchromatographieplatte fluoresziert bei Anregung durch die UV-Strahlung. An Stellen, an denen sich Oligonucleotide befinden, erreicht das UV-Licht die Platte nicht, so dass die Oligonucleotide als dunkle Bande zu erkennen sind. Sollen die Oligonucleotide anschließend aus dem Gel isoliert werden, so ist darauf zu achten, dass die Bestrahlung mit UV-Licht so kurz wie möglich gehalten wird, da es sonst zu Beschädigungen der DNA oder zu Quervernetzungen mit der Gelmatrix kommt.

22.2.2 Gelelektrophorese von RNA

Ähnlich wie einzelsträngige DNA bildet auch einzelsträngige RNA durch intra- und intermolekulare Basenpaarung Sekundärstrukturen und Aggregate aus. Diese verschiedenen Konformationen besitzen unterschiedliches Laufverhalten im Gel. Eine exakte, reproduzierbare Analyse von RNA ist nur in denaturierenden Gelen möglich, da hier die verschiedenen Wasserstoffbrückenbindungen aufgehoben werden. Alle RNA-Moleküle laufen wie DNA abhängig von ihrem Molekulargewicht.

Die Elektrophorese von RNA hat die Zentrifugationsmethoden zur Größenuntersuchung von RNA-Molekülen verdrängt. Die Trennungskapazität ist analog, Gelelektrophoresen sind jedoch wesentlich einfacher durchzuführen.

Für die Auftrennung komplexer RNA-Gemische, die zum Beispiel anschließend geblottet werden sollen (Northern-Blotting, Abschnitt 22.3.2), verwendet man in der Regel Agarosegele (1–1,5 % Agarose). Kleinere RNA-Moleküle werden – analog zu einzelsträngigen Oligonucleotiden – am besten auf denaturierenden Polyacrylamidgelen aufgetrennt. (Für eine „schnelle, ungenaue" Analyse kann man die RNA auch auf nicht-denaturierenden TBE-Agarosegelen auftrennen.)

Als Denaturierungsmittel werden häufig Dimethylsulfoxid/Glyoxal oder Formaldehyd verwendet. Die Denaturierung mit dem hochgiftigen Methylquecksilberhydroxid ist veraltet. Für die PAGE wird hauptsächlich Harnstoff verwendet.

Isolierung von RNA Abschnitt 21.6

> Da RNA wesentlich empfindlicher gegenüber Nucleasen und Hydrolyse durch Säuren oder Basen ist, müssen die experimentellen Bedingungen gegenüber der DNA-Elektrophorese abgeändert werden. Die gleichen Vorsichtsmaßnahmen die bei der Isolierung von RNA getroffen werden, sollten auch bei der Elektrophorese von RNA angewendet werden. So empfiehlt es sich, die Gelelektrophoresekammer gründlich zu säubern und nur RNase-freies Wasser zu verwenden.

Formaldehydgele

Die denaturierende Wirkung von Formaldehyd beruht darauf, dass die Aldehydgruppe mit den Aminogruppen von Adenin, Guanin und Cytosin Schiffsche Basen bildet. Die Aminogruppen dieser Basen stehen dann nicht mehr zur Ausbildung von Wasserstoffbrückenbindungen zur Verfügung, so dass die Ausbildung von Sekundärstrukturen und Aggregaten verhindert wird. Das Agarosegel enthält

1,1 % Formaldehyd. Für längere Elektrophoresen (über Nacht) muss mehr Formaldehyd eingesetzt werden. Formaldehyd ist toxisch, es empfiehlt sich daher, die Gele in einem Abzug zu verwenden.

Da Formaldehyd auch mit den Aminogruppen von Tris [Tris(hydroxymethyl)-aminomethan] reagiert, muss für Formaldehydgele ein anderer Laufpuffer verwendet werden. Als Laufpuffer wird ein Gemisch aus 3-Morpholino-1-propansulfonsäure (MOPS) und Natriumacetat verwendet. Die RNA wird vor dem Auftrag in Gegenwart von MOPS (als Puffer), Formaldehyd und Formamid denaturiert. Das Formamid zerstört die Basenpaarung der RNA und ermöglicht so eine Reaktion der Basen mit Formaldehyd.

Formamid kann mit Ionen wie Ammoniumformiat verunreinigt sein. Diese können die RNA hydrolysieren. In der Praxis wird Formamid kurz vor der Verwendung mit einem Ionenaustauscherharz behandelt, so dass die schädlichen ionischen Komponenten abgetrennt werden. Da MOPS eine hohe Pufferkapazität besitzt, ist es nicht nötig, den Puffer während der Elektrophorese zu wechseln oder umzupumpen, wie es bei den weiter unten behandelten Glyoxalgelen der Fall ist. Will man das Gel anschließend blotten, so muss der Formaldehyd entfernt werden, da sonst die Aminogruppen der Basen nicht für die Hybridisierung mit der Sonde zur Verfügung stehen.

Ionenaustausch-Chromatographie
Abschnitt 9.4

Glyoxalgele

Glyoxalgele erzeugen im Vergleich zu Formaldehydgelen etwas schärfere RNA-Banden, was besonders für das anschließende Blotting günstig ist. Glyoxal bindet bei neutralem pH-Wert kovalent an Guaninreste und verhindert so eine Basenpaarung der RNA. Im Gegensatz zu den Formaldehydgelen wird dem Agarosegel oder Laufpuffer kein Glyoxal zugesetzt. Die Denaturierung der RNA findet vor dem Auftrag statt. Die RNA wird dabei in 1 M Glyoxal in Gegenwart von Natriumphosphat und Dimethylsulfoxid (DMSO) auf etwa 50 °C erhitzt. Natriumphosphat dient als Pufferkomponente, und DMSO bricht die inter- und intramolekularen Wasserstoffbrücken auf, so dass das Glyoxal an den Guaninresten angreifen kann. Glyoxal wird leicht zu Glyoxalsäure oxidiert, die die RNA hydrolysieren kann, so dass dieses Oxidationsprodukt vor der Verwendung des Glyoxals entfernt werden muss. Dies erreicht man durch Reinigung mit Ionenaustauscherharzen. Die ionische Glyoxalsäure lässt sich so vom nicht-ionischen Glyoxal leicht abtrennen. Der Laufpuffer ist in der Regel 10 mM Natriumphosphat bei neutralem pH. Manchmal wird der noch flüssigen Agarose festes Natriumiodacetat als RNase-Inhibitor zugesetzt.

Da Glyoxal auch mit dem interkalierenden Ethidiumbromid reagiert, wird die RNA-Gelelektrophorese in Abwesenheit von Ethidiumbromid durchgeführt.

Um die Ausbildung eines pH-Gradienten zu vermeiden, sollte der Puffer während der Elektrophorese entweder ausgetauscht werden, oder man verwendet eine Umwälzpumpe, die den Puffer zwischen Anode und Kathode zirkulieren lässt. Steigt der pH-Wert des Puffers auf Werte $\geq 8{,}0$, so dissoziert Glyoxal von der RNA.

RNA-Längenstandards

Cytoplasmatische RNA eukaryontischer Zellen besteht zu ungefähr 95 % aus ribosomaler RNA, die sich aus 28S-, 18S- und 5S-RNA zusammensetzt. Bei guten RNA-Präparationen laufen die 28S- und 18S-RNA-Moleküle in zwei scharfen, definierten Banden (Abb. 22.12), die bereits als interne Marker dienen können. Die genaue Größe der ribosomalen Banden hängt vom Ursprung der RNA ab. Für die menschliche rRNA wurden Werte von 5,1 kb für die 28S- und 1,9 kb für die

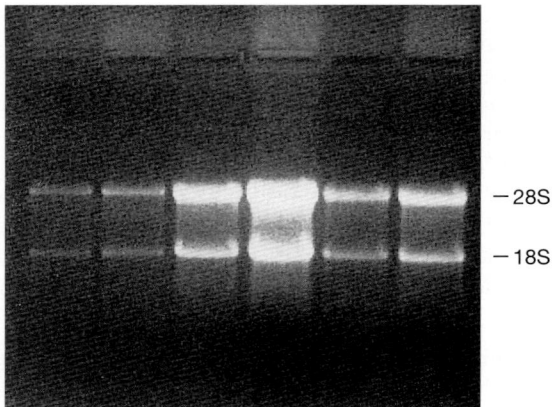

22.12 Laufverhalten von cytoplasmatischer RNA. Bei einer guten RNA-Präparation sind die 28S- und 18S-Banden der ribosomalen RNA deutlich zu erkennen und dürften kaum degradiert sein. Diese Banden können als interne Größenmarker dienen.

18S-rRNA ermittelt. Neben diesen internen Standards gibt es RNA-Marker käuflich zu erwerben. Man kann RNA-Längenmarker auch durch in-vitro-Transkription bekannter DNA-Fragmente herstellen.

22.2.3 Pulsfeldgelelektrophorese (PFGE)

Prinzip

Hochmolekulare Nucleinsäuren können durch konventionelle Gelelektrophorese nicht mehr aufgetrennt werden. Sie besitzen alle die gleiche, sogenannte **limitierende Mobilität** (*limiting mobility*). Dieser Effekt kann durch die Reptationstheorie nicht erklärt werden, und verschiedene Theorien versuchen dieses Verhalten zu analysieren. In einem Modell geht man davon aus, dass sich die DNA-Moleküle bei hohen Feldstärken, wie sie zur Auftrennung hochmolekularer DNA verwendet werden müssen, als „starre Stäbe" verhalten und so kein Auftrennungseffekt aufgrund der Größe erfolgt. Ein weiteres Modell beruht auf der Annahme, dass die Bewegung hochmolekularer DNA der Bewegung der Nucleinsäuren in freier Lösung ähnelt und so für alle Molekülgrößen ungefähr gleich ist. Auch die bevorzugte Ausbildung von sogenannten *loop*-Strukturen, die eine erhöhte Mobilität im Gel ermöglichen, könnte das Auftreten der *limiting mobility* erklären.

Bei der Pulsfeldgelelektrophorese (PFGE) wird nicht ein konstantes elektrisches Feld angelegt, sondern die Richtung der elektrischen Felder wechselt („pulsiert") in verschiedenen Richtungen. Diese Methode bedient sich bei der Auftrennung hochmolekularer DNA eines weiteren Effekts: DNA-Moleküle liegen in freier Lösung, also ohne elektrisches Feld, in einer relaxierten, globulären Form vor. Durch Anlegen eines elektrischen Feldes werden die Moleküle entlang des Feldes ausgerichtet und in die Richtung der Anode gezogen (Reptationstheorie, siehe oben). Wird das elektrische Feld entfernt, so geht das Molekül wieder in den relaxierten Zustand über. Legt man nun erneut ein elektrisches Feld an, das eine andere Richtung hat, so wird sich das Molekül entlang dieses Feldes ausrichten. Wechselt die Richtung des elektrischen Feldes anschließend wieder, so muss das Molekül zunächst relaxieren und sich anschließend in Richtung des neuen Feldes ausrichten. Relaxation und erneute Orientierung sind dabei abhängig von der Molekülgröße. Größere Moleküle benötigen proportional mehr Zeit zur Relaxation und Reorientierung als kleinere. Die Zeit, die ihnen zur Wanderung im Feld zur Verfügung steht, ist dementsprechend geringer als die für kleinere Moleküle, die sich schneller reorientieren und somit eine weitere Strecke in Richtung des elektrischen Feldes zurücklegen können. Die Bewegungsrichtung der DNA-Moleküle ergibt sich dabei aus der der Summe der Feldvektoren der angelegten elektrischen Felder. Die Auftrennung hochmolekularer DNA beruht also letztendlich auf

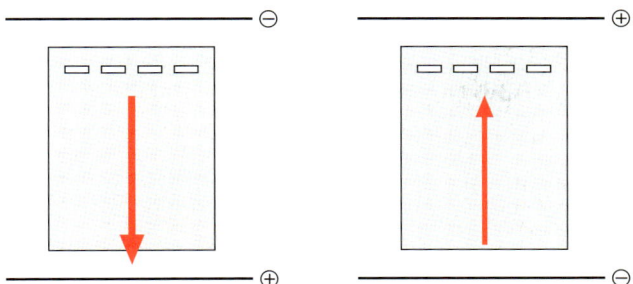

22.13 Prinzip der Feldinversionsgelelektrophorese (FIGE). Es werden abwechselnd zwei um 180° verschiedene elektrische Felder angelegt. Die Wanderungsrichtung zur Anode kann durch einen längeren oder stärkeren Puls in dieser Richtung festgelegt werden.

der unterschiedlichen Zeit, die diese Moleküle brauchen, um sich entlang der angelegten elektrischen Felder auszurichten.

Unter dem Begriff Pulsfeldgelelektrophorese werden heute verschiedene Techniken zusammengefasst, die sich vor allem in Richtung und Sequenz der einzelnen Pulse unterscheiden:

Bei der **Feldinversionsgelelektrophorese (FIGE)** werden zwei elektrische Felder angelegt, die sich in ihrer Orientierung um 180° unterscheiden. Die Wanderung der Nucleinsäuren in eine einheitliche Richtung (zur Anode) wird nur durch eine höhere Stärke des elektrischen Feldes in der Vorwärtsrichtung oder durch einen längeren Puls dieses Feldes gewährleistet (Abb. 22.13). Die FIGE ist apparativ am einfachsten durchzuführen, hat aber den Nachteil einer sehr langen Laufzeit, da die Moleküle einen Großteil der Zeit rückwärts laufen. Ein weiteres Problem der FIGE ist der teilweise auftretende Effekt der Inversion der Banden, das heißt größere DNA-Moleküle können schneller wandern als kleinere. Dieser Effekt kann ebenfalls mit Hilfe der oben angesprochenen Theorie erklärt werden: Größere Moleküle, die in der Lage sind, lange Loops auszubilden, können bei Feldinversion nicht so einfach an den Agarosefasern festgehalten, während kleinere Moleküle, die nicht so große Loops ausbilden können, leichter von den Agarosefasern eingefangen werden. Dieser Effekt erschwert teilweise die Größenbestimmung der DNA, lässt sich aber durch die Wahl geeigneter Pulssequenzen (ansteigende Pulslängen, *ramping*) vermeiden. Im Gegensatz zu anderen Pulsfeld-Methoden bietet die FIGE die Möglichkeit, DNA-Moleküle über einen sehr weiten Größenbereich aufzutrennen oder aber eine sehr hohe Auflösung eines relativ begrenzten Größenbereichs zu erzielen.

Bei der sogenannten **CHEF-Methode** (*clamped-homogenous electric field*) sind die Elektroden hexagonal um das Gel angeordnet. Das elektrische Feld wird durch ein Kontrollgerät zwischen einander gegenüberliegenden Elektroden angelegt (Abb. 22.14). Die Richtungen der elektrischen Feldvektoren sind jeweils um +60° bzw −60° gegenüber der Richtung der vertikalen Achse des Gels verschoben. Es resultiert also eine Art Zick-Zack-Kurs der Nucleinsäuren. Die Winkel der elektrischen Feldvektoren sowie Zeitdauer und Stärke der Felder lassen sich variieren. Mit Hilfe der CHEF-Technik können Moleküle bis zu 2000 kbp aufgetrennt werden.

Eine verbesserte Version der CHEF-Methode steckt hinter der sogenannten **PACE** (*programmable autonomously controlled electrode*). Die 24 Elektroden, die analog zu denen der CHEF-Geräte angeordnet sind, können praktisch jede gewünschte Pulssequenz ausführen. Mit PACE-Geräten lassen sich auch FIGE- oder CHEF-Elektrophoresen durchführen. Verbesserungen in den Pulssequenzen führen zu optimaler Auflösung und verbesserten Laufeigenschaften des Gels.

Praktische Durchführung

Für die Auftrennung hochmolekularer DNA ist die Integrität der Nucleinsäuren eine entscheidende Voraussetzung. Um eine partielle Zerstörung der DNA zu vermeiden, wird das Material vor dem Aufschluss (der Lyse der Zellen mittels Deter-

Zellaufschluss
Abschnitt 21.2

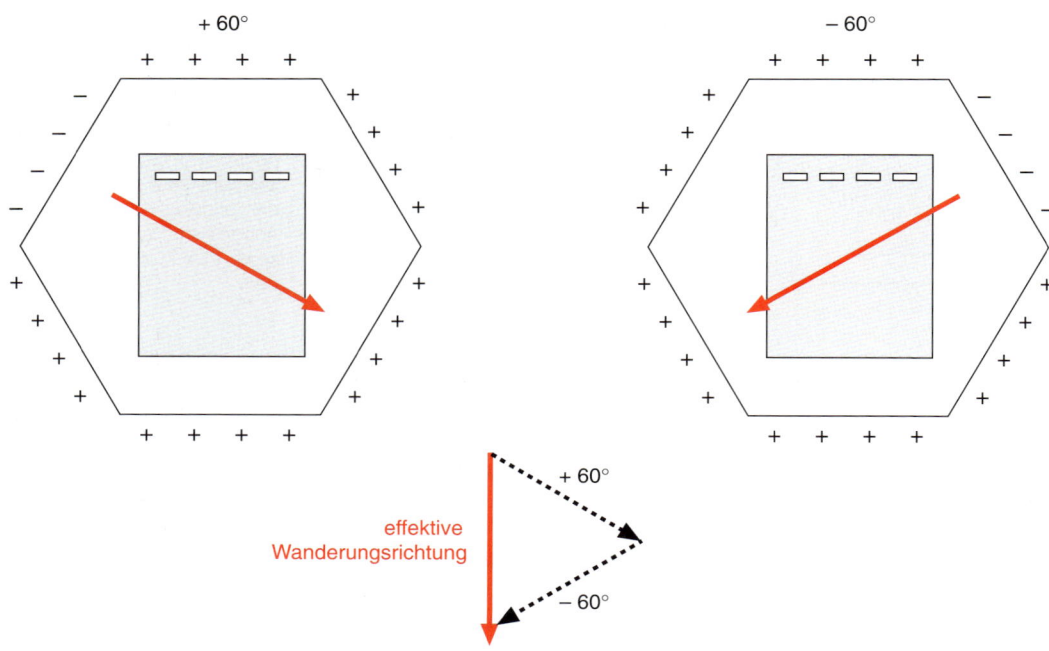

22.14 Prinzip der *clamped-homogenous-electric-field*-Elektrophorese (CHEF). Hier werden Pulse in verschiedenen Richtungen angelegt. Die Wanderung der DNA ergibt sich aus der Summe aller angelegten Feldvektoren und ist wie hier gezeigt ein Zick-Zack-Kurs.

gens und Proteinase K) oder der enzymatischen Behandlung (Restriktionsspaltung) in Agaroseblöckchen eingeschmolzen. Die Isolierung der hochmolekularen genomischen DNA erfolgt in der Agarose durch Inkubation des Agarosestückchens in den entsprechenden Puffern. Somit ist gewährleistet, dass die DNA keinen externen Beschädigungen ausgesetzt wird. Die Agaroseblöckchen werden in die Auftragstaschen des Gels eingebracht. Für die PFGE werden konventionelle Agarosegele (meist 1 %ig) gegossen.

Für ein homogenes Laufverhalten ist eine gleichmäßige Temperatur des Elektrophoreseansatzes entscheidend. Da PFGE mit höheren Spannungen durchgeführt wird und ein entsprechender Temperaturanstieg aufgrund des erhöhten Stromflusses zu erwarten ist, verwendet man häufig eine 1:1-Verdünnung des Standard-1xTBE-Puffers (0,5 x TBE). In vielen Fällen wird dem TBE-Puffer Glycin zugesetzt, da Glycin die Mobilität der DNA erhöht, ohne den Stromfluss wesentlich zu steigern. Um Temperatur- und pH-Wertdifferenzen innerhalb des Gels zu verhindern, muss der Puffer während der Elektrophorese umgepumpt werden. PFGE wird bei konstanten Temperaturen zwischen 10 und 30 °C durchgeführt. Die Auftrennung sehr großer Chromosomen wird durch erhöhte Temperaturen verbessert.

Die Elektrophorese erfolgt in der Regel ohne Zusatz von Ethidiumbromid. Bei Auftrennung von Molekülen < 100 kbp führt die Anwesenheit von Ethidiumbromid zu einer Erhöhung der Auflösung, da der Farbstoff die Reorientierung der Moleküle beeinflussen kann.

> Länge und Art der Pulssequenzen für die verschieden Typen der PFGE sind sehr variabel und müssen individuell optimiert werden. Maximale und minimale Trennbereiche sowie die ungefähre Wanderungsgeschwindigkeit bestimmter Molekülgrößen lassen sich durch empirisch aufgestellte Gleichungen berechnen, die hier aber nicht aufgeführt werden sollen. Pulsdauern können von 5 bis 1000 s variieren, die Feldstärke beträgt normalerweise zwischen 2 und 10 V cm^{-1}. Die Laufzeiten liegen zwischen 10 h und mehreren Tagen.

Als Längenmarker werden hochmolekulare Nucleinsäuren verwendet, zum Beispiel die genomische DNA der Bakteriophagen T7 (40 kbp), T2 (166 kbp) oder G (756 kbp). Durch Ligation von Bakteriophage-λ-DNA erhält man verschiedene aufligierte Konkatamere, deren Größe jeweils Vielfache des λ-Genoms beträgt und die somit einen idealen Größenmarker für die Auftrennung hochmolekularer DNA darstellen (Abb. 22.15). Auch die intakten Hefechromosomen, deren Größe bereits gut charakterisiert ist und die sich relativ einfach aus Hefezellen präparieren lassen, werden als Größenmarker verwendet.

Anwendungen

Eine weit verbreitete Anwendung der PFGE ist die Identifizierung beziehungsweise die Zuordnung bestimmter Gene zu bestimmten Chromosomen. Da Hefechromosomen sehr gut mittels PFGE aufgetrennt werden können, lassen sich die Gene besonders einfach den entsprechenden Chromosomen zuordnen. Mit der abgeschlossenen Aufklärung des Genoms von *S. cerevisiae* im Jahr 1996 entfällt allerdings ein großer Teil dieser Anwendungen.

Trotz des stark optimieren Auflösungsvermögens hochmolekularer DNA durch PFGE (bis zu 5 Mbp) lassen sich nicht einmal die kleinsten menschlichen Chromosomen (> 50 Mbp) auftrennen. Die erstmals durch PFGE möglich gewordene Kartierung großer Bereiche der Genoms durch Restriktionsenzyme liefert aber wertvolle Hinweise auf die Genomstruktur. Hierzu werden Restriktionsenzyme verwendet, die nur sehr selten innerhalb des Genoms spalten (sog. *rare cutters*, z. B. *Not* I, *Nru* I, *Mlu* I, *Sfi* I. *Xho* I, *Sal* I, *Sma* I; Abschnitt 22.1). Die PFGE-Gele werden geblottet und anschließend mit bestimmten Sonden hybridisiert.

Diese sogenannten **physikalischen Karten** des menschlichen Genoms sind unbedingt notwendig zur Identifizierung der Gene, die für bestimmte Erbkrankheiten verantwortlich sind. Die Gene beziehungsweise die Gendefekte, die an Cystischer Fibrose oder Duchenne-Muskeldystrophie beteiligt sind, konnten mit Hilfe dieser Restriktionskartierungen gefunden werden. Ebenso lassen sich Chromosomen-Translokationen und deren *breakpoints* identifizieren, die bei der Aufklärung genetisch bedingter Defekte oder der Entstehung bestimmter Krebsarten ebenfalls eine Rolle spielen.

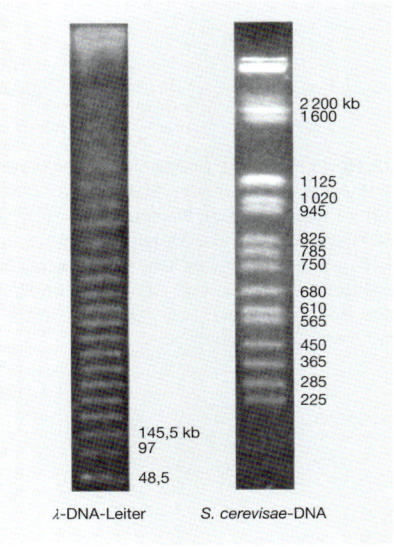

22.15 Verwendete Längenmarker für PFGE-Gele. Die λ-DNA-Leiter lässt sich durch Ligation der λ-Phagen-DNA herstellen. Mit freundlicher Genehmigung von Bio-Rad, München.

Physikalische Genkartierung
Abschnitt 31.2

Molekulare Cytogenetik
Kapitel 30

22.2.4 Zweidimensionale Gelelektrophorese

Die zweidimensionale Gelelektrophorese von Nucleinsäuren wird hauptsächlich dann angewendet, wenn die durch eindimensionale Gelelektrophorese gewonnenen Informationen für eine gewünschte Aussage nicht ausreichen oder nicht eindeutig sind. Das hohe Auflösungsvermögen von zweidimensionalen Gelen wird durch zweimalige Elektrophorese der Nucleinsäuren unter völlig unterschiedlichen Bedingungen erzielt. Damit lassen sich komplexe Nucleinsäuregemische auftrennen, deren Komponenten sich durch eindimensionale Gelelektrophorese allein nur ungenügend unterscheiden lassen.

In der Praxis wird das Nucleinsäuregemisch zunächst durch eine „normale" Gelelektrophorese aufgetrennt, z. B. nach Größe (erste Dimension). Die Gelspur, die die aufgetrennten Nucleinsäuren enthält, wird ausgeschnitten und in ein zweites Gel eingebracht, in dem die Nucleinsäuren dann unter anderen experimentellen Bedingungen erneut aufgetrennt werden (zweite Dimension; Abb. 22.16). In der Regel wird dabei das elektrische Feld der zweiten Dimension senkrecht zur dem der ersten Dimension angelegt. Durch unterschiedliche Elektrophoresebedingungen in der ersten und zweiten Dimension gelingt es, Nucleinsäuren aufgrund ihres unterschiedlichen Laufverhaltens in beiden Dimensionen zu separieren. Zweidimensionale Gelelektrophorese wird zur Auftrennung und Analyse von RNA- und DNA-Molekülen gleichermaßen angewendet.

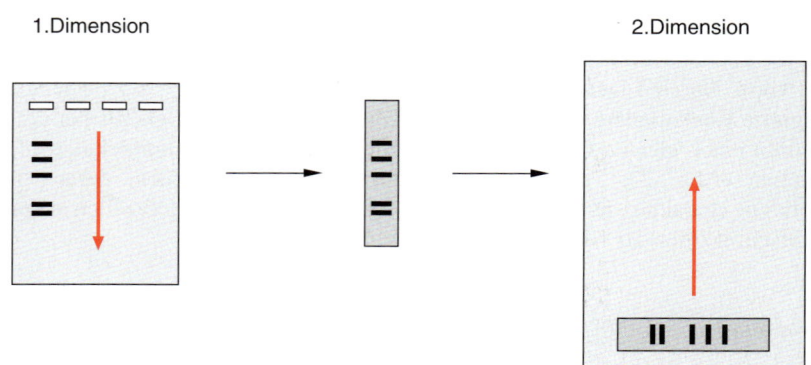

22.16 Prinzip und praktische Durchführung der zweidimensionalen Gelelektrophorese. Die zu analyisierende Gelspur wird nach der Elektrophorese in der ersten Dimension isoliert und in ein zweites Gel eingebracht. Die Elektrophorese in der 2. Dimension erfolgt in der Regel senkrecht zur Elektrophorese in der ersten Dimension.

Zweidimensionale Gelelektrophorese von RNA

Bei der Elektrophorese von RNA können sich Harnstoffkonzentration, Polyacrylamidkonzentration und pH-Wert beider Dimensionen unterscheiden (Tabelle 22.7). Durch Elektrophorese in Gegenwart beziehungsweise Abwesenheit von Harnstoff (Harnstoff-Shift) werden die RNA-Moleküle zunächst nach ihrer Größe und anschließend nach ihrer Konformation aufgetrennt.

Eine Veränderung der Polyacrylamidkonzentration bewirkt, dass RNA-Moleküle nach ihrer unterschiedlichen Wechselwirkung mit der Gelmatrix aufgetrennt werden. Moleküle mit unterschiedlicher Konformation können bei einer bestimmten Polyacrylamidkonzentration ein identisches Laufverhalten zeigen, werden jedoch durch die veränderte Porengröße in der Gelelektrophorese der zweiten Dimension aufgetrennt. Die dritte Methode beinhaltet sowohl einen Wechsel in der Harnstoffkonzentration, dem pH-Wert als auch in der Polyacrylamidkonzentration. Die Nettoladung von RNA-Molekülen wird bei niedrigem pH-Wert beeinflusst, das heißt nicht alle Nucleinsäurebasen liegen negativ geladen vor. Bestimmte Basen werden durch Säuren leicht protoniert, so dass die Ladung des RNA-Moleküls primär von der Basenzusammensetzung abhängt, weniger von der Länge des Moleküls. In der zweiten Dimension erfolgt die Gelelektrophorese unter Bedingungen, bei denen die RNA-Moleküle hauptsächlich nach ihrer Länge getrennt werden.

Eine der Hauptanwendungen der zweidimensionalen RNA-Gelelektrophorese ist das sogenannte **T_1-RNase-Fingerprinting** (zu unterscheiden vom DNA-Fingerprinting, Abschnitt 22.2.1). T_1-RNase ist eine sequenzspezifische Endonuclease, die einzelsträngige RNA-Moleküle an der 3′-Position von Guanosinresten spaltet.

Tabelle 22.7 Experimentelle Bedingungen für die zweidimensionale Gelelektrophorese von RNA-Molekülen. Der pH-Bereich der neutralen Elektrophorese reicht von 4,5 bis 8,5. Die saure Elektrophorese erfolgt bei pH-Werten unter 4,5. In der Regel werden neutrale Gele bei einem pH-Wert von 8,3, saure Gele bei einem pH-Wert von 3,3 durchgeführt. Typische Polyacrylamidkonzentrationen liegen bei 10 bis 15 %. (PAA = Polyacrylamid)

	1. Dimension			2. Dimension		
	% PAA	pH	Harnstoff	% PAA	pH	Harnstoff
Harnstoff-Shift	X %	neutral	5–8 M	X %	neutral	0 M
	X %	neutral	0 M	X %	neutral	5–8 M
Konzentrations-Shift	X %	neutral	0 M	2X %	neutral	0 M
	X %	neutral	4 M	2X %	neutral	4 M
pH/Harnstoff/Konzentration	X %	sauer	6 M	2X %	neutral	0 M

X ist eine bestimmte PAA-Konzentration.

Man erhält so ein charakteristisches Spaltungsmuster komplexer RNA-Moleküle oder RNA-Gemische, die dann mittels zweidimensionaler Gelelektrophorese aufgetrennt werden können. Diese spezifischen RNA-Karten dienen beispielsweise zur Identifizierung und Charakterisierung von RNA-Viren (z.B. Subtypenbestimmung von Influenzaviren).

Zweidimensionale Gelelektrophorese von DNA

Die zweidimensionale Gelelektrophorese von DNA-Molekülen wird häufig zur Analyse und **Kartierung genomischer Sequenzen** angewendet. Die genomische DNA kann dabei mit zwei verschiedenen Restriktionsenzymen gespalten werden, und die Fragmente können isoliert aufgetrennt werden. Zuerst wird die DNA mit einem Restriktionsenzym gespalten und anschließend elektrophoretisiert. Die so aufgetrennte DNA wird im Gelstreifen einer zweiten Restriktionsspaltung unterworfen und in der zweiten Dimension aufgetrennt. Dabei laufen alle Fragmente, die von dem zweiten Restriktionsenzym nicht gespalten werden, auf der Diagonalen des Gels. Fragmente, die interne Schnittstellen des zweiten Restriktionsenzyms besitzen, werden gespalten. Ihr Laufverhalten ändert sich, und sie können außerhalb der Diagonalen detektiert werden.

Physikalische und genetische Genkartierung Kapitel 31

Eine weitere, sehr wichtige Anwendung ist die **Kartierung von Replikationsursprüngen** im Genom höherer Organsimen. Hier erfolgt die Auftrennung der DNA-Fragmente aufgrund ihrer unterschiedlichen Konformationen. Die Replikation beginnt mit dem Aufschmelzen der DNA. Dabei entstehen sogenannte Replikationsblasen, die sich in ihrer Konformation deutlich von nicht-replizierender, doppelsträngiger DNA unterscheiden. Die genomische DNA wird mit einem bestimmten Restriktionsenzym gespalten und in der ersten Dimension lediglich hinsichtlich ihrer Größe aufgetrennt (geringere Agarosekonzentration, niedrige Spannung). Die Elektrophoresebedingungen der zweiten Dimension (höhere Agarosekonzentration, höhere Spannung, verschiedene Temperaturen oder Ethidiumbromidkonzentrationen) unterscheiden sich jetzt dahingehend, dass nun die Fragmente bevorzugt aufgrund ihrer Konformation aufgetrennt werden. Dadurch entsteht ein komplexes Wanderungsmuster der Replikationsblasen (Abb. 22.17). Durch Hybridisierung mit spezifischen Sonden wird nur der zu untersuchende Bereich, der den Replikationsursprung enthält, sichtbar gemacht. Es entsteht ein komplexes Muster, bei dem alle Konformationen des Replikationsursprungs detek-

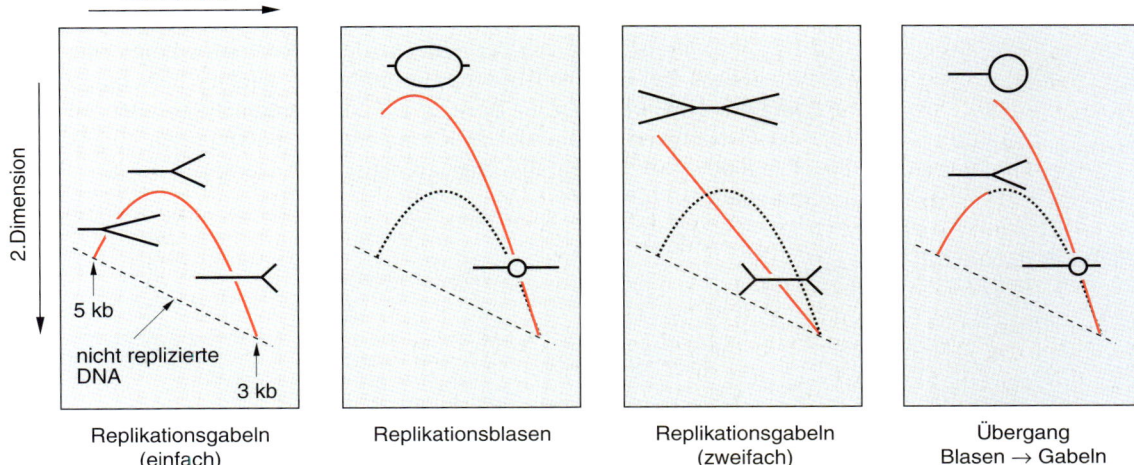

22.17 Identifizierung und Analyse von eukaryontischen Replikationsursprüngen mit Hilfe der zweidimensionalen Gelelektrophorese. Die genomische DNA wird mit einem bestimmten Restriktionsenzym geschnitten und zweidimensional aufgetrennt. Der zu untersuchende Replikationsursprung wird durch Hybridisierung des geblotteten Gels mit einer spezifischen Sonde sichtbar gemacht.

tiert werden können. Neben der zweidimensionalen Gelelektrophorese unter neutralen Bedingungen in beiden Dimensionen werden auch neutral-alkalische Gele zur Analyse solcher Replikationsursprünge eingesetzt. Hier erfolgt die Elektrophorese in der zweiten Dimension unter denaturierenden Bedingungen.

Ein weiteres Beispiel für die zweidimensionale Gelelektrophorese von DNA ist die Identifizierung und Zuordnung verschiedener unterscheidbarer **Topoisomere** superhelikaler DNA. Die Gelelektrophorese wird in der ersten Dimension ohne interkalierenden Farbstoff durchgeführt. Die verschiedenen Topoisomerformen der DNA laufen dabei als diskrete Banden, wobei sich Topoisomere mit verschiedenen Verflechtungszahlen (*linking numbers*) unterscheiden lassen. Ununterscheidbar sind Topoisomere mit positiver oder negativer Superhelicität. Die Gelelektrophorese in der zweiten Dimension wird in Gegenwart einer interkalierenden Verbindung (Ethidiumbromid) durchgeführt. Topoisomere mit einer geringen negativen Superhelicität werden durch die Einlagerung von Ethidiumbromid in Konformationen mit positiver Verwindungszahl überführt. Diese Konformationen laufen in der zweiten Dimension aufgrund ihres geringeren Umfangs schneller. Topoisomere mit einer ursprünglich stark negativen Verwindungszahl werden zunächst partiell aufgewunden und laufen in der zweiten Dimension deutlich langsamer als in der ersten Dimension (Abb. 22.18).

Auch die bereits in Abschnitt 22.2.1 erwähnte Krümmung der DNA lässt sich durch zweidimensionale Gelelektrophorese erkennen. Die beiden Dimensionen können sich hier in Temperatur oder Polyacrylamidkonzentration unterscheiden. Fragmente, die aufgrund ihrer „wahren" Größe laufen, sollten dabei in beiden Dimensionen die gleiche Mobilität zeigen und auf der Diagonalen laufen. Fragmente, die unter einer der beiden Gelelektrophoresebedingungen ein verändertes Laufverhalten zeigen, weichen von der Diagonalen ab.

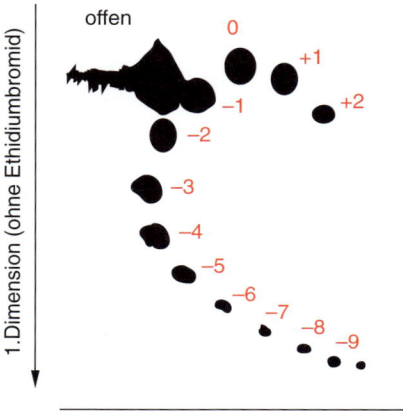

22.18 Identifizierung verschiedener Topoisomere superhelikaler DNA durch zweidimensionale Gelelektrophorese. Die eindimensionale Gelelektrophorese kann einige Topoisomere nicht unterscheiden. Durch Einlagerung von Ethidiumbromid in der zweiten Dimension können diese Topoisomere aufgetrennt werden. Topoisomere mit einer großen negativen Verflechtungszahl werden partiell aufgewunden und laufen langsamer als Topoisomere mit anfangs geringerer negativer Verwindungszahl, da diese durch die Aufnahme von Ethidiumbromid in Konformationen mit positiver superhelikaler Dichte überführt werden und eine erhöhte Mobilität besitzen.

Temperaturgradientengele

Als entfernte Variante der zweidimensionalen Gelelektrophorese kann man die Temperaturgradientengele bezeichnen. Hier werden die Parameter analog zur zweidimensionalen Gelelektrophorese in zwei zueinander senkrecht stehenden Richtungen verändert. Allerdings erfolgt die Elektrophorese nur in einer Richtung, die andere Dimension stellt ein Temperaturgradient dar, der an dem Gel angelegt wird (Abb. 22.19). Die zu analysierende DNA wird über die gesamte Breite des Gels aufgetragen und in derselben Richtung – allerdings bei steigender Temperatur – elektrophoretisiert. Bei steigender Temperatur findet eine zunehmende Denaturierung der DNA statt. Das Schmelzen der DNA ist ein kooperativer Prozess und mit einer drastischen Reduktion der elektrophoretischen Mobilität verbunden. Der Vorgang ist stark von der Sequenz der untersuchten Fragmente abhängig, da Regionen, die viele A-T-Basenpaare enthalten, leichter aufschmelzen. Temperaturgradienten werden zum Beispiel bei Mutationsanalysen oder zur Bestimmung der Genauigkeit der bei der PCR verwendeten Polymerasen eingesetzt, da durch Punktmutationen ebenfalls charakteristische Änderungen in der Schmelzkurve auftreten.

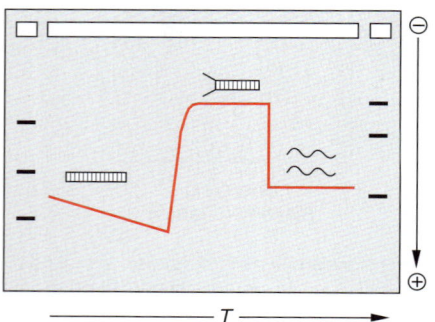

22.19 Prinzip der Temperaturgradientengele. Die DNA wird über die gesamte Gelbreite aufgetragen und ein Temperaturgradient von links nach rechts angelegt, während die Richtung des elektrischen Feldes senkrecht dazu verläuft.

22.3 Färbemethoden

22.3.1 Fluoreszenzfarbstoffe

Ethidiumbromid

Ethidiumbromid (3,8-Diamino-5-ethyl-6-phenylphenanthridiniumbromid) ist ein organischer Farbstoff, dessen Struktur in Abbildung 22.20 gezeigt ist. Aufgrund seiner planaren Struktur kann Ethidiumbromid in die DNA interkalieren. Dabei interagieren seine aromatischen Ringe mit den heteroaromatischen Ringen der Basen der Nucleinsäuren (Abb. 22.20). Einzelsträngige DNA oder RNA interagiert ebenfalls mit Ethidiumbromid, jedoch wesentlich schwächer. Der interkalierte Farbstoff kann durch UV-Licht (254–366 nm) angeregt werden und emittiert Licht im orange-roten Bereich (590 nm). Die Bindung an DNA bewirkt eine Verstärkung der Fluoreszenz, so dass die Färbung der Nucleinsäuren auch in Gegenwart des freien Ethidiumbromids im Gel gut zu sehen ist. Ethidiumbromid wird dem Agarosegel und dem Laufpuffer routinemäßig zugesetzt. Dabei erspart man sich die anschließende Färbung und kann außerdem die Wanderung der Nucleinsäuren zeitlich verfolgen. Das für die Fluoreszenz verantwortliche Ethidium-Kation wandert während der Elektrophorese zur Kathode.

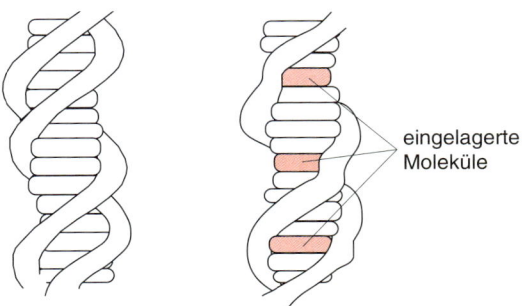

22.20 Strukturformel von Ethidiumbromid. Ethidiumbromid interkaliert bevorzugt in doppelsträngige DNA und wechselwirkt mit den planaren Heterocyclen der Basen. Neu entwickelte Farbstoffe, die die DNA irreversibel färben, sind TOTO-I und YOYO-I.

> Bei längeren Elektrophoresen sollte man dem Laufpuffer unbedingt Ethidiumbromid zusetzen, da sonst sehr schnell laufende, kleine DNA-Fragmente nur unzureichend gefärbt werden. Für bestimmte Anwendungen, besonders wenn das Gel anschließend geblottet werden soll, werden die Gele erst nach der Elektrophorese gefärbt. Die Transfereffizienz von RNA verringert sich in Gegenwart von Ethidiumbromid. Hier trennt man neben den zu blottenden Spuren zusätzliche RNA-Proben auf, die dann separat gefärbt werden und als Kontrolle und interner Größenstandard dienen können.
>
> In Agarosegelen lassen sich durch die Färbung mit Ethidiumbromid noch ungefähr 10 bis 20 ng doppelsträngige DNA nachweisen. Die Einlagerung von Ethidiumbromid reduziert die Mobilität der DNA um etwa 15 %. Aufgrund seiner interkalierenden Wirkung ist Ethidiumbromid ein starkes Mutagen und sollte nur mit größter Vorsicht gehandhabt werden.

Einfluss auf die DNA-Geometrie

Ethidiumbromid ändert die superhelikale Dichte zirkulärer DNA-Moleküle (Form I) durch die Verringerung der negativen Superhelixwindungen. Topoisomere mit *negativer* superhelikaler Dichte gehen dadurch in die entspanntere Form über (die Entropie nimmt zu). Dieser Vorgang ist aus thermodynamischen Gründen im Vergleich zur Aufnahme von Ethidiumbromid durch lineare DNA-Fragmente begünstigt (Abb. 22.21). Die weitere Aufnahme von Ethidiumbromid in die entspannte Konformation bewirkt die Einführung positiver Superhelixwindungen. Dieser Vorgang ist – verglichen mit der Interkalation in lineare DNA – weniger bevorzugt, da hier die Entropie wieder abnimmt.

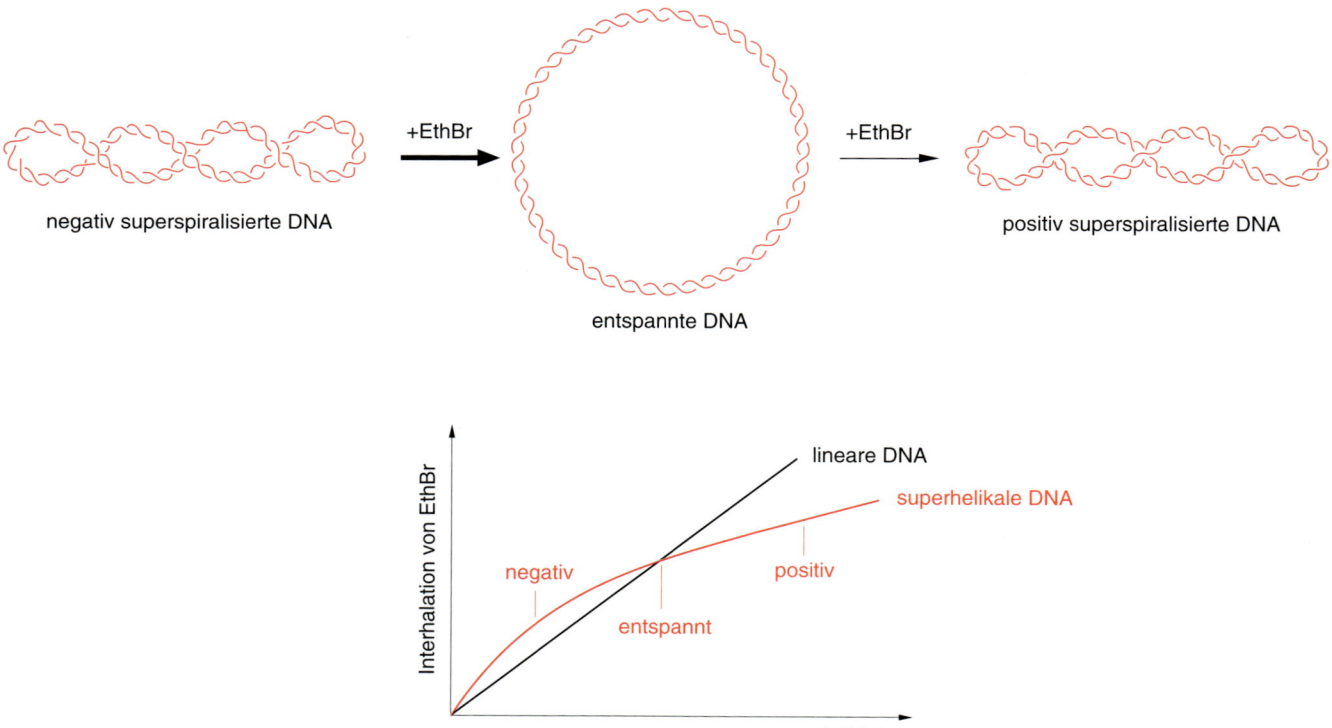

22.21 Veränderungen der geometrischen Eigenschaften der DNA durch Interkalation von Ethidiumbromid. Die Einlagerung von Ethidiumbromid in negativ superspiralisierte DNA ist dabei gegenüber der Einlagerung in die relaxierte Form stark bevorzugt, da hier positive superhelikale Windungen eingeführt werden müssen.

Die Ethidumbromidkonzentrationen, die bei CsCl-Dichtegradienten vorliegen, liegen stets im „Sättigungsbereich", so dass die superhelikale Form der DNA bereits in der Konformation positiver superhelikaler Dichte vorliegt, die weniger Ethidiumbromidmoleküle eingelagert hat als die entspannten DNA-Formen. Deshalb weist diese Form gegenüber der offenen Form der zirkulären DNA, aber auch gegenüber linearer (chromosomaler) DNA, eine geringere Dichte auf und verhält sich somit im CsCl-Dichtegradienten unterschiedlich. Die Interkalation von Ethidiumbromid in doppelsträngige DNA kann zur Konformationsbestimmung ringförmiger DNA verwendet werden. Die partielle Entwindung (*untwisting*) der (negativ) superhelikalen DNA bewirkt eine Verringerung der Mobilität im Agarosegel. Bei einer bestimmten Ethidiumbromidkonzentration sind keine superhelikalen Windungen im DNA-Molekül mehr vorhanden, die DNA ist vollständig in die relaxierte Form übergegangen, und die DNA erreicht ihre minimale Wanderungsgeschwindigkeit im Gel. Bei höheren Ethidiumbromidkonzentrationen werden dann positive Superhelixwindungen eingeführt, so dass die Mobilität wieder zunimmt. Das Laufverhalten der anderen DNA-Konformationen (Form II und III) wird durch eine Änderung des Ethidiumbromidgehalts kaum beeinflusst. Durch Elektrophorese der DNA in Gegenwart verschiedener Mengen Ethidiumbromid sollte sich deshalb die Form-I-DNA leicht identifizieren lassen.

CsCl-Dichtegradientenzentrifugation
Abschnitt 21.3

SYBR™ Green

In letzter Zeit wurden viele neue Fluoreszenzfarbstoffe entwickelt, die sensitiver und weniger mutagen als Ethidiumbromid sind. Weit verbreitet ist SYBR™ Green. Dieser Farbstoff wird optimal durch Licht der Wellenlänge 492 nm angeregt, besitzt aber auch sekundäre Absorptionsmaxima bei 284 und 382 nm. Das Emissionsmaximum liegt bei 519 nm. Dieser Fluoreszenzfarbstoff eignet sich auch für die Quantifizierung in Fluoreszenzmessgeräten und erlauben so die exakte Mengenbestimmung von Nucleinsäuren. Die genauen Werte erhält man durch den Vergleich mit einer Färbung von Nucleinsäuren bekannter Konzentration.

Andere neu entwickelte Fluoreszenzfarbstoffe, wie TOTO-1 und YOYO-1 binden mit sehr viel höherer Affinität an die DNA als Ethidiumbromid. Dies kann für bestimmte Anwendungen aufgrund der erhöhten Sensitivität vorteilhaft sein.

22.3.2 Silberfärbung

Eine im Laboralltag weniger häufig angewendete Methode zum Nachweis von Nucleinsäuren ist die Silberfärbung. Der Vorteil dieser Methode ist, wie bei der Silberfärbung von Proteinen, ihre Sensitivität. Geringste Mengen der Nucleinsäuren (bis zu 0,03 ng/mm^2) können so sichtbar gemacht werden. Ein weiterer Vorteil ist, dass keine mutagenen oder radioaktiven Reagenzien zur Detektion eingesetzt werden. Demgegenüber steht der vergleichsweise große Zeitaufwand und eine häufig höhere Hintergrundfärbung.

Silberfärbung von Proteinen
Abschnitt 10.3.3

Die Methode beruht auf der Veränderung des Redoxpotentials durch die Anwesenheit von Nucleinsäuren (bzw. Proteinen). Dadurch wird die Reduktion von Silbernitrat zu elementarem Silber katalysiert. Elementares Silber scheidet sich an den Nucleinsäuren ab, wenn das Redoxpotential in diesem Bereich höher ist als in der umgebenden Lösung. Diese Bedingungen können durch die Wahl geeigneter Lösungen hergestellt werden. Neuere Untersuchungen haben gezeigt, dass die Purine der Nucleinsäuren für diese Reaktion verantwortlich sind.

> Silberfärbungen können nur in Polyacrylamidgelen durchgeführt werden, da Agarosegele eine zu hohe Hintergrundfärbung aufweisen. Die Gele müssen sehr sorgfältig behandelt werden und nur mit sehr reinen Chemikalien gegossen werden, da jede Kontamination mit Proteinen oder Nucleinsäuren zu einer hohen Hintergrundfärbung führt.

22.4 Nucleinsäure-Blotting

22.4.1 Blotting-Verfahren

Hybridisierung Abschnitt 23.1

Zur weiteren Untersuchung der durch Gelelektrophorese aufgetrennten Nucleinsäuren transferiert man die Nucleinsäuren auf eine feste Membran. Die fixierten Nucleinsäuren können dann durch Hybridisierung identifiziert und weiter analysiert werden. Der Transfer der Nucleinsäuren auf diese Membran kann auf verschiedene Arten erfolgen. Man unterscheidet hauptsächlich zwischen Kapillarblotting, Vakuumblotting und Elektroblotting. In Abbildung 22.22 ist das jeweilige Prinzip des Verfahrens illustriert.

Der Kapillarblot kann mit dem geringsten apparativen Aufwand durchgeführt werden. Die Nucleinsäuren werden durch die Kapillarkräfte auf den Filter transferiert, indem der Blot-Puffer durch Auflegen einer dicken Schicht aus Papiertüchern durch das Gel und die Membran gesaugt wird.

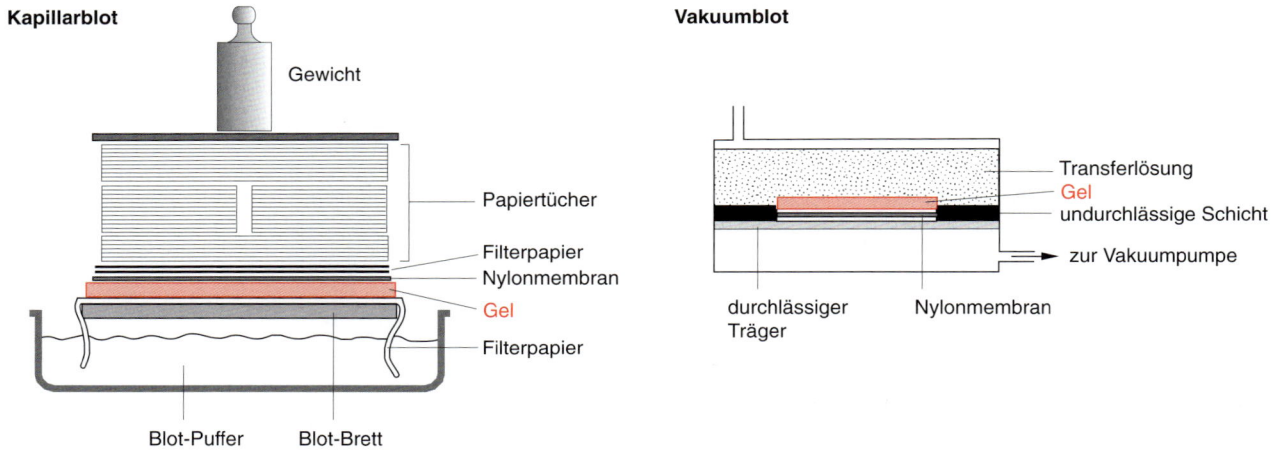
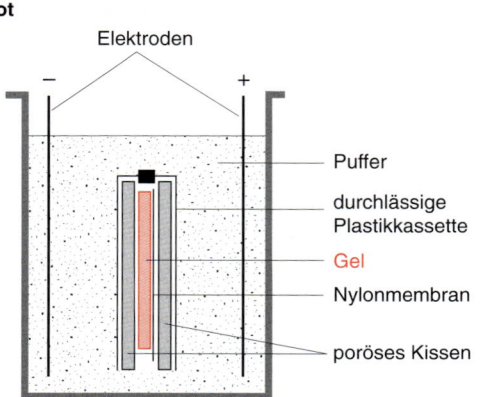
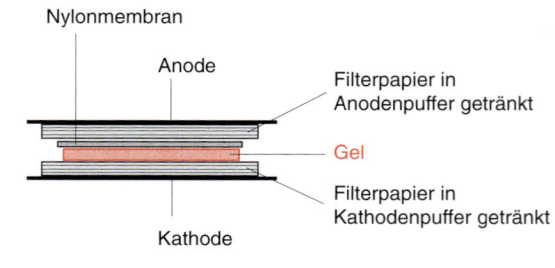

22.22 Schematische Darstellung der verschiedenen Blotting-Techniken.

Beim Vakuumblotting werden die Nucleinsäuren durch Anlegen eines Vakuums unterhalb der Membran aus dem Gel auf die Membran transferiert. Kapillar- und Vakuumblotting eignen sich nicht für Polyacrylamidgele, da die Nucleinsäuren wegen der geringen Porengröße der Gele nicht aus dem Gel wandern. Bei Polyacrylamidgelen wird das Elektroblotting eingesetzt. Die Nucleinsäuren wandern dabei durch Anlegen eines elektrischen Feldes auf die Membran, die auf der Anodenseite angebracht ist. Hier unterscheidet man zwei Versuchsanordnungen: Beim halbtrockenen Blot werden nur die mit der Membran und dem Gel in Kontakt stehenden Filterpapiere mit Puffer getränkt; Elektroblotting kann aber auch in einem Puffertank durchgeführt werden.

22.4.2 Wahl der Membranen

Prinzipiell kann man zum Blotting zwei verschiedene Membranarten verwenden: Nitrocellulose und Nylonmembranen. Nitrocellulose ist das historisch ältere Material und wird zunehmend von den Nylonmembranen verdrängt. Tabelle 22.8 gibt eine Übersicht über die verwendeten Membranen und ihre Eigenschaften.

Die Nucleinsäuren gehen mit den chemischen Gruppen auf der Oberfläche der Nylonmembranen eine kovalente Bindung ein. Dadurch werden sie fester an die Membran gebunden. Die Filter können mehrmals verwendet werden.

Nylonmembranen können positiv geladen sein, was eine noch bessere Bindung an die Membran bewirkt. Dagegen binden die Nucleinsäuremoleküle nicht-kovalent an Nitrocellulose, die genaue Art dieser Bindung ist jedoch nicht aufgeklärt.

Die Vorteile der Nylonmembranen gegenüber der Nitrocellulose sind vielfältig: Am offensichtlichsten ist dabei ihre hohe Stabilität, so dass die Membranen mehrmals für eine Hybridisierung genutzt werden können. Nylonmembranen besitzen zudem eine wesentlich höhere Bindungskapazität und durch die kovalente Bindung der Nucleinsäuren werden diese auf der Membran wesentlich fester fixiert. Nitrocellulose wird sehr leicht brüchig und ist schwieriger zu handhaben.

Nylonmembranen können ein stärkeres Hintergrundsignal bewirken, das man aber durch geeignete *Blocking*-Reagenzien unterdrücken kann. Für das Anlegen von Genbibliotheken sowie für die mehrmalige Hybridisierung von kostbaren Proben ist die Verwendung von Nylonmembranen von entscheidendem Vorteil.

Im Folgenden soll nun auf die verschiedenen Anwendungen der Blotting-Technik eingegangen werden.

Tabelle 22.8 Eigenschaften verschiedener Blotting-Membranen

	Nitrocellulose	verstärkte Nitrocellulose	ungeladene Nylonmembranen	positiv geladene Nylonmembranen
Anwendung	ssDNA, RNA, Proteine	ssDNA, RNA, Proteine	ssDNA, dsDNA, RNA, Proteine	ssDNA, dsDNA, RNA, Proteine
Bindungskapazität (μg Nucleinsäure/cm^2)	80–100	80–100	400–600	400–600
Art der Bindung der Nucleinsäure	nicht-kovalent	nicht-kovalent	kovalent	kovalent
Grenzbereich für den Transfer	500 nt	500 nt	50 nt/bp	50 nt/bp
Belastbarkeit	schlecht	gut	gut	gut
Möglichkeit zur erneuten Hybridisierung	schlecht (wird brüchig)	schlecht (Signalverlust)	gut	gut

(Nach: Ausubel F. M., Breut, R., Kingston, R. E., Moore, D. D., Smith, J. A., Seidman J. G., Struhl, K. Current Protocols in Molecular Biology. Wiley, New York 1987).

22.4.3 Southern-Blotting

1975 konnte E. Southern erstmals im Gel aufgetrennte DNA auf Nitrocellulose immobilisieren. Seither versteht man unter Southern-Blotting generell den Transfer von DNA aus Gelen auf Membranen. Hier soll nur der Transfer aus Agarosegelen ausführlich beschrieben werden, da DNA aus Polyacrylamidgelen nur durch Elektroblotting transferiert werden kann und die entsprechenden Protokolle von der Art des verwendeten Transfersystems abhängen.

Den Vorgang des Southern-Blotting kann man in drei wesentlich Schritte unterteilen:

1. Vorbehandlung des Gels
2. Transfer
3. Immobilisierung der DNA auf der Membran.

Diese Schritte werden je nach Art und Menge der zu transferierenden DNA, der Gelmatrix und der verwendeten Membran unterschiedlich ausgeführt.

Vorbehandlung des Gels

Die Transfereffizienz der DNA wird stark erhöht, wenn die DNA vor dem Transfer partiell depuriniert wird. Die Depurinierung erreicht man durch Behandlung des Agarosegels mit verdünnter Salzsäure. Bei dieser Reaktion werden die Purine der DNA abgespalten. Bei der anschließenden Denaturierung des Gels oder während des Blottens kommt es zur Spaltung der Phosphodiesterbindungen an den apurinischen Stellen des DNA-Rückgrats und somit zu einer Fragmentierung der DNA. Besonders große DNA-Fragmente (> 10 kb) lassen sich nur durch vorherige Depurinierung effizient aus dem Gel transferieren. Durch Diffusion der fragmentierten DNA im Gel und während des Blottens können jedoch unscharfe Banden entstehen. Werden die DNA-Fragmente zu klein, ist eine ineffiziente Bindung an die Membran möglich. In der Praxis hängt es deshalb von der Art und Menge der DNA ab, ob man diesen Schritt durchführt. Beim Transfer genomischer DNA ist dieser Schritt jedoch unerlässlich. Um Laufartefakte durch Ethidiumbromid zu vermeiden, ist es besser, die Gelelektrophorese in Abwesenheit von Ethidiumbromid durchzuführen und das Gel erst anschließend zu färben.

Transfer

Die weitere Behandlung des Gels hängt nun von der Art der verwendeten Membran sowie des Transferpuffers ab. Die DNA muss denaturiert werden, um für die anschließende Hybridisierung einzelsträngig zur Verfügung zu stehen. Wird die DNA auf Nitrocellulosemembranen transferiert, muss der Blotpuffer eine hohe Salzkonzentration aufweisen. Dies erleichtert den Transfer aus dem Gel und ist für eine effiziente Bindung der DNA an die Nitrocellulose essentiell. Üblicherweise wird hierfür der sogenannte 20xSSC-Puffer verwendet, der Natriumchlorid und Natriumcitrat enthält. Die Denaturierung der DNA erfolgt in diesem Fall noch vor dem Transfer durch Schwenken des Gels in verdünnter Natronlauge. Das Gel wird anschließend durch Schwenken in Blotpuffer neutralisiert, da sonst die Membran brüchig wird und die DNA bei einem pH-Wert > 9 nicht mehr an die Nitrocellulose bindet. Vor dem Auflegen auf das Agarosegel sollte die Nitrocellulosemembran im Blotpuffer äquilibriert werden.

Für den Transfer von DNA auf ungeladene oder positiv geladene Nylonmembranen stehen zwei Möglichkeiten zur Verfügung. Die DNA kann ebenfalls in 20xSSC-Puffer geblottet werden und muss analog zum Transfer auf Nitrocellulose vorher denaturiert werden. Die Verwendung von Nylonmembranen erlaubt aber auch einen alkalischen Blotpuffer, so dass die DNA während des Blottens denaturiert wird. Der Blotpuffer besteht aus verdünnter Natronlauge (0,4 M) und enthält meist Natriumchlorid.

Die Transferdauer hängt von der Art des verwendeten Blotverfahrens ab: Kapillarblots werden meist über Nacht transferiert, dagegen ist das Vakuumblotting wesentlich schneller und benötigt ein bis zwei Stunden.

Immobilisierung der DNA auf der Membran

Nach dem Transfer muss die DNA auf der Membran fixiert werden. Einzige Ausnahme ist das alkalische Blotting der DNA auf positiv geladene Nylonmembranen. Hier wird die DNA durch den Transfer bereits kovalent an die Membran gebunden. Die kovalente Fixierung der DNA kann durch Crosslinking der DNA mit Hilfe von UV-Strahlung erfolgen. Hierbei werden die Thymidinreste der DNA kovalent mit den Aminogruppen der Nylonmembran verknüpft. Dauer und Wellenlänge der Bestrahlung sollten dabei für den jeweiligen Ansatz optimiert werden, da eine unzureichende Bindung zum Signalverlust bei der Hybridisierung führen kann und zu intensive Bestrahlung zu einem zu hohen Verlust an Thymidinen führt, die dann nicht mehr für die Hybridisierung zur Verfügung stehen.

Auf Nitrocellulosemembranen wird die DNA nicht-kovalent durch Backen fixiert. Die Temperatur sollte dabei 80 °C nicht übersteigen. Außerdem sollte die Membran nicht länger als 2 Stunden gebacken werden, da sonst die Gefahr besteht, dass sich die Nitrocellulose entzündet. Wenn vorhanden, kann man die Membran auch in einem Vakuumofen backen. Analog können auch Nylonmembranen fixiert werden.

Elektroblotting von Polyacrylamidgelen

Für den Transfer von DNA aus Polyacrylamidgelen eignet sich nur die Methode des Elektroblots, da die Nucleinsäuren aufgrund der geringen Porengröße nicht aus dem Gel wandern. Als Transfermembranen eignen sich nur Nylonmembranen: Die zum Blotten auf Nitrocellulose erforderliche hohe Salzkonzentration würde die Puffertemperatur derart stark erhöhen, dass die Transfereffizienz der DNA sinkt und der Puffer verstärkt abgebaut wird.

Anwendungen

Das Southern-Blotting wird für sehr viele verschiedene Anwendungen eingesetzt.

Genomische Blots Hier wird die genomische DNA mit verschiedenen Restriktionsenzymem gespalten und aufgetrennt. Nach dem Blotten des Gels kann dann durch Hybridisierung mit der entsprechenden Sonde die Präsenz und das Spaltungsmuster des untersuchten Gens bestimmt werden. Aus dieser Southern-Blot-Analyse lässt sich in der Regel auch bestimmen, ob es sich um ein *single-copy*-Gen oder um eine Genfamilie handelt. Für diese Untersuchungen ist eine vollständige Restriktionsspaltung wichtig, da bei unvollständiger Spaltung schwächer hybridisierende Banden, die durch nicht vollständig gespaltene DNA-Fragmente hervorgerufen werden, irrtümlich für verwandte Gene gehalten werden könnten.

Zoo-Blot Hier wird mit einem bestimmten Restriktionsenzym gespaltene genomische DNA von verschiedenen Spezies aufgetragen (Abb. 22.23) und transferiert. Durch anschließende Hybridisierung lässt sich testen, ob eine bestimmte Sequenz konserviert ist. Die Anwesenheit der Sequenz in vielen verschiedenen Spezies kann ein erster Anhaltspunkt dafür sein, dass die Sequenz für ein Protein codiert, da Intron-Sequenzen in der Regel weniger stark konserviert sind.

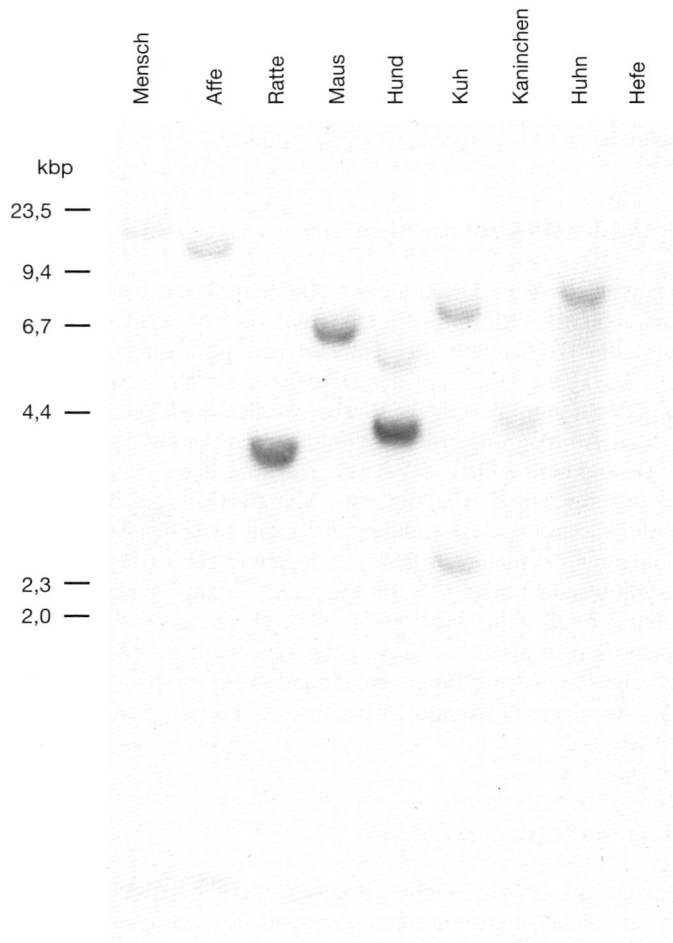

22.23 Im sogenannten Zoo-Blot wird DNA von verschiedenen Spezies aufgetragen und mit einer Sonde hybridisiert. Anhand des Hybridisierungsmusters lässt sich analysieren, in welchen Organismen die betreffende Sequenz konserviert ist.

Phagenkartierungen Zur genauen Aufklärung der Struktur eines Gens werden Phagen aus einer genomischen Bibliothek isoliert, die Teile der genomischen DNA enthalten. Da diese Fragmente sehr groß sind, wird die Struktur des Gens zunächst über eine mehr oder weniger detaillierte Kartierung der Restriktionsschnittstellen analysiert.

Die Phagen-DNA wird mit unterschiedlichen Enzymen gespalten und die aufgetrennten Spaltungen geblottet. Anschließend hybridisiert man mit der Sonde und erhält ein spezifisches Spaltungsmuster: Besonders bei Phagenkartierungen empfiehlt sich die Verwendung von Nylonmembranen, da man sie öfter mit vielen verschiedenen Sonden abgreifen kann, ohne die mühsame und zeitaufwendige Phagenreinigung und Restriktionsspaltung wiederholen zu müssen.

22.4.4 Northern-Blotting

In Anlehnung an den Transfer von DNA auf Membranen, dem Southern-Blotting, hat sich für den entsprechenden Transfer von RNA der Name Northern-Blotting eingebürgert (vergleiche auch den Terminus für den Transfer von Proteinen: Western-Blotting). Die unterschiedlichen Eigenschaften von RNA und DNA schlagen sich auch bei den Blotting-Methoden nieder. Da die RNA bereits in denaturierenden Gelen aufgetrennt wurde, ist eine Denaturierung der RNA unnötig. Allerdings sollten die Denaturierungsmittel (Glyoxal oder Formaldehyd) entfernt werden. Dies kann durch Schwenken der Gele in stark verdünnter Natronlauge oder aber beim Backen der Filter geschehen. Sollen besonders große RNA-Moleküle effizient transferiert werden oder ist das zu blottende Gel besonders dick, so wird das Gel kurz in stark verdünnter Natronlauge (0,05 N) geschwenkt, wodurch die RNA partiell hydrolysiert wird und sich leichter blotten lässt.

Für das Northern-Blotting verwendet man häufig noch Nitrocellulose, aber auch Nylonmembranen werden sehr erfolgreich eingesetzt. RNA-Gele werden vorwiegend in 10 oder 20xSSC-Puffer geblottet. Ein alkalischer Transfer ist ebenfalls möglich, wird aber selten angewendet. Wegen der leichten Hydrolyse der RNA muss stark verdünnte Natronlauge eingesetzt werden (7,5 mM).

RNA-Gele blottet man analog zu DNA-Gelen am besten mittels Kapillar- oder Vakuumblotting. Der Transfer der RNA ist aber zeitaufwendiger. Kapillarblots werden meist über zwei Tage durchgeführt. Nach dem Transfer wird die RNA analog zur DNA auf den Membranen durch Backen oder UV-Bestrahlung fixiert.

Anwendungen

Die meisten Northern-Blot-Analysen dienen dazu, die Expression eines bestimmten Gens in verschiedenen Zelllinien oder Geweben auf der Ebene der Transkription qualitativ oder quanitativ zu bestimmen. Man verwendet dabei Gesamt-RNA oder die bereits durch Reinigung über Oligo(dT)-Affinitätsreinigung angereicherte polyadenylierte mRNA. Ist die zu untersuchende mRNA nur schwach transkribiert, so ist es möglich, dass man bei Verwendung von Gesamt-RNA kein Signal erhält. In diesem Fall ist die Reinigung der polyadenylierten mRNA obligatorisch.

Oligo(dT)-Affinitätsreinigung
Abschnitt 21.6.2

Um Unterschiede in der Transkription in bestimmten Geweben oder Zelllinien feststellen zu können, werden gleiche Mengen Gesamt- oder poly(A)-RNA aufgetragen. Die Vergleichbarkeit ist aber noch immer problematisch, da die RNA-Proben zum Teil genomische DNA oder degradierte RNA enthalten, die nicht zur Hybridisierung beitragen, aber bei der Konzentrationsbestimmung mitgemessen werden. Die Menge einer bestimmten RNA kann auch von der Transkription einer anderen RNA innerhalb einer Zelle abhängen. Zur ausführlichen Diskussion dieser Problematik sei auf die weiterführende Literatur verwiesen. In der Regel wird der Blot nochmals mit einer Sonde hybridisiert, die ubiquitär in allen Zellen exprimiert wird. Gleich starke Signale in allen Spuren sind dann ein guter Anhaltspunkt für ihre Vergleichbarkeit. Für diese Standardisierungen werden häufig Glucose-6-phosphat-Dehydrogenase-, β-Tubulin- sowie β-Actin-mRNA verwendet und mit den entsprechenden DNA-Sonden hybridisiert.

Differentielle Genaktivität
Kapitel 32

Expressionsanalyse
Kapitel 33

22.4.5 Dot- und Slot-Blotting

Hierbei handelt es sich um eine sehr einfache Anwendung der Filterhybridisierungen. Die zu testende DNA oder RNA wird dabei ohne vorherige Fraktionierung durch Gelelektrophorese direkt auf die Membranen aufgetragen. Dies geschieht am einfachsten mit Hilfe von Dot- und Slot-Blot-Apparaturen. Beide Geräte sind identisch aufgebaut. Dot und Slots unterscheiden sich lediglich in ihrer Form (Abb. 22.24). Die zu untersuchenden DNA-Proben werden auf ein Gitter aufgetragen und über Vakuum auf die unterhalb des Gitters befestigte Membran gesaugt. Hier können sehr viele Proben gleichzeitig getestet und quantifiziert werden. Slot- oder Dot-Blotting eignet sich zum Beispiel zur quantitativen Bestimmung einer bestimmten Nucleinsäure innerhalb eines Nucleinsäuregemisches oder aber zum Austesten einer Vielzahl von Proben auf die Präsenz einer bestimmten Nucleinsäuresequenz. Ist das Hybridisierungsmuster der Probe genau charakterisiert, so erweist sich das Slot- oder Dot-Blotting als einfache und schnelle Analysemethode.

Vor dem Auftragen werden doppelsträngige DNA-Proben durch Hitze oder Natronlauge denaturiert und die Proben unter Vakuum aufgetragen. Für quantitative Analysen ist der Denaturierungsschritt sehr wichtig, da nur vollständig denaturierte DNA bei der anschließenden Hybridisierung ein Signal ergibt. Bei bestimmten Anwendungen wird der Filter nach dem Blotting nochmals denatu-

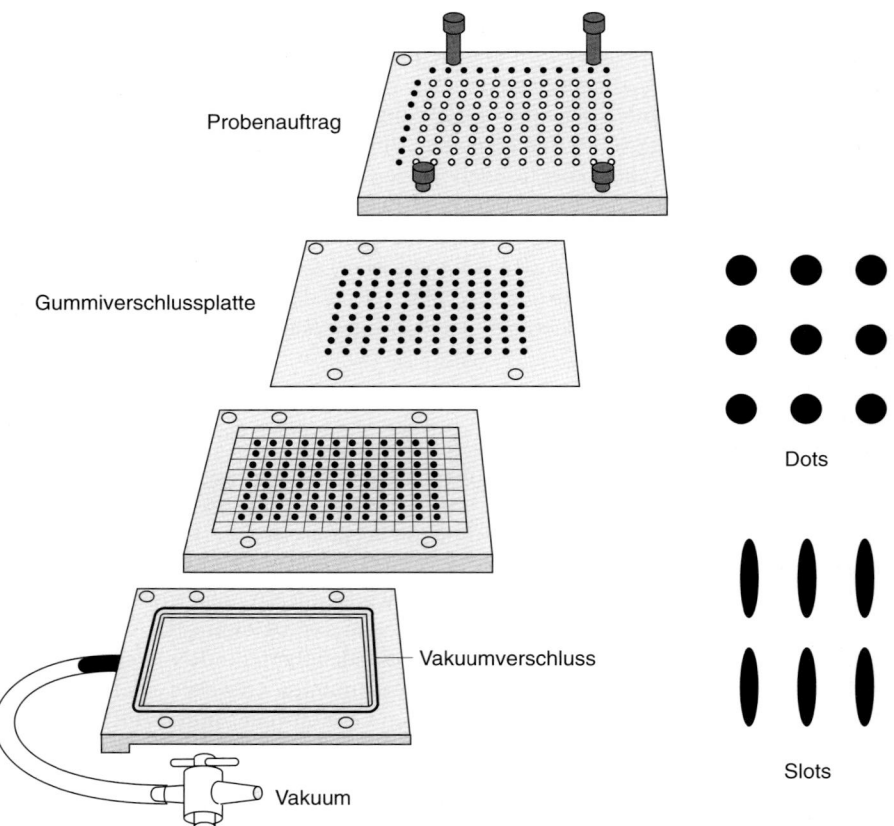

22.24 Schematischer Aufbau einer Slot-Blot- und einer Dot-Blot-Apparatur.

riert und anschließend renaturiert. Die Fixierung erfolgt analog zum Kapillar- oder Vakuumblotting. Durch das einfache Auftropfen der Nucleinsäurelösungen auf die Membranen lassen sich auch manuell Dot-Blots herstellen. Ein limitierender Faktor ist hier jedoch das Probenvolumen. Ist es zu groß, besteht die Gefahr, dass die Dots verlaufen.

22.4.6 Kolonie- und Plaque-Hybridisierungen

Ein Spezialfall des Blottings und eine sehr wichtige Methode für die Isolierung von DNA-Sequenzen ist die Herstellung von Kolonie- oder Phagenfiltern. Hier werden Bakterien (Kolonie-Hybridisierungen) oder Phagen (Plaque-Hybridisierungen) auf den Filter transferiert. Die DNA wird erst auf dem Filter isoliert und fixiert. Hauptanwendung dieser Technik ist das Durchmustern von cDNA- oder genomischen DNA-Bibliotheken.

Durch das Herstellen dieser Filterabzüge und die anschließende Hybridisierung mit der Sonde kann eine sehr große Anzahl von Phagen oder Bakterien (je nach Art der Genbibliothek, der Spezies und der Häufigkeit der gesuchten Sequenz zwischen 10^4 und 10^6 Klone) gleichzeitig auf die Präsenz einer bestimmten Sequenz getestet werden. Phagen oder Bakterien, die die gesuchte DNA enthalten, können identifiziert und nach entsprechender Reinigung als einzelne Klone isoliert werden.

Die Bakterien oder Phagen werden auf festen Agarplatten in einer bestimmen Dichte ausplattiert. Für das Abziehen von Genbanken verwendet man am besten die teureren, aber stabileren Nylonfilter. Diese bieten den großen Vorteil, dass die abgezogene Genbank mehrmals ohne Signalverluste und ohne Beschädigung der Filter hybridisiert werden kann. Man kann so aus einer Genbank mehrere Gene isolieren. Die Membranen werden dabei vorsichtig auf die Agarplatten gelegt und so eine exakte Kopie der Platte angelegt. Die Filter sowie die Platten müssen exakt markiert werden, damit später eine eindeutige Identifizierung der positiven Kolonien oder Plaques möglich ist. Die Bakterien und Phagen werden dann kurz durch Trocknen an der Luft auf den Filtern fixiert. Die intakten Bakterienzellen und Phagenpartikel werden durch Behandlung der Filter mit einer Denaturierungslösung aufgebrochen, die Natriumchlorid und Natronlauge enthält. Gleichzeitig wird die DNA denaturiert und die RNA zerstört. Nach kurzer Behandlung der Filter in Neutralisierungslösung kann die DNA durch UV-Strahlung oder Backen auf die Membranen fixiert werden. Um falsch positive Signale durch etwaige Verunreinigungen auf den Filtern auszuschließen, werden von jeder Platte zwei Abzüge angelegt. Eindeutig positive Signale sind dann nur diejenigen, die auf beiden Filterabzügen erscheinen. Man spricht dann von doppelt positiven Klonen. Diese können dann auf den Agarplatten eindeutig markiert und isoliert werden. Beim Ausplattieren von Genbanken muss man nun noch mehrere Vereinzelungsrunden anwenden, um die betreffende Bakterienkolonie oder den Phagen zu isolieren. Für diese Hybridisierungen kann man die kostengünstigeren Nitrocellulosefilter verwenden, da diese Filter in der Regel nur einmal hybridisiert werden.

22.5 Fragmentisolierung

DNA-Fragmente definierter Größe und Sequenz sind Grundlage sehr vieler verschiedener Versuchsansätze. Die Methoden zur Isolierung bestimmter Nucleinsäurefragmente nach ihrer gelelektrophoretischen Auftrennung sind daher vielseitig und werden der Art, Größe und jeweiligem Verwendungszweck der Fragmente angepasst. Generell erhält man bei der Isolierung von DNA-Fragmenten aus der Polyacrylamidmatrix sehr sauberes Material. Hier ist jedoch, wie bereits weiter oben erläutert, der Trennungsbereich begrenzter und die DNA lässt sich schlechter aus dem Gel isolieren. Die Isolierung aus dem Agarosegel ist einfacher: Hier können allerdings Verunreinigungen (hauptsächlich Polysaccharide) isoliert werden, die spätere enzymatische Reaktionen hemmen. Dies ist jedoch immer seltener der Fall und von der Qualität der Agarose abhängig. Sehr große Fragmente (> 5 kb) sowie geringe Mengen an DNA (< 500 ng) lassen sich nur sehr ineffizient aus der Gelmatrix eluieren.

Zur Isolierung sauberer DNA-Fragmente sollten diese gut von den anderen Fragmenten getrennt sein. Dies erreicht man durch Optimierung der Agarosekonzentration und der Elektrophoresedauer. Außerdem sollte das Gel nicht überladen werden, da dies zu einer deutlich verminderten Trennschärfe führt.

Für präparative Ansätze (z.B. Vektorpräparationen) trägt man den Restriktionsansatz auf mehrere Geltaschen verteilt auf. Nach der Elektrophorese werden die Fragmente mit einem Skalpell ausgeschnitten und weiterbehandelt. Die Fragmente werden im Agarosegel durch Färbung mit Ethidiumbromid und Anregung mit UV-Licht sichtbar gemacht. Will man die Fragmente anschließend isolieren, so sollte langwelliges, weniger energiereiches UV-Licht (366 nm) verwendet und die Belichtungszeit so kurz wie möglich gehalten werden. Kurzwellige, energiereiche UV-Strahlung beschädigt die DNA. Ebenso können Vernetzungen der DNA mit der Gelmatrix auftreten, so dass sich die DNA nicht mehr effizient eluieren lässt.

22.5.1 Elektroelution

Diese Methode beruht wie die Gelelektrophorese darauf, dass Nucleinsäuren im elektrischen Feld zur Anode wandern.

Bei der apparativ einfachsten Versuchsanordnung wird das betreffende Agarosestück in einen Dialyseschlauch, gefüllt mit Elektrophoresepuffer (TBE oder TAE), verschlossen und in einer Flachgelelektrophoreseapparatur im elektrischen Feld in den Laufpuffer innerhalb des Dialyseschlauches eluiert. Angelegte Spannung und Dauer der Elution richten sich hauptsächlich nach der Größe des zu eluierenden Fragments. Nach Beendigung der Elution wird das elektrische Feld kurz umgepolt um die DNA, die an der Dialysemembran haftet, zu entfernen.

Auf demselben Prinzip beruht der **elektrophoretische Konzentrator**. Die Vorrichtung (Abb. 22.25) besteht aus einer Kathodenkammer und einer kleineren Anodenkammer, die über eine Pufferbrücke miteinander in Verbindung stehen. Beide Kammern werden durch Dialysemembranen von unten verschlossen. In die Kathodenkammer legt man das Agarosegelstück. Der Aufbau wird nun in ein elektrisches Feld gebracht, wobei sich Kathodenkammer und Anodenkammer in zwei separierten Elektrophoresetanks befinden. Legt man nun Spannung an, so wandert die DNA aus dem Agarosegel in Richtung Anode und wird an der Dialysemembran der Anodenkammer konzentriert. Nach beendeter Elution kann die DNA aus der Anodenkammer isoliert werden. Auf dem Prinzip der Wanderung der Nucleinsäuren im elektrischen Feld basieren einige weitere käufliche Apparaturen, die je nach Hersteller verschieden zu benutzen sind.

Eine weitere Abwandlung der Elektroelution ist die Elektrophorese des Fragments auf DEAE-Cellulose-Membranen. Hierzu wird das Agarosegel auf der Anodenseite kurz vor dem Fragment eingeschnitten und eine DEAE-Cellulose-Membran eingesetzt. Wird die Gelelektrophorese fortgesetzt, so wandert das entsprechende Fragment auf die Membran, von der es anschließend durch einen Puffer mit hoher Salzkonzentration eluiert wird. Diese Methode ist jedoch für Fragmente > 15 kb sowie einzelsträngige DNA nicht geeignet, da diese Nucleinsäuren zu stark an die DEAE-Cellulose binden. Die Bindung der DNA an die DEAE-Cellulose beruht auf der ionischen Wechselwirkung der negativ geladenen Nucleinsäuremoleküle mit der positiv geladenen Membran.

Phenolextraktion und Ethanolfällung
Abschnitt 21.1

Die so eluierte DNA wird anschließend einer weiteren Reinigung unterworfen. Hauptsächlich wird die DNA durch Phenolextraktion und Ethanolfällung gereinigt und konzentriert. Es ist auch möglich, die DNA zunächst über Gelfiltration weiter zu reinigen (Abschnitt 22.5.2). Handelt es sich um die Elution geringer Mengen DNA, so setzt man häufig bei der Fällung der DNA einen Carrier ein. Dieser darf jedoch bei der weiteren Verwendung der DNA-Fragmente nicht stören. Ein sehr guter, völlig inerter Carrier ist lineares Polyacrylamid.

Isotachophorese
Abschnitt 10.3.7

Auch die Methode der **Isotachophorese** kann zur Isolierung von DNA-Fragmenten verwendet werden. Die theoretischen Grundlagen, auf denen diese Methode beruht, wurden bereits in Abschnitt 10.3.7, im Zusammenhang mit dem Prinzip des Sammelgels der diskontinuierlichen SDS-Gelelektoporese angesprochen.

Die Elektrophorese erfolgt in Gegenwart sogenannter Leit- und Folge-Ionen. Die Leit-Ionen (z.B. Cl^-) zeichnen sich durch eine sehr hohe elektrische Mobilität

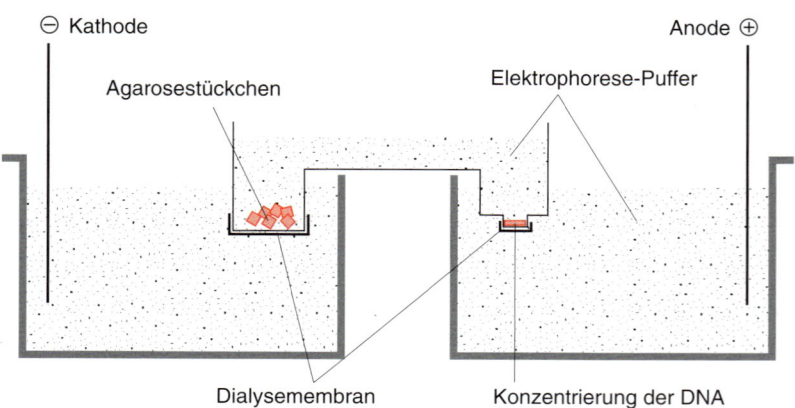

22.25 Schematischer Aufbau der Apparatur zur Elektroelution von DNA-Fragmenten. Die Agarosestückchen werden in den Kathodenbereich der Vorrichtung eingebracht. Im elektrischen Feld wandert die DNA in Richtung Anode und wird in der Anodenkammer durch die Dialysemembran zurückgehalten und konzentriert.

aus, während die Folge-Ionen bedingt durch ihre geringe negative Ladung eine niedrige elektrische Mobilität aufweisen (Glycin besitzt z.B. bei neutralem pH eine Ladung von durchschnittlich −1/30). Die Mobilität der zu isolierenden DNA liegt zwischen den Leitfähigkeiten der beiden Puffer-Ionen, so dass die DNA (und auch andere Makromoleküle) als stark fokussierte Bande „hinter" den Leit-Ionen und „vor" den Folge-Ionen läuft. Ein zusätzlicher Reinigungseffekt wird nach der Gelelektrophorese durch die **Gelfiltration** erzielt. Das Säulenmaterial (meist Sephadex G50) wird zunächst in Tris/Cl-Puffer äquilibriert und anschließend mit einem Puffer überschichtet, der die Folge-Ionen enthält. Die Leit-Ionen sind in den meisten Fällen die Chlorid-Ionen des Tris/Cl-Puffers. Als Folge-Ionen fungieren meist bei dem gegebenen pH-Wert nicht vollständig dissoziierte Aminosäuren wie z.B. Glycin oder ε-Aminocapronsäure. Das Agarose- oder Polyacrylamidstück wird auf die Säule gelegt, und die DNA wandert im elektrischen Feld aus dem Trägermaterial. In diesem diskontinuierlichen Puffersystem muss trotz der unterschiedlichen Leitfähigkeiten überall gleicher Stromfluss sein, da die Puffersysteme in Serie geschaltet sind. Da die elektrische Mobilität der Folge-Ionen im Puffer gering ist und folglich die Spannung für gleichen Stromfluss *groß* sein muss, erfährt die zurückgebliebene DNA eine höhere Beschleunigung. Die in der Front laufende DNA kann jedoch das Gebiet der Cl$^-$-Ionen, in dem eine *niedrige* Spannung herrscht, nicht überschreiten und wird dadurch als sehr scharfe Bande fokussiert. Die Leit-Ionen bilden aufgrund ihrer hohen Beweglichkeit eine Zone, die vor der DNA läuft. Ist die DNA-Bande, die durch Zusatz von Bromphenolblau vor der Auftrennung erkennbar ist, scharf fokussiert, so kann man die Elektrophorese beenden und die DNA durch das verbleibende Gelfiltrationsmaterial eluieren.

Diese Methode zeichnet sich durch sehr geringe Verlustraten aus. Die isolierte DNA ist sehr sauber und enthält wenig Salze.

22.5.2 Reinigung über Gelfiltrations- oder Reversed-Phase-Säulen

Das Reinigungsprinzip der Gelfiltrationschromatographie wurde bereits in Abschnitt 21.1.2 ausführlich erläutert. Bei der Fragmentisolierung wird dieses Verfahren hauptsächlich zur Abtrennung radioaktiver Nucleotide aus Markierungsansätzen oder zur Entsalzung bestimmter Reaktionsgemische verwendet. Da die Fragmente oft sehr klein sind, ist die Wahl des Gelfiltrationsmaterials zur Abtrennung der Nucleotide wichtig.

Gelfiltration
Abschnitt 21.1.2

22.5.3 Andere Methoden

Isolierung der Fragmente aus *low-melting*-Agarose *Low-melting*-Agarose schmilzt bei ungefähr 65 °C, einer Temperatur, die unterhalb des Schmelzpunkts der meisten DNA-Fragmente liegt. Das Agarosestück wird in Puffer erwärmt, so dass die Agarose schmilzt. Einige Anwendungen erlauben es nun, die DNA in der geschmolzenen Agarose direkt einzusetzen. Die geschmolzene Agarose kann aber auch durch Behandlung mit TE-gepuffertem Phenol abgetrennt werden. Nach der Zentrifugation befindet sich die Agarose in der Interphase.

Phenol-*Freeze* Hier wird das Agarosestück (konventionelle Agarose oder *low-melting*-Agarose) mechanisch zerkleinert, in Puffer aufgenommen und mit Phenol/TE gemischt. Diese Mischung wird abwechselnd auf 60 °C erwärmt bzw. bei −80 °C eingefroren. Dieser Vorgang wird mehrmals wiederholt, bis sich die Agarose vollständig zersetzt hat. Die DNA wird erneut über Phenolisierung gereinigt und kann dann gefällt werden.

Reinigung über Glas-*Beads* Viele käufliche Reinigungsmethoden beruhen auf der Eigenschaft der DNA, an vorbehandelte Glaskügelchen, sogenannte Glas-*Beads*, zu binden. Die Agarose wird dabei durch Behandlung mit Iodacetat (oder Natriumperchlorat) zerstört, und die DNA an die Glaskügelchen gebunden. Diese können, je nach Art des Kits abzentrifugiert oder über kleine Säulen gereinigt werden. Die DNA wird anschließend durch TE-Puffer von den Glaskügelchen gelöst.

Reinigung von Oligonucleotiden aus Polyacrylamidgelen Kleinere Oligonucleotide lassen sich leicht über denaturierende PAGE reinigen. Diese wird meist angewendet, um die n-mere von den $(n-1)$-meren abzutrennen. Die betreffende Bande wird dabei durch Fluoreszenzauslöschung sichtbar gemacht und ausgeschnitten. Eine effiziente Elution der Oligonucleotide gelingt durch Inkubation der zerkleinerten Polyacrylamidstücke in Natriumacetatlösung. Die Oligonucleotide diffundieren aus der Gelmatrix in die freie Lösung.

Unorthodoxe Methoden

Für bestimmte Anwendungen, meistens Ligationen, werden die DNA-Fragmente in sehr geringer Menge und nicht allzu großer Reinheit benötigt. Im Laboralltag haben sich daher einige Methoden etabliert, die schnell und einfach durchzuführen sind, bei denen man die DNA aber nur in geringer Ausbeute und Reinheit erhält. Bei der Zentrifugations-Methode wird das Agarosestück durch silanisierte Glaswolle zentrifugiert. Durch die Zentrifugation bei hohen Drehzahlen zerbricht die Agarose und wird von der Glaswolle zurückgehalten. Durch die Glaswolle kann die DNA-Lösung diffundieren und wird anschließend durch Phenolisieren gereinigt.

Auch das einfache Zentrifugieren eines Agarosestückchens bringt im Überstand genug DNA in ausreichender Reinheit für Ligationsansätze. Diese Methoden eignen sich jedoch nur für gezielte Anwendungen und sollten nur in speziellen Fällen eingesetzt werden.

Weiterführende Literatur

Ausubel F.M., Brent R., Kingston R.E., Moore D.D., Smith J.A., Seidman J.G., Struhl K. Current Protocols in Molecular Biology. Wiley, New York 1987.

Chrambach A., Dunn M.J., Radola, B.J. (Hrsg). Advances in Electrophoresis, Volume 1. VCH Verlagsgesellschaft, Weinheim 1987.

Darling D.C., Brickell P.M. Nucleinsäure-Blotting. Labor im Fokus. Spektrum Akademischer Verlag, Heidelberg 1994.

Glasel J.A., Deutscher M.P. Introduction to Biophysical Methods for Protein and Nucleic Acid Research. Academic Press, New York 1995.

Grossman, L., Modave, K. Methods in Enzymology, Vol. 65, Nucleic Acids. Academic Press, New York 1980.

Krieg, P.A. (Hrsg.) A Laboratory Guide to RNA: Isolation, Analysis and Synthesis. Wiley Liss, New York 1996.

Maniatis T., Fritsch E.F., Sambrook J. Molecular Cloning: A Laboratory Manual. Cold Spring Harbor Laboratory, 1989.

Martin R. Elektrophorese von Nucleinsäuren. Spektrum Akademischer Verlag, Heidelberg 1996.

Rickwood D., Hames B.D. (Hrsg). Gel Electrophoresis of Nucleic Acids; A Practical Approach. IRL Press, Oxford 1990.

23 Hybridisierung und Nachweistechniken

Nucleinsäure-Nachweistechniken zur gezielten Detektion und Analyse spezifischer DNA- oder RNA-Sequenzen wurden hauptsächlich in den letzten zwei Jahrzehnten entwickelt und etabliert. Diese neuen, hochspezifischen und sensitiven Methoden sind innerhalb von nur wenigen Jahren zu Standardtechniken der Molekularbiologie geworden. Sie werden heute z. B. zur Diagnose von Infektionskrankheiten (Virus-/Bakteriennachweis), in der Transplantationsdiagnostik (Histokompatibilitätsantigen-Analyse), Gerichts- und Tiermedizin (Fingerprint-Analyse), Pflanzenzucht (Analyse von Resistenzmustern), Lebensmittel- und Umweltanalytik (Pathogenitätstests), zur Herstellung von rekombinanten pharmazeutisch wirksamen Humanproteinen (Spezifitätsanalysen) sowie zur Überwachung von Genlabors (Reinheitstests) eingesetzt. Ein weiteres wichtiges Anwendungsfeld ist die Aufklärung bestimmter Genveränderungen, wie Punktmutationen, Deletionen und Insertionen, aber auch anderer Mutationsarten und -muster wie Triplett-Repetitionen (*triplett repeats*) als Ursache daraus resultierender Krankheitsbilder im Umfeld der Onkologie, genetisch bedingter Krankheiten und persistierenden Infektionen. Die Kenntnis der molekularen Ursachen dieser Krankheiten auf Sequenzebene der DNA ist Voraussetzung für die anschließende Entwicklung ursächlicher Gendiagnose- und Gentheraphiekonzepte. Die Grundlage dafür ist das seit Anfang der 90er Jahre laufende und auf 15 Jahre projektierte Humangenom-Projekt mit dem Ziel der vollständigen Aufklärung der molekularen Struktur und Sequenz des gesamten Humangenoms.

Neben definierten Gendefekten führen auch Chromosomenaberrationen, z. B. Translokationen, geänderte Chromosomenzahl oder unbalanzierte Mikroveränderungen (Amplifikationen, Deletionen), zu bestimmten Krankheitsbildern. Bekanntestes Beispiel ist das Down-Syndrom, das zum Mongoloismus führt und seine Ursache im dreifachen Vorkommen des Chromosoms 21 hat.

Wegen der Komplexität der potentiellen Genveränderungen müssen auch die Analysemethoden der Nucleinsäure-Nachweisverfahren vielfältig sein. Diese sollten sowohl definierte Mutationen an einzelnen Stellen (monogene Defekte) als auch Mutationsmuster (polygene Defekte) nachweisen können. Oftmals sind die Mutationen auch variabel (Polymorphismen) und es treten neue Mutationen auf (Spontanmutationen). Die Art der Mutationen bestimmt die Art der anzuwendenden Analyseverfahren: Während definierte Mutationen bzw. einfache Mutationsmuster vorwiegend über Hybridisierungstechniken nachgewiesen werden, bekommen für die Analyse von variablen komplexeren Mutationen, also Polymorphismen und Spontanmutationen, gerade die neuen Sequenzierverfahren zunehmende Bedeutung.

Auch die Art des Targets, nämlich entweder isolierte bzw. amplifizierte Nucleinsäuren oder Chromosomenpräparationen bzw. die Art der Nucleinsäureanalyse – z. B. auf Membranen, in Lösung oder in Glas-fixierten Zellen, Gewebe oder ganzen Organismen wie z. B. *Drosophila*-Embryonen –, bestimmt entscheidend die Art der Nachweistechnik. Die Analyse von fragmentierten oder amplifizierten DNA- oder RNA-Sequenzen erfolgt durch in vitro-Nucleinsäureanalytik. Chromosomenaberrationen oder die Analyse endo- oder exogener Sequenzen in Zellen, Geweben oder Organismen werden über in situ-Analysen im Rahmen der molekularen Cytogenetik analysiert. Dabei werden – je nach Art der Nucleinsäureveränderung – verschiedenste Hybridisierungs- und Sequenzierverfahren angewandt.

Molekulare Cytogenetik
Kapitel 30

DNA-Sequenzierung
Kapitel 25

In diesem Kapitel besprechen wir die gängigen Methoden der in vitro-Hybridisierung und Detektion. Die Sequenzierung von Nucleinsäuren wird in Kapitel 25 ausführlich erläutert.

23.1 Grundlagen der Hybridisierung

Die komplementären Basen der DNA, A und T bzw. C und G, sind spezifisch über Wasserstoffbrücken miteinander verbunden (Abb. 23.1). Diese Komplementarität der Basenpaarung ist die Grundlage der Hybridisierung.

Im Jahr 1961 entdeckten Julius Marmur und Paul Doty, dass die DNA-Doppelhelix in ihre Einzelstränge überführt werden kann, wenn sie über ihre Schmelztemperatur hinaus erhitzt wird (Denaturierung). Lässt man ein solches Gemisch aus Einzelsträngen anschließend langsam abkühlen, so hybridisieren die Stränge wieder zu Doppelhelices. Auf diesen Beobachtungen aufbauend entwickelte Sol Spiegelman die Technik der Nucleinsäurehybridisierung. Spiegelman untersuchte die Fragestellung, ob die nach einer Infektion mit T2-Phagen synthetisierte mRNA zur T2-DNA komplementär ist. In seinem Experiment verwendete er ein Gemisch aus ^{32}P markierter T2-mRNA und ^{3}H markierter T2-DNA. Nach der Überführung der DNA-Doppelhelices in Einzelstränge und der anschließenden Reassoziation analysierte er das Nucleinsäuregemisch mittels Dichtegradientenzentrifugation. Da RNA eine höhere Dichte besitzt als DNA, ist es möglich, die Moleküle durch Zentrifugation in einem Cäsiumchlorid-(CsCl)-Dichtegradienten aufzutrennen. Eine Messung der Radioaktivitätsverteilung zeigte neben den Banden der RNA-Einzelstränge und DNA-Doppelhelices eine dritte Bande aus DNA-RNA-Hybriden. In weiteren Versuchen, T2-mRNA mit der DNA nichtverwandter Organismen zu hybridisieren, wurde keine Hybridbildung beobachtet. Diese Experimente zeigten, dass die richtige Abfolge komplementärer Basen innerhalb antiparalleler Nucleinsäuren die Voraussetzung für die Hybridisierungsreaktion ist.

CsCl-Dichtegradientenzentrifugation
Abschnitt 21.3

Aus Hybridisierungsexperimenten erhält man einerseits Informationen über die Komplexität einer bestimmten DNA-Sequenz. Sequenzen, die häufig im Genom vorkommen, renaturieren schneller als Sequenzen, die nur einmal vertreten sind. Eukaryontische DNA lässt sich anhand ihrer Häufigkeit im Genom in vier Komplexitätsklassen einteilen: DNA-Moleküle lagern sich sofort zur Doppelhelix zusammen, wenn sich in ihren denaturierten Strängen inverse Repetitionen (Palindrome) befinden, die miteinander paaren (*foldback* DNA) und sog. Haar-

23.1 Komplementarität der Basenpaarung.

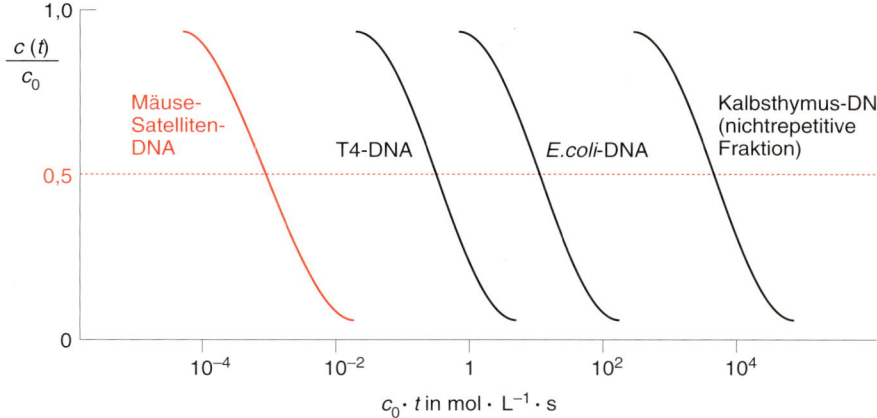

23.2 C_0t-Kurven geben die Reassoziation verschiedener, thermisch denaturierter DNA-Spezies wieder. Die linke Kurve (Mäuse-Satelliten-DNA) enthält viele repetitive Sequenzen und renaturiert daher rasch. Nach: Britten, R.J., Kohne, D.E., Science 161 (1968) 530.

nadelschleifen (*hairpin loops*) ausbilden können; solche Strukturen werden auch als *stemloops* bezeichnet. Etwas langsamer lagern sich häufig im Genom wiederkehrende hochrepetitive Sequenzen zusammen. Es folgen mittelrepetitive und schließlich einmalig vorkommende Sequenzen, die unter den üblichen Bedingungen noch langsamer zusammenfinden.

Die Komplexität der DNA wird durch den sog. *cot*-Wert ausgedrückt: Wenn c_0 die Konzentration einzelsträngiger DNA zum Zeitpunkt $t = 0$ ist, und $c(t)$ die Konzentration einzelsträngiger DNA zum Zeitpunkt t, so gilt:

$$\frac{c(t)}{c_0} = \frac{1}{1 + k \cdot c_0 \cdot t}$$

k ist die Assoziationskonstante, eine Geschwindigkeitskonstante. Das Verhältnis $c(t)/c_0$ gibt den Anteil an Doppelstrang-DNA zu einem bestimmten Zeitpunkt t wieder (Abb. 23.2). Bei einem für das Probenmaterial charakteristischen Zeitpunkt $t_{1/2}$ sind 50 % der DNA-Moleküle hybridisiert: $c(t)/c_0 = 0{,}5$; der dazugehörige Wert von $c_0 \cdot t_{1/2}$ heißt cot-Wert.

Neben Aussagen über die Komplexität, also der Größe einer DNA-Sequenz kann man Hybridisierungsexperimente auch benutzen, um in Gemischen bestimmte DNA-Sequenzen zu identifizieren. Dabei wird ein DNA-Abschnitt bekannter Sequenz, eine Sonde (*probe*) markiert (radioaktiv oder nichtradioaktiv) und mit der zu analysierenden DNA hybridisiert. Die Identifizierung erfolgt über die Detektion des markierten Hybrids.

23.1.1 Prinzip und Durchführung der Hybridisierung

Allen Hybridisierungsverfahren ist gemeinsam, dass die Detektion der Nucleinsäure-Targetmoleküle, also der zu analysierenden DNA oder RNA, über die sequenzspezifische Anlagerung von komplementären, markierten Nucleinsäure-Sonden erfolgt (Abb. 23.3).

Im Allgemeinen liegt das zu analysierende Nucleinsäuregemisch aufgebracht auf einer Membran (geblottet) oder einem anderen festen Träger wie z.B. der Oberfläche einer Mikrotiterplatte oder in Lösung vor. Unter kontrollierten stringenten Bedingungen (vgl. Abschnitt 23.1.2) wird die Nucleinsäure auf der Membran oder in Lösung mit einer Lösung inkubiert bzw. gemischt, die eine für die Zielsequenz spezifische, markierte Sonde enthält. Als Sonden werden Oligonucleotide, DNA-Fragmente bzw. PCR-Produkte (*amplicons*), in vitro-RNA-Transkripte oder artifizielle Sonden wie PNA (vgl. Abschnitt 23.2.3) eingesetzt; es können auch RNA und DNA-Einzelstränge miteinander hybridisieren, so dass alle möglichen Doppelhelices entstehen: DNA:DNA, DNA:RNA und RNA:RNA. Die Sonde hybridisiert im Verlauf der Inkubation mit der komplementären Ziel-

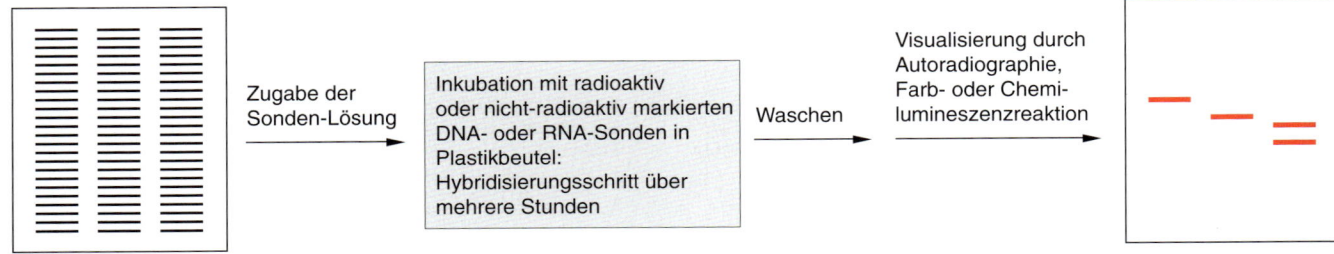

23.3 Nucleinsäurenachweis durch Hybridisierung. Man geht oftmals von Southern Blots aus, die bei Polynucleotiden (z.B. DNA-Fragmente, PCR-Produkte) bei etwa 60–70 °C zusammen mit markierten Sonden mehrere Stunden in einem Plastikbeutel inkubiert werden. Bei dieser Temperatur hybridisieren die DNA-Sonden mit den komplementären Sequenzen auf dem Blot. Nach Waschen können die gesuchten DNA-Abschnitte über die markierte Sonde nachgewiesen werden.

sequenz. Nach Beendigung der Inkubation werden unspezifisch absorbierte Sonden weggewaschen, wobei wiederum stringente Bedingungen einzuhalten sind (vgl. 23.1.2). Es sind auch homogene Nachweisverfahren beschrieben, die ohne Waschschritte auskommen (vgl. Abschnitt 23.1.3). Die gesuchte Zielsequenz wird nun durch den Nachweis der spezifischen Bindungen der markierten Sonde identifiziert; diese spezifische Bindung wird durch Autoradiographie oder andere nicht-radioaktive Verfahren sichtbar gemacht, die in den Abschnitten 23.2 und 23.3 behandelt werden.

23.1.2 Spezifität der Hybridisierung und Stringenz

Die Spezifität der Hybridisierung ist abhängig von der Stabilität des gebildeten Hybridkomplexes sowie der Stringenz der Reaktionsbedingungen. Die Stabilität des Hybrids ist direkt mit seinem Schmelzpunkt T_m korreliert. Der T_m-Wert ist definiert als die Temperatur, bei der die Hälfte der Hybride dissoziiert; er ist abhängig von der Länge und Basenzusammensetzung des hybridisierenden Sequenzabschnitts, der Salzkonzentration des Mediums, der An- oder Abwesenheit von Formamid oder anderer Helix-destabilisierender Zusätze, sowie der Art der hybridisierenden Nucleinsäurestränge (DNA:DNA, DNA:RNA, RNA:RNA). Für DNA:DNA-Hybride gilt in erster Näherung folgende Formel:

$$T_m = 81{,}5\,°C + 16{,}6\,\log[c(\mathrm{Na^+})] + 0{,}41(\%\,G{+}C) - \frac{500}{n}$$

Dabei ist c die Konzentration und n die Länge des hybridisierenden Sequenzabschnitts in Basenpaaren. Für eine Sequenz > 100 bp entfällt der Ausdruck $500/n$.

Der Schmelzpunkt für DNA:RNA-Hybride ist um 10–15 °C höher, derjenige für RNA:RNA-Hybride um 20–25 °C höher als für DNA:DNA-Hybride. Basenfehlpaarungen erniedrigen den Schmelzpunkt.

Die Hybridisierungskinetik wird entscheidend durch die Diffusionsrate und die Duplexlänge beeinflusst; die Diffusionsrate ist bei kleinen Sondenmolekülen am höchsten. So werden mit Oligonucleotidsonden Hybridisierungszeiten im Bereich von 30 Minuten bis zwei Stunden erreicht, während die Hybridisierung mit langen Sonden über Nacht ausgeführt wird. Ein Nachteil von Oligonucleotidsonden ist jedoch deren geringere Sensitivität, da sowohl die Länge des hybridisierenden Bereichs als auch die Zahl der eingebauten Markierungen limitiert sind. Jedoch kann die Sensitivität durch Verwendung von Oligonucleotidkassetten (vgl. Abschnitt 23.2.1) und durch terminales Anheften (*tailing*) von mehreren Markierungen gesteigert werden. Weitere Faktoren, die die Geschwindigkeit der Hybridisierung beeinflussen, sind Temperatur und Ionenstärke. Erhöhte Viskosität, helixdestabilisierende Agenzien sowie Basenfehlpaarungen verlangsamen die Hybridisierung.

Eine Erhöhung der Hybridbildungsrate wird bei repetitiven Sequenzen beobachtet und kann auch durch Reaktionsbeschleuniger wie die inerten Polymere Dextransulphat oder Polyethylenglykol (PEG) erreicht werden. Sie wirken wasserentziehend und erhöhen dadurch die effektive Konzentration der Nucleinsäuren und somit deren Hybridisierungsgeschwindigkeit in der Lösung.

Das Ausmaß der Stringenz, mit der eine Hybridisierung durchgeführt wird, bestimmt den Anteil korrekt gepaarter Nucleotide im gebildeten Duplexmolekül. Unter stringenten Bedingungen versteht man solche Reaktionsbedingungen, unter denen nur perfekt basengepaarte Nucleinsäurestränge gebildet werden und stabil bleiben. Dagegen ist die *Selektivität* der Hybridisierung dadurch definiert, dass unter den gegebenen Reaktionsbedingungen eine Oligo- oder Polynucleotidsonde ausschließlich mit einer bestimmten Ziel-Nucleinsäure aus einem Nucleinsäuregemisch hybridisiert (also keine Kreuzhybridisierung mit anderen Nucleinsäuren stattfindet). Beispiele für selektive Hybridisierung sind die Unterscheidung nahezu identischer Sequenzen mit nur einem Basenunterschied wie *ras*-Wildtyp/Mutante an Position 12 oder die Unterscheidung von *Neisseria gonorrhoeae* und *Neisseria meningitidis* mit Oligonucleotidsonden, die sich nur durch eine Base unterscheiden. Faktoren, die die Stringenz beeinflussen sind die Ionenstärke, die Konzentration helixdestabilisierender Moleküle (z. B. Formamid) und die Temperatur. Während monovalente Kationen (meist Na^+) sowie die sich abstoßenden, negativ geladenen Phosphate des Helixrückgrats abschirmen und so die Stabilität der Doppelstränge erhöhen, hemmt Formamid die Ausbildung von Wasserstoffbrücken und schwächt damit die Helixstabilität.

Daneben ist die Temperatur von großer Bedeutung. Ein Beispiel: Der Schmelzpunkt T_m einer DNA, die 50 % (G+C) enthält, liegt in 0,4 M NaCl bei 87 °C. Eine Hybridisierung kann in diesem Fall bei etwa 67–72 °C stattfinden. Durch Zugabe von 50 % Formamid denaturiert die DNA-Doppelhelix bereits bei 54 °C und die Hybridisierung kann bei 37–42 °C durchgeführt werden. Die Temperaturreduktion wird z. B. angewandt bei der in situ-Hybridisierung, die bei niedrigen Temperaturen erfolgen muss, damit die Zellstrukturen intakt bleiben.

In situ-Hybridisierung Kapitel 30

Bei definierten Formamid- und Na^+-Konzentrationen ist die Temperatur für die Hybridisierungsstringenz ausschlaggebend. Da sich der Schmelzpunkt T_m eines Duplexmoleküls je 1 % Fehlbasenpaarungen um bis zu 5 °C erniedrigt, wird durch die Wahl hoher Temperaturen nur die Hybridisierung von perfekt komplementären Sequenzen zugelassen (*high stringency*). Durch ein Absenken der Temperatur werden auch Hybride mit ungepaarten Basen toleriert (*low stringency*).

Für den Nachweis spezifischer Sequenzabschnitte erfolgt die Hybridisierung also unter hoch stringenten Bedingungen; diese erreicht man während der der Hybridisierung nachfolgenden Waschschritte über eine Temperaturerhöhung auf 5–15 °C unterhalb T_m (Destabilisierung des Hybridkomplexes) sowie durch Erniedrigung der Salzkonzentration auf geringe Ionenstärken (0,1 × SSC) (*sodium saline concentration*; dies entspricht 15 mM Na^+).

> Je höher die Stringenz ist, desto spezifischer erfolgt die Wasserstoffbrückenbindung zwischen komplementären Basenpaaren über den gesamten hybridisierenden Sequenzbereich. Mit Oligonucleotidsonden ist unter stringenten Bedingungen sogar die Unterscheidung einzelner Basenfehlpaarungen (*single mutations*) möglich, was z. B. für den spezifischen Nachweis von Einzelbasen-Genmutationen (z. B. Sichelzell-Anämie) oder spezieller pathogener Bakterienspezies über RNA-Sequenzen (z. B. *Neisseria gonorrhoeae*) essentiell ist.

Eine genaue Unterscheidung von Basenfehlpaarungen wird besonders durch Verwendung von PNA als Hybridisierungssonde möglich (vgl. Abschnitt 23.2.3). Bei diesem artifiziellen Nucleinsäureanalogon mit peptidähnlichem ungeladenem Rückgrat sind die Stabilitätsunterschiede zwischen Wildtyp- und Mutantenhybridisierung deutlicher ausgeprägt als mit DNA- oder RNA-Sonden; dadurch ist mit PNA-Sonden eine bessere Basenfehlpaarungs-Diskriminierung möglich.

23.1.3 Hybridisierungsformate

Die Detektionsreaktion erfolgt entweder im Anschluss an die Hybridisierung nach Abtrennung der überschüssigen nichtgebundenen Sonde (heterogene Nachweissysteme, die in diesem Kapitel hauptsächlich behandelt werden) oder gleichzeitig mit der Detektionsreaktion ohne vorherige Abtrennung freier Sondenmoleküle (homogene Nachweissysteme).

Heterogene Formate zur qualitativen Analyse

Beispiele hierfür sind membrangebundene Blotformate zur qualitativen Analyse von Nucleinsäuren, im Fall von DNA: Dot-, *reverse* Dot, Slot- oder Southern-Blot, im Fall von RNA: Northern-Blot; bei Bakterien: Kolonie-Hybridisierung; bzw. bei Viren: Plaque-Hybridisierung. In situ-Hybridisierungen verwenden Chromosomen, Zellen, Abstriche, Gewebe oder ganze Organismen auf Objektträgern als Targets.

Heterogene Formate zur quantitativen Analyse

Zusätzlich sind heterogene Reaktionsformate zur quantitativen Analyse von Nucleinsäuren beschrieben: Hybridisierung mit Fang- und Detektorsonde (*sandwich assay*), Verdrängung einer kurzen Detektorsonde aus dem Nachweiskomplex (*replacement assay*) oder spezielle Amplifikationsformate, in denen die Markierung zur Detektion des Nachweiskomplexes (z. B. mit DIG; vgl. Abschnitt 23.4.3) über ein dNTP oder einen Primer in das Amplikon eingebaut wird. Anschließend wird das markierte Amplikon durch Hybridisierung mit einer Biotin-markierten Fangsonde (*capture probe*) an einen Streptavidin-beschichteten festen Träger immobilisiert. Alternativ dazu kann ein Abfangen auch mit einer kovalent an die Festphase gebundener Fangsonde erfolgen (*reverse dot blot*). Nach Wegwaschen des Überschusses an freiem Markierungsreagens wird die Menge an wandgebundenem DIG-markiertem Amplikon als Maß für die ursprüngliche Analytkonzentration detektiert. Umgekehrt kann auch der Primer mit Biotin markiert werden; in diesem Fall erfolgt die Amplikon-Detektion durch Hybridisierung mit einer markierten Detektionssonde (*amplification assay*, Abb. 23.4A).

Homogene Formate zur quantitativen Analyse

Ein aktuelles homogenes Nachweissystem ist das 5′-Nuclease-System (*Taqman*), in dem nach der Hybridisierung einer Detektionssonde an amplifizierte Targetmoleküle durch die 5′-3′-Exonucleaseaktivität der *Taq* DNA-Polymerase ein fluoreszierendes Nucleotid aus der Sonde freigesetzt wird (Abb. 23.4B). Der Fluoreszenzfarbstoff ist in der Sonde vor der durch die 5′-Nucleaseaktivität katalysierte Abspaltung durch eine zweite Markierung inaktiviert (*quench*) und sendet daher in freier Form kein Fluoreszenzsignal aus. Deshalb liegt die überschüssige Sonde in inaktiver Form vor und muss zur spezifischen Detektion der gebildeten Hybridkomplexe nicht abgetrennt werden. Da das gequenchte Fluoreszenz-Nucleotid nur im Hybridkomplex freigesetzt und dadurch fluoreszierend wird, ist die über die Entkopplung mit dem Quencher erzeugte Fluoreszenz ein direktes Maß für die Menge des gebildeten Hybridkomplexes und somit der nachzuweisenden Targetmoleküle, ohne dass die im Überschuss vorhandene gequenchte Sonde abgetrennt werden muss (*fluorescence dequenching assay*).

Weitere homogene Nachweisformate werden vorwiegend zur quantitativen Nucleinsäureanalyse bakterieller oder viraler Infektionen eingesetzt. Beispiele dafür sind die Aktivierung von inaktiver β-Galactosidase durch ein komplementierendes α-Peptid (*enzyme complementation assays*), die Interkalation von Doppelstrang-DNA bindenden Farbstoffen (*dye intercalation assays*), Bildung von

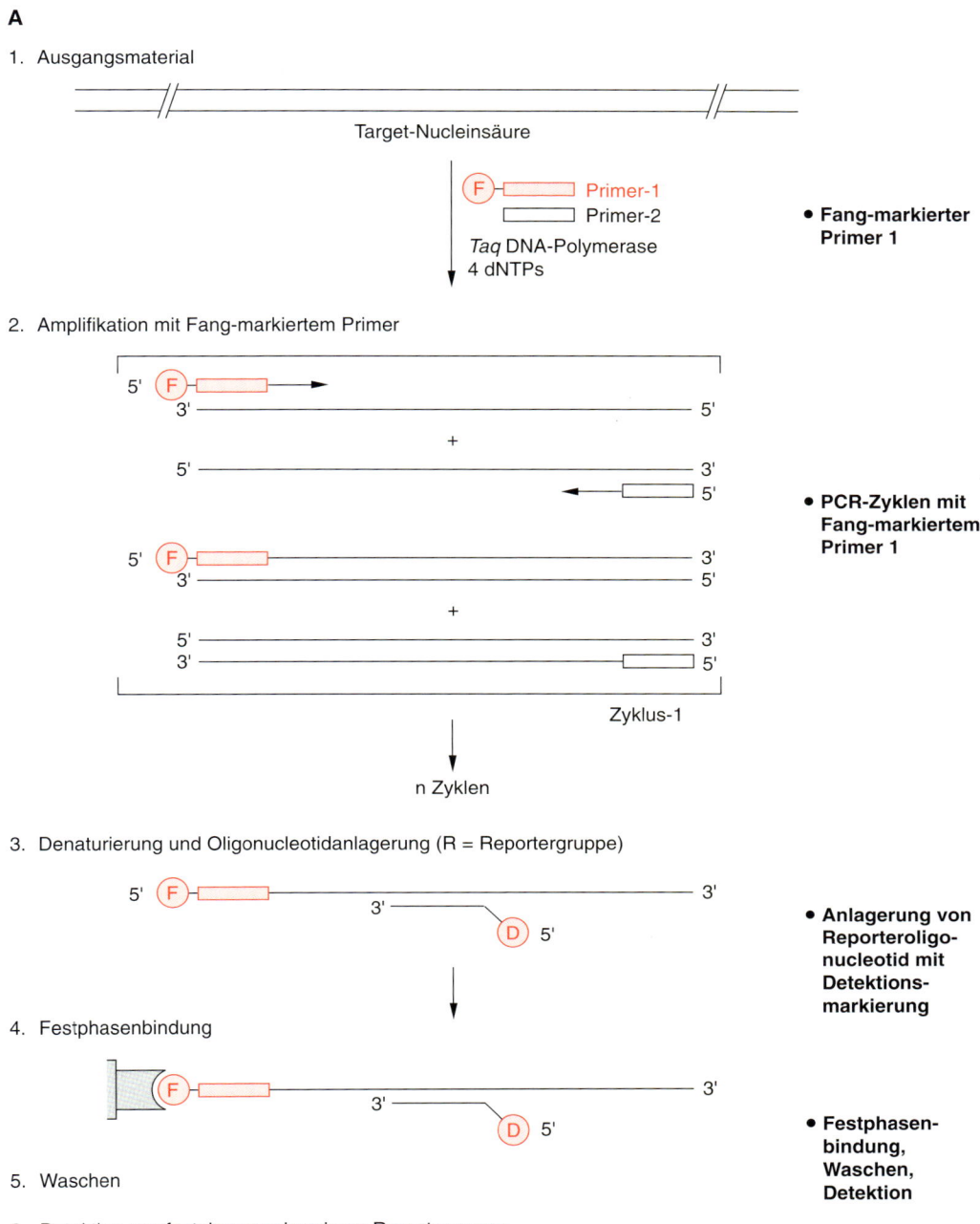

23.4 A. Prinzip des heterogenen Amplifikationsformats. Die an die feste Phase bindende Gruppe (F, Fangmarkierung) wird während der Amplifikation eingebaut. Der an die Festphase gebundene Amplikon-Strang wird über Hybridisierung mit einer Oligonucleotidsonde detektiert (D: Detektionsmarkierung). B. Prinzip des 5'-Nuclease-Reaktionsformats (*Taqman*) als aktuelles, homogenes Nachweissystem. Nur die Fluoreszenz der durch 5'-Nuclease-Aktivität aus der hybridisierten Sonde freigesetzten, nichtinhibierten Fluoreszenzmarkierung des Reporterfarbstoffs R wird detektiert. Q: Quencher.

Fluoreszenz-Donor-Akzeptor-Komplexen (*fluorescence resonance energy transfer assay*) oder die Messung der Massenveränderung nach Bildung des Nachweiskomplexes über Änderung der Fluoreszenzdepolarisation (*fluorescence depolarization assay*). Auf diese homogenen Formate wird jedoch hier nicht näher eingegangen.

Die folgenden Abschnitte vertiefen die einzelnen Aspekte der Nucleinsäureanalytik mit Schwerpunkt auf Hybridisierungsverfahren und nichtradioaktive Markierung und Detektion. Jedoch wird auch die radioaktive Markierung und Detektion dargestellt. Färbeverfahren sind in Abschnitt 22.3 besprochen.

Färbemethoden
Abschnitt 22.3

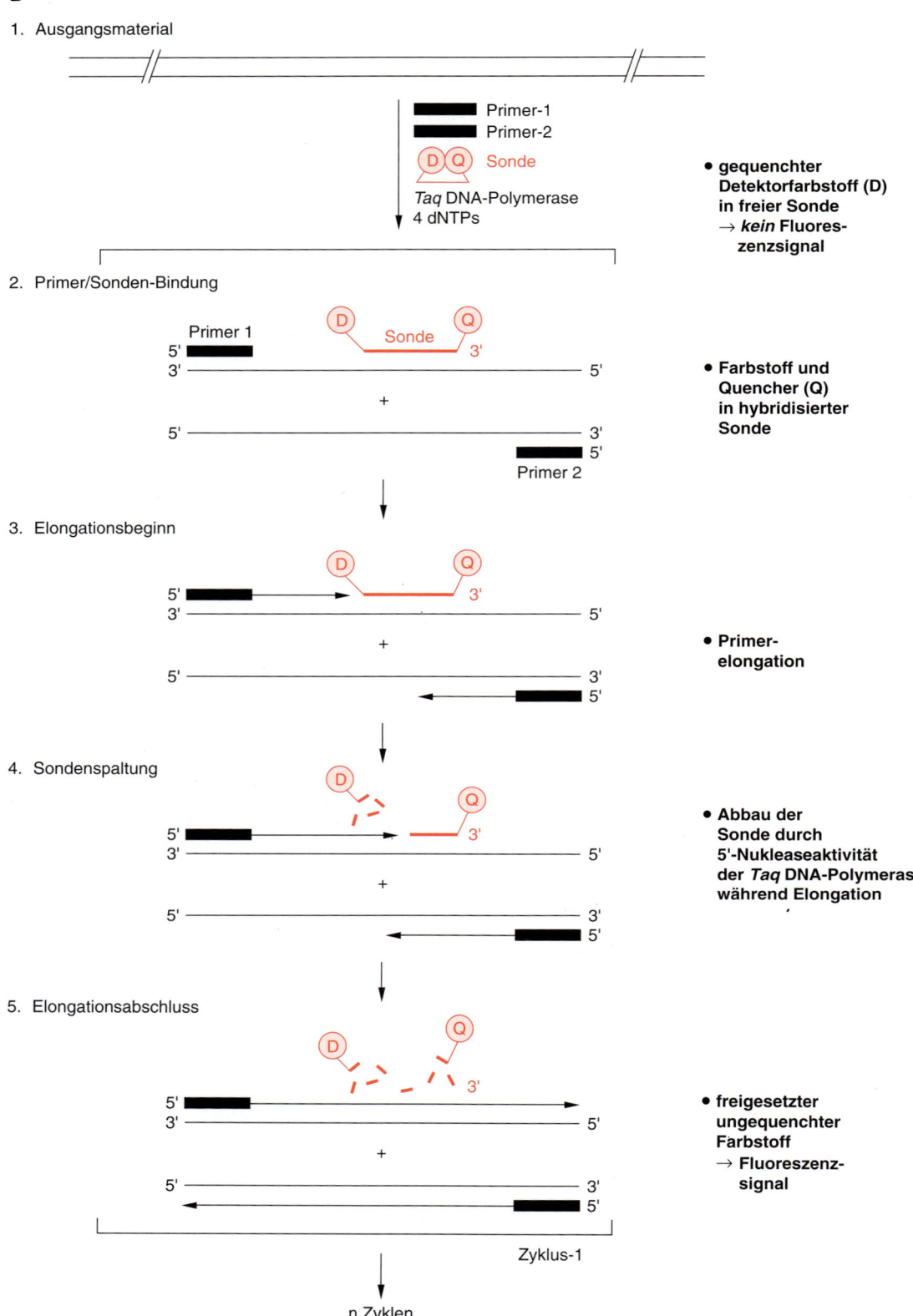

23.4 (Fortsetzung)

23.2 Sonden zur Nucleinsäureanalytik

Bei beiden Strategien des sequenzspezifischen Nucleinsäurenachweises über Sequenzierung oder Hybridisierung spielen markierte Nucleinsäuren in Form von Oligonucleotiden oder längeren Nucleinsäuren als Primer oder Hybridisierungssonden eine zentrale Rolle. Dabei werden sowohl radioaktiv wie auch nichtradioaktiv markierte Sonden eingesetzt. In den letzten Jahren wurde das methodische Repertoire der Herstellung und Anwendung nichtradioaktiver Methoden entscheidend verbessert und erweitert, so dass die nichtradioaktiven Verfahren zunehmend im Forschungsbereich, besonders aber bei Standardmethoden der angewandten Nucleinsäureanalytik zur Methode der Wahl geworden sind. So wirft eine Instrumentierung und Standardisierung analytischer Methoden mit Isotopen große Probleme auf, ebenso wird die Frage der Entsorgung des radioaktiven Abfalls zunehmend limitierend für die Verwendung von Isotopen.

Obwohl Isotope den Vorteil haben, dass die chemische Struktur und somit Hybridisierungseigenschaften der Sonden bei den in der Nucleinsäureanalytik hauptsächlich verwendeten Isotopen ^{3}H, ^{14}C, ^{32}P, ^{33}P, ^{35}S und ^{125}I unverändert bleibt, hat die Verwendung von Radioisotopen folgende gravierende Nachteile:

- limitierte Halbwertszeit und damit Detektionsmöglichkeit: z. B. hat das häufig verwendete Isotop ^{32}P nur eine Halbwertszeit von 14,3 Tagen;
- Notwendigkeit interner Standards bei quantitativen Analysen;
- Eigenzerstrahlung der Sonde;
- wiederholte Sondenmarkierung bei längeren Versuchsreihen;
- Notwendigkeit eines speziellen Sicherheitslabors mit aufwendigen Schutzeinrichtungen;
- Notwendigkeit der Entsorgung des radioaktiven Abfalls;
- erhöhter Planungsaufwand und Logistik;
- potentielle Gesundheitsgefährdung.

Diese Nachteile machen die Benutzung von Isotopen gerade mit zunehmender Verfügbarkeit nichtradioaktiver Methoden mit mindestens vergleichbarer Empfindlichkeit und Einsatzbreite zunehmend problematisch. Da jedoch viele Labors gerade im Forschungsbereich noch über Einrichtungen zum radioaktiven Arbeiten verfügen, werden in diesem Bereich Isotope zur Blothybridisierung und manuellen Sequenzierung weiterhin eingesetzt. Es ist jedoch zu erwarten, dass mit zunehmender Standardisierung und Automatisierung der Analysemethoden die Bedeutung radioaktiver Verfahren in Zukunft noch weiter abnehmen wird.

Bei der in vitro-Nucleinsäureanalytik werden deshalb die Blotverfahren zunehmend auf nichtradioaktive Methoden umgestellt; dies ermöglicht auch in diesem Sektor eine Automatisierung der Methoden. Quantitative Nucleinsäurebestimmungen in diagnostischen Analyseautomaten basieren ausschließlich auf nichtradioaktiven Analyseverfahren. Auch die in situ-Analytik wird wegen deutlich verbesserter Auflösung und wesentlich kürzeren Detektionszeiten vorwiegend mit direkt oder indirekt fluoreszenzmarkierten Hybridisierungssonden durchgeführt.

Gerade bei den in Entwicklung befindlichen und bereits beschriebenen neuen Analyseverfahren wie Hybridisierungsarrays ist die Verwendung von Isotopen undenkbar. Auch ist die Integration der einzelnen Reaktionsschritte zu Gesamtsystemen zur schnellen Nucleinsäureanalytik, die in Zukunft Gesamtanalysen einschließlich Probenvorbereitung, Amplifikation, Hybridisierung und Detektion in integrierten Chips möglich erscheinen lassen (*lab-on-chip,* LOC), nur mit Hilfe nichtradioaktiver oder physikalischer Nachweismethoden denkbar.

Sondenarten

Zur Nucleinsäureanalytik werden sowohl DNA- als auch RNA-Sonden in Form von kurzen einzelsträngigen DNA-Oligonucleotiden oder längeren doppelsträngigen DNA- oder einzelsträngigen RNA-Sonden eingesetzt. Klonierte Sonden besitzen Vektoranteile, sofern die Vektorsequenzen nicht durch spezielle Reinigungsverfahren abgetrennt werden. Dies kann zu unerwünschter Kreuzhybridisierung führen; so sind z. B. unspezifische Kreuzhybridisierungen von pBR-Vektorsequenzen mit genomischer Human-DNA beschrieben. Diese unerwünschten Nebenreaktionen können durch Verwendung von vektorfreien Sonden vermieden werden, die über PCR-Amplifikation, in vitro-RNA-Synthese oder chemische Synthese zur Verfügung gestellt werden können.

PNA-Oligonucleotide Abschnitt 37.2.2

Eine aktuelle Alternative zu DNA-Oligonucleotiden sind PNA-Oligomere (*peptide nucleic acids*), bei denen unter Beibehaltung der Basenspezifität und Hybridgeometrie ein ladungsfreies, peptidähnliches, synthetisches Rückgrat realisiert ist. Wegen der fehlenden abstoßenden Phosphatgruppen zeigen Hybride aus PNA-Sonden und Nucleinsäure-Zielsequenz eine höhere Hybridstabilität, so dass stringentere Hybridisierungstemperaturen und somit erhöhte Hybridisierungsspezifitäten erreicht werden können. Ein weiterer Vorteil von PNA ist eine erhöhte Selektivität in der Erkennung von Basenfehlpaarungen (*mismatch discrimination*).

23.2.1 DNA-Sonden

Drei Typen von DNA-Sonden werden hauptsächlich in der Nucleinsäureanalytik verwendet: klonierte DNA-Sonden bzw. entsprechende Restriktionsfragmente, cDNA-Sonden, PCR-generierte Amplikons und synthetische Oligonucleotide.

Klonierte cDNA oder genomische Fragmente waren über viele Jahre der meist verwendete DNA-Sondentyp, um komplementäre DNA- oder RNA-Sequenzen in Southern- oder Northern-Blots zu detektieren. Die verwendeten Sondenlängen liegen zwischen 300 bp und 3 kbp. Die Sensitivität hängt von der Länge des hybridisierenden Bereichs und der Markierungsdichte ab: so sind oftmals genomische Sonden sensitiver als cDNA-Sonden, da cDNA-Sonden nur mit den Exonsequenzen der nachzuweisenden Nucleinsäuren hybridisieren, während genomische Sonden auch die oftmals ausgedehnten Intronsequenzen erfassen. Beide Sondenarten haben jedoch den Nachteil, dass ihre Klonierung und die anschließende Plasmidisolierung aufwendig ist. Zur Herstellung von vektorfreien Sonden ist zusätzlich eine Restriktionsspaltung und Fragmenttrennung notwendig. Jedoch können auch repetitive Sequenzen innerhalb der Probe-Sequenzbereiche zu Kreuzhybridisierungen mit eukaryontischer DNA oder amplifizierten eukaryontischen Genen bzw. zellulärer Gesamt-mRNA führen. Dies führt zu unspezifischen Nebenbanden.

PCR Kapitel 24

Die Möglichkeit, Hybridisierungssonden über PCR-Amplifikation mit der *Taq* DNA-Polymerase herzustellen, hat die rasche Verfügbarkeit von Sonden enorm verbessert. Dieses Verfahren hat eine Reihe von Vorteilen:

- Es ist keine Klonierung und Plasmidisolierung mehr notwendig, daher enthalten die PCR-Sonden auch keine Vektoranteile mehr.
- Sowohl DNA als auch RNA als Targetmoleküle sind für die Sondenherstellung zugänglich (bei RNA über Umwandlung in cDNA durch das Enzym Reverse Transkriptase in der sog. RT-PCR).
- Es entstehen homogene Sonden mit definierter Länge, so dass die von der Sondenlänge abhängige Stringenz der Hybridisierungsbedingungen passend eingestellt werden kann.
- Es besteht hohe Flexibilität im Sondendesign, da die Sondenlänge und Lage des amplifizierten Sequenzabschnitts durch die Auswahl der Primer einfach gesteuert werden kann.
- Für die Amplifikation müssen nur die Primersequenzen bekannt sein; daher sind Sonden für neue unbekannte Sequenzen zwischen den Primern generierbar.
- Analog sind auch Sonden für Mutanten mit Sequenzvariationen im Sondenbereich leicht zugänglich.
- Die Sonden sind bei der Herstellung durch Verwendung markierter Nucleotide oder Primer direkt markierbar; es entsteht eine einheitliche Markierungsdichte.

- Durch neue Polymerasemischungen sind Sonden nicht nur mit einer Länge von 100–1000 bp sondern auch im kbp-Bereich herstellbar.

Die genannten Vorteile haben die PCR zur Methode der Wahl bei der Herstellung von DNA-Sonden gemacht. Diese Sonden können oftmals direkt zur Hybridisierung eingesetzt werden. Um Co-Hybridisierung mit unspezifischen Amplifikationsprodukten zu vermeiden, werden die Amplifikationsprodukte jedoch oft zunächst gereinigt. Bei langen PCR-Sonden resultieren Sekundärstruktureffekte in geringerer Sensitivität oder unspezifischen Hybridisierungssignalen; sie werden durch zusätzliche Restriktionsspaltung vermieden.

Neben längeren PCR-Sonden werden zunehmend auch synthetische Oligonucleotide als Hybridisierungssonden verwendet. Oligonucleotide mit definierter Sequenz oder mit gezielten Sequenzveränderungen an jeder Position können mit modernen Oligonucleotid-Synthesegeräten bis zu einer Länge von ca. 150 Nucleotiden synthetisiert werden. Oligonucleotidsonden sind gut geeignet, um Punktmutationen zu detektieren. Dazu werden Oligonucleotide mit definierten Längen zwischen 17 und 40 bp eingesetzt, wobei die Stringenz bei der Hybridisierung und der anschließenden Waschschritte optimal adaptiert werden kann. Basenfehlpaarungen werden am besten erkannt, wenn sie in der Mitte des hybridisierenden Bereichs liegen; Mutationen im flankierenden Sequenzbereich werden weniger stark diskriminiert.

Ein weiterer Vorteil von kurzen Oligonucleotidsonden ist, dass sie rascher als lange Sonden hybridisieren. Nachteilig ist die geringere Sensitivität, vgl. Abschnitt 23.1.2. Dennoch liegt die Stärke von Oligonucleotidsonden weniger in dem Nachweis seltener Gene oder gering exprimierter mRNA (*single copy genes*, *low copy mRNA*), sondern in der Mutationsanalyse PCR-amplifizierter Gene oder stärker exprimierter mRNA- oder 10^3–10^4fach amplifizierter rRNA-Spezies.

Für Oligonucleotide und cDNA als Hybridisierungskomponenten werden derzeit Multi-Sondensysteme auf Chips entwickelt (*oligonucleotide arrays*), bei denen eine Vielzahl von Oligonucleotid- oder cDNA-Fangsonden unterschiedlicher Sequenzspezifität angeheftet sind (*capture probes*). Mit diesen Chips kann parallel eine Vielzahl von Mutationen an verschiedenen Positionen des Target-Amplikons (*mutation/polymorphism analysis*) bzw. mRNA-Expressionsmuster (*expression pattern analysis*) in verschiedenen Zellen oder unterschiedlichen Geweben oder Organen synchron analysiert werden.

23.2.2 RNA-Sonden

Einzelsträngige RNA-Sonden erhält man durch run-off in vitro-Transkription von Sequenzen, die vorher in solchen Vektoren kloniert wurden, die Promotoren der Bakteriophagen SP6, T3 oder T7 enthalten (Abb. 23.5). Dazu werden DNA-Fragmente oder PCR-Amplifikate in eine Klonierregion direkt unterhalb des Promotors kloniert, die eine Kassette von Restriktionsspaltstellen enthält (*multiple cloning site*). Anschließend wird der rekombinante Vektor direkt am 3'-Ende des Inserts geschnitten, um eine eindeutige Termination der Transkription zu erhalten (*run-off transcription*). Durch die starke Promotorselektivität und die eindeutige Termination werden gleichartige Transkripte einheitlicher Länge erhalten. Da der Transkriptionszyklus ja nach Länge der Transkriptionseinheit über run off-Termination und Reinitiation 100–1 000 fach durchlaufen wird, erhält man hohe Sondenausbeuten. Während der Transkription werden markierte Ribonucleotide zugegeben, so dass – wie im Fall der PCR-Sonden – die entstehenden RNA-Sonden direkt während der Transkription markiert werden. Weiterentwickelte Vektoren erhalten unterschiedliche Promotoren in unterschiedlicher Orientierung beidseits der Klonierregion; diese Vektoren erlauben die Transkription komplementärer RNA-Stränge unterschiedlicher Polarität (*sense/antisense*-RNA). Um unspezifische Hybridisierungssignale durch Vektoranteile zu vermeiden, werden die in vitro-Transkripte abschließend mit RNase-freier DNase behandelt. Der Hauptvorteil der RNA-Sonden ist die höhere Stabilität der DNA:RNA- bzw. RNA:RNA-

Run-off-Transkription
Abschnitt 33.3.4

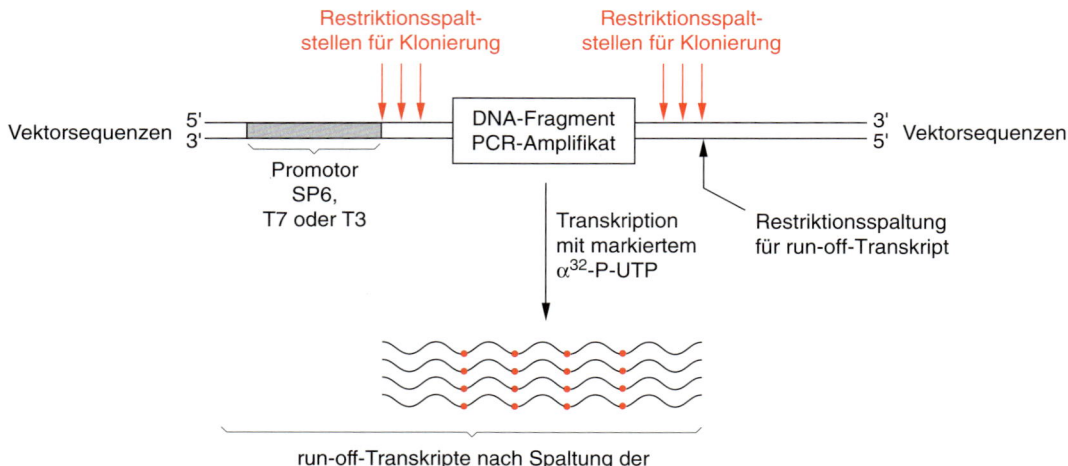

23.5 Herstellung von markierten RNA-Sonden.

Hybridkomplexe, verglichen mit entsprechenden DNA:DNA-Hybridkomplexen. Dies resultiert in einer erhöhten Nachweissensitivität, so dass auch gering exprimierte mRNAs (*low abundant* mRNA) in Northern-Blots oder in situ detektiert werden können. Allerdings sind RNA-Sonden empfindlich für ubiquitär vorhandene RNasen, so dass alle Lösungen und Geräte vor ihrer Verwendung durch chemische Zusätze wie Diethylpyrocarbonat oder Hitzebehandlung sterilisiert werden müssen.

Für die in situ-Anwendung werden die run-off-Transkripte mit limitierten Mengen RNase behandelt, um eine höhere Transferrate der verkleinerten RNA-Moleküle durch die Zellwand bzw. -membran zu erreichen; dies hat eine Erhöhung der Sondenkonzentration am Ort der Hybridisierung und dadurch gesteigerte Nachweissensitivität zur Folge.

23.2.3 PNA-Sonden

Synthetische Peptidnucleinsäuren (PNA) enthalten ein peptidähnliches Rückgrat, das gegenüber Sonden aus DNA und RNA viele Vorteile bietet (Abb. 23.6). PNA-Sonden können sowohl in Peptid-Synthesegeräten als auch DNA-Synthesegeräten hergestellt werden. Im Fall der Peptid-analogen Synthese wird die Boc-Synthesechemie, im Fall der DNA-analogen Synthese wird die Fmoc-Synthesechemie verwendet. In beiden Fällen werden Boc- bzw. Fmoc-analoge Schutzgruppen verwendet, lediglich die Strukturelemente des Rückgrats sind geändert. Die Löslichkeit von PNA-Oligomeren kann durch Einführung von geladenen terminalen oder internen Rückgrat-Seitenketten (z. B. Glu, Ser) oder Ladungen im Abstandshalter von Markierungsgruppen erhöht werden, so dass die Synthese von bis zu 30meren möglich wird. PNA-Oligomere haben gegenüber DNA-Oligonucleotiden eine Reihe von Vorteilen:

Fmoc- und Boc-Schutzgruppen Abschnitt 18.1

- Höhere Hybridstabilität; daher können höhere und damit stringentere Hybridisierungstemperaturen realisiert werden.
- Geringere Oligomerlängen führen zu höheren Diffusionsraten und damit zu schnellerer Hybridisierungskinetik.
- Salzunabhängige Hybridisierung ermöglicht die Hybridisierung bei niedrigen Salzkonzentrationen: dies erlaubt die direkte Hybridisierung mit doppelsträngigen PCR-Amplikons ohne vorherige Denaturierung der DNA-Doppelstränge, da PNA unter diesen Bedingungen wegen der fehlenden Rückgrat-Ladungen – im Gegensatz zu DNA oder RNA – noch Hybride ausbilden kann.

23.6 Strukturvergleich von PNA und DNA.

- Die Hybridisierung bei niedrigen Salzkonzentrationen öffnet auch potentielle Sekundärstrukturen innerhalb der Targetmoleküle.
- Der T_m-Unterschied zwischen Match und Mismatch ist mit PNA-Sonden ausgeprägter als mit DNA- oder RNA-Sonden: dies führt zu höherer Basenfehlpaarungs-Diskriminierung (*mismatch discrimination*).
- Die Basenfehlpaarungs-Diskriminierung ist nicht nur im Zentrum der Hybridisierungsregion, sondern in einem größeren Bereich der Hybridisierungsregion optimal und nimmt erst in den äußeren drei bis vier Positionen ab.
- PNA-Sonden sind wegen der artifiziellen Struktur des Rückgrats und der Basenverknüpfung gegenüber Nucleasen und Proteasen stabil, was eine hohe Stabilität der Sonden bewirkt.
- Die Löslichkeit von PNA kann durch Verwendung von geladenen Aminosäuren (z. B. Lys, Glu) im Rückgrat oder durch Ladungen in endständigen Linkern erhöht werden.

Die genannten Vorteile machen PNA-Oligomere zu einer attraktiven Alternative von Oligonucleotidsonden gerade im Bereich der Mutationsanalyse. Diese Vorteile sollten besonders in Multisondensystemen auf Chips zum Tragen kommen, da in diesen Systemen die Frage der selektiven Erkennung von Basenfehlpaarungen und Umgehung von Sekundärstruktureffekten eine zentrale Rolle spielt. Entscheidend ist in solchen Systemen auch die Löslichkeit der PNA-Sonden an der Oberfläche, was über lange Kopplungsmoleküle (*linker*) erreicht wird. Es werden derzeit auch PNA-DNA-Chimären entwickelt, die erhöhte Hybridisierungsselektivität der PNA mit DNA-Primereigenschaften verbindet. Weitere Einsatzmöglichkeiten der PNA-Hybridisierung ist die sequenzselektive Isolierung von Targetnucleinsäuren über die äußerst stabile Triplexbildung an besonderen Zielsequenzen bzw. Duplexbildung in gemischten Zielsequenzen (PNA *capture probes*) sowie die selektive PCR-Amplifikation über spezifische Blockierung einzelner Targetstränge, z. B. für allelspezifische PCR (*PCR clamping with PNA*).

PNA-Oligonucleotide
Abschnitt 37.2.2

23.3 Markierungsverfahren

Der Einbau von nichtradioaktiven Modifikationsgruppen erfolgt durch enzymatische, photochemische oder chemische Reaktionen. Isotope werden weitgehend durch enzymatische Reaktionen in Sonden eingebaut. Die Markierungspositionen und Art der Markierung sind bei den verschiedenen Verfahren unterschiedlich, je nachdem ob Isotope oder nichtradioaktive Reportergruppen verwendet werden.

Über den enzymatischen Einbau von markierten Nucleotiden sind DNA, RNA und Oligonucleotide markierbar; man erhält Sonden mit hoher Markierungsdichte und hoher Sensitivität. Die Photomarkierung von DNA und RNA resultiert in zwar geringeren Markierungsdichten, aber intakten markierten Molekülen; daher ist diese Markierungsart für die Herstellung von markierten Längenstandards geeignet. Die chemische Markierung wurde anfangs zur DNA-Fragmentmarkierung eingesetzt, wird jetzt aber überwiegend zur Markierung von DNA- oder PNA-Oligomeren verwendet. Abbildung 23.7 zeigt eine Übersicht der häufigsten nichtradioaktiven Markierungsreaktionen, die in diesem Abschnitt besprochen werden.

Bei den enzymatischen Markierungen werden entweder 5′-markierte Primer (PCR-Markierung) oder markierte Nucleotide anstelle von unmarkierten Nucleotiden oder in Kombination mit diesen verwendet. Die Nucleotidanaloga sind im Fall der nichtradioaktiven Markierung mit Haptenen wie Digoxigenin (DIG) oder Fluorescein (FLUOR) bzw. Bindemolekülen wie Biotin (BIO) modifiziert (siehe Abschnitt 23.4.3). Im Fall von DNA- oder Oligonucleotidmarkierung wird entweder Hapten-dUTP, Hapten-dCTP oder Hapten-dATP als Enzymsubstrat verwendet, im Fall von RNA ist es Hapten-UTP oder Hapten-CTP. Für eine hohe Sondensensitivität ist ein bestimmter Mindestabstand zwischen den Markierungen erforder-

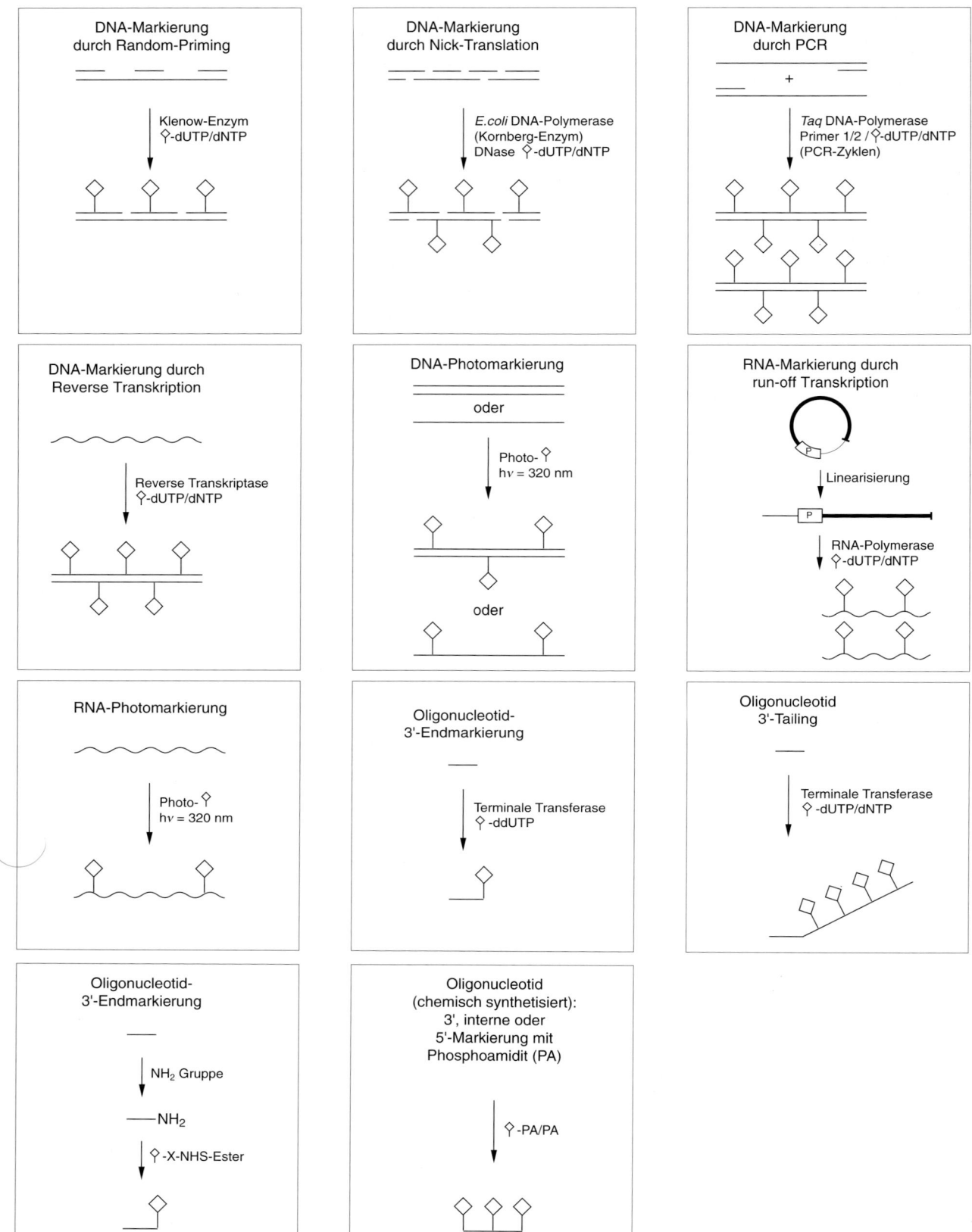

23.7 Schematische Übersicht der enzymatischen, photochemischen und chemischen Markierungsreaktionen, die in den nachfolgenden Abschnitten besprochen werden. Nach: Kessler, C. (Hrsg.) Nonradioactive Labeling and Detection of Biomolecules. Springer-Verlag, Berlin/Heidelberg (1992).

lich, so dass es zu störungsfreien Nachweisreaktionen kommt. Das Optimum zwischen möglichst hoher Dotierung und notwendigem Mindestabstand ist haptenspezifisch. Die optimalen Markierungsdichten werden über haptenspezifische Mischungsverhältnisse zwischen Hapten-dNTP und nichtmodifiziertem dNTP erreicht (z. B. 33 % DIG-dUTP/67 % dTTP).

Für eine hohe Sensitivität ist auch entscheidend, dass die Modifikationsgruppe weit genug aus der Helixstruktur herausragt. Deshalb ist ein molekularer Abstandshalter (*spacer*) zwischen dem Nucleinsäurestrang der Sonde und der Modifikationsgruppe von entscheidender Bedeutung. Die bei den genannten Haptenen verwendeten linearen Abstandshalter sind mindestens 11 Atome lang und sind oftmals aus Oxycarbonyl-Einheiten aufgebaut, die über Ester- oder Amidbindungen verknüpft werden. Die N- und O-Atome machen den Linker genügend hydrophil. Kürzere Linkereinheiten führen zu schlechteren Sondensensitivitäten; die Verlängerung des Linkers auf zum Beispiel 18 Atome hat keinen sensitivitätssteigernden Einfluss.

23.3.1 Markierungspositionen

Bei radioaktiver Markierung erfolgt der Austausch stabiler natürlicher Isotope durch instabile Isotope – abhängig von der Art des Isotops – an verschiedenen Positionen von Nucleosidtriphosphaten. Durch diesen Isotopenaustausch wird die chemische Struktur nicht geändert, so dass die markierten Moleküle gleiche chemische Eigenschaften wie die natürlichen Substanzen haben. Dies bedeutet, dass die Reaktionsbedingungen für den enzymatischen Einbau markierter Nucleotide in Hybridisierungssonden und die Hybridisierungsbedingungen nicht geändert werden müssen. Im Fall der am häufigsten verwendeten ^{32}P- oder ^{33}P-Phosphatmarkierung ist die Austauschposition entweder die α- oder γ-Position der Phosphatreste in 2′-Desoxyribo-, 3′-Desoxyribo(Cordycepin)- oder 2′-Ribonucleotiden. Im Fall von ^{35}S erfolgt der Austausch gegen ein Sauerstoffatom des α-Phosphats (Abb. 23.8A). Die ^{32}P- oder ^{35}S-markierte α-Position wird über homogene Sondenmarkierung durch Polymerasen (z. B. *random-primed*-Markierung, Nick-Translation, Reverse Transkription oder PCR-Amplifikation) erhalten; die markierte γ-Position durch Übertragung des markierten γ-Phosphats von ATP auf freie 5′-OH-Sondenenden (T4-Polynucleotidkinase). Die wegen der geringeren Streustrahlung und längeren Lebensdauer vorwiegend für in situ-Applikationen verwendeten ^{3}H-Isotope werden in unterschiedlichen Positionen der Basenringgerüste eingeführt. Die Markierung mit ^{125}I erfolgt an der C5-Position von Cytosin (Abb. 23.8B). ^{14}C-Isotope werden wegen der geringen Strahlungsdichte nur noch selten benutzt.

> Bei der nichtradioaktiven Modifikation von Sonden mit Reportergruppen wird durch die Einführung der Modifikationsgruppe die chemische Struktur der markierten Nucleotide und der markierten Sonden geändert. Dies bedeutet, dass zum Beispiel die Reaktionsbedingungen für den enzymatischen Einbau den geänderten Substrateigenschaften angepasst werden müssen. Bei Blot-Hybridisierungen muss auch die Membranoberfläche, bei in situ-Hybridisierungen die Zell- bzw. Gewebsoberfläche durch Beschichtung mit geeigneten Blockierungsreagentien (z. B. Milchproteine) gegenüber unspezifischen Wechselwirkungen mit der Modifikationsgruppe abgeschirmt werden. Die entsprechenden geänderten Arbeitsprotokolle sind jedoch etabliert und stellen keine Limitierung in der Anwendung nichtradioaktiv modifizierter Sonden dar.

Die häufigste Markierungsposition bei Sequenzier- und PCR-Primern bzw. Hybridisierungsoligomeren (DNA, PNA) ist die 5′-terminale Position des Oligomers. Dadurch bleibt die Primingaktivität erhalten, und die Ausbildung der Wasserstoffbrücken bei der Hybridisierung wird nicht beeinflusst. Die Einführung der

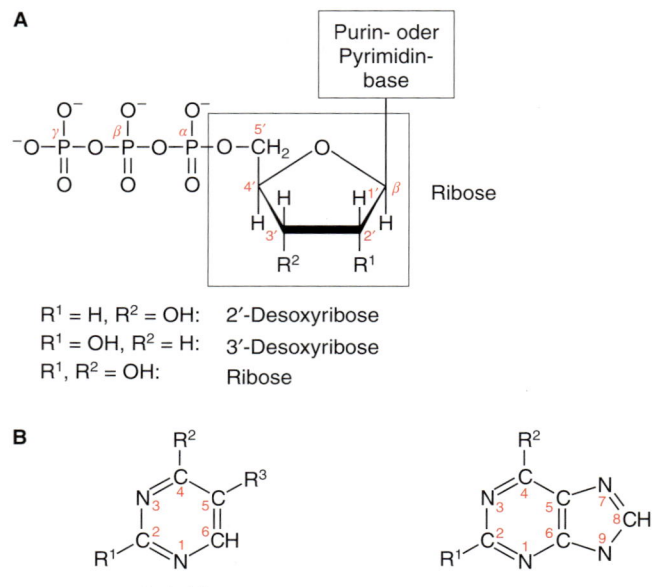

23.8 Austauschpositionen für radioaktive Markierungen. A: Nucleosidtriphosphat. B: Positionen der Basengerüste. Für Reste R^1 bis R^3 siehe vorderer Inneneinband.

Modifikationsgruppe erfolgt über bifunktionelle lineare Diaminoverbindungen variabler Länge. Nucleotide werden meistens über Basenmodifikationen markiert, jedoch ist auch eine Markierung an der 2′-Position der Ribose beschrieben. Die Basenmodifikationen sind so gewählt, dass keine Störung der Wasserstoffbrückenbindung bei der Hybridbildung erfolgt. Die häufigste Modifikationsposition ist die C5-Position von Uracil oder Cytosin; im Fall von Desoxyuridin imitiert die Modifikationsgruppe den Methylrest der Thymin-Base von Desoxythymidin (vgl. Abb. 23.8B). In beiden Fällen erfolgt die Einführung der Modifikationsgruppe wiederum nicht direkt, sondern über einen verbrückenden Abstandshalter. Weitere geeignete Positionen zur Einführung nichtradioaktiver Modifikationsgruppen sind C6 von Cytosin sowie C8 von Guanin und Adenin. Die früher ebenfalls verwendeten Aminogruppen von Cytosin, Adenin oder Guanin sind weniger geeignet, da diese Positionen an der Wasserstoffbrückenbildung beteiligt sind.

23.3.2 Enzymatische Markierungsreaktionen

Viele der enzymatischen Markierungsreaktionen sind analog für radioaktive und nichtradioaktive Markierung. Der Unterschied ist jedoch, dass im Fall radioaktiver Markierung isotopenmarkierte, strukturell jedoch identische Nucleotide, im Fall der nichtradioaktiven Markierung durch zusätzliche Modifikationsgruppen veränderte Nucleotide als Enzymsubstrate mit neu etablierten Reaktionsbedingungen eingesetzt werden.

Enzymatische Markierung von DNA Die homogene DNA-Markierung wird entweder über *random priming* mit dem großen Fragment der E. coli DNA-Polymerase I (Klenow-Enzym), Nick-Translation mit E. coli DNA-Polymerase I (Kornberg-Enzym) oder über PCR-Amplifikation mit *Taq* DNA-Polymerase erreicht. Die Markierungsdichten liegen bei einer Markierung pro 25 bis 36 Basenpaaren. Oligonucleotide können enzymatisch mit Hilfe der Terminalen Transferase-Reaktion markiert werden; je nach Substrat werden ein bis fünf Markierungen pro Oligonucleotid angeheftet (zur Übersicht vgl. Abb. 23.7).

Random Priming Beim Random Priming-Protokoll wird zunächst Doppelstrang-DNA denaturiert. Die Rehybridisierung beider Targetstränge wird durch Abschrecken auf niedrige Temperaturen und durch Zugabe hoher Konzentrationen der Primer verhindert. Die Primer sind ein Gemisch aller möglichen Hexanucleotide (*random primer*), so dass statistisch gesehen jede Targetsequenz abgedeckt ist und die Hybridisierung an jeder beliebigen Stelle erfolgen kann. Das Klenow-Enzym, das große Subtilisin-Fragment des *E. coli*-DNA-Polymerase-Holoenzyms, verlängert die Primer in einer matrizenabhängigen Reaktion. Bei der Elongationsreaktion werden unmarkierte dNTPs und haptenmodifiziertes dUTP eingebaut. Da die Templatestränge repliziert werden, erfolgt eine Neusynthese, über Strangverdrängung erhält man hohe Sondenausbeuten mit über 100 % der eingesetzten Template-DNA. Da statistisch mehrere Primer pro Target binden, werden pro Primerelongation nur Teilsequenzen repliziert; es entsteht ein Gemisch unterschiedlicher Sondenlängen, wobei die Teilsequenzen aber alle targetspezifisch sind und homogene Markierung tragen. Mit DIG-markierten Sonden (Abschnitt 23.4.3), die durch die Random Priming-Methode erzeugt wurden, können hohe Nachweissensitivitäten im Subpicogramm-Bereich realisiert werden.

Nick-Translation Bei der Nick-Translation wird neben geringen Mengen pankreatischer DNase I das *E. coli* DNA-Polymerase Holoenzym verwendet. Dies hat seinen Grund darin, dass bei dieser Methode neben der Polymeraseaktivität auch die 5'→3'-Exonucleaseaktivität benötigt wird. Die DNase katalysiert zunächst die Bildung von Einzelstrangbrüchen (*nicks*); damit keine weitergehenden Spaltungen erfolgen, ist eine genau eingestellte geringe DNase-Konzentration erforderlich. Beide den Einzelstrangbruch flankierenden internen Enden fungieren als Substrat für die 3'→5'-Polymeraseaktivität und die 5'→3'-Exonucleaseaktivität. Die 5'→3'-Exonucleaseaktivität baut sukzessiv 5'-phosphorylierte Nucleotide ab, während die 3'→5'-Polymeraseaktivität synchron die entstehenden Lücken mit neuen, markierten Nucleotiden wieder auffüllt. Durch diese konzentrierte Reaktion wandert der Nick in 5'→3'-Richtung (*nick translation*). Es handelt sich also um eine DNA-Ersatzsynthese (*replacement synthesis*), wobei im Gegensatz zur Random Priming-Methode aus diesen reaktionsbedingten Gründen die Ausbeuten geringer als 100 % bleiben. Neben den geringeren Markierungsausbeuten ist das genau einzustellende Verhältnis zwischen DNase I und *E. coli* DNA-Polymerase ein weiterer kritischer Faktor. Daher wird die Nick-Translation zur Sondenmarkierung zunehmend seltener eingesetzt.

PCR-Amplifikation Die PCR-Amplifikation mit *Taq* DNA-Polymerase wurde bereits als potente Methode zur vektorfreien Sondenherstellung erwähnt. Die Amplifikationsreaktion besteht aus 30 bis 40 Temperaturzyklen mit den drei Teilreaktionen Denaturierung, Primerbindung und Primerelongation bei unterschiedlichen Temperaturen. Neben diesem Dreistufen-Protokoll sind auch Zweistufen-Protokolle beschrieben, bei denen Primeranlagerung und Elongation in einem Reaktionsschritt erfolgen. Zur Herstellung markierter Amplikons als Hybridisierungssonden werden entweder markierte Primer oder markierte dNTPs verwendet. Die PCR-Amplifikation ist ausführlich im nächsten Kapitel beschrieben.

PCR
Kapitel 24

Reverse Transkription Markierte DNA-Sonden können auch durch reverse Transkription von RNA-Targets mit viralen Reversen Transkriptasen synthetisiert werden (z. B. AMV-RT, Mo-MLV-RT). Das Syntheseprotokoll folgt der Erst- und Zweitstrang-cDNA-Synthese, wobei neben unmarkierten dNTPs auch haptenmarkierte dNTPs der Reaktionsmischung beigefügt werden.

Terminale Transferase-Reaktion DNA-Oligonucleotide können enzymatisch durch matrizenunabhängige Anheftung von markierten dNTPs mit dem Enzym Terminale Transferase markiert werden (*tailing*). Werden Mischungen von markierten und unmarkierten dNTPs eingesetzt, bilden sich in einer matrizenunabhängigen Reaktion einzelsträngige Ketten (*tails*), die mehrere Markierungen tragen. Bei Verwendung von markiertem Cordycepin-Triphosphat (3'-dATP) oder 2',3'-ddNTPs wird nur ein einziges markiertes Nucleotid angeheftet, da die reduzierte 3'-Position nicht weiter verlängert werden kann.

Run-off-Transkription
Abschnitt 33.3.4

Enzymatische Markierung von RNA RNA kann über die ebenfalls schon beschriebene run-off-invitro-Transkription mit Bakteriophagen-codierten RNA-Polymerasen (SP6, T3, T7) markiert werden (vgl. Abschnitt 23.2.2). Wegen der Reinitiation der Transkription werden hohe Syntheseausbeuten erreicht (bis zu 20 µg Transkript aus 1 µg rekombinantem Vektor). Die Dichte der homogenen Markierung liegt bei den enzymatischen DNA-Markierungen bei einer Markierung pro 25–36 Nucleotiden.

23.3.3 Photochemische Markierungsreaktionen

Es gibt nur eine photochemische DNA- und RNA-Markierungsreaktion; bei dieser werden Arylazid-aktivierte Haptene unter Einstrahlung von langwelligem UV-Licht mit der Nucleinsäure umgesetzt. Bei der Lichteinstrahlung wird elementarer Stickstoff (N_2) freigesetzt; das intermediär entstehende reaktive Nitren reagiert mit verschiedensten Positionen der DNA oder RNA und verknüpft dadurch das Hapten kovalent mit der Nucleinsäure. Die Markierungsdichten sind geringer; sie liegen bei einer Markierung pro 200–400 Basenpaaren.

Eine Reihe von photoaktiven Substanzen interkalieren in Nucleinsäuren und können in einem zweiten Schritt durch eine Photoreaktion mit den Nucleinsäurebasen kovalent verknüpft werden. Diese Substanzen umfassen Coumarin-Verbindungen (Psoralen, Angelicin), Acridin-Farbstoffe (Acridinorange), Phenanthroline (Ethidiumbromid), Phenazine, Phenothiazine und Chinone (Abb. 23.9). Die wichtigste dieser Substanzen für eine Photomarkierung ist das bifunktionelle Psoralen, das entweder Mono- oder Bisaddukte mit Pyrimidin-Basen nach Interkalation und Photoaktivierung bildet.

23.9 Interkalierende, photoaktive Substanzen für den Nucleinsäurenachweis. Die Interkalation erfolgt im ersten Schritt; in einer darauffolgenden Photoreaktion werden kovalente Bindungen zum Nucleinsäurestrang hergestellt.

23.3.4 Chemische Markierungsreaktionen

Chemische Markierungsreaktionen werden hauptsächlich zur Markierung von DNA-Oligonucleotiden und PNA-Oligomeren eingesetzt. Dabei kann die Markierung während der Oligonucleotidsynthese am festen Träger direkt durch Einbau modifizierter Phosphoamidite erfolgen. Außerdem lassen sich Markierungen auch postsynthetisch durch Verknüpfung der Modifikationsgruppen und des 5′-Phosphatendes des Oligonucleotids mit Hilfe von bifunktionellen Diaminoverbindungen als Linker einführen. Es gibt Phosphoamidite, die das gewünschte Hapten in geschützter Form bereits enthalten. Nach Abspaltung der Schutzgruppen können solche markierten Oligonucleotide oftmals direkt ohne weitere HPLC-Aufreinigung verwendet werden. Eine Übersicht ist in Abbildung 23.10 gegeben.

Eine zweite Möglichkeit ist der Einbau von Uracil- oder Cytosin-Phosphoamiditen während der Oligonucleotidsynthese, die an der C5-Position geschützte Allylamin-Reste tragen; nach Abspaltung der Schutzgruppen erfolgt Umsetzung mit N-Hydroxysuccinimid-aktivierten Haptenen. Wegen der nur etwa 50%igen Syntheseausbeuten ist jedoch eine anschließende Reinigung durch Gelelektrophorese oder HPLC notwendig.

Über bifunktionelle Kopplungsreagenzien können auch Markierungsenzyme wie Alkalische Phosphatase oder Peroxidase aus Meerrettich direkt an Oligonucleotide gekoppelt werden. Mit solchen enzymmarkierten Sonden ist ein direkter Enzymnachweis nach Hybridisierung möglich, jedoch ist die Hybridisierungstemperatur und Hybridisierungsdauer mit solchen Sonden limitiert.

Die chemische PNA-Markierung erfolgt nach der eigentlichen PNA-Synthese und Abspaltung der Schutzgruppen über Verknüpfung der 5′-terminalen Aminogruppe mit dem Hapten mit Hilfe der bereits genannten bifunktionellen Diaminoverbindungen.

23.10 Prinzip der Oligonucleotidsynthese am festen Träger nach dem Phosphoamiditverfahren. Die Nucleoside, die für die Synthese eingesetzt werden, sind mehrfach geschützt: an der 5'-Hydroxygruppe durch DMT (Dimethoxytrityl), an der 3'-Phosphatgruppe durch eine Phosphoamidit-Gruppierung, über die auch verschiedene Modifikationen in das Oligonucleotid eingeführt werden können.

23.4 Nachweissysteme

Radioaktiv und nichtradioaktiv markierte Sonden, Primer oder Nucleotide sind die zentralen Komponenten der Nucleinsäurenachweissysteme auf Sequenzier- und Hybridisierungsbasis. Bei den Hybridisierungsformaten ist gerade bei den nichtradioaktiven Systemen die Variabilität der verwendeten Markierungen und Detektionskomponenten wesentlich größer als bei Sequenzierprotokollen. Die höhere Flexibilität beruht darauf, dass es neben direkten auch indirekte Nachweissysteme gibt, bei denen eine bestimmte Modifikationsgruppe durch eine Vielzahl unterschiedlicher Detektionsarten sichtbar gemacht werden kann. Dies erlaubt eine große Vielfalt in der Anwendung der nichtradioaktiven Nachweissysteme nicht nur in Blotformaten, sondern auch über die ganze Breite qualitativer und quantitativer Methoden.

Ist der Nachweis bestimmter Sequenzen nicht notwendig, sondern sollen lediglich bestimmte Restriktionsfragmentmuster nachgewiesen werden, ist die Anfärbung mit interkalierenden Substanzen wie Ethidiumbromid die Methode der Wahl. Die Bildung von Nucleinsäuren kann auch direkt nach Einbau von Radioisotopen und Abtrennung der nicht umgesetzten markierten Nucleotide im Szintillationszähler nachgewiesen werden; diese radioaktive Methode wird aber nur noch selten angewandt.

23.4.1 Färbemethoden

Neben der Konzentrationsbestimmung von Nucleinsäuren über Absorption von UV-Licht wird doppelsträngige DNA durch Interkalation fluoreszierender Farbstoffe oder durch Silberfärbung nachgewiesen. Obwohl die Silberfärbung emp-

Konzentrationsbestimmung von Nucleinsäuren Abschnitt 21.1.4

findlicher ist, wird die Visualisierung von DNA-Fragmenten in Gelen standardmäßig durch Interkalation mit Ethidiumbromid und Fluoreszenzanregung über Bestrahlung mit UV-Licht erreicht. Die Empfindlichkeit der Ethidiumbromid-Färbung von DNA hängt – wie alle Färbeverfahren – von der Fragmentlänge ab und liegt im Nanogramm-Bereich. Die Empfindlichkeit der Silberfärbung liegt im Subnanogramm-Bereich. Färbemethoden und Substanzen sind ausführlich in Kapitel 22 besprochen.

Färbemethoden Abschnitt 22.3

23.4.2 Radioaktive Systeme

Für radioaktive Sonden, die bei Blotverfahren verwendet werden, werden meistens die beiden β-Strahler ^{32}P- oder ^{35}S eingesetzt. Obwohl ^{35}S-Isotope etwa zehnfach geringere Emissionsenergie besitzen, haben sie den Vorteil längerer Lebensdauer. ^{35}P-Isotope sind zwar teurer, sind aber ein Kompromiss zwischen erhöhter Strahlungsdichte (verglichen mit ^{35}S) und besserer Auflösung (verglichen mit ^{32}P). ^{3}H-Isotope sind ebenfalls β-Strahler, jedoch mit nochmals zehnfach geringerer Emissionsenergie. Wegen der hohen Stabilität und der geringen Streustrahlung wird dieses Isotop in situ und für Gewebsschnitte eingesetzt; diese Verfahren werden aber zunehmend auf nichtradioaktive Verfahren umgestellt. ^{14}C wurde früher für TCA-Fällungen verwendet, hat heute jedoch nur noch historische Bedeutung. In Tabelle 23.1 sind die Kenndaten der zur Sondenmarkierung und Sequenzierung häufig verwendeten Isotope zusammengefasst.

^{32}P hat die höchste Strahlungsenergie und damit die höchste Detektionsempfindlichkeit. Jedoch limitieren die sehr kurze Halbwertszeit und die hohe Streustrahlung den Einsatz dieses Isotops bei der Sequenzierung und der Analyse komplexer Fragmentmuster, da die Auflösung nahe zusammenliegender Banden begrenzt ist. Auch ist die Lesbarkeit von Sequenzgelen nach oben hin begrenzt. Ist die Sensitivität nicht entscheidend, aber hohe Auflösung gefordert, werden vorteilhaft ^{33}P- und ^{35}S-Isotope eingesetzt. Beispiele dafür sind die enzymatische Sequenzierung und die Analyse von DNA- oder RNA-bindenden Proteinen über veränderte Wanderungsgeschwindigkeiten der proteinbeladenen Fragmente in Gelen (*gel shift assay*). Neben ^{3}H ist die niedrigere Strahlungsintensität von ^{35}S für in situ-Anwendungen geeignet, wo die begrenzte β-Emission entscheidend für die exakte zelluläre Lokalisierung ist.

Enzymatische DNA-Sequenzierung Abschnitt 25.1.1

Radioisotope sind in Form von Nucleotiden, die an den erforderlichen Positionen markiert sind, kommerziell erhältlich. Die wässrigen Lösungen enthalten Stabilisatoren, um die Zerstrahlung der biologisch aktiven Substanzen zu verhindern.

Tabelle 23.1 Charakteristische Eigenschaften der Radioisotope zur Sondenmarkierung

Isotop	Art der Strahlung	E_{max} in MeV	Halbwertszeit	Anwendungen	Eigenschaften
^{3}H	β	0,0118	12,3 Jahre	in situ	niedrige Sensitivität, hohe Auflösung
^{35}S	β	0,167	87,4 Tage	Filter-Hybridisierung, Sequenzierung, in situ	mittlere Sensitivität, gute Auflösung
^{125}I	γ, β	0,035, 0,035	60,0 Tage	in situ	mittlere Sensitivität, hohe Auflösung
^{32}P	β	1,71	14,2 Tage	Filter-Hybridisierung, Sequenzierung	höchste Strahlungsenergie, höchste Sensitivität, mittlere Auflösung (Streustrahlung)

Die Isotope werden bei −20 °C bzw. −70 °C gelagert, um den Zerfall zu verlangsamen. Wegen der fortschreitenden Zerstrahlung und Radikalbildung sollen radioaktive Nucleotide möglichst rasch eingesetzt werden, auch wenn die Halbwertszeit einen längeren Einsatz zulassen sollte.

Strahlenschutz Anhang 1

Die wichtigsten Faktoren in Hinblick auf Lagerung radioaktiv markierter Sonden sind:

- Die Halbwertszeit des Isotops;
- die spezifische Radioaktivität der Sonde: Sonden mit hohen Markierungsdichten ergeben zwar hohe Sensitivität, neigen aber stark zur Zerstrahlung.
- Die Position des radioaktiven Atoms im Molekül: Interne Markierung führt leichter als terminale Markierung zu Strangbrüchen im Rückgrat und somit zum Abbau der markierten Sonde.

Die Detektion radioaktiver Nucleinsäuren erfolgt in Blotformaten über Autoradiographie mit Röntgenfilmen, die zur Dokumentation dauerhaft aufbewahrt werden können. Es gibt verschiedene Detektionsmöglichkeiten, die je nach Isotop und notwendiger Empfindlichkeit verwendet werden:

- **Direkte Autoradiographie:** Die strahlende Fläche (Membran, Gel, Zellrasen oder Gewebsschnitt) wird direkt mit dem Röntgenfilm in Kontakt gebracht. Diese Methode ist für alle β-Strahler anwendbar; für ^{3}H sind Filme ohne Schutzschichten notwendig, damit die schwach energetischen Elektronen in die photoaktive Schicht eindringen können.
- **Fluorographie:** Die strahlende Fläche wird mit fluoreszierenden Chemikalien überschichtet, die die radioaktive Strahlungsenergie in Fluoreszenz umwandeln; die gebräuchlichsten Fluorophore sind 2,5-Diphenyloxazol (PPO) und Natriumsalicylat.
- **Indirekte Autoradiographie mit Verstärkungsfolien (*intensifyer screens*):** Hochenergetische β-Strahlung wird durch Phosphatreste der Verstärkungsfolie absorbiert und in blaues Licht umgewandelt.
- **Flüssige Emulsionen für cytologische oder cytogenetische in situ-Anwendungen:** Die niedrig- bis mittelenergetischen ^{3}H- bzw. ^{35}S-Zerfallsprodukte verlangen direkten Kontakt des Detektionsmediums; die feste Emulsion wird bei 45 °C verflüssigt und der Objektträger eingetaucht. Nach Trocknen erfolgt die Exposition bei 4 °C unter Lichtausschluss für Tage bis zu mehreren Monaten.
- **Vorexponierte Röntgenfilme für direkte Autoradiographie und Fluorographie:** Eine kurze Vorexposition aktiviert die Silbersalz-Körner, die dann weniger Photonen zur Signalerzeugung benötigen. Die Voraktivierung kann nur für Fluorographie oder Verstärkungsfolien (Lichtprozesse) angewandt werden.

Die Wahl der geeigneten Detektionsart hängt sowohl von den Eigenschaften der eingesetzten Isotope ab (Art des Isotops, spezifische Radioaktivität, insgesamt eingesetzte Radioaktivität), als auch von den Erfordernissen des Experiments (notwendige Schärfe der Kontur, maximal mögliche Expositionszeit).

23.4.3 Nichtradioaktive Systeme

Die verschiedenen nichtradioaktiven Markierungs- und Detektionssysteme werden in direkte und indirekte Indikatorsysteme eingeteilt (Abb. 23.11).

Die beiden Reaktionsarten unterscheiden sich einmal in der Zahl der Komponenten und der Reaktionsschritte, aber auch in der Flexibilität der Anwendung. Während direkte Systeme vorwiegend in standardisierten Prozessen eingesetzt werden (z. B. zur Markierung von universellen Sequenzierprimern), werden die flexibleren indirekten Systeme zum Nachweis unterschiedlichster Nucleinsäuremoleküle verschiedenster Sequenzspezifität verwendet.

In direkten Systemen werden die Sonden direkt und kovalent mit der signalgebenden Reportergruppe verknüpft; der Nachweis erfolgt in zwei Reaktionsschritten:

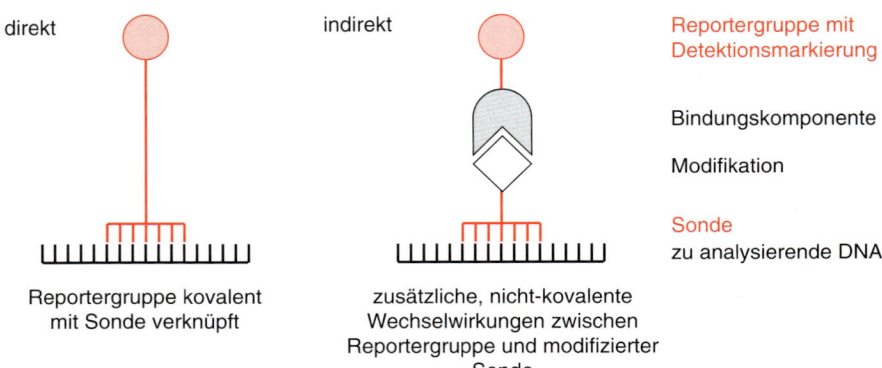

23.11 Direkte und indirekte Indikatorsysteme.

1. Hybridbildung zwischen Nucleinsäuretarget und direkt markierter Sonde;
2. Signalerzeugung durch die direkt gebundene Reportergruppe.

Der Vorteil der direkten Systeme ist, dass lediglich die Hybridbildung zwischen Target und Sonde erfolgen muss. Der Nachteil ist jedoch, dass für jede Hybridisierungssequenz eine eigene Sonde kovalent mit der Detektionsmarkierung verknüpft werden muss. Daher wird diese Nachweisart hauptsächlich zur Markierung von Standardsequenzen mit leicht koppelbaren Fluoreszenzfarbstoffen eingesetzt.

In indirekten Systemen werden die Sonden nicht direkt, sondern über eine zusätzliche nichtkovalente Wechselwirkung zwischen einer niedermolekularen Sondenmodifikationsgruppe und einer universellen Detektionseinheit nachgewiesen. Daher verlangen indirekte Systeme zunächst den enzymatischen, photochemischen oder chemischen Einbau der Modifikationsgruppe in die Sonden (vgl. Abschnitt 23.3). Diese Einbaureaktionen sind einfach; entsprechende Arbeitsprotokolle sind etabliert. An die Modifikationsgruppe bindet – unabhängig von der Sondenart und ihrer Spezifität – eine universelle Detektionseinheit, die neben der Reporterkomponente eine Bindungskomponente enthält, die sich spezifisch und hochaffin an die Modifikationsgruppe der Sonde anlagert. Der indirekte Nachweis erfolgt also in drei Reaktionsschritten:

1. Hybridbildung zwischen Nucleinsäuretarget und modifizierter Sonde;
2. spezifische und hochaffine, nichtkovalente Wechselwirkung zwischen Sondenmodifikationsgruppe und Bindungskomponente der universellen Detektionseinheit;
3. Signalerzeugung durch die indirekt gebundene Reporterkomponente.

Obwohl ein zusätzlicher Reaktionsschritt notwendig ist, sind die hohe Flexibilität in der Sondenherstellung und die Kopplung mit unterschiedlichsten Detektionsarten deutliche Vorteile der indirekten Systeme. So können über einfache und schnelle Reaktionen verschiedene Modifikationsgruppen in unterschiedlichste Sondenarten eingebaut werden; andererseits können die Modifikationen – abhängig von den Notwendigkeiten der Anwendungsformate – über eine ganze Reihe alternativer, universeller Detektionseinheiten nachgewiesen werden. Die zusätzliche nichtkovalente Wechselwirkung eröffnet somit viele Kombinationsmöglichkeiten, die einen breiten Einsatz der nichtradioaktiven Reportersysteme in der Grundlagenforschung und den anfangs bereits beschriebenen Anwendungsfeldern erlaubt.

Direkte Reportersysteme

Die am häufigsten verwendeten, direkten nichtradioaktiven Reportergruppen sind fluoreszierende oder lumineszierende Reportergruppen sowie Reporterenzyme. Goldmarkierungen werden für in situ-Anwendungen verwendet; Farbstoff-gefüllte Latexpartikel ergeben bis zu 10^4-fach verstärkte Detektionssignale. Tabelle 23.2 zeigt eine Übersicht wichtiger direkter Reportergruppen.

Tabelle 23.2 Wichtige direkte, nichtradioaktive Reportergruppen

Fluoreszenzmarker
Direkte Fluoreszenz
    Fluorescein (FITC, FLUOS)
    Rhodamin (RHODOS, RESOS, RESIAC)
    Hydroxycoumarin (AMCA)
    Benzofuran
    Texas-Rot
    Biman
    Ethidium/Tb^{3+}
Zeitausgelöste Fluoreszenz
    Lanthanoid-(Eu^{3+}/Tb^{3+})-Komplexe, -Micellen, -Chelate
Fluoreszenz-Energietransfer (FRET)
    Fluorescein: Rhodamin

Lumineszenzmarker
Chemilumineszenz
    (Iso-)Luminolderivate
    Acridiniumester
Elektrolumineszenz
    Ru^{2+}-(2,2'-bipyridyl)$_3$-Komplexe
Lumineszenz-Energietransfer
    Rhodamin: Luminol

Metallmarker
Gold-markierte Antikörper

Enzymmarker
Direkte Enzymkopplung
    Alkalische Phsphatase (AP)
    Meerrettich-Peroxidase (POD)
    Mikroperoxidase
    β-Galactosidase
    Urease
    Glucose-Oxidase
    Glucose-6-Phosphat-Dehydrogenase
    Hexokinase
    Bakterielle Luciferase
    Glühwürmchen-Luciferase
Enzym-Substrattransfer
    Glucose-Oxidase: Meerrettich-Peroxidase
Enzym-Komplementation
    Inaktive β-Galactosidase: α-Peptid

Polymere Marker
    Latex-Farbstoffpartikel
    Polyethylenimin

Nach: Kessler, C. Review: Nonradioactive Analysis of Biomolecules. J. Biotechnol. 35, 165–189 (1994).

Als direkte Markierungsenzyme werden hauptsächlich bakterielle Alkalische Phosphatase (AP) für die Markierung von Oligonucleotiden und Peroxidase aus Meerrettich (POD) für die Fragmentmarkierung verwendet. Die Verwendung von Markerenzymen verlangt aber eine zusätzliche Substratreaktion (siehe unten).

Die Kopplung von Alkalischer Phosphatase mit Oligonucleotiden erfolgt direkt über bifunktionelle Linker in einer Einstufenreaktion. Direkt AP-gekoppelte Oligonucleotide sind vorteilhaft bei Standardreaktionen mit Standardsequenzen. Daher werden AP-markierte Primer z. B. zur Sequenzierung in Blotformaten (DBE, *direct blotting electrophoresis*) eingesetzt; ebenfalls als universelle Verstärkungskomponenten in Signalamplifikationssystemen (*probe brushes*, vgl. Abschnitt 23.5.2). Die Verwendbarkeit von POD-markierten Fragmentsonden ist nur begrenzt möglich, da POD über 42 °C zunehmend instabil wird und damit auch die Hybridisierungstemperatur limitiert ist.

Bekannte Fluoreszenzmarker sind Fluorescein, Rhodamin und Coumarin-Derivate. Höhere Empfindlichkeiten werden mit Phycoerythrinen oder Fluorescein-Latices erreicht; in diesen Fällen sind die Kopplungsreaktionen aber komplexer. Fluoreszenzmarker werden – neben ihrer Verwendung zur Markierung von Sequenzierprimern – hauptsächlich für die verschiedenen Arten der Fluoreszenz-in situ-Hybridisierungen (FISH) eingesetzt.

FISH
Kapitel 30

Fluoreszenzlicht kann durch unspezifische Hintergrundsstrahlung oder Fluoreszenz von Reaktionskomponenten, z. B. Serumbestandteile wie Hämoglobin, unspezifische Signale enthalten. Dies kann durch zeitaufgelöste Fluoreszenzmessungen mit direkt an die Sonde über einen Spacer gekoppelten Europium- oder Terbium-Komplexen, -Chelaten bzw. -Mizellen umgangen werden, da in diesen Fällen die Messung des emittierten Sekundärlichts zeitverzögert erfolgt.

Direkte Lumineszenzmarker werden eingeteilt nach Art der Aktivierung, die chemisch, elektrochemisch oder biochemisch erfolgen kann. Bekannte chemisch aktivierbare Marker für den direkten Nucleinsäurenachweis sind Acridiniumester, die durch H_2O_2/Alkali aktiviert werden, sowie das Protein Aequorin aus der Qualle *Aequorea*, das durch Ca^{2+}-Ionen aktiviert wird. Im ersten Fall werden über einen längeren Zeitraum Photonen freigesetzt (*glow*), durch Aequorin wird lediglich ein kurzer Lichtblitz erzeugt (*flash*); in diesem Fall ist das Signal jedoch hochspezifisch, da der Hintergrund extrem niedrig ist. Dies führt zu hoher Sensitivität.

Elektrochemilumineszenzmarker werden durch Elektrodenreaktionen zur Photonenemission angeregt. Entsprechende Marker sind Ru^{2+}-(Bipyridyl)$_3$- bzw. Phenanthrolin-Komplexe. Durch eine Goldelektrode werden die Ruthenium-Ionen oxidiert ($Ru^{2+} \rightarrow Ru^{3+}$), während der darauf folgenden Reduktion des Ru^{3+} durch Tripropylamin (TPA) wird ein Chemilumineszenzsignal erzeugt. Das resultierende ursprüngliche Ru^{2+}-Ion kann einen weiteren Reaktionszyklus starten.

In Blot- oder in situ-Formaten können Goldpartikel zur direkten Visualisierung verwendet werden. Eine zusätzliche Silberfärbung kann die Empfindlichkeit der Detektion steigern. In diesem Fall werden die ursprünglichen Goldpartikel durch umhüllende Silberschichten vergrößert und dadurch leichter sichtbar gemacht.

Indirekte Reportersysteme

Die zusätzliche spezifische Interaktion bei indirekten Systemen zwischen dem modifizierten Nucleinsäurehybrid und der universellen Detektionseinheit, die die signalgebende Reportergruppe trägt, wurde bisher über eine Reihe unterschiedlicher Bindungsarten realisiert. Tabelle 23.3 zeigt verschiedene Gruppen unterschiedlicher Wechselwirkungspaare für den indirekten Nucleinsäurenachweis. Neben Systemen, deren Detektionseinheit spezielle Nucleinsäure-Modifikationsgruppen mit Hilfe von Antikörpern oder den Biotin-Bindeproteinen Avidin bzw. Streptavidin erkennen, sind auch solche Systeme bekannt, in denen spezifische Sequenzen im Hybrid oder spezifische Hybridkonformationen als Bindungskomponenten dienen. Beispiele dafür sind bestimmte regulatorische Bindungssequenzen (Operatoren oder Promotoren), an die Proteine wie Repressoren oder RNA-Polymerasen binden. Das DIANA-Konzept beruht auf der Bindung von *lac*-Repressor-β-Galactosidase-Konjugaten an hybridgekoppelten *lac*-Operator-Markersequenzen (*tag sequences*).

Auch unspezifisch bindende Proteine wie das Einzelstrang-Bindeprotein (*single-strand binding*-Protein, SSB) oder Histone sind als Bindungskomponenten beschrieben. Beispiele für konformationserkennende Bindungspartner sind konformationsspezifische Antikörper. Die Modifizierung von Sonden mit Metallionen oder an Poly A gekoppelte Systeme wurden ebenfalls in der Frühzeit der Entwicklung nichtradioaktiver Reportersysteme beschrieben.

Von den verschiedenen Systemen haben lediglich die Antikörpersysteme mit Digoxigenin (DIG), Fluorescein (FLUOS) und 2,4-Dinitrophenol (DNP) sowie das Biotin (BIO)-System die notwendige Sensitivität im Subpikogramm-Bereich.

Tabelle 23.3 Wechselwirkungspaare für indirekte, nichtradioaktive Nachweissysteme

DNA-Modifikation ◄► Bindungskomponente	Beispiele
Vitamin ◄► Bindeprotein	Biotin ◄► Streptavidin
Hapten ◄► Antikörper	Digoxigenin ◄► Anti-Digoxigenin-Antikörper
Protein A ◄► konstante Region von IgG	Protein A ◄► IgG
DNA/RNA-Hybrid ◄► DNA/RNA-spezifischer Antikörper	DNA/RNA ◄► Anti-DNA/RNA-Antikörper
RNA/RNA-Hybrid ◄► RNA/RNA-spezifischer Antikörper	RNA/RNA ◄► Anti-RNA/RNA-Antikörper
Bindeprotein-DNA-Sequenzen ◄► Bindeprotein	T7-Promotor ◄► *E. coli* RNA-Polymerase
Schwermetall ◄► Sulfhydryl-Reagenzien	Hg^{2+} ◄► HS-TNP ◄► [TNP-DNA]-spezifischer Antikörper
Polyadenylierung ◄► Polynucleotid-Phosphorylase/ Pyruvat-Kinase	ATP-gekoppelte Glühwürmchen-Luciferase-Reaktion

Nach: Kessler, C. (ed.) Nonradioactive Labeling and Detection of Biomolecules. Springer-Verlag, Berlin/Heidelberg (1992).

Daher haben sich diese Systeme für den nichtradioaktiven Nucleinsäurenachweis durchgesetzt, während die anderen beschriebenen Systeme eher historischen Wert haben. Die enzymatische Markierung erfolgt mit haptenmarkierten Nucleotiden; als Beispiele für diese Markierungen sind die Strukturen von DIG-, FLUOS- und BIO-markierten Nucleosidtriphosphaten in Abbildung 23.12A wiedergegeben. Die Markierung von Oligonucleotiden erfolgt hauptsächlich durch modifizierte Phosphoamidite; als Beispiel für diese Markierungsart ist das DNP-modifizierte Phosphoamidit in Abbildung 23.12B gezeigt.

Mischungen von unterschiedlich markierten Sonden werden zum parallelen Nachweis unterschiedlicher Fragmente auf Blots (DIG, BIO, FLUOS: *rainbow detection*) oder in situ zum Nachweis unterschiedlicher Chromosomenabschnitte bzw. verschiedener Chromosomen verwendet (DIG, BIO, DNP: *multiple* FISH, *chromosome painting*).

Multiple FISH
Chromosome painting
Kapitel 30

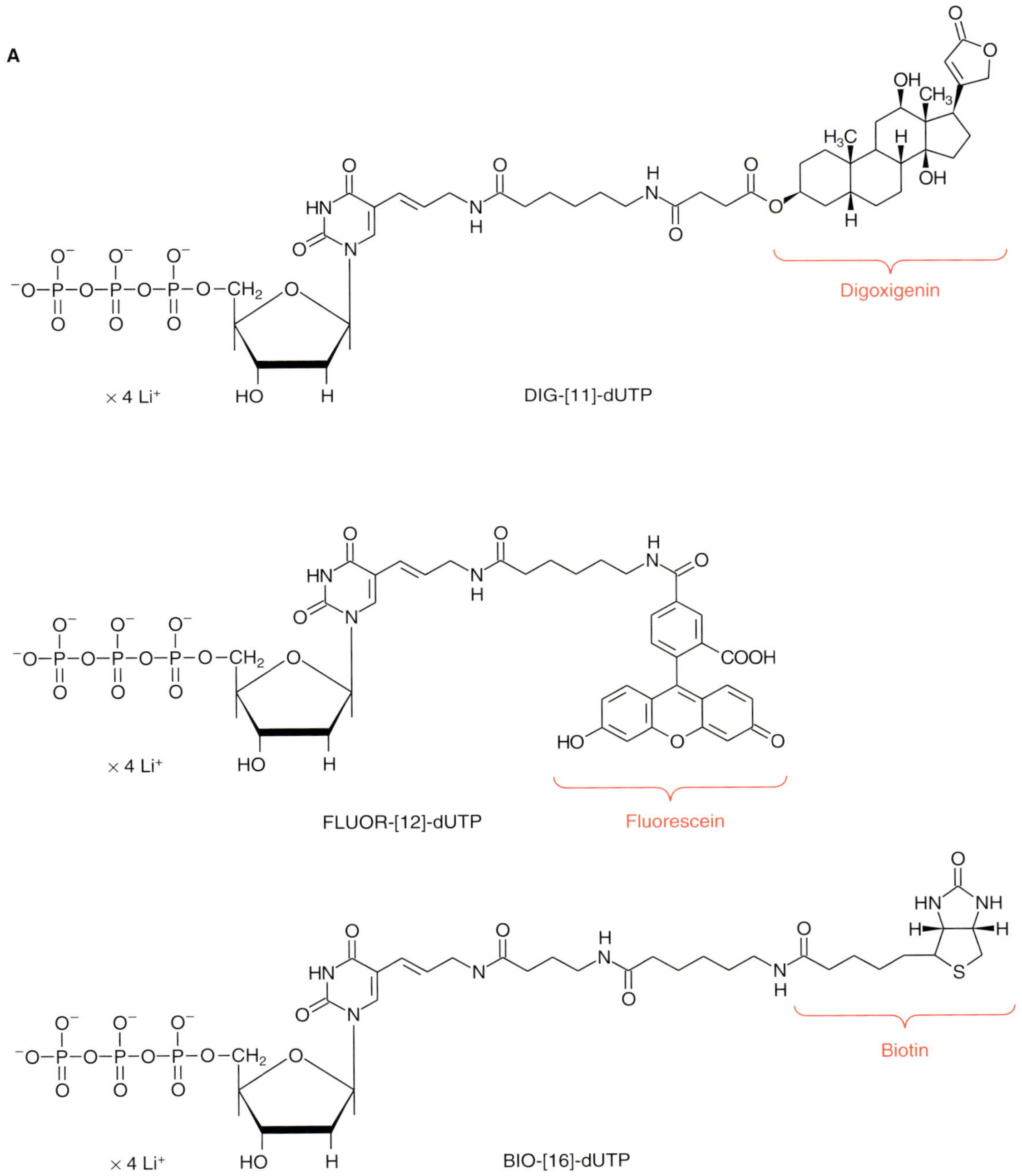

23.12 A. Struktur von Hapten- und Biotin-markierten dNTPs. B. DNP-modifiziertes Phosphoamidit.

B

23.12 (Fortsetzung)

Das Digoxigenin-System

Digoxigenin ist das chemisch erzeugte Aglykon des Cardenolids Lanatosid C (Abb. 23.13). Das Digoxigenin:Anti-Digoxigenin (DIG)-System basiert auf der spezifischen Interaktion von Digoxigenin mit einem hochaffinen, DIG-spezifischen Antikörper als Bindungskomponente, der kovalent mit einer Reportergruppe verbunden ist. Mit dem DIG-System ist die spezifische Detektion von Subpikogramm-Mengen von DNA oder RNA möglich. Als Reportergruppe wird häufig das Markierungsenzym Alkalische Phosphatase (AP) verwendet, das als kovalentes Konjugat des Antikörpers eingesetzt wird. Die Alkalische Phosphatase setzt katalytisch optische oder chemilumineszente Substrate um (BCIP/NBT, AMPPD, vgl. Tab. 23.4). Der Aufbau des DIG-Nachweissystems ist in Abbildung 23.14 gezeigt; das Nachweisformat mit universellen Antikörper-Markerenzym-Konjugaten wird auch als Enzym-gekoppeltes Immunosorbent-Verfahren bezeichnet (ELISA, *enzyme linked immunosorbent assay*).

ELISA
Abschnitt 5.3.3

23.13 Struktur von Digoxigenin. Digoxigenin ist ein Steroid der Formel $C_{23}H_{35}O_5$. Die A/B-Ringe sind *cis* verknüpft, die B/C-Ringe *trans*, die C/D-Ringe wiederum *cis*.

Die hohe Spezifität der Detektion und der geringe Hintergrund des DIG-Systems beruht auf der Tatsache, dass Digoxigenin als Naturstoff in Form der Lanatosid-Verbindungen ausschließlich in *Digitalis*-Pflanzen (Fingerhut) vorkommt; die verwendeten DIG-spezifischen Antikörper erkennen deshalb keine zellinhärenten Komponenten anderer biologischer Materialien. Dies ist besonders wichtig bei in situ-Hybridisierungen. DIG-spezifische Antikörper gehen auch nur geringe unspezifische Bindungen mit Zellkomponenten ein. Nur in Humanseren wurden Bindungssubstanzen beschrieben, die mit Digoxigenin-spezifischen Antikörpern wechselwirken; diese Serumbestandteile können aber durch Serumvorbehandlung spezifisch entfernt werden.

23 HYBRIDISIERUNG UND NACHWEISTECHNIKEN

Tabelle 23.4 Wichtige optische, Lumineszenz- und Fluoreszenz-Detektionsarten

Format	Art der Detektion		
	Optisch	Lumineszenz	Fluoreszenz
Blots	AP/BCIP, NBT	AP/AMPPD, Lumiphos™, CSPD®, CDPstar®	Fluorescein, Rhodamin, Hydroxycoumarin, AP/AMPPD, Fluorescein/Rhodamin/Hydroxycoumarin
	AP/Naphtol-AS-Azofarbstoffe/Diazoniumsalz	β-Gal/AMPGD	β-Gal/AMPGD, Fluorescein/ Rhodamin/Hydroxycoumarin
	HRP/TMB, Immunogold		
Lösung	AP/p-NPP	AP/AMPPD, Lumiphos™, CSPD®, CDPstar®	AP/4-MUF-P
	β-Gal/CPRG	β-Gal/AMPGD	β-Gal/4-MUF-β-Gal
	POD/ABTS™	POD/Luminol, Isoluminol	POD/Homovanillinsäure-o-dianisidin/H_2O_2
	GOD:POD-Enzympaar/ABTS™	Xanthin-Oxidase/Zyklische Dihydrazide	Aromatische Peroxalat-Verbindungen/H_2O_2
	Hexokinase: G-6-PDH-Enzympaar/ABTS™	G-6-PDH/Phenazinium-Salze	Lanthanoid-(Eu^{3+}/Tb^{3+})-Komplexe, -Micellen, -Chelate
		Hydrolyse von Acrinidiumestern, Rhodamin: Luminol-Farbstoffpaar	
		AP/D-Luciferin-O-phosphat: Glühwürmchen-Luciferase/ATP/O_2	
		Renilla-Luciferase	
		Green fluorescent protein	
		Ru^{2+} (bpy)$_3$	
in situ	AP/BCIP, NBT		Fluorescein
	POD/TMB		Rhodamin
	Immunogold		Hydroxycoumarin

ABTS: 2,2-Azino-di-[3-ethyl]-benzthiazolinphosphat
AMPGD: 3-(4-Methoxyspiro[1,2-dioxetan-3,2'-tricyclo[3.3.1.1.^{3,7}]decan]-4-yl)phenyl-β-galactosid
AMPPD: 3-(4-Methoxyspiro[1,2-dioxetan-3,2'-tricyclo[3.3.1.1.^{3,7}]decan]-4-yl)phenyl-phosphat, Na$_2$
BCIP: 5-Brom-4-chlorindolylphosphat
CPRG: Chlorphenolrot-β-galactosid
CSPD: 3-(4-Methoxyspiro[1,2-dioxetan-3,2'-(5'-chloro)tricyclo[3.3.1.1.^{3,7}]decan]-4-yl)phenyl-phosphat, Na$_2$
Naphtol-AS: 2-Hydroxy-3-naphtholsäure-anilid
Diazoniumsalz: Fast Blue B, Rast Red TR, Fast Brown RR
GOD: Glucoseoxidase
POD: Peroxidase aus Meerrettich
MUF: Methylumbelliferylphosphat
NBT: Nitroblau-Tetrazoliumsalz
NPP: p-Nitrophenylphosphat
POD: Meerrettich-Peroxidase
TMB: Tetramethylbenzidin

Nach: Kessler, C. (ed.) Nonradioactive Labeling and Detection of Biomolecules. Springer-Verlag, Heidelberg 1992.

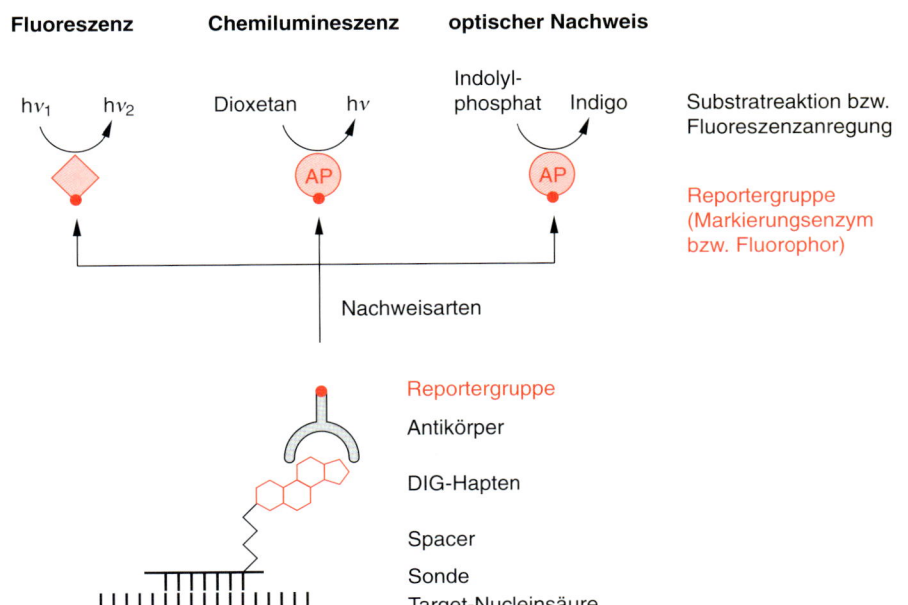

23.14 Digoxigenin-Nachweissystem mit Detektionsvarianten: optisch, Lumineszenz, Fluoreszenz.

Durch die hohe Spezifität der verwendeten Antikörper werden sogar dem Digoxigenin strukturell sehr ähnliche Steroide nur in geringem Umfang oder gar nicht erkannt; Beispiele hierfür sind das Bufadienolid *k*-Strophantin (Kreuzreaktivität < 0,1 %) oder die Steroide Östrogen, Androgen oder Gestagen (Kreuzreaktivität < 0,002 %). Bei den Sexualhormonen ist der einzige Unterschied, dass die Ringe B und C nicht *trans* sondern *cis* verknüpft sind. Digoxigenin wird an das Nucleotid über die OH-Gruppe an der C3-Position des Cardenolidgerüsts mit Hilfe eines linearen Abstandhalters (*spacer*) gekoppelt. Dies inhibiert nicht die Antikörperbindung; somit ist auch nach Digoxigenin-Einbau in die Sonde ein sensitiver Nachweis mit Antikörperkonjugaten möglich.

Digoxigenin wird aus Blättern der Pflanzen *Digitalis lanata* oder *Digitalis purpurea* durch Abspaltung von drei Digitoxose- und einer Glucose-Einheit des Naturstoffs Desacetyllanatosid C gewonnen.

Um unspezifische Bindungseffekte weiter zu reduzieren, wird nicht der gesamte Antikörper, sondern nur das Fab-Fragment verwendet. Das Fab-Fragment wird durch Papainabspaltung des konstanten Fc-Fragments erhalten, es enthält also nur noch die kurzen Antikörperarme mit den hochvariablen Bindungsstellen, was unspezifische Wechselwirkungen erheblich reduziert. Die kompletten Antikörper werden nur in gekoppelten Systemen mit sekundären Nachweisantikörpern, die den Fc-Teil erkennen, eingesetzt. In diesen Fällen dienen sekundäre Antikörper aus Maus, die den Fc-Teil des DIG-spezifischen Antikörpers aus Schaf erkennen, als Detektionsverstärker. Dabei sind die Reportergruppen nicht an den primären DIG-spezifischen, sondern an den Fc-spezifischen sekundären Antikörper gekoppelt.

Das Biotin-System

Beim Biotin:Avidin(Streptavidin) (BIO)-System wird das ubiquitär vorkommende Biotin, das Vitamin H, als Bindungskomponente verwendet (zur Struktur von Biotin vgl. Abb. 23.11A). Die Kopplung erfolgt ebenfalls über lineare Spacer an die terminale Carboxygruppe der Seitenkette des Biotins. Die Detektion erfolgt über die Bindeproteine Avidin aus Eiklar oder Streptavidin aus *Streptomyces avidinii*-Bakterien. Beide Proteine haben vier hochaffine Bindungsstellen für Biotin; die Bindungskonstante ist mit 10^{15} mol^{-1} eine der höchsten natürlichen Bindungskonstanten. Zur Detektion werden Avidin oder Streptavidin mit einer Reportergruppe kovalent verknüpft. Nach der Bindung an Biotin-modifizierte Hybridkomplexe können zur Signalverstärkung an noch freie Biotin-Bindungsstellen sekundäre biotinylierte Detektionskomponenten gekoppelt werden.

Obwohl das BIO-System ebenfalls eine hohe Nachweissensitivität hat, ist der Nachteil des Systems, dass Biotin als Vitamin H ubiquitär in biologischem Material vorkommt. Dadurch kommt es zur unspezifischen Bindung von freiem endogenem Biotin im untersuchten Zellmaterial. Dies resultiert besonders bei in situ-Formaten in hohem Hintergrund. Ein anderer Störungsfaktor in diesem System ist die Tendenz der beiden Bindungsproteine zum unspezifischen Anheften an Membranen, die auch dann erfolgt, wenn die Proteine mit Blockierungsreagentien abgesättigt sind. Dieser „Klebeeffekt" wird durch zwei Faktoren herbeigeführt: einmal die hohe Basizität von Avidin, zum zweiten zahlreiche Tryptophanreste mit hydrophoben Seitenketten in den Biotin-Bindungstaschen bei Avidin und Streptavidin. Beide Faktoren stärken die Tendenz zur unspezifischen polaren oder hydrophoben Wechselwirkung mit Proteinen des Membran-Blockierungsreagenz. In Fall von Avidin werden unspezifische Bindungen auch durch Glycanketten an der Oberfläche verursacht, die an zuckerbindende Proteine der Zelloberfläche (bei in situ-Verfahren) oder des Membran-Blockierungsreagenz (bei Blot-Verfahren) binden können. Da Steptavidin aus Bakterien isoliert wird, spielt dieser Faktor keine Rolle, da es bei Prokaryonten keine Proteinglycosylierung gibt.

Diese unspezifischen Hintergrundsreaktionen werden durch mehrere Maßnahmen reduziert:

- Acetylierung oder Succinylierung der Lysin-Seitenketten oder Komplexbildung zwischen Avidin und dem sauren Protein Lysozym reduziert die Basizität des Avidins und somit unspezifische polare Wechselwirkungen.
- Deglycosylierung von Avidin reduziert unspezifische Absorption durch Zuckerbindung.
- Vorinkubation der blockierten Membran mit Puffern hoher Ionenstärke reduziert generell unspezifische Proteinwechselwirkungen.

Trotz der hohen Bindungskonstante und der beschriebenen Maßnahmen zur Hintergrundsreduktion resultiert gerade bei geringen Targetkonzentrationen ein schlechtes Signal-Rausch-Verhältnis, der entscheidenden analytischen Kenngröße für die Sensitivität des Gesamtsystems.

Im Unterschied zum Einsatz des BIO-Systems als Detektionssystem spielt der unspezifische Hintergrund bei anderen Bindungsreaktionen nur eine untergeordnete Rolle. Daher wird das Biotin-Streptavidin-Bindungssystem oft bei der Nucleinsäureisolierung über Hybridisierung mit Biotin-Fangsonden eingesetzt (*biotin capture probes*). Nach Bindung an eine Streptavidin-beschichtete Oberfläche (z. B. *beads* oder Mikrotiterplatten, *microwell plates*) werden ungebundene Analytanteile weggewaschen. Die sequenzspezifisch gebundene, zu analysierende Nucleinsäure kann anschließend amplifiziert und z. B. nach DIG-Einbau spezifisch und störungsfrei nachgewiesen werden.

Das Fluorescein-System

Das Fluorescein:Anti-Fluorescein (FLUOS)-System (vgl. Abb. 23.12A) ist ein weiteres Antikörper-basiertes System. Das Hapten Fluorescein wird über Amidbindung zwischen Spacer und freier Carboxygruppe des Haptens gekoppelt. Die Spezifität des Fluorescein-spezifischen Antikörpers ist ebenfalls hoch; da Fluorescein nicht natürlich vorkommt, gibt es nur geringe unspezifische Reaktionen mit biologischem Material. Da Fluorescein jedoch lichtempfindlich ist, treten Empfindlichkeitsverluste bei Fluorescein-markierten Sonden auf, die am Licht gelagert wurden. Dies kann jedoch durch sorgfältige gekühlte Lagerung im Dunkeln vermieden werden.

Das Dinitrophenol-System

Das 2,4-Dinitrophenol:Anti-2,4-Dinitrophenol (DNP)-System basiert ebenfalls auf Antikörper-Bindung (vgl. Abb. 23.12B). Die Haptenbindung erfolgt über die aromatische C1-Position, z. B. durch chemische Umsetzung von 1-Fluor-2,4-dinitrobenzol mit geschützten aminoterminalen Spacern zu DNP-markierten Phosphoamiditen. Diese werden dann im Rahmen der chemischen Synthese in Oligonucleotide eingebaut. Mit DNP als synthetischer Verbindung gibt es auch hier wenig unspezifische Nebenreaktionen mit biologischem Material. DNP-markierte Oligonucleotide werden daher oft für komplexere in situ-Untersuchungen eingesetzt (*multiple* FISH).

Nichtradioaktive Detektionsarten in indirekten Systemen

In indirekten Nachweissystemen kann das ganze Repertoire unterschiedlicher Detektionsarten angewandt werden, die – je nach Anwendungsformat – mit den Bindungskomponenten für die Hybrid-Modifikationsgruppen konjugiert werden. Neben Verknüpfung mit Reportergruppen analog zu den Reportergruppen der direkten Systeme (Fluorophore, Lumineszenzfarbstoffe, Goldatome, siehe oben) werden häufig Markierungsenzyme an die Bindungskomponenten gekoppelt, die ein optisch sichtbares, lumineszierendes oder fluoreszierendes Reaktionsprodukt durch eine katalytische Substratreaktion erzeugen. Bekannte Markenenzyme sind bakterielle Alkalische Phosphatase (AP), Peroxidase aus Meerrettich (POD), β-Galactosidase (β-Gal), Luciferase und Urease.

Die unterschiedlichen Detektionssysteme können wie folgt zusammengefasst werden:

- **Optische Systeme:** Mischungen aus Indolylderivaten und Tetrazoliumsalzen oder Diazoniumsalze für gekoppelte Redoxreaktionen;
- **Chemilumineszenz-Systeme:** Dioxetanderivate, (Iso-)Luminolderivate, Acridiniumester, Aequorin;
- **Elektrochemilumineszenz-Systeme:** Ru^{2+}- oder Phenanthrolin-Komplexe;
- **Biolumineszenz-Systeme:** Luciferinderivate;
- **Fluoreszenz-Systeme:** Attophos, Eu^{2+}- bzw. La^{2+}-Komplexe, -Micellen oder -Chelate;
- **Metall-präzipitierende Systeme:** Silberentwicklung an Antikörper-gebundenen Goldatomen (Immunogold);
- **Elektrochemische Systeme:** Urease-katalysierte pH-Änderung.

Zusätzlich können folgende Verstärkungsreaktionen an die primäre Signalerzeugung gekoppelt werden (vgl. Abschnitt 23.5):

- **Sondenvernetzung:** Bildung von vernetzten Strukturen (z. B. *christmas trees*, *probe brushes*);
- **Vernetzung von Bindungskomponenten**, z. B. Poly-Streptavidin, Poly-Hapten, PAP, APAAP;
- **Polyenzyme:** Vernetzte Markerenzyme, z. B. Poly-AP;
- **Signalkaskaden**, z. B. $NAD^+/NADH+H^+$-Zyklen gekoppelt an eine Redox-Farbreaktion (*Self*-Zyklus).

In Tabelle 23.4 sind wichtige Detektionssysteme für optische, Lumineszenz- und Fluoreszenzdetektion zusammengefasst.

Optische Detektion

Optische enzymatische Detektionssysteme basieren auf der Umwandlung von Farbsubstraten, gekoppelt mit einer Änderung der Absorptionswellenlänge. Eingesetzt werden entweder gefärbte Präzipitate (in Blot- oder in situ-Anwendungen) oder gefärbte Lösungen (für quantitative Messungen). Die wichtigsten Substrate für gefärbte Präzipitate sind Mischungen aus 5-Brom-4-chlor-indolylphosphat (BCIP) bzw. -β-Galactosid (X-gal) und Nitroblau-Tetrazoliumsalz (NBT, Tabelle 23.4), die nach Phosphatabspaltung in einer gekoppelten Redoxreaktion zu tiefblauviolett gefärbten Präzipitaten (Indigo/Diazoniumsalz) führen. In Abbildung 23.15 ist diese gekoppelte Redoxreaktion schematisch dargestellt.

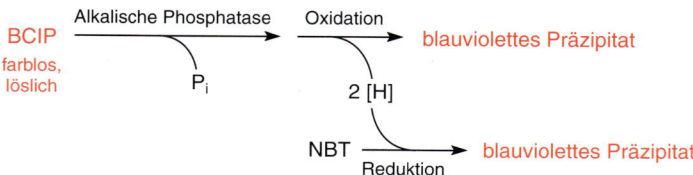

23.15 Die gekoppelte, optische BCIP/NPT-Redoxreaktion.

Lumineszenz-Detektion

Lumineszenz-Systeme basieren auf der chemischen, biochemischen oder elektrochemischen Aktivierung von Substraten, die unter Aussendung von Licht in den Grundzustand zurückfallen.

23.16 Mechanismus der Dioxetan-Chemilumineszenzreaktion. Die Target-Nucleinsäure ist über Biotin/Streptavidin (SA) an einer festen Oberfläche verankert (Biotin-Fangsonde) und gleichzeitig mit dem DIG/AP-System markiert. AP-Aktivierung des Chemilumineszenzsubstrats.

Chemilumineszenz Als Substrate für Chemilumineszenzdetektion werden gewöhnlich Substrate wie AMPPD oder AMPPG (Tabelle 23.4) eingesetzt; sie bilden intermediar Dioxetane, die unter Chemilumineszenz zerfallen. Nach enzymatischer Abspaltung der Phosphat- bzw. β-Galactosidreste wird die Dioxetan-Bindung labilisiert. Das AMPD-Anion entsteht in einem angeregten, instabilen Zustand; es zerfällt unter Aussendung von Licht mit der Wellenlänge 477 nm (Abb. 23.16).

Es gibt unterschiedliche Derivate, die sich durch die Struktur der stabilisierenden Reste sowie Zugabe von Additiven (Stabilisatoren) in den Substratlösungen unterscheiden (z. B. Lumiphos™, CSPD®, CDP-star®). Die unterschiedlichen Formulierungen führen zu unterschiedlich schnellem Zerfall bzw. zu unterschiedlicher Lichtintensität. Die Lichtemission kann auch moduliert werden durch Zugabe von Fluoreszenzdetergentien, die das Dioxetan-Molekül micellenartig umhüllen. Je nach Art der Zusätze entsteht blaue, rote oder grüne Sekundärfluoreszenz (*aquamarin, ruby, esmerald*).

POD katalysiert die Oxidation von Luminol. Die Sensitivität der Chemilumineszenz wird durch Zusätze bestimmter Phenole (*p*-Iodphenol), Naphthole (1-Brom-2-chlornaphthol) oder Amine (*p*-Anisidin) erhöht (*enhanced chemiluminescence*).

Elektrochemilumineszenz Ru^{2+}-Komplexe werden nicht nur zur direkten Detektion verwendet (vgl. Abschnitt 23.4.3), sondern – gekoppelt an haptenspezifische Antikörper – auch in indirekten Systemen für Chemilumineszenzdetektion nach elektrochemischer Anregung eingesetzt.

Biolumineszenz Wegen der hohen Empfindlichkeit werden Luciferase-Enzyme aus Glühwürmchen (*Photinus pyralis; firefly*) oder aus Bakterien eingesetzt. Das eukaryontische Enzym katalysiert die Umwandlung von Luciferin in Oxyluciferin. In einer AP-gekoppelten Indikatorreaktion wird D-Luciferin-*O*-Phosphat als AP-Substrat eingesetzt. Nach Phosphatabspaltung wandelt die Luciferase das gebildete D-Luciferin in Anwesenheit von ATP, O_2 und Mg^{2+}-Ionen unter Lichtaussendung in Oxyluciferin um (Abb. 23.17).

Als Alternative wird eine Kombination der Enzyme Glucose-6-phosphat-Dehydrogenase NAD(P)H-FMN-Oxidoreduktase und bakterieller Luciferase verwendet. Das durch die Redoxreaktion gebildete $FMNH_2$ wird in Anwesenheit von Decanal und O_2 unter Lichtaussendung oxidiert.

Renilla-Luciferase aus Seeanemone (*sea pansy*) katalysiert die Biolumineszenz-Oxidation von Coelenterazin. In Gegenwart des Grün-fluoreszierenden Proteins (*green fluorescent protein*, GFP) kommt es zu grüner Sekundärfluoreszenz bei

Grün-fluoreszierendes Protein
Abschnitt 7.2.2
Abschnitt 33.4.3

23.17 Mechanismus der Luciferin-Biolumineszenzreaktion. Analog der Chemilumineszenz-Reaktion in Abbildung 23.16 ist die Target-Nucleinsäure über Biotin/Streptavidin (SA) an einer festen Oberfläche verankert und gleichzeitig mit dem DIG:AP-System markiert. AP-Aktivierung des Biolumineszenz-Substrats.

508 nm. Das *Renilla*-Enzym wird oft indirekt als sekundäres Reportermolekül in Form von Biotinkonjugaten eingesetzt.

Fluoreszenz-Detektion

Fluoreszenzstrahlung wird durch Einstrahlung von Primärlicht erzeugt (Breitband- oder monochromatische Laser-Lichtquelle); das angeregte Fluoreszenzmolekül fällt unter Aussendung von langwelligerem Sekundärlicht in den Grundzustand zurück. Wegen der möglichen Überlappung von anregendem Primärlicht und emittiertem Sekundärlicht kann es zu Hintergrundsstrahlung kommen. Hintergrundseffekte werden über die Geometrie der Detektion (rechtwinklige Detektoranordnung) oder über zeitaufgelöste Fluoreszenz mit Eu^{3+}- bzw. Tb^{3+}-Komplexen, -Micellen oder -Chelaten (TRF) reduziert (vgl. Abschnitt 23.3.3). Über die indirekte Kopplung dieser TRF-Fluorophore über Biotin:Streptavidin können mehrere Fluorophore an die vier Bindungsstellen gekoppelt werden; dies führt zu Signalverstärkung.

Indirekte Fluoreszenzdetektion kann aber auch durch Kopplung der bereits als direkte Fluoreszenzmarkierungen beschriebenen Fluorophore wie Fluorescein oder Rhodamin an haptenbindende Antikörper erreicht werden, z. B. über Anti-DIG-Fluorescein- bzw. Anti-DIG-Rhodamin-Konjugate.

23.5 Amplifikationssysteme

Oftmals werden die Nachweisverfahren mit Nucleinsäure-Amplifikationsverfahren verknüpft. Drei unterschiedliche Amplifikationsarten sind bekannt:

1. **Targetamplifikation:** Vervielfältigung der nachzuweisenden Nucleinsäure;
2. **Targetspezifische Signalamplifikation:** Signalamplifikation gekoppelt mit Target-Hybridisierung; und
3. **Signalamplifikation:** Vervielfältigung der signalgebenden Komponente.

Eine Übersicht über die verschiedenen Amplifikationsreaktionen ist in Tabelle 23.5 gegeben. Die Target-Amplifikationsverfahren haben mehrere Vorteile: Einmal führen sie in den meisten Fällen zu exponentieller Amplifikation und somit zu hohen Amplifikationsraten (10^6 bis 10^9). Zum anderen wird die Komplexität des Nachweissystems deutlich reduziert, da nur die nachzuweisenden Targetsequenzen, nicht aber andere unspezifische Sequenzen selektiv vermehrt werden. Beispiel für eine Targetamplifikation ist die Polymerase-Kettenreaktion, bei der der nachzuweisende Nucleinsäureabschnitt in einer primerabhängigen Reaktion enzymatisch repliziert wird.

Tabelle 23.5 Übersicht über Amplifikationsreaktionen

Art der Amplifikation	Beispiele
Targetamplifikation	
Replikation	
Temperaturzyklen	PCR: Polymerase-Kettenreaktion (*polymerase chain reaction*)
cDNA-Synthese/Temperaturzyklen	RT-PCR: PCR mit vorgeschalteter cDNA-Synthese
isotherme Zyklen	SDA: *strand displacement amplification*
Transkription	
zyklische isotherme cDNA-Synthese	NASBA: *nucleic acid sequence based amplification*
	TMA: *transcription mediated amplification*
	TAS: *transcription amplificated system*
	3SR: *self sustained sequence replication*
erhöhte rRNA-Kopienzahl	16S/23S rRNA-Sonden
Targetspezifische Signalamplifikation	
Replikation	
isotherme Replikationszyklen	Qβ-Replikation
Ligation	
Temperaturzyklen	LCR: Ligase-Kettenreaktion (*ligase chain reaction*)
Replikation/Ligation	
Temperaturzyklen	RCR: *repair chain reaction*
Sondenhydrolyse	
isotherme zyklische RNA-Hydrolyse	CP: *cycling probes*
Signalamplifikation	
Baumstrukturen	
Sondennetzwerk	Hybridisierungsbäume, verzweigte Sonden
vernetzte Indikatormoleküle	PAP: Peroxidase:anti-Peroxidase-Komplexe
	APAAP: Alkalische Phosphatase: anti-alkalische Phosphatase-Komplexe
Enzymkatalyse	
enzymatischer Substratumsatz	ELISA: *enzyme linked immunosorbent assay*
Polyenzyme	Enzym-Igelkonjugate
gekoppelte Signalkaskaden	
zyklische NAD/NADPH$^+$-Redoxreaktion	*Self*-Redoxzyklus

Aus: Kessler, C. Review: Nonradioactive Anaylysis of Biomolecules. J. Biotechnol. 35, 165–189 (1994).

Diese Reduktion der Komplexität fehlt bei den Signalamplifikationen, daher werden diese gerade bei komplexer genomischer DNA wie dem Humangenom meist nur in Kombination mit Target-Amplifikationsreaktionen angewendet. Ein Beispiel für eine mit einer Targetamplifikation kombinierbaren Signalamplifikation ist die enzymatisch katalysierte Umsetzung von farb- oder lumineszenzgenerierenden Substraten (ELISA, Abschnitt 23.4.3).

Außerdem führen Signalamplifikationen nur zu linearer Signalverstärkung und somit geringeren Amplifikationsraten (10 bis 10^3); dies hat geringere Gesamtempfindlichkeiten der Nachweisreaktion zur Folge. Da auch mögliche Nebenreaktionen der Hybridisierung verstärkt werden, resultiert oft auch ein ungünstigeres Signal:Hintergrund-Verhältnis, was zu Lasten der spezifischen Detektion der Targetsequenzen geht.

> Während die Signalamplifikation auch im Rahmen der Protein- oder Glycananalytik etabliert ist, gibt es die Möglichkeit der Targetamplifikation nur im Rahmen der Nucleinsäureanalytik. Dies ermöglicht speziell beim Nucleinsäurenachweis eine Kombination beider Amplifikationsarten zu höchsten Nachweisempfindlichkeiten.

Die erreichten Sensitivitäten in Systemen ohne Targetamplifikation, jedoch mit ELISA-Signalverstärkung, liegen im Pikogramm (10^{-12} g)- bis Femtogramm (10^{-15} g)-Bereich. In Kombination mit Target-Amplifikationssystemen wie der Polymerase-Kettenreaktion werden Sensitivitäten im Attogrammbereich erreicht (10^{-18} g) – solche gekoppelten Reaktionen erlauben den Nachweis einzelner Moleküle. In diesem Bereich ist die praktisch erreichte Sensitivität nicht mehr durch die Sensitivität der Nachweissysteme, sondern durch statistische Effekte bei der Probenahme limitiert.

23.5.1 Targetamplifikation

Targetelongation

PCR Kapitel 24

Targetelongationen sind thermozyklische Reaktionen, bei denen beide Stränge der nachzuweisenden DNA repliziert werden. Die wichtigste Methode zur Targetelongation ist die Polymerase-Kettenreaktion (PCR), die wegen ihrer überaus großen Bedeutung für die Nucleinsäureanalytik in einem eigenen Kapitel beschrieben ist. Bei RNA als Ausgangsmaterial werden die RNA-Einzelstränge zunächst mit Reverser Transcriptase in cDNA übersetzt (RT-PCR).

Targettranskription

NASBA Abschnitt 24.6.1

Die Amplifikationsreaktionen auf Transkriptionsbasis verlaufen isotherm und zyklisch durch die sequentielle Reaktionsabfolge einer Reversen Transkription und anschließende Transkription einer intermediär gebildeten Transkriptionseinheit. Ausgangsmaterial ist Target-RNA, z. B. HIV- oder HCV-RNA: durch cDNA-Synthese der Ausgangs-RNA mit Hilfe promotorhaltiger Primer werden intermediär doppelsträngige DNA-Moleküle gebildet, die einen T7-, T3- oder SP6-Promotor enthalten. Diese intermediären Transkriptionseinheiten werden wieder in die Ausgangs-RNA transkribiert. Es sind verschiedene Ausführungsformen der Amplifikation auf Transkriptionsbasis bekannt. Die alternativen Reaktionsführungen unterscheiden sich u. a. dadurch, dass nur einer oder beide verwendeten Primer Promotorsequenzen tragen. Eine Variante, NASBA, *nucleic acid sequence based amplification*, ist im folgenden Kapitel beschrieben. Eine wichtige Alternative ist TMA, *transcription mediated amplification*.

In vivo-Amplifikation

In speziellen Systemen zum Nachweis von Bakterien wird ausgenutzt, dass ribosomale RNA speziesspezifische Sequenzabschnitte enthält und in vivo in 10^3- bis 10^4-facher Kopienzahl in der Zelle vorliegt, somit mit erhöhter Sensitivität nachgewiesen werden kann. Dabei werden als Indikatorsequenzen Sequenzen innerhalb der rRNA (*variable regions*) oder in Abschnitten zwischen den rRNA-Genen (*intergenic spacer regions*) verwendet.

23.5.2 Targetspezifische Signalamplifikation

Bei diesem Reaktionstyp wird nicht das Target selbst vermehrt, sondern es wird eine an das Target hybridisierende Nucleinsäure-Signalsequenz (*nucleic acid tag*) bzw. ein Oligonucleotid vermehrt oder verändert. Diese Reaktionen haben gegenüber den eigentlichen Targetamplifikationen mehrere Nachteile: Zum einen handelt es sich um reine Nachweisreaktionen, da keine neuen Targetsequenzen gebildet werden. Zum andern ist die Spezifität dieser Nachweisreaktionen eingeschränkt, da lediglich ein targetgekoppeltes Signal vermehrt wird und somit unspezifische Amplifikationsprodukte nicht z. B. durch anschließende Hybridisierung mit targetspezifischen Sonden herausgefiltert werden können.

Ein Beispiel für targetspezifische Signalamplifikation ist die Ligase-Kettenreaktion (LCR, *ligase chain reaction*), auf die im folgenden Kapitel kurz eingegangen wird.

Ligase-Kettenreaktion
Abschnitt 24.6.3

23.5.3 Signalamplifikation

Diese Amplifikationsart umfasst generell anwendbare Signalvermehrungsreaktionen und führt zu nur begrenzten Empfindlichkeitssteigerungen ($10 - 10^3$). Auch können die bereits bei den targetabhängigen Amplifikationen auftretenden Nebenreaktionen vorkommen und zu unspezifischen Signalen führen. Trotzdem sind die Signalamplifikationen von großem Wert, besonders wenn sie in Kombination mit Targetamplifikationsreaktionen angewandt werden.

Baumstrukturen

Baumstrukturen werden über verzweigte Sonden aufgebaut, die sowohl targetspezifische Sequenzabschnitte als auch Sequenzanteile für die Signalerzeugung aufweisen (*X-mas trees, probe brushes*). Die verzweigten Sonden werden ergänzt durch universelle Detektionssonden, die mit einem Markierungsenzym (AP) verknüpft sind. Die primären bivalenten Sonden sind zusammengesetzt aus parameterspezifischen Sequenzen und Sequenzen, die komplementär zur verzweigten Sekundärsonde sind. Die sekundären verzweigten Sonden sind zusammengesetzt aus Sequenzen komplementär zur primären Sonde sowie aus Verzweigungsstrukturen und Ästen komplementär zur dritten Sonde. Die dritte Komponente sind universelle, enzymmarkierte AP-Sonden. Über Hybridisierung zwischen Target, primärer (bivalenter), sekundärer (verzweigter) sowie der dritten (AP-markierten) Sonde werden komplexe Strukturen aufgebaut, die zur Signalverstärkung führen. Ein Beispiel ist die Verwendung von b-DNA (*branched* DNA) zum Nachweis des Hepatitis-C-Virus (Abb. 23.18). Zusätzliche Empfindlichkeit kann durch kassettenartige Anlagerung mehrerer Baumstrukturen an ein Target erreicht werden. Nachteile dieser Systeme sind – neben den nur begrenzten Amplifikationsraten – der komplexe Aufbau und somit die begrenzte Steuerungsmöglichkeit der verzweigten Strukturen, sowie die Möglichkeit des Auftretens unspezifischer Hybridisierungen. Diese können zu unspezifischen Hintergrundreaktionen und damit zu einem schlechten Signal-Hintergrundsverhältnis führen, sind also nur eingeschränkt sensitiv.

Enzymkatalyse

Die Signalverstärkung durch enzymatische Substratumwandlung mit Hilfe von Markierungsenzymen wird in direkten und indirekten Nachweissystemen angewandt (z. B. AP, POD, *β*-Gal; vgl. Abschnitt 23.4.3). Enzymkatalyse als Teil der Nachweisreaktion führt je nach Reaktionsformat und Art des Markierungsenzyms zu bis zu 10^3-facher Empfindlichkeitssteigerung. Die Verwendung von Polyenzymen führt zur zusätzlichen Sensitivitätssteigerung um den Faktor 3–5.

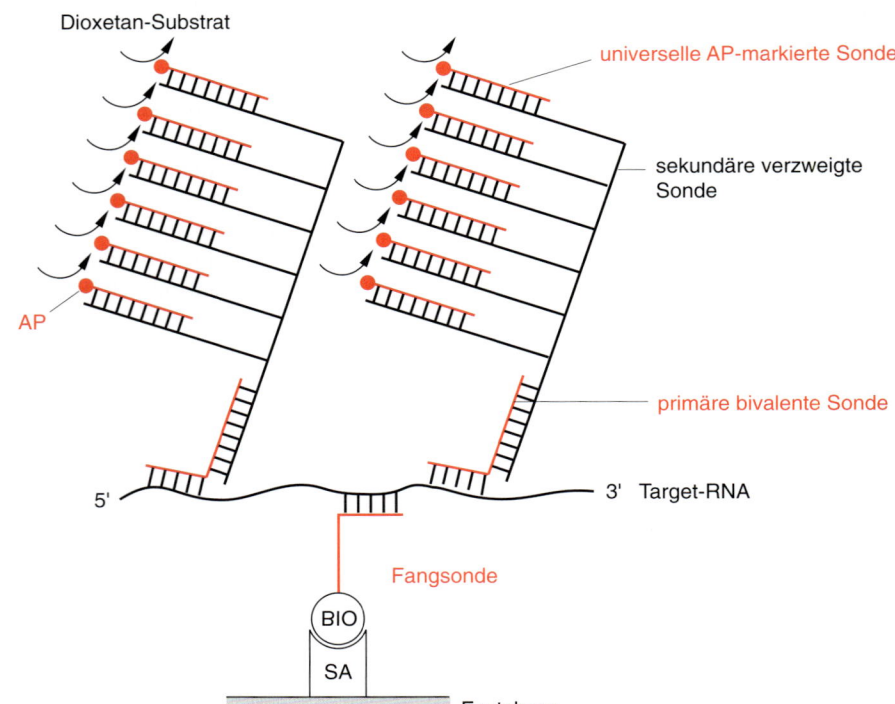

23.18 Baumstrukturen zur Signalverstärkung. Strukturkomponenten sind: Fangsonde, bivalente Primärdetektorsonde, verzweigte Sekundärsonde und universelle AP-Detektionssonde. Die Fangsonde kann auch direkt kovalent mit der Festphase verknüpft sein.

In diesem Zusammenhang ist die Kopplung zwischen PCR und Enzymkatalyse mit Lumineszenzsubstraten oftmals Mittel der Wahl. Dazu wird z. B. zunächst das DIG-Hapten (vgl. Abschnitt 23.4.3) während der PCR über die Primer oder Nucleotide in die Amplikons eingebaut; das DIG-markierte Amplikon wird anschließend mit Hilfe von AP-Antikörperkonjugaten durch katalytische Umsetzung von Indolyl- oder Dioxetan-Substraten mit hoher Empfindlichkeit nachgewiesen. Durch die Kombination beider Amplifikationsarten werden Empfindlichkeiten bis zum Einzelmolekülnachweis erreicht.

Gekoppelte Signalkaskaden

Bei diesem Reaktionstyp wird an eine primäre enzymatische Substratumsetzung eine sekundäre enzymatische Reaktion gekoppelt, bei der das Substratprodukt der ersten Reaktion Substratedukt der zweiten Reaktion ist. Wird die sekundäre enzymatische Reaktion zyklisch geführt, kommt es zu einer Signalkaskade. Ein Beispiel für eine gekoppelte Signalkaskade ist der *Self*-Redoxzyklus in Abbildung 23.19.

Die Primärreaktion wird durch das Markierungsenzym Alkalische Phosphatase katalysiert, das entweder direkt oder indirekt mit der Hybridisierungssonde verknüpft ist. Primäres NADP wird durch die Alkalische Phosphatase zu NAD dephosphoryliert. Das gebildete NAD aktiviert einen sekundären Redoxzyklus, in dem es durch das Enzym Alkohol-Dehydrogenase (ADH) – gekoppelt mit der Oxidation von Ethanol zu Acetaldehyd – zunächst zu NADPH reduziert wird. Der sekundäre Reaktionszyklus wird durch das Enzym Diaphorase (DP) vervollständigt, das in einer wiederum gekoppelten Reaktion NADPH zu ursprünglich gebildetem NAD reoxidiert und gleichzeitig den Farbstoff INT-Violett zu tiefgefärbtem Formazan reduziert. Durch das Enzym Diaphorase wird somit der sekundäre Reaktionskreislauf geschlossen.

Das lösliche Formazan kann photometrisch quantifiziert werden ($\lambda = 465$ nm); die zyklische Signalverstärkung führt zu 10–100-fachem Sensitivitätsanstieg bzw.

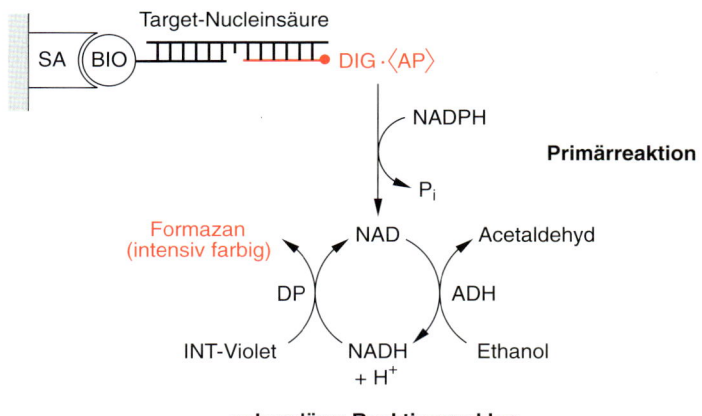

23.19 Signalverstärkung durch gekoppelte, zyklische ADH: Diaphorase-Redoxreaktion (*Self*-Zyklus). ADH: Alkoholdehydrogenase. DP: Diaphorase.

zu stark verkürzten Reaktionszeiten. Kritisch bei diesen Signalkaskaden sind Hintergrundsreaktionen, die schon durch Spuren von NAD-Verunreinigungen im Primärsubstrat NADPH ausgelöst werden, die bereits bei der Lagerung des Substrats entstehen können.

Weiterführende Literatur

Ausubel, F.M., Brent, R., Kingston, R.E., Moore, D.D., Seidman, J.G., Smith, J.A., Struhl, A. Current Protocols in Molecular Biology, Vol. 1–3. Greene Publishing Associates and Wiley-Interscience, New York (1987).

Babu, R.S. Human Chromosomes – Manual of Basic Techniques. Pergamon Press, New York (1989).

Blöcker, H. Genome Research/Molecular Biotechnology. J. Biotechnol. 35, (Sonderheft) (1994).

Collins, F., Galas, O. A New Five-Year Plan for the U.S. Human Genome Project, Science 262, 43–46 (1993).

Hames, B.D., Higgins, S.J. Gene Probes. Vol. 1 and 2. IRL Press, Oxford (1995).

Keller, G.H., Manak, M.M. DNA Probes, 2nd Edition. Stockton Press, New York (1993).

Kessler, C. Nonradioactive Labeling and Detection of Biomolecules. Springer-Verlag, Heidelberg (1992).

Kessler, C. The Digoxigenin (DIG) Technology – A Survey on the Concept and Realization of a Novel Bioanalytical Indicator System. Mol. Cell. Probes 5, 161–205 (1991).

Kricka, L.J. Nonisotopic Probing, Blotting, and Sequencing. Academic Press, San Diego (1995).

Lee, H., Morse, S., Olsvik Ø. Nucleic Acid Amplification Technologies. Eaton Publishing, Natick, MA (1997).

Marshall, A., Hodgson, J. DNA chips: An Array of Possibilities. Nature Biotechnology 16, 27–31 (1998) and Ramsay, G. DNA chips: State-of-the art. Nature Biotechnology 16, 40–44.

McPherson, M.J., Quirke, P., Taylor G.R. PCR – A Practical Approach, Vol. 1 and 2. IRL Press, Oxford (1996).

Persing, D.H., Smith, T.F., Tenover, F.C., White, T.J. Diagnostic Molecular Microbiology: Principles and Applications. American Society for Microbiology, Washington, D.C., 1993.

Ørum, H., Kessler, C., Koch, T. Peptide Nucleic Acid. In: Lee, H., Morse, S., Olsvik, Ø. (Hrsg.) Nucleic Acid Amplification Technologies. Eaton Publishing, Natick, MA (1997).

Rooney, D.E., Czepulkowski, B.H. Human Cytogenetics – A Practical Approach, Vol. 1 and 2. IRL Press, Oxford (1992).

Sambrook, J., Fritsch, E.F., Maniatis, T. Molecular Cloning – A Laboratory Manual, 2nd Edition. Cold Spring Harbor Laboratory Press (1989).

24 Polymerase-Kettenreaktion

Die Polymerase-Kettenreaktion (engl. *polymerase chain reaction*; PCR), eine Methode zur Amplifikation von Nucleinsäuren, zählt zu den größten wissenschaftlichen Entdeckungen in den vergangenen Jahren. Ohne Übertreibung lässt sich sagen, dass sie die zu diesem Zeitpunkt noch recht junge Disziplin der Molekularbiologie schlechthin revolutioniert hat. Die Möglichkeiten der PCR scheinen unbegrenzt zu sein. Täglich wächst die Zahl der Artikel in wissenschaftlichen Fachzeitschriften über Verbesserungen, neue Anwendungen und erzielte Durchbrüche auf den Gebieten der Grundlagen- und angewandten Forschung, aber auch der Medizin, der Diagnostik und anderen Bereichen. Die Geschichte ihrer Entdeckung, während einer nächtlichen Autofahrt durch die Bergwälder Kaliforniens, ist in einem eindrucksvollen Artikel von Kary B. Mullis, ihrem Erfinder, dargestellt. Seit Entdeckung der PCR im Jahre 1983 erschienen ca. 30 000 Publikationen in den unterschiedlichsten Zeitschriften (Stand: April 1997).

24.1 Möglichkeiten der PCR

Die Methode der PCR als ein Verfahren zur Amplifikation beliebiger Nucleinsäureabschnitte beruht auf einer ebenso einfachen wie genialen Idee. Um den Wert einer solchen Vervielfachung einschätzen zu können, soll zunächst eine Betrachtung herkömmlicher Analyseverfahren herangezogen werden. Beispielsweise besitzt die Gelelektrophorese eine untere Nachweisgrenze von etwa 5 ng DNA. Errechnet man die Menge der darin vorhandenen Teilchen, so ergibt sich im Falle eines Fragments von 500 Basenpaaren (bp) eine Anzahl von 10^{10} Molekülen. Zur Steigerung der Empfindlichkeit kann die DNA in solchen Gelen anschließend auf andere Trägermaterialen übertragen werden, um dann radioaktiv oder nicht-radioaktiv nachgewiesen zu werden. Hierdurch lässt sich die Empfindlichkeit zwar auf den Nachweis von etwa 10^8 Molekülen steigern, jedoch ist dies für zahlreiche dia-

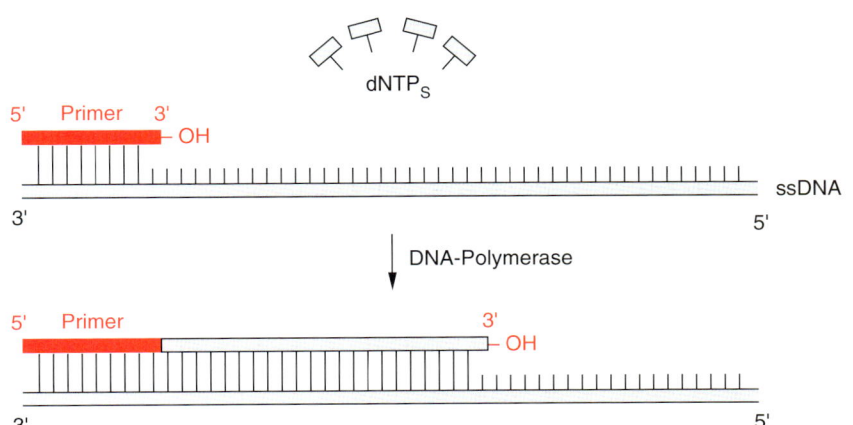

24.1 Schematische Darstellung der Polymerisation von DNA. In Anwesenheit eines Primers mit freiem 3'-OH-Ende und Einzelnucleotiden (dNTPs) verlängern DNA-Polymerasen einzelsträngige DNA (ssDNA) zum Doppelstrang.

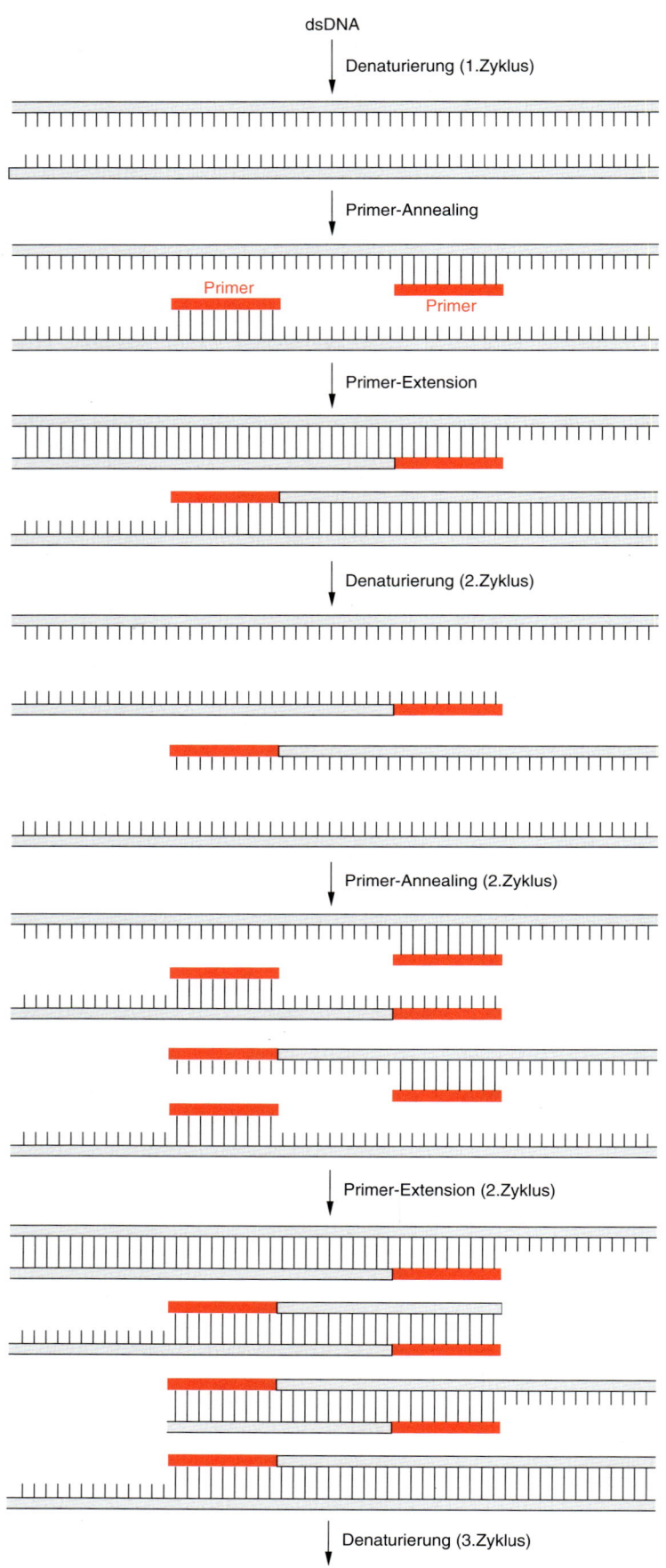

24.2 Schematische Darstellung der PCR. In einem zyklischen Prozess aus Denaturierung, Primer-Annealing und Primer-Extension verdoppelt sich die Zahl der DNA-Abschnitte theoretisch mit jedem Zyklus. Beschrieben ist der erste Zyklus. Die Zahl der Kopien wächst exponentiell mit jeder weiteren Runde.

gnostische Fragestellungen bei weitem nicht ausreichend. In der viralen Diagnostik trifft man häufig auf Titer von unter 1 000 Partikel pro mL Blut. Auch die derzeit empfindlichsten routinemäßig einsetzbaren Analyseverfahren erreichen bei weitem nicht die Sensitivität der PCR: Diese ist theoretisch in der Lage, aus einem einzelnen (!) Nucleinsäureabschnitt unter optimalen Bedingungen binnen weniger Stunden in vitro bis zu 10^{12} identische Moleküle zu erzeugen, die dann einem diagnostischen Nachweis oder anderen analytischen Methoden zur Verfügung stehen (siehe Abschnitt 24.5).

Wie geschieht das? Die PCR macht sich die Eigenschaft von DNA-Polymerasen zunutze, DNA zu duplizieren. Voraussetzung für diesen Prozess ist ein kurzer Abschnitt doppelsträngiger DNA mit einem freien 3′-OH-Ende, das dann entsprechend verlängert werden kann (Abb. 24.1). Mullis erkannte nun, dass ein solcher kurzer Abschnitt künstlich geschaffen werden kann, indem man dem Reaktionsansatz DNA-Fragmente von ca. 20 Nucleotiden Länge, auch Oligonucleotide oder **Primer** genannt, hinzufügt. Diese binden an den zu amplifizierenden DNA-Einzelstrang – in der englischen Terminologie als *Annealing* bezeichnet – und können nun von der Polymerase verlängert werden. Denaturiert man anschließend die neu synthetisierte doppelsträngige DNA durch eine Temperaturerhöhung in ihre Einzelstränge, so können neue Primermoleküle binden und der Prozess wiederholt sich. Gibt man in jeden PCR-Ansatz zwei solcher Primer, einen der am *sense*-Strang und einen der am Gegenstrang (dem *antisense*-Strang) bindet, so erhält man mit jedem Zyklus von Neusynthese und Denaturierung eine Verdopplung des zwischen den Primern befindlichen DNA-Abschnitts. Die PCR führt also zu einer exponentiellen Amplifikation, da auch die jeweils neu gebildeten Stränge als Matrize zur Verfügung stehen (Abb. 24.2). Und noch etwas erkannte die Arbeitsgruppe um Mullis: Verwendet man eine temperaturstabile DNA-Polymerase, wie man sie aus Organismen kennt, die in heißen Quellen leben, so ist es möglich, die Reaktion ohne Unterbrechung ablaufen zu lassen.

24.2 Grundlagen

24.2.1 Instrumentierung

Die benötigten Hilfsmittel und Geräte zur Ausführung einer PCR sind denkbar einfach. Sie sind im Verlauf der letzten Jahre im Hinblick auf Datensicherheit, Durchsatz und Bequemlichkeit für den Anwender immer weiter verbessert worden. Erste „Thermocycler" bestanden aus drei unterschiedlich beheizten Wasserbädern, bei denen die PCR-Gefäße anfangs von Hand und mit Stoppuhr, später dann mit Hilfe eines Roboterarms von Bad zu Bad umgesetzt wurden. Heutzutage gibt es relativ kleine, kompakte Geräte, in denen die PCR-Gefäße in einem Metallblock stehen, der zyklisch aufgeheizt und gekühlt wird. Andere Geräte arbeiten mit drei separaten Metallblocks und erfordern ein automatisches Umsetzen der Gefäße. Sie haben zwar in manchen Punkten ihre Vorteile, besitzen jedoch nur einen geringen Marktanteil und scheinen sich nicht durchzusetzen. Wesentliches Unterscheidungsmerkmal der heutigen Thermocycler ist ihre Heiztechnik, die entweder auf Basis von Peltier-Elementen oder mit Hilfe von Flüssigkeiten funktioniert. Jüngste Entwicklungen auf diesem Gebiet zielen einerseits auf einen drastischen Zeitgewinn durch Miniaturisierung (PCR in einer Glaskapillare mit sehr geringem Volumen) und andererseits auf eine Kombination von Amplifikation und Detektion in einem Gerät. Erste Geräte dieser Bauart erlauben den zeitgleichen Nachweis (*real-time*-Detektion) eines PCR-Produkts während der Amplifikation (Abschnitt 24.7).

24.2.2 Amplifikation von DNA

Zyklen

Ein typischer PCR-Verlauf besteht in der Regel aus drei unterschiedlichen Temperaturstufen. Besonders anschaulich lässt sich dies in einem Temperatur-Zeit-Profil verdeutlichen (Abb. 24.3). Die Reaktion wird zunächst mit einer Temperaturerhöhung auf 92–98 °C gestartet. Dieser Schritt dient der Denaturierung der DNA in ihre Einzelstränge. Da die DNA zu Beginn in einer noch recht komplexen, hochmolekularen Struktur vorliegt, wählt man hier eine Zeit von ca. 5–10 min, um insbesondere auch GC-reiche Sequenzen zu denaturieren. Zweiter Schritt der Reaktion ist die Anlagerung, das Annealing der Primer. Dazu muss der Reaktionsansatz auf eine durch die Primer festgelegte Temperatur abgekühlt werden. Die Anlagerung der Primer an den Einzelstrang der Zielsequenz bestimmt entscheidend die Spezifität der PCR. Nach dem Annealing-Schritt erhöht man die Temperatur auf 72 °C. Diese Temperatur stellt ein Aktivitätsoptimum des verwendeten Enzyms, der Taq-DNA-Polymerase dar und gewährleistet die schnelle Verlängerung (*Extension*) der Primer. Für die beiden Schritte Annealing und Extension reichen in der Regel Zeiten von jeweils weniger als einer Minute aus. Nur bei sehr großen PCR-Produkten (> 1 kb) verlängert man die Extensionszeit entsprechend, um sicherzustellen, dass jeweils der komplette Strang synthetisiert wird. Dies ist wichtig, da nur vollständig verlängerte DNA-Stränge in den nächsten PCR-Zyklen wieder als Matrize zur Verfügung stehen. Im nächsten Schritt der Reaktion heizt man dann erneut auf 92–95 °C, um die DNA wieder in ihre Einzelstränge zu zerlegen. Da im Idealfall nur die neu entstandenen Abschnitte doppelsträngig vorliegen, reicht ab dem zweiten Zyklus eine wesentlich kürzere Zeitspanne zur vollständigen Denaturierung (10–60 Sekunden). Neuere Protokolle vereinen Annealing und Extension zu einem gemeinsamen Reaktionsschritt (Abb. 24.3) bei zumeist 72 °C. Hierdurch wird aus einer dreistufigen eine zweistufige PCR.

Für die meisten Anwendungen liegt nach 30–35 Zyklen genügend Produkt zur weiteren Analyse vor. Nur in Ausnahmefällen oder bei einer Nested-PCR (Abschnitt 24.3.1) wird man 40–50 Zyklen zur Amplifikation benötigen.

Enzyme

Die wichtigsten Anforderungen an DNA-Polymerasen für die PCR sind die Fähigkeit, bei 72 °C längere DNA-Abschnitte zu synthetisieren (eine hohe Prozessivität), und eine sehr gute Temperaturstabilität bei 95 °C. Polymerasen, die diese Anforderungen erfüllen sind Taq-, Tth-, Pwo- und Pfu-Polymerase. Taq-Polymerase als die gebräuchlichste unter ihnen kommt in den meisten Standardprotokollen zum Einsatz. Tth-Polymerase besitzt ebenso wie die Taq-Polymerase eine hohe 5'-3'-Polymerisationsaktivität, daneben aber auch eine zusätzliche Reverse-Transkriptase-Aktivität. Hierauf wird im folgenden Abschnitt eingegangen (Abschnitt 24.2.3). Pwo- und Pfu-Polymerase schließlich haben neben ihrer 5'-3'-Polymerisationsaktivität auch eine 5'-3'-Exonukleaseaktivität. Diese wird auch als *proof-reading*-Aktivität bezeichnet, da diese Enzyme in der Lage sind, falsch eingebaute Nucleotide zu erkennen und den Fehler anschließend durch erneute Polymerisation zu beheben. Neben diesen Einzelenzymen werden oft auch Gemische der Enzyme kommerziell angeboten. Beispielhaft sind die für die Amplifikation nach einem Standardprotokoll (mit Taq-Polymerase) benötigten Reagenzien in Tabelle 24.1 aufgelistet.

Puffer

Die Pufferbedingungen sind je nach verwendeter Polymerase einzustellen. Bei den zumeist mitgelieferten Puffern sollte insbesondere auf die Ionenkonzentration

Grundlagen der Hybridisierung
Abschnitt 24.1

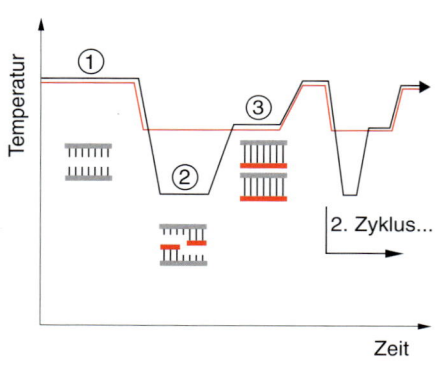

24.3 Temperatur/Zeit-Profil der PCR (zweistufig und dreistufig).

Dreistufige PCR: ① Denaturierung
② Primer-Annealing
③ Primer-Extension

Zweistufige PCR: ① Denaturierung
② + ③ Primer-Annealing und -Extension

Tabelle 24.1 Zusammenfassung des PCR-Mastermixes (100 µL Endvolumen)

Reagenz	Endkonzentration
Taq-Polymerase	2–5 units
10 x Taq-Puffer (100 mM Tris/HCl pH 8,3; 500 mM KCl)	1 x
10 mM Nucleotidmix (dATP, dCTP, dGTP, dTTP)	0,2 mM
$MgCl_2$	0,5–2,5 mM
Primer I	0,1–1 µM
Primer II	0,1–1 µM
H_2O	variabel
Template	variabel

geachtet werden, da diese die Spezifität und Prozessivität der Gesamtreaktion stark beeinflusst. Die für die Taq-Polymerase gebräuchlichen Puffer werden mit und ohne Magnesiumchlorid angeboten. Zur Optimierung einer neuen PCR (Abschnitt 24.2.4) sind Puffer ohne Magnesiumchlorid vorzuziehen, da hier der Spielraum durch eine separat zuzusetzende Magnesiumchloridlösung deutlich erhöht wird. Als weitere Zusätze können dem Puffer Rinderserumalbumin (BSA), Tween-20, Gelatin, Glycerin, Formamid und DMSO beigemischt werden. Diese können im Einzelfall zur Stabilisierung des Enzyms und zu einem optimierten Primer-Annealing führen.

Nucleotide

Die Konzentration der vier Desoxynucleotidtriphosphate (dATP, dCTP, dGTP, dTTP) liegt zumeist in einem Bereich von 0,1 bis 0,3 µM. Alle vier dNTPs sollten in einem äquimolaren Verhältnis vorliegen. Eine Ausnahme tritt nur dann ein, wenn andere Nucleotide zur Amplifikation verwendet werden. Diese, z. B. dUTP, werden im Überschuss (meist 3:1) zugesetzt, da sie von der Taq-Polymerase schlechter eingebaut werden.

Primer

Wesentliche Voraussetzung für eine optimale PCR, gemessen an den Kriterien Spezifität und Sensitivität, ist die Auswahl der Primer. Grundsätzlich lassen sich vier Typen von Primern unterscheiden:

- sequenzspezifische Primer,
- degenerierte Primer,
- Oligo-(dT)-Primer (nur für RNA),
- kurze *random*-Primer (zumeist für RNA).

Oligo-(dT)-Primer sowie *random*-Primer (kurze Hexanucleotide) finden vor allem bei der Amplifikation von RNA Verwendung. Sie werden im folgenden Abschnitt beschrieben. Auch der Einsatz von sogenannten degenerierten Primern ist auf spezielle Fragestellungen beschränkt und wird in Abschnitt 24.3.3 gesondert behandelt. Die am weitaus häufigsten benutzten Primer sind sequenzspezifische Primer. Damit sie tatsächlich spezifisch an ihre Zielsequenz binden, sind zahlreiche „Regeln" zu beachten. Einige der wichtigsten sollen kurz erwähnt werden:

Anforderungen an die Primer
1. mindestens 17 Nucleotide lang (meist 17–28 nt),
2. ausgeglichener G/C- zu A/T-Gehalt,
3. Schmelzpunkt zwischen 55 und 80 °C,
4. möglichst gleicher Schmelzpunkt für beide Primer,

> 5. keine Haarnadelstruktur (besonders am 3′-Ende); Abb. 24.4,
> 6. keine Dimer-Bildung: weder mit sich selbst, noch mit dem 2. Primer; Abb. 24.4,
> 7. möglichst keine G/C-Nucleotide am 3′-Ende (erhöht *mispriming*-Gefahr),
> 8. möglichst keine „ungewöhnlichen" Basenabfolgen wie poly-A- oder lange G/C-Abschnitte.

Schmelztemperatur T_m
Abschnitt 23.1

Diverse Computerprogramme unterstützen den Anwender heute bei der Auswahl geeigneter Primersequenzen und geben darüber hinaus auch den jeweiligen Schmelzpunkt an. Dieser kann nach unterschiedlichen Formeln errechnet werden. Die einfachste dieser Formeln legt für jedes A oder T einen Schmelzpunkt von 2 °C und für jedes G oder C einen Schmelzpunkt von 4 °C zugrunde. Für einen Primer von 20 Nucleotiden Länge (20-mer) mit einem ausgeglichenem Verhältnis von A/T zu G/C errechnet sich somit ein Schmelzpunkt von 60 °C.

Templates (genomische DNA, Plasmide, virale DNA)

Die wichtigsten Einflussgrößen des Targets (Zielsequenz) im Hinblick auf den PCR-Erfolg sind die Länge des zu amplifizierenden Abschnitts, die Sequenz der Primerbindungsstellen und die Menge der eingesetzten Moleküle.

Ein Mikrogramm genomische DNA des Menschen enthält $3 \cdot 10^5$ Zielsequenzen (Targets) bezogen auf einen einzelnen Genabschnitt (keine repetitiven Elemente). Die gleiche Masse eines Plasmids von 3 kb Größe enthält jedoch bereits $3 \cdot 10^{11}$ Moleküle. Anders formuliert lässt sich sagen, dass 1 μg genomische DNA ebensoviel Moleküle enthält wie 1 pg Plasmid-DNA. Dies sollte beim Einsatz unterschiedlicher Templates, insbesondere zu präparativen Zwecken, berücksichtigt werden.

Die maximale Länge einer zu amplifizierenden DNA wird in erster Linie durch die Prozessivität der verwendeten Polymerase bestimmt. Es gibt heutzutage Enzyme und Enzymgemische, die die Amplifikation von bis zu 40 kb großen Fragmenten ermöglichen. In solchen Fällen muss jedoch die Extensionszeit extrem verlängert werden (bis zu 30 min pro Zyklus). In der Regel wird man kurze Abschnitte von 0,1–1 kb bevorzugen, da diese in der PCR optimal amplifiziert werden.

Neben der Länge und der Molekülanzahl bestimmt auch die Sequenz der Primerbindungsstelle eine erfolgreiche PCR. Um Fehlpaarungen (*mispriming*) zu vermeiden, sollten repetitive Sequenzen ausgeschlossen und statt dessen sogenannte *single-copy*-Bereiche zur Primerauswahl herangezogen werden.

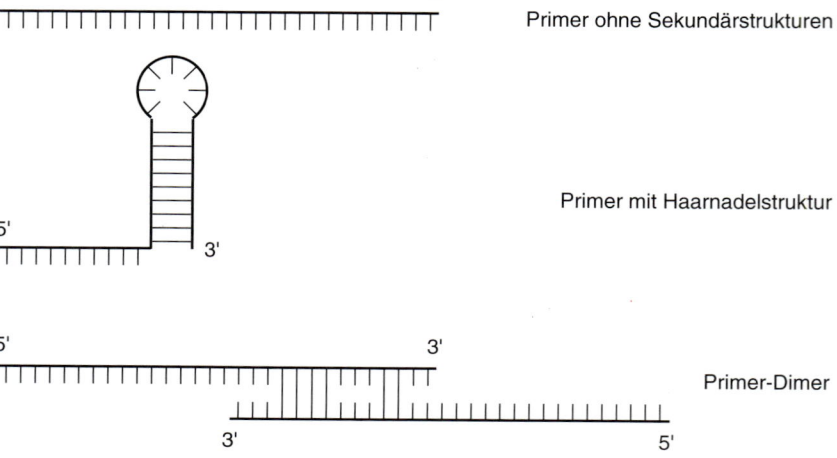

24.4 Sekundärstrukturen von Primern. Für die Primer-Auswahl ist es wichtig, Sekundärstrukturen möglichst zu vermeiden. In die Analyse müssen auch komplementäre Bereiche zwischen *sense*- und *antisense*-Primer miteinbezogen werden.

24.2.3 Amplifikation von RNA (RT-PCR)

In der Molekularbiologie existieren zahlreiche Methoden zur Analyse von RNA, so z. B. Northern Blot, in-situ-Hybridisierung, RNase-Protection-Assay und Nuclease-S1-Analyse, um nur einige zu nennen. Alle diese Methoden haben jedoch den Nachteil, dass sie sehr zeitaufwendig und oftmals zu insensitiv sind. Dies gilt in besonderem Maße für die Analyse von schwachen Transkripten oder für virale RNA, die nur in sehr geringen Ausgangskonzentrationen vorliegen. Die Adaption der PCR-Technologie auf die Amplifikation von RNA hat auch hier zu zahlreichen neuen Erkenntnissen und einer sensitiveren Diagnostik geführt. Mit ihr lässt sich die Genexpression in Zellen untersuchen oder, mit Hilfe einer quantitativen RT-PCR, die Menge einer spezifischen mRNA oder viralen RNA bestimmen. Darüber hinaus lassen sich zum Beispiel durch Oligo-(dT)-Priming (s. u.) komplette cDNA-Banken erstellen, die einen Überblick über die gewebespezifische Expression ermöglichen.

in-situ-Hybridisierung
Kapitel 30

RNase-Protection-Assay
Abschnitt 33.1.3

Nuclease-S1-Analyse
Abschnitt 33.1.2

Enzyme

Für die Amplifikation ist es notwendig, die RNA zunächst in DNA umzuschreiben, da die Ausgangs-RNA nicht direkt als Matrize von der Taq-Polymerase genutzt werden kann. Hierfür bieten sich mehrere Enzyme an, die als **Reverse Transkriptasen** (RTasen) oder RNA-abhängige DNA-Polymerasen bezeichnet werden. Man nennt den dabei gebildeten DNA-Strang auch **komplementäre DNA** (cDNA), und der Schritt, in dem diese cDNA entsteht, wird als Reverse Transkription (RT) bezeichnet. Die Gesamtreaktion aus RT und Amplifikation wird als **RT-PCR** beschrieben (Abb. 24.5). Dabei können verschiedene Reverse Transkriptasen eingesetzt werden:

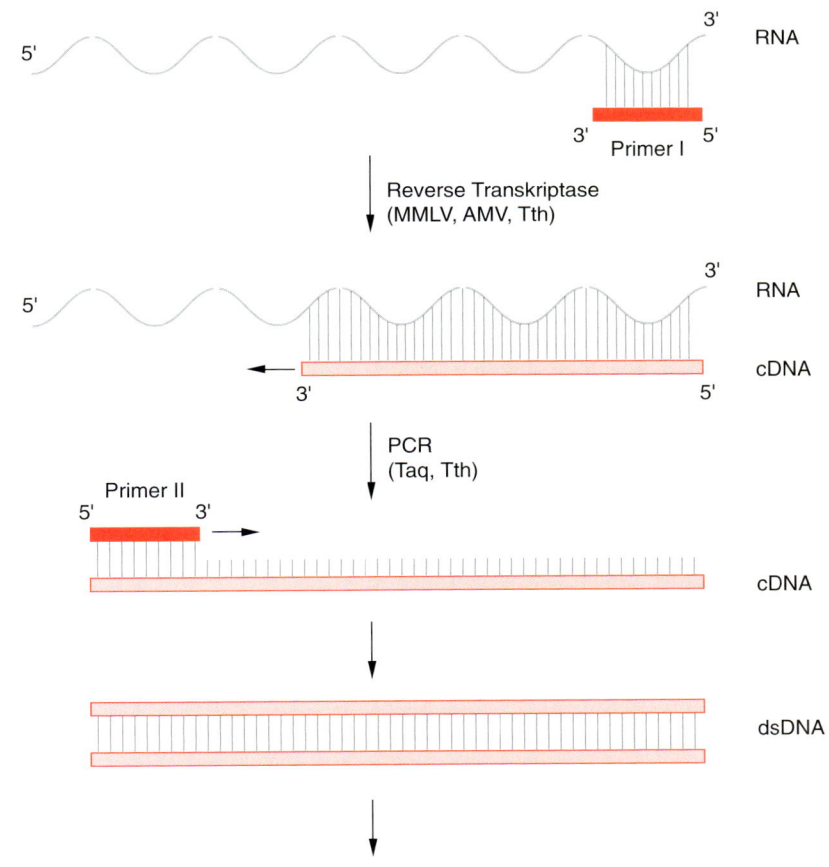

24.5 Schematische Darstellung der RT-PCR. Da RNA durch die PCR nicht direkt amplifiziert werden kann, muss sie zunächst in cDNA umgeschrieben werden. Enzyme, die diesen Schritt katalysieren sind MMLV-RTase, AMV-RTase und Tth-Polymerase.

MMLV-RTase Das Enzym stammt aus dem Moloney-Maus-Leukämie-Virus, besitzt ein Temperaturoptimum von 37 °C und ist durch seine hohe Prozessivität in der Lage, cDNA bis zu einer Länge von 10 kb zu synthetisieren. Das pH-Optimum liegt bei 8,3.

AMV-RTase Isoliert aus dem Avian-Myoblastosis-Virus von Vögeln (AMV), besitzt die AMV-RTase ein Temperaturoptimum bei 42 °C und eine ähnlich hohe Prozessivität wie MMLV-RTase. Das pH-Optimum beträgt 7,0.

Tth-Polymerase Dieses hitzestabile Enzym stammt aus dem Bakterium *Thermus thermophilus*. Im Gegensatz zu den beiden anderen Enzymen besitzt die Tth-Polymerase zweierlei Aktivitäten: In Gegenwart von Mangan-Ionen zeigt sie nicht nur eine RT-, sondern darüber hinaus auch eine DNA-Polymerisations-Aktivität. Da die Tth-Polymerase ebenso wie die Taq-Polymerase aus einem thermophilen Organismus stammt, besitzt sie ein Temperaturoptimum bei 60–70 °C. Sie ist als einziges Enzym in der Lage, beide Schritte einer RT-PCR unter denselben Pufferbedingungen auszuführen. Für den RT-Schritt ist eine hohe Mangan-Ionenkonzentration optimal, die aber auf die DNA-Polymerisation eher inhibierend wirkt. Man wählt daher als Kompromiss eine mittlere Konzentration. Dies geht jedoch auf Kosten der Prozessivität der RT. Die Tth-Polymerase ist aus diesem Grund nur in der Lage, cDNA von ca. 1–2 kb Länge zu synthetisieren.

Durchführung

Neben dem Einsatz unterschiedlicher Enzyme gibt es auch hinsichtlich der Reaktionsführung mehrere Möglichkeiten für eine RT-PCR:

In zwei Reaktionsgefäßen Hierbei wird zunächst der RT-Schritt in einem relativ kleinen Volumen (zur Steigerung der Sensitivität) ausgeführt. Dies hat den Vorteil, dass man die Reaktionsbedingungen optimal auf das verwendete RT-Enzym einstellen kann. Nach dem RT-Schritt wird der gesamte Reaktionsansatz (oder ein Aliquot) entnommen und anschließend eine „normale" PCR durchgeführt. Der Nachteil dieser Vorgehensweise ist eine erhöhte Kontaminationsgefahr (Abschnitt 24.4), da ein zusätzliches Umpipettieren erforderlich wird. Für einen solchen zweistufigen Prozess werden zumeist AMV- oder MMLV-RTase für die RT und Taq-Polymerase für die PCR verwendet.

In einem Reaktionsgefäß Aus oben genanntem Grund ist es von Vorteil, die Gesamtreaktion der RT-PCR in einem Gefäß ohne Umpipettierung auszuführen. Dies ist prinzipiell mit allen drei Reversen Transkriptasen (teilweise in Verbindung mit Taq-Polymerase) möglich, jedoch bietet sich hierfür besonders die Tth-Polymerase an. Die geringere Prozessivität kann dabei in den allermeisten Fällen in Kauf genommen werden, da die Länge des zu amplifizierenden Abschnitts selten größer als 2 kb ist. Wesentlicher Vorteil bei Verwendung von Tth-Polymerase ist jedoch die mögliche Erhöhung der Reaktionstemperatur beim RT-Schritt auf 60 °C. Diese Temperatur hilft Sekundärstrukturen in der RNA aufzulösen und erleichtert damit die Anlagerung der Primer.

Primer

Für die RT-PCR können drei unterschiedliche Primer-Typen verwendet werden (Abb. 24.6):

- Sequenzspezifische Primer binden sowohl im RT-Schritt als auch in der nachfolgenden Amplifikation spezifisch an dieselbe Stelle der RNA bzw. cDNA. Sie finden besonders bei diagnostischen Tests zum viralen RNA-Nachweis Verwendung.

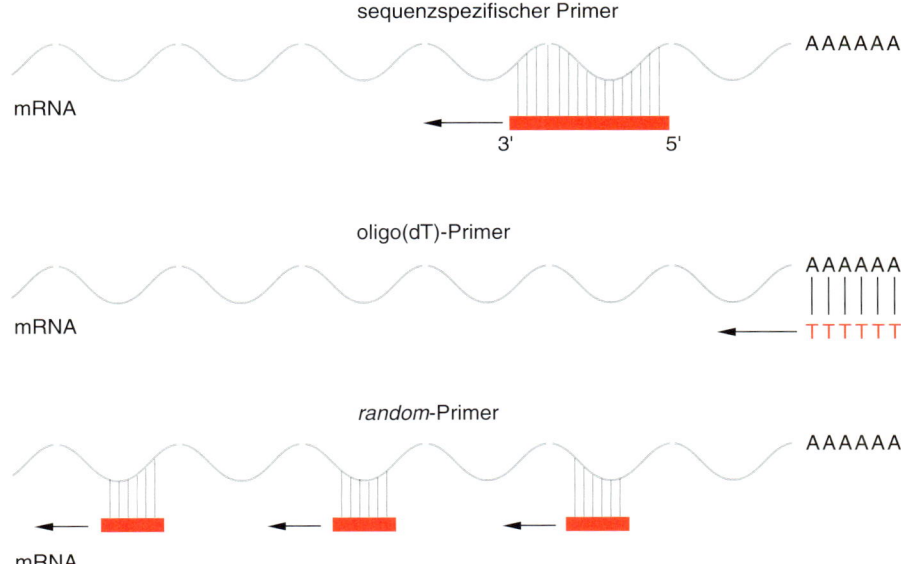

24.6 Verschiedene Priming-Methoden in der RT-PCR.

- Oligo-(dT)-Primer sind eine Nucleotidabfolge von 12–18 dTs, die spezifisch an den poly(A)-Schwanz von eukaryontischen mRNAs binden. Sie stehen nur für den RT-Schritt zur Verfügung. Für die weitere Amplifikation in der PCR werden zusätzliche, sequenzspezifische Primer benötigt.
- Kurze *random*-Primer sind ein Gemisch aus Hexanucleotiden unterschiedlicher Sequenz. Sie binden „zufällig" an die RNA und führen zu einem Pool unterschiedlich langer cDNAs, die anschließend, ebenso wie bei den Oligo-(dT)-Primern, mit sequenzspezifischen Primern weiter amplifiziert werden müssen.

24.2.4 Optimierung der Reaktion

Eine der wesentlichsten und langwierigsten Aufgaben bei der Etablierung einer neuen PCR ist die Optimierung der Reaktion. Unter analytischen Aspekten ist hier besonders die Sensitivität hervorzuheben. Hier seien Applikationen in der Gerichtsmedizin oder der Nachweis von sehr geringen DNA- bzw. RNA-Mengen bei Infektionskrankheiten erwähnt. Geht es dagegen um präparative Gesichtspunkte, wie bei der Herstellung von Sonden oder Templates zur Sequenzierung, so werden hier mehr der Ertrag, also die Menge des gebildeten PCR-Produkts im Vordergrund stehen. Dieser Abschnitt soll einige der wesentlichen „Stellschrauben" aufzeigen und einige Strategien zur Optimierung vermitteln.

DNA-Amplifikation

Wahl der Primer Für die Auswahl der Primer sollte relativ viel Zeit investiert werden. Wenn es der zu amplifizierende Sequenzabschnitt erlaubt, sollten immer mehrere Primerpaare ausgetestet werden, da grundsätzlich auch mit Sekundärstrukturen in der Zielsequenz gerechnet werden muss. Entsteht kein PCR-Produkt, kann es hilfreich sein, die Annealing-Temperatur sukzessive zu verringern. Hierbei muss jedoch besonders auf unspezifische Amplifikationen geachtet werden.

Magnesium-Ionen Ein wesentlicher Faktor, der die Prozessivität der Taq-Polymerase bestimmt, ist die Konzentration der Magnesium-Ionen. Sie sollte in ersten Experimenten empirisch zwischen 0,5 mM und 5 mM gewählt werden.

Zusätze Zahlreiche Zusätze im Reaktionsansatz können helfen, die Taq-Polymerase bzw. die Primer bei der Anlagerung an das Template zu stabilisieren. Zu diesen zählen insbesondere Glycerin, BSA und PEG. Die Denaturierung wird durch Zusätze von DMSO, Formamid, Tween-20, Triton-X-100 oder NP40 gefördert.

Hot-Start-PCR Kommt es gehäuft zu unspezifischen Amplifikationen, so kann in manchen Fällen eine sogenannte Hot-Start-PCR Abhilfe schaffen: Man sorgt dafür, dass die Aktivität der Taq-Polymerase erst bei erhöhter Temperatur einsetzt, um eine Polymerisation an unspezifisch hybridisierten Primern bei niedrigen Temperaturen zu unterdrücken. Eine Möglichkeit besteht darin, das Enzym erst nach Erwärmung des Ansatzes hinzu zu pipettieren. Kommerziell sind auch Antikörper gegen die Taq-Polymerase erhältlich, die erst bei höheren Temperaturen denaturieren und damit die Enzymaktivität freigeben. Die neueste Entwicklung auf diesem Gebiet ist eine modifizierte Taq-Polymerase, die unterhalb von 60 °C in einer inaktiven Form vorliegt.

Template Für eine erfolgreiche PCR ist die Qualität des eingesetzten Templates ebenfalls sehr wichtig. Die Probenvorbereitung sollte sicherstellen, dass Inhibitoren der PCR effizient abgetrennt werden. Hierzu zählen besonders Abbauprodukte von Hämoglobin (bei der DNA-Gewinnung aus Blut) und Ethanol, das häufig zur Fällung von DNA verwendet wird.

RNA-Amplifikation

Zusätzlich zu den oben erwähnten Punkten gibt es bei der RT-PCR einige weitere Aspekte zu berücksichtigen:

Stärker als bei DNA ist bei einzelsträngiger RNA mit Sekundärstrukturen zu rechnen. Da die Bildung von Sekundärstrukturen ein sehr komplexer und noch wenig verstandener Prozess ist, unterstützen die heutigen Computerprogramme diesen Aspekt bei der Primerauswahl nicht. So kann es vorkommen, dass selbst bei scheinbar optimalem Primerdesign kein PCR-Produkt entsteht, da die Primer aufgrund von Sekundärstrukturen in der RNA nicht binden können.

In diesem Zusammenhang hat sich oft die Verwendung von Tth-Polymerase als vorteilhaft erwiesen, da hier die RT-Reaktion bei 60 °C stattfindet, wodurch die Auflösung solcher Sekundärstrukturen begünstigt wird.

In manchen Fällen empfiehlt sich die Zugabe eines RNase-Inhibitors zum Reaktionsansatz, da RNA grundsätzlich ein weitaus sensibleres Template als DNA darstellt.

> Prinzipiell muss jedoch angemerkt werden, dass die RT-PCR eine schlechtere Gesamteffizienz als die PCR aufweist. So werden auch unter optimalen Bedingungen nur etwa 10–30 % der vorhandenen RNA in cDNA umgeschrieben, die dann zur weiteren Amplifikation zur Verfügung stehen.

24.2.5 Quantitative PCR

Die Quantifizierung von Nucleinsäuren mittels PCR oder RT-PCR ist zu einem essentiellen Bestandteil diagnostischer Fragestellungen geworden. Dies gilt in besonderem Maße für die Diagnose und die Therapiekontrolle von Infektionskrankheiten. Als zwei Beispiele von großer Bedeutung seien das AIDS-auslösende HI-Virus (*human immunodeficiency virus*) oder das Hepatitis-C-Virus (HCV) genannt. Aber auch in der Onkologie ist man an der quantitativen Bestimmung besonderer mRNAs interessiert. Erschwert wird die Quantifizierung dadurch, dass es sich bei der PCR nicht um eine lineare, sondern um eine exponentielle Amplifikation handelt. Kleinste Änderungen in der Effizienz der Gesamtreaktion, etwa durch eine leichte Inhibition individueller Proben, führen zu einer drastischen Änderung der Produktmenge. Folgende Gleichung soll dies veranschaulichen:

$$N = N_0 \cdot 2^n$$

Hierbei ist N die Anzahl der amplifizierten Moleküle, N_0 die Molekülzahl vor Amplifikation und n die Zyklenzahl. Man erkennt, dass sich unter diesen (idealisierten) Bedingungen die Zahl der amplifizierten Moleküle von Zyklus zu Zyklus verdoppelt. In der Praxis gilt jedoch eher folgende Gleichung:

$$N = N_0 \cdot (1 + E)^n$$

E ist die Effizienz der Reaktion und besitzt zahlenmäßig einen Wert zwischen 0 und 1. Dieser Wert hängt sehr stark vom Optimierungsgrad der PCR ab. Experimentell wurden für eine optimal eingestellt PCR Werte zwischen $E = 0{,}8$ und $E = 0{,}9$ ermittelt.

Erschwert wird die quantitative Messung auch durch den Umstand, dass die exponentielle Phase gegen Ende der Amplifikation in ein Plateau verläuft, das heißt, der Wert E verändert sich während einer PCR (Abb. 24.7). Die maximale Produktmenge, die während der PCR entstehen kann, liegt im Bereich von ca. 10^{13} Molekülen, kann jedoch auch relativ stark nach unten abweichen.

In den vergangenen Jahren sind zahlreiche Methoden zur quantitativen Bestimmung entwickelt und zunehmend verbessert worden:

- **Limiting dilution:** Ein Referenzstandard bekannter Konzentration wird in mehreren Stufen verdünnt, amplifiziert und die Konzentration bestimmt, die bei einem vorgebenem PCR-Protokoll gerade noch ein nachweisbares Amplifikat ergibt. Eine zu quantifizierende Probe wird nun ebenfalls in mehreren Schritten verdünnt, um eben diesen Punkt zu ermitteln. Die Anzahl der Verdünnungen lässt dann auf die Ausgangskonzentration der Probe schließen. Diese Methode erlaubt jedoch nur semiquantitative Aussagen.
- **Externe Eichkurve:** Gegen diese wird das Signal der zu bestimmenden Nucleinsäure aufgetragen und die Konzentration abgelesen.

Beide Methoden sind aber nicht in der Lage, interne Störungen der Amplifikationseffizienz einer individuellen Probe zu erkennen. Die nächste Generation quantitativer Tests konzentrierte sich daher auf intern kontrollierte und standardisierte Amplifikationsreaktionen. Hier lassen sich zwei Arten der Standardisierung unterscheiden:

- **Interner endogener Standard:** Quantifizierung an sogenannten Housekeeping-Genen;
- **kompetitive (RT-)PCR:** Quantifizierung mit sogenannten Mimic-Fragmenten, die der Reaktion zugegeben werden und zusammen mit der eigentlichen Zielsequenz amplifiziert werden.

Auf die letzten drei Möglichkeiten der Quantifizierung wird im folgenden etwas näher eingegangen.

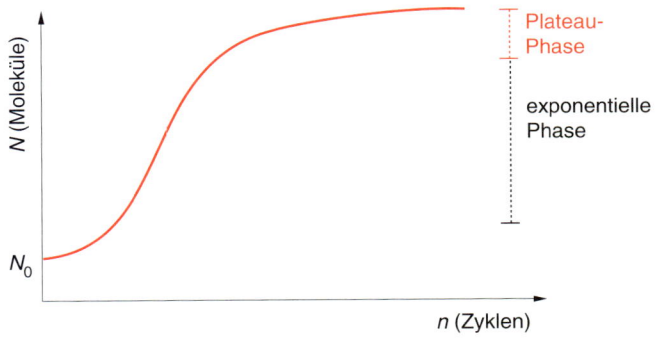

24.7 Typischer Verlauf einer PCR. Die Kinetik der PCR verläuft über eine exponentielle Phase in eine Sättigung (Plateau-Phase). Das Plateau bildet sich unter anderem, weil im Verlauf der Reaktion zunehmend Inhibitoren entstehen und die PCR-Komponenten verbraucht werden.

Externe Eichkurve

Bei der externen Standardisierung wird zunächst eine Eichkurve mit Proben bekannter Konzentrationen erstellt. Diese sollten der späteren Zielsequenz relativ ähnlich sein und mit den gleichen Primern amplifiziert werden. Sehr geeignet hierfür ist zum Beispiel eine HIV-Zelllinie, die eine bekannte Anzahl proviraler Genome enthält. Diese Zelllinie wird nun seriell verdünnt, amplifiziert und das Signal nach Amplifikation gegen die Ausgangsmenge aufgetragen (Abb. 24.8). Nach Amplifikation der unbekannten Probe überträgt man das Signal in die Eichkurve und kann so direkt die Ausgangskonzentration ablesen. Der Vorteil dieser Methodik ist ein relativ ungestörter PCR-Ablauf, da keine zusätzlichen Mimic-Fragmente die Amplifikation stören können (s. u.). Ihr Nachteil ist, wie bereits erwähnt, eine fehlende interne „Überwachung" der Reaktion. Man kann sich leicht vorstellen, dass schon bei geringer Inhibition der zu quantifizierenden Probe eine zu geringe Ausgangskonzentration abgelesen wird.

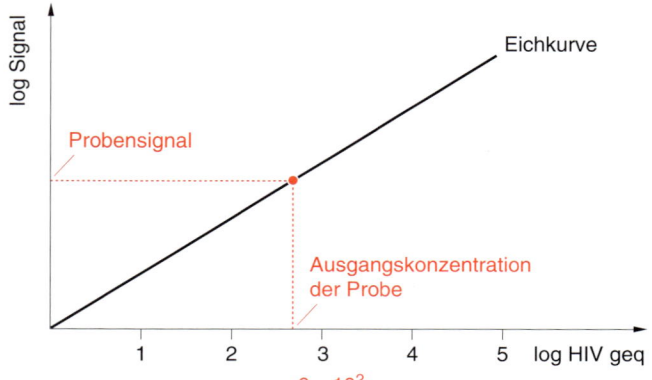

24.8 Quantifizierung an einer externen Eichkurve. Dargestellt ist die Probenablesung an einer Eichkurve, die mit einer HIV-Zelllinie bekannter Konzentration erstellt wurde (geq: Genomäquivalente).

Interne Standardisierung

Bei der internen Standardisierung werden interne endogene Sequenzen des Genoms verwendet, um daran die zu ermittelnde DNA-Menge zu kalibrieren. Bei DNA-Bestimmungen (z. B. HIV-Provirusgenom) verwendet man zumeist die β-Globingene. Hierzu ist es notwendig, in einem als Multiplex bezeichnetem Verfahren zwei Primerpaare zu verwenden (Abschnitt 24.3.4). Eines amplifiziert die nachzuweisende DNA, das andere einen Abschnitt der β-Globingen-DNA. Da die Menge der β-Globingene bekannt und das Signal nach Amplifikation konstant ist, erlaubt das Verhältnis beider Signale Aussagen über die Menge der zu bestimmenden DNA. Im Gegensatz zur externen Standardisierung ermöglicht dieses Verfahren die Erfassung von inhibitorisch wirksamen Substanzen, sofern diese auf beide PCRs denselben Einfluss haben und nicht sequenzspezifisch wirken.

Bei der Bestimmung von RNA kann das Signal an der mRNA von sogenannten Haushaltsgenen (*Housekeeping*-Genen) kalibriert werden. Das sind Gene, die in allen Zellen und Geweben und zu jeder Zeit in gleichem Ausmaß exprimiert werden. Ein wesentlicher Aspekt, der die quantitative Bestimmung von RNAs jedoch sehr erschwert, ist die enorme Varianz der Reversen Transkription, insbesondere dann, wenn aus zwei unterschiedlichen RNAs cDNA synthetisiert wird. Eine Möglichkeit, diese Varianz zu verringern, ist der Einsatz von artifiziellen Standards, sogenannten Mimic-Fragmenten. Dies wird im folgenden erläutert.

Kompetitive (RT-)PCR

Bei diesem Verfahren wird dem Reaktionsansatz ein artifizieller klonierter Standard in bekannter Ausgangskonzentration zugesetzt. Da dieser mit denselben Primern wie die Zielsequenz coamplifiziert wird und somit das eigentliche Target „mimt", wird er auch als Mimic-Fragment und die Reaktion als kompetitive (RT-)PCR bezeichnet, da es zu einer Konkurrenz beider Targets um die Primer kommt. Im Idealfall besitzt das amplifizierte Mimic-Fragment die gleiche Größe wie die Zielsequenz. Nach der Amplifikation werden beide entweder durch eine differentielle Hybridisierung oder durch eine unterschiedliche Restriktionsschnittstelle voneinander getrennt und analysiert.

Eine Konkurrenz beider Zielsequenzen tritt immer dann auf, wenn sich die Ausgangsmengen um mehr als drei bis vier Größenordnungen unterscheiden (Abb. 24.9). Die zu bestimmende Ausgangsprobe wird in ca. vier gleiche Aliquots aufgeteilt und in jedes dieser Aliquots eine zunehmende Menge RNA-Mimic-Fragment zugegeben. Nach Amplifikation werden beide Signale gegen die Ausgangskonzentration des RNA-Mimic-Fragments aufgetragen und am Schnittpunkt beider Kurven (d. h. bei gleicher Menge des Endprodukts) die Ausgangsmenge der Probe (Abb. 24.9) abgelesen.

> Generell gilt, dass zur Quantifizierung von RNA auch immer RNA-Mimic-Fragmente (und keine DNA-Mimic-Fragmente) verwendet werden sollten, da durch den RT-Schritt, wie oben erwähnt, die größten Varianzen in der Gesamtreaktion entstehen. Darüber hinaus sollten die RNA-Mimic-Fragmente bereits zu Beginn in die Probe gegeben werden, um tatsächlich alle Schritte – Probenvorbereitung, Amplifikation und Detektion – zu kontrollieren.

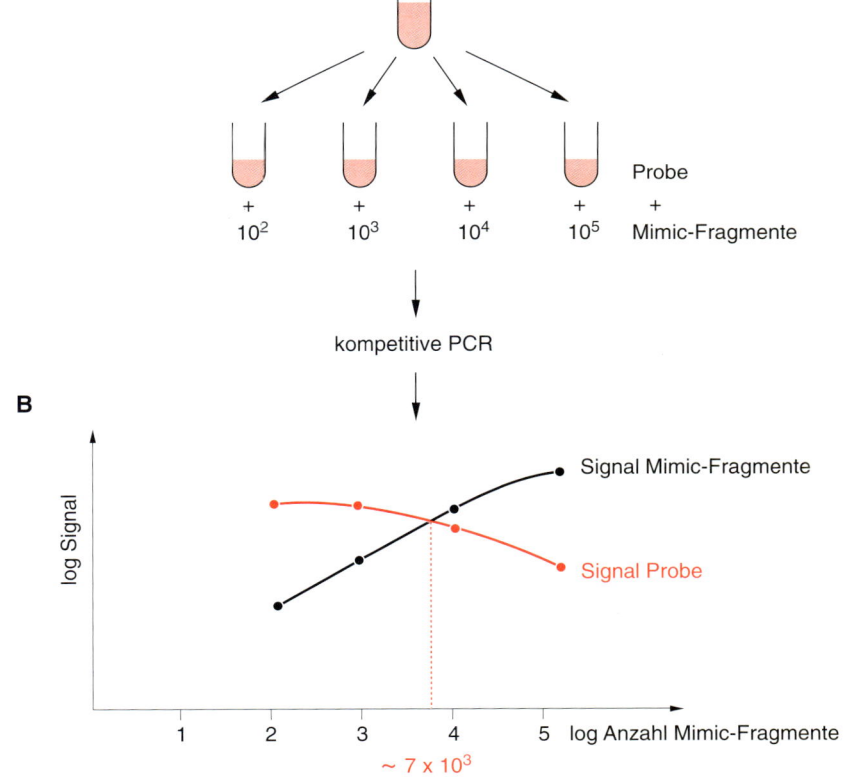

24.9 Kompetitive (RT-)PCR. Die zu bestimmende Probe wird aliquotiert und mit einer zunehmenden (bekannten) Menge an Mimic-Fragmenten „gespickt". Nach der Amplifikation werden gleiche Teile des Amplikons mit der jeweils spezifischen Sonde hybridisiert und deren Signale gegen die Ausgangskonzentration der Mimic-Fragmente aufgetragen. Am Schnittpunkt (*point of equivalence*) läßt sich dann die Ausgangskonzentration der Probe ablesen.

24.3 Spezielle PCR-Techniken

24.3.1 Nested-PCR

Bei der sogenannten Nested-PCR, die auch als *verschachtelte* PCR bezeichnet wird, verwendet man zwei Primerpaare zur Amplifikation, ein äußeres und ein inneres (Abb. 24.10). Der Vorteil dieser Methode ist eine erhöhte Spezifität und Sensitivität der Gesamtreaktion, da zunächst mit dem äußeren Primerpaar ein etwas größeres Amplikon (PCR-Produkt) synthetisiert wird und dann in einer zweiten Reaktion mit dem inneren Primerpaar dieses erste Amplikon weiter amplifiziert wird, wodurch Nebenprodukte der ersten Amplifikation entfallen. In der Regel wird das innere Primerpaar nach etwa 15–20 Zyklen zupipettiert und man lässt die Reaktion für weitere 20–25 Zyklen ablaufen. Entscheidender Nachteil dieses Verfahrens ist jedoch eine drastisch erhöhte Kontaminationsgefahr (Abschnitt 24.4), bedingt durch ein Zu- bzw. Umpipettieren des Amplikons. Um dies zu vermeiden, gibt es die Möglichkeit einer sogenannten *one-tube-nested*-PCR bei der alle vier Primer von Beginn an im Reaktionsansatz vorliegen, sich jedoch in ihren Schmelzpunkten unterscheiden. Das äußere Primerpaar besitzt einen höheren Schmelzpunkt als das innere Primerpaar, und man wählt den Reaktionsverlauf so, dass zunächst bei erhöhter Temperatur nur die äußeren Primer annealen. Nach der entsprechenden Zyklenzahl senkt man die Temperatur, wodurch nun auch die inneren Primer an ihr Template binden können.

24.3.2 Asymmetrische PCR

Von einer asymmetrischen PCR spricht man, wenn einer der beiden Primer in einem Überschuss vorliegt. Unter diesen Reaktionsbedingungen kommt es zu einer selektiven Amplifikation *eines* Stranges. Befindet sich der reverse Primer im Überschuss, so wird vermehrt der Gegenstrang synthetisiert und umgekehrt. Angewandt wird die Technik unter anderem bei der Sequenzierung von PCR-Produkten (Abschnitt 24.3.5). Möchte man das PCR-Produkt nach Amplifikation mit einer markierten Sonde hybridisieren, so kann es in solchen Fällen ebenfalls von Vorteil sein, eine asymmetrische PCR einzusetzen. Man amplifiziert dann bevorzugt den Strang, an dem die Sonde bindet, und kann so die Konkurrenzreaktion zwischen

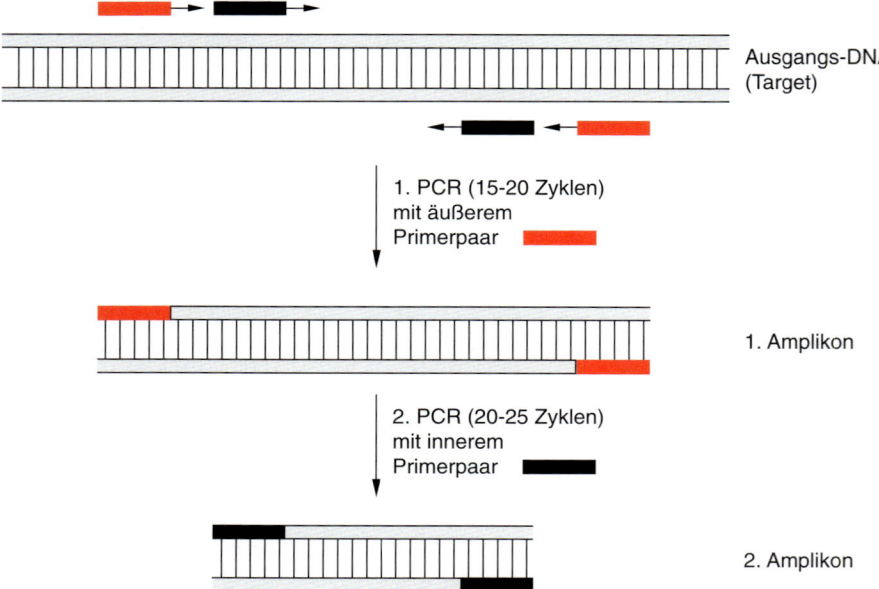

24.10 Nested-PCR. Die Ausgangs-DNA wird in zwei unabhängigen PCRs sukzessive amplifiziert. Dabei produziert ein äußeres Primerpaar zunächst einen etwas größeren Abschnitt (1. Amplikon), an den dann ein inneres Primerpaar bindet. Dieses amplifiziert in weiteren 20–25 Zyklen einen kleineren, intern liegenden Abschnitt (2. Amplikon). Die Nested-PCR kann zu einer deutlich gesteigerten Sensitivität und Spezifität der PCR führen.

der Renaturierung der beiden Amplikon-Stränge und der Anlagerung der Sonde etwas zu „seinen Gunsten" verschieben. Bedenken sollte man aber auch, dass es sich bei sehr asymmetrischen PCRs nicht mehr um eine exponentielle sondern um eine zunehmend lineare Amplifikation handelt.

24.3.3 Einsatz von degenerierten Primern

Degenerierte Primer sind ein Gemisch aus Einzelmolekülen, die sich an bestimmten Stellen in ihrer Sequenz unterscheiden. Sie werden immer dann verwendet, wenn man die Sequenz des zu amplifizierenden Targets nicht exakt kennt oder die Targets in ihrer Sequenz voneinander abweichen.

Der erste Fall kann eintreten, wenn zum Beispiel ein Genabschnitt aus einer Spezies amplifiziert werden soll, dessen genaue Sequenz nur aus anderen Arten bekannt ist. Man identifiziert dann über Homologievergleiche die variablen Stellen und synthetisiert anschließend degenerierte Primer, die alle Nucleotidvariationen enthalten. Mit diesen wird man dann versuchen, den entsprechenden Abschnitt aus der jeweiligen Spezies zu amplifizieren. Eine andere Anwendung solcher Primer kann auftreten, wenn nur die Aminosäuresequenz des Proteins, nicht aber die Basensequenz des Gens bekannt ist. In einem solchen Fall lassen sich über den Aminosäurecode Rückschlüsse auf die Basensequenz ziehen. Auch wenn bereits die Targets in ihrer Sequenz voneinander abweichen, wird man versuchen, degenerierte Primer zu verwenden. Dies kann bei der Amplifikation der unterschiedlichen HIV-Subtypen auftreten. Hier können selbst in Regionen, die ansonsten sehr stark konserviert sind, einzelne Nucleotide von Subtyp zu Subtyp unterschiedlich sein. Je degenerierter allerdings die Primer sind, desto größer ist die Gefahr von unspezifischen Amplifikationen. Dies ist ein prinzpieller Nachteil der Methode.

24.3.4 Multiplex-PCR

Bei der Multiplex-PCR werden mit Hilfe von mehreren spezifischen Primerpaaren ebenso viele verschiedene Amplikons generiert, d. h., dass alle unterschiedlichen Amplifikationen in einem Gefäß stattfinden. Es leuchtet ein, dass hierbei der Durchsatz drastisch steigt und gleichzeitig das Arbeitsaufkommen sinkt. Klassische Anwendungsgebiete für die Multiplex-PCR sind daher auch besonders routinediagnostische Fragestellungen. Beispielsweise beruht die Erkrankung cystische Fibrose (CF) auf bestimmten Mutationen im CFTR-Gen. Allerdings kennt man heutzutage bereits über 100 unterschiedliche Mutationen in diesem Gen, die sich noch dazu auf alle 24 Exons verteilen können. Durch die Multiplex-PCR ist man in der Lage, gleichzeitig mehrere Exons zu amplifizieren, um die Produkte anschließend auf Punktmutationen zu untersuchen. Ähnlich ist die Ausgangssituation auch bei anderen erblichen Erkrankungen (familiäre Hypercholesterinämie, Duchenne-Muskeldystrophie, Zystennieren u. v. a.).

Ein weiteres sehr attraktives Indikationsgebiet ist die gleichzeitige Diagnostik einer Blutprobe auf mehrere virale Infektionen (HBV, HCV, HIV), eine Anwendung, die für Blutbanken von besonderem Interesse ist. Ähnlich der Amplifikation mit degenerierten Primern ist es aber auch hier schwierig, die hohe Komplexität der Gesamtreaktion in den Griff zu bekommen, die oft zu unspezifischen Amplifikationen führt.

24.3.5 Cycle-Sequencing

Bei der Sequenzierung von PCR-Produkten muss die zu ermittelnde Sequenz nicht unbedingt kloniert in Phagen (M13) oder Plasmiden vorliegen, sondern kann auch direkt analysiert werden. Dabei wird das endgültige PCR-Produkt entweder im Anschluss an die PCR sequenziert, oder aber die Sequenzierung findet während der eigentlichen Amplifikationsreaktion statt. Man spricht in diesem Fall von einer *zyklischen* Sequenzierung (Cycle-Sequencing). Da hierbei pro Reaktionsansatz nur ein Primer verwendet wird, kommt es zu keiner exponentiellen, sondern einer linearen Amplifikation. Zumeist wird, ebenso wie bei der konventionellen Sanger-Sequenzierung, auch hier nach der Kettenabbruch-Methode mit Hilfe von Didesoxynucleotiden gearbeitet. Die Sequenzierung findet daher in vier voneinander getrennten Reaktionsgefäßen statt, die sich jeweils durch die entsprechenden Terminationsmixe (ddATP, ddCTP, ddGTP, ddTTP) unterscheiden.

Die Reaktion kann bereits mit sehr geringen Ausgangsmengen DNA gestartet werden, ein entscheidender Vorteil der Cycle-Sequencing-Methode gegenüber anderen Sequenzierungsmethoden. Darüber hinaus kann jede Art von doppel- oder einzelsträngiger DNA als Template verwendet werden. Aus diesen Gründen verwendet man das Cycle-Sequencing besonders häufig zur **Mutationsanalyse**, da mit relativ geringem Aufwand und ohne vorherige Klonierung bestimmte Genomabschnitte untersucht werden können. Ein Nachteil der Methode ist jedoch, dass Polymerisationsfehler der Taq-Polymerase, die in einem frühen Zyklus der linearen Amplifikation stattfinden, als vermeintliche „Mutationen" interpretiert werden und zu Falschaussagen führen können. In solchen Fällen sollte daher auch immer der Gegenstrang sequenziert werden. Nach der eigentlichen Reaktion werden die unterschiedlich langen Produkte elektrophoretisch aufgetrennt und die Sequenz ermittelt. Entsprechend der Markierung des eingesetzten Primers kann sich die Reaktion radioaktiv oder nicht-radioaktiv vollziehen.

24.3.6 In-vitro-Mutagenese

Bei der PCR handelt es sich um eine zyklische Neusynthese und exponentielle Amplifikation von DNA. Diese Tatsache prädestiniert die PCR als methodisches Werkzeug für die gezielte Einführung von Mutationen in DNA-Stränge in vitro. Hierzu sind in der Vergangenheit zahlreiche Techniken etabliert worden. Beispielhaft seien drei der wichtigsten Mutationstypen, nämlich Deletion, Insertion und Substitution beschrieben (Abb. 24.11).

Zur Einführung von Deletionen innerhalb des Amplikons wird zunächst das ursprüngliche Target in zwei voneinander getrennten PCRs so amplifiziert, dass die „inneren" Primer die zu deletierende Region ausschließen. An ihrem 5'-Ende befindet sich jeweils eine zur anderen Seite komplementäre Region (Abb. 24.11). Man bezeichnet diese Primer, die einen Target-spezifischen und einen Target-unspezifischen Teil haben, auch als *composite*-Primer. Die so entstehenden zwei PCR-Produkte beinhalten zwar bereits die Deletion, sie müssen aber noch „zusammengesetzt" werden. Um dies zu erreichen, werden beide in sehr geringer Menge miteinander gemischt und mit den beiden „äußeren" Primern erneut amplifiziert. Hierdurch annealen die zwei PCR-Produkte nach Denaturierung an ihren komplementären Enden und können so verlängert werden. Aus zwei Amplikons entsteht letztlich ein einziges Produkt mit der gewünschten Deletion (Abb. 24.11).

Eine der einfachsten Möglichkeiten zur Insertion von Sequenzen in PCR-Produkte ist simples Anhängen der gewünschten Nucleotide an das 5'-Ende eines Primers. So lassen sich zum Beispiel Restriktionsschnittstellen an den Enden anbringen, die bei einer anschließenden Klonierung des Amplikons nützlich sein können. Soll die Insertion dagegen innerhalb des Amplikons liegen, so muss auch hier, wie bereits bei der Deletionsmutagenese beschrieben, in einem zweistufigen Prozess vorgegangen werden. Die beiden „inneren" Primer tragen dann die zu

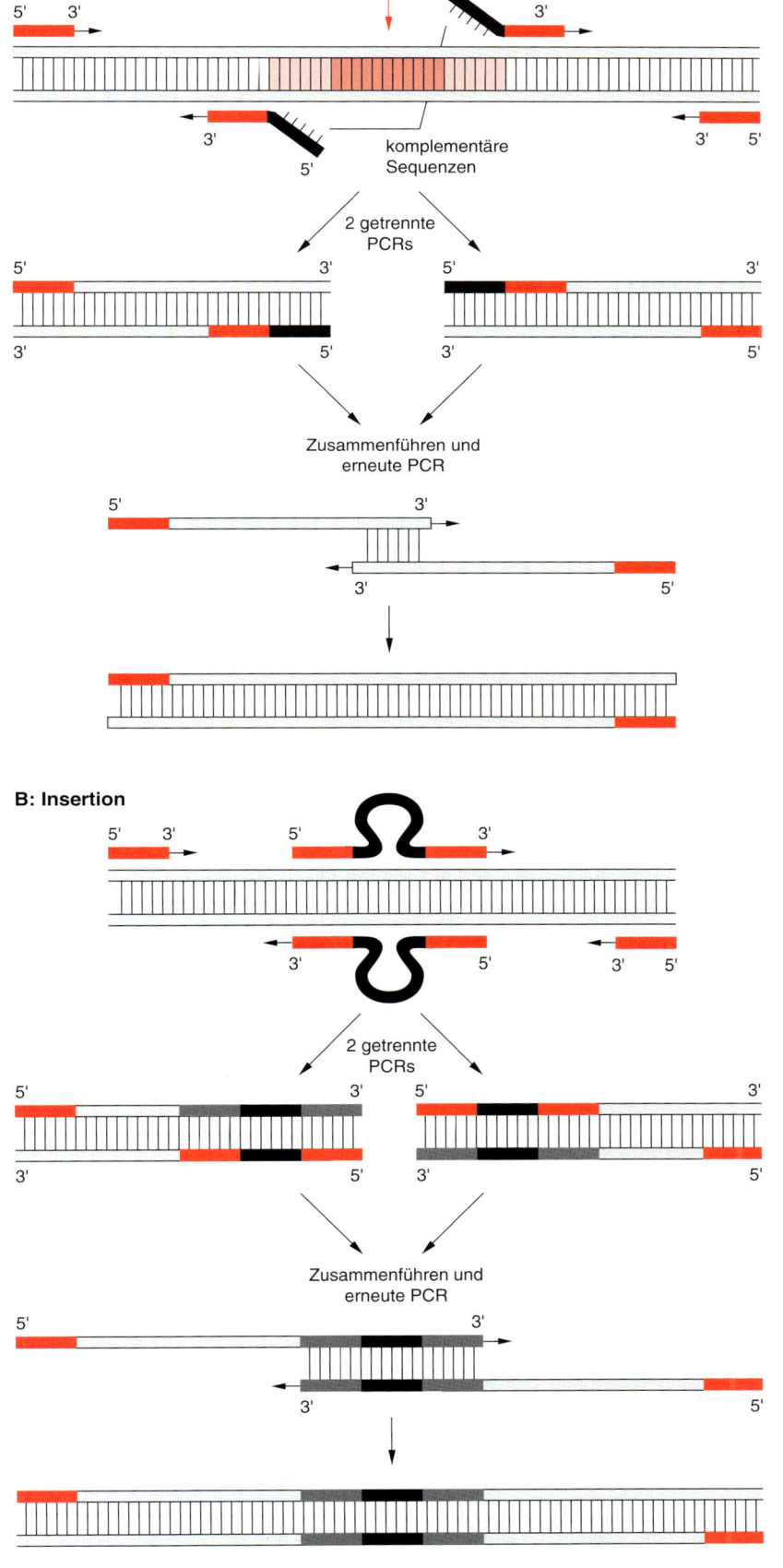

24.11 In-vitro-Mutagenese mitttels PCR.
A. Deletion: In zwei voneinander getrennten PCRs wird die Zielsequenz so amplifiziert, dass die spätere Deletion von der Amplifikation ausgeschlossen wird. Die inneren Primer tragen an ihrem 5′-Ende eine zueinander komplementäre Sequenz. Solche Primer werden als zusammengesetzte Primer (*composite primers*) bezeichnet. Hierdurch ist es möglich, die zwei entstandenen PCR-Produkte anschliessend zu vereinen. Diese annealen zunächst an ihren komplementären Enden und werden dann mit den äußeren Primern erneut amplifiziert. B. Insertion: Die Insertionsmutagenese verläuft in analoger Weise. Die zwei inneren Primer weisen einen Loop auf und sind zueinander komplementär. Auch hier erfolgt die Amplifikation in zwei unabhängigen Schritten. Erst das 2. Amplikon enthält die gewünschte Insertion.

inserierende Sequenz und in einer anschließenden PCR werden beide Produkte miteinander vereint (Abb. 24.11).

Auch die Substitution, also der Austausch von Nucleotidsequenzen, erfolgt analog zu den oben beschriebenen Verfahren. Ähnlich wie beim Einfügen einer Deletion verwendet man *composite*-Primer, die an ihrem 5'-Ende eine zueinander komplementäre Sequenz haben. Sie binden so an die Zielsequenz, dass der ausgesparte Teil genauso lang ist wie das 5'-Ende. Auf diese Weise kommt es nicht zu einer Deletion, sondern zu einer Substitution. Das spätere PCR-Produkt hat genau die gleiche Länge. Eine klassische Anwendung solcher Substitutionsmutagenesen ist die Herstellung von Mimic-Fragmenten für die kompetitive PCR (Abschnitt 24.2.5).

24.3.7 Weitere Verfahren

Neben diesen etwas genauer beschriebenen, speziellen PCR-Verfahren gibt es noch zahlreiche weitere Techniken, die oft zur Beantwortung besonderer Fragestellungen herangezogen werden oder zu präparativen Zwecken Anwendung finden. Aus Übersichtsgründen seien hier nur einige stichpunktartig erwähnt, für eine vertiefende Einarbeitung muss auf entsprechende Fachliteratur verwiesen werden.

- **RACE-PCR:** (engl. *rapid amplification of cDNA ends*). Methode zur Amplifikation und Klonierung der 5'-Enden von cDNAs, die insbesondere bei langen mRNAs während der in-vitro-Transkription nicht vollständig synthetisiert wurden.
- **In-situ–PCR:** Amplifikation von DNA-Abschnitten innerhalb der Zelle (z. B. an histologischen Schnitten). Es sind bereits spezielle Thermocycler auf dem Markt, in denen die Objektträger direkt beheizt werden.
- **Inverse PCR:** Methode zur Amplifikation von unbekannten DNA-Sequenzen.
- **Vektoretten-PCR:** Wird häufig in der Genomanalyse bei der Charakterisierung unbekannter DNA-Abschnitte verwendet.
- *Alu*-**PCR:** *Alu*-Elemente sind kurze repetitive Elemente, die mehr oder weniger gleichmäßig verteilt im Genom von Primaten vorkommen. Bei der Amplifikation mit Primern, die innerhalb dieser *Alu*-Repeats binden, entstehen dabei so charakteristische Bandenmuster, dass man sie als den genetischen Fingerabdruck (**DNA-Fingerprints**) des untersuchten Individuums bezeichnen kann.

24.4 Kontaminationsproblematik

Die hohe analytische Sensitivität der PCR ist aus naheliegenden Gründen ein enormer Fortschritt in Wissenschaft und Diagnostik. Allerdings bedeutet die Fähigkeit, aus wenigen Molekülen innerhalb kürzester Zeit viele Millionen Moleküle herzustellen, eine immense Gefahr von falsch positiven Ergebnissen, da jedes dieser Moleküle wiederum ein optimales Template für weitere Amplifikationen darstellt. Zudem ist die Gefahr von Kontaminationen immer dann besonders groß, wenn in Labors häufig mit den gleichen Primern gearbeitet wird und damit immer wieder das gleiche Target amplifiziert wird. Da die PCR in den kommenden Jahren auch verstärkt Einzug in das Routinelabor halten wird, soll hier eine etwas genauere Betrachtung des Problems erfolgen.

Grundsätzlich lassen sich drei Arten der Kontamination mit DNA unterscheiden:

- Kreuzkontaminationen von Probe zu Probe bei der DNA-Isolierung,
- Kontamination mit kloniertem Material, das die zu amplifizierende Zielsequenz trägt,
- Rückkontaminationen aus bereits amplifizierter DNA.

Von letzterer geht im allgemeinen die größte Gefahr aus. Tabelle 24.2 soll veranschaulichen, mit welchen Kontaminationsmengen durch Aerosole (feinsten Flüs-

Tabelle 24.2 Kontaminationsgefahr durch Aerosole

Art der Verschleppung	Größe	Volumen	Amplikons/Volumen
Spritzer		100 µL	10^{12}
		1 µL	10^{10}
	~100 µ	1 nL	10^{7}
Aerosol	~10 µm	1 pL	10^{4}
	~1 µm	1 fL	10

sigkeitsverteilungen in Luft) zu rechnen ist. Ausgehend von der anzunehmenden Größe derartiger Aerosole gibt sie das Volumen solcher Partikel an. Legt man eine Amplifikationsreaktion mit einem Reaktionsvolumen von 100 µL zugrunde, so erkennt man anhand der Tabelle, dass bereits in einem Pikoliter 10 000 amplifizierbare Moleküle vorhanden sind, die potentiell kontaminös sind. Man muss sich bewusst machen, dass jedes dieser Amplikons ein perfektes Target für eine erneute Amplifikation darstellt.

24.4.1 Vermeidung von Kontaminationen

Die Vermeidung von Kontaminationen sollte – vor der Dekontamination – sowohl im diagnostischen Routinelabor als auch in der Forschung höchste Priorität haben. Hierzu muss man sich zunächst die Kontaminationsquellen klarmachen:

- **Aerosolbildung** durch Zentrifugation, Lüftungsanlagen, unkontrolliertes Öffnen der Proben- und PCR-Gefäße,
- **Verschleppungen** durch kontaminierte Pipetten, Verbrauchsmaterial, Reagenzien, Handschuhe, Kleidung, Haare etc.,
- **Spritzer** beim Öffnen von Gefäßen oder beim Pipettieren von Flüssigkeiten.

Aus diesen Punkten lassen sich zahlreiche Maßnahmen ableiten, die dazu beitragen, das Kontaminationsrisiko zu minimieren.

Allgemeine Maßnahmen

- Häufig verwendete Reagenzien und Probenmaterial aliquotieren,
- nur autoklavierte Reagenzien, Pipettenspitzen und Reaktionsgefäße verwenden,
- manuelle Schritte so weit wie möglich reduzieren; Umpipettieren vermeiden,
- heftige Luftbewegungen vermeiden,
- von Zeit zu Zeit Geräte und Pipetten reinigen/dekontaminieren,
- Anzahl der PCR-Zyklen auf ein Minimum reduzieren,
- wenn möglich auf Nested-PCR verzichten, da durch ein Umpipettieren die Gefahr der Kontamination drastisch steigt (Abschnitt 24.3.1).

Umgang mit Probenmaterial

- Öffnen der Reaktionsgefäße mit Watte-Pad, Tuch oder ähnlichem zur Vermeidung der Handschuhkontamination,
- bei Feuchtigkeit im Deckel: Gefäße kurz anzentrifugieren,
- möglichst geschlossen arbeiten, das heißt, immer nur ein Gefäß öffnen,
- ausschließlich mit Filtermaterialien gestopfte Pipettenspitzen oder sogenannte *positive-displacement*-Pipetten verwenden,
- Handschuhe häufig wechseln,
- langsam und kontrolliert pipettieren,
- langsam und kontrolliert Gefäße öffnen.

Abfallentsorgung

- Gebrauchte (kontaminierte) Pipettenspitzen durch HCl oder Natriumhypochlorid inaktivieren,
- restliches Probenmaterial und Amplifikate nicht in den „normalen" Müll geben, sondern getrennt entsorgen (inaktivieren),
- PCR-Gefäße vor der Entsorgung verschließen.

Räumliche Trennung der Arbeitsbereiche

- Strikte Trennung in drei Areas:
  Area 1: Ansetzen des Amplifikationsmixes; hierzu kann eine Sicherheitswerkbank mit laminarem Luftstrom verwendet werden.
  Area 2: Probenvorbereitung.
  Area 3: Amplifikation und Detektion; muss ein separater Raum sein.
- Unter allen Umständen sollte separate Kleidung in Area 1 bzw. 2 und Area 3 getragen werden.
- Getrennte „Hardware" (Pipetten, Tips etc.) in jeder Area,
- „Probenfluss" in eine Richtung: Area 1 $\Rightarrow$ Area 2 $\Rightarrow$ Area 3 $\Rightarrow$ Autoklav oder Abfall.

Grundsätzlich gilt, dass mit Probenmaterial und amplifiziertem Material genauso sorgfältig umgegangen werden sollte wie mit infektiösem oder radioaktivem Material. Außerdem sollte in jedem PCR-Lauf eine entsprechende Zahl an Negativ-Kontrollen durch alle Schritte (Probenvorbereitung, Amplifikation, Detektion) mitprozessiert werden, um Kontaminationen frühzeitig erkennen zu können.

24.4.2 Dekontamination

Bei der Dekontamination lassen sich zwei voneinander unabhängige Maßnahmen unterscheiden. Erstens chemische oder physikalische Maßnahmen zur Reinigung von Geräten oder des Labors: Hierunter fallen vor allem Substanzen, die DNA direkt zerstören oder so inaktivieren, dass sie nicht weiter amplifiziert werden kann. Als Beispiele seien HCl, Natriumhypochlorid und Peroxid genannt. Zweitens Maßnahmen, die routinemäßig in den Testablauf integriert werden und vor oder nach jeder Amplifikation stattfinden. Diese lassen sich weiter in physikalische, chemische und enzymatische Verfahren unterteilen:

Physikalische Maßnahmen

UV-Bestrahlung: Die Bestrahlung der Amplifikate nach PCR mit 254 nm führt zur Bildung von Pyrimidin-Dimeren (T-T, C-T, C-C) sowohl innerhalb als auch zwischen den DNA-Strängen des Amplikons. Derart inaktivierte DNA steht nicht mehr als Template für die Taq-Polymerase zur Verfügung. Das Verfahren hat jedoch einige Nachteile. Es besteht ein Zusammenhang zwischen DNA-Länge und Effizienz der Bestrahlung: Je kürzer das Amplikon, desto weniger wirksam ist UV-Licht. Darüber hinaus ist die Dekontaminationsleistung bei GC-reichen Templates wesentlich schlechter als bei AT-reichen Templates.

Chemische Maßnahmen

Isopsoralene sind Farbstoffe, die in die DNA interkalieren und bei Bestrahlung mit langwelligem UV-Licht (312–365 nm) zu einer Vernetzung beider Stränge führen. Auch hierdurch wird die Polymerase-Aktivität blockiert.

3′-terminale Ribonucleotide im Primer (rNTPs) schaffen eine alkalilabile Stelle im späteren Amplikon. Durch eine anschließende Alkali-Behandlung werden die Primerbindungsstellen hydrolysiert.

Enyzmatische Maßnahmen

- Restriktionsenzymatischer Verdau,
- DNase-I-Verdau,
- Exonuklease-III-Verdau,
- UNG-System.

Der Verdau mit Uracil-*N*-Glykosylase (UNG) ist die effizienteste Methode zur Dekontamination von zuvor amplifizierter DNA. Das Verfahren beruht zunächst auf dem Einbau von dUTP anstelle von dTTP während der Amplifikation. Das daraus resultierende PCR-Produkt enthält Uracilreste in beiden Strängen und unterscheidet sich somit von jeder zu amplifizierenden Ausgangs-DNA. UNG ist ein Enzym, das die glykosidische Bindung zwischen Uracil und dem Zuckerphosphat-Rückgrat der DNA spaltet. Durch anschließendes Erhitzen oder durch Alkalisierung zerfällt ein solcher DNA-Strang in einzelne Bruchstücke und kann somit nicht mehr amplifiziert werden.

Das UNG-System ist aus zweierlei Gründen besonders effektiv: Einerseits trägt *jedes* neu amplifizierte Molekül Uracilreste, ist also Substrat für die UNG, und andererseits dekontaminiert UNG *vor* einer erneuten Amplifikation, also dann, wenn mögliche Kontaminationen am geringsten sind. Viele andere Dekontaminationsmaßnahmen haben den Nachteil, dass sie entweder nach der Amplifikation stattfinden und dann quantitativ wirksam sein müssten, oder zusätzliche Schritte benötigen, die wiederum ein zusätzliches Kontaminationsrisiko in sich bergen. Da Uracilreste nur in einzel- und doppelsträngiger DNA, nicht aber als Einzelnucleotid oder in RNA ein Substrat für die UNG darstellen, kann das Enzym bereits in den Amplifikationsmix gegeben werden und eignet sich auch für die Verwendung in der RT-PCR.

24.5 Anwendungen

Zahlreiche Anwendungen der PCR sind beispielhaft bereits in den Abschnitten 24.2 und 24.3 beschrieben worden. Meist bezogen sich diese auf besondere Fragestellungen im Forschungslabor. Im folgenden Abschnitt soll verstärkt auf Anwendungen im medizinisch-diagnostischen Labor eingegangen werden und die Möglichkeiten des PCR-Einsatzes in der Genomanalyse skizziert werden.

24.5.1 Nachweis von Infektionskrankheiten

Der Nachweis von Krankheitserregern stellt ein ideales Anwendungsgebiet für die PCR dar, da sich viele Bakterien und Viren entweder gar nicht oder nur sehr langsam kultivieren lassen und herkömmliche Tests bei weitem nicht die Sensitivität der PCR erreichen. Folgerichtig fanden solche Tests auch zuerst Einzug in die molekularen Routinelabors der Lebensmittelanalytik sowie der Veterinär- und Humanmedizin. Als Beispiele hierfür seien die Viren HCV, HIV, HBV (Hepatitis-B-Virus) und CMV (Cytomegalie-Virus) sowie die Bakterien *Chlamydia, Mycobacterium, Neisseria* und *Salmonella* genannt. Beim Nachweis solcher pathogenen Keime mittels PCR kommt es vor allem auf drei wichtige Aspekte an: Eine ausreichende Spezifität der Reaktion zur Vermeidung von falsch positiven Ergebnissen, eine sehr hohe, aber auch klinisch relevante Sensitivität des Tests und eine eindeutige, gesicherte Aussage. Die Herausforderung an die Spezifität der

Gesamtreaktion ergibt sich aus der Frage, wie spezifisch ein Primerpaar binden muss, um einerseits nur HIV zu amplifizieren, andererseits aber auch alle Subtypen zu erkennen. Die Sensitivität wird dagegen entscheidend durch die Art der Probenvorbereitung und die Menge des Probenvolumens bestimmt. Erstere muss eine effiziente Abtrennung von Inhibitoren gewährleisten, um eine möglichst ungestörte Reaktion zu ermöglichen. Das ist besonders bei schwierigen Probenmaterialien wie Sputum, Stuhl und Urin wichtig. Darüber hinaus entscheidet natürlich auch die Menge der eingesetzten Probe über die Sensitivität der Reaktion. Bei ultrasensitiven Tests wie in der HIV-Diagnostik ist es oft notwendig die Viren vor dem Aufschluss anzureichern. Meist geschieht dies durch Ultrazentrifugation. So kann eine Nachweisgrenze von ca. 20 Genomäquivalenten pro mL erreicht werden. Andererseits sollte bei der Diskussion um die Sensitivität auch immer die klinische Relevanz miteinbezogen werden. Wenn beispielsweise erst die Aufnahme von mehr als 10^5 Erregern aus der *Salmonella*-Gruppe zu einer akuten Gastroenteritis führt, so erübrigt sich auch ein ultrasensitiver Test.

Auch die Wahl der Zielsequenz spielt eine entscheidende Rolle für die Aussagekraft des Tests. So repliziert HIV, wie alle Retroviren, sein Genom über eine DNA-Zwischenstufe (Provirus im Wirtsgenom). Nur bei einer akuten Infektion findet sich proliferierende RNA im Blut des Wirtsorganismus, während bei latenter Infektion das Virus als Provirus in das Zellgenom integriert vorliegt. Erst im Zusammenspiel all dieser Faktoren kann ein PCR-Test eine verlässliche und klinische relevante Aussage liefern.

Neben der rein qualitativen Ja-Nein-Antwort des PCR-Tests rücken für bestimmte Parameter (HCV, HIV) mehr und mehr quantitative Tests in den Vordergrund. Diese sollen eine Therapiekontrolle ermöglichen und damit helfen, den Erfolg bestimmter therapeutischer Maßnahmen auf den Krankheitsverlauf frühzeitig zu erkennen.

24.5.2 Nachweis von genetischen Defekten

Auf dem Gebiet der molekularen Medizin hat die PCR die Voraussetzung dafür geschaffen, viele genetisch bedingte oder erworbene Erkrankungen bereits präsymptomatisch auf DNA- oder RNA-Ebene zu diagnostizieren. Hierzu sind in der Vergangenheit zahlreiche Methoden entwickelt und verfeinert worden. Insgesamt ist dies jedoch noch ein sehr junges und innovatives Anwendungsfeld, das raschen Änderungen unterworfen ist. Dieser Abschnitt soll daher nur einen groben Überblick über die heutigen Methoden und einige Beispiele ihrer Anwendungen geben.

Der Nachweis von bekannten genetischen Defekten lässt sich, je nach Art der zugrundeliegenden Mutation (ausgenommen sind Translokationen), unterteilen in: Punktmutation oder längenvariante Mutation (Insertion, Deletion, Expansion). Wichtig ist auch die Unterscheidung, ob es sich um „einfache" (*single-site*) Mutationen handelt, oder um Erkrankungen, die auf ein komplexes Mutationsmuster zurückzuführen sind. Beispielsweise kennt man bei cystischer Fibrose und familiärer Hypercholesterinämie mittlerweile über 300 verschiedene Mutationen, während Chorea Huntington (s. u.) auf nur eine Mutation zurückzuführen ist. Jeder dieser Mutationstypen erfordert daher ein anderes methodisches Vorgehen.

Längenvariante Mutationen

Bei diesem Mutationstyp kann man mutiertes Allel und Wildtyp-Allel anhand der Länge des jeweiligen PCR-Produkts unterscheiden. Ein bekanntes Beispiel ist der Nachweis von Trinucleotid-Expansionen bei einigen neurogenetischen Erkrankungen. Ursächliche Mutation der Chorea Huntington (HD nach *Huntington's disease*) ist die Expansion eines Trinucleotid-Repeats (CAG) im betroffenen HD-Allel (IT15-Gen). Da schon das normale Allel einem Längenpolymorphismus

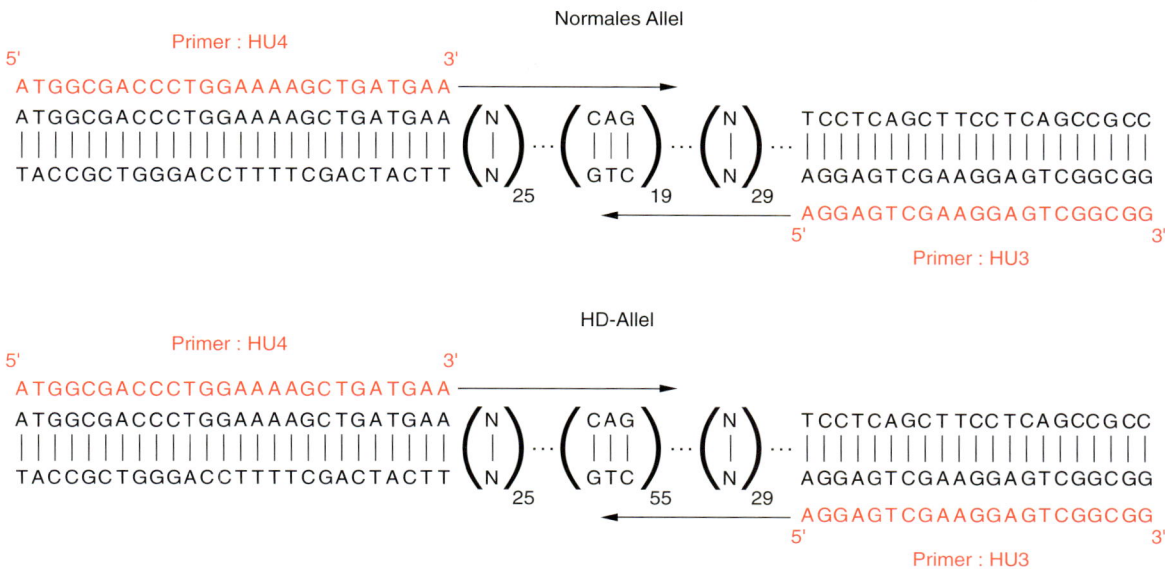

24.12 Schematische Darstellung des Trinucleotid-(CAG-)Expansions-Nachweises bei Chorea Huntington. Die Amplifikation erfolgt mit spezifischen Primern, die den CAG-Repeat flankieren. Die Größe des Repeats im Polyacrylamidgel liefert den diagnostischen Befund (siehe Abb. 25.14).

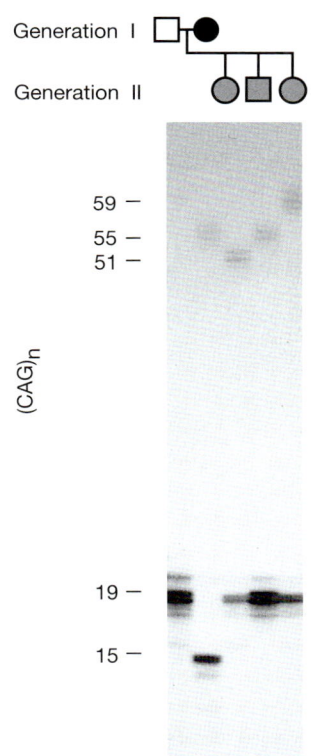

unterliegt, können auch hier bis zu 32 Wiederholungen des Repeats gefunden werden. Die Erfahrung hat gezeigt, dass man erst ab einer Repeatlänge von mehr als 36 CAGs sicher von einem positivem Befund sprechen kann. Das Prinzip des Tests ist in Abbildung 24.12 dargestellt. Da die Erkrankung einem autosomal dominanten Erbgang folgt und homozygote Anlagenträger praktisch nicht vorkommen, findet man auch immer ein zweites, gesundes Allel. Nach Amplifikation beider Allele werden die PCR-Produkte gelelektrophoretisch getrennt und die jeweilige Repeatlänge bestimmt (Abb. 24.13). Größere Längenvariationen, wie sie beim Fragilen-X-Syndrom vorkommen, können auch direkt nach einem Southern Blot durch Hybridisierung mit spezifischen Sonden detektiert werden.

Punktmutationen

Sequenzierung Die sicherste Methode zur Identifizierung und Charakterisierung sowohl von bekannten als auch unbekannten Mutationen ist die Sequenzierung des PCR-Produkts (Abschnitt 24.3.5). Da dies mit einem hohen technischen und zeitlichen Aufwand verbunden ist, eignet sich dieses Vorgehen kaum für ein Screening-Verfahren.

RFLPs Restriktionsfragment-Längenpolymorphismen (RFLPs) können immer dann zur Analyse herangezogen werden, wenn durch die Mutation bestimmte Restriktionsschnittstellen entstanden oder verlorengegangen sind. Nach Amplifikation wird das PCR-Produkt durch das entsprechende Restriktionsenzym geschnitten und die Fragmente über ein Gel elektrophoretisch aufgetrennt. Die Methode eignet sich nur für den Nachweis bekannter Mutationen.

Reverse-Dot-Blot (allelspezifische Hybridisierung) Beim Reverse-Dot-Blot-Verfahren werden allelspezifische Sonden an festen Oberflächen immobilisiert und das PCR-Produkt gegen diese hybridisiert. Es darf dabei nur im Falle einer perfekten Übereinstimmung von Sonde und Amplikon zu einer Hybridisierung kommen, das heißt, dass das mutierte Allel von der Wildtypsonde nicht gebunden werden darf und das Wildtypallel nicht von der Mutanten-spezifischen Sonde. Die Position der Hybridisierung kann über spezifische Markierungen sichtbar gemacht

24.13 Nachweis der Expansion im Huntington-Genlocus. Dargestellt ist die Trinucleotid-Expansion ($n = 55$) einer betroffenen Frau und ihrer drei präsymptomatischen Kinder. Während die Expansion bei ihrem Sohn ebenfalls 55 CAG-Repeats umfasst, kam es bei der Transmission des Allels auf die erste Tochter zu einer Reduktion der Repeatlänge ($n = 51$), bei der anderen Tochter dagegen zu einer weiteren Expansion ($n = 59$). Der gesunde Vater ist homozygot mit zwei Allelen von je 19 CAG-Repeats.

Stringenz der Hybridisierung
Abschnitt 23.1.2

werden und gibt Aufschluss über den Genotyp. Das Prinzip ist in Abbildung 24.14 skizziert. Um unspezifische Bindungen zu vermeiden, muss die Stringenz der Hybridisierung exakt eingestellt werden (Salzkonzentration, Zeit, Temperatur). Auch bei diesem Verfahren ist die genaue Kenntnis der jeweiligen Mutation Voraussetzung.

Allelspezifische PCR Wenn das 3′-Ende eines Primers aufgrund eines Mismatch (Punkt-Mutation) nicht an das Template binden kann, so ist die Amplifikation inhibiert, da die Taq-Polymerase nur an einem hybridisierten 3′-OH-Ende verlängern kann. Für die allelspezifische PCR nutzt man diesen Umstand aus und konstruiert zwei unterschiedliche *forward*- oder *reverse*-Primer. Die Amplifikation der zu untersuchenden DNA findet in zwei getrennten PCR-Gefäßen mit jeweils dem anderen Primer statt. So lässt sich sehr elegant der Genotyp (homolog Wildtyp, heterozygot, homolog Mutante) charakterisieren. Für das Primerdesign muss man auch hier die jeweilige Mutation kennen.

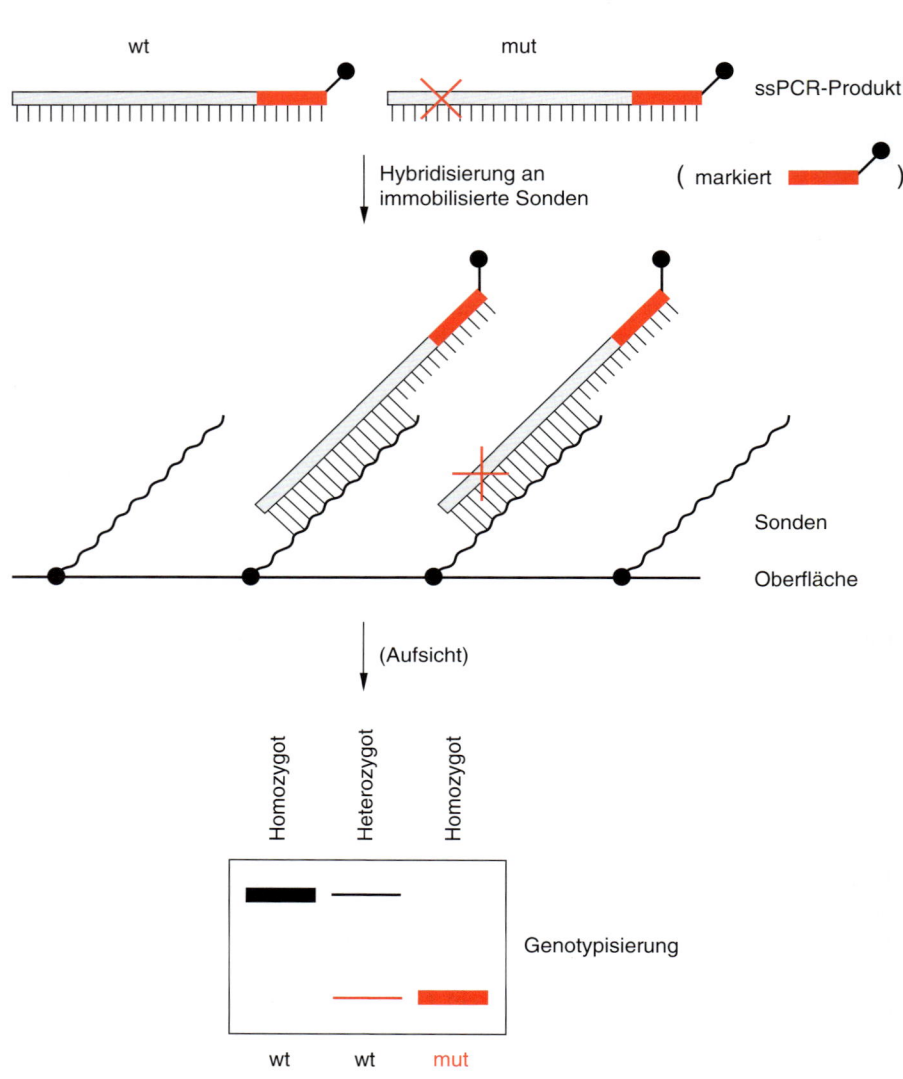

24.14 Reverse-Dot-Blot. Der Nachweis von bekannten Mutationen erfolgt über allelspezifische Hybridisierungssonden (wt = Wildtyp; mut = Mutante), die an einer Oberfläche immobilisiert werden. Die Position der Hybridisierung wird über ein Label sichtbar gemacht und erlaubt so die Genotypisierung.

OLA-Technik Auch die OLA-Technik (*oligonucleotide-ligation assay*) macht sich den Umstand zunutze, dass nur perfekt gepaarte und direkt benachbarte Oligonucleotide durch eine Ligase miteinander verknüpft werden können. Zur Analyse bekannter Mutationen stellt man Oligonucleotide her, die sich in ihrer Länge oder in ihrer Markierung voneinander unterscheiden und allelspezifisch an das PCR-Produkt binden. Benachbart zu diesen allelspezifischen Oligonucleotiden befindet sich ein obligatorisch hybridisierendes Oligonucleotid. Je nach Vorhandensein der Mutation verbindet die Ligase in einer an die PCR anschließenden Reaktion das eine oder andere allelspezifische Oligonucleotid mit dem universellen Oligonucleotid. Auch hierdurch ist eine Genotypisierung möglich (Abb. 24.15).

SSCP (*single-strand conformation-polymorphism*). Einzelsträngige DNA (ssDNA) bildet unter renaturierenden Bedingungen nicht vorhersehbare, intramolekulare Sekundärstrukturen, die durch die Sequenz festgelegt werden. Da in einem mutiertem Allel eine andere Sequenz vorliegt, wird dieses Allel bei der Renaturierung auch eine andere Konformation einnehmen. Bei der SSCP-Analyse wird daher das PCR-Produkt nach Amplifikation denaturiert und sofort auf ein

SSCP-Analyse
Abschnitt 22.1.1

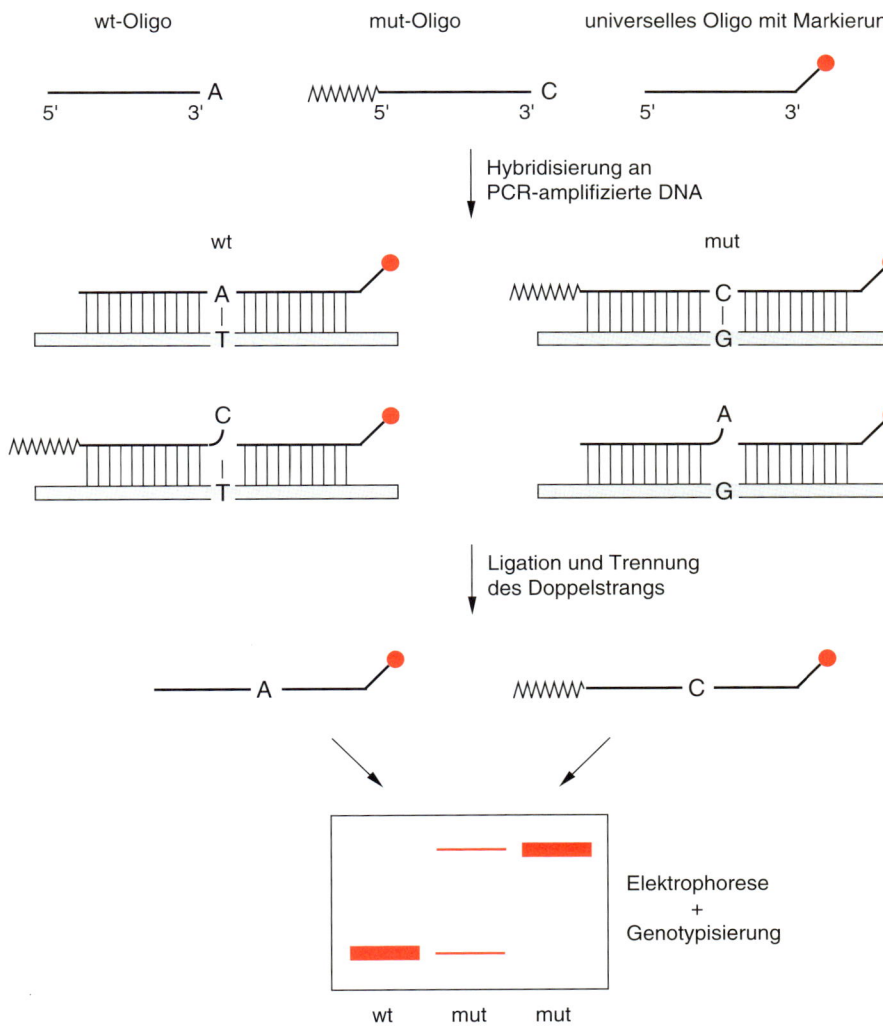

24.15 OLA-Technik. Nach einer PCR binden allelspezifische Oligonucleotide (wt, mut) an das einzelsträngige Amplikon. Nur im Fall einer perfekten Paarung des 3′-Endes können diese Oligonucleotide in der anschließenden Ligasereaktion mit einem universell bindenden Oligonucleotid, das die Markierung trägt, ligiert werden. Da sich mut-Oligonucleotid und wt-Oligonucleotide in ihrer Länge unterscheiden, lassen sich die ligierten Oligonucleotide elektrophoretisch auftrennen und über ihre Markierung nachweisen.

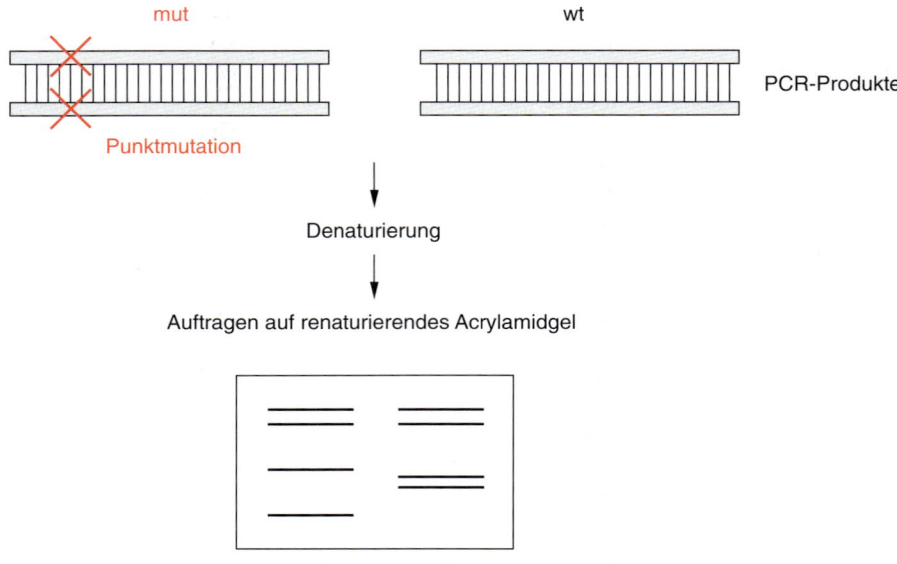

24.16 SSCP-Analyse. Nach Amplifikation werden die PCR-Produkte denaturiert und auf ein renaturierendes Sequenzgel aufgetragen. Wegen der unterschiedlichen Rückfaltung ist die Mobilität im Gel der mutierten Allele (mut) gegenüber der Kontroll-DNA (wt) verändert. In der Regel entstehen vier Banden, da sich die Einzelstränge jedes Allels in Abhängigkeit ihrer Sequenz anders rückfalten.

renaturierendes Gel aufgetragen. Schon bei kleinsten Änderungen in der Konformation des Einzelstrangs weist dieser ein anderes Laufverhalten im Gel auf, das sich durch einen Banden-Shift bemerkbar macht (Abb. 24.16). Mit dieser Methode lassen sich zwar unbekannte Mutationen bzw. Polymorphismen erkennen, aber nicht charakterisieren. Dazu muss anschließend sequenziert werden.

DGGE Auf einem sehr ähnlichen Prinzip basiert die denaturierende Gradienten-Gelelektrophorese (DGGE). Dabei wird das doppelsträngige Amplifikat auf ein Gel aufgetragen, das einen Gradienten mit zunehmenden Denaturierungseigenschaften aufweist. Je nach Sequenz des untersuchten Allels tritt die Denaturierung an der mutierten Stelle früher oder später ein. Auch hier zeigt sich das veränderte Laufverhalten durch einen Banden-Shift.

24.5.3 Humangenomprojekt

Aufgabe des Humangenomprojekts ist die vollständige Sequenzierung des menschlichen Genoms, das aus etwa $3 \cdot 10^9$ bp besteht. Die Sequenzaufklärung ist eine wichtige Grundlage für die bereits parallel dazu vorangetriebene Expressionsanalyse. Beim momentanen Stand des Projekts rechnet man im Jahre 2003 mit dem Abschluss der Sequenzierungsarbeiten. Im Mittelpunkt stehen aber nicht nur physikalische Gen- und Expressionskarten, sondern auch die Aufklärung der Funktion dieser Gene.

Genkartierung Kapitel 31

Die PCR hat auch die Entwicklung des Humangenomprojekts sehr stark vorangetrieben. Durch sie wurde die Einführung der sogenannten STSs (*sequence tagged sites*) möglich, die eine immense Hilfestellung bei den Kartierungsarbeiten erbrachte. Solche STSs sind spezifische DNA-Segmente auf den Chromosomen, die schlicht durch die Sequenz von zwei Primern festgelegt werden. Über Datenbanken sind dann solche Informationen schnell verfügbar und von jedem Forscher, der mit der Kartierung des menschlichen Genoms oder der Klonierung von Genen beschäftigt ist, direkt zu verwenden. Handelt es sich bei den STSs um Teile von exprimierten Sequenzen, so spricht man von ESTs (*expressed sequence tagged sites*). Eine besondere „Form" der STSs sind *short tandem repeat polymorphisms* (STRPs), kurze Dinucleotidrepeats (meist CA), die von Individuum zu Individuum eine variable Länge aufweisen können. STRPs erlauben die Bestimmung von Rekombinationsfrequenzen und damit Aussagen über den Abstand sol-

Sequence Tagged Sites Abschnitt 31.2.3

cher Marker. Darüber hinaus ermöglichen sie es auch, Haplotypen zu charakterisieren und über ein als Positionsklonierung genanntes Vorgehen (*positional cloning approach*) Gene zu isolieren. Das erste Gen, das über einen solchen *positional cloning approach* kloniert werden konnte, war 1989 das CFTR-Gen, das für die cystische Fibrose verantwortlich ist.

Positional Cloning
Abschnitt 31.2.4

24.6 Alternative Verfahren der Amplifikation

Neben der PCR als Amplifikationsreaktion existieren noch andere Verfahren zur gezielten Vervielfachung von Nucleinsäuren. Wenn solche Techniken auch in einigen Labors in den vergangenen Jahren ihre Anwendung gefunden haben, so kristallisiert sich doch zunehmend heraus, dass eine breite routinemäßige Applikation nur durch die PCR geleistet werden kann. In diesem Buch sollen daher nur einige der wichtigsten alternativen Amplifikationstechniken stichwortartig beschrieben werden:

24.6.1 NASBA (*nucleic acid sequence based amplification*)

Es handelt sich um eine isotherme Amplifikation von Nucleinsäuren bei 42 °C. Enzymatische Bestandteile der NASBA-Reaktion sind eine Reverse Transkriptase, RNAse H und T7-RNA-Polymerase. Eine weitere Besonderheit ist der Einbau eines T7-Promotors über einen Primer (Primer A). Dies geschieht, indem man den Promotor an die spezifische Nucleotidsequenz des Primers anhängt. Die Reaktion wird durch Bindung von Primer A an das RNA(!)-Template gestartet. Die Reverse Transkriptase (RTase) schreibt die RNA-Matrize in cDNA um, und die RNA dieses Hybrids wird zugleich durch RNAse H verdaut (Abb. 24.17). An den DNA-Strang hybridisiert anschließend Primer B und der Gegenstrang wird durch die DNA-abhängige DNA-Polymerase-Aktivität der RTase gebildet. Hierbei wird auch der Promotor neu synthetisiert. T7-Polymerase als dritte Enzymkomponente bindet nun an diesen Promotor und synthetisiert pro Strang ca. 100 neue RNA-Moleküle, an denen sich die beschriebenen Prozesse nun erneut vollziehen (Abb. 24.17). Auf dem gleichen Prinzip basiert eine als 3SR (*self-sustained sequence replication*) bezeichnete Reaktion. Sowohl NASBA als auch 3SR lassen sich mit leichten Modifikationen auch für die Amplifikation von DNA einsetzen.

24.6.2 SDA (*strand displacement amplification*)

Auch bei dieser Methode der Nucleinsäure-Amplifikation handelt es sich um eine isotherme Reaktion. Sie beruht auf der Fähigkeit von DNA-Polymerasen, die Neusynthese an einem Einzelstrangbruch zu beginnen und dabei den alten Strang zu verdrängen. Zur Amplifikation kommt es durch ein zyklisches Schneiden des Einzelstrangs und die anschließende Strangverdrängung. Da Restriktionsenzyme normalerweise den Doppelstrang schneiden, bedient man sich eines Tricks. Die Restriktionsschnittstelle wird über die Primer eingeführt und die Neusynthese geschieht mit drei normalen dNTPs und einem Thionucleotid. Hierdurch entsteht in der Restriktionsschnittstelle ein Hybrid aus dem normalen und dem schwefelhaltigen Strang. Dieser kann von dem Restriktionsenzym nicht geschnitten werden, wodurch es zu dem gewünschten Einzelstrangbruch (Nick) kommt. Das Prinzip ist in Abbildung 24.18 illustriert.

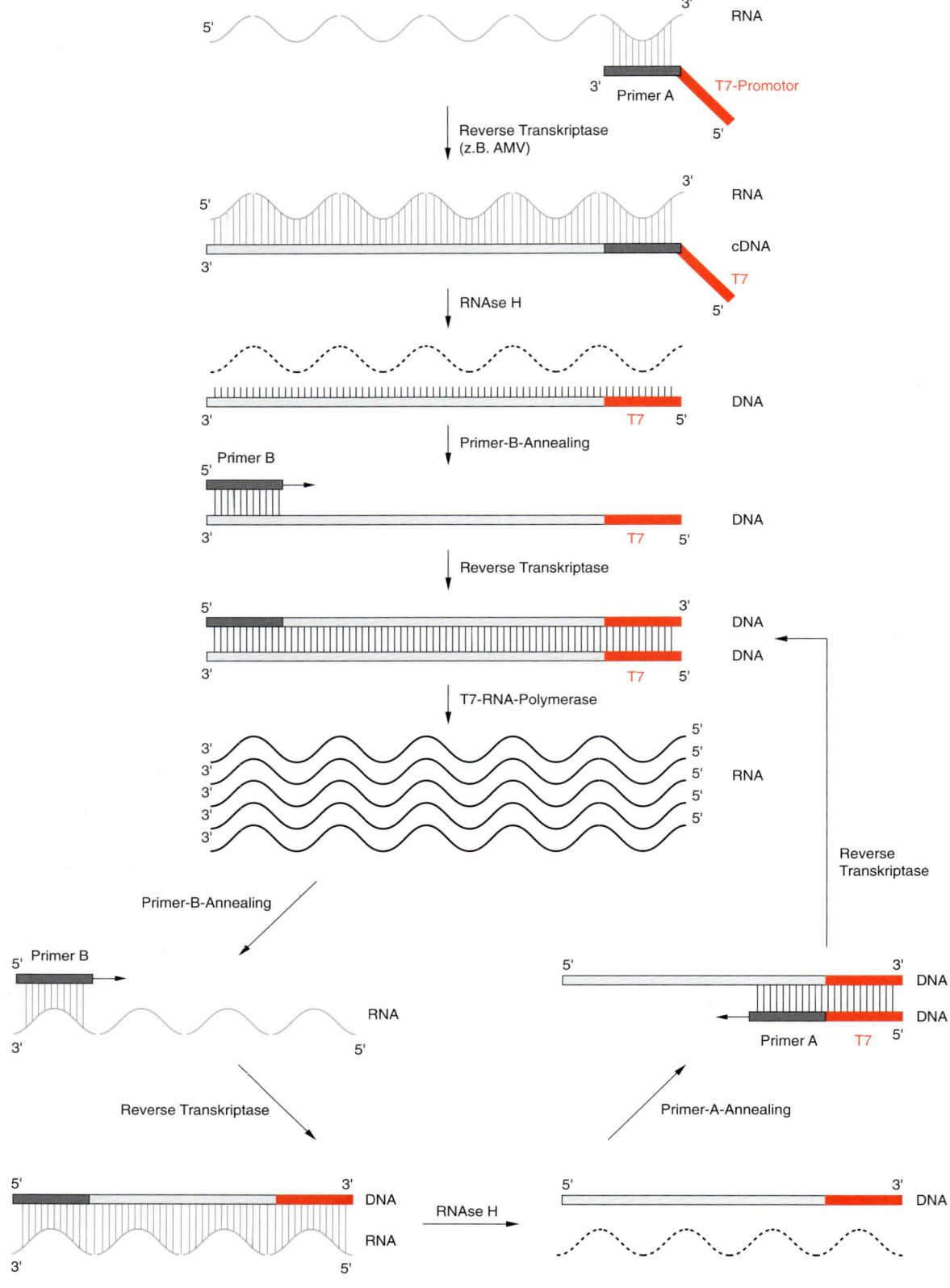

24.17 NASBA-Reaktion. Ausgangspunkt der Amplifikation ist eine einzelsträngige RNA, an die Primer A bindet. Dieser Primer besitzt am 5′-Ende eine T7-Promotor-Sequenz. Durch die Reverse Transkriptase wird eine cDNA synthetisiert und die RNA in diesem Hybrid sofort durch RNAse H abgebaut. An die nun einzelsträngige DNA annealt Primer B und synthetisiert den Gegenstrang, wodurch ein funktionsfähiger T7-Promotor entsteht. Diesen erkennt die T7-Polymerase und synthetisiert ca. 100 RNA-Moleküle, die nun die zyklische Phase der NASBA-Reaktion einleiten, in der sich die Einzelreaktionen wie beschrieben wiederholen. Die gesamte Reaktion erfolgt bei konstanter Temperatur und in einem Puffer.

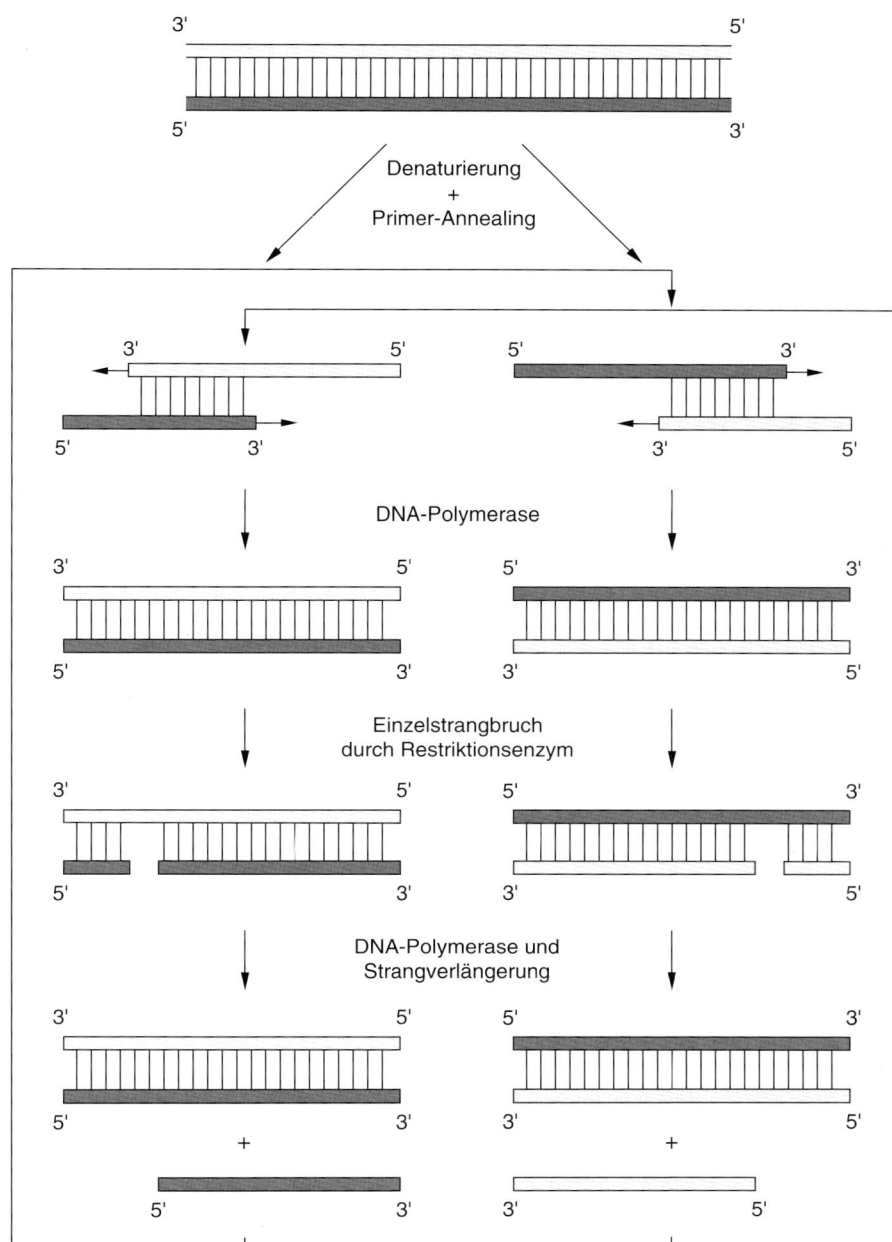

24.18 SDA (*strand displacement amplification*). Es handelt sich um einen zyklischen Prozess aus Synthese, Restriktionsverdau und Strangverdrängung. Die Primer enthalten die Erkennungsstelle für das Restriktionsenzym. Da die Neusynthese mit einem Thionucleotid ausgeführt wird, kommt es zu dem gewünschten Einzelstrangbruch (Nick), weil solche schwefelhaltigen Stränge resistent gegenüber Restriktionsenzymen sind. Auch die SDA verläuft wie die NASBA-Reaktion unter isothermen Bedingungen. (Nach: Persing et al. Diagnostic Molecular Microbiology: Principles and Applications. American Society for Microbiology, Washington D. C., 1993).

24.6.3 LCR *(Ligase-Kettenreaktion)*

Bei der Ligase-Kettenreaktion (*ligase chain reaction*) wird nicht die eigentliche Zielsequenz vermehrt, sondern es kommt zu einer Amplifikation von je zwei miteinander ligierten Oligonucleotiden, die komplementär zu den ursprünglichen Strängen sind (Abb. 24.19). Nach der initialen Denaturierung hybridisieren zwei direkt benachbarte Oligonucleotide, die dann durch eine thermostabile Ligase miteinander verknüpft werden. Diese bilden nun das Target für zwei komplementäre Oligonucleotide, die ebenfalls hybridisieren und durch die Ligase verknüpft werden. Mit der LCR lassen sich in etwa 30 Zyklen ähnliche Sensitivitäten wie mit der PCR erreichen.

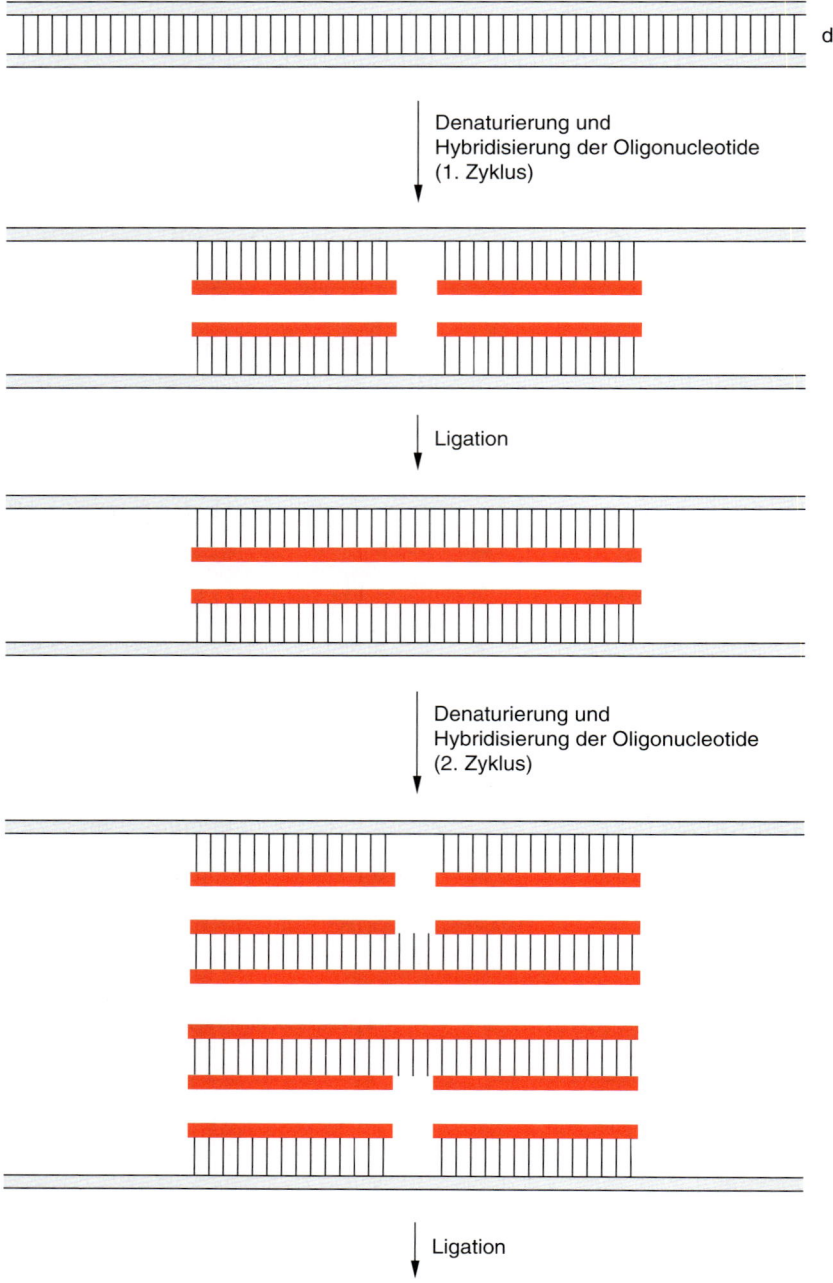

24.19 Ligase-Kettenreaktion (LCR). In dem zyklischen Prozess aus Denaturierung, Anlagerung von vier Oligonucleotiden und Ligation verdoppelt sich theoretisch mit jeder weiteren Runde die Zahl der miteinander verknüpften Oligonucleotide. Analog zur PCR kommt es auch bei der LCR zu einer exponentiellen Amplifikation.

26.6.4 bDNA *(branched DNA amplification)*

bDNA-Amplifikation
Abschnitt 23.5.3

Im Unterschied zu den zuvor beschriebenen Verfahren handelt es sich bei der bDNA-Methode um eine Signalamplifikation. Die nachzuweisende Target-Nucleinsäure wird über spezifische Oligonucleotide (*capture probes*) an eine feste Oberfläche gebunden. Anschließend hybridisieren weitere Oligonucleotide (sog. *extenders*) an die Nucleinsäure. An diese Extender binden dann, nunmehr targetunspezifisch, sogenannte Amplifier-Moleküle, die antennenartig von dem ursprünglichen Target abstehen. Aufgabe dieser Amplifier ist es, zahlreiche weitere Oligonucleotide zu binden, die eine Alkalische Phosphatase als Label tragen. Nach mehrfachem Waschen wird das Substrat der Phosphatase zugegeben, und durch die Chemilumineszenz-Reaktion lässt sich die Nucleinsäure nachweisen. Die bDNA-Methode erlaubt den Nachweis von ca. 10^5 Target-Molekülen.

24.7 Ausblick

Die PCR ist als zentrale bioanalytische Methode aus dem molekularen Forschungslabor nicht mehr wegzudenken. Hält der derzeitige Trend weiter an, so wird sich die PCR in den kommenden Jahren auch verstärkt in der Routinediagnostik etablieren. Dass dieser Prozess in den vergangenen Jahren nicht schneller voranging, hat zahlreiche Gründe. Abgesehen von den noch eingeschränkten Möglichkeiten der kassenärztlichen Abrechnung, steht vor allem der recht hohe Grad an manueller Arbeit, insbesondere in der Probenvorbereitung einem Routineeinsatz im Wege. Aus diesen Gründen wird verstärkt an der Automatisierung des Gesamtprozesses gearbeitet. Diese wird sich einerseits auf der Ebene der Probenvorbereitung vollziehen, andererseits auch in Richtung homogene Reaktion gehen. Unter solchen homogenen Systemen versteht man die simultane Messung des PCR-Produkts noch während der Amplifikationsreaktion (*real-time*-Detektion), wie sie bereits heute in einigen kommerziellen Geräten realisiert ist. Dieser Weg bedeutet auch eine drastische Reduzierung des Kontaminationsrisikos, da die PCR-Gefäße zur Detektion nicht mehr geöffnet werden müssen.

Ein weiterer Trend ist die Verkürzung der Reaktionszeiten durch schnellere Thermocycler und durch die Verringerung des Reaktionsvolumens. Man erhofft durch eine zunehmende Miniaturisierung, Amplifikationszeiten im Minutenbereich zu erzielen. Um dabei nicht an Sensitivität zu verlieren, muss die Probenvorbereitung hohe Ausbeuten an Analyt und eine effiziente Abtrennung von Inhibitoren gewährleisten.

Verbesserungen auf enzymatischer Seite sind von neuen thermostabilen Enzymen zu erwarten, die eine höhere Prozessivität bei geringerer Fehlerquote haben. Muliplex-PCRs können dann verstärkt in den Vordergrund treten.

Hinsichtlich der Anwendungen wird sich die Routinediagnostik mehr und mehr auf den humangenetischen und onkologischen Bereich ausdehnen. Technische Hürden sind hier zur Zeit noch die beschränkten Möglichkeiten der automatischen komplexen Mutationsanalyse.

Weiterführende Literatur

Mullis K. B. Eine Nachtfahrt und die Polymerase-Kettenreaktion. Spektrum der Wissenschaft, Juni 1990.

Newton C. R., Graham A. PCR, 2. Auflage. Spektrum Akademischer Verlag, Heidelberg, 1997.

Persing D. H., Smith T. F., Tenover F. C., White T. J. Diagnostic Molecular Microbiology: Principles and Applications. American Society for Microbiology, Washington D. C., 1993.

Rolfs A., Schuller I., Finckh U., Weber-Rolfs I. PCR: Clinical Diagnostics and Research. Springer-Verlag, Berlin, Heidelberg, 1992.

25 DNA-Sequenzierung

Im Jahre 1975 legte Fred Sanger mit der Entwicklung einer enzymatischen Sequenzierungsmethode den Grundstein für das mächtigste Werkzeug zur Analyse der Primärstruktur der DNA. Zum damaligen Zeitpunkt waren weder die weitreichenden Implikationen für das Verständnis von Genen oder ganzen Genomen noch die rasante Entwicklung, welche die Methode nehmen würde, abzusehen. Fred Sanger freute sich damals über die Sequenzierung von fünf Basen in einer Woche, wie er selbst rückblickend anlässlich eines Empfangs 1993 im Sanger Center (Cambridge, England) feststellte.

Im Vergleich zu diesen fünf Basen erreichen Genomgrößen astronomische Dimensionen. Die durchschnittliche Länge eines kleinen Virengenoms liegt im Bereich von 10^5 Bp. Mit zunehmender Komplexität der Organismen werden sehr schnell weitere Größenordnungen überschritten: *Escherichia coli* erreicht bereits $4,7 \cdot 10^6$ Bp, *Saccharomyces cerevisiae* $1,4 \cdot 10^7$ Bp, *Caenorhabditis elegans* 10^8 Bp und der Mensch bereits geschätzte $3 \cdot 10^{12}$ Bp. Die real zu sequenzierende Anzahl von Basen erreicht je nach verwendeter Strategie leicht noch einmal das zehnfache. Bei dieser Betrachtung sind die zunehmend an Bedeutung gewinnenden Bedürfnisse der diagnostischen DNA-Sequenzierung, die zwar nur kleine Fragmente analysiert, diese jedoch in großer Zahl verarbeitet, noch nicht berücksichtigt.

Ausgestattet mit dem Instrumentarium der Sanger-Methode, begann man bereits in den 70er Jahren mit der Analyse ganzer Genome. Sanger und Mitarbeiter veröffentlichten im Jahr 1977 die 5386 Bp lange DNA-Sequenz des Phagen φX174. 1982 war die komplette Sequenz des menschlichen Mitochondriums mit einer Länge von 16 569 Bp bestimmt. 1984 erreichte man mit der Sequenz des Eppstein-Barr-Virus bereits eine Länge von 172 282 Bp. Parallel zur weiteren Entwicklung der DNA-Sequenzierungsmethoden wurden Klonierungsmethoden in M13-Phagen verfügbar, die sowohl die biologische Amplifikation von DNA-Fragmenten in einem Größenbereich von bis zu 2 kBp als auch die Erzeugung von „leicht" zu sequenzierender Einzelstrang-DNA ermöglichten. Es konnten maximale Leselängen von 200 Bp erreicht werden. In einem Sequenzierungslauf kann also nur ein Bruchteil der Gesamtsequenz bestimmt werden. Dieses Missverhältnis zwang zur Entwicklung von Sequenzierungsstrategien, die unter vertretbarem Aufwand eine Rekonstitution der Gesamtsequenz ermöglichen.

Die ursprüngliche Shot-Gun-Methode basiert auf der möglichst statistischen Zerkleinerung des Genoms in kleine Fragmente von 1 kBp Länge, deren Klonierung und Sequenzierung sowie dem Zusammensetzen der einzelnen Sequenzen wie bei einem Puzzle. Das Gesamtbild der Sequenz entsteht also erst am Ende eines Projekts. Dieser Unsicherheit während des Projektes wurde durch die Entwicklung geordneter und zielgerichteter Methoden begegnet. *Primer Walking, Nested Deletions, Delta-Restriktionsklonierung* oder Kombinationen der Methoden erlauben schon während der Sequenzierung eine Lokalisierung der gewonnenen Information. Hybridverfahren wie die RANDI (von *random* und *directed*)-Strategie kombinieren die anfänglich hohe Datenakkumulationsrate einer Randomstrategie mit der Reduktion des Sequenzierungsaufwands einer gerichteten Strategie.

Primer Walking

Primer Walking ist eine gerichtete DNA-Sequenzierungsstrategie. In einem ersten Schritt wird das zu sequenzierende DNA-Fragment von beiden Enden her in je einer Reaktion sequenziert. Ausgehend von der gewonnenen Information wird an jedem der Enden ein neuer Primer in gleicher Leserichtung plaziert. Auf diese Weise kann in einzelnen Schritten ein längerer Sequenzabschnitt bestimmt werden. Zusätzlich werden Primer in entgegengesetzter Leserichtung plaziert, um die Sequenz des komplementären DNA-Stranges zu bestimmen. Zu jedem Zeitpunkt eines Primer-Walking-Projekts ist die Position und die Laufrichtung der Sequenz eindeutig bestimmt. Die Redundanz der gewonnenen Sequenz erreicht im optimalen Fall einen Wert nahe zwei. Die Generierung der Sequenzinformation kann jedoch nur seriell in Schritten erfolgen und ist abhängig von der Synthese eines neuen Primers für jede Reaktion.

Nested Deletion

Die Erzeugung unidrektionaler Nested Deletions wurde 1984 von Steven Henikoff entwickelt. Diese Sequenzierungsstrategie ermöglicht eine geordnete Sequenzgewinnung unter Verwendung von lediglich einem Standard-Primer. Als Ausgangsmaterial dienen Plasmide mit einer bekannten Primersequenz, die eine bestimmte Struktur aufweisen müssen: Zwischen der Priming-Stelle und dem klonierten Insert müssen sich singuläre Erkennungsstellen für zwei verschiedene Restriktionsendonucleasen befinden, deren Sequenz sich nicht im Insert selbst wieder findet. Die Schnittstelle, die näher in Richtung der Priming-Stelle zu liegen kommt, muss einen 3'-Überhang erzeugen. Die zweite, näher in Richtung Insert liegend, muss einen 5'-Überhang erzeugen. Nach einem Doppelverdau mit beiden Restriktionsendonucleasen wird das linearisierte DNA-Molekül mit Exonuklease III (Exo III) behandelt. Exo III greift das 5'-überhängende Ende eines DNA-Doppelstranges an, wirkt dort als 3'-5'-Exonuklease und entfernt sukzessive den 3'-zurückgesetzten DNA-Strang. Zu bestimmten Zeitpunkten wird jeweils ein Aliquot entnommen und in den nächsten Schritten parallel weiter verarbeitet. Im nächsten Schritt wird durch S1-Nuclease der 5'-Überhang entfernt, um ein stumpfes Ende zu erzeugen. Nach der Reparatur der Enden, Rezirkularisierung und Transformation entstehen Plasmide, deren Inserts jeweils um eine bestimmte Anzahl von Basen verkürzt sind. Die Sequenzverkürzung erfolgt direkt neben der Bindungsstelle für den Sequenzierungsprimer. Auf diese Weise beginnt nach dem Primer jeweils ein Abschnitt unbekannter Sequenz. Fragmente mit einer maximalen Länge von ca. 3 kbp können bearbeitet werden. Für die Bestimmung der Sequenz des komplementären DNA-Stranges muss eine zweite Serie von Deletionen erzeugt werden.

Delta-Restriktionsklonierung

Mit Delta-Restriktionsklonierung kann durch einfachen Verdau mit allen Polylinker-Restriktionsendonucleasen eine Vielzahl von Subklonen erzeugt werden, deren Position untereinander bekannt ist. Im ersten Schritt wird das zu sequenzierende Fragment geschnitten und auf einem Agarosegel analysiert. Aus allen Klonen, die eine interne Schnittstelle für ein Polylinker-Enzym aufweisen, wird durch diesen Verdau ein Stück entfernt. Einfache Rezirkularisierung der Fragmente führt zu Klonen, die relativ zur Primerposition eine Deletion aufweisen und somit bei der Reaktion mit Standardprimern de novo Sequenz liefern.

RANDI

Die Random- und Directed-Strategie vereint ungerichtete und gerichtete Strategien mit dem Ziel, den Aufwand für Klonierung, Walking, Primer-Synthese und Sequenzierung bei der Sequenzbestimmung von Cosmiden zu minimieren. Vom Ursprungscosmid werden sowohl zufällige (*random*) Klone als auch durch Restriktion geordnete Subklone erzeugt. Von 100 Zufallsprodukten und von allen gerichteten Subklonen (ca. 15) werden jeweils die Endsequenzen bestimmt. Die gerichteten Klone dienen als Raster zum Zusammenbau der Zufallsklone. Eventuell bestehende Sequenzlücken innerhalb des Contigs werden durch direkte Sequenzierung auf dem Cosmid mit Primer Walking geschlossen. Die Kombination der Methoden führt zu einer Redundanz zwischen 3,5 und 3,8 und ermöglicht eine schnelle Sequenzakkumulation.

Während die Sequenzierung ganzer Genome oder Gene mit klassischen Subklonierungsstrategien erfolgt, hat sich in phylogenetischen Analysen und in der klinischen Diagnostik die direkte Templateproduktion durch PCR durchgesetzt. Die Verwendung von PCR-Produkten als Sequenzierungstemplate erfordert lediglich eine vereinfachte Aufreinigung (z. B. durch magnetische Partikel) vor der eigentlichen DNA-Sequenzierungsreaktion.

Parallel zur Entwicklung der Sequenzierungsstrategien verlief auch die Entwicklung der Sequenzierungstechnik. Während die ersten Sequenzierungsreaktionen noch mit radioaktiver Markierung durchgeführt wurden, setzen sich heute Techniken mit fluoreszierenden Markern durch. Auch das zunehmende Verständnis von DNA-Polymerasen führte zu einem Wandel der verwendeten Enzyme. Seit den ersten Anfängen mit DNA-Polymerase I und dem Klenow-Fragment sind nunmehr genetisch modifizierte T7-DNA-Polymerasen und thermostabile DNA-Polymerasen im Einsatz. Inzwischen können Leselängen von 1000 Bp erreicht werden. Versuche zu neuen DNA-Sequenzierungsverfahren werden unternommen: Massenspektroskopie, Atomic Force Microscopy (AFM) sowie enzymatische Verfahren sind hier als Stichworte zu nennen.

In zunehmendem Maße werden inzwischen Automaten für die Durchführung der erforderlichen Reaktionen in Industrie und Forschung eingesetzt. Die große Dynamik in der Entwicklung von Analyse- und Syntheseverfahren erfordert jedoch eine ständige Anpassung der Automatisierungsstrategien und hat bisher die Verbreitung von einschlägigen Systemen mit hohem Probendurchsatz verhindert. Alle Automatisierungsstrategien basieren auf einem flexiblen *Liquidhandling*-System, das die verschiedensten applikativen Anpassungen und Zusatzgeräte zulässt und damit ein sehr breites Anwendungsfeld mit besonders effektiven Weiterentwicklungen ermöglicht.

Im Jahre 1996 wurden in der EMBL-Nucleotid-Sequenzdatenbank mehr als 300 Megabasen (MB) Sequenzinformation neu erfasst. Dies entspricht fast der Summe, die in den 13 Jahren zuvor seit Gründung der Einrichtung dort registriert wurden. Die Sequenz des menschlichen Genoms mit einer Größe von 3000 MB soll in der ersten Dekade des nächsten Jahrtausends sequenziert sein.

Diese Zahlen verdeutlichen sowohl den technologischen Fortschritt der verwendeten Verfahren als auch die zunehmende Verbreitung dieser Techniken. Bei näherer Betrachtung zeigen diese Zahlen jedoch auch die noch bestehende Diskrepanz zwischen der Größe des menschlichen Genoms und dem tatsächlichen Informationsgewinn: So groß die Zahl 300 MB auch erscheinen mag, sie repräsentiert Sequenzen aus den verschiedensten Organismen und Sequenzbruchstücke geringer Größe, deren Lokalisierung nicht in allen Fällen bekannt ist. Der Weg zu einer finalen einzigen Sequenz als Repräsentation des menschlichen Genoms ist nicht zu unterschätzen. Aus diesem Grund werden die vorhandenen Techniken weiter verfeinert und auf höheren Durchsatz optimiert, und es wird nach alternativen Methoden zur Bestimmung der DNA-Sequenz gesucht.

Die Gewinnung von RNA/DNA-Sequenzen erfolgt heute im Wesentlichen in sechs Schritten:

1. **Isolierung und Reinigung der Nucleinsäure:**
   Genomische DNA wird mit einer dem Zielorganismus angepassten Methode extrahiert. Die direkte Sequenzierung von RNA wird heute nur selten verwendet. In der Regel wird durch reverse Transkription eine cDNA-Kopie erzeugt und diese anschließend sequenziert.

2. **Klonierung oder PCR-Amplifikation:**
   Die im ersten Schritt gewonnene DNA ist für die Sequenzierung in mehrerer Hinsicht nicht geeignet: Genomische DNA weist eine zu große Länge auf, um sie mit einem klassischen Verfahren bearbeiten zu können. Zur Zeit kann in einem Sequenzierungslauf in günstigen Fällen 1 kBp Sequenz erzeugt werden. Bei der Analyse zum Beispiel eines menschlichen Gens von 50 kBp erhält man also nur einen Bruchteil der Gesamtinformation. Dieses Fragment gilt es jedoch entsprechend seiner Position anzuordnen und mit den weiteren generierten Fragmenten zur ursprünglichen Sequenz zu rekonstruieren.
   Für alle Typen von DNA-Isolaten gilt, dass die Anzahl der in einer Präparation enthaltenen Kopien für eine Sequenzierung nicht ausreicht. Heute verfügbare automatisierte DNA-Sequenzierungssysteme haben eine Nachweisgrenze von ca. 10 000 Molekülen, die in einem DNA-Isolat nicht erreicht wird. Um eine ausreichende Ausgangsmenge für die DNA-Sequenzierung zu erhalten, bedarf es der Amplifikation. Für die Rekonstitution längerer DNA-Sequenzen (> 2 kBp) muss dieser Prozess in vivo in Klonierungssystemen erfolgen. Die für diesen Prozess bestehenden Limitierungen sind durch entsprechende Sequenzierungsstrategien zu umgehen. Für kürzere Sequenzabschnitte, die häufig im medizinisch-diagnostischen Bereich analysiert werden, ist eine PCR-Reaktion ausreichend.

3. **DNA-Aufreinigung für die Sequenzierungsreaktion:**
   Um optimale DNA-Sequenzierungsergebnisse zu erhalten, ist eine weitere Aufreinigung erforderlich. Kontaminierende Proteine, Kohlenhydrate und Salze können das eingestellte Milieu unkontrolliert beeinflussen und zu drastisch reduzierten Leselängen führen. Für eine genauere Beschreibung der Verfahren wird auf die entsprechenden Kapitel dieses Buches verwiesen.

4. **DNA-Sequenzierung und Elektrophorese:**
   Die Reaktionsprodukte einer Sequenzierungsreaktion eines DNA-Fragments werden gelelektrophoretisch aufgetrennt, das generierte Bandenmuster online oder offline erfasst und der folgenden Analyse zugeführt.

5. **Rekonstitution der ursprünglichen Sequenzinformation:**
   Wie oben bereits erwähnt, ist die in einer Sequenzierungsreaktion erzeugte Sequenz in den meisten Fällen kleiner als die zu bestimmende Gesamtsequenz. Aus den in vielen Sequenzreaktionen erzeugten Fragmenten ist das ursprüngliche Bild in Form eines genetischen Puzzles wieder herzustellen. Hierzu werden im Wesentlichen computergestützte und automatisierte Verfahren eingesetzt.

6. **Fehlerkorrektur und Sequenzdatenanalyse:**
   Die gewonnene Sequenzinformation wird anschließend einer Qualitätskontrolle unterzogen. Um mögliche Fehler der Sequenzbestimmung aus einzelnen Experimenten zu unterdrücken, werden die zu bestimmenden DNA-Sequenzen mehrfach redundant und auch jeweils beide komplementären Stränge sequenziert. Anschließend wird in einer ersten Stufe die Sequenz auf mögliche Kontaminationen durch Vektor-, Bakterien- oder Fremd-DNA untersucht und gegebenenfalls aus der Sequenz entfernt. Unter Zuhilfenahme von *codon-usage*-Tabellen und potentiellen ORFs (*open reading frames*, offenen Leserastern) können mögliche Sequenzierungsfehler aufgespürt werden. Diese Schritte dienen der Korrektur möglicherweise während der Sequenzierung und des anschließenden Zusammenbaus entstandener Fehler. Die final erzeugte Sequenz kann anschließend mit den bereits aus Datenbanken bekannten DNA-Sequenzen verglichen und einer genaueren Sequenzanalyse unterzogen werden.

Der in obiger Aufstellung umrissene Gesamtprozess verlangt die kombinierte Anwendung einer Vielzahl von Methoden, die bereits an anderer Stelle in diesem Buch detailliert beschrieben sind. Die folgenden Abschnitte dieses Kapitels beschränken sich auf die eigentlichen Prozesse der gelgestützten DNA-Sequenzierungsverfahren, deren Markierungs- und Nachweisverfahren, und umreißt kurz mögliche Alternativen.

25.1 Gelgestützte DNA-Sequenzierungsverfahren

Die DNA-Sequenzierung wird heute von gelgestützten Verfahren bestimmt (quervernetzte Polyacrylamidgele zwischen planaren Glasplatten und als neue Entwicklung linear polymerisierten Gele in Glaskapillaren). Die parallele Prozessierung von bis zu 100 Klonen und Leselängen von bis zu 1000 Bp pro Klon in einem planaren Polyacrylamidgel ist bisher unerreicht. Alternative Verfahren sind über ein experimentelles Stadium noch nicht hinaus gekommen oder sind für die de-novo-Bestimmung unbekannter Sequenzen ungeeignet.

Gelgestützte DNA-Sequenzierungsverfahren beruhen im Wesentlichen auf der Erzeugung von basenspezifisch endenden DNA-Populationen, die in einer nachfolgenden denaturierenden Polyacrylamidgelelektrophorese nach ihrer Größe getrennt werden. Die Erzeugung dieser Populationen kann auf zwei unterschiedlichen Wegen erfolgen: Die Reaktionsprodukte können durch die Synthese eines DNA-Stranges (Didesoxy-Sequenzierung, Sanger-Verfahren) oder durch die basenspezifische Spaltung (chemische Spaltung, Maxam-Gilbert-Verfahren) erzeugt werden. Die Gelelektrophorese wird entweder in ultradünnen Gelen ($d < 0{,}35$ mm) oder in Kapillaren durchgeführt. Die Verwendung von Kapillaren ist jedoch mit Problemen bei der Befüllung der Kapillaren, der Polymerisation der Gelmatrizen und damit geringeren Leseweiten behaftet. Erst seit jüngster Zeit werden linear polymerisierte Acrylamidgele verwendet, die eine einfache Wiederbefüllung der Kapillaren ermöglichen und Leseweiten von mehr als 600 Basen erreichen.

25.1.1 Sequenzierung nach Sanger: das Didesoxy-Verfahren

Das Didesoxyverfahren (auch Kettenabbruchverfahren, Terminatorverfahren) basiert auf der enzymatisch katalysierten Synthese einer Population von basenspezifisch terminierten DNA-Fragmenten, die nach ihrer Größe gelelektrophoretisch getrennt werden können. Aus dem in einem denaturierenden Polyacrylamidgel entstehenden Bandenmuster kann die Sequenz rekonstruiert werden.

Ausgehend von einer bekannten Startsequenz wird durch Zugabe eines Sequenzierungsprimers (ein kurzes DNA-Oligonucleotid von ca. 20 Bp), eines Nucleotidgemisches und einer DNA-Polymerase die Synthese eines komplementären DNA-Strangs initiiert. Um die Reaktionsprodukte nachweisen zu können, müssen diese entweder mit radioaktiven Isotopen oder fluoreszierenden Reportergruppen markiert werden (Abschn. 25.1.2). Die Verwendung eines Primers ist einerseits notwendig, um eine definierte Startstelle für die Sequenzierung zu erhalten, und andererseits, um die Bildung des Initiationskomplexes und damit den Synthesebeginn der DNA-Polymerase einzuleiten. Die Reaktion wird in vier parallelen, aliquoten Ansätzen gleichzeitig gestartet, die sich lediglich durch die Verwendung eines unterschiedlichen Nucleotidgemisches unterscheiden. Die mit A, C, G und T bezeichneten Reaktionen enthalten eine Mischung aus den auch natürlicherweise vorkommenden 2'-Desoxynucleotiden und jeweils nur einem Typ synthetischer 2',3'-Didesoxynucleotide, der sogenannten Terminatoren (Abb. 25.1).

25.1 Strukturvergleich eines 2',3'-Didesoxynucleotids und eines 2'-Desoxynucleotids. Das hier dargestellte 2',3'-Didesoxy-CTP-Nucleotidanalogon unterscheidet sich von seinem natürlich vorkommenden Analogon 2'-Desoxy-CTP durch die fehlende Hydroxygruppe an C3' des Zuckers.

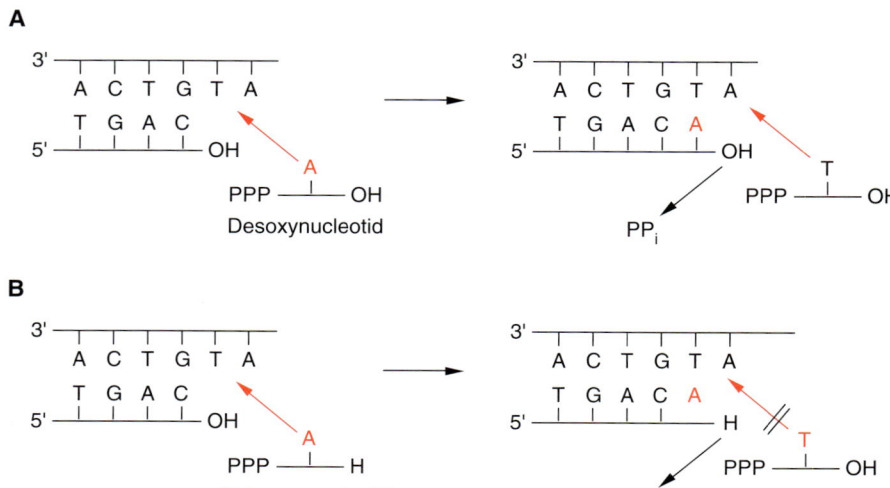

25.2 Synthese eines DNA-Strangs mit Einbau eines (A) 2′-Desoxynucleotids und (B) eines 2′,3′-Didesoxynucleotids. In letzterem Fall ist eine weitere Polymerisation nicht mehr möglich.

Denaturierende PAGE
Abschnitt 22.2.1

Während der Strangsynthese durch die schrittweise Kondensation von Nucleosidtriphosphaten in 5′→3′-Richtung kann es nun zu zwei unterschiedlichen Reaktionsereignissen kommen (Abb. 25.2): (A) Bei der Kondensation der 5′-Triphosphatgruppe eines 2′-Desoxynucleotids (dNTP) mit dem freien 3′-Hydroxyende des DNA-Strangs entsteht unter Freisetzung von anorganischem Pyrophosphat ein um eine Base verlängertes DNA-Molekül, das wiederum eine freie 3′-Hydroxygruppe besitzt. Die Synthese kann also im nächsten Schritt fortgesetzt werden. (B) Kommt es hingegen zu einer Kondensationsreaktion zwischen dem freien 3′-Hydroxyende eines DNA-Strangs und der 5′-Triphosphatgruppe eines 2′,3′-Didesoxynucleotids, ist nach Einbau dieses Nucleotids eine Verlängerung des Strangs nicht mehr möglich, da keine freie 3′-Hydroxygruppe vorhanden ist. Der Strang ist terminiert.

Die Charakteristik der verwendeten DNA-Polymerase und die Struktur der Didesoxynucleotide bestimmen das Mischungsverhältnis, das zur Produktion einer Population von basenspezifisch terminierten Reaktionsprodukten führt, die sich in ihrer Länge jeweils um nur eine Base unterscheiden. Bei einem molaren Verhältnis dNTP:ddNTP von 200:1 bei der von T7-DNA-Polymerase katalysierten Reaktion sind Terminationsereignisse relativ selten. Es entstehen lange Reaktionsprodukte von bis zu 1000 Bp Länge. Wie oben bereits erwähnt, wird die Reaktion in vier aliquoten Anteilen durchgeführt. Jede dieser Teilreaktionen enthält nur einen Terminatortyp (ddATP, ddCTP, ddGTP oder ddTTP), der jeweils statistisch eines der natürlich vorkommenden Nucleotide in der synthetisierten DNA-Kette ersetzt. Es entstehen also in jedem einzelnen Reaktionsgefäß Produkte, die nur auf einen Basentyp, zum Beispiel A, enden.

Die Reaktionsprodukte werden elektrophoretisch entsprechend ihrer Größe in einem denaturierenden Polyacrylamidgel getrennt. Die markierten Reaktionsprodukte in allen vier Teilreaktionen erzeugen übereinander gelegt eine „Leiter" von Banden, die sich jeweils um eine Base (Stufe) unterscheiden. Aus dieser Folge von Sprossen der Teilreaktionen A, C, G und T kann von unten (Position 1) nach oben die Basenfolge abgelesen werden (Abb. 25.3). Abbildung 25.4 zeigt ein klassisches Autoradiogramm eines Sequenzierungsgels mit radioaktiv markierten Reaktionsprodukten. Die weiteren Abbildungen dieses Kapitels zeigen Pseudochromatogramme fluoreszierend markierter Reaktionsprodukte. Bei dieser Darstellung werden die Banden einer Spur durch eine Schnittlinie in Laufrichtung des Gels verbunden und die entsprechenden Bandenintensitäten ermittelt. Auf diese Weise werden die Daten um eine Dimension reduziert und es entsteht eine als *trace data* bekannte Darstellung, die den Intensitätsverlauf in Abhängigkeit von der Zeit darstellt.

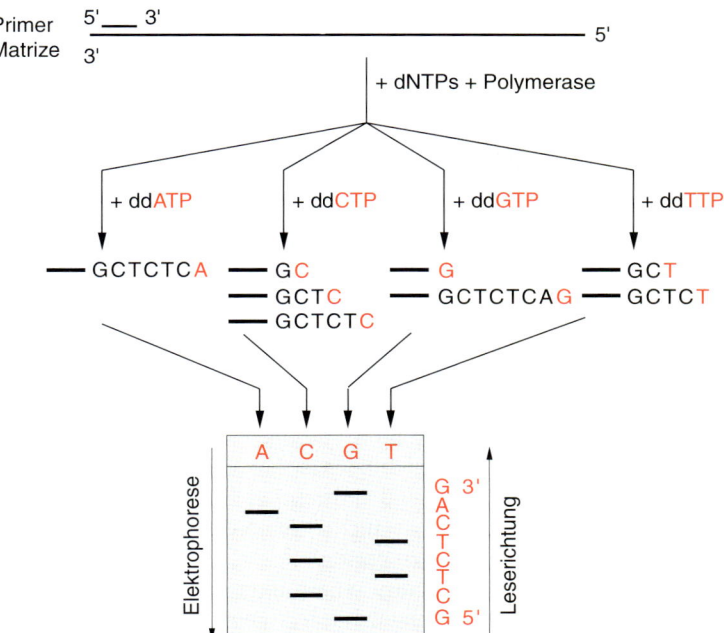

25.3 Prinzip des Kettenabbruchverfahrens nach Sanger. In einer geprimten, durch eine Polymerase katalysierten DNA-Synthesereaktion werden basenspezifisch terminierte DNA-Fragmente unterschiedlicher Länge synthetisiert. Diese Fragmente erzeugen in der Gelelektrophorese ein spezifisches Bandenmuster, das zur Rekonstruktion der Basenfolge dient.

Dieses Reaktionsprinzip ist seit den Entwicklungen Sangers von 1977 bis heute im Wesentlichen unverändert geblieben. Die Entdeckung und Modifikation von DNA-Polymerasen führte zur Verfeinerung des oben beschriebenen Verfahrens, zu Protokollen, bei denen T7-DNA-Polymerase verwendet wird, und zur Entwicklung von Cycling-Verfahren, die Signalamplifikation und Sequenzierung in einer Reaktion zusammenfassen.

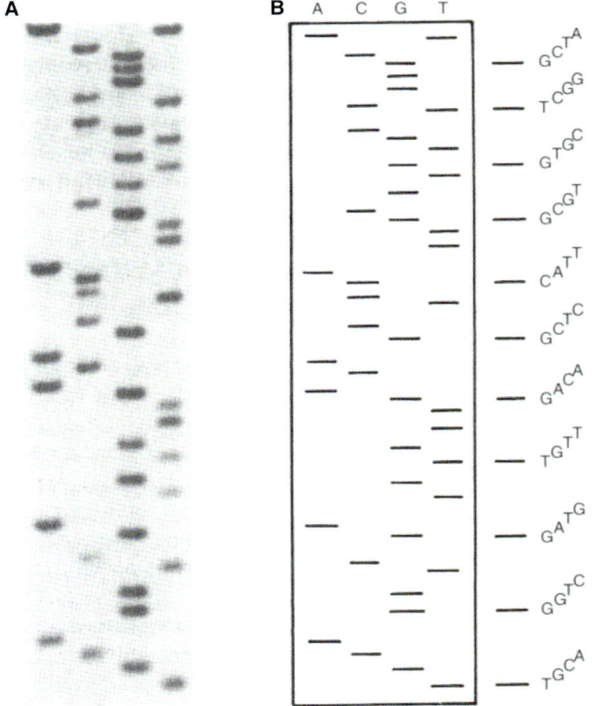

25.4 Autoradiogramm eines Sequenzierungslaufes. Jeweils vier benachbarte Spuren repräsentieren die Teilreaktionen A, C, G und T eines Klons. Entsprechend der Laufrichtung des Gels befinden sich die kleineren Reaktionsprodukte am unteren Ende der Abbildung. Die Sequenz wird von unten nach oben gelesen. Jede Bande unterscheidet sich im Idealfall von der vorhergehenden um eine Base. (Aus: Nicholl, D.S.T. An Introduction to Genetic Engineering. Cambridge University Press 1994. Mit freundlicher Genehmigung.)

T7-DNA-Polymerase-katalysierte Sequenzierungsreaktionen

T7-DNA-Polymerase zählt, wie *E.-coli*-DNA-Polymerase I und Taq-DNA-Polymerase, zu den Klasse-I-DNA-Polymerasen. Trotz dieser gemeinsamen Klassifikation unterscheiden sie sich in ihrer Funktion, ihren Eigenschaften und letztendlich in ihrer Struktur. T7-DNA-Polymerase ist das replizierende Enzym des T7-Phagengenoms, während die anderen Polymerasen für Reparatur und Rekombination verantwortlich sind. Entsprechend besitzen die nativen Enzyme unterschiedliche Exonucleaseaktivität: T7-DNA-Polymerase besitzt eine 3′→5′-Exonucleaseaktivität, DNA-Polymerase I 3′→5′- und 5′→3′-Exonucleaseaktivität, während Taq-DNA-Polymerase lediglich 5′→3′-Exonucleaseaktivität zeigt. Durch *N*-terminale Deletion konnte bei T7-DNA-Polymerase und einigen thermostabilen DNA-Polymerasen die 3′→5′-Exonucleaseaktivität, die zu einer Verschlechterung der Sequenzierungsergebnisse führt, entfernt werden. T7-DNA-Polymerase zeichnet sich gegenüber anderen unmodifizierten Enzymen durch seine bedeutend geringere Diskriminierung gegenüber modifizierten Nucleotiden aus. Dies vereinigt in sich den Vorteil geringerer Kosten und verbesserter Sequenzierungsergebnisse. Sie ist zwar die ideale DNA-Polymerase für die DNA-Sequenzierung, ihre Stabilität bei höheren Temperaturen ist aber zu gering.

Inzwischen hat T7-DNA-Polymerase wegen ihrer höheren und besseren Verteilung der Signalintensitäten des Sequenzmusters sowie des geringen Signalhintergrunds das Klenow-Fragment als ursprüngliches DNA-Sequenzierungsenzym weitestgehend verdrängt. In Abbildung 25.5 sind die Ergebnisse einer T7-DNA-Poly-

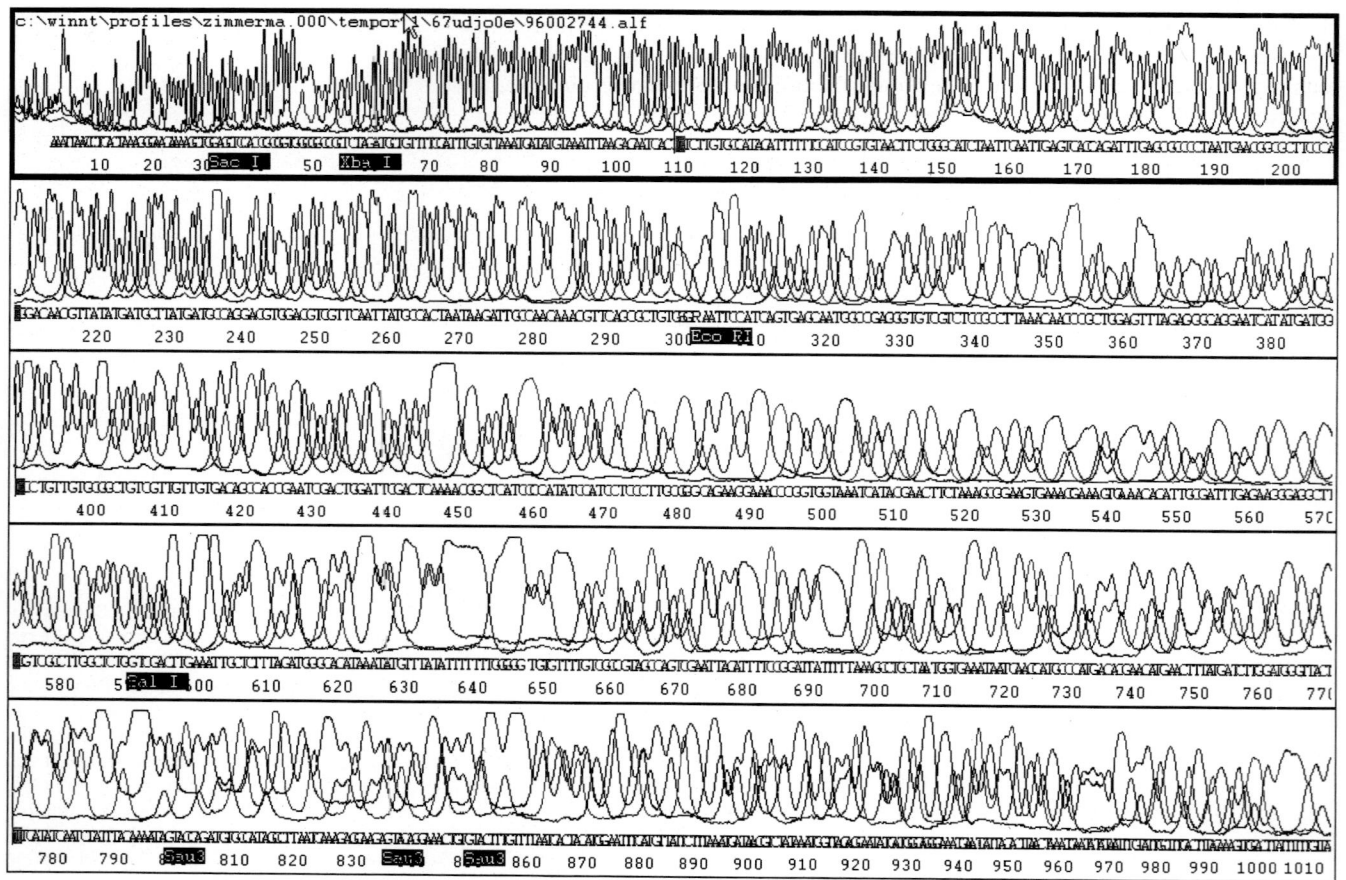

25.5 *Trace data* einer T7-DNA-Polymerase-katalysierten Sequenzierungsreaktion. Ein Plasmid wurde alkalisch denaturiert, neutralisiert und einer Sanger-Reaktion mit fluoreszierend markiertem Primer unterworfen. Die Daten wurden auf dem automatischen DNA-Sequenzierungsgerät A.L.F. (Pharmacia) generiert und analysiert.

merase-katalysierten Reaktion mit fluoreszierender Markierung exemplarisch wiedergegeben. Die Darstellung unterscheidet sich von der in Abbildung 25.4 gewählten Aufsicht auf ein Sequenzierungsgel. Abbildung 25.5 zeigt einen Längsschnitt durch die vier Spuren einer DNA-Sequenzleiter. Die einzelnen Basen (Spuren) können farbig wiedergegeben werden.

Im Einzelnen setzt sich eine Sequenzierungsreaktion mit einem dsDNA-Molekül aus folgenden Teilschritten zusammen: Denaturierung und Neutralisation, Primerhybridisierung, Strangsynthese, Reaktionsstop und finale Denaturierung, die im Folgenden etwas detaillierter betrachtet werden sollen.

Denaturierung und Neutralisation DNA-Sequenzierungsreaktionen können sowohl von Doppelstrang- (ds) als auch von Einzelstrang- (ss)DNA durchgeführt werden. Sie unterscheiden sich lediglich in der im ersten Schritt durchgeführten Denaturierung. Eine Denaturierung in Gegenwart eines zugegebenen Primers ist Voraussetzung für die spätere enzymatische DNA-Synthese. Einzelstrang-DNA wird lediglich kurzfristig durch die Einwirkung von Hitze denaturiert und für die weitere Reaktion auf die optimale Reaktionstemperatur der DNA-Polymerase (37 °C) gebracht. Im hier betrachteten Fall der doppelsträngigen DNA beginnt das Protokoll mit einer alkalischen Denaturierung, da eine Hitzeinkubation allein für die vollständige Denaturierung nicht ausreicht. Erst ein Zusammenwirken mit einem starken alkalischen Agens wie NaOH kann die gewünschte Strangtrennung herbeiführen. Die sich anschließende Neutralisation ermöglicht die Einstellung der erforderlichen Reaktionsbedingungen für die Strangsynthese.

Primerhybridisierung Die geordnete Syntheseinitiation kommt jedoch nur zustande, wenn es gelingt, die eingesetzte DNA in eine lineare, einzelsträngige Form zu überführen und anschließend an die vorgesehene Stelle einen Primer zu hybridisieren. Die Kinetik einer Oligonucleotidhybridisierung wird durch die von Lathe abgeleitete Formel beschrieben. Sie stellt einen Zusammenhang her zwischen der Hybridisierungszeit $t_{1/2}$, in der 50 % des Oligonucleotids an ein Template hybridisieren, sowie der Länge, Größe und Konzentration des Oligonucleotids:

$$t_{1/2} = \frac{N \ln 2}{3{,}5 \cdot 10^5 \sqrt{L \cdot C \cdot n}}$$

Dabei sind $t_{1/2}$ = Hybridisierungszeit, N = Anzahl der Basenpaare in einer nicht-repetitiven Sequenz, L = Strukturlänge des Oligonucleotids, $C \cdot n$ = Oligonucleotidkonzentration in $mol \cdot L^{-1}$.

Setzt man nun die gängigen in einer Sequenzierungsreaktion vorkommenden Parameter für eine Primerlänge von 18–25 Basenpaaren und einer Konzentration von 10^{-7} M ein, so ergeben sich Hybridisierungszeiten zwischen 3 und 5 Sekunden.

Strangsynthese und Pyrophosphorolyse Bei der durch eine DNA-Polymerase katalysierten Synthese von DNA handelt es sich um eine Gleichgewichtsreaktion. Das Reaktionsgleichgewicht ist zur Seite der Kondensationsprodukte verschoben, d. h. die Rückreaktion läuft in der Regel bedeutend langsamer als die Hinreaktion. Mit zunehmender Reaktionsdauer und in Abhängigkeit von der eingesetzten DNA-Menge kann die Reaktion substantiell rückwärts verlaufen. In diesen Fällen kann es auch zum Abbau von endständigen Didesoxynucleotiden kommen. Dieser Effekt, der als **Pyrophosphorolyse** bezeichnet wird, äußert sich in verschwindenden Sequenzierungsbanden im Sequenzierungsgel (Abb. 25.6). Pyrophosphorolyse scheint also sequenzspezifisch an ausgewählten Stellen sowohl in T7-katalysierten als auch in den weiter unten beschriebenen Cycle-Sequenzierungsreaktionen aufzutreten. Die Entfernung von Pyrophosphat aus dem Reaktionsgleichgewicht kann die Rückreaktion jedoch nahezu quantitativ unterdrücken. Dies kann durch Zugabe einer Pyrophosphatase erreicht werden, die das Pyrophosphat in Monophosphate spaltet.

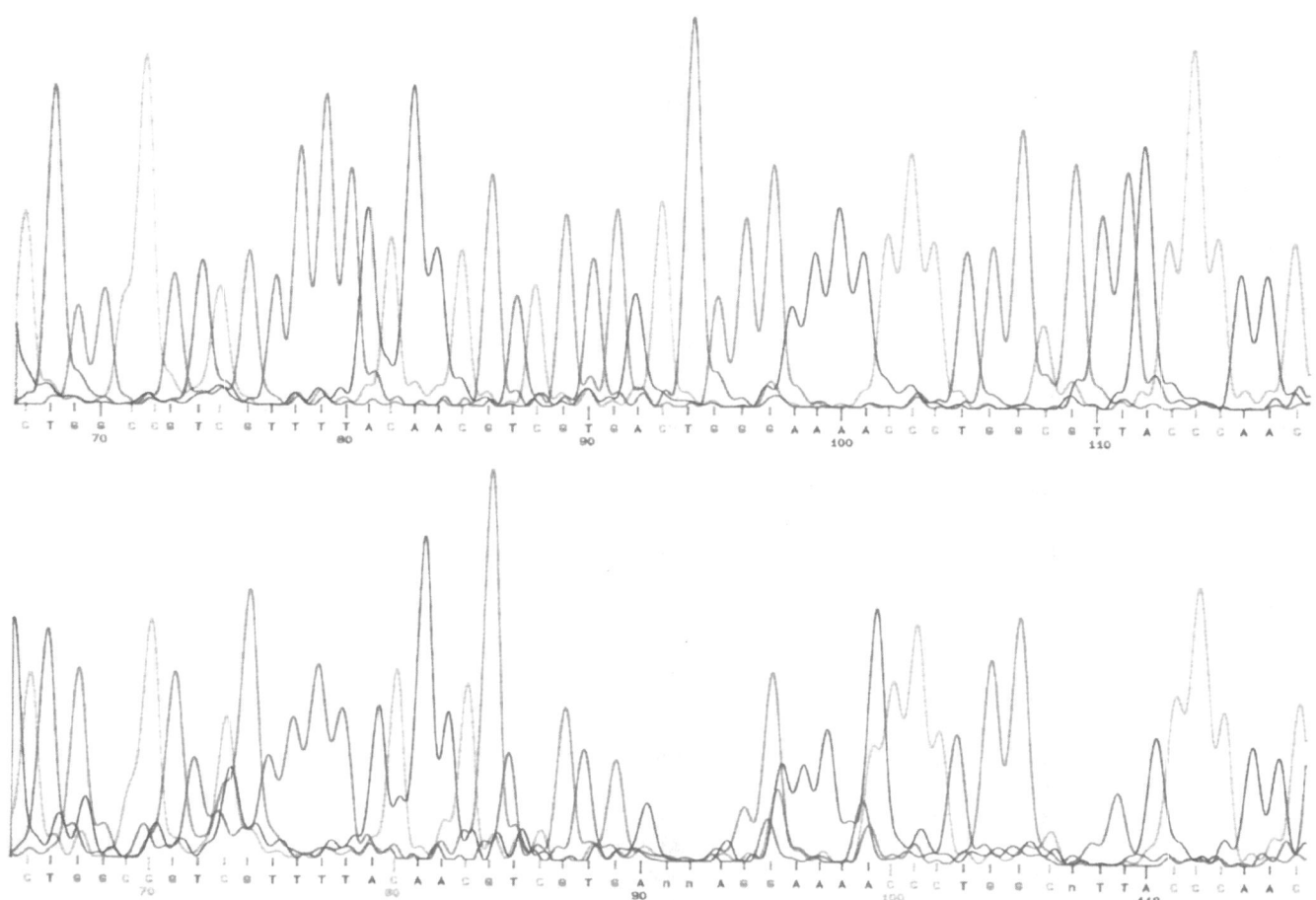

25.6 Vergleich eines Sequenzierungslaufs mit Pyrophosphatase (oben) und ohne Pyrophosphatase (unten). Deutlich sind die vollständig fehlenden Reaktionsprodukte (Position 91, 92) oder die reduzierten Signalstärken an spezifischen Positionen (Position 68, 86, 106) zu erkennen.

Strangsynthese und Cofaktoren Der Prozess der enzymkatalysierten DNA-Polymerisation ist Mg^{2+}-abhängig. Es wird spekuliert, dass Mg^{2+}-Ionen während der Katalyse für die Stabilisierung der alpha-Phosphatgruppe des einzubauenden Nucleotids erforderlich sind. Sequenzierungsreaktionen, die Mg^{2+} als Gegen-Ionen für Nucleotide enthalten, zeichnen sich durch starke Variationen in den Signalhöhen der einzelnen Sequenzierungsbanden aus. Die teilweise Substitution von Mg^{2+} durch Mn^{2+} in T7-DNA-Polymerase-Reaktionen führt zur Homogenisierung der Signalintensitäten und erleichtert damit das Lesen von Sequenzen, speziell in Regionen, in denen die Auflösung des Sequenzierungsgels nachlässt. Dieser Effekt kann jedoch bei thermostabilen DNA-Polymerasen nicht angewandt werden, da Mn^{2+} in allen untersuchten Fällen die gesamte Reaktion inhibiert.

Strangsynthese und Additive Als Additive in DNA-Sequenzierungsreaktionen kommen unterschiedliche Stoffgruppen in Frage wie Proteine oder Detergenzien. Die Zugabe des Einzelstrang-bindenden Proteins aus *E. coli* (SSB) oder des T4-Gen 32-Produkts kann prinzipiell einzelsträngige DNA-Strukturen stabilisieren und könnte die Sequenzierung komplexerer DNA-Strukturen vereinfachen. Diese Einschätzung erwies sich jedoch als theoretisch. Die nötigen hohen Konzentrationen in der Reaktion erbrachten nur marginale Verbesserungen.

Auf die Kombination von DNA-Polymerase und Pyrophosphatase wurde oben bereits hingewiesen. Als weitere Möglichkeiten bieten sich Kombinationen von DNA-Polymerasen mit unterschiedlichen Charakteristika an. In einer Mischung lässt sich eine Polymerase zur Markierung der DNA mit einer weiteren Polymerase zur Synthese der Sequenzierungsprodukte kombinieren. Auch die Kombination eines amplifizierenden und eines sequenzierenden Enzyms wird in Betracht gezogen.

Die Reduktion von Hintergrundsignalen bei Zusatz von DMSO in T7-Polymerase-Reaktionen wird seiner denaturierenden Wirkung zugeschrieben. Der Zusatz von Formamid und Detergenzien wie Triton-X-100 reduziert den Hintergrund in von thermostabilen Enzymen katalysierten Sequenzierungsreaktionen.

Strangsynthese und Nucleotidanaloga In Didesoxysequenzierungsreaktionen werden die Nucleotidanaloga C7-Desaza-dGTP (Abb. 25.7A) und dITP (Abb. 25.7B) eingesetzt. Beide Analoga werden von DNA-Polymerasen akzeptiert und in den polymerisierten Strang eingebaut. Ihre Derivatisierung verhindert jedoch die Ausbildung von Wasserstoffbrückenbindungen. Dieser Effekt ist in Bereichen oder Strukturen mit hohem GC-Gehalt notwendig. Dort kann es gelegentlich zu einem als *Kompression* bezeichneten Effekt kommen. Im Sequenzierungsgel ist dann eine Zone zu beobachten, in der sich der Bandenabstand kontinuierlich verkürzt und schließlich in einer deutlich verbreiterten Zone kumuliert. Nach dieser Stauchung treten die nächsten Basen erst nach einer deutlich breiteren, leeren Zone wieder auf. In der Stauchungszone selbst kann sich innerhalb einer sichtbaren Bande mehr als ein Sequenzierungsprodukt befinden. Das üblicherweise einer Base entsprechende Abstandsmuster wird empfindlich gestört. Diese Kompression entsteht durch die Interaktion stark GC-haltiger, komplementärer Abschnitte. Es können sich beispielsweise Haarnadelstrukturen bilden, die sich in ihrer Mobilität drastisch von regulären Sequenzen unterscheiden.

25.7 Struktur von Desoxynucleotidanaloga in Didesoxysequenzierungsreaktionen. (A) C7-Desaza-dGTP, (B) dITP.

Finale Denaturierung Zur exakten Größenbestimmung der DNA-Fragmente ist eine vollständige Denaturierung erforderlich, um eine sequenzabhängige Faltung der DNA-Moleküle oder die Bildung von Konglomeraten zwischen mehreren DNA-Molekülen und damit ein unkontrollierbares Laufverhalten zu verhindern. Als denaturierendes Agens wird meist Harnstoff in einer Konzentration von 7–8 M eingesetzt. Die Carbonylgruppe und die Aminogruppen des Harnstoffs konkurrieren wegen ihrer polaren Eigenschaften mit den einzelnen Basen um die Ausbildung von Wasserstoffbrückenbindungen und können somit die Ausbildung von Basenpaarungen verhindern. Die zusätzliche Verwendung von Formamid nach Abschluss der Sequenzierungsreaktionen und anschließende Hitzebehandlung führen bereits im Reaktionsgefäß zu einer weitestgehenden Denaturierung vor dem Auftragen der Probe auf das Sequenzierungsgel. Die Komplexierung der im Reaktionsmilieu vorhandenen zweiwertigen Metall-Ionen (Mg^{2+}, Mn^{2+}) durch EDTA führt zur Auflösung des DNA-Polymerase-Komplexes.

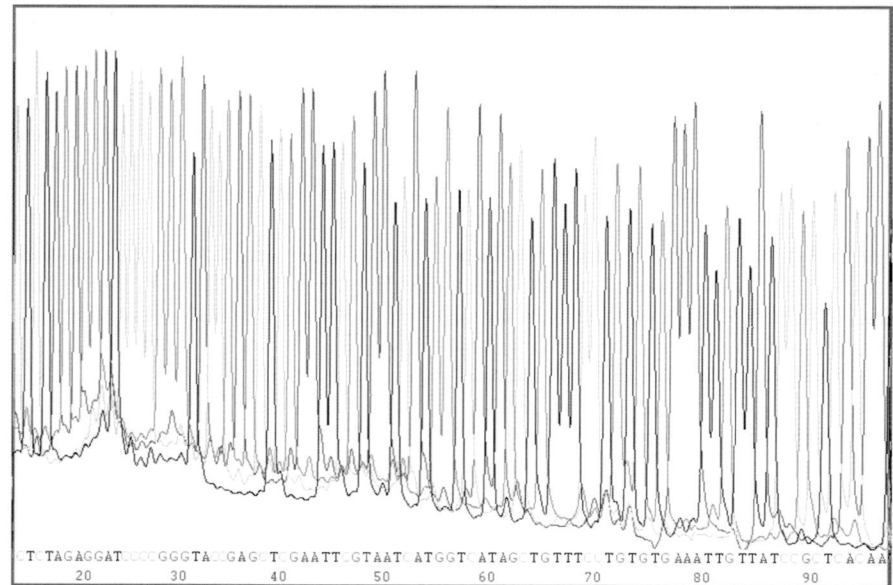

25.8 Ausschnitt eines M13-Sequenzierungslaufs mit Einfarbenortscodierung. Die Sequenzierungsreaktion wurde mit M13-Universalprimer und T7-DNA-Polymerase durchgeführt.

Amplitudenmodulierte DNA-Sequenzierung T7-DNA-Polymerase zeigt eine „natürliche" Präferenz für bestimmte 2'3'-Didesoxynucleotide in Mangan-cokatalysierten DNA-Sequenzierungsreaktionen. Bei einem äquimolaren Angebot an 2'3'-Didesoxynucleotiden und einem Desoxy-Didesoxy-Verhältnis von 200:1 wird in der Reihenfolge A< G < C < T bevorzugt terminiert. Entsprechend ergeben sich unterschiedliche Bandenintensitäten. Dieser Effekt lässt sich zur Erhöhung der Informationsdichte auf einem DNA-Sequenzierungsgel nutzen. Bei Verwendung radioaktiver oder fluoreszierender Markierung mit einer Farbe werden vier basenspezifische Teilreaktionen durchgeführt und in vier Spuren auf ein Gel geladen. Die sich aus dem Bandenmuster ergebenden Informationen sind jedoch redundant. Auch das Auftragen von lediglich drei Spuren erlaubt bereits die Generierung der Gesamtsequenz, da das Fehlen eines Signals eindeutig für eine Base codiert. Weitere Information können in der basenspezifischen Amplitudenhöhe codiert werden. Bei Verwendung von entsprechend in ihren Konzentrationen ange-

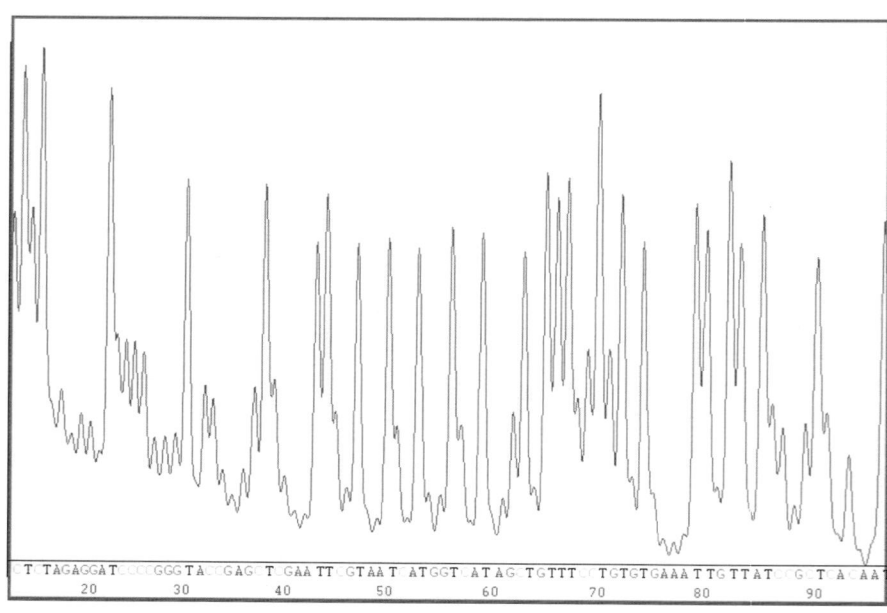

25.9 Ausschnitt eines M13-Sequenzierungslaufs mit reiner Amplitudenmodulation. Die Sequenzierungsreaktion wurde mit M13-Universalprimer und T7-DNA-Polymerase durchgeführt.

passten Terminationsgemischen lässt sich die Intensität einer basenspezifischen Terminationsklasse in einer engen Bandbreite einstellen und somit die Sequenz bei Verwendung einer Markierung in einer Spur bestimmen. In den Abbildungen 25.8 und 25.9 wird eine Vierspurreaktion einer Einspurreaktion unter Verwendung jeweils nur einem Fluoreszenzfarbstoff gegenübergestellt.

Cycle-Sequencing mit thermostabilen DNA-Polymerasen

Die bei T7-DNA-Polymerase gewonnenen Erkenntnisse über Struktur und Funktion des Enzyms konnten in weiten Bereichen auf thermostabile DNA-Polymerasen übertragen werden. So konnte auf gentechnischem Weg die 3'→5'-Exonucleaseaktivität völlig entfernt werden. Die positive Eigenschaft von T7-DNA-Polymerase, nur gering zwischen dNTPs und ddNTPs zu diskriminieren, konnte auf den Tyrosinrest 526 der Nucleotidbindungsstelle zurückgeführt werden. Ein Austausch des korrespondierenden Phenylalaninrests an Position 667 der Taq-DNA-Polymerase ermöglichte dort ebenfalls eine geringere Diskriminierung. Heute stehen damit thermostabile DNA-Polymerasen zur Verfügung, die in wesentlichen Punkten die Eigenschaften von T7-DNA-Polymerase erreichen, jedoch auf Grund ihrer thermischen Stabilität beachtliche Vorteile aufweisen.

Die Anwendung von thermostabilen DNA-Polymerasen ermöglicht in der DNA-Sequenzierung – analog zur PCR – die gleichzeitige Amplifikation und DNA-Sequenzierung (Abb. 25.10). Dieses Verfahren wird **Cycle-Sequencing** genannt. Im Gegensatz zur PCR befindet sich in der Reaktion nur *ein* Primer, es wird also lediglich linear und nicht exponentiell amplifiziert. Die wiederholte Hitzeinkubation ist auch für die Denaturierung doppelsträngiger DNA ausreichend. In einer Mixtur aus DNA-Matrizen, Primer, thermostabiler DNA-Polymerase und einem dNTP/ddNTP-Gemisch wird ein thermisches Profil, bestehend aus Primerdenaturierung, Primerhybridisierung und DNA-Synthese, ca. 30mal durchlaufen, quasi eine Sequenzierungsreaktion 30mal wiederholt. Entsprechend groß ist auch die Menge der produzierten Sequenzierungsfragmente.

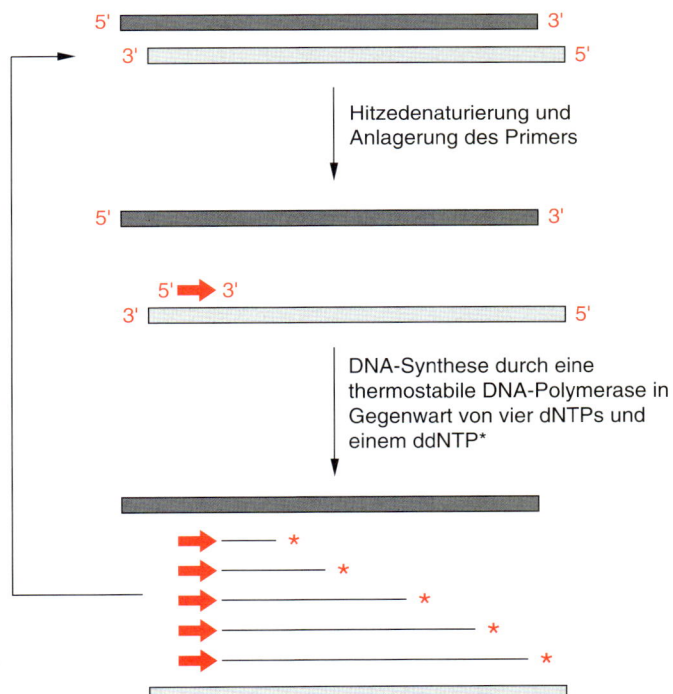

25.10 Prinzip der Cycle-Sequencing-Reaktion. In einer zyklisch (ca. 30mal) durchlaufenen Sequenzierungsreaktion wird ein Gemisch aus Primer, Template, thermostabiler DNA-Polymerase, Didesoxynucleotiden und Desoxynucleotiden bei 97°, 55° und 68°C inkubiert. Bei hohen Temperaturen werden Primer und Template thermisch dissoziiert. Bei der niedrigsten im Prozess auftretenden Temperatur assoziieren Primer und komplementärer DNA-Abschnitt, um bei der mittleren Temperatur durch die DNA-Polymerase extendiert und terminiert zu werden. (Abbildung nach T. Strachan, A. P. Read, Molekulare Humangenetik. Spektrum Akademischer Verlag 1996).

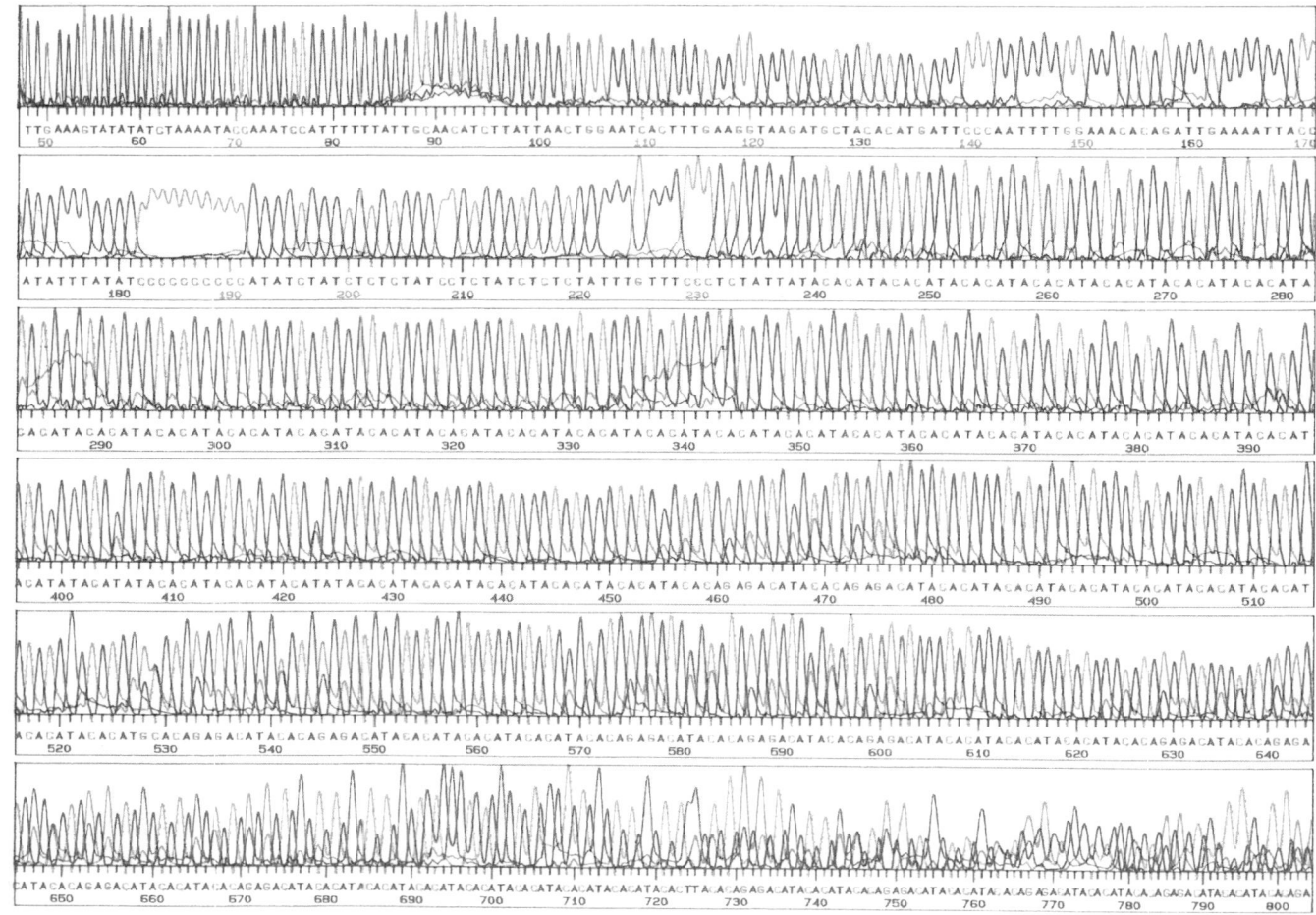

25.11 Sequenzierungsprofil einer Amplitaq-FS-katalysierten Cycle-Sequencing-Reaktion.

Die Verwendung von genetisch modifizierten Enzymen, Pyrophosphatase und Detergenzien erlaubt die Produktion von Sequenzierungsdaten, die annähernd die Qualität von T7-Polymerase-Reaktionen erreichen (Abb. 25.11).

Trotz der inzwischen verbesserten Cycle-Sequencing-Bedingungen gibt es jedoch Strukturen, insbesondere repetitive Abschnitte, die sich durch diese Protokolle noch nicht hinreichend genau bestimmen lassen. In Abbildung 25.12 ist ein Beispiel dafür dokumentiert. Die DNA-Sequenzierung verlangt auch heute noch die Anwendung verschiedenster Methoden, da jede einzelne für sich noch nicht alle Bereiche zufriedenstellend abdecken kann. Selbst das aufwendigere Verfahren der chemischen Spaltung nach Maxam und Gilbert (Abschnitt 25.1.3) findet in schwierigen Fällen heute noch Verwendung.

CAS (*coupled amplification and sequencing*) Wird eine Cycle-Sequencing-Reaktion analog einer PCR-Reaktion mit zwei Primern durchgeführt und unterschreitet bei entsprechend geänderten Reaktionsbedingungen der Abstand dieser Primer eine gewisse Größe, so kommt es in der Reaktion gleichzeitig zu einer PCR-ähnlichen Amplifikation und einer DNA-Sequenzierung. Das Verfahren ermöglicht eine drastische Signalverstärkung, ist jedoch auch durch das vermehrte Auftreten von nicht lesbaren Bereichen gekennzeichnet. Eine Optimierung der Reaktionsbedingungen könnte eine weitere Sensitivitätsverbesserung der heutigen Sequenzierungsprotokolle mit sich bringen.

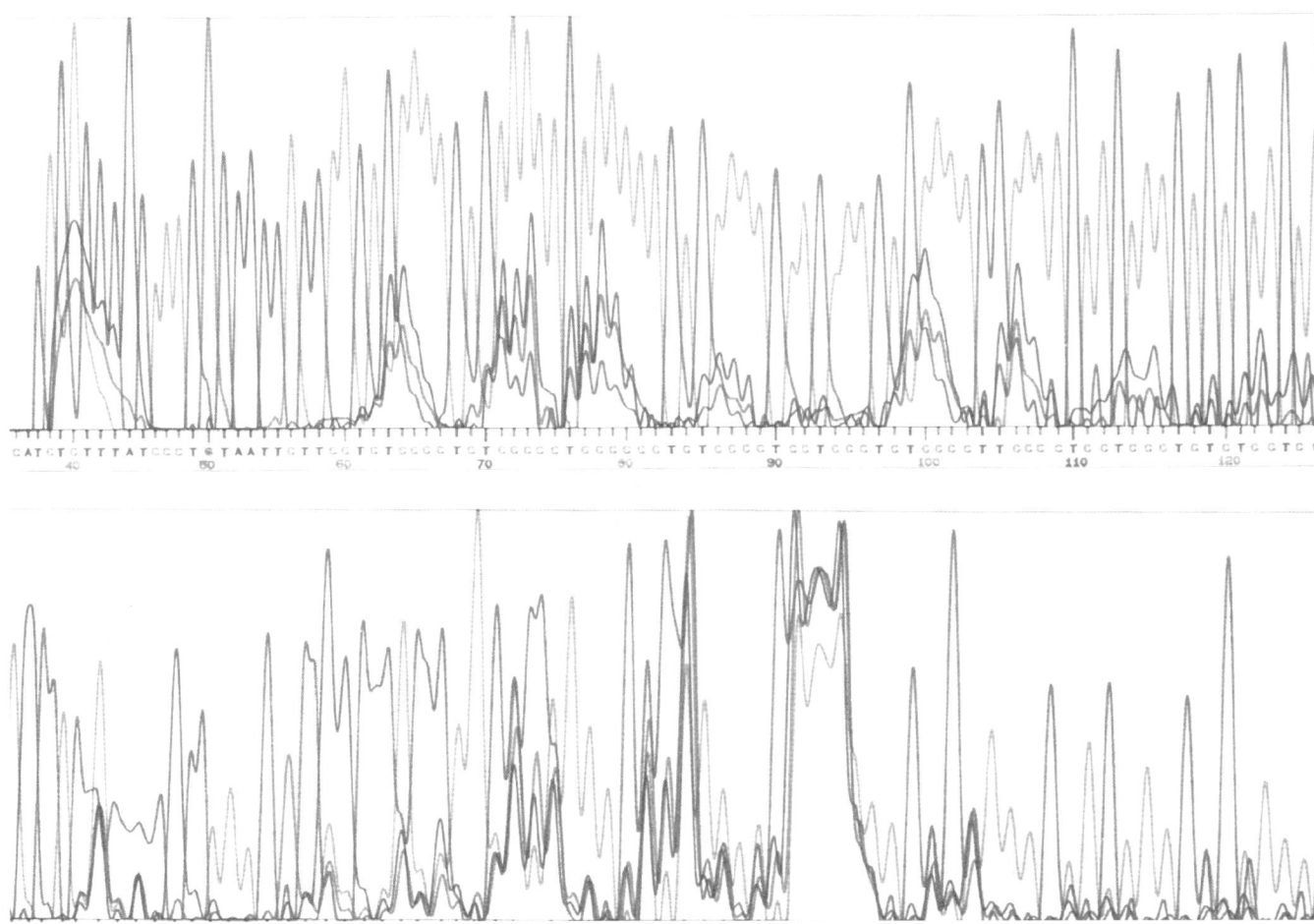

25.12 Vergleich der Enzymprozessivität in stark repetitiven Sequenzabschnitten. Das gezeigte Repeat weist einen Repetitionsgrad von 200(!) auf. Die Struktur ist mit T7-DNA-Polymerase (oben) eindeutig aufgelöst, während eine thermostabile DNA-Polymerase (unten) bereits nach dem ersten Repeat unspezifisch abbricht.

25.1.2 Markierungstechniken und Nachweisverfahren

Im Folgenden wird der Einbau der Markierungsgruppen in die Sequenzierungsprodukte und deren Nachweis in automatisierten Systemen beschrieben.

Isotopenmarkierung

Die Verwendung von radioaktiven Isotopen in der DNA-Sequenzierung basiert auf dem Umstand, dass DNA-Polymerasen, wie zu erwarten, nicht zwischen verschiedenen Isotopen diskriminieren und der Einbau in einen DNA-Strang zu keinen Mobilitätsänderungen im Gel führt. Zur Anwendung kommen die Isotope ^{32}P und ^{35}S. Die Strahlung von ^{32}P ist energiereicher als die von ^{35}S. Die Expositionszeiten in der auf die Gelelektrophorese folgenden Autoradiographie können deshalb mit ^{32}P kürzer gehalten werden. Die Ortsauflösung ist jedoch aufgrund der energetisch bedingten größeren Schwärzungsbereiche bedeutend geringer, so dass besonders für längere DNA-Sequenzierungsläufe ^{35}S bevorzugt wird.

Die Markierung kann entweder durch einen radioaktiv markierten Primer oder während der Sequenzierungsreaktion selbst eingeführt werden. Die radioaktive Markierung eines DNA-Sequenzierungsprimers erfolgt durch eine Phosphatierung mit gamma-^{32}P-ATP und Polynucleotid-Kinase. Die durch chemische Synthese produzierten Primer besitzen freie 5′-OH-Gruppen, die direkt, d. h. ohne vorherige

Image Plates
Abschnitt 17.2

Dephosphorylierung phosphoryliert werden können. Die Markierung während der Didesoxy-Sequenzierungsreaktion erfolgt durch Zugabe von alpha-^{32}P-dATP. Das Isotop wird in den synthetisierten DNA-Strang eingebaut, der somit nachweisbar wird. Der Nachweis erfolgt entweder durch Autoradiographie oder unter Verwendung von *image plates*. Die Auswertung der Autoradiogramme kann entweder manuell, halb- oder vollautomatisch mit einem Digitizer oder Scanner erfolgen.

Fluoreszenzmarkierung und Online-Detektion

Die Einführung fluoreszierender Markierungen ist ungleich schwieriger als die von radioaktiven Markern. Die fluoreszierenden Gruppen haben eine beachtliche Größe und werden in vielen Fällen von den genannten Enzymen aufgrund sterischer Verhältnisse nur ungern eingebaut. Werden die Nachweisgruppen jedoch akzeptiert, gilt es, den statistischen mehrfachen Einbau zu verhindern. Aufgrund der anderen Ladungsverhältnisse und der zusätzlichen Masse würden sie unweigerlich zu einer Veränderung der gelelektrophoretischen Mobilität führen und damit eine Sequenzbestimmung ausschließen. Eine Markierung kann durch Primermarkierung, interne Markierung oder markierte Terminatoren erfolgen (Abb. 25.13).

Als Farbstoffe finden Fluorescein, NBD, Tetramethylrhodamin, Texas Red sowie Cyaninfarbstoffe Verwendung. Die Farbstoffe lassen sich an die entsprechenden Komponenten (Nucleotide, Amidite) ankoppeln und werden entweder als 2′-Desoxynucleotide oder 2′3′-Didesoxynucleotide von DNA-Polymerasen akzeptiert. Durch die Laseranregung in den Nachweissystemen werden sie nicht in bedrohlichem Maße ausgebleicht und sind nicht zuletzt unter den Kopplungs-, Sequenzierungs- und Elektrophoresebedingungen stabil.

Energietransferfarbstoffe

In jüngster Zeit kommen auch Kombinationen von fluoreszierenden Farbstoffen zum Einsatz. Diese als Energietransfergruppen bezeichneten Systeme basieren auf der Idee, auch Farbstoffe zur Fluoreszenz anregen zu können, deren Anregungsspektrum nicht der Anregungswellenlänge des Systems entspricht oder die Emissionswellenlängen eines Farbstoffs zu nutzen, der mit anderen im System benutzten Farbstoffen nicht interagiert. Die laserinduzierten Emissionen eines Farbstoffs werden zur Anregung des eigentlichen Fluoreszenzmarkers verwendet.

Primermarkierung

Die Verwendung eines 5′-fluoreszenzmarkierten Primers in einer DNA-Sequenzierungsreaktion ist unkritisch. Die in jeder Präparation eines Primers vorhandenen unmarkierten Produkte sind in den Analysegeräten nicht sichtbar und stören daher nicht. Auch ein selten vorkommendes *selfpriming* der Matrizen-DNA, hervorgerufen durch partielle Selbstkomplementarität, wäre nicht sichtbar. Unspezifische Termination, die meist auf unzureichenden Reaktionsbedingungen oder auf der Struktur der zu sequenzierenden DNA beruht, ist jedoch als nicht lesbare Struktur zu erkennen. Die Markierung der Primer erfolgt in der Regel durch Ankopplung eines fluoreszierenden Amidits im letzten Syntheseschritt (am späteren 5′-Ende). Ebenso kann über ein anderes Amidit ein Aminolink eingebaut und dieser nach Abschluss der Synthese mit dem Fluoreszenzfarbstoff gekoppelt werden. Die Effizienz dieses Prozesses ist jedoch geringer als die einfache Kopplung und bedarf weiterer Reinigungsschritte. Der Primer wird in der Reaktion ähnlich wie ein radioaktiver Primer eingesetzt.

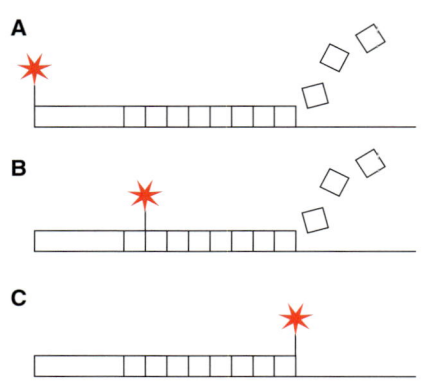

25.13 Einführung fluoreszierender Markierungen in DNA-Sequenzierungsreaktionen. A. Markierte Primer, B. markierte Desoxynucleotide und C. markierte Didesoxynucleotide. In den Fällen A und B können nach dem Einbau der markierten Gruppe weitere Desoxynucleotide ankondensiert werden.

Interne Markierung mit markierten Desoxynucleotiden

Für die interne Markierung verwendet man fluoreszierend markierte 2'-Desoxynucleotide (z. B. Fluorescein-15-dATP) und eine DNA-Polymerase. Der Sequenzierungsprozess muss hierzu zweistufig ablaufen. In einem ersten Schritt wird bei geringer Konzentration des markierten 2'-Desoxynucleotids in jeden Strang maximal eines eingebaut. Voraussetzung hierfür ist, dass die dem Primer folgende Position den Einbau dieses Nucleotids erlaubt. Die Konzentration der Markierungskomponente ist so niedrig zu halten, dass im nächsten Schritt der Reaktion keine weiteren Nucleotide dieses Typs mehr eingebaut werden. Ein weiterer statistischer Einbau würde zu unkontrollierten Mobilitätsänderungen führen. Die eigentliche Sequenzierungsreaktion erfolgt nach dem klassischen Sanger-Prinzip. Diese Technik bietet den Vorteil, dass für eine Reaktion weiterhin kostengünstige unmarkierte Primer eingesetzt werden können. Jedoch können durch Selfpriming entstandene unerwünschte Reaktionsprodukte auch markiert werden und das Sequenzierungsergebnis durch Überlagerungen multipler Sequenzen erschweren.

Markierte Terminatoren

Fluoreszenzmarkierte Terminatoren bieten ebenso wie fluoreszenzmarkierte Desoxynucleotide die Möglichkeit, nicht-markierte Primer in DNA-Sequenzierungsreaktionen zu verwenden. In den Reaktionsgemischen ersetzen markierte 2'3'-Didesoxynucleotide vollständig ihre nicht-markierten Analoga. Die Markierung erfolgt durch den einfachen Einbau eines markierten Didesoxynucleotids. Ein weiterer Vorteil liegt darin, dass Reaktionsprodukte, die nicht ordnungsgemäß mit einem Didesoxynucleotid terminiert sind, auf Grund einer fehlenden Fluoreszenzgruppe nicht nachweisbar sind. Solche falschen, sequenzabhängig auftretenden Reaktionsprodukte sind bei markierten Primern oder Desoxynucleotiden im System sichtbar. Die Verfügbarkeit von basenspezifisch farbmarkierten Didesoxynucleotiden erlaubt die Durchführung der Reaktion und der Gelelektrophorese in einem Reaktionsgefäß und einer Spur. Nachteilig ist jedoch, dass die verwendeten DNA-Polymerasen diese modifizierten Nucleotide sehr viel schlechter akzeptieren, so dass eine hohe Arbeitskonzentration und somit eine anschließende Aufreinigung der Reaktionsprodukte erforderlich ist. Für Selfpriming-Produkte gilt das im Falle von Desoxynucleotiden gesagte. Welche der oben beschriebenen Markierungsverfahren und deren Verwendung mit einem automatischen DNA-Sequenzierungsgerät die höchste Genauigkeit liefert, ist zur Zeit umstritten.

Doublex-DNA-Sequenzierung

Das Doublex-DNA-Sequenzierungsverfahren (Abb. 25.14) ist ein Multiplex-DNA-Verfahren, d. h. durch *eine* DNA-Sequenzierungsreaktion können mehrere Sequenzen gewonnen werden. Die zu sequenzierende DNA – es können auch mehrere verschiedene sein – wird mit mindestens zwei Primern verschiedener Sequenz und fluoreszierender Markierung versetzt. Die nachfolgende Sequenzierungsaktion erzeugt mindestens zwei verschiedene Sequenzen, die in einem automatisierten DNA-Sequenzierungsgerät mit mindestens zwei verschiedenen Fluoreszenzfarben und vier Spuren je Klon sequenziert werden kann. Die Position der Primer ist für die Reaktion unerheblich, sie können sowohl an den gleichen oder den komplementären Strang binden. Auch die Markierungsverfahren können beliebig gewählt und kombiniert werden. Das Doublexverfahren ermöglicht die Sequenzierung eines oder mehrerer DNA-Fragmente an mehreren Stellen gleichzeitig. Es werden jedoch nur die Chemikalien für eine Reaktion benötigt. Die Reaktionsprodukte benötigen auch lediglich die Position eines Klons auf einem Sequenzierungsgel.

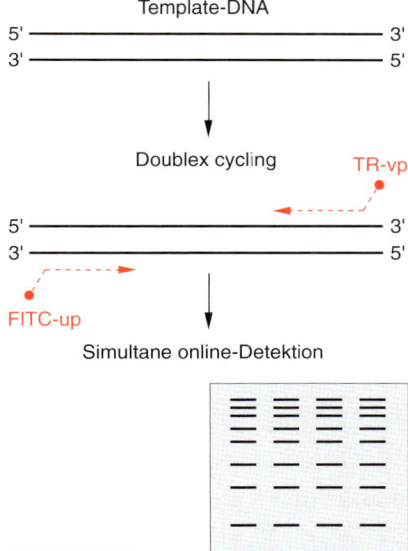

25.14 Doublex-DNA-Sequenzierungsverfahren. Eine Sequenzierungsreaktion wird mit zwei Primern unterschiedlicher Sequenz und unterschiedlicher fluoreszierender Markierung durchgeführt. Es entstehen zwei DNA-Sequenzen in einer Reaktion.

Online-Detektionssysteme

In den Jahren 1986 und 1987 wurden die auf laserinduzierter Fluoreszenz basierenden Online-DNA-Sequenzierungssysteme entwickelt. Die maßgeblichen Entwicklungen wurden von W. Ansorge in Europa und L. Hood in den USA unternommen. Ein Online-Detektionssystem setzt sich im Wesentlichen aus einem vertikalen Elektrophoresesystem, einem anregenden Laser, einem Detektor und einem aufnehmenden Computersystem zusammen (Abb. 25.15). Der Laser wird entweder transversal von einer der Längsseiten senkrecht zum Detektor oder in einem bestimmten Winkel von der Front- oder Rückseite in das Sequenzierungsgel eingekoppelt. Die im klassischen Verfahren örtlich aufgelösten Banden sind jetzt als zeitlich aufgelöstes Bandenmuster zu erkennen.

Das System von Smith, Hood und Mitarbeitern basiert ursprünglich auf der Detektion von Reaktionsprodukten, die mit Hilfe von in *unterschiedlichen* Fluoreszenzfarben markierten Primern im Didesoxy-Verfahren erzeugt wurden. Alle Produkte einer Reaktion werden in einer Spur auf das Gel aufgetragen. Die verwendeten Fluoreszenzfarbstoffe Fluorescein, Texas Red, Tetramethylrhodamin und NBD weisen eine ausreichende spektrale Entfernung auf, um eine sichere Unterscheidung der Basen zu ermöglichen.

Die differierenden Absorptionsspektren erfordern auch die Anregung mit zwei unterschiedlichen Wellenlängen. Zur Beobachtung eines Gels in seiner gesamten

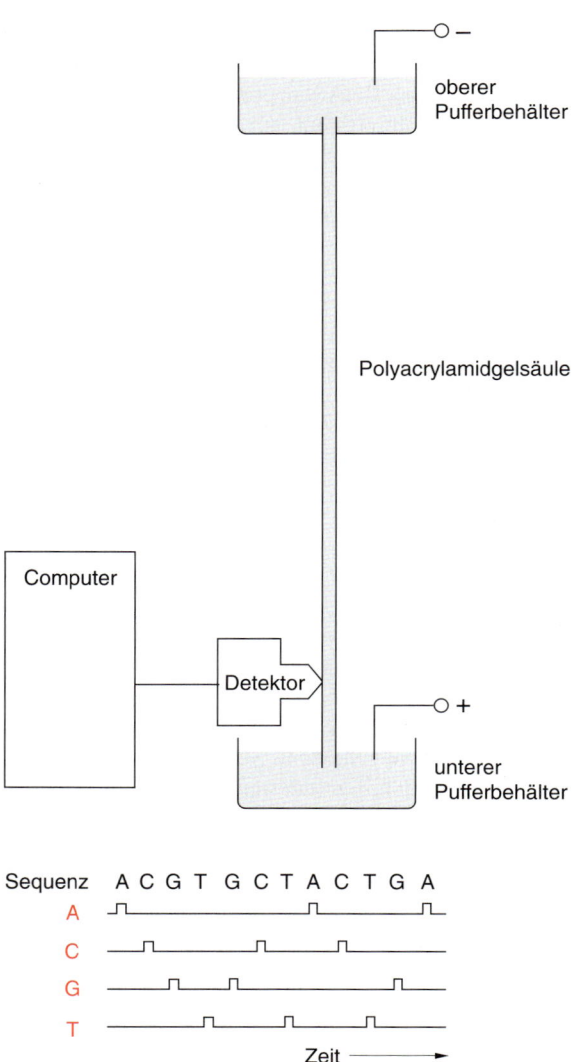

25.15 Prinzip eines Online-DNA-Sequenzierungsgerätes. Eine vertikale Gelelektrophoreseapparatur wird am unteren Ende von einem Detektor beobachtet. Der anregende Laserstrahl wird auf der Höhe des Detektors in das Gel eingekoppelt (hier nicht zu sehen). Die vom Detektor gewonnenen Signale werden an einen analysierenden Computer übermittelt. Das beim radioaktiven DNA-Sequenzieren gewonnene ortsaufgelöste Bandenmuster wird hier durch ein zeitlich aufgelöstes Bandenmuster an der vom Detektor markierten Ziellinie ersetzt. Nach Smith et al., Nature 321, 674–679, 1986.

Breite wurde ein Scanning-Mechanismus gewählt. Die Konfiguration bedingt auf Grund dieses Scanning-Mechanismus prinzipiell eine geringere Sensitivität als eine kontinuierliche Detektion und beschränkt somit die maximale Geschwindigkeit der Banden im Gel, da mit erhöhter Bandengeschwindigkeit eine zunehmende Scanning-Geschwindigkeit einher geht und somit die Zeit, die zur Detektion einer Spur zur Verfügung steht, sinkt. Jüngste Entwicklungen versuchen, eine kontinuierliche Detektion zu ermöglichen.

Der von Ansorge und Mitarbeitern entwickelte Online-DNA-Sequencer basiert auf der klassischen Anwendung einer fluoreszierenden Markierung für eine Reaktion, die in vier Spuren auf ein Gel aufgetragen wird. Dies erlaubt eine einfache Auslegung von Hardware und Software, da weder basenspezifische Shift-Korrekturen noch eine Minimierung spektraler Overlaps notwendig ist. Die Einführung der Markierung erfolgt entweder durch die Verwendung eines markierten Primers oder eines markierten Desoxynucleotids. Die Anregung der Sequenzbanden im Gel erfolgt durch einen mit einer Kopplung seitlich in das Gel geführten Laserstrahl. Die gleichzeitige Verwendung mehrerer Farben ermöglicht nicht nur die Erhöhung der Ladedichte, sondern zusätzlich die Durchführung mehrerer Reaktionen in einem Reaktionsgefäß (Doublex-Sequenzierung). Zur Zeit können bis zu 2000 Basen Sequenz pro Spur und Reaktion gewonnen werden. Damit ergibt sich eine Gesamtkapazität pro Gerät von bis zu 200 kBp pro Lauf.

Die DNA-Sequenzierungssysteme von Smith und Ansorge haben inzwischen breite Anwendung gefunden. Die Geräte erlauben einen bedeutend höheren Durchsatz an Sequenzierungsreaktionen als die klassischen Verfahren. Während auf einem radioaktiven Gel durchschnittlich 4–6 Reaktionen Platz finden, erreichen Online-Systeme inzwischen eine Ladekapazität von über 100 Klonen. Aus diesem Grund wächst der Bedarf nach automatisierten Probenvorbereitungssystemen noch stärker als dies bereits bei den radioaktiven Sequenzierungsmethoden abzusehen war.

Enzymgebundene Offline-Nachweisverfahren (*Direct Blotting*)

Bei der *direct-blotting*-Elektrophorese werden die in der Regel mit Digoxigenin markierten, in einer Sanger-Reaktion erzeugten Reaktionsprodukte in einem vertikal stehenden Polyacrylamidgel aufgetrennt. Am Boden der Eletrophoreseeinrichtung befindet sich ein Nylonfilter, auf den die einzelnen Banden elektrophoretisch übertragen werden. Der Filter selbst wird von elektrisch angetriebenen Walzen in eine Richtung bewegt. Der Transport des Filters ermöglicht die einem statischen Filter analoge Wiedergabe. Der Filter wird fixiert und die Reaktionsprodukte mit einem Antikörpersystem (z. B. Anti-DIG) nachgewiesen.

Automatische Probenvorbereitung

In zunehmendem Maße werden Automaten für die Durchführung chemischer Reaktionen in Industrie und Forschung eingesetzt. Es gibt verschiedene Gruppen von Automaten. Dies sind zum einen Geräte, die speziell für eine bestimmte chemische Reaktionsfolge optimiert wurden, und zum anderen Automaten, die auf Basis eines flexiblen Grundsystems die verschiedensten applikativen Anpassungen und Zusatzgeräte zulassen und damit ein sehr breites Anwendungsfeld mit besonders effektiven Weiterentwicklungen ermöglichen. Diese unterschiedlichen Automatisierungsstrategien leiten sich sowohl aus dem unterschiedlichen Probenaufkommen als auch aus dem Komplexitätsgrad des Prozesses her. Flexible Automatisierungsstrategien werden im Bereich kleiner und mittlerer Probenzahlen ($< 10^5$ Serien) und bis zu mittlerem Komplexitätsgrad eingesetzt. Erst bei hohen Stückzahlen oder Komplexitätsgraden lohnen sich speziell optimierte Automatisierungskonzepte. Hinzu kommt die große Dynamik in der Entwicklung von Analyse- und Syntheseverfahren, die eine ständige Anpassung der Automatisierungs-

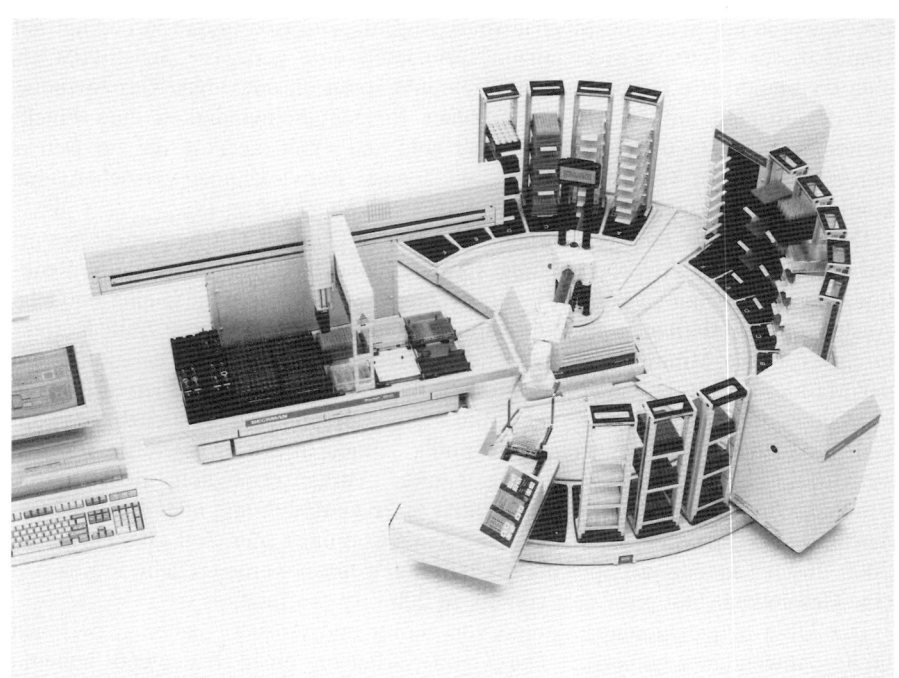

25.16 Systeme zur Probenvorbereitung der DNA-Sequenzierungsstation des EMBL. Drei Laborroboter und ein Freiarm-Robotersystem führen DNA-Extraktion und DNA-Sequenzierungsreaktionen durch.

strategien erforderlich macht und somit die Verbreitung von Systemen mit hohem Probendurchsatz bisher verhinderte. Dadurch wurde die Entwicklung kleiner, flexibler Laborautomaten begünstigt, die jedoch in größeren DNA-Sequenzierungslabors den Prozess der Templatevorbereitung weitestgehend automatisiert haben (Abb. 25.16). Die gleichzeitige Verarbeitung einer Vielzahl von Proben erfordert ein umfassendes System zur Dokumentation, Qualitätssicherung und Verfolgung des Probenstatus. Mit der beginnenden Entwicklung von LIMS (*laboratory information management system*) für die DNA-Sequenzierung tritt diese in den Bereich der Routinediagnostik und der quasi industriellen Produktion ein.

25.1.3 Chemische Spaltung nach Maxam und Gilbert

Im Gegensatz zu Sanger wählten Maxam und Gilbert statt des enzymatischen Aufbaus die partielle, basenspezifische chemische Degradation eines zuvor radioaktiv markierten DNA-Fragments sowie den Nachweis der Reaktionsprodukte durch PAGE und Filmautoradiographie. Die Methode nach Sanger hat sich auf Grund der mittlerweile leichten Verfügbarkeit von spezifischen DNA-Primern am weitesten verbreitet. Das Maxam-Gilbert-Verfahren besitzt heute nur noch geringe Bedeutung in DNA-Sequenzierungsprojekten. Es wird aber noch herangezogen, wenn die Didesoxymethode aufgrund der angetroffenen DNA-Strukturen (hochrepetetive Sequenzen, Sekundärstrukturen, die die Polymerisation behindern, selbstkomplementäre Abschnitte) unspezifische Terminationssignale liefert.

Die chemische Sequenzierung nach Maxam und Gilbert beruht auf einer endständigen DNA-Markierung und der anschließenden partiellen chemischen Spaltung der DNA in vier unabhängigen Reaktionen. Die Spaltungsreaktionen sind nicht in jedem Falle spezifisch für nur eine Base, sondern manchmal für zwei (Abb. 25.17). Durch die Kombination aller Spuren eines Klons kann aber eine eindeutige Sequenz bestimmt werden.

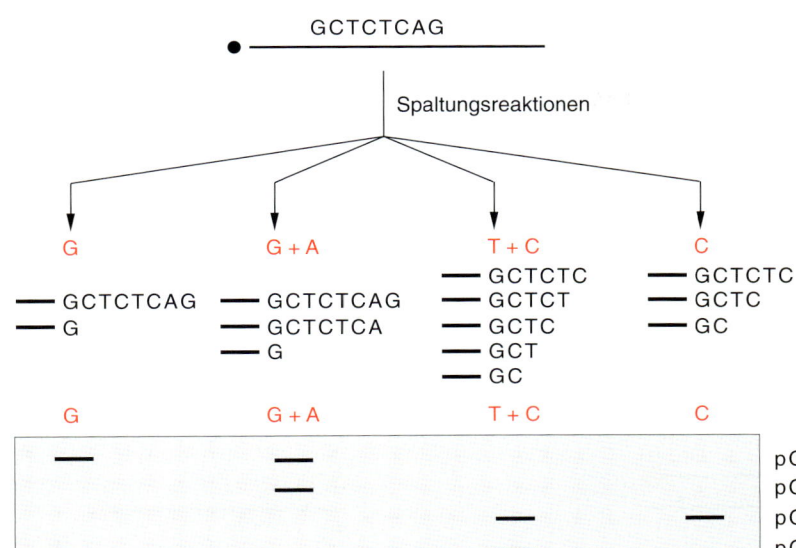

25.17 Prinzip des Maxam-Gilbert-Verfahrens. Ein 5'-endmarkiertes DNA-Fragment wird den basenspezifischen Spaltungsreaktionen G, G + A, C + T und C unterworfen. Die Reaktionsprodukte werden in vier Spuren auf ein Polyacrylamidgel geladen. Im Gegensatz zum Sanger-Verfahren können hier auf Grund der nicht absoluten Spezifität der Spaltungen Reaktionsprodukte in zwei Spuren auf gleicher Höhe des Gels auftreten.

Endmarkierung

Der Nachweis der Reaktionsprodukte wird durch eine 5'-endständige Markierung ermöglicht. Diese Markierung kann sowohl radioaktiv oder nicht-radioaktiv erfolgen (z. B. Biotin, Fluorescein). Die radioaktive 5'-Endmarkierung eines DNA-Fragments erfolgt in zwei Stufen. Zuerst werden die 5'-Phosphatgruppen durch Verwendung von Alkalischer Phosphatase entfernt. Im zweiten Schritt wird die entstandene 5'-OH-Gruppe mit dem ^{32}P eines gamma-markierten ATP kinasiert. Die Reaktion wird durch eine Polynucleotid-Kinase katalysiert. Eine 3'-Endmarkierung ist auch möglich, entweder mit einer DNA-Polymerase und α-^{32}P-dNTP, oder – in Spezialfällen – durch Terminale Transferase und α-^{32}P-ddATP oder α-^{32}P-3'-dATP (Cordycepintriphosphat).

Ein doppelsträngiges DNA-Fragment besitzt zwei 5'-Phosphatgruppen, so dass die Markierungsreaktion beide Enden markiert. In der folgenden spezifischen Spaltungsreaktion würden also beide DNA-Stränge gleichzeitig sequenziert werden. Die entstehenden Sequenzen würden sich überlagern und wären damit nicht lesbar. Aus diesem Grund darf in der folgenden Spaltungsreaktion nur ein markierter DNA-Strang vorliegen. Zur Isolierung können zwei unterschiedliche Strategien angewandt werden (Abb. 25.18): (A) Das markierte Produkt wird mit einer Restriktionsendonuklease asymmetrisch gespalten, so dass ein größeres und eine kleineres Subfragment entstehen. Diese können dann einfach in einer Gelelektrophorese getrennt, anschließend aus dem Gel isoliert und den Spaltungsreaktionen unterworfen werden. (B) Eine Trennung der beiden Enden lässt sich auch durch eine Strangtrennungselektrophorese erzielen. Hierbei macht man sich die unterschiedliche Mobilität komplementärer DNA-Stränge während der Gelelektrophorese zu Nutze. Im Gegensatz zur ersten Methode können beide Stränge komplett zurückgewonnen und in getrennten Reaktionen sequenziert werden.

Eine eindeutige fluoreszierende oder radioaktive Markierung kann aber auch bedeutend einfacher mit Hilfe eines markierten Primers eingebracht werden: Durch Verwendung eines fluoreszenzmarkierten Primers und eines unmarkierten Primers in einer PCR-Reaktion kann ein einseitig markiertes Produkt erzeugt werden, das nach Umpufferung direkt sequenziert werden kann.

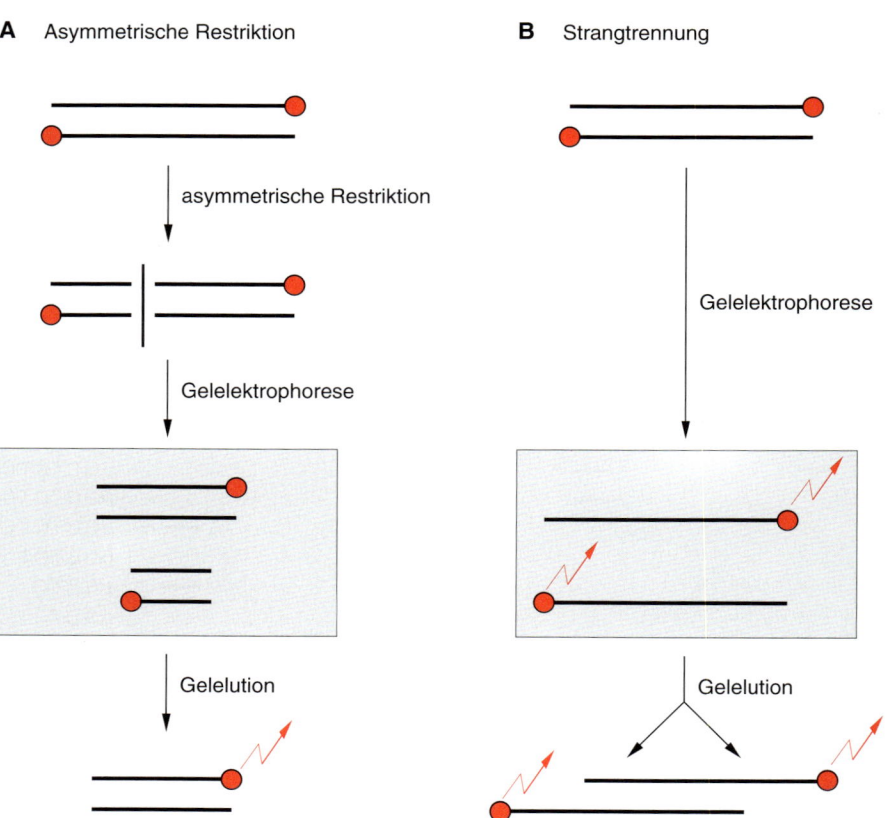

25.18 Isolierung einzelner markierter DNA-Enden. (A) Asymmetrische Restriktion und Gelelektrophorese. (B) Strangtrennungselektrophorese.

Spaltungsreaktionen

Die Spaltungsreaktion verläuft zwei- oder dreistufig. In einem ersten Schritt werden die Basen chemisch modifiziert. Diese Modifikationen führen oft schon hier zur Basenabspaltung (z. B. bei Behandlung mit Ameisensäure, s. u.). Dann wird das DNA-Rückgrat an der Stelle der modifizierten Base durch Alkalibehandlung gebrochen, in dem *in toto* ein Nucleosid (also die modifizierte Base und die Desoxyribose) eliminiert wird; übrig bleiben in jedem Fall ein 3'- und ein 5'-Phosphat. Folgende Modifikations/Spaltungsreaktionen sind beschrieben worden:

1. Limitierte Behandlung der DNA mit **Dimethylsulfat**. Dies führt bei dsDNA zur Methylierung vom N-3 von Adeninen und 4–10mal häufiger zur Methylierung vom N-7 von Guaninen. Je nach weiterer Behandlung kann man verschiedene Spezifitäten der anschließenden Spaltung erreichen:

„**G only**": Die methylierte DNA wird direkt mit heißem Piperidin behandelt. Dies führt zur Spaltung nur an methylierten Guaninresten (Abb. 25.19A).

G>A: Die methylierte DNA wird zuerst bei neutralem pH 15 bei 90 °C erhitzt. Dies führt zur Elimination von allen Methyl-As und allen Methyl-Gs. Dabei erfolgt die A-Depurinierung 4–6mal schneller als die G-Depurinierung.

Wegen des geringeren Adenin-Methylierungsgrades überwiegt jedoch die G-Depurinierung. Heiße Alkali-Behandlung (Piperidin oder NaOH) der partial depurinierten DNA führt demnach zu einer stärkeren G- und einer schwächeren A-Spaltung (G>A-Muster). Der A-Teil der G>A-Reaktion ist in Abbildung 25.19B dargestellt.

Einzelstrang-DNA wird auch am N-1 von Adeninen und am C-3 von Cytosinen methyliert. Methylierung am N-1 von Adenin führt *nicht* zur Spaltung. An C-3 methylierte Cytosine werden gespalten und als Banden mit ca. 1/10 bis 1/5 der Intensität der G-Banden sichtbar.

25.19 A. „G only"-Spaltungsreaktion. Nach der Methylierung von N7 des Guaninrests durch Diemthylsulfat führt ein basischer Angriff auf C8 zur Ringöffnung. Das zugesetzte Piperidin bewirkt die Abspaltung der Base und die gleichzeitige beta-Elminierung beider Phosphate. B. G>A: Die A-Spaltungsreaktion. Nach der Methylierung von N3 des Adeninrests durch Dimethylsulfat wird die *N*-glycosisdische Bindung gespalten. Die zugesetzte Base führt zur Abspaltung der Base und gleichzeitigen beta-Eliminierung beider Phosphate.

A. C+T-Reaktion: Die T-Reaktion

25.20 A. Thymin- und Cytosin-spezifische Spaltungsreaktion. Hydrazin führt zur Ringöffnung der Base zwischen C4 und C6 und zu deren Abspaltung. Das zugesetzte Piperidin führt zur gleichzeitigen beta-Elimination beider Phosphate.

A>G: Die methylierte DNA wird bei 0 °C mit verdünnter Säure (z. B. 0,1 M HCl) für 2 Stunden behandelt, was zu einer präferentiellen Hydrolyse der glykosidischen Bindung von Methyl-Adeninen führt. Heiße Alkali-Behandlung der so depurinierten DNA resultiert also hier zu einer stärkeren A- und zu einer schwächeren G-Spaltung (A>G-Muster).

2. **A>C:** Um diese Spezifität zu erreichen, wird die DNA mit starkem Alkali (1,2–1,5 M **NaOH**) bei 90 °C für 15–30 min behandelt, was die Adenin- und Cytosinringe öffnet. Heißes Piperidin führt dann zur Elimination dieser Basen und zum A>C-Spaltungsmuster.

3. **A+G:** Limitierte Behandlung der DNA mit **Ameisensäure** führt zu undiskriminierender Depurinierung. Alkali-Behandlung erzeugt das A=G bzw. A+G-Muster.

4. **C+T:** Die Spaltung an den Pyrimidinbasen erfolgt durch Modifikation mit wässrigem **Hydrazin** und anschließender Spaltung mit Alkali. Die chemischen Reaktionen des Thymin-Teils dieser kombinierten Reaktion sind in Abbildung 25.20A zu sehen. Piperidin reagiert mit allen aufgezeigten, Hydrazin-erzeugten Glykosidprodukten.

5. „**C only**": Einschluß von **1–2 M NaCl** in der vorherigen Reaktion unterdrückt die Reaktion des **Hydrazins** mit Thymin. Die Schritte der alleine stattfindenden Cytosinreaktion sind in Abbildung 25.20B zu sehen. Piperidin reagiert auch hier mit allen Glykosidprodukten des Hydrazins.

Außer bei der „G only"-Reaktion kann man als Alkali **NaOH** (0,1 M) oder **Piperidin** (1 M) nehmen. Piperidin wird vorgezogen, weil es anschließend durch Eindampfen sehr bequem entfernt werden kann. Bei Verwendung von NaOH muss die DNA mit Ethanol präzipitiert werden.

B. „C-only"-Reaktion

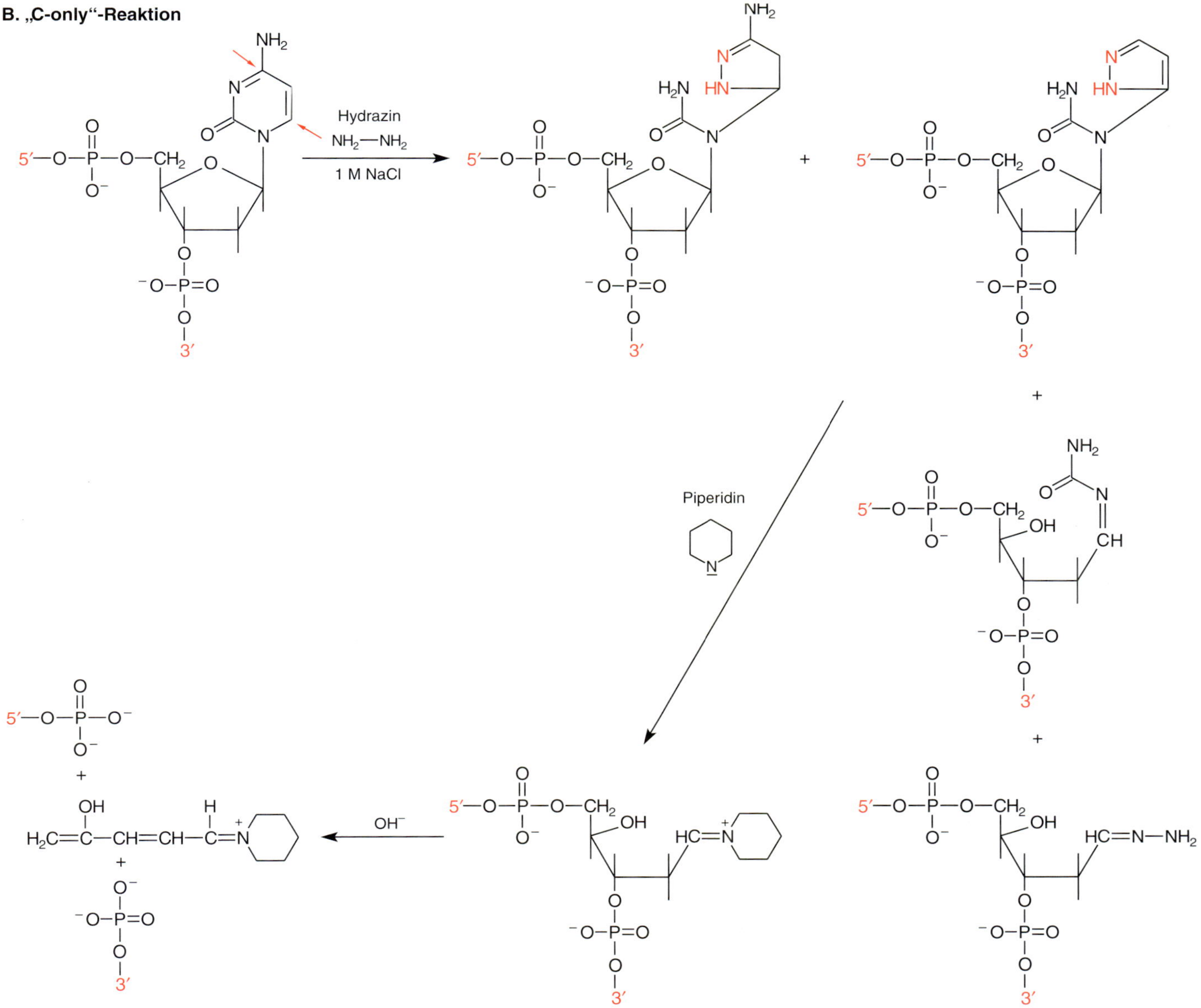

25.20 B. „C-only"-Spaltungsreaktion. Hydrazin öffnet den Ring zwischen C4 und C6 und spaltet den Basenrest ab. Das zugesetzte NaCl unterdrückt die Reaktion des Thymins. Das zugesetzte Piperidin führt zur Abspaltung der Base und gleichzeitigen beta-Elimination beider Phosphate.

Weitere basenspezifische Reaktionen der DNA werden in den Kapiteln 26 und 27 vorgestellt. Sie haben jedoch für die Ermittlung der DNA-Sequenz nicht die Bedeutung der hier besprochenen. Im Grunde reichen die Reaktionen „G only", G+A, C+T und „C only", um eine Sequenz eindeutig lesen zu können.

Analyse der genomischen
DNA-Methylierung
Kapitel 26

Direkte genomische Sequenzierung
Abschnitt 27.2.3

Festphasenprozess

Die chemische Spaltung konnte durch die Entwicklung eines Festphasenprozesses und dessen Adaptation an die automatische, mit Fluoreszenz arbeitende DNA-Sequenzierung erheblich vereinfacht werden. Nach der Bindung des DNA-Templates an einer aktivierten Membranoberfläche können alle Spaltungsreaktionen und erforderlichen Waschprozeduren bis hin zur Elution der Reaktionsprodukte an einer festen Oberfläche durchgeführt werden.

2′-Desoxy-5′-O-(α-Thio)-triphosphat

25.21 Struktur eines alpha-Thionucleotids.

alpha-Thionucleotidanaloga

Der Einbau von alpha-Thionucleotiden (Abb. 25.21), z. B. während einer PCR-Reaktion, erlaubt im Vergleich zum Standard-Maxam-Gilbert-Verfahren eine einfache chemische Spaltungsreaktion mit 2,3-Expoxy-1-propanol und bietet den zusätzlichen Vorteil, dass in einem DNA-Strang nicht von Exonucleaseaktivitäten angegriffen wird. 5′-O-1-Thiotriphosphate zeigen an sich gute Inkorporationseigenschaften mit gängigen DNA-Polymerasen. Die erzeugten Bandenmuster lassen jedoch eine zuverlässige Sequenzbestimmung nur in kurzen Bereichen zu.

Multiplex-DNA-Sequenzierung

Die Multiplex-DNA-Sequenzierung (Abb. 25.22) basiert auf der oben dargestellten chemischen Spaltung von DNA. Während im oberen Fall der Nachweis direkt erfolgen kann, bedarf es beim Multiplexen eines ausgeklügelten Hybridisierungsmusters. Ziel ist die parallele Durchführung von 50 Sequenzierungen in einer Reaktion und damit die Minimierung des Arbeitsaufwands der aufwendigen Spaltungsreaktionen und Geloperationen.

Die 50 zu sequenzierenden DNA-Fragmente werden in 50 verschiedene Vektoren kloniert. Diese Vektoren unterscheiden sich in den die Fragmente rechts und links flankierenden Linkersequenzen. Diesen vektorspezifischen Oligonucleotidsequenzen folgt eine standardisierte Restriktionsschnittstelle. Nach der Exzision der DNA-Fragmente sind diese von den oben erwähnten Sequenzbereichen eingeschlossen. Alle Fragmente werden in einer Spaltungsreaktion vereinigt, durch Gelelektrophorese getrennt und auf eine Nylonmembran übertragen (Blotting). Der Nachweis der Reaktionsprodukte erfolgt durch sukzessive Hybridisierungen der Fragmente mit markierten Oligonucleotiden, die zu den flankierenden Regio-

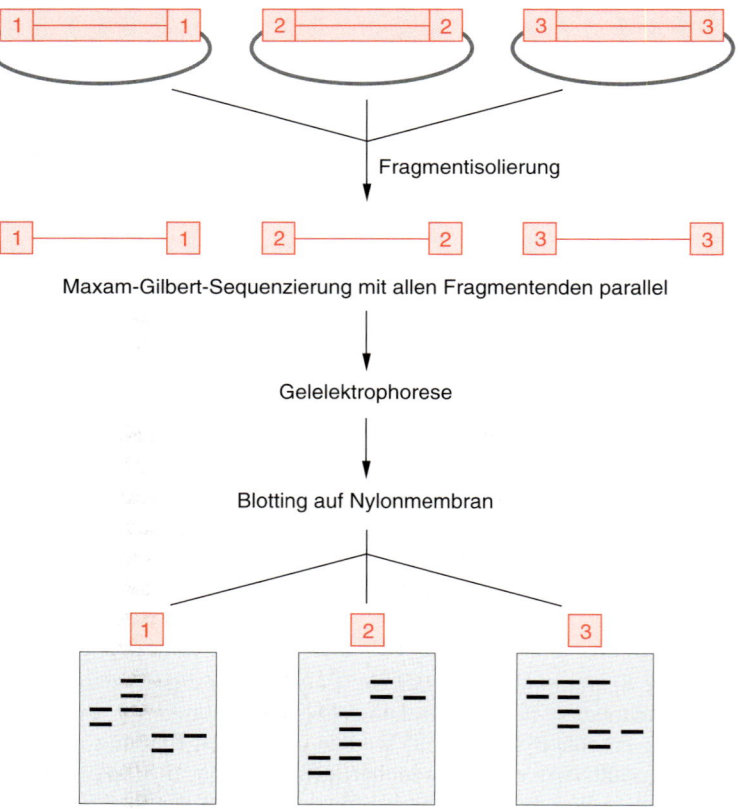

25.22 Multiplex-DNA-Sequenzierung.

nen komplementär sind. Auf diese Weise lässt sich ein Filter bis zu 50 mal wiederverwenden. Die Variante des **Multiplex-Walking** verzichtet auf die aufwendige Klonierung zu Beginn des Verfahrens, fragmentiert statt dessen eine klonierte DNA und folgt dann im wesentlichen der obigen Prozedur. Die erste Hybridisierung beginnt an der vom Vektor vorgegebenen Startstelle. Aus der gewonnenen Sequenz wird dann ein neues Oligonucleotid synthetisiert und erneut hybridisiert. Durch die Wiederholung des Prozesses werden neue Startstellen generiert, die es ermöglichen, auf dem Fragment entlang zu laufen (**Primer-Walking**).

RNA-Sequenzierung

In der Regel wird mRNA nicht direkt sequenziert sondern durch reverse Transkription in cDNA überführt und enzymatisch nach Sanger sequenziert. Zur Sequenzierung von rRNA wird die chemische Spaltung zuweilen verwendet. Bei der chemischen RNA-Sequenzierung handelt es sich um ein der chemischen Spaltung nach Maxam und Gilbert analoges Verfahren. Aufgrund der geringeren Stabilität der Phosphodiesterbindung und der anderen chemischen Zusammensetzung von RNA werden modifizierte Spaltungsreaktionen verwendet. Ein 3'-endmarkiertes RNA-Fragment wird in vier parallelen Ansätzen basenspezifischen Modifikationsreaktionen unterworfen und der RNA-Strang mit Anilin statt mit NaOH oder Piperidin gespalten:

G-Reaktion: Basenmethylierung mit Dimethylsulfat, anschließende Reduktion mit Natriumborhydrid und Spaltung des modifizierten RNA-Strangs im Bereich der Ribosebindung mit Anilin.
A>G-Reaktion: Ringöffnung der Basen mit Diethylpyrocarbonat an N7 und anschließende Strangspaltung mit Anilin.
U-Reaktion: Hydrazin bewirkt durch nucleophile Addition an die 5,6-Doppelbindung die Abspaltung der Base. Der modifizierte RNA-Strang wird durch Anilin gespalten.
C>U-Reaktion: Wasserfreies Hydrazin in Gegenwart von NaCl führt zur bevorzugten Abspaltung von Cytidin. Auch hier erfolgt die Strangzerstörung durch Anilin.

25.2 Gelfreie DNA-Sequenzierungsmethoden

Gänzlich neue Verfahren versuchen die Gelelektrophorese als durchsatzlimitierenden Faktor in der DNA-Sequenzierung zu eliminieren. Diese neuen Ansätze sind in ihrer Mehrzahl bisher jedoch über das Stadium des Experiments nicht hinausgekommen und bedürfen weiterer Entwicklungsarbeit. Daher folgt lediglich ein kurzer Überblick. Zum genaueren Studium sei hier auf die weiterführende Literatur verwiesen.

Sequenzierung durch Hybridisierung Die gänzliche Abkehr von gelbasierten Systemen wurde durch *sequencing by hybridization* vollzogen. Hier erfolgt die Sequenzbestimmung durch die basenspezifische Hybridisierung an eine Matrize von kurzen Oligonucleotiden, die sich an einer Glas- oder Siliciumoberfläche befinden. Hierzu werden auf einer Oberfläche alle kombinatorisch möglichen *n*-mer-Oligonucleotide synthetisiert. Zu Bestimmung der Basenfolge werden die zu sequenzierenden DNA-Fragmente markiert und unter stringenten Bedingungen hybridisiert. Aus den Hybridisierungsmustern (Position und Signalintensität) und den bekannten Oligonucleotidsequenzen kann auf die Sequenz geschlossen werden. Das Verfahren ist jedoch in einigen Punkten problematisch. Die Hybridisie-

Hybridisierung und Stringenz
Abschnitt 23.1.2

rungsbedingungen müssen so genau kontrolliert werden, dass zwischen einer Hybridisierung von n oder $n-1$ komplementären Basen unterschieden werden kann. Repetitive Sequenzen sind nur schwer zu analysieren oder zu quantifizieren. Längere Sequenzen erfordern einen entsprechenden Computeraufwand, um die Sequenz zu rekonstruieren. Bisher liegen keine Ergebnisse über die Sequenzierung eines längeren DNA-Abschnitts (de-novo-Sequenzierung) vor. Für die Erkennung kürzerer Sequenzabschnitte oder Mutationen in der medizinischen Diagnostik ist die Datengüte ausreichend. Dieses Verfahren ist auch unter dem Begriff *conformational DNA Sequencing* bekannt geworden. Auch zur Kartierung oder zu Screening-Zwecken wird das Verfahren verwendet.

Direkte bildgebende Verfahren Andere Verfahren wie Tunnelelektronenmikroskopie und Atomic Force Microscopy (AFM) versuchen ein direktes Abbild der DNA zu erzeugen. Präparative Hindernisse haben bisher eindeutige Ergebnisse verhindert.

Atomic Force Microscopy Abschnitt 16.5.2

Massenspektrometrie Massenspektrometrische Verfahren liefern nach der Entwicklung von Methoden für die Sequenzierung von Oligonucleotiden inzwischen bis zu 100 Bp Sequenz. Die Analyse von Reaktionsprodukten aus Sanger-Sequenzierungsreaktionen ist bereits prinzipiell möglich. Es zeigen sich jedoch noch Unwägbarkeiten in der Probenvorbereitung, die sich im geringen Abstand zwischen Signal und Rauschen zeigen. In aktuellen Experimenten von Köster werden die kurzen Produkte einer von einem Primer initiierten Sanger-Reaktion untersucht (MALDI). Auf Laserresonanzemission basierende Systeme sind über die theoretische Konzeption nicht hinaus gekommen.

Andere Verfahren Andere Verfahren versuchen durch eine Analyse der Nebenprodukte der Polymerisationsreaktion die Sequenz zu bestimmen. Wie oben bereits erwähnt, entsteht bei jedem Polymersiationsereignis ein freies Pyrophosphat. Dieses kann in einer chemischen Reaktion nachgewiesen werden. In einer Reaktionskammer kann nun einfach durch Zugabe eines einzelnen Nucleotidtyps getestet werden, ob ein Polymerisationsereignis auftritt. Durch sukzessive Zugabe von Nucleotiden, Nachweisreaktion und Entfernen der Reaktionsprodukte kann die Sequenz bestimmt werden. Die Zykluszeit liegt bei einigen Minuten pro Base. Es konnten Leselängen von 20 Basen erreicht werden. Der Erfolg der Methode hängt von der Stabilität der verwendeten Enzymsysteme und einer Verkürzung der Zykluszeiten ab.

Ein als **Minisequenzierung** bezeichnetes Verfahren untersucht lediglich die Inkorporation einer einzelnen fluoreszenzmarkierten Base. In einer Polymerisationsreaktion wird ein Gemisch von bis zu vier unterschiedlich fluoreszenzmarkierten Terminatoren zugesetzt. Durch den Nachweis der Farbe des synthetisierten Produktes kann auf die Base an der bewussten Stelle geschlossen werden. Dieses Verfahren wird bereits zur Mutationsdetektion im medizinischen Bereich getestet.

Trotz vielfältigster Anstrengungen ist bis heute die DNA-Sequenzierung nach Sanger, wenn auch in sehr verbesserter Form, auf automatisierten Systemen mit Fluoreszenzfarbstoffen die Methode der Wahl. In einem Sequenzierungslauf können ca. $2 \cdot 10^5$ Bp (ca. $4 \cdot 10^4$ Bp de-novo-Sequenz) bestimmt werden. So eindrucksvoll diese Zahl auch erscheinen mag, im Verhältnis zu den Genomen höherer Organismen ($3 \cdot 10^{12}$ Bp und mehr) ist diese Kapazität sehr gering. Insbesondere muss berücksichtigt werden, welcher Aufwand zur Datenanalyse betrieben werden muss.

Weiterführende Literatur

Ansorge, W., Voss, H., & Zimmermann, J. (1996). DNA Sequencing Strategies. New York: John Wiley & Sons.

Bains, W.(1990). Alternative Routes Through The Genome. Bio/Technology 8, 1251–1256.

Church, G. M. and Kiefer-Higgins, S.(1988). Multiplex DNA Sequencing. Science 240, 185–188.

Hultman, T., Stahl, B., Hornes, E., and Uhlén, M.(1989). Direct Solid Phase Sequencing of Genomic and Plasmid DNA Using Magnetic Beads as Solid Support. Nucleic Acids Res. 17, 4937–4946.

Koop, B. F., Rowan, L., Chen, W., Deshpande, N., Lee, H., and Hood, L. E.(1992). DNA Sequence Length and Error Analysis of Sequenase and Automated Taq Cycle Sequencing Methods. BioTechniques 14, 442–447.

Köster, H., Tang, K., Fu, D. J., Braun, A., van den Boom, D., Smith, C. L., Cotter, R. J., and Cantor, C. R.(1996). A Strategy for Rapid and Efficient DNA Sequencing by Mass Spectrometry. Nature Biotechnology 14, 1123–1128.

Lee, L. G., Connel, C. R., Woo, S. L., Cheng, R. D., McArdle, B. F., Fuller, C. W., Halloran, N. D., and Wilson, R. K.(1992). DNA Sequencing with Dye-Labelled Terminators and T7 DNA polymerase: Effect of Dyes and dNTPs on Incorporation of Dye-Terminators and Probability Analysis of Termination Fragments. Nucleic Acids Res. 20, 2471–2483.

Limbach, P. A., Crain, P. F., and McCloskey, J. A.(1995). Characterization of Oligonucleotides and Nucleic Acids by Mass Spectrometry. Current Opinion in Biotechnology 6, 96–102.

Maxam, A. and Gilbert, W.(1977). A New Method for Sequencing DNA. Proc. Natl. Acad. Sci. USA 74, 560–564.

Messing, J. and Bankier, A. T.(1989). Nucleic Acid Sequencing (Howe, J. C. and Ward, E. S. Eds.) IRL Press, Oxford. 1–36.

Mirzabekov, A. M.(1994). DNA Sequencing by Hybridization – a Megasequencing Method and a Diagnostic Tool. TibTech 12, 27–32.

Murray, V.(1989). Improved Double Stranded Sequencing Using the Linear Polymerase Chain Reaction. Nucleic Acids Res. 17, 8889

Richterich, P., Heller, C., Wurst, H., and Pohl, F. M.(1989). DNA Sequencing with Direct Blotting Electrophoresis and Colorimetric Detection. BioTechniques 7, 52–60.

Ruano, G. and Kidd, K. K.(1991). Coupled Amplification and Sequencing of Genomic DNA. Proc. Natl. Acad. Sci. USA 88, 2815–2819.

Sanger, F., Nicklen, S., and Coulson, A. R.(1977). DNA Sequencing with Chain-Terminating Inhibitors. Proc. Natl. Acad. Sci. USA 74, 5463–5467.

Shaler, T. A., Tan, Y., Wickham, J. N., Wu, K. J., and Becker, C. H.(1995). Analysis of Enzymatic DNA Sequencing Reactions by Matrix-Assisted Laser Desorption/Ionization Time-of-Flight Mass Spectrometry. Rapid Comm. Mass Spectrom. 9, 942–947.

Smith, L. M., Sanders, J. Z., Kaiser, R. J., Hughes, P., Dodd, C., Connel, C. R., Heriner, C., Kent, S. B. H., and Hood, L. E.(1986). Fluorescence Detection in Automated DNA Sequence Analysis. Nature 321, 674–679.

Tabor, S. and Richardson, C. C.(1990). DNA Sequence Analysis with a Modified Bacteriophage T7 DNA Polymerase. The Journal of Biochemical Chemistry 265, 8322–8328.

26 Analyse der genomischen DNA-Methylierung

Eine große Anzahl kovalenter DNA-Modifikationen wurde in den letzten Jahren bekannt. Die wichtigsten der „normalen" physiologischen Modifikationen sind Methylierung individueller Basen, die Hydroxymethylierung von Cytosin und die Glykosylierung von hydroxymethylierten Cytosinen. Für einige Modifikationen wurde gezeigt, dass sie die DNA-Struktur stark beeinflussen. Dieser Einfluss kann subtil sein, wenn z. B. die helikalen Parameter und die thermische Stabilität der DNA-Doppelhelix verändert werden. Er kann aber ausgeprägter sein und z. B. die Ausbildung von Z-DNA begünstigen – eine linksgängige Helix, während normale Doppelstrang-DNA in der sog. B-Form auftritt. Die Basenmethylierung hat auch einen direkten oder indirekten Effekt auf die Bindung von Proteinen an DNA.

In einigen Fällen kann eine modifizierte DNA-Base sehr häufig im Genom auftreten. So sind 100 % der Cytosine der Bakteriophagen T4-DNA (glykosylierte) Hydroxymethylcytosine, und bis zu 50 % der Cytosine in Pflanzen-DNA sind methyliert. Modifizierte DNA-Basen können auch einen kleineren Teil des Genoms ausmachen, zeigen aber ein großes regulatorisches Potential: Im Säugergenom sind 3 bis 10 % der Cytosine methyliert, die meisten davon an CpG-Dinucleotid-Stellen. Diese methylierten CpGs befinden sich wiederum häufig an regulatorischen Sequenzen an den 5'-Enden von Genen, deren Transkription anhaltend ausgeschaltet ist. Man hat deutliche Hinweise, dass der Verlust der Genaktivität mit der Methylierung dieser CpG-Stellen ursächlich zusammenhängt. Weitere Prozesse außer der Genexpression bei Eu- und Prokaryonten, die durch DNA-Modifikationen beeinflusst werden, betreffen die Wirtsspezifität von Phagen, die Prägung (*imprinting*), also der Einfluss der Allelherkunft auf die Expression, die Replikation, Rekombination und Reparatur von DNA, verschiedene Differenzierungs- und Dedifferenzierungsvorgänge von Zellen und Organismen, die replikative Seneszenz von Zellen und die Kanzerogenese. Auch die immunogenen Eigenschaften der DNA scheinen von der Methylierung bestimmter Sequenzen abzuhängen.

Außer den physiologischen, in der Zelle enzymatisch eingeführten kovalenten Modifikationen, können die Basen der DNA auch durch externe Einflüsse modifiziert werden, wie z. B. durch chemische Agentien, Hitze oder UV-Einstrahlung, welche die DNA schädigen, zur spontanen Desaminierung und/oder Oxidation von Basen führen.

Es gibt mehrere Methoden, kovalente DNA-Modifikationen aufzuspüren. Hier werden hauptsächlich die Verfahren vorgestellt, die für die generelle Detektion und die Lokalisation von 5-Methylcytosin (^{5m}C) und N^6-Methyladenin (N^{6m}A) angewendet werden (Abb. 26.1). Beide Modifikationen sind sowohl in prokaryontischen Replikons als auch im Genom von einzelligen und höheren Eukaryonten anzutreffen. Für eine erschöpfende Abhandlung aller existierenden, generellen und speziellen Methoden über dieses Thema sei auf die weiterführende Literatur hingewiesen.

26.1 5-Methylcytosin und N^6-Methyladenin, zwei häufig modifizierte Basen.

26.1 Detektionsmethoden der DNA-Basenmethylierung: Definitionen

Es gibt sieben generelle Methoden der Detektion von methylierten Basen in der DNA: 1) Totalhydrolyse und Chromatographie; 2) Immunchemische Analyse; 3) Nearest Neighbor-Analyse; 4) Analyse durch Methylierungs-sensitive Restriktionsendonucleasen; und differenzielle Modifikation durch 5) Hydrazin, 6) Permanganat oder 7) Bisulfit.

Diese Methoden haben eine unterschiedliche Auflösungskapazität. Durch Methoden 1-3 kann man nur das Vorhandensein einer Modifikation in der *Gesamtheit* einer DNA-Probe bestimmen; durch Methode 4 ist es möglich, das Vorhandensein einer Modifikation *an bestimmten Stellen* einer DNA-Probe zu entdecken; andere wiederum (Methoden 5-7) erlauben es, alle Basen mit einer spezifischen Modifikation *an jeder Stelle* innerhalb der Nucleotidsequenz zu lokalisieren. Diese Art der Auflösung wird hier als **horizontale Auflösung** bezeichnet; sie ist die Kapazität einer Methode, die Position einer modifizierten Base entlang eines DNA-Strangs zu identifizieren. Die horizontale Auflösung mit Methoden 5-7 ist am höchsten, und mit Methoden 1-3 am niedrigsten. Als **vertikale Auflösung** dagegen wird im Folgenden die Kapazität einer Methode bezeichnet, eine DNA-Modifikation innerhalb einer heterogenen Population zu identifizieren. So kann die Hydrazin-Methode ein methyliertes Cytosin an einer bestimmten Stelle nur dann entdecken, wenn es sich auf mindestens 25 % aller DNA-Moleküle befindet. Die **Sensitivität** einer Methode ist die DNA-Menge, die benötigt wird, um eine bestimmte Modifikation gerade noch zu entdecken. Charakteristika der vier Methoden für die Detektion von DNA-Methylierung, die zur Zeit die breiteste Anwendung erfahren, sind in Tabelle 26.1 zusammengefasst.

26.2 Detektionsmethoden

26.2.1 Niedrigste horizontale Auflösung: Detektion und Quantifizierung des Gesamtgehaltes an einem methylierten Nucleosid und seiner Dinucleotidzusammensetzung

Durch die folgenden Methoden lässt sich die Häufigkeit von modifizierten Basen in der DNA ermitteln und – im Falle der Nearest Neighbor-Analyse – auch ihrer Dinucleotid-Zusammensetzung (z. B. ^{5m}CpN). Diese Methoden erlauben jedoch nicht die Lokalisation der modifizierten Base in der genomischen Sequenz. Deshalb muss man besonders darauf aufpassen, dass die zu untersuchenden Zellen frei von fremder DNA aus Viren, Mycoplasmen und anderen Endoparasiten sind. Die DNA solcher kontaminierenden Organismen würde die Resultate verfälschen.

Komplette DNA-Hydrolyse gefolgt von Chromatographie

Bei dieser Methode wird die DNA komplett hydrolysiert mit dem Ziel, ihre basalen Konstituenten zu fraktionieren und zu identifizieren. Da die Produkte einer chemischen Hydrolyse im allgemeinen sehr komplex sind, zieht man in aller Regel die enzymatische Hydrolyse vor. Milz-Phosphodiesterase oder Micrococcus-Nuclease produzieren 3′-phosphorylierte Mononucleoside. Pankreatische DNase I oder Schlangengift-Phosphodiesterase ergeben 5′-phosphorylierte Mononucleoside. Alkalische Phosphatase kann verwendet werden, um die 3′- oder 5′-Phosphate zu entfernen.

Tabelle 26.1 Charakteristika der vier wichtigsten Methoden für die Detektion von DNA-Methylierung

	Restriktionsenzyme	Hydrazin-Modifikation H_2N-NH_2	Permanganat-Modifikation MnO_4^- (pH 4,1)	Bisulfit-Modifikation HSO_3^-
Prinzip	Modifikations-sensitive Spaltung	Resistenz von ^{5m}C gegenüber Hydrazinolyse	Sensitivität von ^{5m}C gegenüber Oxidation	Resistenz von ^{5m}C gegenüber Desaminierung zu U
Detektion	Southern-Blotting/Hybridisierung oder (LM-)PCR	direkte genomische Sequenzierung (z. B. LM-PCR)	direkte genomische Sequenzierung (z. B. LM-PCR)	PCR und direkte Analyse vom gesamten PCR-Produkt, oder von individuellen Klonen
Spezifität	Sequenz der Spaltungsstelle	C, T	$^{5m}C + T > G$	C
Substrat	dsDNA	dsDNA oder ssDNA	ssDNA	ssDNA
erforderlich	vollständige Reaktion	partielle Hydrazinolyse	partielle Oxidation	vollständige Konversion von C
horizontale Auflösung	beschränkt auf die Spaltungsstellen	Nucleotidsequenz	Nucleotidsequenz	Nucleotidsequenz
vertikale Auflösung	$\geq 10\%$ (Southern-Blot) $\geq 0,1\%$ (PCR)	$\geq 25\%$	$\geq 10\%$	$\geq 5\%$ (gesamtes PCR-Produkt); einzelne Moleküle (kloniertes Produkt)
Sensitivität	10 μg (Southern-Blot) $\geq$ 10 ng (PCR)	1-2 μg	1-2 μg	$\geq$ 10 ng
Vorteile	schnelle Analyse von großen DNA-Regionen; Sensitivität und vertikale Auflösung	keine ernsthaften Artefakte	^{5m}C-Reaktivität; gleichzeitige Reaktivität von Ts; „positive display" von ^{5m}C	Sensitivität und vertikale Auflösung; schnelles genomisches Sequenzieren; „positive display" von ^{5m}C
mögliche Artefakte	unvollständige Spaltung	Suppression von C-Banden	(nichts beschrieben)	nichtdenaturierte „Inseln"; Klonierungsartefakte; unvollständige ^{5m}C-Resistenz; unvollständige C-Konversion

Die Hydrolyseprodukte können durch verschiedene Methoden analysiert werden, wie Papierchromatographie, Dünnschichtchromatographie, Hochspannungs-Papierelektrophorese, Massenspektrometrie und vorzugsweise HPLC. Diese Methoden haben zwar eine geringe horizontale, jedoch eine gute vertikale Auflösung. Die Detektionsgrenze von ^{5m}C mittels HPLC z. B. wird als 0,04 bis 0,005 % angegeben (diese Angabe bezieht sich auf das Mengenverhältnis von modifizierter zu unmodifizierter Base). Für den Nachweis sehr geringer ^{5m}C-Mengen braucht man ca. 10 μg DNA.

Detektion und Quantifizierung von methylierten Nucleobasen durch immunchemische Methoden

Diese Methode basiert auf der Entwicklung von Antikörpern, die spezifisch für eine Basenmodifikation sind. Die Sensitivität und vertikale Auflösung der Methode ist hoch. Es gibt z. B. Anti-(5-Methylcytidin)-Antikörper, die 20 fmol ^{5m}C in 40 ng von ϕX174 DNA, oder 5 fmol ^{5m}C, enthalten in 10 ng von ϕX174 DNA, entdecken können. Die gleichen Antikörper konnten mit ^{5m}C in 10 ng Maus-DNA reagieren, von der bekannt ist, dass sie ~3 % ^{5m}C enthält. Die unterste Nachweisgrenze mit dieser Methode liegt bei $\leq 0,008$ mol% ^{5m}C. In einem Southern-Blot-Assay können solche Antikörper diejenige DNA identifizieren, die von *Hpa*II (siehe unten) auf Grund von Cytosinmethylierung nicht geschnitten wird. Immunfluoreszenz-Techniken können auch benutzt werden, um auf Chromosomen die Regionen erhöhten ^{5m}C-Vorkommens zu bestimmen.

Nearest Neighbor-Analyse und verwandte Techniken

Die Nearest Neighbor-Analyse ermöglicht eine Aussage über die Häufigkeit einer Modifikation, sowie eine erste Information über ihre Sequenzumgebung, was hier die Dinucleotidzusammensetzung bedeutet. Zu diesem Zweck wird gereinigte genomische DNA mit einem der vier [α-^{32}P]dNTPs durch Nick Translation an zufälligen Strangbrüchen markiert, die durch DNase I eingeführt werden (Abb. 26.2). Die DNA wird dann mit Micrococcus-Endonuclease und Kalbsthymus-Phosphodiesterase (Exonuclease) zu 3′-dNMPs verdaut, wobei die ^{32}P-Markierung von der 5′-Position des markierten Nukleotids auf die 3′-Position seines Nachbarn transferiert wird. Die [3′-^{32}P]dNMPs werden dann durch Adsorptionschromatographie oder HPLC getrennt, und ihre Identität – und Menge – durch Vergleich mit internen Standards festgestellt. Mit dieser Methode kann man also bestimmen, wie häufig ^{5m}C oder ^{N6m}A der 5′-Nachbar von jeder der vier Basen ist. Das Detektionslimit der Methode ist 0,01 %.

Eine weitere, ähnliche Methode wurde entwickelt, um extrem seltene Modifikationen zu bestimmen: Zufällige 3′-OH-Enden einer genomischen DNA werden zuerst durch ddNTPs-Einbau mit Klenow-DNA-Polymerase an weiterer Polymerisation blockiert. Dann wird die so vorbehandelte genomische DNA mit einer Restriktionsendonuclease geschnitten, die dafür eine besondere Modifikation *braucht*. So braucht *Dpn*I ^{N6m}A an GATC-Sequenzen, um schneiden zu können. Die neu generierten 3′-OH-Enden an der Restriktionsstelle werden jetzt mit [α-^{32}P]ddNTP und terminaler Desoxynucleotidyl-Transferase radioaktiv markiert, die ganze DNA wird zu Mononucleotiden verdaut, die dann durch Dünnschichtchromatographie getrennt und analysiert werden. Radioaktive Flecken sind ein Zeichen für das Vorhandensein der modifizierten Base (in dem Beispiel oben ^{N6m}A in GATC-Sequenzen) in der genomischen DNA. Diese Methode kann *eine*

Markierungsverfahren Abschnitt 23.3

26.2 Prinzip der Nearest Neighbor-Analyse. In diesem Beispiel wird eines der vier Nucleotide, α-^{32}P-dATP, an das 3′-Ende der modifizierten Base (Methylcytosin) eingebaut. Durch Einwirkung der Nucleasen wird die radioaktive Phosphatgruppe von α-^{32}P-dATP an das 3′-Ende der Desoxyribose (dR) des Methylcytidins transferiert; dieses kann durch Chromatographie nachgewiesen werden.

modifizierte Stelle in mehr als 10 Megabasen entdecken! Trotzdem lässt sich auch durch diese Methode die modifizierte Base nicht auf einem spezifischen Locus im Genom kartieren.

26.2.2 Mittlere horizontale Auflösung: Kartierung einer Teilmenge aller modifizierten Stellen auf Nucleotidsequenz-Ebene

Differentielle Spaltung durch Modifikations-sensitive Restriktionsendonucleasen

Einige Restriktionsendonucleasen können die DNA nicht schneiden, wenn ihre Erkennungsstellen modifiziert sind, wobei andere Restriktionsendonucleasen wiederum eine Modifikation an der Erkennungsstelle *brauchen*, um schneiden zu können. Diese zwei Klassen von Restriktionsendonucleasen (gewöhnlich Typ II) werden verwendet, um ortsspezifische Modifikationen, hier also ^{5m}C und $^{N^6m}$A, zu identifizieren. Daher ist diese Methode auf die Detektion von Modifikationen innerhalb der Erkennungsstellen der Restriktionsendonucleasen beschränkt. Die Sichtbarmachung der Spaltungsprodukte erfolgt entweder durch Southern-Blot oder PCR-Techniken (siehe unten).

Restriktionsenzyme Abschnitt 22.1.3

Ein Vorteil dieser Methode ist, dass die Nucleotidsequenz der untersuchten Region nicht in ihrer Gesamtheit bekannt sein muss, sondern nur die Positionen der Restriktionsendonuclease-Erkennungsstellen. Deshalb kann diese Methode auf größere DNA-Regionen angewendet werden, und stellt damit ein einfaches, erstes Näherungsverfahren für eine Lokalisationsanalyse von DNA-Modifikationen dar (siehe Tabelle 26.1). Southern Blotting erlaubt zudem eine *direkte* Abschätzung der Zellfraktion, die modifizierte Stellen hat; Analyse derselben mittels PCR ermöglicht die Detektion von sehr geringen Mengen an modifizierten Stellen.

> Die Spaltungsreaktionen erfordern ein hohes Maß an Vorsicht: Die inkomplette Spaltung mit einem Enzym, das normalerweise durch eine modifizierte Base inhibiert wird, kann irrtümlicherweise suggerieren, dass einige oder alle Restriktionsstellen modifiziert seien. Wenn die Spaltung an nicht-modifizierten Stellen inhibiert ist, kann dies von einer permanenten Assoziation der DNA mit Kontaminanten resultieren, wie Zellmembranen, Kohlenhydraten oder Lipopolysacchariden. Andere Faktoren, die die Enzymeffizienz negativ beeinflussen können, betreffen niedermolekulare Verbindungen in der DNA-Lösung und den pH-Wert des Reaktionsansatzes. Daher muss die DNA vor der Spaltung gut gereinigt werden.

Die ungehinderte Zugänglichkeit der DNA kann man durch die Verwendung eines Modifikations-*insensitiven* Enzyms überprüfen. Im Idealfall ist dieses Enzym ein Isoschizomer, um Standards für die zu erwartenden Fragmente zu haben. Das Enzympaar *Hpa*II-*Msp*I wird z. B. häufig für die Analyse des Methylierungsstatus von CpG-Dinucleotiden verwendet (weitere Enzyme werden weiter unten besprochen). Beide Enzyme erkennen die Sequenz CCGG, aber *Hpa*II kann diese Sequenz nur dann spalten, wenn das unterstrichene Cytosin unmethyliert ist. Die differentielle Aktion von *Hpa*II und *Msp*I ist in Abbildung 26.3 demonstriert (Spuren 3-6). Trotzdem ist die ungehinderte Spaltung der DNA durch das Modifikations-insensitive Enzym nicht eine absolut zuverlässige Kontrolle des „diagnostischen Wertes" des Modifikations-sensitiven Enzyms, da die zwei Enzyme evtl. unterschiedlich von Unreinheiten in der DNA-Lösung beeinträchtigt werden. Eine Alternative für die Kontrolle der Vollständigkeit der Spaltung bietet sich an, indem man dem gleichen Reaktionsansatz eine kleine Menge eines fremden, endmarkierten Fragments zufügt, das eine oder mehrere Spaltungsstellen der diagnostischen Restriktionsendonuclease enthält. Somit kann das Ausmaß der Spaltung aller spaltbaren genomischen Stellen durch Kontrolle der Spaltung des radioaktiven Markerfragments sehr genau und quantitativ verfolgt werden.

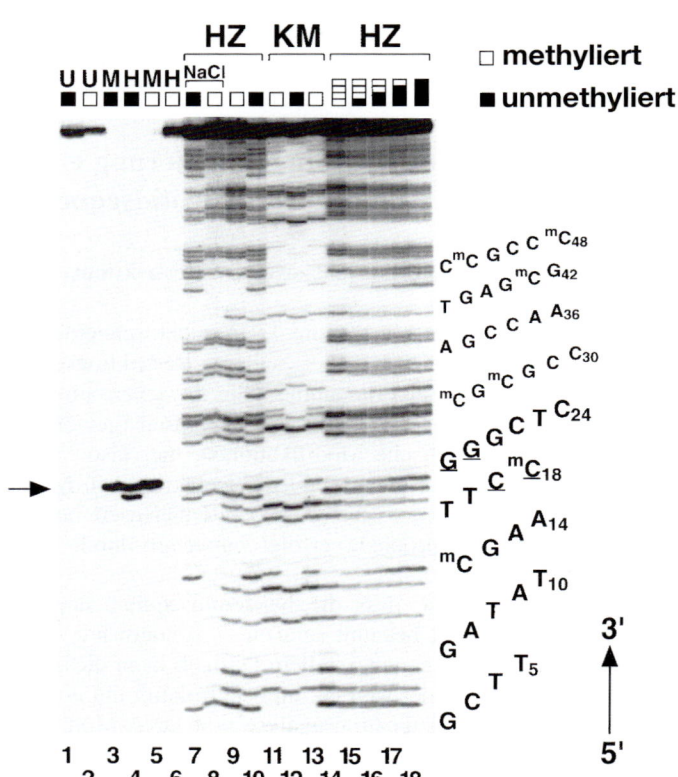

26.3 Detektion von ^{5m}C durch Methylierungs-sensitive Restriktionsendonucleasen, Hydrazin oder Permanganat. Ein etwa 100 bp langes 5'-endmarkiertes dsDNA-Fragment, entweder unmethyliert (schwarze Quadrate) oder an CpG methyliert (weiße Quadrate) wurde wie folgt behandelt: unbehandelt („U", Spuren 1 and 2); MspI-gespalten („M", Spuren 3 und 5) oder HpaII-gespalten („H", Spuren 4 und 6). Reaktion mit Hydrazin/Piperidin („HZ", Spuren 7-10 und 14-18) bei hohen NaCl-Konzentrationen (Spuren 7 und 8) oder ohne NaCl (Spuren 9-10 und 14-18). Reaktion mit KMnO$_4$/Piperidin im Sauren („KM", Spuren 11-13). In Spuren 14-18 wurde methylierte DNA mit unmethylierter DNA im Verhältnis 1:0 (Spur 14), 3:1 (Spur 15), 1:1 (Spur 16), 1:3 (Spur 17) und 0:1 (Spur 18) gemischt. Die Sequenz des Fragments ist am rechten Rand mit Nummern vom markierten 5'-Ende aus angegeben. Methylierte Cytosine sind bezeichnet. Die HpaII/MspI-Erkennungsstelle ist unterstrichen.

In *E. coli* tritt das meiste ^{5m}C innerhalb der Sequenz CC(A/T)GG auf. Der Methylierungsstatus dieser Sequenz kann mit dem Enzympaar *Eco*RII (sensitiv) – *Bst*NI (insensitiv) überprüft werden. Die ^{5m}C-Methylierung von CpG-Dinucleotiden bei Eukaryonten kann durch *Hpa*II-*Msp*I detektiert werden, wie oben ausgeführt. ^{5m}C in anderen Sequenzen kann mit einer anderen Restriktionsendonuclease entdeckt werden, die durch diese Modifikation in ihrer Spaltung inhibiert werden. ^{5m}C kann auch mittels einer Restriktionsendonuclease aufgespürt werden, die diese Modifikation braucht (**positive Suche**). Das *McrBC*-Enzym z. B. spaltet u. a. DNA, die ^{5m}C enthält. Die Spaltung erfolgt an mehreren Positionen auf beiden Strängen, zwischen den modifizierten Cytosinen der Erkennungssequenz Pu^{5m}C(N$_{40-80}$)Pu^{5m}C (Pu = Purin).

Um ^{N6m}A in Prokaryonten zu analysieren, kann das Enzympaar *Mbo*I/*Sau*3A benutzt werden. *Mbo*I ist sensitiv, *Sau*3A ist insensitiv gegenüber Methylierung am Adenin in der Sequenz GATC, in der die Mehrheit von ^{N6m}As gefunden wird. Eine positive Suche für methylierte GATC-Sequenzen kann auch mittels *Dpn*I durchgeführt werden; dafür ist es erforderlich, dass beide Stränge methyliertes Adenin enthalten. ^{N6m}A in anderen Sequenzen kann mit anderen Restriktionsendonucleasen überprüft werden, die durch Adeninmethylierung inhibiert werden.

Southern Blotting Abschnitt 22.4.3

Hybridisierung Abschnitt 23.1

Southern Blot und Hybridisierung können nach Standardverfahren durchgeführt werden. Wenn das für die Spaltungskontrolle zugefügte radioaktive Fragment die Analyse stören sollte, kann die endständige Markierung – vor der elektrophoretischen Auftrennung der DNA – durch eine Phosphatase entfernt werden. Für gewöhnliche Southern-Blot-Analysen, z.B. um Gene zu kartieren, ist es nicht unbedingt erforderlich, dass die anschließenden Schritte *quantitativ* durchgeführt werden. Anders im vorliegenden Fall: Für die Analyse der genomischen Methylierung muss die ganze aufgetrennte genomische DNA auf eine feste Unterlage (Nitrocellulose, Nylon) transferiert werden. Das kann durch Elektrotransfer in neutralen Puffern gewährleistet werden. Sequenzspezifische DNA-Spaltungsprodukte können durch Hybridisierung mit einer passenden, markierten Sonde detektiert werden. Bei Verwendung einer Methylierungs-sensitiven Endonuclease (**negative Suche**) zeigt die Abwesenheit der zu erwartenden DNA-Fragmente die Methylierung einer oder beider Restriktionsendonuclease-Spaltungsstellen, die das Ende des gesuchten DNA-Fragmentes definieren. Die vertikale Auflösung der Methode hängt in diesem Fall vom Hybridisierungshintergrund ab, der erfahrungsgemäß etwa 10 bis 20 % des „realen" Signals darstellt. Mit anderen Worten, wenn ≥10 % der untersuchten DNA-Population an zwei aufeinanderfolgenden Restriktionsendonuclease-Stellen *nicht* modifiziert vorliegen, tritt ein Signal über dem Hintergrund an der entsprechenden Stelle auf. Wenn ≥10 % der untersuchten DNA-Population an einer oder an beiden der flankierenden Restriktionsendonuclease-Stellen modifiziert ist, erscheint ein längeres Fragment. Die Sensitivität der Methode ist eher gering. Bei Hybridisierung mit radioaktiven Sonden kann ein Signal von einem *single copy*-Locus in 10 μg einer genomischen Säuger-DNA entdeckt werden. Bei ~6 pg DNA pro Zellnucleus bedeutet dies, dass man für eine Analysespur etwa $1{,}7 \cdot 10^6$ Zellen braucht.

Die DNA-Produkte der Restriktionsendonuclease-Spaltung können auch durch PCR entdeckt werden, wenn die Sequenz der untersuchten Region bekannt ist. Der einfachste Fall soll hier besprochen werden: Zwei Primer werden gewählt, die die fragliche Stelle flankieren, und die Region zwischen diesen Primern wird durch PCR amplifiziert. Das PCR-Produkt wird durch Gelelektrophorese analysiert, und mit einem Standard verglichen, der durch Amplifikation mit einer nichtgespaltenen Kontrollsequenz hergestellt wurde. Man nimmt an, dass die sich ergebende Menge denjenigen Teil der genomischen DNA reflektiert, der wegen Methylierung an der Restriktionsendonuclease-Stelle nicht gespalten worden ist. Die PCR-Bedingungen müssen natürlich so gewählt werden, dass sie eine lineare Abhängigkeit zwischen „input"-DNA und amplifiziertem PCR-Produkt ergeben, z. B. indem man darauf achtet, dass die Primermenge nach einer gewissen Anzahl von Zyklen nicht limitierend ist. Nachdem diese Methode verwendet werden kann, um die Methylierung in etwa 100 Zellen zu analysieren, ist sie extrem sensitiv und hat ein sehr hohes vertikales Auflösungsvermögen.

PCR
Kapitel 24

26.2.3 Höchste horizontale Auflösung: Kartierung aller modifizierten Stellen auf Nucleotidsequenz-Ebene

Jede der folgenden drei Methoden lässt sich in zwei Teilschritte einteilen: 1) Differentielle chemische Modifikation von genomischer DNA; 2) Genomisches Sequenzieren, um modifizierte Basen zu identifizieren. Diese Methoden besitzen deshalb die größte horizontale Auflösung. Die vertikale Auflösung ist am besten für die Bisulfit-Methode – theoretisch ist man damit in der Lage, den Methylierungsstatus einzelner Moleküle zu entdecken. Sie ist etwas weniger gut für die Permanganat-Methode: ≥10 % aller Moleküle müssen dafür an einer bestimmten Position methyliert sein. Am geringsten ist sie für die Hydrazin-Methode – hier müssen ≥ 25 % aller Moleküle an einer bestimmten Position methyliert sein. Die Sensitivität der Bisulfit-Technik ist auch am höchsten. Hinzu kommt, dass die Bisulfit-Technik mit einer einfacheren genomischen Sequenzierungstechnik als die Permanganat- und Hydrazin-Methoden kombiniert werden kann. Die Bisulfit-Technik führt aber auch zu ernsthaft störenden Artefakten, auf die weiter unten eingegangen wird. Wichtige Eigenschaften dieser Techniken sind in Tabelle 26.1 zusammengefasst.

Differentielle Modifikation mit Hydrazin

Hydrazin reagiert spezifisch mit C und T in ss- oder dsDNA, wie in der klassischen chemischen DNA-Sequenzierung nach Maxam/Gilbert. Es reagiert aber nicht mit ^{5m}C. Hydrazin-modifizierte Nucleotide werden üblicherweise mit Piperidin gespalten, und die Spaltungsprodukte können mit einer der genomischen

Maxam-Gilbert-Sequenzierung
Abschnitt 25.1.3

LM-PCR
Abschnitt 27.2.3

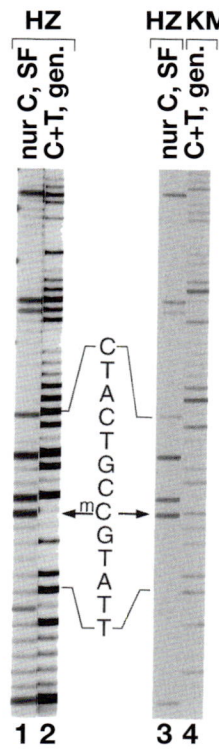

26.4 Detektion eines methylierten CpG-Dinucleotids in genomischer DNA durch die Hydrazin- oder die Permanganat-Methode. Genomische DNA wurde aus Hamsterzellen isoliert und mit Hydrazin (Spur 2) oder Permanganat (Spur 4) behandelt, gefolgt von Piperidinspaltung der modifizierten Nucleotide. Die gespaltenen DNA-Stellen wurden durch LM-PCR detektiert. Spuren 1 und 3 geben die Cytosinsequenz wieder, die durch Hydrazin/Piperidin-Behandlung eines synthetischen PCR-Fragmentes (SF) hergestellt wurde. Die Komplementarität dieser zwei Methoden wird an dem methylierten Cytosin am CpG-Dinucleotid deutlich, wo die Abwesenheit der Cytosin-Bande in der Hydrazinbehandelten DNA durch das Vorhandensein einer Cytosin-Bande in der Permanganatbehandelten DNA konterkariert wird.

Visualisierungstechniken
Abschnitt 27.2.3

Sequenzierungsmethoden, die auch für *in vivo*-Footprints verwendet werden, identifiziert werden. Die LM-PCR-Technik ist hier die Methode der Wahl (Abb. 26.4, Spuren 1 and 2).

^{5m}C wird als die Abwesenheit einer Bande identifiziert, dort, wo in der entsprechenden Stelle des Autoradiogramms einer Gelelektrophorese normalerweise ein C-Rest in der unmethylierten Sequenz existiert (vgl. Abb. 26.3). Die unmethylierte Sequenz wird in der Regel durch Klonierung oder durch PCR-Amplifikation der fraglichen DNA-Region erhalten. Die G-Reste des komplementären Stranges können auch sequenziert werden, um sicherzustellen, dass die Abwesenheit einer Bande in der Hydrazin-Spur eines Sequenzgels die Anwesenheit eines ^{5m}C reflektiert. Die Reaktion von T kann durch die Zugabe von 1,5 M NaCl unterdrückt werden. Jedoch hilft eine ungehinderte T-Reaktion eine erfolgreiche Hydrazin-Reaktion zu verfolgen, vor allem an Regionen, wo *alle* Cytosine methyliert vorliegen könnten.

Die Hydrazin-Methode ist sensitiv genug, um ^{5m}C-Methylierung in 1 bis 2 µg genomischer DNA (1,7–3,3 · 10^5 Zellen) zu entdecken, wenn sie mit LM-PCR kombiniert wird. Falls C *und* ^{5m}C an der gleichen Stelle, aber auf verschiedenen DNA-Molekülen vorhanden sind, müssten mindestens 25 % dieser Stelle ^{5m}C sein, um eindeutig als solche identifiziert zu werden (vgl. Spuren 14-18 in Abb. 26.3). Deshalb ist diese Methode zwar ziemlich sensitiv und hat höchstes horizontales Auflösungsvermögen, aber ihr vertikales Auflösungsvermögen ist geringer als das anderer Methoden. Dieses Verfahren ist jedoch attraktiv, da dafür keine ernsthaften Artefakte bekannt sind.

Differentielle Modifikation mit Permanganat

Bei einem pH von 4,1 reagiert Permanganat mit ^{5m}C, T und gelegentlich mit G in ssDNA, aber *nicht* mit C. Piperidin kann dann die DNA an den modifizierten Stellen spalten (Abb. 26.3, Spuren 11-13). Diese Reaktivität stellt ein dem Hydrazin komplementäres Assay zur Verfügung: Reaktion mit der methylierten Base anstatt mit der unmethylierten führt zum Auftreten von Gelbanden an ^{5m}C-Positionen (*positive display*, Abb. 26.3, Spur 11 oder 13), anstatt zum Verschwinden von Banden an C-Positionen (*negative display*, Abbildung 26.3, Spur 8 oder 9). Wie mit der Hydrazin-Methode erhält man die unmethylierte DNA durch Klonierung oder PCR-Amplifikation. Die gleichzeitige Reaktion von Thymin mit Permanganat, die auch *nur* in ssDNA geschehen kann, ist ein guter interner Standard, um sicherzustellen, dass die fragliche Sequenz tatsächlich oxidiert wurde. Obwohl die Hydrazin-Methode in der Literatur mehr Beachtung gefunden hat, sind beide zuletzt beschriebenen Methoden gleich gute Verfahren, um ^{5m}C in genomischer DNA auf Nucleotidsequenz-Ebene zu entdecken.

Die durch Permanganat modifizierten Basen genomischer DNA können auch mit der LM-PCR-Methode visualisiert werden (Abb. 26.4, Spur 4). Die Sensitivität ist die gleiche wie diejenige der Hydrazin-Methode (1-2 µg genomischer DNA). Wegen des *positive display* aber (vgl. Tabelle 26.1) ist die vertikale Auflösung etwas besser: Die Orte der ^{5m}C-Reste sind immer dann sichtbar, wenn eine bestimmte Stelle in einer gemischten DNA-Population aus ≥10 % ^{5m}C besteht. Mit genomischer DNA erhält man Signale mit gleicher Intensität bei ^{5m}C, T und G. Die unerwartete generelle Reaktivität mit G (verglichen mit *direkt* markierter DNA, vgl. Abb. 26.3) könnte auf folgenden Sachverhalt zurückzuführen sein: Wegen des niedrigen pHs (4,1) können apurinische Stellen entstehen. An diesen Stellen kann das Phosphatrückgrat gebrochen werden, wenn die DNA auf 95 °C erhitzt wird, wie es zu Beginn der LM-PCR notwendig ist. Die nicht-methylierten Cytosine reagieren in keinem Fall. Da die modifizierten Basen auch als solche einen Synthesestopp für die Polymerasen bedeuten, können die Permanganat-Modifikationen der genomischen DNA auch mit anderen genomischen Sequenzierungstechniken als mit LM-PCR detektiert werden, die keine Piperidin-Spaltung erfordern.

Differentielle Modifikation mit Bisulfit

Die wahrscheinlich einfachste Methode für die Detektion von DNA-Methylierung mit gleichzeitig dem höchsten Auflösungsvermögen ist die Bisulfit-Methode, die deshalb eine breite Anwendung gefunden hat. Diese Methode wurde ursprünglich entwickelt, um die Sekundärstruktur von Nucleinsäuren zu studieren. Sie nutzt die Tatsache aus, dass Einzelstrang- oder „verformte" Cytosine in Nucleinsäuren durch die katalytische Wirkung von Bisulfit (HSO_3^-) hydrolytisch zu Uracilen desaminiert werden können. Das C6-Atom eines zugänglichen Cytosins wird bei einer hohen $NaHSO_3$-Konzentration (3,0 M) und leicht sauren Bedingungen (pH 5,0) sulfoniert. Die Aminogruppe am C4 wird dann spontan hydrolysiert, das Bisulfit-Molekül wird bei basischem pH regeneriert, und übrig bleibt ein Uracil (Abb. 26.5). Normal gepaarte Cytosine werden nicht angegriffen.

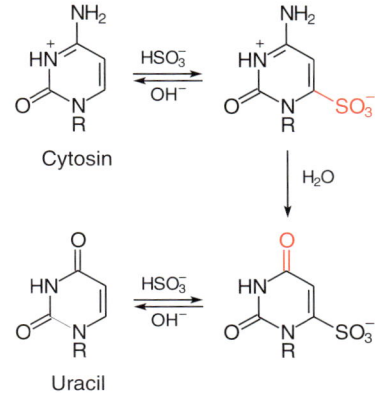

26.5 Natriumbisulfit katalysiert die Desaminierung von Cytosin zu Uracil.

Frommer und Mitarbeiter haben die Bisulfit-Methode als eine Technik eingeführt, um das Vorkommen von ^{5m}C in genomischer DNA zu bestimmen (Abb. 26.6). Bisulfit katalysiert die Konversion von C, aber nicht von ^{5m}C, zu U in Einzelstrang-DNA. Die untersuchten Regionen werden dann mittels PCR zu spezifischen dsDNA-Fragmenten amplifiziert. Da die zwei DNA-Stränge nach der Bisulfit-Konversion nicht mehr komplementär zueinander sind, muss bei der Anwendung dieser Methode *jeder Strang getrennt* analysiert werden, d.h. mit jeweils anderen, passenden Primern. Der Amplifikationsprozess führt zu einer Transformation von U (vorher C) zu T, und von ^{5m}C zu C. Auf dem komplementären Strang des PCR-Produktes wird G (gegenüber C) zu A transformiert. Das PCR-Produkt kann dann durch Gelelektrophorese isoliert werden, und die Transformationen werden entweder durch direktes Sequenzieren des PCR-Produktes (Abb. 26.7), oder durch vorherige Klonierung in einen passenden Vektor und dann durch Sequenzieren vieler individueller Klone identifiziert.

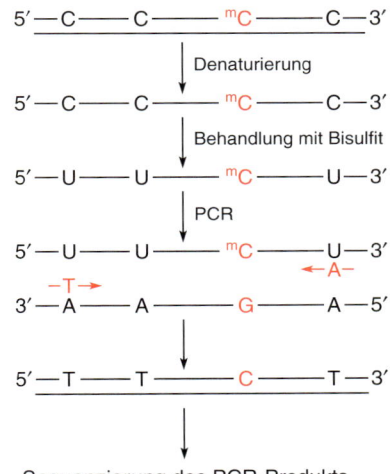

26.6 Prinzip der Methylierungsanalyse durch die Bisulfit-Technik.

Die Bisulfit-Methode hat drei Vorteile gegenüber der anderen Methoden gleichen horizontalen Auflösungsvermögens (vgl. Tabelle 26.1):

1. Sie ist hoch sensitiv, da sie – dank der PCR-Technik – in der Regel nicht mehr als 10 ng genomischer DNA erfordert (~1700 Zellen). Es ist sogar berichtet worden, dass nicht mehr als 100 Zellen gebraucht werden, um eine ausreichende DNA-Menge zu isolieren, und dass dann ein Aliquot von nur 10 pg (entsprechend der DNA-Menge von etwa 2 Zellen!) für das Verfahren ausreicht.

2. Sowohl die C- als auch die ^{5m}C-Reste sind durch DNA-Sequenzierung nachweisbar (*positive display* der Daten). C erscheint als T und ^{5m}C erscheint als C in *getrennten* Gelspuren. Obwohl also die Unterscheidung von C und ^{5m}C auch hier, wie bei Hydrazin, auf der *Nicht*-Reaktivität von ^{5m}C gegenüber Bisulfit beruht, ist der ^{5m}C-Anteil an einer spezifischen DNA-Stelle mit dieser Methode leichter zu bestimmen als mit Hydrazin.

3. Der Methylierungszustand eines spezifischen genomischen Ortes kann sowohl für die *gesamte* Population als auch für *individuelle* Zellen bestimmt werden; dies hängt nach dem Vorhergesagten davon ab, ob direkt PCR-Produkte, oder erst individuelle Klone sequenziert werden. Die direkte Sequenzierung weist schon auf Grund des *positive display* ein größeres vertikales Auflösungsvermögen ($\geq 5\%$) als die anderen Methoden auf. Die Analyse individueller Klone reflektiert den Methylierungszustand individueller DNA-Stränge und repräsentiert damit den höchsten Grad des vertikalen Auflösungsvermögens.

Trotzdem ist bei der Anwendung dieser Technik größte Vorsicht geboten, da sie potentiellen Artefakten unterliegt, die ihre Zuverlässigkeit unter Umständen einschränken.

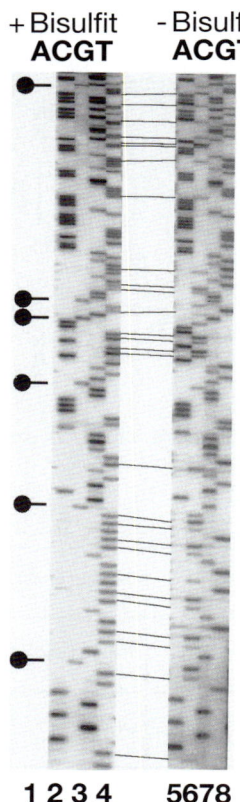

26.7 Detektion methylierter CpG-Dinucleotide durch die Bisulfit-Methode. Genomische DNA von Hamster-Zellen wurde isoliert und mit Bisulfit behandelt. Die Bisulfit-behandelte DNA wurde mit PCR amplifiziert, wobei Primer verwendet wurden, die zu konvertierter DNA hybridisierten (vgl. Text). Das PCR-Produkt wurde durch *Cycle Sequencing* (Abschnitt 25.1.1) direkt sequenziert (Spuren 1-4). Spuren 5-8 zeigen die genomische Referenzsequenz, die durch Amplifikation genomischer DNA erhalten wurde, wobei Primer verwendet wurden, die zu unkonvertierter DNA hybridisierten. Die Tatsache, dass 6 Cytosine (Symbole) innerhalb von CpG-Dinucleotiden nicht konvertiert wurden, zeigten, dass diese Cytosine methyliert waren. Alle anderen Cytosine innerhalb dieser Region, die zu Thyminen konvertiert wurden, sind mit Linien markiert.

Maxam-Gilbert-Reaktion
Abschnitt 25.1.3

Mögliche Artefakte der Bisulfit-Technik

Die Konversion von C zu U hängt vollkommen davon ab, ob das DNA-Substrat im einzelsträngigen Zustand gehalten werden konnte. Inkomplette Denaturierung oder partielle Renaturierung genomischer DNA-Bereiche während der Bisulfit-Behandlung kann dazu führen, dass C-Reste nicht mit Bisulfit reagieren, und deshalb irrtümlicherweise als ^{5m}C-Reste interpretiert werden. Der hohe Salzgehalt der Reaktion (gewöhnlich 3 M $NaHSO_3$) begünstigt sogar eine Renaturierung. Solche fehlerhaften Deutungen finden sich in der Tat in der Originalliteratur wieder. Dort wurde berichtet, dass ganze Strecken (nicht-denaturierte „Inseln") von einigen hundert Basenpaaren nur ^{5m}Cs, aber keine Cs enthalten. Obwohl es keine einfache Methode gibt, um nicht-konvertierte Cs von (echten) ^{5m}Cs innerhalb einer DNA unbekannten Methylierungszustands zu unterscheiden, könnte ein Hinweis einer erfolgreichen Bisulfit-Reaktion das Vorhandensein von sowohl ^{5m}Cs, als auch Cs sein, die nebeneinander vorkommen.

Die Verlässlichkeit der Methode wird auch dadurch kompromittiert, dass während der Bisulfit-Behandlung 2-3 % der ^{5m}Cs in ssDNA auch zu Uracilen konvertiert werden können.

Auch wenn die DNA effizient im Einzelstrangzustand gehalten werden kann, muss die Bisulfit-Behandlung *erschöpfend* sein, um eine *komplette* Konversion von C zu U zu gewährleisten. Andernfalls ist es möglich, dass eine *partiell* methylierte Stelle suggeriert wird (also eine Stelle, die in einigen Zellen methyliert, in anderen unmethyliert vorläge). In der Praxis ist aber eine vollständige Bisulfit-Konversion unmöglich, da das DNA-Substrat bei ausgiebiger Behandlung degradiert werden kann (siehe unten). Dies ist kein Problem, wenn das PCR-Produkt direkt sequenziert wird, da das gelegentliche Vorhandensein von unkonvertierten Cs das Erscheinungsbild der durchschnittlichen Methylierung der gesamten DNA-Molekülpopulation an einer bestimmten Stelle nicht signifikant verfälschen kann. Wenn aber das PCR-Produkt zuerst kloniert wurde, kann dieser Nachteil die Aussage erheblich einschränken, dass der Methylierungszustand einzelner Moleküle mit dieser Methode detektiert werden könne.

Diesem Problem kann zumindest teilweise mit drei Lösungsansätzen begegnet werden: Erstens kann das erreichte Ausmaß der C zu U-Konversion festgestellt werden, indem man die genomische DNA mit nicht-selektiven Primern amplifiziert (d. h. Primern, die zu Regionen hybridisieren, die frei von C sind) und direkt sequenziert. Zweitens kann man nur diejenigen DNA-Moleküle selektionieren und mit denen weiterarbeiten, die in der Tat effizient mit Bisulfit reagiert haben, indem man PCR-Primer benutzt, die so gewählt wurden, dass sie an Regionen hybridisieren, die vor der Konversion drei oder mehr C-Reste enthielten (selektive Primer für konvertierte Cs, also Us). Die in diesem PCR-Produkt vorhandenen, persistierenden Cs sind dann mit größter Wahrscheinlichkeit ^{5m}Cs gewesen. Drittens sollten das Hydrazin- und/oder Permanganat-Verfahren zusätzlich zur Analyse derselben Region als unabhängige Kontrolle angewendet werden. Im Gegensatz zur Bisulfit-Technik erfordern letztere, dass die Reaktion der Basen mit diesen Reagenzien partiell verläuft, um eine DNA-Sequenzleiter herzustellen.

DNA-Verbleib in leicht saurem pH kann apurinische Stellen produzieren. Da die Bisulfit-Behandlung für längere Zeit bei pH 5,0 stattfindet, kann sie apurinische Stellen in die DNA einführen. Desulfonierung der desaminierten Cytosine bei dem erforderlichen basischen pH kann dann in einem klassischen Maxam-Gilbert-Reaktionsmodus das DNA-Rückgrat an den apurinischen Stellen brechen. Deshalb kann die DNA bei der Bisulfit-Methode fragmentiert werden und auch ganz verloren gehen.

Um diese Schwierigkeiten zu überwinden, wurden viele Modifikationen des Originalverfahrens vorgenommen. Unter anderem wurde ein Protokoll vorgestellt, das $\geq$ 95 % Konversion von C zu U mit sehr limitierter DNA-Degradation gewährleistet. Hauptmerkmale dieses Protokolls sind: Spaltung der genomischen DNA zu ~1 kb-Fragmenten, um gegen die Renaturierung anzugehen, und DNA-

Behandlung in 3 M Bisulfit für nur 5 Stunden mit wiederholten Zyklen, bei denen in einem Thermocycler auf 95 °C erhitzt wird. Für weitere Optimierungen, Modifikationen und auch Verwendung der Bisulfit-Technik in Kombination mit anderen Methoden sei auf die weiterführende Literatur verwiesen.

Weiterführende Literatur

Grigg G., Clark S. Sequencing 5-Methylcytosine Residues in Genomic DNA. Bioessays 16 (1994), 431-436.

Maden, B.E., Corbett, M.E., Heeney, P.A., Pugh, K., Ajuh, P.M. Classical and Novel Approaches to the Detection and Localization of the Numerous Modified Nucleotides in Eukaryontic Ribosomal RNA. Biochimie 77 (1995), 22-29.

Rein, T., Natale, D.A., Gärtner, U., Niggemann, M., DePamphilis, M.L., Zorbas, H. Absence of an Unusual „Densely Methylated Island" at the Hamster DHFR ori-β. The Journal of Biological Chemistry, 272 (1997) 10021-10029.

Rein,T., Zorbas, H., DePamphilis, M.L. Active Mammalian Replication Origins are Associated with a High Density Cluster of ^{m}CpG Dinucleotides. Molecular and Cellular Biology, 17 (1997) 416-426.

Rein, T., DePamphilis, M.L., Zorbas, H. DNA Methylation and Related Modifications: A Survey of Detection Methods. Nucleic Acids Research. (1998, im Druck).

Saluz, H., Jost, J.-P. In: Saluz, H., Jost, J.-P. (Eds.), DNA Methylation: Molecular Biology and Biological Significance. Birkhäuser Verlag, Basel 1993.

27 Protein-DNA-Wechselwirkungen

DNA kann mit DNA, RNA, Proteinen, Peptidnucleinsäuren und zahlreichen niedermolekularen organischen und anorganischen Molekülen in vitro oder in vivo wechselwirken. Diese „Partner" können wiederum Doppelstrang- oder Einzelstrang-DNA stark oder schwach, spezifisch oder unspezifisch binden. Einige von ihnen können spezifische Sekundärstrukturen der DNA erkennen und binden. Jede dieser Wechselwirkungen kann signifikante physiologische oder pharmakologische Konsequenzen haben. Das Studium der Wechselwirkung von Proteinen mit DNA ist unerlässlich für zentrale biochemische Fragen, wie z. B. Prinzipien der molekularen Erkennung, oder es kann zu Aufschlüssen über die Proteinfunktion – und den damit verbundenen biologischen Prozess – und zum Wirkungsmechanismus des Proteins bei diesen Prozessen führen. In diesem Kapitel werden die biochemischen Methoden vorgestellt, die üblicherweise zu diesem Zweck angewendet werden. Im Mittelpunkt steht dabei die Wechselwirkung von dsDNA mit *spezifisch* bindenden Proteinen; an geeigneten Stellen gehen wir jedoch auch ein auf die Wechselwirkung von ssDNA-bindenden und *unspezifisch* bindenden Proteinen, sowie von niedermolekularen Stoffen (z. B. Drogen) mit DNA und auf die Wechselwirkung von Proteinen mit RNA. Aspekte der Wechselwirkung von Nucleinsäuren untereinander und mit Peptidnucleinsäuren sind im Kapitel 37 berücksichtigt.

Peptidnucleinsäuren
Abschnitt 37.2.2

27.1 Nachweisverfahren für Protein-DNA-Wechselwirkungen

Bei einer Protein-DNA-Wechselwirkung kann der Schwerpunkt des Interesses auf Aspekten und Parametern des DNA-Partners oder des Protein-Partners liegen. Für die Untersuchung, ob ein Protein überhaupt, mit welcher Affinität und welcher Spezifität DNA bindet, gibt es im wesentlichen drei biochemische Methoden: die Filterbindung, die EMSAs und den McKay-Assay. Bei allen drei muss die zu bindende DNA (als lineares Fragment oder Oligodesoxynucleotid) markiert werden – in aller Regel radioaktiv, um eine hohe Sensitivität der Methoden zu erreichen. Die Markierung kann im Prinzip an einem 5′- oder 3′-Ende oder auch über die ganze Länge der DNA erfolgen. Bei diesen Methoden wird die radioaktive DNA mit dem Protein in Lösung inkubiert. Die Inkubation erfolgt in einem möglichst kleinen Volumen in einem physiologischen Puffer in der Regel für 10–30 min bei Raumtemperatur – ein Kompromiss zwischen der physiologischen Temperatur von 37 °C und dem Verlust der Proteinaktivität (für die eine niedrige Temperatur optimal ist).

Radioaktive Markierung
Abschnitt 23.3

Besondere Anforderungen der Bindung (z. B. die Anwesenheit spezifischer Kationen wie Na^+, K^+, Mg^{2+}, Ca^{2+}, Zn^{2+} usf.) müssen gegebenenfalls optimiert werden. Es muss auch darauf geachtet werden, dass – besonders bei Inkubationen mit Zellkern-Rohextrakten – Proteasen in der Proteinlösung die Wechselwirkung stören könnten. In diesem Fall müssen Protease-Inhibitoren dem Ansatz hinzu-

Chromatographie *Kapitel 9*   gefügt werden, falls diese wiederum nicht ihrerseits die Wechselwirkung stören. Eventuell muss die Proteinlösung zuerst durch biochemische Trennverfahren, z. B. Chromatographie, Protease-frei gemacht werden.

27.1.1 Filterbindung

Diese Methode nutzt aus, dass Doppelstrang-DNA Nitrocellulose-Membran ungehindert passiert, während Proteine an Nitrocellulose haften bleiben. Die radioaktive DNA wird mit der Proteinlösung inkubiert und durch Nitrocellulose filtriert. Der Teil der DNA, der vom Protein gebunden wurde, bleibt an der Membran hängen, der ungebundene Teil geht durch. Die Radioaktivitätsmenge an der Membran wird gemessen und mit derjenigen einer proteinfreien Kontrolllösung verglichen. Sie gibt an, ob und mit welcher Affinität das Protein die DNA gebunden hat. Diese Methode wird nicht mehr sehr häufig angewendet, da sie – obwohl sehr einfach und schnell – nicht besonders sensitiv und genau ist. Sie kann auch nicht für den Nachweis der Wechselwirkung von Proteinen mit ssDNA oder RNA herangezogen werden, da diese Nucleinsäuren an sich schon an Nitrocellulose binden.

27.1.2 EMSA

Diese Abkürzung steht für *electrophoretic mobility shift assays*, auch *band shifts* oder *gel retention/retardation assays* genannt. Das Prinzip beruht darauf, dass Protein-DNA-Komplexe in einer elektrophoretischen Auftrennung langsamer laufen als freie DNA. Die radioaktive DNA (gewöhnlich etwa 20 bis 300 bp lang) wird mit der Proteinlösung inkubiert und auf einem nativen Gel elektrophoretisch analysiert. Üblicherweise benutzt man quervernetztes Polyacrylamid als Gelmatrix wegen der – im Vergleich zu Agarose – schärferen Trennung in dem Bereich, in dem die Komplexe laufen. Der „Käfigeffekt" des Polyacrylamids kann zudem die Protein-DNA-Komplexe um den Faktor ~40 stabilisieren. Als Lauf- und Gelpuffer kann man einen Niedrigsalz-Puffer nehmen, der schwache Wechselwirkungen toleriert, oder aber auch Hochsalz-Puffer (wie in Trenngelen des Laemmli-Systems, ohne SDS), der wegen seiner höheren Stringenz die schwachen Wechselwirkungen „wegfiltert" und eindeutigere Ergebnisse liefert. Wenn gesamte Zellextrakte auf (unbekannte) Proteinbindung hin untersucht werden, empfiehlt es sich, einen Niedrigsalz-Puffer zu benutzen. Wenn von einem Protein jedoch bekannt ist, dass es die Bedingungen des Hochsalzpuffers aushält, sollten letztere bevorzugt werden.

Laemmli-System *Abschnitt 10.3.9*

Isotachophorese *Abschnitt 10.3.7*   Man kann auch den Sammeleffekt (Isotachophorese) von Laemmli-Gelen (ohne SDS) ausnutzen, indem man ein diskontinuierliches Puffersystem benutzt. Der pH-Wert des Lauf/Gelpuffers ist wichtig, da er das Migrationsverhalten der Komplexe entscheidend beeinflussen kann. Wenn ein Protein untersucht werden soll, das DNA *spezifisch* bindet, muss dem Ansatz auch ein nichtradioaktiver, unspezifischer Kompetitor, bei Doppelstrang-bindenden Proteinen meistens Poly(dIdC)·Poly(dIdC), zugefügt werden (I: Inosin, das Hypoxanthin-Nucleosid). Doppelsträngiges Poly(dIdC) ähnelt in der *großen* DNA-Furche einem G·C-, in der kleinen einem A·T-Basenpaar (Abb. 27.1) und fängt die meisten unspezifisch bindenden Proteine ab.

Das native Gel wird autoradiographisch analysiert, und es wird festgestellt, ob die hinzugegebene DNA auf Grund einer Wechselwirkung mit Protein(en) in ihrer Migration retardiert wurde. Die freie DNA läuft am unteren Gelrand. Da die zwei DNA-Populationen voneinander deutlich getrennt sind, ist die Genauigkeit und Sensitivität dieser Technik sehr hoch. Sie bewegt sich gewöhnlich im Größenordnungsbereich von 5–100 Nanogramm eines Proteins und 5–20 Femtomol eines Oligonucleotids.

27.1 Anordnung der freien funktionellen Gruppen (Protonendonoren und -akzeptoren, rot hervorgehoben) bei den Nucleosidpaaren G:C, I:C und A:T.

Durch Titration einer DNA mit steigenden Proteinmengen und Bestimmung der Eckwerte (Protein bzw. DNA im Überschuss) kann die Bindungskonstante (Assoziationskonstante) nach folgender Formel errechnet werden:

$$K_a \text{ [in M}^{-1}\text{]} = \frac{[\text{DNA} \cdot \text{Protein}]}{[\text{DNA}_0 - \text{DNA}_C] \cdot [\text{Protein}_0 - \text{Protein}_C]}$$

Dabei ist: [DNA·Protein]: Konzentration des DNA-Protein-Komplexes, entspricht der retardierten DNA; [DNA_0-DNA_C]: Konzentration der freien DNA; [Protein_0-Protein_C]: Konzentration des freien Proteins; [DNA_0]: Initialmenge der eingesetzten DNA; da manchmal nicht alle DNA vom Protein gebunden wird, muss die effektive Initialmenge bei Proteinüberschuss bestimmt werden; [DNA_C]: Konzentration der DNA im Komplex; sie entspricht [DNA·Protein]; [Protein_0]: Initialmenge des eingesetzten Proteins; da gewöhnlich nicht das gesamte Protein bindungsaktiv ist, muss die effektive Initialmenge bei DNA-Überschuss bestimmt werden; [Protein_C]: Konzentration des Proteins im Komplex; sie entspricht [DNA·Protein].

Durch Verwendung eines molaren Überschusses von homologer bzw. heterologer DNA im Reaktionsansatz (Kompetitionsassays) kann man erkennen, ob bzw. welche Proteinbindung an DNA spezifisch oder unspezifisch ist. Der heterologe Kompetitor kann auch eine andere Struktur sein, z. B. zirkuläre versus lineare DNA; durch so einen Ansatz kann man erkennen, ob das Protein freie DNA-Enden für seine spezifische Wechselwirkung braucht. Eine sequenzspezifische Bindung persistiert in der Regel auch nach Zugabe von 1 000fachem molarem Überschuss eines heterologen Kompetitors. Proteine, die dsDNA spezifisch binden, haben eine Bindungskonstante zwischen 10^8 M^{-1} und 10^{14} M^{-1}, gewöhnlich 10^9 M^{-1} bis 10^{12} M^{-1}. Bindungskonstanten von 10^6 M^{-1} werden als unspezifisch betrachtet.

Im EMSA-System können auch weitere Fragen beantwortet werden, die mehr den Protein-Partner betreffen. Durch die Zugabe von spezifischen Antikörpern z. B. in den Inkubationsansatz, die ein sog. *supershift* erzeugen, kann die Identität des DNA-bindenden Proteins festgestellt werden (Abb. 27.2A). Die Zugabe von Antikörpern kann allerdings durch Interferenz mit der DNA-Bindung auch zu einer dramatischen Abnahme des Gesamtsignals führen. Die Frage, ob das DNA-bindende Protein mit einem anderen, definierten (Nicht-Antikörper) Protein spezifisch wechselwirkt, kann auch durch Zugabe von letzterem und die Erzeugung eines *supershifts* beantwortet werden. Mit dem EMSA lässt sich auch die Anzahl der Protein-Untereinheiten feststellen, wenn die cDNA des Proteins vorliegt und exprimiert werden kann: Dazu müssen zwei verschiedene Versionen des Proteins coexprimiert werden, eine mit voller Länge (a) und eine verkürzte (a'). In der EMSA-Analyse erscheint – zusätzlich zu den Ausgangskonfigurationen – ein „hybrides" *band shift* (aa'), wenn das Protein ein Dimer und kein Monomer ist (Abb. 27.2 B).

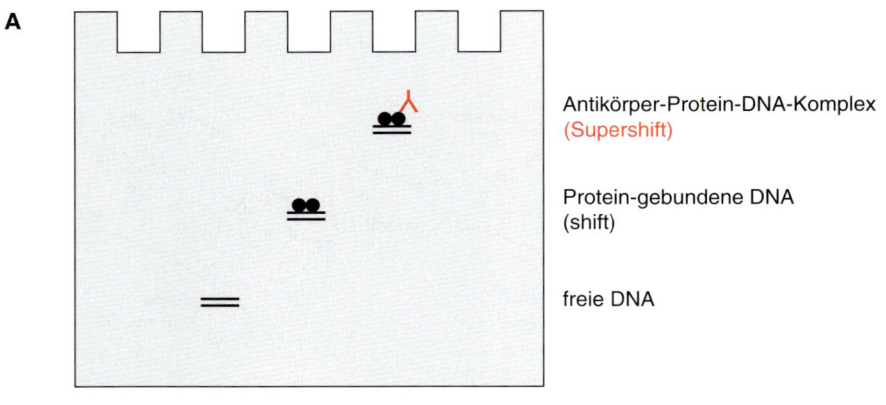

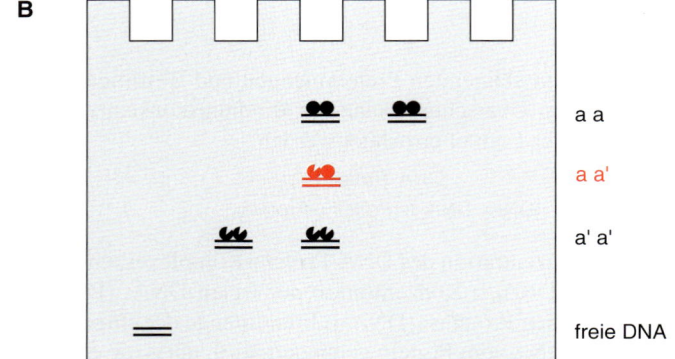

27.2 Prinzip des EMSA. A. Erzeugung eines Shifts durch Bindung des Proteins an die DNA und eines Supershifts durch Bindung des Antikörpers an den Protein-DNA-Komplex. B. a und a' bezeichnen zwei verschiedene Versionen eines Proteins mit voller Länge (a) und verkürzt (a'). Die intermediär laufende Bande aa' zeigt, dass das bindungsaktive Protein ein Dimer ist.

Die Methode des EMSA ist sehr vielseitig und es können Aspekte der Wechselwirkung von dsDNA oder ssDNA und RNA mit spezifisch oder unspezifisch bindenden Proteinen analysiert werden. Die Anwendung dieser Technik erlaubt es auch, durch Proteinbindung induzierte DNA-Sekundärstrukturveränderungen zu erfassen und zu analysieren. Mehr dazu in Abschnitt 27.3.

27.1.3 McKay-Assay

Es gibt DNA-bindende Proteine oder Proteinfamilien, die etwa auf Grund von Heterogenität oder posttranslationalen Modifikationen nicht zufriedenstellend durch EMSAs analysiert werden können, da sie keine eindeutigen Banden ergeben, oder weil sich ihre Wechselwirkung mit DNA nicht mit Parametern der EMSA-Technik, wie Porengröße der Matrix, Salzgehalt und pH-Wert des Puffers verträgt. Sie können dennoch mit Hilfe von McKay-Assays quantitativ analysiert werden, wenn Antikörper gegen das fragliche Protein existieren, die die Protein-DNA-Wechselwirkung nicht beeinträchtigen. Dabei wird der Ansatz wie für EMSAs präpariert, und der DNA-Protein-Komplex wird mit Antikörpern gegen das Protein inkubiert und immunpräzipitiert. Nach Extraktion der Proteine mit Phenol wird die radioaktive DNA alleine elektrophoretisch analysiert. Die Radioaktivitätsmenge ist ein Maß für die Bindungsstärke des Proteins.

27.1.4 Southwestern und verwandte Techniken

In diesem Abschnitt sind drei Techniken beschrieben, bei denen es um die Identifizierung des Protein-Partners oder um die Feststellung dessen Parameter, etwa sein Molekulargewicht, geht. Sie enthalten zum Teil ähnliche experimentelle

Schritte, wie SDS-PAGE oder die Immobilisierung von Proteinen auf festen Unterlagen (Nitrocellulose, Nylon).

Laemmli-Systeme
Abschnitt 10.3.9

Elektroblotting
Abschnitt 10.7

Southwestern-Blotting

Bei dieser Methode wird der rohe oder ein angereicherter Proteinextrakt in einem Laemmli-SDS-PAGE elektrophoretisch aufgetrennt und auf eine Membran geblottet. Dieser Transfer befreit die Polypeptide größtenteils vom SDS. Die Membran wird anschließend unter Bedingungen behandelt, die eine Renaturierung der immobilisierten Polypeptide fördert, etwa durch Inkubation in neutralem Puffer in Gegenwart von fettfreiem Milchpulver (zur Absättigung freier Bindungsstellen auf der Membran), mono- und divalenten Kationen und gegebenenfalls DDT. Manchmal erfolgt die Renaturierung leichter nach einer erneuten Denaturierung der Proteine durch hochkonzentrierte chaotrope Salze (Guanidinium, Harnstoff) und gradueller Verdünnung im neutralen Puffer. Eine markierte DNA-Probe, von der man weiß, dass sie ein aktives *cis*-Element darstellt, wird dann mit einer ausreichenden Menge an unspezifischem Kompetitor (z. B. dsPoly(dIdC), vgl. oben) mit der Membran inkubiert. Das Molekulargewicht des Proteins, das diese Probe bindet, kann durch Autoradiographie und anhand von Eichstandards festgestellt werden. Natürlich funktioniert dieses Verfahren nur, wenn das fragliche Protein renaturieren kann, und wenn es ein Monomer ist oder aus identischen Untereinheiten besteht.

Protein-DNA-Crosslinking

Diese Methode kann auch zur Feststellung des Molekulargewichtes eines DNA-bindenden Proteins dienen. Dazu wird eine z. B. durch Primer-Extension oder Nick-Translation mit einem α-^{32}P-dNTP über die ganze Länge – also nicht nur an den Enden – markierte, spezifische DNA, mit dem reinen oder angereichertem Protein und unspezifischem Kompetitor inkubiert. Das Protein wird nun durch UV-Bestrahlung für einige Minuten an die DNA-Probe kovalent gebunden, wobei auf der Seite der DNA hauptsächlich Thymine reagieren. Um die Effizienz der Quervernetzung zu steigern, kann man eine DNA-Probe präparieren, bei der Thymine durch 5-Brom-Uracile ersetzt wurden. Freie DNA und vom Protein herausstehende Enden derselben werden anschließend durch DNase I verdaut. Das so markierte Protein wird in einer SDS-PAGE aufgetrennt und sein Molekulargewicht durch Autoradiographie erfasst. In der Regel führt diese Methode wegen der mitgeschleppten, quervernetzten Rest-DNA zu einem leicht größeren als zum eigentlichen Molekulargewicht des DNA-bindenden Polypeptids.

Screening einer Expressionsbibliothek mit einer dsDNA-Sonde

Um die Identität des DNA-bindenden Polypeptids festzustellen, ausgehend von markierten Proteinbanden, wie sie die zwei oberen Methoden liefern, sind aufwendige proteinchemische Reinigungsschritte notwendig. Leichter wird dieses Ziel mit der genetisch-biochemischen Methode des Screenings einer Expressionsbibliothek mit einer dsDNA-Sonde erreicht. Diese Methode ähnelt der Kolonie- oder Plaque-Hybridisierung, die in Kapitel 22 beschrieben ist. Im Gegensatz zur letzten werden hier jedoch native Proteine aufgespürt, nicht denaturierte DNA-Sequenzen.

Kolonie- und Plaque-Hybridisierung
Abschnitt 22.4.6

Dabei geht man von einer Expressionsbibliothek aus, die etwa als rekombinante λgt11-Phagenklone vorliegen kann. Sie wird ausplattiert und auf Membranfilter übertragen, die mit dem notwendigen Expressionsinduktor der rekombinanten Proteine (hier Isopropylthio-β-D-Galactopyranosid, IPTG) durchtränkt sind. Die anschließenden Schritte der Membranbehandlung, Proteinde- und Renaturierung und Inkubation im Bindepuffer mit der markierten spezifischen DNA-Probe sind wie beim Southwestern-Blotting. Durch Autoradiographie der Membranfilter lässt sich derjenige Klon identifizieren, der das DNA-bindende Protein von Interesse exprimiert und damit seine cDNA enthält. Das rekombinante Protein kann aus Lysaten gewonnen und mit den hier beschriebenen Methoden auf die DNA-Bindung hin genauer charakterisiert werden. Sequenzierung seiner cDNA führt dann leicht zur Feststellung seiner Identität.

> Die in diesem Abschnitt beschriebenen Methoden sind generell nur für Proteine gut geeignet, die dsDNA spezifisch binden. RNA- und ssDNA-bindende Proteine können nicht durch Southwestern-Blotting oder durch Screening von Expressionsbibliotheken analysiert werden, da diese Nucleinsäuretypen unter den Versuchsbedingungen unspezifisch an die Unterlage (Membranfilter) binden und Hintergrund verursachen. Bei einer Untersuchung von RNA-bindenden Proteinen kann durch photochemisches Crosslinking der Kunstgriff der Thymin-Substitution natürlich nicht angewendet werden.

27.2 Analyse der Proteinbindungsstelle auf der DNA

Bei der Erforschung von Protein-DNA-Wechselwirkungen sind folgende Fragen von zentraler Bedeutung:

- Was ist der Mechanismus der Protein-DNA-Wechselwirkung?
- Wie kann die Wechselwirkung reguliert werden?
- Welches sind die biologischen Konsequenzen der Protein-DNA-Wechselwirkung?

Um diese Fragen zu beantworten, ist es unter anderem nötig, die Sequenz- und Strukturdeterminanten der DNA für die Erkennung durch Proteine, den Einfluss der DNA-Struktur, der DNA-Modifikationen und der Chromatinorganisation auf die Proteinbindung und die Effekte der Proteinbindung auf die DNA-Struktur in vitro und in vivo zu bestimmen. Für die Analyse der Assoziation von Proteinen mit DNA in vitro gibt es eine Reihe physikalischer Methoden wie Röntgenstrukturanalyse, Neutronenstreuung, NMR, Elektronenmikroskopie. Diese Methoden, obwohl recht genau und verlässlich, haben jedoch Limitationen, vorgegeben etwa durch die Menge an nötigem Material, Proteingröße, Kristallisierbarkeit usw. Darüber hinaus vermögen diese Methoden zwar ein Bild des Ist-Zustands eines Komplexes wiederzugeben, erlauben aber keine direkte kausale Analyse der Wechselwirkung, wie z. B. welche Kontakte zwischen DNA und Protein *essentiell* sind. Und natürlich ist es nicht möglich, mit diesen Methoden Wechselwirkungen *in vivo* zu erfassen. Die physikalischen Methoden werden mit biochemischen komplementiert, die in der Regel schneller sind, und durch die Möglichkeit der radioaktiven Markierung der DNA erheblich weniger Material erfordern. Es sind dies die in vitro- und in vivo-Footprints, Untersuchungen der genomischen DNA-Modifikationen (denen das vorherige Kapitel gewidmet ist) und elektrophoretische Methoden zur Bestimmung der globalen DNA-Struktur.

3D-Strukturaufklärung Kapitel 15 bis 17

Genomische DNA-Methylierung Kapitel 26

27.2.1 In vitro-Footprints

Footprints, „Fußabdrucke", sind die Spuren, die ein Protein auf der DNA (oder RNA) hinterlässt, wenn es an einer spezifischen Stelle derselben gebunden hat. Footprints können demnach nur von solchen Proteinen analysiert werden, von

A:T	G:C

große Furche   große Furche

kleine Furche   kleine Furche
A:T, T:A   G:C, C:G

Pfeilköpfe, die von der Base weg zeigen: Wasserstoffbrücken-Donoren
Pfeilköpfe, die zu der Base hin zeigen: Wasserstoffbrücken-Akzeptoren

∗ Methylgruppe von Thymin
● C1′ der Desoxyribose
○ Stickstoffatome
○ Sauerstoffatome

27.3 Die Positionen der Wasserstoffbrücken der A:T- und T:A- bzw. G:C- und C:G-Basenpaare sind in der kleinen B-DNA-Kurve fast deckungsgleich.

denen (mit Hilfe der Methoden im vorigen Abschnitt) festgestellt wurde, dass sie die DNA *spezifisch* binden.

Spezifische Proteinbindung kann von der Sequenz und von der Struktur der DNA abhängen. Sequenzspezifisch bindende Proteine erkennen die Basen in der DNA im wesentlichen durch chemische Wechselwirkung mit den freien funktionellen Gruppen, die eine spezifische Raumanordnung aufweisen. Ein Blick auf die in der B-DNA vorkommenden Basenpaare (Abb. 27.3) zeigt, dass die Unterscheidung zwischen den Basenpaaren G·C und C·G oder zwischen A·T und T·A eigentlich nur auf der Seite der großen DNA-Furche (in B-DNA) gut möglich ist, da die präsentierte Oberfläche der Wasserstoffbrücken-Donoren und Akzeptoren nur dort deutlich unterschiedlich ist. Deshalb wird die Spezifität der meisten (aber nicht aller!) DNA-sequenzspezifisch-bindenden Proteine durch Wechselwirkung der Proteine mit den freien funktionellen Gruppen der Basen *in der großen Furche* bestimmt. Dieses Faktum kann und muss bei der konkreten Analyse der Proteinbindungsstelle berücksichtigt werden. Die Bindung der Proteine wird aber auch durch Proteinkontakte in der kleinen DNA-Furche und zu Phosphaten stabilisiert. Deshalb werden bei der Footprinting-Analyse Kontakte sowohl in der großen, als auch in der kleinen DNA-Furche, als auch zu den Phosphatresten aufgespürt.

Die Footprinting-Analyse bedeutet jedoch nicht alleine die Bestimmung der spezifischen DNA-Basensequenz, an die das Protein bindet, die auch mit anderen Methoden festgestellt werden kann. DNA-bindende Proteine verändern nämlich in aller Regel durch die Bindung – in unterschiedlichem Ausmaß – auch die *lokale* DNA-Struktur, also diejenige innerhalb und um die spezifische Bindungsstelle. Dazu gehören z. B. lokales Schmelzen der Doppelhelix, Veränderung der Furchenweite, lokale Aufwindung u. ä. Darüber hinaus sind nicht immer alle Kontakte der Proteine zur DNA von gleicher Wichtigkeit und Stärke. Deshalb umfasst eine vollständige Footprinting-Analyse die Bestimmung der DNA-Bindungsstelle eines Proteins, und zusätzlich die induzierten lokalen Strukturveränderungen der DNA und die Untersuchung, welches die essentiellen Kontakte sind.

Diese Fragen werden durch vier methodische Ansätze der Footprinting-Analyse angegangen:

- Protektions-Footprints (PF).
- Analyse von lokalen Strukturveränderungen (SA).
- Interferenz-Footprints (IFN).
- Missing contact-Analyse (MC).

Das Prinzip der ersten zwei Methoden ist die veränderte Reaktivität von enzymatischen, chemischen oder photochemischen Proben mit funktionellen Gruppen der DNA auf Grund von Proteinbindung. Die ersten zwei Methoden erlauben somit Schlüsse über den „aktuellen Zustand" der Wechselwirkung und gehen in der Praxis oftmals physikalischen Untersuchungsmethoden voran. Die zwei weiteren Methoden, IFN und MC, beruhen auf der induzierten Bindungsunfähigkeit von Proteinen auf Grund von DNA-Modifikation. Diese Analysetypen reflektieren also, welche Stellen der DNA von essentieller Wichtigkeit für die Wechselwirkung sind. Oft gelten Interferenz-Footprints und Missing-Contact-Analysen als stringentere Analysevorgehen bezüglich der Bestimmung von molekularen Erkennungsdeterminanten. Ein analoges Vorgehen findet sich in bestimmten genetischen Techniken wieder (DNA-Mutationen, s. weiter unten). IFN und MC haben kein Pendant in den physikalischen Untersuchungsmethoden.

Protektions-Footprints und Analyse von lokalen Strukturveränderungen

Bei allen vier Methoden wird eine lineare DNA an einem Ende radioaktiv markiert (Abb. 27.4). Bei PF und SA wird nun diese DNA mit dem Protein inkubiert und der Komplex wird mit einer geeigneten Probe modifiziert (auf die verschiedenen Proben wird weiter unten eingegangen). „Geeignet" bedeutet in diesem Fall zweierlei:

1. Die Probe muss zum einen mit den Protein-DNA-Wechselwirkung kompatibel sein; z. B. kann Hydrazin für diese Art der Analyse nicht benutzt werden, da es das Protein hydrolysieren würde; Hydroxylamin, das ungepaarte Cytosine modifiziert, müsste in so hohen Molaritäten eingesetzt werden, dass alle Proteine von der DNA dissoziieren würden;
2. Zum zweiten muss die Probe so gewählt werden, dass sie die erwünschte Aussage erlaubt; z. B. sollte DNase I nicht bei der Analyse von Proteinen benutzt werden, die AT-oder GC-reiche Sequenzen binden.

Die Modifikationsreaktion muss bei Proben, die letztendlich zur endonucleolytischen Spaltung führen (das sind die, die am meisten verwendet werden), rechtzeitig gestoppt werden, da die Probe die DNA nur partiell modifizieren darf.

> Im Allgemeinen wählt man die Bedingungen so, dass pro DNA-Molekül nicht mehr als ein einziges Modifikationsereignis stattfindet. Nach der Poisson-Verteilung ist das der Fall, wenn ~30 % aller Moleküle einer Population mit einer Länge zwischen 50 und 200 bp modifiziert werden. Ob dies eingehalten wurde, kann in der Praxis relativ einfach kontrolliert werden, indem der Restanteil der unmodifizierten DNA (~70 %) in der anschließenden Autoradiographie-Analyse mit der unmodifizierten Ausgangs-DNA (100 %) verglichen wird; er darf nicht wesentlich schwächer sein als letztere. Wenn der Modifikationsgrad < 30 % ist, hat das keine Auswirkung auf die Richtigkeit der Aussage, aber die Signale sind insgesamt schwächer.

Nach dem Stoppen der endonucleolytischen Reaktion ist der Ansatz im Prinzip fertig für die Footprint-Analyse. Es ist jedoch in der Regel so, dass ein Teil der DNA vom Protein nicht gebunden wird – einfach deswegen, weil erstere im Überschuss vorliegen kann; dieser „nackte" Teil würde bei der Footprint-Analyse

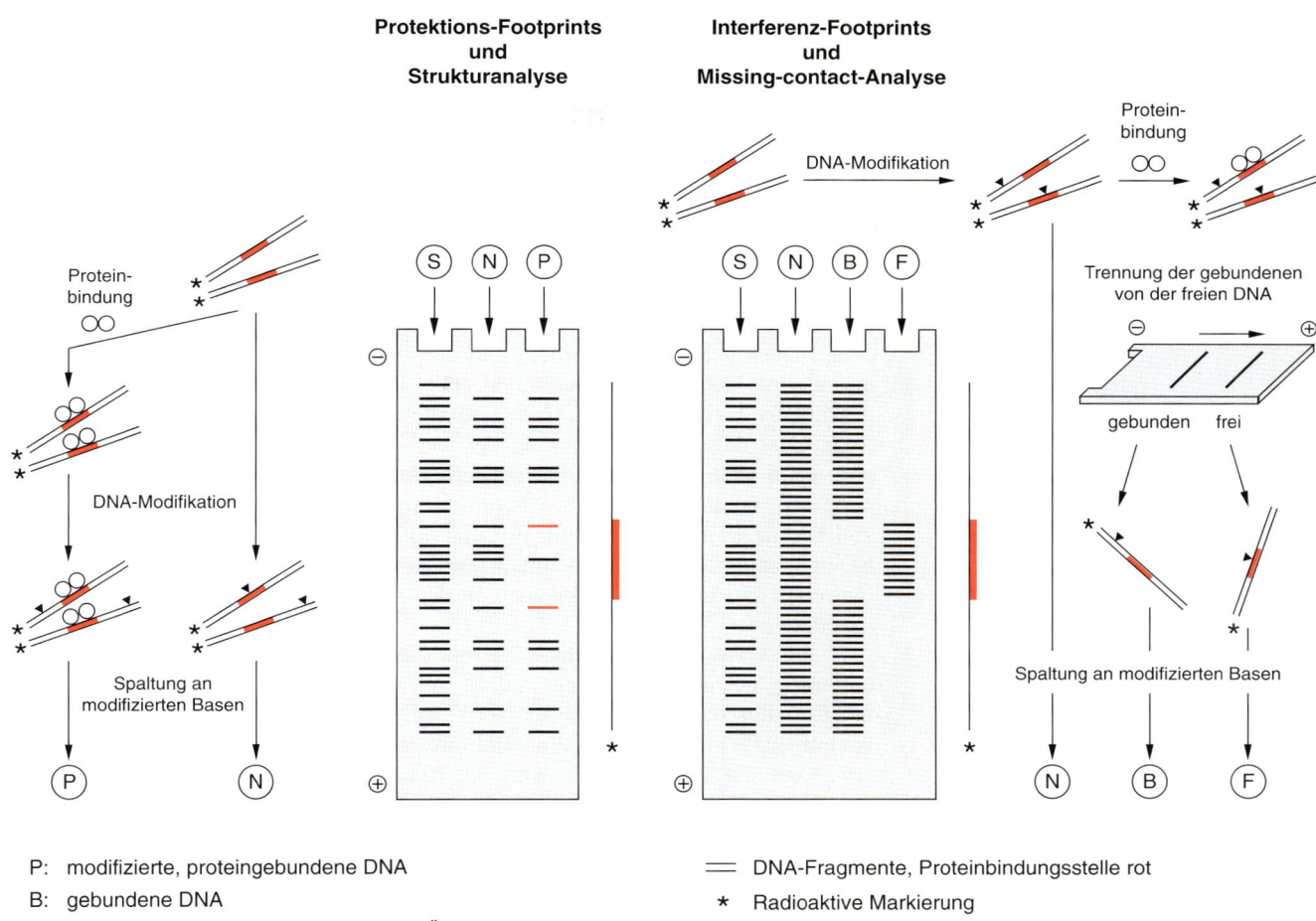

23.4 Footprinting-Analysen

P: modifizierte, proteingebundene DNA
B: gebundene DNA
F: freie DNA (nicht bindungsfähig und im Überschuss)
N: DNA-Modifikationsreferenz
S: DNA-Sequenzreferenz

= DNA-Fragmente, Proteinbindungsstelle rot
* Radioaktive Markierung
∞ Proteindimer
▼ Symbol für DNA-Modifikation

Hintergrund ergeben. Deshalb empfiehlt sich eine Trennung der (modifizierten) gebundenen von der (modifizierten) ungebundenen DNA-Population über präparativen EMSA (Abschnitt 27.1.2). (Auch eine Modifikation, die zur sofortigen Endonucleolyse führt, zerstört nicht die Integrität einer dsDNA-Probe, da die *nicks* oder *gaps* zu selten sind (eins pro Molekül) und die zwei Stränge noch zusammengehalten werden. Deshalb lassen sich die zwei dsDNA-Populationen über EMSA trennen. Hingegen funktioniert dieser Trick verständlicherweise nicht mit einzelsträngigen Nucleinsäuren, die direkt endonucleolytisch modifiziert wurden.)

Die Lage der DNA-Populationen wird über Autoradiographie festgestellt, und die gebundene DNA wird vom EMSA-Gel durch Diffusion, Isotachophorese oder Elektroelution herausgeholt. Eventuell noch vorhandenes Protein wird durch Phenolextraktion entfernt. Falls durch die Modifikationsreaktion das Rückgrat der DNA noch nicht gespalten wurde, wird die DNA durch Alkalibehandlung gespalten. Da nach allen diesen Behandlungen die DNA-Lösung erfahrungsgemäß einiges Salz enthält, ist es ratsam, vor der chemischen Sequenzgelanalyse noch eine Reinigung der DNA-Probe über Ausschlusschromatographie vorzunehmen. Die DNA wird dann denaturiert und mit einer „Sequenzreferenz" und einer Referenz-DNA, die mit der gleichen Modifikationsprobe *ohne* gebundenes Protein erstellt wurde (Modifikationsreferenz), über ein Sequenzgel durch Autoradiogra-

Elektroelution
Abschnitt 22.5.1

Ausschlusschromatographie
Abschnitt 9.9
Abschnitt 22.5.2

phie analysiert. Der Vergleich der zu analysierenden DNA mit der Modifikationsreferenz zeigt durch Intensitätsabschwächung die Stellen auf, die durch die Proteinbindung vor Modifikation geschützt waren. Diese Stellen werden als Kontaktpunkte des Proteins mit der DNA interpretiert. Stellen, die eine höhere Intensität als die entsprechende Stelle in der Modifikationsreferenz zeigen, waren – nach Proteinbindung – der Modifikationsprobe stärker exponiert als in der freien DNA; sie werden somit als lokale Veränderungen der DNA-Struktur durch Proteinbindung interpretiert.

Bei einer Abwandlung dieser Methode mit der Intention, das oben erwähnte Hintergrundproblem zu eliminieren, trennt man zuerst den *nichtmodifizierten* Protein-DNA-Ansatz über einen EMSA. Die radioaktive Gelbande mit der gebundenen DNA wird ausgeschnitten, und die DNA-Modifikationsreaktion wird dann an diesem Gelstück vorgenommen. Die DNA wird extrahiert und wie oben geschildert weiterbehandelt. Ein zusätzlicher Vorteil dieses Vorgehens besteht darin, dass durch den Käfigeffekt des Gels die Bindungsstabilität erhöht wird, so dass noch weniger Hintergrund entsteht, der durch die *on and off rate* des Proteins verursacht werden kann. Als *on and off rate* wird die natürliche Assoziation und Dissoziation eines Proteins mit und von der DNA im Bindungsgleichgewicht bezeichnet. Ist das Protein nämlich gerade dissoziiert, kann die Probe die DNA innerhalb dieses Zeitintervalls auch an den sonst vom Protein geschützten Stellen modifizieren.

Primer Extension
Abschnitt 33.1.4

Ist die Verwendung von direkt endmarkierter DNA nicht möglich (z. B. wegen ungünstig gelegener Spaltungsstellen), oder die Verwendung von linearer DNA nicht erwünscht (z. B. wegen der Notwendigkeit eines zirkulären DNA-Substrats), kann man PF und SA-Analysen durchführen, indem die Modifikationsstellen *indirekt* detektiert werden. Dazu wird die Bindungs- und die Modifikationsreaktion mit nichtradioaktiver DNA vorgenommen. Das Protein wird dissoziiert, und es wird mit der freien, modifizierten DNA weiter gearbeitet. Die Modifikationen an der DNA werden durch Primer Extension aufgespürt, wobei jetzt der Primer am 5′-Ende radioaktiv markiert ist. Das Polymerisationsergebnis wird mit demjenigen an einem DNA-Kontroll-Template, das in Abwesenheit des Proteins modifiziert wurde, in einem Sequenzgel verglichen. Das Prinzip der Methode besteht darin, dass die Polymerisation an den Modifikationsstellen zum Erliegen kommt. Wenn die benutzte Probe die DNA schon endonucleolytisch gespalten hat (z. B. DNase I, Hydroxylradikale, siehe unten), wird die DNA sofort nach der Modifikation analysiert. Wenn dies nicht der Fall war (z. B. bei DMS, DEPC, BAA), kann die DNA vorher einer Piperidin-Spaltung unterzogen werden, wenn die Modifikation an sich die Polymerisation nicht schon stoppt. Das ist der Fall, wenn DNA z. B. mit Osmiumtetroxid, BAA, oder CAA modifiziert wurde; diese braucht also, im Gegensatz zu DMS-modifizierter DNA, prinzipiell nicht mit Piperidin gespalten zu werden. Diese indirekte Detektionsmethode wird nicht sehr häufig für in vitro-Analysen benutzt, ist aber (mit einigen Abwandlungen) bis jetzt die einzige Möglichkeit bei genomischen Analysen (Abschnitt 27.2.3).

Interferenz-Footprints und Missing Contact-Analysen

Bei IFN- und MC-Analysen wird eine lineare, endmarkierte DNA zuerst modifiziert, und die so modifizierte DNA wird mit dem Protein inkubiert. Auf Grund dieser Reihenfolge ist es im Gegensatz zu PF und SA nicht kritisch, ob sich die Modifikationsbedindungen mit den Bedingungen der Protein-DNA-Wechselwirkung vertragen. DNA, die mit einer IFN-Probe modifiziert wurde, weist an bestimmten Stellen zusätzliche Gruppen auf, die mit der Bindung interferieren. DNA, die für die MC-Analyse präpariert wurde, fehlen bestimmte funktionelle Gruppen, Basen, oder Nucleoside, die für die Wechselwirkung mit dem Protein gebraucht würden.

Im Inkubationsansatz bilden sich also notwendigerweise zwei DNA-Populationen aus: DNA, die an den essentiellen Stellen keine Modifikation trägt, und deshalb gebunden werden konnte; und DNA, deren Modifikationen an essentiellen Stellen die Proteinbindung ausschließen. Diese zwei DNA-Populationen *müssen* über einen präparativen EMSA (Abschnitt 27.1.2) voneinander getrennt werden. Beide DNA-Populationen werden vom Gel extrahiert, und ihre weitere Aufarbeitung wird wie für PA und SA geschildert durchgeführt. Der Vergleich mit der Modifikationsreferenz zeigt, welche Stellen an der DNA für eine produktive Wechselwirkung mit dem Protein wichtig sind. Diese Stellen sind in der gebundenen DNA in ihrer Intensität abgeschwächt und finden sich in der freien DNA wieder. In der Praxis enthält die proteinfreie DNA nicht nur die DNA-Moleküle, die auf Grund von Modifikationen nicht gebunden werden konnte, sondern auch DNA, die einfach im Überschuss war; diese letzte verursacht gegebenenfalls einen Hintergrund, der jedoch die Analyse hier nicht stört.

Wenn die Verwendung von direkt endmarkierter DNA nicht möglich ist, können IFN- und MC-Analysen natürlich auch wie PF- und SA-Analysen über den Umweg der *indirekten* Detektion der Modifikationsstellen durch Primer-Extension durchgeführt werden.

An dieser Stelle ist es nötig darauf hinzuweisen, dass die DNA-Modifikationen das Proteinsubstrat verändern, indem die Neigung der DNA zu Strukturveränderungen, der Ladungszustand oder das Hydrophilizitätprofil der funktionellen Gruppen der DNA verändert werden. Die Konsequenz ist, dass die so veränderte DNA gegebenenfalls ein besseres Substrat für die Proteinbindung wird als die unmodifizierte Ausgangs-DNA. Deshalb kann es vorkommen, dass das Protein an die modifizierte DNA bevorzugt bindet. In der gebundenen DNA-Population können deshalb Stellen auftreten, die in ihrer Intensität stärker als die Modifikationsreferenz sind. Das kann ein Zeichen dafür sein, dass die Proteinbindung z. B. mit einer Veränderung der DNA-Sekundärstruktur einhergeht, die nach der Modifikation leichter ausgebildet werden kann. Entsprechend muss man auch berücksichtigen, dass Intensitätsabschwächung bei IFN- und MC-Analysen nicht immer *Proteinkontakt* bedeuten muss. Vielmehr kann das heißen, dass die Intaktheit der DNA an dieser Stelle essentiell ist, ohne dass diese Stelle direkt mit dem Protein in Kontakt tritt. Was letztendlich der Fall ist, muss durch weitere Experimente und mit anderen Proben untersucht werden.

Der Vergleich der Vorgehensweise bei den vier genannten Methoden – PA, SA, IFN und MC – lässt Ähnlichkeiten und Unterschiede erkennen (Abb. 27.5). Die zwei wesentlichen Unterschiede sind:

- bei PF und SA wird die DNA *nach* Proteinbindung, bei IFN und MC-Analysen dagegen *vor* Proteinbindung modifiziert;
- die Trennung des Bindungsansatzes ist bei IFN und MC-Analysen obligatorisch, bei PF und SA fakultativ.

Proben

In Tabelle 27.1 sind die wichtigsten und häufigsten der bei der Untersuchung von Protein-DNA-Wechselwirkungen benutzen Proben aufgelistet. In der Tabelle nicht enthalten sind solche Proben, die für ähnliche, aber andere Zielsetzungen verwendet werden, etwa für die Erzeugung von kovalenten Protein-DNA-Quervernetzungen (z. B. Formaldehyd, Platinkomplex-Derivate), oder für die Strukturuntersuchung von Protein-freier DNA (z. B. Glyoxal, Hydroxylamin, Bisulfit). Im Folgenden werden einige wichtige Aspekte in der Verwendung dieser Proben erläutert.

DNase I DNase I bindet dsDNA auf der Seite der kleinen DNA-Furche und hydrolysiert das DNA-Rückgrat, indem sie an den 3′-Enden der Spaltprodukte

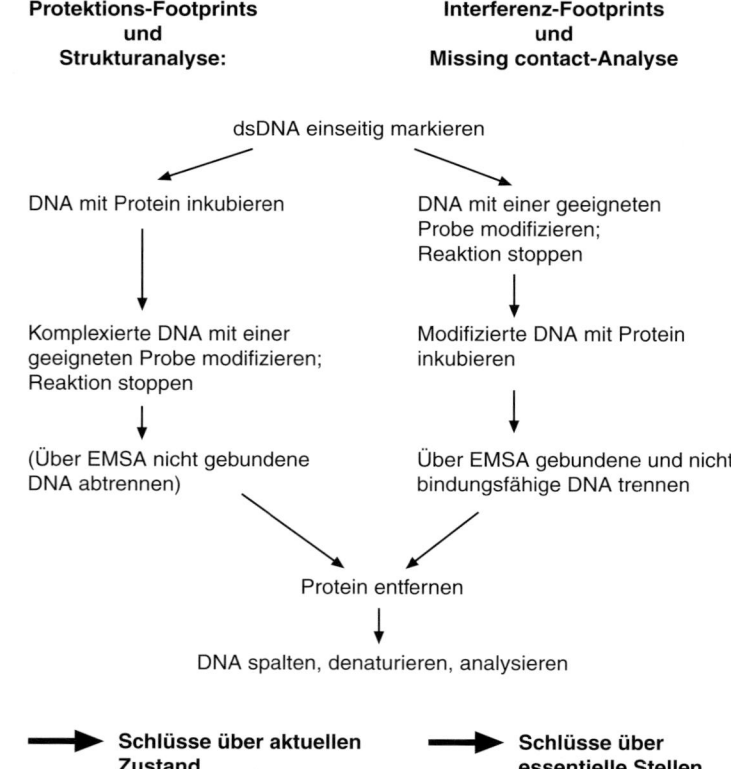

27.5 Vorgehensweise bei verschiedenen Footprint-Analysen

Hydroxyle und an den 5′-Enden der Spaltprodukte Phosphate hinterlässt. Die Art der Spaltprodukte muss bei der genauen Kartierung des proteingeschützen Bereichs auf Nucleotidebene immer beachtet werden, da sich bestimmte Verschiebungen der Bandenmigration im Vergleich zu der Maxam-Gilbert-Sequenzreferenz ergeben, da bei der letzteren die Piperidinspaltung ein Nucleosid eliminiert und 3′-Phosphate hinterlässt. Da diese DNase-I-Nicks die Proteinbindung in der Regel nicht stören, kann dieses Enzym nicht als Interferenzprobe benutzt werden. Spaltung erfolgt nur, wenn die kleine DNA-Furche eine mittlere Weite von ~ 13 Å aufweist. Strecken von $A_n \cdot T_n$ mit einer kleine-Furchen-Weite von ~ 9 Å, oder $G_n \cdot C_n$-Bereiche mit einer kleine-Furchen-Weite von ~ 16 Å werden nicht gebunden. Deshalb ist DNase I zu einem gewissen Grad indirekt sequenzabhängig, und kann nur für die Untersuchung der Bindung von Proteinen an DNA mit einer Mischsequenz verwendet werden. Die leichte Sequenzabhängigkeit der DNase I spiegelt sich in der Ungleichmäßigkeit der Intensität der Spaltungsprodukte wieder. Wenn andererseits das Protein durch die Bindung eine Veränderung der kleinen DNA-Furche (weiter oder enger) verursacht, kann dies mit Hilfe der DNase I festgestellt werden. Oft erscheinen aus diesem Grund um die Bindungsstelle intensivere Banden als bei der proteinfreien Kontroll-DNA. DNase I spaltet auch ssDNA, aber mit einem 10 000mal geringeren Effizienz. In Abbildung 27.6 (Spuren 6–9) ist ein Beispiel für ein DNase-I-Footprint gezeigt.

Exonuclease III, T4-DNA-Polymerase, λ-Exonuclease Exo III hydrolysiert Doppelstrang-DNA sukzessive von beiden 3′-Enden her, bis sie in einem mittleren ds-Bereich inhibiert wird. Sie wird durch ein gebundenes Protein an der 3′-Grenze seiner Bindungsstelle gestoppt. Die Reaktion muss in diesem Fall für die Erzeugung eines spezifischen Signals nicht zu 30 % wie bei einer Endonucleolyse (vgl. oben), sondern vollständig erfolgen. Diese Methode eignet sich besonders dann für Kartierungen von Bindungsstellen, wenn eine multiple, aber nicht vollständige Besetzung des DNA-Fragments vorliegt, d. h. wenn an mehr als an eine Stelle des

Tabelle 27.1 Proben zur Analyse von Protein/DNA-Wechselwirkungen auf Nucleotidebene in vitro

	Probe	Spezifität	Art der Analyse			
			Struktur	Protektion	Interferenz	Missing contact
enzymatisch	Desoxyribonuclease I (DNase I)	kleine Furche	+	+		
	Exonuklease III (Exo III)	ds, 3'-Ende	(+)	+		
	T4-DNA-Polymerase (T4 DNA Pol)	3'-Ende	(+)	+		
	λ-Exonuclease (λ Exo)	ds, 5'-Ende	(+)	+		
	ss-spezifisch	ssDNA	+	+		
chemisch, photochemisch	Dimethylsulfat (DMS)	G, A, ssC	+	+	+	+
	Ameisensäure	G + A				+
	Hydrazin	T, C				+
	Uracil	T				+
	BUdR + UV	T		+		
	KMnO$_4$	T*>>C* + G*	+		+	
	OsO$_4$	T*>>C* + G*	+		+	
	DEPC	A*>G*	+	+ (nur Z-DNA)	+	
	Bromacetaldehyd (BAA)	ssC, ssA > ssG	+	(+) (A in Z-DNA)		
	Chloracetaldehyd (CAA)	ssC, ssA > ssG	+	(+) (A in Z-DNA)		
	Ethylnitroso-Harnstoff	Phosphate			+	
	Uranylion + UV	Phosphate	+	+		(+)
	OP-Cu	kleine Furche	+	+		
	MPE-Fe	Intercalator	+			
	EDTA-Fe	Desoxyribose ss-Basen	+	+		+

* Einzelstrang oder verformt
OP-Cu: Kupfer-o-Phenanthrolin
MPE-Fe: Methidium-Propyl-EDTA-Eisen
ss = Einzelstrang
ds = Doppelstrang
BUdR = Bromdesoxyuridin

DNA-Fragments Proteine (oder auch niedermolekulare Wirkstoffe) binden. In diesem Fall liefern alle endonucleolytischen Methoden gegebenenfalls ein unbefriedigendes Bild, da bei nichtquantitativer Besetzung aller Stellen die Spaltungsprodukte der freien DNA-Bereiche die Footprints eines jeden Proteins abschwächen. Exo III baut hingegen alle freie, Hintergrund verursachende DNA ab, bevor sie ein Footprint erzeugen kann. Bei dieser Methode muss beachtet werden, dass Exo III von DNA-Sekundärstrukturen auch gestoppt werden kann, und dass sie die gebundenen Proteine manchmal verdrängen kann.

Die 5'-Grenze des Proteinbindungsbereiches kann durch Exo III kartiert werden, wenn das zweite 5'-Ende des DNA-Fragments markiert wird, und somit die Produkte des zweiten Stranges nach erneuter Exo III-Hydrolyse sichtbar gemacht werden. Alternativ kann am ursprünglichen (jetzt 3'-endmarkierten) Strang die 5'-Grenze des Proteinbindungsbereiches durch die Verwendung von λ-Exonuclease kartiert werden, die Doppelstrang-DNA vom 5'-Ende her abbaut.

Für den gleichen Zweck kann statt Exo III auch die 3'→5'-Exonuclease-Aktivität vieler DNA-Polymerasen (in Abwesenheit von Nucleosidtriphosphaten), wie von den Phagen T4 oder T7, ausgenutzt werden. Diese Polymerasen haben den

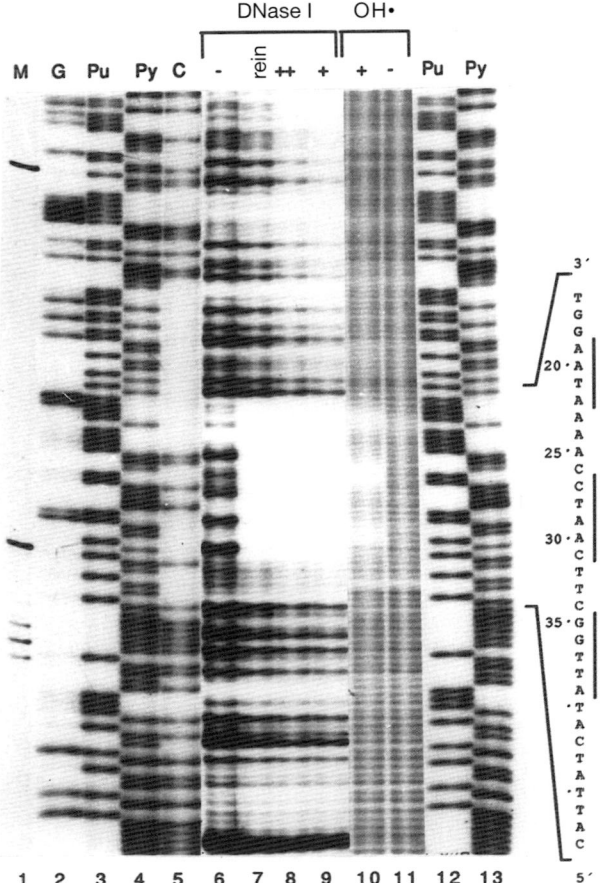

27.6 Footprints vom Nuclearfaktor I (NFI) auf Adenovirus-DNA.
Spur 1 (M): Molekulargewichtsmarker.
Spuren 2 bis 5: Sequenzreferenzen.
Spur 2 (G) Guanin-spezifische Spaltungsreaktion. Spuren 3, 12 (Pu): Purin-spezifische Spaltungsreaktion.
Spuren 4, 13 (Py): Pyrimidin-spezifische Spaltungsreaktion.
Spur 5 (C): Cytosin-spezifische Spaltungsreaktion.
Spuren 6–9 (DNase I): Protektions-Footprints mit DNase I.
Spur 6 (–): ohne NFI (Modifikationsreferenz).
Spur 7 (rein): mit gereinigtem NFI-Protein.
Spuren 8, 9 (+): mit verschiedenen Mengen von angereichertem NFI. Spuren 10,11: Protektions-Footprints mit Hydroxylradikalen.
Spur 10(+): Mit gereingtem NFI-Protein. Spur 11(–): Ohne NFI (Modifikationsreferenz).
Rechts sind die Kontaktstellen von NFI durch Balken an die DNA-Sequenz angegeben, wie durch Hydroxylradikal-Footprints festgestellt.

Vorteil, dass sie nicht durch einen Doppelstrangbereich in der Mitte eines Doppelstrangfragments in dieser Aktivität inhibiert werden, und dass sie genauso aktiv auf Einzelstrang-DNA sind. Deshalb werden sie auch für die Kartierung der Bindungsstelle von spezifisch einzelstrangbindenden Proteinen benutzt.

Einzelstrang-spezifische Endonucleasen Dazu gehören Endonucleasen, wie S1- oder P1-Nuclease, die einzelsträngige Nucleinsäuren ohne Sequenzspezifität spalten. Sie können für die Kartierung von Proteinen verwendet werden, die Einzelstrang-DNA/RNA an einer spezifischen Stelle binden. Hier kann jedoch vor der Footprint-Analyse im Sequenzgel kein präparativer EMSA vorgeschaltet werden. Diese Nucleasen können auch als Proben für den Nachweis benutzt werden, dass ein Protein an einer bestimmten DNA-Struktur bindet, die Einzelstrangbereiche enthält, wie z. B. Kruziform-Tips oder Haarnadel-Strukturen, die bei genügend hoher Torsionsspannung in dsDNA an Palindromen entstehen können. Wenn das Protein diese Bereiche durch Bindung schützt, werden die Einzelstrang-spezifischen Nucleasen in der Spaltung dieser Struktur gehemmt.

Dimethylsulfat DMS methyliert dsDNA am N-7 von Guanin und, etwas ineffizienter, am N-3 von Adenin; diese Modifikationen können durch Piperidinspaltung und Elimination des entsprechenden Nucleosids sichtbar gemacht werden. Die Spaltungsprodukte tragen terminale Phosphate und wandern im Sequenzgel schneller als die entsprechenden enzymatischen Spaltungsprodukte (1 bis 1,5 Bandenbreiten, je nach markiertem Ende). Durch differentielle chemische Behandlung der DNA vor der Piperidinspaltung kann man eine nur-G-, oder eine G>A-, oder eine A>G-Modifikationsreferenz erzeugen. Einzelstrang-DNA wird zusätzlich am N-3 von Cytosin und am N-1 von Adenin methyliert. Da N-3-methyliertes Cytosin ineffizient und N-1-methyliertes Adenin überhaupt nicht von Piperidin gespalten werden, spielen diese Modifikationen bei der Analyse von Protein-induzierten Strukturveränderungen der DNA eine untergeordnete Rolle. Das Ausmaß der G- und A-Methylierungen von dsDNA hängt jedoch von der DNA-Struktur ab, und deshalb wird DMS auch als strukturempfindliche Probe betrachtet. Wenn die genannten funktionellen Gruppen von Protein kontaktiert werden, unterbleibt die DMS-Modifikation in PF und diese Stellen erscheinen als G- oder A-spezifische Footprints, d.h. als abgeschwächte Banden im Vergleich zur Modifikationsreferenz (Abb. 27.7). Da sich N-7 in der großen, N-3 hingegen in der kleinen B-DNA-Furche befinden, wird ein Footprint an einem G als Hinweis betrachtet, dass das Protein DNA-Kontakte in der großen Furche macht; Footprints an As bedeuten Kontakte in der kleinen Furche.

DMS kann auch als IFN-Probe benutzt werden, wenn die DNA *vor* der Proteinbindung damit modifiziert wird. Interferenz kann aus drei Gründen stattfinden: 1) Wegen der Maskierung der nun methylierten elektronegativen funktionellen Gruppe (N-7, N-3); 2) wegen sterischer Hinderung; 3) Wegen der angebrachten positiven Ladung. Es ist jedoch auch möglich, dass wegen der veränderten Ladungs- bzw. Hydrophilizitätszustände (Schaffung einer hydrophoben Tasche) das Protein jetzt an dieser Stelle vorzugsweise methylierte DNA-Moleküle bindet. In der gebundenen DNA-Population des IFN-Footprints kann dann eine *Intensitätsverstärkung* dieser Stelle auftreten.

DMS eignet sich auch als Probe für eine MC-Analyse. Dazu wird die DNA mit DMS modifiziert und so behandelt, dass die methylierten Purine durch glykosidische Hydrolyse entfernt werden, ohne dass das Rückgrat bricht. Dafür wird die methylierte DNA bei neutralem pH (anstatt bei alkalischem wie bei der chemischen Sequenzierung), auf 90 °C für 15 min erhitzt. Das Protein bindet nur dann an die DNA, wenn ein bestimmtes Purin an einer essentiellen Stelle *nicht* entfernt wurde. Die anschließende Analyse erfolgt wie bei der IFN-Technik.

Weitere Proben für MC-Analysen Genauso wie DMS können auch die anderen basenspezifischen Reagenzien, die sonst in der Maxam und Gilbert-Sequenzierungstechnik eingesetzt werden, für MC-Analysen verwendet werden. Durch limitierte Hydrolyse mit **Ameisensäure** erhält man Information über essentielle Purine. (Im Gegensatz zu DMS reagieren beide Purine in gleichem Ausmaß mit Ameisensäure.) **Hydrazin** (H_2N-NH_2) wird für die Analyse beider Pyrimidine oder für Cytosin allein (bei gleichzeitigem Einschluss von 1 M NaCl) benutzt. Weder Ameisensäure noch Hydrazin können für PF verwendet werden, weil sie Proteine erheblich schädigen oder denaturieren; darüber hinaus wäre ihre Reaktivität mit DNA durch Proteinbindung vermutlich nicht inhibiert.

Interessanterweise stimmen die Ergebnisse für essentielle Bindungsstellen, die durch MC-Analyse erhalten wurden, nicht völlig mit denen von IFN-Analysen überein. Der Grund mag die Tatsache sein, dass das Proteinbindungssubstrat (d.h. die modifizierte DNA) in den zwei Methoden verschieden ist.

Für die Analyse essentieller Thymine wurde eine besondere Technik entwickelt, in der ein Teil der Thymine in der DNA durch **Uracile** ersetzt wird. Das erfolgt durch Synthese eines DNA-Substrats in Anwesenheit von TTP und dUTP. Diesem DNA-Substrat fehlt an einigen ursprünglichen Thyminstellen die Methylgruppe am C-5. Die DNA wird nach der Trennung von proteingebundener und ungebundener Fraktion mit Uracil-*N*-Glykosylase behandelt, die apyrimidinische Stellen hinterlässt, und mit Piperidin gespalten. Piperidin kann nur die Moleküle spalten, die an nicht-essentiellen Stellen ein Uracil enthielten; essentielle Stellen müssen ein Thymin enthalten, und diese erscheinen als Footprint (also als Abschwächung der Bande).

Maxam-Gilbert-Sequenzierung
Abschnitt 25.1.3

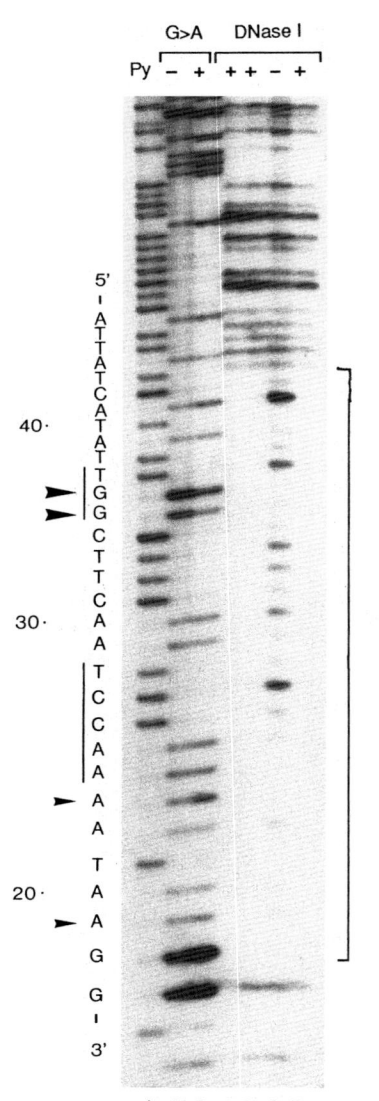

27.7 Footprints von Nuclearfaktor I (NFI) auf Adenovirus-DNA.
Spur 1 (Py): Pyrimidin-spezifische Spaltungsreaktion.
Spur 2 (G>A; –): Purin-spezifische Spaltungsreaktion und gleichzeitig DMS-Modifikationsreferenz für Spur 3 (Protektions-Footprints mit DMS, ohne NFI)
Spur 3 (G>A, +): Protektions-Footprints mit DMS, mit Zellkern-Rohextrakt.
Spuren 4–7: Protektions-Footprints mit DNase I, Symbole wie in Abb. 27.6).
Die Pfeilköpfe am linken Rand bezeichnen zwei abgeschirmte Gs (G35,G36) und zwei verstärkte As (A19, A23). Balken am rechten Rand bezeichnen den Bereich, an dem NFI nach dem DNase I-Footprint bindet.

5-Brom-2′-Desoxyuridin + UV Für die Detektion von aktuellen Proteinkontakten zu Thyminen mittels PF wird ein DNA-Substrat in Anwesenheit von 5-Brom-2′-Desoxyuridintriphosphat (BUdR) an Stelle von Thymidintriphosphat synthetisiert. Proteine, die an ihrer Erkennungssequenz in normaler DNA mit Thyminen wechselwirken, tun das auch mit 5-Brom-Uracilen, da das Bromatom in etwa die Dimensionen der Methylgruppe am C-5 Atom des Thymins hat. Nach Proteinbindung wird nun der Komplex mit UV bestrahlt, was zur Spaltung der DNA an den substituierten Stellen führt. Stellen, die mit dem Protein in Kontakt stehen, werden jedoch abgeschirmt und nicht gespalten, oder gehen mit dem Protein eine kovalente Bindung ein (Abschnitt 27.1.4). Beides bewirkt, dass diese Stellen in der Sequenzgelanalyse abgeschwächt erscheinen und geben damit die Thymin-Footprints wieder.

Kaliumpermanganat, Osmiumtetroxid, Diethylpyrocarbonat, Haloacetaldehyde
Diese Proben reagieren nicht mit normal gepaarter B-DNA und können deshalb nicht zur Detektion von Proteinkontakten in PF benutzt werden. Eine Ausnahme bildet Diethylpyrocarbonat, das in Proteinkomplexen mit Z-DNA verwendet werden kann, da in dieser Form die Purine auch im Doppelstrang von dieser Probe angegriffen werden. Haloacetaldehyde reagieren ebenso in Z-DNA mit Adeninen. Alle diese Agenzien können aber Veränderungen der DNA-Sekundärstruktur auf Grund von Proteinbindung aufspüren (vgl. Tabelle 27.1 und Abb. 27.8). Nach den Modifikationen kann die DNA mit Piperidin gespalten werden. Bei Modifikation mit Haloacetaldehyden ist vor der Piperidinspaltung noch eine Behandlung der DNA mit DMS (Detektion von ungepaarten As und Cs), Ameisensäure (Detektion von ungepaarten Cs), oder Hydrazin (Detektion von ungepaarten As und Gs) notwendig.

Die ersten drei Proben können auch für IFN-Footprints benutzt werden. Dazu muss aber die dsDNA zuerst denaturiert, mit den Proben an den entsprechenden Stellen (Abb. 27.7) modifiziert und renaturiert werden. Bromacetaldehyd und Chloracetaldehyd können nicht als IFN-Proben verwendet werden, da sie mit funktionellen Gruppen reagieren, die an der Watson-Crick-Basenpaarung und nicht an Proteinkontakten beteiligt sind.

N-Ethyl-N-Nitrosoharnstoff (ENH), Uranyl(VI)-Ion + UV ENH (Abb. 27.9) ethyliert mehrere funktionelle Gruppen an DNA, bildet aber hauptsächlich Ethylester mit den Phosphaten. Diese Modifikation interferiert mit der Wechselwirkung eines Proteins mit den Phosphatresten. ENH ist deshalb für IFN-, aber nicht für PF-Analysen geeignet, weil die Modifikation der DNA bei 50 °C und 50 % Ethanol erfolgen muss, was mit Proteinbindung nicht kompatibel wäre. ENH-modifizierte, nicht-proteingeschützte Phosphatreste werden dann mit Natronlauge (nicht Piperidin!) gespalten, und die Spaltungsprodukte im Sequenzgel analysiert. Das Spaltungsmuster ist uniform, da ENH, das mit Phosphaten reagiert, eben „sequenzneutral" ist. Da diese hydrolytische Spaltung auf beiden Seiten des Phosphat-Ethylesters erfolgen kann, entstehen uneinheitliche Produkte, die mit OH oder als Phosphatethylester enden können. Die Fragmente mit diesen heterogenen Enden wandern im Sequenzgel auch unterschiedlich, was bei einer Länge von bis zu 22 bp sichtbar ist. Bei längeren Fragmenten fällt diese Heterogenität nicht mehr auf.

ENH kann benutzt werden, um auch essentielle Proteinkontakte an Guaninen zu bestimmen. Der Grund dafür ist, dass ENH DNA auch am N-7 und/oder O^6 von Guaninen ethyliert, die dann mit der Proteinbindung interferieren. Diese Art der Modifikation kann durch Piperidin aufgedeckt werden. Piperidinbehandlung führt interessanterweise *selektiv* zur Spaltung von modifizierten Guaninen, wobei die Spaltung an modifizierten Phosphaten ausbleibt. Das kann man insofern ausnutzen, als man mit einer einzigen DNA-Modifikation, nämlich mit ENH, essentielle Kontakte sowohl zu Guaninen als auch zu Phosphaten durch eine anschließende differentielle Spaltungsreaktion (NaOH oder Piperidin) simultan feststellen kann.

27.8 Reaktionen von Basen, die mit B-DNA nur dann reagieren, wenn die Basenpaarung aufgeht oder verformt ist, wie angegeben. Das Produkt der Reaktion von T mit OsO$_4$ kann durch gleichzeitige Zugabe von tertiären Aminen stabilisiert werden. Hier ist in der ersten Zeile die Reaktion von T mit OsO$_4$ und Pyridin gezeigt.

27.9 N-Ethyl-N-Nitrosoharnstoff

Das Uranylion, UO_2^{2+} wird von Phosphatresten komplexiert und kann nach UV-Anregung die DNA durch Oxidation benachbarter Desoxyribosen und Elimination des entsprechenden Nucleosids spalten. Die Spaltung ist hier auch sequenzneutral und das Spaltungsmuster deshalb uniform. Diese Probe kann in PF-Analysen benutzt werden und komplementiert damit die ENH-Technik, die nur in IFN einsetzbar ist. Die Spaltung erfolgt nicht, wenn ein Phosphatrest von einem Protein kontaktiert, dadurch geschützt wird und deshalb kein Uranylion komplexieren kann. Experimentelle Ergebnisse mit dem Uranylion weisen auch Intensitätsmodulierte Spaltungsstellen auf, deshalb kann das Uranylion auch als konformationssensitive Probe eingesetzt werden. Diese Probe eignet sich im Prinzip auch für MC-Analysen, aber das Verfahren zur Herstellung von DNA mit Nucleosid-*gaps* zu diesem Zweck ist leichter mit Hydroxylradikalen.

Kupfer-*o*-Phenanthrolin (OP-Cu), Eisen-Methidiumpropyl-EDTA (MPE-Fe), Eisen-EDTA (EDTA-Fe) Diese Stoffe sind sogenannte *chemische Nucleasen*, die ohne weitere Anforderung (z. B. UV oder anschließende Alkalibehandlung) das DNA-Rückgrat durch – nicht immer genau bekannte – aktivierte Sauerstoffspezies spalten. Sie brauchen dazu ein Oxidationsmittel wie Wasserstoffperoxid oder molekularen Sauerstoff; die Effizienz der nucleolytischen Wirkung wird durch Reduktionsmittel wie Ascorbat oder DTT, verstärkt.

Der 2:1 1,10-ortho-Phenanthrolin-Kupfer(I)-Komplex ([OP]$_2$Cu$^+$, Abb. 27.10) lagert sich an die kleine Furche der DNA-Doppelhelix und führt nach einem komplexen Mechanismus, bei dem überwiegend das C-1'-Atom der Desoxyribose angegriffen wird, zur DNA-Spaltung (Abb. 27.11 Weg A). Das führt *in toto* zur Elimination des Nucleosids zwischen den zwei Phosphaten und Erzeugung eines *gaps* im DNA-Rückgrat, wenn diese Stelle nicht durch ein Protein geschützt wird. Da die Geometrie der kleinen DNA-Furche je nach Sequenz unterschiedlich ist, erfolgt die Anlagerung von OP-Cu nicht immer gleich effizient, mit der Konsequenz, dass das DNA-Spaltungsmuster nicht immer gleichmäßig ist. Da also das Footprinting mit OP-Cu stark konformationsabhängig ist, kann diese Probe auch zur Analyse der lokalen Mikroheterogenität der DNA-Struktur angewendet werden. Insgesamt ähnelt das Spaltungsmuster demjenigen von DNase I. Obwohl grundsätzlich alle DNA-bindenden Proteine wegen gegenseitiger sterischer Behinderung mit DNase I, die auch an die kleine DNA-Furche bindet, Footprints ergeben, haben Proteine, die ausschließlich in der großen Furche binden (wie z. B. *Eco* RI), nur einen geringen Effekt auf das OP-Cu-Spaltungsmuster. Hingegen eignet sich OP-Cu sehr gut als Footprinting-Probe, um die Wechselwirkung von kleine-Furche-Bindern, wie den Wirkstoffen Netropsin oder Distamycin, zu studieren.

27.10 Chemische Nucleasen   2:1 1,10-Phenanthrolin-Kupfer   Methidiumpropyl-EDTA-Eisen

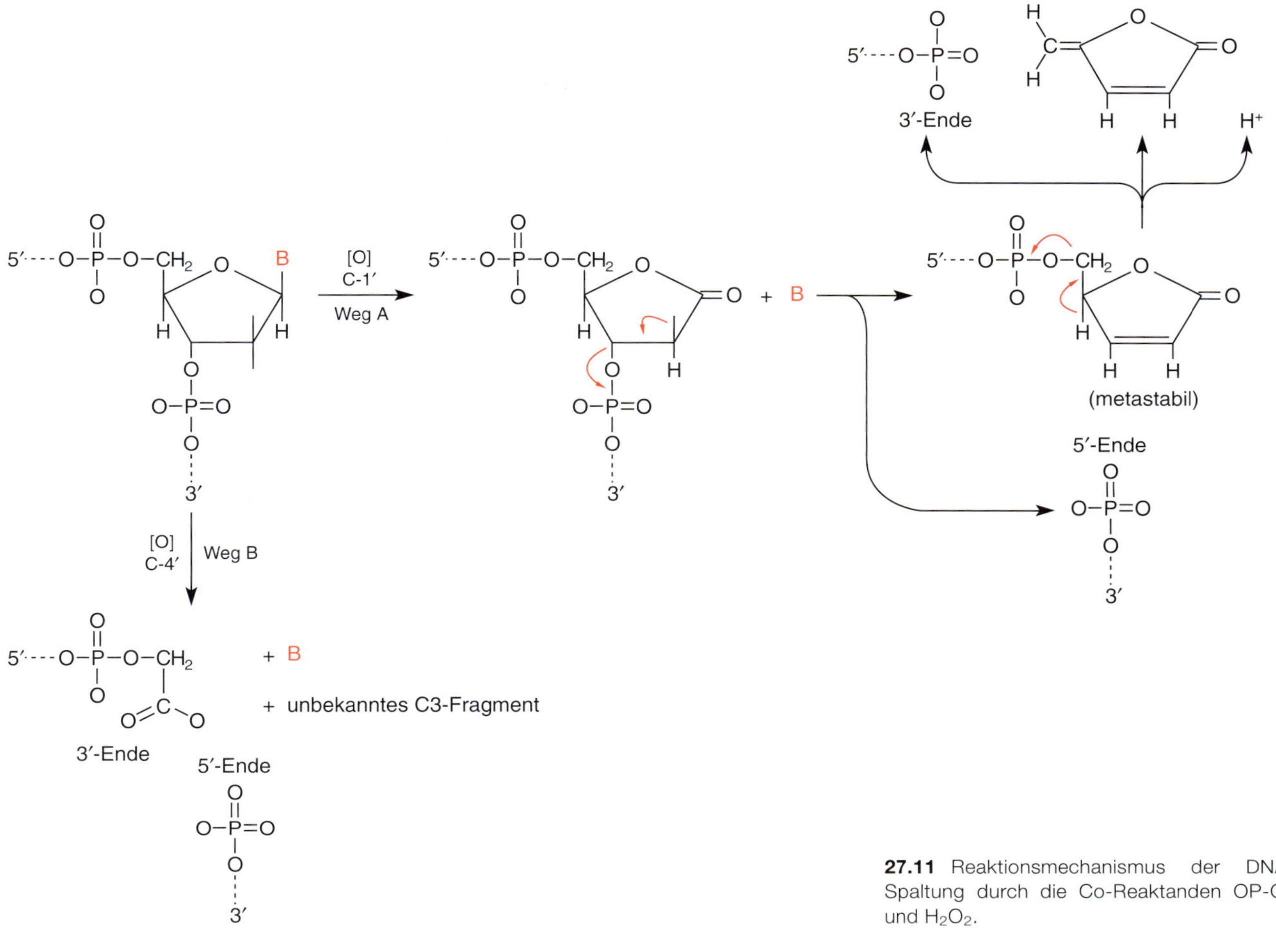

27.11 Reaktionsmechanismus der DNA-Spaltung durch die Co-Reaktanden OP-Cu und H_2O_2.

Im Gegensatz zu OP-Cu kann die chemische Endonuclease Eisen(II)-Methidiumpropyl-EDTA (MPE-Fe), die auch einen Phenanthren-Teil enthält (Abb. 27.10), in die DNA-Doppelhelix intercalieren. Zugabe etwa von H_2O_2 oder O_2 führt dann – wahrscheinlich durch die Entstehung von Hydroxylradikalen in der Nähe der kleiner Furche – zur Spaltung des DNA-Rückgrats. Intercalation und folgende Spaltung erfolgen fast ohne Sequenzspezifität, das Spaltungsmuster ist deshalb recht gleichmäßig. Die Produkte an den DNA-Enden sind (ähnlich wie bei der Spaltung mit OP-Cu) 5'-Phosphat und (anders als bei der Spaltung mit OP-Cu) zu fast gleichen Teilen 3'-Phosphat und 3'-Phosphoglycolat (vgl. Abb. 27.11, Weg B).

Weitere intercalierende Proben, die zum Studium von Protein-DNA-Wechselwirkungen, also auch zum Footprinting herangezogen werden, sind z. B. **Psoralene** oder **photoaktive Acridine**. Sie arbeiten jedoch nach einem anderen Mechanismus. Die Wechselwirkung dieser Probenklasse mit DNA – mit der kleinen Furche oder Intercalation – kann verständlicherweise die DNA-Wechselwirkung mit Proteinen stören – entweder indirekt über Veränderung der DNA-Struktur, oder direkt über Verdrängung. Da die Assoziationskonstanten von intercalierenden Verbindungen im Bereich 10^5 M^{-1} liegen, also viel schwächer als die der Proteine sind, kann jedoch letzteres bei genügend niedriger Probenkonzentration vermieden werden (Intercalator/DNA-Verhältnis $\ll 0{,}1$).

Eine optimale Lösung für die soeben angesprochene Problematik bietet die dritte chemische Nuclease, Eisen(II)-EDTA. Die chemische Grundlage für diesen Ansatz bildet die **Fenton-Reaktion**, bei der Eisen(II) H_2O_2 reduziert, wobei Hydroxylradikale entstehen:

$$Fe(II) + H_2O_2 \rightarrow Fe(III) + OH\cdot + OH^-$$

Der EDTA-Komplex von Eisen(II), [Fe(EDTA)$^{2-}$], kann Hydroxylradikale aus Wasserstoffperoxid erzeugen; das Fe(III)-Produkt der Reaktion kann anschließend durch Ascorbat zu Fe(II) wieder reduziert werden. Damit kann es bis zum Aufbrauchen des Ascorbats katalytisch wirken:

$$Fe(EDTA)^{2-} + H_2O_2 \rightarrow Fe(EDTA)^- + OH\cdot + OH^-$$
↑_____|
Ascorbat

Die freien, hochreaktiven Hydroxylradikale, die auf diese Weise entstehen, breiten sich wie ein Spray gleichmäßig in der Lösung aus, in der sich der Protein-DNA-Komplex befindet. Treffen sie auf dsDNA, initiieren sie eine Reaktion am C-4'-Atom der Desoxyribose, die letztendlich zur Elimination eines Nucleosids führt, wenn diese Stelle nicht durch ein Protein geschützt wurde. Es bleiben 5'- und 3'-Phosphatreste übrig. Sie spalten die DNA sequenzunspezifisch, was zu einem gleichmäßigen Spaltungsmuster führt. Ein Beispiel eines Radikal-Footprints ist in Abbildung 27.6, Spuren 10 und 11, gezeigt.

Die Technik der freien Hydroxylradikale hat viele Vorteile gegenüber anderen Footprinting-Techniken: Sie sind klein, und daher können sie Proteinkontakte auf eine quantitative Art und Weise an jeder Nucleosidposition der DNA aufspüren – auch an solchen, die sich *innerhalb* des DNA-Protein-Komplexbereiches befinden; das bedeutet, dass die Intensität der Spaltungsprodukte als ein Maß für den Abstand der funktionellen Gruppen des Proteins zur entsprechenden Nucleosidstelle herangezogen werden kann (vgl. Abb. 27.6, Spur 10). Das unterscheidet sie z. B. vom MPE-Fe, bei dem keine Spaltung innerhalb des Komplexbereiches erfolgt, auch wenn die DNA auf der Rückseite des Protein-DNA-Komplexes exponiert vorliegt. Die fehlende Sequenzspezifität der Hydroxylradikale macht es möglich, Bereiche, die von anderen Proben (z. B. DMS, DNase I) nicht oder schwer zugänglich sind, wie A:T oder G:C-Strecken, analysieren zu können. Auf Grund dieser Eigenschaften werden sie mit Erfolg auch für die Analyse der Wechselwirkung von Proteinen mit spezifischen Sekundärstrukturen, z. B. Kruziformen, verwendet, die sonst durch keine andere Probe in solch großer Auflösung zugänglich sind. Die Hydroxylradikale eignen sich aber auch zum Aufspüren von feineren Veränderungen der DNA-Struktur, wie Weite der kleinen Furche oder stabile DNA-Krümmung, weil sie konformationssensitiv sind. Schließlich kann der Fe(EDTA)$^{2-}$-Komplex, der die Radikale generiert, auf Grund der negativen Ladung nicht mit der DNA interagieren: Dadurch wird der DNA-Protein-Komplex, im Gegensatz zu OP-Cu oder MPE-Fe, nicht beeinträchtigt.

Wenn man beabsichtigt, freie Hydroxylradikale als PF-Probe zu benutzen, muss man bestimmte Besonderheiten dieser Technik rechtzeitig berücksichtigen: Dazu gehört, dass Radikale in Proteinlösungen gewöhnlich von als Stabilisator zugesetztem Glycerin abgefangen werden. Damit die Reaktion noch ablaufen kann, muss die Konzentration des Glycerins im DNA-Spaltungsansatz <0,5 % sein. Am besten verwendet man eine Glycerin-freie Proteinlösung, oder man setzt dem Proteingemisch statt Glycerin Gelatine zu. Mehr als 5 mM 2-Mercaptoethanol stört die Reaktion, ebenso wie hohe Konzentrationen an divalenten Kationen, während Phosphatpuffer – im Gegensatz zu Tris-Cl oder HEPES – die DNA-Spaltungseffizienz verstärkt.

Freie Hydroxylradikale können – im Gegensatz zu OP-Cu und MPE-Fe – verwendet werden, um auch MC-Analysen durchzuführen, wobei in diesem Fall das Proteinsubstrat eine DNA ist, der an einzelnen Positionen Nucleoside fehlen. Durch freie Hydroxylradikale lässt sich auch die Wechselwirkung von ssDNA- bzw. RNA-spezifisch bindenden Proteinen analysieren. Die Qualität der Footprints ist aber schlechter, da zusätzlich zum Nucleinsäure-Rückgrat hier natürlich auch die Basen oxidiert werden können, was zu Hintergrund-generierenden Nebenprodukten führt. Die Reaktion der Hydroxylradikale mit den Basen in Einzelstrang-DNA kann auch ausgenutzt werden, um ssDNA-Bereiche in Protein-dsDNA-Komplexen aufzuspüren: Wenn durch die Proteinbindung die DNA an einer Stelle aufgeschmolzen wird, reagieren die Hydroxylradikale präferentiell mit den Basen, wodurch es zu einer Reduktion ihrer lokalen Konzentration kommt; dies führt zu einer verminderten (direkt sichtbaren) Spaltung an den Desoxyribosen und dadurch zu einer Aufhellung der entsprechenden Stelle im Autoradiogramm. Ob es sich bei dieser Aufhellung um einen Proteinkontakt oder um ein lokales Aufschmelzen der DNA-Doppelhelix handelt, kann durch Piperidinbehandlung entschieden werden: Bleibt das Muster unverändert, bedeutet dies Proteinkontakt; führt hingegen Piperidinbehandlung zur Intensivierung der Signale durch Spaltung an den basenmodifizierten Stellen, muss dies auf eine Veränderung der DNA-Sekundärstruktur zurückzuführen sein. Natürlich müssen solche Ergebnisse durch ssDNA-spezifische Proben (Haloacetaldehyde) bestätigt werden.

27.2.2 Weitere in vitro-Methoden zur Analyse von Proteinbindungsstellen auf der DNA

In einigen Fällen kann der Bindungsmodus eines Proteins durch den Einsatz synthetischer, gezielt veränderter Oligonucleotide studiert werden. Der einfachste Fall ist – nachdem einmal der DNA-Bindungsbereich des fraglichen Proteins z. B. durch PF eingegrenzt worden ist –, die Nucleotide der Bindungsstelle systematisch zu verändern, um die *essentiellen* durch Bindungsstudien mit einer der in Abschnitt 27.1 genannten Methoden zu erkennen. Ein zu diesem Zweck rationellerer Weg ist es, nach der SELEX-Technik ein Gemisch aus Oligonucleotiden mit allen möglichen Sequenzen einzusetzen und das Oligonucleotid mit der optimalen Bindungssequenz zu selektieren. Diese Vorgehensweisen führen zwar auch zur Bestimmung der essentiellen Nucleotide der Bindungsstelle, lassen aber keinen Schluss über die beteiligten funktionellen Gruppen zu. Darüber hinaus kann bei doppelsträngiger DNA nicht unterschieden werden, welches denn nun von zwei basengepaarten Nucleotiden essentiell ist.

SELEX-Technik Abschnitt 37.5

In geeigneten Fällen können durch den systematischen Ersatz der Nucleotide über die Beteiligung bestimmter funktioneller Gruppen und – da die Lage der letzteren im DNA-Molekül bekannt ist – über den *Ort* der Wechselwirkung Schlüsse gezogen werden: Eine häufige Frage kann z. B. sein, ob das Protein mit der großen oder mit der kleinen Furche der DNA-Doppelhelix wechselwirkt. Im Falle des TBP (*TATA-box binding protein*), der DNA-bindenden Untereinheit des basalen Transkriptionsfaktors TFIID, das die Sequenz d(TATAAAA·TTTTATA) erkennt, wurde dies – außer über IFN-Footprints auch – durch die Verwendung eines Oligonucleotids mit der Sequenz d(CICIIII·CCCCICI) entschieden. Thymidin (T) und Cytidin (C) sowie Adenosin (A) und Inosin (I) haben in der großen Furche eine unterschiedliche, in der kleinen Furche jedoch eine ähnliche räumliche Anordnung der funktionellen Gruppen (vgl. Abb. 27.1). Da TBP an d(CICIIII·CCCCICI) fast genauso gut wie an d(TATAAAA·TTTTATA) band, wurde geschlossen, dass dieses Protein eher mit der kleinen Furche der DNA-Doppelhelix wechselwirkt. Dieses Ergebnis wurde zwei Jahre danach mittels Kristallstrukturanalyse voll bestätigt.

27.2.3 Direkte genomische Sequenzierung und in vivo/in situ-Footprints

Wichtige biochemische Fragestellungen der Protein-DNA-Wechselwirkung können mit den bisher vorgestellten Methoden nicht beantwortet werden. Solche Fragen sind etwa:

- Bindet ein Protein, das in vitro mit DNA assoziiert, auch *in vivo*, d. h. im chromosomalen Kontext an DNA?

- Unter welchen Bedingungen denn genau bindet es an ein bestimmtes cis-Element in vivo, d. h. wird die Bindung in vivo reguliert, und wenn ja, wie?
- Korreliert die Bindung an dieses Element mit einem Prozess in der Zelle und hängt sie letztendlich damit kausal zusammen? Mit anderen Worten, was ist die biochemische Funktion des DNA-bindenden Proteins in der Zelle?
- Übt das Protein seine Funktion enzymatisch aus, oder muss es stöchiometrisch binden? Was ist also der *Mechanismus* des Proteins in vivo?
- Bedeutet die Induktion eines Prozesses (z. B. der Transkription) die moderate Aktivierung *aller* Gene einer Zellpopulation oder eine starke Aktivierung nur einiger weniger (Problematik der heterogenen Population)?

Die Frage, ob ein zellulärer Prozess mit der Induktion der Bindung eines Proteins an die DNA korreliert bzw. kausal zusammenhängt, kann indirekt durch die Untersuchung angegangen werden, ob Kernextrakte von aktivierten Zellen das fragliche DNA-Element in vitro binden. Dazu werden die in Abschnitt 27.1.1 bis 27.1.3 beschriebenen Methoden eingesetzt. Zur Beantwortung der gleichen Frage kann man auch transiente Genexpressionen und Reportergen-Analysen in der Zelle (jedoch nicht im chromosomalen Kontext!) durchführen. Alle diese Fragen können aber auch direkt und unmittelbar durch in vivo-Footprints beantwortet werden.

Transiente Genexpression Reportergen-Analysen Kapitel 33

Ist durch in vitro-Footprints eine Gesamtanalyse der Proteinbindungsstelle möglich (s. vorige Sektion), so lassen sich bei in vivo-Footprints, also direkt auf chromosomaler DNA, die Proteinbindungsstelle kartiert und etwaige durch die Proteinbindung lokale Veränderungen der DNA-Sekundärstruktur feststellen. Bei in vivo-Footprints ist es also nicht möglich, zu bestimmen, welche Stellen (Nucleotide, funktionelle Gruppen) für die Bindung essentiell sind. Außerdem kann man die genomische DNA vor dem Footprint-Experiment nicht endmarkieren. Bei in vivo-Footprints ist auch nicht *a priori* bekannt, welches Protein die fragliche DNA-Stelle bindet. Dementsprechend ist die Vorgehensweise für diese Technik auch etwas unterschiedlich als diejenige für das in vitro-Footprinting.

Sehr ähnlich wie für in vivo-Footprints verfährt man bei der **direkten genomischen Sequenzierung**. Letztere ist unerlässlich bei Sequenzunsicherheiten klonierter DNA, die auch Mutationen enthalten kann, und für die Sequenzierung von Bereichen, die sich schlecht klonieren oder sich schlecht mittels PCR amplifizieren lassen. Die Analyse der genomischen Methylierung mittels Hydrazin oder $KMnO_4$ ist ebenso ein Spezialfall der direkten genomischen Sequenzierung. Und natürlich braucht man die direkte genomische Sequenzierung auch als Sequenz- oder Modifikationsreferenz für in vivo-Footprints, besonders wenn der entsprechende Bereich nicht schon kloniert vorliegt. Aus diesen Gründen wird die direkte genomische Sequenzierung auch in diesem Kapitel (und nicht im Kapitel 25) behandelt.

Für die direkte genomische Sequenzierung, für in vivo-Footprints und die Analyse von lokalen Veränderungen der DNA-Sekundärstruktur durch Proteinbindung werden drei experimentelle Schritte durchlaufen:

- Die genomische DNA wird zuerst modifiziert („Einfrieren der Information").
- Die eingefrorene Information wird durch in vitro-Methoden visualisiert.
- Falls in vivo-Protein-DNA-Assoziationen analysiert werden und falls erwünscht, wird die genaue Identität des Proteins festgestellt.

Einfrieren der Information: Proben

Maxam-Gilbert-Sequenzierung Abschnitt 25.1.3

Um die genomische DNA direkt zu sequenzieren, wird letztere isoliert und in vitro mit Sequenzproben wie bei der Maxam und Gilbert-Technik modifiziert (s. Tabelle 27.2). Diese Proben sind **DMS**, **Ameisensäure** und **Hydrazin**. Die experimentellen Bedingungen sind natürlich die gleichen wie bei der Maxam und Gilbert-Technik, und genauso ist es die Spezifität der Proben (vgl. auch Abschnitt

Tabelle 27.2 Einfrieren der Information – Proben zur genomischen Analyse von DNA auf Nucleotidebene

	Proben	Spezifität	Art der Analyse			Substrat		
			Sequenz	Footprints	Struktur	genom. DNA	Zellen	Kerne
chemisch, elektromagnetisch	DMS	G, A, ssC	+	+	+	+	+	
	Ameisensäure	G + A	+			+		
	Hydrazin	T, C	+			+		
	KMnO$_4$	T*>>C*, G*	(+)		+	(+)	+	
	OsO$_4$	T*>>C*, G*	(+)		+	(+)	+	
	DEPC	A*>G*		(+)	+		+	
	BAA, CAA	ssC, ssA>ssG		(+)	+		+	
	Licht, UV	Pyrimidine		+	+		+	
	γ-Strahlung	Desoxyribose	+	(+)		+		
	OP-Cu	kleine Furche		+	+			+
	MPE-Fe	Intercalator		+				+
enzymatisch	DNase I	kleine Furche	+	(+)				+
	Exo III	ds, 3'-Ende	+	(+)				+
	λ-Exo	ds, 5'-Ende	+	(+)				+

Abkürzungen und Zeichen wie in Tabelle 27.1

27.2.1). Hier kann jedoch der Fall auftreten, dass an einigen Stellen Hydrazin nicht mit Cytosin reagiert, da dieses Cytosin methyliert vorliegt. Zusätzlich zu diesen Proben kann bei Unsicherheiten auch **KMnO$_4$** (bei neutralem pH) oder **OsO$_4$** benutzt werden. Diese Proben modifizieren hauptsächlich Thymin, wenn die genomische DNA vorher denaturiert wurde. Eine Verwechslung zwischen Cytosin und 5-Methylcytosin, wenn KMnO$_4$ benutzt wird, ist hier nicht möglich, da diese Probe nur im leicht Sauren mit 5-Methylcytosin reagiert. Nach den chemischen Modifikationen kann die genomische DNA mit heißem Piperidin an den spezifischen Modifikationsstellen gespalten werden, und die Sequenz wird mit einer der unten angeführten Methoden visualisiert.

Bei genomischen Footprints, bei denen auch die lokale DNA-Struktur erfasst werden kann, findet die Modifikation der genomischen DNA in den Zellen oder zumindest im Zellkern statt (Tabelle 27.2). Mit anderen Worten, es werden ganze Zellen mit einer Modifikationsprobe wie DMS behandelt, die im Stande ist, durch die Zell- und Kernmembran zu gehen und mit der DNA im Chromatinverband zu reagieren. Die Reaktion wird gestoppt, die genomische DNA isoliert und das Modifikationsmuster visualisiert. Unterschiede zum Modifikationsmuster der isolierten, proteinfreien, in vitro mit der gleichen Probe modifizierten genomischen DNA werden als Proteinkontakte oder Strukturveränderungen gedeutet.

Es gibt vergleichsweise wenig Proben, die zur Durchführung von in vivo-Footprints eingesetzt werden (Tabelle 27.2). Mit dem oben erwähnten **DMS** lassen sich Kontakte von Proteinen an G oder A und eventuell lokales Aufschmelzen der Helix (bei C-Reaktivität) verfolgen. Es hat sich gezeigt, dass eine weitere Reihe von Proben (**KMnO$_4$, OsO$_4$, DEPC, BAA, CAA**) sich zur Untersuchung von Veränderungen der DNA-Sekundärstruktur in vivo eignen. Verminderte in vivo-Reaktivität der DNA mit DEPC und mit den Haloacetaldehyden kann unter Umständen auch als ein Hinweis der Wechselwirkung eines Proteins mit (doppelsträngiger) Z-DNA gewertet werden (Abschnitt 27.2.1). Direkte **UV-Strahlung** wird im sogenannten *Photofootprinting* von Zellen verwendet, um spezifische Proteinbindungsstellen zu bestimmen. Durch UV-Bestrahlung der DNA entstehen Pyrimidin-Dimere, deren Ausbildung durch die Proteinbindung beeinflusst wird. Die Bindung eines Proteins kann also die Ausbildung von solchen Pyrimidindimeren begünstigen oder vermindern, die sich innerhalb oder in der Nähe der DNA-Bindungsstelle befinden. Dieser Effekt beruht letztendlich auf Veränderungen der DNA-Mikrostruktur durch die Proteinbindung. Deshalb gilt auch UV-Strahlung als Probe für die DNA-Struktur. Durch die Verwendung von *Sensitizers*, also Stoffen, die – durch Licht angeregt – die Energie an die DNA weitergeben können, kann auch langwelligeres, **sichtbares Licht** fürs Photofootprinting verwendet werden.

Die potente Methode des in vitro-Footprinting mittels Hydroxylradikale (Abschnitt 27.2.1) kann für in vivo-Zwecke leider nicht verwendet werden, da Hydroxylradikale, die außerhalb der Zelle entstehen, im Cytoplasma sehr effizient durch Reduktionsmittel abgefangen werden, so durch Glutathion, das in eukaryotischen Zellen in einer Konzentration von 1 mM vorliegt. Eine Alternative ist das Footprinting durch Bestrahlung der Zellen mit γ-**Strahlen**. Diese Behandlung führt, wie die Radikale direkt, zu *gaps* am DNA-Rückgrat (Elimination eines Nucleosids), wobei DNA-Fragmente mit 5'-Phosphatenden und zu fast gleichen Teilen 3'-Phosphat- und 3'-Phosphoglycolat-Enden entstehen (vgl. Footprinting mit MPE-Fe). Das Spaltungsmuster ist wegen der Sequenzunabhängigkeit gleichmäßig. Obwohl die prinzipielle Fähigkeit dieser Methode zum in vivo-Footprinting gezeigt wurde, ist sie nicht sehr verbreitet, vermutlich weil die notwendige Apparaturausstattung in der Regel nicht vorhanden ist.

Verbreiteter ist die Verwendung der anderen chemischen Nucleasen, **OP-Cu** und **MPE-Fe**, die sich auch eines Radikalmechanismus bedienen. Sowohl diese letzteren als auch die enzymatischen Nucleasen, die beim genomischen Footprinting Verwendung finden, **DNase I**, **Exonuclease III** und λ-**Exonuclease** (Tabelle 27.2), können aber die Zellmembran nicht passieren. Deshalb müssen zuerst die Zellkerne isoliert werden. Kerne, und nicht die intakten Zellen, bilden also das Substrat der Probe. (Bei Verwendung der Exonucleasen Exo III und λ-Exo muss für in situ-Footprintings die DNA im Kern zuerst endonucleolytisch (etwa mit einer Restriktionsendonuclease) gespalten werden, um diesen Enzymen den Zugang zu verschaffen.) Diese Art des Footprintings geschieht demnach nicht in vivo, sondern *in situ*. Diese Unterscheidung ist nicht nur formaler Natur; es wurde gezeigt, dass DNA-Footprints mit ganzen Zellen verschieden von denjenigen mit reinen Zellkernen waren. Dies ist vermutlich deshalb der Fall, weil die Isolierung der Kerne ihr Innenleben sozusagen „stört", also verständlicherweise auch die Bindung von Proteinen an DNA.

Aber auch bei Agenzien, die die Zellmembran passieren können, ist Vorsicht bei der Interpretation der Ergebnisse geboten: Viele Proben, etwa $KMnO_4$ töten die Zellen ab. Es ist also notwendig, sich von der Vitalität der Zellen oder der Intaktheit der Proteine nach dem Footprinting zu vergewissern, wenn man sicher sein will, dass die erhaltenen Ergebnisse in der Tat die Verhältnisse in der lebenden Zelle reflektieren. Die Zellvitalität kann z. B. durch Ausschluss von Farbstoffen wie Trypanblau überprüft werden, das nur in tote Zellen eindringt. Die Intaktheit der Proteine kann durch EMSA-Analysen festgestellt werden.

Bei genomischen Footprints interessiert man sich häufig nicht nur für den Vergleich *in vivo* versus *in vitro/in situ*, sondern auch für die Veränderungen eines aktiven cis-Elementes der DNA nach Induktion eines Prozesses in der Zelle, z. B. Replikationsinitiation oder Transkriptionsaktivierung. In diesen Fällen werden drei Größen miteinander verglichen: In vivo-DNA-Konfiguration *vor* Induktion; in vivo-DNA-Konfiguration *nach* Induktion; und beides mit der DNA-Konfiguration in vitro (proteinfreie DNA). Dabei sollten Zellen derselben Zellkultur für das Footprinting verwendet werden, bei denen der Prozess auch induziert wurde. Darüber hinaus muss man aufpassen, dass der Prozess, mit dem die Zustandsveränderungen der DNA korreliert werden sollen, gut charakterisiert ist – bei Replikation etwa die Synchronie im Zellzyklus. Um eine aktivierte Transkription zu zeigen, wird häufig die erhöhte RNA-Menge bzw. die verstärkte RNA-Synthese von einem Zielgen demonstriert. Das muss jedoch nicht die Aktivierung der Mehrzahl der Kopien dieses Gens (und die differentielle Besetzung ihrer DNA-Kontrollelemente) in der Zellpopulation bedeuten; bei einer *heterogenen* Zellpopulation können auch nur ein paar Genkopien aktiviert werden, wobei die Mehrzahl stumm bleibt. In so einem Fall wird der in vivo-Footprint auch diese Mehrzahl reflektieren, also dem *inaktiven* Zustand entsprechen. Unter Umständen muss also für die in vivo-Untersuchung der Zustandsveränderungen eines DNA-Locus zuerst eine homogene Zellpopulation selektioniert oder etabliert werden.

Visualisierungsverfahren

Nachdem die DNA mit den oben angeführten Proben modifiziert wurde, müssen die spezifischen Modifikationen sichtbar gemacht werden. DNA, die in vivo/in situ modifiziert wurde, muss aus den Zellen oder Kernen isoliert und gereinigt werden, und sie kann dann, am besten kühl, gelagert werden. Alle anschließenden Analysen werden in vitro durchgeführt. Manchmal ist es empfehlenswert, die genomische DNA zur Verringerung der Viskosität mit einer Restriktionsendonuclease zu spalten – natürlich mit einer, die nicht gerade innerhalb der interessierenden Region spaltet! DNA-Modifikationen, die auf Spaltung des DNA-Rückgrats basieren (z. B. durch chemische oder enzymatische Endonucleasen) müssen nicht weiter vorbehandelt werden. Alle anderen oben besprochenen Modifikationen können durch Vorbehandlung mit heißem Piperidin zu DNA-Rückgratsbrüchen überführt werden. Für die Visualisierungstechniken, die nicht durch Verlängerung einer Referenz arbeiten (wie die Übertragung der Maxam-Gilbert-Sequenz auf Membranen) oder bei Modifikationen, die nicht zum Elongationsstopp einer Polymerase führen (vgl. unten), ist diese Spaltung obligatorisch. Für die Sichtbarmachung der Modifikations- oder Spaltstellen der DNA gibt es einige Methoden mit unterschiedlichem Auflösungsgrad, Sensitivität und Komplexität (Abb. 27.12). Alle existierenden Methoden sind *indirekt*, d. h. bei allen wird ein DNA-Strang sichtbar gemacht, der komplementär zum eigentlich modifizierten ist.

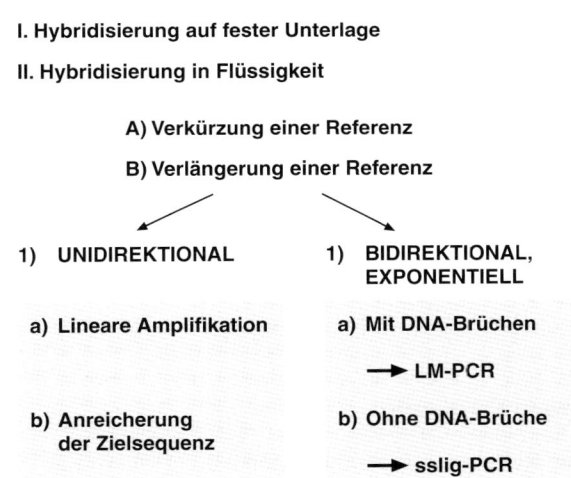

27.12 Visualisierung der Information.

I. Hybridisierung auf einer festen Unterlage

Modifizierte genomische DNA wird mit einer Restriktionsendonuclease gespalten, deren Schnittstelle in der Nähe der interessierenden Region liegt, und die als Referenzpunkt fungiert. Die DNA wird mit Piperidin behandelt, die Spaltprodukte werden in einem Sequenzgel aufgetrennt und (wie beim elektrophoretischen Southern-Blotting) auf eine Nylonmembran übertragen. Die Spaltungen an den modifizierten Stellen werden durch Hybridisierung der Membran mit einem markierten Oligonucleotid detektiert, das an der Restriktionsstelle angrenzt. Dieses Verfahren ist eher komplex und vergleichsweise insensitiv (es sind ~50 µg genomische DNA pro Spur nötig).

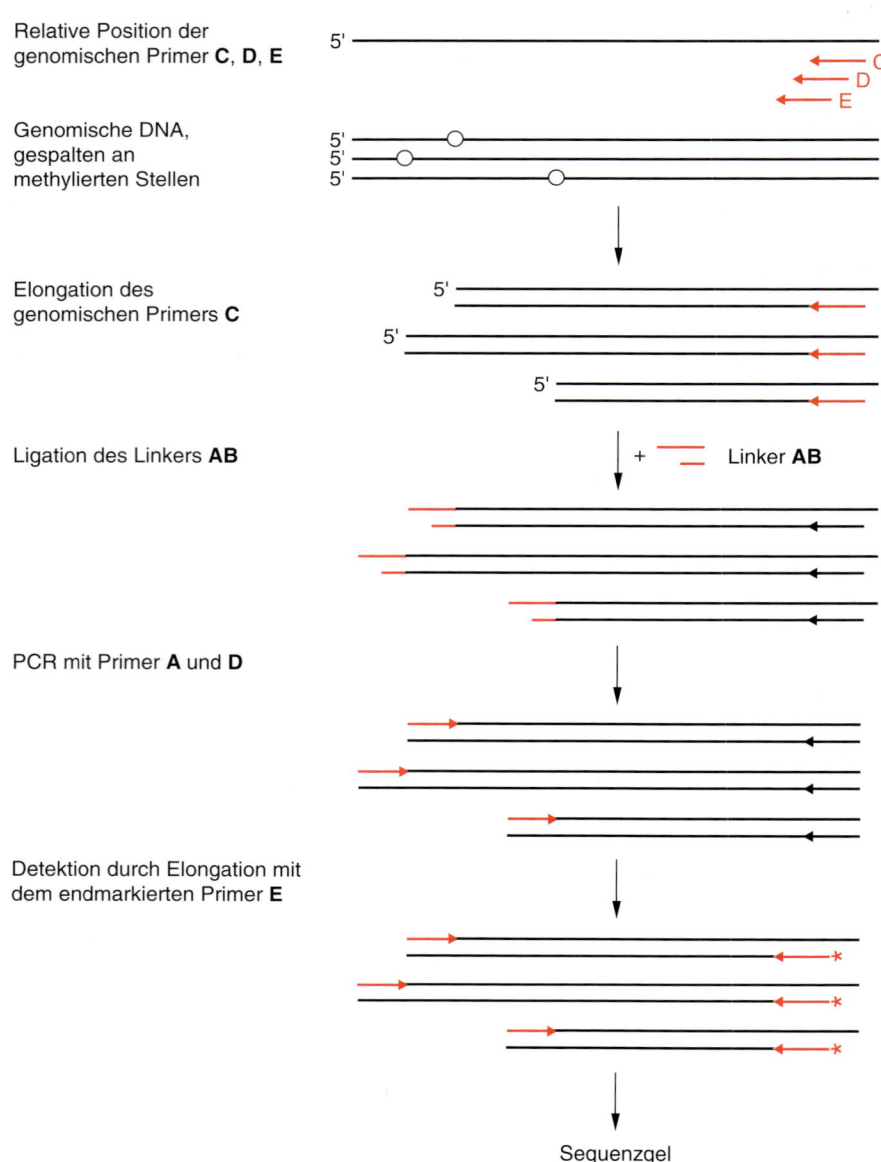

27.13 Prinzip der ligation-mediated PCR (LM-PCR).

II. Hybridisierung in Flüssigkeit

Verkürzung einer Referenz Piperidin-behandelte DNA wird an ein endmarkiertes genomisches Fragment hybridisiert, das die interessierende Region überspannt. Einzelstrangregionen des markierten Fragmentes werden dann mit einer ssDNA-spezifischen Nuclease gespalten, und die Produkte werden in einem Sequenzgel analysiert. Diese Methode hat eine geringe Genauigkeit (1–3 Nucleotide) und ist nicht besonders sensitiv.

Verlängerung einer Referenz (Primer Extension) Die modifizierte bzw. Piperidin-gespaltene DNA wird an einen markierten Primer hybridisiert, der mit einer DNA-Polymerase bis zu den Modifikationsstellen elongiert wird (unidirektionale Elongation). Nach Denaturierung wird der Elongationsschritt einige Male wiederholt (wie beim Cycle sequencing). Die Produkte werden im Sequenzgel analysiert. Die Effizienz und Sensitivität dieser Methode kann durch die Verwendung thermostabiler Polymerasen und der Bereitstellung eines Primers mit hoher spezifischer radioaktiver Markierung verbessert werden.

Cycle sequencing Abschnitt 25.1.1

Bei einer weiteren Methode zur selektiven Anreicherung der Zielsequenz wird die denaturierte genomische DNA zu einer cRNA hybridisiert, die komplementär zur zu analysierenden Region ist und die intern mit Biotin markiert wurde. Dieses Nucleinsäure-Hybrid wird durch Mischung mit immobilisiertem (Strept)avidin und der darauffolgenden Trennung von unspezifischer DNA angereichert. Die cRNA wird durch alkalische Hydrolyse zerstört, und die Modifikationen an der DNA können durch eine einzige Elongation mit einem markierten Primer und Sequenzgelanalyse detektiert werden. Für diese Technik muss man pro Spur mit ~200 µg genomischer DNA rechnen.

Die vielseitigste und sensitivste Methode im Augenblick ist die bidirektionale Elongation mit exponentieller Amplifikation durch die *ligation mediated* PCR (**LM-PCR**). Nicht mehr als 1–2 µg genomische DNA pro Sequenzgel-Spur sind notwendig. Das Prinzip der Methode ist in Abbildung 27.13 dargestellt. Danach wird der genomische Primer C an die Piperidin-gespaltene denaturierte DNA hybridisiert und bis zu den Spaltstellen elongiert. An das resultierende glatte DNA-Ende wird der Linker AB in einer fixierten Orientierung anligiert; dadurch bekommen alle ehemaligen Modifikationsstellen ein gemeinsames Ende (Primer A). Durch Verwendung der Primer A und D und vorzugsweise der *Vent*-Polymerase werden die Fragmente durch gewöhnliche PCR amplifiziert. Der letzte Schritt ist eine zweimalige lineare Elongation mit Primer E, der am 5′-Ende markiert ist. Die radioaktiven Produkte werden im Sequenzgel analysiert. Die Primer C, D und E sind zueinander verschoben, hauptsächlich um die Spezifität der Reaktion zu erhöhen. Ein Beispiel für ein in vivo-Footprint nach DMS-Modifikation der genomischen DNA und Detektion mit Hilfe der LM-PCR ist in Abbildung 27.14 gezeigt. Wenn DNase I-Footprints, d. h. Modifikationen, die zu freien 3′-OH Enden führen, durch LM-PCR detektiert werden sollen, können Probleme entstehen, da diese 3′-OH Enden beim ersten Schritt auch elongiert werden und dadurch das authentische Modifikationsmuster verzerren können. Es sind aber einige Kunstgriffe entwickelt worden, um mit solchen Problemen fertig zu werden.

Einige chemische Proben und DNA-bindende Wirkstoffe wie Cisplatin führen nicht zur Spaltung des DNA-Rückgrats, auch nicht nach Alkali-Behandlung; deshalb kann an diesen Modifikationsstellen kein für die LM-PCR-Technik notwendiges glattes DNA-Ende generiert werden. Sie unterbrechen jedoch die Elongation einer neu synthetisierten DNA-Kette; deshalb können solche Stellen mit einer der oben erwähnten unidirektionalen Elongationsmethoden detektiert werden. Eine elegante und viel sensitivere Alternative bietet die **sslig-PCR-Technik**, von der hier das Prinzip erläutert werden soll. Das Verfahren kann auch dann angewendet werden, wenn eine Piperidinspaltung der modifizierten DNA – aus welchen Gründen auch immer – vermieden werden soll. Elongation mit dem genomischen Primer C (vgl. dazu Abb. 27.13) wird unterbrochen, wenn die Polymerase an eine Modifikation am komplementären Strang gelangt ist. Nach Denaturierung wird ein Primer B mit Hilfe von RNA-Ligase des Phagen T4 an das neusynthetisierte ssDNA-Ende ligiert. Ein zu B komplementärer Primer A wird dann verwendet, um einen Doppelstrang durch Hybridisierung zum ligierten Primer B und Elongation in die Gegenrichtung zu erhalten. Der Doppelstrang wird dann durch PCR amplifiziert, und die Produkte werden wie bei der LM-PCR detektiert.

Möglichkeiten zur Identifizierung des DNA-bindenden Proteins

In der Regel folgen die in vivo/in situ-Footprints einer Reihe anderer Experimente wie EMSA oder transienten Expressionsanalysen, bei denen hinlänglich demonstriert worden ist, welches Protein die fragliche DNA-Stelle bindet. Die in vivo-Footprints sollen dann nur noch bestätigen, dass die Assoziation auch in der Zelle im Chromatinverband stattfindet. In diesen Fällen wird also darauf vertraut, dass die genomischen Signale, die man erhält, die Bindung eben dieses Proteins im Zellkern reflektieren. Größere Sicherheit darüber erhält man, wenn der Zustand

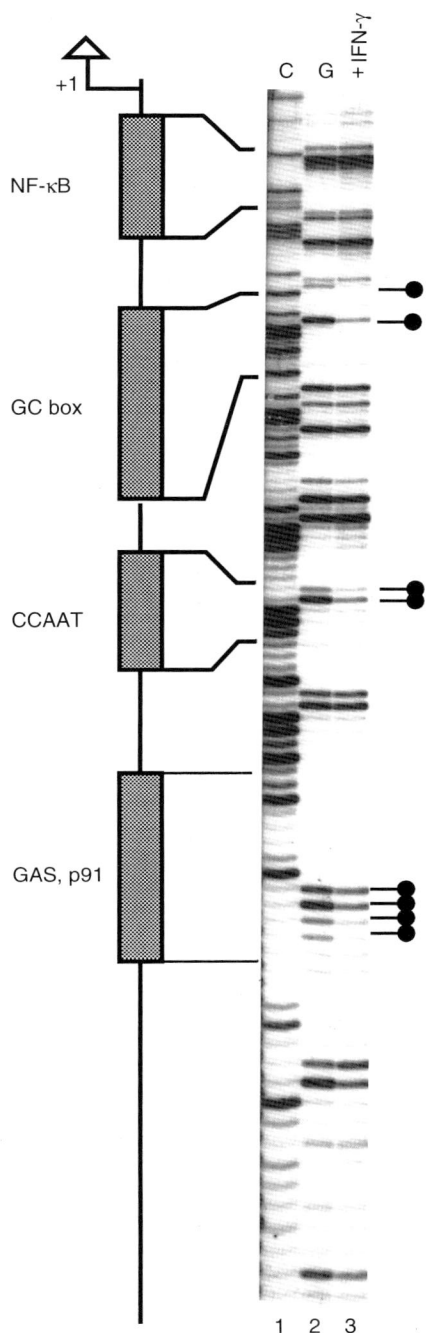

27.14 In vivo-Footprinting am IRF-1-Gen-Promotor. Gezeigt wird der Promotorbereich des IRF-1-Gens nach Modifikation der genomischen DNA mit Hydrazin und 1 M NaCl (Spur 1, Cytosine) oder DMS (Spur 2, Guanine), oder der Zellen nach Inkubation mit gamma-Interferon und DMS (Spur 3). Die Modifikationsstellen wurden durch die LM-PCR-Technik visualisiert. Guanine, die in der Zelle durch Proteinbindung vor DMS geschützt sind, sind durch Lollipops markiert.

des Proteins (Verfügbarkeit, Stabilität, Reinheitsgrad) es erlaubt, damit in vitro-Footprints durchzuführen. Letztere werden dann mit den in vivo-Footprints verglichen. Eine Ähnlichkeit zwischen den Mustern der zwei Footprint-Arten erhärtet die Annahme, dass es sich beide Male um das gleiche Protein handelt. Oftmals sind die Muster aber auch verschieden, was auf eine unterschiedliche DNA-Struktur im Chromatinverband oder auf die Assoziation weiterer Proteine mit dem fraglichen DNA-Locus bzw. mit dem interessierenden Protein in vivo zurückzuführen ist.

In einem fortgeschritteneren Stadium der Wechselwirkungsanalyse kann die Identität des Proteins in vivo durch folgenden Weg festgestellt werden: Es wird eine Zelllinie hergestellt, die eine Null-Mutante vom vermuteten DNA-bindenden Protein trägt (z. B. durch *knock-out*-Mutagenese), oder zumindest eine Mutante, die nicht mehr die DNA bindet. In diese Zelllinie wird ein Expressionsplasmid eingeschleust, das das interessierende Protein funktionell exprimieren kann; die in vivo-Footprints der zwei Zelllinien am interessierenden DNA-Locus werden miteinander verglichen. Weist die Zelllinie mit dem Expressionsplasmid im Gegensatz zur Null-Mutante genomische Footprints am fraglichen Locus auf, ist das ein Beweis, dass dieses Protein an diesen Locus in vivo bindet.

Gezielte Genmodifikationen Kapitel 36

Eine letzte Möglichkeit, die zwar die direkteste, aber technisch auch die anspruchsvollste ist, ist die Proteinidentifizierung durch Immunpräzipitation von Chromatin. Dazu muss unter definierten Bedingungen, bei denen eben eine Assoziation des Proteins mit seinem Locus erwartet wird, intaktes Chromatin aus den Zellen isoliert werden, in dem diese Assoziation erhalten bleiben soll. Oft bedient man sich zu diesem Zweck der kovalenten Quervernetzung der Proteine an die genomische DNA etwa durch Behandlung mit Formaldehyd für einige Minuten. Das Chromatin muss dann (im Kern oder nach der Isolierung) durch Restriktionsendonuclease-Spaltungen (oder – falls es quervernetzt wurde – auch durch Scherkräfte) zerkleinert werden. Die Chromatinfragmente mit dem fraglichen Protein werden dann durch spezifische Antikörper gegen eben dieses Protein präzipitiert, und die DNA des Präzipitats nach Aufreinigung quantitativ erfasst. Ein Vergleich mit der präzipitierten DNA-Menge eines Chromatins, das die untersuchte Assoziation nicht zeigt (z. B. Null-Mutante oder keine Bindungsinduktion) verrät, ob die Besetzung des DNA-Locus vom fraglichen Protein in vivo stattgefunden hat. Diese Methode ist also ein modifizierter in vivo-McKay-Assay (vgl. Abschnitt 27.1.3).

Tag-Strukturen Abschnitt 38.2.2

Für diesen letzten Ansatz braucht man hoch spezifische und stark affine Antikörper gegen das interessierende Protein. Hat man sie nicht, kann man letzteres durch rekombinante DNA-Technologie mit einem *tag* versehen, gegen das es solche Antikörper gibt, dieses rekombinante Protein in den Zellen exprimieren und im Chromatinverband präzipitieren. Diese doch recht aufwendige Technik hat auch und besonders in den Fällen ihre Legitimation, in denen die DNA-Zielsequenz des Proteins an sich gar nicht bekannt ist. Nach der Präzipitation kann man die Zielsequenzen nämlich in der präzipitierten DNA z. B. durch degenerierte PCR amplifizieren und letztendlich identifizieren.

27.3 Native elektrophoretische Verfahren zur Analyse von Veränderungen der DNA-Sekundärstruktur

Die Bindung von Proteinen an DNA verursacht in der Regel einige Veränderungen der DNA-Sekundärstruktur. Unter DNA-Sekundärstruktur versteht man eine Vielzahl verschiedener (meist Doppelstrang-)DNA-Formen, denen allen als einziges gemeinsam ist, dass sie von einer „normalen" B-Form DNA abweichen. Diese Protein-induzierten Strukturveränderungen können lokal sein, also innerhalb oder in der unmittelbaren Nähe der Bindungsstelle, oder auch global, wenn sich ihr Einfluss auf eine ganze topologische DNA-Domäne erstreckt. Eine topologische DNA-Domäne ist ein DNA-Bereich, deren topologische Größen, z. B. die Anzahl der Windungen eines Stranges um den anderen (Verflechtungsnummer, *linking number*, siehe unten), nicht ohne einen kovalenten Strangbruch verändert werden können. Eine topologische Domäne ist z. B. ein zirkuläres kovalent geschlossenes dsDNA-Molekül (*circular covalent closed*, CCC). Häufige, durch Proteinbindung induzierte Strukturveränderungen sind hier aufgelistet, wobei der englische Name bevorzugt wird, da die deutsche Terminologie missverständlich ist:

Bending (**Biegung**) Das ist die lokale, stabile und gerichtete Biegung der Achse der DNA-Doppelhelix durch ein Protein. Sie kann planar sein, oder auch mit einem *twisting* der Helices (siehe unten) einhergehen. Ein (Protein-)induziertes *bending* ist zu unterscheiden von einer intrinsischen **DNA-Krümmung (*curvature*)**, also einer, die allein durch die besondere Sequenzzusammensetzung eines DNA-Abschnittes zustande kommt.

Untwisting (Tw, **Aufdrillung**) Das ist die lokale Aufwindung der Stränge um die Helixachse, ohne dass dabei die DNA einzelsträngig wird. Diese lokale Veränderung der DNA-Struktur kann durch chemische Proben aufgespürt werden (z. B. OsO_4, $KMnO_4$). Beim *untwisting* der Helix entsteht aber im restlichen DNA-Molekül, soweit es sich um eine geschlossene topologischge Domäne handelt, eine Torsionsspannung. Letztere kann zum Teil kompensiert werden, indem die Doppelhelix, die ihre **Verflechtungsnummer (*Lk, linking number*)** nicht verändern kann, ihre **Krümmung (*Wr, writhing number*)**, also die Laufrichtung ihrer Achse, ändert. Ein lokales *untwisting* führt also zu einer globalen Veränderung der DNA-Struktur. *Wr* ist – grob gesagt – die Anzahl der superhelicalen Windungen (*supercoils*) eines Plasmids. Diese Größen hängen quantitativ zusammen:

$$Lk = Tw + Wr \Rightarrow \Delta Wr = Lk - \Delta Tw$$

Aus dieser Gleichung ist ersichtlich, dass bei bekanntem *Lk* eines Plasmids und experimenteller Bestimmung der *Wr*-Änderung durch Gelelektrophorese der Grad der durch die Bindung eines Proteins erfolgten Aufdrillung der Doppelhelix ermittelt werden kann.

Melting (**lokales Schmelzen**) Das ist die lokale Trennung der zwei DNA-Stränge. Da die zwei Stränge getrennt sind, ist das Molekül an dieser Stelle flexibler als der Rest, und dadurch biegsamer. Diese Biegung ist jedoch nicht stabil und nicht gerichtet, wie diejenige beim *bending*. Analog zum *untwisting* kann *melting* durch (Einzelstrang-)spezifische Proben (z. B. Haloacetaldehyde) aufgespürt werden. *Melting* führt auch zur Veränderung der Torsionsspannung einer topologischen DNA-Domäne und entsprechender Kompensation durch Veränderung des *writhing*.

Unwinding (**Aufwindung**) Mit diesem Begriff wird die ausgedehnte Aufwindung und schließlich Trennung (Denaturierung) der zwei DNA-Stränge bezeichnet. Dieser Prozess ist in der Regel das Werk von sog. Helicasen, verbraucht Energie, und die Einzelstränge müssen durch ssDNA-bindende Proteine am Renaturieren gehindert werden.

Es gibt eine Reihe recht einfacher elektrophoretischer Verfahren, die es erlauben, solche Strukturveränderungen und ihre Beziehungen zueinander – oft sogar quantitativ – zu erfassen und zu analysieren. Eine kleine Auswahl davon soll hier besprochen werden. Aspekte einiger dieser Methoden fanden schon im Kapitel 22 Erwähnung.

Elektrophorese von Nucleinsäuren Abschnitt 22.2

Ein durch Proteinbindung induziertes *bending* und seine scheinbare Lage können durch **zirkuläre Permutationsanalyse** festgestellt werden. Dazu wird ein Kopf-an-Schwanz ligiertes dimeres Fragment, das die Bindungsstelle trägt, mit verschiedenen Enzymen gespalten, so dass der Ort der Bindungsstelle auf den

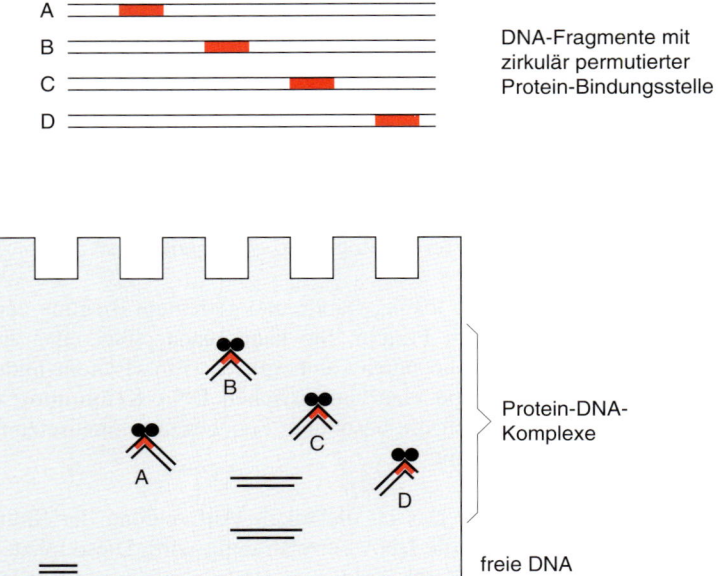

27.15 Prinzip der zirkulären Permutationsanalyse zum Nachweis der DNA-Biegung (*bending*).

resultierenden Fragmenten zirkulär permutiert wird, d. h. an aufeinanderfolgenden Stellen zu liegen kommt, obwohl die Basenzusammensetzung der letzteren die gleiche bleibt (Abb. 27.15). Das Protein wird mit diesen Fragmenten inkubiert und in einem EMSA-Gel analysiert. Falls das Protein die DNA biegt, fällt als erstes auf, dass die Mobilität der gebundenen DNA-Fragmente unterschiedlich ist. Das Fragment mit der Bindungsstelle in der Mitte wird am meisten retardiert, dasjenige mit der Bindungsstelle an einem Rand am wenigsten. Auf Grund dieser Relation kann das scheinbare Zentrum des *bending*, das nicht immer mit dem Zentrum der Bindungsstelle zusammenfallen muss, bestimmt werden.

Dieser experimentelle Ansatz kann verwendet werden, um den Grad des Winkels α der DNA-Biegung nach der empirischen Beziehung

$$\frac{\mu M}{\mu E} = \cos\left(\frac{\alpha}{2}\right)$$

zu bestimmen. Dabei ist μM die relative Mobilität der Protein-DNA-Komplexe, die DNA-Fragmente mit der Bindungsstelle in der Mitte, und μE die relative Mobilität der Protein-DNA-Komplexe, die DNA-Fragmente mit der Bindungsstelle am Ende enthalten. Durch Anligation eines DNA-Fragmentes, das eine gut charakterisierte intrinsische Krümmung aufweist, und Variation des Abstandes der Proteinbindungsstelle von dieser vorgeformten Krümmung kann auch die *Richtung* des *bending* durch EMSA bestimmt werden. Als Standard zu diesem Zweck dient gewöhnlich ein Fragment mit einem A_6-Trakt, der planar (ohne *twisting*-Effekte) um ca. 20° in Richtung der kleinen DNA-Furche intrinsisch gekrümmt vorliegt. Wenn die Gesamtkrümmung ihr Maximum erreicht (geringste Komplexmobilität), müssen die zwei gebogenen Abschnitte in die gleiche Richtung zeigen (d. h. in Phase sein), wenn die Gesamtkrümmung minimal ist, sind die zwei gebogenen Abschnitte gerade entgegengesetzt.

Bei diesen Experimenten muss man aufpassen, ein stabiles *bending* nicht mit *melting* zu verwechseln. Da *melting* de facto auch zur ungerichteten DNA-Biegung führt, zeigt eine lokal aufgeschmolzene DNA auch einige der Effekte des *bending*, z. B. verstärkte Retardation der Komplexe im EMSA. Jedoch kann man hier z. B. durch EMSA-Lauf bei konstant gehaltenen, verschiedenen Temperaturen (etwa bei 0 °C und 37 °C) unterscheiden, um was es sich handelt: Die Temperaturerhöhung reduziert den Grad des *bending*, und deshalb laufen die Komplexe „normaler", d. h. die Migration der Komplexe mit der Bindungsstelle in der Mitte

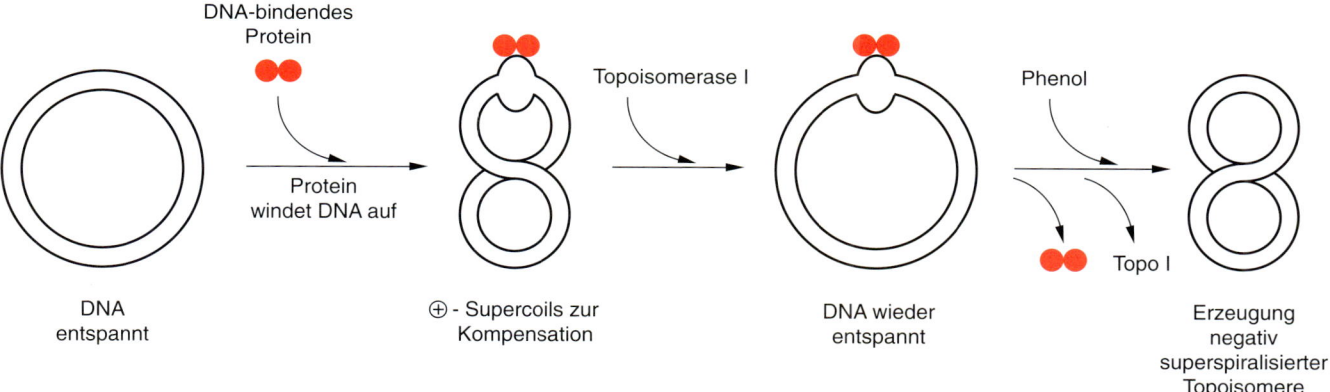

27.16 Prinzip der Topoisomer-Verschiebungsanalyse.

gleicht sich derjenigen mit der Bindungsstelle am Ende an. Hingegen wird durch Temperaturerhöhung die DNA-Strangtrennung begünstigt, der geschmolzene Bereich als solcher stabilisiert, und die Unterschiede zwischen der Wanderung der zwei Komplexarten deshalb ausgeprägter. Ein ungerichtetes *melting* kann man auch daran erkennen, dass es mit einer intrinsischen DNA-Krümmung nicht in Phase zu bringen ist.

Zum Nachweis von *bending* sind auch sog. **Zyklisierungs-Assays** entwickelt worden, da durch die stabile Biegung DNA-Fragmente effizienter als ohne sie intramolekular ligiert (zyklisiert) werden können. Diese Methode eignet sich besonders zur Untersuchung *unspezifisch* bindender Proteine, die ja nicht durch zyklische Permutation der Bindungsstelle analysiert werden können.

Um festzustellen, ob ein Protein durch die Bindung an DNA *untwisting* (oder auch *melting*) verursacht, macht man die Tatsache zunutze, dass das restliche DNA-Molekül sich „krümmt", um die entstehende globale Torsionsspannung zu reduzieren. Im Folgenden soll an einem formalen Beispiel diese Methode erklärt werden (in Abbildung 27.16 das Prinzip der Methode schematisch wiedergegeben): Es sei ein entspanntes ($Wr = 0$) doppelsträngiges, kovalent geschlossenes zirkuläres Plasmid der Länge 5 000 bp und der helikalen Periodizität 10 bp gegeben; definitionsgemäß muss nach der Gleichung

$$Wr = Lk - Tw$$

folgendes gelten:

$$Wr = 500 - 500 = 0$$

Man lässt das fragliche Protein an dieses Plasmid quantitativ binden; es sei angenommen, dass das Protein die DNA um eine volle Windung (10 Basenpaare) aufwindet. Danach ist:

$$Wr = 500 - (500 - 1) = 500 - 499 = +1$$

Das bedeutet, dass das Plasmid, um die Spannung auszugleichen, ein positives *supercoil* ausbildet. Man behandelt dann den Komplex mit eukaryontischer Topoisomerase I, die die Superhelicität durch Veränderung der *Lk* auf Null reduziert:

$$Wr = 499 - 499 = 0$$

Nun entfernt man (z. B. durch Zugabe von Phenol) beide Proteine. Da jetzt der Effekt der Proteinbindung fehlt, verändert das Plasmid seine *Tw* auf den ursprünglichen Wert 500. Das macht sich auf die Krümmung folgendermaßen bemerkbar:

$$Wr = 499 - 500 = -1$$

Mit anderen Worten führt die Bindung eines Proteins, das die DNA um 10 bp aufwindet (nach Topoisomerase-I-Einwirkung) *in toto* zur Ausbildung eines negativen *supercoils*. Das kann experimentell, z. B. in einer Agarosegel-Elektrophorese festgestellt werden, da zirkuläre DNA-Topoisomere unterschiedlich laufen.

In Wirklichkeit bestehen entspannte Plasmide nicht aus einem einzigen, sondern aus einer Normalverteilung einer Topoisomer-Population und natürlich verändern Proteine die *Wr* nicht nur um ganze Werte, sondern auch um Bruchteile. Das bedeutet, dass man in der Praxis die Verschiebung des Maximums dieser Topoisomer-Normalverteilung vor und nach Proteinbindung quantitativ vergleicht. Auf dieser Basis kann man dann auch den genauen Aufwindungsgrad errechnen.

Die oben angeführten Methoden können natürlich nur bei spezifisch bindenden Proteinen angewendet werden. Bei unspezifisch bindenden Proteinen oder bei DNA-bindenden Substanzen, die ebenso wichtige Struktureffekte verursachen, ist weder ein einziger Ort, noch *a priori* die Anzahl der bindenden Moleküle bekannt. Deshalb können weder der Biegungsgrad, noch die Biegungsrichtung, noch der Aufwindungsgrad mit zirkulären Permutations-Assays oder einfachen Topoisomer-Verschiebungen bestimmt werden. Dazu sind andere Methoden entwickelt worden, wie z. B. Zyklisierungs-Assays (siehe oben), spezielle Aufwindungsanalysen zirkulärer Plasmide, oder Vergleich der Migration ligierter Oligonucleotide zum Nachweis und Berechnung von *bending* bzw. *melting* und zur Bestimmung von lokalen und durchschnittlichen *untwisting*-Graden. Diese Methoden gehen jedoch über den Rahmen dieses Buchs hinaus.

Weiterführende Literatur

Bowater, R., Aboul, Ela F., Lilley, D.M. Two-Dimensional Gel Electrophoresis of Circular DNA Topoisomers. Methods Enzymol. (1992) 212: 105–120.

Brunelle, A., Schleif, R.F. Missing Contact Probing of DNA-Protein Interactions. Proc. Natl. Acad. Sci. USA. (1987) 84(19): 6673–6675.

Büning, H., Bäuerle, P.A., Zorbas, H. A New Interference Footprinting Method for Analysing Simultaneously Protein Contacts to Phosphate and Guanine Residues on DNA. Nucleic Acids Res. (1995) 23(8): 1443–1444.

Cozzarelli, N.R., Wang, J.C. DNA Topology and its Biological Effects, Cold Spring Harbor Laboratory Press, Cold Spring Harbor, 1990.

Hendrickson, W. Protein-DNA Interactions Studied by the Gel Electrophoresis-DNA Binding Assay. Biotechniques (Mai/June 1985) 198–207.

Hennighausen, L., Lubon, H. Interaction of Protein with DNA in vitro. Methods Enzymol. (1987) 152: 721–734.

Hornstra, I.K., Yang, T.P. In Vivo Footprinting and Genomic Sequencing by Ligation-Mediated PCR. Anal. Biochem. (1993) 213(2): 179–193.

Lilley, D.M. Probes of DNA Structure. Methods Enzymol. 1992; 212: 133–139.

McKay, R.D. Binding of a Simian Virus 40 T Antigen-Related Protein to DNA. J. Mol. Biol. (1981) 145(3): 471–488.

Murchie, A.I., Lilley, D.M. Supercoiled DNA and Cruciform Structures. Methods Enzymol. (1992) 211: 158–180.

Nielsen, P.E. Chemical and Photochemical Probing of DNA Complexes. J. Mol. Recognit. (1990) 3(1): 1–25.

Rein, T., Müller, M., Zorbas, H. In vivo Footprinting of the IRF-1 Promotor: Inducible Occupation of a GAS Element next to a Persistent Structural Alteration of the DNA. Nucleic Acids Res. (1994) 22(15): 3033–3037.

Sigman, D.S. Chemical Nucleases. Biochemistry, (1990) 29(39): 9097–9105.

Sinden, R.R. DNA Structure and Function, Academic Press New York, 1994.

Tullius, T.D., Dombroski, B.A., Churchill, M.E., Kam, L. Hydroxyl Radical Footprinting: a High-Resolution Method for Mapping Protein-DNA Contacts. Methods Enzymol. (1987) 155: 537–558.

Wissmann, A., Hillen, W. DNA Contacts Probed by Modification Protection and Interference Studies. Methods Enzymol. (1991) 208: 365–379.

Teil V

Funktionsanalytik

28 Sequenzdatenanalyse

Seit den ersten Veröffentlichungen der Sequenzen biologischer Makromoleküle – Proteine und DNA – wachsen die Sequenzdatenbanken exponentiell: Die EMBL-Nucleotidsequenzdatenbank verdoppelt ihren Datenbestand etwa alle 12 Monate (Abb. 28.1). Dies liegt nicht nur an den technisch ausgereiften, einfach zugänglichen und weit verbreiteten Möglichkeiten biologische Sequenzdaten zu generieren, sondern auch daran, dass die Aufklärung der genomischen Organisation ganzer Organismen als wissenschaftspolitisches Ziel definiert wurde. Weltweit werden konzertierte und koordinierte Anstrengungen zur Genomsequenzierung unternommen.

Die Organisation und Analyse solcher Datenmengen, aber auch die Art der Daten, wirft Probleme auf, die nicht einfach durch immer leistungsfähigere Rechner gelöst werden können. Es werden neue Lösungsansätze für den effizienten Zugang, die Konsistenthaltung, die Schaffung von Querverweisen und die Analyse der Daten erforderlich. Darüber hinaus werden auch die Beziehungen zwischen den Daten so komplex, dass wir an die Grenzen unserer Möglichkeiten stoßen, Zusammenhänge zu erkennen und zu verstehen. Verfahren zur Ergebnisaufbereitung und Visualisierung – mit dem Ausdruck „Data mining" treffend beschrieben – werden in der Zukunft für die Sequenzanalyse zu einem immer wichtigeren Thema werden.

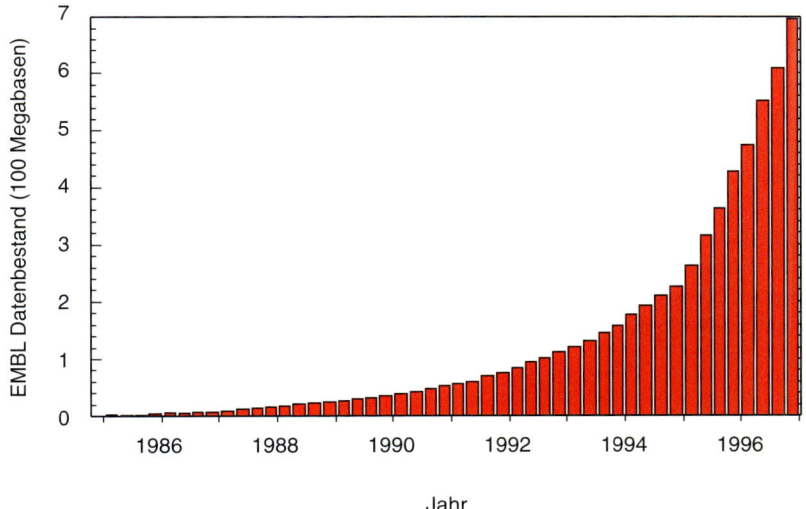

28.1 Wachstum der EMBL-Nucleotidsequenzdatenbank im Verlauf der letzten 12 Jahre.

28.1 Bioinformatik

Die Auswahl an Sequenzanalyse- und Vergleichsmöglichkeiten ist für den Nicht-Fachmann beinahe unüberschaubar geworden. An den Schnittstellen der Biologie und der Informationswissenschaften enstand ein neues, interdisziplinäres Forschungsgebiet, die Bioinformatik, die sich in einem dynamischen Entwicklungsprozess befindet. Fast täglich wird das Methodenarsenal um neue Konzepte und Algorithmen erweitert. Die einfachen Möglichkeiten des Informationsaustauschs über das Internet, besonders das WWW (World Wide Web), treiben die Verwirklichung eines neuen Paradigmas der Computerwissenschaften voran: die verteilte und vernetzte Datenhaltung und Verarbeitung. An die Stelle von großen, monolithischen Informationsstrukturen tritt die dynamische, weltweite Bereitstellung von Diensten und Daten selbst auf Kleincomputern und Workstations einzelner Abteilungen und Institute. Dies ist wahrscheinlich die wichtigste strukturelle Entwicklung in den Biowissenschaften in den letzten Jahren und sie hat schon heute die Forschungsschwerpunkte deutlich verändert. In wenigen Jahren werden die vollständigen Genome der wichtigsten Organismen in öffentlich zugänglichen Datenbanken gespeichert sein (Tab. 28.1). Das *Haemophilus-influenzae*-Genom war 1995 die erste vollständige Sequenz eines freilebenden Organismus. Die Bäckerhefe *Saccharomyces cerevisiae* war als erster Eukaryont Anfang 1996 vollständig sequenziert. 1996 war auch das erste Archaebakterium sequenziert, *Methanococcus jannaschii,* und – endlich – seit Januar 1997 ist auch das *Escherichia-coli*-Genom verfügbar. Mit dem Genom von *Caenorhabditis elegans* erwarten wir für das Jahr 1998 das erste Tiergenom und im Jahre 2004 die Komplettierung der ersten Genomsequenz einer Pflanze *Arabidopsis thaliana*. Und schließlich ist für 2005 das große Ziel der vollständigen Sequenzierung des menschlichen Genoms angekündigt. Schon bald wird wissenschaftlicher Fortschritt nicht mehr bedeuten, die Sequenz eines Proteins oder DNA-Abschnitts aufzuklären. Neue Fragestellungen werden mehr und mehr auf die Analyse von Interaktionen und Funktionen ausgerichtet sein.

Anhand der sogenannten Pleckstrin-Homologie-(PH-) Domäne werden wir die Verfahren und Konzepte der Sequenzanalyse in diesem Kapitel illustrieren. PH-Domänen können in gewissem Sinne als ein Kind der Bioinformatik bezeichnet werden. Sie wurden als Sequenzduplikation in Pleckstrin, dem Substrat einer Tyrosinkinase aus Blutplättchen, entdeckt und anschließend durch die verfeinerten Methoden bioinformatischer Analyse in einer Vielzahl von Proteinen verschiedener zellulärer Signaltransduktionswege und in Komponenten des Cytoskeletts gefunden. PH-Domänen kommen zwar in der Natur nicht isoliert vor, nachdem sie aber erstmals identifiziert wurden, konnten isolierte Domänen rekombinant exprimiert werden und für eine Reihe solcher PH-Domänen wurde die dreidimensionale Struktur bestimmt (Abb. 28.2). PH-Domänen sind damit ein besonders pointiertes Beispiel dafür, wie Sequenzanalyseverfahren zu neuen Einblicken in biologische Vorgänge führen können.

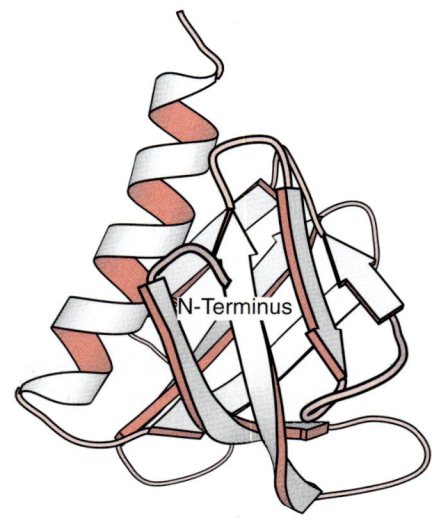

28.2 Schema der Struktur einer sogenannten Pleckstrin-Homologie (PH)-Domäne. Die Existenz dieser weitverbreiteten Strukturmodule wurde durch Anwendung eines Selbstähnlichkeitsvergleichs auf die Sequenz des Pleckstrin-Proteins entdeckt.

Tabelle 28.1 Organismen, deren Genome derzeit sequenziert werden oder kürzlich sequenziert worden sind.

Haemophilus influenzae	http://www.tigr.org/tdb/mdb/hidb/hidb.html
Saccharomyces cerevisiae	http://www.mips.biochem.mpg.de/
Methanococcus jannaschii	http://www.tigr.org/tdb/mdb/mjdb/mjdb.html
Escherichia coli	http://www.genetics.wisc.edu/
Caenorhabditis elegans	http://www.sanger.ac.uk/Projects/C_elegans
Arabidopsis thaliana	http://genome- www.stanford.edu/Arabidopsis/
Mensch	http://hugo.gdb.org/

28.1.1 Bioinformatik im Internet

Die Voraussetzung für eine vergleichende Analyse von Sequenzen ist der Zugang zu den Sequenzdatenbanken. Hier hat in den letzten Jahren eine wichtige Entwicklung stattgefunden. Niemand ist heute noch darauf angewiesen, die riesigen Datenmengen biologischer Daten „zu Hause" im eigenen Labor zu speichern. Mit

Tabelle 28.2 Funktionen des Internet, die für Biowissenschaften nützlich sind. Alle diese Dienste bieten kostenfreien Zugang.

Funktion	Beispiel:
e-mail Eine der ersten Internetfunktionen: elektronische Post. Fast so schnell wie das Telefon, aber unaufdringlich wie ein Brief.	steipe@lmb.uni-muenchen.de
mailing list Auf eine mailing list abonnierte Internet-Benutzer erhalten e-mail-Nachrichten, die an diese Liste geschickt werden. Solche Listen eignen sich beispielsweise als themenspezifisches Diskussionsforum, zur Benachrichtigung über neue Versionen wichtiger Softwarepakete, oder zur Koordinierung gemeinsamer Forschungsprojekte.	mailing list für RasMol, ein kostenloses Programm zur 3D-Visualisierung biologischer Strukturen (vgl. http://www.umass.edu/microbio/rasmol/) e-mail an: listproc@lists.umass.edu mit der Nachricht: subscribe rasmol
ftp Mit dem ftp (*file transfer protocol*) Protokoll können große Dateien über das Internet beschafft werden. Reprints von Artikeln, Sequenzdatenbanken oder Softwarepakete sind Beispiele hierfür. Sogenanntes *anonymous* ftp ist auf vielen Informationsservern verfügbar. Mit dem Benutzernamen „ftp" und der eigenen e-mail-Adresse als Passwort können eigene Dateien gelesen werden.	Sharewarearchiv für Unix-, Mac- und Windows-Software an der Universität Hannover ftp.rrzn.uni-hannover.de login: ftp Passwort: e-mail-Adresse
Usenet stellt eine Sammlung sogenannter Newsgroups zur Verfügung: elektronische Informationen und Diskussionsforen. Hier können nicht nur wichtige neue Ergebnisse bekanntgegeben und diskutiert, sondern auch Anfragen aus dem Laboralltag veröffentlicht und beantwortet werden.	bionet.molbio.methds -reagnts (Labormethoden und Probleme) bionet.announce (Aktuelles)
WWW Im WWW ist eine vernetzte Informationsstruktur verwirklicht worden. Über einen WWW-Browser (ein Programm zur Darstellung von WWW-Seiten) können Texte und Bilder von Computern auf der ganzen Welt dargestellt werden, die ihrerseits wieder Querverweise (sog. *Links*) auf andere Dokumente enthalten können. Mehr und mehr wird das reine Lesen von Daten aber auch durch Möglichkeiten ergänzt, interaktiv Daten zu analysieren.	Homepage und Informationsseiten der Studiengruppe „Protein Engineering und Design" der GBM http://www.lmb.uni-muenchen.de/groups/gbm-pd/welcome.html
Robots Programme, die WWW-Seiten durchsuchen, um bestimmte Schlüsselworte zu finden oder um festzustellen, ob und wann bestimmte Seiten aktualisiert wurden.	URL-Minder, ein Programm das Abonnenten benachrichtigt, wenn eine WWW-Seite aktualisiert wird. http://www.netmind.com/URL-minder/URL-minder.html
Spiders Programme, die WWW-Seiten durchsuchen und katalogisieren, um anschließend auch die damit verbundenen Seiten (*Links*) aufzusuchen. Ziel ist, ein möglichst aktuelles und vollständiges Inhaltsverzeichnis des gesamten WWW anzulegen. Die Datenbanken können nach Schlüsselwörtern durchsucht werden.	Alta Vista – der derzeit umfassendste Katalog von WWW-Seiten http://altavista.digital.com/
MOO MOOs sind virtuelle Welten, in denen sich Internet-Benutzer elektronisch treffen, Gedanken austauschen und diskutieren können. Bio-MOO am Weizmann-Institut in Rehovot ist ein virtueller Treffpunkt für die Molekularbiologie. Hier fanden eine Reihe elektronischer Konferenzen und Kurse statt.	http://bioinformatics.weizmann.ac.il/BioMOO/

Tabelle 28.3 Wichtige Datenbanken im World Wide Web: Zugang und Inhalt.

Datenbank	Beschreibung
EMBL Nucleotidsequenzen http://www.ebi.ac.uk/ebi_docs/embl_db/ebi/topembl.html	Das Europäische Molekularbiologie-Labor in Heidelberg kuratiert die EMBL-Nucleotidsequenzdatenbank mit über 700 MBasen an Sequenzen (Stand 3/97). Die Sequenzen werden gesammelt, organisiert, dokumentiert, annotiert, wo (automatisch) möglich, mit Querverweisen versehen und öffentlich zugänglich gemacht. Die EMBL-Datenbank führt einen täglichen Datenabgleich mit GenBank (USA) und DDBJ (Japan) durch.
PIR Proteinsequenzen http://www.mips.biochem.mpg.de/	Die älteste Proteinsequenzdatenbank. Eine Zusammenarbeit zwischen der NBRF in Washington, MIPS in Martinsried und JIPID in Tokyo. PIRs Ziel ist es, umfassende, nicht-redundante und nach Homologie und Taxonomie organisierte Sequenzdaten zur Verfügung zu stellen. Annotierte Sequenzen enthalten Namen, Organismus, Querverweise zu Publikationen, Funktion und Charakterisierung, posttranslationale Prozessierung und Regionen von biologischem Interesse.
SwissProt Proteinsequenzen http://expasy.hcuge.ch/sprot/sprot -top.html	SwissProt enthält Proteinsequenzen die ausführlich annotiert sind (Funktionen, Domänenstruktur, post-translationale Modifikationen etc.), die weitgehend nicht-redundant sind und die Querverweise zu vielen anderen Datenbanken enthalten.
PDB Proteinstrukturen http://www.pdb.bnl.gov/	Datenbank aller öffentlich zugänglichen 3D-Strukturen biologischer Makromoleküle. Datenzugriff, Suchfunktionen und Querverweise über WWW.
ENTREZ Datensuche http://www3.ncbi.nlm.nih.gov/Entrez/index.html	Ein Datenbank-Suchprogramm, das über das WWW durch Suchfunktionen und Querverweise Zugriff auf Sequenzdaten und Literaturdaten ermöglicht.
Medline Literaturdaten http://ncbi.nlm.nih.gov/medline/query_form.html	Die molekularbiologischen Zitate der MEDLINE-Literaturdatenbank können über das WWW durchsucht werden. Bibliographische Informationen und Abstracts sind verfügbar.
LIMB biologische Datenbanken http://www.embl-heidelberg.de:80 /srs/srsc?info+LIMB	Enthält Information über Inhalt und Status biologischer Datenbanken. Mit Suchfunktion und Querverweisen zu den Datenbanken.
BioCatalog Software http://www.embl-ebi.ac.uk/biocat/biocat.html	Diese Datenbank am *European Bioinformatics Institute* enthält ein Verzeichnis verfügbarer Software für die Molekularbiologie. Die meisten Programme können im akademischen Bereich kostenfrei verwendet werden.
ABIM WWW-Dienste http://www-biol.univ-mrs.fr/english/logligne.html	Im Atelier *Bioinformatique* der Universität Aix-Marseille befindet sich ein Verzeichnis von WWW-Seiten, die Sequenzanalysefunktionen für DNA und Proteinsequenzen online zur Verfügung stellen.
Pedros Biomolecular Research Tools http://www.biophys.uni-duesseldorf.de/bionet/research_tools.html	Ein Verzeichnis der meisten Datenbanken, Informationsseiten und Internetdienste für die Molekularbiologie.

einem Internetzugang und einem gängigen WWW-*Browser* lassen sich schon heute von jedem Schreibtisch aus die meisten Fragestellungen der Sequenzanalyse *in silico* bearbeiten. Tabelle 28.2 gibt eine Auswahl von Möglichkeiten für Biowissenschaftler das Internet zu benutzen, und Tabelle 28.3 zeigt einen Überblick über wichtige Datenbanken biologischer Sequenzen im WWW. Diese Anwendungen sind typische sogenannte *Client-Server*-Protokolle: Ein Programm eines Benutzers – der *Client* – schickt eine Anfrage an einen entfernten Computer, auf dem ein zweites Programm – der *Server* – läuft und die Anfrage beantwortet, indem beispielsweise Daten zurückgeschickt, Berechnungen oder Datenbanksuchen durchgeführt werden.

28.2 Sequenzanalyse

Mit dem Fortschreiten der Genom-Sequenzierungsprojekte und dem enormen Anfall von Sequenzdaten unbekannter Funktion wirft bereits die Unterscheidung zwischen translatierten und untranslatierten Bereichen, zwischen Sequenzen die als Signal bedeutsam sind und solchen die inhaltliche Bedeutung tragen, besondere Probleme auf. Die untranslatierten Bereiche können funktionale Abschnitte enthalten – Kontrollelemente, Promotoren, Operatorsequenzen und Terminatoren – oder Füllmaterial unbekannter Bedeutung sein. Die translatierten Bereiche codieren für strukturelle Nucleinsäuren oder Proteine.

Es gibt eine Reihe verschiedener Ansätze, um Information in biologischen Sequenzen zu suchen. Mustererkennungs- und Suchstrategien sind ein wichtiges Thema der Bioinformatik. Die wichtigsten Möglichkeiten sind hier aufgelistet:

Mustersuche Gesucht wird nach Anwesenheit oder Abwesenheit einer bestimmten Folge von Sequenzbuchstaben. Dabei können Ambiguitäten zugelassen werden. Das klassische Beispiel ist die Suche nach Restriktionsschnittstellen in DNA-Sequenzen. Eine Mustersuche wird auch bei der Motivsuche in Proteinsequenzen in der PROSITE-Datenbank verwendet (Abschnitt 28.2.6).

Gewichtungsmatrix Während die Mustersuche an jeder Position eine Ja/Nein-Entscheidung trifft – ein Sequenzbuchstabe kann anwesend oder abwesend sein –, ist eine Matrix eine Möglichkeit alle Beobachtungen zu bewerten. Jedes Matrixelement enthält ein Maß dafür, wie eine bestimmte Beobachtung alleine für sich oder in einem bestimmten Kontext zu bewerten ist. Ein typisches Beispiel hierfür sind die Mutationsdatenmatrizen (MDMs), die zur Messung der Ähnlichkeit zwischen Sequenzen verwendet werden (Abschnitt 28.4.2).

Positionsabhängige Gewichtungsmatrix, Profil Solche Matrizen entstammen typischerweise dem Vergleich mehrerer Sequenzen. Sie enthalten die Information über Sequenzpräferenzen in jeder Position (Abschnitt 28.2.1 und 28.4.7).

Hidden-Markov-Modelle Dies sind Modelle, die einen Algorithmus zur Erzeugung einer Sequenz repräsentieren. Sie enthalten eine Reihe von Elementen (Positionen), die verschiedene Zustände annehmen können (Nucleotide oder Aminosäuren), sowie die statistischen Übergangswahrscheinlichkeiten von jedem Zustand eines Elements zu jedem Zustand des Folgeelements. Diese Übergangswahrscheinlichkeiten erhält man durch Sequenzvergleiche mit Sequenzen, die eine gewünschte Eigenschaft besitzen (z. B. ein Promotor zu sein oder eine α-Helix). Damit lässt sich quantifizieren, wie wahrscheinlich es ist, dass eine neue beobachtete Sequenz durch das Modell erzeugt werden würde. Ist die Wahrscheinlichkeit hoch, kann man davon ausgehen, dass die beobachtete Sequenz ähnliche Eigenschaften besitzt wie die Gruppe der Sequenzen, mit denen man das Modell konstruiert hat.

Neuronales Netz Auch hier werden Trainingssequenzen einem Algorithmus angeboten, der lernt eine Entscheidung zu treffen, ob eine neue Sequenz zu den Trainingssequenzen gehört oder nicht (Abschnitt 28.2.4). In mancher Hinsicht sind neuronale Netze und Hidden-Markov-Modelle äquivalent. Beide klassifizieren Sequenzen, indem sie bestmöglich mit zuvor gelernter Information verglichen werden.

28.2.1 Sequenzsignale: Funktionale Motive

Funktionale Motive in DNA-Sequenzen dienen der Steuerung der Genexpression. DNA enthält schließlich nicht nur den Bauplan, sondern auch das Entwicklungsprogramm der Zelle. Promotoren und Operatorbindungsstellen bestimmen die Menge transkribierter mRNA, Terminatoren ihre Länge, Spleißschnittstellen die translatierte Botschaft. Besonders in Eukaryonten sind aber an der Transkription eine Vielzahl von regulatorischen Elementen beteiligt, die eine einfache Erkennung von Sequenzsignalen in DNA-Sequenzen schwierig machen.

Prokaryontische und eukaryontische Promotorsequenzen[1]

Zu den ersten beschriebenen Sequenzsignalen gehörten die prokaryontischen Promotorsequenzen. Sie haben eine erkennbare −35-Konsensussequenz tcTTGACat und eine −10-TATA-Box TAtAaT. Diese beiden Konsensusregionen sind meist 17 ± 1 Basen voneinander entfernt. Ein typischer Algorithmus zur Analyse solcher Sequenzsignale, ein Promotorvorhersageverfahren, das im Labor von William McClure Anfang der 80er Jahre vorgeschlagen wurde, ist ein Beispiel dafür, wie eine Analyse von Sequenzsignalen erfolgen kann:

Suche Sequenzelemente, die in 3 von 6 Positionen mit der −35-(TTGACA) oder der −10-Konsensussequenz (TATAAT) übereinstimmen.

Suche Paare solcher Elemente, die 15 bis 21 Basen voneinander entfernt sind.

Bewerte diese zusammengesetzten Motive

- mit einer positionsabhängigen Gewichtungsmatrix (diese wird aus der Häufigkeit des Auftretens von Nucleotiden in einem Alignment von bekannten Promotorsequenzen konstruiert)
- mit einer Abstandsgewichtung, die die Abweichung des Abstands der beiden Sequenzelemente vom Konsensusabstand bewertet.

Die Qualität eines so bewerteten Promotors errechnet sich aus Motiv und Abstandsgewichtung abzüglich des Erwartungswerts einer Zufallssequenz. Interessanterweise kann dieser einfache Ansatz bereits die Promotorstärke über vier Größenordnungen bis auf einen Faktor 4 genau vorhersagen.

Eine positionsabhängige Gewichtungsmatrix ist nicht nur für diesen Algorithmus eine wichtige Grundlage. Mit einer solchen Matrix lässt sich allgemein quantifizieren, wie gut eine gefundene Sequenz zu einem vorgegebenen Sequenzmotiv passt. Man kann solche Sequenzpräferenzen sehr übersichtlich als sogenanntes Sequenzlogo darstellen (Abb. 28.3): Dabei wird sowohl der Informationsgehalt einer Position als auch die eigentliche Sequenzpräferenz deutlich sichtbar. Beides kann in einer Gewichtungsmatrix berücksichtigt werden, indem die einzelnen Matrixelemente die positionsabhängigen Werte für die beobachteten Sequenzen enthalten und konservierte Positionen stärker gewichtet werden.

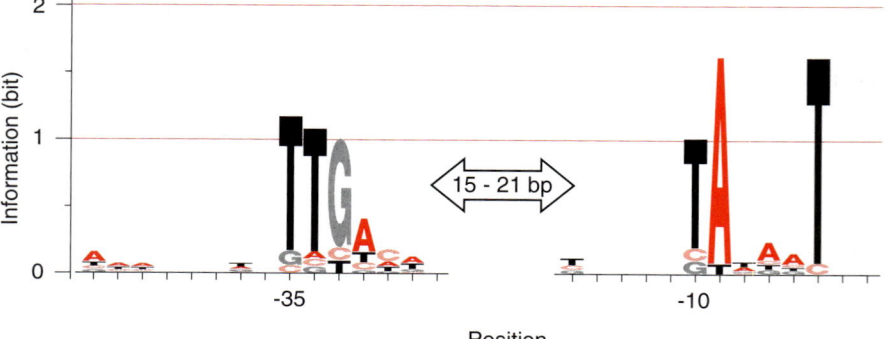

28.3 Sequenzlogo, berechnet aus 21 Promotorsequenzen von *E. coli*. In dieser Darstellung entspricht die Höhe einer Spalte dem Informationsgehalt dieser Position (in bit). Dies entspricht dem positionsabhängigen Gewicht in einer entsprechenden Matrix. Die Höhe der einzelnen Buchstaben entspricht der Häufigkeit an dieser Position. Die Berechnung des Logos wurde mit Tom Schneiders Programm Delila über das WWW durchgeführt (vgl. http://www.lmmb.ncifcrf.gov/~toms/sequencelogo.html).

> Eukaryontische Promotoren sind viel schlechter definiert, da eine ganze Reihe von Transkriptionsfaktoren mit spezifischen Bindungsstellen aneinander und auf der DNA an der Kontrolle der Transkriptionsinitiation beteiligt sind.

Bislang sind noch keine zuverlässigen Verfahren zur Vorhersage eukaryontischer Promotoren bekannt, und das Wenige, was bekannt ist – eine CCAAT-Box bei Position −57 und eine TATA-Box nahe Position −30 –, ist alleine nicht ausreichend, um in vitro zur Transkriptionsinitiation zu führen.

Terminatorsequenzen[2]

Konstitutive prokaryontische Terminatoren können zuverlässig vorhergesagt werden: Das klassische Motiv ist eine GC-reiche, zweizählige Symmetrie die 12–24 Basen 5′ der Terminationsstelle liegt. Es wird von ungefähr acht aufeinanderfolgenden Ts gefolgt, mit einem CGG(C/G)-Motiv 5′ und TCTG 3′ der Ts. Ein Algorithmus zur Terminatorbestimmung von Brendel und Trifonov verwendet eine positionsabhängige Dinucleotid-Gewichtungsmatrix, um die Ähnlichkeit zu bekannten Terminatoren zu bestimmen und eine zweite Gewichtungsmatrix, die die zweizählige Symmetrie des Motivs quantifiziert.

Wie eukaryontische Promotoren sind auch eukaryontische Terminatoren nicht gut definiert. Ein besser konserviertes Motiv ist dagegen das Polyadenylierungssignal (A/t)(A/t)TAAA, das 11 bis 30 Basen 5′ der Polyadenylierung gefunden wird (der Kleinbuchstabe steht für präferentiell konservierte Basen). Natürlich kommt so ein Signal auch an anderen Stellen vor, und zusätzliche Faktoren, die aus der Sequenz nicht so offensichtlich sind, tragen zur Polyadenylierung bei – meist wird aber das erste AATAAA Signal 3′ des Terminationscodons auch in vivo benutzt.

Spleißschnittstellen

Die Vorhersage von Spleißschnittstellen ist vielleicht eines der größten Probleme bei der Interpretation genomischer Sequenzen. Selbst Vorhersagen, die zu 90 % richtig sind, bedeuten noch, dass ein erheblicher Prozentsatz interpretierter Gensequenzen gravierende Fehler enthält. Die Konsensussequenzen der Hefe sind gut konserviert, während die Intron- und Exongrenzen in höheren Eukaryonten variabler sind. Auch hier werden positionsabhängige Gewichtungsmatrizen zur Vorhersage verwendet.

28.2.2 Identifizierung codierender Bereiche

Um regulatorische Sequenzen zu finden, kann eine Sequenzanalyse sinnvoll sein, wenn die Motive – wie häufig in Prokaryonten – eindeutig und gut konserviert sind. Um dagegen codierende Regionen zu finden, ist eine Analyse des Sequenzinhalts aussichtsreicher als die Suche nach Sequenzsignalen. Zur Identifizierung translatierter Bereiche aus primären Sequenzdaten ist es sinnvoll, so viel Information wie möglich zusammenzufassen. Es wird versucht eine Nucleotidsequenz optimal auf folgende vier Klassen aufzuteilen:

- 5′-Exon
- Intervall-Exon
- 3′-Exon
- Intron

Dazu werden eine Reihe von Metriken angewendet, die die Wahrscheinlichkeit quantifizieren, dass eine Teilsequenz zu einer der vier Klassen gehört. Darunter sind:

- Leserahmen-Hexamerstatistiken. Bei exprimierten offenen Leserahmen bewirken Unterschiede der Codonauswahl und Kontexteffekte – bevorzugte Aminosäurepaare, die sich in bevorzugten Dicodonhäufigkeiten niederschlagen, – deutliche statistische Abweichungen der beobachteten Nukleotid-Hexamere von Zufallssequenzen.
- Allgemeine Hexamerstatistik. Eine ähnliche Hexamerstatistik wie in offenen Leserahmen kann auch auf untranslatierte Bereiche angewendet werden, da sich die einzelnen Klassen der Nucleotidsequenzen signifikant unterscheiden.
- Lokale Komplexität der Zusammensetzung. Die ist ein Maß aus der Informationstheorie, die den Informationsgehalt von Sequenzabschnitten bestimmt, um die in eukaryontischen Genomen häufigen hochrepetitiven Abschnitte zu erkennen.
- Längenverteilung von Introns und Exons. Die maximale und minimale Länge von 5′-, Intervall- und 3′-Exons und Introns unterscheidet sich signifikant.
- BLAST-Ähnlichkeitswerte. Mit dem Datenbankanalyse-Algorithmus BLAST (Abschnitt 28.4.6) kann nach Homologien zu bekannten Genen gesucht werden; diese können einen Sequenzabschnitt als codierendes Exon identifizieren.
- Signalspezifische Statistiken. Initiationscodons, Spleißschnittstellen und Terminationscodons sind Sequenzsignale. Sie sind alleine nicht zuverlässig genug, um die vier Sequenzklassen zu unterscheiden, sind aber nützlich, um die genauen Grenzen zwischen den einzelnen Segmenten zu bestimmen.

Zusammenfügung der Ergebnisse[3]

http://dot.imgen.bcm.tmc.edu:9331/gene-finder/gf.html

http://avalon.epm.ornl.gov/

Beispiele für dieses Vorgehen sind die Programme GeneFinder oder Grail. Die Ergebnisse aus den statistischen Bewertungen werden in mehreren Schritten zusammengeführt. Zunächst wird mit einem regelbasierten Filteralgorithmus die Mehrzahl unwahrscheinlicher Exons eliminiert. Mit neuronalen Netzalgorithmen werden für die verbleibenden Kandidaten die Einzelinformationen gewichtet, um für jedes Subintervall die Wahrscheinlichkeit zu bewerten, dass es zu einer der vier Sequenzklassen gehört. Anschließend wird ein *dynamic-programming*-Algorithmus (Abschnitt 28.4.4) verwendet, um die Subintervalle so zusammenzusetzen, dass die Gesamtwahrscheinlichkeit maximiert wird. Die damit erzielten Resultate erreichen aber trotz aller algorithmischer Verfeinerung nur um 90 % Genauigkeit. Für große Sequenzierungsprojekte stellt dies ein erhebliches Problem dar.

28.2.3 Peptideigenschaften

Eine Reihe von Eigenschaften können direkt aus einer Peptidsequenz angenähert werden. Beispiele sind Zusammensetzung, Molekulargewicht, Extinktionskoeffizient und Antigenitätsindex. Die Eigenschaften des nativen Proteins können allerdings durch Wechselwirkungen einzelner Reste im gefalteten Zustand vom berechneten Wert abweichen. Viele solcher einfacher Analysen können über das WWW durchgeführt werden. Eine gute Einstiegsseite ist das in Tabelle 28.2 erwähnte *Atelier Bioinformatique* in Frankreich.

28.2.4 Ein neuronales Netz zur Erkennung von Sekretionssignalsequenzen

Sekretorische Proteine besitzen eine typische *N*-terminale Signalsequenz, die nach dem Durchgang durch die Membran von einer spezifischen Signalpeptidase abgespalten wird (Abb. 28.4). Gunnar von Heijne entwickelte ein neuronales Netz zur Erkennung solcher Sequenzen und ihrer Schnittstellen.

Künstliche neuronale Netze bestehen aus einer Anzahl unabhängiger Recheneinheiten (durch Hardware oder Software realisiert), den sogenannten Neuronen, die sich gegenseitig in ihren Berechnungen beeinflussen können (Abb. 28.5). Solche Neurone haben meist mehrere Eingabezustände und einen Ausgabezustand. Die Aufgabe eines Neurons besteht darin, verschiedene Eingaben (Analysedaten oder Informationen von anderen Neuronen) mit einem Gewichtungswert zu multiplizieren und aufzusummieren. Das Ergebnis dieser Rechnung wird zur Ausgabe geschickt. Die Ausgabe des letzten Neurons kann als Klassifikationsergebnis

http://www.cbs.dtu.dk/services/SignalP/

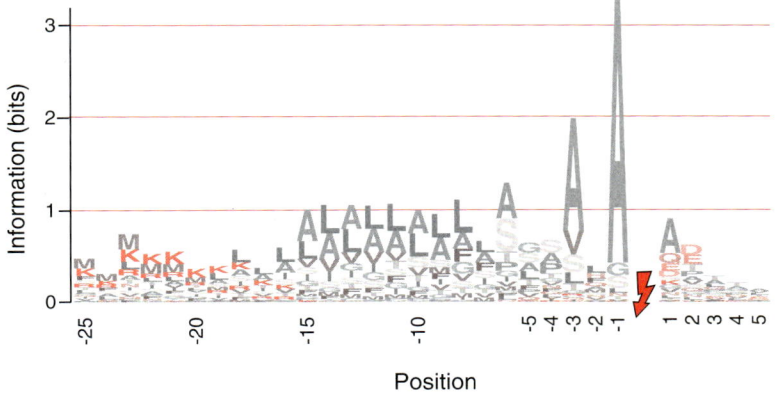

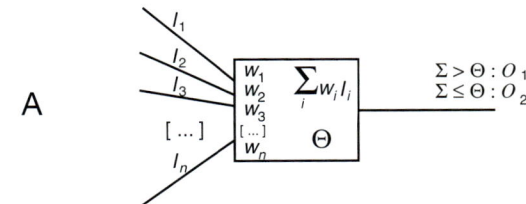

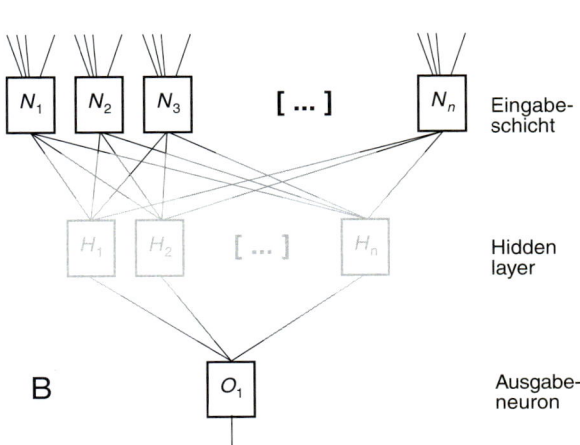

28.4 Sequenzlogo für Signalsequenzen gramnegativer Bakterien. Deutlich zu erkennen sind die Präferenz für einen positiv geladenen *N*-Terminus (Häufung von Lysin), das hydrophobe Mittelstück und die Präferenz für Alanin in den Positionen -3 und -1. (Daten aus dem Labor von Gunnar von Heijne http://www.cbs.dtu.dk/services/SignalP/)

28.5 Neuronales Netz. A) Ein Neuron ist durch verschiedene Eingabekanäle *I* charakterisiert, die verschiedene Werte annehmen können. Jedem Eingabekanal ist ein Gewicht *W* zugeordnet. Der Ausgabewert wird durch Summation über alle *IW* berechnet. Das Ausgabesignal kann diskretisiert werden: Liegt die Summe über einem Schwellenwert Θ wird ein Signal *O* in die nächste Schicht weitergegeben. Für die Sequenzerkennung könnte ein Neuron 21 Eingabekanäle (einen für jede Aminosäure, und einen für eine Deletion) besitzen, die jeweils den Zustand 1 (wird beobachtet) und 0 (wird nicht beobachtet) annehmen könnten. B) Ein einfaches Netz mit einer Eingabeschicht (*input layer*) einer *hidden layer* aus sogenannten versteckten Neuronen und einem Ausgabeneuron (*output layer*). Die Höhe des Ausgabesignals entscheidet, ob die Eingabesequenz als Signalpeptid in Frage kommt oder nicht. Von Heijnes Netze zur Signalpeptiderkennung haben zwischen 19 und 37 Eingabeneurone und 0 bis 4 versteckte Neurone.

dienen, wenn das Netz darauf trainiert wird, Eigenschaften aus einer Reihe von Trainingssequenzen zu filtern. Dabei kann die Ausgabe mit einem Schwellenwert verglichen werden und dann als Ja/Nein-Entscheidung diskretisiert werden. Zu Beginn der Trainingsphase des Netzes werden die Gewichte und Schwellenwerte durch Zufallszahlen initialisiert. Dann werden Trainingssequenzen angeboten und alle Gewichte und Schwellenwerte systematisch so verändert, dass möglichst viele Sequenzen richtig zugeordnet werden – d.h., dass bei möglichst vielen richtigen Sequenzen die Ausgabe des letzten Neurons einen Schwellenwert übersteigt.

Von Heijne und Mitarbeiter finden allerdings, dass dieses „moderne" Verfahren in den meisten Fällen nur etwa gleich gute Vorhersagen liefert, wie die schon 1986 publizierte positionsabhängige Gewichtungsmatrix desselben Labors. Lediglich bei den (wie immer schwierigeren) eukaryontischen Sequenzen ist die Erkennung über das neuronale Netz etwas besser. Die Richtigkeit der Vorhersage liegt zwischen 68 % (menschliche Sequenzen) und 86 % (*E. coli*).

28.2.5 Sekundärstrukturanalysen

Helikales Rad[4]

Viele α-Helices besitzen eine hydrophobe, in den Kern des Proteins integrierte Seite und eine hydrophile, dem Lösungsmittel zugängliche Seite. Aus diesem Grund kann eine graphische Analyse der Verteilung hydrophober und hydrophiler Reste auf der Oberfläche einer idealisierten Helix erste Hinweise darauf liefern, dass ein Sequenzsegment in helikaler Konformation vorliegt (Abb. 28.6).

Das amphipathische (oder hydrophobe) Moment einer Sekundärstruktur ist eine Maßzahl dafür, wie sehr hydrophobe und hydrophile Reste auf gegenüberliegende Seiten der idealisierten Struktur verteilt sind. Abbildung 28.7 zeigt einen Konturplot für das hydrophobe Moment der ersten PH-Domäne aus Pleckstrin. Dabei wird das hydrophobe Moment innerhalb eines Fensters von 10 Aminosäuren für verschiedene Drehwinkel berechnet. Beispielsweise sollte eine amphipathische

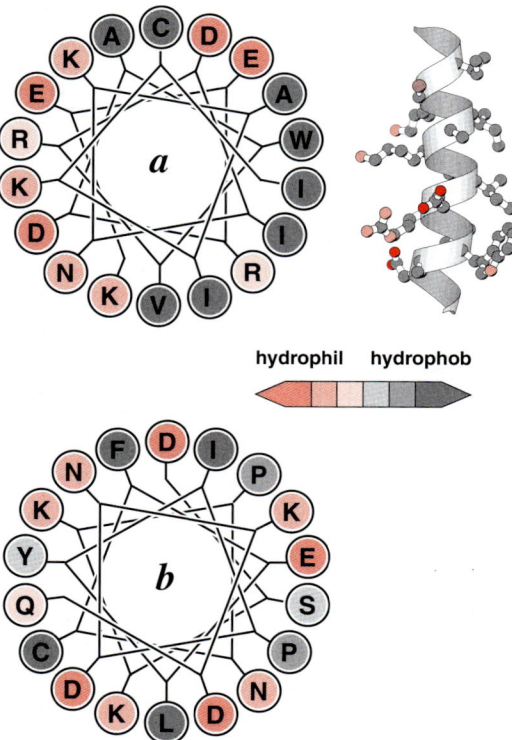

28.6 a) Helikales Rad der amphipathischen Helix der ersten PH-Domäne aus Pleckstrin – im Vergleich zu der Struktur aus dieser Region. Hydrophobe Reste sind in Grautönen, hydrophile Reste rötlich gekennzeichnet. b) β-Strang derselben Domäne. Während bei dem Rotationswinkel der α-Helix (100 pro Position = 3,6 Reste pro Windung) die hydrophoben und hydrophilen Aminosäuren bei der amphipathischen Helix deutlich auf gegenüberliegenden Seiten der Helix liegen (s.o.), zeigt die β-Sequenz auf der α-helikalen Struktur gemischte Polarität.

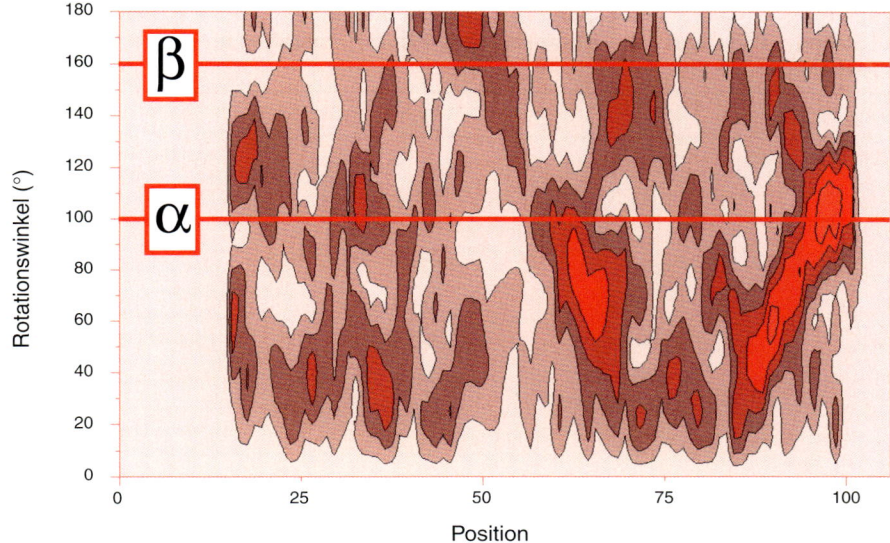

28.7 Hydrophobes Moment für die erste PH-Domäne aus Pleckstrin. Berechnet wurde das hydrophobe Moment über ein Fenster von 10 Aminosäuren für alle Rotationswinkel von 0 bis 180°. Die Winkel 100° – entsprechend einer idealisierten α-Helix – und 160° – entsprechend einem β-Strang – sind hervorgehoben. Konturen wurden im Abstand von 0,1 Einheiten gezeichnet, der Maximalwert beträgt 0,59.

α-Helix ein großes hydrophobes Moment bei einem Rotationswinkel der Seitenkettenrichtung von 100° pro Aminosäure besitzen.

Die aus Abbildung 28.7 ersichtlichen Schwierigkeiten, Signal und Hintergrundrauschen zu unterscheiden, können stellvertretend für fast alle Verfahren zur Vorhersage von Struktureigenschaften aus Sequenzdaten gelten – die Rohdaten, aus denen strukturelle Daten gewonnen werden sollen, werden ungefähr so ähnlich aussehen.

In günstigen Fällen – wie der C-terminalen α-Helix der PH-Domäne – sind Strukturelemente gut erkennbar. Es gibt aber auch Maxima, die nicht zu interpretieren sind und wo wir Maxima erwarten – vor allem in den β-Strangbereichen – können sie fehlen. Weder Proteinsequenzen noch Strukturen müssen sich an unsere idealisierten Vorstellungen halten.

Chou/Fasman[5]

Das hydrophobe Moment ist aber nur eine von vielen Betrachtungsweisen struktureller Eigenschaften – bevorzugte Sekundärstrukturen der Aminosäuren sollten sich auch direkt aus den beobachteten Strukturen herleiten lassen. Schon bald nachdem die ersten Proteinstrukturen veröffentlicht worden waren, versuchten P. Chou und G. Fasman, die Wahrscheinlichkeiten des Auftretens von Aminosäuren in α-helikaler, β-Strang- oder *turn*-Konformation zu quantifizieren, um aus einer Verteilung dieser Präferenzen Sekundärstrukturen vorhersagen zu können. Dabei wird die Häufigkeit, mit der eine Aminosäure in einer bestimmten Sekundärstruktur vorgefunden wird, durch die Häufigkeit der Aminosäure insgesamt geteilt. Von Chou und Fasman wurden eine Reihe von Regeln aufgestellt, die Sequenzsegmente einem der drei Zustände zuzuordnen.

Der Algorithmus funktioniert wie folgt:

- Ordne allen Aminosäuren ihre α- und β-Wahrscheinlichkeiten P(α) und P(β) zu.
- Suche Regionen, in denen vier von sechs Resten P(α) > 100 besitzen. Diese Region könnte eine α-Helix sein. Versuche die Helix in beide Richtungen zu verlängern, bis vier aufeinanderfolgende Reste P(α) < 100 besitzen. Dies sind die Helix-Enden. Wenn dieses Segment länger als fünf Reste ist und in dem Segment die mittlere P(α) > P(β) ist, wird das Segment als α-Helix vorhergesagt.

Tabelle 28.4 Wahrscheinlichkeiten der Aminosäuren in α-helikaler, P(α), β-Strang-, P(β), und turn-Konformation, P(turn), vorzuliegen. (Nach Chou und Fasman).

Aminosäure	P(α)	P(β)	P(turn)
A	142	83	66
C	70	119	119
D	101	54	146
E	151	037	74
F	113	138	60
G	57	75	156
H	100	87	95
I	108	160	47
K	114	74	101
L	121	130	59
M	145	105	60
N	67	89	156
P	57	55	152
Q	111	110	98
R	98	93	95
S	77	75	143
T	83	119	96
V	106	170	50
W	108	137	96
Y	69	147	114

- Suche Regionen, in denen drei von fünf Resten P(β) > 100 besitzen. Diese Region könnte ein β-Strang sein. Versuche den Strang in beide Richtungen zu verlängern, bis vier aufeinanderfolgende Reste P(β) < 100 besitzen. Dies sind die Strang-Enden. Wenn in diesem Segment die mittlere P(β) > 105 ist, und die mittlere P(β) > P(α) ist, wird das Segment als β-Strang vorhergesagt.
- Regionen mit überlappenden Vorhersagen werden als Helix vorhergesagt, wenn in diesen Regionen die mittlere P(α) > P(β) ist, und umgekehrt.

Zusätzlich werden *turns* vorhergesagt, wenn vier aufeinanderfolgende Reste ein typisches *turn*-Muster aufweisen (zb. X-P-G-Y).

Die vorgeschlagenen Regeln lassen sich allerdings nicht eindeutig in einen Algorithmus überführen und die Raten richtiger Vorhersagen bei Computerimplementierungen liegen unter den manuellen Auswertungen der Autoren.

Garnier, Osguthorpe und Robson (GOR)[6]

Ein ähnlicher statistischer Ansatz wurde von J. Garnier, J. Osguthorpe und B. Robson (GOR) entwickelt, die konformationelle Präferenzen für vier Zustände (α-Helix, β-Strang, *turn* und *coil*) aus einer Position und den 16 benachbarten Resten kompiliert. Damit werden kooperative Effekte implizit mit berücksichtigt.

Obwohl beide Ansätze mittlerweile über 20 Jahre alt sind, ließen sich ihre Vorhersagen von etwas über 60 % durch neuere Algorithmen kaum verbessern.

http://molbiol.soton.ac.uk/compute/GOR.html

PHD[7]

Was ist heute für solche Vorhersagen „state of the art"? Burkhard Rost am EMBL in Heidelberg konnte zeigen, dass sich ein deutlicher Gewinn der Genauigkeit erreichen lässt, wenn Information aus einem multiplen Alignment von homologen Sequenzen in die Sekundärstrukturvorhersage einbezogen wird. Rost entwickelte das Programm PHD, das zu einer gegebenen Sequenz ein multiples Alignment erstellt und daraus mit einem neuronalen Netz Vorhersagen für Sekundärstruktur, Lösungsmittelzugänglichkeit und transmembrane Helices generiert. Allein die Einbeziehung homologer Sequenzen verbessert die Vorhersage schon um etwa sechs Prozentpunkte. Die mittlere Genauigkeit für eine repräsentative Menge von Proteinen bekannter Struktur liegt aber dennoch nur bei etwa 72 %. PHD kann über das Internet benutzt werden. Der Algorithmus liefert neben der eigentlichen Vorhersage auch ein Maß für die Zuverlässigkeit der Vorhersage in jeder Position. Für diejenigen 40 % der Aminosäuren, für die PHD eine „zuverlässige" Vorhersage abgeben kann, ist die Genauigkeit immerhin 88 %.

http://www.embl-heidelberg.de/predictprotein/

Phylogenie-gestützte Vorhersage[8]

Einen alternativen Weg zu Sekundärstrukturvorhersagen formulierten Steven Benner und Dietlind Gerloff. Ihre Methode beruht auf der Analyse phylogenetischer Bäume aus verwandten Sequenzen (Abschnitt 28.3). Dieser Ansatz stützt sich darauf, dass konservierte hydrophobe Reste im Inneren einer Proteinstruktur auftreten, dass Variabilität polarer Reste über den gesamten Baum hinweg auf Oberflächenreste hinweist und darauf, dass die Tatsache, dass bestimmte Reste lediglich in nahe verwandten Proteinen konserviert sind, auf ihre funktionale Rolle hinweist – z.B. die Beteiligung am aktiven Zentrum von Enzymen. Mit diesen Regeln wird zunächst ein Modell generiert, welche Reste an der Oberfläche und welche im Inneren eines Proteins liegen. Diese Verteilung kann nach Mustern, die für Sekundärstrukturen typisch sind, durchsucht werden. Findet man beispielsweise ein Segment, in dem sich innen und außen liegend vorhergesagte Aminosäuren abwechseln, kann dieses als β-Strang interpretiert werden. Das Sequenzanalysepaket *Darwin*, in dem diese Methode verwirklicht ist, kann ebenfalls über das Internet benutzt werden.

http://cbrg.inf.ethz.ch/welcome.html

Richtigkeit der Vorhersage

In Abbildung 28.8 vergleichen wir die besprochenen Sekundärstrukturvorhersagen am Beispiel unserer PH-Domäne mit den wahren, kristallographisch bestimmten Strukturelementen. Wenn ein Wert von 72 % richtigen Vorhersagen auch recht gut klingt, wird an diesem Beispiel deutlich, warum der Sekundärstrukturvorhersage in der Praxis noch recht begrenzte Bedeutung zukommt. Dass auch mit erheblichem rechentechnischem Aufwand nicht deutlich über 70 % richtige Vorhersagen möglich sind, mag darauf hinweisen, dass dies der Anteil der Raumstruktur sein könnte, der „lokal" in der Sequenz codiert ist. Das bedeutet: Deutlich bessere Vorhersagen lassen sich möglicherweise nur erreichen, wenn nicht nur lokale Wechselwirkungen betrachtet werden, sondern die gesamte Tertiärstruktur des Proteins (Abschnitt 28.5).

28.8 Vergleich der Ergebnisse verschiedener Sekundärstrukturvorhersagen für die erste PH-Domäne aus Pleckstrin. E bedeutet β-Strang, H α-Helix, T *turn* und C *coil*. Die fettgedruckte Struktur-Zeile enthält die Angaben aus der experimentell bestimmten 3D-Struktur. In der Chou/Fasman- und der PHD-Zeile sind „schwache" Vorhersagen mit Kleinbuchstaben gekennzeichnet. Falsch vorhergesagte Positionen sind jeweils rot markiert, *turn*- oder *coil*-Verwechslungen sind grau markiert. Ebenfalls grau markiert sind die „schwachen" Vorhersagen im PHD-Zuverlässigkeitsindex.

```
Sequenz       KRIREGYLVKKGSVFNTWKPMWVVLLEDGIEFYKKKSDNSPKGMIPLKGSTLTSPCQDFGKRMFVFKITTTKQQDHFFQAAFLEERDAWVRDINKAIKCI
Struktur      CEEEEEEEEECCCCCCCEEEEEEEETTTTEEEECCCCCCCCCCCEEEEEETTTCEEEEEECCCCCEEEECHHHHHHHHHHHHHH
Chou-Fasman   HHHHH    ttt  EEEE    EEEEEhhhhhhhhhtTTtTt     t      TTTTtt  EEEEEhhhhhhhhhhhhhhhhhhhhhttHHHHHH
GOR           HHHHHHEEcttCEECICCCCTEEEHHHHHHHHHHTTTCCTTEEEETTTTCEETTTTHHHHHHCCCTTTTCHHHHHHHHHHHHHHTTTEEEE
PHD           CCce eEEe  CCCC   HHHHHHHHHHh HH   CCCCCCC  EEEE  CCCCCC    cCCCCCCCCCCc  EEE  Cc  HHHHHHHHHHHH   C
PHD Zuverl.   995546875  58899 1379999999996 4771237999998 7999647788997 2333 6787987 999886 1899428522789999999999 8149
```

28.2.6 Sequenzmotive

Eine Möglichkeit, um die Funktion unbekannter Sequenzen zu bestimmen, ist, nach Mustern funktional konservierter Aminosäuren zu suchen: nach Sequenzmotiven. Eine ausführliche Liste solcher Motive wurde von Amos Bairoch an der Universität von Genf zusammengestellt. Motive sollten sensitiv und spezifisch sein: das heißt ein kurzes Muster definieren, das in allen Sequenzen, die diese Funktion enthalten, auch auftritt und so wenig wie möglich falsch positive Sequenzen findet.

http://expasy.hcuge.ch/sprot/prosite.html

Ein Beispiel für ein solches Sequenzmotiv ist die Folge:

L-P-[RK]-G-[STN]-[GN]-[LIVM]-V-T-R

aus der ATP/GTP-bindenden Schleife der mit Dynamin verwandten, Mikrotubuliassoziierten Proteine. Dabei bedeuten Buchstaben in eckigen Klammern alternative Möglichkeiten – es werden also mit dieser Folge 48 mögliche Sequenzen beschrieben. Dieses Motiv – mit der Nummer PS00410 aus ProSite – findet alle 22 mit Dynamin verwandten Sequenzen in SwissProt (1994), wobei weder falsch positive Sequenzen (gefunden, aber nicht verwandt) noch falsch negative Sequenzen (verwandt, aber nicht gefunden) auftreten.

28.3 Phylogenetische Analyse

Die Aufklärung der stammesgeschichtlichen Beziehungen zwischen den Lebewesen ist eines der wichtigsten Ziele der Sequenzanalyse. Mit dem evolutionären Stammbaum des Lebens versuchen wir zu beschreiben, wie nahe einzelne Spezies miteinander verwandt sind und in wievielen evolutionären Schritten sie aus gemeinsamen Vorläufern hervorgegangen sind. Stammbäume können nach ihrer Topologie untersucht werden, es können aber auch Gewichtungen der einzelnen Zweiglängen berechnet und damit evolutionäre Abstände quantifiziert werden.

Ein Evolutionsbaum wie in Abbildung 28.9 stellt einen Kontext dar, anhand dessen sich Hypothesen über die Evolution von Merkmalen veranschaulichen lassen: An welchem Verzweigungspunkt entstand ein Merkmal oder wann ist es verloren gegangen? Phylogenetische Analysen aus Sequenzdaten sind Analysen diskreter Merkmale. Im einfachsten Fall kann der Verwandtschaftsgrad zweier Sequenzen gemessen werden, wieviele gemeinsame Merkmale sie besitzen, in denen sie sich von anderen Spezies unterscheiden, oder wie ähnlich sie sich gegenseitig, gemessen mit einer Mutationsdatenmatrix, sind (Abschnitt 28.4.2). Leider führt das aber nicht immer sofort zu einem konsistenten Stammbaum: Merkmale können sich widersprechen, andere können konvergent evolviert sein, oder revertiert haben. Es werden Kriterien benötigt, mit denen teilweise widersprüchliche Daten gegeneinander abgewogen werden können, um zu einem Modell zu gelangen, das die beobachteten Daten am besten erklärt. Meist wird dabei als die beste Lösung diejenige gesucht, die die geringste Zahl von Annahmen benötigt, um die Daten vollständig zu erklären. In der phylogenetischen Analyse wird dieses Prinzip das *parsimony*-Prinzip genannt, (englisch: Geiz), Evolutionsbäume, die durch Anwendung dieses Prinzips konstruiert werden, werden *most parsimonious* genannt. Alternative Methoden sind:

- **Abstandsmethoden** Wenn Abstände zwischen Sequenzen und ihren Vorläufern, oder zwischen Gruppierungen nächster Nachbarn definiert werden können, kann ein Stammbaum konstruiert werden, der diese Abstände für den gesamten Stammbaum minimiert. Diese Methoden setzen allerdings eine weitgehend konstante Zahl von Mutationen pro entwicklungsgeschichtlichem Intervall über den gesamten Evolutionsbaum voraus.
- **Schätzungen der maximalen Wahrscheinlichkeit** (*maximum likelyhood*) Stochastische Modelle liefern vor allem bei langen Zweigen des phylogeneti-

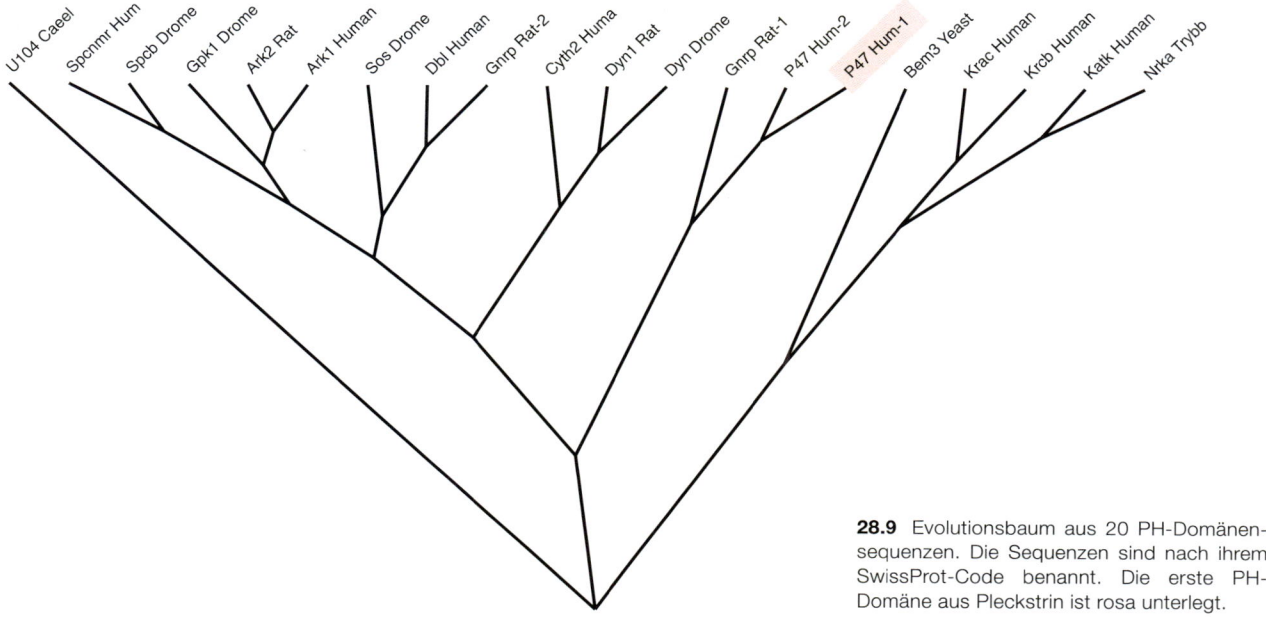

28.9 Evolutionsbaum aus 20 PH-Domänensequenzen. Die Sequenzen sind nach ihrem SwissProt-Code benannt. Die erste PH-Domäne aus Pleckstrin ist rosa unterlegt.

schen Baums bessere Ergebnisse als die Abstandsmethoden. Diese Methoden setzen aber ein explizites Evolutionsmodell voraus, das alle Übergangswahrscheinlichkeiten zwischen den beobachteten Merkmalen enthält.

- **Kompatibilitätsanalysen** versuchen die Zahl gemeinsamer Merkmale zu maximieren, anstatt die Zahl der notwendigen Evolutionsschritte zu minimieren. Sie sind im wesentlichen komplementär zu *parsimony*-Methoden.

Die verbreitetsten Methoden zur phylogenetischen Analyse beruhen auf dem *parsimony*-Prinzip. Um damit einen phylogenetischen Baum zu konstruieren, muss zunächst eine Kostenmatrix erstellt werden, die die Übergänge zwischen einzelnen Merkmalen bewertet. Anschließend werden Bäume gesucht, die die Gesamtkosten der Übergänge im Baum minimieren. Wenn die Kostenmatrix – ähnlich wie eine Mutationsdatenmatrix – als log-Wahrscheinlichkeitsmatrix konstruiert werden kann,

$$S_{i \to j} = -\log p(i,j)$$

mit $S_{i \to j}$ als Matrixelement und $p(i,j)$ als Wahrscheinlichkeit eines Austauschs der Symbole i und j, ist der beste Baum nach dem *parsimony*-Prinzip gleichzeitig der wahrscheinlichste Baum unter *maximum-likelyhood*-Kriterien.

28.4 Suche nach homologen Sequenzen

Sequenzalignments sind die wichtigste Grundlage der Sequenzanalyse. Man kann verallgemeinern, dass das Alignment (englisch: Ausrichtung, paarweise Zuordnung) von Sequenzen derjenige Vorgang ist, auf dem jede weitere Analyse aufbaut. Aus Alignments lassen sich Daten über mögliche Tertiärstrukturen von Proteinen gewinnen, über die Funktion, über die phylogenetische Einordnung, über den modularen Aufbau von Proteinen aus Domänen, es lassen sich evolutionäre Zusammenhänge aufdecken und vieles andere mehr. Die ganze Vielfalt von Informationen, die aus Alignments gewonnen werden kann, beruht aber letzlich auf der empirischen Tatsache, dass Sequenzen, die aus einem gemeinsamen Vorläufer hervorgegangen sind, regelmäßig ähnliche Tertiärstrukturen und meist vergleichbare Funktionen besitzen.

Die Entscheidung, wie ähnlich zwei Sequenzen sind und ob eine beobachtete Ähnlichkeit wahrscheinlicher auf einen gemeinsamen Vorläufer zurückgeführt werden kann als auf den Zufall, setzt einen paarweisen Vergleich einzelner Positionen zweier Sequenzen voraus – und genau das ist ein Alignment.

28.4.1 Identität, Ähnlichkeit und Homologie

Identität, Ähnlichkeit und Homologie sind Begriffe, die häufig verwechselt werden.

Identität ist die Zahl von Sequenzpositionen die in einem Alignment identisch sind. Sie wird meist in Prozent der Alignmentlänge angegeben.

Die Quantifizierung der **Ähnlichkeit** zwischen zwei Sequenzen setzt dagegen die Definition einer Ähnlichkeitsmetrik voraus, eines Maßes dafür, als wie ähnlich man beispielsweise Valin zu Threonin oder zu Leucin annehmen möchte.

Homologie bedeutet dagegen evolutionäre Verwandschaft. Zwei homologe Proteine haben sich aus einer gemeinsamen Vorläufersequenz entwickelt. Der Begriff hat nicht unbedingt etwas mit Identität oder Ähnlichkeit zu tun, abgesehen davon, dass homologe Sequenzen meist ähnlicher sind (oder in einem Alignment mehr identische Positionen besitzen) als nicht-homologe Sequenzen.

In der folgenden Betrachtung beschränken wir uns auf die Diskussion von Aminosäuresequenzalignments. Da die Codonvariabilität in der Evolution höher als die Aminosäurevariabilität ist, macht es in der Regel wenig Sinn, untranslatierte Nucleotidsequenzen codierender Regionen zu vergleichen. Die Ausnahme ist natürlich die Untersuchung von Variationen in den Nucleotidsequenzen selbst, zum Beispiel in tRNA- oder rRNA-Genen, Promotorregionen, Terminatoren und anderen funktionalen Nucleotidsequenzen. In diesen Fällen lassen sich die Methoden der Aminosäuresequenzanalyse einfach verallgemeinern.

Wir nehmen in der weiteren Diskussion an, dass Sequenzähnlichkeit eine additive Eigenschaft unabhängiger Elemente ist. Wir vernachlässigen damit, dass beispielsweise die Verteilung mehr oder weniger ähnlicher Regionen innerhalb der Sequenz bereits wertvolle Informationen über die Sequenz beitragen kann. Die Betrachtungen gelten allerdings allgemein für Buchstaben eines Sequenzalphabets, mit denen diskrete oder diskretisierte Eigenschaften, die sich in einer Sequenz ordnen lassen, beschrieben werden. Meist sind dies natürlich die Aminosäuren selbst. Man kann aber auch andere Eigenschaften wie die Zugehörigkeit zu Sekundärstrukturelementen, die Lösungsmittelzugänglichkeit oder die Positionen von Sequenz-Insertionen zum Alignment heranziehen.

28.4.2 Die Mutationsdatenmatrix (MDM)

Das Konzept Ähnlichkeit

Wenn wir paarweise Ähnlichkeiten zwischen allen Aminosäuren zusammenfassen, erhalten wir eine *Scoring*-Matrix (Matrix zur Berechnung eines Wertes). Alle Ergebnisse, die wir durch die Anwendung einer *Scoring*-Matrix erzielen, hängen stark davon ab wie diese Matrix konstruiert wurde und welches Modell der Konstruktion zugrunde liegt. Letzten Endes ist damit jede *Scoring*-Matrix ein Werkzeug, um zu quantifizieren, wie gut ein bestimmtes Modell in einer bestimmten Sequenz repräsentiert wird, und jedes Resultat muss im Kontext des verwendeten Modells gesehen werden. Ein Alignment ist optimal für eine *Scoring*-Matrix, wenn es unter Anwendung dieser Matrix einen höheren Wert (meist als Summe der paarweisen Vergleiche) erzielt als jedes andere Alignment. Zwei Proteine können wir als homolog bezeichnen, wenn sie unter Anwendung eines durch eine

Scoring-Matrix repräsentierten Evolutionsmodells als ähnlicher angesehen werden, als das durch den Zufall zu erwarten ist.

Ab-initio-Matrix: Biophysikalische Eigenschaften

Die einfachste Metrik für eine Scoring-Matrix ist die Identitätsmetrik (Abb. 28.10). Die Matrixelemente können z. B. einen Wert von 1 für identische und 0 für nicht-identische Paare des Alignments enthalten (*unitary matrix*), oder 6 für identische und −1 für nicht-identische Paare, um eine Matrix mit negativem Erwartungswert (d.h., dass eine Summe aus vielen zufällig gewählten Werten negativ ist) zu konstruieren. Abbildung 28.11 zeigt die Anwendung der Identitätsmatrix bei einer Datenbanksuche. Während dabei die meisten pH-Domänen, verglichen mit der Ausgangssequenz, einen positiven *score* erhalten, hat eine große Zahl nicht-homologer Sequenzen sogar noch einen besseren *score*.

	Leu	Ser	Asp	Arg
Leu	1	0	0	0
Ser		1	0	0
Asp			1	0
Arg				1

28.10 Auszug aus der Identitätsmatrix

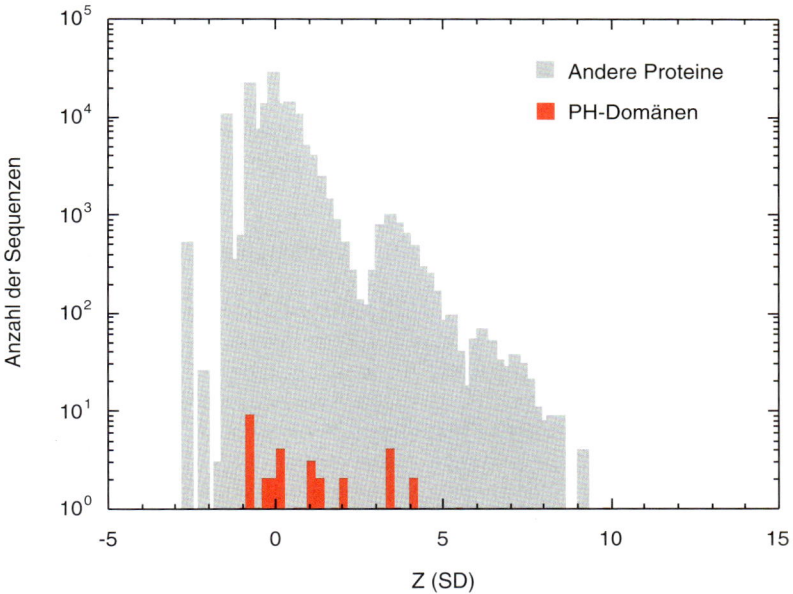

28.11 Datenbanksuche der *N*-terminalen PH-Domäne von Pleckstrin gegen die Sequenzdatenbank und gegen bekannte PH-Domänen unter Anwendung der Identitätsmatrix. Aufgetragen ist die Zahl der in PIR und SwissProt gefundenen Sequenzen gegen den besten Wert für ein Alignment mit der PH-Domäne. Die Werte wurden auf den Mittelwert 0 skaliert und auf eine Standardabweichung normiert. Ein solcher sog. Z-score (angegeben in SD: *Standard Deviations*) schafft ein gewisses Maß an Vergleichbarkeit unterschiedlich skalierter Daten.

Andere Scoring-Matrizen könnten aus den physiko-chemischen Eigenschaften der Aminosäuren konstruiert werden, wie Retentionszeiten, Verteilungskoeffizienten zwischen hydrophoben und hydrophilen Phasen, Ladung, Volumen und anderen mehr (Abb. 28.12). All diese Eigenschaften geben allerdings nur eine bestimmte Betrachtungsweise der Ähnlichkeit wieder und es ist nicht vorhersagbar, welche Eigenschaft oder Kombination von Eigenschaften in einer bestimmten Position im Kontext eines gefalteten Proteins wichtig ist.

Da wir Ähnlichkeitsuntersuchungen verwenden wollen, um zu prüfen, ob zwei Sequenzen verwandt sind, kann es sinnvoll sein, ein Modell des Evolutionsvorgangs zu konstruieren. Beispielsweise werden Punktmutationen durch einzelne Nucleotidsubstitutionen erzeugt. Also könnte die Wahrscheinlichkeit, dass zwei Aminosäuren in derselben Position zweier verwandter Sequenzen beobachtet werden, von der Zahl der Punktmutationen abhängen, die notwendig sind, um ein Codon in ein anderes umzuwandeln. Eine Matrix, die die minimale Zahl notwendiger Nucleotidsubstitutionen als Metrik verwendet, die *genetic-code*-Matrix, ist bereits deutlich besser als die Identitätsmatrix dazu geeignet, weitläufig verwandte Sequenzen zu identifizieren (Abb. 28.13).

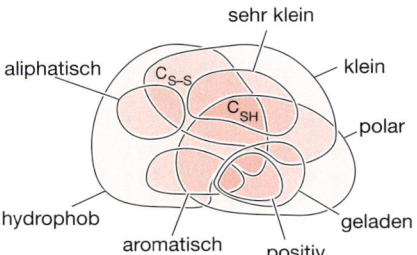

28.12 Überblick über die biophysikalischen Eigenschaften der Aminosäuren als Mengendiagramm. Zwar lassen sich einzelne Eigenschaften genau quantifizieren – zum Beispiel Größe, als molekulares Volumen oder Hydrophobizität, als freie Enthalpie des Transfers aus Oktanol in eine wässrige Phase – aber die relative Gewichtung dieser Eigenschaften ist willkürlich und damit gibt es auch kein absolutes „Ähnlichkeitsmaß". Welches Maß der Ähnlichkeit sinnvoll ist, hängt damit auch von der Fragestellung ab.

	Leu	Ser	Asp	Arg
Leu	3	2	1	2
Ser		3	1	2
Asp			3	1
Arg				3

28.13 Auszug aus der *genetic-code*-Matrix

Interessant ist, dass man zeigen kann, dass der natürliche genetische Code im Vergleich zu fast allen möglichen Codes optimal ist, um die Auswirkungen von Punktmutationen zu minimieren. Es könnte sein, dass bei der Entstehung des Codes Robustheit gegenüber Mutationen ein wichtiges Selektionskriterium war. So stehen Codonnähe und physikalisch-chemische Ähnlichkeit in einem Zusammenhang.

Leider stellt sich heraus, dass es relativ gleichgültig ist, welches Modell wir auf *nahe verwandte* Sequenzen anwenden: Wir werden mit jeder halbwegs vernünftigen Scoring-Matrix sicher das richtige Alignment identifizieren können – insbesondere auch mit der einfachen Identitätsmatrix. Wenn die Verwandschaft aber nur mehr *weitläufig* ist (wenn also Codonnähe aufgrund der erfolgten Mehrfachmutationen nicht mehr nachgewiesen werden kann, weil viele Mutationen in einem veränderten strukturellen Kontext vorgefunden werden und damit der Vergleich über biophysikalische Ähnlichkeit unsicher wird), ist keines der bisher besprochenen Modelle besonders gut geeignet. Falls wir bereits andere Hinweise dafür haben, dass zwei Sequenzen verwandt sind, kann ein etwas fehlerhaftes Alignment vielleicht noch hingenommen werden. Falls wir aber eine große Datenbank nach verwandten Sequenzen durchsuchen wollen und dafür kein anderes Kriterium verwenden können als das Ergebnis eines Alignments, müssen wir die Scoring-Matrix so empfindlich wie nur irgend möglich konstruieren.

Empirische Matrix: Mutationswahrscheinlichkeiten und Evolutionsmodelle

Um den Problemen zu begegnen, die die *a-priori*-Betrachtung von Eigenschaften von Codons oder Aminosäuren mit sich bringt, hat sich heute ein empirischer Ansatz durchgesetzt: Wir vergleichen zunächst Sequenzen, von denen wir bereits wissen, dass sie homolog sind: als ähnliche Aminosäuren sind dann solche definiert, die an gleicher Position in homologen Sequenzen beobachtet werden. Wir legen fest, dass Ähnlichkeit zwischen Aminosäuren durch die Wahrscheinlichkeit bestimmt ist, dass durch natürliche Evolution eine Aminosäure i in einem verwandten Protein durch eine Aminosäure j ersetzt werden kann. Um dies quantifizieren zu können, benötigen wir eine Matrix M, in der jedes Element M_{ij} die entsprechende Wahrscheinlichkeit darstellt. Es leuchtet sofort ein, dass die Wahrscheinlichkeit, überhaupt eine Mutation zu beobachten, um so größer wird, je weiter die beiden Sequenzen in der Evolution divergiert sind. Das heißt, eine solche Matrix muss jeweils für einen bestimmten evolutionären Abstand konstruiert werden.

Die Dayhoff-Matrix[9]

Die erste und auch heute noch weit verbreitete Matrix, die auf einem solchen empirischen Ansatz unter einem expliziten Evolutionsmodell beruht, wurde in den 70er Jahren von Margret Dayhoff und Kollegen konstruiert. Da dieser Ansatz beispielhaft für viele ähnliche Verfahren steht, soll die Konstruktion der Dayhoff-Matrix im Folgenden etwas genauer besprochen werden. Das von Dayhoff und Kollegen verwendete Modell der Evolution basiert auf folgender Annahme: Proteine verändern sich in der Evolution durch eine Folge von unabhängigen Punktmutationen, die nach Selektion in einer Population akzeptiert und anschließend in den Sequenzen beobachtet werden.

PAMs: *percent accepted mutations*

Damit können wir einen evolutionären Abstand zwischen zwei Sequenzen definieren: die Zahl der Punktmutationen, die notwendig waren, um eine Sequenz in eine andere umzuwandeln. Im Allgemeinen wird der evolutionäre Abstand größer sein als die Zahl der beobachteten Unterschiede: Da wir die Mutationen als voneinander unabhängig betrachten, hat mit zunehmendem Abstand jede Position eine zunehmende Chance, mehrfach mutiert zu sein oder zu revertieren. Dayhoff und Kollegen führten den Begriff *accepted point mutation* als Maß für den evolutionären Abstand ein. Ein PAM (*percent accepted mutation*) ist eine im Genpool aufgetretene Punktmutation pro 100 Aminosäuren auf dem evolutionären Weg zwischen zwei Sequenzen. Das Verhältnis von stattgefundenen und beobachteten Mutationen ist in Abbildung 28.14 dargestellt.

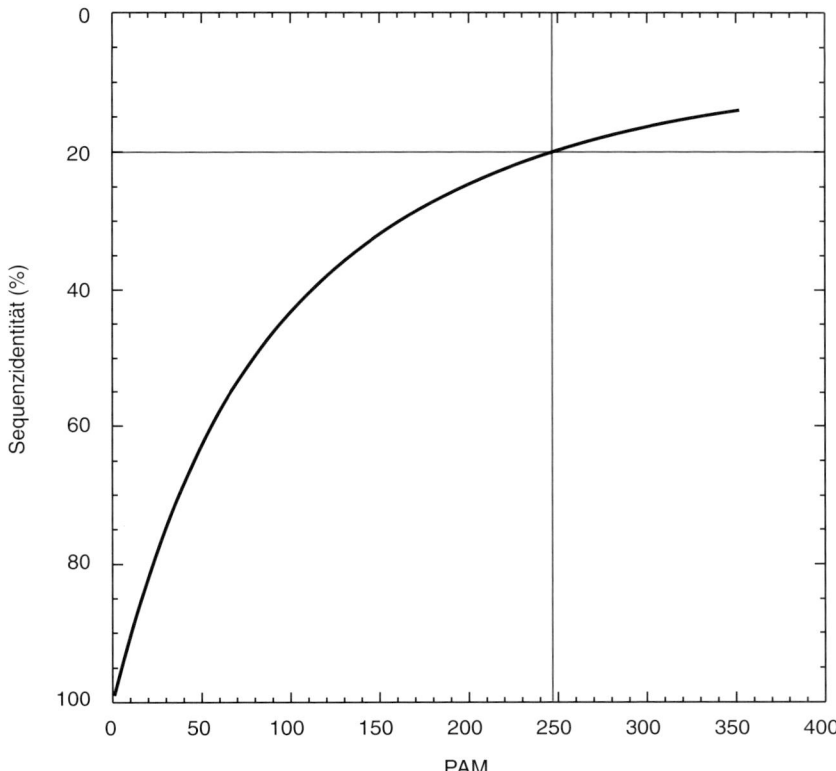

28.14 Sequenzidentität ist gegen die entsprechenden PAM-Werte aufgetragen. 20 % Identität, der Wert unterhalb dessen in der Regel keine Homologie mehr nachgewiesen werden kann, entspricht etwa 250 PAM. Auf diesen Wert ist die gebräuchlichste Mutationsdatenmatrix skaliert.

Paarweise Austauschhäufigkeiten

Um eine Datenbasis möglicher Austausche zur Verfügung zu haben, konstruierten Dayhoff und Kollegen zunächst einen expliziten phylogentischen Baum aller damals verfügbarer Sequenzen mit mehr als 85 % Identität und aller hypothetischer Vorläufersequenzen. Jeder beobachtete Aminosäureaustausch wurde in einer (symmetrischen) 20×20-Matrix tabuliert. Die Felder der Matrix, A_{ij}, enthalten die Zahl der Beobachtungen einer akzeptierten Mutation der Aminosäure j zur Aminosäure i.

Tabelle 28.5 Häufigkeit und relative Mutierbarkeit der Aminosäuren. Die Mutierbarkeit von Alanin (A) wird willkürlich auf den Wert 100 gesetzt und die Werte der anderen Aminosäuren darauf bezogen. Serin (S) wird am häufigsten mutiert, Tryptophan (W) ist die am stärksten konservierte Aminosäure. Daten aus Jones *et al.* (1992).

Code	Häufigkeit	Mutierbarkeit
L	0,091	54
A	0,077	100
G	0,074	50
S	0,069	117
V	0,066	98
E	0,062	77
K	0,059	72
T	0,059	107
I	0,053	103
D	0,052	86
P	0,051	58
R	0,051	83
N	0,043	104
Q	0,041	84
F	0,040	51
Y	0,032	50
M	0,024	93
H	0,023	91
C	0,020	44
W	0,014	25

Aminosäurehäufigkeiten

Nicht alle Aminosäuren kommen gleich häufig in biologischen Sequenzen vor und Aussagen über Wahrscheinlichkeiten von Austauschen hängen selbstverständlich von den jeweiligen Häufigkeiten f_i ab. Diese sind in Tabelle 28.5 aufgelistet.

$$f_i = \frac{\text{Beobachtungen von } i}{\text{Beobachtungen aller Aminosäuren}}$$

Relative Mutierbarkeit

Um ein vollständiges Bild der Sequenzevolution zu erhalten, müssen wir aber auch die konservierten Aminosäuren berücksichtigen. m_i ist die Wahrscheinlichkeit, dass sich eine bestimmte Aminosäure im betrachteten evolutionären Intervall verändern wird, ihre relative Mutierbarkeit:

$$m_i = f_i \text{ (Zahl der beobachteten Austausche von } i)$$

Serin und Threonin sind die am leichtesten mutierbaren Aminosäuren, Cystein und Tryptophan sind am stärksten konserviert.

Mit diesen Daten kann die Wahrscheinlichkeit M_{ij} berechnet werden, dass ein Aminosäurepaar ij durch Mutation einer Aminosäure der Spalte j in eine Aminosäure der Reihe i der Matrix als Folge eines evolutionären Schritts auftaucht. Sie ist die relative Mutierbarkeit von j mal der Wahrscheinlichkeit, dass eine durch Mutation entstandene Aminosäure i aus j hervorgegangen ist – der Zahl der Beobachtungen eines Austauschs A_{ij} geteilt durch die Summe aller beobachteten neuen i:

$$M_{ij} = m_j \frac{A_{ij}}{\sum_{i \neq j} A_{ij}}$$

Skalierung auf einen bestimmten evolutionären Abstand

Die relativen Austauschwahrscheinlichkeiten der Aminosäuren werden nicht verändert, wenn die gesamte Matrix mit einem konstanten Faktor λ skaliert wird. Da die Diagonalelemente M_{ii} der Matrix die Wahrscheinlichkeit wiedergeben, dass sich eine Aminosäure im evolutionären Intervall nicht verändert, kann durch Skalierung mit einem Faktor λ, berechnet aus

$$\lambda \sum_i f_i M_{ii} = 0,99$$

die Matrix so eingestellt werden, dass 99 % aller Aminosäuren sich im evolutionären Intervall, das durch die Matrix repräsentiert wird, nicht verändern: Die Matrix repräsentiert dann 1 PAM. Durch eine solche Skalierung kann allerdings keine Matrix für beliebige evolutionäre Abstände erzeugt werden: Dabei werden Mehrfachmutationen nicht berücksichtigt. Für beliebige evolutionäre Abstände wird eine Matrix konstruiert, indem die Matrix für 1 PAM entsprechend häufig mit sich selbst multipliziert wird.

Sensitive Sequenzsuchen in Datenbanken – bei etwa 20 % Identität, oder PAM 250 – erfordern also eine Matrix die für 1 PAM konstruiert und dann 250 Mal mit sich selbst multipliziert wurde. Es ist allerdings offensichtlich, dass eine so weite Extrapolation Probleme schaffen kann.

Verwandtschaftswahrscheinlichkeit (*relatedness odds*)

Die Mutationswahrscheinlichkeitsmatrix gibt die Wahrscheinlichkeit M_{ij} eines Austauschs durch einen evolutionären Vorgang im gegebenen evolutionären Intervall an. Die Wahrscheinlichkeit der Beobachtung eines Paars ij durch Zufall ist einfach die Häufigkeit von i. Sie ist die relative Wahrscheinlichkeit, dass ein beobachtetes Paar durch Evolution erzeugt wurde. Dafür wird im Englischen der Begriff *relatedness odds* verwendet.

Die log-Wahrscheinlichkeitsmatrix (*log odds*)

Da wir die Verwandtschaft ganzer Sequenzen untersuchen wollen, erhalten wir die Gesamtwahrscheinlichkeit (unabhängiger Paare) durch Multiplikation der Einzelwahrscheinlichkeiten. Effizienter ist es allerdings, die Logarithmen der Matrixelemente zu addieren. Diese Werte – *log odds* – sind nun endlich diejenigen, die in der Mutationsdatenmatrix enthalten sind.

Die am häufigsten verwendete Variante dieser Mutationsmatrix von 1978 ist die MDM78-PAM-250-Matrix. Sie ist die Matrix, die für 250 PAM oder etwa 20 % Identität extrapoliert wurde (Abb. 28.15). Zur effizienten Berechnung wurde die Matrix auf ganze Zahlen gerundet und auf einen negativen Erwartungswert skaliert.

Die Anwendung der PAM 250 auf die Datenbanksuche nach PH-Domänen zeigt, dass sich einige der Domänen schon recht deutlich vom Hintergrund der anderen Proteine absetzen (Abb. 28.16).

	Leu	Ser	Asp	Arg
Leu	6.0	-3.0	-4.0	-3.0
Ser		2.0	0.0	0.0
Asp			4.0	-1.0
Arg				6.0

28.15 Auszug aus der PAM-250-Matrix von Margret Dayhoff (1978).

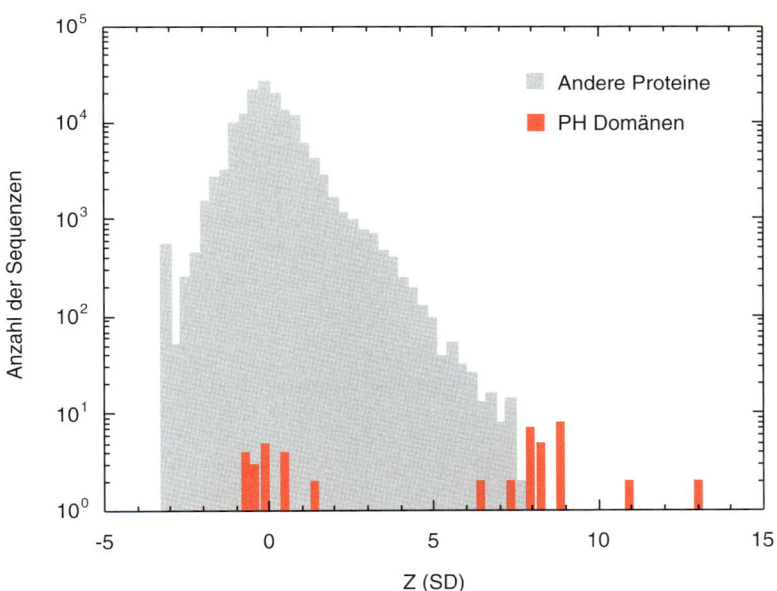

28.16 Datenbanksuche der *N*-terminalen PH-Domäne von Pleckstrin gegen die Sequenzdatenbank und gegen bekannte PH-Domänen unter Verwendung der PAM-250-Matrix.

Neuere MDMs: PET, GCB und BLOSUM[10–12]

Interessanterweise sind Scoring-Matrizen, die auf wesentlich größere Datensätze zurückgreifen konnten – wie die PET-Matrizen aus dem Jahre 1992 (Jones et al.) oder die GCB-Matrix (1992, Gonnet et al.) – nicht wesentlich von der Dayhoff-Matrix verschieden. Allerdings lässt sich in vergleichenden Untersuchungen zeigen, dass die neueren Matrizen empfindlicher für weit divergierte Proteine sind, da durch die Kompilierung von Daten, die direkt aus Sequenzvergleichen auch von wenig verwandten Proteinen stammen, nicht so weit extrapoliert werden muss, um Matrizen für höhere PAMs zu erhalten.

Beispielsweise sieht man, dass die Übergangswahrscheinlichkeit von Tryptophan zu Arginin in nahe verwandten Sequenzen wesentlich höher ist als in entfernt verwandten Sequenzen. Dies kann man auf die Ähnlichkeit der Codons der beiden Aminosäuren zurückführen, die sich in ihren biophysikalischen Eigenschaften dagegen stark unterscheiden. Der Austauschwert für die beiden Aminosäuren ist 2,0 in der (extrapolierten) PAM-250-Matrix, dagegen ist er −3,0 in der vergleichbaren (direkt kompilierten) BLOSUM-62-Matrix (s.u.).

Wenn auch das Dayhoff-Modell eine korrekte statistische Behandlung des zugrunde liegenden Evolutionsprozesses darstellt, bleibt die Frage, ob die Art und Weise, wie die Primärdaten erzeugt wurden, für die Untersuchung der Verwandtschaft entfernter Sequenzen gut geeignet ist. Eine Grundannahme des Dayhoff-Modells ist, dass die evolutionären Raten über die gesamte Sequenz einheitlich sind. Tatsächlich sind aber Bereiche in Sekundärstrukturelementen oder im Kern eines Proteins deutlich stärker konserviert als Oberflächenbereiche oder Schleifen. Jorja und Steven Henikoff haben ein alternatives Modell entwickelt, bei dem ausschließlich Sequenzbereiche verwendet werden, die keine Insertionen oder Deletionen aufweisen. Sie argumentieren, dass nur in den Regionen, in denen Aminosäuren auch in vergleichbarer struktureller Umgebung liegen, ein paarweises Alignment überhaupt sinnvoll ist.

> Tatsächlich kann man selbst dann, wenn für zwei homologe Proteine die Raumstrukturen bekannt sind, in Regionen mit Insertionen oder Deletionen oft keine eindeutigen Aminosäurepaarungen angeben. Da solche Regionen strukturell nicht konserviert sind, können sie auch nicht sinnvoll zur Berechnung einer Ähnlichkeitsmetrik herangezogen werden.

Ein technischer Vorteil des Verfahrens besteht darin, dass durch die Menge verfügbarer sogenannter *alignment blocks* die Scoring-Matrizen für verschiedene PAM-Werte durch ein Mittelungsverfahren ohne Extrapolation erzeugt werden. Die BLOSUM-80-Matrix beispielsweise ist aus Blöcken von Sequenzen errechnet, die mindestens 80 % Identität besitzen. Die BLOSUM-62-Matrix entspricht ungefähr der Dayhoff-PAM-250-Matrix (Abb. 28.17).

Nach einer vergleichenden Studie scheint für die Suche entfernter Homologien in großen Datenbanken derzeit BLOSUM-62 die beste verfügbare Mutationsmatrix zu sein (Abb. 28.18).

	Leu	Ser	Asp	Arg
Leu	4.0	−2.0	−4.0	−2.0
Ser		4.0	0.0	−1.0
Asp			6.0	−2.0
Arg				5.0

28.17 Auszug aus der BLOSUM-62-Matrix.

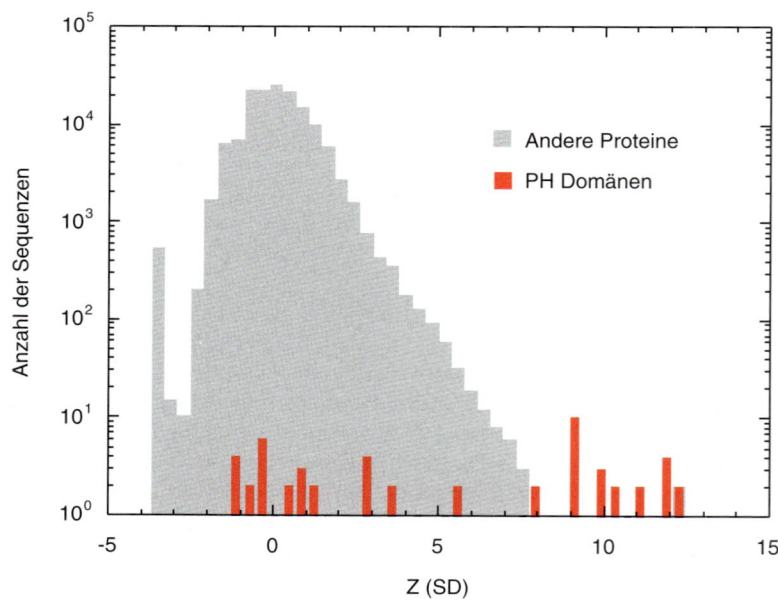

28.18 Datenbanksuche der N-terminalen PH-Domäne von Pleckstrin gegen die Sequenzdatenbank und gegen bekannte PH-Domänen (Blosum-62-Matrix).

28.4.3 Dotplots

Wie kann ein explizites, paarweises Alignment zwischen zwei Sequenzen konstruiert werden? Die einfachste Analyse des Alignments zweier Sequenzen ist ein Dotplot (Punktdiagramm), eine graphische Matrix, in die in jede Zelle ein Wert eingetragen wird, wenn die zugehörige Position der zu vergleichenden Sequenzen ähnlicher als ein vorgegebener Schwellenwert ist. Dies kann ein Identitätswert sein, aber auch ein Wert, der durch Anwendung einer Scoring-Matrix innerhalb eines Vergleichsfensters erzielt wird (Abb. 28.19).

Da in einem Dotplot alle Ähnlichkeiten und nicht nur die besten Alignments repräsentiert sind, sind Dotplots besonders gut geeignet, um Sequenzduplikationen zu erkennen.

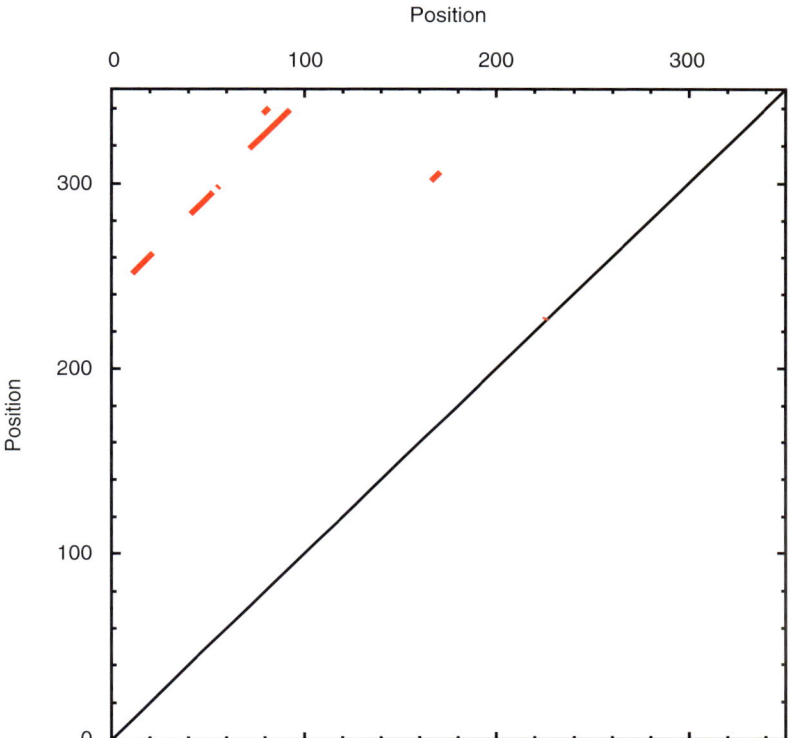

28.19 Dotplot der Selbstähnlichkeit der Pleckstrinsequenz. Die Diagonale links oben zeigt eine signifikante Ähnlichkeit des *N*-Terminus mit dem *C*-Terminus des Proteins. Diese auffällige Ähnlichkeit führte zur Entdeckung der Pleckstrin-Homologie-Domänen.

28.4.4 Optimales Alignment: *dynamic programming*

Wenn unsere Mutationsdatenmatrix ein Modell der Evolution gut repräsentiert, dann können wir sie dazu benutzen, die Wahrscheinlichkeit zu untersuchen, ob zwei Sequenzen homolog sind. Dazu müssen wir aber das „richtige" Alignment kennen. Welches Alignment richtig ist, lässt sich nicht ohne weiteres beantworten. Wir können aber argumentieren: Wenn das Alignment mit dem höchstmöglichen Wert keinen signifikanten Hinweis auf Homologie liefert, kann auch kein schlechteres Alignment signifikant sein. Wir transformieren die Frage nach der Homologie also in die Frage nach dem optimalen Alignment. Dies wäre leicht zu beantworten, wenn es in natürlichen Sequenzen nicht auch Insertionen und Deletionen gäbe. Solche Sequenzverschiebungen bewirken, dass es unmöglich wird, alle möglichen Alignments effizient zu generieren und zu vergleichen, um das optimale Alignment zu finden. Da es im paarweisen Vergleich gleichgültig ist, ob eine Sequenzlängenänderung als Insertion in der einen Sequenz oder als Deletion in der anderen Sequenz angesehen wird, benutzen wir im Folgenden für beides den Begriff Gap (Lücke).

Globales Alignment: Der Needleman-Wunsch-Algorithmus

In den frühen 70er Jahren fanden Saul Needleman und Christian Wunsch einen effizienten Algorithmus zur Generierung eines global optimalen Alignments. Sie konstruierten zunächst eine Matrix, ähnlich einem Dotplot, der zwei zu vergleichenden Sequenzen. Jedes Alignment lässt sich nun als Pfad durch diese Matrix beschreiben, der aus allen Zellen besteht, die Paare aus dem Alignment repräsentieren. Deswegen werden solche und ähnliche Optimierungsalgorithmen vor allem in der deutschen Literatur auch als Pfad-Matrix-Methoden bezeichnet. Im englischen Sprachgebrauch wird das Prinzip meist *dynamic programming* genannt. Der Pfad für ein globales Alignment (bei dem zwei Sequenzen über ihre ganze Länge verglichen werden) beginnt an einem Rand der Matrix und endet am gegenüberliegenden Rand (Abb. 28.20).

Die Idee von Needleman und Wunsch bestand darin, für jede Zelle den höchstmöglichen Wert zu berechnen, der für einen beliebigen zulässigen Pfad zu dieser Zelle erreicht werden kann. Dies kann erreicht werden, indem der höchste Wert aus allen Zellen, die im Alignment benachbart sein können, zu der betrachteten Zelle addiert wird (Abb. 28.21). Wenn dies – ausgehend von einer Ecke der Matrix – über die gesamte Matrix berechnet wird, ist der höchste Wert, der dabei zustande kommt, ein globales Optimum. Der Pfad, der aus den Zellen besteht die zu diesem Optimum beigetragen haben, repräsentiert ein global optimales Alignment. Es sind einige Details zu klären, um dieses Prinzip in einen allgemein anwendbaren Algorithmus zu überführen: Wie eine Gap-Funktion zu konstruieren ist, ob und wie *gaps* an den Enden zum Gesamtwert beitragen, welches von gleich guten Optima verwendet wird. Dies ändert aber nichts am Prinzip dieses Algorithmus.

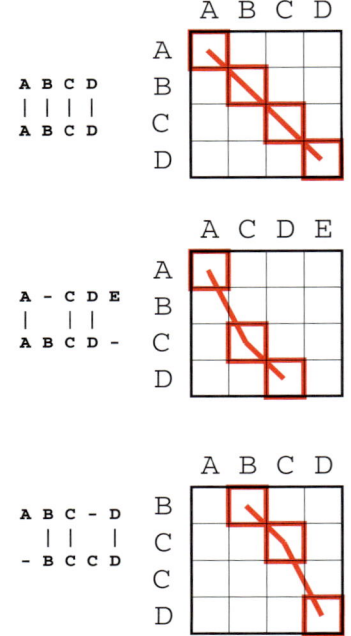

28.20 Drei Alignments und die zugehörige Pfadmatrix. Zulässige Pfade laufen zwischen diagonal benachbarten oder diagonal versetzten Elementen.

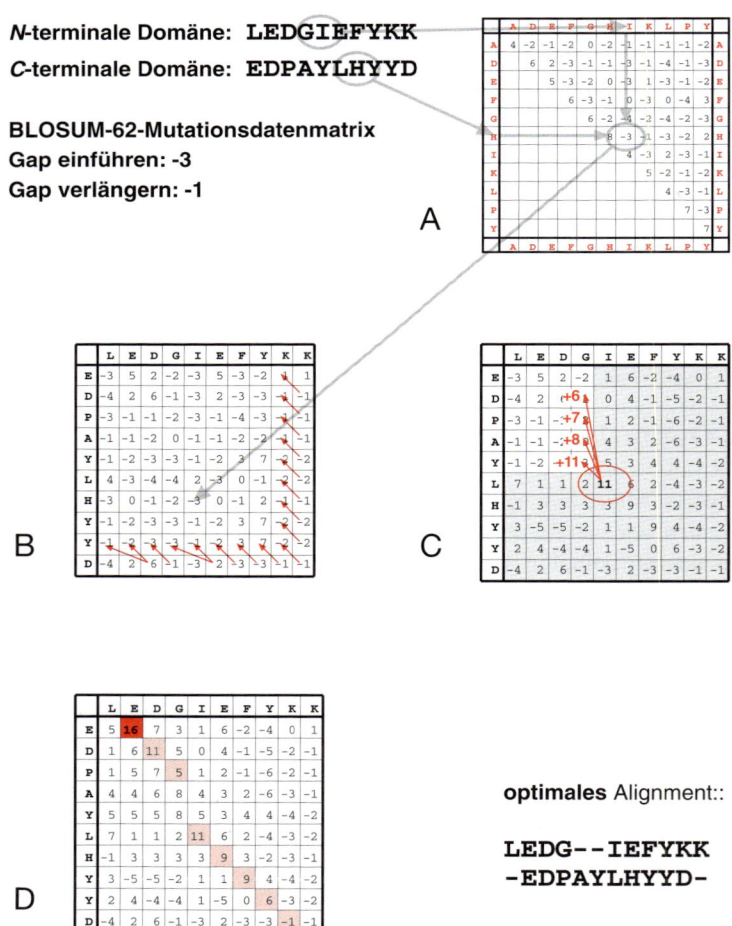

28.21 Optimales Sequenzalignment. A) Zwei Sequenzfragmente aus der *N*- und aus der *C*-terminalen PH-Domäne von Pleckstrin sollen mit Hilfe der BLOSUM-62 Datenmatrix aligned werden. B) Beide Sequenzen werden entlang der Matrix angeschrieben. Die Matrixzellen werden mit den entsprechenden Werten aus der Mutationsdatenmatrix gefüllt (graue Pfeile). Rote Pfeile geben die Reihenfolge der ersten Reihe von Additionen an. C) Die grau unterlegten Zellen sind bereits aufaddiert. Das rot umkreiste Element kann mit seinem eigenen Wert zum diagonal oberhalb liegenden Element addiert werden oder es kann ein Gap eröffnet werden. Das kostet 3 Einheiten, also ist der Wert der in die Zelle darüber addiert werden kann 8, der Wert darüber 7 usw. D) Die Matrix ist vollständig aufaddiert. Der global höchste Wert, der erreicht wurde, ist 16. Die hellrot unterlegten Zellen haben zu diesem Wert beigetragen, sie stellen den optimalen Alignment-Pfad dar.

optimales Alignment::

```
LEDG--IEFYKK
-EDPAYLHYYD-
```

Das Gap-Problem

Insertionen und Deletionen in paarweisen Alignments lassen sich nicht voneinander unterscheiden. Wenn wir im Folgenden von *Gaps* sprechen, sind beide Möglichkeiten gemeint; im Sprachgebrauch wird dazu manchmal auch der Begriff *Indel* benutzt. Es macht keinen Sinn, Alignments für ganze Proteine zu konstruieren, ohne dabei Gaps zuzulassen. Da wir aber den Vorgang, der in der Evolution zu Gaps führt, nicht modellieren können – wir kennen weder die Wahrscheinlichkeit, dass eine Aminosäure in der Folgegeneration durch eine Insertion oder Deletion ersetzt wird, noch wissen wir, welche Länge so eine Insertion oder Deletion besitzen könnte – können wir nur feststellen: Die Einführung eines Gaps ist ein seltener Vorgang. Wenn ein Gap aber gefunden wird, umfasst er häufig mehr als eine Position. Typischerweise wird deswegen ein Initiationswert abgezogen, wenn ein Gap benötigt wird, und jede weitere Verlängerung mit einem anderen, geringeren Wert „bestraft". Diese „Kosten" eines Gaps G der Länge k in einem Alignment werden meist mit einer Funktion der Form $I_k = -\alpha - \beta(k-1)$ berechnet, wobei I_k der Kostenwert des Gaps ist, α die Kosten, einen Gap zu öffnen und β die Kosten, ihn um eine Position zu verlängern. Die beiden Parameter α und β stehen natürlich in Beziehung zum mittleren Wert eines Elements der Mutationsdatenmatrix, $\overline{M_{ij}}$: man kann ungefähr $\alpha \approx 3 \cdot \overline{M_{ij}}$ und $\beta \approx 0{,}3 \cdot \overline{M_{ij}}$ annehmen. Eine solche „affine" Gap-Funktion ist effizient zu berechnen. Wie Gaston Gonnet und Mitarbeiter zeigen konnten, gibt dies allerdings die biologische Wirklichkeit nicht gut wieder: Die Wahrscheinlichkeit des Auftretens eines Gaps steigt etwa linear mit dem PAM-Abstand zweier Sequenzen an. Die Wahrscheinlichkeit, dass ein Gap die Länge k besitzt, nimmt unabhängig vom Sequenzabstand ungefähr mit $k^{-3/2}$ ab. Dies zeigt, dass Gaps im Allgemeinen nicht durch aufeinanderfolgende Ereignisse verlängert werden. Da die genauen Alignments weitläufig verwandter Sequenzen sehr empfindlich von den verwendeten Parametern der Gap-Funktion abhängen können, empfiehlt es sich, einige Variationen auszuprobieren.

Lokales Alignment: Der Smith-Waterman-Algorithmus[13]

Der Algorithmus von Needleman und Wunsch liefert das Alignment über die ganze Länge der Sequenz. Häufig interessieren wir uns aber für das beste Alignment eines Sequenzfragments, da Proteine häufig gemeinsame Module haben, aber nicht über ihre gesamte Länge homolog sind. Eine Erweiterung, um optimale lokale Alignments zu finden, wurde von T. Smith und M. Waterman vorgeschlagen. Zunächst wird dazu eine Scoring-Matrix mit negativem Erwartungswert benötigt. Dies ist wichtig, weil sonst der Wert eines Alignments durch Verlängerung in wenig ähnliche Bereiche hinein verbessert werden könnte. Mit einer solchen Scoring-Matrix wird eine Pfadmatrix wie oben konstruiert. Wieder weist der global höchste Wert in der Matrix auf den optimalen Pfad hin. Das lokal optimale Alignment wird konstruiert, indem die Zellen, die zu diesem Wert beigetragen haben, verfolgt werden, bis der Wert in einer Zelle unter Null sinkt.

28.4.5 Multiple Alignments

Gleichzeitige Alignments mehrerer Sequenzen liefern im Vergleich zu paarweisen Alignments zusätzliche Informationen über Aminosäureverteilungen an einzelnen Positionen. Solche Verteilungen können nicht nur Aufschluss über die Lösungsmittelzugänglichkeit (konservierte hydrophobe Reste) oder über Grenzen zwischen Sekundärstrukturelementen (Gaps) liefern, sondern sie sind auch die Grundlage für profilbasierte Methoden zur Datenbanksuche (Abschnitt 28.4.7). Die Aufstellung von multiplen Alignments stellt allerdings einige nicht-triviale Probleme. Lokale Verfahren, die das Alignment aus einer Reihe paarweiser Alignments zusammensetzen, lassen sich effizient berechnen. Sie können aber nicht garantieren, dass sie global richtige Lösungen finden. Globale Verfahren, die die Alignments aller Sequenzen gleichzeitig betrachten, sind dagegen nicht effizient. Sie können für größere Zahlen von Sequenzen nicht berechnet werden. Die Pfadmatrix eines Needleman-Wunsch-Algorithmus für das globale Alignment von 10 Sequenzen der Länge 100 hätte 10^{12} Zellen. Neue Algorithmen zum globalen Alignment vieler Sequenzen sind Gegenstand der Forschung. In der Praxis wird man sich aber derzeit eines lokalen Verfahrens bedienen.

Lokale Verfahren

Lokale Verfahren zum multiplen Sequenzalignment können durch Baumstrukturen oder durch Hierarchien aufgebaut werden. Ein frei verfügbares Programm zum multiplen Alignment größerer Datensätze verwandter Sequenzen ist CLUSTAL W, von Julie Thompson, Desmond Higgins und Toby Gibson. CLUSTAL W geht davon aus, dass richtige Alignments auf evolutionärer Verwandtschaft basieren. Ein multiples Alignment wird demnach aufgrund eines phylogenetischen Baumes berechnet. Dazu sind drei Schritte notwendig:

- Zunächst werden alle paarweisen Sequenzabstände durch ein Dynamic-Programming-Alignment berechnet.
- Aus den Abständen wird ein phylogenetischer Baum konstruiert. Dieser Baum bestimmt die Reihenfolge des eigentlichen Alignments und wird auch dazu benutzt, um die einzelnen Sequenzen unterschiedlich zu gewichten: Nahe verwandte Sequenzen tragen zum eigentlichen Alignment weniger bei als entfernte Sequenzen.
- Schließlich wird das Alignment von den Blättern zur Wurzel des phylogenetischen Baums durchgeführt. Zuerst wird das Alignment für die nächst-verwandten Sequenzen durch Dynamic Programming bestimmt. Wie üblich werden dabei Aminosäurepaare durch den Wert aus einer Mutationsdatenmatrix bewertet. Dann werden weitere Sequenzen zum vorhandenen Alignment zugefügt. Dazu wird ein (gewichteter, s.o.) Mittelwert aus den Mutationsmatrixwerten für die bereits zugeordneten Sequenzpositionen benutzt und mit der hinzuzufügenden Sequenz verglichen.

Abbildung 28.22 zeigt ein multiples Alignment mit Hilfe von CLUSTAL W.

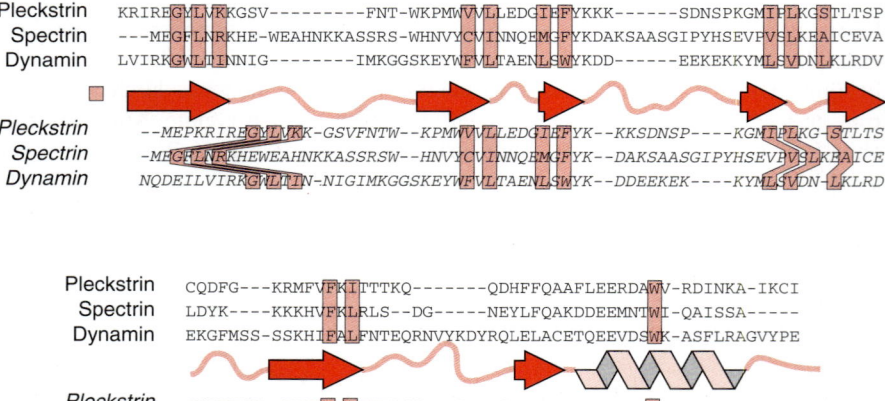

28.22 Multiples Sequenzalignment. Verglichen wurden die Sequenzen der *N*-terminalen PH-Domäne aus Pleckstrin und der PH-Domänen aus Spectrin und Dynamin. Die oberen drei Sequenzen geben das richtige Alignment wieder, das aus den 3D-Strukturdaten bestimmt wurde. Wichtige Aminosäuren des hydrophoben Kerns sind hellrot unterlegt, die Strukturelemente durch Symbole dargestellt. Die unteren drei Zeilen (kursiv) sind dieselben Sequenzen aus einem multiplen Alignment von 20 PH-Domänen mit dem Programm CLUSTAL W. Obwohl CLUSTAL W. keine Strukturinformation zur Verfügung stehen, sind die meisten Reste richtig zugeordnet worden. Die Fehler im Alignment machen deutlich, dass das berechnete optimale Alignment nicht unbedingt auch das richtige Alignment sein muß.

ftp.ebi.ac.uk

28.4.6 Alignment für schnelle Datenbanksuchen

Ein Dynamic-Programming-Alignment ist zwar garantiert optimal, es ist aber nur vergleichsweise aufwendig zu berechnen. Um viele Sequenzen mit ganzen Sequenzdatenbanken vergleichen zu können, wurden alternative Algorithmen entwickelt, die zwar nicht ganz so empfindlich, aber wesentlich effizienter sind.

Lipmans und Pearsons FASTA-Algorithmus[14]

Der erste heuristische Algorithmus zur Sequenzsuche in großen Datenbanken wurde im Programm FASTA von William Pearson und David Lipman verwirklicht. Dabei werden Sequenzen aus einer Datenbank mehrmals mit der Suchsequenz verglichen, wobei bei jedem Durchlauf nur die möglicherweise homologen Sequenzen behalten werden.

Zur Vorbereitung wird zunächst für die Datenbank ein Index aller Dipeptidsequenzen (oder Hexanukleotidsequenzen bei DNA-Suchen) erzeugt. Mit diesem Index werden alle Dipeptide der Suchsequenz verglichen. Gesucht werden Sequenzen mit Regionen, in denen gehäuft Dipeptide auftreten, die mit der Suchsequenz identisch sind. Dabei ist die sogenannte Wortlänge (oder *ktup length*) einstellbar: Kürzere Wörter lassen eine sensitivere Suche zu, die aber länger braucht. Eine Suche mit der Wortlänge 1 für Proteine dauert etwa dreimal so lange wie eine Suche mit der Wortlänge 3.

Anschließend versucht das Programm die identischen Dipeptide zu kurzen Fragmenten ohne Gaps zu verlängern. Aus der Mutationsdatenmatrix wird für diese kurzen Alignments ein Wert für die gesamte Länge aufsummiert.

Wenn eine Sequenz der Datenbank mehrere solche lokalen Alignments enthält, wird anschließend versucht, diese zu einem Gesamtalignment zusammenzufügen.

Schließlich werden diejenigen Sequenzen, für die das Alignment besser als ein vorgegebener Schwellenwert ist, nochmals mit einem sensitiveren Algorithmus verglichen. Ein optimales Alignment wird berechnet, und die Sequenzen werden ausgegeben.

BLAST[15]

Steven Altschul und Kollegen veröffentlichten 1990 einen abgewandelten Algorithmus, der zur schnellen Datenbanksuche noch besser geeignet ist: BLAST (*basic local alignment search tool*). Auch BLAST arbeitet zunächst mit einem Index von Oligomersequenzen. Diese müssen allerdings nicht identisch zu Fragmenten der Suchsequenz sein, sondern werden mit einer *scoring*-Matrix – üblicherweise BLOSUM 62 – bewertet. Das Ergebnis wird mit einem vorgegebenen Schwellenwert verglichen, gute Alignments werden gespeichert.

BLAST versucht dann ähnlich wie FASTA die anfangs gefundenen Alignments möglichst weit zu verlängern. Dabei werden aber keine Gaps zugelassen! Die lokal optimalen Alignments werden als HSPs (*high-scoring segment pairs*) bezeichnet. Nur solche HSPs werden weiter berücksichtigt, deren Alignmentwert überzufällig gut ist.

Schließlich wird die statistische Signifikanz des Auftretens mehrerer HSPs beurteilt. Damit kann die Gesamtwahrscheinlichkeit berechnet werden, dass der beobachtete Wert des Alignments von zwei zufälligen, nicht-homologen Sequenzen erreicht werden könnte.

Da BLAST-Suchen für die akademische Forschung kostenfrei über das Internet durchgeführt werden können, ist BLAST das Verfahren der ersten Wahl für schnelle, sensitive Suchen in einer laufend aktualisierten Sequenzdatenbank geworden.

http://www.ncbi.nlm.nih.gov/BLAST/

Vergleich von BLAST und FASTA

BLAST und FASTA sind beide für schnelle Sequenzsuchen in großen Datenbanken konzipiert worden. BLAST ist allerdings der deutlich schnellere Algorithmus. Weitere Vorzüge von BLAST sind:

- Der Algorithmus ist etwas sensitiver bei Proteinsequenzsuchen, da es mit *sequenzähnlichen* Oligomeren arbeitet, während FASTA *identische* Dipeptide verlangt.
- Das Programm kann Regionen geringer Komplexität aus dem Ergebnis herausfiltern, die sonst falsch-positive Treffer erzeugen würden.
- Die Internet-Suche greift auf eine täglich aktualisierte, nicht-redundante Datenbank zu und kann Nukleinsäuresequenzen automatisch in allen sechs Leserahmen gegen die Proteinsequenzdatenbank vergleichen.

Hat BLAST auch Schwächen? Die relativ langen Oligomerlängen von BLAST bei Nucleotidsuchen (11 Nucleotide) machen FASTA-Suchen von DNA-Sequenzen etwas sensitiver, vor allem wenn die geforderte Oligonucleotidlänge etwas verringert wird. FASTA ist auch besser geeignet, wenn cDNA-Sequenzen in genomischen Nucleotiddatenbanken gesucht werden: Wenn der Gap-Extension-Wert auf Null gesetzt wird, können im Alignment auch lange Introns übersprungen werden. BLAST würde in diesem Fall – wenn überhaupt – nur das längste Exon finden.

Im allgemeinen sollte eine BLAST-Suche aber der erste Schritt einer Datenbanksuche sein. Meist kann dabei die gesamte gewünschte Information in sehr kurzer Zeit beschafft werden.

28.4.7 Profilbasierte Datenbanksuchen

Welche Optionen stehen aber offen, wenn auch die sensitivsten Suchen keinen signifikanten Hinweis auf Homologien liefern? In manchen Fällen kann eine Profilsuche helfen, auch schwache Homologien zu erkennen. Profile werden aus dem multiplen Alignment einer Familie homologer Sequenzen erzeugt, indem aus der Häufigkeit des Auftretens einer Aminosäure in einer Position ein Gewicht berechnet wird, das eine positionsabhängige Scoring-Matrix darstellt. Ist beispielsweise Tryptophan an einer Position eine konservierte Aminosäure, wird ein Alignment mit Tryptophan in dieser Position günstiger sein, als wenn an dieser Position Tryptophan selten oder nicht beobachtet wurde. Darüber hinaus enthalten Profile Informationen über konservierte Positionen – die damit mehr zum Alignment beitragen können als variable Positionen – und über Regionen, in denen die Einfügung von Gaps zulässig ist.

http://expasy.hcuge.ch/sprot/prosite.html

Die ProSite Datenbank enthält eine Reihe solcher Suchprofile. Damit kann beispielsweise untersucht werden, ob eine neue Sequenz eine PH-Domäne enthält, eine SH2- oder SH3-Domäne, oder eine aus der Vielzahl anderer Funktionsmodule, die die Evolution häufig in unterschiedlichem Kontext in verschiedenen Proteinen wiederverwendet hat. Solche Profile können enorm leistungsfähig sein, wenn sie sorgfältig erstellt wurden: Die Dokumentation zu dem PH-Domänen-Profil in der ProSite Datenbank beschreibt, dass alle 76 in SwissProt enthaltenen PH-Domänen mit dem Profil gefunden werden und keine falsch positiven Sequenzen dabei auftreten. Dies ist deutlich besser als die Suche mit irgendeiner Mutationsdatenmatrix. Das *Schweizer Institut für experimentelle Krebsforschung* stellt den Vergleich einer Sequenz mit den vorhandenen ProSite-Profilen über das WWW zur Verfügung.

http://ulrec3.unil.ch/software/PFSCAN_form.html

28.5 Wege zur Tertiärstruktur

Die „Königsfrage" der Sequenzanalyse ist die Vorhersage einer dreidimensionalen Struktur aus der Kenntnis der Sequenz: das sogenannte Proteinfaltungsproblem. Da wir seit Christian Anfinsens Experimenten zur Rückfaltung von Proteinen wissen, dass die Sequenz die gesamte Information für die Raumstruktur eines Proteins beinhaltet, sollte das Problem im Prinzip lösbar sein. Dennoch ist es seit nunmehr 30 Jahren intensiver Forschung nicht gelungen, einen Algorithmus anzugeben, der ausschließlich anhand der Sequenz die dreidimensionale Struktur auch nur annähernd richtig vorhersagt. Eine Ausnahme ist, wenn Homologien zu bekannten Strukturen gefunden werden.

28.5.1 Homologiemodellierung

Da homologe Proteine ähnliche 3D-Strukturen besitzen, kann Homologiemodellierung als bisher einziges Verfahren zur Tertiärstrukturvorhersage benutzt werden. Für Proteine mit etwa 90 % Sequenzidentität sind Homologiemodelle fast so genau wie experimentell bestimmte Strukturen. Darunter sinkt die Genauigkeit. Leider lassen sich Regionen mit Gaps nicht zuverlässig modellieren und auch aufwendige Kraftfeldrechnungen und *Molecular-Dynamics*-Simulationen scheinen weder die modellierte Struktur wesentlich zu verbessern, noch Schleifenregionen anderer Länge oder wesentlich unterschiedlicher Sequenz zur Ausgangsstruktur zuverlässig zu modellieren. Damit wird aber – unter pragmatischen Gesichtspunkten – die Homologiemodellierung sehr einfach: Zunächst werden auf die Peptidkette der am nächsten verwandten Struktur die Seitenketten der gewünschten Sequenz modelliert. Gaps werden modelliert, falls es in anderen, homologen Strukturen Sequenzen der gewünschten Länge gibt. Falls nicht, werden diese Regionen ausgelassen. Weitere energetische Verfeinerungen oder Modellierungen aus Schleifenmotivbibliotheken können unterbleiben, da nicht davon ausgegangen werden kann, dass das Ergebnis die Struktur richtiger macht.

Über das WWW wird von der Universität Lausanne eine automatische Homologiemodellierung angeboten. Das Programm geht folgendermaßen vor:

http://expasy.hcuge.ch/swissmod/
SWISS-MODEL.html

- Überlagerung homologer 3D-Strukturen
- Generierung eines multiplen Alignments
- Berechnung einer Peptidkette aus gemittelten Koordinaten
- Schleifenrekonstruktion aus einer Koordinatenbibliothek
- Vervollständigung der Peptidkette
- Einbau und Korrektur von Seitenketten
- Verifizierung der Struktur durch Vergleich der Seitenkettenumgebung und der Packung des Proteins, um Problembereiche zu identifizieren.

Der anfälligste Schritt der Homologiemodellierung ist das Alignment stark divergierter Sequenzen. Hier kann in günstigen Fällen eine Alternative zum Sequenzalignment weiterhelfen: das *sequence threading*. Dabei wird analysiert, inwieweit eine gegebene Sequenz mit einer bestimmten Struktur kompatibel ist.

28.5.2 Threading[16–18]

Es ist gut dokumentiert, dass Proteine auch ohne erkennbare Sequenzähnlichkeit bemerkenswert ähnliche 3D-Strukturen haben können. Beispiele sind die verschiedenen Proteine mit einer TIM-Barrel-Faltungstopologie oder Aktin und Hexokinase. Aktuelle Schätzungen gehen davon aus, dass die bislang bekannten Faltungstopologien bis zu 50 % aller natürlich vorkommender Topologien darstellen könnten – zumindest für lösliche, globuläre Proteine. Das bedeutet, es besteht eine signifikante Chance, dass ein neu entdecktes Protein strukturelle Ähnlichkeit mit einem bekannten Protein besitzt. *Threading* (engl. für Auffädeln) ist ein Verfahren, das auch ohne erkennbare Sequenzhomologien unter Umständen strukturelle Hypothesen erlaubt. Dabei wird eine Sequenz auf das Rückgrat einer bekannten Struktur „gefädelt" und die Wechselwirkungen zwischen den Aminosäuren werden nach einem „Paarpotential" bewertet (Abb. 28.23). Die Position der Sequenz auf dem Rückgrat kann optimiert werden. Auch Gaps und Insertionen lassen sich berücksichtigen. So lässt sich berechnen, in welcher 3D-Konformation für die Sequenz günstige Wechselwirkungen möglich sind und ob diese auffällig besser sind, als die Verteilung alternativer (vermutlich falscher) Konformationen.

http://lore.came.sbg.ac.at/

http://globin.bio.warwick.ac.uk/~jones/threader.html

Zwei allgemein verfügbare Programme für das Threading sind ProFit aus der Gruppe von Manfred Sippl, einem der Pioniere auf diesem Gebiet, und Threader von David T. Jones.

> Zwei Problemfelder seien kurz erwähnt: Die *objective function*, jene Funktion, mit der die Wechselwirkungen bewertet werden, muss spezifisch und robust sein. Ungünstige Wechselwirkungen müssen von günstigen gut unterscheidbar sein, aber geringe Fehler in der räumlichen Anordnung – wie sie bei diesem Verfahren zu erwarten sind – dürfen sich nicht allzusehr auf das Ergebnis auswirken.

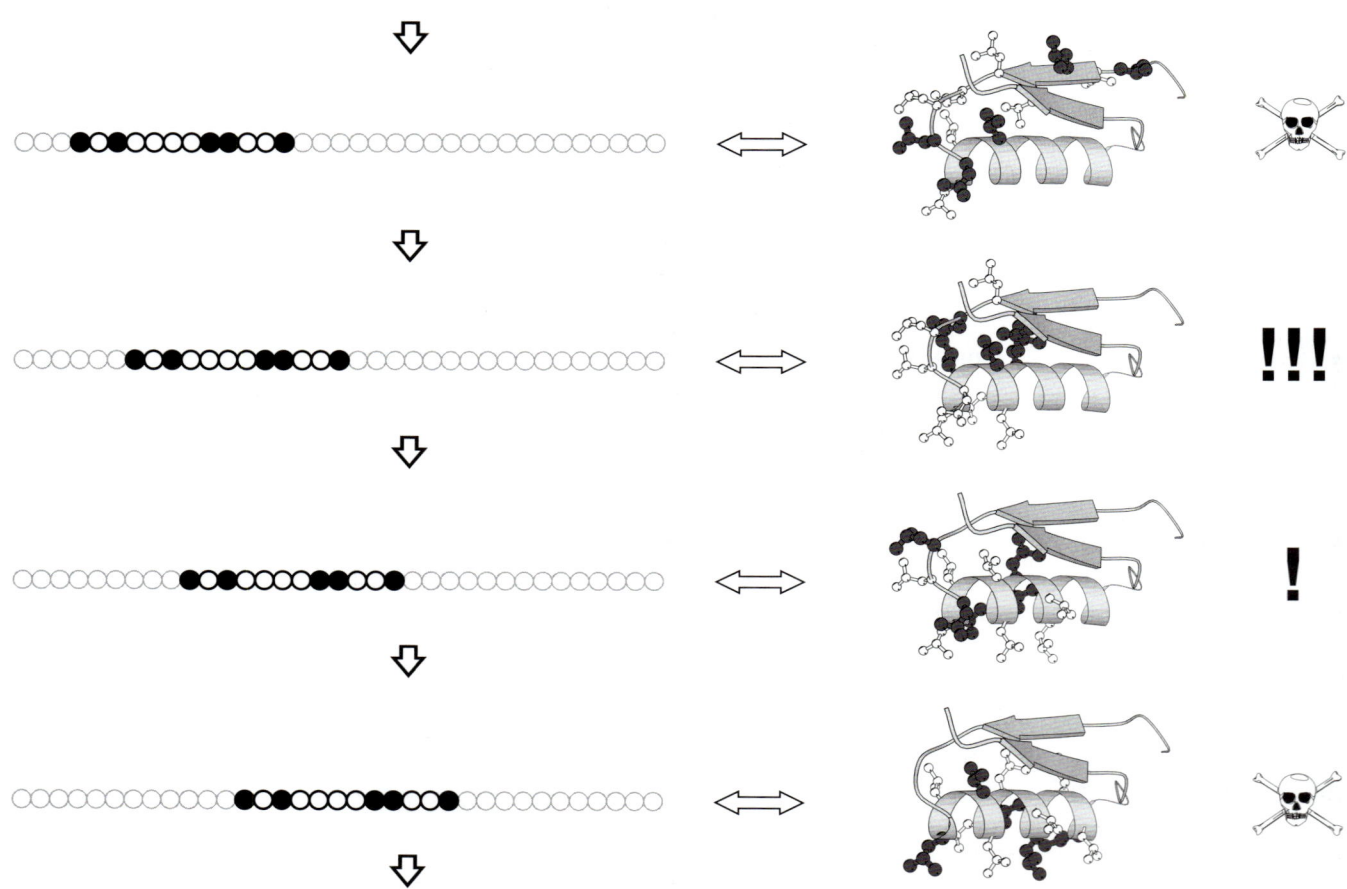

28.23 Schema eines Threading-Algorithmus. Ein Suchmotiv wird schrittweise über eine Sequenz geschoben und in der zugehörigen Konformation der Proteinstruktur bewertet. Konformationen, die eine signifikante Zahl von günstigen Wechselwirkungen machen, können der nativen Konformation des Suchmotivs entsprechen, andere werden verworfen.

Dies sind natürlich widersprüchliche Anforderungen, und die Entwicklung geeigneter *objective functions* ist ein aktives Gebiet der Forschung. Erste Erfolge wurden mit sogenannten empirischen Paarpotentialen erzielt, Pseudoenergien, die sich aus der Statistik der Abstandsverteilungen zwischen Aminosäurepaaren in der Strukturdatenbank ermitteln lassen. Jüngere Ergebnisse zeigen aber, dass einfache Solvatationspotentiale oder Kontaktpotentiale beinahe ebenso gut geeignet sind, und es wird diskutiert, inwieweit das Verfahren überhaupt auf spezifischen Wechselwirkungen basiert, oder ob der Erfolg des Verfahrens allein auf dem Prinzip „Hydrophile Reste nach außen, hydrophobe nach innen" beruht.

Insertionen und Deletionen stellen ein weiteres Problem dar. Da die Einführung von Gaps bei dem Vergleich zweier Strukturen nicht physikalisch beschrieben werden kann, wird ein Verfahren gebraucht, das die wahrscheinlichste Lage der Gaps bestimmt. Dynamic-Programming-Alignment löst das Gap-Problem, indem die global optimale Kombination der Gaps gesucht wird. Da die Qualität eines Threads aber nicht wie die Qualität eines Alignments aus einer lokalen, paarweisen Betrachtung einzelner Subalignments heraus berechnet werden kann, sondern eine kontextabhängige, globale Größe ist, gibt es keinen effizienten Algorithmus, global optimale Lösungen für Sequenz-Strukturkombinationen anzugeben. Optimales Threading ist ein nicht-lokales Problem, wenn Gaps zugelassen werden, und die Lösungen müssen näherungsweise oder heuristisch gesucht werden.

Dennoch ist Threading ein Verfahren, das auch schon auf Erfolge verweisen kann. Steven Bryant entdeckte durch seinen Threading-Algorithmus eine mögliche Verwandtschaft von Leptin, dem *obesity*-Genprodukt, mit helikalen Cytokinen wie Interleukin-2 und dem Wachstumshormon. Dies führte zu der Hypothese, dass die *obesity*-Funktionen über den JAK-STAT Signaltransduktionsweg durch Bindung an einen Cytokinrezeptor vermittelt werden können. Dies konnte mittlerweile experimentell bestätigt werden.

28.5.3 Ab-initio-Strukturvorhersagen[19–21]

Denkbar wäre es, den Vorgang der natürlichen Proteinfaltung in einer Computersimulation – der Moleküldynamik – nachzuvollziehen. Dabei werden in kurzen Zeitschritten alle Kräfte, die auf die Atome eines Proteins wirken, aus den Ortskoordinaten aller Atome berechnet, aus diesen Kräften die Beschleunigung, die Änderung des Impulses und letztlich neue Ortskoordianten.

Eine Reihe praktischer und prinzipieller Probleme treten dabei allerdings auf. Zunächst sind die zu berechnenden Systeme sehr groß: Typische Proteine besitzen mindestens 200 Aminosäuren, also mehr als 2000 zu simulierende Atome. Da *in-vacuo*-Simulationen zu erheblichen Verzerrungen der Kräfte im Protein führen, muss das Simulationssystem solvatisiert werden. Typischerweise übersteigt die Anzahl der Lösungsmittelatome dabei jene des Proteins um den Faktor zehn. Diese 20 000 Teilchen sind in Zeitschritten von 2 Femtosekunden (der Schwingungsperiode typischer kovalenter Bindungen) zu simulieren. Die Anzahl der Wechselwirkungen, die dabei berücksichtigt werden müssen, hängt vor allem von der Behandlung der elektrostatischen Kräfte großer Reichweite ab. Im Prinzip müssen diese für alle $4 \cdot 10^8$ Paare berechnet werden. Moderne Verfahren berechnen zwar nur die Wechselwirkungen sehr nahe benachbarter Teilchen in jedem Schritt neu und die für weiter entfernte Teilchen seltener. Dennoch verbleiben einige hunderttausend Einzelrechnungen pro Zeitschritt. Da sich die interessanten Ereignisse der Proteinfaltung im Sekundenbereich abspielen, müssten diese Einzelrechnungen für jeden der über 10^{15} Zeitschritte berechnet werden.

Trotz aller Fortschritte der Computertechnik gehen wir davon aus, dass unsere Rechner noch mindestens 10^8 mal leistungsfähiger werden müssten, um solche Simulationen bis zur Faltung eines Proteins *in silico* zu bewältigen.

Dabei ist aber auch die Frage nach der Richtigkeit solcher Rechnungen offen. Die Freie Enthalpie der Faltung typischer Proteine liegt im Bereich von 20 bis 80 kJ mol^{-1}, ein vergleichsweise geringer Betrag, der etwa der Freien Energie einiger Wasserstoffbrücken oder der Wechselwirkungen eines halben Dutzend Methylgruppen im hydrophoben Kern entspricht. Sie setzt sich aus gegensinnigen enthalpischen und entropischen Komponenten zusammen, die jede für sich bis zu zwei Größenordnungen größer als ihre Differenz ist. Unsere Simulationsrechnung dürfte also keine Fehler von deutlich mehr als einem Prozent über die Gesamtdauer der Rechnung akkumulieren. Schon bei den heute durchgeführten Rechnungen beobachten wir, dass die Simulation zwar eine Gleichgewichtsstruktur erreicht. Diese unterscheidet sich aber signifikant von experimentell bestimmten Strukturen. Auch wenn wir diesen Unterschieden – im Bereich von 1 Ångstrom – keine funktionale Bedeutung zuordnen können, weisen sie doch auf Ungenauigkeiten der Kraftfeldparameter hin oder auf Auswirkungen der notwendigen Vereinfachungen. Ob damit die Molekulardynamik überhaupt zur Lösung des Proteinfaltungsproblems beitragen kann, ist eine offene Frage.

Alternative Verfahren stützen sich auf statistische Analysen der paarweisen Wechselwirkungen von Aminosäuren in den bekannten Proteinstrukturen. Diese können als empirische Paarpotentiale oder Pseudoenergien die entropischen und enthalpischen Wechselwirkungsenergien sowie die Interaktionen mit dem Lösungsmittel zusammenfassen.

http://PredictionCenter.llnl.gov/

Um neue Verfahren zur Strukturvorhersage zu vergleichen und zu überprüfen, wurde ein Strukturvorhersage-Wettbewerb ins Leben gerufen: CASP. Sequenzen von Proteinen, deren 3D-Struktur kurz vor der Aufklärung steht, werden veröffentlicht, die strukturellen Vorhersagen gesammelt und anschließend mit den experimentellen Strukturen verglichen. Im Herbst 1996 wurden in der zweiten Auflage des Wettbewerbs keine wesentlichen Fortschritte bei der Lösung des Proteinfaltungsproblems festgestellt. Zwar wurden die meisten vorherzusagenden Strukturen, die ein Strukturhomologes in der Proteindatenbank hatten, richtig zugeordnet. Wenn allerdings keine solchen Modelle gefunden werden konnten, versagten auch die Vorhersagen. Die Leistungsfähigkeit der Strukturmodellierung nimmt rapide ab, wenn zwischen Sequenz und Modell weniger als 20 % Sequenzidentität festgestellt werden. Bei weitem die größte Fehlerquelle sind Fehler beim Alignment der gesuchten Sequenz auf das Strukturmodell. Richtiges Sequenzalignment – der Schwerpunkt dieses Kapitels – bleibt auch bei der Strukturvorhersage die wichtigste Voraussetzung für die biologische Interpretation.

28.6 Ausblick

Die großen Sequenzierungsprojekte und das Internet haben die Bioinformatik und die Sequenzanalysen in den letzten Jahren fundamental verändert. Das Gebiet befindet sich dabei immer noch im Fluss. Leistungsfähigere Prozessoren werden noch mehr Analysefunktionen über das Internet verfügbar machen. Virtuelle Bioinformatikzentren sind geplant, die in konsistenter und integrierter Form Datenbanksuchen und Sequenzanalysen anbieten. Das Proteinfaltungsproblem wird in dem Maße an Bedeutung verlieren, in dem zu neuen Sequenzen gut charakterisierte homologe Proteine bekannt werden. Gleichzeitig entstehen neue Herausforderungen bei der Visualisierung komplexer Zusammenhänge und bei der Filterung relevanter Information aus großen Datenmengen. Während wir die heutigen Probleme in der Sequenzanalyse größtenteils effizient lösen können, befindet sich die Molekularbiologie in einem Paradigmenwechsel: Neue Schwerpunkte werden in den Bereichen Funktionen und Interaktionen biologischer Einheiten gesetzt. Aber eines ist schon heute sicher: Bioinformatische Grundkenntnisse und Erfahrung mit computergestützten Sequenzanalysen gehören heute und in Zukunft zum Rüstzeug jedes forschenden Molekularbiologen.

Die in diesem Kapitel genannten URLs werden regelmäßig auf der Webseite des Verlags aktualisiert: http://www.spektrum-verlag.com

Weiterführende Literatur

1 Mulligan M.E., Hawley D.K., Entriken R., McClure W.R. *Escherichia coli* Promoter Sequences Predict *in vitro* RNA Polymerase Activity. Nucl. Acids Res. 12, (1984) 789–800
2 Brendel V, Trifonov E.N. A Computer Algorithm for Testing Potential Prokaryotic Terminators. Nucleic Acids Res. 12, (1984) 4411–4427
3 Uberbacher E.C., Xu Y., Mural R.J. Discovering and Understanding Genes in Human DNA Sequence Using GRAIL. Methods Enzymol 266 (1996): 259–81.
4 Eisenberg et al., Proc. Natl. Acad. Sci. USA 81 (1984) 140–144
5 Chou P.Y., Fasman G.D. Prediction of the Secondary Structure of Proteins from their Amino Acid Sequence. J. Mol. Biol., 74 (1973) 263–81.
6 Garnier J.; Osguthorpe J., Robson B. J. Mol. Biol. 120 (1978) 97–120
7 Rost B. PHD: Predicting One-dimensional Protein Structure by Profile-based Neural Networks. Methods Enzymol. 266 (1996) 525–539
8 Benner S.A., Gerloff D. Patterns of Divergence in Homologous Proteins as Indicators of Secondary and Tertiary Structure: A Prediction of the Structure of the Catalytic Domain of Protein Kinases. Adv. Enzyme Regul. 31 (1991) 121–181
9 Dayhoff M.O., Barker W.C., Hunt L.T. Establishing Homologies in Protein Sequences. Methods Enzymol 91 (1983) 524–45
10 Jones D.T., Taylor W.R., Thornton J.M. The Rapid Generation of Mutation Data Matrices from Protein Sequences. Comput. Appl. Biosci. 8 (1992) 275–82
11 Gonnet G.H., Cohen M.A., Benner S.A. Exhaustive Matching of the Entire Protein Sequence Database. Science 256 (1992) 1443–5
12 Henikoff, S., Henikoff, J. G. Amino Acid Substitution Matrices from Protein Blocks. Proc. Natl. Acad. Sci. USA 89 (1992) 10915–10919.
13 Smith T.F., Waterman M.S. Identification of Common Molecular Subsequences. J. Mol. Biol. 147 (1981) 195–7
14 Pearson W.R., Lipman D.J. Improved Tools for Biological Sequence Comparison. Proc. Natl. Acad. Sci. USA 85 (1988) 2444–8
15 Altschul S. et al. Nature Genetics 6 (1994) 119–129.
16 Hendlich M., Lackner P., Weitckus S., Floeckner H., Froschauer R., Gottsbacher K., Casari G., Sippl M.J. Identification of Native Protein Folds amongst a Large Number of Incorrect Models. The Calculation of Low Energy Conformations from Potentials of Mean Force. J. Mol. Biol. 216 (1990) 167–80
17 Sippl M.J., Flockner H. *Threading* Thrills and Threats. Structure 4 (1996) 15–9
18 Madej T., Boguski M.S., Bryant S.H. Threading Analysis Suggests that the Obese Gene Product may be a Helical Cytokine. FEBS Lett 373 (1995) 13–8
19 Karplus M., Petsko G.A. Molecular Dynamics Simulations in Biology. Nature 347 (1990) 631–9
20 Sippl M.J. Knowledge-Based Potentials for Proteins. Curr. Opin. Struct. Biol. 5 (1995) 229–35
21 Shortle D. Folding Proteins by Pattern Recognition. Curr. Biol. 7 (1997) R151-R154

29 Proteomanalyse

1975 veröffentlichten O'Farrel und Klose unabhängig voneinander zwei Arbeiten mit spektakulären Bildern, in denen sie zeigten, dass die Kombination von isoelektrischer Fokussierung und SDS-Gelelektrophorese in der Lage ist, äußerst komplexe Proteingemische aufzutrennen. Dieses neue Verfahren, die **zweidimensionale Gelelektrophorese**, setzte sich rasch als hochauflösende Trenntechnik zur Reinheitsprüfung und zur Isolierung von Proteinen durch. Bald versuchte man auch, die in den Proteinmustern enthaltene Information zur Lösung biochemischer und medizinischer Fragestellungen auszunutzen. Über den Vergleich der Proteinmuster aus verschiedenen definierten Zuständen einer Zelle oder einer Körperflüssigkeit (z. B. krank oder gesund, verschiedene Stoffwechselzustände etc.) wurden Veränderungen im Proteinmuster sichtbar, die für diese Zustände charakteristisch waren (Abb. 29.1). Diese Strategie zur Bearbeitung biologischer Fragestellung ist der **subtraktive Ansatz**. Doch die analytischen Methoden zur Proteincharakterisierung (Sequenzanalyse, Aminosäurenanalyse) waren damals noch nicht in der Lage, so geringe Mengen an Protein, wie sie in den zweidimensionalen Gelen getrennt werden konnten, zu analysieren. Erschwerend kam hinzu, dass die Proteine in ein Gelmaterial eingebettet waren, das mit diesen proteinchemischen Techniken inkompatibel war. Die Ergebnisse der subtraktiven Ansätze hatten daher meist nur diagnostischen Wert. Man erkannte zwar im Proteinmuster wichtige Proteine, konnte aber über deren Identität keine Aussagen machen. Dies änderte sich erst, als die proteinchemischen Methoden verbessert und viel empfindlicher wurden. Gleichzeitig fand man Wege, um die Proteine einerseits in der Gelmatrix zu spalten und andererseits sie aus der Gelmatrix auf chemisch inerte Membranen zu transferieren und dort zu analysieren. Aus den Erfolgen der subtraktiven Strategie wuchs dann die Idee, das gesamte Proteinmuster einer Zelle darzustellen und quantitativ zu interpretieren – dies ist die Zielsetzung der Proteomanalyse.

Der Begriff *Proteom* wurde 1995 von dem Australier Marc Wilkins geprägt, der damit das *gesamte Proteinäquivalent eines Genoms* bezeichnete. Dieser Begriff umschreibt das vollständige Proteinmuster einer Zelle, eines Organismus oder einer komplexen Körperflüssigkeit.

> Ein Proteom ist die quantitative Darstellung des gesamten Proteinexpressionsmusters einer Zelle, eines Organismus oder einer Körperflüssigkeit unter genau definierten Bedingungen.

Die Begriffe *Genom* und *Proteom* klingen zwar sehr ähnlich, sie beschreiben jedoch zwei fundamental unterschiedliche Dinge: Ein **Genom** ist ein gut definiertes, statisches Gebilde, das durch die Abfolge, Art und Zahl seiner Nucleotide genau definiert ist. Ein Genom liegt physikalisch vor und kann isoliert und experimentell untersucht werden.

Ein Proteom reflektiert die Proteinexpression und ist daher ein ungeheuer dynamisches Objekt, das durch eine große Anzahl von Parametern beeinflusst wird (Abb. 29.2). So sind im Leben einer Zelle oder eines Organismus niemals alle Gene angeschaltet, und das empfindliche Gleichgewicht zwischen Proteinsynthese

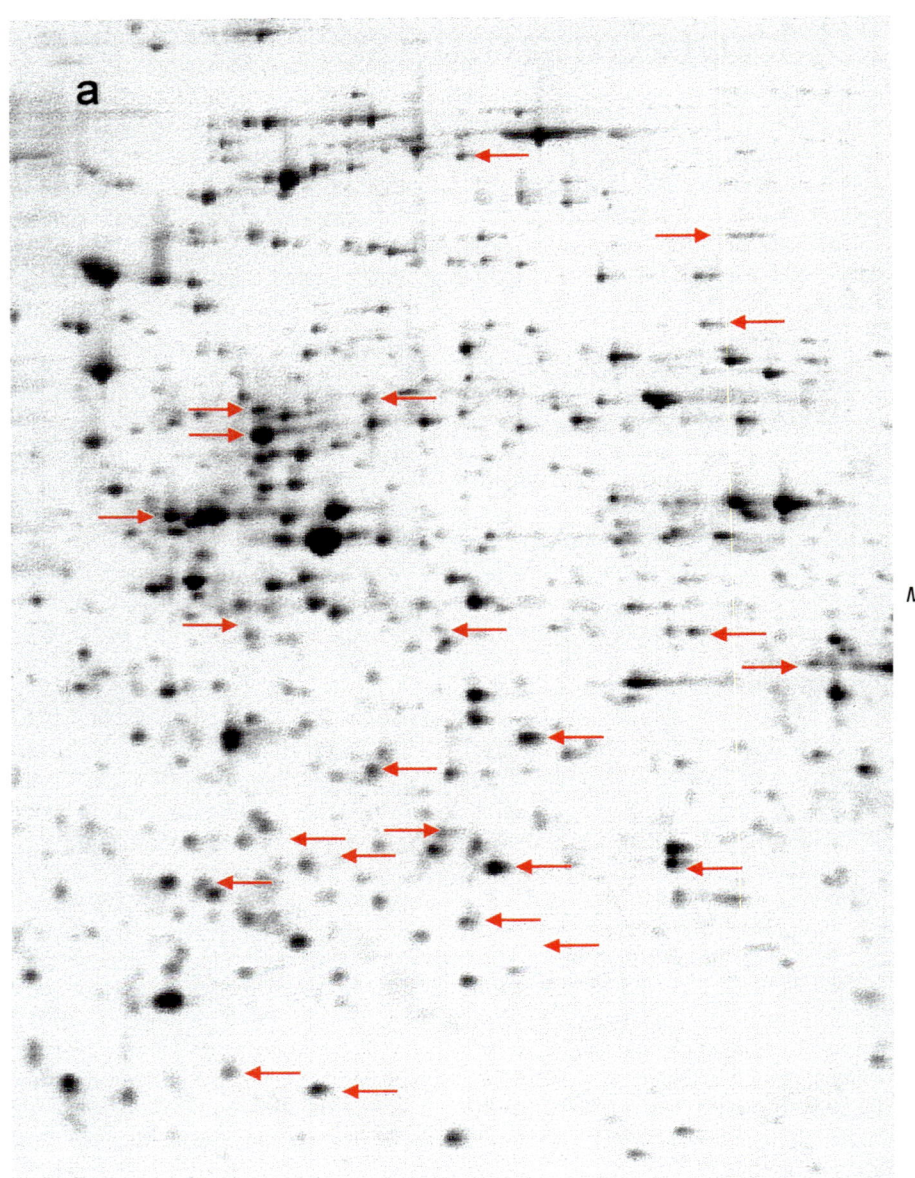

29.1 Subtraktiver Ansatz. Eine Zelle (*E. coli*) wird aus einem Ausgangszustand (a) durch ein Ereignis (andere Kulturbedingungen) in einen anderen Zustand (b) gebracht. Die Proteinmuster beider Zustände werden verglichen. Die Veränderungen im Proteinmuster (durch rote Pfeile gekennzeichnet) sind auf das auslösende Ereignis direkt oder indirekt zurückzuführen.

und Proteinabbau kann unter verschiedenen Stoffwechselbedingungen oder Umgebungsbedingungen sehr unterschiedlich sein. Dies führt einerseits dazu, dass zur reproduzierbaren Darstellung eines Proteoms alle Randbedingungen (z. B. für die Zellkultur, Aufbereitung der Zellen, Trennbedingungen etc.) möglichst genau definiert sein müssen, was sich in der Praxis oft als sehr schwierig herausstellt, da ja oft die Parameter, auf die die Zelle empfindlich reagiert, gar nicht bekannt sind. Die sensitive Abhängigkeit von verschiedensten Parametern bietet aber andererseits auch die Möglichkeit, die Veränderungen des Proteinmusters als empfindlichen Sensor einzusetzen und durch gezielte kleine Veränderungen netzwerkartige Zusammenhänge zu erkennen.

Die technisch große Schwierigkeit dabei ist es, die in der Natur vorliegenden quantitativen Verhältnisse auch während der Proteomanalyse nicht zu verändern; dies gilt vor allem für die Probenvorbereitung und die Proteintrennungsschritte.

Die Analyse eines Proteoms liefert im Idealfall die **aktuell vorhandene Menge** jedes interessierenden Proteins. Dies sind Daten, die mit molekularbiologischen

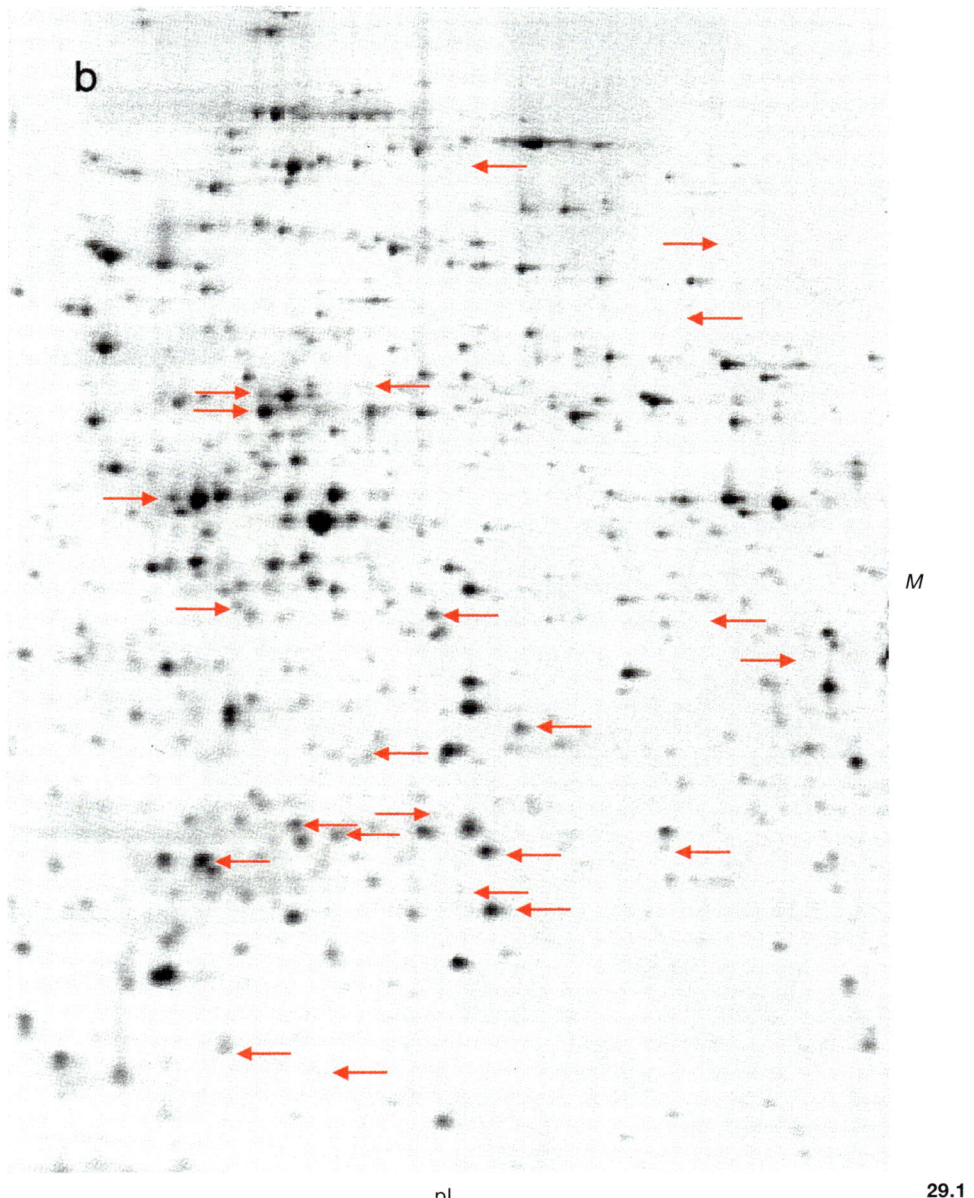

29.1 (Fortsetzung)

Techniken prinzipiell nicht erzielt werden können, da keine strikte Korrelation zwischen der Menge einer mRNA und der dazugehörigen Proteinmenge besteht. Translationsregulation, mRNA-Stabilität, Proteinstabilität und Proteinabbau können bei einer mRNA-Analyse nicht erfasst werden und verhindern daher die Aussage über die aktuelle, in der Zelle vorhandene Proteinmenge.

Eine weitere wichtige Information, die aus Nucleinsäuredaten prinzipiell nicht erhalten werden kann, sind Aussagen über **posttranslationale Ereignisse**. Fast kein Protein wird in der Natur so verwendet, wie es nach der Translation der mRNA zunächst vorliegt. Sehr häufig wird das neu synthetisierte Protein prozessiert, das heißt, es werden Aminosäuren oder Peptide vom *N*- oder *C*-terminalen Ende des translatierten Proteins abgespalten. Dies kommt vor allem bei Enzymen sehr häufig vor, wo durch die Spaltung einer Peptidbindung das inaktive Enzym zu seiner aktiven Form konvertiert oder ein aktives Enzym durch weitere Prozessierung wieder inaktiviert wird. Dieser Mechanismus der sog. limitierten Proteolyse spielt in der Natur eine sehr wichtige Rolle und wird zur Regulation von ganzen Reaktionskaskaden (z. B. der Blutgerinnung) eingesetzt.

Auch andere posttranslationale Modifikationen finden häufig statt: Phosphorylierung, Sulfatierung, Acetylierung, Methylierung, die Verknüpfung bestimmter Aminosäuren mit Lipiden oder Glykanen sind die häufigsten unter den mehr als 150 bekannten posttranslationalen Modifikationen. Fast keine davon ist auf DNA-Ebene determiniert; sie bestimmen aber ganz entscheidend die biologische Funktion.

> Die Proteomanalyse liefert – im Gegensatz zur Analyse der DNA oder RNA – die aktuell vorhandene Menge und die posttranslationalen Modifikationen jedes Proteins.

29.1 Methoden der Proteomanalyse

Eine Proteomanalyse lässt sich in verschiedene Abschnitte einteilen, die im Folgenden einzeln besprochen werden. Der erste und der letzte Abschnitt (29.1.1 und 29.1.6 sind dabei die Schlüsselpunkte zur Beantwortung einer biologischen Fragestellung und machen das eigentliche Wesen der Proteomanalyse aus.

- Definition der Ausgangsbedingungen und Fragestellung,
- Probenvorbereitung,
- Trennung der Proteine,
- Bildverarbeitung und Quantifizierung der Proteine,
- Datenanalyse,
- Identifizierung und Charakterisierung der Proteine,
- Bioinformatik.

29.1.1 Definition der Ausgangsbedingungen und Fragestellung

Die Hauptzielsetzung einer Proteomanalyse ist es, netzwerkartige und sonst nur schwer zugängliche, komplexe funktionelle Zusammenhänge sichtbar zu machen. Dies erreicht man, indem man ganz allgemein über die Störung eines gegebenen Zustandes die damit einhergehenden Veränderungen misst (**Perturbationsanalyse**). Wenn man bedenkt, dass ein Proteom auf Veränderungen empfindlich reagiert und seinen bearbeitbaren und definierten Inhalt erst durch die Festlegung der Umgebungsbedingungen erhält (Abb. 29.2), wird schnell klar, dass der genauen Beschreibung aller nur erdenklichen Parameter ein extrem hoher Stellenwert zukommt. In der Tat ist die *Fragestellung,* unter der eine Proteomanalyse durch-

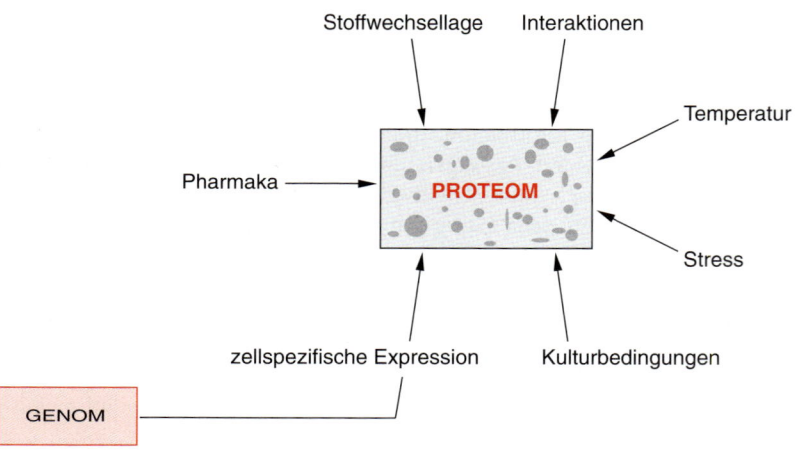

29.2 Einfluss verschiedener Parameter auf die Proteinexpression. Die aktuelle Menge eines Proteins in einer Zelle wird von den verschiedensten Einflussgrößen bestimmt und reagiert sehr empfindlich auf Veränderungen dieser Größen.

geführt wird, der entscheidende Aspekt. Eine vergleichende Proteomanalyse zweier Zustände ist nur sinnvoll, wenn man weiß, wodurch sich diese beiden Zustände unterscheiden (allgemein gesprochen: was die Natur der Störung ist). Sinnvollerweise wird man auch den Unterschied zwischen den Zuständen klein halten, um die Zahl der Veränderungen im Proteinmuster überschaubar zu halten. Wichtig bei der Bewertung von differenziellen Proteinmustern ist auch, sich den Einfluss und das Ausmaß von genetisch bedingten Heterogenitäten wie Polymorphismen oder Mutationen vor Augen zu halten.

29.1.2 Probenvorbereitung

Mit der Zielsetzung der Proteomanalyse, die quantitativen Verhältnisse der Proteine zueinander zu bestimmen, sind die üblichen Schritte der Probenvorbereitung in der Proteomanalyse ungeeignet. Mit klassischen Verfahren wird normalerweise ein bestimmtes Protein (oder einige wenige Proteine) aus einer komplexen Matrix isoliert, dabei wird oft zugunsten einer höheren Reinheit die quantitative Ausbeute, vor allem der anderen „uninteressanten" Proteine, als weniger wichtig bewertet.

Probenvorbereitung Kapitel 2

Bei den klassischen Verfahren der Probenvorbereitung und Reinigung werden normalerweise mehrstufige Techniken eingesetzt, die alle mit unvermeidlichen und leider proteinspezifischen Verlusten behaftet sind. Außerdem ist die Auftrennung der Proteine in einzelne Fraktionen keineswegs vollständig: Bestimmte Proteine sind in mehreren Fraktionen anzutreffen, so dass die Gesamtmenge dieser Proteine dann äußerst schwierig quantifiziert werden kann.

Da artifizielle Veränderungen der Proteinzusammensetzung durch Proteolyse oder sonstige Modifikationen (z. B. Oxidationen) vermieden werden müssen, spielt bei der Proteomanalyse auch die Zeit der Probenaufarbeitung eine wichtige Rolle.

Aus den vorherigen Punkten ergibt sich, dass die Probenvorbereitung für eine Proteomanalyse nur aus sehr wenigen Schritten bestehen darf, wobei alle Proteine für die weitere Auftrennung, gewöhnlich eine zweidimensionale Gelelektrophorese, in Lösung gebracht werden müssen. Um eine Störung der isoelektrischen Fokussierung zu vermeiden, sollen im Probenpuffer nur zwitterionische oder nicht-ionische Detergenzien eingesetzt werden. In der Praxis können einige Zellen direkt in dem Auftragspuffer für die zweidimensionale Gelelektrophorese gelöst werden (8 M Harnstoff, 2 % CHAPS). Für schwierige Proben (z. B. Gewebe oder schlecht lösliche Zellen, z. B. fasrige Zellen) müssen spezielle Probenvorbereitungsprotokolle ausgearbeitet werden, die dann auch einen kritischen Schritt in diesen Proteomanalysen bedeuten. Immer sollte vor der Trennung durch die zweidimensionale Gelelektrophorese die Probe durch Hochgeschwindigkeitszentrifugation von eventuell ungelöstem Material befreit werden.

Zweidimensionale Elektrophorese Abschnitt 10.5

29.1.3 Trennung der Proteine

Wie schon in Kapitel 2 beschrieben, ist zur Zeit die zweidimensionale Gelelektrophorese die einzige Trenntechnik, die in der Lage ist, einen Trennraum von etwa 10 000 Komponenten zur Verfügung zu stellen, was etwa der Gesamtzahl der Proteine in einfachen Zellen entspricht. Andere prinzipiell denkbare multidimensionale Verfahren wie z. B. die Chromatographie haben sich auf Grund einiger gravierender Probleme bis jetzt nicht etabliert und sollen daher hier auch nicht weiter diskutiert werden.

Die zweidimensionale Gelelektrophorese hat viele Eigenschaften, die sie für die Proteomanalyse besonders geeignet machen:

- Hohe Auflösung (bis zu 10 000 Komponenten können in einem Gel getrennt werden);
- mit Immobilinen in der ersten Dimension (IEF) können bestimmte pH-Bereiche gespreizt werden, was den Vorteil höherer Auflösung in speziellen pH-Bereichen bietet.
- Die zweidimensionale Gelelektrophorese ist mit Detergenzien kompatibel und daher für alle Proteine universell einsetzbar. Sie kann so prinzipiell auch hydrophobe Proteine wie Membranproteine auftrennen.
- Durch neue Auftragstechniken können Milligramm-Mengen von Proteinen präparativ in einem zweidimensionalen Gel getrennt werden.
- Sie ist relativ rasch durchzuführen (wenige Tage) und
- sie ist eine hochparallele Methode, d. h. es werden alle Proteine zur gleichen Zeit bearbeitet.

Diesen unbestreitbaren Vorteilen gegenüber anderen Methoden stehen aber auch einige gravierende Limitationen entgegen, deren Beseitigung oder Umgehung zur Zeit im Zentrum intensiver Bemühungen stehen.

Limitationen der zweidimensionalen Gelelektrophorese:

- Fehlende Automatisierung, daher begrenzte Reproduzierbarkeit (jeweils Abweichungen von einigen Prozent in der Position und bis zu 20 % in den relativen Mengen einzelner Proteine),
- schwierige technische Durchführung;
- der Transfer von der ersten (IEF) auf die zweite Dimension (SDS-PAGE) ist nicht vollständig und birgt Gefahr von Proteinverlusten.
- Die Matrix ist nicht inert, die Proteine müssen zur weiteren Analytik aus der Gelmatrix gebracht werden.
- Keine ausreichende Dynamik, d. h. sehr selten vorkommende Proteine können nicht gleichzeitig neben sehr häufigen Proteinen dargestellt werden.
- Es gibt keine guten Methoden, um Proteine in der Gelmatrix zu quantifizieren.

Die letzten beiden Punkte sind für eine Proteomanalyse sicher die problematischsten. Häufige Proteine in der Zelle können einige Prozent des Gesamtproteins ausmachen, wogegen sehr seltene Proteine, darunter so wichtige wie Transkriptionsfaktoren oder Proteine der mitotischen Spindel oft in nur wenigen Kopien pro Zelle vorkommen. Für die gleichzeitige Quantifizierung von Proteinen in solchen Mengenverhältnissen wäre ein dynamischer Bereich von mindestens 10^6 notwendig, d. h. Proteine in Mengenverhältnissen von 1 bis 10^6 können detektiert und quantifiziert werden. Für eine Proteomanalyse, die ja alle Proteine nebeneinander darstellen soll, ist der reale dynamische Bereich der Gelelektrophorese von maximal 10^3 eine schwerwiegende Limitation. Derzeit kann man nur versuchen, häufige und seltene Proteine möglichst weit voneinander zu separieren (mit gespreizten pH-Gradienten oder durch Vorfraktionierung), und sie in verschiedenen Analysen zu quantifizieren.

Die Quantifizierung von Proteinen in der Gelmatrix trifft die zentrale Aussage der Proteomanalyse. Die Proteine müssen für eine Quantifizierung angefärbt werden. Die Färbungsintensität ist je nach Eigenschaft des Proteins spezifisch und kann von Protein zu Protein und leider auch für unterschiedliche Proteinmengen sehr unterschiedlich sein. So adsorbieren sehr kleine Proteinmengen prinzipiell relativ mehr Farbstoff als große Proteinmengen. Auch geben kleinste Variationen in den Färbebedingungen unterschiedliche Intensitäten. Die populärsten Färbungen sind die mit Coomassie Blue (Nachweisgrenze ca. 100 ng) und die empfindlichere Silberfärbung (Nachweisgrenze ca. 10 ng). Empfindlicher sind der Nachweis von radioaktiv markierten Proteinen und immunologische Färbungen.

Aufgrund der begrenzten Reproduzierbarkeit und der Probleme mit der Proteinanfärbung müssen immer **Mehrfachbestimmungen** (ca. 5–10 Gele der gleichen Probe, möglichst von unabhängigen Aufarbeitungen) durchgeführt werden, um eine statistisch sinnvolle, quantitative Aussage zu erhalten. Heute lässt sich bei optimal durchgeführten Analysen eine relativ gute Aussage bei Mengenveränderungen im Bereich von > 15 % treffen; es gibt aber durchaus Proteine, die spezifisch größere Variationen zeigen.

29.1.4 Bildverarbeitung und Quantifizierung der Proteine

Nach der Trennung müssen die angefärbten Proteine nun quantitativ erfasst werden. Dies geschieht bei zweidimensionalen Gelen durch Densitometrie mit einem Laserdensitometer oder mit einem Scanner. Kommerziell angebotene Software wertet die Bilder so aus, dass in einem ersten Schritt die Umrisse der Proteinspots erkannt werden, wobei man hier bis zu einem gewissen Grad über verschiedene Eingabeparameter interaktiv – je nach Gelqualität – auf die Ergebnisse Einfluss nehmen kann. Normalerweise werden aber auch bei optimal eingestellten Parametern nicht alle Spots richtig erkannt. Im Schnitt kommen wenige Prozent Fehler vor, was bei 2000 Spots immerhin noch zu 40–100 fehlerhaft erfassten Proteinen führt. An dieser Stelle muss eine erhebliche Editierarbeit geleistet werden, die bis zu einigen Stunden pro Gel betragen kann. Nach der Erfassung der Proteinspots werden diese automatisch quantifiziert und die Resultate in Datenbanken abgelegt.

Leistungsfähige Softwarewerkzeuge erlauben, Gele miteinander zu vergleichen, kleine Verzerrungen zu korrigieren und Differenzen in den Proteinmustern verschiedener Gele darzustellen. Eine Form der Darstellung ist ausschnittsweise anhand eines Vergleiches von 25 2D-Gelen mit Kontrollen in Abbildung 29.3 wiedergegeben. Schon auf dieser Ebene lassen sich differenzielle Proteinmuster und deutliche Unterschiede in den quantitativen Verhältnissen erkennen, darstellen und auswerten. Vor allem aber müssen hier die statistischen Daten zur Absicherung der Ergebnisse gewonnen werden. Gemittelte, statistisch signifikante Referenzgele der einzelnen Zustände werden hergestellt. Sie liefern dann die Basisdaten für die Bioinformatik, mit deren Hilfe dann über Korrelationsanalysen funktionelle Schlüsse gezogen werden können.

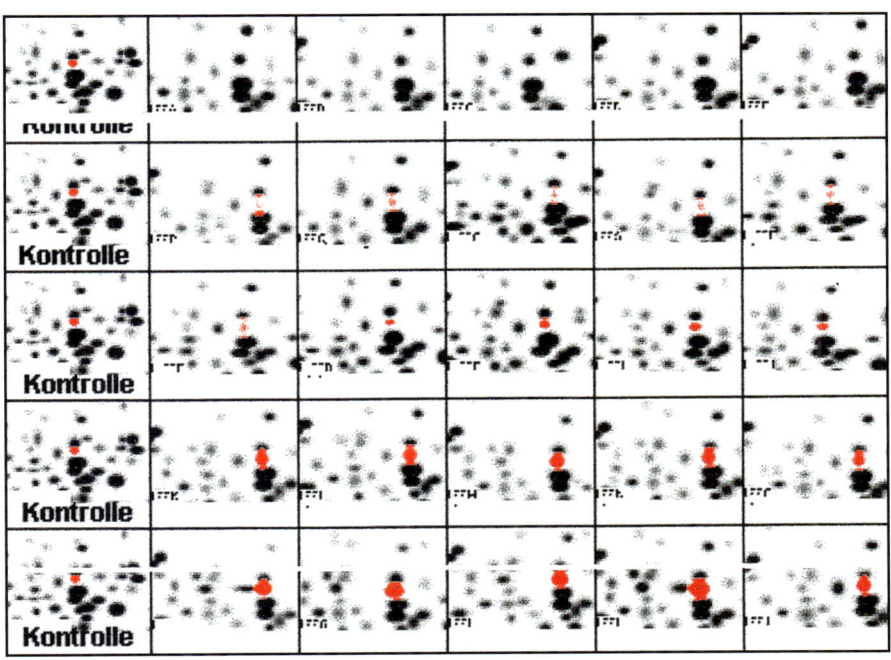

29.3 Ausschnitte von 25 Gelen aus verschiedenen Experimenten, die computerunterstützt gegen Kontrollgele verglichen werden. Die Gele sind nach der Expression eines bestimmten Proteins (rot markiert) in Gruppen geordnet. Man sieht die Reproduzierbarkeit des Proteinmusters und die signifikanten Unterschiede in der Proteinexpression des markierten Proteins.

29.1.5 Identifizierung und Charakterisierung der Proteine

Für die eigentliche proteinchemische Analyse werden auf hohen Durchsatz optimierte Techniken verwendet, die aber im Grunde nicht spezifisch für Proteomanalysen sind.

Wenn ein Protein in einem zweidimensionalen Gel getrennt vorliegt, gibt es im Wesentlichen zwei Wege, es weiter zu analysieren: Entweder man transferiert das intakte Protein aus der Gelmatrix auf eine chemisch inerte Membran und führt dort weitere proteinchemische Analysen durch, oder man zerlegt das Protein in der Gelmatrix enzymatisch in kleinere Bruchstücke, eluiert diese und analysiert sie. Beide Wege ergänzen sich und geben ganz spezifische Aussagen (Abb. 29.4).

Die Analyse des intakten Proteins

In einem ersten Schritt wird das gesamte Proteinmuster aus der Gelmatrix durch Elektroblotting auf eine PVDF-Membran geblottet. Die Transferausbeuten können dabei für durchschnittliche Proteine nahezu quantitativ sein, für große oder hydrophobe Proteine sind aber erhebliche Ausbeuteverluste zu erwarten, so dass die Quantifizierung nach dem Elektrotransfer sicher nicht mehr die ursprünglichen Verhältnisse widerspiegelt.

Proteinsequenzanalyse Kapitel 13

Sehr einfach kann eine direkte **Aminosäuresequenzanalyse** durchgeführt werden, mit der im Erfolgsfall das Protein charakterisiert und nach einer Suche in Proteindatenbanken oft auch identifiziert wird. Als Faustregel kann man bei nicht zu großen Proteinen davon ausgehen, dass ein gut sichtbarer Coomassie-gefärbter Spot für eine Sequenzanalyse ausreicht. Der minimale Mengenbedarf für die Sequenzanalyse liegt zur Zeit im untersten Pikomolbereich. Leider ist ein großer Teil der natürlich vorkommenden Proteine N-terminal blockiert und man erhält als einzige Aussage dann nur, dass das Protein am N-Terminus modifiziert ist.

Aminosäurenanalyse Kapitel 12

In diesem Fall kann man von dem auf der Membran immobilisierten Protein auch eine **Aminosäurenanalyse** durchführen. Die Aminosäurezusammensetzung ist für ein Protein charakteristisch, und man kann damit über eine Datenbanksuche ein Protein sogar relativ gut identifizieren, falls die Proteinsequenz – und damit die theoretische Aminosäurezusammensetzung in einer Datenbank hinterlegt ist. Als Resultat der Suche erhält man eine Hitliste der möglichen Proteine, die für die experimentell ermittelte Aminosäurezusammensetzung passen könnten. Technische Probleme limitieren die Methode in der Praxis allerdings auf Proteinmengen > 100 ng.

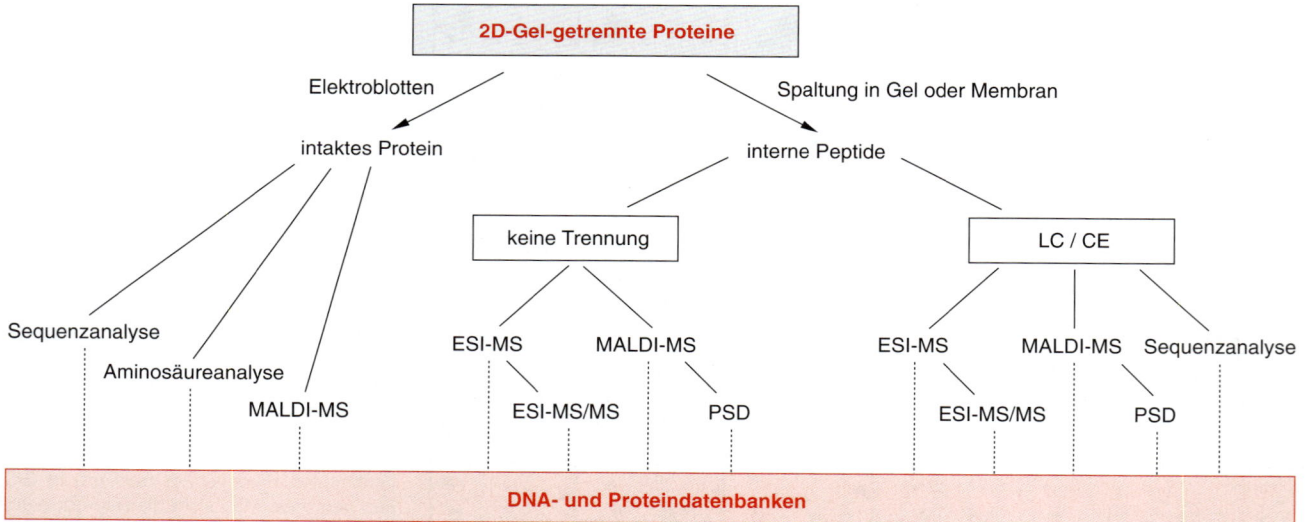

29.4 Analyse gelelektrophoretisch aufgetrennter Proteine. Ein Protein kann nach einer Trennung im 2D-Gel entweder nach Elektrotransfer auf eine Membran intakt analysiert werden oder aber nach enzymatischer Spaltung durch Analyse der entstandenen Bruchstücke.

Seit Kurzem kann man mit der **IR-MALDI-Massenspektrometrie** auch das Molekulargewicht direkt von Membran-immobilisierten Proteinen bestimmen. Diese Information wird besonders interessant und wichtig, wenn das Protein schon identifiziert (siehe unten) und das theoretische Molekulargewicht bekannt ist. Durch einen Vergleich der gemessenen mit der theoretischen Masse kann man auf das Vorhandensein posttranslationaler Modifikationen schließen – eine Aussage, die sehr wertvoll sein kann, wenn man bedenkt, dass die vollständige Analyse einer Proteinsequenz sehr aufwendig und kostspielig ist, und daher nur für Proteine durchgeführt werden sollte, die eine Modifikation tragen. Die Massenbestimmung ist allerdings zur Zeit nur für kleinere Proteine (bis etwa 50 000 Da) genügend genau, um auch kleine Modifikationen feststellen zu können.

IR-MALDI-MS
Abschnitt 14.1.6

Die Analyse der Gesamtproteine für eine Identifizierung und Charakterisierung über Aminosäuresequenzanalyse oder Aminosäurenanalyse haben den Nachteil, dass sie relativ lange dauern, aufwendig sind und doch nur eine limitierte Aussage liefern können. Für die Charakterisierung und Identifizierung setzt man daher bei der Proteomanalyse heute vor allem die auf hohen Durchsatz optimierten Analysen von internen Fragmenten ein.

Analyse interner Fragmente

Für die Analyse interner Peptide muss das Protein enzymatisch gespalten werden. Dies kann in der Gelmatrix stattfinden oder nach Transfer der Proteine auf eine inerte Membran. Da der Membrantransfer aber einen zusätzlichen Schritt bedeutet, der mit Verlusten behaftet sein kann, wird die Spaltung direkt in der Gelmatrix vorgezogen. Die Enzyme, die dafür eingesetzt werden, sind vor allem Trypsin, Endoprotease LysC und Endoprotease AspN. Nach der Spaltung werden die entstandenen Peptidfragmente meist mit organischen Lösungsmitteln und Säuren aus der Gelmatrix eluiert. Dabei ist nicht zu erwarten, dass man alle Peptide aus der Gelmatrix vollständig gewinnen kann – vor allem hydrophobe oder große Peptide liefern oft schlechte Ausbeuten oder werden gar nicht eluiert. Wenn man alle Peptidfragmente eines Proteins analysieren will – z. B. um eine posttranslationale Modifikation zu lokalisieren – muss man normalerweise das Protein in unabhängigen Versuchen mit mindestens zwei unterschiedlichen Enzymen spalten. Für die enzymatische Spaltung und Elution stehen heute erste automatisierte Systeme kommerziell zur Verfügung.

Enzymatische Spaltung
Abschnitt 8.5

Sind die Peptide aus dem Gel eluiert, müssen sie weiter analysiert werden. Hier geht man je nach Fragestellung unterschiedlich vor. Die einzelnen Schritte sind im Überblick in Abbildung 29.4 gezeigt.

> Wenn das Genom des bearbeiteten Organismus vollständig sequenziert ist, können sehr schnelle und ausschließlich massenspektrometrische Techniken angewendet werden, um das Protein zu identifizieren.

Dazu wird das Peptidgemisch nach einer schnellen Probenvorbereitung über eine Reversed Phase-Minikartusche zur Entsalzung der Proben entweder direkt der MALDI-MS oder einer ESI-(Nanospray-)MS zugeführt. In beiden Fällen erhält man eine Liste der Massen der Peptide, die in der Probe vorhanden sind. Diese gemessenen Werte vergleicht man nun mit einer Liste von Peptidmassen, die der Computer durch theoretische Spaltung *aller* Proteine einer Datenbank erzeugt hat. Im Idealfall sollten alle gemessenen Peptidmassen in der theoretischen Peptidmassenliste eines Proteins zu finden sein. In der Praxis lassen sich nur ca. 30–70 % der gemessenen Werte direkt einem einzigen Protein zuordnen, was aber praktisch immer ausreicht, um das Protein eindeutig zu identifizieren. Die restlichen Massenwerte sind manchmal auf Oxidationsprodukte, unerwartete Fragmentierungen, Peptide aus kontaminierenden Proteinen oder auch auf Modifikationen zurückzuführen.

Massenspektrometrie
Kapitel 14

Eine Alternative zur Analyse der Peptidmuster ist die massenspektrometrische Peptidsequenzierung. Sie liefert eine noch bessere Sicherheit der Identifizierung. Mit der MALDI-MS können PSD-Spektren und mit der ESI-MS Tandem-MS-Spektren generiert werden, die automatisch und in Echtzeit gegen eine Datenbank vom Computer theoretisch erzeugter MS-MS-Spektren aller Peptide des Organismus verglichen werden. Diese vollautomatische Methode führt natürlich nur zum Erfolg, wenn zum experimentellen Spektrum in der Datenbank das theoretische Äquivalent vorhanden ist, das heißt nur bei bekannter Genomsequenz. Hier lassen sich aber auch Treffer mit EST(*expressed sequence tags*)-Datenbanken erhalten, bei denen eine Analyse über eine Liste von Peptidmassen zum Scheitern verurteilt ist.

Expressed Sequence Tags Abschnitt 31.2.5

> Wenn das Genom des bearbeiteten Organismus nicht sequenziert ist oder wenn die Position einer posttranslationalen Modifikation genau ermittelt werden soll, muss das ganze Arsenal der klassischen Proteinchemie eingesetzt werden.

Zur Zeit ist die automatische Interpretation von Fragmentionenmassenspektren nicht weit genug entwickelt, in größeren Maßstab eine de novo-Sequenzanalyse von unbekannten Peptiden durchzuführen, wobei der limitierende Schritt die Auswertung der Fragmentionenmassenspektren ist. Für diese Fälle müssen die Methoden der klassischen Proteinchemie angewendet werden (Abb. 29.4). Auch hier spielen natürlich die massenspektrometrischen Methoden eine herausragende Rolle, aber sie werden dann im Verbund mit einer HPLC- oder CE-Trennung der Peptide, mit Edman-Sequenzanalyse und allen anderen verfügbaren analytischen Techniken eingesetzt. Der Durchsatz auf diesem Weg ist natürlich viel kleiner, und es wird zur Zeit besonders an der Automatisierung und Vernetzung dieser Techniken gearbeitet, um mit den hohen Anforderungen einer Proteomanalyse Schritt halten zu können.

Wenn ein Protein über Peptidsequenzen in einer (DNA)-Datenbank identifiziert ist, arbeitet man in der Regel nur in den Fällen weiter, in denen ein Hinweis auf eine posttranslationale Modifikation vorliegt. Diese Hinweise können aus dem Molekulargewicht des intakten Proteins kommen (siehe oben) oder auch aus einem Vergleich des in der zweidimensionalen Gelelektrophorese gemessenen isoelektrischen Punkts des Proteins und des aus der Datenbank errechneten isoelektrischen Punktes. Falls sich hier signifikante Abweichungen (> ca. 0,3 pH-Einheiten) ergeben, liegen mit hoher Wahrscheinlichkeit eine oder mehrere posttranslationale Modifikationen vor. Kommt es auf sehr genaue Informationen an, z. B. bei therapeutischen Proteinen, versucht man auch ohne diese Hinweise auf Modifikationen die gesamte Sequenz auf Proteinebene zu analysieren, was aber einen sehr hohen Arbeitseinsatz erfordert.

29.1.6 Bioinformatik

Bei einer Proteomanalyse fallen eine immens große Menge an Daten an, die in einer Form gespeichert werden müssen, dass sie auf bestimmte Fragen schnell abgefragt werden können. Dabei sind hier nicht nur die Daten der Gelposition, Menge und Identität des Proteins wichtig, es müssen auch alle zum Teil recht unstrukturierten Daten über die Herkunft, Herstellung und Bearbeitung der Probe zugänglich sein. Über *Links* müssen auch andere Datenbanken (klinische Datenbanken, Raumstruktur-Datenbanken, Literaturdatenbanken) bei Suchabfragen berücksichtigt werden können, wobei eine Internet-Anbindung ins WWW unerlässlich ist. Eine große Bedeutung kommt auch der Darstellung der Daten und der Resultate der Datenbankabfragen zu. So muss zum Beispiel bei der Untersuchung des Einflusses von potentiellen Pharmaka auf die Proteinexpression deutlich werden, *welche* Proteine sich *wie stark* unter dem Einfluss *welcher* Substanzen in den verschiedenen Experimenten verändern und welche Proteine gemeinsam reguliert werden. Dies sind so komplexe Zusammenhänge, dass die Softwarepakete, die zur

Sequenzdatenanalyse Kapitel 28

Bildverarbeitung und Quantifizierung eingesetzt werden, nur die einfachsten ersten Schritte abdecken können. Heute werden für die Proteomanalyse erste spezielle Datenbanksoftwarepakete entwickelt, die diese Aufgabe übernehmen sollen. Dabei spielt auch die Darstellung der komplexen Resultate eine wichtige Rolle. Zum Beispiel wird in Balkendiagrammen dargestellt, welche Menge bestimmter Proteine in verschiedenen Experimenten vorhanden sind (Abb. 29.5A). In Pfeildiagrammen kann neben Art und Größe der Veränderung (Zunahme oder Abnahme werden über die Richtung der Pfeile nach oben oder unten, die Mengenveränderung über den Winkel angegeben) auch eine statistische Signifikanz der Veränderungen über die Pfeillänge angegeben werden (Abb. 29.5B). Beide Arten der Prä-

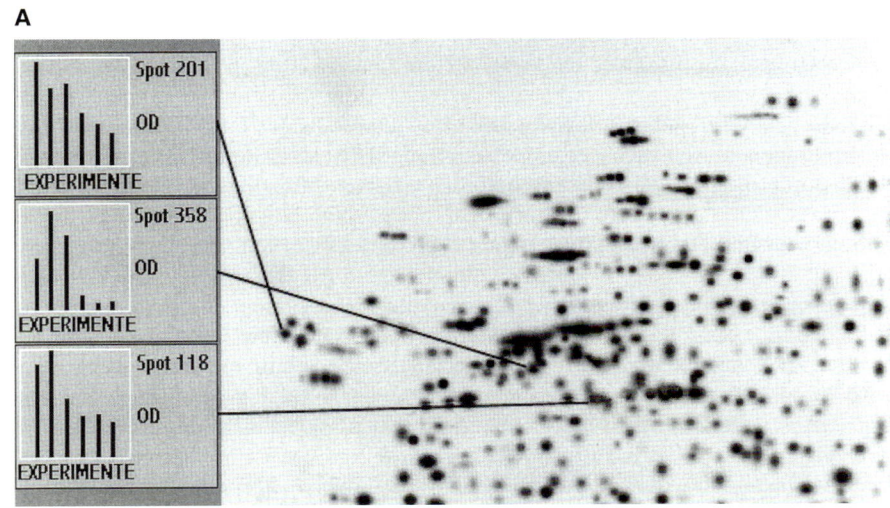

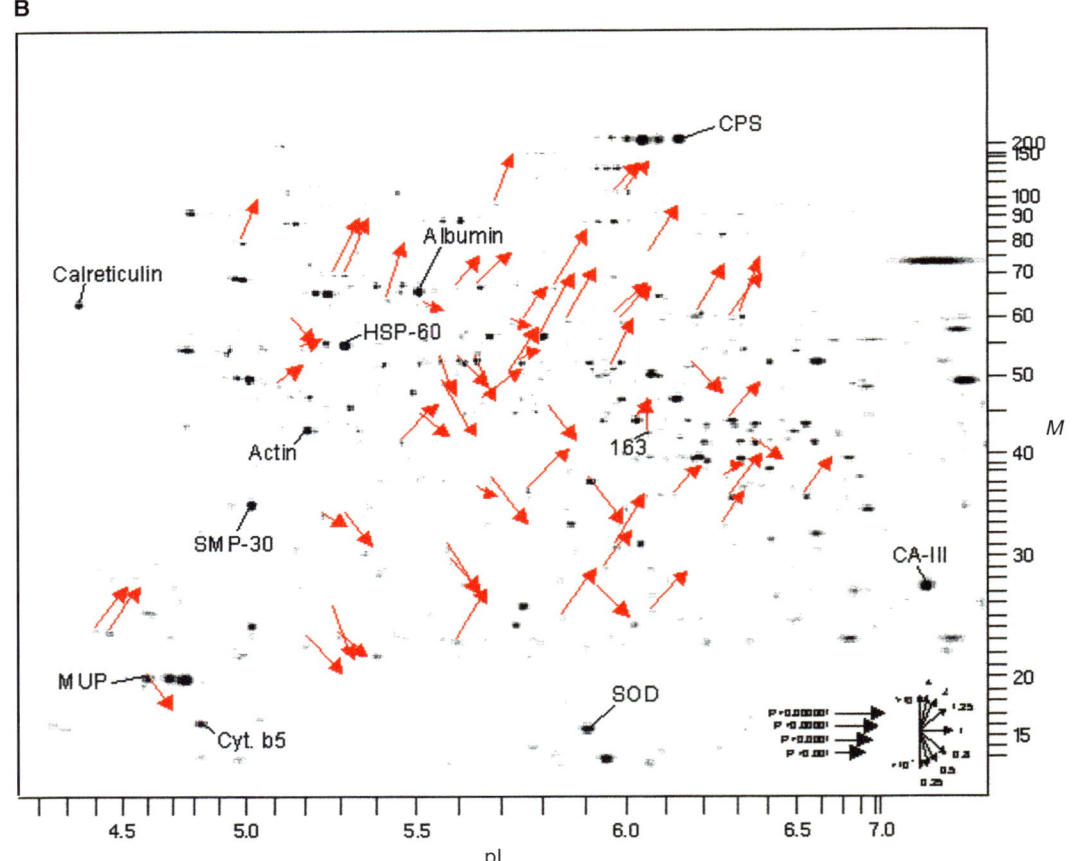

29.5 Darstellung der Resultate einer Proteomanalyse. A. Die Mengen einzelner Proteine in verschiedenen Experimenten (hier: unterschiedliches Alter einer Zelle) werden, normiert auf sich nicht verändernde Proteine, als Balkendiagramme gezeigt. Im Beispiel sind drei Proteine gezeigt, die mit zunehmenden Alter abnehmen. B. Pfeile zeigen die Veränderungen von Maus-Leberproteinen unter Einfluss des Pharmakons Nafenopin. Die Richtung und Stärke der Veränderung wird durch den Winkel der Pfeile angegeben, die statistische Signifikanz der Veränderung durch die Pfeillänge. (Nach: http://WWW.LSBC.COM/general/arrowplt.htm).

sentation sind vor allem zur Darstellung einer großen Anzahl von Proteinen in verschiedenen Experimenten geeignet und zeigen übersichtlich Gemeinsamkeiten und Unterschiede in Wirkungs- oder Reaktionsmechanismen auf. Proteine mit gleicher Expressionscharakteristik können so erkannt, über Clusteranalyse zusammengefasst und weiter analysiert werden.

29.2 Diskussion und Ausblick

In den letzten Jahren wurden die ersten Genome von Organismen vollständig entschlüsselt, und heute befindet sich die Abarbeitung weiterer Gesamtgenome schon an der Grenze zur Routine. Und obwohl die Genomdaten in den letzten Jahren ihren Wert für die Analyse biochemischer und klinischer Fragestellungen bewiesen haben, bewegt sich der Schwerpunkt des Interesses der *Post-Genome-Ära* hin zu funktionellen Analysen der einzelnen Gene. Dies wird damit zur eigentlichen Herausforderung an die Wissenschaft der nächsten Generation. Heute erkennt man, dass auch die gesamte Geninformation nur einen begrenzten Einblick in die Komplexität und Dynamik eines lebenden Systems zu geben vermag. Wie Engerling und Käfer (Abb. 29.6) gibt es viele Beispiele für Organismen, die dasselbe Genom besitzen, aber doch ganz unterschiedliche Individuen sind. Um ein lebendes System besser zu verstehen, ist es notwendig, auch seine Dynamik und Komplexität zu analysieren. Relativ weit ist man heute schon mit der Analyse der mRNA, die aufgrund ihrer Verwandtschaft zur DNA auf die gut ausgearbeiteten *high throughput*-Techniken der Genomanalyse wie Sequenzierungsverfahren oder Hydridisierung auf Chips zurückgreifen kann. Allerdings ist die Menge der RNA keineswegs mit der aktuell vorhandenen Proteinmenge korreliert; dies ist auch nicht zu erwarten, da die posttranslationalen Regulationselemente wie Proteinabbau, Prozessierung und Modifikation prinzipiell nicht aus der mRNA-Menge zu deuten sind und dennoch für das dynamische Gleichgewicht die entscheidende Rolle spielen.

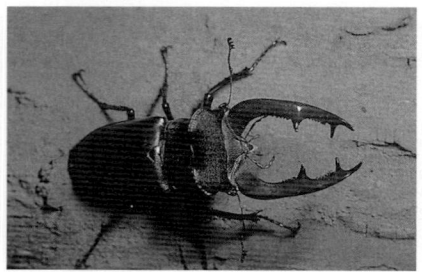

29.6 Dasselbe Genom – verschiedene Organismen. Jede Zelle des Hirschkäfer-Engerlings besitzt dieselbe genetische Information wie jede Käferzelle. Der Phänotyp wird durch die Genexpression bestimmt. (Mit freundlicher Genehmigung von A. Held, Eberbach.)

Daraus folgt, dass die Genom- und mRNA-Analyse auch durch eine Analyse der Proteine ergänzt werden muss. Der klassische Ansatz, bei dem man versucht, ein Protein einer Funktion zuzuordnen, kann der Komplexität eines lebenden Organismus nicht gerecht werden; er ist zu langsam und zu teuer. Ein vielversprechender Weg, bestimmten Proteinen bestimmte Funktionen zuzuordnen oder sie zumindest in komplizierte und bis jetzt praktisch unverstandene Regulations- und Reaktionsnetzwerke des Metabolismus einzuordnen, lässt sich auf der Proteinebene beobachten. Das Werkzeug dazu kann die Proteomanalyse sein, bei der die Proteinexpression zu einem ganz definierten Zeitpunkt und unter ganz definierten Bedingungen quantitativ erfasst wird. Über eine Störung des Systems gelangt man zu anderen Zuständen, die ein anderes Proteinexpressionsmuster aufweisen. Die Unterschiede lassen sich mit der Störung korrelieren und über bioinformatische Verfahren wie Korrelationsanalysen (Clusteranalysen, Hauptkomponentenanalyse etc.) auswerten. Es besteht die Hoffnung, dass über kinetische Untersuchungen der Proteinexpression sich Netzwerke von Veränderungen herauskristallisieren, die einzelnen Mechanismen zugeordnet werden können. Falls das gelingt – wofür es z. B. für *E. coli* schon erste Hinweise gibt – könnte dies den Durchbruch auf vielen Gebieten bedeuten: Zum Beispiel könnten damit rational und systematisch neue pharmakologische Targets gefunden werden. Die Auswirkung von Medikamenten und andere Einflüsse auf biologische Mechanismen können untersucht werden, auch wenn sie keine sofort am Gesamtorganismus erkennbaren Phänotypen zeigen. Solche Daten würden besseren Einblick in pharmakologische und toxikologische Wirkungen von Substanzen ermöglichen. In der Biotechnologie könnten Produktionsstämme untersucht und optimiert werden – mit enormen wirtschaftlichen Folgen.

Man muss sich allerdings darüber im Klaren sein, dass die Proteomanalyse zur Zeit Limitationen hat. Prinzipiell wird es schwierig bleiben, sehr schnelle Prozesse direkt zu beobachten, deshalb lassen sich wahrscheinlich nur zeitlich relativ stabile und daher langandauernde Zustände messen. Weiter bereitet die Analyse von sehr niedrig exprimierten Proteinen und die begrenzte Dynamik der Methode große Probleme. Die nächsten Jahre werden zeigen, in welchem Maß die Proteomanalyse die in sie gesetzten Erwartungen erfüllen kann. Sie wird aber in jeden Fall in Verbindung mit Genomanalyse, mRNA-Messungen, den klassischen biochemischen Analysen – und ergänzt durch diese – ihren Platz finden. Im Zusammenspiel mit den genannten Methoden kann sie ein äußerst wichtiges Werkzeug für die hochgesteckten Ziele einer umfassenden Funktionsanalyse sein.

Weiterführende Literatur

Humphery-Smith I., Cordwell S. J., Blackstock W. P. Proteome Research: Complementarity and Limitations with Respect to RNA and DNA Worlds. Electrophoresis 1997, 18, 1216–1242.

Wilkins M. R., Williams K. L., Appel R. D., Hochstrasser D. F. (Eds.) Proteome Research: New Frontiers in Functional Genomics. Springer-Verlag Heidelberg, 1997.

30 Genomanalyse mit Methoden der molekularen Cytogenetik

Die molekulare Cytogenetik ist Grundlage für die Analyse komplexer Genome auf einer neuen Ebene: Der Nachweis individueller Nucleinsäuresequenzen in zellulären Präparaten erlaubt es, molekulargenetische Daten direkt mit zellbiologischen Befunden in Zusammenhang zu bringen. Auf diese Art und Weise kann die genetische Konstitution einer Zellpopulation auf dem Einzelzellniveau untersucht werden. So können beispielsweise spezifische genetische Veränderungen in einer morphologisch oder immunologisch definierten Subpopulation von Zellen direkt erkannt werden. Die zentrale Methode der molekularen Cytogenetik ist die in-situ-Hybridisierung (ISH). Dieses Kapitel ist der Beschreibung der bei Genomanalysen am weitesten verbreiteten in-situ-Hybridisierungstechnik gewidmet, der Fluoreszenz-in-situ-Hybridisierung (FISH).

Eine wichtige Anwendung der FISH ist die physikalische Kartierung von DNA-Abschnitten, d. h. die Bestimmung ihrer chromosomalen Lokalisation. Dabei werden nicht nur Gene, sondern auch DNA-Marker, die in unabhängig erstellten genetischen oder physikalischen Kopplungskarten integriert sind, direkt kartiert. Dadurch wird die Gesamtheit einer unabhängig erstellten Karte chromosomal zugeordnet. Darüber hinaus kann nach simultaner in-situ-Hybridisierung mehrerer Sonden die physikalische Anordnung verschiedener Loci ermittelt werden. Diese Experimente können mit verschiedenartigen zellulären Präparationen, z. B. gespreiteten Metaphase-Chromosomen, DNA-Fibern oder Interphasezellkernen durchgeführt werden, die sich hinsichtlich der experimentellen Anforderungen und des zu erzielenden Auflösungsvermögens unterscheiden (siehe unten). Die gegenseitige Hybridisierung von DNA und Chromosomen verschiedener Spezies ermöglicht die Analyse der Chromosomenevolution über viele taxonomische Einheiten hinweg. Bei Hybridisierung von DNA verschiedener Tierarten spricht man auch von ZOO-FISH. Die Rekonstruktion möglicher evolutionärer Ereignisse erlaubt die Aufstellung von Modellen hypothetischer Ahnengenome.

Genetische und physikalische Genkartierung Kapitel 31

Die Darstellung genomischer Sequenzen ermöglicht auch die Diagnose chromosomaler Aberrationen in Metaphase- und Interphasezellen. Dabei ist die Anzahl und die räumliche Beziehung der Fluoreszenzsignale für den Nachweis einer Veränderung entscheidend. Die erreichbare Auflösung ist wesentlich besser als bei der konventionellen Cytogenetik, da sie nicht von der Chromosomenpräparation, sondern von der Länge der Sonde abhängt. Insbesondere der Nachweis chromosomaler Aberrationen in Zellkernen (Interphasecytogenetik) ist von großer praktischer Bedeutung, da von vielen klinischen Gewebeproben Metaphasezellen nicht oder nur mit ungenügender Qualität präpariert werden können. Ein neuerer Ansatz der molekularen Cytogenetik, die **vergleichende genomische Hybridisierung** (*comparative genomic hybridization*, CGH), erlaubt den Nachweis von Gewinn und Verlust von Genommaterial ohne die Notwendigkeit einer Präparation von Metaphasezellen aus dem zu untersuchenden Gewebe. Voraussetzung für diesen Ansatz ist die Verfügbarkeit gesamtgenomischer DNA aus der zu analysierenden Zellpopulation, die als Hybridisierungssonde in einem FISH-Experiment eingesetzt wird. CGH hat sich insbesondere für die tumorbiologische Forschung zu einem wichtigen Werkzeug entwickelt.

Die Darstellung spezifischer genomischer Abschnitte in dreidimensional gut konservierten Zellkernen mittels FISH bildet die experimentelle Grundlage für

Studien zur räumlichen Anordnung von DNA-Sequenzen. Solche Untersuchungen sind ein wichtiger Beitrag für unser Verständnis der räumlichen Genomorganisation und ihrer funktionellen Aspekte.

Im Folgenden wird die zentrale Methode der Fluoreszenz-in-situ-Hybridisierung beschrieben. Von den vielfältigen Anwendungen können im Rahmen dieses Buchs nur einige wichtige Beispiele angeführt werden.

30.1 Die Technik der Fluoreszenz-in-situ-Hybridisierung

30.1.1 Historischer Überblick und technische Durchführung

Die in-situ-Hybridisierung ist eine cytogenetische Technik, mit der spezifische Nucleinsäuren (DNA oder RNA) direkt in fixierten Präparaten von Geweben, einzelnen Zellen oder subzellulären Komponenten lokalisiert werden. Zu solchen Präparaten zählen Gewebeschnitte, isolierte Zellkerne, gespreitete Chromosomen aus Metaphasezellen, extendiertes Chromatin, suspendierte Chromosomen etc. Die Methode geht auf Pionierarbeiten von Gall und Pardue aus dem Jahre 1969 zurück und beruht auf dem Prinzip der molekularen Hybridisierung einzelsträngiger Nucleinsäuren, das in Kapitel 23 eingehend beschrieben ist. Für die Genomanalyse hat sich die nicht-radioaktive in-situ-Hybridisierung durchgesetzt, bei der die Markierung der Sonde über sogenannte Reportergruppen erfolgt, die entweder selbst fluoreszieren (direkte Markierung) oder die Grundlage für indirekte Nachweisverfahren, etwa indirekte Immunfluoreszenz sind (indirekte Markierung).

In-situ-Hybridisierung hat gegenüber nicht-radioaktiven Verfahren eine Reihe von Nachteilen, insbesondere die geringe räumliche Auflösung der Hybridisierungssignale und die lange Zeit der Autoradiographie, die für die verwendbaren Radionuklide benötigt wird. In den letzten Jahren haben deshalb in der Genomanalyse nichtradioaktive Methoden den ursprünglichen radioaktiven Ansatz weitgehend ersetzt. Nichtradioaktive Nachweisverfahren benutzen insbesondere colorimetrisch auswertbare Präzipitate enzymatischer Reaktionen oder Fluoreszenzfarbstoffe. Erstere haben den Vorteil, dass die Signale permanent sind, und werden daher häufiger bei routinediagnostischen Anwendungen eingesetzt. Fluorochrome erlauben dagegen eine bessere Auflösung und bieten bessere Möglichkeiten der differentiellen Darstellung vieler Zielsequenzen in einem Vielfarben-in-situ-Hybridisierungsexperiment.

Die Markierung der Sonde durch Reportermoleküle erfolgt entweder durch Inkubation der Sonden-DNA mit reaktiven Agenzien oder durch den enzymatischen Einbau von Nucleotiden, an die die Reportergruppe bereits gekoppelt ist. Von den gegenwärtigen Protokollen wird mit der enzymatischen Inkorporation im Allgemeinen eine höhere Markierungseffizienz erreicht. Eine DNA-Sonde wird vor allem dann direkt markiert, wenn die Zielregion der Hybridisierung genügend groß, beispielsweise > 10 kb ist. Zum Erreichen einer höheren Sensitivität wird eine indirekte Markierung bevorzugt. Hierfür wird die Bindung von Antikörpern oder anderen Molekülen mit hoher Affinität zur Reportergruppe ausgenutzt. Da jedes Nachweisreagenz mehrere Reportergruppen trägt, resultiert diese Prozedur in einer räumlichen Akkumulation von Reportern bzw. Fluorochromen.

Das am häufigsten verwendete Nachweissystem für FISH beruht auf dem Bindungskomplex von Biotin und Avidin. Ein weiteres in der FISH erfolgreich eingesetztes Reportermolekül ist Digoxigenin. Andere Reportermoleküle wie Acetylaminofluoren-, Quecksilber- oder Dinitrophenylgruppen spielen heute eine eher untergeordnete Rolle.

Für die differentielle Darstellung multipler, cohybridisierter Sonden wird eine zunehmende Anzahl an Markierungssystemen benötigt. Für solche Anwendungen bietet sich eine direkte Markierung der Sonden an, wobei spektral verschiedene Fluorochrome direkt an die jeweilige Sonde gekoppelt werden (siehe unten).

Eine besonders effiziente neue Nachweismethode hybridisierter Nucleinsäuren beruht auf dem Einsatz von Tyramidmolekülen. Bei diesem Verfahren wird das Enzym Meerettich-Peroxidase eingesetzt, das entweder direkt an die Sonde gekoppelt ist oder über Reportermoleküle und reporterbindende Antikörper oder Avidin indirekt gebunden wird. Dem Enzym werden Tyramidderivate angeboten, wobei jedes Tyramidmolekül wiederum mit einem Reporter, in den meisten Fällen einem bestimmten Fluorochrom, gekoppelt ist. Aufgrund der enzymatisch katalysierten Reaktion werden eine Vielzahl solcher markierter Tyramidmoleküle an der enzymmarkierten Sonde abgelagert. Diese enzymatische Reaktion kann so eingestellt werden, dass ein einziges Reportermolekül an der Sonde zu einer lokalen Akkumulation einer sehr hohen Zahl von Fluorochrommolekülen führt, d. h. es kommt zu einer enormen Signalverstärkung. Da das Verfahren von der Meerettich-Peroxidase abhängt, kann der differentielle Nachweis mehrerer Sonden durch verschiedene Fluorochrome nur durchgeführt werden, wenn die Bindung des Enzyms an verschiedenen Reportern im Präparat nacheinander erfolgt.

30.1.2 FISH-Sonden

FISH erlaubt die Lokalisation von DNA-Sequenzen in relativ kurzer Zeit und mit hoher Genauigkeit und Spezifität. Die Effizienz eines Nachweises hängt von der Anzahl der spezifisch gebundenen Reportermoleküle und daher von der Länge der hybridisierten Ziel-DNA und dem angewendeten Nachweisverfahren ab. Während Sonden, die ein Target von wenigen Kilobasen Länge abdecken, selten alle in einer Zelle vorhandenen Kopien dieser Sequenz nachweisen, kann dies mit längeren Sonden (z. B. > 25 kb) annähernd erreicht werden. Solche längeren Probenfragmente liegen z. B. als in λ-Phagen-, Cosmid-, P1-Phagen-, PAC-, BAC- oder YAC-Vektoren klonierte DNAs vor. Dank der vielen möglichen Klonierungsstrategien und aufgrund der fortgeschrittenen physikalischen Kartierungen können heute zumindest für das humane und das murine Genom eine Vielfalt von FISH-Sonden ausgewählt werden. Dabei können ganze Chromosomen oder subchromosomale Regionen bis hinunter auf die Ebene einzelner Gene oder noch kleinerer Abschnitte dargestellt werden. Das Anfärben ganzer Chromosomen, das sogenannte *chromosomepainting* wurde erstmal 1988 von zwei Gruppen – Lichter et al. sowie Pinkel et al. – vorgestellt. Hierfür werden Pools von DNA-Fragmenten verwendet, die spezifisch für ein bestimmtes Chromosom sind. Solche Pools werden beispielsweise nach der Sortierung von Chromosomen hergestellt, indem aus der präparierten DNA eine chromosomenspezifische DNA-Bibliothek angelegt, oder eine ausreichende Menge an DNA über eine universelle PCR-Amplifikation hergestellt wird. Die Sortierung der Chromosomen erfolgt in einem *flow sorter* oder durch Mikrodissektionstechniken. In letzterem Fall können auch subchromosomale Regionen isoliert und angereichert werden.

Sofern die Zielsequenz aus tandemartig angeordneten repetitiven DNA-Elementen aufgebaut ist, wie dies z. B. bei vielen Satelliten-DNAs der Fall ist, stellt schon ein kurzes DNA-Stück mit einer Teilsequenz eines repetitiven Elements eine sehr gute Sonde dar. Sonden-DNAs, die nur einmal pro haploidem Genom vorkommen (singuläre DNA, *unique* DNA), müssen für den Einsatz in der FISH eine vergleichsweise größere Länge aufweisen. Dennoch sind die Protokolle heute so weit optimiert, dass Sonden mit singulären Sequenzen von 0,5–1 kb erfolgreich in chromosomalen Kartierungsexperimenten eingesetzt werden können.

Je nach wissenschaftlicher Fragestellung werden geeignete FISH-Sonden und das zu hybridisierende biologische Material kombiniert. Tabelle 30.1 gibt eine Übersicht über die am weitesten verbreiteten Anwendungen.

Tabelle 30.1 Die wichtigsten Ansätze der Genomanalyse mittels FISH

Ziel-DNA	Sonden-DNA		
	singuläre Sequenzen	Chromosomen- oder regionspezifische Bibliotheken	ganzes Genom
Metaphasechromosomen	Kartierung von Genen, Markern, integrierten Transgenen/Viren Analyse von Chromosomenaberrationen, klinische Diagnostik	Analyse von Chromosomenaberrationen, klinische Diagnostik, nach Bestrahlung	Untersuchung der Homologie zwischen Sondengenom und Targetgenom (ZOO-FISH) Darstellung und Kartierung chromosomaler Imbalancen im Sondengenom (siehe CGH)
Zellkerne	Analyse von Chromosomenaberrationen, klinische Diagnostik (Interphasecytogenetik) Feinkartierung (linear) von Genen und Markern Analyse der dreidimensionalen Organisation von Genen und Markern	Analyse von Chromosomenaberrationen, klinische Diagnostik (Interphasecytogenetik) Analyse der dreidimensionalen Organisation von Chromatindomänen und Chromosomenterritorien	
DNA-Fiber	Physikalische Kartierung von Genen und Markern mit hoher Auflösung Analyse der genomischen Kontinuität		

30.1.3 Nachweis durch Fluoreszenzfarbstoffe

Nachweisverfahren

In einem Mehrfarben-FISH-Experiment werden differentiell markierte Sonden über spektral unterschiedliche Fluorochrome nachgewiesen. Für die Analyse kann mit Hilfe eines selektiven Filters für jedes Fluorochrom ein separates Image aufgenommen werden. Nach einer Pseudoeinfärbung jedes Grauwert-Images können diese überlagert werden, so dass ein einziges Farbbild entsteht, bei dem jede Sonde in einer individuellen Farbe erscheint. Alternativ hierzu kann man sogenannte *Multi-Bandpass*-Filter verwenden, die für mehrere Bereiche von anregenden und emittierenden Wellenlängen durchlässig sind. Diese Filter erlauben die gleichzeitige Betrachtung mehrerer Fluorochrome, z. B. mit dem Auge oder einer Farbkamera, sind für ein einzelnes Fluorochrom im Allgemeinen aber nicht ganz so effizient wie die hoch selektiven Filter.

In einem typischen FISH-Experiment werden die hybridisierten Proben über direkt oder indirekt gekoppelte Fluorochrome nachgewiesen (siehe unten), während die nicht-hybridisierten Chromatinstrukturen, wie Chromosomen, Zellkerne oder Chromatin-Fibern durch eine Gegenfärbung dargestellt werden. Hierzu werden üblicherweise die Fluorochrome DAPI (4,6-Diamidino-2-phenylindol), Quinacrin oder Propidiumiodid verwendet.

Für die Kopplung an Nucleotide, die in die DNA eingebaut werden, oder an Antikörper, die zum indirekten Nachweis verwendet werden, können eine Vielzahl verschiedener Fluorochrome eingesetzt werden. Dazu zählen FITC (Fluoresceinisothiocyanat, gelb-grün), TRITC (Tetramethylrhodaminisothiocyanat, rot), Texas Red (rot), AMCA (Aminomethylcoumarinessigsäure, blau) und die Cyanine™, eine in den letzten Jahren entwickelte neue Generation von relativ stabilen Fluorochromen. Die Cyanine zeigen enge, voneinander getrennte Emissionsspektren und können deshalb relativ gut spektral voneinander unterschieden werden. Folgende

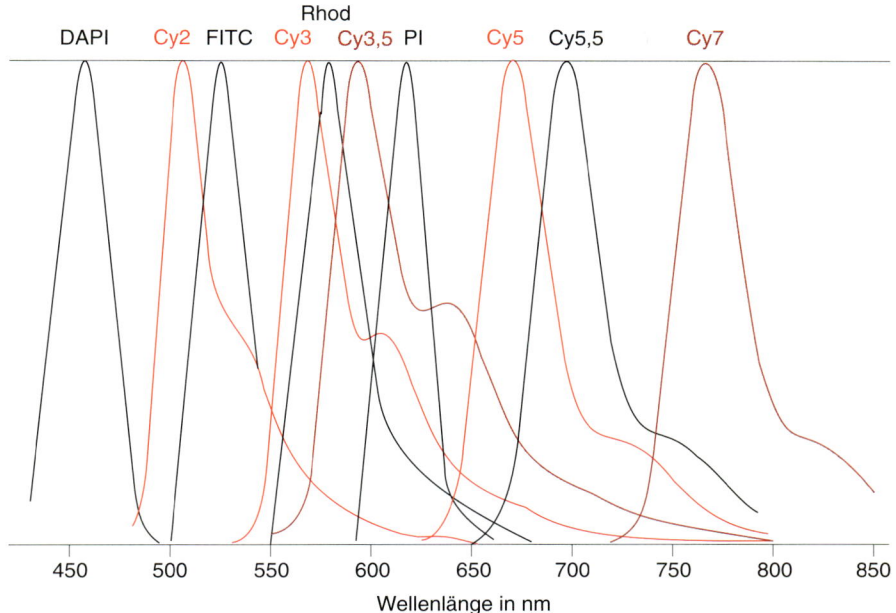

30.1 Emissionsspektren der am häufigsten bei FISH-Experimenten verwendeten Fluorochrome. Man beachte die distinkten bzw. überlappenden Bereiche bei spektral benachbarten Fluorochromen.

Cyanine werden heute in FISH-Experimenten hauptsächlich eingesetzt: Cy2 (grün), Cy3 (rot), Cy3.5 (rot); Cy5 (blau); Cy5.5 (infrarot), Cy7 (infrarot) (Abb. 30.1).

Vielfarben-FISH

Die Verfügbarkeit verschiedener Fluorochrome erlaubt die gleichzeitige Verwendung multipler Sonden, die sich im selben FISH-Experiment differentiell darstellen lassen. Dies kann z. B. zur relativen Positionierung mehrerer Marker entlang eines Chromosoms verwendet werden. Ein weiteres Anwendungsgebiet ist die gleichzeitige Identifizierung mehrerer Chromosomenaberrationen oder der sensitive Nachweis solcher genomischer Veränderungen, dessen Spezifität sich durch eine Mehrsondenstrategie erhöhen läßt.

Es gibt zwei Strategien, durch die die Anzahl der gleichzeitig nachweisbaren Sonden deutlich über die Anzahl an spektral unterscheidbaren Fluorochromen kommt: die **kombinatorische Markierung** und die **Verhältnismarkierung** (*Ratio*-Markierung). Bei der kombinatorischen Methode wird jede DNA-Sonde entweder mit einem Fluorochrom oder mit einer definierten Kombination von mehreren Fluorochromen markiert (Anzahl ist 2^n-1), so dass z. B. Sonde A mit Fluor 1, Sonde B mit Fluor 2, Sonde C mit Fluor 3, Sonde D mit Fluors 1+2, Sonde E mit Fluors 1+3, Sonde F mit Fluors 2+3 und Sonde F mit Fluors 1+2+3 nachgewiesen werden. Im zweiten Ansatz (Ratio-Markierung) werden die DNA-Sonden aufgrund der unterschiedlichen Verhältnisse z. B. zweier Fluorochrome identifiziert, so dass z. B. die Fluors 1 und 2 bei Sonde A im Verhältnis 1:1, bei Sonde B im Verhältnis 1:4 usw. gemischt sind.

Im Jahre 1996 wurden Vielfarben-FISH Studien veröffentlicht, in denen – unter Verwendung der kombinatorischen Markierungsstrategie – alle Chromosomen eines menschlichen Genoms differentiell dargestellt wurden. Hierzu wurden alle 24 verschiedenen humanen Chromosome-Painting-Sonden als Sonden mit 5 Fluorochromen (unter Einbeziehung der neuen Cyanine) in einem kombinatorischen Markierungsansatz eingesetzt. Beim sogenannten **Multiplex-FISH** (M-FISH) erfolgt die Auswertung eines solchen Vielfarbenexperiments wie oben beschrieben, so dass für die Analyse jeder Metaphasezelle fünf verschiedene Aufnahmen (für jedes Chromosom eine) gemacht werden und daraus ein einziges Image mit 24 pseudoeingefärbten Signalen entsteht. Eine andere Auswertungsmöglichkeit benutzt eine einzige unter Verwendung eines Multi-Bandpass-Filters erstellte Aufnahme pro Metaphasezelle. Die spektrale Analyse erfolgt dann durch eine Kombination von digitaler Bildanalyse und physikalischen Messungen und resultiert ebenfalls in einem Karyotyp, in dem das chromosomale Material jedes Chromosoms in einer distinkten Pseudofarbe widergegeben ist. Dieses Analyseverfahren wird auch *spectral karyotyping* (SKY) genannt.

30.1.4 Experimentelle Durchführung

Markierung einer DNA-Sonde durch Nick-Translation

Eine FISH-DNA-Sonde wird üblicherweise durch Nick-Translation, durch Random-Priming oder durch PCR-Techniken markiert. Die Nick-Translation wird häufig bevorzugt, da sie es relativ einfach macht, die Länge der DNA-Fragmente, die man nach der Markierungsreaktion erhält, einzustellen. Es hat sich nämlich gezeigt, dass Fragmente in einem Bereich von 300 bis 800 bp sehr gute FISH-Experimente ermöglichen. Zu lange DNA-Fragmente penetrieren weniger effizient in die Präparate und können sogar an der Oberfläche des zellulären Materials kleben bleiben. Dadurch entsteht ein starker Hintergrund in extrachromosomalen Bereichen. Zu kurze Fragmente haben die Tendenz, unspezifisch an Ziel-DNAs zu binden. Dadurch entsteht ein starker chromosomaler Hintergrund. Die Nick-Translation wird bei einer Temperatur von 15 °C für etwa zwei Stunden durchgeführt. Sie basiert auf der Aktivität von zwei Enzymen, der DNase I und der *E.-coli*-DNA-Polymerase I. DNase I erzeugt Einzelstrangbrüche in der zu markierenden DNA, an denen Polymerase I bindet und mittels ihrer Exonucleaseaktivität die Nucleotide von der Bruchstelle aus in $5'\rightarrow 3'$-Richtung entfernt. Gleichzeitig synthetisiert sie einen neuen Strang in $5'\rightarrow 3'$-Richtung. Bietet man neben den vier normalen Nucleotiden (dATP, dCTP, dGTP, dTTP) auch noch mit Reportergruppen modifizierte Nucleotide an, so werden diese bei der DNA-Synthese mit eingebaut Auf diese Weise werden DNA-Abschnitte von einigen hundert bp Länge mit Reportermolekülen markiert. Typische modifizierte Nucleotide sind Biotin-11-dUTP, Digoxigenin-11-dUTP, FITC-dUTP oder andere Nucleotidderivate, die direkt mit einem Fluorochrom konjugiert sind.

Um die Kinetik der Einbaureaktion nicht zu sehr zu stören, müssen die modifizierten Nucleotide in bestimmten Verhältnissen zu dem entsprechenden unmarkierten Nucleotid angeboten werden. Nach der Markierung wird mit einem Aliquot der Lösung die Länge der erhaltenen DNA-Fragmente nach denaturierender gelelektrophoretischer Auftrennung kontrolliert. Falls nötig, wird erneut DNase I zugegeben und bis zum Erhalt einer optimalen Größe eingestellt.

Markierung einer DNA-Sonde durch Random-Priming

Random-Priming ist eine Markierungsmethode, die insbesondere dann bei FISH-Sonden eingesetzt wird, wenn die zu markierende DNA schon relativ kurz ist (z. B. < 2 kb). Falls Random-Priming von größeren DNA-Fragmenten (z. B. > 10 kb) ausgeht, muss eine Verkürzung durch eine DNase-Spaltung vor, während oder nach der Markierung erfolgen, damit die Sonde besser zu den chromosomalen Strukturen vordringen kann. Nach der Denaturierung der DNA werden Hexaoligonucleotide gebunden, die als ein Gemisch von Sequenzen angeboten werden, die alle Kombinationen der vier verschiedenen Basen enthalten. Diese binden aufgrund einer zufälligen Komplementarität entlang der DNA und dienen als Primer für die Synthese eines neuen DNA-Strangs durch das Klenow-Fragment der DNA-Polymerase I bei 37 °C oder bei Raumtemperatur. Mit der Random-Priming-Methode werden sehr gute Markierungseffizienzen erzielt.

Markierungsverfahren
Abschnitt 23.3

Markierung einer DNA-Sonde durch PCR

Viele DNA-Sonden werden mit der PCR generiert. Daher bietet es sich an, die PCR gleichzeitig für eine Markierung der Sonde auszunutzen. Neben der Amplifikation definierter Sondensequenzen über spezifische Primer gibt es auch Verfahren zur „universellen Amplifikation" über degenerierte PCR, die dann zum Einsatz kommen, wenn nur kleine DNA-Mengen als Ausgangsmaterial zur Verfügung stehen. Solche Protokolle für eine degenerierte PCR ermöglichen eine Amplifikation unabhängig von der Sequenz der Ausgangs-DNA. Die bekanntesten Verfahren der universellen PCR nennen sich **DOP-PCR** (*degenerate oligonucleotide primers* PCR) und **SIA** (*sequence independent amplification*). Bei den üblichen PCR-Protokollen erfolgt über die cyclische Vermehrung von DNA eine exponentielle Zunahme der durch die Primer definierten DNA-Abschnitte. Dabei besteht jeder Cyclus aus drei Schritten, der Denaturierung der DNA, der Bindung (Annealing) der Primer und der am Primer ansetzenden Neusynthese von DNA (Extension). Dieses Verfahren wird bei einer degenerierten PCR dahingehend modifiziert, dass in den ersten Cyclen unspezifische Paarung der Primer an die zu amplifizierende DNA erlaubt wird. Dies wird bei DOP- und SIA-PCR durch die Verwendung von Pools von Primern mit variabler Basenzusammensetzung und einer erniedrigten Annealing-Temperatur erzielt. Diese unspezifische Primerpaarung resultiert in einer linearen Zunahme der Ausgangs-DNA, wobei DNA-Fragmente mit flankierenden Primern entstehen. Die zweite Phase der universellen PCRs erfolgt nun bei höherer Stringenz, so dass die Fragmente über die endständigen Primersequenzen exponentiell amplifiziert werden. Für die DOP-PCR wird für die erste und die zweite Phase der PCR ein Primergemisch verwendet, das die Basenzusammensetzung 5′-CCGACTCGAGNNNNNNATGTGG-3′ hat, wobei die mit N bezeichneten Positionen von einer der vier Basen A, C, G oder T eingenommen werden. Bei SIA wird für die erste Phase der linearen Zunahme die Oligonucleotidmischung 5′-TGGTAGCTCTTGATCANNNNN-3′ eingesetzt, die als Primer für die Neusynthese durch T7-Polymerase dient. Diese Primer haben sich in verschiedenen Experimenten als die bestmögliche Kombination für eine randomisierte Darstellung bewährt. In der zweiten Phase der exponentiellen Zunahme wird der Primer 5′-AGAGTTGGTAGCTCTTGATC-3′ verwendet, und die Neusynthese – wie im üblichen PCR-Protokoll – mit Hilfe der Taq-Polymerase durchgeführt.

Für die Markierung während der PCR werden in den letzten Cyclen der exponentiellen Amplifikation, meistens den letzten fünf Cyclen, wiederum mit Reportergruppen modifizierte Nucleotide angeboten. Dabei ist es für eine gute Markierungseffizienz wichtig, dass für die jeweils verwendeten Reportergruppen ein optimales Verhältnis aus modifizierten und nichtmodifizierten Nucleotiden eingestellt wird.

Degenerierte PCR Abschnitt 24.3.3

Test der Markierungseffizienz

Nach jeder Markierungsreaktion wird die Enzymaktivität durch Zugabe von EDTA und SDS und anschließendes Erhitzen auf 65 °C inhibiert. Um spätere Hintergrundfärbungen zu minimieren, werden die nichteingebauten Nucleotide von der DNA separiert. Dies erfolgt entweder über alkoholische Fällung der Sonden-DNA oder über eine Gelfiltration, z. B. durch eine G50-Sephadex-Säule.

Die Effizienz jeder Markierungsreaktion kann durch einen **Dot-Test** kontrolliert werden. Hierfür wird eine Verdünnungsreihe der markierten DNA hergestellt und ein kleines Aliquot jeder Verdünnung auf einem Filter immobilisiert. Die Signale dieser Dots werden mit einer parallel aufgetragenen Verdünnungsreihe einer standardmarkierten DNA verglichen. Bei indirekt markierten Proben wird der Filter mit dem reporterbindenden Reagenz, etwa Avidin oder Antikörper, inkubiert. Für die meisten Tests werden Reagenzien verwendet, die mit dem Enzym Alkalische Phosphatase gekoppelt sind. Nach Zugabe der Substrate BCIP (5-Brom-4-chlor-

3-indolylphosphat) und NBT (Nitrotetrazoliumblau) ensteht ein farbiges Präzipitat, das kolorimetrisch ausgewertet wird. Die Intensität dieser Farbe hängt von der Anzahl der Hapten- bzw. spezifisch gebundener Antikörpermoleküle, also von der Markierungseffizienz, ab. Der Test gibt deshalb ein direktes Maß für die Qualität der Markierung an. Bei einer guten Markierung sollten Sonden-DNA-Mengen im Bereich weniger Picogramm nachweisbar sein. Mit den heutigen optimierten Markierungsreaktionen ist jedoch diese Kontrolle meistens nicht mehr nötig.

In-situ-Hybridisierung

Prinzipiell unterscheidet man für die in-situ-Hybridisierung zwei Typen von DNA-Sonden: solche, deren Gesamtsequenz an die Ziel-DNA bindet, und solche, die eingestreute repetitive DNA-Elemente (IRS, *interspersed repetitive sequences*) enthalten, deren Beitrag zum Hybridisierungssignal unterdrückt werden muss, da diese Elemente weit im Genom verstreut vorkommen und so zu einer breiten Anfärbung der chromosomalen DNA führen. Ein Beispiel für den ersten Typ sind Sonden, die Cluster von tandemartig angeordneten repetitiven DNAs, z. B. Satelliten-DNAs, erkennen. Die meisten genomischen DNA-Sonden gehören jedoch zum zweiten Sondentyp, d. h. sie enthalten ubiquitär vorkommende SINEs (*short interspersed elements*) und/oder LINEs (*long interspersed elements*). Zur Unterdrückung der Signalanteile von SINEs und LINEs wird ein Überschuss an unmarkierter C_0t-1-DNA ($C_0t = 1$) zugegeben. Die C_0t-1-DNA besteht aus einer sehr stark mit hochrepetitiven Sequenzen angereicherten Fraktion der genomischen DNA. Das Sonden/C_0t-1-DNA-Gemisch wird durch Erhitzen denaturiert. Während der anschließenden Reassoziation binden die repetitiven Sequenzen aufgrund ihrer Reassoziationskinetik schneller als die singulären Sequenzen, wodurch die markierten SINEs und LINEs von unmarkierter C_0t-1-DNA abgesättigt werden. Einzelsträngig und für die Hybridisierung verfügbar bleiben fast ausschließlich die singulären Sequenzen innerhalb der markierten Sonde. Da C_0t-1-DNA im Überschuss angeboten wird, ist sie gegenüber den repetitiven Elementen in der Sonde auch bei der anschließenden Hybridisierung mit zellulärer Ziel-DNA im Vorteil. Die Prozedur wird auch **chromosomale in-situ-Suppressionshybridisierung** (CISS) genannt.

Margin note: C_0t-Analyse Abschnitt 23.1

Zu beiden Typen von Sonden werden oft Nucleinsäuren anderer Spezies, etwa Lachsspermien-DNA, zugegeben, um unspezifische Bindungsstellen auf dem Präparat abzusättigen.

Um die DNA in den Präparaten zu Einzelsträngen zu denaturieren, werden die Objektträger erhitzt. Da eine Inkubation bei 95–100 °C die Morphologie der Präparate sehr stark beeinträchtigen kann, wird generell eine Inkubation mit Formamid bevorzugt, da die Schmelztemperatur durch Formamid erniedrigt wird. In Standardprotokollen erfolgt die Denaturierung der Ziel-DNA in 70 % Formamid bei 70 °C. Der Hybridisierungscocktail, der die denaturierte DNA-Sonde zusammen mit der vorhybridisierten Kompetitor-DNA enthält, wird auf dem Objektträger unter einem Deckglas bei 37 °C inkubiert. Die Hybridisierung repetitiver DNA-Sonden ist zum größten Teil nach wenigen Minuten bis Stunden abgeschlossen, während für singuläre Sequenzen eine Inkubation über Nacht notwendig ist. Für Ansätze, die auf einer quantitativen Fluoreszenzauswertung beruhen, z. B. CGH-Experimente (Abschnitt 30.2.4), ist eine noch längere Inkubation (2 bis 4 Tage) von Vorteil. Nach der Hybridisierung werden die Objektträger gewaschen, um ungebundene Sonden-DNA zu entfernen. Der Nachweis des Hybridisierungssignals hängt von der jeweils verwendeten Markierung der Sonde ab. Sofern die DNA-Sonde direkt mit Fluorochromen gekoppelt wurde, kann das Präparat sofort mikroskopisch ausgewertet werden. Für die indirekten Nachweisverfahren werden reporterbindende Reagenzien eingesetzt, an die zum Teil Fluorochrome gekoppelt sind. Die nichthybridisierten DNA-Bereiche werden über Chromatingegenfärbungen, z. B. mit DAPI oder Propidiumiodid fluoreszenzoptisch sichtbar gemacht.

Um ein zu schnelles Ausbleichen der Fluorochrome zu vermeiden, werden dem Einbettungsmedium oxidationshemmende *Antifade*-Substanzen zugegeben.

Da in den Genomen höherer Organismen vielfältige Kreuzhomologien existieren, ist es oft notwendig, die Stringenz eines FISH-Experiments der jeweiligen Probe anzupassen. Je höher die Stringenz ist, desto höher muss die Spezifität der Basenpaarung sein, um einen enstandenen Doppelstrang stabil zu halten. Die Stringenz wird durch die Dissoziations- und die Reassoziationskinetik von Nucleinsäuren beeinflusst. Daher kann die Stringenz bei der Denaturierung, bei der eigentlichen Hybridisierung sowie bei den Waschschritten eingestellt werden. Je höher die Temperatur und die Konzentration von Formamid und je niedriger die Salzkonzentration (in diesem Zusammenhang monovalente Kationen, die mit den Phosphatgruppen der DNA wechselwirken und die doppelsträngige DNA stabilisieren), desto höher ist die Stringenz.

Spezifität und Stringenz
Abschnitt 23.1.2

Auswertung

Die Auswertung wird mit einem Epifluoreszenzmikroskop durchgeführt. Als Lichtquelle dienen spezielle Lampen, z. B. Quecksilberlampen, oder Laser. Je nach Anwendung werden die Anregungs- und/oder Emissionswellenlängenbereiche über selektive oder Multi-Bandpass-Filtersysteme eingestellt (siehe oben). Die Analyse der Hybridisierungssignale wird durch den zunehmenden Einsatz von sensitiven Kameras, beispielsweise CCD-(*charge-coupled-device-*)Kameras, erheblich erleichtert. Für die dreidimensionale Analyse der angefärbten Strukturen werden im Allgemeinen Laser-Scanning-Mikroskope verwendet, die Serien aufeinanderfolgender optischer Schnitte durch ein fluoreszierendes Objekt legen, wobei die Fluoreszenz aus anderen Ebenen zu einem großen Teil ausgeschlossen wird. Alternativ hierzu können mit Kameras generierte Schnittserien durch anschließende Dekonvolutionen auch hinsichtlich des Anteils an *out-of-focus*-Fluoreszenz verbessert werden. Eine Vielzahl an spezialisierten integrierten Bildanalysesystemen erleichtert nicht nur die Bedienung des Mikroskops und die Speicherung der erhobenen Daten, sondern ermöglicht inbesondere auch hochwertige qualitative und quantitative Analysen der FISH-Experimente.

30.2 Anwendungen von FISH für die Analyse genomischer DNA

30.2.1 FISH bei Metaphasechromosomen

Eine markierte DNA-Sonde wird auf Präparate von gespreiteten Zellen hybridisiert, von denen sich einige im Metaphasestadium befinden, so dass alle Chromosomen einer Zelle in räumlicher Nähe bleiben und als Chromosomensatz dieser Zelle erkennbar sind. Dieser Ansatz wird häufig für die physikalische Kartierung von Genen und genomischen Markern verwendet. Ziel der Untersuchung ist zunächst die chromosomale Lokalisation der Proben-DNA. Im Allgemeinen schließt sich daran eine Untersuchung der chromosomalen Reihenfolge von der zu untersuchenden und bereits bekannten Sequenzen aus dieser Region an. Die Anordnung gleichzeitig hybridisierter benachbarter Sequenzen kann auf Metaphasechromosomen mit einer Auflösungsgrenze von ungefähr 1 Mb bestimmt werden. In Abbildung 30.2A ist eine schematische Darstellung einiger Chromosomenpaare nach Hybridisierung mit einer singulären DNA als Sonde gezeigt. Typische Anwendungen dieses Ansatzes sind:

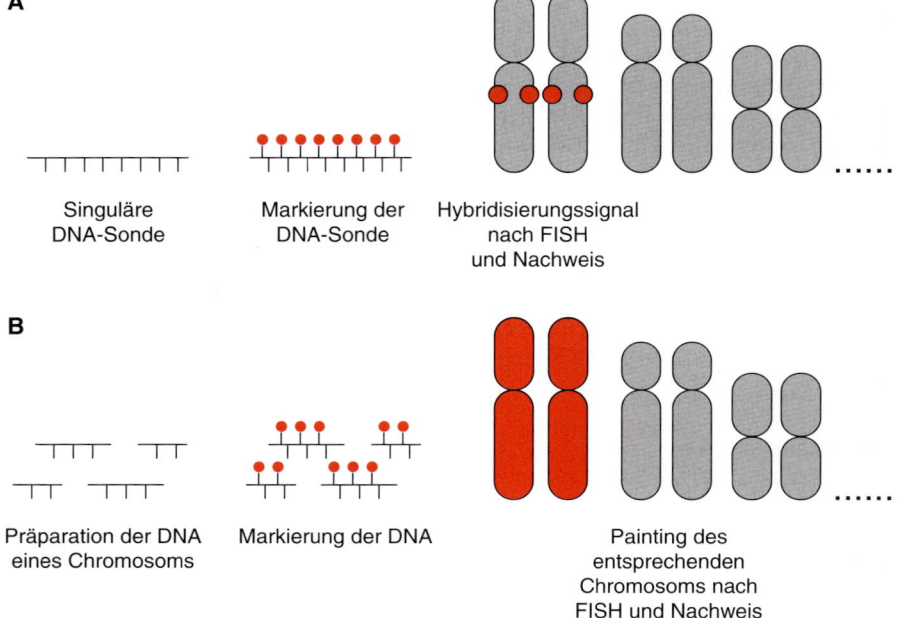

30.2 Schematische Darstellung des Hybridisierungssignals nach FISH. A. Eine singuläre DNA-Sonde bindet an den chromosomalen Ort, der die komplementäre Sequenz enthält, d. h. in der Regel an zwei Zielloci, die maternale und die paternale Genkopie. In Metaphasechromosomen sind jeweils zwei Chromatiden mit je einem replizierten DNA-Strang mehr oder weniger parallel ausgerichtet; daher erscheinen kleine Signale als Dubletten. B. Eine komplexe Probe aus einem Gemisch von chromosomenspezifischen Sequenzen erlaubt das Painting des entsprechenden Chromosoms.

- Die Suche nach einer Funktion für ein neu isoliertes Gen, da z. B. krankheitsverursachende Gene über genetische Kopplungsuntersuchungen oder cytogenetische Markerchromosomen zuvor in dieser Region kartiert worden waren;
- die Analyse von sogenannten Multigen-Loci, die mehrere Gene – oft aus der gleichen Multigenfamilie – enthalten, deren Expression koordiniert reguliert wird;
- die Lokalisation integrierter DNA, z. B. virale DNA oder experimentell eingebrachte DNA, nicht nur um die Anzahl der Integrationsorte zu bestimmen, sondern auch, um die genomischen Sequenzen zu ermitteln, deren codierende Information durch ein integriertes DNA-Fragment verändert oder zerstört wurde;
- vergleichende Untersuchungen über die Syntenie genomischer DNA-Abschnitte homologer Regionen bei verschiedenen Spezies. Bereits kartierte DNA-Sonden können zum sensitiven Nachweis von strukturellen Chromosomenaberrationen wie Deletionen, Inversionen, Insertionen, Duplikationen und Translokationen eingesetzt werden (Abb. 30.3).

Neben den singulären DNA-Sequenzen können auch DNA-Sequenzen als Sonde dienen, die im Genom wiederholt vorkommen und tandemartig angeordnet sind. Die Sonde erkennt dann die Regionen, die das repetitive Motiv enthalten und die Hybridisierung führt zu einem sehr starken Signal. Solche chromosomale Regionen befinden sich z. B. in den Centromer- und einigen Telomerbereichen des menschlichen Genoms. Die menschlichen Centromerbereiche enthalten eine bestimmte Klasse repetitiver DNA, die sogenannten **alphoiden DNA-Sequenzen**. Es gibt sowohl alphoide Sequenzmotive, die allen menschlichen Chromosomen gemeinsam sind, als auch chromosomenspezifische Motive. Letztere werden häufig als DNA-Sonden für die Diagnose numerischer Chromosomenaberrationen in Tumormaterial verwendet.

Komplexe Proben erlauben das *painting* ganzer Chromosomen und subchromosomaler Regionen (Abb. 30.2B). Chromosome Painting von Metaphasechromosomen dient der Diagnose von numerischen und strukturellen Aberrationen. Wenn in einer zu untersuchenden Zellpopulation ein Markerchromosom gefunden wurde, kann dessen chromosomale Zusammensetzung durch FISH-Experimente mit den Proben der Kandidatenchromosomen oder aller Chromosomen (Vielfarben-FISH, Abschnitt 30.1.3) aufgeklärt werden. Auch dieser Ansatz findet bei der Untersuchung homologer Chromosomen verschiedener Spezies Verwendung.

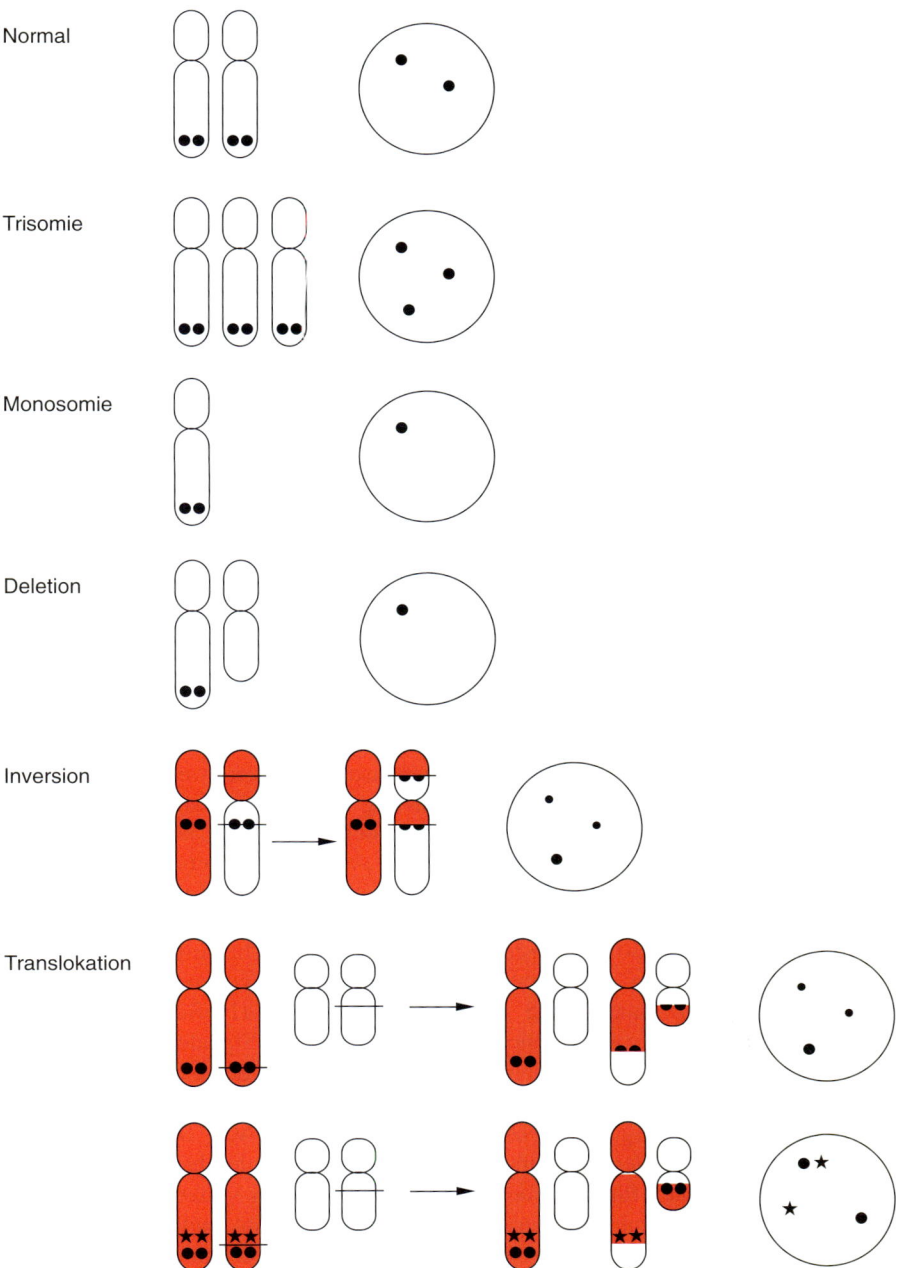

30.3 Schematische Darstellung der Diagnose numerischer und struktureller chromosomaler Veränderungen in Metaphase- und Interphasezellen mittels FISH. Insbesondere für Interphaseanalysen werden lokal begrenzte Hybridisierungssignale bevorzugt. Links sind die Signale auf den relevanten Metaphasechromosomen einer Zelle und rechts in einem entsprechenden Interphasezellkern gezeigt. Inversionen und Translokationen können mit Hilfe der Mehrfarben-FISH mit einer höheren Sensitivität diagnostiziert werden. Zwei oder mehrere Sonden, die die Bruchpunktregion flankieren oder überspannen, werden gleichzeitig hybridisiert und mit verschiedenen Farben nachgewiesen. Unterschiedliche Fluoreszenzfarben sind hier mit Punkt- bzw. Sternsymbolen wiedergegeben. Die Anzahl und die relative Position der verschiedenen Hybridisierungssignale innerhalb des Zellkerns geben Auskunft über eventuell vorhandene Aberrationen.

Sofern die Metaphasechromosomen von somatischen Interspezies-Hybridzelllinien stammen, kann unter Verwendung der gesamtgenomischen DNA einer Spezies als Hybridisierungssonde der artspezifische Chromosomenanteil einer Zelle gefärbt werden.

30.2.2 Fiber-FISH

Für viele Fragestellungen der Genomanalyse ist die relative Position und physikalische Distanz zwischen nahe benachbarten DNA-Sequenzen von großer Bedeutung. Dafür werden wesentlich höhere Auflösungen benötigt als auf Metaphasechromosomen erzielt werden können. Daher wurde eine Reihe von FISH-Protokollen in Verbindung mit der Präparation dekondensierter DNA entwickelt. Die entsprechenden Präparationstechniken beruhen auf der Anwendung von

DNA-Kondensationsinhibitoren (z. B. Topoisomerasehemmern) oder Depletionen nucleärer Proteine durch Salze oder Detergenzien und führen zu ausgestreckten DNA- oder Chromatinfibern. Mit einigen dieser Protokolle können differentiell markierte Sonden mit Auflösungen von 1–2 kb angeordnet werden. Die Auswertung dieser Experimente erfordert häufig empfindliche optische Instrumente, um schwache und dünn-gestreckte fluoreszierende Signale zu erkennen und zu dokumentieren. Bei den meisten Fiber-FISH-Techniken sind die Fibern auf dem Objektträger nicht gleichmäßig ausgestreckt, so dass in diesen Fällen eine statistische Analyse und eine Normalisierung erforderlich ist.

FISH auf Chromatinfibern wird heute für die Feinkartierung von Genen und für die Herstellung von Karten subklonierter Fragmente eingesetzt. Das Verfahren wird auch angewendet, um die genomische Integrität einer Sonde zu testen: Beispielsweise wird häufig die Frage geklärt, ob im Zuge der Klonierung und Vermehrung eines langen DNA-Fragments, z. B. in einem künstlichen Hefechromosom (YAC), eventuell Teilsequenzen deletiert wurden. Daneben können auch genomische Veränderungen im Zielgenom – wie Deletionen, Inversionen, Duplikationen und Amplifikationen bestimmter Größe oder auch Translokationen – mit einer sehr viel besseren Auflösung analysiert werden.

30.2.3 Interphasecytogenetik

Aufgrund der geringen in-vitro-Teilungsrate vieler Tumorzellen ist die Präparation der Metaphasespreitungen aus Tumormaterial häufig erfolglos oder von ungenügender Qualität für cytogenetische Untersuchungen. Außerdem sind die teilungsfähigen Zellen, die in der Metaphase präpariert werden, oft nicht repräsentativ für die klonale Zusammensetzung der Zellpopulation in vivo. Die Interphasecytogenetik bietet deshalb entscheidende Vorteile für die Diagnose numerischer oder struktureller Aberrationen in solchen Tumoren. Die FISH-Sonden werden so gewählt, dass die Anzahl und die räumliche Beziehung der verschiedenen Signale diagnostisch relevant sind. Das Prinzip der Interphasecytogenetik ist in Abbildung 30.3 dargestellt. Für eine diagnostische Anwendung ist eine sehr hohe Effizienz in der Darstellung der Ziel-DNA-Sequenzen durch FISH essentiell. Darüber hinaus wird eine Auswertung der Hybridisierungssignale erheblich vereinfacht, wenn es sich um distinkte fokale Signale handelt. Daher sind Chromosome-Painting-Sonden für Untersuchungen in der Interphase weniger geeignet, während regionenspezifische Sequenzen, wie die geclusterten repetitiven DNAs oder längere singuläre DNA-Abschnitte (z. B. in YAC-, BAC-, PAC- oder Cosmid-Vektoren klonierte Fragmente), besonders gute Interphase-FISH-Sonden darstellen. Ihr Einsatz für den Nachweis numerischer oder struktureller Chromosomenaberrationen beruht auf der Bestimmung der Anzahl und der räumlichen Nachbarschaft von Hybridisierungssignalen und wird in Abbildung 30.3 erläutert.

Darüber hinaus werden Interphasehybridisierungen auch zur physikalischen Kartierung von DNA-Sonden aus dem gleichen genomischen Bereich herangezogen. Das Chromatin im Interphasekern ist weniger kondensiert als in Metaphasechromosomen. Daher können benachbarte Genomabschnitte über FISH mit einer viel höheren Auflösung (>50–100 kb) differentiell dargestellt werden. Durch Abstandsmessungen der Hybridisierungssignale von verschieden kombinierten Sonden einer Region <3 Mb kann durch dieses Interphase-Mapping die wahrscheinlichste lineare Anordnung der Ziel-DNA-Abschnitte ermittelt werden.

30.2.4 Vergleichende genomische Hybridisierung

Die vergleichende genomische Hybridisierung (*comparative genomic hybridization*, CGH) ermöglicht eine umfassende Analyse von unbalanciertem chromosomalem Material in einem Genom (Test-DNA), ohne dass dessen Metaphasen präpariert werden müssen. CGH ist eigentlich ein modifiziertes „reverses Chromosome-Painting-Verfahren" (Abschnitt 30.2.1): Die gesamte genomische DNA einer zu untersuchenden Zellpopulation wird als FISH-Sonde gegen den gesamten Chromosomensatz von normalen Zellen hybridisiert. Im Testgenom über- oder unterrepräsentierte chromosomale Regionen erscheinen dann im Vergleich zur generellen Färbung der Zielchromosomen stärker oder schwächer gefärbt (Abb. 30.4). Bei der CGH wird neben der Test-DNA, die beispielsweise aus einer Tumorbiopsie gewonnen wurde, zusätzlich eine differentiell markierte gesamtgenomische Kontroll-DNA cohybridisiert. Diese Kontroll-DNA stammt von normalen Zellen, beispielsweise von Nicht-Tumorzellen des jeweiligen Patienten oder von einer gesunden Kontrollperson. CGH-Sonden können sowohl direkt als auch indirekt markiert und nachgewiesen werden. Es wird etwa die gleiche Menge an Test- und Kontrollgenom-DNA auf normale Metaphasechromosomen unter Suppressionsbedingungen hybridisiert (CISS, Abschnitt 30.1.4). Die Fluoreszenzen von Test- und Kontroll-DNA entlang jedes Chromosoms werden mit bildanalytischen Verfahren quantitativ ausgewertet. Nach Anwendung eines Normalisierungsverfahrens werden die Verhältnisse der beiden Fluoreszenzen ermittelt. Die aus der Analyse mehrerer Metaphasen errechneten durchschnittlichen Verhältnisse werden dann in Form eines Profils entlang von Chromosomen-Ideogrammen angegeben.

Teile des Testgenoms, die in höherer oder niedrigerer Kopienanzahl als im balancierten Karyotyp der Kontroll-DNA vorkommen, führen in der entsprechenden chromosomalen Region im Vergleich zur Kontroll-DNA zu einer stärkeren oder schwächeren Fluoreszenzintensität (Abb. 30.4). Daher können über- und

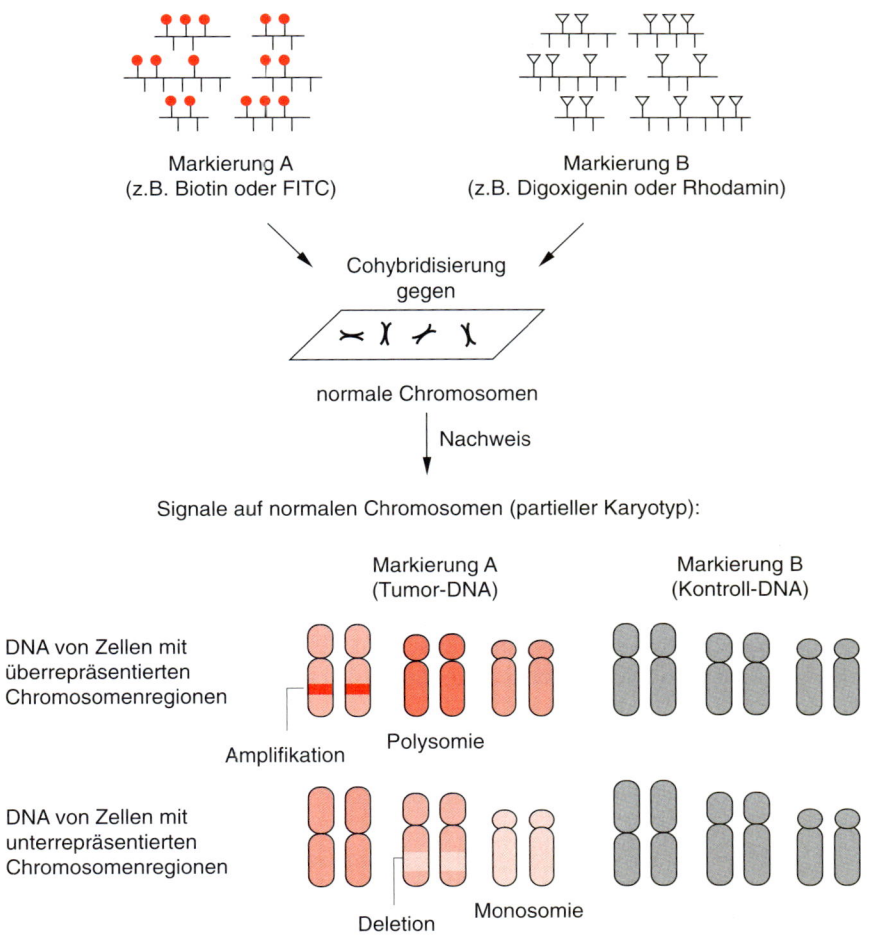

30.4 Prinzip der vergleichenden genomischen Hybridisierung (CGH).

unterrepräsentierte genomische Bereiche im Testgenom anhand von erhöhten beziehungsweise erniedrigten Fluoreszenzverhältnissen erkannt werden. Dabei werden diagnostische Schwellwerte benutzt, die auf verschiedene Art und Weise definiert sein können. Es hat sich in der Vergangenheit gezeigt, dass es essentiell ist, die Brauchbarkeit der jeweils angewendeten Schwellwerte an wohldefiniertem Material auszutesten.

Viele der abweichenden Fluoreszenzverhältnisse sind direkt im Mikroskop sichtbar. Dennoch sind für eine genauere und zeitlich vertretbare quantitative Messung die Anwendung sensitiver Kameras und geeigneter Verfahren der digitalisierten Bildanalyse unerlässlich. CGH erfasst ausschließlich chromosomale Gewinne oder Verluste, nicht aber balancierte Chromosomenaberrationen, weil diese sich nicht auf eine Änderung der gesamten DNA-Menge auswirken. Da aber gerade die unbalancierten Regionen in der Tumorgenetik eine große Rolle zu spielen scheinen, hat dieses Verfahren sehr schnell großen Einfluss auf die genetische Analyse von Tumoren gewonnen und zu vielen neuen Befunden von tumorassoziierten genomischen Veränderungen geführt.

Neben kryokonserviertem Ausgangsmaterial kann auch in Paraffin eingebettetes Material für CGH-Untersuchungen verwendet werden, wenn das Gewebe in angemessener Weise vorfixiert wurde. Eine inhärente Schwierigkeit ist die Präsenz von normalen Zellen in einer zu untersuchenden Zellpopulation. Sofern deutlich mehr als die Hälfte der Testzellen eine bestimmte chromosomale Veränderung nicht enthalten, kann dies aufgrund der Fluoreszenzverhältnisse nicht mehr erkannt werden. In solchen Fällen ist es notwendig, die Tumorzellen über physikalische Verfahren wie die Zellsortierung oder die Mikrodissektion anzureichern. Auch für die Untersuchungen zur genetischen Heterogenität eines Tumors müssen bestimmte Unterpopulationen von Zellen präpariert werden. In diesen Fällen liegt häufig so wenig Ausgangsmaterial vor, dass zunächst die Vermehrung der DNA über degenerierte PCR-Verfahren (Abschnitt 30.1.4) erforderlich ist.

Mittels CGH können sogenannte *high-level*-Amplifikationen nachgewiesen werden, wenn das Produkt aus Kopienanzahl und Größe des Amplikons $\geq$ 2 Mb ist. Einfache Gewinne und Verluste chromosomaler Regionen sind nur diagnostizierbar, wenn sie $\geq$ 10 Mb betragen. Eine entscheidende Erhöhung des Auflösungsvermögens wird durch das neu entwickelte Verfahren der **Matrix-CGH** erreicht. Anstelle von Metaphasechromosomen erfolgt die simultane Hybridisierung von Test- und Kontroll-DNA auf wohldefinierte Zielnucleinsäuren. Diese als Ziel-DNA dienenden Nucleinsäuresequenzen werden getrennt in einer definierten Matrix auf einem Träger aufgebracht und immobilisiert (Abb. 30.5). Die Auflösung des Verfahrens wird daher von der Länge eines jeweils aufgetragenen DNA-Fragments bestimmt. *High-level*-Amplifikationen sind bei der Verwendung von Cosmiden, d. h. Fragmenten von 35–40 kb Länge, als Ziel-DNA leicht nachweisbar. Einfache Gewinne und Verluste können mit einer Auflösung von 75–100 kb nachgewiesen werden. Das Verfahren kann sowohl bei der Herstellung der Träger (Chips) als auch bei der Auswertung der Hybridisierungsexperimente automatisiert werden. Es ist vorauszusehen, dass solche automatisierten Verfahren in Zukunft Einzug in die klinische Diagnostik halten, da die Bedeutung genetischer Veränderungen für die Prognose und die Planung der Therapie von Tumorpatienten zunehmend an Bedeutung gewinnt. In diesem Zusammenhang werden voraussichtlich Chips zum Einsatz kommen, die krankheitsspezifische chromosomale Veränderungen testen. Daneben wird dieses hoch auflösende Verfahren auch einen wichtigen Beitrag zur Charakterisierung und Isolierung pathogenetisch relevanter Gene leisten.

30.2.5 Dreidimensionale Genomstruktur

Trotz der intensiven Bemühungen, die lineare Struktur komplexer Genome zu entziffern, ist bis heute sehr wenig über die dreidimensionale Genomorganisation in Zellkernen bekannt. Mit Hilfe des Chromosome-Painting in dreidimensional kon-

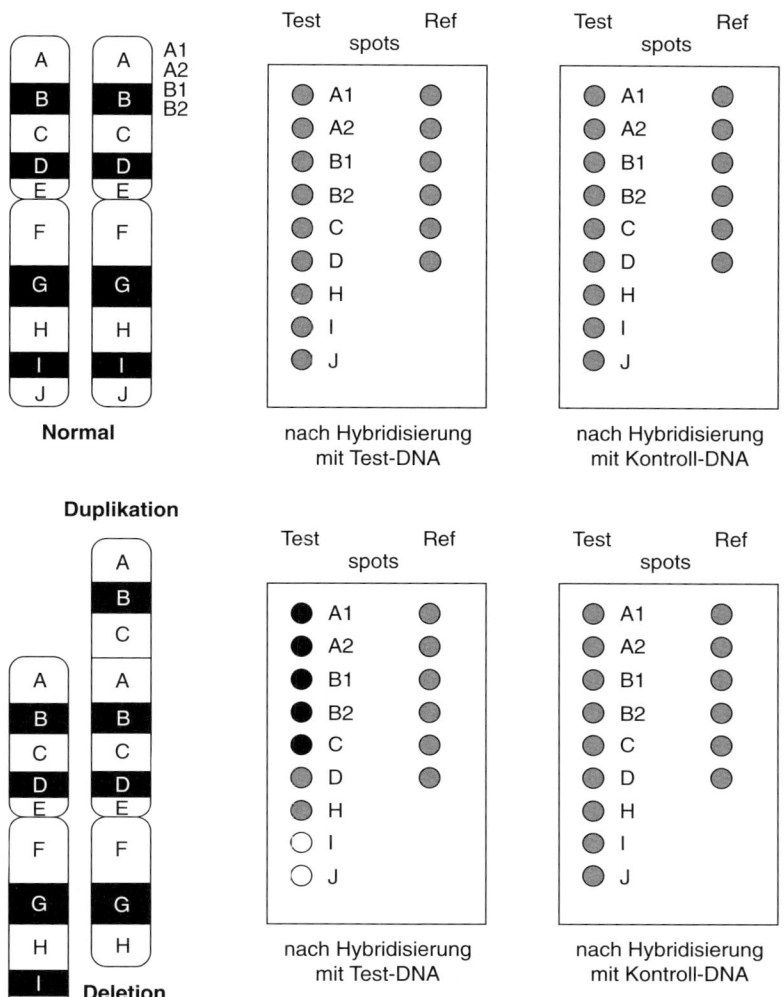

30.5 Prinzip der Matrix-CGH. Die chromosomale Herkunft der Ziel-DNAs (große Buchstaben), die auf einem Träger immobilisiert werden (rechts), ist auf den Ideogrammen eines entsprechenden Chromosomenpaars eingezeichnet (links). Während das Verhältnis der Fluoreszenzen von Test- und Kontroll-DNA bei balanciertem Karyotyp für alle Zielsequenzen gleich ist (oben), werden Gewinn von Material, etwa bei einer Duplikation, und Verlust von Material, z. B. bei einer Deletion, durch eine gegenüber den Kontroll-DNA-Signalen stärkere oder schwächere Fluoreszenz der Test-DNA diagnostiziert (unten).

servierten Zellkernen konnte in den späten 80er Jahren belegt werden, dass individuelle Chromosomen innerhalb des Interphasezellkerns tatsächlich – wie zuvor indirekt abgeleitet – distinkte Territorien einnehmen. Dennoch sind sowohl die Anordnung ganzer Chromosomen im Zellkern als auch die intrachromosomale Faltung des Chromatinfadens in den Territorien weitgehend unbekannt. Eine Vielzahl experimenteller Hinweise sprechen dafür, dass der Zellkern sowohl morphologisch als auch funktionell definierte Kompartimente enthält, die Voraussetzung für die komplexen biochemischen Prozesse im Zellkern sind, etwa RNA-Transkription, RNA-Prozessierung, DNA-Replikation oder DNA-Reparatur.

Die Darstellung individueller Chromosomen und chromosomaler Subregionen durch Mehrfarben-FISH in Kombination mit der Darstellung von nukleären Proteinen durch Immunolokalisation sowie jüngste Entwicklungen in der hochauflösenden 3D-Fluoreszenzmikroskopie bilden die experimentelle Grundlage für neuartige Ansätze zur Analyse der dreidimensionalen Genomstruktur. Mit Hilfe dieser Techniken können nicht nur die nukleäre Position von Chromosomenterritorien und subchromosomalen Domänen bis hinunter auf das Niveau einzelner Gene, sondern auch spezifische Fragen zur topologischen Beziehung zwischen Chromosomenterritorien und anderen nukleären Entitäten wie RNA- und Proteinakkumulationen charakterisiert werden. Mit solchen Ansätzen konnte beispielsweise gezeigt werden, dass Gene überwiegend in der Peripherie von Chromosomenterritorien lokalisiert sind und sowohl RNA als auch bestimmte fokale Proteinakkumulationen außerhalb der Territorien liegen. Diese experimentellen

Befunde führten zu einem Modell der strukturellen und funktionellen Kompartimentierung des Zellkerns, demzufolge zwischen den Oberflächen von Chromosomendomänen ein dreidimensionales Kanalnetzwerk existiert, das sogenannte **Interchromosomen-Domänen (ICD)-Kompartiment**, in dem Transkription, RNA-Prozessierung und RNA-Transport ablaufen, d. h. die Faltung des Chromatinfadens unterliegt funktionellen Restriktionen. Als Folge einer Faltung der Chromosomenterritorien in distinkte chromosomale Subdomänen könnte sich das postulierte Kanalnetzwerk auch zwischen den Oberflächen der chromosomalen Subdomänen ins Innere der Chromosomenterritorien fortsetzen.

Weiterführende Literatur

Forozan, F., Karhu, R., Kononen, J., Kallioniemi, A., Kallioniemi, O.-P. Genome Screening by Comparative Genomic hybridization. Trends in Genetics, 13 (1997) 405–409

Gray, J.W., Pinkel, D., Brown, J.M. Fluorescence In Situ Hybridization in Cancer and Radiation Biology. Radiat. Res., 137 (1994) 275–289

Joos, S., Fink, T.M., Rätsch, A. Lichter, P. Mapping and Chromosome Analysis: the Potential of Fluorescence In Situ Hybridization. Journal of Biotechnology, 35 (1994) 135–153

Kurz, A., Lampel, S., Nickolenko, J. E., Bradl, J., Benner, A., Zirbel, R. M., Cremer, T. und Lichter, P. Active and Inactive Genes Localize Preferentially in the Periphery of Chromosome Territories. J. Cell Biol., 135 (1996) 1195–1205

Lichter, P., Boyle, A. L., Cremer, T. und Ward, D. C. Analysis of Genes and Chromosomes by Non-Isotopic In Situ Hybridization. Genet. Anal. Techn. Appl., 8 (1991) 24–35

Lichter, P. Multicolor FISHing: What's the Catch? Trends in Genetics, 13 (1997) 475–479

McNeil, J. A., Johnson, C. V., Carter, K. C., Singer, R. H. und Lawrence, J. B. Localizing DNA and RNA within Nuclei and Chromosomes by Fluorescence In Situ Hybridization. Genet. Anal. Techn. Appl., 8 (1991) 41–58

Raap, A.K., Florijn, R.J., Blonden, L.A.J., Wiegant, J., Vaandrager, J.-W., Vrolijk, H., den Dunnen, J., Tanke, H.J., van Ommen, G.-J. Fiber FISH as a DNA Mapping Tool. METHODS: A Companion to Methods in Enzymology, 9 (1996) 67–73

Solinas Toldo, S., Lampel, S., Stilgenbauer, S., Nickolenko, J., Benner, A., Döhner, H., Cremer, T. und Lichter, P. Matrix-Based Comparative Genomic Hybridization: Biochips to Screen for Genomic Imbalances. Genes Chrom. Cancer, 20 (1997) 399–407

Trask, B. Fluorescence In Situ Hybridization: Applications in Cytogenetics and Gene Mapping. TIG, 7 (1991) 149–154

Wiegant, J., Kalle, W., Mullenders, L., Brookes, S., Hoovers, J. M. N., Dauwerse, J. G., van Ommen, G. J. B. und Raap, A. K. High-Resolution In Situ Hybridization Using DNA Halo Preparations. Hum. Mol. Genet., 1 (1992) 587–592

31 Physikalische und genetische Genkartierung

Das Erstellen von genetischen und physikalischen Genkarten ist ein wichtiges Forschungsgebiet in den Biowissenschaften und in der Medizin. Arbeiten auf diesem Gebiet tragen essentiell dazu bei, die Genetik von Organismen zu verstehen und sie sind erst die Voraussetzung für gentherapeutische Ansätze. Darüber hinaus wird es möglich, beim Menschen Erbkrankheiten, deren verantwortliche Gene bekannt sind, bereits in der pränatalen Phase zu erkennen. Die Anzahl solcher genetisch bedingter Krankheiten wird auf 3 500 bis 4 000 geschätzt. Leider gibt es zur Zeit noch sehr viele monogene Erbkrankheiten, die keinem Kandidatengen zugeordnet werden können. Viele dieser Krankheiten sind im menschlichen Genom kartiert, d.h. das verantwortliche Gen wird in einem mehr oder weniger begrenzten Bereich des Genoms vermutet. Man unterscheidet zwei Arten der Genkartierung, die physikalische und die genetische. Die physikalische Kartierung liefert absolute Distanzen zwischen bestimmten Markern im Genom. Zur ihr zählen auch cytogenetische Verfahren, die im vorherigen Kapitel beschrieben sind. Die genetische Kartierung von Genen erfolgt über die Analyse der gemeinsamen Vererbung von Markern, meist DNA-Sequenzen, deren Position im Genom bekannt ist, die mit einem bestimmten Phänotyp – hier, einem definierten Krankheitsbild – gekoppelt ist.

Cytogenetische Methoden Kapitel 30

31.1 Genetische Kartierung: Lokalisierung von Loci im Genom

Das genetische Material ist bei Eukaryonten auf diskrete Chromosomen aufgeteilt, die während der Metaphase der Zellteilung sichtbar sind. Als Karyotyp wird der komplette Satz der Metaphasechromosomen einer Zelle oder eines Organismus bezeichnet. Beim Menschen umfasst der diploide Karyotyp 46 Chromosomen. Der diploide Organismus hat zwei Kopien jedes Autosoms im Karyotyp, darüber hinaus noch zwei Geschlechtschromosomen. Jedes einzelne Chromosom besteht wiederum aus zwei Chromatiden (Schwesterchromatiden).

31.1.1 Rekombination

Somatische Zellen (Körperzellen) vermehren sich durch mitotische Teilung, wobei sich der Chromosomensatz vor der Zellteilung verdoppelt und eine Kopie in jede Tochterzelle übergeht. Die Keimbahnzellen werden durch die Meiose, d. h. zwei aufeinanderfolgende Teilungen erzeugt. Dabei wird die Chromosomenzahl auf den haploiden Satz reduziert. Während der Meiose kommt es zum vielfachen reziproken Austausch von genetischem Material zwischen Nicht-Schwesterchromatiden während des **Crossing over**. Es entstehen zwei rekombinante Chromatiden. Die Wahrscheinlichkeit, dass es zum Crossing over zwischen zwei Punkten auf einem Chromosom kommt, ist von der Distanz der beiden Punkte abhängig.

Mit zunehmender Distanz nimmt die Wahrscheinlichkeit zu, dass zwischen ihnen eine Rekombination erfolgt und sie getrennt vererbt werden. Umgekehrt bedeutet dies, dass – je näher Gene benachbart sind – sie desto häufiger gekoppelt vererbt werden (*genetic linkage*). Damit kann die genetische Kopplung als Maß für die physikalische Distanz von Genen auf einem Chromosom herangezogen werden:

$$\text{Distanz (cM)} = \frac{\text{Anzahl der Rekombinanten}}{\text{Gesamtzahl der Nachkommen}} \cdot 100$$

Ein centiMorgan (cM) ist also ein Abstandsmaß. 1 cM entspricht definitionsgemäß einer Rekombinationshäufigkeit von einem Prozent. Diese Art der genetischen Vermessung des Genoms ist allerdings nur über begrenzte Distanzen möglich, da bei größeren Abständen die Wahrscheinlichkeit von *zwei* Crossing overs zwischen den zu bestimmenden Genen steigt. Dadurch wird die Ausgangsverteilung der Gene wieder hergestellt und die Rekombinationsfrequenz unterschätzt den eigentlichen Abstand der beiden Punkte auf der genetischen Karte. Es ist jedoch auch möglich, längere Distanzen genetisch zu kartieren, wenn genügend Zwischenschritte gemacht werden können. Hierbei wirken sich die Abstände zwischen den jeweiligen Einzelschritten additiv auf die Gesamtdistanz aus. Im menschlichen Genom entspricht die genetische Distanz von 1 cM etwa 1 Mb, wenn dies über das gesamte Genom gemittelt wird. Jedoch ist diese Korrelation nur begrenzt zutreffend, da die Rekombinationshäufigkeit (die Grundlage zur Ermittlung der genetischen Distanz) für einzelne Bereiche des Genoms stark variiert. Es gibt große Regionen, die nur wenig von Rekombinationen betroffen sind, während andere Bereiche eine überproportional hohe Rekombinationsfrequenz aufweisen (*recombination hot spots*), wodurch bei der Umrechnung der genetischen in die physikalische Distanz die erste stark überschätzt wird.

Um die Chromosomen möglichst schnell und umfassend kartieren zu können, werden **Marker**, also Fixpunkte in der Karte eines Genoms festgesetzt. Bei der Auswahl eines Markers ist entscheidend, dass dieser in der Gesamtpopulation in verschiedenen Ausprägungen präsent ist. Nur wenn die untersuchten Marker der Elterngeneration unterschiedlich sind, also in verschiedenen Allelen vorliegen, kann eine Neukombination der Marker in der F1-Generation nachgewiesen werden. Marker, die in verschiedenen Allelen vorliegen, werden als **polymorph** bezeichnet (Abb. 31.1).

Die Qualität von genetischen Markern wird durch ihre Heterogenität in der Gesamtpopulation der Individuen einer Spezies bestimmt. Dies beinhaltet die Anzahl der möglichen Allele und ihre relative Häufigkeit in der Gesamtpopulation. Je mehr verschiedene Allele ein Marker besitzt und je gleichmäßiger diese Allele in der Gesamtpopulation verteilt sind, desto hilfreicher ist er in der Analyse der Rekombination von einer Generation auf die nächste. Marker, die in einem individuellen Fall zu einer solchen Analyse herangezogen werden können, d. h. in verschiedenen Allelen bei beiden Eltern vorkommen, werden als **informativ** bezeichnet.

Die Art der Marker lässt sich grob in zwei Kategorien unterteilen. Zur Konstruktion von genetischen Karten sind polymorphe Marker besonders wertvoll (siehe oben), während bei der physikalischen Kartierung die Eindeutigkeit der Positionierung im Vordergrund steht – jeder Marker darf nur einen Locus im Genom besitzen (*single copy*). Zu genetischen Markern zählen vor allem RFLPs (Restriktionsfragment-Längenpolymorphismen) und Mikrosatelliten, während zu physikalischen Markern auch Gene, sequenzmarkierte Stellen (*sequence tagged sites*, STS) und Chromosomenbruchpunkte zählen.

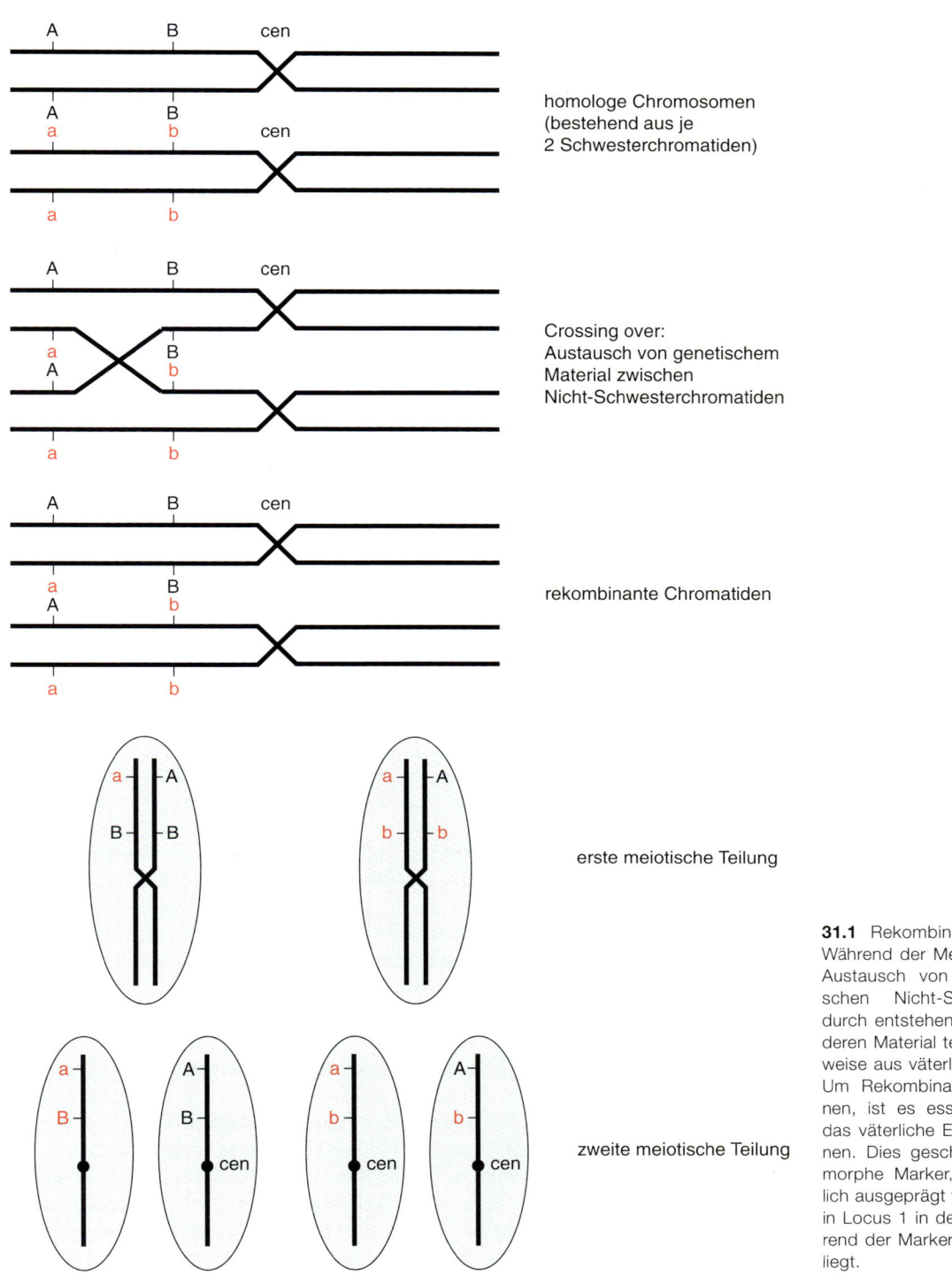

31.1 Rekombination und Crossing over. Während der Meiose kommt es vielfach zum Austausch von genetischem Material zwischen Nicht-Schwesterchromatiden. Dadurch entstehen rekombinante Chromatiden, deren Material teilweise aus mütterlicher, teilweise aus väterlicher Erbinformation besteht. Um Rekombinationen nachweisen zu können, ist es essentiell, das mütterliche und das väterliche Erbgut unterscheiden zu können. Dies geschieht über sogenannte polymorphe Marker, die individuell unterschiedlich ausgeprägt werden. Hier liegt der Marker in Locus 1 in den Formen a und A vor, während der Marker in Locus 2 als b und B vorliegt.

31.1.2 Genetische Marker

Restriktionsfragment-Längenpolymorphismen

Restriktionsfragment-Längenpolymorphismen (RFLPs) waren lange Zeit die wichtigste Klasse der DNA-Polymorphismen. Sie sind meist das Ergebnis einzelner Basenaustausche, können jedoch auch auf DNA-Umlagerungen wie Insertionen

Restriktionsfragment-
Längenpolymorphismen
Abschnitt 22.1

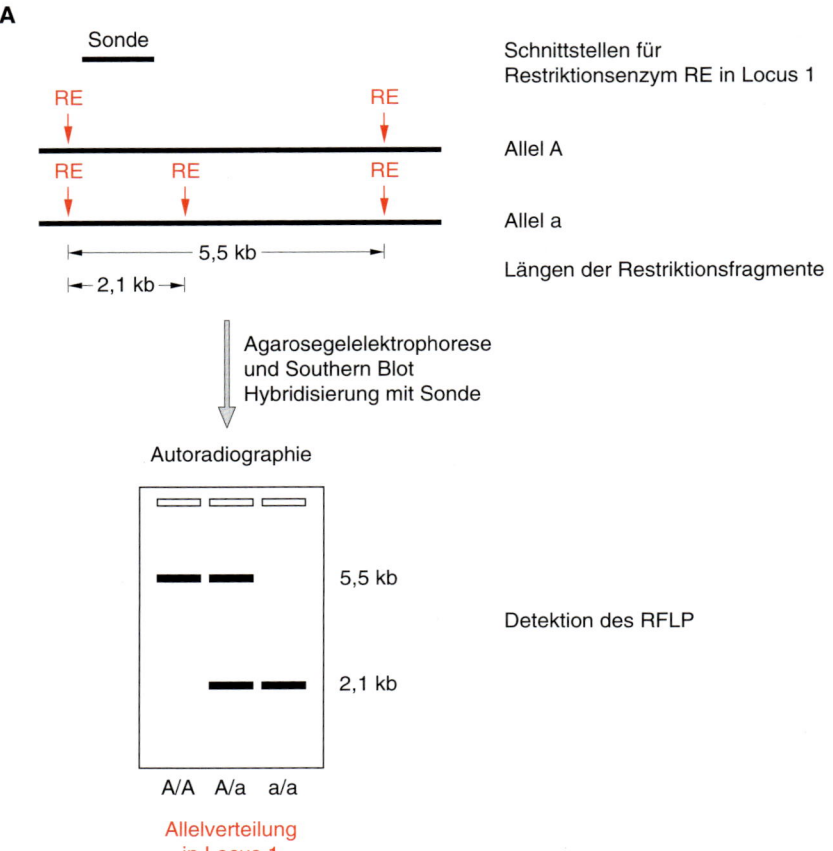

31.2 A. Restriktionsfragment-Längenpolymorphismen (RFLP). RFLPs sind immer dann zu erkennen, wenn eine Restriktionsschnittstelle (RE) von einem Polymorphismus betroffen ist. RFLPs können mit einer Sonde detektiert werden, die in der Nähe des Locus liegt. Die jeweiligen Allele können anschließend durch Autoradiographie identifiziert werden. B. Polymorphe STS (Mikrosatelliten) werden durch unterschiedlich lange DNA-Fragmente erzeugt, die zwischen zwei Primern liegen. Häufig wird das variierende DNA-Stück durch eine unterschiedliche Anzahl von kleinen repetitiven Einheiten definiert (meist $(CA)_{n+x}$). Zum Nachweis wird die genomische DNA eines Individuums und durch hochauflösende Gelelektrophorese (z. B. PAGE), die es erlaubt, auch Unterschiede von nur einer oder wenigen Basen nachzuweisen.

oder Deletionen zurückgehen. RFLPs sind immer dann zu beobachten, wenn durch die Veränderung in der DNA die Erkennungsstelle einer Restriktionsendonuklease betroffen ist. Auch wenn die Sequenzvariationen meist nicht mit einer phänotypischen Veränderung des betroffenen Organismus verbunden sind, verhalten sie sich aber dennoch wie mendelsche Gene und können deshalb als genetische Marker verwendet werden (Abb. 31.2).

Sequenzmarkierte Stellen (STSs) und Mikrosatelliten (polymorphe STSs)

Ende der 80er Jahre wurde das Konzept der sequenzmarkierten Stellen (*sequence tagged sites*, STS) entwickelt. Dies sind 100–300 bp lange DNA-Sequenzen, die im Genom nur einmal vorkommen. Die Sequenzstücke werden durch PCR amplifiziert und als Marker zur physikalischen Kartierung eingesetzt. Das PCR-Produkt beschreibt dabei einen eindeutigen Locus im Genom. Jede genomische Sequenz kann herangezogen werden, um ein STS zu entwickeln. Dabei wird zunächst die Sequenz gegen Nucleinsäuredatenbanken abgeglichen, um sicherzustellen, dass die Region, in denen die Primer gewählt werden sollen, frei von repetitiven DNA-Sequenzen ist. Der Bereich zwischen dem Primerpaar kann durchaus repetitiv sein, ohne dass dies dem erfolgreichen Einsatz des STS abträglich ist (vgl. Abb. 31.2 B.).

Mikrosatelliten (polymorphe STSs) sind ein Spezialfall der sequenzmarkierten Stellen. Bei STSs wird die Kenntnis einer locusspezifischen Sequenz vorausgesetzt. Im Fall der polymorphen STSs sind die Primersequenzen in der Gesamtpopulation konserviert wie bei den konventionellen STSs, die dazwischenliegende Sequenz variiert jedoch in der Länge. Während man davon ausgehen kann, dass ein STS ein identisches PCR-Produkt bei allen Individuen einer Spezies erzeugt,

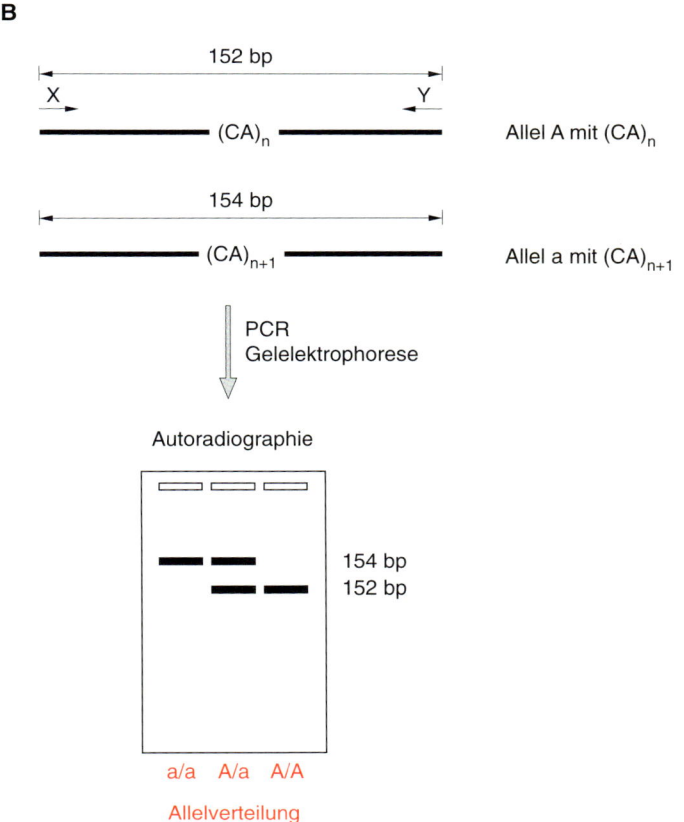

31.2 (Fortsetzung)

so erhält man bei der Amplifikation von polymorphen STSs ein allelspezifisches PCR-Produkt. Diese allelischen Unterschiede werden nach den Mendelschen Gesetzen vererbt und werden aus diesem Grund als genetische Marker eingesetzt.

Im häufigsten Fall der Mikrosatelliten flankieren die Primer tandemartige, repetitive Sequenzen. Dabei ist die Anzahl der sich wiederholenden Einheiten von Allel zu Allel unterschiedlich. Solche kurzen Wiederholungseinheiten kommen in allen eukaryontischen Genomen vor. In den weitaus meisten Fällen werden sich wiederholende CA-Einheiten zusammen mit den flankierenden Sequenzen als Mikrosatelliten-Marker verwendet. Die locusspezifischen Primerpaare werden in PCR-Ansätzen zur Amplifikation der CA-Einheiten verwendet. Dabei ist die Anzahl der CA-Einheiten für jeden spezifischen Locus oft hochpolymorph und damit hervorragend für die genetische Kartierung geeignet. Da die Mikrosatelliten sehr häufig im menschlichen Genom vorkommen (mehr als einmal pro 50 kb), kann mit ihrer Hilfe eine hohe Markerdichte (Anzahl der genetischen Marker pro Mb) erzielt werden. Nicht zuletzt weil der Einsatz von Mikrosatellitenmarker weniger Zeit- und Materialaufwand erfordert, haben sie die klassischen RFLP-Marker als primäre genetische Marker abgelöst.

31.1.3 Kopplungsanalyse – die Erstellung genetischer Karten

Die Erstellung genetischer Karten wird auch als **Kopplungsanalyse** (*linkage analysis*) bezeichnet, da sie die gekoppelte (gemeinsame) Vererbung zweier oder mehrerer Marker untersucht. Die Aufhebung der Kopplung geschieht durch den reziproken Austausch von genetischem Material während der Meiose (Abschnitt 31.1.1). Die Rekombination zwischen homologen Chromosomen während der Meiose ist ein häufiger Vorgang, dessen Endergebnis, die Neukombination von

Markern, in der Kopplungsanalyse ausgenutzt wird. Das Ziel der Kopplungsanalyse liegt darin zu bestimmen, ob zwei Loci öfter gemeinsam vererbt werden, als es zu erwarten wäre, wenn sie auf zwei getrennten Kopplungsgruppen (Chromosomen) liegen würden.

Die jeweils homologen Chromosomen werden in der Meiose unabhängig auf die Tochterzellen aufgeteilt. Ein Locus auf einem bestimmten Chromosom cosegregiert daher mit einer Wahrscheinlichkeit von 50 % mit einem zweiten Locus auf einem anderen Chromosom. Loci des gleichen Chromosoms sollten hingegen mit einer Wahrscheinlichkeit < 50 % durch Rekombination getrennt werden, die zu der Distanz dieser Loci auf dem Chromosom im Verhältnis steht. Diese Rate wird als *recombination fraction* (cM/100, siehe oben) oder Θ bezeichnet, die zwischen zwei Loci beobachtet wird. Der Wert, den θ erzielen kann, reicht von Null (für eng benachbarte Loci, zwischen denen keine Rekombination stattfindet) bis zu $\theta = 0,5$ für Loci, die weit voneinander entfernt liegen oder sich auf verschiedenen Chromosomen befinden. Demnach ist es möglich, mit θ die genetische Distanz zweier Loci anzugeben. Wie oben betont, ist diese einfache genetische Abstandsmessung nur für kurze Distanzen zulässig! Da die Wahrscheinlichkeit multipler Rekombinationsereignisse mit der Distanz zweier Loci zunimmt, muss θ über eine **Kartierungsfunktion** in eine genetische Distanz umgerechnet werden.

Im Prinzip gilt, dass zwei Loci genetisch gekoppelt sind, wenn $\theta < 0,5$ ist. Die Kopplungsanalyse hat zum einen die Aufgabe, θ zu bestimmen, zum anderen, die statistische Signifikanz zu errechnen, falls $\theta < 0,5$ ist.

Der χ^2-Test

Der χ^2-Test ist eine relativ einfache Nachweismethode der genetischen Kopplung, der aber nur bei Organismen mit hoher Nachkommenzahl angewendet werden kann. Mit diesem Test lässt sich die statistische Signifikanz der zu analysierenden Kopplung abschätzen.

Wie oben beschrieben, beruht die Kopplungsanalyse auf der Rekombinationshäufigkeit, die zwischen zwei bestimmten Loci auftritt. Diese Rekombinationshäufigkeit spiegelt sich in der relativen Häufigkeit der verschiedenen Klassen der Meioseprodukte wieder.

Geht man von zwei Loci aus, die beide heterozygot in einem diploiden Organismus vorliegen (Aa Bb), so sind vier Markerkombinationen in den Geschlechtszellen möglich: AB, ab, Ab und aB. Nimmt man an, dass die beiden Loci nicht gekoppelt sind, so wird ein Verhältnis der vier Möglichkeiten von 1:1:1:1 erwartet. Falls eine Kopplung vorliegt, so weicht die Verteilung von diesem Schema ab und die Markerkombinationen, die durch Rekombination erzeugt werden, sind unterrepräsentiert. Für die Etablierung einer genetischen Karte muss zunächst ermittelt werden, ob ein 1:1:1:1-Verhältnis vorliegt. Ist dies der Fall, so sind die beiden Loci *nicht* gekoppelt. Weicht das Verhältnis der Markerkombinationen von der gleichmäßigen Verteilung ab, so sind die beiden Loci gekoppelt. Bei eindeutigen Abweichungen von der gleichmäßigen Verteilung der möglichen Meioseprodukte ist die Antwort offensichtlich. Kleinere Abweichungen müssen jedoch statistisch abgesichert werden, um eine Aussage treffen zu können.

Ein Beispiel: Es werden 500 Meioseprodukte analysiert und experimentell wird folgende Verteilung ermittelt:

Klasse 1: AB 145
Klasse 2: ab 140
Klasse 3: Ab 105
Klasse 4: aB 110

Beim Test auf Rekombinationshäufigkeit finden wir 105 + 110 = 215 Rekombinante, oder 43 % (d. h. $\theta = 0,43$). Dies weicht von dem erwarteten Wert von 50 % ab, der eindeutig eine nicht-gekoppelte Vererbung der beiden Loci anzeigen würde. Es stellt sich die Frage, ob die Abweichung um 7 Prozentpunkte signifikant ist und man deshalb von einer gekoppelten Vererbung sprechen kann, oder ob diese Abweichung zufällig zustande kam, weil nur ein Testset von 500 Meioseprodukten analysiert wurde. Genau diese Frage beantwortet der χ^2-Test.

1. Es wird die **Null-Hypothese** aufgestellt, die keine Kopplung annimmt.
2. χ^2 wird berechnet. Der Umfang des Testsets wird in die Berechnung mit aufgenommen, was ein entscheidender Punkt bei der Bestimmung der Signifikanz ist. Bei der Berechnung von χ^2 wird die Anzahl der gefundenen Meioseprodukte (N) mit der Zahl der Meioseprodukte (E), die in der Nullhypothese erwartet würden verglichen.

$$\chi^2 = \sum \frac{(N-E)^2}{E} \text{ aller Klassen}$$

Klasse	N	E	$(N-E)^2$	$(N-E)^2/E$
AB	145	125	400	3,2
ab	140	125	225	1,8
Ab	105	125	400	3,2
aB	110	125	225	1,8
	500	500		$\chi^2 = 10,0$

3. Mit Hilfe des χ^2-Wertes wird die Wahrscheinlichkeit p der Nullhypothese ermittelt. Dazu muss zuvor der Freiheitsgrad df berechnet werden.

$$df = \text{Anzahl der Klassen} - 1$$

In unserem Fall: $df = 4 - 1 = 3$.

Aus Tabelle 31.1 kann nun die Wahrscheinlichkeit der Nullhypothese abgelesen werden (grau unterlegte Werte). In unserem Fall für $\chi^2 = 10$ mit $df = 3$ liegt die Wahrscheinlichkeit einer nicht-gekoppelten Vererbung der beiden analysierten Loci bei $p \approx 0,015$.

4. Annahme oder Ablehnung der Nullhypothese. Als zufälliger Schwellenwert zur Ablehnung der Nullhypothese wird meist $p = 0,05$ gewählt, so dass – wenn $p < 0,05$ – die Nullhypothese abgelehnt wird. Es wird dann davon ausgegangen, dass eine Kopplung vorliegt.

Tabelle 31.1 Werte der χ^2-Verteilung. Die grau unterlegten Werte gelten für das im Text besprochene Beispiel

p	0,995	0,975	0,900	0,500	0,100	0,050	0,025	0,010	0,005
df 1	0,000	0,000	0,016	0,455	2,706	3,841	5,024	6,635	7,879
2	0,010	0,051	0,211	1,386	4,605	5,991	7,378	9,210	10,597
3	0,072	0,216	0,584	2,366	6,251	7,815	9,348	11,345	12,838
4	0,207	0,484	1,064	3,357	7,779	9,488	11,143	13,277	14,860
5	0,412	0,831	1,610	4,351	9,236	11,070	12,832	15,086	16,750
6	0,676	1,237	2,204	5,348	10,645	12,592	14,449	16,812	18,548
7	0,989	1,690	2,833	6,346	12,017	14,067	16,013	18,475	20,278
8	1,344	2,180	3,490	7,344	13,362	15,507	17,535	20,090	21,955
9	1,735	2,700	4,168	8,343	14,684	16,919	19,023	21,666	23,589
10	2,156	3,247	4,865	9,342	15,987	18,307	20,483	23,209	25,188
11	2,603	3,816	5,578	10,341	17,275	19,675	21,920	24,725	26,757
12	3,074	4,404	6,304	11,340	18,549	21,026	23,337	26,217	28,300
13	3,565	5,009	7,042	12,340	19,812	22,362	24,736	27,688	29,819
14	4,075	5,629	7,790	13,339	21,064	23,685	26,119	29,141	31,319

Wahrscheinlichkeitstests

In vielen Stammbäumen bei höheren Säugetieren, vor allem aber beim Menschen, ist es oft nicht möglich, alle Rekombinanten und Nichtrekombinanten zu erfassen oder zu bestimmen. Daher ist es angezeigt, anstatt des χ^2-Tests eine Methode zu verwenden, die auf der Berechnung der Wahrscheinlichkeit einer Rekombination zwischen zwei bestimmten Loci beruht. Zur Berechnung der Wahrscheinlichkeit, dass eine Kopplung zwischen zwei Markern in einem Stammbaum besteht, werden komplexe Computerprogramme eingesetzt. Anschließend werden die errechneten Wahrscheinlichkeiten in Relation gesetzt:

$$Z(\theta) = log_{10} \frac{L(\theta)}{L(0,5)}$$

L (*likelihood*) ist die Wahrscheinlichkeitsfunktion für ein bestimmtes θ. Dabei wird die Wahrscheinlichkeit L von $\theta < 0,5$ (gekoppelte Vererbung) mit der Wahrscheinlichkeit L von $\theta = 0,5$ (nicht-gekoppelte Vererbung) verglichen. In der Kopplungsanalyse wird üblicherweise der logarithmische Wert dieses Quotienten angegeben, der als **LOD-Score** ($Z(\theta)$; *log of the odds*) bezeichnet wird.

Als generelle Übereinkunft gilt, dass ab einem LOD-Score von 3 von einer Kopplung der beiden analysierten Loci gesprochen wird. Bei diesem LOD-Score ist die Wahrscheinlichkeit, dass eine Kopplung vorliegt, 20:1; entsprechend steigt die Wahrscheinlichkeit einer gekoppelten Vererbung bei einem LOD-Score 4 auf 200:1. Wird ein LOD-Score von 2 ermittelt, so ist es ratsam, die statistische Basis zu verbreitern, d.h. weitere Stammbäume sollten auf die beiden Loci hin untersucht werden. Alternativ können auch weitere benachbarte Loci in die Analyse mit einbezogen werden. Wurden weitere Personen auf die untersuchten Loci hin analysiert und der LOD-Score sinkt, kann davon ausgegangen werden, dass die beiden Marker nicht gekoppelt vererbt werden.

31.1.4 Die genetische Karte des menschlichen Genoms

Die genetische Karte besteht aus polymorphen Markern, hauptsächlich RFLPs und polymorphen STSs, die einen definierten, errechneten Abstand voneinander besitzen. Der primäre Nutzen einer genetischen Karte liegt in der Tatsache, dass mit ihrer Hilfe Krankheitsgene (die durch Mutationen ihre Funktion verlieren oder verändern) über familiäre Kopplungsanalysen im Genom lokalisiert werden können. Dies ist möglich, ohne die eigentliche Funktion bzw. die Sequenz des Gens oder die Art der Mutation zu kennen.

Genetische Karten sind schon seit Jahrzehnten bekannt, da bereits die Kenntnis über die gekoppelte Vererbung von zwei phänotypischen (biochemischen) Markern als primitive genetische Karte angesehen werden kann. Denn bereits in diesem Fall ist eine bestimmte Abfolge von Markern auf einem Chromosom festgelegt. Heute gibt es eine „komplette", das ganze Genom abdeckende genetische Karte, mit einem Marker alle 0,5–2 cM (Abb. 31.3). Die hauptsächlich eingesetzten Marker sind informativ (Abschnitt 31.1.1) und eindeutig in ihrer Bestimmung wie die polymorphen STSs (CA-repeat-Marker). Diese Marker werden hauptsächlich auf zwei verschiedene Arten identifiziert und generiert. Zum einen von Forschungszentren des Humangenom-Projekts, die in großen Ansätzen CA-repeats im kompletten Genom analysieren. Zum anderen durch kleinere Arbeitsgruppen, die an bestimmten Loci arbeiten und dort zur genaueren Kartierung neue polymorphe Marker etablieren. Die regional unterschiedliche Erforschung des menschlichen Genoms hat daher zu einer in der Qualität stark variierenden genetischen Karte geführt. In einigen Bereichen liegt die Markerdichte bei < 0,2 cM, während andere Bereiche nur mit > 5 cM aufgelöst werden können.

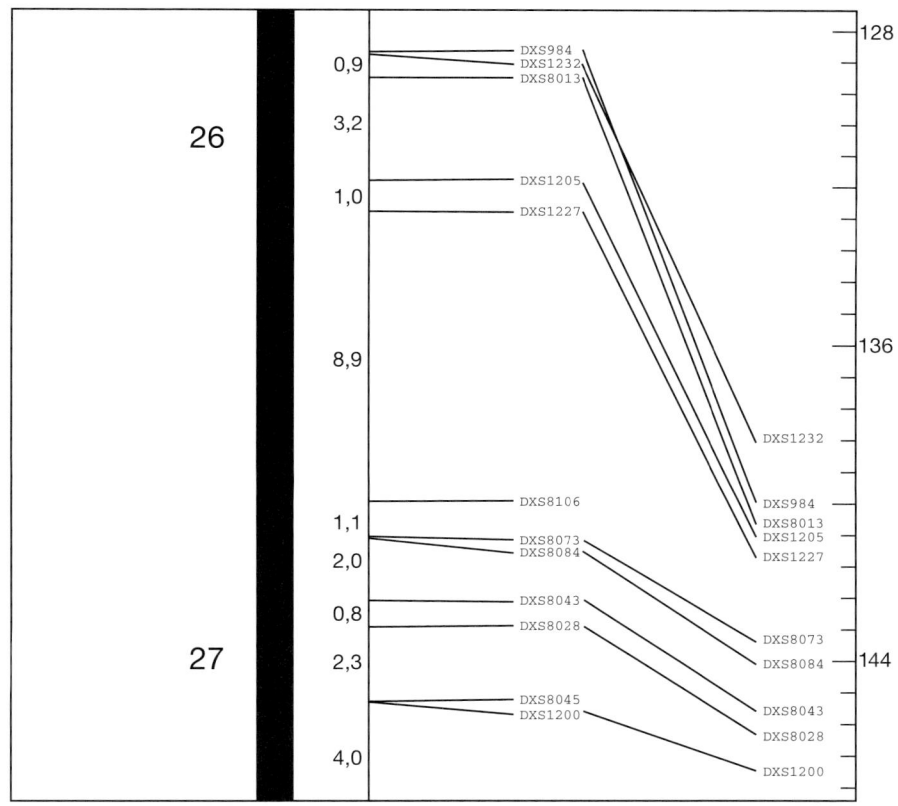

31.3 Karte des menschlichen X-Chromosoms (Ausschnitt). Stand der physikalischen und genetischen Kartierung am Ende des langen Arms des menschlichen X-Chromosoms. Links ist die Bänderung der cytogenetischen Karte als Ideogramm dargestellt. Die genetische Karte mit den verwendeten Markern ist in Centimorgan angegeben. Die physikalische Karte der gleichen Marker ist in der Megabasen-Skala dargestellt. Der absolute Nullpunkt beider Maßstäbe liegt am Telomer des kurzen Arms (nach Nagaraja et al., Genome Res. 7(3) (1997) 210–222).

31.1.5 Genetische Kartierung von Krankheitsgenen

Der praktische Nutzen der genetischen Karte kann nicht hoch genug eingeschätzt werden, da mit ihrer Hilfe die Kartierung von monogenetischen Erkrankungen innerhalb weniger Monate möglich ist, falls ein ausreichend großer Stammbaum zur Kopplungsanalyse zur Verfügung steht. Dies bedeutet eine Verkürzung um fünf bis 10 Jahre im Vergleich zur klassischen genetischen Kartierung, wie sie bis vor wenigen Jahren durchgeführt wurde. Die enorme Beschleunigung in der genetischen Kartierung wurde vor allem durch die sprunghaft gestiegene Dichte der genetischen Marker bewirkt, die zur Verfügung stehen. Aufgrund dieser Kartierung ist es im Anschluss möglich, das potentielle Krankheitsgen mittels physikalischer Lokalisierung (s. u.) und positionellem Klonieren (Abschnitt 31.2.4) zu identifizieren und zu isolieren (Abb. 31.4).

Viele der häufigsten und gefährlichsten Krankheiten können jedoch nicht auf eine einzige genetische Ursache zurückgeführt werden (z. B. Herz-Kreislaufkrankheiten, Krebs oder Schizophrenie), sie sind *multifaktoriell*. Oft spielen bei multifaktoriellen Erkrankungen nicht nur eine große Anzahl verschiedener Gene, sondern auch bestimmte Umweltfaktoren (extragenetische Risikofaktoren) eine entscheidende Rolle. Den Genen kommt dabei häufig die Funktion der **Prädisposition** zu, d. h. sie bestimmen die Anfälligkeit eines Menschen gegenüber den extragenetischen Risikofaktoren. Durch Untersuchungen von Menschen mit identischer Prädisposition könnte man zur genauen Identifizierung und Bewertung dieser Risikofaktoren gelangen und so den Weg zu einer präventiven Medizin ebnen. Die erfolgreiche Kartierung von multifaktoriellen Erkrankungen ist zur Zeit allerdings nur in sehr begrenztem Umfang möglich, da für diese komplexen Analysen die notwendige Größe der verfügbaren Stammbäume oft nicht ausreicht, und die Markerdichte im Genom noch gesteigert werden muss, um eindeutige LOD-Scores für einzelne Gene, die an solchen Erkrankungen beteiligt sind, zu erzielen.

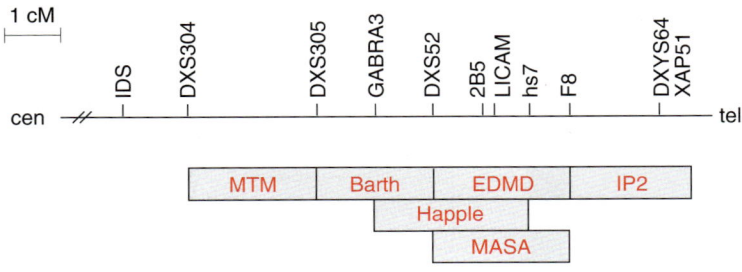

31.4 Kandidatengene in der genetischen Karte von Xq28. Diese vereinfachte genetische Karte zeigt einige genetische Marker der Region, die genutzt wurden, um bestimmte Krankheitsgene genau zu lokalisieren (oberer Teil). Unter der genetischen Karte sind die dazugehörigen Krankheiten eingezeichnet. MTM: Myotubuläre Myopathie, Barth: Barth-Syndrom, EDMD: Emery-Dryfuss-Muskeldystrophie, IP2: *Incontinentia Pigmentii* Typ 2, Happle: Happle-Syndrom, MASA: MASA-Syndrom.

Wird eine monogenetische Krankheit erkannt, so werden so viele Generationen und leibliche Verwandte wie möglich in die Analyse mit einbezogen, insbesondere wenn diese von dieser Krankheit betroffen sind. Die DNA aller Individuen wird mit den genetischen Markern typisiert und auf eine gekoppelte Vererbung des Krankheitsgens mit einem genetischen Marker untersucht. Die Kopplung wird über Wahrscheinlichkeitstests analysiert, nach dem gleichen Schema, das zur Erstellung der genetischen Karte genutzt wird (Abschnitt 31.1.3). Auch hier gilt: Je umfangreicher der Stammbaum und je polymorpher die verwendeten Marker, desto genauer kann der Locus eines Krankheitsgens ermittelt werden. Dabei wird dieser nicht punktgenau bestimmt, sondern in einem Intervall angegeben, also zwischen zwei genetischen Markern (vgl. Abb. 31.4).

Die genetische Kartierung ist auch außerordentlich wichtig, um einzelne Gene als Kandidatengene für bestimmte Krankheiten *auszuschließen*. Oft wird der Phänotyp einer Erkrankung eines Menschen einem bestimmten Gen zugeordnet. So vermutet man bei bestimmten, familiär gehäuft auftretenden Krebsarten mutierte Oncogene als Ursache. Falls das Oncogen die Krankheit verursacht, darf keine Rekombination zwischen dem Marker für den krankhaften Phänotyp und dem Kandidatengen-Locus in der familiären Kopplungsanalyse stattfinden. Ist dies dennoch der Fall, so scheidet das Gen als genetische Ursache für die Erkrankung aus.

31.2 Physikalische Kartierung

Unter diesem Oberbegriff werden alle Arten der genomischen Kartierung zusammengefasst, die in der Lage sind, absolute Distanzen in Nucleotiden zwischen einzelnen Markern im Genom zu beschreiben. Im Unterschied dazu beruhen die bisher beschriebenen genetischen (oder Kopplungs-) Karten auf der Analyse von Rekombinationshäufigkeiten zwischen den Markern.

31.2.1 Restriktionskartierung ganzer Genome

Ein Schritt zur vollständigen physikalischen Kartierung eines Genoms oder Chromosoms besteht in der Beschreibung der Anordnung seiner Restriktionsfragmente („Top-down"-Verfahren; Abb. 31.5A). Erst nachdem die Restriktionskarte erstellt ist, versucht man, bestimmte Regionen zu klonieren. Dies wurde vor allem in Organismen mit relativ kleinen Genomen, z.B. *E. coli*, oder in Viren durchgeführt. Hierfür nutzt man Restriktionsendonukleasen des Typ II. Bevorzugt werden Enzyme eingesetzt, die eine Erkennungssequenz besitzen, die im Genom des Zielorganismus selten anzutreffen ist und deshalb sehr lange Fragmente nach der enzymatischen Spaltung erzeugen. Das Genom von *E. coli* umfasst 4,5 Mb und wurde mit Hilfe des Restriktionsenzyms *Not* I, das eine 8 bp Sequenz erkennt, in 21 DNA Fragmente zerlegt, deren Abfolge im ringförmigen Bakteriengenom bestimmt wurde.

A Top-down-Verfahren

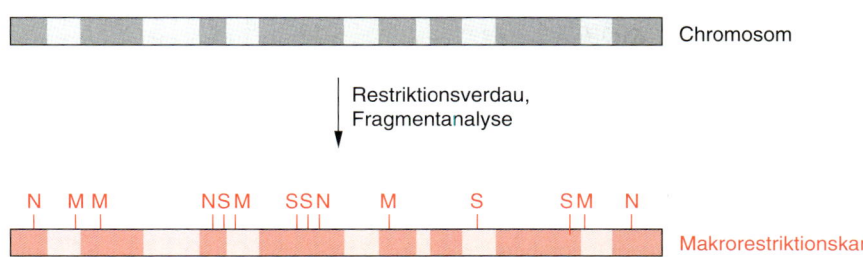

B Bottom-up-Verfahren

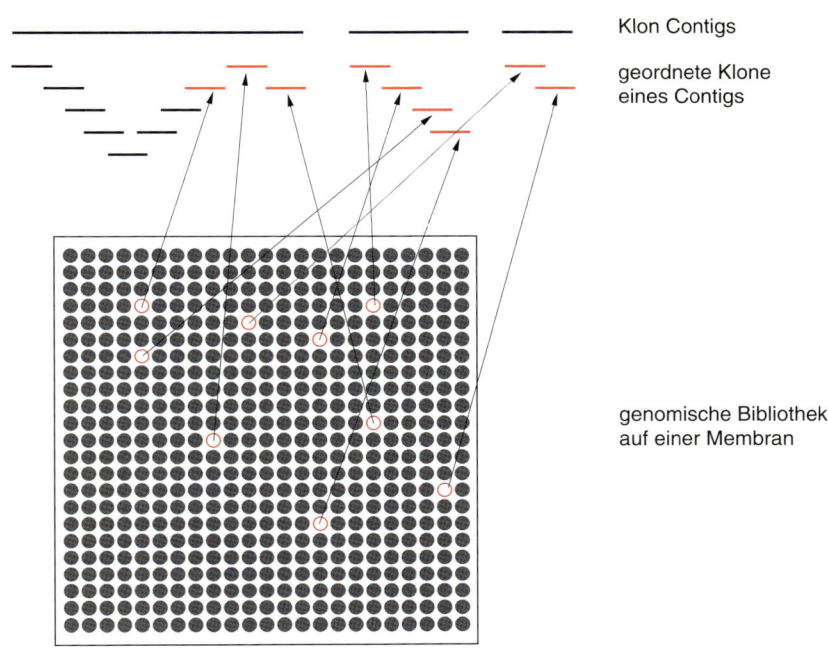

31.5 Die beiden generellen Techniken der physikalischen Kartierung. A. Top-down-Verfahren gehen jeweils von der kompletten, nicht-klonierten genomischen DNA bzw. einem Chromosom aus, wie z. B. einer cytogenetischen Karte oder einer Restriktionskarte. Hier sind die Restriktionsschnittstellen von selten schneidenden Restriktionsendonukleasen (*rare cutter*) eingezeichnet (N = *Not* I, S = *Sp* II, M = *Mlu* I), die sehr große DNA-Fragmente erzeugen. Es entstehen „komplette" Karten, da es sich bei dem verwendeten Ausgangsmaterial um die DNA einer Zelle handelt, die nicht durch einen Klonierungsschritt modifiziert und damit manipuliert wurde. Die Karten besitzen nur eine sehr geringe Auflösung (> 100 kb) und es ist nicht möglich, direkt Klone oder Gene zu isolieren. B. Das Bottom-up-Verfahren beginnt mit der Erzeugung einer Klon-Bibliothek, aus der die Klone isoliert werden und überlappende Klone durch Chromosomenwanderung (*chromosome walking*) identifiziert und zu sog. **Contigs** (*contiguous sets of clones*) zusammengefasst werden. Diese Contigs sind hochauflösend, aber überspannen selten ganze Chromosomen (partielle Karten). Der effizienteste Ansatz zur physikalischen Kartierung beinhaltet immer beide Verfahren, da sie sich in ihren Vorteilen sehr gut ergänzen.

Bei dieser Art der Kartierung werden bekannte Gene oder Marker den einzelnen Restriktionsfragmenten durch Hybridisierung zugeordnet. Liegen dabei zwei Marker auf einem Fragment von bestimmter Größe, so ist dadurch eindeutig bewiesen, dass der physikalische Abstand dieser beiden Marker maximal der Länge des analysierten Fragments entsprechen kann. Für derartige physikalische Analysen wird die DNA eines Organismus mit einem Restriktionsenzym gespalten und durch Pulsfeldgelelektrophorese und nachfolgendem Blotting der Größe nach aufgetrennt. Diese Art der Restriktionskartierung wird mit steigender Komplexität des zu analysierenden Organismus immer schwieriger, denn Enzyme wie *Not* I erzeugen in diesen Fällen so viele Fragmente, dass man sie mit den derzeit verfügbaren Methoden nicht individuell trennen und analysieren kann. Es entstehen verschiedene, unabhängige Restriktionsfragmente mit nahezu identischer Länge, deshalb lassen sich die Hybridisierungsergebnisse der einzelnen Marker nicht mehr eindeutig einem bestimmten Restriktionsfragment zuordnen. Man beschränkt sich daher bei höheren Eukaryonten auf regional begrenzte Restriktionskarten, die meist in Zellhybriden erarbeitet werden und mehrere Mb umfassen können.

Pulsfeldgelelektrophorese
Abschnitt 22.2.3

Southern-Blotting
Abschnitt 22.4.3

31.2.2 Kartierung mittels rekombinanter Klone

Bei der Restriktionskartierung ganzer Genome, wie sie im vorigen Abschnitt beschrieben ist, wird mit nativer DNA eines Organismus gearbeitet. Dabei wird immer mit einem Vielfachen eines kompletten Genoms gearbeitet, d. h. alle Loci des Genoms sind in identischer Kopienzahl vorhanden. Die einzelnen Teile des Genoms sind allerdings nicht manipulierbar, da sie nicht in klonierter Form vorliegen. Aus dem gleichen Grund ist es auch nicht möglich, nur bestimmte Teile eines Genoms zu analysieren, da immer die komplette genomische DNA auf dem Southern Blot aufgetragen ist. Erst durch die Klonierung genomischer DNA ist es möglich, bestimmte Genombereiche von komplexen Organismen zu manipulieren und z. B. zu sequenzieren. Der Vorteil der guten Handhabbarkeit von Teilbereichen des Genoms geht mit dem Nachteil der unterschiedlichen Klonierbarkeit einzelner Regionen des Genoms einher. Daher spricht man beim Anlegen genomischer Bibliotheken von der *Abdeckung* (*coverage*) des Genoms. Kloniert man z. B. ein Genom mit einer Größe von 1 Mb (1 000 kb) in einem Klonierungssystem, das durchschnittlich 20 kb pro Klon aufnimmt, so hat man mit 500 Klonen (500 · 20 kb = 10 000 kb) eine 10fache Abdeckung des zu klonierenden Genoms. Umgekehrt kann die Anzahl der Klone N errechnet werden, die nötig sind, um mit einer vorgegebenen Wahrscheinlichkeit einen Locus zu klonieren:

$$N = \frac{\ln(1-p)}{\ln(1-\frac{1}{n})}$$

Dabei entspricht p der Wahrscheinlichkeit (*probability*), mit der ein bestimmter Locus in einer genomischen Bibliothek enthalten ist. Die Variable n ist das Verhältnis der Genomgröße des zu klonierenden Organismus (in unserem Beispiel 1 Mb) zur durchschnittlichen Insertgröße des Klonierungssystems (hier: 20 kb). Setzt man sich als Ziel, jeden Teil des Genoms mit einer Wahrscheinlichkeit von mindestens 99 % zu klonieren, so ergibt sich folgende Gleichung:

$$N = \frac{\ln(1-0{,}99)}{\ln[1-1/(1000/20)]} = 228$$

Es sind also 228 Klone nötig, um mit der gewünschten Wahrscheinlichkeit von 99 % jeden Locus des Genoms zu klonieren. Wie aus der Gleichung hervorgeht, hängt die Anzahl der zu analysierenden Klone von drei Parametern ab: der angestrebten Wahrscheinlichkeit, der Genomgröße und der durchschnittlichen Insertgröße des verwendeten Klonierungssystems. In der Praxis sind allerdings zwei dieser drei Parameter unveränderlich: Die Genomgröße eines Organismus lässt sich nicht variieren und die Qualität einer Bibliothek ist direkt mit der Wahrscheinlichkeit korreliert, mit der man einen Klon für jeden bestimmten Locus darin findet. Als Variable bleibt nur das zu verwendende Klonierungssystem.

Die hier beschriebenen Kalkulationen beruhen darauf, dass sich alle Regionen eines Genoms mit gleicher Effizienz klonieren lassen. Dies ist aber in keinem der bisher analysierten Organismen der Fall, so dass sehr oft mit weitaus höheren Klonzahlen als kalkuliert gearbeitet werden muss. Bei der Kartierung mittels rekombinanter Klone wird im ersten Schritt eine genomische Bibliothek angelegt und anschließend die darin enthaltenen Klone charakterisiert. Dies ist das Prinzip des **Bottom-up-Verfahrens**, das in Abbildung 31.5B dargestellt ist.

Klonierungssysteme für genomische DNA

Um genomische Fragmente analysieren zu können, müssen diese in identischer Form reproduzierbar sein, d. h. sie müssen in der Regel in einem Klonierungssystem propagiert werden, um immer in ausreichender Menge zur Verfügung zu stehen. Zur Klonierung von DNA-Fragmenten stehen verschiedene Systeme bereit, die sich in einigen Charakteristika unterscheiden. In Tabelle 31.2 sind die gebräuchlichsten davon aufgeführt.

Tabelle 31.2 Gebräuchliche Klonierungssysteme

	Wirt	Insert-größe (kb)	Kopien pro Zelle	DNA-Isolierung[1]	direkte Sequenzierung	Umlagerung des Inserts[2]
lambda	E. coli	5–25	>250	gut	gut	sehr selten
Cosmid	E. coli	35–45	3–50	ausgezeichnet	sehr gut	möglich
P1	E. coli	70–100	1–2	sehr gut	gut	selten
PAC[3]	E. coli	70–300	1–2	sehr gut	gut	selten
BAC[4]	E. coli	50–300	1	gut	gut	sehr selten
YAC[5]	S. cerevisiae	50–2000	1	schwierig	schwierig	häufig

[1] Einfachheit und erzielbare Reinheit der isolierten DNA
[2] Anteil chimärer Klone; Auftreten von Deletionen des Inserts
[3] P1 artificial chromosome
[4] bacterial artificial chromosome
[5] yeast artificial chromosome

Außer YACs (*yeast artificial chromosomes*, künstlichen Hefechromosomen) verwenden alle anderen Vektoren prokaryontische Wirte (*E. coli*). Entscheidend für die Größe (Klonzahl) der anzulegenden Bibliothek ist die Klonierungskapazität des verwendeten Vektorsystems, da mit steigender Insertgröße die zu charakterisierende Klonzahl einer Bibliothek sinkt und somit die Analyse entscheidend vereinfacht wird. Die Qualität der Klone ist ebenfalls entscheidend: Im eukaryontischen Hefesystem (YAC) wird eine hohe Rate an umgelagerten Klonen vorgefunden, je nach Bibliothek sind dies 25 % bis 70 % aller Klone, was für die Etablierung von physikalischen Karten von großem Nachteil ist. Darüber hinaus lässt sich die rekombinante DNA von YACs nur sehr arbeitsaufwendig durch präparative Pulsfeldgelelektrophorese gewinnen. Dagegen ist die Isolierung qualitativ hochwertiger DNA in ausreichender Menge bei P1 (künstlichen P1-Chromosomen) und BACs (künstlichen Bakterienchromosomen) kein Problem. Diese Systeme zeichnen sich auch durch eine hohe Stabilität des Inserts aus, da genetisch modifizierte *E. coli*-Wirte verwendet werden, deren Rekombinationsmechanismen partiell inaktiviert sind. Schließlich wird bei den prokaryontischen Systemen teilweise direkt, d. h. ohne vorherige Subklonierung in Sequenziervektoren (M13 oder Plasmide) sequenziert.

31.2.3 Erstellung der physikalischen Karte

Nachdem das Genom fragmentiert ist und die Fragmente in einen entsprechenden Vektor kloniert sind, werden die einzelnen Klone, die je ein Fragment enthalten, in die gleiche lineare Ordnung gebracht, wie sie im Genom oder auf einem Chromosom vorliegt. Die Positionierung der genomischen Klone entspricht einem Puzzle – nur überlappen in diesem Fall die einzelnen Teile (Inserts der jeweiligen Klone). Da im Allgemeinen mit einer großen Klonzahl gearbeitet werden muss, ist eine schnelle und eindeutige Methode notwendig, um die Überlappungen einzelner Klone nachzuweisen.

STS-Kartierung

Das Prinzip der STS-Kartierung beruht auf der systematischen Erzeugung von STSs und Mikrosatelliten im kompletten menschlichen Genom (vgl. Abschnitt 31.1.2). Im Fall der physikalischen Kartierung ist es nicht notwendig, dass die

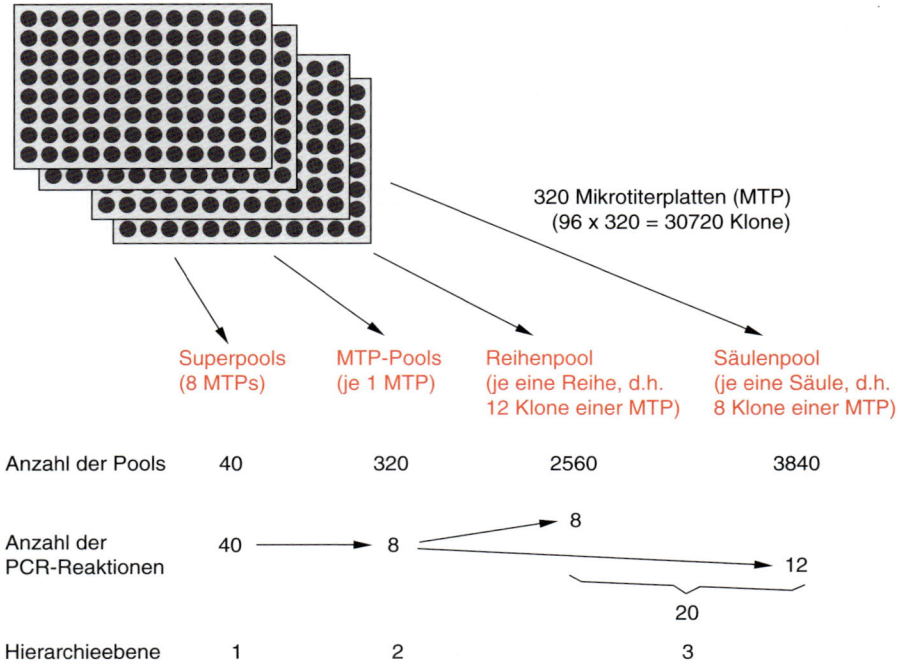

31.6 STS-Screening. Beispiel einer gängigen YAC-Bibliothek des menschlichen Genoms abgebildet, bestehend aus etwa 30 720 Klonen, die in 320 Mikrotiterplatten (96 Klone per Platte) gelagert werden. Pooling: In dem hier aufgeführten dreistufigen Poolsystem werden zunächst zentral in einem Labor DNA-Proben von jedem einzelnen Klon einer Bibliothek isoliert. Die DNA jedes Klons wird mit der DNA anderer Klone in verschiedenen Kombinationen gemischt (Pools). Die Superpools enthalten die DNA von acht Mikrotiterplatten (8 · 96 Klone), in unserem Beispiel würde es 40 Superpools geben. Mikrotiterplattenpools enthalten die DNA von allen Klonen einer einzigen Platte (hier sind 320 Mikrotiterplattenpools verfügbar). Die Reihen- und Säulenpools enthalten die DNA der Klone, die in einer Mikrotiterplatte in einer Reihe (12 Klone) bzw. in einer Säule liegen (8 Klone). Hierarchisches Screening: In einem ersten Schritt werden die 40 Superpools als Proben für die STS-PCR eingesetzt. Durch PCR und Gelelektrophorese werden die positiven Superpools identifiziert. Es folgt die STS-PCR der Mikrotiterplattenpools, die im positiven Superpool enthalten waren (8), um die Mikrotiterplatte des positiven Klons zu identifizieren. In der dritten Screening-Runde werden die Reihen- (12) und Säulenpools (8) der positiven Platte zur Amplifikation eingesetzt.

eingesetzten STSs polymorph sind, ihr Amplifikationsprodukt muss lediglich eindeutig durch PCR nachweisbar sein. Mögliche STS-Marker sind: DNA-Sequenzen unbekannter Funktion, polymorphe DNA-Marker und Gene (Abschnitt 31.1.2).

Für die STS-Kartierung werden mehrheitlich YAC-Bibliotheken verwendet, die in Mikrotiterplatten vorliegen. Dabei sitzt in jeder Vertiefung der Platte jeweils nur ein Klon. Durch PCR der Klone wird nun ermittelt, welcher der YAC-Klone positiv ist, d. h. welcher der YACs eine Amplifikation mit dem Primerpaar des spezifischen STS erlaubt. Da YAC-Bibliotheken aus mehreren tausend Klonen bestehen und es viel zu arbeitsintensiv wäre, jeden YAC für jedes STS zu testen, wurden Methoden entwickelt, die ein effizientes **Screening** erlauben. Dafür werden *Pools* (Vereinigungen der DNA von mehreren YAC-Klonen) gebildet, die wiederum zu *Superpools* zusammengefasst werden. Diese Strategie wird über bis zu sieben Hierarchieebenen durchgeführt. Durch geschickte Kombination der YACs ist es möglich, mit wenigen PCR-Reaktionen die jeweils positiven YAC-Klone zu ermitteln (Abb. 31.6).

Kartierung durch Hybridisierung

In der physikalischen Kartierung durch Hybridisierung wird meist auf sogenannte **Referenzbibliotheken** zurückgegriffen. Das Prinzip ist in Abbildung 31.7 dargestellt. Referenzbibliotheken sind genomische Bibliotheken, deren Klone in Mikrotiterplatten sortiert sind. Dadurch besitzt jeder Klon eine individuelle Adresse und ist somit direkt zugänglich. Die Klone werden geordnet und in einem reproduzierbaren Muster mit Hilfe von Laborautomaten in hochdichter Form auf Membranen (Nylonfilter) aufgebracht. Dieser komplexe Vorgang wird nur von wenigen Labors weltweit durchgeführt, und die resultierenden Filter werden an die einzelnen Arbeitsgruppen weitergeleitet. Dadurch werden die Kartierungsexperimente in vielen Labors mit dem gleichen Ausgangsmaterial durchgeführt und sind somit leicht vergleich- und integrierbar. Darüber hinaus werden die Informationen jeder einzelnen Bibliothek in einer Datenbank gesammelt und akkumulieren mit der Anzahl der Experimente, die mit dem gemeinsamen Material durchgeführt wurden. Das Standardexperiment ist die Hybridisierung mit einer markierten Sonde

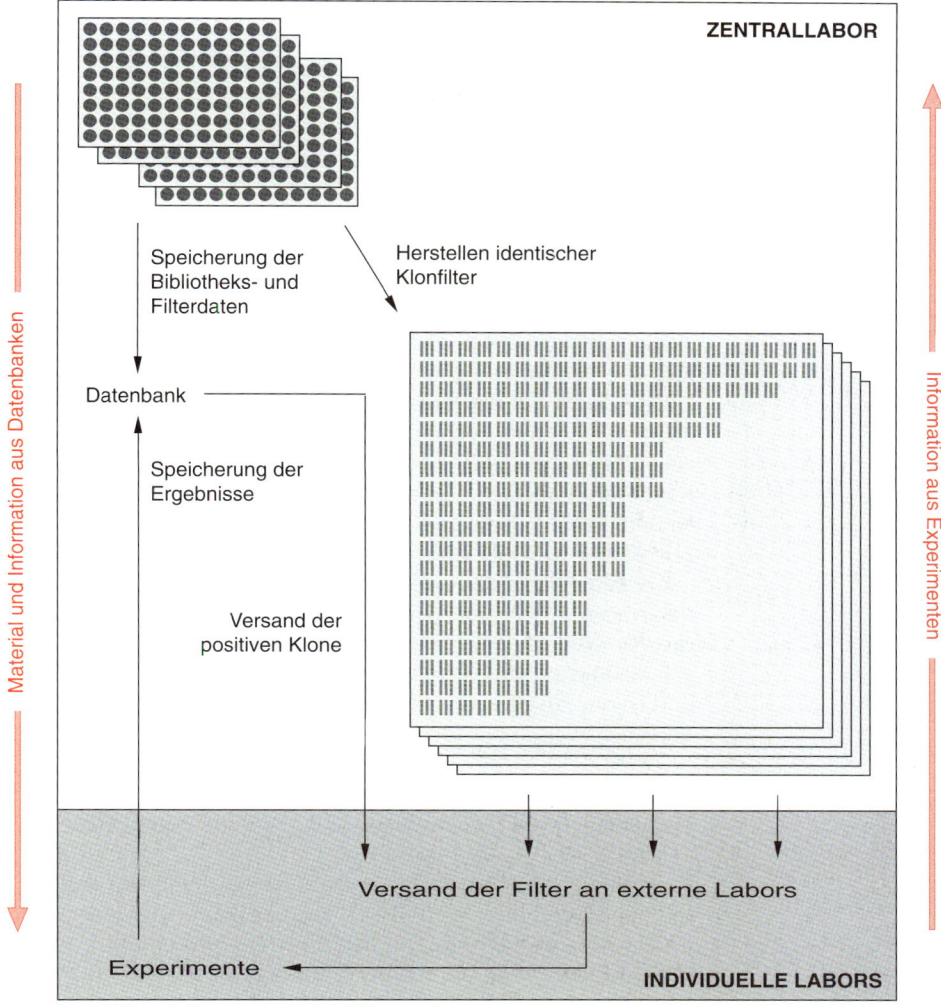

31.7 Referenzsystem. Die verwendeten Bibliotheken zur Kartierung und Genisolierung werden von zentralen Labors zur Verfügung gestellt. Die Klone einer Bibliothek werden als individuelle Stämme in den Vertiefungen (*wells*) von Mikrotiterplatten gelagert. Dadurch ist es möglich, die Klone in hoher Dichte mit Hilfe von Laborrobotern auf Trägermatrices (meist Nylonfilter) zu transferieren. Da dies mit sehr hoher Genauigkeit und Reproduzierbarkeit erfolgt, können sehr viele identische Filter einer Bibliothek produziert werden. Diese Filter werden an die Labors ausgegeben, die am Referenzsystem teilnehmen. Diese Labors identifizieren „positive" Klone und geben diese Information an das Zentrallabor zurück, woraufhin dieses entsprechende Klone verschickt. Die Informationen aller Labors, die mit einer bestimmten Bibliothek arbeiten, werden so im Zentrallabor gesammelt und die Redundanz der Experimente stark verringert, da keine Duplikationen von identischen Experimenten mit den gleichen Bibliotheken erfolgen müssen. Dieser Ansatz hat sich bereits in der Molekulargenetik von Mensch, Maus, *Drosophila* und Hefe als sehr effektiv erwiesen.

gegen die Filter, welche die Klone der Bibliothek tragen. Dadurch werden einzelne Klone, die ein entsprechendes DNA-Fragment enthalten, als positive Signale identifiziert (Screening durch Hybridisierung). Bei diesem Kartierungsansatz ist es nicht nötig, auf Sequenzinformationen zurückzugreifen, wodurch es möglich ist, auch anonyme Sonden zu verwenden, oder Bibliotheken mit artfremden Sonden zu screenen, sofern diese evolutionär konserviert sind (z. B. wenn in einem Fragment eines Mausgens das homologe menschliche Gen identifiziert wird).

Die Hybridisierung von Bibliotheken und die Kartierung mittels STSs sind zwei vom Prinzip her gegensätzliche Methoden, um ein Genom physikalisch mit rekombinanten Klonen zu kartieren. Dabei nutzt der erste Ansatz die Klone selbst als Referenzobjekte, während der zweite auf die gemeinsame Information der STS-Informationen vertraut. Eine Kombination der beiden prinzipiellen Methoden wird heute vermehrt angewendet. Dabei werden Referenzklone teilweise sequenziert, um STS-Marker zu generieren, und umgekehrt werden STS-Amplifikationsprodukte als Sonden auf Referenzbibliotheken hybridisiert.

31.2.4 Isolierung und Identifizierung von Genen

Seitdem die rekombinante DNA-Technologie zur Verfügung steht, wurden mehrere hundert Krankheitsgene isoliert und analysiert. Die überwiegende Zahl der Gene konnte aufgrund von Informationen über biochemische Defekte, auf die eine bestimmte Krankheit zurückgeht, identifiziert werden. Oft trugen bekannte Proteinsequenzen und – daraus abgeleitet – Nucleinsäuresequenzen dazu bei, ein bestimmtes Gen zu finden. In anderen Fällen konnten Antikörper gegen bestimmte Proteine eingesetzt werden, um das entsprechende Gen aus cDNA-Expressionsbibliotheken zu isolieren. Bei einigen transformierenden Oncogenen wurde die Funktion direkt benutzt, um das Gen zu identifizieren. All diese Techniken fasst man unter dem Begriff *functional cloning* zusammen, da die Grundlage der Genisolierung die Funktion des Gens oder das Genprodukt selbst ist.

Oft jedoch ist der Phänotyp einer Krankheit nicht mit einer Proteinfunktion oder einem bereits bekannten Protein in Zusammenhang zu bringen. Dann müssen neue Wege gefunden werden, um Gene zu isolieren, die den Phänotyp einer Krankheit bewirken. Dies führte zur Entwicklung von Technologien, die als Grundlage der Genisolierung die Position des gesuchten Gens im Genom benutzen. Dabei wird die Information über einen bestimmten Genlocus in den Mittelpunkt gestellt und die Isolierung eines Transkripts erfolgt aufgrund exakter Kartierungsdaten im Genom. Dieser Weg der Genidentifizierung wurde ursprünglich als **reverse Genetik** bezeichnet; heute jedoch ist der Ausdruck *positional cloning* gebräuchlicher. Er spiegelt den eigentlichen Ansatz wieder, der – von der Position im Genom ausgehend – über ein Transkript zur Proteininformation führt. Weitere Vorgehensweisen zur Identifizierung von Genen sind unten aufgeführt.

Vorhersagen von Gencharakteristika – Kandidatengene

Durch die genaue Beobachtung und Untersuchung von Patienten können teilweise sehr gute Beschreibungen für die der Krankheit zugrundeliegenden Gene gemacht werden. Diese Vorhersagen betreffen die potentielle Funktion des betroffenen Gens, welche durch die Art der Erkrankung determiniert sein kann. Die von einer Krankheit betroffenen Gewebe oder Organe können einen Rückschluss auf die gewebespezifische Expression des gesuchten Gens zulassen. Bei Krankheiten, die mit Entwicklungsstörungen einhergehen, wird auf stadiumsspezifische Genexpression geschlossen. Erbkrankheiten, die sich von Generation zu Generation verstärkt ausprägen (*Anticipation*), lassen Rückschlüsse auf den Mutationsmechanismus des betroffenen Gens zu, womit Teilsequenzen des Gens vorhergesagt werden können. Wenn man all diese Kriterien berücksichtigt, so kann die Zahl der potentiellen Kandidatengene für eine Krankheit stark eingeschränkt werden. In der Vergangenheit war es daher möglich, auf diese Weise Krankheitsgene zu identifizieren, obwohl keinerlei Kartierungsinformation vorhanden war.

„Gene Modeling"

Eine weitere Art von Vorhersagen zu Kandidatengenen wird auf Grund der Genomsequenz vorgenommen. Bei niederen Eukaryonten wie z. B. der Bäckerhefe (*S. cerevisiae*) ist die genomische Sequenz meist colinear mit der exprimierten, translatierten Sequenz, d. h. die Gene sind in den seltensten Fällen durch Introns unterbrochen. Somit konnte in einem ersten Anlauf das gesamte Genom der Hefe auf sogenannte „offene Leserahmen" (ORF, *open reading frames*) hin untersucht werden. Dabei handelt es sich um potentiell proteincodierende Bereiche im Genom. Da bei *S. cerevisiae* die gesamte DNA-Sequenz bereits entschlüsselt wurde, konnte man mit Hilfe von Computerprogrammen die exprimierten Bereiche des Genoms vorhersagen. Theoretisch vorhergesagte Gene wurden anschließend experimentell nachgewiesen. So fand man insgesamt 6 150 Gene in *S. cerevisiae*.

Die Komplettsequenzierung von verschiedenen Prokaryonten und die umfassende Sequenzanalyse zeigte, dass ein selbständiger zellulärer Organismus (*Mycoplasma genitalium*) bereits mit 470 Genen existieren kann.

Weitaus schwieriger gestaltet sich die Vorhersage von Kandidatengenen aufgrund der genomischen Sequenz bei höheren Organismen, da die Primertranskripte dieser Spezies aus Exons und nicht-codierenden Introns bestehen. Da die durchschnittliche Länge eines Exons nur 115 bp beträgt und auch Exons von weniger als 15 bp bekannt sind, ist die Identifizierung von Exons in genomischen Sequenzen sehr schwierig. Dies wird auch durch die Tatsache verdeutlicht, dass nur etwa 5 % der gesamten genomischen Sequenz als mRNA den Zellkern verlässt. Dennoch ist es in den letzten Jahren in zunehmenden Fällen möglich, einzelne Exons mit Hilfe von Computerprogrammen, die auf neuronalen Netzwerken beruhen, vorherzusagen. Die Analysefähigkeit dieser Programme steigt mit der Anzahl der bekannten Gene, die als Trainingssatz verwendet werden. In Zukunft kann daher eine verbesserte Vorhersage aufgrund der genomischen Sequenz erwartet werden. Bisher ist es nur in sehr wenigen Fällen möglich, komplette codierende Gensequenzen mit Hilfe der genomischen Sequenz zu bestimmen, da die Programme selten alle Exons eines Gens erkennen und häufig falsch positive Exonvorhersagen produzieren. Darüber hinaus sind die terminalen, meist nicht-codierenden Exons nur selten mit diesen Programmen erkennbar.

Positionelle Kandidatengene

Dieser neueste Ansatz zur Identifizierung von Krankheitsgenen kombiniert die Stärken der Determination von Gencharakteristika mit den immens zunehmenden Daten der physikalischen Kartierung von Genen, denen bisher keinerlei Funktion zugeordnet werden konnte. Im **positionellen Kandidatengen-Ansatz** (*positional candidate approach*) werden alle verfügbaren Daten über eine Erbkrankheit ausgenutzt, um möglichst viel über das zugrunde liegende Gen zu erfahren. Diese Genvorhersagen werden mit der genetischen Kartierung des Krankheitsgens verglichen. Dies bedeutet, dass alle Gene, die bisher in dem für die Krankheit verantwortlichen Intervall liegen, auf die bestimmten Charakteristika hin untersucht werden. Dabei versucht man, die Eigenschaften von Krankheiten, die in einen bestimmten Teil des Genoms kartiert sind, mit den dort lokalisierten Genen in Verbindung zu bringen (Abb. 31.8). Danach können die möglichen Kandidaten-

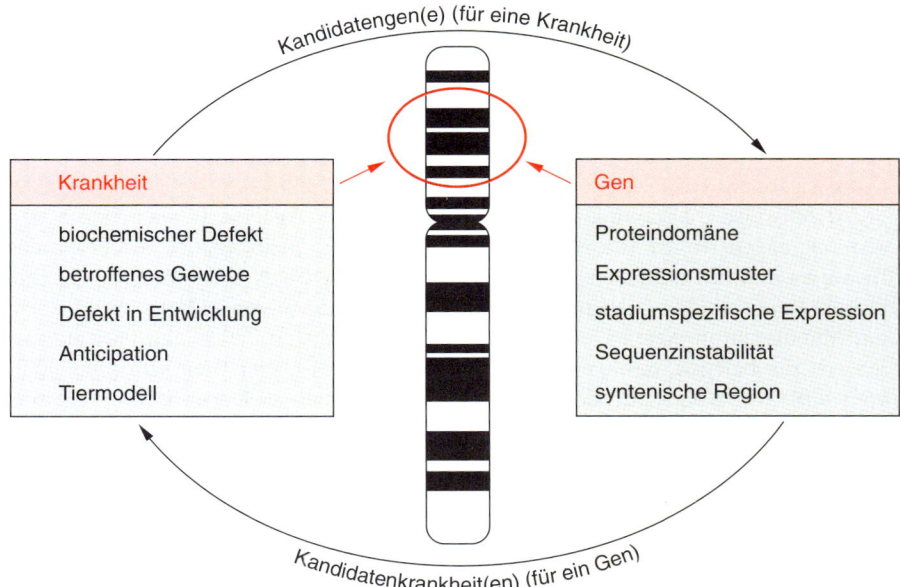

31.8 Positioneller Kandidatengen-Ansatz (*positional candidate approach*). Es ist möglich, einer Krankheit, die in einer spezifischen Region eines Chromosoms genetisch kartiert ist, eine Liste von Genen zuzuordnen, die in der „kritischen" Region physikalisch lokalisiert sind. Die Eigenschaften dieser Kandidatengene können mit den Eigenschaften der Krankheit verglichen werden. Dabei ist eine direkte Korrelation von Krankheit und Gen möglich. Potentielle biochemische Defekte einer Krankheit sind mit Proteindomänen des Gens vergleichbar (Kallmann-Syndrom). Die von der Krankheit betroffenen Gewebe oder Entwicklungsstadien spiegeln sich wieder im Expressionsmuster eines Gens (X-Chromosom-Aglobinämie). Krankheiten, deren Symptome sich von Generation zu Generation verstärken (*Anticipation*), sind oft mit instabilen DNA-Sequenzen korreliert (Myotonische Dystrophie). Schließlich kann auch das Wissen über die analoge Krankheit im Tier zur Suche in syntenischen (homologen) Regionen im menschlichen Genom herangezogen werden, also Regionen, wo sich bei verschiedenen Spezies Gene in gleicher Abfolge befinden (Waardenburg-Syndrom). (Abbildung modifiziert nach Ballabio, 1993).

gene bei Patienten auf Mutationen hin untersucht werden. Die Aussichten der positionsorientierten Kandidatengen-Methode sind besonders gut vor dem Hintergrund des Humangenom-Projekts, das große Mengen an Kartierungs- und Sequenzdaten hervorbringt.

31.2.5 Transkriptkarten des menschlichen Genoms

Nur ein sehr kleiner Anteil (wenige Prozent) eines Säugergenoms werden exprimiert. Seit Anfang der neunziger Jahre werden vermehrt Transkriptkarten erstellt, in denen exprimierte Gene in großer Zahl physikalisch im Genom kartiert sind. Dies geschieht durch physikalische Kartierung von **exprimierten sequenzmarkierten Stellen** (*expressed sequence tags*, EST). Man unterscheidet die regionsspezifischen Transkriptkarten, die wenige hundert Kilo- bis mehrere Megabasen umfassen und die globalen Ansätze, die nicht eine bestimmte Region des Genoms untersuchen, sondern die Transkriptkartierung genomweit durchführen.

Im ersten Fall wird versucht, möglichst alle cDNAs einer Region zu isolieren und diese auf den physikalischen Klonkarten (Abschnitt 31.2.3) genau zu positionieren, was generell durch Hybridisierung geschieht. Diese lokalen Transkriptkarten sind sehr hoch aufgelöst und enthalten meist eine hohe Gendichte, da in diesen Ansätzen eine maximale Anzahl von Transkripten der entsprechenden Region isoliert wird. Alle bereits erstellten, regionalen Transkriptkarten zusammen decken bereits einen beachtlichen Teil des menschlichen Genoms ab.

Bei den globalen Ansätzen werden systematisch alle bisher nicht kartierten Transkripte benutzt und im menschlichen Genom einem Locus zugewiesen. Dies geschieht über die sogenannte **Strahlungshybridkartierung** (*radiation hybrid mapping*). Dabei werden Mensch-Maus (oder Mensch-Ratte)-Zellhybride verwendet, die nur einen genau definierten Teil des menschlichen Genoms enthalten. Der Einsatz von etwa 100 verschiedenen Zellhybriden, die jeweils eine andere Zusammensetzung der menschlichen Chromosomen enthalten (wobei diese von Hybrid zu Hybrid überlappen kann), ermöglicht es, einzelne Transkripte bis auf 1–5 Mb genau zu kartieren. Da die Auflösung dieser Art der Kartierung begrenzt ist, können keine linearen Karten entstehen, sondern sogenannte „**Taschenkarten**" (*pocket maps* oder *bins*). Bei solchen Karten wird einer definierten Region des Genoms (*pocket*) eine Anzahl Transkripte zugeordnet. Es ist auf dieser Ebene allerdings nicht möglich, die genaue Abfolge der Transkripte innerhalb eines *pockets* zu bestimmen. Dafür sind detaillierte physikalische Klonkarten nötig.

31.2.6 Gen und vererbbare Krankheit – die Mutationssuche

Beim Versuch der Identifizierung von Krankheitsgenen – unabhängig welche Strategie man verfolgt – steht man immer wieder vor dem Dilemma, dass eine große Anzahl von potentiellen Krankheitsgenen für eine bestimmte Erbkrankheit in Frage kommen. Diese Anzahl kann mit Hilfe des Kandidatengen-Ansatzes (siehe oben) teilweise eingeschränkt werden, d. h. bei der Analyse können durch den Kandidatengen-Ansatz Prioritäten gesetzt werden. Es bleibt jedoch die Frage des Beweises und des Nachweises, dass die Veränderung eines bestimmten Gens eine bestimmte Erkrankung tatsächlich verursacht. Es gibt folgende Vorgehensweisen, um Mutationen in einem Gen zu belegen: Im einfachsten Fall liegen Patientendaten vor, die belegen, dass genau ein Gen deletiert ist. Dies ist ein sehr guter Hinweis, dass dieses Gen für die Krankheit verantwortlich ist. Der eindeutige Beweis kann allerdings erst erbracht werden, wenn Mutationen (Punktmutationen, Umlagerungen) im gleichen Gen bei weiteren Patienten gefunden werden.

Der Nachweis von Mutationen geringen Ausmaßes (z. B. Punktmutationen) wird durch zwei unterschiedliche Ansätze geführt. (1) Bei der Analyse von **Einzelstrang-Konformationspolymorphismen** (*single strand conformation polymorphism*, SSCP), wird das Gen abschnittsweise (150–300 bp) durch PCR amplifi-

<small>Einzelstrang-Konformationspolymorphismen Abschnitt 22.2.1</small>

ziert. Durch elektrophoretische Auftrennung der PCR-Produkte lassen sich Abweichungen von der Wildtypsequenz erkennen. (2) Durch Sequenzierung der Exons des Gens. Dafür werden die Exons eines Gens mit Hilfe von flankierenden Primern aus der genomischen DNA des Patienten amplifiziert. Die PCR-Produkte werden anschließend sequenziert und die Sequenz mit der des Wildtyps verglichen. Sequenzveränderungen auf DNA-Ebene, die eine veränderte Proteinsequenz zur Folge haben, sind ein klarer Hinweis auf eine Mutation, welche die Funktion des Gens verändert bzw. beeinträchtigt.

Sind keine größeren Deletionen der genomischen DNA nachweisbar, so müssen *alle* Gene, die in der Kandidatenregion der Krankheit liegen, durch SSCP oder direkte Sequenzierung von Patienten-DNA untersucht werden (s. o.). Besonders bei sehr großen Kandidatenregionen ist es dabei sinnvoll, dass zunächst mittels genetischer Kartierung versucht wird, den potentiellen Locus des Krankheitsgens einzuschränken, um die Anzahl der Kandidatengene zu reduzieren.

31.3 Integration der Genkarten

Um die maximale Information aus den verschiedenen Arten der Genkartierung ziehen zu können, werden derzeit die Datenbanken, die weltweit aus den Kartierungsergebnissen aufgebaut werden, verknüpft. Dies wird in Zukunft die Abfrage von komplexen Daten erlauben. Vor allem wird es möglich sein, die Informationen verschiedener Kartierungsarten in Kombination auszuwerten und somit aus den bereits bekannten Daten viele neue Schlussfolgerungen zu ziehen.

Vergleicht man genetische und physikalische Karten, wird deutlich, dass diese zum überwiegenden Teil wie erwartet co-linear sind, d. h. die Abfolge der einzelnen Marker ist in beiden Karten identisch. Aber gleichzeitig zeigt sich, dass die relativen Distanzen der genetischen Karte nur selten mit den absoluten Distanzen in der physikalischen Karte übereinstimmen. Abbildung 31.9 zeigt eine integrierte Karte, in der verschiedene Kartierungsansätze dargestellt sind. Sie enthält alle verfügbaren Daten einer genomischen Region. Die nachfolgenden Punkte entsprechen den unterschiedlichen Kartierungsarten der Abbildung.

A. Die cytogenetische Karte eines Chromosoms ist als Piktogramm einer Giemsa-Bänderung wiedergegeben, wie diese im Lichtmikroskop erfasst wird. Die Auflösung einer solchen Karte liegt bei etwa 5 Mb. Auf dieser Ebene können daher nur sehr umfangreiche Veränderungen eines Genoms erkannt werden. Darunter fallen, neben einer veränderten Chromosomenzahl (z. B. Trisomie 21 beim Menschen) auch größere Deletionen, Insertionen und Translokationen.
B. Die genetische Karte beinhaltet bereits das genaue Wissen über die Abfolge von Markern entlang eines genomischen Bereichs. Auch die Rekombinationshäufigkeit zwischen benachbarten Markern ist in der genetischen Karte enthalten. Die Auflösung ist im menschlichen Genom stark unterschiedlich, sie schwankt zwischen weniger als 1 cM ($\approx$ 1 Mb) bis über 10 cM.
C. Die Restriktionskarte (oft auch PFGE-Karte genannt) wird häufig mit den gleichen Markern erstellt wie die genetische Karte, um die gleichen Referenzpunkte zu nutzen; dies erlaubt eine genaue Korrelation der beiden Karten. Darüber hinaus werden zusätzliche Marker verwendet (die nicht polymorph sein müssen), um eine höhere Auflösung zu erzielen, welche bei der genomischen Restriktionskarte bei wenigen hundert Kilobasen liegt, da selten schneidende Restriktionsenzyme verwendet werden.
D. Die Klonkarte wird von rekombinanten Klonen gebildet. Im Falle der YACs entspricht die Auflösung in etwa der Restriktionskarte. Werden prokaryontische Klone eingesetzt, kann die Auflösung sehr viel genauer sein und erreicht teilweise 10 kb.

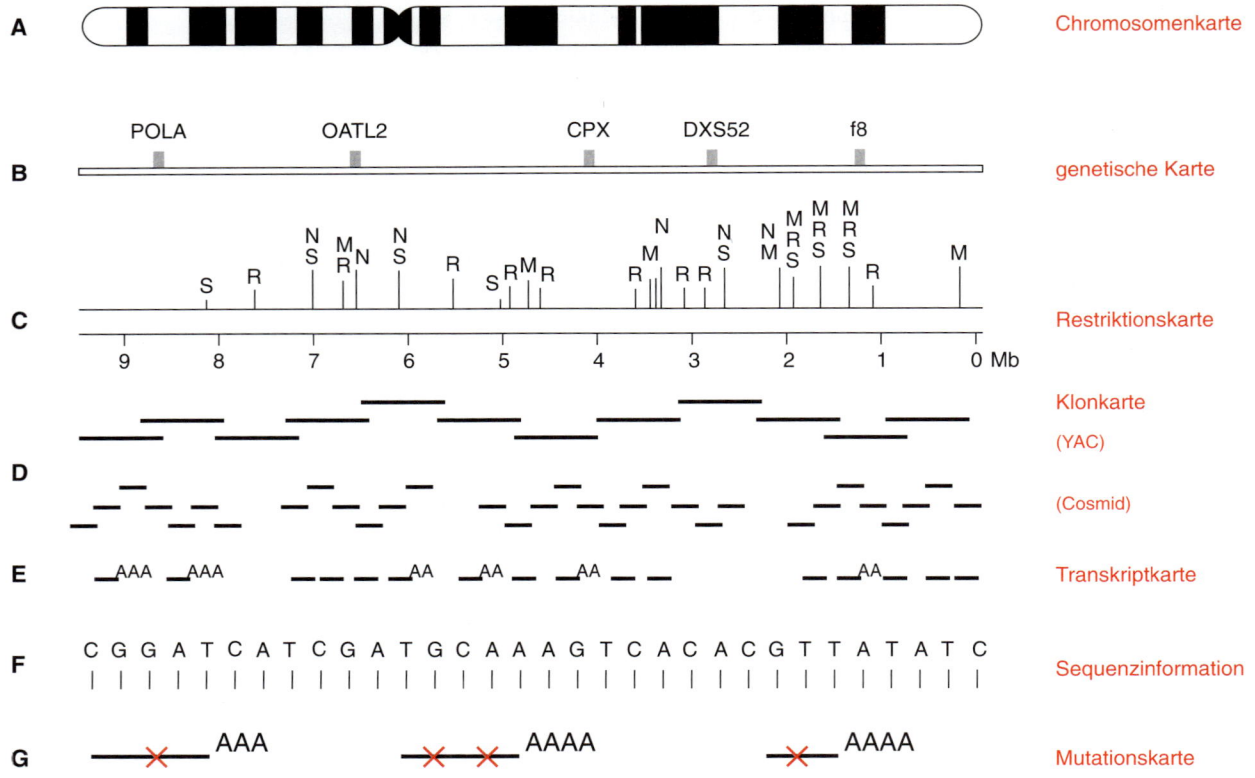

31.9 Integrierte Karte einer genomischen Region. Die unterschiedlichen Kartierungsansätze A bis G sind im Text erläutert.

E. Die Transkriptkarte bezieht sich im Allgemeinen direkt auf die Klonkarte, in dem einem bestimmten Klon (oder bestimmten Klonen) ein Gen durch Hybridisierung zugewiesen wird. Zur Isolierung der Gene wird auch sehr oft auf Klonkarten zurückgegriffen (D).

F. Die höchste Form der Auflösung bietet die Sequenzanalyse einer Region, da diese basengenau erfolgt. Dabei ist zu beachten, dass zum einen die Transkripte aus (E) sequenziert werden und zum anderen die genomischen Klone aus (D). Dies führt dazu, dass die Gene absolut genau auf der genomischen Sequenz plaziert werden können und die Genstruktur aufgeklärt wird, d. h. die genaue Gliederung eines Gens in Exons und Introns sowie die genbegrenzenden Regionen (z. B. die Promotorregion im 5′-Bereich der Gene).

G. Die Kenntnis der Sequenz erleichtert die Mutationssuche in den einzelnen Genen bei Patienten, da nur auf Grund der Sequenz Mutationsanalysetests wie SSCP und direktes Sequenzieren vom Erbmaterial des Patienten möglich sind. Die Information über bereits identifizierte Mutationen wird somit ebenfalls in eine integrierte Karte aufgenommen.

31.4 Das Humangenom-Projekt

Das Humangenom-Projekt, die internationale Initiative zur Aufklärung des menschlichen Genoms, wurde 1990 offiziell gestartet und verfolgt vier Hauptziele, die wesentlich zur Verbesserung der Genkartierung beitrugen:

1. Erstellung einer genetischen Karte des menschlichen Genoms mit einer Auflösung von 1 cM. Dieses Ziel ist für weite Bereiche des Genoms bereits erreicht und hilft oft bei der Einschränkung von Kandidatenregionen von Krankheitsgenen. Es ist heute schon ansatzweise möglich, **polygene Erkrankungen** (Erbkrankheiten, die auf mehreren genetischen Faktoren beruhen) zu kartieren.
2. Etablierung einer physikalischen Karte mit einem Marker pro 100 kb. Auch dieses Ziel ist für Teile des menschlichen Genoms schon erreicht. Aber für andere Bereiche, insbesondere für sogenannte „Gen-arme" Regionen, in denen wenige oder keine Gene vermutet werden, ist die Markerdichte sehr viel geringer. Für weit über die Hälfte des Genoms wurde bereits eine physikalische Klonkarte erstellt, die auf YACs basiert.
3. Die komplette Sequenzierung des menschlichen Genoms wird oft als das Hauptziel des Genomprojektes angesehen. Seit das Genomprojekt 1990 startete, wurde der Sequenzierung zwar forciert, dabei wurde aber mehr Wert auf technische Verbesserungen der Sequenziertechnik gelegt als auf die absolute Datenproduktion. Bis zum Jahr 2005 sollen mehr als 90 % des menschlichen Genoms sequenziert sein. (Zur Zeit sind es etwa 5 %). Mit Hilfe der genomischen Sequenzdaten wird es möglich sein, Gene zu identifizieren (*gene modeling*, vgl. Abschnitt 31.2.4), auf der physikalischen Karte zu positionieren und dadurch Kandidatengene für genetische Erkrankungen bereitzustellen.
4. Das Humangenom-Projekt unterstützt auch die Analyse von Modellorganismen, insbesondere *S. cerevisiae, C. elegans, D. melanogaster* und Maus. Diese Organismen dienen als Paradigmen für den Menschen, zur Aufklärung grundlegender molekularer Mechanismen und der Zellphysiologie im gesunden Zustand, aber auch zur Identifizierung von Krankheitsgenen und zur Simulation von humanen Erkrankungen im Tiermodell.

Weiterführende Literatur

Adams et al. Initial Assessment of Human Gene Diversity and Expression Patterns Band upon 83 million Nucleotides of cDNA Sequence. Nature 377 (1995) 3–174.

Lewin, B. Molekularbiologie der Gene. Spektrum Akademischer Verlag, Heidelberg 1998.

Nakamura et al. Variable Number of Tandem Repeats. Science, 235 (1987) 1616–1622.

Primrose, S. Genomanalyse. Spektrum Akademischer Verlag, Heidelberg 1996.

Strachan, T., Read, A.P. Molekulare Humangenetik. Spektrum Akademischer Verlag, Heidelberg 1996.

White et al. Construction of Human Genetic Linkage Maps I: Progress and Perspectives. In: Cold Spring Harbor Symposia on Quantitative Biology, Vol. 51 (1986) 29–38.

32 Differentielle Genaktivität

Die Identifizierung von Genen, die in verschiedenen Zellpopulationen in unterschiedlichem Maße exprimiert werden, wird durch die Methode des Differential Display ermöglicht. Beispielsweise können Gene identifiziert werden, deren Expression in Abhängigkeit von den Zellkulturbedingungen variiert. Die Technik des Differential Display, die 1992 zuerst von Liang und Pardee beschrieben wurde, steht in einer Reihe mit vergleichbaren Methoden wie der differentiellen Hybridisierung (*differential cDNA library screening*) oder der Subtraktionshybridisierung (*subtractive hybridization*). Im Vergleich zu diesen Methoden ist das Differential Display allerdings empfindlicher und in der Durchführung wesentlich schneller. Dies erklärt auch, dass es in zunehmendem Maße die Methode der Wahl zur Identifizierung unterschiedlich exprimierter Gene ist.

32.1 Grundprinzip des Differential Display

Der Methode des Differential Display liegt die Idee zugrunde, die RNA-Profile mehrerer Zellpopulationen mittels Gelelektrophorese miteinander zu vergleichen. Ein solcher Vergleich wird aber durch zwei Faktoren erschwert. Erstens ist die mRNA-Population einer Zelle zu komplex, als dass sich die verschiedenen Transkripte im Gel ohne Schwierigkeiten voneinander trennen lassen. Zweitens liegen die Kopien der einzelnen Transkripte in sehr unterschiedlicher Zahl vor, so dass unterrepräsentierte Transkripte schwer zu analysieren sind. Um diese Probleme zu umgehen, wird vor der gelelektrophoretischen Trennung eine Amplifikation der Transkripte durch PCR durchgeführt. Im Einzelnen wird zur Identifizierung unterschiedlich exprimierter Transkripte die gesamte RNA der zu untersuchenden Zellen zuerst in cDNA umgeschrieben. In einer anschließenden PCR werden durch den Einsatz bestimmter Primerkombinationen jeweils Anteile der Gesamtheit der cDNA-Moleküle amplifiziert. Diese amplifizierten Anteile werden auf Polyacrylamidgelen elektrophoretisch aufgetrennt und sind aufgrund einer gegenüber der Gesamt-RNA herabgesetzten Komplexität analysierbar. Falls zwischen den zu vergleichenden Zellpopulationen Unterschiede in der Expression bestimmter RNA-Moleküle auftreten, sollten sich diese Unterschiede auch in zumindest einem der amplifizierten Anteile der cDNA-Moleküle wiederfinden. Das Grundprinzip des Differential Display ist in Abbildung 32.1 graphisch verdeutlicht.

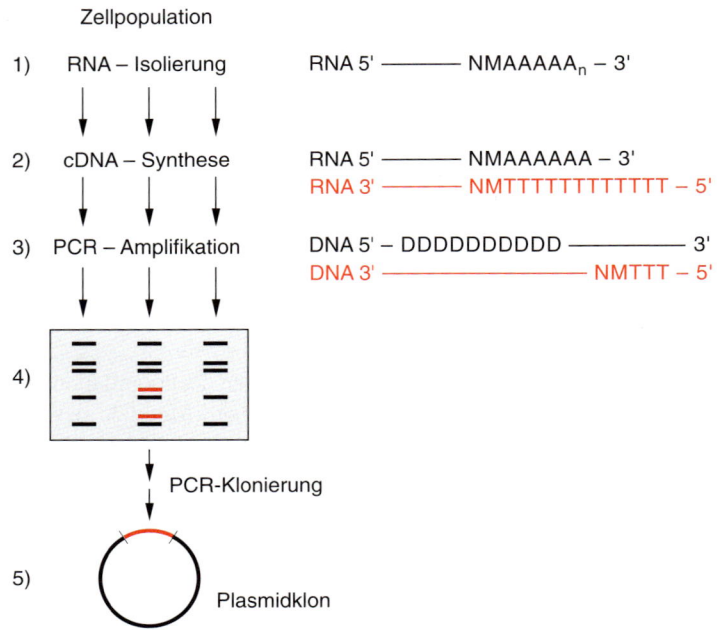

32.1 Grundprinzip des Differential Display. Folgende Schritte sind zu unterscheiden: 1. Präparation von DNA-freier RNA; die 5′ vom Poly(A)-Ende liegenden Nukleotide sind mit M und mit N bezeichnet. 2. Synthese des ersten cDNA-Stranges mit degenerierten Oligo(dT)-Primern. Der Platzhalter N steht für eines der vier Nukleotide, d. h. durch N werden vier Gruppen an Oligo(dT)-Primern definiert. Der Platzhalter M steht für ein nicht definiertes Nukleotid (A,G oder C). 3. PCR mittels der degenerierten Oligo(dT)-Primer und Primern aus 10 Nukleotiden (D) mit beliebiger Basensequenz. 4. Darstellung der amplifizierten cDNAs, die ein Profil der exprimierten Gene widerspiegeln. Die Trennung der PCR-Produkte erfolgt auf Polyacrylamidgelen. Differentiell exprimierte Transkripte sind durch rote Linien angezeigt. 5. Klonierung von cDNAs, die differentiell exprimierte Gene anzeigen.

32.2 Experimentelle Durchführung des Differential Display

32.2.1 RNA-Isolierung

Isolierung von RNA
Abschnitt 21.6

Für die RNA-Isolierung können verschiedene Protokolle verwendet werden. Da es sich bei dieser Methode um ein Standardverfahren der Molekularbiologie handelt, soll an dieser Stelle nicht näher auf den experimentellen Ablauf der RNA-Isolierung eingegangen werden. Für die nachfolgende cDNA-Synthese kann sowohl Gesamt-RNA als auch aufgereinigte poly(A)RNA eingesetzt werden. Allerdings zeigten einige Studien, dass der Einsatz von poly(A)RNA sich positiv auf die Reproduzierbarkeit der Ergebnisse auswirken kann. In jedem Fall ist für die erfolgreiche Durchführung des Differential Display entscheidend, dass die RNA vollkommen frei von DNA ist. Bei der Mehrzahl der üblicherweise zur RNA-Isolierung verwendeten Verfahren finden sich jedoch noch Spuren von DNA. Um solche Kontaminationen zu eliminieren, sollte vor der cDNA-Synthese eine Behandlung des RNA-Isolats mit DNase erfolgen.

32.2.2 Synthese der cDNA

Die cDNA-Synthese kann mittels einer der üblicherweise eingesetzten Transkriptasen wie z. B. der AMV-, der MMLV- oder der SuperScript-Transkriptase durchgeführt werden. Mit einer Kontrollreaktion ohne Reverse Transkriptase kann überprüft werden, ob die Produkte der Amplifikation von RNA oder von kontaminierender DNA stammen. Ohne Reverse Transkriptase dürfen in der nachfolgenden PCR-Reaktion keine Amplifikationsprodukte entstehen, falls nicht eine DNA-Kontamination vorliegt. Als Primer werden Oligo(dT)-Primer verwendet, die eine Erststrang-cDNA-Synthese der 3′-Enden der Transkripte erlauben. Damit durch diese Primer jeweils nur bestimmte Anteile der mRNAs in cDNAs umgeschrieben werden, tragen die Primer an ihrem 3′-Ende zwei zusätzliche Nukleotide. Diese Primer werden als *anchored*-Primer bezeichnet und haben folgende

Struktur: 5'-TTTTTTTTTTTTMN-3' (T$_{12}$MN). Der Platzhalter N ist durch eines der vier Nukleotide definiert, d. h. N steht für ein Nukleotid, das entweder die Basen Guanin, Adenin, Thymin oder Cytosin enthält. Somit werden durch N vier Gruppen an Oligo(dT)-Primern definiert, die an der Position des Platzhalters N ein bestimmtes Nukleotid enthalten. Der Platzhalter M steht für ein Nukleotid, das Guanin, Adenin oder Cytosin enthalten kann. Da die Position von M nicht durch ein bestimmtes Nukleotid definiert ist, spricht man auch von einem *degenerierten* Oligo(dT)-Primer. Ein Beispiel für eine Primergruppe ist in Abbildung 32.2 gegeben.

Bei der experimentellen Durchführung werden für jede zu untersuchende RNA folglich vier getrennte Reaktionen mit je einer der degenerierten Oligo(dT)-Primer-Gruppen angesetzt. Durch jede Gruppe der degenerierten Oligo(dT)-Primer wird theoretisch ein Viertel der gesamten mRNA transkribiert. Zur Vermeidung von Sekundärstrukturen wird die RNA 5 Minuten bei 65 °C inkubiert. Anschließend wird durch eine 10 Minuten lange Inkubation bei 37 °C die Hybridisierung der Oligo(dT)-Primer an die RNA (*annealing*) erreicht. Die Reaktion wird durch Zugabe der Transkriptase gestartet und nach 50 Minuten bei 37 °C wird das Enzym durch Hitzebehandlung bei 95 °C inaktiviert.

5' – TTTTTTTTTTTTGG – 3'
5' – TTTTTTTTTTTTAG – 3'
5' – TTTTTTTTTTTTCG – 3'

32.2 Beispiel für eine der vier zur cDNA-Synthese eingesetzten Primergruppen. Die *anchored*-Primer der gezeigten Gruppe tragen am 3'-Ende ein G.

32.2.3 Amplifikation durch die erste PCR

Für die anschließende PCR werden wiederum die degenerierten Oligo(dT)-Primer eingesetzt. Als 5'-Gegenprimer werden üblicherweise Oligonukleotide mit 10 Nukleotiden verwendet. Die durch diese Primerkombination amplifizierten cDNA-Fragmente repräsentieren die 3'-Enden der Transkripte. Die Nukleotidsequenz der kurz als 10mers oder Dekamere bezeichneten 5'-Primer ist beliebig. Allerdings gilt – wie generell für die PCR –, dass die Primer keine Palindromsequenzen beinhalten und ihr C+G-Gehalt zwischen 50 % und 70 % liegen sollte. Fehlpaarung der Primer mit der cDNA (*mismatches*) werden nur am 5'-Ende der Primer toleriert. Am 3'-Ende ist eine optimale Bindung der Primer an die zu amplifizierende DNA essentiell. Eine geringe Zahl solcher Fehlpaarungen ist, wie bereits mehrfach gezeigt worden ist, mit einem erfolgreichen Differential-Display-Experiment vereinbar. In den meisten Studien jüngeren Datums wird eine bestimmte Gruppe von Dekameren eingesetzt, die mit AP1 bis AP20 bezeichnet werden. Diese Dekamere sind auch in einem kommerziell erhältlichen Kit enthalten, das sich im Wesentlichen am ursprünglichen Protokoll von Liang und Pardee orientiert. Da die Dekamere, die eine beliebige Nukleotidsequenz haben können, an entsprechend vielen verschiedenen Stellen auf der cDNA binden können, ist es folglich zumindest prinzipiell möglich, sämtliche zellulären Transkripte unter Verwendung solcher Primer durch PCR zu amplifizieren. Diese Chance wird um so größer, je mehr Kombinationen von Dekameren und degenerierten Oligo(dT)-Primern für die PCR eingesetzt werden. Dies führt in der experimentellen Umsetzung zu einer sehr großen Anzahl von Reaktionen. Werden beispielsweise 20 verschiedene Dekamere eingesetzt, so resultieren aus der Kombination mit jedem der vier Oligo(dT)-Primer 80 verschiedene PCRs. Allerdings ist selbst bei dieser oft eingesetzten 4·20-Primer-Kombination keine vollständige Erfassung sämtlicher zellulärer Transkripte sichergestellt. Dies sei durch eine einfache Überlegung verdeutlicht: Nur Transkripte mit einer Bindungsstelle für den Dekamer-Primer, die in geringer Entfernung, d. h. einige hundert Basenpaare vom Poly-d(T)-Ende des Transkripts entfernt liegt, können durch die Methode des Differential Display erfasst und analysiert werden. Eine bestimmte Kombination eines Dekamers mit degenerierten Oligo(dT)-Primern erlaubt schätzungsweise die Amplifikation von 5 bis 100 verschiedenen RNAs. Selbst durch 80 PCR-Amplifikationen würden somit sehr wahrscheinlich nicht sämtliche Transkripte erfasst. Statt der Dekamere, welche die Amplifikation einer möglichst großen Anzahl von Transkripten ermöglichen sollen, können auch spezifischere Primer verwendet werden. Beispielsweise sind in Differential-Display-Experimenten Primer, die aus einer konservier-

PCR
Kapitel 24

Nachweisreaktionen
Abschnitt 23.4

ten DNA-Region stammen, erfolgreich zur Identifizierung von Mitgliedern einer Genfamilie eingesetzt worden. Für den anschließenden Nachweis durch Autoradiographie ist die Markierung der PCR-Produkte durch ein radioaktiv markiertes Nukleotid notwendig. Wahlweise kann auch ein nicht-radioaktiver Nachweis durch Fluoreszenz erfolgen. Die $T_{12}MN$-Primer können am 5'-Ende mit Biotin markiert und die PCR-Produkte anschließend im Gel durch Chemilumineszenz nachgewiesen werden. Der radioaktive Nachweis scheint allerdings zum gegenwärtigen Zeitpunkt noch die empfindlichste Nachweismethode zu sein.

32.2.4 Modifikationen der PCR und der Nachweisreaktion

Zur Erhöhung der Reproduzierbarkeit und der Nachweisempfindlichkeit des Differential Display wurde eine Reihe von Modifikationen vorgeschlagen, die vor allem die PCR-Amplifikation betreffen:

Hot-Start-PCR
Abschnitt 24.2.4

1. Eine bessere Reproduzierbarkeit soll u. a. durch eine Hot-Start-PCR erreicht werden, bei der die DNA vor der eigentlichen Amplifikation auf 94 °C erhitzt wird.
2. Zusätzlich wird eine Touch-Down-PCR vorgenommen, bei der die Annealing-Temperatur für 10 Zyklen bei 50 °C belassen wird, bevor die weiteren 35 Zyklen mit einer Annealing-Temperatur von 40 °C durchgeführt werden.
3. Um durch eine Erhöhung der Nachweisempfindlichkeit eine semiquantitative Aussage über das durch Differential-Display darstellbare Expressionsmuster machen zu können, wurde vorgeschlagen, die Anzahl der PCR-Zyklen signifikant zu reduzieren. Ein Verlust an Sensitivität, der normalerweise mit der Reduktion der PCR-Zyklen verbunden ist, wurde durch eine Erhöhung der Konzentration an Nukleotiden vermieden. In diesem Zusammenhang ist darauf hinzuweisen, dass die üblicherweise eingesetzte Konzentration von 2 bis 5 µM an Nukleotiden weit unter der optimalen Nukleotidkonzentration für die Taq-Polymerase liegt.
4. Um die Nachweisempfindlichkeit zu erhöhen, wurde zusätzlich zur Reduktion der PCR-Zyklen das üblicherweise eingesetzte Isotop $(^{35}S)dATP$ durch $(^{33}P)dATP$ ersetzt.
5. Eine nichtradioaktive Methode, bei der die PCR-Produkte durch Silbernitratfärbung nachgewiesen werden, wurde in Kombination mit einer reduzierten Zyklenzahl und einer Erhöhung der Nukleotidkonzentration als hochempfindlich beschrieben. Andere Untersuchungen gehen hingegen davon aus, dass sich durch die Silberfärbung wesentlich weniger Banden im Polyacrylamid-Gel darstellen lassen als durch radioaktive Nachweismethoden.
6. Eine weitere Modifikation betrifft die Dekamer-Primer. Gegen die Verwendung solch relativ kurzer Primer in der PCR spricht, dass die optimale Primerlänge für die Taq-DNA-Polymerase mindestens 13 Nukleotide beträgt. Außerdem bedingt der Einsatz kurzer Primer in der PCR relativ niedrige Annealing-Temperaturen von 40 °C, die wiederum die Möglichkeit unspezifischer Hybridisierungen erhöhen. Aus diesen Gründen arbeiten modifizierte Protokolle nicht mit Dekameren, sondern mit Primern, die 25 bis 29 Nukleotide lang sind.
7. Um die durchschnittliche Länge der PCR-Produkte, die nach der ersten PCR darstellbar sind, zu erhöhen, wurde die Verwendung einer Reihe verschiedener Polymerasen vorgeschlagen, die auch kombiniert eingesetzt werden können.

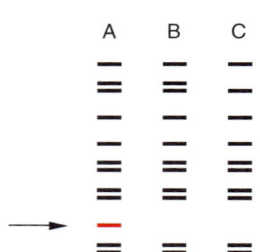

32.3 Darstellung von PCR-amplifizierten 3'-cDNA-Fragmenten. A, B und C bezeichnen drei zu vergleichende Zellpopulationen. Ein differentiell exprimiertes Transkript ist durch einen Pfeil gekennzeichnet.

32.2.5 Polyacrylamidgelelektrophorese

PAGE
Abschnitt 22.2

Die PCR-Produkte werden in Formamidpuffer denaturiert und auf einem 6 % Polyacrylamidgel aufgetrennt. Eine idealisierte Darstellung von Ergebnissen zeigt Abbildung 32.3. Da man von einer untersuchten Zellpopulation ein Profil des Expressionsstatus erhält, dessen Spezifität einem charakteristischen Fingerabdruck vergleichbar ist, spricht man in diesem Zusammenhang auch verkürzt von RNA-Fingerprinting. Mit der Darstellung von Transkripten als PCR-Produkte im Gel können Expressionsmuster von Zellpopulationen verglichen werden. Da man die Expressionsprofile mittels PCR erzeugt, ist eine gewisse Zurückhaltung bei der Interpretation der Daten geboten. Wenn in einer PCR eine größere Anzahl unterschiedlicher Produkte amplifiziert wird, wie dies beim Differential Display der Fall ist, kann es zu Schwankungen des Amplifikationsniveaus der einzelnen PCR-Produkte kommen. Aus diesem Grund sollte jede der PCR-Amplifikationen, durch die unterschiedlich exprimierte Transkripte identifiziert werden, mindestens dreimal reproduziert werden.

32.2.6 Aufreinigung von PCR-Produkten

Bei der Darstellung von Expressionsprofilen auf Polyacrylamidgelen handelt es sich um ein rein deskriptives Experiment, das keinen analytischen Zugang zu den differentiell exprimierten Transkripten erlaubt. Eine solche Analyse setzt eine Aufreinigung der von diesen Transkripten stammenden amplifizierten cDNA-Fragmente voraus. Zu diesem Zweck werden die Gele auf Whatman-3-mm-Papier geblottet und bei 80 °C getrocknet. Eine Fixierung der DNA durch Methanol/Eisessig sollte vermieden werden, da die DNA durch den sauren pH-Wert geschädigt werden kann. Die Position der PCR-Produkte wird durch Autoradiographie bestimmt. PCR-Produkte, die unterschiedlich exprimierte Transkripte repräsentieren, werden anschließend aus dem Gel ausgeschnitten und die DNA aus den Gelstücken eluiert. Zur Elution der DNA kann das Gelstück über Nacht in destilliertem Wasser inkubiert und anschließend 15 Minuten aufgekocht werden. Alternativ kann die DNA durch Inkubation des Gelstücks in einer hochkonzentrierten Salzlösung extrahiert werden. Nach Präzipitation und Wiederaufnahme in destilliertem Wasser wird die DNA wiederum durch PCR amplifiziert. Hierbei wird die gleiche Primerkombination eingesetzt, die bereits bei der ersten PCR zur Darstellung der unterschiedlich exprimierten Transkripte geführt hat. Im Unterschied zur ersten PCR ist jedoch bei der zweiten PCR die Zugabe eines markierten Nukleotids nicht erforderlich. Die Produkte der zweiten PCR können auf einem 1,5 % Agarosegel getrennt und mit Ethidiumbromid angefärbt werden.

32.2.7 Northern-Blot-Analyse

Der endgültige Beweis für eine unterschiedliche Expression eines Gens in zu vergleichenden Zellpopulationen ist durch eine Northern-Blot-Analyse zu erbringen, bei der die neu isolierte cDNA markiert und mit der RNA der betreffenden Zellpopulationen hybridisiert wird. Zu diesem Zweck werden die Produkte der zweiten PCR aus dem Agarosegel isoliert. Im ursprünglich publizierten Protokoll zur Methode des Differential Display war vorgesehen, dass die cDNA nach der zweiten PCR und der Gelaufreinigung direkt markiert und als Sonde gegen RNA im Northern-Blot eingesetzt werden kann. In der Praxis hat sich jedoch herausgestellt, dass dieser Ansatz oft zum Nachweis mehrerer mRNAs im Northern-Blot führt. Der Nachweis mehrerer Transkripte rührt daher, dass aus dem Agarosegel neben der gewünschten cDNA, die das differentiell exprimierte Gen repräsentiert, weitere cDNA-Spezies isoliert werden, die im Agarosegel auf gleiche oder ähnliche Höhe gewandert waren wie das gewünschte cDNA-Fragment. Diese comigrierenden cDNA-Fragmente sind für den Nachweis mehrerer Transkripte im Northern-Blot verantwortlich, da sie zusätzlich zu dem gewünschten cDNA-Fragment ebenfalls markiert werden und als Sonden gegen die RNA im Northern-Blot hybridisieren. Aus diesem Grund wird vielfach eine Klonierung der Produkte der zweiten PCR durchgeführt, bevor diese als Sonden für eine Northern-Blot-Hybridisierung eingesetzt werden.

Northern Blotting
Abschnitt 22.4.4

32.2.8 Klonierung der cDNAs

Außer für die Aufreinigung zur Durchführung von Northern-Blot-Experimenten empfiehlt sich die Klonierung der durch Differential Display isolierten cDNAs auch für weitere Charakterisierungen einschließlich der Sequenzierung. Es können verschiedene kommerzielle Systeme zur Klonierung von PCR-Produkten verwendet werden. Es besteht jedoch auch nach der Klonierung das Problem, dass die Mehrzahl der rekombinierten Plasmide nicht das gewünschte Insert trägt. Aus diesem Grund müssen pro Ligationsansatz, d. h. für jedes Experiment, in dem die aus einem bestimmten Gelstück eluierte DNA in einen Vektor kloniert wird, mehrere Klone auf die Präsenz des gewünschten Inserts getestet werden. Es empfiehlt sich, zu diesem Zweck mindestens 10 zufällig ausgewählte Klone auf differentielle Expression zu testen.

32.2.9 Alternative zur Northern-Blot-Analyse: Differential Screening

Obwohl durch die Northern-Blot-Hybridisierung ein klarer Nachweis einer unterschiedlichen Expression eines Gens erbracht werden kann, muss gegen diese Methode ins Feld geführt werden, dass sie relativ zeitaufwendig ist, insbesondere wenn eine größere Anzahl von isolierten cDNA-Fragmenten getestet werden soll. Dies gilt umso mehr, wenn die zu hybridisierenden cDNA-Fragmente zuvor kloniert werden. Eine Kombination von Differential Display und Differential Screening bietet eine vielversprechende Alternative. Bei dieser Methode werden die durch Differential Display isolierten cDNAs ebenfalls in Plasmidvektoren kloniert und in Bakterien vermehrt. Die Bakterienkolonien werden lysiert, die DNA auf Membranen transferiert und hybridisiert. Als Hybridisierungssonden werden cDNAs von Gesamt-RNA verwendet, die von zu vergleichenden Zellpopulationen stammt. Rekombinierte Plasmide, die ein Insert tragen, das von einem differentiell exprimierten Gen stammt, werden durch unterschiedlich starke Hybridisierungssignale angezeigt. Der Hauptvorteil dieser Methode liegt darin, dass eine große Anzahl von cDNAs, die durch Differential Display isoliert werden können, im Rahmen eines einzigen Experiments mit den gleichen Hybridisierungssonden analysierbar sind. Ob diese Methode allerdings ebenso klare Aussagen liefert wie der klassische Northern-Blot, muss sich noch zeigen.

32.2.10 Alternativen zur Klonierung

Außer für die Expressionsanalyse ist die Klonierung der Inserts in der Regel auch für die Analyse durch Sequenzierung notwendig. Die durch die Sequenzierung gewonnenen Daten werden mit den in Datenbanken niedergelegten Sequenzen verglichen, um festzustellen, ob es sich bei dem isolierten Gen um ein neues oder ein bereits bekanntes Gen handelt. Alternative Protokolle versuchen die Klonierung zu umgehen. Die amplifizierten PCR-Produkte werden nach der Elution aus dem Polyacrylamidgel unter Verwendung von Fusionsprimern reamplifiziert. Diese Fusionsprimer bestehen zum einen aus den für die erste PCR eingesetzten Primern und zum anderen aus einer zusätzlich am 5'-Ende der Primer liegenden Nukleotidsequenz. Diese zusätzlichen Nukleotidsequenzen bieten die Hybridisierungsstellen für die Sequenzierprimer, die in einer Cycle-Sequencing-Reaktion eingesetzt werden.

Cycle-Sequencing Abschnitt 25.1.1

32.3 Leistungsfähigkeit des Differential Display

Um die Leistungsfähigkeit des Differential Display abschätzen zu können, muss diese Methode im Vergleich zu Methoden mit gleicher Zielrichtung gesehen werden. Es handelt sich hierbei in erster Linie um die Methoden der differentiellen Hybridisierung und der Subtraktionshybridisierung.

32.3.1 Differentielle Hybridisierung

Bei der Methode der differentiellen Hybridisierung wird von zwei zu vergleichenden Zellpopulationen die RNA isoliert und in cDNA umgeschrieben. Beide cDNAs werden radioaktiv markiert und parallel gegen eine cDNA-Genbank hybridisiert, die von einer der beiden Zellpopulationen angelegt werden kann. Je nachdem, ob es sich um eine Phagen- oder um eine Plasmidgenbank handelt, werden zur Hybridisierung Plaque- bzw. Kolonielifts verwendet. Diese „Lifts", auch als *Abklatsche* bezeichnet, werden in doppelter Ausführung angefertigt, so dass die radioaktiv markierten cDNAs parallel gegen die gleichen Bakterienkolonien bzw. Phagenplaques hybridisiert werden können. Eine zusammenfassende Darstellung der Methode der differentiellen Hybridisierung ist in Abbildung 32.4 gegeben. Der Vorteil dieser Methode liegt darin, dass sie technisch relativ einfach ist. Schwach exprimierte Gene werden hingegen durch diese Methode nicht erfasst. Aber auch geringe Expressionsunterschiede zwischen zwei stärker exprimierten Genen werden nicht detektiert. Dies liegt vor allem daran, dass zur Hybridisierung mit der cDNA-Genbank eine komplexe radioaktiv markierte Sonde eingesetzt wird, in der kurze redundante Fragmente überrepräsentiert sind. Diese überrepräsentierten cDNA-Fragmente tragen nicht unwesentlich zu einem hohen Hybridisierungshintergrund bei. Außerdem sind in einer komplexen DNA-Sonde die selteneren cDNAs schwächer radioaktiv markiert. Auch dieser Umstand verringert die Wahrscheinlichkeit, ein schwach exprimiertes Gen zu detektieren.

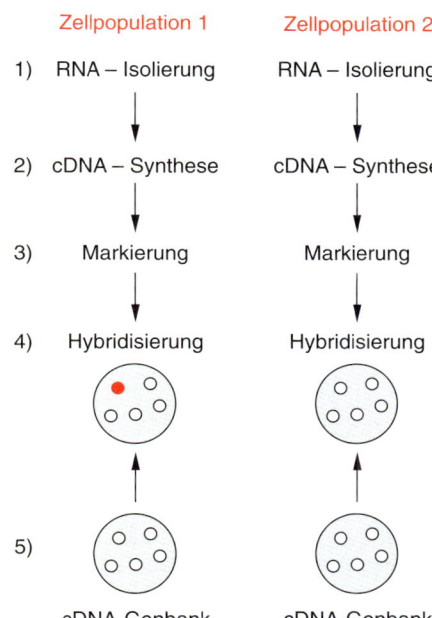

32.4 Grundprinzip einer differentiellen Hybridisierung. Folgende Schritte sind zu unterscheiden: 1. Präparation von RNA aus zwei zu vergleichenden Zellpopulationen. 2. Synthese von cDNA. 3. Markierung der cDNA. 4. Hybridisierung der markierten cDNAs gegen Plaque- bzw. Kolonielifts. 5. Plaquelifts bzw. Kolonielifts von einer cDNA-Genbank.

32.3.2 Subtraktionshybridisierung

Eine Weiterentwicklung der differentiellen Hybridisierung zum besseren Nachweis schwach exprimierter Transkripte stellt die Subtraktionshybridisierung dar (Abb. 32.5). Bei dieser Methode wird von einer ersten zu untersuchenden Zellpopulation einzelsträngige cDNA oder cRNA synthetisiert und diese gegen einen Überschuß von Poly(A)RNA oder *sense*-cRNA einer zweiten Zellpopulation hybridisiert. Unter geeigneten Bedingungen – z. B. in Anwesenheit von Phenol und hohen Salzkonzentrationen – hybridisieren selbst seltene cDNA- und cRNA-Moleküle, die in beiden Zellpopulationen vorhanden sind. Theoretisch sollten nach der Hybridisierung nur solche cDNAs bzw. cRNAs der ersten Zellpopulation als einzelsträngige Moleküle übrigbleiben, für die keine korrespondierenden Transkripte in der zweiten zu vergleichenden Zellpopulation existieren. In der Praxis kann durch mehrere Hybridisierungsrunden eine starke Anreicherung solcher spezifisch in der ersten Zellpopulation exprimierter Transkripte erreicht werden. Diese einzelsträngigen Moleküle können durch Säulenchromatographie aufgereinigt werden. Die Säule kann mit Hydroxyapatit geladen werden, an das – entsprechende Bedingungen vorausgesetzt – nur doppelsträngige, nicht aber einzelsträngige DNA bindet. Der Vorteil der Methode der Subtraktionshybridisierung gegenüber der differentiellen Hybridisierung liegt darin, dass stark exprimierte Transkripte durch mehrmalige Hybridisierungen der cDNAs bzw. cRNAs beider Zellpopulationen eliminiert werden können und somit die Wahrscheinlichkeit erhöht wird, seltene Transkripte zu detektieren. Die Methode hat u. a. zur Isolie-

Hydroxyapatit-Chromatographie
Abschnitt 9.5

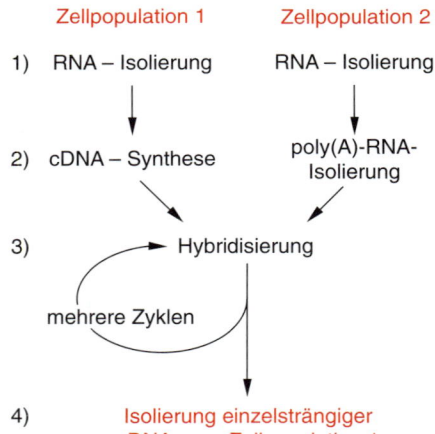

32.5 Grundprinzip einer Subtraktionshybridisierung. Folgende Schritte sind zu unterscheiden: 1. Präparation von RNA aus zwei zu vergleichenden Zellpopulationen. 2. Synthese von cDNA der ersten Zellpopulation bzw. Poly(A)RNA-Isolierung der zweiten Population. 3. Mehrere Zyklen von Hybridisierung der cDNA gegen poly(A)RNA. 4. Isolierung einzelsträngiger cDNAs.

rung einer Reihe von tumorrelevanten Genen geführt. Ein Nachteil der Subtraktionshybridisierung liegt in dem hohen Arbeits- und Zeitaufwand. In der Praxis werden außerdem selbst unter optimierten Bedingungen nicht alle cDNAs eliminiert, die in beiden Zellpopulationen vorkommen. Dies trifft insbesondere für cDNAs von sehr stark exprimierten Genen wie den mitochondrialen Genen zu, die deshalb bei der Subtraktionshybridisierung zu einem hohen Hintergrund an unerwünschten Klonen beitragen. Als Hauptschwachpunkt der Methode ist zu nennen, dass pro Experiment jeweils nur zwei Zellpopulationen miteinander verglichen werden können. Der Vergleich einer größeren Anzahl von Zellpopulationen hinsichtlich ihres Genexpressionsmusters ist somit wesentlich zeit- und arbeitsaufwendiger als durch Differential Display.

32.3.3 Stärken des Differential Display

Im Vergleich der Expression mehrerer unterschiedlicher Zellpopulationen liegt auch die primäre Stärke des Differential Display. Der Vergleich einer größeren Anzahl von Zellpopulationen ermöglicht gleichzeitig eine interne Kontrolle hinsichtlich der Spezifität der PCR-Produkte. Außerdem werden für das Differential Display nur sehr kleine Mengen an RNA benötigt. In der Regel reicht ein Mikrogramm RNA aus, das oft aus einem Milligramm Gewebe isoliert werden kann. Schließlich ist die Nachweisempfindlichkeit des Differential Display sehr groß.

32.3.4 Schwächen des Differential Display

Mit dieser hohen Sensitivität ist allerdings auch ein entscheidender Nachteil verbunden. Die kleinste Variation der experimentellen Bedingungen kann zu nicht reproduzierbaren Resultaten führen. Es wurde gezeigt, dass ca. 40 % der im Polyacrylamidgel unterschiedlich stark erscheinenden Banden nicht reproduzierbar sind. Aus diesem Grund empfiehlt es sich, wie oben bereits angesprochen, das Experiment zur Darstellung der Transkripte im Polyacrylamidgel mindestens dreimal zu wiederholen, bevor man eine endgültige Aussage über die Gültigkeit eines bestimmten Expressionsmusters macht. Zur Erhöhung der Reproduzierbarkeit ist gegenüber dem ursprünglichen Protokoll eine Reihe unterschiedlicher Modifikationen vorgenommen worden, die bereits Erwähnung gefunden haben, wie z. B. eine Hot-Start-PCR. Die Praxis hat darüber hinaus gezeigt, dass sich in manchen Fällen cDNA-Fragmente, die auf dem Polyacrylamidgel differentiell exprimierte Gene angezeigt haben, nach der Elution und der sekundären Amplifikation durch PCR nicht wieder identifizieren lassen. Dies gilt auch in Fällen, in denen die PCR-Produkte kloniert wurden. Auch hier lassen sich in manchen Fällen aus den isolierten Klonen keine Rekombinanten isolieren, die ein differentiell exprimiertes Gen repräsentieren. Schätzungen gehen davon aus, dass bis zu 90 % der durch Differential Display identifizierten Klone falsch positiv sind, also keine unterschiedlich exprimierten Gene repräsentieren. Ein weiterer Nachteil der Methode liegt in den relativ kurzen cDNA-Fragmenten, die durch Differential Display kloniert werden. Obwohl es einige Berichte über die Klonierung von Fragmenten bis zu 2 Kilobasen gibt, sind die cDNA-Fragmente in der Regel nicht größer als einige hundert Basenpaare. Differential Display ermöglicht somit die Identifizierung von unterschiedlich exprimierten Genen und die Klonierung von 3′-Enden der zugehörigen cDNAs. Die anschließende Klonierung der vollständigen cDNA kann im Einzelfall sehr arbeitsaufwendig sein. Bezüglich der Länge der cDNA-Fragmente sei auch darauf verwiesen, dass sehr kurze Fragmente in der Regel nicht als Hybridisierungssonden gegen einen Northern-Blot einsetzbar sind. Aus diesem Grund sollten Fragmente mit weniger als 150 Basenpaaren, selbst wenn sie nach den Ergebnissen des Differential Display unterschiedlich exprimierte Gene repräsentieren, zumindest nicht vorrangig bearbeitet werden. Zusammenfassend lässt sich aber trotz dieser Nachteile festhalten, dass mit dem Differential Display eine Methode entwickelt wurde, die sich als überaus erfolgreich erwiesen hat.

32.4 Einsatzmöglichkeiten des Differential Display

Das Differential Display ist an unterschiedlichsten Zellen – einschließlich Säugerzellen und Pflanzenzellen – bereits erfolgreich eingesetzt worden.

Ein zukunftsträchtiges Einsatzgebiet betrifft die Isolierung von Genen, deren Expression infolge einer spezifischen Genaktivierung induziert wird. Beispielsweise wurden Gene aus Zellen isoliert, in denen der programmierte Zelltod, die sogenannte Apoptose, induziert worden war. Bei diesen Experimenten wurde eine temperaturempfindliche Mutante des p53-Gens durch Transfektion in eukaryontische Zellen eingebracht. Bei einer bestimmten Temperatur induzierte das p53-Protein durch Übernahme seiner Wildtypfunktion die Apoptose der Zellen. Die Expression der Gene dieser Zellen wird mit der von Zellen verglichen, in denen durch entsprechend veränderte Temperatur keine Apoptose induziert worden ist.

Auch Zellen, die variablen äußeren Bedingungen ausgesetzt sind, können durch Differential Display analysiert werden. Beispielsweise wurden mittels des Differential Display kürzlich Gene identifiziert und kloniert, die dafür verantwortlich sind, dass die Endothelzellen der inneren Oberfläche der Blutgefäße durch Änderungen ihrer Morphologie und Funktion auf die Reibung reagieren, die durch den Blutstrom verursacht wird.

Die Wirksamkeit des Differential Display ist nicht zuletzt daran abzulesen, dass eine Reihe von Genen isoliert wurde, die ursächlich mit der Genese bestimmter Erkrankungen in Beziehung stehen. So wurde beispielsweise mit dem Gen für alpha-6-Integrin ein potentielles Tumorsupressor-Gen für Brustkrebs isoliert. Auch wichtige Gene, die in der normalen Zellphysiologie eine entscheidende Rolle spielen, sind durch Differential Display isoliert worden. Ein Beispiel ist die Klonierung eines Gens für die Kontrolle des Körpergewichts.

Diese Anwendungsbeispiele sollen die Leistungsfähigkeit des Differential Display verdeutlichen. Es läßt sich unschwer voraussagen, dass dem Differential Display durch weitere Optimierungen in zunehmendem Maße eine Schlüsselstellung bei der Identifizierung und Klonierung von biologisch relevanten Genen zukommen wird.

Weiterführende Literatur

An, G., Luo, G., Veltri, R. W., O'Hara, S. M. Sensitive, Nonradioactive Differential Display Method Using Chemiluminescent Detection. Biotechniques, 20(3) (1996) 342–4

Diachenko, L. B., Ledesma, J., Chenchik, A. A., Siebert, P. D. Combining the Technique of RNA Fingerprinting and Differential Display to Obtain Differentially Expressed mRNA. Biochem. Biophys. Res. Commun., 219(3) (1996) 824–8

Liang, P., Averboukh, L., Keyomarsi, K., Sager, R., Pardee, A. B. Differential Display and Cloning of Messenger RNAs from Human Breast Cancer versus Mammary Epithelial Cells. Cancer Res., 52(24) (1992) 6966–8

Liang, P., Averboukh, L., Pardee, A. B. Distribution and Cloning of Eukaryotic mRNAs by Means of Differential Display: Refinements and Optimization. Nucleic Acids Res., 21(14) (1993) 3269–75

Liang, P., Pardee, A. B. Differential Display of Eukaryotic Messenger RNA by Means of the Polymerase Chain Reaction. Science, 257(5072) (1992) 967–71

Simon, H. G., Oppenheimer, S. Advanced mRNA Differential Display: Isolation of a New Differentially Regulated Myosin Heavy Chain Encoding Gene in Amphibian Limb Regeneration. Gene, 172(2) (1996) 175–81

Zhang, H.; Zhang, R.; Liang, P. Differential Screening of Gene Expression Difference Enriched by Differential Display. Nucleic Acids Res., 24(12) (1996) 2454–5

33 Analyse von Promotorstärke und aktiver RNA-Synthese

Die normale physiologische Funktion einer Zelle kann nur dann aufrechterhalten werden, wenn die Expression einzelner Gene einer zeit- und gewebsspezifischen Regulation unterliegt. Es gibt verschiedene zelluläre Mechanismen, die den ersten Schritt der Genexpression, die Transkription, kontrollieren. Ein Schlüsselereignis der Genexpressionskontrolle bildet die koordinierte, komplexe Interaktion zwischen den Promotorsequenzen eines Gens, den *cis*-aktiven Elementen, sowie DNA-Bindungsproteinen und Transkriptionsfaktoren, den *trans*-aktiven Elementen, die ihrerseits wiederum über Protein-Protein-Wechselwirkungen mit der RNA-Polymerase oder weiteren, akzessorischen Faktoren interagieren. Die Kenntnis der Bedeutung von Promotor- und Enhancersequenzen für die Regulation der Transkriptionsaktivität hat zur Entwicklung mehrerer Methoden geführt, die eine Analyse der Promotorstärke in vitro und in vivo ermöglichen.

Viele Fragestellungen in Zusammenhang mit der Genexpression erfordern zunächst die eingehende Analyse der RNA-Transkripte des betreffenden Gens. Es ist wichtig zu wissen, wieviele Transkripte von einem bestimmten Gen hergestellt werden, ob das Transkript die genaue Kopie des Gens darstellt, oder ob ihm Teile des Gens, Introns, fehlen, und wo die Anfangs- und Endpunkte für die Transkription auf dem Gen liegen. Die Analyse des Promotors selbst kann unter zwei Gesichtspunkten erfolgen: Zum einen kann man die *cis*-aktiven Elemente gezielt in vitro mutagenisieren und anschließend verfolgen, wie sich diese Veränderungen auf die RNA-Syntheserate auswirken. Man kann aber auch Wildtypsequenzen verwenden, um zu bestimmen, wieviele RNA-Transkripte von einem bestimmten Gen unter verschiedenen (Wachstums-) Bedingungen hergestellt werden. Experimentelle Lösungsansätze für beide Fragestellungen bieten Methoden wie die in-vitro-Transkription in zellfreien Systemen oder die Analyse klonierter Gene in vivo nach Transfektion und Expression in kultivierten Säugerzellen.

33.1 Methoden zur Analyse von RNA-Transkripten

33.1.1 Überblick

Will man die regulatorischen Eigenschaften eines Gens untersuchen, ist es wichtig zu wissen, wieviel RNA von einem bestimmten Gen hergestellt wird. Die Quantifizierung der gesuchten RNA liefert daher wichtige Hinweise auf die Stärke der Genexpression. Zur Bestimmung der RNA-Menge stehen mehrere Methoden zur Auswahl, die sich in der Mehrzahl auch für die Untersuchung der Struktur der RNA eignen. Voraussetzung für eine erfolgreiche Durchführung aller beschriebenen Analyseverfahren ist eine hervorragende Qualität der eingesetzten RNA. Um intakte RNA-Moleküle aus Zellen oder Geweben zu erhalten, muss die Kontamination mit Ribonucleasen und ein unspezifischer Abbau während der Extraktion und Isolierung sorgfältigst vermieden werden.

Isolierung von RNA Abschnitt 21.6

Northern-Blotting
Abschnitt 22.4.1

Dot-Blotting
Abschnitt 22.4.5

Alle nachfolgend beschriebenen Methoden zur Analyse von RNA-Transkripten basieren darauf, dass Nucleinsäuren hybridisieren können. Da komplementäre RNA- und DNA-Einzelstränge sehr stabil miteinander hybridisieren, kann man die entstandenen RNA-DNA- oder RNA-RNA-Hybridmoleküle direkt (Northern-Blotting, Dot-Blotting) oder nach Behandlung mit einzelstrangspezifischen Nucleasen (Nuclease S1, Ribonuclease A und T1) quantitativ und qualitativ detektieren. Mit Hilfe der Nuclease-S1-Analyse und des Ribonuclease-Protektionsassays erfolgt die Quantifizierung einer gesuchten RNA, die Kartierung ihrer 5′- und 3′-Enden, sowie die Lokalisation von Introns auf dem zugehörigen Gen. Bei der Primerverlängerungsmethode setzt man Oligonucleotide, die zur gesuchten RNA komplementär sind, für die Hybridisierung mit isolierter RNA ein. In den gebildeten RNA-DNA-Hybridmolekülen wird die RNA anschließend bis zum 5′-Ende mit dem Enzym Reverse Transkriptase in cDNA umgeschrieben. Diese Technik erlaubt eine Mengenbestimmung der gesuchten RNA und eine 5′-Enden-Kartierung der RNA auch über Intron-haltige Bereiche hinweg. Mit der vierten Technik, der Northern-Blot-Hybridisierung, kann lediglich die Menge und absolute Größe, nicht jedoch das exakte Ende eines Transkripts analysiert werden. Eine Variante des Northern-Blottings, die Dot-Blot-Analyse, dient lediglich der Quantifizierung. Die Menge eines Transkripts kann schließlich auch durch PCR erfasst werden.

33.1.2 Nuclease-S1-Analyse von RNA

Für dieses weitverbreitete Verfahren, das 1977 von Berk und Sharp entwickelt wurde, wird das Enzym Nuclease S1, eine einzelstrangspezifische Ribo- und Desoxyribonuclease aus dem Pilz *Aspergillus oryzae*, eingesetzt. Nuclease S1 hydrolysiert spezifisch nur einzelsträngige DNA- und RNA-Moleküle, etwa Einzelstrangüberhänge an doppelsträngigen DNA- oder DNA-RNA-Molekülen oder einzelsträngige Loops in Doppelstrangmolekülen. Durch die Spaltung mit Nuclease S1 werden daher selektiv Einzelstrangbereiche entfernt, während doppelsträngige Moleküle intakt bleiben. Die Methode eignet sich zur Quantifizierung von Transkripten, zur Kartierung der 5′- und 3′-Enden der Transkripte und zur Lokalisierung von Introns.

Reaktionsprinzip Im ersten Schritt der Nuclease-S1-Analyse lässt man eine radioaktiv markierte, einzelsträngige DNA-Sonde, die komplementär zur gesuchten RNA ist, in Lösung mit dem isolierten RNA-Gemisch hybridisieren. Nach Zugabe von Nuclease S1 zum Reaktionsansatz werden alle nicht-hybridisierten, einzelsträngigen Bereiche verdaut und nur die doppelsträngigen, homolog gepaarten RNA-DNA-Hybride bleiben zurück. Dieses Reaktionsprodukt, das doppelsträngige, spaltungsresistente RNA-DNA-Hybrid, wird oft als **geschütztes Fragment** bezeichnet. Die erhaltenen DNA-Fragmente werden anschließend elektrophoretisch in Polyacrylamidgelen aufgetrennt und autoradiographisch sichtbar gemacht. Das Autoradiogramm liefert zwei Informationen: Erstens lässt sich aus der Größe des nach der Spaltung verbliebenen DNA-Fragments die Entfernung bis zum Transkriptende oder zu Spleißstellen berechnen. Zweitens ist die Intensität der radioaktiven Bande proportional zur Konzentration der komplementären RNA-Spezies im RNA-Gemisch und liefert somit Angaben über die Menge des spezifischen Transkripts.

Die quantitative Nuclease-S1-Analyse

Soll die Nuclease-S1-Analyse zur absoluten Quantifizierung einer bestimmten RNA-Spezies angewandt werden, kann als Hybridisierungssonde beispielsweise ein zur gesuchten RNA komplementäres DNA-Fragment ausgewählt werden, das die gesuchte RNA am 5′-Ende überragt. Aus dieser Hybridisierung gehen DNA-

RNA-Hybridmoleküle hervor, die in 3'-Richtung von einzelsträngigen DNA-Molekülüberhängen flankiert sind. Diese Überhänge werden nach Inkubation mit Nuclease S1 verdaut (Abb. 33.1). Es ist relativ unkompliziert, größere Mengen radioaktiv markierter Oligonucleotide zu produzieren. Als DNA-Sonde zur quantitativen Bestimmung sind synthetische Oligonucleotide einer Länge von 40 bis 80 Basen besonders geeignet. Oligonucleotide lassen sich erstens sehr gut am 5'-Ende mit dem Enzym T4-Polynucleotidkinase radioaktiv markieren, während die 5'-Endenmarkierung im Doppelstrangmolekül viel weniger effizient erfolgt. Die Spezifität, mit der eine Hybridisierungssonde markiert ist, beeinflusst entscheidend die Nachweissensitivität. Zweitens können dem Hybridisierungsansatz äquimolare Mengen eines weiteren, unterschiedlich langen und ebenfalls radioaktiv markierten Oligonucleotids zugegeben werden. Dies ermöglicht, die Expressionsrate zweier verschiedener RNA-Spezies miteinander im selben Experiment zu vergleichen. Für die korrekte RNA-Mengenbestimmung muss die Hybridisierungssonde stets in signifikantem molarem Überschuss gegenüber der zu quantifizierenden RNA eingesetzt werden und die Hybridisierung muss vollständig ablaufen. Die optimalen Hybridisierungsbedingungen für eine bestimmte DNA-Sonde und die zugehörige RNA können empirisch ermittelt werden.

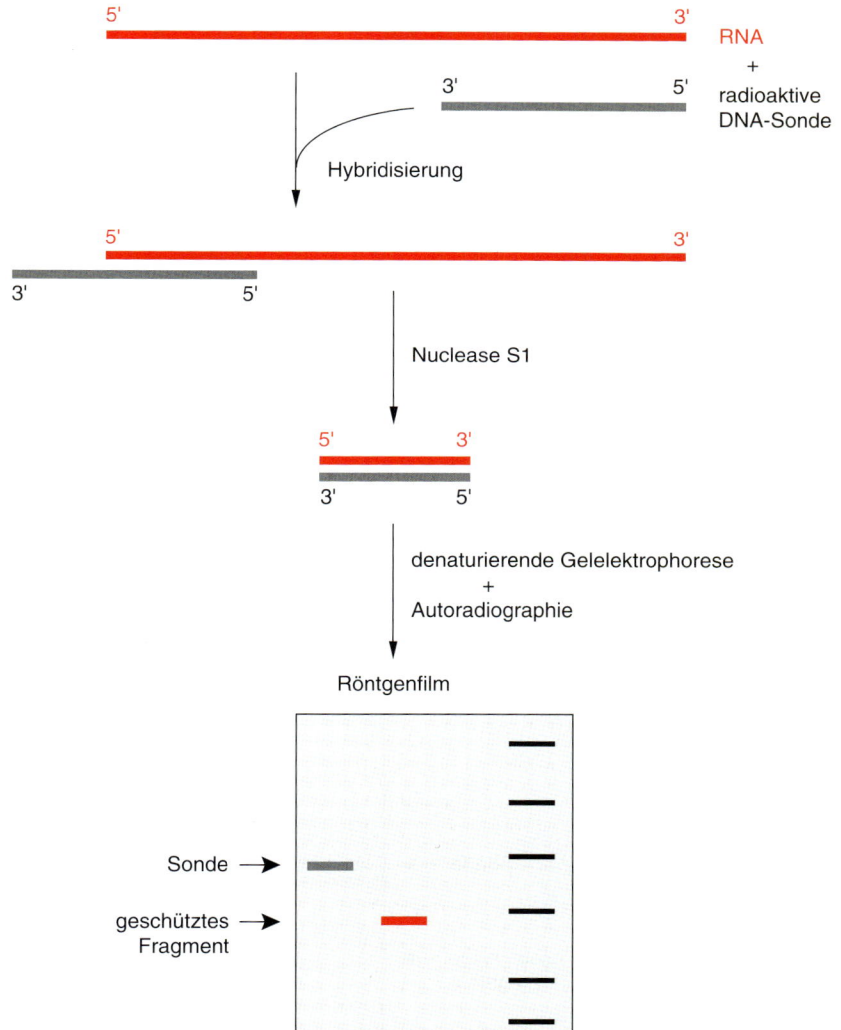

33.1 Prinzip der Nuclease-S1-Analyse zur Quantifizierung von RNA. Auf dem Autoradiogramm sind die Positionen der zur Hybridisierung eingesetzten radioaktiven Sonde (Spur 1) und des erhaltenen, geschützten Fragments (Spur 2) gezeigt. Spur 3 enthält den Kontrollansatz ohne RNA-Isolat, Spur 4 die Nucleinsäure-Größenstandards. Zur Quantifizierung wurde eine 5'-endmarkierte Sonde verwendet.

880 TEIL V: FUNKTIONSANALYTIK

> Die radioaktive DNA-Sonde liegt dann in signifikantem Überschuss im Reaktionsansatz vor, wenn sich bei der Titration verschiedener Mengen von RNA bei gleichbleibender Menge an DNA-Sonde die Ausbeute an geschützten Fragmenten bei der Nuclease-S1-Analyse proportional zur RNA-Menge verändert. Zur Überprüfung der Vollständigkeit der RNA-DNA-Hybridisierungsreaktion in Lösung können zu verschiedenen Zeitintervallen aus einem Reaktionsansatz Proben entnommen und mit Nuclease S1 verdaut werden. Die Hybridisierung gilt dann als abgeschlossen, wenn kein weiterer Anstieg der Intensität der radioaktiven Signale in der Nuclease-S1-Analyse beobachtet wird.

Nuclease-S1-Kartierung von 5′- und 3′-Enden der RNA

Wie die Nuclease-S1-Analyse für die Kartierung der RNA-Enden und Bestimmung von Introns eingesetzt werden kann, sollen die Beispiele in Abbildungen 33.2 und 33.3 verdeutlichen. Je nach Fragestellung muss eine geeignete Hybridisierungssonde ausgewählt werden. Soll das 5′-Ende eines Transkripts bestimmt werden, wird als Sonde ein komplementäres DNA-Fragment ausgewählt, das über das 5′-Ende der RNA hinausragt und am 5′-Ende radioaktiv markiert ist. Nach

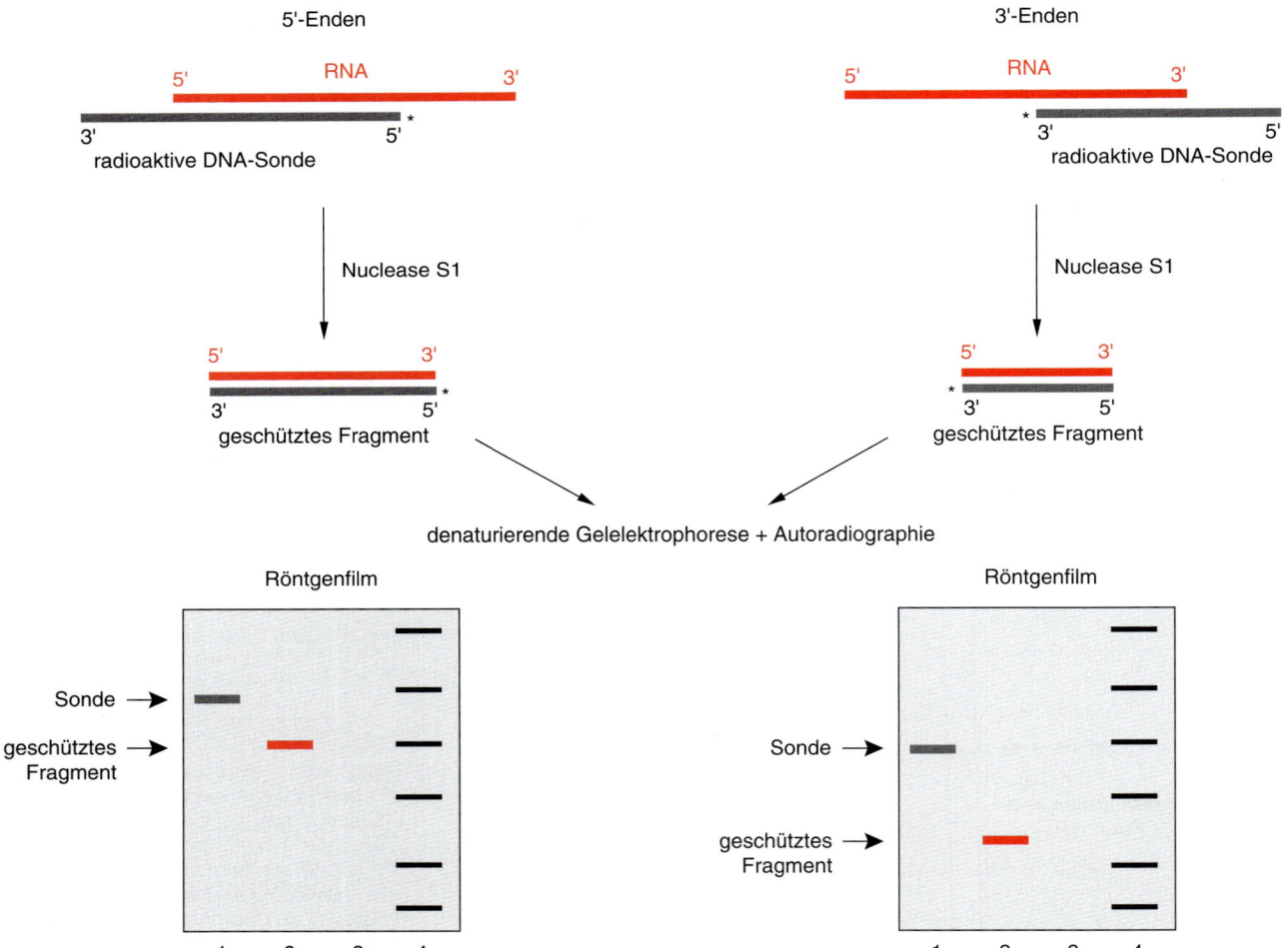

33.2 Kartierung der 5′- und 3′-Enden von RNA. Autoradiogramm wie in Abbildung 33.1. Zur Quantifizierung wurde eine 5′- bzw. eine 3′-endmarkierte Sonde verwendet.

Inkubation mit Nuclease S1 wird das nicht-gepaarte 3′-Ende der DNA-Sonde hydrolysiert und man erhält ein verkürztes DNA-Fragment. Trennt man das geschützte Fragment in einem denaturierenden Polyacrylamidgel auf, kann man die Längen der ursprünglich eingesetzten und der nach der Spaltung erhaltenen Sonde vergleichen, und daraus die Entfernung zwischen dem 5′-Ende der Sonde und dem 5′-Ende der RNA, also dem Transkriptionsstart, berechnen. Für diese Art der Feinkartierung muss das Gel zusätzlich einen hochauflösenden Größenstandard, am besten eine „Maxam-Gilbert-DNA-Sequenzreaktion" der eingesetzten Sonde enthalten.

Analog erfolgt die Kartierung des 3′-Endes einer RNA (Abb. 33.2). Die DNA-Sonde hierfür muss jedoch länger als das 3′-Ende der zugehörigen RNA sein und die radioaktive Markierung am 3′-Ende tragen.

Sowohl für die 5′- als auch für die 3′-Enden-Kartierung spezifischer Transkripte benötigt man als DNA-Sonde zur Hybridisierung die klonierten, zugehörigen genomischen DNA-Bereiche. Zur Herstellung der radioaktiven Sonde wird das entsprechende Fragment entweder nach Restriktionsspaltung aus dem Plasmidvektor gewonnen und, je nach Fragestellung, am 5′-Ende mit T4-Polynucleotidkinase oder am 3′-Ende mit Hilfe einer DNA-Polymerase I oder einer terminalen Desoxynucleotidyltransferase radioaktiv markiert. Alternativ lassen sich aus relevanten Sequenzabschnitten des Genfragments auch Oligonucleotide synthetisieren, die mit T4-Polynucleotidkinase markiert und zur Kartierung von 5′-RNA-Enden eingesetzt werden können. Für die Nuclease-S1-Analyse sind genomische DNA-Fragmente wertvoll, die im Phagen M13 subkloniert sind. Eine geeignete

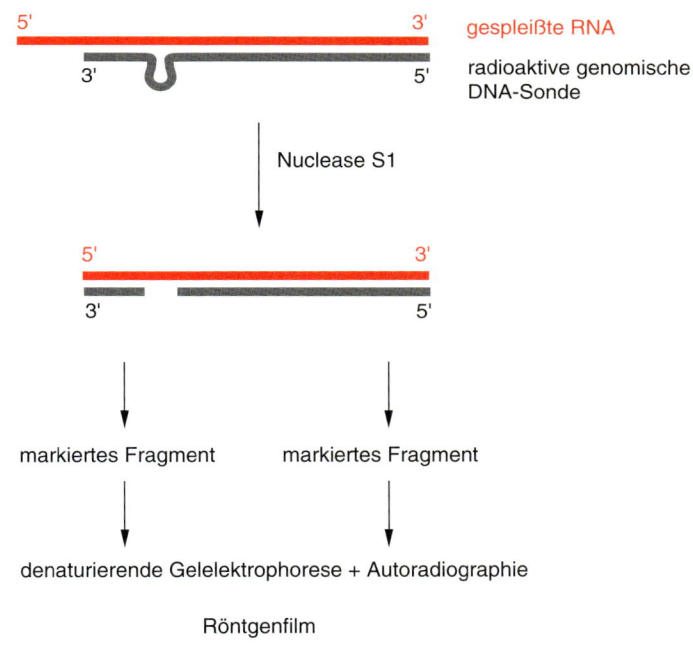

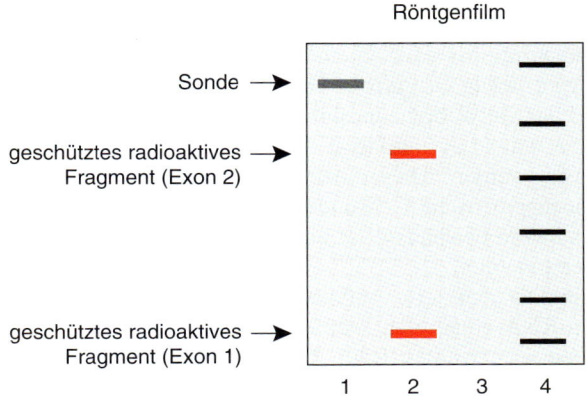

33.3 Bestimmung von Exons in einem Gen. Autoradiogramm wie in Abbildung 33.1. Zur Quantifizierung wurde eine komplett markierte Sonden-DNA (*body-labelled probe*) verwendet.

DNA-Hybridisierungssonde mit Antisense-Orientierung zur gesuchten RNA lässt sich in diesem Falle einfach in vitro vom klonierten M13-Einzelstrang-Template in Gegenwart eines radioaktiv markierten Oligonucleotids als Primer und einer DNA-Polymerase I herstellen.

Dies gilt auch, wenn Exon/Intron-Positionen kartiert werden sollen. Für diese spezielle Fragestellung werden einzelsträngige, klonierte und radioaktiv markierte, genomische Fragmente mit isolierter RNA hybridisiert. Sind im genomischen Fragment Introns vorhanden, so entstehen bei der Hybridisierung mit der spezifischen RNA perfekt gepaarte Regionen, die Exons, und nichtgepaarte, einzelsträngige Schleifen (Loops), die Introns (Abb. 33.3). In Gegenwart von Nuclease S1 werden die einzelsträngigen Loops verdaut und nur die homolog gepaarten Abschnitte, die den Exons entsprechen, bleiben intakt.

PCR
Kapitel 24

Zur Bestimmung von Intron/Exon-Grenzen eignet sich auch die Polymerasekettenreaktion (PCR). PCR-Assays zur Charakterisierung der RNA-Spezies werden hierfür mit verschiedenen Sets von Primer-Paaren parallel an genomischer DNA und revers transkribierter RNA durchgeführt. Ein Längenpolymorphismus zwischen den an genomischer DNA und cDNA erzeugten PCR-Produkten deutet auf das Vorhandensein von Exons hin.

> Ein generelles Problem der Nuclease-S1-Kartierung besteht darin, dass die Nuclease S1 gelegentlich unter nicht-optimalen Reaktionsbedingungen auch doppelsträngige Nucleinsäurebereiche hydrolysiert, und dadurch die Spezifität der Nachweismethode verlorengeht. Daher ist stets zunächst eine Optimierung der Reaktionsbedingungen bezüglich Reaktionstemperatur und Salzgehalt erforderlich.

33.1.3 Ribonuclease-Protektionsassay (RPA)

Der Ribonuclease-Protektionsassay (RPA) gilt als Alternativmethode zur weit verbreiteten Nuclease-S1-Technik. Wie die Nuclease-S1-Analyse basiert der RPA auf der Hybridisierung isolierter zellulärer RNA mit einer zur gesuchten RNA komplementären, radioaktiv markierten Nucleinsäuresonde. Der RPA gilt generell als sensitiver als die Nuclease-S1-Analyse, da für diesen Nachweis RNA als Hybridisierungssonde eingesetzt wird, die uniform über die gesamte Nucleinsäuresequenz hinweg radioaktiv markiert ist, und damit eine sehr hohe spezifische Aktivität bezüglich der radioaktiven Markierung besitzt. RNA-RNA-Hybride sind zudem sehr thermostabil.

Als Hybridisierungssonde benötigt man für den RPA eine zur gesuchten RNA komplementäre, in vitro synthetisierte Antisense-RNA-Sonde, die auch häufig als **Ribosonde** (engl. *riboprobe*) bezeichnet wird. Voraussetzung für die Herstellung einer Ribosonde ist zunächst, dass relevante genomische DNA-Bereiche, die als Gensonde in der Hybridisierung eingesetzt werden sollen, in einen sogenannten Transkriptionsvektor subkloniert sind. Es gibt Transkriptionsvektoren mit spezifischen Promotoren für drei verschiedene Bakteriophagen-RNA-Polymerasen: SP6, T3 und T7. In derartigen Transkriptionsvektorsystemen können stromabwärts vom Promotor eingebaute Fremdgene leicht in vitro in Gegenwart der phagenspezifischen RNA-Polymerasen und der vier Ribonucleosidtriphosphate, von denen eines radioaktiv markiert ist, in eine radioaktiv markierte Antisense-RNA-Sonde (**Run-off-Transkript**) umgeschrieben werden. Dieses Verfahren illustriert Abbildung 33.4. Die hierbei erzeugte, hochspezifische Gensonde kann nicht nur als Hybridisierungssonde für den RPA, sondern beispielsweise auch als Hybridisierungssonde im Northern-Blotting eingesetzt werden.

Für den RPA wird die radioaktiv markierte Antisense-RNA-Sonde zur Hybridisierung mit isolierter Gesamt-RNA eingesetzt. (Abb. 33.5). Die aus der Hybridisierung hervorgegangenen, perfekt gepaarten RNA-RNA-Hybridmoleküle werden anschließend mit einem Gemisch aus den Ribonucleasen A und T1 inkubiert.

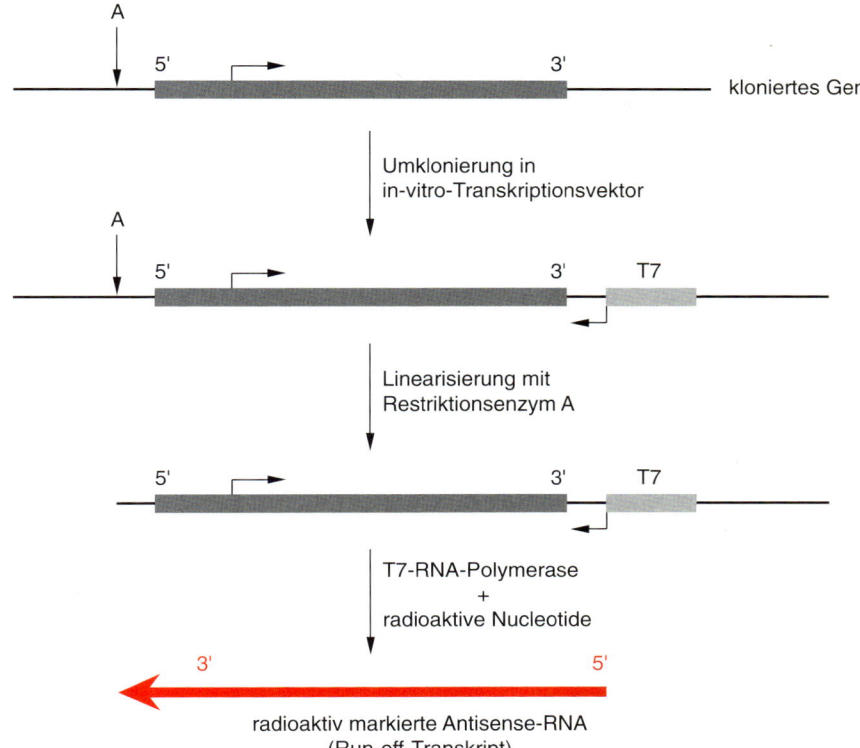

33.4 Reaktionsschritte zur Herstellung einer Ribosonde von einem klonierten Gen.

Beide Ribonucleasen hydrolysieren spezifisch einzelsträngige RNAs, unterscheiden sich jedoch hinsichtlich ihrer Spaltungsspezifität. RNase A, die aus Rinderpankreas isoliert wird, spaltet Phosphodiesterbindungen an Pyrimidinnucleotiden, RNase T1, aus *Aspergillus oryzae* spaltet an Guaninnucleotiden. Im Reaktionsansatz werden folglich alle einzelsträngigen RNA-Bereiche verdaut. Das sind alle nicht zur Ribosonde homologen RNAs, einzelsträngige Überhänge im RNA-RNA-Hybridmolekül und freie, ungebundene Sonden-RNA. Lediglich perfekt gepaarte RNA-RNA-Hybride aus Sonden- und zellulärer RNA bleiben als geschütztes Fragment intakt. Diese Hybride werden anschließend, wie bei der Nuclease-S1-Analyse, in einem denaturierenden Polyacrylamidgel elektrophoretisch aufgetrennt und autoradiographiert. Da die Intensität des erhaltenen radioaktiven Signals proportional zur Menge an spezifisch hybridisierter zellulärer RNA ist, lässt sich aus dem Autoradiogramm der Gehalt dieser RNA-Spezies im Reaktionsansatz abschätzen.

Neben der Quantifizierung einer bestimmten RNA-Spezies dient diese Nachweistechnik auch zur Kartierung von Transkriptenden. Für die Auswahl der geeigneten Hybridisierungssonde gelten die gleichen Kriterien, die bereits in Abschnitt 33.1.2 diskutiert wurden. Hier muss jedoch der ausgewählte Genabschnitt zunächst in einen in-vitro-Transkriptionsvektor umkloniert werden, um anschließend die Herstellung von Antisense-RNA zu ermöglichen.

Der RPA hat gegenüber der klassischen Nuclease-S1-Analyse mehrere Vorteile: Die Antisense-RNA-Sonde kann in relativ großen Mengen hergestellt und dabei hochspezifisch radioaktiv markiert werden. Außerdem sind RNA-RNA-Hybride wesentlich thermostabiler als RNA-DNA-Hybride, eine Grundvoraussetzung für die Entstehung distinkter geschützter Fragmente nach der Nuclease-Spaltung. Beides trägt erheblich zur großen Sensitivität dieser Nachweismethode bei: Werden für die Nuclease-S1-Analyse auf klassischem Weg endmarkierte DNA-Sonden eingesetzt, so erreicht man mit dem RPA eine Erhöhung der Empfindlichkeit um den Faktor 20 bis 50. Zudem liefert die Hydrolyse-Reaktion mit Ribonucleasen zuverlässigere und besser reproduzierbare Ergebnisse, da, wie bereits erwähnt, die

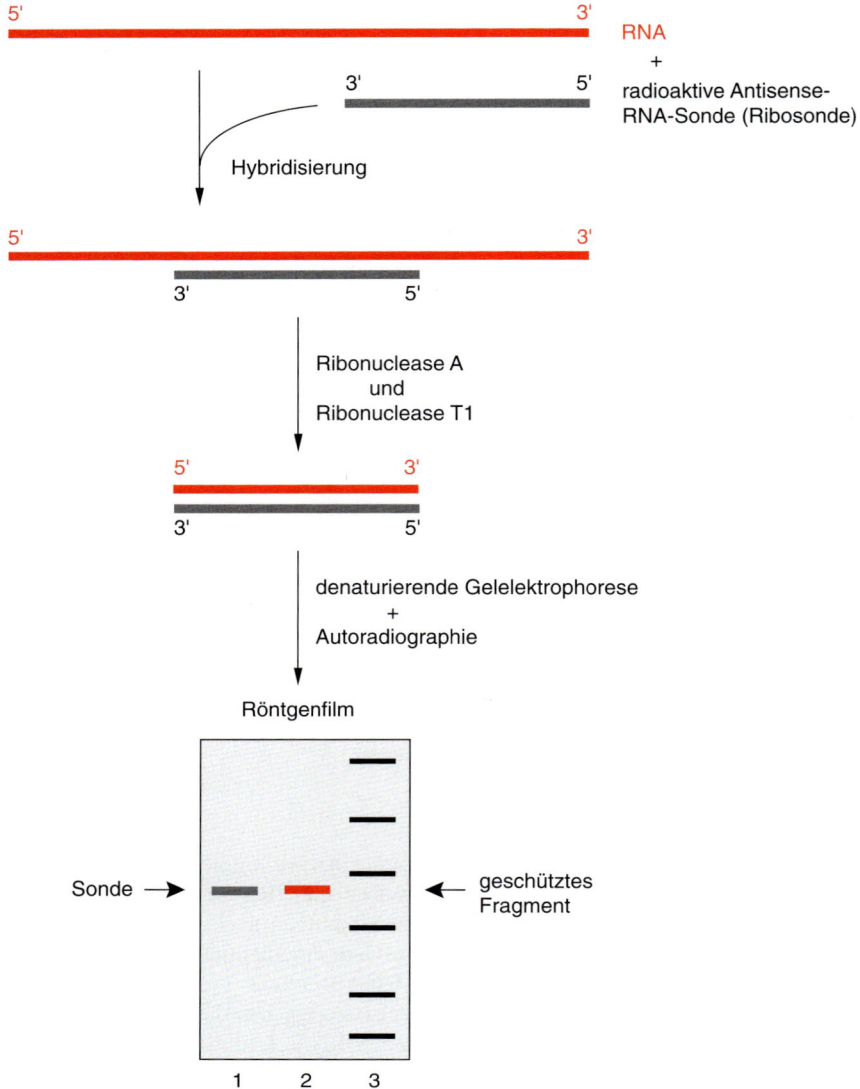

33.5 Prinzip des Ribonuclease-Protections-assays. Die Gelanalyse enthält in Spur 1 die verwendete radioaktive Sonde, in Spur 2 das geschützte Fragment und in Spur 3 die Nucleinsäure-Größenstandards.

Nuclease-S1-Spaltung zuerst bezüglich Reaktionstemperatur und Enzymkonzentration optimiert werden muss.

Die hohe Sensitivität der Methode hat jedoch auch Nachteile. Werden beispielsweise in der in-vitro-Transkriptionsreaktion von der klonierten Gensonde nicht nur Antisense-RNAs kompletter Länge, sondern auch unvollständige Transkripte hergestellt, so erhält man später, nach der RNase-Spaltung anstelle des gewünschten Fragments ein Gemisch aus geschützten Fragmenten. Unvollständige in-vitro-Transkripte entstehen durch ein Pausieren der Bakteriophagen-RNA-Polymerase an der Matrize und eine vorzeitige Termination der Reaktion und sind sequenzabhängig. Um dieses Problem minimal zu halten, sollte als DNA-Matrize zur Herstellung der Ribosonde ein relativ kurzer, ca. 100 bis 300 bp langer Genabschnitt ausgewählt werden, oder das Transkript korrekter Länge aus einem DNA-Gel gereinigt werden.

33.1.4 Primerverlängerung (Primer Extension)

Die Primerverlängerung (*Primer Extension*) ist eine weitere häufig angewandte Methode, mit der gleichzeititg die Menge und das 5′-Ende einer bestimmten RNA-Spezies ermittelt werden können. Die Reaktion wird von einer RNA-abhängigen DNA-Polymerase katalysiert, der Reversen Transkriptase. Wie jede DNA-Polymerase benötigt auch die Reverse Transkriptase eine Matrize (Template) und einen Primer. Im Falle der Reversen Transkriptase wird als Matrize einzelsträngige RNA benötigt. Für die Primerverlängerung lässt man zunächst ein kurzes Stück einzelsträngiger DNA, einen Primer (5–10 pmol), der eine komplementäre Sequenz zur gesuchten RNA aufweist, in Lösung mit zellulärer RNA (10–50 μg) hybridisieren. Als Primer dient in der Regel ein Oligonucleotid von 20 bis 40 Basen Länge, das vorher am 5′-Ende mit T4-Polynucleotidkinase radioaktiv markiert wurde. Nach Zugabe von Reverser Transkriptase und Desoxynucleotiden kann in RNA-Oligonucleotid-Hybriden vom 3′-OH-Ende des Oligonucleotids aus eine zur RNA-Matrize komplementäre cDNA synthetisiert und folglich die Primersequenz bis zum 5′-Ende der RNA verlängert werden. Das Prinzip dieser Reaktion ist in Abbildung 33.6 veranschaulicht. Da die synthetisierte cDNA am 5′-Ende radioaktiv markiert ist, kann das Reaktionsprodukt nach Auftrennung in einem denaturierenden Polyacrylamidgel autoradiographisch sichtbar gemacht werden.

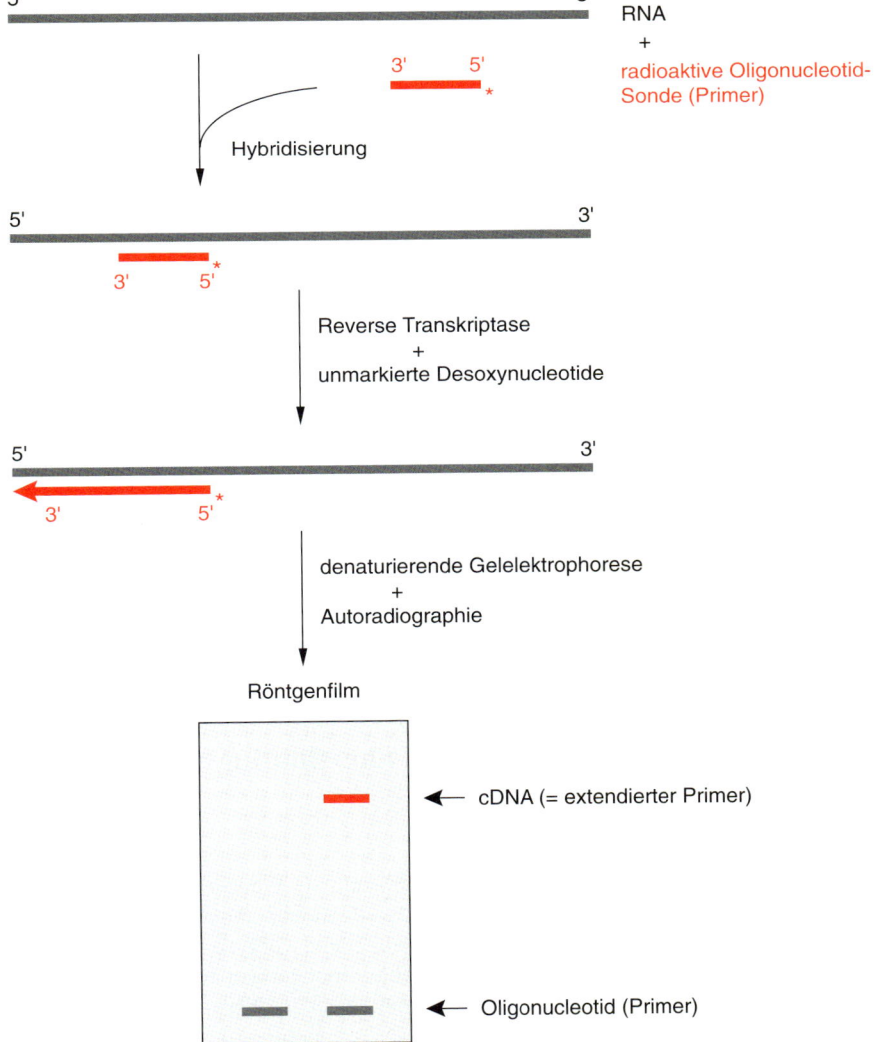

33.6 Prinzip der Primerverlängerung. Das Autoradiogramm zeigt in Spur 1 die Position des endmarkierten Oligonucleotids, in Spur 2 das Primerverlängerungsprodukt der Reaktion (cDNA), sowie überschüssigen Primer im Reaktionsansatz.

Das Autoradiogramm liefert Informationen über die Menge und Größe der gesuchten RNA. Man kann davon ausgehen, dass die Menge an synthetisierter cDNA, also die Intensität des radioaktiven Signals, die Menge an gesuchter RNA im Isolat widerspiegelt. Aus der Länge des cDNA-Fragments lässt sich zudem die Position des 5'-Endes der zugehörigen RNA ermitteln. Idealerweise sollte der Primer für die Verlängerungsreaktion so ausgewählt werden, dass der Abstand zum 5'-Ende der RNA nicht mehr als 100 Basen beträgt. Dies verringert die Wahrscheinlichkeit, dass durch Ausbildung von Sekundärstrukturen innerhalb der RNA-Matrize die korrekte Primerverlängerung durch die Reverse Transkriptase vor Erreichen des 5'-Endes der RNA abgebrochen wird. Vorzeitige Abbrüche der Verlängerungsreaktion erscheinen auf dem Autoradiogramm als zusätzliche Banden zum richtigen Primerverlängerungsprodukt. Erhält man mehr als ein Primerverlängerungsprodukt, so kann dies auch in der Natur des untersuchten Gens begründet sein. Besitzt das untersuchte Gen beispielsweise verschiedene Transkriptionsstartstellen, werden von einem Gen untereinander homologe RNAs synthetisiert, die sich lediglich in der Länge der 5'-nicht-codierenden Region unterscheiden. Gehört andererseits das untersuchte Gen zu einer Multigenfamilie, so sind sehr wahrscheinlich die verschiedenen Transkripte der Genfamilie unterschiedlich lang. Falls die Transkripte jedoch im Bereich des ausgewählten Primers untereinander homolog sind, so gehen aus der Primerverlängerungsreaktion multiple cDNAs hervor.

> Die Primerverlängerungsreaktion wird häufig zum Nachweis bestimmter Transkripte angewandt, die nach transienter Transfektion in Zellen oder bei in-vitro-Transkriptionsreaktionen in zellfreien Transkriptionssystemen produziert wurden. Um technisch bedingte Schwankungen in den Versuchsreihen, wie Transfektion, RNA-Isolierung und Effizienz der Primerlängerungsreaktion selbst erkennen zu können und damit Fehler in der Mengenabschätzung zu vermeiden, ist es wichtig, sogenannte *interne Kontrollen* in das Versuchskonzept einzuplanen. Als interne Kontrolle kann eine heterologe RNA dienen, deren cDNA über ein zweites spezifisches Oligonucleotid im Reaktionsansatz zusätzlich zur primär gesuchten RNA detektiert wird.

In diesem Kapitel wurden bereits zwei weitere Methoden beschrieben, die ebenfalls für die Kartierung der 5'-RNA-Enden angewandt werden können. Was sind nun die Hauptunterschiede dieser Techniken? Grundlage der Nuclease-S1-Analyse und des Ribonuclease-Protektionsassays ist die Ausbildung von stabilen RNA-DNA- bzw. RNA-RNA-Hybriden zwischen gesuchter RNA und markierter Sonde. Im nachfolgenden Schritt werden alle einzelsträngigen, nicht-hybridisierten Bereiche durch die Nuclease hydrolysiert. Aus der Reaktion gehen die geschützten Fragmente hervor, die allerdings sowohl das Ende einer gesuchten prozessierten RNA als auch eine Intron/Exon-Grenze auf einer prä-RNA repräsentieren können. In der Primerverlängerungsreaktion hingegen stoppt die Reaktion idealerweise am Ende der RNA und markiert somit das 5'-Ende der gesuchten RNA.

33.1.5 Northern-Blotting, Dot- und Slot-Blotting

Northern-Blotting

Northern Blotting Abschnitt 22.4.4

Mit Hilfe des Northern-Blottings lässt sich auf einfache Weise die Quantifizierung einer bestimmten RNA-Spezies in einem RNA-Gemisch durchführen. Da diese weitverbreitete Technik schon in Kapitel 22 eingehend vorgestellt wurde, soll hier nur kurz das Prinzip wiederholt und auf Punkte eingegangen werden, die für die RNA-Mengenbestimmung von Bedeutung sind. Nach Isolierung aus den Zellen wird entweder Gesamt-RNA oder poly(A$^+$)-RNA denaturiert und unter denaturierenden Bedingungen in einem Agarosegel elektrophoretisch der Größe nach auf-

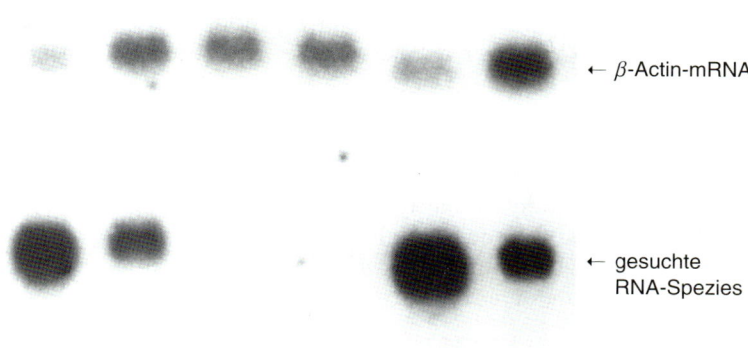

33.7 Beispiel einer RNA-Quantifizierung mittels Northern-Blot-Analyse. Jede Gelspur enthält 10 μg Gesamt-RNA. Autoradiographie des Filters nach RNA-Transfer und Hybridisierung. Die Hybridisierung wurde mit einer zur gesuchten RNA-Spezies komplementären RNA-Sonde und zur Normalisierung der erhaltenen Hybridisierungssignale mit einer radioaktiven Ribosonde gegen β-Actin-mRNA durchgeführt.

getrennt. Die aufgetrennten RNA-Moleküle werden anschließend auf eine geeignete Trägermembran transferiert und dort fixiert. Spezifische RNA-Moleküle lassen sich auf der Membran nach Hybridisierung mit einer markierten komplementären RNA- oder DNA-Sonde detektieren.

Das Northern-Blotting erlaubt Aussagen über die relative Menge und Größe bestimmter Transkripte, nicht jedoch über deren Enden. Die Technik wird oft angewandt, wenn eine bestimmte RNA-Spezies in verschiedenen RNA-Proben quantifiziert werden muss. Hierbei ist zu beachten, dass gleiche Mengen an Gesamt- bzw. poly(A$^+$)-RNA der verschiedenen Proben eingesetzt werden. Dafür gibt es als notwendige Ergänzung zur spektrometrischen Bestimmung der Proben-RNA eine einfache Kontrollmöglichkeit: Man setzt zur Blot-Hybridisierung eine zweite, radioaktive Sonde ein, die eine RNA-Spezies erkennt, die in allen untersuchten Sonden in gleichen Mengen vorhanden sein sollte. In der Praxis dienen häufig Cytochrom-mRNA oder Actin-mRNA als Kontrolle, da diese Transkripte in den meisten Zellen in ähnlicher, hinreichend hoher Konzentration vorliegen. Zur Quantifizierung müssen dann die Signale der gesuchten RNA-Spezies mit denen der Kontroll-RNAs densitometrisch abgeglichen (normalisiert) werden. Ein Beispiel für eine vergleichende RNA-Quantifizierung mit der Northern-Blot-Technik zeigt Abb. 33.7. Wieviel RNA eingesetzt werden muss, um eine zuverlässige quantitative Analyse zu erlauben, hängt von der Expressionsstärke des entsprechenden Gens ab. 5–20 μg Gesamt-RNA genügen, wenn der Anteil der gesuchten RNA-Spezies über 0,1 % der Gesamt-mRNA beträgt. Zur Detektion und Quantifizierung seltenerer RNA-Spezies sollten 1–10 μg poly(A$^+$)-RNA eingesetzt werden.

Densitometrie
Abschnitt 10.3.3

Dot- und Slot-Blot-Analyse

Für diese Variante der Northern-Blot-Analyse werden isolierte RNA-Gemische zunächst in Gegenwart von Formamid, Formaldehyd und Hitze (65 °C) denaturiert. Anschließend werden die denaturierten RNAs unter Vakuum mit Hilfe einer Rundlochplatten-Apparatur (Dot-Blotting) oder Schlitzlochplatten-Apparatur (Slot-Blotting) direkt auf die Trägermembran (Nitrocellulose oder Nylon) aufgebracht, auf der Membran fixiert und, wie beim Northern-Blotting, mit einer geeigneten Gensonde das gesuchte Transkript nachgewiesen. Die Dot-Blot-Analyse ist somit eine sehr schnelle Methode, um den relativen Gehalt einer bestimmten RNA in einem Probengemisch zu ermitteln. Das Verfahren wird vorzugsweise dann eingesetzt, wenn gleichzeitig viel RNA-Probenmaterial analysiert werden soll, beispielsweise zur Bestimmung des Expressionsmusters bestimmter Gene in verschiedenen Geweben. Die Technik wird auch in der klinischen Diagnostik eingesetzt, etwa für den Nachweis transkriptionell aktiver Onkogene in verschiedenen Untersuchungsproben.

Dot- und Slot-Blotting
Abschnitt 22.4.5

Da bei der Dot-Blot-Technik die RNA unfraktioniert eingesetzt wird, liefert sie rein quantitative und keine qualitativen Daten über die gesuchte RNA-Spezies. Die Datenauswertung erfolgt in der Regel densitometrisch. Um Fehler bei der Quantifizierung zu minimieren, müssen die Hybridisierungsreihen geeignete Negativ- und Positivkontrollen zur Überprüfung der Hybridisierungsspezifität enthalten.

Grundvoraussetzung für eine korrekte vergleichende Quantifizierung ist, wie bei der quantitativen Northern-Blot-Analyse, die Beladung jedes Slots mit genau der gleichen RNA-Menge. Auch hier muss parallel eine Mengenbestimmungstitration mit einer Standard-mRNA durchgeführt werden, da die mögliche Kontamination der zellulären RNA-Präparation mit DNA und/oder Protein dazu führt, dass die RNA-Konzentrationsbestimmung über Absorptionspektroskopie zu ungenau ist.

Konzentrationsbestimmung von Nucleinsäuren Abschnitt 21.1.4

33.1.6 Quantitative Polymerasekettenreaktion

Die PCR eignet sich auch zum Nachweis und zur Quantifizierung einer spezifischen RNA in einem RNA-Gemisch. Dabei muss die RNA zunächst mit Reverser Transkriptase in cDNA umgeschrieben werden. Dieses Verfahren (RT-PCR oder auch cDNA-PCR) ist in Kapitel 24 beschrieben. Liegt die gesuchte RNA im Gemisch in sehr niedriger Konzentration vor, kann eventuell das amplifizierte cDNA-Fragment nicht direkt im Gel detektiert werden, sondern erst nach Southern-Blotting und Hybridisierung mit einer spezifischen, radioaktiven Sonde.

RT-PCR Abschnitt 24.2.3

Die RT-PCR ist eine äußerst empfindliche Nachweismethode, mit der sich ein spezifisches RNA-Molekül unter 10^8 anderen detektieren lässt. Daher ist die Methode hervorragend für den Nachweis einer bestimmten RNA in so wenig Probenmaterial geeignet, dass herkömmliche Methoden wie Northern-Blotting und Ribonuclease-Protektionsassay nicht ausreichend sensitiv wären.

Quantitative PCR Abschnitt 24.2.5

Sollen über die RT-PCR exakte RNA-Mengen und damit Genexpressionsstärken ermittelt werden, muss gewährleistet sein, dass die Menge an amplifizierter DNA proportional zur Menge der ursprünglich im Probenmaterial vorhandenen gesuchten RNA ist. Dies ist prinzipiell der Fall, solange die Polymerasekettenreaktion noch nicht die Plateau-Phase erreicht hat. Da jedoch selbst die Amplifikationskinetik einer bestimmten RNA (beispielsweise je nach verwendetem Probenmaterial) erheblich schwanken kann, benötigt man eine zuverlässige **interne Kontrolle**. Als solche dient ein in vitro hergestelltes, artifizielles RNA-Template, das die gleichen Primerbindungsstellen wie das natürliche RNA-Template besitzt, sich jedoch von diesem in der Größe unterscheidet. Man mutagenisiert also zunächst das zugehörige Genfragment durch eine kleine Deletion oder Insertion, kloniert dieses in einen in-vitro-Transkriptionsvektor und stellt in Gegenwart der entsprechenden RNA-Polymerase (SP6, T3 oder T7) in vitro RNA her. Die synthetische RNA wird anschließend isoliert und die genaue Konzentration spektrometrisch ermittelt.

Zur Quantifizierung einer PCR wird nun eine Versuchsreihe mit parallelen Reaktionen angesetzt, in denen die Menge des zu analysierenden RNA-Isolats konstant gehalten wird und den einzelnen Reaktionsansätzen verschiedene definierte Mengen an synthetischer RNA beigemischt werden. In der nachfolgenden reversen Transkription werden beide Ausgangs-RNAs, natürliche und synthetische, im gleichen Reaktionsansatz in cDNA umgeschrieben, anschließend mit der thermostabilen DNA-Polymerase amplifiziert und die Reaktionsprodukte im Agarosegel nach Färben mit Ethidiumbromid detektiert. Innerhalb dieser Titrationsreihe sollte nun ein Versuchsansatz gleiche molare Mengen des PCR-Produkts der natürlichen und synthetischen RNA enthalten. Da die Menge an synthetischer RNA, die diesem RT-PCR-Ansatz beigemischt wurde, bekannt ist, lässt sich so die Menge an natürlicher RNA im Probenmaterial ermitteln. Um die Genauigkeit der Quantifizierung noch zu erhöhen, können den PCR-Ansätzen geringe Mengen eines radioaktiven Desoxynucleotids beigemischt werden. Nach Analyse im Agarosegel werden die markierten DNA-Banden aus dem Gel geschnitten und die

Radioaktivität der jeweiligen Reaktionsprodukte durch Szintillationszählung gemessen. Da synthetisches und natürliches Template um den Einbau des radioaktiven Nucleotids konkurrieren, enthält derjenige Versuchsansatz äquimolare Mengen der jeweiligen RNAs, in dem beide PCR-Produkte gleich stark radioaktiv markiert wurden.

33.2 Analyse der RNA-Syntheserate in vivo (Nuclear-Run-on-Assay)

Mit Hilfe der in den vorherigen Abschnitten vorgestellten Methoden kann der *steady-state*-Gehalt einer bestimmten RNA-Spezies innerhalb eines RNA-Gemisches quantifiziert werden. Der Nuclear-Run-on-Assay hingegen ist eine äußerst empfindliche Nachweismethode, mit der sich in vivo die *tatsächliche* Promotoraktivität eines bestimmten Gens und nicht nur der steady-state-Gehalt einer bestimmten RNA messen lässt. Das Prinzip der Methode beruht darauf, dass in isolierten, intakten Zellkernen eine hochspezifische Markierung neu synthetisierter RNA nach Inkubation mit radioaktivem UTP erfolgt. Die RNA-Synthese wird in isolierten Zellkernen nur dort fortgesetzt, wo die Gentranskription zum Zeitpunkt des Zellaufschlusses bereits initiiert wurde. Das bedeutet, dass im Nuclear-Run-on-Assay die Elongation von Transkripten, nicht jedoch die Neuinitiation von Transkripten erfasst werden kann. Folglich werden auch nur elongierte Transkripte radioaktiv markiert. Daher spiegelt die Menge an erhaltenen radioaktiven Transkripten die Transkriptionsrate des untersuchten Promotors zum Zeitpunkt der Zelllyse wider. Diese Methode eignet sich besonders, wenn man Schwankungen der Transkriptionsrate einer bestimmten RNA in Abhängigkeit von Wachstum und Differenzierung untersuchen möchte.

Die wichtigsten Schritte des Nuclear-Run-on-Assays sind:

- Zellaufschluss;
- die als Nuclear-Run-on-Transkription bezeichnete RNA-Markierungsreaktion;
- die Isolierung der RNA;
- die Detektion und Quantifizierung der gesuchten RNA-Spezies.

33.2.1 Zellaufschluss

Der Zellaufschluss wird in der Regel in einer hypotonischen Pufferlösung durchgeführt, die NP-40 als nicht-ionisches Detergens enthält (NP-40-Zellaufschlusspuffer). Die Zellkerne werden anschließend durch Zentrifugation pelletiert, während die Bestandteile des Cytoplasmas und Zellmembranreste im Überstand des Zentrifugats bleiben. Wie erfolgreich sich Zellkerne nach dem eben beschriebenen Verfahren isolieren lassen, hängt stark vom verwendeten Zellmaterial ab. Manche Zellkerne lysieren nach Inkubation mit NP-40 leicht, andere nur partiell. Solche Kerne können nur durch zusätzliches Homogenisieren mit einem Dounce-Homogenisator effizient aufgebrochen werden. Besitzt ein Zelltyp dagegen sehr empfindliche Zellkerne, so würden diese bereits nach Inkubation in hypotonischem, NP-40-haltigem Aufschlusspuffer lysieren. In diesen Fällen werden die Zellen in einem isoosmotischem, NP-40-haltigen Puffer aufgenommen, mit einem Dounce-Homogenisator aufgebrochen, und die Zellkerne nach Zentrifugation im Saccharose-Dichtegradienten gewonnen.

Zellaufschluss
Abschnitt 2.3 und 21.2

> Wichtigste Voraussetzung für den Nuclear-Run-on-Assay sind intakte Kerne, in denen die RNA-Polymerase-Aktivität während eines zelltypadäquaten und schonenden Zellaufschlussverfahrens erhalten blieb. Daher muss das Zellkern-Präparationsverfahren für eine bestimmte Zellart optimiert werden. Isolierte Zellkerne können sofort für die Markierungsreaktion eingesetzt oder, ohne signifikantem Aktivitätsverlust, bei $-70\,°C$ oder in flüssigem Stickstoff in glycerinhaltigem Puffer aufbewahrt werden.

33.2.2 Die Nuclear-Run-on-Transkription und Detektion der Transkripte

Bei der Nuclear-Run-on-Transkription werden isolierte Zellkerne zusammen mit radioaktivem α-^{32}P-UTP und nicht-markierten Ribonucleotiden inkubiert. Bei diesem Reaktionsschritt werden praktisch nur RNA-Moleküle elongiert und radioaktiv markiert, die zum Zeitpunkt des Zellaufschlusses bereits initiiert waren. Anschließend werden im Reaktionsansatz DNA und Proteine mit Hilfe von RNase-freier DNase und Proteinase K verdaut, die RNA extrahiert und mit Alkohol präzipitiert.

Die Identifizierung und Quantifizierung einer spezifischen RNA im Gesamt-RNA-Isolat erfolgt über eine modifizierte Form der Dot- bzw. Slot-Blot-Technik. Wie anfangs erwähnt, wird der Nuclear-Run-on-Assay häufig zum in-vivo-Vergleich von Transkriptionsraten bestimmter RNAs in Abhängigkeit von Zellwachstum und Zelldifferenzierung eingesetzt. Sollen Nuclear-Run-on-Transkripte verschiedener Gene parallel analysiert werden, eignet sich zur RNA-Quantifizierung ein sogenanntes **reverses Dot-Blot**-Verfahren. Eine zur gesuchten RNA komplementäre DNA-Sonde wird mit Hilfe einer Dot-Blot-Apparatur auf einen Nitrocellulosefilter aufgetragen, immobilisiert und anschließend mit der aus der Nuclear-Run-on-Transkription isolierten, radioaktiv markierten RNA hybridisiert. Diese Methode entspricht prinzipiell der Dot-Blot-Analyse. Im Gegensatz zur klassischen Dot-Blot-Analyse liegt hier die Sonden-DNA jedoch nicht radioaktiv markiert und membrangebunden vor. Um eine korrekte Mengenbestimmung der elongierten Transkripte zu gewährleisten, muss die Hybridisierung quantitativ ablaufen, und daher die Sonden-DNA (ca. 5 μg cDNA-Plasmid) in hohem molarem Überschuss eingesetzt werden.

> Für eine typische Nuclear-Run-on-Transkription sollten mindestens $5 \cdot 10^6$, optimalerweise $5 \cdot 10^7$ Kerne pro Versuchsansatz verwendet werden. Ist die Kerndichte im Reaktionsansatz zu gering, sinkt die Einbaurate von α-^{32}P-UTP, also die Elongationsrate drastisch, was Probleme bei der Detektion der gesuchten RNAs in den nachfolgenden Schritten zur Folge haben kann. Bei einer guten Einbaurate finden sich 10–30 % der eingesetzten Radioaktivität in RNAs wieder.

33.3 Die in-vitro-Transkription klonierter Gene in Extrakten und Proteinfraktionen

Die RNA-Polymerasen I, II und III sind allein nicht in der Lage, spezifisch Promotoren zu erkennen. Sowohl für die Transkriptionsinitiation als auch für die Elongation und Termination werden akzessorische Proteine benötigt: Die sogenannten basalen Transkriptionsfaktoren sind essentiell für die Transkription an nahezu allen Promotoren, während spezifische Aktivatoren und Repressoren die Transkriptionseffizienz einzelner Unterklassen von Promotoren regulieren. Diese Proteine wiederum können gewebespezifisch oder nur in bestimmten Entwicklungsstadien aktiv sein. Die aktivierende bzw. reprimierende Aktivität dieser Faktoren wird entweder über Protein-Protein-Wechselwirkungen mit dem basalen Transkriptionskomplex vermittelt oder über DNA-sequenzspezifische Interaktionen mit den *cis*-Elementen (Promotor, Enhancer) des zugehörigen Promotors. Eine Grundvoraussetzung für die Ausbildung eines Transkriptionsinitiationskomplexes und die Genexpression in vivo bildet zudem die Zugänglichkeit der betreffenden Promotorregion für die Transkriptionsfaktoren und die zugehörige RNA-Polymerase. Dies erfordert Veränderungen in der Chromatinstruktur während der Genexpression. Viele der angeführten Faktoren, die die Genexpression beeinflussen, können sehr gut durch die in-vitro-Transkription klonierter Gene in zellfreien Extrakten oder fraktionierten Proteinsystemen studiert werden. Diese Technik erlaubt sowohl die Analyse der *trans*-aktivierenden Proteinkomponenten als auch der erforderlichen *cis*-aktiven Elemente.

33.3.1 Komponenten des in-vitro-Transkriptionsansatzes

Für eine typische in-vitro-Transkriptionsreaktion benötigt man eine Matrizen-DNA mit Promotor und transkribierter Region (Minigen), einen Proteinextrakt, der alle für die spezifische Transkription essentiellen Proteinkomponenten enthält, die vier Ribonucleotide sowie eine definierte Konzentration von Kationen (Mg^{2+}, K^+, eventuell Zn^{2+}, etc.) und Puffersubstanzen (beispielsweise Tris- oder HEPES-Puffer). In Gegenwart aller erforderlichen Komponenten kann dann in vitro vom untersuchten Promotor ein korrektes, spezifisches Transkript initiiert und elongiert werden.

Will man die Bedeutung bestimmter Genelemente für die Transkriptionsstärke untersuchen, so werden in der Transkription Wildtyp-Promotor und spezifisch in vitro mutagenisierte Promotorkonstrukte eingesetzt und die Menge erhaltener Transkripte verglichen. Analog lässt sich mit Hilfe der in-vitro-Transkription eine Funktionsanalyse der betreffenden *trans*-aktiven Elemente durchführen: Hierzu benötigt man einen Extrakt bzw. fraktionierte Proteinkomponenten, die alle zur Transkription erforderlichen Faktoren mit Ausnahme des untersuchten Faktors enthalten. Fehlt der untersuchte Faktor, werden keine Transkripte hergestellt. Dieser Faktor kann dann in isolierter Form als Wildtyp-Protein oder, nach gerichteter Mutation, als rekombinantes mutiertes Protein zugegeben werden. Die Zugabe des Wildtyp-Proteins sollte, im Gegensatz zu bestimmten Mutantenformen, die Transkriptionsaktivität des Systems wieder herstellen. Auf diese Weise lassen sich transkriptionell wichtige Proteindomänen kartieren.

33.3.2 Herstellung transkriptionsaktiver Extrakte und Proteinfraktionen

Transkriptionsaktive Extrakte können prinzipiell sowohl von Geweben als auch von kultivierten Zellen hergestellt werden. Je nachdem, welche Extraktionsmethode angewandt wurde, erhält man cytoplasmatische und nucleäre oder Ganzzell-Extrakte. Während des Zellaufschlusses ist insbesondere auf die Inhibition von Protease-Aktivitäten zu achten.

Zur Gewinnung von cytoplasmatischen und nucleären Extrakten werden die Zellen zunächst in hypotonischem Puffer durch Dounce-Homogenisation aufgeschlossen. Bei diesem Lyseschritt bleiben die Zellkerne intakt. Bei der nachfolgenden Zentrifugation werden die intakten Zellkerne vom extrahierten cytoplasmatischen Überstand abgetrennt. Zur Extraktion der Proteinkomponenten aus dem Zellkern wird die pelletierte Fraktion anschließend mit Hochsalzpuffer inkubiert, fakultativ erneut homogenisiert, und die kernassoziierten Proteine werden in Lösung gebracht. Nach erneuter Zentrifugation pelletiert lediglich die Chromatinfraktion, während sich nucleäre Transkriptionsfaktoren und RNA-Polymerase im Überstand des Zentrifugats befinden.

Die transkriptionell wichtigen Komponenten des Extrakts können biochemisch durch Fraktionieren auf Ionenaustauscher-, Gelfiltrations- oder Affinitätsmatrizes weiter gereinigt werden.

33.3.3 Promotorspezifische Matrizen-DNA und Detektion der in-vitro-Transkripte

Die exakte in-vitro-Transkription erfordert nicht nur wohl-definierte Proteinfraktionen, sondern auch Sorgfältigkeit bezüglich der Auswahl des Transkriptionstemplates. Nach Mutation oder Deletion essentieller Promotorelemente wird auch eine prinzipiell transkriptionell aktive Proteinfraktion nicht mehr oder nur in vermin-

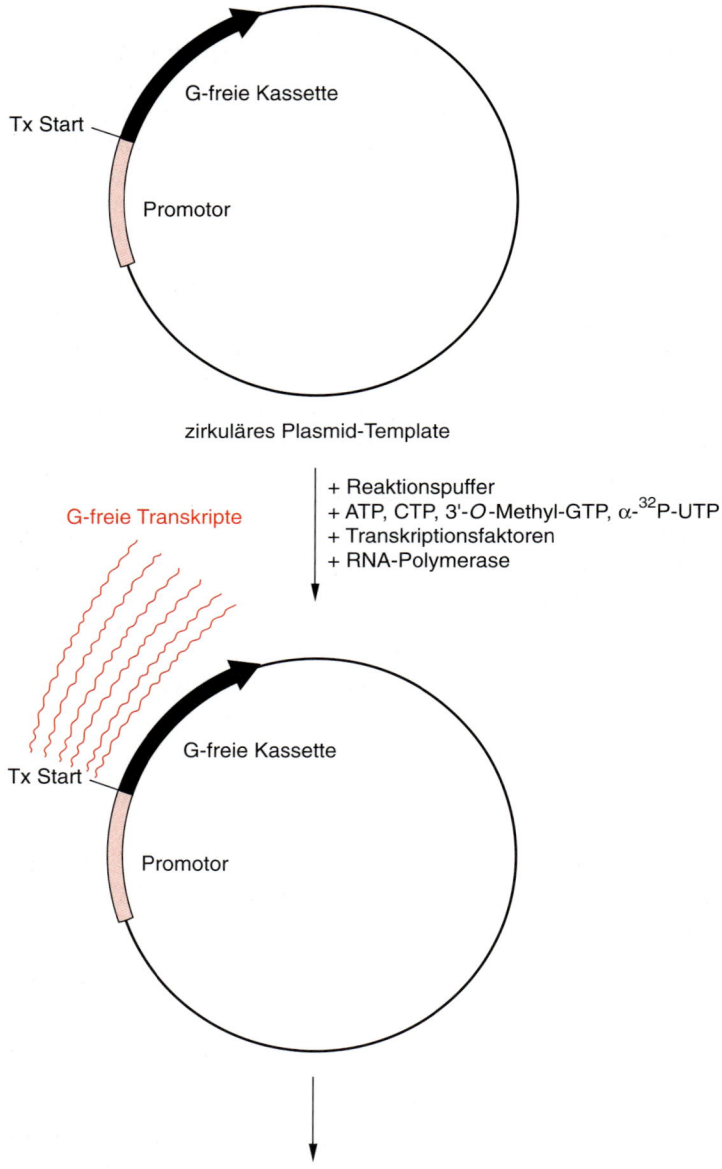

33.8 Verwendung einer G-freien Kassette in der in-vitro-Transkription. Das promotorhaltige Plasmid wird mit Extrakt oder (partiell) gereinigten Transkriptionsfaktoren und RNA-Polymerase, Ribonucleotiden und Reaktionspuffer inkubiert. Im Reaktionsansatz ist GTP durch 3-O-Methyl-GTP ersetzt, das nach Einbau zu einem Kettenabbruch führt. Die erhaltenen Run-off-Transkripte werden anschließend nach gelelektrophoretischer Auftrennung und Autoradiographie detektiert. Tx, Transkription

dertem Maße in der Lage sein, eine signifikante Anzahl in-vitro-Transkripte herzustellen. Auf die Möglichkeiten, DNA in vitro zu mutagenisieren, wird an anderer Stelle des Buches eingegangen. Auf diese Weise lassen sich regulatorische Promotorelemente charakterisieren, die zur optimalen Genexpression beitragen.

In-vitro-Mutagenese
Abschnitt 36.1

Das G-freie DNA-Template

Für die Analyse der Promotorstärke werden häufig sog. G-freie Templates (*G-less cassettes*) als DNA-Matrize benutzt. Das Prinzip dieser Reaktion beruht darauf, dass ein zu analysierender Promotor mit einem synthetischen DNA-Fragment fusioniert wird, das in Transkriptionsrichtung keine Guaninreste enthält. Die in-vitro-Transkription wird anschließend in einem Transkriptionssystem durchgeführt, das kein GTP, sondern das GTP-Analogon 3'-O-Methyl-GTP enthält. Nach Einbau von 3'-O-Methyl-GTP in eine naszierende RNA wird die Kette abgebrochen. Unter diesen Bedingungen kann nur die G-freie Sequenz der synthetischen DNA in RNA-Moleküle bis zum ersten G (im Vektor) transkribiert werden (Abb. 33.8). Eine unspezifische Transkriptionsinitiation an anderen Stellen als am untersuchten Promotor hätte zur Folge, dass in Gegenwart von 3'-O-Methyl-GTP Transkripte von diesem falschen Transkriptionsstartpunkt nicht über das erste GTP hinaus elongiert werden. Der Transkriptionsreaktion werden radioaktiv markierte Ribonucleotide zugegeben, so dass korrekt initiierte Transkripte nach Auftrennung in einem Polyacrylamidgel autoradiographisch sichtbar gemacht werden können.

Run-off-Transkripte

Untersucht man sehr starke Promotoren, beispielsweise Promotoren der von RNA-Polymerase I vermittelten Transkription, deren Analyse nicht mit anderen, schwächeren Promotoren interferiert, genügt es, Teile des transkribierten Bereichs mit dem jeweiligen Promotorkonstrukt zu fusionieren und anschließend sogenannte Run-off-Transkripte zu detektieren. Um Run-off-Transkripte zu erhalten, muss die zur RNA-Synthese verwendete DNA-Matrize zunächst an einem definierten Punkt innerhalb des transkribierten Bereichs durch Restriktionsverdau linearisiert werden (Abb. 33.9). Als Folge fällt die RNA-Polymerase am Ende des Matrizenstranges von der DNA ab. Die RNA-Transkripte haben eine definierte Länge und werden nach elektrophoretischer Auftrennung autoradiographisch detektiert (Abb. 33.10). In diesem Beispiel wurden verschiedene Proteinfraktionen gemischt und mit dem promotorhaltigen Template in Gegenwart der Ribonucleotide die Transkription gestartet. Um die synthetisierten Run-off-Transkripte nach der Elektrophorese detektieren zu können, wurde radioaktives α-^{32}P-UTP zugegeben.

Weitere Nachweismethoden

Möchte man den zu testenden Promotor nicht vor eine G-freie Kassette umklonieren, sondern im natürlichen Kontext testen und ist die Run-Off-Transkription nicht spezifisch genug, so eignen sich zur Detektion der in vitro hergestellten Transkripte viele der in Abschnitt 33.1 aufgeführten Methoden zur quantitativen und qualitativen Analyse von RNA: Nuclease-S1-Analyse, Ribonuclease-Protektionsassay und Primerverlängerungsreaktion. In all diesen Fällen wird die in-vitro-Transkription in Gegenwart nicht-radioaktiv markierter Ribonucleotide durchgeführt, da anschließend zur Detektion der Transkripte spezifische, radioaktiv markierte Hybridisierungssonden eingesetzt werden. Da Zellextrakte oft noch nachweisbare Mengen endogener RNA enthalten, ist es wichtig, die Hybridisierungssonde für den jeweiligen Assay sorgfältig auszuwählen, so dass gegebenenfalls zwischen in vitro synthetisierten und in vivo bereits vorhandenen Transkripten unterschieden werden kann.

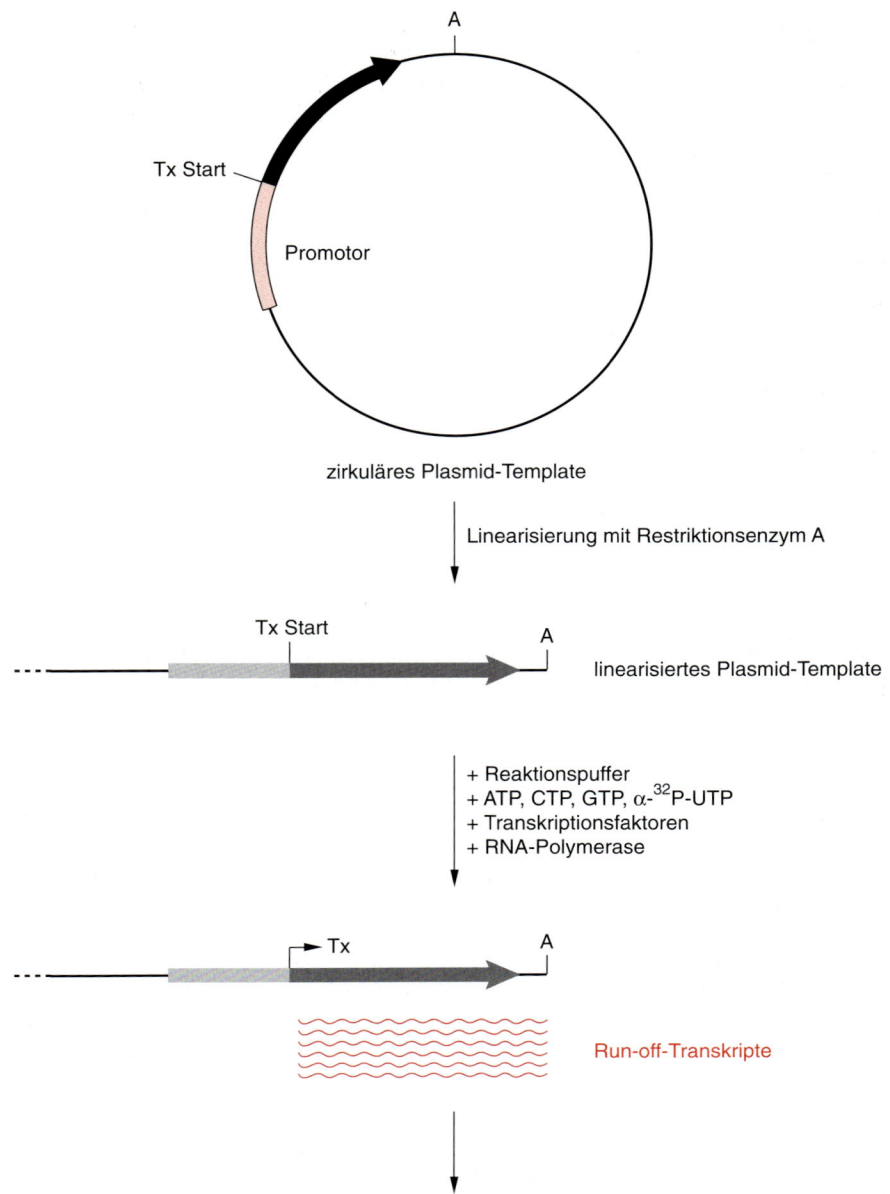

33.9 Prinzip der in-vitro-Run-off-Transkriptionsreaktion. Das promotorhaltige Plasmid wird mit dem Reaktionsenzym A (*unique*-Erkennungsstelle) linearisiert, und mit Extrakt oder (partiell) gereinigten Transkriptionsfaktoren und RNA-Polymerase, Ribonucleotiden und Reaktionspuffer inkubiert. Die erhaltenen Run-off-Transkripte werden wie in Abbildung 33.8 analysiert. Tx, Transkription.

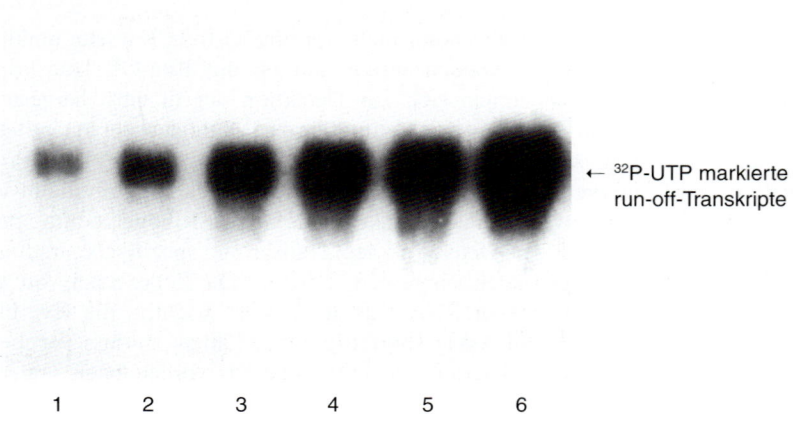

33.10 Beispiel für eine in-vitro-Run-off-Transkriptionsanalyse. Zur Transkription wurde hier ein linearisiertes Template, das den rDNA-Promotor enthält, mit verschiedenen Mengen an essentiellen Transkriptionsfaktoren und RNA-Polymerase I inkubiert.

33.4 Die in-vivo-Analyse klonierter Promotoren in Säugerzellen

Für zahlreiche Fragestellungen zur Funktionsweise eines Promotors (z. B. Stimulation in Gegenwart von Wachstumsfaktoren, positive und negative Wirkungsweise bestimmter *trans*-aktiver Elemente, differentielle Promotorregulation in bestimmten Phasen des Zellcyclus und während der Zelldifferenzierung) ist es sinnvoll, die Promotoreigenschaften eines Gens direkt in Säugerzellen anstatt im Reagenzglas zu untersuchen. Ein Weg zur Identifizierung der für die Regulation der Genexpressionsstärke verantwortlichen genetischen Elemente ist, zunächst bestimmte Genbereiche zu mutieren und anschließend, nach Wiedereinschleusen in Säugerzellen, den Effekt der Mutation unter verschiedenen physiologischen Bedingungen zu analysieren. Die Analyse klonierter Promotoren in Säugerzellen erfordert mehrere Schritte. Der zu untersuchende Promotor muss in einen geeigneten Transfervektor umkloniert und der Transfervektor in die Zellen eingebracht werden. Schließlich muss die Aktivität des transferierten Vektors mit geeigneten Assay-Systemen gemessen werden.

33.4.1 Plasmidvektoren für die Analyse von *cis*-aktiven Elementen in Säugerzellen

Um Promotoren, also die *cis*-aktiven DNA-Sequenzen eines Gens in vivo in Säugerzellen zu analysieren, kann man prinzipiell zwei Wege beschreiten: Man kann entweder direkt Genpromotorbereiche und zugehörige, transkribierte Regionen in einen geeigneten Plasmidvektor einbauen, der selbst keinen eigenen endogenen, eukaryontischen Promotor besitzt (Promotor-Testvektor), und nach Transfer in die Säugerzellen die Expressionsstärke des Promotors über eine Mengenbestimmung der spezifisch synthetisierten RNA durchführen.

Alternativ kann man die zu untersuchenden Genpromotorelemente auch mit Hilfe eines **Reportergens** analysieren. Als Reportergene eignen sich solche Gene, deren Genprodukte mit einfachen biochemischen Verfahren nachweisbar sind und in den verwendeten Säugerzellen keine oder nur eine schwache endogene Hintergrundaktivität aufweisen. Kloniert man nun den zu untersuchenden Promotorbereich vor die codierende Sequenz des Reportergens – der Promotor des Reportergens fehlt in diesem Fall – so steuern die vorgeschalteten Promotorelemente die Expression des Reportergenprodukts. Der Nachweis der Promotoraktivität erfolgt anschließend biochemisch über die Syntheserate des Reportergenprodukts; das bedeutet, er wird hier nicht auf RNA-Ebene, sondern auf Proteinebene durchgeführt. Reportergene stellen ein wichtiges Instrument zur Analyse regulatorisch aktiver Promotorbereiche dar. Da diese Vektoren das Reportergen *exprimieren*, sind sie de facto „Expressionsvektoren" – im Unterschied jedoch zu Expressionsvektoren, die zur *Überproduktion* bestimmter Proteine eingesetzt werden.

Überexpression
Kapitel 38

Komponenten der Vektoren Es gibt viele Arten von Vektoren, die benutzt werden können, um eine zu untersuchende DNA-Sequenz in Säugerzellkulturen einzubringen. Die typischen Grundelemente solcher Vektoren enthalten:

- ein Replikon bakteriellen Ursprungs und ein Antibiotikum-Resistenzgen, meist für β-Lactamase, zur Vermehrung und Selektion des Vektors in *E.-coli*-Zellen;
- eine multiple Klonierungsstelle (MCS; Polylinker) mit Erkennungssequenzen für Restriktionsenzyme zur Insertion der zu untersuchenden DNA in den Vektor;
- ein Polyadenylierungssignal, da die Effizienz, mit der die vom Promotor synthetisierte RNA translatiert wird, stark vom Vorhandensein des poly(A)-Schwanzes an ihrem 3′-Ende abhängt.

Plasmidvektoren
Abbildung 21.7

Diese Komponenten bilden das Rückgrat eines minimalen Expressionsvektors. Häufig findet man jedoch bei eukaryontischen Expressionsvektoren zumindest drei weitere Elemente:

- die codierende Sequenz eines Reportergens,
- ein Promotorelement, das die Bestimmung einer basalen oder Standard-Transkriptionsaktivität erlaubt,
- ein Resistenzgen, meist gegen ein Aminoglykosid-Antibiotikum (Gentamycin, Neomycin) als Selektionsmarker für eukaryontische Zellen, die das Expressionsplasmid stabil aufgenommen haben.

Die in Säugerexpressionsvektoren gebräuchlichsten Promotorelemente sind der frühe und späte Promotor von SV40, der Promotor des Rous-Sarkom-Virus (RSV) und der sehr frühe Promotor des Cytomegalie-Virus (CMV). Diese Promotoren sind in vielen Säugerzelltypen aktiv.

Die Wahl des eukaryontischen Expressionsvektors hängt von der experimentellen Fragestellung ab. Möchte man beispielsweise die regulatorischen Eigenschaften des Hauptpromotors des untersuchten Gens analysieren, so kann man die entsprechenden *cis*-Elemente komplett oder mutiert in einen Expressionsvektor mit Reportergen, aber ohne endogenen Promotor (Promotor-Testvektor) inserieren, und über die Analyse der Syntheserate des Reportergenprodukts oder der zugehörigen RNA die transkriptionelle Aktivität der getesteten Genpromotorelemente ermitteln. Sollen hingegen Enhancersequenzen eines bestimmten Gens untersucht werden, so

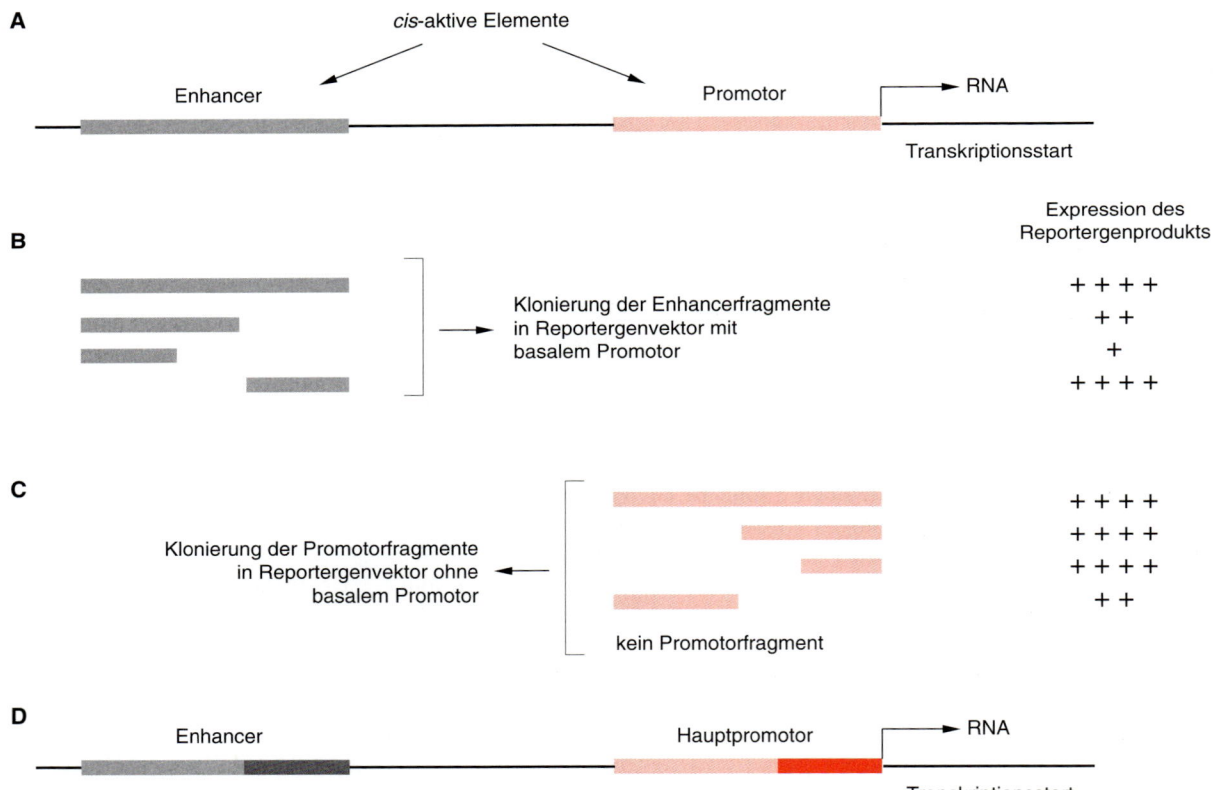

33.11 Prinzip der Kartierung regulatorisch wichtiger *cis*-Elemente mit Hilfe eines Reportergenvektors. A. Promotorstruktur des hypothetischen Gens. Enhancer, Hauptpromotor und der Transkriptionsstart sind dargestellt. B. Nach Restriktionsanalyse wurden der gesamte Enhancerbereich oder Fragmente davon in die MCS (*multiple cloning site*) eines eukaryontischen Expressionsvektors mit basalem Promotor und Reporter kloniert und nach Transfektion in den Zelllysaten die Reporterproteinaktivität ermittelt (++++ = hoch; + = niedrig). C. Zur Analyse des minimalen Hauptpromotors wurde ähnlich wie unter (B) beschrieben vorgegangen. Hier wurde jedoch ein promotorloses Plasmid mit Reportergen als Vektor verwendet. Ohne funktionelles Fremdgen-Promotorfragment wird kein Reportergen exprimiert (–), fehlen regulatorisch wichtige Elemente, so ist die Reporterprotein-Syntheserate gering (++). D. Aus den in (B) und (C) erhaltenen Ergebnissen kann man die funktionell wichtigen Enhancerbereiche (dunkelgrau) und Promotorbereiche (rot) ermitteln.

kann man diese stromaufwärts eines endogenen Promotors (SV40, RSV oder CMV) des eukaryontischen Expressionsvektors klonieren, und die Veränderungen der Expressionsstärke dieses endogenen Promotors in Gegenwart bestimmter Enhancerbereiche über Reportergenprodukt oder RNA messen (Abb. 33.11).

33.4.2 Einschleusen von Fremd-DNA in Säugerzellen

Eine Fremd-DNA lässt sich auf unterschiedlichen Wegen in Säugerzellen einbringen. Bei Transfektionstechniken wird die DNA direkt von den Zellen aufgenommen. Die DNA kann jedoch auch über Viruspartikel eingeschleust (Infektion) oder direkt in die Zelle mikroinjiziert werden.

Nach Transfektion gelangt, je nach angewandter Technik, nur ein Teil der eingesetzten DNA-Moleküle in den Zellkern und die Test-Gene werden dort für einige Tage exprimiert (transiente Transfektion). Meist werden die Zellen zwei Tage nach Transfektion lysiert und die RNA oder das Reporterprodukt des Testpromotors analysiert.

Durchschnittlich eine von 10^4 Zellen integriert das eingeschleuste Expressionsplasmid nach Transfektion in die chromosomale DNA (stabile Transfektion). Zur Selektion stabil transfizierter Zellen muss der eingesetzte Expressionsvektor einen Resistenzgenmarker besitzen, der in der transfizierten Zelle exprimiert wird. Bei Verwendung eines spezifischen Selektionsmediums über mehrere Zellteilungszyklen hinweg können nur Zellen überleben, die das Resistenzgenprodukt permanent exprimieren, während Zellen ohne Resistenzgenprodukt abgetötet werden.

Transfektion

Die am weitesten verbreiteten Transfektionsmethoden sind die Calciumphosphat-, die DEAE-Dextran-, die Liposomen-Technik sowie die Elektroporation von Zellen.

Bei der **Calciumphosphat-Methode** wird die DNA mit Calciumchlorid und einer phosphathaltigen Pufferlösung gemischt. Dabei bilden sich feine DNA-Calciumphosphat-Kristalle, die sich, wenn sie mit Zellen in Kontakt kommen, auf der Zelloberfläche niederschlagen. Die DNA gelangt anschließend über Endocytose in die Zelle.

Auch die **DEAE-Dextran-Technik** kann erfolgreich für die Transfektion vieler verschiedener Zelltypen eingesetzt werden. Bei dieser Technik werden durch Mischen der DNA mit Diethylaminoethyldextran ebenfalls DNA-haltige Komplexe erzeugt, die sich an die Zelloberfläche heften und die Aufnahme der DNA in die Zelle durch Endocytose vermitteln.

Bei der **Elektroporation** werden suspendierte Zellen in einer speziellen Apparatur, dem Elektroporationsgerät, in ein elektrisches Feld gebracht und kurzen elektrischen Pulsen hoher Feldstärke ausgesetzt. Dabei entstehen kurzzeitig Poren in der Plasmamembran, durch die Makromoleküle wie DNA in die Zelle gelangen können. Mit Hilfe dieser Technik können prinzipiell auch „schwierige" Zelltypen transfiziert werden, bei denen die üblichen Transfektionsmethoden nur wenig effizient sind.

Als weitere Technik kann die **Liposomen-vermittelte Transfektion** angewandt werden. Diese Methode beruht darauf, dass nach Mischen von DNA und Liposomen, die kationische und neutrale Lipide enthalten, die negativ geladenen Phosphatgruppen der DNA-Moleküle mit der positiv geladenen Oberfläche der Liposomen interagieren. Der Weg, auf dem die DNA anschließend in die Zelle gelangt, ist unklar: Wahrscheinlich interagieren die restlichen, freien positiven Ladungen auf den Liposomen mit Sialinsäureresten der Zelloberflächen und bringen so die DNA an die Zelle heran. Die Aufnahme der DNA in die Zelle erfolgt daraufhin durch Endocytose oder durch das Verschmelzen der Liposomen mit der Zellmembran.

Alternative Techniken

Das optimale Transfektionsverfahren muss individuell für eine spezifische Zelllinie ausgewählt werden. Manche Zelltypen lassen sich nur schwer mit den herkömmlichen Methoden transfizieren. In solchen Fällen können retrovirale Vektoren für das Einschleusen von DNA eingesetzt werden. Beim Mikroinjektionsverfahren wird das Expressionsplasmid direkt mit Hilfe einer Mikroglaskapillare in die Zelle eingebracht. Dieses Verfahren eignet sich nur für die Analyse einer begrenzten Zahl von Zellen.

33.4.3 Die Charakterisierung der in-vivo-Transkripte der klonierten Promotoren

Reportergene und Analyse der Reportergenprodukte

Reportergene sind ein wichtiges Instrument zur Analyse regulatorisch aktiver Promotor- und Enhancerbereiche. Es gibt eine ganze Reihe verschiedener Reportersysteme, deren Produkte – meist in vitro nach Zelllyse – nachgewiesen werden können. Die Quantifizierung des Genreporterproteins durch den biochemischen Nachweistest liefert dabei indirekt Informationen über die Transkriptionsaktivität des vorangeschalteten, zu untersuchenden Promotors, der die Expressionsstärke des Reporterproteins gesteuert hat.

Einige Reportersysteme eignen sich auch zum in-vivo-Nachweis der Transkriptionsaktivität des klonierten Promotors/Enhancers, da das Reporterprotein direkt in lebenden Zellen detektiert werden kann. Die Daten aus dem in-vivo-Nachweis eignen sich nicht so sehr für eine quantitative Bestimmung, sondern vielmehr um Informationen über die Zellspezifität eines Promotors oder die Gewebsspezifität und intrazelluläre Lokalisation von Transkriptionsfaktoren zu erhalten.

Im Folgenden sollen die gebräuchlichsten Reportergensysteme vorgestellt werden.

Chloramphenicol-Acetyltransferase (CAT) Bei diesem häufig eingesetzten Reportersystem codiert das Reportergen für das Enzym Chloramphenicol-Acetyltransferase (CAT). Das Enzym, das in Mikroorganismen vorkommt und diesen Resistenz gegenüber Chloramphenicol verleiht, katalysiert den Transfer von Acetylgruppen von Acetyl-Coenzym A auf Chloramphenicol. Als Reaktionsprodukte entstehen das 3-Acetylderivat und, nach Umlagerung, das 1-Acetylderivat, aus dem das 1,3-diacetylierte Chloramphenicol hervorgeht, das biologisch inaktiv ist. Zum Nachweis der CAT-Aktivität in transfizierten Säugerzellen werden die Zelllysate mit radioaktiv markiertem ^{14}C-Chloramphenicol inkubiert, das in Gegenwart von CAT in die acetylierten Verbindungen umgewandelt wird. Die acetylierten Derivate und nicht-acetyliertes ^{14}C-Chloramphenicol werden anschließend durch Dünnschichtchromatographie aufgetrennt und autoradiographisch sichtbar gemacht (Abb. 33.12).

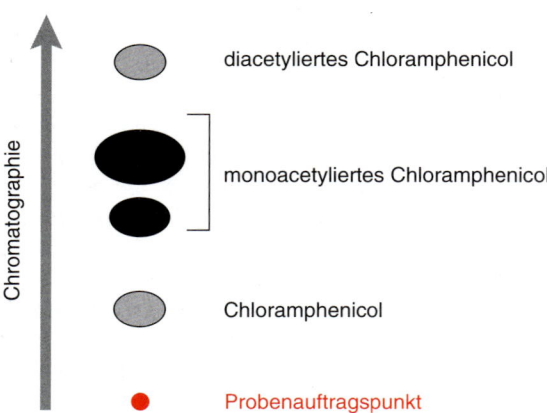

33.12 CAT-Assay. Schematische Darstellung der dünnschichtchromatographischen Auftrennung der Reaktionsprodukte, die in einem CAT-Assay erzeugt werden.

Luciferase Beim Luciferase-System dient ein Biolumineszenz hervorrufendes Gen als Reporter. Derartige Gene (*luc*-Gene) codieren für Luciferase und kommen in der Natur beispielsweise bei Glühwürmchen, Leuchtkäfern (Firefly-Luciferase) oder Leuchtbakterien (bakterielle Luciferase) vor. Wird Luciferase in transfizierten Zellen als Reportergenprodukt hergestellt, kann die Aktivität des Enzyms in vitro durch eine Biolumineszenzreaktion in den Zelllysaten gemessen werden. Firefly-Luciferase wandelt Luciferin in Gegenwart von molekularem Sauerstoff, ATP und Mg^{2+} in Oxyluciferin und CO_2 um. Die Reaktion ist in Kapitel 23 beschrieben. Bei dieser Reaktion wird Licht einer Wellenlänge von 562 nm emittiert, das in einem Luminometer gemessen werden kann. Da die gemessene Lichtemission proportional zur Menge an Luciferase im Zelllysat ist, kann man indirekt auf die Transkriptionsrate des Luciferase-Reportergens schließen. Der Luciferase-Test ist etwa 10 bis 20fach sensitiver als die CAT-Reaktion und sehr verbreitet.

Biolumineszenz-Nachweis-Systeme Abschnitt 23.4

β-Galactosidase Das Enzym β-Galactosidase katalysiert nicht nur die Hydrolyse verschiedener physiologisch bedeutsamer β-Galactoside wie Lactose, sondern es hydrolysiert auch nicht-physiologische Substrate. Die Hydrolyse nicht-physiologischer Substrate nutzt man, um in vitro die Reporterproteinmenge in Lysaten transfizierter Zellen zu bestimmen. Der Nachweis der β-Galactosidase-Aktivität kann colorimetrisch, fluorometrisch oder über Chemilumineszenz erfolgen. Die colorimetrische Nachweistechnik beruht auf der Umsetzung des nicht-physiologischen Substrats *o*-Nitrophenyl-β-D-galactosid (ONPG). Die Sensitivität dieser Technik ist allerdings bei einer Nachweisgrenze von 100 pg β-Galactosidase relativ gering. Im fluorometrischen Nachweis dient eine 4-Methylumbelliferyl-β-galactopyranosid-Verbindung (MUG) als Substrat für die β-Galactosidase. Die Sensitivität ist ähnlich wie beim colorimetrischen Nachweis. Die Entwicklung von Assays auf der Basis der Chemilumineszenz steigerte hingegen die Nachweisgrenze für die β-Galactosidase-Aktivität erheblich, da chemiluminometrisch ca. 100 fg β-Galactosidase detektiert werden können, so dass dieser Nachweis empfindlicher als der Luciferase-Assay ist. Als künstliche Substrate dienen 1,2-Dioxetan-Galactopyranosid-Derivate, die in Gegenwart von β-Galactosidase bei neutralem pH-Wert deglykosyliert werden. Im Reaktionsansatz akkumuliert abgespaltenes Dioxetan als stabiles Zwischenprodukt, das nach einem pH-Shift in den alkalischen Bereich deprotoniert wird und dabei Licht einer Wellenlänge von 475 nm aussendet. Die Lichtemission kann in einem Luminometer gemessen werden.

Das Reportergensystem auf der Basis von β-Galactosidase wird in der Praxis häufig nicht als primärer Reporter zur Charakterisierung *cis*-aktiver Sequenzen eingesetzt, sondern dient als interne Kontrolle. Hierzu wird ein eukaryontischer Expressionsvektor mit einem endogenen Promotor, der die Expression des β-Galactosidase-Reportergens kontrolliert, zusammen mit dem Promotor-Testvektor, dem ein weiteres Reportergen, beispielsweise das CAT- oder Luciferase-Gen nachgeschaltet ist, in die Säugerzellen co-transfiziert. Beide Reportergenprodukte werden anschließend in den Zellen hergestellt. Die Normalisierung von Schwankungen des vom Test-Promotor kontrollierten Reporterproteins auf die Aktivität der β-Galactosidase, deren Expression hier unter einem konstitutiven Promotor (z. B. SV40-Promotor) reguliert wird, erlaubt eine Aussage über die Signifikanz beobachteter Schwankungen der CAT- bzw. Luciferase-Aktivität unter dem Einfluss von verschiedenen *cis*-Elementen eines untersuchten Genpromotors.

Grün-fluoreszierendes Protein (GFP) Grün fluoreszierende Proteine kommen in der Natur in einigen biolumineszierenden Quallenarten vor. Ihre Biolumineszenz-Eigenschaften sind bereits in Kapitel 7 beschrieben. Die Lichtemission hat ein Maximum bei einer Wellenlänge von 509 nm. Benutzt man Gene für GFP als Reportergene in eukaryontischen Zellen, so kann man die Expression des Proteins anhand des charakteristischen Absorptionsspektrums detektieren. Der Einsatz von Reportergenen auf der Basis von GFP eignet sich insbesondere für die in-vivo-Analyse.

Grün-fluoreszierendes Protein Abschnitt 7.2.2

Analyse der Transkripte transfizierter Zellen

Zusätzlich oder alternativ zur Reportergen-Proteinanalyse kann die RNA-Menge, die spezifisch vom transfizierten Testpromotor transkribiert wird, quantifiziert werden. Hierfür eignen sich sehr viele Methoden, die bereits in Abschnitt 33.1 vorgestellt wurden, insbesondere die Nuclease-S1-Analyse, der Ribonuclease-Protektionsassay und die Primerverlängerungsreaktion, sowie das Northern-Blotting. Die Ergebnisse aus all diesen Versuchen können jedoch nur dann als zuverlässig betrachtet werden, wenn sie eine Normalisierung der erhaltenen Werte durch geeignete interne Kontrollen einschließen.

Weiterführende Literatur

Glover, D. M. and Hames, B. D., eds. DNA Cloning. A Practical Approach. Part 4: Mammalian systems. Oxford University Press, New York, 1995.

Goeddel, D. V., ed. Gene Expression Technolgy. Section V: Expression in Mammalian Cells. Methods Enzymol., Vol. 185. Academic Press, San Diego, 1990.

Goodbourn, S., ed. Eukaryotic Gene Transcription. Oxford University Press, New York, 1996.

Hames, B. D. and Higgins, S. J., eds. Gene Transcription. A Practical Approach. Part 4: Mammalian Systems. Oxford University Press, New York, 1993.

Karin, M. ed. Gene Expression: General and Cell-Type Specific. Birkhäuser, Boston, 1993.

Krieg, P. A., ed. A Laboratory Guide to RNA: Isolation, Analysis, and Synthesis. Wiley-Wiss, New York, 1996.

Marzluff, W. F. and Huang, R. C. C. Transcription of RNA in Isolated Nuclei. In: Transcription and Translation. Hames, B. D. and Higgins, S. J., eds., pp. 89–129. IRL Press, Oxford, 1984.

Sierra, F. (1990): A Laboratory Guide to In Vitro Transcription. Birkhäuser Verlag, Basel.

Wu R., ed. Recombinant DNA, Part G. Section III: Reporter Genes. Methods Enzymol., Vol. 216. Academic Press, San Diego, 1992.

34 Protein-Protein-Wechselwirkungen: das Two-Hybrid-System

Jede Auflistung wesentlicher Forschungsfelder in der modernen Biologie – beispielsweise DNA-Replikation, Transkription, Translation, Spleißen, Sekretion, Kontrolle des Zellzyklus oder Signaltransduktion – ist gleichzeitig eine Liste von Vorgängen, bei denen Wechselwirkungen zwischen Proteinen eine essentielle Rolle spielen. Konsequenterweise ist die Aufklärung dieser Abläufe nicht mehr allein die Domäne von Biochemikern: Auch Genetiker, Zellbiologen, Molekularbiologen oder Biophysiker müssen sich zwangsläufig mit Protein-Protein-Wechselwirkungen beschäftigen.

Die Interaktionen zwischen Proteinen wurden und werden üblicherweise mit Hilfe von biochemischen (Affinitätschromatographie, Affinitätsblotting (far-Western), Immunpräzipitation etc.), chemischen Methoden (Crosslinking) oder durch analytische Ultrazentrifugation identifiziert und quantifiziert. Dabei können entweder gereinigte Proteine oder auch komplexe Gemische, etwa Lysate, verwendet werden. Die Ultrazentrifugation nimmt insofern eine Sonderstellung ein, da sie sehr kurzlebige Wechselwirkungen nachweisen kann. Sie wird deshalb im nächsten Kapitel gesondert besprochen.

Diese Methoden können auch mit genetischen bzw. molekularbiologischen Verfahren kombiniert werden: Wird beispielsweise ein gesuchtes Protein von einer Bakteriophagen-cDNA-Bibliothek exprimiert, kann die Interaktion in manchen Fällen mit einer spezifischen „Protein-Sonde" direkt im Lysat eines positiven Plaques nachgewiesen werden. Dieser Nachweis ermöglicht den direkten Zugang zur codierenden Nucleinsäuresequenz, da Protein und cDNA physisch gekoppelt sind (sie sind beide im Lysat des Bakteriophagen-Plaques vorhanden). Dieses oder ähnliche Verfahren wurden sehr erfolgreich zur Klonierung von Rezeptoren für Peptidhormone verwendet.

In diesem Zusammenhang gilt es jedoch festzuhalten, dass alle oben genannten Verfahren auf der Detektion von Protein-Protein-Wechselwirkungen in vitro beruhen. Bei biochemischen Detektionen dürfen die Dissoziationsraten der Interaktionspartner nicht zu groß sein, weil die wechselwirkenden Proteine in aller Regel stringente oder zeitaufwendige Waschprotokolle überstehen müssen, die das Hintergrundsignal auf ein erträgliches Maß senken sollen. Da die Proteine beim Crosslinking kovalent über Linker zusammengehalten werden, können sie nicht dissoziieren, was die Methode ungeeignet für präparative Verfahren macht. Außerdem muss das Protein, für das Interaktoren gesucht werden, in relativ großen Mengen und in möglichst reiner Form verfügbar sein. Das von Fields und Song entwickelte sogenannte Two-Hybrid-System (auch *interaction trap* genannt) weist Protein-Protein-Wechselwirkungen in intakten Zellen (normalerweise in Hefezellen) ausschließlich auf genetischer Basis nach, das heißt die oben genannten Nachteile der biochemischen Detektion werden bei diesem Verfahren umgangen. Darüber hinaus bietet es die Möglichkeit, eine Vielzahl bislang unbekannter Protein-Protein-Wechselwirkungen mit geringem technischem Aufwand zu identifizieren. Nach nur wenigen Jahren der Anwendung ist bereits abzusehen, dass diese Methodik die moderne Zell- und Molekularbiologie revolutionieren wird. In den folgenden Abschnitten soll das Two-Hybrid-System detailliert vorgestellt und erläutert werden. Abschließend wird dann auch kurz auf weitere technologische Möglichkeiten eingegangen, die sich vom Two-Hybrid-System ableiten lassen.

Affinitätschromatographie
Abschnitt 9.8

Immunologische Verfahren
Kapitel 5

Crosslinking
Abschnitt 6.3

Analytische Ultrazentrifugation
Kapitel 35

34.1 Das Konzept des Two-Hybrid-Systems

Das Two-Hybrid-System basiert auf der biologischen Wirkung bestimmter eukaryontischer Transkriptionsfaktoren, deren Funktion ironischerweise gar nicht genau verstanden wird. Das GAL4-Protein aus der Bäckerhefe (*Saccharomyces cerevisiae*) ist ein beispielhafter Vertreter dieser Proteinfamilie. GAL4 besteht im Wesentlichen aus zwei Strukturdomänen, die auch den Funktionsdomänen entsprechen. Eine DNA-bindende Domäne interagiert mit einer spezifischen Upstream-Aktivatorsequenz (UAS) der DNA und positioniert den Transkriptionsfaktor in die Nähe einer Transkriptionseinheit oder eines Promotors (Abb. 34.1A). Die Bindung des Proteins an die DNA ist notwendig, aber nicht hinreichend für seine Funktion. Der auf der DNA fixierte Transkriptionsfaktor nimmt nun mit Hilfe der zweiten Domäne, der Aktivierungsdomäne, Kontakt mit dem basalen Transkriptionsapparat auf und löst die Transkription aus. Aktivierungsdomänen haben kein besonders augenfälliges Strukturmerkmal, sie sind aber häufig „sauer", das heißt sie enthalten überdurchschnittlich viele saure Aminosäuren (z. B. Aspartat oder Glutamat). Die Spezifität dieser Aktivierung wird offenbar allein durch die DNA-Bindung reguliert, denn die Aktivierungsdomäne kann zum Beispiel mit Hilfe molekulargenetischer Techniken mit einer DNA-Bindungsdomäne anderer Spezifität fusioniert werden und aktiviert dann prompt alle Gene, in deren Umgebung die DNA-Bindungsdomäne „rekrutiert" wurde (Abb. 34.1C). Wenn aber die DNA-Bindung durch Mutationen in der Bindungsdomäne zerstört ist oder die Aktivierungsdomäne von der DNA-Bindungsdomäne getrennt wird (Abb. 34.1B), geht auch die Funktion der Aktivierungsdomäne verloren. Diese Eigenschaften der beiden Domänen – funktionale Komplementarität und Modularität – erlaubten die Entwicklung der Two-Hybrid-Technik, eines genetischen Systems zur Detektion von Protein-Protein-Wechselwirkungen.

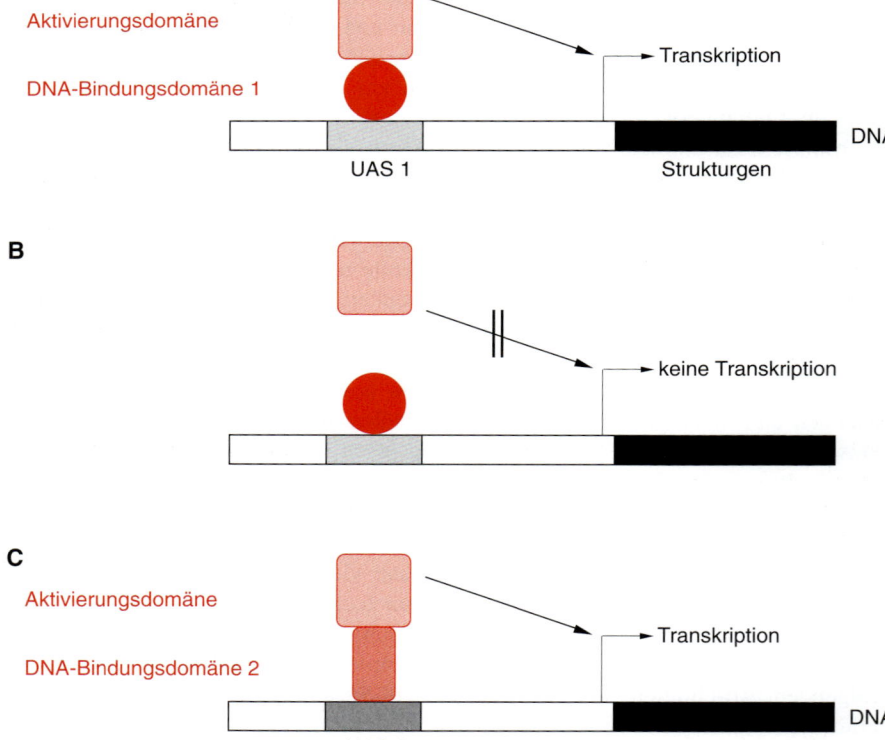

34.1 Modulare Funktionsweise eukaryontischer Transkriptionsfaktoren. (A) Das schematisch dargestellte Protein besteht aus zwei Domänen, die unterschiedliche Aufgaben haben. Die DNA-Bindungsdomäne positioniert den Faktor durch Bindung an die UAS (Upstream-Aktivatorsequenz) in der Umgebung einer Transkriptionseinheit, während die Aktivierungsdomäne mit Proteinen des basalen Transkriptionsapparats (z. B. RNA-Polymerase II und Hilfsfaktoren, hier der Einfachheit halber nicht dargestellt) interagiert und somit die Transkription aktiviert.
(B) Die physische Entkopplung der Aktivierungsdomäne von der DNA-Bindungsdomäne führt zum Funktionsverlust.
(C) Die Fusionierung der Aktivierungsdomäne an eine heterologe DNA-Bindungsdomäne stellt die Funktion wieder her.

Zunächst wurden dazu das DNA-Bindungsmodul und das Aktivierungsmodul auf zwei Proteinen exprimiert, die nicht gekoppelt waren. Als notwendige Komponente des Systems wurde weiterhin ein sogenanntes Reportergen mit regulatorischen Sequenzen für die basale Transkription benötigt. Dieses Gen verfügt über folgende Eigenschaften: Die Promotorregion muss die DNA-Sequenz enthalten, an die das DNA-Bindungsmodul bindet, und die aktivierbare Transkription muss leicht messbar sein, zum Beispiel durch einen enzymatischen Assay, der die Menge des translatierten Proteins bestimmt (weiter unten wird detailliert auf die tatsächlich verwendeten Reportersysteme eingegangen). Die separate Expression der Funktionsmodule in einer Zelle wird folgerichtig keine Transkription auslösen, da die DNA-Bindungsdomäne kein Aktivierungspotential besitzt und die Aktivierungsdomäne nicht in der Nähe des Reportergens gebunden wird. Sie ist nur diffus in der Zelle beziehungsweise im Zellkern vorhanden. Die Situation ändert sich, wenn diese Module mit zwei Proteinen oder Proteindomänen X und Y fusioniert werden (daher Two-Hybrid-System: zwei Hybridproteine), die miteinander interagieren können. Die Interaktion dieser Proteine schafft nämlich indirekt die Voraussetzung für die Funktion des Transkriptionsfaktors: die Kopplung der für die Funktion notwendigen Module. Die Wirkung des auf diese Weise rekonstituierten Transkriptionsfaktors ist also direkt abhängig von der Interaktion dieser Proteine, auch oder gerade wenn diese ansonsten an der Einleitung der Transkription völlig unbeteiligt sind! Dies ist die einfachste Form des Two-Hybrid-Systems: Die Bindung zweier Proteine, die üblicherweise im Zellkern von Hefezellen exprimiert werden, wird durch die Aktivierung der Transkription eines Reportergens indirekt messbar (Abb. 34.2).

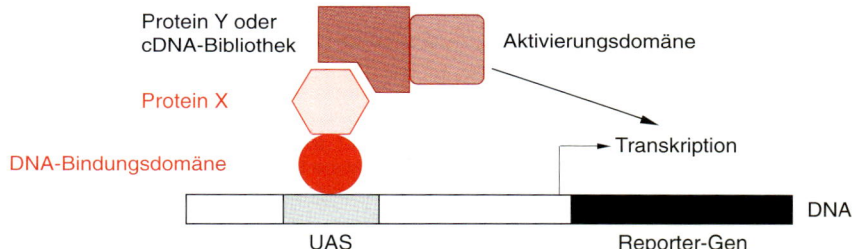

34.2 Das Prinzip des Two-Hybrid-Systems. Die funktionalen Domänen eines Transkriptionsfaktors sind auf zwei Fusionsproteinen exprimiert. Die Funktion des Faktors (Aktivierung der Transkription) wird wieder hergestellt, wenn die Fusionsproteine über die zusätzlichen Proteinanteile interagieren.

Mit einem solchen System lassen sich Wechselwirkungen von bekannten Proteinen bestimmen oder strukturell kartieren. Eine immense Anwendungserweiterung erfährt es aber erst dadurch, dass mit seiner Hilfe bislang unbekannte Interaktoren für ein bestimmtes „Köderprotein" oder die dafür codierenden cDNAs direkt aus einer cDNA-Expressionsbibliothek isoliert werden können. Zu diesem Zweck wird die Aktivatordomäne nicht mit einem willkürlich gewählten Protein fusioniert, sondern mit einer Vielzahl von Sequenzen, die im Idealfall allen Proteinen entsprechen, die in einem bestimmten Gewebe exprimiert werden. Die überwältigende Mehrzahl der von dieser Bibliothek exprimierten Proteine wird mit dem Köderprotein nicht interagieren. Aber aus denjenigen Zellen, in denen das Reportergen aktiviert wird, können cDNAs für die interagierenden Proteine sehr einfach gewonnen werden. Diese Anwendungen machen das Two-Hybrid-System zu einem nahezu universellen Werkzeug zur Erforschung von Protein-Protein-Wechselwirkungen in allen Feldern der Biologie.

34.2 Die Elemente des Two-Hybrid-Systems

Im Folgenden sollen die Schritte skizziert werden, die für ein Two-Hybrid-Experiment zur Identifizierung neuartiger Interaktoren eines beliebigen Proteins notwendig sind.

Weite Verbreitung haben zwei Two-Hybrid-Subsysteme gefunden, die dem folgenden Schema entsprechen. Fields und Song haben die Technik 1989 erstmals beschrieben. Ihr Ansatz beruht auf der Verwendung der Funktionsmodule aus dem GAL4-Protein und folgerichtig wurden Hefezellen zur Realisierung verwendet. Brent und Kollegen haben einige Zeit später ein weiteres Hefe-System mit folgenden Modifikationen veröffentlicht (Abb. 34.3): Die DNA-Bindungsdomäne von GAL4 wurde durch ein funktional analoges DNA-bindendes Segment aus dem bakteriellen LexA-Protein ersetzt. Konsequenterweise muss das korrespondierende Reporterplasmid natürlich die entsprechenden LexA-Erkennungssequenzen in seiner Promotorregion aufweisen (lexA-Operator). Die veränderte Promotorregion des Reportergens enthält gegenüber dem Wildtyp keine eigenen Aktivierungssequenzen, die den Promotor auf einen physiologischen Stimulus hin (z. B. Galactose) aktivierbar machen würden. Da die basalen Elemente (TATA-Box etc.) alleine aber nicht ausreichen, um die Transkription nennenswert zu aktivieren, wird der Reporter nur dann eingeschaltet, wenn aktivierende Proteine an den lexA-Operator rekrutiert werden. Als Reportergen wurde das lacZ-Gen aus *Escherichia coli* verwendet, das für das Enzym beta-Galactosidase codiert (Abb. 34.4). Beta-Galactosidase setzt den Indikator X-Gal (5-Brom-4-chlor-3-indolyl-beta-D-galactopyranosid) zu einem blauen Produkt um, so dass Hefezellen, in denen das Reportergen aktiviert wurde, leicht an ihrer Färbung zu identifizieren sind, wenn sie auf diesem Substrat ausplattiert werden. Zusätzlich wurde ein zweites Reporterkonstrukt in das Genom des Hefestamms integriert, der als Wirt

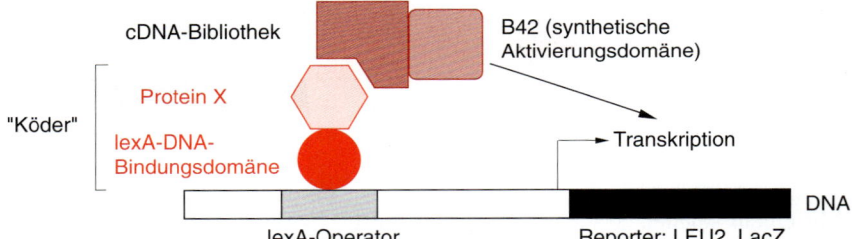

34.3 Schematische Darstellung des LexA-Two-Hybrid-Systems.

34.4 Das Enzym β-Galactosidase katalysiert die Umsetzung von X-Gal (farblos) zu 5-Brom-4-chlorindigo (blau).

für den Vorgang dient. In diesem Fall wurde der gleiche lexA-Operator vor das LEU2-Gen geschaltet, das von essentieller Bedeutung für die Biosynthese der Aminosäure Leucin ist. Diese Strategie bietet den Vorteil, dass Hefezellen nur dann wachsen können, wenn durch die Interaktion der beiden Fusionsproteine die Leucinbiosynthese hochreguliert wird. Somit wurde zusätzlich zum Screening-Kriterium „Blaufärbung" noch ein Selektionskriterium „Proliferation" eingeführt, was den Umgang mit der Methode sehr erleichtert. Voraussetzung für die Selektion dieser Zellen auf Medien, die kein Leucin enthalten, ist natürlich die Leucin-Auxotrophie des Akzeptor-Hefestamms.

Die zweite wesentliche Änderung betrifft das Aktivierungsmodul: Hier verwendete Brent nicht die entsprechende Funktion aus dem GAL4-Protein, sondern eine synthetische saure Peptidsequenz (B42), die die Transkription weniger stark aktiviert als GAL4 und demzufolge weniger empfindlich auf extrem schwache Wechselwirkungen reagieren sollte (Vermeidung von Hintergrundsignalen). Im Folgenden wird hauptsächlich auf dieses zweite System Bezug genommen. Es ist etwas flexibler. Dies ist in der Praxis wichtig, wenn das Köderprotein Eigenschaften besitzt, die problematisch für die Durchführung der Methode sind (s. u.). Dennoch muss hervorgehoben werden, dass beide Systeme ihre Labortauglichkeit vielfach unter Beweis gestellt haben und dass die prinzipielle Vorgehensweise bei beiden Systemen nahezu identisch ist.

34.3 Konstruktion des Köderproteins für das Two-Hybrid-System und Analyse seiner biologischen Aktivität

Zunächst muss die cDNA für ein Protein, für das mit dem Two-Hybrid-System Interaktoren gefunden werden sollen, in den entsprechenden Expressionsvektor integriert werden. Das Plasmid pEG202 besitzt die hierfür nötigen Merkmale (Abb. 34.5). Das funktionale Kernelement von pEG202 ist eine Transkriptionseinheit, die vom konstitutiv aktiven Alkoholdehydrogenase-Promotor (PADH1) gesteuert wird. Eine von diesem Promotor exprimierte mRNA codiert für ein Fusi-

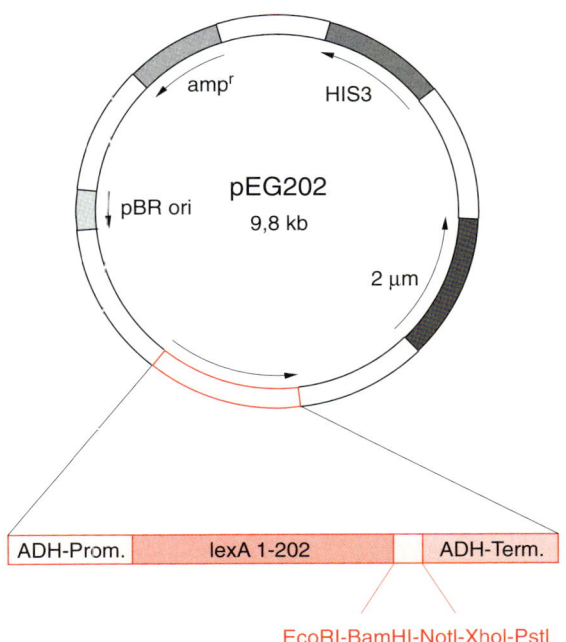

34.5 Schematische Darstellung des pEG202-Vektors, der das Köderfusionsprotein codiert.

onsprotein, das aminoterminal die DNA-bindende Domäne des LexA-Proteins enthält. An den Carboxyterminus dieser Domäne wird das Köderprotein fusioniert. der Vektor verfügt daher in dieser Region über einen sogenannten Polylinker, der die Fusion der Vektor-DNA mit verschiedenartig restringierten cDNAs unter Einhaltung des richtigen Leserahmens ermöglicht. Die Transkriptionseinheit schließt mit einer hefespezifischen Terminatorsequenz (TAD1) ab. Weiterhin besitzt der Vektor Elemente, die seine Propagation in Hefe- bzw. E.-coli-Zellen ermöglichen: einen hefespezifischen Replikationsursprung (2μ ori), einen Marker für die metabolische Selektion der mit diesem Vektor transformierten Hefezellen, in diesem Falle das HIS3-Gen, welches für die Histidin-Biosynthese benötigt wird, und das β-Lactamase-Gen (Amp^r) sowie einen Replikationsursprung für die Amplifikation des Plasmids in E. coli (z. B. ColE1-origin).

Das von diesem Vektor codierte Köderprotein muss einige wesentliche Kriterien erfüllen, um für ein Two-Hybrid-Experiment tauglich zu sein. Diese sind:

- „Volle-Länge"-Expression des LexA-Fusionsproteins;
- Transport des Fusionsproteins in den Zellkern des Akzeptorstamms und Bindung an die LexA-bindenden DNA-Elemente in der Promotorregion der Reportergene;
- das Fusionsprotein selbst darf die Transkription des Reportergens nicht auslösen.

Western Blotting Abschnitt 5.3.3

Die Erfüllung des ersten Kriteriums kann verhältnismäßig einfach durch biochemische Analysen (z. B. Western-Blotting) verifiziert werden.

Die biochemische Untersuchung des zweiten und dritten Punkts ist dagegen ziemlich aufwendig und technisch schwierig. Glücklicherweise gibt es Möglichkeiten, diese Aspekte mit Hilfe einfacher genetischer Untersuchungen zu klären. Der Beweis für die Expression des Funktionsproteins im Zellkern und die spezifische DNA-Bindung des Köderproteins wird durch einen einfachen phänotypischen Assay erbracht: Die Bindung des Köderproteins an die DNA wird zwar beim Two-Hybrid-System dazu genutzt, die Transkription zu aktivieren, wenn ein weiteres Kriterium, nämlich die Wechselwirkung mit dem zweiten Fusionsprotein, erfüllt ist. Der Aufbau der Transkriptionseinheit kann jedoch auch so gestaltet werden, dass die Bindung des Köders eine Inhibition der Transkription bewirkt (Abb. 34.6). Zu diesem Zweck wird der lexA-Operator zwischen eine natürlicherweise vorhandene Aktivatorsequenz (UAS, z. B. ein durch Galactose aktivierbares Element) und den Kernpromotor geschaltet. Es konnte nämlich gezeigt werden, dass Proteine, die zwischen Aktivatorproteinen und Kernpromotorelementen an die DNA binden, die Aktivierung der Transkription hemmen – sofern sie selbst keine Aktivatoren sind. Diese Eigenschaft kann nun genutzt werden, um das Köderprotein zu testen: Dockt es an den lexA-Operator an, der sich auf einem Plasmid, pJK101, befindet, wird die Aktivierungsfunktion des auf diesem Plasmid vorhandenen UAS-Elements in solchen Hefezellen inhibiert, die mit Galactose stimuliert worden sind. Wenn etwa das lacZ-Gen als Reportergen verwendet wird, sollten diejenigen Zellen, die das Köderprotein exprimieren, auf X-Gal-Medium gar keine oder eine schwächere Blaufärbung aufweisen als die Kontrollzellen.

Es muss weiterhin überprüft werden, ob das Köderprotein selbst die Transkription des Reportergens auslösen kann (drittes Kriterium), was die Durchführung des Two-Hybrid-Screenings unmöglich machen würde. Dies ist besonders dann

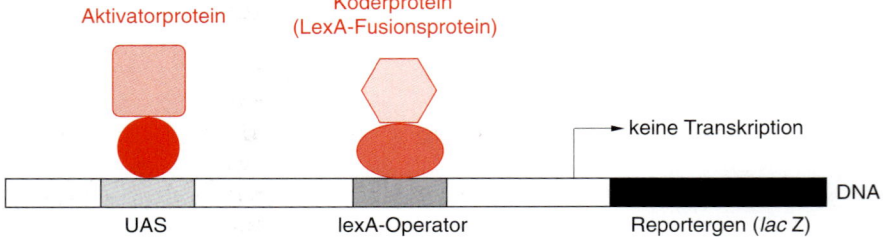

34.6 Nachweis der Bindung des Köderproteins an DNA im Hefezellkern (JK101-Stamm). Das Köderprotein wird zwischen eine UAS und einen Transkriptionsstart positioniert. Die Transkription wird dann durch einen Induktor (z. B. Galactose) aktiviert, der die Bindung des Aktivatorproteins an die UAS bewirkt. Bei gleichzeitiger Anwesenheit des Köders (Inhibition) bleibt die Aktivierung aus.

ein zu erwartendes, ernstes Problem, wenn das Köderprotein ein Transkriptionsfaktor ist. Aber auch völlig heterologe Proteine enthalten manchmal saure Elemente, die die Transkription des Reportergens unspezifisch aktivieren können. Es gibt zwei prinzipielle Möglichkeiten, mit diesem Problem fertig zu werden. Die erste Lösung macht sich zunutze, dass spontane, unspezifische Aktivierung durch Proteinsequenzen häufig nicht sehr stark ist und deshalb durch Stringenz und Sensitivität der Assay-Bedingungen in den Griff bekommen werden kann. Beim LexA-Two-Hybrid-System gib es hierfür mehrere Möglichkeiten: Verschiedene Reporterkonstrukte wurden mit dem Ziel hergestellt, die Aktivierbarkeit eines Reportergens zu modulieren. Das dazu gewählte Mittel ist einfach: Je mehr lexA-Bindungssequenzen in Tandemanordnung vor ein Reportergen geschaltet werden, desto empfindlicher wird der Assay (Abb. 34.7). Dies lässt sich einleuchtend mit einer lokalen Konzentrationserhöhung des Aktivierungskomplexes in Promotornähe erklären. Für den Fall, dass der Köder nicht selbst aktivierend wirkt, wird das Reporterplasmid mit der maximalen lexA-Operatorbestückung (hohe Sensitivität) für das Experiment gewählt, um gegebenenfalls auch relativ schwache Protein-Protein-Wechselwirkungen nachweisen zu können. Für den Fall der Selbstaktivierung des Köders kann jedoch auf ein weniger sensitives Element zurückgegriffen werden, das den Hintergrund unterdrückt. Der Nachteil ist natürlich, dass dann auch schwächere Interaktionen, die aber biologisch sinnvoll sein könnten, quasi durchs Netz gehen.

Im Falle einer sehr kräftigen Aktivierung der Reportertranskription durch den Köder (wenn das Protein zum Beispiel selbst ein Transkriptionsfaktor ist) gibt es kein geeignetes quantitatives Mittel, um es im Two-Hybrid-Screen einsetzen zu können. In diesem zweiten Fall müssen die Sequenzen, die für die Eigenaktivierung verantwortlich sind, aus dem Protein entfernt werden. Man kann allgemein feststellen, dass die Wahrscheinlichkeit der spontanen Eigenaktivierung mit der Proteingröße zunimmt. Demzufolge kann es sinnvoll sein, eher für kleinere, funktionale Einheiten (Domänen) nach Interaktionen zu suchen als für intakte Proteine. Voraussetzung ist natürlich, dass die dafür notwendigen Informationen zur Verfügung stehen, das heißt das Protein muss funktional kartiert worden sein.

Prinzipiell lassen sich sehr viele verschiedene Proteine mit Hilfe des Two-Hybrid-Systems untersuchen. In der Praxis gibt es jedoch Einschränkungen. So könnten Protein-Protein-Wechselwirkungen von Modifikationen dieser Proteine abhängen (z. B. Glykosylierung, Phosphorylierung, Sulfatierung, Myristylierung oder Isoprenylierung). Derartige Modifikationen treten bei Two-Hybrid-Fusionsproteinen, die im Hefezellkern überexprimiert werden, unter Umständen gar nicht

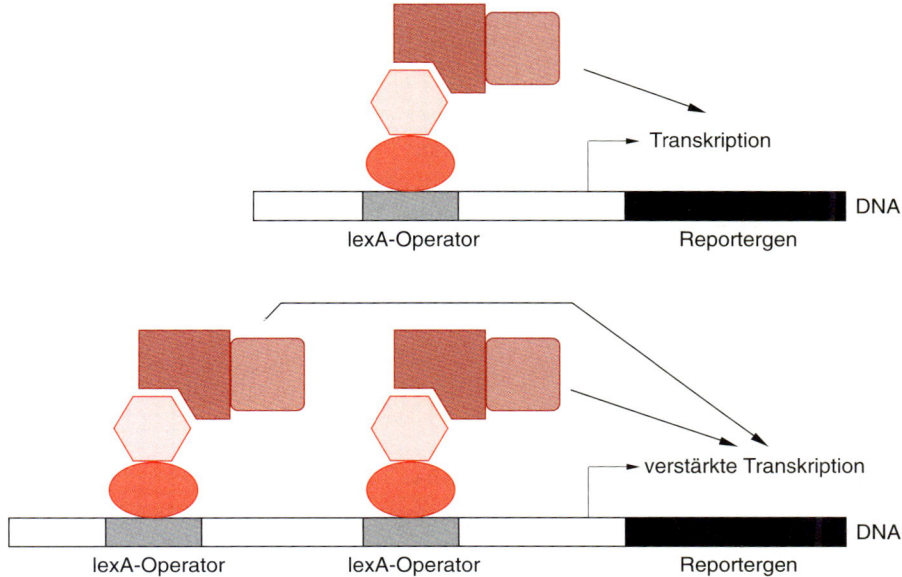

34.7 Die Tandemanordnung mehrerer identischer Aktivierungskomplexe auf der DNA wirkt synergistisch auf die Transkription. Durch derartige „Titration" des Aktivierungskomplexes kann die Nachweisempfindlichkeit des Two-Hybrid-Systems für Wechselwirkungen eingestellt werden.

oder nicht spezifisch genug auf, so dass notwendige Elemente der Interaktion fehlen.

Die Lösung dieser Probleme ist, wenn sie überhaupt als solche erkannt werden, in manchen Fällen möglich. Wenn ein bestimmtes Köderprotein unter physiologischen Bedingungen von einer bekannten Proteinkinase phosphoryliert wird, könnte man diese Kinase auch in das Two-Hybrid-Experiment integrieren. Die Kinase muss natürlich bei Überexpression in Hefezellkernen eine ähnliche Aktivität und Spezifität besitzen wie in ihrer eigentlichen Umgebung, und ihre biologische Funktion darf für die Hefe nicht toxisch sein. Dies ist gegebenenfalls in Vorversuchen zu klären.

34.4 Aktivatorfusionsprotein und cDNA-Bibliotheken

Die zweite Säule des Two-Hybrid-Systems ist eine cDNA-Bibliothek oder eine bekannte Proteinsequenz, die mit der Aktivatordomäne fusioniert werden muss. Dieses zweite Fusionsprotein wird von einem zusätzlichen Plasmid exprimiert. Der zu diesem Zweck hergestellte Vektor pJG4-5 (Abb. 34.8) ist in Bezug auf die allgemeinen Steuerelemente, die der Propagierung in *E. coli* bzw. Hefe dienen, ganz ähnlich aufgebaut wie das zuvor beschriebene pEG202-Köderplasmid. Selbstverständlich unterscheidet sich der metabolische Marker, da beide Plasmide unabhängig voneinander in den Hefestamm transformiert werden. Im Fall des pJG4-5 Vektors wird das TRP1-Gen verwendet, das essentiell für die Tryptophanbiosynthese ist. Die für das Two-Hybrid-System benötigte Transkriptionseinheit setzt sich aus mehreren Elementen zusammen. Zunächst wurde hier mit dem GAL1-Promotor ein durch Galactose aktivierbares Promotorelement verwendet, das heißt der Promotor ist nicht konstitutiv aktiv, sondern induzierbar. Dies hat bestimmte Vorteile, auf die weiter unten eingegangen wird. Der verwendete Transkriptionsterminator ist wiederum die Sequenz aus dem Alkoholdehydrogenase-Gen. Das von dieser Transkriptionseinheit codierte Fusionsprotein setzt sich aus folgenden Elementen zusammen: Aminoterminal enthält es eine nucleäre Translokationssequenz, die für die Expression im Hefezellkern notwendig ist (beim

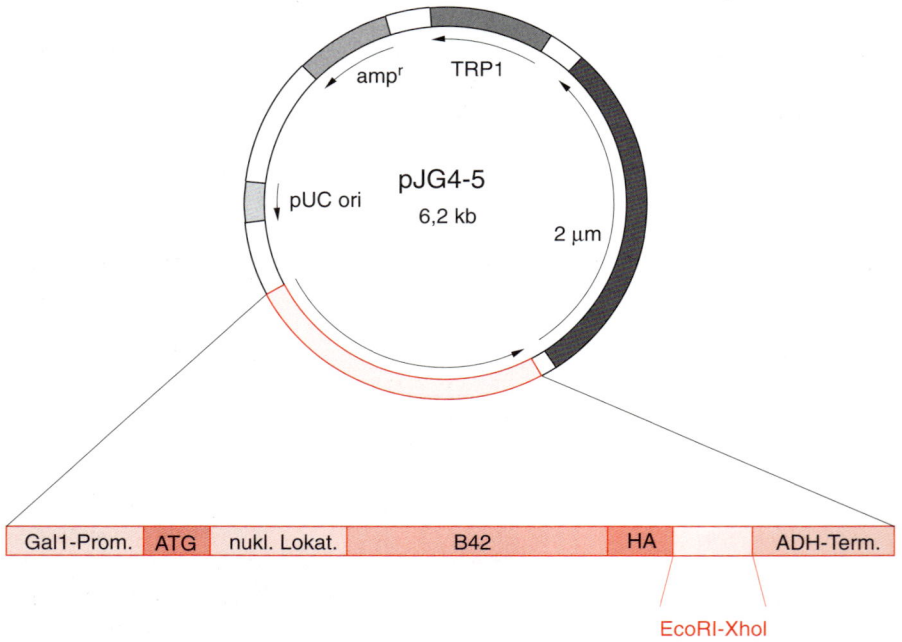

34.8 Schematische Darstellung des Vektors pJG4-5. Dieses Plasmid codiert ein Fusionsprotein bestehend aus Aktivierungsdomäne und einer zu untersuchenden Sequenz, die aus einer cDNA-Bibliothek stammen kann.

pEG202-Vektor wurde diese Funktion vom LexA-Protein mitübernommen). Daran schließt sich die eigentliche saure Aktivierungsdomäne (B42) an, die, wie schon erwähnt, synthetischer Natur ist. Carboxyterminal wird dann entweder eine bekannte Protein- beziehungsweise Proteindomänensequenz oder eine cDNA-Bibliothek inseriert. Zusätzlich enthält der Vektor noch eine sogenannte *Epitop-Tag-Sequenz* (HA, vgl. Abb. 34.8), welche die Detektion der Expression mit Hilfe biochemischer Methoden erleichtert. Mittlerweile sind kommerzielle Antikörper gegen verschiedenste Epitop-Tag-Sequenzen erhältlich.

Falls eine bekannte Sequenz inseriert wird, muss darauf geachtet werden, dass der korrekte Leserahmen erhalten bleibt. Wenn jedoch eine cDNA-Bibliothek in diesen Vektor eingefügt wird, ist die Wahrung des Leserahmens nur statistisch möglich. Zwei Drittel aller zufällig eingefügten Sequenzen werden automatisch im falschen Rahmen abgelesen, nur ein Drittel bzw. ein Sechstel – je nachdem, ob die cDNA in direktionaler Weise in den Vektor integriert wurde oder nicht – kann im Schnitt korrekt exprimiert werden. Dieses Problem ist qualitativ nicht zu umgehen und kann daher nur quantitativ gelöst werden, das heißt über die Herstellung einer möglichst umfangreichen Bibliothek, in der alle Sequenzen mehrfach vorhanden sind.

34.5 Durchführung des Two-Hybrid-Screenings

Um das Screening durchzuführen (Abb. 34.9), müssen alle beschriebenen Elemente, also Köderplasmid (1. Hybridprotein), das cDNA-Bibliothek-Aktivierungsdomänen-Plasmid (2. Hybridprotein) und das Reporterplasmid in einen Hefestamm transformiert werden, in dessen Genom zusätzlich ein Reporterkonstrukt für eine Wachstumsselektion auf Protein-Protein-Wechselwirkungen integriert wurde. Dieser Stamm muss demnach vierfach selektierbar sein. EGY48 erfüllt diese Voraussetzungen, da er auxotroph für Uracil (das URA-Gen wird als selektierbarer Marker für das lacZ-Reporterplasmid verwendet), Histidin, Tryptophan und Leucin ist. Die ersten drei Marker werden ausschließlich für die unabhängige Propagation der drei Plasmid-Elemente benötigt, während das modifizierte LEU2-Gen – der genomische Reporter – während des eigentlichen Screenings verwendet wird.

Das Interaktionsscreening findet in zwei Schritten statt: Im ersten Schritt müssen die benötigten Plasmide sequentiell in den Akzeptorstamm befördert werden. Dies ist bis auf die Transformation mit einer cDNA-Bibliothek trivial, da jeweils nur einige wenige Klone benötigt werden, um zum nächsten Schritt zu gelangen. Die Transformation mit der cDNA-Bibliothek muss jedoch sehr effizient sein, um später eine repräsentative Anzahl von Sequenzen screenen zu können. Die Faustregel lautet hier: Mindestens eine Million unabhängige Sequenzen müssen analysiert werden, um seltene cDNAs zu repräsentieren. Für das Two-Hybrid-Experiment bedeutet dies jedoch, dass ungefähr drei Millionen Sequenzen untersucht werden müssen, da zwei Drittel (bzw. fünf Sechstel, vgl. oben) der transformierten Bibliothek methodenimmanenten Ballast darstellen (falscher Leserahmen, s. o.). Dies erfordert eine effektive Transformationsmethode. Wünschenswert ist etwa eine Effizienz von 10^5–10^6 Transformanden pro μg transformierender DNA. Eine solche Effizienz war lange Zeit nur schwer zu erreichen, da Hefe sich nicht annähernd so gut transformieren ließ wie das Bakterium *E. coli*, bei dem eine Ausbeute von 10^8–10^9 Transformanden pro μg DNA kein Problem darstellt. Eine stetige Verbesserung der bekannten LiOAc-Polyethylenglykol-Transformation (diese Komponenten machen die Zellwand von Hefezellen für DNA durchlässig) löste dieses Problem, so dass eine Effizienz von 10^5 Transformanden pro μg DNA für Hefezellen heute in vielen Labors Standard ist. Nach erfolgreicher Transformation erhält man demnach eine Hefebibliothek, die sich aus mehreren Millionen

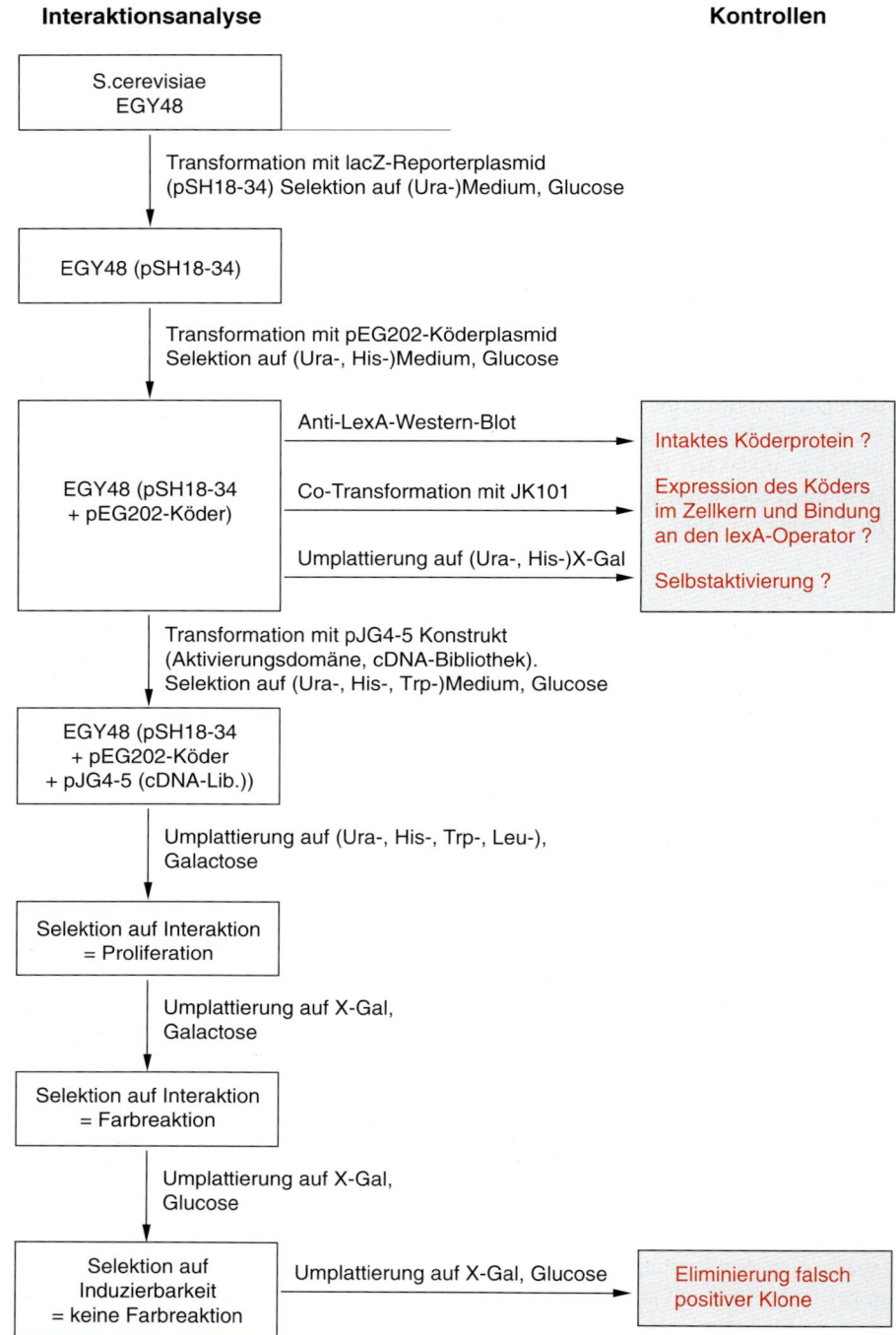

34.9 Fließschema eines vollständigen Two-Hybrid-Screenings.

unabhängiger Klone zusammensetzt, und die zusätzlich alle weiteren Plasmidkomponenten für das Screening enthält. In dieser Form lässt sich die Bibliothek bei −70 °C unbegrenzt lagern.

Im zweiten Schritt erfolgt das eigentliche Screening. Wir erinnern uns, dass das Köderprotein konstitutiv exprimiert wird, während das cDNA-Aktivator-Fusionsprotein durch die Anwesenheit von Galactose im Medium induzierbar ist (GAL1-Promotor). Für das Screening muss also die Hefebibliothek auf galactosehaltiges Medium umgesetzt werden (normalerweise wird für *S. cerevisiae* Glucose als Kohlenstoffquelle verwendet). Dieser zusätzliche Schritt – der das Verfahren vordergründig komplizierter zu machen scheint – wird hauptsächlich deshalb durchgeführt, weil mit einer gesamten cDNA-Bibliothek, die üblicherweise auch noch aus einem heterologen Gewebe stammt, eine Vielzahl bis dahin unbekannter Sequenzen in der Hefe exprimiert werden, deren Proteinprodukte teilweise toxisch sein könnten. Würde also das Screening in einem Schritt, bei konstitutiver Expression beider Hybridproteine stattfinden, könnte ein beträchtlicher Teil der frisch transformierten und recht empfindlichen Zellen durch die toxische Wirkung der exprimierten cDNAs verlorengehen. Dies wird beim zweistufigen Protokoll vermieden. Da die cDNA in glucosehaltigem Medium zunächst gar nicht exprimiert wird, erhalten alle transformierten Zellen die gleiche Chance zur Proliferation. Danach wird die auf Glucose amplifizierte Hefebibliothek auf galactosehaltiges und leucinfreies Medium umgesetzt. Dies hat folgende Konsequenz: Das zweite Hybridprotein wird exprimiert und es können nur noch solche Zellen weiterwachsen, in denen die Fusionsproteine interagieren, denn der Leucin-auxotrophe Stamm benötigt jetzt das vom genomischen Reporterlocus exprimierte Enzym für die Leucinbiosynthese. Auch bei diesem zweiten Schritt könnte theoretisch Toxizität des cDNA-Aktivator-Fusionsproteins ein Problem darstellen. In der Regel ist dies jedoch nicht mehr problematisch, da die proliferierten Zellen viel robuster sind.

Zellen, in denen die Hybridproteine interagieren, können sich auf leucinfreien Medien weiterteilen. Wenn das Köderprotein keine aktivierenden Eigenschaften hat, die zum Hintergrund beitragen, überlebt nur ein kleiner Teil der transformierten Hefezellen. Wie viele primäre Hefeklone an dieser Stelle tatsächlich zu erwarten sind, ist quantitativ nicht leicht zu bestimmen, in der Praxis erhält man hier zwischen einigen Dutzend und mehreren Hundert Isolaten. Aus diesen Kolonien können Stocks angelegt werden, die unbegrenzt lagerbar sind, so dass ihre anschließende Analyse gegebenenfalls schrittweise erfolgen kann.

Mit einfachen genetischen Schritten kann der Hintergrund von falsch positiven Klonen eliminiert werden, so dass sich die zu analysierende Zahl von Klonen weiter reduziert. Der falsch positive Hintergrund entsteht hauptsächlich durch in der transformierten Population vorhandene, mutierte Hefezellen, die auf leucinfreien Medien wachsen können, obwohl die Hybridproteine nicht miteinander wechselwirken. Ein Teil dieses Hintergrunds kann durch Replattieren der positiven Population auf X-Gal-haltiges Medium subtrahiert werden, weil die Zellen zusätzlich zum chromosomalen Reporterlocus noch den Plasmidreporter enthalten, der für β-Galactosidase codiert. Im Falle einer echten Wechselwirkung sollten beide Reporter, die sich nicht auf dem gleichen Genom und damit in *trans*-Stellung befinden, trotzdem in gleichem Maße aktiviert werden.

Auch die Induzierbarkeit des cDNA-Hybridproteins kann und sollte zur Eliminierung von Hintergrundsignalen herangezogen werden. Dieses Fusionsprotein wird durch die Anwesenheit von Galactose im Medium induziert, womit die Präsenz oder das Fehlen dieser Kohlenstoffquelle auch zu einem Testkriterium auf die Echtheit der Interaktion wird. Beim Replattieren der positiven Kandidaten auf Glucose sollte nämlich die Aktivierung der Reportergene ausbleiben (normalerweise wird man an dieser Stelle nur noch die β-Galactosidase-Aktivität überprüfen). Der gesamte Sachverhalt ist im Zusammenhang in Abbildung 34.10 dargestellt.

Aus den Kandidaten, die diese Prozeduren überstanden haben, kann auf einfache Weise der cDNA-Vektor isoliert werden, der dann für weiterführende Analysen (z. B. DNA-Sequenzierung) zur Verfügung steht. Durch Rücktransformation der DNAs in Hefezellen, die mit Kontroll-Köderkonstrukten beladen sind, kann zusätzlich auch eine Aussage über die Spezifität der erhaltenen Interaktionen gemacht werden.

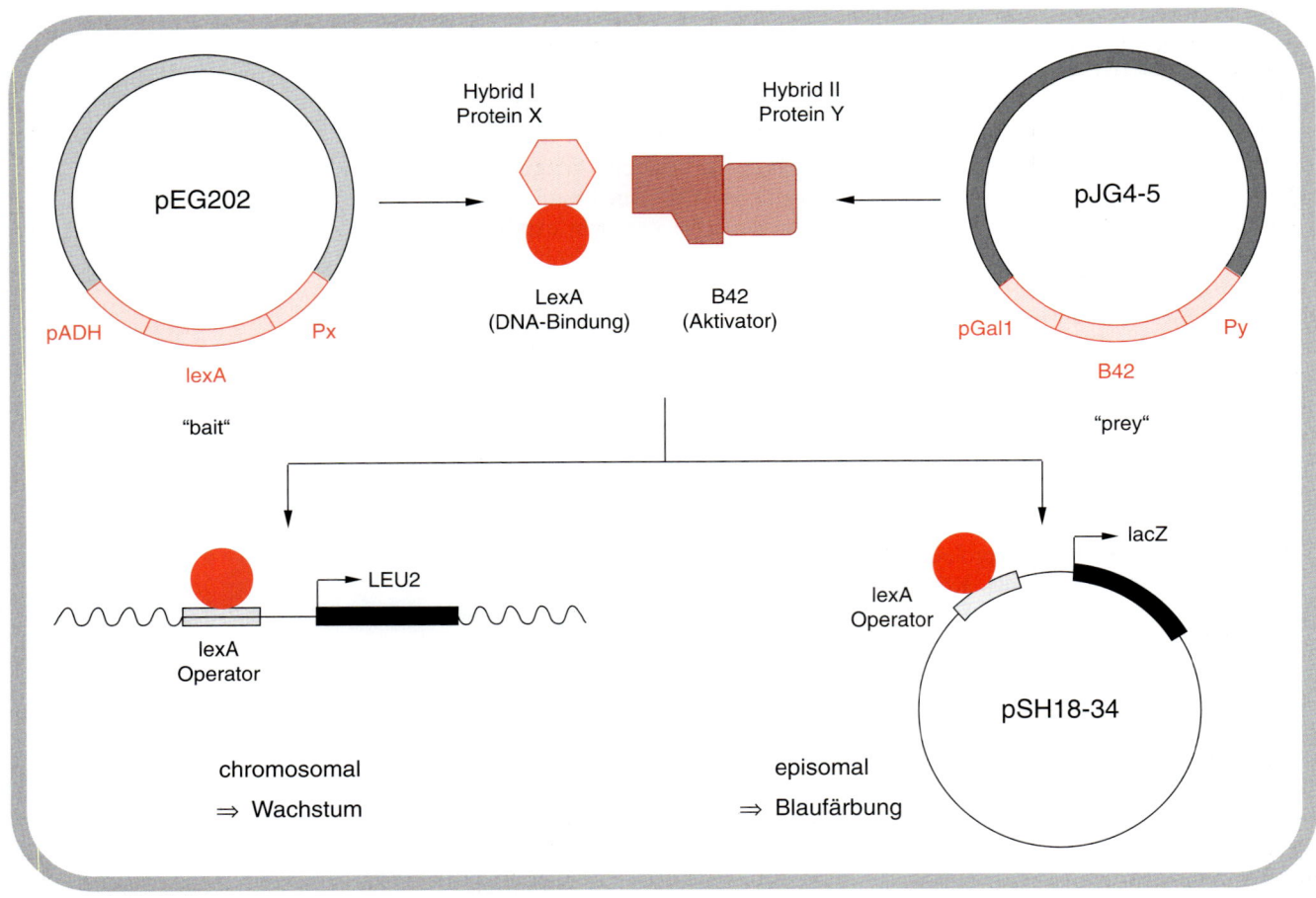

34.10 Protein-Protein und Protein-DNA-Wechselwirkungen im Hefekern beim Aufbau des Two-Hybrid-Systems.

34.6 Biochemische und funktionale Analyse der Interaktoren

Mit dem erfolgreichen Abschluß des Two-Hybrid-Experiments beginnt die eigentliche Charakterisierung der Interaktoren in heterologen biochemischen oder biologischen Systemen. Dabei muss festgestellt werden, ob die gefundenen Interaktionen auch unter physiologischen Bedingungen auftreten. Das Two-Hybrid-System erlaubt keine Aussagen darüber, ob gefundene Interaktionen tatsächlich von biologischer Bedeutung sind. So kann es zum Beispiel passieren, dass mit Hilfe der Two-Hybrid-Technik die Bindung zweier Proteine entdeckt wird, die normalerweise gar nicht im gleichen Zellkompartiment exprimiert werden (z. B. in Mitochondrien und Zellkern).

Üblicherweise wird man zunächst versuchen, die Wechselwirkung mit biochemischen Methoden nachzuweisen. Dies kann mit Hilfe der am Anfang dieses Kapitels erwähnten Verfahren erfolgen, auf die hier nicht näher eingegangen werden soll. Dazu müssen die untersuchten Proteine jedoch erst in anderen Systemen (z. B. in *E. coli*) exprimiert und anschließend aufgereinigt werden.

Außerdem ist die biologische Funktion der neuen Proteine von Interesse. Manchmal lassen sich aus Sequenzhomologien zu bereits beschriebenen Proteinen oder Domänen mit bekannter Funktion Rückschlüsse ziehen.

Häufig sind die gefundenen Interaktoren unbekannt, so dass die Sequenz keinen Aufschluss über die Funktion gibt. In einigen Fällen kann man der physiologischen Bedeutung dieser Proteine mit verhältnismäßig einfachen Mitteln auf die Spur kommen. Wird zum Beispiel vermutet, dass das Protein Bestandteil eines Signaltransduktionsweges ist, an dessen Ende die Aktivierung einer Proteinkinase steht, könnte seine Überexpression in einer relevanten Zelle zur Aktivierung jener Kinase führen. Dies ist dann wahrscheinlich, wenn die zelluläre Konzentration des nativen Proteins eher niedrig ist, und somit limitierend für die Funktion sein könnte.

Meistens bestehen Proteine aus mehreren funktionalen Elementen. So enthalten viele Proteinkinasen neben der eigentlichen katalytischen Funktion noch weitere Domänen, die ihre Kopplung an spezifische Proteinkomplexe vermitteln. Bei einer Überexpression der isolierten Kopplungsfunktion würde dieses Element das zelluläre Protein aus seiner Bindung verdrängen und damit möglicherweise auch seine Funktion unterdrücken. Dies ist der sogenannte dominant-negative Ansatz: Die Überexpression der isolierten Bindungsdomäne attenuiert die untersuchte zelluläre Funktion. Dazu muss die Bindungsdomäne zunächst bekannt sein. Die dafür notwendige Kartierung kann auf einfache und elegante Weise wiederum mit der Two-Hybrid-Technik erfolgen.

Kommen zwei Proteine, deren Interaktion mit dem Two-Hybrid-System identifiziert wurde, auch unter physiologischen Bedingungen zusammen vor? Diese Frage kann mit Hilfe zellbiologischer (Immunfluoreszenz) oder biochemischer Methoden (Co-Immunpräzipitation) beantwortet werden. Für die Durchführung solcher Arbeiten sind aber zusätzliche Reagenzien wie z. B. Antikörper nötig. Der hohe technische Aufwand, der mit diesen Experimenten verbunden ist, macht sie auch zu einem eher ungeeigneten Werkzeug für die parallele Bearbeitung vieler neuer Interaktoren.

Eine Vorselektion auf diejenigen Interaktoren, die an der untersuchten biologische Funktion beteiligt sind, kann in manchen Fällen mit dem Two-Hybrid-System erfolgen. Wenn zum Beispiel das Köderprotein so gut untersucht ist, dass von ihm eine Deletions- oder Punktmutation vorhanden ist, die die normale Funktion beeinträchtigt, kann mit dem Two-Hybrid-System analysiert werden, welche für das Wildtypprotein gefundenen Interaktoren nicht mehr mit der Mutante wechselwirken. Damit wird der Kandidatenkreis auf die wahrscheinliche Beteiligung an der untersuchten Funktion beschränkt.

34.7 Modifizierte Anwendungen und Weiterentwicklungen der Two-Hybrid-Technologie

Das Anwendungsspektrum des Two-Hybrid-Systems lässt sich durch systematische Modifikationen noch erweitern. So kann, wie bereits oben geschildert, die zusätzliche Expression einer Proteinkinase dazu genutzt werden, Protein-Protein-Wechselwirkungen nachzuweisen, die nur von phosphorylierten Bindungspartnern eingegangen werden.

Sucht man beispielsweise nach Proteinen, die an bestimmte DNA-Sequenzen binden, kann man die Methode sogar noch vereinfachen (**One-Hybrid-Technik**). Hierzu wird zunächst eine cDNA-Bibliothek an eine Aktivierungsdomäne fusioniert. Zusätzlich wird dann nur noch ein Reporterkonstrukt benötigt, das in der Promotorregion diejenige DNA-Sequenz enthält, für die bindende Proteine gesucht werden. Wenn ein Protein mit solchen Eigenschaften in der Bibliothek vorhanden ist, wird es an den Köder-Promotor binden und die Reporterfunktion auslösen.

Eine andere Erweiterung erlaubt die Identifikation von RNA-bindenden Proteinen. Hierfür sind drei Elemente nötig (**Three-Hybrid-System**). Das erste Fusionsprotein enthält wiederum die DNA-bindende Domäne, die an ein RNA-bindendes Protein bekannter Spezifität gekoppelt ist (z. B. HIV-Rev). Das zweite Hybrid besteht aus RNA, und zwar wird in diesem Fall das Rev-Bindungselement mit der

Köder-RNA-Sequenz fusioniert. Dieses Köder-RNA-Hybrid bindet bereits über das erste Fusionsprotein an die DNA, löst aber nicht die Transkription des Reporters aus. Das dritte Element ist wieder das bekannte Fusionskonstrukt aus cDNA-Bibliothek und Aktivierungsdomäne. Wenn die cDNA für ein RNA-bindendes Protein codiert, das die Zielsequenz bindet, wird der Reporter aktiviert.

Abschließend soll noch erwähnt werden, dass das Two-Hybrid-System auch dazu benutzt werden kann, im industriellen Maßstab Komponenten für die Herstellung von Medikamenten zu screenen, wenn die relevanten biologischen Prozesse auf Protein-Protein-Wechselwirkungen beruhen. Solch ein Screening wird häufig auf zellulären Testmethoden aufgebaut, z. B. auf dem Wachstum von Krebszellen. Dies ist immer dann sinvoll, wenn die Grundlagen der Funktionsstörung noch nicht bekannt oder untersucht sind. In vielen Fällen sind die molekuklaren Abläufe, die bestimmten Erkrankungen zugrundeliegen, jedoch so gut definiert, dass ein Screening auf einer isolierten Protein-Protein-Wechselwirkung aufgebaut werden kann. Es lässt sich auch mit einiger Sicherheit vorhersagen, dass dies in Zukunft mehr und mehr die Regel werden wird. Das Two-Hybrid-System zeichnet sich in diesem Zusammenhang dadurch aus, dass es einfach und kostengünstig, automatisierbar, und vor allem universell anwendbar ist. Das heißt, Screening-Assays für die unterschiedlichsten medizinischen Anwendungen würden sich nur noch durch die Wahl der Zielproteine unterscheiden, die Durchführung der Screenings wäre aber identisch.

In absehbarer Zeit ist zu erwarten, dass zusätzliche Erweiterungen des Two-Hybrid-Systems die jetzt noch bestehenden Beschränkungen aufheben. Aufgrund der vielfältigen Anwendungsmöglichkeiten – sowohl in Grundlagen- als auch in angewandter Forschung dürfte das Two-Hybrid-System deshalb zu einer der am häufigsten verwendeten Methoden der Biologie werden.

Weiterführende Literatur

Ausubel F. M., Brent R., Kingston R. E., Moore D. D., Seidman J. G., Smith J. A., Struhl K. (Hrsg.). Current Protocols in Molecular Biology. Greene Publishing and Wiley Interscience, 1987.

Fields S., Sternglanz R. The Two-Hybrid System: an Assay for Protein-Protein Interactions. Trends in Genetics, 10 (8), (1994) 286–292.

Finley R. L., Brent R. Interaction Trap Cloning in Yeast. In: Glover D., Hames B. D. (Hrsg.) DNA Cloning – Expression Systems: A Practical Approach. 169–203. Oxford University Press. Oxford, England, 1996.

Mendelsohn A. R., Brent R. Applications of Interaction Traps/Two-Hybrid Systems to Biotechnology Research. Current Opinion in Biotechnology, 5, (1994) 482–486.

Phizicki E. M., Fields S. Protein-Protein Interactions: Methods for Detection and Analysis. Microbiological Reviews, 59 (1), (1995) 94–123.

35 Assoziationen zwischen Makromolekülen: Analytische Ultrazentrifugation

Durch analytische Ultrazentrifugation untersucht man die Bewegung oder Konzentrationsverteilung von biologischen oder synthetischen Makromolekülen in Lösung. Die Methode hat historische Beiträge zu unseren Kenntnissen über Biomoleküle geliefert: Die Demonstration der Einheitlichkeit und die Bestimmung der Molekulargewichte vieler Proteine, Nucleinsäuren und supramolekularer Aggregate dieser Komponenten sind Marksteine in der Entwicklung der Biochemie. Im Laufe der 70er und 80er Jahre verlor die analytische Ultrazentrifugation allerdings umfangreiche Aufgabengebiete an andere Techniken, vor allem die Molekulargewichtsbestimmung von monomeren Proteinen an die viel einfacher und billiger durchführbare SDS-Gelelektrophorese. Andererseits machte es die Entwicklung der Computertechnik möglich, mittels analytischer Ultrazentrifugation Probleme zu lösen, die vorher unlösbar schienen. Das gilt vor allem für die Untersuchung komplexer Assoziationen zwischen Makromolekülen. Die Besonderheit der analytischen Ultrazentrifugation ist dabei, dass sie – im Gegensatz zu praktisch allen anderen Techniken – auch die Analyse kurzlebiger Komplexe erlaubt. Damit werden Untersuchungen von Assoziationsgleichgewichten möglich. Als Objekte für diese „fortgeschrittene" analytische Ultrazentrifugation bieten sich vor allem Protein-Protein- und Protein-Nucleinsäure-Wechselwirkungen an. Typische Fragestellungen betreffen die Art der Selbstassoziation eines Proteins (z. B. Monomer/Dimer versus Dimer/Tetramer oder stabiles Dimer), die Stöchiometrie eines Proteinkomplexes aus zwei verschiedenen Typen von Untereinheiten oder die eines Protein/Nucleinsäure-Komplexes.

35.1 Instrumentelle Grundlagen

Die analytische Ultrazentrifugation erfolgt bei laufender Zentrifuge; diese muss also durchsichtige Probenzellen sowie ein optisches System besitzen, das darin Messungen erlaubt. Die einzige zur Zeit kommerziell erhältliche analytische Ultrazentrifuge hat die präparative Ultrazentrifuge Beckman Optima XL als Grundgerät. Sie ist mit einem „analytischen" Zusatz aufgerüstet, der es erlaubt, bei einer vorgewählten Wellenlänge die lokale Absorption oder den lokalen Brechungsindex in der Probe zu messen. Für biochemische Anwendungen benutzt man fast immer Absorptionsmessungen; zur Messung wird ein sog. *photoelektrischer Scanner* verwendet. Dessen Funktionsweise entspricht weitgehend der eines Zweistrahl-Photometers: Probe und reines Lösungsmittel (Referenz) befinden sich in jeweils einem Sektor der Zentrifugenzelle. Die Sektoren werden durch das optische System knapp oberhalb der Empfängerebene eines Photomultipliers abgebildet; die Bilder werden radial mit einem Spalt abgetastet (Abb. 35.1). Die vom Photomultiplier gemessenen lokalen Intensitätswerte werden von einem Computer verarbeitet, und man erhält die Probenabsorption als Funktion der Radialposition: $A(r)$. Der überstrichene Radiusbereich umfasst – anders als bei der präparativen Ultrazentrifugation – nur wenige Millimeter, das Probenvolumen beträgt 50–500 μL. Der benutzte Drehzahlbereich ist gegenüber dem der präpara-

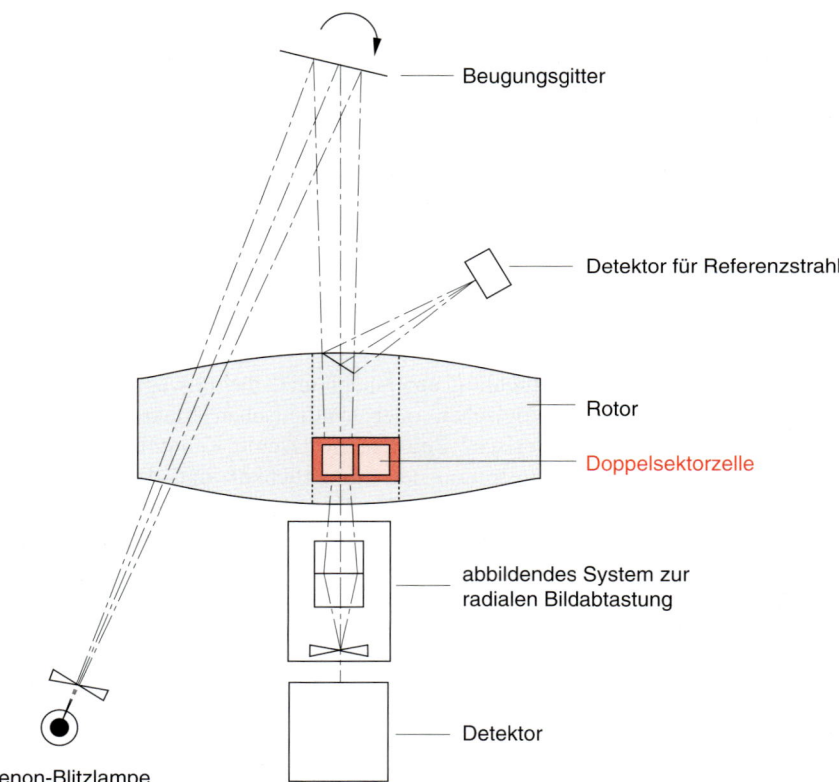

35.1 Photoelektrischer Scanner der analytischen Ultrazentrifuge.

tiven Ultrazentrifugation zu kleinen Drehzahlen hin erweitert (speziell für große makromolekulare Aggregate, wie Multienzymkomplexe, Viren u. a.).

35.2 Grundtypen von Experimenten

Da nach dem Gesetz von Lambert-Beer die lokale Lichtabsorption der Probe ihrer lokalen Konzentration proportional ist, liefert die Messung von $A(r)$ auch die für viele Fragestellungen nützlichere Konzentrationsverteilung $c(r)$ der Probenmoleküle in der Zentrifugenzelle. Dieses im Allgemeinen zeitabhängige Konzentrationsprofil ist abhängig sowohl von apparativen Parametern (Laufzeit der Zentrifuge, Winkelgeschwindigkeit des Rotors, Temperatur, Abstand des Makromoleküls von der Drehachse) als auch von den physikalischen Eigenschaften der Makromoleküle (Molekulargewicht, Form, Dichte) und des Lösungsmittels (Dichte, Viskosität) und erlaubt somit die Bestimmung der Moleküleigenschaften. Bei allen Arten von Ultrazentrifugations-Experimenten ist das Molekulargewicht (beziehungsweise das um den Archimedes'schen Auftriebsterm* reduzierte, das **effektive Molekulargewicht**) die bestimmende Größe für die Konzentrationsprofile. In den sogenannten **Sedimentationsgeschwindigkeits-Experimenten** wird die Winkelgeschwindigkeit des Rotors so groß gewählt, dass die Endposition der Makromoleküle der Boden der Zelle ist. Hier sind kinetische Kenngrößen der Makromoleküle (Sedimentationskonstante, Diffusions- oder Reibungskoeffizient) weitere wichtige Parameter (vgl. Kap. 2). In den **Sedimentationsgleichgewichts-Experimenten**, die bei kleineren Winkelgeschwindigkeiten durchgeführt werden,

Grundlagen der Zentrifugation
Abschnitt 2.5

---

*Die an makroskopischen Körpern in Flüssigkeiten beobachtete Auftriebskraft wirkt natürlich auch auf gelöste Makromoleküle.

halten Sedimentation und Diffusion einander die Waage. Dabei geht in das Konzentrationsprofil nur noch ein einziger Strukturparameter ein, nämlich das effektive Molekulargewicht.

Sedimentationsgeschwindigkeitsläufe (*s-Läufe*) haben in jüngster Zeit durch verbesserte Auswertemethoden viel von ihrer einstigen Bedeutung zurückgewonnen. Das größere Potential für die Untersuchung komplexer Assoziationen haben aber zweifellos die Sedimentationsgleichgewichts-Experimente. Auf diese soll im Folgenden genauer eingegangen werden.

35.3 Sedimentationsgleichgewichts-Experimente

Die einfachste Anwendung dieses Verfahrens ist die Bestimmung des Molekulargewichts einheitlicher Partikel – von monomeren Proteinen bis zu supramolekularen, durch nicht-kovalente Wechselwirkungen zusammengehaltenen Aggregaten (etwa Viren). Molekulargewichte können jedoch auch mit anderen Methoden bestimmt werden. Die eigentliche Domäne der Sedimentationsgleichgewichts-Experimente ist die Analyse von komplexen Aggregationen, etwa Assoziationsgleichgewichten. Die Überlegenheit gegenüber anderen Techniken beruht auf folgenden Eigenheiten:

- Die Untersuchung geschieht ohne Störung der Gleichgewichte, denn mit dem Sedimentationsgleichgewicht muss auch das Assoziationsgleichgewicht bzw. das chemische Gleichgewicht eingestellt sein.
- Auch instabile Aggregate werden sichtbar – die Ultrazentrifuge liefert quasi eine Blitzlichtaufnahme der vorhandenen Partikel.
- Ein einziger Sedimentationsgleichgewichts-Lauf ist einer ganzen Konzentrationsreihe bei anderen Techniken äquivalent: Bei jedem Radius liegt eine andere Molekülkonzentration vor (Abb. 35.2), und die Konzentrationskurve liefert auf einfache Weise das lokale Gewichtsmittel des Molekulargewichts, eine das System charakterisierende Größe.

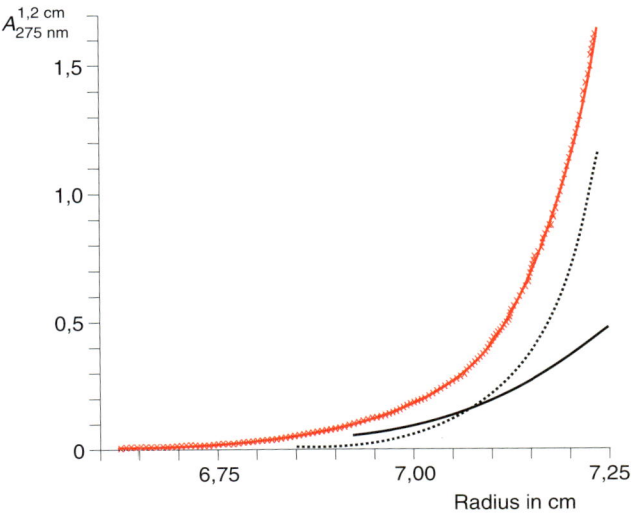

35.2 Untersuchung des Assoziationsverhaltens eines Peptids („Leucin-Zipper") durch Analyse des Sedimentationsgleichgewichts-Profils $A(r)$. Rote Kurve: Experimentelle $A(r)$-Daten bei $\lambda = 275$ nm. (—) Mit einem Monomer/Dimer-Modell der Selbstassoziation angepasste Kurve; (· · · ·) errechnete Beiträge von Monomer und Dimer. Rotordrehzahl: 40 000 Upm (Nach: Muhle-Goll, C. et al., Biochemistry 33, 11296–11306, 1994).

Physikalische Grundlagen

In *idealen* Lösungen, in der Praxis in solchen mit niedriger Probenkonzentration und einem Salzgehalt von mindestens 10 mM, führt eine einzelne Spezies von Makromolekülen zu folgender Gleichgewichtskonzentrations-Verteilung in der Zentrifugenzelle:

$$c(r) = c(a) \exp\left[M_{eff} \cdot \omega^2 \cdot \frac{(r^2 - a^2)}{2\,RT}\right] \tag{35.1}$$

r, a: eine beliebige bzw. feste Entfernung vom Rotorzentrum; $M_{eff} = M(1-\bar{v}\rho_o)$: das „effektive", d. h. um den Auftriebsterm reduzierte Molekulargewicht des Makromoleküls bzw. Komplexes; ω: Winkelgeschwindigkeit des Rotors; R: Gaskonstante; T: absolute Temperatur; $\bar{v}$: partialspezifisches Volumen des Makromoleküls (praktisch identisch mit der reziproken Moleküldichte); ρ_o: Lösungsmitteldichte.

Die Konzentrationsverteilung für eine Mischung von n Molekülspezies ist die Summe der Einzelbeiträge:

$$c(r) = \sum_{i=1}^{n} c_i(r) = \sum_{i=1}^{n} c_i(a) \cdot B_i(r) \tag{35.2}$$

mit

$$B_i(r) = \exp\left[M_{ieff} \cdot \omega^2 \cdot \frac{(r^2 - a^2)}{2\,RT}\right]$$

Bei oligomeren Aggregaten einer einzigen Molekülart ist – unter Vernachlässigung möglicher kleiner Veränderungen im Auftriebsterm durch die Aggregation – $M_{ieff} = iM_{1eff}$ zu setzen (M_{1eff} ist das effektive Molekulargewicht des Monomeren). Bei Aggregaten, die zwei verschiedene Makromoleküle α und β enthalten (etwa zwei verschiedene Polypeptidketten oder ein Protein und eine Nucleinsäure), treten Ausdrücke der Form $(iM_{\alpha 1 eff} + kM_{\beta 1 eff})$ auf. Aus Gleichung 35.2 wird in diesem Fall:

$$c(r) = \sum_{i=1}^{n}\sum_{k=1}^{m} c_{ik}(r) = \sum_{i=1}^{n}\sum_{k=1}^{m} c_{ik}(a) \cdot B_{ik}(r) \tag{35.3}$$

mit

$$B_{ik}(r) = \exp\left[\left(iM_{\alpha 1 eff} + kM_{\beta 1 eff}\right)\omega^2 \cdot \frac{(r^2 - a^2)}{2\,RT}\right]$$

Gleichung 35.3 lässt sich natürlich auf den Fall von mehr als zwei Molekülspezies verallgemeinern. Benutzt man zur Detektion der Konzentrationsverteilungen einen photoelektrischen Scanner, so sind die Konzentrationswerte in Gleichungen 35.1 bis 35.3 durch die Absorptionswerte bei einer geeigneten Wellenlänge, bei Proteinen z. B. 280 nm, zu ersetzen.

Vorgehen, Schwierigkeiten und Lösungsmöglichkeiten

Falls das Ziel der Untersuchung die Bestimmung des Molekulargewichts einer einheitlichen Substanz ist, so wird Gleichung 35.1 mit variablem $c(a)$ und M_{eff} an die experimentelle Konzentrationsverteilung angepasst und so M_{eff} erhalten. Bei der Untersuchung assoziierender Systeme sind die Molekulargewichte der beteiligten Monomere aber meist bekannt (z. B. aus Sequenzdaten). Es kann allerdings sinnvoll sein, auch die Monomeren (falls sie zugänglich sind) nach Gleichung 35.1 zu vermessen, um M_{1eff} zu ermitteln und so die schwierige und materialaufwendige Ermittlung von $\bar{v}$ (durch Berechnung oder durch Messung der Dichtedifferenz zwischen Lösung und Lösungsmittel) zu umgehen. Die wichtigste Frage bei Untersuchungen des Assoziationsverhaltens einer einzigen Molekülsorte betrifft die auftretenden Oligomere. Bei Assoziationen von zwei oder mehr Arten von Makromolekülen lautet die Hauptfrage: Wie ist die Stöchiometrie der auftretenden Komplexe? Zur Beantwortung dieser Fragen führt man eine Computer-Anpassung der durch Gleichungen 35.2 und 35.3 dargestellten Funktionen mit festen, separat bestimmten Molekulargewichten der Monomeren an die experimentell gefundene Konzentrationsverteilung durch. Variiert und optimiert werden die $c_i(a)$-Werte bzw. die entsprechenden Extinktionswerte $A_i(a)$. Die Anpassung liefert aber – über Gleichung 35.1 – die Konzentrationswerte aller Oligomeren bzw. Komplexe bei allen Werten von r (Abb. 35.2). Werte nahe Null zeigen an, dass das betreffende Aggregat praktisch nicht auftritt. – Aus den ermittelten $c_i(r)$-Werten bei einem beliebigen Radius erhält man sofort die das System charakterisierenden Assoziationskonstanten. Deren Genauigkeit ist allerdings nur bei einfachen Systemen, z. B. Monomer/Dimer-Gleichgewichten, befriedigend.

Die experimentellen Daten erlauben meist nur dann eindeutige Lösungen des Anpassungsproblems, wenn höchstens 3 bis 4 Konzentrationswerte $c_i(a)$ bzw. $c_{ik}(a)$ bestimmt werden müssen. Das assoziierende System muss also relativ einfach sein; bereits bei Systemen aus zwei Arten von Makromolekülen wird die Zahl der zu bestimmenden Parameter meist zu groß. Eine Analyse letzterer Systeme ist oft dennoch möglich, wenn eine der Molekülsorten mit einem Farbstoff markiert wird (der Farbstoff darf natürlich das Assoziationsverhalten der Moleküle nicht stören). Wird nämlich die Absorptionsmessung im Absorptionsbereich des Farbstoffs durchgeführt, so bleiben alle diejenigen Komplexe unsichtbar, die keine Moleküle der markierten Spezies enthalten. Man verzichtet also auf einen Teil des Informationsgehalts der Daten, um den anderen sicher nutzen zu können.

Die beschriebene Methodik lässt sich auch auf die Untersuchung von Assoziationen zwischen Membranproteinen anwenden. Dabei nutzt man aus, dass die Solubilisierung von Membranproteinen durch geeignete nicht-ionische Detergenzien keinen Einfluss auf die Kettenkonformation der Proteine hat und damit auch ihr Assoziationsverhalten nicht verändert. Der Beitrag des an das Protein gebundenen Detergenz zum effektiven Molekulargewicht des Komplexes kann auf verschiedene Weise berücksichtigt werden. Auch hier kann die Farbstoffmarkierung eines Proteinmoleküls zur Analyse heterogener Assoziationen genutzt werden. So konnte die Bindung verschiedener Erythrocytenproteine (Ankyrin, Bande 4.1, Hämoglobin und Aldolase) an einen Rezeptor in der Erythrocytenmembran (Bande-3-Protein), der in verschiedenen oligomeren Zuständen vorliegt, charakterisiert werden; dabei erwies sich ein bestimmtes Bande-3-Oligomer (ein Tetramer) als alleiniger Bindungsplatz und der gebildete Komplex als kurzlebig. Es spricht für die Leistungsfähigkeit der analytischen Ultrazentrifugation, dass sie derartig komplexe Systeme charakterisieren kann.

Weiterführende Literatur

Schachman, H. K. Ultracentrifugation in Biochemistry. Academic Press, New York, 1959.

Schubert, D. und Schuck, P. Analytical Ultracentrifugation as a Tool for Studying Membrane Proteins. Progr. Colloid Polym. Sci. 86, 12–22, 1991.

von Rückmann, B., Huber, E., Schuck, P. und Schubert, D. Studying Heterologous Associations between Membrane Proteins by Analytical Ultracentrifugation: Experience with Erythrocyte Band 3. Progr. Colloid Polym. Sci. 99, 69–73, 1995.

36 Gezielte Genmodifikation

Schon in den 70er und frühen 80er Jahren wurden die Prinzipien der gezielten Genmodifikation in Experimenten mit Hefe (*Saccharomyces cerevisae*) ausgearbeitet. Diese Ideen wurden dann Mitte der 80er Jahre in der Anwendung auch auf eukaryontische Zellen übertragen. Der eigentliche Durchbruch als etabliertes genetisches Werkzeug für die gezielte Genmodifikation gelang jedoch erst Thomas und Cappecchi 1987 durch homologe Rekombination in embryonalen Stammzellen (ES-Zellen) der Maus. Über die erste mutierte Maus, die unter Verwendung solcher rekombinanter ES-Zellen hergestellt wurde (Abschnitt 36.1), berichteten 1989 Thompson et al. Seither sind weltweit zahlreiche Mutanten erzeugt worden. Das Ziel ist das Verständnis der genetischen Kontrollmechanismen und Steuerung aller grundlegenden Lebensvorgänge durch in-vivo-Analyse der Funktion von Genen. Inzwischen wird in den verschiedensten Bereichen der biologischen und medizinischen Grundlagenforschung mit Mausmutanten gearbeitet.

Man unterscheidet zwei Arten der genetischen Manipulation: 1. Bei der Herstellung sog. konventioneller transgener Tiere durch DNA-Injektion in den Vorkern befruchteter Oocyten inseriert das fremde genetische Material (das „Transgen") an einer oder mehreren Stellen im Genom. Der Ort der Integration und die Anzahl der inserierten Kopien des Transgens sind zufällig. 2. Die zielgerichtete Integration des Transgens in einen Locus mit homologen Sequenzen im Genom ist ein sehr seltenes Ereignis (< 1:500) und ohne weitere Selektions- und Anreicherungsschritte schwer nachzuweisen. Das erste Ziel, transgene Tiere, dient hauptsächlich der effizienteren wirtschaftlichen Nutzung. Durch das zweite Vorgehen, die homologe Rekombination, soll die Funktion des Gens analysiert werden. Mit Hilfe der Injektion von ES-Zellen in Blastocysten der Maus können sowohl konventionelle transgene Mäuse als auch Mausmutanten erzeugt werden, die ein homolog rekombiniertes Gen tragen.

Die homologe Rekombination wird von einem zelleigenen Enzymapparat ausgeführt. Diejenigen ES-Zellklone, die das gesuchte Ereignis tragen, müssen mit geeigneten Selektionsmethoden angereichert werden. Mit Hilfe molekularbiologischer Analysen von Einzelklonen (PCR, Southern Blotting) wird letztlich das Ereignis der homologen Rekombination identifiziert und verifiziert.

Homologe Rekombination ist der Mechanismus, durch den bei der Meiose zwischen mütterlichem und väterlichem Chromosom Information ausgetauscht wird. Der Vorgang wird auf Basenpaare genau ausgeführt. Dabei entsteht keine neue Information, nur bereits vorhandene wird neu kombiniert. Homologe Rekombination findet auch in allen sich mitotisch teilenden Zellen statt. Sie dient der Reparatur von Genen durch Genkonversion, um Fehler, die bei der Replikation in einer Kopie des Gens entstanden sind, zu korrigieren.

Durch die Etablierung immer ausgefeilterer Mutationsstrategien ist die Erzeugung von Mausmutanten ein ständig wachsendes Feld. Alle zielgerichteten Mutationen fasst man unter dem Begriff **Gene Targeting** zusammen. Dies reicht von der gezielten Inaktivierung von Genen (*Knock-out-* oder *Loss of Function*-Mutante) über den Genaustausch (*Knock-in*) bis zur gezielten Einführung von Punktmutationen in einer funktionalen Domäne eines Moleküls (*Gain-of-Function*-Mutante).

Alle diese Mutationen, deren Auswirkung man in der Maus studieren will, müssen natürlich zuerst in vitro am klonierten Gen hergestellt werden. Dies wird durch eine Vielzahl von Vorgehensweisen erreicht, je nachdem, was man für ein konkretes Ziel verfolgt. Diese Vorgehensweisen, sowie bestimmte Fachtermini, die man oft in der Originalliteratur findet, werden im nächsten Abschnitt kurz erwähnt und erläutert.

36.1 In vitro-Mutagenese

Das Gen von Interesse kann durch **chemische Substanzen**, die die DNA modifizieren, mutagenisiert werden. Häufig benutzte chemische Agenzien sind Bisulfit, Nitrit, Ameisensäure und Hydrazin. Die zwei ersten führen zu Desaminierungen, die zwei letzten zur Entfernung von Basen (ohne das Rückgrat zu schädigen), dadurch zu Fehlpaarungen oder willkürlichem Einbau von Nucleotiden bei der anschließenden DNA-Replikation und letztendlich zur Manifestation einer veränderten Sequenz. Erzwungene Fehlpaarungen und Mutationen können auch durch **DNA-Polymerasen** eingeführt werden, wenn die *proofreading*-Aktivität der letzteren ausbleibt. Das ist der Fall, wenn sie selbst gar keine haben (z. B. Reverse Transkriptasen), oder wenn ein nicht-komplementäres a-Thiophosphat-dNTP zur Polymerisation angeboten wird, das nach fehlerhaftem Einbau nicht mehr korrigiert werden kann. Beide Methoden eignen sich, um eine Sättigung des untersuchten Bereichs durch Punktmutationen zu erreichen (*saturation mutagenesis*). Die eingeführten Mutationen sind jedoch nicht gerichtet und zufällig über die ganze Genlänge verstreut.

Eine Möglichkeit der gerichteten und kontrollierten Mutagenese bietet die Verwendung von verschiedenen **Nucleasen**, besonders **Restriktionsendonucleasen**. Durch die Wahl und geeignete Kombination von Schnittstellen können z. B. Insertionen bzw. Deletionen in das klonierte Gen eingeführt werden. Offensichtlich eignet sich diese Technik hervorragend zur Herstellung von Genversionen, die so modifiziert sind, dass sie – nach homologer Rekombination mit dem endogenen Locus – zum Gen-*knock out* führen. Jedoch findet man nicht immer geeignete Stellen in der Originalsequenz. Außerdem führt eine einfache Deletion in Kontrollbereichen eines Gens (Promotor, Enhancer) zu einer unerwünschten Veränderung von räumlichen Zusammenhängen (*spacing*) auch anderer Elemente. Um nur bestimmte, lokalisierte Komponenten so zu deletieren, ohne andere Komponenten zu stören, wurde die sog. *linker-scanning*-Mutagenese entwickelt. Mit dieser Methode ist es möglich, in die gesamte Länge der untersuchten Genregion kurze (4–8 Basenpaare lange) sukzessive Deletionen einzuführen. Im fertigen Deletionskonstrukt sind jedoch die Basenpaare der Ursprungssequenz durch eine Sequenz gleicher Länge mit der Erkennungsstelle einer Restriktionsendonuclease (*linker*) substituiert, so dass die übrigen Sequenzelemente ihre räumliche Beziehung zueinander nicht verändern. Das zeitaufwendige Originalverfahren wurde in der Zwischenzeit durch einige Kunstgriffe vereinfacht.

Heute ist die Mutagenese mittels Verwendung von **Oligonucleotiden**, zu der – formal – auch die **PCR-Mutagenese** gehört, die eleganteste und vielseitigste. Da letztere im PCR-Kapitel eigens Erwähnung gefunden hat, wird hier nur auf die anderen Techniken eingegangen, die mit Oligonucleotiden arbeiten.

Die – gedanklich – einfachste Methode zur Mutagenisierung einer Region ist, diese Region mit den erwünschten Veränderungen de novo zu synthetisieren. Dies wird in der Tat gemacht und das Verfahren ist als *cassette mutagenesis* bekannt. Im Prinzip verfährt man dabei genauso, wie Ende der siebziger Jahre H. G. Khorana bei der Totalsynthese eines Suppressor-tRNA^{Tyr}-Gens: Überlappende ss-Oligonucleotide führen letztendlich (über Polymerisation oder Ligation) zu einer fertigen, doppelsträngigen DNA, die eben als *cassette* die Ursprungssequenz ersetzt. Alle anderen Techniken, die Oligonucleotide zum Einführen von Mutationen ver-

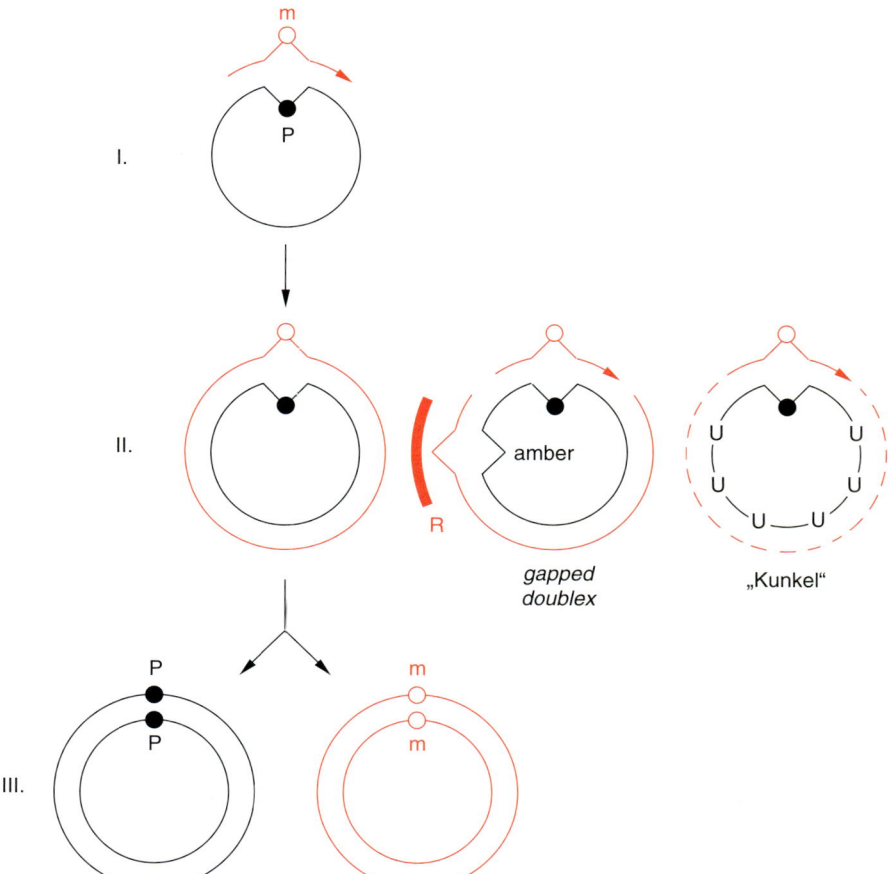

36.1 Prinzip der *oligonucleotide mediated mutagenesis*. p: parental; m: mutant; R: Resistenzgen; U: Uracil.

wenden, tun dies nicht rein chemisch, sondern in Kombination mit Mikroorganismen. Das allgemeine Prinzip dieser *oligonucleotide mediated mutagenesis* ist in Abbildung 36.1 dargestellt. Ausgegangen wird von einer zirkulären, einzelsträngigen Klon-DNA, die von einem ss-Phagen oder einem *Phasmid*, also einem Plasmid mit einem ss-Phagen-*origin*, stammen kann. Diese DNA enthält das Gen (oder die Genregion) von Interesse. An den zu mutagenisierenden Bereich (p, Abb. 36.1, Stufe I) wird ein Oligonucleotid hybridisiert, das die erwünschte Mutation trägt (m, Abb. 36.1, Stufe I). Diese kann im Prinzip eine Punktmutation, eine Deletion oder eine Insertion sein. Man kann auch viele, „degenerierte" Oligonucleotide benutzen, um in einem Schritt eine Vielzahl von verschiedenen Mutationen an diesem Bereich zu erzeugen. Die zirkuläre DNA wird in vitro zu einem Doppelstrang ergänzt (Abb. 36.1, Stufe II, links), und Bakterien werden damit transformiert. Die Replikation der DNA führt durch Abschrift der Sequenz des Oligonucleotids zur Manifestation der gewünschten Mutation (m/m, Abb. 36.1, Stufe III, rechts).

Obwohl die Logistik dieser Methode sehr einfach ist, führt ihre Anwendung in dieser Form zu verschwindend geringen Ausbeuten an Mutanten. Der Grund ist, dass die parentale ssDNA, die in Bakterien amplifiziert wurde, vom *mismatch*-Reparatursystem auf Grund der Adenin-Methylierung der *dam*-Sequenzen ($G^{N6m}ATC$) als die Ursprungssequenz erkannt wird, nach der es sich richtet. Danach wird die Mutation im Oligonucleotid-Bereich so „korrigiert", dass der Bereich wieder zur Ursprungssequenz passt (p/p in Abb. 36.1, Stufe III, links). Um die Ausbeute an Mutanten zu erhöhen, gibt es folgende Möglichkeiten:

Verwendung von *dam*⁻-Stämmen als Quelle für die zirkuläre ssDNA Die zwei Stränge (Abb. 36.1, Stufe II, links) sind dann „gleichwertig", und die Kor-

Schema eines
Plasmidvektors
Abbildung 21.7

rektur erfolgt – wenn überhaupt – ungerichtet. Formal gleich ist die Verwendung von *mut*S⁻-Stämmen zur Transformation, die die methylierte parentale DNA nicht als solche erkennen. Damit erhält man bestenfalls 50 % Mutanten.

Gapped doublex*-Technik   Man verwendet einen parentalen ssDNA-Strang, in dessen Resistenzgen sich eine *amber*-Mutation befindet (die DNA kann von einem *sup*⁺-Stamm gewonnen werden). Diese DNA wird mit der linearisierten, denaturierten (ehemals ds) DNA des Vektors (also ohne Insert) zur Ausbildung eines *gapped doublex*-Moleküls hybridisiert; die Vektor-DNA enthält keine *amber*-Mutation. An die einzelsträngige Region (*gap*) wird dann das mutierte Oligonucleotid herangebracht (Abb. 36.1, Stufe II, Mitte). Das zirkuläre Molekül wird vollständig zur zirkulären, kovalenten, geschlossenen (CCC-)Form polymerisiert und ligiert. Dadurch wird das mutierte Oligonucleotid mit dem Strang ohne *amber*-Mutation gekoppelt. Mit diesen Molekülen werden *mut*S⁻-Bakterien transformiert und auf Selektivmedium wachsen gelassen. Das erlaubt die Amplifikation beider Plasmidformen (parental – mit *amber* – und mutiert – ohne *amber*) zu gleichem Ausmaß. Anschließend wird diese Plasmid-Mischpopulation gewonnen und damit ein *sup*⁻-Stamm transformiert und auf Selektivmedium gezüchtet. Dies führt zum Wachstum nur derjenigen Bakterien, die ein Plasmid ohne die *amber*-Mutation im Resistenzgen erhalten haben und damit die Konfiguration des mutierten Oligonucleotids tragen. In der Praxis führt diese Technik zu ca. 80 % Mutanten.

Kunkel-Technik   Diese Technik setzt zur „Unterdrückung" der Nachkommen des parentalen Stranges – ebenso wie die vorherige – genetische Mittel ein. Der Klon mit der zu mutagenisierenden Sequenz muss dazu in einem Bakterienstamm wachsen, der *dut*⁻ *ung*⁻ ist. Solche Bakterien haben keine aktive dUTPase (*dut*⁻) und können deshalb nicht dUTP zu dUMP konvertieren. Die Konsequenz ist, dass der intrazelluläre Gehalt an dUTP sehr stark ansteigt und darum einiges dUTP in die DNA eingebaut wird. Da die Zellen auch an Uracil-*N*-Glykosylase defizient sind (*ung*⁻), wird dieses Uracil nicht von der DNA entfernt. Diese Uracil-substituierte DNA dient als die zirkuläre ssDNA, an die das mutierte Oligonucleotid hybridisiert wird. Das DNA-Molekül wird durch die Synthese des Gegenstrangs – in Anwesenheit von TTP – hier auch zur CCC-Form vollständig polymerisiert und ligiert (Abb. 36.1, Stufe II, rechts). Transformation eines *ung*⁺-Stammes mit diesen Molekülen führt zur Entfernung der Uracile und dadurch zu Blockierung der DNA-Synthese am vorher Uracil-substituierten Strang sowie zu seiner Zerstörung durch Nucleasen. Bis zu 80 % aller Nachkommen resultieren deshalb von der Replikation des Uracil-freien Stranges; da die Synthese des letzteren vom mutagenen Oligonucleotid ausging, tragen diese Nachkommen die erwünschte Mutation.

Die nach diesen Methoden – oder durch eine Kombination davon – erzeugte, erwünschte Mutation eines Genlocus steht somit nach Einführung in den lebenden Organismus für die Untersuchung der durch die Mutation bewirkten Effekte zur Verfügung.

36.2 Strategien zur gezielten Gendisruption

Ein Minimalvektor, der für die gezielte Inaktivierung von Genen verwendet wird (Abb. 36.2A), enthält üblicherweise zwei zum Zielgen homologe Sequenzabschnitte (*short* und *long arm of homology*), die ein Selektionsmarkergen flankieren. Der positive Selektionsmarker (hier *neo*) dient dazu, die seltenen, stabil transfizierten ES-Zellklone anzureichern (1 von 10⁴ Zellen nach Elektroporation, Abschnitt 36.2.1).

Der eine homologe Sequenzbereich sollte die Länge von 0,5–2 kb nicht überschreiten, will man die homolog rekombinierten ES-Zellklone nach der Selektion zunächst mittels PCR identifizieren. Der längere homologe Arm sollte etwa 5–8

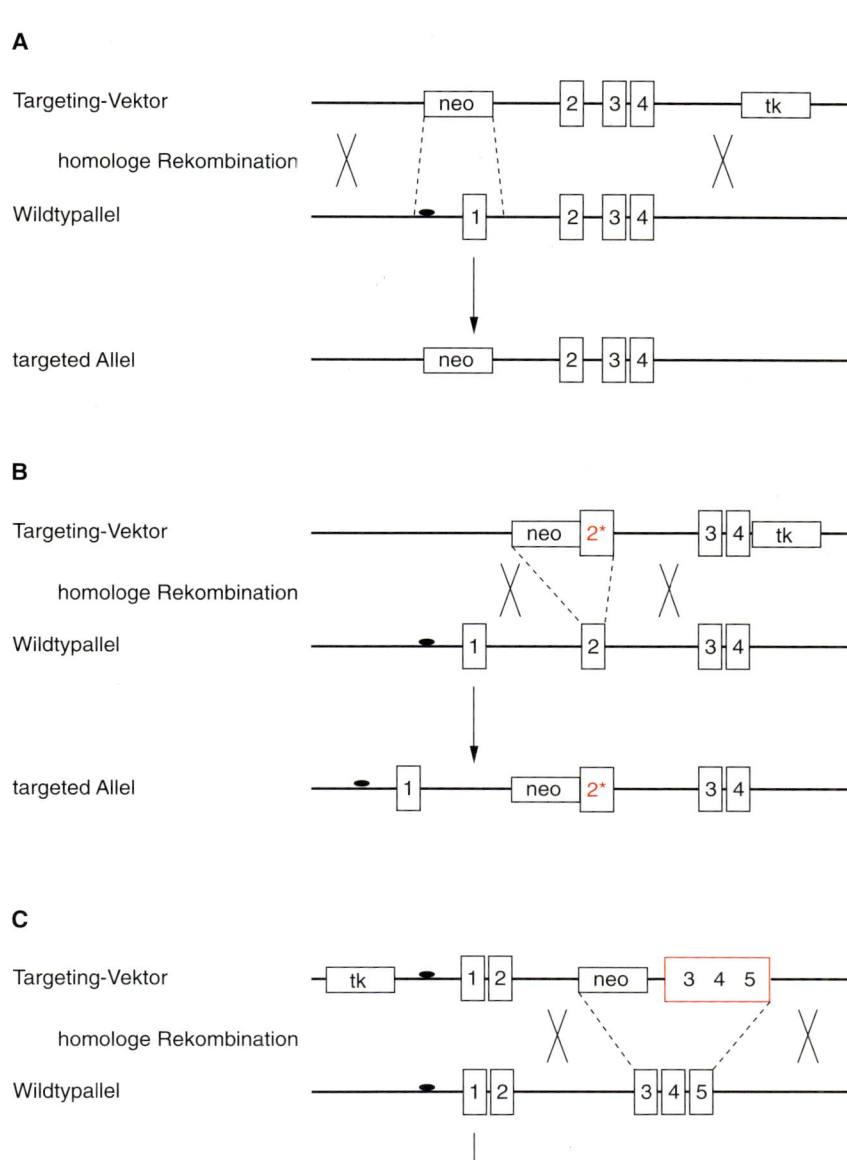

36.2 Konventionelle Gene-Targeting-Strategien. Targeting-Vektoren werden am kurzen homologen Arm linearisiert dargestellt. Durchgehende Linien repräsentieren homologe Sequenzen im Vektor, dem Wildtypallel und dem rekombinierten Allel. Exons sind als hohe offene Rechtecke dargestellt und numeriert, die Selektionsmarkergene als flache Rechtecke mit einer Abkürzung für das betreffende Gen (neo Neomycinresistenz, tk Thymidinkinase). Die Bruchstellen für die homologe Rekombination sind als schwarze Kreuze dargestellt. Dünne gestrichelte Linien zwischen Vektor und Wildtypallel (genomischer Locus) repräsentieren die Insertionsstellen der Selektionsmarkergene und anderer heterologer DNA-Sequenzen. Eine Punktmutation in einem Exon wird mit einem Stern neben der Nummer des Exons angedeutet. Extrachromosomale Rekombinationsprodukte sind nicht dargestellt. A. Gen-Inaktivierung durch einfache Replacement-Strategie. Der Promotor und das erste Exon im genomischen Locus werden nach homologer Rekombination durch das Selektionsmarkergen des Targeting-Vektors ersetzt. B. Zielgerichtetes Einführen einer Punktmutation. Mit vergleichbarer Strategie wie in (A) beschrieben wird hier das *neo*-Gen im Intron inseriert und auf die Cokonversion einer Punktmutation in Exon 2 selektiert. Die generelle Genstruktur bleibt hierbei intakt. C. Zielgerichtetes Einführen einer cDNA-Sequenz (rotes Viereck) in den genomischen Locus. Durch homologe Rekombination werden hier drei 3' gelegene Exons eines Gens durch deren cDNA-Sequenz und das Selektionsmarkergen ersetzt. Die Genstruktur im 5'-Bereich bleibt vollständig erhalten. Die gesamten zwischen den durch cDNA ersetzten Exons gelegenen Intronsequenzen gehen hierbei im rekombinanten Allel verloren.

kb enthalten. An deren Ende wird häufig das Thymidin-Kinase-Gen des Herpes-simplex-Virus (HSV-*tk*) als eukaryontisches negatives Selektionsmarkergen kloniert. Es dient der Gegenselektion von ungerichteten Integrationen des gesamten Vektors in Ganciclovir-haltigem Medium. Bei homologer Integration bleibt das HSV-*tk*-Gen draußen. Bei ungerichteter Integration geht das gesamte Konstrukt (also auch das *tk*-Gen) in die genomische DNA. HSV-*tk* phosphoryliert – im Gegensatz zur endogenen *tk* mit einer ca. 200fach höheren Substratspezifität – Ganciclovir, das jetzt in neu synthetisierte DNA eingebaut werden kann. Dies führt zum Kettenabbruch und dadurch zum Tod der Zellen, die das HSV-*tk*-Gen integriert haben. Häufig wird eine Doppelselektion unter Verwendung des *neo*- und *tk*-Gens im Konstrukt durchgeführt. Es empfiehlt sich die Verwendung von isogener DNA im Vektor im Bezug auf den genetischen Ursprung der ES-Zellen, d. h. die genomische DNA, die zur Trangen-Konstruktion verwendet wird, sollte aus demselben Mausstamm stammen wie die ES-Zellen, da lokale Polymorphismen die Rate der homologen Rekombination negativ beeinflussen können.

Nach erfolgter homologer Rekombination des exogenen DNA-Konstrukts mit dem genomischen Locus in ES-Zellen erhält man als Resultat im rekombinanten Locus eine Insertion des Selektionsmarkergens verbunden mit dem Ersatz des ersten Exons, welches das Start-Codon für die Translation trägt. Dies bewirkt meist eine funktionale Inaktivierung des Zielgens. Zur Sicherheit kann man in eine benachbarte Exonsequenz noch eine Frameshift-Mutation oder Stopcodons einbauen.

Will man, wie in Abbildung 36.2B und 36.2C gezeigt, das Gen funktional erhalten, jedoch gezielt modifizieren, ergibt sich durch die Anwesenheit des Selektionsmarkergens im Zielgen anschließend das Problem der Interpretierbarkeit der phänotypischen Daten in der Maus, da das Selektionsmarkergen im Locus selbst – unabhängig von der gezielt eingeführten Mutation – auf die Funktion des Zielgens oder durch seine regulatorischen Elemente auf benachbarte oder im Gegenstrang codierte Gene einen Einfluss haben kann und somit den Phänotyp mitbestimmt. Für das häufig verwendete *neo*-Gen wurden für beide Orientierungen Fälle beschrieben. Verschiedene aufwendige Doppelschrittstrategien wie *hit-and-run* und *double replacement* wurden entwickelt, um das Selektionsmarkergen in einem zweiten Schritt durch homologe Rekombination wieder zu entfernen. Der Aufwand für ein zweites *Targeting*-Konstrukt und die niedrige Frequenz für das Ereignis haben diese Techniken jedoch nach der Etablierung von Genschaltern wie den Rekombinasesystemen (Abschnitt 36.4) in den Hintergrund gedrängt.

Will man einen Teil der Exons in einem Zielgen durch mutierte cDNA-Sequenzen ersetzen, kann man das Problem partiell umgehen, indem man zunächst die unmutierte Wildtyp-cDNA in den Ziellocus integriert. Zeigen die so hergestellten Mäuse keinen veränderten Phänotyp, geht man davon aus, dass das Gen funktional intakt geblieben ist. Dadurch wird kontrolliert, dass die wegefallenen Intronsequenzen, die zwischen den ersetzten Exons lokalisiert sind, keine essentiellen regulatorischen Elemente enthalten und dass das Selektionsmarkergen nicht negativ interferiert. Nun kann man mutierte cDNA-Sequenzen gezielt einführen, um beispielsweise den Einfluss einzelner Aminosäureaustausche in der aktiven Domäne eines für die Signalübertragung essentiellen Moleküls zu untersuchen.

36.3 Vom DNA-Konstrukt zur Maus

36.3.1 Mikroinjektion von ES-Zellen in Blastocysten und Morulaaggregation von ES-Zellen

Wie kann man mit dem klonierten DNA-Konstrukt einen neuen Mausstamm generieren, der die beabsichtigte Mutation in einem bestimmten Locus in seinem Genom trägt? Dies wird durch die Technik der Mikroinjektion von in vitro manipulierten embryonalen Stammzellen (ES-Zellen) in das Blastocoel 3,5 Tage alter Mausembryonen, des Blastocysten, ermöglicht. Hierbei werden die ES-Zellen gewissermaßen an ihren Herkunftsort zuückverpflanzt, da diese Zelllinien ursprünglich aus Zellen der inneren Zellmasse von Blastocysten in Kultur etabliert wurden. Gute ES-Zelllinien mit hoher Keimbahnbeteiligung sind nur von einer eingeschränkten Zahl von Mausstämmen verfügbar und weltweit werden Abkömmlinge nur weniger Zelllinien für die Einführung von Mutationen verwendet. ES-Zellen sind noch unspezialisiert bzw. undifferenziert und können sich daher an der Bildung aller Gewebe eines Organismus beteiligen. Dies ist essentiell für ihre Anwendung in der Mikroinjektionstechnik zur Herstellung genetisch veränderter Mäuse. Die Bedingungen für die Manipulation in Zellkultur werden durch Zugabe entsprechender Faktoren so gewählt, dass diese Eigenschaften der ES-Zellen stets erhalten bleiben.

Durch Elektroschock kann in diese Zellen fremdes Genmaterial – in diesem Fall das *Targeting*-Konstrukt – in vitro eingeführt werden (sogenannte Elektroporation oder Elektrotransfektion). Das Ziel ist die homologe Rekombination, d. h. die gezielte Einführung der Mutation durch Austausch von exogener DNA, die die gewünschte Mutation trägt, mit homologen DNA-Sequenzen an einem bestimmten Ort im Erbgut der Zelle (Genlocus). In der Nachbarschaft wird zusätzlich ein Selektionsmarkergen eingeführt, um Zellen, die die Veränderung tragen, in Selektionsmedium in Kultur anreichern zu können. Die Nachkommen einer einzelnen Zelle (Zellklon) werden nach der Transfektion auf die Anwesenheit der Mutation hin molekularbiologisch mittels PCR und Southern-Blot-Analyse untersucht. Viele ES-Zellen haben das neue genetische Material (auch das Selektionsmarkergen) ungerichtet im Genom integriert. Nur wenige tragen ausschließlich das zielgerichtete Integrationsereignis. Die Fähigkeit zum Einbau exogenen genetischen Materials durch homologe Rekombination ist eine natürliche Eigenschaft der Zelle, die sich der Forscher zunutze macht. Generell ist die homologe Rekombination ein seltenes Ereignis, und die Häufigkeit ist je nach Genlocus sehr unterschiedlich. Die Frequenz liegt bei den meisten Experimenten im Bereich von 1 : 3 bis 1 : 500 Klonen, die das Selektionsmarkergen tragen, d. h. die exogene DNA aufgenommen und stabil im Genom integriert haben.

Zellen der identifizierten, korrekt mutierten Klone werden in vitro vermehrt und in Blastocysten injiziert (Abb 36.3). Danach werden die manipulierten Embryonen in den Uterus von seit 60 Stunden scheinschwangeren Tieren verpflanzt und von diesen ausgetragen. Im Stadium der Blastocyste befinden sich auch bei natürlichen Schwangerschaften die Embryonen im Uterus.

Die Injektion der ES-Zellen erfolgt unter einem Phasenkontrastmikroskop. Die Injektionsnadel ist gerade so weit, dass einzelne ES-Zellen wie an einer Perlenschnur aufgereiht darin Platz finden. Je Blastocyste werden etwa 18 bis 25 ES-Zellen injiziert (Abb. 36.3).

PCR
Kapitel 24

Southern Blotting
Abschnitt 22.4.3

36.3 Schematische Darstellung des experimentellen Ablaufs zur Herstellung chimärer Mäuse durch Mikroinjektion von ES-Zellen in Blastocysten. Die DNA (rote Symbole) wird durch Elektrotransfektion in den Kern der ES-Zellen eingeführt, und Zellklone, die das Selektionsmarkergen tragen, werden in der anschließenden Kultur positiv selektioniert (rote Kolonien). Nach molekularbiologischer Untersuchung dieser Klone mittels Southern Blotting und PCR-Analyse werden Zellen der Klone, die das gewünschte Rekombinationsereignis tragen, in Blastocysten injiziert. Injizierte Embryonen werden in scheinschwangere Empfängertiere übertragen und chimäre Mäuse werden geboren. Nach Kreuzung dieser Chimären mit den entsprechenden Wildtypmäusen werden Tiere mit der Fellfarbe, die der des Stammes entspricht, aus dem ursprünglich die ES-Zellen isoliert wurden, molekularbiologisch analysiert. 50 % dieser Tiere sollten hemizygot für die beabsichtigte Mutation sein. (vas = vasektomiert)

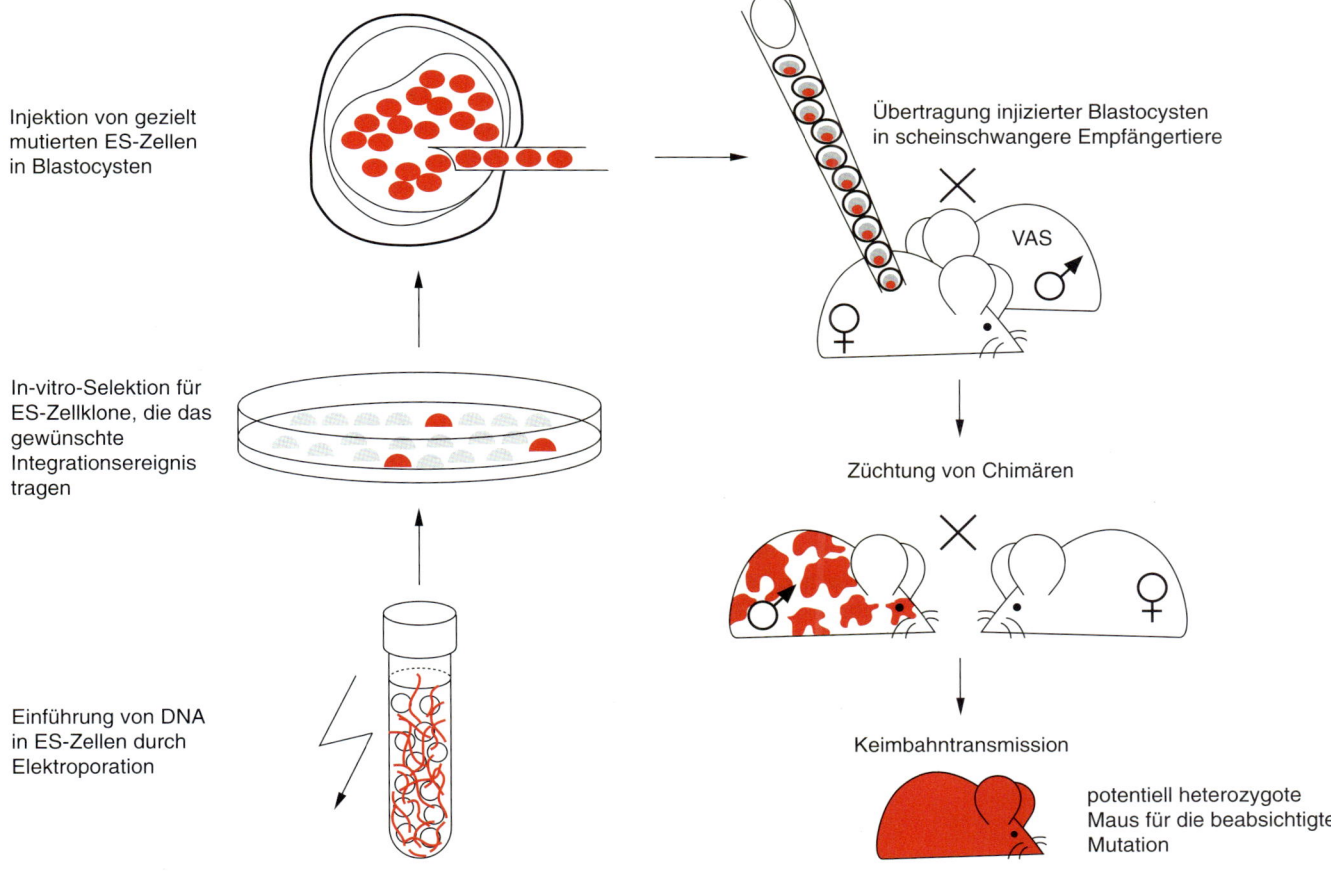

Alternativ zur Injektion rekombinanter ES-Zellen in Blastocysten, die eine relativ teure Injektionsapparatur und ausgereifte manuelle Fertigkeiten für die Mikromanipulation erfordert, kann man chimäre Mäuse unter Verwendung von ES-Zellen auch durch die Methode der **Morulaaggregation** herstellen. Hierfür ist ein gutes Binokular mit Durchlichtfunktion und die Fähigkeit, Embryonen von Tropfen zu Tropfen zu pipettieren, ausreichend. Für die Aggregation wird der Embryo im Morulastadium (Tag 2,5) von der Zona pellucida, einer gallertigen Hülle, die den Präimplantationsembryo umschließt, befreit (durch enzymatischen Verdau mit Pronase oder durch Behandlung mit saurer Tyrode-Lösung, pH 2,5).

Die so behandelten Embryonen werden anschließend in einer Mikrotropfenkultur unter Paraffinöl durch Pipettieren in Vertiefungen vereinzelt. Kleine Aggregate von etwa 15 ES-Zellen (nach partiellem Trypsinverdau der Kultur) werden dazupipettiert. Aggregiert man zwei Embryonen mit ES-Zellen pro Vertiefung, so spricht man von Sandwich-Aggregation. Nach Inkubation über Nacht (5 % CO_2, 100 % Luftfeuchte, 37 °C) haben sich die Embryonen in den Vertiefungen zu Blastocysten entwickelt, die die ES-Zellen in ihren Zellverband integriert haben. Diese Blastocysten werden in scheinschwangere weibliche Mäuse am Tag 2,5 nach Vaginalpfropf verpflanzt und von diesen ausgetragen. Für gute ES-Zellklone kann man mit dieser Methode mehr Chimären pro Zeiteinheit erzeugen, wenn man ausreichende Mengen an Embryonen zur Verfügung hat im Vergleich zur Injektionsmethode. Ein weiterer Vorteil ist die Verwendung eines Mausstammes als Embryonendonor, der früher geschlechtsreif wird als der bei der Mikroinjektion verwendete. Daher spart man Zeit bei der Zucht und Expansion der neuen Mauslinie.

Zur Identifikation der Nachkommen, die manipulierte ES-Zellen in den verschiedenen Geweben integriert haben, macht man sich Fellfarben als Indikator zunutze. Da die ES-Zellen auch am Aufbau der Haut und der Follikelzellen der Maus beteiligt sind, die später die Haare des Fells bilden, verwendet man Blastocysten und ES-Zellen aus Mausstämmen mit unterschiedlicher Fellfarbe. Die Nachkommen werden an der Musterung im Fell (gefleckt oder gestreift) erkannt. Damit lässt sich der Beitrag der manipulierten ES-Zellen zum Aufbau der Haut und Haare semiquantitativ abschätzen. Man nennt diese Tiere **Chimären** (Abb. 36.3). Gleicht die Fellfarbe der chimären Maus ausschließlich der des Ursprungsstammes der ES-Zelle, so spricht man von 100 %-Chimären bezüglich der Fellfarbe. Je höher der Anteil der ES-Zellen beim Aufbau der Haut und Haarzellen ist, desto höher ist er vermutlich auch in anderen Geweben, insbesondere dem Keimbahngewebe.

Im nächsten Schritt zur Etablierung eines neuen Mausstammes, dessen Zellen alle vom ES-Zell-Genotyp sein sollen, werden diese chimären Tiere mit Wildtypmäusen verpaart (Abb. 36.3). Findet man Tiere unter den Nachkommen, die die Fellfarbe des Mausstammes haben, aus dem die ES-Zelle isoliert wurde, spricht man von Keimbahntransmission für die Fellfarbe. Unter diesen werden heterozygote Tiere, die die gewünschte Mutation in jeder Zelle auf einem der beiden Allele tragen, mittels PCR und Southern-Blot-Analyse der DNA aus einer Schwanzbiopsie identifiziert (Keimbahntransmission für die Mutation). Wegen der Nichtkopplung von Mutation und Fellfarbe sollten 50 % dieser Tiere das mutierte Allel tragen, wenn der rekombinante ES-Zellklon die Mutation auf einem Allel trug, also heterozygot bezüglich der eingeführten Mutation war.

Nach Erlangung der Geschlechtsreife werden durch einen weiteren Kreuzungsschritt von Heterozygot mit Heterozygot in der nächsten Generation 25 % homozygote Mutanten erzeugt, die die gewünschte Mutation in jeder Zelle auf beiden Schwesterallelen tragen, d. h. der Phänotyp der Mutation kann nicht mehr durch die Anwesenheit eines Wildtypallels kompensiert werden. Die so entstandenen Tiere werden nun mittels molekularbiologischer, histologischer, biochemischer, elektrophysiologischer oder verhaltensorientierter Tests untersucht, und man versucht, aus der Summe der Daten eine funktionale Beziehung zwischen der genetischen Veränderung und ihrer Auswirkung auf den Organismus abzuleiten.

Bei einer **Knock-out-Mutation** wird ein bestimmtes Gen in seiner Funktion ganz ausgeschaltet. Es kann daher zu sehr dramatischen Effekten kommen – bis hin zum vorzeitigen Absterben der homozygoten Tiere im Uterus des Muttertieres. Man bezeichnet solche Mutationen daher als embryonal letal. Die in-vivo-Analyse der Genfunktion im Hinblick auf den sich entwickelnden Organismus ist in einem solchen Fall sehr eingeschränkt. Ein Lösungsansatz ist die Entwicklung von konditionalen Mutanten (Abschnitt 36.5) durch die Verwendung von Genschaltern für die Einführung der Mutation. Die technische Weiterentwicklung auf diesem Gebiet beschäftigt derzeit viele Forschungslabors. Im Falle embryonal letaler Mutationen löst oft eine gewebespezifische Aktivierung der Mutation das Problem. Eine andere Möglichkeit besteht darin, die Einführung der Mutation auf einen bestimmten Zeitpunkt in der Entwicklung zu beschränken. Optimal ist eine zu jedem beliebigen Zeitpunkt induzierbare Einführung der Mutation. Verschiedene Ansätze werden zur Zeit erprobt.

Zuweilen zeigt die Ausschaltung oder Modifikation eines Gens auch keine erkennbare Konsequenz für die Maus, d. h. sie hat keinen erkennbaren Phänotyp. Die mittlerweile gut sortierten Datenbanken (Tbase) für die existierenden Mutanten ermöglichen in einem solchen Fall die Zusammenarbeit mit anderen Forschungslabors zur Erzeugung von Doppel- oder Mehrfachmutanten in funktional verwandten Genen, um eine mögliche gegenseitige funktionale Kompensation (biologische Redundanz) der Mutationen zu überwinden.

Die verschiedenen Techniken zur Manipulation des Mausgenoms ermöglichen die Bearbeitung einer Menge von interessanten wissenschaftlichen Fragestellungen, die mittlerweile einen wichtigen Beitrag auch zur biomedizinischen Grundlagenforschung leisten.

36.3.2 Pronucleusinjektion von DNA, virale Infektion

Da man für die Entwicklung konditionaler gezielter Genmodifikationen in vivo zusätzlich zu den bereits beschriebenen gezielt mutierten Mäusen auch sogenannte **transgene Mäuse** verwendet, soll hier kurz auf die zugrunde liegende Technik der Pronucleusinjektion eingegangen werden. Hierbei werden lineare DNA-Konstrukte in den Vorkern befruchteter Eizellen injiziert. Die Insertion des Transgens ins Genom erfolgt bei der Pronucleusinjektion ungerichtet und zufällig, nicht durch homologe Rekombination mit dem Zielgen. Daher kann es auch ein oder mehrere Integrationsstellen geben, die jeweils ein oder mehrere Kopien des Transgens enthalten.

> Die Nomenklatur ist leider nicht einheitlich. Oft werden alle genmanipulierten Mäuse unter dem Begriff *transgene Mäuse* zusammengefasst, auch wenn Mäuse, deren Mutation lediglich den Austausch einer Aminosäure in einem Protein bewirkt, kein wirkliches Transgen enthalten. In diesem Kapitel wird daher zwischen zielgerichteten Mutanten, die durch homologe Rekombination in ES-Zellen erzeugt wurden, und Mutanten, die eine örtlich ungerichtete zufällige Insertion des Transgens im Genom tragen, unterschieden.

Zur Injektion werden Eizellen aus dem Eileiter von wenige Stunden schwangeren Spendertieren präpariert. Das DNA-Konstrukt enthält das Transgen, also eine codierende Gensequenz und die zu seiner Expression nötigen regulatorischen Elemente. Die DNA wird einem besonderen Reinigungsprotokoll unterworfen und direkt mit Hilfe fein ausgezogener Glaskapillaren in den Vorkern befruchteter Eizellen injiziert (Abb. 36.4). Am besten eignet sich hierfür ein Mikroskop mit so genannter differenzieller Interferenz-Kontrast-Optik. Nur wenige andere optische Darstellungsformen sind alternativ verwendbar, haben jedoch eine geringere Auflösung. Die Position der Membran des Vorkerns muss als Übergang zwischen Cytoplasma und Kern scharf abgebildet werden. Die genannte Optik erreicht

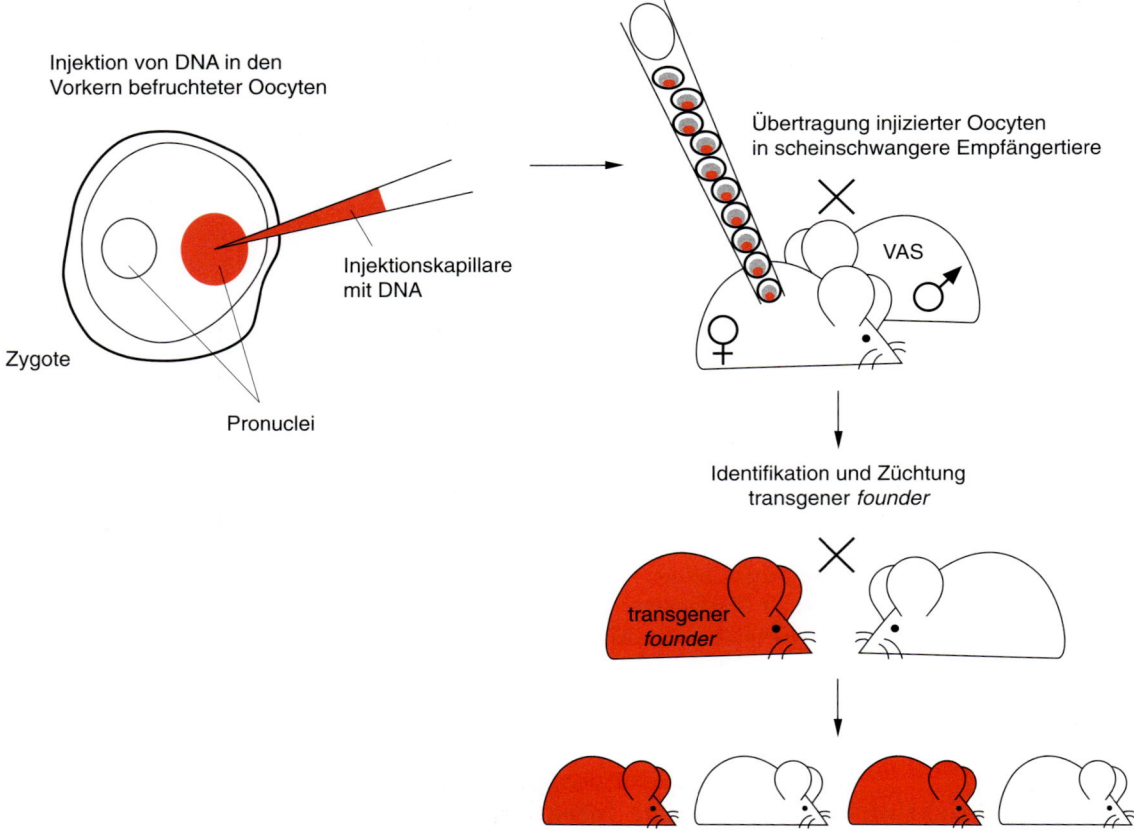

36.4 Schematische Darstellung des experimentellen Ablaufs zur Herstellung transgener Mäuse mittels Pronucleusinjektion von DNA. Die DNA wird in einen der beiden Pronuclei injiziert. Die injizierten Zygoten werden dann in scheinschwangere Empfängertiere übertragen und etwa 10–30 % der Nachkommen tragen das Transgen (integriert an zufälligem Ort im Genom). Jedes Tier dieser *founder*-Generation repräsentiert ein oder mehrere unabhängige Integrationsereignisse. Kreuzt man transgene *founder*-Tiere mit Wildtypmäusen, so tragen 50 % der Nachkommen das Transgen für jedes unabhängige Integrationsereignis. (vas = vasektomiert)

einen dreidimensionalen Darstellungseffekt, dadurch dass der Lichtstrahl durch ein Prisma geleitet wird, und bildet die erwähnten Strukturen scharf ab. Ca. 75 % der Embryonen überleben die Injektion und werden nach einer kurzen Inkubation operativ in scheinschwangere Empfängertiere transferiert. Diese erhält man durch gezielte Verpaarung der weiblichen Tiere mit durch Vasektomie sterilisierten männlichen Tieren. Nach einer Tragzeit von etwa 20 Tagen werden die Nachkommen geboren. Erfahrungsgemäß tragen etwa 10–30 % der Nachkommen das injizierte Transgen in ihrem Genom.

Die Erzeugung transgener Mäuse durch virale Infektion wird heute nur noch selten angewendet, da sie bei ähnlicher Integrationsfrequenz des Transgens in den Nachkommen gegenüber der Pronucleusinjektion klare Nachteile hat. Infiziert werden Achtzellstadien. Daher sind viele transgene *founder* Mosaikmäuse (nicht alle Zellen enthalten das Transgen), so dass es auch Probleme bei der Keimbahntransmission geben kann. Bei der Pronucleusinjektion wird nur die codierende Sequenz des Transgens mit seinen für die Expression nötigen regulatorischen Sequenzen injiziert. Bei der Infektionsstrategie sind zusätzlich virale Gene enthalten, die möglicherweise negativ mit der regulierten Expression der Transgens interferieren.

Jedes transgen-positive Tier dieser Generation repräsentiert mindestens ein unabhängiges Integrationsereignis, d. h. das Transgen integriert zufällig und ungerichtet auf einem Chromosom. Daher sind die Tiere genetisch nicht identisch.

Jedes einzelne ist vielmehr der Beginn (*founder*) eines neuen Mausstammes. In seltenen Fällen können die Ursprungstiere steril sein. Außerdem ist die Transgenexpression möglicherweise vom Integrationsort im Genom beeinflusst. Daher ist es immer sinnvoll, mehrere *founder* je Transgen zu erzeugen. Erhält man ein *founder*-Tier mit mehreren Integrationsstellen, die auf verschiedenen Chromosomen liegen, so segregieren die Transgene im nächsten Kreuzungsschritt und man erzeugt verschiedene Substämme.

36.4 Das Cre/loxP-Rekombinasesystem als Beispiel für einen Genschalter

Das Cre/loxP-Rekombinasesystem stammt aus dem Bakteriophagen P1. Locusspezifische Rekombinasen (*site-specific recombinases,* SSRs) sind Enzyme in Bakterien und Hefen, die spezifische Zielsequenzen erkennen, an denen sie die DNA schneiden und religieren, und so eine Rekombination verursachen. Das 38-kDa-Enzym Cre (*causes recombination*) des Bakteriophagen P1 gehört zur Integrase-Familie der Rekombinasen. Es katalysiert die ortsspezifische Rekombination zwischen DNA-Zielsequenzen von jeweils 34 bp, den loxP-Elementen (loxP-site oder *locus of crossing over*). Im Bakteriophagen sichert Cre die Erhaltung des Plasmids durch Auflösung von DNA-Dimeren in Plasmid-Monomere. Cre allein ist hinreichend, um die Rekombination zwischen loxP-Elementen zu katalysieren. Es werden keine zusätzlichen Cofaktoren benötigt. Diese Eigenschaft macht das Cre/loxP-System zu einem nützlichen Instrument in der rekombinanten DNA-Technik. Seine Anwendung kann leicht auf andere Spezies übertragen werden, da sie keine endogenen Zielsequenzen haben. Jedes loxP-Element besteht aus zwei umgekehrten Sequenzwiederholungen (*inverted repeats*) von 13 bp, die ein asymmetrisches Zwischenelement (*spacer*) flankieren, das dem gesamten Element seine Orientierung gibt. Eine Rekombination zwischen zwei Elementen geschieht mit Basenpaargenauigkeit und wird durch den Zusammenschluss von vier Untereinheiten der Rekombinase vermittelt. Zwei Untereinheiten binden jeweils an den umgekehrten Sequenzwiederholungen in jedem loxP-Element und bringen dadurch die Bindungsstellen beider Elemente räumlich eng zueinander. Die DNA wird geschnitten und im asymmetrischen Zwischenstück religiert. Als Intermediat wird während der Reaktion eine Holliday-Struktur ausgebildet, die dann aufgelöst wird. Das durch Cre induzierte DNA-Rearrangement ist eine reversible Reaktion. Je nach Lokalisation und Orientierung der loxP-Elemente resultiert die Rekombination in verschiedenen DNA-Rearrangements (Abb. 36.5). Wie in Abbildung 36.5B gezeigt, liegt das Gleichgewicht der Reaktion wegen der unterschiedlichen effektiven Konzentration der jeweiligen Edukte auf der Seite des intramolekularen Ausschneidens gegenüber der Reintegration. Die Reaktion ist im Gleichgewicht bei der intramolekularen Inversion (Abb. 36.5C). Das Ausmaß der Reaktion ist direkt proportional zu der verfügbaren Menge an Cre-Rekombinase.

Ein weiteres zur genetischen Manipulation in Mäusen beschriebenes Rekombinase-System ist das FRT/FLP-System aus Hefe (vgl. Abb. 36.11, Abschnitt 36.6). Die FRT-Elemente haben eine vergleichbare Struktur mit den loxP-Elementen. Die Kinetik, mit der die Rekombinase FLP arbeitet, unterscheidet sich nachteilig von Cre hinsichtlich ihrer Effizienz in der Maus, da das Temperaturoptimum von FLP ($\approx 28\,°C$) weit unter der Körpertemperatur der Maus von $39\,°C$ liegt. Derzeit wird versucht, durch gezielte Mutation der FRT-Elemente und der FLP-Rekombinase die Effizienz zu steigern, da für die effektive Nutzung für die konditionale Mutagenese in der Maus mindestens zwei unabhängige Rekombinasesysteme wünschenswert wären (vgl. unten).

A Struktur eines loxP-Elements

umgekehrte ... → ← Spacer → ← ... Sequenzwiederholung

5'– ATAACTTCGTATA – GCATACAT – TATACGAAGTTAT – 3'
3'– TATTCTAGCATAT – CGTATGTA – ATATGCTTCAATA – 5'

B Cre-vermittelte Deletion

C Cre-vermittelte Inversion (MAUS / SNAW)

D Cre-vermittelte Translokation

36.5 Struktur eines loxP-Elements (A) und Rekombinationsprodukte intra- (B, C) und intermolekularer (D) Cre-vermittelter DNA-Umlagerungen. A. Ein 34-bp-loxP-Element besteht aus zwei umgekehrten Sequenzwiederholungen von je 13 bp und einem asymmetrischen, 8 bp langen Zwischenstück (*spacer*), das die Orientierung des loxP-Elements angibt. Es wird im Folgenden durch ein rotes Dreieck symbolisiert. B. Cre-vermittelte Rekombination zwischen zwei gleich (*head to tail*) orientierten loxP-Elementen in *cis* führt zum Ausschneiden der dazwischen liegenden Sequenz als zirkuläres Molekül. Ein intaktes loxP-Element bleibt auf jedem der Rekombinationsprodukte erhalten. C. Cre-vermittelte Rekombination führt zur Inversion eines loxP-flankierten DNA-Segments, wenn die loxP-Elemente in umgekehrter Orientierung in *cis* angeordnet sind. D. Cre-vermittelte Translokation durch reziproken Austausch der flankierenden DNA-Segmente durch zwei parallel angeordnete loxP-Elemente in *trans*.

36.5 Strategien zur gezielten Genmodifikation unter Verwendung von Genschaltern

Um ein Zielgen mit Hilfe des Cre/loxP-Systems auszuschalten, müssen zunächst durch Gene Targeting in ES-Zellen mindestens zwei loxP-Elemente so in das Zielgen eingebracht werden, dass nach Aktivierung durch die Rekombinase das gewünschte DNA-Rearrangement gezielt erzeugt und selektioniert werden kann. Durch die Kombination von homologer und locusspezifischer Rekombination in zwei aufeinanderfolgenden Schritten wird das Spektrum an möglichen Mutationsvarianten erhöht und die konditionale Mutagenese ermöglicht. Die Abbildungen 36.6 bis 36.9 zeigen verschiedene Anwendungsbeispiele. Die hierbei möglichen Wege der Aktivierung der Rekombination sind nachfolgend zusammengefasst.

Anwendungsmöglichkeiten der Rekombinase für ortsspezifische Rekombination:
- In Zellkultur durch transiente Transfektion von ES-Zellen mit einem Rekombinase-codierenden Plasmid;
- in Embryonen durch Pronucleusinjektion eines Rekombinase-codierenden Plasmids (transiente Transgenese);

- in Mäusen durch Verpaarung der „gefloxten" Maus mit einem Mausstamm, der die Rekombinase als Transgen ubiquitär, gewebespezifisch oder induzierbar exprimiert;
- in somatischen Geweben durch Infektion von Mäusen mit einem Cre-exprimierenden Adenovirus.

Generell kann die nach transienter Transfektion von ES-Zellen mit einem Rekombinase-codierenden Plasmid eingeführte Rekombinase dazu benutzt werden, um das loxP-flankierte Selektionsmarkergen aus dem Locus zu entfernen. Dies ist bei allen *Gain-of-Function*-Mutationen von Nutzen, da die regulatorischen Elemente des Selektionsmarkergens negativ mit der Expression des Zielgens, oder sogar noch mit einem benachbarten Gen interferieren können. Somit kann der in der Maus resultierende Phänotyp nicht absolut der gezielt eingeführten Mutation zugeschrieben werden. Die Möglichkeit, das Selektionsmarkergen aus dem Locus zu entfernen, löst die Probleme, die in Abschnitt 36.2 erwähnt wurden. Alternativ kann in einem Ansatz, der als **transiente Transgenese** bezeichnet wird, ein loxP-flankiertes Selektionsmarkergen durch Pronucleusinjektion eines unlinearisierten Rekombinase-codierenden Plasmids in befruchtete Eizellen entfernt werden. In diesem Ansatz braucht man die ES-Zellen keiner weiteren Transfektion und Selektion unterwerfen und erhöht möglicherweise die Chance für ihre Keimbahnbeteiligung. Es hat sich jedoch gezeigt, dass auch mehrfach transfizierte und selektionierte ES-Zellen ihre Fähigkeit zur Keimbahnbeteiligung nicht unbedingt verlieren. Ein weiterer Vorteil der transienten Transgenese liegt in der Rekombinase-vermittelten Expression embryonal letaler heterozygoter Mutationen oder der Aktivierung toxischer Transgene. In diesem Fall hat man eine Spender-Mauslinie für die rekombinanten Eizellen bereits stabil etabliert und kann die Induktion der Genausschaltung oder der Transgenexpression für weitere Analysen im Embryo beliebig oft wiederholen.

Kleinere DNA-Abschnitte, die von zwei loxP-Elementen flankiert werden, können gezielt in vitro ausgeschnitten werden (Abb. 36.6). Größere Deletionen in einem Locus von 3–4 cM sind möglich durch die Einführung zweier loxP-Ele-

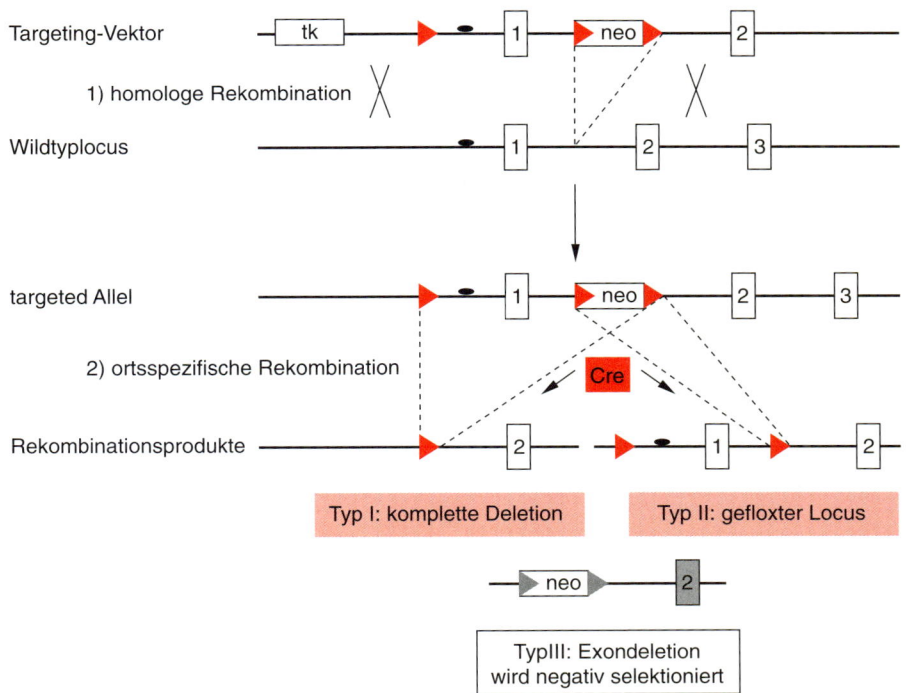

36.6 Die *flox*- und *delete*-Strategie zur gezielten Genmodifikation erlaubt die gleichzeitige Herstellung eines mit loxP-Elementen flankierten (*floxed*) Allels (funktional intakt; Typ II) und eines „Null"- oder Knock-out- (K. O.-)Allels (Typ I) eines Genlocus in ES-Zellen. Die Symbole sind identisch mit denen in Abbildung 36.2 und 36.5. In diesem Fall wird das als Selektionsmarker verwendete gefloxte *neo*-Gen im Intron zwischen den beiden ersten Exons des Zielgens plaziert. Ein weiteres loxP-Element wird stromaufwärts des Promotors im Targeting-Vektor eingeführt. Alle drei loxP-Elemente haben die gleiche Orientierung. Abhängig davon, welche loxP-Elemente für die zielgerichtete Rekombination (z. B. in einer transienten Transfektion mit einem Cre-codierenden Plasmid) in einem mutierten ES-Zellklon paarweise aktiviert werden, wird entweder ein Typ-I- oder ein Typ-II-Produkt erzeugt. Das Typ-I-Rekombinationsprodukt erhält man nach Rekombination zwischen den beiden am weitesten entfernten loxP-Elementen. Dadurch wird eine Deletion im Locus erzeugt, wodurch die Genfunktion ausfällt. Das Typ-II-Rekombinationsprodukt entsteht nach Rekombination zwischen den zwei loxP-Elementen, die das Resistenzgen flankieren. Hier verbleiben zwei loxP-Elemente im Locus, die das erste Exon flankieren. Das Gen bleibt funktional intakt. Das dritte mögliche Produkt (Typ III), in dem das Zielgen inaktiviert wird, das *neo*-Gen hingegen intakt bleibt, wird während der Kultivierung in G418-haltigem Medium „negativ selektioniert". Die G418-sensitiven Klone repräsentieren Typ-I- und Typ-II-Rekombinationsprodukte und werden aus einer Replikaplatte expandiert.

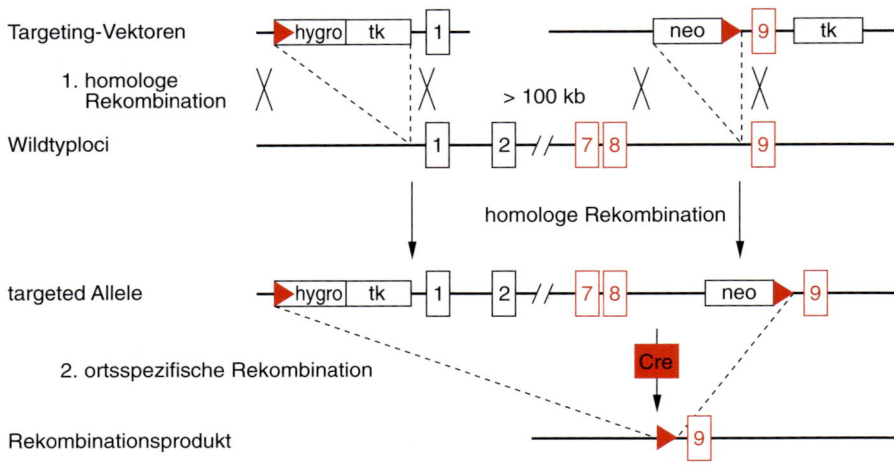

36.7 Strategie zur Deletion großer DNA-Abschnitte in ES-Zellen durch drei aufeinander folgende Schritte gezielter Genmodifikation. In den ersten beiden Schritten werden durch zwei unabhängige aufeinander folgende homologe Rekombinationen die loxP-Elemente und die benötigten Selektionsmarkergene in den Locus auf demselben Chromosom eingeführt. Die Endpunkte der Deletion werden jeweils durch die Position der loxP-Elemente definiert, die die gleiche Orientierung haben. In einem dritten Schritt wird durch transiente Transfektion (alternativ siehe Box S. 932f) dieser mutierten ES-Zellen mit einem Cre-codierenden Plasmid der DNA-Abschnitt zwischen den loxP-Elementen durch die exprimierte Rekombinase ausgeschnitten. Zur positiven Selektion und Anreicherung der ES-Zellklone (in Gancyclovir-haltigem Kulturmedium), die eine Deletion tragen, dient das *tk*-Gen. Die Symbole sind identisch mit denen in Abbildungen 36.2 und 36.5.

mente in gleicher Orientierung auf dem selben Chromosom durch zwei unabhängige homologe Rekombinationsereignisse (Abb. 36.7). Hierfür sind zwei aufeinanderfolgende Transfektionen und Selektionierungen in ES-Zellen nötig. In einer dritten Transfektion wird dann die Rekombinase in die ES-Zellen eingebracht und die Zellen auf Deletion des loxP-flankierenden Fragments selektiert.

Der Austausch bestimmter Genabschnitte gegen die einer anderen Spezies, gegen Exons mit Mutationen oder cDNA ist ebenfalls mit Hilfe zweier loxP-Elemente möglich (Abb. 36.8). Die Position der loxP-Elemente ist hierbei so gewählt, dass das Selektionsmarkergen mit den zu ersetzenden Genabschnitten nach Aktivierung der Rekombinase aus dem Locus entfernt wird.

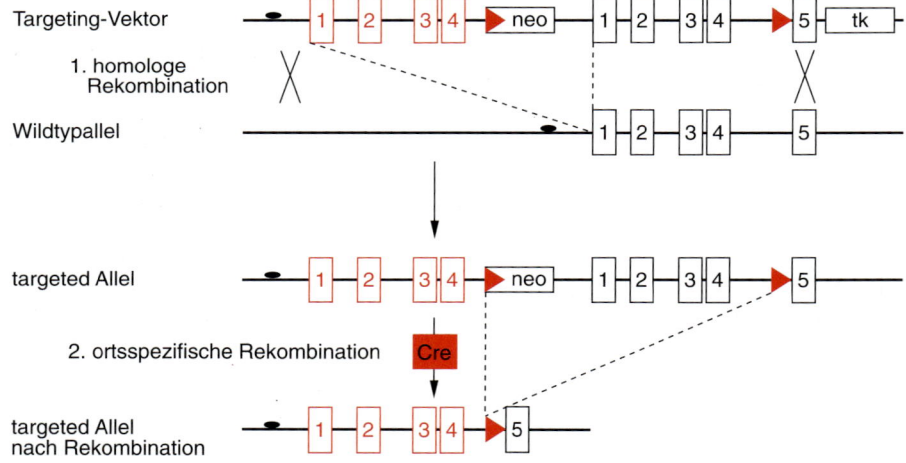

36.8 Strategie zum Gen-Replacement unter Verwendung des Cre/loxP-Systems in ES-Zellen durch zwei aufeinander folgende Schritte gezielter Genmodifikation. Im ersten Schritt werden in diesem Beispiel vier Exons einer anderen Spezies (rot) in einen Genlocus der Maus (schwarze Boxen repräsentieren Exons) durch homologe Rekombination eingeführt. loxP-Elemente werden jeweils 3' des *neo*-Gens und 5' des letzten zu ersetzenden Exons (hier stromabwärts von Exon 4) positioniert. In einem zweiten Schritt wird durch transiente Transfektion (alternativ siehe Textbox) dieser mutierten ES-Zellen mit einem Cre-codierenden Plasmid der DNA-Abschnitt zwischen den loxP-Elementen durch die exprimierte Rekombinase ausgeschnitten. Die vier neu eingeführten Exons (rot) werden hierdurch in die Kette der Exons des Mauslocus eingereiht. Anreicherung der ES-Zellklone, die diese Mutation tragen, wird hier durch Selektion auf Abwesenheit des *neo*-Gens in G418-haltigen Medium erreicht. Die Symbole sind identisch mit denen in Abbildungen 36.2 und 36.5.

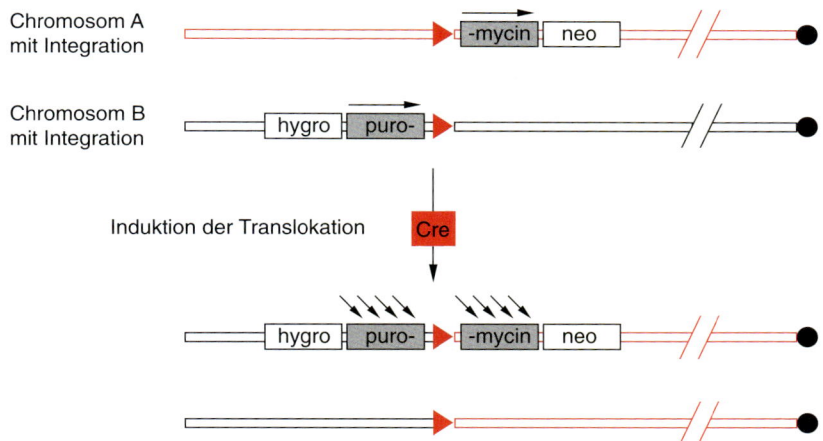

36.9 Strategie zur gezielten Chromosomentranslokation in ES-Zellen unter Verwendung des Cre/loxP-Systems durch drei aufeinander folgende Schritte zielgerichteter Genmodifikation. In den ersten beiden Schritten werden durch zwei unabhängige, aufeinander folgende homologe Rekombinationen die loxP-Elemente und die benötigten Selektionsmarkergene in die relevanten Loci auf zwei verschiedenen Chromosomen (rote bzw. schwarze Doppellinie) eingeführt. Die Bruchstellen für die Translokation werden jeweils durch die Position der loxP-Elemente definiert, deren Orientierung in Bezug auf das Centromer des Chromosoms (schwarzer gefüllter Kreis) übereinstimmen muss. In einem dritten Schritt wird durch transiente Transfektion (alternativ siehe Box S. 932f) dieser mutierten ES-Zellen mit einem Cre-codierenden Plasmid die Arme der Chromosomen an den loxP-Elementen durch die exprimierte Rekombinase ausgetauscht, es resultiert eine Translokation. Das eine Rekombinationsprodukt enthält die Selektionsmarkergene beider Chromosomen, während sich auf dem anderen rekombinanten Chromosom kein Selektionsmarkergen mehr befindet. Die vorher getrennten Elemente des Selektionsmarkergens für Puromycinresistenz sind nun fusioniert und das Gen wird exprimiert (kleine Pfeile). Die rekombinanten ES-Zellen können mit Hilfe des fusionierten Resistenzgens in Selektionsmedium angereichert werden.

36.6 Konditionale Mutagenese

Um ein Zielgen mit Hilfe des Cre/loxP-Systems konditional auszuschalten, müssen zunächst durch Gene-Targeting mindestens zwei loxP-Elemente so in das Zielgen eingebracht werden, dass ein essentielles Exon von ihnen flankiert wird (*gefloxte* Maus). In Abwesenheit von Cre bleibt dieses gefloxte Zielgen funktional intakt und wird normal exprimiert (vgl. Abb. 36.6). Die so veränderten Mäuse sollten keine phänotypischen Defekte aufweisen. Alternativ können auch gezielte Genmodifikationen (Abschnitt 36.5) konditional eingeführt werden. Die Rekombinase wird hierfür nicht in Zellkulturexperimenten appliziert, sondern in einer zweiten Maus exprimiert, in der die regulatorischen Sequenzen des Transgens (in diesem Fall der Rekombinase) bestimmen, wann und wo Cre exprimiert wird (Abb. 36.10). Diese Maus kann als transgene Maus erzeugt werden (vgl. Abb. 36.4) oder durch gezielte Insertion der für die Rekombinase codierenden Sequenz in ein Gen, dessen regulatorische Elemente die Expression der Rekombinase kontrollieren (Abb. 36.11, vgl. auch Abb. 36.3). Das Expressionsmuster in diesen Cre-transgenen oder Cre-inserierten Mausmutanten, d. h. die Qualität der jeweiligen Mauslinie, kann durch Kreuzung mit einer Maus, die ein sogenanntes Reportergen unter der Kontrolle eines universal exprimierenden Promotors nach Cre-vermittelter Rekombination exprimiert (Abb. 36.11) auf Einzelzellebene in Gewebeschnitten untersucht werden. Hierbei ist die universale Expression des

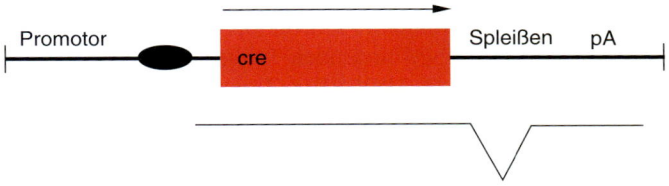

36.10 Expressionsvektor für die Herstellung Cre-transgener Mäuse. Dargestellt ist ein typischer Vektor für die Herstellung transgener Mäuse durch Pronucleusinjektion. Ein Promotor, der für die regulierte Expression eines Transgens in Mäusen charakterisiert wurde, kontrolliert die 1 kb lange, intronlose codierende Sequenz für die Cre-Rekombinase (rotes Rechteck). Jeweils eine Splicedonor- und -akzeptorstelle sind in der 3'-untranslatierten Region des *cre*-Gens angeordnet, gefolgt von einem Polyadenylierungssignal (pA). Dieses Element sollte eine effiziente Expression des Transgens garantieren. Das resultierende Transkript ist als dünne Linie darunter dargestellt.

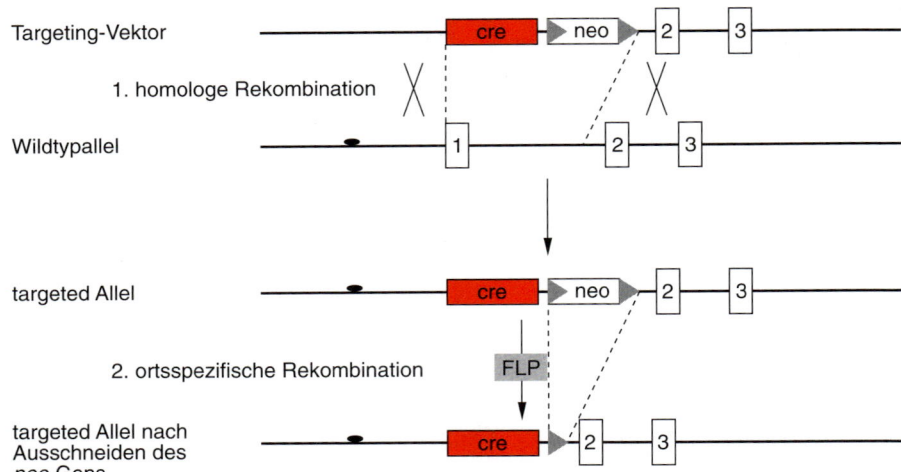

36.11 Zielgerichtete Insertion des *cre*-Gens durch die Gen-Replacement-Strategie in einen spezifisch regulierten Genlocus. Das erste Exon des Zielgens wird durch die codierende Sequenz der Cre-Rekombinase unter Beibehaltung des intakten Startcodons für die Translation ersetzt. Das Selektionsmarkergen (hier *neo*) – in diesem Fall von FRT-Elementen flankiert (graue Dreiecke) – wird stromabwärts des *cre*-Gens inseriert. Das FRT-flankierte *neo*-Gen wird aus den zielgerichtet mutierten ES-Zellen durch transiente Transfektion mit einem FLP-Rekombinase codierenden Plasmid entfernt (graues Rechteck), alternativ siehe Box S. 932f. Die Symbole sind identisch mit denen in Abbildungen 36.2 und 36.5.

Reportergens immer noch ein Problem. Die verschiedenen Reporter-Mauslinien exprimieren in unterschiedlichen Geweben verschieden gut.

Zur konditionalen Ausschaltung des Zielgens kommt es, wenn die gefloxte Maus und die Cre-Maus miteinander gekreuzt werden (Abb. 36.12). Durch diese Technik kann die frühe Letalität einer Mutante oft vermieden und die während der Entwicklung des Organismus (ontogenetisch) später auftretenden Funktionen eines Zielgens analysiert werden.

Es kommt jedoch auch vor, dass die frühe Letalität während der Ontogenese durch den beschriebenen Ansatz nur um ein paar Tage hinausgezögert wird. Außerdem steht die Analyse des Phänotyps weiter unter dem Einfluss von sehr komplexen Vorgängen während der Entwicklung des Organismus, die zu kompensatorischen Effekten in Hinblick auf die Mutation führen können. Will man diese beiden Nachteile umgehen und den Effekt der Mutation im Organismus zu jedem beliebigen Zeitpunkt der Entwicklung untersuchen können, muss man die Mutation induzierbar einführen.

Eine weitere neue Spielart der gezielten konditionalen Mutagenese ergibt sich also aus der induzierbaren Expression oder induzierbaren Regulation der Rekombinase, d. h. aus der Kontrolle ihrer Aktivität auf transkriptionaler oder posttranslationaler Ebene. Die induzierbare Expression lässt sich durch die Verwendung induzierbarer Promotoren erreichen. Ein Nachteil dieses Ansatzes ist zum einen die Tatsache, dass die wenigen in Säugern bekannten induzierbaren Promotoren eine zu hohe Basisaktivität besitzen, um die Rekombinase Cre in vivo ausreichend negativ zu regulieren (*leakiness*). Zum anderen besitzt jeder induzierbare Promotor auch ein beschränktes gewebespezifisches Muster, welches die globale Anwendung in vivo erschwert.

Eine zelltypspezifische transkriptionale Kontrolle eines Transgens (in diesem Fall der Cre-Rekombinase) kann auch durch Systeme erreicht werden, bei denen die Transgenexpression durch Minimalpromotoren kontrolliert wird, die ihrerseits durch spezifische transaktivierende Proteine in Abhängigkeit von einem Effektormolekül wie Tetracyclin (tc) oder Ecdyson aktiviert werden.

Einer der am besten entwickelten induzierbaren Genschalter in eukaryontischen Zellen basiert auf dem Tetracyclinoperon, das sich auf dem *E. coli*-Tn-10-Transposon befindet. Zu diesem System gehören zwei essentielle Elemente. Eines codiert für ein Transaktivatorprotein (tTA), das andere enthält das Transgen unter der Kontrolle eines Minimalpromotors mit multiplen tet-Operator-Stellen. tTA ist ein Fusionsprotein aus dem DNA-bindenden Tetracyclin-Repressor (tetR) und der *C*-terminalen sauren Domäne des HSV-VP16-Transaktivators.

Die Transkription des Transgens, welches durch den Minimalpromotor reguliert ist, wird dadurch aktiviert. In Gegenwart von tc findet keine DNA-Bindung statt, und der Minimalpromotor ist inaktiv. Eine andere, neuere Version des Systems

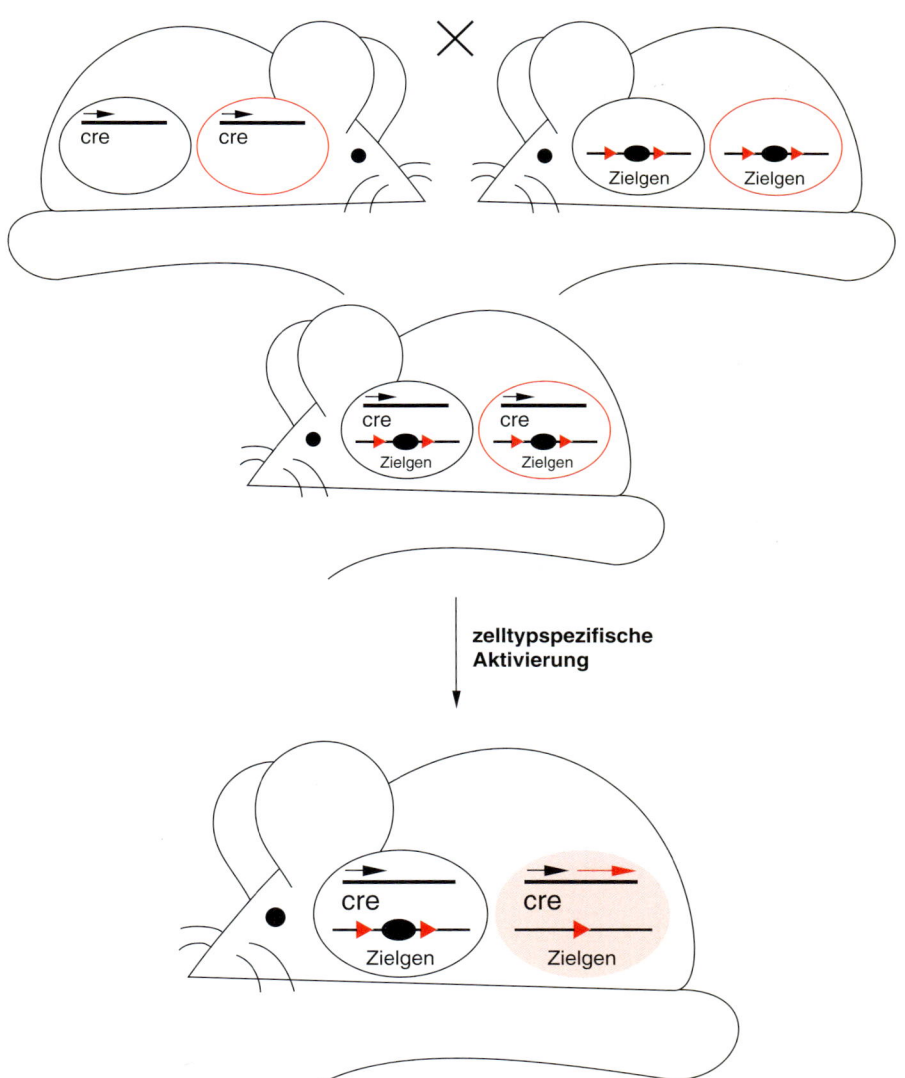

36.12 Zuchtschema für zelltypspezifische gezielte Genmodifikation durch homologe und ortsspezifische Rekombination in vivo; lediglich ein Allel des Zielgens ist dargestellt. Hierfür werden zwei unabhängige Mausstämme benötigt. Ein Mausstamm sollte eine Rekombinase (hier Cre) in einer gewebespezifischen Weise exprimieren und kann entweder durch den konventionellen Ansatz zur Herstellung transgener Mäuse (Abb. 36.4 und 36.10) oder durch gezielte Insertion des *cre*-Gens (Abb. 36.3 und 36.11) in einen relevanten Locus erzeugt werden. Zellen, die Cre nicht exprimieren, sind durch einen schwarzen Kreis dargestellt. Zellen, die Cre exprimieren, sind durch einen rosa Kreis repräsentiert. Der zweite Mausstamm trägt das interessierende Gen flankiert durch loxP-Elemente (rotes Dreieck) in allen Zellen durch homologe Rekombination eingeführt. Nach Kreuzung beider Stämme induziert die gewebe- und entwicklungsspezifische Aktivierung der Cre-Rekombinase (roter Pfeil) die Rekombination zwischen zwei loxP-Elementen im Zielgen in einer definierten Zahl von Zellen, dargestellt durch den zart rot gefüllten Kreis.

funktioniert genau umgekehrt. Daher bezeichnet man es als **reverses System**. Eine Mutante des tTA, das rtTA, braucht Tetracyclin-Analoge (Doxycyclin) für die Transaktivierung. Bei der Anwendung in der Maus ist die lange Halbwertszeit von Tetracyclin (4–12 Stunden) und Doxycyclin (12–24 h) nachteilig für schnelles Ein- und Ausschalten des Transgens.

Wie sieht nun eine Kombination des Cre/loxP-Systems mit dem Tetracyclin-System aus? Um das System in Mäusen anzuwenden, sind zwei separate Integrationsereignisse für die zwei essentiellen Elemente des Tetracyclin-Systems nötig. Die codierende Sequenz für Cre wird hinter den induzierbaren tet-Minimalpromotor kloniert und der aktivierbare TA-Transaktivator in einer separaten transgenen Maus zelltypspezifisch exprimiert. Die Mäuse werden zur Herstellung einer TA/Cre-Maus miteinander gekreuzt. Die TA/Cre-Mäuse müssen nun auch mit der Mauslinie gekreuzt werden, die das loxP-flankierte Zielgen trägt. Die locusspezifische Rekombination in den Zellen, die TA exprimieren, wird dann letztlich durch die Gabe des Effektormoleküls Tetracyclin aktiviert.

Für diese Systeme konnte gezeigt werden, dass damit die Aktivität von Reportergenen in transgenen Mäusen effizient kontrolliert werden kann. Ein Nachteil dieses Systems ist, dass es die unabhängige Einführung der Gene verlangt, die den Transaktivator und die Cre-Rekombinase codieren. Dies bedeutet einen nicht unerheblichen Kreuzungsaufwand und aufwendige Funktionsanalysen, um die

36.13 Ligandenabhängige Aktivierung eines SSR/LBD-Fusionsproteins (ortsspezifische Rekombinase / Steroidhormonrezeptor-Ligandenbindungsdomäne). Es ist in der Abwesenheit des Liganden (gefüllter schwarzer Kreis) inaktiv (hier in rosa) und aktiv (in Rot) in Gegenwart des Liganden. Inaktivierung wird möglicherweise durch Assoziation des nicht ligandengebundenen LBD mit einem ubiquitär exprimierten Proteinkomplex (hier in grau) vermittelt, der das Protein HSP90 (ein Hitzeschockprotein) enthält. Ligandenbindung entlässt den Rezeptor aus dem inhibitorischen Komplex.

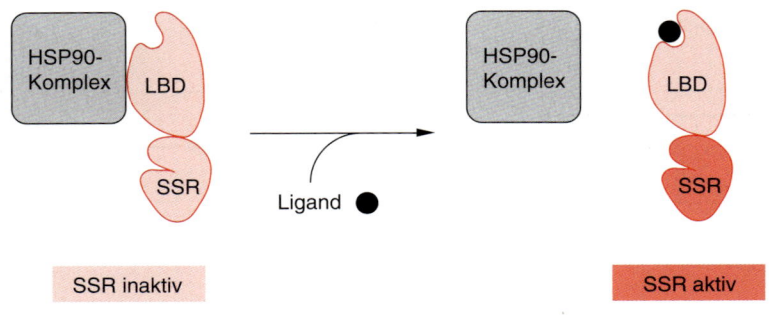

transgenen Stämme zu identifizieren, in denen beide Gene optimal reguliert sind. Möglicherweise könnte man auch beide Elemente in einen gemeinsamen Transgenlocus einführen, jedoch könnte es zu Problemen bei der Dichtigkeit des Systems kommen, da kleinste Mengen von Cre-Rekombinase bereits für die locusspezifische Rekombination ausreichen. Außerdem empfiehlt sich die Etablierung kurzlebiger Tetracyclinderivate für das schnelle An- und Abschalten des reversen Systems, da die Entfernung eines Effektors für die Aktivierung eines Transgens möglicherweise zu lange dauert.

Posttranslationale Kontrolle der Aktivität von locusspezifischen Rekombinasen erreicht man durch die Fusion der Rekombinase (*site specific recombinase*, SSR) mit der Ligandenbindungsdomäne (LBD) von Steroidhormonrezeptoren (Abb. 36.13). Hierbei wird das Fusionsprotein von einem konstitutiven zelltypspezifischen Promotor reguliert. Diese Fusionsproteine sind in Abwesenheit von Liganden (Hormon) inaktiv und aktiv in ihrer Gegenwart. Inaktivierung wird möglicherweise durch die Bindung des nicht ligandengebundenen Fusionsproteins an einen ubiquitären Proteinkomplex vermittelt, der das Hitzeschockprotein HSP 90 enthält. Die Ligandenbindung setzt das aktive Fusionsprotein aus diesem inhibitorischen Komplex frei.

Für die Anwendung in der Maus wurde in einem Screening, basierend auf ES-Zellkultur, nach optimalen Fusionspartnern gesucht. Hierbei wurde in Zellkultur die Induzierbarkeit einer lacZ-Reporter-Kassette (Abb. 36.14) quantitativ ausgewertet. Für die Anwendung in der Maus ist es wichtig, dass endogene Hormone nicht als Liganden des Fusionsproteins dienen können. Daher verwendet man Ligandenbindungsdomänen von Hormonrezeptoren, die eine entsprechende Mutation tragen und daher ausschließlich von synthetischen Hormonen aktiviert werden können. Die Menge an synthetischen Steroiden, die für die Aktivierung nötig ist, sollte umgekehrt gering genug sein, um unerwünschte Wirkungen an den endogenen Hormonrezeptoren der Maus zu vermeiden, die möglicherweise mit der Analyse des Phänotyps interferieren könnten. Bisher sind in der Maus eine Mutante des humanen und des Östrogenrezeptors aus der Maus getestet worden. Eine mutierte Version des Maus-Progesteronrezeptors lieferte vielversprechende Ergebnisse in ES-Zellen.

Eine Kombination von zelltypspezifischer Expression und induzierbar kontrollierter Aktivierung der Rekombinase durch die Verwendung von SSR/LBD-Fusionsproteinen würde eine räumliche und zeitliche Kontrolle der Einführung einer Mutation in vivo erlauben (Abb. 36.15).

36.14 Expressionskassette für ein lacZ-Reportergen zur Herstellung transgener Mäuse. Die lacZ-Reporterkassette besteht aus der promotorlosen codierenden Sequenz für lacZ verbunden mit einem 5′ gelegenen loxP-flankierten DNA-Fragment, welches starke Transkriptions- und Translations-STOP-Elemente trägt. Die Expression dieser Kassette wird durch einen universal aktiven Promotor kontrolliert. Nach Cre-vermittelter Deletion (siehe Box S. 932f) des STOP-Elements in vivo durch zielgerichtete Rekombination zwischen den loxP-Elementen wird das lacZ-Gen exprimiert und die Aktivität der β-Galactosidase nachgewiesen.

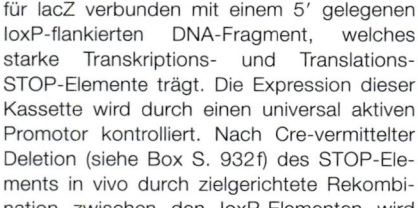

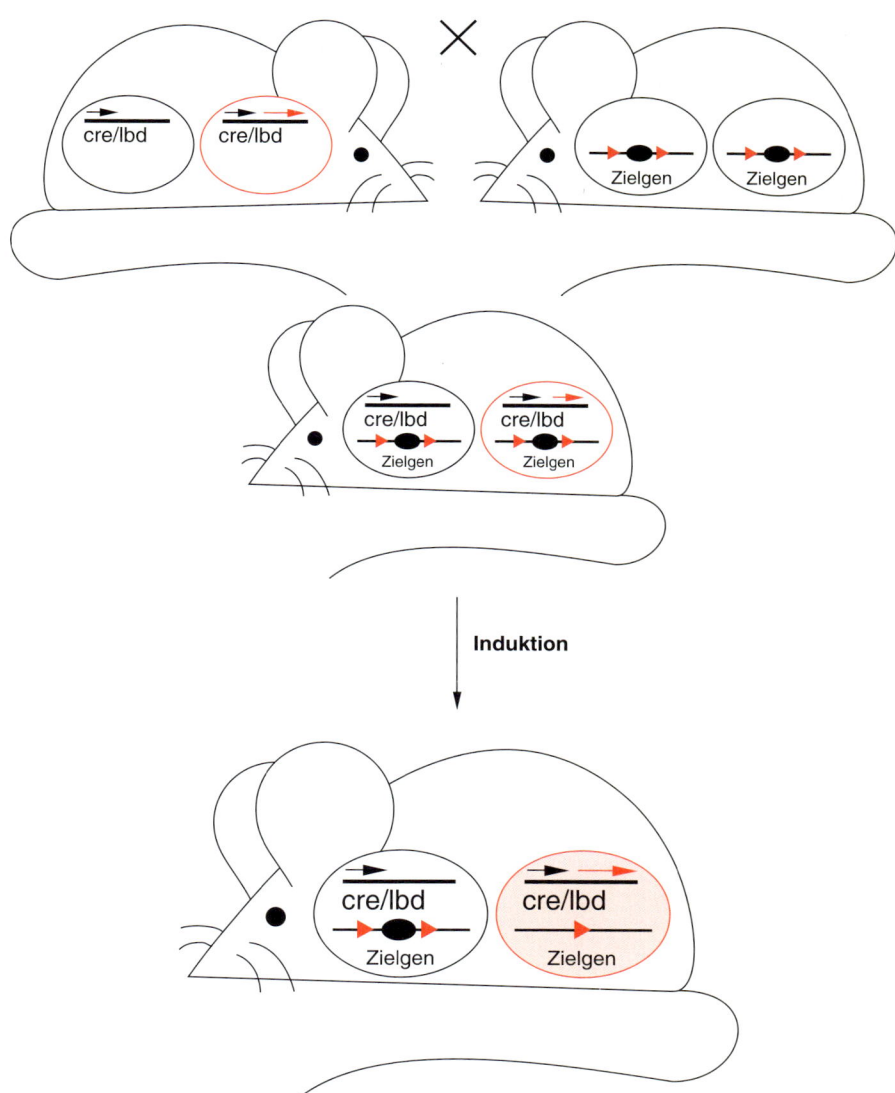

36.15 Zuchtschema für den kombinierten Ansatz von zelltypspezifischer und induzierbarer Genmodifikation durch homologe und ortsspezifische Rekombination. Lediglich ein Allel des Zielgens ist dargestellt. Hierfür werden zwei unabhängige Mausstämme benötigt. Ein Mausstamm sollte die induzierbare, aber hier inaktive Rekombinase in einer gewebespezifischen Weise exprimieren (roter Pfeil) und kann entweder durch den konventionellen Ansatz zur Herstellung transgener Mäuse (Abb. 36.4 und 36.10) oder durch gezielte Insertion (Abb. 36.3 und 36.11) eines Gens, das ein SSR/LBD-Fusionsprotein codiert (Abb. 36.13), in einen relevanten Locus erzeugt werden. Zellen, die das Fusionsprotein nicht exprimieren, sind durch einen schwarzen Kreis dargestellt. Zellen, die exprimieren, sind durch einen roten Kreis repräsentiert. Der zweite Mausstamm trägt das interessierende, von loxP-Elementen flankierte Gen in allen Zellen (eingeführt durch homologe Rekombination). Nach Kreuzung beider Stämme führt die gewebe- und entwicklungsspezifische Expression (roter Pfeil, roter Kreis) und induzierte Aktivierung des Fusionsproteins zur Rekombination zwischen zwei loxP-Elementen im Zielgen in einer definierten Zahl von Zellen, dargestellt durch den rosa gefüllten Kreis.

Weiterführende Literatur

Gu H., Marth J. D., Orban P. C., Mossmann H. & Rajewsky K. Deletion of a DNA Polymerase Beta Gene Segment in T Cells Using Cell-Type Specific Gene Targeting. Science. 265:103–106 (1994).

Hogan B., Beddington R., Costantini F. & Lacy E.: Manipulating the Mouse Embryo, A Laboratory Manual. Cold Spring Harbor Laboratory Press, New York (1994).

Kühn R. & Schwenk F. Advances in Gene Targeting Methods. Current Opinion in Immunology 9:183–188 (1997).

Maina F., Casagranda F., Audero E., Simeone S., Comoglio P. M., Klein R. & Ponzetto C. Uncoupling of Grb2 from the Met Receptor in Vivo Reveals Complex Roles in Muscle Development. Cell 87:531–542 (1996).

Plück A. Conditional Mutagenesis in Mice: The Cre/loxP Recombination System. Int. J. Exp. Path. 77:269–278 (1996).

Schwenk F., Kuehn R., Angrand P.-O., Rajewsky K. & Stewart A. F. Temporally and Spatially Regulated Somatic Mutagenesis in Mice. Eingereicht.

Thomas K. R. & Capecchi M. R. Site-Directed Mutagenesis by Gene Targeting in Mouse Embryo-Derived Stem Cells. Cell 51:503–512 (1987).

Thomson S., Clarke A. R., Pow A. M., Hooper M. L. & Melton D. W. Germ Line Transmission and Expression of a Corrected HPRT Gene Product by Gene Targeting in Embryonic Stem Cells. Cell 56:313–321 (1989).

Torres R. & Kühn R. Laboratory Protocols for Conditional Gene Targeting. Oxford University Press, Oxford 1997.

37 Oligonucleotide als zellbiologische Werkzeuge

Um ihre Funktion aufrecht zu erhalten, muss eine Zelle Tausende von Genen gleichzeitig exprimieren. Während der Expression eines Gens wird die DNA-Sequenz in einzelsträngige mRNA umgeschrieben, aus dem Zellkern ins Cytoplasma transportiert und in Protein übersetzt. Die Sequenz der mRNA wird als **Sense-Sequenz** (von engl. *sense,* Sinn) bezeichnet. Antisense-RNA bzw. Antisense-DNA-Moleküle sind demnach Oligonucleotid-Moleküle, deren Sequenz komplementär zu der entsprechenden Sense-Sequenz ist. Es gibt sowohl Oligoribonucleotide (kurze RNA-Fragmente) als auch Oligodesoxyribonucleotide (kurze DNA-Fragmente). Antisense-Moleküle können mit komplementären Sense-RNA-Strängen hybridisieren. Die in der DNA-Sequenz gespeicherte genetische Information ist zwar sehr komplex, aber endlich, so dass schon eine Sequenz aus 15 bis 17 Basenpaaren einzigartig im gesamten Genom des Menschen ist. Daraus lässt sich ableiten, dass ein Antisense-Molekül aus 15 bis 17 Nucleotiden spezifisch mit einer einzigen mRNA hybridisiert und deren Expression hemmen kann.

Im Gegensatz zu den spezifisch wechselwirkenden Antisense-Molekülen sind Substanzen, die *unspezifisch* mit Nucleinsäuren interagieren, schon lange bekannt. So führen Derivate des Stickstofflost wie Cyclophosphamid zur Alkylierung des Stickstoffatoms N7 von Guanin. Dies hat zur Folge, dass es zu Basenfehlpaarungen oder zur Quervernetzung der DNA und damit zur Hemmung der Replikation und der Transkription kommt. Die Wirkung der Stickstofflostderivate betrifft wegen der unspezifischen Interaktion praktisch die gesamte DNA. Dies ist ein Grund, weshalb diese Substanzen toxisch sind. Stickstofflost selbst wurde im Ersten Weltkrieg als Kampfgas eingesetzt. Heute werden Derivate davon als Cytostatika in der Therapie von Tumoren verwendet. Ihre therapeutische Wirksamkeit basiert darauf, dass Tumorzellen schneller wachsen, sich häufiger teilen und einen anderen genetischen Hintergrund als gesunde Zellen haben und deshalb stärker geschädigt werden.

Die Besonderheit des Antisense-Prinzips ist also die Spezifität der Interaktion des Antisense-Moleküls mit der komplementären DNA- bzw. RNA-Sequenz. Pharmakologisch ausgedrückt ist die Zielsequenz des Antisense-Oligonucleotids der spezifische Rezeptor für das Antisense-Molekül.

37.1 Die Geschichte der Oligonucleotide

Das Prinzip, dass durch ein relativ kurzes, synthetisches Oligodesoxyribonucleotid spezifisch die Expression eines einzigen Gens gehemmt werden kann, wurde von den beiden amerikanischen Wissenschaftlern Paul Zamecznik und Maria Stevenson 1978 erstmals beschrieben. Die beiden synthetisierten ein 13 Nucleotide langes Antisense-Oligodesoxyribonucleotid, dessen Sequenz komplementär zur RNA des Rous-Sarkom-Virus war. Durch Zugabe dieses Oligodesoxyribonucleotids zur Zellkultur wurde das Wachstum dieses Virus in den Zellen gehemmt. Das Besondere an dieser Arbeit ist, dass Zamecznik und Stevenson schon damals postulierten, dass dieses Prinzip auch therapeutisch ausgenutzt werden kann, d. h.

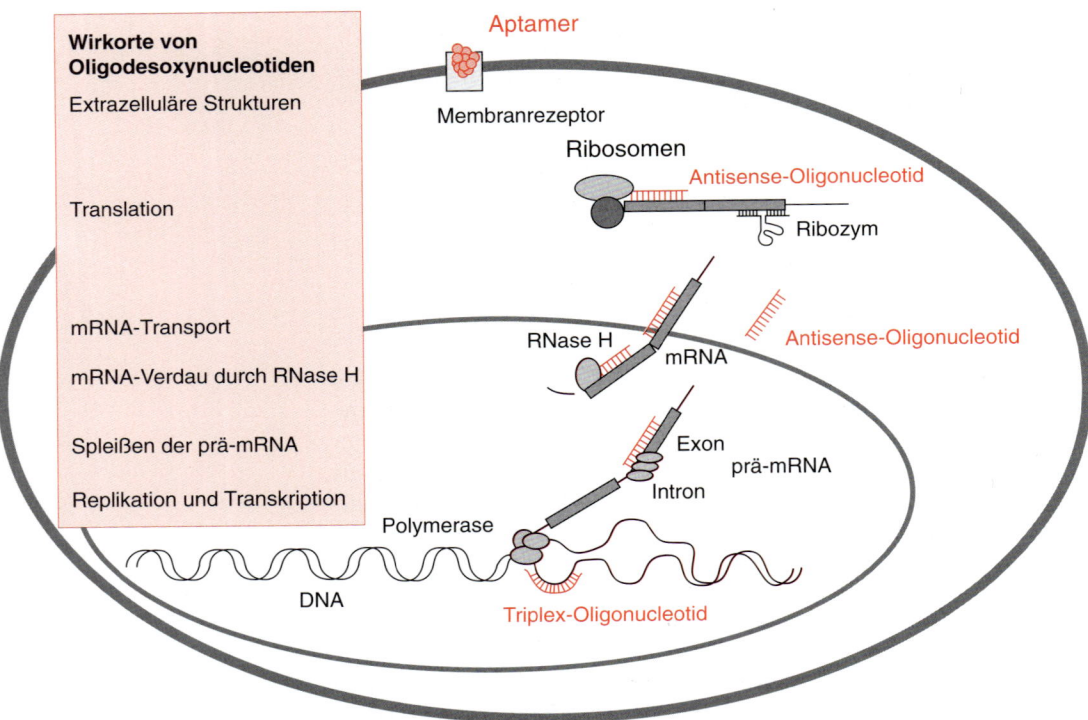

37.1 Zelluläre Wirkorte und Wirkmechanismen von Oligonucleotiden, die als zellbiologische Werkzeuge eingesetzt werden.

dass die RNA- oder DNA-Sequenz eines Gens als Rezeptor für ein pharmakologisch wirksames Oligodesoxyribonucleotid dienen könne und dass diese Interaktion spezifisch sein müsse.

Antisense-Moleküle dienen in der Natur als Regulatoren. Ende der sechziger Jahre wurde am Lambda-Phagen zum ersten Mal beschrieben, dass bestimmte DNA-Sequenzen in beide Richtungen, also in Sense- und in Antisense-Richtung, abgelesen werden. Mittlerweile wurde dies auch bei anderen Organismen nachgewiesen. Etwa zehn Jahre später wurde erkannt, dass Antisense-Moleküle durch die Bindung an die jeweilige komplementäre Sequenz sowohl positiv als auch negativ regulierend in die Expression von Genen eingreifen.

Kurze Oligodesoxyribonucleotide wirken auf molekularer Ebene nicht nur über die Bindung an die mRNA, sondern auch über die Bindung an die DNA der Zelle (Abb. 37.1). Die DNA liegt im Gegensatz zur RNA in der Regel als Doppelstrang vor, weshalb die Oligodesoxyribonucleotide, die mit der DNA interagieren, in der Lage sein müssen, sich entweder zwischen den Doppelstrang zu schieben und mit einem der Stränge zu hybridisieren oder mit Doppelstrang-DNA sogenannte **Tripelhelices**, kurz Triplices (dreisträngige DNA-Abschnitte), zu bilden.

Auch die sogenannten Ribozyme führen zur Hemmung der DNA-Expression durch Nucleinsäuren. Ribozyme kommen – ähnlich wie der Antisense-Mechanismus – in der Natur vor und spielen beim Spleißen eine Rolle, bei dem nichtcodierende Abschnitte aus der RNA herausgeschnitten werden, bevor die reife mRNA den Zellkern verlässt. In zwei Organismen, dem Protozoon *Tetrahymena thermophila* und dem Bakterium *Escherichia coli*, wurde Anfang der achtziger Jahre zum ersten Mal nachgewiesen, dass Spleißvorgänge nicht nur durch Proteine, sondern auch durch RNA katalysiert werden können. Diese RNA-Sequenzen mit enzymatischer Aktivität wurden Ribozyme genannt.

Oligonucleotide können durch Ausbildung von spezifischen Sekundärstrukturen mit anderen Makromolekülen der Zelle wie Proteinen, Kohlenhydraten, Lipiden und Nucleinsäuren interagieren. Oligoribonucleotide bilden dreidimensionale Strukturen aus, deren Vielfalt größer ist als die von Oligodesoxyribonucleotiden mit derselben Sequenz. Um das Oligonucleotid mit der Sekundärstruktur zu finden, das die höchste Affinität zu einem gegebenen Zielmolekül hat, z. B. einem Rezeptor an der Zelloberfläche, nutzt man seit Anfang der neunziger Jahre einen **kombinatorischen Ansatz**. Bei diesem Verfahren werden nach dem Zufallsprinzip sehr viel Oligonucleotide mit den unterschiedlichsten Sequenzen enzymatisch hergestellt. Anschließend wird das Oligonucleotid mit der höchsten Affinität zu diesem Rezeptor gesucht und angereichert. Das gefundene Oligonucleotid hat ähnliche Eigenschaften wie die meisten herkömmlichen, biologisch aktiven Substanzen, nämlich eine hohe Affinität zu einem Zielmolekül aufgrund der spezifischen räumlichen Struktur, und wird als **Aptamer** bezeichnet.

37.2 Antisense-Oligodesoxyribonucleotide

Die Umsetzung der Information einer DNA-Sequenz in die entsprechende Proteinsequenz erfordert mehrere Schritte (Abb. 37.2). Nachdem spezifische Signale, die von außen die Zelle erreichen, die Zelle dazu anregen, mit der Synthese von Proteinen zu beginnen, wird die Transkription durch die Anlagerung von Transkriptionsfaktoren an regulatorische Sequenzen initiiert. Nun bindet Polymerase II an die Transkriptionsinitiationsstelle, die doppelsträngige DNA windet sich auf, und das Enzym synthetisiert anhand der Antisense-DNA-Sequenz die codierende Sense-RNA. Zusätzlich zu den für die Proteinsequenz codierenden Exons enthält dieses Transkript nicht-codierende Introns und 5′ (stromaufwärts des Translations-Startpunktes) wie auch 3′ (stromabwärts des Endes der mRNA) lokalisierte nicht-codierende Sequenzen sowie einen poly(A)-Schwanz. Die 5′- und die 3′-nicht-codierenden Sequenzen, der Poly(A)-Schwanz und das 5′-Cap (ein methyliertes Guanosin am 5′-Ende) sind für die Stabilität der RNA von Bedeutung. Das 5′-Cap findet sich nur am Anfang von mRNA, aber nicht von rRNA und tRNA. Die noch unreife mRNA wird als *primäres Transkript* bezeichnet (pre-mRNA) und wird im Nucleoplasma durch spezifische Enzyme und RNAs prozessiert (gespleißt). Nachdem dieser Vorgang beendet ist, bindet die reife mRNA an spezifische Transportproteine und wird aktiv aus dem Kern heraus ins Cytoplasma transportiert. Dort bindet sie an Ribosomen und wird von diesen abgelesen (translatiert).

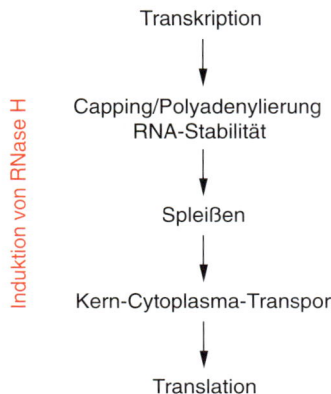

37.2 Fließschema der einzelnen Stationen der Genexpression, die durch Antisense-Oligodesoxyribonucleotide beeinflusst werden können.

Antisense-Oligodesoxyribonucleotide hybridisieren mit Zielsequenzen in der einzelsträngigen mRNA, die komplementär zu ihrer eigenen Sequenz sind. Welches der wichtigste molekulare Mechanismus ist, über den Antisense-Oligonucleotide zu einer Hemmung der Expression führen, ist noch umstritten. Folgende Mechanismen werden postuliert:

- Hemmung des Spleißens der RNA,
- Hemmung des Kern-Cytoplasma-Transports der RNA,
- Verminderung der Stabilität der RNA,
- Induktion eines RNA-abbauenden Enzyms, der Ribonuclease H (RNase H),
- Hemmung der Bindung der Ribosomen an die RNA (Hemmung der Translationsinitiation),
- Hemmung der Translationselongation,
- Hemmung der Translationstermination.

Für die Hemmung der Proteinexpression durch Antisense-Moleküle sind wahrscheinlich mehrere dieser Mechanismen verantwortlich. Die einzelnen Mechanismen sollen im Folgenden kurz besprochen werden.

37.2.1 Mögliche Mechanismen der Expressionshemmung

Hemmung des Spleißens

Das Spleißen der RNA erfolgt an spezifischen, gut konservierten Sequenzen, den Spliceacceptor- und Splicedonor-Sites. Wird eine dieser Sequenzen durch Bindung eines Antisense-Oligodesoxyribonucleotids für die zum Spleißen notwendigen Enzyme und RNAs unzugänglich, wird das Spleißen selbst und damit die Bildung der reifen mRNA verhindert.

Hemmung des Kern-Cytoplasma-Transports der mRNA

Nach dem Prozessieren muss die reife mRNA durch die Kernmembran ins Cytoplasma transportiert werden; hierzu müssen spezifische Enzyme an die mRNA binden. Die Bindung von Antisense-Oligodesoxyribonucleotiden an die mRNA behindert die Bindung dieser Proteine und damit den Kern-Cytoplasma-Transport.

Verminderung der mRNA-Stabilität

Wie schon oben erwähnt, sind das 5'-Cap und die 3'-poly(A)-Sequenz für die Stabilität der mRNA von besonderer Bedeutung. Antisense-Oligodesoxyribonucleotide, deren Sequenzen so ausgewählt sind, dass sie in der Nähe dieser beiden Sequenzen mit der mRNA hybridisieren, führen in der Regel zu einer Instabilität der gebundenen mRNA und damit zu einer Verminderung der Translationsrate dieser mRNA.

Induktion der RNase H

Der zumindest in in-vitro-Experimenten wichtigste Mechanismus, über den Antisense-Oligodesoxyribonucleotide zu einem Abbau der Ziel-mRNA führen, ist die Induktion einer RNase-H-Aktivität. RNase H ist eine Endonuclease, die in fast jeder Zelle exprimiert wird und bei der DNA-Replikation eine bedeutende Rolle spielt. Während der Synthese des zweiten Strangs werden zunächst kurze RNA-Fragmente synthetisiert, die als Primer von der Polymerase für die diskontinuierliche Synthese des komplementären Strangs verwendet werden. Diese Primer müssen anschließend wieder abgebaut werden, damit sie durch DNA-Fragmente mit gleicher Sequenz ersetzt werden können. Der Abbau der RNA-Primer wird durch RNase H katalysiert. Dabei übt die RNase H nacheinander folgende Funktionen aus: Sie erkennt ein DNA-RNA-Hybrid, in diesem Fall einen langen DNA-Einzelstrang, hybridisiert mit einem kurzen RNA-Primer, bindet an dieses Hybrid und baut dann selektiv den RNA-Anteil des Hybrids ab.

Die wesentliche Eigenschaft der RNase H ist also die Fähigkeit, DNA-RNA-Hybride zu erkennen und in diesen Hybriden den RNA-Anteil abzubauen. Bindet ein Antisense-Oligodesoxyribonucleotid an die komplementäre mRNA-Zielsequenz, so entsteht ein DNA-RNA-Hybrid, nur diesmal ist an ein mRNA-Einzelstrang ein DNA-Primer gebunden (das Antisense-Oligodesoxyribonucleotid). Aber auch diese Konstellation wird von der zellulären RNase H erkannt. Sie bindet an dieses Hybrid und zerstört die RNA durch Endonuclease-Verdau. Mit in-vitro-Experimenten konnte nachgewiesen werden, dass die minimale Sequenzlänge des Oligodesoxyribonucleotids vier Nucleotide betragen muss, damit das resultierende Hybrid von der RNase H erkannt wird. Entsprechend ihrer physiologischen Funktion bei der DNA-Replikation ist der größte Anteil der zellulären RNase-H-Aktivität im Zellkern zu finden. Allerdings konnte auch im Cytoplasma RNase-H-Aktivität nachgewiesen werden. Die Funktion der cytoplasmatischen RNase H ist bislang nicht geklärt. Zur Induktion des RNase-H-vermittelten Abbaus der mRNA ist es nicht wichtig, an welchen Teil der mRNA das Antisense-Oligodesoxyribonucleotid bindet, da RNase H RNA sequenzunspezifisch schneidet. Allerdings haben Experimente gezeigt, dass die Effizienz, mit der Antisense-Oligodesoxyribonucleotide den RNase-H-Mechanismus induzieren, doch von den jeweiligen Zielsequenzen abhängig ist. Dieses erklärt man damit, dass mRNA Sekundärstrukturen ausbildet, so dass nicht alle Teile der RNA gleich gut mit einem Oligodesoxyribonucleotid hybridisieren können. Dadurch, dass die Endonuclease-Aktivität der RNase H erst aktiviert wird, wenn das Enzym an das DNA-RNA-Hybrid bindet, wird verständlich, warum bestimmte RNA-Sequenzen sensitiver gegenüber einem Oligodesoxyribonucleotid-induzierten Abbau sind als andere.

Hemmung der Translation

Für einen anderen Antisense-Mechanismus, nämlich die Hemmung der Translation durch Antisense-Oligodesoxyribonucleotide, ist die Lage der Zielsequenz innerhalb der mRNA sehr wichtig. Soll nämlich die Initiation der Translation, d. h. die Bindung der Ribosomen an das Startcodon AUG gehemmt werden, so muss die Sequenz des Antisense-Oligodesoxyribonucleotids so gewählt werden, dass es mit der AUG-Sequenz hybridisiert. Hybridisiert das Antisense-Oligodesoxyribonucleotid dagegen mit der translatierten Sequenz der mRNA, wird die Wanderung der Ribosomen entlang der mRNA (die Tranlationselongation) gehemmt. Ein Oligodesoxyribonucleotid, das im Bereich der Terminationssequenzen am 3'-Ende (der Stopcodons UAG, UAA und UGA) mit der mRNA hybridisiert, interferiert entsprechend mit der Termination der Translation.

Ein Oligodesoxyribonucleotid, das die Translation behindert, fördert natürlich auch den Abbau der Ziel-mRNA durch Induktion des zuvor beschriebenen RNase-H-Verdaus. Falls dieses Oligodesoxyribonucleotid dann auch noch an einer Spleißstelle mit der Ziel-RNA hybridisiert, überlagern sich drei Effekte, die für den Antisense-Effekt in vivo verantwortlich sind: Translationshemmung, Hemmung des Spleißens und Induktion des Abbaus der mRNA durch RNase H. In der Regel sind mindestens zwei der oben beschriebenen Mechanismen an der hemmenden Wirkung des Antisense-Oligodesoxyribonucleotids auf die Expression eines Gens beteiligt.

37.2.2. Modifikationen von Oligodesoxyribonucleotiden zur Steigerung der intrazellulären Stabilität

Modifikationen des Zucker-Phosphat-Grundgerüsts

Synthetisch hergestellte Oligodesoxyribonucleotide werden im Körper innerhalb kürzester Zeit, oft bevor sie überhaupt ihren Wirkort erreicht haben, von Endo- und Exonucleasen abgebaut. Um das Zucker-Phosphat-Rückgrat vor Nucleasen zu schützen und dem schnellen Abbau entgegenzuwirken, wurden die unterschiedlichsten chemischen Modifikationen der Phosphodiesterbindung entwickelt. Im menschlichen Serum sind etwa 90 % der Nuclease-Aktivität auf eine 3'-5'-Exonuclease zurückzuführen, d. h., dass der Schutz des 3'-Endes eines Oligodesoxyribonucleotids besonders wichtig ist. Die Exonucleasen erkennen Einzelstrang-DNA, binden an deren Ende und sind dann in der Lage, Phosphodiesterbindungen zu spalten. Dabei können die Exonucleasen die letzten zwei oder drei Phosphodiesterbindungen übergehen und die jeweils nächste Bindung spalten. Deshalb müssen in sogenannten *chimären* Oligonucleotiden, deren Phosphodiesterbindungen nur teilweise geschützt sind, jeweils die vier äußersten Bindungen an beiden Enden geschützt werden. Die am besten untersuchte und am häufigsten verwendete Modifikation ist das **Phosphorothioat**. Bei dieser Modifikation ist eines der

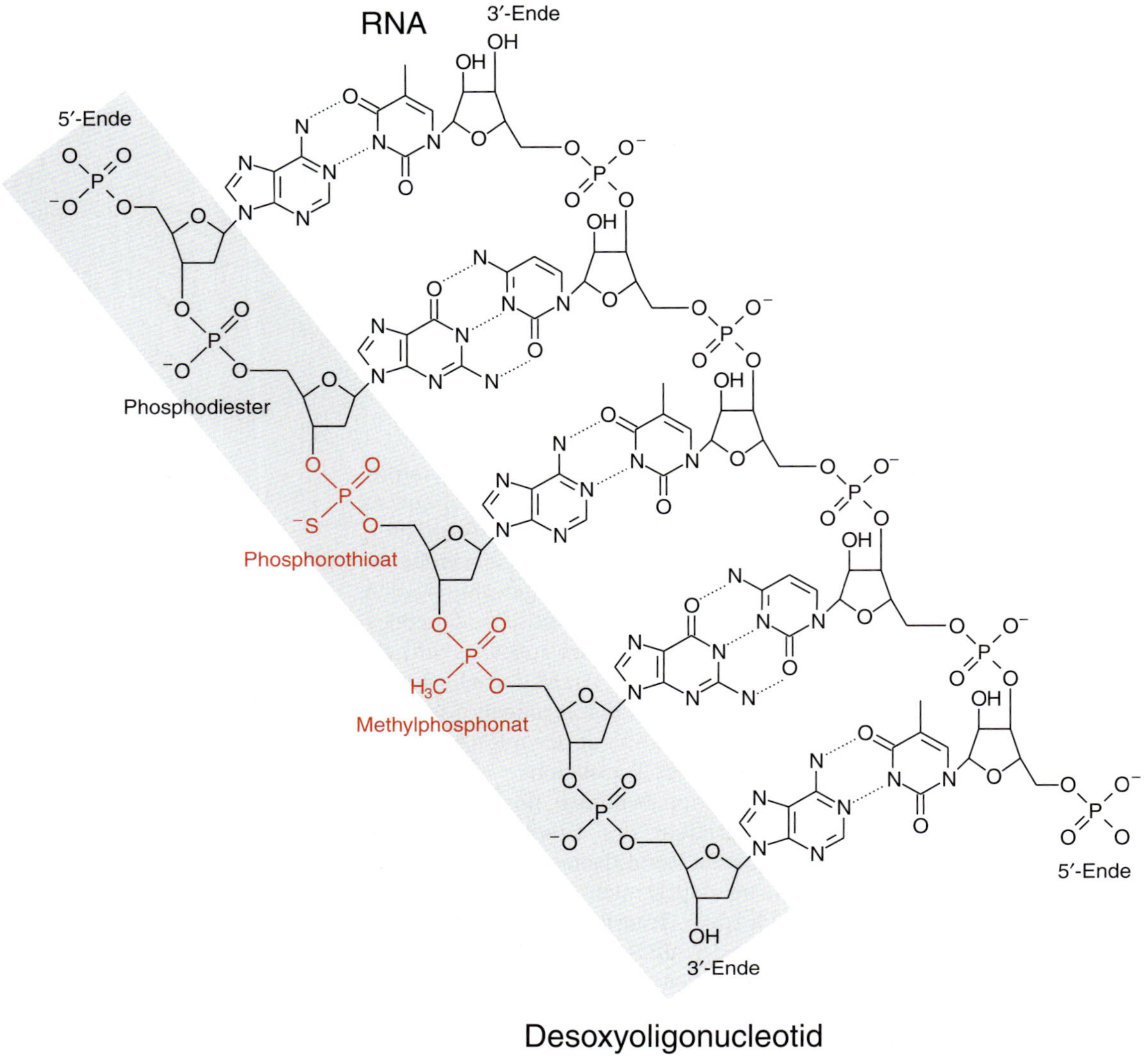

Desoxyoligonucleotid

37.3 Mögliche Modifikationen des Zucker-Phosphat-Grundgerüsts eines Antisense-Oligodesoxyribonucleotids. Das Antisense-Desoxyoligoribonucleotid hybridisiert durch Ausbildung von Watson-Crick-Wasserstoffbrückenbindungen mit der komplementären RNA. Das Zucker-Phosphat-Grundgerüst des Desoxyoligoribonucleotids ist grau unterlegt. Eines der Sauerstoffatome, die nicht an der Ausbildung der Phosphodiesterbindung beteiligt sind, ist durch ein Schwefelatom (Phosphorothioat) bzw. eine Methylgruppe (Methylphosphonat) ersetzt.

beiden Sauerstoffatome, die nicht direkt an der Phosphodiesterbindung beteiligt sind, durch ein Schwefelatom ersetzt (Abb. 37.3). Oligodesoxyribonucleotide, die diese Modifikation tragen, sind im menschlichen Serum über mehrere Stunden stabil, während Oligodesoxyribonucleotide mit natürlichen Phosphodiesterbindungen schon nach wenigen Minuten zum größten Teil abgebaut sind. Eine andere Modifikation ergibt sich durch das Ersetzen eines der Sauerstoffatome durch eine Methylgruppe (Abb. 37.3). Der Vorteil dieser zweiten Modifikation besteht nicht nur in der höheren Resistenz gegenüber der Nuclease im Vergleich zur Phosphodiesterbindung, sondern auch darin, dass ein geladenes Sauerstoffatom durch eine ungeladene Methylgruppe ersetzt wird, wodurch das Molekül insgesamt wesentlich lipophiler wird. Dies führt dazu, dass das Molekül die Zellmembran passieren kann, was wiederum zu einer höheren intrazellulären Konzentration dieses Oligodesoxyribonucleotids führt. Allerdings hat diese Modifikation auch gravierende Nachteile: Methylphosphonat-Oligodesoxyribonucleotid-RNA-Hybride werden nicht von RNase H erkannt, so dass ein wichtiger Mechanismus des in-vivo-Effekts der Antisense-Oligodesoxyribonucleotide nicht zur Verfügung steht. Deshalb müssen höhere Konzentrationen eines Methylphosphonats als des entspre-

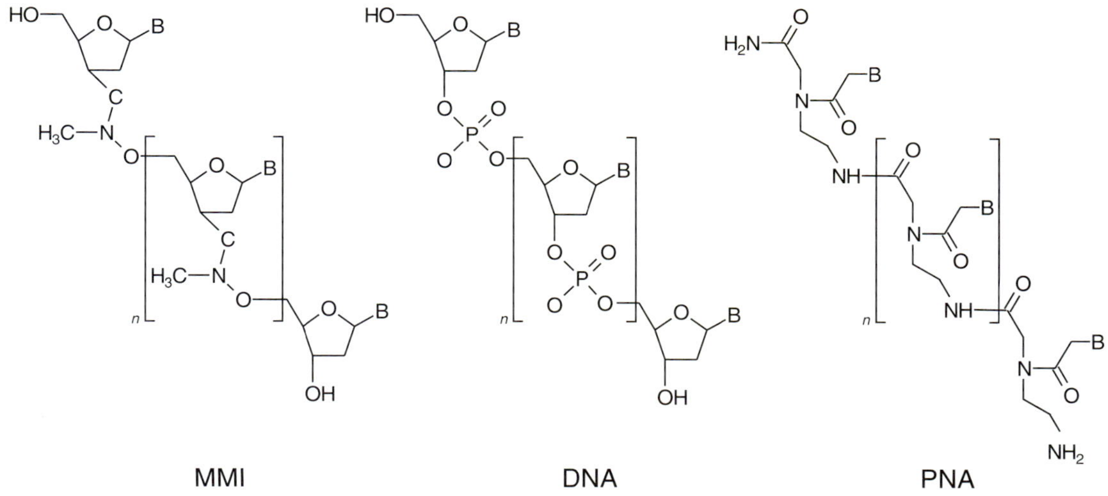

37.4 Grundgerüst eines Methylenmethylimino-Oligonucleotids (MMI) und eines Peptid-Oligonucleotids (PNA) im Vergleich zum Grundgerüst eines Desoxyoligoribonucleotids (DNA). Die Abfolge der Basen (B) ergibt die Sequenz des jeweiligen Oligonucleotids. Die Anzahl der Grundbausteine (*n*) ergibt die Länge des jeweiligen Oligonucleotids.

chenden Phophorothioats eingesetzt werden, um gleiche Hemmeffekte in der Zellkultur zu erreichen. Phosphorothioat-Oligodesoxyribonucleotid-RNA-Hybride werden von RNase H als Substrat erkannt und zerstört. Ein zweites Problem der Methylphosphonate ist ihre geringe Wasserlöslichkeit.

Von den vielen Modifikationen, bei denen ein Sauerstoffatom durch unterschiedlichste chemische Gruppen ersetzt wurde, haben sich lediglich die Phosphorothioate bewährt. Phosphorothioat-Oligodesoxyribonucleotide sind bislang auch die einzigen Oligonucleotid-Pharmaka, die bei Menschen angewendet werden.

Eine andere Möglichkeit, das Zucker-Phosphat-Rückgrat eines DNA-Oligodesoxyribonucleotides vor dem Verdau durch Nucleasen zu schützen, besteht darin, die Phosphatreste durch andere Gruppen zu ersetzen (Abb. 37.4). Ein Beispiel dafür sind die Methylenmethylimino(MMI-)-Oligodesoxynucleotide. Die Vorteile dieser Modifikation bestehen darin, dass das Rückgrat achiral und ungeladen ist, die Stabilität gegenüber Nucleasen deutlich erhöht ist und diese Oligodesoxynucleotide mit höherer Affinität als Phosphodiester-Oligodesoxynucleotide an RNA binden. Ein noch weitergehender Schritt ist es, das Zucker-Phosphat-Rückgrat der DNA komplett zu ersetzen. Ein Beispiel hierfür sind die **Peptidnucleinsäuren**, die sogenannten **PNAs** (*peptide nucleic acids*). In diesen Oligonucleotiden sind die Riboseseste und die Phosphodiesterbindungen durch Amidbindungen ersetzt, die der Amidbindung zwischen den Aminosäuren eines Polypeptids ähneln (Abb. 37.4.). Derartige Bindungen kommen natürlicherweise in der Zelle nicht vor, so dass diese Oligonucleotide sehr stabil gegenüber einem Nuclease-Abbau sind. Bis heute ist noch nicht klar, wie diese Verbindungen in der Zelle überhaupt metabolisiert werden. Die PNAs sind nicht nur besonders stabil, sondern zeigen auch eine sehr hohe Affinität zu Einzelstrang-RNA und -DNA. Der große Nachteil der PNAs ist allerdings, dass sie die Zellmembran praktisch nicht passieren können.

Modifikationen der Ribose

Neben den Modifikationen der Phosphodiesterbindung, d. h. am direkten Angriffspunkt der Nucleasen, sind auch Modifikationen an anderen Stellen der Nucleotide möglich. So kann die Phosphodiesterbindung beispielsweise durch sterische Abschirmung vor dem Angriff von Nucleasen geschützt werden. Eine Möglichkeit besteht darin, an C2' der Pentose größere Gruppen anzuhängen. Abbildung 37.5

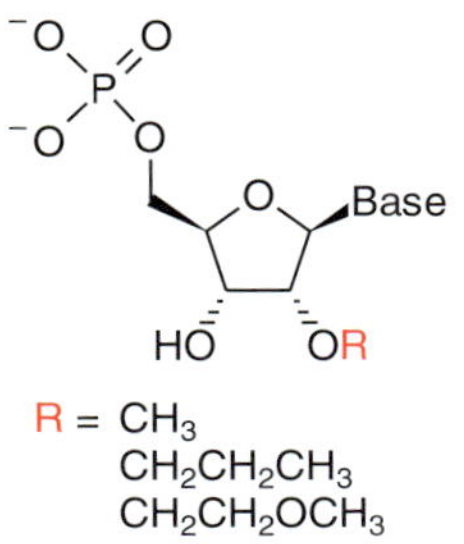

$R = CH_3$
$CH_2CH_2CH_3$
$CH_2CH_2OCH_3$

37.5 Mögliche Modifikationen an C2' der Ribose eines Antisense-Oligodesoxyribonucleotids.

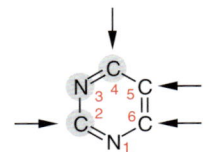

Pyrimidinmodifikationen

C5-Propinyl-Pyrimidin

Purinmodifikationen

37.6 Atome, die in Purinen und Pyrimidinen modifiziert werden können. Die Pfeile geben die modifizierten Atome an, für die entsprechende Oligodesoxyribonucleotide synthetisiert und getestet wurden. Chemische Modifikationen an Stickstoff- und Kohlenstoffatomen, die an der Ausbildung der Watson-Crick-Wasserstoffbrückenbindungen beteiligt sind (grau unterlegt) führen in einigen Fällen zur Destabilisierung der RNA-Oligonucleotid-Hybride. Oligodesoxyribonucleotide mit C5-Propinyl-Pyrimidinen sind die bisher am besten untersuchten Basenmodifizierten Oligonucleotide.

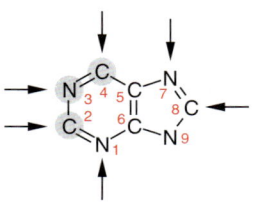

37.7 Beispiel für ein selbststabilisierendes Antisense-Oligodesoxyribonucleotid mit Haarnadelstruktur am 3′-Ende. Die roten Nucleotide hybridisieren mit der Ziel-RNA. Alle Nucleotidbindungen sind Phosphorothioatbindungen.

zeigt einige Beispiele dafür. Durch Anfügen von lipophilen Substituenten wie Methyl-, Propyl- oder Methoxyethylgruppen wird, ähnlich wie bei den Methylphosphonaten, die Membrangängigkeit der Oligonucleotide deutlich erhöht.

Modifikationen der Basen

Auch die Basen der Nucleotide können modifiziert werden (Abb. 37.6). Einige Modifikationen an den Kohlenstoff- und Stickstoffatomen, die an der Ausbildung der Watson-Crick-Wasserstoffbrückenbindungen beteiligt sind, interferieren mit der Hybridisierung. Dennoch können diese Modifikationen in chimären Oligonucleotiden beispielsweise zum Schutz des 3′-Endes eingesetzt werden. Näher untersucht wurden bisher Oligodesoxyribonucleotide, die am C5-Atom der Pyrimidine eine Propinyl-Gruppe tragen. Derart modifizierte Oligodesoxyribonucleotide zeigten in Zellkulturen bereits bei sehr geringen Konzentrationen sequenzspezifische Hemmeffekte.

Selbststabilisierende Oligodesoxyribonucleotide

Ein recht einfacher Trick, Oligodesoxyribonucleotide zu stabilisieren, besteht darin, das 3′-Ende durch eine Haarnadelstruktur (*hairpin*) zu schützen (Abb. 37.7). Die Sequenz des 3′-Endes des Oligodesoxyribonucleotids wird so gewählt, dass es mit einer Sequenz innerhalb des Oligodesoxyribonucleotids hybridisieren kann. Die 3′-5′-Exonucleasen erkennen diese doppelsträngige Struktur nicht als Substrat. Da diese Nucleasen für den größten Teil des Abbaus von Oligodesoxyribonucleotiden verantwortlich sind, sind derart konstruierte Oligodesoxyribonucleotide länger stabil.

37.2.3 Kombination von Antisense-Oligodesoxyribonucleotiden mit funktionellen Gruppen

Im vorhergehenden Abschnitt wurden darauf hingewiesen, dass Oligodesoxyribonucleotide mit natürlichen Phosphodiesterbindungen zum einen instabil sind und zum anderen schlecht über Membranen hinweg in die Zellen hinein diffundieren können. Eine Möglichkeit, die Oligodesoxyribonucleotide membrangängiger zu machen, ist, geladene Gruppen und Atome durch ungeladene zu ersetzen, z. B. in Methylphosphonaten oder 2′-Methylribonucleotiden. Eine weitere Möglichkeit besteht darin, an das 5′- oder das 3′-Ende des Oligonucleotides funktionelle Gruppen anzuhängen, die die Membranpermeabilität erhöhen. Das Anhängen eines Cholesterin-Moleküls führt zu einer deutlich höheren Lipophilie des gesamten Antisense-Moleküls, was wiederum eine erhöhte zelluläre Aufnahme des Moleküls bewirkt (Abb. 37.8).

Mit Transferrin oder Mannose-6-phosphat konjugierte Antisense-Oligodesoxyribonucleotide werden durch spezifische Rezeptoren, dem Transferrinrezeptor bzw. dem Mannose-6-phosphatrezeptor, aufgenommen. Die Kopplung an Poly-L-Lysin führt dazu, dass die gekoppelten Antisense-Oligodesoxyribonucleotide höhere Affinität zu Membranen haben und demzufolge besser aufgenommen werden.

37.8 Das 5′-Nucleotid eines Antisense-Oligodesoxyribonucleotids ist mit Cholesterin verknüpft.

Weitere funktionelle Gruppen, die an das 5′-Ende eines Oligodesoxyribonucleotids angehängt wurden, sind interkalierende Substanzen oder planare polycyclische Aromaten, die sich zwischen doppelsträngige Nucleinsäuren schieben, ohne die Watson-Crick-Wasserstoffbrücken zu beeinflussen. Sie erhöhen deutlich die Affinität des gekoppelten Oligodesoxyribonucleotides zur Ziel-DNA. Geeignet sind z. B. Acridin- oder Anthrachinonderivate (Abb. 37.9). Andere polycyclische Aromaten wie Proflavin erhöhen auch die Affinität eines Oligodesoxyribonucleotids zu einzelsträngiger RNA und werden zu dieser Substanzgruppe gezählt, obwohl sie im engeren Sinn keine interkalierende Substanzen sind.

Die Hybridisierung des Antisense-Oligodesoxyribonucleotids mit der entsprechenden Zielsequenz ermöglicht den sequenzspezifischen Einsatz herkömmlicher Substanzen, die wie die in der Einleitung erwähnten Stickstofflostderivate an der DNA wirken. Die Positionierung dieser Substanzen an bestimmten Sequenzen führt dazu, dass nur Guanine in der Ziel-DNA oder -RNA alkyliert werden. Andere chemische Gruppen, die als Crosslinker eingesetzt werden, sind Azidoderivate wie Azidoproflavin- oder Azidophenacylkonjugate (Abb. 37.10).

Eine weitere Möglichkeit, die Ziel-Nucleinsäure spezifisch zu inaktivieren, ist die Verwendung von chemischen Gruppen, die über einen Redoxmechanismus zur Spaltung der DNA führen. Verwendet wurden z. B. Fe-EDTA-, Cu-Phenanthrolin- oder Fe-Porphyrin-Komplexe. Auch das Antibiotikum Bleomycin wurde mit dem 5′-Ende eines Antisense-Oligodesoxyribonucleotids verknüpft. Bleomycin führt ebenfalls über einen Redoxmechanismus zur Spaltung von DNA und RNA und wird als Cytostatikum zur Behandlung von Tumoren eingesetzt.

37.9 Hier ist Acridin mit dem 5′-Nucleotid eines Antisense-Oligodesoxyribonucleotids verbunden.

37.10 Azidoproflavin ist an das 5′-Nucleotid eines Antisense-Oligodesoxyribonucleotids gebunden.

37.2.4 Antisense-Oligonucleotide als neue Arzneimittel

In der Einleitung wurde schon erwähnt, dass Substanzen, die über die DNA der Zelle wirken, schon sehr lange verwendet werden. Vor allem sind dies Cytostatika, deren Wirkung auf die DNA sequenzunspezifisch ist und die deshalb sehr toxisch sind. Die Vorstellung, dass man Substanzen entwickeln kann, die sequenzspezifisch nur mit bestimmten mRNAs oder DNAs interagieren, ist sehr verlockend, denn allgemein gilt der Grundsatz: Je spezifischer eine Substanz mit ihrem pharmakologischen Rezeptor interagiert, desto weniger unerwünschte Wirkungen sollte diese Substanz haben. Bisher ist noch kein „therapeutisches" Oligodesoxyribonucleotid zur Anwendung am Menschen zugelassen. Allerdings gibt es schon eine Reihe von größeren klinischen Studien, in denen die Wirksamkeit der Oligodesoxyribonucleotide am Menschen bewiesen werden soll. Als mögliche Krankheiten, die mit therapeutischen Oligodesoxyribonucleotiden behandelt werden könnten, bieten sich solche an, die durch die Hemmung der Expression eines Gens komplett geheilt oder zumindest im Krankheitsbild deutlich verbessert werden könnten. Ein gutes Beispiel sind Virusinfektionen. Es gibt bislang noch keine spezifischen Medikamente gegen Viren. Da sich Viren intrazellulär vermehren und dazu teilweise die Replikations- und Translationsmaschinerie des Menschen nutzen, müssen bei der Gabe von Medikamenten, die die Virusreplikation und -expression hemmen, in der Regel auch unerwünschte Wirkungen auf die zelluläre Replikation und Translation des Patienten in Kauf genommen werden. Andererseits sind die Gensequenzen vieler Viren bekannt, so dass gegen die virale RNA gerichtete Antisense-Oligodesoxyribonucleotide synthetisiert werden können. Im Tierexperiment wurden Oligodesoxyribonucleotide schon erfolgreich eingesetzt, um Virusinfektionen oder Entzündungen zu behandeln und das Wachstum von Tumoren zu hemmen. Für die bisherigen pharmakologischen Studien wurden fast ausschließlich komplett geschützte Phosphorothioat-Oligodesoxynucleotide verwendet, d. h. Oligonucleotide, in denen alle Phosphodiesterbindungen nach dem Austausch eines Sauerstoffatoms durch ein Schwefelatom vor dem Angriff von Nucleasen geschützt sind.

Bei den toxikologischen Tests stellte sich heraus, dass die Phosphorothioate eine ganze Reihe von unerwünschten Wirkungen haben. An erster Stelle ist die

Methylierte Basen
Abbildung 26.1

Induktion einer Immunantwort gegen die Phosphorothioate zu nennen. Ein Grund für diese immunogene Wirkung ist mittlerweile gut erforscht. Er besteht in dem prinzipiellen Unterschied in der Zusammensetzung bakterieller und eukaryontischer DNA. Neben den „normalen" Basen Adenin, Guanin, Cytosin und Thymin findet man in der DNA auch einige seltenere Basen. So kommt N6-Methyladenin in Bakterien-DNA vor, und 5-Hydroxymethylcytosin ist in der DNA von Bakterien zu finden, die mit bestimmten Bakteriophagen infiziert sind. 5-Methylcytosin tritt in der DNA von Tieren und höheren Pflanzen auf. In der menschlichen DNA ist Cytosin zu ca. 5 % methyliert. Allerdings ist die Verteilung der Methylierung sehr unterschiedlich. Das Methylierungsmuster hat sowohl Einfluss auf die Regulation der Expressionsrate der DNA als auch auf die Konformation der DNA; z. B. sind alternierende methylierte CpG-Dinucleotide häufig in Z-DNA zu finden. Kurze Oligodesoxyribonucleotide werden maschinell synthetisiert und beinhalten keine methylierten Cytosinreste. Werden die unmethylierten Cytosinreste vor allem in den Dinucleotiden CpG durch methyliertes Cytosin ersetzt, sind diese Oligodesoxyribonucleotide in vivo wesentlich weniger immunogen. Deshalb werden in therapeutischen Oligodesoxynucleotiden zukünftig methylierte Cytosinreste eingebaut. Andererseits könnten nicht-methylierte Oligodesoxynucleotide gerade wegen ihrer immunstimulierenden Wirkung als Adjuvans bei Impfungen oder zur Immunstimulierung bei Tumorerkrankungen genutzt werden. Entsprechende klinische Untersuchungen werden durchgeführt.

Ein weiteres Problem der Phosphorothioate stellt deren unspezifische Interaktion mit Proteinen dar. Schon in Zellkulturexperimenten zeigte sich, dass besondere Sequenzen, nämlich vier Guaninreste in Folge, dazu führen, dass diese Oligodesoxyribonucleotide vor allem bei höheren Konzentrationen unspezifische Wirkungen zeigen. Strukturuntersuchungen deuten darauf hin, dass sich vier dieser Oligodesoxyribonucleotide so aneinander legen können, dass sie zusätzliche Wasserstoffbrücken untereinander eingehen können und dann eine Tertiärstruktur ausbilden (ein sogenanntes **G-Quartett**), die offensichtlich hohe unspezifische Affinität zu Proteinen hat (Abb. 37.11). G-Quartett-ähnliche Strukturen können aber auch intramolekular entstehen, wenn in der Sequenz vier Guanin-Dimere in bestimmten Abstand zueinander vorkommen.

Die Erwartung, dass Antisense-Oligodesoxynucleotide vollkommen spezifisch an ihre Zielsequenz in der mRNA binden, ohne unspezifische Wirkungen auf andere zelluläre Komponenten zu haben, hat sich also in den ersten klinischen Tests nicht bewahrheitet. Allerdings sind die unerwünschten Wirkungen nicht so gravierend, dass die Entwicklung von therapeutischen Oligodesoxyribonucleotiden eingestellt wurde.

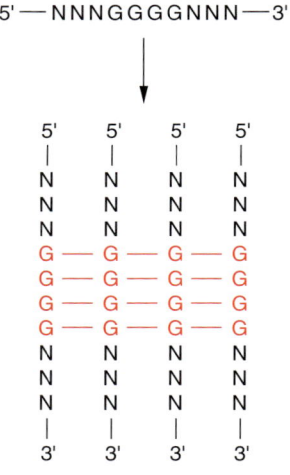

37.2.5 Chimäre Oligodesoxyribonucleotide

In den vorhergehenden Abschnitten wurden viele unterschiedliche Möglichkeiten zur Stabilisierung von Oligodesoxyribonucleotiden aufgeführt. Alle Möglichkeiten haben Vor- und Nachteile. Ein Nachteil ist, dass nach Einführung einer chemischen Gruppe die Toxizität des modifizierten Oligonucleotids getestet werden muss. Durch Konstruktion sogenannter chimärer Oligodesoxyribonucleotide können Vor- und Nachteile einzelner Modifikationen ausgeglichen bzw. miteinander kombiniert werden. Ein Beispiel für ein chimäres Oligodesoxyribonucleotid ist eine Kombination aus Methylphosphonat und Phosphorothioat mit methylierten Cytosinresten (Abb. 37.12). An den beiden Flügeln des Oligonucleotids wurden Methylphosphonat-Bindungen eingeführt, um das Oligonucleotid insgesamt lipophiler und damit membrangängiger zu machen. Da ein komplett modifiziertes Methylphosphonat schwer löslich ist und von RNase H nicht als Substrat erkannt wird, besteht das Mittelstück dieser sogenannten **Gapmers** (von engl. *gap*, Lücke) aus Desoxyribonucleotiden, die über Phosphorothioatbindungen miteinander verknüpft sind. Ein Mittelstück von fünf Desoxyribonucleotiden reicht schon aus, um das gesamte Oligonucleotid zu einem RNase-H-Substrat zu machen. Die Cytosin-

37.11 Zwei Beispiele für G-Quartetts. Im oberen Beispiel bilden sich die G-Quartetts durch Aneinanderlagerung von vier Oligodesoxyribonucleotiden mit gleicher Sequenz. Im unteren Beispiel bilden sich die G-Quartetts durch Bindungen zwischen Guanosinresten eines Moleküls.

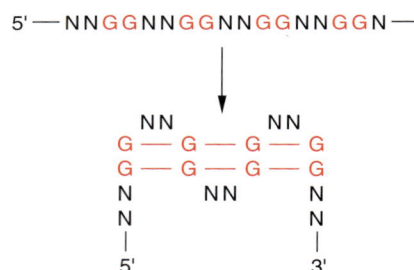

37.12 Beispiel für ein Gapmer (chimäres Oligodesoxyribonucleotid). Am 5'- und am 3'-Ende sind die ersten vier Nucleotidbindungen jeweils Methylphosphonatbindungen (▲). Die mittleren Nucleotidbindungen sind Phosphorothioatbindungen (N). Alle Cytosine in CpG-Dinucleotiden sind methyliert (*).

reste in GpC-Dimeren sind methyliert, um die Immunantwort des Organismus auf diese Nucleotide zu reduzieren. Die unterschiedlichsten Kombinationen der zuvor beschriebenen Modifikationen sind denkbar, um neue sequenzspezifische Oligonucleotid-Therapeutika zu entwickeln. Bisher wurde nur ein kleiner Teil davon in vivo getestet.

37.3 Triplex-bildende Oligodesoxyribonucleotide

Es gibt prinzipiell zwei Möglichkeiten, wie Antisense-Oligodesoxyribonucleotide auf der Ebene der Doppelstrang-DNA in die Genexpression eingreifen können. Bei der ersteren wird ein Antisense-Oligodesoxyribonucleotid so ausgewählt, dass es mit Sequenzen in regulatorischen Bereichen eines Gens hybridisiert. Wird während der Gentranskription oder -replikation die Doppelstrang-DNA durch regulatorische Proteine, die an der Transkription oder Replikation beteiligt sind, aufgeschmolzen, so erhält das Antisense-Oligodesoxyribonucleotid die Möglichkeit, im Übergangszustand an einen einzelsträngigen DNA-Abschnitt zu binden und dadurch die Bindung weiterer regulatorischer Proteine zu hemmen. Die Möglichkeiten, Antisense-Oligodesoxyribonucleotide so auszuwählen, dass sie über den oben beschriebenen Mechanismus wirken, sind allerdings sehr begrenzt, da noch nicht ausreichend bekannt ist, in welcher Reihenfolge die unterschiedlichen DNA-Sequenzen, die an der Transkription oder Replikation beteiligt sind, vom Doppelstrang- in den Einzelstrang-Zustand übergehen.

Ein zweiter Mechanismus, über den kurze Oligodesoxyribonucleotide hemmend in die Transkription oder Replikation eingreifen können, ist die Bildung sogenannter **Triplex-Strukturen**. Wenn einer der DNA-Stränge aus einer Abfolge von Purinen (Adenin und Guanin) besteht, so kann dieser zusätzlich zu den Watson-Crick-Wasserstoffbrückenbindungen, die er zu dem komplementären Strang ausbildet, noch sogenannte **Hoogsteen-Bindungen** zu einem Oligodesoxyribonucleotid ausbilden, das aus Pyrimidinen (Thymin und Cytosin) besteht (Abb. 37.13). Im ersten Beispiel bildet ein Cytosin mit einem GC-Basenpaar Wasserstoffbrücken-Bindungen aus. Hierzu muss das zweite Cytosin zuvor protoniert werden. Im zweiten Beispiel interagiert ein Thymin mit einem AT-Basenpaar. Nicht nur in den beiden gezeigten Konstellationen können sich Hoogsteen-Bindungen ausbil-

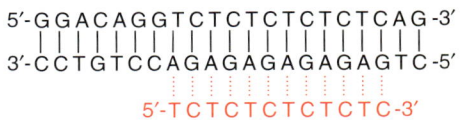

37.13 Oben: Sequenzbeispiel für eine intermolekulare Tripelhelix, die durch die Anlagerung eines Antisense-Oligodesoxyribonucleotids an doppelsträngige DNA gebildet wird. Unten: Zwei Beispiele für die Bildung von Hoogsteen-Wasserstoffbrückenbindungen (C* protoniertes Cytosin).

den, sondern auch zwischen anderen Nucleotiden. Eine Tripelhelixstruktur konnte auch in Doppelstrang-DNA nachgewiesen werden und wird **H-DNA** genannt. Mit diesem Begriff wird das Phänomen bezeichnet, dass sich ein Abschnitt der DNA zurückfaltet und mit einem anderen Abschnitt eine intramolekulare Tripelhelix bildet. Sequenzen, die H-DNA ausbilden können, werden vor allem in DNA-Abschnitten gefunden, die für Regulationsprozesse wie Transkription und Replikation wichtig sind.

Die PNA-Oligonucleotide, die in Abschnitt 37.2.2 beschrieben wurden, zeichnen sich nicht nur dadurch aus, dass sie mit besonders hoher Affinität Einzelstrang-DNA und -RNA binden, sondern auch mit hoher Affinität Tripelhelices mit Doppelstrang-DNA ausbilden können. Strukturuntersuchungen in vitro belegen, dass sich PNAs zwischen beide DNA-Stränge schieben können und damit in die Genregulation eingreifen können. Das Potential dieser Substanzen für die zellbiologische Anwendung muss allerdings erst noch erforscht werden.

Einen weiteren neuen Ansatz stellen synthetische Polyamide aus *N*-Imidazol- und *N*-Methylpyrrolringen dar, die über Peptidbindungen verknüpft sind. Ein Paar aus einem Imidazol- und einem gegenüberliegenden Pyrrolring bildet Wasserstoffbrückenbindungen mit einem Guanin-Cytosin-Basenpaar aus, ein Paar aus einem Pyrrol- und einem gegenüberliegenden Imidazolring interagiert mit einem Cytosin-Guanin-Basenpaar, und ein Paar aus zwei gegenüberliegenden Pyrrolringen interagiert sowohl mit einem Adenin-Thymin- als auch mit einem Thymin-Adenin-Basenpaar. Daraus ergibt sich, dass man durch die Abfolge der Pyrrol- und Imidazolringe in diesen Polyamiden eine Affinität dieser Moleküle zu einer spezifischen Sequenz erreichen kann. Bisher wurden allerdings lediglich Polyamide entwickelt und getestet, die gegen kurze DNA-Sequenzen gerichtet sind. Diese Strukturen haben den Vorteil, dass sie wesentlich kleiner sind als Oligodesoxyribonucleotide und deshalb besser in Zellen hinein gelangen können, aber eine ähnlich hohe Stabilität wie PNAs aufweisen.

37.4 Ribozyme

Bis Anfang der achtziger Jahre wurde angenommen, dass nur Proteine enzymatische Aktivität haben. Dann entdeckten die Arbeitsgruppen von Thomas Cech und Sidney Altmann, dass bestimmte RNAs von Protozoen und Bakterien sich selbst spleißen können, d.h. diese RNAs besitzen Ribonuclease-Aktivität. Cech nannte RNA mit katalytischen Eigenschaften Ribozym (Ribonucleinsäure mit enzymatischer Aktivität, ohne der klassischen Definition eines Enzyms zu entsprechen, nämlich als Katalysator einer Reaktion aus dieser unverändert hervorzugehen). Inzwischen sind Ribozyme in praktisch allen Organismen nachgewiesen worden. Die intramolekulare RNA-Spaltung wird als *cis*-Reaktion bezeichnet. Kurz nach der ersten Beschreibung der Ribozyme wurden auch Ribozyme entdeckt, die RNA in *trans*-Stellung spalten können. Ein Beispiel dafür ist RNase P, die aus einem RNA-Anteil und einem Proteinanteil besteht. Die Aufgabe des RNA-Anteils ist das Spleißen von Vorläufer-tRNAs. Zwei heute sehr wichtige Ribozymstrukturen, sogenannte **Hairpin-** und **Hammerhead-Ribozyme**, wurden zum ersten Mal in Pflanzen-Viroiden gefunden. Das besondere an diesen Strukturen ist, dass die katalytische Domäne sehr klein ist. Sie besteht in natürlich vorkommenden Hammerhead-Ribozymen aus nur 55 Nucleotiden. Durch Mutagenese und Deletionsstudien fand man heraus, dass eine RNA-Sequenz nicht länger als 21–23 Nucleotide sein muss, um Ribonucleaseaktivität entwickeln zu können (Abb. 37.14). Es wurden sogar noch kleinere Ribozyme beschrieben. Durch Kombination der Sequenz der katalytischen Domäne mit spezifischen flankierenden Antisense-Sequenzen ist es möglich, Ribozyme zu synthetisieren, die so klein sind, dass sie in Zellen eindringen können, und die durch ihre flankierenden Sequenzen spezifisch nur gegen eine mRNA gerichtet sind. Das bedeutet, dass durch die Auswahl

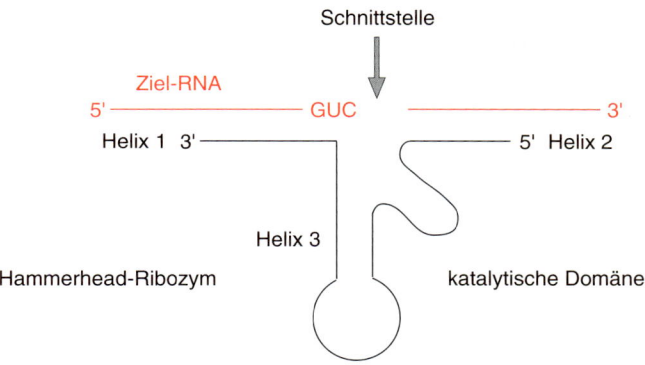

37.14 Beispiel für ein Hammerhead-Ribozym. Helix 1 und Helix 2 bilden sich durch Hybridisierung der flankierenden Sequenzen mit den komplementären Sequenzen der Ziel-RNA. Helix 3 bildet sich durch Hybridisierung interner komplementärer Ribozymsequenzen. Die einzelsträngigen Abschnitte bilden die katalytische Domäne.

einer entsprechenden Zielsequenz Ribozyme konstruiert werden können, die eine entsprechende Ziel-RNA in *trans*-Stellung zerschneiden. Dies ermöglicht den Einsatz von Ribozymen zur Hemmung der Genexpression über die enzymatische Zerstörung der mRNA. Abbildung 37.14 zeigt ein Beispiel für ein Hammerhead-Ribozym. Die Struktur besteht aus drei Helices. Helix 1 und Helix 2 bilden sich durch die Hybridisierung mit der komplementären Sequenz der Ziel-RNA, während Helix 3 durch einen Doppelstrang innerhalb der Ribozymsequenz gebildet wird. Zwischen diesen doppelsträngigen Strukturen bilden nicht-hybridisierende Nucleotide die katalytische Domäne des Ribozyms aus. Da sich Ribozyme von natürlich vorkommenden RNAs ableiten, wurde lange Zeit angenommen, dass zumindest die katalytische Domäne aus Ribonucleotiden bestehen muss. RNA ist gegenüber dem Abbau durch RNasen empfindlicher als DNA. Um die Stabilität gegenüber Nucleasen zu verbessern, wurde eine ganze Reihe von modifizierten Ribonucleotiden in Hammerhead-Ribozymen verwendet, z. B. 2'-Ribose-modifizierte Bausteine, ähnlich wie sie für Antisense-Oligodesoxyribonucleotide verwendet wurden. Vor kurzem konnten mit einem kombinatorischen Ansatz, wie er im folgenden Abschnitt beschrieben wird, katalytische DNA-Oligonucleotide identifiziert werden, so dass es möglich sein wird, auf RNA komplett zu verzichten.

Ribozyme haben den bedeutenden Vorteil, dass sie zwei Mechanismen in einem Molekül vereinigen können. Zusätzlich zur katalytischen Aktivität, mit der sie die Ziel-RNA aktiv zerstören, wirken Ribozyme über die Hybridisierung der flankierenden Sequenzen mit der spezifischen Sequenz der Ziel-RNA als Antisense-Oligonucleotide. Voraussetzung dafür ist natürlich, dass die flankierenden Sequenzen aus Desoxyribonucleotiden bestehen (RNase erkennt nur DNA-RNA-Hybride).

37.5 Aptamere: Hochaffine RNA- und DNA-Oligonucleotide

Die Eigenschaft von Nucleinsäuren, dreidimensionale Strukturen zu bilden, die mit Proteinen interagieren – ein Problem bei den Antisense-Oligodesoxyribonucleotiden –, wird bei den hochaffinen Oligonucleotiden ausgenutzt, um Moleküle mit hoher Affinität zu Zielstrukturen zu finden.

Über einen kombinatorischen Ansatz, das SELEX-Verfahren (*Systematic evolution of ligands by exponential enrichment*) wird nach Oligonucleotiden gesucht, die eine Sekundärstruktur ausbilden und dadurch hohe Affinitäten zu einer vorgegebenen Zielstruktur haben (Abb. 37.15). Zielstrukturen können extrazelluläre Proteine, Membranrezeptoren, aber auch Zucker- und Lipidstrukturen sein. Es wurden auch schon hochaffine Oligonucleotide entwickelt, die gegen kleine Moleküle wie Theophyllin gerichtet sind. Im ersten Schritt werden während der chemi-

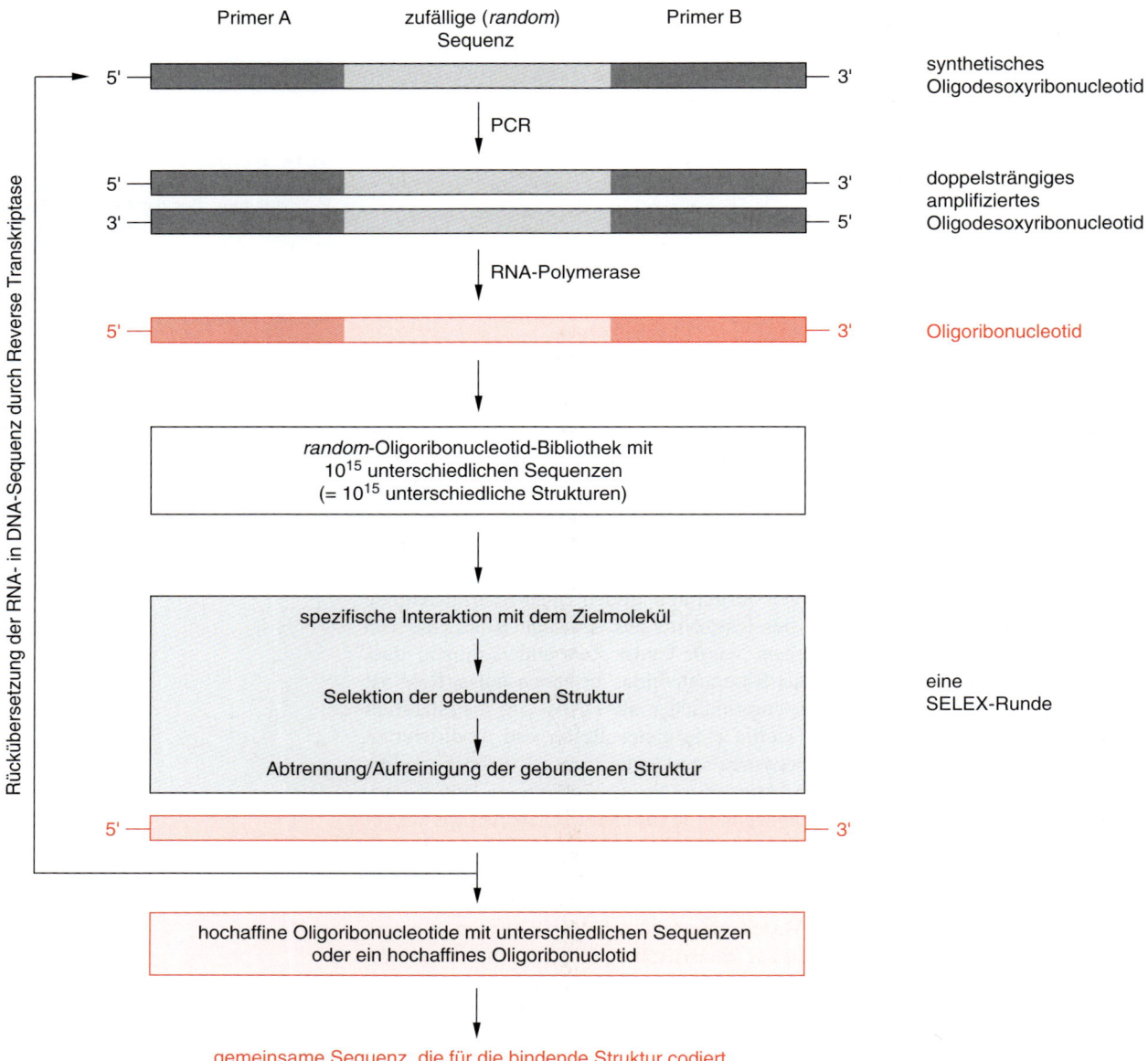

37.15 SELEX-Strategie zur Identifizierung hochaffiner DNA- oder RNA-Aptamere.

schen Synthese eines Oligodesoxyribonucleotids zwischen zwei festgelegten Sequenzen, die als Primer für eine Polymerasekettenreaktion (PCR) verwendet werden können, zufällig (engl. *random*) Nucleotidbausteine eingebaut. Das Ergebnis einer solchen Synthese stellt ein Gemisch von Oligodesoxyribonucleotiden dar, in dem mindestens jeweils ein Oligodesoxyribonucleotid zu finden ist, das an einer der Random-Positionen jeweils ein definiertes Nucleotid trägt. Die Komplexität des Gemisches ist 4^n, wobei n die Anzahl der Random-Positionen angibt (bei 25 zufällig eingebauten Nucleotiden ergeben sich $4^{25} = 10^{15}$ unterschiedliche Sequenzen, eine Anzahl, die theoretisch alle denkbaren Sekundärstrukturen beinhalten sollte). Um die Anzahl der individuellen Oligodesoxyribonucleotide innerhalb des Gemisches zu erhöhen, werden die Oligodesoxyribonucleotide mit Hilfe eines PCR-Verfahrens amplifiziert. Oligoribonucleotide haben komplexere dreidimensionale Strukturen als entsprechende Oligodesoxyribonucleotide, da Oligoribonucleotide wegen der 2′-Hydroxygruppe mehr Wasserstoffbrückenbindungen bilden können. Deshalb wird das Gemisch von DNA-Oligonucleotiden mit Hilfe einer RNA-Polymerase in RNA-Oligonucleotide übersetzt, so dass eine RNA-Oli-

PCR
Kapitel 24

gonucleotid-Bibliothek mit einer Komplexität von 10^{15} vorliegt. Aus dieser Bibliothek von RNA-Oligonucleotiden muss durch ein Testverfahren das Oligonucleotid herausgesucht werden, das aufgrund seiner Struktur mit besonders hoher Affinität an die vorgegebene Zielstruktur bindet. Dazu kann die Zielstruktur, z. B. ein Wachstumsfaktor, an einer Säule immobilisiert werden; die Oligoribonucleotide werden dann über diese Säule geleitet. Die nicht-bindenden Oligoribonucleotide passieren die Säule, und die gebundenen Oligoribonucleotide, die eine hohe Affinität zur Zielstruktur haben, werden von der Säule eluiert. Allerdings liegen diese Oligoribonucleotide nur in sehr kleiner Menge vor, weshalb ein neuer Amplifikationsschritt angeschlossen wird. Dazu muss das RNA-Oligonucleotid in ein DNA-Oligonucleotid rückübersetzt werden. Dann wird eine neue SELEX-Runde gestartet, d. h. es werden wieder RNA-Oligonucleotide hergestellt und hinsichtlich ihrer Affinität für die Zielstruktur untersucht. Pro SELEX-Runde wird die gesuchte hochaffine Struktur etwa um den Faktor 10 angereichert. Durch mehrmaliges Durchlaufen des ganzen Verfahrens werden letztendlich nur wenige, manchmal sogar nur ein Oligoribonucleotid erhalten, das mit hoher Affinität an die vorgegebene Zielstruktur bindet. Das resultierende hochaffine Oligonucleotid bezeichnet man auch als **Aptamer**. Durch Computeranalyse kann man versuchen, die mögliche Struktur des Aptamers vorherzusagen. Oft erhält man als vorausgesagte Sekundärstruktur bekannte Strukturen wie G-Quartetts, Schleifen, Pseudoknoten oder Haarnadelstrukturen. Häufig sind die dreidimensionalen Strukturen auch so komplex, dass sich keine sichere Voraussage machen lässt.

Aptamere haben im Hinblick auf ihre mögliche Anwendung zwei wesentliche Nachteile. Zum ersten sind die meisten Aptamere, die bisher isoliert wurden, RNA-Oligonucleotide, da RNAs komplexere dreidimensionale Strukturen ausbilden. RNA ist aber weniger stabil gegenüber Nucleasen als DNA, so dass ein Weg gefunden werden muss, die RNA-Oligonucleotide zu stabilisieren. Die entsprechende Modifikation muss allerdings von der Polymerase, die in der PCR eingesetzt wird, und von der RNA-Polymerase akzeptiert werden, was die Auswahl der Modifikationen deutlich einschränkt. Eine Möglichkeit besteht in 2′-Modifikationen der Ribose durch eine Aminogruppe oder ein Fluoratom (Abb. 37.16). Entsprechende Bausteine für die Synthese des Random-Oligodesoxyribonucleotids sind erhältlich. Da auch einzelsträngige DNA dreidimensionale Strukturen ausbilden kann, wurden auch Aptamere aus Oligodesoxyribonucleotid-Banken isoliert. Theoretisch sollte die Erfolgsquote für die Identifizierung eines DNA-Aptamers geringer sein. Zur Stabilisierung von DNA-Aptameren stehen wieder eine Reihe von 2′-Pentose-modifizierten DNA-Bausteinen zur Verfügung. Beide Strategien, stabilisierte RNA-Bausteine zu verwenden oder DNA-Oligonucleotide für das SELEX-Verfahren einzusetzen, haben erfolgreich zur Identifizierung von hochaffinen Oligonucleotiden geführt, so dass nicht klar ist, ob eine Strategie der anderen deutlich überlegen ist.

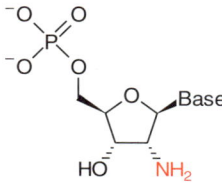

37.16 Mögliche Modifikationen der Ribose eines RNA-Aptamers durch eine Aminogruppe an C2.

Der zweite Aspekt, der den Einsatz von Aptamere einschränkt, ist ihre Größe. Um mit DNA- bzw. RNA-Oligonucleotid-Banken eine Komplexität zu erreichen, die die Erzeugung aller möglichen dreidimensionalen Strukturen erlaubt, muss die Länge der Random-Sequenz mindestens 25 Nucleotide betragen. Dazu kommen noch die endständigen Primer-Sequenzen, die oft für die Stabilität der Sekundärstruktur von Bedeutung sind. Da die Aufnahme eines Oligonucleotids in die Zelle aber deutlich vom Molekulargewicht und damit von seiner Länge abhängt, erreicht man mit derart langen Oligonucleotiden keine intrazelluläre Konzentrationen, die eine Wirkung erzeugen können. Dies ist der Grund, warum bisher fast ausschließlich Aptamere generiert wurden, die gegen extrazelluläre Zielstrukturen wie Rezeptoren und Wachstumsfaktoren gerichtet sind.

Aptamere haben im Vergleich zu anderen Substanzen zwei erhebliche Vorteile. Die Zeit, die benötigt wird, um ein hochaffines Aptamer zu erhalten, beträgt nur wenige Wochen bis Monate. Die klassische Entwicklung niedermolekularer Stoffe, die als Agonisten an Rezeptoren binden, dauert dagegen mehrere Jahre, da die biologischen Tests der Substanzen immer wieder unterbrochen werden muss, um auf konventionellem Weg Molekülvarianten zu synthetisieren. Verglichen mit spezifischen Antikörpern, vor allem monoklonalen Antikörpern, die häufig als sehr spezifische zellbiologische Werkzeuge eingesetzt werden, weisen Aptamere in der Regel höhere Affinitäten zu den entsprechenden Zielstrukturen auf.

37.6 Anwendungen und Ausblick

Oligonucleotide sind wichtige Werkzeuge, die vor allem dazu benutzt werden, spezifisch die Expression eines bestimmten Gens auszuschalten und dadurch die zellbiologische Funktion des Genprodukts nachzuweisen. Am häufigsten werden dazu Antisense-Oligodesoxyribonucleotide verwendet. Bei dem Einsatz von Oligonucleotiden sind einige Grundregeln zu beachten, da Oligonucleotide, vor allem Phosphorothioate, mit Proteinen interagieren und sich daraus eine Reihe von unspezifischen Effekten ableiten können. Die Spezifität eines Antisense-Oligonucleotids wird am besten dadurch überprüft, dass die Abnahme der Expression des vom Zielgen codierten Proteins direkt nachgewiesen wird. Weiterhin müssen zu dem Antisense-Oligonucleotid auch entsprechende Kontroll-Oligonucleotide verwendet werden. Wichtige Kontrollen sind das entsprechende Sense-Oligonucleotid, das entsprechende *Missense*-Oligonucleotid (die Sequenz des Antisense-Oligonucleotids in 3′-5′-Richtung), ein *Scrambled*-Oligonucleotid (von engl. *scramble*, vermischen; ein Oligonucleotid mit der Nucleotidzusammensetzung des Antisense-Oligonucleotids, allerdings in veränderter Reihenfolge) oder ein Antisense-Oligonucleotid, in dem ein Nucleotid ausgetauscht wurde. Besonders schwierig ist die Beurteilung negativer Ergebnisse von Antisense-Experimenten. In diesem Falle muss sichergestellt sein, dass das Antisense-Oligonucleotid in den Kern der Zielzelle gelangte. Dies kann mit Oligonucleotiden, die mit einem Fluoreszenzfarbstoff oder einem radioaktiven Isotop markiert sind, relativ leicht nachgewiesen werden. Sollten alle Kontrollen positiv verlaufen, aber das Antisense-Oligonucleotid nicht wirksam sein, kann es daran liegen, dass der Teil der RNA, der die Zielsequenz des Oligonucleotids trägt, aufgrund von Sekundärstrukturen für das Antisense-Oligonucleotid nicht zugänglich ist. Diese Hypothese ist nur in vitro zu überprüfen, wobei nicht bekannt ist, ob sich RNA in vitro und in vivo gleich faltet. Triplex-bildende Oligonucleotide und Aptamere verhalten sich bezüglich des Transports an den Zielort in oder an der Zelle ähnlich wie Antisense-Oligonucleotide. Auch hinsichtlich der Spezifität verhalten sich Triplex-bildende Oligonucleotide und Aptamere wie Antisense-Oligonucleotide, denn in beiden Fällen werden ähnliche Modifikationen zur Stabilisierung der Oligonucleotide verwendet und Sequenzen, die für unspezifische Interaktionen mit Proteinen verantwortlich sind, etwa G-Quartetts, sind in allen Oligonucleotiden möglich.

Oligonucleotide werden aber nicht nur als zellbiologische Werkzeuge für Forschungszwecke eingesetzt, sondern sie werden auch als Pharmaka zur Anwendung am Menschen entwickelt. Eine Reihe von Antisense-Oligonucleotiden – hierbei handelt es sich bislang ausschließlich um komplett geschützte Phosphorothioat-Oligodesoxyribonucleotide – werden auch schon in klinischen Studien an einer größeren Anzahl von Patienten auf ihre Wirksamkeit getestet. Es ist damit zu rechnen, dass in den nächsten Jahren einige Oligonucleotide die Zulassung als Medikament erhalten werden. Damit wird eine vollkommen neue Klasse von Medikamenten zur Behandlung von Krankheiten zur Verfügung stehen.

Weiterführende Literatur

Allgemeines

Agrawal, S. (Hrsg.) Antisense Therapeutics, Methods in Molecular Medicine. Humana Press, Totowa (1996).

Crooke, S.T., Lebleu, B. Antisense Research and Applications. CRC Press, Boca Raton (1993).

Crooke, S.T. Therapeutic Applications of Oligonucleotides, Medical Intelligence Unit, Springer-Verlag, Berlin (1995).

Schlingensiepen, R., Brysch, W., Schlingensiepen, K.-H. (Hrsg.) Antisense – from Technology to Therapy. Blackwell Science, Berlin (1997).

Antisense-Oligodesoxyribonucleotide

Akhtar, S., Agrawal, S. In vivo Studies with Antisense Oligonucleotides. Trends Pharmacol. Sci. 18 (1997) 12–18.

Crooke, S.T., Bennett, C.F. Progress in Antisense Oligonucleotide Therapeutics. Ann. Rev. Pharmacol. Toxicol. 36 (1996) 107–29.

Szymkowski, D.E. Developing Antisense Oligonucleotides from the Laboratory to Clinical Trials. Drug Discovery Today 1 (1996) 415–428.

Wagner, R.W., Flanagan, W.M. Antisense Technology and Prospects for Therapy of Viral Infections and Cancer. Molecular Medicine Today 3 (1997) 31–38.

Triplex-bildende Oligonucleotide

Frank-Kamenetski, M.D., Mirkin, S.M. Triplex DNA Structures. Ann. Rev. Biochem. 64 (1995) 65–95.

Gottesfeld, J.M., Neely, L., Trauger, J.W., Baird, E.E., Dervan, P.B. Regulation of Gene Expression by Small Molecules. Nature 387 (1997) 202–205.

Thuong, N.T., Hélène, C. Sequenzspezifische Erkennung und Modifikation von Doppelhelix-DNA durch Oligonucleotide. Angew. Chem. 105 (1993) 697–723.

Ribozyme

Cech, T.R. The Generally of Self-Splicing RNA: Relationship to Nuclear mRNA Splicing. Cell 44 (1986) 207–210.

Marr, J.I. Ribozymes as Therapeutic Agents. Drug Discovery Today 1 (1996) 94–102.

Scott, W.G., Klug, A. Ribozymes: Structure and Mechanism in RNA Catalysis. Trends Biol. Sci. 21 (1996) 220–224.

Aptamere

Gold, L. Oligonucleotides as Research Diagnostic, and Therapeutic Agents. J. Biol. Chem. 270 (1995) 13581–13584.

Gold, L., Polisky, B., Uhlenbeck, O., Yarus, M. Diversity of Oligonucleotide Functions. Ann. Rev. Biochem. 64 (1995) 763–97.

38 Überexpression

Ausreichende Mengen an nativem Protein zur Verfügung zu haben, ist für alle Aspekte der Bioanalytik unerlässlich. Durch die Überexpression der entsprechenden Gene kann die Konzentration von Proteinen in der Zelle weit über ihren natürlichen Wert hinaus angehoben werden. Obgleich per definitionem Überexpression die erhöhte Expressions- bzw. Transkriptionsrate eines Gens bedeutet, soll im Folgenden der Begriff Überexpression erweitert und generell für die vermehrte Bildung eines bestimmten Proteins über die natürliche Konzentration hinaus verwendet werden. Zur Vereinfachung wird also von einer Protein-Überexpression gesprochen, ein Ausdruck, der zum einen von der genetischen Terminologie her unkorrekt ist und zum anderen nicht ausschließlich eine erhöhte Genexpression bedeuten soll. Die Überexpression kann in der natürlichen Umgebung, im endogenen Wirt oder in einem fremden Wirtssystem erfolgen und wird entsprechend als homologe oder heterologe Genexpression bzw. Überexpression bezeichnet.

Die Überexpression bestimmter Proteine als Antwort auf unterschiedliche Milieubedingungen, z. B. ein verändertes Nahrungsangebot oder Temperaturschwankungen, ist für einen regulierbaren Stoffwechsel unverzichtbar, und es sind viele Beispiele natürlicher Überexpression bekannt. Voraussetzung für die erhöhte Proteinkonzentration sind gesteigerte Transkriptionsraten des codierenden Gens, erhöhte Translationsraten der entsprechenden mRNA oder eine erhöhte Stabilität des Proteins durch verminderten proteolytischen Abbau. Bei den meisten künstlichen Überexpressionssystemen werden regulierbare Promotoren für eine Erhöhung der Genexpression verwendet. Natürliche Überexpressionssysteme sind immer induzierte Systeme. Dagegen können „künstliche" Expressionssysteme sowohl induzierbar als auch konstitutiv sein.

Die Entwicklung und Konstruktion konstitutiver und induzierbarer Expressionssysteme in homologen oder heterologen Wirten sind aus unterschiedlichen Interessen entstanden:

1. Genetiker können durch die Identifizierung von Multi-Copy-Suppressoren (Allele, die in hoher Kopienzahl einen Mutanten-Phänotyp unterdrücken) im homologen System genetisch wechselwirkende Komponenten erkennen.
2. Die rekombinante Proteinproduktion für Diagnostik und Therapie ist ein inzwischen stark wachsender Wirtschaftszweig mit großem Marktanteil.
3. Für die Aufklärung von Proteinstrukturen und Struktur-Funktionsbeziehungen sind Proteinmengen im Milligramm-Maßstab notwendig. In der Regel sind geeignete Expressionssysteme die Voraussetzung, um rekombinante Proteine in diesen Mengen herstellen zu können.

Durch das große Interesse an rekombinanten Proteinen im akademischen und industriellen Bereich wurde in den letzten Jahren eine Reihe von Expressionssystemen entwickelt (in Bakterien, Pilzen wie Hefen, Insekten sowie in höheren Pflanzen und Tieren). Da, wie im Folgenden dargestellt, die Protein-Überexpression nicht immer unproblematisch ist, kann durch die Vielfalt der verfügbaren Expressionssysteme eine für das interessierende Protein geeignete Synthesemethode gewählt werden.

38.1 Probleme und Lösungsstrategien

Die rekombinante Überexpression nativer Proteine ist in vielen Fällen problematisch. Leider gibt es keine Patentrezepte für eine erfolgreiche und effiziente Überexpression, da die Probleme spezifisch durch das jeweilige Protein bedingt sind. Der Erfolg eines Expressionssystems kann auch nicht vorausgesagt werden, sondern ergibt sich in der Regel während des Experiments.

Für die Wahl des geeigneten Expressionssystems sollten vor allem zwei Aspekte im Vordergrund stehen: Das Expressionssystem sollte erstens ökonomisch sein, also eine effiziente Überexpression des betreffenden Proteins ermöglichen. Zweitens kann es für posttranslationale Modifikationen von großem Vorteil sein, wenn die heterologe Proteinexpression in einem Wirtssystem stattfindet, das mit dem ursprünglichen Wirt möglichst nah verwandt ist.

Häufig schließt allerdings ein nah verwandtes Wirtssystem eine hohe Überexpression aus, und je nach Zielsetzung müssen Kompromisse geschlossen werden. In diesem Abschnitt sollen Probleme, die während einer Überexpression auftreten können, angesprochen und Lösungsstrategien genannt werden.

38.1.1 Toxizität

Eine heterologe Expression kann toxische Effekte auf die Wirtszellen haben. Die Folge sind häufig sehr niedrige Expressionsraten, Lyse bzw. Absterben der Zellen oder proteolytischer Abbau des rekombinanten Proteins. Steht kein alternatives Expressionssystem zur Verfügung, kann der Toxizität bestimmter Proteine auf den Zellhaushalt durch die Wahl spezifischer Kulturbedingungen oder fein regulierbarer Induktionssysteme begegnet werden. In *E. coli* kann die Genexpression proportional mit der Induktorkonzentration reguliert werden (Abschnitt 38.3). Kurze Induktionszeiten können ebenfalls die Auswirkung von toxischen Effekten limitieren. Eine weitere Möglichkeit ist der Transport des rekombinanten, toxischen Proteins in ein anderes Zellkompartiment. Beispielsweise können Proteine, die im Cytoplasma von *E. coli* toxisch wirken, ins Periplasma sezerniert und auf diese Weise erfolgreich überexprimiert werden.

38.1.2 Proteolyse

Niedrige Ausbeuten an rekombinantem Protein sind häufig durch proteolytischen Abbau bedingt. Die Proteolyse kann entweder schon während der Kultivierung (intrazellulär oder bei sezernierten Proteinen durch ebenfalls sezernierte Proteasen) oder während der Aufarbeitung einsetzen. In prokaryontischen und Hefe-Expressionssystemen kann der proteolytische Abbau durch den Einsatz proteasedefizienter Wirtsstämme verringert werden. Gute Erfolge wurden auch durch eine Veränderung der aminoterminalen Aminosäure erzielt, da diese Aminosäure die biologische Halbwertszeit des jeweiligen Proteins bestimmt (*N*-End-Rule). Proteine werden durch endständige Met, Ser, Ala, Thr, Val oder Cys stabilisiert, während Reste wie Arg, Leu, Asp, Lys und Phe zu gesteigertem intrazellulären Abbau führen. Eine entsprechende Veränderung des Aminoterminus kann also das rekombinante Protein stabilisieren. Generell wird eine Verminderung des proteolytischen Abbaus in prokaryontischen Expressionssystemen durch niedrige Kultivierungstemperaturen und kurze Induktionszeiten erreicht.

38.1.3 Translation und Codon-Auswahl

Bei der Genexpression in einem heterologen Wirtssystem kann eine andersartige Codon-Auswahl der Wirtszellen problematisch sein. Unter dem Begriff Codon-Auswahl versteht man die Häufigkeit der Verwendung bestimmter Codons, die im endogenen Wirt mit einer Anpassung der Expression der entsprechenden tRNAs einhergeht. Die Expression eines Gens mit andersartiger Codon-Auswahl in einer Wirtszelle hat zur Folge, dass nur eine geringe Menge des rekombinanten Proteins gebildet wird. Mit der Wahl eines dem ursprünglichen Wirt evolutionär möglichst nah verwandten Wirtssystems ist zumeist eine ähnliche Codon-Auswahl gegeben. Falls die Expression in einem verwandten Wirtssystem nicht möglich ist, kann die effiziente Translation des rekombinanten Proteins durch eine Anpassung der Codons an die Codon-Auswahl des Wirtes durch Mutagenese oder unter Verwendung synthetischer Gene gesteigert werden. Eine Alternative bietet bei der Expression einiger eukaryontischer Proteine in *E. coli* die Überexpression seltener tRNAs: Die Aminosäure Arginin wird zum Beispiel in höheren Eukaryonten bevorzugt von den Codons AGA oder AGG codiert. Die in *E. coli* seltene $tRNA_{AGA/AGG}$ für Arginin kann von einem Plasmid mit dem entsprechenden Gen für die tRNA, dnaY, exprimiert werden. Dadurch wird häufig die Translation des heterologen Proteins entscheidend verbessert.

Für eine hohe heterologe Expression in Bakterien sind neben der codierenden Sequenz auch nicht-codierende DNA-Abschnitte von großer Bedeutung, die stromaufwärts des offenen Leserahmens liegen. Bei Klonierungen in Expressionsvektoren ist deshalb darauf zu achten, dass im optimalen Abstand (3 bis 10 Basen) vor dem Initiationscodon AUG eine Shine-Dalgarno-Sequenz vorhanden ist. Die Shine-Dalgarno-Sequenz ist an der Bindung der mRNA an das 3′-Ende der 16S-rRNA beteiligt und moduliert dadurch die Initiationshäufigkeit und Translationseffizienz.

In Eukaryonten wird die Translationseffizienz einer mRNA durch die sogenannte Kozak-Sequenz beeinflusst: Die optimale Sequenzumgebung des Startcodons AUG ist CCA/GCCAUGG.

Natürlich ist bei allen Klonierungen in die multiplen Klonierungsstellen der Expressionsvektoren darauf zu achten, dass sich zwischen dem 5′-Ende der mRNA und dem Startcodon des zu exprimierenden Gens kein weiteres AUG befindet, damit das „richtige" Protein translatiert wird.

38.1.4 Modifikationen

Eukaryontische Proteine werden häufig posttranslational modifiziert, z. B. glykosyliert, phosphoryliert, acyliert oder proteolytisch prozessiert. Diese posttranslationalen Modifikationen sind bei heterologen Wirtssystemen verändert oder fehlen häufig völlig. Obgleich in vielen Fällen die biologische Aktivität des Proteins durch die fehlenden posttranslationalen Modifikationen nicht beeinflusst wird, ist für eine Reihe von Proteinen eine korrekte Glykosylierung Voraussetzung für deren Funktionalität. Damit eine korrekte Glykosylierung stattfinden kann, muss meist auf evolutionär nah verwandte Expressionssysteme zurückgegriffen werden. In einigen Fällen lassen sich korrekt glykosylierte Proteine in Hefen herstellen (s. u.). Falls keine proteolytische Prozessierung des heterologen Proteins in der Wirtszelle erfolgt, kann man die normalerweise nachträglich entfernten Bereiche des Proteins bereits auf Genebene deletieren.

Glykoproteine Kapitel 19

Die Translation in Prokaryonten setzt die Anwesenheit des Startcodons AUG voraus. Bei der bakteriellen Produktion authentischer eukaryontischer Proteine, die häufig kein *N*-terminales Methionin besitzen, werden nicht alle Proteine durch die endogene Methionin-Aminopeptidase prozessiert. Die *N*-terminale Prozessierung kann durch eine Co-Überexpression der Methionin-Aminopeptidase verbessert werden. Eine andere Möglichkeit besteht in der Synthese des rekombinanten Proteins in Form eines Fusionsproteins, das nach Abspaltung des *N*-terminalen

Fusionspartners mit der korrekten N-terminalen Sequenz vorliegt. Authentisches Protein kann aus einer N-terminalen Fusion auch durch eine in-vitro-Spaltung mit einer sequenzspezifischen Exopeptidase, z. B. Dipeptidyl-Aminopeptidase, nach der Reinigung erhalten werden.

38.1.5 Disulfidverbrückung

Sezernierte Proteine besitzen häufig Disulfidbrücken, die für die biologische Aktivität essentiell sind. Die Disulfidverbrückung findet bei Prokaryonten extrazellulär bzw. bei gramnegativen Bakterien im Periplasma statt. Die Ausbildung von Disulfidbrücken erfolgt in Eukaryonten im endoplasmatischen Retikulum (ER). Im reduzierenden Cytoplasma werden in der Regel keine Disulfidbrücken gebildet. Die Folge ist, dass Proteine, die unter oxidierenden Bedingungen Disulfidbrücken ausbilden, bei cytosolischer Expression häufig aggregieren. Für die Überexpression nativer Proteine mit Disulfidbrücken muss deshalb der Transport in ein oxidierendes Zellkompartiment gewährleistet sein, z. B. in das Periplasma beim E.-coli-Wirtssystem oder bei eukaryontischen Expressionssystemen in das ER. In einigen wenigen Fällen ermöglichen veränderte Redoxbedingungen im Cytosol von E. coli, z. B. durch Inaktivierung der Thioredoxin-Reduktase, eine Disulfidverbrückung rekombinanter Proteine im Cytosol. Da jedoch veränderte Redoxbedingungen einen sehr drastischen Eingriff in den bakteriellen Zellhaushalt bedeuten, bleibt dieses Vorgehen auf Einzelfälle beschränkt.

38.1.6 Aggregation und Bildung von Inclusion Bodies (Einschlusskörpern)

Eine hohe Überexpression hydrophober Proteine führt häufig zur Aggregatbildung. Diese Aggregate oder *Inclusion Bodies* können in Bakterien und Eukaryonten auftreten. Sie bestehen vorwiegend aus dem rekombinanten Protein, das nicht in nativer Konformation vorliegt. Inclusion Bodies werden nicht nur im Cytosol gebildet, sondern akkumulieren auch bei effizienter Sekretion im Periplasma gramnegativer Bakterien. Die Ablagerung von Protein in Inclusion Bodies ist, wie unten dargestellt, von großem Vorteil, wenn das Protein gut renaturierbar ist. Andernfalls muss die Aggregatbildung unterdrückt werden. Da die Bildung von Inclusion Bodies durch die hohe Konzentration des überexprimierten Proteins bedingt ist, kann die Aggregatbildung durch eine limitierte Induktion unterdrückt werden. Anzucht bei niedriger Temperatur sowie die Gabe von nicht-metabolisierbaren Glucose-Homologen wie Desoxyglucose zum Zeitpunkt der Induktion limitieren ebenfalls die Bildung von Inclusion Bodies. Eine alternative Strategie, um die Bildung von Inclusion Bodies zu vermeiden, besteht in der Herstellung des rekombinanten Proteins als Fusionsprotein.

In einigen Fällen wurde die Aggregation überexprimierten Proteins erfolgreich durch die Co-Überexpression von Hitzeschock- bzw. Chaperon-Proteinen vermindert. Chaperone unterdrücken durch vorübergehende Assoziation mit exponierten, in der Regel nicht-nativen, hydrophoben Proteinsequenzen die Aggregation. Viele in-vitro-Experimente belegten eindeutig, dass Proteine sich nach ihrer Ablösung von Chaperonen zur nativen Struktur falten. Man nimmt an, dass Chaperone nach dem gleichen Mechanismus auch in vivo die Proteinaggregation vermindern. Fehlende oder unkorrekte Disulfidbrücken können ebenfalls zur Proteinaggregation führen. Die gleichzeitige Überexpression und Sekretion von Disulfid-Isomerasen und/oder -Oxidasen hat sich in einigen Fällen als günstig für die Expression nativer, disulfidverbrückter Proteine im Periplasma von E. coli erwiesen.

Auch fehlende Cofaktoren, z. B. prosthetische Gruppen, oder die Abwesenheit der mit dem überexprimierten Protein assoziierten Proteine, etwa bestimmter Untereinheiten im Falle oligomerer Proteine, können zu Inclusion Bodies führen. Eine entsprechende Bereitstellung der assoziierten Cofaktoren bzw. der wechselwirkenden Proteine kann hier die Bildung des nativen Proteins begünstigen.

38.2 Möglichkeiten der Überexpression

38.2.1 Überexpression als Inclusion-Body-Protein

Die Überexpression in Inclusion Bodies ist, wie wir im letzten Abschnitt gesehen haben, dann von Vorteil, wenn eine Renaturierung der Aggregate zu nativem Protein möglich ist. Die Vorteile in der Ablagerung als Inclusion Bodies liegen zum einen in der Möglichkeit, eine sehr hohe Konzentration an rekombinantem Protein zu erhalten (etwa bis 50 % des Gesamtzellproteins) und zum anderen in der simplen Aufreinigung des Proteins durch Isolierung der Inclusion Bodies (Abb. 38.1). Da Inclusion Bodies eine hohe Dichte von ca. 1,3 g/mL besitzen, können sie durch Zentrifugation bei 30 000 g nach Aufbrechen der Zellen pelletiert werden. Die Isolierung der Inclusion Bodies ist ein erster Reinigungsschritt, da sie zu etwa 90 % aus dem überexprimierten Protein bestehen. Zur Gewinnung von aktivem Protein aus Inclusion Bodies müssen diese zunächst aufgelöst werden. Die Solubilisierung erfolgt unter denaturierenden Bedingungen, z. B. in 6 M Guanidiniumchlorid oder 8 M Harnstoff, Detergenzien, unter alkalischen Bedingungen bei pH-Werten oberhalb von pH 9 oder unter Einsatz organischer Lösungsmittel. Die Renaturierung kann dann entweder durch Dialyse oder Verdünnen erfolgen. Oft erleichtern leicht denaturierende Bedingungen die Renaturierung. Bei einigen Proteinen stimuliert die Zugabe von 0,4–0,8 M Arginin die Faltung zur nativen Struktur.

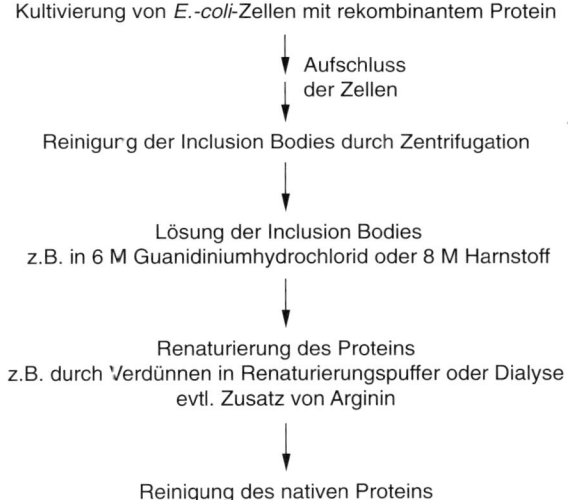

38.1 Schematische Darstellung der Reinigung rekombinanter Proteine aus Inclusion Bodies.

38.2.2 Überexpression als Fusionsprotein

Durch die rekombinante DNA-Technologie ist es möglich, ganze Proteine oder Proteindomänen mit heterologen Proteinen zu fusionieren. Erste Genfusionen wurden in den 70er Jahren mit Somatostatin bzw. Insulin durchgeführt, die mit β-Galactosidase fusioniert wurden, um diese Proteine in *E. coli* zu exprimieren.

Genfusionen haben inzwischen eine große Bedeutung bei der Expression von rekombinanten Proteinen erlangt, da sie einige Vorteile bieten:

- Fremdproteine werden häufig sehr schnell in der Wirtszelle proteolytisch abgebaut oder wirken toxisch. Ist das Fremdprotein aber mit einer zelleigenen Proteindomäne fusioniert, so ist der Abbau oft wesentlich verlangsamt bzw. die Toxizität vermindert.
- Die Fusion eines hydrophoben, zur Bildung von Inclusion Bodies neigenden Proteins mit einem hydrophilen Protein verhindert oftmals die Aggregation.

Das rekombinante Protein kann effizient gereinigt werden, wenn durch Genfusion eine Proteindomäne angefügt wurde, die eine Reinigung mittels Affinitätschromatographie ermöglicht. Man unterscheidet „echte" Fusionsproteine bestehend aus heterologen Proteinen bzw. Proteindomänen, von Proteinen mit sog. *Tags* (kurze, endständige Peptide). Tabelle 38.1 enthält eine Übersicht oft verwendeter Fusionssysteme.

Affinitätschromatographie Abschnitt 9.8

Es gibt verschiedene Fusionsmöglichkeiten, die kurz beschrieben werden sollen. Die Fusion des Genprodukts mit sich selbst führt häufig zu erhöhter Stabilität und damit zu einer besseren Ausbeute. Allerdings ist die Wahrscheinlichkeit der Ablagerung in Inclusion Bodies erhöht. Wichtiger sind Fusionen mit heterologen Proteinen, z. B. mit einem Protein, das für eine Affinitätsreinigung eingesetzt werden kann. Bei *C*-terminalen Fusionen wird das Gen des rekombinanten Proteins stromabwärts des Gens des Fusionspartners kloniert. Hier ist von Vorteil, dass Initiationssignale und Promotor des Fusionspartner-Gens verwendet werden können. Dadurch sind das Expressionsniveau und somit der Erfolg des Experiments oft vorhersagbar. Nach Abspaltung des Fusionspartners erhält man den authentischen *N*-Terminus des rekombinanten Proteins. Bei der *N*-terminalen Fusion muss

Tabelle 38.1 Fusionspartner-Proteine und Tags

Fusionspartner-Protein	Herkunft	Molekulargewicht in kDa	Ligand für Affinitätsreinigung
β-Galactosidase	*Escherichia coli*	116	APTG*
Protein A	*Staphylococcus aureus*	31	IgG
Streptavidin	*Streptomyces avidinii*	13	Biotin
Glutathion-*S*-Transferase (GST)	*Schistosoma japonicum*	26	Glutathion
Maltose-Bindungsprotein (MBP)	*Escherichia coli*	40	Stärke
Intein/Chitin-Bindungsdomäne	*Saccharomyces cerevisiae/Bacillus circulans*	55	Chitin
Ubiquitin	*Saccharomyces cerevisiae*	8	

Tags für die Proteinreinigung	Herkunft	Molekulargewicht in kDa	Reinigung durch
poly-Arg	synthetisch	1–3	Ionenaustauschchromatographie
poly-Glu	synthetisch	1–2	Ionenaustauschchromatographie
poly-His	synthetisch	1	Komplexierung mit Ni^{2+}
Asp-Tyr-Lys-Asp_4-Lys (FLAG)	synthetisch	1	Anti-FLAG-Antikörper

* APTG: *p*-Aminophenyl-β-D-thiogalactosid

hingegen für das jeweilige rekombinante Gen der optimale Transkriptions- und Translationsstart neu entworfen werden. Hier ist eine direkte *N*-terminale Sequenzierung des Expressionsprodukts möglich. Bei sogenannten *dualen* Affinitätsfusionen – Fusionen mit zwei Domänen – kann das Protein in zwei aufeinanderfolgenden Affinitätschromatographie-Schritten gereinigt werden.

Die erste in der Literatur erwähnte Fusion mit *β*-Galactosidase wurde von anderen, effizienteren Systemen verdrängt, weil das Fusionspartner-Protein mit 116 kDa sehr groß ist und nur geringe Ausbeuten des Fusionsproteins erreicht wurden. Eine breite Anwendung finden Fusionen mit dem Maltose-Bindungsprotein (MBP) aus *E. coli* und der Glutathion-*S*-Transferase (GST) aus *Schistosoma japonicum*. Für MBP-Fusionen sind Vektoren für eine Klonierung des gewünschten Gens stromabwärts des malE-Gens (des Struktur-Gens für MPB) erhältlich. Das Fusionsprotein kann entweder ins Periplasma sezerniert oder intrazellulär akkumuliert werden, da Vektoren mit einer Deletionsmutante des malE-Allels verwendet werden können, die keine Signalsequenz enthält und dadurch die cytosolische Expression ermöglicht. Nach Reinigung des Fusionsproteins durch Affinitätschromatographie kann die MBP-Domäne durch den Gerinnungsfaktor Xa abgespalten werden. In ähnlicher Weise können rekombinante Proteine mit dem GST-Fusionssystem exprimiert, gereinigt und prozessiert werden (Abb. 38.2).

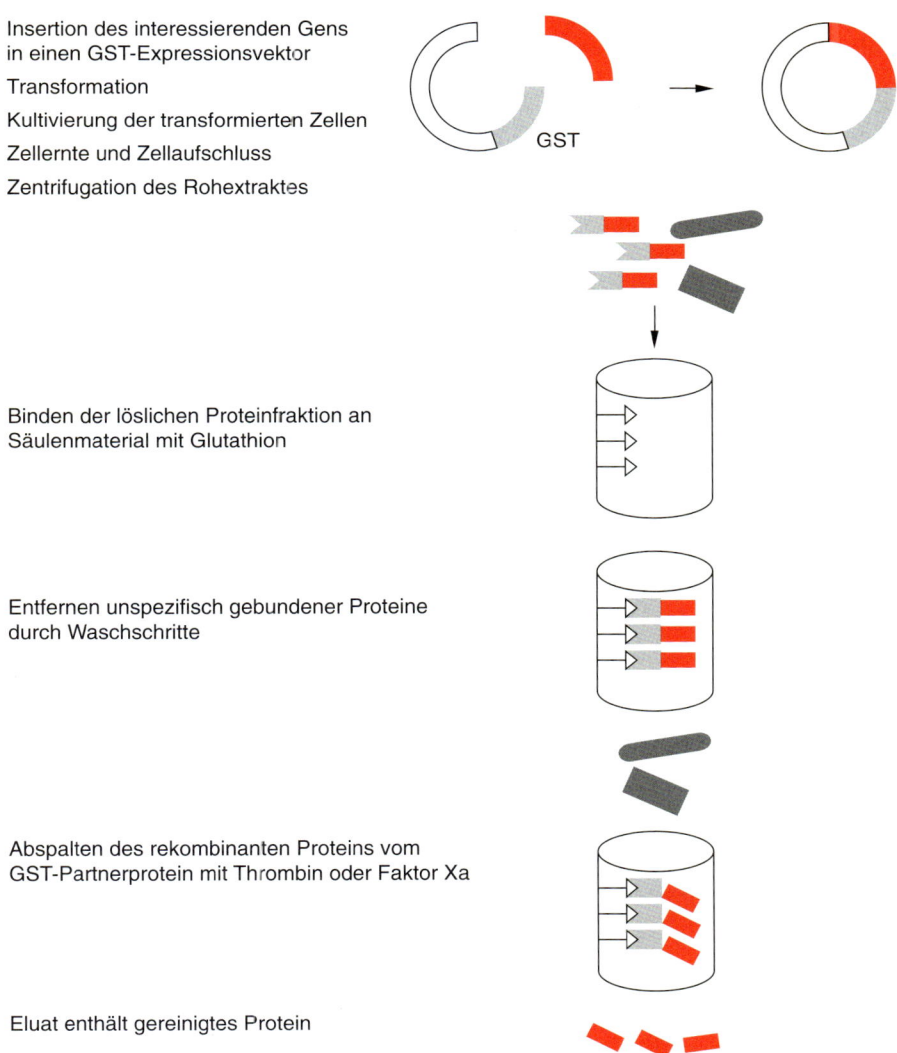

38.2 Reinigungsschema für GST-Fusionsproteine.

Mit Ubiquitin-Fusionen können sehr hohe Ausbeuten an löslichem Protein erzielt werden. Das System ist in Prokaryonten und Eukaryonten einsetzbar. Ubiquitin wird in Eukaryonten schnell und spezifisch von endogenen desubiquitinierenden Enzymen abgespalten. Auch Fusionen mit Thioredoxin als Fusionspartner-Protein haben sich als sehr günstig für die Herstellung ansonsten zur Aggregation neigender Proteine in löslicher Form erwiesen.

Für eine schnelle und effiziente Reinigung mittels Affinitätschromatographie haben sich die sogenannten *Tags* bewährt. Das sind meist sehr kurze Aminosäuresequenzen, wie poly-Arg, poly-Glu oder der weit verbreitete His-Tag (er besteht meist aus sechs Histidin-Resten, auch His-Linker genannt). Durch diese Tags können Proteine als Inclusion Bodies und auch häufig als native Proteine erhalten werden, da die endständigen Tags die Struktur bzw. Faltung des Proteins nur selten beeinflussen. Da statistische Untersuchungen belegen, dass *N*- und *C*-Termini nur selten im Inneren von gefalteten Proteinen verborgen sind, besteht eine hohe Wahrscheinlichkeit, dass die Tags in nativen Proteinen für eine Reinigung mittels Affinitätschromatographie zugänglich sind.

Für die Expression mit einem His-Linker stehen Vektorsysteme zur Verfügung, die eine Expression durch starke Promotoren ermöglichen. Die Reinigung des Proteins erfolgt nach Zellaufschluss mittels Metall-Chelatchromatographie über Ni-NTA (Nickel-Nitrilo-tri-essigsäure)-Säulenmaterial, durch das Histidin-Reste über Nickel-Ionen gebunden werden. Die Elution erfolgt durch Zugabe von Imidazol, welches das Histidin enthaltende Protein kompetitiv aus dem Komplex verdrängt. Als Alternative zu Imidazol kann der Komplex auch durch Zugabe von Puffer mit niedrigem pH (<5) erfolgen. Bei diesem pH ist der Imidazolring des Histidins protoniert und kann keinen Komplex mehr mit den Nickel-Ionen bilden.

Sequenzspezifische Spaltung von Proteinen Tabelle 8.3

Die Spaltung der Fusionspartner kann chemisch oder enzymatisch erfolgen. Voraussetzung für eine chemische Spaltung ist die Säure- bzw. Alkaliresistenz des Proteins. Bromcyan- und Ameisensäurespaltungen finden bei stark saurem pH statt, wohingegen die Hydroxylaminspaltung bei pH 9 durchgeführt wird. Bei dieser chemischen Spaltung wird immer die Peptidbindung eines Dipeptids hydrolysiert. Kleine Proteine werden vorzugsweise chemisch gespalten. Der Vorteil der enzymatischen Spaltung ist die zumeist hohe Sequenzspezifität. Allerdings haben sterische Faktoren wie die Zugänglichkeit der Spaltstelle für die Protease einen starken Einfluss auf die Effizienz der Trennung. Um eventuell „überhängende" Enden der Proteine abzubauen, werden zusätzlich oft Exopeptidasen, z. B. Carboxypeptidase A, eingesetzt.

Die Entdeckung und Charakterisierung sich selbst spleißender Proteine hat neue Möglichkeiten für die Reinigung von Fusionsproteinen eröffnet. So wurde ein Expressions- und Reinigungssystem entwickelt, das auf der Fähigkeit bestimmter interner Proteinsegmente (z. B. des Inteins) beruht, sich aus einem längerem Polypeptid herauszuspleißen. Im Falle des Intein-Expressionssystems wird ein modifiziertes Inteinprotein aus *Saccharomyces cerevisiae* verwendet, das als *N*-terminale Fusion das rekombinante Protein enthält. Das *N*-terminale Cystein im Intein bildet mit dem *C*-terminalen Rest des fusionierten Proteins einen Thioester aus, der in Gegenwart von Thiolen umgeestert und dann hydrolysiert wird. Durch eine *C*-terminale Fusion des Inteins mit einer chitinbindenden Domäne kann das aus drei Teilen bestehende Fusionskonstrukt (rekombinantes Protein – Intein – Chitinbindedomäne) durch Affinitätschromatographie gereinigt werden. Die Abspaltung des rekombinanten Proteins erfolgt beispielsweise durch Zugabe von DTT (Dithiothreitol) (Abb. 38.3). Da dieses Expressionssystem erst kürzlich ausgearbeitet wurde, gibt es bis dato kaum Beispiele aus der Literatur, die eine erfolgreiche Anwendung beschreiben.

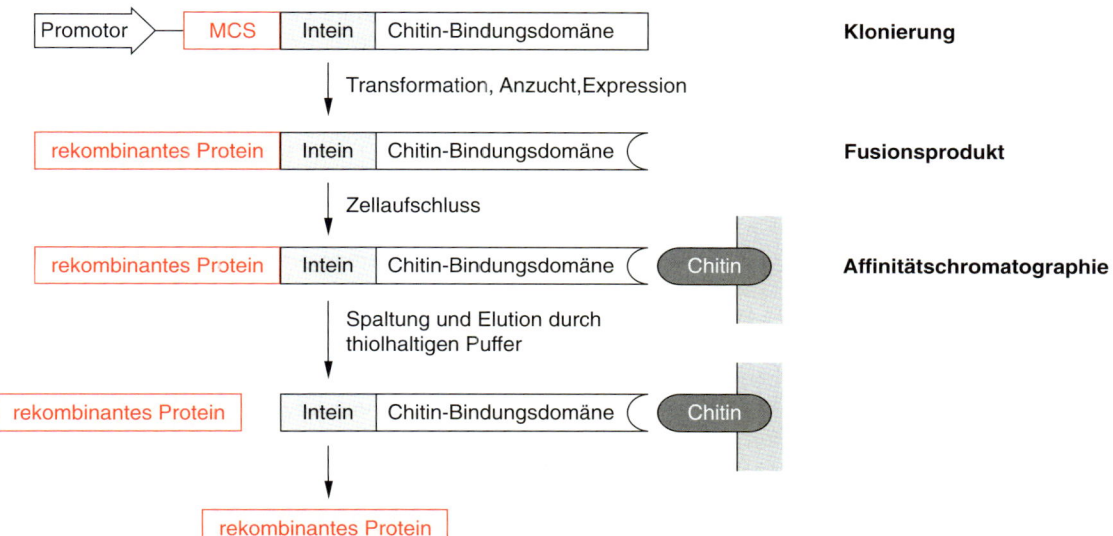

38.3 Prinzip der Proteinreinigung mit einem selbstspleißenden Protein, hier einem modifizierten Intein. Das Gen des gewünschten Proteins wird in die multiple Klonierungstelle (MCS) inseriert. Nach der Expression wird das Fusionsprotein mittels Affinitätschromatographie gereinigt. Durch Zugabe von thiolhaltigem Puffer wird das rekombinante Protein abgespalten. (Nach der Beschreibung des IMPACT-Systems der New England Biolabs.)

38.2.3 Sekretion bei Prokaryonten

Neben der cytosolischen Expression können rekombinante Proteine auch ins Periplasma oder Medium sezerniert werden. Der Export ins Periplasma oder Medium wird vor allem dann gewählt, wenn natives Protein exprimiert werden soll und Disulfidbrücken essentiell für die Funktion sind, etwa bei Antikörpern und deren Fragmenten, Wachstumsfaktoren etc. Im Periplasma gramnegativer Bakterien herrschen im Gegensatz zum Cytosol oxidierende Bedingungen. Die zur Bildung von Disulfidbrücken erforderlichen Oxidasen und Protein-Disulfidisomerasen wie DsbA, DsbB, DsbC, etc. im Periplasma von *E. coli* ermöglichen die korrekte Ausbildung der Disulfidbrücken im rekombinanten Protein. In einigen Fällen hat die Co-Sekretion eukaryontischer Disulfid-Isomerasen (PDI, Protein-Disulfidisomerase) zu höheren Ausbeuten nativen, disulfidverbrückten Proteins geführt.

Die Sekretion ins Periplasma oder Medium wird auch angewendet, wenn die cytosolische Expression auf die Zelle toxisch wirkt. Die Sekretion des rekombinanten Proteins bietet die Möglichkeit einer konstitutiven Expression bei kontinuierlicher Fermentation, da keine hohen intrazellulären Konzentrationen des rekombinanten Proteins entstehen. Die Sekretion ins Periplasma oder Medium erleichtert oft die Reinigung des Proteins, da weniger Wirtszellproteine als bei einer cytosolischen Expression entfernt werden müssen. Ist die cytosolische Ablagerung des rekombinanten Proteins in Inclusion Bodies unerwünscht, kann die Sekretion ins Periplasma die Aggregatbildung unterdrücken; hier ist die Wahrscheinlichkeit der Aggregatbildung geringer. Der Grund hierfür liegt in den relativ niedrigen Expressionsniveaus sezernierter Proteine, da der Transport über die Cytoplasmamembran den limitierenden Faktor darstellt. Dies ist der entscheidende Nachteil bei einer Sekretion ins Periplasma. Der maximale Anteil an sezerniertem rekombinantem Protein beträgt etwa 5 % des Gesamtzellproteins. Bei einer hohen cytosolischen Synthese des rekombinanten Proteins kann es durch den limitierenden Membrantransport zu einer Akkumulation von Vorläuferproteinen kommen. Darüber hinaus ist zu berücksichtigen, dass einige Proteine überhaupt nicht sezerniert werden können. Die Möglichkeit einer Sekretion muss daher für das jeweilige rekombinante Protein überprüft werden. Vor allem bei grampositiven Bakterien ist die Wahl eines geeigneten Wirtssystems von großer Bedeutung, da einige grampositive Spezies eine Reihe von Proteasen ins Medium sezernieren (Abschnitt 38.4).

Das Hämolysin-Transportsystem ermöglicht bei gramnegativen Bakterien die Sekretion rekombinanter Fusionsproteine ins Medium. Dieses Transportsystem besteht nur aus einigen wenigen Proteinen. Das Sortierungssignal wird durch die C-terminale Domäne im Hämolysin vermittelt. Heterologe Proteine können als Fusion mit den 200 C-terminalen Aminosäuren des Hämolysins unter Beteiligung der anderen Komponenten des Transportsystems ins Medium sezerniert werden. Eine Abspaltung der Translokationsdomäne findet nicht statt. Seit etwa 10 Jahren gibt es Expressionsvektoren mit dem Gen der Hämolysin-Transportdomäne für die Expression von Fusionsproteinen. Darüber hinaus besteht die Möglichkeit einer Überexpression der Gene des Transportapparats, um einer Limitierung der Sekretion durch die Transportkomponenten entgegenzuwirken. Dennoch wurde die Sekretion mittels des Hämolysin-Transports bislang nur für wenige Proteine beschrieben.

Häufiger als von der Sekretion ins Medium wird von der Möglichkeit Gebrauch gemacht, rekombinante Proteine ins Periplasma zu transportieren. Im wesentlichen vermitteln die *sec*-Genprodukte (*sec* für *secretion*) die Translokation von Vorläuferproteinen ins Periplasma. Voraussetzung ist die Fusion der rekombinanten Proteine mit einem N-terminalen *Leader-* oder Signalpeptid, das von Komponenten des Sekretionsapparats erkannt wird. Die Signalpeptide werden während der Translokation ins Periplasma von der Signalpeptidase, dem *lep*-Genprodukt (*lep* für *leader peptidase*) abgespalten. Für die Sekretion rekombinanter Proteine kann eine Reihe von bakteriellen Signalpeptiden mit dem jeweilgen Gen fusioniert werden. Die am häufigsten verwendeten Signalpeptide sind die der Porine der Außenmembran, OmpT oder OmpA, der alkalischen Phosphatase, PhoA, der β-Lactamase, LamB oder der Pectat-Lyase aus *Erwinia carotovora*, PelB. Allerdings ist die Eignung einer gegebenen Signalsequenz für die Sekretion eines bestimmten Proteins nicht vorhersagbar. Deshalb müssen in vielen Fällen zunächst verschiedene Signalpeptide mit dem jeweiligen rekombinanten Protein kombiniert und die Sekretion überprüft werden.

Für die Sekretion ins Periplasma steht eine große Auswahl an Expressionsplasmiden mit verschiedenen Promotoren (z. B. T7- oder *lac*-Promotor) zur Verfügung, die eine Signalsequenz und stromabwärts eine multiple Klonierungsstelle, MCS (*multiple cloning site*) enthalten. Dennoch ist zu bedenken, dass die Klonierungsstrategie über den N-Terminus des sezernierten Proteins entscheidet. Klonierungen, die das rekombinante Gen nicht direkt mit der codierenden DNA des Signalpeptids fusionieren, bewirken, dass das unprozessierte Genprodukt zwischen der Signalsequenz und dem reifen Protein zusätzliche Aminosäuren enthält. Da die Abspaltung der Signalpeptide durch die Signalpeptidase immer nach einem konservierten Alanin erfolgt, behält das prozessierte Protein die zusätzlichen N-terminalen Aminosäuren. Durch die PCR-Technologie und die Vielzahl der Sekretionsvektoren ist jedoch viel Spielraum für eine optimale Genfusion zur Sekretion des rekombinanten Proteins gegeben, und häufig kann das rekombinante Protein mit dem authentischen Aminoterminus hergestellt werden.

38.2.4 Oberflächenexpression

In jüngster Zeit wurden Methoden entwickelt, die es erlauben, rekombinante Proteine auf der Oberfläche von Bakterien, Hefen und Bakteriophagen (*Phage-Display*) zu präsentieren. Obwohl die Oberflächenexpression für die rekombinante Überexpression großer Protein- bzw. Peptidmengen keine Rolle spielt, ist diese Technologie von großer Bedeutung für die Bioanalytik. Das Hauptanwendungsgebiet der Oberflächenexpression liegt in der Gewinnung „neuer" Peptide bzw. Proteinvarianten mit spezifischen Funktionen. Für die Oberflächenexpression hat sich bislang hauptsächlich die Expression durch **Phage-Display** bewährt.

Das Prinzip des Phage-Display beruht auf einer Fusion von Peptiden oder Proteinen mit Phagenhüllproteinen. Die rekombinanten Bakteriophagen werden in vivo assembliert und entweder ins Medium sezerniert oder durch Lyse freigesetzt. Die Selektion der gewünschten, präsentierten Proteinstruktur erfolgt durch Inkubation der Phagen mit definierten Zielstrukturen oder Substraten (*panning*, Abb. 38.4). Je nach Zielsetzung werden Peptide oder Proteine bzw. Proteindomänen mit dem

38.4 Schematische Darstellung des Panning-Verfahrens beim Phage-Display. Phagenbanken mit Tausenden unterschiedlicher rekombinanter Oberflächenproteine werden mit immobilisierten Liganden oder Zielstrukturen inkubiert. Diejenigen Phagen, die durch Expression eines bestimmten rekombinanten Oberflächenproteins an Liganden oder Zielstrukturen gebunden werden, können durch geeignete Elutionsbedingungen von der Matrix eluiert werden. Die durch die Affinitätschromatographie erhaltenen Phagen können nach einer Amplifikation in Bakterien in weiteren Panning-Verfahren angereichert werden. Nach Allen et al., Finding Prospective Partners in the Library: the Two-Hybrid System and Phage Display Find a Match. TIBS 20 (1995), 511-516.

Phagenhüllprotein fusioniert. Bislang wurden durch Phage-Display vorwiegend Immunglobuline präsentiert. Mittlerweile werden neben Immunglobulinen auch andere Gerüstproteine für die Präsentation von Proteinstrukturen verwendet. Durch Panning-Verfahren mit geeigneten Liganden oder Substraten können potentiell neue Bindeproteine oder Enzyme selektiert werden (in-vitro-Evolution).

38.3 Expressionssysteme in *E. coli*

Die Wahl eines effizienten Expressionssystems mit starken konstitutiven oder induzierbaren Promotoren ist bei der Überexpression heterologer Proteine von entscheidender Bedeutung. Da hohe konstitutive Expressionsraten in den meisten Fällen den Zellmetabolismus beeinträchtigen und dadurch zum Absterben der Zellen führen, werden vorwiegend induzierbare Expressionssysteme eingesetzt. In Abhängigkeit vom Promotor-Operator-System erfolgt die Induktion der Genexpression durch Metabolitzugabe, Entfernen bestimmter Kohlenstoffquellen oder Temperaturveränderung. Eine Übersicht häufig verwendeter, induzierbarer Promotoren ist in Tabelle 38.2 gezeigt.

Tabelle 38.2 Häufig genutzte Promotoren bei Expression in *E. coli*

Promotor	Induktion durch	Vorteile	Nachteile
lac	IPTG*	Induktion bei niedrigen Temperaturen möglich	relativ niedrige Expression, nicht streng reprimierbar, Glucoserepression außer bei *lacUV5*-Promotor
trp	Tryptophan-mangel	hohes Expressionsniveau, viele Vektoren erhältlich, Induktionsniveau regulierbar, Induktion bei niedrigen Temperaturen möglich	nicht streng reprimierbar
tac	IPTG	viele Vektoren erhältlich, hohes Expressionsniveau Induktion bei niedrigen Temperaturen möglich, Induktionsniveau regulierbar	nicht streng reprimierbar
T7	IPTG	viele Vektoren erhältlich, sehr hohes Expressionsniveau, Induktion bei niedrigen Temperaturen möglich	nur in Kombination mit pLysS- oder pLysE-Plasmiden streng reprimiert
araB	Arabinose	Induktionsniveau regulierbar, Induktion bei niedrigen Temperaturen möglich	wenige Vektoren erhältlich, Katabolitrepression durch Glucose
phoA	Phosphat-mangel	relativ hohes Expressionsniveau, Induktion bei niedrigen Temperaturen möglich	Induktionsniveau nicht regulierbar, nur wenige Kulturmedien verwendbar

* IPTG: Isopropyl-β-D-thiogalactopyranosid
Nach: Weickert et al. Optimization of Heterologous Protein Production in *Escherichia coli*. In: Expression systems. Curr. Opin. Biotechnol. 7 (1996) 494–499.

Häufig angewandt wird z. B. der *lac*-Promotor, der mit dem Lactose-Derivat IPTG (Isopropyl-β-D-thiogalactopyranosid) induziert wird. Allerdings unterliegt das *lac*-Operon der Katabolit- oder Glucoserepression. Bei der Kultivierung der Zellen ist deshalb darauf zu achten, dass zum Induktionszeitpunkt keine Glucose im Medium vorhanden ist. Ein Derivat des *lac*-Promotors, der *lacUV5*-Promotor ist derart verändert, dass eine Induktion auch in glucosehaltigem Medium erfolgen kann. Durch den *lac*-Promotor kontrollierte Gene werden in geringem Maß auch in Abwesenheit von IPTG exprimiert. Damit eine vollständige Repression gewährleistet ist, müssen LacI^q-*E.-coli*-Wirtsstämme (LacI^q = *Lac repressor I-high quantity*) verwendet werden, die den Repressor des *lac*-Promotors überexprimieren. Der *tac*-Promotor ist eine Kombination aus *lac*- und *trp*-Promotor. Dieser Hybridpromotor vereint die hohe Transkriptionseffizienz des *trp*-Promotors mit der einfachen Induzierbarkeit des *lac*-Promotors. Leider wird auch dieser Promotor nicht streng reprimiert, so dass das rekombinante Protein auch in Abwesenheit des Induktors geringfügig exprimiert wird.

Eine sehr hohe Transkriptionseffizienz vermittelt der T7-Promotor, der von der T7-RNA-Polymerase erkannt wird. Das T7-Expressionssystem stammt aus dem Bakteriophagen T7, der durch seine starken Promotoren, die von der phageneigenen RNA-Polymerase erkannt werden, erfolgreich mit der gesamten Transkriptionsmaschinerie der Wirtszelle in Konkurrenz tritt. Das T7-Expressionssystem ist mit einer Vielzahl von Vektoren (pET-Vektoren für *plasmid for expression by T7 RNA-polymerase*) hervorragend ausgearbeitet. Mit diesem Expressionssystem werden Expressionsniveaus von etwa 50 % des Gesamtzellproteins erreicht. Rekombinante Proteine können als Fusionen mit einem Partnerprotein und/oder mit Tags exprimiert werden. Darüber hinaus stehen Vektoren zur Verfügung, die eine Sekretion der rekombinanten Proteine ins Periplasma erlauben. Beim T7-System werden der *E.-coli*-B-Wirtsstamm BL21(DE3) bzw. BL21(DE3)pLysS/E und der *E.-coli*-K-Stamm HMS174 verwendet, bei denen das Gen der T7-Phagen-RNA-Polymerase unter der Kontrolle des *lacUV5*-Promotors im Chromosom integriert ist. Nach Zugabe von IPTG wird die T7-Phagen-RNA-Polymerase synthetisiert und transkribiert die heterologen Gene, die unter der Kontrolle des T7-Promotors liegen. Die Verwendung des *E.-coli*-B-Stamms hat gegenüber *E. coli* K zwei Vorteile: Erstens können im Vergleich zu *E. coli* K hohe Zelldichten erreicht werden. Zweitens fehlen die Proteasen Lon und OmpT, die in *E. coli* K zum cytosolischen Abbau rekombinanter Proteine bzw. zu einer Proteolyse während der Aufarbeitung führen können. Bei der Expression toxischer Genprodukte können Derivate beider *E.-coli*-Stämme mit den Plasmiden pLysS oder pLysE eingesetzt werden. Das durch die pLys-Plasmide codierte Lysozym assoziiert mit der T7-Polymerase und inhibiert deren Aktivität. Besonders das auf Plasmid pLysE codierte Lysozym führt deshalb auch zu niedrigen Expressionsniveaus des rekombinanten Proteins und verminderten Wachstumsraten. Die Anwesenheit von pLys-Plasmiden hat neben der Kontrolle der T7-RNA-Polymerase auch den Vorteil, dass ein Zellaufschluss durch die hohe Lysozymkonzentration durch einfaches Einfrieren und Auftauen der Zellpellets erfolgen kann.

Das Arabinose-System besteht aus dem starken *araB*-Promotor und dem zugehörigen Repressor (*araC*-Genprodukt). Dieses Expressionssystem ermöglicht eine gute Kontrolle des Expressionsniveaus, da eine proportionale Steuerung der Transkription durch die Induktorkonzentration erfolgen kann. Da der *araB*-Promotor durch Glucose, Fructose und andere Kohlenstoffquellen reprimiert wird, kann die Expression auch durch Zugabe dieser Kohlenstoffquellen reguliert werden.

Bei allen Klonierungen in die zumeist im Handel angebotenen Expressionsvektoren muss darauf geachtet werden, dass nicht bei allen Systemen ein die Translation beendendes Stopcodon im entsprechenden Leserahmen vorhanden ist. Gerade bei Klonierungen mittels PCR ist es häufig günstig, neben dem natürlichen Terminationssignal ein weiteres Stopcodon einzubauen. In *E. coli* ist das Stopcodon TAA das effizienteste Terminationssignal.

38.4 Expression in grampositiven Bakterien

E. coli ist zwar im Normalfall das Bakterium der Wahl für eine Überexpression, doch bedingen einige Anwendungen, etwa die starke Expression eines sezernierten Proteins, dass ein anderes prokaryontisches System gegebenenfalls günstiger ist. Natürlich können nur jene Spezies als Wirtssysteme verwendet werden, die genetisch manipulierbar sind. Ein Problem bei der Entwicklung von Expressionssystemen in grampositiven Bakterien war, dass die starken *E. coli*-Promotoren nicht verwendet werden konnten, da sich die Promotorstrukturen grampositiver Bakterien von jenen der gramnegativen unterscheiden. Ein großer Fortschritt wurde mit der Anpassung des T7-Induktionssystems für *Bacillus subtilis* und *Lactococcus lactis* erzielt. In *B. subtilis* unterliegt das rekombinante Gen wie in *E. coli* der Kontrolle durch den T7-Promotor. Die Induktion der T7-Polymerase wird durch Zugabe von Xylose erreicht, da die Genaktivität durch den Xylose-Promotor *xylA* aus *Bacillus megaterium* kontrolliert wird. In *L. lactis* wird die T7-Polymerase durch Lactose induziert. Da das T7-System eines der effizientesten Induktionssysteme mit sehr hohen Expressionsniveaus darstellt (Abschnitt 38.3), können durch diese Adaptation gute Ausbeuten an rekombinantem Protein in den beiden grampositiven Spezies erreicht werden.

Um die genetische Stabilität des rekombinanten DNA-Elements in grampositiven Bakterien zu sichern, kann die rekombinante DNA ins Wirtschromosom integriert werden. Eine limitierende Kopienzahl des Expressionselements wird durch Stammkonstruktionen vermieden, die vielfache Integrationen im Chromosom besitzen. Gerade für die Sekretion ins Medium werden häufig grampositive Bakterien verwendet. Allerdings vermitteln hier meist komplexere Signalsequenzen als in *E. coli* die Membrantranslokation. Für die Konstruktion von Sekretionsplasmiden werden deshalb entweder die endogenen Signalsequenzen grampositiver Bakterien verwendet, z. B. das Signalpeptid der alkalischen Protease aus *B. subtilis*, oder einige wenige Signalsequenzen aus *E. coli*, die sich auch für den Export in grampositiven Bakterien eignen. Die Sekretion ins Medium mit *B. subtilis* als Wirtsstamm ist wegen einer Reihe extrazellulärer Proteasen problematisch, die dieser Stamm ausscheidet. Durch die Expression in proteasedefizienten Mutanten von *B. subtilis* kann der Abbau rekombinanter Proteine im Medium reduziert werden. Allerdings ziehen diese Mutationen pleiotrope Effekte nach sich, und viele proteasedefiziente Stämme neigen dadurch zur Autolyse. Der Effekt einer Co-Sekretion von Proteaseinhibitoren wurde bislang nicht untersucht. Als Alternative zu *B. subtilis* wird *Bacillus brevis* eingesetzt, der keine Proteasen sezerniert.

38.5 Expression in Hefe

Die Expression eukaryontischer Gene in Hefe hat zwei wesentliche Vorteile: Zum einen stellt das Hefesystem ein sehr ökonomisches Expressionssystem dar, und zum anderen weist es viele Merkmale eines Expressionssystems höherer Eukaryonten auf. Hefezellen können ähnlich einfach wie Bakterien kultiviert werden. Die Kultivierungszeiten sind relativ kurz, und die Medien sind im Vergleich zu Kulturmedien für tierische Zelllinien preiswert. Der größte Vorteil bei der Herstellung rekombinanter Proteine in Hefe ist es, authentische eukaryontische Proteine erhalten zu können, die in einigen Fällen alle posttranslationale Modifikationen des ursprünglichen Wirts tragen. Dies ist vor allem für die Herstellung sezernierter eukaryontischer Proteine von großer Bedeutung.

38.5.1 Expression in *Saccharomyces cerevisiae*

An erster Stelle als Wirt für eine Expression – quasi als „*E. coli* der Hefen" – ist *Saccharomyces cerevisiae* zu nennen. Der große Vorteil dieses Systems ist seine gut etablierte Genetik und Molekularbiologie. Da proteolytischer Abbau häufig eine effiziente Proteinproduktion verhindert, wurden eine Reihe von proteasedefizienten Mutanten isoliert. Die rekombinante Genexpression kann durch Plasmide mit konstitutiven und induzierbaren Promotoren erfolgen. Eine konstitutive Expression im Falle nicht-toxischer Genprodukte hat den Vorteil, dass während der gesamten Kultivierung rekombinantes Protein synthetisiert wird. Die konstitutive Genexpression kann beispielsweise durch Promotoren einiger glykolytischer Enzyme, wie der Phosphoglycerat-Kinase PGK1 oder der Alkohol-Dehydrogenase ADH1, erfolgen. Obwohl diese Promotoren allgemein als konstitutiv bezeichnet werden, ist zu beachten, dass die Expression unter der Kontrolle des ADH1- und PGK1-Promotors auf nicht-fermentierbaren Kohlenstoffquellen um den Faktor 10 bis 20 vermindert ist. Für die induzierte Proteinexpression kommen eine Reihe starker, gut regulierbarer (reprimierbarer) Promotoren zum Einsatz. Am häufigsten wird der Promotor des Gens der Galactokinase GAL1 verwendet. Die Induktion erfolgt durch Zugabe von Galactose. Dabei ist wichtig, dass geringe Konzentrationen von Glucose im Medium zur Katabolitrepression des Promotors führen. Die Zellen müssen also zum Zeitpunkt der Induktion in glucosefreiem Medium vorliegen. Weitere induzierbare Promotoren sind der PHO5- (Promotor der sauren Phosphatase) oder der CYC1-Promotor (Cytochrom-*c*-Promotor), letzterer in Kombination mit einem Glucocorticoid-sensitiven DNA-Element. Die Induktion des PHO5-Promotors erfolgt durch Phosphat-Limitierung. Eine gut kontrollierbare Genexpression durch Steroidhormone bietet das Glucocorticoid-Induktionssystem mit dem nachgeschalteten Promotor für Cytochrom *c* (CYC1).

38.5.2 Expression in methylotrophen Hefen

Ein Nachteil des *S.-cerevisiae*-Systems ist allerdings die meist relativ niedrige Expressionseffizienz und eine oftmals unzureichende oder fehlerhafte Glykosylierung. Erkenntnisse aus der Grundlagenforschung am *S.-cerevisiae*-System führten in den letzten Jahren zur Entwicklung von alternativen Expressionssystemen. Expressionssysteme sind mittlerweile für die methylotrophen Hefen *Pichia pastoris* und *Hansenula polymorpha* gut etabliert. Neben diesen Stämmen wird die heterologe Proteinexpression auch in den sogenannten *nonconventional yeasts Kluyveromyces lactis* und *Yarrowia lipolytica* und in der Spalthefe *Schizosaccharomyces pombe* durchgeführt. *P. pastoris* eignet sich besonders für die Expression von Glykoproteinen, da das Ausmaß der endständigen Mannosylierung weitaus geringer ist als in *S. cerevisiae*.

Für die methylotrophen Hefen *P. pastoris* und *H. polymorpha* hat sich der gut reprimierbare, starke Promotor des Alkohol-Oxidase (AOX)-Gens aus *P. pastoris* bzw. der Promotor des Gens der Methanol-Oxidase bewährt. Beide Promotoren sind durch Methanol induzierbar. Mit diesen Promotoren können Expressionsniveaus von bis zu 30 % des Gesamtzellproteins erreicht werden. Da beide Gene für peroxisomale Proteine codieren und Peroxisomen sehr hohe Proteinkonzentrationen tolerieren, wird eine Expression in Peroxisomen in jüngster Zeit als Strategie für eine hohe Expression in methylotrophen Hefen diskutiert.

38.5.3 Cytosolische Expression

Rekombinante Proteine können mit Hefen sowohl intrazellulär als auch in sezernierter Form hergestellt werden. Eine Expression im Cytosol ist die Methode der Wahl, wenn das rekombinante Protein im ursprünglichen Wirt im Cytosol vorliegt. Mehrere Beispiele dokumentieren, dass viele heterologe Proteine im

Hefecytosol zur nativen Struktur falten. Auch die Assemblierung rekombinanter, oligomerer Enzymkomplexe ist in vielen Fällen im Hefecytosol gelungen. Die cytosolische Expression eukaryontischer Gene in Hefe ermöglicht aminoterminale Modifikationen, wie die Abspaltung des aminoterminalen Methionins durch die Methionin-Aminopeptidase oder die aminoterminale Acetylierung durch die *N*-Acetyltransferase. Beruht die biologische Funktion des rekombinanten Proteins auf diesen post- oder cotranslationalen Modifikationen, so bietet das Hefe-Expressionssystem die Synthese authentischer Proteine. Dennoch ist zu beachten, dass sich das post- und cotranslationale Modifikationssystem in Hefe bezüglich seiner Effizienz und Spezifität von dem höherer Eukaryonten unterscheidet. So werden in Hefen generell weniger Proteine acetyliert. Eine Veränderung der aminoterminalen Prozessierung durch die Methionin-Aminopeptidase kann durch den Austausch der vorletzten aminoterminalen Aminosäure erreicht werden, falls diese Mutation keine Auswirkung auf die Faltung oder biologische Funktion des rekombinanten Proteins besitzt. Attraktiv ist die cytosolische Expression in Hefe auch im Fall membranassoziierter Proteine. So können einige rekombinante Proteine in Hefe durch Acylierung mit Membranen assoziieren.

38.5.4 Sekretion in Hefe

Interessant ist Hefe als Wirt für die Herstellung nativer sezernierter Proteine, die Disulfidbrücken und/oder Zuckerseitenketten besitzen. Für die Translokation ins ER werden Fusionsproteine mit einem Sekretionssignal konstruiert. Nach Sekretion in das Lumen des ER bilden viele Proteine korrekte Disulfidbrücken aus. In einigen Fällen werden Glykoproteine korrekt glykosyliert, so dass authentisches Protein sezerniert wird. Allerdings ist zu beachten, dass in *S. cerevisiae* nur die Core-Glykosylierung wie in Säugerzellen erfolgt. Die anschließende Verkürzung der Zuckerseitenketten findet in geringerem Ausmaß als in höheren Eukaryonten statt. Dies führt zu Glykoproteinen mit langen Manноseketten. Diese sogenannte **Hyperglykosylierung** kann zu einer Aktivitätsverminderung oder sogar Inaktivierung des rekombinanten Proteins führen.

Core-Glykosylierung Abschnitt 19.2.2

Für eine Sekretion von Glykoproteinen hat sich die methylotrophe Hefe *P. pastoris* als guter Wirtsstamm erwiesen. Der Einsatz von *P. pastoris* als Wirtssystem für die Sekretion rekombinanter Proteine hat eine Reihe von Vorteilen:

- Die endständige Mannosylierung ist weitaus weniger ausgeprägt als in anderen Hefestämmen. Dadurch ist die Wahrscheinlichkeit erhöht, dass eine korrekte Glykosylierung im ER stattfindet.
- Die Expression des gut regulierbaren und starken AOX-Promotors (Abschnitt 38.5.2) erlaubt ein hohes Expressionsniveau.
- Dieser Organismus sezerniert relativ wenige endogene Proteine, wodurch die Aufreinigung des rekombinanten Proteins erleichtert ist.

Da in *P. pastoris* bislang keine extrachromosomale Plasmidreplikation beobachtet wurde, werden die Expressionselemente ins Chromosom integriert.

Als Sekretionssignal dienen in Hefen aminoterminale Signalsequenzen, die nach der Translokation ins ER abgespalten werden. Die Sekretion ins ER können sowohl Sekretionssignale von Hefe als auch die der authentischen Proteine vermitteln. Als Hefe-Sekretionssignale haben sich die Prosegmente des alpha-Matingfaktors (alpha-MF1) und der Invertase (SUC2) bewährt. Obwohl das Prosegment von alpha-MF1 häufiger zum Einsatz kommt, hat sich die Prozessierung dieses Propeptids in einigen Fällen als problematisch erwiesen, da dieser Prozess die Aktivität zweier Proteasen erfordert, der Genprodukte von KEX2 und STE13. Häufig sind die Aktivitäten dieser Proteasen der begrenzende Faktor bei der Prozessierung der heterologen Fusionsproteine. Dies hat die Akkumulation unprozessierter Proteine im ER zur Folge. Eine erhöhte Prozessierung durch Kex2p kann durch die Einführung einiger Spacer-Aminosäuren erreicht werden. Eine Prozessierung durch das STE13-Genprodukt, Dipeptidylaminopeptidase, kann durch

Deletion der entsprechenden Aminosäuren im Prä-Protein umgangen werden. Als Alternative kann die STE13-vermittelte Prozessierungsaktivität durch eine plasmidcodierte Dipeptidylaminopeptidase erhöht werden. Die Prozessierung des Invertase-Prosegments wird lediglich durch die Signalpeptidase katalysiert. Hier erfolgt zumeist eine effiziente Reifung des rekombinanten Proteins.

Für die Klonierung der Sekretionskonstrukte stehen Vektoren mit konstitutiven und induzierbaren Promotoren sowie Terminationssequenzen zur Verfügung. Bei sezernierten Proteinen ist die Expressionseffizienz von ins Chromosom integrierten Genkonstrukten aus bislang ungeklärten Gründen häufig höher als von autonom replizierenden Plasmiden.

38.6 Genexpression in Insektenzellen

Rekombinante Viren, deren Wirtsspektrum sich ausschließlich auf Insektenzellen beschränkt, ermöglichen eine effiziente heterologe Genexpression in Insektenzellen. Rekombinantes Protein kann im Cytosol der Insektenzellen akkumuliert oder ins ER sezerniert werden. Als Vehikel für den Gentransfer wird das *Autographa californica Multiple Nuclear Polyhedrosis Virus* (AcMNPV, Baculovirus) eingesetzt, das die für die Expression häufig verwendeten Insektenzellen der Art *Spodoptera frugiperda* infizieren kann. Für die Konstruktion rekombinanter Viren werden Vektoren verwendet, die in *E. coli* propagiert werden können (z. B. pUC-

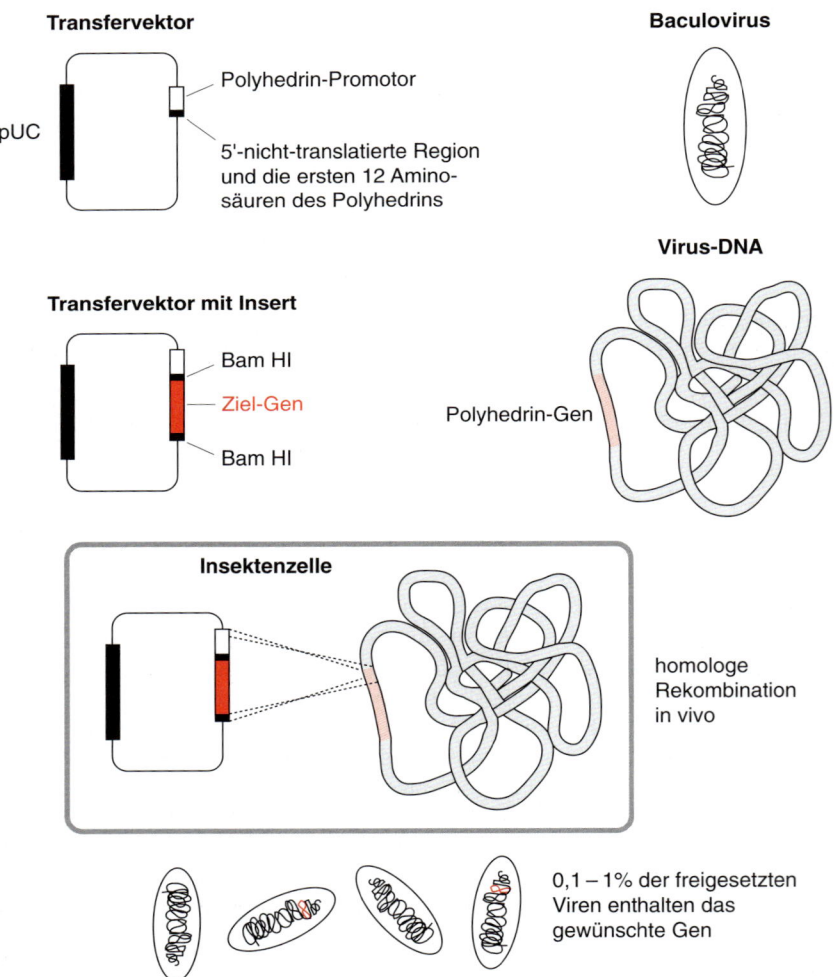

38.5 Konstruktion von rekombinanten Baculoviren für die Expression in Insektenzellen (Nach: U. Fiedler, Universität Halle, Dissertation, 1996).

Derivate). In diesen Vektoren steht das zu exprimierende Gen meist unter der Kontrolle des starken viralen Polyhedrin-Promotors. Darüber hinaus enthalten die Vektoren viruseigene DNA-Abschnitte. Dieser Transfervektor wird zusammen mit infektiöser Wildtyp-Virus-DNA in Insektenzellen transfiziert (Abb. 38.5). Die Integration des heterologen Gens ins virale Genom erfolgt durch eine in-vivo-Rekombination über die viralen DNA-Abschnitte im Transfervektor. Beim Polyhedrin-Promotor handelt es sich um einen späten viralen Promotor. Dies bedeutet, dass die heterologe Genexpression zu einem ungünstigen Zeitpunkt stattfindet und häufig nur niedrige Ausbeuten des rekombinanten Proteins erhalten werden. In jüngster Zeit werden deshalb auch andere Promotoren des Virus für ihre Eignung in einem rekombinanten System untersucht. Es ist zu erwarten, dass die Expression durch starke frühe Promotoren höhere Ausbeuten an rekombinantem Protein ermöglicht.

Einer der Vorteile der Expression in Insektenzellen besteht in der Möglichkeit, authentisches rekombinantes Protein mit allen Modifikationen zu erhalten. Im Vergleich zur Expression in Säugerzellkulturen sind die Ausbeuten an rekombinantem Protein höher. Die Expressionsniveaus bewegen sich im Bereich von Milligramm bis Gramm pro Liter Insektenzellkultur (bis etwa 5 % des Gesamtzellproteins). Häufig wird allerdings eine Aggregation des rekombinanten Proteins beobachtet, die oft durch eine Sekretion des Proteins ins ER verhindert werden kann.

38.7 Expression in Säugerzellkulturen

Methoden zur Überexpression heterologer Proteine in Säugerzellkulturen sind inzwischen gut etabliert. Die Genexpression kann durch rekombinante virale Vektoren oder durch Plasmide erfolgen. Die Verwendung viraler Vektoren ermöglicht eine effiziente DNA-Übertragung durch Infektion. Vorwiegend werden SV40-, Papilloma- und Retrovirus-Systeme eingesetzt. Grundlage der Propagierung von SV40-Viren sind Zelllinien, die durch Transformation das große T-Antigen des Virus ins Chromosom integriert haben. Dieses DNA-Element vermittelt die Replikation von extrachromosomalen Elementen, defekten SV40-Viren oder Plasmiden, die einen SV40-Replikationsursprung besitzen. Für eine Replikation von Vektoren, die von SV40 abstammen, haben sich als Wirtszelllinien COS-Zellen (mit SV40-T-Antigen transformierte Affennierenzellen) und CHO-Zellen (*chinese hamster ovary*) bewährt.

Eine für Säugerzellen hohe transiente Expression wird auch mit Plasmiden in COS-Zellen erreicht. Diese Plasmide (etwa pCDM8) besitzen folgende Strukturelemente:

- Zwei Replikationsursprünge, da die Plasmide in *E. coli* und in tierischen Zellen replizieren sollen,
- einen konstitutiven oder induzierbaren Promotor mit einer nachgeschalteten MCS für die Klonierung des rekombinanten Gens,
- zwei Marker-Gene für die Selektion in Bakterien und tierischen Zellen,
- ein Spleißsignal für die mRNA des klonierten Gens und eine Polyadenylierungsstelle.

Als konstitutive Promotoren dienen häufig SV40-Promotoren, der Rous-Sarcoma-Virus-Promotor und der Cytomegalie-Virus(CMV)-Promotor. Eine induzierte Genexpression lässt sich mit dem Glucocorticoid-Promotor durch Zugabe von Steroidhormonen wie Dexamethason erreichen. Die Genexpression wird durch Bindung des Hormon-Rezeptor-Komplexes an GREs (*glucocorticoid responsive elements*) induziert. Problematisch ist bei dieser Induktion, dass die Konzentration des Hormon-Rezeptors limitierend sein kann. Gene, die unter Kontrolle des Metallothionin-Promotors stehen, können durch Interferon, Kobalt oder Zink induziert werden. Eine Hitzeinduktion kann bei Verwendung des Hitzeschockpromotors des Hitzeschockproteins Hsp70 durchgeführt werden. Dabei müssen jedoch schädliche Effekte der erhöhten Temperatur auf die Synthese und Stabilität des rekombinanten Proteins ausgeschlossen sein. Eine Limitierung des Induktionssystems durch zu geringe Konzentrationen des die Induktion vermittelnden Hitzeschockfaktors wird hier nicht beobachtet.

Von großer Bedeutung für eine effiziente Expression sind mRNA-Spleißen und Polyadenylierung. Konstrukte ohne Polyadenylierungssequenz besitzen häufig eine um den Faktor 10 geringere Expressionsrate. In einigen Fällen verbessert das Vorhandensein eines Introns im rekombinanten Gen die Expressionseffizienz.

Die Expression eines menschlichen Gens in einer tierischen Zelllinie hat häufig den Vorteil, dass durch die Verwendung des evolutionär nah verwandten Wirtssystems mit großer Wahrscheinlichkeit authentisches, natives rekombinantes Protein erhalten wird. Die Ausbeuten sezernierter Proteine liegen in der Regel bei 1–20 μg pro 10^6 Zellen oder 1–20 μg/mL Kulturmedium. Durch die Kultivierung im Fermenter können auch Ausbeuten von mehr als 500 μg/mL Kulturmedium erzielt werden. Ein Nachteil des Zellkultursystems ist die aufwendige und teure Kultivierung der Zellen.

38.8 Expression in transgenen Tieren

In Zukunft wird der Einsatz transgener Tiere, als sogenannte Bioreaktoren, für die Produktion vorwiegend therapeutisch relevanter Proteine von großer wirtschaftlicher Bedeutung sein. Allerdings ist die Produktion rekombinanter Proteine in Tieren durch die komplexe Technologie, die langwierigen Zulassungsverfahren und die häufig langen Tragezeiten der Tiere zeit- und kostenaufwendig. Derzeit werden rekombinante Proteine in der Milch und im Blut transgener Tiere hergestellt. Die größten Erfolge mit der Herstellung rekombinanter Proteine in Tieren wurden mit dem α1-Trypsininhibitor und mit menschlichem Hämoglobin erzielt. So kann in Schweinen menschliches Hämoglobin mit einem Anteil von mehr als 20 % des gesamten Hämoglobins ohne Auswirkungen auf das transgene Tier produziert werden. Transgene Schweine synthetisieren authentisches menschliches Hämoglobin, das sich auch hinsichtlich der kooperativen Sauerstoffbindung und der allosterischen Modulation nicht von Hämoglobin aus menschlichem Blut unterscheidet. Ebenfalls hohe Ausbeuten an rekombinantem Protein werden in der Milch transgener Tiere erreicht. Durch die Klonierung von Genen unter die Kontrolle milchspezifischer Promotoren erhält man Ausbeuten von etwa 1 mg/mL an rekombinantem Protein. Allerdings besitzen nicht alle rekombinanten Proteine, die in die Milch sezerniert werden, die authentischen posttranslationalen Modifikationen.

38.9 Expression in pflanzlichen Systemen

In jüngster Zeit werden auch pflanzliche Systeme für die Herstellung rekombinanter Proteine genutzt. Dabei kommen transgene Pflanzen und pflanzliche Zellkulturen zum Einsatz. Der Vorteil der pflanzlichen Expressionssysteme liegt in der Möglichkeit, authentische rekombinante Proteine mit allen post- und cotranslationalen Modifikationen zu erhalten.

Der Gentransfer in Pflanzen kann über eine Infektion pflanzlichen Gewebes mit *Agrobacterium tumefaciens* durchgeführt werden, einem gramnegativem Bakterium, das durch Endosymbiose DNA in pflanzliche Zellen übertragen kann. Das zu exprimierende Gen muss also zunächst in einen geeigneten Vektor kloniert werden, der in *A. tumefaciens* propagiert wird und das für die Integration ins pflanzliche Chromosom erforderliche T-Element besitzt. Die Genexpression erfolgt unter der Kontrolle eines pflanzlichen Promotors. Um eine Wachstumsbeeinträchtigung durch die heterologe Genexpression zu vermeiden, werden für die Expression gewebsspezifische Promotoren verwendet. Durch die Fusion des rekombinanten Gens mit geeigneten Sortierungssignalen kann in Pflanzen eine kompartimentspezifische Expression erfolgen. Allerdings wurden bislang nur wenige Proteine in Pflanzen exprimiert, und die Technologie des pflanzlichen Expressionssystems ist vor allem hinsichtlich des Expressionsniveaus noch nicht ausgereift, so dass niedrige Expressionsraten zu einem nur geringen Anteil rekombinanter Proteine an Gesamtzellprotein führen.

Weiterführende Literatur

Goeddel, D. V. (Hrsg.) Gene Expression Technology. Methods in Enzymology, 185 (1991).

Kost, T. A. (Hrsg.) Expression Systems Current Opinion in Biotechnology, 8 (1997) No. 5.

Markides, S. C. Strategies for Achieving High-Level Expression of Genes in *Escherichia coli*. Microbiol. Reviews, 60 (1996) 512–538.

Olins, P. O. (Hrsg.) Expression Systems Current Opinion in Biotechnology, 7 (1996) No. 5.

Rudolph, R., Boehm, G., Lilie, H. und Jaenicke, R. Folding Proteins (1997) in: Creighton, T. (Hrsg.) Protein Function, IRL Press, 57–99.

Shatzman, A. R. (Hrsg.) Expression Systems Current Opinion in Biotechnology, 6 (1995) No. 5.

Anhang

Anhang 1: Strahlenschutz im Labor

Gegenstand und Ziel des Strahlenschutzes ist es, den Menschen vor Schaden durch ionisierende Strahlung zu bewahren. Die beträchtliche Zahl von Anwendungsmöglichkeiten macht den Einsatz von ionisierenden Strahlen in vielen Bereichen der modernen Technik (nicht-invasive Materialprüfung, Sterilisierung, Konservierung), in Medizin, Physik, Chemie und Biowissenschaften unverzichtbar. Zu den ionisierenden Strahlen rechnet man sowohl die durch spontanen Zerfall von Radionukliden emittierten elektrisch geladenen (α-, β-Teilchen) und ungeladenen Teilchen (Neutronen, Neutrinos) als auch elektromagnetische Wellenstrahlen mit hinreichend großer Quantenenergie, wie (kurzwellige) UV-, Röntgen- und Gammastrahlen. Teilchen- und elektromagnetische Strahlung können Materie durch Herausschlagen von Elektronen aus der Atomhülle ionisieren. Aufgrund ihrer physikalischen Natur und ihrer Eigenschaft, sich in vielen Erscheinungen wie Teilchenstrahlung zu verhalten, werden Gamma- und Röntgenstrahlen auch unter dem Begriff *Photonenstrahlung* geführt.

Die hier angesprochene Leserschaft – der in der Bio-(Chemie)-Wissenschaften tätige Personenkreis – hat beim Arbeiten, dem Transport und der Lagerung von *offenen* und *umschlossenen* Radiochemikalien und beim Umgang mit Röntgenstrahlen die Rechtsvorschriften der Strahlenschutz- und Röntgenverordnung zu beachten, deren rechtliche Grundlage das Atomgesetz ist.

Die folgenden – rechtlich unverbindlichen – Ausführungen sollen eine erste Übersicht und eine Hilfestellung bei der praktischen Umsetzung der Strahlenschutzvorschriften geben. Als vertiefende Literatur sei hier auf die sehr verständliche und praxisnah abgefasste Broschüre „Strahlenschutz" und die etwas abstraktere Strahlenschutz- und Röntgenverordnung verwiesen. In allen Zweifelsfällen sind die zuständigen regionalen Genehmigungsbehörden, Strahlenschutzzentren oder die Berufsgenossenschaften zu kontaktieren.

1 Der radioaktive Zerfall und die verschiedenen Strahlungsarten

Die Umsetzung eines effektiven Strahlenschutzes in der Praxis kann nur unter Kenntnis und Berücksichtigung verschiedener physikalischer Aspekte von ionisierender Strahlung und deren biologischer Wirkung erfolgen. Die wichtigsten Punkte hierzu sind im Folgenden aufgeführt.

Ionisierende Strahlung entsteht beim radioaktiven Zerfall von instabilen Nucliden (Radionucliden), Elementen, deren Atomkern ein so ungünstiges Protonen-Neutronen-Verhältnis besitzt, dass sie spontan unter Aussendung von Teilchen- oder elektromagnetischer Strahlung zerfallen. Elektrisch erzeugte Photonenstrahlung (Bremsstrahlung und charakteristische Röntgenstrahlung) entsteht in der Röntgenröhre durch Abbremsen von beschleunigten Elektronen. Tabelle 1 zeigt eine Übersicht der verschiedenen Zerfallsformen und Strahlungsarten.

Tabelle 1 Der radioaktive Zerfall und die verschiedenen Strahlungsarten

α-Zerfall $^{226}_{88}$Ra → $^{222}_{86}$Rn + $^{4}_{2}$He^{2+} + 4,7 MeV	Massenzahl **−4**; Ordungszahl **−2**
β⁻-Zerfall, bei Neutronenüberschuss Emission eines β⁻-Teilchens n → p + e⁻ + v^- + Energie $^{3}_{1}$H → $^{3}_{2}$He + e⁻ + v^- + 0,018 MeV $^{14}_{6}$C → $^{14}_{7}$N + e⁻ + v^- + 0,155 MeV $^{32}_{15}$P → $^{32}_{16}$S + e⁻ + v^- + 1,7 MeV	Massenzahl: **gleich**; Ordungszahl **+1** aufgrund des entstandenen positiven Atomkerns, Einfangen eines Orbitalelektrons (*electron capture*) aus der K-Schale, begleitet von Röntgenstrahlung.
β⁺-Zerfall, bei Protonenüberschuss Emission eines β⁺-Teilchens p → n + e⁺ + v + Energie $^{11}_{6}$C → $^{11}_{5}$B+ e⁺ + v + 1,0 MeV $^{22}_{11}$Na → $^{22}_{10}$Ne+ e⁺ + v + 1,4 MeV	Massenzahl: **gleich**; Ordungszahl **−1** Ein Positron-Teilchen ist relativ kurzlebig. Bei Energiefreisetzung von > 1,02 MeV Bildung eines Elektron-Positron-Paares und anschließ. Emission von 2 Quanten elektromagnetischer Strahlung (**γ-Zerfall, Vernichtungsstrahlung**).
Photonenstrahlung (γ und Röntgen) beim Zerfall von Radioisotopen	γ-Strahlung entsteht direkt im Atomkern. Röntgenstrahlung entsteht außerhalb des Kerns durch Umbesetzung von Elektronenorbitalen.
1. Electron Capture p + e (Elektron) → n + h · v + Energie $^{131}_{55}$Cs → $^{131}_{54}$Xe + h · v + 0,03 MeV $^{125}_{53}$I → $^{125}_{52}$Te + h · v + 0,03 MeV	Massenzahl: **gleich**; Ordungszahl **−1** (Proton wird „neutralisiert") Röntgenstrahlung. Angeregte Atomkerne oder durch β⁻-Zerfall entstandene positive Atomkerne können Hüllenelektronen, bevorzugt von der K-Schale, evtl. von der L-Schale einfangen (*Electron Capture*, EC). Die so erzeugte Lücke wird durch ein Elektron von einer der äußeren Schalen aufgefüllt. Hierbei wird Röntgenstrahlung emittiert.
2. Internal Transition (IT) ^{99m}Tc → ^{99}Tc + γ + Energie	γ-Strahlung. Befindet sich aufgrund einer vorausgegangenen Kernumwandlung der Atomkern noch in einem angeregten Zustand, so kann er in den Grundzustand unter Emission von (reiner) γ-Strahlung zurückkehren.
3. Vernichtungsstrahlung Ionenpaarbildung	Röntgenstrahlung. Als Folge des β⁺-Zerfalls und bei freigesetzter Energie (> 1,02 MeV) kann kurzlebiges Positron-Teilchen mit Elektron zu Elektron-Positron-Paar reagieren. Positive Ladung wird sofort von der negativen annihliert unter Emission von 2 Quanten Röntgen-Strahlung mit je 0,51 MeV Energie (**Vernichtungsstrahlung**).
4. Internal Conversion, IC	Strahlungslos. Energie des angeregten Atomkerns wird direkt auf ein inneres Orbitalelektron übertragen, das anschließend von der Atomhülle strahlungslos abgestoßen wird.
Röntgenstrahlung (elektr. erzeugt)	
1. Bremsstrahlung	Beschleunigte Elektronen (in Röntgenröhre) werden im elektrischen Feld des Atomkerns des Anodenmaterials abgelenkt und somit abgebremst. Abgabe der Energie in Form von elektromagnetischer Strahlung (Bremsstrahlung).
2. Charakteristische Röntgenstrahlung	Beschleunigtes Elektron schlägt aus Atomhülle (K-Schale) des Anodenmaterials ein Elektron heraus. Die gebildete Elektronenlücke wird durch Elektron der äußeren Schale(n) aufgefüllt. Hierbei wird ein Röntgenquant emittiert. Zwei Übergänge zur K-Schale aus 2 verschiedenen Orbitalen möglich, K_α und K_β. Sie sind als 2 Linien dem Röntgenspektrum „aufgesetzt".

1.1 Wechselwirkung der Photonenstrahlung mit Materie

Photonenstrahlung kann über vier verschiedenene Interaktionsprozesse zur Ionisation von Materie führen.

- **Der photoelektrische Effekt (bei Photonenenergien < 0,5 MeV)**
  Ein Photonenquant mit weniger als 0,5 MeV Energie – auch sichtbare Lichtquanten zählen hierzu – wird von einem Orbitalelektron vollkommen gestoppt, wobei das Elektron unter Übertragung der gesamten kinetischen Energie aus der Atomhülle herausgeschleudert wird.
- **Der Compton-Effekt (bei Photonenenergien von 0,5–1 MeV)**
  Auch hier kollidiert ein Photonenquant mit einem Orbitalelektron. Ein Teil der einfallenden Photonenenergie wird zur Abstoßung eines Hüllenelektrons be-

nutzt. Die nicht verbrauchte Restenergie wird als elektromagnetische Strahlung, aber wegen des verminderten Energieinhalts mit größerer Wellenlänge, in einem bestimmten Streuwinkel emittiert. Das Photonenquant wird also nicht wie beim Photoeffekt völlig „absorbiert", sondern mit verminderter Energie unter gleichzeitiger Freisetzung eines Orbitalelektrons gestreut. Der Compton-Effekt tritt häufig bei Elementen mit niedriger und mittlerer Ordnungszahl auf.

- **Der Paarbildungseffekt (bei Photonenenergien ≥ 2 MeV)**
  Dieser resultiert in der Emission von zwei Quanten Röntgenstrahlung mit je 0,51 MeV (→ **Vernichtungsstrahlung**). Die Ionenpaarbildung benötigt Photonenquanten mit einer Energie > 2 MeV und Elemente mit niedriger Ordnungszahl.
- **Der Kernphotoeffekt (bei Photonenenergien > 10 MeV)**
  Treffen sehr energiereiche Photonenquanten (> 10 MeV) auf Materie – normalerweise werden diese nur in Beschleunigeranlagen erzeugt –, so können sie aus dem Atomkern Nukleonen herausstoßen. Der zurückbleibende Restkern ist in der Regel radioaktiv.

1.2 Kernumwandlung und das Zerfallsgesetz

Die Atomkerne eines Radionuclids zerfallen weder alle gleichzeitig noch in einer bestimmten Zeit. Es ist vielmehr so, dass die Zahl (dN) der pro Zeiteinheit (dt) zerfallenden Atomkerne proportional zur Zahl der (zum Zeitpunkt t) noch vorhandenen Kerne (N) ist. Hieraus ergibt sich folgende Beziehung:

$$-\frac{dN}{dt} = \lambda \cdot N$$

Die Proportionalitätskonstante λ ist die Zerfallskonstante und enthält als typische Größe für jedes Radionuclid die Halbwertszeit ($t_{1/2}$), die Zeit bei der die Aktivität um die Hälfte abgenommen hat.

$$\lambda = \ln\frac{2}{t_{1/2}}$$

Aus der Integration von 0 bis t ergibt sich das **Zerfallsgesetz:**

$$N = N_0 \cdot e^{-\lambda t} = N_0 \cdot e^{-0{,}693\frac{t}{t_{1/2}}}$$

Die Anwendung des Zerfallsgesetzes ist für die Beseitigung des radioaktiven Abfalls und die jährlich durchzuführende Bilanzierung des Isotopenbestandes unerlässlich, da die noch vorhandene Aktivität zum Zeitpunkt t genau bestimmt werden muss.

Beispiel: Wie groß ist nach 300 Tagen die noch vorhandene Restaktivität von ursprünglich 10 mCi ^{35}S ($t_{1/2}$ = 87 Tage)?

$$N = 10 \text{ mCi} \cdot e^{-0{,}693 \cdot 300 \text{ Tage}/87 \text{ Tage}} = 0{,}92 \text{ mCi}$$

So kann hiermit auch die Abnahme der Aktivität in Abhängigkeit von der Zerfallszeit ermittelt werden: Nach 10 Halbwertszeiten ist die Restaktivität eines Radionuclids auf 0,099 %, nach 20 Halbwertszeiten auf $1 \cdot 10^{-4}$ % abgeklungen.

Mit Hilfe der Zerfallskonstante lässt sich auch die Zahl der Atome, die 1 mCi ($3{,}7 \cdot 10^7$ Kernumwandlungen/s) eines Radioisotops entsprechen, berechnen: z. B. ^{14}C, $t_{1/2}$ = 5730 Jahre (= $1{,}8 \cdot 10^{11}$ s)

$$-\frac{dN}{dt} = \lambda \cdot N$$

$$
\begin{aligned}
3{,}7 \cdot 10^7 \text{ Kernzerfälle/s} &= \lambda \cdot N \\
&= \ln\frac{2}{t_{1/2}} \\
&= 0{,}693/1{,}8 \cdot 10^{11}\text{s} \cdot N \\
N &= 3{,}7 \cdot 10^7 \text{ Kernzerfälle/s} \cdot 1{,}8 \cdot 10^{11} \text{ s}/0{,}693 \\
N &= 9{,}6 \cdot 10^{18} \text{ Atomkerne.}
\end{aligned}
$$

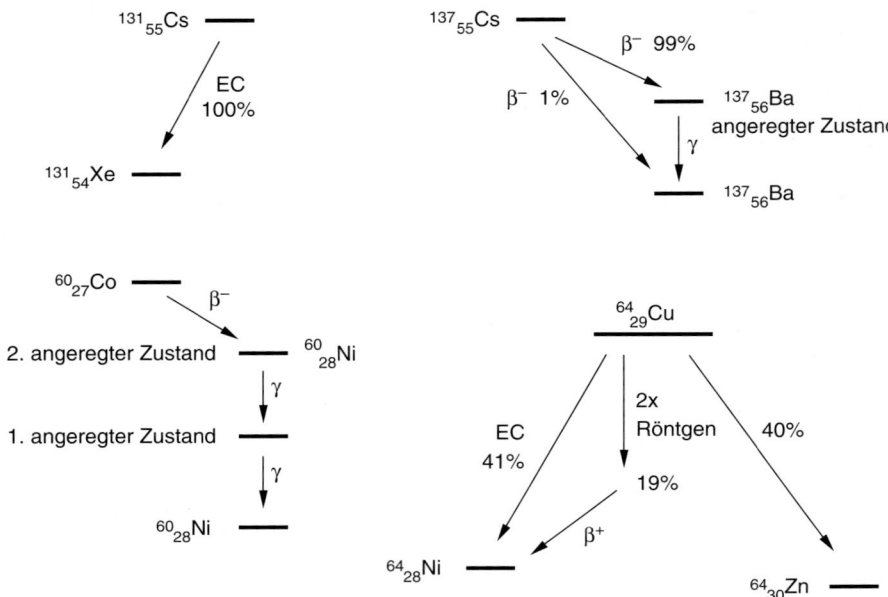

1 Zerfall einiger Radionuclide

Das heißt $9{,}6 \cdot 10^{18}$ Atome entsprechen 1 mCi ^{14}C

Unter Berücksichtigung der Loschmidtschen Zahl ($6 \cdot 10^{23}$ Atome/mol) und dem Atomgewicht von 14 beträgt das Gewicht von

1 mCi ^{14}C = $9{,}6 \cdot 10^{18}$ Atome / $6 \cdot 10^{23}$ Atome/mol $\cdot$ 14 = 0,22 mg
1 mCi ^{35}S = 0,02 μg

Wesentlich für den Strahlenschutz ist, dass infolge einer Kernumwandlung eines Radionuclids **mehrere Zerfallsereignisse** auftreten können und dass dies bei der Abschirmung und Dosimetrie berücksichtigt werden muss. So zerfällt ein ^{60}Co-Kern durch Abgabe eines β^--Partikels und 2 Quanten Röntgenstrahlung, womit aus einer Kernumwandlung 3 Zerfallsereignisse mit entsprechendem Schädigungspotential resultieren. Neben diesem sequentiellen Zerfall gibt es auch einen Mischzerfall, bei dem ein Mutterkern in unterschiedliche Tochterkerne unter Emission von β^--, β^+-, γ- und Röntgenstrahlung zerfallen kann. Einige Beispiele für Zerfallsschemata sind in Abb. 1 dargestellt, wobei die Häufigkeit einer bestimmten Zerfallsart in Prozent angegeben ist.

Das Zustandekommen von mehreren Zerfallsereignissen ist sehr häufig darauf zurückzuführen, dass sich aufgrund eines vorausgegangenen β-Zerfalls (1) der Atomkern in einem noch angeregten Zustand befindet oder (2) der noch positive Atomkern ein Orbitalelektron einfängt (*electron capture*). Beide Folgeprozesse, (1) Rückkehr in den Grundzustand oder (2) Auffüllen des eingefangenen Orbitalelektrons durch ein äußeres Hüllenelektron, sind durch Emission von γ- bzw. Röntgenstrahlung gekennzeichnet.

2 Dosimetrie zur quantitativen Erfassung von ionisierender Strahlung

Das primäre Ziel der Dosimetrie ist die quantitative Erfassung von potentiell schädlichen Strahlen und deren biologischer Wirkung. Hierbei bedarf es einer relativ schwierigen Korrelation zwischen präzise zu messenden physikalischen Größen einerseits und biologischen Effekten andererseits. Diese Problematik versucht man durch die Einführung verschiedener dosimetrischer Termini in den Griff zu bekommen.

2.1 Dosimetrische Begriffe zur Beschreibung der Strahlenwirkung

1. Die **Ionendosis J** ist die Menge an ionisierender Strahlung, die benötigt wird um in 1 cm^3 Luft $2{,}1 \cdot 10^9$ Ionenpaare oder $2{,}58 \cdot 10^{-4}$ Coulomb/kg Luft zu erzeugen. Die Ionendosis ist ein Maß für Strahlungseinwirkung und weniger für die absorbierte Strahlenenergie.
2. Die **Energiedosis (D)** ist ein Maß für die *absorbierte* Strahlungsenergie in Joule (J) pro Kilogramm Masse. Maßeinheit ist das **Gray (Gy)**.
   1 Gy = 1 Joule/kg
        = 100 rad/kg
        = 10 000 erg/kg
3. Die **Äquivalentdosis (H)** ist das Produkt der Energiedosis (D) und eines dimensionslosen Bewertungsfaktors (q). Maßeinheit ist das **Sievert (Sv)**

$$H = D \cdot q$$

1 Sv = 1 J/kg
     = 1 Gy, wenn q = 1
     = 100 rem = 100 rad ≈ 100 R

Der Bewertungsfaktor q dient zur Beurteilung der unterschiedlichen biologischen Wirksamkeit verschiedener Strahlungen bei gleicher Energiedosis. Durch Multiplikation der Energiedosis mit q erhält man eine gleich wirksame, also äquivalente Energiedosis unterschiedlicher Strahlung.

Die strahlenspezifische Wirksamkeit basiert auf dem sogenannten linearen Energieübertragungsvermögen (LET, *linear energy transfer*), d. h. der Rate, mit der ionisierende Strahlung das Gewebe durchdringt und pro zurückgelegter Wegstrecke Ionisationen verursacht. Die LET ist abhängig von der *Art* und *Energie* der einfallenden Strahlung und wird vom Bewertungsfaktor q berücksichtigt.

Röntgen- und Gammastrahlung	q = 1
Betastrahlung, (β^- und β^+)	q = 1
Alphastrahlung	q = 20
thermische Neutronen	q = 2–3
schnelle Neutronen	q = 20

Um Verwechslungen zwischen der Energiedosis und der Äquivalentdosis zu vermeiden, wurde die Einheit Sv (Sievert) eingeführt.

Einige spezielle, von der Äquivalentdosis abgeleitete Begriffe

Für Strahlenschutzzwecke ist die Äquivalentdosis der wichtigste Dosisbegriff und daher Bezugspunkt für die folgenden speziellen Dosisbegriffe.
    Ortsdosis ist die Äquivalentdosis für Weichteilgewebe, gemessen an einem bestimmten, anzugebenden Ort.
    Ortsdosisleistung ist die in einem kurzen Zeitintervall erzeugte Ortsdosis (Ortsdosis/Zeit).
    Personendosis ist die Äquivalentdosis für Weichteilgewebe, gemessen an einer für die Strahlenexposition repräsentativen Stelle der Körperoberfläche
    Körperdosis kann eine Ganz- oder Teilkörperdosis sein.
    Ganzkörperdosis ist der Mittelwert der Äquivalentdosis über Kopf, Rumpf, Oberarme und Oberschenkel als Folge einer homogen angesehenen Bestrahlung des Körpers.

Tabelle 2 Wichtungsfaktoren der Äquivalentdosis

Organ, Gewebe	Wichtungsfaktor (w)
Keimdrüsen	0,25
Brust	0,15
Rotes Knochenmark	0,12
Lunge	0,12
Schilddrüse	0,03
Knochenoberfläche	0,03
Andere Organe (zusammen)	0,3
Blase, Dickdarm, Dünndarm, Gehirn, Leber, Niere, Milz etc.	je 0,06
Summe	**1,0**

Teilkörperdosis ist der Mittelwert der Äquivalentdosis über das Volumen eines Körperabschnitts oder Organs, im Falle der Haut über die kritische Fläche.

Effektive Äquivalentdosis (H_{eff}), auch effektive Dosis genannt, ist die Summe der gewichteten Äquivalentdosen aufgrund unterschiedlicher Organempfindlichkeit: $H_{eff} = \sum_i \cdot H_i$. Die Wichtungsfaktoren w (siehe Tabelle 2) der Äquivalentdosen für die einzelnen Körperteile sind so festgelegt, dass deren Summe für den Ganzkörper gleich **1** ist. Die Summe der gewichteten Teilkörperdosen darf die **maximale Ganzkörperdosis von 50 mSv/Jahr** (Kategorie-A-Personen) bzw. **15 mSV/Jahr** (Kategorie-B-Personen) nicht überschreiten.

Der Begriff der **effektiven Äquivalentdosis** wurde eingeführt, weil jede externe oder interne Bestrahlung eines Organs zu einer Bestrahlung meherer relevanter Organe und Gewebe gleichzeitig führt und somit auch für diese Körperteile ein stochastisches Schadensrisiko besteht.

2.2 Labor-Dosimetrie: Praxisbezogene Ermittlung der Dosisleistung von Radionukliden

Den Experimentator, der ein radioaktives Präparat mit bekannter Aktivität handhabt, interessiert in erster Linie, welche Dosisleistung von „seiner" Strahlenquelle in unmittelbarer Nähe (ca. 1 mm – 30 cm für β-Strahler, 1 mm – 1 m für γ-Strahler) ausgeht. Die folgenden Ausführungen beziehen sich auf eine punktförmige Strahlenquelle, wobei Luftabsorption keine Rolle spielen soll. Eine genaue Berechnung der Dosisleistung ist aufgrund des LET und dessen Abhängigkeit von Art und Energie der Strahlung relativ komplex. Für den Strahlenschutz ist jedoch die nachfolgend aufgeführte näherungsweise Ermittlung der Dosisleistung vollkommen ausreichend.

Ermittlung der Dosisleistung für β-Strahlung

Aufgrund der niederenergetischen Tritium-β-Emission kann diese bei der Ermittlung von Dosisleistungen (DL) vernachlässigt werden.

Für die näherungsweise Ermittlung der Dosisleistung für nicht abgeschirmte β-Strahlung (DL_β) gilt in der Entfernung d (in cm):

$$DL_\beta = 760 \cdot A_{MBq} \cdot (10/d)^2$$

A ist die Aktivität in MBq; DL_β ergibt μGy/h; d ist Distanz in cm

Beispiel: Wie groß ist die DL in 10 cm bzw. 1 mm Entfernung eines Tropfens mit 10 MBq (0,27 mCi) ^{32}P, der unachtsamerweise auf die Laborbank geriet?

In **10 cm** Entfernung: in **1 mm** Entfernung:
DL$_\beta$ = 760 · A$_{MBq}$ · (10/d)²   DL$_\beta$ = 760 · A$_{MBq}$ · (10/d)²
= 760 · 10   = 760 · 10 · 10000
= 7600 µGy/h   = 7,6 Gy/h !
= 7,6 mSv/h (bei q=1)   = 7,6 Sv/h (bei q=1)

Auf der Haut würde dieser Tropfen eine entsprechend (wesentlich) größere Orts-Dosisleistung verursachen. Somit kann also auch von β-Strahlern eine beachtliche Strahlengefährdung ausgehen. **Eine Ganzkörperdosis von 7–10 Sv ist letal!**

Ermittlung der Dosisleistung für externe γ-Strahlung

Aufgrund der größeren Reichweite und Durchdringungstiefe von elektromagnetischer Photonenstrahlung ist die Ermittlung der von einer γ-Strahlungsquelle ausgehenden Dosisleistung (DL$_{em}$) von praktischer Bedeutung. Die Ermittlung kann entweder wieder *näherungsweise* oder genauer, mit Hilfe einer **spezifischen Gammastrahlenkonstante** (Γ_γ) – neuerdings auch als **Dosisleistungskonstante (G$_H$)** bezeichnet – erfolgen.

A. Genäherte Ermittlung

Für die näherungsweise Ermittlung der DL im Abstand d (in m) gilt die Beziehung

$$DL_\gamma = 143 \cdot A_{GBq} \cdot E \cdot (1/d)^2$$

B ist die Aktivität in GBq; DL ergibt µGy/h; d ist Distanz in m; E ist die Energie bzw. Summe der Energien, wenn sequentielle Zerfallsereignisse auftreten (z. B. zerfällt ^{60}Co unter Aussendung von 2 Quanten Photonenstrahlung E$_1$=1,33 MeV; E$_2$=1,17 MeV).

Beispiel: Wie hoch ist die Dosisleistung einer punktförmigen ^{60}Co-Quelle mit einer Aktivität von 1 mCi (= 37 MBq) in einer Entfernung von 30 cm?

DL$_\gamma$ = 143 · 37 · 10^{-3} · (1,33+1,17) · (1/0,3)² µGy/h
= 147 µGy/h
= 147 µSv/h

B. Ermittlung mit Hilfe der spezifischen Gammastrahlenkonstante (Γ_γ)

Es gilt die Beziehung:

$$DL_\gamma = \Gamma_\gamma \cdot A_{MBq} \cdot (1/d)^2$$

A ist die Aktivität in MBq; DL$_\gamma$ ergibt µGy/h; d ist die Distanz in m.
Für obengenanntes Beispiel gilt unter Verwendung der spezifischen Gammastrahlenkonstante Γ_γ für ^{60}Co = 35,7 · 10^{-2} µGy·m²·h^{-1}·Bq^{-1}

DL$_\gamma$ = 35,7 · 10^{-2} · 37 · (1/0,3)²
= 146,8 µGy/h

Ermittlung der Dosisleistung für Röntgenstrahlung

Die DL$_R$ von Röntgenstrahlern hängt von folgenden Größen ab:
Abstand r von der Anode, Röhrenstrom I, Röhrenspannung U, Filterung, Ordnungszahl Z des Anodenmaterials, Schaltung des Hochspannungserzeugers. Tabelle 3 zeigt verschiedene DL$_R$-Werte.
Allgemein gilt die folgende Beziehung, wobei Γ_R die spezifische Äquivalentdosisleistungskonstante in mSv·m²·mA^{-1}·min^{-1} und d der Abstand in m ist:

$$DL_R = \Gamma_R \cdot (1/d)^2$$

Tabelle 3 Einige DL_R-Werte für eine Wolframanode in 1 m Abstand bei 150 kV Spannung

Stromstärke in mA	Filter	DL_R in mSv/min
1	2 mm Alu	20
10	2 mm Alu	200
100	2 mm Alu	2000
1	0,2 mm Alu	60
100	0,2 mm Alu	6000
1	1 mm Be	130
100	1 mm Be	13000
1	0,5 mm Cu	63
1	2 mm Cu	20

Wichtig: Bei Erhöhung der Spannung (und bei gleichzeitig konstanter Stromstärke) steigt die DL_R mindestens mit dem Quadrat der Spannung!

Inkorporierte Radionuclide: Grenzwerte der zulässigen Aufnahme

Da die Ermittlung der (Äquivalent-)Dosisleistung von inkorporierten Radionucliden relativ komplex ist, hat die Internationale Strahlenschutzkommission (ICRP) Richtwerte herausgegeben, mit denen man eine inkorporierte Aktivität eines Radionuklides einer bestimmten Dosisleistung zuordnen kann. Dieser Wert, das *Annual Limit of Intake* (ALI, Tabelle 4), ist die Aktivität eines Radionuclids, die nach Ingestion und/oder Inhalation eine **jährliche Ganzkörperdosisleistung von 50 mSv** verursacht (Grenzwert der Äquivalentdosis für stochastische Strahlenschäden) oder 500 mSv (Grenzwert der Äquivalentdosis für nicht-stochastische Strahlenschäden). Mittels der ALI-Werte ist also die Bestimmung der Dosisleistung von einem inkorporierten Radionuklid mit einer Aktivität x möglich. Darüber hinaus gibt ein Vergleich der Werte einen Aufschluss über die relative Toxizität des entsprechenden Radioisotops.

Tabelle 4 *Annual Limit of Intake* **(ALI-Grenzwerte) für eine jährliche Ganzkörperdosisleistung von 50 mSv (Kategorie-A-Personenkreis) und spezifische Gammastrahlenkonstanten (Γ_γ) für einige Radionuclide**

Radionuclid	ALI in MBq	spez. Gammastrahlenkonstante in $\mu Gy \cdot m^2 \cdot h^{-1} \cdot MBq^{-1}$
^{3}H (gebunden)	3000	
^{14}C	90	
^{32}P	20–30	
^{35}S	80	
^{60}Co	1	$35{,}7 \cdot 10^{-2}$
^{125}I	1–2	$1{,}9 \cdot 10^{-2}$
^{131}I	1–2	$5{,}7 \cdot 10^{-2}$
^{137}Cs	4–6	$8{,}9 \cdot 10^{-2}$
^{226}Ra	0,07	$24 \cdot 10^{-2}$

Beispiel: Durch unachtsames Arbeiten werden 10 MBq einer Iodlösung (mit flüchtigem ^{125}I) verschüttet. Es kommt im Folgenden zu einer Inkorporation von 2 MBq Iod. Aufgrund des ALI-Wertes entspricht dies einer äquivalenten Teilkörperdosis in der Schilddrüse von (2 MBq/1 MBq) · 50 mSv/Jahr = 100 mSv/Jahr, womit bereits 1/3 des höchstzulässigen Körperdosiswertes pro Jahr (siehe Tabelle 5) aufgenommen wurde.

2.3 Grenzwerte der jährlichen Körperdosen

Tabelle 5 Höchstzulässige effektive Äquivalentdosiswerte (q=1) für beruflich strahlenexponierte Personen aufgrund der Strahlenschutzverordnung

Körperdosis	Grenzwerte der jährlichen Körperdosis für beruflich strahlenexponierte Personen im Kalenderjahr	
	Kategorie-A-Personen	Kategorie-B-Personen
Effektive Äquivalentdosis ($H_{eff} = \sum_i \cdot H_i$)	50 mSv	15 mSv
1. Teilkörperdosis Keimdrüsen, Gebärmutter, rotes Knochenmark	50 mSv	15 mSv
2. Teilkörperdosis Hände, Unterarme, Füße, Unterschenkel, Knöchel, einschließlich dazugehörige Haut	500 mSv	200 mSv
3. Teilkörperdosis Schilddrüse, Knochenoberfläche, Haut, sofern sie nicht unter Punkt 2 fällt	300 mSv	100 mSv
4. Teilkörperdosis alle anderen Organe und Gewebe	150 mSv	50 mSv

Für die Berechnung der **effektiven Äquivalentdosis** bei einer Ganz- oder Teilkörperexposition werden die Äquivalentdosen der in Tabelle 2 genannten Organe und Gewebe mit den Wichtungsfaktoren multipliziert und die so erhaltenen Produkte addiert.

*Beispiel: Die Schilddrüse einer Person ist mit 300 mSV belastet. Dieser Person ist der Umgang mit Radionucliden für den Rest des Jahres untersagt. Ist die Schilddrüse nur mit 280 mSv und die Lunge zusätzlich mit 200 mSv belastet, dann resultiert hieraus eine **effektive Dosis** von $280 \cdot 0{,}03 + 200 \cdot 0{,}12 = 32{,}4$ mSV, womit die höchstzulässige Jahresdosis von 50 mSv noch lange nicht erreicht ist.*

2.4 Strahlungsmessgeräte

Eine zuverlässige Erfassung von ionisiernden Strahlen setzt gewisse Kenntnisse in der Messtechnik voraus, denn ein unkundiger Umgang mit Strahlungsmessgeräten kann zu fehlerhaften Messungen bis hin zu eklatanten Unterbestimmungen führen und somit ein folgenschweres Sicherheitsgefühl vortäuschen. Man unterscheidet (1) die direkte Messung der Dosis oder Aktivität vor Ort mit (nichtamtlichen) Kontaminationsmessgeräten und (2) die Messung der (amtlichen) Personendosis zur behördlichen Überwachung von beruflich strahlenexponierten Personen.

Kontaminationsmessgeräte

Während die Erfassung von (geladener) Teilchenstrahlung direkt möglich ist, wird Photonenstrahlung erst durch deren Wechselwirkung mit umgebender Materie – über den Photo-, Compton- und Paarbildungseffekt (Abschnitt 1.1) – nachweisbar. Ein Nachweisprinzip basiert auf einer strahlenbedingten Gasionisierung. Hierzu wird in einer mit Zählgas gefüllten Kammer an zwei Elektroden eine Spannung angelegt, wodurch sich ein elektrisches Feld bildet. Eintretende Strahlung verursacht die Bildung von positiven (Gas)-Ionen und freien Elektronen, die unter dem Einfluss des eleketrischen Feldes zu den entsprechenden Elektroden wandern. Je nach angelegter Elektrodenspannung (50–1000 Volt) werden an den Elektroden eine unterschiedliche Zahl von Ladungen (Impulsgröße) registriert. Aufgrund der Elektrodenspannung und der Gasfüllung kann man charakteristische Messbereiche unterscheiden, die die messtechnische Basis für verschiedene Detektoren darstellen.

- **Rekombinationsbereich (bis 50 V)**: Die angelegte Spannung ist so gering, dass es zu einer Wiedervereinigung der Ionen (Ionenrekombination) kommt. Folge: Unterbestimmung der Strahlung.
- **Sättigungsbereich (Ionisationskammerbereich; 50–200 V)**: Alle durch Einwirkung von ionisierender Strahlung hervorgerufenen Ionen (Elektronen) werden korrekt erfasst. Adäquate Messung. Direkte Proportionalität zwischen ionisierender Strahlung und Impulsen.
- **Proportionaler Verstärkungsbereich (200–650 V)**: Es findet eine proportionale, durch Gasanwesenheit ermöglichte Verstärkung statt. Ein α- oder β-Teilchen oder ein durch γ-Strahlung freigesetztes Elektron verursacht die Freisetzung mehrerer Sekundärelektronen (Ionenpaare), woraus eine Verstärkung, also Erhöhung der Impulsgröße resultiert.

Im Sättigungsbereich und im proportionalen Verstärkungsbereich ist die Impulshöhe abhängig von der Energie der ionisierenden Strahlung. Eine Unterscheidung der Strahlungsarten ist möglich.

- **Geiger-Müller-Bereich (800–1000 V)**: Ab einer gewissen Elektrodenspannung ist die Impulsgröße von der Primärionisation unabhängig. Unabhängig von der Energie der einfallenden Strahlung wird bei maximaler Sekundärionisation (Verstärkung) eine gewisse Impulshöhe erreicht, gleich ob sie von einem α-, einem β-Teilchen oder einem Photonenquant verursacht wird.

Der Benutzer von Strahlungsmessgeräten muss sich stets vergegenwärtigen, dass diese Instrumente (1) einen unteren Grenzwert des Energie-Nennbereichs – für die Erfassung kritisch sind niederenergetische Röntgen- und γ-Strahlung wie ^{125}I (35 keV) – und (2) einen unterschiedlichen Wirkungsgrad besitzen. Im Allgemeinen weisen diese „Ionisationsdetektoren" für γ-Strahlung einen Wirkungsgrad von nur 3–6% auf! Eine wesentlich zuverlässigere Detektion von γ-Strahlen gelingt mit **Szintillationszählrohren**, die ein Szintillationskristall (NaI + 1% Thalliumiodid) enthalten, der durch Wechselwirkung mit ionisierender Strahlung über den photoelektrischen Effekt Fluoreszenzlichtblitze abgibt, die über einen Sekundärelektronenvervielfacher sehr empfindlich registriert werden können.

Als Kontaminationsmonitore haben sich in der Praxis großflächige **gasverstärkte Proportionalzähler** (100 cm² Messfenster) bewährt. Man unterscheidet zwischen *offenen*, Zählgas-umspülten (Methan, Butan, Argon-Methan) Detektoren oder *geschlossenen*, mit Xenon gefüllten Zählfenstern. Bei letzteren, deren Handhabung sehr bequem ist, erfolgt mit der Zeit ein Abbau des Zählgases, so dass sich die Zählausbeute verschlechtert. Es ist die Aufgabe des Strahlenschutzbeauftragten, die Zählgasfüllung zu erneuern und die Funktionstüchtigkeit der Strahlungsmessgeräte zu gewährleisten (Tabelle 6).

Tabelle 6 Eigenschaften einiger Strahlungsmessgeräte

Einsatz	Detektor	Nennbereich Strahlenenergie	Strahlung	Anmerkung
Personen-Stab-Dosimeter (nicht-amtlich)	Ionisationskammer	50 keV – 3 MeV	Photonenstrahlung siehe Hersteller	direkte Ablesung möglich, benötigt Aufladung, eichpflichtig
Flächenkontaminationsmonitor	Ionisationskammer mit Gasverstärkung	8 keV – 3 MeV großer Nennbereich	α, β, γ kein ^{3}H	geschlossen, Xenon-Zählgas, empfindlicher aber teurer als Geiger-Müller-Zählrohr
Geiger-Müller-Zähler	Ionisationskammer mit Gasverstärkung	50 keV – 3 MeV	α, β, γ kein ^{3}H	tragbar, billig, Dosisleistungsanzeige sehr energieabhängig, dickes Fenster
Szintillationszähler	Fluoreszenz von NaI-Kristallen Photoverstärkung	20 keV – 3 MeV großer Nennbereich	α, β, γ besonders für γ geeignet	hoher Wirkungsgrad, teuer, sehr empfindliche Messungen

Film- und Festkörperdosimeter zur Erfassung der Personendosis

Gemäß geltender Rechtsvorschriften erfolgt die amtliche Überwachung der Personendosis mittels **Filmplakette** und **Ringdosimeter**.

Film(plaketten)dosimeter   Das Nachweisprinzip des Filmdosimeters beruht auf der Schwärzung einer photographischen Emulsion durch ionisierende Strahlen. Die Schwärzung ist abhängig von der Strahlungsart, -intensität und -dauer. Mit Hilfe bekannter Strahlungsdosen kann man die Schwärzung eichen und somit Aussagen über die bezogene Strahlungsdosis machen. Durch das Anbringen verschiedener Strahlen-Absorber wie Kupfer- und Bleifilter mit unterschiedlicher Dicke und in verschiedener Geometrie, erhält man je nach Schwärzungsmuster Auskunft über die Strahlungsart, eventuell auch einzelner Komponenten, deren Dosisanteile *und* die Richtung der Strahlungsexposition – von vorn (Frontal- bzw. Oberflächenexposition) oder von hinten, was auf eine außerordentliche, kritische Strahlenbelastung schließen ließe. Aufgrund dieser Unterscheidungsmöglichkeit ist das korrekte Anbringen der Filmplakette auf dem Laborkittel in Brusthöhe Pflicht (und nicht in der Kitteltasche oder hinteren Hosentasche). Die untere Nachweisgrenze des Filmplakettendosimeters liegt bei 100 μSv im Monat. Der Film wird monatlich von einer Prüfstelle ausgewertet. Der entwickelte Film ist ein Dokument, auf das noch nach Jahren zurückgegriffen werden kann. Nachteilig wirkt sich der geringe Dynamikbereich (100–500 μSv) und eine relativ große Messunsicherheit bei geringen Dosen aus.

Ringdosimeter   Als zweites amtliches Dosimeter wird das Ringdosimeter ausgegeben, das immer dann zu tragen ist, wenn beim Umgang mit ionisierenden Strahle(r)n die Hände einer stärkeren Belastung als der übrige Körper ausgesetzt sind. Der Ring stellt ein Thermolumineszenz-Dosimeter dar, das eine bestimmte anorganische Kristallverbindung wie Kalziumfluorid, Lithiumfluorid oder Lithiumborat enthält. Durch ionisierende Strahlung werden diese Moleküle in einen metastabilen Anregungszustand überführt. Die Auswertung erfolgt durch Erhitzen auf 200–400 °C, wobei die angeregten Moleküle unter Emission von Lichtquanten in den Grundzustand zurückkehren. Die Intensität dieser Thermolumineszenz ist proportional der absorbierten Strahlungsdosis. Von Vorteil ist der sehr große dynamische Dosisbereich (10 μSv – 100 Sv) und die Wiederverwendbarkeit. Demgegenüber steht ein auswertungsbedingter Verlust der Dosisinformation, da diese bei der Auswertung gelöscht wird.

Weder Film- noch Ringdosimeter eignen sich zur Erfassung von ^{3}H.

3 Biologische Wirkung ionisierender Strahlung

Die Grundlage der schädigenden Wirkung von ionisierender Strahlung ist ihr Ionisationsvermögen von Molekülen oder Atomen in der Zelle. Berücksichtigt man das spezifische Ionisierungsvermögen (Zahl der pro Wegeinheit erzeugten Ionenpaare) der drei Strahlungsarten, 60 000 Ionenpaare/cm in Luft für α-Strahlung, 50 für β- und 5 für γ-Strahlung, so ist die Toxizität der α-Strahlung offensichtlich. Ein Ionisierungereignis benötigt ca 25–30 eV. Wird nach Absorption der Strahlung ein Sekundärelektron freigesetzt (Primärelektron ist das β-Teilchen), so bewirkt dieses Sekundärelektron eine Folgeionisierung benachbarter Moleküle (Atome) und gilt als eigentlicher Verursacher des Strahlenschadens. Man unterscheidet zwei Wirkungsweisen: die direkte und die indirekte Wirkung.

Direkte Wirkung: Durch primäre Interaktion mit der Strahlung wird das biologische Molekül direkt modifiziert.

Indirekte Wirkung: Unter Einwirkung von Strahlung kommt es zunächst zu einer **Radiolyse von Wasser**. $H_2O \rightarrow H^\bullet + OH^\bullet$. Dieses Radikalpaar kann über Folgereaktionen, z. B.

$H^\bullet + O_2 \rightarrow HO_2^\bullet$ $\qquad$ $2\,HO_2^\bullet + O_2 \rightarrow H_2O_2 + O_2$
$RH + OH^\bullet \rightarrow R^\bullet + H_2O$
$RH + HO_2^\bullet \rightarrow R^\bullet + H_2O_2$

starke Oxidanzien oder organische Molekülradikale gebildet werden, die letztendlich eine chemische Modifikation wichtiger Biomoleküle verursachen (Oxidation, Dimerisierung von Thyminen, Degradation von ungesättigten Fettsäuren, Aufbrechen von Disulfidbrückenbindungen in Proteinen).

In letzter Konsequenz manifestieren sich Strahlenschäden durch:

1. **Zelltod**, weil die Bildung neuer Zellen bzw. die Reparatur geschädigter Zellen mit der Todesrate nicht mehr Schritt halten kann. Diese Strahlenschäden treten erst ab einer bestimmten **Schwellendosis** in Erscheinung und nehmen mit steigender Dosis an Schwere zu. Man bezeichnet sie als **nichtstochastische Strahlenschäden** (nichtstochastisch = nicht zufällig).
2. **Mutation oder Transformation von Zellen** Die von mutierten Zellen ausgehenden Schäden nennt man **stochastische Strahlenschäden**, weil sie zufällig in dem Sinne sind, dass sie nicht zwangsläufig erst ab einer bestimmten Dosis auftreten, sondern nur die Wahrscheinlichkeit für ihr Auftreten mit wachsender Dosis zunimmt.

3.1 Nichtstochastische Strahlenschäden

Typische nichtstochastische Strahlenschäden sind

- Frühschäden, auch akute Schäden genannt, die kurze Zeit nach der Einwirkung einer hohen Strahlendosis in Erscheinung treten.
- Spätschäden, die nicht zu einer Krebserkrankung führen (z. B. Trübung der Augenlinse, Beeinträchtigung der Fruchtbarkeit).
- Schäden bei Neugeborenen nach einer Bestrahlung im Mutterleib. Deshalb ist bei bestehender oder vermuteter Schwangerschaft der Zutritt zum Kontrollbereich strengstens untersagt.

Dosisleistung und akute Strahlenschäden

Der Experimentator, der die von seiner Strahlenquelle verursachte Dosisleistung berechnen kann, ist nun an entsprechenden „Eckwerten" (welche Dosisleistung verursacht welchen Schaden) interessiert. Die gesundheitlichen Risiken einer Teilkörperbestrahlung sind natürlich geringer als die einer Ganzkörperbestrahlung. Während erstere zu einer Schädigung einzelner Körperteile oder Organe führt, tre-

Tabelle 7 Ganzkörperdosis und Erscheinungsform der akuten Strahlenkrankheit

Dosis	Krankheitsbild
< 1 Sv	keine Symptome, gelegentlich leichte Übelkeit
1 bis 2 Sv	gelegentlicher Strahlenkater, Übelkeit und Erbrechen, temporäre Schädigung des Blutbildes, nicht letal
ab 2 Sv	Übelkeit und Erbrechen nach Minuten, Hautrötung, LD_0 Mensch
ab 3 Sv	erhebliche Störung des Allgemeinbefindens, massive Durchfälle, Schock, Hautveränderungen, evtl. letal
ab 4 Sv	kritischer Allgemeinzustand, LD_{50} Mensch
ab 5 Sv	Mittelletal
ab 8 Sv	LD_{100} Mensch in 30 Tagen

ten bei einer kurzzeitigen Ganzköperbestrahlung alle Symptome gleichzeitig auf und rufen die akute Strahlenkrankheit hervor (Tabelle 7). Die Symptome treten innerhalb von ein bis vier Tagen in Erscheinung.

> Verhältnismäßig empfindlich reagieren die Keimdrüsen. Schon Dosen ab 1 Sv können zu zeitweiliger, teilweise sogar völliger Sterilität führen. Je rascher eine Zellart sich vermehrt oder sich regeneriert, desto strahlenempfindlicher ist sie. Rotes Knochenmark und Lymphgewebe sind besonders anfällig, es folgen Haut und der Gastrointestinaltrakt; das Nervensystem ist am unempfindlichsten.

3.2 Stochastische Strahlenschäden und Krankheitsrisiko

Stochastische Strahlenschäden treten als **somatische Strahlenspätschäden** auf. Hierbei handelt es sich um verschiedene Krebserkrankungen, deren akutes Krankheitsbild erst Jahre oder Jahrzehnte nach der Strahlenexposition ausbricht. Das strahleninduzierte Karzinom unterscheidet sich nicht von einer normalen Krebserkrankung, die sehr häufig spontan auftritt. Es ist daher sehr schwierig bei einer bestrahlten Einzelperson das Auftreten eines Tumors oder von Leukämie mit Sicherheit auf eine Strahleneinwirkung zurückzuführen. Wenn man die Strahlendosis kennt, kann man jedoch die Wahrscheinlichkeit für das Auftreten eines Strahlenspätschadens angeben. Grundlage hierfür sind Studien über das Strahlenkrebsrisiko von Überlebenden der Atombombenexplosionen in Hiroshima und Nagasaki (80 000 Personen) sowie von Patienten, die einer Strahlentherapie unterzogen wurden.

Die Internationale Strahlenschutzkommission gibt folgende Schätzwerte für Krebsrisiko an:

Krebssterblichkeit pro 10 mSv Dosis und 1 Million Personen

- Leukämie   20
- Brustkrebs   25
- Lungenkrebs   20
- Knochenkrebs   5
- Schilddrüsenkrebs 5
- Sonstige   50
- Summe   125 Personen
- Das Gesamtrisiko beträgt ca. 1 : 10 000

Für Erbschäden gelten 40 Fälle pro 1 Million Personen.

Zum Vergleich: Von 1 Million Personen müssen etwa 200 000 Personen damit rechnen, an einem spontan enstandenen Krebs zu sterben (Risiko ca. 1 : 5).

3.3 Natürliche und zivilisatorische Strahlenexposition

Der Stellenwert von Grenzwerten für effektive Körperdosen (für beruflich strahlenexponierte Personen) und die Vorsicht, die die Internationale Strahlenschutzkommission bei der Festlegung walten ließ, wird dann offensichtlich, wenn man, wie zuvor geschehen, die Grenzwerte mit den für Strahlenschäden verantwortlichen Dosiswerten vergleicht. Darüber hinaus ist eine Gegenüberstellung mit der natürlichen und zivilisatorischen Strahlenexposition (Tabelle 8) – besonders im medizinischen Bereich (Tabelle 9) – lohnenswert. Natürliche radioaktive Stoffe, die der Mensch über Nahrung und Atemwege aufnimmt sind ^{40}K, ^{14}C, Radon und seine Zerfallsprodukte. Daneben erfolgt noch eine Belastung durch kosmische und terrestrische Strahlung.

Infolge des Reaktorunfalls von Tschernobyl trat eine zusätzliche mittlere Strahlenbelastung von 0,5–2 mSv/Jahr auf.

Tabelle 8 Mittlere effektive Jahresdosis aus natürlicher und zivilisatorischer Strahlenexposition

	mSv/Jahr
Natürliche Strahlenexposition	
Kosmische Strahlung	0,3
Terrestrische Strahlung γ-Strahlung der radioaktiven Stoffe im Boden und im Baumaterial der Häuser	0,5
Körperinnere Bestrahlung durch inkorporierte Radionuclide, Einatmen von Radon-Zerfallsprodukten, daneben ^{14}C und ^{40}K über Nahrung	0,5
Aufenthalt in Häusern ^{40}K und Radon-Zerfallsprodukte	1,0
Zivilisatorische Strahlenexposition	

Medizin
stellt den größten Anteil der zivilisatorischen Strahlenexposition, siehe auch Tabelle 9
Einige Röntgenaufnahmen:
  Zahnaufnahme   0,01 mSv
    Mammographie   0,5 mSv
    Lendenwirbelaufnahme   2 mSv
    Dickdarm   20 mSv
    Computertomographie Kopf   2 mSv
    Computertomographie Bauch   30 mSv
	1–2

Fall-out	0,02
Technik und Forschung	0,02
Kernkraftwerke radioaktive Emission	0,00008–0,003
Kohlekraftwerke	0,001
Summe der natürlichen + zivilisatorischen Strahlenexposition	≈ 4

Infolge des Reaktorunfalls von Tschernobyl trat eine zusätzliche mittlere Strahlenbelastung von 0,5–2 mSv/Jahr auf.

Tabelle 9 Mittlere Strahlendosis bei nuclearmedizinischen Untersuchungen mit applizierten (offenen) Radionucliden

Untersuchung	Radionuclid	Aktivität in MBq	Keimdrüsen, mSv	Knochenmark, mSv	mSv in untersuchtem Organ
Schilddrüsen- Szintigraphie	^{99m}Tc ^{131}I ^{123}I	40 2 8	0,15 0,08 0,04	0,2 0,2 0,1	4 1000 40
Nieren- Szintigraphie	^{99m}Tc ^{131}I	200 20	0,3 0,25	0,5	5 Nieren 18 Blasenwand 60 Blasenwand 240 Schilddrüse

4 Organisation des Strahlenschutzes: Voraussetzungen für den Umgang mit Radionucliden und Röntgenstrahlen

4.1 Der Strahlenschutzverantwortliche und Strahlenschutzbeauftragte

Für die Durchführung des innerbetrieblichen Strahlenschutzes sind der **Strahlenschutzverantwortliche** und **Strahlenschutzbeauftragte** zuständig. Der Strahlenschutzverantwortliche ist in der Regel der Unternehmer, der Firmeninhaber, der Abteilungs- oder Institutsleiter. Die praktische Durchführung und die Umsetzung geltender Vorschriften ist jedoch letztendlich die Aufgabe des Strahlenschutzbeauftragten, der vom Strahlenschutzverantwortlichen bestellt wurde. Der Strahlenschutzbeauftragte ist weisungsberechtigt und sollte, wenn erforderlich, Entscheidungen bezüglich des Strahlenschutzes auch gegen den Willen seines Vorgesetzten durchsetzen können. Bei Verletzung seiner Pflichten ist er, wie auch der Strahlenschutzverantwortliche, straf- und zivilrechtlich haftbar. Zur Ausübung seiner Tätigkeit muss der Strahlenschutzbeauftragte folgende Kriterien erfüllen:

- Nachweis der Fachkunde im Strahlenschutz
- Berufserfahrung im Umgang mit radioaktiven Stoffen und ionisierenden Strahlen
- innerbetriebliches Durchsetzungsvermögen
- Zuverlässigkeit

Pflichten des Strahlenschutzbeauftragten im nichtmedizinischen Bereich

1. **Erstellen und Überarbeiten einer innerbetrieblichen Strahlenschutzanweisung** Die Anfertigung einer Strahlenschutzanweisung kann von der Genehmigungsbehörde gefordert werden. Unter anderem sollten folgende Punkte darin enthalten sein:

    - Allgemeine Regeln im Umgang mit Radioisotopen, Arbeitsmethoden
    - Abschirmung und Schutz vor ionisierenden Strahlen in bezug auf Eigen- und Fremdschutz (indirekt beteiligter Mitarbeiter), Dosimetrie
    - Benennung der Räumlichkeiten; Überwachungs-, Kontroll-, Sperrbereich
    - Abfallbeseitigung, Lagerung

2. **Belehrung** Der Inhalt der Strahlenschutzanweisung ist Mitarbeitern, die Zugang zum Sperr-, Kontroll- und Überwachungsbereich haben, noch vor Beginn des Umgangs mit ionisierenden Strahlen verständlich darzulegen. Diese Belehrung ist halbjährlich zu wiederholen. Über Inhalt und Zeitpunkt der Belehrung sind Aufzeichnungen zu führen, die von den belehrten Personen zu unterzeichnen sind.

3. **Antrag auf Genehmigung zum Umgang mit radioaktiven Stoffen** Hier gilt die Faustregel, dass der Umgang mit radioaktiven Stoffen grundsätzlich der Genehmigung seitens der entsprechenden Behörde bedarf. Die zuständigen Genehmigungsbehörden sind im Anhang der Strahlenschutzverordnung (StrSchV) aufgeführt.

    Anzeigefrei und genehmigungsfrei

    - ist der Umgang mit radioaktiven Stoffen, deren spezifische Aktivität weniger als 100 Bq pro Gramm beträgt.

Einige Freigrenzen (Bq):
- ^{3}H $5 \cdot 10^6$
- ^{14}C $5 \cdot 10^5$
- ^{32}P $5 \cdot 10^5$
- ^{125}I $5 \cdot 10^4$

Anzeigebedürftig aber genehmigungsfrei

- ist der Umgang mit radioaktiven Stoffen, wenn deren Aktivität das 10fache der Freigrenzen der Anlage IV, Tabelle IV 1, Spalte 4 der StrSchV nicht überschreitet (siehe auch § 4 der StrSchV), z. B.:
  - ^{3}H $5 \cdot 10^7$ Bq
  - ^{14}C $5 \cdot 10^6$ Bq
  - ^{32}P $5 \cdot 10^7$ Bq
  - ^{125}I $5 \cdot 10^5$ Bq
- wenn bauartzugelassene Vorrichtungen verwendet werden, in die radioaktive Stoffe eingefügt werden
- wenn bauartzugelassene Prüfstrahler zur Anzeigekontrolle von Strahlungs- oder Dosismessgeräten verwendet werden.

Genehmigungsbedürftiger Umgang

- für alle sonstigen radioaktiven Stoffe, deren Aktivität das 10fache der Freigrenze überschreitet.

4. **Vorstellung der Mitarbeiter beim ermächtigten Arzt**
   Die StrSchV fordert, dass beruflich strahlenexponierte Personen – und hier unterscheidet man nach der jährlichen höchstzulässigen Ganzkörperdosis, Kategorie-A- (bis 50 mSv) und Kategorie-B-Personen (bis 15 mSv), vor Beginn der Tätigkeit einem ermächtigten Arzt vorgeführt werden, der eine Unbedenklichkeitsbescheinigung ausstellen muss. Bei Kategorie-A-Personen ist die ärztliche Untersuchung in einem einjährigen Rhythmus zu wiederholen.

5. **Überwachung der Personen-Dosimetrie**
   Prinzipiell ist beim Umgang mit Radioisotopen ein Personendosimeter zu tragen, obwohl dies eigentlich nach §62 und 63 der StrSchV „erst" ab Tätigkeiten im Kontroll- und Sperrbereich vorgeschrieben ist. Für Personen, die regelmäßigen Umgang mit radioaktiven Stoffen haben, kommt in erster Linie das Filmdosimeter in Kombination mit einem Ringdosimeter in Betracht, während Personen, die sich nur gelegentlich im Kontrollbereich aufhalten, mit einem direkt ablesbaren Stab-(Ionisations)-Dosimeter überwacht werden. Die Auswertung des Ring- und Filmdosimeters hat durch eine amtliche Prüfstelle (z. B. Gesellschaft für Strahlen- und Umweltforschung, GSF) in monatlichen Abständen zu erfolgen. Das Filmdosimeter ist während der Arbeit auf Brusthöhe und aufgrund des asymmetrischen Aufbaus in richtiger Orientierung zu tragen.

Weitere Pflichten des Strahlenschutzbeauftragten sind unter anderem: regelmäßige Kontaminationskontrolle (Wischtests), Meldung über Abgabe von radioaktivem Abfall, Dichtheitsprüfung umschlossener radioaktiver Stoffe, Funktionsprüfung von Strahlungsmessgeräten, jährliche Bilanzierung des Isotopenbestands, Kennzeichnung der Strahlenschutzbereiche, Ortsdosismessung in den Strahlenschutzbereichen

Nur wenn die Punkte 1 bis 5 realisiert wurden und die Umgangsgenehmigung der entsprechenden Behörde vorliegt, ist der Umgang mit Radioisotopen gestattet.

4.2 Dosisgrenzwerte und Strahlenschutzbereiche

Die Festlegung der beruflich strahlenexponierten Personenkategorie und die Einteilung der innerbetrieblichen Strahlenschutzbereiche basiert auf bestimmten Grenzwerten für effektive Ganzkörperdosen, die bei Daueraufenthalt, d. h. bei einer jährlichen Arbeitszeit von 2000 Stunden (50 Wochen · 40 Stunden/Woche)

Tabelle 10 Personenkreis und höchstzulässige effektive Ganzkörperdosis

Personenkreis	maximale Ganzkörperdosis bzw. Teilkörperdosis: Keimdrüsen, Gebärmutter, rotes Knochenmark
Nicht beruflich strahlenexponierte Personen (außerbetrieblicher Überwachungsbereich)	1,5 mSv / Jahr
Nicht beruflich strahlenexponierte Personen (innerbetrieblicher Überwachungsbereich)	5 mSv / Jahr
Beruflich strahlenexp. Personen der Kategorie A	50 mSv / Jahr
Beruflich strahlenexp. Personen der Kategorie B	15 mSv / Jahr
Maximale Lebensarbeitszeit-Dosis	**400 mSv**

verursacht werden können. Ein Vergleich mit den *Ganzkörperdosen und akuten Strahlenschäden* (Tabelle 7) und den durch Medizin und Diagnostik bedingten Körperdosen (Tabelle 8 und 9) verdeutlicht, mit welcher Vorsicht die Internationale Strahlenschutzkommision bei der Festlegung der folgenden Grenzwerte zu Werke ging (Tabelle 10).

Zu beachten ist, dass die Jahresganzkörperdosis nicht durch eine einmalige, aber intensive Strahlenexposition erreicht werden darf, sondern innerhalb von drei aufeinanderfolgenden Monaten nur maximal die Hälfte der zulässigen Jahreshöchstdosis betragen darf. Bei Frauen im gebärfähigem Alter (bis 45) darf die monatliche Gonadendosis von 5 mSv nicht überschritten werden.

Die Strahlenschutzbereiche (Tabelle 11) müssen wie folgt gekennzeichnet sein:

1. **Sperrbereich**:
„SPERRBEREICH – KEIN ZUTRITT"
Strahlenzeichen (Flügelrad) und die Worte „VORSICHT STRAHLUNG", „RADIOAKTIV", „KERNBRENNSTOFFE" oder „KONTAMINATION".
2. **Kontrollbereich**
„KONTROLLBEREICH"
Strahlenzeichen und die Worte „VORSICHT STRAHLUNG", „RADIOAKTIV", „KERNBRENNSTOFFE" oder „KONTAMINATION". Schwangere haben keinen Zutritt zum Kontrollbereich.
3. **Überwachungsbereich (inner- und außerbetrieblich)**
bedarf keiner Kennzeichnung als Bereich, jedoch einer deutlichen Kennzeichnung am Raum- oder Laborzugang und an darin befindlichen Geräten, Behältnissen, Umhüllungen mit dem Strahlenzeichen und „VORSICHT RADIOAKTIV".

Der Sperrbereich ist ein abzugrenzender Bereich innerhalb des Kontrollbereichs. Er dürfte aufgrund der zulässigen sehr hohen Ortsdosisleistung, in den Biowissenschaften kaum anzutreffen sein.

Nach § 35 des StrSchV sind prinzipiell alle Anlagen, Geräte, Vorrichtungen, Räume, Schutzbehälter, Aufbewahrungsbehältnisse und Umhüllungen, in denen sich radioaktive Stoffe mit einer anzeige- oder genehmigungspflichtigen, also oberhalb der Freigrenze liegenden Aktivität befinden, zu kennzeichnen.

Wie aus Tabelle 11 ersichtlich, sind die verschiedenen Strahlenschutzbereiche durch zulässige Dosis-Grenzwerte genau definiert. Die Praxis verlangt jedoch eine einfache, transparente und unmissverständliche Regelung mit „*was, wo und mit wieviel Aktivität*" umgegangen werden darf. Diese sollte dann wie folgt aussehen:

- Umgang mit Radioisotopen mit Aktivitäten *unterhalb* der Freigrenze: Innerbetrieblicher Überwachungsbereich
- bis zum 10fachen der Freigrenze: Überwachungsbereich
- Oberhalb der 10fachen Freigrenze bis zur maximalen, in der Umgangsgenehmigung festgelegten Aktivität: Nur Kontrollbereich

Tabelle 11 Strahlenschutzbereiche und höchstzulässige Körperdosen

Strahlenschutzbereich	Grenzwerte der eff. Ganzkörperdosis	Bemerkungen
Sperrbereich	> 3 mSv / Stunde	innerhalb des Kontrollbereichs. Zugang nur aus zwingenden Gründen und *nur* für oder in Begleitung des Strahlenschutzbeauftragten
Kontrollbereich	> 15 mSv / Jahr	Grenzwerte der effktiven Körperdosen für Kategorie-A- und -B-Personen beachten; gilt auch für Sperrbereich
innerbetrieblicher Überwachungsbereich	> 5 mSv / Jahr max. 15 mSv / Jahr (sonst Kontrollbereich)	kein Bereich als solcher. Es können einzelne Labors sein. Jedes Labor muss als Überwachungsbereich gekennzeichnet sein. Keine Zugangsbeschränkung
außerbetrieblicher Überwachungsbereich	max. 1,5 mSv / Jahr	*nicht* außerhalb, sondern innerhalb des Betriebes. Z. B. ein Labor, das an ein Überwachungsbereich-Labor grenzt
Nicht-Strahlenschutzbereich Staats- und Wohngebiet	0,3 mSv / Jahr*	

* dieser Wert legt auch indirekt das Ausmaß der erlaubten Ableitungen an radioaktiven Stoffen fest.

5 Praktische Umsetzung des Strahlenschutzes: Allgemeine Regeln beim Umgang mit radioaktiven Stoffen

Sind die organisatorischen Bedingungen hinsichtlich des Umgangs mit ionisierenden Strahlen erfüllt (Genehmigung, ärztliche Untersuchung, Personendosimeter, Belehrung etc), so steht einem Arbeiten mit Radionucliden nichts mehr im Wege.

5.1 Bestellung von radioaktiven Substanzen

Radionuclide werden nur über den Strahlenschutzbeauftragten bestellt. Hierdurch wird gewährleistet, dass er jederzeit Kenntnis über den abteilungsinternen Isotopenbestand hat und Radionuclid, Aktivität und Experimentator korrelieren kann. Außerdem erleichtert diese Zentralisierung die jährlich von ihm anzufertigende Bilanzierung des Isotopenbestands.

5.2 Lagerung

Nach Lieferung des bestellten Radionuclids sollte das Transportbehältnis vom Strahlenschutzbeauftragten auf Dichtheit bzw. Fremdkontamination geprüft werden. Wird mit radioaktiven Substanzen nicht gearbeitet, so sind sie unter Verschluss, d. h. entweder im Kontrollbereich oder in einem abschließbaren, abgeschirmten Tresor aufzubewahren. Die Proben sind mit Namen, Datum, Isotop und Aktivität zu kennzeichnen.

5.3 Allgemeine Handhabung offener radioaktiver Stoffe

Grundregel des Strahlenschutzes ist die Beachtung der „4 As":

- **Aktivität** ist auf dem niedrigsten, der Aufgabenstellung gerecht werdendem Wert zu beschränken.
- **Arbeitszeit** ist auf ein Minimum zu beschränken
- **Abstand** halten. Es gilt die quadratische Beziehung: doppelter Abstand – 4fach geringere Dosisbelastung. Beispiele hierfür sind bei der Berechnung der Dosisleistung verschiedener Strahlungsquellen in Abschnitt 2.2 aufgeführt.
- **Abschirmung**, bietet bei Beachtung der Strahlungsart und einiger Gesetzmäßigkeiten einen besonders effektiven Strahlenschutz (Abschnitt 6).

Analog zu den allgemeinen Sicherheitsbestimmungen gilt auch hier: Essen, Rauchen, Trinken und Verwenden kosmetischer Gesundheitsmittel sind beim Umgang mit offenen radioaktiven Stoffen verboten. Es ist besondere Schutzkleidung (üblicherweise Laborkittel) zu tragen. Da das Inkorporationsrisiko möglichst gering gehalten werden muss, ist Pipettieren mit dem Mund verboten. Bei flüchtigen Radionucliden (z. B. Iod) nur in gut ventilierten mit Kohlefilter ausgestatteten Abzügen bzw. Arbeitsboxen arbeiten.

Beim Arbeiten sind stets **Ringdosimeter** und **Filmplakettendosimeter**, letzteres auf dem Laborkittel in Brusthöhe zu tragen. Dies gilt auch für Personen, die ausschließlich mit Radionucliden umgehen, deren β-Grenzenergie kleiner 300 keV (z. B. ^{3}H) und/oder deren Gammaenergie kleiner 35 keV ist. Die amtlichen Personendosimeter sind monatlich von der Prüfstelle auszuwerten. Werden Stabdosimeter benutzt, müssen die registrierten Dosiswerte täglich protokolliert werden. Die experimentellen Manipulationen sind durch einen empfindlichen Kontaminationsmonitor (z. B. Berthold-Zähler) zu überwachen.

Beim Tragen von Handschuhen (PVC, Latex) ist zu berücksichtigen, dass diese zwar Schutz vor Hautkontamination bieten, als Abschirmung aber – mit Ausnahme von α- und sehr schwachen β-Strahlern – unwirksam sind. Das Tragen von Handschuhen birgt das Risiko einer Kontaminationsverschleppung, die durch Sorgfalt zu vermeiden ist.

Entsprechend der Umgangsaktivität (Tabelle 12) dürfen die Arbeiten nur in den dafür bestimmten Strahlenschutzbereichen ausgeführt werden.

Entsprechend der Umgangsaktivität müssen die Arbeiten in den zuständigen Strahlenschutzbereichen bzw. Labortypen ausgeführt werden. Wird außerhalb des Kontrollbereiches gearbeitet, sind sämtliche Glasgefäße, Geräte, Pipettierhilfen etc. mit dem Flügelrad-Radioaktivitätszeichen zu etikettieren.

Sämtliche Arbeiten sollten nur auf einem mit dem Strahlenzeichen gekennzeichneten Tablett ausgeführt werden, das mit einer saugfähig beschichteten Plastikfolie ausgelegt ist.

Tabelle 12 Umgangsaktivität und Strahlenschutzbereiche

Überwachungsbereich (innerbetrieblich) ≤ 10fache Freigrenze	Kontrollbereich > 10fache Freigrenze		
Typ-D-Labor 10fache d. Freigrenze	Typ-C-Labor 10–100fach	Typ-B-Labor 100–10 000fach	Typ-A-Labor > 10 000fach
^{3}H 50 MBq			
^{14}C 5 MBq			
^{32}P 5 MBq			
^{35}S 5 MBq			
^{125}I 0,5 MBq			
^{131}I 0,5 MBq			
^{60}Co 0,5 MBq			

Arbeiten im Kontrollbereich sind mit Datum, Namen, Isotop, Aktivität und Arbeitsplatz zu protokollieren. **Nach Beendigung des Arbeitsvorgangs ist der Benutzer verpflichtet, eine Kontaminationskontrolle durchzuführen.** Die Kontaminationsfreiheit ist Isotopen-abhängig durch Wischtests oder durch Kontaminationsmonitor zu überprüfen und durch Unterschrift zu protokollieren. Diese Aufzeichnungen sind 5 Jahre aufzubewahren und werden sehr oft bei Begehungen von Strahlenschutzkommissionen eingesehen. Kontaminationen können durch *Count-Off*-Waschlösungen beseitigt werden. Aus Kontrollbereichen dürfen Gegenstände nur nach vorheriger Feststellung der Kontaminationsfreiheit und nur mit Genehmigung des Strahlenschutzbeauftragten herausgebracht werden.

Grenzwerte für Flächenkontamination:
Kontrollbereich: 500 Bq/cm^2
Überwachungsbereich (innerbetrieblich) 50 Bq/cm^2
außerhalb 5 Bq/cm^2

6 Abschirmung

Für eine optimale Abschirmung sollte man die mit einer Kernumwandlung verbundenen Zerfallsereignisse kennen. So muss beispielsweise bei einer wirkungsvollen Abschirmung gegen ^{137}Cs-Strahlung dessen Mischzerfall (ein β^--Teilchen und zwei Photonenquanten) bedacht werden.

6.1 Abschirmung vor α-Strahlung

Da typische α-Strahler Elemente mit einer Ordnungszahl größer 82 sind, haben sie im biochemischen Strahlenschutz keine Bedeutung. Aufgrund der sehr großen ionisierenden Wirkung dieser Strahlung (ca. 60 000 Ionenpaare/cm zurückgelegte Wegstrecke in Luft) ist ihre Reichweite auf wenige cm begrenzt. Die Reichweite ist abhängig von der Energie des α-Teilchens:

Energie des α-Partikels	Reichweite in Luft	Reichweite in Weichgewebe
1 MeV	0,5 cm	5 μm
3 MeV	1,6 cm	16 μm
6 MeV	4,5 cm	80 μm

Die Abschirmung vor α-Strahlung ist zu 100% möglich. Zur vollständigen Abschirmung genügt ein 50 μm starkes Blatt Papier oder eine 2 μm dicke Alufolie.

6.2 Abschirmung vor β-Strahlung

β-Teilchen verlassen den Atomkern mit nahezu Lichtgeschwindigkeit. Bei der Annäherung an Elektronen der Atomhülle von umgebender Materie werden β-Partikel abgelenkt oder absorbiert (Ionisation), wodurch sie Energie verlieren. Je mehr Atome sie treffen, desto rascher erfolgt die Energieabnahme, bis sie schließlich von Atomen vollständig eingefangen werden.

Die Abschwächung erfolgt zunächst exponentiell. Mit zunehmender Materialdicke weicht der Schwächungsverlauf jedoch so davon ab, dass auch β-Strahlung eine endliche Reichweite besitzt und daher 100%ig abschirmbar ist.

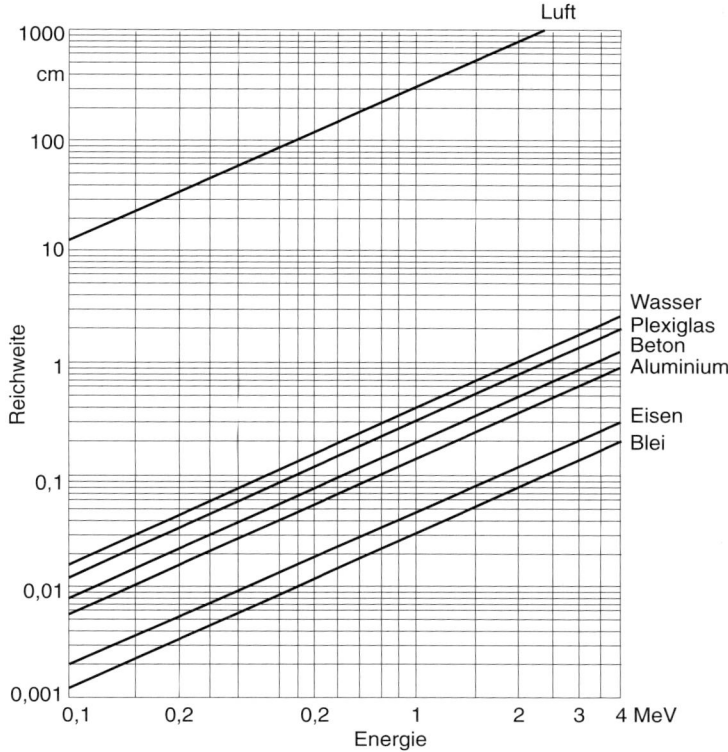

2 Reichweite von β-Teilchen in Abhängigkeit von der Energie (Nach: Jansen et al., 1988)

Obwohl β-Strahlung in der Regel eine geringere Energie besitzt als α-Strahlung (ca. 4–8 MeV), ist die Reichweite eines β-Teilchen aufgrund der größeren Geschwindigkeit, des geringeren Gewichts und der guten Streubarkeit größer (Abb. 2). Die Reichweite ist energieabhängig. Für ein β-Teilchen mit E_{max} = 2,0 MeV beträgt die Reichweite in Luft 7,1 m, in Wasser 10 mm, in Aluminium 3,5 mm. Die Reichweite der Tritium-β-Strahlung ist hingegen so gering, dass äußere Hautschichten kaum penetriert werden können

Bei der Abschirmung von β-Strahlen gilt es nicht nur die Energie des Teilchens sondern auch die Aktivität des Radionuclids zu berücksichtigen. In Abbildung 3 ist die Schwächung von ^{32}P in Abhängigkeit vom Materialflächengewicht der Abschirmung dargestellt. Für die Schwächung von β-Strahlung um die Hälfte (Halbwertsschicht, HWS) gilt folgende Beziehung:

$$HWS = 45 \cdot E_{max}^{1,5} \cdot mg \cdot cm^{-2}$$

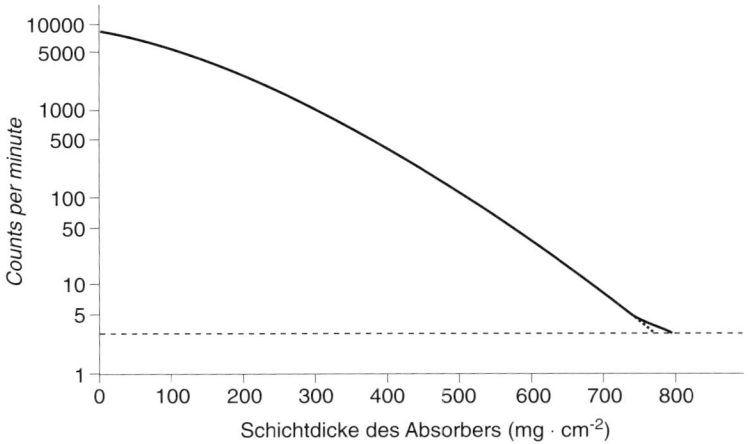

3 Schwächung der ^{32}P-Aktivität in Abhängigkeit von Abschirmmaterialien mit unterschiedlichen Flächengewichten. Die leichte Krümmung der Kurve ist auf die Energieverteilung der ^{32}P-β-Teilchen zurückzuführen. Bei monoenergetischen Elektronen wäre ein linearer Kurvenverlauf zu verzeichnen. (Nach: Faires and Boswell, 1981)

Für ^{32}P mit E_{max} = 2,7 MeV beträgt die HWS 200 mg/cm². Legt man das spezifische Gewicht von Wasser = 1000, Plexiglas (Acrylglas) = 1180, Aluminium = 2690 und Blei = 11 300 mg/cm³ zugrunde, so ergeben sich für die 4 Abschirmmaterialen folgende HWS: 0,2 cm, 0,17 cm, 0,07 cm und 0,017 cm.

Abbildung 3 verdeutlicht, dass beim Arbeiten mit sehr hohen ^{32}P-Aktivitäten, etwa Stammlösungen mit >10 mCi ($>3,7 \cdot 10^8$ Bq) – eine beachtliche Abschirmung notwendig ist. Erst 20 HWS (= 3,4 cm Acrylglasdicke) würden die Ausgangsaktivität um 2^{20} auf 350 Bq abschwächen – eine Aktivität, bei der empfindliche Kontaminationsmonitore Gefährdung signalisieren. Bei einer solchen Aktivität ist zudem noch mit dem Auftreten von signifikanter Bremsstrahlung (siehe unten) zu rechnen, die in Abbildung 2 die „Hintergrundaktivität" verursacht. Diese kann man durch zusätzliche Bleiabschirmung eliminieren. Da in der Praxis nur selten mit so hohen Aktivitäten umgegangen wird, ist in der Regel eine Abschirmschichtdicke von 15 mm Acrylglas für die vollständige Abschirmung, auch von harten β-Strahlern, ausreichend.

Bevorzugte Abschirmmaterialen für β-Strahler sind solche mit niedriger Ordnungszahl, wie Plexiglas, Polyethylen, Polystyrol, PVC, Holz und Aluminium. Schon wenige mm (1–10 mm) Plexiglas sind für vollständige Abschirmung ausreichend.

β-Strahler mit Energien kleiner 1 MeV werden durch Glasgefäße völlig abgeschirmt; befinden sie sich in Lösung, wirkt diese selbst als Abschirmmaterial. Für einen 2 bzw. 3 MeV-β-Strahler bietet eine Schichtdicke des Glases von 4 bzw. 7 mm ausreichenden Schutz.

Bei der Wahl des Abschirmmaterials ist zu berücksichtigen, dass β^--Teilchen, besonders beim Auftreffen auf Materie mit hoher Ordnungszahl, vom Atomkern abgelenkt werden und ihre Energie in Form von elektromagnetischer (Photonen-) Strahlung (**Bremsstrahlung**) abgeben. Im Falle von β^+-Teilchen kann Vernichtungsstrahlung (E_γ = 0,511 MeV) erzeugt werden. Diese sekundär erzeugte Photonenstrahlung gilt es, durch eine zusätzliche Bleischicht – Strahlungsquelle, Plexiglas, Blei – abzuschirmen, oder man wählt schon von vornherein eine reine Bleiabschirmung, die allerdings undurchsichtig und zudem teuer ist.

6.3 Abschirmung vor Photonenstrahlung

Die Abschirmung von γ- oder Röntgenstrahlen ist sehr viel schwieriger, denn Photonenstrahlung besitzt im Vergleich zu α- oder β-Strahlung eine erheblich größere Penetrationsfähigkeit von Materie. Ursächlich liegt dies in dem wesentlich geringerem Ionisierungsvermögen – spezifisches Ionisierungsvermögen in Luft: nur ca. 1,5 Ionenpaare pro cm gegenüber 60 000 von α-Teilchen und 60 von β-Teilchen. Dies verleiht der Photonenstrahlung eine gewisse „unendliche" Reichweite. Allerdings kann Photonenstrahlung durch **Absorption** bzw. Wechselwirkung mit Materie und durch **Streuung** abgeschwächt werden. Die Abschwächung folgt analog dem Zerfallsgesetz einer logarithmischen Beziehung, wobei hier die Schichtdicke der Materie der spezifischen Zerfallszeit entspricht. Die Dicke der Halbwertsschicht bzw. der Zehntelwertsschicht (ZWS), ist die Schichtdicke eines bestimmten Materials, durch die eine Photonenstrahlung auf die Hälfte bzw. auf ein Zehntel ihrer Ursprungsaktivität abgeschwächt wird. HWS und ZWS sind von der Energie der Photonenstrahlung und von der chemischen Natur (Ordnungszahl) des Absorbers abhängig (Tabelle 13).

Photonenstrahlung besitzt zwar keine direkte primäre Ionisationswirkung, kann aber durch Interaktion mit Materie eine Freisetzung von Elektronen und Emission von elektromagnetischer Strahlung – letztere über den Compton- und Paarbildungseffekt – bewirken. Diese Sekundär-Photonenstrahlung ist bei einer effektiven Abschirmung zu berücksichtigen. In der Praxis kann man HWS und ZWS für bestimmte Abschirmmaterialen und Photonenenergien aus Tabellen entnehmen. Die angegebenen Schichtdicken beziehen die Sekundär-Photonenstrahlung mit ein.

Tabelle 13 Halbwerts- und Zehntelwertsschichtdicken für Abschirmmaterialien für Photonenenergien von 0,1–10 MeV

Energie	Blei		Eisen		Normalbeton		Wasser	
MeV	HWS cm	ZWS cm	HWS cm	ZWS cm	HWS cm	ZWS cm	HWS cm	ZWS cm
0,1	0,1	0,3	0,8	2,1	4,7	8,2	21	30
0,2	0,2	0,55	1,3	3,4	7,6	14,6	27	45
0,3	0,3	0,9	1,8	4,5	9,9	19,7	28	51
0,4	0,4	1,3	2,3	5,4	11,3	23,7	28	54
0,5	0,5	1,6	2,6	6,2	12,3	25,8	28	57
0,6	0,7	2,1	2,8	6,8	12,4	26,8	27	57
0,8	1,0	3,1	3,2	7,8	12,6	28,4	27	60
1,0	1,3	3,8	3,4	8,5	12,9	29,9	28	62
1,5	1,7	5,1	3,8	10,0	13,6	34,0	28	70
2,0	2,0	5,9	4,0	11,0	14,1	37,6	30	78
3,0	2,1	6,5	4,4	12,2	15,3	43,4	34	88
4,0	2,0	6,4	4,2	12,5	16,4	47,5	35	97
6,0	1,6	5,5	4,1	12,7	18,8	51,6	39	115
8,0	1,5	4,9	4,0	12,6	18,8	52,8	41	124
10,0	1,35	4,2	3,8	12,0	18,8	54,0	41	131

Mit Hilfe der Beziehung

$$N = 3{,}33 \cdot \log F_S$$

kann man die notwendige Abschirmung für Photonenstrahlung ermitteln (N = Zahlenwert der HWS, F_S = Faktor, um den die Strahlung abgeschwächt werden soll).

Für eine 10- bzw. 100-fache Abschwächung sind also 3,33 bzw 6,66 HWS erforderlich.

Beispiel: Wie dick (in cm) muss eine Bleiabschirmung sein, damit die Dosisleistung einer punktförmigen ^{60}Co-Strahlenquelle mit einer Aktivität von 1 mCi in einer Entfernung von 30 cm um 99 % geschwächt wird? Die DL_γ beträgt 147 µSv/h (Abschnitt 2.1). Es werden N = 3,33 · log 100 (1 % entspricht F_S 100), also 6,66 HWS benötigt. Die E_γ für ^{60}Co beträgt (1,17 + 1,33)/2 = 1,25 MeV. Aus der Tabelle kann man eine HWS für einen 1,25-MeV-Strahler von ca. 1,4 cm extrapolieren. Es ist also eine 1,4 · 6,66 = 9,3 cm dicke Bleiabschirmung für eine 99 % Abschwächung erforderlich.

7 Beseitigung radioaktiver Abfälle

Prinzipiell besteht eine Ablieferungspflicht für radioaktive Abfälle an eine Landessammelstelle. Auf keinen Fall darf man die Vorschriften über Freigrenzen benutzen und radioaktive Abfälle durch Verdünnung oder Aufteilung in Freigrenzmengen beseitigen. Für radioaktiven Abfall unterhalb der Freigrenze (siehe Anlage IV, Tab. IV.1. der StrSchV) besteht keine Ablieferungspflicht und kein Beseitigungsverbot.

Abzuliefernder radioaktiver Abfall ist gemäß eines Abfallartenkatalogs (Abb. 4) getrennt zu sammeln und zu erfassen. Eine erste Sortierung erfolgt nach Isotopen-Halbwertszeit, in kurzlebigen (Halbwertszeit < 100 Tage), den sog. **Abklingabfall** und in langlebigen Isotopenabfall (Halbwertszeit > 100 Tage).

Abfallartenkatalog

langlebige Isotope (>100 Tage) | **kurzlebige Isotope (<100 Tage)**

Festabfall-*anorganisch*

Sorte 1

1.1. Metalle
- Buntmetalle
- Schwermetalle
- Leichtmetalle

1.2. Nichtmetalle
- Glas
- Isolationsmaterial

Festabfall-*organisch*

Sorte 2

2.1. leicht brennbar
- Papier
- Textilien
- Holz

2.2. schwer brennbar
- Kunststoffe (ohne PVC)
- PVC
- Gummi
- Aktivkohle
- Chemikalien
- Lacke
- Kehricht

Flüssigabfall-*anorganisch-wässrig*

Sorte 3

3.1. Chemieabwässer
- Laborabwässer
- Deko-Abwässer
- Betriebsabwässer

Ohne organische Bestandteile wie Alkohole, Ketone, Ester, halogenierte Kohlenwasserstoffe

Flüssigabfall-*organisch-wässrig*

Mit wässrigen Lösungen *bereits gemischte* organische Lösungsmittel z.B.
- Gel-Färbelösungen
- Entfärbelösungen
- HPLC-Elutionsmittel

Flüssigabfall-*organisch*

Sorte 4

Mit Wasser *nicht vermischte* organische Lösungsmittel

getrennte Sortierung von

1. Halogenierten Kohlenwasserstoffen
2. Nicht-halogenierten Kohlenwasserstoffen
3. Szintillationslösungen
4. Gefüllte Szintillationsfläschchen, deren Abgabe bedarf der Zustimmung der Landessammelstelle. Werden auch von verschiedenen Firmen unentgeltlich zurückgenommen.

4 Sortieren von radioaktiven Abfällen

Wenn im Haus ein Raum zur Verfügung steht, der die behördlichen Anforderungsvorschriften hinsichtlich Strahlen-, Brand- und Diebstahlschutz erfüllt, so kann nach Rücksprache mit der Genehmigungsbehörde der Abklingabfall bis zur Inaktivität der Radionuclide auch im Haus zwischengelagert werden. Unter Anwendung des Zerfallgesetzes (Abschnitt 1.2) lässt sich die entsprechende Isotopen-Abklingzeit ermitteln. Nach Zerfallsende ist dieser „erkaltete" Abklingabfall unter Beachtung der allgemeinen Sicherheitsbestimmungen wie normaler Müll zu entsorgen. Die vorhandenen Radioaktivitätszeichen sind zuvor zu entfernen.

Ungeachtet ob kurz- oder langlebig, sind radioaktive Abfälle bereits an der Quelle nach Isotop und nach aufgeführtem Katalog zu sortieren; ^{3}H- und ^{14}C-Abfälle können vereint werden.

Die Festabfälle sind in Polyethylen-Plasikbeutel einzubringen, zu verschließen und mit Isotop, Aktivität und Datum zu bezeichnen. Die Plastikbeutel der Abfallkategorien 2.1. und 2.2. – Festabfall organisch, leicht brennbar und schwer brennbar – dürfen nur einen **maximalen Durchmesser von < 40 cm** (Lukenöffnung des Verbrennungsofens!) aufweisen. Die teilverpackten Festabfälle der Sorten 1 und 2 sind in 200 l Rollreifenfässern zu sammeln. Der Abklingabfall wird bis zur vollständigen Inaktivierung in Stahlfässern (mit Innenkunststoffbehälter für Flüssigabfall) aufbewahrt.

Weiterführende Literatur

Faires R. A., Boswell G. G. J. Radioisotope Laboratory Techniques. Butterworth, London 1981.

Jansen W., Peuker R., Renz, K. Strahlenschutz. Berufsgenossenschaft der Feinmechanik und Elektronik, Köln 1988.

Rauschenbach P., Schmidt H. L., Simon H., Tykva R., Wenzel M. Messung von radioaktiven und stabilen Isotopen, Band II, Springer Verlag, Heidelberg 1974.

Sauter E. Grundlagen des Strahlenschutzes, Karl Thiemig AG, München 1983.

Slater R. J. Radioisotopes in Biology. A Practical Approach. Rickwood D., Hames B. D., (Hrsg.) IRL Press at Oxford University Press, New York 1989.

Thornburn C. C. Isotopes and Radiation in Biology, Butterworth, London 1972.

Bericht der Bundesregierung an den Deutschen Bundestag über Umweltradioaktivität und Strahlenbelastung im Jahr 1994. Bundesministerium für Umwelt, Naturschutz und Reaktorsicherheit, Bonn 1994.

Verordnung über den Schutz vor Schäden durch ionisierende Strahlen (Strahlenschutzverordnung). Nomos Verlagsgesellschaft, Baden-Baden 1993.

Verordnung über den Schutz vor Schäden durch Röntgenstrahlen (Röntgenverordnung), Nomos Verlagsgesellschaft, Baden-Baden 1993.

Anhang 2: Aminosäuren und posttranslationale Modifikationen

Tabelle 1 Aminosäuren: Massen, pK-Werte und pI-Werte

Symbole		Name und Zusammensetzung	monoisotopische Masse	durchschnittliche Masse	pK	pI
Ala	A	Alanin C_3H_5NO	71,03711	71,1	2,35; 9,69	6,02
Arg	R	Arginin $C_6H_{12}N_4O$	156,10111	156,2	2,17 9,04 (α-Amino) 12,48 (Guanidino)	10,76
Asn	N	Asparagin $C_4H_6N_2O_2$	114,04293	114,1	2,02; 8,8	5,41
Asp	D	Asparaginsäure $C_4H_5NO_3$	115,02694	115,1	2,09 (α-Carboxy) 3,86 (β-Carboxy) 9,82	2,87
Cys	C	Cystein C_3H_5NOS	103,00919	103,1	1,71 8,33 (Sulfhydryl) 10,78 (α-Amino)	5,02
		Cystin			1,65 2,26 (Carboxy) 7,85 9,85 (Amino)	5,06
Glu	E	Glutaminsäure $C_5H_7NO_3$	129,04259	129,1	2,19 (α-Carboxy) 4,25 (β-Carboxy) 9,67	3,22
Gln	Q	Glutamin $C_5H_8N_2O_2$	128,05858	128,1	2,17; 9,13	5,65
Gly	G	Glycin C_2H_3NO	57,02146	57,1	2,34; 9,6	5,97
His	H	Histidin $C_6H_7N_3O$	137,05891	137,1	1,82 6,0 (Imidazol) 9,17	7,58
Ile	I	Isoleucin $C_6H_{11}NO$	113,08406	113,2	2,36; 9,68	6,02
Leu	L	Leucin $C_6H_{11}NO$	113,08406	113,2	2,36; 9,60	5,98
Lys	K	Lysin $C_6H_{12}N_2O$	128,09496	128,2	2,18 8,95 (α-Amino) 10,53 (ε-Amino)	9,74
Met	M	Methionin C_5H_9NOS	131,04049	131,2	2,28; 9,21	5,75
Phe	F	Phenylalanin C_9H_9NO	147,06841	147,2	1,83; 9,13	5,98
Pro	P	Prolin C_5H_7NO	97,05276	97,1	1,99; 10,60	6,10

Tabelle 1 *(Fortsetzung)*

Symbole		Name und Zusammensetzung	monoisotopische Masse	durchschnittliche Masse	pK	pI
Ser	S	Serin $C_3H_5NO_2$	87,03203	87,1	2,21; 9,15	5,68
Thr	T	Threonin $C_4H_7NO_2$	101,04768	101,1	2,63; 10,43	6,53
Trp	W	Tryptophan $C_{11}H_{10}N_2O$	186,07931	186,2	2,38; 9,39	5,88
Tyr	Y	Tyrosin $C_9H_9NO_2$	163,06333	163,2	2,20 9,11 (α-Amino) 10,07 (Phenol)	5,65
Val	V	Valin C_5H_9NO	99,06841	99,1	2,32, 9,62	5,97
	U	Selenocystein $C_3H_7NO_2Se$	168,10	168,1		

Tabelle 2 Posttranslationale Modifikationen

Modifikation	monoisotopische Masse	durchschnittliche Masse
5′-Adenosylierung	329,0525	329,2
Acetylierung	42,0106	42,0
N-Acetylhexosamine (GalNAc, GlcNAc)	203,0794	203,2
N-Acetylneuraminsäure (Sialinsäure, NeuAc, NANA, SA)	291,0954	291,3
ADP-Ribosylierung (aus NAD)	541,0611	541,3
Biotinylierung (Amidbindung an Lys)	226,0776	226,3
Carboxylierung von Asp und Glu	43,9898	44,0
C-terminales Amid aus Gly	−0,9840	−1,0
Cysteinylierung	119,0041	119,1
Desamidierung von Asn und Gln	0,9840	1,0
Desoxyhexosen (Fuc, Rha)	146,0579	146,1
Disulfidbindung	−2,0157	−2,0
Farnesylierung	204,1878	204,4
Formylierung	27,9949	28,0
Geranylgeranylierung	272,2504	272,5
Glutathionylierung	305,0682	305,3
N-Glycolylneuraminsäure (NeuGc)	307,0903	307,3
Hexosamine (GalN, GlcN)	161,0688	161,2
Hexosen (Fru, Gal, Glc, Man)	162,0528	162,1
Homoserin aus Met durch CNBr-Behandlung	−29,9928	−30,1
Hydroxylierung	15,9949	16,0
Lipoinsäure (Amidbindung an Lys)	188,0330	188,3
Methylierung	14,0157	14,0
Myristoylierung	210,1984	210,4
Oxidation von Met	15,9949	16,0
Palmitoylierung	238,2297	238,4

Tabelle 2 *(Fortsetzung)*

Modifikation	mono-isotopische Masse	durch-schnittliche Masse
Pentosen (Ara, Rib, Xyl)	132,0423	132,1
4'-Phosphopantethein	339,0780	339,3
Phosphorylierung	79,9663	80,0
Proteolyse einer Peptidbindung	18,0106	18,0
Pyridoxalphosphat (Schiff-Base an Lys)	231,0297	231,1
Pyroglutaminsäure, aus Gln	−17,0265	−17,0
Stearoylierung	266,2610	266,5
Sulfatierung	79,9568	80,1

Anhang 3: Symbole und Abkürzungen

Sehr gebräuchliche biochemische Abkürzungen (z. B. ATP, DNA) sind hier nicht aufgeführt. Abkürzungen für Aminosäuren und Nucleinsäurebasen siehe Inneneinband vorne.

A	Absorption (Extinktion)	CAPS	3-(Cyclohexylamino)-1-propansulfonsäure
A	Ampère	CAT	Chloramphenicol-Acetyltransferase
a	atto (10^{-18})	CCD	*charge coupled device*
α	Dissoziationsgrad	CD	Circulardichroismus
ADC	Analog-Digital-Konverter	cDNA	komplementäre DNA
AFM	Atomkraftmikroskopie	CE	Kapillarelektrophorese
	(*atomic force microscopy*)	CGE	Kapillargelelektrophorese
ALI	*annual limit of intake*	CGH	vergleichende genomische Hybridisierung
AMCA	Aminomethylcumarin		(*comparative genomic hybridization*)
AMD	automatisierte Mehrfachentwicklung	CHAPS	3-[*N*-(3-Cholanamidopropyl)-dimethyl-
	(*automated multiple development*)		ammono]-1-propansulfonat
ANTS	8-Aminonaphthalin-1,3,6-trisulfonsäure	CHEF	*clamped-homogenous field*
AP	Alkalische Phosphatase	CHO	*chinese hamster ovary*
API	*atmospheric pressure ionization*	CI	chemische Ionisierung
APTG	*p*-Aminophenyl-D-thiogalactosid	CID	*collisionally induced decay*
APTS	1-Aminopyren-3,6,8-trisulfonsäure	CIEF	Isoelektrische Fokussierung (Kapillar-
Asx	Asparagin oder Asparaginsäure		elektrophorese)
ATH	Aminosäurethiohydantoin	CISS	chromosomale in-situ-Suppressions-
ATZ	Anilinothiazolinon		hybridisierung
B_0	Magnetfeld	cM	centiMorgan
B_{eff}	effektives Magnetfeld	CM	Carboxymethylgruppe
BAC	Künstliches Hefechromoson	CMC	kritische micellare Konzentration
	(*bacterial artificial chromosome*)	COSY	Korrelationsspektroskopie
BCIP	5-Brom-4-chlor-3-indolylphosphat		(*correlation spectroscopy*)
bDNA	*branched DNA amplification*	cp	*cycling probes*
BHT	3,5-Di-*t*-butyl-4-hydroxytoluol	cpm	*counts per minute*
BIS	*N,N'*-Methylenbisacrylamid	CRM	*charged-residue model*
BLAST	*basic local alignment search tool*	cRNA	komplementäre Ribonucleinsäure
BNPS-Skatol	2-(2-Nitrophenylsulfenyl)-3-brom-3-methyl-	CSI	chemischer Verschiebungsindex
	indolenin		(*chemical shift index*)
Boc	t-Butyloxycarbonylgruppe	CTAB	Cetyltrimethylammoniumbromid
bp	Basenpaar	CTEM	*conventional transmission electron*
Bpa	*p*-Benzoyl-L-phenylalanin		*microscopy* (auch TEM)
Bq	Becquerel	cw	*continous wave*
BSA	Rinderserumalbumin	CZE	Kapillarzonenelektrophorese
	(*borine serum albumine*)	δ	chemische Verschiebung (NMR)
BSTFA	Bis(trimethylsilyl)-trifluoracetamid	d	Desoxy
C	Coulomb	Da	Dalton
c	Konzentration	DABS	4-Dimethylaminoazobenzol-4'-sulfonyl
C	Vernetzungsgrad (*crosslinking*)	DABS-Cl	Dabsylchlorid
CA	Korrespondenzanalyse	DAD	Diodenarray-Detektor
	(*correspondence analysis*)	DAG	Diacylglycerin
CAE	Kapillaraffinitätselektrophorese	DAPI	4,6-Diamidino-2-phenylindol

dd	2′,3′-Didesoxy	FID	Flammenionisationsdetektor
DBE	*direct blotting electrophoresis*	FID	freier Induktionszerfall
DEAE	Diethylaminoethyl		(*free induction decay*)
DEPC	Diethylpyrocarbonat	FIGE	Feldinversionsgelelektrophorese
DG	Distanzgeometrie (*distance geometry*)	FIR	fernes Infrarot
DGGE	denaturierende Gradienten-Gelelektrophorese	FISH	Fluoreszenz-in-situ-Hybridisierung
		FITC	Fluorescein-5-isothiocyanat
DHB	2,5-Dihydroxybenzoesäure	FLEC	(+)-1-(9-Fluorenyl)-ethylchlorformiat
DIC	*N,N'*-Diisopropylcarbodiimid	FLUOS	Fluorescein
DL	Dosisleistung	FMOC	Fluorenylmethoxycarbonyl
DMF	Dimethylformamid	FRET	*fluorescence resonance energy transfer*
DMS	Dimethylsulfat	FT	Fourier-Transformation
DMSO	Dimethylsulfoxid	FWHM	*full width at half maximum*
DMT	Dimethoxytrityl	γ	gyromagnetisches Verhältnis
DNase	Desoxyribonuclease	Γ_γ	spezielle Gammastrahlenkonstante
DNP	2,4-Dinitrophenol	Γ_R	Äquivalentdosisleistungskonstante
DnsCl	Dansylchlorid	G_H	Dosisleistungskonstante
DOP	*degenerate oligonucleotide primers*	GC	Gaschromatographie
DPP-ITC	Diphenylphosphorylisothiocyanat	geq	Genomäquivalente
DPPC	Dipalmitoylphosphatidylethanolcholin	GFC	Gelfiltrations-Chromatographie
DPPE	Dipalmitoylphosphatidylethanolamin	GFP	grün-fluoreszierendes Protein
DPTU	Diphenylthioharnstoff		(*green fluorescent protein*)
DSCP	*double-strand conformational polymorphism*	GLP	gute Laborpraxis
			(*good laboratory practice*)
dsDNA	Doppelstrang-DNA	GMP	*good manufacturing practice*
DSS	2,2-Dimethyl-2-silapentan-5-sulfonsäure (Trimethylsilylpropansulfonsäure)	GPC	Gelpermeations-Chromatographie
		GRE	*glucocorticoid responsive element*
DSS	Disuccinimidylsuberat	GST	Glutathion-*S*-Transferase
DTAB	Dodecyltrimethylammoniumbromid	GU	Glucoseeinheiten (*glucose units*)
DTNB	5,5′-Dithiobis(2-nitrobenzoesäure), Ellman-Reagenz	Gy	Gray
		h	Bodenhöhe
DTT	Dithiothreitol	H	Äquivalentdosis
dTTP	Desoxythymidin-5′-triphosphat	H_{eff}	effektive Äquivalentdosis
dUTP	Desoxyuridin-5′-triphosphat	HDL	Lipoproteine hoher Dichte
DVB	Divenylbenzol		(*high density lipoprotein*)
ε	molarer Absorptionskoeffizient	HEPES	[4-(2-Hydroxyethyl)-piperazino]-ethansulfonsäure
E.C.	*enzyme commission*		
EDI	elektronenspektroskopische Beugung (*electron spectroscopic diffraction*)	HETE	Hydroxyeicosatetraensäure
		HIC	hydrophobe Interaktionschromatographie (*hydrophobic interaction chromatography*)
EDS	energiedispersives Röntgenspektrometer (*energy dispersive spectrometer*)		
		HOBT	1-Hydroxybenzotriazol
EDTA	Ethylendiamintetraessigsäure	HODE	Hydroxyoctadecadiensäure
EELS	Elektronenenergieverlust-Spektroskopie (*electron energy loss spectroscopy*)	HPAEC	*high-pH anion-exchange chromatography*
		HPCE	Hochleistungskapillarelektrophorese (*high performance capillary electrophoresis*)
EI	Elektronenstoß (*electron impact*)		
EIA	Enzymimmunoassay		
ELISA	*enzyme-linked immunosorbent assay*	HPETE	Hydroperoxyeicosatetraensäure
ELSD	*evaporate light scattering detector*	HPLC	Hochleistungsflüssigkeitschromatographie (*high performance liquid chromatography*)
EM	Elektronenmikroskopie		
EMSA	*electrophoretic mobility shift assay*	HPTLC	hochauflösende Dünnschichtchromatographie (*high performance thin layer chromatography*)
EOF	elektroosmotischer Fluss		
ESI	elektronenspektroskopische Abbildung (*electron spectroscopic imaging*)		
		HSCN	Thiocyansäure
ESI	Elektrospray-Ionisation	HSP	*high-scoring segment pair*
EST	*expressed sequence tag*	HSP	Hitzeschockprotein
f	femto (10^{-15})	HSQC	heteronukleare Einquantenkohärenz (*heteronuclear single quantum coherence*)
Φ	Fluoreszenzausbeute		
F	Faraday-Konstante		
FAB	*fast atom bombardment*	Hz	Hertz

ICR	Ionencyclotron-Resonanz	MG	Molekulargewicht
ICRP	Internationale Strahlenschutzkommission	MHC	Haupthistokompatibilitätskomplex (*major histocompatibility complex*)
IEC	Ionenaustauschchromatographie (*ion exchange chromatography*)	MIR	mittleres Infrarot
IEF	isoelektrische Fokussierung	MIR	*multiple isomorphous replacement*
IEM	*ion evaporation model*	MMI	Methylmethyleniminogruppe
IFN	Interferenz Footprints	MO	Mesityloxid
Ig	Immunglobulin	MOPS	3-Morpholino-1-propansulfonsäure
IMAC	immobilisierte Metallaffinitätschromatographie	MR	molekularer Ersatz (*molecular replacement*)
IPG	immobilisierter pH-Gradient	M_r	relative Molekülmasse
IPTG	Isopropyl-β-thiogalactopyranosid	m_r	relative Mobilität
IRS	*interspersed repetitive sequences*	MS	Massenspektrometrie
ISH	in-situ-Hybridisierung	MS/MS	Tandemmassenspektroskopie
ITP	Isotachophorese	Mtr	4-Methoxy-2,3,6-trimethylbenzolsulfonyl
IUB	*International Union of Biochemistry*	mut	Mutante
J	Ionendosis	n	Bodenzahl
J	Kopplungskonstante	n	Brechungsindex
k	Boltzmann-Konstante	N	Newton
k_{kat}	katalytische Konstante (Enzymkinetik)	N_A	Avogadrozahl
K_M	Michaelis-Konstante	NASBA	*nucleic acid sequence based amplification*
K_R	Retardationskoeffizient	NBD	7-Nitrobenz-2-oxa-1,3-diazol
KODE	Ketooctadecadiensäure	NBD-Chlorid	4-Chlor-7-nitrobenz-2-oxa-1,3-diazol
λ	Äquivalentleitfähigkeit	NBT	Nitrotetrazoliumblau
λ	Zerfallskonstante	NCS	nichtkristallographische Symmetriebeziehung (*noncrystallographic symmetry*)
LC	Flüssigkeitschromatographie (*liquid chromatography*)	NEPHGE	*non equilibrium pH gradient electrophoresis*
LC-MS	Kopplung von HPLC und MS	Ni-NTA	Nickel-Nitrilotriessigsäure
LCR	Ligase-Kettenreaktion (*ligase chain reaction*)	NIR	nahes Infrarot
LD	Laserdesorption	NMR	kernmagnetische Resonanz (*nuclear magnetic resonance*)
LD	Lineardichroismus	NOE	Kern-Overhauser-Effekt (*nuclear Overhauser effect*)
LDI	Laserdesorption/Ionisation		
LDI-MS	Laserdesorption/Ionisations-Massenspektrometrie	NOESY	Spektroskopie mit Kern-Overhauser-Effekt und Austausch (*nuclear Overhauser and exchange spectroscopy*)
LDL	Lipoproteine geringer Dichte (*low density lipoproteins*)		
lep	*leader peptidase*	NP	Normalphasen
LET	lineare Energieübertragung (*linear energy transfer*)	nt	Nucleotid
LIF	laserinduzierte Fluoreszenz	NTP	Nucleosidtriphosphat
LINE	*long interspersed element*	OLA	*oligonucleotide ligation assay*
Lk	Verflechtungszahl (*linking number*)	OMA	*optical multichannel analyzer*
LM-PCR	*ligase-mediated* PCR	ONPG	*o*-Nitrophenyl-β-D-galactosid
LOD	*log of the odds*	OPA	*o*-Phthaldialdehyd
μ	magnetisches Moment	ORD	optische Rotationsdispersion
μ_{ind}	induzierter Dipol	ORF	offener Leserahmen (*open reading frame*)
M	mol/L	p	pico (10^{-12})
M	Molekulargewicht	p	Wahrscheinlichkeit (*probability*)
M-FISH	Multiplex-Fluoreszenz-in-situ-Hybridisierung	pa	*p*-Benzoyl-L-phenalanin
		PACE	*programmable autonomously controlled electrode*
MAD	multiple anormale Dispersion	PAD	*pulsed amperometric detection*
MALDI	Matrix-unterstützte Laserdesorption-Ionisation	PAGE	Polyacrylamidgelelektrophorese
MC	*missing contact*-Analyse	PAM	*percent accepted mutations*
MCS	multiple Klonierungsstelle (*multiple cloning site*)	PCA	Hauptkomponentenanalyse (*principle component analysis*)
MDM	Mutationsdatenmatrix	PCR	Polymerasekettenreaktion (*polymerase chain reaction*)
MEKC	Micellarelektrokinetische Chromatographie	PD	Plasmadesorption

PDB	*Brookhaven Protein Data Base*	SINE	*short interspersed element*
PDI	Protein-Disulfidisomerase	SIR	*single isomorphous replacement*
PEG	Polyethylenglykol	SKY	*spectral karyotyping*
PF	Protektions-Footprints	*S/N*	Signal/Rausch-Verhältnis (*signal-to-noise-ratio*)
PFGE	Pulsfeldgelelektrophorese		
PG	Prostaglandin	SNOM	Rastermikroskopie im optischen Nahfeld (*scanning near field optical microscopy*)
pI	isoelektrischer Punkt		
PIC	Phenylisocyanat	SP	Sulfopropyl
PITC	Phenylisothiocyanat	SPM	Rastersondenmikroskopie (*scanning probe microscopy*)
PMSF	Phenylmethylsulfonylfluorid		
PNA	Peptidnucleinsäure (*peptide nucleic acid*)	SSB	Einzelstrang-bindendes Protein (*single strand binding protein*)
POD	Meerrettich-Peroxidase		
ppm	*parts per million*	SSCP	*single-strand conformation-polymorphism*
PPO	2,5-Diphenyloxazol	ssDNA	Einzelstrang-DNA (*single strand* DNA)
PTC	Phenylthiocarbamoyl	SSR	locusspezifische Rekombinase (*site-specific recombinase*)
PTH	Phenylthiohydantoin		
PVDF	Polyvinylidenfluorid	STEM	Rastertransmissions-Elektronenmikroskopie (*scanning transmission electron microscopy*; auch: RTEM)
PVP	Polyvinylpyrrolidon		
Q	quaternäre Trimethylaminoethylgruppe		
QAE	quaternäre Hydroxypropyldiethylamino-ethylgruppe	STM	Rastertunnelmikroskopie (*scanning tunneling microscopy*; auch: RTM)
r	rekombinant	STRP	*short tandem-repeat polymorphism*
R	Auflösung (*resolution*)	STS	Natriumtetradecylsulfat (*sodium tetradecyl sulfate*)
R	allgemeine Gaskonstante		
RCR	*repair chain reaction*	STS	*sequence tagged site*
REM	Rasterelektronenmikroskopie (auch: SEM)	Sv	Sievert
RFLP	Restriktionsfragment-Längen-polymorphismus	*T*	Totalacrylamidkonzentration
		T	Transmission
RI	Refraktionsindex	TBTU	2-(1H-Benzotriazol-1-yl)-1,1,3,3-tetramethyluroniumtetrafluorborat
RIA	Radioimmunoassay		
RP	Reversed-Phase (Umkehrphase)	TCA	Trichloressigsäure
RPA	Ribonuclease-Protektionsassay	TEAE	*O*-(Triethylaminoethyl)
RPC	Reversed-Phase-Chromatographie	TEM	Transmissionselektronenmikrospopie (auch: CTEM)
RT	Reverse Transkription		
RTEM	Rastertransmissions-Elektronenmikroskopie (auch: STEM)	TEMED	*N,N,N',N'*-Tetramethylethylendiamin
		TFA	Trifluoressigsäure
RTM	Rastertunnelmikroskopie (auch: STM)	THF	Tetrahydrofuran
RZB	relative Zentrifugalbeschleunigung	TIC	Total-Ionenstrom (*total ion current*)
3SR	*self-sustained sequence replication*	TID	3-(Trifluormethyl)-3-(*m*-iodphenyl)-diazirin
s	Sedimentationskoeffizient	TLC	Dünnschichtchromatographie (*thin layer chromatography*)
S	Svedberg-Einheit		
SA	simuliertes Tempern (*simulated annealing*)	TMS	Tetramethylsilan
SCAM	*scanning cysteine accessibility method*	TOCSY	vollständige Korrelationsspektroskopie (*total correlation spectroscopy*)
SDA	*strand displacement amplification*		
SDS	Natriumdodecylsulfat (*sodium dodecyl sulfate*)	TOF	*time of flight*
		TOTAB	Thiazolorange-Thiazolblau-Heterodimer
SEC	Ausschlusschromatographie (*size exclusion chromatography*)	TOTIN	Thiazolorange-Thiazolein-Heterodimer
		TOTO	Thiazolorange-Homodimer
sec	Sekretion (*secretion*)	TPA	Tripropylamin
SELEX	*systematic evolution of ligands by exponential enrichment*	TPCK	*N*-Tosyl-L-phenylalaninchlormethylketon
		TPEG	*p*-Aminophenyl-D-thiogalactosidase
SEM	Rasterelektronenmikroskopie (*scanning electron microscopy*; auch: REM)	TRIS	Tris(hydroxymethyl)-aminomethan
		TRITC	Tetramethylrhodaminisothiocyanat
SEV	Sekundärelektronenvervielfacher	Tw	Aufdrillung (*Untwisting*)
SFM	Rastersondenmikrospopie (*scanning force microscopy*)	u	elektrophoretische Mobilität
		U	Spannung
SIA	*sequence independent amplification*	U	Unit [veraltete Einheit der Enzymaktivität]
SIDT	*single ion in droplet theory*	UAS	*upstream*-Aktivatorsequenz

V_m	Elutionsvolumen
V_{max}	Maximalgeschwindigkeit
V_R	Retentionsvolumen
w	Wichtungsfaktor
ω_0	Larmor-Frequenz
$w_{1/2}$	Halbwertsbreite
Wr	Krümmung (*writhing number*)
wt	Wildtyp
X-Gal	5-Brom-4-chlor-3-indolyl-β-D-galacto-pyranosid
YAC	künstliches Hefechromosom (*yeast artificial chromosome*)
YOYO	Oxalogelb-Homodimer
ZWS	Zehntelwertsschicht

Index

A

ABC-System 92, 93, 97
Abfangreaktionen 60 f
abgeschwächte Totalreflexion 162
Ab-initio-Matrix 797
Ab-initio-Strukturvorhersagen 811 f
Abklingabfall 1003 f
Ablenkelektrode 346
Abschirmmaterialen 1002
Absorption 138–144
– Definition 141
– im Termschema 140
Absorptionsbande, Charakterisierung 141
Absorptionskoeffizient 38, 141
Absorptionsmaximum 141
Absorptionsmessungen 43 f, 141–143
– Fehlerquellen 143 f
– Voraussetzungen 142 f
Absorptionsspektrum 142
Abstandsmethoden 794
accepted point mutation 799
Acetylangiotensin 321
Acetylcholinrezeptor 118
N-Acetyl-D-glucosamin 489
N-Acetylneuraminsäure 488 f, 505
Acridin, Konjugation mit Oligonucleotiden 949
Acridin-Farbstoffe 652, 765
Acridin-Orange 652
Actin-mRNA 887
Acylaminooacid releasing enzyme 187
Acylierung
– Lysin 105
– Proteine 105
Adenin, Methylierung 726, 740
Adenylat-Kinase, Reaktion 51
Adjuvanz 67
Adjuvanzien 101
Adsorptionsverluste 25, 31
Affinitätsblotting 901
Affinitätschromatographie 209–213
– Auswahl eines Liganden 210
– Beispiele 210
– Bindungskonstanten 209
– Durchführung 211
– Immunoassays 98
– mit Tags 964–966
– mRNA 591
Affinitätselektrophorese 267 f
Affinitätsmatrix 211
Affinitätsmodifikation 112 f
Affinitätsreinigungen 12
Agarose
– *low-melting-* 608, 633
– *Sieving-* 608
Agarosegele 218, 225 f, 605 f
– alkalische 608
– denaturierende 607 f
– RNA-Auftrennung 611
Agglutination 76
Agglutinationshemmung 76
Agglutinations-Inhibitions-Assays 76
Agrobacterium tumefaciens 976
Ähnlichkeitsuntersuchungen 797

Aktionsspektrum 170
Aktivatorfusionsprotein 908 f
Aktivierungsdomänen 902
Aktivierungsreagenzien, Peptide 469 f
Aktivitätstests, siehe Enzymaktivitätstests
Albumin, Immundiffusionstest 83
Alditolacetate, Fragmentierungsmuster 521
Aldolase 56
Aldosteron 560
alkalische Lyse, Bakterien 580
Alkalische Phosphatase
– im DIG-System 660
– Kopplung an Oligonucleotide 652, 657
Alkohol-Dehydrogenase, Aktivitätstest 61
Alkylthiohydantoine 317
allelspezifische Hybridisierung 695
Allotyp 67
Allotypbestimmungen 86
Alu-PCR 690
Alu-Repeats 690
Ameisensäure
– DNA-Spaltung 728
– für MC-Analysen 761
Amidierung, Lysin 106
Amine
– Fluoreszenzmarkierung 116
– sekundäre 291
D-Aminosäuren 478
Aminosäuren
– Absorption aromatischer 148
– Absorptionskoeffizienten 43
– Absorptionsmaxima 44
– Austauschwahrscheinlichkeiten (Evolution) 800–802
– Bestimmung freier 288
– bevorzugte Sekundärstrukturen 791
– C-terminaler Abbau 315
– dansylderivatisierte 271, 273
– Derivatisierung 285, 288
– Detektion aromatischer 473
– durchschnittliche Häufigkeit 183
– epitopbestimmende 74
– Fluoreszenzeigenschaften 45
– glykosylierte 310
– Häufigkeit in Proteinen 800
– Identifizierung durch NMR 398 f
– Ionenaustauschchromatographie 285
– Nachweis enantiomerer 293
– ^{15}N-Markierung 397
– Phenylthiocarbamoyl(PTC)-Derivate 292
– phosphorylierte 287, 310
– polare 291
– Racemisierung 478
– relative Mutierbarkeit 800–802
– Schutzgruppen 467 f
– sulfatierte 287
– Verhalten beim Edman-Abbau 309 f
Aminosäurenanalyse
– an chiraler Phase 478
– Anwendungsgebiete 285
– Auswertung 295
– Detektion 295
– Fehlerquote 295
– HPLC 291
– Ionenaustauschchromatographie 288

– Nachteile 309
– Probenvorbereitung 286 f
– Proteomanalyse 822 f
– Reagenzien 296
– Reversed-Phase-Chromatographie 285 f, 291
– synthetischer Peptide 474
Aminosäurensequenzalignments 796
Aminosäuresequenzanalyse, siehe Proteinsequenzanalyse
Aminosäurethiohydantoine
– Alkylierung 317
– HPLC-Trennung 315
Aminosäurezusammensetzung (Proteine) 285
Aminozucker 295
– Nachweis 285
Ammoniumacetat, Fällung von Nucleinsäuren 573
Ammoniumsulfat, Fällung von Proteinen 17
Amphiphile 28
Amplifikationen
– *high-level* 842
– Immunbindungstests 90 f
– lineare 688
Amplifikationsformat, heterogenes 641
Amplifikationssysteme, Nucleinsäuren 666–671
AMV-RTase 680
Amyloidablagerungen 97
Amylose 491
analytische Ultrazentrifugation 901, 915–919
– Gleichgewichtskonzentrations-Verteilung 918
– Grundlagen 915 f, 918
– Protein-Nucleinsäure-Wechselwirkungen 915
– Protein-Protein-Wechselwirkungen 915
anchored-Primer 868 f
Anfangsausbeute 309 f
Angelicin 652
Angiotensin II
– Isotopenmuster 337
– MALDI-TOF-Spektrum 336
Angiotensinogen, PSD-Spektrum 344 f
anharmonischer Oszillator 157
Anionenaustauschchromatographie, Glykane 504
Anionenaustauscher 203
annealing 675
annual limit of intake 988
anomale Dispersion 459 f
anomere Konfiguration 490 f
Antibiotikaresistenz 578
Anticipation 860
antifade-Substanzen 837
Antigen-Antikörper-Komplexe, reversible Lösung 71
Antigen-Antikörper-Reaktion 69, 75
Antigenbindungsstelle 72
Antigene
– Determinanten 74 f
– heteroklitische 75
– heterologe 75
– homologe 75
– unlösliche 79

antigenes System 67
– Modelle 78
Antigenindex 74
Antigenvergleich 81
antikonvektive Medien 217, 253
Antikörper
– Arten 101
– Definition 69
– Denaturierung 71
– DIG-spezifische 660, 662
– Eigenschaften 70 f
– Fällung 87
– Fluorescein-spezifische 663
– gelstabilisierte 80
– Gold-markierte 657
– Handhabung 73
– Herstellung 100–102
– Isolierung 91
– katalytische 74
– Klassen 70
– Miniantikörper 102
– monoklonale 68, 90, 102
– Monovalenz 71
– Pepsinspaltung 71
– polyklonale 101
– proteolytische Spaltung 71 f
– Reinigung 210
Antikörperaktivität 67
Antikörpertiter 67 f, 76 f
Antikörperüberschuss 76
Antioxidanzien 287
Antisense-Oligonucleotide 943–951
– Funktionalisierung 948 f
– Hemmung der Translation 945
– therapeutische 949 f
– Zielmoleküle 942, 953 f
– siehe auch Oligonucleotide
Antisense-Prinzip 941 f
Antiseren
– Herstellung 101
– monospezifische 84
Antistokes-Linien 164
Aperturwinkel 423
API-CID 366
Apolipoprotein B 9
Apoptose 875
Aptamere 943, 953–956
– Anwendungen 955
Äquivalentdosis 985
– effektive 986
– Grenzwerte 989
Äquivalenzleitfähigkeit 220
Arabinose-System 970
araC-Genprodukt 970
Arachidonsäure 560
Arachidonsäurekaskade 562
Archimedes'scher Auftriebsterm 916
Arginin, chemische Modifikation 110
Argon-Ionen-Laser 258
Arrhenius-Gleichung 55
Arylazide 121 f
– Reaktionen 124
Asparagin, quantitative Bestimmung 287
Aspartat
– chemische Modifikation 109 f
– IR-Absorption 158
Aspartatproteasen 15, 185, 187
Assoziationsgleichgewichte 915, 917 f
Astigmatismus 432
atmospheric pressure ionization 366
Atomic Force Microscopy 414, 444, 707, 732
Atomkraftmikroskopie, siehe Atomic Force Microscopy
Atomorbitale 135
ATP, caged 147 f
ATZ-Aminosäuren 300
Aufschlussmethoden 15
Aufschlussreagenzien 576
Auftragspuffer 606
Auger-Elektronen 427
Auslöschphänomen 83

Aussalzung, Proteine 17
Ausschlusschromatographie 213 f
– Anwendungen 214
– Auswahl eines Trenngels 214
– Trennkapazität 10
Ausschlussvolumen 198
Ausschlusswert 24
Auswahlregeln 138
automated multiple development 544
Autoproteolyse 189
Autoradiographie 655
average mass 338
Avidin, BCA-Assay 41
Avidin-Biotin-Brücke 92
Avidin-Biotin-Komplex 93, 662 f
– Bindungsstärke 447
– Immunbindungstests 91–93
Avidität 75
Azidoproflavin, Konjugation mit Oligonucleotiden 949
Azurin 152

B

Bacillus brevis 971
Bacillus megaterium 971
Bacillus subtilis 971
bacterial artificial chromosomes 857
Baculovirus 974
Bakterien
– Absorption 585
– Aufschlussmethoden 15 f, 581
– Lyse 576, 580 f
Bakterienkulturen 579
Bakteriochlorophyll
– Fluoreszenz-Spektren 171
– spektroskopische Eigenschaften 153 f
Bakteriophage-λ-Rezeptor 585
Bakteriophage-λ-Vektoren 585
Bakteriophagen, Wirtsspezifität 595
Bakteriorhodopsin
– Cys-Scanning 118
– Photocyclus 150
Bam HI 595
band shifts assay 748
basale Transkriptionsfaktoren 891
Basenfehlpaarungen 639
Basenfehlpaarungs-Diskriminierung 647
Bathochromie 140
Bathorhodopsin 150
Baumstrukturen 669 f
BCA-Assay, siehe Bicinchoninsäure-Assay
bending 775
Benzophenon-Photolabel 126
B-Faktoren 463
Bicinchoninsäure 198
Bicinchoninsäure-Assay 37 f, 40 f
Biegeschwingung 161
bildgebende Verfahren 425
Bioanalytik, wichtige methodische Entwicklungen 2
BioCatalog 784
Bioinformatik 5, 782–784
– Informationssuche 785
– Proteomanalyse 824–826
biologische Aktivität, Stabilität 11
Biolumineszenz 665 f
Biolumineszenz-Nachweissysteme 899
biotin capture probes 663
Biotin, Struktur 659
Biotin-Avidin-Brücke 92
Biotin-Avidin-System, siehe Avidin-Biotin
Biotin-Fangsonden 663
Biotinylierungsreagenzien 128 f
Bi-Phasischer Säulenreaktor 307
Bisulfit, DNA-Methylierungsanalyse 741, 743–745
Biuret-Assay 37–39
BLAST 788, 807 f
Blaue Nativ-Polyacrylamidgel-Elektrophorese 234 f

Bleomycin 949
Bligh-Dyer-Extraktion 540
Bloch-Gleichungen 376 f
Blot-Hybridisierung 649
Blotmembranen 247 f, 250 f, 625
Blotpuffer 626
Blotsysteme 248 f
blunt ends 596 f
Blutgerinnungskaskade 180
Blutgruppenbestimmung 76
Blutgruppen-Determinanten 491
Blutplasma 17
Blutproben 687
BNPS-Skatol 111, 191 f
Boc-Gruppe 469 f
Bodenhöhe 199
Bodenzahl 199
body-labelled probe 881
Bolton-Hunter-Reagenz 46 f, 105 f
Boltzmann-Verteilung 375
Boratkomplexierung 266
Bottom-up-Verfahren 855 f
Bradford-Assay 37 f, 41 f, 198
Bradykinin, MALDI-Spektrum 330
Braggsches Gesetz 455
branched DNA 669 f
branched DNA amplification 702
Brechungsindex 176
Bremsstrahlung 982, 1002
5-Brom-2'-Desoxyuridin, Footprinting-Analyse 762
Bromcyan-Spaltung 112, 190 f
Bromphenolblau 606
N-Bromsuccinimid 111, 191 f
Brookhaven Protein Data Bank (PDB) 463
B-Zelle 67

C

CA-Einheiten 849, 852
Cage-Verbindungen 108, 147 f
Calciferole 564
Calcium, caged 147
Calciumphosphat-Methode, Transfektion 897
capture probes 645, 702
Carbamoylcholin, caged 147 f
Carbamoylharnstoff 39
Carbenbildner 125
Carboanhydrase, Mobilitätsänderung 268
Carboxygruppen, Modifikation 109
Carboxypeptidasen 188, 287
– Spezifität 318
Carotine 564
Carotinoide 564
Carrier, zur Präzipitation 574
Casein-Resorufin 187
cassette mutagenesis 922
CAT-Assay 898
Cathepsin 189
cDNA 679
– Klonierung 872
– Synthese 868 f
cDNA-Bibliothek 630
– Two-Hybrid-System 908 f
Cellobiose 491
Cellulose 491
Celluloseacetatfolien 218
CE-MS-Kopplung 281
centiMorgan 846
Centromerbereiche 838
Cetyltrimethylammoniumbromid 29
chaotrop 209
Chaperone 962
CHAPS 29, 271
charge-coupled devices 145
charged-residue model 350
Chargenkonsistenz 511
charge-transfer-Banden 152
CHEF 615
Chemilumineszenz 665

chemische Ionisation 323
chemische Modifikationen
– Anwendungsgebiete 104
– Kombination mit Mutagenese 104
chemische Nucleasen 764
chemische Verschiebung 379–381
chemischer Verschiebungsindex 404
Chimären 928
Chinone 652
Chi-*square*-Test (χ^2) 850 f
Chitobiose 495
Chloramin T 46 f, 110 f
Chloramphenicol 579
Chloramphenicol-Acetyltransferase 898
Chlormercuribenzoat 108
Chloroform, denaturierende Wirkung 572
Chloroform/Methanol-Extraktion 31
Chlorophylle 152–154
N-Chlorsuccinimid 191 f
Cholesterin 555 f
Cholesterinester 555 f
Chorea Huntington 694 f
Chou/Fasman-Regeln 791 f
CHO-Zellen 975
Chromatin
– Immunpräzipitation 774
– Interphase-Chromatin 840
– Organisation 832
chromatische Abberation 415
Chromatogramm 198
Chromatographie
– Affinitäts- 209–213
– Ausschluss- 213 f
– Detektion 197
– Dünnschicht- 195, 474, 543–545, 554
– Dispersion 198
– Grundbegriffe 196
– hydrophobe Interaktions- 208 f
– Hydroxyapatit- 204
– Instrumentierung 196
– Ionenaustausch- 202–204
– Prinzip 195–198
– Reversed-Phase- 205–208
– Selektivität der Trennung 199
– Theorie 198–201
– siehe auch einzelne Varianten
chromatographische Auflösung 199
chromatographisches System 196
Chromophore
– Absorptionseigenschaften 155
– Definition 132
Chromoproteine 148–155
chromosomale in-situ-Suppressionshybridisierung (CISS) 836
chromosome painting 831
– Interphasechromosomen 840
– Metaphasechromosomen 838
chromosome walking 855
Chromosomen
– elektrophoretische Auftrennung 616
– in situ-Nachweis 659
– Lokalisation 829
– Restriktionskartierung 596 f
– Sortierung 831
Chromosomenaberrationen 829, 832 f
– balancierte 842
Chromosomenkarte 864
Chromosomentranslokation, gezielte 935
Chymotrypsin 185
CID 364
Circulardichroismus-Spektroskopie 176–178, 479
cis-aktive Elemente 891
Cisplatin 773
cis-Reaktion 952
clamped-homogenous electric field 615
Cleland's Reagens 182
Clusteranalyse 826
Codon-Auswahl 961
codon-usage-Tabellen 708
ColE1-Origin 579
collisionally induced decay 364

comparative genomic hybridization (CGH) 829, 840
composite-Primer 688 f
Contigs 707, 855
Continuous-Wave-Technik 374
conventional transmission electron microscope 414
Coomassie-Brillant-Blau
– Anfärben von Gelen 227
– Struktur 41
Cordycepin-Triphosphat 651, 725
Core-Glykosylierung 973
Core-Strukturen, *O*-Glycane 497
Correlation Spectroscopy 386, 391
Cortisol 560
Cosmidbanken 577
Cosmide, Sequenzbestimmung 707
Cosmidklone 594
COSY-Spektrum 386
COS-Zellen 975
Cotton-Effekt 176
cot-Wert 637
Coulomb-Explosionen 350
Coulomb-Potential 406
coupled amplification and sequencing 718
CpG-Inseln 602
Cre/loxP-Rekombinasesystem 931 f, 934
Creatin-Kinase, Aktivitätsbestimmung 63
Cre-Rekombinase 931 f
Crossing over 845, 847
Cross-Linking-Ausbeuten 121
Cross-Linking, Proteine 118–129
Cross-Linking-Reagenzien
– Anwendungen 118
– bifunktionelle 119–121
Cross-Link-Ort, Identifizierung 127–129
CsCl-Lösungen, für Dichtegradienten 23
CTAB 271, 578
Cumarine 116, 652
curtain gas 352
Cutoff-Wert 24
curvature 609, 775
C-Wert 547
Cycle-Sequencing 171 f, 772
– Expressionsanalyse 872
– Mutationsanalyse 688
cyclische Permutationsuntersuchungen 609
Cyclodextrine 266
– Struktur 272
Cyclopeptide 479
Cyclophosphamid 941
Cystein
– chemische Modifikation 108, 182
– quantitative Bestimmung 287
Cysteinproteasen 15, 185
Cystein-Scanning-Mutagenese 116
cystische Fibrose 687, 694, 699
Cytochrom *c*
– Absorptionsspektrum 150
– MALDI-Präparation 325
Cytochrome, spektrale Eigenschaften 150 f
Cytochrom-mRNA 887
cytogenetische Karte 863 f
Cytomegalie-Virus, Promotor 896, 975
Cytosin
– Desaminierung 743 f
– Methylierung 602, 735, 950
– van-Deemter-Kurve 200
Cytostatika 949

D

Dabsylchlorid 293
Dansylamide 114
Dansylcadaverin 114
Dansylchlorid 113 f, 293
Dansylgruppe, optische Eigenschaften 114 f
data mining 781
Dayhoff-Matrix 798
DEAE-Cellulose-Membranen 632
DEAE-Dextran-Technik, Transfektion 897 f

Debye-Hückel-Theorie 219
Deformationsschwingung 161
Dekamer-Primer 869 f
Dekoration, EM-Präparation 420
delayed extraction 331
delete-Strategie 933
Delta-Restriktionsklonierung 705 f
Denaturierung (Proteine) 11, 181
Denny-Jaffe-Reagenz 122, 125
Densitometer 228
Densitometrie 228 f, 821
– Dünnschichtchromatographie 544
Desialylierung 502
Desoxycholat 29
Desoxynucleotide
– Markierung 721
– siehe auch Nucleotide
Detektoren, pyroelektrische 159
Detergenzien 27–33
– Beispiele 29
– Eigenschaften 28–30
– Entfernen 31 f
– ionische 30
– nicht-ionische 30
– UV-Absorption 30
– zwitterionische 30
Diacylglycerine 554 f, 562 f
Diafiltration 25
Dialyse 24 f
– zur Konzentrierung 27
DIANA-Nachweiskonzept 658
Diaphorase 670
Diazirine 121
Diazopyruvoylreagenzien 126
Dichtegradienten, Medien 22 f
Dichtegradientenzentrifugation 22 f
– diskontinuierliche 584
– DNA 582–584
– Phagen 586
– Reinigung genomischer DNA 577 f
– RNA 591
Dichtemodifizierung 459
2′,3′-Didesoxynucleotid 709 f
Didesoxyverfahren, siehe Sanger-Verfahren
Diethylpyrocarbonat (DEPC) 589 f, 112
– für Footprinting-Analysen 762
Differential Display 868–872
– Durchführung 868–872
– Einsatzmöglichkeiten 875
– Grundprinzip 867 f
– Kombination mit Differential Screening 872
– Leistungsfähigkeit 873–875
– PCR 869
– Sensitivität 874
Differential Screening 872
differentielle Hybridisierung 867, 873
differentielle Zentrifugation 21 f
Differenzspektren 151
Differenzspektroskopie 162
Digoxigenin 660–662
– in der Kohlenhydratanalytik 500
– Struktur 659
Dimethylsulfat, zur Footprinting-Analyse 760
Dinitrophenol 659, 663
Diodenarray-Detektion, Kapillarelektrophorese 257 f
Diodenarray-Photometer 143
Diodenarrays 145
Diodenlaser 258
Dioxetan-Chemilumineszenzreaktion 665
Dipeptidyl-Aminopeptidase 962, 974
Diphenylphosphorylisothiocyanat 315 f
Dipol, induzierter 136
direct blotting electrophoresis 657
Disaccharide, Verknüpfungsrichtung 491
Disk-Elektrophorese 218, 231–233
Dispersion
– anomale 459 f
– Elektrophorese 222
Distamycin 764
distance geometry 405

Disulfidbrücken
– Alkylierung 182
– Oxidation 182
– Spaltung 182 f
– Überexpression 962
divide-couple-recombine-Methode 480 f
DNA
– Absorptionskurven 574
– alkalisches Blotting 627
– alphoide 838
– Auftrennung nach Konformation 619
– aus Bakterien und Pflanzen 578
– aus eukaryontischen Viren 586 f
– aus eukaryontischen Zellen 584
– aus Plasmiden 578–584
– Ausfällung chromosomaler 581
– bakterielle 950
– Bisulfit-Modifikation 737, 743–745
– Blotting genomischer 626
– chemische Spaltung, siehe Maxam-Gilbert-Verfahren
– chromosomale Lokalisation 837
– *circular covalent closed* 775
– Crosslinking 627
– C_0t-1- 836
– *curvature* 609, 775
– denaturierende PAGE 611
– Denaturierung 626, 715
– Depurinierung 626, 728, 744
– Dichtegradientenzentrifugation 582–584
– Dichteunterschiede 583
– Einschleusen in Säugerzellen 897 f
– enzymatische Markierung 650
– enzymatische Sequenzierung 654
– Ethidiumbromid-Färbung 654
– eukaryontische 950
– extrem hochmolekulare 576
– FISH-Analyse 837–844
– *foldback* 636
– GC-reiche 676
– Gelelektrophorese 605–612
– Gelfiltration 633
– genomische 576–578
– große Furche 749, 753
– Größenbestimmung 605, 615
– H-DNA 952
– Hydrazin-Modifikation 737, 741 f
– Hydroxylapatit-Chromatographie 588 f
– Identifizierung von Topoisomeren 620
– Intercalation von Ethidiumbromid 621
– Isolierung
– – einzelsträngiger 587–589
– – genomischer 576–578
– – niedermolekularer 578–584
– – viraler 585–587
– kleine Furche 749, 753
– komplette Hydrolyse 736 f
– Komplexität 637
– Kondensationsinhibitoren 840
– Konformationsbestimmung 623
– Konzentrationsbestimmung 574
– kovalente Fixierung 627
– Krümmung 609, 620, 775
– Loops 615
– Lösung in Phenol 571
– Methylierung 595, 726 f
– Methylierungsmuster 601, 950
– Minisatelliten 611
– Nachweis doppelsträngiger 653 f
– Nachweis sehr geringer Mengen 681
– native virale 587
– PAGE 608–611
– Partialrestriktion 600 f
– PCR-Amplifikation 676–678
– Permanganat-Modifikation 737, 742
– Phagen- 586, 628
– Photomarkierung 647 f
– Protein-induzierte Strukturveränderungen 774 f
– radioaktive Markierung 587, 747
– Reinigung
– – geringer Mengen 573
– – über Anionenaustauscher 582
– – über Glas-*Beads* 634
– – und Präzipitation 577
– Restriktionskartierung 598–601
– Satelliten 831
– Schmelzen 620, 775
– Schmelzpunkt 639
– Sekundärstrukturen 768, 774–778
– seltene Modifikationen 738
– Silberfärbung 654
– singuläre 831
– Spaltungsreaktionen 726–729
– spezifische Proteinbindung 753
– Stabilisierung von ssDNA 714
– STM-Aufnahme 445
– Superhelicität 620, 777
– Topoisomere 622
– Topologie und Elektrophorese 606
– Trennung einzel- von doppelsträngiger 588 f
– Tripelhelix 942, 951 f
– *unique* 831
– Z-DNA 769, 950
– zweidimensionale Gelelektrophorese 619 f
DNA-Fiber, FISH-Analyse 832
DNA-Fingerprinting 611, 690
DNA-Fragmente
– Auftrennung zirkulärer 606
– für Ligationen 634
– 5′-Endmarkierung 725
– Größentrennung 605
– Isolierung 609, 631–634
– Isotachophorese 632 f
– kleine 605
– Längenstandards 607
– lineare 606
DNA-Marker 607
DNA-Methylierung
– Analyse genomischer 602
– biologische Funktion 735
– Detektionsmethoden 736–745
– Häufigkeit modifizierter Basen 736
– immunchemische Detektion 737 f
– Methylierungsmuster 601, 950
– negative Suche 741
– positive Suche 740
DNA-Modifikationen 735
– Lokalisationsanalyse 739
– Visualisierungsverfahren 771–773
DNA-Polymerasen
– Einführung von Mutationen 922
– für PCR 676
– Klasse-I- 712
– RNA-abhängige 679 f
– thermostabile 675, 703, 707, 717
DNA-Polymorphismen 847
DNA-Protein-Komplexe, siehe Protein-DNA-Komplexe
DNA-RNA-Hybride 638, 944, 953
DNase, Inaktivierung 580
DNase I, Analyse von Protein-DNA-Wechselwirkungen 757 f
DNA-Sekundärstruktur
– Definition 774 f
– lokale Veränderungen 768
– Veränderungen durch Proteinbindung 774–778
DNA-Sequenzanalyse 1, 218
– Ablauf 708 f
– amplitudenmodulierte 716
– Ausgangsmenge 708
– automatische Probenvorbereitung 723 f
– *conformational* 732
– Cycle-Sequencing 717
– de-novo-Sequenzierung 732
– direkte genomische 767–774
– Doublex-Sequenzierung 721
– durch Hybridisierung 731 f
– enzymatische 709–718
– Fluoreszenzmarkierung 720
– gelfreie 731 f
– gelgestützte Verfahren 709–731
– Isotopenmarkierung 719 f
– komplexer DNA 714
– Minisequenzierung 732
– Multiplex-Verfahren 730 f
– nach Maxam und Gilbert 724–731
– nach Sanger 709–718
– neue Verfahren 707
– Offline-Nachweisverfahren 723
– Online-Detektionssysteme 722 f
– Primermarkierung 720
– Probenvorbereitung 708
– Sequenzdatenanalyse 708
– Shot-Gun-Methode 705
– zyklische 688
DNA-Sonden, siehe Sonden
DNA-Syntenie 838
DNA-Synthese 713
– enzymatische 711
DNA-Topologie 774–778
DNA-Umlagerungen 847
Doppelstrang-DNA-Sonde 751 f
Dosimetrie 984–991
Dosisgrenzwerte 996–998
Dot-Blotting 629 f
– Gehaltsbestimmung von RNA 887 f
– Glykosylierungsnachweis 498
– reverses 890
Dot-Immunoassay 94
Dotplots, für Selbstähnlichkeit 803
Dot-Test 835
double-strand conformational polymorphism 610
Doublex-DNA-Sequenzierung 721, 723
Dounce-Homogenisator 15 f
DPP-ITC 315 f
dreidimensionale Rekonstruktion (CEM) 439–443
Drift 432
Druckinjektion 256
DSCP-Analyse 610
DTAB 271
Dunkelfeldbild 426
Dünnschichtchromatogramme, Visualisierung 544
Dünnschichtchromatographie 195, 554
– Analytik synthetischer Peptide 474
– Glykosphingolipide 559
– Lipide 543–545
– zweidimensionale 545
Durchschnittsmasse 338
duty-cycle 358
dwell time 362
dye intercalation assays 640
dynamic programming 788, 803–805

E

E. coli
– als Expressionssystem 969 f
– LacI$_q$ 970
– Promotoren 969
E. coli-B 970
E. coli-K 970
E. coli-KC8 584
E. coli-K12-Stämme 579
EC-Nummer 188 f
Eco RI 595
Eddy-Diffusion 200
Edman-Abbau 297–311
– Analytik synthetischer Peptide 479
– Charakterisierung von Peptidbibliotheken 481
– Einsatzgrenzen 179
– Identifizierung der Aminosäuren 301 f
– Instrumentierung 302–307
– Kombination mit MALDI 339 f
– modifizierte Aminosäuren 310
– Problemaminosäuren 309 f
– Probenanforderungen 309
– Quantifizierung der Probenmenge 309
– Reaktionen 299–301

– repetitive Ausbeuten 302–304
– technische Anforderungen 311
– N-terminale Blockierung 308 f
– zur Lokalisierung eines Cross-Links 128
– siehe auch Proteinsequenzanalyse
Edman-Sequenator 304
effektive Dosis 986
effektive Mobilität 220
EGY48 909
Eicosanoide 539, 548, 560–562
– Immunoassays 562
Eigendrehimpuls 372
Eigenvektoren 439
Einheitszelle 453
Einkristalle 452 f
Einpufferstackingsystem 280
Einschlusskomplexierung 266
Einschrittfokussierung 275 f
Einstein-Gleichung 262
Einstrahlphotometer 143
Ein-Substrat-Reaktionen 59
Einzelmolekülprojektionen 436 f, 441 f
Einzelstrang-bindende Proteine 766
– als Additive in DNA-Sequenzierungs-
  reaktionen 714
Einzelstrang-Konformationspolymorphismen,
  Mutationsnachweis 862 f
Eisen-EDTA, als chemische Nuclease
  764–767
Eisen-Methidiumpropyl-EDTA, als chemische
  Nuclease 764–767
Eisenthal und Cornish-Bowden-Plot 57
Elastase 185
electron capture mass spectrometry 548
electron energy loss spectroscopy (EELS)
  425 f
electron spectroscopic diffraction (ESD) 425
electron spectroscopic imaging (ESI) 425
electrophoretic mobility shift assay, siehe
  EMSA
Elektroblotting 218, 247, 624 f
– Durchführung 249 f
– Elektrodenmaterialien 249
– Membranen 250 f
– Polyacrylamidgele 627
– Transfereffizienz 250
– zur Entsalzung 27
Elektrochemilumineszenz 657 f, 665
elektrochemische Doppelschicht 220 f
Elektrodiffusion 85
Elektrodispersion 263 f
Elektroelution 241 f
– Nucleinsäuren 631–633
Elektroendosmose 221 f
elektromagnetische Welle 132 f
– Feldstärke 135
– Phase 457
elektromagnetisches Spektrum 134
Elektronendichte 457
– Rekonstruktion 441 f
Elektronendichtekarte, Interpretation 461–463
Elektronenenergieverlust-Spektroskopie 425 f
Elektronenkristallographie 435
Elektronenmikroskopie
– Anwendungen 414
– Bildanalyse 427–443
– Digitalisierung 433
– dreidimensionale 439–443
– Fokussierungsbedingungen 431
– Fourier-Transformation 428–430
– Hauptkomponentenanalyse 437 f
– Kontrastierungsarten 417
– Korrelationsmittelung 435 f
– Korrespondenzanalyse 437–439
– Mittelung von Einzelmolekülen 436 f
– Objektträger 415
– Phasenkontrast 424 f
– Präparationsverfahren 417–421
– Reliefrekonstruktion 443
– Signal-zu-Rausch-Verhältnis 433–436
Elektronenspin 136
Elektronenspinresonanz 116

Elektronentomographie 416, 439
Elektronenvolt 134
elektronischer Feldvektor 135
elektronischer Grundzustand 137
elektronischer Übergang 134
Elektroosmose 222
elektroosmotischer Fluss 221
– Kapillarelektrophorese 259
– Richtungsumkehr 260
– Unterdrückung 275
Elektropherogramm
– Auswertung 224
– Peakformen 263
Elektrophorese
– Blaue Nativ-PAGE 234 f
– denaturierende 607 f
– Detektion von DNA-Strukturveränderungen
  775–778
– *direct-blotting-* 723
– diskontinuierliche 218, 231–233
– Dispersion 222
– Färbemethoden 621–624
– Feldsprung- 246
– Gelmedien 225–227
– isoelektrische Fokussierung 235–240
– Nucleinsäuren 603–620
– präparative 219
– Puffersysteme 220
– Raketen- 86 f
– saure Nativ- 233
– SDS-PAGE- 233 f
– Sicherheitshinweise 224
– theoretische Grundlagen 219–222
– trägerfreie 217, 246
– Trägermaterialien 218
– Trennprinzip 217
– Wärmeabfuhr 223
– Zonen- 229 f
– zweidimensionale 243–246, 617–620
– siehe auch einzelne Verfahren
Elektrophoresekammern 223
elektrophoretische Mobilität 219
– Einflussparameter 229
– relative 229
elektrophoretischer Konzentrator 632
Elektroporation 897, 927
Elektrospray 348
Elektrospray-Ionisation 323
Elektrospray-Ionisations-Massenspektrometrie
  348–368
– Analyse von Peptidbibliotheken 482
– Analytik synthetischer Peptide 476 f
– Apparatur 352–354
– HPLC-Kopplung 353
– Ionisierungsprinzip 349–352
– Kopplung mit HPLC 360
– Massenanalyse mit der Ionenfalle 357 f
– Molekulargewichtsbestimmung 359
– Probenvorbereitung 359 f
– Sequenzierung von Peptiden 365–368
– Spektrum 361–363
– Strukturanalyse 363–365
– Tochter-Ionen 364
– Vorläufer-Ionen 364
Elektrosprayquelle 352 f
elektrostatische Wechselwirkungen 447
Elementkartierung 425 f
ELISA 98–100, 660
– kompetitiver 98 f
– Makro-ELISA 98
– Mikro-ELISA 92, 98
– nicht-kompetitiver 99
Elliptizität 176
Ellman-Reagenz 108, 474
Eluat 196
Elutip-Säulen 573
EMBL-Nucleotid-Sequenzdatenbank 707,
  781, 784
embryonale Stammzellen 926
Emissionsspektrum 170
EMSA 608, 747 f, 773
– Analyse von DNA-*bending* 776

– Anwendungen 750
– Prinzip 750
– *supershift* 749 f
Enantiomerenanalyse 293 f
Enantiomerentrennung, MEKC 272
Endelektrolyt 278–280
Endoglykosidase 507
Endonuclease A 580
– Inaktivierung 581
Endonucleasen 594
– Einzelstrang-spezifische 760
– Kartierung von DNA-bindenden Proteinen
  760
Endopeptidasen 287
endoplasmatisches Reticulum, Zentrifugations-
  eigenschaften 21
Endoprotease ArgC 185
Endoprotease AspN 185
Endoprotease GluC 185, 190
Endoprotease LysC 185, 190, 193
Endoproteasen 185–187
Endotoxine, Entfernung 582
Energiedosis 985
Energieniveaus 136–138
Energietransferfarbstoffe 720
Enoletherlipide 559 f
Enterokinase 187
Entsalzung 24
– durch Gelchromatographie 26
– Reversed-Phase-Chromatographie 26
Enyzme Community 188
Enzymaktivitätstests
– analytische Anwendungen 49
– Aufbau eines Testsystems 60–63
– Auswahl des Substrats 56
– bei der Proteinreinigung 11
– Effektoren 59
– Einflussgrößen 54–60
– Fehlermöglichkeiten 63 f
– gekoppelte Testsysteme 61 f
– immobilisierte Enzyme 62
– kontinuierlich und diskontinuierlich 53
– Maßeinheiten 50–52
– Messtechniken 52, 54
– Pufferwahl 54 f
– Substratkonzentration 57
– Temperaturabhängigkeit 55 f
– Versuchsbedingungen 51
enzyme complementation assays 640
Enzyme
– Aktivitätswerte 51
– allosterische 59
– Bestimmung des pH-Optimums 55
– immobilisierte 62
– in-vivo-Aktivität 54
– Klassifizierung 188 f
– proteolytische 179 f
– Stabilität 60
– Substratspezifität 56
– Temperaturoptimum 55 f
– V_{max} 58
Enzymimmunoassays 98–100
Enzymkinetik
– Anfangsgeschwindigkeit 59
– Grundlagen 50
– siehe auch Enzymaktivitätstests
Enzymkonzentrationen, hohe 60
Enzymmarker 657
Epifluoreszenzmikroskop 837
Epitop 68, 74
Epitop-Tag-Sequenzen 909
Erbkrankheiten 845, 853 f, 865
Erythropoietin 498
– FAB-MS 525
– HPCE-Migrationsprofil 518
– hypothetische Ladungszahl 513
– isoelektrische Fokussierung 503
– Kompositionsanalyse 521
– Struktur 499
Esterlipide 556–560
Ethanol, NMR-Spektrum 378
Ethanolpräzipitation, Nucleinsäuren 573 f

Etherlipide 559 f
Ethidiumbromid
– Bindung an DNA 583, 621
– Einfluss
– – auf die DNA-Elektrophorese 606, 616
– – auf die DNA-Geometrie 622 f
– im CsCl-Dichtegradient 623
– Strukturformel 621
Ethidiumbromid-RNA-Komplexe 583
N-Ethyl-*N*-Nitrosoharnstoff, für Footprinting-Analysen 762–764
Ethylthiotrifluoracetat 105 f
Euler-Winkel 439, 441
European Bioinformatics Institute 784
evaporate light scattering detectors 546
Evolutionsbaum 795
Evolutionsmodelle 798 f
exo-anomerer Effekt 490, 492 f
Exons
– Identifizierung 787 f
– Kartierung 882
Exonucleasen, Kartierungen von-DNA-Protein-Bindungsstellen 758 f
Exopeptidasen 187 f, 287
expressed sequence tagged sites 698, 862
expressed sequence tags 824
Expression, siehe Genexpression
Expressionsanalyse 629
Expressionsbanken 585, 751
Expressionshemmung 944 f
Expressionsplasmide 968
Expressionsprofile 871
Expressionssysteme 959
– Auswahl 969
– *E. coli* 969 f
– Hefen 960, 972
– induzierbare 969
– prokaryontische 960
– T7- 970
Expressionsvektoren, Aufbau 895 f
exprimierte sequenzmarkierte Stellen 698, 862
extenders 702
Extinktion, Definition 142
Extinktionskoeffizient, siehe Absorptionskoeffizient 38
Extrakte, transkriptionsaktive 891 f
Extraktion 31

F

Fab-Fragment 71, 662
FAB-MS, *N*-Glykane 524–526
Faktor Xa 187
Faktorenkarte 439
Fällung
– Nucleinsäuren 18
– Plasmaproteine 18
– Proteine 17 f
familiäre Hypercholesterinämie 694
Fangantikörper 100
Fangsonde 670
Farbassays
– Proteinbestimmungen 37–42
– relative Abweichungen 39
Farbstoffe, intercalierende 652
far-western-Blotting 901
fast atom bombardment 349
fast evaporation technique 334
FASTA-Algorithmus 807 f
fast-scanning-Detektor 257
Fc-Fragment 71
Fc-Rezeptor 68
Feldinversionsgelelektrophorese 615
Feldionisation 350
Feldsprungelektrophorese 246
Fensterfilterung 434
Fenton-Reaktion 765 f
Ferguson-Plot 229 f
Festphasenextraktion, Lipide 540 f
Festphasenpeptidsynthese 467–471

Festphasen-Radioimmunoassay 88, 92
Festphasensequenator 305 f
Festphasensequenzanalyse 308
Fettsäureanalytik 539, 553
Fettsäurederivate 537
Fettsäuren 547, 554
– Derivatisierung 546
– UV-Chromophore 549
Fetuin, tryptischer Verdau 262, 282
Fiber-FISH 839 f
Ficoll 23
FID 377
Filterbindung 747 f
Filterhybridisierung 629
Fingerprinting 602 f
Fingerprints 184
Fischersche Projektionsformel 486 f
FISH 657
– Anwendungen 829, 837–844
– auf Chromatinfibern 840
– Auswertung 837
– Diagnose chromosomaler Veränderungen 839
– experimentelle Durchführung 834–837
– Fiber- 839 f
– Interphasecytogenetik 840 f
– Markierungsverfahren 832–836
– Mehrfarben- 832
– Metaphasechromosomen 837–839
– Multiplex- 663, 833
– Nachweissystem 830 f
– Präparate 830
– Sonden 831
– Stringenz 837
– technische Durchführung 830 f
– Vielfarben- 833 f, 838 f
Flächenzähler 456
FLEC 293 f
flox-Strategie 933
Flugzeitmassenspektrometer 327 f
– Auflösungsvermögen 329
– Reflektor- 328
– Schema 333
Fluorenylmethoxycarbonylchlorid 292
Fluorescamin 115, 289
Fluorescein, Struktur 659
Fluorescein-Derivate 114
Fluoresceinisothiocyanat 113 f
Fluorescein-Nachweissystem 663
fluorescence dequenching assay 640
fluorescence resonance energy transfer assay 641
Fluoreszenz
– Detektoren 170
– im Termschema 140
– Intensität 169
– Lebensdauer 168
– Lichtquellen zur Anregung 170
– Messung 169
– Rotverschiebung 168 f
– Tetrapyrrolsysteme 171
Fluoreszenz-Aktionsspektroskopie 170
Fluoreszenzausbeute 169
Fluoreszenzdensitometrie 544
Fluoreszenzdepolarisation 641
Fluoreszenzdetektion 666
– Kapillarelektrophorese 258
– laserinduzierte 258
Fluoreszenzenergietransfer 115
Fluoreszenzfarbstoffe 621–623
– FISH 832–834
Fluoreszenzlöschung 169
Fluoreszenzmarkierung 114, 657
– Proteine 113–117
Fluoreszenz-Sonden 168, 172
Fluoreszenzspektroskopie 167–172
– Anwendungen 168, 171
– Lösungsmittelrelaxation 169
Fluorographie 655
Fluorophore 171 f, 833
Flüssigkeitschromatographie 195 f

– Kopplung mit MS 207
– Lipidanalytik 542
Flüssigphasenextraktion, Lipide 539
Flüssigphasensequenator 305
Flussprofile (CE) 260
Fmoc-Chlorid 292
Fmoc-Schutzgruppe 469
– Absorptionskoeffizienten 475
Fok I 596
Folch-Extraktion 539 f, 558
Folge-Ion 231 f, 632 f
Folin-Ciocalteau-Phenol-Reagenz 39 f
Footprinting-Analyse
– in situ- 770
– in vitro- 752–767
– in vivo 767–774
– Methoden 754 f
Formaldehydgele 612 f
Formamid, Reinigung 613
Fourier-Filterung 434, 436
Fourier-Transformation 374 f
– Elektronenmikroskopie 428–430
– Röntgenbeugung 455
– zweidimensionale 384
Fourier-Transform-Infrarotspektroskopie 160 f
Fragiles-X-Syndrom 695
Fragment-Ionenspektrum 343 f
Fraktionierung, Zentrifugation 23
Franck-Condon-Prinzip 138, 168
free-flow-Elektrophorese 246
free induction decay 377
Freiheitsgrade 157
French-Presse 15 f
Friedel-Paar 459 f
Friedelsches Gesetz 459
fronting 198
FRT/FLP-Rekombinasesystem 931
L-Fucose 489
functional cloning 860
funktionelle Aktivität, Enzyme 49
Funktionsanalytik 4 f
fused-Silica-Kapillare 255
Fusionsprimer 872
Fusionsproteine 14, 961–966, 973

G

gain-of-function-Mutation 921
D-Galactose 488
β-Galactosidase, Reportergensystem 899
GAL4-Protein 902
Ganglioside 553, 558
Ganzkörperdosis 985
Gap-Funktion 805
Gapmer 950
gapped doublex-Technik 924
Gaschromatographie 195
– Lipidanalytik 546 f
– Triacylglycerine 554
Gasphasenhydrolyse 286 f
Gasphasensequenzierung 306–308
Gauß-Fokus 431 f
GC-MS-Kopplung 562
– Kohlenhydratanalytik 504 f
– Lipidanalytik 552
Gefrierätzung 419
Geiger-Müller-Zähler 990
gel shift assay 654
Gelchromatographie 26, 213
Gele
– aktivierte 210 f
– chemische 274
– Porengröße 226
– Silberfärbung 624
– Typen 274
Gelelektrophorese
– DNA 605–612, 631
– Empfindlichkeit 673
– Instrumentierung 223 f
– Nachweis und Quantifizierung 227–229
– Oligonucleotide 605

– Probenvorbereitung 224 f
– Puffersysteme 231
– RNA 612–614
Gelfiltration 213
– DNA 633
– Entfernung von Detergenzien 32
– Glykane 514 f
– Nucleinsäuren 572 f
Gelfiltrationssäulen 573
Gelmedien 225–227
Gelpermeations-Chromatographie 213
Genbanken, Amplifikation 586
Gendefekte 635
Gendisruption 924–926
Gene Modeling 860 f
Gene Targeting 921, 925, 932–935
Gene
– Bestimmung des Expressionsmusters 887
– dreidimensionale Organisation 832
– eukaryontische 602
– Feinkartierung 832, 840
– gekoppelte Vererbung 846
– gezielte Inaktivierung 924 f
– Isolierung und Identifizierung 860–862
– LEU2- 909
– Nachweis seltener 645
– nicht-gekoppelte Vererbung 850 f
– regulatorische Eigenschaften 877
– schwach exprimierte 873 f
– TRP1- 908
– URA- 909
– Zuordnung zu Chromosomen 617
genetic linkage 846
genetic-code-Matrix 797
genetischer Marker 602, 846 f
genetischer Fingerabdruck 602
Genexpression
– differentielle 867
– Einflussparameter 818
– gewebespezifische 679
– Hemmung durch Ribozyme 953
– heterologe 959–961
– homologe 959
– kinetische Untersuchungen 826
– stadiumsspezifische 860 f
– transiente 768, 773
Genexpressionskontrolle 877
Genfusionen 963 f
Genkarte 852 f, 863 f
– integrierte 863 f
– physikalische 857–859
Genkartierung
– Arten 845
– durch Hybridisierung 858
– genetische 845–854
– Kopplungsanalyse 849–852
– Marker 602, 846 f
– mit rekombinanten Klonen 856
– physikalische 617, 829, 857–863
– von Krankheitsgenen 835 f
Genkopplungsanalyse 602, 838
Genloci, Lokalisierung 845–854
Genmodifikation
– gezielte 932–935
– induzierbare 939
Genom
– dreidimensionale Struktur 842–844
– genetische Karten 845–854
– große eukaryontische 601
– physikalische Karten 617
– tumorassoziierte Veränderungen 842
– Vorhersagen codierender Bereiche 860 f
Genomanalyse 826
– mit PCR 693–699
– mittels FISH 832
– Nachweisverfahren 830
Genombanken 577, 597, 630
Genomgrößen 705
genomische Blots 627
genomische Sequenzen, Kartierung 619
Genotypisierung 696 f
Gen-Replacement-Strategie 936

Genschalter 931–936
Gentherapie 635, 845
Gentransfer, in Pflanzen 976 f
Gerichtsmedizin 611, 681
Gesamtlipidextrakte 553
geschütztes Fragment 878
Gewebedissoziation 187
Gewichtungsmatrix 785 f
G-freie Kassette 892 f
Gitterkonstanten, Berechnung 432
Glas-*beads* 634
Gleichgewichtsmagnetisierung 375
Gleichgewichtszentrifugation 583
globar 159
Globin-Gene 602
β-Globingen-DNA, als PCR-Standard 684
glucocorticoid responsive elements 975
Glucocorticoid-Induktionssystem 972
Glucocorticoid-Promotor 975
D-Glucose, Stereochemie 487 f
Glucose-6-phosphat-Dehydrogenase, Substratspezifität 56
Glucosedisaccharide 486
Glucosidasen 186
Glutamat
– chemische Modifikation 109 f
– IR-Absorption 158
Glutamin, quantitative Bestimmung 287
Glutathion, als Radikalfänger 770
Glutathion-S-Transferase, als Fusionsprotein 965
D-Glycerinaldehyd 486 f
Glycerophospholipide 557
Glycin
– NMR-Signale 395
– TOCSY-Spektrum 396
Glycosidasen 188
Glykane
– Anionenaustausch-Chromatographie 504
– Charakterisierung im Glykanpool 509
– Derivatisierung 515 f, 519
– 2D-Mapping 516
– enzymatische Sequenzierung 524
– GC-MS 520 f
– Gelfiltration 514 f
– Hydrazinolyse 507
– Kompositionsanalyse 519–522
– Methylierungsanalyse 522 f
– online-Analytik 534
– Reversed-Phase-HPLC 516
– sialylierte 510, 518
– Strukturanalyse 519–534
N-Glykane 488
– Aufbau 495–497
– enzymatische Abspaltung 500
– FAB-MS 524–526
– Glykoanalytik isolierter 519–534
– Grundtypen 495–497
– Isolierung 508 f
– Kapillarelektrophorese 517–519
– Kompositionsanalyse 521
– Mapping
– – derivatisierter 514–517
– – desialylierter 514
– – nicht-derivatisierter 509–514
– Monosaccharid-Komponenten 503
– pyridylaminierte 516 f
– Signalstruktur 494
– strukturelle Zuordnung 511
O-Glykane 494
– Aufbau 497
– Core-Strukturen 497
– Hinweise auf 503
Glykan-Mapping-Verfahren 503, 509–517
Glykanpool
– Freisetzung 506–509
– Sialylierungsstatus 511
Glykodatenbanken 534
Glykoformen 494
Glykogen, Interaktion mit DNA-Protein-Komplexen 574
Glykolipide 540

Glykoproteine 485 f, 494–497
– Analyse der neutralen Monosaccharidkomponenten 502–505
– Charakterisierung der Glykosylierung 501
– Detektion von Monosaccharidkomponenten 501
– Freisetzung des Glykanpools 506–509
– Glykoformen 502
– HPAEC-PAD-Profil 504
– Hydrolyse 502, 504
– Hydroxyapatit-Chromatographie 204
– Identifizierung 498
– Massenspektrometrie 526
– Methanolyse 504
– Mikroheterogenität 494
– Monosaccharid-Bausteine 488 f
– NMR 526–534
– rekombinante 485, 534
– Säugerzell- 488, 502
– SDS-PAGE 234, 500
– therapeutische 485, 511
– Überexpression 972 f
– Zirkulationshalbwertszeit 526
– zuckerspezifische Färbung 498
glykosidische Bindung 490–493
Glykosphingolipide 558 f
Glykosylierung
– Nachweis 498
– Spezifität 495
Glyoxal, Reinigung 613
Glyoxalgele 613
Gm-Faktoren 70
Gold, kolloidales 93, 97
Goldmarkierung 656, 658
Golgi-Apparat, Zentrifugationseigenschaften 21
good laboratory practice 534
good manufacturing practice 534
GOR-Ansatz 792 f
G-Quartett 950
Gradienten, inverse 26
Gradientenelution 218, 205 f
Gradientengele, Herstellung 230
Gradienten-Gelelektrophorese, denaturierende 698
Grundzustand 138
grün-fluoreszierendes Protein 154 f, 172, 665
– als Reportergensystem 899
Gruppenschwingungen 160
GST-Fusionsproteine 14
Guanidin, Modifikation 110
Guanin
– Alkylierung 941
– Methylierung 726
gyromagnetisches Verhältnis 372 f

H

hairpin 948
hairpin loops 637
Hairpin-Ribozyme 952
Halbwertsbreite 141
Haloacetaldehyde für Footprinting-Analysen 762
Halocyanin 152
Halogenketone 113
Häm, spektrale Eigenschaften 150
Hämagglutination 76
Hammerhead-Ribozyme 952 f
Hämoglobin
– Kristallstrukturanalyse 451
– menschliches 976
Hämolysin-Transportsystem 967 f
Hansenula polymorpha 972
Haplotypen 699
Hapten 74
Haptenantikörper 101
harmonischer Oszillator 137, 156
Harnstoff, Verunreinigungen 181
Harnstoff-Shift 618
Hauptkomponentenanalyse 826

– Elektronenmikroskopie 437 f
Haushaltsgene 684
Haworthsche Projektionsformel 487 f
H-DNA 952
Hefe
– als Expressionssystem 971–974
– Sekretionssignale 973
– Zellaufschluss 15 f
Hefebibliothek 909 f
Hefechromosomen, künstliche 857
Hefezellwand, Abbau 576 f
Heidelberger Kurve 77 f, 89
Heisenbergsche Unschärferelation 137
Helferphagen 588
helikales Rad 790
Helium-Cadmium-Laser 258
Henderson-Hasselbalch-Gleichung 238
Hepatitis-C-Virus, Nachweis 669 f
Heteroduplex-Analyse 610
Heterokerne (NMR) 388
heteroklitisch 75
heterologe Überexpression 12, 118
heteronuclear single quantum coherence 389
Hexofuranosen 488
Hexokinase, Aktivitätsmessung 61 f
Hexosen 486
Hidden-Markov-Modelle 785
high-throughput-Analysen 2, 826
high-copy-Plasmide 578 f
high-level-Amplifikationen 842
high-Mannose-Typ 495–497
high-scoring segment pairs 807
Hirt-Extraktion 584, 586 f
His-Linker 966
His-*Tag* 213
Histidin, chemische Modifikation 111–113
Histokompatibilitätssystem 69
Hitzeschockpromotor 976
Hitzeschockproteine 962
HIV-Diagnostik 694
HIV-Subtypen 687
Hochdruckgradienten 206 f
Hochleistungsflüssigchromatographie, siehe HPLC
Hochpassfilterung 434
Hofmeister-Serie 17, 209
Homogenisierung 14–18
Homogenisierungsmedium 14
Homologie, Definition 796
Homologiemodellierung 809
Homologiesuche 788, 795–808
Homologievergleiche 687
Hoogsteen-Bindungen 951
Hot-Start-PCR 682, 870
housekeeping-Gene 684
Hpa II 602
HPAEC-PAD 501, 504
– Glykan-Mapping 509–511
HPAEC-PAD-Mapping-Profil 513 f
*Hpa*II, DNA-Methylierungsanalyse 739 f
HPLC 196, 206–208
– Aminosäurenanalyse 291
– Arbeitsbereiche 208
– chirale Phasen 294
– Detektion von Methylcytosin 737
– Eicosanoide 562
– Glykosphingolipide 559
– Kopplung mit UV/Vis-Spektroskopie 550 f
– Lipide 545–547
– Lipidvitamine 563–566
– Mikro-HPLC 353
– Radio-HPLC 563
HPLC-Säulen 207 f
HSQC 389
Humangenom-Projekt 1, 4, 635, 698 f, 864 f
humorale Immunität 67
Hybridisierung
– allelspezifische 695
– auf Chips 643, 826
– differentielle 867, 873
– Durchführung 637 f
– Grundlagen 636–639

– Selektivität 639
– Stringenz 638 f
– von Bibliotheken 859
Hybridisierungsarrays 643, 826
Hybridisierungsformate 640–642
Hybridisierungskinetik 638, 713
Hybridisierungssonden, siehe Sonden
Hybridomtechnik 102
Hybrid-Typ (Glykane) 495–497
Hydrazin
– DNA-Spaltung 728, 741
– für MC-Analysen 761
Hydrazinolyse, Glykane 507
hydrophobe Interaktionschromatographie 208 f
– Trennkapazität 10
hydrophobes Moment 791
Hydroxyapatit-Chromatographie 204
Hydroxyapatit-Chromstographie
– DNA 588 f
– Unterscheidung von ss und dsDNA 873
Hydroxyfettsäuren 561 f
Hydroxymethylcytosin 735, 950
Hydroxyradikale, für Footprinting-Techniken 766 f
Hyperchromie 140, 575
Hyperglykosylierung 973
hypermass 362
Hypochromie 140
hypothetische Ladungszahl 511 f
Hypovitaminosen 563
Hypsochromie 140

I

Identität, partielle 81
Identitätsmatrix 797
Ig, siehe Immunglobuline
image plates 456, 710
Immobiline 238 f, 820
Immunabwehr 69
Immunagglutination 76 f
Immunbindungstests 89–94
– amplifizierende Systeme 90 f
– direkte Anordnung 91
– Entwurf 91
– indirekte Anordnung 91 f
– nicht-markierte Anordnung 92
– Sandwich-Anordnung 93
– spezifisches Fenster 90 f
– Trägermaterialien 91
Immuncytochemie 96 f
Immundiffusion
– Arten 79
– nach Ouchterlony 81–83
– nach Oudin 80 f
– radiale 86 f
– zweidimensionale 81–83
Immunelektrophorese 84–86
– zweidimensionale 85
Immunfixation 86
Immunfluoreszenz 96 f
Immunglobulin G, Struktur 71 f
Immunglobuline 70
– limitierte Proteolyse 185
– Proteolyse 187
Immunhistochemie 96 f
Immunisierung 101
Immunität, humoral-zelluläre 68
Immunoassays 69, 75–100
– Affinitätschromatographie 98
– homogene 100
– Lipidanalytik 548
– Steroidhormone 560
Immunogene 74
Immunpräzipitation 77 f, 101
– Anordnungen 79
– Auslöschphänomen 83
– quantitative 77 f
– Voraussetzungen 79
Immunpräzipitationsmuster 82

Immunreaktion, Sichtbarmachung 91
imprinting 735
inclusion bodies 14, 962 f
Indikatorreaktion 61 f
inelastische Streuung 425
Infektionen, virale 687
Infektionskrankheiten 681 f, 693 f
Infektionsverhältnis, optimales 585
Infrarot, Spektralbereich 156
Infrarot-Aktivität 158
Infrarot-Detektoren 159
Infrarotspektroskopie 156
– Lipidanalytik 548
– Messtechniken 158–160
– Proteine 160–163
– Störungsmethoden 162
Infrarot-Strahlung 134
initial yield 310
Injektion
– elektrokinetische 256
– hydrodynamische 255
innere Konversion (*internal conversion*) 140, 167
in-situ-Footprinting 770
in-situ-Hybridisierung 639, 649, 830, 836 f
Insulin 9
– Strukturaufklärung 297
Intein-Expressionssystem 966
intensifyer screens 655
interaction trap, siehe Two-Hybrid-System
Interchromosomen-Domänenkompartiment 844
Interferenz-Footprints 755–767
Interkombination (*intersystem crossing*) 140
Interkombinationsverbot 139
International Union of Biochemistry 50
Internationale Strahlenschutzkommission 988, 993
Interphaseanalysen 839 f
Interphasecytogenetik 829, 832, 840 f
Interphase-Mapping 840
interspersed repetitive sequences 836
Intersystem-Crossing 139 f
Introns
– Kartierung 882
– Lokalisierung 878
Intron-Sequenzen 627
Invertase, pH-Abhängigkeit 54
in-vitro-Evolution 969
in-vitro-Footprinting 752–767
– Anwendungen 768
in-vitro-Mutagenese 892 f, 922–924
– mit PCR 688–690, 922
in-vitro-Transkription 884, 886, 890–894
in-vitro-Transkriptionssystem 893
in-vitro-Transkriptionsvektor 883
in-vivo-Footprinting 768–771
Iodacetamid 112 f
Iodessigsäure 112 f
Iodierung
– Histidin 111
– Peptide 47
– Tyrosin 110 f
Iodo-Beads 46 f, 111
Iodogen 111
Iodosobenzoesäure 111, 191 f
ion evaporation model 351
Ionenaustauschchromatographie 202–204
– Aminosäuren 285
– Aminosäurenanalyse 288
– funktionelle Gruppen 203
– Trennkapazität 10
Ionenaustauscher
– Kapazität 203
– starke 203
Ionencyclotron 323
Ionencyclotron-Resonanz-Zelle 323
Ionendosis 985
Ionenemissionsmodell 351
Ionenfalle 357, 366
Ionenfallen-Massenspektrometer 357, 359
Ionenpaarextraktion 31

Ionenpaar-Reagenzien 205 f
ionische Retardierung 31
ionisierende Strahlung 981
IPG-Dalt 244
IR-Küvetten 158
IR-MALDI-Massenspektrometrie 347, 823
IsoDalt-System 243
isoelektrische Fokussierung 218, 235–240
– Auflösungsvermögen 235
– Einschrittfokussierung 276 f
– Kapillarelektrophorese 274–278
– Kohlenhydratanalytik 502
– mit chemischer Mobilisierung 277 f
– mit Druck-/Spannungsmobilisierung 276 f
– präparative 242 f
– Prinzip 235
– Separatoren 237
– Trennmedien 236
isoelektrischer Punkt 202
Isoenzyme
– Differenzierung 62 f
– Homologievergleiche 298
isokratische Trennung 196
Isoleucin, NMR-Signale 395
isomorpher Ersatz 457–459
Isomorphie 458
Isopeptidbindungen 192
Isoprenoide 537
Isopsoralene 692
isopyknische Zentrifugation 22, 583
Isoschizomere 597, 602
Isotachophorese 232
– DNA-Fragmente 632 f
isotachophoretische Probenkonzentrierung 282
Isotopenabfall 1003 f
Isotopenmarkierung, Proteine 107
Isotopenmuster, Proteine 338
Isotypen 68, 70

J

Jablonski-Diagramm 139–141
Joulesche Wärme 220

K

Käfigverbindungen 108, 147 f
Kaliumpermanganat, für Footprinting-Analysen 762
Kallikrein 189
Kandidatengene 854, 860–862
– positionelle 861 f
– Vorhersage 861
Kapazitätsfaktor (Chromatographie) 199
Kapillaraffinitätselektrophorese 261, 267 f
Kapillarbelegungen 260, 265 f
Kapillarblotting 624 f, 627, 629
Kapillarelektrophorese 219
– Anwendungsgebiete 253, 283
– Detektoren 256–258
– Fraktionierung 281–283
– Gerätetechnik 254–258
– N-Glykane 517–519
– isoelektrische Fokussierung 261, 274–278
– Isotachophorese 261
– Kapillarmaterialien 255
– Kopplung mit MS 281
– mikropräparative 282
– Prinzip 254, 260 f
– Probeninjektion 255 f
– Puffersysteme 254
– Stacking 280
– theoretische Grundlagen 258–260
– Trennkapazität 10
– siehe auch Spezialverfahren
Kapillaren
– bei Fokussiertechniken 275 f
– Blockierung 275
– Coatings 260, 265 f

– dynamisches Belegen 265
– Material 255
– parallele 283
– Probenadsorption 265
– Temperaturgradient 260, 265
Kapillargaschromatographie 553, 562
Kapillargelelektrophorese 261, 273
– Nucleinsäuren 274
– Oligonucleotide 274
– Siebmedien 274
Kapillarisotachophorese 253, 278 f
Kapillarkräfte 447
Kapillarzonenelektrophorese 261–266
– Auflösung 264
– Ionenstärke 264 f
– isotachophoretische Effekte 279
– online-Probenkonzentrierung 279 f
– pH 264
– Pufferzusätze 166
– synthetische Peptide 473 f
– Temperatur 265
– theoretische Trennstufen 262 f
– Trennprinzip 261–263
– Trennungsoptimierung 264
Karplus-Beziehung 382, 401
Kartierungsfunktion 850
katal, Definition 50
katalytische Antikörper 74
katalytische Konstante 58
Kathodendrift 237
Kationenaustauscher 203
Kernmembran, Zentrifugationseigenschaften 21
Kern-Overhauser-Effekt 387 f, 401, 531 f
Kernspin-Quantenzahl 372
Kettenabbruchverfahren 709
kinetische Substratbestimmung 57
Kjeldahl-Methode 36
Klenow-Enzym 650 f
klinische Diagnostik 635, 832, 842, 887
Klone, doppelt positive 631
Klonierung
– Austesten 581
– DNA-Fragmente 856 f
Klonierungsprodukte, Restriktionsanalyse 594
Klonierungssysteme für genomische DNA 856 f
Klonkarte 863 f
Kluyveromyces lactis 972
knock-in-Mutation 921
knock-out-Mutagenese 774
knock-out-Mutation 921, 929
Kochlyse 581
kohäsive Enden 596 f
Kohlefilm 416
Kohlenhydratanalytik
– an intakten Glykoproteinen 498–506
– GC-MS 504 f
– isoelektrische Fokussierung 502
– mit Lectinen 501 f
– NMR 527–531
– siehe auch Glykane
Kohlenhydrate
– chemische Verschiebung 527
– Kopplungskonstanten 527 f
– Nuclear-Overhauser-Effekt 531
– spezifische Erkennung 501
– stereochemische Grundlagen 486–493
– siehe auch Glykane
Kohlenhydratseitenketten, enzymatischer Abbau 188
Kohn-Fraktionierung 17
Koloniefilter 630
Kolonie-Hybridisierung 630 f
Kolonielifts 873
kolorimetrische Verfahren (Proteinbestimmungen) 37–42
kombinatorische Markierung 833
kombinatorischer Ansatz 943, 953
Kompatibilitätsanalysen 795
Komplement 68
– Aktivierung 582

komplementäre DNA, siehe cDNA
komplexer Typ (Glykane) 495–497
Konnektivitäten 399
Kontaminationskontrolle 1000
Kontrastierungsmethoden (EM) 417
Kontrastübertragungsfunktion 425, 430–432
Kontroll-Oligonucleotide 956
Kopplungsanalyse 849–852
Kopplungsenzyme 61 f
Kopplungsreagenzien, bifunktionelle 652
Kornberg-Enzym 650 f
Körperdosis 985
Korrelationsanalysen 826
Korrelationskoeffizienten 435 f
Korrelationsmittelung 435 f
Korrelationsspektroskopie 386
Korrelationszeit 409
Korrespondenzanalyse 437–439
– Elektronenmikroskopie 437–439
Koshland-Reagenz 111
Kostenmatrix 795
kovalente Quervernetzung, Protein-DNA-Komplexe 774
Kozak-Sequenz 961
Krankheitsgene 853
– Identifizierung 861 f
– siehe auch Kandidatengene
Kreuzelektrophorese 84 f
Kreuzhomologien 837
Kreuzhybridisierung 644
Kreuzmarkierung 397
Kreuzsignale 385
Kristallachsen 453
Kristalle
– Schweratom-modifizierte 458
– zweidimensionale 434
Kristallgitter 453
Kristallisation 451–453
– zweidimensionale 421 f
kristallographische Auflösung 432
kristallographische Temperaturfaktoren 463
kristallographische Verfeinerung 461
kristallographischer R-Faktor 462 f
Kristallstruktur, Qualität 463
Kristallstrukturanalyse, siehe Röntgenstrukturanalyse
kritische Micellenkonzentration 28, 270
Krümmung (DNA) 609, 775
Kryoelektronenmikroskopie 416 f, 420 f, 425, 432
Kryolinse 421
Kunkel-Technik 924
Kupfer-o-Phenanthrolin, als chemische Nuclease 764–767
Kupplungsreagenzien 470

L

lab-on-chip 643
laboratory information management system 724
lac-Operon 970
lac-Repressor-β-Galactosidase-Konjugat 658
Lactat-Dehydrogenase, Aktivitätsbestimmung 63
Lactococcus lactis 971
Lactoperoxidase 46, 48
lacZ-Gen
– als Reportergen 904, 906
lacZ-Reporter-Kassette 938
Laemmli-System 233, 748, 751
Lambdaklone 594
Lambert-Beersches Gesetz 52 f, 141
Larmor-Frequenz 373, 376
Laser, für Fluoreszenzanregung 258
Laserdesorption 349
Laserdesorption-Ionisation 323
Laser-Scanning-Mikroskop 837
Lathe-Formel 713
N-Laurylsarkosin 577
LC/MS-Kopplung 207, 360

– Lipidanalytik 551
leading 263
Lebensdauer eines Zustands 140
Leber-Alkohol-Dehydrogenase, Raman-Spektrum 166
Lectine
– immobilisierte 210
– in der Kohlenhydratanalytik 501 f
– in Immunbindungstests 93
Leitelektrolyt 278–280
Leitersequenzierung 319 f
– Carboxy-terminale 320
– *N*-terminale 340
Leit-Ionen 231 f, 632 f
Lennard-Jones-Potential 406
lep-Genprodukte 968
Leucin, NMR-Signale 395
Leucin-Aminopeptidasen 287
Leucin-Zipper, Sedimentationsgleichgewichts-Profil 917
Leukotriene 561 f
LexA-Fusionsprotein 906
lexA-Operator 904, 906
LexA-Protein 904
Licht
– natürliches 132
– polarisiertes 132, 172–178
– Schwingungsfrequenz 133
– Wechselwirkung mit Molekülen 135
Lichtstreuung 142, 163
Liganden-Rezeptor-Wechselwirkung 117
Ligase-Kettenreaktion 669, 701 f
ligation mediated-PCR 742, 772 f
limiting dilution 683
Lineardichroismus 172–175
Lineardichroismus-Infrarotspektroskopie 175
lineares Energieübertragungsvermögen 985
Lineweaver und Burk-Darstellung 57
linker-scanning-Mutagenese 922
linking number 620, 775
Linsenfehler 415
Lipidanalytik
– allgemeines Vorgehen 538
– Detektion 545 f
– Dünnschichtchromatographie 543–545
– Gaschromatographie 546 f
– GC/MS 552
– HPLC 542 f, 545–547
– IR-Spektroskopie 548
– LC/MS 551
– Massenspektrometrie 547 f
– NMR-Spektroskopie 550
– Tandemmassenspektrometrie 552 f
– UV/Vis-Spektroskopie 549
Lipide
– biologische Funktionen 537
– Einteilung 537 f
– Elementaranalyse 548
– Festphasenextraktion 540
– Flüssigphasenextraktion 539 f
– Lagerung 541
– Oxidation 539, 546
– ungesättigte 546
Lipidextrakt, Phosphatbestimmung 558
Lipidhormone 538, 548, 560–563
Lipidperoxide 549
Lipidschichten, SFM-Aufnahme 447
Lipidvesikel, TEM-Aufnahme 425
Lipidvitamine 537, 563–566
Lipopolysaccharide, Reinigung 582
Lipoproteine 537
Lipoxin B$_4$, NMR-Spektrum 550
LM-PCR 742, 772 f
LOD-Score 852
log odds 801
log of the odds 852
log-Wahrscheinlichkeitsmatrix 801
long interspersed elements 836
loss of function-Mutation 921
Lösungsmittel, organische 16, 18
Lösungsmittelgradienten 206

Lösungsmittelrelaxation 169
low-copy-Plasmide 578 f
Lowicryl 417
low-melting-Agarose 633
Lowry-Assay 37–40, 148, 198
loxP-Elemente 931–934
luc-Gene 899
Luciferase-Enzyme 665 f
Luciferase-Reportergen 899
Luciferin 665 f
Lumineszenzmarker 657 f
Lumineszenz-Systeme 664 f
Lysin
– Acylierung 105
– Amidinierung 106
– chemische Modifikationen 105–108
– reduktive Alkylierung 107
Lysophosphatide 553
Lysosomen, Zentrifugationseigenschaften 21
Lysozym 15, 576
Lyticase 576

M

Macaloid 589
Magnetfeld 373, 375
magnetischer Feldvektor 135
magnetisches Moment 372 f
Magnetisierung 375 f
Magnetisierungsvektor 376
Makro-ELISA 98
MALDI 251, 324–347
– Analytik synthetischer Peptide 476 f
– Detektion 331 f
– Einschränkungen 331
– Fragmentierung 342
– Herstellung der Matrix 332–334
– Ionen-Energie 327
– Ionisierungsprinzip 324–327
– Kombination mit Edman-Abbau 339 f
– Kopplung mit PAGE 347
– Laser 327
– Leitersequenzierung 339–348
– Lokalisierung eines Cross-Links 128
– Massenanalysatoren 327
– Matrixsubstanzen 325
– Molekulargewichtsbestimmung 332–338
– Probenvorbereitung 335
– Proteinpräparation 324
– PSD- 342–346
– *C*-Sequenzierung 320–322
MALDI-Spektrum 335–338
– Berechnung der Masse 338
– Isotopenmuster 336
– Peakform 338
Maleinimide 116
Maltose 491
Maltose-Bindungsprotein, als Fusionsprotein 965
Maltose-Operon 585
D-Mannose 489
Marker
– genetische 847–849
– informative 846
– polymere 657
– polymorphe 846
Markierungsenzyme 652
Masse
– monoisotopische 338
– nominelle 338
– reduzierte 156
Massenbestimmungen, elektronenmikroskopische 426 f
Massendichte 426
Massenspektrometer
– Auflösungsvermögen 328 f
– Flugzeit- 327 f
– Ionenfallen 357, 359
– Komponenten 323
– Single-Quadrupol- 366
– Triple-Quadrupol- 363 f

Massenspektrometrie
– Aminosäuresequenzanalyse 299
– Detektoren 323
– Einsatzgrenzen 179
– Elektrospray-Ionisation 348–368
– Empfindlichkeit 324
– Entwicklung 323 f
– Glykoproteine 526
– Ionisierungsmethoden 323
– Lipidanalytik 547 f
– MALDI 324–347
– MS/MS 366–368
– Proteomanalyse 823
– Sequenzierung von Oligonucleotiden 732
– siehe auch Einzelverfahren
Massentransfer-Effekte 200
Mathieusche Gleichungen 355 f
α-Matingfaktor 973
Matrix-CGH 842 f
Matrix-unterstützte Laserdesorption-Ionisation, siehe MALDI
Mäuse
– chimäre 927
– Cre-transgene 935
– gefloxte 933, 935
Mäuseleberproteine, IPG-Dalt 245
Mausmutanten 921
Maxam-Gilbert-Verfahren 724–731
– als Festphasenprozess 729
– Endmarkierung 725
– für in-vivo-Footprinting 768–771
– Prinzip 725
maximale Wahrscheinlichkeit 794
Maximalgeschwindigkeit, Enzyme 57 f
MC-Analysen, Proben 761
McKay-Assay 747, 750
– in vivo 774
Mediline 784
Mehrfachentwicklung 544
Mehrfarben-FISH 832
Membranen
– für Elektroblotting 250 f
– isoelektrische 242
– Massenkartierung 427
– Negativkontrastierung 418
– Rastertunnelmikroskopie 445
Membranpotentiale 172
Membranproteine
– Abtrennung von Detergenzien 32
– 2D-Kristallisation 421
– Elektrophorese 235
– Erstcharakterisierung 175
– immunchemischer Nachweis 96
– IR-Spektroskopie 161
– Reinigung 13 f
– Solubilisierung 27 f, 185, 187
– Überexpression 973
– Untersuchung von Assoziationen 919
Messerhomogenisator 15 f
Metallbeschattung 420
Metallchelat-Affinitätschromatographie 14, 212 f, 966
Metallkomplexierung 266
Metallmarker 657
Metalloproteasen 15
Metalloproteine 152
– Reinigung 213
Metaphasechromosomen
– Chromosome Painting 838
– FISH 832, 837–839
Metarhodopsin 149 f
Methionin
– chemische Modifikation 112
– Oxidation 471 f, 476
– oxidierte 476
– Spaltung mit Bromcyan 190 f
Methyladenin 735, 950
– Detektion 740
Methylcytosin 735, 740, 950
Methylglykoside 504
Methylierungsanalyse, Glykane 522 f
Methylierungsmuster, DNA 601, 950

Methylphosphonat 946
micellarelektrokinetische Chromatographie 261, 269–273
– chirale 271–273
micellarelektrokinetische Kapillarzonenelektrophorese 473 f
Micellbildner 270 f
Micellen 28
Michaelis-Konstante 50
– apparente 59
– Bestimmung 57
Michaelis-Menten-Gleichung 50
– Gültigkeit 59
– Linearisierung 57
Michaelis-Menten-Kinetik, Abweichungen 59, 64, 83
Michelson-Interferometer 159
Microchips 283
Mikro-ELISA 92, 98
β_2-Mikroglobulin
– Dot-Immunoassay 94
– Isotopenmuster 337
Mikroheterogenität, Glykoproteine 494
Mikroinjektion 898, 926 f
mikro-LC 207
Mikrosäulen 208
Mikroskopie
– Anfänge 413
– Einsatzbereich 413
Mikrosomen, Zentrifugationseigenschaften 21
Mikrosatelliten als genetische Marker 848 f
Mikrowellen 134
Mikrowellenhydrolyse 287
Millersche Indizes 455
Mimic-Fragmente 683–685, 690
Miniantikörper 102
Minisatelliten 611
Mischsequenz 383
mismatch discrimination 647
mispriming 678
Missense-Oligonucleotide 956
missing cones 441 f
Missing-contact-Analyse 755–767
Mitochondrien, Zentrifugationseigenschaften 21
MMLV-RTase 680
mobile Phase 196
Mobilität
– effektive 220
– elektrophoretische 219
Modell des geladenen Rückstands 350
Modellsubstrate 56
molare Aktivität 51
molarer Absorptionskoeffizient 38, 141
molecular dynamics 405, 809
molekulare Cytogenetik 635
molekulare Medizin 694
molekularer Ersatz 460 f
Molekulargewicht
– Bestimmung
– – durch analytische Ultrazentrifugation 917
– – mit ESI 359 f
– – mit MALDI 332–338
– effektives 916, 918
Moleküle
– Dissoziationsgrenze 137
– Energieniveaus 136–138
– Gesamtenergie 137
– Rotationen 157
– Wechselwirkung mit Licht 135
Molekülorbital 135
Molekülschwingungen 157 f
Moluküldynamik 405, 809
Monoacylglycerine 554 f
monoklonal 68
monoklonale Antikörper 102
– Epitopkartierung 94, 100
– Identifizierung 84
– Selektion 94
Monosaccharide 488 f
– Molekulargewichte 505
– quantitative Analyse 505

Monosaccharidsequenz 486
MOPS 613, 783
Morulaaggregation 928
mRNA
– Affinitätschromatographie 591
– gering exprimierte 645 f
– Kern-Cytoplasma-Transport 944
– polyadenylierte 629, 976
– Quantifizierung 682
– Stabilität 944
mRNA-Analyse 826
MS/MS-Spektren 354, 366–368
Msp I 602
– DNA-Methylierungsanalyse 739 f
Multi-Bandpass-Filter 832, 837
Multi-Copy-Plasmide 579
Multi-Copy-Suppressoren 959
Multigen-Loci 838
multiple anomale Dispersion 459 f
multiple Peptidsynthese 471 f
multiple wavelength anomalous dispersion 460
multiple-point attachment 211
Multiplex-DNA-Sequenzierung 730 f
Multiplex-FISH 663, 833
Multiplex-PCR 687
Multiplexphotometer 170
Multiplexvorteil 145
multiplex-walking 731
Multiplizität 135
Multisondensysteme auf Chips 647
Muskelgewebe 15
Mustersuche 785
Mutagene 922
Mutagenese
– gerichtete 103
– in-vitro- 892 f, 922–924
– *knock-out-* 774
– konditionale 932, 935–939
– *linker-scanning-* 922
– mit Oligonucleotiden 922
Mutanten, konditionale 929
Mutationen
– Detektion 602
– Einzelbasen 639
– *gain-of-function* 933
– in vivo 938
– längenvariante 694
Mutationsanalyse 620, 635, 647, 862 f
– Cycle-Sequencing 688
– Restriktionsfragment-Längenpolymorphismen 695
Mutationsdatenmatrix 796–802
Mutationskarte 864
Mutationsstrategien 921
Mutationswahrscheinlichkeiten 798 f
Myoglobin
– Kristallstrukturanalyse 451
– van-Deemter-Kurve 200

N

Nachsäulenderivatisierung 288–291
nano-LC 207
NASBA 668, 699 f
Natriumacetat, Fällung von Nucleinsäuren 573
Natriumcholat 271
Natriumdodecylsulfat 29, 233, 271
Natriumtaurocholat 271
Natriumtetradecylsulfat 271
NBD-Chlorid 114 f
NBT, Glykoanalytik 498
NCS 459
nearest neighbor-Analyse 738 f
Needleman-Wunsch-Algorithmus 804
Negativ-Ionen-Spektren 335
Negativkontrastierung 417 f
N-end-rule 960
Neoantigene 74
Nephelometrie 89

NEPHGE 244
Nernst-Einstein-Beziehung 263
Nernst-Stift 159
nested deletions 705 f
nested PCR 686
Netropsin 764
Neuraminidase 502
neuronale Netze 785, 789 f
Neurotensin, Elektrospray-Ionisations-Spektrum 361 f
Neutrallipide 554–556
Neutralverlust-Analyse 365
nicking-Aktivität 608
Nick-Translation 834
– zur DNA-Markierung 648, 651
Niederdruckgradienten 206 f
Ninhydrin-Assay 37, 288 f
Nitrocellulosemembranen 625 f
Nitrophenylsulfenylchlorid 112
3-Nitrotyrosin 111
Nitroveratryloxycarbonylgruppe 108
Nitroxid-Scanning 118
NMR-Spektroskopie
– Anwendungen 371, 409
– Besetzungszahlen 375
– chemische Verschiebung 379
– *continuous-wave* 374
– COSY 386
– dreidimensionale 389–394
– eindimensionale 377–382
– Empfindlichkeit 375
– Feldstärke 375
– Fourier-Transformation 374 f
– Glykoproteine 526–534
– größere Proteine 388, 392
– heteronukleare 388 f
– homonukleare 2D 388
– HSQC 389
– Kopplungskonstanten 382
– Lipidanalytik 550
– Magnetfeldstärke 373
– magnetisch aktive Kerne 371
– mehrdimensionale 381
– NOESY 387 f
– Proteine 385, 401–408
– Proteinfaltung 410
– Protein-Ligand-Komplexe 409 f
– Relaxationszeiten 377
– Signal-Rausch-Verhältnis 389
– Signalzuordnung 394–400
– simuliertes Tempern 405–407
– skalare Kopplung 381
– spektrale Parameter 378–381
– Standards 379
– Strukturrechnungen 404–408
– Theorie 372–377
– TOCSY 386
– Tripelresonanzexperimente 391–394
– Vergleich mit Röntgenstrukturanalyse 463
– zweidimensionale 383–389
NMR-Spektrum
– Auswertung 394
– 1D 378–381
– 2D 383
– Linienbreite 382
sequenzspezifische Zuordnung 394 f
NOESY 387 f, 395
NOESY-HSQC 391
nonconventional yeasts 972
noncrystallographic symmetry 459
Normalmoden 157
Normalphasenchromatographie 542
Normalphasenmechanismus 26
Northern-Blotting 628 f
– Anwendungen 629
– Expressionsanalyse 871
– RNA-Mengenbestimmung 886 f
Nuclear Overhauser and Exchange Spectroscopy, siehe NOESY
Nuclearfaktor, Footprinting 760, 762
Nuclear-Overhauser-Effekt 387 f, 401, 531 f
Nuclear-Run-on-Assay 889 f

Nuclear-Run-on-Transkription 889
Nuclease S1 878
Nucleasen
– chemische 770
– einzelstrangspezifische 878
Nuclease-S1-Analyse 878–882, 893
– Kartierung von RNA-Enden 880
– quantitative 878 f
– Reaktionsprinzip 878 f
5'-Nuclease-System 640
nucleic acid sequence based amplification 699 f
Nucleinsäure-Amplifikationsverfahren 666–671
Nucleinsäureanalytik
– Isotopeneinsatz 643
– Sonden 643–647
– siehe auch Nucleinsäurenachweissysteme
Nucleinsäurebasen
– Detektion methylierter 602
– Komplementarität 636
– Modifikationen 735, 948
Nucleinsäure-Blotting 624–631
– Wahl der Membranen 625
– siehe auch Northern- und Southern-Blotting
Nucleinsäuren
– Absorptionsmaximum 574
– Abtrennung von Proteinen 571
– Cotton-Effekte 177
– Detektion radioaktiver 655
– Elektroelution 631–633
– Elektrophorese 603–620
– elektrophoretische Mobilität 604 f
– Ethanolpräzipitation 573 f
– Fällung 18, 573
– – geringer Mengen 574
– Färbemethoden 653 f
– Gelfiltration 572 f
– Kapillargelelektrophorese 274
– Konzentrationsbestimmung 574
– Konzentrierung 573
– limitierende Mobilität 614
– Markierungsverfahren 647–653
– Phenolextraktion 571 f
– Phosphatgehalt 589
– qualitative Analyse 640
– quantitative Analyse 623, 640
– Schmelzpunkt 638
– Silberfärbung 623 f
– zweidimensionale Gelelektrophorese 617–620
– siehe auch DNA und RNA
Nucleinsäurenachweissysteme 653–666
– Anwendungen 635
– Biotin-System 662 f
– Detektionsarten 661
– Digoxigenin-System 660–662
– Dinitrophenol-System 663
– Fluorescein-System 663
– indirekte Systeme 663 f
– nichtradioaktive 655–666
– optische Detektion 664
– radioaktive 654 f
– Targetamplifikation 667–669
– Verstärkungsreaktionen 664
– Wechselwirkungspaare 658
Nucleinsäurepräparationen, Kontaminationen 571
Nucleotide
– Abtrennung radioaktiver 633
– Austauschpositionen für radioaktive Markierungen 650
– Biotin-markierte 659
– Hapten-markierte 659
Nullpunktsenergie 137, 156
Nullwertanalyse 295
numerische Apertur 423
Nycodenz 23
Nylonmembranen 625 f
NZCYM-Medium 585

O

Oakely/Fulthorpe-System 81
Oberflächenexpression 968 f
objective function 810
Objektfunktion 429 f
Octylglucosid 29
offene Leserahmen 860
Ogston-Siebeffekt 604
OLA-Technik 697
Oligo(dT)-Affinitätsreinigung 629
Oligo(dT)-Primer 677, 679, 681
– degenerierter 869
Oligo(dT)-Säulen 591
Oligodesoxyribonucleotide, siehe Oligonucleotide
oligonucleotide arrays 645
oligonucleotide mediated mutagenesis 923
Oligonucleotide
– Anwendungen 941 f, 956
– AP-gekoppelte 657
– Bestimmung der Konzentration 575
– chimäre 945, 950 f
– denaturierende PAGE 611 f, 634
– DNP-markierte 663
– Einführen von Mutationen 922 f
– Hemmung der Expression 943–945
– immunstimulierende Wirkung 950
– Induktion von RNase H 944
– Interaktionen mit Proteinen 956
– Kapillargelelektrophorese 274
– Kontroll- 956
– Makierungsverfahren 648
– MALDI 325
– Membrangängigkeit 948
– Missense- 956
– Modifikationen 945–948
– präparative Aufreinigung 611 f
– Schutz vor Nucleasen 947
– *scrambled*- 956
– selbststabilisierende 948
– Sense- 956
– Spezifitätskontrolle 956
– Stabilisierung 950, 955
– 3'-tailing 648
– Triplex-bildende 951 f
– siehe auch Antisense-Oligonucleotide
oligonucleotide-ligation assay 697
Oligonucleotid-Fangsonden 645
Oligonucleotid-Pharmaka 947, 951
Oligonucleotidsonden 643, 645
Oligonucleotidsynthese 652 f
Oligosacchariden, Analyse 486
One-Hybrid-Technik 913
Onkologie 682
Online-DNA-Sequencer 723
open reading frames 708
optische Dichte 575
optische Rotationsdispersion 176–178
optische Spektroskopie, siehe Spektroskopie
optischer Test nach Warburg 60
Organellen, Isolierung 15
organische Lösungsmittel 16
– Fällung von Proteinen 18
Orientierung, chromophore 173
orifice 352
Ortsdosis 985
Ortsdosisleistung 985
Osmiumtetroxid, für Footprinting-Analysen 762
Osmolyse 15 f
Östradiol 560
Ouchterlony-Technik 81–83
Oudin-Technik 80 f

P

PACE 615
PAGE, siehe Polyacrylamidgelelektrophorese
panning 968
PAP, siehe Peroxidase-Anti-Peroxidase

Papain 185, 287
Papierchromatographie 195
PAP-Methode 92, 97
Parabelpotential 137
Parakristalle 434
Paratop 68, 72
parsimony-Prinzip 794 f
Partialrestriktion 597 f, 600
P1 artificial chromosomes 857
Pascalsches Dreieck 381 f
Patterson-Funktion 458, 461
Pauli-Prinzip 135
PCR
– allelspezifische 647, 696
– *Alu*- 690
– Anwendungen 693–699
– Asymmetrie 686 f
– Auswahl der Primer 681
– Bestimmung von Intron/Exon-Grenzen 882
– degenerierte 687, 774, 835
– Differential Display 869
– DNA-Methylierungsanalyse 741
– DNA-Polymerasen 676
– DOP- 835
– Effizienz 683
– Einflussgrößen des Targets 678
– Fehlpaarungen 678
– Hot-Start 682, 870
– in vitro-Mutagenese 688–690
– in-situ- 690
– Instrumentierung 675
– inverse 690
– Kinetik 683
– kompetitive 685, 690
– Kontaminationsproblematik 690–693
– *ligation-mediated* 742, 772
– Mastermix 677
– Mimic-Fragmente 683–685
– Miniaturisierung 675
– Multiplex- 687
– Nachweis
– – von genetischen Defekten 694–698
– – von Infektionskrankheiten 693 f
– *nested*- 686
– *one-tube-nested*- 686
– Optimierung 681
– Primer 677
– Prinzip 674 f
– Probenvorbereitung 682
– Puffer 676 f
– quantitative 682–685, 888 f
– RACE- 690
– *real-time*-Detektion 675, 703
– Sensitivität 675
– Sonden-Herstellung 644 f
– Spezifität 676
– sslig- 773
– Standardisierung 683 f
– Temperatur/Zeit 676
– *touch-down*- 870
– Vektoretten- 690
– zur DNA-Markierung 648
– zur Sondenmarkierung 651, 835
PCR-Mutagenese 922
PCR-Produkte
– Aufreinigung 871
– Inaktivierung 692 f
– Klonierung 872
– Sequenzierung 695
Pedros Biomolecular Research Tools 784
Pentamethylchromansulfonyl 469
Pentosen 488
Pepsin 187
– pH-Abhängigkeit 54
– Spezifitätskonstanten 58
Peptidantikörper 79, 101
Peptidbibliotheken 480–483
– Festphasensynthese 108
Peptidbindung
– Absorptionseigenschaften 44
– *cis-trans*-Isomerie 395

– CNBr-Spaltung 112
– Schwingungsmoden 161
– spektroskopische Eigenschaften 147
peptide maps 180, 184
Peptide
– Aktivierungsreagenzien 469 f
– CD-Spektren 479 f
– chemische Synthese 467–472
– Diastereomerenbildung 478
– Elektrospray-Ionisations-Spektren 361–363
– Enantiomereneinheit 478
– Endgruppenbestimmung 293
– glykosylierte 365
– Grundstruktur 297
– hydrophobe 473, 476
– Iodierung 47
– Isotopenmuster 338
– Konformationsanalyse 479
– Leitersequenzierung 339–348, 824
– MALDI 325
– mikropräparative Trennung tryptischer 282
– Mobilität 219
– Photomarkierung mit Benzophenon 126
– PSD-Analyse 343
– radioaktive Markierung 45–48
– Reinigungsstrategie 201 f
– Salzgehalt 474
– saure 476
– SDS-Elektrophorese 234
– Sequenzierung mit Elektrospray-Ionisations-Massenspektrometrie 365–368
– C-terminaler Abbau 314
– Vergleich homologer 480
Peptideigenschaften, aus Sequenzdaten 788
Peptidfragmente
– Auftrennung 184
– überlappende 179, 193
Peptidnucleinsäuren (PNA) 646, 747, 947
– als Hybridisierungssonden 639
– Ausbildung von Tripelhelices 952
– *capture probes* 647
Peptidoleukotriene 562
Peptidpharmaka 293
Peptid-Proteinkonjugate 110
Peptidsynthese
– Nachweis von Fehlkopplungen 479
– Nebenprodukte 472
– Qualitätskontrolle 293 f
– Wahl der Schutzgruppen 469
Peptidyl-Prolyl-*cis/trans*-Isomerase, Aktivitätstest 62
percent accepted mutation 799
Percoll 23
Permanganat, Modifikation von DNA 742
Permutations-Assay 778
Peroxidase
– Kopplung an Oligonucleotide 652, 657
– Substratspezifität 56
Peroxidase-Anti-Peroxidase-(PAP)-Komplex, Immunbindungstests 93
Peroxilipide 546
Peroxisomen, Zentrifugationseigenschaften 21
Personen-Dosimetrie 990, 996
Personendosis 985
Perturbationsanalyse 818
PFGE-Karte 863
Pflanzen, Zellaufschluss 15 f
Pfu-Polymerase 676
pH
– in Zellkompartimenten 172
– pH-Sprung 147
– pH-Wert beim Ionenaustausch 203
pH-Gradienten 235 f
– gespreizte 820
– immobilisierte 218 f, 238
– künstliche 246
– Messung 236
– natürliche 246
Phage-Display 968 f
Phagen
– Dichtegradientenzentrifugation 586
– Fällung 586

– filamentöse 587 f
– Vermehrung 585
– Wirtsspezifität 735
Phagenbibliotheken 585
Phagen-DNA, Isolierung 585–587
Phagenfilter 630
Phagenkartierung 628
Phagenpartikel, Isolierung 586
Pharmaanalytik 272
Phase, elektromagnetische Welle 457
Phasenkohärenz 376
Phasenkontrast 424 f
Phasenkontrastmikroskop 413
Phasenverschiebung 429 f
Phasmid 923
Phenanthroline 652
Phenazine 652
Phenol, Oxidationsprodukte 571
Phenolextraktion, Nucleinsäuren 571 f
Phenol-*Freeze* 633
Phenothiazine 652
Phenylalanin, Absorption 148
Phenylisothiocyanat
– Aminosäurenanalyse 292
– Derivatisierung von Proteinen 108
– Edman-Abbau 299
Phosphatasen 186, 188
Phosphatbestimmung, im Lipidextrakt 558
Phosphatgruppe, enzymatische Abspaltung 188
Phosphoamidite 652 f
– DNP-modifizierte 659
Phosphoamidit-Markierung 648
Phosphoamiditverfahren 653
Phosphodiesterasen 736
Phospholipasen 539
Phospholipide 547, 556–558
Phosphoreszenz 167
Phosphorothioat 945–947
– immunogene Wirkung 950
Photoaffinitätsmarkierung 118 f
– Anwendungen 121–129
– Reagenzien 122 f
Photobiotin 129
photochemische Reaktionen 147
Photocross-Linking 119
photoelektrischer Scanner 915 f
Photofootprinting 769 f
Photometer 144 f
– Funktionsweise 143
Photometrie, siehe Spektroskopie
Photonenstrahlung 981
Phthaldialdehyd 115, 290 f
Phycoerythrin 451
– Einkristalle 453
Phylochinone 566
phylogenetische Analyse 794 f
Phylogenie 793
Pichia pastoris 972 f
Pigment, Definition 132
Piperidin
– Detektion von DNA-Modifikationen 762
– DNA-Spaltung 728
Plancksches Wirkungsquantum 133
Plaque-Hybridisierung 630
Plaquelifts 873
Plasmabestandteile 88 f
Plasmadesorption 349
Plasmalogene 559
Plasmamembranen, Zentrifugationseigenschaften 21
Plasmaproteine 17, 485
– Fällung 18
Plasmid-DNA
– Isolierung 578–584
– Qualität 581
Plasmide 578
– große 582
– *high-copy* 578 f
– *low-copy* 578 f
– Multicopy- 579
Plasmidklone 594

Plasmidreporter 911
Plasmidvektoren 578
– Komponenten 895
– Promotoranalyse 895 f
Pleckstrin, Sekundärstrukturvorhersagen 793
Pleckstrin-Homologie-Domäne 782
PNA, siehe Peptidnucleinsäuren
PNA-DNA-Hybride 647
PNA-Sonden 644, 646 f
– chemische Markierung 652
PNGase F 500, 506 f
Polarisierbarkeit 136
polarisiertes Licht, Definition 132
Polyacrylamid, Eigenabsorption 274
Polyacrylamidgele 218, 226 f
– Elektroblotting 627
– native 609
– Nucleinsäureanalytik 608–612
Polyacrylamidgelelektrophorese
– denaturierende 611
– Detektion 611
– Kopplung mit MALDI 347
– mDNA 608–611
– native 609 f
– Oligonucleotide 634
Polyadenylierung, mRNA 976
Polyamide, Wechselwirkung mit DNA 952
Polyenzyme 664, 669
Polyhedrin-Promotor 975
polyklonal 68
Polymerase-Kettenreaktion, siehe PCR
Polymyxin B 582
Polysaccharide
– Entfernung 578
– für Dichtegradienten 23
Poolsequenzierung 481 f
Porengradientengele 230 f
positional cloning 699, 860
positioneller Kandidatengen-Ansatz 861
positive mode 350, 359
Positiv-Ionen-Spektren 335
post source decay 342
Post-Genome-Ära 826
posttranslationale Modifikationen 3, 179, 817 f
– Analyse von 298 f
– Hinweise auf 823 f
– Überexpression 961 f, 971–973, 976 f
Prägung 735
präparative Verfahren, Elektrophorese 241
Präzipitationslinie auf Identität 81
precursor ion selector 346
Primärantikörper 91 f
– Markierung 91
primäres Transkript 943
Primärstrukturanalyse, siehe Proteinsequenzanalyse
Primer
– *anchored-* 868 f
– AP-markierte 657
– *composite* 688 f
– degenerierte 687, 835
– Dekamer 869 f
– *forward-* 696
– *reverse-* 696
– Schmelztemperatur 678
– Sekundärstrukturen 678
– sequenzspezifische 680 f
– 3'-terminale Ribonucleotide 693
– Typen 677
Primer-Annealing 674
Primer-Extension 674, 676, 772, 885 f, 893
– Detektion von DNA-Modifikationen 756
Primer-Walking 705 f, 731
probe brushes 657, 669
Probenvorbereitung
– kleine Mengen 25
– Konzentrierung 25, 27
– Proteomanalyse 33
– Verdünnen 24
– zur Primärstrukturaufklärung 26
Produkthemmung 64

Produkt-Ionen-Analyse 364
Progesteron 560
Prohormone 180
Prolidasen 287
Prolin
– NMR-Signale 395
– C-terminaler Abbau 315 f
Promotoraktivität
– in-vivo-Nachweis 889, 895–900
Promotorelemente, für Säugerexpressionsvektoren 896
Promotoren
– AOX 972 f
– araB- 970
– CYC1- 972
– GAL1- 910
– in-vivo-Analyse 889, 895–900
– Kartierung 896
– konstitutive 972
– lac- 970
– lacUV5- 970
– PADH1 905
– PHO5- 972
– reprimierbare 972
– T7- 970
– tac- 970
– trp- 970
Promotorsequenzen 786 f
Promotor-Testvektor 895 f
Pronase 187, 287
Pronucleusinjektion 929–932
PROSITE-Datenbank 785, 808
Prostaglandine 561 f
Protease LA, Elektrospray-Ionisations-Spektrum 361 f
Protease-Inhibitoren (Beispiele) 15
– bei der Proteinreinigung 12
Proteasen 185–189
– Aktivitätsbestimmung 56
– Klassifizierung 185, 189
Proteaseresistenz 181
Protein-A-Gold-Methode 92, 97
Proteinanalytik, Strategie 181
Proteinase K 187, 576 f
Proteinbestimmungen
– durch radioaktive Markierung 45–48
– Färbetests 35, 37–42
– Fluoreszenzmethode 45
– Genauigkeit 35 f
– Grenzen 309
– Nichtproteinbestandteile 36
– spektroskopische Methoden 42–45
– UV-Methoden 37
Proteindichte 442
Protein-DNA-Crosslinking 751
Protein-DNA-Komplexe
– Bindungskonstante 749
– Denaturierung 577
– Elektrophorese-Verhalten 748
– Identifizierung des Protein-Partners 750–752, 773 f
– Isotachophorese 748
– lokale Strukturveränderungen 754–756
– Strukturanalyse 752, 758
Protein-DNA-Wechselwirkungen
– Analyse der Proteinbindungsstelle 752–775
– bei spezifischen Sekundärstrukturen 766
– in vitro-Footprinting 752–756
– in vivo 767–774
– Kompetitionsassays 749
– McKay-Assay 750
– mit intercalierenden Proben 765 f
– Nachweisverfahren 747–752
– Ort der Wechselwirkung 767
– Proben 757–767
– spezifische 753
Proteine
– Abbau mit Carboxypeptidasen 318–320
– Acylierung 105
– Adsorption 63
– alkalische Hydrolyse 287
– allotypische 86

– Amidinierung 107
– Aminosäurezusammensetzung 285
– aminoterminale Acetylierung 973
– amphoteres Verhalten 202
– atomare Darstellung 435
– Aussalzung 17
– basische 233, 276
– Berechnung
–– der Molekülgröße 229 f
–– der Tertiärstruktur 404–408
– biologische Halbwertszeit 960
– chemische Synthese 467–472
– Cross-Linking 118–129
– Denaturierung 11
– deuterierte 388, 392
– DNA-bindende 654, 658, 748–752
– Einführung
–– fluoreszierender Gruppen 108
–– von Spinlabel 117
– empfindliche 17
– Endgruppenbestimmung 293
– enzymatische Hydrolyse 287
– extrazelluläre 13
– Fällung 17 f, 27, 208, 581
– Färbungsintensität 820
– Festphasensequenzierung 305 f
– Fingerprint 184
– Fluoreszenz 45, 168
– Fluoreszenzmarkierung 113–117
– fluoreszierende Cofaktoren 171
– Gasphasensequenzierung 306
– geblottete 248
– Gewichtsbestimmung 35
– glykosylierte, siehe Glykoproteine
– Größe 9
– häufige 11
– hydrophobe 31 f
– Immobilisierung 26 f
– Immundetektion 94
– Immunogenität 74
– intrazelluläre 13
– isotopenangereicherte 388
– Isotopenmarkierung 107
– Isotopenmuster 338
– Konzentrationsbestimmmung 148
– Kristallisation 451–453
– Ladungszustand 235
– Mengenabschätzung 309
– Mobilität 219
– Mobilitätsänderung durch Komplexierung 267
– Molekulargewichtsbestimmung 119, 218
– mit STEM 426 f
– Nachweis im Elektrophoresegel 227–229, 820
– Nettoladungskurve 235, 240
– niedrig exprimierte 827
– ^{15}N-markierte 409
– Quantifizierung durch Fluoreszenzmessung 115
– radioaktive Markierung 45–48, 110
– Reinigungsschema 13
– rekombinante 14, 179, 283, 959–968, 973
– RNA-bindende 654, 752, 913
– saure 277
– saure Hydrolyse 286 f
– Säure/Base-Eigenschaften 11
– sekretorische 789
– Sekundärstruktur 381
– Sekundärstrukturanalyse 175, 177, 402–404
– Sekundärstrukturanteile 161
– selbst spleißende 966
– seltene 810
– sezernierte 967, 971
– Silberfärbung 227, 820
– Spaltungsreaktionen 179–193
– Stabilität 12
– Stickstoffgehalt 36
– stöchiometrische Zusammensetzung 427
– Strahlenempfindlichkeit 426
– C-terminale Sequenzanalyse 312–322
– N-terminale Blockierung 187, 308

– N-terminale Prozessierung 961
– therapeutische 12, 824, 976
– Topologiestudien 180, 187
– Totalhydrolyse 187
– überexprimierte 11, 959–968
– unerwünschte Derivatisierung 338 f
– unlösliche 13 f
– unspezifische Adsorption 90
– Zentrifugationseigenschaften 21
– zweidimensionale Kristallisation 421 f
Proteinfaltung 161, 410, 811 f
Proteingehalt, quantitativer Nachweis 37
Proteinglykosylierung 485
Proteinhydrolysat-Standard 290
Proteinkomplexe
– 3D-Rekonstruktion 440
– Massenkartierung 427
Proteinkonzentration, Berechnung 44
Proteinkristalle 454
– 3D-Rekonstruktion 442
– Wassergehalt 458
– zweidimensionale 419
Protein-Ligand-Komplexe 409 f
– Bindungskonstante 267
Protein-Ligand-Wechselwirkungen 283
Protein-Protein-Konjugate 110
Protein-Protein-Wechselwirkungen, Detektionsverfahren 901–914
Proteinreinigung
– Abtrennung
–– von Nucleinsäuren 18
–– von Salzen 24–27
– Adsorptionsverluste 25, 90
– hydrophobe Proteine 32
– Konzentrierung 27
– Membranproteine 11
– Strategie 12–14, 201 ff
– verfügbare Menge 11
Proteinsequenzanalyse
– Anwendungsbereich 298
– Probleme 307–311
– Proteomanalyse 822 f
– Reaktionskompartimente 305
– C-terminale 285, 312–322
– siehe auch Edman-Abbau
Proteinsequenzdatenbanken 346, 784
Proteinspaltung
– an Hydroxylamin 192
– an Methionin 190
– an Tryptophan 191 f
– Bromcyan 190 f
– chemische 190–193
– Denaturierung 181
– immobilisierter Proteine 180 f
– in Lösung 180
– notwendige Aufreinigung 180
– notwendige Proteinmenge 180
– Strategie 180 f
– siehe auch Proteolyse
Proteinstruktur, Stabilisierung 30
Protektions-Footprints 754–756, 758
Proteolyse
– geblotteter Proteine 190
– im Gel 181, 190
– limitierte 180
– quantitative 179
– während der Überexpression 960
– siehe auch Proteinspaltung
Proteolyseausbeuten 181
Proteolysebedingungen 189 f
Proteom
– Definition 815
– reproduzierbare Darstellung 816
Proteomanalyse 10, 12, 193
– Aminosäurenanalyse 822 f
– Aminosäuresequenzanalyse 822 f
– Analyse interner Fragmente 823
– Anwendungsmöglichkeiten 826
– Bildverarbeitung 821
– Bioinformatik 824–826
– Darstellung der Resultate 825
– dynamischer Bereich 820

- Limitationen 827
- Massenspektrometrie 823
- Methoden 818–826
- Perturbationsanalyse 818
- Probenvorbereitung 33, 819
- Quantifizierung der Proteine 821
- subtraktiver Ansatz 815 f
- Zielsetzung 815, 818 f
- zweidimensionale Elektrophorese 819

Proton, caged 147
Prozoneneffekt 76 f
PSD 342
PSD-Ionen 343
PSD-Spektren 343 f
- Interpretation 344 f
Psoralene 652, 765
PTC-Peptid 299
PTH-Aminosäuren 300 f
- Bestimmungsgrenze 311
- UV-Spektren 301 f
Puffer
- MS-kompatible 281
- zwitterionische 55
Pufferkapazität 203
Pulsed-Liquid-Sequencer 307
Pulsfeldgelelektrophorese 614–617
- Anwendungen 617
- Längenmarker 617
- Prinzip 614
Punktmutationen
- durch SSCP-Analyse 610
- Nachweis mit PCR 695 f
Purin, Modifikationen 948
Purpurmembran 434
Pwo-Polymerase 676
Pyranosen 487
Pyrenmaleinimid 116
Pyridoxal-5'-phosphat, Reaktion mit Lysin 107
Pyrimidin-Dimere 692, 769
Pyrimidin, Modifikationen 948
Pyroglutamat-Aminopeptidase 187, 190
Pyrophosphorolyse 713

Q

Quadrome 102
Quadrupolanalysatoren, Massenauflösung 356
Quadrupol-Massenspektrometer 348, 354
Quantendetektoren 159
quenched-flow 410
Quenching 169
Quenching-Reagenz 190

R

RACE 690
radiation hybrid mapping 862
radioaktive Abfälle, Beseitigung 1003 f
radioaktive Strahlung, Abschirmung 1000–1003
radioaktiver Zerfall 981–984
radioaktives Zerfallsgesetz 983
Radiodünnschichtchromatographie 563
Radioimmunoassays 87–89
- Anwendungen 88
- kompetitive 88
Radioisotope 654 f
Radionuklide 984
- ALI-Grenzwerte 988
- Dosisleistung 986–988
- Umgang 998–1000
Radiowellen 134
ragged ends 321
rainbow detection 659
Raman-Effekt 163
Raman-Spektroskopie 163–167
- Anwendungen 166
- Apparatur 165
- Grundlagen 163

- NIR-FT-Raman 167
Raman-Spektrum 164, 167
ramping 615
RANDI-Strategie 705, 707
Random-Priming 834
- zur DNA-Markierung 648, 650 f
Random-Primer 677, 681
rapid mixing 145
rapid-scan-Interferometer 160
Rasterelektronenmikroskop 414
Rasterelektronenmikroskopie
- analytische Elektronenmikroskopie 427
- Bildentstehung 524
Rasterkraftmikroskopie 414, 444, 446–448
Rastermikroskopie im optischen Nahfeld 413
Rastersondenmikroskopie 443–448
Rastertransmissions-Elektronenmikroskopie 424
- Massenbestimmung 426
Rastertunnelmikroskopie 414, 444–446, 448
ratio-Markierung 833
Raumgruppen 453 f
Rayleigh-Gleichung 350
Rayleigh-Limit 350
Rayleigh-Streuung 143, 163
Reagenzien, chaotrope 14
recombination fraction 850
recombination hot spots 846
Redoxtitrationen 151
Referenzbibliotheken 858
Reflektor-Flugrohr 328, 343
Reflektor-Flugzeitmassenspektrometer 331
Refraktionsindexdetektoren 546
Reibungskoeffizient 219
Reibungskraft 219
Rekombinasen
- ortsspezifische 931, 938
Rekombination 845–847
- homologe 932 f
- ortsspezifische 932 f
- Wahrscheinlichkeitstests 852
Rekombinationshäufigkeit 846, 850
relatedness odds 801
relative Zentrifugalbeschleunigung 20
Relaxation 376 f
Relaxationskraft 219 f
Relaxationsmessungen 60
Reliefrekonstruktion 420, 443
Renaturierung 11
Renin 189
repetitive Ausbeute 302–304
Replikatechnik 419
Replikation, erhöhte 579
Replikationsblasen 619 f
Replikationsursprünge 578
- ColE1 579
- f1- 588
- Kartierung 619 f
replikative Form 587
Reportergene 768
- Two-Hybrid-System 903
- zur Promotoranalyse 895 f
Reportergensysteme 898–900
Reportergenvektor 896
Reportergruppen 656
- Fluoreszenzspektroskopie 172
- indirekte Nachweissysteme 663 f
Reporterplasmide 904, 909
Reportersysteme
- direkte 656–658
- indirekte 658 f
- nichtradioaktive 656–658
Reptationstheorie 604, 614
Resonanz-Raman-Spektroskopie 165–167
Restriktionsanalyse 593–603
- Amplifikationsprodukte 601
- Anwendungen 593
- genomischer DNA 601–603
- Klonierungsprodukte 594
- Prinzip 593 f
Restriktionsansatz 597–601

Restriktionsendonucleasen, siehe Restriktionsenzyme
Restriktionsenzyme 593–595
- biologische Funktion 594 f
- DNA-Methylierungsanalyse 739–741
- Einführung von Mutationen 922
- Einheiten 598
- Einteilung 595
- Entdeckung 594
- Erkennungssequenzen 596
- Ionensensitivität 597
- Kombination 598
- Methylierungsaktivität 595
- Modifikations-sensitive 739–741
- zur Restriktionskartierung 854
Restriktionsfragmente, Detektion 594, 600 f
Restriktionsfragment-Längenpolymorphismen
- als genetische Marker 602, 847 f
- Detektion 602
- Mutationsanalyse 695
Restriktionskarte 855, 863 f
Restriktionskartierung 598–601, 854 f
- Chromosomen 596 f
Restriktionspuffer 597
Restriktionsstellen 596
retardation assays 748
Retardationskoeffizient 229
Retardationskraft 219 f
Retentionsvolumen 196, 198
Retentionszeit 196, 198
Retinal
- Absorptionseigenschaften 148 f
- Anordnung im Sehsegiment 173
- Struktur 149
Retinol 564
reverse Genetik 5 f, 860
Reverse Transkriptase 679 f, 885 f
Reverse Transkription 679 f
- Varianz 684
- zur Sondenmarkierung 651
Reverse-Dot-Blot 695 f
Reversed-Phase-Chromatographie 205–208
- Abtrennung von Detergenzien 32
- Aminosäurenanalyse 285 f, 291
- Aminosäuresequenzanalyse 208
- Glykane 516
- Lipidanalytik 542
- Probenvorbereitung
-- für ESI 360
-- für MALDI 335
- synthetische Peptide 473 f
- Trennkapazität 10
- Trennung radioaktiv markierter Peptide 48
- zur Entsalzung 26
R-Faktor 462 f
Rhodopsin
- Anordnung im Sehpigment 173 f
- Photochemie 149 f
Rhodopsine 148 f
Ribonucleasen 883
Ribonuclease-Protektionsassay 878, 882–884, 893
Ribonucleotide, modifizierte 953
Ribose, Modifikationen 947 f, 955
Ribosomen, Zentrifugationseigenschaften 21
Ribosonde 882 f
Ribozyme 942, 952 f
Ringtest 79
RNA
- Ausfällung hochmolekularer 581
- cytoplasmatische 613
- Denaturierungsmittel 612 f
- Dichtegradientenzentrifugation 591
- DNA-freie 868
- Endenkartierung 878, 880–882
- enzymatische Markierung 652
- Extraktion 572
- Fällung 573
- Gesamtgehalt 590
- in vivo-Amplifikation 668
- Intercalation von Ethidiumbromid 621
- Isolierung 589–591, 612 f

– – cytoplasmatischer 590 f
– Konzentrationsbestimmung 574
– Nachweis sehr geringer Mengen 681
– PCR-Amplifikation, siehe RT-PCR
– Photomarkierung 647 f
– poly(A)⁺- 591
– präparative Aufreinigung 611 f
– Quantifizierung 685, 877 f
– Sekundärstrukturen 612, 682
– Syntheserate in vivo 889 f
– vergleichende Quantifizierung 887
– Vermeidung von Sekundärstrukturen 869
– virale 679
RNA-Ethidiumbromid-Komplex 583, 591
RNA-Fingerprinting 611, 870 f
RNA-Karten 619
RNA-Längenstandards 613 f
RNA-Mimic-Fragment 685
RNA-Primer 944
RNA-RNA-Hybridmoleküle 878
RNase A 883
RNase H 699 f
– Induktion 944 f
RNase P 952
RNase T1 883
RNasen, Inaktivierung 572, 589
RNA-Sequenzierung 731
RNasin 589
RNA-Sonden 645 f
RNA-Transkriptase, Analyse 877
RNA-Viren, Subtypenbestimmung 619
rolling circle-Mechanismus 587
Röntgenbeugung 453–456
Röntgenspektrometer, energiedispersives 427
Röntgenstrahlung 134, 982
Röntgenstrahlungs-Mikroanalyse 427
Röntgenstrahlungsquelle 454
Röntgenstrukturanalyse 451–463
– Auflösung 455
– isomorpher Ersatz 457–459
– Messanordnung 454
– molekularer Ersatz 460 f
– multiple anomale Dispersion 459 f
– Phasenproblem 457–461
– Strukturverfeinerung 461–463
– Vergleich mit NMR-Spektroskopie 463
Rop-Protein 579
Rotationsbedampfung 420
Rotationsenergie 137
Rotationsfrequenzen 157
Rotationsfunktion 461
Rotationsniveaus 137, 139
Rotationsstruktur 157
Rotationsübergänge 156
Rous-Sarcoma-Virus 941
Rous-Sarcoma-Virus-Promotor 975
Routinediagnostik 687, 703
rRNA, menschliche 613
RT-PCR 679–681
– Durchführung 680
– Gesamteffizienz 682
– kompetitive 683, 685
– Primer 680 f
– quantitative 888 f
RT-PCR-Kontrollen 590
Ruhemans Violett 289
Run-off-Transkripte 882 f, 892 f
Run-off-Transkription 894
– Herstellung von RNA-Sonden 645
– zur RNA-Markierung 648

S

3SR 699
Saccharimeter 176
Saccharomyces cerevisiae, als Expressionssystem 972
Salze
– Abtrennung 24
– antichaotrope 17
– chaotrope 209

Samplingtheorem 433
Sandwich-Assay, Kohlenhydratanalytik 500 f
Sandwich-ELISA 100
Sanger-Reagenz 297
Sanger-Verfahren 705–718
– Denaturierung der DNA-Fragmente 715
– Desoxynucleotidanaloga 715
– DNA-Synthese 713–715
– Enzyme 712
– Prinzip 711
– Sequenziergel 710
Satelliten-DNA 831
saturation mutagenesis 922
Säugerzellen, als Expressionssysteme 975 f
Säulenchromatographie 195
saure Nativelektrophorese 233
scanning force microscopy (SFM) 414, 444
scanning near field optical microscopy (SNOM) 413
scanning probe microscopy 443–448
scanning transmission electron microscopy (STEM) 426
scanning tunneling microscopy (STM) 414, 444
Scanning-IR-MALDI-MS 347
Scatchard-Analyse 267 f
Scherkräfte 16
Scherzer-Fokus 424
Schizosaccharomyces pombe 972
Schlack-Kumpf-Abbau 313 f, 341
– modifizierter 317
Schnellaufschlüsse 581
Schutzgruppen 469 f
Schwermetalle
– EM-Präparationen 419 f
– Negativkontrastierung 417 f
Schwingungsenergie 137
Schwingungsmoden 158
Schwingungsniveaus 137, 139
Schwingungsübergänge 156
– Absorptionskoeffizienten 158
scoring-Matrix 796–798
scrambled-Oligonucleotide 956
SDS-Polycrylamidgelelektrophorese 233 f
– Glykoproteine 500
sec-Genprodukte 968
Sedimentationsgeschwindigkeit 20
Sedimentationsgeschwindigkeits-Experimente 916–919
Sedimentationsgleichgewichts-Experimente 916 f
Sedimentations-Gleichgewichtszentrifugation 22
Sedimentationskoeffizient 20 f
Seitenkettenalkylierungen, Detektion im UV 475
Seitenkettenschutzgruppen, Entfernen 471
Sekretionssignalsequenzen 789 f, 973
Sektorfeld-Massenspektrometer, Auflösungsvermögen 329
Sekundärantikörper 76
Sekundärelektronenvervielfacher 331 f
Sekundärsonden 669 f
Sekundärstrukturanalyse
– DNA 790–793
– Proteine 175, 177, 402–404
Selektionsmarkergene 924–926
Selenocystein-Synthase
– EM-Aufnahme 437
– STEM-Aufnahme 426
Selenomethionin-MAD-Methode 460
SELEX-Technik 767, 953–955
selfpriming 720 f
Self-Redoxzyklus 670 f
self-sustained sequence replication 699
Semidry-Blotting 248 f
Sense-Oligonucleotide 956
Separator-IEF 237
C-Sequenatoren 318
sequence independent amplification 835
sequence tagged sites (STS) 698, 848 f
sequence threading 809–811

Sequenzalignments 795 f
– multiple 805 f
– optimale 803–805
Sequenzdatenanalyse 785–794
– DNA-Sequenzierung 708
Sequenzdatenbanken 781, 783
Sequenzduplikationen 803
Sequenzierausbeuten, Proteine 251
Sequenzierprimer 655
sequenzierte Genome 782
C-Sequenzierung
– Detektion der Aminosäuren 319 f
– MALDI 320–322
– Qualität 318
N-Sequenzierung 299–311
Sequenzierungsgel 710 f
– Kompression 715
Sequenzierungsprimer, radioaktive Markierung 719 f
sequenzmarkierte Stellen 698, 848 f
Sequenzmotive 794
Sequenzsignale 786 f
sequenzspezifische Zuordnung (NMR) 394 f
Serinproteasen 15, 185
Serum, SDS-PAGE 233 f
Serumcholesterin 556
Severin
– 1D-¹H-NMR-Spektrum 383
– HSQC-Spektrum 390
– Sekundärstruktur 402 f
– Stereodarstellung 408
sheath-flow 281
Shine-Dalgarno-Sequenz 961
short interspersed elements 836
short tandem repeat polymorphism 698
Sialidase 502
Sialinsäure 488 f, 505
Siebmedien
– Kapillargelelektrophorese 274
– UV-transparente 274
Signalamplifikation 666, 669–671
– targetspezifische 669
Signalamplifikationssysteme 657
Signalkaskaden 664
– gekoppelte 670 f
Signalpeptide 968, 971
Signaltransduktoren 560–563
Silberfärbung
– Nucleinsäuren 623 f
– Proteine 227, 820
simulated annealing 405
single ion in droplet theory 350
single ion monitoring 363
single isomorphous replacement 458
Single-Quadrupol-Massenspektrometer 366
single-strand binding-Protein (SSB) 658
single-strand conformational polymorphism 610, 697 f
singular value decomposition 437
Singulettübergang 139
Singulettzustand 135, 139
SIR 458
sitting drop 452
skalare Kopplung 381 f
Slab-Gelelektrophorese 273
s-Läufe 917
Slot-Blotting 629 f
– Gehaltsbestimmung von RNA 887 f
Sma I 597
Smith-Waterman-Algorithmus 805
SM-Medium 585
solvent flattening 458
Sonden 643–647
– allelspezifische 695
– cDNA 644
– durch PCR-Amplifikation 644 f
– genomische 644
– Integrität genomischer 840
– klonierte 644
– Markierung
– – durch Nick-Translation 834
– – durch PCR 835

– – durch Random-Priming 834
– Markierungsdichte 647
– Markierungspositionen 649 f
– Markierungsverfahren 647–653
– Modifikationsgruppen 656
– POD-markierte 657
– radioaktive 654
– Sekundärsonden 669 f
– vektorfreie 644
Sondenarten 637
Sondensysteme auf Chips 645
Sondenvernetzung 664
Southern-Blotting 626–628
– Anwendungen 627 f
– DNA-Methylierungsanalyse 740 f
– Kombination mit Restriktionsanalyse 602 f
– Transfereffizienz 626
Southwestern-Blotting 750–752
spacer 649
spectral karyotping 834
Spektralbereiche 134
Spektroskopie
– Auswahlregeln 138
– Grundbegriffe 132
– Grundlagen 132 f
– schnelle kinetische Messungen 145 f
spezifische Aktivität 51
spezifische Leitfähigkeit 220
spezifisches Fenster 90 f
Spezifitätskonstante (Enzymkinetik) 58
sphärische Abberation 415
Sphingolipide 558
Sphingosinderivate 563
Spin 136, 372
spin columns 573, 577
Spin-Gitter-Relaxationszeit 377
Spinkonfiguration 138 f
Spinlabel 116 f
spinning cup 305
Spin-Spin-Relaxationszeit 377
Spinumkehr 139
Spleißschnittstellen, Vorherssage 787
SSCP-Analyse 610, 697 f
SSC-Puffer 626
Stacking-Systeme 280
Standardproteine 36, 41
– Fokussierung 277
Stapeleffekt 232
Stärkegele 218
stationäre Phase 196 f
– Funktionalisierung 197
stemloops 637
step-scan-Technik 160
step size 362
Steroidhormone, Immunoassays 560
Stickstoffbestimmung 36
Stickstofflostderivate 941
sticky ends 596 f
Stokes-Linien 164
Stokes-Radius 219
Stokessches Gesetz 219
stopped-flow 145, 410
stopped-flow-Methoden 60, 162
Störungsverfahren 147, 161
Strahlenexposition 993 f
Strahlenschäden 991–993
Strahlenschutz 995–998
Strahlenschutzbereiche 996–998
Strahlungshybridkartierung 862
strahlungslose Desaktivierung 167
Strahlungsmessgeräte 989–991
strand displacement amplification 699, 701
Streckschwingung 161
Streptavidin, im Biotin-System 662
Streukurve 142 f
Streuung
– elastische 424
– inelastische 163
– kohärente 457
Stringenzfaktoren 639
Stroboscope-Technik 160
structural reporter groups 529 f

Strukturfaktoramplitude 457 f
Strukturfaktoren 428 f
Struktur-Funktionsbeziehungen 103, 118, 298
Strukturproteine 13
Strukturvorhersagen 809–812
STS-Kartierung 857 f
stumpfe Enden 596 f
Substanz P, MALDI-Spektrum 320
Substitutionsmutagenese 690
Substratkonzentration (Enzymkinetik) 57
Subtilisin 187, 287
Subtraktionshybridisierung 867, 873
subtraktiver Ansatz 12, 815 f
Sucrose, für Dichtegradienten 23
Supercoils 775, 777
Superhelizität 777
superhelikale Dichte 622
supershift 749 f
SV40-Viren 975
Svedberg-Einheit, Definition 20
Svedberg-Gleichung 20
SwissProt 784
SYBR$_{TM}$Green 623
Symmetrieoperationen 453, 459
Synchrotronstrahlung 454
Syntenie 838
syntenische Regionen 861
Szintillationszähler 990

T

Tags 14, 774
– für die Proteinreinigung 964–966
tailing 198, 263
Tandem-Massenspektrometrie 363 f
– Analytik synthetischer Peptide 479
– Lipidanalytik 552 f
Tankblotting 248
T-Antigen 497
Taq I 597
Taqman-System 640–642
Taq-Polymerase 676 f
– modifizierte 682
– optimale Nucleotidkonzentration 870
– optimale Primerlänge 870
– Prozessivität 681
Target-Amplifikation 667–669
Target-Elongation 668
Targeting-Konstrukt 926
Targeting-Vektoren 925, 934
Target-Transkription 668
Taschenkarten 862
TATA-box binding protein 767
Täternachweis 593
Taylor-Konus 350
TBE-Puffer 616
T4-DNA-Polymerase 716 f, 758 f
T7-DNA-Polymerase
– Cofaktoren 714
– für die DNA-Sequenzierung 712
– genetisch modifizierte 707
Teilkörperdosis 986
Telomerbereiche 838
TEMED 275
Temperaturgradientengele 620
Terminale Transferase 725
– zur Sondenmarkierung 651
Terminatorsequenzen 787
Terminatorverfahren 709
C-Terminus, Aktivierung 313 f
N-Terminus, Identifizierung 179
Termschema 139–141
ternäre Mischungen 205
Tertiärstrukturvorhersagen, DNA 809–812
Testosteron 560
Tetracyclinoperon 936
Tetramethylrhodaminisothiocyanat 113 f
Tetranitromethan 111
Tetrapyrrolsysteme, Fluoreszenz 171
Thermocycler 675, 703
Thermolysin 187, 189

Thiocyanatsäure 314
Thiolgruppen, Nachweis 109, 474
Thionucleotide 699
α-Thionucleotide 730
Thioredoxin, als Fusionspartner 966
Thomsen-Friedenreich-Antigen 497
Thonsche Ringe 430, 432
Threading-Algorithmus 810
Three-Hybrid-System 913
Thrombin 187
Thymidin, kovalente Bindung an Nylon-
    membranen 627
Thymine, Analyse essentieller 761
Tiefpassfilterung 434
time-of-flight-Massenspektrometrie 323, 327
Titrationskurvenanalyse 240
Tochter-Ionen-Analyse 364
Tocopherole 565
TOCSY 386, 391
TOCSY-Spektrum 395
Top-down-Verfahren 855
Topoisomerasehemmer 840
Topoisomerase I 777 f
Topoisomere, Analyse durch 2D-Elektro-
    phorese 620
Topoisomer-Verschiebungsanalyse 777
Topologiestudien
– DNA 620, 777
– Proteine 180, 187
Torsionsschwingung 161
total correlation spectroscopy 386
total ion current 360
Totalhydrolyse 187
TOTO-1 621, 623
Totzeit 198
touch-down-PCR 870
T4-Polynucleotid-Kinase, Inhibierung 573
T7-Promotoren 970
trace data 710–712
Trägerampholyte 236 f
Trägerampholyten-IEF, präparative 242
Trägermaterialien
– Chromatographie 197
– hydrophile 32
– Immunbindungstests 91
Träger-RNA 574
trans-aktive Elemente 891
transcription mediated amplification 668
Transfektion 897 f
Transfektionseffizienz 582
Transfektionsmethoden 897 f
transgene Mäuse 929 f
transgene Pflanzen 976
transgene Tiere 976
Transglutaminase, zur Fluoreszenzmarkierung
    116
transiente Genexpression 768, 773
transiente Transfektion 932
transiente Transgenese 932 f
Transkripte
– elongierte 889
– transfizierter Zellen 900
Transkription
– basale 903
– Hemmung durch Antisense-Oligonucleotide
    943–945
– Initiation 890
– in-vitro 884, 886, 890–894
Transkriptionsfaktoren
– basale 891
– Funktionsweise 902
Transkriptionsinitiationskomplex 891
Transkriptionskontrolle 877
Transkriptionssysteme, zellfreie 886
Transkriptkarten 862, 684
Translationsfunktion 461
Translationshemmung 945
Transmembranproteine 473
Transmission 141
Transmissions-(Hellfeld-)Bild 426
Transmissionselektronenmikroskopie
– Auflösung 422 f

– Instrumentation 414–416
Transmissionspektrum 142
Trenneffizienz, relevante Parameter 10
Trennkapazität, Definition 10
Triacylglycerine 547, 554 f
Tributylphosphan 182 f
Trichloressigsäure, Fällung von Proteinen 18
Trifluoressigsäure, als Ionenpaar-Reagenz 206
Trilinolein, Massenspektrum 552
Trinucleotid-Expansionen 694 f
Tripelhelices 942, 951 f
Tripelresonanzexperimente 391–394
Tripelresonanzspektren 397–400
Triple-Quadrupol-Massenspektrometer 363 f
Triplettzustand 135, 139
Tris-Acetat 606
Tris-Borat 606
Tris-Chlorid/Tris-Glycin 231
Triton X100 29, 581
Triton X114 29 f
T7-RNA-Polymerase 699 f, 970
T_1-RNase-Fingerprinting 618 f
tRNA, Überexpression seltener 961
tRNA-Guanin-Transglykosylase
– Elektronendichte 459
– Ribbon-Graphik 462
– Röntgenbeugungsaufnahme 456
Trübungsmessung 89
Trypsin 187, 193
– Aktivitätsbestimmung 56
– pH-Abhängigkeit 54
α1-Trypsininhibitor 976
Tryptophan
– Absorption 148
– chemische Modifikation 111 f
– Fluoreszenz 168
– quantitative Bestimmung 287
– Seitenkettenalkylierung 475
Tth-Polymerase 676, 680
Tumorgenetik 842
Tunnelelektronenmikroskopie 732
Tunnelstrom 414, 444 f
Turbidimetrie 52
turnover number 51
Tween-80 29
Two-Hybrid-Screening 909–912
Two-Hybrid-System 901–904
– Anwendungen 903, 913 f
– Aufbau 904
– cDNA-Bibliotheken 908 f
– Charakterisierung der Interaktoren 912 f
– Köderprotein 905–908
– Limitationen 907 f
– Prinzip 902 f
– Reportergene 903
Tyramid, in DNA-Nachweissystemen 831
Tyrosin
– Absorption 148
– Detektion von Seitenkettenalkylierung 475
– Iodierung 48, 110 f
– Komplexierung von Kupfer-Ionen 38
– Nitrierung 111

U

Überexpression
– aminoterminale Modifikationen 973
– Codon-Auswahl 961
– Definition 959
– Disulfidbrücken 962
– effiziente 976
– Fusionsproteine 963–966
– Glykoproteine 973
– heterologe 959
– homologe 959
– im Cytosol 972
– in grampositiven Bakterien 971
– in Hefe 971–974
– in Insektenzellen 974 f
– in methylotrophen Hefen 972
– in Peroxisomen 972
– in Pflanzen 976 f
– in Säugerzellkulturen 975 f
– in transgenen Tieren 976
– *inclusion bodies* 962
– kompartimentspezifische 977
– Membranproteine 973
– menschlicher Gene 976
– natürliche 959
– Oberflächenexpression 968
– posttranslationale Modifikationen 961 f, 971–973, 976 f
– Proteolyse 960
– Sekretion 967 f
– Toxität 960
– Wahl des Expressionssystems 960
Übergangsdipolmoment 136
Ubiquitin, als Fusionspartner 966
Ultrafiltration 25
– zur Konzentrierung 27
Ultraschall 16
Ultrazentrifugen 19
Umkehrphase, siehe Reversed Phase
Umkehrphasenmechanismus 26
UNG-System 693
Unit, Definition 50
untwisting 775
unwinding 775
Upstream-Aktivatorsequenz 902
Uracil-*N*-Glykosylase 693
Uranyl(VI)-Ion für Footprinting-Analysen 762–764
Urease, Kristallisation 9
Uricase, Aktivitätstests 60
Urinproteine, SDS-PAGE 233 f
Usenet 783
UV/VIS/NIR-Spektroskopie 147–155
UV/Vis-Spektroskopie
– Kopplung mit HPLC 550 f
– Lipidanalytik 549
UV-Detektion, Kapillarelektrophorese 257
UV-Strahlung 134

V

Vakuumblotting 624 f, 627, 629
Valin
– NMR-Signale 395
– TOCSY-Spektrum 386, 396
van-Deemter-Gleichung 199 f
van-der-Waals-Wechselwirkungen 447
Vaterschaftsbestimmung 86, 593
Vektoren
– M13mp- 587 f
– pBluescript- 587 f
– pEG202 905 f
– pET- 970
– pJG4-5 908
– virale 975
Vektoretten-PCR 690
Vektorpräparationen 631
Vent-Polymerase 773
Verflechtungszahl 620, 775
vergleichende genomische Hybridisierung 829, 840–842
Verhältnismarkierung 833
Vernichtungsstrahlung 982
Verstärkungsfolien 655
Verwandtschaftswahrscheinlichkeit 801
verzögerte Ionenextraktion 331
Vibrationszellmühlen 16
Vielfarben-FISH 833 f, 838 f
Vielkanalspektrometer 145
Viren, eukaryontische 586 f
Vitamin A 564
Vitamin D 564 f
Vitamin E 565 f
Vitamin H, siehe Biotin
Vitamin K 566
Vitamin-D-bindendes Serumprotein 86
Volumenaktivität 51

Vorläufer-Ionen-Analyse 364
Vorsäulenderivatisierung 291–294

W

Warren-Test 505
Wasser, IR-Absorption 158
Watson-Crick-Bindungen 951
Wechselzahl 51
Wellenfunktionen 138
Wellenzahl 134, 156
Welle-Teilchen-Dualismus 133
Western-Blotting 83, 94 f, 247
writhing number 775

X

X-Gal 904
Xylencyanol 606

Y

YAC-Bibliotheken 858
Yarrowia lipolytica 972
yeast artificial chromosomes 857
YOYO-1 621, 623

Z

Z-DNA 769, 950
Zellaufschluss 14–18
– Ausgangsmaterialien 15
Zellen
– empfindliche 16
– faserige 15
– getrocknete 16
– Konzentration 22
– stabile 16
– Zentrifugationseigenschaften 21
Zellkerne
– FISH-Analyse 832
– isolierte 890
– Kompartimentierung 843
– Zentrifugeneigenschaften 21
Zellkompartimente, Sedimentationskoeffizienten 21
Zelloberflächenantigene, Identifizierung 76
zelluläre Immunität 67
Zellvitalität 770
Zellwand 16
– Aufschluss 576 f
– Zerstörung 15
Zellzahl, Bestimmung 585
Zentrifugation 18–23
– differenzielle 21 f
– Grundlagen 20
– isopyknische 22, 583
– Rotoren 19
– typische Parameter 21
– Zonen- 22
Zeta-Potential 221, 259
Zinkprotease 187
zirkuläre Permutationsanalyse 775 f
Z-Kontrast 426
Zone der Äquivalenz 78
Zonenelektrophorese 218, 229 f
– präparative 241 f
Zonenzentrifugation 22
ZOO-Blot 627 f
ZOO-FISH 829, 832
zweidimensionale Gelelektrophorese 1, 218, 243–246
– DNA 619 f
– für Immunoassays 96
– Nucleinsäuren 617–620
– Proteomanalyse 819 f
– RNA 618 f
Zweipufferstackingsystem 280

Zweistrahlphotometer 144, 158
Zwei-Substrat-Reaktionen 59
Zwittergent-3-12 29
Zyklisierungs-Assays 777 f
Zymogenaktivierung 180
Zymolyase 576
Zytokine 485

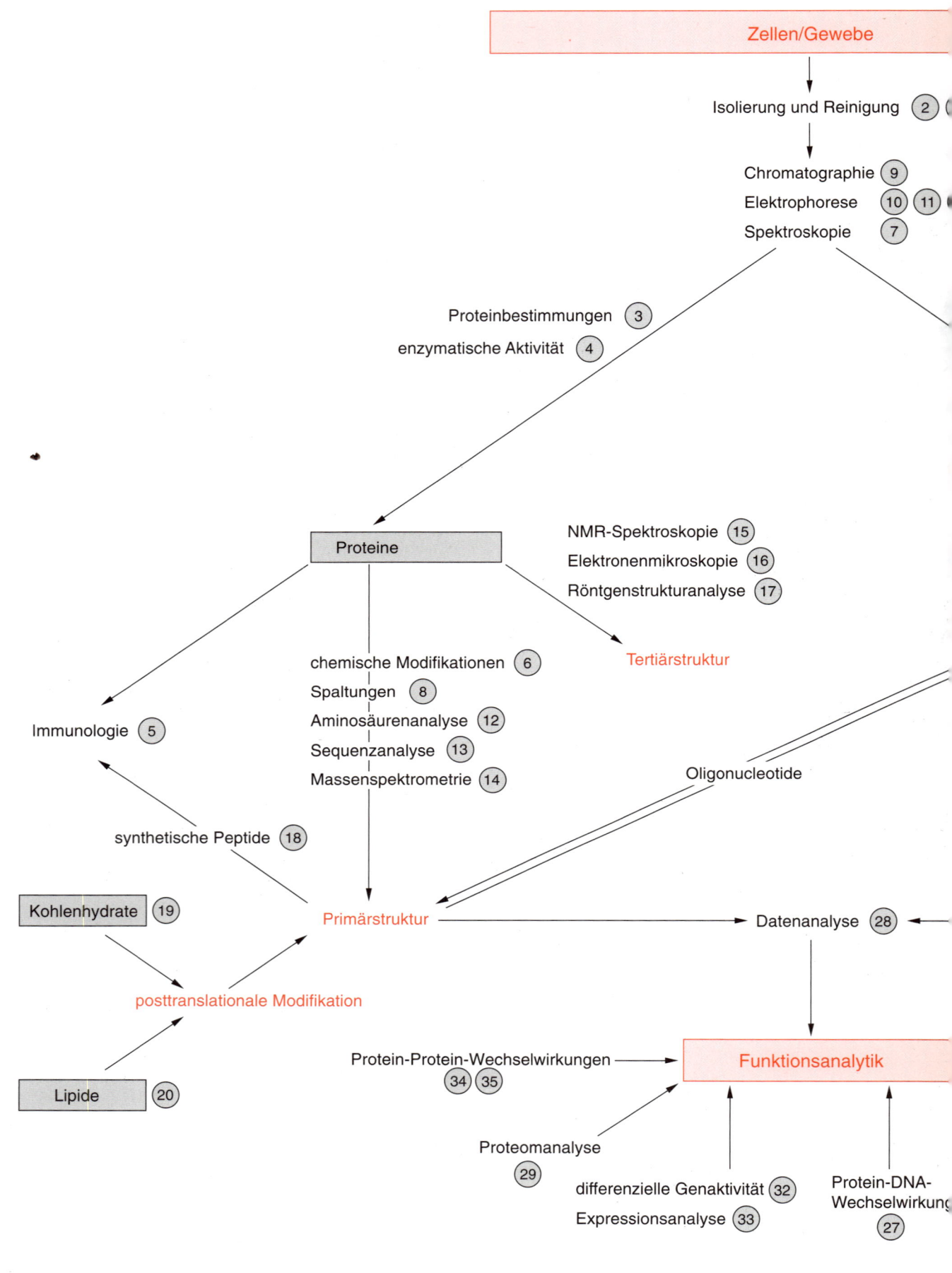